中国消防协会学术工作委员会
消防科技论文集（2022）

中国消防协会学术工作委员会
中国人民警察大学防火工程学院 编

中国石化出版社

图书在版编目(CIP)数据

中国消防协会学术工作委员会消防科技论文集.2022／中国消防协会学术工作委员会,中国人民警察大学防火工程学院编.—北京:中国石化出版社,2022.10

ISBN 978-7-5114-6904-5

Ⅰ.①中… Ⅱ.①中…②中… Ⅲ.①消防—学术会议—文集 Ⅳ.①TU998.1-53

中国版本图书馆 CIP 数据核字(2022)第 191977 号

中国石化出版社出版发行

地址:北京市东城区安定门外大街 58 号

邮编:100011　电话:(010)57512500

发行部电话:(010)57512575

http://www.sinopec-press.com

E-mail:press@sinopec.com

北京建宏印刷有限公司印刷

全国各地新华书店经销

*

880×1230 毫米 16 开本 39.25 印张 1760 千字

2022 年 10 月第 1 版　2022 年 10 月第 1 次印刷

定价:320.00 元

《中国消防协会学术工作委员会消防科技论文集（2022）》

编辑委员会

前　言

为活跃消防学术氛围、加强消防学术交流、提高消防科研水平、促进消防科技发展，由中国消防协会学术工作委员会和中国人民警察大学防火工程学院联合发布了“中国消防协会学术工作委员会消防科技论文集（2022）”征稿通知。

经前期征稿、专家评审，本次会议论文集共收录论文215篇，这些论文涵盖了火灾理论、建筑防火设计、消防监督管理、火灾调查、智慧消防、电气防火与火灾监控、火灾风险评估和其他等八个领域。这些论文，有些是消防工作者对实际消防问题及解决方法的真知灼见，有些是消防教学与科研单位潜心研究取得的高水平研究成果。汇编的论文理论联系实际、内容翔实、观点鲜明，具有很高的学术水平和参考价值。希望该论文集的出版发行能为促进消防科技发展和服务消防队伍建设发挥一定的积极作用。

论文集的出版得到了消防各界同仁的大力支持，在此深表感谢。

中国消防协会学术工作委员会
中国人民警察大学防火工程学院
2022 年 8 月

目　录

CONTENTS

火灾理论

建筑防火设计

消防监督管理

火灾调查

智慧消防

电气防火与火灾监控

火灾风险评估

其他

火灾理论

比较研究棉花、松木粉和纤维素粉的热解机理

李 哲 高 鸽 颜培龙 贾亦卓

（中国人民警察大学研究生院，河北 廊坊）

摘 要 为深入探究棉花、松木粉和纤维素粉的耐热稳定性及热解气体成分，利用热重红外联用技术对三种物质的热解特性进行研究，通过热重法对样品进行定量分析，通过傅里叶变换红外光谱对物质热解逸出气体进行定性分析，同时对比了三种物质的热解性能。结果表明：在热重实验中，温度范围从140℃到460℃，发生较剧烈热裂解，在热解阶段TG曲线急剧下滑，松木粉热解阶段初始温度较早于纤维素粉、棉花，最终热失重损失保持一致；通过红外光谱发现，三种物质都释放出CO、CO_2、H_2O，棉花中CO、CO_2的特征吸收强度总体显示最多，但棉花表现出来耐热性能最佳；松木粉热失重速率最低，同时产生CO、CO_2吸收强度最弱，但松木粉释放气体较为复杂，同时最后基线出现漂移，可能为其他苯环类碳氢化合物；纤维素粉热解释放出的气体种类少，且基本为CO、CO_2，对人体危害相对较小，火灾危险性较低。

关键词 火灾调查 TG-FTIR 热解性能 气体成分

0 引言

木材是建筑、装修中经常应用的广泛材料，同时它也是建筑火灾、森林火灾的发生与发展中的主要能量来源[1]。另外棉织物作为一类常见的日常生活用品和人们衣物在实际火灾中也成为重要危险来源[2]。而对这两个问题的研究的焦点都集中在热辐射作用下的热行为的研究，包括着火、燃烧以及火焰的蔓延过程等。国内外主要是对木材等生物质在外界辐射作用下燃烧过程的讨论，缺乏对这些物质热解产物和动力学行为的分析[3,4]。

加州伯克利大学研究团队提出飞火引燃理论（spot fire），将飞火源分为两类：一种是自然界中树枝、草屑或建筑火灾中室外建筑材料等可燃物在燃烧过程中在风力和火羽流作用下传播扩散成为新的点火源；另一种为高温作业中，如切割、焊接、架空线路短路等过程伴随产生的金属热颗粒。2015年北加州巴特大火是由于树木碰撞高压线引发的，过火面积达70000公顷，921所建筑被毁[5]。2018年，Urban等[6]又针对铝质高温金属颗粒引燃α纤维素粉、干草混合物和松针等进行了研究。2019年四川凉山火灾中，事故调查原因为架空线短路产生的高温熔珠引燃下方植被，在风力作用下飞火蔓延传播，过火面积达3047.78公顷。热重红外联用技术（TG-FTIR）不仅可以获得热解失重情况，还可以对物质挥发气体成分实现识别[1]。TONG Thi Phuong[7]对竹材综纤维素的活化能进行了具体分析，发现它与热解特性有紧密联系。谢琮[8]采用组分分析法，以竹粉、纤维素、木质素以及半纤维素为探究对象，对整个燃烧过程组分扮演不同角色进行分析。

为深入探究木材等生物质燃烧动力学行为以及火灾危险，因此本文主要选取棉花、松木粉和纤维素粉三种物质，深入分析热解燃烧动力学差异。在空气气氛下用热重和红外光谱进行联用分析热降解过程中化学键变化情况，对产生热解产物分析，求解活化能，为火灾预防和火灾调查提供数据支持。

1 实验部分

脱脂棉、松木粉、纤维素粉由邢台某公司统一提供；热重分析仪（TG），德国耐驰公司；傅里叶变换红外光谱仪（FT-IR），德国布鲁克公司；

取棉花、松木粉和纤维素粉样品各5mg，重复三组实验，利用热重分析仪和傅里叶变换红外光谱仪对样品的热稳定性能和热解过程逸出气体进行分析。

在空气条件下进行热解过程中的热动力学参数，空气气氛（$V_{O2}:V_{N2}=1:4$）、升温速率5℃/min、温度范围为30到800℃条件下，FTIR选择光谱区域为500cm^{-1}到4000cm^{-1}，分辨率为5cm^{-1}。

2 热解实验分析

从室温到800℃下，对棉花、纤维素粉、松木粉热失重情况进行对比分析，如图1所示。3种样品在热失重过程中各个阶段温度分解点大致相同，且样品热解过程大致可以分为3个阶段，第1阶段为干燥阶段，温度范围从室温到140℃，失重率在3%到4%左右，第1阶段主要是三种物质中自由水和结合水的蒸发。第2阶段为快速裂解阶段，从140℃到460℃，发生较剧烈热裂解，在热解阶段TG曲线急剧下滑，质量迅速减小；第3阶段为碳化阶段，曲线未发生变化，几乎未发现热失重现象，表明三种物质都已经热裂解完全，基本碳化。同时松木粉热解阶段初始温度较早于纤维素粉、棉花，但纤维素粉在快速裂解阶段裂解速度较快，质量损失快，不过三种物质最终热失重质量分数趋于一致。

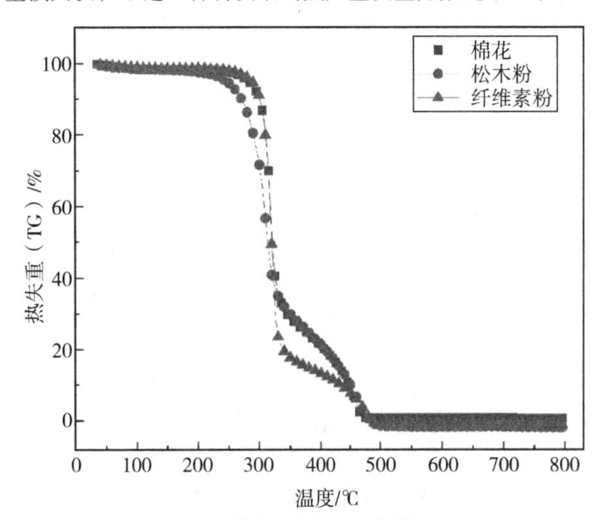

图1 空气氛围下TG曲线图

在进一步探究空气气氛下热解曲线图发现三种物质存在细微差异，200℃之后的失重率曲线也发生了分叉，分析原因可能是由于棉花、松木粉、纤维素粉的内部形成的空隙程度不同，虽然是在相同温度下热失重程度表现大致相同，但

是由于空隙程度的不同使得热量进入物质的量不完全相同，热解情况显现不完全相同，三种物质显现出来的热失重率表现出了一定的差异。

从室温到800℃下，对棉花、纤维素粉、松木粉热失重速率情况进行对比分析，如图2所示。由图可知：在325℃左右棉花、纤维素粉、松木粉样品都表现出最大热失重速率；纤维素粉的热失重速率最大，其次为棉花样品，松木粉样品的热失重速率最小。纤维素粉热失重速率在250~350℃速率较高，能够迅速产生更多热量，加剧火灾危险性，因此松木粉性能表现好一些，产生热量相对较低；但从3种样品开始出现热裂解速率所需的温度来看，松木粉从240℃开始，稍低于纤维素粉、棉花样品，纤维素粉相比其他两种物质不太稳定，与TG曲线正好形成相互对照，热解阶段初始温度较早。

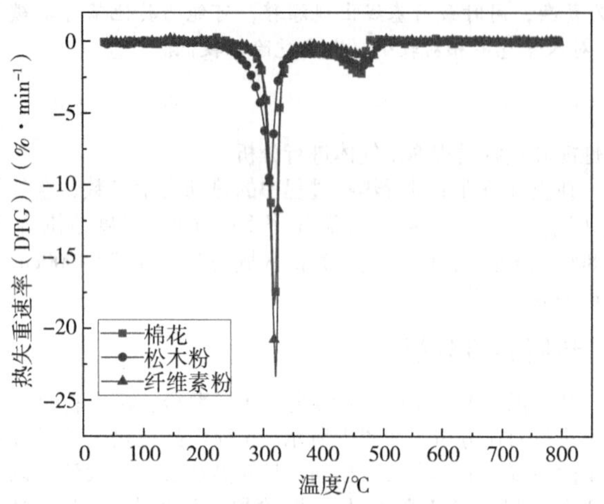

图2 空气氛围下DTG曲线图

3 FT-IR分析

由TG和DTG分析结果可知，棉花、松木粉、纤维素粉热解过程具有一定的差异性，在热解过程中产生的气体种类、浓度和时间也各不相同。本文使用STA-FTIR联用技术，对空气气氛中5℃/min升温速率条件下3种物质热解时逸出气体进行同步红外吸收光谱分析。如图3所示，红外实验结果能通过对气相产物成分变化的检测来推理反应过程途径。可以看出：三种物质热解过程中挥发分主要吸收峰出现在280℃到480℃范围内，与其TG/DTG曲线失重规律吻合。

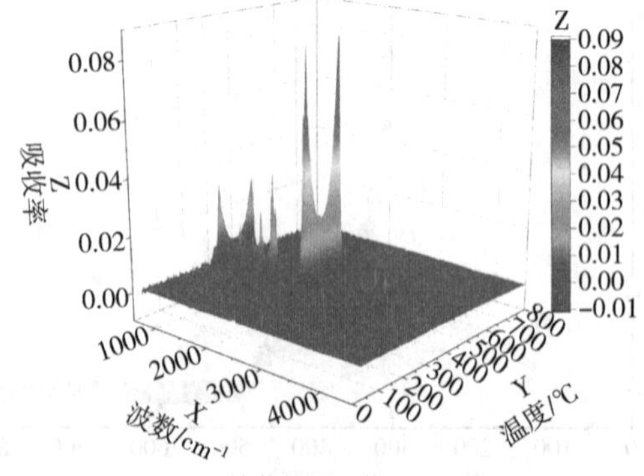

(a) 棉花热解三维FTIR图

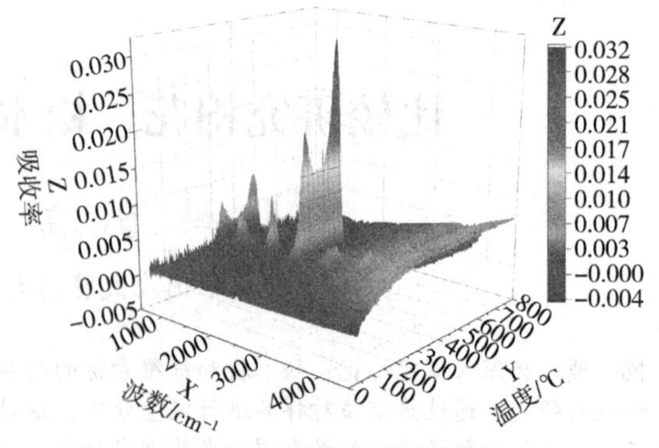

(b) 松木粉热解三维FTIR图

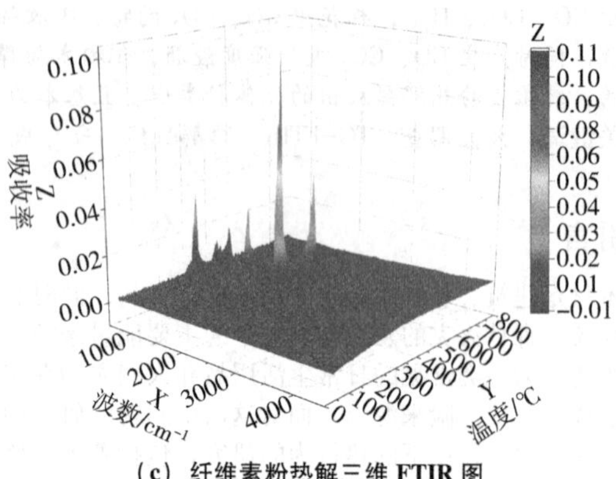

(c) 纤维素粉热解三维FTIR图

图3 三种物质热解三维FTIR图

3.1 棉花热解气体产物FT-IR分析

图4为不同温度条件下棉花热解气体产物FT-IR谱图。由图4可知：温度为339℃时，在2332cm^{-1}和678cm^{-1}处出现了明显的CO_2特征吸收峰，吸光度较大；在3728cm^{-1}、1764cm^{-1}处出现微弱特征吸收峰，结合678cm^{-1}处出现的特征吸收峰，表明棉花热解后生成了含量较少的H_2O。1764cm^{-1}对应于醛、酮和酸的C═O振动峰，由此可以断定，棉花受热分解，一些化合物裂解成烃类，生成CO、CO_2气体逸出。

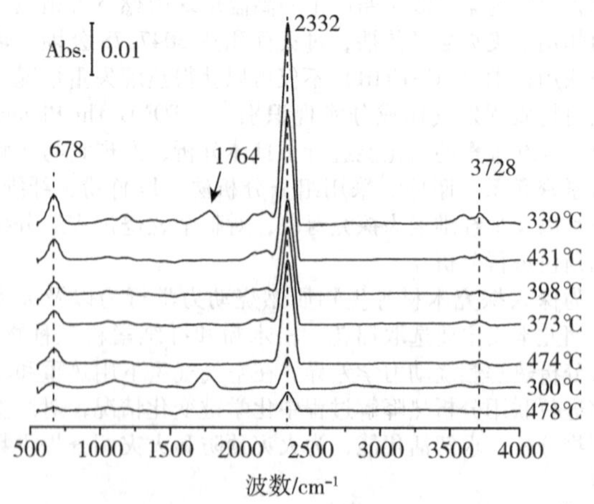

图4 不同温度条件下棉花热解气体产物的FT-IR谱图

3.2 松木粉热解气体产物 FT-IR 分析

相对于棉花而言，松木粉出峰则较多，比较杂乱，同时基线往上漂移比较严重，有可能在后期反应生成新的物质，需要我们进行进一步探讨。通过图 5 松木粉 FT-IR 谱图可以看出：温度为 321℃、341℃时，在 670cm^{-1}和 2346cm^{-1} CO_2 特征吸收峰比较明显，吸光度较大，分别对应着 CO_2 的C ═O振动峰和 CO_2 的 C ═O 弯曲振动峰；但是没有显现出 CO 的吸收峰，有可能原因是在氧气氛围下进一步反应形成了 CO_2，以 CO_2 吸收峰表现出来；在 1767cm^{-1}之间出现了较强的特征吸收峰，表明松木粉热解后生成了大量的 H_2O。在 3400 到 3980cm^{-1}之间出现很多波段状吸收峰；温度为 321℃、341℃时，可能是甲烷的特征吸收峰在 2973cm^{-1}附近出现。同时还可以观测到一些小峰，如 2973、1767 和 1089cm^{-1}，其分别对应于 CH4 的 C — H 振动峰，醛、酮和酸的 C ═O 振动峰，或者一些其他烷烃、醇、醚和脂的 C — H 和 C — O 振动峰。

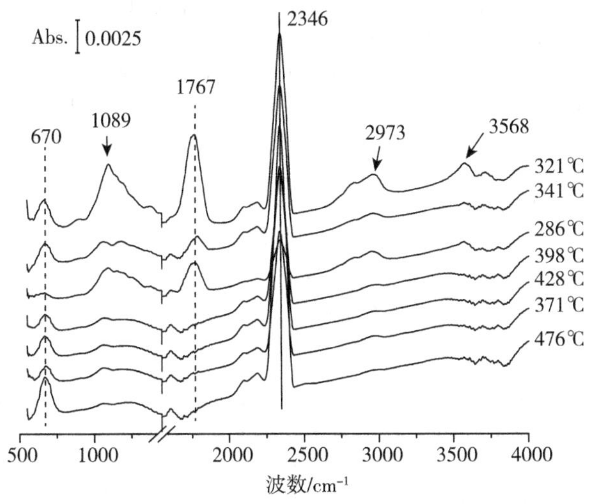

图 5　不同温度条件下松木粉热解气体产物的 FT-IR 谱图

3.3 纤维素粉热解气体产物 FT-IR 分析

相比较于棉花、松木粉，纤维素粉则出峰较少，出峰位置比较单一，物质比较纯净，其他杂质较少。从室温到 800℃下，对纤维素粉逸出气体热解气体情况进行对比分析。由图可以看出：温度为 341℃ 和 476℃ 时，纤维素粉在 2334cm^{-1}和 666cm^{-1}出现较高吸收峰，通过查阅发现，释放气体为 CO_2 成分；但在图 6 中除了较为明显的 CO_2、特征吸收峰外，没有发现一些比较强的吸收峰；从 500 ~ 2000cm^{-1}吸收峰之间发现了许多波段状吸收峰，推断发现可能是纤维素粉在此阶段产生了较少的 H_2O。

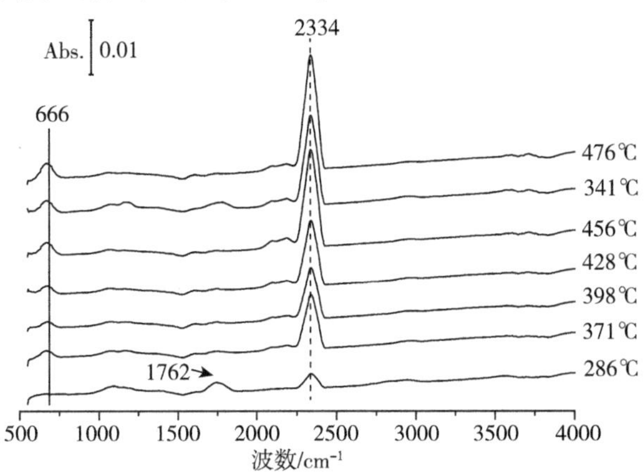

图 6　不同温度条件下纤维素粉热解气体产物 FT-IR 谱图

3.4 三种物质气体产物对比

经过以上对其挥发分成分进行分析后，随着升温速率逐渐升温至 800℃形成的单一物质挥发的气体成分，如图 7、8 所示。根据 Lambert-Beer 定律，吸光度的变化反映出整个热解过程中挥发分气体的浓度变化趋势[10]。在 300 ~ 500℃范围内气体大量产生，在 300℃内首先浓度会产生一个突增，在 300 ~ 400℃会逐渐下降，然后随着温度的增高，大概持续到 500℃时，浓度持续升高，形成 U 字形峰图，500℃以后，浓度持续下降，逐渐降低至 0，最终实现平缓趋势。

三种物质热解挥发出来的气体成分主要由小分子 CO、CO_2、H_2O 组成，有可能会存在一些烷烃、醇类和酚类一些有机物组成，为深入探究挥发产物与燃烧情况，我们通过计算三种物质 CO、CO_2、H_2O 在不同温度下的吸光度，得到以下谱图。

从室温到 800℃下，对棉花、纤维素粉、松木粉逸出气体 CO、CO_2 的情况进行对比分析，如图 7 所示。由图可知：3 种物质均为 5mg 时，棉花对 CO 的吸光度最大，纤维素粉其次，松木粉的吸光度最小；棉花中 CO_2 的特征吸收强度总体显示最多，但开始纤维素粉释放出最多 CO_2，松木粉中 CO_2 吸收强度最弱。三种物质比对发现，3 种物质中棉花热解气体产物的特征峰最明显，气体成分较复杂，吸收峰强度最强，产出气体浓度最多，而松木粉除去 U 状波段以外，未发现其他变化吸收峰，而且通过对比吸光度发现，产生的热解气体主要为 CO、CO_2，通过对比棉花、纤维素粉研究发现，松木粉热解后逸出释放的有毒气体对人员和火灾危害最小，释放 CO 最少。同时为进一步考察三种物质热解后逸出气体的具体成分，后续还需要进行热重-红外-质谱分析实现每个基团与物质的准确识别。

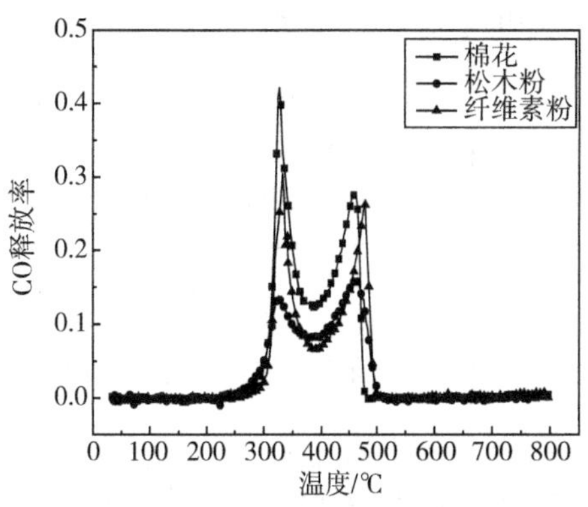

（a）不同温度下 CO 释放

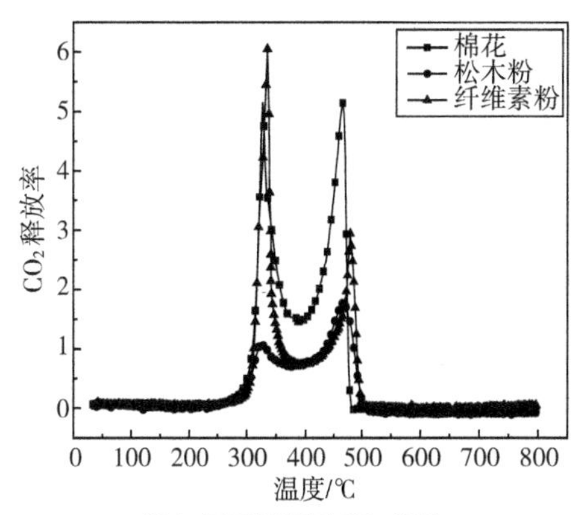

（b）不同温度下 CO_2 释放

图 7　不同温度下 CO、CO_2 释放图

从室温到800℃下，对棉花、纤维素粉、松木粉逸出水的情况进行对比分析，如图8所示。研究结果发现：3种物质热解后都释放出 H_2O 分子，棉花、纤维素粉热解后逸出气体中含有的 H_2O 分子较多，松木粉中 H_2O 分子较少；同时对比图8发现，三种物质都是生成水浓度急剧升高，随后在干燥阶段迅速下降，最终逐步上升趋于平稳。

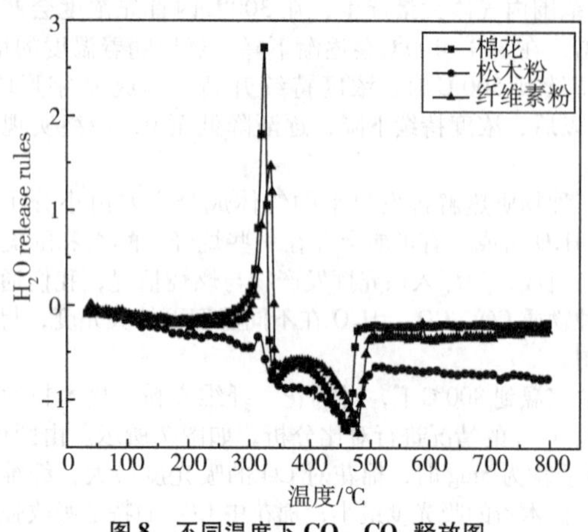

图8　不同温度下 CO、CO_2 释放图

4　结论

本文深入探究棉花、松木粉、纤维素粉三种物质的热解情况，探讨了热解温度与热解产物组成和分布的关系，得出以下结论：

（1）热重曲线分析表明，棉花热解温度最高，耐热性能最优；纤维素粉的热失重速率最大，其次为棉花样品，松木粉样品的热失重速率最小；分析原因可能是由于棉花、松木粉、纤维素粉的内部形成的空隙程度不同

（2）FT-IR 表征结果：三种产物中，棉花热解产生气体所产生的特征峰数量最多，吸收峰强度最高，产出气体含量也最多；而纤维素粉的产生气体则相对纯净，形成物质也相对简单；在松木粉除去U状波段之外，尚未看到其他的变化吸收峰，而且通过对比吸光度发现，生成的热解作用气体主要是CO、CO_2。而松木粉在高温热解后逸出的有毒气体对人员健康和火灾影响最少，所释放CO也最小。同时为了更深入考察三种物质逸出气体的具体成分，接下来还必须进行热重-红外-质谱研究，进行对每个基团和化合物的精确鉴定。

（3）利用热重红外联用试验，结果表明三种物质中棉花的耐热性能最良好；纤维素粉产生物质相对简单，且较为干净；而松木粉在热解后逸出气体的物质种类很少，且飞火引燃时多为阴燃，故着火风险较低。

参考文献

［1］ Babrauskas V. Ignition of wood：a review of the state of the art［J］. Journal of Fire Protection Engineering，2002，12（3）：163-189.

［2］ Safi M J，Mishra I M，Prasad B. Global degradation kinetics of pine needles in air［J］. Thermochimica acta，2004，412（1-2）：155-162.

［3］ Antal M J J，Varhegyi G. Cellulose pyrolysis kinetics：the current state of knowledge［J］. Industrial & Engineering Chemistry Research，1995，34（3）：703-717.

［4］ Di Blasi C，Branca C，Santoro A，et al. Pyrolytic behavior and products of some wood varieties［J］. Combustion and Flame，2001，124（1-2）：165-177.

［5］ Pello. F. Wildland Fire Spot Ignition by Sparks and Firebrands［J］. Fire Safety Journal，2017，91（2017）：2-10.

［6］ CalFire Butte Fire Incident Report：http：/cdfdata. fire. ca. gov/incidents/incidents_details_infoincident_id = 1221.

［7］ 马中青，陈登宇，张齐生．基于热重红外联用技术的竹综纤维素热解过程及动力学特性［J］. 浙江农林大学学报，2014，31（4）：495-501.

［8］ 谢琮，周劲松．木质纤维素生物质磷酸活化过程的TG-FTIR研究［J］. 能源工程，2021.

［9］ 邓丛静，马欢欢，王亮才，等．杏壳半纤维素的结构表征与热解产物特性［J］. 林业科学，2019，55（1）：74-80.

［10］ 廖艳芬，郭振戈，曹亚文，等．5-羟甲基糠醛热解机理的PY-GC-MS及原位红外法分析［J］. 华南理工大学学报：自然科学版，2015（6）：7.

［11］ 南玮，吴爱军．阻燃电缆的热解动力学及反应机理研究［J］. 消防科学与技术，2022，41（1）：5.

［12］ 邵秋荣，孟昭建，陈谷峰，等．热重-红外联用技术应用研究进展［J］. 化学分析计量，2020，29（1）：7.

［13］ 田霖，胡建杭，刘慧利．基于热重-红外联用技术分析油酸的热解特性及动力学分析［J］. 化工进展，2020，39（S02）：10.

［14］ Li A，Huang B，Zhang W，et al. Experimental study on pyrolysis gas products of chlorinated polyvinyl chloride and its smoke properties during combustion［J］. Journal of Thermal Analysis and Calorimetry，2021：1-12.

阻燃-致密化工艺对木材阻燃及成炭行为影响*

徐志胜　赵雯筠　颜　龙　唐欣雨　冯钰微

（中南大学　防灾科学与安全技术研究所，湖南　长沙）

摘　要　通过对樟子松进行阻燃-致密化工艺处理制得新型阻燃致密化木材，并对其阻燃性、隔热性和热稳定性进行分析。结果表明，经硼砂-氧化石墨烯处理后的压缩致密化木材表现出最佳的阻燃效果，极限氧指数（LOI）高达60.5%、导热系数低至0.188W/（m·K）。相比于未处理原木，硼砂-氧化石墨烯阻燃压缩致密化木材的隔热性能提高27.7%，峰值热释放速率（PHRR）和总放热（THR）分别降低了43.5%和58.4%。炭层分析表明，经硼砂-氧化石墨烯处理后的压缩致密化木材在燃烧过程中形成更加稳定和致密的炭层结构，进而表现出最佳的隔热和阻燃性能。

关键词　致密化木材　阻燃　成炭　硼砂　氧化石墨烯

1　引言

木材作为使用历史最为悠久的建筑材料之一，现仍广泛用于人类生活的各方各面。然而木质材料极易燃烧，一旦发生火灾将对人员安全和经济财产造成巨大威胁，尤其是近年来木结构建筑火灾频发，例如云南香格里拉独克宗古城火灾和大理州拱辰楼火灾等，摧毁了数以万计的历史文化珍品，给人类文明造成了难以估量的损失。因此，对木材及木制品进行阻燃处理具有重要意义。

木材是一种由大量导管结构组成的天然材料，具有一定的可压缩性。大量研究表明，对木材进行压缩处理可以显著提高其物理性能和力学性能，如密度、弹性模量、抗弯强度等[1-3]。胡良兵[4,5]研究发现，将去木质素与热压技术相结合可以制备一种高性能压缩致密化木材，经测试发现致密化木材的比强度等参数甚至优于大多数金属和合金，燃烧后的炭层也表现出更高的结构完整性和抗压性。除致密化工艺外，许多含硼、磷、氮等元素的阻燃剂因能与羟基发生氢键作用，被广泛用于制备改性阻燃木材研究中。王凯嵩[6]以植酸为阻燃剂制得了一种阻燃性能优异的木材，经测试试样的LOI和UL-94等级分别可达37.2%和V-0。

本文选用樟子松作用试验木材，针对木材可压缩、去木质素后拥有丰富的羟基等特点，选择阻燃性能优异、拥有丰富含氧官能团的硼砂和氧化石墨烯作为阻燃剂，通过化学改性制备阻燃性能优异的致密化木材，通过极限氧指数、隔热性能测试和锥形量热仪测试，对试样的燃烧性能和隔热性能进行表征，结合热重和成炭行为分析，探究阻燃-致密化工艺对木材阻燃性能的影响及规律。

2　实验

2.1　主要原材料

樟子松（平均密度为428kg/m^3，含水量为9.0%），四川福临门木业有限公司生产。氢氧化钠（NaOH，纯度≥99.5%），天津福辰化学试剂厂生产。亚硫酸钠（Na_2SO_3，纯度≥99.0%），天津广福科技发展有限公司生产。硼砂（$Na_2B_4O7 \cdot 10H_2O$，纯度≥99.5%），湖南汇鸿试剂有限公司生产。去离子水，广东华润怡宝有限公司生产。氧化石墨（GO，SE2430），常州第六元素材料科技有限公司生产。

2.2　样品制备

2.2.1　阻燃剂接枝处理

1）去木质素处理：将木材（100mm×100mm×10mm）在80℃的2.5mol/L的NaOH和0.4mol/L的Na_2SO_3混合水溶液中浸泡24h，随后在80℃的去离子水中浸泡数次以去除化学物质并使溶液pH值达到7，最后在35℃烘箱中烘干24h。

2）硼砂接枝处理：将已去木质素的木材置于80℃的20wt%硼砂水溶液中浸泡48h，随后用流水冲洗以除去表面多余的浸渍液，最后在35℃烘箱中烘干24h。

3）氧化石墨烯接枝处理：将已接枝硼砂的木材置于80℃的0.5wt%氧化石墨烯水溶液中浸泡48h，随后用流水冲洗以除去表面多余的浸渍液，最后在35℃烘箱中烘干24h。

2.2.2　压缩致密化处理

将试样放置于电动压片机中进行压缩处理，先以100℃、10MPa条件热压30min，随后以15℃、10MPa条件冷压30min，得到致密化木材。各组试样处理信息如表1所示。

表1　致密化阻燃木材工况设置

试样	压缩致密化处理	硼砂阻燃剂浸渍处理	碳纳米材料浸渍处理
NW	—	—	—
DW	√	—	—
DW-B	√	√	—
DW-BGO	√	√	√

2.3　测试与表征

傅里叶红外光谱分析（FTIR）采用KBr压片，记录试样对4000cm^{-1}至500cm^{-1}波长范围内光的吸收率。热重分析（TG）在氮气气氛下进行测试，试样质量约为5mg，升温速率选择10℃/min，测试温度为25℃至800℃，气体流速为40ml/min。极限氧指数（LOI）测试参照GB/T 2406—2009进行，试样尺寸为100mm×10mm×5mm。锥形量热仪测试参照GB/T 16172—2007进行，试样尺寸为100mm×100mm×

＊　基金项目：国家自然科学基金项目（51906261）；湖南省重点研发计划项目（2020SK2057）。

5mm 的试样进行锥形量热仪测试，辐射功率选择为 $50kW/m^2$。导热系数测试利用快速导热系数测试仪在常温下进行。隔热性能测试采用辐射锥进行，试样尺寸为 100mm×10mm×5mm，辐射强度为 $50kW/m^2$，通过在试样背部中心位置布置热电偶来记录背面温度变化情况。

3 结果与分析

3.1 试样形貌及组成

各组木材表观形貌如图 1 所示。可以发现，经去木质素处理后，试样 DW 表面产生了明显的收缩和粗糙毛刺，而经阻燃剂接枝处理后，木材表观形貌得到明显的改善，其中试样 DW-B 颜色略微发黄，试样 DW-BGO 明显变黑。从试样侧视图可以发现，经过致密化处理的木材明显变得更为致密，最终厚度约为 0.5cm。

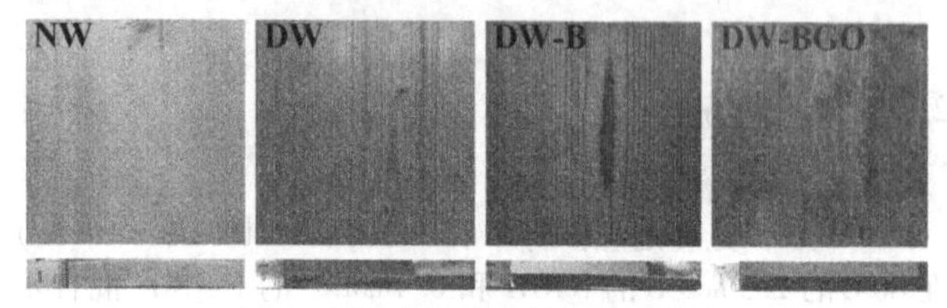

图 1 致密化阻燃木材表观形貌图

图 2 为各组试样的红外光谱图。可以发现，原木在 $3400cm^{-1}$、$2915cm^{-1}$、$1737cm^{-1}$ 和 $1646cm^{-1}$ 附近分别出现—OH、—CH_3 和—CH_2—、C═O、C═C 基团的特征峰。当经去木质素处理后，试样 DW 在 $1737cm^{-1}$ 附近的 C═O 基团特征峰消失，说明已成功对木材进行去木质素处理。当经过硼砂接枝处理后，试样 DW-B 和 DW-BGO 在 $1371cm^{-1}$ 和 $665cm^{-1}$ 处明显出现 B-O-C 和-BO_3 基团伸缩振动峰，说明硼砂已成功与木材的-OH 基团发生接枝反应[7,8]。当经过氧化石墨烯处理后，试样 DW-BGO 在 $1606cm^{-1}$ 出现氧化石墨烯骨架结构的特征峰，说明氧化石墨烯通过化学键锚定到木材分子结构中[9]。

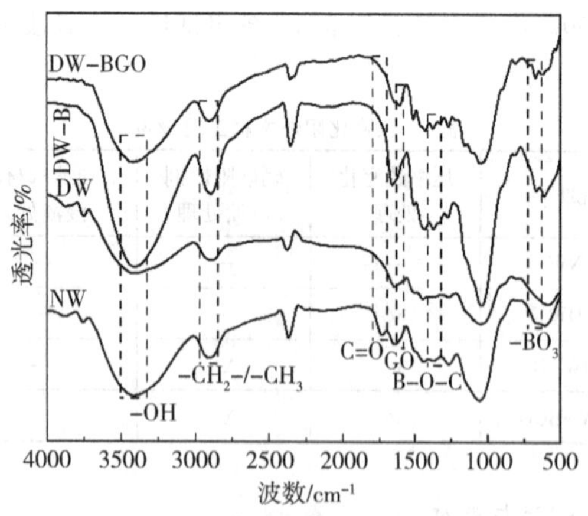

图 2 致密化阻燃木材红外光谱图

3.2 LOI 测试

致密化阻燃木材 LOI 测试结果如图 3 所示。可以发现，试样 NW 的 LOI 为 26%，而试样 DW 的 LOI 为 33.5%，属难燃材料，说明致密化工艺可以提高木材的阻燃性能。当接枝阻燃剂后，试样 DW-B 和 DW-BGO 的 LOI 分别可达 47.5% 和 60.5%，说明阻燃-致密化工艺可以进一步得到木材的阻燃性能，其中经硼砂-氧化石墨烯处理后的致密化木材具有最高的 LOI，表现出最佳的阻燃性能。

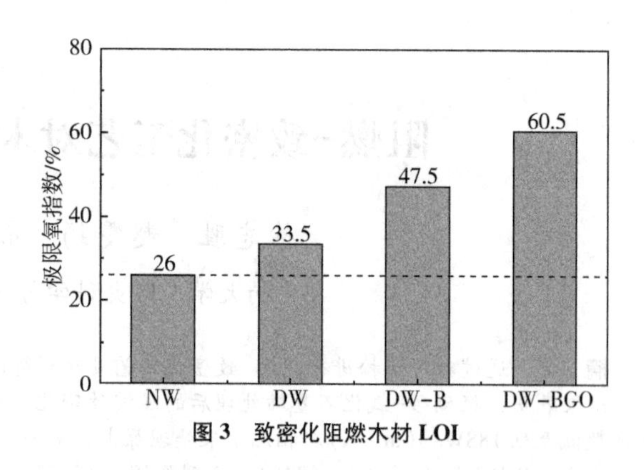

图 3 致密化阻燃木材 LOI

3.3 隔热性能测试

致密化阻燃木材在 $50kW/m^2$ 热辐射下背温测试结果如图 4（a）所示，导热系数测试结果如图 4（b）所示。从图 4（a）中可以发现，试样 NW 在 900s 时升温速率逐渐减缓，试验结束时背温为 669.5℃，而试样 DW 最终背温为 577.7℃，说明致密化处理可以提高木材的隔热性能。试样 DW-B 和 DW-BGO 的最终背温分别为 513.5℃和 417.5℃，较试样 DW 分别降低 11.1%和 27.7%，说明阻燃-致密化工艺可以增强致密化木材的隔热性能，且经硼砂-氧化石墨烯处理的隔热效果明显优于单独硼砂处理。从图 4（b）中可以发现，试样 NW 和 DW 的导热系数分别为 0.253W/（m·K）和 0.218W/（m·K），而试样 DW-BGO 的导热系数最低为 0.123W/（m·K）。通过隔热性能测试可以得知，阻燃-致密化工艺可以降低木材的导热系数，提高木材的隔热性能，从而使试样获得更低的背部温度，其中经硼砂-氧化石墨烯处理的致密化木材具有最低的导热系数和背部温度，表现出最佳的隔热性能。

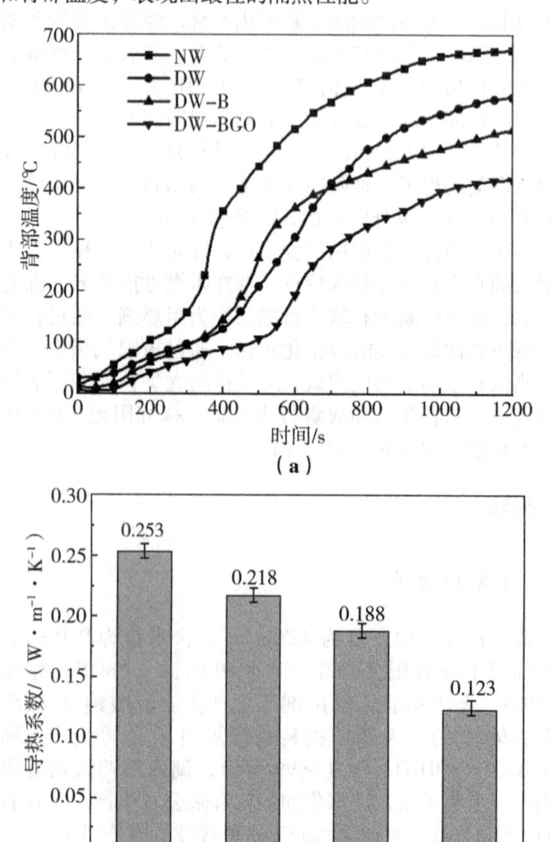

图 4 致密化阻燃木材背部温度曲线（a）和导热系数（b）

3.4 锥形量热仪测试分析

通过锥形量热仪测试对致密化阻燃木材的燃烧性能进行研究，测试辐射功率为50kW/m²，热释放速率（HRR）和总释放热（THR）曲线如图5所示，典型燃烧参数如表2所示。由图5（a）可以发现，当木材被引燃后热释放速率迅速增加，并出现与点火和最大热释放速率相关的两个峰值热释放速率。致密化木材的引燃时间和第一峰值热释放速率（PHRR1）时间明显晚于原木，且PHRR1降低，其中试样DW-BGO的PHRR1最低为64.8kW/m²。所有试样的第二峰值热释放速率（PHRR2）出现在300~400s范围内，试样DW-BGO的PHRR2最低为135.6kW/m²。从图5（b）中可以看出，试样NW的THR曲线增长速率明显高于致密化木材，致密化木材的THR平均为35.6MJ/m²，其中试样DW-BGO的THR最低为30.7MJ/m²，较试样NW相比降低58.4%。此外，结合表2可以看出，致密化阻燃木材炭层完整性和残炭量均得到明显改善，试样DW-B和DW-BGO残炭量分别为23.1%和27.6%，较试样NW相比分别提高196.2%和253.8%。

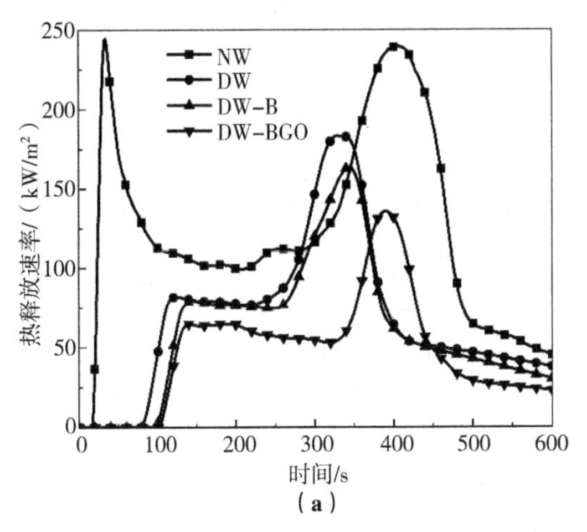

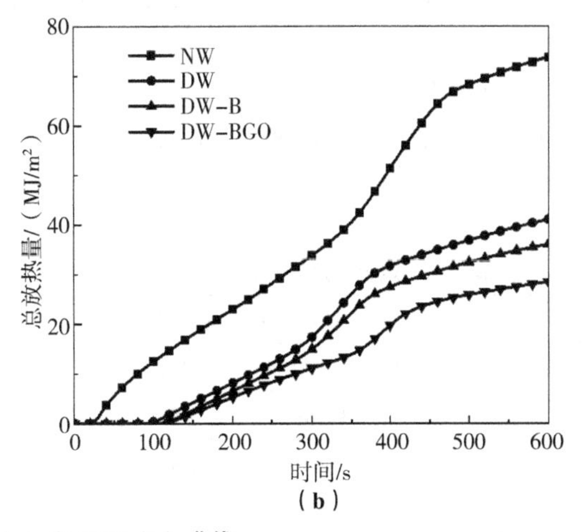

图5 致密化阻燃木材HRR（a）和THR（b）曲线

表2 致密化阻燃木材锥形量热仪测试典型参数

试样	TTI/s	PHRR1/（kW·m⁻²）	PHRR1对应时间/s	PHRR2/（kW·m⁻²）	PHRR2对应时间/s	THR/（MJ·m⁻²）	剩余质量/%
NW	17	244.3	34	240.0	404	73.8	7.8
DW	80	81.7	121	183.4	329	41.1	11.1
DW-B	98	79.1	147	163.7	345	35.1	23.1
DW-BGO	102	64.8	141	135.6	391	30.7	27.6

3.5 热稳定性分析

致密化阻燃木材的TG和DTG曲线见图6，典型热分解参数如表3所示。从图6和表3可以看出，致密化阻燃木材的PMLR出现了降低和向低温区域偏移的情况，这是因为去木质素处理导致纤维素直接暴露在高温环境当中，将更早地达到PMLR，但压缩处理又降低了木材与外界的传热传质速率，使PMLR相应降低。当经硼砂接枝处理后，PMLR对应温度延缓至365℃附近，其中试样DW-BGO的PMLR最低为6.8%/min、试验结束时的残炭量达到了27.7%，这是因为硼砂和氧化石墨烯都是性能优异的阻燃剂，且由于氧化石墨烯特殊的片层状结构，促使交联炭层结构具有更佳的隔热隔质作用，提高了致密化木材的热稳定性。

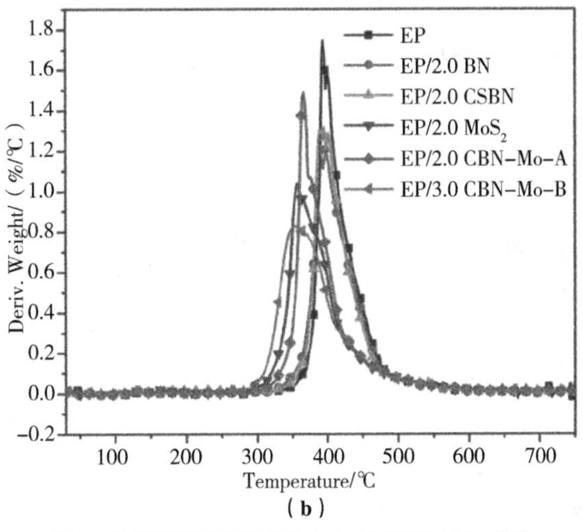

图6 致密化阻燃木材TG（a）和DTG（b）曲线

表3 致密化阻燃木材典型热分解参数

试样	T_d/℃	T_{max}/℃	PMLR/（%·min^{-1}）	质量损失/%			剩余质量/%
				20~290℃	290~440℃	440~800℃	
NW	284.5	397.3	8.7	7.4	72.1	5.9	14.6
DW	283.4	328.9	6.8	12.2	52.0	7.3	28.5
DW-B	292.1	364.7	10.7	9.8	54.5	12.2	23.6
DW-BGO	312.3	363.5	6.8	7.0	55.6	9.7	27.7

注：T_d为试样质量损失10%时的温度；T_{max}为试样峰值质量损失速率对应温度；PMLR为试样峰值质量损失速率。

3.6 成炭行为分析

根据锥形量热仪测试结果以50kW/m² 热辐射强度对木材进行加热，观察木材形貌变化情况，其中辐射时间根据表4确定。

表4 成炭行为分析辐射时间选择

辐射时间	HRR曲线对应阶段
100s	开始剧烈燃烧和PHRR1对应时间
280s	PHRR1至PHRR2中间稳定阶段对应时间
350s	PHRR2对应时间
400s	PHRR2至结束中间稳定阶段对应时间
600s	试验结束时间

致密化阻燃木材在不同燃烧条件下的炭渣形貌图如7所示。从图7中可以发现，当辐射100s时，试样热释放达到PHRR1，所有木材表面均有炭层产生，试样DW-BGO具有最高的炭层完整性。当辐射受热280s时，试样NW进一步受热脱水，表面生成大量棕色絮状物质，试样DW和DW-B表面裂纹逐渐增多，试样DW-BGO仍表现出最为完整的炭层结构。随着辐射时间增长至350s，木材热释放速率逐渐达到PHRR2，此时试样NW已失去结构完整性，试样DW表面开始有白色絮状物质产生，试样DW-B和DW-BGO表面均有裂纹产生。当辐射受热400s时，木材炭层进一步受热分解，试样DW-B强度降低并出现了坍塌，试样DW-BGO由于脱水而出现明显的丝状结构。当受热600s时，试样NW仅少量絮丝残留，试样DW表面均被絮状物覆盖，试样DW-B结构完整性大大降低，而试样DW-BGO在产生较少絮状物的同时，还保持了优异的结构完整性。综上可以发现，阻燃-致密化工艺可以提高炭层的强度和结构完整性，其中经硼砂-氧化石墨烯处理的致密化木材表现出最佳的成炭行为。

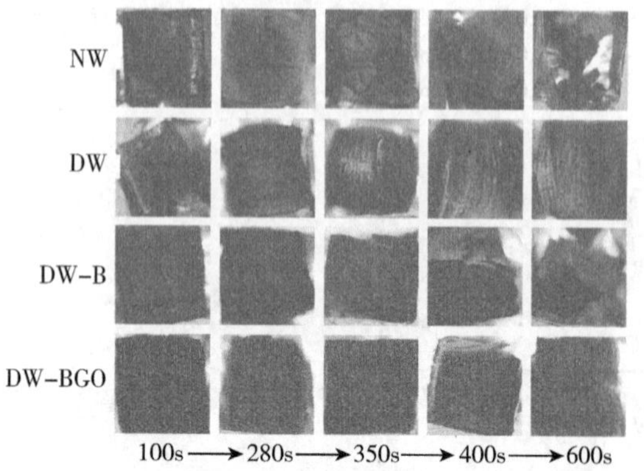

图7 致密化阻燃木材在不同燃烧条件下的炭层表征

4 结论

以硼砂和氧化石墨烯为阻燃剂，通过阻燃-致密化工艺制备致密化阻燃木材，并对其阻燃、隔热、燃烧和热解性能进行表征。结果表明，阻燃-致密化工艺可以有效提高木材的阻燃、隔热和燃烧性能。经硼砂-氧化石墨烯处理后的致密化木材表现出最佳的阻燃性能，其LOI可达60.5%，远超难燃材料标准，导热系数和50kW/m² 辐射功率下背温分别为0.123W/（m·K）和417.5℃。此外，硼砂-氧化石墨烯阻燃致密化木材的PHHR和THR分别低至135.6kW/m² 和30.7MJ/m²，相比于原木分别降低43.5%和58.4%。炭层分析发现，致密化阻燃木材由于失去木质素的保护，其最高分解速率对应温度将略微提前，但PMLR会明显降低，最终残炭量明显增加。经硼砂-氧化石墨烯处理后的致密化阻燃木材的PMLR仅为6.8%/min、最终残炭量达到27.7%，并在燃烧过程形成最为完整的炭层结构，进而表现出最佳的阻燃性能、隔热性能和热稳定性。

参考文献

［1］王飞，刘君良，吕文华．木材功能化阻燃剂研究进展［J］．世界林业研究，2017，30（02）：62-66.

［2］苗平，王正，黄金成，等．汽蒸预处理对杨木板材密实化的影响［J］．木材工业，2011，25（05）：41-43.

［3］Pertuzzatti A.，Missio，A. L.，Santini，E. J.，et al. Effect of Process Parameters in the Thermomechanical Densification of Pinus Elliottii and Eucalyptus Grandis Fast-Growing Wood［J］. BioResources 2018，13（1），1576-1590.

［4］Song JW，Chen CJ，Zhu SZ，et al. Processing bulk natural wood into a high-performance structural material［J］. Nature，2018，554（7691）：224-228.

［5］Gan WT，Chen CJ，Wang ZY，et al. Dense，self-formed char layer enables a fire-retardant wood structural material［J］. Advanced Functional Materials，2019，29（14）：1807444.

［6］王凯蒿．涂覆及浸渍法用于阻燃木材的制备及成炭行为分析［D］．北京：北京化工大学，2021.

［7］Xu ZS，Xie XJ，Yan L，et al. Fabrication of organophosphate-grafted kaolinite and its effect on the fire-resistant and anti-ageing properties of amino transparent fire-retardant coatings［J］. Polymer Degradation and Stability，2021，188：109589.

［8］侯雪丽．硼酸处理对木材热解行为的影响［D］．哈尔滨：东北林业大学，2021.

［9］田杰，王元有．石墨烯/还原氧化石墨烯/聚苯胺复合材料的制备及在超级电容器中的应用［J］．化学研究与应用，2022，34（03）：615-621.

城市综合管廊电缆火灾数值模拟与温度分布特性分析

高 琪[1] 陈 钰[2]

（1. 河南省郑州市航空港经济综合实验区消防救援支队，河南 郑州；
2. 江苏省无锡市消防救援支队，江苏 无锡）

摘 要 随着我国社会经济的迅速发展，城市综合管廊被广泛应用，一旦发生火灾，极有可能造成难以估量的经济损失。本文针对城市综合管廊开展数值模拟和实体火试验，研究了火源规模、火源位置和纵向通风风速等因素对城市综合管廊火灾温度特性的影响。研究表明，火源规模、火源位置和纵向通风风速等因素对火灾温度特性均产生规律性影响。

关键词 综合管廊 温度特性 数值模拟 影响因素

1 引言

随着我国社会经济的迅速发展，城市综合管廊在现代城市基础设施建设中被广泛应用。城市综合管廊通常包含水舱、垃圾舱、通信舱、电力舱、燃气舱等[1]，集合程度非常高，结构十分复杂。综合管廊电力舱一般容纳110kV及以上高压输电线路，输送容量巨大，并且承担着市政电力输送的重任，一旦发生火灾，极有可能导致城市大规模停电，造成难以估量的经济损失[2]。

本文采用计算流体动力学软件FDS开展城市综合管廊电缆火灾的数值模拟，重点对火灾发生后的温度分布特性及其影响因素进行研究，为完善综合管廊电缆火灾防控措施提供基础依据。

2 模型建立及场景设定

2.1 模型建立

根据典型城市综合管廊试验环境的实际结构尺寸建立模型，见图1。尺寸为15m×2.6m×2.2m，墙壁为0.2m厚的混凝土。在管廊内，沿长度方向双侧对称设置电缆托架各8层，最底层托架距地面高度为0.4m。电缆托架长15m，宽0.6m，高度0.1m，电缆托架间垂直距离为0.2m，铺设0.1m厚的YJV电力电缆[3]。综合管廊墙壁设置0.6m×0.6m的开口，模拟排烟口。为了简化模型，加快运算速度，模型中将两侧8层电缆托架上密集敷设的电缆，简化成为16个聚氯乙烯材料包裹铜导线的平面薄板。

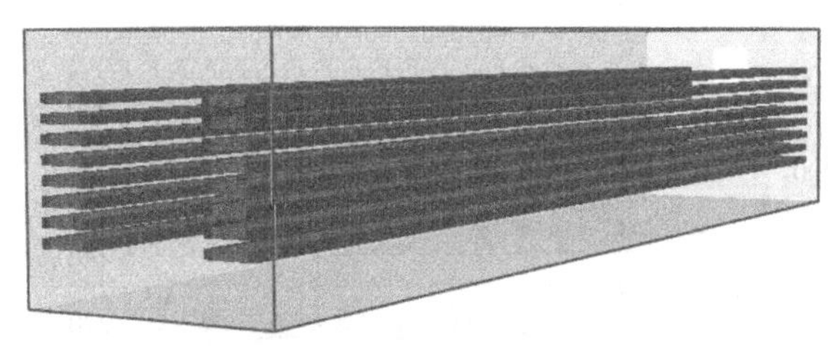

图1 综合管廊模型图

2.2 模拟场景设定

（1）火源设置

火源设置为68kW、250kW两种，设置为t^2火，火源持续时间为300s。火源分别设置在一层、五层和八层电缆的上表面，模拟时长1200s。

（2）材料参数设置

模拟中所涉及的材料共有4种，混凝土、钢、聚氯乙烯和铜，其基本参数设置见表1。

表1 模拟参数设置

材料	导热系数/[W/(m·K)]	密度/(kg/m^3)	比热容/[kJ/(kg·K)]
电缆托架（钢制）	45.8	7850	0.46
墙壁（混凝土）	1.8	2280	1.04
聚氯乙烯	0.16	1380	0.9
铜芯	387	8960	0.38

（3）风速设置

为模拟实际管廊中排风机的作用，根据不同的风速要求将右侧墙壁排烟口排风量分别设置为10296m^3/h、20592m^3/h、30888m^3/h、41184m^3/h，使横截面风速达到0.5m/s、1m/s、1.5m/s、2m/s四种风速，另外还有0风速的工况，排烟口不设置排风量，仅设置为自然通风。

（4）数据采集

共输出120个测点温度，沿纵向每隔1m划分一个断面，共15个，每个断面上温度测点的设置位置如图2所示。共输出6个测温面，纵断面设置于管廊人行通道中央，横断面设置于距入口2、3、4、5m处。

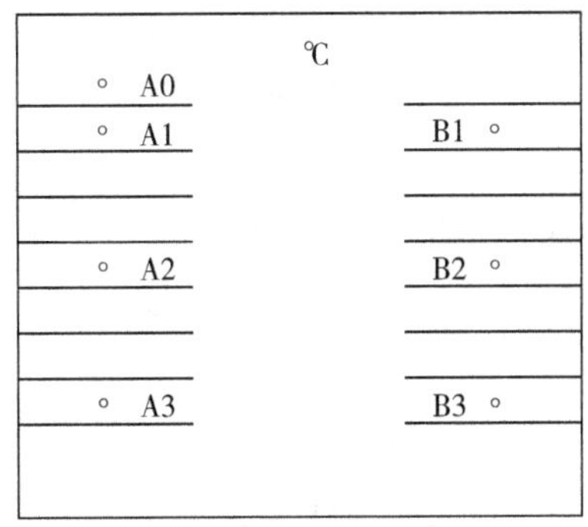

图2 横断面温度测点

2.3 模拟工况

为研究火源规模、火源位置和风速三种不同因素对典型综合管廊火灾温度特性的影响，因此共设定模拟工况14种，具体设置见表2。

表 2 模拟工况

工况	火源功率/kW	火源位置	风速/（m/s）	是否引燃电缆
1	68	八层	0	是
2	68	八层	0.5	是
3	68	八层	1	是
4	68	八层	1.5	是
5	68	八层	2	是
6	68	中层	1	是
7	68	一层	1	是
8	250	八层	0	是
9	250	八层	0.5	是
10	250	八层	1	是
11	250	八层	1.5	是
12	250	八层	2	是
13	250	中层	1	是
14	250	一层	1	是

3 不同因素对纵向温度分布的影响

3.1 火源规模影响及数据分析

工况 2 和 9 条件下，100～600s 不同时刻纵向温度分布云图如图 3 所示。相同风速条件下，两种不同规模火源设置于八层托架时，顶部各测点 300s 时纵向温度分布情况如图 4 所示。

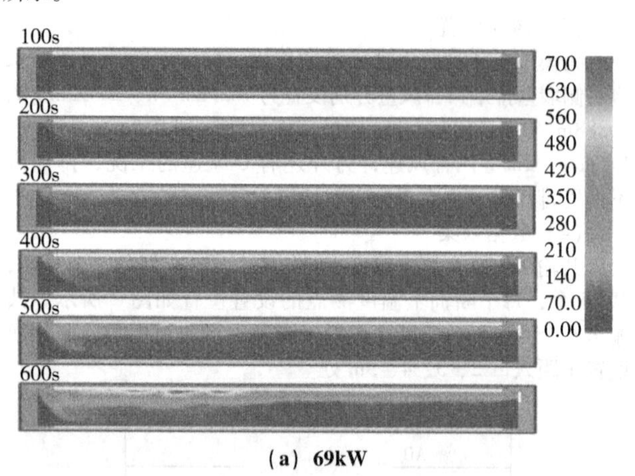

（a）69kW

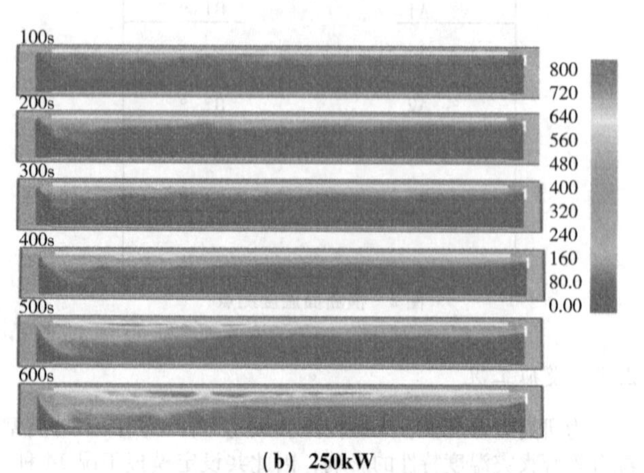

（b）250kW

图 3 不同火源规模作用下纵截面的温度分布云图

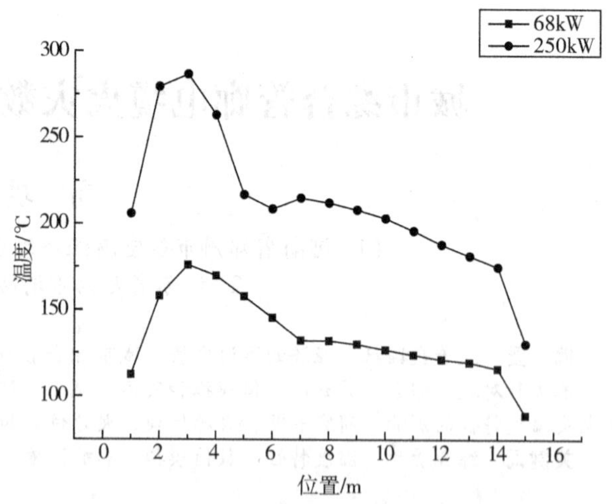

图 4 不同火源规模作用下纵向温度分布曲线

从图 4 可以看出，纵向温度分布规律呈先升高后降低的趋势，且下降趋势逐渐变缓。当火源规模增大，温度纵向分布规律基本保持一致，温度场形态和温度场扩散方向也基本相同，但由于热释放速率增大，管廊顶部纵向各测点温度整体升高，大规模火作用下温度场的扩散速度快于中规模火。

3.2 火源位置影响及数据分析

工况 10、13、14 条件下，100～600s 不同时刻纵向温度分布云图如图 5 所示。1m/s 风速条件下，大规模火设置在不同位置时，管廊顶部 300s 时纵向温度分布情况如图 6 所示。

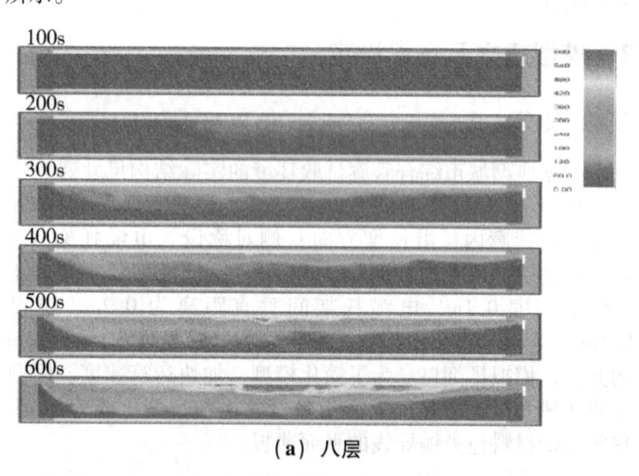

（a）八层

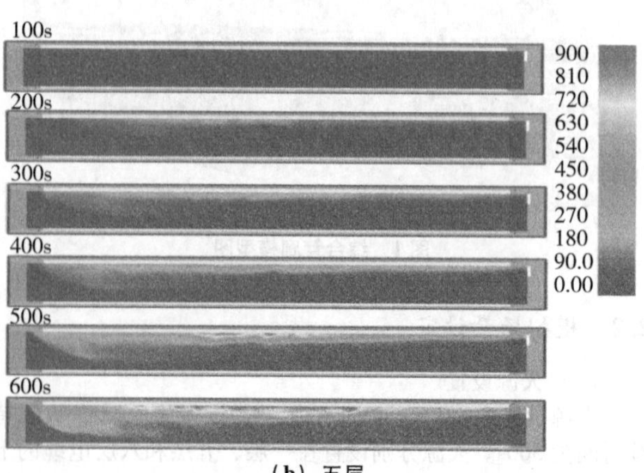

（b）五层

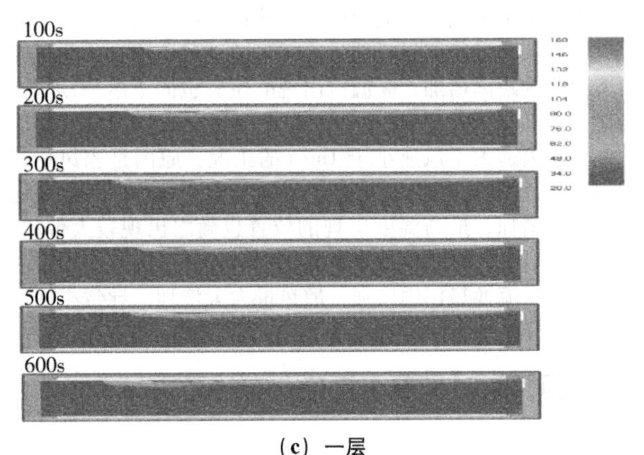

(c) 一层

图5 不同火源位置作用下纵截面温度分布云图

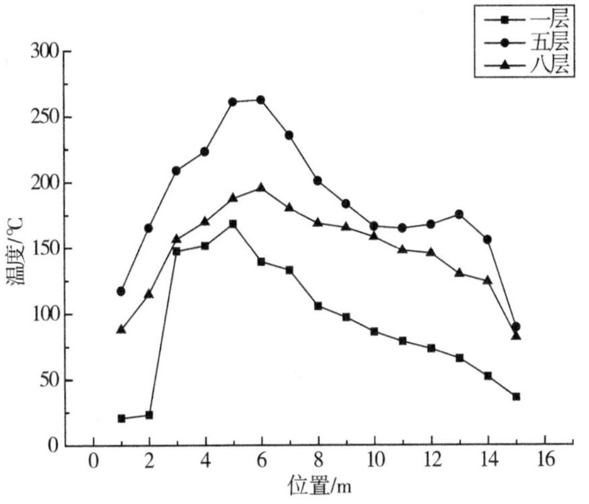

图6 不同火源位置作用下纵向温度分布曲线

从图6可以看出，当火源位置升高时，高温区更集中于管廊顶部，管廊底部发生温度变化的区域减小。从纵向温度分布情况来看，当火源设置五层时，温度整体比八层时偏高，这是因为火源更靠近管廊顶部，热气流上升至顶部过程中散失的热量减少，到达顶部后温度较高。火源位于一层托架时，整体温度远小于火源设置在五层和八层，原因是设置于一层时由于热量大部分聚集到管廊顶部，向下层电缆传递的热量较小，仅有本层电缆燃烧，下层电缆未被引燃，故总放热量比其他两种位置时少，温度也相应降低。

3.3 风速影响及数据分析

工况8~11条件下，100~600s不同时刻纵向温度分布云图如图7所示。两种规模火源设置于八层托架，不同风速条件下，管廊顶部300s时纵向温度分布情况如图8所示。

(a) 0m/s

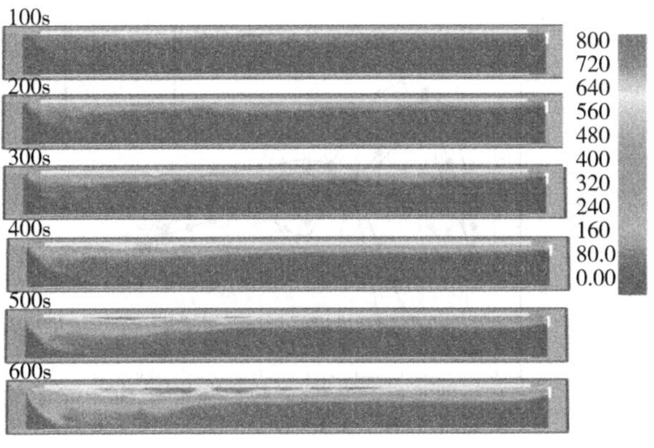

(b) 0.5m/s

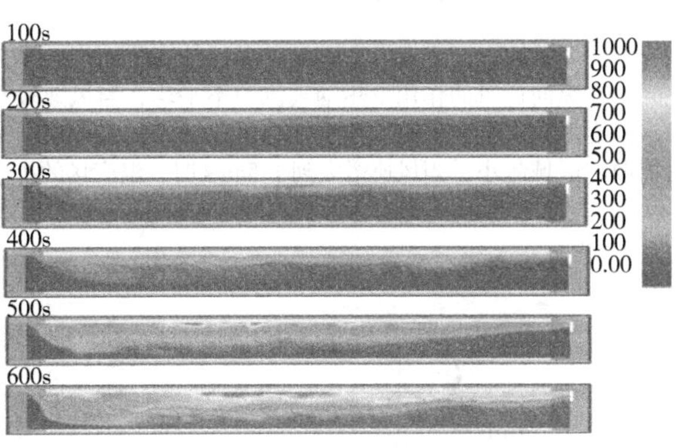

(c) 1m/s

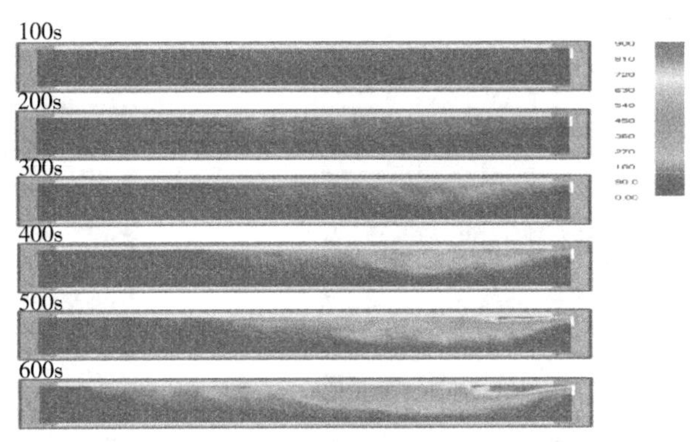

(d) 1.5m/s

图7 不同风速条件下纵截面的温度分布云图

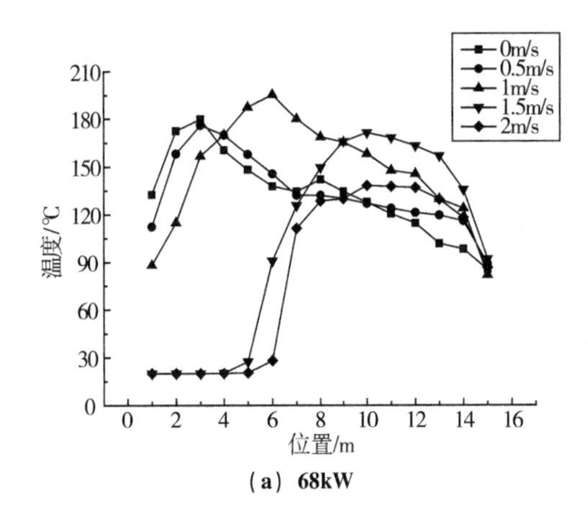

(a) 68kW

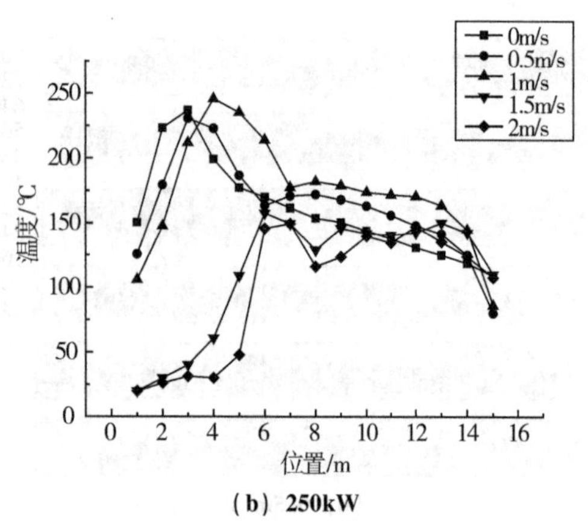

（b）250kW

图 8　不同风速条件下纵向温度分布曲线

由图 8 可知，温度场形态随纵向风速的变化而产生较大差异，在纵向通风的作用下热烟气流动不平均，当风速较小时，温度场向上游、下游均扩散，随风速增大，温度场向上游扩散的区域越小，当风速增大到 1.5m/s 时，温度场的扩散方向主要是下风向，扩散速度随风速增加而增大。火区上游随风速增大，温度明显降低；火区下游随风速增大，热气流向下游蔓延距离增加，高温区出现的位置也向下游移动。当风速大于 1m/s 时，随风速增大，最高温度出现的位置向下游偏移距离远大于风速小于 1m/s 的工况，原因是当风速增大到一定范围时，电缆延燃速率迅速增大，火焰向下游蔓延距离大大增加，最高温度出现的位置也随之出现较大偏移。随着风速增大，管廊内的最高温度基本处于下降趋势，说明通风导致对流换热作用增强，散热量大大增加，导致空间温度整体下降。

4　不同因素对横截面温度分布的影响

4.1　火源规模影响及数据分析

工况 2 和 9 条件下，不同时刻 2、3、5 断面的温度分布云图如图 9 和图 10 所示。不同规模火设置在八层托架时，0.5m/s 风速条件下，300s 时管廊 2、3、4、5 断面温度分布情况如图 11 所示。

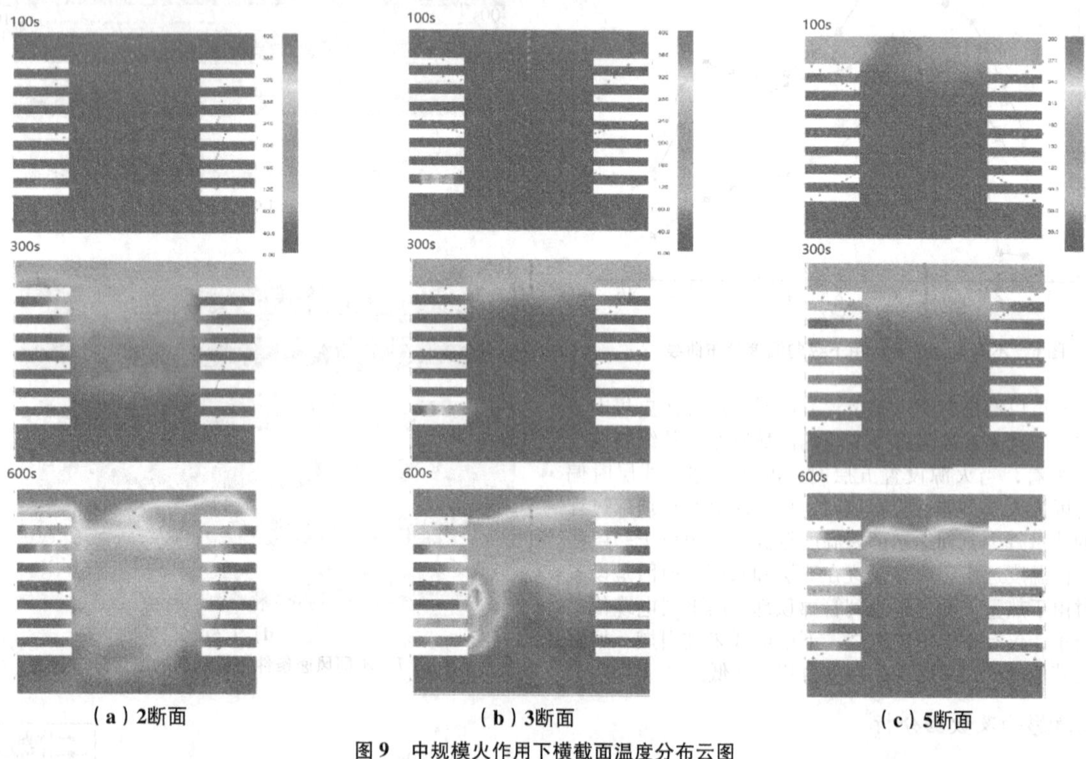

（a）2断面　　（b）3断面　　（c）5断面

图 9　中规模火作用下横截面温度分布云图

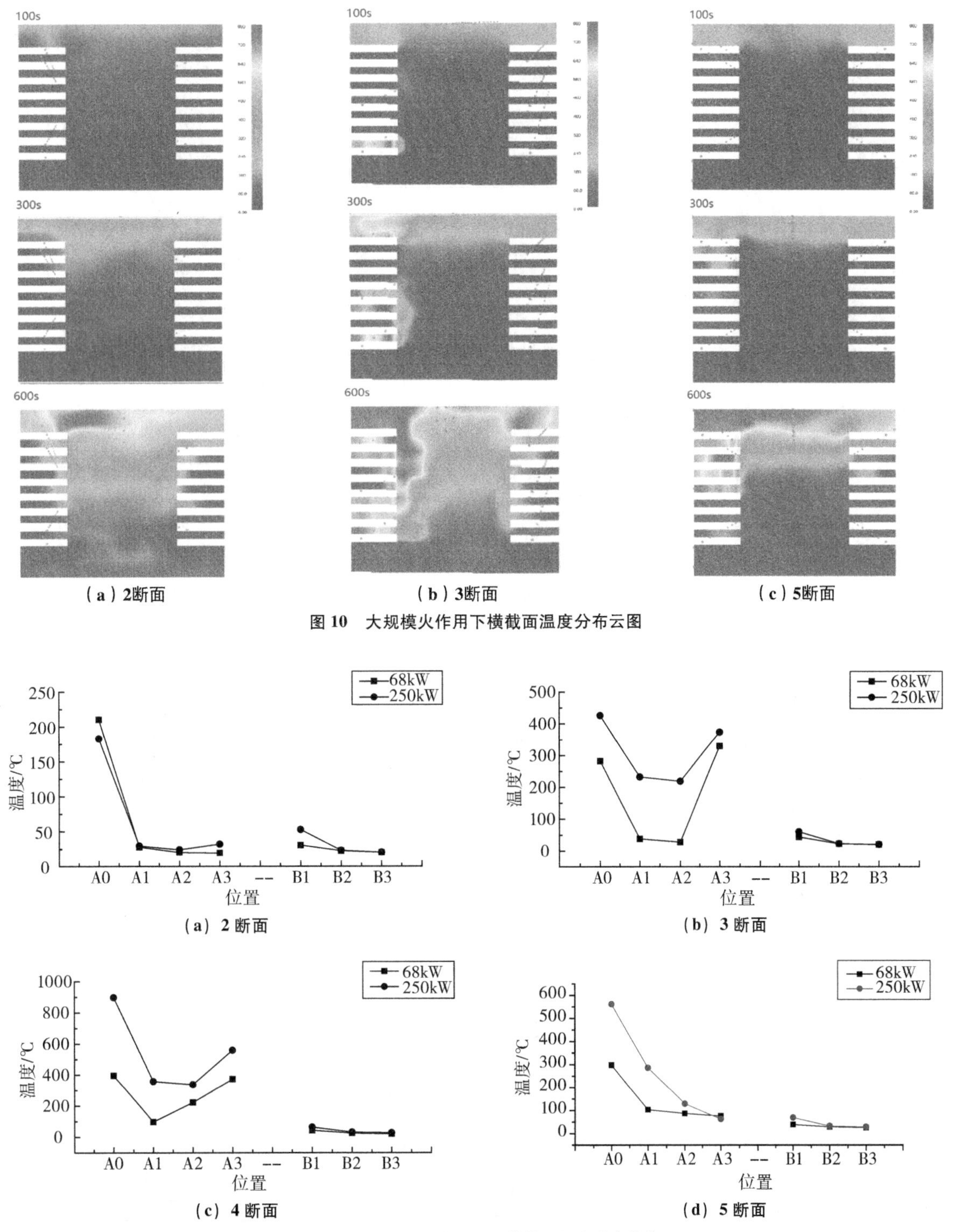

（a）2断面　（b）3断面　（c）5断面

图 10　大规模火作用下横截面温度分布云图

（a）2 断面　（b）3 断面　（c）4 断面　（d）5 断面

图 11　不同火源规模作用下横截面温度分布曲线

从图中可以看出，两种火源规模的作用下，管廊横截面温度分布规律基本一致，但当火源规模增大时，温度场的扩散范围增大，各断面测点温度均有所上升。在 2、5 断面上，不受火焰直接影响，温度在截面上分布情况为，随高度下降而降低，C>A>B，即管廊中央温度大于受火侧大于非受火侧。在 3、4 断面上，受火焰影响较大的截面，温度分布情况为，温度最高点出现在火源所在托架层，其余位置温度随高度下降而降低，A>C>B，即受火侧温度大于管廊中央大于非受火侧。

4.2　火源位置影响及数据分析

工况 4、5、6 条件下，不同时刻 2、3、5 断面的温度分布云图如图 12~图 14 所示。1m/s 风速条件下，大规模火设置在不同位置时，300s 时管廊 2、3、4、5 断面温度分布情况如图 15 所示。

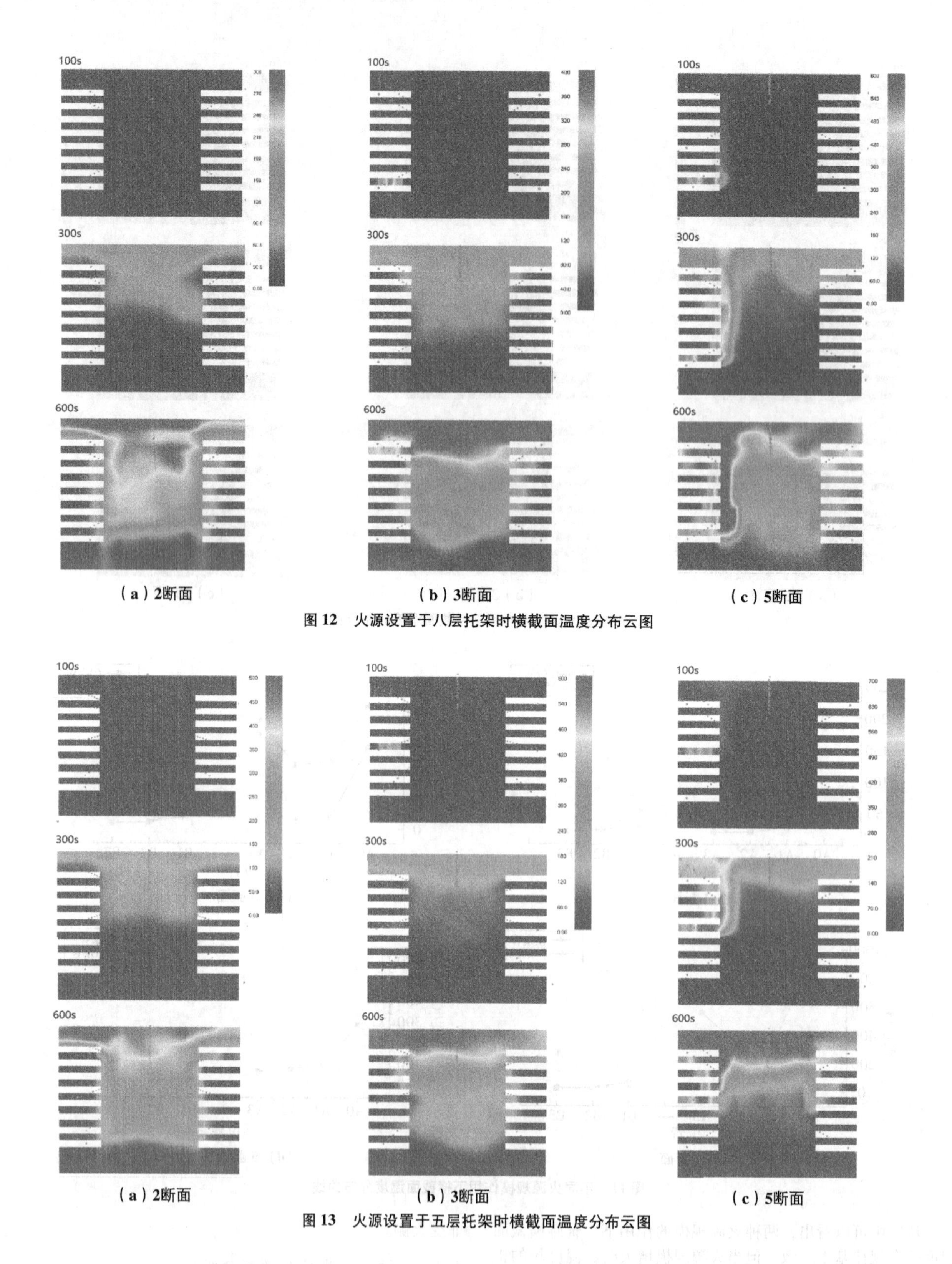

（a）2断面　（b）3断面　（c）5断面

图12　火源设置于八层托架时横截面温度分布云图

（a）2断面　（b）3断面　（c）5断面

图13　火源设置于五层托架时横截面温度分布云图

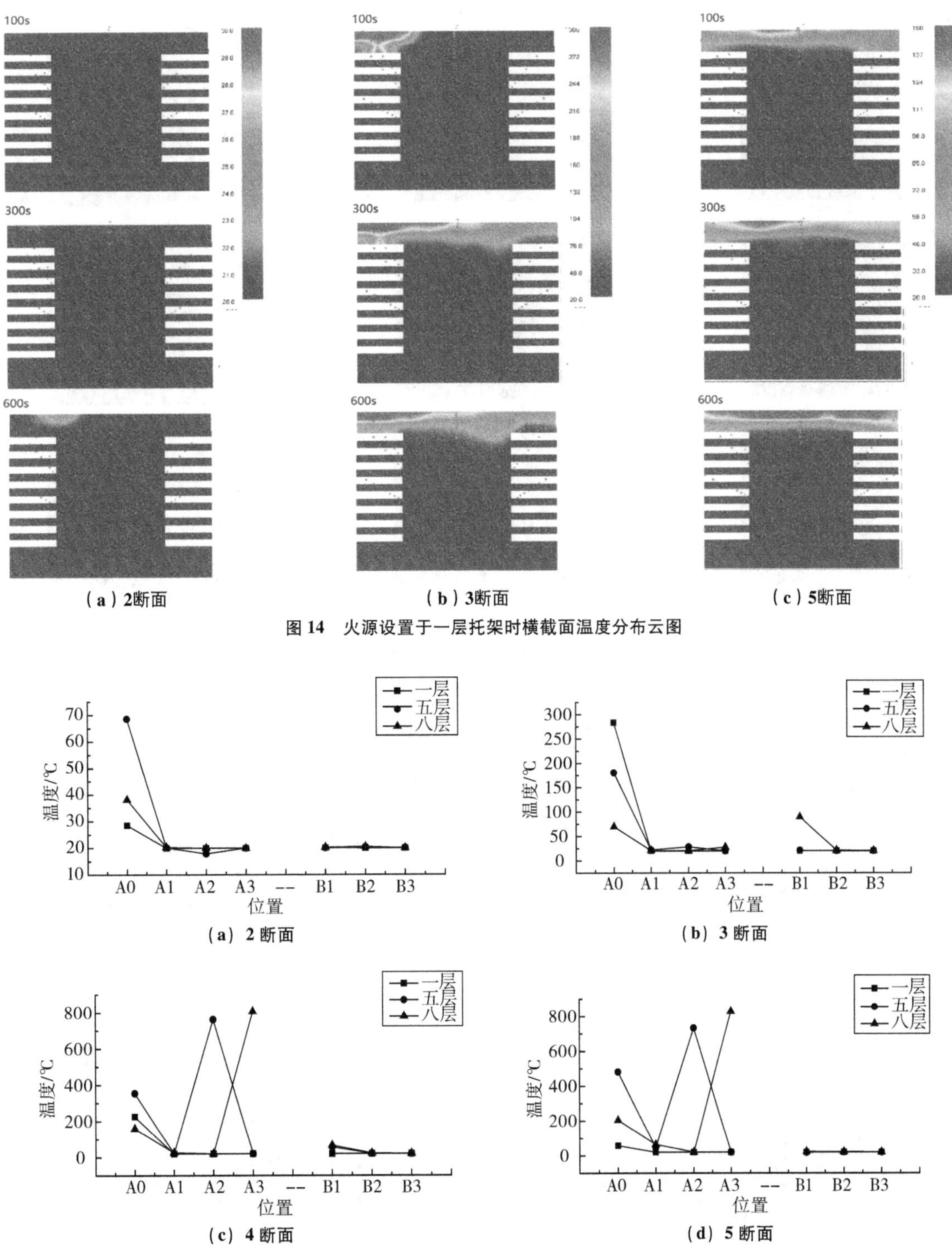

（a）2断面　（b）3断面　（c）5断面

图14　火源设置于一层托架时横截面温度分布云图

（a）2 断面　（b）3 断面　（c）4 断面　（d）5 断面

图15　不同火源位置时横截面温度分布曲线

从图15可以看出，随着火源位置升高，高温区域越来越集中于管廊顶部，管廊底部发生温度变化的区域越来越小。300s时，2、3断面上不受火焰直接影响，温度在截面上分布情况为，随高度下降而降低，C>A>B，即管廊中央温度大于受火侧大于非受火侧。4、5断面，受火焰影响较大，温度分布情况为，温度最高点出现在火源所在托架层，其余位置温度随高度下降而降低，A>C>B，即受火侧温度大于管廊中央大于非受火侧。

4.3　风速影响及数据分析

工况9和11条件下，不同时刻2、3、5断面的温度分布云图如图10和图16所示。大规模火设置在八层托架时，不同风速条件下，300s时管廊2、3、4、5断面温度分布情况如图17所示。

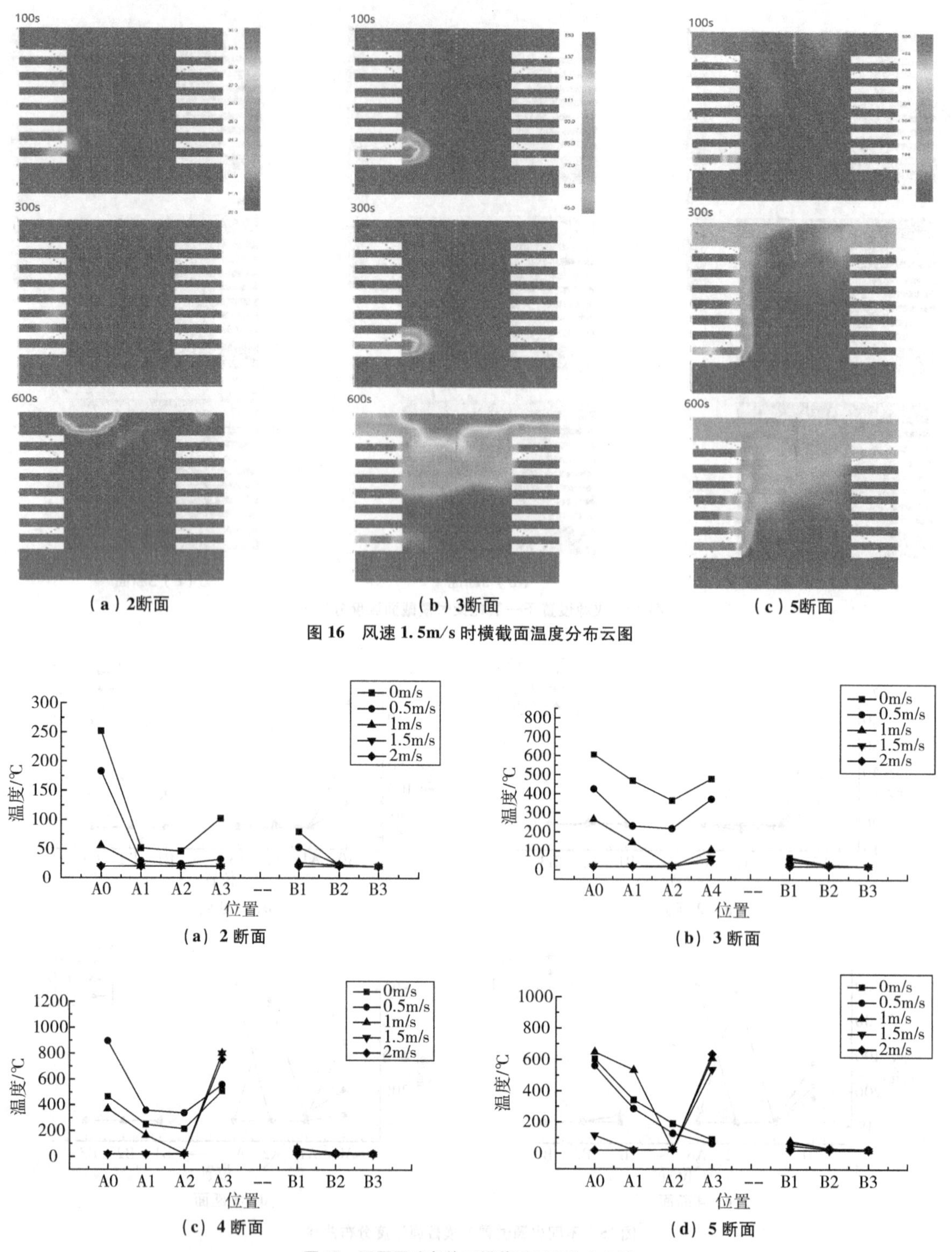

图 16　风速 1.5m/s 时横截面温度分布云图

图 17　不同风速条件下横截面温度分布曲线

由图 10、图 16 和图 17 可知，当风速较小时，温度场主要沿竖向扩散，沿纵向蔓延速度较慢，随风速增大，火焰向下游倾斜，火焰蔓延向下游蔓延速度增加，温度场沿纵向扩散速度加快。随风速增大，2 断面和 3 断面各点温度均有所下降。由于模拟时将电缆简化为平面薄板没有缝隙，火焰和热量被阻挡，大部分沿托架侧边向上蔓延[4]，这与实际情况有所差异。在受火焰影响较小的断面上，温度在截面上分布情况为，温度随高度下降而降低，C>A>B，即管廊中央温度大于受火侧大于非受火侧。随风速增大，受火焰影响区域由火源处向下游移动。受火焰直接影响较大的截面上，温度分布情况为，温度最高点出现在火源所在托架层，其余位置温度随高度下降而降低，A>C>B，即受火侧温度大于管廊中央大于非受火侧。

5　结论

根据典型综合管廊结构，利用 FDS 软件建立火灾模型进行数值模拟。模拟过程中，改变火源规模、火源位置和风速，通过输出切面温度云图和各测点温度，得出不同因素影响下典型综合管廊火灾温度特性，结论如下：

（1）随着风速的增大，温度场向下游的扩散范围和扩散速度也随之上升，加速高温的烟气向管廊下游蔓延，纵向通风不利于火灾控制。

（2）随火源规模增大，温度场扩散方向和形态基本一致，扩散速度加快，温度场影响范围也随之扩大，管廊内整体温度升高，最高温度点出现的位置不变。

（3）随火源位置升高，管廊顶部温度整体上升，高温区更加集中于管廊顶部，管廊底部发生温度变化的区域越来越小，但温度场沿管廊顶部向下游扩散的范围更远。火源设置于底层时，火灾危险性最大。

参考文献

［1］刘晓倩．济南市城市地下管线综合管理研究［D］．济南：山东大学，2015.

［2］倪镭，孟毓．500kV 电缆隧道的热场分析［J］．华东电力，2009，37（11）：1886-1890.

［3］周彪，徐幼平．电缆隧道火灾数值仿真及分析［J］．中国安全科学学报，2008，18（4）：66-70.

［4］李文婷．综合管沟电缆火灾数值模拟研究［D］．北京：首都经济贸易大学，2012.

负压冷冻萃取法制备二氧化硅气凝胶阻燃材料的制备工艺

曹　蕾

（天津市消防救援总队西青支队，天津）

摘　要　随着我国由于建筑外保温材料导致的火灾损失逐年增大，一种能够起到良好阻燃效果的外保温材料已经成为防火工作中亟待解决的问题。气凝胶作为一种具有完善三维网络结构的新型纳米级孔隙材料，与市售的常见阻燃保温隔热材料相比，具有更为优越的隔热、保温保冷性能，在阻燃、建筑材料、环保、电容等多个领域已经得到了广泛的应用，是一种不可多得的轻质多功能复合材料。本文应用水合二氧化硅（$SiO_2 \cdot nH_2O$）为硅源，以钛白粉为遮光剂制备出导热系数仅为 0.032W/（m. K）的新型气凝胶绝阻燃材料，可广泛应用于建筑、航天航空、建筑材料、集成电路、化工、新能源等多个领域。

关键词　消防　阻燃材料　气凝胶　二氧化硅

1　引言

20 世纪 80 年代之后，随着溶胶-凝胶法的深入发展和超临界干燥技术的逐步完善，气凝胶成品的普及率增年提升，该种阻燃材料的孔隙率一般在 80%~99.8%之间，基体孔洞尺寸大约为 50nm，其比表面积可高达 $1000m^2 \cdot g^{-1}$。这种极为罕见的纳米多孔结构的固体新材料，具有极低的密度、微弱的热导率和良好的吸附、介电能力。目前，单一密度的块状二氧化硅气凝胶成品已经成功应用于火星车和低温流体容器隔热装置的相关部件中，而梯度密度的块状气凝胶成品则由于其复合的物理性质，具备更为良好的隔热性能[1-2]。

目前，相对最为成熟是粉体类二氧化硅气凝胶的制备方法，也是目前最早已经成功应用于建筑材料领域的气凝胶产品。该方法主要通过超临界制备大块的成品气凝胶后再通过不同的破碎方式制备成不同粒径范围的二氧化硅气凝胶成品材料[3]。由于 SiO_2 气凝胶粉体隔热材料一般没有规则的物理形态且不易成型，因此目前一般不直接使用二氧化硅气凝胶粉体作为隔热材料，通常情况下，需要添加相应的黏结材料制备成复合型隔热材料并将其应用于建筑物结构材料的夹层或填充物使用，或者在溶胶-凝胶阶段将反应中间产物溶入相关乳液中制备附着力强、耐热性能良好的隔热涂层。而气凝胶毡是当二氧化硅气凝胶处于湿凝胶阶段时与具有某种特殊理化性质的纤维材料结合制备而成的复合型材料，不但保留了气凝胶材料本身所具有的良好的隔热性能，而且能有效改善气凝胶基材机械强度低、材料易发生破裂损毁的问题。

虽然超临界干燥工艺操作过程中能够最大限度地避免毛细管力对孔隙结构的破坏，但是该种制备工艺需要在高温高压条件下进行，不但能耗高，且极易引发不必要的安全问题，制备工艺极大地限制了气凝胶阻燃材料的推广。因此，开发一种既能在去除液态溶剂过程中不会对气凝胶材料基体表面造成破坏，又能有效降低生产过程中的安全生产系数，节约生产制备成本并保证成品材料使用性能的气凝胶材料制备方法就逐渐引发了国内外研究机构的关注。本文通过对传统的溶胶—凝胶法制备过程进行改良，针对二氧化硅气凝胶基体在 3~7.5μm 范围内对红外辐射的遮挡作用较弱的性质，在制备过程中引入水合二氧化硅（$SiO_2 \cdot nH_2O$）为硅源，制备出新型水合二氧化硅气凝胶绝热板。使用水合二氧化硅（$SiO_2 \cdot nH_2O$）为硅源制备而成的绝热板随着其性能和制作工艺的不断优化和完善，不但能够有效改善材料自身的隔热性能，同时还兼具了防爆、吸附和防雷击等多种性能，能够有效改善被保护建筑材料用品的安全性能，且安装便捷、使用轻便，必将在未来阻燃建筑材料市场中拥有巨大的应用前景和市场潜力[3]。

2　实验部分

2.1　主要试剂与仪器

本实验中用到的主要试剂见表 1。

表 1　本实验中所用主要试剂

试剂名称	规格	生产厂家
正硅酸乙酯	分析纯	天津市大茂化学试剂厂
甲酰胺	分析纯	天津市东丽区天大化学试剂厂
异丙醇	分析纯	天津市北方天医化学试剂厂
无水乙醇	分析纯	天津市北方天医化学试剂厂
蒸馏水	—	天津工业大学膜天公司纯水厂

2.2 实验设备与装置（表2）

表2 实验设备与装置

仪器名称	规格	生产厂家
电热真空干燥箱	FZG-4 型	天津实验仪器厂
热重分析仪	STA409PC 型	德国 BRUKER 公司
红外光谱仪	VECTOR22 型	德国 BRUKER 公司
分析天平	TG328A 型	上海良平仪器仪表有限公司
电子天平	JT302N 型	上海精天电子仪器有限公司
电热鼓风烘箱	DL102 型	天津市实验仪器厂
电子纤维强力测试仪	LLY-06 型	莱州电子仪器有限公司
扫描电子显微镜	S-3500N 型	美国 HITACHI 公司
热分析仪	PERKIN-ELM 型	美国 HITACHI 公司
光学角仪	YH-168A 型	日本 KSV 仪器有限公司
静态氮吸附仪	JW-BK 型	北京精微高博科学技术有限公司

2.3 负压冷冻萃取法制备二氧化硅气凝胶绝热材料的制备方法

2.3.1 制备前驱体反应浆料并均匀混合

首先量取 20g 丙烯酸和 4g 十二碳醇酯加入 300g 纯净水后均匀搅拌，使得溶液混合均匀后静置。向体积比为 1:（0.5~1）:（2~8）的硅源、无水乙醇和水的混合溶液中加入 50g 水合二氧化硅经充分搅拌后，依次加入 25g 硅微粉，在 5000~20000r/min 条件下均匀搅拌 2~10min，制得质量分数为 2.5%~50%的前驱体反应浆料。

2.3.2 溶胶-凝胶过程

随着 SiO_2 气凝胶制备工艺的日趋完善，针对气凝胶进行功能化选择的技术措施直接决定了气凝胶成品的应用范围。传统的二氧化硅气凝胶材料对 3~8μm 区间范围内的红外线热辐射遮挡能力相对较弱，为有效增强气凝胶成品的隔热效能，在制备过程中对搅拌均匀的溶液中添加 20g 钛白粉作为遮光剂，通过添加功能化硅源的方式与常用的烷氧基硅源混合构成共同前驱体，有效提高制备而成的二氧化硅气凝胶的隔热效果。为保证加快前驱体混合溶液的水解效果，使其尽快通过聚合反应形成完善的纳米网络型结构，随后加入 50g 氧化铝提高凝胶表面的活性，带有功能性基团的硅基气凝胶成品。

为保证应用该方法制备而成的新型二氧化硅气凝胶材料满足纯度高、均匀性好的特点，每次加入新的添加剂后必须对溶液进行均匀搅拌，每次搅拌时间尽量不小于 10min。

2.3.3 二氧化硅湿凝胶的老化改性过程

向混合均匀的前驱体反应浆料中加入甲酰胺和硅烷偶联剂，硅源与甲酰胺以及硅烷偶联剂在 5000r/min 条件下均匀搅拌 5min 后，静置 10~15min 得到二氧化硅湿凝胶，使用蒸馏水对湿凝胶进行反复洗涤 5~10min，应用无水乙醇、正庚烷以及丙酮对湿凝胶进行老化处理，老化温度为 40~60℃，老化时间为 20~24h；应用六甲基二硅胺烷、六甲基二硅胺烷对湿凝胶表面进行疏水改性 24~32h。

2.3.4 应用有机溶剂进行常压水分萃取置换

选择低沸点、高凝固点的有机溶剂为萃取剂，在常压条件下对老化改性后的二氧化硅湿凝胶进行水分萃取置换；萃取温度为 40~45℃，萃取时间为 0.75~1.5h。水分萃取置换将反应体系置入低温容器内冷冻凝固；将经过常压水分萃取置换处理后的湿凝胶置入低温容器，温度降低至有机溶剂凝固点直至物料体系整体冻结，冷源温度为-275~-10℃。随后在负压条件下进行真空干燥，将凝固的物料体系转移至负压真空加热容器之中进行真空干燥，干燥温度为 50~65℃，干燥时间为 2~4h。最后，将真空干燥后产生的气态有机溶剂进行冷凝处理，回收物进入循环系统重复使用。

3 结果与讨论

3.1 二氧化硅气凝胶材料的结构表征

3.1.1 二氧化硅气凝胶材料的红外光谱表征

图1显示的是应用负压冷冻萃取法制备而成的二氧化硅气凝胶材料基体的红外谱图。出现在 1050~1085cm^{-1} 的峰值对应 C—O 基团的伸缩振动峰，波数为 460~470cm^{-1} 峰值的出现代表 Si—O—Si 基团的伸缩振动峰，证明气凝胶骨架上成功引入了硅甲基等功能性基团。

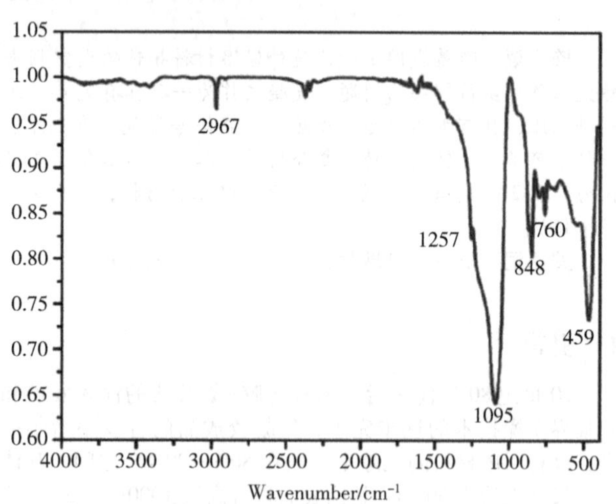

图1 应用负压冷冻萃取法制备而成的二氧化硅气凝胶的红外光谱分析

3.1.2 二氧化硅气凝胶材料的热重分析曲线

图2显示的是不同硅源质量分数条件下应用负压冷冻萃取法制备而成的二氧化硅气凝胶绝热材料的热重分析曲线。在应用硅源形成前驱体的过程中，通过功能性硅源分子间的缩聚、水解反应，形成具有极高孔隙率的纳米级三维网络结构。在超临界流体条件下驱除凝胶中的液体后，由于热量无法通过固相介质有效实施传递，凝胶材料具备的高孔隙率以及纳米网络骨架相互连接所形成的介孔结构阻止了热量的传播，成品二氧化硅气凝胶材料显示了良好的隔热效能。如图所示，随着硅源质量分数的不断提高，混合硅源体系可以有效抑制热量在材料基体内部的传播，材料基体的隔热性能也随之逐渐提升。当硅源质量分数为 21.5%时，成品二氧化硅材料在 300℃时失重率不超过 2%，当温度升高到 1000℃时，失重率也仅为材料基体的 10%左右。材料自身的耐高温性能得到了显著的提升。而随着硅源质量分数的进一步提高，材料的密度随之不断增大，材料表面的孔隙率随着固相介质的增加而不断下降，使得固相热传导现象加剧，热量分子间的碰撞概率也随之增大，反而导致材料本身的隔热性能下降[6]。

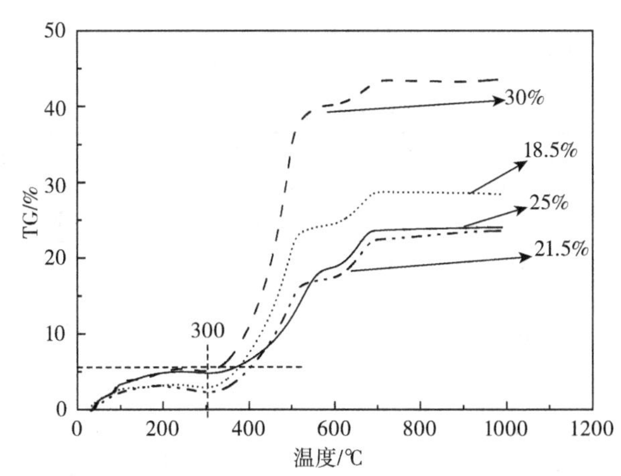

图2 不同硅源质量分数条件下二氧化硅气凝胶材料的热重分析曲线

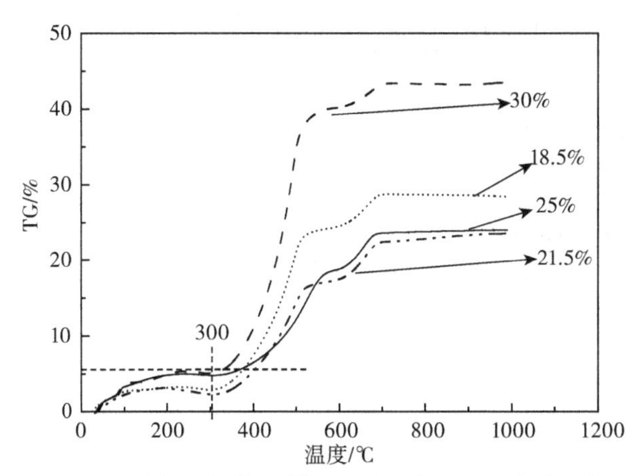

图3 不同甲基三甲氧基硅烷与正硅酸乙酯硅源配比条件下应用负压冷冻萃取法制备二氧化硅而成气凝胶绝热材料的热重分析曲线

图3显示的是不同甲基三甲氧基硅烷与正硅酸乙酯硅源配比条件下应用负压冷冻萃取法制备二氧化硅而成气凝胶绝热材料的热重分析曲线。目前，单一硅源制备气凝胶材料的制备工艺已经较为成熟，然而应用单一硅源制备而成的气凝胶材料普遍存在基体强度低、韧性差、容易损毁等特点，无法有效抵御温压弹爆炸后所产生的冲击波。本文在制作前驱体的过程中，在溶胶-凝胶过程中，甲基三甲氧基硅烷迅速发生水解，随后发生水解的正硅酸乙酯将已经水解的MTMS核包裹成壳状构成结构强韧的复合型SiO_2粒子。随着反应体系中MTMS配比的不断提高，由MTMS和TEOS混合硅源构成的三维网络结构逐渐完善，其耐高温性能也随之不断完善。当甲基三甲氧基硅烷与正硅酸乙酯硅源配比为5∶1时，制备而成的二氧化硅气凝胶材料在250℃时失重率不超过1.5%，当温度升高到1200℃时，失重率也仅为材料基体的6%左右，证明了该材料在遭受外部高温时会具有良好的阻燃性能，并不会发生熔融现象[3-6]。

4 小结

本文应用水合二氧化硅作为硅烷，通过在气凝胶制备过程中添加功能化基团的方式，制备了一种新型阻燃建筑外保温材料在保证了基材本身完备的三维纳米网络结构的前提下，具有了良好支撑效果的气凝胶骨架结构，完全可以具备成为一种高效阻燃建筑外保温材料的能力，在我国防火建材领域具有广阔的发展空间。

参考文献

［1］ Fricke J, Emmerling A. Aerogels-recent progress in production techniques and novel applications［J］. Journal of Sol-Gel Science and Technology, 1998, 13: 299-303.

［2］ Huang Y, Duan X F, Lieber C M, et al. Directed Assembly of One-Dimensional Nanostructures into Functional Networks［J］. Science, 2001, 291: 630-633.

［3］ Chakarvarti S K, Vetter J. Template synthesis—a membrane based technology for generation of nano-/micro materials: a review 1［J］. Radiation Measurements, 1998, 29 (2): 149-159.

［4］ Messer B, Song J H, Yang P D. Microchannel Networks for Nanowire Patterning［J］. J Am Chem. Soc., 2000, 122 (4): 10232-10233.

［5］ Chipara M I, Skomski R, Sellmyer D J. Magnetic modes in Ni nanowires［J］. J Magn. Mater, 2002, 249: 246-250.

［6］ Atul Katti, Nilesh Shimpi, Samit Roy. Chemical, physical, and mechanical characterization of isocyanate crosslinked amine-modified silica aerogels［J］. Chemistry of Materials, 2006, 18: 285-296.

基于FDS的室内火灾特性研究*

王旭日[1] 徐万利[2]

（1. 天津市津南区海河教育园区消防大队，天津；2. 天津市南开区消防救援支队，天津）

摘 要 本文基于FDS软件建立室内火灾模型，研究了不同火源位置、排风口位置及大小对烟气蔓延的影响，设立了6组不同火源位置、4组不同通风口大小作为对照实验。通过观察烟气扩散趋势总结出了发生室内火灾时人员最佳的疏散时间；对比不同通风口大小下火源热释放速率（HRR）和热电偶温度变化趋势可知通风口越大火灾持续时间会越长且火势越大；对比不同火源位置下火源的热释放速率，可知火源周围的可燃物会使火势进一步扩大蔓延；又通过计算火灾发生时火焰产生的热辐射通量，总结了火源点周围不同距离下热辐射对人体和设备造成不同程度的影响。本文研究所得结论对于消防救援、人员疏散和日常对火灾的预防都起到了很好的指导作用。

关键词 室内火灾 FDS模拟 热释放速率 烟雾蔓延 热辐射

* 基金项目：天津市企业科技特派员项目（19JCTPJC48900）。

1 概述

随着社会经济的发展，建筑物越来越向高、密型结构发展，各类火灾的统计资料表明其中83%以上的死亡是由于受到烟气影响，浓厚的烟雾会降低可视范围，在陌生的环境中使人受困迷路，受困人员吸入大量的烟气或有毒气体导致窒息死亡[1]。同时火灾产生的高温会使周围易燃物体着火，使火灾范围进一步扩大[2]。一旦发生火灾，将对生命、财产安全带来重大的危害，所以提前对火灾的蔓延特性进行分析，对于火灾真正发生时人员的疏散、财产损失的降低有着重要意义。可由于火灾的特殊性，若使用实物模拟，存在成本较高、安全性较差等问题，所以使用建模软件模拟火灾现场进行研究成了更优的选择。火灾动力学模拟工具（FDS）是一个使用大涡模拟湍流模型的开源 CFD 工具，该 CFD 程序得到了广泛的验证和验证，并被广泛应用于建筑物火灾的研究中[3]。

国内外已经有诸多学者利用 FDS 建模作为实验基础，通过模型分析火灾发展的规律，为消防安全做出贡献。在国外，Kerber，S. 等人在《基于 FDS 的酒店火灾调查研究》中，分析了温度场、CO 浓度、烟气运动、O_2 体积分数等的变化，论证了酒店火灾发生时的蔓延规律，为消防疏散提供了指导方案[4]；Shen 等人利用火灾动力学模型（FDS）模拟了一起酒店纵火案，重建火灾现场，帮助调查人员。通过对比现场的燃烧证据和撤离人员给出的描述，模拟结果显示了火灾发生和烟雾运动的良好预测[5]。在国内，翟利华等人在 FDS 建模的基础上分析了阻塞效应下地铁隧道烟气蔓延特性，提出了隧道拱顶最高温度依赖于火源热释放速率、纵向通风条件及阻塞比时的最高温度预测[6]；李贤斌等人以上海静安寺大雄宝殿为例，利用 FDS 软件开展火灾数值模拟，研究不同结构木板壁对古建筑室内火灾蔓延过程的影响，分析了木结构古建筑特有结构木板壁对火灾蔓延的影响，提出切实可行的古建筑火灾防治措施[7]。

本文使用 FDS 对某实验室内的柴油油池火源进行模拟，模拟不同火源位置下的热释放速率，分析了室内空间发生火灾时火源位置对热释放速率的影响；通过改变通风口尺寸，分析出通风量对室内火灾发展趋势的影响；同时，根据模拟得出的烟气流动状况分析出在室内火灾发生时最佳的疏散时间；最后计算热辐射的影响范围，可以得出距离火源的安全距离。通过对室内火灾发生时的火灾特性进行研究，可以有效地指导火灾发生后的人员疏散和消防救援工作的开展，减少火灾造成的损失。

2 火灾模型建立

本文以天津市某大学的实验室为例，利用建模软件 PyroSim 进行模拟该室内情况，如图 1 所示，着火房间尺寸取为 12.6m×10.6m×3.9m，前后门（D1、D2）开口尺寸均为 1.75m×2.7m。火源的形式采用的是软件自带的矩形柴油油池火源形式，尺寸为 0.5m×0.5m×0.5m。计算时网格大小取为 0.25m。

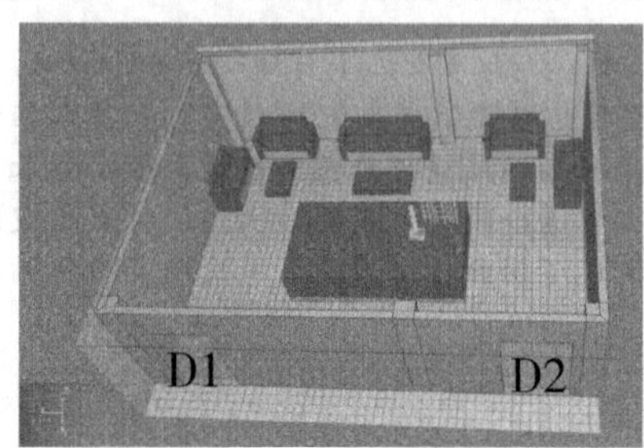

图 1 FDS 模型 3D 图

房间中各物体所使用到的材料特性如表 1 所示。

表 1 模型所用材料表

材料（Materials）	密度（Density）/（kg/m³）	特殊热量（Special Heat）/[kJ/(kg·K)]	传感率（Conductivity）/[W/(m·K)]
泡沫（FOAM）	28	1.7	0.05
石膏（GYPSUM）	930	1.09	0.17
沙发（SOFA）	18	1.7	0.05
木头（WOOD）	27	1.72	0.15
钢（STEEL）	7850	0.46	45.8
黄松（YELLOW PINE）	640	2.85	0.14

通过软件模拟室内发生火灾时烟气的扩散与火源位置、排气口位置及大小的相关性。在进行研究火源位置对热释放速率的影响实验时设置 6 组对照实验，实验时，前后两门都处于关闭状态，其中火源位置见图 2，编号 1~6，便于表述，将火源 Fire Source 简写为 FS，具体工况如表 2 所述。每种工况中都将热电偶设置在火源正上方，热电偶 THCP01 距离火源 0.15m，从下往上依次为 THCP01-THCP06，每个热电偶间相距 0.15m。

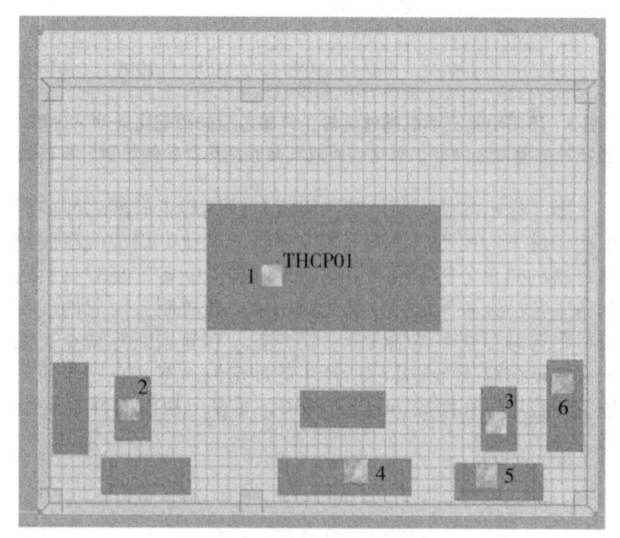

图 2 FDS 模型俯视图

表 2 火源点设置工况描述

名称	位置描述	四周是否有易燃物
FS-1	实验室中间实验桌	否
FS-2	西南角实验平台	否
FS-3	东南角实验平台	否
FS-4	南侧长凳	是
FS-5	东南角贴南墙凳子	是
FS-6	东南角贴东墙凳子	是

在研究通风口尺寸对室内火灾变化的影响时，通风口面积的设定主要依据调节前后门的开关状态。设定 4 种工况，将门洞尺寸 Door Size 简写为 DS，如表 3 所述。

表 3 通风口设置工况描述

名称	描述
DS-1	D1、D2 全关
DS-2	D1 开、D2 关
DS-3	D1 关、D2 开
DS-4	D1、D2 全开

3 模拟结果分析

3.1 烟气随时间蔓延情况分析

烟气在着火房间内蔓延的过程中遇到任何障碍物都会进行流动扩散。其中最大的障碍物即顶棚与墙体，当烟气扩散至顶棚时，后向四周水平扩散并受到周围墙体的阻挡，有沿墙向下流动的趋势，烟气不断增加增厚，到达门洞口（D1、D2）以下时才会扩散出去。由模拟可知，在 5~10s 时烟气的产生还较少较薄，在此时间段内是屋内人员逃离着火房间的最佳时机，在 30s 时已经慢慢形成了烟气层，此时人员进行疏散时需要注意尽量用湿毛巾捂住口鼻，弯腰或匍匐前进，从而降低口鼻位置的高度，避免吸入过多烟气，80s 至 600s 时烟气量已大大增加至几乎充满整个室内，此时屋内人员处境已十分危险。如图 3 所示。

（a）5s 烟气状况

（b）30s 烟气状况

（c）80s 烟气状况

图 3 各时间段屋内烟气状况

3.2 火源位置对热释放速率的影响

本文设置了六组对比模型，分别位于房间中部、边墙及墙角处，如图 2 中所标注的 1~6。

其中 FS-1、FS-2、FS-3 工况下火源周围无可燃物，三者的热释放速率大小及变化趋势基本相同，以 FS-1 的 HRR 曲线图为例，可得出前三种工况下 HRR 的变化规律：从火源点燃开始计算时间，在 35s 时 HRR 达到峰值 605.58kW，在 50s 至 270s 时间段内 HRR 在 500kW 附近浮动，达到 280s 后 HRR 值迅速下降，直至 325s 后降至 0kW；

后三种工况 FS-4、FS-5、FS-6 下，火源周围有可燃物，同样以 FS-4 的 HRR 曲线图为例，可知后三种工况下 HRR 的变化规律：在 35s 时 HRR 达到 603.62kW，在 50s 至 300s 时间段内 HRR 在 500kW 附近浮动，在 300s 至 600s 区间内 HRR 继续浮动且幅度加大，并在 523s 时达到峰值 648kW。

由上述实验结果可得出结论：以 FS-1 为代表的前三种工况下，火源周围无可燃物，火源燃烧放热，当燃料慢慢耗尽时火势减小直至消失，但以 FS-4 为代表的后三种工况下，火源周围存在可燃物，0s 至 270s 区间内 HRR 趋势与 FS-1 基本相似，但在火势会扩散至周围可燃物体继续燃烧。所以在实际预防火灾时应当注意在易发生火灾的危险地带要尽量减少易燃物、可燃物的放置，避免发生火灾时火势进一步蔓延（图 4）。

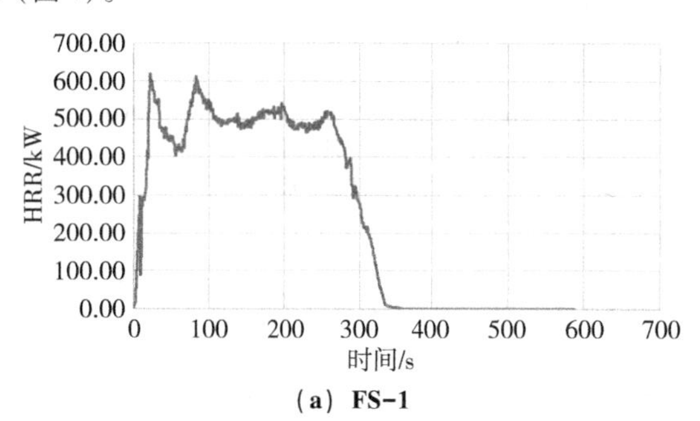

（a）FS-1

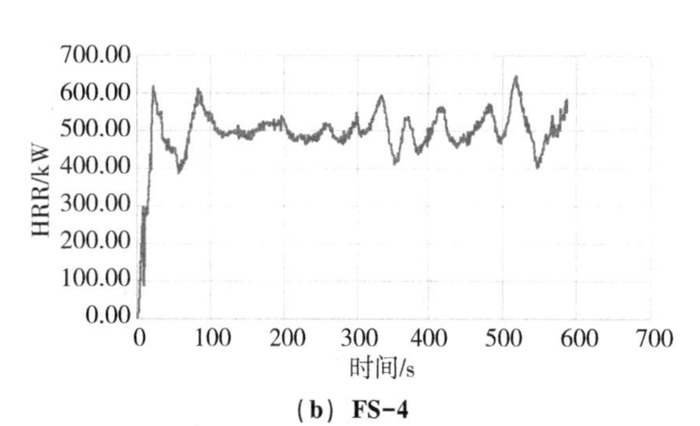

（b）FS-4

图 4 不同火源位置工况下热释放速率的变化曲线

另外，如图 5 所示，分析 5 个热电偶情况可知：火灾发生后，火源温度快速上升，在 30s 左右达到峰值，达到峰值后火焰温度会迅速下降，并维持在一定温度区间内浮动。如最靠近火源位置的 THCP01 峰值温度最高，可达到 800℃，之后会维持在 400~600℃之间浮动，相比离火源最远的 THCP05 峰值温度最低，仅能达到 300℃左右，后在 50~200℃之间浮动。可以得出结论：火灾发生时温度达到某一峰值后迅速下降，燃烧消耗氧气后，燃烧逐渐终止；电热偶温度达到峰值后就迅速下降，之后维持在一定的温度。且随着热电偶位置离火源越来越远，热电偶所测出的温度也会依次降低，更好的论证了可燃物的放置应尽量远离易发生火灾的地方。

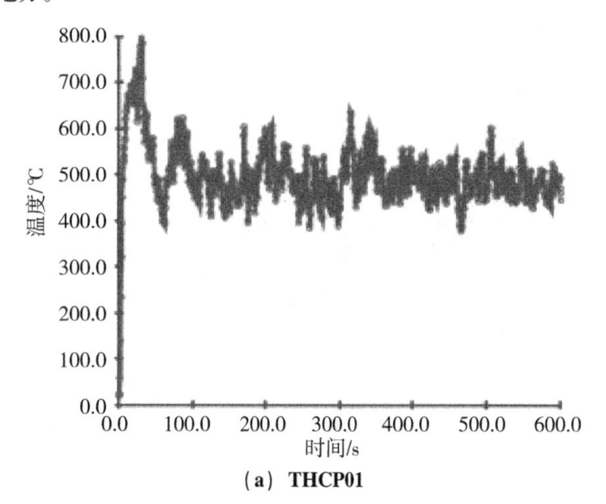

（a）THCP01

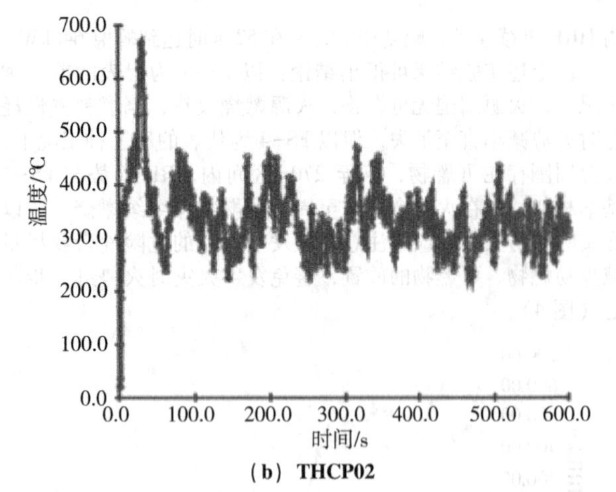

（b）THCP02

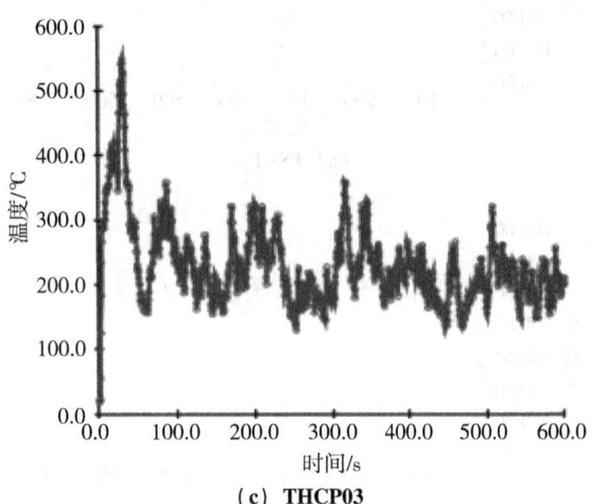

（c）THCP03

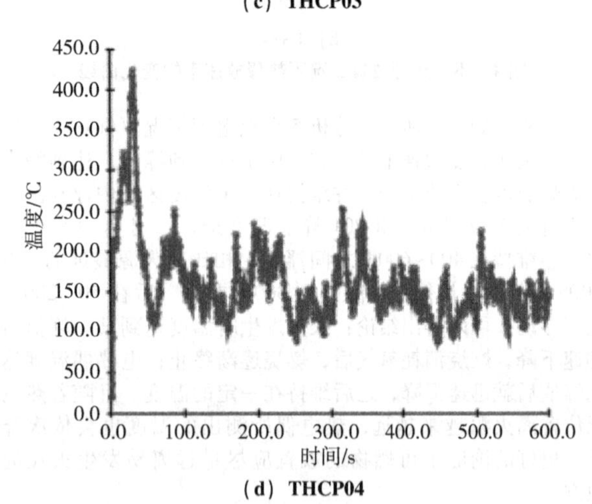

（d）THCP04

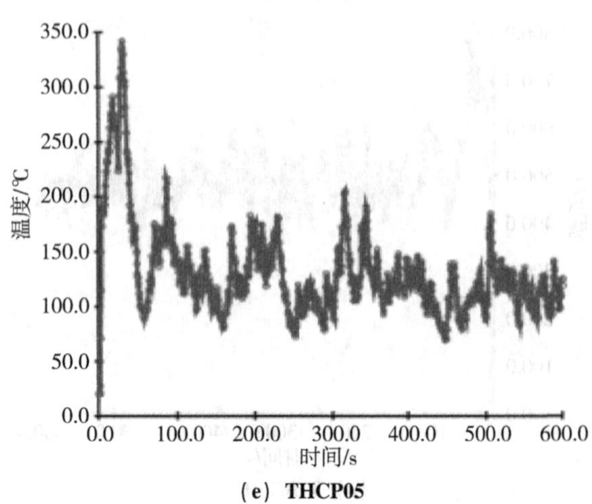

（e）THCP05

图 5　五个热电偶测量温度变化曲线

3.3　通风口尺寸对室内火灾变化的影响

当火源位置固定时，火灾发展趋势受通风口的尺寸影响很大。图 6 为不同工况（见表 3）下火灾热释放速率对比图。由图可知：

工况 DS-1 下，50s 左右 HRR 达到峰值且峰值仅有 700kW 左右，在接近 100s 时火灾熄灭。

而工况 DS-2、DS-3、DS-4 下，0 至 50s 时 HRR 快速上升，在达到 800kW 左右会维持至 200s，在 200s 以后 HRR 再次快速上升，在 250s 时均达到峰值 1800kW 左右，250s 至 350s 之间 3 种工况下的 HRR 均下降。

工况 DS-4 下的 HRR 趋势在 350s 之后相比 DS-2 和 DS-3 两种工况也有所区别 350s 后，DS-4 明显比前两者的热释放率大。因为空气的大量进入，所以起到了助燃的作用。火灾热释放率会随着通风口尺寸的变大而变大，350s 之前该影响不是很明显，到 350s 后会明显受到通风口大小的影响。

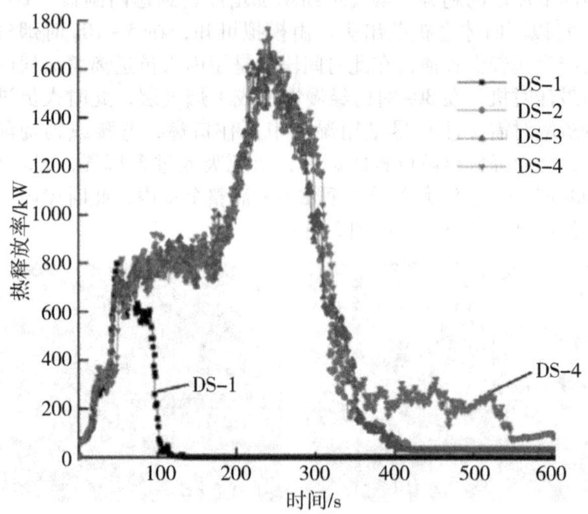

图 6　不同通风条件下热释放速率变化曲线

4　火灾热辐射分析

4.1　入射热辐射强度

火灾通过辐射热的方式影响周围环境。当火灾产生的热辐射强度足够大时，可以使周围的物体燃烧或变形，强烈的热辐射有可能会烧毁附近的设备，情况严重时甚至会造成人员伤亡。

当液池燃烧时放出的总热辐射通量为：

$$Q=(\pi r^{2}+2\pi rh)\frac{\mathrm{d}m}{\mathrm{d}t}\cdot\eta\cdot H_{c}/[72(\frac{\mathrm{d}m}{\mathrm{d}t})^{0.60}+1] \quad (1)$$

对于池火灾产生的热辐射强度有专门的计算方法。假设全部辐射热量由液池中心点的小球面辐射出来，则在距离池中心某一距离（X）处的入射热辐射强度为：

$$I=\frac{Qt_{c}}{4\pi X^{2}} \quad (2)$$

式中　I——热辐射强度，kW/m^{2}；

Q——总热辐射通量，kW；

t_c——热传导系数，在无相对理想的数据时，可取值为 1；

X——目标点到液池中心的距离，m。

在 PyroSim 软件中模拟时可添加 2D Slices 界面，可在空间的指定平面内更加直观地观察出该平面内的热辐射强度，如图 7 所示，在 $Z=1.25m$（火源顶端高度）处添加俯视平面 2D Slices，可观察出热辐射影响范围。

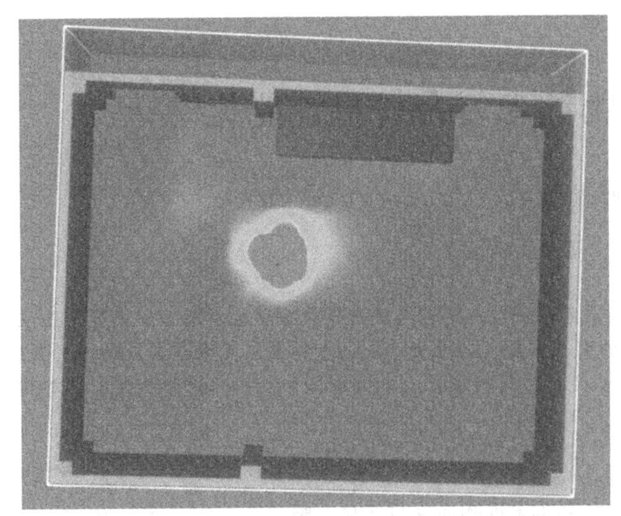

图7 PyroSim 中的 2D Slices 界面显示的热辐射强度

4.2 基于热辐射数值的疏散指导

火灾损失估算建立在辐射通量与损失等级的相应关系的基础上，由公式（1）可计算出本次实验液池燃烧时放出的总热辐射通量 Q 约为 111.6kW，根据不同的入射通量对周边设备和人体造成损害程度不同[8]，再结合式（2）可计算出目标至火源中心的水平距离 X，如表4所示。

表4 热辐射的不同入射通量造成的损失

入射通量/（kW/m²）	对设备的损害	对人的伤害	目标至火源中心的水平距离 X/m
37.5	操作设备全部损坏	1%死亡/10s 100%死亡/1min	0.48
25	在无火焰、长时间辐射下，木材燃烧的最小能量	重大烧伤/10s 100%死亡/1min	0.59
12.5	有火焰时，木材燃烧，塑料融化的最低能量	1度烧伤/10s 1%死亡/1min	0.84
4.0	—	20s以上感觉疼痛	1.49

由表4得出结论，至少远离火源1.49m才能保证设备和人身的安全；在距离火源0.59m至0.84m之间时尽量避免放置木材和塑料等物质，人若长时间呆在此范围中有受伤的可能，处于1min以上时小几率死亡；在距离火源0.48m至0.59m木材在长时间收到热辐射的情况下也会燃烧，人在此距离区间内10s时间会造成重大烧伤，不可超过1min，否则会造成死亡；在距离火源0.48m以内时设备与人都处于极度危险状态，设备会全部损坏，人即使在此区间内滞留10s都有可能造成死亡。

5 结论

本文利用FDS（Fire Dynamics Simulator）软件对室内火灾进行了模拟，得到以下结论：

（1）火灾产生的烟雾在着火房间内蔓延的过程中遇到任何障碍物都会进行流动扩散，当烟气扩散至顶棚时，后向四周水平扩散并受到周围墙体的阻挡，有沿墙向下流动的趋势，直到充斥整个房间。5~10s时烟气较少，适合尽快疏散；30s时房间内已形成烟气层，人员疏散时应采取相应的安全措施；80s以后整个房间已经充满烟气，十分危险。

（2）火源位置对室内火灾的发展有着重要影响，当火源位置附着或非常接近可燃物时，如FS-4、FS-5、FS-6，火灾热释放率最大可达700kW且浮动较大；而当火源位置远离周围可燃物时，如FS-1、FS-2、FS-3，短时间内火灾热释放率较小且较稳定，维持在400kW以下。因此，在实际的火灾预防中，火灾危险点应尽可能少地堆放可燃物。

（3）由对照实验DS-1至DS-4可知，通风口尺寸变化在火灾刚开始时影响不大，但当火灾发展到50s左右时，有无通风会影响火势是否进一步扩大，在350s后通风口大小会对烟雾的扩散蔓延趋势产生重要影响，一般情况下，通风口面积越大，热释放率增大，烟气扩散速率增加。

（4）模拟得出的热辐射强度可计算出热辐射的影响范围，并结合不同入射通量对周围设备和人体造成的伤害不同计算出需要远离火源的安全距离。距离火源1.49m以上可确保设备和人身安全；切忌距离火源距离小于0.48m，否则十分危险。

（5）本文在对热辐射的研究上还不够深入，在后续的研究中还需结合不同人群的行为、体质特征所能承受的最大热辐射及辐射时长不同，进行更加具体的分类研究。

参考文献

[1] 王英，宋凯．应急管理部消防救援局密集部署重点工作［J］．中国消防，2020（12）：4-9.

[2] 某城市地铁试运营前典型区间隧道热烟测试评价［J］．李庆利；赵兰勇；马培；王红岩；许飞；．科技创新导报．2018（24）.

[3] Vermesi I，Rein G，Colella F et al（2017）Reducing the computational requirements for simulating tunnel fires by combining multiscale modelling and multiple processor calcu-lation. Tunn Undergr Space Technol 64：146-153.

[4] Kerber，S. and Milke，J. A.（2007）'Using FDS to simulate smoke layer interface height in a simple atrium'，Fire Technology，Vol.43，No.1，pp.45-75.

[5] Shen，T.S.，Huang，Y.H. and Chien，S.W.（2008）'Using fire dynamic simulation（FDS）to reconstruct an arson fire scene'，Building and Environment，Vol.43，No.6，pp.1036-1045.

[6] 翟利华，农兴中，何冠鸿，谢宝超，徐志胜，王娅芳，赵家明．阻塞效应下地铁隧道烟气蔓延特性研究［J］．安全与环境学报，2020，20（03）：930-937.

[7] 李贤斌，濮凡，邹丽，高郭平，丛北华．古建筑木板壁结构对室内火蔓延过程影响研究［J］．中国安全科学学报，2019，29（11）：45-50.

[8] 刘博，梁栋，黄沿波．池火灾热辐射计算及模拟［J］．安全、健康和环境，2009，9（01）：36-38.

[9] 冯娇娇，王静虹，李佳，金博伟，陈漫漫，王志荣．火灾事故下人群承受热辐射阈值差异分析［J］．中国安全科学学报，2020，30（10）：134-140.

表面改性氮化硼用于阻燃聚合物纳米复合材料性能化设计

曹宇航　叶耀东

（中国人民警察大学，河北　廊坊）

摘　要　本实验主要进行制备表面改性氮化硼/阻燃聚合物纳米复合材料，将表面改性氮化硼纳米材料添加至聚合物基体，得到表面改性氮化硼/阻燃聚合物纳米复合材料，进行相应的微观形貌、尺寸大小、晶型结构、元素组成、断面形貌、热稳定性、燃烧性能、力学性能等分析，最终得到最优性能的阻燃复合材料的配方。本实验得出，环氧树脂基体中添加由二硫化钼改性的氮化硼取得了很好的阻燃效果。

关键词　氮化硼　阻燃剂　环氧树脂　阻燃机理

1　绪论

1.1　环氧树脂简介

环氧树脂是一种生活中重要的热固性树脂，是指定义为分子结构中含有两个或两个以上环氧基的一种低分子量预聚物[1]。其由EP低聚物与固化剂反应形成，通常按化学结构和EP基的结合方式上大致可分为5大类：缩水甘油胺类、缩水甘油酯类、缩水甘油醚类、脂肪族环氧化合物、脂环族环氧化合物[2]。环氧树脂是一种多功能热固性高分子材料。其化学网络结构、醚键、羟基等使其具有良好的黏附力、耐腐蚀性、高强度、低热收缩性、高介电性能和优异的机械性能[3]。广泛应用于建筑材料、电子包装等领域。

1.2　无机纳米阻燃剂

目前所使用的无机纳米阻燃剂有三个维度[4]，包括零维、一维和二维。二维纳米材料具有较大的表面积和典型的层状结构，作为阻燃剂，可作为高分子材料燃烧过程中的物理阻挡层，并作为减缓传热和有效传递可燃气体的良好屏障[5]。

（1）氮化硼类阻燃剂

六方氮化硼（h-BN）是一种新型的二维材料[6]，它的结构与石墨相似，被称为“白石墨”[7]。h-BN的二维层状结构形成BNNS平面结构，具有优异的耐热性能，同时耐化学腐蚀，耐氧化，润滑性能好，广泛用作高温固体润滑剂、高温绝缘材料、导热材料和阻燃材料[8]。

此外，炭分析结果表明h-BN是一种理想的粘附剂，使聚合物基体与碳层之间具有很强的耦合性，提高碳层的强度和结构，有助于提高膨胀涂层的耐火性[9]。尽管BN具有潜在的防火性能，但是一些问题还没有解决。一方面，BN层之间的高范德华力会导致涂层堆积[10]，另一方面，当BN仅适用于高分子材料时，它没有达到预期的效果，因为BN的阻燃效果比较单一[11]。为了解决环氧树脂易燃有毒烟气的问题，研究人员经常采用二相或多相处理纳米材料的方法，并从中吸取经验，充分利用两种或两种以上材料的优点。因此，必须采取一定措施来解决BNNS堆积的问题，并进一步提高其阻燃性。

（2）层状二硫化钼类阻燃剂

MoS_2是一种类石墨结构的二维层压材料[12]。其结构元素由三层原子组成，MoS_2超薄纳米材料的独特结构引起了催化、润滑等领域研究人员的广泛关注。因其具有优异的物理阻隔效果、低导热性和良好的阻烟效果，可作为高分子材料的阻燃添加剂。研究发现，加入MoS_2/CoOOH后，EP气相有机挥发性物质含量明显下降[13]，并形成了不燃CO_2气体，说明MoS_2/CoOOH的加入有利于EP中有毒挥发性物质和烟雾的减少。

1.3　研究内容

（1）通过不同方法制备表面改性氮化硼纳米材料，并进行相应的微观形貌、尺寸大小、晶型结构、元素组成等分析。

（2）将表面改性氮化硼纳米材料添加至聚合物基体，得到表面改性氮化硼/阻燃聚合物纳米复合材料。并进行断面形貌、热稳定性、燃烧性能、力学性能等分析。

（3）研究燃烧测试后炭渣的微观形貌、尺寸大小、晶型结构、元素组成等分析，推测凝聚相阻燃机理。

2　实验部分

2.1　实验原料

本实验所使用的主要原料如表1所示，实验过程中还使用了乙酸、4，4′-二氨基二苯甲烷、酒精等。

表1　主要实验原料

原料名称	原料编号
壳聚糖	9012-76-4
硫脲	62-56-6
氮化硼	10043-11-5
钼酸铵四水合物	12054-85-2

2.2　实验设备

本实验制备的阻燃环氧树脂/无机物纳米复合材料所用的主要实验设备有电子天平、超声清洗仪、搅拌器、恒温油浴锅、干燥箱、反应釜、离心机等。

2.3　阻燃环氧树脂/无机物纳米复合材料的制备

（1）取出壳聚糖（CS），称量获得1g的壳聚糖。取200ml纯净水倒入烧瓶，再将1g的壳聚糖加入其中。使用磁力搅拌机，进行900r/min磁力搅拌30min。取出乙酸溶液，数滴乙酸添加入烧瓶，同时使用PH试纸测定PH，达到4时停止滴入乙酸。保持搅拌直到壳聚糖完全溶解，最终获得5mg/ml的CS溶液。

（2）取出氮化硼（BN），称量得1.2g氮化硼。称量376ml纯净水和24ml上述CS溶液，倒入三口烧瓶中进行4h的超声搅拌。装入试管中进行1500r/min离心5min。取上层白色液体为CS-BN溶液。

（3）A：取上述200mlCS-BN液体，称量得0.6g四水合钼酸铵和1.2g硫脲，装入三口烧瓶进行2h的超声搅拌，再装入反应釜180℃保持24h。将反应釜中黑色液体进行12000r/min离心5min，倒出上层清液留下黑色溶质，80℃烘干3h后研磨成粉末状。

（4）B：取上述200mlCS-BN液体，称量得1.2g四水合钼酸铵和2.4g硫脲进行2h的超声搅拌，其余步骤与A相同。

（5）取3gA（或B）粉末，称量60ml丙酮溶液加入三口烧瓶进行1h的超声搅拌。同时将环氧树脂放入80℃烘箱中加热至融化，称量126.3g环氧树脂加入烧瓶继续搅拌30分钟。将三口烧瓶转移至90℃油浴锅，搅拌至少3小时至丙酮挥发完全。

（6）将DDM放入120℃烘箱中加热融化，称量23.7g加入烧瓶中，搅拌10秒后倒入模具。在100℃的环境烘干2h，调温150℃再烘干2h后取出。

3 结果与讨论

3.1 无机物形貌（图1、图2）

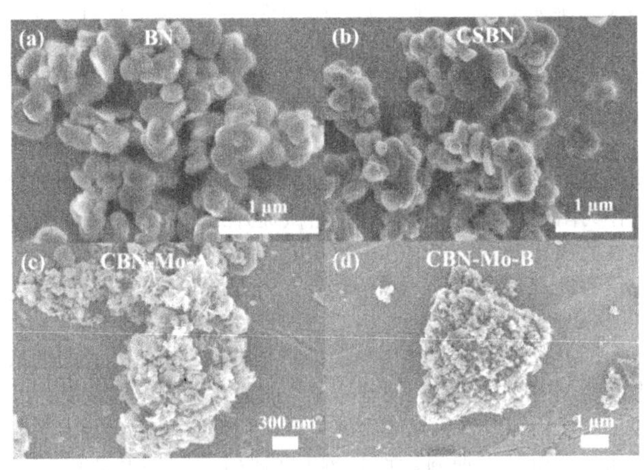

图1 无机物的SEM照片

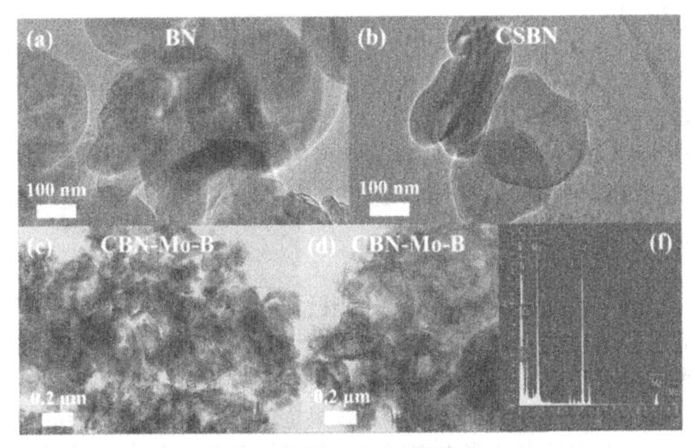

图2 无机物的TEM照片

图2（a）和图2（b）显示了BN和CSBN纳米复合阻燃剂的TEM图。BN的图像显示出光滑并且接近透明的外观，其整体尺寸大约在400~500nm。通过观察CS-BN纳米杂化物的TEM图像可以发现，其尺寸缩小在200~300nm左右。经CS修饰后的BN变得更小也更松散，同时也比未经修饰的BN略厚。且CSBN表面存在很明显的有机物附着。CBN-Mo-A和CBN-Mo-B显示出完全不同的形貌，可以很清晰地看到花状MoS_2和圆片状CSBN，这表明复合结构的成功制备。虽然在A与B的含量相差一倍，但TEM图像的区别并不明显。

3.2 断面

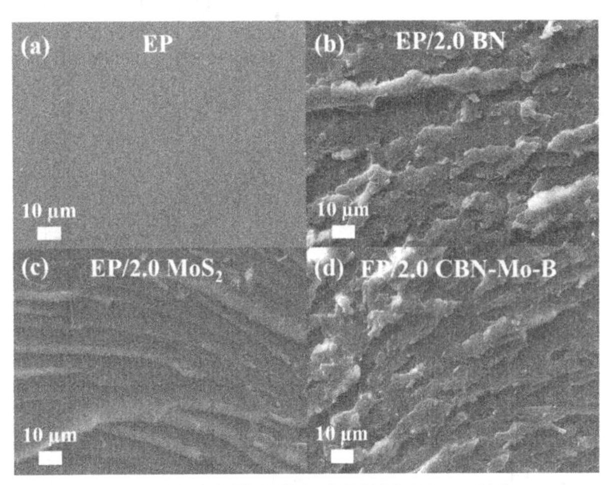

图3 纯环氧树脂及其复合物的断面SEM照片

观察断面SEM照片（图3）来了解纳米填料在基体中是否完全分散及填料与基体间的界面相互作用。从EP的SEM照片可知，其断面与其余三种复合材料相比十分光滑。其次比较光滑的是EP/2.0MoS_2，图像显示的断裂条纹清晰，存在较少的拉丝现象，断面层次分明，断口比较光滑平整，具有脆性断裂的特征。EP/2.0BN和EP/2.0CBN-Mo-B的断面粗糙，出现了撕裂微孔，粗糙度大意味着粒子与聚合物之间具有较强的界面相互作用力[14]。添加阻燃剂后从SEM图像观察，并没有发现明显的粒子团聚，说明粒子的分散较好，有助于增强阻燃性能。

3.3 热重分析（表1、图4）

表1 纯环氧树脂及其复合物的热降解参数

Sample	$T_{5\%}$/℃	$T_{30\%}$/℃	T_{max}/℃	残炭量（质量分数）/%	*MMLR*/℃
EP	379.3	400.7	394.1	13.36	1.746
EP/2.0BN	366.3	398.0	388.8	17.55	1.233
EP/CS-BN	363.7	397.3	395.2	15.91	1.316
EP/2.0MoS_2	333.3	368.3	356.7	19.56	1.036
EP/2.0CBN-Mo-A	347.7	374.3	366.0	19.39	1.489
EP/2.0CBN-Mo-B	321.7	360.3	354.1	17.68	0.828

由纯环氧树脂及其复合物的热降解参数分析得出，EP及其复合材料热解行为都是相似的：聚合物主要进行了两步失重。第一步失重主要因为EP分子链在进行热降解；第二步失重是因为炭进行了氧化。无添加EP的$T_{5\%}$（表示出现5%质量损失时的温度）最高，达到379.3℃，热稳定性最优。随着复合材料种类和含量的改变，热失重速率最快时热失重温度呈下降趋势，EP/2.0CBN-Mo-B的$T_{5\%}$和T_{max}都是最低的，EP/2.0MoS_2与EP/2.0CBN-Mo-B相似，但残炭量是所有材料中最高的，说明该中阻燃剂与EP复合的成炭效果最好。纯EP的最大热失重速率（*MMLR*）最高，添加不同的阻燃剂后所有的复合材料的*MMLR*均有所下降，其中EP/2.0CBN-Mo-B最低为0.828，说明材料的热解被抑制，材料B的抑制最强烈。

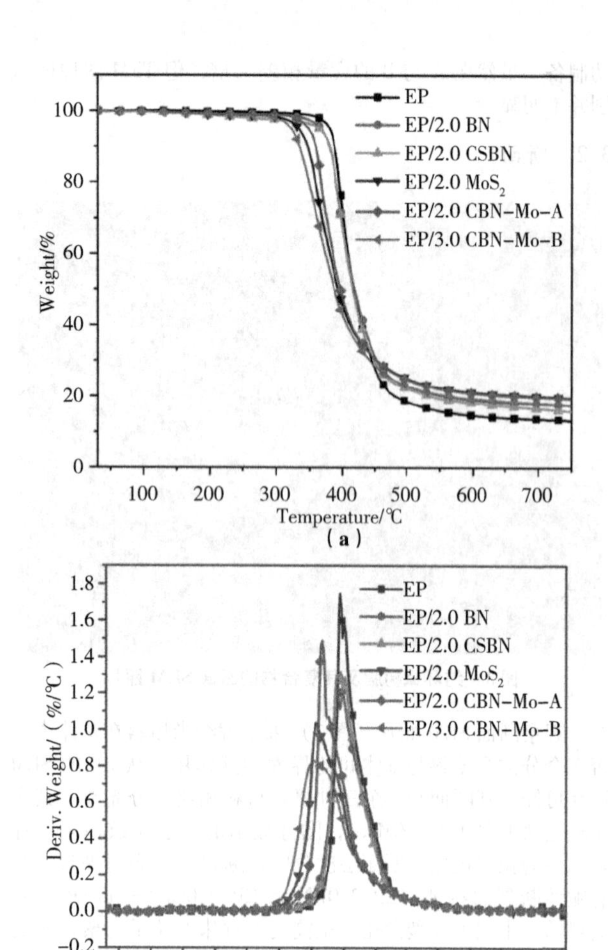

图4 纯环氧树脂及其复合物的热重曲线

3.4 氧指数

LOI（极限氧指数）值越高，材料越难燃即具有更好的阻燃性能。图5显示了五种材料的LOI数值，实验测得纯EP的LOI值仅为24.6%，燃烧测试现象为持续剧烈燃烧、无法自熄。加入阻燃剂后，阻燃效果都有提高，火焰能持续180秒后逐渐减弱并自行熄灭，且无熔融低落现象。加入阻燃剂BN后，LOI值小幅度提高到25%左右，加入CSBN后继续提升2%，效果最明显的是CBN-Mo-A和CBN-Mo-B均能达到29%左右，处于难燃级别[15]，说明阻燃性能得到了较大提升。虽然CBN-Mo-B中所添加的四水合钼酸铵和硫脲均是CBN-Mo-A中的2倍，但提升效果并不显著，说明单纯提高阻燃剂含量并不能显著提高阻燃性能，要寻找最佳的配比来达到最优的阻燃效果。

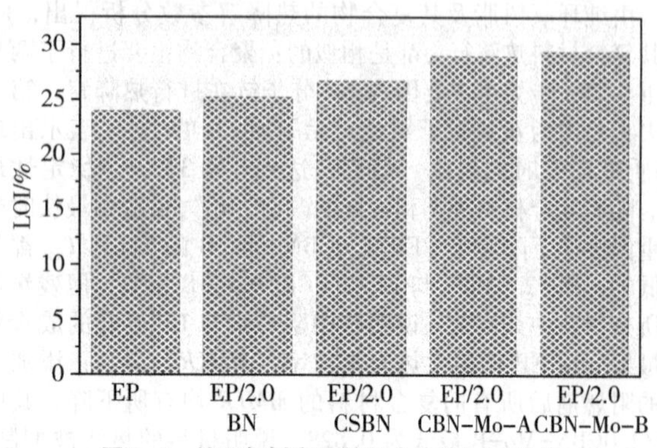

图3-5 纯环氧树脂及其复合物的LOI数值

3.5 阻燃机理

（1）氮化硼阻燃机理

氮化硼特殊的二维结构使其能够形成层流阻挡功能。这种特性确保了氮化硼纳米材料的良好阻燃性。氮化硼纳米材料的表面，存在羧基、羟基和环氧基等含氧官能团[16]。这种氮化硼的特殊表面结构可以有效阻隔热量，既可以防止氧气参与燃烧，又可以在材料表面形成致密炭层减少烟气溢出。因此，在氮化硼纳米的基础上开发阻燃剂也具有广阔的前景。

（2）二硫化钼类阻燃机理

二维MoS_2已被证明可以作为一种传统的阻燃剂，其能够进一步降低聚合物的可燃性[25]。氢键或共价键之间的相互作用和综合阻燃效果对提高聚合物复合材料的燃烧性能起着关键作用[26]。此外，由于MoS_2中钼元素对二氧化碳的催化能力和相互作用，燃烧后的成炭量大大增加，复合材料表面的MoS_2骨架使其堆积可有效形成致密的保温炭层[17]。

4 结论与展望

4.1 结论

本文制备了硫化钼改性的氮化硼，并将其按照两种不同的比例添加至环氧树脂中获得阻燃环氧树脂复合材料，分实验步骤制备了五组不同的样品，对样品进行了无机物形貌的测定、断面和炭渣形貌的测定、热重分析、氧指数测定、力学性能测定。本论文取得如下成果：

（1）通过查询得知环氧树脂的氧指数在19.6%左右。实际进行氧指数测试结果后得到的结果是24.6%。添加氮化硼作为阻燃剂后，极限氧指数略微提升到25%。添加壳聚糖改性的氮化硼后，极限氧指数就上升到了27%左右；添加硫化钼改性氮化硼后，阻燃性能提升最高，极限氧指数达到29.2%。

（2）通过万能拉伸机测试的结果得出，将改性过的纳米阻燃剂加入材料基体会使基体原本的力学性能发生改变。添加二硫化钼和改性氮化硼后的复合材料力学性能未发生明显变化，添加二倍原料的改性氮化硼所制得的EP/2.0CBN-Mo-B材料力学性能发生加大变化，所有材料的塑性形变能力增强。

（3）由热重仪的数据分析得知，与EP相比，所有聚合物的$T_{5\%}$和T_{max}（表示发生最大质量损失时的温度）都呈下降趋势，材料B的$T_{5\%}$和T_{max}最低，EP/2.0MoS_2与EP/2.0CBN-Mo-B相似，残炭量在所有材料中最高，说明该阻燃剂与EP复合的成炭效果最好。

4.2 展望

近年来，绿色阻燃环氧树脂已成为研究热点，卤素阻燃剂已经不再适合目前的发展阶段，无机纳米阻燃剂将成为将来的研究重点，多种阻燃元素的复合将它们的各种优点集合一身，共同实现更有效的阻燃效果。研究环保、多功能的阻燃剂，并在环氧树脂中应用，是环氧树脂阻燃剂发展的最终目标[18]。

参考文献

［1］刘迪，梁兵，王长松．无卤阻燃环氧树脂的性能研究［J］．化工新型材料，2018，46（02）：63-66+70．

［2］曾碧榕，陈锦梅，胡蓉，等．低聚倍半硅氧烷基铁络合物阻燃剂的合成及改性环氧树脂［J］．高分子材料科学与工程 2019，35（6）：1-9．

［3］叶华立，吴悦广，陈国荣，等．阻燃杂化纳米粒子

改性环氧树脂 [J]. 高分子材料科学与工程, 2016, 32 (2): 19-25.

[4] 熊联明, 芦静, 向顺成, 等. 含磷/硅阻燃剂的研究进展 [J]. 精细与专用化学品, 2012, 20 (5): 23-26.

[5] X. Chen, W. Wang, S. Li, C. Jiao, Fire safety improvement of para-aramid fiber in thermoplastic polyurethane elastomer, Journal of hazardous materials 324 (2017) 789-796.

[6] C. Jiao, H. Wang, S. Li, X. Chen, Fire hazard reduction of hollow glass microspheres in thermoplastic polyurethane composites, Journal of Hazardous Materials 332 (2017) 176-184.

[7] 吴昆, 张卡, 沈敏敏, 等. 环氧树脂/聚磷酸铵复合材料的阻燃性能与热降解行为 [J]. 高分子材料科学与工程, 2011, 027 (009): 60-63.

[8] 彭淑萍, 陶纯初, 卢鑫等. 新型含氮阻燃剂的合成与阻燃性能初探 [J]. 塑料工业, 2008, 36 (5): 67-69.

[9] 廖逢辉, 王新龙, 王通文. 硅系阻燃剂的研究进展 [J]. 塑料工业, 2014, 42 (11): 1-4.

[10] Xu J, He Z, Wu W, et al. Study of thermal properties of flame retardant epoxy resin treated with hexakis [p-(hydroxymethyl) phenoxy] cyclotriphosphazene [J]. Journal of Thermal Analysis and Calorimetry, 2013, 114 (3).

[11] 谢宇宁, 雷华, 石倩. 电子封装用导热环氧树脂基复合材料的研究进展 [J]. 工程塑料用, 2018, 46 (12): 143-147.

[12] 李星, 申连华. 环氧树脂的改性研究进展及发展趋势 [J]. 云南化工, 2017, 44 (06): 13-15.

[13] G. U. Siddiqui, M. M. Rehman, Y. - J. Yang, K. H. Choi, A two-dimensional hexagonal boron nitride/polymer nanocomposite for flexible resistive switching devices, Journal of Materials Chemistry C 5 (2017) 862-871.

[14] Yarovsky I, Evans E. Computer simulation of structure and properties of crosslinked polymers: application to epoxy resins [J]. Polymer, 2002, 43 (3): 963-969.

[15] Weil E D, Levchik S. A review of current flame retardant systems for epoxy resins [J]. Journal of Fire Sciences, 2004, 22 (1): 25-40.

[16] 王增加, 李辅安, 李翠云. 阻燃高分子复合材料的研究进展 [J]. 化工新型材料, 2004, 32 (10): 11-13.

[17] X. Chen, Y. Jiang, C. Jiao, Smoke suppression properties of ferrite yellow on flame retardant thermoplastic polyurethane based on ammonium polyphosphate, Journal of hazardous materials 266 (2014) 114-121.

[18] Y. Shi, B. Yu, K. Zhou, R. K. Yuen, Z. Gui, Y. Hu, S. Jiang, Novel CuCo2O4/graphitic carbon nitride nanohybrids: Highly effective catalysts for reducing CO generation and fire hazards of thermoplastic polyurethane nanocomposites, Journal of hazardous materials 293 (2015) 87-96.

煤自燃影响因素的研究综述

赵翊彤

(中国人民警察大学研究生院二队, 河北 廊坊)

摘 要 一直以来，煤自燃火灾都是威胁煤炭生产和储存安全的一个重要隐患，造成人员伤亡和财产损失。文章综合分析了煤自燃的原因和影响因素，介绍了近年来国内外学者对煤自燃影响因素的研究，从水分、通风率、颗粒细度、挥发分和温度五个方面对煤自燃特性的影响因素进行了分析和总结，希望能为抑制煤自燃以及煤矿安全隐患的预防工作提供指导和帮助。

关键词 煤自燃 水分 通风率 颗粒细度 挥发分 温度

1 引言

据统计，在全国600多个重点煤矿和统配煤矿中，半数以上开采的是易自燃煤层，自燃火灾次数占火灾总次数的90%以上[1]。在我国，煤矿自燃引发火灾的问题非常严重，有56%的煤矿存在自燃发火问题，而我国统配和重点煤矿中具有自燃发火危险的矿井约占47%，矿井自燃发火又占总发火次数的94%，其中采空区自燃则占内因火灾的60%[2]。因此，预防自燃火灾，日益受到人们的重视。

对煤炭自燃发生发展过程的影响因素进行控制是预防煤炭自燃的重要手段。为了使煤矿自燃防治工作更及时、更有效，国内外许多研究人员针对煤炭自燃的影响因素展开了大量研究，为煤炭自燃的控制和预防工作提供了更加有针对性的指导。

2 煤自燃基本原理

煤是最常见的燃料之一。煤堆暴露在空气中，煤与氧气发生放热的氧化反应，使得煤堆的温度升高，温度的升高又促进了氧化反应的速度，煤堆的温度因此而越来越高，当超过煤的自燃点时，煤炭就会自燃。由于煤堆整体通风不好积累足够的热量，但煤堆外层和空气接触，可以对流散热，所以煤的自燃都是从内层开始，逐渐向外层扩展。当空气中充足的氧气足以支持煤和氧之间的反应时，煤的自热就开始了。煤的低温氧化产生的热量既没有通过传导也没有通过对流充分散失，因此煤块内部的温度升高了。所以低温下氧对煤的影响整体上是放热的，但也有些反应是吸热的。

煤炭自燃简称煤自燃，是一个复杂的物理化学过程。自燃是物质被空气中氧化放热而自动发生燃烧的现象，而燃烧则是物质发光放热的一种剧烈氧化反应，由此可知，煤自燃是煤长期与空气中的氧接触，发生物理、化学作用的结果。

3 煤自燃的影响因素

影响煤自燃的主要因素有水分、通风率、颗粒细度、挥发分和温度等。目前，国内外研究人员已经在这些方面展开了大量研究。

3.1 水分对煤自燃的影响

2015年，肖旸[3]等人进行了空气湿度影响煤自燃特性的试验研究，对砚台矿煤样进行破碎，分成五种粒径，制成三组混合粒径煤样，采用自主研发的湿度控制装置和程序升温试验台，对煤样进行程序升温，利用气相色谱仪记录30~100℃升温过程中煤炭自燃所产生的气体成分和浓度，分析耗氧速率、CO和CO_2产生率、放热强度以及自燃极限参数的变化规律。试验结果表明：低温氧化前期，空气相对湿度越高，煤体的耗氧速率越快、放热性越强、CO产生率越高。随着反应的进行，85%或32%的湿度均会对耗氧速率、放热强度和CO产生率产生一定的抑制作用；CO_2产生率随空气相对湿度的增大先升高后降低，最小浮煤厚度和下限氧浓度随空气相对湿度的增大先降低后增升高，上限漏风强度先升高后降低。增大空气相对湿度对煤低温氧化前期有促进作用，其自燃环境条件更易被满足，自燃危险性升高。

2015年，徐长富[4]等进行了水分影响煤自燃临界温度的试验研究。将三种不同粒径的煤样均匀混合，装入五个密封袋内，配制含水率分别为5.86%、8.04%、10.08%、12.01%、14.19%的煤样，利用煤自然发火模拟装置，以葫芦素2-1煤为研究对象，测试了煤样在氧化自燃过程中，不同的含水率对CO和C_2H_4生成量的影响，并基于CO浓度得到了煤自燃的临界温度。结果显示：含水率对煤自燃临界温度的影响是双重的，随着煤含水率的增大，煤自燃临界温度先升高后降低再升高，在最佳含水率时有极小值；含水率大于或小于最佳含水率时，都会抑制煤的自然发火，并且煤中水分越多，抑制作用越明显；在采空区疏放水时，应保持煤中的水分大于煤自燃最佳含水率。

2020年，Yuguo Wu[5]等人首次从灾害防治的角度重新定义了煤体中水分的类型，即煤基质中水分的原始存在和工艺过程中的外来水分。通过浸泡低水分长焰煤，制备含有不同外来水分的煤炭。采用程序升温氧化试验，研究了外界水分对煤体升温速率和气体产物排放等特性的影响。此外，结合热分析表征和孔隙结构测试，研究了外来水分对煤自燃过程的作用机理。实验结果表明，外界水分含量的影响随煤自燃的发展而变化。在缓慢氧化阶段，外来水分能在一定程度上抑制煤的氧化。在快速氧化阶段，外来水分对煤的氧化反应催化作用或直接参与反应。进入快速氧化阶段后，出现延迟效应。当煤温超过180℃时，不同初始水分含量煤的自燃特性逐渐趋于平衡。

3.2 通风率对煤自燃的影响

2020年，Magdalena Tutak[6]等人介绍了两种通风系统的矿井瓦斯浓度测试结果和描述性统计，介绍了长壁通风系统对开采过程中两种基本通风危害形成的影响的分析结果：甲烷释放危害和煤的自燃。实验表明，使用U型长壁通风系统时的甲烷释放危险比使用Y型通风系统时的高。但使用U型系统时煤炭自燃的危险性较低。在高甲烷释放危险的情况下U型长壁通风系统妨碍了安全和有效的操作。同时，该系统的使用限制了采空区中的碳氧化反应，导致自燃和发热，这些反应的副产物气体浓度低证实了这一点。反过来，Y型长壁通风系统的使用确保了高甲烷释放危险区域的安全和有效操作，但同时降低了与煤自燃相关的安全性。作者希望这将有助于讨论主动长壁通风系统的最佳选择和必要时的改变。

2021年，张玉涛[7]等人为探究氧气浓度与升温速率对煤自燃特性的影响，利用TG/DSC-FTIR联用技术测试了煤样分别在5%、13%、和21%的氧气浓度下的放热特性，分析了煤在氧化过程中特征温度、热效应及指标气体产生量等参数的变化规律。实验结果显示：在升温速率一定时，随着氧气体积分数的增大，煤样氧化反应速率加快，特征温度点降低，煤自燃指标气体峰值对应的温度逐渐向低温区域移动，放热峰值增大且向低温区偏移，自燃危险性呈升高趋势。研究成果对井下煤自燃早期识别和灾害防控具有重要的现实意义。

3.3 颗粒细度对煤自燃的影响

2015年，马砺[8]等人为了研究煤炭粒度对采空区煤自燃极限参数的影响，使用自制的煤炭自燃程序升温试验装置，对0.9mm以下的5种粒径下的煤样的放热强度和临界温度进行测量和计算，并利用得到的数据算出煤自燃临界极限参数，对煤自燃极限参数与粒径关系进行分析及拟合，试验结果表明：在煤氧化过程中，煤炭自燃极限参数的最值和煤样的自燃临界温度相近；煤样的粒度对煤的自燃极限参数有明显影响，满足二次多项式的关系；在相同条件下，上限漏风强度随着煤粒径的增加而降低，最小浮煤厚度与下限氧浓度随着煤粒径的增大而增大。试验结果可为采空区自燃危险区域判定提供基础参数。

2018年，Viktor Kuznetsov[9]等根据颗粒大小对部分碳化褐煤和煤中吸附剂的自燃过程进行了研究。为了确定自燃的临界条件和沿热机制进行的过程的有效动力学参数，使用了一个特殊的实验装置。研究结果表明，由于煤物质回填的活性表面的变化，粒度对煤物质的自燃时间和氧化速率有影响，但对煤自燃放热动力学没有影响。对样品中煤物质自燃过程建立了三维数学模型，并对其进行了验证，该模型采用空间非稳态热传导方程，其中考虑了煤氧化过程中的热释放，根据实验获得的自燃过程动力学参数-有效活化能和指前因子设置热源。

3.4 挥发分对煤自燃的影响

2014年，刘伟[10]等人进行了挥发分对煤本身自燃能力影响机制的实验研究，实验在氮气环境中进行，对采集于山西省大同市唐山沟煤矿8201工作面的不黏煤煤样分别在105、300、600、900℃高温煅烧不同时间，获得了5份挥发分不同的煤样；采用自主研发的油浴式煤低温氧化实验系统对煤样进行了升温与氧化实验，得到了不同温度下煤样罐出口中的O_2、CO、CO_2等气体的体积分数，结合实验数据和推导出的煤耗氧速率与放热强度计算公式，得到了不同煤样的耗氧速率及放热强度变化情况，以此来判断不同挥发分对煤自燃能力强弱的作用。实验结果表明，相同条件下，煤的挥发分越低，耗氧速率与放热强度越小，因此越难以自燃。

2021年，张玉涛等人通过实验得出结论：随着煤阶的增高，煤自燃特征温度点逐渐向高温区移动，放热峰值降低，对应的峰值温度增大。同时，产生的指标气体峰值点向高温区偏移，自燃危险性降低。2021年，马砺等人通过实验得出结论：煤样的放热强度随煤变质程度的升高呈现降低趋势，煤样的临界温度随煤变质程度的增加而升高；最小浮煤厚度和下限氧浓度与煤变质程度呈正相关，而上限漏风强度与煤变质程度呈负相关。

3.5 温度对煤自燃的影响

2010年，郑兰芳[11]等人以东山烟煤和芙蓉无烟煤两种煤样为研究对象，对其破碎后筛分出物种粒径的煤样，等质量混合，利用程序升温实验系统、气相色谱仪等实验设备和加热炉实验系统，对两种煤样进行程序升温氧化试验，得到升温过程中气体的浓度及产生率，计算耗氧速率等煤自燃特性参数，并分析煤样的干裂温度和临界温度等，实验发现，两种煤样升温过程中氧气的消耗随着温度升高而逐步升高，为更深入的煤氧化自燃实验研究提供依据和参考。

2021年，张玉涛等人分测得了3种不同煤阶的煤样在不同升温速率下氧化过程中的TG、DTG曲线，分析了它们的放热特性以及三种煤在氧化过程中特征温度、热效应及标志性气体产生量等参数的变化规律。研究结果表明：氧体积分数一定时，升温速率越小，放热峰值、特征温度和指标气体释放峰值越向低温区偏移。研究成果对井下煤自燃早期识别和灾害防控具有实际意义。

4 结论

（1）外界水分含量的影响随煤自燃的发展而变化。在缓慢氧化阶段，外来水分在一定程度上抑制了煤的氧化。在加速氧化阶段，外来水分对煤的氧化反应有催化作用或直接参与反应。进入快速氧化阶段后，出现延迟效应。当煤温超过180℃时，即使初始水分含量不同，煤的自燃特性也趋于平衡。

（2）随着通风速率的增大，煤的自燃速率先增大后减小。原因是高速流通的空气在给煤自燃提供氧气的同时，也加速了表面热量的散失，而低速流通的空气，在提供相当数量的氧气的条件下但却不能带走其自发产生的热量。

（3）煤样的粒度对煤的自燃极限参数有明显影响，满足二次多项式的关系；在相同条件下，上限漏风强度随着煤粒径的增加而降低，最小浮煤厚度与下限氧浓度随着煤粒径的增大而增大。试验结果可为采空区自燃危险区域判定提供基础参数。

（4）在升温速率一定时，煤的挥发分越低，耗氧速率与放热强度越小，因此越难以自燃。

（5）氧气体积分数一定时，在升温过程中，氧气的消耗随着温度升高而逐步升高，煤自燃速率也随之加快。

参考文献

[1] 董希琳，陈长江，郭艳丽．煤炭自燃阻化文献综述[J]．消防科学与技术，2002（02）：28-31.

[2] 鲜学福，王宏图，姜德义，刘保县．我国煤矿矿井防灭火技术研究综述[J]．中国工程科学，2001（12）：28-32.

[3] 肖旸，李青蔚，鲁军辉．空气相对湿度对煤自燃特性的影响研究[J]．中国安全科学学报，2015，25（03）：34-40.

[4] 徐长富，樊少武，姚海飞，张群，郑忠亚，吴海军．水分对煤自燃临界温度影响的试验研究[J]．煤炭科学技术，2015，43（07）：65-68+14.

[5] Yuguo Wu，Yulong Zhang，Jie Wang，Xiaoyu Zhang，Junfeng Wang，Chunshan Zhou. Study on the Effect of Extraneous Moisture on the Spontaneous Combustion of Coal and Its Mechanism of Action [J]. Energies，2020，13（8）：

[6] Tutak Magdalena，Brodny Jarosław，Szurgacz Dawid，Sobik Leszek，Zhironkin Sergey. The Impact of the Ventilation System on the Methane Release Hazard and Spontaneous Combustion of Coal in the Area of Exploitation—A Case Study [J]. Energies，2020，13（18）：

[7] 张玉涛，史学强，李亚清，文虎，黄遥，李山山，刘宇睿．锌镁铝层状双氢氧化物对煤自燃的阻化特性[J]．煤炭学报，2017，42（11）：2892-2899.

[8] 马砺，任立峰，韩力，艾绍武，张李荣，刘媛媛．粒度对采空区煤自燃极限参数的影响试验研究[J]．煤炭科学技术，2015，43（06）：59-64+53.

[9] Viktor Kuznetsov，Yury Goryunov，Sergey Demenchuk，Olga Magdeeva，Pavel Neobyavlyayushchiy，Alexandr Dekterev. Investigation of the dependence of the process of spontaneous combustion on the particle size of brown coal processing products [J]. Journal of Physics：Conference Series，2019，1261（1）：

[10] 刘伟，秦跃平，杨小彬，张国玉．挥发分对煤自燃特性影响的实验研究[J]．煤炭学报，2014，39（05）：891-896.

[11] 郑兰芳，邓军．不同温度阶段煤自燃的实验研究[J]．武警学院学报，2010，26（04）：16-18.

影响阴燃蔓延过程的因素研究进展

吴学子　杨勇仪

（中国人民警察大学研究生院，河北　廊坊）

摘　要　阴燃通常发生在多孔固相材料中，特点是无火焰、燃烧温度低、蔓延速率慢，靠异相反应放出的热量进行自维持。阴燃过程可以简化为水分蒸发干燥、热解、氧化和形成灰烬这四个过程。影响阴燃蔓延过程的因素有很多，如无机物含量和含水率，它们往往综合作用于阴燃蔓延过程。本文将从物质内部状态因素和外部环境因素两个大的方面对影响阴燃蔓延过程的因素进行综述，主要涉及无机物含量、含水率、粒径大小、通风条件和含氧量以及坡度因素，总结研究成果，同时指出现阶段阴燃领域研究的不足，并对未来研究方向给出了展望。

关键词　阴燃　蔓延过程　影响因素　综述

0 引言

阴燃是一种缓慢、低温、无火焰、异相反应的燃烧形式，通常发生于如泥炭、香烟、纤维素板等多孔固相材料中[1]。相比于明火燃烧，阴燃燃烧有峰值温度较低、燃烧相对不完全和蔓延速率较慢等特点[2]。阴燃和明火燃烧的根本区别在于，前者的氧化反应和放热发生在燃料或多孔固体表面，后者的氧化反应和放热发生在燃料周围的气相中[3]。

如图1所示，阴燃过程的结构区域可以大致分为：未燃烧区、水分蒸发干燥区、热解区、氧化放热区和灰烬区。其中，影响蔓延过程的核心区域是热解区和氧化放热区[4]。按照阴燃蔓延方向可以分为水平蔓延和向下蔓延，水平蔓延根据阴燃方向与风向的关系可以进一步划分，当风向和水平蔓延方向相同是正向蔓延，相反则是逆向蔓延；向下蔓延的阴燃通常受风速变化影响不大[5]。

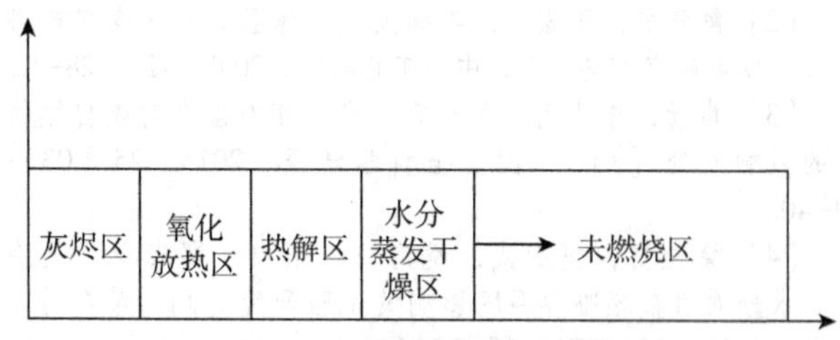

图1 阴燃反应结构示意图[6]

本文将从物质内部状态因素和外部环境因素两个大的方面，对影响各个类型阴燃的主要因素的研究进行梳理，为阴燃火灾的火灾预防、火灾调查以及灭火救援提供参考意见和帮助，推动阴燃火灾研究的发展。

1 物质内部状态因素

1.1 无机物含量对阴燃蔓延过程的影响

无机物含量是影响多孔物质阴燃的重要因素，以泥炭为例，不同地区的泥炭的无机物含量可能相差10倍[7-9]，甚至同一地区不同深度的泥炭都会有不同无机物含量[10]。

在阴燃过程中，无机物含量会直接影响灰烬区厚度，两者呈正相关，无机物含量越高，灰烬层越厚进而使隔热效果更好，有利于热量积蓄；但另一方面，阴燃过程中不断产生的灰烬会阻碍氧化区和分解区与氧气的接触，从而抑制阴燃过程[9]。此外，相比有机物，无机物的比热容高，会吸收有机物反应过程中产生的热量，这也是不利于阴燃发生和蔓延的[11]。

在以往的研究中，学者们通常使用控制变量法单独考虑某一项因素对阴燃的影响，而Christensen等人[4]首次将无机物含量与含水率两个因素结合起来，研究在不同含水率水平下，无机物含量对泥炭阴燃的影响。他们发现对于水平阴燃，不同含水率下，无机物含量与蔓延速率总体呈负相关性；对于垂直阴燃，在高含水率下，无机物含量与蔓延速率呈正相关性，但在低含水率下，蔓延速率对无机物含量不敏感。

Hu等人[12]通过实验发现增加无机物含量或堆积密度都会降低烟熏泥炭的质量损失率和扩散率。当无机物含量高于40%或堆积密度高于287.5kg/m^{3}时，含水率为50%的泥炭无法进行阴燃。

1.2 含水率对阴燃蔓延过程的影响

阴燃过程中高温会使水分蒸发吸收热量，对有机物的化学变化产生抑制，阻碍阴燃的发生[13]。当一种物料本身有机物含量低但含水率高时，阴燃可能不会发生或者在蔓延过程中熄灭[3]。

Christensen等人[4]同时也研究了在不同无机物含量下，泥炭含水率与蔓延速率的关系。在水平方向上，蔓延速率随着含水率的增加而减小；同时，他们还发现在随着含水率不断增加，存在一个不能使阴燃正常发生的临界值，在2.5%无机物含量时，临界含水率是150%左右，而在40%无机物含量时，临界值是80%，即无机物含量可以提高阴燃发生的临界含水率数值。Christensen等人[14]还研究了在不同风向下含水率与水平、向下蔓延速率的关系，实验结果表明：含水率会抑制水平蔓延，但会对向下蔓延产生促进作用；并且随着含水率的增加，水平蔓延率和深入蔓延率对风越来越敏感，其中水平蔓延受风的影响更大。另外，含水率从0%增加到120%，会使水平蔓延下正向阴燃比反向阴燃快9%的差距，扩大到98%。

唐秋霞[15]在0到30%含水率的范围内设置了六组梯度实验，研究含水率对于玉米秸秆粉阴燃的影响，她发现在0到20.93%含水率下，阴燃过程中温度变化趋势基本相同，但是在含水率29.77%下，温度变化得要明显比其他组快，这是因为玉米秸秆粉遇水会膨胀，当含水率较高时，膨胀现象会导致反应物与氧气接触更充分，阴燃过程更快，持续时间较短。在阴燃过程中，当某观测点的温度大于100℃时，可认为此刻该点样本水分蒸发过程结束，即可以反映出物料阴燃水分蒸发区前移的速度；同理，某观测点温度达到峰值所用的时间比较可以反映出炭氧化区前移的速度[16]。在接下来的实验中，唐秋霞得出物料的含水率增大会抑制水分蒸发区前移的速度，但对炭氧化区前移的速度影响不大这一结论。

He等人[17]在一个圆筒形反应器，以玉米秸秆、松树树干、热解炭和活性炭四种原料制备粉末以研究了它们的阴燃特性。他们指出水分蒸发区前沿的蔓延速度受含水率的影响显著；另外，当含水率从3%增加到21%时，水分蒸发区前沿的传播速度从氧化区前沿的10倍以上降低到约3倍。

Prat-Guitart等人[18]进行了含水率不均匀分布的泥炭阴燃实验，发现样本材料内部状态的异质性对阴燃蔓延速度、峰值温度以及阴燃时间均有重要影响，并预测在大多数自然生态系统中的泥炭阴燃火灾里，阴燃在水平蔓延到湿润泥炭地的前10cm范围就会自行熄灭，超过10cm的传播距离仅限于水分含量低于160%的湿润泥炭地。

1.3 粒径大小对阴燃蔓延过程的影响

粒径大小作为阴燃反应物最基本的物理参数之一，不仅会影响其宏观热物理性质，而且会间接改变孔隙率和堆积密度，进而对反应物阴燃产生影响[19]。在非均相气固反应中，反应速率取决于反应所涉及的固体颗粒每单位体积的可接触表面的大小。因此，颗粒尺寸越小，反应速率越高[20]。Ronda[21]等人通过在烘箱的实验发现，松树皮颗粒样本的粒径尺寸越小，引燃温度越低，阴燃过程更容易发生；同时粒径尺寸较大的样品，阴燃的发展更突然，强度更高[21]。

Torrent等人[22]在TG和DSC实验中观察到引燃温度和颗粒大小之间有很强的相关性，即颗粒越小，比表面就越高，从而使引燃温度降低。

在唐秋霞[15]的实验中，20~40目的生物质粉阴燃过程中，水分蒸发区前沿移动的速度要比目数高的样品快很多，这是因为样品粒径大，内部的孔隙随之增大；同时，粒径的减小并不会对炭氧化区传播产生显著影响。

He等人[17]的实验结果也表明其制作的四种样本阴燃的最高温度随着颗粒尺寸的减小而增加，这是由于颗粒越细，热绝缘性越好，热量更容易积聚。同时他们也指得出阴燃氧化区前沿的蔓延速度不受颗粒大小影响这一结论。

者香[23]开展了不同粒径下泥炭向下阴燃实验，她发现存在一个临界粒径大小，在该值范围内，粒径越大阴燃蔓延速率越大；而超过这个临界值，两者则呈负相关性。在本次实验中，临界粒径大小是2~3mm。此外，阴燃过程中峰值温度也随着泥炭粒径大小的增大而减小，这些实验结论都能够用粒径改变了物料的比表面积和表观密度来解释。最后，该学者还发现同一粒径大小下，峰值温度会随着深度的增加而增大，这是由于阴燃反应进行中积累的灰烬，会形成良好的隔热效果，减少热量散失。

2 外部环境因素

2.1 通风条件与含氧量对阴燃蔓延过程的影响

Ohlemiller等人[24]研究比较了正逆向阴燃中通风条件对

木纤维和聚异氰脲酸酯的蔓延速度、峰值温度的影响，他们发现在正向阴燃的蔓延是不稳定的，蔓延速度相对较低且主要受供氧速率所限制；而逆向阴燃很快就能达到一个稳定状态，这是因为它主要受传热过程所影响。他们还利用一个可以改变风速的小尺寸风洞装置，来研究风速变化分别对纤维素的水平正逆向阴燃的影响。他们发现风速变化对逆向阴燃影响有限，在风速达到 5m/s 时，也没出现向明火转化的趋势；而正向阴燃表现出了与风速的强正相关性，随着风速的增加，阴燃蔓延速度急剧增加，在风速 2m/s 时转化为明火[25]。在另一个实验中，Ohlemiller 等人[26]还得出水平阴燃结构主要由反应上表面的氧气扩散所控制这一结论。

Hadden 等人[27]设计了一种小型量热仪，以控制样品外部的热通量和通风条件，来研究不同含氧量和引燃条件下泥炭阴燃的氧化和热解过程。实验表明，阴燃可以分为两个状态，首先是通过热解和氧化反应生成一种炭，接着这些炭再氧化进而形成灰烬。另外，当泥炭阴燃处在一个较低的含氧量时，阴燃过程需要一个更厚的反应前沿来维持。他们还发现正常通风条件下，进行烘干后的泥炭阴燃临界含氧量是 11%左右。

风速变化对于阴燃蔓延过程不是简单的增进或抑制关系，而是一种博弈关系。风速的提升不仅会提高氧气供应，同时也会造成热量的损失，含氧量和热损失共同作用在反应中，影响阴燃的蔓延过程[28]。Chao 等人[29]通过实验对软质聚氨酯泡沫材料阴燃转化明火现象进行了研究，结果表明明火的转变主要受残余炭的氧化放热和泡沫材料多孔结构中的含氧量所控制，这与上述结论符合。后来 Wang 等人[30]又利用一个小尺寸风洞装置详细研究了风速对阴燃传播的作用，他们得出这样的结论：当风速低于某个临界值时，风速所带来的氧气供应占据主导作用；但在当风速达到临界风速，再提高风速，热量损失变成主导因素，含氧量提升所带来的热量增益被热损失抵消，随着风速的不断增大，反而会对阴燃过程产生抑制。

2.2 坡度对阴燃蔓延的影响

Christensen 等人[14]在 0°、10°、20°和 30°坡度分别进行泥炭阴燃实验，以探究坡度对泥炭阴燃水平以及向下蔓延的影响。他们得出以下结论：（1）相比水平坡度，在 30°坡度条件，上坡方向水平蔓延速率增长了 21%，但下坡方向水平蔓延速率对坡度不敏感；（2）在上坡方向蔓延时，向下蔓延、燃烧率和总体蔓延率都随着坡度的升高而增加；（3）坡度升高会使下坡方向向下蔓延速率和燃烧率都呈下降趋势。这与 Palmer 之前做的实验结论一致，这是由于坡度对阴燃蔓延的影响与风相似，热空气沿反应物表面向上坡移动，增加了热传导的速度，创造了上坡蔓延的条件[31]。

3 研究展望

阴燃蔓延过程主要受无机物含量、含水率、粒径大小、风速和含氧量以及坡度等多方面因素影响。当前对阴燃蔓延过程的研究，还存在着以下几个方面的不足：首先，现阶段研究大部分都是小尺寸模拟实验，以泥炭阴燃火灾为例，小尺寸实验中横向面积、纵向深度都会影响到阴燃过程，无法直接应用在室外泥炭火灾这类大型自然火灾中；另外实验多用工业泥炭，其有机成分、密实度以及燃烧特性都与野外天然泥炭有较大差异。其次，相较于国外，国内的研究主要集中在单个因素的影响，缺少对多因素耦合作用的深入研究。再次，坡度、微地形这一环境因素对阴燃的影响尚不明确，缺少科学的实验结论，亟须国内外学者共同深入研究。最后，当前研究都集中在空间上某一因素均匀分布的情况，没能考虑到阴燃实际情况中自身状态的异质性。

参考文献

[1] Anonymous. SFPE Handbook of Fire Protection Engineering [M]. Hurley M J, Gottuk D, Hall J R, et al., eds.. New York, NY: Springer New York, 2016.

[2] Huang X, Gao J. A review of near-limit opposed fire spread [J]. Fire Safety Journal, 2021, 120: 103141.

[3] Rein G. Smouldering Combustion Phenomena in Science and Technology [J]. 2009. International Review of Chemical Engineering IRECHE - Praise Worthy Prize, 2009.

[4] Christensen E G, Fernandez-Anez N, Rein G. Influence of soil conditions on the multidimensional spread of smouldering combustion in shallow layers [J]. Combustion and Flame, 2020, 214: 361-370.

[5] Huang Xinyan, Rein Guillermo. Upward - and - downward spread of smoldering peat fire [J]. Proceedings of the Combustion Institute, 2019, 37 (3): 4025-4033.

[6] 赵伟涛. 森林泥炭热解动力学特性和阴燃蔓延规律研究 [D]. 中国科学技术大学, 2014.

[7] Huang X, Rein G. Smouldering combustion of peat in wildfires: Inverse modelling of the drying and the thermal and oxidative decomposition kinetics [J]. Combustion and Flame, 2014, 161 (6): 1633-1644.

[8] Cancellieri D, Leroy-Cancellieri V, Leoni E, et al. Kinetic investigation on the smouldering combustion of boreal peat [J]. Fuel, 2012, 93: 479-485.

[9] Chen H, Zhao W, Liu N. Thermal Analysis and Decomposition Kinetics of Chinese Forest Peat under Nitrogen and Air Atmospheres [J]. Energy & Fuels, 2011, 25 (2): 797-803.

[10] Huang X, Rein G. Thermochemical conversion of biomass in smouldering combustion across scales: The roles of heterogeneous kinetics, oxygen and transport phenomena [J]. Bioresource Technology, 2016, 207: 409-421.

[11] Gnatowski T, Ostrowska-Ligęza E, Kechavarzi C, et al. Heat Capacity of Drained Peat Soils [J]. Applied Sciences, 2022, 12 (3): 1579.

[12] Hu Y. Haze emissions from smouldering peat: The roles of inorganic content and bulk density [J]. Fire Safety Journal, 2020: 9.

[13] Rein G, Lautenberger C, Fernandez-Pello A C, et al. Application of genetic algorithms and thermogravimetry to determine the kinetics of polyurethane foam in smoldering combustion [J]. Combustion and Flame, 2006, 146 (1): 95-108.

[14] Christensen Eirik G., Hu Yuqi, Purnomo Dwi M. J., 等. Influence of wind and slope on multidimensional smouldering peat fires [J]. Proceedings of the Combustion Institute, 2021, 38 (3): 5033-5041.

[15] 唐秋霞. 含水率和颗粒直径对生物质粉阴燃过程影响的实验研究 [D]. 山东理工大学, 2012.

[16] 马增益, 李月宁, 黄群星, 等. 水平强迫气流下木屑逆向阴燃过程的实验研究 [J]. 燃烧科学与技术, 2004 (06): 497-500.

[17] He F, Yi W, Li Y, et al. Effects of fuel properties on the natural downward smoldering of piled biomass powder: Experimental investigation [J]. Biomass and Bioenergy, 2014,

67：288-296.

［18］ Prat-Guitart N，Rein G，Hadden R M，et al. Effects of spatial heterogeneity in moisture content on the horizontal spread of peat fires［J］. Science of The Total Environment，2016，572：1422-1430.

［19］ Wyn H K，Konarova M，Beltramini J，et al. Self-sustaining smouldering combustion of waste：A review on applications，key parameters and potential resource recovery［J］. Fuel Processing Technology，2020，205：106425.

［20］ Torero J L，Gerhard J I，Martins M F，et al. Processes defining smouldering combustion：Integrated review and synthesis［J］. Progress in Energy and Combustion Science，2020，81：100869.

［21］ Ronda A，Della Zassa M，Biasin A，et al. Experimental investigation on the smouldering of pine bark［J］. Fuel，2017，193：81-94.

［22］ Garcia Torrent J，Fernandez Anez N，Medic Pejic L，et al. Assessment of self-ignition risks of solid biofuels by thermal analysis［J］. Fuel，2015，143：484-491.

［23］ 者香. 泥炭粒径、含水率和无机物含量对阴燃蔓延速率影响的实验研究［D］. 中国科学技术大学，2015.

［24］ Ohlemiller T，Lucca D. An experimental comparison of forward and reverse smolder propagation in permeable fuel beds［J］. Combustion and Flame，1983，54（1-3）：131-147.

［25］ Ohlemiller T J. Forced Smolder Propagation and the Transition to Flaming in Cellulosic Insulation［J］.［no date］：12.

［26］ Ohlemiller T J. Smoldering combustion propagation through a permeable horizontal fuel layer［J］. Combustion and Flame，1990，81（3-4）：341-353.

［27］ Hadden R M，Rein G，Belcher C M. Study of the competing chemical reactions in the initiation and spread of smouldering combustion in peat［J］. Proceedings of the Combustion Institute，2013，34（2）：2547-2553.

［28］ Carvalho E. Experimental investigation of smouldering in biomass［J］. Biomass and Bioenergy，2002，22（4）：283-294.

［29］ Chao C Y H，Wang J H. Transition from smoldering to flaming combustion of horizontally oriented flexible polyurethane foam with natural convection［J］. Combustion and Flame，2001，127（4）：2252-2264.

［30］ Wang J H，Chao C Y H，Kong W. Experimental study and asymptotic analysis of horizontally forced forward smoldering combustion［J］. Combustion and Flame，2003：15.

［31］ Palmer K N. Smouldering combustion in dusts and fibrous materials［J］. Combustion and Flame，1957，1（2）：129-154.

火灾烟气毒性研究进展

王鑫宇

（中国人民警察大学研究生院，河北　廊坊）

摘　要　为了解火灾烟气及其毒性组分的毒害性研究进展，对近二十年内国内外火灾烟气毒性方面的相关研究进行了梳理分析，综述了火灾中各类烟气危险性研究、阻燃材料燃烧产生的烟气毒性危险性研究、火灾烟气毒性评估方法以及如何抑制火灾烟气毒性四个方面的研究进展，指出了当前研究存在的问题和不足，并对未来我国在此领域的研究方向进行了展望。

关键词　火灾烟气　危险性　测量　毒性抑制

1 引言

火灾是一种常见且危险的灾害，会对人民生命财产造成重大威胁和损失。2021 年，全国共接报火灾 74.8 万起，死亡 1987 人，受伤 2225 人，直接财产损失 67.5 亿元。许多火灾，特别是重大和特大火灾，都是因建筑中常用的装饰或保温高分子材料被火焰引燃，引发剧烈燃烧导致的。

现代生活中，新型材料应用日益广泛，这导致了火灾发生时，其烟气的成分和含量变得更加复杂。在火灾事故中，大多数受害者并非死于火焰高温作用，而是由于吸入火灾有毒烟气导致中毒死亡的。根据国际消防与救援服务协会（CTIF）对相关火灾事故统计显示，火灾有毒烟气是火灾致人死亡和受伤的罪魁祸首。火灾中高温烟气除了会加速火场中火势蔓延、增高火场温度外，产生的有毒烟气还会对人体产生严重危害。火灾有毒烟气中含有大量的一氧化碳（CO）、二氧化硫（SO_2）、氰化氢（HCN）等有毒气体，容易引起人员中毒和窒息，造成人员伤亡；产生的浓烟还会影响人们的视线，降低能见度，从而影响疏散和救援[1-3]。而大部分烟气都由建筑物内的高分子材料，如聚氨酯、环氧树脂、酚醛树脂和聚苯乙烯等燃烧产生的。为此，GB/T 20285—2006 对材料的产烟毒性进行了分级，规定了材料燃烧性能等级需要给出烟气毒性等级信息和标志[4-5]。因此，对火灾烟气毒性进行研究是有必要的，本文梳理了火灾烟气毒性的危害、烟气毒性评估以及烟气毒性抑制方面国内外专家学者的相关研究，旨在为烟气毒性研究提供指导和参考。

2 烟气危害性

在日常生活中，处处可见由高分子材料组成的物品，无论是家庭中的各种家具、饰物，还是户外的建筑、公共设施等，绝大多数可燃物在发生火灾时都会产生大量有毒有害的烟气，吸入后可能造成人体永久性损害，甚至死亡，极大地威胁着人民群众的生命安全。

在燃烧时释放出的有毒有害气体主要为完全氧化产物，如二氧化碳（CO_2）、二氧化硫（SO_2）等、非完全氧化产物，如一氧化碳（CO）、氰化氢（HCN）等、可燃物降解产物，如脂肪族或芳香族碳氢化合物，以及大量的烟尘颗粒。徐晶晶[6]等针对儿童游乐设施，对部分泡沫塑料地垫、海洋球、泡沫积木产品在火灾条件下的烟气和毒性进行了检测和分析，发现上述物品在燃烧时均能产生大量烟气，其中乙烯-醋酸乙烯共聚物（EVA）地垫烟密度最大；而且聚氯乙烯（PVC）海洋球燃烧时释放的烟气毒性比较高。Jia-Ji Cheng[7]等采用烟气密度测试（SDT）和锥形量热仪-傅里叶变换红外光谱（CC-FTIR）对建筑装饰用的有机无机杂化高分子材料（SSP）的烟气特性进行了研究，实验结果显示，SSP烟气中CO、CO2、HCN和NO等有毒成分保持在较低水平，且在小鼠实验中，SSP烟气下的死亡率均低于聚合物材料。McKenna[8]等通过2017年格伦费尔大厦火灾的案例，运用一系列微观和实验模拟的方法来解释了火焰在立面内迅速蔓延的情况，结果显示，多异氰脲酸盐产生烟气的毒性是矿物棉的15倍，酚类物质的毒性是矿物棉的5倍，其中，1kg多异氰脲酸盐绝缘材料燃烧时产生的烟气能够填满一个50m^{2}的房间。

为了降低火灾危害，阻燃材料越来越多的应用于建筑中，这使得阻燃材料得到异常迅速的发展。但是任何事物都有两面性，包含阻燃材料的物品、建筑等在火灾中仍会产生有毒烟气，妨碍救火和人员疏散。王静[9]等通过分析卤系阻燃材料的阻燃机理，发现有机卤系阻燃材料主要起阻燃作用的卤化氢（HX）是有毒、腐蚀性的气体，其烟气毒性较大，并且其燃烧产物（卤化物）很难被降解，会对人员与仪器造成伤害，同时也会对大气环境造成严重破坏。Gabrielle Peck[10]等测试了型号为BS 8414墙体的防火性能，并且比较了四种雨屏幕墙系统产生的有毒烟气含量，发现聚异氰脲酸酯（PIR）燃烧产生的有毒烟气毒性最致命，其次是酚醛泡沫（PF）燃烧产生的烟气毒性，得出了聚异氰脲酸酯（PIR）和酚醛泡沫（PF）保温材料的烟气毒性分别比石棉（SW）材料烟气毒性大40倍和17倍的结论。

除此之外，火灾中的烟尘和烟气灼烧同样对人具有危害，烟尘颗粒不仅具有一定的毒性，而且烟尘颗粒的危害性还与其粒径大小相关，研究表明粒径<1μm的烟尘颗粒可以穿透防护面罩，进入细支气管，影响呼吸，对肺部造成不可修复的损伤；高温烟气灼烧会导致人体中暑、呼吸道和皮肤烧伤等，若长时间暴露在浓烟和高温烟气中，还会导致肺部受到难以治疗的烧伤。

3 火灾烟气毒性评估

火灾烟气成分非常复杂，评估火灾烟气毒性是了解火灾风险的重要组成部分。国外众多专家学者为准确评估火灾烟气毒性，通过测试动物暴露在火灾中常见材料燃烧产生的几种主要毒性气体中存活状态来建立数学模型进行实验研究，根据其中的试验评估，提出了N-气体模型，并在N-气体模型基础上，发展出FED和FEC模型。国内李山岭等[11]针对以往N-气体模型和FED模型烟气毒性定量评价方法的不足，以实际火场条件为背景，在综合考虑温度、能见度、烟气毒性3个影响因素的情况下，提出了THVCH模型用来对火灾烟气毒性进行评估，并运用THVCH模型说明能见度与高温辐射对火场人员的影响，分析与评价不同阶段的火灾烟气危害性。THVCH模型较N-气体模型以及FED模型更加全面地显示了火灾烟气毒害的多样性和复杂性，同时也兼顾了烟气能见度、火场辐射热对人员的影响。

烟气毒性测试技术也可以用来对烟气毒性进行评估，对烟气毒性的准确测量有助于减少火灾中的人员伤亡，国内外已经有研究人员开展对烟气毒性测量的相关研究。2002年到2016年，许多文献报道了用耗氧量法测量有毒气体，包括测量扶手椅、聚苯乙烯（PS）和聚氨酯、飞机座舱、气溶胶、木材、丙烯腈丁二烯苯乙烯等材料燃烧产生的烟气毒性[12-13]。经过多年的研究，有专家提出了一种新的思路，通过整合优化测量方法，以期实现快速测量烟气毒性。C. LChow[14]等为了在实际应用中快速测量烟气毒性，寻找简单的表达式，运用了4个与有毒排放物有关的有效剂量（FED）的计算公式，每个公式基于不同的假设，根据峰值一氧化碳浓度和峰值二氧化碳浓度以及瞬态一氧化碳、二氧化碳和氧气浓度计算FED值，FED值可以来指示燃烧材料排放气体的毒性作用。何瑾[15]等基于欧洲轨道交通防火标准EN 45545-2：2015，运用傅里叶红外光谱烟气成分在线分析仪，在燃烧条件下，对我国10种不同的轨道车辆内部的材料进行了烟气毒性的测量，结果显示，虽然车辆内部材料燃烧会产生CO、CO2、HCN以及HCL等有害气体，但含量都通过了欧洲轨道交通防火标准中的要求，但阻燃面料烟气中的HCN含量较高，在封闭空间中危险性较大。刘建勇[16]等同样根据欧洲轨道交通防火标准EN 45545-2：2015以及国内标准TB/T 3237—2010，采用烟密度试验箱和FT-IR联用毒性分析方法，介绍了对轨道交通材料烟气毒性测量的方法，并对烟气中常见的8种成分进行了分析，并计算CITG（毒性指数值）。关于测试烟气毒性，还可以采用活体动物直接暴露于有毒烟气中的实验方法，但是通过上述研究可以发现，动物暴露染毒法虽然可以直观地判定烟气毒性，但是与成分分析法相比无法做到准确、定量地对烟气的毒性进行分析。加之世界上烟气毒性研究的不断发展与人们对于保护实验动物福利的呼声越来越高，利用数学模型评估烟气毒性与运用仪器定量分析烟气毒性测试方法必将是今后的发展趋势。

4 烟气毒性的抑制

火灾烟气有亚致死效应，吸入有毒烟气会导致人丧失逃逸能力，最终导致死亡。因此，开展烟气毒性抑制方面的研究具有很大的意义。Fadime Karaer Ozmen[17]等以低成本环保阻燃剂（红磷）和抑烟剂（硼酸锌和三水合铝）代替成本高、危害大的卤代阻燃剂，有效降低了复合材料在热暴露条件下的有毒烟气和气体排放；实验结果表明，在火灾条件下，复合材料由于燃烧释放的挥发性有机化合物、有毒化合物和刺激性气体被抑制了约65%，有效地减少了有毒烟气的产生。Ziyu Jin[18]等通过多巴胺在聚苯乙烯（PS）纳米球表面发生自动聚合，从而制备出聚多巴胺包裹的聚苯乙烯（PS-PDA）纳米球表现出优异的Cu^{2+}吸附能力，将此纳米球作为吸附剂，然后制备成具有高阻燃性、抑烟性能的PS纳米复合材料，最后通过火灾试验，结果表明PS-PDA的生烟率平均值比PS降低了约10%。Yao Yuan[19-20]等针对硬质聚氨酯泡沫塑料（RPUF）会带来火灾风险和排放有毒气体等问题，利用水热技术和湿法化学处理方法，创造性地获得了一种表面用Cu_2O纳米颗粒修饰的MoS_2层状材料，以减少聚氨酯纳米复合材料燃烧过程中有毒产物的形成；实验显示，由于MoS_2的物理吸附和Cu_2O的催化作用，有害有机物和有毒气体（CO和NOx产品）分别减少了28%和53%；在此基础上，此团队为提高环氧树脂（EP）的防火安全性以及减少有毒烟气的排放，成功合成了一种亚微尺度铝支化低聚物（AHPP），并将其嵌入聚合物基板中，燃烧结果表明，与纯EP相比，二元共混物在燃烧过程中表现出良好的烟气毒性抑制性能，EP/AHPP的总排烟量和总CO产率分别显著降低了62%和32.3%，使亚微尺度含磷阻燃剂成为降低聚合物复合材料烟气毒性的潜在候选添加剂。Yifan Zhou[21]等发现了黑磷（BP）可与其他具有阻燃效果的二维材料进行复合，以达到更好的协同效果，以有效抑制毒性气体的释放，最大降幅为28.5%。Xiu Wang[22]等针对环氧树脂（EP）燃烧过程中释放的烟气对人体有害的问题，研究了利用介孔材料的解析性能增强EP抑烟效果的新方法，他们团队成功制备了羟基锡酸锌（ZHS）介孔氧化硅（SBA-15和MCM-41）改性的氧化石墨烯（RGO），并测试了其抑烟效果，试验结果显示，EP的放热率和排烟量都明显降低。

5 结语

火灾烟气成分复杂且变化迅速，不同物质燃烧产生的烟气毒性物质的种类和浓度是不同的；同一种物质在不同的燃烧条件下产生的烟气毒性物质的种类和浓度也是不同的。如何快速准确地评估烟气毒性是火灾烟气毒性方面研究亟须解决的问题，现行的烟气毒性评估模型虽然在测量、评估烟气毒性上取得了一定的成功，但由于模型中存在一定的假设性条件，在应用于评估实际火灾现场烟气毒性时仍具有一定的局限性，因此，未来有必要对此方面进行更深层次研究。

关于各种材料烟气毒性的研究基本集中在国外，国内针对此方面的研究起步较晚，建议国内加大对烟气毒性的评估、抑制等方面的研究，并改善烟气毒性相关的国家标准，尽可能提高材料防火性能，减少有毒烟气的产生；同时建立完善现有火灾烟气毒性数据库，将各种材料在燃烧过程中不同时间段产生的气体成分、浓度和持续时间等进行整理归纳，建立一个基于互联网的可检索的统一烟气毒性数据库，供消防、公安、科研等部门的人员在需要的情况下可方便快捷地使用，最大限度保护人民生命财产安全，进一步提高我国消防安全事业的发展。针对火灾中可能产生的有毒气体，可以考虑建立一个可视化可预测的整体火场模型，该模型应具有显示基本物理现象的功能，从而加强对建筑结构中火灾发展、毒性和烟气产生的了解和认识，为灭火救援以及后期防火提供必要的方向和指导。

参考文献

［1］WeiXu, Guojian Wang. Influence of thermal behavior of phosphorus compounds on their flame retardant effect in PU rigid foam［J］. Fire and Materials, 2016, 40（6）: 826-835.

［2］Fan-Long Jin, Xiang Li, Soo-Jin Park. Synthesis and application of epoxy resins: A review［J］. Journal of Industrial and Engineering Chemistry, 2015, 29: 1-11.

［3］Fire Statistics United Kingdom, Department for Communities and Local Government, London, 2007.

［4］GB/T 20285—2006，材料产烟毒性危险分级［S］.

［5］GB 8624—2012，建筑材料及制品燃烧性能分级［S］.

［6］徐晶晶，吴丹，张文喜，海乐檬，蔡宇武．儿童软体游乐设施涉及塑料产品火灾烟气及毒性的探讨［J］. 广东化工，2020，47（14）：62-63.

［7］Jia-Ji Cheng, Shao-hua Sun. Investigation on the fire hazard of hybrid polymer materials based on the test of smoke toxicity［J］. Journal of Thermal Analysis and Calorimetry, 2019, 135: 2347-2357.

［8］Sean T. McKenna, Nicola Jones, Gabrielle Peck, Kathryn Dickens, Weronika Pawelec, Stefano Oradei, Stephen Harris, Anna A. Stec, T. Richard Hull. Fire behaviour of modern façade materials - Understanding the Grenfell Tower fire［J］. Journal of Hazardous Materials, 2019, 368: 115-123.

［9］王静，王恩元．浅谈有机卤系阻燃材料火灾中的烟气毒性评估［J］. 西部探矿工程，2005（10）：241-243.

［10］Gabrielle Peck, Nicola Jones, Sean T. McKenna, Jim L. D. Glockling, John Harbottle, Anna A. Stec, T. Richard Hull. Smoke toxicity of rainscreen façades［J］. Journal of Hazardous Materials, 2021, 403.

［11］李山岭，蒋勇，邱榕，陈珊珊．火灾烟气危害定量评价模型THVCH及其应用［J］. 安全与环境学报，2012，12（02）：250-256.

［12］Guo DG, Tu GB, Yang J. Smoke movement in open space in shopping malls［J］. International Journal on Engineering Performance-Based Fire Codes, 2002; 4（3）: 84-94.

［13］D. Quang Dao, J. Luche, T. Rogaume, F. Richard, L. Bustamante-Valencia, S. Ruban. Polyamide 6 and Polyurethane Used as Liner for Hydrogen Composite Cylinder: An Estimation of Fire Behaviours［J］. Fire Technology, 2016, 52（2）: 397-420.

［14］C. L. Chow, S. S. Han, G. Y. Han, G. L. Hou, W. K. Chow. Assessing smoke toxicity of burning combustibles by four expressions for fractional effective dose［J］. Fire and Materials, 2020, 44（6）: 804-813.

［15］何瑾，刘军军，郭海东，张寒．城轨车辆内装材料烟气毒性测试方法研究［J］. 消防科学与技术，2018，37（08）：1042-1044.

［16］刘建勇，赵侠，易爱华，吴欣．轨道交通材料烟气毒性测试技术研究［J］. 消防科学与技术，2016，35（02）：149-152.

［17］Fadime Karaer Özmen, Mustaf Erdem Üreyen, Ali Savaş Koparal. Cleaner production of flame-retardant-glass reinforced epoxy resin composite for aviation and reducing smoke toxicity［J］. Journal of Cleaner Production, 2020, 276.

［18］Ziyu Jin, Yuling Xiao, Zhoumei Xu, Zixuan Zhang, Huijuan Wang, Xiaowei Mu, Zhou Gui. Dopamine - modified poly（styrene）nanospheres as new high - speed adsorbents for copper - ions having enhanced smoke - toxicity - suppression and flame-retardancy［J］. Journal of Colloid And Interface Science, 2021, 582（Pt B）: 619-630.

［19］Yao Yuan, Wei Wang, Yongqian Shi, Lei Song, Chao Ma, Yuan Hu. The influence of highly dispersed Cu 2 O-anchored MoS 2 hybrids on reducing smoke toxicity and fire hazards for rigid polyurethane foam［J］. Journal of Hazardous Materials, 2020, 382.

［20］Yao Yuan, Yongqian Shi, Bin Yu, Jing Zhan, Yan Zhang, Lei Song, Chao Ma, Yuan Hu. Facile synthesis of aluminum branched oligo（phenylphosphonate）submicro-particles with enhanced flame retardance and smoke toxicity suppression for epoxy resin composites［J］. Journal of Hazardous Materials, 2020, 381.

［21］Yifan Zhou, Fukai Chu, Shuilai Qiu, Wenwen Guo, Shenghe Zhang, Zhoumei Xu, Weizhao Hu, Yuan Hu. Construction of graphite oxide modified black phosphorus through covalent linkage: An efficient strategy for smoke toxicity and fire hazard suppression of epoxy resin［J］. Journal of Hazardous Materials, 2020, 399.

［22］Xiu Wang, Ting Chen, Chaohua Peng, Jing Hong, Zhenwu Lu, Conghui Yuan, Birong Zeng, Weiang Luo, Lizong Dai. Synergistic Effect of Mesoporous Nanocomposites with Different Pore Sizes and Structures on Fire Safety and Smoke Suppression of Epoxy Resin［J］. Macromolecular Materials and Engineering, 2020, 305（2）.

聚苯乙烯高阻燃建筑保温材料（EPS-g-TDCPP）的制备及其阻燃性能的表征

刘敬峰

（天津市滨海新区消防救援支队，天津市 滨海新区）

摘 要 随着我国经济的飞速发展，我国的高层建筑如雨后春笋般涌现，而随着我国政府大力提倡节能减排政策的出台，在高层建筑物外部添加节能材料的外墙保温技术成为了目前有效实现建筑节能目标的主要方式。在目前我国常见的几种的建筑外保温材料之中，聚苯乙烯类（EPS）外墙保温材料由于其质量较轻、隔热保温性能良好、安装便捷等特点逐渐在建筑外墙保温领域占据了主导地位。然而，聚苯乙烯类外墙保温材料保温材料自身较低的燃点导致其无法充分满足建筑防火的相应需求，目前由于此类建筑材料引发的建筑火灾发生的频率逐渐增多，造成了大量的人员伤亡和财产损毁，以聚苯乙烯为基体的建筑外保温材料逐渐进入了面临淘汰的危险。本文以聚苯乙烯（EPS）材料为基体，通过辐射接枝技术在材料基体表面引入卤代磷酸酯阻燃剂（TDCPP），在材料基体表面构筑稳定的阻燃层，制备成新型高阻燃性建筑保温材料（EPS-g-TDCPP），随后应用红外光谱分析（FT-IR）及扫描电子显微镜（SEM）对制备而成的EPS-g-TDCPP材料基体表面的化学形态及结构变化进行了表征。实验结果证明，在聚苯乙烯建筑材料表面通过辐照接枝的方法引入卤代磷酸酯阻燃剂TDCPP单体能够有效提高材料基体表面的阻燃隔热效果，能够有效减少了建筑火灾发生的危险性。

关键词 EPS保温材料 TDCPP 保温材料 辐照接枝

0 引言

随着我国国力的日益强盛及城市化进程的加快，我国的能源危机也逐渐开始显现，据统计，我国每年在建筑产业中的能源消耗已经超过我国能源消耗总量的30%，因此，如何有效控制建筑领域的能源节约成了我国可持续发展国家战略的重要组成部分。

在建筑领域的能源消耗中以建筑外墙的能源损耗为这主要因素，大量的热量通过建筑外墙散失到大气中，使得居住环境温度下降，居住者往往需要燃烧大量的生物燃料才能保证舒适的室内温度。因此，通过在建筑物外墙上加装保温材料的方法就成了有效降低建筑物能源消耗的首选技术手段，建筑保温材料主要特指通过安装在建筑物外部，能够有效降低室内热量向室外的大量散失的专项材料，该种材料在维持室内温度在合理范围的同时能够有效节约大量的能源，因此，在我国政府节能减排政策的大背景下具有重要的保温节能作用。目前，我国建筑领域普遍选用以碳、氢元素为主要成分的有机高分子类节能保温材料，特别是聚苯乙烯（EPS）保温材料由于具有相对较轻的密度、优异的耐化学腐蚀性能、良好的隔热保温性能且在施工过程中便于切割、安装，被广泛应用于高层建筑的外保温材料中。

聚苯乙烯作为目前被广泛使用的高分子聚合材料，被广泛应用于航空航天、家庭内饰、建筑保温等多个领域，事由苯乙烯单体经过加成聚合反应制备而成，目前常用的聚苯乙烯（EPS）保温材料主要以泡沫保温板的形式应用于建筑外墙上，目前已经占据国内建筑保温市场份额的80%以上。但是在实际使用过程中，由于聚苯乙烯（EPS）保温材料主体为易燃性有机高分子材料，普遍具有耐热性差、氧指数低、热释放速率高等缺点，遇到60℃以上的高温时其表面即可短时间内释放出大量易燃气体，一旦遇到外部高温炙烤该材料基体表面根本无法形成有效的隔离层，其燃烧过程通常分为两个阶段，首先是材料基体在外部高温炙烤作用下释放出大量挥发性较强的气态单体，与空气形成混合物后遇明火在材料基体表面形成闪燃，随着材料基体表面温度的进一步升高，在火势作用下材料基体表面迅速形成融滴并加速火势的蔓延扩大，逐渐引发相邻区域燃烧，作为建筑物外保温材料在实际使用过程中存在着较为严重的消防隐患，一旦火灾发生在多层建筑或高层建筑之中会加大火焰的破坏程度，造成惨重的人员伤亡和财产损毁。因此，建筑外保温材料的选择也必须从消防安全防火设计等方面加以综合考虑[1]。

为了有效提高建筑保温材料的防火性能，通常采用在材料表面涂覆阻燃剂的处理方式。阻燃剂也被称作难燃剂，是赋予可燃或易燃材料阻燃性能的添加剂，当涂覆于有阻燃需求的保温材料表面时，可以有效降低材料基体自身的可燃性。然而，通过涂覆法制备而成的建筑保温材料使用寿命较低，阻燃层在雨水、日晒等作用下极易发生脱落。因此，本文选择在受到外部高温辐射过程中能够有效保护材料基体，且在燃烧过程中能够有效抑制有毒烟气产生的卤代磷酸酯阻燃剂（TDCPP）作为单体，通过化学接枝的方法将阻燃单体接枝到待处理易燃建筑材料基体表面，使得阻燃剂单体在材料基体表面以互穿网络状态存在，不但保障了材料自身的保温节能性能，在受到外部高温辐射的过程中不会散发出有毒烟气，并在材料基体表面形成稳定的阻燃层，保障材料在燃烧过程中只出现碳化层而不发生熔融滴落现象，且材料在高温作用下始终保持原有的形状。该材料制备简便，安装便捷且使用寿命较长，有效拓展了该材料在建筑领域的使用范围[2]。

1 实验部分

1.1 主要试剂与仪器（表1）

表1 本实验中所用主要试剂

试剂名称	规格	生产厂家
聚苯乙烯（EPS）		河北振兴化工橡胶有限公司
卤代磷酸酯阻燃剂（TDCPP）	分析纯	天津市东丽区天大化学试剂厂
异丙醇	分析纯	天津市北方天医化学试剂厂
无水乙醇	分析纯	天津市北方天医化学试剂厂
二乙基二硫代氨基甲酸钠	分析纯	天津市北方天医化学试剂厂
蒸馏水	—	天津工业大学膜天公司纯水厂

1.2 实验设备与装置（表2）

表2 实验设备与装置

仪器名称	规格	生产厂家
热重分析仪	STA409PC 型	德国 BRUKER 公司
红外光谱仪	VECTOR22 型	德国 BRUKER 公司
分析天平	TG328A 型	上海良平仪器仪表有限公司
扫描电子显微镜	S-3500N 型	美国 HITACHI 公司
热分析仪	PERKIN-ELM 型	美国 HITACHI 公司

1.3 聚苯乙烯——卤代磷酸酯（EPS-g-TDCPP）高阻燃建筑保温材料的制备方法

1.3.1 卤代磷酸酯阻燃剂单体溶液的配制

向体积比为1：10的异丙醇/蒸馏水溶液加入卤代磷酸酯中稀释，在5000r/min条件下均匀搅拌10min，制得质量分数为15%、20%、25%、30%、40%、50%的卤代磷酸酯单体溶液。

1.3.2 聚苯乙烯——卤代磷酸酯（EPS-g-TDCPP）高阻燃建筑保温材料基体的制备

将稀释后的卤代磷酸酯单体溶液、异丙醇和水按照适当的摩尔比混合得到后，随后将待处理的聚苯乙烯材料基体置于卤代磷酸酯单体溶液中浸泡24h，随后向反应体系中加入甲酰胺和异丙醇，再在高压条件下向溶液中通入过饱和二氧化碳除去反应体系中的氧气，在5000r/min条件下均匀搅拌5min后，静置10~15min至溶液液面倾斜30度角也不发生流动时，随后将该反应体系在波长为312nm的紫外光线作用下辐射适量时间，制备而成聚苯乙烯-卤代磷酸酯（EPS-g-TDCPP）高阻燃建筑保温材料基体。随后，使用足量无水乙醇对阻燃改性处理后的聚苯乙烯材料基体进行抽提处理后在真空烘箱中70℃烘干至恒重，并计算聚苯乙烯-卤代磷酸酯（EPS-g-TDCPP）高阻燃建筑保温材料基体的接枝率W。

$$W(\%)=[(W_g-W_0)/W_0]\times 100\%$$

式中，W_0和W_g分别为聚苯乙烯材料基体接枝前后的质量。

1.4 聚苯乙烯——卤代磷酸酯（EPS-g-TDCPP）高阻燃建筑保温材料的表征方法

使用导电胶将制备而成的待测聚苯乙烯——卤代磷酸酯（EPS-g-TDCPP）高阻燃建筑保温材料基体样品固定在载玻片上后，通过对其进行间歇性喷金的方式完成待测试样的表面处理，然后通过QUANTA200型扫描电子显微镜（FE-SEM）观察材料基体的表面形貌。将制备而成的高阻燃聚苯乙烯建筑保温材料基体样品充分干燥后与溴化钾溶液混合均匀并压制成型，随后放入红外光谱仪中进行分析，该次测试分辨率采用4cm^{-1}，波长范围在4000~400cm^{-1}区间范围内。将制备而成的高阻燃聚苯乙烯建筑保温材料基体研磨为粉体，利用STA 449C型导热系数测试仪对来测定导热系数。

2 结果与讨论

图1显示的是聚苯乙烯保温材料基体阻燃改性前后的红外谱图，图中的a、b曲线分别代表聚苯乙烯保温材料基体和EPS-g-TDCPP阻燃材料基体。该次测试分辨率采用4cm^{-1}，波长范围在4000~400cm^{-1}区间范围内。对新制备而成的气凝胶成品进行表征。如图所示，相应基团的吸收峰较为明显，如曲线b所示的经过阻燃接枝改性处理后的聚苯乙烯保温材料基体的红外谱图上在3270cm^{-1}处出现了较为明显的N—H的伸缩振动；在1650cm^{-1}处所呈现的尖锐的峰为HO-SO$_2$-基团的不对称伸缩振动峰；在1540cm^{-1}处出现了明显的N-H基团和C-N基团的伸缩振动，综上所述，可以充分证明经过紫外辐射接枝改性处理后，已经成功将阻燃性单体卤代磷酸酯（TDCPP）功能基团成功引入聚苯乙烯（EPS）保温材料基体之中[3]。

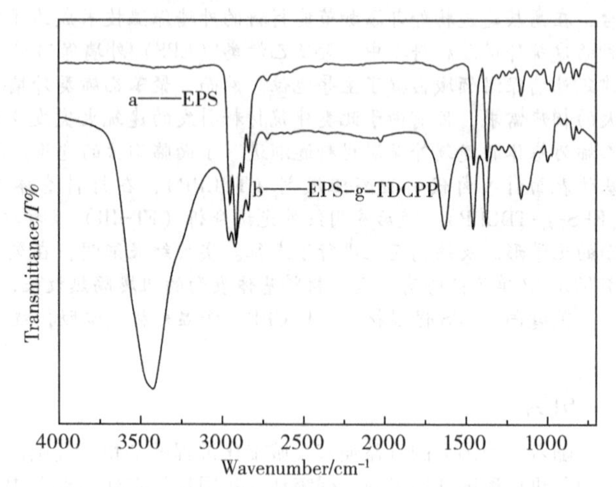

图1 聚苯乙烯保温材料基体阻燃改性前后的红外谱图。a、b曲线分别代表聚苯乙烯保温材料基体和EPS-g-TDCPP阻燃材料基体。

图2显示的是聚苯乙烯保温材料基体阻燃改性前后的表面形态，图2中的（a）、（b）图片分别代表聚苯乙烯保温材料基体和EPS-g-TDCPP阻燃材料基体的SEM照片。如图所示，经过阻燃接枝改性处理前的聚苯乙烯保温材料基体表面比较光滑，通过辐射接枝技术在材料基体表面引入卤代磷酸酯阻燃功能基团（TDCPP）后，材料基体表面构筑了稳定的阻燃层，导致聚苯乙烯保温材料基体表面变得较为粗糙，结合聚苯乙烯保温材料基体阻燃改性前后的红外谱图，进一步证明阻燃功能基团（TDCPP）被成功引入聚苯乙烯保温材料基体表面[4]。

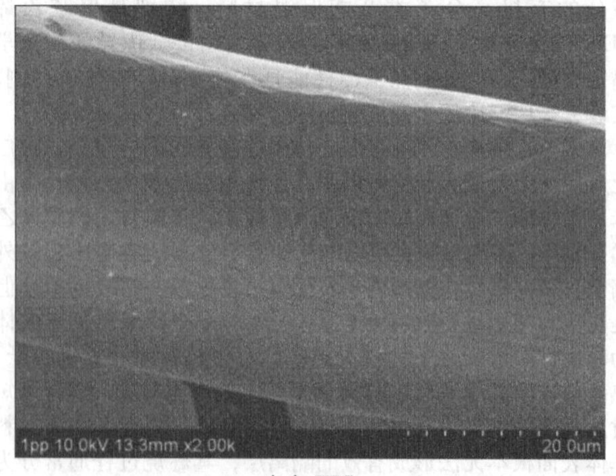

（a）EPS

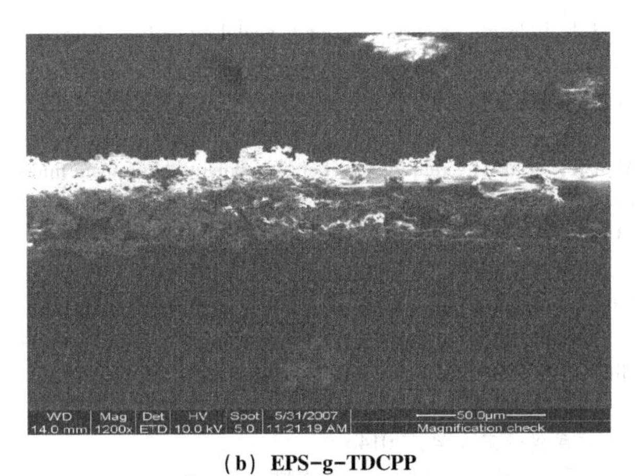

（b）EPS-g-TDCPP

图 2　聚苯乙烯保温材料基体阻燃改性前后的表面形态，（a）、（b）图片分别代表聚苯乙烯保温材料基体和 EPS-g-TDCPP 阻燃材料基体的 SEM 照片

图 3 显示的卤代磷酸酯阻燃功能基团（TDCPP）单体浓度对聚苯乙烯保温材料基体接枝率的影响曲线。如图所示，随着异丙醇/蒸馏水溶液接枝溶液反应体系中卤代磷酸酯基团（TDCPP）单体浓度的逐渐增大，反应体系中的游离 TDCPP 基团与聚苯乙烯保温材料基体接触的概率逐渐增大，体系中的自由基不断发生有效碰撞，TDCPP 基团获得了更大的动能，加快了向聚苯乙烯保温材料基体表面的扩散速率，当反应体系中 TDCPP 阻燃基团的单体浓度为 25% 时，聚苯乙烯保温材料基体表面的接枝率达到最大值，为 30.1%；随着反应体系中 TDCPP 阻燃基团的单体浓度进一步增加，反应体系的黏度也随之增大，阻燃单体向聚苯乙烯保温材料基体扩散的速度受到影响，且基团之间自聚现象逐渐加剧，混合体系中甚至产生了较多的单体凝胶，使得单体与聚苯乙烯保温材料基体表面的活性点接触的概率显著下降，从而导致 EPS 保温材料基体表面的接枝率随之下降[5]。

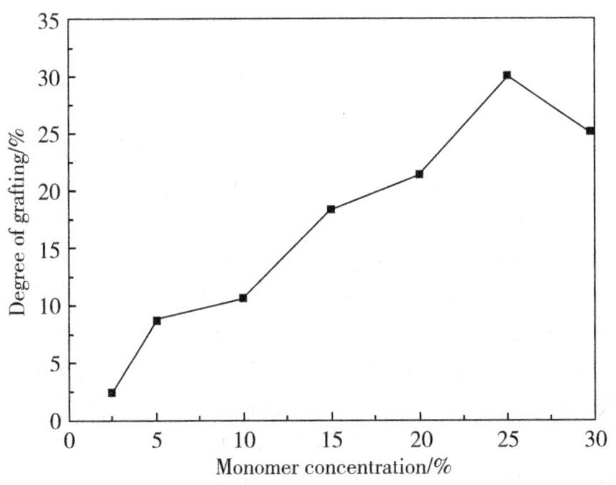

图 3　卤代磷酸酯阻燃功能基团（TDCPP）单体浓度对聚苯乙烯保温材料基体接枝率的影响曲线

图 4 显示的是不同接枝率条件下应用卤代磷酸酯阻燃功能基团阻燃改性处理后的聚苯乙烯保温材料基体的热重分析曲线。在制备过程中，随着阻燃单体成功引入聚苯乙烯保温材料基体表面后在材料基体表面形成稳定的阻燃层，由于热量无法通过固相介质有效实施传递，卤代磷酸酯阻燃功能基团所构筑的阻燃层形成的高孔隙率结构能够有效阻止热量的传播，防止明火的生成。在外部强烈的辐射热作用下，聚苯乙烯保温材料基体表面在燃烧过程中只出现碳化层而不发生熔融滴落现象，并保证材料基体在一定的在高温作用下始终保持原有的形状，其隔热性能得到了显著的提升。当阻燃样品接枝率为 30% 时，材料基体在 300℃时失重率不超过 2%，当温度升高到 1000℃时，失重率也仅为材料基体的 10% 左右，材料自身的耐高温性能得到了显著的提升。

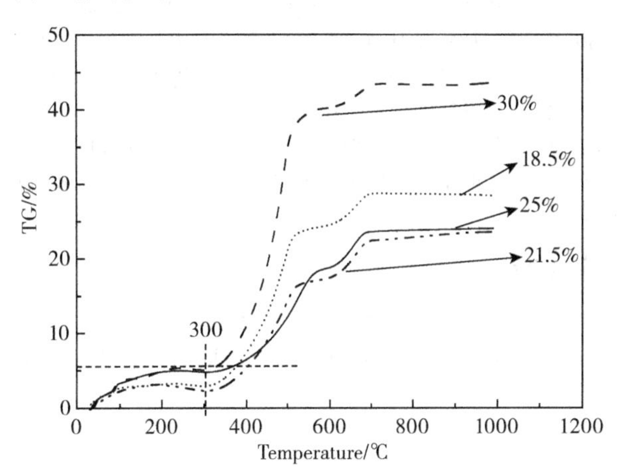

图 4　不同接枝率条件下应用卤代磷酸酯阻燃功能基团阻燃改性处理后的聚苯乙烯保温材料基体的热重分析曲线

图 5 显示的是不同接枝率条件下应用卤代磷酸酯阻燃功能基团阻燃改性处理后的聚苯乙烯保温材料基体的 DSC 曲线。在此次测试过程中，称取约 10mg 的阻燃改性处理前后的聚苯乙烯保温材料基体，以 10℃/min 的升温速率从 20℃升至 200℃，利用 PERKIN-ELMER 型差热分析仪对改性前后 EPS 保温材料进行 DSC 测试。综合图 5 及表 3 的数据可以看出，阻燃改性处理前后的聚苯乙烯保温材料基体的熔融焓降低，这是由于 TDCPP 阻燃基团构成的接枝链阻燃层对聚苯乙烯保温材料基体表面晶区的"稀释作用"造成的，证明了在基体表面引入 TDCPP 阻燃基团后，聚苯乙烯保温材料基体的阻燃效果得到了明显的改善，能够有效降低材料在遭受外部高温作用下发生火灾的概率。

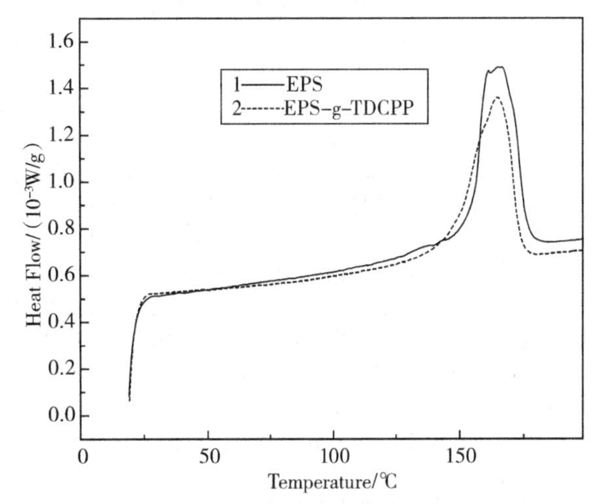

图 5　应用卤代磷酸酯阻燃功能基团阻燃改性处理后的聚苯乙烯保温材料基体的 DSC 谱图

表 3　应用卤代磷酸酯阻燃功能基团阻燃改性处理后的聚苯乙烯保温材料的 DSC 数据

样品	T_m/℃	$\triangle H_f$/（J/g）	$\triangle H_f$/（J/g）	W_c/%
EPS	188.8	98.36	88.36	37.28
EPS-g-TDCPP（30.1%）	163.4	77.79	90.14	43.13

3 结论

本文以聚苯乙烯（EPS）材料为基体，通过辐射接枝技术在材料基体表面引入卤代磷酸酯阻燃剂（TDCPP）功能单体，在材料基体表面构筑稳定的阻燃层，当阻燃样品接枝率为30.1%时，材料基体在300℃时失重率不超过2%，当温度升高到1000℃时，失重率也仅为材料基体的10%左右，在保证材料自身节能减排作用的同时，在受到外部高温辐射的过程中不会散发出有毒烟气，且显著提高了材料自身的阻燃效果，极大地拓宽了聚苯乙烯材料在建筑业中的实际应用领域。

参考文献

[1] Salazar M R, Lightfoot J M, Russell B G, et al. Degradation of a poly (esterurethane) elastomer, III, Estane 5703 hydrolysis: experiments and modeling [J]. Journal of Polymer Science Part A: Polymer Chemistry, 2003, 41: 1136-1151.

[2] Sonnenschein Mark, Wendt Benjamin L, Schrock Alan K, et al. The relationship between polyurethane foam microstructure and foam aging [J]. Polymer, 2008, 49 (4): 934-942.

[3] KOKSAL F, GENCEL O, BROSTOW W, et al. Effect of high temperature on mechanical and physical properties of lightweight cement based refractory including expanded vermiculite [J]. Materials Research Innovations, 2012, 16: 7-13.

[4] 杨厚林．膨胀珍珠岩基体相变储能材料性能研究[D]．武汉轻工大学，2014.

[5] 陈淑祥，周加彦，贺祥珂，高翠玲．我国超轻硬硅钙石型硅酸钙技术现状以及研发趋势研究[J]．中国标准化，2016 (15): 173-174.

锂离子电池 $LiPF_6$ 电解质溶液热失控行为研究进展*

周霄辉　龚子涵　孙均利

（中国人民警察大学，河北　廊坊）

摘　要　$LiPF_6$ 是锂离子电池应用最为广泛的电解质溶液，它几乎参与了电池内部所有的热失控反应，是影响整个锂离子电池系统热稳定性的关键因素。因此本文对 $LiPF_6$ 电解质溶液的性质进行了分析，然后对其近年来热失控反应机理、滥用情况的热失控行为研究进行了综述。同时对电解质溶液安全方面的研究进行了展望。

关键词　锂离子电池　热失控　电解质溶液　滥用条件

1 引言

在电动汽车与混合动力汽车快速发展的时代，锂离子电池被视为最关键技术之一。今年国务院办公厅印发的《新能源汽车产业发展规划（2021—2035年）的通知》[1]明确指出“发展新能源汽车是我国从汽车大国迈向汽车强国的必由之路，是应对气候变化、推动绿色发展的战略举措”，锂离子电池在全球领域蓬勃发展。与此同时以热失控为特征的锂离子电池系统的安全事故在生产、储存、应用、回收等过程中时有发生，限制了电动汽车的大规模应用。锂离子电池在过度充电、内部短路、挤压、高温等滥用条件下，容易造成锂离子电池的产热率大于放热率，使锂离子电池内部温度升高引发热失控[2]。在热失控发展过程中，从低温到高温排序，锂离子动力电池将依次经历：高温容量衰减；SEI膜分解；负极-电解液反应；隔膜熔化过程；正极分解反应；电解质溶液分解反应；负极与黏结剂反应；电解液燃烧[3]。

电解质溶液方面的技术创新作为开发新一代安全锂离子电池的必要步骤，近年来，学者们对于电解质溶液安全性进行了多方面研究，并在此基础上开展了大量的工作，包括使用更稳定的锂盐、添加电解质添加剂、采用不易燃的电解质溶剂等。本文将对这些相关研究进行综述，希望能为电解质溶液的设计和研发提供参考。

2 $LiPF_6$ 电解质溶液分析

2.1 $LiPF_6$ 电解质溶液的组成与种类

电解质溶液必须具有良好的物理化学性能，以保证锂离子的快速传输，良好的电极界面兼容性和化学惰性也是电解液的必要特性。商用锂离子电池中电解质溶液使用的是锂盐和有机溶剂，其中六氟磷酸锂（$LiPF_6$）盐最为常见，溶解在有机碳酸盐中，有机溶剂主要有碳酸乙烯（EC）与碳酸二甲酯（DMC）、碳酸丙烯（PC）、碳酸二乙酯（DEC）和/或甲基碳酸乙酯（EMC）的混合物。电解液需要有高介电常数和低黏度，因此常选择环状、链状碳酸酯的混合溶剂作为有机溶剂[4]。平平[5]总结了前人对单一溶剂性质的研究，链状碳酸酯的沸点、闪点较低，在高温下极易与锂盐释放的PF5反应，易被氧化；环状碳酸酯中PC会在石墨类负极物质表面嵌入，降低了负极稳定性；EC的熔点较高，会使得电解质溶液在低温下析出锂盐，降低电池的低温性能。为了满足电解质溶液在介电常数、黏度、电导率、密度挥发率等方面的应用要求，电解液的溶剂往往是这些有机液体的混合物。

2.2 $LiPF_6$ 电解质溶液的热行为

Eshetu等人[6]对溶剂EC、DMC、PC、DEC、EMC等单一溶剂和以上溶剂两两混合后的溶剂，对其溶剂体系的电解

* 国家自然科学基金青年科学基金项目（52106284）；河北省自然科学基金（B2021507001）；中国人民警察大学重点实验室培育类课题（2019SYCXPD001）；中国人民警察大学国家基金培育课题（ZRJJPY202101）。

液的闪点、点燃难易程度、热释放速率、有效产热等进行了实验测试，结果给出了从计算预测角度以及实验结

果角度的溶剂安全性排序，研究者认为安全性最高的溶剂是EC；对于其他溶剂，根据衡量参数不同，其安全性排序不同。

锂盐自身的热稳定性，并不等同于其电解液的热稳定性。对于纯锂盐，如根据 $LiPF_6$、$LiBF_4$、LiTFSI 和 LiBOB 的热分析结果，可以发现其并无放热行为，并且无锂盐的 EC-DEC 混合体系也非常稳定[7]。单盐的热稳定性在氩气氛围下，LiTFSI<$LiPF_6$<LiBOB<$LiBF_4$，电解液的热稳定性顺序为 $LiPF_6$/EC+DEC（1：1，w/w）<$LiBF_4$/EC+DEC（1：1，w/w）<LiTFSI/EC+DEC（1：1，w/w）<LiBOB/EC+DEC（1：1，w/w）[8]。

但 Liu 等人[9]发现混合溶剂 EC+DEC 的热稳定性在加入锂盐后显著下降，电解液的热危险性比未加锂盐的混合溶剂要大得多。在此基础上，Wang 等人[10]采用 C80 微量量热仪比较分析了不同混合溶剂加入 $LiPF_6$ 后的热稳定性，研究发现加入 $LiPF_6$ 后，电解液的热危险性高于溶剂体系，此实验也在一定程度上证明了 MacNeil 结论的正确性，而且实验也表明含有 DMC 的电解液比含有 DEC 的放电解液热峰温度更高。

Kawamura 等人[11]对 EC+DEC、EC+DMC、PC+DEC、PC+DMC 混合溶剂加入 $LiPF_6$ 的电解质溶液进行了 DSC 热分析，结果如图1所示，并探讨了水分、金属锂对电解液体系热行为的影响，发现金属锂在 $LiPF_6$/PC+DEC 溶液中的热反应开始的温度低于金属锂的熔点，加入水后，放热反应开始的温度降低，原因为 $LiPF_6$ 与水反应生成了 HF，使 SEI 膜溶解。

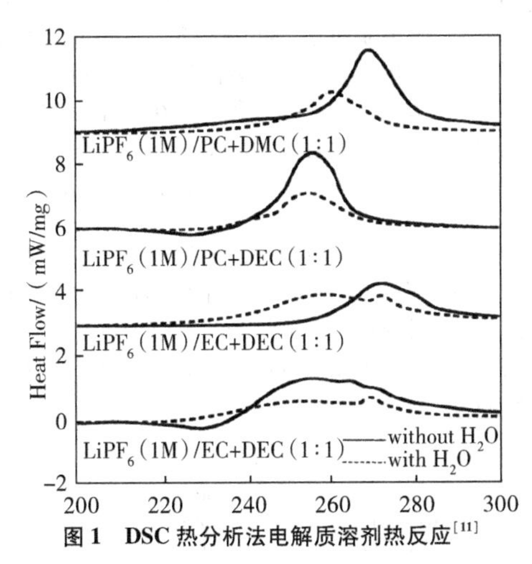

图1 DSC 热分析法电解质溶剂热反应[11]

3 滥用条件下 $LiPF_6$ 电解质溶液安全性研究

3.1 电滥用

过度充电是最危险的电滥用类型，也是造成 LIB 安全事故最常见的原因之一。另外两种类型的电滥用，过度放电和外部短路，是相对良性的，虽然不会造成快速发展的事故。但它们仍然会损害 LIB 的状态。

3.1.1 过充

虽然锂电池充电时有保护机制，并且在生产后会有政府及有关部门严格把控，但还是有20%的电动车火灾事故是在充电时发生的，在充电时，由于电压不稳定而使锂离子电池两端电压意外升高、充电器损坏或使用不匹配都可能导致过充。过充会使锂离子在负极表面析出结为锂枝晶，会导致电池容量出现不可逆衰减，甚至刺破隔膜，引发热失控[12]。

过充首先会在正极引起电解液分解[13]。这个反应缓慢地增加电池温度。随后，正极出现过多的 Li+脱插层。正极材料变得不稳定并开始释放氧气，而过量的 Li+沉积在正极上形成 Li 枝晶[14]。副反应过程中产生的热量和气体会导致电池过热造成破裂等安全事故[15]。

Ren 等[16]总结了 $LiyNi_{1/3}Co_{1/3}Mn_{1/3}O_2$（NCM）+ $LiyMn_2O_4$（LMO）复合正极和石墨负极的锂离子电池的过充过程，如图2。充电速率往往是影响过充的最重要因素，因为过充电流密度决定了电池反应发热的速率，电流越大，单位时间内产生的热量越多，从而增加了 LIB 热失控行为的风险。

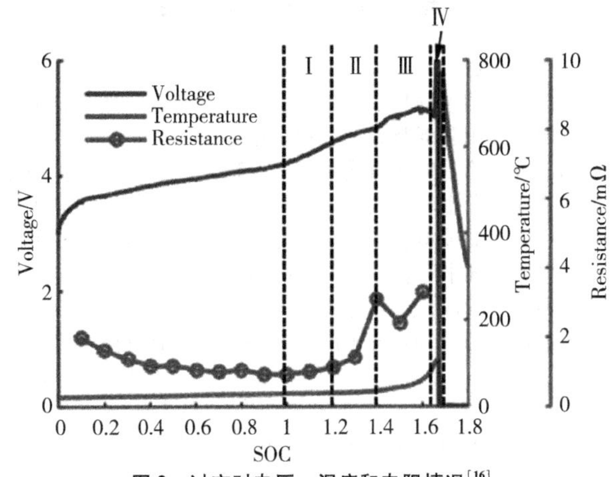

图2 过充时电压、温度和电阻情况[16]

Doh[17]等人，对一个软包电池进行过充，由于温度和电压较高，导致隔膜溶解，电解质燃烧与氧气的释放会在瞬间引起体积膨胀和剧烈爆炸，电池完全短路，如图3所示。当电池电压较高时，离子电流趋于停止，电池的电流变为纯欧姆电流，这种热量（$Q=I^2R$）使带电的正极粒子分解成 Co_3O_4 和氧气，高价的钴离子在电解质的还原作用下，形成 CoO。

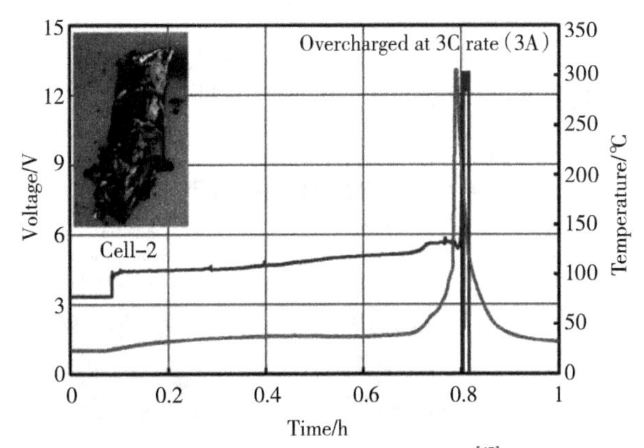

图3 过充时电压和温度变化情况[17]

Zeng 等人[18]，建立了一种电化学-热耦合模型，模拟了从正常充电到过充电的过渡过程，通过识别过充期间锂离子含量和锂离子电池温度及热释放情况，提出了电池过充多级警阈值选择方法，但该实验缺乏对电解质、SEI 膜等充电过程成分变化的具体分析。Fernandes 等人[19]着重分析了 DMC 和 EMC 在高温下的分解机理，通过色谱分析来量化气态分解产物，发现气相物质与锂离子电池过充发生热失控时相似，在一定程度上证明了有锂离子电池过充发生热失控生成的气体的主要来源于有机溶剂的热解，如图4所示。

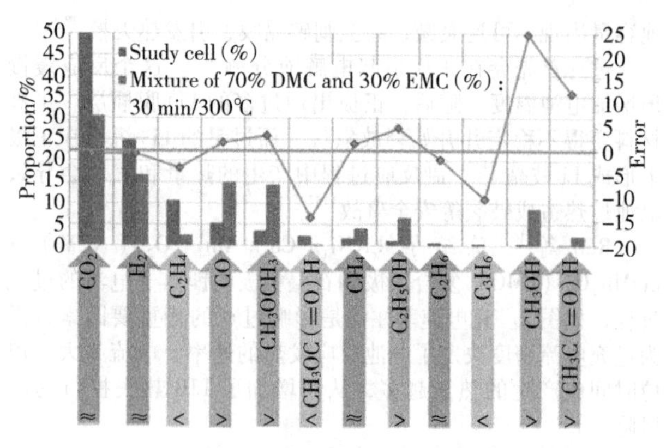

图4 高温下 DMC 和 EMC 分解气体[19]

3.1.2 过放电

目前生产的电池单体，工厂一致性非常高。然而，随着电池系统的使用和老化，一些单个电池的内阻会增大，电池之间的一致性的差异变得明显。这一现象导致一些电池在正常放电情况下产生较大的放电深度，如电动汽车的瞬时大功率输出和电网储能电池的深度放电，然后发生过放电。因为在一个电池系统中存在串联和并联的电池，这些过放电的电池可能不会被发现，这将会对整个电池系统构成安全隐患。

过放电的原理与过充电的原理相似。过放电使负极不断释放 Li^+，改变石墨结构，破坏 SEI 膜。铜收集器被氧化，释放的铜离子可能沉积在正极表面[20]。过多的铜沉积会导致电池短路。通过观察 NMC 基正极和石墨基负极的商用锂离子电池的过放电剖面，可以发现电压经历三个变化阶段，如图5所示，变化原因是 Li+脱插从负极插入到正极，铜箔氧化产生稳定的电压，最后由于 Cu 枝晶引起短路[21]。

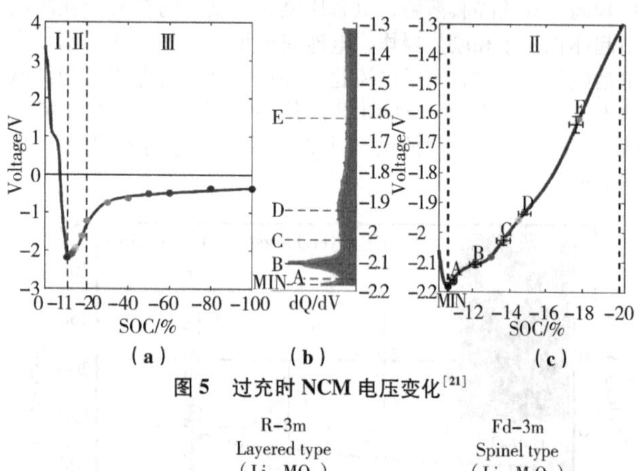

图5 过充时 NCM 电压变化[21]

Ma 等人[22]系统地分析了过放电对 MCN 电池的影响。根据中子成像测试显示，在过放电过程中，无序锂分布增加。此外，随着过放电深度的增加，电池不仅表现出不可逆的容量损失现象，还表现出内部结构退化的现象，包括 Cu 枝晶的生长、正极孔隙率的降低、NCM 材料中阳离子的增加等。影响了隔膜的力学性能和热稳定性。虽然过放电电池可能仍有一定的电化学性能，但由于内部结构退化，其安全危害水平将远远高于正常电池。另外，研究者们利用 EIS（电化学阻抗法）证明了过放电过程中电化学反应，如表1，R1 表示电解质溶液，R2 表示锂的迁移，R3 和 R4 表示电荷迁移过程。R1 在过放电过程中稳定，而 R2、R3、R4 在过放电过程中明显增加。

表1 中子成像测试检验的拟合结果[22]

Resistance/ ($\Omega \cdot cm^2$)	100%DOD	110%DOD	150%DOD
R1	11.39	10.91	11.76
R2	2.76	2.26	226.63
R3	6.36	8.89	636.68
R4	9.87	17.33	395.55

3.2 热滥用

热滥用是电池发生热失控的直接原因。除机械/电气滥用引起的过热外，电池连接器的接触松动也可能导致过热[23]。前人对于锂离子电池的热稳定性与电解液的反应机理进行了很多研究。Ouyang 等人[24]运用加速量热法，对比了正极材料分别为 LixCoO 与 $LixMn_2O_4$ 的锂离子电池在过热条件下产热量与电解质质量之间的关系，发现前者的反应放热量与电解液的质量无关，而后者的反应放热量随着电解液的质量的增加而增加。这就提醒我们，在对比或者测算锂离子电池热释放速率时，电解质的质量是不容忽视的。

Cho 等人[25]，采用原位 X 射线衍射分析了锂离子电池负极材料（$Li_{0.33}Ni_{0.5}Co_{0.2}Mn_{0.3}O_2$）

在加热过程中，有无电解液时的热分解反应，对负极材料结构进行 XRD 分析，观察负极晶体结构变化，得出电解液加速了负极材料的热分解的结论。电解液的存在改变了结构变化的路径，降低了热分解反应的起始温度。负极晶体变化如图6所示。

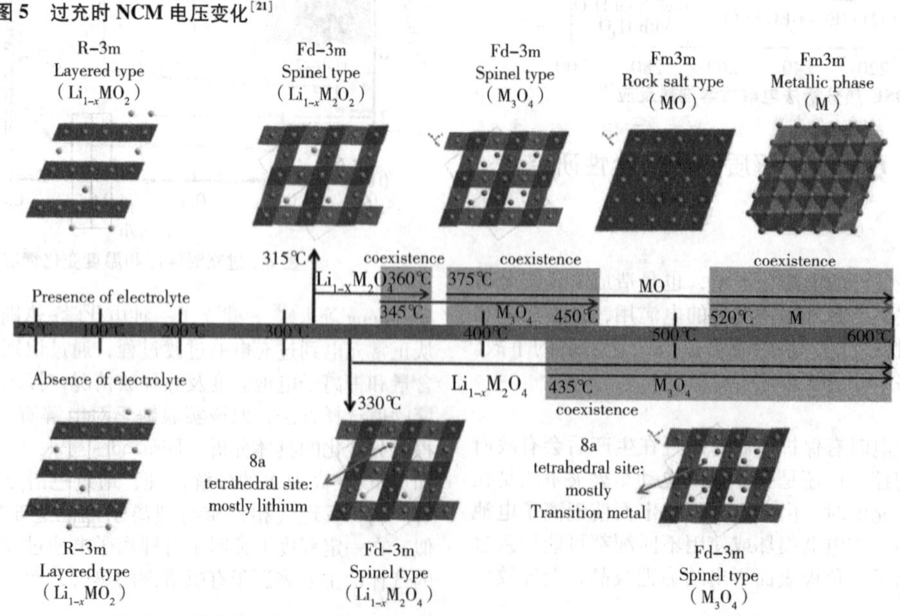

图6 有无电解液条件下带电的 $LiNi_{0.5}Co_{0.2}Mn_{0.3}O_2$ 晶体结构变化示意图[25]

Yu 等人[26]，通过差示扫描量热仪，对 L523 在有无电解液条件下的温度进行了对比。结果发现，无电解液时的 L523 的热量非常小，随着电解液加入 L523 体系中，体系热稳定性明显降低，热释放速率明显加大，放热峰值温度升高，电解质对锂电池的热稳定性有着显著的影响，如图 7 所示，此实验也在一定程度上验证了 Cho 结论的正确性。MacNeil[9]发现电解质盐的含量增多时，$LiMn_2O_4$ 的热稳定性将会下降。

Wu 等人[27]，研究了 Li_4Ti5O_{12}（LTO）锂离子电池在过热条件下热失控气体膨胀的问题，电解液作为反应物，由于分子结构不同，分解途径也不相同，直线型碳酸盐主要产生硫化氢和可溶性物质，环状碳酸盐则容易产生亚烃气和不溶性盐，还发现了 PC+DMC（1∶1）的混合电解液产生的气体最少。

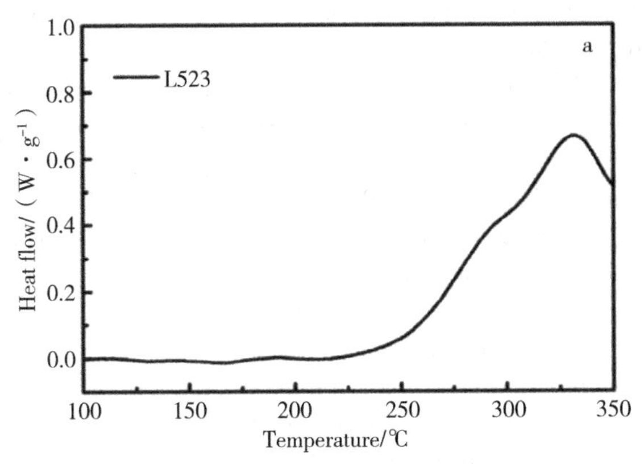

（a）无电解液 L523 热释放速率

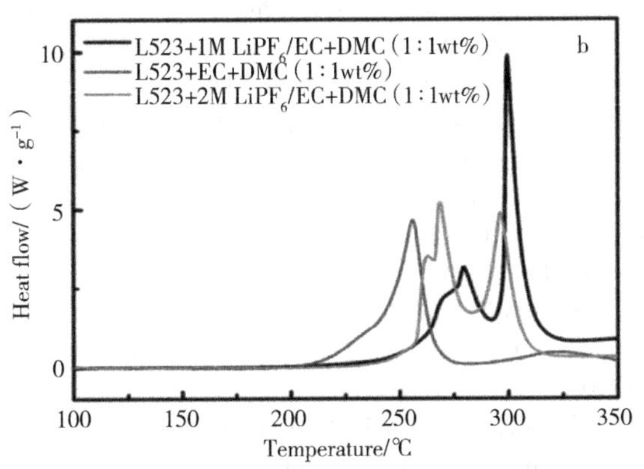

（b）L523 电极与不同电解液热释放速率[26]

图 7

3.3 机械滥用

机械滥用（刺穿、挤压、振动或冲击）可能会在电池内部或电池组内部造成短路，内部短路是最难防范的故障之一。一般来说，比能量（Wh/kg）和能量密度（Wh/L）较高的电池和电池组在被穿刺、挤压或滥用时会产生更强的反应。此外，含有可燃电解质或其他可燃材料的电池可能会在外壳受到物理损坏时逃逸，产生二次火灾[28]。目前对机械滥用的研究主要集中在理论模拟和实验验证两方面，因此本节主要讨论不同类型的机械滥用电池的影响。

3.3.1 挤压

Bai 等人[29]对满电荷状态的软包电池在挤压下加热，引发热失控，记录电池的温度、电压和形变过程，实验发现，对其施加挤压压力与无压力单独加热比，热失控的触发温度反而上升，原因是电解液被挤压出去，这时由于高温引起内部副反应比较困难，热失控的触发温度升高，但当压力较大时，热失控的触发温度下降，并随着挤压压力进一步增加继续下降，原因是在高强度挤压下，电池厚度降低很多，内部的变形在较低的温度下可以发生短路造成热失控，变化规律如图 8 所示。

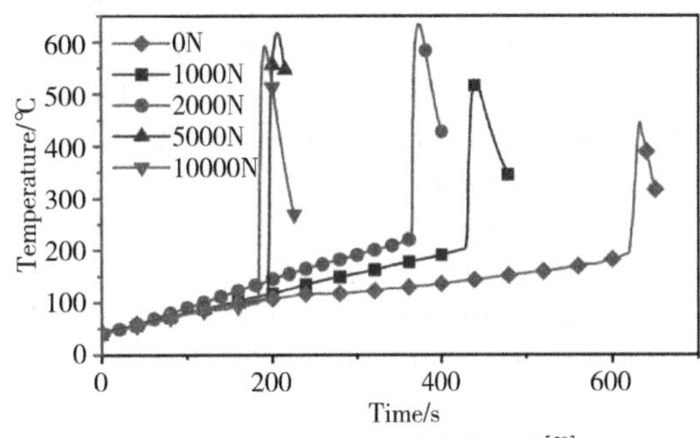

图 8 不同挤压强度下热触发温度[29]

为了研究挤压条件下，发生热失控短路失效过程，Wang 等人[30]应用电池挤压试验机，并由 DSC、GC/MS 和 XRD 分析了电池内部的正极、负极和电解液之间在不同温度下的反应机理，实验表明，正极 $Li_{0.5}CoO_2$ 与电解液的反应是导致电池内部短路失效的根本原因，电池因内部短路发热，一旦温度达到正极的分解温度时，便会瞬间反应释放出 O_2，O_2 与电解液瞬间发生剧烈反应，同时放出大量 CO_2 气体，使电池发生爆炸。其中 SEI 膜自身的分解反应以及负极与电解液在初期的反应都为正极与电解液的反应积累了热量。

电解液在高温引起电池热失控情况下发挥的作用较大，提高电解液高温稳定性是非常必要的，提高锂离子电池结构的抗压性，使锂离子电池在受到挤压等外部机械力下，变形程度较小，也是锂离子电池改善的一个方向。

3.3.2 针刺

金标等人[31]在针刺试验中，由于过放电会产生 $LiCoO_2$，焦耳热将析出的 $LiCoO_2$ 分解成 Co_3O_4 和氧气，由此形成的氧气会与碳质物质发生燃烧反应，引起热失控，但是没有发生剧烈爆炸，由于针刺已经为气体的释放提供了一个适当的出口。此外，它还对比了过充情况下电池的温度情况，对比发现，针刺情况下电池表面温度比过充情况下的温度更高，两种情况下的电池，有机溶剂的还原能力都可以使 Co_3O_4 被还原形成 CoO。

针刺时，一个非常高的放电电流从电池溢出，产生很大的焦耳热，使电池隔膜收缩。正极材料的性质、电池的比容量和荷电状态等都对钉刺测试的结果有很大影响。因此，电池的内部结构设计，及其材料本身稳定性质的增强，或增加内置的保护措施，能够显著提高锂离子电池在使用期间的安全性。

4 总结

锂离子电池在大型电池方面的应用依然受到一定限制，主要的原因是其安全性问题没有完全解决。尤其对于核心部件的锂离子电池电解质溶液的安全性问题的分析，一直是研究的热点和难点。本文总结了近年来关于锂离子电池 $LiPF_6$ 电解质溶液热稳定性，以及电滥用、热滥用、机械滥用等情况下电解质溶液的热失控行为的研究报道，通过这些分析，期望找到解决 $LiPF_6$ 电解质溶液安全性问题的方案和措施，为改进锂离子电池系统安全性提供一些参考。

参考文献

[1] 国务院办公厅关于印发新能源汽车产业发展规划

(2021—2035 年）的通知［J］. 中华人民共和国国务院公报，2020（31）：16-23.

［2］ Wang Q，Jiang L，Yu Y，Sun J. Progress of enhancing the safety of lithium ion battery from the electrolyte aspect［J］. Nano Energy，2019，55：93-114.

［3］冯旭宁. 车用锂离子动力电池热失控诱发与扩展机理、建模与防控［D］. 北京：清华大学，2017.

［4］Li Q，Chen J，Fan L，Kong X，Lu Y. Progress in electrolytes for rechargeable Li-based batteries and beyond［J］. Green Energy & Environment，2016，1（1）：18-42.

［5］平平. 锂离子电池热失控与火灾危险性分析及高安全性电池体系研究［D］. 安徽：中国科学技术大学，2014.

［6］Eshetu G，Grugeon S，Laruelle S，et al. In-depth-safety-focused analysis of solvents used in electrolytes for large scale lithium ion batteries［J］. Phys Chem Chem Phys，2013，15：9145-55.

［7］Feng X，Zheng S，D Ren，et al. Investigating the thermal runaway mechanisms of lithium-ion batteries based on thermal analysis database［J］. Applied Energy，2019，246：53-64.

［8］Bugryniec P，Davidson J，Cumming D，et al. Pursuing safer batteries：Thermal abuse of $LiFePO_4$ cells［J］. Journal of power sources，2019，414：557-568.

［9］Liu W，Zhao F，Liu S，et al. Chemical Analysis of the Cause of Thermal Runaway of Lithium-Ion Iron Phosphate Batteries［J］. Journal of The Electrochemical Society，2021，168（6）：060507.

［10］Wang Q，Mao B，Stoliarov S，et al. A review of lithium ion battery failure mechanisms and fire prevention strategies［J］. Progress in Energy and Combustion Science，2019，73：95-131.

［11］Kawamura T，Kimura A，et al. Thermal stability of alkyl carbonate mixed-solvent electrolytes for lithium ion cells［J］. Journal of Power Sources，2002，104（2）：260-264.

［12］张青松，赵子恒，白伟. 过充条件下三元锂离子电池热安全性分析［J］. 消防科学与技术，2020，39（5）：713-717.

［13］Liu P，Liu C，Yang K，et al. Thermal runaway and fire behaviors of lithium iron phosphate battery induced by over heating［J］. The Journal of Energy Storage，2020，31：101714.

［14］Sugiyama T，Arai J，Okada Y. In situ Solid State 7Li NMR Observation of Lithium Metal Deposition during Overcharge in Lithium Ion Battery［J］. ECS transactions，2014，62：159-187.

［15］Bugryniec P，Davidson J，Cumming D，et al. Pursuing safer batteries：Thermal abuse of LiFePO4 cells［J］. Journal of power sources，2019，414：557-568.

［16］Ren D，Feng X，et al. An electrochemical-thermal coupled overcharge-to-thermal-runaway model for lithium ion battery［J］. Journal of Power Sources，2017，364：328-340.

［17］Doh CH，Kim DH，Kim HS，et al. Thermal and electrochemical behaviour of C/LixCoO2 cell during safety test［J］. Journal of Power Sources，2008，175（2）：881-885.

［18］Zeng G，Bai Z，Huang P，et al. Thermal safety study of Li-ion batteries under limited overcharge abuse based on coupled electrochemical-thermal model［J］. International Journal of Energy Research，2020，44（5）：3607-3625.

［19］Fernandes Y，Bry A，Persis S. Thermal degradation analyses of carbonate solvents used in Li-ion batteries［J］. Journal of power sources，2019，414（28）：250-261.

［20］Ouyang D，Chen M，Liu J，et al. Investigation of a commercial lithium-ion battery under overcharge/over-discharge failure conditions［J］. RSC Advances，2018，8（58）：33414-33424.

［21］Guo R，Lu L，Ouyang M，et al. Mechanism of the entire overdischarge process and overdischarge-induced internal short circuit in lithium-ion batteries［J］. Scientific Reports，2016，6：30248.

［22］Ma T，Wu S，Wang F，et al. Degradation Mechanism Study and Safety Hazard Analysis of Overdischarge on Commercialized Lithium-ion Batteries［J］. ACS Applied Materials & Interfaces，2020，12（50）：56086-56094.

［23］Feng X，Ouyang M，Liu X，et al. Thermal runaway mechanism of lithium ion battery for electric vehicles：A review［J］. Energy Storage Materials，2018，10：246-267.

［24］Ouyang D，He Y，et al. Experimental study on the thermal behaviors of lithium-ion batteries under discharge and overcharge conditions［J］. Journal of Thermal Analysis & Calorimetry，2018，132（1）：65-75.

［25］Cho Y，Jang D，Yoon J，et al. Thermal stability of charged $LiNi_{0.5}Co_{0.2}Mn_{0.3}O_2$ cathode for Li-ion batteries investigated by synchrotron based in situ X-ray diffraction［J］. Journal of Alloys & Compounds，2013，562：219-223.

［26］Yu Y，Wang J，Zhang P，et al. A detailed thermal study of usual $LiNi_{0.5}Co_{0.2}Mn_{0.3}O_2$，$LiMn_2O_4$ and $LiFePO_4$ cathode materials for lithium ion batteries［J］. Journal of Energy Storage，2017，12：37-44.

［27］Kai W，Yang J，Yang L，et al. Investigation on gas generation of $Li_4Ti_5O_{12}/LiNi_{1/3}Co_{1/3}Mn_{1/3}-O_2$ cells at elevated temperature［J］. Journal of Power Sources，2013，237（3）：285-290.

［28］Perea A，Paolella A，Dube J，et al. State of charge influence on thermal reactions and abuse tests in commercial lithium-ion cells［J］. Journal of Power Sources，2018，399：392-397.

［29］Bai J，Wang Z，Gao T，et al. Effect of mechanical extrusion force on thermal runaway of lithium-ion batteries caused by flat heating［J］. Journal of Power Sources，2021，507：230305.

［30］Wang S，Rafiz K，Liu J，et al. Effect of lithium dendrites on thermal runaway and gassing of LiFePO4 batteries［J］. Sustainable Energy & Fuels，2020，4（5）：2342-51.

［31］金标，周明涛，刘方方等. 磷酸铁锂动力锂离子电池穿刺实验［J］. 电池，2017，47（1）：23-26.

刨花板锯末的热解动力学研究

王在东
（山东省消防救援总队东营支队利津大队，山东　东营）

摘　要　刨花板加工时会产生大量的刨花板锯末，如果清理不及时，容易引发火灾。在本研究中，将刨花板锯末在热重分析仪中从室温加热到650℃，加热速率为5、10和15℃/min，在高纯N_2气氛中进行热解。用氧弹进行物理化学分析表明，刨花板锯末具有中等较高的热值，且不含硫。通过元素分析鉴定了刨花板锯末的主要成分。结果表明，刨花板锯末的热降解分为三个阶段。峰值温度和挥发分随升温速率的增加而增加。采用Kissinger Akahira Sunose（KAS）和Flynn Wall Ozawa（FWO）方法分析了主要热解过程动力学，采用Coats-Redfern方法分析了主要热解过程的反应机理。等转化率法表明，KAS法和FWO法热解反应符合单一反应模型，活化能分别为180.79和180.11 kJ/mol。本研究的结果可为进行刨花板加工厂的防火对策研究提供理论参考。

关键词　刨花板　锯末　热解　刨花板　等转换法

1　引言

刨花板加工车间在裁切、刨光、打磨过程中会产生大量的锯末，若清理不及时，容易产生堆积现象，在遇电火花或明火等点火源情况下发生燃烧，引发火灾，造成较大的损失。热重分析是表征热解样品动力学和失重行为随时间和温度变化的一种方法[1]，动力学模型和参数是进行数值模拟分析的重要基础数据。掌握刨花板热解过程中的化学与物理热反应行为，对预防和控制此类火灾的发生与蔓延具有重要作用。

在热分析过程中，通常通过模型拟合或无模型（等转换）的方法分析热解数据，得到的动力学模型和参数。模型拟合方法不受升温速率的影响，只需要一个升温速率下的失重数据，其过程是将热重数据采用不同的模型进行拟合，通过对比分析拟合结果，得到最佳拟合模型结果。Coats-Redfern法是较为常用的模型计算方法。有模型法计算活化能值较无模型法偏差较大，通常采用无模型方法计算得到动力学参数。无模型方法不需关注反应机理和反应阶数[2]，可以通过计算得到整个失重过程的平均活化能，或者不同转化率下的活化能值。不同转化率下的活化能，可以比较直观地反映不同失重阶段的反应难易程度。但无模型方法多组不同加热速率下的实验数据，要求加热速率恒定，样品质量和气体流速相同[3]。Flynn Wall Ozawa和Kissinger Akahira Sunose方法是评价动力学参数最平衡和应用最广泛的等转换无模型方法。

木质材料的热解通常包括四个独立阶段：在高温范围内水分蒸发、半纤维素、纤维素和木质素分解[4]。半纤维素是一种低聚合度的支链聚合物，通常在493~588K下分解。由于纤维素的高阶和稳定的晶体结构，纤维素在588~673K的温度范围内比半纤维素分解。木材中木质素成分的结构最为复杂。木质素是由羟基苯基丙烷单体组成的三维聚合物，木质素与纤维素纤维结合形成木质纤维素，木质素比半纤维素或纤维素更具抗逆性[5]。

为降低刨花板加工厂的火灾危险性，本文利用热重法分析了刨花板锯末在不同升温速率下的热解行为，通过无模型方法确定刨花板锯末热解的动力学参数，有模拟方法拟合处理最佳反应模型，为此类加工场所提供理论参考。

2　材料和方法

2.1　实验样品及方法

刨花板锯末收集自河北廊坊某刨花板加工厂，主要为抛光作业环节。刨花板锯末粒径约为200μm，为浅色粉末，无味。分析前，将收集的刨花板锯末样品储存在密封容器中。

实验采用德国Netzsch公司的STA-449F3同步热分析仪进行。在进行热重（TG）实验时，称取约7mg的样品，并在坩埚中均匀堆积。实验过程中，将高纯氮气引入样品室，流量为100ml/min。锯末样品在坩埚中的表面与大气接触，气体通过样品中的孔隙和颗粒间的空隙向内扩散。升温速率为5、10、15℃/min，升温范围为25℃~650℃。用氧弹（Julius Peters，Berlin-NW 21）测试样品的热值。

2.2　动力学模型

生物质热解可以表示为：

生物质（固）→碳（固）+气

挥发物中含有气体和焦油。用式（1）表示固体条件到挥发性物质的反应速率。

$$\frac{d\alpha}{dt} = k(T)f(\alpha) \tag{1}$$

式中，α为热解过程中的转化率，$d\alpha/dt$为随时间t的转化率。根据式（2），α可计算为：

$$\alpha = \frac{m_0 - m_t}{m_0 - m_e} \tag{2}$$

其中，m_0，m_t，m_e分别为初始阶段、t时刻和结束时的样本质量。k（T）为反应速率常数，根据Arrhenius定律（3）式则为：

$$k(T) = A\exp(-\frac{E_\alpha}{RT}) \tag{3}$$

其中E_α为反应的活化能，A为指前因子，R为通用气体常数（8.314J/mol·K），T为绝对温度，单位为K。因此，式（1）可以表示为：

$$\frac{d\alpha}{dt} = A\exp(-\frac{E_\alpha}{RT})f(\alpha) \tag{4}$$

如果温度随恒定的升温速率β升高，则$\beta = \frac{dT}{dt} = \frac{dT}{d\alpha} \times$

$\frac{d\alpha}{dt}$。因此，可以将式（4）改写为：

$$\int_0^{\alpha}\frac{d\alpha}{f(\alpha)} = g(\alpha) = \frac{A}{\beta}\int_0^{T}\exp^{-E/RT}dT \quad (5)$$

其中 $g(\alpha)$ 为转换的积分函数。因此，式（5）是所有动力学方法确定热解动力学参数的基本方程。

（1）KAS 方法

KAS 方法[6]是基于以下表达：

$$\ln\left(\frac{\beta}{T^2}\right) = \ln\left(\frac{AE_\alpha}{Rg(\alpha)}\right) - \frac{E_\alpha}{RT} \quad (6)$$

ln（β/T^2）与 $1/T$ 的曲线形成一条直线，其斜率决定了活化能 E_α。

（2）FWO 方法

FWO 方法来源于 Doyle's 近似[7]。该方法是一种等转换或无模型的方法。根据 FWO 方法，可以在没有任何反应机理的先验信息的情况下估计 E_α。根据式（5），反应速率的对数形式可表示为：

$$\ln(\beta) = \ln\left(\frac{AE_\alpha}{Rg(\alpha)}\right) - 5.331 - 1.052\frac{E_\alpha}{RT} \quad (7)$$

在不同加热速率下，当 α 为常数时，E_α 由 ln（β）对 $1/T$ 曲线的斜率计算。

（3）Coats-Redfern 方法

Coats 和 Redfern 解释了质量损失的热分解机制。Coats-Redfern 法是一种常用的表征热解反应过程的积分动力学方法[8]。该方法也是基于式（5）；即 $2RT/E_\alpha \to 0$，则式（5）可以用对数方法解释：

$$\ln\frac{g(\alpha)}{T^2} = \ln\left(\frac{AR}{\beta E}\right) - \frac{E_\alpha}{RT} \quad (8)$$

ln［$g(A)/T^2$］对 $1/T$ 的曲线显示了一条直线，E_α 由斜率得到，指数前因子 A 由曲线插值得到。得到的动力学机制的 $g(\alpha)$ 值及其理论解释见表 1。根据高回归系数（R^2）值选择合适的机制。在本研究中，该方法仅用于热解反应机理的测定。

表 1 热分解动力学计算式

模型	$g(\alpha)$	符号
一级反应	$-\ln(1-\alpha)$	F1
二级反应	$(1-\alpha)^{-1}$	F2
三级反应	$[(1-\alpha)^{-2}-1]/2$	F3
相界反应圆柱形对称	$1-(1-\alpha)^{1/2}$	R2
相界反应球形对称	$1-(1-\alpha)^{1/3}$	R3
一维扩散	α^2	D1
二维扩散	$(1-\alpha)\ln(1-\alpha)+\alpha$	D2
三维扩散	$[1-(1-\alpha)^{1/3}]^2$	D3
四维扩散	$[(1-2\alpha/3-(1-\alpha)^{2/3}]$	D4

3 结果与讨论

3.1 热重实验

在氮气气氛下，在 25~650℃范围内，刨花板锯末的热失重 TG 和 DTG 曲线见图 1。在图 1 中，在氮气环境中，在 5、10 和 15℃/min 升温速率下，转化率随温度变化。

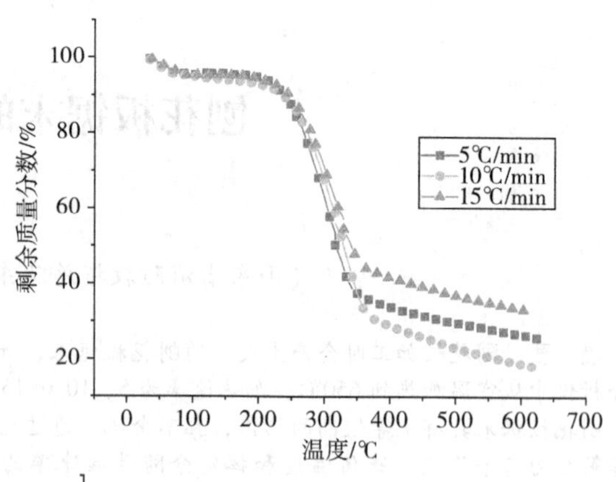

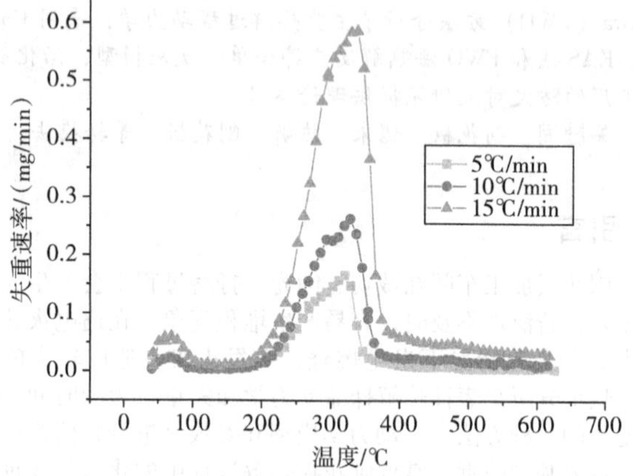

图 1 刨花板锯末的失重过程 TG 和 DTG 曲线图

生物质热解分为三个阶段：（1）室温~250℃，刨花板锯末干燥脱水；（2）250~350℃之间，为热解第二阶段，主要为半纤维素、纤维素和木质素成分分解，产生大量的挥发性物质；（3）350℃以上为第三阶段，主要是木质素的吸热分解。表 2 为不同升温速率下各失重阶段的温度区间。

表 2 不同升温速率下各失重阶段的温度区间

升温速率/（℃/min）	温度区间/℃		
	第一阶段	第二阶段	第三阶段
5	31.5~254.8	245.9~340.2	340.3~626.4
10	40.7~254.3	254.4~350.4	350.5~619.5
15	36.2~264.5	264.6~360.3	360.4~618.7

在第一阶段，脱水阶段持续到 250℃。刨花板锯末的木质纤维素成分在 200℃之前较稳定，水分和低分子挥发性物质的损失很小。第一阶段升温速率为 5、10 和 15℃/min 时，失重率分别为 3.6%、5.48%和 7.72%。第二阶段，在 250~350℃的温度范围内进行半纤维素和纤维素酶的降解。在升温速率为 5、10 和 15℃/min 时，失重率分别为 64.5%、55.3%和 69.99%。在相同升温速率下，第三阶段的失重率分别为 31.9%、39.22 和 22.29%。生物质中的纤维素通过两种方式分解[9]。一种是在 350℃以下的低温下进行，在此阶段聚合物中的键被分解，生成 CO、CO_2 和碳质材料。第二种方法是在 350~620℃高温下化学键分解，产生液体[10]。木质素的挥发发生的温度范围很宽，使得热解的产炭率很高，在 460℃时达到最大。发生在 400~620℃之间的失重主要是焦油的分解。在 620℃以上失重变化很小。当升温速率为 15℃/min 时，温度范围为 200~350℃，最大失重速率为 0.59mg/min。在相同温度范围内，升温速率为 5℃/min 时，失重速率最大

值0.19mg/min。升温速率为10℃/min时，失重速率最大值介于两者之间。峰值温度和燃尽温度是DTG曲线的重要特征，随升温速率的变化而发生变化。峰值温度是指最大失重速率所对应的温度点，此阶段气体快速挥发，并伴随有碳质残渣的产生。峰值温度用来评估发生最高转化率的温度点。燃尽温度表示样品燃烧完全的温度点。在本研究中，随着升温速率的增加，峰值温度升高，燃尽温度降低，如表3所示。

表3 不同升温速率下刨花板锯末的峰值温度和燃尽温度

升温速率/（℃/min）	峰值温度/℃		燃尽温度/℃
	第一阶段	第二阶段	
5	314.2	550.2	626.7
10	328.7	546.8	616.3
15	340.1	490.3	618.3

从图1可以看出，当升温速率增高时，反应速率增加。因为生物质是热的不良导体，这个特点和其他非等温热解实验结果一致。此外，温度梯度在整个生物量横截面上保持不变。在较低升温速率下，生物质截面的温度分布呈线性，这是因为生物质的外表面和内芯在特定时间内都达到相同的温度。升温速率对主要热解产物（包括焦油和高分子量化合物）的二次反应的影响，可以认为是生物质颗粒内部难以传质和传热的另一个原因[11]。在升温速率为5、10和15℃/min时，第二阶段的总失重率分别为64.5%、55.3%和69.99%。失重结果表明，升温速率越大，总挥发分含量越高；较低的升温速率延长了反应器内部的停留时间，有利于裂解、再聚合、再缩聚等二次反应；这些反应最终导致固体炭的形成。另一个原因可能是在较低的加热速率下，样品的质量或热传输受到一些限制。但升温速率的提高时，生物质颗粒内部的传质和传热的驱动力也随之加强，会降低这些限制，使转化率增加。

3.2 动力学分析

根据式（6）和式（7），刨花板锯末的动力学参数由KAS和FWO这两种使用较为广泛的等转换方法确定，得到活化能和指前因子值。图2是根据不同的转换率下确定活化能值的KAS方法和FWO方法图。从图上可以发现，同转化率下的不同参数关系接近线性。活化能是使反应得以进行的最低能量，可用于确定可燃物的反应性。活化能越高，说明反应进行越慢。同时，由于不同失重阶段反应机理的变化，也会使活化能值随转化率的增加而发生变化。

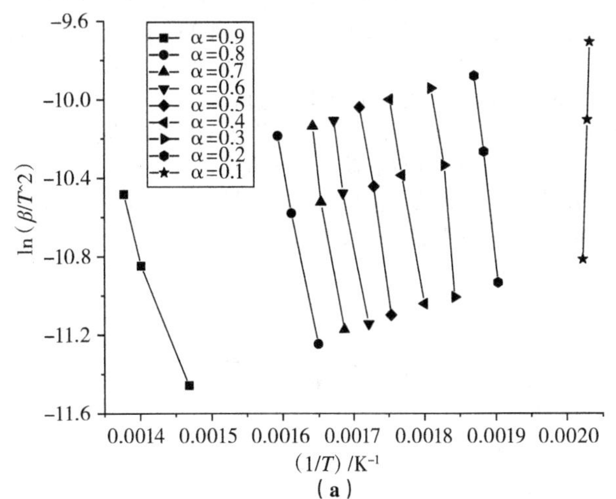

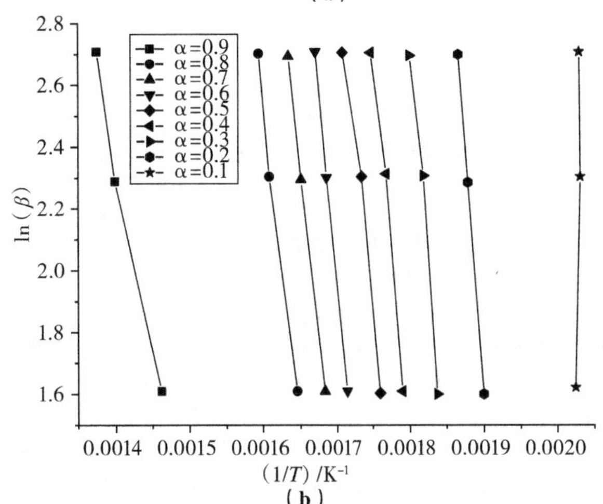

图2 用（a）KAS和（b）FWO方法测定刨花板锯末在不同转换率下的活化能

通过计算可以得到，KAS法和FWO法下得到的刨花板锯末的总平均活化能分别为180.79kJ/mol和180.11kJ/mol。两种方法所得结果偏差较小，表明KAS和FWO方法对活化能预测较好。通过这两种方法来确定不同转化率下的活化能和频率因子，结果见表4。

表4 用KAS法和FWO法得到的活化能和频率因子

α	KAS方法			FWO方法		
	活化能/（kJ/mol）	拟合度	频率因子/min^{-1}	活化能/（kJ/mol）	拟合度	频率因子/min^{-1}
0.1	131	0.9840	9.89E+145	123.343	0.9840	2.68E+133
0.2	265	0.9990	3.77E+25	260.516	0.9999	1.63E+25
0.3	217	0.9840	1.32E+20	215.129	0.9850	9.12E+19
0.4	206	0.9990	3.73E+18	204.681	0.9820	3.00E+18
0.5	200	0.9900	4.26E+17	198.935	0.9910	3.79E+17
0.6	187	0.9990	1.50E+16	187.152	0.9990	1.59E+16
0.7	175	0.9990	7.52E+14	175.700	0.9990	9.37E+14
0.8	159	0.9950	2.00E+13	160.621	0.9950	3.15E+13
0.9	88	0.9780	2.86E+06	94.916	0.9820	8.07E+13
Average	180.79		1.10E+145	180.11		2.87E+10

从图2还可以看出，在初期阶段，刨花板锯末的活化能值最初很低，随着失重过程的进行，活化能值从131kJ/mol增加到265kJ/mol，从123kJ/mol增加到260kJ/mol，然后随着KAS和FWO方法的α值分别增加，下降到88和94.916kJ/mol。这可能是由于热解过程中不同的分解反应，转化率不同。因此，最初，转化值为0.1时，活化能值较低，但由于在下一个转化阶段中木质素含量较高，活化能值变为两倍。这是因为脲醛树脂是刨花板的主要成分，在高温热解过程中起到抑制降解的作用[12]。

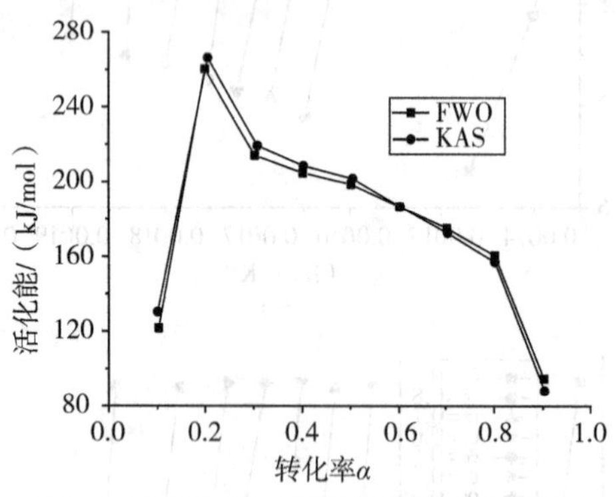

图3 KAS和FWO方法活化能随转换率的变化

在图3中，观察到KAS和FWO方法的活化能随转换因子而变化。结果受生物量的复杂和不均匀特性的影响，生物量包含纤维素、半纤维素和木质素等高度交联的细胞壁成分。因此，不同反应阶段的适当传热传质机制不同。采用Coats-Redfern法计算了刨花板锯末在惰性气氛下实际分解阶段的反应机理和级数。第一个区域没有考虑热解动力学，主要为水分蒸发。对第二、三阶段，采用多种模型进行拟合，结合结果发现拟合系数均大于0.99。选取最高拟合度值对应的模型，认为是最符合此区域热解过程的机理。刨花板锯末固相的有效热解过程中，第二阶段反应为一级简单模型，第三阶段反应为三维扩散模型。第二阶段刨花板锯末样品的活化能值为51.61kJ/mol，高于第三阶段。三种升温速率下刨花板锯末的热解机理及其动力学参数值表5所示。

表5 Coats-Redfern法在不同升温速率下的刨花板锯末热分解机理模型

升温速率/（℃/min）	阶段	模型	拟合度	活化能/（kJ/mol）	频率因子
5	2	F1	0.9994	55.22	4.42E+02
	3	D3	0.9920	7.21	1.12E-04
10	2	F1	0.9997	51.61	1.61E+02
	3	D3	0.9962	6.22	1.14E-04
15	2	F1	0.9997	51.01	1.26E+02
	3	D3	0.9965	6.30	1.16E-04

三种升温速率的活化能结果均表明，第二阶段为复杂的热解区。毛竹和杨木的热解中也有类似的结果。生物质降解的物理和力学变化促进了第三区高可燃性；因此，第三区比第二区更容易出现。

4 结论

在氮气气氛下，本文以5、10、15℃/min的升温速率对刨花板锯末进行热重分析。研究发现，刨花板锯末的热解过程分为干燥、热解失重、固体残渣逐渐分解三个阶段。其中，第二阶段的有机质分解量最大。随着升温速率的增加，第二阶段挥发性物质的释放量增加，热解峰值温度升高。通过KAS法和FWO法这两种等转换方法估算得到刨花板锯末的活化能约为180.79kJ/mol，高于常见木质材料。这是因为脲醛树脂是刨花板的主要成分，在高温热解过程中起到抑制降解的作用。利用Coats-Redfern法计算了刨花板锯末热解机理，在第二、三阶段分别符合一级简单模型和三级扩散模型。

参考文献

[1] 李迎旭. 火场木材热解燃烧表观动力学研究［D］. 浙江大学，2005.

[2] 余子倩. 建筑室内常见木质可燃物热重分析及燃烧数值模拟［D］. 东北林业大学.

[3] 郭忠. 不同种类木质素热解特征及热解产物分析［D］. 中南林业科技大学，2017.

[4] 袁兵. 可燃物热解与着火特性研究［D］. 浙江大学，2004.

[5] 宋长忠. 火灾可燃物热解动力学及着火特性研究［D］. 浙江大学，2006.

[6] 张玉龙，王俊峰，王涌宇等. 环境条件对煤自燃复合指标气体分析的影响［J］. 中国煤炭，2013（09）：100-104.

[7] 贾春霞. 油砂热解特性及其产物生成机理研究［D］. 华北电力大学，2014.

[8] 孙小柱. 煤与生物质及电子废弃物共气化特性的研究［D］. 华北电力大学（保定）华北电力大学，2009.

[9] 孙亚栋. 棉秆热解炭化特性试验研究［D］. 合肥工业大学，2015.

[10] 浮爱青，谌伦建，杨洁等. 小麦与玉米秸秆的热解过程及其动力学分析［J］. 化学工业与工程，2009（04）：350-353.

[11] 姬登祥，艾宁，王敏等. 热重分析法研究水稻秸秆热裂解特性［J］. 可再生能源，2011（01）：46-49.

[12] Shi K, Oladejo J M, Yan J, et al. Investigation on the interactions among lignocellulosic constituents and minerals of biomass and their influences on co - firing［J］. Energy, 2019, 179.

圆形电暖器引燃能力实验研究

王在东
（山东省消防救援总队东营支队利津大队，山东　东营）

摘　要　为研究圆形电暖器的发热和引燃特性，利用实验台，模拟不同覆盖条件，对不同距离下多种可燃物，进行了试验研究。结果表明，不同功率的圆形电暖器的空间温度分布特征一致，表面温度上方高于下方，两侧温度中心对称且高于中心温度，前方温度略高于室温，表面温度整体上高于正前方和侧方温度，具有一定的火灾危险性。不同功率的圆形电暖器引燃能力不同：功率越大，引燃能力越强。可燃物的方位、距离对圆形电暖器的引燃能力的影响为覆盖>正前方>侧方，距离越小引燃能力越强。可燃物种类由于其属性不同，使影响圆形电暖器的引燃能力不同。研究结论可以为过圆形电暖器电气火灾的预防提供参考。

关键词　圆形电暖器　发热特性　引燃能力

1　引言

随着电气化的发展和生活水平的提高，各种电取暖器具在家庭中的普及使用，由此产生的电气火灾也呈递增趋势。圆形电暖器属于可见光辐射性电暖器，通电后电阻丝发热产生红外线，利用反射罩将红外线定向发射，向外辐射热量。圆形电暖器具有升温快速的优点，常用圆形电暖器的发热组件为卤素管，功率一般在 300～3000W 之间。据统计，电热取暖器具的自身故障问题或者人为操作不当、疏忽大意引起的火灾案件约占电气火灾总数的 4%。

王同乐以 Solidworks Flow Simulation 为分析工具，对辐射式电暖器进行热场分析，认为辐射强度与空间角之间有关[1]。余大波分析了家用电器的工作原理、结构特点和容易发生火灾的因素，总结家用电器火灾发生的原因[2]。任松发在红外线式电暖器条件下对不同材料的焦化、炭化、着火温度和升温速率进行研究，总结出棉布、的确良、人造革和泡沫塑料的引燃规律[3]。

本文以测量圆形电暖器的空间温度分布为基础，结合现实使用情况，选取不同类型的可燃物进行模拟试验，对其引燃能力进行实验，从而总结出引发火灾的规律特征。

2　试验部分

HFM-4 系列多通道热流计；铠装热电偶；红外热成像仪。

试验材料：暖阳圆形电暖器（型号：NF-168-8A，慈溪市附海镇万顺嘉电器厂，卤素管，工作电压 220V，功率为 450W、900W）；各种布料及 40mm 聚氨酯泡沫板（50cm×50cm）。

测试方法：将热电偶固定在铁架台上，在圆形电暖器两种不同功率条件下，把纯棉布、涤纶、人造革、报纸、聚氯乙烯泡沫作为可燃物，分别把它们覆盖在圆形电暖器表面，以及放在与圆形电暖器的正前方和侧方 0cm、5cm、10cm 方向。以圆形电暖器的表面中心为原点，沿竖直、水平、正前方三个方向，每隔 2cm 移动热电偶测一个点的温度，待温度数据稳定后停止记录。取 10 个连续的温度值并求其平均得到该点的温度值，同时使用热红外成像仪进行拍摄。

3　试验结果

3.1　圆形电暖器温度分布

450W 圆形电暖器表面中心正上方 10cm 处的温度在 3min 内随时间的变化曲线，如图 1 所示。由图 1 可以看出，圆形电暖器表面中心正上方 10cm 处在通电约 2min 时达到稳定，取 2min 后连续的 10 个温度求其平均值，得到该处的温度为 60. 0℃。测量其他点的温度，得到 450W 圆形电暖器在不同方向上的温度分布数据。测量得知，圆形电暖器的散热面半径 R 为 10cm，发热组件的反射片（内部）半径 r 为 4cm，电暖器表面温度为保护网的平面温度；卤素管表面温度大于 500. 0℃；电暖器表面温度升到常见可燃物燃点以上的时间约需 3min；断电后，电暖器表面温度降到常见可燃物燃点以下的时间约需 5min。图 2 为 450W 圆形电暖器不同方向上的温度变化情况。

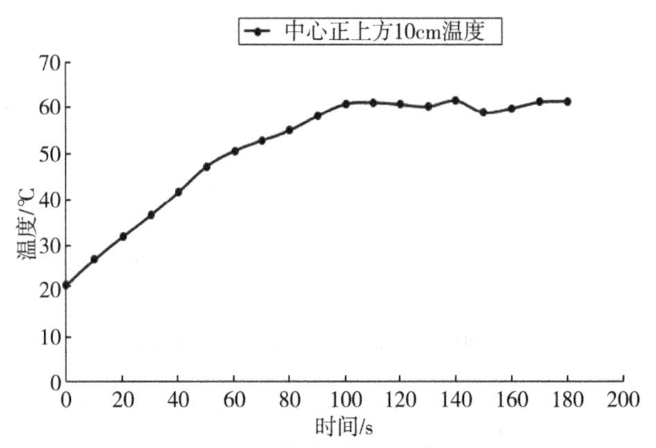

图 1　450W 圆形电暖器表面中心正上方 10cm 处温度

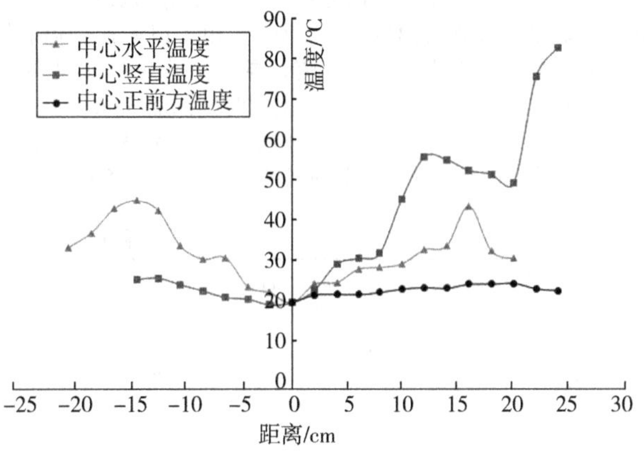

图 2　450W 圆形电暖器不同方向上的温度变化情况

由图 2 可以看出，圆形电暖器的空间温度分布受自身结构的影响很大：中心竖直方向上，由下至上温度先降低到约21℃，即保护网的圆形塑料中心温度最低，然后随着距离的增大持续升温，当距离中心点20cm时，热电偶探头离开圆形电暖器保护网，到达卤素管正上方，高强度辐射产生热气流使温度急剧上升；中心水平方向上，两侧温度随着距离的增大，且在距离中心点15cm处达到最高温度约45℃，之后温度呈递减趋势；中心正前方温度略高于室温，24cm范围内平均温度约为26.5℃。

图4为900W圆形电暖器表面中心正上方10cm处的温度在3min内随时间的变化曲线。

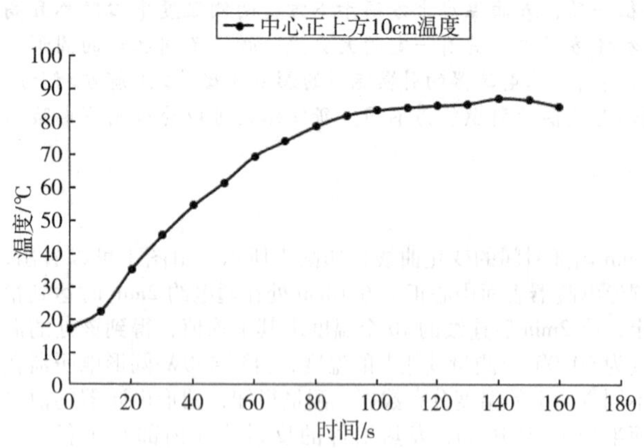

图3　900W圆形电暖器表面中心正上方10cm处的温度

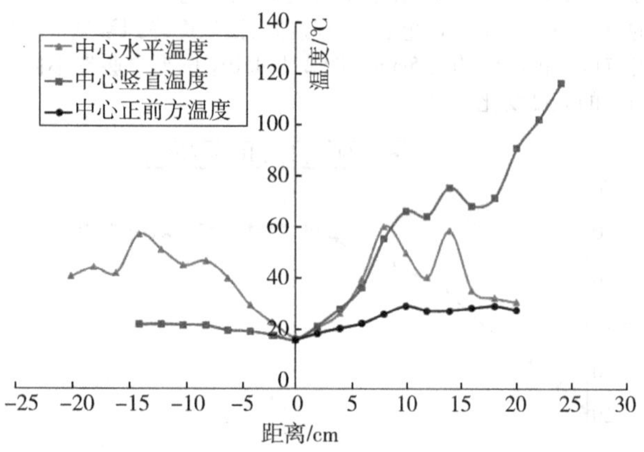

图4　900W圆形电暖器不同方向上的温度变化

图3可以看出，圆形电暖器表面中心正上方10cm处在通电约2min时达到稳定，取2min后连续的10个温度求其平均值，得到该处的温度为86.0℃。测量其他点的温度，得到900W圆形电暖器在不同方向上的温度分布数据。900W圆形电暖器的卤素管温度大于670℃；由于卤素管热辐射作用，使散热面正上方产生热气流，温度大于100℃；电暖器表面温度升到常见可燃物燃点以上的时间约需3min。从图4中900W圆形电暖器不同方向上的温度变化情况可以看出，900W圆形电暖器不同方向上的温度分布规律与450W圆形电暖器一致，中心水平、竖直、正前方温度均高于450W小太阳电器，中心正前方平均温度为27.6℃。450W和900W圆形电暖器的红外热像图，如图5和图6所示。

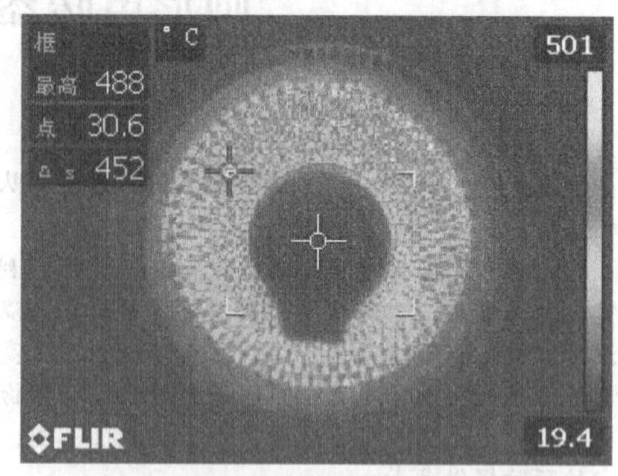

图5　450W圆形电暖器的红外热像图

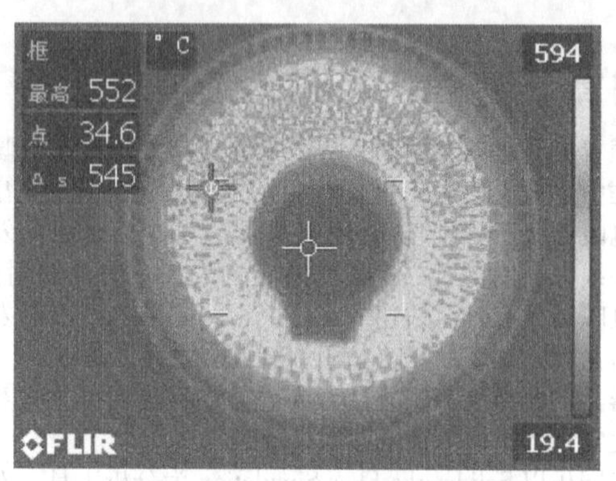

图6　900W圆形电暖器的红外热像图

由图5和图6可以看出，450W圆形电暖器的周围最高温度近500℃，900W圆形电暖器的周围最高温度大于500℃，远远高于大多数常见可燃物的燃点，具有很大的火灾危险性。

由此可见，不同功率圆形电暖器空间温度分布特征一致。同一位置功率变大温度升高，不同功率温度变化曲线具有相同的规律特征。圆形电暖器空间温度分布规律受自身结构的影响很大，处于电暖器中心的发热组件是一个开口向下的环形卤素管，外侧有隔热金属板保护，因此圆形电暖器的保护网的中心温度相比表面其他地方的温度偏低。由于卤素管的竖直对称结构，水平方向上温度分布曲线具有中心对称性；由于卤素管是开口向下的环形结构，竖直方向上呈现下方温度低，上方温度高的特点，受空气流动和热对流的影响，水平和竖直的温度曲线均呈上下波动的趋势。

3.2　圆形电暖器的引燃能力

（1）棉布的引燃

450W和900W圆形电暖器引燃棉布时的具体情况如下表1所示。

表1　圆形电暖器引燃棉布的情况

功率	位置	距离/cm	引燃单层棉布情况	引燃棉布（后置海绵）情况
450W	覆盖	—	2min30s冒烟 8min变黄	40s冒烟，温度为97℃ 2min30s变黄，温度为230℃ 4min炭化变黑，温度为270℃ 5min引燃，温度为293℃

续表

功率	位置	距离/cm	引燃单层棉布情况	引燃棉布（后置海绵）情况
450W	正前方	0	×	1min 冒烟，温度为 132℃ 5min 变黄，温度为 182℃
		5	×	×
		10	×	×
	侧方	0	×	4min 冒烟，温度为 112℃
		5	×	×
		10	×	×
900W	覆盖	—	32s 冒烟，温度为 152℃ 2min 变黄，温度为 225℃ 19min 变黑，温度为 234℃	1min30s 冒烟变黄，温度为 123℃ 2min 炭化变黑，温度为 194℃ 3min 引燃，温度为 254℃
	正前方	0	8min 变黄，温度为 229℃	51s 冒烟，温度为 187℃ 2min30s 变黄，温度为 208℃ 2min 变黑，温度为 226℃
		5	×	8min 冒烟变黄，温度为 161℃
		10	×	×
	侧方	0	×	6min 变黄，温度为 145℃
		5	×	×
		10	×	×

试验中可燃物出现明火、开裂且出现火星闪烁的情况均被认定为被引燃，从表 1 可以看出单层棉布覆盖在圆形电暖器表面的情况下并不能被引燃，只会炭化冒烟变黄；而在棉布后置海绵的情况下，由于蓄热能力增强，覆盖在电暖器表面短时间内就会被引燃，且功率越大被引燃的时间越短；单层棉布和后置海绵的棉布放在电暖器正前方和侧方均只会炭化变黑，且距离越近棉布发生变化的时间越短。红外热成像仪到不同功率的圆形电暖器引燃覆盖其表面的单层棉布的红外热像图，如图 7 所示。

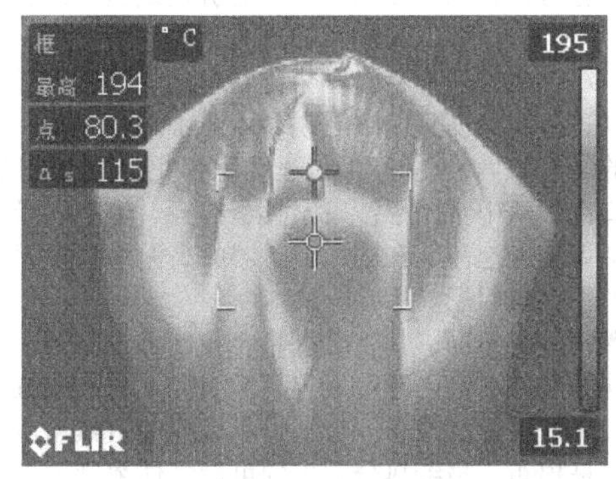

（a）450W

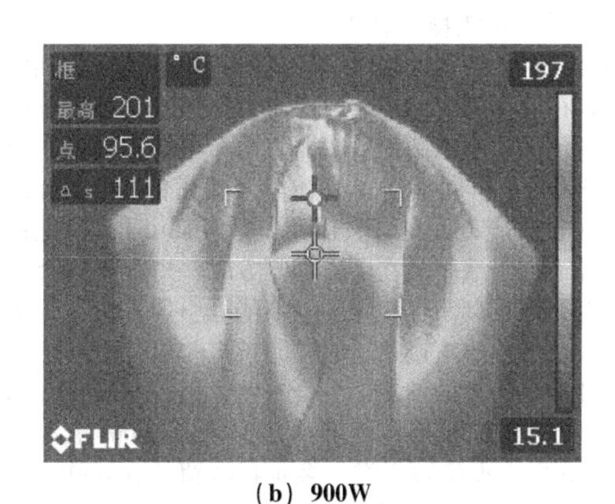

（b）900W

图 7　圆形电暖器引燃覆盖其表面的单层棉布红外热像图

（2）涤纶的引燃

按照圆形电暖器引燃能力试验方法中的步骤进行试验，450W 和 900W 圆形电暖器引燃棉布时的具体情况如表 2 所示。

表 2　圆形电暖器引燃涤纶的情况

功率	方位	距离/cm	引燃单层涤纶情况	引燃涤纶（后置海绵）情况
450W	覆盖	—	1min30s 变形，温度为 132℃ 4min30s 熔融，温度为 158℃	1min 熔融变形 2min15s 变形加快，熔融物粘连在保护网上，温度为 234℃
	正前方	0	×	3min 出现变形
		5	×	×
		10	×	×

续表

功率	方位	距离/cm	引燃单层涤纶情况	引燃涤纶（后置海绵）情况
450W	侧方	0	×	×
		5	×	×
		10	×	×
900W	覆盖	—	36s 冒烟并熔融变形，温度为 140℃	40s 熔融变形 1min 出现白烟，加快变形，熔融物粘连在保护网上，温度为 245℃
	正前方	0	×	1min 出现变形 2min 熔融，温度为 208℃
		5	×	×
		10	×	×
	侧方	0	×	3min 出现变形
		5	×	×
		10	×	×

从表 2 可以看出，单层涤纶覆盖在圆形电暖器表面的情况下并不能被引燃，5min 内会出现熔融变形；而涤纶后置海绵覆盖在圆形电暖器的情况下，2min 内迅速卷缩熔融成白色胶状并粘连在保护网上，但不会出现明火；功率越大、距离越近涤纶出现熔融变形现象的时间越短。

（3）其他可燃物的引燃

同样，对人造革、报纸、聚氨酯泡沫也进行了相同方法的实验，在此不列表给出。结果为，不同蓄热条件下的人造革覆盖在不同功率的圆形电暖器表面均可以被引燃，引燃温度大于 300℃；单层人造革放在电暖器正前方不能被引燃，后置海绵的人造革放在电暖器正前方 4min 内被引燃；不同蓄热条件下的人造革放在电暖器侧方时，短距离内会出现熔融变光滑、产生刺激性气味，但不能被引燃；功率越大、距离越近人造革出现痕迹变化的时间越短。单张报纸覆盖在不同功率圆形电暖器的情况下只会变黄，很难被炭化；而多张报纸覆盖在 450W 圆形电暖器的情况下，14min 出现炭化变黑，25min 出现火星被引燃，多张报纸覆盖在 450W 圆形电暖器的情况下 18min 被引燃，如果环境通风条件较好，就可能会出现明火；功率越大、距离越近，报纸出现变化的时间越短。聚氨酯泡沫不能被不同功率的圆形电暖器辐射引燃，仅是出现烧蚀痕迹并产生刺激性气味，且功率越大、距离越小，聚氨酯泡沫出现变化的时间越短，烧蚀痕迹越明显。

将可燃物覆盖在不同功率圆形电暖器的条件下得到引燃时间见表 3。

表 3　不同功率条件下的引燃时间

覆盖	棉布	涤纶	人造革	报纸	聚氨酯泡沫
450W	5min	×	4min	25min	×
900W	3min	×	1min	18min	×

根据表 3 可知，棉布、人造革、报纸在 900W 功率条件下比 450W 功率条件下引燃时间更短，可知：其他条件相同，功率越大，圆形电暖器引燃能力越强。原因是圆形电暖器功率越大，产生的热辐射通量越大，可燃物受热升温达到燃点后分解出可燃气体的速度越快，可燃气体浓度达到一定值后被引燃，即说明圆形电暖器的引燃能力越强。

棉布、人造革、报纸所处的方位有覆盖在圆形电暖器表面、正前方、侧方三种情况，覆盖其表面的条件下更容易被引燃，处在正前方、侧方 0~10cm 几乎不会被引燃。观察热像图，电暖器表面最高温度点位于卤素管正上方，也是可燃物最先出现痕迹变化的点。从圆形电暖器的构造可以看出，电暖器通电后卤素管发热产生的热量：一部分用来加热周围空气，热空气密度相对较小而不断上升，因此会在卤素管正上方形成强烈的空气热对流；另一部分以热辐射的形式经反射罩反射后对周围可燃物进行加热，其中热辐射是主要的传递热量的主要方式。可燃物处在不同的方位、距离时，固体表面形状与尺寸不同，空气流体特性也不同，导致对流换热系数存在差异。圆形电暖器正前方和侧方受空间大、空气气流的影响，温度值比电暖器表面低，且侧方引燃能力最差。在其他条件相同的条件下，可燃物离电暖器越近，吸收的辐射能量越多，越容易被引燃。

由试验可知，涤纶在圆形电暖器引燃试验中最容易出现变化，但不会被引燃，而棉布和人造革可以被引燃，因此文献得知，纺织品是否容易引燃会受到织物的结构、重量、表面光洁度、纱线捻度、粗细及纺织品其他物理性能的影响，低密度的化纤织物比高密度的化纤织物更容易被引燃[4-6]。同样，日常生活中常用于沙发家具、枕头、坐垫以及建筑彩钢板夹层聚氨酯泡沫，在圆形电暖器的高温烘烤下只会出现熔融变形不会被引燃。

可燃物种类不同，其密度、热容和燃点也不同。在其他条件相同的条件下，人造革最容易被引燃，其次是棉布，而报纸却很难被引燃。棉布、报纸引燃试验中虽然温度达到了燃点，但是棉布、报纸热分解出的可燃气体浓度太低达不到引燃的条件，而以织物为基底，涂覆合成树脂及各种塑料添加制成的人造革，由于其材质紧密的结构特点，使可燃气体聚集而很快地达到引燃浓度要求。

4　结论

本文以圆形电暖器的空间温度分布为基础，选取不同类型的可燃物进行模拟试验，对其引燃能力进行测试，分析了影响圆形电暖器引燃能力的不同因素，结论如下：

（1）不同功率的圆形电暖器的空间温度分布特征一致，表面温度上方高于下方，两侧温度中心对称且高于中心温度，卤素管正上方温度高于常见可燃物的燃点；正前方温度略高于室温，一定距离内变化不大；表面温度整体上高于正前方和侧方温度，具有一定的火灾危险性。

（2）不同功率的圆形电暖器引燃能力不同：功率越大，引燃能力越强。450W 圆形电暖器引燃覆盖其表面的后置海绵的人造革需要 4min，而 900W 圆形电暖器在相同条件下引燃需要 1min。

（3）可燃物的方位、距离影响圆形电暖器的引燃能力：覆盖>正前方>侧方，距离越小引燃能力越强。900W 圆形电暖器引燃覆盖其表面的后置海绵的人造革需要 1min，引燃处于正前方 0cm 的后置海绵的人造革需要 3min25s，而处于正前方 5~10cm 和侧方 0cm~10cm 的后置海绵人造革不会被引燃。

（4）可燃物种类影响圆形电暖器的引燃能力：人造革>棉布>报纸。900W 圆形电暖器引燃覆盖其表面的后置海绵的棉布需要 5min，相同条件下引燃人造革需要 4min，引燃报纸需要 25min。

参考文献

[1] 王同乐. 取暖器热场分析技术的研究与应用 [D]. 广东工业大学，2012.

[2] 余大波. 家用电器火灾原因和调查方法的研究 [D]. 重庆大学，2005.

[3] 任松发，姜英. 红外线式电暖器热辐射引起火灾的研究 [J]. 武警学院学报，2000 (01)：40-43.

[4] 林楠，李松，舒中俊. 室内常见装饰用织物热辐射引燃特性 [J]. 消防科学与技术，2011，30 (1)：4.

[5] 鲁志宝，葛明慧，刘万福等. 蒸汽式电熨斗引燃实验研究 [J]. 消防科学与技术，2009，28 (2)：3.

[6] 谭家磊，汪彤，宗若雯，等. 棉被阴燃火灾实验研究 [J]. 消防科学与技术，2009，28 (7)：4.

建筑防火设计

防火门窗在建筑设计中的应用探讨

王苏灵　卢　健

（廊坊市消防救援支队，河北　廊坊）

摘　要　随着我国经济的快速发展，城市建筑的数量越来越多。在使用建筑时火灾安全一直是人们所关注的焦点。因此，在建筑设计时，防火门窗必须成为设计人员考虑的重点内容。在消防监督检查时，防火门窗也是必查的项目之一。防火门窗作为重要的安全设施，一定要确保质量，防火效果能够达到耐火、隔热性、稳定性的标准，并且在防火分区、垂直竖井、疏散楼梯间实现有效的安装，以达到有效隔绝火源、阻断烟气扩散的效果。基于此，本文主要对防火门窗在建筑设计中的应用进行探讨，以供相关人员参与。

关键词　防火门窗　建筑设计　应用

0　引言

当前，社会各界对建筑消防安全问题的给予了高度关注。从以往火灾案例分析研究，发生火灾时，造成人员伤亡、财产损失的因素之一是防火门窗没有发挥其应有作用。加之火灾发生时，相关管理员管控不力，没有及时启动防烟排烟系统，这样无疑会扩大火灾险情。事实上，防火门窗作为基础安全设施的重要组成部分，在火灾发生时能够起到一定的屏障作用，为人员撤离和抢救提供宝贵时间。

1　建筑防火中应用防火门窗常见的问题

1.1　防火门窗周围护栏结构耐火等级不高

建筑防火中应用防火门窗常见的问题之一是防火门窗周围护栏结构耐火等级不高。(1) 施工过程中施工人员偷工减料，利用石膏板或者防火板材代替不易燃烧材料，对防火门上部的缝隙和孔洞进行填充处理，这样难以达到实际的防火效果。(2) 在门窗、门框、门扇缝隙部位填充的阻燃材料，以及用于包裹防火板的复合材料和阻燃木质材料没有达到国家规定的防火门窗材料的标准，使防火效果难以真正实现，导致门锁、闭门装置和合页等很难达到很好的防火作用。

1.2　常闭式防火门窗代替常开式防火门窗

建筑防火中应用防火门窗常见的问题之二是常闭式防火门窗代替常开式防火门窗。常闭式防火门和常开式防火门共同组成了防火门窗的两种类型，前者虽然能够由于封闭式的防火门设计将火势阻断，但是该防火门窗一般都是封闭状态，在人员疏散过程中会造成通行不便的问题，因此，将常闭式的防火门窗改建为常开式的防火门窗，才能够达到很好的防火效果，并且推动防火工作的高效完成。

2　防火门窗在建筑设计中的应用措施探讨

2.1　防火卷帘门

防火卷帘门由支座、帘板、座板、卷轴、箱体、导轨、卷门机、限位器、按钮开关等 13 个部分组成，主要应用于自动扶梯、敞开式电梯厅以及百货大楼营业厅等位置。在实际施工过程中，施工人员要根据施工的型号，检查门洞口的契合度，全面分析导轨、支架预埋位置的精确度，并对洞口标高进行严格测量。然后将垫板进行电焊操作，设置于预埋铁板上，并用螺丝固定传动卷轴的左右支架，安装传动卷轴。导轨则要根据图纸的具体位置严格安装。导轨间距每增加 1000mm，每端嵌入深度应增加 10mm，同时，也要基于不同需要合理设定嵌入深度，且卷帘安装后不应变形。同时，防火卷帘门的安装要注意把两侧和上方导轨焊牢于墙体预埋件上，保证各个导轨处于垂直平面上。另外，安装防火卷帘门，需要选择那些具备火灾时能够靠自重自动关闭的功能，并且要具备信号反馈的功能。同时，施工单位不选用水平、侧向防火卷帘门。除非另有其他的规定，防火卷帘门的耐火极限不能低于规范对所设置部位墙体的耐火极限要求，并且要保障防火卷帘门的防烟性能。

2.2　防火分隔技术的应用

防火分隔技术是通过分隔措施，对建筑物内部结构进行针对性分隔，据此划分出防火区和非防火区。在该技术手段的支持下，可以让引发火灾的建筑对蔓延的火灾进行及时分离和控制，以此避免产生更大的人力物力和财力的损失。防火分隔技术借助耐火性更强的建筑材料，对建筑物进行分离，当出现火灾时，可以强有力地控制火灾的蔓延，为建筑物里的人员提供更多的时间撤离，也为消防工作的开展争取了宝贵的时间，并且消防员在灭火时，只需要将隔离区的火灾进行灭火即可。在防火分隔技术应用过程中，施工者会根据防火分离的方法对建筑进行分区操作，避免火灾发生时，对于同一建筑物的其他空间造成危害。从实际应用情况来看，目前在建筑施工中，主要的耐火材料为耐火楼板、防火隔离墙以及卷帘门等。在施工中借助这些材料，将建筑做消防区域划分，并借此阻止火灾蔓延到其他单元，起到好的防护作用。在当前建筑物的规模体积不断增大的情况下，以及设备数量的增加，建筑物内部涉及的内容不断增多，建筑使用面积不断增大，使用者数量不断攀升，使得建筑物防火工作面临很大的压力。而由于建筑物管线众多，因此火灾蔓延的风险也非常大。为了更为有效地降低火灾危害，强化对建筑物火灾防控体系建设自然是非常重要的。而防火分隔技术借助多种施工工艺和设备将建筑物进行分区管控，实现了网格化管理，在遇到火灾后，能够更为快速地将防火区域分隔开，在短时间内保障其他区域的安全，这样不但能够为建筑物内部人员的撤离提供宝贵的时间，也能够为消防工作的开展提供非常好的支撑。由此可见，防火分隔技术应用于现代建筑物防火工作中无疑具有非常重要的作用。

2.2.1　防火门窗

在现代建筑中，防火门窗的应用越来越广泛，比如：有些高层建筑中有专门的消防连廊，在其两侧，一般都会安装防火门，防火门通常处于开放状态，当发生火灾时，人们能够通过消防连廊离开建筑内部。因此，防火门窗需要具备较好的耐火性能，在经历较长时间的高温影响时不会出现燃烧和变形等现象。相比于防火卷帘、防火窗以及防火玻璃等，在建筑项目中非隔热防火门和部分隔热防火门的使用频率极低，一般采用的是隔热型防火门，这种防火门不仅具有较好的耐火隔热性，而且具有耐火完整性，其中丙级、乙级、甲级防火门的应用最为普遍。在对建筑项目进行实际施工时，有些场所为了确保建筑的美观度，经常将防火窗和防火门拼接成门连窗的样式，这样做不符合消防要求，防火门窗都应该具备耐火性和防烟性，并应该与防火门国家标准相契合，不可以借鉴普通铝合金材质的门窗组合方式，其样式是不科学的。

2.2.2 防火玻璃隔墙的应用

防火密封材料、镶嵌框架、防火玻璃是构成防火玻璃隔墙的主要要素，它是在特定时间内具有一定耐火性能的非承重隔墙。根据结构的不同，可以将其分为单片防火玻璃和复合防火玻璃；依据耐火性能的不同，可将其分为非隔热型防火玻璃和隔热型防火玻璃，即C类防火玻璃和A类防火玻璃；依据耐火极限的不同可将其划分为以下五个等级：3小时、2小时、1.5小时、1小时、0.5小时，当前已经可以实现耐火极限为3小时的A类隔热型防火玻璃的生产。此外，在建筑项目中应用防火玻璃时，应该注意其尺寸不能超出认证检验尺寸。目前，在相关规范中已经明确规定了具体在哪些场景中可以将防火玻璃隔墙当作防火分隔设施，在实际应用中应该严格遵守相关的规定要求，特别需要认真辨析防火玻璃隔墙和防火玻璃之间的区别，一般情况下，防火玻璃隔墙不可以取代防火墙，在运用防火玻璃隔墙分隔建筑内部的过程中，其固定框架和防火玻璃等都应该满足防火墙耐火强度的相关要求，防火玻璃通常只用在局部防火墙的洞口位置，设置防火玻璃隔墙时应该严格遵守相关技术要求和规定。

2.3 合理选择排烟系统

在优化设计排烟系统时，必须科学选择排烟系统。针对建筑墙体两侧余压，大于0，则为排风；小于0，则为进风；当余压为0时，则将平面作为中和面，将窗孔上半部作为进风区，下半部作为排风区。因此，优化设计期间，进风窗应安装在中和面上部，同时将排风窗安装在中和面下部。由于室内外存在空气温度差，因此会产生热压。当压力、密度差异较大时，会加剧室内外空气流动，热压、风压，对建筑的影响非常大。因此在进行建筑设计时，应注意窗口内外压差为热压、风压之和。

3 结语

总之，火灾发生时，防火门窗是有效阻断火势蔓延的重要设施，也是保护人民生命和财产安全的重要工具，所以必须合理设置防火门窗。除此之外，人们还需要提高自身防火意识，学习消防安全知识，保障自身生命和财产安全。

参考文献

[1] 韩士路．防火分隔技术在建筑消防中的应用分析[J]．今日消防，2020，05（04）：16-17.

[2] 范贤．建筑消防中防火分隔技术有效应用分析[J]．中国科技信息，2020，10（10）：49-50.

[3] 陈大川，许小东．高层建筑智能防火门窗精密构件研究[J]．中国建筑金属结构，2020，06（05）：56-58.

[4] 陈铭波．防火玻璃在建筑工程中的应用[J]．住宅与房地产，2020，03（21）：109.

[5] 王冰．防火分隔技术在建筑消防中的应用[J]．工程技术研究，2020，05（21）：41-42.

高层建筑防火排烟设计探讨

田　鹏

（唐山市消防救援支队，河北　唐山）

摘　要　近年来，建筑的高度不断增加，建筑的形式也越来越多样化。从消防防火的角度看，建筑物越高，结构越复杂会使防火排烟设计工作变得越来越困难。建筑在发生火灾事故时，烟气扩散速度非常快，会加剧现场危害。对于此种问题，消防部门以及建筑设计师必须高度重视防烟排烟设计，降低火灾事故带来的不良影响。本文着重研究如何优化防烟排烟设计，分析现有建筑防排烟系统的问题与不足，提出科学改善措施，仅供参考。

关键词　高层建筑　防烟排烟　设计优化

0 引言

随着经济的快速发展，城市人口数量不断增加。与此同时，人们对建筑的需求不断升级。为了有效解决城市用地紧张的问题，城市就必须发展高层建筑。高层建筑往往用于居住，因此，相关部门必须提高居民对消防安全的重视程度。为了保障居民的生命与财产安全，相关部门必须做好高层建筑消防工作。在通常情况下，高层建筑的防火设计要求比普通房屋的防火设计要求高。高层建筑居民数量较多，并且使用的用电设备也较多，一旦高层建筑发生火灾，就会快速燃烧。当建筑内部起火时，建筑材料在燃烧时会产生大量的有毒气体和烟雾。高层建筑内部的结构设计对火势蔓延也产生了较大的影响。如果相关部门不重视高层建筑防火设计工作，就会引发严重的消防安全事故。

1 高层建筑消防排烟的重要性

高层建筑物的发展快速，其高度及密度持续增加，规模持续增加，每座高层建筑物均能够成为一个人员密度高的区域，这种情况也可能为广大人民群众带来一定程度的消防安全隐患。一旦高层建筑物发生火情，该建筑物高度较大、竖直方向通道较多，极易造成火情快速蔓延等，不利于被困人员迅速撤离，因为火情的蔓延速度较快，极易变成立体化燃烧，消防人员的救援抢险任务执行难度比较大。根据有关统计数据，在高层建筑物设计时，采用相应的预防措施确保建筑物内部广大居民可以避免火灾有毒有害气体的危害，就能在火情出现时最大限度地保证被困人员的财产安全。因此，高层建筑物的消防排烟系统的设计具有实际意义。

2 高层建筑防火排烟设计中存在的问题

2.1 高层建筑内部消防设施不规范

高层建筑内部各功能区复杂，人员密集程度较高，空间职能管理上存在疏漏，使得消防配套设施也存在与消防监督工作不匹配、不完善等问题。建筑的管理者消防安全意识不足，将经济效益放在首位，使得高层建筑单位出现火灾火情的概率大大增加。其次，物业管理方对于自身建筑的消防设施维护保养做得不到位，也会造成消防火情的增加，日常消防设施维护不到位，出现漏洞无法及时进行弥补挽救，使得火灾出现时相关消防设施无法起到相应作用，最终造成人员伤亡。

2.2 监督管理力度不足

我国的消防监督管理的主体为派出所与消防救援机构。实际管理工作存在工作人员数量少、监督管理工作无法全面覆盖等问题。因此，高层建筑的安全管理职责通常由专业的物业管理企业来承担。从目前物业管理工作的开展情况来看，存在以下问题：①管理人员的年龄较大。他们对于当前防火监督管理的新手段，新途径，新方法了解得不够，掌握的不牢，记忆的不清；②专业知识水平不高。消防防火排烟设计是较为专业的领域，需要由专业人员进行指导和操作。物业人员在这方面明显存在知识缺陷，往往会导致物业在开展消防监督工作时，无法落实细节工作。当出现消防安全问题时，物业往往不能及时采取正确的处理措施，从而延误了火灾救援时机。③监控设备数量少。有的商超或居民楼体量较大，但是用于防火方面的监控设备数量较少。在开展检查时，不能全覆盖，这样会留下安全隐患。

2.3 消防排烟设计不合规

在高层建筑消防排烟系统设计过程中，也存在内容设计不合理的情况，具体体现在以下几方面：第一，机械排烟系统中的常闭排烟阀或排烟口、排烟风机的开启没有与火灾自动报警系统联动，当火灾确认后，火灾报警系统无法及时联动开启相应着火区域的全部排烟阀、排烟口和排烟风机，这样也会直接影响火灾初期内部人员的自救逃生。第二，在自然排烟窗的设置环节中，自然排烟窗的大小不满足规范要求，且安装位置不处于储烟仓内，所设置的开启方式并不是自动开启的状态，多是利用人为开启方式进行操作，但是，高层建筑的高度较大，自然排烟窗位置多设置在建筑上部，这也增加了开启过程的困难度，影响消防排烟系统的工作效率。

3 高层建筑消防排烟的设计对策分析

3.1 高层建筑安全疏散设计

在高层建筑安全疏散设计中，当火灾发生时及时组织人员进行有序疏散，避免因火灾而造成的人员伤亡。安全疏散通道的宽度和距离是影响安全疏散的重要因素，按照消防规范和有关部门的科学设计，首先是大空间的安全疏散设计，大空间主要指餐厅、多功能厅、展览厅、营业厅等公共场所，此类场所室内任一点至最近疏散门或安全出口的直线距离不应大于30m，当疏散门不能直通室外地面或疏散楼梯间时，应采用长度不大于10m的疏散走道通至最近的安全出口。当场所设置自动喷水灭火系统时，上述距离可分别增加25%。其次，安全出口的间距控制也是一大重点，尤其是在特殊区域中，应当结合区域自身的功能定位进行合理设计。

3.2 在高层建筑物内部合理地规划排烟装置

如果根据建筑物的特点选择了机械排烟方式，建筑物的构建就需要考虑贯通性，如何合理的确保烟气进入和排出的位置、体量、流速是考虑的关键，并且通过严密计算使得内部排烟装置能够基本覆盖排烟量的需求。在性能化防火设计体系下，需首先确定建筑的几何参数及使用情况，确定设计火灾场景（包括可燃物种类、数量、火源功率、位置、烟羽流特征等），设定设计目标，保证人员在火灾发展到威胁人身安全之前到达安全区域，即人员疏散时间小于危险来临的时间，在可用的逃生时间内维持人员疏散路径上的逃生条件。逃生条件涉及多方面因素，其中与防排烟系统设计目标相关的则是，在设定的设计时长内，通过防排烟系统的运行使逃生路径上的烟层维持在一定的高度之上，以及控制烟层平均温度。同时，在建筑物内部要对排烟口的面积以及位置进行科学设计与规划，并且做好建筑材料的选择。在高层建筑物内部设计过程中，设计人员需要对其内部的烟气流动特点进行充分把握，可以采用有效的分区排烟装置进行设计，从而使高层建筑物内部的浓烟能够在较短的时间排出，减少对内部人群的影响。

3.3 防火阀设计

在空调系统和通风系统中需要设置防火阀，在设计期间，必须将防火阀安装在两个系统的防火分隔位置。建筑防火阀以70℃为主，且防护阀处于开启状态。当烟气温度大于70℃时，就会自动关闭防火阀，该类防火阀采用自动化控制模式。在建筑排烟系统中，200℃防火阀的应用也比较普遍，该类排烟防火阀处于关闭状态，当烟气温度大于200℃时，就会自动开启防火阀，此种防火阀采用远程控制开启模式和手动开启模式。基于以上标准，设计人员应当将排烟防火阀设置在管道穿越的分隔位置，全面提升防火分隔物的分离效果。

3.4 划分防烟分区

通过划分防烟分区，可以确保防烟分区的独立性，起到阻碍火势蔓延的作用。在实际应用中，需要根据规范要求对防烟分区系统划分，这样才可以有效提高防火区域的安全性，防止烟气相互蔓延。同时，也需要合理布设防火分区，内容包括水平分区和垂直分区，前者在应用中，包括防火门、防火墙体、卷帘材料等，优选防火性强的隔绝材料，使火势可以在水平面上被消灭或阻挡，起到良好的保护作用。后者在应用中，会使用耐火极限的楼板来作为防火材料，搭配机械排烟系统、自动报警系统、自动喷淋系统，对出现的火灾问题进行及时控制，以减少火灾发生后的伤亡问题。

4 结语

在高层建筑设计的各个部分，充分利用各种消防技术，加强民众的防火安全意识，做好面对意外情况的紧急自救。同时在外部和内部做出努力，只有这样才能有效地防止火灾的发生，为广大居民创造安全舒适的居住生活空间。

参考文献

[1] 陈景文，余雯．高层建筑消防防火排烟设计分析[J]．城市建筑，2015（14）．

[2] 李海峰．建筑防火设计在高层建筑设计中的具体应用探讨[J]．建材与装饰，2017（30）：89-90.

[3] 贾开鹏．高层建筑消防排烟设计中的问题及对策[J]．中国新技术新产品，2020（24）：143-145.

[4] 李峡．高层建筑消防排烟的设计对策[J]．今日消防，2020（05）：25-26.

[5] 李智．防火排烟设计在高层建筑中重要性的探讨．[J]．今日消防，2021（5）：33-34.

关于高层建筑防火设计与消防问题的探讨

卢 健 王苏灵

（廊坊市消防救援支队，河北 廊坊）

摘 要 高层建筑的出现使得我国建筑行业有了更大的发展空间和发展机遇。随着我国经济水平的逐渐提升，高层建筑工程需求越来越大，这虽然满足了城市居民的居住需求，但也给消防安全带来了较大的隐患。由于高层建筑楼层较高，人员密集，一旦发生火灾很难疏散，严重威胁人们的生命财产安全。因此，有关部门要强化对高层建筑防火设计的科学性并综合考量消防问题，最大限度地降低消防安全风险以此保障使用者的人身财产安全。

关键词 高层建筑 防火设计 消防问题

0 引言

我国整体经济建设最近几年之所以发展如此迅速，离不开建筑行业的大力支持和贡献。对于建筑物的层数越来越高，火灾也成为影响高层建筑安全的主要因素。一旦发生火灾则会对人们的生命安全形成巨大威胁，给社会带来严重后果。为此，加强高层建筑防火设计并积极探讨与之相应的消防问题成为相关部门探讨的重要课题。

1 高层建筑火灾的特点

1.1 高层建筑内部人员疏散困难

高层建筑内部具有多功能性，各空间独立、房屋设计复杂，人口密集程度高，给消防监督工作带来困难，出现火灾火情时人员逃生面临诸多问题。首先是高层建筑出现火灾如果烟尘排放设计不到位，烟雾会快速充斥每个房间，不仅给人员逃生造成困难，消防救援工作也面临众多危险。其次，高层建筑材料多为易燃材质，发生高温燃烧过程中，也会释放大量有害烟尘气体，如果这些有害气体被工作人员或消防队员吸入，会对人员疏散造成困难。最后，因高层建筑房间存在密封性，对不熟悉高层建筑内部结构的人员来说，也会影响其快速逃生。

1.2 容易出现立体燃烧

高层建筑当中会用到大量的电气设备和线路等，同时电梯井、排风道和管道井等数量较多，出现火灾后会引发立体式燃烧的情况，这是威胁建筑及人员安全的关键因素。在门窗和吊顶、走廊等位置，由于通风状况较好，发生火灾后会提供大量的氧气助燃，因此使得水平扩散速度加快，随着建筑高度的提升，烟囱效应造成的威胁也会更大。烟气能够在十几分钟内从火场扩散到整个建筑当中，如果缺乏及时有效的控制措施，则会造成重特大火灾，酿成难以预估的后果。

1.3 短时间内无法将火灾扑灭

现有的消防设施已经难以满足高层建筑的消防需求，大部分高层建筑的高度超过了消防队所能承受的范围。在现实生活中发生火灾时，一些消防设备不能够派上用场，这无疑会阻碍消防救援工作的展开。现如今，当高层建筑发生火灾时，消防员很大概率会选择室内灭火的方式。这种室内灭火方式的用水要求较高，当火灾发生的那一刻起，救援的时间是非常重要的，但短时间之内没有办法聚集大量的水资源，所以会浪费救援时间。

2 高层建筑防火设计以及消防策略

2.1 建筑的排烟设计

在对建筑进行消防安全预防时，要重点注意排烟设计，尤其是走道、楼梯间、前室及高大空间排烟。①当地下房间总面积超过 $200m^2$ 或单个房间面积超过 $50m^2$，同时经常有人在此停留或存放的可燃物较多时，要及时设置排烟设施；②建筑面积超过 $100m^2$ 且经常有人停留、或大于 $300m^2$ 可燃物较多的地上房间应及时设置排烟设施；③超过 20m 长度的疏散走道要及时设置排烟设施；④地下或封闭车站站厅、站台公共区应设置排烟设施；⑤连续长度大于一列列车长度的地下区间和全封闭车道应设置排烟设施；⑥长度大于 60m 的地下换乘通道、连接通道和出入口通道应设置排烟设施；⑦除敞开式汽车库、建筑面积小于 $1000m^2$ 的地下一层汽车库和修车库外，汽车库、修车库应设排烟设施。排烟分为自然排烟和机械排烟，其中走道及房间（净高不超过 6m）自然排烟可开启外窗的有效面积不得少于房间面积的 2%，且最远点距自然排烟窗的距离不应超过 30m，可开启外窗有效面积计算需考虑设计清晰高度、储烟仓厚度、窗户开启方式等折减；设置在高位不便于直接开启的自然排烟窗（口），需距地高度 1.3~1.5m 设置手动开启装置。走道及房间机械排烟需按照防烟分区设置，应考虑各防烟分区的面积、净高、设计清晰高度、设计储烟仓厚度、排烟口距地高度、排烟系统吸入点最低之下烟层厚度、排烟量以及单个排烟口最大允许排烟量。

2.2 严格审查高层建筑的防火设计

首先，相关部门要对高层建筑的防火设计进行严格审查，在确保消防设计没有问题之后，对各项数据进行分析和整理，同时也要对消防器材进行定期检查，对于损坏的消防器材进行修复和回收。其次，建立专门的巡查小组，定期在高层建筑内部进行巡查，引起民众对于消防工作的重视。巡查小组还要帮助民众解决建筑内部出现的安全隐患问题，对建筑当中可能会出现的隐患进行全面整改。最后，巡查小组还要在高层建筑内部随时检查安全通道的畅通性，对于堆积在楼道当中的杂物要及时清理，禁止个人物品和电动车的存放，对于屡教不改的情况进行处罚，以提高全体人员对消防安全的重视。

2.3 加强消防宣传教育培训，提高自防自救能力

消防救援机构和公安派出所要加强消防宣传力度。通过发动网格员、消防志愿者定期向沿街商铺发放消防宣传资料等方式，提高经营者和从业人员的素质；经常组织开展针对沿街商铺业主和从业人员的培训，通过培训，使沿街商铺经营者、从业人员掌握消防设施、器材的使用方法和处置初起火灾、逃生疏散常识，做到会及时报警、会扑救初起火灾、会引导人员疏散逃生。另外，要充分利用传统媒体、新媒体、户外大屏、公交站台等媒介和平台进行消防知识科普和火灾案例教育。同时，要通过新闻媒体实时曝光典型的沿街商铺火灾隐患和违法行为，通过社会舆论监督作用把火灾事故消灭在萌芽状态。

2.4 消防给水的设计

在高层建筑的电气线路防火技术设计中起到了重要作用。供水设计必须严格按国家有关规定进行优化。确保了消防工作的顺利开展，并通过严格控制消防栓长度和布置密度，确保了消防用水供应更加稳定。若高层建筑在100m以下，需保证消防栓的水柱长度大于10m，如果民用建筑大于100m，在高层建筑消防栓的水柱长度大于13m，则水箱倾斜度和水柱长度要严格按照水枪最小角度进行控制，发生火灾时，电梯需由消防人员提供灭火工具，因此消防电梯还需做排水设计。

2.5 提升人员素养

工作人员的专业能力，也是决定灭火救援工作成效的关键点，因此应该做好人员培训工作，使其了解现代化消防事业的发展要求，结合实际工作情况不断提高专业素养，适应当前灭火救援的工作特定。在日常工作当中应该建立完善的实战训练机制，加大在训练中的资金投入，模拟高层建筑的火灾场景，在训练中不断提高指挥员的应急指挥和灵活应对能力，帮助消防员熟悉各类先进技术和设备，能够在处理火情时更加迅速和高效。明确高层建筑的火灾特点和危害，制定更具针对性的模拟训练计划及方案，同时根据消防装备和技术情况加以动态化调整。

2.6 性能化设计方法

首先要保障建筑结构中所有人在火灾发生时及时撤离至安全区域。当高层建筑发生火灾后安全疏散时间小于实际具有的安全疏散时间时，高层建筑中的人员就能在不超过人类耐受极限的前提下实现整体逃生，但当需要的安全疏散时间大于实际可用的安全疏散时间时，就很难保证所有人员成功逃生。因此，对高层建筑防火中的性能化设计应重点关注延长可用的安全疏散时间。另外，可把人员疏散时的周边环境作为高层建筑中逃生的评判指标，以可用的安全疏散时间为标准，判别建筑结构的参数设计和逃生环境是否达标。以建筑环境为延长人的极限承受时间提供支撑，可从火灾发生后的烟气辐射以及对流热度等基础条件出发进行综合判断。高层建筑防火性能化主要包含目标明确性、方法灵活性和评估验证必要性3大部分内容。以评估验证必要性为例探究可知，在高层建筑防火设计中使用性能化设计方法，需要对高层建筑整个设计过程进行合理评估和验证。利用消防设计规范对设计后的整体方案进行综合评判，对现场人员所能承受的生理极限和心理极限以及所需的逃生时间进行判断，使高层建筑能够达到综合设计要求。

3 结语

综上所述，经济的迅速发展使社会中高层建筑数量越来越多，而高层建筑出现火灾的频率极高。由于高层建筑的内部结构复杂，消防部门和工作人员要对高层建筑的防火工作提起重视，定期对高层建筑的防火消防进行检查，优化防火工作。

参考文献

[1] 常磊峰．高层建筑防火设计与消防问题分析[J]．现代物业（中旬刊），2019（09）：62-63.

[2] 丁剑．刘岩．高层建筑防火设计与消防问题分析[J]．建材与装饰，2016（34）：189-190.

[3] 董晓明．对高层建筑防火设计与消防问题研究[J]．门窗，2014（12）：248.

[4] 李林．高层建筑防火设计与消防安全问题浅析[A]．广东省消防协会.2012年广东省高层建筑消防安全管理高峰论坛论文选[C]．广东省消防协会：广东省科学技术协会科技交流部，2012：8.

高层建筑消防给水系统设计分析

叶耀东　曹宇航

（中国人民警察大学，河北　廊坊）

摘　要　当前，高层建筑消防系统已经成为我国消防领域研究的一个热点，伴随着我国经济的飞速增长，需要先进的高层建筑防火技术发展以应对城市大规模发展。对于高层建筑安全领域，高层建筑消防系统问题的研究一直是一个很重要的领域，高层建筑消防工作一直是我国消防工作中一个非常困难的方面，由于高层建筑火灾难以外部控制，当高层建筑有火灾发生时大火会迅速蔓延到整个建筑物，火势难以控制，以至于危及整个建筑物的生命和财产安全。对高层建筑给水系统领域的研究，将有利于我国高层建筑消防系统的发展。本文首先通过查阅资料和文献，对国内外高层消防给水系统的研究现状进行了分析。然后分析了高层建筑消防给水系统的设计要点，最后就高层建筑消防给水系统设计中出现的一些问题进行分析并提出了相应对策。

关键词　高层建筑　消防给水系统　设计分析

1 引言

当前，高层建筑消防系统已经成为我国消防领域研究的一个热点，伴随着我国经济的飞速增长，需要先进的高层建筑防火技术发展以应对城市大规模发展。对于高层建筑安全领域，高层建筑消防系统问题的研究一直是一个很重要的领域，高层建筑灭火系统的完善与灭火的成败直接相关，是城市公共消防设施的重要组成部分。就高层建筑给水系统问题的进行研究有助于提高消防供水系统的可靠性，促进高层建筑消防供水系统的安全设计达到规定要求。本文的研究有助于人们充分认识到技术在消防供水系统中的重要性，也有利于消防供水系统安全可靠的优化设计。

2 高层建筑消防给水系统设计要求

2.1 高层建筑火灾特点

大量火灾案例证明：由于烟囱效应，高层建筑比低层建筑更具危险性，高层建筑一旦发生火灾，更容易造成大规模人员伤亡和重大损失。

高层建筑火灾的特点如下：

2.1.1 火势蔓延迅速

高层建筑有许多隐蔽的电梯竖井，电缆竖井，楼梯间等。一旦有火灾发生，这些竖井将成为火势蔓延的途径，从而形成“烟囱”效应，如图1所示。起火时，由于空气对流的影响，烟雾在空气中的水平传播速度为0.3m/s[1]。但是，在火势旺盛的阶段，热对流会使得烟气在空气中的水平扩散速度可达0.5~0.8m/s，竖井环境中的烟气在空气中的垂直扩散速度达到3~4m/s。如果火灾发生在120m的建筑物中，烟雾仅需25~33s即可从一楼蔓延到顶部。

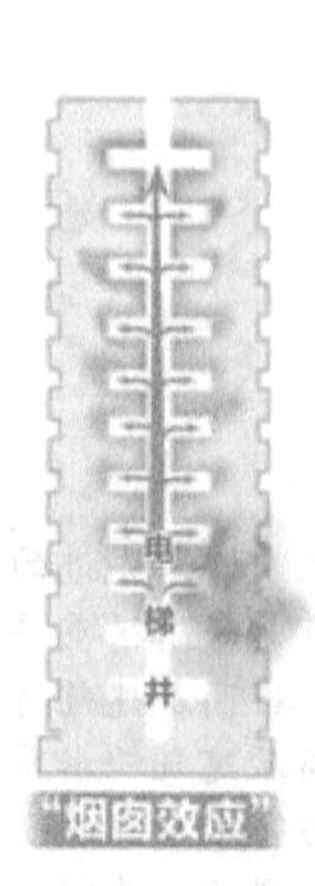

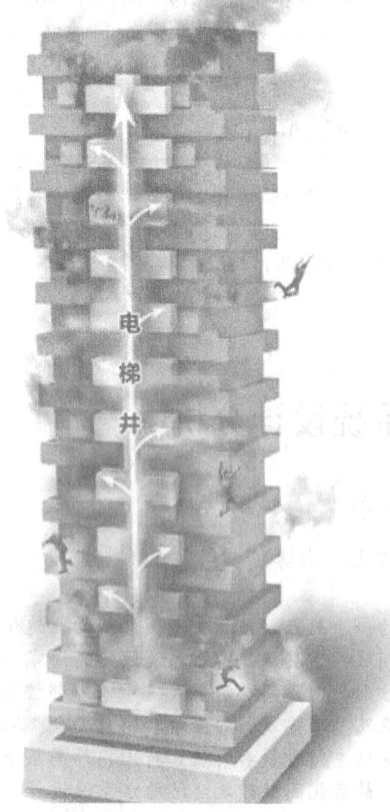

图1 烟囱效应[1]

2.1.2 疏散困难

在发生火灾时，由于高层建筑中的人员和楼层众多，难以组织人群疏散和安全疏散。发生火灾时，很容易引起恐慌，容易踩踏事故并造成二次人员伤亡，这将使疏散工作更加困难。此外，只能从楼梯逃生并疏散人群。

2.1.3 消防设施不完善，灭火困难

室内消防设施在预防和灭火方面起着重要作用。因此，如果高层建筑物的室内消防设施不完整或不足，将难以进行灭火。当有大面积火灾在高层建筑物中发生时，消防系统不能控制火灾，则只能由消防车将其扑灭。受消防车条件的限制，如果着火点高于消防车的高度，消防人员只能手动灭火。

2.1.4 导致火灾的原因众多

高层建筑楼层众多，有许多潜在的安全隐患，有许多火灾隐患[2]。许多火灾案例已经证实，由于疏散和灭火的困难以及火灾的迅速蔓延，发生在综合性高层建筑中火灾更容易造成火灾损失。因此，必须注意高层建筑的防火设计，以确保安全。根据工程的实际情况，因地制宜的设计消防给水系统是高层建筑消防给水系统的设计中的重要一环，以确保尽快扑灭大火。将可能由此造成的人员和财产损失降至最低。

2.2 高层建筑消防给水系统设计要求

2.2.1 安全性要求高

一旦高层建筑发生火灾，由于烟囱效应，火势迅速蔓延至整栋楼，救援难度极大，因此高层建筑消防给水系统的设计要求跟普通消防给水系统的设计要求相比要高。所以安全性是高层建筑消防给水系统设计必须具备的要点，在消防给水系统设计中，自救是主要措施[3]，这是由于高层建筑的高度所决定的，外部救援力量难以熄灭火灾。

2.2.2 可靠性要求高

因为消防系统的特殊性，如若发生火灾时，消防系统未能及时工作，这造成的损失是难以挽回的。在对高层建筑消防给水系统设计的过程中，要做好管网设计分布，明确高层建筑消防给水系统使用功能，根据实际建筑概况综合考虑。

2.2.3 消防系统给水压力要求高

无论是消防栓系统还是自动喷淋灭火系统，对管道内的水压都要高，不能出现压力不足的现象，这也是消防用水与生活用水的给水管网分开设计的原因。因为高层建筑的特殊性，高度过高需要进行分区供水，通常在顶楼设置消防水箱确保高层消防用水压力，在地下室设置加压泵确保低层消防用水压力，避免在有火灾发生时出现系统不出水现象。

2.2.4 设备生产标准高

消防工程所用设备、器材因为系统管道中的水压变化较大，所以器材质量要符合国家标准，选用保质保量的消防器材是消防给水系统稳定工作的前提。

3 高层建筑消防给水系统设计中存在的问题

3.1 设计人员问题

高层建筑消防给水系统设计问题通常是设计人员没有根据高层建筑的实际情况进行分析，导致消防系统的管网布置、器材配备与建筑结构不匹配。例如在设计前期，设计人员没有考虑到市政管网压力情况，选择了与实际不符的给水形式，造成后期消防系统验收不合格、返工等情况，造成人员、资源浪费。

3.2 消火栓系统问题

首先在高层建筑中，因为楼层多，消火栓的布置数量也多，设计人员通常选用的消火栓主要是稳压型和减压型，正因如此，消火栓的设计并不是根据其所在位置的管网压力来确定孔板孔径的，这就导致了个别消火栓无法达到国家消防规范所要求的压力，消火栓栓口压力不足，存在着严重的消防安全隐患。

3.3 自动喷淋灭火系统问题

在高层建筑中，尤其是商业用房中自动喷淋灭火系统的警铃设置隐蔽、安装数量少，当有火灾发生时，工作人员无法第一时间找到。干式自动喷淋灭火系统的泄气口设置不规范，导致漏气等现象，频繁出现气体泄漏后消防用水进入变为湿式自动喷淋灭火系统的现象。湿式自动喷淋灭火系统的喷头和热敏感元件设置不合理、质量不过关等都会成为消防安全隐患。

3.4 消防水池问题

消防水池的问题主要是由于设计人员在设计时无法准确确定高层建筑火灾的持续时间和消防用水量，导致消防水池的设计容量小，无法满足消防规范要求的标准。在高层建筑中，消防用水与生活用水是分开设置，这就导致消防水池长期存放不更换、管理不当就会造成水质恶化，影响消防系统的使用情况。

在高层建筑中，高位水箱用来确保高层消防系统的压力稳定，但是个别建筑中，高位水箱形成的压差在高层建筑中层消防给水系统中过高，仍不符合规范。

3.5 系统管网内水锤现象

消防用水在消防管网内快速流通过程中猛然停顿就会造成水锤现象，通常是消防泵停止工作和消防阀关闭造成的。水锤现象会造成管道破裂和消防器材故障、管网内水压不稳定，甚至会出现水压过低导致消防供水不足，对消防系统灭火影响很大。

4 高层建筑消防给水系统设计要点

4.1 设计人员要点

高层建筑消防给水系统设计人员要根据高层建筑的实际情况进行分析设计，综合考虑建筑概况，确定建筑形式和使用情况，合理设置消防给水系统管网，当市政管网不能满足消防系统用水压力时，要考虑设置消防泵、消防水池、分区供水等形式来确保高层建筑消防系统用水。

4.2 消火栓系统设计要点

消防栓的各类组件的规格相对严格。水枪的喷嘴直径为19mm，水带长度必须达到25m，消火栓的标准直径为*DN*65mm。消火栓箱必须配备消防泵开关和警报开关。

高层建筑消火栓系统的设计中，设计人员要考虑室外消火栓的保护半径，明确室外消火栓数量。根据室内消火栓系统高区与低区的压差，合理选择消火栓类型，根据其所在位置的管网压力来确定孔板孔径的，确保高层建筑中各位置消火栓栓口压力均符合消防规范。

4.3 自动喷淋灭火系统设计要点

设计时要严格按照国家消防标准设计，将报警铃设置在建筑显眼地方以方便工作人员寻找、使用。施工中要采购符合国家标准的器材，加强施工工艺技能，确保自动喷淋灭火系统各部分安装严密避免漏气现象，要根据给水管网水压选择强度合适的喷头和配件，避免因管道压力过大导致喷头破损造成意外事故。

4.4 消防水池问题设计要点

如果市政给水管为分支形或只有一根进水管，而给水管或自然水源不能满足室内外消防用水总和大于25L/s，建筑物应配备消防水池。生产水池和消防水池是否可以共同使用取决于系统供水的水质要求。

设计人员要根据火灾持续时间内消防系统用水量来设计消防水池容积，高层建筑顶层设置的消防水箱池底和池壁不能设置在建筑物原有机体上，消防水池连接各消防管网的水管至少两根，确保能够两路供水，避免其中一个出现问题导致无法及时灭火。管理人员需要加强消防水池管理，避免因长期储存导致水质恶化造成的资料浪费。

高位水箱的设置使得高层建筑高区消防用水压力得到满足，但也使得高层建筑中区的消防系统压力过大，容易造成管道损坏和器材故障，因此需要在中区设置稳压泵稳定消防给水管网内部水压。

4.5 高层消防管路增压与减压设计要点

因为高层建筑高度过高，为了保证高区消防用水，在建筑内需要用到水泵进行加压或者减压。在水压高处设置减压泵，在水压低处为了保证消防供水量设置增压泵。为了保证高层建筑消防用水压力稳定，设计人员应主动与专业消防部门联系，不断优化高层建筑消防给水系统压力控制，避免因为水压不足而导致火势大规模蔓延。

4.6 高层建筑消防给水管网设计要点

高层建筑消防给水管网应设置为环状管网，便于检修时，室内消防灭火系统仍能工作，这就要求管网上合理设置阀门。自动喷淋灭火系统的管道末端需要试水，所以一般报警阀后端的管网为支状，前端为环状布置。

室内消防管网独立于生活用水管网之外，单独运行，保证室内消防系统的安全性，特殊情况下，室外消火栓系统可与室内消火栓系统合用，但是需要设置阀门控制。

5 结论

综上所述，本文以高层建筑消防给水系统的设计分析为研究对象，结合理论研究和应用实践，对高层建筑消防给水系统中的一些问题进行了分析和优化，主要得到以下结论：

（1）高层建筑消防给水系统设计分析的研究是消防领域的重要研究领域，有利于我国消防技术和高层建筑安全性的发展。

（2）高层建筑消防给水系统的设计过程中存在设计人员、消火栓系统、自动喷淋灭火系统、消防水池、系统管网等方面的诸多问题，问题虽小，但是在消防安全这一方面，任何一点隐患都可能造成巨大损失，设计人员身负重任。

（3）高层建筑消防给水系统的设计要根据项目实际情况综合考虑，符合国家消防标准，通过严格的工程计算并结合实际来确定给水方式和路线。

参考文献

[1] GB 50045—2005 高层民用建筑设计防火规范［S］. 北京：中国计划出版社，2005.

[2] 易泰伟．高层建筑消防给水系统超压与减压研究［D］. 西安建筑科技大学，2008.

[3] 张涛．超高层建筑防火设计浅析［J］. 工程科技，2012：222.

[4] GB 50016—2006，建筑设计防火规范［S］. 北京：中国计划出版社，2006.

从防干扰角度探讨 MRI 检查室消防设施的配置

姚涵文

（龙岩市消防救援支队，福建　龙岩）

摘　要　MRI（核磁共振成像）设备容易受到干扰而影响成像质量，导致部分医院对 MRI 观察室内能否设置消防设施存在疑虑，甚至不按要求设置或移除消防设施。针对这个问题，笔者根据目前医院常用 MRI 设备型号的选址要求，对照消防技术规范相关规定进行分析，从设备防干扰的角度为 MRI 检查室消防设施设置提出解决方案。

关键词　MRI　干扰　消防设施　高效能屏蔽室

0　引言

MRI 设备广泛应用于各种医学检查和临床研究，在对患者进行影像诊断时成像质量容易受到干扰，导致图像伪影，不利于病情的诊断。也正是基于这个原因，部分医院过分担心在 MRI 检查室内设置消防设施会对 MRI 设备工作造成干扰，甚至在 MRI 设备安装过程中拆除原设计的消防设施，笔者在日常消防监督检查过程中也时有发现。而 MRI 设备价值动辄几千万，一旦发生火灾将造成严重的经济损失。因此，MRI 检查时的消防设施设置是一个值得探讨的课题。

1　MRI 检查室消防设施设置要求

MRI 检查室属于医院的贵重设备用房，根据《建筑设计防火规范》（GB 50016—2014，2018 年版）8.3.9 和《综合医院建筑设计规范》（GB 51039—2014）6.7.3 规定，应设置气体灭火系统。相应的，为满足气体灭火系统联动启动需要，即使 MRI 检查室所在建筑未达到设置火灾自动报警系统的规模，MRI 检查室也应设置火灾自动报警系统。同时，根据保护面积、距离需要，也应配置灭火剂与火灾类型相符的建筑灭火器。考虑到 MRI 检查室建筑面积一般不大于 $50m^2$，一般无需设置机械排烟系统和应急照明设施。

2　常见 MRI 设备干扰源

MRI 设备的成像质量取决于其磁体磁场（B0）的均匀性和稳定性，磁场的均匀性会因静态铁磁物体的干扰而失真，磁场的稳定性会因移动的铁磁体而受到干扰，电磁场也能对 MRI 设备磁体磁场产生影响。

具体到 MRI 检查室涉及的消防设施，可能干扰 MRI 磁体磁场均匀性的主要有管网式气体灭火系统的管网、喷头，或者预制气体灭火系统的外壳、气瓶等，以及建筑灭火器的瓶体；可能干扰 MRI 磁体磁场的电磁辐射为各类消防设施的配电、控制线路，见表 1。

表 1　MRI 检查室内应设消防设施可能产生的干扰源

干扰源	干扰类型
火灾探测器、声光警报器配套电气线路	电磁场，可能影响磁场稳定性
声光警报器	静态磁体，可能影响磁场均匀性；电磁场，可能影响磁场稳定性
预制气体灭火系统气瓶、外壳、喷头及配套电气线路	静态磁体，可能影响磁场均匀性；电磁场，可能影响磁场稳定性
管网气体灭火系统管网、喷头	静态磁体，可能影响磁场均匀性
建筑灭火器	静态磁体，可能影响磁场均匀性

3　MRI 检查室消防设施配置探讨

3.1　火灾自动报警系统

火灾自动报警系统需要安装在 MRI 检查室内的组件主要有火灾探测器、声光警报器以及配套电气线路。按照常规设计，MRI 检查室内应设置点型感烟探测器、点型感温探测器，并通过线路与火灾自动报警系统总线连接。

3.1.1　火灾探测器设置思路一

火灾自动报警系统的传输线路敷设于 MRI 检查室屏蔽层以外，点型感温火灾探测器与点型感烟火灾探测器安装于 MRI 检查室顶棚。一般来说，火灾自动报警系统工作电压为 24V，工程实践中电压不会超过 27V。在巡检状态、工作状态的电流强度均不会超过 1A，参考飞利浦 Ingenia3.0T 设备设置要求，在磁体等中心线 22.4cm 以外布置火灾自动报警设备及线路，理论上产生的电磁场对 MRI 设备的干扰在允许范围（表 2）。点型感烟火灾探测器和点型感温火灾探测器内部元件内无磁性材料，不存在静态磁体干扰的风险。

表 2　飞利浦 Ingenia3.0T 设备规定电磁场干扰源到磁体等中心的最小距离

电磁场干扰源	到磁体等中心线的安全距离/cm
电缆线	22.4×（电流大小/A）

3.1.2　火灾探测器设置思路二

将点型感烟火灾探测器更换为线型光束感烟火灾探测器，采用接收/发射端一体型号，同时在 MRI 观察室一侧墙体上合适高度开设屏蔽性能符合要求的观察窗，对应墙体上安装反射板，线型光束感烟火灾探测器通过观察窗对内进行探测（图 1）。点型感温火灾探测器采用类似于隐蔽式喷头的活动结构布置在吊顶屏蔽层上方固定在集热板上，下端设置铜制盖板，采用锡铟合金等低熔点焊材与屏蔽层内铜板焊接（图 2）。低熔点合金焊材的熔点控制在 50℃左右，确保低于点型感温火灾探测器动作温度。发生火灾时，当室温达到焊材熔点时，下端铜制盖板焊接处脱焊，铜制盖板在重力作用下掉落，点型感温火灾探测器下滑至顶棚合适位置进行火灾探测，集热板的大小应能遮盖此时顶棚产生的孔洞，用于聚集热量触发点型感温火灾探测器。

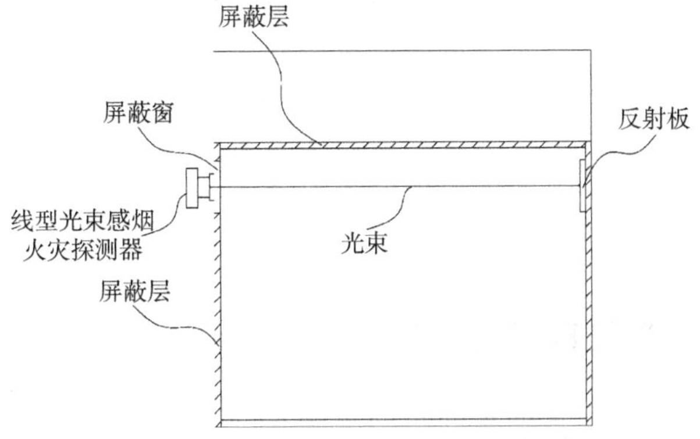

图1　线型光束感烟火灾探测器的设置示意

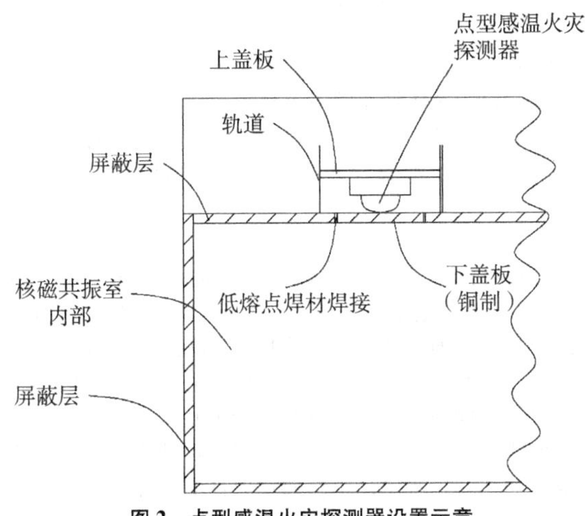

图2　点型感温火灾探测器设置示意

3.1.3　声光警报器设置思路

声光警报器一般内部有磁性材料，不适合布置在MRI观察室内部，可以布置在MRI设备室外的观察窗处，通过提高内置扬声器的功率，达到满足MRI检查室内部声强要求的效果。

3.2　气体灭火系统

由于预制式气体灭火系统需要就地部署，存在较大的静态磁体和电磁场干扰可能，不适用于MRI检查室，本文仅讨论管网式气体灭火系统。二氧化碳、IG541等灭火剂虽然适用于精密仪器，但喷洒过程中容易产生冷凝水，可能对MRI设备造成损害，故灭火剂选用七氟丙烷。

3.2.1　泄压口设置思路

MRI观察室设置七氟丙烷气体灭火系统时，应在房间净高2/3以上部位设置泄压口。在吊顶与楼板之间区域（屏蔽层外）的墙体上开设满足泄压面积的孔洞与外部连通，同时在顶棚屏蔽层上取若干总面积满足泄压面积要求的孔洞，选取合适大小的铜板，用锡铟合金等低熔点焊材与屏蔽层内铜板焊接（图3）。低熔点合金焊材的熔点控制在57℃左右，与点型感温火灾探测器动作温度相近。发生火灾时，当室温达到焊材熔点时，铜板焊接处脱焊并重力作用下掉落，露出孔洞进行泄压。可以根据 $F_x = 0.15Q_x/\sqrt{p_f}$，适当减小灭火剂平均喷放速率和增大围护结构承受内压允许压强的方式，降低防护区所需的泄压面积，减少因开设泄压口对MRI室屏蔽层的影响。

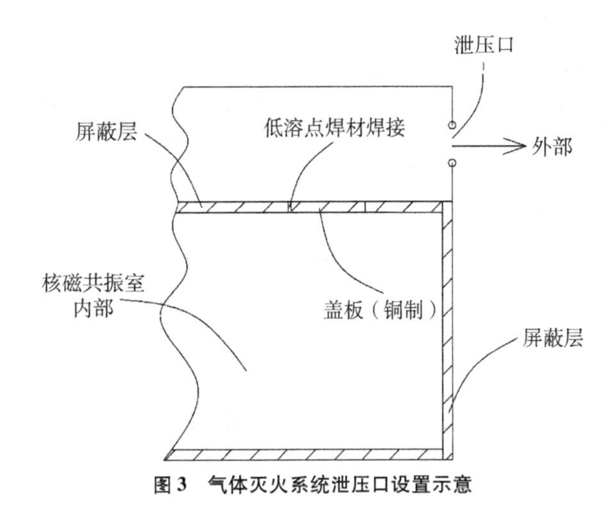

图3　气体灭火系统泄压口设置示意

如条件允许，也可以利用MRI检查室空调系统的梯度排风波导窗作为泄压口。

3.2.2　管网及喷头设置思路一

气体灭火系统除部分输气管网外，其他组件均设置在MRI检查室外适当位置。管网材质、喷头采用铜或无磁不锈钢等非磁性材料，管网布置在MRI检查室吊顶屏蔽层上方，末端管网通过在顶棚开孔进入MRI检查室。

3.2.3　管网及喷头设置思路二

气体灭火系统除部分输气管网外，其他组件均设置在MRI检查室外适当位置。管网布置在MRI检查室吊顶屏蔽层上方，末端管网通过满足压力要求的金属软管与输气管网连接，末端管网上的喷头，采用类似于隐蔽式喷头的活动结构布置在吊顶屏蔽层上方，下端设置铜制盖板，采用锡铟合金等低熔点焊材与屏蔽层内铜板焊接（图4）。低熔点合金焊材的熔点控制在50℃左右，确保低于点型感温火灾探测器动作温度。发生火灾时，当室温达到焊材熔点时，下端铜制盖板焊接处脱焊，铜制盖板在重力作用下掉落。由于末端管网与输气管网采用柔性材料连接，末端管网与喷头在重力作用下掉落至工作位置。采用这种方式设置管网和喷头，可以利用喷头下方脱落盖板形成的孔洞，配合吊顶与楼板之间区域（屏蔽层外）的墙体上开设的与外部连通满足泄压面积的孔洞进行泄压。

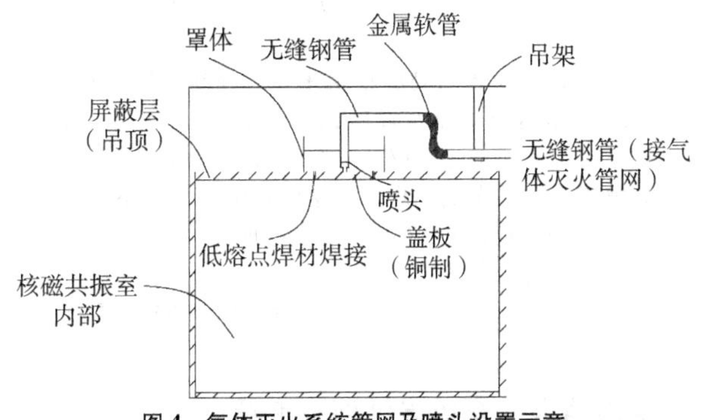

图4　气体灭火系统管网及喷头设置示意

3.3　建筑灭火器

目前，市面已有专门用于MRI检查室的建筑灭火器，采用六氟丙烷为灭火剂，瓶体采用不锈钢材料，可兼顾MRI检查室防干扰和建筑灭火器配置要求。

4　小结

MRI设备是高价值的医疗仪器，消防设施方面本应按照较高要求配置，但医院从防干扰角度上对应设的消防设施进入 MRI 观察室较为抵触。本文提出了针对性解决方案，证明通过合理设计，MRI 观察室的消防设施设置难题能够得到较好的解决。除 MRI 观察室外，其他高效能屏蔽室的消防设施设置也可以采用类似方案。

参考文献

［1］GB 50016—2014（2018 年版），建筑设计防火规范［S］.

［2］GB 51039—2014，综合医院建筑设计规范［S］.

［3］Ingenia 3.0T 场地准备手册，飞利浦（中国）投资有限公司医疗保健事业部.

高层住宅楼室内消火栓设计

陶智雨[1]　张　渝[2]　邓　尧[1]

（1. 中国人民警察大学研究生院，河北　廊坊；2. 北京华夏众安科技有限公司，北京）

摘　要　本次设计是根据高层建筑的建筑防火设计要求进行建筑内消火栓的设计。本次设计方案的制定是根据国家相关设计规范和建筑物类型查阅计算出建筑消火栓系统的设计流量，并通过 Auto CAD 软件对图纸进行绘制。在已经确定消火栓设计流量和建筑基本数据，设计过程通过 Auto CAD 软件对不同建筑层面进行消火栓的管路布置，用消防干管对各层消防系统管网进行连接，完成图纸的绘制，确定最不利点的位置并对其进行水力计算，根据计算结果选取合适的消防设备。

关键词　高层建筑　消防　给水　消火栓

1　引言

伴随着我们国家在经济和科学技术等领域开始走在世界前沿，为了适应社会的发展，各种不同类型的建筑随之出现，这些建筑的结构形式更加多样化、复杂化，同时其功能性可以使用者满足多方面的需求。高层建筑是指那些高度超过 24m 的公共建筑和楼层数为 10 层和大于 10 层的民用住宅建筑[1]。同样随着建筑物的增多，火灾事故发生的次数也会伴随着呈正比的趋势增长，火灾事故的发生不但给人民生命安全造成的严重的威胁，还会造成一些社会负面影响。同时为了减少火灾事故发生的次数消除火灾隐患，在建筑物建造设计之初就会对建筑物进行消防给排水的设计[2]。扑灭火灾最有效的时期是火灾发展初期，可依靠建筑物内的固定消防设施对火灾进行扑救控制，即建筑物内设置的消火栓系统等[3]。

就人口数量较多的高层建筑来说，在建筑发生火情时，由于建筑内部消防给排水设施设计不合理，无法正常使用时，这样会给人民的生命财产安全带来严重的威胁[4]。为了避免和解决这种情况的出现，高层建筑中消火栓系统必须设置的更加合理，使之能够在火灾发生时最大限度地发挥作用，保障人民群众的生命和财产安全[5]。本文消火栓的设计对于预防火灾发生和保证人们生命和财产安全具有重大意义。

2　室内消火栓系统设计前期准备

2.1　设计基本参数

根据设计建筑物的标高和其使用性质，通过查询《建筑设计防火规范》（GB 50016—2014）和《自动喷水灭火系统设计规范》（GB 50084—2017），得知该建筑物为二类高层民用建筑，火灾危险性等级划分为中危险级Ⅰ级类别。[4][6]

据《建筑设计防火规范》规定，此次设计的建筑物需设计室内、外消火栓，自动喷水灭火系统。

《消防给水及消火栓系统技术规范》（GB 50974—2014）3.6.2 规定要求该住宅建筑火灾延续时间为 2h。同时根据 3.5.1 条文，该住宅建筑高度大于 54m，则室内设置消火栓系统内规划用水消耗量不小于 20L/s，每根竖管内用水消耗量量不小于 10L/s。单只喷水枪用水消耗量不小于 5L/s。室外的消火栓设计用水消耗量量不小于 40L/s。[7]

根据建筑物的灭火面积和用途和《自动喷水灭火系统设计规范》第 5.0.1 规定，单位面积内自动喷淋系统的喷水强度设定为 8.0L/（min/m^2），喷水覆盖灭火面积为 160m^2，自动喷淋系统的设计用水消耗量为 30L/s，自动喷水灭火系统火灾发生到结束时间按 1h 计算。[6]

2.2　系统方案选择

因为此次设计资料中建筑室外供水管路供水量和水压大小不能满足室内消火栓给水系统所需的水量和水压灭火需求，所以设计选用临时高压供水系统。

临时高压系统管网内平时水流压力和管道存水量不符合灭火实际需求，在发生火灾时消防控制中心启动或手动启动消防水泵，使管网压力、管道内水流量达到灭火要求。设置临时高压系统时保障系统电力供给，可单独设置柴油机发电线路，保系统正常，确保安全。[8]

由于本次设计采用临时高压供水系统，为了保证给水管网中有足够的水压，所以在建筑物顶部设置高位消防水箱和地下设置消防水泵房，消防水泵和水箱的设置要求经计算选型布置满足系统所需压力和流量。

同时，该高层住宅建筑消防给水系统采用消防水箱和消防水泵共同保障作用的临时高压供水水系统，消防水泵房设置在地下一层，消防水池与泵房经管道连通，高位水箱设计位置在十六层上的屋顶层，连接消火栓给水管道和自动喷水灭火系统的气压罐管道。[9]

3　消火栓系统相关设置与布置

消火栓系统主要构成与其与供水系统连接的管道，内部输水的消防管道，连接管道设置的消火栓，室外与室内管道连接供水的水泵接合器，屋顶的消防水箱、地下一层设置储水的消防水池，地下设置的水泵房和一系列管道阀门组成。

3.1 消防水箱的布置

参考消规，一类高层住宅建筑高位消防水箱储水量应大于 18m³。[6]

消防贮水量设计存储 10min 的室内消防总水量为：

$$V_x = \frac{q_x \times T_x \times 60}{1000} \tag{1}$$

式中 V_x——消防水箱储水量，m³；

T_x——出水灭火时间；min；

q_x——室内灭火总用水量，L/s。

本次规划室内消火栓流量为 20L/s，自喷系统流量为 30L/s。则：

$$V_x = q_x \times T_x \times 60/1000 = (20+30) \times 10 \times 60/1000 = 30\text{m}^3$$

二类高层住宅建筑水箱最小设置储水容积为 12m³，为避免水箱过大，选用消防水箱贮水量 18m³。消防水箱布置如图 1 所示。

此建筑为二类高层建筑，即可设置为同样水容积，可以充足对消防给水管网供水，满足火灾期间消火栓临时用水量，水量由生活给水管网补充供水。同时消防水箱设置高度为 54.2m，与最不利点消火栓中心的标高差为：

$$H_s = H_{\Delta 2} - H_{\Delta_1} \tag{2}$$

式中 H_s——消防水位最低点与最远消火栓口中心标高差，m；

$H_{\Delta 2}$——消防水位最低点高度，m；

H_{Δ_1}——最远消火栓口中心标高差，m。

由式（2）得出：

$$H_s = H_{\Delta 2} - H_{\Delta_1} = 53-47 = 6\text{m} = 0.06\text{MPa}$$

经过与式（2）计算结果比较，供水能力最差处消火栓无任何加压情况下充水压力小于 0.07MPa 的要求，所以在地下一层设置稳压装置即稳压泵和气压罐，保证消火栓常态下水压大小。

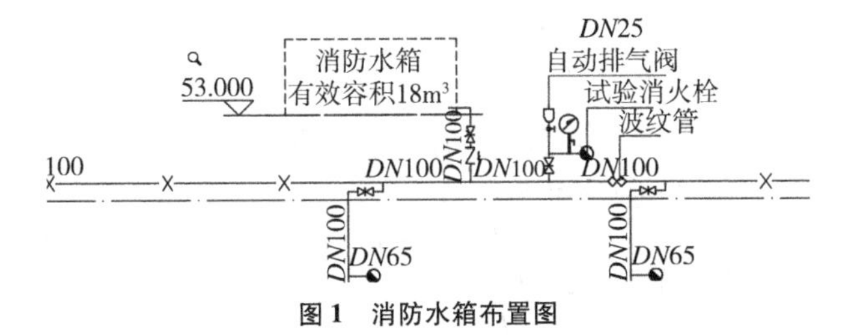

图 1 消防水箱布置图

3.2 水泵接合器设置

该建筑设计根据设计流量：室内消火栓设计流量为 20L/s，自动喷淋灭火系统为 30L/s，以及水泵接合器的流量在 10~15L/s。

水泵接合器的数量可按式（3）计算：

$$n = \frac{Q}{q} \tag{3}$$

由式（3）计算得出 $n = \frac{Q}{q} = (20+30)/15 \approx 4$，所以在地表上方安装 4 套型号为 SQS110 墙壁式水泵接合器。消防水泵接合器根据要求应安装在住宅楼偏地下室外墙面处，有醒目的标志提醒，同时使用较为便捷，[10] 如图 2 所示。

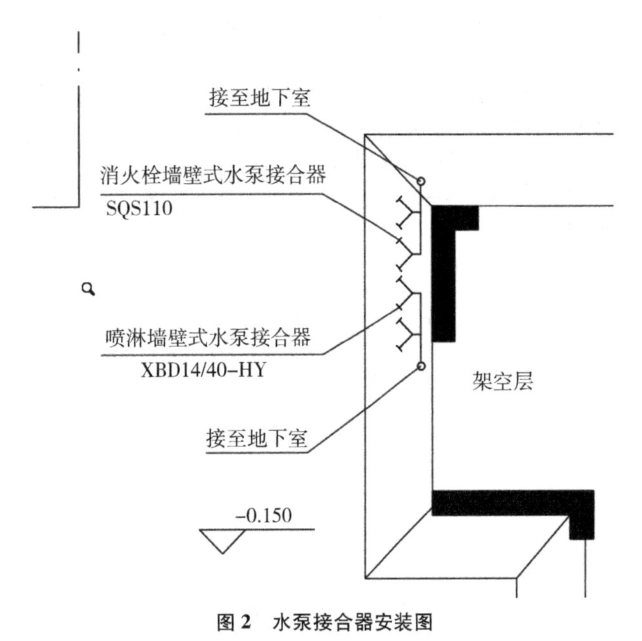

图 2 水泵接合器安装图

3.3 室内消火栓管网布置

本高层建筑室内消火栓管网设计采用环状管网布置，如图 3 所示。该布置形式的优点就是供水可靠性好，当环状管网中任意一段因为故障堵塞或损坏时，可以截断该管路进行检测维修，同时水流可以经其他管线进行供水，不影响使用，同时环状管网还可以大幅度降低因水锤作用而产生的损害情况。该设计消火栓给水管网由于建筑共用一个地下车库，地上为两栋建筑，所以在地下一层设置消火栓环状管网连接地下消防水池，地上一二栋分别连接地下一层管网，设置为独立的消防环状管网，一栋顶层部位设置消防水箱，二栋顶层连接实验消火栓，同时计算消火栓最不利点消火栓水压是否符合规范，设置稳压装置保持最不利点水压。

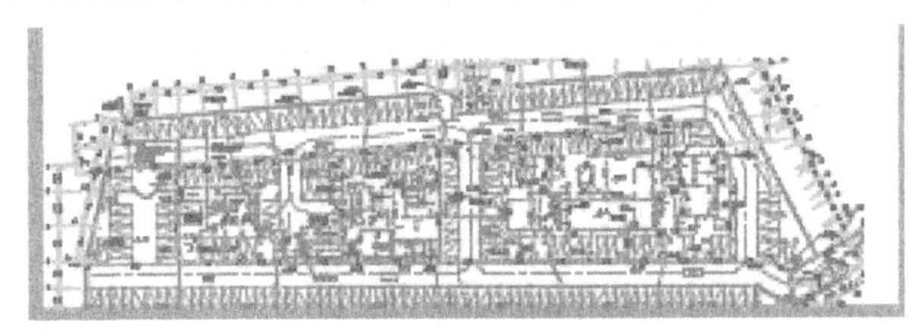

图 3 消火栓管网布置图

3.4 消防立管的布置

（1）消防立管的布置，应尽可能靠近所连接消火栓间连，减少管道连接距离。

（2）消防立管布置依据其所连接的消火栓有效射流能到达室内任何位置。

（3）消防立管的直径根据消防水利计算得出，取 100mm 镀锌钢管。

（4）消防立管尽量沿建筑物墙柱或给水竖直通道布置。

3.5 室内消火栓的设置位置和型号选择

消火栓设置在走道楼梯附近易于取用的位置，消火栓应该设立在易于发现和使用的位置，并在旁边标记好明显的“消火栓”红色字样。同时为了便于使用者操作方便消火栓出口方向与墙面成 90°，出水口距离地面的距离为 1.1m。关于消火栓的布置问题，最为关键的是保证该层建筑任意一处都能有两个消火栓的充实水柱同时到达，其目的是在某处消火栓发生故障的同时还能够有充足的水量控制火灾的发展蔓延。

对于设计的消火栓栓口直径，可直接采用栓口喷水直径为65mm，水带伸展长度为25m，水枪的喷嘴外口径为19mm的消火栓，这是消防队通用的消火栓设备相配套，能够很好地预防可能因灭火设备规格不一致影响灭火救援工作。布置如图4所示。

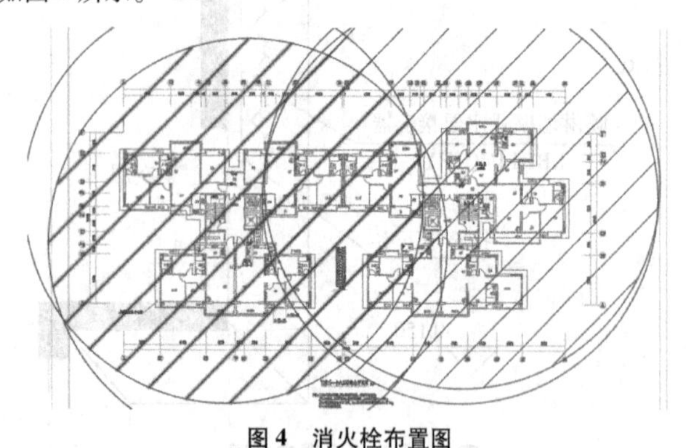

图4 消火栓布置图

3.6 室内消火栓系统管材

此次高层住宅建筑室内消火栓给水系统采用内外镀锌保护层钢管。该钢管的好处是表面电镀锌层可形成原电池保护的焊接钢管，可有效避免长时间浸泡造成的表面腐蚀，使使用年限大幅度延长。

4 消火栓水力计算

（1）根据GB 50974—2014《消防给水及消火栓系统技术规范》，规定本次设计的消火栓口动压为0.5MPa，设置减压稳压型消火栓。

则消火栓的保护半径为：

$$R_0 = K_3 L_4 + L_s \tag{4}$$

根据式（4）计算得出 $R_0=0.9\times25+0.71\times13=31.73$m

根据国家规范规定，高层建筑消火栓有效喷水距离按13m计算。本次设计消防水带采用长度为25m，衬里和外包覆层材料为衬胶材质，水带直径选型为65mm、水枪喷嘴口径为19mm、消火栓出水流量为额定值5.0L/s；则可以根据式（4）计算得出消火栓有效保护距离为32m。[6]

（2）消火栓布置间隔根据式（5）计算：

$$S \leqslant \sqrt{R^2 - b^2} \tag{5}$$

本建筑，消火栓采用单排2股水柱形式，消火栓最大保护宽度 b 取12，因此，消火栓间距为 $S\leqslant\sqrt{32^2-12^2}=30$m。

本建筑采用单侧出口的消火栓，消火栓栓口距地面高度为0.8m，两消火栓最远布置间隔为30m。栓口出水方向与布置消火栓的墙壁相互垂直根据建筑位置设置明式或暗式安装，这样不仅可以节省住宅楼内公共区域空间同时还能够减少消火栓占用空间，施工时安装地点要有明显的提示语，消火栓封闭口采用玻璃或金属隔板进行遮盖。

（3）消防干管管径计算：

$$D = \sqrt{\frac{4Q}{\pi v}} \tag{6}$$

由式（6）可计算管径，v 取最大值2.5m/s，Q 取15L/s，通过计算得出立管管径为100mm。

（4）最不利位置消火栓流量：

$$q_{xh} = \sqrt{BH_q} \tag{7}$$

根据式（7）：$q_{xh}=\sqrt{0.1577\times186}=5.4$L/s，确定每只水枪的喷水量为 $q_{xh}=5.4$L/s

（5）最不利位置的消火栓水流压力计算：

$$H_{xh} = H_d + H_q + H_{sk} = A_z L_d q_{xh}^2 + \frac{q_{xh}^2}{B} + 2 \tag{8}$$

其中

$H_d = 10Sq_{xh}^2 = 10\times0.035\times5.42 = 10.2$kPa

$H_{xh} = 186+10.2+20 = 216.2$kPa

（6）管路流速压力：

$$P_v = 8.11 \times 10^{-10}\frac{q^2}{d_i^4} \tag{9}$$

（7）管道内部压力：

$$P_n = P_t - P_v \tag{10}$$

（8）次不利位置消火栓压力：

$$H_{xh次} = H_{xh最} + h_{高差} + h_{f+j} \tag{11}$$

（9）次不利位置消火栓水量：

$$q_{xh次} = \sqrt{\frac{H_{xh次} - 2}{A_d L_d + \frac{1}{B}}} \tag{12}$$

（依据实际和规定需要与水枪的额定流量进行对比，取较大值）

（10）管道内水流速 v：

$$v = 0.001 \times \frac{4q_{xh}}{\pi d_i^2} \tag{13}$$

（11）水力坡降：

$$\begin{aligned} i &= 10^{-6}\frac{\lambda}{d_i}\frac{\rho v^2}{2} \\ \frac{1}{\sqrt{\lambda}} &= -2.0\log\left(\frac{2.51}{Re\sqrt{\lambda}} + \frac{\varepsilon}{3.71d_i}\right) \\ Re &= \frac{v d_i \rho}{\mu} \\ \mu &= \rho\nu \\ \nu &= \frac{1.775\times10^{-6}}{1+0.0337T+0.000221T^2} \end{aligned} \tag{14}$$

（12）沿程水头损失：

$$P_f = i \times L \tag{15}$$

（13）局部水流损失：

$$P_p = i \times L_p \tag{16}$$

（14）设计扬程：

$$H_b = H_{xh} + 1.2\Sigma h + H_z \tag{17}$$

根据以上公式结合图纸内消火栓设计管路的长度来进行对管路内水流速度和扬程的确定，首先选取距离干管最远的消火栓的位置，确定其为最不利消火栓点，同时由于用8根立管与消防干管相连接，所以其他同等高度位置的消火栓为次不利消火栓位置点，所以在计算时要算它们所在干管的流量值（图5），计算出各管路参数值见表1。

根据表1得出消火栓管路总水头损失为：0.017952mH_2O，水泵设计扬程：$H_b=21.6+1.2\times0.018+51.5=73.12mH_2O$

表 1 系统管路参数汇总表

管号	流量/（L/s）	管径/mm	D^2	流速/（m/s）	水力坡降	管长/m	水头损失/（mH_2O）
1-2	5	100	0.01	0.63662	4.9661505	3	0.000149
2-3	10	100	0.01	1.27324	0.0001798	3	0.000538
3-4	15	100	0.01	1.909859	0.0003792	36	0.013676
4-5	15	175	0.030625	0.623628	2.6177425	17	0.000445
5-6	20	175	0.030625	0.831503	4.4597825	70.5	0.003144
						合计	0.017952

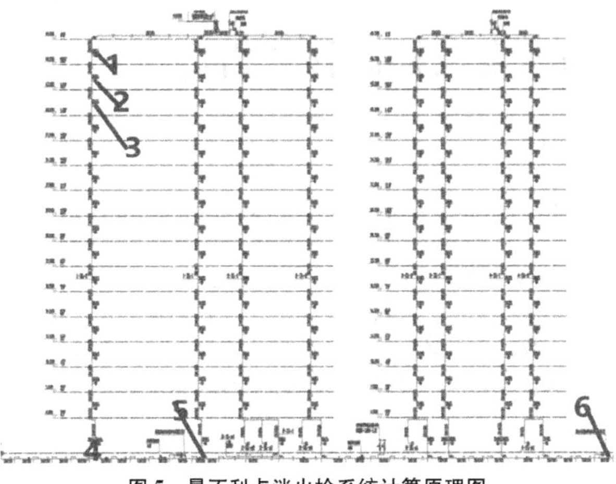

图 5 最不利点消火栓系统计算原理图

5 消防水泵的选型

5.1 根据用水量选择

为保证在火灾发生时，在火灾发生位置能够同时有两股充实水柱到达火灾发生点，所以开启的消火栓数量为两只。[6]由于该建筑消防水泵房设置于地下一层，建筑地上两栋建筑共用一个地下一层，则室内消火栓流量为两栋建筑四个消火栓同时开启时的流量即为 20L/s，室内消火栓用水量即为水泵的流量。

5.2 根据水泵的扬程选择

根据规范，该建筑消火栓栓口的压力不应低于 0.35MPa，设计扬程为 73.12mH_2O。

该建筑为两栋分离建筑所以根据建筑高度可设置水泵扬程为 100m。

则水泵的设计参数为 $Q=20L/s$，$H=100m$，$N=37kW$，则选择水泵型号为 100DL72-20X5，选择两台消防水泵，一备一用，如图 6 所示。

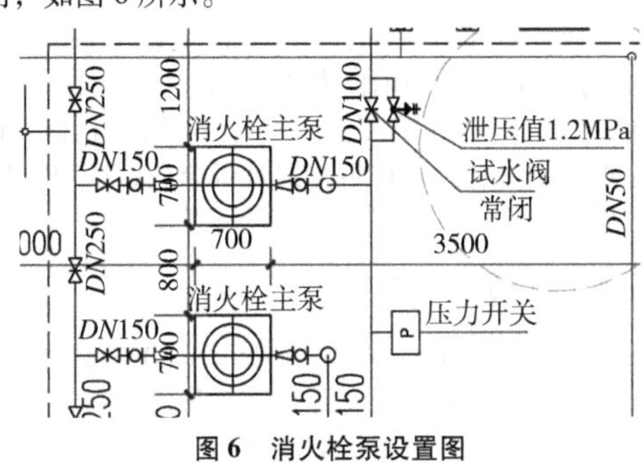

图 6 消火栓泵设置图

5.3 消防稳压泵的设置

此次设计稳压泵设置在消防水泵间，由消火栓给水系统图纸确定设置稳压泵最低管路标高到最不利点消火栓垂直标高差为：

$$H=47-（-5，3）=52.3m$$

$$H_2=56-（-5，3）=61.3m$$

稳压泵最低管路标高到消防水箱垂直距离为：

$$H_2=56+5.3=61.3m$$

因为稳压泵位于灭火设施的下面，稳压泵到最不利点处水灭火设施的高度 H 的压力是压向稳压泵，因此稳压泵需要更大的压力 $P_1>H+15$，且 $P_1 \geqslant H_2+10$，所以 $P_1=71.3$，稳压泵停泵压力：$P_2=P_1/0.85$（这里是 0.85）= 83.88，消防泵启泵压力 $P=P_1-(7\sim10)=61.3$，所以可以选择稳压泵设计选型为扬程 72m 的 WY-25LD 型号，一备一用，同时在稳压泵旁设置专用气压罐，选型为 SQL1000 隔膜式气压罐[6]，如图 7 所示。

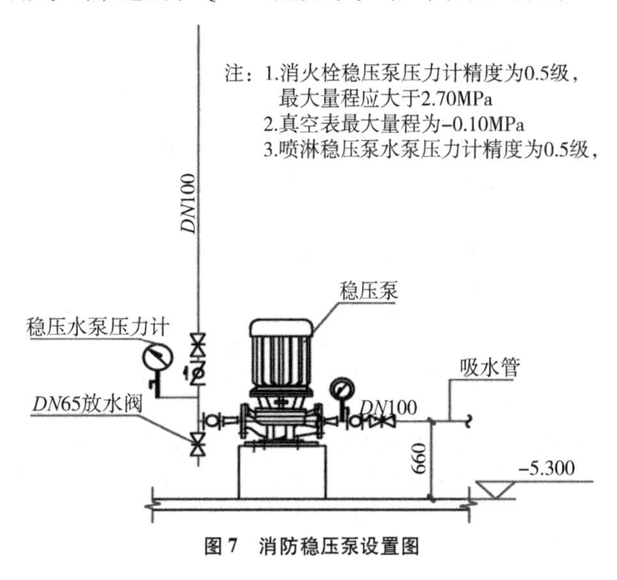

图 7 消防稳压泵设置图

6 结论

本次设计是根据某二类高层民用住宅建筑的要求进行消防水系统设计，建筑共分为地下一层车库和地上两栋十六层民用住宅区，地下车库建筑危险等级为中危险等级二级，住宅区域中危险等级一级。

消火栓系统设计部分主要是关于室内消火栓设计，首先根据国家相关法律法规和建筑设计规范获得设计所需要的参数，计算出消火栓的设计参数，同时根据 AutoCAD 软件对建筑平面进行消火栓系统的布置，最后通过消防干管对消火栓进行连接，根据计算消火栓最不利点的压力和流量参数设置消防水泵和高位消防水箱。

参考文献

[1] 张谦．高层建筑给排水及消防设计体会［J］．中国高新技术企业，2009（11）：120-121.

[2] 陆冰，柴登杰，陆雪．高层建筑安全设计［J］．河南建材，2019（01）：148-150.

[3] 李华北．浅谈高层建筑消防给水系统设计［J］．河南建材，2019（02）：243-244.

[4] GB 50016—2014．建筑设计防火规范［S］.

[5] 周国亮．高层建筑给排水消防设计问题分析［J］．建材与装饰，2019（10）：104-105.

[6] GB 50084—2017．自动喷水灭火系统设计规范［S］.

[7] GB 50974—2014．消防给水及消火栓系统技术规范［S］.

[8] 石小军．消防技术在高层建筑中的应用［J］．建筑设计管理，2013（07）：74-76.

[9] 贾雪艳．汉文化大会堂消防给水设计探讨［J］．工程建设与设计，2019（04）：70-71，83.

[10] 朱贤涛．消防水泵接合器设计与施工注意事项［J］．工业用水与废水．2003（05）：65-67.

浅析超高层双塔建筑排烟影响因素及控制补偿措施

李晓辉[1]　丁　梦[2]

（1. 浙江省消防救援总队杭州支队，浙江　杭州；2. 浙江省消防救援总队绍兴支队，浙江　绍兴）

摘　要　双塔建筑是建筑的一种外形结构方式。在建筑学专业中，双塔建筑是“成对”高层建筑联合体的表现形式。从实际的建筑来看，双塔结构外形对称、建筑垂直、建筑群联合、具有地标性等，在城市的建筑建设和建筑文化中成为重要的一员，带来城市建筑的丰富感、空间感、方位感和美感。在诸多高层、超高建筑中，双塔建筑作为一种特殊的建筑形式，是高层、超高层建筑的创新形式。双塔建筑的建筑样式经历了从单一向多元化的发展过程，样式也逐渐复杂化、多样化，工程结构日益复杂，也给消防系统的设计提出了难题。

关键词　超高层　排烟　补偿措施　消防系统

1　引言

随着我国经济的高速发展，城市现代化进程也得以快速推进。作为城市现代化程度标志的超高层建筑也不断涌现。从420m的金茂大厦、440m的国际金融中心以及492m的环球金融中心开始，国内超高层建筑高度不断被刷新，如在建的729m苏州中南中心，在建的636m武汉绿地中心，以及建成的632m上海中心大厦等[1,2]。相关统计资料显示，目前我国已建成投入使用的高层建筑约61.9万栋，超过100m的建筑6457栋[3]。超高层建筑以非常快的速度出现在我们视野，特别是由三个或三个以上使用功能不同的空间在垂直方向或者水平方向共存于一个统一的体系之中的超高层建筑越来越多，此类超高层建筑综合体一经投入使用就成了城市地标性建筑[4]。在带给人们生活享受和节约土地的同时，也带来了诸多安全、地面沉降、环境污染、能源消耗高等问题，其中消防安全问题更是建设单位、设计单位和消防管理部门最为重视的，特别是在美国911事件后超高层建筑综合体消防安全问题再次引起了全球各界的担忧[1]。

2　超高层双塔建筑以及火灾特点

2.1　超高层双塔建筑的建筑特点

根据建筑学和城市建筑设计原理，超高层双塔建筑重点是以底部基层的设置为基础，通常为几层的高度，以上机构为两个塔楼形成分开化的主体建筑结构。可以说，双塔结构的建筑关键在于建筑底部的“底盘”和分化开的塔楼建筑，但现行的建筑标准中对底盘的设计，如结构形式、与塔楼衔接的高度等的缺乏细致的参数要求。双塔楼的设计和建造，多根据结构体系的概念，一般来说，层数低的建筑使用剪力墙结构，上部分的双塔楼则采用传统的“钢筋+混凝土”为主结构[2]。

2.2　超高层双塔建筑的火灾特点

超高层双塔建筑在与普通高层建筑相比较，具有建筑高度高、建筑体量大、建筑结构复杂、内部可燃物多等特点，而这些特点在发生火灾时势必造成火灾蔓延迅速、人员疏散困难、结构出现异常等危险性问题。超高层建筑的火灾风险，与建筑本身内部的设计结构、使用功能、建筑容积等有密切的联系，对于中庭建筑来说，最大特点是存在较高垂直高度而且上下贯通的大型空间，顶部封顶设计。在这类超高层建筑中，中庭设计开口较大，与建筑内部的楼梯、窗口具有相通性，一旦发生火灾，中庭与其他通道构成的巨大空间将会成为火势迅速蔓延主要通道。而且无论是中庭的哪个部位发生火情，都有可能通过中庭蔓延至其他的楼层，直接阻碍建筑内各楼层人员的安全撤离和火情控制。

3　影响超高层双塔建筑的排烟因素分析

建筑物中的物质燃烧所产生的烟气四处扩散蔓延，在火灾现场中，导致人员伤亡的最主要因素是由于人员吸入了大量的有毒和高温烟气。因此，在建筑物中设置有效的防烟和排烟设施，能够阻止火灾中的明火、烟尘、烟气等蔓延至非火灾空间，通过排烟系统排出有毒害的气体，延长建筑内人员的安全逃离时间，争取时间获得外部救援。尤其是超高层双塔建筑，建筑内的构造复杂，使用多样化组合的排烟系统，对火灾控制更有效。排烟方式是否合理，不但直接关系到控烟效果，而且还具有很重要的经济意义。

3.1　高温引起的烟气膨胀

物质烧释放的热量造成了气体膨胀，并引起气体运动。假设考虑房间只有一个方向有开口，并与建筑物其他区域相连，在发生火灾时，热烟气会从开口的上半部分从着火房间流出，而建筑内部的空气则会从这个开口下半部分流入着火房间。

3.2 烟气的烟囱效应

建筑物室内外空气密度随温度的不同而出现差异。不同密度的空气会产生浮力驱动的流动。温度越高，空气密度越小，密度大的区域会向密度小的区域流动。建筑内的空气流动与建筑高度成正比，随着建筑高度的上升而加快。楼梯井、电梯井、电缆井空气流动的效应更加明显，是因为该建筑部位通常有浮力发生，这就是我们常说的烟囱效应。建筑发生火灾时，烟囱效应能影响烟气的扩散，并主导火灾的蔓延速度。在烟囱效应为正时，建筑中的烟气上升较迅速，火势扩大；在烟囱效应为负时，室内空气和烟气同时快速上升，火势迅猛扩大；以中性面为标志，烟气超过该标志时，烟气将流出竖井进入其他房间或楼道。在这种烟气流动过程中，楼层间的烟气扩散、蔓延可被忽略，可以看出除着火及火势蔓延到的楼层外，处于中心面以下的建筑楼层暂时处于安全状态，但是，当烟囱效应排烟能力无法排走着火区的发烟量时，烟气也会蔓延到中性面以下的其他楼层。

3.3 室外风力的影响

通常在有风的气象条件下，遭受火灾的建筑四周会有可能成为火灾蔓延的新区域，产生火灾压力。烟气运动及其蔓延中，会因为这种压力分布产生明显影响。具体表现为，在建筑的迎风面产生较高的滞止压力，导致建筑物内的烟气向下风方向扩散、流动。如果建筑门窗较多或者密封性不良，风压对建筑内烟气扩散流动会造成显著影响，如果建筑门窗较少或者密封性良好，则风压对建筑内烟气扩散、流动影响较小。通常来说，在高度较低的大气边界层内，高度越高风速越大；而在到达一定高度的空中，风速相对比较稳定，基本上不再随高度增加而增加，各高度的风速近似相等。当建筑物内部发生火灾时，由于高温会导致着火区域的房间窗户玻璃破碎[3]。位于建筑迎风面的窗户破碎以后，室外风将驱动烟气在着火区域所在楼层迅速扩散、蔓延，甚至蔓延至其他楼层，这种情况下室外风作用产生的压力可能会很大，而且可以非常容易地驱动整个建筑内的气体流动。而位于建筑的背风面的窗户破碎以后，则由于室外风作用产生的负压会将烟气从着火房间中抽出，可以大大减少烟气在建筑内部的扩散、蔓延。

3.4 通风空调系统的影响

大多数建筑尤其是高层建筑通常都安装有集中通风、供暖、空调系统。通风空调系统覆盖建筑内的所有区域，同时也成为火灾过程中的不利因素。火灾初发时，空调系统会提前探测到火情，帮助建筑内的人员在第一时间发现火情，及时报警和采取响应行动。但是，随着火势的发展，空调系统成为火势蔓延的助力军，将烟气扩散开，同时连通室内、室外空气，将新鲜风送入着火区域，促使火势增大。所以，为了减少空调在火灾过程中的不利作用，延缓火灾的蔓延，应当在空调系统中设置防火阀等保护措施。

4 超高层双塔建筑排烟控制补偿措施分析

4.1 控制烟雾产生

双塔建筑本身体量大，使用的建筑装修材料、保温材料种类繁多，因此需要在装修材料上减少火灾发生率，在火灾发生时延缓火灾的蔓延[4]。超高层建筑装修时应当根据我国现有消防标准，尽量选用低烟、低毒的新型建筑、装修材料。在建筑投入使用后，尤其是大型商业综合体，应严格控制各功能区的使用，如在常见的中庭位置，就不应布置商铺、展览柜等商业单元。

4.2 构造自然排烟

自然排烟是指烟气通过室内外空气在自然风力或气压的作用下进行对流，而排出室外的排烟方式。自然排烟的能量来源包括：室外空气流动作用于建筑不同位置、高度而产生不同的风压，迎风面产生正压，背风面产生负压；可燃物质燃烧时产生的热量，使室内空气温度升高，空气密度变小，由于室内外空气密度的差别，从而产生的压差。自然排烟方式的优点是：不需要排烟设备，可以节约建筑投资；利用自然力排烟，不受电源中断的影响；结构简单、经济、方便安装；平时可兼做换气作用，能保持室内空气新鲜。满足自然条件的建筑，一般采用建筑物的阳台、敞开式的凹廊或外墙设置便于开启的外窗或排烟窗进行自然排烟。双塔建筑构造中，大量运用玻璃幕墙结构，其防烟楼梯间往往设置于核心筒位置，设计自然排烟设施难度较大。但在其中的避难层、避难间可在靠外墙的位置设计自然排烟窗，裙房、中庭等低层建筑物，也可根据实际条件设计自然排烟机构。

4.3 竖井排烟

结合国外的相关研究成果，竖井排烟对火灾发生时的排烟效果明显，与灶台烟囱类似，竖井排烟能及时、有效地将超高建筑内部的火灾烟气排出，及时控制火势的蔓延。根据城市建筑的艺术性和实用性因素，竖井排烟的设计需要考虑建筑的功能、布局和美感，可以采用竖向垂直、横向水平两种连接方式，保证排烟井与着火房间的连接。除此以外，竖井排烟需要结合建筑高度、室内外温度、烟气上升速度等参数，做出调整，保证火灾时火势的控制效果。通风作用对竖井内火灾时的烟气运动控制效果明显。当建筑没有竖井通风时，火灾的火源、温度因素稳定后，竖井内的烟气运动较缓，速度较慢。当通风作用对竖井内的空气时，竖井各空间内的烟气运动速率不同，底部缓慢，其他区域烟气运动呈现逐渐下降趋势。随着烟气运动时间的推移，整个竖井的烟气运动变得均匀稳定，有利于排烟。

4.4 机械排烟

采用机械排烟系统的功能为：当建筑物内发生火灾时，将房间、走道等区域的高温、有毒烟气通过风管、风机等设备排至建筑物外[5]。机械排烟系统工作原理是：当发生火灾时，通常有两种启动信号来源：手动或者自动传递信号，排烟控制器接收信号后，做出降下指令，挡烟器被降下后，隔绝火灾的烟区与非烟区，然后打开烟区的排烟阀，最终由屋顶排烟风机将烟气通过排烟管道排至室外。同时，空调系统和防火阀也被关闭，防止火势面积扩大，也避免将新鲜空气送入着火房间，促进火势增长。

5 结论

通过对超高层双塔结构建筑的特点进行分析，得到：建筑高度高、体量大、结构复杂、内部可燃物多、消防设施多、建筑产权复杂是该类型建筑的主要特点，正是这些特点导致双塔结构建筑在火灾发生时，排烟是最为重中之重的因素，直接影响火情的发展速度以及人员的疏散速度。通过分析得到：烟气膨胀、烟囱效应、室外风、建筑空调通风系统等是影响双塔结构建筑排烟最主要的因素。最后通过分析得到：控制烟雾产生、构造自然排烟、竖井排烟、机械排烟等四个方面是双塔结构建筑排烟最主要的控制补偿措施。

参考文献

[1] 邱仓虎，刘文利，张向阳，肖泽南．超高层建筑消

防技术发展与研究重点综述［J］．建筑科学，2018.36（9）：82-88.

［2］林贤光．关于超高层建筑建设一些问题的探讨［J］．上海消防，2004.24（9）：58-59.

［3］陈桐．超高层建筑发展趋势研究初探［D］．中国建筑设计研究院，2017.

［4］霍然，胡源，李元洲．建筑火灾安全工程导论［M］．北京：中国科技大学出版社，1999：158-159.

［5］李元洲，易亮，霍然，周允基．大空间内机械排烟效果的实验研究［J］．自然灾害学报，2004.13（4）：151-156.

地下商场烟气控制模拟研究

岳　鑫　闫欣雨

（中国人民警察大学研究生院，河北　廊坊）

摘　要　本文研究的对象是呼伦贝尔市金龙地下商场，通过对商场实地考察，查找地下建筑规范，结合室内火灾相关理论，应用火灾模拟软件 pyrosim 建立商场机械排烟模型，先计算出商场火灾荷载、模型火源功率、边界条件等，设置模拟参数，模拟不同位置火源发生火灾时，各区域 CO 浓度、温度、能见度数据随时间变化，商场现有的机械排烟系统不能保证三个疏散出口人员安全疏散，所以对现有机械排烟进行优化，所以提出两个优化方案，保证单位时间内排烟量不变，增大排烟面积和重新设计布局减少排烟口数量，优化后两个方案模拟结果明显优于优化前烟气控制，保证疏散出口人员正常疏散。

关键词　地下商场　模拟研究　烟气控制

1　引言

地下商场建造在地面之下，岩土之中，阳光不能直接照射到内部，光线暗淡。建筑周围岩石放出辐射和内部构件材料可能放出有毒气体。内部方向感差，建筑结构稍微复杂烦琐，不易找到疏散出口，因此地下建筑具有恒温性、封闭性、结构复杂性等属性，及无法自然采光和自然排烟等特点。通常处于商贸中心繁华地带，人流量大，建筑面积大，聚集性强，内部电气设备多，线路复杂，商品种类繁多且复杂不乏易燃商品，火灾荷载大，商场内散热差、恒温[1]。地下商场发生火灾时产生的烟气，与地面建筑烟气相比也有独特的特性，例如：烟气温度提升速度快，烟气在水平方向蔓延的速度快，阴燃时间更长，产生的 CO 等有毒气体无法稀释扩散，对人体伤害更大，高浓度烟气对于人员疏散和消防员扑救可见度影响范围更大[2]。速度快、排烟排热差、发烟量浓度高且毒性大、电气设备复杂接线杂乱、火灾荷载大、人员疏散困难、扑救难度大。

2　建立地下商场模型

2.1　地下商场的布局

选取的研究对象为金龙地下商场占地面积为 986.5m²，地下深度为 9m，消防控制室位于友谊商厦主入口处，消防给水形式为市政给水。消防管网呈环状。室内设有感烟、喷淋、应急照明、自动报警、紧急广播等消防设施，商场排烟形式为机械排烟，排烟口 9 个，排烟风速为 6m/s，见图 1。

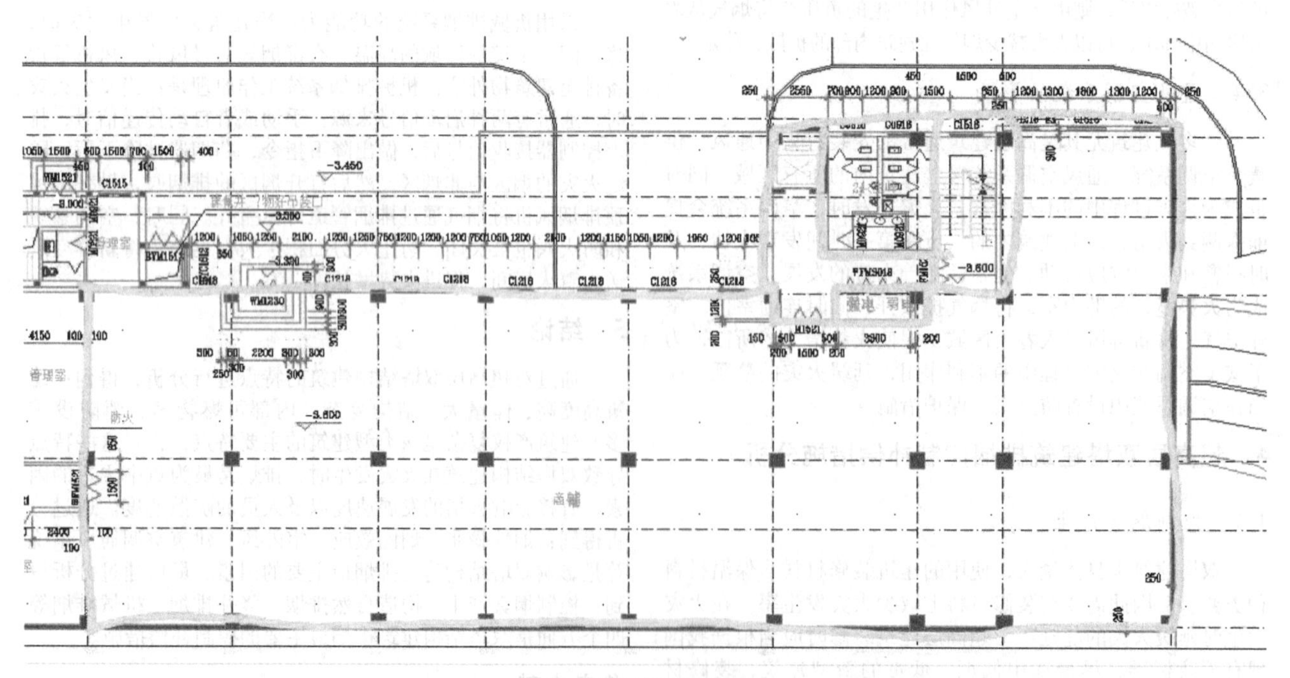

图 1　地下商场通风系统图

2.2 模拟参数设置

2.2.1 火灾荷载密度

火灾荷载密度是指发生火灾的空间内，全部可燃物燃烧后所产生的热量数值与发生火灾空间面积之比，对于一个发生火灾的建筑空间内火灾荷载密度可大致计算或评估：

$$q = \sum M_c H_c / A_f \quad (1)$$

式中，q 为火灾荷载密度；M_c 为可燃材料的总质量；H_c 可燃材料的有效热值；A_f 为空间内总占地面积[3]。

依据资料和规范中商场内主要物品和装饰材料的热值为：货架 1250MJ、试衣间 1500MJ、营业小柜台 313MJ、沙发 738MJ、桌子 420MJ、凳子 202MJ、杨木 16172MJ、白松 17195MJ、三合板 18190MJ、聚氨酯泡沫 24100MJ、聚氯乙烯 18100MJ，商场内各个物品和装饰质量和数量根据实地考察后得出，假设发生火灾时，发生火灾的区域为商场总占地面积 A_f 为 986.5m²，因为在现实生活，各个数值无法精准测出，所以大致算得火灾荷载密度为 655MJ/m²。

2.2.2 火源热释放速率设置

当火灾发生时燃烧强度一般用热释放速率表示，它代表着火灾的发展趋势和火灾的危害程度主要参数，用火灾模拟软件进行模拟时，一般都是手动输入火源释放速率的数值，理论上测出可燃物质量燃烧的速率就能按照下式计算：

$$Q = \Phi M \Delta H \quad (2)$$

式中 Φ——燃烧效率因子；

M——可燃物质量燃烧速率，kg/s；

ΔH——可燃物热值，kJ/kg。

模型设定火灾曲线一般分为两种，定常火源和 t^2 火源，定常火源实际上火源热释放速率设定为常数，燃烧旺盛阶段热释放速率是不变的，但实际上火源热释放速率随时间是不断改变的，因此模型火灾曲线设为 t^2 型，火灾初期阶段的热释放速率是最主要的问题，从初期到中期，火源的热释放速率大致按指数的规律增长，可用下式计算：

$$Q = \alpha(t - t_o)^2 \quad (3)$$

式中 α——是增长系数；

t——点燃后燃烧的时间；

t_o——开始有效点燃的时间。

通常不考虑初期之前开始有效点燃的时间，直接从点后燃烧时间考虑算起，因此公式可写为：

$$Q = \alpha t^2 \quad (4)$$

火灾增长系数可由内部装修和火灾密度得到，火灾增长系数公式为：

$$\alpha_f = 2.6 \times 10^{-6} q^{3/5} \quad (5)$$

α_m 可以根据室内装修材料的不同确定，地下商场一般选择不燃装修材料，其 α_m 取值为 0.0035kW/m²，所以根据上式求得增长系数 α 为 0.135，由上文中算出火灾密度 q = 635MJ/m²，模拟时间 600s，根据上式，求得火源热释放的速率为 5MW。

2.2.3 网格尺寸的设定

建立如图 2 所示模型，须划分网格的大小为 94m×20m×3.2m，根据规范中火源直径 D 公式为[4]：

$$D = Q/\rho TCg^{1/2} \quad (6)$$

式中 ρ——空间内空气密度，kg/m³；

T——空间内空气温度，℃；

C——空气定压比热容，kJ/（kg·K）；

g——重力加速度，9.8m/s²。

当室内温度为 25℃，火源热释放速率为 5MW 时，火源特征直径为 1.83m。为了模拟时精度准确，火源直径与单元网格的尺寸比越大，模拟的时间就会越长，综合考虑到时间与精度，网格单元数为 245×50×8。

2.2.4 边界条件

建筑规范中规定当发生火灾时，火灾探测器确认火灾发生后，在 60s 以内排烟风机必须开启，所以设置排烟口响应 60s 启动，单个排烟口排烟量 0.4m³/s，建筑内温度初始温度 25℃，疏散出口边界设置为 OPEN 型。

2.2.5 模拟时间

根据建筑设计防火规范要求，地下一层面积的折算系数为 0.7，人员密度为 0.8 人/m²，人员步行的速度大约为 1.2m/s，火灾探测的时间为 30s，人员反应的时间为 100s，大约计算人员疏散最不利情况下用时 530s，所以设定的模拟时间为 600s[5]。

2.2.6 危险判据

根据参考文献和前文中对烟气特征及危害的介绍，以及建立模型单元网格数的大小，在人员疏散时，火灾烟气到达危险时的判据如下：

（1）当烟气 CO 浓度高于 0.00005mol/mol 时，人员会感到身体强烈的不适，意识不清醒、昏厥，所以设 CO 浓度判据为 0.00005mol/mol。

（2）能见度小于 6m 时，人员疏散时心里会感到惊恐慌张，大脑迟缓，行动混乱，所以设能见度小于 6m 时为危险判据。

（3）体感温度达到 70℃ 以上时，人体皮肤黏膜就会受损，伤害呼吸系统，所以设温度判据为 70℃。

综上所述，根据上文中的计算，设置地下商场机械排烟模型为火灾荷载密度 635MJ/m²，火灾曲线为 t^2 型，火源热释放速率为 5MW，火灾增长系数 α 为 0.135，网格尺寸 94m×20m×3.2m，网格单元数 245×50×8，模拟时间为 600s，排烟风速和排烟口数量按照地下商场原先设置排烟风速 6m/s，有 9 个单层百叶排烟口，排烟口面积 500mm×200mm，参照建筑平面结构，考虑最不利于人员疏散，人流量最为密集区域，在商场中心，距离三个疏散出口距离相等处设立火源 S，在火源尺寸为 6m×1m。

3 机械排烟模型建立

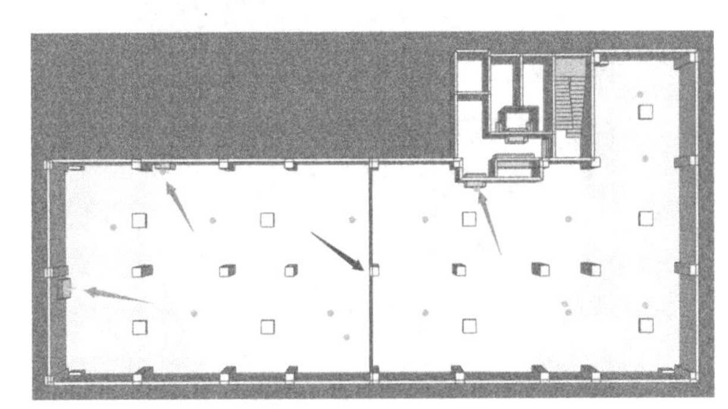

图 2 机械排烟模型

机械排烟模型如图 3 所示，红色线 1-3 疏散出口（3 个），黑色线是挡烟垂壁，排烟口 9 个。

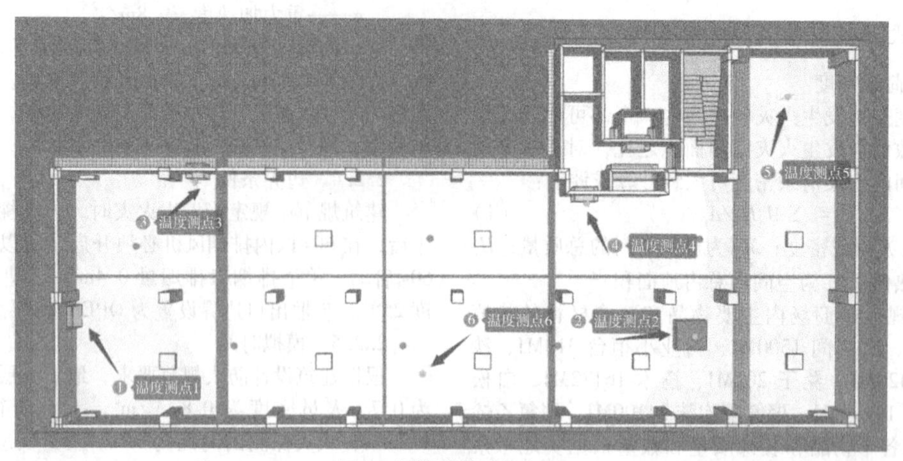

图3 机械排烟测点分布

分成1-6区域，分别标有1点~6点是测点，分别监测温度、CO浓度、可见度数据变化。

3.1 S火源位置模拟结果分析

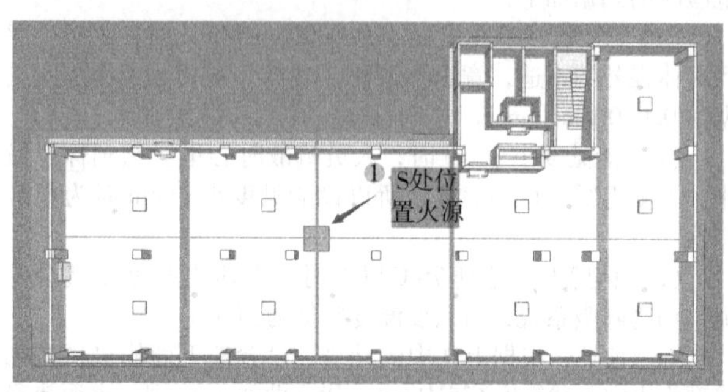

图4 S火源位置

S火源位置，如图4所示，位于商场最中心区域，人流量最为密集，到三个疏散出口距离相等。

3.1.1 CO浓度分析

CO浓度危险判据浓度为0.00005mol/mol，200s时2区域和4区域开始超过危险判据浓度，三个疏散出口满足人员疏散浓度条件，400s时1区域-6区域都超过危险判据浓度，三个疏散出口都不满足人员疏散浓度条件，见图5。

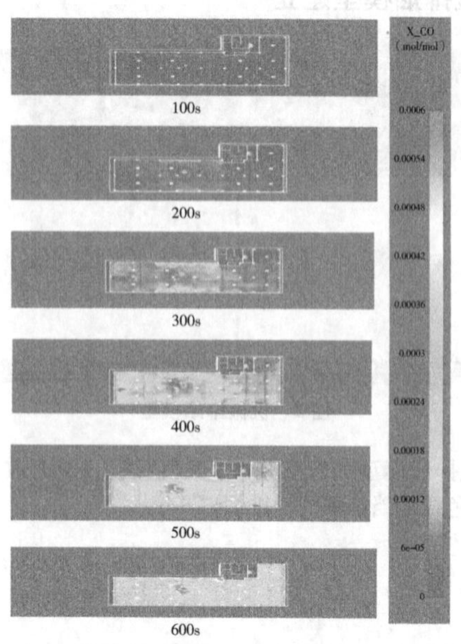

图5 S火源位置起火CO浓度随时间变化

3.1.2 能见度分析

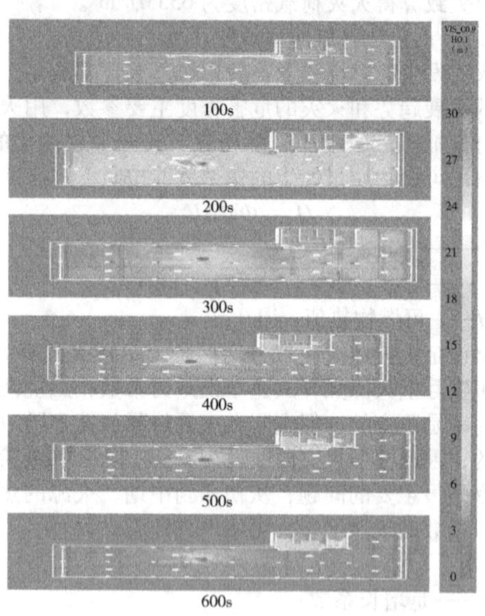

图6 S火源位置起火能见度随时间变化

能见度危险判据小于6m，200s时各区域开始下降，前200s三个疏散出口都能满足人员疏散能见度条件，200~600s结束，所有区域低于危险判据6m能见度条件，见图6。

3.1.3 温度分析

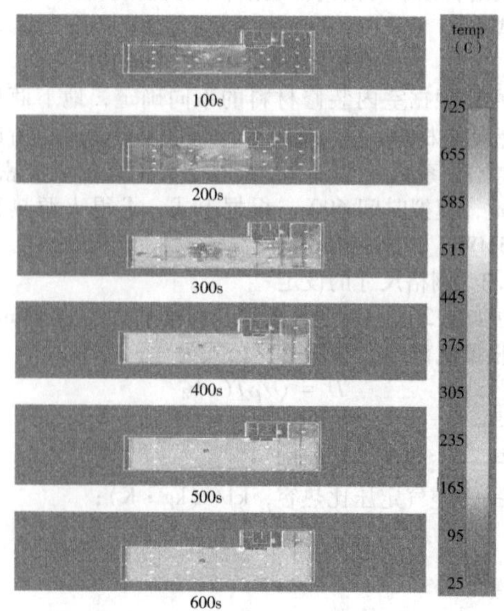

图7 S火源位置起火温度随时间变化

温度危险判据超过 70℃，100s 时，4 区域开始超过危险判据温度，前 200s 三个疏散出口均能满足人员疏散温度条件，200~600s，所有区域超过危险判据温度，见图 7。

4 烟气优化设计分析

4.1 优化排烟口面积

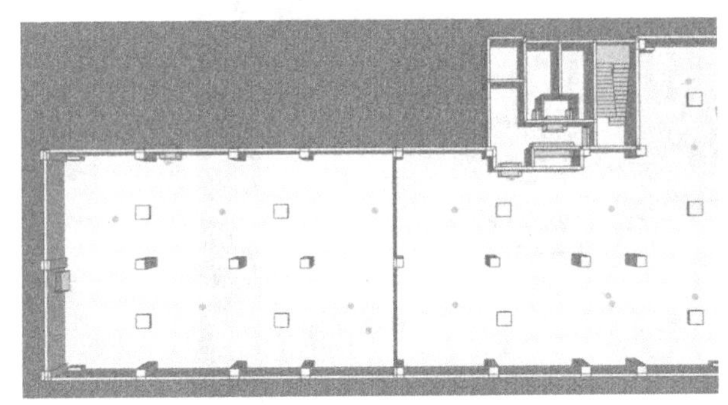

图 8 划分防烟分区模型

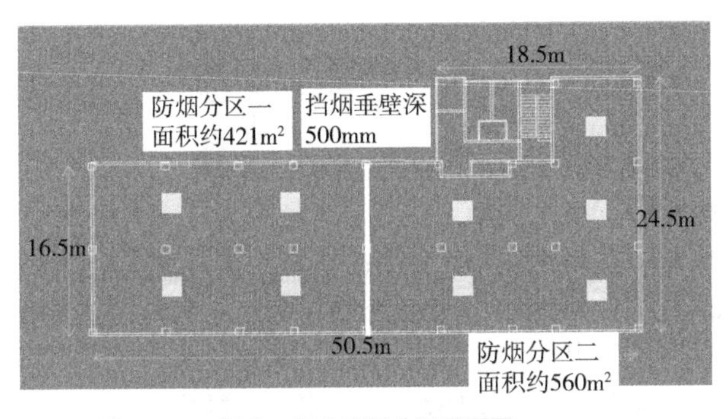

图 9 划分防烟分区平面图

本防火分区面积为 986.5m²，层高 3.6m，依据《烟气规范》表 4.2.4 条，长边大于 36m。本项目划分 2 个防烟分区，保证各自长边不大于 36m。优化后防烟分区见图 8、图 9。

防烟分区一：面积 421m²，排烟量 = 421×60 = 25260m³/h = 7.0167m³/s，商场原排烟风速为 6m/s，排烟口数量 4 个，排烟口尺寸为 7.0167/4/6 = 0.3mm²，排烟口面积为 500mm×600mm，每个排烟口风量 = 25260/4/3600 = 1.755m³/s = 1.755m/s。

防烟分区二：面积 560m²，排烟量 = 560×60 = 33600m³/h = 9.333m³/s，商场原排烟速度 6m/s，排烟口数量 5 个，排烟口尺寸为 9.33/5/6 = 0.32mm²，排烟口为 500mm×640mm，每个排烟口风量 = 33600/5/3600 = 1.8667m³/s。

保证单位时间内排烟总量不变，保持排烟风速 6m/s 不变，防烟分区一排烟口面积增大为 500mm×600mm，防烟分区二排烟口面积增大为 500mm×640mm。

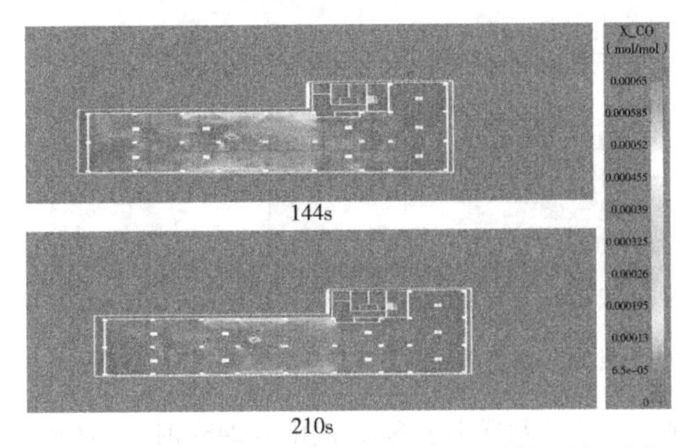

图 10 优化前后 CO 浓度开始超过危险判据时间对比

CO 判据危险浓度 0.00005mol/mol，优化前 144s 时开始超过危险判据温度，优化后 210s 开始超过危险判据浓度，见图 10。

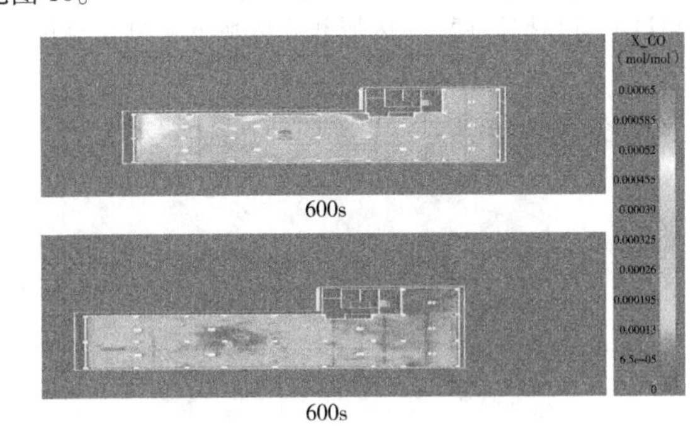

图 11 模拟时间结束时优化前后 CO 浓度对比

优化前 600s 时，1 区域-6 区域全部高于危险判据浓度，优化后 1 区域-4 区域高于危险判据浓度，5 区域和 6 区域低于判据浓度，5 区域疏散出口满足人员疏散 CO 浓度，见图 11。

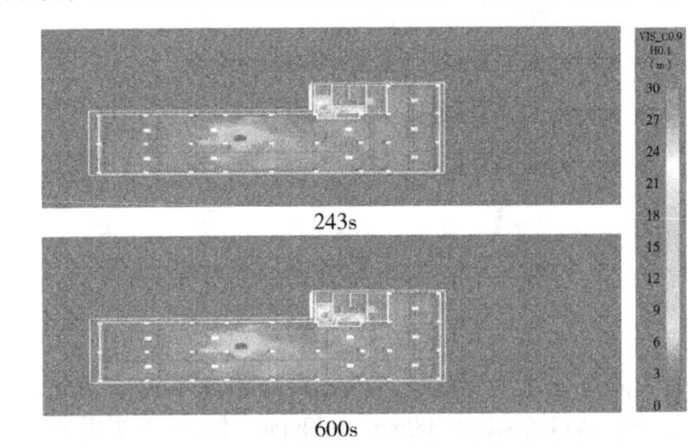

图 12 优化前后开始低于危险判据能见度时间对比

能见度判据小于 6m，优化前 243s 时，低于危险判据能见度，优化后，到模拟时间结束，1 区域-6 区域全部高于危险判据能见度，所以三个疏散出口均满足安全疏散时能见度条件，见图 12。

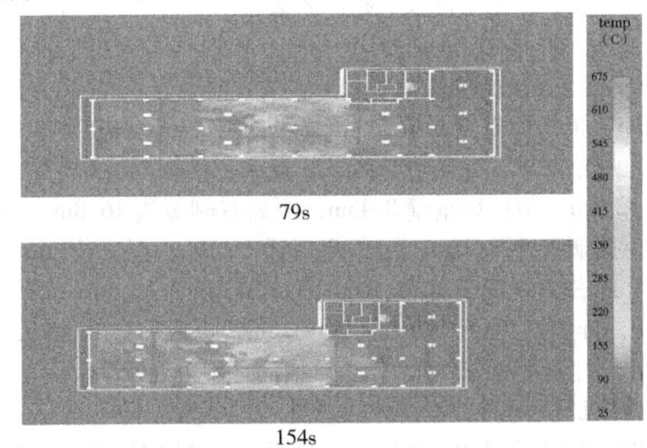

图 13 优化前后温度开始超过危险判据时间对比

温度危险判据 70℃，优化前 79s 时，开始超过危险判据温度，优化后 154s 时，超过危险判据温度，见图 13。

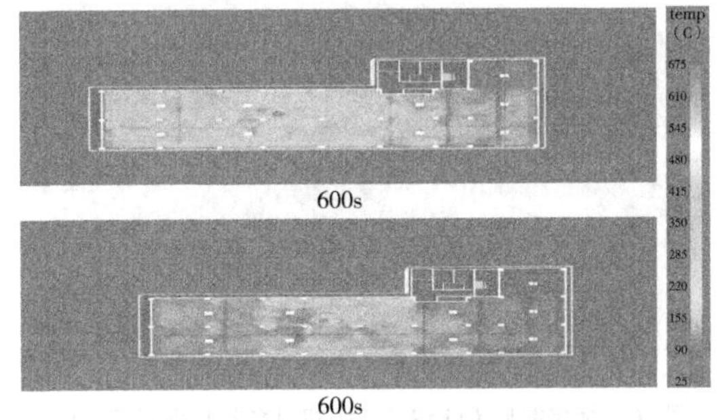

图 14 模拟时间结束时优化前后温度对比

到模拟时间结束时，优化前1区域-6区域都超过危险判据温度，三个疏散出口都不能安全疏散，优化后1区域-4区域超过危险判据温度，5区域和6区域低于判据温度，5区域疏散出口满足安全疏散温度条件，见图14。

综上所述，当火灾发生在S处位置时，优化前三个疏散出口均不能安全疏散，优化后，5区域疏散出口能保证人员疏散。

4.2 优化排烟口数量

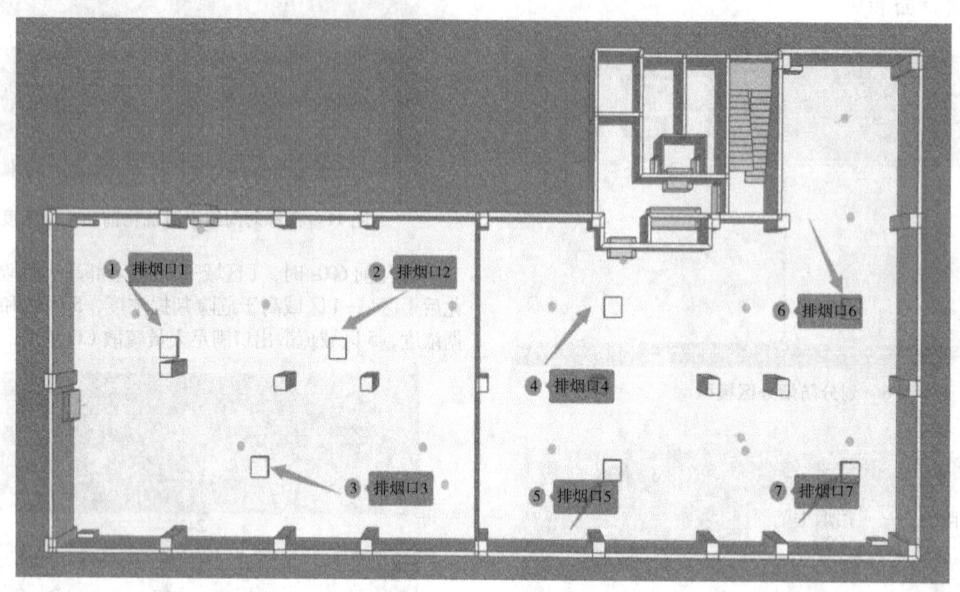

图15 排烟口分布图

一个防烟分区内部任意点到排烟口距离不大于30m，防烟分区一排烟口面积为500mm×600mm，假若设成两个排烟口，优化前后应保证单位时间内排烟总量不变，上文计算单位时间排烟总量7.0167m³/s，排烟速度=7.0167/2/0.3=11.7m/s，不符合规范要求10m/s，所以防烟分区一排烟口数量只能设为3个，同理，经过相同计算防烟分区二最少设4个排烟口。所以在防烟分区一，取3个排烟口，1和2排烟口位置等高，距上下两长边距离8.25m，排烟口1距左面短边长8.45m，距离挡烟垂壁16.8m，排烟口2距挡烟垂壁8.45m，距左侧短边16.8m，排烟口3，据底边4m，距左侧边12.25m，距挡烟垂壁距离是13m，防烟分区一3个排烟口设置满足规范要求。在防烟分区二，设4个排烟口，4排烟口距底边12.5m，距挡烟垂壁8.45m，距离右侧短边16.8m，排烟口5距挡烟垂壁8.45m，距右侧短边16.8m，据底边4m，排烟口6距右侧距离右边8.45m，距挡烟垂壁12.5m，距底边12.5m，排烟口7距离挡烟垂壁16.8m，距离右边8.45m，据底边4m，防烟分区二4个排烟口均满足规范要求。

为保证优化前后单位时间总排烟量不变，防烟分区一排烟速度=7.0167/3/0.3=8m/s，防烟二区排烟风速=9.333/4/0.32=8m/s，所以两个防烟分区速度均增加为8m/s，建立模型，与原商场9个排烟口进行分析对比。

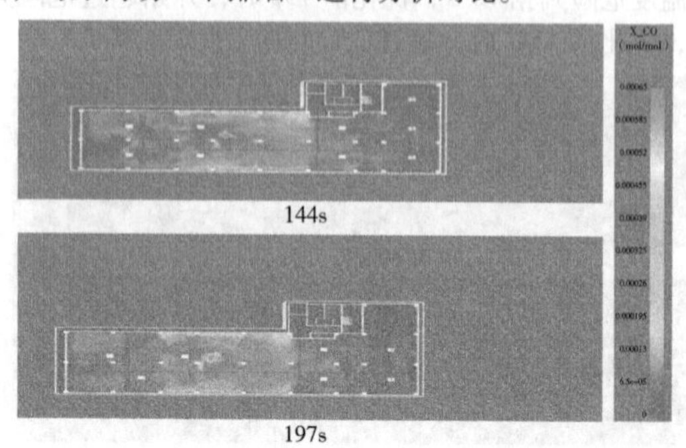

图16 优化前后CO浓度开始超过危险判据时间对比

CO危险判据浓度0.00005mol/mol，优化前144s时，开始超过危险判据浓度，优化后197s时，开始超过危险判据浓度，见图16。

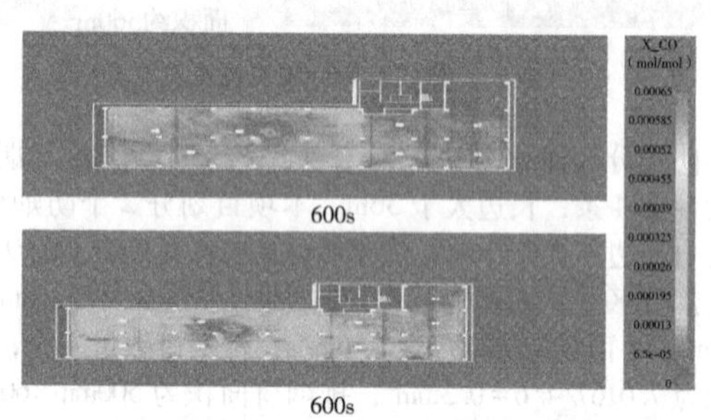

图17 模拟时间结束时优化前后CO浓度对比

到模拟时间结束时，优化前1区域~6区域均高于危险判据浓度，优化后1区域~5区域低于危险判据浓度，三个疏散出口均满足人员疏散时CO浓度条件，见图17。

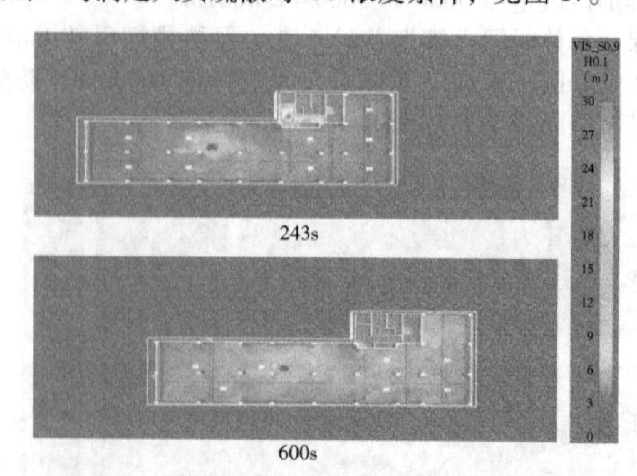

图18 优化前后能见度低于危险判据时间对比

能见度危险判据小于6m，优化前243s时，1区域~6区域全部低于危险判据能见度，优化后到模拟时间结束时，三个疏散出口均满足人员疏散时能见度条件，见图18。

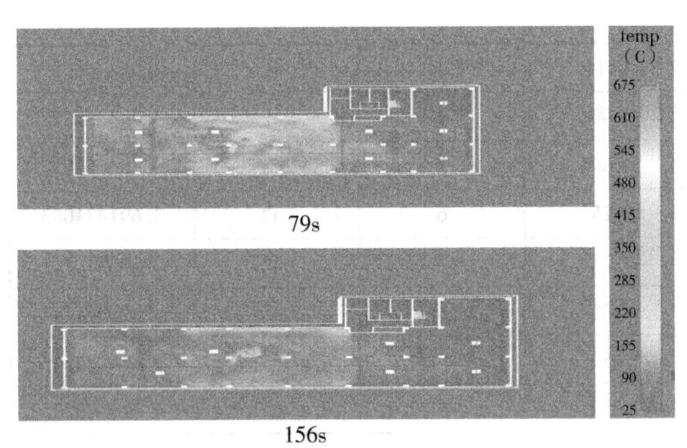

图 19　优化前后温度开始超过危险判据时间对比

温度危险判据超过 70℃，优化前 79s 时，开始超过危险判据温度，优化后 156s 时，开始超过危险判据温度，见图 19。

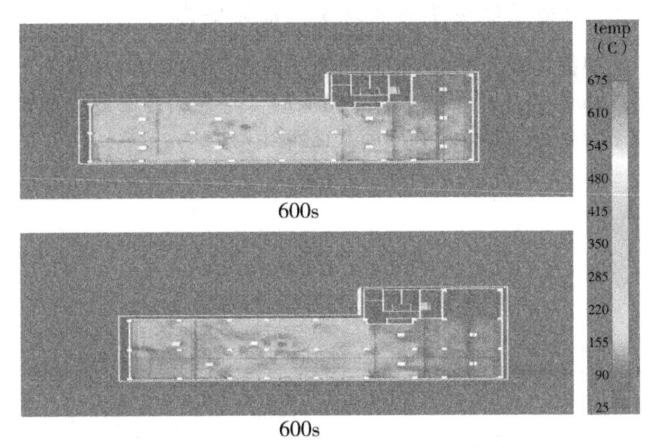

图 20　模拟时间结束时优化前后温度对比

到模拟时间结束时，优化前，1 区域~6 区域，全部超过危险判据温度，优化后，5 区域和 6 区域低于危险判据温度，5 区域疏散出口能满足人员疏散温度条件，见图 20。

综上所述对比结果，当火源发生在 S 位置时，优化前三个疏散出口都不满足人员安全疏散条件，优化后，5 区域疏散出口能保证人员安全疏散。

5　结论

考虑人员最密集区域且 S 火源位置距离三个疏散出口相等，当发生火灾时，各区域烟气控制效果不好，根据商场机械排烟原始参数运行模型，三个安全出口都不能满足人员安全疏散，所以提出两个优化方案，保证单位时间内排烟量不变，增大排烟面积和重新设计布局减少排烟口数量，优化后两个方案模拟结果明显优于优化前烟气控制，保证疏散出口人员正常疏散。本文结论如下：

（1）按照原商场机械排烟条件下，S 火源位置起火时，三个安全出口均不利于人员安全疏散。

（2）增大排烟口面积条件下，S 处火源位置起火时，三个安全出口都能满足人员安全疏散。

（3）重新设计布局，减小排烟口数量条件下，S 位置火源起火时，1 区域和 3 区域疏散出口能保证人员疏散，5 区域疏散出口不能保证人员疏散。

（4）两个优化方案虽然与优化前比较效果都有显著提升，但是增大排烟口面机对各区域烟气控制更好，更利于保证人员疏散安全。

参考文献

［1］李海峰．浅析大型地下商场火灾烟气致灾因素和应对措施［J］．吉林劳动保护，2011（11）：38-39.

［2］贾洪光．关于大型商场火灾防控工作的几点思考［J］．科技与企业，2011（10）：141-142.

［3］毛星．验证建筑设计中火灾荷载计算方法［D］．消防科学与技术，2010（07）.

［4］毛海麟．浅谈大型商场的火灾危险性及消防安全管理对策——以重庆市沙坪坝区三峡广场地下商场为例［J］．中国科技投资，2012（27）：104-105.

［5］陈飞，吕品．地下商场火灾烟气控制效果模拟研究［J］．安徽：安徽理工大学，2014.

浅谈某丙类仓库内自喷系统设计以及消防水泵选型原则

靳世旗

（保定市建筑设计院有限公司，河北　保定）

摘　要　在需要设置自动喷水灭火系统（以下简称自喷系统）的丙类仓库中，自喷系统的喷头流量都较一般民用建筑的喷头流量 K 值以及喷头工作压力要大，导致整体自喷系统的管径和自喷系统的消防水泵的流量、功率都会增加，而且一般仓库均为钢结构，因此自喷系统管道的管径加大会增加管道支吊架安装时的困难，消防水泵功率的增加会导致厂房区域内的柴油发电机（以下简称柴发）的组装功率。

关键词　丙类仓库　自动喷水灭火系统　支吊架　消防水泵功率

1　引言

2022 年是仓库行业发展过程中非常关键的一年，从外部宏观环境来讲，影响行业发展的新政策、新法规都将陆续出台。转变经济增长方式，严格的节能减排对仓库行业的发展都产生了深刻的影响。而丙类仓库又属于火灾危险性等级高的建筑，本文从现行的消防规范《建筑设计防火规范》（2018 年版）（以下简称建规）、《自动喷水灭火系统设计规范》（以下简称喷规）、《消防给水及消火栓系统技术规范》（以下简称消水规）等规范来分析某丙类仓库下的自喷系统设计及消防水泵的选择。

2　项目概况

某丙类仓库为储藏烘焙食品原材料的丙 2 类仓库，无火灾危险性为甲、乙类物品，其中包括一个小型非高架冷库，和两个普通库。本建筑地上一层，层高为 9. 21m（室内地坪至檐口与屋脊的平均高度），局部二层，层高为一层 4. 600m 和二层 3. 700m，室内外高差 1. 20m。建筑面积 4494. 13m^2，消防建筑高度为 10. 41m。

本项目结构体系为轻型门式钢架结构，建筑耐火等级：二级。

3 自喷系统

3.1 自喷系统设计

根据建规 8. 3. 2. 7 条规定每座占地面积大于 1500m^2 或总建筑面积大于 3000m^2 的其他单层或多层丙类物品的仓库需要设置自喷系统。

根据喷规 4. 2. 7 条规定最大净空高度不超过 13. 5m 且最大储物高度不超过 12. 0m，储物类别为仓库危险级 I、II 级或沥青制品、箱纸不发泡塑料的仓库及类似场所应采用早期抑制快速响应喷头，当采用早期抑制快速响应喷头的自喷系统应为湿式系统规定本仓库内设置湿式自喷系统，本工程设计参数：最大净空高度为 10. 5m、最大储物高度 9. 0m，根据喷规表 5. 0. 5 中得出每个喷头的流量为 $q=K\sqrt{10P}$，其中 K 为喷头流量系数；P 为喷头工作压力，MPa；q 为喷头流量，L/min；K 为系数，242。喷头工作压力 0. 35MPa，作用面积内开放喷头数为 12 个，系统最大设计流量 100L/s，喷头均采用早期抑制快速响应直立型上喷喷头，自动喷水灭火系统火灾延续时间为 1h；根据消水规表 3. 3. 2 和表 3. 5. 2 得出厂区最不利楼的室内消防用水量为 25L/s，火灾延续时间为 3h；室外消火栓用水量 40L/s，火灾延续时间为 3h，消防水池总容积不小于 1062m^3。

3.2 自喷系统管道管径

根据喷规 9. 2. 1 条规定管道内的水流速宜采用经济流速，必要时可超过 5m/s，但不应大于 10m/s，消水规 8. 1. 8 条规定消防给水管道的设计流速不宜大于 2. 5m/s……但任何消防管道的给水流速不应大于 7m/s，结合规范和管道阻力等综合因素，本工程控制管道流速在 5m/s 范围，具体计算数据如表 1 所示。

表 1 自喷系统管径计算表

管径	喷头数/个	K	流速/（m/s）
50	1	242	3. 845282378
65	2	242	4. 550630033
80	3	242	4. 506190287
100	4	242	3. 845282378
100	5	242	4. 806602972
125	6	242	3. 691471083
125	7	242	4. 306716263
125	8	242	4. 921961444
150	9	242	3. 845282378
150	10	242	4. 272535975
150	11	242	4. 699789573
200	12	242	2. 883961783

3.3 自喷系统喷头布置与支、吊架安装

根据喷规表 5. 0. 5 中得出喷头间距不小于 2. 4m 且不大于 3. 0m。本工程第一版布置喷头时未考虑结构专业屋面钢檩条的布置，部分喷头局部布置如图 1 所示。

图例

自动喷水给水干管

自动喷水（闭式上喷）

北

图 1 修改前自喷干管布置

本工程仅东西方向设有主钢梁，其余部分没有主钢梁，仅设置南北向钢檩条，仓库局部檩条布置图如图 2 所示。

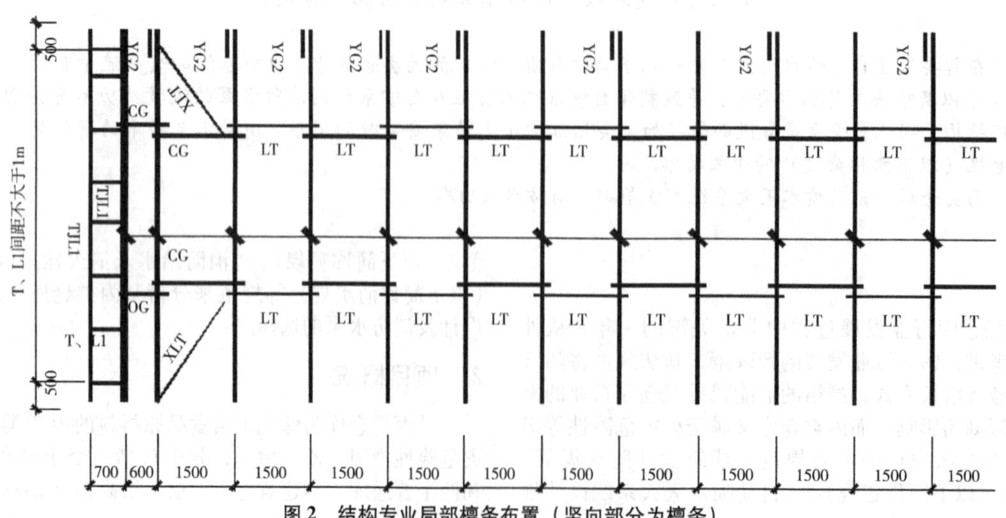

图 2 结构专业局部檩条布置（竖向部分为檩条）

由图可以看出，钢檩条的间距为 1.5m。

根据《建筑给水排水及采暖工程施工质量验收规范》（以下简称水验规）3.3.8 条规定，钢管水平安装的支、吊架间距不应大于表 2 的规定，见表 2。

表 2　钢管管道支架的最大间距　　m

公称直径/mm		15	20	25	32	40	50	70	80	100	125	150	200	250	300
支架最大间距	保温管	2	2.5	2.5	2.5	3	3	4	4	4.5	6	7	7	8	8.5
	不保温管	2.5	3	3.5	4	4.5	5	6	6	6.5	7	8	9.5	11	12

本工程轴间距均为 7.3m，室内采用散热器采暖，自喷管道不保温，根据表 2 可知，管径为 *DN*200 的钢管管道支、吊架的间距不大于 9.5m 即可，即南北自喷主干管管径为 *DN*200 的情况下可设置间距为 7.3 的支、吊架来满足规范要求，但是东西方向主干管没有主钢梁可以做支、吊架且结构专业不同意在主钢梁上做侧支架。

经过与结构专业协商后，修改自喷系统管道路由，修改后第二版局部喷头布置如图 3 所示。

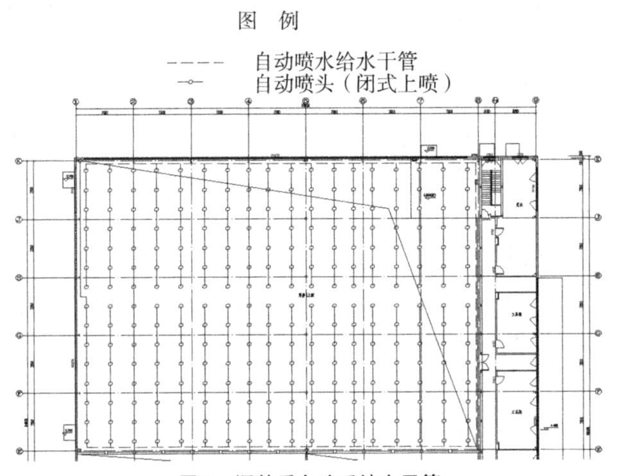

图 3　调整后自喷系统主干管

喷头布置也是根据钢檩条的布置位置调整为间距 3.0m，喷头间距与钢檩条的位置相同，自喷系统配水管道可以在钢檩条上设置支、吊架（钢檩条不凸出屋面板下方，完全在屋面板里）。同时沿周围布置自喷系统主干管在工字钢或者钢筋混凝土柱子上设置侧装支架，结构专业配合出节点图，如图 4~图 7 所示。

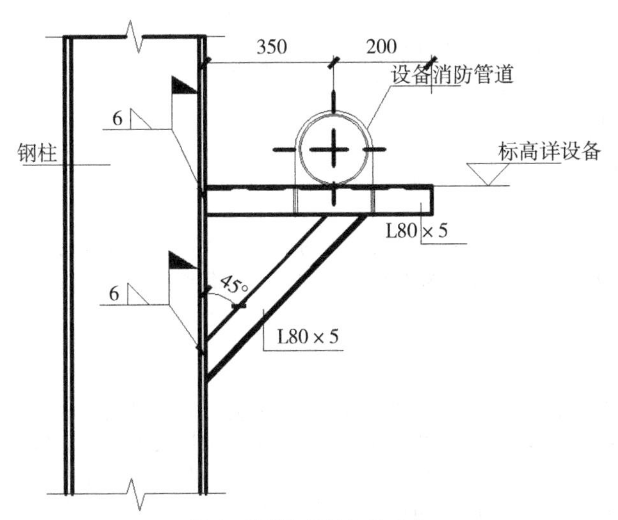

图 4　管道与钢柱连接节点

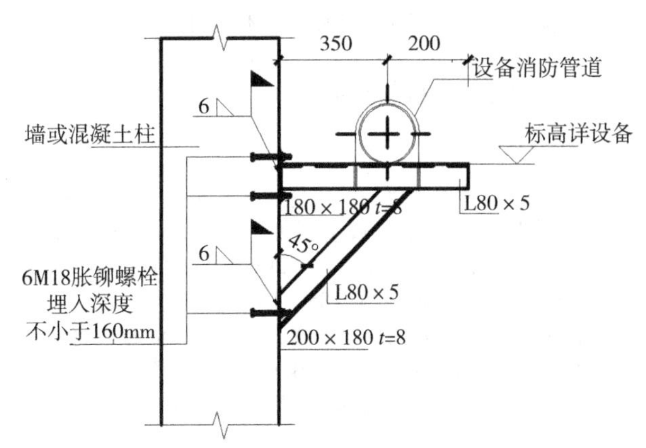

图 5　管道与混凝土墙柱连接节点

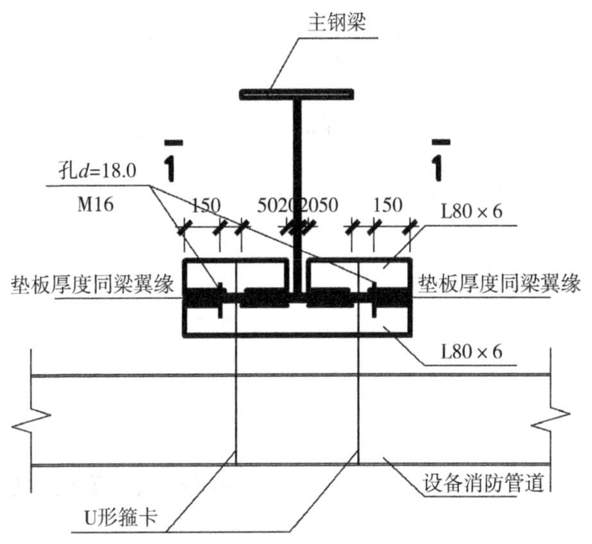

图 6　管道与钢梁连接节点

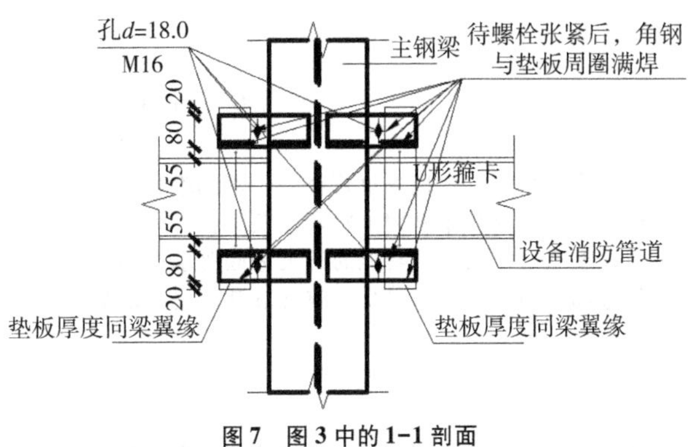

图 7　图 3 中的 1-1 剖面

调整完自喷系统管道和喷头布置后，现场可进行安装。

4 消防水泵的功率及柴油发电机组

4.1 柴油发电机组的设置及功率

本工程仓库室外消防用水量35L/s，建筑物内消防设备用电负荷等级为二级。二级负荷需要双回路电源末端互投供电。市政只能提供一路10kV高压电源，园区需自设柴油发电机组来满足二级负荷设备备用电源用电需求。

柴发容量计算：除满足负荷用电需求，还需要进行最大单台电机启动校验和线路压降校验。本项目选择柴发计算方法如下（直接启动）：最大单台电机功率的5倍加上除最大单台电机外其余设备功率之和。

4.2 消防水泵功率选择

根据室外自喷管道管长、流速、喷头工作压力、高差等多方面因素后，自喷泵参数选择如下：XBD8.1/160-200-460，$Q=100$L/s，$H=81$m，$N=132$kW；室外消防水泵参数选择如下：XBD4.4/40-125-185（L），$Q=40$L/s，$H=44$m，$N=30$kW；室内消防水泵参数选择如下：XBD8/25-100-250（L），$Q=25$L/s，$H=80$m，$N=37$kW；消防水泵均为一用一备，按照4.1节计算可知本工程柴发机组的功率约为132kW×5+30kW+37kW=727kW，由于柴发选型过大，电气专业配选柴发机组困难，建议修改单台消防水泵的最大功率值，将柴发机组的功率数控制在500kW左右。

经过查看消水规5.1.6.7条有说明“消防给水同一泵组的消防水泵型号宜一致，且工作泵不宜超过三台”，故将本工程中的自喷泵参数做出如下修改：XBD8/50-150L-KQ，$Q=50$L/s，$H=80$m，$N=75$kW；仅自喷泵改为两用一备；降低自喷水泵的功率后，柴发机组的功率约为75kW×5+75kW+30kW+37kW=517kW，选择一台功率为550kW的柴发机组即可，满足电气专业要求。

5 结束语

对于丙类仓库建筑，不同于常规民用建筑，消防系统用水量大，火灾持续时间长，管径的加大对于结构荷载和支吊架的安装都会造成一定的影响，因此遇见这种管道管径非常规和功率比较大的消防水泵，一定要提前与结构专业、电气专业进行核对，保证施工的正常进行和设备选型的合理性，因此对于设计师在设计过程中，提出以下建议：

（1）提高设计人员精细化设计能力，在满足规范的前提下应增加安装、美观及造价方面的知识储备。随着建筑市场的萎缩，建筑设计行业已从粗放式设计转为精细化设计，建设单位对设计细节、美观度、造价等方面提出更高要求，这就要求设计人员及时适应市场，增加相关内容知识储备，提高自身设计能力。

（2）加强相关专业知识的学习，专业间配合时应对相关专业的专业要求有一定的了解，建筑工程设计各专业是一个整体，各专业需要密切配合，专业间问题的发生往往是由于对相关专业设计要求了解不够所引起的，因此设计人员应加强学习相关专业知识，专业内布置方案时能有效避免冲突，减少反复。另外对于专业内特殊做法应及时提资反馈，减少后期调整。

（3）设计人员平时多听、多看、多思考。多注意自己周围已经投入运行的项目，且多与建设单位沟通并了解项目实际运行时出现的问题；走到哪儿看到哪儿，只有自己身临其境，才能做出更好的设计，才能做一个合格的设计人员。

参考文献

［1］GB 50016—2014，建筑设计防火规范（2018年版）.

［2］GB 50084—2017，自动喷水灭火系统设计规范.

［3］GB 50974—2014，消防给水及消火栓系统技术规范.

［4］GB 50242—2002，建筑给水排水及采暖工程施工质量验收规范.

［5］GB 50261—2017，自动喷水灭火系统施工及验收规范.

高层综合体建筑消防设计探究

——以中国餐饮商会暨千喜鹤涿州总部基地1#楼项目为例

耿　晓

（保定市建筑设计院有限公司，河北　保定）

摘　要　本文以中国餐饮商会暨千喜鹤涿州总部基地1#楼项目为例，从建筑设计的角度对高层综合体建筑消防设计进行了详细探讨。分析了总图消防车道及救援场地的设置要求、防火分区的划分、安全出口的设计、疏散楼梯的选择、消防电梯的设置原则以及不同功能的防火分隔要求等问题。

关键词　高层综合体建筑　消防设计　安全疏散

1 引言

在当今的城市开发建设中，土地资源日渐紧张，高效地使用有限的土地资源以满足多样化的功能需求变得更为普遍。在此种社背景下，城市中形成了大量高密度、复合多种功能空间于一体的高层建筑综合体。在此类建筑中能够实现商业、办公、酒店以及娱乐等多种功能空间，但由于其具有多功能、高效率和复杂度高的主要特点，人流量及人员密度都相对较高，一旦发生火灾，很可能造成巨大人员伤亡和财产损失。因此高层综合体建筑的消防设计是建筑设计中的重要一环，如何有效的、有针对性地对该类建筑进行消防设计，预防并控制由建筑引起的火灾与危害。

本文仅以中国餐饮商会暨千喜鹤涿州总部基地1#楼项目为例（下文简称“千喜鹤1#楼项目”），从建筑设计角度对高层综合体建筑的消防设计做进一步详细探讨。

2 工程概况

千喜鹤1#楼项目位于涿州市高新区，南侧为燕邑西路，东侧为鹏程大街。主要功能为酒店、大数据产业中心、商业及配套服务设施，总建筑面积7.51万m^2，地上22层，建筑高度90.15m，地上建筑面积6.07万m^2，建筑形态呈“S”形，外墙材质为玻璃幕墙，裙房地上四层，功能为商业、酒店大堂吧、日间餐厅、多功能厅、宴会厅及办公等配套设置。主体为南、北两个塔楼，北塔功能为办公，南塔四~十三层为酒店，十四层以上为办公。南北两塔在十九~二十二层通过架空大跨度钢结构形成的空间相互连通。主体地下两层，地下建筑面积1.44万m^2，功能为厨房、后勤办公、机械车库及设备用房。本工程为一类高层，耐火等级一级。

3 消防设计难点

3.1 相关国家标准规定不明确

大型高层综合体是近十几年才在全国各地陆续出现的建筑形式，并且其形式一直在创新和发展，目前国家相关规范标准没有针对该类高层综合体设计的专用规范，对于本项目，各种功能并非以单独建筑的形式出现，而是共同存在于同一建筑物内，因此需结合多部规范进行设计如：

GB 50016—2014（2018版）建筑设计防火规范

JGJ 48—2014 商店建筑设计规范

JGJ/T 67—2019 办公建筑设计标准

JGJ 62—2014 旅馆建筑设计规范

JGJ 64—2017 饮食建筑设计标准

GB 50067—2014 汽车库、修车库、停车场设计防火规范

而上述规范中条目限制众多且相互交杂，如何应用规范标准进行消防设计，与建筑设计紧密结合，在实现复杂功能的前提下符合相关规范要求。

3.2 场地紧张，消防救援受限

大型高层综合体建筑一般坐落在繁华地带，建筑物密度和人员密度大，车流人流复杂。火灾扑救往往受现场条件限制，对消防车的通行、消防人员扑救作业准备和实施等都带来了很大的影响。本项目用地狭长，如何利用有限的场地设置消防车道及扑救场地在总图设计中至关重要。

3.3 功能复杂，安全疏散困难

功能形式多样，不同功能空间的疏散要求均不相同。而高层综合体规模体量大，平面长度或宽度均较长，其内部安全疏散距离较长、疏散宽度不易满足或者首层疏散楼梯难以直通室外的出口，这是高层综合体建筑消防设计中面临的最典型问题。

3.4 空间多样，防排烟复杂

建筑内部空间形式多样，开敞大空间、共享空间、长走廊空间、楼梯间、电梯井等，都为火灾和烟气的蔓延提供了良好的通道。应结合功能合理设置防火分区、防烟分区。

4 解决策略

4.1 场地消防设计

4.1.1 消防车道布置

在设计消防车通道的时候，要保证消防车能够及时到达建筑开展消防登高救援，根据《建筑设计防火规范》第7.1.2条中的规定：“高层民用建筑……应设置环形消防车道，确有困难时，可沿建筑的两个长边设置消防车道”，本工程用地狭长，难以形成消防环路，因此本项目在建筑两个长边设置消防车道。此外本项目为沿街建筑，长度约190m，超过《建筑设计防火规范》中规定的150m，在结合功能及立面的前提下，设置了穿越建筑的消防通道，满足规范要求（图1）。

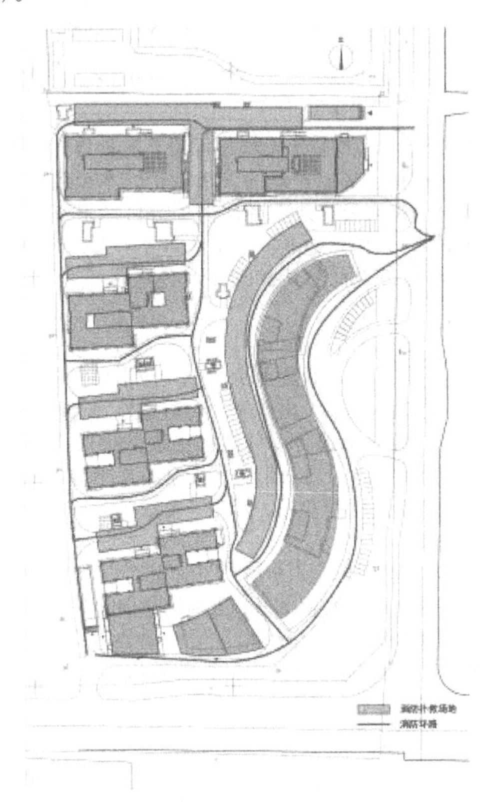

图1

上述消防车道的设置与平时交通流线相结合，在满足消防安全要求的同时最大化其首层商业价值，增加首层商业的可达性。使得消防设计与功能流线设计可以完美结合。

4.1.2 救援场地设置

高层建筑为了保证消防车能火灾发生时及时做出救援，需设置消防登高操作场地，本项目高层主体虽为两个单独塔楼，但塔楼在顶部互相联通。因此消防登高操作场地的长度需满足顶层整个平面的长度。场地靠建筑外墙一侧的边缘距离建筑外墙不宜小于5m，且不应大于10m，场地与建筑之间不应设置妨碍消防车操作的树木、架空管线等障碍物和车库出入口。

除了满足消防登高场地的设置要求外，《建筑设计防火规范》对建筑设计也做出要求。在面向消防救援场地的一侧，需布置直通楼梯间的安全出口，建筑外墙每层在适当位置设置可供救援人员进入的窗口，此外置消防车登高操作场地范围内的裙房进深不应大于4m。

4.2 建筑消防设计

4.2.1 防火分区

本项目功能种类较多，合理划分防火分区，使功能分区与防火分区合理结合是建筑设计师需重点考虑的内容。根据《建筑设计防火规范》中对于防火分区划分的有关规定，当建筑内设置自动灭火系统时，本项目中涵盖各功能相应的建筑防火分区最大允许面积详见表1。

表 1 m^2

建筑防火分区最大面积	地上		地下
	高层	多层	
商业	4000	5000	2000
其他民用建筑（办公、餐饮、酒店等）	3000	5000	1000
机械式汽车库	1800	3000	2600
设备机房	3000	5000	2000

而当裙房与高层建筑主体之间设置防火墙时，裙房的防火分区可按单、多层建筑的要求确定。本项目未设置防火墙，结合功能划分，地上各层防火分区的最大允许面积控制在 $3000m^2$ 以内。地下各层车库部分防火分区的最大允许面积控制在 $2600m^2$ 以内，地下其他区域控制在 $1000m^2$ 以内。

4.2.2　安全出口

每层每个防火分区设置至少两个安全出口，一、二级耐火等级公共建筑内的安全出口全部直通室外确有困难的防火分区，可利用通向相邻防火分区的甲级防火门作为安全出口，此时应注意的是：办公部分的安全出口不应与同一楼层内对外营业的商场、营业厅、娱乐、餐饮等人员密集场所的安全出口共用。

地下非车库部分，其防火分区面积均小于 $1000m^2$，可设置一个直通室外的安全出口，再利用通向相邻防火分区的甲级防火门作为第二安全出口。

楼梯在首层应能够直通室外，若不能则需设置扩大的前室。

4.2.3　疏散楼梯

依据规范要求选用相应的楼梯类型，按照分散布置的原则确定平面位置，根据每个楼层的使用功能计相应的疏散宽度，是建筑消防设计考虑的基本内容。高层建筑应采用防烟楼梯间，但裙房部分根据不同的防火措施，其楼梯形式可采取不同形式。

（1）一、二层商业与上部主体建筑功能户型独立，并与主体建筑之间的防火墙上未开设门窗洞口，无功能联通也无消防疏散借用（图 2）。一、二层商业可作为附属建筑，疏散楼梯可采用封闭楼梯间，省去前室面积，在满足疏散宽度的前提下，可让楼梯由两个防火分区共用，尽量减少楼梯数量，为商业流线设置留出灵活的使用空间。此外还可采用外挂楼梯，其形式更加自由，而且不会占用商业内部的面积，建筑立面也更加丰富。

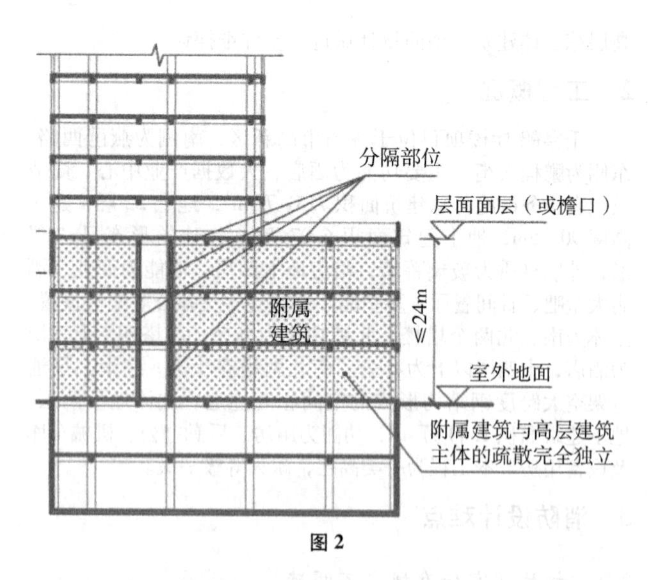

图 2

（2）三层裙房功能为酒店餐厅及办公，与上部主体部分功能均有联通，且裙房与主体之间在高层建筑主体投影范围外未采取防火墙进行分隔，因此三、四层裙房的疏散楼梯仍与主体一致采用防烟楼梯间。

4.2.4　疏散距离及宽度

安全疏散对于消防设计至关重要，综合体内人员密集且复杂，应确保各功能房间的疏散距离满足规范要求，根据不同功，其疏散距离见表 2。

表 2　疏散距离一览表 m

功能	疏散门数量	建筑类型	疏散距离计算		
			房间内	走廊	
				袋形走道两侧或尽端	两个安全出口之间
酒店	≥1	单多层	22	22	40
		高层	15	15	30
营业厅、餐厅、多功能厅	≥2	—	30	10	
商业、办公等其他功能	≥1	单多层	22	22	40
		高层	20	20	40
汽车库	≥1	首层	60		
		其他	45（有喷淋 60）		

注：建筑物内全部设置自动喷水灭火系统时，其安全疏散距离可按本表的规定增加 25%。

在核实疏散距离之后，还需确定每层的人数，用疏散人数乘以百人疏散宽度指标来求得各层疏散总宽度。各功能的人员密度计算方式见表 3。

表 3 人员密集计算

m²/人

<table>
<tr><td>功能</td><td colspan="3">人员密度</td><td>备注</td></tr>
<tr><td rowspan="3">商业</td><td>1F~2F</td><td colspan="2">0.43~0.6</td><td rowspan="3"></td></tr>
<tr><td>3F</td><td colspan="2">0.39~054</td></tr>
<tr><td>4F</td><td colspan="2">0.30~0.42</td></tr>
<tr><td rowspan="4">办公</td><td colspan="2">普通办公室</td><td>≥6</td><td rowspan="4">办公建筑疏散总净宽度应按总人数计算，当无法额定总人数时，可按其建筑面积 9m²/人计算</td></tr>
<tr><td rowspan="2">专用办公室</td><td>手工绘图室</td><td>≥6</td></tr>
<tr><td>研究工作室</td><td>≥7</td></tr>
<tr><td colspan="2">单间办公室</td><td>≥10</td></tr>
<tr><td>酒店</td><td colspan="3">根据每层客房数量确定</td><td></td></tr>
<tr><td rowspan="3">餐厅</td><td rowspan="2">中餐厅、自助餐厅</td><td>一~三级</td><td>1.0~1.2</td><td rowspan="3"></td></tr>
<tr><td>四、五级</td><td>1.5~2.0</td></tr>
<tr><td>特色餐厅、外国餐厅、包房</td><td colspan="2">2.0~2.5</td></tr>
<tr><td>会议室</td><td colspan="3">宜按 1.2~1.8 计</td><td></td></tr>
<tr><td>多功能厅、宴会厅</td><td colspan="3">宜按 1.5~2.0 计</td><td>有固定座位的场所，其疏散人数按实际座位数的 1.1 倍计算</td></tr>
</table>

4.2.5 消防电梯

本项目为一类高层建筑，消防电梯应分别设置在不同防火分区内，且每个防火分区不应少于 1 台。一、二层商业作为附属建筑，可利用主体建筑的消防电梯，在防火墙上开设带有门禁系统的甲级防火门，平时处于锁闭状态，火灾时通过电气消防联动解除门禁功能（图 3）。

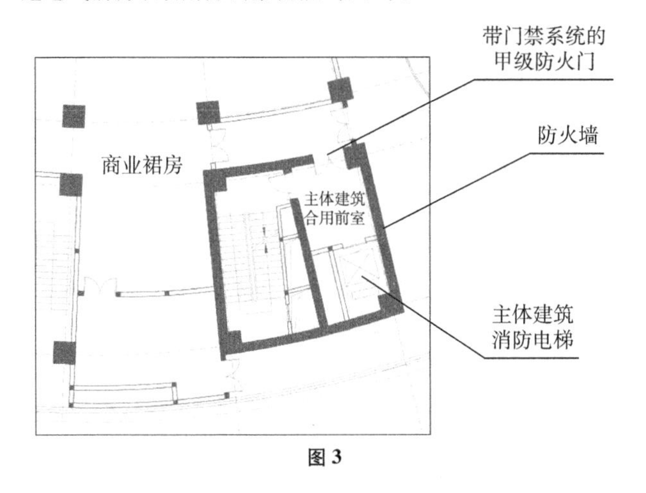

图 3

消防电梯尽量与防烟间楼梯结合设置，形成何用前室，节省空间及设备，尽量避免与客梯结合设置，否则客梯还需增设电梯前室影响空间美观及使用功能。

4.2.6 消防排烟

对于地下空间、地上走道、开敞商业、宴会厅、多功能厅等空间，考虑采用机械排烟，将排烟机房设置在裙房及主楼的屋顶等隐蔽位置，对于个别面积大于 100m² 的办公房间，则借助外窗采取自然排烟措施，节省设备和空间。

4.2.7 防火分隔及防火封堵

由于综合体建筑的功能较多，不同的功能其防火分隔要求也不尽相同，在消防设计中很容易被忽略，例如：

（1）综合性建筑的商店部分应采用耐火极限不低于 2.00h 的隔墙和耐火极限不低于 1.50h 的不燃烧体楼板与建筑的其他部分隔开，商店部分的安全出口必须与建筑其他部分隔开。（为综合建筑配套服务且建筑面积小于 1000m² 的商店除外）

（2）厨房有明火的加工区应采用耐火极限不低于 2.00h 的防火隔墙与其他部位分隔，隔墙上的门、窗应采用乙级防火门、窗。

（3）库房房间门应采用乙级防火门

（4）地下车库内电梯厅应采用乙级防火门与车库分隔。

（5）前室及合用前室外墙上的窗口与两侧门、窗、洞口最近边缘的水平距离不应小于 1.0m。当外墙为玻璃幕时，需考虑内衬防火墙。

（6）玻璃幕墙与其周边防火分隔构件间的缝隙、与楼板或隔墙外沿间的缝隙、与实体墙面洞口边缘间的缝隙等，应进行防火封堵设计。

5 结语

与普通建筑相比，高层综合体建筑高度高、体量大、功能复杂、人员密集，且内部可燃物多、火灾时疏散困难，要认识到消防设计对建筑使用安全的重要性，对建筑平面、空间做好消防设计工作。遵循国家规范中的共同原则和通用标准，保证设计质量，使其消防功能得以全面发挥。

参考文献

[1] 耿雪（河南省城乡建筑设计院有限公司）. 城市综合体建筑消防设计 [J]. 建筑技术开发，2021，第 48 卷 (13)：24-25.

[2] 黄李涛，周铃（中国中元国际工程有限公司）. 新建规下的商业综合体消防设计要点解析 [J]. 建筑工程技术与设计，2016，516-517.

[3] GB 50016—2014，建筑设计防火规范.

[4] 周洁. 商业建筑设计，机械工业出版社.

医疗建筑设计中的特殊、重点部位的消防设计要点

——以保定市第一中心医院门诊综合楼和眼科大楼为例

张丽琴

（保定市建筑设计院有限公司，河北　保定）

摘　要　由于综合性医疗建筑中，医疗设备及易燃易爆物品繁多，内部人员密集且大部分是行动不便的病患，一旦发生火灾事故，会造成直接或间接的严重的人员伤亡事故以及昂贵的医疗设备的经济损失。因此，本文结合保定市第一中心医院门诊综合楼和眼科大楼设计过程中的问题，对医疗建筑设计中的消防设计要点进行探讨分析，为医院的消防安全问题提供有效的保证措施。

关键词　医疗建筑　消防安全　设计要点

1　引言

在民用建筑中，“医院”的地位是举足轻重的，更是城市建设中十分重要的配套设施，同时也是消防设计需要重点考虑的对象之一。

众所周知，医院的使用者大多数是行动不便的人，他们在发生火灾等紧急情况时候的反应和行动会比正常人要慢，有些重症患者甚至需要依靠他人才能疏散到相对安全的地方。因此，在有关医疗建筑消防设计方面，国际以及相关部门制定和出台了一系列的相关政策。这些政策中明确规定了医疗建筑的消防设计要点，在设计过程中，要严格按照规范化的流程和标准来进行建设。这样不仅可以实现对火灾的有效预防，一旦出现事故，可以立即提出有针对性的解决措施，尽量降低人员伤亡和财产损失影响。

2　项目概况

保定市第一中心医院位于河北省保定市五四中路与长城北大街交口，毗邻市区中心，是集医疗、教学科研、康复、社区医疗服务为一体的三级甲等综合医院。本项目位于保定市第一中心医院东院，保定市莲池区五四东路北侧，南侧为军校广场，东侧为党校宿舍，西侧为河北大学，基地位置交通便利，具有良好的交通便利性及对外展示性。项目建设用地面积3.26万m^2，总建筑面积6.69万m^2；其中地上建筑面积4.6万m^2，地下建筑面积2.09万m^2；建筑高度：68.60m（按室外地面到屋面板计算）；建筑类别：一类高层；本工程设计床位数300床，效果图见图1，交通组织分析见图2。

图1　效果图

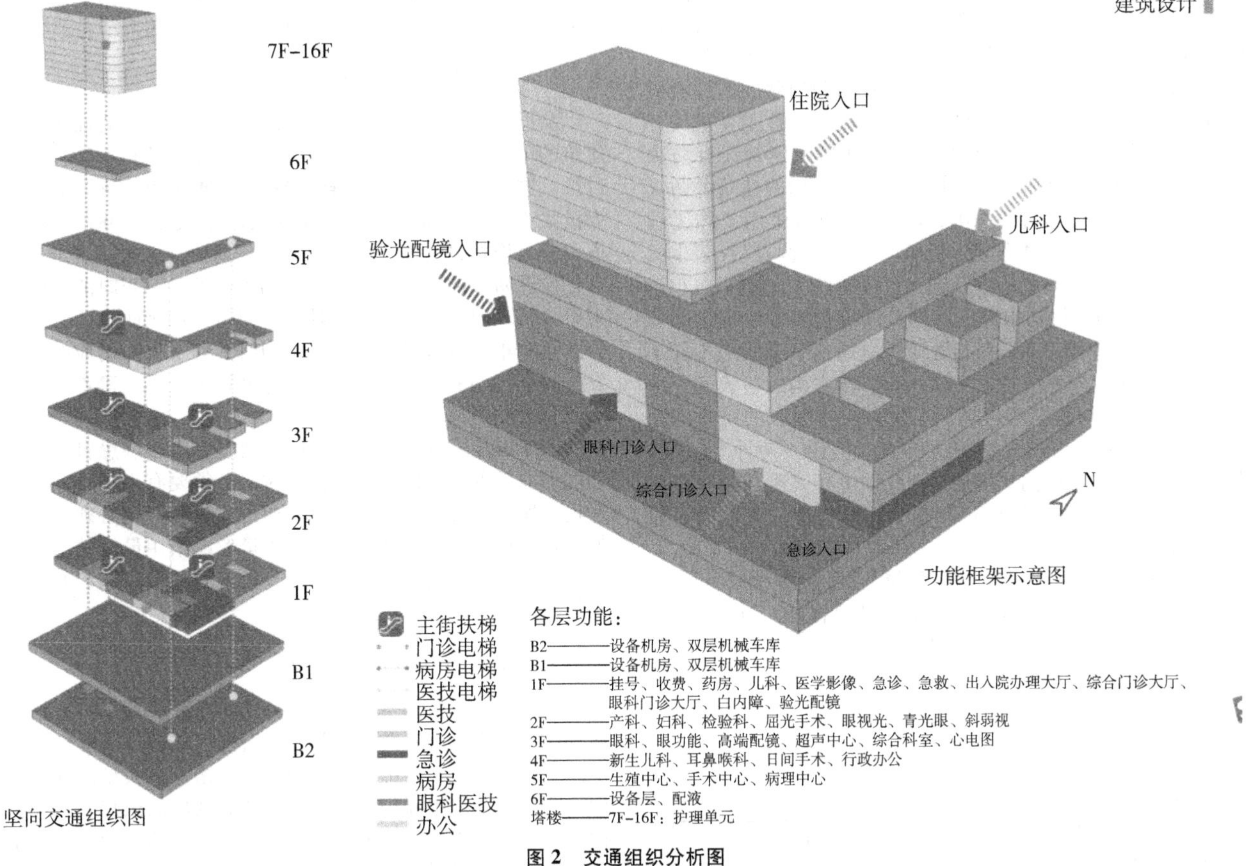

图 2　交通组织分析图

3　消防设计

3.1　消防车道以及消防救援场地的设置

由于医疗建筑使用人群的特殊性和人员密集性一旦出现火灾事故，在人员救援和火灾扑救两方面都很难展开救援，所以，消防车道和救援场地设置的合理性及有效性尤为重要，以确保消防救援的及时性。

本项目中，用地西侧为住宅，北侧为原住院楼，消防救援场地沿建筑周围设置环形消防通道，建筑物中部设置骑楼，考虑消防车的通行，高层建筑南侧及西侧的室外场地布置救援场地。建筑物与消防登高场地相对应的范围内设有直通室外的楼梯或直通楼梯间的入口，消防救援场地尺寸长为大于高层建筑长边，宽 10m，无妨碍消防车操作的障碍物。并在与消防操作场地对应的部位设置消防救援窗，见图 3。

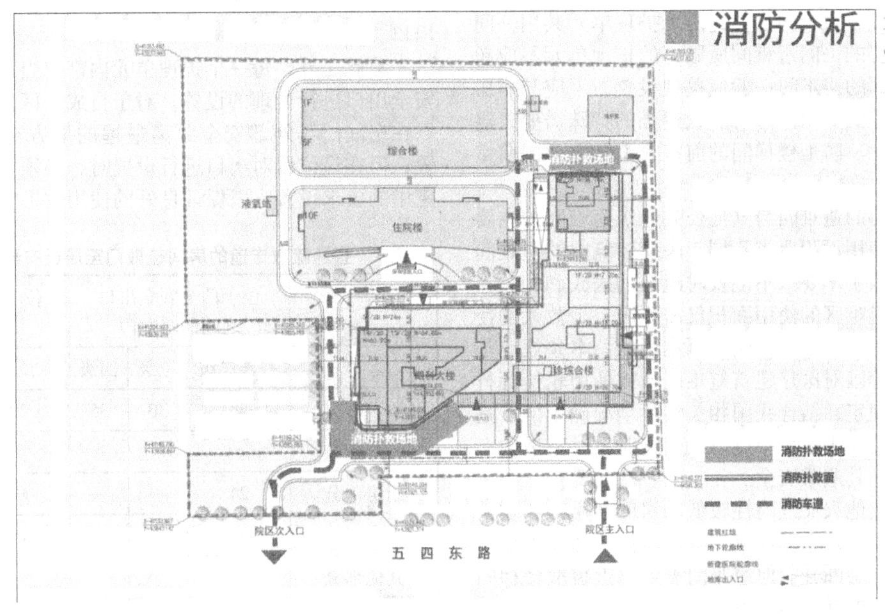

图 3　总平面图消防分析

3.2 防火间距的设置

在对医疗建筑的防火间距进行设置时，必须按照规范化的标准和要求来进行，保证间距控制的有效性。本项目设计过程中，由于项目用地紧张，且周边都有建筑物，医用液氧储罐的位置选择成为难点。医用液氧储罐与医疗卫生机构外的建筑的防火距离应符合 GB 50016—2014《建筑设计防火规范》中表 4.2.3 条规定；与医疗卫生机构内的建筑的防火间距应符合现行国家标准 GB 50751—2017《医用气体工程技术规范》中表 4.6.4 条规定：医用液氧贮罐与医疗卫生机构内部一、二级建筑物墙壁或突出部分的防火间距不应小于 10m，与医疗卫生机构内部三、四级建筑物墙壁或突出部分的防火间距不应小于 15m；与医院变电站的防火间距不应小于 12m，与独立车库、地下车库入口、排水沟的防火间距不应小于 15 米，与公共集会场所、生命支持区域的防火间距不应小于 15 米，与燃煤锅炉房的防火间距不应小于 30m，与一般架空电力线的防火间距≥1.5 倍电杆高度，与医院内道路的防火间距不应小于 3m；综合权衡，液氧站放到了原有住院楼的西侧。

与此同时，需要注意是液氧储罐与其他一级建筑和二级建筑之间的距离要控制在不小于 10m 的位置处，与三级建筑间距不小于 12m，与四级建筑间距不小于 14m；与民用建筑之间的间距不小于 18m，如图 4 所示。

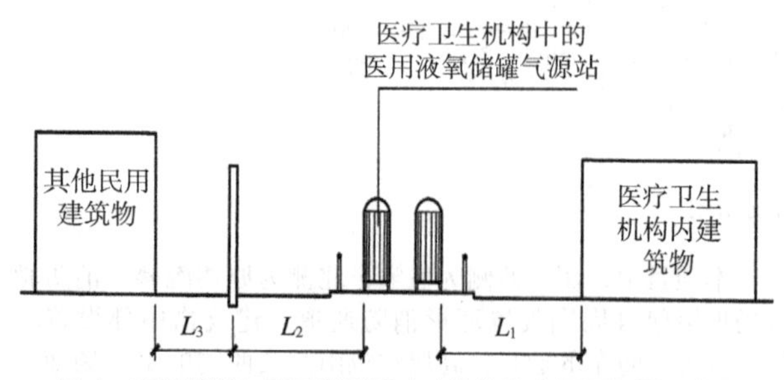

图 4 液氧储罐与不同类型医疗建筑的防火间距设置示意图

3.3 避难间的设置

高层病房楼应在二层及以上的病房楼层和洁净手术部设置避难间。病房避难间一般按护理单元设置，尽量一个护理单元设置一间，也可以在两个护理单元的中间部位靠近疏散楼梯或消防电梯处设置避难间，使这两个护理单元共用一间避难间，但一个楼层的一间避难间所服务的护理单元不应超过 2 个。洁净手术部的避难间一般应单独设置，不应与病房区护理单元中的避难间共用。考虑病人避难的特殊需要，避难间不能利用电梯厅、防烟楼梯间的前室或消防电梯的前室或合用前室。

病房区或手术部的避难间与其他公共建筑避难间的主要区别再有避难间的使用面积要求不同。医疗建筑中的避难间主要供危重病人或因手术要求不能及时疏散的病人和相关人员应急避难用，其避难区的使用面积仅需要满足少数人的使用要求，但所占面积还需要考虑轮床所占面积。本条规定是参考了美国、英国等国对医疗建筑避难区域或使用轮椅等行动不便人员避难的规定，结合我国相关实际情况确定的。是为了满足高层病房楼和手术室中难以在火灾时及时疏散的人员的避难需要和保证其避难安全。

避难间可以与其他火灾危险性较低的房间共用，如护士站、药品备品库房、医护人员休息室等。疏散楼梯在本层不要求同层错位或上下层断开，但避难间需要靠近疏散楼梯间或可用于辅助疏散的电梯或消防电梯。

本项目病房楼的病房层每个护理单元和洁净手术室设置了避难间。避难间满足大于 $25m^2$ 要求，位置靠近楼梯间，并采用耐火极限不低于 2.00h 的防火隔墙和甲级防火门与其他部位分隔，设置直接对外的可开启的乙级防火窗。

3.4 首层避难走道的设置

高层部分标准层考虑核心筒的使用方便，核心筒设置于建筑的中心部位，这样会导致首层直通室外的疏散楼梯距离过长，这样就在首层设有避难走道，避难走道防火隔墙的耐火极限不低于 3.0h，楼板的耐火极限不低于 1.5h；避难走道内部装修材料的燃烧性能为 A 级。防火分区至避难走道入口处设置防烟前室，前室的面积均大于 $6m^2$，开向前室的门为甲级防火门，前室开向避难走道的门为乙级防火门；防火分区至避难走道入口处未设置防烟前室的防火门均应在火灾发生时能自动关闭，并增设一道防火卷帘分隔，避难走道的疏散宽度和距离满足规范要求。

由于医疗建筑内的病患类型比较多，很多病患自身的活动能力非常差，所以在紧急撤离时，必须要有人帮助才可以行走。所以医院内部的楼梯以及通道在设置时，必须要比其他建筑物更加宽阔一些，同时应尽量考虑采用最短的疏散距离，尽可能缩短疏散的时间，为人员疏散的及时性和有效性提供保证。

3.5 医疗主街及房间的消防疏散

现代医疗建筑的主体医疗部分功能布局一般采用立体多线程医疗联系网络将急诊、门诊、医技、住院等功能部门在空间上重置，便于各部门之间的交流联络。在大型医疗建筑中，能高效组织串联门诊、医技等功能区域的医疗主街应运而生。其次，由于预检分诊系统的完善和预约看诊制度的引入，往常人流量最大的门诊大厅的挂号收费功能被压缩，病人被合理引导分流到各个门诊和医技科室进行二次候诊，医疗街的交通和一次候诊功能也得到了极大的完善。这样就决定了医疗主街内容人员密度大，其疏散的安全性不亚于房间的安全疏散要求，故本项目中医疗主街的消防疏散按照房间的安全疏散距离来考虑。

为了保证医疗建筑在疏散时的速度和安全性，必须要与实际情况进行有效结合，对安全出口以及避难设施进行科学合理的设置。通常情况下，在对安全出口进行设置时，一般要对安全出口的数量进行计算分析，但是通常情况下，每个防火分区或者一个防火分区的每个楼层，不会少于两个安全出口。

除此之外，每一个护理单元内都应当对两个不同方向的安全出口进行合理的设置。对于自成一区的治疗用房等，可以在房间门与外部安全距离最远的地方对安全出口进行设置，但在该位置对出口进行设置时，必须要严格按照标准规定中的要求设置，以保证良好的使用效果。如表 1 所示。

表 1 直通疏散走道的房间疏散门至最近安全出口的直线距离 m

名称	位于两个安全出口之间的疏散门			位于袋形走道两侧或尽端的疏散门		
	一、二级	三级	四级	一、二级	三级	四级
单、多层	35	30	35	20	15	10
医疗建筑						
病房部分	24	—	—	12	—	—
高层	30	—	—	15	—	—
其他部分						

在对医疗建筑的房间疏散门以及安全出口等设置时，必

须要与其自身的总净宽度进行有效结合，同时还要按照标准化、规范化的制度实施。在与相关标准进行结合分析之后，需要结合实际要求，对于疏散门以及安全出口的净宽度必须要控制在0.90m范围以上，同时疏散走道以及疏散楼梯的净宽度也要控制在至少1.10m。另外，高层医疗建筑本身的内楼梯间的首层疏散门等最小的净宽度必须要满足实际要求，以保证疏散的有效性，避免造成严重的人员伤亡现象。在对医疗建筑内部的消防设施进行设置时，疏散设计至关重要，在对医院内部的门诊大厅疏散门进行设置时，不能够在其中设置门槛，整体的净宽度不能够低于1.40m，同时还要与门口内外各1.40m范围内，避免设置任何的踏步设施。室外的疏散通道净宽度在确定时，不能够低于3.00m。

另外，诸如医院的尽端房间无论其面积多大，都必须有两个疏散门这类细节问题也应考虑周到。

4 结束语

医疗建筑本身具有一定的特殊性，同时人员密集，一旦出现火灾事故，对医疗建筑会产生的影响非常大，不仅体现在经济上，而且还会造成人员伤亡。所以在消防设过程中，要从总体布局、防火隔离以及安全出口等角度出发，为医疗建筑的消防设计水平提升提供有效保证。

医疗建筑功能复杂，在进行消防设计时应严格考虑，需要同时考虑医疗建筑功能需求、设备运行环境要求、社会投资成本控制以及以人为本的设计理念，此外，紧急情况伤病人员如何逃生，是否可以考虑缓坡类型救援逃生通道也是值得进一步探讨问题。

参考文献

[1] GB 50016—2014（2018年版），建筑设计防火规范.

[2] GB 51039—2014，综合医院建筑设计规范.

[3] GB 50751—2012，医用气体工程技术规范.

[4] GB 50333—2013，医院洁净手术部建筑技术规范.

[5] 建筑设计防火规范实施指南.

高层住宅建筑消防补充设计

李浩浩

（江苏礼德铝业有限公司，江苏　海安）

1 引言

高层住宅建筑（包含一类高层和二类高层住宅建筑或者别墅或者远离消防水源的建筑群），目前大多采用的是室外和室内消火栓灭火系统。对于高层住宅建筑而言，尤其是超高层住宅建筑，发生火灾能采用的有效方式只能是自救。本文重点阐述在现有消防设计条件下，通过在客厅增设消防设施，在有人（成年人）情况，如何更好地控制、消除火灾。

2 高层住宅建筑消防补充设计

在住宅建筑客厅（电视墙对面）设置玻璃缸消防水源。

2.1 消防水源的容积确定

按照室内消防用水：10L/min。灭火时间为3min。消防水源容积为10×60×3＝1800L，消防水箱的容积不少于2m^3。根据客厅实际尺寸，确认消防水箱的尺寸。

2.2 消防水箱进水端

从卫生间设置内径不低于25mm补水软管，从水箱顶部进行补水。水箱顶部可设置通气孔，也可设置添加水质防腐剂的一些加药孔。

2.3 消防水泵（电力驱动）

在消防水箱下部设置消防水泵，其中消防水泵的功率满足消防高压喷枪的流量和压力要求。

2.4 消防灭火软管

针对普通高层住宅（3室），消防灭火软管长度采用15m；管道内径采用25~65mm。

2.5 喷枪要求

喷枪流量不小于10.0L/s。充实水柱长度不低于5m。家用手持喷枪孔径不低于9mm。可以参考高压水枪。

3 结论

高层住宅建筑（未设置其他消防灭火设施的其他建筑群）实施有效的灭火措施，避免火灾进一步扩大，从而避免伤亡。

大跨度钢结构建筑消防设计探讨

黎春雷

（贵州省黔南州惠水县消防救援大队，贵州　惠水）

摘　要　社会经济的大力发展，为实现各类产品的生产加工，各类新型厂房不断涌现，尤其大跨度钢结构建筑因其建设时间短，后期改造性强，使用大跨度钢结构建筑越来越多。大跨度钢结构建筑虽然建筑本身较为简单，但往往使用者为满足生产需要，人为进行功能划分、隔断等，导致使用功能复杂，疏散距离过长，员工众多，一旦发生火灾事故，就会容易导致钢结构建筑坍塌，造成重大人员伤亡和财产损失，产生恶劣的社会影响。本文首先对大跨度钢结构建筑火灾事故的特点进行了分析，从大跨度钢结构建筑的结构和消防设施设置入手，提出了降低大跨度钢结构建筑火灾事故风险，减少事故危害的建议。

关键词　大跨度　钢结构　火灾事故　消防设计

0　引言

随着社会经济的不断发展，仓储、生产、批发市场、快递业、大型商业建筑、体育场馆等大空间建筑越来越多，这些建筑不仅人员众多、流动性大，而且具有燃烧荷载大，建筑内部结构错综复杂、行走疏散距离过大等特点，一旦发生火灾安全事故，容易造成重大的财产损失和群死群伤恶性事故。如何加强大跨度钢结构的防火设计以提升建筑防火等级、强化防火安全检查常态化、加强火灾安全教育、培养公众防火安全意识，从源头上降低火灾发生的概率和火灾的规模，防患于未然，防火工作成为一项重要的问题。

1　大跨度钢结构建筑特点

1.1　钢结构特性

钢材由于其低自重、高强度、低成本、可回收等特性备受建筑界青睐，加之钢结构建筑造型优美、可提供较大的空间、建设速度远高于常规水泥混凝土建筑、抗震性能和力学性能好等特点，可以满足由于人口膨胀和社会转型而带来的对大空间、大跨度、高层间的建筑需求。目前，钢结构建筑应用十分广泛，尤其在工业建筑中，已经有替代混凝土结构厂房的趋势。各类工厂厂房、展览馆、体育场、大型商场、影剧院、仓储和物流用建筑、批发市场等需要较大空间的建筑往往采用钢结构，如钢铁厂厂房、中国国家体育场（鸟巢）、游泳馆等。

1.2　大跨度特性

大跨度、大空间建筑是指单层面积大、层间高、跨度大、实体分隔物少的建筑。一般跨度在60m以上的建筑，主要采用钢为主要材料，其结构形式主要包括网架结构、网壳结构、悬索结构、膜结构、薄壳结构等五大空间结构及各类组合空间结构[1]。大跨度、大空间建筑空间跨度大，占地面积大，一般高度均大于7m，门窗多，通风好，可燃物料多，一旦发生火灾，蔓延途径多、火势蔓延快、燃烧猛烈，在热气流的作用下，很快形成大面积火灾。

1.3　环境特性

大跨度大空间建筑一般为一到二层，占地面积较大，主要分布于城郊或较为偏僻的工业园区，水源缺乏，地处偏僻。而此类地段，不管是在经济发达的地区，还是在新型工业园区，规划起步滞后，配套设施不完善，无消防设施、给水系统不完善，附近无消防水源等情况更是比比皆是。即使设有消火栓、自动喷水灭火等系统，但多数皆为非环状管网，遇上燃烧面积较大，水源就成了一个很难解决的大问题。

2　大跨度钢结构建筑火灾特点

2.1　防火性能差

尽管钢结构建筑有诸多优势，应用也越来越广泛，但是它的防火性能较差，一旦发生火灾，救援难度较大，若扑救措施不到位，极易造成严重的经济财产损失，威胁人民群众和救援人员的生命健康安全。大跨度、大空间钢结构建筑在高温下容易变形，导致建筑物坍塌。火灾中，当温度升至350℃、500℃、600℃时，钢结构的强度分别下降1/3、1/2、2/3。在全负荷情况下，钢结构失稳的临界温度为500℃[2]。钢构件受高温作用后，受热膨胀、冷热聚变，遇水后又会破坏整个构件的受力平衡，所以钢结构建筑，尤其是大跨度钢结构建筑发生火灾时，钢构件受高温作用，短时间内发生变形、扭曲，从而导致整个建筑的坍塌，救援难度增大。

2.2　可燃物质多，功能齐、密度高

大跨度钢结构建筑空间大、层间高，机器设备布置方便，多用于以化纤、橡胶、塑料、木材、纸张等为原材料的加工企业，这些原材料均为可燃、易燃物品，而且厂房内往往不是一条单一的生产线，多条流水线同时作业，使内部存放的物品众多，从原材料到半成品、成品一应俱全，大大增加了车间内部可燃物的荷载。而且多数单位重效益、轻管理，为了空间利用上的最大化，往往将临时仓库，甚至成品仓库也同时设在同一建筑内，出口通道不足或被占用，增加了火灾扑救难度和人员的疏散。

2.3　烟热易聚集，快速排烟

钢结构建筑一般密闭性较好，排烟口数量不足，容易造成烟尘的聚集，影响能见度，损伤呼吸道，给内部被困人员和内攻的消防救援人员造成生命威胁，而且烟尘积聚形成的热烟层温度可达600℃，非常容易造成轰燃，此外烟热高温会迅速降低钢结构的强度使建筑面临整体或局部坍塌的风险。

2.4　火灾规模大，需要调集力量大

由于钢结构建筑火灾蔓延迅速、建筑内易燃物品多，非常容易形成大规模的火灾，过火面积可达几千甚至上万平方

米，需要调集大量的消防力量。2019年北京国奇能量钢结构工程有限公司火灾发生后18min报警，火势已难以控制，北京市消防救援总队动用了42个战队的112台消防车和620余名指战员，历时7个多小时，才将明火完全扑灭。通常情况下，钢结构建筑火灾需要调集数十台消防车和数百名指战员，同时要保障大量的消防用水的供应[3]。

3 大跨度钢结构建筑防火和灭火重点要求

3.1 防火重点注意事项

3.1.1 做好防火分区划分工作

在大跨度钢结构建筑中，为了避免出现火灾发生情况，降低火灾发生概率，提高火灾消防速度，需要切实做好防火区域划分以及挡烟垂壁设计，能够有效扼制小型火灾发生，对火灾大范围扩散起到一定限制作用。在满足相关建筑规范的基础上，还要切实做好防火设计工作，在进行防火区域分隔时必须用实体墙，且其顶部的保温材料、彩钢板等设施还要跟随防火区进行有效划分，能够对已经出现的火情起到隔绝作用，避免火灾范围进一步扩散，为接下来的灭火工作提供便利条件，以防由于火灾全范围覆盖而找不到救援突破口，而挡烟垂壁设施的增加能够起到减缓火势蔓延速度的作用，对防止火灾发生具有积极意义。

3.1.2 增强建筑材料防火性能

在大跨度钢结构防火工作中，想从根本上保证建筑结构不受到火灾影响，必须在原有基础上，利用有效措施来增强建筑材料防火性能。对于大跨度钢结构构件来说，需要严格按照防火等级对其进行防火涂料的涂抹，等到构件外部晒干并形成保护膜时，可投入到实际建设使用中，与此同时，还要保证防火材料质量满足实际标准及需求，避免出现使用假冒产品和偷工减料的行为出现，在此基础上，还要运用先进技术手段，不断研发和开发新型的保温和防火材料，才能全方位、多角度地提高建筑防火等级，保障人员的生命和财产安全。

3.1.3 全面落实消防设备安置

想要有效规避大跨度钢结构建筑的火灾风险，除了要增强建筑结构设施、材料等防火性能外，还需要加大消防设计、审查和验收等工作，切实对相关防火设施进行全面的监督检查，主要依靠住建部门对建筑审核和验收环节进行严格把控，确保相关消防设备数量、质量等满足相关标准，同时还需对验收技术方法进行不断优化，满足实际建筑工程消防工作的根本需求，确保其具有较强的规范性和标准性。各级防火部门要加大审查监督力度，在保证消防设备满足实际需要的同时，促使建筑企业做好后期运检维修工作，这样不仅能够延长消防设施使用寿命，还能保障其长时间处于正常稳定运行状态。需要将消防设备设施情况作为建筑生产运营的首要条件，才能在真正意义上保证社会安全有序发展。

3.2 固定消防设施在钢结构火灾扑救中的正确运用

3.2.1 固定消防设施种类分析

对于固定消防设施来说，主要是根据实际情况固定在钢结构整体建筑中的消防设备，按照功能可大致分为以下三种类型：(1) 早期火灾预警管控设施，其中包含早期火灾探测设备、远程监控和控制系统等，能够对钢结构建筑火情进行勘测和预警，通过与固定消防控制系统的连接及时启动消防设施进行灭火工作。(2) 灭火设备，钢结构建筑内灭火设备必须保证具有多样性特点，才能保证当火灾发生时建筑内各个部分能够有效控制火情，比如室内外消火栓系统、自动喷水灭火系统、气体灭火系统、水幕及水喷雾灭火系统等。(3) 防排烟设施，主要包括正压送风系统和排烟系统，在火灾救助过程中能够有效防止烟雾弥漫到逃生通道，同时还能对室内烟雾进行及时疏散。

3.2.2 固定消防设施的应用

首先，需要运用大跨度钢结构建筑内消防控制系统，来对火灾情况进行侦查，当发生火灾时，自动报警装置和自动喷水灭火系统同时启动，为消防人员抵达救援位置延长时间，与此同时能够第一时间对火灾预警、火灾讯号以及各项建筑系统运行情况进行及时准确了解，在此基础上启动防火帘，促使火灾始终处于可控范围内；其次，广播系统在火灾救援中也起到重要作用，当发生火灾的建筑内部人数较多时，需要启动应急广播指挥被困人员疏散，同时还能与其他楼层消防人员互通火情控制情况，对预防恐慌、提高营救速度具有积极作用[4]。同时，在进行火灾救援过程中要及时启动消防泵，正确利用固定的消防泵进行灭火，比如利用消防水枪、自动喷水灭火管网等，有利于提高灭火质量和效率；再次，在运用水泵接合器进行火灾救援时，是在原有水泵损坏的情况下对火情进行控制，在进行水源传递输送时，需要提前对消防车出水口水压和水量进行明确，才能确保水泵接合器质量能够承受住外界压力，从而得到良好的灭火效果，与此同时，为了避免出现水量不够用的情况，消防人员需要及时给消火栓水泵接合器提供水源，并对其实际运行情况进行实时监督，才能充分发挥自动灭火系统的实际应用价值；最后，在进行火灾救援时，当火势已经处于失控状态下，难以从各个方面开展灭火工作，可对建筑辅助部分进行舍弃，集中力量专注阻止建筑主要部分的火势蔓延，对于已经控制住的部分来说，需要采取高效的截断隔离举措，建立水枪阵地和冷却隔离带的方式避免出现二次火灾的现象，将其控制在较小范围内，防止火灾向相邻建筑持续蔓延。

4 结论

综上所述，在建筑工程中，加大对大跨度钢结构防火灭火的重视力度，是满足现代化社会发展的必然趋势，同时也是保障人员生命财产安全的重要内容，因此，需要根据实际情况做好防火、灭火工作，细化管控步骤，提高防灭火质量和效率，推进建筑工程的健康发展。

参考文献

[1] 姜自富．大跨度钢结构厂房火灾危险性和防火措施研究［J］．消防界（电子版），2019，5（24）：47+49.

[2] 何卓晟．大跨度钢结构建筑防火与灭火研究［J］．中国建筑金属结构，2021（03）：46-47.

[3] 付正．公共建筑大跨空间结构防火安全评估与消防管理研究［J］．建设科技，2020（21）：122-124.

[4] 张籍文．大跨度空间火灾特点及灭火措施探析［J］．决策探索（中），2020（10）：73-74.

IMAX影厅防火设计方案探讨

岳 升

（山东省聊城市消防救援支队东昌府区大队，山东 聊城）

摘 要 本文针对某商业综合体内IMAX观众厅项目在消防设计中存在的设计难点，根据建筑的使用功能要求及设计的特殊性，提出了消防安全策略。通过对原设计进行消防安全性的定性和定量分析，以保护生命安全、减少财产损失为消防安全目标，得出该观众厅项目的消防安全评估结论。从火灾烟气控制、人员疏散分析结果来看，在采取了加强措施后，其安全性达到了与规范规定相等同的消防安全水平。

关键词 IMAX 性能化 防火设计

1 引言

IMAX（Image Maximum），意指最大图像，为一种能够放映比传统荧幕更大和更高分辨率的电影放映系统。标准的IMAX荧幕尺寸为22m×16.1m，但其还可以在更大的荧幕播放。IMAX是大屏幕高分辨率及需要在特定场馆播放的电影放映系统中最为成功的[1]。

随着城市建设中服务业项目的增多和不断发展进步，提供高端视听享受的电影服务及相关娱乐项目的层次也不断提升，为向观众提供更高舒适度和更加震撼的视听效果的选择，各大电影院及商业广场纷纷推出诸如IMAX厅等具有超大荧幕的影厅，此类巨幕影厅屏幕巨大且效果更加震撼，因为其能够提供更好的视觉效果。但由于其本身的技术所限及投资回报等的因素影响，其面积往往超过400m²，其可容纳的观众数量也相应增多，其商业价值相比于传统的影厅有较大提升。根据国内现已建成的较具有代表性的IMAX影厅来看，影厅建筑面积多为535~900m²，座位数为315~466位，且其多设在建筑的四层及以上。

《建筑设计防火规范》［GB 50016—2014（2018版）］5.4.7规定：剧场、电影院、礼堂宜设置在独立的建筑内；采用三级耐火等级建筑时，不应超过2层；确需设置在其他民用建筑内时，至少应设置1个独立的安全出口和疏散楼梯，设置在一、二级耐火等级的多层建筑内时，观众厅宜布置在首层、二层或三层；确需布置在四层及以上楼层时，一个厅、室的疏散门不应少于2个，且每个观众厅或多功能厅的建筑面积不宜大于400m²。由此可见，商业地产类项目中，IMAX影厅的设计往往难以满足规范的要求。

为了满足巨幕电影放映厅的技术需要，同时能够保证其消防安全性能，在实际应用中往往采用消防性能化设计的方法进行设计。根据巨幕影厅厅室面积大，人员密集的特点，其消防性能化设计的主要目的是满足人员疏散的要求。性能化设计的论证标准是该消防设计是否不低于现行规范规定的同类建筑的消防安全水平。只要满足现行规范对于该类建筑的消防安全水平要求，建筑设计者可自行对建筑进行消防安全设计[2]。

本文针对某商业综合体中影院部分所存在的电影院所在楼层较高，观众厅面积过大，疏散距离过长和净空高度过高导致常规灭火设施、火灾自动报警设施无法使用等问题开展研究，探讨消防设计方案。

2 工程概况

某IMAX影厅位于商业综合体七层防火分区四中，防火分区划分情况如图1所示。

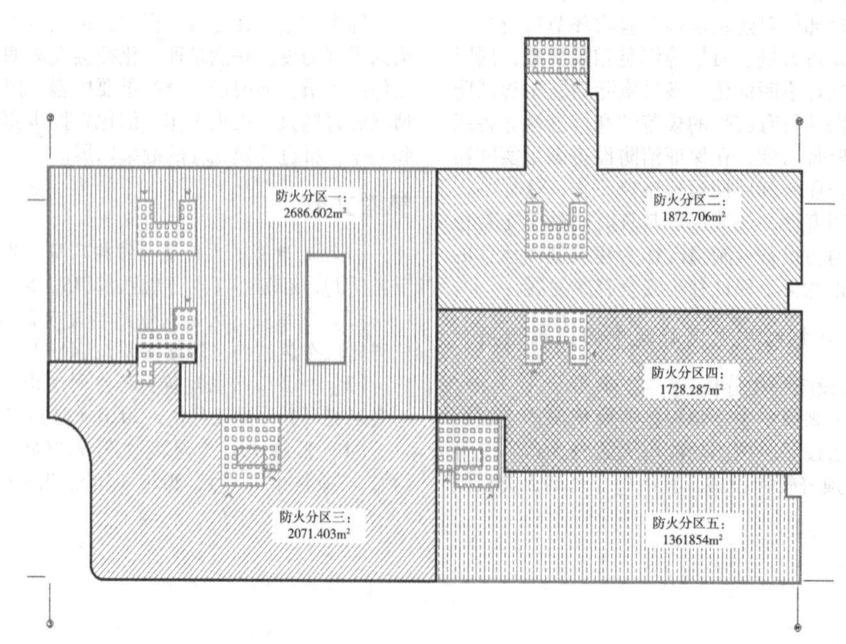

图1 七层防火分区图

IMAX 影厅建筑面积为 537.51m²，本工程存在的主要消防安全问题有：

（1）影院位于该商业综合体的七层，IMAX 电影厅面积超过 400m²；

（2）IMAX 电影厅安全出口距疏散楼梯距离超过 9m。

3 消防安全策略

该工程在使用过程中，既要控制火灾危险性、保证人员的安全疏散，又要兼顾电影院的使用功能和商业性质。结合 IMAX 影厅多年来的消防设计经验，可考虑以下安全策略：

（1）控制观众厅内人数

根据《建筑设计防火规范》［GB 50016—2014（2018 版）］规定，放映厅疏散人数应按 1.0m²/人计算，所以建筑面积 400m² 的观众厅最多容纳人数为 400 人。若建筑面积超过 400m² 的观众厅，控制观众厅内座位数在 400 座以内，消防安全水平即可等同于面积 400m² 的观众厅。本工程 IMAX 观众厅的建筑面积 537.51m²，最多可容纳人数 537 人，设计座位数为 341 座，实际使用人数显著减少，且座椅数量减少，可增加观众厅内疏散通道宽度，减少疏散时间，满足设计需求。

（2）保证观众厅的安全疏散要求

根据《建筑设计防火规范》［GB 50016—2014（2018 版）］5.5.16 规定，观众厅的疏散门至少为两个，同时在 5.5.17 中对安全疏散距离进行了规定，本工程 IMAX 观众厅疏散出口设计如图 2 所示。

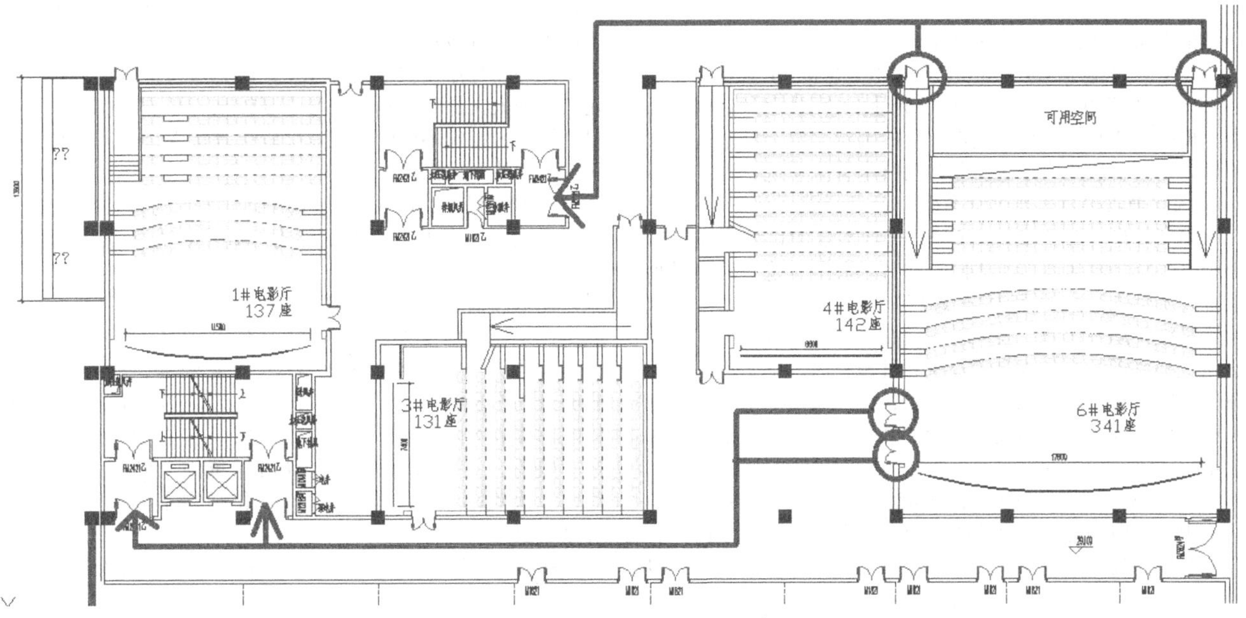

图 2 IMAX 观众厅七层疏散口示意图

该影厅的疏散门为三个，疏散宽度 7.2m，而该影厅实际人数为 341 人，需要的疏散最小宽度为 3.4m。因此，影厅自身安全疏散设计符合规范要求。但由图 2 可见，该影厅疏散距离明显过长。

根据《建筑设计防火规范》［GB 50016—2014（2018 版）］规定，观众厅位于袋形走道时，其厅室的疏散门距最近安全出口的直线距离不应大于 9m，在装有自动喷水灭火系统时，可在原规定的基础上增加 25%，即 11.25m。

本工程观众厅位于袋形走道，其疏散距离已超出 11.25m，因此本工程将该影厅所在防火分区内的安全出口由三个增加到四个，新加的防火门位于 IMAX 观众厅前侧，可将厅内的人员疏散到六层楼顶面，并通过楼梯进入六层商业区，以保证疏散距离满足规范要求。

修改后的疏散口示意图如图 3 所示，经测量此安全出口通向屋面楼梯 2#入口的距离为 21.7m，小于 25m，符合《建筑设计防火规范》［GB 50016—2014（2018 版）］第 5.5.17 条规定，同时要求观众厅新增安全出口至六层屋顶楼梯入口之间的屋面要进行防滑处理、增设夜间照明和栏杆扶手等安全措施，从而保证观众厅人员生命安全。

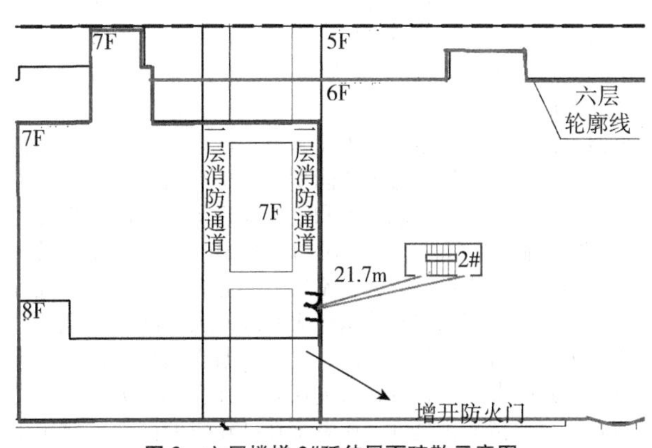

图 3 六层楼梯 2#延伸屋面疏散示意图

（3）防火分隔

将 IMAX 观众厅作为一个独立的消防分区单元。独立的防火分区可防止观众厅发生火灾时烟气向走道蔓延，人员的疏散也相对安全。商业区与影院区也划分为两个独立的防火分区，影院一侧的影院预留区应用于商业和办公场所。防火分区隔墙应采用耐火极限不低于 3.0h 的实体墙进行分隔，楼板的耐火极限不低于 1.5h。其中，隔墙可有设有甲级防火门的开口；IMAX 观众厅疏散门应设置为甲级防火门；商业和办公场所设有自动喷水灭火系统，设置场所为中危险级Ⅱ级，并按照《自动喷水灭火系统设计规范》（GB 50084—2017）第

5.0.1 条规定进行系统的设计。

（4）控制观众厅可燃物等级

控制观众厅内可燃物的燃烧等级，座椅阻燃处理达到B1级，顶棚装修材料达到A级；墙面、地面材料应采用B1级；窗帘及帷幕不应低于B1级；观众厅内吸声、隔热、保温材料不应低于A级；疏散走道采用不燃材料。

（5）观众厅内设置机械排烟系统

将观众厅单独设置为一个防烟分区，根据《影剧院设计规范》（JGJ 58—2008）中观众厅排烟量的算法可知，大型观众厅排烟量按 $90m^3/(m^2 \cdot h)$ 或体积换气 13 次/h 计算后取较大值设计[3]。

本工程中，影厅实际体积为：

$537.51m^2 \times 12m = 6450.12m^3$（地面面积×吊顶高度）（1）

根据面积法算出排烟量为：

$$90m^3/(m^2 \cdot h) \times 537.51m^2 = 48375.9m^3/h \quad (2)$$

根据换气次数法算出排烟量为：

$$6450.12m^3 \times 13\ 次/h = 83851.56m^3/h \quad (3)$$

在《建筑防烟排烟系统技术标准》（GB 51251—2017）中，根据表 4.6.3 进行机械排烟量的确定，由于该空间设置的是大空间智能灭火系统而非自动喷水灭火系统，净高超过 9m，因此查表得机械排烟量不小于 $21.1 \times 10^4 m^3/h$；

而实际设计时，根据 4.6.1：排烟系统的设计风量不应小于该系统计算风量的 1.2 倍。同时，根据《建筑防烟排烟系统技术标准》（GB 51251—2017）中要求，地上密闭建筑设置机械排烟系统时，要同时增设补风系统，以调节室内外压差。补风形式可分为自然补风和机械补风。本工程中由于条件所限，自然补风无法满足要求，在该观众厅内，应设置机械补风设施，补风口要距排烟口水平距离 5m 以上，补风量不小于排烟量的 50%。

（6）观众厅内设置大空间智能型主动喷水灭火系统

由于IMAX观众厅有着高大的净空高度，针对于此类建筑，我国科技人员自主研发了一种适用于高大空间建筑的自动喷水灭火系统——大空间智能型主动喷水灭火系统。大空间智能型主动喷水灭火系统将红外传感技术、计算机技术、信号处理技术和通信技术等多种科技集于一体，可主动完成探测火灾、判定火源位置、启动系统、精准射水灭火、持续喷水和间歇射水等过程，全程都由电脑控制，无需人员操作。其组成装置有：智能型灭火系统装置、信号阀组、水流指示器等组件以及管道、供水设施等。该系统核心装置为自动扫描高空水炮，该装置由智能型红外探测组件、自动扫描射水高空水炮、机械传动装置和电磁阀组组成。保护半径≤20m，喷水流量≥5L/s，工作压力 0.60MPa，安装高度最大可达 25m。这种装置射程远、流量大、适合安装在影剧院等场所。相比于常用的自动喷水灭火系统，大空间智能型主动喷水灭火系统自动化程度更高，火点判断更为精准，相比于一般的湿式喷淋系统，其在火灾探测和扑救早期火灾上，有着前者不可比拟的优越性。该系统在已建成的国内外建筑中已有大量使用先例，经实践证明，其探测及灭火功能十分优越[5]。

（7）影院需设独立的疏散楼梯

大型电影院属于公众聚集场所，其营业时间与商场部分有差异，疏散时间难度较大。当其建于四层及以上楼层时，无疑增加在火灾时的危险性。《建筑设计防火规范》［GB 50016—2014（2018 版）］要求当电影院未设置于独立建筑内时，至少应设置 1 个独立的安全出口和疏散楼梯。根据《电影院建筑设计规范》（JGJ 58—2008）中规定：综合建筑内设置的电影院应有单独出入口通向室外，并应设置明显标示。说明在商业综合体内设置的电影院要有独立于其他商业部分疏散楼梯之外的独立的疏散楼梯。而根据《广东省公安厅关于加强四层及四层以上大型电影院消防监督管理的若干意见》中有关条文规定：影院区域应设置不少于两部独立使用的疏散楼梯。

由于本工程影院部分面积较大，且设有IMAX观众厅，其火灾危险性要高于一般的电影院，加之其影院部分设置于整个商业部分的七层，设置楼层较高，也增加其疏散难度，因此，影院区应至少设置一部独立的疏散楼梯。

（8）观众厅内设置火灾自动报警系统和应急照明系统

根据《火灾自动报警系统设计规范》（GB 50116—2013）规定，当室内净空高度大于 12m 时，宜设置两种以上不同探测原理的火灾探测器[6]。由于IMAX观众厅其室内净高较高，且室内空间上部无遮挡物，在报警器的选用上，首选是线型光束感烟火灾探测器，该探测器采用红外对射原理，由红外发光器和收光器组成，当烟气蔓延至探测高度且烟气浓度达到一定程度时，烟气中的粒子将会阻碍红外光线的传播，红外收光器接收不到红外光，就会发出报警信号。线型光束感烟火灾探测器具有安装高度较高、探测范围较大、在湿度较大的特殊环境中反应速度较快等特点，适用于高大空间建筑中的火灾探测。

在本工程中，由于观众厅面积过大，为保证建筑的消防安全性，提高火灾监测的能力和速度，在火灾探测器的选用上，可选用技术较为先进的极早期空气采样火灾探测器。该探测器是近年来发展起来的新型火灾探测器，其原理是在工作过程中不断吸入室内空气，进行采样分析。当室内发生火灾时，空气中烟粒子浓度变高，探测装置就能够及时分析样本空气，以报告火警。该探测器相比于传统感烟探测器，灵敏度更高，安装位置更为灵活，误报率较低，具有后者不可比拟的优越性。针对高大空间建筑、火灾烟气产生较慢的场所和必须不间断生产的场所最为适合。

在应急照明方面，观众厅内所有照明灯具需为双电源供电，火灾情况下可应急点亮，并在各出入口、疏散走道等处设置自带镉镍电池的灯具，保证火灾情况下应急照明照度不小于 5lx，且其持续供电时间不少于 60min，走道内设置自发光疏散指示标志。各出入口、疏散走道装设疏散指示灯，间距小于 3m；指示灯采用带镉镍电池的灯具。

（9）设置消防救援口

根据《建筑设计防火规范》［GB 50016—2014（2018 版）］中规定，在高层建筑中，为了保证火灾发生时消防队员能及时营救被困人员，建筑外墙每层应设置可供消防救援人员进入的窗口，窗口的净尺寸不小于 0.8m×1.0m，窗口下沿距室内地面不宜大于 1.2m；救援口若设置为窗户形式，则应采用易于破碎的玻璃；若救援口在建筑日常使用中为保证建筑外观风格一致，采用非透明材质封闭，则应采用易于拆除的材料，同时需在建筑外墙明确标示救援口位置。

（10）使用无卤阻燃电缆

根据《火灾自动报警系统设计规范》（GB 50116—2013）第 11.2.2 条规定，火灾自动报警系统的供电线路、消防联动控制线路应采用耐火铜芯电线电缆，报警总线、消防应急广播和消防专用电话等传输线路应采用阻燃或阻燃耐火电线电缆。由于IMAX观众厅人员多、空间大、电气线路复杂，所以消防电气电缆选用无卤阻燃电线电缆。

4 火灾发展蔓延及人员疏散的模拟分析

通过设计最不利情况、灭火设施不能全部有效启动等具有代表性的火灾场景和疏散场景，模拟火灾烟气蔓延和人员疏散情况，判断消防安全水平。

考虑到火灾对人员疏散的最不利影响，将火源设置在距离疏散出口比较近的位置，考虑自动喷水灭火系统和机械排烟系统是否有效的四种情形，根据国际标准ISO/TS16733中定义的4种t^2火灾发展曲线，结合影厅内可燃物种类、布置等分析火灾增长速率，依据上海地方标准《防排烟技术规程》确定最大火灾功率，最终设定了火灾场景。通过使用FDS用于各个火灾场景的模拟，确定了可用人员疏散时间。

疏散场景的确定首先确定疏散人数、人员类型组成、人员行走速度等疏散参数，然后再作为初始边界条件建立各疏散场景的人员疏散模型。疏散场景设计原则为火灾发生后，最不利人员疏散的情况，通常考虑火灾发生在某一疏散出口附近，使得该出口堵塞而不能用于人员疏散。通过对报警时间T_A、人员响应时间T_R和疏散行动时间T_m的确定，最终确定必需疏散时间。

将各火灾场景下的人员可用疏散时间和对应的人员必需疏散时间进行比较，可对人员疏散安全性进行判定，可以得到人员疏散安全性判定结论。

结果表明，该影厅的防火分隔和排烟措施能有效地控制火灾及火灾烟气的蔓延，设计的疏散设施能保证人员在危险来临前疏散至安全区域。因此，本文提出的设计方案能满足IMAX影厅人员安全疏散要求。

5 结论

本文针对某商业综合体内IMAX观众厅项目在消防设计中存在的设计难点，根据建筑的使用功能要求及设计的特殊性，提出了消防安全策略。通过对原设计进行消防安全性的定性和定量分析，以保护生命安全、减少财产损失为消防安全目标，得出该观众厅项目的消防安全评估结论。从火灾烟气控制、人员疏散分析结果来看，在采取了加强措施后，其安全性达到了与规范规定相等同的消防安全水平。认为该观众厅在加强消防设施的有效保护下，可达到规范要求的安全水平，该IMAX观众厅设置在七层且建筑面积扩大可行。

参考文献

[1] 涂宗豫．某IMAX巨幕电影厅消防性能化设计[J]．消防科学与技术，2014，33（10）：531-533.

[2] 倪照鹏．国外以性能为基础的建筑防火规范研究综述[J]．消防技术与产品信息，2001，(9)：3-6.

[3] JGJ 58—2008，电影院建筑设计规范[S].

[4] 朱光明．电影院消防安全事故教训经验谈[J]．现代电影技术，2012（12）：32-35.

[5] 隋军，邵喜振，孙永克．大空间智能型喷水灭火系统及其应用[J]．城市建设理论研究，2014（5）：16-19.

某综合体酒店娱乐厅消防设计分析

娄蒙蒙

（内蒙古消防救援总队呼和浩特消防支队，内蒙古　呼和浩特）

摘　要　本文综合运用消防知识和消防排烟规范，对具体建设工程消防设计进行防排烟分析，锻炼提高施工图识读和建设工程消防排烟设计审核能力，通过有关计算进行了复核。结合国内外有关文献讨论了有关消防技术问题，对审核发现的有关问题提出改进建议。

关键词　消防　设计审核　防排烟

1 引言

近年来随着经济的发展，城市综合体在各个城市如雨后春笋般出现，综合体涵盖酒店、住宅、商业等多种功能，开发商利用嵌入、贴邻等方式，有的甚至用类服务网点的商业将几栋、十几栋高层住宅组合在一起，形成一个庞大的组合建筑。依据传统的消防设计规范很难界定建筑性质，如果按住宅和商业建筑贴邻，又无法实现高的住宅部分高于低的商业部分15m范围内不能开窗的问题，更不能满足防排烟的设计要求。

2 综合体酒店基本概况

本文研究对象某商业酒店娱乐厅为范本探讨防排烟设计问题，该建筑位于某市开发北路，设计时间为2009年12月，竣工时间为2011年6月，为一类高层建筑。该建筑占地面积2816.52m^2，总建筑面积107544.45m^2，其中地上94391.97m^2，地下13152.48m^2。地上19层，包括咖啡店、娱乐厅、健身房、客房、会议室等。娱乐厅位于地上一层为服务大厅，层高4.8m，设有总服务台、接待室、消防控制室等，二至四层为娱乐包间，每层层高为4.3m，娱乐厅包间按照消费标准分为标准间、中档间和总统套间；地下一层主要为配电室、锅炉房、员工宿舍等。

3 火灾特点及原因

3.1 火灾特点

3.1.1 可燃烧物多，火灾荷载大

综合体酒店虽然大多采用钢筋混凝土结构或钢结构，但大量的装饰、装修材料和家具、陈设都采用木材、塑料和棉、麻、丝、毛以及其他可燃材料，增加了建筑内的火灾荷载（娱乐厅高达45~60kg·m^2）。一旦发生火灾，尤其是娱乐场所，大量的可燃材料将导致燃烧猛烈，火灾蔓延迅速，大多数可燃材料在燃烧时会产生有毒烟气，给疏散和扑救带来困难，危及人身安全，若建筑物内承重构件垮塌，火灾损失将更大。

3.1.2 烟火蔓延途径多，立体火灾形成易

建筑物竖向管井、共享空间、玻璃幕墙缝隙等部位，易产生烟囱效应，造成烟火蔓延迅速。烟火易沿门、窗、走道向水平方向扩散。火势沿外墙窗口向上升腾、卷曲，甚至跳跃式向上层蔓延，造成几层同时燃烧，容易形成立体火灾，而且热烟毒气危害严重，直接威胁着人们的生命安全。此外，外部风力作用，会引起邻近建筑物燃烧。

3.1.3 安全疏散困难多，人员伤亡概率大

场所人员密集，发生火灾时疏散困难，极易造成人员伤亡，人员往往惊慌、拥挤，易造成踩伤踩死，甚至出现人员跳楼事件。高温烟气充满建筑物内，能见度降低，易造成被困人员恐慌，增大安全疏散的难度。人员在浓烟中停留1~2min就可能昏倒，4~5min就有死亡的危险。烟气、毒气等燃烧产物极易造成人员窒息、中毒死亡。国内外大量统计资料表明，高层建筑火灾，死亡人数中80%以上是被烟气毒死的。此外，酒店的人员，往往伴随着烟气中毒窒息后被烧死，或在睡梦中被烧死，或在逃生途中路线选择不当以及逃生之路被烟火封堵而被烧死等。

3.2 火灾原因

3.2.1 直接原因

（1）吸烟是引起火灾中的第一位因素。旅客酒后躺在床上吸烟，乱丢烟蒂和火柴梗非常容易引起火灾。

（2）电器事故占第二位。电器线路接触不良、电热器具使用不当、照明灯具温度过高烤着可燃物等，而且电器火灾的危险性随着建筑物使用年限增加而有增加的趋势。

3.2.2 间接原因

目前随着社会经济的发展，人民生活水平的提高，娱乐厅正向大规模、高档次、综合功能方向发展，致火因素更多更复杂，火灾更难于扑救，人员更难于疏散。如：演出活动和节庆活动增多，造成一些场所特别是经营效益比较好的场所超员现象严重，既增加了管理难度，又造成场所本身火灾死伤人数增多；有些设在其他建筑内，未按规范要求进行防火分隔，造成火险相互威胁；多数娱乐厅白天关门夜晚经营，有的设在城乡接合部、偏远农村，甚至有的锁门或搞“地下”经营，给消防监督管理带来诸多不便；社会不稳定因素增多，敏感问题增多，纵火、爆炸案件明显上升，给消防监督工作增大了难度。

4 防排烟设计评析

4.1 防烟分区的划分

根据防烟分区的划分方法，将娱乐厅每个楼层选作防烟分区的分隔，疏散楼梯作为疏散和扑救的主要通道，单独划分防烟分区。

由于娱乐厅采用了吊顶，在吊顶下仍需用挡烟垂壁划分防烟分区，挡烟垂壁又占去房间0.4m的高度，考虑到空间效果，娱乐厅选用平时收起，火灾时联动下垂的活动型挡烟垂壁。娱乐厅每层的走道中设置了4个活动型挡烟垂臂划分为3个防烟分区，面积分别为480m²、491.8m²和493m²。楼梯间的门为乙级防火门，独立自成1个防烟分区。娱乐厅共划分成11个防烟分区。

4.2 机械排烟

根据歌舞娱乐放映游艺场等公共娱乐场所的建筑特性和火灾特点，我国现行的消防技术规范、标准对公共娱乐场所机械排烟设置部位给出了具体的规定：GB 50016—2014《建筑设计防火规范》（2018版）中规定地下房间、无窗房间、有固定窗扇的地上房间，超过20m且无自然排烟的疏散走道，有直接自然通风但长度超过40m的疏散走道，应设置机械排烟。

所选娱乐厅设有固定窗，平时只用于采光，不能进行自然排烟，内走道长度为80m，根据GB 50016—2014《建筑设计防火规范》（2018版）的规定，娱乐厅的房间和内走道都应设置机械排烟设施。

娱乐厅的机械排烟系统由排烟口、防火排烟阀门、排烟管道、排烟风机组成，每个楼层设有2个DTF-No7SⅡ型双速常压高温消防排烟风机，每个排烟风机负担一个防烟分区的排烟，每个防烟分区设有一个排烟口，如图1所示，排烟口距防烟分区最远点的水平距离为29.0m未超过30.0m。

图1 位于娱乐厅走道上的排烟口示意图

任何一个防烟分区的排烟量为：

$$Q_{py} = vF_i \tag{1}$$

式中，Q_{py}是任何一个防烟分区的排烟量，m³/h；v是单位时间内单位面积上的排烟量，m³/（m²·h）；F_i是防烟分区的地板面积，m²。

因每个排烟风机负担一个防烟分区的排烟，单位时间内单位面积上的排烟量v取60m³/（m²·h），最大防烟分区的面积为491.8m²，代入公式：

$$Q_{py} = 60 \times 491.8 = 29508 \text{m}^3/\text{h} \tag{2}$$

设定通过排烟口有效断面时的风速为10m/s，排烟口的有效尺寸为：

$$A = \frac{Q_{py}}{10 \times 3600} = \frac{29508}{10 \times 3600} = 0.82 \text{m}^2 \tag{3}$$

每个排烟机的实际排烟量为8000m³/h，排烟口为800mm×800mm的常闭板式防火排烟口。对一个防烟分区的排烟口总有效面积应不小于0.83m²，所以娱乐厅排烟风机的排烟量及排烟口的尺寸，均小于计算值，不符合规范要求。

4.3 感烟探测器的布置

（1）感烟探测器的设置数量

一个探测区域内所需设置的探测器数量，不应小于式（4）的计算值[6]：

$$N = \frac{S}{KA} \tag{4}$$

式中，N是应设火灾探测器数量；S是探测区域面积，m²；A是探测器保护面积，m²；K是安全修正系数，一般K=0.7~1.0，特级保护对象宜取0.7~0.8，一级保护对象宜取0.8~0.9，二级保护对象宜取0.9~1.0。表1为感烟探测器的保护面积和保护半径。

表1 感烟探测器的保护面积和保护半径

房间坡度θ	$\theta \leq 15°$	$15° < \theta \leq 30°$	$\theta > 30°$
保护面积A/m²	60	80	100
保护半径R/m	5.8	7.2	9.0

娱乐厅层高为4.5m，吊顶距上层楼板1.0m，则探测器的安装高度为3.5m，查上表可得探测器的保护面积为60m²。

娱乐厅按一级保护对象标准设计，安全修正系数 K 取 0.85，地上一至四层感烟探测器布置数量为：

$$N = \frac{991.8}{0.85 \times 60 = 19.4\text{个}} \quad N = 20\text{个} \tag{5}$$

娱乐厅共设感烟探测器 203 个，地下一层布置感烟探测器 46 个，地上一层 25 个，二至四层 44 个，均大于计算值，符合规范要求。

（2）感烟探测器的安装间距

由于娱乐厅的特殊用途，一层分为多个包间，除总统包间外，其余包间的面积均未超过 $60m^2$，因此，仅设有一个感烟探测器，所以对感烟探测器安装距离的校核分成房间和走道两部分。

根据《火灾自动报警系统设计规范》（GB 50116—2013）第 8.1.3 条规定，结合实际情况取 a 为走道的宽度 2m，相邻两探测器之间的最大距离 b 为 9m，由表可知保护半径为 5.8m，按探测器到最远点水平距离 R′是否符合保护半径的要求校核安装间距，按式：

$$R' = \sqrt{\left(\frac{a}{2}\right)^2 + \left(\frac{b}{2}\right)^2} = \sqrt{\left(\frac{2}{2}\right)^2 + \left(\frac{9}{2}\right)^2} = 4.6m \tag{6}$$

$R'=4.6m<R=5.8m$，在保护半径之内，走道内感烟探测器的安装间距符合要求。

总统包间的长为 11.0m，宽为 7.2m，取 a 为房间的宽度 7.2m，两探测器间距为 6m，代入公式（6）：

$$R' = \sqrt{\left(\frac{a}{2}\right)^2 + \left(\frac{b}{2}\right)^2} = \sqrt{\left(\frac{7.2}{2}\right)^2 + \left(\frac{6}{2}\right)^2} = 4.7m \tag{7}$$

$R'=4.7m<R=5.8m$，在保护半径之内，包间内感烟探测器的安装间距符合要求。

5 结束语

通过分析该综合体娱乐厅的防排烟系统，根据规范要求及计算发现系统的设置存在以下几方面的问题：

（1）排烟部位、排烟风机的排烟量、排烟口尺寸不符合规范要求。该厅应在每个房间及走道分别设置排烟设施。建议该场所应根据实际情况，增加防烟分区的数量，减少防烟分区的面积，增加排烟口的有效面积和数量，达到规范的要求。根据近年来的火灾统计说明，在火灾死亡的人数中，由于烟气熏死的约占 50%~70%，而且被火烧死的人当中多数也是先中毒窒息晕倒后被火烧死的。所以，建筑的防排烟设施在火灾中既为安全疏散和消防扑救创造了有利条件，又控制了火势的蔓延扩大，因此，消防监督执法人员及娱乐厅的经营者应充分认识到设置防排烟设施的重要性，对娱乐厅的防排烟设施的设置高标准、严要求，最大限度保障人民群众生命财产的安全。

（2）娱乐厅的机械排烟方式为局部排烟，即在每个需要排烟的部位设置独立的排烟风机直接进行排烟，这种方式投资高，排烟机分散，维护管理比较麻烦，费用也较高，因此，建议采用集中排烟方式，将建筑物划分为若干个区，每个区内设置排烟机，通过排烟风道排烟，较少投资，增强系统运行的可靠性。

参考文献

[1] JOHN R. High Rise Building Fires [R]. Fire Analysis and Research Division National Fire Protection Association, 2005

[2] 张远超. 大型宾馆饭店的消防安全 [J]. 消防技术与产品信息, 2009 (9): 47-48.

[3] 王学谦. 旅馆饭店酒店消防安全 [M]. 北京: 中国国际广播出版社, 2003.

[4] 王学谦. 建筑防火设计手册（第二版）[M]. 北京: 中国建筑工业出版社, 2008.

[5] GB 500116—2013 火灾自动报警系统设计规范 [S].

[6] NFPA 101: 2006 ed, Life Safety Code [S].

[7] RICHARD W. Emergency Egress Strategies For Buildings [C]. Fsfpenist Building and Fire Research Laboratory, 2008.

消防监督管理

高校学生宿舍消防安全问题分析及防火安全对策研究

周子煦

（中国人民警察大学救援指挥学院，河北　廊坊）

摘　要　高校学生宿舍是校园场所之一，人员密集是学生的休息、生活和学习活动的集中地。学生宿舍安全是关系高等学校平稳发展、学生身心健康的大事。学生安全受到社会各界的广泛关注，高校宿舍发生火灾，会引起系列连锁反应，因此必须要加强高校消防安全管理，有效落实学生宿舍的防火工作，排查消防隐患，保障学生的生命财产安全。本文通过对高校学生宿舍的火灾安全隐患存在问题和火灾事故规律进行分析研究，分别从消防安全的管理，消防安全规章制度的制定，消防安全责任的落实以及消防安全教育三方面提出相应的防火安全对策。

关键词　学生宿舍　消防安全　火灾安全　规章制度

0　引言

近年来，世界各地各类学校火灾频发，高等院校也不例外。学生在宿舍待的时间比较长，一般火灾也频发在学生宿舍，莘莘学子被大火无情吞没。主要原因是学校消防安全管理疏忽和学生消防意识淡薄所造成的。大火吞噬的年轻生命让人痛心，无数血的教训警告我们，做好高校学生宿舍消防工作，防范火灾事故的发生，具有非常重要的意义。

1　高校学生宿舍的火灾安全隐患存在问题

1.1　消防安全管理规章制度不健全

很多高校在消防安全管理工作上没有制订详细的规章制度，缺少消防安全组织机构，致使管理找不到依据，执行起来随意性大，也有高校制定了消防安全工作制度，但是不按照制度执行，形同虚设，无人问津。

1.2　消防安全管理责任落实不明确

高校消防安全隐患部位没人专管，消防设施、消防器材维护不到位，学生普遍缺乏基本的防火灭火技能和安全自救知识，甚至有的学生不会对灭火器等消防设施操作和使用。此外，消防责任没有落实到位在高校宿舍消防管理工作上也是极大弊端，时常出现消防安全事故发生后，没有相应责任人等问题，都是亟待解决的重要问题。

1.3　消防安全管理宣传教育不到位

根据多年来火灾数据显示，火灾发生大部分情况都是人祸，天灾占的比例为小部分，在学校火灾案例中，究其原因，大多是因为学生在宿舍内擅自用使用各类大功率电器如：用电炉、电热杯、电热毯、电卷发棒、取暖器等，私拉接线电源，长期通电或外出未关闭电器电源，熄灯后使用蜡烛照明（更有甚者在蚊帐内使用），吸烟乱扔烟头、焚烧杂物等行为会险象环生。目前很少有高校开设消防安全课程，学生消防安全意识极差，对消防安全的各项实操演练，没能普及到每一位学生，火灾发生后，学生不具备初起火灾的扑救能力，后果非常严重。

2　高校宿舍重大火灾事故规律

2.1　国内外典型高校宿舍重大火灾案例统计

由国内外典型高校宿舍重大火灾案例统计表可知，高校宿舍火灾可能只造成轻微损失，也有可能造成群死群伤的重、特大恶性事故。在所统计的20起火灾事故中，造成人员伤亡的典型事故共9起（表1）。

表1　国内外典型高校宿舍重大火灾案例统计

时间	学校名称	火灾原因	损失
1997年5月23日	云南省中心学校	蜡烛引燃蚊帐	21人死亡2人伤
1998年1月22日	济南某医学院	电炉	5人死亡
2000年1月19日	美国西顿霍尔大学	未明	3人死亡58人伤
2000年3月27日	吉林省万发乡中学	排除室内明火	4人死亡11人重伤
2001年5月16日	广州市一寄宿学校	未熄的烟头	8人死亡25人伤
2001年12月17日	四川大学	台灯	个人物品被付之一炬
2002年11月6日	西安联合大学	电炉	个人物品被付之一炬
2002年12月1日	南京大学	电线老化	个人物品被付之一炬
2003年2月11日	中央民族大学	私拉电线	个人物品被付之一炬
2003年2月20日	武汉大学	电热毯	3楼只剩下断壁残垣
2003年9月12日	北京工商大学	劣质充电器	个人物品被付之一炬
2003年10月3日	北京交通大学	热得快	个人物品被付之一炬
2003年11月24日	俄罗斯人民友谊大学	电线短路	41人死亡200人伤

续表

时间	学校名称	火灾原因	损失
2003年12月2日	北京交通大学	热得快	个人物品被付之一炬
2003年12月23日	东北大学	热得快	1000多名女生凌晨逃
2005年11月2日	北京市林业大学	汽油爆炸	2人死亡
2006年1月8日	马尼拉大学	厨房引着了火	8人死亡3人伤
2007年1月11日	东北师范大学	杂物	500学生被困
2008年5月5日	中央民族大学	违章用电	上千女生疏散
2008年11月14日	上海商学院	热得快	4人死亡

2.2 国内外典型高校宿舍重大火灾事故直接原因

国内外典型高校宿舍重大火灾事故直接原因：由违章使用电器直接引起的事故比例最大；使用明火、违章乱拉电源电线直接引起的事故比例较大；化学易燃品、电线老化和引燃物等直接原因引起的事故则相对较少（表2）。

表2 国内外典型高校宿舍重大火灾事故直接原因

直接原因	电器起火	明火引燃	化学品/汽油起火	易燃物/杂物引燃	电线短路	电线老化	原因未明
起数	9	3	1	1	3	1	1
比例/%	45	15	5	5	15	5	5

3 高校学生宿舍防火安全对策

3.1 领导高度重视 提高师生消防安全意识

高校要把消防安全无小事，生命安全放第一位，充分重视消防安全管理工作，从上到下建立健全消防的组织机构，制订和完善学校消防安全管理制度，结合宿舍不同场地需要拟定管理方法，只有在完善的消防安全管理制度的指导下，才能保证消防安全管理工作有法可依，有章可循。还要加强对宿舍管理的要求，宿舍管理人员必须具备一定消防安全专业知识和消防应急能力，才能胜任此岗位工作。同时，定期维护和保养宿舍的消防设施，保证消防设施的完好使用。并设定专人专管的管理机制。

3.2 规章制度健全 责任落实到位

重抓消防安全管理制度，层层落实防火安全责任制，签订消防安全责任书，通过层层签约，做到逐级负责。做到高校有专人专管消防安全工作，真正落实逐级消防安全责任制和岗位消防安全责任制，明确各岗位的消防安全责任人，做到消防安全工作责任到人，消防安全不留死角。同时，把消防安全检查为一项长期进行的管理工作，定期或不定期组织消防安全检查，对检查中发现的安全隐患及时联系到具体责任人，并严格按照相关管理规定作出处理，将岗位竞争机制引用到消防安全管理工作之中，绝不手软，以此提高学生宿舍消防安全管理工作的实效。消防安全检查的内容：用火用电违章情况；火灾隐患的整改情况，以及防范措施的落实情况；消防安全疏散通道、疏散指示标志、应急照明和安全出口情况；灭火器材配置及时效情况；消防安全重点部位管理等情况等。高校消防安全检查内容根据具体情况而定，可以进行专项检查，也可进行全面大检查，避免火灾事故的发生。

3.3 加强安全教育 提高自我防范意识

高校要积极组织消防教育活动，通过校园里的各种设施对消防安全进行多种形式的宣传教育，如广播、宣传栏、板报、新媒体平台等，加强学生消防安全意识。以消防安全为主题班会，进行消防常识互动宣讲，让学生具备一定的火灾应急能力；以组织消防知识大赛，强化学生对消防知识的掌握。定期组织消防各类演练活动，训练学生面对突发火灾的应急能力和消防设备的使用能力。只有学生真正掌握了应对火灾的能力，在消防事故发生时，才能最大程度地减小损失，做到防患于未然，保护自身安全。

4 结语

消防安全管理是一项长期的工作，不仅影响整个学校的发展，同时会对全校师生的生命财产安全产生严重影响。必须做好学生宿舍消防安全工作，保证高校的教学、科研等顺利进行，提高学生的消防安全防范意识，提升学生火灾的应对能力，熟练操作消防设备，才能确保在校学生的生命和财产的安全，因此，高度的责任心、科学的消防安全制度和安全教育，才能高效的保障学生在宿舍的安全，营造安全温馨的家园，创建安全和谐的校园。

参考文献

[1] 金曦．当前高校学生宿舍消防安全管理的现状分析及对策［J］．文教资料，2011（9）：232-234.

[2] 徐满．高校消防安全评价及学生宿舍的防火措施研究［J］．吉林化工学院学报，2011，28（6）：40-44.

[3] 张小娟．基于事故树分析的高校学生宿舍火灾规律探索及预防［J］．收藏，2019，18.

[4] 陈国华，施文松，曾辉．广东省重特大火灾事故统计分析及预防控制［J］．中国安全生产科学技术，2012，8（2）：111-116.

[5] 王辉，王丹．公路隧道火灾事故统计分析［J］．河北交通职业技术学院学报，2009，6（2）：44-46.

[6] 泉州师范学校．20起高校典型火灾事件回顾．2012-12-07.

[7] 宁宁，齐涛，杨继光．高校学生宿舍消防安全工作常见问题及解决对策［J］．河北农业大学学报：农林教育版，2004，6（4）：109-110.

[8] 郭建群．高校学生公寓消防安全：问题，原因及建议——以厦门市X大学M校区为例［J］．收藏，2016，4.

[9] 李琳，程远平，吴蕾，等．高校学生宿舍消防安全疏散［J］．消防科学与技术，2010（2）：122-125.

简述天津市大型物流园区当前面临的消防安全困境和对策

傅艺桥

（天津市消防救援总队防火监督处，天津）

摘　要　简要分析当前天津市辖区内大型物流园区存在的消防安全需求与消防基础建设、传统监督模式不相适应的现状，讨论从加强消防综合监管，单位主体责任落实，抓好立法建设，加强消防宣传等方面推动天津市大型物流园区消防安全管理，提升工作实效，以实现全民消防，提升大型物流园区本质安全。

关键词　大型物流园区　齐抓共管　规划　立法　宣传

1　引言

天津市坐拥华北地区最大的港口集散地，与物流相关建筑如物流园区在全市大量涌现，特别是2015年天津港“8·12”特大火灾爆炸事故的发生，无疑为我市大型物流园区消防监督工作提出了新的课题，大型物流园区，这一介乎于仓库与厂房之间的特殊建筑形态，游离于现行消防技术标准之外。特别是现代化大型商品物流园和进驻此园区工作的大中型企业单位种类多、储存运输物品类别广可燃物数量多、货物和人员出入库频次高、人员流动性大，内部安全通道结构错综复杂等众多原因导致其发生火灾概率高，且容易形成连营之势，造成大量人员伤亡，财产损失及不良的社会影响。

2　天津市物流园的基本现状

以建筑面积大于2500m^{2}为标准，天津市共有物流企业641家，主要分布在武清、北辰、西青、东丽、滨海新区等地区，大型物流园区12个，占全国总数的1.6%，也是天津市的纳税主体之一。为追求经济效益，园区经营者围绕停车场甚至占用公共道路建立店铺、仓库、旅店、办公室，并将店铺租给各个物流公司及少数车辆维修、餐饮、旅店、超市行业，形成了相对独立封闭的园区综合体，这样相对独立封闭的“园区综合体经营模式”在一定程度上导致了园区内业态混杂，形成独有的经济生态体系，一些消防安全隐患日益凸显。

3　当前大型物流园存在的消防安全隐患问题

3.1　历史遗留问题较多，部分园区缺乏准入条件

部分地区为了发展经济，只注重向物流园招商引资，不设立或降低园区准入门槛，导致物流园先天不足引发后天消防隐患问题频发，如因土地性质原因，一些物流园区规划、土地、消防等未经相关部门审批，在管理制度、人员、措施不到位情况下蛮干运营。此外，一些物流园区因发展受阻，擅自占用消防车通道进行私搭乱建屡见不鲜，此次调研的物流园区中就有4个未审先建，导致出现消防耐火等级低、火灾危险性大、防火间距不足、消防设施不能覆盖监控保护等先天隐患发生。物流园园区各种乱象由此而生，产生了管理制度不规范、人防技防措施不落实、经营秩序混乱、园区内停靠LNG液化气壳装车用于取暖燃料等一系列问题。据统计，全市物流企业中23%未取得规划部门许可，26%未经设计审核和消防验收。

3.2　建筑体量较大，防火分隔设施较少，“三合一”现象突出

物流园内建筑一般采用大跨度空间、一体化、自动化的建设风格，建筑面积一般都在一万平方米以上，高度大都达到12m以上，建筑体量12万m^{3}以上。由于物流存储分拣工艺需要，仓库的存储区、计量区和分拣区之间大都不设置分隔，形成无障碍一体化便于流通作业的空间。为了提高仓储物流效率，物流园内的商户大都纵横连片设置，商户间相互贯通，存储物品密集。此外，有些商户由于面积较小，未设置独立库房，商铺与仓库混杂，有的甚至与宿舍三位一体，形成了典型的“三合一”“多合一”建筑，这样就造成了园区内存放大量的商品同时，用火用电混乱，整个物流园区相当于一个大仓库，火灾负荷大，极易形成蔓延之势，导致人员伤亡和财产损失。如天津成邦物流园，建筑面积约12万m^2，被近260家物流公司共同租赁，且之间没有防火分隔，普遍存在“三合一”“多合一”住人现象，如若发生火灾，火势会沿可燃物较多的货架以及堆垛进行蔓延，甚至沿货架向上发展至顶棚屋面，火灾危险系数较大。

3.3　改建仓库火灾危险性高，耐火等级低难扑救

调研结果显示，一部分物流仓库由老厂房仓库改造而成，一部分采用彩钢结构搭建，多为临时性，准二级耐火等级建筑。这在一定程度上无法满足消防技术规范要求。调研统计，目前本市防火分区面积超过3000m^{2}的物流建筑中，结构为钢屋架且未设置自动喷水灭火系统的占比26.8%，未设置火灾报警系统的占比76.1%。仓库大都采用轻钢结构，在没有任何冷却措施的条件下，15min物流仓库的钢结构就会失去稳定。灭火救援过程中，在水的冷却作用下，钢结构先骤热后骤冷，强度会加速衰退。同时，大量的水加重屋顶钢结构负荷，也是引发钢结构整体倒塌的重要因素之一，加之部分园区远离消防救援站，消防水源不能保证，对灭火救援造成极大影响。

3.4　物流仓储场所空间大疏散困难，易造成人员伤亡

与普通仓库建筑相比，大型物流仓储场所内部空间大、结构复杂，由于物流分拣流程工艺需要，人工参与度高，工作人员相对密集。而设计之初，物流仓库大都按照机械化流转工艺测算疏散需求，包括仓库疏散距离、安全出口数量、设置部位和宽度等，造成了安全出口数量以及疏散距离不能

满足疏散需要等问题，且内部货物堆放密集，对疏散指示标志遮挡严重，有些通道被散落的货物堵塞，人员疏散时会受到极大的阻力。有的仓储场所内未按技术规范要求设置消防应急照明和灯光疏散指示标志，据统计，31.4%的物流仓储建筑中未设置消防应急照明和灯光疏散指示标志，这些隐患对火灾中人员逃生都构成了极大的阻碍。在灭火救援过程中，由于仓储场所内通道狭长、方向改变频繁，障碍物多、破拆困难，内攻路线布置困难，极易拖慢深入内部进行人员搜救进程，贻误最佳救人时间。

3.5 消防水源基础建设落后

当前应生产生活需要，大型仓储物流园区飞速发展，而市政消防水源等消防基础设施建设不能满足物流园区建设发展扩张的需求，例如：西青、东丽、北辰等天津市环城区域，目前完善的消防水源和满足消防车通行需要的道路建设局限于外环线以内，这也在一定程度上导致了很多聚集在外环以外的大型物流园区只能依靠区域内的地下水保证生产生活以及消防用水，在建设初期没有设计永久性的消防水源，也没有消防供水的配套加压设施，这在一定程度上造成消防灭火用水量和压力不足。调研统计显示，超过33.7%的物流园区没有配置与之规模相符的消防水源。26.5%的物流园区建设在无市政管网地区。

3.6 行政监督管理不力，监管合力不足

物流业管理涉及公安、消防、海关等多个部门，除寄递业明确规定由国家邮政局主管外，其他物流行业管理部门模糊，权限不够明确，没有专门组织机构，缺乏专业统一协同监管。对于仓储物流行业，有关部门行业监管能力有待提升，采取更多办法和措施，增强针对性，对突出重大难以整改的消防隐患问题执法力度不够，单靠消防救援机构进行日常消防监督抽查检查，监管效果达不到预期。

3.7 企业消防安全主体责任落实不到位

物流园入驻企业在行业内准入标准不高，资格水平良莠不等。以北辰区较为密集的天津华北物流园为例，仅对资金、业态等标准作了准入限制，企业注册资本与运营成本较低，只需支付少量门槛费就可以入驻园区，无其他执业要求、安全要求，也不需要提供担保等保全措施。一些民营物流企业消防安全主体责任意识不强，只重视经济效益，不注重安全投入，不对员工进行消防安全岗前培训交底，日常消防安全培训演练走形式走过场，甚至只做纸面文章应对消防部门检查。消防设施器材配备不足，定期不检过期不换，人防、物防、技防措施缺位，动态消防安全隐患不及时消除。

4 基本对策与建议

4.1 属地政府牵头监管，多方联合齐抓共管

各级党委政府、部门、行业要按照“党政同责、一岗双责、齐抓共管、失职追责，管行业必须管安全、管业务必须管安全、管生产经营必须管安全的要求”，压紧压实各自岗位的安全职责，层层落实到基层一线，同时，督促所属镇街统筹消防安全规划，改善物流园区及周边的消防安全环境，着力解决消防水源、市政道路、消防车通道等带来的区域性隐患。在日常监管中对于发现的风险问题，由政府及行业主管部门牵头督改问题，各部门间加强配合，形成执法合力。对应当依法处罚的行为，要坚决予以处罚，对火灾风险突出，不具备消防安全条件的，要依照法定程序，依法严肃处理，该停业的停业，决不姑息迁就。

4.2 出台有力措施，保障单位主体责任落实

以推动物流园区落实消防安全主体责任为主线，出台管理规定，重点对仓储和物流企业（场所）是否建立单位消防安全管理组织，明确责任人，落实逐级消防安全责任制和岗位职责，特殊岗位人员取得执业资格持有效证书上岗情况，是否定期开展消防安全检查巡查，是否对电气设备、线路进行定期检查及日常维护保养，电气线路是否存在老化或不符合防火等级要求、超量储存、超范围储存，是否对违规动火作业进行规范，完善责任链条，做到一层压一层，层层得到落实。

4.3 抓好立法建设，出台针对性的法规标准

建议由市消防安全委员会牵头，组织物流园区属地政府、邮政、公安、消防、交通、海关、工商、商务等相关政府职能部门，制定出台《大型物流园区消防安全管理办法》，进一步细化单位消防安全监管、建筑和消防设施防火、易燃可燃危险品管理等相关项，明确属地政府和相关职能部门工作职责，为依法监管提供有力的法律依据和政策支撑。

4.4 规范用火用电行为，建立并落实管理审批制度

园区内管理公司建立安全用电，动火作业审批制度。对需要增设电器，电源线路的用户，须向管理分公司申报，经批准后，按照有关安全规定进行规范安装。对需要进行动火作业的，须事先做出方案，向公安机关消防机构提出申请，经批准后，在管理公司的监护下，方可进行作业。

4.5 加强消防设施建设，及时消除消防动态隐患

在没有配置与之规模相符的消防水源的物流园区内集中建设消防水泵加压站，消防蓄水池等永久性消防水源保障设施，并由管理公司统一负责管理。在没有配置自动报警系统和固定灭火系统的物流园区内，要按规范要求，统一增设，并做好日常维护，及时消除动态消防安全隐患。

4.6 抓好消防安全宣传，提升各类人群安全意识

思想觉得行为，抓好物流园区消防安全建设，应要从思想认识抓起，园区管理者应抓好关键少数的思想认识，对于新入园区的企业单位责任人应进行消防安全交底，入园前风险提示，督促企业单位建立员工培训制度，落实日常培训演练，在园区内组织多种形式的消防安全宣传，加强对物流园区消防安全重要性和特殊性的教育，使园区内企业单位及其工作人员认清消防安全对于企业发展的重要性，自觉遵守消防法律法规，及时发现并主动消除消防安全隐患。

浅谈做好大型群众性活动消防安保工作的对策研究

周健楠

（天津市消防救援总队，天津）

摘　要　结合近年来在天津举行的夏季达沃斯论坛、世界智能大会、绿色智慧建筑博览会等一系列大型群众性活动，从活动特点、勤务安排、力量部署、指挥调度、后勤保障等方面进行总结归纳，并提出针对性的工作建议，为做好大型群众性活动消防安保工作提供了参考。

关键词　大型群众性活动　消防安保　指挥调度　勤务部署　对策

1　引言

2021年，天津成功举办了第五届世界智能大会、中国建筑科学大会暨首届绿色智慧建筑博览会、中国国际矿业大会、中国（天津）非公有制经济发展论坛、全国糖酒会、中国（天津）国际汽车展等活动。在当前疫情常态化防控的条件下，各类大型群众性活动也在逐渐恢复，将成为天津市经济社会生活发展的重要组成部分。安全是成功举办大型活动的基本前提和重要保障，而消防安全作为安全的重要组成部分，责任义务重大。为确保大型群众性活动消防安全万无一失，国家消防救援队伍应提前部署、主动作为，积极开展各项工作。

2　大型群众性活动的特点

2.1　大型群众性活动定义

大型群众性活动是指法人或者其他组织以租用、借用或者以其他形式临时占用场所、场地，面向社会公众举办的每场次预计参加人数达到1000人以上的文艺演出、体育比赛、展览展销、招聘会、庙会、灯会、游园会等群体性活动。不包括影剧院、音乐厅、公园、娱乐场所等在其日常业务范围内举办的活动。

2.2　大型群众性活动安保特点

2.2.1　关注程度高

在疫情常态化管控条件下，随着经济实力的快速发展、人民群众精神文化需求的不断提高以及国家会展中心（天津）的投入使用，天津市各项国家或国际性会议、体育赛事、文艺演出、展览展销等大型群众性活动数量逐渐增多，规模逐渐扩大、规格逐步提升，已成为天津经济的新增长点。各项活动在举办前均要进行网络、平面媒体宣传，吸引展览商、媒体记者、群众等人员参加活动，引起社会的普遍关注，场所内一旦发生火灾，会造成很大的影响。

2.2.2　安保任务重

大型群众性活动参与者中不乏各级党政领导、学者，遇到国际性的大型群众性活动，相关国家的元首或政要也会出席。国际各种恐怖组织或敌对势力，通过类似活动想方设法进行破坏活动或者放火行动，进而宣扬自己，这给整体安保工作提出更高要求。

2.2.3　指挥调度复杂

大型群众性活动准备期相对较长，对于达沃斯、亚运会等大型活动，准备期要达到1年以上。组委会内各部、各组相对较多。目前，消防已进行改革，不再归属公安部门。但整体的安保指挥部由公安局牵头建立，消防安保作为安保指挥部中的一个组成部分，向上受领任务、横向沟通交流、向下指挥调度这些工作相对复杂，给一体化消防安保工作带来影响。

2.2.4　临时设施多

为达到活动的整体效果，场所内需设置机械设备、LED屏幕、舞台等临时设施和大量照明设施、音箱、电器线路等。场所一般将进行大量装修，有的还可能使用易燃可燃材料，临时设施在建造、搭建过程中用火用电频繁，且设施体量大、数量多，可能因敷设不规范、超负荷或过载等故障引发火灾事故。如管控不到位，一旦发生火灾事故，消防救援难度大、人员疏散困难，极易造成重大的经济损失和人员伤亡。

2.2.5　社会面火灾形势严峻

当前，全国安全生产形势总体平稳，但相关领域社会面的较大事故和重大涉险事故频发也给我们敲响了警钟。大型群众性活动一般从3月份至年底，场所周边单位相对繁华、重点单位较多，生产生活用电、用火、用气、用油频繁，发生火灾的概率增大，实现核心区周边“不起火、不冒烟”工作目标的难度较大。

3　大型群众性活动消防安保相关对策

3.1　成立工作专班，建立勤务实战体系

3.1.1　大型群众性活动审批情况

目前，按照《大型群众性活动安全管理条例》的相关要求，预计参加人数在1000人以上5000人以下的，由活动所在地县级人民政府公安机关实施安全许可；预计参加人数在5000人以上的，由活动所在地设区的市级人民政府公安机关或者直辖市人民政府公安机关实施安全许可；跨省、自治区、直辖市举办大型群众性活动的，由国务院公安部门实施安全许可。消防部门按照现行要求，不用出具相关的许可文书，但是前期的各项检查还是需要开展的，并将相关情况通过建议函等形式通报相关公安机关，从根源上消除隐患问题。

3.1.2　建立高效顺畅的指挥调度体系

针对参加人数5000以上的大型活动，成立一个专业、高效、统一的管理团队，建立扁平化的指挥调度体系，用于统筹协调相关工作是非常有必要的。要成立由总队防火监督处、作战训练处、信息通信处等相关处室及属地支队联络员组成工作专班，建立扁平化的指挥调度，按照方案部署搭建实战指挥体系，具备指挥调度、视频会议、视频监控等功能，实名制定人定岗定责，落实值班值守、情况报告、调度会商、应急响应等运行机制，确保“纵向贯通、横向联动、反应迅速、高效处置”。要主动对接组委会，明确专人负责

信息收集、证件报送，及时掌握活动的相关信息，根据组委会的整体安保方案，制定消防安保整体方案及勤务方案，正式明确机构责任、工作职责以及具体的工作内容，为整体工作的开展奠定基础。

3.2 开展隐患排查，确保场所及社会面稳定

3.2.1 开展场所调研评估

在筹办初期，工作专班要组织安保团队进驻场所开展日常工作，发动物业、保安、清废、电力等相关业务领域人员，紧盯施工现场用火用电，加强巡查检查，组织各领域专家、业务能手，从建筑结构、消防管理、消防设施、用火用电管理等方面开展场所调研评估，将相关隐患问题进行梳理，通报相关行业主管部门，紧盯隐患问题整改，并依托安保指挥部强化横向联动，形成工作合力。要做实“一馆一策”，着力推动将消防工作纳入场馆安保一体化，牵动各部门单位落实消防安全措施，场馆运行专业力量与消防安保人员“结对子”，实行网格化管理。

3.2.2 开展场所周边单位摸排

相关支队要重点围绕周边1000m范围单位、场所开展集中排查，建立基础信息和隐患问题“两本账”。针对服务保障单位人员流动大的情况，督促各单位增加巡查和看护力量，实名制落实单位领导带班值守、工作和技术保障人员24h不间断巡查看护等措施，坚决确保举办期间“不起火、不冒烟”。

3.2.3 开展社会面联防联控

消防部门要充分联动政府部门和基层防控力量开展全面排查，走访乡镇（街道），督促每日开展消防安全巡查、消防安全提醒，严格落实周边单位、场所和住户的主体责任，及时督改问题隐患。要结合当前一段时期内的重点突出隐患，及早谋划，加大本地区高层建筑、大型商业综合体、沿街店铺合用场所整治力度，加强消防宣传、隐患曝光，提高全民消防安全意识。要做好指战员的战时思想工作和各项生活保障，激发队伍士气，加强典型宣传，解决实际困难，进一步激发队伍安保的积极性。

3.3 强化应急处置，配齐装备器材

3.3.1 强化应急处置准备

消防部门要提前编制应急救援处置程序，进一步熟悉场所及周边环境，将活动中可能出现的情况想全想细，修订完善针对性方案预案，按照“应演尽演”的原则，对所有场所进行实战演练。要按照“事件场景化、措施具体化、处置流程化”要求，积极协调运行保障各业务领域，分层级、分批次开展专业培训，明确职责任务和处置策略、原则、方法、流程，逐项按程序开展桌面推演、模拟演练、实战演练，提升快速反应、专业处置、合成作战能力水平。要对场所各类灾害事故预案不断改进完善，动态检验力量调集、战斗编成、组织指挥、处置程序是否科学高效，区域协同、联勤联动是否畅通，打有准备之仗、有把握之仗。

3.3.2 配齐遂行战备物资

消防部门要坚持“问需一线、保障先行”，运用评估成果，问需实战部门，配齐备足常用执勤装备器材的同时，要为执勤点官兵配备巡逻包，含灭火器、强光手电筒、灭火毯、热成像仪、钳形电流表、800兆手台等。条件允许的话，统一订制安保服装，用于现场执勤使用，同时要推进高精尖装备建设和专业装备配备实战运用。

3.4 推动消防科技建设，强化场馆人员培训

消防部门要强化科技支撑，推动场馆应用物联传感技术，对场所消防设施运行进行远程监测，分层推送数据，实时感知预警、精准监管、高效响应。要强化全员能力，针对活动主办方、施工方特点，制作安保领域通用培训课程，就消防安全提示、辅助疏散逃生等方面进行专题视频培训，并组织对场所公安、保安等岗位力量开展消防基本技能实操实训，凝聚全体安保力量消防保障合力。

4 小结

综上所述，要做好大型群众性活动的消防安保工作，一定要充分发挥政府、行业部门、主办方职责，加强部门间通力合作，提前研判场所风险隐患，安排安保团队全程跟踪指导，做好施工现场的排查整治和活动期间的巡查检查，按照工作部署稳步有序地开展消防安保工作，才能取得安保胜利。

参考文献

[1] 丁辉等. 大型活动活动安全风险管理［M］. 北京：化学工业出版社，2012.

[2] 魏捍东，赵新文. 韩国大型活动的消防安全对策讨论［J］. 消防科学与技术，2008，27（2）：142-144.

[3] 刘建国，赵洋. 奥运消防安保特点与实践经验探讨［J］. 消防科学与技术，2009，28（1）：58-61.

[4] 蒋洪新，吴希晖. 大型活动消防安全保卫工作机制的建立与应用［J］. 消防科学与技术，2010，28（3）：259-262.

[5] 何肇瑜. 浅谈如何做好重大活动的消防安保工作［J］. 消防科学与技术，2016（9）：1327-1329.

关于微型消防站可持续建设发展的几点思考

张 辉

（新疆消防救援总队，新疆 乌鲁木齐）

摘 要 微型消防站是现有消防救援力量的重要补充，也是落实消防安全主体责任的重要体现之一。本文着眼于微型消防站的可持续建设发展，分析了当前微型消防站在建设、运行过程中存在的人员设施不达标、思想认识有偏差、力量编配不合理、联动效能不明显等问题，从健全政策制度、加强联勤联训、创新建站形式、完善经费保障等方面提出了对策建设。

关键词 微型消防站 可持续 发展

1 引言

微型消防站是新形势下消防部门提出的加强志愿消防队建设的升级版，基本要求是“有人员、有器材、有战斗力”，主要目的是一旦发生火灾，能够在3分钟内赶到现场，快速处置或控制火势蔓延，并组织人员疏散。2015年以来，全国各地大力加强消防安全重点单位和社区微型消防站的建设。以新疆为例，全区共建成重点单位、社区以及便民警务站三类微型消防站2.23万个，队员6万余名，在扑救初起火灾、维护公共安全中发挥了重要作用。

2 微型消防站在维护公共安全中的作用

2.1 微型消防站是扑救初起火灾的“第一灭火队”

微型消防站建在单位内部或者城市主要街区，能够发挥“第一到场”的优势，迅速控制火灾蔓延发展，及时扑灭小火，积极救助被困人员，避免或减少火灾伤亡和损失。以新疆为例，2016年以来，全区微型消防站独立或参与扑救火灾年均在2000起左右，有效实现了“救早、灭小”的目标，已成为扑救初起火灾事故的一支不可替代的力量。

2.2 微型消防站是处置突发事件的“第一先锋队”

微型消防站特别是依托基层综治力量建设的微型消防站，除了负责扑救初起火灾之外，还可以发挥其分布广、队员熟悉辖区和单位情况，做好本辖区、本单位的治安防范和平安建设等工作，一旦发生突发事件，能够第一时间到场处置，做到“处置早、打击小”的目标，实现了社会资源的整合共享和优化利用。

2.3 微型消防站是落实火灾防控的“第一巡防队”

现行消防法律法规规定，机关、团体、企业、事业等单位以及村民委员会、居民委员会根据需要，建立志愿消防队等多种形式的消防组织，开展群众性自防自救工作。因此，微型消防站同时还可结合单位、场所内部的日常熟悉演练等，开展常态化、针对性的防火巡查，协助消防安全管理人员做好火灾隐患整改工作，实现对隐患早发现、早报告、早消除。

2.4 微型消防站是开展消防宣传的“第一工作队”

微型消防站的队员在日常防火巡查中，可同步对重点人群开展“面对面”的消防常识宣传。各单位还可以将微型站作为消防宣传培训的“主阵地”“体验馆”，与标准化网格化管理、消防安全“四个能力”建设等工作有机结合，并定期组织培训，提升单位（场所）从业人员的消防安全意识特别是应急疏散和自救能力，实现早预警、早防范。

3 当前微型消防站建设运行中存在的主要问题

3.1 思想认识有偏差

一些单位、社区对微型消防站建设工作的积极性不够高，甚至有应付现象，没有从本单位实际考量微型消防站的建设和使用。甚至有的单位认为灭火就是消防部门的事情，对建设微型消防站不理解、不支持。已经建立的，队员的待遇不高、流动性大、业务技能不高。

3.2 基础工作不达标

有的虽然设置了器材架、器材室，但是在器材种类、数量以及人员熟练掌握方面仍存在不足。个别已达标的微型消防站，由于各项规章制度不健全，对人员、装备器材的管理不到位，导致战斗力在短期内明显下降。同时，一些微型消防站没有认真履行防火巡查检查、消防宣传教育工作职责。

3.3 力量编配不合理

大部分消防安全重点单位的微型消防站队员，就是消防控制室值班人员和防火巡查人员，没有将保安、重点岗位员工等人力资源整合、利用起来，也没有灭火行动组、通信联络组、疏散引导组的编配。加上人员流动快、责任心不强，实际发挥作用不够。一些社区按照工作人员、网格人员编配队员，没有考虑实际在岗因素，夜间和节假日，容易形成执勤力量的“空档期”。

3.4 培训演练不深入

一些微型消防站的灭火救援技能培训和实战实装演练不及时、不深入，队员不能有效操作配备的装备器材和单位内部的消防设施，不熟悉应急处置程序，不能正确启动自动消防设施、组织疏散人员。现场处置时一般有2至3人到场，后续增援力量不足或不能及时跟进到位。

3.5 联动效能不明显

许多消防救援支队（站）与辖区的微型消防站缺乏畅通有效的联动机制，甚至没有准确掌握辖区的微型消防站力量情况。许多消防救援指挥中心仅仅是按程序调集辖区和周边的消防救援站，没有及时调动附近的微型消防站。已纳入联勤联动体系的微型消防站也仅仅是通过外线电话与消防指挥中心联系，没有运用现代信息技术手段实现高效、实时联通。

3.6 经费保障不到位

单位和社区尤其是规模较小的单位，经费保障一直以来是其消防工作的“短板”。而微型消防站不论从人员、装备、器材和站房，还是后期的日常管理运维，所需经费相对较大。许多地方的政府也没有制定针对社区微型消防站经费保障的相关规定。导致微型消防站在建设、发展、运行中的经费保障不到位。

4 推进微型消防站可持续建设发展的对策建议

4.1 坚持顶层设计，让微型消防站“强起来”

一是要强化政策支持。将微型消防站的规划、建设等列入应急体系、综合防灾减灾、安全生产和消防救援事业发展规划，强化顶层设计。要制定微型消防站建设指导意见，分类明确火灾高危单位、消防安全重点单位、社区等微型消防站的建设标准、长效管理和综合保障机制，并把社区微型消防站纳入为民办实事项目。在此基础上，对标升级现有微型消防站。二是纳入要目标管理。把微型消防站建设纳入年度安全生产和消防工作考核以及政务督查范畴。同时，建立消防监督员和消防救援站分片包干制度，定期开展指导帮扶，及时解决存在的问题。

4.2 坚持防消结合，让微型消防站“动起来”

要提炼单位自我管理既有成熟机制的精华，注入微型消防站日常管理运行中，在实现“有人员、有器材、有战斗力”的基础上，着力打造“一站四队”的工作模式。一是要建强快速反应的“灭火队”。健全“1min最近的巡查队员到场、3min微型消防站所有队员到场、5min周边微型消防站和国家综合性消防救援队到场”的响应机制，提升快速扑救初起火灾的能力。二是要建强应急处置的“先锋队”。加强日常视频巡查、防火巡查，围绕纵火、爆炸等突发事件开展针对性的演练，一旦发生类似事件，能够第一时间利用配备的装备器材和建筑消防设施器材等进行处置。三是要建强专业高效的“巡防队”。要将保安、重点岗位员工纳入微型消防站力量范围，加强对队员的防火业务培训，确保人人都是消防安全的“明白人”，通过实施定点、定时、定人的巡防排查，及时查改动态火灾隐患并积极配合单位消防安全管理机构和消防部门做好静态隐患的治理。四是要建强最接地气的“宣传队”。将微型消防站作为内部人员消防安全知识和灭火应急救援技能的“培训基地”，组织全体员工到站轮训，开展灭火应急疏散演练，使消防宣传更贴近实际、更具立体性。

4.3 坚持区域联防，让微型消防站“联起来”

一是要整合区域力量。将微型消防站建设与消防安全区域联防联勤工作有机结合，督促指导“位置相邻”“行业相近”的单位组建联防工作小组，整合区域内专职消防队和微型消防站等力量，确保发生火灾事故时，在自防自救中能够变单兵作战为合成作战，变零散防范为区域防范，形成群防群治格局。二是要加强业务培训。坚持“提高微型消防站实战能力必须得练好内功”的原则，定期组织队员开展消防业务、体能和技能实训以及应急演练，提升灭火救援技战术水平和查改火灾隐患的能力。三是要强化联勤联动。要完善国家综合消防救援队与微型消防站联勤联训工作机制，纳入统一的执勤、训练、作战体系，实现统一调动指挥，定期开展互查互访、联勤联训、实战演练，建成协调高效的战斗整体。

4.4 坚持保障先行，让微型消防站“富起来”

要将微型消防站建设运行经费纳入单位（社区）消防工作经费和政府财政预算，每年划拨一定的专项经费，对达到标准、具备战斗力的微型消防站给予适当的补助，为微型消防站持续建设发展提供保障。要为培训合格、登记在册的队员办理人身意外伤害险，同时在就业、创业、教育等方面给予更多的社会机会，提高职业荣誉感和社会认同感。针对队员在初起火灾扑救中可能出现负伤甚至牺牲等情况，出台相应的优抚政策，做好社会保障工作。

4.5 坚持探索创新，让微型消防站“多起来”

一是要探索微型消防站建设新标准。突出重点防控，在大型商圈和商业综合体、火灾高危单位等重点场所、区域，探索建立加强版的微型消防站，按照“有车辆、有站房、有器材、有装备、有队员”的五有标准，配备背负式细水雾灭火装置、空气呼吸器等针对性的装备器材，并在重点部位和区域增设器材放置点，开展经常性、流动式的巡逻防控，提高发现、应对、防范火灾事故和风险隐患的能力。有条件的还可参照《城市消防站建设标准》（建标 152—2017）有关小型消防站的规定，建设更高标准的微型消防站。二是要探索微型消防站建设新领域。出台政策性文件，积极在乡镇、村等区域，采取升级现有志愿消防队和整合综合治理、网格巡控等群防群治力量的形式，探索建设微型消防站，积极构建覆盖城乡的灭火应急救援体系。

5 小结

随着我区应急管理体系和能力现代化的建设发展，包括微型消防站在内的多种形式消防救援队伍将进一步得到壮大发展。应当在近年来建设、管理、运行等工作的基础上，着眼经济社会发展，立足辖区火灾等灾害事故特点，及时建立完善相关政策、标准，加强和改进管理指导措施，推动微型消防站可持续、宽领域、高标准的建设发展，助力我国应急体系、综合防灾减灾、安全生产和消防救援事业高质量发展。

参考文献

［1］公安部消防局，《消防安全重点单位微型消防站建设标准（试行）》《社区微型消防站建设标准（试行）》，2015. 11.

［2］新疆维吾尔自治区安全生产委员会办公室，《关于加强微型消防站建设的指导意见》，2017. 03.

［3］刘激扬．关于微型消防站可持续发展的几点认识．2016. 03，中国消防信息网．

［4］许传升．关于新形势下微型消防站建设的几点思考．2017. 04，中国消防信息网．

推进新时期乡镇消防机构建设探索与实践的思考

金玉祥

（新疆消防救援总队，新疆 乌鲁木齐）

摘 要 加强乡镇消防机构建设，提升基层消防安全防范和应急处置水平是新时期推进消防安全治理体系和治理能力现代化建设的重要内容。本文在科学研判当前乡镇消防安全面临形势和任务的基础上，提出了加强县乡村消防安全体系建设，统筹推进城乡消防安全治理，夯实火灾防控基础，加强基层消防力量建设和火灾防控工作的思路。

关键词 乡镇 消防机构 力量建设

0 引言

随着新型城镇化建设步伐加快，乡村振兴战略全面推进，乡镇生产经营要素大量聚集，传统和非传统火灾风险隐患交织叠加，乡镇作为最基层政府消防安全管理的压力也在不断加大，全社会对消防安全的需求不断增强。中共中央、国务院《关于全面推进乡村振兴加快农业农村现代化的意见》《关于加强基层治理体系和治理能力现代化建设的意见》都明确要求加强县乡村应急管理和消防安全体系建设，提升应急处置和保障水平，消防救援局也印发了《关于加强基层消防力量建设和火灾防控工作的指导意见》，对加强基层消防力量建设提出了指导性意见。河南、山东、广东、广西、新疆等地也都结合辖区实际进行了积极探索，采取多种形式建设专业的乡镇消防监管机构，在一定程度上改变了乡镇消防管理薄弱的现状。结合各地的试点实践，本人就推进乡镇消防机构建设进行了思考。

1 乡镇消防安全管理存在的突出问题

随着国家消防救援机构的整合改革，全国各地基层消防安全治理工作也面临了巨大困难和挑战。一是乡镇无专门消防监管机构。消防救援队伍改制转隶前属于公安现役消防部队，主要分布在县级以上城市，乡镇没有专门的消防机构；改制转隶后，受各种因素影响，各地特别是西部省份，县级消防监督员严重不足，对面广量大的乡镇消防监督管理无力顾及，乡镇基本上没有消防专业监管力量，更不要说消防专业机构。调研发现乡镇消防规划基本没有落实，公共消防基础设施建设滞后，防火巡查检查、隐患排查和宣传教育基本上不推不动、推也不动，没有专门人员抓落实，致使集市镇区、村镇工业园消防安全管理水平较低，失控漏管问题突出，存在大量先天性火灾隐患问题。二是公安派出所消防工作弱化。改制以来，国家改革方案明确消防监督职能转隶到应急管理部门后，公安派出所开展消防监督检查的积极性和主动性明显弱化，特别是《公安机关办理行政案件程序规定》中把“消防”案件办理删除后，无形中弱化了消防监督检查特别是办理消防行政处罚案件的积极性。虽然公安部和各地公安厅（局）都多次开会发文强调，继续落实派出所防火工作，但民警队伍中不同程度上存在抵触情绪，导致了基层消防监管执法出现断崖式下降，很多地方乡镇级消防监管存在明显的空白。三是农村和村（居）民住宅火灾占比高。近年来，随着国家乡村振兴战略的实施，民营企业、个体工商户急剧增长，镇区、居民集中居住区商业、娱乐、餐饮等服务行业迅猛发展，用于生产、经营、租住的村（居）民自建房消防安全问题突出，“前店后住”“下店上住”“三合一”，出租屋量大面广，较大亡人火灾事故频发多发，农村火灾总量在高位徘徊。以新疆为例，2017 年至 2021 年，全区农村、集镇和县城共发生火灾 2.5 万起，死亡 49 人，受伤 28 人，直接财产损失 2.32 亿元，分别占总数 63.5%、45.4%、75.7%和 58.3%；村（居）民住宅火灾的死亡人数和伤人数分别占总数的比例高达 83.3%和 51.4%。近 5 年数据表明，期间农村地区和村（居）民住宅火灾是影响全区消防安全形势稳定的主要因素之一。四是基层消防安全“网格化”管理不到位。2012 年公安部在河南郑州召开了消防安全“网格化”管理现场会后，各地也都结合实际进行了探索，但随着综治“综合网格”建设推进，各地专兼职消防网格员都进行了缩减，而综合网格员“都管都不精”的现象突出，网格管理出现虚化空转。

2 推进乡镇消防机构建设进行的探索与实践

应急管理部消防救援局一直高度重视基层乡镇消防力量建设，特别是 2021 年山东德州一蛋糕店“2.16”较大火灾和 2021 年河南柘城“6.25”武术馆重大火灾发生后，在专家组火灾延伸调查中专门约谈当地党委政府主要领导，指导加强乡镇消防机构建设，并取得较好实效。近期，专门制定印发了《关于加强基层消防力量建设和火灾防控工作的指导意见》，各地针对乡镇（办事处）火灾防控和灭火救援“查不到、改不了、救不好”难题，都进行了积极探索，形成一批好的经验做法。

模式一：“队站合一”模式。总体思路是通过设立事业编消防安全检查指导中心和“防消一体”的乡镇消防队模式。河南商丘试行的“一镇一队一中心”，山东德州设立消防安全指导中心和乡镇消防站所，广东江门在区（县）一级设立消防服务中心，在镇（街）一级挂牌成立消防救援所，在村（社区）创建消防服务站。总体来看，都是在县政府设立事业编县级消防安全检查指导中心，隶属于消防救援大队管理，同时承担消防安全委员会办公室工作；乡镇专职消防队加挂乡镇消防安全检查指导中心牌子，由所在乡镇党委政府和县消防救援大队实行双重领导；乡镇建立消防队，设队长 1 名，由乡镇（办事处）党（工）委一名班子成员担任，全面负责辖区内消防工作；设副队长 1 名，由县级指导中心工作人员担任，另设专职消防员若干，承担辖区内灭火救援、消防宣传和防火巡查、消防执法等具体工作。

模式二：“局站合一”模式。总体思路是通过在镇街设立“消防救援分局”，消防大队或消防站派驻式管理。例如，广东省珠海市以镇街机构改革为契机，按照“防消融合”要求，创新“局站合一”模式，在镇街设立“消防救援分局”，由消防救援站站长兼任分局局长，挂职镇街党委委员，同时依托分局设立镇街消防安全委员会办公室，建立议事协调机制，积极构建“权责清单化、职权条块化、管理精细化、治理精准化、队伍专业化”新型消防监管体系。广东佛山在各镇街设立“消防救援所”，实行所长负责制，原则上由区消防救援大队派驻工作人员担任消防救援所所长，由政府专职消防队长或镇政府（街道办事处）工作人员担任副所长，实行镇党委书记、镇长为主任的消防安全委员会“双主任”制度，全面统筹镇（街道）消防安全治理和消防救援队伍建设工作。

模式三：“消防站所”模式。在乡镇（街道）设立“消防所”或“消防站”，作为县消防大队派驻镇政府工作机构，实行大队和镇政府双重领导，实施雇员制，招聘消防安全管理人员和消防文员，政府保障人员经费。此类机构无执法权限，职能开展常态化的消防安全巡查检查和消防安全技术服务。例如，广东汕尾市在 5 个县（市、区）建成 52 个镇级“消防所”，作为县消防大队派驻镇政府工作机构，实行大队和镇政府双重领导，落实政府雇员编制 240 人，招聘消防安全管理员及文员 182 人，落实人员经费预算 1360 万元，初步形成“责任清晰、管理精细、治理常态、队伍专业”的基层消防治理体系。

模式四：挂牌委托管理模式。依托乡镇（街道）综治中心、安监站或者综合执法队伍，挂牌成立消防工作站所，明确乡镇政府分管领导作为负责人，依托消防救援所实体化运行消防安全委员会办公室，通过政府发文赋权执法或通过消防救援机构签订授权执法协议开展消防监督执法。目前，在重庆各县市适用较为广泛。同时，各地还有加强了公安派出所消防工作，以新疆为例，公安厅明确将公安派出所消防工作纳入枫桥式派出所创建、派出所等级评定以及便民警务站工作规范内容，授权继续开展消防监督执法，规范执法流程，并依托综治中心推动“党建+消防”网格化管理，构建了务实高效的基层消防安全管理体系。

3 推进乡镇消防机构建设的思考

乡镇消防机构建设作为推进基层安全治理的新兴监管机构，没有成功的经验可循，各地情况也千差万别，但主要目标是一致，就是确保乡镇农村消防工作有人干、有人管，把预防工作做在前。笔者通过调研发现，各地在建设运行中还存在很多问题。有些是已经明确机构的面上看有办公场所、有具体工作人员，但实际情况是人员不定、业务不精、经费无保障的问题仍较突出，难以有效发挥作用；有的挂牌成立了机构，但无专职人员，由消防大队派员指导管理，无法形成常态化管理；有的机构没有执法权限，只能开展经常性的防火巡查、指导和宣传教育培训，工作质效不明显。乡镇消防机构建设没有固定、统一的模式可以借鉴，要结合本地经济发展、基层治理体系、管理机制实际和火灾防范特点，采取多种形式推进。具体要注意以下事项：

（1）注意把握建设原则。一是要因地制宜推动。由于我国乡镇一级的经济社会发展现状千差万别，无论是在地域面积、经济规模、产业结构、人口布局等方面都存在诸多不同。像广东中山市、江苏的昆山市和新疆的喀什地区、阿勒泰地区乡镇人口基数、产业结构、经济规模都不可进行比较，因此，在乡镇消防机构设置方面，应坚持以当地经济社会发展需要、群众安全保障需求、政府消防管理需要为依据，根据各地的不同情况，科学推动设置消防机构，不宜"一刀切"地干、同一标准的建。二是要注重实效管用。乡镇一级政府作为基层政府，机构小而任务多，可支配的财力也很有限，特别是边远县市乡镇无独立财政，属于县市财政统筹。鉴于政府机构不增加新的公务员编制，严格控制财政支出的编制人员，想要明确乡镇消防机构的级别、规模、编制、经费等，可能会在推行过程以及今后的巩固发展中受到较多的困难和阻力。因此，还是要注重工作的实效，在保证乡镇消防工作要求的前提下，尽可能将机构设置得简单实用一些，以职能定规模，以有为争有位。实际运作中，只要保证有机构、有人管、有人干就达到了效果。三是要整合资源共建。近年来，各地也都成立了乡镇级消防安全委员会，设立消防专干，负责消防管理工作；经济发达的乡镇还成立了应急救援消防执法机构，在社区、村成立消防管理组织，建立严格的消防安全奖惩制度；部分地区依托综合中心，把消防安全作为网格化管理运行重要内容，同部署同检查同考核。在乡镇消防机构设置工作中，应该整合安监站、综合执法队等相关资源，并统筹好公安派出所和村（社区）警务室防火管理职责，形成乡镇一级消防工作的合力，既保持工作的延续性，又减少建设工作的难度。在这个过程中，关键是处置好资源整合与独立运作的关系，紧紧围绕"乡镇消防工作专职化"的目标来推进，提升乡镇消防工作的力度，真正实现乡镇消防工作的本级责任制和本地管理制。四是要依法准确定位。消防救援机构作为政府职能部门，其职权必须以法律授予为前提，法律明文规定的可以做，法律没有明文规定的就不可以做，这是行政法的基本原则。因此，必须在法律允许的范围内向乡镇消防机构授予消防行政权力，保证乡镇消防机构具有执法资格，人员具有执法资格。要统一规范、适度授权，既不挂空乡镇消防机构，也不超能力授权，使其需求与职能平衡运行。五是要试点先行先试。乡镇消防机构设置应该在推进社会治理的大环境下开展，各地情况千差万别，经济社会发展日新月异。因此，应该坚持试点先行，逐步探索解决人员、编制、运行、执法并得到党委政府认可、社会认同形成共识后，再逐步推广，避免走弯路造成负面影响。

（2）规范机构设置运行。乡镇消防机构建设是消防事业发展的一个大方向，目前，在法律、体制、职能、经费上都没有明确的依据。积极稳妥地推进乡镇消防机构建设工作，需要我们解放思想、大胆创新，积极研究政策措施，解决发展中的关键性问题。一是建设的合法化。当前，全国人大正在推动《消防法》执法检查问题整改工作，国家层面，需要借力整改和《消防法》修订时机，对政府消防工作特别是乡镇一级政府消防工作职责和消防机构建设提出要求；同时，在即将制定《消防救援人员法》中也应当明确乡镇消防机构工作人员应当享受的权利和承担的义务，能够正向激励基层工作人员从事消防安全管理和消防应急救援工作。各地也要主动作为，在修订本地消防条例或落实消防法实施办法中，对乡镇政府消防工作和消防机构建设提出要求，进一步明确乡镇政府消防工作职责，明确乡镇消防行政管理的体制。二是设置的专业化。目前，中央正在积极推进基层综合行政执法改革，推进行政执法权限和力量向基层延伸和下沉，强化乡镇、街道的统一指挥和统筹协调职责。中央明确，除党中央明确要求实行派驻体制的机构外，县直部门设在乡镇（街道）的机构原则上实行属地管理，继续实行派驻体制的，要纳入乡镇（街道）统一指挥协调。各地可以结合成立的消防安全委员会，实体化运行消防安全委员会办公室，与乡镇应急消防队伍合署办公，一套班子两块牌子，授权执法，确保人员、经费保障、职能履行等一体化运行，机构能够正常开展工作。三是职能的规范化。根据依法行政的要求，乡镇消防机构作为最基层的消防监管力量，其职能定位十分重要，同时也决定着承担的具体工作职责和行政权力，必须在法律允许的范围内向乡镇消防机构授予消防监督检查权和行政处罚权，规范监督和考核，确保职能能够在监管视线内规范运行。四是人员的专职化。由于暂无机构编制，考虑到精简人员、开支，在人员编配上应以现有资源整合为主，可以从消防文员、乡镇政府工作人员、专职队员等多渠道、多方面调配，坚持以事定人的原则人少而精，坚持依法执法以具备政府执法人员或取得消防行政执法资格的事业编制消防文员到乡镇消防机构开展工作。

消防安全事关人民群众生命财产安全，事关改革发展稳定大局。在推进国家治理体系和治理能力现代化的大背景下，必须把消防工作自觉地放到经济社会发展的大局和全局中去思考谋划，必须把消防工作最大成绩在提前消除各种隐患、不发生亡人和较大财产损失的火灾作为最高标准，必须把是否有利于基层消防安全治理，是否能服务于人民群众的需求作为改进基层力量建设的方向，在推动基层消防力量建设下功夫，努力开展消防工作新局面。

"双随机、一公开"检查及智慧消防结合运用的可行性讨论

张亚伟

（新疆消防救援总队乌鲁木齐市消防救援支队经济技术开发区大队，新疆　乌鲁木齐）

摘　要　"双随机、一公开"检查制度是近年来防火检查的一项创新工作，意在深化"放管服"工作成效，有效传递消防安全管理责任；智慧消防系统是基于5G平台及大数据平台对城市防火点位精准监控，投入基础建设解放人力资源的一个创新创举，将两者有效结合有助于城市火灾防控、防消一体等工作的推广和更新，也为企业单位提供了高效的危险防控框架，本文意在讨论将二者结合的可行性。

关键词　"双随机、一公开"　防火检查　智慧消防　大数据平台

0 引言

近些年来随着城市规模不断扩大，防火检查中传统的“片区制”管理模式因为管理单位数量增速过快，检查点位过于分散出现了很多弊端，同时监督员把控尺度不一，人为干预检查结果也会产生廉政风险。“双随机、一公开”的消防监管模式很大程度上改变了防火工作的传统机制，对规范执法行为，提高监管效能，减轻企业负担起到了积极作用，同时也加强了单位企业对消防安全责任的自主推进。但由于“双随机，一公开”约束了检查单位的数量，缺乏对隐患的精准定位，很容易出现计划外的单位失控漏管的情况，特别是一些“边、远、散、小”的单位，检查空挡过多时极易激发管理人员安全工作侥幸心理，反而加重了这些单位的火灾隐患滋生。随着“5G”技术的不断成熟，智慧消防也开始逐步体现出自己在消防隐患动态监控方面的优势，成为新的消防监管模式下日常检查工作的一个有力补充。

1 “双随机、一公开”检查方式的优势所在

（1）“双随机、一公开”检查符合客观规律，以点带面，以检查促长效。火灾的发生是社会发展的必然产物，防火工作并不是单纯的“消灭”火灾隐患，而是要在做好火灾隐患排查、火灾预警、防火知识宣传等工作基础上，最大限度地减少火灾影响和危害。“双随机”检查过程中人员和单位都是随机生成，每一次检查都是对一类企业、单位的深度体检，对可能出现的危险隐患做出适时的预判和预警；对单位、企业而言也是对自身消防工作的一次有力推进。“一公开”的模式可以真实有效地体现出消防部门同政府部门之间、上下之间监管信息的互联互通作用，公开既是帮助单位改隐患，也是向社会公示危险源和火灾危险内容。依托全国企业信用信息公示系统，整合形成统一的市场监管信息平台，及时公开监管信息，形成了监管合力。

（2）“双随机、一公开”有利于把有效的监管和营造宽松的发展环境统一起来。首先，依法制定随机抽查事项清单、合理确定随机抽查比例和频次，或者通过季节性火灾特点及场所火灾隐患类型进行随机的单位选取，可以选择典型单位进行检查。其次，通过摇号等方式随机抽取检查对象和执法检查人员，压缩了消防监督员与备查单位的联系渠道，监管人员不能“选择性执法”，避免了很多廉政风险；单位、企业也不能心存侥幸、冒险违规，必须加强自身的消防管理团队建设，从被动改错变为主动投入，对提升社会整体消防安全环境起到积极作用。同时因为选取比例的存在，检查名单也会提前公开，也可以让企业和单位不用频繁地面对迎检，保证了宽松的营商发展环境。

（3）“双随机、一公开”有利于把“放得开”和“管得住”衔接起来。近年来北方城市普遍存在经济发展方面增速放缓的情况，各地也都将“放管服”作为政府一级主要的工作亮点，过度监管本身就会导致监管成本增加、企业单位负担过重。一些小规模创新型企业、单位或个体经营者在应对检查、整改问题隐患的过程中消耗了大量人力物力，很多中小微企业直接面临入不敷出的境遇。今年李克强总理的两会报告中就支出：“中小微企业在疫情过后受冲击最大，一定要及时给予扶持”。双随机监管的推行减轻了执法者和执法对象的负担，“放”先行、“管”跟进，二者实行相互衔接，给了新鲜业态以及单位企业正常合法经营提供了生存生长的空间，同时对于自身管理存在问题隐患的单位严格执法，保障了经济发展活而不乱，有序运行。

2 智慧消防的特点

智慧消防有别于一般电气火灾监控系统，它是基于“5G”网络平台将建筑的消防管网压力动态、消防水泵房运行等重要参数通过数据监控的形式进行实时监控，不但能实现精准捕捉火灾隐患，同时也能减少日常巡查检查的人工压力。2021年颁布的《广东省消防工作若干规定》中明确指出：“城市消防远程监控系统实现远程操作消防控制室所有控制功能的，消防控制室可适当减少值班操作人员，提升消防安全管理的社会效益。”浙江、重庆等省市最新版的消防条例中也同时采用了这种做法。这一方面是对智慧消防系统的肯定，另一方面，也为城市消防安全防控网络的形成提供了政策支持。智慧消防系统通过数据平台对报警点位信息的收集分析，经过位置筛选后同步将异常情况发送给小区业主、单位负责人、微型消防站和消防监督员，以便在第一时间达到预警效果，避免了出现责任空挡。

日常检查中智慧消防系统可以在平台设置数据警戒值对单位的水箱水池水位、管网压力等数据进行监控，也可以实现远程的设施启动、联动操作。随着视频监控、图像捕捉技术的日趋成熟，对控制室值班、消防车道堵塞、安全出口封闭等需要图像识别的隐患也可以做到数据监控，让“远程消防检查”逐步成为可能。

另外在真实火灾发生时，消防部门也能通过智慧消防云平台了解到火场动态信息，通过现场烟感报警位置及温控开关确定火势大小，合理调派灭火警力；通过排烟系统、自动喷水系统启动情况确定安全的进攻路线，优化现场力量部署，为消防员灭火战斗提供有力保证。

2.1 “双随机、一公开”检查及智慧消防结合运用的可行性

将“双随机、一公开”检查及智慧消防相结合，建立更加高效、实时的火灾监控、预处理、评分平台是当前消防安全隐患防控工作走向成熟，将传统消防安全管理工作与现代网络科技结合的一个有效途径。

2.2 完善数据库，精准定位隐患单位

通过对社会单位数据库进行完善，进一步扩大智慧消防系统的使用率。对纳入智慧消防管理系统的单位企业历史数据进行分析后可以生成单位的消防工作评定分数，以此分数为标准可以将单位设施系统隐患较多、整改速度较慢的列入随机检查任务库内高频检查单位名单中，加大对此类不放心单位的检查力度，辅助企业单位做好消防安全工作。同时也可以将评分较高的单位列入放心单位中减少检查的频次，进一步激励单位企业自主加强消防管理力度，避免被高频次检查，为“放得开”提供数据支持，也为“管的住”提供管理模板。

2.3 增加远程普查范围及单位数量，建立隐患预警机制

新疆地广人稀，地州城市中单位之间的距离相对较远，日常检查中路程时间成为影响工作时间质量的一个重要因素。基于智慧消防平台的视频“双随机”抽查可以有效地增加单位的检查数量，减少往返路途时间。通过对城市大队监督员日常检查单位时间的测算，每检查一家单位往返路途用时20~40min不等，郊县大队的单位一般更加分散，个别路途时间甚至达到三个多小时，占用了大量的实际工作时间。在智慧消防的预警评分机制条件下，对放心单位或日常职责

履行较好的单位采取远程检查重点部位、视频观看演练、设备远程测试联动等方法进行“网络双随机”检查，可以大幅度提高检查效率。同时基于“一公开”的工作原则，不但可以将检查的结果公开，还可以通过智慧消防平台视频共享的形式将检查过程也公开，一方面对社会单位排查火灾隐患起到了教学提升的作用，另一方面将传统的“双人执法”变为“公开执法”，在提升执法人员工作效率的同时也规避了检查过程中可能出现的廉政风险。

2.4 提供防消联勤新途径

目前基层队站开展防消联勤工作的途径还是以消防站演练、大队参与指挥为主。“双随机”检查系统与智慧消防联网后，消防站人员也可以参与日常的消防检查，通过监督员的执法记录仪、视频回放等环节可以充分了解单位固定消防设施的基本情况，对于设施的操作使用还可以直接在线上形成互动，避免出现建筑固定消防设施操作的盲区。大数据平台还可以提供网络实战模拟平台，将“双随机”检查的动态数据结合现场情况模拟火灾发生区域、规模，让网络数字化演练成为可能。

结束语：“双随机、一公开”检查和智慧消防都是基于当前消防工作基础出现的新办法、新概念，有机的结合势必会成为下一阶段城市消防安全工作的一道新的“防火墙”。

参考文献

[1]《广东省消防工作若干规定》，2021 年版.

[2] 马恩强．建立“双随机、一公开”消防监督检查制度的思考［J］．消防科学与技术，2016，35（09）：1309-1311.

[3] 陈海涛“智慧消防”助力消防工作的探讨［J］．科学创新导报，2019，24.154.

关于农村消防工作的思考与探索

乔 锋

（新疆昌吉州消防救援支队，新疆 昌吉州昌吉市）

摘 要 我国农村地域大、人口多，房屋耐火等级普遍较低，经济条件差别大，发展不平衡，且部分农民素质低，消防安全意识淡薄，消防工作基础薄弱。农村火灾的多发性已经严重影响了广大农牧民群众的正常生产和生活，给农民的切身利益带来了极大的负面影响。做好农村防火工作，必须结合农村火灾实际，因地制宜、因情施策，探索农村消防工作的新方法、新途径，提高广大农牧民群众的消防安全意识和自防自救能力，才能切实扭转农村防火工作相对薄弱的被动局面。

关键词 消防 治理 农村防火 措施

1 引言

近年来，国家全面推进乡村振兴战略，农村消防安全已纳入“三农”问题改革的范畴。昌吉州作为农业大州，也积极开展了农村消防治理现代化建设探索尝试，先后印发了《关于加强农村消防安全严防严控工作的通知》《关于加强基层消防安全综合治理工作的通知》《关于加强基层消防力量建设和火灾防控工作的指导意见》等纲领性文件。总体构想为：一个乡镇街道成立一个消安委、一个消防工作站，初步搭建农村消防治理组织机构。但我们清醒认识到，农村因长期受自然条件、地理环境、经济条件的限制，消防基础设施和火灾扑救力量严重欠缺，城乡发展不平衡，农村基础设施建设和社会事业发展相对滞后，特别是随着农村产业结构调整和城镇化进程加快，乡镇企业和民营经济不断发展，农村劳动力大量向城镇转移，乡镇消防规划、消防基础设施建设、消防力量发展等并没有同步协调发展。加之传统民俗致灾因素多、消防安全布局不合理、消防规划不完善、消防安全组织不健全、消防基础设施不协调、群防群治工作存在欠缺等诸多问题仍然存在，做好农村公共消防安全工作面临诸多困境和挑战。

2 当前加强农村消防治理现代化建设面临诸多问题、现实困境、重大考验

（1）农村相关法律法规仍不完善。《消防法》从加强农村消防领导、建立消防安全组织和开展群众性消防工作等方面提出职责要求，《消防安全责任制实施办法》在《消防法》基础上，进一步明确乡镇街道要成立消防安全组织、制定落实消防规划和开展消防宣传、防火巡查、隐患查改的职责。但国家层面没有出台关于农村消防安全管理相关规定，对于如何开展安全检查、隐患整改，如何加强公共设施建设、制定防火公约等，没有具体实施要求、办法和相关责任。加之新《消防法》削弱了公安派出所履行消防监管职能的强制要求，大大降低了乡镇公安派出所履职积极性。以新疆昌吉州为例，农村点多面广、位置偏远、不便管理。乡镇消防网格员一方面受到法定职权限制，对违法违规单位和个人无法采取强制措施，导致消防法律法规威慑力不足，另一方面消防工作涉及面广、专业性强，缺乏必要的消防专业知识难以胜任消防监督管理职责；与此同时，由于人员编制原因，乡镇消防网格员多为兼职，人员流动性大、业务素质不高、责任心不强，导致消防法律法规公信力降低。

（2）农村消防安全组织尚不健全。不仅是消防工作，总体上农村地区防灾减灾救灾及消防安全管理职责均不明确，大部分乡镇领导认为火灾是小概率事件且系个人家庭“天灾人祸”，消防安全“靠天收”。目前除部分试点地区外，农村地区均未设立消防组织。乡镇一级缺少消防组织领导机构及编制，缺乏具体实施消防工作机构人员，特别是村屯地区消防安全检查、宣传、救援等工作基本空白。虽然部分乡镇依托安监办、综治办成立消防安全委员会办公室，但在实际抓落实中职责不清、界限不明，没有制度支持缺乏约束力，导致具体消防工作无人抓、无人管、流于形式。

（3）消防基础设施建设较为滞后。经对照 GB/T 35547—2017《乡镇消防队》建设标准，以新疆昌吉州为例，全州 79 个乡镇街道应建乡镇专职消防队 28 个，配备队员不少于 335 人，灭火用车 39 辆。实际建有乡镇专职消防队 17

个，配备兼职队员 97 人，灭火用车 14 辆（含改装洒水车）。全州 606 个村（社区）共有 610 名消防工作人员，均为兼职人员，从目前全州乡镇专职消防队建设情况来看，8 个乡镇还未建立一级乡镇专职消防队，12 个乡镇还未建立二级乡镇专职消防队；队员缺编 228 人，车辆缺编 25 辆。消防经费投入、人员编制、消防器材配备等方面极为不足。农村地区现有建筑基本为居民沿道路自建，不需要前置审批，没有统一规划要求。已建成农村居住生活区域的消防水源、市政消火栓等消防基础设施也基本空白，新建设居住生活区域由于没有消防规划或没有严格落实，消防基础设施同样欠账较多。一旦发生火灾，村民只能依靠自然水塘、家庭水窖、自来水管等开展自救，基础力量十分薄弱。

（4）人文风俗习惯产生隐患风险。人口方面，大多数农民因经济前提差、文化水平低、社会教训不足，造成消防安全意识淡薄，消防技能匮乏。一些村民生活中抱着“居家过日子，省一点好一点”的主张，毫无章法的用火用电，例如电器有故障不及时维修“带病”运行，电器容量不够长时间超载、铜丝代替保险丝、私拉乱接电气线路等现象广泛存在。加之近年来农村地区青壮年大都外出务工，留守多为老人、儿童等弱势群体，这些群体消防安全意识差，逃生自救能力较弱，易发生人员伤亡火灾事故。建筑方面，农村地区自建房较多，生产经营合用性质较多，且大量存在土木、砖木结构建筑，达不到耐火等级，没有防火分隔，发生火灾易造成蔓延扩大，窗口采用铁丝防盗，封堵逃生通道。据调研统计昌吉州近十年火灾数据，农副业场所和农村住宅分别发生火灾事故 4423 起、3448 起，分别占总数的 36.4%、28.4%，因使用明火不慎、乱倒炉灰、烧荒打镶、小孩玩火、露天堆垛间距不足等引发火灾事故 5012 起，占总数的 41.3%。农村火灾事故占比较大、频繁多发。

（5）居民消防安全意识较为薄弱。农村人口物质条件相对落后，追求经济利益偏多，消防安全需求弱化。特别是农村地区缺少消防安全宣传力量，且不少基层领导干部对消防教育工作不重视，乡镇派出所、村委会鲜有开展消防安全宣传活动，农村居民消防安全常识知晓率低，尤其表现在乱拉乱接照明线路、随意丢弃未熄灭烟头、明火作业、燃放烟花爆竹等不良习俗，火灾事故发生后，无法迅速有效处置初起火灾和逃生自救，容易导致小火演变成大灾。

3 探索加强农村消防治理现代化建设对策措施、抓手载体、方法路径

（1）坚持“因地制宜、健全机构、专兼结合”，确保农村消防工作有人管、有人抓，解决基层组织体系弱化问题。基层组织体系弱化问题是农村消防工作根本性问题，是加强农村消防治理现代化建设首务之事。参考“一镇一委一站”组织架构，首先，乡镇一级加强消防工作组织领导，专门成立消防安全委员会，由乡镇分管领导担任消委会主任，由 1 至 2 名专人负责并纳入事业编制，将消防工作纳入年度工作计划。其次，结合农村社区两委选举工作，补选完善消防安全管理领导小组，成立消防工作办公室，由 1 名村干部兼职负责、村民小组协管，持续巩固消防安全“十户联防”机制，加强村民自我管理、自我宣传、自我监督等群防群治工作。最后，推进农村多种形式消防队伍建设，重点加强“一乡（镇）一车一站”和“一村一队一泵”建设，加大乡镇专职消防队或者义务消防队建设，加强农村消防水源建设，提高农村消防基础条件。乡镇政府将多种形式消防队伍纳入灭火救援协作范畴，建成战时的救援队、平时的宣传队和服务队，除参加灭火救援外，主动承担日常消防宣传和防火巡查等任务，全面填补乡村地区消防力量空白区域。

（2）坚持“共建共治、部门协作、权责清晰”，确保农村消防工作有目标、有任务，解决基层消防管理粗放问题。习近平总书记强调，“落实安全生产责任制，要坚持管行业必须管安全、管业务必须管安全、管生产必须管安全”。我们必须充分认识农村消防安全管理涉及范围广、牵扯部门多，管理对象和情况复杂，单打独斗无法满足农村消防安全管理实际需要，必须进一步明确县级以下发改、公安、农业农村等部门消防工作责任，推进消防管理责任向乡镇和农村延伸下沉。发改部门把农村消防规划纳入国民经济和社会发展总体规划，统筹考虑农村地区消火栓、消防水源、道路交通等公共消防设施需要。住建国土部门结合农村危房和老旧小区改造、易地扶贫搬迁、保障性安居工程，特别是自建房更改经营性用途房屋，改善住房居住功能、房屋耐火等级，确保新建及改造住房基本符合消防安全要求。公安部门督促指导派出所加强对辖区“九小场所”、个体工商户消防安全检查，定期开展消防监督检查和消防宣传。农业农村部门结合农田水利基本建设，规划建设农村地区消防储水和取水设施。交通部门对消防通道狭小进村公路进行改扩建，解决消防车进村难问题。电力部门开展入户用电安全检查，解决老化破损、敷设不规范问题，提升农村房屋防火等级。同时各乡镇人民政府、各村、组要层层落实责任，定期开展巡逻检查，加强对农村用火、用电和可燃物管理，及时提醒和督促村民加强用火用电管理、配备必要灭火器材，采取有力措施，落实对独居鳏寡等弱势群体的监护看管工作，形成检查、整改动态式消防管理机制，以减少火灾事故的发生。部门之间加强沟通联系，建立情况通报、信息共享、联合执法等协作机制，形成工作合力。

（3）坚持“立法推进、制度落实、闭环管理”，确保农村消防工作有考核、有保障，解决基层职责界限不明问题。“十四五”时期的高质量发展理念和乡村振兴战略，正是推动农村消防工作制度化、规范化、体系化重大机遇，要因势利导、借力发力。推动将农村消防工作纳入本级党政领导和村干部的任期目标中去，作为绩效考核、提拔任用的重要条件。对先进单位和个人给予表彰，对落后地区和单位集中约谈、予以批评，实行消防工作一票否决，确保各项工作责任落实到位、压力传导到位。同时，建立农村消防工作督查和责任追究机制。全面推行农村消防工作“乡包村、村包屯、屯包人”的消防安全体系，实行一级抓一级，共同把好消防安全监督关。做到处处有人管，时时有人问，使之从组织上、制度上、目标导向上、工作措施上保证消防安全工作在农村基层落到实处。保障方面，突出消防安全条件改善，借力国家关于乡村建设政策方针，推动农村消防专项经费列入政府预算，将农村消防基础设施建设纳入乡镇总体规划编制内容同步实施，同步推进消防基础设施建设管理，足额保障农村专职及义务消防队经费，提升队伍建设质量。

（4）坚持“宣传到村、培训到组、贴近群众”，确保农村消防工作有内容、有载体，解决消防安全意识薄弱问题。面对严峻火灾形势，在消防基础设施建设尚未有效改善情况下，亟待因地制宜提升农村居民消防安全意识。消防宣传是推进农村消防工作的催化剂，要通过宣传，让群众理解、支持农村消防工作，达到大家共同参与的目的。一是提请政府将消防宣传教育统筹纳入农村防灾教育、普法教育内容，充分发挥新闻媒体宣传主渠道的作用，大张旗鼓地对消防工作和典型案例进行宣传报道，在当地电视、电台开辟固定的消

防专栏，定期播放消防常识，利用农村地区常见的“村村通”广播、摆放消防宣传展板等形式，刊载防火灭火逃生知识，开展知识“进农家”，将消防知识送下乡，切实提高广大乡村群众消防安全意识和防火灭火逃生自救能力。二是各级乡镇政府要抓好季节性消防宣传工作，在重大节日、农村集市、农业生产收获季节，通过给村民发放消防常识宣传单，张贴消防宣传标语等逐步规范村民安全用火、用电、用气行为。三是培训农村“带头人”，组织各乡镇长、村两委负责人、网格员、消防志愿者四类人群接受培训，采取集中讲解、分散培训、实地演练三种方式，就农村消防组织建设、消防设施建设、火灾预防等内容，培养农村消防工作“明白人”。同时宣传教育内容要“接地气”，针对农村火灾多发、老弱病残等重点人群易伤亡、“小火亡人”频发实际，为农村群众量身定制住宅火灾风险点、安全用火用电用油用气常识等宣传内容，组织志愿者开展敲门入户、上门培训、精准帮扶，不断扩大农村消防宣传辐射面和影响力。

4 结束语

农村消防工作关系到千家万户的安全，关系到整个农村经济发展和社会稳定。各级各部门要充分认识到加强农村防火、灭火工作的紧迫性、重要性。只要我们坚持与时俱进、开拓创新，充分调动社会各方面的积极性，让党的各项方针政策，特别是新农村建设消防工作的指导思想、发展思路、发展方向深入民心，才能使农村消防工作循序渐进步入制度化、规范化、法制化轨道，为加快推进社会主义新农村建设创造更加良好的消防安全环境。

参考文献

［1］消防安全责任制实施办法［Z］.
［2］关于加强农村消防安全严防严控工作的通知［Z］.
［3］关于加强基层消防安全综合治理工作的通知［Z］.
［4］关于加强基层消防力量建设和火灾防控工作的指导意见［Z］.

加强对消防技术服务机构管理的对策建议

王万涛

（新疆消防救援总队乌鲁木齐市消防救援支队，新疆　乌鲁木齐）

摘　要　消防技术服务机构承担着维护建筑消防安全的重要职责，随着国家消防执法改革工作的深入开展，消防技术服务工作在市场准入、从业条件、市场需求、监管主体等方面发生了巨大变革，给消防技术服务工作带来了新挑战、新机遇、新问题。本文通过调研新疆范围内的消防技术服务机构执业情况，分析了消防技术服务面临的形势，从消防技术服务机构规范职业、提升服务能力水平和强化监督管理等方面提出了对策和建议。

关键词　服务机构　改革　监督　管理

1 绪论

消防技术服务中介机构是指服务于消防行业运用专门的知识和技能，按照一定的行业技术标准和程序为委托人提供专业的信息技术等有偿服务的中介组织。在新修订的《中华人民共和国消防法》中，对消防设施维护保养检测、消防安全评估、消防技术服务机构从业资格等提出了法律要求。

2019年5月，中共中央办公厅、国务院办公厅印发《关于深化消防执法改革的意见》（厅字〔2019〕34号），明确取消消防设施维保检测、消防安全评估机构资质许可，消防技术服务机构出具的服务项目结论不再作为消防行政审批和建设工程消防设计审核、验收的前置条件。同时，还要求消防部门制定消防技术服务机构从业条件和服务标准，引导加强行业自律、规范从业行为、落实主体责任，加强对相关从业行为的监督检查，依法惩处消防技术服务违法违规行为。2019年8月，应急管理部印发了《消防技术服务机构从业条件》，对取消资质许可后，消防技术服务机构应当具备的人员、场地、仪器设备等从业条件重新进行规定，并要求消防技术服务机构采用“社会消防技术服务信息系统”进行相关信息的录入登记。这些政策、规定的颁布实施，是应急管理部主动应对当前消防工作新形势下的新要求，也是坚持“放、管、服”原则，落实简政放权，便民利企的新举措。当前消防技术服务正处于新旧交替的变革期、过渡期、重塑期，消防技术服务机构的发展、监督管理等工作制度还不完善，消防技术服务机构的质量还有待加强。

2 新疆消防技术服务机构发展现状

2.1 消防技术服务机构监督管理工作情况

多年以来，新疆一直注重消防技术服务机构的发展培育，努力净化消防技术服务市场环境，严厉打击消防技术服务失信行为，不断强化消防技术服务机构监管工作的制度化、规范化建设，成立消防技术服务机构评审专家库，并每半年组织专家对全区消防技术服务机构开展一次全面的专项检查。同时，积极实施“互联网+”行动战略，研发并全面应用“消防技术服务行业自律管理系统”，配套出台《社会消防技术服务机构监督管理办法》和《社会消防技术服务机构服务行业信用评价管理办法》等规范性文件，颁布实施《建筑消防设施维护及保养技术规程》（DB65/T 4069—2017）、《建筑消防设施质量检测评定规程》（DB65/T 3253—2020）两部地方标准规范，努力实现对消防技术服务机构执业活动全流程管控。

2.2 消防技术服务行业面临的形势

在消防执法改革背景下消防技术服务从业呈现出四大变化：一是市场准入制度发生变化，根据执法改革意见，消防技术服务机构取消资质许可，满足消防技术服务机构从业条件即可从事消防技术服务业务；二是从业条件发生变化，与之前相比，放宽了消防技术服务机构人员、场地等条件要求，降低了准入门槛；三是市场需求发生变化，根据执法改革意见，消防设施维护保养检测、消防安全评估机构的技术服务结论不再作为消防审批的前置条件，消防技术服务市场需求基本来自工程方、使用方委托；四是监管主体发生变化，随着消防审核验收职责的移交，消防技术服务由原来的消防部门一家实施全过程监管转变为消防、住建、市场监管等部门实际上的分别监管，监管主体客观上呈现出“模糊化”的趋势。由于消防技术服务市场管理制度的变化，各项配套政策尚未出台，从业管理相对空白，消防技术服务行业在迎来力量壮大良好契机的同时，也面临市场秩序被打破的风险与挑战，对消防技术服务机构提出了更高的要求[1]。

2.3 消防技术服务机构存在的问题

随着消防执法改革的深入，全区消防技术服务机构从2019年5月的38家猛增到2022年3月的244家，承担了12620家社会单位的建筑消防设施维护保养工作，开展3.7万余项消防技术服务业务，为保障新疆维吾尔自治区社会单位建筑消防设施的完好有效作出了积极贡献。2021年以来，新疆组织对全区范围内的187家消防技术服务机构开展了专项监督检查，消防设施检测维护保养仪器设备7807套，一级注册消防工程师资格证、建（构）筑物消防员（消防设施操作员）资格证书及社保证明文件1864人次，查阅机构出具的技术文件及原始记录1990余份，查验设有消防控制室的公共建筑消防技术服务项目3075个。对各消防技术服务机构从业条件、依法执业、网络系统应用、监督管理等方面进行了检查，通过检查发现消防技术服务机构不同程度存在“六类问题”，即：行业竞争不健康、从业人员不稳定、服务质量不过硬、从业标准不完善、法规制度不健全、主体责任不落实等问题，特别是出具虚假报告、异地挂靠从业人员资质、指派无资质人员执业、未按规定为执业人员缴纳社保以及仪器设备、办公场地等基础设施不达标问题尤为突出，检查的187家消防技术服务机构中，有73家存在上述问题，占到总数的39%；被当地消防救援支队、大队立案处罚的73家单位中，有22家单位不具备从业条件从事消防技术服务活动，占到总数的30%，这些问题的出现，一方面降低了消防技术服务公信力，另一方面也为社会消防公共安全埋下了隐患。

3 加强消防技术服务机构监管的对策建议

3.1 落实企业主体责任，提升消防技术服务能力水平

消防技术服务机构肩负着维护建筑消防安全的重要职责，“取消资质许可，降低门槛”绝不意味着就是“放松监管、降低服务质量”，消防技术服务企业应该站在为企业自身发展、为单位服务、为社会安全负责的层面，不断深化行业发展前景认识，坚持质量就是生命线，加强行业自律，注重职业操守，依法依规从业，真正以过硬的技术获得认可，以优良的口碑赢得市场，构建规范有序、公平统一、可预期的行业发展环境。

一是强化从业人员素质。各消防技术服务企业在进行人员招聘和从业活动中，应该严格落实执业资格要求，严禁出现无证上岗、超范围执业和人员资质挂靠现象。督促本企业注册消防工程师、消防设施操作员按规定开展继续教育，主动加强学习，确保及时掌握最新法规政策和技术标准规范，熟练使用各类检测仪器设备。积极主动培养和聘用更多高级以上的职业技能的操作工人，形成长期从事消防技术服务、具有丰富理论和实践经验的专业技术骨干队伍。

二是强化信息化管理系统应用。消防技术服务机构应该全面运用消防设施检测维保系统开展技术服务活动，确保信息录入率达到100%，项目流转、备案率达到100%，通过对系统的应用，实现服务记录网上流转、服务结果网上推送，服务业绩网上公示，有效破解技术服务内容随意、从业人员“挂证”等问题。同时，鼓励服务机构积极应用大数据、云计算、物联网技术，探索建立消防维保物联网远程监控服务系统，全面提升消防技术服务“职业化、专业化、标准化、智能化”水平[2]。

三是充分发挥服务指导职能。消防技术服务企业应该认真落实《建筑消防设施维护及保养技术规程》（DB65/T 4069—2017）、《建筑消防设施质量检测评定规程》（DB 65/T3253—2020）两部标准规范的要求，将两部标准作为规范职业的“规矩准绳”，进一步细化服务项目和流程，量化技术和质量指标，提升规范执业能力，充分发挥服务社会单位发现火灾隐患、指导隐患整改的工作职能作用，与消防机构一道开展火灾隐患治理，发挥出“1+1>2”效果[3]。

3.2 科技赋能多维监管，推动消防技术服务市场有序发展

通过对消防技术服务机构严格的执法检查，综合运用信用等级评价、联合惩戒、永久退出等机制，逐步营造良好的消防技术服务市场环境，倒逼责任落实，不断提升消防技术服务水平。

一是推行“双随机、一公开”监管。可以将消防技术服务机构作为消防安全重点单位等同对待，通过升级“社会消防技术服务信息平台”，督促技术服务机构将法人信息、设备配备、从业人员信息、服务能力等要素进行网上自主备案，信息平台系统予以大数据比对、证照稽核、人像采集，备案完成即认为该机构符合消防技术服务从业条件，对机构开展的技术服务执业活动采取全过程留痕的互联网多维监管模式。在“双随机、一公开”监督管理系统中建立消防技术服务机构库，对服务机构、服务项目随机抽查，督促指导服务机构及从业人员规范经营、按标准执业[4]。另外，定期联合住建、市场监督管理等相关行业部门组织开展消防技术服务专项排查整治，强化从业监管，规范市场秩序。

二是实施信用评价管理。贯彻落实《社会消防技术服务机构监督管理办法》和《社会消防技术服务行业信用评价管理办法》，对服务机构及从业人员实行诚信记分评价管理，对一个周期内扣分累计达到上限的单位或执业人员暂停执业，对机构、人员做出行政处罚的，及时公开并录入政府信用信息平台，对属于严重失信“黑名单”的，推送至相关部门实施信用联合惩戒，提高违法成本。对存在失信行为的服务机构，加大监督抽查频次和比例，从严整治消防技术服务“乱象”；对于从业人员做出虚假或者失实消防安全技术文件等情节严重、造成严重后果的行为，要坚决依法查处和实施行业禁入、永久退出，同时函告人社部门依法取消其相关资格证书[5]。

三是加强互联网监管系统应用。进一步强化对消防设施检测维保系统应用监督，结合新疆本地开展的建筑消防设施标准化、标识化、规范化“三化”达标创建验收工作，认真核查服务报告的真实性、准确性、规范性，指导社会单位督促委托的消防技术服务机构使用系统开展执业活动，定期登录系统，掌握本单位消防设施运行状况，及时发现、整改问题，确保消防设施完好有效。

四是紧密结合火灾事故延伸调查。切实加大火灾事故延伸调查力度，对于起火场所开展了消防设施维保检测，但经维修、保养的建筑消防设施不能正常运行，发生火灾时未发挥应有作用，导致火灾扩大的，对涉及的消防技术服务机构、从业人员及该项目情况进行倒查，严肃追究相关责任，倒逼消防技术服务行业加强服务质量建设。

五是强化宣传立体监督。广泛利用各类媒体宣传造势，

发布检查公告，通报时间节点，明确检查内容，督促开展自查自纠。引导消防技术服务机构及从业人员、社会单位共同参与，积极举报消防技术服务机构的违法违规行为，对违法违规情节严重的典型案例进行媒体曝光，强化消防技术服务机构“依法依规才能长久、违法执业后患无穷”的经营理念，加强行业自律、规范从业行为、落实主体责任，形成全社会共治共管的良好氛围。

4 结语

消防技术服务机构是符合社会进步、经济发展和行业需求的市场产品，在消防发展和改革工作中占有重要地位。培育和发展消防技术服务机构，既是落实深化消防执法理念、制度、作风全方位深层次的变革，也是转变政府行政职能，加快形成开放竞争有序的现代消防市场体系的需求。加强消防技术服务机构监督管理，营造良好的消防技术服务机构市场环境，对于提升社会单位建筑消防设施完好率、整改火灾隐患问题、提升社会单位火灾抗御能力具有重要意义。

参考文献

［1］张元祥．论中介机构在消防管理中的作用及地位［J］．消防科学与技术，2003（5）：419-420.

［2］闫霁，沈友第．关于加强消防技术服务机构建设和管理的思考［J］．法制与社会，2012（17）：195-198.

［3］高锴，刘博．我国超高层建筑的发展现状与国内外消防技术要求［J］．消防技术与产品信息，2017，（03）：60-63.

［4］闫霁，沈友弟．关于加强消防技术服务机构建设和管理的思考［J］．法制与社会，2012（6）：195-198.

［5］归小平．消防中介组织发展研究［M］．南京：东南大学出版社，2012.

宗教活动场所消防安全管理“数字化”转型的实践及启示

金 悦 周 洋

（杭州市消防救援支队，浙江 杭州）

摘 要 宗教活动场以其重要的价值成为经济社会中不可或缺的一部分，本文通过场所消防安全风险分析、数字化转型的探索实践、启示与展望三个方面，就新时期宗教活动场所消防安全管理结合工作实践，找出相应的对策和启示。

关键词 宗教活动场所 消防安全管理 数字化

1 引言

随着经济社会的不断发展，宗教活动场所以其重要的历史、文化和审美价值已成为各界人士观光、旅游的又一去处，遇有节假日和重要佛事、法会期间，人员密集、活动频繁，一旦发生火灾，极易引起重大人员伤亡和财产损失。根据浙江省政府数字化转型建设要求，围绕大系统、大数据、大平台、大集成建设，构建涵盖各个领域的数字政府标准系统，推动“智慧消防”理念在行业生根发芽，不断加强宗教活动场所消防安全火灾防控能力显得尤为重要[1]。本文结合工作实践，以杭州市属宗教活动场所净慈寺为例，探讨宗教活动场所消防安全管理“数字化”转型的实践途径。

2 当前宗教活动场所消防安全风险分析

2019年，净慈寺被杭州市消防救援支队和杭州市民宗局列为“智慧消防”建设试点单位。通过深入发掘问题，助力研判行业消防安全特点。

2.1 试点场所消防安全现状

净慈寺地处西湖南山，依山濒湖，与雷峰塔近在咫尺，乃杭州湖南佛国首刹。净慈寺与灵隐寺齐名，为杭州历史上两座千年古刹之一。寺内存有双井、运木古井、万工池、如净塔、康熙御碑亭、乾隆御碑济公殿石柱等古迹。中轴线上从北至南依次为金刚殿、大雄宝殿、演法堂、释迦殿，东侧为永明塔院，西侧为观音殿、济公殿。净慈寺整体扩建规划正在实施，部分殿堂设施将陆续恢复重建。寺内部分建筑设有火灾自动报警系统，联动控制安装于金刚殿、大雄宝殿、永明塔院等处的传统烟感、手报、声光报警设施；释迦殿下方美术馆设置自动喷水灭火系统、室内消火栓系统；院落内部设置室外消火栓系统，日常补水由市政管网和半山腰处的消防水池保障；寺院依托僧人成立了一支微型消防站，日常通过对讲机联动。

2.2 宗教活动场所消防安全难点

通过试点场所情况分析和各地同行业场所的比较，不难发现宗教活动场所不同程度的存在下列消防安全风险隐患。一是先天性消防安全风险大量存在。场所建筑多采用砖木结构，耐火等级低，易燃可燃物多，且建筑密度大，缺少防火分隔，一旦起火，极易迅速蔓延，甚至火烧连营。二是自动消防设施设备未全覆盖。部分殿堂和辅助用房，限于建筑年代、材料、结构等不利于开槽放线等因素，缺乏必要的报警和联动设备，无法有效预警初期火灾的发生。三是用火用电等方面隐患较为突出。电气线路敷设时间久远，敷设不符合标准，用电负荷量大，电动车违规充电停放，不规范的燃香等用火行为依然屡见不鲜、防不胜防[2]。四是粗放管理导致火灾隐患难消除。寺院点大面广，受限于人员数量和素质，无法形成巡查整改高效闭环，日常消防管理疲于奔命，存在火灾隐患整改不到位和消防设施维保不及时的情况。寺院虽然建立了微型消防站，受制于器材装备的局限，无法与邻近微型站和辖区消防站有效互通互联，消防救援能力亟待提升。

3 “智慧消防”数字化转型的探索实践

针对宗教活动场所消防安全风险特点，我们打破旧有的管理模式，通过技术创新和制度创新，逐步实现传统向智慧的转变。

3.1 以平台为载体，建成数字化管控中心

建设消防物联网管理平台，综合运用“智慧用电”系

统、"智慧用水"系统、消防远程监控、"火眼"系统、无线预警系统、智慧充电桩、消防巡查系统等预警手段，打破过去各类预警平台各自为政的信息壁垒，形成日常防火巡查、系统维保、应急处置等有效联动，将传统宗教活动场所消防管理的条块进行整合，统一收集数据，后台汇总分析，高效互联互通，提升单位消防安全自主管理水平（图 1）。

3.2 以数据为抓手，建成数字化传导神经

建立"智慧用电"系统，通过在配电间的进线终端及环境中安装监控设备，探知线路过载、短路、温度异常、有毒有害气体浓度异常或其他因素，告警至平台和物联运营机构的后台监控调度中心，综合判定报警情况并实施远程跳闸操作。建立"智慧用水"系统，通过在水系统各个点位安装模块，可以在线监控水池水箱的水位、喷淋管网的水压、室外消火栓等消防水系统运行情况，及时由平台发布预警信息。建立无线预警和"火眼"系统，通过安装 NB 无线烟感、红外对射探测器和"火眼"，满足对人员密集区域、重点部位火灾探测的全覆盖，弥补层高型、大空间场所的预警空白。建立智慧充电桩，通过平台监控充电端口运行状态，提升场所内电动车安全用电及应急处置能力[3]。

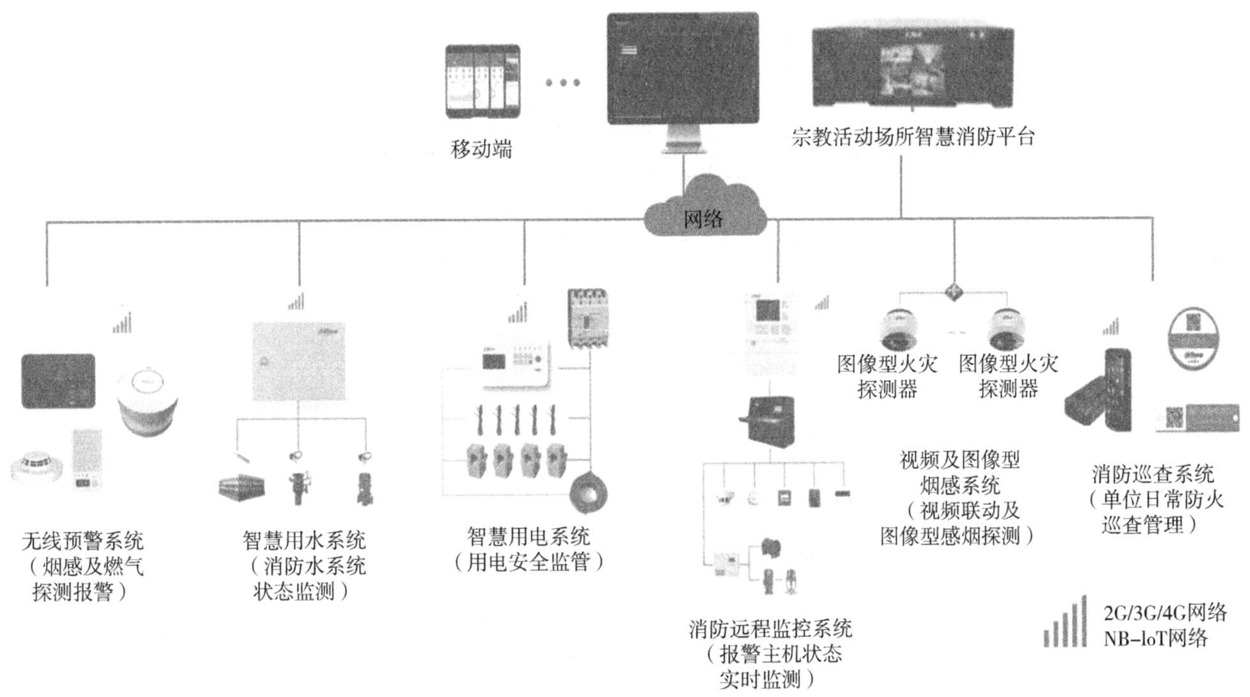

图 1 净慈寺消防物联网管理系统图

3.3 以闭环为目标，建成数字化感知末梢

建立消防巡查系统，实现技防和人防的有机结合，将前端技防探测设备和人员巡查发现的问题或隐患经过平台集中整合，联动各分系统反应，通过各类数字终端下发至各岗位人员，将隐患问题分级限时、责任到人、逐级督导，确保每个问题都有人负责、每个问题都被监控督导、每个问题可跟踪溯源，实现巡查整改的有效闭环。同时在消防控制室和微型消防站内安装网络对讲机系统，微型站队员日常可以通过系统实现巡逻打卡签到，查询就近的水源、道路信息，联动附近的微型站和辖区内专业消防力量，实现微型站初期灭火的快速出动、联防联动。

4 宗教活动场所消防安全管理的启示与展望

数字化转型虽已成效初现，但标准化建设的滞后仍然是当前工作的薄弱环节，我们要牢固树立"智慧消防"理念，持续推动数字化在宗教活动场所消防安全管理中的深度应用。

4.1 通过数字赋能提升消防安全管理的科学化水平

根据浙江省数字化转型标准化建设方案基本原则，以推动高质量发展为着力点，强化标准体系顶层设计和系统架构，深化应用"单位消防安全风险分析研判管控平台"。平台从顶层构建了"单位—物联运营机构—消防救援机构—其他部门"的消防数字化治理和自我消防信用监管路径，通过融合消防物联网、网格化管理、智能监督执法、力量调度、指挥救援联勤联动、大数据分析为一体，实现"消防安全风险科学研判、监督执法精准规范、事故处置智联高效、应急保障协同有力"的目标。随着系统的逐步上线和单位的分批应用，将有效提升宗教活动场所消防安全数字化管理水平，一举改变过去消防救援机构单打独斗的局面[4]。

4.2 通过数字赋能提升消防安全管理的精细化水平

通过打造宗教活动场所"智慧消防"2.0 版，将实景融合技术与现有各类传感模块相结合，打造实景融合消防综合管理平台。运用该平台与各物联、预警系统间的接口，将所有指挥调度相关的数据进行综合分析，以增强现实动态标签和浮动动画的方式在高点画面中进行直观展示与操作，实现在统一门户下即可完成所有的业务操作，极大地提高消防救援机构监管的工作效率。运用实景融合视频实景地图效果，直观、便捷地看到场所内部预警信息。通过地图画面上显示的报警信号，应急救援指挥平台迅速进行智能研判，根据灾情等级整体调度、科学指挥，第一时间形成应急救援力量并采取措施，及时降低火灾风险（图 2）。

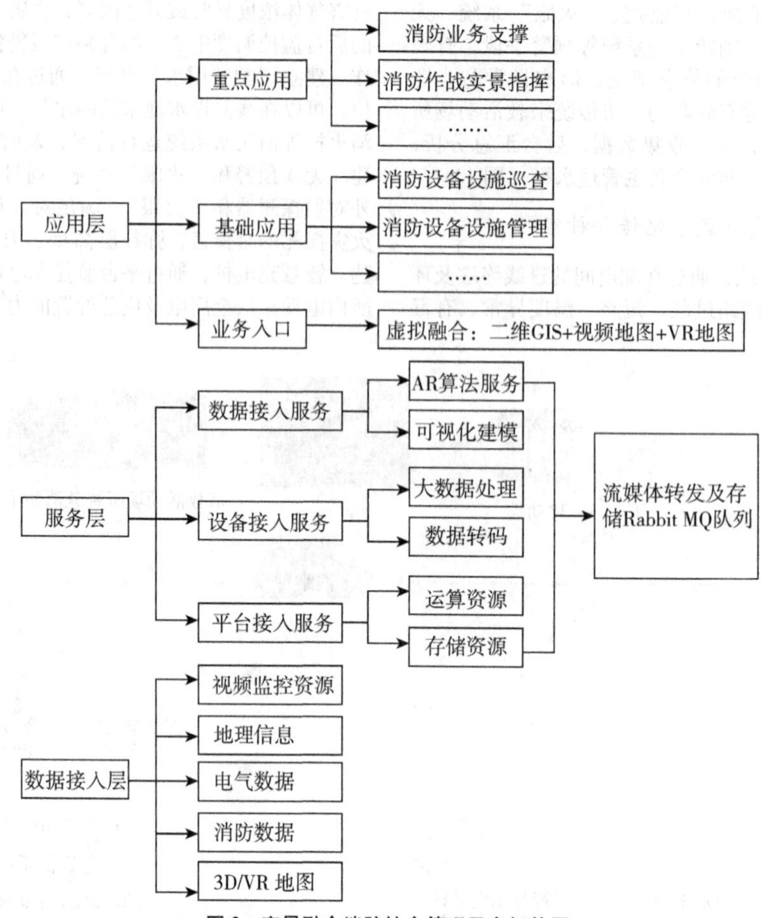

图 2　实景融合消防综合管理平台拓扑图

4.3　通过数字赋能提升消防安全管理的标准化水平

2020 年，浙江省消防救援总队协同浙江省民宗委制定并施行的《浙江省宗教活动场所消防安全标准化管理规定（试行）》，提出争创消防安全工作行业标杆，争当宗教领域治理现代化的先行地的工作目标。《规定》通过明确管理范围和管理原则、消防安全责任、日常消防安全管理指标、考核奖惩共五个方面标准化管理要求，结合行业主管部门提出的“1+9”指标体系、宗教事务纳入全科网格化管理、启用“浙江掌上宗教”App 的“消防大检查”和“建筑大检查”监测系统等工作措施，有计划、有步骤、有层次地全面启动“智慧消防”建设推广工作，助力构建动态化、立体化、精细化的消防安全监管及风险防控体系，确保宗教文化传承源远流传[5]。

参考文献

［1］许峰．地方政府数字化转型机理阐释—基于政务改革“浙江经验”的分析［J］．电子政务，2020（10）：2-19.

［2］胡安雄，谢景荣．文物建筑火灾风险及防控对策研究［J］．中国文化遗产，2022（01）：66-71.

［3］童威，黄启萍．大数据时代下智慧消防工作探究［J］．广西物理，2020（03）：30-32.

［4］把数字化转型先发优势转化为强大治理效能［N］．浙江日报，2019-12-20（01）.

［5］浙江：高水平推进宗教活动场所消防安全工作［N］．中国民族报，2020-9-1（08）.

如何全面深化消防执法改革着力提升监管效能

乔　锋

（新疆昌吉州消防救援支队，新疆　昌吉州昌吉市）

摘　要　随着消防转隶及深化消防执法改革推进进程，当前消防监督模式与社会经济发展不相适宜问题日益突出，那么，如何结合工作实践，全面深化消防执法改革，着力提升监管效能，更好的服务群众，促进消防安全形势平稳有序发展尤为重要。近年来，随着经济社会的迅速发展，城市化进程加快，高低大化、人员密集场所空前发展，特高压电力设施、网络直播带货等新型产业大量涌现，消防安全隐患数量不断攀升，社会面风险程度更甚，当前消防安全监督管理制度与当前的社会经济发展程度间不平衡的问题日渐凸显，改善消防监督执法工作已势在必行。

关键词　消防执法　改革创新　监管效能

1 当前消防监督执法工作存在的问题

1.1 消防监督力量严重不足

全国、全区消防安全重点单位众多，以新疆昌吉州为例，目前，昌吉州辖区共有消防安全重点单位1174家（包含火灾高危单位57家）。其中，商场、市场91家，宾馆、饭店187家，公共娱乐场所213家，易燃易爆化学品企业330家，劳动密集型企业2家，高层公共建筑40栋，其他发生火灾可能性较大的单位63家，国家级、省级重点工程施工工地5家。而支队共有监督员47人，从数据上来看，消防监督管理工作显得力不从心。在现有消防监督力量下，面对成倍增加的监督管理任务，消防监督人员还担负着案件调查处理、对外协调、数据统计、业务指导、宣传培训等诸多任务，且带有突发性、临时性特点的专项行动又时有开展，消防监督力量无法满足工作需要，一定程度上牵制了消防监督工作开展。

1.2 消防技术力量弱化成为可能

消防救援机构改革转制后，消防设计审查验收职责交由住建部门，这是国家顺应社会关切而采取的重大举措。消防部门原从事相关工作的人员势必调整充实到其他岗位，这极大缓解了原有消防监督力量不足的问题，但不容忽视的是，消防技术"无用论""老本论"已经有不少声音，如忽视有效的引导，缺乏经常的教育培训和交流，消防部门的技术力量弱化将成为可能，部分基层消防监督人员懂检查程序而不精研消防业务，缺乏专业消防技术的监督，极有可能引发新的风险。

1.3 火灾事故责任追究任重道远

火灾原因和灾害成因并查是火灾事故调查的要求，也是执行火灾事故追责，推动消防安全责任落实的可靠保障。当前，重特大火灾事故责任追究实践丰富，教育警示效果明显，但对于一般火灾事故，基层消防部门查事故原因多，查灾害成因少，事故追责缺乏较真碰硬。火灾事故追责尚未成为消防工作的有力抓手，不少监督人员仍热衷于短期工作数据带来的直接成果。

1.4 消防监督检查理念尚未根本转变

保姆式消防监督检查模式弊端严重，消防部门苦不堪言，企业、群众叫苦连天，"双随机一公开"成为各方热切期待。然而，消防部门重数据轻效能，重处罚轻教育等工作方式仍未改变；社会单位主体责任落实不主动、"我要管"理念不形成，消防投入少、火灾隐患久拖不改、反弹严重……任何妙药都难成为消防监督工作最后的良方。

1.5 消防技术服务未从幕后走向台前

国家高度重视社会消防技术服务机构在消防监督工作中的作用，取消消防技术服务机构从业的系列限制，加强事中事后监管，这是大势所趋。如何发挥消防技术服务的技术支撑，发挥其消防安全工作的前沿关口作用，需要更加具体的规定，需要更加公正、透明、规范的从业市场，需要消防部门及行业相关主管部门的顶层设计。

1.6 调查研究不够深入

国家深化改革大背景下，各部门各行业工作创新百花齐放，效果突出，但深入推进消防执法改革不能类比照搬，换个模子出花样，不应搞邮件式汇总。消防工作最终落实在基层，如何找准工作症结，既要有人做具体工作，更需要安排深入扎实的调查研究，做好顶层设计，要保持"绝知此事要躬行的心态"，多做管长远的方向性研究。

2 执法人员能力素质不足

2.1 执法理念有待转变

部分监督员还没有从传统的惯性思维中解放出来，工作开展还是习惯老套路、土办法，还习惯于以罚代改，以数据"论英雄"，只注重检查单位的数量、执法办案的数量，没有从推进单位主体责任落实的根源入手，往往是工作干得很累，火灾仍不断高发。今天发生工地火灾，明天就抓建设施工单位；明天发生商场火灾，后天就抓商（市）场整治。消防监督执法工作不能头痛医头、脚痛医脚，而应该具有全局思路、辩证思维。

2.2 执法能力有待提高

通过对近年来监督执法案件的分析，大多数的消防违法案由都是消防设施、器材设置不符合标准或者未保持完好有效等。很多监督员的检查结果都是一些常规的习惯性违法行为，占用防火间距、消火栓是否有水等表面问题，诚然消防设施完好有效与否是一种火灾风险源，但这类隐患的查找作为属地安全员或者基层网格员都可以做到，对于专业消防监督员的业务能力绝不能仅限于此。在实际执法工作中，监督员往往忽视了电气线路、大功率设备、油漆粉尘、用电设备、可燃物、易燃易爆物品、工艺流程危险段、紧急切断装置等火灾危险源的检查，对于管理制度的落实、预案、重点部位等检查也时常忽略。实际上火灾危险源的控制是最主要的，如果没有火灾的发生，消防设施自然也就用不到了，这也应该成为防火检查的主要目的。

3 社会单位消防管理主动性不强

3.1 消防监督模式落后

当前政府职能已从过去的以管理为主的行使权力向以服务为主的履行责任方向转变。然而，作为消防部门依然实行"保姆"式的消防监督管理，以有限的警力承担了过多的社会职能和无限的责任，直接导致社会单位和个人对消防部门产生了严重依赖，部分单位错误地认为消防工作就是消防部门的事，对于本单位的防火安全检查、火灾隐患整改、消防安全培训等工作全部依赖消防部门，消防部门在消防安全管理中成了社会单位的"保安""保姆""管家"和"守夜人"，缺少应有的工作精力来开展区域性的火灾形势和工作对策的研究，失去了对整个社会面消防安全的宏观控制。

3.2 社会单位主体责任缺失

部分社会单位负责人以经济效益为先，在"守法成本高、违法成本低"的利益驱动下，不愿以确定的投入去预防不确定的不利后果，心存侥幸，想方设法降低消防工作标准，回避责任。很多社会单位在单位管理体系内没有明确消防安全专门管理人及其职责，更没有消防岗位资质的准入门槛，出现单位主体的消防安全工作无人管理或者不会管理。再者，建设工程的消防设计、施工、监理单位和第三方社会消防技术服务机构等社会主体，为追求经济利益，不顾行业准则和法律法规，只求一时过关，不顾终身负责，造成先天性火灾隐患滋生。

4 消防监督机制的改革与完善

4.1 深化"防消联勤"工作模式

结合部局《关于印发消防救援站开展防火工作试点方案

的通知》，进一步贯彻落实防消结合方针，适应社会经济发展的新形势，实现提高社会火灾动态监管和预警能力，切实提高消防救援站指战员、消防文员的消防业务水平和监督执法能力，支队推行"防消联勤"工作模式，既强化了对消防站辖区保卫对象和道路、水源等情况的熟悉，又缓解了基层防火力量不足的问题。在"防消联勤"工作中，一是在社会单位检查中把握工作重点。在监督检查和执勤备战工作中，拓展工作思路，将消防监督检查与消防救援站辖区"六熟悉"相结合，把建设消防控制室标准化、建筑消防设施应用等重点内容融合进去，仔细查隐患、找漏洞，确保火灾隐患早发现、早处理；二是完善"防消联勤"工作内容。通过开展多种形式的培训活动，组织基层消防站指战员定期开展理论学习，确保基层消防站指战员熟练掌握检查社会单位的基本方法以及熟练操作消防设施等基本要求。消防站干部要在火灾处置后对火灾原因进行初步调查，对起火建筑消防设施使用情况等向防火监督员报告并提出合理化建议；三是建立双向沟通机制。消防站每日将检查中发现的火灾隐患及时报送防火监督员，大队及时对隐患进行复查并督促单位整改落实，并将整改情况反馈于消防站。同时，支队推行 1 名消防监督员带领 1 名监管岗位文员开展消防监督检查的"1+1"模式，通过在实训工作中实行监督干部"传、帮、带"，让消防员对消防监督检查的程序和方法有更全面的了解。各大队结合消防救援站开展防火工作要点，结合消防监督检查、"六熟悉"、重点单位演练、重大活动及重要节日安保等工作由大队监督人员负责带队开展现场授课、指导学习，通过监督员实地教学提升工作效能。大队监督执法人员对消防监督执法流程、执法人员在检查及操作中遇到的相关问题和解决办法、如何更好地利用建筑消防设施开展灭火救援等进行着重讲解，让指战员多动手、多操作、多观摩，使指战员将学习的理论与工作实际相结合。

4.2 提升消防监督执法水平

随着消防改制工作的稳步推进，消防体制由原先的部队编制转隶为行政编制，防火监督岗位干部基本上成为职业化，一些抱着干几年转业想法的人员应当认识到当前的消防工作将成为自己一生的职业，在最大程度上保留了消防监督业务骨干，更有利于防火监督力量长期发展，增强消防执法责任感。

消防监督执法的目的是督促整改火灾隐患，绝不能以罚款、关停代替整改。对于日常检查中发现的一些区域性普遍问题，在具体执法中应该进行全面评估，从火灾危险源、迫切需要整改的问题入手逐步推进，不忘执法为民的初心，不能搞一刀切一罚了事，否则会出现罚款一大堆、隐患仍旧一大批的尴尬境地。同时，始终保持本领恐慌意识，树立学无止境的理念。一级注册消防工程师应该成为每名消防监督员提升业务能力的目标方向，在业务提升过程中不仅要注重法律法规的学习，还要注重在消防平面布局、设施系统的运行安装等内容的学习，业务能力的高低直接关系到每次监督执法的质量，直接关系到每次检查能否使得隐患降低，也直接关系到检查提出的整改措施和整改方案对于执法对象是否切实可行、经济合理，间接关系到整个社会对消防部门专业力量的信任程度。

4.3 推动主体责任落实

消防部门应回归其法定的监督职能，摒弃传统"大包大揽"检查监督模式，准确定位自身角色，不要再充当企业的"安全员"，向"管人管责任"的事中事后监管模式转变，突出市场本身的调节力，同时强化对消防违法行为的惩戒措施。切实履行消防安全委员会办公室综合协调职能，滚动研判辖区火灾情况和消防安全形势，采取向相关部门、重点单位发送提示函、提示短信等形式，压紧落实行业监管责任和单位主体责任。充分发挥我州综治维稳机制优势，推动落实基层政府和公安派出所、网格组织、物业服务企业责任，整合全社会监管力量，建立多部门信息互通、定期会商、信用公示、联合执法机制，促进行业部门、基层组织各负其责，齐抓共管；建立消防安全信用公示、约谈警示和重点督办制度，严肃追究消防失信企业责任，倒逼单位主体落实责任，提高单位消防违法成本。通过树立"宽门槛、严监管"的新型执法理念，切实将消防执法改革的具体措施落实落地，实现火灾预防工作社会化管理的目标。

4.4 推进消防工作社会化

消防部门深度介入，"保姆式"服务，一方面使社会单位丧失自理能力，另一方面使社会消防服务中介机构无法施展拳脚。如果从理念上正本清源，法规上科学架构，明确消防部门履职责任边界，依法将"无限消防"并入"有限消防"法制轨道，中介服务才能紧跟社会需求，蓬勃发展填补单位自身空白。消防部门应挥舞好"指挥棒"，掌握好节奏和力度，杜绝无差别执法。

4.5 大兴研学之风，广泛开展实地调查研究

深化消防改革目前只解决了面上的问题，真正实现"化学效应"，还任重道远，需要更多的调查研究，需要更多的配套政策。各级消防部门应视情组建政策研究室，吸纳工作经验丰富、技术业务骨干、基层消防指战员参与进来，要就消防监督与消防服务、社会消防技术服务、火灾隐患整改等课题开展实地调查研究，定期形成可研报告；针对各项工作方案、意见要广泛倾听基层心声，大量积累原始资料，形成工作大数据，不搞闭门造车、不搞征求意见摊派；要大兴研学之风，建立激励机制，拓宽献言献策方式，广开言路，鼓励基层工作人员就现实问题深入思考，对被采纳的意见或建议予以"金点子"表彰，要杜绝会议式、凑人数式调研。

4.6 加强交流学习，全面提升专业化水平

要充分加强消防技术学习的引导，把消防技术能力作为胜任工作岗位的重要标准，定期开展消防技术学习培训，拓宽教育培训方式，鼓励技术骨干加强与应急、住建等部门的学术及工作交流，推荐技术人才加入各类专家库，并积极培育不同层级学术带头人；要探索建立与消防技术服务机构的交流机制，就消防安全工作中的倾向性、区域性问题开展探讨，确保充分发挥各自在消防安全工作领域的优势。此外，要尽快着手谋划火调岗位专业人才系统性培养，加强火灾调查的人员、经费和装备保障，逐步培育各级火灾调查专职人员，推行火灾调查人员资格认证、区域协作交流机制，要健全完善火灾事故追责体系和环境，铁心硬手做好火灾事故调查和追责，更加注重调查灾害成因，稳步推进出事追责、尽职免责的探索。

4.7 积极大胆"放"，尽快拓宽消防工作格局

要创新工作方式和理念，逐步稳妥推进消防监督工作从执法数据向执法效能的转变，要进一步加大简政放权的力度，加强事中事后监管；通过最大限度的"放"而达到"管"的目的，把消防安全主体责任落实、社会消防技术服务机构服务水平提升及火灾事故责任追究作为消防工作最有力的抓手。健全完善各类体系制度，大胆将消防工作的主要

环节交给市场，要推行政府购买第三方服务方式在消防监督工作中的实践运用，提升消防设施检测、维保和消防安全评估的真实性、可靠性和权威性，确保技术服务报告的社会价值和保障力度，要全面加强消防技术服务管理的信用惩戒力度，营造公正、透明、规范的服务市场。要推动社会消防技术服务机构广泛吸纳、储备具有从业能力的人员，积极组织开展教育培训，广泛发动参与全国相关从业资格考试认证；对取得从业资格人员，要强化复训、实训，既要强化业务能力，更要提升职业操守。要做好原有各类消防资格从业人员能力水平的认证、从业资格证的平移，尽快建立一套管长期的消防从业人员培训、考核、运行机制，鼓励一级注册消防工程师快速进入从业市场发挥其应有的作用。

5 结束语

消防执法改革是消防执法领域的一场深刻变革。身为防火监督人员，我们必须要深刻理解改革的本质，转变执法的观念，提升监管的能力，切实以“简政放权、放管结合、优化服务”为核心，促进消防执法队伍的大转型，以更加顺应时代的执法理念、更加科学高效的执法程序、更加严谨合规的执法手段全面强化消防安全的监管行为，为更加良好的营商环境、更加规范的市场秩序不断优化升级，努力打造新时代消防执法队伍新形象。

参考文献

[1]《消防安全责任制实施办法》

[2]《关于印发消防救援站开展防火工作试点方案的通知》

[3]《新疆维吾尔自治区消防救援事业发展“十四五”规划》

[4]《昌吉州消防救援事业发展“十四五”规划》

建筑消防监督管理中现代化技术的应用

宋 晖

（天津市北辰区消防救援支队，天津）

摘 要 在智慧城市建设背景下，现代建筑的智能化程度越来越高，在满足居民日常生活、工作需求的同时，也增加了消防监督管理的难度。将现代化技术应用到建筑消防监管工作中，代替以往的人工巡查、监督，能够及时发现消防隐患，实现对火灾险情的超前预警，从而切实保障建筑消防安全。本文首先概述了现代化技术在现代建筑消防监管中的应用价值，随后重点介绍了Web技术、GIS技术、无线网络技术、人工智能技术在建筑消防监管工作中的具体应用。最后结合行业发展趋势，总结了建筑消防监督管理中现代化技术的即时化、智能化发展趋势。

关键词 消防监督 GIS技术 火灾风险预警 物联网

1 引言

现代化技术与消防监督管理的融合是信息时代下消防监管工作发展的必然趋势。其中，GIS、传感器、物联网等现代技术的应用，可以实现建筑消防监管的全覆盖，有助于及时发现消防隐患，无论是在日常的消防检查方面还是发生火情后的消防救援方面，都能发挥技术优势切实保障建筑消防安全。在这一基础上，密切关注前沿技术发展趋势，不断将新技术应用到消防监督管理中，才能使这一工作更好开展和持续发展。

2 建筑消防监督管理中现代化技术的应用价值

2.1 加强消防设备联动，为消防监管创造便利

建筑消防监督管理是一项复杂化、综合性的工作。特别是商场、超市等大型建筑物，具有消防监督范围广、消防安全隐患多等特点，加上人流量较大，一旦发生消防事故将造成严重的经济损失和生命财产损失，这种情况下对消防监督管理提出了严格的要求。现代化技术与消防监督管理工作的有机结合，则能够实现建筑内有消防装置、设备的联动，通过整合各类消防硬件设施，从而为消防监督管理工作的开展创造便利。例如，建筑内的烟气报警系统在检测到某一区域烟气浓度超过预警值后，立即发出警报。在接收到报警信息后，建筑消防控制系统结合报警信息准确判断火灾发生位置，然后启动就近的消防喷淋系统，通过喷水控制或消灭火情[1]。这种消防联动机制可以在建筑消防隐患发生的第一时间予以控制，切实保障建筑消防安全（图1）。

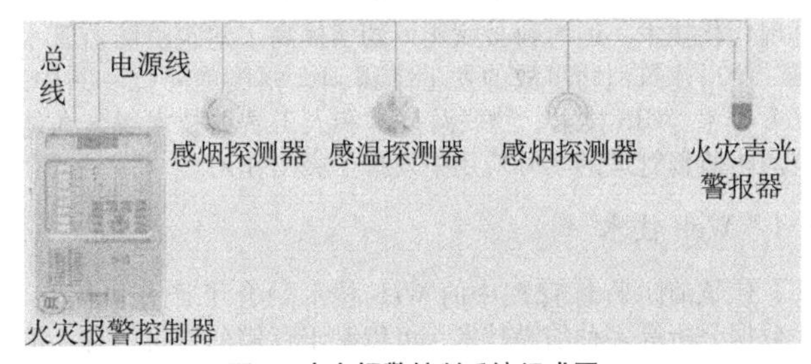

图1 火灾报警控制系统组成图

2.2 实现火灾风险预警，为消防救援争取时间

根据以往的消防监管工作经验，如果能够在建筑火情发生的初期及时采取预警措施，提醒建筑物业管理人员或者消防监管人员，然后立即作出应急处理，则能够在很大程度上避免恶性火灾事故的发生，切实保障建筑及居民财产安全。现代化技术的应用可以让建筑消防监督管理重心实现从“事后处理”向“事前预防”的转变。例如，利用安装在建筑内部各处的烟气报警装置、温度报警装置等，可以随时检测建筑内空气的烟气浓度和温度。当烟气浓度或温度达到警戒值后，立即启动报警，从而提醒物业管理人员或消防监管人员及时发现火灾隐患并采取应急处理措施。通过超前预警，为消防救援争取了更多的时间，在消防隐患尚未给建筑及群众财产安全造成严重影响的前提下予以妥善处理。近年来，建筑内部各类电气设备的数量呈现出增加趋势，消防监督管

理的压力也骤然增加。而现代化技术的应用可以全天候、精确化地监测建筑内每一区域、每台设备的情况，为消防监督管理工作开展提供了技术支持（图2）。

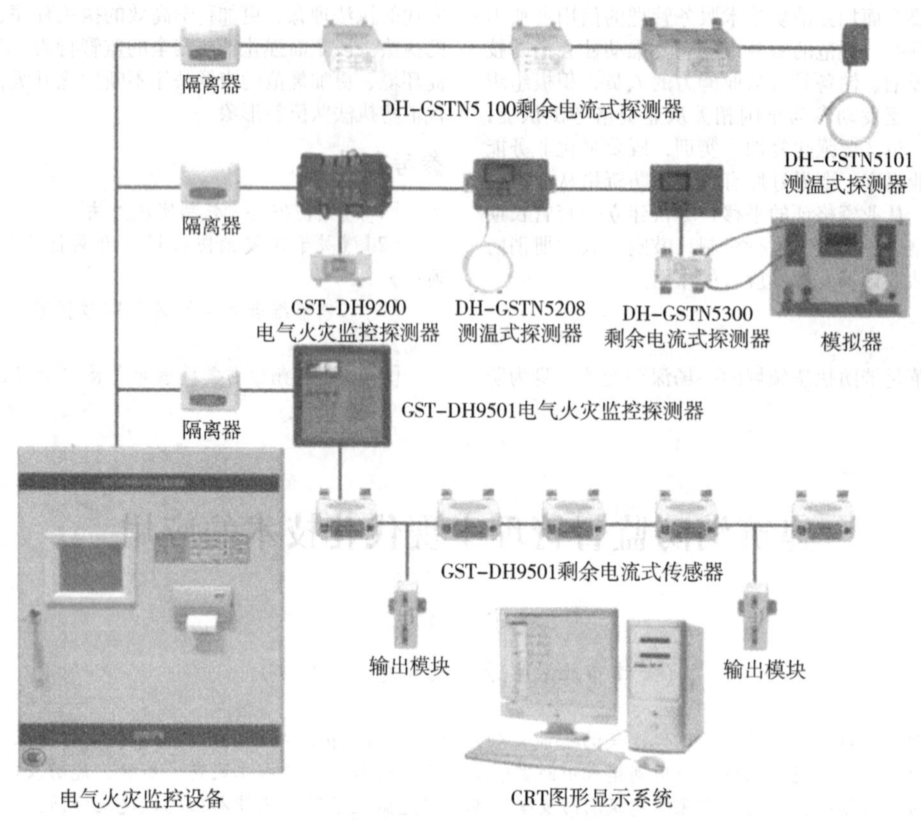

图2 电气火灾监控系统组成图

3 建筑消防监督管理中现代化技术的应用

为了满足新时期建筑消防监督管理对时效性、安全性等各方面的要求，近年来消防监管部门树立创新意识，不断引进现代化技术。通过科技赋能，切实提高了建筑消防监管水平，使得建筑消防事故的发生率得到大幅度的降低。其中，Web技术、GIS技术、物联网技术和人工智能技术等，在建筑消防监督管理的实际应用中发挥了突出作用。

3.1 Web技术

建筑消防监督管理中的Web技术融合了计算机网络、大数据分析等多种前沿技术，可以基于存储的建筑信息、消防信息，以网格形式对建筑消防设备进行定位和管理。Web技术不仅支持画面展示，而且能够呈现动态视频，为消防监督管理工作的开展提供了便利。围绕Web技术构建建筑消防监督管理体系，可以将建筑的结构数据、设备数据等进行汇总，然后利用计算机数学模型和应用软件，构建立体的建筑模型。消防监管人员通过Web浏览器可以远程查看建筑模型，让消防监督管理工作能够摆脱时间、空间的限制，实现消防部门和物业公司的联动，进一步提高消防监督管理的实效性。当建筑内发生火情时，不需要人为报警，建筑内的烟雾传感器、温度传感器等信息采集装置，可以将报警信息直接反馈到火警报警系统中心，实现了同步报警；同时，消防监督管理人员可根据Web浏览器了解火情现场的基本信息，在前往救援的路上制定救援计划或消防预案，为现场火灾救援工作的顺利开展提供帮助[2]。

3.2 GIS技术

GIS（地理信息系统）技术既有定位功能又有数据分析功能，将该技术应用到建筑消防监督管理中，可用来分析建筑物当前消防设备的运行工况、辅助制定火灾应急救援预案，以及指导规划建筑物消防工作等。例如，现代楼宇建筑中电气设备、消防设施的种类繁多，一旦发生火灾事故必须要快速、准确地进行定位，才能及时采取措施控制火情，避免损失的扩大化。在GIS技术的帮助下，可以将现有的建筑消防监控点地图转化为网格形式的电子地图，这样就能动态化地显示建筑内部空间结构。同时结合温控装置或红外传感装置等，在电子地图上直观地显示火灾发生位置和受困人员位置，方便消防救援人员制定灭火方案，以最短时间完成消防救援任务。此外，将GIS技术与Web技术相结合，还可以让消防管理人员远程掌握建筑内部的消防情况。以消防设备检查为例，在GIS技术和Web技术的支持下，消防管理人员只需要一块平板电脑就可以随时查看建筑内部各个区域消防设施的运行情况，从而减轻了消防监督管理的工作压力。同样的，在建筑火灾救援中，也能利用GIS系统规划最佳的救援路径，寻找最近的水源，保证救援工作顺利开展；利用Web技术能够让指挥人员远程开展疏散工作，做好救援部署，从而将建筑消防事故的负面影响降至最低。

3.3 无线网络技术

在5G时代，无线网络的全面覆盖让信息通信变得更加快捷和方便，从而为建筑消防监督管理创造了便利条件。在以往的建筑消防监管中，主要以3G或4G通信为主，由于建筑中各类电气设备每时每刻都会产生海量的信息，在数据传输时经常会因为通信通道的堵塞而导致信息出现明显的延迟。在数据集中爆发、通信距离较远的情况下，延迟甚至超过1分钟。这种情况下不利于建筑消防隐患的及时发现和应急处理。以5G和Wi-fi为主的无线通信技术可以显著提高信号强度，并且保证强大的通信速率。特别是在建筑的天台、地下室、停车库等信号较弱的位置，利用5G网络覆盖也能保证通信的及时性。在实现建筑无线网络全面覆盖的基础上，可以做到360°无死角的消防监管，消除了消防监管漏洞，切实保障了建筑消防安全。近年来，无线网络技术与ZigBee技术相结合，在建筑消防设备检修方面也发挥了重要应用[3]。例如检查供水管的水压是否正常、阀门能否正常开闭等，在减轻消防监督管理工作压力方面也发挥了技术优势。如果消防设备发生了损坏，还可以通过无线网络将故障信息及时反馈给消防管理人员，开展针对性的维修措施，让建筑消防系统始终以良好工况运行。

3.4 人工智能技术

在建筑消防监督管理中，消防隐患的识别与诊断是一项重要工作。如果能够超前识别和精确诊断消防隐患，在降低误报率的基础上，能够为消防人员开展日常的消防隐患排查以及消防事故处理等提供有益帮助。但是在智能建筑中各类电气设备种类繁多，增加了消防监督管理的难度，而且容易出现误报的情况，造成了消防资源的浪费。人工智能技术的应用可以有效解决这一问题，成为互联网时代建筑消防监督管理的重要助手。基于人工神经网络的消防监督管理系统，能够采集建筑中各类电气设备的运行数据作为训练样本，在进行深度学习后掌握建筑中每一类电气设备的运行参数[4]。如果监测到异常数据，可通过人工智能技术判断电气设备是否出现异常、建筑有无消防隐患。不仅能够准确判断消防隐患类型，而且还能根据异常数据的来源，追溯消防隐患的发生位置，并基于智能分析生成消防隐患应急处理方案。在人工智能技术的帮助下，极大地减轻了消防监督管理人员的工作压力，为预防建筑消防事故发生也有积极帮助。除此之外，人工智能技术在辅助排查建筑消防管理漏洞，不断提升消防监管水平等方面也能发挥技术应用价值，已经成为新时期建筑消防监督管理中不可或缺的技术之一。

3.5 物联网技术

物联网技术的发展让“物物互联”成为现实。在智能建筑中，物联网能够通过传感网络的形式将建筑内部的各类系统联系起来，在实现信息充分共享的前提下，为消防监督管理提供了有利条件。例如，运用物联网技术可以将建筑中的烟气报警系统与自动喷淋水系统联系起来。如果建筑的某处发生火灾，空气中烟气浓度上升。当烟气浓度达到烟气监测装置的预设值后，会自动报警。同时，报警信号还会通过物联网传递到智能建筑的控制中心，然后计算机下达指令让自动喷淋水系统的喷头打开，完成喷淋灭火。在这一过程中，烟气监测装置不间断地收集烟气浓度信号，直到烟气浓度重新降低至预设值以下，报警停止，喷头关闭。在物联网技术的应用下，可以在建筑消防隐患出现的早期采取及时有效地控制策略，避免火灾事故的扩大化，同时也为消防人员展开灭火救援工作争取了更多宝贵的时间。除此之外，借助于物联网技术还能随时查看建筑内各类消防设施的运行情况，包括消防设施的存水量、压力等。通过远程查看，如果发现有水压不足等情况，可以及时发现并督促相关的消防负责人进行整改、维修，确保建筑消防设施始终良好、可用（图3)。

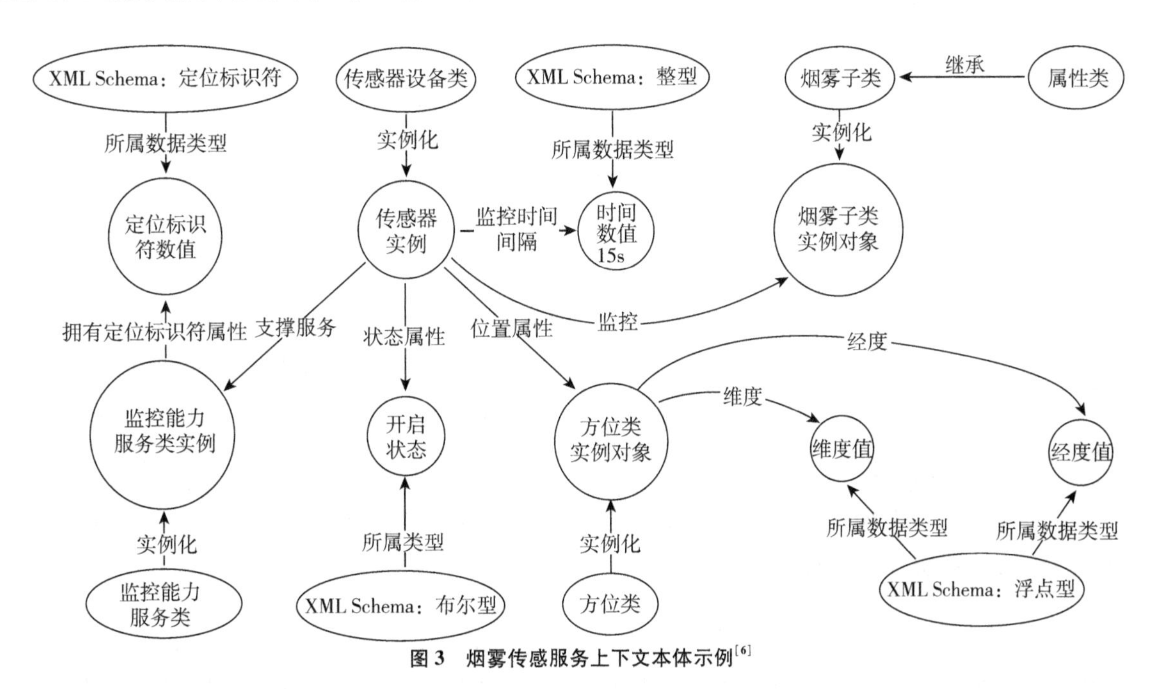

图3 烟雾传感服务上下文本体示例[6]

4 建筑消防监管管理中现代化技术的发展趋势

4.1 即时化

由于建筑消防隐患具有多发性、隐蔽性以及严重危害性等特点，因此在建筑消防监督管理中运用现代化技术时，不仅要求能够第一时间监测、识别现场的消防隐患，而且要能够即时响应、同步预警，这样才能让建筑的物业管理人员或者消防监管人员能够尽快采取应对措施，将建筑消防事故消灭在萌芽状态。因此，即时化是现代化技术在建筑消防监督管理中应用和发展的必然趋势之一。现阶段，随着建筑内部5G网络的全覆盖，电气设备、消防设备以及楼宇智能控制中心之间已经能够满足即时通信的要求[5]。但是在建筑消防监督管理方面，由于需要同时远程监管多所建筑，通信压力较大，尤其是在多个消防警情同时并发的情况下，很容易因为网络信道堵塞而导致信号传递延迟。因此，随着信息技术的迭代发展，必须要进一步增强建筑消防监督管理的即时性。

4.2 智能化

现代化技术应用到建筑消防监督管理中，虽然能够通过动态监测、实时预警，极大地减轻了消防监管的工作强度。但是从技术的实际应用效果来看，误报、漏报的情况仍然时有发生，从而留下了许多安全隐患，严重威胁了建筑消防安全。例如，基于物联网技术的火情预警系统和消防喷淋系统在联合使用时，虽然火情预警系统能够第一时间发现建筑内的火情并发出了警报，计算机也下达了喷淋灭火的指令。但是由于喷淋系统无水或喷头无法正常打开，导致自动灭火工作无法完成，错过了控制火情的最佳时间。为了避免此类问题，建筑消防监督管理中应用现代化技术时，必须要融合大数据、云计算、人工智能等一系列技术，进一步提高消防监督管理的智能化水平。这里的智能化除了可以实现对建筑消防状况的智能判断或者建筑消防隐患的智能预警外，还应当结合现场信息智能生成建筑消防分析报告，或者建筑火情救援方案。在大数据分析和人工智能决策的基础上，突出辅助消防决策的职能作用。

5 小结

随着现代楼宇建筑智能化程度的不断提升，建筑内部各类电气设备的种类和数量也呈现出复杂化、多样化的特点，增加了消防隐患。现代化技术与消防监督管理的有机结合，一方面是利用各种监测装置、报警装置、控制装置，代替人工完成了对建筑内部消防工况的密切监控，为实现消防隐患的及时预警、有效控制提供了技术支持；另一方面，还能在建筑火情发生以后，起到精确定位被困人员、自动规划救援路径、辅助消防管理决策等一系列作用。可以说现代化技术的应用进一步增强了建筑消防监督管理水平。下一步，要密切关注前沿技术发展，不断融合5G通信技术、人工智能技术，为新时期建筑消防监督管理的更好开展提供技术支持。

参考文献

[1] 薛媛媛．浅析建筑消防设施的现状、问题及对策［J］．建筑工程技术与设计，2017（10）：28-30.

[2] 朱森．物联网技术在高层建筑消防监督管理中的应用研究［J］．建材与装饰，2021（06）：2-3.

[3] 梅建伟．消防安全管理现状与消防监督管理模式思考分析［J］．区域治理，2020（40）：107-108.

[4] 王炳晖．"智慧消防"在防火监督业务中的应用现状与前景分析［J］．智能建筑与智慧城市，2020（07）：2.

[5] 马晶．浅谈高层建筑消防监督检查存在的问题及解决对策［J］．消费导刊，2017（06）：8.

[6] 徐杨，王晓峰，何清漪．物联网环境下多智能体决策信息支持技术［J］．软件学报，2014，25（10）：2325-2345.

大型商业综合体消防安全监管初探

马　健

（河北省消防救援总队，河北　石家庄）

摘　要　大型商业综合体作为城市化建设的标志性产物，体量大、结构复杂、人员密集，一旦发生火灾，容易造成重大人员伤亡、财产损失和社会影响。本文调研发现现有大型商业综合体常见消防安全风险隐患，并提出了下一步工作建议。

关键词　大型商业综合体　消防安全监管　火灾风险隐患

0 引言

近年来，随着改革开放的不断深化，我国经济高速发展，人民生活水平大幅提高，城镇化进程加快，为缓解城市用地紧张和满足人们对高效便捷生活的需求，城市综合体大量涌现并在各大城市迅速发展但其天然伴随的高度火灾危险性也是对这个城市消防安全管理的巨大挑战。

1 大型商业综合体消防安全管理难点

1.1 大型综合体多产权、多业态单位责任不明晰

大型商业综合体内各功能区域的使用方式多样，产权单位、物业单位、租赁单位、使用单位之间消防安全责任交叉模糊，对于涉及公共消防安全的疏散设施和消防设施没有明确统一管理单位，对于各使用单位内部的消防设施没有明确各方管理责任，对于涉及隐患整改问题推诿扯皮，极易大型商业综合体内存在消防安全监管盲区。

多业态单位各自营业时间、火灾风险、管理重点不一致，导致各单位在消防安全管理方面各自为政，缺乏沟通，各自的日常管理工作可能导致影响其他业态的消防疏散等问题。如设置在大型商业综合体内部的影院、KTV等业态闭店时间远远晚于商场区域，商场区域出于安全防盗角度锁闭的楼梯间门可能导致影院、KTV等业态安全出口数量不足。

1.2 大型综合体结构复杂，人员疏散困难

由于大型商业综合体中的可燃物相对集中，对流条件好，火灾时火势极易蔓延扩大，易形成大面积火灾。很多商业综合体项目建筑空间高大，垂直蔓延途径多，易形成立体燃烧，极易由于火势外卷向上层的酒店、写字楼、公寓部分延伸。

商业综合体内由于可燃物种类多，特别如化纤、塑料商品等，火灾时能产生大量的有毒气体，造成人员中毒伤亡，而且商场人员集中，给有序疏散带来很大困难。由于一般建筑高大密闭，火灾时产生的浓烟高温易积聚，这也是造成人员中毒窒息伤亡的主要成因。

大型商业综合体人员密集极高，易造成疏散时人员拥挤，特别是火灾情况下人员心理紧张，容易出现惊慌、拥挤、踩踏等现象，造成人员伤亡。火灾时产生的浓烟高温，使能见度降低，不仅进一步造成被困人员惊慌失措，而且也严重影响疏散速度。

1.3 大型综合体火灾荷载大，灭火救援困难

扑救大型的商业综合体项目火灾，往往受现场条件、救助对象和内攻环境等因素的影响，增加了灭火战斗行动的艰

巨性和困难性。一是大型商业综合体的消防车道和登高操作场地往往会受到高空架物、临时停车、增设摊位等地形地物的影响，妨碍消防人员登高救人和外攻灭火。二是综合体大量人员待救与有限的消防救生装备，如消防梯、举高消防车等之间的矛盾将十分突出。三是错综复杂的建筑结构给消防人员内攻灭火和救人行动会带来很大困难。四是在火焰和高温的作用下，综合体的楼板或钢结构屋顶会出现倒塌风险。

2 大型商业综合体常见火灾风险隐患

2.1 建筑防火方面

一方面消防车道离外墙过近，消防车通道转弯半径、高度、宽度不满足规范要求，树木、架空电线影响消防车登高作业，未设置或被装修遮挡消防救援窗，均可能影响消防救援。另一方面，商场内部功能区域占用亚安全区及中庭，特别是设置商铺或者游乐设施，增加了人员密度，破坏了原建筑设计要求，增加了火灾荷载；店铺布置不合理，圈占安全出口，导致人员疏散困难。

2.2 建筑消防设施方面

二次装修影响较大影响了原有灭火设施状态和功能，如改变原建筑内部防火、防烟分区，擅自拆除探测器或喷头、探测器、喷头装饰盘或玻璃球被粉刷涂料，影响动作灵敏度。

2.3 电气火灾风险方面

大型商业综合体用电安全管理制度往往不完善或落实不到位，商场内常存在电气线路敷设不规范、用电负荷超额、电源插座数量不足以及未设短路保护装置、私拉乱接电线、使用无证、“三无”电器产品等问题和电气系统定期维护保养不到位问题。

2.4 中介服务机构方面

消防维保及检测单位开展工作流于形式、避重就轻，从业人员队伍的不稳定，一些机构整体从业素质偏低，缺乏技术骨干和工匠型人才，直接影响了服务质量和水平，导致消防设施维护保养不到位，维保检测内容不全面，甚至不以实际操作结果进行验证，出具的结论性文件严重失实甚至干脆弄虚作假，掩盖了建筑消防设施的隐患。

3 下一步工作

3.1 切实落实消防安全管理的主体责任

大型商业综合体的消防安全管理应当贯彻“预防为主、防消结合”的方针，实行消防安全责任制。大型商业综合体单位的法定代表人或主要负责人为消防安全责任人，对大型商业综合体消防安全管理工作全面负责，同时应健全消防安全管理工作团队。对于有两个或两个以上产权单位、使用单位的大型商业综合体的，各单位对其专有部分的消防安全管理达标建设工作负责，同时应当明确一个产权单位、使用单位，或者共同委托一个物业服务企业等单位作为综合体消防安全管理工作责任单位，对大型商业综合体消防安全管理达标建设工作全面负责，统筹安排大型商业综合体消防安全管理达标建设工作，健全消防安全管理团队，同时协调、指导大型商业综合体内各单位共同做好综合体的消防安全管理工作。

3.2 推进消防控制室标准化管理

消防控制室位置设置应醒目，满足人员值班值守基本功能；在人员配备上，落实消防控制室管理制度，值班人员熟练掌握应急处置程序、操作消防设施设备并持证上岗；在硬件设置上，建筑消防设施应为符合国家市场准入制度的产品，并保持完好有效，处于正常工作状态；在日常管理上，落实消防控制室管理制度，按要求开展日常值班和巡查、检查，并记录完整；落实消防设施年度检测、维护保养制度；科学制定灭火和应急疏散预案并定期组织演练；在微型消防站建设上，应当符合《消防安全重点单位微型消防站建设标准》，管理制度完善，人员岗位职责明确，定期组织开展日常训练，灭火器材和消防装备齐全，值班人员在岗在位；在标识化建设上，《消防控制室日常管理制度》《消防控制室管理及应急程序》消防安全组织机构图应悬挂上墙。

3.3 消防安全标识化管理

依照《消防安全标志　第1部分：标志》（GB 13495.1—2015）和《消防安全标志设置要求》（GB 15630—1995）等相关规定，通过规范运用标志、标识、标牌等可视载体，实现消防安全管理各个环节可视化、规范化。全面实行消防安全标识化管理：在疏散通道、安全出口、消防车通道、消防车登高作业场地、水泵接合器、消防控制室、消防水泵房、配电房、消防电梯、消防安全重点部位及专职消防队、微型消防站、志愿消防队等应当设置显示设施、部位名称的标识；灭火器、室内消火栓、防火卷帘、常闭式防火门、消防泵、备用发电机、室外消火栓、水泵接合器、报警阀、消火栓和自动喷淋等消防设施器材应当设置简易操作说明、维护保养责任人、管道阀门的常开常闭状态等内容的标识；储油间、变配电室、锅炉房、发电机房、厨房、化学实验室、药剂室、物资仓库和堆场的明显位置应制作储存物品标识牌，标识储存主要物品的火灾危险性和基本扑救方法；宾馆、饭店的客房、商场和公共娱乐场所的包房等公共场所的房间内、楼层应设置安全疏散路线图。安全出口、疏散通道、防火卷帘、消防车通道、登高作业场地、灭火救援窗口等应当设置禁止堵塞、占用、圈占和停放车辆等内容的标识；存放遇水燃烧、爆炸的物质或用水灭火会对周围环境产生危险的地方应设置“禁止用水扑救”标志；在旅馆、饭店、商场（店）、影剧院和其他公共场所有明确禁止吸烟规定的，应设置“禁止吸烟”等标志。消防水池、消防码头、消防取水点、市政消火栓、消防车回车场地、水泵接合器、室外消火栓等消防设施、器材点周围应设置消防安全引导性标识；引导性标识应通过柱式、地面箭头或满足视觉连续的间断布置等附着式方式，引导指向一定距离以外的消防设施设置点。

3.4 强化灭火救援的准备工作

大型商业综合体应建立“处置团队+商户”应急处置责任体系，能够做到“1分钟响应、3分钟处置、全程对接配合”，采取如下处置程序：“1分钟响应”。消防控制室确认起火部位，向应急处置团队通报情况，起火部位员工就近使用灭火器、消防软管、消火栓扑救火灾，并及时疏散附近人员；“3分钟响应”。启动单位内部应急预案或商业综合体整体应急预案，应急处置团队到场处置，引导群众有序疏散，利用室内消火栓或消防软管扑救火灾，开启消防疏散广播，启动防烟楼梯间、前室以及合用前室的机械加压送风、消防水幕等分隔设施，视情况有序启用立体及水平防火分区卷帘分隔；全程对接配合。应急处置团队安排专人及时引导对接到场的属地消防救援力量，通报现场火灾情况，并配合灭火救援行动。单位技术处置团队人员应按照技术分工实施通信、电梯、给排水、强弱电、空调通风等应急处置，为灭火救援行动提供技术支撑。

参考文献

［1］消防监督检查规定（公安部令第120号）［M］. 北京：中国法制出版社，2009.

［2］机关、团体、企业、事业单位消防安全管理规定（公安部令第61号）［M］. 北京：中国法制出版社，2002.

［3］孙正明. 大型商业综合体建筑消防安全管理问题分析［J］. 城市建筑，2014.

新型城镇化建设消防工作初探

李 强

（廊坊市消防救援支队，河北 廊坊）

摘 要 新型城镇化建设的迅猛发展，大量人口集聚带来的消防安全压力与日俱增，城镇人口结构复杂、公共消防基础设施薄弱等都会导致消防安全问题的发生。本文对新型城镇化建设消防工作现状进行分析，指出了当前存在的问题，提出新型城镇化建设消防工作下一步工作建议。

关键词 城镇化 消防管理 策略措施

近年来，随着社会经济不断发展，农村发展出现了前所未有的变化，新型城镇化建设的迅猛发展，中共中央总书记、国家主席、中央军委主席习近平指出："积极稳妥推进城镇化，合理调节各类城市人口规模，提高中小城市对人口的吸引能力，始终节约用地，保护生态环境；城镇化要发展，农业现代化和新农村建设也要发展，同步发展才能相得益彰，要推进城乡一体化发展。"为了确保新型城镇化经济又好又快发展，全面建成小康社会，实现第一个百年奋斗目标，做好新型城镇化消防安全工作，警惕消防安全"灰犀牛""黑天鹅"事件具有十分重要的意义。

1 新型城镇化建设消防工作现状

火灾是安全生产的"灰犀牛"。"灰犀牛"出自古根海姆学者奖获得者米歇尔·渥克撰写的《灰犀牛：如何应对大概率危机》一书，用来比喻大概率且影响巨大的潜在危机。用它来形容火灾是非常恰当的，形象地说明了火灾在我们生活中的特点。第一，火灾隐患无处不在，火灾事故是大概率事件。不合格的电器、不正确的使用方法等等，生活中的细枝末节里随处可见消防隐患。第二，火灾隐患善于伪装让大家失去警惕。正是有侥幸大意的想法，才让我们身置于危险之间而不自知。第三，一旦发生就危害巨大。灰犀牛体型庞大，力气巨大，破坏力强，火情一旦发生也是如此，多少宝贵的生命戛然而止，多少珍贵的物品随之毁灭。"黑天鹅"事件是指：具有意外性，并产生负面影响的事件，由于容易产生群死群伤的恶性后果，发生在公共场所火灾也被称作是消防安全事件中的"黑天鹅"事件。必须从细节入手，从小处入手，将消防安全监管抵达基层每一根神经末梢，早发现、早防范、早化解，才能有效应对"灰犀牛""黑天鹅"事件。

消防工作是一项社会性很强的工作。消防指战员人员不足是制约消防工作发展的"瓶颈"问题，构建全民消防大格局是未来消防工作发展的必然趋势。《中华人民共和国消防法》明确规定消防工作的原则是"政府统一领导、部门依法监管、单位全面负责、公民积极参与"。2017年10月29日，国务院办公厅专门印发了《消防安全责任制实施办法》（以下简称《实施办法》），首次对消防安全责任制的实施做出全面、具体规定，进一步明确和细化了省、市、县、乡镇四级消防安全的领导责任，明确和细化了38个行业部门的管理责任，从严界定了单位的主体责任，为实现消防工作从大包大揽向综合监管、单打独斗向齐抓共管、边界模糊向权责明晰"三个转变"提供了政策依据，是我们当前和以后推动消防工作发展的重要方向。

2 新型城镇化建设消防工作存在问题

2.1 消防安全管理形势严峻

小城市大农村现象突出，乡镇（街道）消防安全网格化管理不到位，基层消防组织和配套安全管理制度不健全，大部分村街都未设立专门的消防工作机构，经常性防火检查不到位，消防设施维护保养不及时、消防器材缺失等隐患较为突出。城中村业态复杂，小理发店、小饭店、小美容、小洗浴、小足疗、小网吧、小商店、小餐桌等"九小"场所以及出租房、小家庭作坊、小仓储，甚至"三合一""多合一"，种类繁多、数量庞大、私搭乱建、管理混乱。

2.2 消防基础设施不健全

村村通工程中农村硬化道路狭窄，车道宽度不足，甚至违规设置路障，消防车通行困难；公共消防基础设施建设严重滞后城镇发展，消防供水管网未延伸至农村地区，天然水源、临时存水点及消防取水设施匮乏，火灾发生后扑救困难。乡镇、企业消防队和村街微型消防站建设不到位，队站建设、人员征召、装备配备均无法达到相关技术标准要求。不能发挥应有的初起火灾灭火作用，火灾蔓延迅速，甚至火烧连营。

2.3 村民消防安全意识淡薄

调查发现，城镇、农村消防常识知晓率较低，村民消防知识匮乏，消防意识淡薄，不能掌握正确的灭火方法，自防自救能力差。部分村民忽视用火、用电安全，生产、生活用的易燃可燃物管理不规范，电线老化、私拉乱接电线、超负荷用电、使用劣质电器较为普遍。

2.4 "隐蔽作坊"安全危险性大

部分企业在农村建厂，以家庭式小作坊的形态为主，设防等级低，私自营运以规避部门监管；部分村镇出租公用集体土地给企业，无法办理规划、土地、消防等手续；企业员工多为家庭成员或附近村民，生产、生活环境恶劣，大部分企业重生产、轻管理，安全管理制度执行不严格，岗位责任制未有效落实，思想观念落后，消防安全知识匮乏，设施设备维护保养不经常、不到位，生产遗留易燃可燃物品清扫不及时。大部分业主和员工未经过消防安全培训，未能经常性开展消防演练，不懂得本岗位存在的消防安全隐患风险，不懂得如何扑救初起火灾，不懂得如何逃生自救，往往会导致小火亡人或小火酿成大灾，极易发生群死群伤火灾事故。

2.5 区域性火灾隐患整改难度大

部分企业生产工艺火灾危险性大，如木材加工和家具生产的工艺流程复杂，涉及备料、刨片、干燥、胶合、热压、冷却等10余道工序，其中干燥、胶合、切割3道工序火灾危险性较大。大部分企业利用热压机进行热压，机器发生故障或员工操作不当极易导致火灾发生；胶合过程中脲醛树脂、酚醛树脂等板材胶合剂遇静电极易燃烧并产生大量有毒烟气；切割过程中，产生大量刨花、木屑，如清理不及时，散落于空气中或附着于设备及电气线路上，遇有静电或火花即可造成轰燃。但企业多为辖区经济支柱产业，在当地已形成产业链，是涉及千家万户的民生问题，多为90年代形成，存在历史问题，整改取缔较为困难，消防安全专项治理工作往往演变成零打碎敲、走形式、一阵风，重部署、轻整改、弱问效的现象较为突出，基层单位普遍抱着“宁可一家哭、不被万家骂”的中庸心理，导致消防工作压力未有效传递至企业，火灾隐患整治浮于表面，基层消防管理的自觉性、行动力逐渐弱化。有的行业部门监管责任落实不到位，部分乡镇（区、办）、村（居）委会、公安派出所对消防工作认识有欠缺，消防安全“网格化”、区域联防管理工作仍然挂在墙上、停留在纸面上。

3 新型城镇化建设消防工作下一步工作建议

3.1 严格落实消防安全责任制

进一步全面落实乡镇、村民委员会的消防安全责任制，建立乡镇村民委员会为主体的消防工作网络，村委会主任是本村消防安全第一责任人，负责组织、管理、检查消防工作，发动和组织群众，做到责任到位、到人，坚持“谁主管、谁负责”的制度，通过落实乡镇、村防火安全责任制，做到防火工作常抓不懈。有条件的村委会可成立村消防工作组，扎扎实实把农村消防安全工作抓紧、抓好、抓出成效。坚决落实和推广“网格化”管理模式，严格落实防火巡查、志愿消防队伍建设、消防宣传等消防工作机制。组织开展“三查三清”、贫困弱势群体“邻里守望”工作，落实预防和遏制“小火亡人”事故措施，切实降低农村亡人火灾发生概率，切实解决农村消防安全“没人管”的问题。

3.2 加强农村消防规划和消防基础设施建设

乡村要将村民住宅及企业的消防安全布局、消防通道、消防水源纳入乡镇总体规划和村庄建设规划中，要对以易燃建筑材料为主、房屋连片集中、火灾荷载大的乡村有计划的实施改造，改善消防安全条件和村民的居住环境。农村消防基础设施可结合农村灌溉和人畜饮水工程、村庄道路、能源建设、水电建设以及农村电网改造，与消防水源、消防通道和消防通信等同步实施。有自来水条件的乡村要设置消火栓，配备灭火器材，同时发挥农业灌溉机械在灭火方面的作用，实现一机多能，缺水的地方要修建消防水池，确保消防用水。

3.3 充分发挥微型消防站作用

强化农村微型消防站建设，尚未建成的村（街），要严格按照标准，落实“定岗、定人、定责”，配齐配全器材装备。已建成的，要强化规范管理，按照“三知四会一联通”“1分钟出动、3分钟处置”的要求，认真开展训练，切实提高农村微型消防站、专兼职消防队员业务能力，充分利用农村微型消防站“离火场最近”灭火单元的优势，发挥灭早、灭小、灭初期的重要作用。

3.4 大力宣传消防安全知识

利用广播、电视、微博、微信等媒体，多渠道、多方位、多视角地展开消防宣传教育，及时曝光重大火灾隐患和典型火灾案例，努力提高人民群众的消防法律意识、防范意识、逃生意识和自救意识。通过学校的宣传教育，以点带面，坚持把消防安全教育纳入日常教学内容中，组织师生适时进行火灾自救和逃生训练，形成“一个学生教育一个家庭、一个家庭带动一个村庄、一个村庄影响整个社会”的良好氛围。大力开展“送消防安全知识上门”“送消防安全到家”活动，利用农村传统、民俗节日，将防火知识、灭火常识、火场逃生自救技能等消防安全知识向村民进行广泛宣传教育，倡导村民科学用火。有效地抓好重点时期的消防工作，如冬春火灾多发季节、清明扫墓祭祖期间、春耕垦荒烧荒期等火灾多发期，有针对性地宣传预防火灾和扑救火灾的方法。并组织村民观看防火安全教育片，发放消防安全知识手册，张贴通俗易懂的画报，制定固定的宣传标语，做到警钟长鸣，形成农村人人“关心消防、支持消防、知晓消防、服务消防”的良好氛围。

参考文献

[1] 任章龙．社会消防安全管理创新策略［J］．消防界（电子版），2020（17）．

[2] 李振华，李继繁．新常态下社会消防管理创新发展的思考［J］．消防科学与技术，2016（11）．

[3] 张九海．城镇化进程中消防管理创新工作探究［J］．消防界（电子版），2016（05）．

[4] 吴林森．城镇化．进程中消防管理创新［J］．中国新技术新产品，2014（04）．

[5] 马从波．加强和创新城镇消防管理工作探究［J］．消防技术与产品信息，2013（10）．

建筑消防车道治理工作初探

马鲜萌　张少民

（廊坊市消防救援支队，河北　廊坊）

摘　要　消防车通道是火灾发生时供消防车快速救援通行的道路，是实施灭火救援的“生命通道”。但近年来，随着私家车越来越多，加之群众法律意识和安全意识淡漠、有关单位管理不到位等原因，占用、堵塞“生命通道”的现象屡禁不止。本文分析了疏通建筑物消防车通道工作面临的主要问题，提出建筑消防车通道工作建议以供探讨。

关键词　停车设施　消防通道　生命通道

0　引言

近年来，妨碍消防车通行、延误灭火救援时机的情况时有发生，消防车通道被占用、堵塞的现象屡禁不止，消防车通道是火灾发生时供消防车通行的道路，是实施灭火救援的“生命通道”，进行消防车道综合管控治理工作刻不容缓。

1　疏通建筑物消防车通道工作法律依据

《中华人民共和国消防法》第十六条规定：机关、团体、企业、事业等单位应当履行保障疏散通道、安全出口、消防车通道畅通，保证防火防烟分区、防火间距符合消防技术标准的消防安全职责。经责令改正拒不改正的，强制执行，所需费用由违法行为人承担。

《中华人民共和国消防法》第五十三条规定：消防救援机构应当对机关、团体、企业、事业等单位遵守消防法律、法规的情况依法进行监督检查。公安派出所可以负责日常消防监督检查、开展消防宣传教育，具体办法由国务院公安部门规定。

《中华人民共和国消防法》第六十条规定：单位有占用、堵塞、封闭疏散通道、安全出口或者有其他妨碍安全疏散行为或占用、堵塞、封闭消防车通道，妨碍消防车通行的，责令改正，处5000元以上50000元以下罚款，个人有以上行为的，处警告或者500元以下罚款。

《中华人民共和国消防法》第十八条规定：住宅区的物业服务企业应当对管理区域内的共用消防设施进行维护管理，提供消防安全防范服务。河北省公安厅《公安派出所消防监督管理规定》第五条规定：公安派出所负责对本辖区内居民住宅区的物业服务企业、居民委员会、村民委员会和县级公安机关确定的单位实施日常消防监督检查。消防安全重点单位、设有自动消防设施的公共建筑或场所（住宅建筑设置的商业服务网点和地下车库除外），由县级以上公安机关消防机构实施监督抽查。

2　疏通建筑物消防车通道工作面临的主要问题

建筑物安全通道或消防车通道被堵塞、占用既有群众消防安全意识不强的缘故，也是管理不当的后果，主要包含以下几个方面：

2.1　消防车通道设置不合理

住宅小区内的道路较为繁杂，因为老做法和惯性思维等因素影响，消防车通道与其他道路并未做有效区分，普通群众甚至物业服务企业无法分清普通道路与消防车通道的区别，更谈不上有意识地去维护消防车通道的畅通。部分老旧住宅小区、集贸市场等，停车位匮乏，机动车乱停乱放较为普遍，一旦发生火情，消防车通行困难重重。

2.2　群众消防意识不强

部分群众消防安全意识欠缺，没有认识到畅通消防车通道的重要性，也不认为占用消防车通道是威胁他人生命安全的行为，甚至为了便于管理设置水泥墩等行为阻碍消防车通行。由于缺乏消防演练，部分群众忽视疏散通道和安全出口在火灾逃生时的重要性，常存在堆放杂物现象，既增大了现场的火灾荷载，又可能导致现场疏散宽度不足甚至堵塞疏散通道和安全出口。

2.3　单位管理难度较大

群众停放车辆占用消防车通道或杂物堵塞疏散通道、安全出口等动态隐患，在实际监管中难度较大，一方面是管理难。一些群众（小区业主或公众场所的顾客）安全意识薄弱，这些违法行为屡改屡犯，需要在日常监管中加大检查频次和惩戒力度；另一方面是追责难。在小区内是物业服务企业管理失职，在公共区域是产权单位或者管理使用单位管理失职，责任主体都是个人，消防救援机构和公安派出所难以逐一进行法律追究，物业管理单位又无执法权，造成单位管理上的困难。

3　疏通建筑消防车通道工作建议

3.1　着力提升社会火灾防控能力

一是建议街道、居民委员会、物业服务企业以及公安派出所和消防救援机构，采取分块划片、联合排查等举措，加强对消防车通道的消防安全检查，重点整治消防车通道违法停放车辆；违章搭建建构筑物、违法设置摊位；违法设置限高杆（水泥墩、石墩、铁柱等）、架空管线、户外广告牌等固定障碍物等导致消防车无法通行的违法行为，真正做到防患于未然。二是建议乡镇（街道），发动村（居）民委员会，对无物业服务企业的住宅区成立管理机构或者采取政府购买服务等方式加强管理，防止消防车通道被占用、堵塞。三是加强部门间联动，建议住建、城管、公安交警部门和消防救援机构定期开展消防车通道联合整治，依法查处占用、堵塞、封闭消防车通道等违法行为，对区域性重点、难点问题进行集中整治，确保消防车通道管理机制的长期性、整体性、系统性。

3.2　着力加强社会单位自我管理水平

社会单位落实消防安全主体责任，建立组织机构，健全制度规程，突出安全培训，加强日常管理，尤其大型城市综合体、商贸市场、公共娱乐场所等火灾高危单位和区域，建议积极引入火灾风险评估机制，全面落实消防安全重点单位

"六加一"措施，全面实施消防标准化管理，提升消防安全自主管理水平。建议对单位或者住宅区内的消防车通道设置特殊标志标识或喷涂特殊颜色，不仅能够使得普通群众直观的认识和了解消防车道，从而逐步维护消防车通道的畅通，也能够便于消防救援人员在紧急状况下选择消防车行进路线和停靠方位。

3.3 着力加强基础设施建设

一是加强停车设施建设。建议自然资源和规划部门根据停车设施建设用地实际调整优化配建指标。建议住建部门督导物业服务企业加强对物业服务区内机动车、非机动车堵塞占用消防通道停车行为的日常检查。建议综合执法部门利用非机动车道外侧路缘石至建（构）筑物外立面之间的边角空地合理拓展公共停车泊位。二是合理规划利用停车位。建议自然资源和规划、综合执法、住建部门因地制宜采取停车位重新规划、引进专业停车公司管理等措施，最大化挖潜和利用停车位，补充车位数量；积极在居民小区推行"封闭管理、设置单向车道、实名登记停放、消防车通道安装摄像头"等物防、技防措施，利用摄像头不间断开展巡检，发现堵塞占用行为及时进行提示和清理，着力解决不规范停车问题，保障消防车通道畅通。

3.4 着力提高群众消防安全素质

建议各有关部门加大社会团体、社会单位等消防宣传教育培训力度，利用微博、微信等新媒体和户外视频等媒介播发消防安全提示和消防公益广告，播发典型案例，剖析占用、封闭、堵塞消防车通道的危害性和危险性，警示居民群众自觉规范停放车辆，杜绝占用、封闭、堵塞消防车通道的违法行为，提升全民的消防安全素质。

3.5 加大惩处力度，实施隐患曝光

建议对占用、堵塞、封闭消防车通道，妨碍消防车通行的行为，除依照《中华人民共和国消防法》进行处理外，对于久拖不改的，可以采取强制拆除、清除、拖离等代履行措施强制执行，所需费用由违法行为人承担。消防救援机构在执行灭火救援任务时，有权强制清理占用消防车通道的障碍物。对多次违法停车造成严重影响的单位和个人，可入企业信用档案和个人诚信记录，实施联合惩戒措施。

参考文献

［1］赵成帅．居民小区消防车道管理存在的问题及解决策略［J］．山西建筑，2020（13）．

［2］王江波，苟爱萍．火灾中高层住宅小区疏散及救援风险分析［J］．消防科学与技术，2015（01）．

［3］王伟民．浅谈高层民用建筑消防车道设置的几个问题［J］．消防科学与技术，2004（06）．

［4］张立伟，李大志，梅忠东．浅谈居民小区消防通道不畅的原因及对策［J］．河北消防，2002（11）．

建筑防火监督及消防设施的配置措施

张　祎

（石家庄市消防救援支队，河北　石家庄）

摘　要　近年来，建筑行业飞速发展，城市中的高层建筑和超高层建筑数量逐渐增多。随着建筑工程规模的不断扩大，很多建筑无论是外形还是内部结构较传统式样都更加复杂。这样的做法虽然满足了人们对建筑工程功能性、美观性方面的要求，但是却给建筑火灾防火、灭火造成了一定的难度。另外，在当前的居民生活与工作中，为了满足需求，往往会在建筑内部使用到越来越多的电气设备，而电气设备增多也会造成建筑火灾概率的增加。在建筑使用中如果不能及时落实火灾的防控，那么将在火灾发生之后无法及时进行救援，再加上用电设备较多增加了火灾发生时的爆炸概率，无形中威胁到群众的生命财产安全。因此，消防部门必须要加大对建筑的防火监督，合理配置消防设施，降低火灾事故造成的影响。

关键词　建筑　防火监督　消防设施

0　引言

在建筑工程中，有关部门不仅要注意建筑工程的质量，还要对建筑物的相关设计和防火措施进行重点检查和管理。这不仅可以满足人们对建筑物的使用要求，还可以使建筑物由于消防设备的配备缺陷而导致火灾事故的发生。无论是商业楼体还是居民住宅，只有营造安全的工作生活环境，才能实现百姓的安居乐业。因此，消防部门应熟练掌握建设项目的消防监督检查工作，着力实施各项消防计划和措施，以提高建筑物的消防水平。

1　建筑防火监督与配置消防设施的重要性

消防工作是城市发展的基础，也是保障居民生命财产安全不受损失的关键内容。随着城市化建设进程的深入，城市内部的火灾发生概率增加，所以，为了降低火灾造成的损失，必须要强化建筑防火监督，在建筑内部落实科学的消防设施配置，制定完善的监督管理办法。在建筑发生火灾时设置的消防措施能够及时进行警报，引起人们的关注，在最短的时间内实现火灾扑救，减少火灾造成的影响。

因此在当前的建筑项目中，需要落实科学的防火监督以及消防设施配置，在使用之前，针对消防措施的应用状况进行严格检查，每一位居民都需要做到对防火措施的监督，确保建筑内部消防设施的齐全性、完整性，在日常生活中加大对防火的宣传与关注，时刻警惕火灾事故的发生。同时，在生活过程中加大与消防人员之间的联系，由消防人员及时进行消防安全知识的讲解，共同承担建筑的防火监督责任，进一步降低火灾事故的发生概率。

2　高层建筑消防隐患分析

鉴于高层建筑火灾可燃物多、蔓延速度快、人员疏散困

难、扑救困难等特点，加强消防安全管理已然成为高层建筑设计、施工和管理的要点。在高层建筑项目的设计与施工中，消防设计以及消防施工的重要性愈发突出，但是在实践层面依旧存在一定问题。首先，重视不够。即便消防设计与施工已经成为现代高层建筑项目中的基础、重点部分，依旧有个别人员及企业对此重视不够，没有充分意识到加强消防设计、消防施工管理的必要性，没有从思想上加以重视，容易导致设计不达标、施工质量偏低的情况。

其次，技术水平低。高层建筑消防设计与施工对先进技术的要求较高，尤其体现在对先进防火技术、先进防火材料的运用上。但是部分企业技术水平偏低，在高层建筑设计与施工中依旧使用老旧的技术和落后的材料，导致建筑防火性能较差。高层建筑相关人员需要具有良好的消防安全管理意识，充分意识到火灾威胁的严重性，严肃对待、认真落实相应的防火工作，方能将火灾发生概率降至最低。然而不管是建筑管理人员还是内部商户、职工、居民等，大多缺乏正确、强烈的消防安全管理意识，不重视消防安全、火灾防范，对消防常识的了解和践行不足，存在不少消防隐患。消防监督制度是指导防火监督工作开展的基础规范和标准，不过目前该制度不完善，导致相应的消防监督工作开展较为混乱，缺乏统一标准与规范，难以取得预期成效。与此同时，制度对具体责任、追责处理的规范不够完善，导致部分人员在开展消防监督工作时没有严格遵循制度，使得监督实效大受影响。

3 建筑防火监督及消防设施的配置措施

3.1 加强消防监管

为了真正的消除建筑火灾隐患，提升消防工程质量，在工程施工环节，相关部门需要进行严格的监督，减少消防施工中存在的各种问题，同时，要对已经完成的施工内容进行全面检查，严格按照相关标准对消防工程的施工内容进行检查，这也是验收部门必须重点完成的任务。具体来讲，验收人员应秉持高度负责的精神，对工程验收的重要性有一个充分的认知，规范自己的行为，同时，按照业内流程开展工程验收工作，引入精细化理念，对消防工程的细节问题进行研究，重点检查隐蔽工程内容以及消防材料的质量，及时发现工程问题，提出优化建议，保证消防工程的质量。

3.2 协调解决住宅小区消防设施配置问题

针对消防设施处于瘫痪状态的小区，由多部门联合执法，责令限期整改。将消防配套设施不完善、长期得不到有效改善的住宅小区列为年度重大消防安全隐患挂牌督办项目，申请专项消防工程补助基金，购置消防设施，加大消防设施维护保养力度，从根源上消除消防安全隐患，保障住户生命财产安全。当地政府全程介入指导和见证，避免因物业管理处更换，或者业主委员会换届选举而被迫中断。针对重大工程项目的公开招投标工作流程，展开全方位、动态化、精细化监督管理，注重招投标工作的公开、公正与公平。引导街道办事处、业主委员会及物业管理处的各项工作，积极协调各管理主体与业主方的矛盾冲突，创建和谐文明的社区风尚和住宅环境。在消防设施升级改造后，由消防部门联动公安部门、技术部门和物业管理处负责联合检查，确认无误后投入使用。

3.3 安全设施的维护

在高层建筑投入使用时，消防安全设施占据的地位是非常突出的，在实际工作中需要根据消防安全设备本身的检查和维护重点，定期做好消防安全设备的全方位检查、维护，从而提高设备管理的效果和水平。在实际实施时，需要保障各种消防安全设备处于正常的工作状态中，加强对设备的全方位分析、了解，防止在火灾发生时存在较为严重的隐患。此外，还需定期做好消防安全设备的检查、维护，快速发现在设备使用时存在的一些安全隐患，贯彻落实科学性的维护措施，提高消防安全设施管理水平。

3.4 加强消防人员教育

一方面，有必要加强对消防员日常工作的培训，尤其是监督员和检查人员的专业知识将直接影响消防监督检查的水平，在工作过程中要提升防火技术与监督能力。利用专业性较强的技能获得各种消防知识，提高业务水平。同时，在推动防火监督检查工作时，还需巩固当前的法律法规建设，严格执法，确保有法可依。在明确各部门的职责和义务后，要加强各地的消防管理工作，不断提高监督管理的有效性和针对性，提高监督检查工作的整体质量，并采用新的安全管理规定来进行防火安全检查工作。另一方面，在防火监督期间必须加强宣传。根据人与地之间的差异来制定不同的宣传手段，通过实际例子来加强人们对消防安全的认知，使人们更容易接受与消防安全相关的知识，有效减少发生火灾事故的可能性。

3.5 明确安全配置的标准

为了使高层建筑消防安全管理水平能够得到全面提高，在实际工作中需要明确安全配置的标准，从而为后续工作科学实施提供重要的基础。高层建筑的设计和建设需要密切关注建筑本身的结构和功能，融入安全性的因素，科学设置消防安全的设备及装置，并且完善消防安全防火设施，在实际设计工作中需要履行消防安全设计的标准和职责，做好设备的调试及安装工作，严格执行规章制度进行质量控制。如果在实际工作中发现不符合相关设施工程设计原理的情况，就要进行有效整改或者是重新设计，做好后续的审核工作，避免出现较为严重的安全事故。另外，在后续工作中需要加强对消防安全质量的检查力度，更加科学有序地开展消防安全管理工作，保障各个楼层能够实现完整性较强的工作保障机制，将高层建筑消防安全管理纳入监管体系的重要环节中。在实际实施时，可以让物业部门主动设置消防安全工作责任组，对高层建筑进行更加科学而有效的安全管理，从而防止出现较为严重的安全事故。

4 结语

建筑工程是城市的主体，体现了城市的面貌，有必要充分保证建筑的安全性，保持社会和谐稳定。当下应当着眼于当前建筑物的消防安全问题，改善现有的消防程序，加强监督检查的力度，加强机构建设，提高有关人员的专业技能，减少事故的发生，为城市的快速发展作出贡献。

参考文献

[1] 王延尚. 城市高层建筑防火监督检查要点分析[J]. 中国新技术新产品，2019（21）：140-141.

[2] 黄加怀. 高层建筑消防隐患与防火监督工作[J]. 地球，2019（09）：97.

[3] 蔡义楠. 高层建筑防火监督检查工作的要点探析[J]. 产业科技创新，2019，1（24）：109-110.

[4] 张岩军. 建筑防火监督及配置消防设施研究[J]. 建材与装饰，2018（09）：186.

[5] 崔予宣. 对城市高层建筑防火监督检查要点的研究[J]. 智能城市，2018，4（03）：76.

[6] 王丹红. 城市高层建筑防火监督检查的关键点分析[J]. 消防界（电子版），2018，4（02）：67.

“三合一”场所火灾防控存在的问题及策略

常江波

（大城县消防救援大队，河北 廊坊 大城）

摘　要　基于新时代发展背景下，我国各领域发展速度加快，各大企业、商户等数量持续增多，“三合一”场所安全管控引起重视，考虑此场所的特殊性，消防部门在火灾防控方面加大处理力度，且要合理分配人力、物力、财力等，注重该场所的安全整治，并开展专项清理活动，通过详细掌握引发安全事故的具体原因，开展具体措施进行全方位管控与处理，从而促进现代化社会和谐发展。

关键词　三合一场所　火灾防控　现状

0　引言

当然，“三合一”场所消防安全管控工作实施力度较大，主要是考虑到群众生命安全与财产安全，消防部门在此方面发挥着重要作用，肩负特殊性的职责，遵循“防患于未然”原则，在消防安全方面加大宣传力度，编制完善的管理机制，能避免“三合一”场所存在安全隐患。同时，把消防问题在源头处及时处理，不必产生相应的经济损失，为“三合一”场所合理使用提供安全保障。

1　“三合一”场所特点

“三合一”场所，主要是指集住宿、生产、仓储、经营于一个环境中的场所，在同一空间内对其使用功能违章、混合设置，通俗地讲，就是小工厂、小作坊。按照类别划分，主要包括四类：其一，员工宿舍设置在生产、加工、维修车间等空间中；其二，员工宿舍设置在可燃、易燃、爆炸危险性物品储存空间中；其三，员工宿舍设置在商场、市场、超市等空间中；其四，员工宿舍设置在城乡接合部、出租房屋内集住宿、生产空间中。

按照其特点探究，主要体现在三方面：首先，是所呈现出的租赁关系较混乱。如：建筑层层分包转租现象较严重，在使用阶段出现了产权不明、责任不清等情况。其次，是租住人员较复杂，个人素质与责任意识待强化，并无法保证租住人员均接受过专业化的消防安全培训，在日常生活中无法注重火灾隐患，而一旦发生火灾事故后，会带来较大的负面影响[1]。最后，众多的先天性火灾隐患，在该场所建设阶段就没有重点强调建筑耐火等级，再加上日常生活中所应用到的电气设备较多，往往会因用火不当、用气不规范等引发火灾事故，无法保证租住人员生命与财产安全。

2　“三合一”场所火灾防控问题

2.1　整改工作难度大

结合当前我国目前存在的“三合一”场所，无论是从建设角度探究，还是从日常使用效果分析，均在火灾防控方面存在安全问题。依据国家相关标准要求对该场所进行技术规范整改，整体实施难度较大，所面临的阻碍条件较多，所当前各城市中依然存在“三合一”场所。

例如：某市当地政府部门在此方面加大整治力度，组建独立化、专业化的整治小组，主要负责此项工作，在前期实施方案编制阶段均比较顺利，而在实施阶段却遇到了众多难题，一方面，是因为前期探究工作并没有从实际出发，整治小组对该市“三合一”场所实际情况掌握不全面，所编制的实施方案待完善；另一方面，因大部分“三合一”场所数量较多，整治规模较大，在依法整治时对该场所进行关闭处理，影响到该市经济发展。

2.2　矛盾问题

因“三合一”场所使用缺乏规范性，存在的安全隐患较大，使安全事故发生率频繁上升，在监督与防控阶段出现了锚段问题。如：某市在“三合一”场所消防安全处理阶段，选择安装卷帘门、设置铁栅栏等方式，但一旦该场所发生火灾，就会使人员被困该场所内，生命安全受到严重威胁[2]。同时，营救工作难度也会增大，无法缩短营救时间，甚至在消防设施处理阶段错过最佳营救时机，最终引发人员死亡，所产生的负面影响程度较大。

2.3　联合整治效果不理想

“三合一”场所运行不是促进现代化产业快速发展的有效途径，只是游走在法律法规的边缘，一旦引发安全事故就会对社会和谐发展产生不利影响。同时，各大商户或租住人员也抱着侥幸心理，面对相关部门的整治会积极配合，但缺乏实际行动，工作人员离开后依然回归之前的发展状态，增加各部门管控工作难度。同时，政府部门在此方面未充分意识到各部门职责划分的重要性，使联合整治工作开展阶段具遇到了相应问题，出现问题时均无相应部门肩负责任，相互推卸责任的现象会使此项工作失去实际意义，最终效果不达标。

3　“三合一”场所火灾防控策略

3.1　加大消防安全宣传力度，强化租住人员安全意识

从“三合一”场所应用角度分析，极易受人为因素影响而引发火灾事故，并对各项领域发展造成不同程度的影响。对此，还需在治理工作实施阶段加大消防安全宣传力度，有助于强化租住人员安全意识，以消防管理部门为首，编制完善的实施方案，采用多样化的宣传方式，引起更多领域、更多人关注，能从根源上有效杜绝火灾事故持续性发生。

首先，在治理工作开展阶段，消防人员能为租住户分发消防安全折页手册，选择公共宣传方式引起人员重视，并拓

展更多的宣传渠道，扩大消防安全宣传工作影响范围[3]。如：各社区积极参与，能在社区宣传栏、展板等张贴相应宣传标语及内容等，便于租住人员日常查阅与学习。或者是利用媒体创设独立化的微信公众号、微博账号等，对消防常识重点宣传，突出“三合一”场所消防安全重要性，具备相应的逃生、自救能力等。

其次，联合社区、街道等部门定期开展消防安全演练、应急疏散演练等活动，主要针对“三合一”场所的使用者，既能提升使用者的安全意识，又能在实践中使使用者有较强的紧迫感，能在日常生活、生产等环节中保证用电及用气的规范性，逐渐降低该场所安全事故发生率。

3.2 定期消防检查，杜绝安全隐患

为能对“三合一”场所消防安全管控，还需在源头上有效控制与治理，能掌握安全事故发生的主要原因。对此，行政审批部门要发挥重要职责，加大“三合一”场所建筑建设标准审查力度，在立项、设计、施工发证、验收等方面层层把关，确保该场所的生产经营与住宅分开，避免存在不合法使用现象。在此基础上，能为各领域及使用者疏导“三合一”场所使用标准，如果遇到无法搬迁的工厂，为使其继续使用，就需对其整体结构合理改造，要增加与完善消防设施，如：自动喷淋系统、防火墙等安全设备设置。

此外，建筑材料质量检测也极其重要，要保证建筑无违规改造情况，在日常检查阶段能依据相关法律法规及时拆除违章建筑，落实防火防烟分隔措施，增设建筑安全出口、疏散通道等数量，保证各领域中所使用的建筑材料质量均达标。

3.3 贯彻落实长效管理机制，避免引发安全事故

第一，依据“三合一”场所消防安全检查工作内容，能对消防监督检查体系内容不断调整与完善，各部门均能结合自身工作职责贯彻落实长效管理机制，采用精细化管理模式，划分各领域职责，一旦引发安全事故就会对各部门追究相应的法律责任[4]。

第二，考虑“三合一”场所特点，了解消防安全检查难度较大，需各部门相互交流与协助，保证联合治理工作效果。再加上社区、居委等各方面的积极参与、支持，便于消防治理部门对“三合一”场所各项信息数据全面掌握，由社区、居委等定期开展消防安全宣传教育工作，在应急演练中强化租住者安全意识，有效杜绝安全事故持续性发生。

4 结语

结合上述内容分析，能了解到“三合一”场所特点与使用要求，需依据当前各城市对“三合一”场所应用情况加大火灾防控力度，遵循“从实际出发”管控原则，能对各项消防问题发生原因及影响因素全面掌握，有目的性、依据性地提出相应解决措施，保证整体防控效果。对此，以消防部门为首，各社区、居委等积极配合，加大消防安全宣传力度，强化租住人员安全意识，并定期开展消防检查工作，有效杜绝安全隐患。

参考文献

[1] 王振宇．“三合一”场所消防安全问题探讨［J］．消防界（电子版），2021，7（01）：114+116.

[2] 李科演．“三合一”场所防火安全教育培训模型研究［J］．消防界（电子版），2020，6（22）：38-40.

[3] 刘超．层次分析法在区域消防安全评估工作中的应用——以株洲市“三合一”场所聚集区为例［J］．中小企业管理与科技（中旬刊），2018，68（07）：116-118.

[4] 李阳．“三合一”场所消防安全问题及策略研究［J］．消防界（电子版），2020，6（16）：74-75.

高层建筑消防安全隐患及消防安全管理对策探析

陈　洁

（广州市消防救援支队越秀区大队，广东　广州）

摘　要　随着改革开放脚步日益加快，我国城市化建设的规模在不断扩大，为提高土地资源的利用率，高层建筑数量快速攀升。同时，高层建筑火灾已逐渐成为消防工作火灾防范的重点，然而高层建筑体量大、结构复杂、功能多样、人员密集，这给消防安全管理工作带来了极大的挑战。本文主要分析了高层建筑的特点，阐述了消防安全管理工作的意义，提出了优化高层建筑消防安全管理工作的措施。

关键词　高层建筑　消防安全隐患　消防安全管理　工作措施

1 引言

随着我国经济快速发展，人们生活水平不断提高，在住房需求量大和建设用地受限的矛盾下，高层建筑迅速崛起并将持续增加。而高层建筑由于其自身结构复杂，功能多样，人员密集，逃生困难，导致其火灾危险性较普通建筑更大，一旦发生火灾便会造成严重的人员伤亡和财产损失。如何预防高层建筑火灾，降低火灾造成的伤亡和损失已成为当前消防领域火灾防范的重点。本文针对高层建筑存在的消防安全隐患以及消防安全管理对策提出了一些自己的看法和建议，希望与相关工作者共同探讨。

2 高层建筑消防安全隐患

2.1 消防安全管理制度未得到有效落实

在日常的消防监督工作中，我们发现单位的消防安全管理制度未得到有效落实是导致高层建筑产生消防安全隐患的主要因素。随着消防机构消防宣传工作的普及和深入，人们对消防安全管理工作重要性的认识逐步加深，越来越多的高层建筑物业管理单位建立起了相对健全的消防安全管理制度。然而，实际工作中我们发现许多高层建筑仍存在诸多消防安全隐患，这主要是由于单位消防安全管理制度未得到有效落地，主要体现在：市场经济体制下，高层建筑物业管理

和使用单位过度重视经济效益，在日常工作或生活中，忽视建筑的消防安全问题，认为火灾的发生只是小概率事件，心存侥幸，未落实消防安全责任和管理制度，使相关制度与规定形同虚设，没有发挥出应有的约束力。很多物业部门缺乏相关监管意识和能力，普遍出现日常管理工作不到位、管理项目不全面、应急机制不完善等问题，导致高层建筑消防安全管理工作存有盲点，为消防安全事故埋下隐患。

2.2 使用人员消防安全意识薄弱

当前高层建筑主要包括高层住宅建筑、商用建筑以及住宅和商用多种功能组合建筑等形式，无论哪一种形式的高层建筑均具有人流量大、人员素质参差不齐的显著特点。一方面，使用人员消防安全意识薄弱，未能充分认识到预防火灾的重要性，不能自觉遵守相关的消防安全管理规定；另一方面，使用人员防火常识欠缺，未能掌握在日常工作及生活中如何避免、发现、消除身边的火灾隐患，从而预防火灾的发生。主要体现在：进行明火作业时未按规进行审批、落实专人看护，在规定区域外吸烟并随手乱扔烟头，在楼道或室内停放电瓶车；在疏散通道、楼梯间及前室、避难层（间）堆放杂物等等，这些行为都会显著增加火灾的发生概率。

2.3 建筑内部火灾荷载大

高层建筑内存在大量可燃物，大量的电气设备配备有复杂的线路，为了装修美观而使用的建筑材料及涂料，为了减轻自重而采用的木质材料等等，都大大增加了建筑内部火灾荷载，提高建筑火灾发生风险性，而且一旦发生火灾将加大火灾危险性。

2.4 火灾竖向蔓延速度快

发生火灾时，火势将顺着水平和垂直两个方向蔓延。高层建筑因建筑结构和功能需要，建筑内竖向管井多，且建筑内部火灾荷载大，一旦发生火灾极易在电梯井、通风管道等垂直空间产生烟囱效应，烟气快速向上蔓延，扩散至各个楼层，整个建筑将瞬间沦为立体火场。越往高处走，风速越大，火势的蔓延速度进一步加快，氧气被迅速燃烧，易导致轰燃现象的发生。约 10min 内，浓烟就会笼罩整栋大楼，引起全面火灾。

3 高层建筑消防安全管理工作的重要性

高层建筑由于其自身结构复杂，功能多样，人员密集，火灾荷载大，导致火灾危险性较普通建筑大大增加。一方面，高层建筑中引发火灾的原因多种多样，火灾发生的时间和地点也具有不确定性，比如电气设备和线缆老化、损耗等导致短路、漏电而引起火灾，厨房用火不善、烟头未熄灭等引起火灾，电气焊等作业产生火花引起火灾等等，这就又加大了高层建筑火灾预防工作的难度。另一方面，高层建筑一旦发生火灾，人员疏散和灭火救援都相当困难。高层建筑自身高度增加了人员疏散的垂直距离，从而大大增加了疏散所需要的时间，且火灾产生大量有毒烟气快速蔓延，导致人员在疏散过程如果护理不当就会造成伤亡；同时，高层建筑火灾救援中，消防救援设备也通常很难运送到高层建筑当中，无论高空作业还是通过楼梯通道进行运送，都会出现难以克服的时间问题。因此，做好高层建筑消防安全管理工作，有效预防高层建筑火灾的发生，至关重要。消防安全管理工作能够排除高层建筑中存在的消防安全隐患，从根源上杜绝火灾的发生，有效保护群众生命和财产安全。同时，在开展消防安全管理工作的过程中，工作人员会逐步了解建筑的结构特征，熟悉建筑消防设施配置，掌握建筑人流密度及其日常使用情况，结合实际制定合理的消防安全管理工作计划，并结合消防安全管理共组实践经验，不断完善高层建筑消防安全管理工作制度，有力地保障高层建筑消防安全。

4 高层建筑消防安全管理工作优化措施

4.1 提高消防安全管理人员的责任意识

要根据高层建筑的结构特性，制定严格的消防安全管理制度，提高管理人员的责任意识，严格落实消防安全管理制度，确保消防安全管理工作开展的有效性，最大限度地发挥消防安全管理的作用。为了提高消防安全管理水平，要对相关管理人员进行定期的培训，旨在提高他们的综合素养，让他们能够在日常的工作中保持积极的工作态度和较强的责任意识，同时要对高层建筑所有区域进行明确的责任划分，严格的落实责任制度，这样才能快速的提高防火安全管理水平，使防火安全管理工作能够顺利地开展。

4.2 提高建筑使用人员的消防安全意识

由于火灾的发生是不可控的行为，存在很多风险因素，各个高层建筑需要建立专门的消防安全知识培训，让大家都能够了解并意识到防火的重要性，以及如何预防火灾的发生和逃生的必要方法，这样就能够在火灾发生时及时逃生及救援。建立双向互动机制，在宣传普及消防安全的过程当中不断收集社会大众对消防安全的反馈，从而能够更好地将信息共享，对于建立良好的消防体系提供帮助。开展有效的防火宣传工作，宣传内容包括消防制度、消防技能等，此外，还可以联系当地消防部门进行有趣的消防实践活动，开展消防演练，培养消防意识。

4.3 定期检查和维护建筑消防设施

高层建筑发生火灾时，由于外部施救困难，如果能从建筑内部自救或者内外配合灭火，可以最大程度地降低财产损失，保障人身安全，因此，消防设施的完备和维护更新显得尤为重要。高层建筑物的消防安全管理人员应定期检查、保养建筑消防设施并做好检查记录，对于存在问题的消防设施要立即进行维护更新，及时排除安全隐患，确保火灾情况下建筑消防设施能正常运行，有效抑制初期火灾，最低限度降低火灾损失和影响。如果建筑某处消防设施不能正常运行且短时间内无法及时维护更新，消防安全管理人员应采取加强人防等替补措施加以防范，确保建筑消防安全。

4.4 提升高层建筑防火现代化水平

消防栓是应用最广泛的传统型室内防火消防器材，能够对小范围、小火势的火灾起到良好的控制效果。但随着国民生活水平的提升以及建筑行业的发展，这种传统型消防器材显然已经无法满足现代高层建筑的防火需求，因此，提升现代高层建筑的防火能力，必须要对防火技术及设备进行优化与更新。在高层建筑的设计过程中，应积极引入先进的防火设备和技术，在提升控制能力的同时，为人员疏散和火灾救援争取更多的时间。现阶段常用的智能喷淋火灾防控技术，通过在每层结构顶部安装智能喷淋设备，实现对建筑内部火灾监控的全面覆盖，并结合预先设置的烟感标准及设备自感元件，实现实时监控的作用。这种新型的火灾防控技术，具有喷水量大、自动感应着火点、反应灵敏、防控报警联动等多种优点，能够显著提升高层建筑的火灾防控能力。

5 结语

综上所述，消防安全管理工作是每个社会公民应该履行的职责和应尽的义务，因此，要想做好高层建筑的消防安全管理工作，光靠消防安全管理人员的努力是远远不够，在制定严格的管理制度，规范管理工作人员的同时，还要加强对消防知识的宣传，引起社会大众的重视，这样才能不断提高消防安全管理工作的质量和水平，为人们的生命财产安全保驾护航。

参考文献

[1] 邵一平. 高层建筑消防安全管理工作的分析与研究[J]. 今日消防，2020，5（1）：129.
[2] 刘璐. 高层建筑的消防隐患及防火监督措施分析[J]. 消防界（电子版），2020，6（08）：47-48.

住宅小区消防安全风险及管控对策分析

张少民　马鲜萌
（廊坊市消防救援支队，河北　廊坊）

摘　要　通过近五年全国居民住宅火灾情况，梳理了现阶段居民住宅小区存在的主要风险，并从源头治理、依法治理、综合治理、智慧监管、精准宣传等方面提出了管控对策。

关键词　住宅小区　安全风险　管控对策

0　引言

我国有14亿人口、3亿多个家庭，家庭是社会的最小单元，家庭日常所处的居民住宅也是受火灾影响最大的场所。且随着我国经济社会快速发展和城镇化率不断提升，在城乡住宅建筑急剧增加的同时，部分住宅建筑步入老旧阶段，住宅建筑潜在火灾风险日渐突显。

1　近五年全国住宅火灾分析

分析2017年至2021年全国城乡居民住宅火灾数据（应急管理部消防救援局），无论火灾发生起数、亡人数量，基本保持在一个相对稳定的区间，火灾起数在11万起上下，亡人数在1000人上下（2021年火灾数据统计有所调整，2021年增幅较大，比2020年分别增加了137%、59.9%），见表1、图1。

表1　2017年-2021年全国居住火灾数据统计表

年份	火灾起数/万	起数占比/%	亡人总数/百人	亡人占比/%
2017年	12.5	44.3	10.71	77.1
2018年	10.7	45.3	11.22	79.7
2019年	10	44.8	10.45	78.3
2020年	10.9	43.4	9.17	77.5
2021年	25.8	34.5	14.66	73.8

注：根据应急管理部消防救援局发布的历年火灾数据。

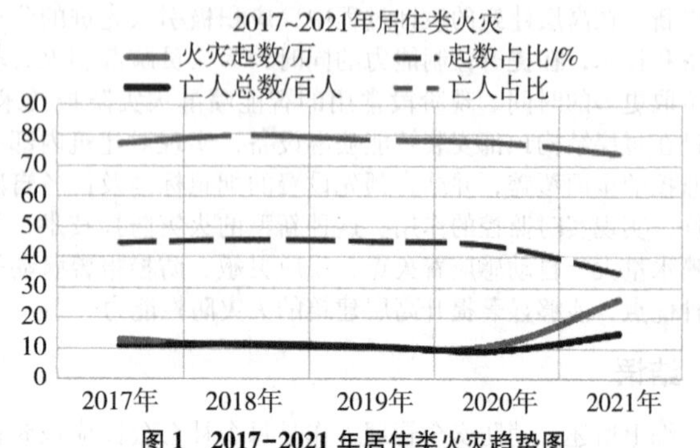

图1　2017-2021年居住类火灾趋势图

1.1　火灾起数占比近4成

2017年至2020年，住宅火灾起数占比均超过40%，2021年虽然占比有所减少，但接近35%，且绝对数值到达了25.8万起，为前四年均值的2.34倍。

1.2　亡人数量占比超7成

2017年至2021年，住宅火灾亡人数占比均超过70%。2018年最高，占比接近80%，2021年最低，但绝对数值达到1466人，是5年内死亡人数最多的年份，为前四年均值的1.4倍。

1.3　高层住宅火灾日渐突出

2020年发生高层住宅火灾起数占高层建筑火灾总数的83.7%，比2019年大幅上升13.6%。2021年发生高层住宅火灾3438起、亡155人，分占高层建筑火灾的84.7%和92.3%。

2　住宅建筑潜在的火灾风险

2.1　住宅数量基数庞大

根据相关研究结果，2018年中国城镇住房套户比为1.09，若按照3亿个家庭（户）估算，2018年全国的住宅达到3.27亿套，其中高层住宅达到23.5余万栋。另根据住房和城乡建设部披露的数据，全国共有老旧小区（2000年底前建成的住宅小区）约21.9万个，涉及居民超4200万户（按照套户比1.09计算，约3853万套），建筑面积约40亿平方米。再加上非住宅类居住场所（“广义”居住场所：即住宅、住宅类租赁住房、宿舍、宿舍类租赁住房、宾旅馆以及托儿所、幼儿园、老年人照料设施中特定对象的居住场所），数量会更加庞大。

2.2　火灾荷载密度较大

2018年4月1日实施的《建筑内部装修设计防火规范》（GB 50222—2017），补充了住宅的装修防火要求，才首次明确了单多层、高层住宅户内顶棚、地面、墙面、隔断、固定家具、装饰织物及其他部位装饰装修材料的防火性能。即使规范实施后，由于住户安全意识不到位且缺乏有效监管，户内装修基本是由户主根据设计、施工人员的建议自行选定，采用木质、合成高分子等可燃、易燃材料的比比皆是。除装修外，户内家具、家电、衣物等物品绝大多数为可燃易燃材料。根据 CIBW14（国际建筑科研与文献委员会第十四分委员会）《工作报告》（1983 年），住宅建筑内的火灾荷载密度 780MJ/m²，超过了其他六类常见的场所（商店、学校、医院、办公室等）的火灾荷载密度，低于仓储或类似场所（医院储藏室、车间和仓库、图书馆），见表 2。

表 2 不同类型用途建筑的火灾荷载密度

建筑类型和用途	火灾荷载密度/（MJ/m²）			
	平均值	百分比√2/%		
		80	90	95
民居	780	870	920	970
医院	230	350	440	520
医院储藏室	2000	3000	3700	4400
医院病房	310	400	460	510
办公室	420	570	670	760
商店	600	900	1100	1300
车间	300	470	590	720
车间和仓储√3	1180	1800	2240	2690
图书馆	1500	2250	2550	—
学校	285	360	410	450

注：1. 调查得来：见 CIBWI4《工作报告》，1983 年发表；2. 80%分位数是指不超过 80%的类型和用途建筑或房间的值；3. 所储藏可燃材料低于 150kg/m²。

根据王金平、陆松伦、刘彦超等人的相关研究（2004～2013 年），推荐的民居（住宅）的火灾荷载密度标准值为 1550MJ/m² 左右，仅低于办公室类场所，高于商场、建材卖场、展览、超市等建筑场所，见表 3。

表 3 各种类型建筑火灾荷载密度值

建筑类型和用途	火灾荷载密度/（MJ/m²）				
	平均值	百分比			标准值
		80%	90%	95%	
民居	564.99	754.92	906.02	1098.62	1557.73
办公室	651.63	971.79	1144.5	1385.62	2057.42
商场	223.94	292.48	382.1	510.66	750.07
建材卖场	382.71	498.42	553.04	617.42	897.96
展览	382.97	471.6	499.14	533.87	876.21
超市	420.05	568.89	787.6	901.3	1046.17

2.3 风险隐患因素繁多

一方面受限于建设年代、技术标准、施工质量、产品质量等客观因素，住宅建筑存在部分先天性火灾隐患，尤其是老旧小区，如电气线路容量不足、电气线路老化、未设置消防给水设施、未设置火灾自动报警系统、防火间距不足、强电弱电混合敷设、管道井未封堵、楼梯间内设置垃圾道、消防车通道宽度不足、未设置非机动车充电装置等。另一方面受日常管理不到位、居民安全意识淡薄等主观因素，住宅建筑内动态火灾隐患突出，如采用易燃可燃装修材料、电动自行车进楼入户、电气设备使用不当、楼梯间内堆放杂物、消防设施未保持完好有效等。

2.4 消防管理缺位较多

住宅建筑的日常消防安全管理主要是公共区域如走道、疏散楼梯和公共消防设施，管理的责任主体一般是物业服务企业，无物业管理单位的由街道办代管，行业主管为住房和城乡建设部门，日常消防监督管理部门为公安派出所。一是物业服务企业尤其是规模较小住宅小区的物业普遍存在重视不高、管理偏软、专业偏低等问题，导致岗位责任压得不实、制度机制不完善、设施维修不及时、设施操作不熟练、初期火灾处置不力、日常管理不到位等问题较突出。二是室内消防安全基本由居民自我管理，但当前现状是居民消防安全意识普遍不高、消防安全技能掌握较少，户内各类火灾风险较为常见。三是行业部门协同共治有欠缺。住宅小区日常消防安全监管涉及职能部门较多，行业部门虽然建立了协作机制但仍停留在纸面，尚未行之有效地落到实处，形成执法合理。同时，存在个人违法成本低、对个人执法面临调查取证难、处罚执行难等问题，未能形成严惩严处的震慑力。

2.5 宣传培训效果不佳

近年，各级政府、部门尤其是消防救援机构越来越重视消防宣传培训，也取得了一定成效，但总体仍不够理想。火灾属于小概率事件，绝大多数家庭或个人未曾亲身经历过，对火灾的危害性、致命性缺少直观认识，缺乏学习的主动性、自觉性。此外，亡人火灾中老龄人口所占比重已从 2009 年的 29%提升至 2019 年的 41.3%，住宅火灾中该比例达到 42.9%，瘫痪、残疾、精神病人等弱势群体的比重达到 44.3%，弱势群体自身接受能力也是影响的因素之一。

3 住宅小区风险管控措施

住宅小区火灾防控的根本在于自防自救，提高消防安全设防等级，做到预防为主、管理为先、责任为要。贯彻“政府主导、住建牵头、部门配合、消防推动、群众自律”方针，健全长效机制，确保标本兼治。

3.1 紧跟政策导向，源头治理

属地党委政府、行业主管部门应深入贯彻落实习近平总书记关于安全生产的重要论述，从“广义”居住建筑入手，切实摸清辖区内、系统内的“底”，分级分类梳理评估，坚持疏堵结合，严抓新建住宅小区源头性消防安全质量，借好城镇老旧小区改造（根据国务院规划，2021—2025 年将基本完成约 21.9 万个城镇老旧小区改造）、乡村振兴战略等东风，把电气、消防车通道、消防给水等建设改造融入其中，提升场所在防火、抗火、救火等方面的本质安全。

3.2 完善法规制度，依法治理

推动完善住宅小区消防安全管理立法，进一步明晰政府、街道、住建、公安派出所、社区以及建设单位的消防安全职责，着力解决法律上、机制上、责任落实上以及管理上的存在缺位问题。强化日常监管，从严从重惩处严重违法行为，提升轻微违法或个人处罚的执法效率，并将各类涉及消防安全的不良行为纳入信用管理平台，全面推行消防安全领域信用管理模式。

3.3 强化履职尽责，综合治理

一方面住建、消防、公安等部门要各司其职，在职责权限范围内，加强新建住宅建筑的行政审批、已投入使用住宅小区的日常监督及消防技术服务机构的监管。另一方面部门之间要加强信息、资料共享，及时通报或函告问题隐患，完善联合执法机制，齐抓共管，综合治理。

3.4 夯实物防技防，智慧监管

依托智慧城市建设，整合智慧用电、用气、用水及视频监控资源，建立智能消防预警、城市物联网消防远程监控等系统，对消防设施、电气线路、燃气管线、疏散楼梯等进行实时监测，并与手机 app 互联互通，实时接收火灾报警信号和各类监测数据，远程指导初期火灾处置。同时，在老旧住宅小区尤其是高层建筑推广独立式火灾探测报警器、简易喷淋装置、火灾应急广播以及独立式可燃气体探测器、无线手动报警、无线声光警报等设施。

3.5 紧盯重点人群，精准宣传

继续增强宣传教育培训的力度和广度，延伸宣传教育触角，保持宣传的浓厚氛围。盯住老人、儿童等重点人群，坚持从娃娃抓起，持续开展“小手拉大手”“一个孩子带动一个家庭”等活动，利用 3D、VR 等技术还原火灾现场，开展沉浸式、体验式等警示教育，积极组织隐患随手拍、消防常识竞赛、微型消防站比武等有奖评选。同时，建强用好微型消防站，按照“三知四会一联通”的要求，定期组织防、灭火业务培训，与辖区消防站开展联勤联训和应急演练，切实具备扑救初起火灾的能力。

参考文献

[1] 陆松伦 . 2017 年至 2020 年全国火灾相关数据 . 应急管理部消防救援局 . https：//www. 119. gov. cn/gongkai/sjtj.

[2] 孙强 . 建筑物火灾荷载密度的确定方法和应用 [J]. 安徽建筑学院学报（自然科学版），2005，13（6）.

[3] 王金平 . 我国既有典型建筑火灾荷载的标准值 [C]. 中国消防协会科学技术年会论文集，2013 年.

[4] 刘彦超，刘栋栋等 . 北京住宅火灾概率模型研究 [C]. 第 2 届全国工程安全与防护学会论文集，2010.

[5] 赵津 . “广义”居住场所消防安全风险辨识及治理对策研究 . 上海消防信息网.

[6] 住建部：“十四五”期间将完成 21.9 万个老旧小区改造工作 . 澎湃新闻，2021 年 8 月.

养老机构消防安全管理对策研究

费思吉

（上海市黄浦区消防救援支队，上海市　黄浦区）

摘　要　养老机构内的老年人活动缓慢，该类建筑一旦发生火灾，存在疏散难等问题，极易造成人员伤亡，甚至群死群伤事故。结合近年来养老机构典型火灾案例，分析研判了该类建筑的火灾危险性，明确了消防管理的重点难点问题，结合 GB 50016—2014《建筑设计防火规范》（2018 年版）有关内容，总结了该类建筑防火设计要点，并提出了相应的防火对策。

关键词　消防　养老机构　火灾危险性　消防管理　对策建议

1 引言

随着老年人数量的不断增加，养老院、福利院、敬老院、托老所、老年公寓等养老机构不断增多。此类建筑火灾也时有发生，并易引起群死群伤事故，其消防安全引起社会的高度重视。住房和城乡建设部于 2018 年 5 月 15 日发布国家标准《建筑设计防火规范》（GB 50016—2014）局部修订公告，共修改涉及老年人照料设施建筑的条文 20 条，新增 7 条，其中强制性条文共 18 条，非强制性条文 9 条，提高了场所的防范要求。笔者结合多年工作经验，结合《建筑设计防火规范》设计要求，对养老机构的消防安全管理要点进行研究。

2 以黄浦区为例分析养老机构现状

近年来，黄浦区养老机构数量越来越多，养老机构床位数逐年增长，根据统计的相关数据，截至 2022 年，养老机构共有 18 家，养老机构床位数达 2408 张（表 1）。

表 1　黄浦区养老机构情况统计表

序号	区域	所属街道	分序号	机构名称	核定床位/张
1	黄浦	五里桥	1	上海黄浦区五里桥街道顾卞裘莉敬老院	70
2			2	上海银色港湾福利院	275
3			3	上海百家乐养老院	258
4			4	上海黄浦区中三敬老院	52
5			5	上海黄浦区五里桥街道萌志敬老院	136
6		老西门	1	上海龙祥养老院	28
7			2	上海黄浦区蓬莱老年公寓	200
8			3	上海快乐之家养护院	96

续表

序号	区域	所属街道	分序号	机构名称	核定床位/张
9	黄浦	半淞园路	1	上海市黄浦区老年公寓-中福院	110
10			2	上海黄浦区春升老年公寓	52
11			3	上海黄浦区半淞园兰公馆老年公寓	100
12			4	上海黄浦区全程玖玖馨逸养护院	222
13		小东门	1	上海归侨养怡院	60
14			2	上海黄浦区福华老年公寓	59
15		南京东路	1	上海黄浦区爱以德养老院	412
16		打浦桥	1	上海黄浦区蒲轮颐养院	150
17			2	上海金辰颐养院有限公司	69
18		瑞金二路	1	上海黄浦区瑞金二路街道敬老院	59
共计					2408

根据养老机构内居住的老人人数（床位数），养老机构可划分为四种规模，即小型、中型、大型、特大型，50人以下的为小型，50~150人的为中型，150~200人的为大型，200人以上的为特大型。目前，黄浦区共有特大型养老机构18家，特大型养老机构，5家，中型养老机构12家，小型养老机构1家（图1）。

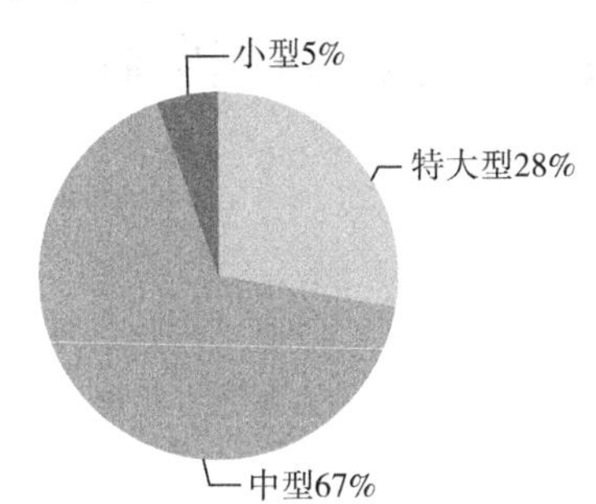

图1　黄浦区现有养老机构规模情况分析

3　老年人照料设施建筑的火灾危险性

3.1　人员行动性差，疏散难度大

养老机构中，人员相对集中，且人群相对固定，存在大量行动不便、需有人员或轮椅辅助才能行动的老年人。一旦发生火灾，疏散速度缓慢，人员疏散时间相对较长，而火灾蔓延的速度又很快，一旦走廊、楼梯间充满烟气，就会严重影响疏散行动容易造成群死群伤事故。

3.2　用火用电设施多，火源种类多

养老机构大多具备生活起居功能，生活用火用电设备繁多，且老年人群倾向使用电热毯、电暖气等电热设施，易引发电气火灾。一些老人的卧床吸烟、随手乱扔烟头、随意使用明火等陋习都容易导致火灾事故。此外，此类建筑内大多配备氧气瓶等医疗设施，操作不当易引发火灾事故。

3.3　控制初期火灾能力较弱

养老机构内一般设置火灾自动报警系统、消火栓系统、灭火器等消防设施。但是由于该类建筑内人群的特定性，对火灾报警信息敏感度不强，利用消火栓系统、灭火器等设施扑救初期火灾的能力相对较弱。

3.4　一旦发生火灾，救援难度大

老年人由于自身身体状况的原因，感受火灾警报相对迟钝，一旦发生火灾，火情发现较晚，大多已到了发展阶段，甚至于迅猛阶段，对火场救援工作极度不力。养老机构内多数老人年龄较大行动缓慢，甚至有些老人长期卧床，生活不能自理，增加了救援难度。

4　养老机构消防设计的重点问题

4.1　建筑高度及楼层设置问题

随着我国城市用地紧张程度和老年化的不断加剧，为提高土地利用率，建筑的高度普遍不断增高。养老机构所在建筑一般独立建造或附设在其他建筑内，考虑到老年人群安全疏散特性以及火灾发生后救援工作，养老机构所在的建筑高度及楼层均不宜过高。如何平衡土地利用率和消防安全设计，应在日常工作中统筹考量。

4.2　防火分隔

目前，大多养老机构所在建筑是办公楼、厂房、住宅等老旧建筑改造后投入使用的，建筑结构多为砖混结构，耐火等级不高。此外，养老机构附设在其他建筑内时，如何保证与其他建筑使用性质进行完整分隔，以及养老机构内部各功能区域之间的防火分隔问题，是消防管理中需要考虑的重点问题。

4.3　安全疏散及避难设施设计

老年人由于身体机能等原因，致使其对于突发状况的反应和处理能力远不及年轻人。因此，火灾发生后，老年人群需要更多的疏散准备时间。如果依旧按普通建筑的设计要求计算老年人建筑的疏散距离和疏散宽度，是不科学的。此外，考虑而老年人照料设施建筑的人群大多具有行动不便的特点，应设置相应的避难场所，在火灾发生时提供临时避难场所。如何有效设置避难场所，也是该类建筑消防设计应注意的问题。

4.4　自动消防设施设置问题

养老机构按照相关规范，应根据规模大小设置相应的消防设施。此类建筑一般设置自动喷水灭火系统、火灾自动报警系统、室内消火栓、灭火器等消防设施。但是如何优化设计，提高设施的防护能力，更加便于控制初期火灾，养老机构消防安全管理工作面临的重要问题。

5 养老机构消防安全管理对策建议

5.1 严格行政许可审批

住建部门应按照国家标准要求，对养老机构的图纸设计、工程建设做好审批许可，确保该类场所的消防设计达标、消防工程质量合格，避免先天性火灾隐患问题。民政部门应严格审批养老机构办理条件，严格主体单位的申报资质、办理条件等问题，严格审批制度，从源头把好关。

5.2 落实单位主体责任

养老机构主体单位应明确消防安全责任人和消防安全管理人，制定并落实消防安全责任制，明确单位内部员工的消防安全职责。建设微型消防站，落实日常的防火检查巡查制度，及时消除发现的火灾隐患。加强对单位员工及常住老年人的消防知识培训，加强用火、用电、用气管理。养老机构内的照护人员应具备“四个能力”，制定消防预案，定期组织开展逃生演练，确保发生火灾时，能够及时快速地帮助老人逃离火灾现场，减少伤亡。

5.3 加强行业监管力度

民政部门应落实“管行业必须管安全”的要求，将养老机构消防工作开展情况纳入监管范畴，积极推动养老机构主体单位落实消防安全管理责任，及时消除火灾隐患问题，利用智能手段强化技防能力。消防救援机构应结合“双随机一公开”“信用监管”等机制，对辖区养老机构进行监管，并做好技术保障服务。对隐患问题严重的养老机构，应及时通报属地政府，并向社会公开。

5.4 强化灭火救援备战

消防救援机构在落实监督检查工作的同时，还应加强灭火执勤备战，开展经常性的消防熟悉演练工作，加强对养老机构内部消防设施好平面布局情况的熟悉，并结合演练实际，不断完善消防灭火和应急疏散预案，确保一旦发生火灾，能够及时转运养老机构内部的老年人，尽最大可能减少人员伤亡。

参考文献

［1］刘文金．当前养老服务场所存在的消防安全问题及对策［J］．消防技术与产品信息，2014，5：75-36.

［2］杨梦冉．上海养老服务产业发展路径研究［M］．上海工程技术大学．

［3］GB/T 50340．老年人居住建筑设计规范［S］．

浅谈满洲里连片木材加工企业火灾形势及防控措施

孟宪坤　顾琮钰

（呼伦贝尔市消防救援支队，内蒙古　呼伦贝尔）

摘　要　满洲里市是我国最大的陆运口岸城市，其木材加工产业发展迅速、规模庞大，占据了当地进出口贸易的主导支柱地位，由于木材加工企业可燃物多、用火用电频繁，且分布集中连片，极易发生“火烧连营”，严重威胁着人民群众的生命财产安全。本文系统分析了满洲里市木材加工企业的火灾特性和风险，从起火原因、季节分布、时段分布、起火场所四个角度研判火灾形势并由此提出当地火灾防控思路，以期为当地消防监督执法工作开展提供参考。

关键词　木材加工企业　火灾形势　防控措施　火灾隐患

1 引言

满洲里西临蒙古国，北接俄罗斯，是中国最大的陆运口岸城市和国务院确定的国家重点开发开放实验区。作为对俄商贸和经济开发的桥头堡，在我国扩大向北开放、落实“一带一路”倡议中具有举足轻重的地位。其中，木材加工产业发展迅速、规模庞大，占据了进出口贸易的主导支柱地位。由于木材加工企业可燃物多、用火用电频繁，且分布集中连片，极易发生“火烧连营”，造成巨大的人员财产损失。2011年“满洲里市6.25林森木业火灾”、2014年“满洲里市5.20海英木业有限公司厂房火灾”、2017年“满洲里市5.26铁丰木业有限公司火灾”均造成了巨大的财产损失和负面影响，严重威胁着人民群众的生命财产安全。因此，摸清木材加工产业的火灾隐患和薄弱环节，因地制宜、对症施策，全力做好火灾防控工作显得尤为迫切和重要。

2 木材加工企业火灾形势分析

满洲里市进口资源加工园区总面积13.5平方公里，现有木材加工企业81家（其中木材仓储企业7家、木材加工企业74家），从业人员5000余人，年加工能力700万立方米，产值超百亿元，分布相对集中，防控形势突出。据统计，2012年以来，满洲里木材加工企业共发生火灾67起，直接财产损失1845余万元。从上述火灾事故教训总结分析，木材加工企业火灾呈现以下特性。

2.1 起火原因特性

电气引发的火灾20起，占总数的29.9%；生产作业引发的火灾16起，占总数的23.9%；用火不慎引发的火灾14起，占总数的20.9%；吸烟、放火、玩火引发的火灾7起，占总数的10.4%；自燃、雷击、静电引发的火灾5起，占总数的7.5%；其他原因引发的5起，占总数的7.5%。反映出治理电气故障、生产作业、用火不慎等问题是防范木材加工企业火灾的关键因素。

2.2 季节分布特性

1月至3月发生火灾26起，占总数的38.9%；4月至6月发生火灾21起，占总数的31.3%；7月至9月发生火灾6起，占总数的8.9%；10月至12月发生火灾14起，占总数的20.9%。反映出冬春季节是火灾防范的重点时期。

2.3 时段分布特性

0时至6时发生火灾16起，占总数的23.9%；6时至12

时发生火灾8起，占总数的11.9%；12时至18时发生火灾25起，占总数的37.3%；18时至24时发生火灾18起，占总数的26.9%。反映出午后和夜间是火灾防范的关键时段。

2.4 起火场所特性

生产车间发生火灾20起，占总数的29.9%；职工宿舍发生火灾17起，占总数的25.4%；木材堆垛发生火灾16起，占总数的23.9%；锅炉房发生火灾9起，占总数的13.4%；烘干窑发生火灾4起，占总数的5.9%；其他场所发生火灾1起，占总数的1.5%。反映出加工储存是火灾防控的重中之重。

3 木材加工企业火灾风险

3.1 可燃物多，易发生火灾

木材加工企业的原料和成品都是可燃物质，生产加工过程中产生大量的锯末、刨花、木屑等比木材更易燃烧的产物，且极易发生阴燃，不易及时发现。这些可燃物存量巨大、堆放随意，一旦着火蔓延极快。此外，锯末的水分在5%~8%时，其燃点为210~230℃，能被焊接火星和阴燃的烟头点燃。其自燃点为250~350℃，在长时间受热或受微生物作用的情况下能够自燃。

3.2 产生粉尘，易发生爆炸

在木材加工过程中的锯材、纤维板生产和切片、筛选、研磨及锯边、刮（砂）光等工序，会产生大量锯末和木粉尘，这些锯末、木粉尘与空气能形成爆炸性混合物。其最低点火能量仅为20mJ，极易引燃，常因机械撞击火星、电火花等诱发原因发生粉尘爆炸[1]。此外，部分喷漆工序中使用的油漆、硝基漆和各种溶剂、干性油等易燃可燃液体与空气混合形成爆炸性混合物，喷漆产生和积聚的静电易引发燃烧和爆炸。

3.3 工艺特殊，有较高危险

木材干燥、热压工序本身为高温操作，如烟气干燥法进口温度为600~900℃，出口温度约为200℃，即使是比较安全的蒸汽干燥法，其干燥温度也达到180℃左右，一旦温度、时间控制不当，没有严格执行清扫制度，被带入的碎片长时间烘烤也能发生自燃。此外，涂胶、喷胶、胶合和胶料配置工序使用的脲醛树脂、酚醛树脂、皮胶、骨胶及稀释剂均有较大的火灾危险性，易引发火灾。

4 当前火灾防控突出问题

4.1 建筑耐火等级较低，先天性隐患突出

目前大部分厂房仓库均采用大跨度、大空间钢结构建筑，耐火等级低。一旦发生火灾后，通风条件良好，极易蔓延扩大。又由于堆放设计等不合理因素或工艺条件的影响，致使火灾在水平蔓延的基础上，迅速向上垂直蔓延，形成立体燃烧，难以控制。当火灾发生到一定程度，达到钢结构的承载屈服强度后，又会在极短时间内发生坍塌，造成人员伤亡。此外，一些企业降低消防技术标准建设厂房，未按标准设置消防设施器材，安全疏散不合理等先天性隐患也是造成火灾事故扩大的原因。

4.2 消防安全管理薄弱，自防自救能力低

由于木材加工产业利润丰厚、操作简单且不受规模限制，准入门槛较低，这就导致加工企业鱼龙混杂、规模大小不一、从业人员文化素质较低。一部分私营企业主为了追求眼前利益，忽视消防安全管理，对安全操作规程和防火管理制度置若罔闻，违章用火用电现象普遍存在，消防设施器材维护保养不到位，平时疏于对员工的消防安全培训和管理，自防自救能力较低，一旦发生火灾不知道该如何扑救和逃生[2]。

4.3 平面布局错综复杂，火灾防控难度大

受历史发展因素影响和土地使用限制，大部分木材加工企业平面布局不合理，为了利用有限的空间随意布局，将生产区、木材堆场、库房、办公生活区混为一体。防火间距严重不足、随意堆放木料、占用堵塞消防车通道的现象时有发生。特别是木材堆场规模大、易阴燃，一旦不能及时发现，采取有利控制措施，极易造成蔓延扩大和火烧连营。

5 今后火灾防控工作思路

5.1 转变监督模式，推动单位履行主体责任，加强“人防”

一方面，推动当地木材加工园区管委会将消防安全工作纳入日常议事范畴，定期研判重点场所的突出风险，及时通报消防安全检查结果，督促履行相应的安全监管职责。同时充分释放各种执法资源活力。按照国家关于乡镇街道综合行政执法体制改革的要求，积极作为，探索采取委托执法的方式，将消防安全职责嵌入“多网合一”的基层综合执法队伍[3]，解决基层消防监管没“腿”的问题，确保末端防控形成闭环；另一方面，对单位监管要“从管事向管人转变、从查隐患向查责任”转变[4]，既要查具体隐患问题，更要查日常管理责任，深挖隐患背后的风险，督促单位树立“安全自查、隐患自改、责任自负”安全发展理念，提升整体安全水平。同时要加速消防安全与信用体系建设的深度融合，定期公布单位消防安全不良行为，纳入保险、信贷等社会信用体系，配套实施联合惩戒。最终实现公共消防安全“从单一监管向综合监管转变、从管事向管人转变、从查隐患向查责任转变”的目标。

5.2 推动消防改造，引入社会力量提升水平，加强“物防”

利用“十四五”发展的有利时机，推动政府将园区消防站、消防供水、消防车通道等消防基础设施建设纳入消防改造计划，并与城乡基础设施建设同步实施[5]。同时按照消防技术规范指导基础薄弱的单位进行统一整改，一是必须按标准设置消防水源；二是占地大于1500m^{2}的木器厂房或丙类仓库、总面积大于3000m^{2}的丙类仓库必须配备自动喷水灭火系统；三是切片、筛选、研磨、锯边、刮（砂）光等存在木粉尘的场所必须设置除尘积尘装置；四是生产、储存场所与办公、住宿场所必须独立分开；五是木材堆场、仓库设置可视化标识管理，杜绝占用防火间距或占用、堵塞、封闭消防车通道等违法行为发生；六是电气线路必须按规定敷设并设置过载短路保护装置。此外，推动单位引入专业消防安全管理团队，引导规模较大、危险性较大的木材加工企业聘请注册消防工程师提供更为专业的技术服务。聘用有资质的消防技术服务机构，及时对消防设施器材进行维护保养，每年对单位消防安全状况进行一次全面检查评估，确保消防安全不带病运行。

5.3 运用科技手段，大力推进智慧消防建设，加强“技防”

2019年园区安全防火应急监控中心正式投入使用，共

设有摄像头337个（其中热成像投像头4个，球形摄像头28个），对加工园区内所有木材企业及国际物流中心形成监控全覆盖，并对园区重点街、路、巷、路口、要害部位等实行24h连续监控。但由于监控系统不兼容等原因，其与木材加工企业自有监控系统不能互联互通、统一调度。整体来讲功能单一、效力有限。因此，下一步以推行“互联网+监管”为抓手，充分运用大数据、云计算、物联网等信息化手段，依托园区防火应急监控中心，整合现有监控资源，助推火灾防控的信息化转型升级。在木材加工企业应用物联传感，集中实现消防设施运行监测、电气设备火灾监控、生产经营全程可视，实现动态化追踪、全链条管理，着力实现火灾事故风险预知预警，为日常监督和灾害事故处置提供精准、有效的信息支撑，加速消防监管方式的迭代升级，实现“传统消防”向“现代消防”的转变。

参考文献

[1] 王竟萱，李珍玉．木材加工厂的火灾危险性分析[J]．安全与环境工程，2010，17（05）：66-68.

[2] 卜法彬．工业园消防安全现状及解决对策［J］．黄冈职业技术学院学报，2010，12（06）：119-122.

[3] 段海波．浅议消防安全网格化管理工作中存在的问题及其对策［J］．江西化工，2013（02）：266-268.

[4] 王志猛．新时期消防执法改革对消防监督的影响[J]．今日消防，2021，6（08）：76-78.

[5] 刘培江．浅谈新形势下消防事业的完善与发展[J]．黑河科技，2003（03）：3-5.

2022年北京冬奥会张家口赛区森林草原火灾预防及保障措施机制探讨

王奕川

（中国人民警察大学防火工程学院，河北　廊坊）

摘　要　张家口赛区是2022年北京冬奥会主要雪上项目的比赛场地。比赛地崇礼区地处坝上坝下过渡型山区，山势高峻陡峭，地形地貌复杂，森林草原防火任务艰巨。张家口市政府相关部门通过科学的管控方法、先进的防火技术和设备、精良的森林消防队伍积极开展工作，有效地预防了森林火灾的发生，为冬奥会和冬残奥会的顺利举行营建了平安稳固的生态环境。本文围绕张家口赛区森林火灾预防部署情况、森林防火措施、森林火灾应急准备等方面的经验展开研究，对日后大型活动保障提供参考。

关键词　消防　冬奥会　张家口赛区　森林防火　机制

1　基本情况

北京和张家口联合举办第24届冬季奥林匹克运动会，共设有北京、延庆和张家口三个赛区。其中，位于张家口市崇礼区的张家口赛区为本届冬奥会主要雪上项目的比赛场地，产生冬奥会109枚金牌中的51枚。

张家口市崇礼区地处北纬41°，全域80%面积属山地，海拔最高2174m，海拔最低813m，最大高差为1361m[1]。东南方向的暖湿气流在崇礼循势而升，同盛行西风带上的大气环流交汇在一起，形成了特有的气候和环境，使得当地植被非常丰富。崇礼区全区森林及特灌面积达1567km²，森林覆盖率达67%，赛事核心区则超过80%。崇礼区地势山川连绵、沟壑纵横，这也为张家口赛区森林火灾预防及保障工作增大了难度。

2　森林火灾预防部署情况

2.1　组织机构

张家口市政府成立了北京2022年冬奥会和冬残奥会森林草原防灭火任务指导小组，承担冬奥会期间全市森林草原防灭火工作。组长由市政府常务副市长担任，副组长由应急管理局及市林业和草原局领导担任，成员由各县区政府主要领导、市森林防火指挥部成员单位主管领导组成，依照属地责任和市森林草原防灭火指挥部成员单位的职责分工进行任务分解。指导小组办公室设在张家口市应急管理局，承担指导小组日常工作和上级领导交办的相关事宜。

2.2　火险区域划分

按照火险区域，将张家口市各区县划分为两级火险区域，崇礼区、赤城县、怀来县、涿鹿县、蔚县为一级火险区域；桥西区、桥东区、宣化区、下花园区、万全区、阳原县、怀安县、尚义县、张北县、康保县、沽源县为二级火险区域，如图1所示。各级火险区严格依据《中华人民共和国森林防火条例》要求展开防灭火工作[2]。

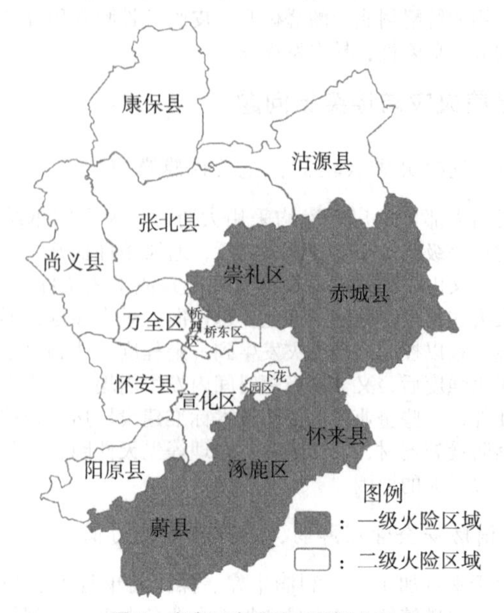

图1　张家口市火险区域划分图

2.3 责任分工

2.3.1 地方政府领导责任

各级政府实行森林草原防火行政首长负责制。行政区域森林草原防灭火第一责任人为主要负责人，负主要领导责任；主要责任人为分管负责人，负直接领导责任。市、县（区）、乡（镇）、村均划定责任区，确定责任人，实施森林草原防灭火区域包片负责制度，通过市包县（区）、县（区）包乡（镇）、乡（镇）包村、村干部、护林（护草）员包地块方式，把责任和措施逐层逐项分解落实到乡、村、人、山头、地块。

2.3.2 部门行业监管责任

应急管理部门调度安排森林草原火灾应急救援力量，合理布防救援力量，落实好扑救任务；林业和草原主管部门承担防火巡护、防火设备建设、火源管理、预警监测、宣传教育、热点核对反馈、火灾隐患排查等任务；文化和旅游部门监督、指导景区落实火灾防控措施，开展防火宣传活动；工业和信息、能源、城市管理、商务部门监督指导行业内火险隐患排查，落实火灾防控措施；气象部门开展火灾等级预测预警工作；农业农村、生态环境、民政、宗教等部门规范农事用火、宗教用火、祭祀用火；发展改革、财政等部门加强森林草原防火基础设施建设，为防火灭火提供政策和资金的支持保障；公安、交通等有关部门落实、完善森林草原防灭火工作预案，为预防、扑救森林草原火灾创造利好条件；其他相关部门各司其职、各尽其责。

2.3.3 经营单位主体责任

区域内森林、林地、林木、草原运营单位落实森林草原防灭火主体责任，各类林草经营单位主要责任人全部签订责任书。经营单位执行24h防火值班值守，预警监测。出现热点、火情时能在第一时间报告、处置[3]。

3 森林防火措施

3.1 开展常态化防火宣传活动

各宣传部门采取多种方式进行森林草原防火宣传教育活动，宣讲森林草原相关法律法规和防灭火的重要意义，推广森林草原防扑火常识和安全避险等方面的知识。

3.1.1 传统媒体宣传

利用广播电视、报纸杂志、短信提示、标语、宣传单等传统媒体，在重要区域、重点地段、重点村镇张贴标语、悬挂旗帜、发放明白纸、设置宣传牌以加强宣传力度。利用村级广播宣传森林草原防火法律法规和注意事项。

3.1.2 新媒体宣传

利用微信公众号、小视频、推送信息、防火语音提醒等新媒体手段加大宣传力度。移动、联通、电信三大运营商发送短信提示进入本市人员注意森林草原防火。

3.1.3 针对重点人群宣传

对外来人员、吸烟人群和未成年人等重点人群进行一对一讲解、面对面宣传。车站、公共汽车显示屏定时播放防火广告。在中小学校通过防火课堂、橱窗板报、主题演讲等方式，加强未成年人的防火教育，培养防火观念[4]。

3.1.4 突出重点部位宣传

对林区内村庄、作业点以及林农交错地带等重点部位，安排宣传车、宣传队进行巡回广播宣传。利用景区电子显示屏等媒体，循环播放防火标语和宣传片。落实施工企业主体责任，强化作业人员防火宣传教育和安全操作教育，杜绝野外用火行为发生。

3.1.5 强化冬奥防火宣传

围绕冬奥特色，结合森林草原防火知识、法律法规、安全用火和紧急避险常识等，创作形式新颖、内容丰富、主题鲜明，与冬奥会主题宣传相得益彰的防火宣传作品，充分利用现有各类电子字幕和屏幕进行播放。合理布置防火宣传牌，增加设置防火宣传语音杆，并适量增加双语、多语宣传内容，确保冬奥会一线地区防火宣传有效开展。

3.2 排查隐患及时整改

3.2.1 开展“七排查”工作

（1）严格排查林区内在建工程施工现场的火灾隐患，重点对冬奥会赛区场馆等工程进行排查，未雨绸缪，避免生产用火引发森林草原火灾；

（2）严格排查所辖区域森林草原可燃物，做到因地制宜、科学系统地治理可燃物；

（3）严格排查林草、林农结合部和公墓、坟场等地的森林草原火灾隐患，谨防农事用火、祭奠用火；

（4）严格排查林区通信、输配电等设备的森林草原火灾隐患，加大力度解决“树线矛盾”难题，防止因设备线路老化、脱落引发火灾事故；

（5）严格排查林区及周边城镇、村落、居民点的森林草原火灾隐患；

（6）严格排查军事设施、游览景点等周边的森林草原火灾隐患；

（7）严格排查重点国有林区、国家公园、风景名胜区、自然保护区森林草原火灾隐患，防微杜渐[5]。

3.2.2 加强“八清”工作

（1）清坟边，沿坟头最外侧向外清理10m以上；

（2）清地边，沿地边向外清理10m以上；

（3）清林边，沿林边向外清理15m以上；

（4）清矿边，沿矿区向外清理10m以上；

（5）清隔离带，使主带宽度达到30～50m，副带达到20～30m，且主带、副带闭合；

（6）清奥运核心区内比赛场馆、车站、施工现场周边的可燃物，清理宽度20m以上；

（7）清雪场、景区内的林道、旅游观光道路两侧、雪道两侧、林区生活（办公）用房周边，清理宽度15m以上。

（8）清理电力输配电设施周边可燃物，电力公司、通信公司和铁塔公司对全市在林区内架设的高压线路、变压器设备等易引发森林草原火灾的部位和设备周边开设防火隔离带，宽度15m以上。

3.3 进行火源管控

3.3.1 严格入山检查

落实封山防火管制规定，在进山路口和景区入口等要害部位，增设临时检查站，启动防火码，在卡口处严格开展入山检查、扫码通行和发放明白纸、告知书等。

3.3.2 严密巡查巡护

森林草原防火护林人员、瞭望人员、检查人员实行网格化管理，定岗、定人、定责、定位，分片巡查巡护、分段定点把守检查，做到检查巡护全覆盖。

3.3.3 严打违法用火行为

各级公安、应急、环保、林草等执法力量和乡镇执法队，全力防止人为纵火和野外违法用火现象发生，对烧茬子、燎地边、烧地埂等野外违法用火行为严厉打击，保持强大震慑态势。

3.3.4 管控好特殊人群

加强对野外施工作业管理，针对生活性用火、机械切割、电焊等火源采取有针对性的防范措施。把无民事行为能力人和限制民事行为能力人纳入重点监管范围，防止其野外用火、玩火引发森林草原火灾。

3.3.5 严抓预警监测

有效使用卫星监测、无人机巡护、视频监控、火情瞭望、地面巡逻等立体监控形式，增强森林草原火险观测预告时效和精度[5]，应急、林草、气象等部门建立健全火险中长期预测和短临预告制度，及时公布预警预报信息，构建“天、空、地”立体化监测预警防控网络。

3.4 利用智慧消防科技为森林消防保驾护航

建立森林防火视频监控点，借助固定站、半固定站、移动端等，通过多种传感器收集当地的气象、水文、水质、土壤等信息[5,6]，将获取的各种原始数据与地理信息、可燃物信息、人文社会信息进行处理整合，汇总形成区域生态监测物联网数据，经大数据分析处理后，科学、实时、准确地进行森林气象火险预警。利用三维地理信息系统（3D GIS）平台和智慧消防预测预警平台实现林火预测预告、蔓延模拟、可视化分析有机集成、检测资源协同调度的功能[7]。

在森林火灾救援方面，智慧森林防火平台把崇礼区境内的卫星遥感、无人机监测、巡护人员手持终端设备与林火视频监控等防火数据汇集起来[8]，实现救援物资位置信息展示、扑救预案、导航规划、巡逻队员位置标识等诸多功能，为森林防火指挥中心林火治理提供辅助决策。

4 张家口赛区森林火灾应急准备

4.1 全面开展联防联治

环京、环冬奥赛区的县区完善联防机制，明确相互间的责任、职责、义务，在资源共享、信息互通、力量互补、应急处置等方面开展多层次合作，无火共防、有火共扑，做到联防、联扑、联责、联心。推动各行政区、施工作业区交界地区火源治理联防联控机制，接壤地域的责任区划定、用火审批、火源封控、隐患排查责任明确到位，建立健全常态化的信息沟通机制和联防会议制度。

4.2 做好火情监测和热点核查

发挥卫星林火监测系统技术优势监控林火热点；运用已建成的视频监控站点，配合山顶瞭望、地面巡逻等手段，完成对冬奥核心区及周边火情的立体式监测[9]，确保火情早发现、火灾早处理。

4.3 制定森林草原火灾应急预案

制定冬奥核心区及周边森林草原火灾应急预案，确保内容翔实具体，程序清晰实用，可操作性强。制定重要部门、重要区域、重要设施、重点时段专项预案，做好预案任务对接、力量统筹、综合保障和预案演练等工作，提高应急处置能力[10]。

4.4 严格值班值守

各县区、各单位执行24h领导带班制度。县区乡镇领导结合疫情防控工作，深入检查站、卡口检查值班工作。各级值班值守人员及时把握本地区森林草原火险和火情态势，确保第一时间发现火情并及时解决；各级森林草原消防专业队伍靠前驻防，全员24h值班备勤，常态化携装巡逻，随时处置突发森林草原火情。

5 张家口赛区森林火灾预防成功经验的启示

5.1 部门协作有力

市森防指成员单位、各县区政府高度重视，积极谋划、推动，加强沟通协调、密切配合、整体作战，协同做好各项分解任务，确保完成整体任务。

5.2 落实工作到位

各县区、各单位履行属地政府、行业监管、经营主体责任，严格执行森林草原防灭火工作计划，细化任务，保障实施，防止森林草原火灾的发生。

5.3 督导检查及时

市政府采取明察暗访、随机抽查等形式，对森林草原防灭火任务落实状况进行督导检查，及时发现并解决问题，确保冬奥会和冬残奥会准备、举行时期森林草原防火情势安全稳固。

5.4 智慧消防助力

使用无人机、视频监控、卫星遥感、现代化通信等先进手段，利用智慧消防平台，借大数据信息技术，为森林火灾预防和扑救提供保障。

参考文献

[1] 张伟，石朝阳．冬奥会张家口赛区森林火灾扑救措施［J］．智能城市，2021，7（20）：44-45.

[2] 王爱军，张家兴．张家口市森林防火分区现状及对策［J］．森林防火，2009，02：15-17.

[3] 高诚，刘辉．张家口市加强森林草原防火工作浅见［J］．河北林业，2021（12）：30-31.

[4] 韩晶．森林防火宣传工作的思考［J］．绿色科技，2017（03）：100-101.

[5] 邹全程，闫平，王生杰，等．中国森林火情视频监测系统建设探讨［J］．林业科技，2018，43（04）：30-34.

[6] 李健生，颜伟，刘福盛．森林防火的智慧模式——基于视频监控的贵阳森林防火智慧监管实践［J］．信息化建设，2019（07）：42-43.

[7] 曹森，王金海．森林防火应急通信工作发展研究［J］．森林防火，2009.（1）：36-39.

[8] 冯奎．无人机在森林草原防火中的应用及发展趋势［J］．乡村科技，2020（21）：69-70.

[9] W. E. M. Logan. American Forest Fire Control Methods［J］. The East African Agricultural Journal，2015，19（4）.

[10] 李雪玲．中国森林防火现状及防火工作对策的研究［J］．农家参谋，2018（21）：97.

责任追究和社会激励并举助力消防安全责任落实刍议

杨艳军

（江苏苏州市消防救援支队，江苏 苏州）

摘 要 做好消防安全工作不仅要抓好落实单位消防安全主体责任，还要从消防安全监督管理入手，当前消防监督管理模式已不适应推动单位落实消防安全主体责任。因此只有转变消防监督管理方式和模式，采取分门别类的责任和激励机制，引导督促单位落实消防安全主体责任、重视单位消防安全，才能推动社会面消防安全发展，最大限度地确保地区消防安全形势稳定。

关键词 主体责任 监督管理 激励机制

1 绪论

1982 年印度博帕尔毒气泄漏事故发生后，美国公众将化工行业认定为最大的环境污染和第二大公众健康风险来源[1]。2006 年美国塞戈煤矿瓦斯爆炸事故后，很多公众把煤矿行业看成是“黑暗、肮脏、危险”的行业[2]。公众对行业的严重质疑，让行业产生了合法性危机[3]。近年来，在我国发生事故后必严格追责的环境下，导致了安全监管领域产生了“干是找死、不干等死”这一的说法，这一观念过于偏激，在一定程度上也体现了监管人员产生危机感的现象。

2 存在的问题

2.1 监管方式有待转变

回顾过去的消防监督管理工作，重点放在了对建筑防火、消防设施、灭火器材等硬件设施的检查，忽视了对引发火灾的火源检查；重点放在了查完隐患依法依规进行处理，执法过程就算结束了，缺乏了解和监督消防安全责任人和管理人履职尽责情况、单位消防安全组织建设与运行情况、安全制度的建立与遵守情况、应急疏散预案制定的科学性和有效性、员工消防安全教育培训的效果等。

2.2 单位主体责任未落实

落实单位主体责任已经提及很多年，但是目前还存在社会单位仍然对消防安全重视不够，未明确单位消防安全责任人、管理人，未建立健全“层层负责、人人有责、各负其责”消防安全责任体系，未形成全员消防安全责任观，未按照“安全自管、隐患自查、责任自负”原则落实，甚至抱着“多做多错，少做少错”的态度，政府领导到何种程度、部门监管到何种力度、单位负责到何种地步，也就无从谈起落实消防安全主体责任[4]。

2.3 职能部门互相推诿

消防安全工作是一项综合性工作，职能部门对消防工作认识不够，分工不明确，缺乏系统性，联合检查也仅限参与，监管责任流于形式，遇到问题依旧推给消防救援机构，职能部门未发挥应有作用，很难形成“消防部门单打独斗”向“政府职能部门各司其职”的转变。加上近年的考核指标中消防监督人员工作好坏与火灾起数直接挂钩，导致舆论单一，落入了一发生火灾就将矛头指向消防部门的现象。

3 解决措施

我们必须转变消防监督管理方式和模式，明确部门职责，引导单位落实好消防安全主体责任，才能从操作层面抓好对火灾的预防，才能有效控制和减少火灾的发生，确保消防安全。

按照社会单位三类动机形态：“单纯的利益计算者”“政治公民”和“缺乏能力者”推进。第一类只有在经济收益超过成本时才会选择遵守法律规定；第二类一般会主动遵纪守法，但也可能在法律明显不公的情况下采取抵触措施；第三类，违法行为并非有意为之，而是缺乏知识、信息、组织管理方面的能力[5]。

3.1 社会单位普遍的对策

针对全体社会单位，可利用市场规律作用，引入风险因素和价格机制相关联，使消防安全状况在商品价格中反映出来，将消防工作与单位和个人的切身利益结合起来，这样能够在保障单位和个人获取利益的同时，也能做好消防工作。例如：在税费、贷款利率、保险费用的计算中，加入消防评价量化结果的影响。对隐患较多的投保单位，提高保险费率，强制参加火灾保险；在贷款活动中，征收火灾风险利率；还有和消防安全诚信机制、公司上市相关联。通过从消防法律、法规、政策规定具体的经济措施，发挥市场经济的调节作用，利用价值规律和市场机制，使社会单位主动遵守法律法规，消除隐患。政府可要求企业公开信息，然后让金融市场、保险、环保组织、媒体等使用这些信息给不良企业施加压力。例如：英国监管部门利用其他机构力量给护理院施压，要求银行在审查护理院贷款申请时查阅检查报告，致使具有不良记录的护理院贷款受到很大影响[5]。

3.2 第一、二类主体的对策

2021 年，国务院、江苏省安全生产督导组均将苏州“331”专项行动列为“一年小灶”重大典型经验。这得益于政府领导坚强有力、部门分工细致明确、履职免责清单明晰、群众广泛理解支持。但目前存在较多职责权限不清晰、分工相互交叉的行业领域，没有形成切实可行、本地化的工作程序和方法，没有一套合法、良性的运行机制和责任追究机制，致使消防责任不能落到实处。各级政府和行业主管部门可结合实际，借鉴苏州“331”经验做法，制定类似清单：①任务清单（解决不会管）：将消防安全法规标准和行业法规标准有机融合，制定能够融入行业标准体系内，业外人士能看懂、接地气、便操作的清单。清单内容可不是最全面、完整的，但要是密切联系人民群众利益、符合安全发展需求，抓主要矛盾、解决主要问题，在当阶段是最经济、通用、可行的，随着后期发展，可适时修订完善；②履职清单

（解决不想管）：列举各级政府、部门、单位的履职清单，内容要精确、全面，要能厘清责任边界，明确红线底线，让各责任主体知晓尽职免责范围；③追责清单（解决必须管）：明确各责任主体责任追究对象，梳理追责的各项法律法规依据，列出明确具体的追责情形，切实让不落实责任的不利后果承担到行使权力的个体。此做法对于部门履职和规模社会单位有一定的有效性、约束力。

3.3 第三类主体的对策

对于第三类中经营规模小、经营经济基础差，按照国家技术标准进行改造，难以担负火灾隐患整改经费支出的小场所，行业主管部门和监管机构应给予帮助、宣传、教育。在实际操作中，如一律按照消防法律、法规的规定，相当一部分九小场所将会面临着停业和被取缔的命运，处理不好，不利于社会稳定。在实际工作中，利用“选择性激励”法对为集体利益作出贡献和没有作出贡献的个体采取不同待遇，且必须具有排他性，也就是说对作出贡献的给予超出其他人的奖励，同时对于那些破坏集体利益的个体给予超出其他人的惩罚。比如：一方面要制定出台利好激励政策，通过提高积分，利于积分入学、购房、入户，满足营业主根本利益需求，促进营业场所进行改造；另一方面，对能整改却逾期不整改火灾隐患的场所，要坚决予以停业整改，给予处罚。

4 结语

总结过往，大包大揽式的帮单位查找问题和火灾隐患，而单位本身对自己情况是最清楚的，我们不可能代替单位进行全面的不留死角的检查。一个单位的消防安全只能由单位本身来管才能管得住、管得好。指望着寥寥无几的监督员去管住数量庞大的社会单位，根本不可能实现。消防监督者要搞清楚这些概念，在理念上跳出圈子看问题。因此，在监督检查中必须落到单位落实消防安全责任制情况，不落到责任上，不找出形成隐患的真正原因，单位就很难去反思自己的过错而把消防监督检查当成纯粹的挑毛病。转变消防监督管理模式，无事不扰，政简易行，杜绝随意执法和任性执法，实行“双随机、一公开”的监管模式，实现从管事、管物到管人的过渡，从而压实主体责任，最大限度地保障消防安全形势稳定。

参考文献

［1］Rees. Development of Communitarian Regulation in the Chemical Industry［J］. Law & Policy, 1997, 19（4）: 477-528.

［2］B. Yang, Regulatory Governance and Risk Management: Occupational Health and Safety in the Coal Mining Industry［M］. London; New York: Routledge, 2011. 47.

［3］杨炳霖．后设监管的中国探索：以落实生产经营单位安全生产主体责任为例［J］．华中师范大学学报，2019，58（5）：71-84.

［4］肖兴东．浅谈转变消防监督管理模式与落实单位消防安全主体责任［J］．今日消防，2017，132-134.

［5］杨炳霖．回应性监管理论述评：精髓与问题［J］．中国行政管理，2017，（4）：131-136.

关于高层住宅建筑消防安全综合治理的探索实践

王卫星[1]　潘　菁[2]

（1. 浙江省消防救援总队，浙江　杭州；2. 衢州市柯城区消防救援大队，浙江　衢州）

摘　要　针对高层住宅建筑存在的消防安全管理和火灾防控问题，本文结合笔者所在城市现状和相关数据，分析了当前高层住宅小区消防管理中存在的问题，并对高层住宅建筑消防安全治理进行了一些探索实践。

关键词　高层住宅建筑　消防安全　探索实践

1 高层住宅建筑消防安全现状

随着我国城市化进程逐渐加快，高层建筑数量剧增，高层建筑消防安全监督管理问题逐渐浮现，其中，高层住宅建筑问题尤为突出，日常管理难、隐患整改难、责任落实难成为高层消防安全治理中的难点，火灾防控工作面临着巨大挑战。

以衢州市2021年调查摸底的数据分析，全市建成并投入使用的高层建筑1247幢，其中柯城区高层建筑共计482幢，约占全市总数的40%。柯城区482幢高层建筑中，其中高层公共建筑77幢，高层住宅建筑60个小区405幢，是全市高层建筑最为集中的区域，且建成时间早、年限长、居住率高，成为高层住宅建筑消防安全治理工作的重点和难点。

2 高层建筑消防管理主要问题

2.1 建筑方面

一是消防车道、消防登高面占用情况普遍。在消防监督检查过程中，发现很大一部分高层住宅建筑都存在绿化景观、停车规划、户外广告设施占用消防车道和消防登高面问题，因小区普遍存在车位不足、停车困难的现状，占用消防车道成为“饮鸩止渴”的普遍做法，而物业、网格员对占用车道和登高面没有执法权，口头劝阻收效甚微。

二是住宅内疏散楼梯间、防烟前室及户门的防火门被损坏或处于开启状态这类现象比较普遍，部分业主为图方便或尽可能占用公共空间，如为增加防盗效果拆除入户防火门，破坏防火门和防烟前室，增加鞋柜、衣柜等使用功能。

三是二次装修改建扩建，导致平面布局或使用功能变更，影响防火分隔，导致疏散宽度、防火分区等不符合要求。如为增加居住使用面积，打通两套住宅的防火分隔合并为一套；为增加采光面积，拆除窗槛墙为落地窗，破坏竖向防火分隔结构，还有一些高层建筑擅自改变用地性质和使用功能，甚至出现将地下车库改造成居住场所、建材市场的情形，此类情况整治涉及规划、执法等多个部门，隐患整治困难。

2.2 设施方面

一是消防设施缺失、损坏情况严重，尤其是自动喷水灭火系统、室内消火栓、火灾应急照明系统缺失、损坏现象严重。老旧住宅建筑中，消火栓接口损坏、水带、水枪、灭火器丢失情况较多。特别是消火栓和自动喷水灭火系统的给水管道，出现漏水情况普遍，日常情况水量消耗大，漏水点又难以检测，整改往往需要重新铺设给水管道，加大了整改成本和整改难度。

二是火灾自动报警系统探测点被隔离、遮挡情况较多，部分高层住宅建筑系统主机全部瘫痪，无法正常使用。而目前市场流通的消防电子产品，特别是火灾自动报警设备，样式、规格、型号丰富，但不同厂家的产品互不兼容，更新迭代快，使用寿命和换代速度矛盾突出，给原有消防设备的维护保养、零配件购买都带来很大困难。

三是防排烟设施、消防水泵、柴油发电机、消防电梯等设施损坏或功能测试不正常的情况较多。整改投入成本大、对住户影响较大，导致整改工程推进困难。

2.3 管理方面

一是多产权、无统一物业管理造成管理缺位，消防安全管理责任不明确。高层建筑物业管理职责归属问题复杂，往往夹杂各类利益诉求所产生的矛盾，如业主因不满物业公司日常管理产生纠纷而拒交物业费，部分物业公司则采取不落实消防主体责任、对消防设施不进行维护保养等方式消极工作。

二是消防控制室未持证上岗、消防控制室管理能力差。物业服务企业从事消防管理的多为保安和水电维修人员等兼职人员，其文化水平和知识结构都有所欠缺，能力素质无法胜任日常工作要求，素质不高、能力不强和人力不足等问题突出。

三是高层住宅建筑无维修资金或无法落实消防设施维保资金，部分新进驻物业管理单位对前物业公司或原遗留的历史隐患问题不愿意或者无法整改，导致消防设施长期无人管理、年久失修的恶性循环。自管或无物业大卫的高层建筑消防安全管理、消防设施维护保养资金来源不明细，导致日常消防管理无人问津，出现纠纷或火灾事故时又推诿扯皮。

2.4 意识方面

一是群众消防安全意识仍然淡薄。部分业主为图自身便利，没有意识到损坏消防设施器材、堵塞封闭公共通道等消防违法行为的危害性，部分小区因场地设置问题、居民反对等种种原因，仍未设置电动车集中停放、充电点，致使私拉乱接电线给电瓶车充电、电动车停放堵塞消防通道的情况较为严重。

二是业主自治管理意识不强。部分业主虽有消防安全基本常识，但参与小区自治管理意识淡薄，部分小区仍未成立业主委员会，业主不清楚成立业主委员会的重要性；部分小区虽已成立业主委员会，但业主对物业管理相关法律法规了解不充分，对工作职责不明晰，无法形成对物业服务企业的有效监督。

3 高层住宅建筑消防安全管理实践探索

近年来，针对高层住宅建筑普遍存在的共性问题，衢州市柯城区结合高层建筑专项整治、老旧小区改造、创文明城市建设等重点工作，进行了一系列的综合治理探索实践。

3.1 政府牵头，统筹规划整改

3.1.1 政府牵头督办

消防部门全面排摸高层住宅建筑基础性数据，掌握消防管理现状底数，对存在问题的高层住宅建筑，列出消防隐患和整改措施两张清单，对整改难度不大的火灾隐患，督促尽快整改；对一时难以整改的重大火灾隐患，督促物业单位和业主在确保安全的前提下，采取先易后难、分步实施的方式，提请政府根据消防隐患的严重程度、建筑规模、整改难度，科学制定整治整改计划。由政府牵头统一部署，组织住建、消防、公安、执法、综治等相关部门，对隐患开展“联合会诊”，进一步明确整改责任主体和督改单位、落实整改方案和整改资金、限定整改时间，分批进行重大火灾隐患挂牌督办。三年内，柯城区共挂牌住宅小区重大火灾隐患省级3家、市级1家、区级4家，自行整改12家，投入消防整改经费3670余万元，涉及高层住宅小区18个，改造建筑137幢，惠及居民6700余户。

3.1.2 整改联合统筹

政府牵头，规划、住建、消防和执法等部门，联合把消防设施整改纳入老旧小区改造规划，柯城区政府2020年审议通过《城镇老旧小区改造三年行动实施方案（2020-2022年）》，把消防整改内容纳入政府城镇老旧小区改造总体改造计划，对小区存在的消防管网、火灾自动报警和自动喷水灭火系统、室内消火栓系统等消防设施瘫痪、安防设施缺损及其他消防安全隐患进行改造，共投入2803万元消防专项整改经费，按计划、分阶段在三年内对22个小区进行消防隐患整改，极大地改善了全区高层住宅建筑的消防安全整体防范水平。

3.1.3 规范管理模式

在体制机制上进行创新。一是制定《衢州市柯城区消防安全责任制实施细则》，明确规范各级政府、部门、单位的消防安全职责，落实和细化乡镇街道、政府部门和村居民委员会的管理责任，形成齐抓共管的良好局面。二是多方面拓宽整改资金来源，通过政府公共财政、业主自主筹资、优化维修资金启动程序等多种方式，视情纳入文明城市创建、老旧小区改造、政府民生工程或为民办实事项目，争取整改资金，解决老大难问题。

建立高层建筑消防安全标准化管理模式，全面规范高层住宅建筑日常管理、消防控制室运行、消防设施维护保养、火灾隐患整改、灭火救援应急处置和消防宣传培训等程序制度。柯城区住建、消防部门2019年联合制定出台《高层建筑消防安全管理规定》，督促各高层住宅建筑、物业服务企业落实“一责（明确建筑消防设施等消防安全管理主体责任）、一图（在小区明显部位张贴公示消防平面布置图）、一路（绘制小区消防车道和消防登高面）、一点（设置电动自行车集中停放充电点）、一长（每幢高层建筑明确一名楼长）、一站（每个高层住宅小区建立一个微型消防站）”高层建筑消防安全管理六项措施，强化高层建筑消防安全综合治理。

建立职能部门执法联动机制，规划、住建、消防、执法、市场监管等部门要建立常态化的执法联动机制，定期开展消防安全联动执法，及时发现和督改隐患，对存在火灾隐患或消防违法行为的单位，各相关部门依法从行业内部进行限制和处罚，住建部门将消防安全管理成效与物业服务机构日常考评和年底评优评先挂钩，对落实措施不力、存在违法行为的住宅物业服务企业，纳入“黑名单”并向社会公布。2019~2021年，柯城区住建、消防部门共检查高层住宅建筑消防安全问题349条，通报物业服务机构18个，纳入黑名单3家。

3.2 部门合力，改革车辆违停治理

3.2.1 改革数字化治理违停

高层住宅建筑占用消防车道和消防登高面是日常消防管理最突出、最难整改的问题，柯城区借助数字化改革的东风，深度融合推进政府数字化转型工作思路，依托“县乡一体、条抓块统”试点改革，将消防车通道治理纳入“城区机动车违停治理一件事”多跨场景应用，综合执法，联合街道、交警、城管、交巡、住建、经信、应急7个部门联合开展违停事件联合执法。

3.2.2 技防合一化缓解矛盾

交通、路政、交警、街道等部门，因地制宜创设绿色限时车位、黄色夜间车位、蓝色海绵共享车位3700余个，形成车位循环的有序机制，有效缓解了车位紧张问题。同时，交警积极与各大学校合作，针对学校违停高发的特点，制定“一校一策”机制，确保消防生命通道畅通。

3.2.3 网格联动化综合管控

按照“网格管理、条线结合”理念，发动街道开展高层建筑排查摸底，策动行业主管部门开展系统内整治工作，住建、经信、应急、消防等部门联合进行集中“会诊”，建立健全全区高层建筑基础台账和隐患清单。按照“街道吹哨、部门报到”原则，定期开展消防车通道突击检查行动。

3.2.4 巡查常态化联合治理

按照“街道吹哨、部门报到”原则，定期开展消防车通道突击检查行动。常态化进行高层住宅建筑消防车巡查。整合前端视频监察、社区巡查、联动处置，分紧急情况、区域范围、职责分工办理，分别交由物业服务企业、交警、消防、行政执法部门对违停占用消防车道等违法行为进行处罚。

3.3 数据支撑，推进智慧物管建设

3.3.1 建立高层建筑数据库

汇总辖区高层建筑消防车道、消防登高场地、固定消防设施等图纸数据信息，建立辖区高层建筑数据库。将信息化技术与消防安全、管理、应用进行相互渗透融合，借助物联网、传感器来获取各项管理数据信息，融入物业管理智慧“一张网”，实现数据共享，管理共治。

3.3.2 实现智能化动态监管

结合智慧城市建设，依托智慧视频、智慧烟感、智慧用电（气）和智慧用水等智能化物联网监测装置，通过智能算法，智能感知高层建筑疏散通道、楼梯间和常闭式防火门等区域情况，科学感知电气和燃气设施管道运行状态，动态分析感知火灾，实时监测建筑消防管网管道水压和消防水池水位，实现监测智能化和报警自动化。

3.3.3 处置事件一键式联动

打通规划、住建、消防托各部门之间的数据壁垒，实现一处报警多点联动，自主预警火灾楼层、相邻楼层业主和物业管理人员，联动微型消防站及消防部门，提高疏散、报警和处置效率。衢州柯城率先把电动自行车纳入114一键挪车平台，利用114平台联动车主或相关执法部门，缓解电动车违停现象，目前全市82万辆电动自行车全部纳入114一键挪车平台。柯城区双港街道探索开发“平安社区”App应用，把影响消防安全的高发事件纳入基层综合治理平台事件处理，目前已经在全区召开现场会进行推广使用。2021年10月，柯城区双港街道“平安社区”应用上线后，共处理消防车道占用、电动车违规充电、电动车入梯等消防事件共655件，其中，交办部门80件，处罚13起。

3.4 社会助力，推进消防公共服务

3.4.1 布点建设微型消防站

消防部门指导所有高层住宅小区建立微型消防站，定期发布消防隐患在线巡查和宣传培训学习任务，积极开展消防巡查检查、初期火灾扑救、消防培训宣传、消防灭火演练，不断普及高层建筑火灾防范和逃生知识，提高居民避险防灾意识和自防自救能力。2021年以来，柯城区高层建筑小区建立59个微型消防站，开展消防宣传、业务培训等活动共计128次，消防部门开展微型消防站线上云拉练、实地拉动活动共计265次，微型消防站队员扑救翡翠园小区、玫瑰园小区等初期火灾共11起，通过拉练指导、实战训练，提升了各高层建筑小区火灾防控和单位微型消防站联勤联动能力。

3.4.2 购买服务第三方管理

采用政府购买公共服务等方式，聘请第三方单位进行管理，充分发动社会力量协助做好高层住宅建筑消防安全工作。同时，强化对消防中介服务机构的管理，建立和完善消防中介服务机构资质评定、日常运营成效等管理程序，积极引导和规范消防技术服务机构主动参与消防公共管理事务。也可委托第三方服务机构、物业服务企业，培养一支具有较高专业素质的消防安全工作职业化队伍，提供消防安全防范服务，切实弥补社会单位专兼职消防工作人员素质不高、能力不强和人力不足等突出问题。区住建、消防部门联合街道探索依托第三方成立“住宅小区消防安全管理服务队”，拟分17组34人，每人配备1辆电动车，针对辖区内95个小区、719栋高层建筑，每周开展一次消防巡回检查，每月上报巡回检查报告，检查高层住宅小区消防隐患，培训指导小区物业或管理人员开展检查，并督促物业及社区限期整改，提升高层建筑小区消防安全管理水平。

3.4.3 志愿团队精准化宣传

一是依托政法委平安网格发布消防宣传任务，督促街道乡镇定期召开消防工作例会，要求社会治理中心、基层治理四平台和村（社）网格，组织学习火灾警示教育片，统一部署消防宣传工作。二是培养消防志愿者服务团队，柯城区自2009年成立“县学街社区老妈妈防火团”，以腰鼓、快板为宣传工具，制作了快板“火场逃生十三诀”成为耳熟能详的群众娱乐节目，义务宣传已经13年；培育红色物业联盟“红管家”，选取一批有责任心、有精力的老党员当好消防“红管家”，发挥红色物业联盟“防范、预警、宣传、培训”的消防安全“宣传哨”作用，做好消防通道畅通、电动车入梯提醒等消防“关键小事”，定期开展“敲门入户”消防宣传。三是搭建社区消防宣传平台，通过建设消防宣传教育馆、体验馆、消防主题公园，定期组织开展未成年人活动，纳入青少年研学路线，以沉浸式体验带动青少年及家长学习消防安全知识，提高居民群众消防安全意识，提升高层建筑火灾防控能力。

4 结束语

总之，高层住宅建筑消防安全管理需要政府、部门、单位、居民等各个层面的共同努力，健全管理机制，完善法律法规，从源头上提升高层住宅建筑火灾防控水平，保障居民人身和财产安全。但在高层住宅建筑综合治理的实践探索中，在建立长效机制、规范中介管理、解决政府兜底困境方面仍存在诸多困难，全面解决高层建筑消防安全管理中的机制性、体制性问题还任重而道远。

参考文献

[1] 刘媛媛．城市高层建筑防火监督检查要点的研究

[J]. 山东工业技术，2009（03）：131.

[2] 李巨武，李明达，徐海华. 高层建筑工程项目火灾危险性及其消防监督检查重点[J]. 武警学院学报，2017（12）：51-54.

[3] 赵锋. 高层建筑消防安全问题分析与防控对策[J]. 城市住宅，2020，27（09）：247-250.

[4] 朱步青. 对高层建筑消防安全问题的分析和思考[J]. 建筑安全，2018，33（05）：73-75.

浅析加强消防监督执法规范化建设的有效路径

赵文陈

（聊城市茌平区消防救援大队，山东　聊城）

摘　要　消防安全事关每一个公民的生命财产安全，事关社会安定繁荣。随着国家经济的飞速发展，消防事业也不断的改革和进步，消防监督执法规范化建设成为进一步提高我国消防安全管理水平的关键。因此，完善、严谨的消防法律体系和执法机制必不可少。笔者从执法理念、制度、创新机制等方面浅谈几点加强消防监督执法规范化建设的有效路径。

关键词　消防监督执法　规范化建设　路径

1　引言

经济不断发展的背后，是强有力的消防安全在提供着保障。消防安全作为公共安全的重要内容，同人民群众的生活息息相关，消防监督执法行为作为消防安全的保障，更是人民群众关注的焦点问题。当前随着改革进程的不断深入，人民群众对消防监督执法提出了更高的要求和更严的标准。因此，如何进一步规范执法行为，构建科学合理、规范高效、公正公开的消防监督管理体系，更加有效地为人民群众服务，是消防部门亟待解决的问题，也是消防执法改革的重要目标。

2　加强消防监督执法规范化建设的必要性

2.1　加强消防监督执法规范化建设是践行习近平法治思想的重要举措

习近平法治思想的根本立足点是坚持以人民为中心，坚持法治为人民服务，当前社会主义法治建设已实现了从"有法可依、有法必依、执法必严、违法必究"到"科学立法、严格执法、公正司法、全民守法"的转型，人民群众对法治方面的要求日益增长。因此，执法规范化建设是执法机关回应人民群众的新要求新期待的有效手段，是贯彻落实习近平法治思想的重要举措。

2.2　加强消防监督执法规范化建设是做好新形势下消防工作的迫切需要

当前，人民群众的法治意识不断觉醒、维权意识不断增强，特别是消防安全问题一直是人们关注的重点问题，随着快手、抖音等新媒体的快速发展，公众行使知情权、监督权的能力极大提升，可以说消防监督执法活动时刻处在媒体聚光灯下，执法行为稍有不当就很可能成为社会关注的焦点、舆论炒作的热点。只有加强消防监督执法规范化建设，使消防监督执法过程更加公开、透明，执法行为能够接受人民群众的监督，才能从根本上提高执法服务能力，最大限度地满足人民群众对消防监督执法工作日益增长的新要求。

2.3　加强消防监督执法规范化建设是落实全面深化消防执法改革的根本要求

党中央、国务院高度重视消防工作，党的十八大以来作出一系列重大决策部署，推动消防工作取得显著进步。特别是中共中央办公厅、国务院办公厅印发了《关于深化消防执法改革的意见》，明确了规范消防执法行为，推动消防执法理念、制度、作风全方位深层次变革，构建科学合理、规范高效、公正公开的消防监督管理体系。因此，深化改革是推进执法规范化的动力所在，加强消防监督执法规范化建设是落实全面深化消防执法改革的根本要求。

3　消防监督执法规范化建设存在的问题

3.1　执法理念的问题

执法规范性建设是执法机关实现社会主义法治要求的有效手段，也是实现法治化进程的必然阶段，消防监督执法规范化建设也是推进法治建设其中的一部分。近年来，随着人民群众法治意识的不断增强，全国消防监督执法涉访涉诉案件逐渐增多，主要原因就是部分消防执法人员，规范化执法理念落后，执法规范性意识不强，仍然存在调查取证、询问告知等程序不规范，随意使用临时查封等行政强制手段现象。还有的单位片面追求执法数量，认为执法数量就等于成绩，从而忽视了执法质量。

3.2　执法依据的问题

改革转隶过程中，一些配套的法律法规的修订不够及时，与公安、住建等部门职责边界不够明确清晰。2019 年 4 月份《消防法》修正后，公安派出所履行消防监管职责的情况不够明确，特别是关于派出所监管范围内单位消防违法行为的处罚问题不明确。其次，监督检查过程中发现的住建部门验收合格后的建筑工程仍存在先天性火灾隐患如何处理等问题不明确。最后，部分现象执法依据不全面。比如部分规模较大的个体工商户存在消防设施配置设置不符合标准或者未保持完好有效等消防违法行为的，按单位还是个人进行处罚没有明确的法律依据；对存在违反《消防法》第六十三、六十四条违法行为，是否达到拘留标准没有裁量依据，造成拘留无法有效实施，大大影响了执法的震慑力。

3.3　执法环境问题

消防监督执法工作的开展，一方面要得到当地政府及相关行业部门的支持，另一方面还要得到人民群众的配合。在实际执法工作中，一些地方领导出于各方面的原因，对消防执法工作不够重视，甚至干预消防执法工作。一些地方相关行业部门的消防安全工作职责定位不明确，认为消防工作仅仅是属于消防部门的事，一些乡镇街道认为消防工作就是乡镇消防队的工作，形成了地方领导不重视，责任意识不强，存在推诿扯皮的现象，相关工作落实不到位甚至是大打折扣。同时，在优化营商环境的大形势下，很多群众、单位对消防安全相关知识不了解，对监督执法工作不理解，甚至产生抵触情绪，这也是导致执法工作无法有效开展的主要原因。

3.4 执法人员的问题

当前，基层消防救援大队缺少充足的执法力量已是一个普遍性的问题。通过调研，大部分的大队有 3 名左右的监督执法干部，甚至个别大队有 2 名，但是却面临着消防监督检查、行政处罚、行政许可、火灾调查、宣传培训、法制审核等各方面的工作。特别是改革转隶后，还要兼顾地方政府一些事务性的工作，工作任务日益增加。有限的人员、时间及精神已无法满足当前消防监督执法工作的需要，严重制约着执法质量的提升。其次，目前从事消防监督执法的人员绝大多数都是改革转隶前的消防现役干部，其中通过系统的专业法律知识教育的人员占比较低，通过国家司法考试的人员更是少之又少，执法水平提升主要是通过长期执法经验的积累，造成执法人员业务素质参差不齐，发现违法行为能力、监督检查能力、信息判断能力、调查办案能力等不能满足执法规范化建设的要求。

4 加强消防监督执法规范化建设的思路及路径分析

4.1 改善消防监督执法理念

执法理念是加强执法规范化建设的重要保证，是做好消防监督执法工作的前提和基础。一是要转变执法监督人员的理念。通过强化教育引导消防监督执法人员端正执法思想，大力开展社会主义法治理念教育，引导消防监督执法人员清醒地认识监管工作法治化、科学化进程，全面了解面临的严峻的消防形势和执法环境的变化，清楚地掌握人民群众对消防监督执法工作的新期待，纠正消防监督执法和管理工作中不合时宜的落后观念。二是要转变执法监督的理念。依据消防法，地方政府要履行法定消防职责，将消防工作纳入决策中去，督促各相关职能部门落实各自的消防责任。要动员各方力量，在完善有关消防法规体系的基础上，将政府、相关部门及企事业单位、公民的消防安全责任落实到位。

4.2 完善消防监督执法的法律法规制度建设

当前，随着消防改革的不断推进，原有的消防监督执法所依据的法律法规已经无法满足当前执法的需要。因此，尽快完善消防法制与执法规范相关法律法规能够从根本上确保执法人员在执法时有法可依，做到有法必依、执法必严、违法必究，对于保障消防执法规范化建设起积极的促进作用。其次，要对执法标准化流程进行明确。要求所有执法人员按照标准流程开展工作，不得随意更改和遗漏。尤其要规范各个环节的审批、沟通工作，确保整个执法流程的规范性和严谨性。同时要结合实际情况，明确消防相关法律法规的适用范围，避免出现范围边界模糊的情况。

4.3 建立健全执法监督制约机制

从监督上讲，首先要从内部监督着手，不仅要搞好纵向监督，上级对下级有监督权，下级对上级的执法活动也有权提出建议；同时要搞好横向监督，即同一业务部门之间，不同业务部门之间要相互监督，保证消防执法活动准确合法。其次要加强与社会公共的沟通互动，加大消防监督执法的透明度，公开办事程序、公开执法程序，自觉接受社会和群众的监督，公开消防火灾隐患及廉政建设举报电话、信箱等，拓宽人民群众与消防部门沟通渠道，树立良好形象，进而促进消防执法水平的进一步提高。

4.4 加强消防宣传工作

消防工作的好坏，需要人民群众的了解和评价；消防工作的开展，需要人民群众的意见和建议；而争取人民群众理解和支持，则首先需要提高人民群众的消防安全意识。一方面要深入被监管场所开展消防安全知识宣传，组织单位人员进行消防安全培训，加强对被监管单位沟通，让被监管单位从根本上认识到安全是发展的前提，没有消防安全就是没有经济发展。另一方面要拓宽宣传渠道，充分利用新媒体手段，围绕网络热点科普常识，结合重要时间点、重点案例，及时发布消防安全提醒，提高群众参与感，营造人人参与消防、关注消防、重视消防的良好氛围。

4.5 提升消防执法人员的基本素质

当前，消防执法队伍量少质弱，在“增量”的同时，还必须着重在“质”上下功夫。消防执法工作的发展方向是专业化，因此不加强学习，就会落伍，不加强学习，就无法胜任本职工作。一方面要建立严格的用人机制，对那些业务水平低、工作作风不实、执法水平低等不能更好承担消防监督职能的人员及时调整岗位。另一方面要建立有效的激励机制，对执法人员的工作能力和工作成果进行定期考核，根据考核结果落实奖惩措施，从而提升执法人员的综合素质。

4.6 创新监管模式

建议出台利用专家资源、专业队伍参与监督管理模式的依据。消防监督管理工作涉及行业多，如电气、危化等各类行业，对专业知识要求相对较高，而消防监督人员不可能完全掌握各领域各类专业知识，因此建议大力推广安全生产委员会聘请专家查隐患的工作模式，利用第三方服务机构参与社会消防监督管理，既能有效弥补消防监督执法人员数量少、被监管对象基数大的问题，也能提升监督执法工作的质量和效果。

5 小结

综上所述，随着社会的不断发展，消防监督执法工作也凸显出它的重要性，并且成为社会发展当中的一个主要任务。作为消防监督的执法人员，一定要高度重视消防监督执法工作，对于工作当中遇到的一些难点和问题要进行充分的分析，并提出有效的解决措施，进而提高执法工作的质量和效率，确保消防监督执法工作的顺利开展，保证社会的稳定、健康和可持续发展。

参考文献

[1] 何友龙．从执法突出问题和工作实践引发的对深入推进消防执法规范化建设的若干思考［J］．法制博览，2020（12）：207.

[2] 黄力力．浅析当前消防监督执法工作面临的问题与对策［J］．中国消防在线工作研讨，2021.

[3] 王庆华．浅谈如何抓好当前公安消防执法队伍建设［J］．学理论，2021（15）：84.

[4] 袁光辉．全面推进消防执法规范化建设的探讨［J］．法制与社会，2021（02）：210.

[5] 蒋序佳．公安消防执法难的原因及加强措施［J］．中国新技术新产品，2021（24）：243.

[6] 巩向海．当前我国消防监督执法工作中存在的问题研究［D］．中共山东省委党校，2021.

[7] 屈连福．浅析当前消防监督执法工作中存在的问题及对策［J］．黑龙江科技信息，2021（12）：291.

[8] 代建立．当前消防监督执法中存在的难点分析及对策探讨［J］．消防界（电子版），2021（08）：75.

集中隔离场所消防安全风险分析以及监管策略研究

樊　星

（天津市红桥区消防救援支队，天津）

摘　要　本文从疫情防控期间消防安全监督管理工作所面临的困难出发，通过对集中隔离场所存在的火灾危险性、火灾特点以及消防安全现状的阐述，以及对消防监督管理原则角度的考量，对如何做好疫情常态化条件下社会单位的消防监督管理与风险防范工作进行研究。为进一步应对突发公共卫生事件条件下做好辖区消防安全火灾防控工作积累经验、提供参考。

关键词　疫情防控期间　集中隔离场所　消防安全　监督管理

0　引言

2020年初，突如其来的新型冠状病毒肺炎（COVID-19）迅速席卷全球，给全球经济发展带来了前所未有的影响。为有效控制疫情蔓延与发展，减少损失危害，我国从中央到地方各级都采取了强有力的防治措施。其中，为加强对疑似传染源的隔离与监测，集中隔离场所作为一种新的社会活动场所诞生。据不完全统计，全国各地的集中隔离场所大多由医院、宾馆、展览馆、体育场馆等场所改建而成，在改建过程中由于时间紧迫，缺乏对消防安全的足够考虑，为日后消防监督管理工作带来了巨大的影响。

2020年3月7日，福建泉州欣佳酒店发生坍塌事故，造成29人死亡。该酒店建成不足三年，在新型冠状病毒肺炎疫情期间，被作为区级医学观察点使用，用以集中观察来自重点疫区或有相关旅居史的人员。最终该起责任事故被认定是一起主要因违法违规建设、改建和加固施工导致建筑物坍塌的重大生产安全责任事故[1]。这起事故的发生为集中隔离场所建筑主体安全性敲响了警钟，让每一个本就离开熟悉环境居住在陌生场所的隔离人员倍感焦虑。在疫情防控的特殊时期，涉疫场所的消防安全工作不容忽视，消防部队还面临着诸多考验。

1　集中隔离点的火灾危险性与火灾特点

集中隔离场所一般包括利用原有建筑主体的宾馆以及由其他公共建筑改建而成的方舱医院等。这些建筑的火灾危险性及特点如下：一是隔离场所为了满足日常环境消毒工作的需要，会存放大量可燃物资，包括种类和数量繁多的易燃化学试剂，比如酒精，酒精在常温常压下是一种易燃、易挥发的无色透明液体，其蒸气能与空气形成爆炸性混合物，极易引发火灾。同时为了满足临时性紧急救治的需要，部分隔离点也会存放医疗救护类电气设备，火灾荷载较大。再加之专业消防管理人员的配备不足，造成此类场所可能存在忽视消防安全管理工作的现象，如违规用火用电、堵塞占用疏散通道、锁闭安全出口等突出问题。同时，隔离人员众多，且疏散路线不熟悉，一旦发生火灾极易造成人员伤亡。二是作为临时隔离点的宾馆由于装修及功能需要，内部存在大量可燃、易燃材料及生活、办公用品，一旦发生火灾，这些材料往往燃烧猛烈，一些装饰装修用的高分子材料、化纤聚合物在燃烧的同时，释放大量有毒气体，给人员疏散和火灾扑救工作带来很大困难[2]。三是由其他公共建筑改建而成的集中隔离场所，由于改变了原建筑的使用功能，可能导致按照原建筑使用性质设计的安全出口、疏散宽度、疏散距离、消防供水、电气负荷等指标不符合实际使用功能需求，存在较高火灾风险。

2　集中隔离点的消防安全现状

2.1　隔离场所改建风险突出

集中隔离场所多为宾馆、酒店、展览馆等场所改建而成，分为隔离观察居住区和工作人员管控区，具有住宿、就餐、管制隔离观察等功能。由于隔离场所大都改变了建筑原有的使用性质，导致存在现有的消防设施设备不能满足隔离场所配备要求等先天性隐患。有些场所隔离人数超出正常容纳允许人数，火灾隐患增加，人员疏散进一步受到影响。

2.2　消防管理人员安全意识缺位

由于疫情防控对隔离场所的要求，清退了原来的管理团队，导致日常消防安全巡查机制暂停。现隔离场所内从业人员大多为当地卫生行政部门临时抽调的医疗卫生工作者，缺少相应的管理制度，既没有建立消防安全管理责任制，又没有明确消防安全责任人，再加之医疗卫生机构临时指派的从业人员也没有经过相关的消防安全培训，对建筑的功能布局及消防安全管理要求也缺乏足够的认识和掌握。相应的消防控制室也不会有持证人员管理，导致消防设施形同虚设，存在极大的消防安全隐患。

2.3　疏散效能大打折扣

隔离点为防止被隔离人员私自外出，对房间外窗开口大小进行了物理限制、对原本可开启的防护栏外窗进行了上锁等隔离措施，但宾馆等居住型公共场所按消防技术规范要求要保证内部人员疏散路线畅通，导致了消防技术规范与防疫需要的矛盾。高标准的防疫防护措施对日常消防监督执法和火灾扑救造成困难。

3　隔离场所消防监督管理原则

3.1　可燃物的控制原则

合理地控制可燃物的燃烧风险，是保障消防监督管理工作有效性的根本条件。对隔离场所存放的酒精等可燃物或属于易燃环境的区域进行严格的监督管理和科学控制，发挥消防工作的积极作用。在实际工作中，可以通过隔离场所的员工定期自查，对可燃物周围储存环境进行风险研判，有利于在火灾发生时及时切断火势蔓延途径，实现对可燃物的合理控制。

3.2 防火单元的基本原则

由于由展览馆等建筑场所改建的部分集中隔离场所空间范围较大，其防火单元的管理和监督工作也相应复杂。因此，在改建过程中有针对性地设置科学的防火单元，规划其具体面积和作用机制，并保障疏散通道的安全性，显得至关重要。另外，在规划设计和建造时应尽量使用不可燃物材料，保障隔离场所最大安全效益，并保障防火单元在火灾发生时能够产生有可持续性的积极作用。

3.3 防排烟系统的处理原则

对于由体育场馆、展览馆改建的临时隔离点空间范围较大，一旦发生火灾，烟气流动也较为复杂。改建时应当积极遵循防排烟系统的合理处理原则。一方面，要注意制定相对科学而完善的工作方案，保证按照相关规定完成对防排烟系统科学设计和高效、高质量的管理；另一方面，在具体工作中，除了应当对周围防火分区的烟气做系统而彻底的排除和清理，还要在充分保障具体环境的安全性以外，将人员避难场所根据相关防排烟系统的结构进行合理安排。

3.4 疏散通道的安全工作原则

积极对消防安全疏散通道、人员避难区域进行科学规划，以及设计高效率、高度安全性和高质量的人员疏散流程对于保证疏散效果的可靠性至关重要。在具体工作中，相关人员应当提前规划和演练相对科学的疏散方案，通过明确消防指示灯和指示系统的具体作用，提升避难引导人员的专业素质等方法，充分提高安全疏散性工作的实际作用效果。

4 做好疫情防治期间消防监督管理工作的几点思考

本节从隔离点消防安全现状出发，结合隔离场所消防监督管理原则，提出了疫情形势下改进监管方式的措施。

4.1 加强智慧消防建设，充分发挥科技监管新优势

非疫情时期消防救援部门承担了大量指导社会单位开展消防安全检查的工作。同时，社会单位保卫人员也担负了对消防设施进行日常巡检维护、开展消防演练、宣传消防知识等任务。而这些工作在疫情时期特别是对于隔离场所的消防安全检查做起来显得尤为困难。“智慧消防”作为一种综合性火灾防控平台，利用现代科技手段和信息通信技术，通过资源共享、信息互通和数据互联等方式，通过整合各相关方力量进一步实现火灾防控的社会化[3]。在实际应用中，智慧消防主要通过应用图像分析技术的自动抓拍功能，实现实时对火情、消防通道等关键领域的智能分析监控以及对消防设施设备信息出现异常的自动报警[4]。具体来说主要可以应用于以下四个方面：一是开展基于物联网标识应用的日常巡查，二是通过视频监控系统检查单位履职履责情况，三是利用无线传感技术检查单位建筑内部消防设施消防安全情况，四是检查微型消防站消防应急情况。展览馆作为集中隔离场所中较为特殊的建筑，具有空间较大、挑高较高、内部分隔较少的特点，因此在作为集中隔离点后改造较大，按照现有 GB 50016—2014《建筑设计防火规范要求》（2018 年版）部分消防设施无法满足改造后的要求。消防监督部门根据需要，对火灾危险性较大的单位要及时安装独立式火灾报警探测器、设置临时消防水源等消防设施，并在这些设施上加装能监测其运行状态的无线传输装置，及时将报警情况远距离发送给指挥中心，将消防水源液位、压力等数据联网接入到远程监控系统，实施远程监督检查，确保此类场所消防安全。

4.2 加强特殊岗位人员培训，充分发挥岗位职责作用

集中隔离场所从业人员大部分为当地卫生健康部门调派的专业医务工作人员，其缺乏相关的消防安全领域专业能力以及防灭火技能。而消防监督管理工作的大部分作业是由人工管理和优化完成的，因此，在卫生健康部门派员接管涉疫场所前，应对涉疫场所的消防安全管理工作进行提前谋划，应与原场所管理单位进行交接，全面掌握建筑布局、消防设施和器材布置等基本情况。同时，要加强对集中隔离场所消防安全监督管理人员的专业知识能力和综合素质的培养。一方面，作为集中隔离场所服务人员要积极而严格地落实消防监督管理工作相关规定和制度，能够尽可能地提高自身工作效率和工作质量。另一方面，消防监管部门要加强工作人员的管理培训，强化其专业知识和责任意识，从而充分落实具体工作内容。

4.3 加强联合管理机制建设，充分发挥行业部门职能优势

全面分析研判本地区消防安全形势，及时向当地党委政府进行书面报告，提供防疫配套消防安全对策建议，提请党委政府在部署疫情防控工作时一并对消防安全提出要求，做到防疫防火工作同部署、同要求、同落实。要严格按照“管行业必须管安全，管业务必须管安全，管生产经营必须管安全”[5]，“党政同责、一岗双责、齐抓共管、失职追责”的要求，强化“隐患就是事故、事故就要处理”意识，全面落实本行业的安全责任。向卫生健康、工业信息等重点部门进行点对点通报提示，推动落实医疗机构、生产企业等重点行业领域消防安全监管责任落实。将农村、社区特别是住宅作为火灾防范的重点，指导街道、乡镇、社区等基层网格力量和公安派出所，结合防疫工作，加强防火工作。各级住建部门应开展涉疫场所的安全检查。应对涉疫场所的建筑结构、耐火等级是否符合相应规范要求进行检查，确保建筑主要承重构件支撑能力符合相关标准。对建筑外保温、外立面装饰等情况进行定期检查，确保不发生高空坠物等安全事故。

4.4 创新监管方式落实精准防控措施，多措并举指导做好消防监管

疫情期间，在面对面的检查执法活动减少的情况下，创新监管方式，灵活采取多种监管手段，将原来线下的工作做到线上，实现“线上”指导排除隐患、“线上”课堂提升能力、“线上”宣传加强防控、“线上”要求压实责任，确保监管效能不减。充分运用信息化手段，通过消防远程监控、视频监控、微信、电话等途径了解掌握监管对象日常管理、责任落实、消防设施状态等情况，最大限度通过电话、微信、短信等方式，督促单位落实安全防范措施，对各类单位进行远程指导、提供咨询服务，为单位、企业防火做好服务。

4.5 调整社会化消防宣传方法，延伸宣传触角扩大受众范围

动员行业部门，压实宣传教育责任，协调利用各行业在基层组织、条线的力量，把防火宣传、警示提示的声音传到最末端。充分利用视频、微信、电话等方式方法，通过微信、

短信群等工作平台，定期推送消防安全常识，及时提示消防安全注意事项，指导定点医院、集中隔离点、医疗物资储存单位利用开会、交接办等职工人员集中时机开展消防培训和警示教育，最大限度开展火灾提示警示和逃生常识宣传教育。

参考文献

[1] 中华人民共和国应急管理部．福建省泉州市欣佳酒店“3.7”坍塌事故调查报告．2020.7.14.

[2] 郝婵媛．大型医院建筑的消防安全管理与应急研究[J]．今日消防，2020，5（3）：33-34.

[3] 岳清春．“智慧消防”视域下的社会消防安全管理研究[J]．消防科学与技术，2020，39（1）：126-129.

[4] 尤琦，沈阳．城市消防设施联网监测系统的建设与应用[J]．消防技术与产品信息，2017（4）：58-61.

[5] 马鲜萌，王岩．涉疫场所消防安全工作浅析[J]．武警学院学报，2020，36（4）：66-69.

大型商业综合体火灾防控探析

刘君虎

（天津市河东区消防救援支队，天津 河东）

摘 要 大型商业综合体具有体量大、功能覆盖广、人员密度高、火灾荷载高等风险特点，一旦发生火灾极易严重威胁人员生命和财产安全，其导致的火灾风险备受社会关注。本文通过分析随着经济建设和城市发展带来的影响城市整体消防安全水平的薄弱环节和瓶颈性问题，探索有针对性的火灾防控措施，以期解决日常消防安全管理中的突出性问题，坚决杜绝发生有影响的火灾，确保社会稳定和人民生命财产安全。

关键词 消防安全 大型商业综合体 风险特点 火灾防控

1 引言

近年来，随着现代经济和城市的快速发展，建筑的形式越来越趋向多样化，建筑的容积率越来越高，新兴建筑日益增多，特别是大型商业综合体[1]尤为突出，如万达广场、嘉里汇、爱琴海、大悦城等，以商业为主，集展览、餐饮、购物、休闲娱乐、交通、地下车库等功能为一体[2]，功能分区多、人员密集度高、建筑跨度大、火灾荷载大，发生火灾后，火势难以得到有效控制，使得火灾扑救和疏散难度增大，极易产生严重后果。据统计，截至2022年4月，天津市大型商业综合体共有73家，其中处于停业状态的4家，总建筑面积10万平方米以下的36家，10万平方米至30万平方米的29家，30万平方米以上的4家。本文深入分析了随着经济建设和城市发展带来的影响城市整体消防安全水平的薄弱环节和瓶颈性问题，研究提出针对性的综合治理措施和建议。

2 大型商业综合体发展带来的消防安全问题

2.1 源头控制的“不确定性”

标准规范在制修订中需经过一定的研究和论证过程，在相对成熟时方能形成标准规范，标准规范在一定程度上总是落后于实际工程，大型商业综合体的快速发展使这一现象更加突出。由于大型商业综合体覆盖面积大、建筑形式多样，为满足其特定的功能需求，导致大型商业综合体在设计时往往容易出现超出现行规范要求的问题，一般需通过专家论证或性能化设计，参照这些特殊设计，以满足消防安全技术要求。如河东区的万达广场、嘉里汇等大型商业综合体普遍存在的安全疏散、防火分隔、楼梯间首层不能直通室外等问题，现行设计中常用的解决办法是通过设置“亚安全区”“避难走道”等方式来解决[3]。

2.2 实际使用功能的“不一致性”

大型商业综合体物业管理单位的招商部门与安全部门工作衔接不到位，招商部门会根据公司招商规划、品牌效应等因素调整业态、甚至会破坏原有结构，如：两个商铺合为一个，商店改造为公共娱乐场所等，在此过程中会存在拆除防火墙、防火玻璃或将防火墙改成防火卷帘的现象，将会严重影响防火分区、安全疏散、消防设施设置；将原性能化设计中作为“亚安全区”的疏散走道、中庭等空间用于产品推广展示、举办促销活动、设置儿童游乐设施，这些调整和改造容易突破原设计标准，对建筑原有防火分区、疏散宽度、疏散距离、消防设施等造成影响，破坏了原有的火灾防控体系，一旦发生火灾，火势迅速蔓延，难以控制[4]。

2.3 内部装修的“破坏性”[5]

由于经营需要，大型商业综合体内的商户更换相对频繁，经营业态时有调整，局部的装修改造更是不断发生。有些装修改造为了追求风格、美观或者风水，破坏了大型商业综合体原有的性能化设计，部分防火单元的防火分隔在业主二次装修时将其进行拆改，这就导致实际经营业态与原有性能化设计完全不符，破坏了原有的火灾防控体系。再者，综合体物业管理单位、商铺经营者不能进行严格把关装修改造中使用的装修材料的燃烧性能，极易使大型商业综合体建筑的火灾荷载增大。

2.4 消防安全管理的“空白性”

由于大型商业综合体的投资成本高、建筑体量大，特别是涉及多产权单位、大量使用单位，会使大型商业综合体的消防安全责任主体不明晰，各项消防安全制度落实不到位。笔者调研了一家多产权大型商业综合体，发现在实际经营过程中，各种转让、转租的现象屡见不鲜，但是大多数都未明确各自的消防安全责任，特别是公共消防设施的维护管理和公共区域的使用，出现消防安全管理空白点。同时，大部分商户重经营、轻安全，特别是对内部员工的消防安全教育培训未落实到实际工作中。笔者调研了一家大型商业综合体，随机询问了50名员工，发现有8人分不清灭火器和消火栓，有11人发生火灾后选择使用电梯疏散逃生，15人不清楚最近安全出口的位置。由此可见，单位内部的消防安全教育培训工作只是走形式，未能取得应有的效果。

3 做好大型商业综合体消防安全管理的对策建议

3.1 严把消防行政审批，规范性能化设计

大型商业综合体内部使用功能复杂、人流量大，防火设计难点多，要严格按照消防技术标准和管理规定的要求，紧盯工程质量，避免留下先天隐患。严格限定工程专家评审和性能化设计范围，尽量减少消防安全性能化设计的应用。对已开展了性能化设计的大型商业综合体，严格按照相关要求，合理规划好功能分区的布置。应尽量以楼层或防火分区进行区划，属于人员密集的功能区，要按规范设置于较低的楼层和靠外墙的部位；在经营使用时间和管理上难以同步的尽量不设在同一楼层中；各功能区尽量不要跨越防火防烟分区；杜绝擅自改变原设计使用功能影响防火分区和安全疏散的现象[6]。

3.2 引入职业消防管理团队，加强人防专业管理

大型商业综合体消防安全管理难度比较大，现有单位内部的消防安全管理组织机构不健全，存在一人多岗、人员流动性大的现象，导致日常消防安全管理工作不能落实到位。而引入职业消防管理团队，专业的事让专业的人做，更能体现出消防安全管理的专业性、科学性，通过对建筑消防设施、防火分区、灭火和应急疏散、员工消防安全教育培训等进行专业化管理，从而提高大型商业综合体的整体消防安全管理水平。

3.3 采用现代信息技术，强化物防技防措施[7]

在大型商业综合体中引入电气火灾监控系统、智能型疏散指示系统、物联网技术等先进物防技防措施。电气火灾监控系统作为一种新的火灾防控技术手段，可及时检测到电气故障。智能型疏散指示系统能够快速准确识别起火地点，研判火灾发展蔓延趋势，指示安全、便捷有效的疏散路线，提高火灾发生时人员疏散效率，确保人员疏散安全，对与固定方向疏散指示系统相比，这类系统从安全的角度具有更大的技术优势和实用价值。充分运用消防安全数字化、物联网、智能化预警等现代信息技术，对风险隐患数据进行高效研判、预警和快速响应处置。加强物联网感知设备建设和数据共享，推行在线监管、远程监管等非现场管理方式，强化科技赋能，提高消防数字化管控能力，从而有效提升单位火灾防控能力和消防救援机构消防监督管理的能力。

3.4 推行自我安全评估机制，全面掌握消防安全管理状况

积极推动在全市范围内建立大型商业综合体单位定期自我安全评估报告机制，单位法定代表人或主要负责人切实掌握单位实际消防安全状况。根据消防安全评估报告提出的消防安全对策、措施和建议逐条逐项加以改正或采取安全有效的防范措施，建立健全与单位自身火灾危险性相匹配的消防安全管理制度和保证消防安全的操作规程，鼓励消防管理人员考取消防国家职业资格证书，做到特殊岗位人员必须持证上岗，保证火灾监控、应急疏散、防火巡查等针对性防范措施落实到位，发现隐患问题及时上报并消除，确保大型商业综合体的消防安全。

4 总结

随着经济建设和城市快速发展，大型商业综合体给消防安全工作增加了新的挑战、新的问题，我们必须要高度重视它的存在和发展。为确保经济能够安全、科学发展，我们不仅需要精准研判发展趋势，紧盯苗头性隐患，精准发力、靶向施策，更要建立健全消防安全管理的体制机制。结合日常监督检查工作和现场调研，本文深入分析了随着经济建设和城市发展带来的影响城市整体消防安全水平的薄弱环节和瓶颈性问题，研究提出针对性的综合治理措施和建议。

参考文献

[1] 马宗国．我国城市综合体发展途径探讨［J］．城市发展研究，2011，18（6）：14-16.

[2] 李巨武．大型商业综合体火灾危险性及其消防监督检查重点［J］．武警学院学报，2017，33（12）：51-54.

[3] 李海宁．我国部分城市大型商业综合体消防设计案例分析［J］．武警学院学报，2014，30（8）：39-42.

[4] 黄益良，倪照鹏，路世昌．大型商业综合体消防设计模式与消防管理分析［J］．消防科学与技术，2019，38（11）：1633-1636.

[5] 张辉．大型商业综合体消防安全管理问题探讨［J］．消防科学与技术，2019，38（7）：1027-1030.

[6] 吴晓倩．大型商业综合体消防安全疏散研究—上海宝山宝龙商业广场项目［J］．建筑工程技术与设计，2017，1311-1312.

[7] 李健．浅议大型商业街消防安全管理工作存在的问题及对策［C］//中国消防协会科学技术年会论文集．北京：中国消防协会，2017.

消防工程施工中的常见问题及质量控制措施

臧海胆

（海南天乙消防工程有限公司，海南 海口）

摘 要 消防工程作为建筑工程的配套，是人们生命和财产安全的重要保障，也是社会经济发展和社会稳定的影响因素。由于目前消防工程施工管理还不是很完善，消防工程施工中存在诸多常见质量问题，导致建筑消防设施在紧急情况下不能有效地发挥作用。笔者通过对消防工程施工中常见的主要问题进行详细的总结归纳，并从施工现场管理、质量管理措施、人员技术培训、优化施工工艺等四个方面着手，提出了应对消防工程施工中质量管控的策略。

关键词 消防工程 施工 常见问题 质量控制

1 引言

在国际经济一体化的发展背景下，我国的建筑业也走向了全新的历史性的发展阶段。随着现代建筑高层化、大型化、多功能化，建筑施工水平在不断地提升，也对建筑施工质量提出了新的更高标准的要求。建筑工程消防设施能否最大限度的发挥有效作用，关乎着广大人民群众的生命和财产的安全。因此，必须高度重视消防工程的施工全过程，深度挖掘消防施工中的常见问题并对施工质量进行有效的控制，确保消防设施功能得到更充分、更有效地发挥，以减少火灾危害的发生。

2 消防工程施工中的常见问题

2.1 消防水系统常见问题及风险分析

（1）供室外消防用水的设计为两路进水的消防水源，在施工中仅做一根进水管供水，这样无法保证供水的连续性与可靠性，造成火灾扑救困难。

（2）室外消火栓安装位置不合理，将室外消火栓布置在树丛中或大树旁，不易于寻找及影响出水操作使用。

（3）装修施工采用干挂石材对室内消火栓箱进行装饰伪装，导致消火栓箱箱门的开启角度小于160°，且石材做的箱门拉力过大而不便开启，如图1所示。

图1 装修施工采用石材做的消火栓箱门

（4）喷头选型不当，如宾馆、饭店的厨房未采用93℃的玻璃球洒水喷头；高大空间场所未按要求选用流量系数 $K \geqslant 115$ 的快速响应喷头，喷头动作洒水后可能覆盖不到预期的起火范围，导致火灾在喷水范围之外蔓延的现象，不能有效发挥灭火的作用；还有一些火灾危险等级超过中危险级Ⅰ级的场所为了追求吊顶整体效果美观而私自变更设计，采用隐蔽式洒水喷头，存在巨大的安全隐患。

（5）净空高度大于800mm的闷顶和技术夹层内有可燃物时未按规范要求设置喷头，如果该空间内因电线故障等原因起火，人员不易发现，且起火部位在吊顶上方难以及时扑救，后果不堪设想。

（6）施工图深化设计不够精细，预留预埋工作返工多，如：当消防给水立管穿越有防水要求的卫生间楼板时，应预埋防水套管，但由于套管预埋错位或偏差过大，上下楼层立管无法贯通及安装，施工中对防水套管进行拆装返工较多，留下板面渗水漏水隐患，如图2、图3所示。

图2 未按要求设置防水套管

图3 重装套管造成卫生间板面漏水

（7）消防管道施工及喷头安装不规范。如管件接头被埋入墙体内或管道接头设置在楼板处，后期接头渗漏水时不易被发现，且不便于维保检修，如图4、图5所示；喷头安装距支吊架或桥架的距离小于300mm，影响喷头喷水灭火效果，如图6、图7所示。

图4 管件接头被埋入墙体内

图5 管道接头设置在楼板处

图6　喷头距离吊架过近

图7　喷头距离桥架过近

2.2　火灾自动报警系统常见问题及风险分析

（1）施工中采用普通阻燃电线电缆代替耐火铜芯电线电缆，用在火灾自动报警系统的供电线路、消防联动控制线路上，埋下了安全隐患。

（2）电井内桥架穿越楼板的洞口及桥架内空洞未按要求进行防火封堵，当井内发生火灾时容易形成烟囱效应，造成火灾迅速蔓延，如图8所示。

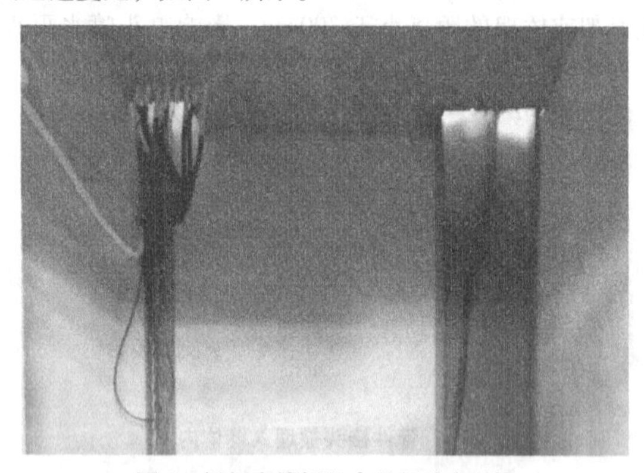

图8　桥架穿楼板处未进行防火封堵

（3）设置用于直接启泵的压力传感器或电接点压力表，未消除或断开自动停泵功能，存在火灾扑救失败或挫折的风险，火场中如果突然自动关闭水泵也会给在火场扑救的消防员造成一定的危险。

（4）报警阀压力开关、低压压力开关、流量开关等直接启泵设备未设监视模块，当启泵设备动作时消防控制室无法准确识别是哪个设备直接启的泵。

（5）大部分地下车库车辆通道上设置的防火卷帘均未按疏散通道上设置的防火卷帘进行两步降落的方式编写联动控制逻辑，存在不利于疏散的风险。

2.3　防排烟系统常见问题及风险分析

（1）镀锌板排烟管道现场加工未做任何保护，直接放在地板上敲打合管，导致镀锌层被破坏或污渍，在沿海地区特别容易生锈，严重影响管道的使用寿命。

（2）土建风井内风管施工时，因井内空间狭小或土建砌筑在前，经常出现随意缩小风管管径的情况，影响风量传送。

（3）当风管穿越防火、防爆的墙体或楼板时，墙体或楼板上没有按规范要求设置钢制防护套管，相应的结构强度和阻火功能得不到可靠的保证，如图9、图10所示。

图9　风管穿越防火墙未设套管

图10　风管穿越防火墙未设套管

（4）仅用于防烟、排烟的风机与风管的连接采用柔性连接，如图11所示；防排烟风机安装设置了减振装置，如图12所示。当发生火灾时，将影响风机设备在高温下运行的可靠性。

图11　风机与风管连接采用柔性连接

图12 防排烟风机设置减振装置

2.4 防火分隔设施常见问题及风险分析

（1）防火卷帘安装时，防火卷帘与楼板、梁和墙或柱之间的空隙未按要求采用防火材料进行有效封堵，发生火灾紧急情况时，容易造成火灾蔓延扩大的风险，如图13、图14所示。

图13 防火卷帘与墙间的空隙未封堵

图14 防火卷帘与墙间的空隙未封堵

（2）有的商场为了卖场开阔，将用于防火分区分隔的整面防火隔墙全部改为防火卷帘，导致建筑内的防火分隔可靠性差，防烟效果不佳，容易造成火灾蔓延扩大等现象。

3 消防工程施工中的质量控制措施

3.1 加强施工现场管理

3.1.1 建设单位现场管理要求

建设单位现场管理人员必须具备相应的执业资格并持证上岗，具备扎实的专业知识和良好的沟通协调能力。建设单位应当划出样板先行施工区域，组织各专业施工单位进行管线综合排布及方案论证，坚持“方案先行，样板引路”的施工方式，避免施工过程中出现不同专业施工冲突而反复改动带来的施工质量问题。同时，为更好地管控消防工程施工质量，建议建设单位在招投标时明确要求消防施工单位将BIM技术运用到项目施工中，如图15所示。利用BIM模型和施工方案进行虚拟环境数据集成，可以在施工前发现质量问题，对消防工程施工质量的管控将具有重大的意义[1]。

图15 BIM技术在消防工程施工中的运用

3.1.2 监理单位现场管理要求

委托监理的建设工程，监理单位应当选派具备相应资格的总监理工程师和专业监理工程师进驻施工现场，自觉做到“优质服务、廉洁自律、严格监理、公证科学”。现场监理人员要熟悉消防相关规范、设计图纸，要有强烈的工作责任心，自觉加大对消防现场施工质量的巡查力度，发现问题及时下令整改并跟踪落实到位，存在的问题未整改到位的坚决不放过；及时安排材料进场验收与工序施工质量验收工作，加强对隐蔽工程验收的管理工作，避免隐蔽工程可能造成的质量隐患。针对建设规模较小，没有实行监理的其他建设工程，消防施工单位必须按监理管理要求将各项施工工序及材料进场等资料直接报送建设单位申请质量验收，确保消防工程施工质量。

3.1.3 消防施工单位现场管理要求

消防施工单位现场管理人员必须全员持证上岗，并应选择素质高、技术过硬、组织能力强、经验丰富的管理人员组成项目管理班子。消防施工单位在项目施工前应结合现场施工条件，组织本单位技术部人员对消防施工图再次进行专业深化，及时发现图纸设计中存在的问题，改善设计及现场缺陷，确保消防工程施工的可行性、合理性、安全性，并对消防施工班组所有人员进行详细的技术交底，包括重点部位设计意图、技术要求、施工难点，以及关键部位的质量保证措施等。在施工过程中还要积极与各参建单位进行协调，互创施工条件，组织平行、流水、交叉作业等施工措施，合理安排施工顺序及施工进度，确保消防工程施工顺利进行。另外，要求消防项目经理必须参加所有消防工程隐蔽验收及消防给水管道强度与严密性试验验收工作，以防可能出现质量隐患的关键施工节点把控不到位。

3.2 提高质量管理措施

3.2.1 严把材料质量关，建立健全材料溯源平台

长期以来，建筑工程领域的材料质量参差不齐，导致很多工程质量事故的发生。因此，必须把好消防工程材料质量关。凡是进入施工现场的材料/设备及构配件必须即时向监理单位办理进场报验审批手续，同时提供完整有效的产品检验报告及合格证，材料/设备资料不齐的拒绝验收，质量验收不合格的要求立即退离现场。经验收合格同意使用的材料一定要登记造册，信息包括材料名称、规格型号、数量、拟使用部位、生产厂家、分经销商、合同单号、采购单位、运

输、进场验收人员、质量状况、检验报告及合格证编号等。有条件的建设单位应开发建立本单位的工程管理系统平台（如雅居乐的雅乐云平台），对工程材料信息实时监控。同时，建议政府相关部门开发针对全国在建工程质量管理系统总台，出文明确要求所有在建工程必须实时对接传输工程施工相关信息，包括消防工程材料信息。这样消防工程施工中所用到的任何材料都可以随时从系统中查询，准确掌握从生产、销售、单位采购、运输到进场验收签字、使用等一系列信息，还可以定期对材料生产厂家及施工单位进行评审、考核，并做标志，对一定周期内考评不合格的生产厂家及施工单位列入建设工程领域黑名单。将大数据技术优势应用到建设工程领域有利于把好工程质量大关。

3.2.2 严格实行工序验收，确保消防施工质量

消防工程施工必须严格执行质量管理体系的要求，关键工序、施工难点等要重点监管，在施工过程中进行质量抽检，抽检不合格的要及时下达书面整改要求。同时，对此类问题的发生要研究出应对预防措施，避免在相同的工序重复发生质量问题。还要坚持自检、互检、交接检，严格做到不合格的工序不交工。当任一分项工程施工完成后，消防施工单位应先安排本单位专业质检员进行检查合格后，才能报专业监理工程师到场验收，对于验收不合格的工序绝不允许进行下一道工序的施工或用赶工等理由来覆盖质量问题，且质量问题的下达及整改一律采用书面通知、书面附图回复、书面申报复验，真正做到全过程留痕施工，以确保消防施工工序质量。

3.2.3 全面落实质量责任制，提高消防工程质量

消防工程施工中要求相关人员要认真执行工程质量责任制，树立全员质量责任意识，实行质量“一票否决权”。消防项目经理是第一质量责任人，对整个项目的消防工程质量负责。项目技术负责人是第二质量责任人，协助项目经理，做好质量管理工作[2]。质安组对施工质量负有直接责任，负责工程质量监督检查工作。物料组对施工材料的质量，负直接责任，负责各种材料采购供应。施工人员对施工质量负直接责任，是施工现场的施工实施操作者。相关责任人员要针对消防施工中出现不合格的原因采取必要的纠正和预防措施，严禁下一道工序掩盖质量问题。对不合格的分项、分部以及单位工程必须进行返工修复，并按验收程序要求申报复验，直到合格。不合格的分项工程流入下道工序的，要追究班组长的责任；不合格的分部工程流入下道工序的，要追究工长和项目技术负责人的责任；不合格的工程流入社会要追究施工单位经理和项目经理的责任[3]。

3.3 开展岗位技术培训

国务院办公厅于2019年5月18日印发了关于职业技能提升行动方案（2019—2021年）（国办发〔2019〕24号）的通知，要求面向城乡各类劳动者大规模开展职业技能培训，加快建设知识型、技能型、创新型劳动者大军。因消防工程专业性相对比较强，各分工种均有别于其他专业同类工种，要求施工及管理人员的专业技能也有所不同或者说专业性更高。为此，各地政府应当以“职业技能提升行动方案”为契机，鼓励社会或消防协会等组织设立消防特有工种技能培训机构，主要以消防工程施工现场人员或有志从事消防施工工作的其他人员为培训对象，以消防工程施工操作及管理为培训内容，有针对性、专业性、职业化地开展消防施工技能培训，对于参加培训后符合条件的人员颁发消防施工专项培训合格证书，作为消防施工人员持证上岗的依据，由点到面，将来逐步实现全员持证上岗。

3.4 优化施工工艺

消防工程施工要注重工艺的改进，积累优秀的施工操作经验，改善和提高自身操作水平；要尽量创造流水施工条件，通过流水线作业来减少施工中不必要的搭接时间；要积极推广“四新”技术在消防工程施工中的应用，如：火灾报警系统管内穿线施工中可以采用管道测堵器来排查暗埋线管堵塞问题；管道刷油工程中采用电动喷漆方式代替传统的滚漆、刷漆；支吊架加工中采用冲孔机代替台钻钻眼；防排烟系统风管连接方式采用共板法兰代替角铁法兰等。

4 小结

消防工程的施工质量严重影响着消防设施的有效性发挥，只有深入归纳分析消防工程施工中的常见问题，挖掘影响消防工程施工质量的关键因素，研究制定各种有力措施并在施工中进行有效管控，才能确保消防设施高质量、高效率地发挥积极性作用，确实起到保证建筑物消防安全的目的。因此，呼吁广大建筑领域的人们共同重视消防工程施工质量，齐抓共管，同时建立健全消防专项施工管理体制，打造专业的消防工程施工管理及施工操作队伍，用新型的高质量的行业管控标准去服务于整个社会的消防施工项目。

参考文献

[1] 王慧聪．消防工程施工中BIM技术的应用研究［J］．中国建筑金属结构，2021（08）：22-23．

[2] 赵勇，毕波．浅谈高层建筑工程质量控制［J］．企业文化（中旬刊），2012（8）：81．

[3] 江红军．对工程项目施工质量控制的几点认识［J］．科技广场，2009（10）：187-188．

对基层消防监督执法有关问题的思考

潘家谱

（宜昌市消防救援支队三峡坝区特勤大队，湖北 宜昌）

摘 要 近年来，由于其他诸多因素的影响，消防监督检查工作在乡镇执法、行业履责、检查方式、体系建设等方面存在诸多不完善的地方，改革转隶后消防监督执法工作走上了职业化的发展道路，但是有些问题已经制约着消防监督执法的可持续发展。针对所暴露出的问题，本文着重就基层消防监督执法从行业监管、火灾延伸调查、消防安全责任制、设立乡镇消防执法派出机构等方面做了一些有益的探讨。

关键词 基层消防 监督执法 问题 思考

0 引言

随着体制改革的深入，消防监督执法工作显露出一些问题，消防安全领域风险隐患和短板仍然不少，一些瓶颈性、根源性问题依然突出。这些问题已经严重影响了消防监督执法质效的提高和社会化消防工作的开展。如何优化营商环境，提高消防监督执法质效，回应国家治理体系和治理能力现代化的迫切需要。笔者结合当前消防执法现状，就消防救援队伍如何转变观念、服务大局、主动作为，如何有针对性开展消防安全检查，切实为经济发展、社会稳定作出更加积极全面的贡献进行了有益的思考。

1 当前基层在消防监督执法中面临的困惑

就消防监督执法工作而言，原现役体制下建立起的消防监督工作体系被打破，新的消防监督模式尚在重塑、搭建当中，在这个换挡期、衔接期，相关权力责任很难界定，基层消防监督执法工作面临重重考验。

（1）消防救援队伍转隶后，在乡镇一级消防监督执法没有抓手。一直以来，派出所发挥了“点多、面广、线长”的优势，监督管理着众多“十小场所”，为稳控基层火灾形势、遏制“小火亡人”发挥了积极作用。但是，随着消防救援队伍脱离公安系统后，派出所消防监督执法逐渐淡出，消防监督工作在基层一线存在断层，容易出现在执法“真空”。当前，消防监督执法机构只设到县（市、区）级政府，还没有延伸到乡镇一级政府，面对庞大数量的“十小场所”，特别是在乡镇没有可依托的抓手。在主城区的街道反映还不是很明显，特别是较偏远的乡镇表现尤其突出，存在执法“真空”。

（2）行业部门消防安全监管力量没有充分发挥出来，消防部门仍然“单打独斗”。我们虽然有消防安全委员会这个平台推动消防工作，但是在推动行业领域开展排查时，任务部署的多，政策宣讲的少，行业部门没把消防工作当成自己的事，没有充分形成“管行业必须管消防安全”主动意识，就算是有时候组织行业排查，一般也会邀请当地消防部门全程参与。行业部门和企业单位主体责任的没有得到有效激发，没有意识到消防安全是本行业的事，是本企业自己的事，还没有形成出了问题“不是消防没管好单位，而应该是本部门没管好行业单位消防工作”的意识。客观上也会因为我们以前的“大包大揽”，产生“责任无边界”的印象，给群众潜意识里留下了消防工作就是消防部门的事，火灾发生后是消防部门的履职没有到位的片面认识。

（3）消防监督执法没有实现从查隐患向查责任的转变。基层仍热衷于“替单位查隐患、帮单位改问题”，没有真正从“管事”向“管人”转变。我们消防监督执法要查隐患，更要查隐患背后的责任。让社会单位的主体责任得到有效激发，形成消防安全是本单位自己的事的一种意识，更要让社会单位主动承担起消防安全的责任，主动担当履责。我们传统的消防监督检查，追求“短、平、快”，直奔主题。通常是到了一家单位，直接查看该单位是否存在消防安全违法行为，很少去查看潜在的火灾隐患，以及造成火灾隐患背后的原因，如何从企业主体职责、制度、安全组织机构等系统的考量一个单位的整体消防安全架构。只是替社会单位当安全员、当医生，找隐患，没有真正把市场主体推到前台。另外，发现消防安全违法行为，立即进行罚款、拘留、“三停”、查封等行政处罚或强制措施；有的处罚之后就没有后续的督促整改，一定程度上给群众一个“为任务而执法、以罚代管”的印象，轻则激发民怨，重则影响民生，特别是在经济不景气、生产经营活动低迷的形势下，更显得不合时宜。

（4）大包大揽的“保姆式服务”工作模式，使基层消防监督执法地域针对性不强。在经济全球化、区域化的大背景下，各地域的产业布局和分工大不同，有的地方化工多、有的商贸多、还有的侧重生产、加工等等，地域特色各异。上下“一盘棋”的专项整治，“运动式”执法模式让基层一线执法人员疲于应付，造成基层消防监督执法的地域针对性不强，有时候难免会顾此失彼。基层消防监督执法工作任务繁重，各类专项整治频繁，让有限的基层消防监督力量着重于平时点上的监督，而对社会面上的消防监督缺乏宏观统筹，缺乏有效和有侧重的思路和手段。改制后，消防监督人员的人员编制，短期内不可能得到突破，“人少事多、执法力量弱、隐患存量基数大”是最大的现状，想要改变也并非易事。要想让有限的消防执法力量投入到无限的消防监督活动中，无法保证火灾隐患整治的质效。“一刀切”的执法，让地域特色各异，因地制宜，没有充分的时间去兼顾。而缺少有针对性的工作思路，导致社会单位消防监督水平粗放和主体责任不落实的问题，长期得不到根本性扭转。

2 构建新时代消防执法工作体系的对策建议

传统消防执法弊端逐渐显现，头痛医头、脚痛医脚，很难从整体层面上解决问题。当前，社会消防工作进入新体制，必须坚持抢抓改革发展和转型升级的历史机遇，注重顶层设计，用系统的方法，把消防工作放在经济社会发展的大局中来研究谋划，把消防安全责任融入社会共同责任体系中明确落实，强化消防监督立法、统筹监督执法措施、合理调配执法编程、加强消防业务培训，积极构建新型消防执法工作体系。

（1）推动消防安全责任制落地见效。消防是一门边缘性学科，消防安全工作涉及面广，几乎包含所有的机关、团体、企业、事业单位。消防工作不是消防部门“单打独斗”就可以完成的，纵观近年来全国各地火灾事故，背后都折射出工作任务不落实、履职不到位的问题。因此我们必须要善于“搭车借势”，紧跟地方党委政府的工作定位，统筹借力推进，切实当好主推手、主力军，努力争取自身发展空间和工作主动权。依托《消防安全责任制实施办法》的宣贯，积极构建政府牵头领导、行业部门协作、城市综合施策、单位自主管理的“1+N”综合治理格局，切实推动消防工作从“任务清单”向“责任清单”转变，全面提升消防治理体系和治理能力现代化水平。

（2）着重推动行业系统“条块化”监管。依托“大安全”“大应急”平台，做强做实消防安全委员会，立足综合监管职能，加强宏观指导、综合协调、调研分析，推动监管责任落实到行业部门、落实到基层组织。通过建立工作例会督办、情况通报、联查联办机制，共同研究解决阶段性行业突出消防问题，尤其是要推动重点行业部门建立完善行业消防安全管理规定，促进行业消防管理标准化、制度化、规范化。重点突出行业部门履职情况的监管，将“查隐患”向“查责任”转变，变“运动员”为“裁判员”，营造大安全、大应急体系下的消防综合监管定位。

（3）依托消防安全委员会开展火灾延伸调查，推动各级主体责任落实。根据《关于深化消防执法改革的意见》要求，当前，全国消防救援队伍已经全面响应“放、管、服”改革，推动消防执法采取“双随机、一公开”监管模式，将“三自主两公开一承诺”作为推动单位落实主体责任的重要抓手，让单位将自己的主体责任领回去，真正把消防工作打造成为“全社会的责任”。在做好“双随机、一公开”的基础上，更要全面推行火灾延伸调查。对于发生火灾事故的，按照“四不放过”原则，依托消防安全委员会，主动提请政府同意，由消防部门牵头开展火灾延伸调查，严格事故追究，通过对每起火灾责任事故的责任单位、责任人提出处理建议，通过明确责任、严格追责，推动消防安全责任落地见效。

（4）在乡镇设立消防执法派出机构。消防救援队伍在转制后，不再属于公安机关一个系列，派出所民警参与消防监督执法积极性大打折扣，乡镇一级消防监督执法机构没有抓手，存在执法“真空”。针对这种情况，可以考虑在乡镇设立消防救援所，专设消防事业编制；也可以依托政府专职消防队加挂消防救援所，实行防火、灭火“一体化”消防执法模式，乡镇消防力量作为消防大队的派出机构，由乡镇党委、政府和县（市、区）消防救援大队共同管理，纳入统一调度指挥体系。承担各乡镇（街道）消防执法、综合救援、灭火作战工作，防火工作中可以配合消防大队进行委托执法，消防监督检查、指导隐患整改、宣传培训、轻微火灾登记等。政府层面可以出台地方性规章，为乡镇消防工作打开通道，提供法律层面的保障，破解乡镇消防监督的体制性矛盾和机制性障碍。

参考文献

［1］中华人民共和国消防法［Z］.
［2］消防监督检查规定［Z］.
［3］消防安全责任制实施办法［Z］.
［4］消防救援局关于开展火灾延伸调查强化追责整改的指导意见［Z］.
［5］关于深化消防执法改革的意见［Z］.

火灾隐患吹哨人制度研究

李　莉

（天津市河西区消防救援支队，天津　河西）

摘　要　随着我国消防管理工作法制化进程的不断推进，将吹哨人制度引入火灾防控工作，对于加强社会舆论监督，提高防范化解重大安全风险能力，具有重要作用。笔者结合实际工作，阐述了火灾隐患吹哨人制度建设的法律依据和现实意义，结合具体工作应用，分析了当前火灾隐患举报投诉工作的短板和不足，围绕健全法律法规、培养吹哨人队伍、拓展信息接收渠道、规范举报核查工作以及加强奖励激励作用等方面，对我国火灾隐患吹哨人制度建设和实施提出建议。

关键词　消防安全管理　违法行为　吹哨人　政策制度研究

1　引言

2019年9月12日，国务院发布《关于加强和规范事中事后监管的指导意见》，其中第16条明确规定：发挥社会监督作用。建立“吹哨人”、内部举报人等制度，对举报严重违法违规行为和重大风险隐患的有功人员予以重奖和严格保护。畅通群众监督渠道，整合优化政府投诉举报平台功能，力争做到“一号响应”[1]。按照工作要求，各地消防部门将原96119火灾隐患举报投诉热线整合并入当地12345市民热线，实现由政府统一受理群众举报的工作模式。在此背景下，消防部门如何更好地发挥举报投诉工作机制，推进实施火灾隐患“吹哨人”制度，鼓励单位员工和知情群众举报火灾隐患问题，更好地防范化解重大消防安全风险，是当前亟待解决的问题。

2　火灾隐患吹哨人制度的含义和法律依据

2.1　吹哨人的定义

吹哨人制度最早起源于英国，指警察在发现犯罪时吹响哨子以引起他人注意。而后，“吹哨人”一词被推广运用到理论研究，主要指成员对组织内部的腐败、浪费、欺诈等非法或有害于社会公共利益的行为进行揭发[2]。火灾隐患吹哨人制度，即社会单位内部知情人员发现本单位存在的消防安全违法行为后，向消防救援机构报告，及时制止消防安全违法行为，从而达到消除火灾隐患、防范化解消防安全风险的目标。

2.2　法律法规依据

《中华人民共和国安全生产法》专门对从业人员开展举报进行了明文规定，并给予法律保障，其第五十一条规定，从业人员有权对本单位安全生产工作中存在的问题提出批评、检举、控告；有权拒绝违章指挥和强令冒险作业[3]。《中华人民共和国消防法》虽然没有专门对从业人员举报火灾隐患进行规定，但其第五条规定，任何单位和个人都有维护消防安全、保护消防设施、预防火灾、报告火警的义务[4]。鼓励了从业人员对单位内部火灾隐患和消防安全违法问题进行举报。

3　火灾隐患吹哨人制度的现实意义

火灾隐患吹哨人制度建设和实施是落实深化消防执法改革的重要举措，是消防监管坚持群众路线、放权于民的重要体现，对于构建群防群治的消防安全管理格局，及时防范化解重大消防安全风险，提高防御风险的能力水平，具有重要意义。

3.1　社会主义民主法治建设的体现

建立火灾隐患吹哨人制度，鼓励社会公民积极参与消防监督工作，在群众发现隐患并及时报告消防救援机构后，通过行政干预手段，消除致灾风险，是消防工作坚持人民主体地位，贯彻党的群众路线，充分发扬民主的重要体现。让人民群众真正参与到消防工作中，使消防监督工作更好地反映民情、汇聚民意、体现民智，是社会主义民主法治的重要体现。

3.2　深化消防执法改革的重要举措

火灾隐患吹哨人制度的建立和实施，贯彻了消防工作从社会反映强烈的突出问题抓起的工作基调，体现消防管理坚持问题导向、源头治理的工作思想，是加强事中事后监管的重要手段，有利于从源头上堵塞制度漏洞、防范化解风险，推动深化消防执法改革，有助于构建科学合理、规范高效、公正公开的消防监督管理体系，增强全社会火灾防控能力，确保消防安全形势持续稳定向好，为经济社会高质量发展提供安全保障。

3.3 有利于防范化解重大安全风险

与一般群众相比，单位内部员工比其他社会群众更了解单位消防安全情况，更容易发现单位存在的消防隐患问题，更能了解到单位在消防安全管理方面的漏洞和短板。发挥此类人群的信息资源优势，获取第一手消防安全管理的情报信息，对于及时发现和整治消防安全违法行为，从根本上消除火灾隐患，防范化解重大消防安全风险，保护人民生命财产安全具有重要作用。

4 相关工作实践经验

4.1 奖励标准制定

以天津市为例，2019 年，天津市应急管理局、天津市财政局联合发布《天津市消防安全违法行为举报奖励实施办法（试行）》，根据举报隐患的危险程度，以量奖阶次的方式，对举报内容属实的举报人进行专门奖励。此项奖励政策的实施，有效地提高了广大群众参与消防工作的积极性，对于消除火灾隐患问题，降低社会面火灾风险，具有一定积极作用，进一步推动了火灾隐患吹哨人制度的全面建立和实施（表 1）。

表 1 天津市举报奖励分级标准

序号	奖励事项	奖励标准/元
1	重大火灾隐患	400
2	公众聚集场所未经消防安全检查合格、擅自投入使用、营业	300
3	生产、储存、经营易燃易爆危险品的场所与居住场所设置在同一建筑物内，或者未与居住场所保持安全距离	50~200
	生产、储存、经营其他物品的场所与居住场所设置在同一建筑物内，不符合国家工程建设消防技术标准	
4	消防设施、器材或者消防安全标志的配置、设置不符合国家标准、行业标准，或者未保持完好有效的	50~100
	损坏、挪用或者擅自拆除、停用消防设施、器材	
	占用、堵塞、封闭疏散通道、安全出口或者其他妨碍安全疏散行为的	
	埋压、圈占、遮挡消火栓或者占用防火间距的	
	占用、堵塞、封闭消防车通道，妨碍消防车通行	
	人员密集场所在门窗上设置影响逃生和灭火救援的障碍物	
5	使用不符合市场准入的、不合格的或国家明令淘汰的消防产品	20
	消防技术服务机构及其人员违规从业执业	
	其他	

按照以上奖励标准，2021 年共计发放举报投诉奖励金额达 120.45 万元。经分析，奖励内容最多的是占用、堵塞、封闭消防车通道问题，占比 39%，其次是安全疏散类问题，占比 26%（图 1）。

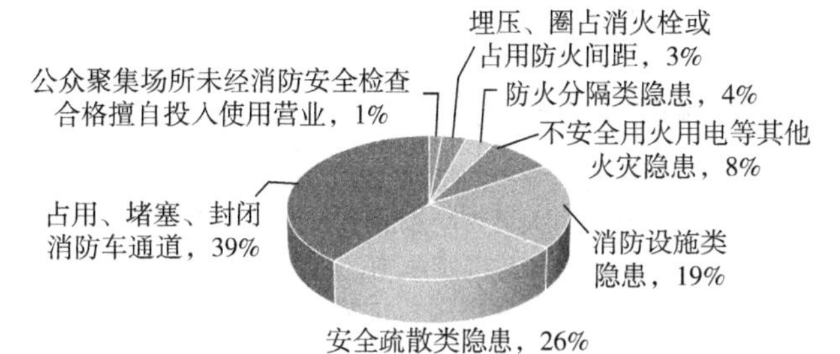

图 1 2021 年火灾隐患举报投诉奖励发放情况分析

4.2 典型案例

2021 年 2 月，某知情群众举报某饭店作为公众聚集场所未经消防安全检查擅自投入使用、营业及未设置消防设施。经核查，该单位经营性质为餐饮服务，未经消防安全检查，擅自投入使用、营业，违反了《消防法》第十五条第二款的规定，举报属实。属地支队在充分调查取证后，依法决定责令该单位停止营业，并处罚款人民币三万二千元整的处罚，同时将核查结果告知举报投诉人，并对其给予现金奖励。

5 火灾隐患吹哨人制度建设需考虑的几个问题

5.1 完善法律法规建设

为保障火灾隐患举报吹哨人制度顺利落地实施，需建立健全相关法律法规。一方面，要通过立法，有效规范举报事项的办理工作，加强举报人个人信息的保护，最大限度地维护举报人权益，保障火灾隐患吹哨人制度的顺利实施；另一方面，对举报人提供的信息证据要制定衡量评判的标准要求，严禁无证据举报，以防止恶意诬告等情况。同时，对恶意诬告、造谣生事等行为应纳入个人诚信管理记录，加大打击力度。

5.2 培养吹哨人队伍

火灾隐患吹哨人队伍培养建设，应瞄准重点行业、重点领域、重点人群。对涉及单位内部消防安全管理的岗位人员，应重点培养。一方面是对消防法律法规、消防技术标准等专业知识的培训，培养其分析发现火灾隐患和事故风险的素质能力。另一方面，是对道德素质和法律素养的培养，让单位内部重点岗位人员深刻了解其肩负的消防安全管理义务和法定职责，引导其积极参与消防监督管理工作。

5.3 保障信息渠道畅通

虽然 96119 火灾隐患举报投诉专线已取消并入 12345 热线，但是各地的火灾隐患举报渠道并未切断，而是更加了突出政府主体地位，增强了火灾隐患投诉的受理工作力度，能够集中资源，更好地为群众举报提供信息渠道。此外，属地政府和消防部门还应向社会公布除 12345 热线以外的投诉渠道，比如来信、来访地址，网上留言平台等，为群众举报提供多元化的畅通渠道。

5.4 办理流程规范建设

为切实达到整治消防安全违法行为，防范化解重大消防安全风险的工作目标，消防部门就需要进一步完善举报投诉的办理流程。一是做好与 12345 热线的信息接收工作，同时对来信、来访反映的问题及时接待受理。二是规范转办流程。举报投诉办理工作要逐步与“双随机一公开”的监管模式有效融合。对举报人反映的问题，应通过信息系统，随机派员进行处理，并坚持回避制度。四是注重举报人信息保护。在核查办理过程中，应采用信息脱敏等技术，最大限度保护举报人的个人信息。

5.5 发挥奖励激励作用

要充分发挥有奖举报的工作效能，制定量奖阶次的奖励制度，特别对举报重大火灾隐患的举报人，经查实后，应当适度提升奖励额度。通过奖励激励，一方面调动起鼓励举报人的参与热情，鼓励其发挥岗位优势、积极参与消防工作。另一方面，通过奖励举报人，在全社会营造烘托出人人参与消防安全管理的浓厚氛围，对提升全体公民的消防安全意识具有积极的引导作用。此外，从某种意义上说，物质奖励也是对举报人权益的兜底保障方式之一。

参考文献

［1］关于加强和规范事中事后监管的指导意见［Z］.

［2］Nader，R. Petkas，P. J. Black-well. K. Whistleblowing：The Report on the Conference on Professional Responsibility［M］. NewYork：Bantam，1972. 103.

［3］中华人民共和国安全生产法［Z］.

［4］中华人民共和国消防法［Z］.

冷库火灾频发成因分析防范对策研究

唐秀翠

（天津市消防救援总队和平支队，天津）

摘　要　我国的冰鲜冷藏业高速发展，冷库火灾事故也随之频发，不仅造成了重大经济损失，有时还会造成重大人员伤亡。吸取火灾事故教训，研究消防安全对策迫在眉睫。笔者对近几年的冷库火灾案例进行了深层次分析，分析了冷库火灾致灾因素，参考目前现行消防技术标准并结合工作实际提出冷库安全防范对策，旨在为冷库企业的消防安全献计献策，降低冷库火灾的发生概率。

关键词　冷库　火灾频发　成因分析　对策研究

1　引言

随着冰鲜速运、农副产品深加工、食品精加工、生物医药等行业的快速发展，冷冻冷藏行业也随之加速增快。从大数据来看，我国冷库在总容量增容迅速，2019 年全国冷库总量达到 6052.5 万吨，较 2018 年增加 814.5 万吨，同比增长 15.55%。图 1 是我国排名前十冷链物流企业分布图。制冷企业的快速增容、增量，冷库火灾也随之频发，仅 2018 年就发生了 17 起冷库火灾，让冷库变成了“火库”。笔者对近年来的冷库火灾进行了深入分析，旨在研究冷库火灾防范对策，为冷库企业的消防安全管理献计献策。

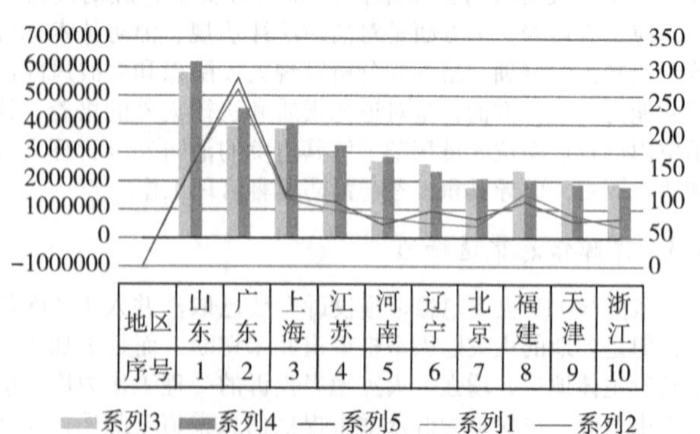

图 1　我国排名前十省市 2019 年、2022 年冷链物流企业分布图

2　冷库火灾频发的成因分析

冷库按制冷剂分为氨冷库和氟利昂冷库 2 类。液氨作为制冷剂，在冷库的使用、维护过程中有易燃易爆的危险，逐渐被淘汰。目前市场上的冷库多以氟利昂为制冷剂。冷库需要恒温、恒湿，包括制冷设备、电控装置、储存库房和服务性附属性建筑。表 1 为笔者选取的近年来发生的部分火灾案例。

通过对火灾事故进行分析，可以发现多数冷库的火灾发生在新建、维修、拆除改造施工中，由于违规动火、违规电气焊、施工现场管理不善而引起火灾。此外建筑布局不合理、企业不落实消防安全责任引发的冷库火灾事故也有一定的占比。图 2 为近年来冷库火灾事故诱因占比图。

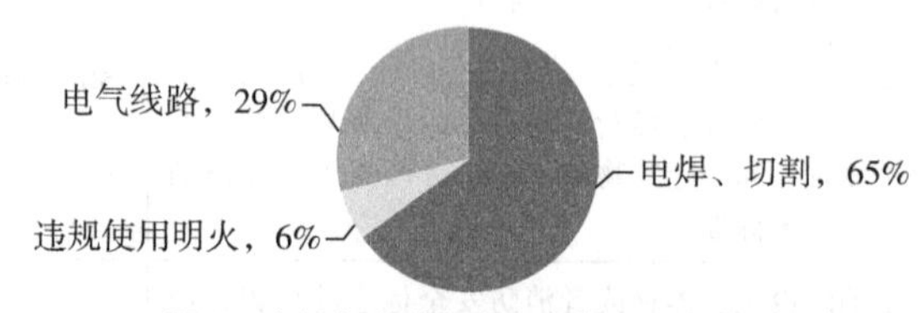

图 2　为近年来冷库火灾事故诱因占比图

2.1　冷库布局不符合相关规范要求，导致火灾蔓延

（1）冷库的设计、改造不符合规范、标准的相关要求，布局上有缺陷。由于开发建设的多样化、节约土地、提高空间利用率等原因，许多企业将营业厅、冷藏间设置在同一建筑内，布局不合理导致了火势的蔓延。市场上甚至出现了大量利用废旧厂房或私自改变使用性质的库房临时改造的冷库，火灾风险系数大大增加。

（2）冷库楼梯间与穿堂之间未设置防火隔墙或乙级防火门。冷库库房内操作人员多集中于穿堂，楼梯间设在穿堂附近，是为了方便人员使用与疏散，有效的防火分隔和设置乙级防火门可以降低火灾的蔓延速度，保证疏散的安全可靠性。

（3）冷库地下和地上部分未采取有效的防火分隔措施，安全出口和疏散楼梯的设置也不符合要求，致使火灾时产生的烟气向地上建筑部分蔓延。2017 年 11 月 8 日北京大兴发生的冷库火灾，就是由于无效的防火分隔，有毒、有害烟气向地上部分蔓延，造成重大人员伤亡。

表1 笔者选取的近年来发生的部分火灾案例

火灾日期	冷库火灾事故地点	火灾后果	冷库状态、火灾原因
2015-8-11	徐州一农副产品新建冷库	死亡3人，受伤12人	在建冷库，保温材料喷涂作业中
2017-11-18	北京西红门地下一层冷库	死亡19人，受伤8人	聚氨酯保温材料内的电气线路故障
2018-6-1	四川达州“好一新商贸城”地下一层冷库	死亡1人，过火面积51100m^2	私接的照明电源线，短路
2018-7-21	西安五洋冷库	过火面积320m^2，烟气大，无伤亡	拆除废弃设备时
2018-10-2	福州废弃冷库	无人员伤亡	废弃，有氨管和泡沫
2021-1-14	济南一批发市场冷库	约8000m^2，死亡1人	废弃，电气焊切割设备时
2021-1-31	天津东丽一冷库	库内冷冻肉类起火	相邻汽修作坊轮胎起火，引燃冷库保温材料
2021-3-2	东莞工业园一冷库	重伤2人，后抢救无效死亡	装修施工过程中，电焊
2021-5-9	北京通州肉类食品库房	死亡3人，财产损失309.07万元	施工引燃保温材料
2021-12-31	大连新长兴市场地下冷库	死亡8人，其中有1位消防队员	电焊引燃聚氨酯

（4）冷库的消防设施、器材配备不齐全，有的冷库起火位置周边未按规范的要求设置消火栓。

（5）冷库属于封闭空间，出入口少，给灭火救援和人员疏散造成了困难。

2.2 违规电气焊、切割作业引发的冷库火灾

笔者只随机选取了近年来的10起冷库火灾案例，其中工人违规电气焊、违规切割作业，不落实现场安全管理引起的火灾占据主要比例。一些小型的冷库企业，无安全意识，只追求利润最大化，在人员无证或未进行安全培训、施工现场管理措施不到位、现场无监督管理人员等的情况下就贸然施工，甚至降低建筑材料防火性能，只追求低成本，无形之中就增加了火灾危险性。

（1）冷库建设阶段发生的火灾。采用无证或未进行安全培训的人员进行现场施工，不履行动火审批手续、不清除周围的可燃物，不采取相应的消防安全隔离措施，违规使用电气焊或切割作业，操作不当引发火灾。

（2）冷库维修、维护时引发的火灾。尤其在进行管道检修施工时，在焊接或切割过程中，工人操作不当，火星又处理不当，极易引燃冷库的保温材料，从而引起重大火灾。

（3）冷库拆除时易发生火灾。由于部分地区冷库已接近饱和，而又有一部分地区冷藏设备、制冷剂落后等问题，造成了很多冷库的闲置。冷库拆除时，违规施工引发的火灾也屡见不鲜。冷库是由特种设备组成的，建设有讲究，拆卸也有要求。闲置冷库的管道内可能会有残余的压力或制冷剂，未清理彻底的情况下动用明火，就会燃烧酿成火灾。

2.3 冷库火灾的必定参与者——保温材料

冷库对保温隔热具有非常高的要求，很多企业为了节省成本多使用可燃、易燃材料。这些保温材料具有易燃且燃烧迅猛、蔓延速度快、发烟发热量大等致命缺点。尤其冷库的保温材料，遇明火会在冷库的保温外墙内垂直贯通，以极快速度的产生烟囱效应，燃烧加速、烟气弥漫，不利于消防人员灭火和进行人员疏散。大连新长兴“12·31”火灾，是由“保温材料”这个冷库火灾的“惹祸元凶”引起的，造成了重大人员伤亡。

2.4 电气火灾也是冷库火灾的诱因

在冷库火灾案例中，电气线路尤其是短路引发的火灾也占据一定的比例。冷藏室长期低温，电缆线路的塑料外皮在低温环境中会变脆、破损或老化，容易造成短路而引发火灾。在日常的生产经营中，冷库门会长时间敞开，冷热空气对流，冷库内的冷凝水急剧增加，冷凝水滴落在电气线路上就会造成短路；另外冷库的电机需要长时间运转，会使设备过热，空气中的水汽冷凝也会滴落在线路上，同样具有火灾危险；线路使用过久，绝缘层老化、破裂，导致两线相碰；冷库中使用的照明灯具、设备风机、电加热设备的使用不当也会引发火灾。

2.5 消防安全责任制落实不到位引发的火灾

冷库企业忽视消防安全管理工作，消防安全管理制度、安全操作规程、施工改造管理制度未建立、健全，动火前消防安全培训未组织开展，有效的灭火和应急预案未制定，消防应急演练未组织。管理人员不清楚消防安全职责，不具备消防管理能力，员工缺乏消防常识，发生火灾不知所措，不会报火警，不会使用灭火器材，不会扑救初期火灾，这也给火灾的发生埋下了隐患。

3 冷库火灾防范对策研究

3.1 冷库设计时采取有效的消防技术措施，防止或减少火灾的危害

冷库是贮藏食品的特殊建筑物，有些企业为了生产、经营或配送服务的便捷高效，甚至在建筑物内附设冷库。冷库设计时，需综合考虑各类因素。根据建筑的使用性质，科学布置总平面、合理划分功能分区。依据规范划定防火分区，限制可燃材料数量；控制货物储藏量，严格限制冷藏间面积。进行有效的防火、防烟分隔、阻挡火势的蔓延、阻挡烟气对人员的伤害；配电线路的设计、安装要采取可靠的保护措施。

3.2 严格落实动火管理制度，对火源进行有效的控制

电焊、电气切割是具有高温、高压、易燃易爆风险的动火作业，电焊熔融的金属火花、电气切割造成的火花，会到处飞溅、掉落焊渣，极易引燃保温材料，引发冷库火灾。电气焊、电气切割等明火作业前，动火的部门和人员应当按照企业消防安全管理制度办理动火审批手续，对作业施工人员进行消防安全培训；施工作业现场事先清除周围可燃、易燃物品，在电焊、电切割部位铺设防火毯，采用不燃材料与使

用、营业区域进行分隔；同时在作业现场配置灭火器材；施工现场设置专门的监护人员；作业结束后要到施工现场进行检查，确保无遗留的隐蔽火种。

3.3 提升冷库外墙的火灾风险防控能力

根据目前国内、国际保温材料的现状，绝大部分冷库的保温材料都是由聚苯乙烯泡沫、聚氨酯泡沫构成，其中聚氨酯泡沫还有墙体聚氨酯喷涂材料这种形式。《冷库设计标准》（GB 50072—2021）中规定尽可能减少其保温隔热围护结构的外表面积，若冷库库房采用金属面绝热夹芯板等符合夹芯板做保温隔热围护时，夹芯板芯材的燃烧性能不能低于B1级，且冷库屋面及外墙装饰面层宜涂白色或浅色。

在提升冷库保温材料性能方面，笔者主要提出以下建议：一是合理选用冷库保温材料，选择节能与防火兼顾的保温材料并且按照规范要求设置不燃材料防火分隔，增强材料对于火灾的阻燃能力；二是建立健全冷库行业自律体系，选用高质量的聚氨酯产品，杜绝使用不符合国家规定的劣质保温材料用于冷库保温系统；三是健全法制，加强对建筑外保温材料的消防施工监督，督促企业提升防火隔断的构造性能，科学划分防火分区，让外墙保温系统防火安全性得到提高。

还可以采用耐火窗、空腔隔断处理、不燃防护层等措施来提升冷库外墙保温系统的火灾风险防控能力。

3.4 加强电气线路防火措施，预防电气火灾

对冷库内所有电气设备设施，例如照明、通风和各种机械用的电机要有防爆措施，严禁私接乱搭电气线路。严格电气线路铺接安装，线路要采用绝缘密封套管，同时防止因振动、摩擦造成电气线路破裂、短路等事故。加强电气线路日常检查，企业负责人必须提高责任意识，将日常防火巡查工作抓实做细，消除一切火灾隐患。

同时冷库企业要加强冷库外墙保温材料周围用火用电管理。尤其是电动车、电动能源车的充电桩，不得贴临冷库外墙设置。

3.5 落实冷库企业消防安全主体责任

冷库企业要规范内部管理，压实各个岗位工作人员的安全职责，制定翔实的消防安全管理制度；落实重点部位的安全监管以及消防安全检查巡查，在施工现场周围配备必要的消防设施、器材；加大对员工尤其是施工人员的消防教育培训，规范动火作业的操作规程，提升从业人员的消防安全意识和火灾应急处置能力。尤其是要做好闲置冷库拆除前的火灾风险点预判，制定严格的施工安全管理措施，杜绝火灾事故的发生。

3.6 监管部门落实监管责任，全面排查、治理冷库火灾隐患

各级监管部门要加大对冷库企业的消防安全专项检查行动，重点整治违法经营、违规出租、违章动火等问题；督促企业自查、自改火灾隐患，增强火灾防范意识。

4 小结

降低冷库火灾发生的频率，必须从火灾源头进行治理。冷库企业要高度重视消防安全管理工作，建立符合企业实际需要的安全管理制度，常态化、规范化进行管理，定期进行自我检查与评估，及时发现并消除火灾隐患，做到管理到位、检查到位、应急方案到位，从根本上杜绝冷库火灾事故的发生。

参考文献

[1] 范薇，杨一凡．冷库火灾事故起因分析及防控措施［J］．制冷技术，2016（04）：57-61.

[2] 张兵．由“6·3”特别重大火灾探讨冷库建筑防火设计［J］．消防科学与技术，2014，33（1）：67-70.

[3] 耿惠民．聚氨酯泡沫塑料的自燃［J］．消防科技，1994，13（2）：40-41+45.

[4] 魏捍东，熊伟．液氨泄漏事故处置战术要点［J］．消防技术与产品信息，2014（3）：39-41.

商住楼的火灾消防安全与防火对策优化研究

冯帅颀

（中国消防救援学院，北京）

摘 要 自改革开放以来，我国就励志让全国城市化，而随着时代的不断发展，我国的城市化规模也越来越多，商业和住宅建筑也成为我国的主要经济体系之一。此外，中国虽然幅员辽阔，但由于人们的竞争思想原因，导致我国的部分地区的用地非常紧张，商业和住宅建筑正在向高层密集型发展。然而，由于其复杂的功能和布局，商业和住宅建筑逐渐成为火灾的高发区和重点关注区。本文对商业和住宅建筑的火灾危险性和特点进行了调查，并提出了相应的监管措施，以减少商业和住宅建筑发生火灾的可能性，并对火灾进行处理。

关键词 火灾危险 防火对策 商住楼 消防安全

0 引言

商业和住宅建筑不仅是社会经济发展的趋势，也是一个城市是否发达的主要特征。然而，商业和住宅建筑一旦出现火灾情况，那么就代表着财产损失以及生命的损失，而消防人员却难以进行救援。人员将难以进行救援。由于楼层较高，火灾难以控制，容易造成非常严重的后果。因此，研究商业和住宅建筑的消防措施以及预防的措施具有实际上的重要意义。

1 商住楼防火设计现状

1.1 防火设计

大部分的高层建筑发生火灾时，因为楼层高、风大且助

燃材料多的情况下很难进行灭火，迅速蔓延的火灾将难以救人，产生有毒烟雾和热量。火灾破坏也非常危险，一旦发生火灾，可能会直接危及商业和住宅建筑的人身安全。对于建筑的消防设计，相关设计人员首先应明确建筑消防设计的消防设计目标，“以防治为主、防消结合”的防治理念，这样做的防火设计，可以最大限度地减少防火和消除灾害的可能性，对火灾有更合理的控制程度，并对群众的安全和经济损失负责。[1]其次，对建筑的防火材料要有一定的要求。因为材料的耐火性能有别，我们就应该更加注意防火材料的选择。[2]

1.2 防火隔离

防火隔离的施工可以防止火灾发生时火势蔓延。我们应该知道，火灾的蔓延将给无辜人民带来生命和财产损失。

应批准与施工结构的原始设计、施工和运行相关的充分隔热。一种具体的方法是在施工期间使用火灾区域，将建筑中的大空间划分为几个较小的区域，以限制社区内的火灾和爆炸，防止火灾蔓延。因此，在进行建筑防火规划时，必须显著提高建筑防火材料、防火墙、防火分区和防火门等防火对象的重要性，以及防火建筑面积，以确保在发生火灾时让人员有足够的时间逃生和让消防员有足够的时间进行灭火。[3]

1.3 防烟分区

如果发生火灾，危机通常不是由人身伤害引起的，而是由浓烟引起的。防烟区域能够让消防员有效地进行下一步救援和灭火行动，从而有效地让由火灾和燃气造成的危险系数大幅度降低。防烟区有助于提高建筑物的安全性，并有助于在火灾发生时候疏散人群。在火灾的情况下，人们可以安全疏散，使消防员和救援人员在救援中表现良好，让救援工作能够轻松地进行。[4]

1.4 安全疏散

如果建筑物内存在火灾隐患，建筑物内的所有人都将安全疏散至防爆区域，以找到逃生地点并逃生。疏散至无火灾危险的安全区域，以确定疏散和避免措施。这个过程是保密的。疏散过程是安全的。在建筑消防安全工程中，有必要在早期设计安全的排气系统。安全排气系统应在设计的早期阶段进行设计，以便在发生火灾时为人员的安全疏散提供良好的框架。安全疏散创造了良好的基础条件。安全出口的设计主要包括三个方面：安全出口标志、安全通道、较宽的楼梯。科学全面的安全措施可以在火灾发生时极大地保护人员和个人财产的安全，尽最大可能去降低因为火灾而损失的生命与经济。[5]

2 商住楼防火存在的问题

2.1 商住楼设计施工不规范

我国现存的大量商业区的楼层商业和住宅建筑，内部结构设计和构造仍然不符合国家的规定标准。即使在国家建筑防火标准中增加了商住楼的设计，如果为了节省材料和资金而擅自改变设计，这种情况一般会在一定程度上减少消防安全设施，商住楼本身存在隐患。对于商业和住宅建筑的装饰，许多设计师在外墙设计中使用易燃和可燃危险材料来达到建筑保温效果，这在许多商业和住宅建筑应用后一直是火灾的情况。室内使用了许多易燃化学材料，但忽视了环境保护和易燃材料的威胁。这些化学燃料或者器材不但容易燃烧，而且在燃烧后还会产生相应的有毒有害气体，如二氧化硫、二氧化碳、一氧化碳和二氧化氮，被人体吸入后会造成极大危害。此外，建筑的通风会影响商业和住宅建筑的通风性能。会因为通风系统的原因，让内部的灼烧烟雾难以排出，从而导致人员落入浓烟中窒息。

2.2 防火装置维修保养不到位

商住楼竣工后，管理部门可能会放松对消防设备的维护和管理，人们一般认为不容易发生火灾。因此，因为缺乏资金等原因没有对商业楼的消防器材进行安装、检查、维修和维护。此外，如果没有关注消防设备的维护情况，消防设备是很容易损坏，从而削弱整个建筑的消防能力。万一发生了火灾，但是设备却损害，这不仅耽误了人群的撤离时间，还有可能会导致危害进一步加大，将更加严重。

2.3 职责制度和员工工作没落实

商业和住宅楼的楼层数一般极多，且每层楼都是不同部门的人员，迫使每个单位负责自己的业务，从不关注周围的事物，此外，许多商业和住宅建筑没有完整的消防管理系统，这使得设备维护和定期检查非常混乱。如果发生危险，由于没有落实责任制，员工只能在面对后果时相互推诿责任。此外，许多员工对消防管理知之甚少，没有资格控制基础设施的使用。一些员工缺乏责任感和理解力。即使他们在值班室值班，他们也会做与岗位无关的事情。碰巧值班室的工作人员在关闭火警警报后继续玩游戏，这最终会导致非常严重的后果。

3 商住楼火灾的防火对策

3.1 增加建筑防火设计参与人员的责任感

所谓消防安全人员的责任感，就是设计师在履行职责时的表现。公司管理层加强了对房屋设计的设计师进行相关的安全知识普及，提高了设计师的专业知识和责任感。让该房屋在加强结构设计的同时也加强消防的措施。通过各种形式的沟通，让设计者能够亲身体会到火灾的危害之处，从而严谨的去规划并设计楼层的消防区域，加强消防工程施工设计人员的责任，重视消防安全。

3.2 保证消防设施的完好

在目前的商业和住宅建筑管理中，有时会有更多的产权。一些地方还存在租赁关系，这给住宅楼的商业安全和消防管理带来了更多障碍。物业管理单位要根据现状明确管理职责，制定更加科学有效的消防制度和程序。定期检查商业建筑的消防安全，及时消除火灾隐患。物业管理部门将及时更新和维护消防设备和用品，确保消防设备和用品完好无损。加强高层居民区家庭灭火器的配置，家庭应配备小型灭火器。每层设备必须配备至少2个灭火器，以确保居住区的消防安全。

3.3 积极进行消防宣传工作

物业管理应在容易发生火灾的时间提供有针对性的消防安全教育。让政府的机构作用充分地发挥出来，对社区机构、社区人民生命安全和财产方面做好保障措施。

根据楼层的高低及其周边环境，设置完整的标语和消防培训栏，营造良好的文化教育环境，传授知识。这种方法适用于个人和企业；另一方面，消防员、心理学家、研究人员、土木工程师和其他专业人员可以通过提供工作等方式参与社区或社区环境。组织专家讲座、案例研究会议、消防员竞赛、主题沙龙、特别展览和其他活动。这是一项以提高人们消防安全知识储备，唤起公民对消防安全的关注和重视为基础的教育活动。通过更多持续的广告和教育活动，要对住宅和商业区的人们进行消防普及，帮助所有居住和商业建筑的员工和使用者最少得知基本的消防技能和消防知识，从而让他们在面对火灾时，有着最基本的自救和团队合作能力。消防设施是消防救援工作顺利进行的主要设施。它也是管理人员和重大安全事件的有效武器。如果管理人员不了解消防设施，不仅会阻碍消防救援计划的顺利实施，还会直接影响消防工作的效果和后果。为此，商业和住宅建筑的消防管理应不断完善消防系统的管理，确保每位管理人员充分了解所有设备的关键参数、数量、功能和可操作性，使消防设施正在发挥作用。同时，要充分落实消防设备的日常检查和维护，确保消防设备始终有效运行。

3.4 强调商住楼的消防安全审核工作

消防机构应当注意住宅区与商业区的规划，以防止不合格导致的消防安全问题。商业住宅建筑的消防安全设计需要更严格的监督，尤其是大型项目，要经过专业人员的审核，以确保消防器材和设施的安置有效且全面，从而在根源上有效防止火灾，避免在商业和住宅建筑造成的经济、性命的损失，所以需要相关专业机构对新建的建筑防火系统审核，从根源上减少火灾发生的可能性，让人们的安全得到最高的保障。以调查和审查管理质量的形式，对相关机构的审核进行配合，并鼓励消防机构定期对商业建筑进行防火知识的宣传，还要随时让相关专业的人才去普及相关的知识。对于他们来说，最好是在准备灭火时使用相关数据库来了解商业建筑物，然后准备救援计划和消防计划。消除了现场起火和爆炸隐患。时间就是生命，如果指挥员没有足够的经验来采取果断行动，将导致严重的火灾并增加损失。在检查时，如果遇到不合格的消防设施应当及时提出并进行更换。当某些部门的行为涉及了危害公共用电安全也应当及时提出，并对这些部门的行为进行批评以示警诫，还应当对相关单位的人员进行定期消防普及，让他们知道火灾的危害与防护措施。社区组织和社区财产还应建立特定的检查站，以对商业和住宅多层建筑物进行每日室内和室外检查，并及时清洁，防止废物堆积在逃生出口、道路和疏散场所等处。加强对于消防安全物联网系统的监控、调试与维护，从而做到火灾事故的预先规避、及时排查、快速控制。

我国的城市化建设也随着时代的发展而加速，在中国城市的发展中，商业和住宅建筑也成为我国经济体系的第二大支撑点。因此，相关部门和从事建筑的相关单位应该考虑如何有效积极的避免火灾的发生与防控。从商品房和多层住宅的建筑特点出发，分析了商品房潜在的火灾隐患，从源头上避免火灾的隐患，应该按照实际出发，将楼层和火灾防控点的设计通过科学、高效的方式进行管理，从而提高楼层和消防安全措施的保障。

参考文献

［1］方芳．建筑防火设计常见问题分析及案例研究［J］．山西建筑，2020，46（21）：192-194.

［2］李少聪．建筑电气设计中的消防配电设计方案研究［J］．江西建材，2020（10）：77-78.

［3］王利波．高层建筑火灾危险性分析及预防对策［J］．中国建材科技，2020，29（05）：147-148.

［4］刘琰，李冰．商业建筑安全疏散难点与对策研究［J］．安徽建筑，2020，27（10）：171-172.

［5］孟庆林．论高层民用建筑防火设计问题分析及对策［J］．山西建筑，2020，46（20）：195-196.

浅谈消防法律法规体系建设对消防监督管理和火灾事故调查的指导和保障

田 建

（黑龙江省齐齐哈尔市克山县消防救援大队，黑龙江 齐齐哈尔）

摘 要 火灾事故频发，对社会的稳定发展产生了非常严重的影响。消防相关法律的完善和体系的健全对于指导和保障消防监督管理、火灾事故调查工作具有重要作用，法治建设的最终结果是开展消防工作的基本依据。消防监督管理和火灾事故调查也是贯彻落实消防法律、维系社会和谐稳定的重要保障。依法开展消防监督管理、火灾调查等行政措施，有效总结火灾教训，降低火灾风险，促进监督管理和火灾调查工作有序开展，是推动消防事业发展的重要保障。本文首先详细阐述了消防法律体系建设中存在的不兼容问题，然后探讨了消防法律体系建设对消防监督与火灾调查的保障和指导作用，最后对如何加强消防法律法规体系建设，促进消防监督管理和火灾调查科学稳步提升提出策略建议。

关键词 消防 消防监督管理 火灾调查 法律法规

1 引言

随着社会发展和经济建设的快速推进，我国人民生活逐步和谐稳定发展。消防安全是保障人身和财产安全的重要前提。对加快建设中国特色社会主义，实现复兴伟大梦想，坚持依法治国理念，加强社会主义法治国家建设具有重要意义。加强消防法治化建设，加强对消防行政行为的监督和控制，提高消防综合素质。必须及时、客观、公正、合法地组织火灾调查，严格、公正、文明、高效的开展消防监督管理。这对社会的发展和消防管理具有非常重要的现实社会意义。

2 国家关于火灾事故调查处理的相关法规政策

一是国务院办公厅颁布的《消防责任制实施办法》（国办发〔2017〕87号），明确了发生哪级火灾事故应该由哪级政府负责组织调查处理。这是中国法规首次明确政府对火灾事故调查处理的责任。二是中共中央、国务院办公厅印发《关于深化消防执法改革的意见》（厅字〔2019〕34号）。这明确要求加强火灾事故调查和责任追究。组织查处亡人和严重社会影响火灾，审查土木工程、中介服务、消防产品质量和使用管理等各方主体责任，落实属地管理和部门监管责任。

3 现行火灾事故调查处理法规体系与目前实践需求存在不适应性

3.1 与改制后的消防管理体制不适应

2018年，国家公安消防部队实行体制改革，组建综合性国家应急消防救援队伍。为适应改革体制和队伍身份的变化，消防法律法规也必然会发生相应的变化。2019年，国家及时修改《中华人民共和国消防法》，将“公安机关和消防组织”改为“应急管理部门和消防救援组织”，“公安消防组织”改为“消防救援组织”，以这种方式实施的消防法律、法规必须相应地修改和调整。目前，我国消防法律法规的制定和修订工作仍在进行中。

3.2 火灾事故调查程序制度缺位

逐渐完善的火灾事故调查条例不仅要作为《消防法》的配套规定，还应在法制改革的基础上进行修订和完善，相应的调查程序和调查制度应当根据火灾事故调查的实际要求进行改进。火灾事故调查明显不同于其他执法措施，如行政处罚、行政强制等。火灾事故调查条例并不构成完整的火灾调查程序规定，消防部门作为原有公共安全管理制度的一部分，除执行火灾事故调查条例外，还必须遵循《火灾事故调查处理程序规则》。《公安机关办理行政案件程序规定》和《公安机关办理刑事案件程序规定》的侦查办法和程序。在实践中，许多火灾事故调查是由公安机关和消防部门联合开展的。但体制改革后，消防队伍从公安机关的管理体系中脱离，当然不能再适用上述两项部门规定进行火灾事故调查。因此，目前的消防体系在开展火灾事故调查时，缺乏调查保障、消防取证检测、调查程序等制度。迫切需要根据改革，调整火灾事故调查的相关规章制度，完善法律法规，更好地规范和指导火灾事故调查工作。

3.3 完善火灾事故调查处理法规体系的若干设想

消防体制改革为消防法律法规的修订完善带来了巨大的机遇和挑战，要利用这一难得的机遇，推进和深化消防立法改革。严格开展火灾事故延伸调查，加强对火灾事故的查处和责任追究，推动落实消防安全责任制，全面构建完善的消防法律法规体系。适应火灾事故调查处理新时代。

3.3.1 火灾事故调查处理行政法规的制定和颁布

尽快出台全国火灾事故调查行政法规，弥补火灾事故调查处理法律制度的空缺，主要要明确的内容如下：一是科学界定火灾事故的含义，在明确火灾事故调查范围的基础上，确定火灾事故与安全生产事故在调查处理过程中的联系和区别，明确各类场所的火灾调查程序，各行业主管部门在火灾调查中承担的责任和义务；二是根据火灾事故分类，明确消防救援部门与其他相关职能部门的火灾事故责任范围，明确各级人民政府处理火灾事故的具体程序和要求。建立完善公安机关与消防部门在火灾事故调查处理中的协调机制。三是继续推进火灾延伸调查法律法规的细化和完善，对于火灾调查总结出的空白区域尽快进行填补。

3.3.2 全面修订火灾事故调查条例，为消防部门开展火灾事故调查提供可执行的规则

修订火灾事故调查程序并以应急管理部令的形式发布，修订完善现行火灾事故调查制度的内容、职责、任务和程序。①推进和完善火灾登记、火灾常抓常议、物证管理、火灾调查每查一评、火灾事故调查组织方法、调查人员随警出动等环节的规章制度。尽快填补空白，规范和保障火灾调查工作的顺利有序开展。②在原有公共安全制度框架内，借鉴公安机关处理行政案件的程序，运用在调查处理火灾事故中取得的经验，将这些成熟的制度和程序升级为火灾事故调查的规定，在新组建的应急管理模式下修改完善。及时适应新的法律法规体系，修订火场勘验、调查询问、物证提取、现场鉴定、伤害、尸检和评估、专家意见等调查制度。③进一步明确和规范火灾事故调查结论。根据新《消防法》精神和有关执法改革的说明，火灾事故调查结束时，应详细说明火灾事故事实、火灾原因及相关事故的责任认定，明确能够查清的火灾事故原因和无法排除火灾事故原因的界限标准。有效减少火灾事故信访案件。

4 推进消防法律法规体系建设对消防监督管理的指导作用

4.1 适应国家公共安全法律法规建设的需求

我国是一个致力于人民民主的社会主义国家。法律制度赋予人民参与国家管理的权利。政府部门的行政执法也是以人民的共同意志为基础的。因此，各类执法活动的合法性和规范性，必须建立在民主法制的基础上，消防监督管理也必须在此范畴内。

4.2 有助于监督和规范执法人员的执法行为

消防救援部门作为保障公共安全的重要职能部门和国家机关保护人民权益和安全的重要组成部分。消防救援部门的消防监督管理，要求执法机构和人员具有专业性、责任感。消防执法人员非法行使和滥用职权导致执法活动违法、不当，为公共消防安全埋下了隐患，完善消防法律法规，对于监督和规范执法人员的消防监督管理行为，拒腐防变具有重要意义。

4.3 有助于强化消防部门廉政勤政建设的效果

消防法制建设能够有效提高消防队伍整体素质，消防救援部门是忠于职守的队伍，是党和人民的忠实守护者。在依法对消防人员进行监督管理的同时，必须首先认识自己的实际问题，勇于指出这些问题。通过建立消防法制和内部监督，增强拒腐防变的能力，使执法行为更加规范化。只有这样，我们才能建设一个有战斗力的消防救援队伍。

5 消防法制建设对消防监督的保障

5.1 消防法制建设对消防监督效果的保障

消防法制建设是中国特色法律法规体系的重要组成部分，消防法的完善可以为各项消防工作的有序开展提供法律依据。消防部门的职责使命是保护人民群众的生命和财产安全，在我国经济社会快速发展的现阶段，有力推动消防法律法规体系建设，让每项执法活动都有法可依，有规章制度可循，不仅有利于减少火灾事故发生，有效化解社会矛盾，也是促进社会管理创新和稳定发展的重要手段。我国消防制度正进入快速发展阶段，在社会建设和经济发展中发挥着重要作用，取得了显著成效。

5.2 消防法制建设对消防监督管理的保障

消防法律法规体系的完善和健全是科学有序开展消防监督管理的重要保障。消防法制建设的主要内容和成果，是完善消防监督管理的基础和前提。在消防法规框架内开展消防监督管理，对于促进消防事业的发展，有效降低火灾事故的发生概率具有重要意义。一方面，消防规范的完

善也应根据消防监督管理的需要，总结当地消防监督管理的经验，将建设性的做法纳入各项消防法律法规。另一方面，在消防法律法规体系内工作，可以规范执法行为，降低腐败风险的同时提升执法效果，并确保整支队伍走在正确的道路上。

6 完善消防法律法规体系建设，促进消防监督管理和火灾事故调查工作科学发展的有效性策略建议

6.1 不断强化消防法律法规体系的建设

结合我国消防法制和消防监督管理的现状，可以看出，要加强消防监督管理和火灾事故调查工作，就必须首先完善消防法律法规体系。落实消防监督机制和管理责任，细化火灾调查的各项制度和追责方法。建设和保持一支高水平、高素质的消防监督管理和火灾调查队伍。消防法制的目标要让各项行政活动做到有法可依、有法必依，要求立法工作更加具有前瞻性，充分认识现代消防发展趋势。从根本上提高消防法律法规与社会发展的协调性和兼容性。消防监督管理和火灾事故调查制度必须符合法律法规的有关规定。我国现行的消防相关法律法规还有些比较陈旧的规定，不符合现行消防部门建设和发展的实际要求，必须逐步完善和调整。借鉴国外相关立法经验，拓展思路，进一步细化和修订与时代不相符合的条目，推动早期施行的各项部门规章向应急管理体系转变。

6.2 法律法规体系更新助推改革转隶

完善消防法律法规体系是消防改革关注的重点，以消防法律法规的更新作为改革转隶的依托和规范。对于改革转隶过程中逐渐显露出的空白和不足，通过法律的更新，引导改制工作走向更深入。

6.3 构建科学的管理制度

在国家应急管理体系下，推进消防法律法规建设，由于法律的严谨性决定了其更新的速度受到限制，在空窗期，通过部门规章、省市政府规章等补足改革过程中出现的新问题。在解决的同时，构建多层次的消防法律法规体系。

7 结语

我国经济发展不断加快，社会高速发展，要求消防法律法规体系不断完善。各项消防工作尤其是消防监督管理和火灾事故调查工作的有序开展，需要完善的消防法律法规的指引。在改革后的新应急管理模式下，加快法律法规的更新修订，是当前消防工作的重中之重。只有解决现行消防法律法规体系中存在的问题，才能从根本上改善消防安全环境，确保消防监督管理和火灾事故调查工作顺利开展。

参考文献

[1] 王诗军．我国消防法律法规体系的现状分析及对策[J]．科技信息（科学教研），2017（22）：293+292.

[2] 王彦．谈“火灾隐患”的定义［J］．消防技术与产品信息，2017（12）：56-59.

[3] 郭英辉．浅析建立与完善消防法律法规［J］．法制与社会，2021（21）：139-141.

[4] 司戈．消防法律法规溯及力研究［J］．消防科学与技术，2019，30（02）：166-171.

[5] 马建华．略谈我国消防标准及法律法规的信息化建设［J］．法制与社会，2020（23）：163-164.

[6] 朱凌．媒体做好消防新闻的实践思路及现实意义[J]．传媒，2020（01）：67-68.

[7] 张巍．完善消防法律体系，全面提升消防法制水平[J]．消防界（电子版），2019（06）：153.

[8] 王广宇，董晋良．论消防技术标准的法律性质[J]．武警学院学报，2018，34（08）：74-77+81.

[9]．国家标准《重大火灾隐患判定方法》正式实施[J]．中国消防，2018（07）：59-63.

[10] 李国栋，王明．消防行政强制措施的设定和构想[J]．平顶山工学院学报，2019（04）：85-87.

[11] 邓小龙．城镇消防管理防消联勤模式探讨［J］．江西化工，2019（02）：195-197.

[12] 张浩杰．船舶检验和安全管理探析［J］．价值工程，2019，33（33）：93-95.

[13] 宋丽娜．消防设施法律概念的研究［J］．消防技术与产品信息，2019（10）：60-62.

浅析如何推动和加强社会单位消防安全自主管理

翟　东

（内蒙古自治区锡林郭勒盟消防救援支队）

摘　要　随着我国经济和社会快速发展，火灾的发生起数以及造成的损失也在呈逐年上升的趋势，如何更好地加强社会面火灾防范工作，推动消防工作社会化治理水平，确保人民群众的生命财产安全是当前防火监督工作中面临的一个重大而又现实的问题。众所周知，内部原因是决定事物发展方向的决定性因素，因此广大社会单位的消防安全自主管理化水平的高低也直接决定了火灾防范的成败。因此如何推进和加强社会单位消防安全自主管理是做好防火监督和火灾防控工作的重中之重。

关键词　消防　社会单位　自主　管理

1 推动和加强社会单位消防安全自主管理的定义和意义

1.1 社会单位消防安全自主管理的定义

所谓社会单位消防安全自主管理是指在日常工作和生产经营活动中，社会单位内部通过其消防安全组织以及内部的各项规章制度对其自身的消防安全工作进行自我管理、自我监督，及时整改相关问题和火灾隐患的一种自主、自发的工作行为。

1.2 推动和加强社会单位消防安全自主管理的意义

通过社会单位的自主管理，首先可以有效推动和加强社会单位主体责任的落实，实现社会单位从“我被管”转向“我要管”的转变，真正破解社会单位主体责任落实的问题。其次加强和推动社会单位的自主管理有助于破解动态隐患治理难度大的现实问题，在当前社会面火灾防治过程中，最大的难题和不放心之处就是那些层出不穷的动态隐患，动态隐患呈现出发生概率大、位置不固定以及时间不确定等多方面的显著特点，无形中变成了许多火灾的致灾、成灾的极端危险的因素。所以抓好社会单位的消防安全自主管理才能最大限度地减少动态隐患的出现概率。第三加强和推动社会单位的自主管理有助于提升消防救援机构的执法工作水平和效率。当前一个消防救援大队的编制监督员人数同繁杂的防火监督工作是极其不相适应的，加强社会单位的自主管理水平有助于改变以往的“保姆式”的监督执法模式，解放出更多的监督人员，不断提升监督执法的水平和质量。

2 社会单位消防安全自主管理中存在的问题

2.1 社会单位对于消防安全自主管理在思想认识上存在偏差

就目前情况来看，我国全民消防安全素质仍处在初级阶段，消防安全还没有提升到一个应有的层次和水平上。这些也都会反映在社会单位的消防安全自主管理水平上，许多生产经营主体不愿意将更多的经费投入到消防安全和火灾隐患的整治上，甚至认为火灾的发生是小概率事件，投入到消防安全上太多经费没有必要，而且同生产经营是矛盾和冲突的，影响再生产和投资规模的扩大。因此消防设施带病运行、实体性火灾隐患长期得不到整改、消防投入能省则省现象层出不穷，甚至连消防安全组织的建立都只停留在纸面上。更有甚者，一些小单位和场所根本不懂得消防安全为何物。

2.2 社会单位消防安全自主管理工作普遍流于形式

受当前经济下行和疫情防控的影响，使得本来就不容乐观的社会单位消防安全自我管理水平再次受到更加严重的冲击。社会单位在当前普遍存在着消防安全管理组织不完善、消防管理档案不健全、防火检查（巡查）不开展或者走过场、疏散应急演练走形式、消防控制室值班人数不足，甚至出现脱岗无人值守的严重问题。2013 年发生在北京石景山喜隆多商厦“10·11”火灾事故，就是因为发生初起火灾后，麦当劳员工没有采取任何灭火措施而是选择自己逃跑、消防控制室值班人员在听到火灾警报声后没有采取任何应急措施而是选择了消音，最终使得小火酿成大灾，最终造成了 2 名消防指战员牺牲的惨痛火灾事故教训。

2.3 社会单位消防安全自主管理相关规章制度亟待更新和完善

目前对于社会单位自主管理的指导性文件除了《中华人民共和国消防法》之外，起主导作用的就是公安部 61 号令《机关、团体、企业、事业单位消防安全管理规定》[1] 和国务院颁布实施的《消防安全责任制实施办法》[2]。但公安部 61 号令是 2002 年开始实行的，已有近 20 年没有修订；而《消防安全责任制实施办法》尽管是 2017 年实施的，但 2018 年党和国家机构就开始了大范围改革，许多规章条目已经同实际情况不相适应。而且这些规定中的规定条文大多都是十分专业的术语，内在的逻辑和规定不是很通俗易懂，专业人士想要完整掌握都需仔细研读，更不要提在缺乏专业培训指导的前提下社会单位这些消防“业外”人士的掌握了。因此这些规章制度亟待根据现实情况进行修订，以解决社会单位在自主管理上出现的新情况和新问题。

2.4 社会单位消防安全自主管理违法惩戒力度较低

受传统监管模式和法律规章制度的影响，社会单位在自主管理上的违法“成本”较低，按照现行相关法律法规的规定，发现的实体隐患的处罚力度远远大于消防安全管理上出现的问题，这直接导致了社会单位将更多的精力放在了实体隐患上，而对于自主管理普遍存在轻视甚至是漠视和忽略。缺少强有力的措施倒逼社会单位自主管理的落实也是一个很突出的问题。

2.5 社会单位消防安全专业技术人才匮乏，使其在管理上“无所适从”

就当前情况来看，社会上普遍存在消防专业技术人才匮乏、远远不能满足当前社会单位普遍需求的情况。按照现行消防技术规范要求，设有自动消防设施的消防控制室值班人员最少需要 6 人持证上岗[3]。受薪资待遇少、社会上持证率低、人才流失大、体制改革考试停考等诸多方面的原因，极少有社会单位能够配齐配足 6 人以上控制室的值班人员进行值班值守。而且当前消防安全管理规定较之以往越来越严格，一些地方已经明确要求高层建筑、大型商业综合体的消防安全管理人须持有消防工程师证书才能任职，但消防工程师的通过率在全国来看还是很低，缺口很大，不能有效地支撑起这些政策的落实落地。

2.6 消防救援机构等监督执法部门普遍存在“重实体隐患、轻管理制度”的现实情况

长久以来，消防救援机构在开展监督执法过程中更多地倾向于检查社会单位的实体性隐患，认为实体性隐患是社会面火灾防范上的“大敌”，自觉和不自觉地使消防救援机构采取了“保姆式”和“大包大揽式”的执法模式，感觉不上门检查实体隐患、不上门发现实体问题，就不放心社会单位的消防安全。虽然近年来针对社会单位自主管理推行了“三自主、两公开、一承诺”机制，但消防救援机构在监督检查过程中也很少注意其落实情况，使这些新政策的意义无非是在单位门口多了一块展板而已。久而久之在社会上逐渐形成了社会单位的消防安全就是消防部门一家独揽的事，社会单位只要在执法检查时不出现问题甚至出现问题交点罚款就能应付过去的错误倾向，导致社会单位的自主管理在无形中成了一句空话。

3 如何推动做好社会单位的消防安全自主管理工作

3.1 建章立制，制定完善相关法律法规和配套制度政策

要继续搭建好顶层设计，制定并修订完善各项法律法规和规章制度，并针对社会单位的自主管理出台专门的规章制

度。并且要在国家层面制定出台总体依据的基础上，赋予各地根据现实情况自主制定规章制度的选择权，不能以偏概全，一蹴而就。同时，针对广大社会单位负责人和员工绝大多数都不是消防业内人士，而是消防安全管理方面的“业外人士”的实际，在制定和修订各项规章制度时要避免用晦涩难懂的语言和复杂的逻辑内容规定相关内容，要用通俗易懂和简单明了地表达让广大社会单位可以“自学成才”“一学就会”，实际操作执行过程中才方便可行。

3.2 多措并举，实现社会单位由“我被管”向“我要管”的转变

要想实现社会单位的消防安全自主管理，还要着眼于社会单位的本身，从根本上让广大社会单位认识到自主管理的重要性和紧迫性。首先消防救援机构等消防安全监管部门要从转变日常监督执法重点、宣传教育等多方面入手，改变以往的监督执法模式。真正实现由“查隐患向查管理”的转变，通过检查各社会单位的自主管理情况来倒查隐患治理情况，继续巩固和深化“三自主、两公开、一承诺”的自主管理机制，通过每一次执法给社会单位进行潜移默化的自主管理的宣传教育。另外要在下一步修订法律法规和规章制度时，增加相应的自主管理方面的惩戒要求的内容，提高自主管理违法惩戒的“成本”，倒逼其主体责任落实。通过以上手段促使其尽快改变以往管理上过度依赖执法部门、日常管理无事可做，甚至是忽略自主管理的错误做法，真正实现社会单位由“我被管”向“我要管”的转变。

3.3 创新举措，加大消防安全专业技术人才的培养力度

针对当前社会面上消防专业技术人才严重缺失、社会单位留不住消防人才、不会管理的突出问题和矛盾。重点要解决的就是人的问题，要在优化营商环境上做足文章，一方面继续鼓励消防安全从业人员取得消防工程师证书，配齐配足控制室值班人员，进一步降低报考相关资格证的门槛和要求，减少相关从业经历的限制，做到“宽进严出”；另一方面，在当前消防工程师等专业技术人员普遍缺少的情况下，各项规章制度可以暂时先不明确将消防工程师等相关资格作为其从业的前置条件，尽量减少执法部门的执法操作难度和压力。可以明确时间阶段和任务节点，通过全社会的共同努力，力争在几年之内提升消防工程师以及中、高级控制室操作人员的持证上岗率，为社会单位的自主管理提供可靠智力支撑。

3.4 推动利用高科技手段介入社会单位自主管理

推动社会单位自主管理向纵深开展，还要积极依托高科技手段对社会单位进行全方位监督和指导，避免出现消防救援机构在实现由“查隐患向查管理”转变后出现的监管盲区。可以积极推广利用消防远程监控系统、“智慧消防”“互联网+”监管平台开展线上大数据平台进行系统分析，及时采取线上业务指导，帮助其开展自主管理工作，同时将各社会单位的实时动态可以无缝隙地传递给监督执法部门，随时掌握其运行动态。另外，消防救援机构等监督执法部门也要深入各社会单位开展线下的实地指导，以确保自主管理工作可以高效率完成，助推社会单位整体消防管理工作水平的提升，真正夯实社会面消防安全“防火墙”。

4 结束语

本文通过对社会单位消防安全自主管理的研究和思考，提出了几点不成熟的意见和建议，以期为创新社会单位消防安全监管模式，提升整体消防安全管理水平贡献自己的绵薄之力。

参考文献

［1］中华人民共和国公安部．《机关、团体、企业、事业单位消防安全管理规定》［M］北京：中国法制出版社，2002.

［2］公安部消防局．《消防安全责任制实施办法释义与解读》［M］北京：中国社会科学出版社，2018.

［3］公安部消防局．《建筑消防设施的维护管理》［M］北京：中国标准出版社，2011.

基于 CiteSpace 可视化分析我国消防监督研究热点和未来展望

刘　虎　叶耀东

（中国人民警察大学，河北　廊坊）

摘　要　目的：分析我国消防监督的研究现状、热点及发展趋势，为我国消防工作及研究的发展提供参考。方法：检索中国知网（CNKI）数据库，选取“消防监督”“消防监督技术”为检索词，检索 2011 年 1 月 1 日—2021 年 12 月 31 日年发表的文献，采用 CiteSpace 5.7.R2 软件对样本文献作者、研究机构、关键词进行知识图谱的可视化分析。结果：共纳入有效文献 970 篇。2011—2021 年发文量呈现逐年上升趋势。2020 年数量增加较为显著，2021 年数量达到顶峰为 176 件。消防监督工作热点集中在主题聚类显著的火灾事故、消防工作、城市化、管理工作、危险性。结论：物联网、互联网等一些新技术的发展成为消防监督研究的热点。

关键词　消防监督　研究热点　趋势　CiteSpace

1 资料与方法

1.1 数据来源

检索中国知网（CNKI）在高级检索中设置：主题“消防监督”，发表时间为 2011 年 1 月 1 日—2021 年 12 月 31 日，来源期刊选择全部期刊，检索时间为 2022 年 4 月 2 日。

1.2 纳入与排除标准

1.2.1 纳入标准

符合主题、公开发表的期刊论文。

1.2.2 排除标准

①重复发表文献；②综述；③征文通知、会议纪要、稿约等。

1.3 研究方法

本研究使用 CiteSpace5.7.R2 软件，对不同时期的消防监督的研究热点和趋势进行计量学分析。按纳入与排除标准进行筛选，最终纳入 970 篇文献。将纳入的文献记录以 Refworks 的格式导出，记录包括标题、作者、摘要、关键词、期刊等信息，以 download_.txt 文件名保存，利用 CiteSpace5.7.R2 软件中自带的格式转换器进行转换。

2 结果

2.1 论文量与趋势分析

论文数量趋势一定程度上可以反映出消防监督研究领域的发展状态、热度和趋势[1,2]。统计该技术主题历年论文数量及其增长率，历年论文数量及其累积数量，如图 1、图 2 所示。该技术主题论文总量 970 件，总体呈现递增趋势，2020 年数量增加较为显著，2021 年数量达到顶峰为 176 件。

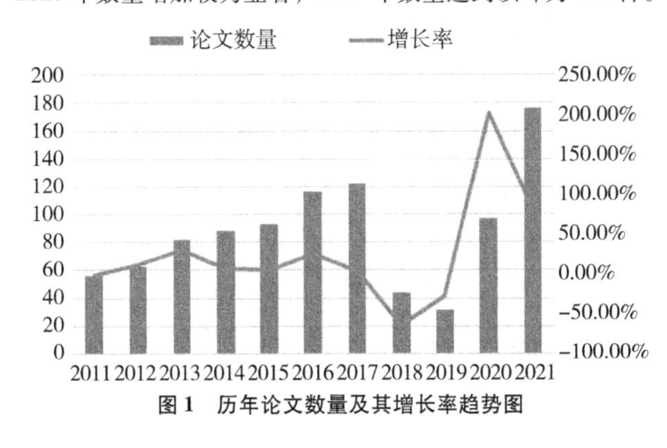

图 1 历年论文数量及其增长率趋势图

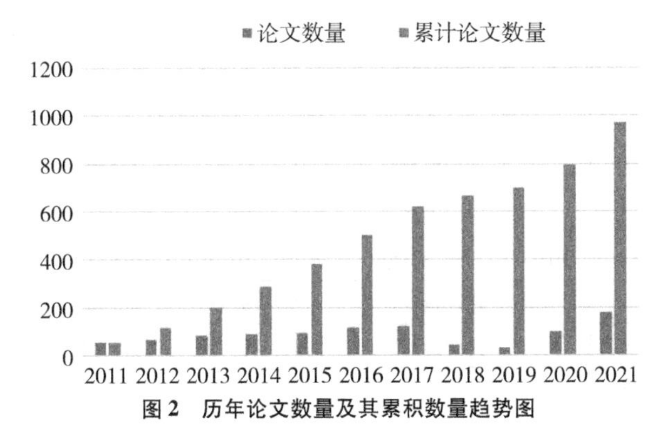

图 2 历年论文数量及其累积数量趋势图

2.2 资助项目分析

统计该技术主题资助项目分布比见表 1，排序前 5 位的分别为项目名称：基于熵权-层次分析理论的住宅项目消防安全评估方法的研究、项目编号：2020YK044、中国智慧工程研究会“十四五”规划重点课题，《智慧建造的设计管理与教学研究》，（课题批准号：CIL20201，CIL20201-011）的研究成果、国家计划项目“安全生产监管大数据平台关键技术研究与应用示范”（Z161100001116010）、应急管理部天津消防研究所基科费项目（2018SJ22），数量分别达到 1、1、1、1、1。

表 1 主要资助项目数量表

序号	资助项目	数量
1	项目名称：基于熵权-层次分析理论的住宅项目消防安全评估方法的研究	1
2	项目编号：2020YK044	1
3	中国智慧工程研究会“十四五”规划重点课题，《智慧建造的设计管理与教学研究》，（课题批准号：CIL20201，CIL20201-011）的研究成果	1
4	国家计划项目“安全生产监管大数据平台关键技术研究与应用示范”（Z161100001116010）	1
5	应急管理部天津消防研究所基科费项目（2018SJ22）	1
6	中南大学中央高校基本科研业务费专项资金资助（2013zzts049）	1
7	基于浙江省政府信息化项目《消防数据共享、分析和集成展示平台》	1
8	中国建筑科学研究院自筹资金资助项目（20140111330730062）	1
9	公安部消防局重点攻关项目（2013XFGG05）	1
10	科技部国家软科学项目“深化我国行政管理体制改革若干重大问题研究（2010GXS1B025）”	1

2.3 技术主题分布

技术主题图是进行技术主题布局分析的典型计量学方法之一。绘制消防监督主题分布，如图 3 所示。图中每个点表示一个技术热点词，词与词之间的平面距离与词之间的关系强度成正比；颜色深浅度形成等高线，表示该词词频数量多少与密集程度；等高线中心山峰区域表示一个技术主题聚类。

图 4 展示了消防监督的主要研究热点大体围绕以下热点词进行：主题聚类显著的火灾事故、消防工作、城市化、管理工作、危险性；消防设施、建筑物、防火门、建筑工程、建筑行业；监督管理、综合体、重要性、建设工程；信息化、信息技术、工作效率、管理系统、工作人员。抽取的热点主题词排序详见附表，该表更加全面地展示了消防监督主题发展历程中最受关注的技术主题词。

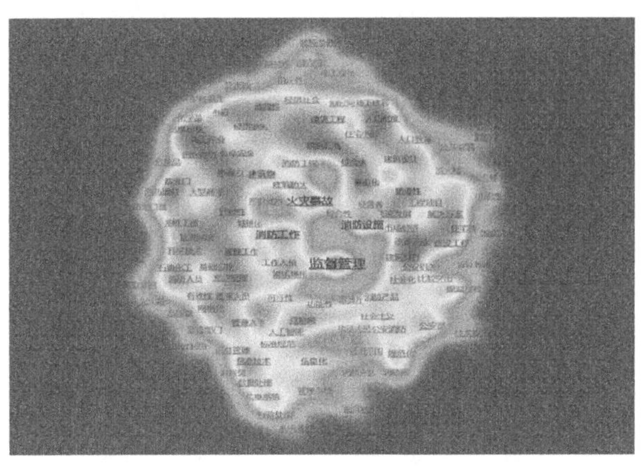

图 3 主题分布图

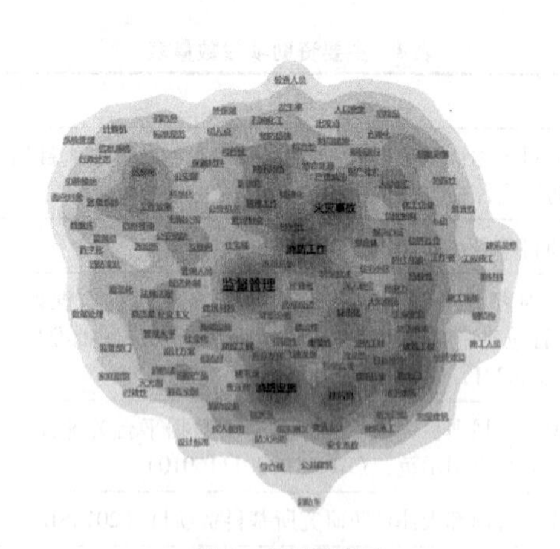

图 4 主题聚类图

2.4 关键词分布与演化分析

2.4.1 关键词分布

绘制关键词分布如图 5 所示，该图展示了消防监督的主要关键词分布：关键词聚类显著的消防监督、物联网技术、消防管理、应用、物联网；消防、监督管理、监督、管理、火灾；消防监督检查、问题、对策、防火门、原因；消防安全、消防设施、监督检查、火灾隐患、建筑；高层建筑、防火监督、消防隐患、策略、重要性；消防监督管理、消防安全管理、火灾危险性、大型商业综合体、消防安全隐患。关键词聚类如图 6 所示。

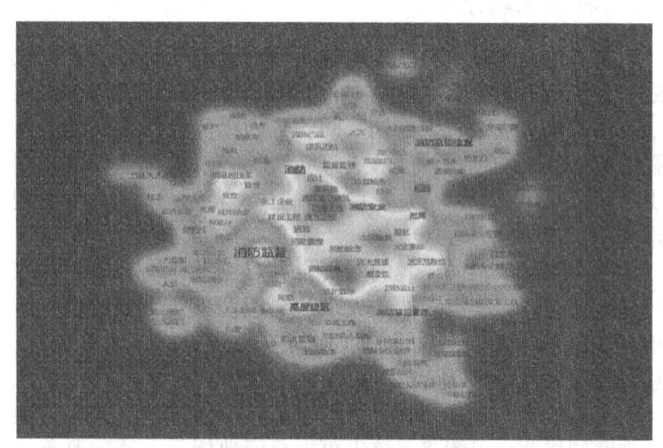

图 5 关键词分布图

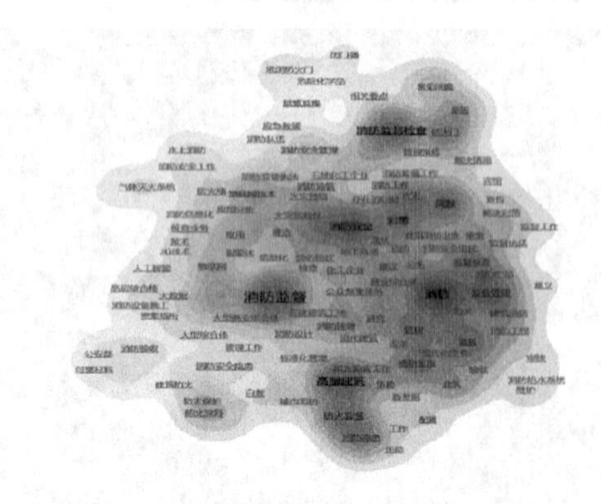

图 6 关键词聚类图

2.4.2 关键词演化

提取历年主要关键词趋势如图 7 所示。据图可知，2011~2015 年主要为［消防监督］、［消防］、［对策］、［消防安全］、［消防监督管理］、［问题］、［高层建筑］、［消防监督检查］、［监督］、［火灾隐患］；2016~2020 年主要为［消防监督］、［消防］、［消防监督检查］、［高层建筑］、［问题］、［防火监督］、［监督管理］、［防火门］、［消防安全］、［对策］；2021 年以后主要为［消防监督］、［高层建筑］、［消防监督检查］、［防火监督］、［物联网技术］、［防火门］、［消防监督管理］、［问题］、［消防安全］、［消防］。

2.5 期刊分布与演化分析

2.5.1 期刊分布

统计该技术主题期刊论文总量及其占比如表 2，排序前 5 位的分别为消防界（电子版）、今日消防、科技创新与应用、消防技术与产品信息、消防科学与技术，数量分别达到 118、77、65、49、34。

表 2 主要期刊论文数量表

序号	期刊	论文数量	比重
1	消防界（电子版）	118	12.165%
2	今日消防	77	7.938%
3	科技创新与应用	65	6.701%
4	消防技术与产品信息	49	5.052%
5	消防科学与技术	34	3.505%
6	低碳世界	29	2.990%
7	山西建筑	27	2.784%
8	水上消防	26	2.680%
9	江西化工	23	2.371%
10	中国新技术新产品	20	2.062%
11	科技资讯	15	1.546%
12	武警学院学报	15	1.546%
13	黑龙江科技信息	15	1.546%
14	科技与企业	14	1.443%
15	四川水泥	12	1.237%
16	科技创新导报	12	1.237%
17	中国消防	10	1.031%
18	中国石油和化工标准与质量	9	0.928%
19	建设科技	9	0.928%
20	江西建材	9	0.928%
21	城市建筑	8	0.825%
22	中国设备工程	7	0.722%
23	电子世界	7	0.722%
24	民营科技	7	0.722%
25	科技与创新	7	0.722%
26	中国公共安全（学术版）	7	0.722%
27	科技展望	7	0.722%
28	中国科技信息	6	0.619%
29	科学技术创新	6	0.619%
30	化工管理	6	0.619%

2.5.2 期刊演化

提取历年主要期刊论文趋势如图 8 所示。据图可知，2011~2015 年主要为［消防技术与产品信息］、［科技创新与应用］、［消防科学与技术］、［水上消防］、［江西化工］、［科技与企业］、［山西建筑］、［武警学院学报］、［黑龙江科技信息］、［中国新技术新产品］；2016～2020 年主要为［消防界（电子版）］、［科技创新与应用］、［今日消防］、［低碳世界］、［消防技术与产品信息］、［山西建筑］、［消防科学与技术］、［四川水泥］、［中国新技术新产品］、［江西建材］；2021 年以后主要为［消防界（电子版）］、［今日消防］、［科技创新与应用］、［低碳世界］、［中国设备工程］、［科技资讯］、［现代盐化工］、［中国高新科技］、［冶金管理］、［中国石油和化工标准与质量］。

2.5.3 机构期刊交叉分析

统计各机构在期刊的分布情况，如图 9 所示。［水上消防］倾向于［水上消防］；［中国消防］倾向于［中国消防］；［青岛市消防救援支队］倾向于［今日消防］、［中国新技术新产品］、［建设科技］；［淄博市消防救援支队］倾向于［今日消防］；［中国人民武装警察部队学院］倾向于［消防技术与产品信息］。

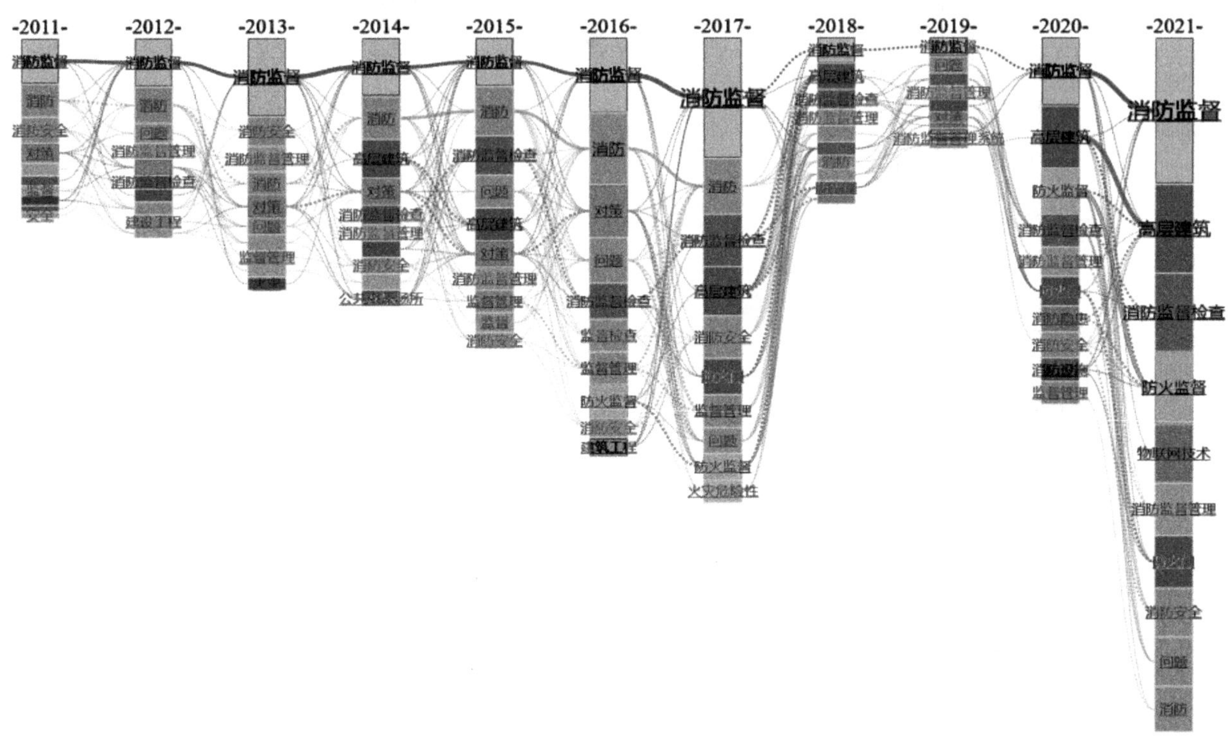

图 7 关键词演化趋势图

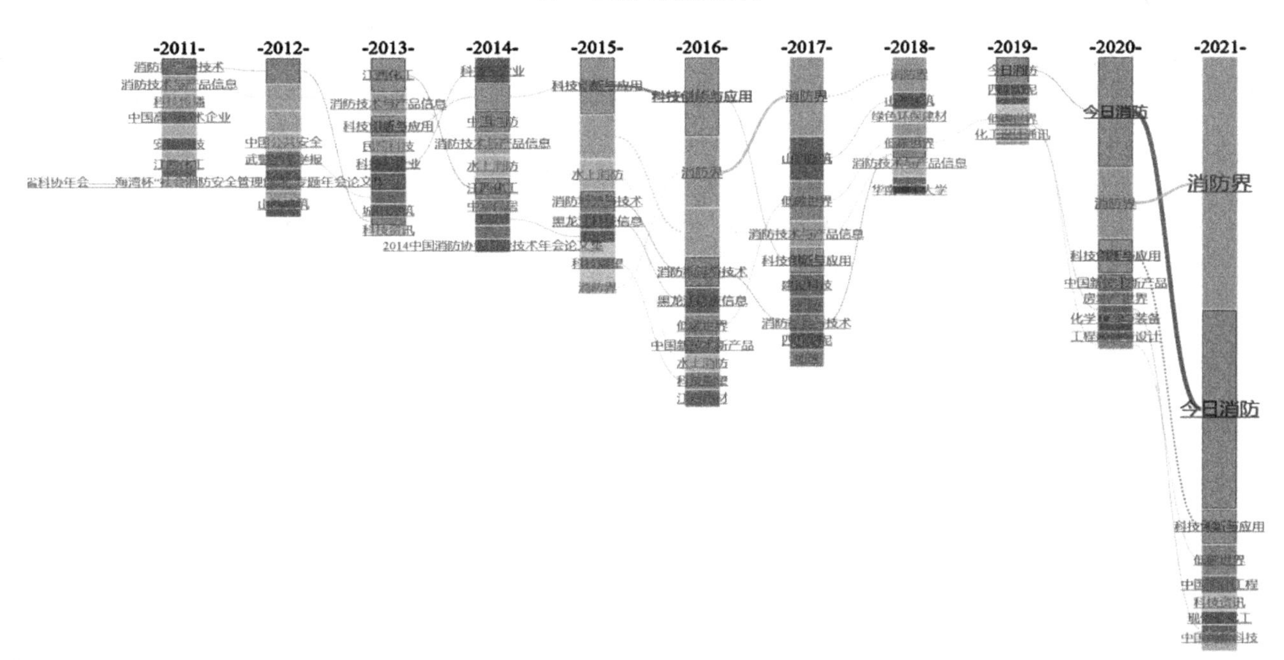

图 8 期刊演化趋势图

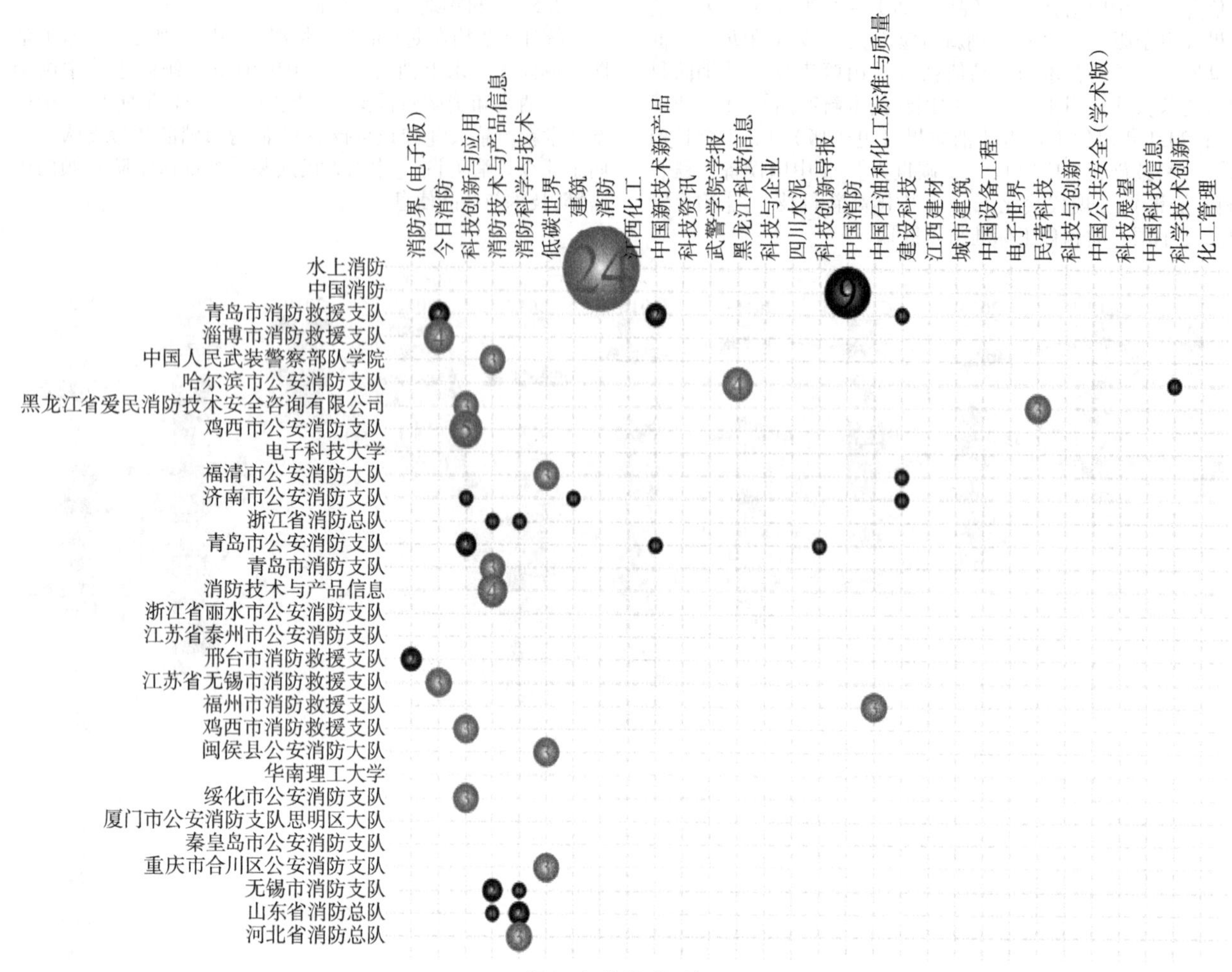

图 9 机构期刊矩阵图

2.6 作者合著与竞争分析

2.6.1 作者论文趋势

提取历年排序靠前作者绘制作者演化趋势图如图 10 所示。2011~2015 年主要为［顾正军］、［陈超］、［许飞］、［陈开谋］、［刘伟］、［钟惠芬］、［孟庆祝］、［肖峰］、［王磊］、［刘辉］；2016~2020 年主要为［刘蕊］、［高风贵］、［陈帆］、［郭玉伟］、［谢翀］、［吴苏红］、［方莉］、［张微笑］、［贾振宇］、［冯皓婷］；2021 年以后主要为［王宇光］、［邢明远］、［刘长涛］、［任丽娟］、［李晓东］、［贾峰］、［李征］、［王程］、［陆贺］、［焦亮］。

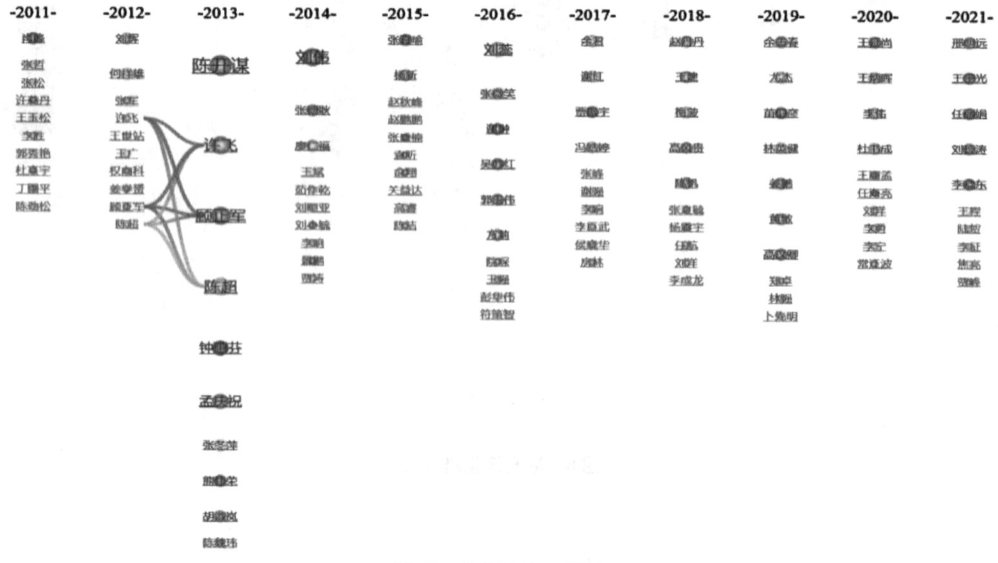

-2011- -2012- -2013- -2014- -2015- -2016- -2017- -2018- -2019- -2020- -2021-

图 10 作者演化趋势图

2.6.2 作者技术侧重与技术关联

利用文本挖掘技术，挖掘作者技术主题词侧重，计算作者之间的技术关联强度，揭示作者之间的技术竞争，如图11所示。图中节点大小与论文文献数量多少成正比，图中连线粗细与作者之间的技术关联强度成正比。节点标注文字为该作者名称及其应用最多的三个技术主题词和论文学科类别编码。图中主要作者技术侧重参见附表。

关联关系显著的苗伯彦、高勇、刘慧英、孟庆祝、王宇光、孙伟、闻佳、刘鹏、匡文杰、任丽娟；高汉卿、王磊、陈帆、高风贵、余君、刘蕊、邢明远、李晓东；顾正军、陈超、许飞、刘长涛、吴高昊；刘伟、赵晋、林佳冬、曹旭艳；陈开谋、钟惠芬。

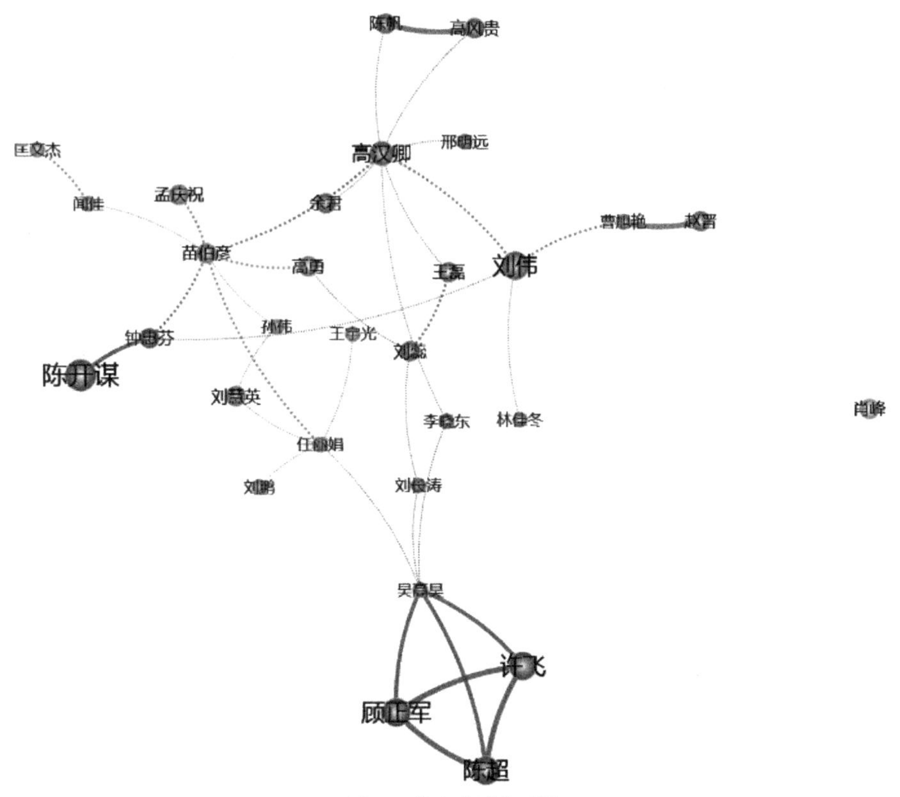

图11 作者关联关系图

从主题角度看，苗伯彦、高勇、刘慧英、孟庆祝、王宇光、孙伟、闻佳、刘鹏、匡文杰、任丽娟侧重于［火灾事故］、［监督管理］、［现实意义］、［复杂性］、［功能性］；高汉卿、王磊、陈帆、高风贵、余君、刘蕊、邢明远、李晓东侧重于［工作者］、［监督管理］、［危险性］、［消防工作］、［财产损失］；顾正军、陈超、许飞、刘长涛、吴高昊侧重于［监督管理］、［建设工程］、［公安部］、［高层住宅］、［国家标准］；刘伟、赵晋、林佳冬、曹旭艳侧重于［飞速发展］、［管理工作］、［合理化］、［化工企业］、［基层单位］；陈开谋、钟惠芬侧重于［消防设施］、［遍布全国］、［家庭旅馆］、［家庭式］、［监管部门］（图12）。

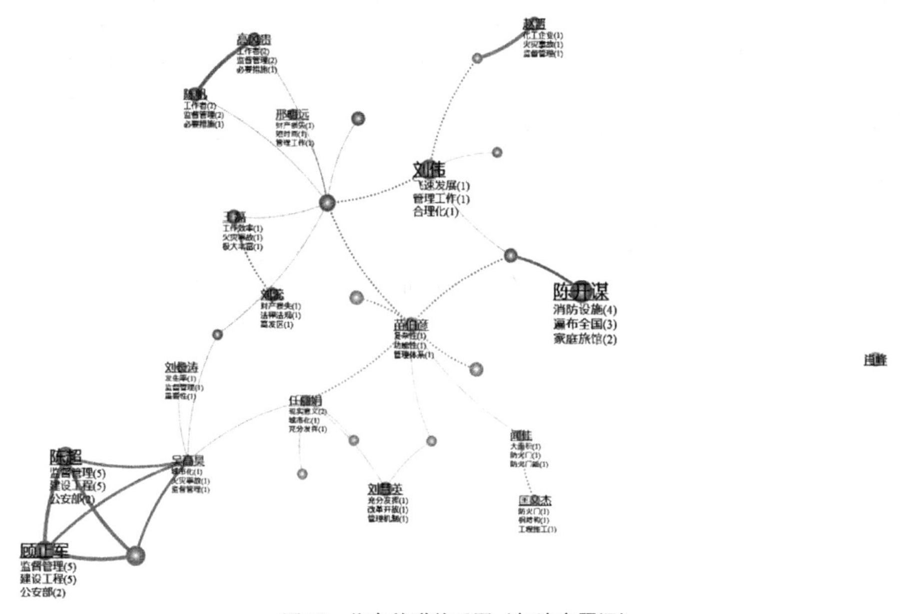

图12 作者关联关系图（标注主题词）

从关键词角度看，刘伟、王磊、苗伯彦、刘蕊、肖峰、邢明远、孙伟、刘长涛、闻佳、刘鹏、匡文杰、吴高昊侧重于［消防］、［对策］、［人员密集场所］、［问题］、［高层建筑］；陈开谋、高汉卿、余君、刘慧英、钟惠芬、林佳冬、任丽娟、李晓东侧重于［火灾隐患］、［技术标准］、［家庭旅馆］、［建筑消防设施］、［设计标准］；高勇、陈帆、高风贵、孟庆祝、王宇光侧重于［消防监督］、［高层建筑］、［工作策略］、［密集场所］、［人员］；顾正军、陈超、许飞侧重于［规定］、［建设工程］、［探讨］、［消防监督］、［《建设工程消防监督管理规定》］；赵晋、曹旭艳侧重于［改革策略］、［化工企业］、［监督管理机制］、［开发］、［石油化工企业］（图 13）。

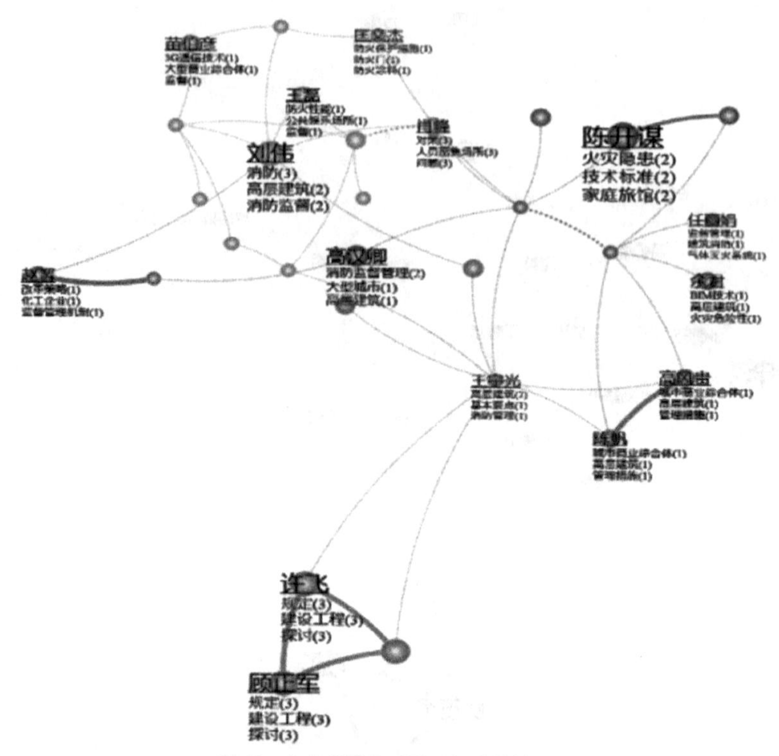

图 13　作者关联关系图（标注关键词）

3　总结与展望

（1）总的来看，国内消防监督领域的发文量呈逐年上升趋势，研究机构主要集中在高校和消防队；水上消防、中国消防、青岛市消防救援支队、淄博市消防救援支队、中国人民武装警察部队学院形成中心学术研究网。

（2）从关键词分析来看，研究场所主要集中在高层建筑、化工企业、密集场所、家庭旅馆等场所，随着一些物联网技术、互联网技术、云计算技术的发应用不断加深，这些技术内容为消防监督工作的开展提供了强有力的技术支撑，大大提高了工作效率[3,4]。

（3）在消防监督工作开展过程中，运用新的信息化技术和科技手段，能够更好地减少传统模式所带来的弊端[5,6]。在以往的传统技术体系下，消防监督工作在实施中存在的问题相对较多，消防监督效率相对较低，消防监督工作的体系建设也存在一定的问题。新的方式方法和技术手段，来取代或扭转消防监督工作效率低下的现状，使消防监督工作有序进行。

参考文献

［1］隋春明，逄金辉．基于 CiteSpace Ⅲ 的我国创新管理知识图谱分析［J］．图书情报工作，2017，61（S1）：99-107.

［2］赵丙军，王旻霞，司虎克．基于 CiteSpace 的国内知识图谱研究［J］．图书情报工作网

［3］刘权文．石油化工企业消防监督检查的重点及对策［J］．清洗世界，2022，38（03）：144-146.

［4］宋作俊．仓储物流场所防火设计与消防监督管理研究［J］．今日消防，2022，7（03）：82-84.

［5］杨巍巍．探讨物联网技术在消防监督管理中的应用［J］．今日消防，2022，7（03）：30-32.

［6］张磊．新技术在消防监督工作中的应用［J］．消防界（电子版），2022，8（05）：97-99. DOI：10.16859/j.cnki.cn12-9204/tu.2022.05.026.

新形势下改进消防监管工作探析

夏海峰

（苏州市消防救援支队，江苏　苏州）

摘　要　随着现代社会经济的持续发展，安全已经成为人们所关注的最重要的问题之一，而消防安全则是社会安全的重要内容，因此持续加强消防监督管理极为重要。在本文中，将针对我国消防体制改革后在消防监督管理方面的问题展开讨论，深入分析当下存在的主要问题，并针对这些问题提出具有针对性的改善措施，从而希望能够对促进地区消防监督管理的效果产生一定的积极影响。

关键词　消防监管　消防安全　体制改革　监管效能

1　引言

在当前消防体制改革的大背景下，消防事业发展进入了崭新的时代。消防监管模式发生重大变化，面对“从单一监管向综合监管转变、从管事向管人转变、从查隐患向查责任转变”的新路子，消防工作治理体系和治理能力面临着巨大挑战。消防执法作为火灾防控的重要手段，其实施效果构成评价改革成效的重要支撑。笔者结合工作实践，谈一些个人粗浅的认识和思考。

2　当前消防监管工作面临的困境

2.1　现行消防法律法规滞后于消防执法改革进程

《中华人民共和国消防法》（以下简称《消防法》）已于2019年4月23日修正，但为了适应消防体制改革需要仅对消防机构称谓、部门职责划分等做了原则性修改，未能体现国家综合性消防救援队伍的定位，在监管模式、尺度等方面也未具体修订，滞后于实现消防治理体系和治理能力现代化需求。同时，相关配套法规规章仍未出台，目前消防救援机构仍然沿用公安部门制定的执法程序规范，在一定程度上与消防救援机构工作实际不相适应。[1]

2.2　基层消防监管力量缺位和断层

目前多数镇、街道未设置专门的消防职能部门，消防监管工作在基层“短腿”“无腿”问题日益凸显。部分镇、街道消防安全委员会缺乏完善的运行机制，消防工作办公室“空转”，不能发挥本地区消防工作统筹协调作用。县（区）级以下政府派出机构中无消防救援部门，对分布在乡镇街道的大量小单位、小场所基本由公安派出所实施监管，当前受消防体制改革和消防法律法规不完善影响，根据省公安厅下发的《关于加强和规范公安派出所消防安全监管工作的指导意见》，公安派出所主要负责日常消防监督检查、开展消防宣传教育，原承担的火灾隐患类行政处罚不再受案办理，对发现的火灾隐患等消防违法行为书面抄告消防救援机构进行处理，导致原兼职消防民（辅）警的消防参与度降低，公安派出所消防执法萎缩，基层监管和单位管控力度下降。

2.3　执法理念有待转变

当前消防监督员传统惯性思维仍未解放，工作开展还是习惯老套路、土办法，更多侧重于火灾发生后影响疏散、造成火灾蔓延扩大等方面的“硬件”问题，忽视了对单位消防安全责任人和管理人是否履行消防安全职责等“软件”的检查，往往“见物不见人”。其原因在于我们对隐患的认识还停留在具体的违法行为、单独的故障问题上，对这些隐患背后“人的因素”重视不够。

2.4　执法力量制约执法水平

在现有消防监督力量下，消防监督人员还担负着案件调查处理、对外协调、数据统计、业务指导等诸多任务，且带有突发性、临时性特点的专项行动又时有开展，消防监督力量无法满足工作需要，一定程度上牵制了消防监督工作开展。现有执法力量业务能力也参差不齐，从执法质量考评来看，执法不规范问题始终未得到有效整改，未调证就处罚、处罚依据错误、文书记载不全面、案件执行率未达到100%等现象时有发生，系统和纸质案卷经不住核实。执法质量参差不齐极大地降低了执法公信力，令整体消防救援队伍的形象打折扣。

2.5　在推动主体责任落实上仍需攻坚克难

推动主体责任落实是我们消防监管模式转变的重中之重。部分社会单位负责人以经济效益为先，在“守法成本高、违法成本低”的利益驱动下，不愿以确定的投入去预防不确定的不利后果，心存侥幸，想方设法降低消防工作标准，回避责任，主体责任落实不到位的情况较为明显。部分社会单位在管理体系内没有明确消防安全专门管理人及其职责，更没有消防岗位资质的准入门槛，单位消防工作无人管理或者不会管理。不少社会单位的控制室值班人员对消防控制设备的操作不够熟练，有的甚至还存在脱岗现象。有的社会单位反复被下责令改正通知书，但隐患问题不断出现，甚至有的被处罚单位仍然不吸取教训，故技重施。

3　提高消防监管效能的几点建议

3.1　谋篇布局，为消防监督执法提供法律保障

中央和地方对“十四五”规划的制定高度重视。应急管理部和消防救援局也多次组织专题会议研讨“十四五”消防规划工作。我们应借助深化消防执法改革的有利契机，趁势而上，在“十四五”消防规划框架内科学规划消防法律法规制修订工作，对标消防救援机构所应承担的职责、面临的形势和任务，加快《消防法》《消防监督检查规定》等重要消防法律法规规章的制修订工作，在法律框架内阐释消防综合监管的概念，法定化“双随机监管”，引入第三方技术服务辅助监督模式。针对单位职责的规定主要是《消防法》第16、17条，要求比较原则，内容相对简单，责任不够细化。而《中华人民共和国安全生产法》则有完整的一章规定生产经营单位的安全生产保障。应当借鉴学习，专设一章“社会

单位消防安全管理”，扩展延伸《消防法》相关条文规定，吸纳《机关团体企业事业单位消防安全管理规定》、国务院15号文件、46号文件以及《消防安全责任制实施办法》中行之有效的经验、做法。[3]

3.2 多措并举，加强基层消防监管工作

一是督促镇政府、街道办事处认真履行法定职责。各级消防安全委员会办公室应当实体化运作并逐级备案，承担统筹协调消防规划及公共消防设施建设、消防力量发展、组织消防安全综合治理、开展消防监督执法等工作职责。二是压实公安派出所职责。加大对小单位、小场所的消防监督执法力度，大力破解失控漏管问题。三是强化消防网格化管理。在网格化社会治理信息平台中纳入消防管理模块，完善“大数据+网格化+铁脚板”的基层火灾防控工作机制，通过信息化手段实现数据流、信息流、工作流的集中统一和闭环管理，打造隐患发现、上报、整改、反查的闭环工作流程。四是赋予街镇综合执法消防行政处罚权限。按照国家关于乡镇街道综合行政执法体制改革的要求，积极作为，探索采取委托执法的方式，将消防安全职责嵌入“多网合一”的基层综合行政执法队伍，确保末端防控形成闭环。

3.3 拓宽渠道，发挥社会杠杆作用

随着国家“放管服”改革的深入推进，诚信建设工作愈加迫切。应急管理部消防救援局在去年年底印发了《消防安全领域信用管理暂行办法》，应当加速消防安全与信用体系建设的深度融合，主动与地方信用主管部门对接，定期公布单位消防安全不良行为，纳入保险、信贷等社会信用体系，配套实施联合惩戒，全面落实“事前定标准、事中强监管、事后严追责、信用管终身”的全链条监管。提高火灾保险的覆盖率和渗透率，充分发挥保险的经济杠杆和社会调节作用。结合被保险人的火灾危险性和火灾风险管理能力，设置“奖优罚劣”的保险费率浮动机制，提高投保人的消防安全意识，倒逼单位自觉提升消防安全管理水平。

3.4 提质强能，打造高素质执法队伍

一要主观塑造。通过党建引领，政策宣贯等形式，解决部分执法人员大局观不强、政策认识不清、观念守旧不前、服务意识不强的问题。二要外引内培。对外通过人员招录有计划的招录一批高学历、高素质人才，特别是法律、火灾调查等专业人员，充实消防执法队伍；对内加强执法培训，通过定期培训、岗前培训、示范引领等方式，着力提升消防执法队伍整体能力。三要激发活力。通过设立科学的消防监督执法人员考核评价机制，选拔晋升机制，鼓励干事创业，激发执法人员工作的积极性、主动性，改变过去“干好干坏一个样”的局面，营造“新体制不养闲人，不作为就要出局”的浓厚氛围。

3.5 综合施策，提升消防监管效能

一是把握重点。狠抓“责任”和“人”这个关键。认真落实“双随机一公开”消防执法模式，切实把督促责任落实作为监管的核心要义，把监管重点从事前审批向加强事中事后监管转变，注重监管方式由管事向管人转变，由查隐患向查单位主体责任是否落实转变，逐渐构建以责任制为牵引，以消防安全责任人和管理人为重点的消防安全管理格局，扎实推动消防安全主体责任的落实。大力推进大数据时代的消防治理创新，更加注重科学治理，充分运用大数据，努力实现对各种风险隐患的自动识别，并运用到消防执法的各个领域，有效提升火灾防控的精准性和靶向性。

4 结束语

消防执法改革是消防执法领域的一场深刻变革。身为防火监督人员，我们必须要深刻理解改革的本质，以应急管理部消防救援局《关于改进消防监管强化火灾防范工作的意见》为指引，转变执法观念，提升监管能力，切实以“简政放权、放管结合、优化服务”为核心，促进消防执法队伍的大转型，以更加顺应时代的执法理念、更加科学高效的执法程序、更加严谨合规的执法手段全面强化消防安全的监管行为，为更加良好的营商环境、更加规范的市场秩序不断进化升级，努力打造新时代消防执法队伍新形象。

参考文献

[1] 于佳峰．加强新形势下消防监督管理工作的研究[J]．消防界（电子版）．2020（24）：80-81．

[2] 彭蕾，唐林泉．关于当前消防监督管理工作的几点思考[J]．消防界（电子版）．2021（01）：96-97．

[3] 薄建伟．从几个基本概念谈对消防监督管理机制模式改革的一些认识[J]．中国消防．2020，（06）：55-57．

天津大港石化产业园区消防安全问题及对策研究

周 源

（天津市滨海新区消防救援支队大港大队，天津）

摘 要 大港石化产业园区给地区经济带来巨大贡献的同时，由于其建设时间长、产业定位不清晰、设施设备老化等潜在风险，易给人民群众生命财产造成巨大损失，给园区的生产运营造成深远的负面影响。本文系统分析了天津市大港石化产业园区的基本特点及其消防安全存在的问题，提出了完善园区准入标准、强化消防安全管理、构建智能化预警体系、加强应急救援队伍建设等对策。

关键词 石化园区 消防安全 预警体系 应急救援 对策

1 引言

天津市大港石化产业园区作为滨海新区南片区内的专业化园区，集聚了国内外较多化工类企业，在天津市化工产业格局中占有很重要地位。天津市大港石化产业园区于2003年成立，起初名为天津市大港区海洋石化科技园区，旨在利

用滨海新区靠海的地理优势，发挥大乙烯大炼油项目落户滨海新区的契机，结合滨海新区现有的石化产业基础，加快石化下游产品研发，促进滨海新区及周边经济的快速发展。石化企业一直是火灾防控的重中之重，滨海新区“6·17”金伟晖生物石油化工有限公司化工装置火灾、“10·28”中外运久凌储运有限公司仓库火灾给园区的消防安全敲响了警钟。2018年以来，石化行业连续发生了四川宜宾“7·12”、张家口“11·28”、盐城“3·21”、义马“7·19”等重特大事故，也反映出我国化工园区安全生产管理基础依然薄弱、安全生产形势依然严峻。

针对石化园区消防安全生产面临的新形势、新任务、新要求，为进一步消除潜在的各类风险隐患，促进石化园区的安全、可持续发展，国务院安委办名义部署开展的专项整治三年行动以及连续多次危险化学品重大危险源企业专项督导检查，也是一种安全监管模式的探索与实践，更是为石化园区消防安全生产形势持续稳定而进行的重要工作。

2 天津大港石化产业园区消防安全特点

天津大港石化产业园区总规划面积55km^2，共有易燃易爆危险品企业30余家，是重要的工业基地，也是我国石油化工全产业链地区之一，经过多年的发展，已初步建成以石油化工、精细化工、现代医药和化工新材料为支撑的特色园区，消防安全形势和灾害事故特点异常复杂，可以概括为“四多、三大、两集中”。

2.1 石化产业园区危险源相对较多

大港石化产业园区主要是石油化工企业多、地下输油输气管线多、危险品运输车辆多、使用危险化学品种类多。园区有石油化工、精细化工、化工新材料、生物制药等诸多企业。其中有大港油田集团有限责任公司天津储气库分公司板中北板中南储气库，是天然气地下储气库，设计储气量15.67亿方，是集季节调峰、事故应急供气、国家能源战略储备等功能于一体的能源基础性设施，设计储气量，储气库群承担着华北地区天然气季节调峰的重任，该库群冬季日采气量可达北京地区用气高峰的1/5，为京津冀地区持续稳定、安全用气打下坚实基础。

2.2 石化产业园区应急处置难度大

大港石化产业园区建成面积约35km^2。天然气、汽油、原油、二甲苯等大量易燃易爆物品、有毒物品的生产、储存、运输，使地区火灾爆炸危险性大。一旦发生爆炸、火灾、泄漏等事故，处置难度大、危害大，如由于组织指挥、装备设施等原因处置不当，极易造成重特大和群死群伤事故。

3 石化园区火灾风险点及存在问题

3.1 基础设施建设不完善

园区建设相对较早，未将现有企业的规模和需求考虑到位，对公共消防设施、水、气、电等基础设施缺乏科学安排和整体规划，造成现有部分消防车通道承重能力无法满足消防车的展开作业，消防取水码头数量不够，电力负荷设计不合理，市政消防管网建设不足，水压达不到现有规范等现象，同时园区整体定位不清晰，整体配套不完善，给园区的安全工作带来很大挑战。

3.2 安全主体责任不落实

近些年，受新冠疫情和国际形势的持续影响，园区内中小型石化企业面临的生存压力剧增，使得在消防安全方面投入的资金不足，或者资金的审批流程变得烦琐，造成各类消防安全管理风险不断增加。安全管理人员更替频繁，使得企业消防安全主体意识不强，消防安全管理机构内人员相关业务知识掌握不熟练，各类机制、制度不健全，无法按照相关规范要求落实消防安全主体责任，发生多米诺效应的可能性大幅度提升。

3.3 日常消防监管不到位

园区内安全监管部门人员数量较少，且大部分为兼职，针对化工类的知识不太熟悉，没有系统的检查和督查手段，无法在监管过程中发现企业运行过程中存在的潜在风险，同时在监管模式、监管主体责任落实、应急救援、教育培训等方面存有偶然性、随意性。园区企业的面积较大、设施设备较多，辖区消防救援支队内防火监督人员仅有6人，负责辖区1100余平方公里的消防监督管理工作，防火监督人员除了日常监督外，还需进行火灾事故处置、宣传教育培训、行业部门推动等日常工作，无法满足日常监管的实际需要。

3.4 设施设备维修不及时

园区内部分企业已运行10余年，智能化监管设施设备与现有技术存在一定差距，且装置设备、工艺流程未能及时更新，厂区建筑、基础设施和电气线路趋于老化，消防安全条件与现行技术标准存在较大差距。同时，部分企业因资金问题，未邀请具有消防维保资质的单位对设施设备进行维保，仅在设备故障时联系厂家维修或更换，维保工作草草了事，且未对整体火灾风险深入开展安全评估，未采取更加严格的人防、物防、技防措施，火灾防控能力的智能化水平不高。

3.5 两支队伍培养不健全

按照相应规范要求，规模以上的企业应建立企业专职队和工艺处置队，各个企业、化工园区均应建立应急处置预案。但在日常检查中发现，部门企业工艺处置队伍人员岗位职责不清楚，空气呼吸器等个人防护及相关器材装备配备不足，普遍存在人员不固定、处置不专业、操作不规范等问题。

同时应急预案没有统一的接口，发生事故时各自为战，应急救援资源未得到充分利用。特别是对标严峻的消防安全形势，大港地区的应急力量相对薄弱，装备配备亟待加强，且规划的消防站尚未建成投用，应对处置重大险情的底气和实力还不够。

4 做好大港石化产业园区火灾防控的相应对策

4.1 完善园区准入标准

结合滨海新区“十四五”规划，园区应进一步理顺园区现状，并对未来消防发展进行分析研判，完善园区基础建设，强化园区消防规划布局和力量建设，加快对园区的消防力量和防控能力建设的提档升级，明确各时期任务目标和资金保障。要引入第三方评估机构，建立完善、系统的安全监管体系，科学配置防控系统最大限度地控制园区安全风险。要提前审核入驻企业情况，针对工艺落后、安全评价低的企业进行一票否决，从源头上降低石化园区的消防安全隐患。

4.2 强化消防安全管理

园区要推动各企业在现有资金保障的基础上，增加安全投入，聘请专业人员进行安全管理，尽量根据现行规范不断的提升防火要求，提高预防的初期扑救能力。要健全完善横向到边、纵向到底的责任制度，明确各级、各岗位的消防安全职责，建立完善品种类型、数量，生产工艺，安全保障措施等工作台账，组织开展每日防火巡查、定期防火检查，并建立巡查记录。要组织开展全员岗位消防安全培训，重点培训消防常识和初期应急措施等内容，提升全体员工的消防安全意识和技能。

4.3 构建智能化预警体系

园区要推动企业依据生产特点，不断提高工艺装置、存储设施的自动化监管控制水平，开展相关工艺、装置的风险分析，合理设置缆式线性等火灾自动报警系统，利用物联技术构建数据空间化、应用可视化和决策智能化的现代消防监管体系，整合汇总园区企业的产品信息，健全对危化品车辆、输转管线、生产工艺的全流程监控机制，逐步完善石化企业消防“大数据云平台”，跟进研发管理系统，实时掌握企业生产、储存信息，探索与接警平台互联互通、深度融合，实现各种状态下地对化工企业事前、事中、事后全过程监控，全面提高园区企业的风险防控水平。

4.4 加强应急救援队伍建设

各企业负责人在保证两支队伍的训练时间的同时，加强企业专职队、工艺处置队与消防站的联勤联动联训，配齐个人防护装备、储备技术人才，提升打赢能力。园区要大力推进专业队建设，落实“一企一策”“一库一单”工作措施，在力量、预案、装备、保障等方面，做足打大仗、打恶仗、打险仗的充分准备。要统一各企业灭火救援预案，定期开展应急演练，邀请相关企业负责人、技术负责人、管理人、其他工艺处置队等专业技术人员开展现场评价，切实分析演练实际情况，提高自身能力素质，做到科学高效处置各类突发情况。

5 小结

本文通过对天津大港石化产业园区现实状况及消防安全特点进行分析，发现了基础设施、主体责任、日常监管、设备设施、两支队伍等方面存在的问题，提出了完善园区准入标准、强化消防安全管理、构建智能化预警体系、加强应急救援队伍建设等对策，对健全石化园区消防安全管理机制具有一定的指导意义，为应对灾害事故做足各项应急救援准备。

参考文献

[1] 赵军，潘金辉．石油化工园区消防安全规划现状及应对策略［J］．化工管理，2015（01）：119.

[2] 许友福．石油化工园区消防建设问题与规划研究［J］．当代化工研究，2021（04）：169-170.

[3] 刘静，李莉．化工园区事故分析及消防安全管理［J］．消防科学与技术，2014，33（11）：1343-1347.

[4] 邵雅雅．化工企业安全生产应急管理及改进策略［J］．化工设计通讯，2020，46（5）：196，226.

[5] 邹飞．化工企业消防安全问题及防火对策研究［J］．当代化工研究，2017（03）：171-172.

[6] 卢亚涛．石油化工企业消防安全问题及防火对策［J］．现代国企研究，2017（04）：28.

浅析新形势下如何提升社会单位“主责主抓”意识和“自管自控”水平

田　林

（天津市消防救援总队宝坻支队，天津　宝坻）

摘　要　通过监督检查，引导社会单位牢固树立“安全自查、隐患自除、责任自负”的理念，全面落实消防安全责任制，自觉履行消防安全职责，强化消防安全自主管理水平和内部造血功能，推进隐患防治及培训宣教工作，全方位增强社会单位火灾防控能力。

关键词　社会单位　主体责任　自主管理　监管执法

1 引言

随着新型城镇化、城乡一体化快速发展，人流车流物流财富流大量集中，“高低大化”等特殊建筑快速发展，火灾荷载日益增大，加之新技术、新能源、新材料等带来的新课题出现在我们面前，时刻考验公共消防服务的承载能力。同时受近几年经济下行影响，一些城乡接合部和农村，低端产业大量聚集，火灾发生概率和防控难度相应增大，各类灾害事故、突发事件呈常态化趋势。目前，消防监督机制仍属于消防部门与社会单位之间“一对一”“无缝隙”的检查模式，消防监督力量与被监管单位数量相比严重失衡。仅仅依靠执法部门监管，无法真正实现点、线、面的综合全面管控，还存有监管空白、执法盲区。如何在经济稳步发展的同时有效预防各类火灾风险，将消防安全管理模式中的“被动整治”化为“主动治理”，要求我们要积极顺应时代潮流，更新监督执法模式，发挥企业能动作用，落实消防安全主体责任，提升单位自主管理水平和内部造血功能。

2 社会单位消防安全管理现状和存在问题

部分社会单位消防安全主体责任意识淡薄、消防安全管理缺失、消防安全规章制度不落实，日常防火巡查、隐患整改不到位，致使发生重特大火灾和群死群伤事故。2016 年河南郑州新世界百货商场、2017 年北京大兴区一综合体建筑、2018 年四川达州一商贸城以及 2019 年江苏盐城“3·21”特别重大爆炸事故，引起了社会各界的广泛关注，给国家和人民生命财产造成重大损失。同时，受中美贸易摩擦和经济下行压力影响，一些企业减少消防安全投入，任意裁减消防管理人员，导致企业消防管理水平和抵御火灾能力下降。此外，我国老旧小区、“城中村”、群租房、“三合一”场所火灾隐患点多量大，不少农村自建房和违章建筑被改造为生产经营场所，这些小单位、小场所较为隐蔽分散、消防安全先天条件不足、消防管理水平低，易酿成“小火亡人”。

图 1 为消防工作的原则。

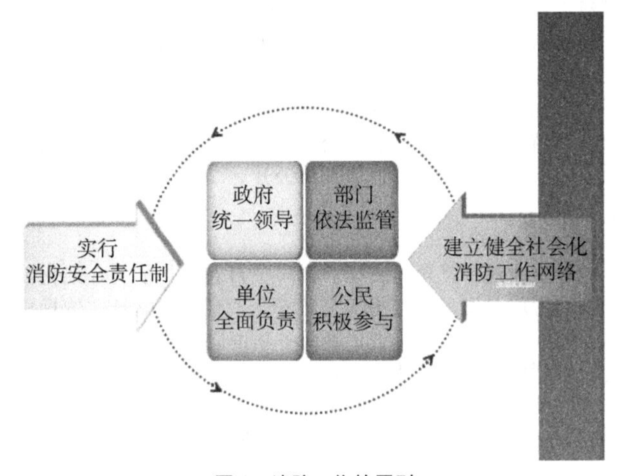

图 1 消防工作的原则

2.1 消防安全管理机制不健全

部分社会单位消防安全管理工作机制不健全，单位管理层领导侧重于经济效益发展，忽视消防安全管理，缺乏专项资金投入，缺少基本的职业安全管理人，大部分单位消防安全管理人都由单位安全员或车间主任、部门经理兼任，发现并消除隐患的能力较差，责任心不强，消防安全自我管理的水平低、能力差，员工的消防安全“四个能力”亟待提升。有的社会单位缺少分管消防安全工作的部门，消防安全职责、任务不清晰，互相推诿现象严重，消防安全隐患始终得不到整改和落实，问题积少成多、集腋成裘，一旦发生火灾将会造成巨大的损失和人员伤亡。

2.2 消防安全宣传教育不到位

近年来我国消防安全宣传教育工作取得了积极成效，但仍有部分社会单位缺乏对消防安全工作的重视，很多消防安全宣传工作仅仅停留在应付消防检查方面，开展的教育活动形式单一、内容老旧、针对性不强，无法引起员工对学习体验的重视，不能有效发挥宣传教育作用，导致企业从业人员不同程度存在安全意识不强、专业知识不足、操作技能水平低下等问题，违规存储、违规操作、违规住人、违规动火用电等违章行为屡禁不止。还有在消防安全管理培训中，未重点讲解消防安全责任落实，明确工作任务分工，最终出现领导层不清楚消防安全责任承担主体，对隐患整改能拖就拖，对消防方面的经济投入能减就减，对整体工作的把控仍停留在抓经济轻安全的初级阶段。

2.3 消防基础设施维保不及时

部分社会单位在消防基础设施筹备过程中缺乏科学性的规划，存在偷工减料、降低建筑耐火等级，简化消防管道和消防网络建造等问题，导致建筑安全性能得不到保障，先天性问题突出。有的单位随意调整和改造原有设防条件，对原防火分区、疏散宽度、疏散距离、消防设施设置等造成影响，致使建筑内部无法形成整体可靠的火灾防御布局。部分技术服务组织自身的经营性属性，往往将追求经济效益放在首位，忽视应尽的社会责任，在咨询服务、安全评价、风险评估、检测检验、维护保养等方面舍本逐利，未严格按照消防维保合同对消防系统各组件进行维护管理。还有一部分社会单位消防设施设备不完善，先期发现火灾能力、整改隐患问题能力、处置火灾事故能力较差，甚至对过期或者废旧的建筑消防设施不及时维修、更换，长期带病工作，一旦发生火灾，后果不堪设想。

2.4 消防法律法规体系不健全

2019 年 4 月 23 日和 2021 年 4 月 29 日，我国先后两次对《消防法》内容进行修改，对机构名称称谓、部门职责划分、公众聚集场所投入使用营业消防安全检查制度、消防技术服务机构从业条件等方面内容做出了相应调整，但在消防监督管理模式、社会单位法律责任等方面未进行具体修订，也未明确小单位小场所具体监管范围和具体监管措施，对农家乐、民宿等领域消防安全监管存在盲区，在消防安全许可、消防安全条件、消防安全监管等方面缺乏法律法规和技术规范支撑。同时，缺乏对履职不到位的单位和个人的严惩条款，对发生火灾事故的单位处罚力度不够，导致一些单位消防安全主体责任不落实，火灾隐患整治、反弹、再整治、再反弹的问题突出。

3 提升社会单位主责意识和消防安全自主管理水平

随着生产方式、经营方式、消费方式的加速转变，安全形势日趋复杂，新旧隐患交织叠加，只有实现企业自律自管、群众守规守法、社会群防群治，才能从根本上消除事故隐患、夯实安全底盘。文献[1-5]分别基于层次分析法、灰色评价法，并借助专家打分法对某一建筑进行了火灾风险评估，有针对性地提出了具体整改措施，对消防工作有一定的指导作用。

3.1 分类组训考核，培养消防安全“明白人”

通过培养消防安全管理“明白人”，能够帮助单位压实消防安全职责、完善档案管理制度、开展隐患排查整改，确保消防安全主体责任落实、落地、落到位。要建立社会单位消防安全管理人岗位培训、定期复训制度，统一编订《社会单位消防安全“明白人”建设指导手册》，以消防法律法规、消防设施器材使用与日常维护保养、初期火灾处置与火场逃生常识等为主要内容，分级、分类组织进行集中培训和理论考试。由消防部门负责对重点单位、一般单位培训，公安派出所负责组织对“九小场所”和社区培训，突出对社会单位“明白人”进行“三提问”（提问单位情况是否熟悉，提问火灾隐患是否存在及整改，提问消防设施运行是否正常）；对“明白人”进行“三必考”（消防安全基本常识必考、火灾隐患整改措施必考、灭火疏散演练方法必考），考核通过者准予结业。真正以考促学，倒逼单位消防安全“明白人”学业务、强素质，从而更好地做好社会单位日常自检自查工作，不断完善单位内部消防安全管理机制，从根本上遏制各类火灾事故尤其是重特大火灾事故的发生，全面提升社会单位火灾防控能力，确保社会安全稳定。

3.2 健全信用体系，发挥联合惩戒“制约力”

在“放管服”的大背景下，信用监管已经成为消防监管体系的重要组成部分，搭建信用监管平台对促进企业和个人诚信自律、合法经营方面起到了至关重要的作用。要科学制定《消防安全领域信用管理办法》，明确监管对象守信行为和失信行为界定标准，规定信用信息的产出效应、影响时限和修复方法，建立以信用为核心的新型消防安全监管体系。同时，要建立消防信用“红黑名单”制度，接通政务平台端口，实现公共信用信息“一键可查”“一网通达”，将消防信用状况作为项目审批、金融授信、财政保障、补贴优惠重要依据，倒逼单位自觉履行承诺。按照积分指标评价，落实差别监管措施，把消防监督执法有限力量向“消防诚信”偏低的企业、行业、领域重点投放、侧重倾斜。通过对信用评价结果的运用，形成守信处处畅通、失信处处受限的信用监管格局，倡导全社会自觉遵守消防安全法律法规，为全面促进经济社会发展创造良好的消防安全信用环境。

3.3 优化技术指导，促进监管服务“双提升”

依托行业协会制订消防技术服务机构职业规范、行业规则以及组织规则，建立健全质量管理体系，规范内控工作流程，积极开展达标示范建设，构建“规范有序、公平统一、可预期可持续”的行业发展环境。编制消防技术服务机构专项检查应知应会手册，开展消防技术服务机构面对面业务培训，让技术机构明确“查什么、怎么查”，配合消防部门处理违法、违规行为，维护行业公平竞争的市场环境。发挥消防救援队伍内部法律顾问团队作用，及时向消防技术服务机构开展相关法律法规宣传，注重做好对技术服务机构的有关各类规范和疑点难点问题的解答工作，促进监管服务双向交流，进一步规范消防技术服务机构执法检查各个环节、各项内容；同时，积极研发推广“消防技术服务管理系统”，在消防救援机构、消防技术服务机构和社会单位之间搭建一个开放的服务管理网络平台，进一步提升消防技术服务市场的规范化、信用化管理，对存在失信行为的服务机构和从业人员，加大监督抽查频次和比例，从严整治消防技术服务“乱象”。

3.4 建设法治消防培育契约意识，实现安全责任“法治化”

安全工作是民生工程，安全责任法治化是法治社会建设的重要内容，是高质量发展的重要保障。在安全工作中，必须确定社会责任法治化的理念，培育全社会法治信仰、契约精神、规矩意识，增强法治宣传教育针对性和实效性，引导各行各业做依法治安的忠实崇尚者、自觉遵守者、坚定捍卫者；要依法强化单位安全主体责任，筑牢“安全第一”“一失万无”意识，强调“自己财产自己保护”的基本理念，持续深化拓展“零火灾”创建活动，建立消防安全组织机构，规范日常消防管理制度和消防安全操作规程，及时消除火灾隐患，全面提升从业人员消防安全能力；坚持法制统一，加强安全文件内容审查，严格规范性文件法律审核制度，坚持以公开为常态、不公开为例外，全面推进法规制度公开、安全标准公开、监管执法公开。

4 小结

综上所述，要充分发挥社会单位自管自控能力，强化消防安全管理工作，督促落实消防安全责任，建立长效管理机制，加强日常管理、巡查，确保各项消防安全措施落实、落地、落到位。同时要从完善机制建设、引入现代技术、落实管理制度等多个层面，提升消防安全管理水平和效果，着力构建安全有序的消防环境，保障社会单位的顺利运营。

参考文献

[1] 杜红兵，周心权，张敬宗．高层建筑火灾风险的模糊综合评价［J］．中国矿业大学学报，2002，31（3）：242-245.

[2] SIU MING LO. A Fire Safety Assessment System for Existing Buildings［J］. Fire technology，1999，2（2）：131-152.

[3] 颜萱，龚红卫，仇进明．基于模糊层次分析法的绿色建筑火灾风险评价［J］．建筑科学，2016，32（2）：118-123.

[4] 杜红兵．建筑火灾风险评价中定性指标的模糊灰色评价方法研究［J］．太原理工大学学报，2007，38（5）：441-444.

[5] 常悦，薛利国．基于事故树-层次分析法的高校实验室火灾风险评估［J］．城市建筑，2016（3）：175-175.

关于大型国有企业消防安全管理的工作思考

柴振元

（天津市消防救援总队，天津）

摘　要　随着近年来我国大中型国有企业改革，企业的经营管理模式已发生明显变化，同时给国有企业消防安全管理工作带来许多新情况、新问题，石化、电力、钢铁、建材等国有企业暴露出的安全问题更为显著，有的已成为制约、影响企业健康发展的难题，本文立足天津市“打造全国先进制造研发基地、北方国际航运核心区、金融创新运营示范区、改革开放先行区”的“一基地三区”城市定位，就天津市大型国有企业消防安全管理工作进行了阐述。

关键词　京津冀　天津　国有企业　消防安全

0 引言

国有大中型企业是国民经济的支柱，是国之重器，做好企业的消防工作，不但关系到企业的发展，也关系到社会的稳定，甚至和人民群众的生活息息相关，习近平总书记强调：要通过加强和完善党对国有企业的领导、加强和改进国有企业党的建设，使国有企业成为党和国家的“六大力量”。这是我们党站在全局高度，对深化国有企业改革和增强国有经济活力提出的新要求。国有企业负责人是国企的管理者、经营者，更是国有资产的守护者，负有对国有资产保值增值的政治责任。现实工作中如何处理好发展与安全的关系是必须面临的共同课题。

1 大型国有企业消防安全突出问题

（1）部分企业尚未真正树立消防安全责任主体意识。一些企业的消防工作仅由分管领导或相关科室负责，分管生产经营、基建的领导大多只抓业务工作，对安全工作不管不问，总书记提出的“管行业必须管安全、管业务必须管安全、管生产经营必须管安全”的“三管三必须”要求并没有落到实处；有的企业在处理安全与发展、经济效益与安全风险的关系上，仅仅关注经济效益，没有将消防安全与经营活动、本职业务同部署、同评比、同考核，存在“安全说起来重要、做起来次要、忙起来不要”的问题；一些国有企业虽然制定了比较完善的消防管理规章制度，但仅停留在纸面，在具体行动上得不到真正体现；还有一些企业对自身安全形势缺乏整体的研判、评估[1]，不了解企业存在哪些隐患，不掌握企业面临哪些风险，在日常管理中对风险隐患熟视无睹，习以为常。

（2）部分企业责任落实和安全管理存在盲区、漏洞。部分企业在消防安全责任制落实过程中存在“空当”，特别是在国企混改过程中，一些企业建筑出租、土地外包，安全管理责任也随之“外包出租”，成了安全管理的盲区、真空带；部分企业生产经营样态复杂，涵盖了房地产、化工、商业、写字楼管理等多种业态，但企业的管理人员跨领域调动交流频繁，未实现专业的人干专业的事，一定程度上造成企业消防安全管理缺失。还有个别企业法人、主要领导对消防工作重视程度不高，相关投入不够，甚至还存在“当甩手掌柜”现象；企业中间管理层存在履行消防安全职责不扎实、抓工作落实主动性不强；一线员工层面也存在岗位自防自救能力差、灭火逃生技能和应急处置能力不高等问题，风险自知、隐患自改、责任自负的工作氛围没有形成。

（3）部分企业建筑设施设防条件差。部分企业因生产经营需要，改变原有建筑使用性质，新的功能与建筑消防安全设防等级不匹配，缺少源头管控，造成投入使用后隐患整改难度大。同时在经济下行的背景下，一些企业消防安全专项资金投入不足，造成消防设施设备更新、维护不及时，消防救援部门在日常检查中发现，一些企业存在没有按照规定配备相关消防设施、已有消防基础设施老化严重、消防设施超过规定期限仍在使用等现象[2]。更有一些企业消防安全经费未实现专款专用，一些企业经费使用程序复杂，资金申请周期长，致使隐患发现后，不能及时整改消除。

（4）部分企业消防安全管理人员专业能力有待提升。伴随国企改革，企业职工下岗分流、减员增效等工程的实施，为了减少支出，原来一些上规模的企业把专职消防管理人员变成了兼职人员，有的甚至还安排一些不具备专业的管理水平和专业技能人员来做消防工作；一些企业没有专门的消防组织机构，没有按照要求配备专职或兼职的消防安全管理人员。有的企业消防安全管理职能挂靠在办公室、综合管理等部门，有的则采取检查时突击准备、临时抽调人员等应付措施。消防救援部门在工作中发现这样的情况，上级领导交办的事情，主要领导让副职干，副职推到下一级，最后工作落到一个刚毕业的大学生身上，致使企业消防工作“有心无力”。

2 对大型国有企业消防安全管理工作的对策意见

（1）提高政治站位，牢固树立底线思维。消防安全是“易碎品”，稍有不慎就会酿成大祸。为此，习近平总书记曾作出批示指示：“坚持发展决不能以牺牲安全为代价这条红线。经济社会发展的每一个项目、每一个环节都要以安全为前提，不能有丝毫疏漏”并提出“管行业必须管安全、管业务必须管安全、管生产经营必须管安全”的“三管三必须”要求，党的十九大报告强调，树立安全发展理念，弘扬生命至上、安全第一的思想，强调坚持以人民为中心的发展思想。企业追求经济效益、谋求利益最大化无可厚非，但绝不能以牺牲公共安全、以危及广大人民群众生命安全为代价。企业消防安全主体责任的落实是做好消防工作的“最后一公里”，差之毫厘失之千里。从我国近年来发生的重特大火灾事故中不难发现每一起事故发生的根本原因，几乎都是社会单位主体责任不落实，几乎都是隐患长期累积产生质变的结果。隐患一日不除、祸患无穷，国有企业要站在讲政治、顾大局的高度，切实承担起应履行的消防安全责任，强化责任担当，正确处理好发展与稳定、个体与大局、经济利益与社会责任的关系，深刻认识“自主负责”是企业消防安全的基本要求，“防患未然”是企业消防安全的第一要务，“提高能力”是企业消防安全的关键环节，“落实责任”是企业消防安全的重要保障。作为大型国有企业的负责人，要清醒认识到抓消防安全是企业的主体责任，也是一项社会责任、法律责任，更是一项政治责任。

（2）加强法律法规学习，增强履行消防安全职责的自觉性。众所周知，消防安全管理以“预防为主，防消结合”为方针，所以预防是重中之重，怎样预防可以从两个思想层面着手，即守住底线，不越红线。不越红线，所谓红线是对消防法的一种敬畏。红线是法律给我们每个人的一种预警，它时刻提醒着我们，不能为所欲为导致越过红线。“十四五”时期是我国加快推进治理体系和治理能力现代化、全面实施国家安全战略和创建平安中国的重要阶段，如何凝聚社会共识推动解决制约消防事业发展的突出问题，深刻理解、准确把握新形势下时代特征和发展规律，对于推进消防治理体系和治理能力现代化，具有重大意义。充分发挥法治的引领和规范作用促进消防工作，顺应全面深化改革要求，强化党委、政府消防责任，积极鼓励引导社会力量参与消防工作，形成群防群治的良好格局是“十四五”时期消防工作的一项重要内容。《安全生产法》第三条明确了“安全工作应当以人为本，坚持安全发展，坚持安全第一，强化落实生产经营单位主体责任”的工作方针，2019 年 4 月 23 日新修正《消防法》再次明确了“政府统一领导、部门依法监管、单位全面负责、公民积极参与”的基本原则，通过近 13 年的实践，在 4 项消防工作原则中前 2 项“政府统一领导、部门依法监管”都具有政府主体行为责任的性质，现阶段政府不断加大消防工作的投入、部门依法监管的能力不断加强，但“单位全面负责、公民积极参与”在现实中由于消防部门监督力量薄弱、“全面负责，积极参与”的可操作性还不强，消防责任不够明确，落实不够，公民自觉参与的积极性不高。很多社会单位和公民对消防安全的理解还停留在泛泛的火灾自救、逃生、案例警示教育阶段，消防法规知晓率不高，守法用法的消防法治意识不强，群防群治的消防工作格局尚未形成。如何有效提高社会单位和公民遵守消防法律法规，承担应尽的消防安全责任和义务，构建“单位全面负责”“公民积极参与”的消防安全责任机制，是各企业的必修课，也是必须探寻的工作。2019 年 4 月 23 日新修正《消防法》中的 16 和 17 条法律条款涉及机关团体企事业单位及消防安全重点单位消防工作职责，并对火灾预防、消防组织、消防宣传、预案制定、消防安全管理等方面内容进行了明确规定。这些法律法规和地方性规章都为企业落实消防安全管理工作划出了“红线”。

（3）落实企业消防安全标准化管理，及时消除事故隐患苗头。安全工作是一个细致活，是一个动态性工作，永远在路上，必须常抓、深抓、细抓、严抓。领导者在安全意识和理念上的缺失、管理上的漏洞、缺乏决策和决策失误，是产生人的不安全行为和物的不安全状态的根源。大型国有企业务必要树立“消防工作就是要以生命为贵、以安全为本”的认识，站在企业长远发展和员工生命财产安全的高度，看好“自家门”，守好“责任田”。

①以“三管三必须”为遵循，严格落实“五同”标准。要切实将“生命高于一切”“国有资产不容有失”的理念贯穿于生产、经营的全过程，把消防安全与生产、业务、经营管理“同部署、同检查、同推进、同考评、同奖惩”，每年要对企业消防安全状况进行分析评估，查找自身存在的风险隐患问题，真正把风险点找出来，把“地雷”挖出来，在准

确掌握企业消防安全基本情况的基础上，制定措施、对症下药、落实整改，切实从根本上提升火灾防控水平。要把安全管理的理念、人员、制度、方法和保障等融入企业日常管理，并结合实际将消防安全纳入本单位生产、经营标准化管理体系，保障各项消防安全措施的落实，避免出现生产经营管理和消防安全管理“两张皮”。

②逐级、逐岗位建立消防安全责任制度。责任制是企业消防安全管理的基础，也是企业安全发展的重要保障，而责任制的核心则是主体责任的落实。纵观近年来发生的火灾爆炸等安全事故，无一例外都反映出企业主体责任不落实的问题。为此，各企业一定要牢固树立消防安全主体意识和安全发展理念，建立健全以法定代表人或主要负责人为核心的消防安全责任制，明确各级、各类岗位消防安全责任清单，切实将压力传递到每一个科室、每一名员工。消防安全责任可以层层分解，但不能层层转包，该由正职承担的工作，不能由副职或其他人替代；该由主体公司承担的工作，不能由承包单位替代。

③定期部署消防安全工作，层层签订责任书。集团公司内部应当定期部署消防安全工作，内部要层层签订消防安全责任书，这里指的责任书，不单单是消防安全责任人与消防安全管理人之间签订的，还有消防安全管理人与各部门，各部门负责人和部门员工之间都要层层明确，包括集团与下属公司、转包公司、土地租赁方，下属公司与所属部门、车间、班组都要逐级签订年度消防安全责任书，书面明确目标任务。特别是承包、租赁或委托经营、管理时单位的消防安全责任，要通过合同、责任书的方式明确各方的消防安全责任，如消防车通道，涉及公共消防安全的疏散设施和建筑消防设施要明确管理方责任。

④严密内部隐患排查，杜绝隐患失控漏管。对待火灾隐患，要认清它的潜在风险和严重危害，决不能无知者无畏。要坚持边排查、边治理，对检查发现的火灾隐患问题，没有多项选择，也没有退路可言，根除隐患是唯一途径。必须做到有患必除，除患必尽，这就要求通过系统的标准化管理模式，及时发现消除事故隐患苗头。

⑤定期组织开展消防教育培训演练，提升企业火灾预防和处置能力。意识是第一位的技能。只有人人都重视消防安全，人人都遵守消防安全，人人都掌握自防自救技能，消防工作才能掌握主动权。对于企业来讲，员工掌握了消防技能就是守护神，违反了就是肇事者，遭受了损失就是受害者。可以说，企业能否保持消防安全长治久安，根本在于员工消防意识的提升。各企业要经常性组织开展员工和重点岗位人员消防安全宣传和培训工作，以消防安全意识、技能的提升提高单位防范火灾的能力。

参考文献

［1］伍培、党萧、陈龙、胡海、尹高红．国有投融资企业安全生产管理存在的普遍性问题及对策措施［J］．工业安全与环保，2019，45（6）：11-14.

［2］孙思臣．浅谈企业消防工作的注意事项［J］．青年文学家，2013（02）.

电动自行车消防安全治理工作探析

刘宜辉

（福建省消防救援总队，福建　福州）

摘　要　分析电动自行车火灾的常见原因，研判电动自行车消防安全治理整治的重点。围绕整治重点，全面梳理政府、部门、乡镇（街道）、村（居）民委员会以及物业服务企业等电动自行车消防安全管理各方责任，规范电动自行车停放充电场所建设标准和技术要求，广泛开展电动自行车消防安全宣传教育培训。

关键词　电动　自行车　消防安全　治理

1　引言

近年来，电动自行车以其经济、便捷等特点，成为群众出行的重要交通工具，全国保有量已突破3亿辆。由于产品质量不过关、违规改装改造、停放充电不规范、安全意识不强等原因，电动自行车火灾呈多发频发趋势，且火灾致死率高。2011年北京市大兴区旧宫镇“4·25”火灾造成18人死亡，2017年浙江省台州市玉环市“9·25”火灾造成11人死亡，2018年广东省英德市“4·24”火灾造成18人死亡，给人民群众生命财产安全造成重大损失。

2　电动自行车火灾常见原因

2.1　电动自行车自身问题

部分生产厂家为了节省成本，偷工减料、假冒伪劣、以次充好，不按规定进行出厂检测，从而导致其出厂的电动自行车不符合《电动自行车安全技术规范》（GB 17761—2018）要求，电气安全、防火性能和阻燃性能达不到要求。具体表现在以下几个方面：

2.1.1　材料使用方面

部分电动自行车的电池组盒、保护装置、仪表及灯具的防火性能不符合《电工电子产品着火危险试验》（GB/T 5169.11—2017）要求，不能承受550℃的灼热丝试验[1]。部分电动自行车固体非金属材料的阻燃性能不符合《电工电子产品着火危险试验》（GB/T 5169.16—2017）要求，不能承受50W水平与垂直火焰试验[2]。

由于选用材料的防火性能、阻燃性能达不到要求，发生火灾时易产生大量有毒气体，易造成人员伤亡。这是在密闭环境中，电动自行车火灾事故易造成亡人的主要原因。

2.1.2　电气线路敷设方面

部分电动自行车选用线径小、质量差的电线以及质量低下的接元件，且未按照规定对所有电气导线捆扎成束，超负荷发热或连接端口氧化导致电阻增大产生热量引发火灾。车把与车架之间的线路因敷设不规范，导致因正常转动损坏导线的绝缘，从而产生短路、接触不良或漏电等情况，引发火灾。

2.1.3 电气元件安装方面

部分电动自行车未按照《电动自行车安全技术规范》（GB 17761—2018）要求，充电线路未装有熔断器或断路器保护装置。有的未在主回路上安装空气开关，有的未在分支回路上安装保险系统，有的未按要求安装电气保护装置。

2.1.4 电流控制系统方面

部分电动自行车采取主锁直接控制电流开断的系统，每次启动时，控制器的充电电流通过锁的接触片，在两片铜触之间产生放电，产生的电弧氧化铜片，接触电阻逐步增大，产生的热量烧坏接头，造成电池的正负两极短路引发火灾。

2.1.5 充电器、蓄电池方面

部分电动自行车的充电器不具备保护功能，蓄电池输出电压超出规定的60V，特别是个人充电装置缺乏过电流、过充电保护，蓄电池充满后无法转入涓流模式，而继续以大电流充电，导致蓄电池产生高温，腐蚀极板，造成电池漏液或发热引发火灾爆炸。

2.2 电动自行车维修改装问题

按照《电动自行车安全技术规范》（GB 17761—2018）要求，电动自行车的最高设计车速不超过25km/h，装配完整的电动自行车的整车质量小于或等于55kg，蓄电池标称电压应当小于或等于48V，电动机额定连续输出功率小于或等400W[3]。但是电动自行车的使用人尤其是快递物流等行业，为了追求速度、马力、续航能力以及运载能力，往往私自改装和拆卸原厂配件，私自拆除限速器等关键性组件，私自更换大功率、非标蓄电池，加装动力装置、拼装蓄电池、加装音响设备等。这些维修改装行为，由于更换了原有配件导致电器元件之间、电气线路之间出现兼容性问题易引起短路或接触不良，因增加用电负荷易引起过负荷，因电池拼装不规范易引起爆炸等问题，从而引发火灾。

2.3 电动自行车充电停放问题

电动自行车的使用人为了寻求方便或因充电桩配备不足等问题，往往不按照规定进行充电停放，“飞线充电”“进楼入户”“人车同屋”等现象比比皆是，电动自行车违规停放在门厅、楼梯和疏散走道等现象屡禁不止。如充电线路线径过小、且未采取短路或过载保护装置，则易造成充电过载、短路或发热，从而引发火灾事故。如充电停放场所，充电设施安装不规范，未进行实体墙防火分隔，一旦发生电动自行车火灾极易蔓延扩大。如电动自行车或蓄电池带入电梯或户内，或电动自行车违规停放占用、堵塞疏散通道、安全出口，一旦发生火灾，极易造成人员伤亡。

3 电动自行车消防安全治理整治的重点

通过分析电动自行车火灾常见原因，可以发现要遏制自行车火灾，应当紧盯电动自行车生产、流通销售、维修改装、使用管理等关键环节，开展消防安全综合治理，重点整治以下四个方面内容。

3.1 电动自行车产品质量

不按标准或者降低标准生产电动自行车及蓄电池、充电器等配件。生产假冒伪劣电动自行车及蓄电池、充电器等配件。

3.2 电动自行车流通销售

流通、销售无合格证、伪造、冒用认证证书电动自行车及蓄电池、充电器等配件。销售无厂名、厂址等不合格电动自行车及蓄电池、充电器等配件。

3.3 电动自行车维修改装

私自改装和拆卸原厂配件，私自拆除限速器等关键性组件。私自更换大功率、非标蓄电池。

3.4 电动自行车使用管理

电动自行车在建筑首层门厅、楼梯间、共用走道等室内公共区域违规停放充电，未进行实体墙防火分隔，占用、堵塞疏散通道、安全出口。电动自行车蓄电池、充电器老化或破损，充电线路乱拉乱接，充电设施安装不规范。未落实电动自行车停放充电安全保障措施，将电动自行车或蓄电池带入电梯或户内。

4 全面落实电动自行车消防安全管理责任

消防救援机构要充分发挥消防安全综合监管职责，全面厘清政府、部门、乡镇（街道）、村（居）民委员会以及物业服务企业等电动自行车消防安全管理各方责任，可以以消防安全委员会或安全生产委员的名义予以明确，并督促落实。

4.1 政府应当履行的职责

（1）组织有关部门开展电动自行车消防安全综合治理；将电动自行车消防安全纳入政府督查内容，加强指导督办，特别是要扎实推进乡镇（街道）基层一线工作落实。

（2）推动商业区、居民住宅区、群租房密集区、工业集中区、办公集中区等集中区域建设电动自行车停放充电场所。

（3）统筹做好电动自行车停放充电场所建设，结合乡村振兴、城市更新、老旧小区改造等推进新建改建电动自行车停放场所。

（4）将电动自行车消防安全综合治理工作纳入消防工作考核的重要内容。

4.2 部门应当履行的职责

政府有关部门按照“谁主管、谁负责”的原则，在各自职责范围内做好电动自行车消防安全工作。

（1）工业和信息化部门要加强对电动自行车和锂电池生产企业的指导，督促企业严格按照《电动自行车安全技术规范》（GB 17661—2018）强制性国家标准要求进行生产，切实提升电动自行车本质消防安全水平。

（2）市场监管部门要加强对电动自行车生产企业的监管，督促企业严格按照国家标准要求进行生产。对存在事故隐患的电动自行车，督促企业履行召回义务。加强电动自行车强制性产品认证管理，严肃查处无证生产、超出强制性产品认证范围生产、不按标准或降低标准生产等行为。强化对电动自行车批发市场、销售门店及销售环节的监管，加大对电动自行车销售企业及经营场所的监督检查力度，规范电子商务平台销售电动自行车及配件的管理，重点打击销售无证或伪造认证证书、无厂名厂址等来源不明产品的违法行为。大力整治电动自行车和蓄电池违规改装等行为。

（3）公安部门应加大对电动自行车产品制假售假等违法犯罪行为打击力度；公安派出所应将电动自行车消防安全纳入对村（居）民委员会、物业服务企业履行消防安全职责情况的日常消防监督检查内容。

（4）应急管理部门要协调有关部门督促乡镇（街道）、村（居）民委员会、建设管理单位、物业服务企业等落实电动自行车消防安全管理。

（5）消防部门应履行消防安全综合监管职能，加强对电动自行车消防安全综合治理工作的监督、指导，督促履行消防安全职责，依法调查处理电动自行车火灾事故；加强电动自行车消防安全宣传教育工作；将电动自行车消防安全综合治理工作纳入消防工作考核范畴。

（6）自然资源部门应在新建居住项目的规划建设管理中，将电动自行车停放充电场所作为重要内容；对已投入使用的公共建筑、商业街区、住宅小区（楼院）等区域科学规划符合消防安全要求的电动自行车停放充电场所，在新建、改建电动自行车停放充电场所项目审批上，提供支持和保障。

（7）住建部门应督促指导建设单位按规划布局要求建设电动自行车等非机动车库，或在室外预留空间供电动自行车集中停放；督促物业服务企业加强物业服务区域内电动自行车停放充电管理。

（8）生态环境部门应负责电动自行车废铅蓄电池收集、贮存、处置和利用环节的环境监管。

（9）交通运输部门应负责电动自行车废弃蓄电池的运输环节监督管理。

（10）人民防空部门应加强对所属公用人防工程场所电动自行车违规停放充电行为的监督管理。

（11）供电企业应定期对所属资产的电动自行车供电设施、电气线路进行检测，消除供电隐患，对用电单位和个人违规拉线充电等可能引发火灾事故的行为，有权予以制止。

（12）其他具有行政审批、行政管理或公共服务职能的部门，应结合本部门职责为电动自行车消防安全工作提供支持和保障。

4.3 乡镇人民政府、街道办事处应当履行的职责

（1）落实电动自行车日常消防安全管理责任，组织对本地电动自行车销售、维修、集中停放充电场所以及居民住宅、小单位小场所、群租房、快递外卖企业站点等场所进行摸排检查、登记造册，牵头各相关职能部门进行综合整治。

（2）配合相关行政主管部门做好电动自行车消防安全管理工作，严格落实消防安全网格化管理，督促指导村（居）民委员会开展电动自行车治理工作。

（3）督促物业服务企业、管理单位加强防火检查，引导公民规范电动自行车停放和充电行为。

（4）负责协调确定无物业服务企业、管理单位的住宅小区（楼院）的安全管理主体单位，确定管理人员，明确管理责任。

（5）组织开展宣传教育，通报电动自行车亡人火灾案例、宣讲技术规范要求和相关火灾事故追责法律规定。

4.4 村民委员会、社区应当履行的职责

村民委员会、社区应制定防火安全公约，落实消防宣传教育，加强住宅小区（楼院）公共区域电动自行车停放充电消防安全检查，及时劝阻和制止违法违规行为，劝阻和制止无效的，向属地乡镇（街道）报告。

4.5 物业服务企业或其他管理人应当履行的职责

物业服务企业或其他管理人对违规在楼道内停放充电、飞线拉线充电、将电动自行车和锂电池带入电梯、户内等可能引发火灾事故的行为进行管理宣传劝导；未设物业服务或未明确管理单位的住宅小区、楼院，由乡镇政府、街道办事处负责协调和组织业主明确安全管理主体单位，确定管理人员，落实管理责任，具体负责电动自行车消防安全管理工作。

5 规范电动自行车停放充电场所建设

电动自行车停放充电场所应符合下列要求：（1）电动自行车停放充电场所应设置在室外，使用不燃材料搭建。对不具备室外设置条件，毗邻建筑设置或设置在建筑内部的停放充电场所，采用实体墙与其他功能部位进行防火分隔，墙上不可开设门窗洞口，并鼓励设置简易喷淋、独立感烟探测器、消防卷盘、电气火灾监测、灭火器、视频AI感知报警等技防措施。（2）电动自行车停放充电场所应与其他建筑、疏散通道、安全出口保持有效的安全距离，不得占用防火间距、消防车通道和消防车登高操作场所，不应妨碍消防车操作和影响消防车道、室外消防设施器材的正常使用，并按消防技术标准配备消防设施器材。（3）电动自行车充电设备线路应当设置专用的充电配电箱、符合安全用电要求。充电装置应当具备定时充电、自动断电、过载保护、短路保护和漏电保护等功能。

6 广泛开展电动自行车消防安全宣传教育培训

要充分发挥新闻媒体的宣传引导和舆论监督作用，积极组织媒体曝光违法违规生产、销售、改装企业和单位，大力宣传电动自行车“进楼入户”“人车同屋”“飞线充电”和违规改装、停放、充电的危害和事故案例。要充分利用广播、电视、报刊等主流媒体和网站、新媒体、户外视频、楼宇电视以及居民住宅区的板报、公示栏等载体，高频次刊播电动自行车火灾预防公益广告。

参考文献

［1］GB/T 5169.11—2017，电工电子产品着火危险试验［S］.

［2］GB/T 5169.16—2017，电工电子产品着火危险试验［S］.

［3］GB 17761—2018，电动自行车安全技术规范［S］.

机构改革后《消防法》在执行过程中存在的问题及建议对策

刘宜辉

（福建省消防救援总队，福建　福州）

摘　要　消防机构改制转隶后，《消防法》相继进行了两次修正。这两次修正都是为了适应机构改革，只是对机构称谓等局部内容进行修改，未进行全面修订。本文全面梳理了机构改革后《消防法》在执行过程中存在的问题，并针对性地提出了建议对策。

关键词　机构改革　消防法　问题　建议

1 引言

根据国家机构改革的总体部署，2018 年消防机构从公安系统脱落出来，成建制转隶到应急管理系统。为了适应机构改革和“放管服”改革要求，全国人民代表大会常务委员会相继于 2019 年 4 月 23 日和 2021 年 4 月 29 日对《消防法》等法律进行了局部修改，对消防机构的称谓进行了变更，对建设工程消防审核验收职责进行了划转，对消防“放管服”措施进行了调整。由于《消防法》这两次修正只是进行局部修改，还不能适应消防机构改制转隶后新的职责定位，因此在实际执行过程中还存在不少问题。

2 《消防法》在执行过程中存在的问题

分别从消防安全管理和灭火应急救援两方面进行梳理。

2.1 消防安全管理方面存在的问题

2.1.1 对消防安全综合监管的法律定位尚不明确

中办国办《组建国家综合性消防救援队伍框架方案》和《中共编办关于印发应急管理部消防救援局、森林消防局“三定”规定和消防救援队伍、森林消防队伍总队及以下单位机构编制方案的通知》，明确了省级以下综合性消防救援队伍实行以应急管理部为主，省级党委和政府双重领导的体制，并在“三定”规定明确赋予总队级以下消防救援机构“消防安全综合监管职能”[1]。但是，修正后的《消防法》未明确消防安全综合监管的法律定位，《消防法》第四条仍然规定“县级以上地方人民政府应急管理部门对本行政区域内的消防工作实施监督管理，并由本级人民政府消防救援机构负责实施”[2]。不利于各级消防救援机构依法履行消防安全综合监管的法定职责。

2.1.2 对火灾事故调查处理中的“处理”职责还不够清晰

《中共编办关于印发应急管理部消防救援局、森林消防局“三定”规定和消防救援队伍、森林消防队伍总队及以下单位机构编制方案的通知》规定了总队级以下消防救援机构，承担火灾事故调查处理相关工作，而《消防法》第五十一条只明确消防救援机构负责调查火灾原因，未对火灾事故处理的职责进行规定，导致火灾事故责任调查处理的职责、主体不清晰，与其他部门事故调查处理有交叉，特别是生产经营性场所的火灾事故也同属于安全生产事故，事故调查处理具体是由消防救援机构牵头还是由应急管理部门牵头，各地存在争执。

2.1.3 对消防安全主体责任的规定还不够细致

《消防法》仅以消防安全重点单位来区分不同社会单位之间的消防安全管理要求，未按照单位规模、使用性质以及火灾风险程度来划分社会单位的火灾风险和制定相应的分级管理标准，缺少层次性和针对性，无法实现对社会单位的差异化精准监管，也不利于社会单位落实消防安全主体责任。

2.1.4 对基层消防行政处罚的赋权还不到位

《消防法》第三十一条规定“在农业收获季节、森林和草原防火期间、重大节假日期间以及火灾多发季节，地方各级人民政府应当组织开展有针对性的消防宣传教育，采取防火措施，进行消防安全检查”。《消防法》第五十三条规定“公安派出所可以负责日常消防监督检查、开展消防宣传教育”[2]。但公安派出所在实际执法中仅能依据治安管理处罚法对谎报火警等 5 类涉及消防的行政案件进行执法，对大部分消防行政处罚案件不具备执法主体资格。因此，按照《消防法》规定，乡镇（街道）和公安派出所均赋有消防安全检查的职责，但都未赋予相应的行政处罚权，不管乡镇（街道）还是公安派出所均存在“看得见、查得到、罚不了、改不掉”的尴尬局面，不利于火灾隐患的督促整改，也不适应基层消防安全管理的现实需求。

2.1.5 对消防安全监管的边界还未理清

建设工程消防审验职责移交住建部门后，《消防法》未明确住建部门的监督检查职责，特别是在未经住建审批而投入使用的场所“归谁查”、已经合法审批但存在先天性隐患的场所“由谁管”、施工工地消防安全“管不管”等问题上，容易出现监管盲区。同时，铁路、港航、民航系统的交通工具和车站、港口码头、机场等，消防监管范围尚未明确，对密室逃脱、电竞酒店、民宿、校外培训、储能电站、电动自行车等消防安全新产业、新业态监管职责存在盲区。

2.2 灭火应急救援方面存在的问题

2.2.1 应急救援职责还不够清晰

《消防法》第三章“消防组织”和第四章“灭火救援”，重点对消防救援队伍进行了规范，明确国家综合性消防救援队、专职消防队应当充分发挥火灾扑救和应急救援专业力量的骨干作用等。但是面对“全灾种、大应急”任务需要，在消防救援队伍职能大幅拓展的同时，在法律层面承担应急救援的职责范围尚不清晰，相关力量联勤联动不够有效，社会应急资源协调发动不够，应急救援力量难以高效整合。

2.2.2 “人少事多”矛盾突出

以福建省为例，福建省消防救援人员编制总数 4872 人，消防救援人员仅占全省人口的万分之 1.17，低于全国的 1.37。改制转隶后，消防救援队伍的职责拓展为“全灾种、大应急”，广泛承担火灾爆炸、洪涝灾害、地震、泥石流等救援任务，但队伍数量没有明显增加，加之福建省石化企业迅猛发展、多种形式消防队伍发展不平衡等问题，救援专业力量不足显得尤为突出。

2.2.3 职业保障亟待加强

国家综合性消防救援队伍的身份属性、抚恤优待、退出机制等有待完善，职业吸引力不强。专职消防员普遍存在待遇保障力度不足、职业认同感低、职业发展空间受限、人员流失量大等问题，特别是一些地方采用劳务派遣等方式招用专职消防员，导致“同工不同酬”，招不来、留不住、更替频繁等问题。

3 建议对策

3.1 全面启动《消防法》修订工作

要充分利用全国人大开展《消防法》执法检查的有利契机，及时反馈《消防法》在执行过程中存在的问题，全面启动《消防法》修订工作。坚持改革与法治协同推进，完善法律责任以及追责机制，理顺权责关系，明确消防救援机构新的职责定位，将消防救援机构依法行使消防安全综合监管职能的职责法律化，把火灾事故调查处理的职责在法律层面确定下来，确立国家和地方各级消防安全委员会的法律地位，使消防救援机构更好地履行职责，有效协调、指导、检查、督促有关政府和部门开展消防工作。进一步明确公安部门（派出所）、住房和城乡建设主管部门在消防工作中的职责定位。健全考评、督导、问责、奖惩等工作机制，以及火灾事故调查和应急救援指挥调度、联勤联动、综合保障等制度，完善消防技术服务机构执业监管、城乡消防规划制定修编和执行等。把以电动自行车为代表的重点领域、趋势性问题纳入法律规范。加大对社会单位违法的处罚力度，提高消防违法成本，倒逼消防安全主体责任落实，为预防火灾和减少火灾危害，加强应急救援工作，保护人身财产安全，维护公共安全，提供更充分、更有力的法治保障。

3.2 制定国家综合性消防救援队伍和人员法

深入贯彻习近平总书记训词精神，结合消防法执法检查发现的问题，坚持“对党忠诚、纪律严明、赴汤蹈火、竭诚为民”的方针，坚持“两严两准”，对照“全灾种、大应急”的职能，从职责与职权、组织管理、身份地位、职务职级、纪律和义务、灭火和应急救援指挥与保障、职业荣誉和待遇保障、法律责任等方面对国家综合性消防救援队伍和人员作出具体规范。

3.3 完善法规制度体系

落实“党政同责、一岗双责”“管行业必须管安全、管业务必须管安全、管生产经营必须管安全”的要求，根据消防事业发展需要，及时制定和修改相关法规和规范性文件。将国务院办公厅《消防安全责任制实施办法》和中央关于深化消防执法改革的有关内容上升为法律，进一步明确地方各级人民政府、有关行业部门和社会单位消防安全责任，厘清住建、应急、公安、消防等部门之间的消防监管职责边界，强化部门协调联动机制，建立信息共享、资源共用制度，健全定期会商、联合执法机制。完善火灾隐患投诉、公开通报、媒体曝光等监督制度，发挥消防安全社会监督的作用。建立健全消防违法行为联合惩戒机制，将消防安全诚信纳入社会信用体系建设。推进消防安全重大问题问责、火灾事故调查处理等问责制度建设。按照火灾风险等级划分不同社会单位之间的消防安全管理标准，推进主体责任有效落实。

3.4 加强基层消防治理

根据中央《关于加强基层治理体系和治理能力现代化建设的意见》，增强乡镇（街道）应急管理能力，强化乡镇（街道）属地责任和相应职权，健全基层消防管理组织体系。做实乡镇（街道）消防安全委员会，指导各地结合乡镇（街道）党政事业站所整合，推进乡镇（街道）消防工作站（所）一体化建设。结合乡镇（街道）机构改革，根据《行政处罚法》规定，从省级层面赋予乡镇（街道）部分消防行政处罚权及其相对应的消防监督检查权，加强基层消防安全监管。发挥村委会、居委会自治作用，完善消防网格化管理。统筹社会力量参与消防救援，积极支持发展壮大志愿消防救援队伍，加强群防群治、联防联控，建立健全专群结合的社会化的消防工作网络，构筑共建共治共享的消防安全工作格局。

3.5 加强消防救援体系建设

立足国家综合性消防救援队伍“全灾种、大应急”的职能需要，加大对消防装备建设的投入，在消防资金保障投入、联勤机制、现代化通信、跨区域应急装备物资储备运输建设方面作出原则性规定，出台相关政策文件明确消防救援力量建设、指挥调度、应急响应、物资保障、应急处置和救援程序等内容。健全人员编制标准和规划，优化力量布局和队伍编成，落实职业保障政策和荣誉认定制度。加强高层建筑、地下空间、大型综合体和石油化工火灾扑救等专业救援队建设。加强实战化训练演练，完善现代化调度指挥、战勤、物资储备和通信保障机制，切实发挥应急救援主力军和国家队作用。细化政府和单位专职消防队的建队条件，明确专职消防队伍和人员属性、职责任务、经费保障、工资福利、抚恤优待等基础性问题，壮大多种形式消防队伍，构建覆盖城乡、多元互补的消防救援力量体系。

参考文献

[1] 中共编办关于印发应急管理部消防救援局、森林消防局“三定”规定和消防救援队伍、森林消防队伍总队及以下单位机构编制方案的通知［Z］.

新时期社会面火灾防控工作探讨

刘宜辉

（福建省消防救援总队，福建 福州）

摘 要 随着国家机构改革的纵深推进，消防机构转隶到应急管理系统，新修正《消防法》公布实施，中办国办印发《关于深化消防执法改革的意见》。在这新时代背景下，如何进一步加强社会面火灾防控工作，以回应党中央、国务院以及人民群众对消防工作的新期盼，是当前亟需研究的重点课题。

关键词 新时期 社会面 火灾 防控

1 引言

近年来，随着党中央、国务院对福建海峡西岸发展战略的调整，福建城市化的进程不断加快，城市规模不断扩张、功能不断扩展，城市的产业结构和发展模式发生了显著的变化，新型产业和业态大量涌现，城市运行系统日益复杂，消防安全风险与日俱增。与此同时，农村整体消防基础设施匮乏，消防安全基础保障条件低，乡村治理体系和治理能力亟待强化。当前，认清现阶段消防安全形势和消防安全治理存在的问题，进一步加强社会面火灾防控工作，不断提升公共消防安全管理的能力和水平是我们面临的首要任务。

2 现阶段消防安全面临的形势

2.1 火灾仍处于易发、高发阶段，消防安全形势依然严峻

从近年来经济社会发展情况看，福建省的 GDP 总量从 2017 年的 3.4 万亿元增加到 2021 年的 4.9 万亿元，增长了 44%。据统计，2017 年至 2021 年福建省共发生火灾 7.05 万起，亡 421 人，伤 268 人，直接财产损失 9.35 亿元。与上个五年对比，火灾起数上升 50.1%、亡人数上升 35.4%、伤人数上升 54.9%和直接财产损失上升 30.8%。在经济总量持

续高速增长的情况下，火灾四项指数也呈上升趋势，表明火灾随经济快速发展而多发的趋势未发生明显变化，火灾仍处于易发、高发阶段，消防安全形势依然严峻。

2.2 城市消防安全风险与日俱增

因城市建设快速推进，人、财、物向城市高度集中，城市消防安全风险与日俱增，出现“两极”效应，即：“高大上”单位在城市核心区聚集，“低小散”场所向城乡接合部、城中村聚集。

2.2.1 “高大上”单位防控难度大

据统计，目前福建省共有高层建筑2万余栋，其中高度超过100m的超高层644栋。建筑总面积大于10^5m^2的大型城市综合体有50个。福州、厦门地铁已相继投入运营，地铁运营总里程已达179.2km，未来还要规划建设18条地铁线路。这些场所人员高度聚集，疏散和扑救难度大，一旦发生火灾，极易造成群死群伤、火灾防控难度大。

2.2.2 “低小散”场所火灾风险高

随着城市发展，外来务工人员大量向城乡接合部、城中村聚集，低端产业纷纷向城乡接合部、城中村迁移，导致出租屋、小作坊、小场所等“低小散”场所在这一区域大量聚集、星罗棋布。这些区域消防车通道、消防水源、建筑耐火等级、防火间距先天不足，消防安全管理混乱，电动车违规停放充电现象十分普遍，火灾风险高，一旦发生火灾，极易造成人员伤亡。据统计，福建省共有出租房屋354.4万个，其中居住人数10人以上的群租房有3.5万个，居住人数30人以上的群租房有6950个。

2.3 农村消防安全水平依然较低

福建素有“八山一水一分田”的美誉，森林覆盖率连续40年保持全国第一，农村地域辽阔，农村人口还占较大比重。据《福建省第七次全国人口普查公报》，截至2021年，福建农村常住人口1298万人，占总人口比重31.25%[1]。且常住人口大多为留守农村的老幼病残等弱势群体，消防安全意识普遍淡薄、自防自救能力差。从农村消防安全条件看，福建沿海和山区的农村呈现不同特点。

2.3.1 沿海地区的农村

由于产业转移，私营小企业、村办企业数量众多，基本上“一镇一产业”“家家都是手工作坊”，这些企业大多数直接设在村民自建房中，三合一现象还有所存在，火灾隐患较为突出。

2.3.2 山区地区的农村

房屋多为木结构或土木结构，且常常连片成群，耐火等级低，且农村公共消防水源、消火栓等普遍欠缺，乡村应急救援力量薄弱，部分乡村公路难以满足消防车通行要求，一旦发生火灾，往往火烧连营。

2.4 新兴领域消防安全风险不容忽视

近年来，福建省的石化产业快速发展，已经成为全省三大主导产业，并形成了以福清江阴、泉州泉港、漳州古雷、莆田湄洲为核心的四大化工基地。目前已投产的较大规模以上化工企业230余家。石油化工行业消防安全风险不容忽视。同时，近年来，为贯彻落实《中国制造2025》，福建省加快实现产业升级转型，大力扶持发展新能源产业，以宁德时代新能源科技股份有限公司为代表的新能源行业在福建发展迅猛，随即带来了新的消防安全风险。

3 社会消防安全治理存在的突出问题

当前社会正处于快速发展阶段，处于经济转轨、社会转型、社会矛盾多发的特殊历史时期，非传统消防安全问题与传统消防安全问题相互交织，各类消防安全问题和矛盾逐步凸显，给社会消防管理工作带来了新的挑战，主要呈现以下三个突出问题。

3.1 有限的消防执法人员与监管对象无限扩大的矛盾突出

据统计，福建省有各类市场主体336.62万户，其中登记在册的私营企业100.86万户、个体工商户222.46万户，多数产业层次较低，业主安全意识弱，消防投入少，火灾危险性较大。“城中村”、群租房、“三合一”和小场所数量众多，不少网店、物流业直接租用居民住宅等民用建筑，“三合一”问题以新的形式出现，火灾风险不断扩大攀升。与此形成鲜明对比的是，福建省现有消防监督执法人员仅有433人。其中，全省91个消防救援大队中消防监督执法人员在3人（含）以下的消防救援大队63个，占69.2%。

3.2 落后的社会消防管理模式与现代消防安全管理需求的矛盾突出

一些行业部门对消防工作不爱管、不愿管，被动应付、敷衍了事的现象还有所存在，开展消防工作的主观性和能动性不足。同时，在社会单位监管方面，以往消防监督执法人员往往注重查实体隐患而忽视查单位主体责任落实，往往成为社会单位消防安全的“检测员”，而实体隐患通常是社会单位消防安全主体责任缺失而导致的。因此，目前传统的、落后的社会消防管理模式与现代的消防安全管理需求已不相适应。

3.3 滞后的消防科技应用与火灾防控的迫切需求矛盾突出

当前，随着移动互联网、5G、物联网及大数据、云计算、人工智能等新技术迅猛发展，智慧城市建设不断推进。但在“智慧消防”建设方面，尽管做了许多有益探索，取得了一定成效，但总体上看还处于试点起步、零敲碎打阶段，系统建设统筹不足、数据采集不足，还不能通过科技手段实现精准防控、智能防控。

4 创新社会消防治理模式，不断提升社会面火灾防控的能力和水平

4.1 切实推动消防安全责任制落实

4.1.1 党委政府方面

各级党委政府要将消防安全纳入本地区国民经济和社会发展规划，将消防工作纳入重要议事日程，定期听取汇报、研判形势，定期部署协调、督促落实重点工作。要将消防工作考核结果作为领导班子综合考核评价以及综治、绩效、精神文明考评的重要依据，并建立与主要负责人、分管负责人和直接责任人履职评定、奖励惩处相挂钩的制度。

4.1.2 部门行业方面

《福建省消防安全责任制实施办法》以清单的形式明确了各行业主管部门的消防安全职责。要通过定期走访、座谈、通报火情、制发火灾防控建议函等方式推动行业主管部门进一步落实《福建省消防安全责任制实施办法》《福建省火灾隐患排查整治若干规定》等规定。推动民政、教育、卫健、文物等重点行业部门制定行业消防标准，在行业系统部署实施消防安全标准化管理。

4.1.3 社会单位方面

推行约谈提醒制度，在重大活动、重大节日消防安保期间分级分批组织开展约谈、提醒、培训等活动，督促社会单

位落实消防安全主体责任。推动社会单位委托第三方对消防设施进行日常管理和维修保养。推动社会单位积极应用消防远程监控、电气火灾监测、物联网技术等先进技防、物防措施。全面实施消防标准化管理，提升消防安全自主管理水平。

4.2 全面推进消防安全监管模式创新

建立以“双随机、一公开”监管为基本手段，重点监管为补充，信用监管为基础，互联网加监管为支撑，火灾事故责任调查处理为保障的新型监管机制。

4.2.1 关于“双随机、一公开”监管

根据检查人员数量、检查对象数量、火灾风险等级和守法依规状态，分级分类确定抽查比例，既保证了监管重点，又兼顾了全局，能够有效提高消防监管的针对性和精准度，能够有效破解有限的消防执法人员与监管对象无限扩大的突出矛盾。

4.2.2 关于重点监管

重点监管的主要形式是专项治理。当前，重点是要持续推进电气火灾专项治理、电动车火灾专项治理、出租房屋消防安全专项治理、三合一场所消防安全专项整治等专项治理工作。

4.2.3 关于信用监管

将消防行政处罚、重大火灾隐患等信息记入信用记录，联合其他部门和组织依法实施信用惩戒，让违法者一处失信，处处受限。

4.2.4 关于互联网+监管

紧紧围绕实战需要，全面推进智慧消防建设，通过物联网和大数据等技术，预测预警安全风险，精准查找消防安全薄弱环节，全时段、可视化监测消防安全状况，实时化、智能化评估消防安全风险，实现差异化精准监管，为双随机监管、重点监管和信用监管提供科技支撑。

4.2.5 关于火灾事故责任调查处理

对造成人员死亡和重大社会影响的火灾，要逐期查明原因，追究责任。对履职不力，失职渎职的政府及有关部门负责人和工作人员，要根据地方党政领导干部安全生产责任制规定，消防安全责任制实施办法等严肃问责。要加大失火案消防责任事故案的侦办力度，严格追究有关人员的刑事责任，震慑消防违法犯罪行为。

4.3 逐步强化基层火灾防控体系建设

4.3.1 明晰基层政权组织消防安全职责

《福建省消防安全责任制实施办法》以清单的形式具体罗列乡镇（街道）、公安派出所、村（居）民委员会以及物业服务企业的消防工作职责。并针对“小火亡人”火灾多发生在农村、社区的实际情况，进一步细化、明确村（居）委员会的消防工作职责，明确了村（居）民委员会应健全消防安全制度，落实消防安全网格化管理措施，开展对居民小区（楼、院）、村民集中居住区域、沿街门店、家庭式作坊等小单位、小场所的防火安全检查等职责。

4.3.2 提升基层网格火灾防控能力

依托综治平台，做实做强基层消防管理，将消防安全纳入基层政权建设和社区治理工作内容，整合发挥基层力量作用，打造共建共治共享的消防安全治理格局。要结合乡镇（街道）机构改革，根据《行政处罚法》规定，从省级层面赋予乡镇（街道）部分消防行政处罚权及其相对应的消防监督检查权，加强基层消防安全监管。

4.3.3 提升农村本质安全

结合乡村振兴战略意见，将农民住宅及乡镇（村）企业的消防安全布局、消防通道、消防水源建设等纳入村镇总体规划。结合公路提升计划、能源革命行动计划、供水提标改造提升工程等工作，对耐火等级低、房屋连片集中、火灾荷载大的乡村，实施有计划的改造，切实解决好消防水源、消防通道、防火分隔以及建筑物耐火等级等问题。

4.3.4 加快发展多种形式消防力量

重点发展两支队伍：第一支队伍，单位、社区微型消防站，整合单位社区保安、物业、联防、网格员、志愿者等，建立建强有“人员、有器材、有战斗力”的微型消防站，实现火灾救早、救小目的。第二支队伍，政府专职消防队，通过完善人员编制、福利待遇、装备保障等相关政策保障，使没有消防专业力量的乡镇建立专职消防队。

4.3.5 加强公共消防设施和装备建设

规划部门将公共消防设施建设用地纳入地区控制性详规规划，将消防水源建设纳入市政建设发展规划。推广“代建制”“PPP”等模式，解决消防站建设过程中资金不足等问题。探索在城市中心区、老城区和“城中村”，按照“中心站+小型站”的模式，“多建站、建小站”布点、建设政府专职小型消防站，缩小救灾响应半径。不断争取加大经费投入，加快城镇公共消防安全基础设施建设，加强高层建筑和石化火灾灭火救援车辆装备配备。

4.4 拓宽消防宣传教育渠道

4.4.1 突出媒介宣传

推动宣传部门强化消防宣传工作，发动报刊、广播、电视、网络等媒体，开展消防公益宣传，加强消防常识普及、日常火险提示。

4.4.2 突出公众教育

扎实推进消防宣传教育进机关、进学校、进社区、进企业、进农村、进家庭、进网站，将消防安全知识纳入领导干部及公务员培训、学校教育、职业培训的必学内容，定期组织开展灭火疏散逃生演练，强化对“老、弱、病、残”等特殊群体的消防关爱监护。

4.4.3 突出职业培训

将消防安全知识纳入就业培训、岗位培训、职业培训等内容。加强消防安全责任人、管理人，消防专兼职人员，消防控制室操作人员，物业保安队伍的消防培训和职业技能资格鉴定，培养高素质的消防行业技术“白领”“蓝领”队伍。

参考文献

[1] 福建省全国人口普查领导小组办公室、福建省第七次全国人口普查公报［N/OL］. http：//xxzx.fujian.gov.cn/jjxx/tjxx/202105/t20210520_5598797.htm.

四川省文物建筑和宗教活动场所消防安全现状研究

乔 迪

（成都市消防救援支队，四川 成都）

摘 要 长期以来文物建筑和宗教活动场所一直是消防安全治理的焦点、堵点和难点。本文以四川省文物建筑和宗教活动场所为研究对象，在广泛调研基础之上，深入分析该类场所现阶段消防安全治理面临的风险和制约其消防安全的短板，针对性提出解决措施，以期通过本研究，对改进四川省文物建筑和宗教活动场所消防安全治理提供支撑。

关键词 文物建筑 宗教活动场所 消防治理

1 引言

文物建筑是人类文明的结晶，是悠久历史的见证，是文化传承的载体，而宗教活动场所又因其特殊性，承载了政治、民族、宗教等敏感因素，一旦发生火灾事故，损失严重、影响巨大。川藏地区历来宗教活动盛行，寺庙遍布，据统计，川藏地区各类寺庙、僧人数量远超西藏、青海、甘肃等周边省份，四川省文物建筑和宗教活动场所消防治理压力巨大。

2 消防安全治理现状

四川省信教群众规模庞大，宗教活动场所广泛分布。据统计，全省目前存有各类庙宇、寺院、道观等宗教活动场所1000余处，大部分属于是文物保护单位，个别甚至是世界文化遗产，具备极其重要的历史、艺术、科研和文化价值。四川省文物建筑和宗教活动场所火灾事故时有发生，据统计，四川省近十年共发生文物建筑和宗教活动场所火灾 134 起，其中国家级文物建筑火灾 4 起、省级 1 起、市县级 5 起，其中不乏江油云岩寺等较大影响火灾，事故教训极为深刻。见表 1。

表 1 近年来四川省有影响文物建筑和宗教活动场所火灾统计表

序号	日期	场所	建筑等级	起火部位	备注
1	2013 年 11 月 18 日	甘孜长青春科尔寺	全国重点文物保护单位	中心大殿	第一大格鲁派寺庙
2	2017 年 5 月 31 日	遂宁市高峰山道观	全国重点文物保护单位	三清殿、文物殿、真武殿	
3	2017 年 12 月 10 日	德阳九龙寺		大雄宝殿、祖师殿、毗卢佛塔	号称亚洲第一高木塔
4	2019 年 1 月 6 日	江油云岩寺	全国重点文物保护单位	东岳殿	

这些火灾事故虽然造成的人员伤亡有限，但是引发的社会影响、政治关注和文化损失无法估量，对建筑承载的灿烂文明，传承的历史文化和维系的民族精神造成了不可挽回的损失，必须保持高度警醒。

2.1 四川省文物建筑和宗教活动场所消防安全治理面临的风险

2.1.1 安全制度不落实的风险

部分政府、行业主管部门和文物宗教建筑主体底线思维树得不牢，对消防安全存在麻痹思想、侥幸心理、松劲心态，对本地区、本行业、本单位消防安全风险不清不楚，面对复杂多变的消防安全形势不愿管、不善管。少数民族地区消防安全责任机制不健全，尤其是县、乡等末端，未将寺庙等文物宗教场所消防安全工作纳人重要的议事日程。受公共财政预算限制，消防安全经费不充沛，消防安全专职人员不配备，消防水源、消防器材等消防基础设施建设不完善等问题大量存在。

2.1.2 火灾防控不到位的风险

2016 年《四川省宗教活动场所消防安全管理规定》出台，以政府规章的形式，从法律上明确了寺庙等宗教活动场所消防安全管理相关硬性要求。然而从消防法律法规执行的情况来看，“顶层热基层冷”“政府热、单位冷”现象较为突出，有的部门和单位落实要求不力不实，存在“打折扣”问题，大量消防安全历史遗留问题和新生问题累积叠加，安全隐患排查整治重应付、轻实效，不彻底、走过场现象依然存在。

2.1.3 综合治理不协同的风险

文物建筑和宗教活动场所消防安全管理情况复杂，各级政府、行政主管部门缺乏统一协调议事机制，消防安全长期处于“粗放式”“单一型”管理模式，消防安全综合治理能力受限，部门监管不协同的问题尤为突出。县区一级政府多数没有编制负责文物安全的机构和人员，文物单位安全责任在末端直接“空转”，综合治理与现实条件脱节，存在消防安全无人管、消防措施不落实、消防隐患不处置等问题。

2.1.4 管理受众不配合的风险

由于历史和民族宗教原因，文物建筑和宗教活动场所大多广布于民族聚居区域，受制于管理使用者认知水平和受众的受教育程度，消防工作开展普遍面临语言沟通、安全认知、隐患整改等方面的困境。同时由于其特殊性质，尤为容易引起媒体和舆情的广泛关注和炒作利用，稍微处理不当就可能被推向风口浪尖引发恶意炒作，损害公共部门的正面形象，甚至可能引发群体性事件，威胁社会和谐稳定。

2.2 制约文物建筑和宗教活动场所消防安全短板

2.2.1 先天设计短板

文物建筑多数修建年代久远，尚且缺乏消防技术标准进行指导，普遍存在规划不合理的情况，建筑物相互毗邻，随意布点，缺乏疏散通道和防火间距；加之寺庙、道观等宗教场所内部的香炉、经幡、燃灯等交错布置，火灾荷载极高，如若起火后将迅速蔓延，引发规模效应，无法控制。

2.2.2 建筑本质短板

文物建筑和宗教活动场所的建筑结构基本是土木或石木，其楼板、梁、柱、吊顶、格栅、地面、隔墙等主要构件多为木料，耐火极限低、火灾荷载大、燃烧蔓延快。除重建建筑外，大量文物建筑和宗教活动场所并未通过住建部门审核验收，建筑本身在平面布置、防火分隔、建筑保温以及装饰装修材料方面存在大量隐患，建筑本质安全难以保证。

2.2.3 消防管理短板

据统计，目前全省60%以上消防设施操作人员至今仍无证上岗，部分文物建筑产权、使用、管理主体不明，责权不分，消防安全制度不健全，用火用电管理混乱，消防安全意识淡薄，绝大多数工作人员没有受过专业培训，应急预案照抄照搬，消防演练应付差事，熟练掌握“两懂三会四个能力”的目标还没完全实现。从近十年文物建筑和宗教活动场所的消防检查中暴露出的问题看，消防管理类隐患达35%，高居首位，见图1。

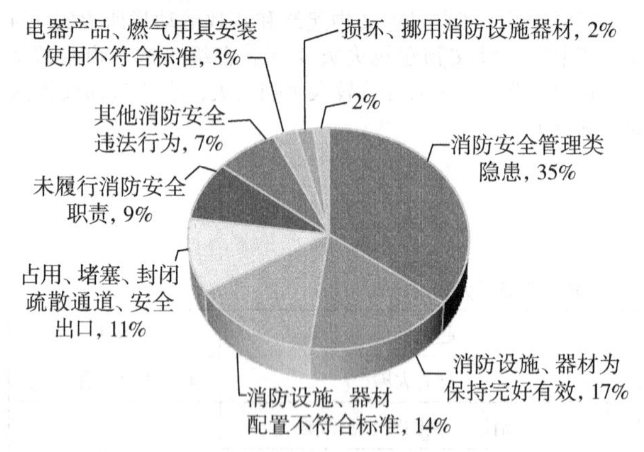

图1 文物建筑和宗教活动场所隐患分类图

2.2.4 基础设施短板

多数文物建筑和宗教活动场所设在山间林野等非城市规划区域内，地势偏僻陡峭，消火栓、水源管网等基础设施建设存在明显短板；14%的文物建筑和宗教活动场所缺乏报警、喷淋和防雷等基础安全设施，灭火器、灭火毯等器材配备不符合标准或根本未配置；17%的消防设施长期缺乏必要的维护，损坏、故障等问题大量存在令人担忧，文物建筑和宗教活动场所基础设施长期“低设防”或“不设防”的状态，还未得到根本解决。

3 做好文物建筑和宗教活动场所消防安全治理的路径

3.1 严格落实消防安全责任制

进一步明确各级各部门在消防安全中的责任边界，建立有效的履责、督责、问责体系，形成协同并进、综合治理的良好局面。党委政府要切实履行消防安全领导责任，加强对文物建筑和宗教活动场所消防工作的组织领导，落实专项经费，严格督导问责。消安委、安办等政府议事机构要强化沟通协商、形势研判，督促有关部门落实行业监管责任，解决经费保障、力量建设、装备配备等核心问题。宗教事务部门要将消防安全工作纳入监管履职范畴，落实消防措施，会商解决隐患问题。文旅和文物保护部门要对文物建筑以及属于各级文物保护对象的宗教活动场所加强消防安全检查指导，督促单位主体履职履责。住建部门要将文物建筑和宗教活动场所及其周边的消防水源、基础设施归入城乡基础设施建设和改造计划，并组织实施。对于文物及宗教活动场所建设工程，要加强技术指导，依法履行监管职能，落实全程管控。公安部门和消防救援机构要严格履行《消防法》赋予的职责，加强事中事后监管，及时依法处置消防违法行为，改善治理大环境。

3.2 加大存量火灾隐患排查整治力度

要全面排查消防安全隐患，切实把隐患当作事故对待，下大力气整改，始终保持对问题隐患整治的高压态势。要注重源头管控，前移火灾预防关口，强化风险辨识，对新建、扩建、改建和重建的文物建筑、宗教场所，行业主管部门要源头把关，对不满足相关安全条件的，坚决不予许可。要突出重点盯防，对规模大、信众多或属于省级以上文物保护单位以及一些重点敏感宗教场所，要“全面过筛”，登记造册，掌握场所规模、年代、建筑结构、消防设施和产权单位等基本信息，并适时迭代更新。要探索建立重点高危场所安全顾问团队，建立囊括建筑结构、电力燃气、应急救助、消防救援等领域专家的顾问团队，定期研判风险，解决问题。要分步骤、分类别，稳步推动历史遗留隐患整改，对现阶段存在的问题要列出清单，建立责任、时限、整改“三个规划”，稳步推进整改销案。对存有威胁的重大火灾隐患，行业主管部门要及时报告党委政府和上级部门，明确责任措施，照单对号，限时销案，闭环管理；对短期不能整改的要落实人防物防技防的补救措施，坚决确保安全。

3.3 稳步解决基础性短板和欠账

要不断加强基层消防基础设施改造，党委政府要将文物建筑和宗教活动场所的安全布局、供电供水、消防车通道、消防装备以及消防站等统筹考虑，依托城乡总体规划调整及时予以修订。要逐步解决违规用火问题。要划定明火使用区域，固定经堂、煨桑点、扎仓内火烛的位置，留足安全间距；要采用不燃材料将长明灯与供台周围可燃物进行有效分隔，尽量减少使用明火，逐步用LED灯、冷光源代替酥油灯；佛事活动动用明火时，要确定专岗值守，确保事毕火熄；有条件的寺庙要设置集中生火做饭区域。要逐步解决消防水源问题。有市政供水条件的文物、宗教场所，要同步增设室内外消火栓；没有市政水源以及远离城镇，不具备供水条件的场所，要科学利用天然水源等修建储备水池，设置消防取水平台，并做好冬季防冻措施。要逐步解决消防车通道问题。要加强文物建筑和宗教活动场所周边道路基础建设，确保干线道路宽度不少于4m，条件允许的要设置环形消防车道，通往文物、宗教场所及场所内部，尤其是通向各经堂、扎仓区等重要建筑的消防车道要保证足够的宽度，保证中型以上消防车具备驶入条件。要逐步实现功能分区布局。及时拆除乱搭滥建、存在安全隐患的违章建筑物，进一步优化文物、宗教场所消防安全功能布局，对寺庙经堂、大殿等活动场所和僧侣公寓房及工作人员生活区实行分区布局，保证足够的消防安全疏散通道，便于紧急情况下的疏散逃生。要逐步推广智慧用电。电气线路状况是影响文物建筑和宗教活动场所安全关键中的关键，要持续推进电气火灾综合治理，大力推广普及智慧用电系统，利用智能感应终端实现对电流负荷的“全天候”侦测，提升场所本质安全水平，防范化解电气火灾事故。

3.4 全力提升抗御火灾事故的能力

要着力加强文物建筑和宗教活动场所自身抗御火灾能力建设，属地应急救援队伍要强化应急准备，确保一旦发生火灾事故，能快速有力处置。党委政府和镇街社区要加大对文物建筑和宗教活动场所消防安全的投入，督促落实主体责任，健全安全责任机制，按规定建立“一站两队”即微型消防站、志愿消防队、专职消防队，配齐专兼职消防人员，制定应急预案，配齐消防栓、给水系统等消防设施器材，切实提高火灾防范能力。消防救援机构要完善火灾扑救快速反应机制，保证力量布局合理、消防水源充足、行车道路通畅，组织合成演练，提升快速响应、快速到场能力，确保灭早灭小灭了。文物建筑和宗教活动场所主体在民俗活动、节日假期和重大敏感时期，要前置安保、应急力量和装备，驻守盯防，制作消防应急方案，时刻保持戒备状态，化解各类突发事件。

3.5 深入开展消防安全宣传教育

持续开展形式新颖、符合时代、实用易学的消防安全宣传培训与科学普及活动，把握“时、效、面”三个维度，提升消防安全群防群治能力。要加强对文物建筑和宗教活动场所消防安全责任人、管理人、志愿消防队负责人等关键人群的消防安全知识培训，在举办集中集会、诵经、法会等活动的同时，同步开展消防宣传，切实提升宣传效果。要不断拓宽宣传渠道和模式，确保因地制宜、因时制宜，四川西部地区要积极开展“双语”消防宣传，组织少数民族消防志愿者等参与消防公益宣传活动，制作播放文物、宗教场所消防公益广告和典型火灾事故案例警示宣传片，在重点部位张贴防火警示标识，普及防火常识，增强防范火灾的安全意识。要不断开展消防应急演练，组织文物、宗教活动场所人员开展具有场所特征、符合该类场所建筑特点的疏散逃生、应急处置演练，专职消防队和微型消防站要严格落实执勤备勤，加强巡逻检查和培训演练，全面提升“四个能力”。

参考文献

[1] 陈昌盛．基本公共服务均等化：中国［J］．财会研究，2008，2：15-16.

[2] 乔迪，赵艳，聂政泽．四川省少数民族地区公共消防服务供给现状调查［J］．中国应急救援，2017，6：53-58.

[3] 司戈．灭火救援基本公共服务均等化的路径选择［J］．消防科学与技术，2013.

办理营业前消防安全检查适格主体相关法律的认识和理解

芮 磊

（安徽省蚌埠市消防救援支队，安徽 蚌埠）

摘 要 本文结合消防执法改革和服务营商环境等方面政策要求，针对公众聚集场所办理使用、营业前消防安全检查的主体适格范围，以个体工商户和单位两个基本经营主体进行对比分析，进一步认识理解《中华人民共和国消防法》规定的具体相对行政行为主体，也为下位法进一步明确个体工商户适格的具体消防行政行为义务等方面提供修改意见和建议。

关键词 消防安全检查 适格主体 个体工商户 单位

1 引言

随着深化消防执法改革的不断推进，原有的消防行政许可权力更迭和移交，目前消防救援部门尚有公众聚集场所使用、营业前消防安全检查的行政许可，并且在2021年修订的《中华人民共和国消防法》[1]（以下统称：《消防法》）中明确实行告知承诺管理。法律修订、承诺管理等一系列的措施均体现了国家便民服务的理念，但是在日常消防监督执法中，涉及公众聚集场所使用、营业前消防安全检查的问题反映、举报投诉呈上升态势。针对现状问题，再次学习《消防法》等法律，个人有新的认识和思考。

2 相关法律条文的认识和理解

2.1 办理投入使用、营业前消防安全检查法律依据

条文1：《消防法》第十五条第一款规定，“公众聚集场所在投入使用、营业前，建设单位或者使用单位应当向场所所在地的县级以上地方人民政府消防救援机构申请消防安全检查，……”

认识和理解：上述条款明确了，申报办理场所使用、营业前消防安全检查的主体，即：建设单位或者使用单位，而非个人，此处的个人包括自然人和个体工商户。

条文2：《消防法》第十五条第二款规定，“消防救援机构对申请人提交的材料进行审查；……”；第三款规定，“申请人选择不采用告知承诺凡是办理的，……”。

认识和理解：上述两个条款均提到“申请人”的概念，此“申请人”应对应单位的法定代表人或法定代表人的委托人。在场所使用、营业前消防安全检查办理过程中，对承诺人的要求也是单位的法人代表或主要负责人，也是对“申请人”所代表的主体属性的要求。

2.2 单位和个人的法律确认

法律上没有对“单位”进行定义，因为“单位”不仅仅包含法律上的概念。一般法律上的“单位”是指机关、团体、企业、事业和法人等非自然人的实体或其下属部门。

“个人”的范畴，在这里仅仅讨论自然人和个体工商户。自然人与法人相对应，在《中华人民共和国民法典》[2]上对自然人法律分析为：基于自然出生而依法在民事上享有权利和承担义务的个人，这里不多做赘述。重点谈谈对个体工商户的理解。

条文1：《中华人民共和国民法典》[2]第一篇第二章第四节第五十四条规定，“自然人从事工商业经营，经依法登记，为个体工商户”。《个体工商户条例》[6]（2016年修订版）第二条规定，“有经营能力的公民，依照本条例规定经工商行政管理部门登记，从事工商业经营的，为个体工商户。”“个体工商户可以个人经营，也可以家庭经营。”

认识和理解：从上述条款不难看出，个体工商户指的是依法登记并从事工商业经营的公民或自然人。

条文2：《消防法》第六十条第一款和第二款分别规定，“单位违反本法规定，有下列行为之一的，……；”“个人有前

款第二项、第三项、第四项、第五项行为之一的，……；”。《个体工商户条例》[6]（2016年修订版）第二十八条规定，“个体工商户申请转变为企业组织形式，符合法定条件的，……”。

认识和理解：《消防法》第六十条前后两款以及《中华人民共和国消防法释义》[3]对单位和个人法律责任进行分别规定，非常明确“个人”不在“机关、团体、企业、事业等单位”的范围中。《个体工商户条例》[6]（2016年修订版）第二十八条明确了个体工商户能够申请转变为企业，法律分析为：个体工商户不是企业。营业执照上登记的类型也将个体工商户与企业或法人等分开，也说明个体工商户不是企业、不是法人，更不是单位。

3 具体行政行为之间的关系

具体的行政行为表现形式有10余种，此次只对“行政监督检查”和“行政许可”作初步认识和比较，其他行政行为不做赘述。

3.1 具体行政行为的概念和内涵

行政监督检查，行政执法活动组成部分，是行政主体基于行政职权依法对行政相对人是否遵守法律法规等情况进行的监督检查，本质上属于行政管理职能范畴。具体到消防领域就是消防监督检查。

行政许可，在法律一般禁止的情况下，行政主体根据行政相对方的申请，通过某种形式，依法赋予特定的行政相对方从事某种活动或实施某种行为的权利或资格的行政行为。具体到消防领域就是消防行政许可，目前即公众聚集场所使用、营业前消防安全检查，且消防行政许可属于核准类许可。

3.2 相关法律分析

条文1：《消防监督检查规定》[4]（公安部令第120号）第三十九条规定，“有固定生产经营场所且具有一定规模的个体工商户，应当纳入消防监督检查范围。”《安徽省消防条例》[5]第二十五条规定，“生产经营场所具有一定规模的个体工商户，应当履行单位消防安全职责。”

认识和理解：只有符合一定规模界定标准的个体工商户，才应依法履行单位消防安全职责，按照单位进行消防监督管理，而不是所有的个体工商户都需要按照单位性质履行消防法律法规义务。同时，也只是明确了按照单位履行消防安全职责，并接受消防监督检查，并没有明确按照单位适格主体履行其他行政行为，如消防行政许可。

条文2：《消防监督检查规定》[4]（公安部令第120号）第六条规定，“消防监督检查的形式有：对公众聚集场所在投入使用、营业前的消防安全检查；”。

认识和理解：上文提及消防行政许可属于核准类许可，是通过消防监督检查的形式核查场所相关消防安全条件是否达到可以许可的标准，此处的消防监督检查是一个形式和手段，是一个过程行为，消防行政许可是一个结果行为。

4 结论

综上所述分析，“个人”与“单位”在法律上是完全不同的两个主体，所要履行的法律义务也不尽相同；消防行政许可和消防监督检查也是两种不同的具体行政行为，在法律上需要不同的适格主体进行具体表现。

4.1 个体工商户不是申请办理消防行政许可的适格主体

在《消防法》中，规定了单位需要申请投入使用、营业前消防安全检查，其适格主体是单位，个体工商户既非建设单位也非使用单位，而是“个人”。故认为个体工商户注册登记的公众聚集场所，无需申请办理投入使用、营业前消防安全检查。如果考虑达到一定规模界定标准的争议区间，至少不是所有的个体工商户经营的场所需要申请办理消防行政许可。

4.2 个体工商户不能按照单位适格主体接收行政处罚

符合单位界定标准的个体工商户，可以认为是单位，从而要求其按照单位进行消防监督管理。当在监督执法过程中，遇到个体工商户未办理消防行政许可被举报投诉等情形时，可以按上述结论有理有据的进行核查回复。消防救援机构不能因为个体工商户经营的场所没有主动申报办理消防行政许可给予行政处罚；对于个体工商户经营的场所发生涉及追责的火灾事故时，不应当以未进行消防行政许可为由追究消防救援机构人员责任。

4.3 其他酌情处理的情形

结合为民办实事的营商环境，当个体工商户经营注册的公众聚集场所因其他行政许可项目而主动申报投入使用、营业前消防安全检查时，应该依照法律规定，从方便群众、提升场所消防安全水平角度出发，为其受理并依法办理。

参考文献

[1] 中华人民共和国消防法［Z］. 法律出版社，2021.
[2] 中华人民共和国民法典［Z］. 法律出版社，2020.
[3] 中华人民共和国消防法释义［Z］. 人民出版社，2009.
[4] 消防监督检查规定［Z］. 中华人民共和国公安部网，2012.
[5] 安徽省消防条例［Z］. 安徽省人民政府网，2010.
[6] 个体工商户条例［Z］. 国家市场监督管理总局网，2016.

涉疫场所消防安全检查现状及对策研究*

刘 琦

（河北廊坊消防救援支队，河北 廊坊）

摘 要 随着新冠疫情的暴发，各地发生的有影响的火灾不计其数，严重危害了当地居民的生命与财产安全，且这一时期的特殊性也对消防安全检查提出了更高的要求，因此为避免较大火灾事故的发生，必须对涉疫场所开展有效的消防安全检查。但是就目前的情况来看，涉疫场所的消防安全检查标准存在不统一等问题，这些问题的存在给涉疫场所的抗疫工作带来了更大的难度，因此必须对涉疫场所当前的消防安全检查工作进行及时地调整，使其成为涉疫场所抗击疫情工作展开的基础。为了提高措施的精准性，文章首先对涉疫场所的消防安全检查现状进行了全面的分析，之后基于这些问题提出了具体措施，以适应新冠疫情下的社会环境。

关键词 新冠疫情 消防安全检查 现状分析 策略研究

1 引言

消防安全检查是日常生活中的一项必要活动，对于居民的生产生活、社会的和谐稳定都有重大作用，在新时代背景下，消防安全检查工作无论是消防设施，还是消防安全检查机制都趋于完备。但是新冠疫情这一时期的特殊性使传统的消防安全检查机制表现出了不足，不能很好地保证涉疫场所的消防安全，而涉疫场所中人员众多，是国家抗击疫情的关键，因此必须寻求更加符合新冠疫情特点的消防安全检查方式，进而保证处于新冠疫情下的涉疫场所的消防安全，使抗疫工作能够在一个安全的环境下有条不紊地展开。

2 涉疫场所消防安全现状

2.1 火灾隐患大量增加

在新冠疫情暴发之后，涉疫地区都进行了全面管控，在这一特殊的背景下，火灾隐患也在不断增加。首先，为了保证涉疫场所的物资供给，各个地区都增设了很多临时仓库，用来储存生活与医疗物资，但是这些临时仓库的耐火等级等不符合消防技术标准要求，消防设施、防火分隔等不够完善，埋下了安全隐患。其次涉疫场所每天都要对内部及周围环境进行消毒工作，但是大多数消毒剂都是易燃物，尤其是酒精，大量不当使用容易引发火灾。再次为了防止新冠疫情的蔓延，涉疫场所都会对已经感染、疑似感染等人进行隔离，因此隔离点存在超人员使用的现象，用火用电量集中，大幅度增加了火灾荷载。另外，为了满足涉疫场所的需求，一些防疫物资生产企业都会加班加点的生产，大量物资的堆放和机器的不断运转增加了火灾危险性。

2.2 消防安全检查人员不足

涉疫场所及火灾隐患在新冠疫情的背景下大量增加，但是负责消防安全检查的人员却没有增加。首先消防安全检查人员的来源基本被切断，从涉疫场所之外的地区进行调动困难较大。一方面涉疫场所会进行交通管制，防止有人员流动，另一方面涉疫场所还会对一些流动人员进行隔离管理，这些都使增加涉疫场所消防安全检查人员变得困难。其次，消防安全检查人员在对涉疫场所进行安全检查时，容易受到感染，受到感染的消防安全检查人员按照疫情防控要求进行隔离，使负责消防安全检查的人员越来越少。综上，消防安全检查人员不足成为涉疫场所普遍存在的问题。

2.3 缺乏健全的消防安全检查制度

尽管在新冠疫情暴发之前的消防安全检查制度已经较为完备，能够满足日常生活中的消防安全检查需要，但是这些检查制度更加适合在日常生活中应用，当其面对新冠疫情这种特殊的背景时，就会表现出不够健全的问题。缺乏健全的消防安全检查制度，突出表现在以下两个方面。

（1）消防安全主体责任落实不到位。将消防安全检查责任落实到企业责任人，建立健全单位主体责任的一个重要方式，但是在新冠疫情背景下的涉疫场所却很难实现。一方面，企业法人、消防安全管理人以及企业员工由于疫情原因不能坚守岗位，其肩负的消防安全责任不能及时被接替；另一方面，涉疫场所中临时负责安全的人员并不是本企业员工，不清楚场所环境和消防安全工作，而是由政府属地、行业部门部门、医护人员等共同临时组成的，由于疫情任务的繁重，此团队无暇顾及消防安全工作，同时，这些人员难以用一个统一的制度来进行管理与协调，造成消防安全责任落实不到位的问题。

（2）消防安全检查机制与疫情防控机制不适配。从涉疫场所看，一是为满足疫情防控和隔离需要，各地紧急指定的定点医院以及利用宾馆、培训中心等场所改建的治疗场所虽然有消防手续，但并不适用于涉疫场所的使用，方舱医院等集中隔离点，由于是临时搭建，大部分未经消防安全审查、验收合格即投入使用，很大程度上存在先天性安全隐患，且启用后超负荷运行；有的为满足医疗技术要求还采取了封闭疏散通道和安全出口等特殊措施，火灾风险高监管难度大。二是一些定点医院防疫和防火工作之间的矛盾比较突出，防疫管理要求涉疫场所设有“三区两通道”，这给消防监督检查人员开展监督执法工作带来限制。

2.4 消防安全工作难度大

（1）人员众多，疏散困难。新冠疫情席卷的范围非常广，涉及的人数众多，并且其传染力极强，因此基于这种特点，涉疫场所采用了集中管理的模式，由原本的多个安全出口、疏散通道改为只开放一个安全出口和疏散通道，尤其是医院中的涉疫人员聚集，人流量大，疏散困难，无疑会在一定程度上增加消防安全工作的难度。

（2）指战员感染系数高。指战员是消防员的指导者，在

* 基金项目：河北省高等学校科学技术研究项目（QN2022194）。

涉疫场所的消防安全检查工作过程中主要负责任务的分配与消防安全检查工作的推进，但是由于新冠疫情的传播能力强，一些指战员受到感染的风险比较大，一旦指战员被感染，涉疫场所的消防安全检查工作就会陷入短期的混乱，降低其工作质量。

（3）自防自救能力低。涉疫场所的消防安全检查工作的质量还需要相关人员的自防自救，在用电用火等过程中，应该强化火灾的防范意识，防止出现火灾。但是就目前的情况来看，医生、患者等涉疫人员的自防自救意识比较薄弱，并且也缺乏基本的自防自救能力，增加了消防安全的工作难度。

3 加强涉疫场所消防安全检查工作质量的措施

3.1 加强指导降低安全隐患

全力做好医疗防护用品生产和仓储物流企业、定点医疗卫生机构和集中隔离点的消防安全指导服务，降低安全隐患，首先要提前介入，加强指导，对涉疫场所进行隐患排查，对于一些容易造成火灾的隐患及时消除。其次。对发现的隐患问题尽量以督促整改、服务指导为主，尽量减少对该类单位的处罚为单位减负，督促和鼓励增加消防安全投入。帮助各类医疗机构和企业解决火灾防控问题，确保安全防疫，落实一区一策、一厂一策措施，列出问题隐患清单，逐项指导整改落实。实现物联网技术，使其能够对涉疫场所进行实时监测，提高消防安全检查效率，降低涉疫场所的消防安全隐患。

3.2 培养消防安全明白人

涉疫场所范围比较大，并且人数众多，安全隐患也远远多于平时，消防安全检查工作量大，因此要增加涉疫场所中的消防安全明白人，来保证涉疫场所的消防安全。一方面要从属地政府及各行业部门抽选开展明白人培训工作，考试合格后上岗，进行消防安全检查工作；另一方面从涉疫场所中工作人员中进行培训，确保进入到涉疫场所的人员都具有一定的消防知识，能够承担消防安全隐患清查工作，最大限度地降低涉疫场所发生火灾的可能性。

3.3 落实消防安全主体责任

将消防安全责任落到实处，首先要将每日防火检查的工作落实到人。防火检查是单位发现隐患整改隐患以及减少隐患的必要工作，对于消防安全检查工作的整体质量具有重要影响，因此必须重视涉疫场所的每日防火检查工作。当前，国内疫情形势好转，疫情胜利指日可待，越是到最后的关键时刻，越是不能有任何闪失。医院等涉疫场所要及时召开消防安全会议，将各项火灾防控工作要求传达到所有人员，关键要落实责任，各岗位特别是安全部门责任要切实落实到位。要严格落实消防安全责任人、管理人带班值守，消控室人员值班制度，加强疫情防控期间消防安全管理，以防火灾发生。其次要重视夜间巡查。涉疫场所的特殊性使其在夜间也从事消杀消毒工作、救护工作，因此涉疫场所的消防安全检查工作不能局限在白天，在夜间也要安排人员进行巡视与监管，降低火灾事故的发生。

3.4 建立健全应急处置制度

（1）制定应急预案。设置应急预案响应机制，首先要结合疫情防护的特点，满足新冠疫情背景下的特殊时代背景。其次要跳出涉疫场所的局限，积极与涉疫场所周边的单位联系，以区域为背景，实行联防。这两种方式都可以提高应急预案的可操作性与科学性，能够更好地满足涉疫场所的消防安全检查工作需要。

（2）建立岗位应急机制。新冠疫情有传播快等特点，消防安全检查工作的负责人员被感染的概率比较大，一旦被感染，消防安全检查工作得不到落实，因此为了降低人员不足对消防安全检查工作质量的消极影响，必须建立岗位应急机制，当消防安全检查人员因为感染不能继续工作时可以及时补缺。

（3）定期进行消防安全教育与演习。在新冠疫情的背景下，涉疫场所的主要工作就是抗疫，但是在抗疫之外，也必须重视消防安全，因此可以通过定期进行消防安全教育与演习的方式来提高涉疫场所中人员的自防自救意识与能力。

4 结语

火灾产生的后果是惨痛的，尤其是在涉疫场所中，火灾的发生是致命的，因此必须重视涉疫场所的消防安全检查工作，实现消防安全检查工作的常态化，提高其工作质量，降低涉疫场所的火灾发生概率，共同抗击疫情。基于此种认识，为了提高涉疫场所消防安全检查工作的质量，必须结合现状中存在的问题进行针对性地解决，使新冠疫情下的消防安全检查工作既严守住安全底线，又体现出特殊时期的特点。

参考文献

[1] 姜炅，李强．疫情防控期间消防监管模式探索[J]. 武警学院学报，2020，36（10）：36-41.

[2] 张大超．疫情期间如何做好医院等涉疫场所的消防安全管理工作[J]. 消防界（电子版），2020，6（08）：43-44.

[3] 马鲜萌，王岩．涉疫场所消防安全工作浅析[J]. 武警学院学报，2020，36（04）：66-69.

[4] 马林．消防救援队伍参与新冠肺炎疫情处置的思考探索[J]. 消防界（电子版），2020，6（05）：54-56.

消防监管的难题

——电动自行车火灾

阎晓栋

（南京消防救援支队秦淮区大队，南京）

摘　要　近年来，电动自行车以实用、便捷的特点成为大多数居民的主要出行方式。随着电动自行车数量的不断增加，电动自行车的消防安全管理和质量问题在很大程度上成为公共安全的短板。与其他火灾相比，电动自行车火灾发展迅速，伤亡率很高。因此，电动自行车的消防安全问题不容忽视。

关键词　电动自行车　火灾　成因分析　预防措施

1　引言

近期在笔者所在城市又发生了一起电动车的火灾事故。火灾发生在凌晨时分，在电动车集中充电车棚内，一辆正在充电的电动车在充电过程中起火燃烧，火势迅猛短短几分钟便将车棚内停放的 11 辆车全部烧毁。事后笔者前往现场勘查，现场已是一片狼藉，周围的群众也是迅速围观，唏嘘不已。

我国电动自行车保有量大，广泛存在质量参差不齐、群众充电安全意识不强、停放充电习惯差、充电桩安装经费、场地难以落实、动态监管难等问题，电动自行车消防安全整治效果是关系到地方安全发展的重要课题。电动车火灾已经成为近些年来居民火灾发生的主因之一，因此引发的火灾事故在各个媒体上也是屡有报道，而预防此类事故也是成为消防监管中的一大难点。目前，各地均出台了电动自行车的管理办法，但是似乎防也难防住，管也管的效果不佳。如何有效地压降此类事件成了我们消防人心头的要务。

2　电动自行车致灾成因分析

目前，绝大多数电动自行车火灾发生在电动自行车停放和电动自行车充电过程期间。同时根据电动自行车在火灾情况下的使用情况来看，约有 10%的电动自行车火灾发生在行驶过程中。根据系统安全工程的观点，危险性定义为事故频率与事故后果严重程度的乘积，即危险性评价一方面取决于事故的易发性；另一方面取决于一旦发生事故，其后果的严重程度。

$$R = f(F,\ C)$$

式中，R 为事故危险性；F 为发生事故的易发性；C 为发生事故的严重度。

电动自行车火灾的现实危险性还同各种人为管理因素及防灾措施结合效果有紧密关系。根据相关数据的统计不难发现，在具体的火灾事故发生过程中，主要原因是电池和充电器的故障导致电动自行车起火比例较高。在其具体应用中，电池和充电器是其主要的供电设备，也是其交流触点的主要部件，因此在应用中电动自行车具有一定的作用和意义，一旦出现线路故障或老化问题，就会导致一定的火灾事故。因此，我们应该测试电动自行车的电池和充电器。一旦发现问题，要选择有专业技术的厂家进行维修，并及时更新老化线，确保其使用安全。另外，电动自行车在给电池充电的过程中，也要选择质地柔软、绝缘性好的线路，以免线路磨损，影响通过线路直径传递电能的基本需求。同时，要特别注意避免私拉电线或乱接电线的问题。

电动自行车火灾的事故易发性主要由工艺过程事故易发性、危险物质易发性以及相互关系决定，工艺过程事故易发性与危险物质易发性越大，关系越密切，事故易发性越高。导线与导线、导线与设备接线端子连接不牢以及接头处夹有杂物，均会导致接触不良产生危险温度；不同金属连接处，由于它们的理化性质不同，连接将逐渐恶化，产生危险温度；而在充电过程中悬挂式的电源插头与插座由于重力作用连接松动，导致接触不良而产生危险温度；接地电流和集中在某一点的漏电电流，可引起局部发热，产生危险温度。当电动自行车在长期使用过程中，因使用及保养不当使得潮气进入电线内部绝缘下降；导线破裂等导致线路短路。发生短路时，电流增大为正常值的数倍乃至数十倍，产生的热量与电流的平方成正比，使得温度急剧上升，产生危险温度或电火花，大量电火花汇集起来构成电弧，电弧温度高达 8000℃。电火花和电弧不仅能引起可燃物燃烧，还能使金属熔化、飞溅，构成二次引燃源。

3　预防电动自行车火灾的措施

防止电动自行车火灾事故发生的安全技术措施有：消除危险源；隔离；设置薄弱环节；火灾探测；灭火等。按照现代安全工程的观点，彻底消除所有危险源是不可能的。因此，人们往往首先选择危险性较大，在现有技术条件下可以消除的危险源，作为优先考虑的对象。对于电动自行车因设备短路、接触不良、过载、漏电等过热而产生的危险温度和电火花或电弧。就需要对绝缘材料进行阻燃处理，主动降低火灾发生的概率和发展的速率，是预防电动自行车火灾的有效手段。高分子材料阻燃技术主要是通过阻燃剂使聚合物不易着火，如果着火也使其燃烧速度变慢。建议电动自行车选择无卤低烟阻燃性、耐火性、矿物绝缘型电线，并采用防火涂料对电线进行防火处理。当前我们可以利用设计好的薄弱环节，使事故能量按照人们的意图释放，防止能量作用于被保护物体。熔断器、自动空气开关（自空气断路器）就是利用设计好的薄弱环节，常见的电气保护装置。电动自行车的线路要根据负荷大小统一安装熔断器、自动空气开关，防止短路或严重过载而产生危险温度或电火花。

电气火灾监控系统、火灾自动报警系统是防止事故发生与减少事故损失的重要安全技术措施，是发现火灾和异常的重要手段。此外，通信告警系统和安防监控系统也有利于避免火灾事故的发生或减少火灾损失。电气火灾监控系统是利用被保护电气线路中剩余电流、温度等参数超标时能发出报警信号并能指示报警部位的系统，有的电气火灾监控中心还可以以短信形式直接通知电工到具体故障部位，以便及时排除故障。电动自行车集中充电棚内的火灾自动报警系统能探测火灾初期的烟雾、热量、火焰，并发出警报，使人们早期发现火灾，采取措施。在每个车棚内至少要安装一个火灾报警探测器。考虑电动自行车的火灾燃烧特点，宜选用缆式线型定温探测器，并设置在可延燃绝缘层和外保护层电缆附近。

通信网络设备监控系统可以快速捕获各种器件和网络通道的异常信号，在没有形成足以引发火灾的能量时动作，早于火灾自动报警系统向外传递信息。与楼宇火灾报警控制中心、城市火灾报警控制中心实现信息共享。安防监控系统探头宜布置在车棚附近，以便对起火部位周围动态有完整的图像显示和记录，有利于火灾事故调查和事故成因分析。

有效扑灭初期火灾，是减少火灾危害，防止火势蔓延的最后一道防线。目前，电动自行车棚一般没有设置自动灭火系统，国家消防技术标准也没有相关规定要求。电动自行车棚作为一个特殊火灾场所，及时有效扑救初起火灾十分必要。使用超细干粉灭火剂灭火粒子由于比表面大、活性高，在空气中悬浮数分钟，形成相对稳定的气溶胶，灭火效能很高且不导电。

4 在日常消防监管中的措施

4.1 行动部署的平台要高

从政府层面下发行动方案，明确各街道、社区以及相关部门的具体工作职责、步骤和工作要求。要制定具体工作指标，如至少要建设多少个充电桩，要排查统计出多少根“飞线”，照单整治，明确每周要开展多少次联合执法、整治多少根“飞线”等。

4.2 广泛宣传教育

要营造铺天盖地的宣传氛围，充分利用小区广告栏、户外视频、电梯间、前厅等广泛张贴宣传材料、告知书和播放火灾案例视频，宣传电动自行车消防安全的重要性、安全充电常识，提前告知违法后果、个人需要承担的责任和政府部门将采取的措施。引导群众购买符合新标准的电动自行车及配件，如带有自动断电功能的充电器相比不带断电功能的价格仅贵10元钱。

4.3 基层工作要实

要充分发挥基层街道和社区情况熟悉、辖区小、工作人员相对多的优势，广泛宣传，逐户排查告知，在具体整治时由司法部门提供执法依据，由街道牵头组织，邀请公安、应急、城管、消防救援等部门联合执法，同时充分利用街道为民办实事资金、社区申请电费低等优势，由街道、社区大力推进充电桩建设，疏堵结合。

4.4 通过问责落实责任

如笔者所在城市的整治方案中明确，因工作不落实发生火灾的，一律追究相关人员责任。整治情况纳入高质量发展考核、安全生产巡查和督查内容。

5 智能充电桩建设中的难点与对策

5.1 建设经费问题

充电桩的建设一般不需要费用，由充电桩运营公司免费安装，运营公司通过长期运营，获取固定收益。充电桩安装后，开通时供电公司需要收取供电费用，一组充电桩约2000元，另外电动自行车棚的建设也需要额外费用，这些费用充电桩运营公司无法承担，建议由政府或物业服务企业承担，或使用街道民生资金。同时，开展“飞线”整治，也能增加充电桩的使用率，有利于增加充电桩运营公司安装、维护的积极性和主动性。

5.2 电费问题

经调研，居民不愿意使用充电桩的主要原因就是充电桩充电比从自家“飞线”充电费用贵，早期建设的充电桩1元钱只能充4h，投一次币无法充满，居民不愿意使用。此处涉及居民用电和商业用电费用的问题，一般充电桩的电费全部是商业用电，目前商业用电电费为0.6715元/kW·h，而居民用电实施两段制分时电价，峰段位（8点至21点）0.5583元/kW·h，谷段位（21点至次日8点）低至0.3583元/kW·h。由此可见，夜间充电使用“飞线”的费用仅为充电桩的一半，因此要推动居民使用充电桩就要降低电费。建议在充电桩安装后，由社区为主体向供电公司申请供电，电费可以按照居民用电收取。使用充电桩和“飞线”充电的费用一致，大大增加了居民使用充电桩的意愿。

5.3 场地问题

充电桩建设场地问题在老旧小区尤为突出，老旧小区由于建设年代早、公共空地少，加之多年来违法建设、违法圈占公共用地现象不断积累增加，造成充电桩无处可装。可以结合爱国卫生运动和治理违建行动，清除公共区域，尤其是公共自行车棚的各类垃圾、僵尸自行车，将没有产权的私人自行车棚全部打开，成为公共自行车棚，安装充电桩。同时在居民同意的情况下，利用一部分绿地建设充电桩。

5.4 拓展充电桩功能

早期建设的充电桩仅有投币付款的方式，且充不到设定的时间也无法退款，群众意见较大。目前市场上的充电桩有的仅支持扫码支付，部分老人难以使用。建议采取多种方式支付，并具备实时退款功能，充多少付多少。另外，充电桩必须具备充满自动断电、定时断电、充电故障自动断电、过载保护、漏点保护等功能，有条件的还可增加电压、电流、功率监测、高温报警功能以及简易消防设施等，确保安全。目前，各地编制的地方标准《电动自行车充电、停放场所防火技术规程》，有的已将相关要求已写入其中。

6 结语

如何长效管理才是解决电动自行车火灾高发的核心。一是建章立制，将电动自行车消防安全纳入网格化管理。将电动自行车停放、充电是网格员每日排查的重点，网格员发现隐患当场劝阻，无法当场整改的一律抄送综合执法部门实施执法。二是持续加强监督和管理。“飞线充电”现象容易“回潮”，要持续开展专项整治行动，重点针对易发、易反复区域，同时，注重疏堵结合，不断提升充电桩的数量，以及配置、布局、使用的合理性，切实做到便民、惠民。要及时清理充电桩周边“僵尸”车辆和其他杂物，督促充电桩运维公司做好日常维护等。此外，物业服务企业应加强日常巡查检查，配备一定数量灭火器材。三是持续继续做好宣传引导，加大宣传力度，通过普法宣讲、案例警示等多种形式，提高群众消防安全意识，厚植群众依法依规充电的行动自觉。

参考文献

［1］饶球飞，李善麒．电动自行车火灾原因分析及火灾调查技术要点探讨［J］．消防技术与产品信息，2019（10）：65-67.

[2] 董海友．一起电动自行车火灾事故调查的体会[J]．中国公共安全（学术版），2019（03）：110-114.

[3] 王娜．电动自行车火灾预防对策探讨［J］．武警学院学报，2014，30（4）：75-77.

[4] 唐雪梅，杨华．电动车火灾原因及防范［J］．消防技术与产品信息，2015（2）：40-42.

[5] 司戈，王青松．锂离子电池火灾危险性及相关研究进展［J］．消防科学与技术，2012，31（9）：994-996.

浅析危险化学品企业消防安全管理

韩　健

（沈阳经济技术开发区消防救援大队，辽宁　沈阳）

摘　要　由于人类社会和民用经济的发展，危险化学品的应用也将日益普遍。由于中国化工制造行业规模的不断扩大，危害化学物质事件的发病率也在日益增加，这不但给公司造成了不可避免的利益损失，也严重威胁了中国人民的生命健康安全。因此，加强对危险化学品安全监管显得尤为重要。有效管理和控制危险化学品已成为社会发展的重要组成部分。所以，本文主要从危险化学品火灾事故的案例入手，结合对危险化学品企业的消防安全问题进行分析和探讨，并提出了一些应对措施。

关键词　危险化学品　火灾原因　消防管理　防火措施

1　引言

危险化学品具备特殊的物质性能，它包括制造企业生产所用的原材料、辅料以及中间产物、半成品、溶液、添加剂、催化剂等，受其物质分子的影响，危险化学品大多具有易燃易爆、易挥发、毒性物质浓度高等特点。这些物质一旦泄漏或在储存运输过程中未得到有效控制，在物质混合接触时容易发生化学反应，产生高热、火灾和爆炸等危害事故，极易造成人员伤亡。同时，危险化学物质在产生质变的同时，会发生爆炸、挥发、自燃、滴漏等现象，高温废气也会加速蔓延，不但对人民群众的生命安全造成了极大的威胁，而且也会严重危害附近的空气、土壤和水流。高危害化工品的液体可以注入附近河道或者地下水，破坏力大，会导致环境变化，或者是产生永久性的污染[1]。所以，抓好危险化学品企业消防安全管理工作，防止火灾事故的发生就显得尤为重要。

2　危险化学品火灾事故统计与分析

与其他的化学物质相比，危险化学物质由于气温、相对湿度等自然环境条件的变化，而产生了自身物理、化学的改变，如：升华、分解、化合等，从而导致了着火和爆炸事件的发生。表1为危险化学品事故典型案例。

表1　危险化学品事故典型案例[2]

时间	事故名称	事故原因	事故损失
2018年11月28日	河北张家口中国化工集团盛华化工公司“11·28”重大爆燃事故	长期未按规定检修	造成24人死亡、21人受伤，直接经济损失4149万元
2019年3月21日	江苏响水天嘉宜化工有限公司“3·21”特别重大爆炸事故	旧固废库内长期违法储存的硝化废料持续积热升温导致自燃	造成78人死亡、76人重伤，640人住院治疗，直接经济损失19.86亿元
2019年4月15日	济南齐鲁天和惠世制药有限公司“4·15”重大着火中毒事故	违规进行动火作业，电焊或切割产生的焊渣或火花引燃现场的堆放的冷媒增效剂，瞬间产生爆燃，放出大量氮氧化物等有毒气体，造成现人员中毒窒息死亡	造成10人死亡、12人受伤，直接经济损失1867万元

从整体来看，危险化学品储运与经营过程中引起起火的主要因素主要包括九个方面：一、对火源管理不严；二、对与特性相互抵触的危险物品混储；三、产品变质严重；四、维护管理不良；五、包装物严重破损，或不合要求；六、工人违反了操作规程；七、建筑不满足存放条件；八、雷击；九、火灾扑救不良。因此，加强危险化学品生产、储存管理是确保危险化学品消防安全的重要内容。

其中加强火源管理是做好易燃易爆化学品储存防火工作的前提，因为任何火灾都是由燃烧引起的，燃烧必须是借助易燃的物质来产生。因此，通过减少火源，有助于降低或防止着火事件的发生率。如果出现大规模火灾事故，将会给民众生命财产的安全带来严重危害，甚至造成无法弥补的损失。同时也会影响经济建设发展和社会安定。在强化对危险化学品的管理上，做好消防监督工作非常重要。在执法层面、监督检查、安全服务等方面，防火监督的主动参与对减少社会面火灾发生概率、消除消防安全隐患至关重要。特别是通过科学的指导模式，强化危险化学品企业严防火源入库的工作意识，科学推进用火管理制度和落实方法等措施。持续地灭火检查，才可以及早发觉并减少火灾事故隐患，才能防患于未然。

3　企业危险化学品消防安全管理

近几年来，国内外发生了多起重大危险化学品安全事故，引发了一系列关于危险化学品及其安全管理问题的思考。对危险化学品的管理已成为化工行业关注的重点。但是就目前而言，我国的危险化学品管理工作还存在着诸多不足，其中最重要的就是缺乏严格而完善的管理制度[3]。

危险化学品制造、贮存、经营场所应按照场所、装置的性质以及危险化学品的性质、存贮量要求，根据地势、风向的要求合理定位，增设安全保护距离。应用中，必须按照危险化学品的类型和性质，配备适当的检测、通风、防晒、控制高温、消防、灭火、消防、泄压、防毒、消毒、热中和、通风、防雷、防静电、抗腐、防渗漏等的安全装置和器材。对危险化学品制造、贮存场所中的生产装置、储罐、管线的材质、压力等级、执照方法、安装要求等的检测条件应当符合有关技术规范，并安装了与其性质相适应的消防设施装置。

按照危险性化学物质的类别和特性，相关负责人应合理选用贮存和运送方法，不得超期贮存和运送危险性化学物质。禁止将危险化学品与一般物质和易产生化学反应的各种灭火方式的物质混存混合装卸，并应当在专门库房、专用场所和专门的储存室储运，专车专用。危险化学品搬运过程中，要避免汽车的过载或超负荷行驶，搬运作业时应轻装轻卸，避免振动、装机、中亚、碰撞和倾倒，使用不易产生火花的保护用具并做好防静电放电保护措施。同时应采取安全防范装备，并做好消防安全检测工作，以防止造成伤亡事故和生命财产损失。

危险化学品的制造、贮存、经营和使用场所，都必须按照其规模、性质或者风险、运行条件、物质特性等的具体情况综合编制事故预案，并配备适当的消防设备，选用适当的处理方式以及在进行大火扑救和抢险救护工作时的安全保护措施。

4　危险化学品火灾事故预防措施

从工艺要求考虑，化工尤其是石化产品的主要特性为高温、高压或负压、深冷，高压会增强可爆炸物质材料的化学活性，从而增加爆炸浓度，促进物质的溶解或扩张，并引发机械设备蠕变，导致物质的泄漏，使物质结冰，从而导致管道阻塞甚至断裂。危险化学品企业一般都有十几个甚至几十个车间，工艺流程长，生产工艺连续化和自动化程度高。在生产的过程中，稍有不慎就会引起连锁反应。同时危险化学物质也容易引起起火、爆炸等事件，在不同的化学物质、不同的状态下，其扑救方式差别较大，一旦处理不当，就无法高效扑救，反而会增加灾难。化学品由于成分复杂，对爆炸物质也存在着一定的毒害性和腐蚀性，因此一经火灾，就非常容易引起人中毒、烧伤。危险化学品企业因火灾事故的高爆炸特性，决定了其扑救困难度很大。在救援现场将面临高热、剧毒、环境污染强烈、风向变化、能见度降低、空间狭小等众多的不利因素时，给侦察、消防、止水、堵漏、洗消工作带来很大困难。危险及化学品企业的火灾，在没有有效遏制的情况下，容易造成火势迅速扩大的情况。因此，必须采取综合措施进行科学处置。在此背景下，如何快速准确地判断出燃烧物质和灭火剂种类及浓度、装置设置是否合理、着火部位是否明确等问题，是决定灭火技术成败的关键战术方法之一。

4.1　落实企业消防安全主体责任

危险化学品公司要建立紧急救护预案，认真进行预案演练，保证救护工作迅速高效，积极落实预案的各种准备。同时强化安全生产监管和消防监督检测，增强消防安全意识，提升自身防护力量。在开展日常安全检查时也应做好相关记录，及时消除隐患。另外还需要建立完善的消防设施及灭火系统。做好对危险源的评估与识别，制定有针对性的保护措施，避免因各类化学品而造成火灾事故，并明确救援团队的职能与义务，组织员工进行预案培训，以保证救援预案的可行性与合理性。

4.2　强化专业救援力量

就危化企业消防安全工作整体而言，企业负责人应建立专业的危险化学品应急救援队伍，根据危险化学品种类和事故特点，制定灭火和应急处置预案，结合专家力量和不同单位的风险等级，科学、准确地制定火灾预防和应急处置预案，做到“一张表、一场一策”，引导消防救援站和企业积极进行联合演练，提高实战能力。

5　小结

综上所述，危险化学品具有不同的理化性质，如果发生事故的危险性较大，就必须加强对危险化学品的日常消防安全监督，重视监督，完善处置措施。危险化学品的制造和使用都是十分重要的过程，如果发生重大安全事故，会给广大人民群众的生命安全和财产造成重大危险。因此，必须做好危险化学品消防安全管理工作。强化危险化学品安全监管需危险化学品相关从业人员要提高自身素质，确保危险化学品储存、使用、运输安全，最大限度地降低风险。

参考文献

［1］孙华莉．浅谈如何加强危险化学品消防安全监管［J］．江西化工，2017（1）：86-87.

［2］中国化学品安全协会-事故信息网站 http：//www. chemicalsafety. org. cn.

［3］顾明华，化工行业危险化学品生产事故的问题及对策［J］．2020（9）：95.

老旧小区改造中的消防问题及解决办法

汪思佳

（河北省保定市建筑设计院有限公司，河北　保定）

摘　要　城镇老旧小区改造是党中央、国务院高度重视的重大民生工程和发展工程。《国务院办公厅关于全面推进城镇老旧小区改造工作的指导意见》印发以来，各地加快推进城镇老旧小区改造，帮助一大批老旧小区居民改善了居住条件和生活环境，在改造过程中出现了种种消防安全问题，本文简要分析目前我国在老旧小区改造过程中的消防问题及解决办法。

关键词　老旧小区改造　火灾　消防　设计

0 引言

老旧小区是指城市、县城（城关镇）建成于2000年以前、公共设施落后影响居民基本生活、居民改造意愿强烈的住宅小区。由于当时的相关法律法规、防火规范的不完善以及消防救援技术的时代局限性，使得当时的人们并没有充分注意到消防安全的重要性。这就导致了我国目前大多数老旧小区缺乏基本的消防设施，各个部位防火设置不达标的情况，小区居民也缺乏有关消防安全的知识，安全意识淡薄，本文将简要分析老旧小区改造中遇到的实际问题及解决办法。

1 老旧小区的现状

1.1 原消防设施破损，落后

老旧小区建筑由于年代久远，当时的配套消防设施如消火栓、灭火器、消防水池、消防泵房等在现在看来存在一定的不合理性，一旦发生火灾，这些残破的“安全保障”反而会成为摆设，甚至影响消防救援，误导消防人员。

1.2 私搭乱建现象严重

很多老旧小区，尤其是城中村居民年龄结构单一，老龄化严重，消防安全意识淡薄，仅为了自己的方便，在原本公共位置，如楼梯间、室外连廊甚至消防车道上搭建小房、储物间、停车库等。这些违章搭建使原本消防设计不健全的老旧住宅连在一起，一旦发生火灾，后果不堪设想（图1）。

图1 私建的平房拉近了楼宇的安全间距

1.3 私拉乱接的情况普遍存在

微波炉、烤箱、空调等各种大功率家用电器日渐成为居民生活的必需品，但是由于年代所限，当时的配电柜，线路等已经远远不能满足使用需求。很多小区并未设置专门的电动车充电装置，很多居民选择从户内飞线到楼下设置插座供电动车充电，存在极大的安全隐患（图2）。

图2 强电、弱点各类线路在外墙堆积，与燃气管道相邻

1.4 楼道内随意摆放杂物

在目前人民生产生活中存在将个人物品任意放置的情况，楼道内堆放废弃生活用品。其中楼道堆满杂物是非常容易由于疏忽造成严重火灾的。楼道内堆放的杂物多为木制品、塑料制品、纸制品等可燃物，而且数量多，存放时间久，稍有不慎极易引发火灾。楼道是居民上下行的通道，成年人乱扔烟头，小孩玩耍的烟花爆竹等等，这些都是引起火灾的不确定因素。一旦发生火灾，楼道内层层堆放的杂物就成了火灾迅速蔓延的帮凶，并且极易通过楼梯间向上蔓延。而且现在的居民楼还存在这样的问题，就是楼层越高，楼道内的杂物就越多（因日常通行人数减少），火灾蔓延速度就会越快，造成的损失就会越严重。

疏散宽度的问题，在当时的住宅设计中，楼梯间的疏散宽度本身就存在问题，楼道内堆放杂物势必会影响平台处和楼层处的疏散宽度，早期住宅楼道设计时本来就不宽，住户堆放杂物后，人员疏散的能力会受到严重影响。正常情况下尚且需要闪转腾挪小心谨慎。而一旦发生火灾，楼道内由于杂物火势迅速蔓延，住户平常没接受过消防演练，逃生时难免惊慌失措，慌不择路，而且客观存在的事实是楼层越高，住户逃生的概率就越小。通道内烟气、火苗聚集，逃生通道成为死亡通道（图3）。

图3 楼梯间内摆放的杂物

1.5 消防车道宽度不够、私家车辆占用消防车道

随着人民生活水平的提高，小轿车成为家家户户必备的出行工具，条件好的家庭甚至购买了两辆甚至三辆，这就给小区停车带来了巨大压力，现在一进小区消防车道停车的现象比比皆是，别说消防车了，私家车通行都存在问题，消防车道、消防车回车场地这些都是火灾发生时，保证消防队员迅速到达火场的重要工具，这些位置停放车辆，会给救援工作带来极大阻挠，最近的几次居民楼火灾中，必然存在私家车停放在消防车道上，阻碍消防车通行的问题，在实际使用时，由于监管不力等原因，这些救命的通道经常不通畅（图4）。

图4 小区主干路两侧停放的车辆

2 老旧小区的火灾特点

2.1 火势蔓延速度快

老旧小区现状由于私搭乱建及个人物品随意摆放等原因，火势蔓延速度快，很大部分老旧小区采用连续式主楼带校园形式，通过各种各样的庭院、走廊、私建将各单体建筑连接在一起，中间并没有设置防火隔离、消防救援场地等，只要园区内某一建筑发生火灾，如果发现不及时，加上天气原因，火势就会以极快的速度蔓延至周边建筑甚至整个小区，造成无法挽回的生命和财产损失。

2.2 火灾发生后的救援难度大

就像上文提到的，消防救援设施的缺失，堵塞的消防车道等现状无疑给火灾救援带来了极大的难度。消火栓内没水，消防车被私家车堵住等新闻一直充斥在人们耳边。火灾发生初期，居民无法开展自救措施，消防车难以进入到火灾部位，使得一些本可以被扼杀在摇篮里的火势扩大，难以阻止。

3 老旧小区的消防改造

3.1 在小区内设置消防车道环路及登高救援场地

首先要总体规划，同周围景观相结合，制定总平面的消防改造方案，布置消防环路及救援场地。对满足不了消防车通行宽度、高度的通道，通过减少绿化、景观、架空线路等方式达到拓宽的目的。对于某些位置特殊的单体建筑，消防车实在不能通行，可结合当地消防部门要求采取设置微型消防站，室外消火栓等措施。同时也要强化小区居民的消防安全意识，杜绝私家车占用消防车道情况发生。

3.2 引入物业管理公司

老旧小区的改造，如果仅仅停留在基础设施的改造，是不能从根本上解决老旧小区的问题的。上文提到的老旧小区消防隐患，很大程度上是管理缺失造成的，例如私搭乱建、私拉乱接线路、疏散通道堆放杂物、挤占消防车道等情况。如果没有合理的管理制度，在老旧小区管理初期，可能短暂解决这些问题，可经过时间的推移，人们发现即使私搭乱建等也不会造成相应的处罚，那么私搭乱建等情况就会一发不可收拾，又回到改造之前的情况。同时，消防救援设施是需要经常维护和保养的，有了合理的管理制度，才能保证这些救命设备在最好的状态，在火灾发生时实现它的价值。由此可见，引入物业管理公司是老旧小区改造的重要一环，不可或缺。

3.3 合理设置室内消防栓、灭火器

由于各个老旧小区建设年代不同，所执行的防火规范也不同。部分小区设置了室内消火栓，另一部分小区却没有。对于这两种情况要分别对待，对于设置了室内消火栓的小区，要检测现有设备是否能继续使用，必要时及时更换维修，使之能正常使用。对于没有消火栓的小区，要多方评估重新设置的可行性和必要性。本着安全、合理的原则进行改造。

3.4 对损坏、停用的现有消防设施进行更换和维修

改造前期对各小区情况分析，进一步对老旧小区的室外消防管网、消防水池等进行改造升级或重新选址设计。各个专业相互配合完善火灾报警系统、疏散指示灯、应急照明等设施，确保各个部分正常工作，联动正常。

3.5 改造燃气管道

通过走访调查发现，很多老旧小区进行了燃气改造，天然气入户，很多小区采用采用了架空的方式，燃气管道在墙面上固定，这不仅影响单体建筑的立面造型，还存在着极大的安全隐患，同时，架空管道的设置，使得消防车通行所需的净高也完全不够，所以，在老旧小区改造中，要同燃气部门共同制定燃气管道布置方案，将燃气管道入地铺设。

3.6 总图上合理设置足够的停车位

上文提到的私家车占用消防车道的问题，本质上还是车位不足的问题，在老旧小区改造中，设置足够数量的车位显得尤为重要。在实际的老旧小区改造项目中发现，很多老旧小区完全没有足够的土地来设置停车位，小区用地紧张，绿化消防车道满足起来都有困难。这种情况下，可同规划、交管部门相协商，在小区外部想办法，设置停车位或者立体车库的办法。

3.7 设置电动车充电装置

在老旧小区改造初期，同供电局、厂家、建设方协商，制定完善方案，设置集中的电动车充电装置，进一步加大对电动车乱停乱放的整治力度，源头上解决居民私拉乱接的问题。

老旧小区改造是一项惠民工程，伴随着我国城镇化的持续推荐，或许老旧小区会在不久的将来慢慢退出历史舞台，可作为时代发展的见证，它不仅是这个时代的印记，又代表着最基层普通人民的幸福生活。在现在的社会环境下，做好老旧小区消防改造的工作，不仅仅是基层人民的安全保证，也是现代社会消防设计工作的重要课题。

参考文献

[1] GB 50016—2014（2018 年版），建筑设计防火规范.

[2] GB 50352—2019，民用建筑设计统一标准.

[3] GB 50096—2011，住宅设计规范.

[4] GB 51251—2017，建筑防烟排烟系统技术标准.

新发展理念下新能源行业消防安全的主要风险与对策

杨　旭[1]　张　亮[1]　胡博恺[2]　周会会[2]　刘　敏[1]　蒋睿倡[1]

（1. 云南省消防救援总队，云南　昆明；2. 应急管理部消防救援局昆明训练总队，云南　昆明）

摘　要　本文旨在探讨新发展理念下新能源行业消防安全主要风险与对策。文章以能源使用发展的变化与趋势为切入点，立足“十四五”发展规划趋势，围绕新能源产业布局和基本特点，从消防安全角度分析研判新能源产业常见的风险与挑战，结合消防救援工作实际，提出规范消防安全管理、强化灭火救援准备和提升现场处置技战术水平的对策建议。

关键词　新能源　“十四五”时期　消防安全　处置对策

0　引言

能源是可以直接或经转换提供人类所需的光、热、动力等任一形式能量的载能体资源[1]，是经济发展和社会运转的重要支撑，是人类生产生活必不可少的生产要素。人类社会长期使用煤炭、石油等不可再生资源，有限的化石资源储备和日益严重的全球气候问题成为全人类共同面临的两大难题，更是能源发展领域无法回避和亟须破解的现实问题。基于以上两大问题，习近平总书记面向全世界庄严宣布：“中国二氧化碳排放量力争于2030年前达到峰值，努力争取2060年前实现碳中和。”推动再生化、绿色新能源发展是坚持绿色低碳、促进人与自然和谐共生的必由之路。

1　“十四五”时期新能源发展规划主要特点

从对《中华人民共和国国民经济和社会发展第十四个五年规划和二〇三五年远景目标纲要》和《云南省国民经济和社会发展第十四个五年规划和二〇三五年远景目标纲要》等相关文献查询和分析中，可以归纳出“十四五”时期新能源发展主要存在以下特点：

1.1　新能源产业战略性持续增强

“十四五”规划中新能源、绿色环保、新材料、新能源汽车与生物技术、航空航天、高端装备等产业一同定义为战略性新兴产业[2]。面对国家经济高质量发展的建设需求，将统筹推进基础设施建设“十四五”规划，主要包括两个方面：一是加强国内油气勘探开发、储备设施、油气管道建设，提升国内对油气使用的供应能力；二是建设智慧能源系统，优化电力生产和输送通道布局，提升新能源消纳和存储能力，提升向边远地区输配电能力。由此可见，提升新能源电力生产输送能力和强化石化产品供给水平作为赋能经济建设和产业发展的两条主线，均具有战略性地位，而新能源产业的可再生优势，将促使新能源产业的发展战略性不断增强。

1.2　新能源产业优越性无可替代

“十四五”规划中，将广泛形成绿色生产生活方式确立为2035年愿景目标，要求加快推动绿色低碳发展，实现能源清洁低碳安全高效利用。当今世界正经历百年未有之大变局，国际环境日趋复杂，新冠肺炎疫情影响广泛深远，经济全球化遭遇逆流，世界进入动荡变革期，作为能源需求第一的中国，仅2016年就进口石油3.8亿吨，石油进口依赖率达66.5%，2019年进口石油5.06亿吨，石油进口依赖率高达72.6%，我国石油消耗量与国内石油产量差额越来越大，对进口石油的依赖也越来越大，远超国际公认的50%警戒线。发展新能源产业既是摆脱经济发展过分依赖原油进口的“开源之策”，又是落实推动能源转型升级和保障高质量发展的有力举措，为我国在今后一个时期赢得发展主动权具有不可替代的作用。

1.3　新能源产业可塑性不言而喻

我国是发展中国家，不同区域经济发展不平衡、不协调的情况严重，东西部经济发展、用电需求和供电能力不匹配的矛盾突出。以云南为例，“十三五”期间，全省通过“西电东送”工程，向东部经济发达地区输送电力10^{12}kW·h，绿色发电量占比90%以上，清洁能源交易电量占比97%。“十四五”时期，全省还将全力打造世界一流“绿色能源牌”，全面推动绿色低碳发展，持续巩固和扩大清洁能源优势，优化供电结构，深入推进绿色能源战略与绿色先进制造业深度融合，能源工业增加值2100亿元，电力总装机1.3亿kW，绿色电源装机比重达到86%，电源总发电量约4625亿kW·h。云南坐拥得天独厚的绿色能源资源禀赋和区位优势，具有丰厚的水能、风电、光伏、生物质能源优势，加之面向南亚东南亚庞大的能源消费市场和可再生能源开发市场，“十四五”乃至今后很长一个时期，绿色可再生能源产业发展潜力不可限量[3]。

立足新能源发展趋势和“十四五”规划产业布局和基本特点，不难发现新能源产业发展离不开安全保障，重中之重就是要破解产业发展和安全管理之间不平衡不协调的主要矛盾，加之统筹安全和发展被党和国家写入“十四五”规划指导思想，安全要求贯穿于国民经济和社会发展的全过程、各领域。因此，新能源产业在全面推广发展的同时，抓好安全管理，已经成为社会各界的共识和产业发展的“刚需”。反观当前，新能源产业发电、储能、输送等各环节先后出现了光伏板短路起火、储能电池燃烧爆炸、超高压输送管线故障起火等事故，再次为全社会、全产业敲响了消防安全的警钟，因此，必须将安全和发展放在同等重要位置，做到管生产管安全、管行业管安全、管发展管安全，主动防范和化解重大安全风险，确保新能源产业实现高质量发展。

2　新能源产业构成特点

2.1　新能源产业“先天性缺陷”不可避免

国家能源局1~5月份全国电力工业统计数据显示，截至5月底，全国发电装机容量22.4亿kW，同比增长9.5%[4]。其中，火电装机容量为12.6亿kW，占比高达56.25%，同比增长仅为4.1%，风电、太阳能发电装机容量分别为2.9亿kW和2.6亿kW，占比仅为22.45%，但分别同比增长34.4%和24.7%，以风电和太阳能发电为主流的可再生能源发展增速为各类型发电种类之最。

以风电、太阳能发电为代表的可再生能源的大规模接入和投入使用，虽然风电和太阳能发电为代表的新能源具有可再生、清洁、低碳、绿色的得天独厚优势，可以最大限度减少碳排放和提升能源清洁程度[5]，但也存在两个方面的“先天性缺陷”。

2.1.1　新能源产能不稳定、不持续的问题突出

以风电为例，在一年四季中，风力发电总体呈现出“春秋冬发电多、夏季发电少”的特点；在黑夜白昼时间点上，风力发电又主要存在“早晨傍晚发电多、中午和午夜发电少”的特点。以太阳能发电为例，发电量则呈现出“夏秋发电多、冬春发电少”“白天发电多、傍晚晚上不发电”的特点。以上电力产出不稳定、不持续的特点突出，未能满足现实生活一年四季稳定用电、夜间和高峰时段集中用电的现实需求，若将风电、太阳能发电进行直接输出供电将会出现“电到用时方恨少、关键时刻用不了”的尴尬境地。

2.1.2　新能源产能不够用、用不完的矛盾突出

我国能源产出和能源需求矛盾突出，经济发展与能源分布为负相关，经济发达地区能源产出、不够用，经济欠发达或者落后地区能源产出多、用不完。例如，全国水电资源主要集中在云、贵、川、渝、藏等省份，占全国水电总量的66.7%；陆上风电和太阳能资源主要集中在西北、东北和内蒙古地区[5]。因此，国家持续推进“西电东输”建设，架设超高压输电线路，通过集中式大规模接入电网等方式实现电力远距离输送。

2.2　新能源产业储能设施配套建设必不可少、意义重大

立足我国经济发展、能源分布和新能源输送使用的实际，储能设施的配套使用成为风电、太阳能等新能源“产”“用”结合的重要纽带，储能设备犹如“水缸”，在能源产出和能源使用之间发挥着储备能源、调节运行、稳定供求关系的重要意义。客观而言，储能配套越完善对能源产出与调节的能力越强，转化使用效率越高，能源损耗越小。

根据中关村储能技术联盟（CNESA）全球储能项目库的不完全统计，截至2020年底，中国已投运储能项目累计装机规模35.6GW，占全球市场总规模的18.6%，同比增长9.8%[6]。如图1所示，抽水蓄能的累计装机规模最大，为31.79GW，同比增长4.9%；电化学储能的累计装机规模位列第二，为3269.2MW，同比增长91.2%；在各类电化学储能技术中，锂离子电池的累计装机规模最大，为2902.4MW[8]。

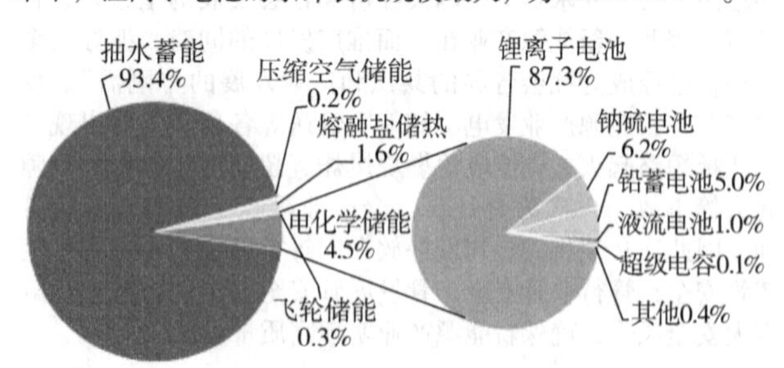

图1　全球各类型储能项目占比

3　新能源产业主要消防安全风险及成因

当前，基于新能源产能、传输、运用的衍生产物愈发丰富，对人们的生产生活产生着深远影响，光伏发电、储能电站、新能源汽车、锂电池电动自行车和锂电池供能家具家电已经走进千家万户，不断为生活添彩。但新能源产业衍生产品在能量的补充、释放和使用上均有“产—储—用”三个阶段，就消防安全领域而言，新能源领域发生火灾的原因归根到底是热量和温度在时间和空间上的失控所致，致灾原因主要存在以下特点：

3.1　致灾原因多样且难以预测

新能源产业及其衍生物无论如何设计和调整变化，变得是产业、产品需要实现的目的，不变的是能量从产生到使用，都必须经过“产—储—用”三个环节，加之不同部分、不同供能设施设备相互紧密关联，一旦任何领域失控成灾，都极易形成连锁反应。从产能过程中看，光伏板、风力叶片基本上金属材质、单晶硅、多晶硅和玻璃等无机物，但是连接各关键部件的封装材料、背板、接线盒、硅胶、电池片、导电胶、电缆绝缘层、电气箱、逆变器中各种元器件及线缆等物质均为可燃物，一旦出现短路、热失控、火焰烘烤、外形冲击变形极易引发相应部件燃烧。

3.2　热量失控快速且危险性大

储能电池作为连接产能和使用的调节模块必不可少，但其频繁的充电放电将会导致储能电池老化、接线处短路风险增大、热失控倾向加剧。以表1示例的储能锂电池为例，材料不同将导致电池比容量、能量密度、循环次数大不相同，而磷酸铁锂和三元锂电池（主要为镍钴锰酸锂、镍钴铝酸锂）以相对安全的性能和较高的循环次数兼顾了经济性、安全性。受外部环境、内部材料、工艺技术和外界破坏等因素影响，电池内部温度升高，就会导致电池内部材料发生副反应，加剧升温，从而发生热失控。据研究表明，磷酸铁锂电池热失控温度普遍在500℃以上，如图2所示，三元锂电池热失控温度则低于300℃，一旦电池温度升高，内部材料的有机电解液就会与正负极材料反应，导致温度聚集和热失控风险加剧。加之，电池充放电原理导致有机电解质无法替换，独立的圆形或方形电池组合成为电池单元、电池箱、电池堆，造成散热减少，一旦发生电池破损燃烧将会按照电池排列情况，将电池燃烧的区域从“星星之火”变为“燎原之势”，甚至因电池材料的剧烈反应导致爆炸。

表1　常见类型锂电池性能对比表

	磷酸铁锂	锰酸锂		钴酸锂	镍酸锂	镍钴锰三元材料
材料主成分	$LiFePO_4$	$LiMn_2O_4$	$LiMnO_2$	$LiCoO_2$	$LiNiO_2$	$LiNiCoMnO_2$
理论容量/（mAh/g）	170	148	286	274	274	278
电压/V	3.2~3.7	3.8~3.9	3.4~4.3	3.6	2.5~4.1	3.0~4.5
循环性/次	>2000	>500	差	>300	差	>2000

续表

	磷酸铁锂	锰酸锂		钴酸锂	镍酸锂	镍钴锰三元材料
过渡金属	非常丰富	丰富	丰富	贫乏	丰富	贫乏
环保性	无毒	无毒	无毒	钴有放射性	镍有毒	钴镍有毒
安全性能	好	良好	良好	差	差	尚好
适用温度/℃	-20~75	>50 快速衰减	高温不稳定	-20~55	N/A	-20~55

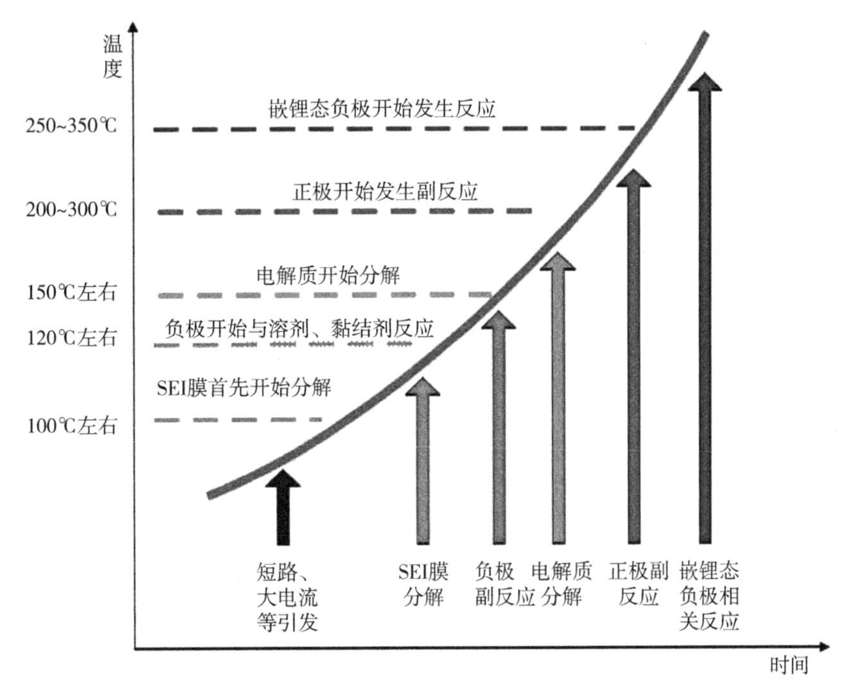

图 2 三元锂电池热失控温度变化示意图

3.3 环节多样复杂且处置困难

从新能源的整体到局部，都无法离开“产—储—用”三个环节，因此新能源消防安全是系统性问题，涉及储能电池、电池管理系统、电缆线束、系统电气拓扑结构、预警监控消防系统、运行环境、安全管理等多方面。据不完全统计，2011~2021 年间，全球发生的 32 起储能电站起火爆炸事故中，25 起是由于三元锂离子电池的自身问题，21 起发生在充电或充电结束后的待机状态[7]，虽然事故均通过火灾形式表现，但起火原因、发生环节有所交叉，并非单一成因。具体表现在处置过程中的主要困难有：（1）被扑救的设备始终带电，极易导致处置人员触电。（2）“先控制、后消灭”的战术原则和实际运用将存在困难，例如光伏板、储能电站、充电桩、电池堆不可能单独设置，一旦发生火灾发展速度迅猛，瞬间扩大成灾，很难抢占事故处置的先手。(3) 新能源储能电池堆支架受到高温持续烘烤，极易造成坍塌，给指战员带来处置危险的同时，坍塌物极易遮挡燃烧区域导致灭火剂难以直击火点、发挥作用。

4 加强新能源产业消防安全管理的对策

基于新能源产业火灾规律不同、安全规范有待完善、实战经验仍需积累的特点，主要应从以下 4 个方面加强新能源产业的消防安全管理水平和灾害处置能力。

4.1 完善法规政策体系

当前，新能源作为未来最具规模、最有发展潜力的发展方向，其设计规范和标准化工作主要依托的是国内外机构、协会、行业、企业制定的规范标准，此类标准制定的主要目的主要是针对新能源产业的设施设计、安装建设等内容进行规范，对于消防安全的设计更多地只需要符合 GB 50016—2014《建筑设计防火规范》（2018 年版）和 GB 50140—2005《建筑灭火器配置设计规范》即可，客观上导致了针对性不强、难以准确定类定性等问题。为更好地服务新能源产业的快速发展和推广运用，应将新能源产业火灾预防的被动应付转变为消防安全领域的主动出击。应从以下两个方面完善法规政策和行业标准：

4.1.1 完善新能源产业消防安全技术标准体系

新能源产业需要健康安全发展必须做到防范和化解各类风险隐患。能源建设主管部门和建设、施工、使用等单位必须进一步完善建设安全技术标准和行业规范，能源、住建、应急、消防等职能部门要出台针对新能源产业（含新能汽车、新能源电力、充电设施、储能设施）的防火设计规范和监管技术指南，将消防安全的把关提前到设计建设之初，贯穿在运行维护的全过程。

4.1.2 掌握新能源产业灾害事故处置规律特点

强化新能源产业灭火救援准备亟须针对新能源产业不同分支和衍生产物的基本原理和共性特点，探索建立以新能源锂电池为主的火灾测试模型，通过火灾实验、模拟测试、数据分析等方式，找准起新能源火灾区别于常规火灾的特性，为火灾防控装置使用、技术手段使用、处置流程优化提供技术支撑和实战基本原则。

4.2 强化新能源产业消防安全综合监管

坚持以消防安全责任制落实为主线，压实政府领导、行业监管、社会单位主体的相关责任，政府应依托安委会、消安委平台，组织工信、能源、住建、市场监管、应急、消防等部门对新能源产业进行综合性、穿透式的监管，风险防范和安全管理绝对不能大而化之，必须深刻认识到新能源作为新兴产业有不可阻挡的发展趋势，存在不同以往的非传统消防安全风险，积极围绕设计、建设、使用、管理、维保等环节，分别制定新能源产业“隐患清单”、行业部门监管“责任清单”和社会单位消防安全管理“主体清单”，并提请政府重点将新能源产业纳入安全生产专项督查和交叉检查的范畴，加大风险防范和监管力度，切实将新能源非传统领域的风险点紧盯看牢、管住管好。

4.3 加强新能源产业消防安全处置能力培训

新能源产业领域火灾均有发生速度快、燃烧热量大、后期处置难度大的特点，必须从从业人员和消防救援人员两个角度，分别有针对性地抓好消防安全知识的学习宣传和初期火灾处置能力的培养。

（1）了解新能源火灾主要风险点。正确认识事物，把握其规律性是准确识变、科学应变、主动求变的前期与举措，防范和处置新能源产业风险的前提掌握其主要风险点。新能源产业从业人员和消防救援队伍指战员都必须掌握热失控危害、扑救过程全程带电风险、储能设备火灾释放热量巨大、新能源汽车储能电池位置等基本知识。

（2）宣传教育培训因人施策。新能源产业从业人员应重点掌握设施设备隐患常见表现、紧急断电措施操作方法、人员疏散逃生方式、消防设施启用使用、报警详情描述、初期火灾扑救控制等内容；消防救援人员应重点掌握灭火剂种类适用、环境带电检测、安全警戒距离确定、扑救直击火点方法、现场所需力量评估、新能源汽车储能部件位置、紧急避险等内容。

（3）强化实战环境下的处置演练。新能源产业园区和衍生物制造车间具有功能分区严格、生产技术精细、管理要求严格等特点，因此，无论是在日常熟悉演练，还是灾害事故处置现场，都必须将厂区技术人员、消防安全管理人纳入其中，特别是要加强与新能源产业从业人员的联勤联动，要模拟实战，在演练和模拟的过程中向技术人员询问风险位置、风险点，不能简单粗暴、盲目冒进地打快攻、打近战，特别是要培养指战员“先控制、后消灭”的战术意识和“先观察、再处置”的战斗思维，重点提示指战员不贸然打开储能电池箱、电池堆集装箱门，培养处置过程中预防回燃和轰燃的能力。

4.4 强化专业能力建设

新能源产业设施设备一旦发生火灾，将会有着极大的作战安全风险，为确保攻坚打赢必须加强专业处置能力建设，结合工作实际，主要可以从以下3个方面入手。

（1）加强专业攻坚技术学习。消防救援队伍必须继续用好“师傅带徒弟”培训模式，组织本单位专家型领导干部、钻研型业务骨干和潜力型一线指挥员组成技术学习攻坚专班，聘请新能源产业技术能手和高校新能源领域专家，选取本地区新能源产业的不同条线和衍生物为样本，开展实地走访调研、理论知识积累、规律特点把握和指导手册编制，将基本原理、灾害特点和队伍职责结合起来，形成可供基层参考学习、实践借鉴的调研成果和指导手册，让各级指战员学有依据、教有素材、做有参考。

（2）加强专业救援装备配备使用。新能源产业火灾普遍存在燃烧迅猛、爆炸危险大、设施设备带电、灭火剂消耗量大等情况，队伍在强化灭火救援准备时要适当加大对漏电检测、绝缘设备、移动自摆炮、灭火机器人、供水系统和大容量供水车的配备，适当储备干粉等灭火剂，在实战过程中要先依托着火区域的气体固定设施和灭火剂（如七氟丙烷、惰性气体、干粉、气溶胶）及时对明火进行扑灭，随后使用大量水和相应灭火剂对含有锂电池的设备降温，严防出现热失控。

（3）科学运用各类技战术措施。一旦新能源产业产区和储能设备发生火灾时，必须第一时间加强调派，同步要求首战力量寻找技术人员全程指导处置，迅速疏散现场被困人员，划定警戒和安全区域。在侦查过程中加大对带电、漏电情况的检查，现场合理布置高喷车、灭火救援机器人和遥控自摆炮阵地，及时对明火扑灭和烘烤的储能设备进行喷水，合理破拆遮挡与外部的箱体及包装层，科学选择能直击火点的喷射方式、喷射角度，尽可能让灭火药剂直击火点，提升火灾扑救效率。扑救新能源汽车火灾时，出动过程中应及时联系报警人和到场民警疏散围观群众，同步指导汽车驾驶员紧急切断电源，现场处置过程中，应选择用雾状水开展火灾扑救，组织破拆救人时不能随意触碰、顶撑、破坏储能电池区域，严防因电池受外力挤压和剪切导致起火燃烧。

5 结束语

新能源产业及其衍生物是贯彻绿色发展理念的具体产物，其在推动能源结构改善优化和实现“碳达峰”“碳中和”上具有不可替代的重要意义[8]。“十四五”时期，统筹发展和安全写入指导思想，要求新能源发展壮大必须以安全为前提，防范和化解新能源产业发展中面临的各类风险隐患，特别是要预防绿色清洁能源实际运用中发电、储能、传输阶段存在的各类风险隐患，严防储能设施设备热失控引发的火灾和爆炸事故，需要进一步完善政策标准，强化消防安全全过程监管，加强从业消防安全分类培训，提升消防救援力量新能源产业事故处置技术能力水平，为新能源产业安全健康发展保驾护航。

参考文献

[1] 2019年储能电站行业市场规模与未来发展前景[J]. 电器工业. 2019，(12)：44-50.

[2] 尚建壮. 储能技术及其市场前景[J]. 化学工业. 2019，37(2)：30-34，40.

[3] 戴赛岚. 储能技术发展现状研究[J]. 消费导刊. 2019，(45)：47.

[4] 周承军，梁吉连，江伟，杨松. 一种用户侧储能系统的分析与应用[J]. 中国高新科技. 2018，(17)：81-82.

[5] 本刊讯. 国家能源局发布1~9月全国电力工业统计数据[J]. 电力与能源. 2018，(6)：751.

[6] 廖强强，陈建宏，师雅斐，张启超，李新周. 储能技术的现状、趋势及对上海储能发展的建议[J]. 上海电力学院学报. 2020，(1)：93-98.

[7] 刘静婉. 基于DEA的我国各省区能源利用效率分析[D]. 北京：北京工业大学，2010.

[8] 吴桂林. 云南省能源消费效应分析[D]. 北京：中央民族大学，2011.

“城中村”聚集区消防安全治理对策研究

——以昆明为例

杨 旭[1] 李庆渝[2]

（1. 云南省消防救援总队，云南 昆明；2. 应急管理部消防救援局昆明训练总队，云南 昆明）

摘 要 本文从昆明市“城中村”火灾防控的实际情况出发，围绕提升消防安全治理水平这一目标，全面分析了当前“城中村”聚集区面临的消防安全现状，深入分析了影响和制约“城中村”消防安全的主要因素，积极探索完善“城中村”火灾防控工作机制的措施和对策。

关键词 城中村 消防安全 治理对策

1 引言

随着我国城市化进程加快，各区域发展不均衡、不一致，导致了城市建成区与原有村落交错纵横、共生并存的局面，造成了滞后于城市发展进程、游离于城市管理的“城中村”大量存在，呈现出连片聚集现象，加之各类风险隐患交叉重叠，时刻威胁着全市火灾形势平稳。如何填补以“城中村”为典型代表的消防安全“洼地”，有效预防和降低火灾风险，推动被动整治转化为主动治理，是提升治理能力现代化的必由之路。

2 昆明市“城中村”聚集区现状

昆明市建城区共有“城中村”381个，其中官渡区116个，占比最高，多集中于官渡街道和小板桥街道片区。全市共有“城中村”建筑7.7万余栋，房间54万余间，涉及28.3余万住户，涵盖了88.9万余人，占全市总人口12.98%。

2015~2018年，“城中村”火灾高发频发，是火灾隐患最突出的场所。“城中村”火灾分别占总起数的14.64%、16.67%、7.09%和5.71%；其亡人数占总亡人数的5.6%、11.11%、11.7%、55.17%。2019年1月1日至2019年10月23日，全市发生火灾2073起，死亡10人、受伤4人，直接财产损失2313.7万元。其中“城中村”火灾90起，亡2人分别占总起数的4.34%和总亡人数的20%，“城中村”火灾起数和亡人数占比的逐步先上升、后下降，充分反映出“城中村”消防安全整治的艰巨性和复杂性。

3 影响“城中村”聚集区消防安全的主要因素

威胁“城中村”聚集区消防安全的主要原因有以下6个方面：

3.1 城镇化快速发展下的无序建设

初期城市化进程中，因村落建设改善不到位，致使城市“粗放型”扩张。为满足居住需要和追求经济利益，村民往往私搭乱建、随意改造，形成了具有村落社会关系的聚集区。由于规划尚未有效衔接覆盖，导致了内部构筑物的建设无序，部分已规划区域又因土地产权性质、历史遗留难题和民生问题，导致了拆迁困难、改造缓慢、城市规划执行难、自主建设随意性大，形成了“规划执行难——乱建速度快——后期整治难”的恶性循环。加之，缺乏源头管控，存在擅自改变使用性质、扩大建设许可范围等问题，造成了建筑耐火等级不高、防火间距不足、消防通道不畅、消防设施严重滞后、供电线路老化的先天隐患。

3.2 外来人口大量涌入下的经济利益驱使

因地价大幅上涨，迅速推高房价、租金，经济条件拮据的外来人员更加愿意选择周边配套成熟、地理位置优越、区域发展落后、价格便宜的“城中村”租住。房东为保证自身利益最大化，将消防安全抛之脑后，压缩防火间距，增加构筑物使用面积，形成了“握手楼”“一线天”的独特现象。一方面，房东通过加盖楼层和最大限度分隔区域，增加租住房屋数量和居住人数，改变原有使用性质，导致房屋向高层化和人员密集化发展，增加了火灾荷载；另一方面，房东出于治安、防盗等多种因素的考虑，楼道内加装防盗门，分隔租户与房东居住区域，在外墙窗户加装防盗网、对屋顶上锁，严重影响了疏散逃生；同时，为满足用火用电需要，随意改造和私拉乱接电线，极大地增加了消防安全隐患。

3.3 产业多元化结构下的消防安全监管乏力

昆明市“城中村”聚集区内涵盖了超市、宾馆、餐饮、娱乐等各类场所，分布错综复杂，管理混乱。从数量上看，昆明的381个“城中村”，数量上明显多于重庆（55个）、西安（180个）、广州（138个）、武汉（147个）等城市；从分布上看，“城中村”聚集区总占地19.5km^2，平均人口密度为4.55万人/km^2，以主城区中心为起点，延长至边缘地带，呈现出间隔零星分布、过渡区域连片存在的特点，五华普吉片区、盘龙龙头街片区、官渡世纪城、大板桥片区、经开、阿拉、洛羊等区域存在较高火灾风险。昆明市委、市政府出台《昆明市电动自行车消防安全管理办法》和《昆明市消防安全隐患“清零”行动实施方案》，严格落实“市、县（区）、街道、社区”的四级包保责任制，对照“十个严禁、十个必须、十个提倡”整治标准，采取“五清、三通、五设”刚性措施，有效遏制了“城中村”火灾的亡人势头，但执行“上热、下冷、中温”的现象依然存在。有限的监督力量相对庞大的隐患体量，早已捉襟见肘，隐患遏增量、去存量的压力巨大。

3.4 人口稳步增长下的消防安全意识严重滞后

以西山区“12.02”火灾为例，租客杨某某以60元/月的停车费，与其余6名租客将电动自行车停放于出租屋内，并因电动自行车充电引发火灾致9人死亡、2人受伤。庭审期间，房东李某某供述火灾发生前，家门口贴有电动自行车消防安全海报，同时被邻居董某某指认其参加过社区消防安全培训。但房东李某某为收取利益，向租户入户停车充电提供方便。由此可见，“城中村”居住群体虽经过消防安全培训，但消防安全意识依然匮乏，“只想赚钱、不想花钱”的功利心根深蒂固，房东往往只关心租金、租期和违约赔偿，对消防安全注意事项置若罔闻，对违规用火用电、堆放杂物、阻塞通道等问题视而不见，隐患积重难返。

3.5 生存需求日益增长下灾害事故复杂多样

作为城市发展的一部分，“城中村”同样面临着多层次、多领域、多产业的安全风险，因缺少必要的设计规划，其抗风险能力较低，极易造成各类灾害事故高发频发。近年来，除火灾事故外，“城中村”聚集区域还常发生安全生产和自然灾害事故，较为典型的有官渡区“3·16”村民自建房建筑倒塌事故和“8·03”城市内涝，反映出“城中村”安全基础差、抗风险能力弱。

3.6 城市建设高速发展下的技术运用不足

单一的消防监管无法满足日常监管需要，除全面发动各方力量外，关键在于使用新兴科技手段提升监管效率。例如，西山区利用“智慧消防”物联网，远程监管“城中村”出租房动态隐患，采用视频监控、手机提示和声光报警相结合的方式，第一时间预警，提醒房东、租客及时处置突发情况。该建设为“自选动作”，增设配套设备需经费支持，各地普遍对新技术的运用不够主动，若无政策支持和统一建设要求难以推广，致使在隐患发现和灾害预防上缺乏有效支撑。

4 深化“城中村”聚集区消防安全治理的对策思考

4.1 层层分级负责，推进消防安全责任系统化

（1）要落实党政领导责任。依据《云南省消防安全责任制实施办法》，制订符合昆明特点的实施细则。强化《昆明市消防安全隐患“清零”行动实施方案》和《昆明市电动自行车消防安全管理办法》运用，严格落实分级包保责任制，科学运用考核督察结果，推行风险预警研判提示，加强火灾调查结果后期运用和责任追究。

（2）要强化部门监管责任。充分发挥消防安全委员会作用，积极协调、指导行业部门落实消防安全监管责任，通过定期召开联席会议、通报突出问题、分析研判形势、发布《提示建议书》等方式，开展联合专项整治，全面排查“城中村”各类生产经营场所风险隐患。

（3）要压实基层组织责任。进一步落实消防安全责任的“最后一步”，将消防安全管理纳入村、社区事项目录，建立群防群治工作机制，因地制宜地落实消防安全“网格化”管理，完善消防安全村规民约，强化消防安全自我监督管理。

（4）要强化整治工作检查督办。抓住推动党委政府落实消防安全领导责任这一关键，提请政府将消防安全纳入安全生产内容，定期开展交叉检查和督办督查，指导督促基层政权组织、公安派出所等基层监管力量，加大监管力度，完善重大火灾隐患检查、督办、整改、复检、反馈、销案机制，形成整治闭环。积极培育社区专兼职消防管理人，发挥社区治安联防队巡查作用，督促落实公安派出所消防警组加大对“九小”场所的日常监督检查和消防安全宣传力度。

4.2 隐患标本兼治，推动消防安全治理科学化

（1）要从改造和提升城市品质的角度推动解决。以提升城市品质、营造人民群众安居乐业良好环境为治“本”之策，推动政府综合考虑建设、发展和安全三者关系，将“城中村”改造和区域功能优化纳入昆明经济和社会发展规划，拆除风险隐患突出、难以改善优化的“城中村”，按照规划改造为具备先天性消防安全条件的城市功能区。

（2）要从改善和提升“城中村”聚集区消防安全的角度推动解决。针对一时难以拆除或暂未纳入规划的，要通过改造提升预防火灾的能力。一是改善消防条件。拆除局部的建筑物和构筑物，不断增加防火间距，打通消防车通道，建设室内外消火栓，夯实“城中村”内消防安全基础；二是防范电动自行车的火灾。紧盯250万辆电动自行车使用、停放、充电的风险隐患，用足用好《昆明市消防条例》和《昆明市电动自行车消防安全管理办法》，禁止进门入户充电，科学合理设置的集中停放充电区，加强违规停放充电处罚力度，不断规范电动自行车的管理使用。三是加强日常管理。建立政府专职队、小型站、微型消防站等专兼职力量，配备小型消防车辆和灭火救援器材，定期组织专职队伍集训比武和驻队轮训，实行值班值守、流动巡逻、联勤联动和应急处置等机制，及时消除“城中村”及周边区域消防站点覆盖不足、道路狭窄、区域业态多样带来的风险隐患，有效提升初战控火率。

（3）从推进落实全市消防事业规划的角度推动解决。将“城中村”聚集区火灾预防纳入“十四五”消防事业专项规划同步考虑，依据消防站分布、年接处警量、区域火灾风险的特点，加大城市火灾风险评估结果运用，科学制定消防专项规划，适时调整优化消防基础设施和应急救援力量，提升规划的针对性。加快新规划消防站和市政消防供水建设，提高“城中村”聚集区附近站点、消火栓等基础设施的覆盖率，推动消防规划落实，提升“城中村”及周边区域安全水平。

4.3 提升宣贯质效，推动消防安全治理全民化

（1）要营造浓厚消防宣传氛围。全面开展消防安全宣传教育，提倡消防安全知识及安全提示进街道、社区，将消防安全宣传触角延伸至“城中村”出租房等人员集中居住点，加强基层群众自治组织宣传培训，将消防安全宣传教育纳入流动人口和外来务工人员入住须知和就业技能培训，发挥消防安全宣传“正面效应”；通报典型火灾事故，播放火灾警示片，组织人员旁听火灾事故责任人庭审，以案说法，讲清危害，说清后果，从“反面典型”中汲取教训，增强宣传教育警示效果。

（2）要健全精准预警防范机制。健全完善消防、应急管理、公安、城管等部门和街道的联合执法机制，将责任制宣贯转化为实实在在的执法行动，培养基层消防“明白人”和隐患发现者，通过组织街道、社区工作人员全程观摩联合执法，形成检查指导合力，切实解决无人管、不会管等问题。

（3）要定期组织分析研判消防安全形势。建立典型火灾和突出隐患定期通报制度，鼓励各基层政权组织坚持问题导向，汲取典型火灾事故教训，举一反三，主动查改隐患，推动事后整治向事前防范转变。

4.4 全面综合施策，推进火灾防控措施技术化

针对“城中村”聚集区火灾报警、疏散逃生、灭火设置等消防安全硬件设备“先天不足”的特点，加强技防、物防设施建设。在火灾报警和疏散逃生方面，增加独立式感烟报警器的数量和比例，改善火灾报警条件；疏散逃生方面，拆除影响居住人员逃生等所有障碍物，定时清理疏散通道杂物，防盗网开设应急逃生口，开设屋顶逃生门和逃生楼梯，按比例配齐逃生面罩供紧急情况下使用。在设施装备配备方面，除统一保持消防通道畅通、新建消火栓外，在建筑内配备灭火器材和应急照明设施，建议有条件的场所安装简易喷

淋。鼓励各基层组织加大消防安全投入，加强人员、车辆和装备配备，培养消防安全基层专（兼）职力量，进一步提升发现和应对消防安全隐患能力。在新兴技术使用方面，推广物联网、无线通信等技术应用，将报警和疏散逃生设施实施动态监控、预警响应，一旦发现险情同步触发报警逃生设施，并以电话、短信等方式通知自建房产权人、社区消防队及治安联防队，确保第一时间发现处置火情。在灭火救援准备方面，规范执勤战备秩序，加大“城中村”及周边区域的熟悉演练，增设夜间、浓烟、通道堵塞、人员被困等情景，真正将灾情设难、演练设真。提升“城中村”内不拖底、不放心区域的调派等级，确保初战阶段调集足够力量有效处置。

5 结束语

“城中村”聚集区消防安全既是全市火灾防控的重难点，也是稳控火灾形势的关键点。面对“城中村”聚集区火灾防控的复杂性、长期性和艰巨性，必须考虑到城市快速发展、人口大量增长、产业多元设置、需求日益增加等多种因素影响，按照“压实责任、规划改造、宣贯推动、综合施策”的思路，有效预防和应对“城中村”聚集区消防安全风险，保障经济稳步发展。

新形势下个体工商户在消防监督执法工作中法律定位的思考

吕 浩

（宝鸡市消防救援支队，陕西 宝鸡）

摘 要 随着近年来改革的不断深入，随着《消防法》的不断完善，消防监督职责和范围的不断调整，以及消防监督执法规范化的不断提升，特别是在改革转制后，伴随着“双随机，一公开”监管模式的不断深入开展，在这种新形势下的消防监管和行政执法中，针对个体工商户这一特殊法律主体，在消防法律层面上界定标准的不确定性，使得消防执法部门在法律的适用上经常无所适从，甚至为日后的纠纷埋下隐患。

关键词 新形势下 个体工商户 消防执法 定位

1 我国个体工商户群体的发展状况

个体工商户是改革开放以来市场自发形成的特殊群体，它们灵活多样，对我国市场经济起着补充和支撑配套的作用，经过三十多年的发展，已经成为我国市场经济中不可或缺的组成部分。个体工商户数量庞大，从业人员众多，所从事的行业大多和人民群众的日常生活息息相关，因此，在经济社会中的作用不容忽视。根据国家统计局数据可以了解到，2010 到 2019 年，我国个体工商户数量从 3756 万升至 8261 万，从业人数也从 7945 万人增至 17691 万人，是一个非常庞大的群体。同时，个体工商户不仅经营规模小、分散，而且经营场所复杂、不确定，在为经济发展和社会进步做出重要贡献的同时，也为消防安全管理带来了新的课题。

2 个体个人工商户的概念发展及其在法律制度体系中的定位

随着个体工商户逐渐成长成为庞大的群体，在对国家经济做出重要贡献的同时，也不能忽略其在法律体系中的主体性质的问题。那么个体工商户在法律体系中是如何定性的呢？对于这个问题，笔者认为应当一分为二来看。

首先，在民法领域内。根据最新实施的《民法典》中第 54 条的规定：“自然人从事工商业经营，经依法登记，为个体工商户”。在第 56 条中，也对个体工商户的债务问题作了明确规定：“个人企业经营的，以个人财产承担；家庭生产经营的，以家庭经济财产承担；无法通过区分的，以家庭财产承担”。同时，现行《个体工商户条例》第 2 条也明确了个体工商户：依照本条例的规定经工商行政管理部门登记，具有经营能力的公民从事工商经营活动的，为个体工商户。在《民法典》中，将个体工商户纳入“第二章自然人”的独立章节，可以清楚地看到，该法律对个体工商户的性质的界定，是更倾向于自然人的民事主体。

其次，在行政法领域内。由于我国行政法涉及的社会领域非常广泛，内容丰富、关系复杂，目前尚没有一部完整的实体企业行政体系法典，且当前的行政法律制度对于个体工商户的主体不同性质亦几乎都是没有一个明确的解读，因此，借鉴民法领域的解释，并结合行政法的程序，就成为目前应用最为有效可行的解释方向。

3 个体工商户作为民事主体的界定

原国家工商局法规司蒋杰认为，[1]一方面由于个体工商户不具有组织的基本特征，尚不应作为“其他组织”，应当作为公民对待。但在《民法典》并没有“其他组织”这一设定，只是为了确保这些既客观存在，又要兼顾非法人的社会组织的合法利益，在《民事诉讼法》中才有了“其他组织”可以作为民事诉讼的当事人的规定，包括《行政处罚法》也有相应的规定。另一方面，个体工商户并不属于“其他组织”。《民法典》采用的是“二分法（即公民和法人）”和《行政处罚法》的是“三分法（公民、法人和其他组织）”并不具有完全的一致性，但是《民事诉讼法》和《行政处罚法》的规定却有高度的一致性。在最高人民法院《关于适用〈中华人民共和国民事诉讼法〉若干问题的意见》第 40 条中，列举了 9 类按照《民事诉讼法》合法成立的，有一定的组织机构和财产，同时又不具备法人资格的组织，个体工商户都不包括在“其他组织”内；此外，该意见第 46 条中也规定：“在诉讼中，个体工商户以营业执照上登记的业主为当事人”，因此，认为个体工商户属于公民的范畴。

云南财经大学吴子昂硕士认为，[2]虽然个体工商户在原《民法通则》中更接近于自然人的属性①，其经营活动的规模相对较小，也被视为自然人的一般行为，因此个体工商户被列在了“自然人”的章节中。随着我国社会经济的不断发展，很多个体工商户已经达到相当的规模，虽然其表现形式为个体工商户，但是实质已经逐渐转变成类似企业性质的群体，不再是带有较浓政治属性（作为我国公有制经济的补充）的个体工商体系，理应划入到商法的管辖范畴。

复旦大学法学院法学博士、苏州市相城区人民法院审判委员会专职委员王刚认为，[3]个体工商户可以起字号，故分为登记起字号和无字号两种，按照原《民法总则》及相关司法解释①，应当对是否起有字号进行区分，准确列明当事人主体及进行责任认定。一部分有字号的个体工商户，同个人独资企业几乎已经没有性质上的区别，应将其归入原《民法总则》“非法人组织”一章。即使对于那些无字号的个体工商户，也不应等同于自然人，从个体工商户的理论内核出发，将其归入“非法人组织”，相对更为妥当。

西南政法大学民商法学院曹兴权教授认为，[4]《民法典》不宜对个体工商户主体性质做任何回应，因为个体工商户是我国特殊历史阶段的产物，但是从发展趋势上说，应当向微型企业等过渡并逐步走向消亡；或者，对于那些颇具资本、雇员，以及规模的个体户，应转型为独资企业，甚至发展成为公司。

尽管学界对个体工商户的民事主体性质认定存异，但是总体上可以看出，目前主流还是两种观点。一种是将个体工商户视作自然人。因为《民法典》的相关解释，个体工商户是由“自然人”作为经营者或负责人，来经营管理其场所，虽然他们大多是家庭单位，但他们的整体行政行为仍等同于经营者的个人行为。另一种则是将一定规模的个体工商户作为组织来对待，多数理由是个体工商户存在雇佣劳动关系，并且通过雇佣人数从之前的限定 7 人，发展成为可根据实际经营的需要，来提高招聘从业人数。同时经营场所规模也在日益增大，部分的实际规模已达到法人单位标准。[5]

4 《消防法》及其相关规定对监管对象的界定

现行的《消防监督检查规定》（中华人民共和国公安部令第 120 号）中，对于消防监管对象作出的相关规定是在机关、团体、企业、事业等单位履的范畴。从条文的描述中，我们可以清楚地看出，该规定对于消防监管对象的界定，完全落在了“单位”这一范围上，但是，至于这个“单位”到底如何解释，该规定尚没有相应的解释，学界也没有公认的结论。

当然，《消防监督检查规定》也对个体工商户作了相关规定，即把有固定生产经营场所，且具有一定规模的个体工商户，规定其应当纳入消防监督检查的范畴。但是具体标准在《规定》本身里没有具体明确，而是将划分和界定的权限下放到省、自治区、直辖市的消防机构。尽管各省对“一定规模的个体工商户”基本都下发文件作了相关界定，但是也仅仅只能将“一定规模的个体工商户”纳入监管范围。

5 个体工商户在消防执法中的存在的问题

5.1 纳入监管的界定标准的问题

尽管《消防监督检查规定》对将纳入监管的个体工商户的界定权限进行了下放，一定程度上适应了各地不同的经济发展状况，促进了消防监管的改善，但仍存在一些问题。因为上位法即《消防法》至今对个体工商户主体性质没有明确解释，也未明确其应当相应承担的法律责任义务，学界也是存在很大的争论，而且目前大部分的界定仍是各省消防部门自己或者联合一些相关部门出台的标准，在国家法律层面的效力仍显疲软。

5.2 在“双随机一公开”监管模式下的适用问题

当前，消防部门按照国家推行《国务院关于在市场监管领域全面推行部门联合“双随机、一公开”监管的意见》的要求，开展着全新的检查工作模式。在当前的形势下，在减轻企业负担、优化营商环境，深化“放管服”改革的同时，消防部门的工作对象的范畴，已由之前的以机关、团体、企业、事业单位为主，变成向着多元化发展，所以，这里就不得不提到消防监管的“数据库”的问题。在全国消防救援系统实施的“双随机一公开”消防监管信息系统中，很多地区的消防监管数据库是直接从市场监管部门导入的，而这些导入的数据不仅组成复杂，且大部分对象仍是以个体工商户为主。按照目前“双随机一公开”消防监管信息系统的规则，所有的检查对象均是按照“单位”模式进行的，然而，用这种检查模式对待这些个体工商户，显然不合理。

5.3 纳入监管后如何履责的问题

按照一些地区的“地方规定”，已将一些规模的个体工商户纳入日常监管范围的，对于这些“单位”，能否要按照《消防法》和《消防监督检查规定》中对于“单位”的要求去监管？如果答案是肯定的，那么严格按照《消防法》第 16、17 条的规定，要求其履责，是否妥当？反之对于那些不够标准，尚未纳入或者还无法纳入监管“范围”的，又应当如何处理？

5.4 行政处罚中法律主体的问题

目前，在日常监督管理中，有相当一部分个体工商户已被纳入消防安全重点单位，理由一方面是个体工商户经营的场所面积规模日益增大，另一方面是个体工商户存在雇佣关系，虽然一些场所的营业执照性质是个体工商户，但是其在人数、面积、组织管理等规模方面，已和法人单位基本无异。因此，如果仍将这些规模较大的个体工商户，与传统意义上家庭作坊式经营的个体工商户在消防行政行为中等同对待，显然也不合理。[5]

5.5 在法理层面的问题

由一些地方性的规章或者释义对个体工商户消防法律主体性质进行确定的做法，在基层的执法工作发挥了比较积极作用，当然，这也存在一定的弊端。比如，2021 年陕西省消防救援总队在《全省消防监督执法疑难问题的答复意见》中对个体工商户的监管问题答复为：“对具有固定生产经营场所且有一定规模的个体工商户，应纳入消防监督检查范围，履行单位的消防安全职责”，这一定程度上解决了基层对个体工商户监管困难的问题，但是从法理层面上讲，这种解释依然欠妥。因为一旦按此种解释在消防行政处罚、消防行政诉讼中执行，作为当事人完全能以个体工商户在“上位法”中不具备法人资格进行申诉，[6]从而很可能使执法部门处于非常被动的局面。

6 改进建议

6.1 国家层面的解读或答复

借鉴 2001 年国家工商行政管理总局答复“对个体工商户适用简易程序当场实施行政处罚定性有关问题”和 2009 年消防局在就个体工商户消防违法问题做相应解答的方式，对个体工商户的法律主体进行国家层面的解读。当然，这需

---

① 《民法通则》废止后，《民法典》仍将个体工商户归在第二章自然人中，且第二章第四节第五十四条依然规定个体工商户可以起字号。

要结合当前已修订相关法律法规，在当时解答的基础上进一步拓展，因为当时的答复和解读，国家工商行政管理总局在答复时仅明确了对个体工商户当场实施行政处罚，应当依照当时的《中华人民共和国民法通则》第二章第四节的规定，作为公民对待；后来消防局在此类的解读中，也只是仅明确了对个体工商户不能视为“单位”，且不能依据《消防法》进行等同于“单位”的处罚，并未对不同规模个体工商户具体的主体界定和监管措施进行说明。

6.2 律法修正和条文释义

改革转制以来国家已经不断在对《消防法》进行修订，可以此为契机，在法律修正的同时，配套与之相关的条文释义或者司法解释，同时参照《劳动合同法》第2条和第89条，将“一定规模”的个体工商户在法律体系纳入“其他组织”的范畴，重新界定其的作为行政相对人的主体属性。

当然，还需从下位法层面对这些“一定规模”的个体工商户从性质、规模等方面进行重新划分，将达到对应规模的个体工商户作为“法人组织”纳入消防机构的日常监督管理，履行同等的义务。既避免了因个体工商户规模较小而造成的监管困难，又可以防止一些规模较大的个体工商户，通过“个体工商户”这一特殊法律主体性质来规避监管，这样才能体现法律的权威性、公平性、统一性。

6.3 特殊法律解释的补充

消防部门对于个体工商户的监管难点主要是在于上位法律上没有明确的概念，建议在《民法典》的法律条文解释中，可补充“达到一定规模的个体工商户，应按相关领域法律法规的要求，履行法人组织的责任，具体由相关领域法律界定”，那么《消防法》便能据此对相应权限进行下放，通过部门规章或地方立法来进一步明确，不仅从上而下有法可依，又能避免“一刀切”的笼统，而且能让界定标准更加灵活、更加合理。

6.4 促进个体工商户的改制升级

早在2010年，国家工商行政管理总局明确提出了个体工商户的发展方向，为促进企业规范化发展，鼓励一定规模的个体工商向企业转型升级。个体工商户转型升级已得到国家法律法规的正式认可，成为工商登记制度改革的发展方向。[2]因此，可以从国家的立法层面，可加大相应扶持政策，鼓励个体工商户，在达到一定的标准和条件后，可改制成为企业，同时实施分层管理，在规模大小上加以不同程度的政策倾斜。这样，不仅从国家层面有了明确界定，而且让行政监管在对象的性质上也不再模糊不清。

7 结束语

个体工商户在消防执法中的法律主体定位，虽然早有争论，但仍无明确的定性，给当前日益严格规范的消防执法工作带来了诸多不利因素。本文通过简单的论述，建议在未来的消防法律体系建设中，将个体工商户的法律主体定位可从上层解答、司法解释、条文释义、法律解释补充，以及主体改制升级等途径，予以准确、合理定性，并建立相应的区分机制，这样才能更利于服务人民，有效地预防和减少各类火灾事故发生。

参考文献

[1] 蒋杰．试议行政处罚法对个体工商户的定位［J］．中国市场监管研究，1999（34）．

[2] 吴子昂．我国个体工商户法律制度的改革与完善［D］．云南：云南财经大学，2019．

[3] 王刚．个体工商户之主体性质与责任承担问题研究［D］．河北：河北法学，2020．

[4] 曹兴权．民法典如何对待个体工商户［J］．环球法律评论，2016．

[5] 时颖倩，岳福平．浅谈个体工商户在消防行政处罚案件中的法律定位［J］．科技展望，2014．

[6] 卢永建．明确个体工商户消防法律主体性质必要性的思考［J］．现代商贸工业，2017（135）．

高层住宅小区消防设施现状与维护管理浅析

贾文娜

（河北省廊坊市消防救援支队，河北　廊坊）

摘　要　近年来，高层建筑数量急剧增加，这就对高层建筑消防设施维护管理提出了更高的要求。本文在对廊坊市高层住宅小区消防设施维护管理现状调研的基础上，对高层住宅小区消防设施的现状进行分析，提出加强高层住宅小区消防设施维护管理的针对性措施和建议，为城市高层住宅小区的消防设施维护管理提供对策，对建筑消防设施的管理具有现实意义。

关键词　高层建筑　消防设施　管理

1 引言

随着经济的发展和社会的进步，高层建筑建设越来越广泛，这些建筑往往人员密集、结构复杂、疏散困难、可燃物装修多，一旦发生火灾，将给国家财产和人民生命安全带来巨大的损失。虽然当前大多数高层建筑配备了火灾报警系统和自动喷水系统，但形式化严重，管理失当问题凸显，消防水平较低，在消防设施的维护管理方面很存在很多的问题，这就直接影响了高层居住人们的生命财产安全。

2 高层住宅小区消防设施维护管理现状及问题分析

2.1 高层住宅小区消防设施维护管理现状

逼着通过对廊坊市3900余栋高层住宅开展调研发现，全市高层住宅小区消防设施维护管理比较突出的问题具体表现有以下几方面：

2.1.1 单位主体责任落实不到位

检查发现全市部分高层住宅小区存在主体不明确、管理措施不落实、人为改变使用功能、用火用电不规范、物业管理不到位等问题，在消防设施管理方面，常出现消防控制室人员短缺、人员素质低下等现象，一直不能很好地维护和管理消防设施，对故障、误报和动作反馈不够及时，无法保证消防设施的有效性。未签订建筑消防设施的维保合同，不能保证对消防设施进行一年一次的全面检测。另外，像消火栓泵、喷淋泵、稳压泵等多数将电控柜打到手动位置，一旦出现火灾，不能和消防控制室进行实时的联通，就可能会酿成大祸。

2.1.2 消防设施损坏、存在故障

据统计，全市高层住宅小区室内和室外消火栓损坏率11.2%；小区周边500m范围内市政消火栓损坏率25.2%。同时还存在防火门损坏或构件缺失，疏散指示标志损坏未及时维修，灭火器失效，消防泵控制开关处于手动挡等普遍性问题。个别单位自动报警、消火栓泵、喷淋泵、排烟、送风等系统存在故障，不能有效发挥防御火灾的作用。

2.1.3 消防设施停用

一种是故意停用如火灾报警系统因经常误报而被业主嫌烦关掉的，为使用方便而常开防火门、常闭排烟窗的。另一种则是无意停用的，如消防水泵出水口阀门关闭，气体灭火系统、风机、水泵被停电的。

2.2 高层住宅小区消防设施存在问题分析

2.2.1 未建立维护管理制度

部分小区未建立消火栓等消防设施维护管理制度，未配备专兼职检修人员，负责消火栓日常维修和保养，未按照规定检修消火栓或及时抢修故障消火栓。尤其是没有物业服务企业的小区，没有明确消防设施维护管理责任；有些小区虽然建立了消火栓管理制度但落实不到位，日常检查维护频次低，有的一年检查一次，有的甚至从建成后就未进行过检查，导致消防水泵等消防设施不能正常运行，消火栓组件缺失损坏。

2.2.2 日常维护管理人员素质不高

部分小区未配备专兼职检修人员或工作人员能力水平不高，检查仅能发现表面问题，仅有部分高层住宅小区聘请了第三方检测公司，对小区内消防设施进行定期维护，在室内消火栓箱内设置巡查记录卡，定期记录消火栓运行情况

2.2.3 住宅维修基金落实周期长

部分小区虽能认真落实维护管理制度，按照规定定期检修消火栓，但由于住宅维修基金申请程序和时间长，导致维修周期长，无法做到“即查即改”。

2.2.4 日常监管不到位

部分基层政府和部门对高层住宅小区消防设施维护管理工作监管不到位，未及时纠正维护管理工作中的不规范行为，执法力度不大，未采取有效措施规范消防设施维护管理工作。

3 加强高层住宅小区消防设施维护管理的建议

3.1 提高物业公司的消防安全管理能力

3.1.1 提高物业公司的准入门槛

明确规定物业管理单位必须配备一定数量的消防专业技术人员，通过消防专业培训，作为核发物业管理单位资质证书的前置条件。

3.1.2 加强对物业公司的监督管理

消防监督部门应该把加强对物业公司的管理作为今后消防管理的一项经常性工作，与建设、房管等部门之间建立信息通报制度，把履行消防安全职责情况纳入物业管理单位资质申领、等级评定的范畴。

3.1.3 提高物业公司从业人员消防业务技能

建立持证上岗制度。物业公司必须在提高从业人员自身业务素质方面入手，通过消防部门的集中培训和自我学习，努力提高综合技能，提升消防设施的维护管理整体水准。

3.2 健全制度机制，集中攻坚难点问题

3.2.1 加强政策支持

制定出台加强和改进高层住宅小区消火栓系统维护管理工作意见，明确政府及职能部门的消防安全管理职责，将公共区域的消防设施维护管理纳入物业企业服务范围，固化物业企业的防火巡查、消防宣传、疏散演练、外保温材料管理等职责。

3.2.2 加大改造力度

将产权不清、物业缺失的老旧高层住宅纳入政府“民生工程”，列支专项经费进行消防安全改造；简化住宅维修基金使用审批程序，纳入绿色通道，经申请、审查、审核等简易程序，可直接拨付使用。

3.3.3 加大惩治力度

将高层建筑消防安全作为政府年度消防安全责任目标进行明确，纳入政府督查内容，对于不能落实职责要求的责任人，依据相关法律法规和其他有关规定处理；将物业企业履行消防管理职责情况纳入社会信用体系、评星评级内容，实现市场强制淘汰。

3.3 完善责任体系，建立消防安全长效机制

3.3.1 完善消防责任体系

加强消防安全网格化管理，以社区、小区为单位，落实高层住宅小区消火栓月查制，由经消防培训合格的消防安全管理人每月至少检查一次，做好记录存档；高层住宅建筑“楼长”协助网格员每日对电动车违规停放充电进行巡查、对楼道、消防车道进行清查，每星期对消防设施完好情况进行检查，形成组织健全、责任明晰、力量整合、巡查有力的消防管理新模式。

3.3.2 健全执法协作机制

住建、民政、综合执法、公安、消防等行业部门，定期对全市高层住宅小区进行抽查检查，分批组织高层住宅小区管理人、高层住宅楼长开展消防安全培训，对整治不力的高层住宅管理单位负责人、物业服务企业负责人进行约谈，督促管理单位落实整改措施。对建设、使用环节存在消防安全违法行为的，一经查实，及时抄告有关行业部门，开展联合执法，依法处理责任单位。

3.3.3 强化消防用水管理

督促供水企业加强市政消火栓的维护保养，对完成消防设施改造的老旧高层住宅小区，鼓励采取政府购买服务方式，由专业机构对室内消火栓系统进行维护保养。

3.3.4 建立消防物联网系统

依托大数据、物联网、云计算、人工智能，加快高层建筑消防管理系统建设，分阶段开展高层建筑消防控制室、消防车道和消防救援场地等重点部位，以及火灾报警、电气监测、自动喷淋和消火栓等消防设施的物联感知终端建设。针对高风险对象布点建设消防高空瞭望设施，实现远程识别、动态监测，防患于未然。

参考文献

[1] 黄伟丰．高层建筑消防设施维护管理探讨［J］．城市建设理论研究，2011，(32).

[2] 廖发明．厦门市高层建筑消防设施现状与维护管理浅析［J］．消防管理技术，2009，(8).

浅议如何加强广西经营性农房消防安全保险机制建设

张秋霞

（广西壮族自治区消防救援总队，广西　南宁）

摘　要　全面推进乡村振兴是党的十九届五中全会明确提出的，实现中华民族伟大复兴的一项重大任务，是实现第二个百年奋斗目标重要历史任务。2022年“中央一号文件”即是《中共中央国务院关于做好2022年全面推进乡村振兴重点工作的意见》。加强县乡村消防安全体系建设，做好对乡村振兴过程中存在的消防安全隐患的风险评估、监测预警、应急处置，对于巩固拓展脱贫攻坚成果，全面推进乡村振兴，具有非常重大的现实意义。笔者结合当前消防工作实际，立足广西农村火灾保险的发展过程、火灾多发的原因、保险与火灾防控的相互关系等内容，着力探索构建以经营性农房火灾保险为主体的农村消防安全防控体系。

关键词　经营性农房　火灾保险　消防安全　机制建设

1　广西农村火灾保险的发展过程

广西是多民族聚居的自治区，曾是全国农村连片村寨火灾重灾区，频发的连片村寨火灾和惨重的经济损失给当地农村的社会稳定和经济发展造成巨大的负面影响。以广西融水县为例，据统计，2000年到2005年该县共发生农村火灾37起，直接经济损失1300多万元，869户农民因灾致贫。

广西的农村火灾保险最早是在柳州市三江县开始的。2005年，为切实保障农户的切身利益，减少火灾带来的损失，三江县政府主动投入，委托中国人民财产保险公司三江县支公司承保，按每户缴5元投保1000元的标准，给全县农户购买了农村防火保险。2006年，保险公司配套推出“房屋自保险”，农户自缴15元，每间房屋可加保1000元。火灾保险初次从“强制险”向“自保险”转变，拓宽了受保险范围，也加大了赔偿额度。2007年2月12日，三江县富禄乡仁里村仁里屯发生火灾，火灾烧毁房屋28户84间，造成227人受灾，直接财产损失28.6万元。该起火灾中，有28户受灾农户都参加“农村防火险”，有20户还加入了“房屋自保险”，每户获得1000～4000元的赔款，这是该县主动购买火灾保障险以来受益的第一批村民，该笔赔款有效解决了灾民灾后生活问题。

2006年，广西柳州融水县政府借鉴三江经验，开始引入农村防火保险，在保险期内，如发生保险责任损失，保险公司及时会同消防、民政等有关部门进行现场勘察，并及时兑现赔偿款给受灾农户。通过北部三江、融水、融安三县的试点推广，柳州市认识到村寨是火灾多发地区，抗灾救灾能力弱，贫困群众占多数的实际困难，主动筹集资金，自2009年起，柳州市政府每年出资400万元为北部三县所有18万栋农村住房实施统一保险，惠及25.6万户农民，房屋全损理赔标准为2万元/栋，累计投入4400万元。

除柳州以外，桂林市的少数民族村寨火灾也是较为集中多发。桂林市为村民购买的房屋保险为政策性农房保险，由县（区）政府统一为村民购买，加上中央以及自治区财政厅拨款，平均每户保险费用约20元，受灾后每户赔偿最高可达3.8万元。

随后，由广西政府出资、在全区范围内为村民上火灾“保险”的措施，自统保以来，已累计向13.5万户农户支付赔款6.5亿元，为火灾受灾农户重建家园提供重要资金来源，有力支持了农户灾后重建。经过多年的推广运用，广西农村火灾保险基本形成“政府主导推动、商业保险运作”的模式，提升了财政资金使用效用，保障了财政预算的刚性和平衡，并有效发挥市场机制作用，使村民的思想观念的转变，火灾保险由政府“代缴”拓宽为村民“自发”参险，一定程度上保障了受灾户的利益，减少火灾带来的经济损失，为社会稳定起到重要作用。

2　广西农村火灾多发的原因

党的十八大以来，广西年均减贫94万多人，2020年脱贫人口人均纯收入11529元，比2015年建档立卡时翻了两番，县级特色产业覆盖贫困户比例达97%以上。进入乡村振兴新时期，对照中央关于防风险防灾害的新要求，广西农村地区火灾防控工作仍面临不少问题和困难。

2.1　农村火灾致灾因素普遍较多

广西农村地区火灾隐患常见。从经济发展上看，随着脱贫攻坚、乡村振兴的推进，农村小商店、小快递点、小作坊等日益增多，各类村办企业、家庭作坊、农家乐等农村自建房随意增大用电负荷，电气设备安装敷设大多没有专业电工施工，用电负荷没有按照实际情况调整相应电气线路，有的直接在仅满足照明需求的线路上增设生产用电设备。从风俗人情上看，农村民俗活动多、红白喜事人情往来频繁，祭祀、饮宴、庙会等场合用火用气火灾隐患多，一些传统节日家庭烧香燃烛等现象普遍。从生活习惯上看，农村地区不少家庭仍采用烧柴取暖、煮饭的方式，有的习惯留常年余火打油茶熏腊肉，容易造成火灾险情；农村家庭普遍存在私自安装接拉电线线路情况，家中线路布局混乱，加之使用不合格电线、劣质插排现象十分普遍；同时，为满足大量拖拉机、脱谷机等农机设备和摩托车等交通工具需要，农户家庭普遍使用各种容器存储汽油、柴油，有的甚至购买非法成品油开设私人加油站，埋下极大安全隐患。

2.2　农村的消防安全基础普遍较差

广西因经济发展滞后，导致农村消防基础建设投入和建设不足，抵御火灾的条件普遍差。一是农村长期缺少专门规划，消防道路、消防队站、消防水源等设施不能与乡村发展同步进行，落后于经济发展。二是农村自建房防灭火设施落后，用于生产经营出租以后，大多已跟不上实际的发展需求，无法有效阻止火灾蔓延。如部分木结构村寨房屋集中度高，密度过大，但未能构建防火墙、防火通道，一旦有一户起火，便会蔓延整个村寨造成“火烧连营”。三是乡镇农村的基层消防力量薄弱。广西国土面积约23.67万km^2，2020年常住人口5695万，设置120个中队，全区消防指战员编制员仅3947人，占全区总人口的比例为万分之0.79，远低于全国万分之1.16的平均水平，乡镇专职消防队、农村志愿消防队也仅有323支，消防队站布点远远落后于经济发展，不少农村发生火灾时，消防队站到达时间需要2、3h。普遍与农村距离远、道路难行，导致初起火灾扑救不及时。

2.3 农村消防综合治理能力普遍偏弱

由于农村消防工作涉及应急、水利、气象、国土、消防等多个职能部门，每个部门都只根据其管辖的灾害类型开展防治工作和建立应急资源，缺乏有力高效的统筹协调运作机制，容易造成政府资源使用效率不高，无法形成火灾防治合力，基层综合治理难度大。比如农户建设规划、电路规划升级、火灾监测、火灾预警及扑救等系列环节，大多没有结合国家层面正在实施乡村振兴战略，没有有效利用传统村落保护、危房改造、脱贫攻坚、农网改造、“美丽乡村”等建设工程，同步争取国家及自治区财政配套支持经费推进基层公共消防设施建设，一些智慧用电建设、电气火灾远程监控、简易喷淋、独立感烟报警等消防设施建设往往需要单独立项实施，既增加人力物力，进展推动也缓慢。

2.4 农村火灾保障程度普遍不高

据广西保监部门统计，1~2月和11~12月火灾赔案件数占全年火灾赔案件数的41%，是农村火灾易发高发时期，主要原因是秋冬季节天气寒冷，农户用火、用电需求量加大，风险隐患集中。但保险部门的分析并没有与当地政府部门的火灾防控工作结合起来，没有让已购买的火灾保险充分发挥其防灾防损功能，防灾防损能力普遍不强，对于农村火灾防控工作存在重视不够、投入不足、开展措施少等问题，灾前评估、防控措施、灾后教育等火灾防控业务体系尚未有效建立，仅仅起到了具有灾后经济补偿的有限作用。尤其是针对近年来农村火灾频发现状，农村火灾保险承办机构在树立风险管理行业的意识上，在风险管理能力的引导，以及重要防灾防损功能配置上，未能树立针对性的防御措施进行风险管控导向，如未能主动提供农村地区火灾风险评估，农业产业投资火灾风险指导，向农户提示风险隐患，协助农户改善风险状况，农房火灾保险的防灾防损功能作用未能有效发挥。

2.5 农村火灾防范意识普遍薄弱

广西农村地区群众大多缺乏消防安全培训，面对火灾时缺乏自我保护和自救能力，消防安全意识不强。在积极投身乡村振兴的同时，农村群众没有得到相应的消防安全教育，缺乏火灾防范意识和技能。同时，广西农村也是劳动力输出的主要区域，除节假日以外，青壮年劳动力均外出务工，农村“空巢化”严重，留守老人和儿童严重缺乏灾害应对能力，一旦发生火灾，难以有效应对。加上广西大多数少数民族农村地处偏远，防灾减灾宣传教育更为缺失，农户没有基本的消防安全和风险意识，预防火灾的主动性不强，普遍认为不需要什么消防器材。

3 农村火灾保险体系建设的发展建议

从广西农村地区的火灾风险情况来看，要维护脱贫攻坚成果的持续稳定，要保障乡村振兴工作稳步推进，让经营性农房的农户不会因火灾返贫、农村经济不会因火灾后退，建立完善的农村火灾保险保障体系必须提上日程。

3.1 要完善农村经济发展的消防安全保障政策

政府要牵头建立地方性农村防火制度，出台与乡村振兴相配套的消防安全保障政策，在落实政府部门监管责任等方面加大力度，加大对经营性农房防火技术推广应用和标准研究，通过发挥市场机制作用，引导保险企业积极参与到村振兴的消防工作进程中。推动成立农村经营性农房保险防灾防损基金体系，落实专项经费用于开展风险评估、隐患排查以及为经营性农户购置消防器材等灾害防治工作，鼓励保险公司投保资金，支持农户主动增加火灾技防物防措施，在经营性农房集中区域推广安装简易喷淋、报警等设施，及时发现、控制农村初期火灾。

3.2 要建立以政府为主的农村火灾保险保障基础

建议持续开展农房保险统保项目，同时加快完善经营性农房风险分散机制，有效转移、分散和化解灾害风险。一是提高经营性农房保险的保险金额，增加人员伤亡、家庭财产保险保障，提高保险保障程度，满足农户风险保障需要。二是根据往年灾害发生情况，对灾害发生较为频繁、损失较为严重的部分县（市、区）农村房屋实行差异化保费和保障，做到“以丰补歉、精准保障”，提高财政资金使用效率。三是针对特色村寨、传统村寨、少数民族村寨等地区，可结合文化保护、特色建设等项目，提高保费补贴力度，提高保障水平，增强农户抵御灾害能力，减轻房屋重建压力。四是鼓励有条件地方政府及农户通过额外购买商业补充保险，进一步提高风险保障水平。县级层面要建立健全统一的经营性农房火灾防控领导机构，统筹协调经营性农房火灾防治工作，统筹使用和调配各方面资源，稳步推进火灾风险评估、隐患排查、灾害治理、灾害预警、应急救援、恢复重建等工作，形成工作合力，提升政府管理效能。

3.3 要探索经营性农房消防安全等级评定体系

属地政府要建立完善农房保险的等级评定体系，以保险赔率为杠杆，推动村民提高防火意识，落实安全用火用电措施，提高火灾风险管理水平。安全评定等级高、火灾防范措施到位的经营性房屋可以相应降低保险费用、提高理赔额度，安全评定等级低的房屋则提高保险费用、降低理赔额度。要督促消防机构和保险公司按照各自职责，在火灾风险评估、消防安全检查等方面形成协作，科学制定火灾风险评估标准和消防安全评价体系，建立信息交换制度，及时沟通工作情况，研究预防对策。保险公司保单情况及开展防灾防损检查情况等应及时通报消防部门，消防机构的消防安全检查及日常监督检查信息可向保险公司公开，定期对保险公司防灾防损、核保和理赔定损人员的消防安全知识和技能培训，制定规范程序在一定范围内允许保险公司理赔人员进入火灾现场开展损失勘查。同时，鼓励保险企业增设受灾的经营性农房及生产重建的贷款项目，以及对旅游景区、少数民族、传统村寨等推出旅游产业类贷款项目，为提升经营性农房建筑消防安全，减少火灾灾害及灾后重建工作提供保障。

3.4 要鼓励建立农村企业防火基金和互助体系

注重发挥市场机制作用，引导农房保险承办机构以更加积极主动的姿态参与经营性农房火灾防控工作，要求加大火灾防灾防损费用投入，推动成立经营性农房保险防灾防损基金，专项用于开展风险评估、隐患排查以及为农户购置消防器材等灾害防治工作。要充分调动农户主观能动性，引导农户主动开展火灾防治，积极降低风险隐患，如鼓励农户购置灭火器、防毒面具等简易应急设备，满足应急需求；充分发挥村民自律作用，将用电、用火安全要求纳入村民公约，定期开展自律检查，及时排查整改存在的安全隐患。组建村民联防小组，建立与应急、气象、公安等部门的火灾预防协作机制，特别对元旦、春节、清明等火灾易发期，组织加强对重点区域的经营性农房排查防控，遏制火灾高发态势。

3.5 要健全农村火灾保险宣传机制

在遵循市场经济规律下，要依托各种宣传平台，广泛开展火灾保险及经营性农房火灾危害性的宣传，通过电视、广播、报刊、网络介绍火灾保险常识，培育群众保险意识和对火灾保险的认知程度，争取广大群众对火灾保险工作的支持、参与，增强参保投保的积极性。要将经营性农房火灾保险工作纳入消防宣传“七进”工作当中，在日常宣传“进农村”的活动中，通过邀请保险公司专门人员参与，在经营性农房集中的农村设立咨询点的方法，做好宣传咨询工作，为投保人办理保险事项提供方便。各级政府、各承办机构要加大经营性农房火灾保险政策及防灾减灾科普知识宣传力度，充分运用电视、广播、报纸、网络媒体、宣传单、标语等多种方式开展宣传，定期联合相关部门走进农村开展消防演练，增强农民风险防范意识，提高群众应急避险和自救互救技能。

3.6 要构建火灾风险保险监管机制

在构建火灾保险体制过程中，必须建立完善的机制加强对各方的监管。一是督促保险公司在市场行为中以树立信誉、培育市场为出发点，扎实做好各项保险服务，用健康、合法的手段促进工作开展；二是保障保险监管部门的监管独立，强化对保险市场的监管力度，切实规范保险公司的市场行为，督促保险公司按规定履行各项保险服务，防止各保险公司间为占领市场和追求经济利益而出现的恶性压价、降低服务水平、压缩服务成本等行为；三是发挥消防机构的辅助效力，通过报刊、电视新闻媒体、网络等形式向社会公开投保单位、保费及投保程序等问题、以设立意见箱、举报电话、社会监督员等形式接受群众监督，提高群众参与和支持火灾保险的热情，确保火灾保险工作健康发展。

参考文献

[1] 孙金华，褚冠全，刘小勇．火灾风险与保险［M］．北京：科学出版社，2008：235-246.

[2] 邓剑华．试述加强火灾保险，形成保险与消防良性互动的可能性［J］．广西民族大学学报，2006：39-46.

[3] 张军．我国火灾公众责任保险现状研究及对策［J］．科技资讯，2011，12：224-225.

[4] 高炜．火灾公众责任险推行的问题与对策研究［J］．社会与法制，2008，34.

浅谈高层建筑的消防安全问题及防火对策

李大伟

（天津市西青区消防救援支队，天津）

摘　要　当前消防安全形势日益严峻，尤其是高层建筑消防安全更是引起了足够重视，本文综合分析了这方面存在的问题，从建筑防火设计和社会化监督管理等角度提出解决对策。

关键词　高层建筑　消防安全　火灾　消防监督管理

1 引言

随着当前社会经济的高速发展以及城市化造成的人口聚集，高层建筑在城市建筑群中所占比例不断扩大，但近年来高层建筑火灾增长趋势明显。高层建筑一旦发生火灾，财产与生命两方面都将遭到严重损失，将在国内外造成恶劣影响。本文中，笔者通过对高层建筑消防安全现状的分析，粗浅提出解决措施，为当前高层建筑社会化消防监督管理和火灾预防工作提供依据。

1.1 高层建筑的定义

住宅建筑中高度超过27m，民用建筑、仓库、厂房等高度超过24m，均属于高层建筑，这是我国2018版GB 50016—2014《建筑设计防火规范》（简称“建规”）中对高层建筑给出的定义。关于高层建筑的认定标准，各个国家存在明显差异，例如，日本标准为层数达到8层或是高度达到31m；美国标准为层数达到7层或是高度达到24.6m。在我国《高层建筑混凝土结构技术规程》（JGJ 3-2010）中要求高层建筑必须为砼结构，住宅建筑、民用建筑的标准分别为28m、24m。

1.2 高层建筑的主要特点

高层建筑由于其建筑的特殊性，具有迥异于普通建筑的特点。

1.2.1 结构

高层建筑是现代科学技术的产物，传统的木、砖、石材料及其结构的普通建筑已经很难满足现代经济社会发展的基本需求。高层建筑在施工中，钢筋砼、钢材是主要材料，结构类型比较多，例如剪力墙、筒体、框架结构等，有些情况下也可以采用筒中筒的形式建造，但建筑结构强度必须要达到要求。

1.2.2 垂直交通

高层建筑最鲜明的特征即为垂直交通，尽管单层面积并不大，但由于层数比较多，由此形成了较大的垂直交通量，要想满足人们的使用需求，必须安装电梯，而超高层建筑还要对电梯进行分组，需要运用计算机系统对电梯运行进行安排调度。

1.2.3 消防

从目前消防救援工作的开展情况看，最大的难点即为高层建筑火灾救援，尤其是高度达到50m以上的建筑物发生火灾，现有的普通消防救援车辆灭火救援作用不大。当高层建筑发生火灾时，辖区消防机构只能调动辖区内或临近辖区的专用举高消防车进行灭火救援，但专用举高消防车造价昂贵，受制于地方经济发展水平限制，目前超过100m的专用举高消防车在一线消防救援队伍中配备率较低。因此，在组织高层建筑消防救援时，要把自防自救当成优先原则，每个楼层都要设置自动化的警报设备与喷淋设施，还要设置一定数量的消防水箱、避难层，超高层建筑还要在屋顶处设置直升机停机坪。

2 我国高层建筑火灾的现状

结合近十年来我国高层建筑火灾发生后的调查数据综合分析，自动消防设施并没有覆盖我国所有高层建筑，设施完好率未达到50%。据知名组织提供的报告看，到2021年末，我国高度达到150m以上的建筑物共计2581座，达到200m以上的建筑物为861座，而超300m以上的超高层建筑则有99座，这三个指标数据均排在世界第一，规模非常惊人，然而，我国消防水枪与消防用举高车的高度仅为100m左右。在负重的情况下，消防员即使能爬到20层以上，但由于体能消耗过大，根本无法完成灭火救援任务。火灾发生后，内部消防设施是唯一的希望，没有另外的灭火手段。据粗略统计，我国高层住宅建筑中只有53.8%的部分安装了自动消防设施。

3 高层建筑的火灾危险性

3.1 结构复杂，火灾荷载大

当前，大部分高层建筑为使用功能复杂的综合楼，其使用功能涵盖宾馆、饭店、办公、洗浴、餐饮、商业服务、汽车库、会议厅、多功能厅等。高层建筑因其建筑面积大，可燃装修多，用电负荷大，火灾荷载大，极易引发较大的火灾事故。

3.2 易形成烟囱效应，火灾蔓延快

高层建筑设置了数量较多的风道、楼梯等，失火后如果不能及时扑灭，这些竖向管井能快速形成烟囱效应，浓烟弥漫、火势蔓延，能形成立体燃烧。特别是大规模写字楼、学校图书馆、高级宾馆等建筑物中本身有大量可燃物，如果不能采取有效举措，无法控制住火势，就会快速蔓延至更多空间，高层建筑物中的人员安全得不到保障。

3.3 人员疏散有难度，易引发群死群事故

高层建筑中人员总量大且聚集，加之高层建筑结构复杂，人们对地理环境不熟悉，火灾时由于烟气减光作用和心理恐慌等因素的影响，不能在第一时间正确的判断疏散方向，不能找到合适的疏散通道和安全出口，特别是老人、妇女和儿童以及残障人员疏散难度更大。

3.4 固定消防设施不能满足需求，灭火救援难度大

目前，一些高层建筑多为老建筑，其固定消防设施达不到现行标准，在改造过程中也存在诸多困难。同时，一些高层建筑中的消防设施由于受到历史遗留、监督管理等原因制约，完好率不高，对初期火灾扑救工作带来诸多不便。在火灾的扑救过程中，由于举高消防车数量较少且作业面受限，加之有些建筑物外立面设计为玻璃幕墙，或设置固定窗，水无法从外部直接喷射到起火房间，使火灾扑救受到很大制约。

4 高层建筑消防安全管理工作对策措施

4.1 严把消防设计验收关，杜绝先天隐患

住建部门作为建筑物设计、施工的主管部门必须要把好关，既要对设计图纸进行严格审核，也要对整个施工过程进行监督，还要组织严密的消防验收，尽最大努力从源头杜绝安全隐患。设计部门及人员要严格执行国家相关标准与规范，既要从总体上对建筑布局进行调整，也要设置合理的防火分区，还要重视安全疏散、排烟等方面的内容。高层建筑在施工中，要持续对施工方进行监督、检查，避免出现违反国家规定、不符合国家标准的情况。高层建筑内部与外部都需要配备功能齐全的消防设施，并根据保护对象的特点和要求，根据建筑物的楼层数量、高度等，对火灾事后果进行预测，分析火灾发生的概率，对救援难易程度做出精准判断，对消防设施组织开展实地测试和人员疏散演练。

4.2 加强社会化消防监管，形成合力维护消防安全

坚持政府主导。首先，要明确相关部门责任。严格按照“谁主管，谁负责”的原则，明确住建、物业、消防、居委会等部门在消防安全管控方面应该承担怎样的责任。我国《消防法》第26条明确指出，高层建筑管理主体都要在消防安全管理方面履行职责，把这当成管理常态。其次，要定期开展检查。消防、安监、住建等职能部门，要加大日常联合执法监督检查的力度，充分发挥各部门的职能优势，对高层建筑开展不定期联合执法检查，争取能提早发现火灾隐患，遏制违法行为，坚决予以查处，追究相关责任人的法律责任；凡是消防安全达不到要求的单位，当地政府要按法律流程责令停产停业；如果不允许停产停业，且确有重大消防隐患的单位，政府部门在研究之后需要采取合理的防范措施，而且要对整改做出时间规定，多个部门齐抓共管。第三，要切实抓好消防安全培训。各级住建、消防等主管部门，对本辖区内物业管理队伍定期组织开展消防安全培训，使其能够掌握消防管理的常识，熟练掌握扑救初期火灾的能力和组织逃生技能。第四，要严格落实“设施防”责任。采取强制性手段要求高层建筑创建自动化火灾报警与救灾系统，能使警力不足的问题得到解决，快速对辖区内所有单位实施监督检查，在第一时间内发现火情并实施救援。同时，高层建筑物管单位要加大对高层建筑内所有消防设施的管理与保养力度，形成相关制度，确保其在专业维护下完整好用。

4.3 组织高层建筑“六熟悉”学习，安排灭火演练

消防部门要结合实际，经常性地对辖区内高层建筑进行“六熟悉”工作，要熟悉本辖区内每座高层建筑的内部构造和建筑物内部的消防设施位置，掌握高层建筑物内外部消防设施的完整好用情况。同时，要加强与安监、住建、供水、供电、气象等部门的联动，经常性的联合组织开展灭火救援实战演练，针对本辖区内高层建筑的火灾特点，制定操作性强、成功率高的灭火救援预案，提升区域内各联动部门的灭火救援能力。

参考文献

[1] 消防科学与技术 [J].

[2] GB 50016—2014，建筑设计防火规范（2018年版）[S].

[3] 中华人民共和国消防法 [Z].

村镇地区消防安全问题与对策研究

娄蒙蒙

（内蒙古消防救援总队呼和浩特消防支队，内蒙古　呼和浩特）

摘　要　做好农牧区消防安全工作，防止火灾事故发生，是维护广大人民群众根本利益的要求，是全面打赢脱贫攻坚战的重要组成部分，更是“建设亮丽内蒙古，共圆伟大中国梦”基本保障，在新形势下如何加强广大农牧区特别是自然村落属地的消防工作，不断提高农牧民的消防意识，是各级政府及其有关部门必须高度重视的问题，也是全面建成小康社会的重要组成部分。本文着重分析了当前农牧区消防安全状况及存在的问题，进而提出了自己的看法及解决措施。

关键词　农牧区　火灾　研究

1　引言

随着国家对少数民族地区的不断投入，农牧区经济建设也在快速发展，牧区草场和居住区火灾隐患也随之增多，严重威胁到了农牧民群众的生命财产安全。火灾统计数据反映了存在的消防问题，研究火灾统计数据的规律对于客观认识消防问题，有针对性地做好消防工作是非常有益的。通过文献总结发现，国内关于消防安全问题的研究主要集中在经济发展迅速、社会影响大的城市，很少去研究农牧区消防安全现状，尤其是农牧区火灾问题。然而牧区消防安全与我国社会治安、经济发展的稳定密切相关，如果不对农牧区消防足够重视，可能会导致全面建成小康社会，实现乡村振兴，全面打赢脱贫攻坚战的任务滞后[1]。

农村火灾与我国社会治安、经济发展的稳定密切相关，据自治区火灾统计系统数据体现2017年，发生在城市的亡人火灾占总数的36.7%，其后大体呈现下降趋势，至2016年只占总数的30.1%，见图1。与此同时，农牧区亡人火灾的比重则从连续六年呈现上升趋势，2017年达到总数的31.2%。[3]

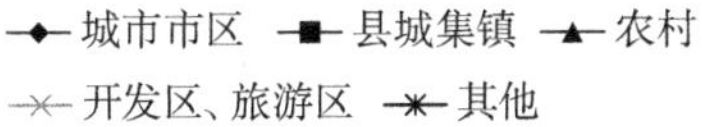

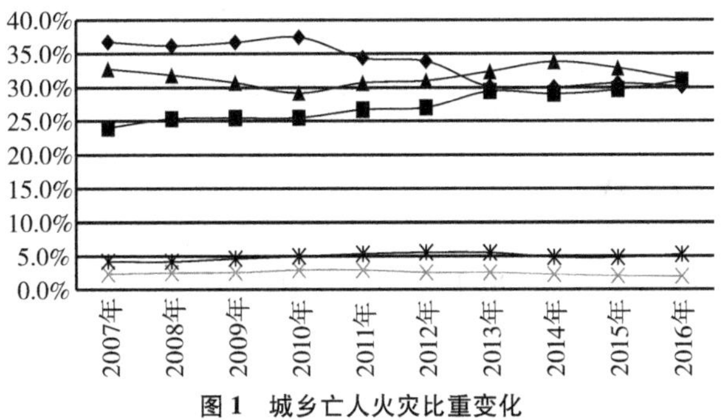

图1　城乡亡人火灾比重变化

2　农牧区消防安全现状

尽管近年来，随着牧区经济的发展，牧民生活水平大大提高，但还有相当一部分的牧民，特别是边远地区的牧民，仍以土木泥瓦房、砖木房或简易结构的建筑为主要居住处所，而这一类房屋的建筑材料多为可燃、易燃的杉松木和毛草等，建筑耐火等级低。有的甚至连片建造，无防火间距，一旦失火，极易发生火烧连营的可怕局势。以呼和浩特市土默特左旗为例，土默特左旗是农牧区，人口集聚，全旗共有6个镇，3个乡，321个行政村，13个居委会，456个自然村，人口36.3万人，2014年至今，全旗共发生亡人火灾18起，死亡25人，其中农牧区亡人火灾13起，死亡18人。占了相当大的比例。农牧区在消防安全管理方面，普遍存在以下方面的问题（图2）。

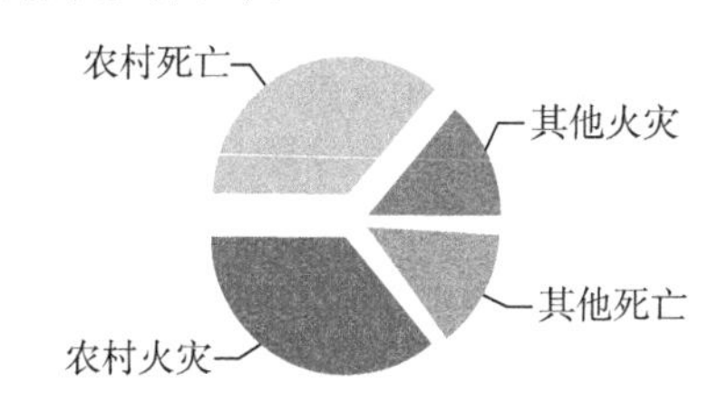

图2　2014至今农村与其他火灾、死亡情况

2.1　牧区消防工作制度方面

目前农牧区虽然成立了义务消防组织，当地称作马背上的消防员，但是组织形式极为松散，还不能充分履行职责，是造成农牧区消防工作薄弱的主要因素。乡镇基层组织把工作重心和主要精力放在抓经济、促发展、保稳定上，没有将消防工作与其他工作同步开展。消防宣传教育、防火检查巡查、火灾隐患整改等工作制度落实不到位。

2.2　消防安全管理方面

农牧区消防安全管理制度不健全，没有形成良好的管理机制。部分嘎查基层干部消防知识相对匮乏，消防安全管理水平较低，消防安全管理工作落实不到位。特别新兴电商产业火灾风险居高不下。部分淘宝特色牧民村主要产业为少数民族服装和木动物制品等类目，均为易燃可燃物，如察素齐镇，全镇多数家庭从事电商产业，主要产品是蒙古服装，镇上有多家服装加工场所，其中大部分存在消防设施配备不足的问题，甚至一些牧区在自家住房内生产、加工、存放产品，“三合一”现象严重，火灾风险极高。

2.3　火灾预防方面

由于农牧区经济落后的原因，农民建房时只考虑经济因素，不考虑耐火等级和安全性能。居民房屋多为木结构、砖木结构，甚至还存在茅草建筑，这些房屋耐火等级较低，建构筑物结构简易，一旦发生火灾，容易造成房顶、墙壁坍塌。此外，由于缺少消防规划布局，加上传统的牧民人口群居饮酒习惯，农牧地区的房屋大都紧密相连、户户相邻，没有消防通道的概念，户与户之间也不存在防火间距，一旦发生火灾，火势根据风向会迅速扩大蔓延，难免形成“火烧连营”的现象。

2.4 消防宣传教育方面

消防宣传工作还不能够真正落到实处，牧民消防安全意识淡薄、消防安全知识缺乏。大部分牧区村民由于传统的生活习惯影响，习惯性在房屋院内或周边堆积大量木柴、秸秆等易燃可燃物，且多以堆垛的形式存在，易产生自燃现象。农村电气线路敷设随意，私接乱拉现象普遍，线路老化、漏电现象时有发生，随时都有可能引发火灾。虽然近年来大力推行农村“煤改气”政策，但据调研，多数农户仍采用生火做饭、取暖的传统方式，明火靠近可燃物且无任何防护措施，易造成火灾和CO中毒事故。此外，一些落后地区年轻人外出务工，大部分是孤寡老人、留守儿童等弱势群体，缺乏逃生自救的能力，极易造成人员伤亡。

3 防范对策及建议

3.1 强化组织领导，全面落实责任加强牧区消防基础设施建设

建设消防水池、消防供水管网等，组建专职、志愿消防队伍等力量，配备消防车辆和器材装备。建立健全牧区消防工作领导组织，将消防工作纳入旗、乡镇政府和嘎查村委会的日常工作范畴，切实加强组织领导，形成自上而下的农村消防工作网络，使农牧区消防工作有人组织、有人负责、有人落实。要建立经费保障机制，将农牧区消防工作业务经费列入财政预算，建立和完善农牧区消防工作经费保障机制。要积极推动各级政府，将消防工作纳入最美乡村建设，纳入国民经济和社会的发展规划，纳入社会治安综合治理体系建设[4]。

3.2 健全落实农村防火责任体系

明确农村“两委”、村民小组、牧民及生产经营企业的防火安全责任，实行房改、灶改、电改、水改等，强化消防安全检查巡查，改善农村防火条件。积极推动旗、乡镇人民政府应当将农牧区消防基础设施建设与村庄整治、脱贫攻坚、易地扶贫搬迁以及美丽乡村建设统一规划、建设和管理。要多渠道强化消防水源建设，改造牧区地区现有的河、湖等天然水源，设置符合标准的消防取水点和取水设施，通自来水供水的农村，可在合适的位置设置消火栓。要依托微型消防站等组织，配备手抬机动泵等移动消防供水设施和满足需要的消防水带、水枪等器材。要推动经济条件较好的乡镇，在重点防护区域逐步安装市政消火栓。

3.3 开展农牧区防火宣传教育

针对农牧区防火特点，开展形式灵活、针对性强的消防宣传，融入生产生活中，培养用电用火良好习惯。做好重点人群防火工作。将孤寡老人、留守儿童、病残人员等登记在册，组织村“两委”、派出所、综治、基层网格等人员定期上门检查排查，帮助排查消除火灾隐患，指导安全用火用电及自救逃生。由各乡镇政府组织居（村）委会、社区和乡村警务室（警务联络站）、网格员、物业服务企业等群防群治力量，对辖区内的“三合一”、群租房、老旧住宅以及“九小场所”逐一开展清查、逐一登记造册；各乡镇政府牵头，开展消防宣传“进社区”“进农村”，应急部门牵头，开展消防宣传进家庭。

3.4 逐步整改隐患，消除致灾因素

村民建设住宅时，可参考 GB 50016—2014《建筑设计防火规范》（2018年版）的要求，适当控制房屋之间的防火间距，防止建筑成片连片的建造，产生先天性火灾隐患。逐步对农村地区敷设不规范的电气线路进行清理和更换，尤其对裸露线路要实施穿管保护，其敷设方式应符合消防安全要求，对农村老旧居民住宅更换带有漏电保护装置的空气开关，避免电气火灾事故发生。由村委会组织人员挨家挨户走访，提醒村民及时清理柴火、稻草、秸秆等堆垛，或堆放于远离住宅的空旷、安全区域，防止因堆垛自燃而引发火灾。要大力普及农村燃气使用安全常识，农村家庭可采用带自动熄火安全装置的燃气灶，并设置燃气浓度检测报警装置，确保发生问题及时采取机械保护措施。

3.5 深入宣传教育，提高防范意识

继续推进“消防宣传进牧区”，与乡镇综治机构、公安派出所结合，充分发动乡镇农村党政干部、网格员、志愿者走街入户发放消防安全传单，并利用乡村大喇叭定期广播通俗易懂的消防安全提示，在商店、小广场等村民常去的地点设置专用的消防宣传橱窗，张贴消防安全提示和防火知识。联合教育部门，将消防知识纳入中小学校、幼儿园等教学内容，起到“教育一名学生，带动一个家庭”的目的。借助乡村文化广场这一有力宣传阵地，在农忙时段，消防宣传车开进文化广场，播放消防安全常识、火灾案例警示等，向群众讲解消防安全知识；结合当前开展的“文艺下乡”活动，利用文化部门深入农村放映电影的有利时机，在电影片头播放消防安全宣传片或火灾警示片，提高群众的消防安全意识。

4 结束语

加强和改进农牧区消防工作，既是全面建成小康社会的基本任务，又是实现乡村振兴，全面打赢脱贫攻坚战的重要组成部分。虽然消防工作是当前消防工作的薄弱环节，但只要我们各级职能部门各司其职，切实采取有效的工作措施，坚持与时俱进、开拓创新，充分调动社会各方面的积极性，实施群策群力、群防群治这一战略决策，必将推动农村消防工作稳步快速向前发展。

参考文献

［1］李经明．浅析农村火灾事故及消防安全管理［J］．消防科学与技术，2014，33（3）：343-345.

［2］刘璐，肖泽南，李彦军，等．农村火灾灰色预测模型及其应用［J］．安全与环境学报，2010，10（2）：162-166.

［3］王明．浅谈农村消防工作存在的问题及对策［J］．建筑工程技术与设计，2015，(20)：129.

［4］公安部消防局．农村消防安全［M］．中国科学技术出版社，2011.

商住楼消防安全管理问题研究

王军乐

（湖北省黄冈市消防救援支队黄州大队，湖北　黄冈）

摘　要　消防安全是安全生产的重中之重，是实现商住楼稳定发展的重要内容，努力提升消防安全管理水平是商住楼安全生产管理的重要目标。2020 年 4 月，应急管理部门下的消防救援局颁布声明，号召全国不同地区的消防救援部门协助当地政府打赢这场脱贫攻坚战，逐步提高商住楼消防的工作水平，重点完成贫困区域的消防任务，竭力协助贫困区人民走出困境，坚决杜绝由于消防问题而导致的致贫和返贫现象。贫困县因为消防安全意识差、财政资金不足等原因导致商住楼消防安全管理整体水平较低，各商住楼消防设施参差不齐，因此研究贫困县消防安全管理现状、摸准摸清突出问题和薄弱环节对于提升商住楼安全生产管理水平及保障脱贫攻坚成果有重要意义。

关键词　消防安全　管理对策　商住楼　安全管理

1　引言

消防安全是安全生产的重中之重，是实现商住楼稳定发展的重要内容，努力提升消防安全管理水平是商住楼安全生产管理的重要目标。2020 年 4 月，应急管理部门下的消防救援局颁布声明，号召全国不同地区的消防救援部门协助当地政府打赢这场脱贫攻坚战，逐步提高商住楼消防的工作水平，重点完成贫困区域的消防任务，竭力协助贫困区人民走出困境，坚决杜绝由于消防问题而导致的致贫和返贫现象。贫困县因为消防安全意识差、财政资金不足等原因导致商住楼消防安全管理整体水平较低，各商住楼消防设施参差不齐，因此研究贫困县消防安全管理现状、摸准摸清突出问题和薄弱环节对于提升商住楼安全生产管理水平及保障脱贫攻坚成果有重要意义。

本文通过分析商住楼消防安全管理现状，根据消防安全重点单位管理的新动态，研究完善商住楼的管理体系，解决贫困县消防安全意识薄弱、消防安全户籍化管理下城乡商住楼消防管理差异等突出问题，使商住楼主动适应消防安全达标化建设要求，积极进行制度改革设备升级，促进商住楼消防安全管理联动，重点增强商住楼消防安全管理水平，为政府部门强化商住楼的消防安全管理提供参考。

2　商住楼消防安全管理现状分析

2.1　安全管理现状分析

现阶段依托消防安全管理和商业建筑及总部管理，建立消防局和接收器批准，对 A、B、C 级危险建筑进行检查。对于 D 级和 E 级建筑，通过监控不同级别的商业和住宅建筑的火灾操作，检测商业和住宅建筑之间的不健康火灾，并优化性能。

城市监建和认证的人员负责消防安全管理，他们还需要在项目设计之前和之后批准所有投资和认证文件符合要求。监事会共 20 个，是发展与招聘委员会的董事会成员。这个特定领域对技能的要求非常严格，需要建立临时的学习标准。在企业和住宅的日常管理和管理中，涉及多个领域的市消防部门需要每月对企业和住宅进行实时监管。如果在日常监测和评估过程中出现问题，董事会将提供调解报告，这将有利于机构、行业和住房进行必要的维修。如果不听从调解，就会被罚款，再强制调解会减少火灾的发生。加强对火灾防控和作业的日常监控，确保消防安全，减少多起火灾隐患的发生。

对商住楼中的消防安全管理工作进行完善，之后所有工作都能持续正常进行。2019 年一共搜集到 180 条关于消防安全隐患的讯息，同时对讯息展开有效处理，剩余 35 条讯息正待处理。2020 年一共搜集到 220 条关于消防安全隐患的讯息，从整体可以看出，搜集讯息的总数日渐增加。将自然因素排除在外，对消防工作的重视能够使高层管理人员和工作人员最早发现和解决问题。解决成功率达到 90%。与此同时，还在处理过程中的问题按计划也能够完成。消防安全管理中对每个网格进行细分，把不同的问题划分到与之相对的网格之中，并且分配对应的人员进行解决。同之前相比，一方面火灾事故发生率有所下降，当年终总结的时候能够利用数据来说明一整年中所处理的问题。对医疗结构来说，基层工作本身繁杂而琐碎，如果进行细分就能够把原本棘手的问题归属于应处的网格中并找寻问题的根源。另一方面，政绩状况会更加清晰明了。

2.2　火灾发生及关注度分析

此次研究对象选用 2015～2019 年商住楼引起的火灾次数，且按照过火的面积来进行划分：过火的面积小于 $200m^2$、过火的面积 $200～500m^2$、过火的面积 $500～1000m^2$、过火的面积大于 $1000m^2$ 四个方面来表示。如图 1 所示。

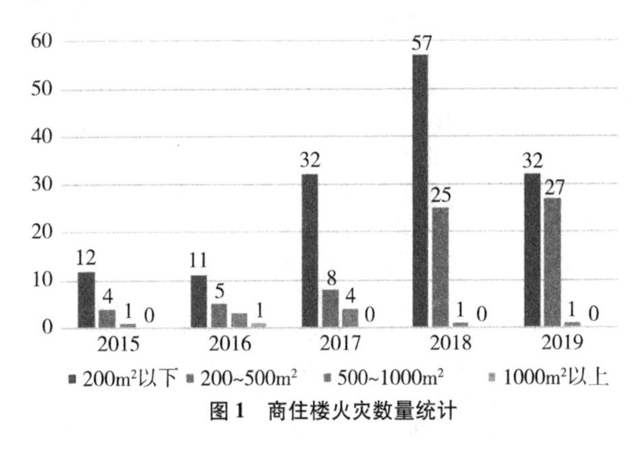

图 1　商住楼火灾数量统计

图 1 是这 5 年与商住楼起火有关的统计的数量。由图可以知晓，这 5 年发生的商住楼火灾整体上大多聚集在面积起火小于 $200m^2$ 和起火面积 $200～500m^2$，起火面积大于 $1000m^2$ 的不容易发生火灾。且中小型的商住楼大多是所属的派出所对消防进行检查和测试，其没有完善的消防设施，从而容易多次引起火灾。起火面积 $200～500m^2$ 的被称为是中小规模，其没有建立必要的防空火灾方面的设施和固定消

防站，大多是小火变大灾。起火面积在千平以上的基本都是由大队级以及支队级的相关列管单位平常进行定期的检测。这导致火灾发生频率的大幅度减少。通过图1不难得出，大面积的商住楼反而有较少的发生火灾的数量，这导致很多法律规范以及与此相关的研究办法不可以用来借鉴。

政府想要形成更加完善的商住楼有关消防安全的意识，建立形式不同的消防队伍，让他们互相成长进步以及解决商住楼关于公共消防安全方面的问题，推行了一系列有关消防安全管控方面的方式以及举措，也更加增强了商住楼有关消防演讲训练方面的力度。比如政府在努力认识以及转发云南省出台的《关于进一步加强消防新闻宣传工作的意见》和《关于深入开展消防安全宣传教育工作的意见》内容传递的精神，根据文化方面、科技方面、卫生方面的各种宣传方式，在所有商住楼都设有关于消防安全方面的宣传地点。且使用广播或拉横幅等方式实现重复宣传的目的，从而加强对各个商住楼有关消防安全方面的知识和火场如何进行逃生自救的培训，从而尽力维持健康的社会消防安全环境。

2.3 消防人员工作状况分析

第一部分是有关年龄的分布。通过实地的调查发现消防员的平均年纪为45岁，最大的已经55岁，最小的才29岁，由此可知商住楼的消防人员比较年长的居多。

第二部分是关于文化的程度。通过此次调查不难发现，超过85%的商住楼有关消防的员工文化水平只达高中，大约有65%的商住楼有关消防的员工文化水平只达初中，由此可见商住楼消防人员的文化水平普遍不高。

第三部分是对工作强度的熟知程度。通过此次调查可以发现，大多消防人员觉得担任消防职责是很辛苦的。商住楼有关消防的负责人和工作人员，必须具有很强的耐心，每日都需要进行监督以及巡查的工作。从事消防工作的员工非常了解消防工作的艰辛。

第四部分是对消防工作的上手程度。大约有5%的员工是应付式工作；从事消防的员工中12%对理论没有了解，但具体工作比较上手；68%的员工对理论一知半解，能够较为熟练的进行操作；只有大概15%是理论和实践达到标准。

本章对商住楼消防安全管理现状进行分析，主要包括了安全管理现状，现阶段依托消防安全管理和商业建筑及总部管理，建立消防局和接收器批准，对A、B、C级危险建筑进行检查。对于D级和E级建筑，通过监控不同级别的商业和住宅建筑的火灾操作，检测商业和住宅建筑之间的不健康火灾，并优化性能。在火灾发生及关注度分析中研究对象选用2015~2019年商住楼引起的火灾次数，且按照过火的面积来进行划分：过火的面积小于200m²、过火的面积200~500m²、过火的面积500~1000m²、过火的面积大于1000m²，并对消防人员工作状况进行分析。

由于这几年持续不断的投入，商住楼的消防安全方面的条件有了一定的改善。这几年增强所有商住楼环境的治理力度，多次积极的组建有关商住楼的环境治理专项方面的活动，在进行旧电网的改造以及危房的重新建设时，加入消防专用通道、应急通道和消防水源等公共的消防空间，且多次排查所有商住楼在消防安全的隐患方面。到2019年商住楼有关消防安全方面的建设总计投资金额远远大于60万元。在一定程度对建设的安全、用水的安全、用电的安全等相关的消防安全条件进行改善。除此之外，各个商住楼凭借自身不同经济的发展水平，与辖区的商住楼有关消防安全方面的管控相结合，迅速提供水罐型消防车与消防器材等。且县政府每年都会对各个商住楼有关消防安全方面的管控程度进行考验，若相关机构有较为严重的火灾隐患，通过点名进行批评教育，从而更好地监督商住楼的基层政府是否足够重视商住楼有关消防的安全管控方面的问题，解决了许多商住楼有关消防安全方面的隐患。

3 商住楼消防安全管理存在的问题

3.1 责任主体不明确

过去所施行的消防工作问题仍然出现在“上头热、下头冷”。部分驻地单位和商住楼对其消防责任认识不足，消防工作不予落实和管理造成消防安全的基础较为薄弱。举例来说，是一个大网格，依据的消防安全管理办公室提出的要求，每个行政网格每月检查下属地区商住楼的消防安全次数不得少于4次，每年不得少于50次。但是从台账资料可以看出，截止2017年，能够满足这一检查次数要求的商住楼共计7个，截止2018年共计9个，截止2019年共计12个。将2019年作为案例来说，对于完成了年度检查任务的所有商住楼，能够完全依照消防安全管理办公室来开展逐步检查的资料机构总计只有3家，这代表着政府所安排下发的消防工作基本上没有能按照既定要求来执行。

尽管政府规定了有关检查机制，领导同样重点布置了有关工作，但是对于日常的监督核查基层工作来说，仍然存在监管不够有效的状况。伴随时间推移参考整个的发展，消防规划没有得到及时的修正和完善，并且产生规划同建设不匹配的问题；检查整个内的消火栓后发现补充建设和维护仍然存在很多问题。应当同时增强努力并提升关注力度，把消防工作安排到政府日常工作当中去。不同的商住楼都需要对签订的责任书提起重视，这是一个每年都必须要落实到位的工作，不能主张形式主义，每年都需要进行对比、监察和总结。

3.2 安全意识不强

伴随社会改革的深入发展，人民群众对于消防安全有着越来越强烈的需要。但是根据数据来看，80%以上的火灾原因是没有遵守消防安全规制或有关操作流程，人为因素占据绝大部分。商住楼中的消防安全管理系统不够健全，社会单位也不具备消防主体的责任观念，工作人员消防安全素养普遍较低。

社会单位普遍对自身具备的消防主体责任认识不够。社会单位主要管理人员的消防安全主体意识较为浅薄，不具备开展消防工作的主观能动性及积极性，没能正确处置消防安全同机构利润之间的关系。关键表现于：第一、对社会单位的消防安全工作所投入的资金不够，商住楼由于建成较早，设施不完善，导致自身存在一定的安全隐患，商住楼为了控制成本，通常会在消防成本上进行管控，造成消防安全措施的漏建和少建；第二、社会单位没有将员工的消防安全培训落实到位，职工普遍缺乏安全常识，如果不规范培训员工的消防安全常识，使其能够掌握基本的消防技能，很容易造成各类安全事故；第三、对消防安全存在的隐患不予以修正，对于整改要求不真正投入完善。

3.3 消防演习浮于表面

消防户籍化培训是各级社会事业单位的重点内容。消防户籍化管理中商住楼事业单位必须按照户籍化管理要求组织和开展培训，消防户籍化的管理中明确规定要求所有商住楼消防服务人员必须有意识地针对自身商住楼实际的工作要求，定期组织进行整个商住楼内的消防户籍化培训。但是我们根据实地调研和反馈可以发现，实际的情况还有很多商住楼没有很好的贯彻落实消防演习的行动，或者说就是这次消防演习只能作为一个记录，每年消防演习的消防安全监督和管理工作都由口各部门的保卫办公室来指挥和实施，其他各个科室的参与程度不高。在每年的消防演练活动中，商住楼的领导人员往往由于在费用上太过节约，在商住楼的人员、财力、物资等各个环节上的投入力量不足，商住楼的人员和群众参与的积极性也不高，最终导致了商住楼的消防演练效率无法得到提升，甚至只是流于形式。

本章对商住楼消防安全管理存在的问题进行研究，主要包括责任主体不明确，安全意识不强，以及消防演习浮于表面。

4 商住楼消防安全管理对策

4.1 完善消防安全监督管理

新形势下城市事务与城市建设会议明确提出，在习近平总书记的领导下，众议院工作人员要深入学习，以新形势下中国特色时代文化为奋斗目标。和党的十九大精神，用改革创新、发展思路、发展效率、着力推动我国城乡发展。建筑物需要提高他们的自我意识，并在关键角色中提供消防管理。以政治治安、稳定健康为核心，更深刻地认识现代用电管理在经济和住房中的重要性和意义，认真细致地监控商住楼的消防管理。现阶段，政府明确了行业、住宅用电安全发电过程中的目标、建设内容、专项申请程序和措施，消防责任在专门办公室或电网中工作良好。计划年底对政府基地和人员考核情况进行对比评估，进一步考核消防工作。

4.2 加强社会化建设水平

将法治作为落实到社会单位主体的责任意识。在消防条例的第四条中，已经做出了明确的规定单位应该加强对于当地消防安全管理制度，并且建立健全当地的消防安全责任制度以及消防安全规章制度，落实好消防安全的主体责任。对于责任的分配，条例中规定，将社会单位的法人代表作为本单位的消防安全主要负责人，需要其牢固地树立消防安全主体责任意识，整体管理单位的消防、安全管理任务，贯彻消防费用以及管制成员，并且规定各级消防安全管理体系，保证消防安全管制工作任务政令顺畅，贯彻落实消防责任制，加强对于内部消防安全训练，使得管理负责人员主动行使管理职责。员工按照规定的日期进行消防安全训练学习，从而贯彻落实单位自我督导管制和防范。

4.3 加大人才的培养力度

政府部门要加大消防方面的人才培养力度。可以在高等院校开设消防工程等专业，培养专业的消防管理人员，同时把这些专业的人才培养纳入具体的实践工作中，保证其消防理论知识可以充分地融入具体的消防实践之中。此外也可以建立专门的消防职业技术学校，加大对专业技术人才的培养，学校可以专门针对一些下岗工人进行就业帮扶，不仅仅解决就业问题，维护城市稳定，还可以培养更多的消防技术人才为消防工作输送更多的人才，以保证消防工作后期的实施。国外在消防设施建设上拥有充足的实践经验，因此需要加大国内与国外消防设施上的交流合作，学习国外在消防设施建设上的经验成果，举行国内国外消防设施建设的交流会，输送国内人才到国外学习消防设施建设的专业知识和技能，也可以向国内引进国外专业的技术人才，在消防安全建设、管理模式上采取创新引进，综合国内消防安全的法律法规，既保证了技术型人才的到位，又融合了国内的消防法规。

本章主要研究了商住楼消防安全管理对策，现阶段，政府明确了行业、住宅用电安全发电过程中的目标、建设内容、专项申请程序和措施，消防责任在专门办公室或电网中工作良好。计划年底对政府基地和人员考核情况进行对比评估，进一步考核消防工作。并保证消防安全管制工作任务政令顺畅，贯彻落实消防责任制，加强对于内部消防安全训练，使得管理负责人员主动行使管理职责。员工按照规定的日期进行消防安全训练学习，从而贯彻落实单位自我督导管制和防范。以及政府部门要加大消防方面的人才培养力度。可以在高等院校开设消防工程等专业，培养专业的消防管理人员，同时把这些专业的人才培养纳入具体的实践工作中，保证其消防理论知识可以充分地融入具体的消防实践之中。

5 总结

公共消防安全管理在社区消防和管理关系的发展中非常重要，公共消防安全管理是两者的重要组成部分。众所周知，公共卫生是公众消防安全管理的重要组成部分。政府机构在消防安全管理中发挥着重要和至关重要的作用。消防安全管理不仅要爱护生命体，还要针对我国消防建设中存在的问题，综合各种关系，打造消防安全。系统以支持改进的电气控制。在建设过程中，不仅要发挥政府部门的作用，推动消防安全管理的改革和完善，加大政府对预防火灾的投入，确保公共消防建设由政府监督。安全管理，也提高公共安全对于消防安全至关重要，鼓励企业提高人员，地方委员会准备居民，和地方团体准备社区参与建设，减少火灾的发生，提高公众健康。提高公众自助意识，保障公众生命财产安全。

参考文献

[1] 应菊英．体育场馆的避灾抗疫应急作用探析 [J]．浙江体育科学，2021，43 (06)：12-16.

[2] 刘宇．提升火灾防控消防监督管理力度的策略 [J]．科技创新与应用，2021，11 (31)：129-132.

[3] 孙海军．当前消防监督管理工作中存在的问题及对策 [J]．科技风，2021 (31)：171-173.

[4] 许可．医药中间体研发实验室企业消防安全管理现状及对策 [J]．安徽建筑，2021，28 (11)：120-121.

[5] 许颖．大型商业综合体消防安全监管分析 [J]．安徽建筑，2021，28 (11)：122+125.

[6] 陈锦中，刘孟，王金玺，李健，马亚军．高校化工专业实验室安全管理机制探索 [J]．化工管理，2021 (32)：58-59.

[7] 徐卿卿．中国石油化工行业消防安全对策研究 [J]．化工管理，2021 (32)：96-97.

[8] 曹宇轩，刘珂菁，王国丞，徐诗迪．化工火灾成因及解决方案 [J]．化工管理，2021 (32)：104-107.

[9] 刘彦东．智能立体车库 EPC 总承包工程管理 [J]．项目管理技术，2021，19 (11)：134-138.

[10] 杨达．新时期港口石油化工企业的消防安全管理工作——以广西壮族自治区防城港市港口石油化工企业为例 [J]．消防界（电子版），2021，7 (21)：103-105.

建筑工地火灾隐患及预防对策

高　腾[1]　任继峰[2]

（1. 陕西省延安市宜川县消防救援大队，陕西　延安；2. 陕西卓耘建设工程有限公司，陕西　西安）

摘　要　在当前建筑工地火灾频发的态势下，提高消防安全管理能力，提升基层工作人员的能力水平，及时消除火灾隐患，预防火灾发生才是正确的路径。所以，深入研究建筑工地火灾隐患的发展和特点，是非常必要的，这样才能建立科学有效的应对和预防措施，阻止火灾事故发生，进一步减少、减轻火灾可能造成的损失，保障人民生命财产的安全。

关键词　建筑工地　预防火灾　火灾隐患　判定标准　预防对策

1　引言

建筑工地是指在建的、未完成的建筑施工现场。正是因为没有完成建设，消防工作常规意义上的防火分隔、疏散、消防设施等主动和被动防火措施都无从谈起，给消防安全工作带来巨大挑战。随着我国经济社会发展和城镇化建设进程，建筑行业也迎来了爆炸式发展，各种高楼林立、四通八达的交通网已成为现代城市的标配。然而欣欣向荣的建设大潮背后，也是施工工地火灾频发的现实。

基于燃烧理论，当前建筑工地火灾研究理论大部分仍按照已建成建筑相关理论标准执行，只针对在建工程的特殊性做了部分改动。目前学界对于建筑工地火灾隐患和预防方面已有很深入的研究且成果丰硕。

建筑工地的未完成，决定了其防火和消防能力会动态变化，不同的建筑工地也有很多差异性，对此，针对这些差异性，学界从不同角度提出了很多见解和分析。例如，基于功能区场景划分的火灾风险评估法，就是通过将建筑工地差异性部分划分出不同场景，分别评估进行，然后归纳整合数据，进而获得总体火灾风险状态的方法；通过对超高层建筑工地火灾统计数据分析，找出火灾多发、易发区域、易发的工程进度，建立应对方案。

这些都是针对建设工地差异化研究的很好范例，学界其他还有很多包括但不限于消防管理、人员、火灾隐患管理等方面的研究，对现实消防工作有非常重要的意义和参考价值。

2　建筑工地的火灾隐患

火灾隐患普遍性特点，是指该火灾隐患会在所有建筑工地高频率发生，或者目标建筑工地具备一种或多种此类火灾隐患的要素。它具有普遍发生的特性。

2.1　易燃物与可燃物

（1）工地中使用的桶装成品油漆，瓶装液化石油气。

建筑内属于作业区，施工人员众多，易燃危险品不应存放在施工作业区。油漆桶可能会被其他施工人员误开、误撞、损坏桶体导致泄漏发生火灾危险；当工人正在进行油漆涂刷作业时，有正在吸烟的其他施工人员从旁边经过或停留，即可引发火灾事故。

（2）工地出现的发电机燃料，模板木料，各种外包装材料、木质门、塑料材质的灯具、电料、管材制品、装饰和保温材料。

大型发电机和施工机械用油料由专用油罐车提供加油，加完即走，工地不设储存罐；拆模后的木板和方木会临时堆集在施工空地上；物料的外包装纸壳和发泡塑料膜，拆装后便成为废弃物堆积在施工场地；木门进场后会临时堆集在楼内施工场地上；塑料管材、保温材料、电料灯具等产品进场后，临时库房设在楼内房间内；硬聚苯乙烯泡沫保温板进场后，堆放在室外空地上。

因场地有限，有大堆拆模木料紧邻宿舍板房堆积，万一木料堆场发生火情，极易扩散到宿舍生活区；废弃的外包装材料堆积物很容易被火花点燃形成大火，尤其是发泡薄膜，质地轻薄易燃，被风吹挂到铁路接触网上更会酿成运营事故，是极大的火灾隐患。

2.2　用电与起火作业

电焊作业主要集中在土建工程和主体结构阶段，施工进度进入中后期，用电设备以电动工具为主，大量可燃物材料进场主要集中在安装和装修阶段，安装施工偶有电焊和金属切割、打磨等操作；屋顶防水施工时，使用喷火器加热防水沥青卷材作业；屋顶固定空调外机和排气风机口时，有电焊和金属切割作业。

2.3　临时消防设施

建筑消防设施因未完工无法发挥应有的功能，建筑内部多个部位可设置有手提式干粉灭火器。部分施工人员为图方便，将灭火器挪移、遮挡、乱拉乱放，甚至当作建筑垃圾损毁或者丢失，有的虽放在原位但是全部损坏不能正常使用；临时供水常因场地施工原因并不稳定，经常停水，更有甚者，施工现场未设置消防水源。

2.4　施工参与人员

施工人员多为承包商派驻现场，多数未进行过正规的消防安全培训，缺乏消防安全意识，除了自己施工专业领域，对其他领域施工作业消防安全知之甚少。

2.5　临时建筑

建筑工地临时建筑有办公和宿舍板房、厨房、发电机房、变配电房。安装和装修物料均使用在建的室内房间作为临时库房。办公室、宿舍、厨房均采用岩棉或泡沫夹心彩钢板房；发电机和变配电房采用金属框架和铝合金格栅板，四周用金属栅栏围挡。

3　火灾隐患的判定标准

任何火灾的发生都是由多种因素共同作用的结果，在建筑工地这种可燃易燃物多、工种交叉、用电用火频繁的场所，各个环节都在所难免会出现纰漏。在现阶段建设工地火灾频发的情况下，只有把每一个安全环节都抓住，把工作做扎实，哪怕有一个环节出了纰漏，在其他环节万无一失的情况下，火灾也不会轻易发生。所以，以实际工作为例，尝试分析其消防安全薄弱环节和火灾发生规律，只有在此基础才能提出科学性、系统性的风险应对方案。同时，识别火灾隐患、降低火灾风险既是消防安全工作的重要环节，也是消防安全工作的目的。通过对火灾理论的理解可知，火灾隐患包括发生火灾可能性因素，对生命和财产的危害程度的影响因素，对灭火救援和人员疏散的影响因素等。所以，发现建设工程中的火灾隐患，需要从以下因素入手：

（1）发生火灾可能性：根据燃烧理论的三要素，火灾发生必需有燃烧的物质基础，而所有能燃烧的物质都是物质基础。所以火灾隐患都要围绕着燃烧物展开，分析燃烧三要素在时间和空间上是否有同时出现可能；如果有可能，还要检查三要素的限制因素是否缺失，一般来讲，因空气无处不在，所以只要点火源有可能出现，就可以判断有火灾隐患。

（2）对生命和财产的危害程度：假设发生火灾后会对周围环境的中人或财产造成伤害，如果被检查项目对火灾的发生、蔓延、损失扩大有促进作用，或者限制火灾能力的功能有缺失的影响，就可以判断有火灾隐患。

（3）对疏散和救援的影响因素：假设火灾发生后，有影响人员疏散逃生路线的通畅，以及妨碍消防救援灭火工作的情况，都可以判断有火灾隐患。

4 建筑工地火灾的预防对策

由于建筑工地的多样性、差异性，需要多方面对建筑工地火灾进行防范，所从要从管理层面，从根本上消除火灾隐患。

4.1 设置消防安全设施

尽管当前没有关于建筑工地消防安全的统一执行标准，但现有执行的建筑防火和消防设施的标准和规范中，有涉及建筑施工条款的可以直接引用，没有具体条款的可以借鉴相同场景下的建筑消防标准，结合实际情况灵活设置。

灭火器可以直接按照建筑防火标准设置，同时，可根据建筑施工的不同阶段或施工场地火灾危险性变化，在位置、数量方面作适当的增减调整。

临时消防供水系统设置因建筑工地条件不同有所差异，但绝大多数情况都可与施工供水兼用，所以设置临时供水的必要性和可行性都很高。

在建筑施工早期，建筑防火结构还没有完善，必要时可以在场地内或时间段内设置防火挡板；施工在建的疏散楼梯和疏散通道应随时保持通畅，当因施工必要无法通行时，应设置临时疏散通道。

临时用房应采用不燃性建筑材料，防火间距及疏散距离应符合建筑防火要求。

施工建筑内应设置有照明设施。因赶进度、赶工期原因，建筑场地24h施工很常见，出于夜间施工要求，照明设施的设置也是必要的。

4.2 建立消防安全责任制

建立消防安全责任制是实现建筑工地消防安全的基础，将消防安全责任从项目经理到施工人员层层落实，让每个人都成为消防安全的参与者和监督者。建筑工地可根据项目具体情况，指定消防安全责任人和消防安全管理人。

4.3 落实工地火灾防范制度

火灾防范制度保证了施工过程中的消防安全，它规定了一系列管理体系和规范性操作，包括易燃物及可燃物的管理、用火管理、用电管理、防火操作规范、安全检查制度、灭火和应急疏散预案等。通过实施消防安全责任制，推动火灾防范制度的执行、落实。

4.4 加强施工人员消防安全培训

建筑工地消防安全的落地实施，最终要落实到每个具体的施工人员，而施工人员往往缺乏消防安全知识，消防安全意识淡薄。通过落实安全责任制度，加强消防安全培训，提高施工人员的消防安全意识和水平，最终才能确保火灾防范制度实施，达到实现消防安全的最终目的。

消防安全培训内容包含安全管理制度、防火技术、火灾应对预案、初期火灾扑救和逃生技术、报警接警程序。

5 结论

综上所述，建筑工地消防安全布局，消防安全管理、火灾防范等均已取得诸多研究成果，但在实际施工过程中落实相关措施是重点，如果仅有理论，在实际操作中不遵守、不落实管理措施，建筑工地火灾事故将依然高发频发。因此，应针对在建筑工地中容易出现的火灾隐患，采取有效的预防措施，防止火灾的发生。

参考文献

［1］吴颖峰．关于建筑工地火灾危险性及防火对策探讨［J］．消防界（电子版）．2018.10.

［2］安俊佳．建筑工地火灾成因分析及消防安全管理对策［J］．工程技术研究．2019.12.

［3］王鉴．周杨．建筑工地消防安全管理［J］．城市建设理论研究．2012.10.

当前农村消防安全现状及对策研究

高　腾[1]　郭炳权[2]

（1. 陕西省延安市宜川县消防救援大队，陕西　延安；
2. 湖北省黄石市消防救援支队大冶大队罗桥消防救援站，湖北　黄石）

摘　要　随着我国经济的不断发展，城镇化发展进程也在提高，加强农村消防安全管理，可以促进农村经济发展，实现新农村建设。当前农村消防安全状况不容乐观，随处可见各种消防隐患，稍有不注意就会引发火灾。本文结合农村消防安全状况，提出具体的火灾防范对策，以提升农村火灾的防控能力。

关键词　当前农村　消防安全　现状分析　火灾隐患　对策研究

1 引言

消防安全在农村对社会稳定和经济发展有着至关重要的作用及影响，与广大人民群众的利益息息相关。应当能看到，尽管“清剿火患”的战役一直都在进行着，但是由于任务繁重，警力的不足，很少作出对农村防火工作的相关预案，这方面是“清剿火患”这一重大挑战的“死角”。

社会发展稳定与否和提高农村经济建设水平在于农村是否能够安全生产，农村的消防安全对于我国人民的正常生产生活有着直接的影响。目前看来，最近几年，农村消防工作仍然是问题不断，农村频繁发生火灾事故的现象，带给了人民群众巨大的经济损失及心理创伤。从这一现状上出发，对我国农村防火工作中存在的诸多短板及问题进行仔细分析，对目前农村地区消防工作水平相对来说较低的方面进行难点分析，主要讲述如何更加高速有效的制定当前农村消防工作的有效对策和相关措施，强调了我国社会经济发展的快与慢是与农村消防工作密不可分的。

2 我国农村消防工作现状

农村消防基础相对薄弱，尤其是一些经济比较落后的农村地区，因为自然条件、地理环境、经济状况等一些条件的限制，房屋建设没有规章制度，更是缺乏防火安全设计，随意建造住宅区，而且大多数住宅砖瓦结构简单，甚至所有房屋建筑的耐火等级都极低，门窗大多由木质材料制成，而房顶基本上是便宜的泡沫夹芯彩钢板或没有质量保证的木头，这些材料都是极易燃烧的物质。大多数的房子都是木板房和砖木设计的，前后相互连接，各自相邻呈网状，在房屋比邻距离、大型电器摆放、线路敷设等众多方面均未达到消防安全规范要求。

根据了解到的基本情况来看，初步统计，全国共接报火灾大概 25.2 万起，死亡人数 1183 人，受伤人数 775 人，造成直接财产损失大概约为 40.09 亿元人民币，火灾四项指数分别下降了 1.4%、13.6%、12.8%和 0.5%，火灾总量与 2019 年差不多持平，而伤亡人数有着相当明显的减少。2020 年发生的较大火灾有 65 起，同比减少了 10 起，比起 2019 年下降了 13.3%，2020 年是八年以来较大火灾起数最少的一年；此期间发生了 1 例重大火灾，与 2019 年持平，能够将重大火灾数控制在低水平，可以说是新中国成立以来较少的年份之一；避免特别重大火灾的发生，尽量减少在火灾中的伤亡人数和重大财产损失。

在这些火灾案例中，可以知道现今虽然社会在进步，但实际上很多风俗习惯都随着时代进步延续到了今天，而在这些习惯的隐患中有很多是与今天的消防安全背道而行的，特别是在地方偏僻，群众接受教育普及度、消防安全知识教育认知度不高的农村和落后乡镇，这些现象更为突出，因此解决农村地区消防安全现状显得更加重要了。

3 我国目前农村消防工作中存在的主要问题

（1）防火间距不符合要求。农村的建筑物之间的距离狭窄，一旦发生了火灾，非常容易蔓延，起火部位借着风势很快能点燃一整片房屋。村民日常用火比较随意，对有可能引发火灾的火源、电源管理不到位。一方面是村民随意用火，疏于监护。许多农民一到农忙期间为了省事就直接在耕地里燃烧收完庄稼剩的残渣来育肥，根本不去处理余火，没有处理余火的经验，导致时常发生人员伤亡事故。另外一方面是由于政府对火源、电源管理没有强力的措施和有效地制约机制。

（2）农村地形复杂地区偏远不利于消防组织工作。由于广大农村地区十分偏远，人员居住分散，一般留守在农村的大部分都是年龄大的老人，受教育水平普遍不高，加上基层消防执法、宣传人员急缺，宣传工作开展缓慢等原因，导致消防宣传成效不高，一些更偏远的地区，消防宣传教育工作基本未开展，群众非常缺乏用火用电常识，乱堆乱放易燃可燃物，小微火灾多发频发。

（3）农村消防力量严重缺乏。农村村庄距离相对较远，消防管理辖区面积较大，特别是消防体制改革以后，各地公安派出所日常治安工作任务繁重、警力不足，加之一般公安民警消防执法能力水平难以达到日常工作要求，很难将消防工作触角延伸至农村的各个角落，仅依靠现有的警力要及时发现和消除火灾隐患是极其困难的。农村基础条件差，消防水源和公共消防设施几乎空白。从长远来看，农村消防事业发展受到各方限制较多，消防力量严重缺失，消防监管责任很难落实到位，

（4）宣传教育工作做得还不足。从最近几年的农村火灾案件来看，除了个别放火和电器火灾外，绝大多数火灾都是群众消防安全意识淡薄造成的。群众防火意识不强，在火灾发生可能性较大的时间、空间上麻痹大意，警惕性不高，这在主观上跟人民群众的文化程度偏低，安全用火用电意识缺失不可分割。

（5）基层消防大队执法人员少，业务压力大。在动辄几十万，百余万人口的区域，往往就两个监督员，除了日常监督检查工作以外，还要疲于应付上级各种督导检查，按时上报各种数据，造成除了重点单位之外的一些微小企业、民用建筑、村民自建房以及三合一小宅子等缺失消防监督，捡了西瓜丢了芝麻。由于许多因素的干扰，第三级消防监督管理的人员不足、职责混淆、作用不够突出，在这样的条件下，监管面临着许多困难和问题。

4 完善我国农村消防工作的对策

（1）要强化消防基础设施建设，提高群众消防安全防范水平。规划、住建部门、乡镇政府要将消防基础设施规划、建设、发展计划纳入区域发展的总体规划，统一进行安排部署，与新农村建设、水电建设、开发扶贫、乡村老路、拆迁旧屋、节水浇灌、新型建设和饮水工程、沼气工程、网络改造结合起来，重点是有计划地实施改造房屋杂乱集中，以及设计不合理的结构建筑和基础消防设施建设。

（2）建立健全乡村消防网格员，调动基层消防网格员工作积极性。在部局层面，积极协调相关部委，将消防工作与新农村建设同步部署、同步推进，进一步明确乡镇政府消防属地责任和行业部门消防安全主体责任，推动乡镇政府和村民委员会创新基层消防工作新机制，将基层消防网格员的工作职责落到实处，确保基层网格员会检查、会宣传、主动开展消防宣传和监督管理提醒工作，同时将农村的消防安全管理工作纳入乡（镇）领导和村委班子、干部的年度目标考核中，作为评优评先、提拔任用的重要条件。

（3）加强消防宣传教育。要大力推进农村消防工作的进程，首先要广泛开展消防宣传教育活动。消防宣传教育是推动农村消防工作快速发展的重头戏，要通过消防宣传活动，让群众理解和支持消防工作，邀请群众参与进来，让群众有参与感，通过多种手段，将消防安全意识牢牢树立在群众心中。乡镇政府、村委班子以及村警在日常工作中首先要重视消防工作，要采取自学、集中学习等方式方法，牢固掌握消防安全常识，同时在开展工作时要注重教育引导，分区域、分类别做好消防宣传，确保消防宣传工作取得实效。

（4）切实提升派出所消防监管能力。基层派出所要把消防监管与其他工作放在完全同等的地位上严肃对待。要明确消防民警工作分工和其他工作任务职责、明确消防工作负责

领导和分管消防的专兼职消防民警工作职责，要把消防工作任务整体编入年度工作的考核和评比中。按照消防机构授权的职责，落实好消防监管职责，把已经授权的企业事业单位的监督管理和消防方面的宣传工作抓好抓细抓牢。

5 结论

农村消防安全稳定工作是关系到千家万户安全的大事，是连接着整个农村经济发展和社会建设高速稳定的重要桥梁。只要我们能够坚持着与时俱进和开拓创新的精神，积极充分调动基层消防工作者积极性，始终贯彻新中国特色社会主义农村转型发展建设工作的指导思想，始终坚持在习近平总主席的领导下走正确的发展方向，让党的各项方针政策在人民的心里越来越扎实，只有这样才能够让农村消防工作一步一个脚印地步入制度化、规范化、法制化的正确轨道，只有这样才能够创造出更良好的消防安全环境，真真正正地改变我们国家农村的消防现状。

参考文献

[1] 孙雪峰. 浅谈农村消防安全管理的几点思考 [J]. 中国科技纵横，2014，09.

[2] 刘婷婷. 当前农村防火存在的问题及对策 [J]. 消防界（电子版），2021，06.

[3] 吕玉乾. 浅谈乡村振兴战略下的西部农村消防安全管理措施 [J]. 中国安全生产，2021，11.

关于加强公安派出所消防工作的思考

——以南京为例的分析

邹 洋

（江苏省消防救援总队南京市支队，江苏 南京）

摘 要 随着消防体制改革的不断深入推进，公安派出所承担的基层消防监督管理工作出现了工作缺乏主动性积极性、相关法律法规有待进一步完善、派出所民警消防业务知识结构不合理等新情况和问题，亟需予以高度重视。在调研分析南京市公安局派出所消防监督现状的基础上，探索新形势下加强派出所消防工作的新思路，提出了坚持难点导向，注重制度建设，坚持问题导向，明确处置流程，注重执法效能，加大业务培训等针对性的对策与建议。

关键词 公安派出所 消防监督 改革建议

0 引言

在消防体制改革前，公安派出所作为公安机关最基层的实战单位，承担着基层消防监督管理工作，为维护辖区火灾形势稳定、保护人民生命财产安全做出了巨大贡献。当前，随着消防体制改革的深入推进，公安派出所在履行基层消防监督管理职责方面，出现了诸如各项工作主动性不强、积极性不高等新情况新问题，亟需引起有识之士的高度重视。笔者结合南京市公安派出所消防监管工作情况进行了粗浅分析，就如何进一步加强公安派出所消防工作做了一些初步探索，供大家批评。

1 公安派出所在履行基层消防监督管理方面存在的主要问题

根据《关于贯彻执行公安部〈消防监督检查规定〉若干问题的意见》（苏公厅〔2009〕432 号）[1]确定的公安派出所消防监督检查范围，南京市共有属于派出所消防监管范围的三级消防安全重点单位 1332 家、居民住宅小区 5000 余个、小场所 6 万余家。当前，全市 167 个公安派出所不再设专（兼）职消防民警，而是划分了 1443 个责任区，每个责任区由 1 名社区民警处理责任区里的各类事务。经查询市公安局治安警察支队数据，全市派出所 2020 年共检查单位 17.3 万家（次）、督促整改隐患 9.4 万处、办理拘留 13 人，2021 年，共检查单位 12.8 万家（次）、督促整改隐患 5.2 万处、办理拘留 26 人。

近年来，消防救援机构基本上承担了基层消防监督职责，为维护社会和谐稳定做出了重要贡献。随着消防体制改革的不断深化，公安派出所在履行基层消防监督职责的过程中出现了许多新情况新问题，主要表现在：

1.1 相关法律法规政策规定不够完善健全

2021 年新修订的《消防法》第五十三条规定：“公安派出所可以负责日常消防安全监督检查、开展消防宣传教育，具体办法由国务院公安部门规定。”[2]其中“可以”的表述确定了派出所消防安全工作的“不确定”性，理解认为派出所消防系统工作范围为“消防监督检查”和“消防宣传教育”，并没有规定必须要实施“消防行政处罚”，新修订的《消防法》仅对公安机关依照《治安管理处罚法》实施消防行政处罚的内容做出了相关规定，这导致了派出所消防监督执法工作责任不清，给公安派出所是否能够继续开展好消防监督执法工作留下了“理由”[3]。在消防体制改革之前，消防救援机构和派出所都属于公安机关，即使认识上存在差异，也可以通过部门内部制度进行完善和补充，也可以通过内部沟通协调解决；消防体制改革后，公安机关和消防机构属于不同的部门，部门之间的差异带来不同的立场和利益，公安机关更倾向于选择“不做”。

1.2 派出所消防监督管理执法数据下滑

受消防体制改革和《消防法》修订的影响，全市派出所的消防监督执法工作逐渐减弱，监督执法数据呈下降趋势。经统计，2020 年全年，全市派出所消防检查单位数、发现隐患数、受案查处数、罚款数、拘留数同比分别下降 61.1%、63.7%、69.1%、67.5%、66.3%。特别是自 2020 年 4 月起，江苏省公安厅发布了《关于加强和规范公安派出所消防安全监督的指导意见》（苏公厅〔2020〕382 号）。除行政拘留外，全市派出所基本停止了消防通用程序中行政处罚案件的处理，凡日常消防监督检查发现的火灾隐患拒不整改的，全数抄送当地消防救援机构调查处理[4]。

1.3 监管范围划分混乱，存在盲区

《消防监督检查规定》（公安部令第120号）第三条、第四条，第三十到第三十四条都对公安派出所消防监督执法工作进行了明确，同时具有很强的可操作性，对于派出所日常消防监督检查的单位范围由各省公安机关确定。虽然《关于贯彻执行公安部〈消防监督检查规定〉若干问题的意见》（苏公厅〔2009〕432号）对江苏省重点消防安全单位进行了界定，但对一级、二级、三级重点消防安全单位的具体定义标准尚未明确。全市至今仍在使用2011年制定的《南京市二级、三级消防安全重点单位界定标准（试行）》。由于消防体制改革带来的沟通不畅，部分单位同时列为二级和三级重点单位，二级重点单位中的部分一般单位列为三级重点单位。有些符合消防安全重点单位的标准，却未被列为消防安全重点单位。此外，面积不足100平方米经营可燃物品的商场（商店、市场）、座位不足30平方米的餐饮场所、经营面积不足100平方米的餐饮场所等未纳入派出所日常监督检查范围，出现严重失控漏管现象。

1.4 派出所民警消防业务知识掌握不够扎实

公安派出所承担了治安风险防范、群众纠纷排解、群体性事件防范、户籍制度管理、情报信息收集、特种行业和危险物品资源管理、群众救助、接出警等各项职责，任务十分繁杂。社区警察不能充分确保派出所将火灾防范作为重点工作进行处理。同时，消防监督管理工作是一项专业性、程序化很强的工作，如不具备一定的专业知识，很难做好这项工作，而且由于许多社区警察以前与消防工作接触较少，在实际工作中很难保证消防的专业能力和专业水平。容易发生火灾隐患查找不准确、法律依据引用不清、整改措施监督不力等现象，导致消防监督执行效率低下[5]。

2 关于进一步加强公安派出所履行基层消防监管工作的对策与建议

针对上述突出问题，为提升基层消防安全综合治理能力，切实有效解决存在的消防隐患，笔者所在的南京市消防救援支队结合现实状况，主动出击，积极与市公安局治安警察支队进行沟通联系，督促指导派出所落实法定职责，规范执法流程，充分发挥公安派出所职能和优势，严密构筑部门联动的基层社会化消防治理工作体系。

2.1 坚持难点导向，注重制度建设

市、区两级消防救援机构与同级公安机关建立定期联席会议制度，每季度召开一次会议，加强工作通报、信息数据共享、消防形势判断等环节的联动。市消防救援支队和市公安局治安警察支队定期就派出所消防工作进行协商，从当前消防在法律法规层面、执法闭环层面、实践层面和基层消防安全管理等难点问题深入研究讨论，就各自的职责、制度、范围、过程和联动方式达成一致。双方分别印发了《关于进一步做好公安派出所消防管理工作的通知》和《关于进一步规范公安派出所移送消防救援机构消防违法行为处置工作激励机制的通知》等指导性文件，便于基层消防监督管理工作有序开展。

2.2 坚持问题导向，明确处置流程

为畅通消防救援机构、公安派出所转移消防违法行为的渠道，市消防救援支队与市公安局治安警察支队共同开发了“慧治安”互联网违法行为移交平台，实现了无纸化移交。自2020年以来，通过互联网违法行为移交平台，将600余起消防违法案件从派出所移交到消防救援机构。公安派出所还存在部分移送的火灾隐患问题存在整改期限过短、违法犯罪行为较轻、移送质量水平不高的情况。消防救援机构存在执法反馈不及时、执法合力尚未形成的情况。针对上述问题，由市消防救援支队与治安警察支队进行了讨论，确定了隐患移交的范围、要求和处置过程。对于灭火器失效或未配置、遮挡消火栓、未安装应急管理照明灯具、电动自行车违规停放（充电）、占用（堵塞）消防车通道等习惯性违法犯罪行为，消防安全救援工作机构可以不予接收。对属于移交范围内的火灾隐患，辖区消防救援机构应在收到后三日内派员进行现场检查，并依法处理。

2.3 注重执法效能，加大业务培训

针对基层派出所民警消防业务水平不高，缺乏理论知识和实际工作经验，市、区消防救援机构以“学会运用，理论联系实际”为出发点，按照“缺什么，补什么”的原则，明确消防监督员联系指导当地派出所消防工作，抓住重点，突出难点。通过跟班作业、以会代训等形式，对消防监督执法、消防宣传教育等日常工作进行培训和现场教学。重点加强派出所消防执法程序、执法实体的指导，提高派出所民警消防监督管理的能力[6]。

2.4 注重结果运用，强化督导考评

市消防救援支队会同市公安局治安警察支队每半年对各分局消防监督管理工作开展情况进行督导考评，明确消防制度落实、隐患排查整改、违法行为查处、移送隐患质量、宣传教育培训、火灾事故协查等考核评价指标，并将其作为分局（派出所）评定、创优等工作的参考依据。各区消防救援机构协调同级公安机关，将消防工作纳入派出所综合评价和督查内容。市消防救援支队建立“月度在线抽样检查、季度现场核查、半年通报讲评”三级检查监督体系，并将考核结果纳入各区消防救援大队年度消防执法考核检查中，年终兑现奖惩。

3 结语

消防体制改革后，公安派出所在履行基层消防监督管理方面暴露出了一些问题，必须从注重制度建设、明确处置流程、加大业务培训、强化督导考评四个维度继续推动公安派出所更好地履行消防监督管理职能，进一步打牢基层消防监督管理工作的基础，对打通基层消防监督管理“最后一公里”、提升基层消防治理能力具有重要意义。

参考文献

[1] 江苏省公安厅．江苏省公安派出所消防监督管理工作规定［Z］．南京：江苏省公安厅，2009.

[2] 全国人民代表大会常务委员会．中华人民共和国消防法（2021年修订）［M］．北京：中国法制出版社，2021.

[3] 黄乐．当前公安派出所消防工作存在的问题及对策［J］．今日消防，2020（06）：58-59.

[4] 江苏省公安厅．关于加强和规范公安派出所消防安全监督的指导意见［Z］．南京：江苏省公安厅，2020.

[5] 陆春林．新时期公安派出所消防工作的重要意义及改进对策［J］．今日消防，2021（09）：64-66.

[6] 高海军．如何加强基层派出所消防监督业务指导［J］．消防界（电子版），2020（06）：94-96.

浅谈基层消防监督的现状及对策

——以苏州市吴中区郭巷街道为例

崔丽超

（江苏省苏州市消防救援支队吴中大队，江苏　苏州）

摘　要　消防执法改革的深入对消防监督工作提出了更高更严的要求，当前我国基层的消防监督还面临着一系列挑战，本文结合多年来基层消防监督的实践，以苏州市吴中区郭巷街道为例，探讨当前基层消防监督治理现状和对策。

关键词　消防监督　“331”专项治理　网格化治理

1　引言

基层是社会的神经末梢，是最接地气、最能直观反映人民群众日常生活状况的地方，基层的治理状况、治理能力也是随时随地受到群众最直观的检验[1]。党的十九届四中全会提出，必须加强和创新社会治理，完善党委领导、政府负责、民主协商、公众参与、法治保障、科技支撑的社会治理体系，建设人人有责、人人尽责、人人享有的社会治理共同体。基层消防监督工作事关人民群众生命和财产安全，不断加强和创新基层消防监督工作既是有效防范火灾的现实需要，也是深入推进消防工作社会化，提升消防安全治理水平的必由之路。

2　消防安全形势基本情况

2.1　火灾形势

2019年1月至2021年11月辖区共发生火灾162起，其中居民住宅59起、企业厂房和物资仓储场所9起、九小场5起、交通工具类44起，其他草坪杂物等45起。有3起火灾造成人员死亡，分别是2019年1月某出租房火灾，造成5人死亡，起火原因为增氧机电池组充电故障引发火灾；2019年2月某村老人房火灾，造成1名老人死亡，起火原因系吸烟不慎所致；2020年9月某村C区20幢203室火灾，造成1名老人死亡，起火原因系吸烟不慎所致。

2.2　消防问题基本情况

2.2.1　城中村先天性火灾隐患突出

辖区姜庄社区内存在一处城中村，现有群租房450余户和九小场所200余家，主要存在电线私拉乱接、市政道路狭窄消防车无法正常通行、室外消火栓数量少、房屋建筑耐火等级低、防火间距不足等先天性火灾隐患，成为辖区内典型区域性火灾隐患。

2.2.2　老旧工业区消防隐患严重

辖区内部分老旧工业区长期存在违章搭建彩钢棚、占用消防车通道、占用防火间距；工业区内家庭式作坊无消防设施，“三合一”“出租房”时有回潮；一些丁类生产车间用作丙类仓库和车间使用，消防设施严重缺失等隐患，加之老旧厂房均对外分隔若干出租，房东和承租人消防安全职责不清晰，消防安全意识淡薄，消防安全管理较低。

2.2.3　高层住宅小区消防安全问题常见

辖区共有45个高层住宅小区，从2021年的接受投诉举报数据看，共涉及21个物业管理的31个小区，主要问题集中在消防设施未保持完好有效，私家车占用、堵塞消防车道等问题。主要存在部分小区的物业责任落实监管不到位，消防设施瘫痪，维修基金的申请周期较长，不能较快地落实整改。如2021年某小区火灾发生后物业公司未能在第一时间启动自动消防设施。

2.2.4　居民消防安全意识淡薄。

部分居民的消防安全意识不强，尤其是一些老年人居住较多的小区，还有部分拆迁安置小区，由于居民生活习惯较差，公共走道上堆放废旧纸盒、公共前室当作自家工作间、自行车库内存放大量劳动用具，虽然也有物业督促整改，但少数居民的生活习惯短时间内无法改变，导致隐患长期存在。

3　基层消防监督的现状

3.1　消防救援机构消防监督现状

3.1.1　消防监督力量不足，责任较大。

目前的消防监督虽然已经采用“双随机、一公开”的模式，但检查机制仍属于消防部门与社会单位之间“一对一”“无缝隙”的检查模式，消防监督力量与被监管单位数量相比严重失衡。辖区由一名消防监督员挂钩联系，仅消防安全重点单位就有66家，还有私营企业9364家、规模以上工业企业48家、工商户13315家，消防监督执法工作任务巨大。同时还要承担辖区火调、宣传、法制、开业前安全检查、重大活动消防安保任务、专项整治等职责而一旦发生有影响的火灾事故，责任倒查成为监督员的又一重担。

3.1.2　消防监督任务逐渐向综合化、管理化发展。

辖区消防监督工作直接面临大量的火灾隐患专项整治，既要加强高层建筑、人员密集场所、地下建筑等场所的标准化管理建设，又要指导农家乐、民宿、出租屋、电动自行车管理。基层消防监管呈现从直接监管向综合监管转变，从查隐患向查责任转变、从管事向管人转变的现状。既要引导社会单位全面落实消防安全责任制，自觉履行消防安全职责又要推动街道建立起党委政府统一领导、部门依法监管的领导责任体系。

3.1.3　部分行业主管部门监督缺失，消防监督的压力上升。

消防审批职权移交后，在部分建设工程的审批中，一些部门或机构对规范的掌握和审批侧重点不同，导致部分建设工程虽然通过了消防验收，但仍然存在一些问题和隐患，给后续的监管带来一定的难度。

3.1.4　以火灾延伸调查为抓手，推动消防安全责任落实的局面还需加强。

受基层政府的主观认识、日益繁重的消防监督压力、火调专业团队力量不足等因素影响，一般火灾事故调查仍然大部分是以单纯查找起火原因为主，而对工程建设、中介服务、产品供应等单位，以及相关职能部门的履职等情况往往不在调查范围内，从而尚未真正形成延伸调查的局面。

3.1.5 处理投诉举报核查成为基层消防监督的主要内容。

随着投诉举报渠道增加和群众法律意识的增强，投诉举报出现逐年上升的趋势，辖区2021年投诉举报143起，而其中对居民小区的投诉举报占了半数以上，共有76起。投诉的问题其中占用、堵塞、封闭消防通道34起；消防设施损坏、缺失，未保持完好有效22起；圈占、遮挡、埋压消火栓7起；其他如使用消火栓浇绿化、居民楼内开棋牌室、楼顶晾晒衣物、堆放易燃物等共9起。可以说当前对居民小区的投诉举报事项的处理，已经成为平时基层消防监督检查的主要内容，已经远远超过消防机构常规开展的对社会单位的监督检查。

3.1.6 消防监督行政执法手段仍然单一。

虽然《中华人民共和国消防法》设定了“警告”“罚款”“没收违法所得”“责令停止施工、停止使用、停产停业”“拘留”“责令停止执业或者吊销相应资质、资格”等六类行政处罚。除给予拘留的处罚外，均由消防救援机构裁决。实际基层的执法案件，罚金处罚占大多数，主要原因是消防强制执行实施不便，消防执法任务繁重、监督执法匮乏，没有专职从事行政强制力量和队伍，部分强制执行不能执行到位。

3.2 公安派出所消防监督的现状

3.2.1 派出所执法依据的配套规章未明确。

2019年4月23日新颁布和修订的《中华人民共和国消防法》明确规定，公安派出所可以负责日常消防监督检查、开展消防宣传教育。然后2012年公安部颁布和修订的《消防监督检查规定》（国务院公安部第120号令）未做同步修订，江苏省公安厅发布的《关于加强和规范公安派出所消防安全监管工作的指导意见》也仅规定了派出所的监督检查和行政拘留处罚的职责，未明确派出所对消防违法行为的处罚，执法依据不足。

3.2.2 公安派出所消防监督警力不足。

辖区有58个居民小区，5000余个“九小场所”，派出所仅有1名专职消防民警。除消防工作外，又同时承担维稳、治安、刑事等重要工作，消防监督警力严重不足。

3.2.3 消防民警消防业务能力有待提高。

消防监督专业性强，基层民警对于消防工作从何开始抓起感到无所适从。消防民警显少经过系统性的消防业务培训，在对执法规范的掌握、单位的监督检查、隐患的问题督改等方面都需要加强能力建设。

3.3 “331”消防治理现状

3.3.1 “331”专项治理行动的成果需进一步巩固。

苏州市“331”专项治理行动，是指2018年在苏州全市开展的整治火灾隐患的专项行动，其中第一个“3”指的是容易引发火灾事故的“三合一”、出租房（群租房）和电动自行车这三类突出隐患；第二个“3”是对照执行的任务清单、履职清单和追责清单这三张清单；“1”代表专项行动为期100天。专项行动开展后“331”范围内火灾起数、亡人数两项指数连续3年大幅下降，累计整治各类隐患178万处，拆除各类违法建筑及隔离隔断等超过$4.9\times10^7 m^2$，800余处存续10年以上的沉疴顽疾被相继攻克。不仅如此，对“三合一”、出租房（群租房）两类场所按标准改造40万余处，新建集宿公寓1413处、增设电动自行车集中充电点位120万余个[2]。但当前“331”范围内的回潮仍时有发生，需要时刻保持高度的警惕，进一步防范新的情况发生。

3.3.2 “331”专项治理机制常设机构的职能需进一步研判。

整治到当前阶段，已经转化为一种常态化管理，辖区已经成立“331”专项治理常设机构，但街道一级以协调、组织和考核社区，督促隐患整改为主，社区直接承担了大量的问题隐患整改任务，如何更科学地发挥专班的职能，依据隐患的任务量分配工作，如何提高基层社区工作人员的管理能力和治理水平，都需要不断研究。

3.3.3 “331”治理智能化建设有待开发。

当前基层社区的“331”专项治理仍然采用人力为主，据了解一名社区工作人员每日需要巡查出租房12家，城中村住房6户，9小场所4处，期间需要收缴违规液化气钢瓶、搬离违规停放电动自行车、发放安全告知书等，已经成为社区日常本作，而这种传统方式效率较低，亟待通过一种智能高效的手段提高基层管理的效能。

3.4 网格化管理消防工作现状

3.4.1 基层网格化消防力量不足。

辖区街道为一级网格，村（社区）为二级网格，以管理片区为三级网格。街道共26个二级网格、152个三级网格。三级网格实行“一长三员”制，即网格长、网格指导员、网格协管员与网格参与员。网格指导员是指导力量，由街道职能部门下沉干部担任；网格协管员是专职力量，主要包括安监、环保、公安、人社等专职协管员，协助网格长工作；网格参与员是基础力量，主要包括党员骨干、村（居）民代表、小组长、“两代表一委员”、志愿者以及其他社会力量[3]。受消防工作的专业性的影响，当前实际工作中网格员队伍中的真正会检查隐患、会督促消防隐患整改的消防力量还很欠缺。

3.4.2 网格员的消防培训工作还需加强。

街道的网格员招聘和培训在综合联动中心，未建立常态的网格员消防培训体系，网格员开展消防安全检查和宣传工作的能力不强，在日常工作中难以发现火灾隐患，即使发现了火灾隐患也不会指导整改。如2021年辖区网格员巡查事项144起，所有隐患均来自居民住宅小区，仅能发现安全出口灯不亮、防火门闭门器脱落、消火栓玻璃门脱落、消火栓被遮挡、灭火器欠压等比较浅显的问题。

3.4.3 网格内问题督改流程要进一步完善。

网格员巡查发现的隐患需要通过联动中心向消防救援机构发送工单，待消防机构核查后才能真正督促单位整改，造成简单的隐患整改程序复杂化，不能及时有效地处理。

4 基层消防监督工作的建议

4.1 推动消防监督执法的法律法规制度建设

基层消防监督力量和相关行业要提高对推动现行消防法规进行修订或完善，补足法律法规的空缺的参与度，基层各监督力量要建设更为全面工作制度网络结构。

4.2 加强消防安全责任制落实机制建设

基层街道和各行业部门，在火灾防控、消防监督执法、火灾事故调查、火灾救援等方面如新行业、新业态火灾防控、既有建筑的隐患整改、住宅小区动用维修基金整改消防隐患等实际问题解决上要创新形成工作机制，切实提高基层消防监督治理能力。

4.3 提高消防监督员的综合素质

要推行基层网格员消防执法培训，改变按行政级别来确定待遇的现状，应根据协管员、网格员的道德、消防业务水平和执法能力确定资格等级和收入待遇。同时要完善消防监督员准入制度，完善建立规范化、正规化的培养机制，培训业务技能，真正实现执法人员职业化。

4.4 加强网格化消防安全治理内容

要将“331”专项治理、网格化消防安全治理工作纳入社会管理综合治理安全生产和消防工作考核内容，有效落实基层消防工作责任。制定网格化消防安全治理工作考核细则、奖惩办法和责任追究细则，定期研判网格员工作完成情况，切实利用基层网格化开展消防监督工作。

4.5 强化火灾延伸调查，运用调查结果

要通过火灾调查当好辖区党委政府的参谋，协助推动解决重大问题，要及时向相关行业部门、系统发出预警，恰当提出建议，推动行业部门落实三个“必须”，通过延伸调查不断改进基层的防灭火工作。

4.6 充分运用数据、智能平台开展当前消防监督工作

在消防监督管理工作过程中，要整合各类平台，如户籍化平台、社会消防管理平台、微消防等各类单位应用平台，也要整合联动中心、警务通、针眼平台等其他部门应用的平台，不仅要让消防监督员，也是要让社会管理人员、行业分管人员、基层网格员真正能够使用方便，研判科学，有助于将基层工作还原至本职，就是通过智能化防范及时发现隐患，高效处理违法行为，严肃追究事故责任，从而形成一套上下联动，顺畅沟通的工作模式。

参考文献

[1] 周海南．基层社会治理创新探索［M］．江苏：江苏人民出版社，2020.

[2] 苏州召开构筑消防安全“331”治理机制动员部署会［N］．https：//www.thepaper.cn/newsDetail_forward_10321545.

[3] 刘伟，王柏秀．网格化治理视角下的社会治理模式创新—以苏州市吴中区为例［J］．国家治理，2019，（4）：27-33.

消防监督检查中的防排烟系统分析

张静静

（天津红桥区消防救援支队，天津　红桥区）

摘　要　消防监督检查是保障消防设施有效性的重要手段。本文对某商业综合体建筑暖通图纸中防烟与排烟系统系统，根据相关规范进行消防监督检查，包括核查机械加压送风系统的风机送风量与前室面积、机械排烟系统的风机排烟量与防烟分区划分、自然排烟设置情况、送风管道与排烟管道的管径、送风口与排烟口的尺寸以及补风系统的设置等。通过实际监督检查，发现了该建筑存在独立前室面积过小、正压送风机送风量不足、送风管道管径过小、排烟管道管径和排烟口尺寸过小等问题，并提出具体的解决方案。在此基础上，针对规范中机械防烟与排烟系统的分段设置以建筑高度为划分依据是否合理的问题和防烟分区长边最大允许长度的问题进行了讨论。本文研究为开展建筑防烟与排烟系统消防监督检查实践提供参考。

关键词　防烟系统　排烟系统　前室　防烟分区

1 引言

消防监督检查能为提高消防设施有效性提供基本保障。特别是建筑防排烟设施，可以降低火灾中人员逃生所面临的火灾烟气所带来的高温、毒性和减光性影响，为建筑内人员的安全疏散提供条件，同时也减缓火灾烟气蔓延[1-4]。在消防监督检查工作中，建筑防烟与排烟系统的检查，内容繁杂，并涉及许多专业知识和多个规范文件的应用，实际工作开展并不容易。防排烟设置的规范有《建筑设计防火规范》［GB 50016—2014（2018版）］（以下简称《建规》）、《建筑防烟排烟系统技术标准》（GB 50067—2014）（以下简称《烟规》）、《汽车库、修车库、停车场设计防火规范》（GB 51251—2017）（以下简称《车库规》）等相关规范。在防排烟设计与消防监督检查方面已经做了相关研究[5-8]。本文针对实例开展消防监督检查，利用有关规范对实际案例的建筑防烟与排烟系统监督检查，分析防排烟系统监督检查中遇到的问题及整改措施，并展开讨论了防排烟设计中几个值得思考的问题，以期为消防监督检查工作提供参考。

2 案例分析

本文选取某地由超高层住宅、商业裙房以及地下车库组成的商业综合体为研究对象。关于消防应急设施的设置，特别是防烟系统和排烟系统的设置，也是日常消防监督检查的重点内容。本文依据相关文件规范，分类列出检查内容和相应的检查依据，通过逐条对比进行监督检查。这样的操作既为类似消防监督检查提供了参考依据，也提高了消防监督检查的效率。

3 防烟系统监督检查

3.1 防烟系统监督检查基本内容

防烟系统的检查需遵循相应规范，依据不同对象逐个监督检查，下表具体列出需要检查的基本内容与监督检查依据的规范条款：

监督检查方法	栏目	监督检查依据
主要内容	总体设置	《烟规》3.1.4、3.1.9、3.3.1、3.3.4条；《建规》5.2.23条
	前室送风	《烟规》3.1.5条；《建规》5.5.17、6.4.3条
	楼梯间送风	《烟规》3.1.5、3.1.11条
	送风口	《烟规》3.1.7、3.3.6条
	正压送风机	《烟规》3.3.5条；《建规》8.1.9条
	送风管道	《烟规》3.3.7条
	避难层	《烟规》3.2.3、3.3.12条
防烟系统定量分析	合用前室、独立前室和防烟楼梯间的机械加压送风量计算	《烟规》3.1.4、3.3.5、3.3.6、3.3.7、3.4.1、3.4.2、3.4.3条
	楼梯间送风量	
	楼梯间送风口尺寸	
	楼梯间送风管道尺寸	
	前室送风量	
	前室送风口尺寸	
	前室送风管道尺寸	
	避难层送风量	
	避难层送风口尺寸	
	避难层送风管道尺寸	

3.2 排烟系统设计监督检查

依据相应规范对排烟系统设计监督检查的主要内容包括：

监督检查方法	栏目	监督检查依据
主要内容	总体设置	《建规》8.5.3、8.5.4条；《烟规》4.1.3、4.4.12条；《车库》8.2.1条
	自然排烟	《烟规》4.3.2、4.3.3、4.3.6、4.6.3条
专用排烟系统	专用排烟风机	《烟规》4.4.4、4.4.5条；《建规》8.1.9条
	防烟分区划分	《烟规》4.2.1、4.2.2、4.2.3、4.2.4条
	专用排烟风机排烟量计算	《烟规》4.6.3、4.6.4条
	排烟管道尺寸及设置	《烟规》4.4.1、4.4.2、4.4.7条
	排烟口尺寸及设置	《烟规》4.4.12条
	排烟防火阀	《烟规》4.4.10条
合用	合用排烟风机	《烟规》4.4.4、4.4.5条；《建规》8.1.9条
汽车库防排烟系统	防烟分区划分	《车库规》8.2.1条
	合用风机排烟量	《车库规》8.2.4条
	排烟管道尺寸及设置	《烟规》4.4.7、4.4.8条；《车库规》8.2.8条
	排烟口尺寸及设置	《烟规》4.4.12条；《车库规》8.2.5、8.2.8条
	排烟防火阀	《烟规》4.4.10条；《车库规》8.2.7条
	补风系统	《烟规》4.5.2、4.5.3、4.5.4、4.5.6条

4 结果与讨论

4.1 监督检查结果及相应整改建议措施

在执行消防监督检查工作中，依照《建规》《烟规》等规范，通过对某商业综合体建筑的防烟和排烟系统进行监督检查，发现存在的问题并提出如下建议：

（1）部分独立前室面积未达到规范要求，建议扩大面积。

（2）部分楼梯间正压送风系统存在风机的实际送风量均小于理论送风量，建议更换风机选型。

（3）存在送风管道风速过大，建议扩大相应管段的排烟管道面积。

（4）存在排烟口风速过大，建议扩大房间内排烟口尺寸。

4.2 两点讨论

（1）建筑高度与机械防排烟系统分段设置

对于机械加压送风系统、机械排烟系统的分段设置，《烟规》分别在3.3.1条与4.4.2条中做出了要求。当公共建筑高度大于50m时，应分度设置机械排烟系统。而当建筑高度大于100m时，应分段设置机械加压送风系统。

关于分段设置原因分析：当机械排烟系统担负的楼层过多或管段太高时，系统的可靠性会下降，影响烟气及时排出甚至造成系统失效；而对于机械加压送风系统，当管段过高时，可能会造成局部压力过高，影响人员疏散，或者局部压力过低，无法起到防烟作用。因而规范对机械防排烟系统的分段设置作出规定来保证系统可靠性。

但本文认为不应以建筑高度作为机械系统分段的标准。例如某公共建筑建筑高度为95m，地下两层车库。如果该建筑地上地下部分共用一个正压送风系统，按照规范要求其加压送风系统无需分段设置，但实际上其送风系统担负高度超过了100m，机械加压送风系统的可靠性无法保证；或者当公共建筑高度超过50m，但其排烟系统服务高度不足50m，一套独立的排烟系统能够保证可靠性，此时按照建筑高度来判断则需要分段设置两套系统而导致资源浪费。所以，对于规范以建筑高度作为机械防排烟系统分段设置的标准是有不足的，建议以机械系统所担负的服务区高度作为分段的标准。

（2）防烟分区长边的最大允许长度

防烟分区设置依据《烟规》在4.2.4条中规定的不同建筑高度下防烟分区的最大允许面积与其长边的允许长度。

分析规范设置的原因：在排烟的过程中当防烟分区过大或者过长时，烟气沿防烟分区长边的流动过程中会卷吸大量空气导致沉降，使得排烟效率降低，不利于烟气的排出。规定防烟分区的允许面积及长边的允许长度，可以防止烟气过早沉降，保证储烟仓内烟气层厚度，顺利排出烟气。

对于形状为常见几何体的防烟分区，其分区面积及其分区的长边长度我们可以直接测量得到，但是对于一些形状相对复杂、长边不明确、难以测量的防烟分区，规范对于其长边的测定没有详细的标准与要求。以本文中某建筑为例，存在形状复杂、内角小于90度的“L”形防烟分区，其几何形状的长边为23.4m，未超过规范指定的长边允许长度值，但是按照规范说明中的表述，烟气沿其防火分区边界最不利流动路径有38.3m，此时出现烟气沿防烟分区流动的长边大于其几何形状的长边。所以本文建议规范应进一步明确如何确定长边以及长边测定的详细标准，或列举一些工程中常见的形状复杂的防烟分区长边测量实例，以指导监督检查具体实践。

5 结论

本文对实际消防监督检查工作中的建筑防烟与排烟系统监督检查，分析防排烟系统监督检查中遇到的问题及整改措施，本文分析方法为针对建筑防烟与排烟系统开展高效的消防监督检查提供参考。随后讨论了防排烟工程中几个值得思考的问题，为消防监督检查工作提出了重点思考内容，也给相关规范的深入研究和进一步完善提供了新思考。

参考文献

［1］吴志君．高层建筑消防防火排烟设计的思考［J］．消防界（电子版），2017（12）：98-99.

［2］葛星．建筑工程防排烟设计在消防监督检查中常见问题分析［J］．消防界（电子版），2018，4（06）：86.

［3］席仁义．高层建筑中庭的防火及防排烟设计［J］．住宅产业，2017（01）：50-54.

［4］梅旭，肖磊．大型商业综合体防排烟系统设计［J］．科技创新导报，2017，14（27）：150-151.

［5］刘朝贤．对《建筑防烟排烟系统技术标准》《规范》等有关问题的分析［J］．制冷与空调（四川），2018，32（05）：483-493.

［6］艾进．高层建筑防排烟设计中常见问题分析及对策探讨［J］．建材与装饰，2015（48）：56-57.

［7］冉云．高层建筑防排烟设计中的常见问题论述［J］．住宅与房地产，2017（17）：106.

［8］顾小辉，曾科文．建筑工程防排烟设计在消防监督检查中常见问题探析［J］．建设科技，2017（11）：76.

［9］刘崑，王强，张文彬．我国防排烟系统现状及常见问题分析［J］．消防科学与技术，2018，37（03）：331-333.

消防监督检查中安全疏散要点分析

石　嵩

（南开区消防救援支队）

摘　要　消防监督检查是保障消防安全的重要手段。综合性商业建筑的消防安全检查工作是一项极复杂而又具有重大意义的实际工作。其中关于安全疏散检查的内容涉及面广、难点多。本文分析综合性商业建筑的火灾特点、人员疏散特性以及疏散面临的问题，在此基础上总结分析了从平面布局、功能分区、疏散路径等方面进行疏散功能检查的主要内容，并在此基础上提出了综合性商业建筑的安全疏散检查的要点。本文研究可为消防监督检查工作中建筑疏散监督检查的实践提供参考。

关键词　综合性商业建筑　火灾　疏散　消防监督

1 研究背景

现代综合性商业建筑除了提供商品交易场所外，还满足消费者娱乐、聚会、休闲等多种消费需要，发展趋势具有集约化、复合化、规模化等特点，同时其火灾的危险性也随之增加。首先，综合性商业建筑的功能多元化导致结构复杂，人员疏散路径的复杂[1]。此外，大型商业建筑综合体常见的大跨度空间（如中庭等）上有效火灾探测与防烟更难，火灾烟气蔓延更快，易形成立体燃烧[2,3]。再者，综合性商业建筑内可燃物种类多、数量大、起火原因复杂，火灾危险性高[4]。另外，综合性商业建筑内在利益驱使下公共疏散空间易被压缩，这将进一步加重人员疏散的难度。总之，综合性商业建筑火灾特点相互叠加放大，人员疏散和火灾扑救都将更加困难。因而，在实际消防监督检查中针对综合性商业建筑内安全疏散监督检查显得尤为重要。本文开展消防监督检查中疏散相关研究不仅能提升消防监督检查的能力，还能为安全疏散提供参考，也能为人员疏散应急预案设计等提供借鉴，具有较强现实意义。

2 综合性型商业建筑的疏散特性分析

影响综合性商业建筑内安全疏散的主要因素来自火灾、人员因素和疏散设计三个方面。分析火灾特性和疏散人员的特性，有助于了解疏散的具体功能及实际意义；提高监督检查疏散内在逻辑能力，将更有助于开展消防监督检查工作，从而保障安全疏散，提高综合性商业建筑的火灾安全性。

2.1 火灾特点

火灾中高温烟气是最主要的致命因素。综合性商业建筑内部较大的贯穿空间以及管道竖井给烟气在水平和垂直方向上的蔓延提供了条件，并可能出现轰燃[2]。另一方面，火灾烟气不仅刺激人的眼睛，降低疏散速度；还会阻碍人的视线，加剧疏散人群的恐慌心理；烟气的高温也会对人员疏散产生巨大的影响；同时烟气的毒害性还会影响到人的正常思考甚至出现意识模糊，影响到疏散安全，使得火灾的危害更容易扩大。

2.2 人员特征

人在火灾过程中如何采取正确行为也是影响安全疏散的重要因素。这里面既包括人对火灾特点的认知，也包括人对火灾现场的熟悉程度，还有人的逃生自救能力等。综合性商业建筑内人员特性包括以下几点[5-8]：

（1）人员密集度高

综合性商业建筑功能多、面积大等特点，导致建筑内部人员数量较多，尤其是在节假日，人流量会更大，人员疏散面临更大挑战。

（2）人员成分复杂

消费人群年龄跨度大、文化认知水平参差不齐，特别是在安全意识、火灾危害性认知、火灾现场逃生常识等方面表现出很大差异。此外，体力稍弱或者行动缓慢的老人、儿童，以及孕、残人士在安全疏散中将处于非常不利的地位。如把人员分为对内部环境较为熟悉的工作人员和对环境不熟悉的消费者时，二者在面对火灾危险时的反应也是不同的。

（3）人员心理行为复杂

当发生火灾时，人会产生惊慌、恐惧、冲动等心理，行为上逃生的人群通常会出现从众、趋光、向地等特点。

2.3 建筑疏散设计

建筑疏散设计的基础内容是沿疏散路线设置有效的疏散指示标志以及良好的照明条件来保障有效疏散。但综合性商业建筑为了增强视觉效果和满足功能布局的合理划分，通常采用复杂的建筑布局设计，使得内部的布局流线不够清晰，很容易让人失去方向感。当建筑设计不当，空间组织较差，方向感弱时将不利于安全疏散。因而，针对综合性商业建筑的安全疏散设计需要在规范的基础上，进一步分析疏散设计的特性并加以优化。

3 综合性商业建筑消防监督检查中的疏散要点分析

3.1 平面布局

3.1.1 平面布局对安全疏散的影响

对于综合性商业建筑来说，平面布局和业态分布的不合理，将会导致建筑内部人员在疏散路线上的密度不均并影响人员疏散[9]，如表1所示。

表1 平面布局对安全疏散的影响

问题描述	影响
布局和业态分布混乱	作用于群体的疏散心理，不利于群体疏散
平面布置不规整	容易产生恐慌心理，流线不顺畅容易出现疏散瓶颈现象
业态布置占用疏散空间	影响疏散人员通行，进而影响群体疏散
疏散通道弯道、岔道较多	容易使人迷失方向
疏散通道过长	容易汇聚人流，出现人流密度过大
存在袋形走道等不利于疏散的情况	产生拥堵，出现折返增加疏散时间

合理的平面布局，应当考虑建筑的内部空间特点，结合建筑结构，从人员疏散行为的角度出发进行设计，考虑到人员的趋光、从众等心理，使得布局符合人的空间认知心理。

3.1.2 平面布局监督要点

综合性商业建筑平面布局的主要形式分三类，以下分别就不同形式展开讨论其监督检查逻辑[9,10]：

（1）线形布局

线形布局的特点是商业子空间沿一条线形通道布置，走向明确，内部空间易辨识，主次道路分明，通常安全出口沿通道布置或布置在两端，有利于人群的疏散。

但过长的线形通道容易使疏散人员出现负面心理情绪。可通过设置多个疏散节点缓解人流压力，分向多个安全出口；拓宽疏散通道，减少急弯和通道中的突然的凸起，避免出现瓶颈现象造成疏散危险。因此，线性布局考查的重点就是疏散节点数。

（2）辐射式布局

辐射式布局通常围绕一个宽敞的中心空间（如中庭）布置，空间辨识度高，增强方向感，同时形成通道交叉口可以增加疏散方向的多个选择，因而能起到人流集散和疏散引导的作用。然而在远离中心点的区域空间方向感较弱，边缘空间流线性较弱，极易产生从众、暂避、向隅等不利于疏散的心理，人员逃生涌向一处造成疏散困难。

可在中庭布置景观等方式加强空间的识别性，合理设计疏散指示标志，提高疏散的安全性；在远离中心区域的空间增加应急疏散照明，在边缘空间增加安全出口，加强其内部空间的辨识度，有利于提高疏散安全性。因而，针对辐射式布局的监督检查重点在中心空间及配套的疏散指示标志。

（3）复合式布局

复合式布局不受限于形式，可以自由组织业态分布。但是此类布局空间紧凑且分立，内部道路复杂岔路多，空间导向性差，人员密度分布不均。可通过增加安全出口和疏散指示标志等提高疏散能力。因而，复合式布局监督检查重点在安全出口和疏散指示标志上。

3.2 功能分区监督检查

综合性商业建筑包含的商业功能多，吸引的人群种类不同，而疏散能力与疏散人群的行动能力密切相关。因此，在消防监督检查中要重点关注功能分区的划分是否有利于疏散。如宜将面向行动能力较差的儿童、老人消费的功能区靠近安全出口布置，增加疏散安全性[11]。

此外，各功能分区的火灾危险性和人群疏散速度不同，合理地对功能分区进行防火分区划分，降低火灾跨分区的影响，防止不同功能分区内的人群互串造成混乱，也增加其他分区的允许疏散时间[7]。如将餐饮功能分区与可燃物较多的小商品销售功能分区设在两个防火分区内，并在小商品销售功能分区内设置了较多的安全出口，提高安全性。

3.3 疏散路径监督检查

3.3.1 利用共享空间作为疏散缓冲节点

综合性商业建筑中的共享空间是消费人群集散、休息停留的公共空间，具有空间大，障碍少，空间可识别度高，方向感强等特点。在安全疏散时可将符合条件的共享空间作为疏散节点，或者将安全出口设置在共享空间附近，利于火灾时人群的安全疏散[11]。

因而，在消防监督检查实践中需要重点关注共享空间的利用和配套消防措施。中庭是大型的商业建筑中常见的共享空间，设置的防火卷帘等防火防烟措施在火灾时会封闭中庭空间，自动扶梯也不能作为安全出口使用[2]。因此在中庭附近设置疏散楼梯间作为安全出口时应做到醒目，安全出口位置能被轻易发现。

3.3.2 疏散通道监督检查

消防监督检查的最常见内容就是疏散通道的监督检查。不仅需要保证平日疏散通道的畅通，更难的检查内容是疏散通道是否合规且便于应急疏散。比如疏散通道的长度和宽度设计要严格依据规范。采用简明直通、减少曲面和折路的设计思路可以减少疏散阻力、提升疏散效率。对于建筑面积大的综合性商业建筑，疏散通道设计应主次分明，流线清晰。主干道作为疏散流通系统命脉，次通道与主干道应当垂直布置，易于区分，同时保持二者的紧密联系，此外主干道应当要连接空间中的重要区域和主要标志场所。疏散通道的设计应当要以建筑内各场所能向两个方向疏散为宜，内部空间均匀设置，防止突起和宽度的变化。

4 结论

针对综合性商业建筑的疏散能力的消防监督检查是建筑灾害应急管理的重要环节。本文通过分析综合性商业建筑的火灾特点、人员因素、建筑设计等对安全疏散的影响分析入手，据此研究消防监督检查中关于疏散监督检查的主要内容，提出相应的要点，有助于消费监督检查实践，保障建筑内部人员的安全疏散，提升消防安全保障能力。

参考文献

[1] 陆德伟．基于性能化安全标准的建筑防火设计［J］．华中建筑，2010（06）：46-49.

[2] 王蔚，张和平，徐亮，等．大中庭建筑的性能化防火设计初探［J］．建筑学报，2006（7）：48-49.

[3] 张健．建筑物性能化消防设计方法及其应用情况［J］．消防技术与产品信息，2004（1）：8-10.

[4] 郭子东，吴立志，岳海玲．商业建筑火灾荷载调查与统计分析研究［J］．灾害学，2010，25（2）：97-102.

[5] 卞建峰．基于人员行为的火灾疏散探讨［J］．中国消防协会，2015（10）：75-78.

[6] 马千里．大型商业建筑室内步行街防火分区设计［J］．消防科学与技术，2011，30（5）：383-385.

[7] 李俊梅，胡成，李炎锋，等．不同类型疏散通道人群密度对行走速度的影响研究［J］．建筑科学，2014（8）：122-129.

[8] 贺晓刚．火灾群死群伤加剧原因之心理学分析［J］．安防科技，2006（9）：47-48.

[9] 曹玮．地下商业建筑安全疏散设计［J］．消防技术与产品信息，2016（6）：24-26.

[10] 阎金花，杨茂盛．城市现有商业建筑内人员疏散安全指标分析［J］．西安建筑科技大学报，2004，36（3）：339-344.

[11] 赵伟．扁平超大型商业建筑消防性能化设计评估［J］．消防科学与技术，2009，28（11），817-819.

消防给水系统监督检查要点分析

石 嵩

（南开区消防救援支队，天津 南开区）

摘 要 消防监督检查是保障消防设施在火灾情况下正常工作的必要手段。目前消防监督检查涉及内容繁杂，监督检查方法相对滞后，流程缺乏统一标准且参考依据不明晰等实际问题。结合当前高层建筑快速发展的实际需要，本文结合消防监督检查实践工作经验，针对建设工程的消防给水系统监督检查的基本流程步骤，参考《建筑工程消防验收评定规则》提出一套优化的消防给水系统监督检查方法步骤，逐条分析在消防水系统验收中要检查的项目，捋清消防监督检查的内容和相应条款依据，并进一步分析监督检查中遇到的具有普遍意义的问题，提出改进意见。本论文优化后的消防给水系统的消防监督检查方法对实际工作具有参考价值，同时分析研究中针对性提出的完善建议也具有重要参考价值。

关键词 火灾 给水系统 消防监督 安全

1 绪论

消防监督检查是保障消防设施在火灾情况下有效发挥作用的重要手段，也是平时防灾减灾工作的重点内容。但高层建筑的消防监督检查项目繁杂，设计的知识面广，监督检查难度大、任务重，且消防监督检查中重点参考的消防验收条款与方法并不完善，存在消防设施难以满足规范标准等[1,2]。再加上近年来很多地区出台地方验收标准作为参考标准，但没有统一的标准，导致消防监督检查的具体要求不清楚，消防监督检查工作的具体流程、评判依据来源不明确等问题较为突出[3-8]。

本文依据建筑工程消防验收评定规则和验收规范[9-15]，

针对其中消防给水系统的监督检查工作，提出一套简单易懂、流程清晰、目标明确、具有很强实操性的评定方法。并结合实例，分析讨论了消防监督检查过程中的几点常见问题。本文研究为消防监督检查人员科学、高效地完成监督检查任务提供参考，也可为建设单位、施工单位、监理单位、检测单位、消防验收人员相关工作提供借鉴。

2 消防给水系统的监督检查流程优化

消防给水系统是保障建筑火灾安全的主动防御系统，其中包括多个复杂的子系统，如自动灭火系统、消防供水系统等。因而，消防监督检查涉及的内容和所面临的问题就显得尤为繁杂多样。通常，国内安装的自动灭火系统中，存在着众多问题[2,7,8]，如系统的水源不可靠；管网的管径不合理；安装朝下的喷嘴的短管太长；没有设置双电源；发生故障时不能及时切换到备用电源等，如果不及时得到解决，火灾突发时灭火系统无法有效在短时间内遏制火势，不能起到灭火作用，不仅会造成损失，人们对自动喷水灭火系统的灭火功能也会产生疑问。所以在消防设施安装完成后，经产品检验及参数测试才可投入使用。消防监督检查是保障建设消防设施完好的一项重要技术工作。但消防监督检查工作需要考虑的因素复杂，检验的项目繁杂，实际的消防给水系统验收工作并不容易。因而，本文结合实际工作中积累的经验教训，提出优化监督检查流程，以辅助消防给水系统的消防监督检查工作。

为实现消防给水系统的监督检查流程完整、高效，避免在消防监督检查内容的遗漏，造成消防监督检查工作不彻底，缺乏依据等，首先需要确定消防监督检查的具体内容，然后找出相应的评定依据。本文参照消防验收检查的具体内容，将消防给水系统消防监督检查工作分为 11 个对象，然后依据建筑工程消防验收评定规则和验收规范，分别列举出对应的消防监督检查项目。这样在实际的验收工作中依次对照，逐个检验，从而保证消防监督检查工作有序进行，做到不遗漏、有依据，提高了监督检查的效率。具体内容如表 1 所示：

表 1 消防监督检查表

	对象	检查项目					
消防给水系统	水源	设置					
	室外消火栓及管网	产品检测	布置	管网敷设	系统测试		
	室内消火栓	设置	消火栓箱及组件	消防卷盘	消火栓按钮	系统压力测试	
	消防水泵接合器	产品检测	布置				
	给水管网	管网的设置	保护设置	控制阀门	减压阀		
	高位消防水箱和消防水池	设置					
	稳压设施	稳压泵	气压给水装置	恒压给水设备	水管设置	电源	测试
	消防水泵	产品检测	出水管设置	消防水泵房	增压稳压设施	功能测试	
	喷头	产品检测	距顶板距离	安全间距	传动管	喷淋管网	
	水流指示器	产品检测	设置	灵敏度测试			
	末端试水装置	设置	测试	湿式报警阀组			

3 消防给水系统监督检查中常见问题分析

本文以一个实际案例，利用上述优化流程进行消防监督检查实践。某大厦建设工程项目火灾危险等级为中危险二级。该项目的总建筑面积 27879.44m^2，地下室有 2 层，地下一层为设备用房，地下二层为车库，办公栋建筑层数为地上 24 层，1~2 层为商业，1#栋 3~20 层为住宅，建筑高度为 68.6m，2#栋 3~11 层为住宅，建筑高度 38.2m。此建筑属一类高层建筑。参考上文优化得到的消防监督检查流程展开消防监督检查工作。具体检查条目此处不再赘述，下面就其中涉及的几个关键问题展开分析讨论。

3.1 室外消火栓的突出问题

（1）冰冻地区设置地上式室外消火栓。

由于天气过于寒冷，栓体内的水结成冰，会导致消火栓冻裂，使室外消火栓无法使用，延误战机。在寒冷的地区，为保证室外消火栓的正常使用，应在冰冻线以下采用地下式室外消火栓。

（2）栓体上未设置泄水阀。

泄水阀的作用是通过泄水孔排出止回阀以上的水，防止管道里的水结冰膨胀破坏消火栓。

3.2 室内消火栓常见问题

（1）消火栓动压超过 0.5MPa 却未设减压装置，低层扑救火灾时易发生水带爆裂，一般有两种解决方案。第一个方案是设置减压稳压型消火栓。优点是设计无需计算，直接采用即可，既可以减少动压也可以减少静压。缺点是价格贵，长期耐压会导致弹簧减压阀疲劳使减压下降。第二个方案是设置减压孔板。优点是便宜，耐用，减压值随压力增大而增大。缺点是设计计算复杂，只减动压不减静压。

（2）室内消火栓栓口方向与墙面平行。不便人员操作，不利于水带的连接，容易造成水带弯折影响出水效率。

（3）未设置检查用的屋顶消火栓。高层建筑的屋顶应安装屋顶消火栓，不仅日常用来检查管道压力情况，更重要的是用来逃生，如果有人选择登上屋顶等待救援，就可以利用屋顶消火栓进行灭火，阻止火焰向屋顶蔓延，为救援争取时间，消防员也可从屋顶展开灭火行动。

（4）次不利点的消火栓未被检测。为了增强供水的可靠性，对于大面积，多功能的建筑物，在最不利点消火栓的压力满足的同时，保证次不利点消火栓的压力满足要求。

（5）设置在墙体内的消火栓箱未做特殊保护措施，长期受墙体挤压作用会使得箱体变形，箱门无法正常打开。所以应对墙体内的消火栓箱上部的墙体添加过梁等方式进行加固，减少对箱体的挤压。

3.3 水泵接合器常见问题

（1）与最近的室外消火栓的距离为 30m。水泵接合器离附近清水池取水口的距离 36m，因为消防水带为每盘 20m，便于水带干线的铺设，距离不能过长，要保证灭火及时。同时也要控制水带铺设长度，水带长距离铺设会带来大量水头损失，可能导致出水口压力不足。所以距离控制在15~40m合适。

（2）设置数量偏少。不足以满足室内消防用水量的需求，应根据消防用水量来设置数量。

（3）未分区设置。对于高层建筑，水泵接合器应在不同的分区单独设置，由于不同的分区的消防供水不是互相连接的。要同时考虑低区和高区的水泵接合器。

（4）把地下式消火栓安装在地下室水泵接合器的位置。施工人员对两种消防设施的功能原理混淆不清，造成两种作用完全不同的消防设施出现安装错误。

3.4 消火栓管道常见问题

某些安装单位为节约成本，违章对管道进行焊接。这样会使防腐层和防锈层遭到破坏，管道长时间使用易锈蚀烂穿，造成漏水。

3.5 消防水池常见问题

（1）有效容量偏小，会导致室内消防用水量不足10min，无法完成初期火灾的“自救”。

（2）生活用水与消防用水合用水池但未采取消防专用的技术措施。火灾发生时容易出现水池没水，或来不及补水的情况。常用的技术措施有两个，一个是在管道上设置直径为25mm的小孔来保证消防水位。另一个是设置真空破坏管来防止水被抽走。

（3）水池容量较大，却无分隔措施。为确保供水系统安全可靠，在日常的清洗、维修、检测和保养情况下，仍能保证消防水系统初期的正常工作，超过500m^{3}的水池需设隔墙平均分开并用带控制阀的连通管相连。

3.6 消防水泵的常见问题

（1）流量偏小或扬程偏大。都会导致管内压力偏大，易出现渗漏甚至破损的情况，长时间会缩短泵的使用寿命。

（2）一组消防水泵少于两根出水管或少于两根吸水管。当唯一的管道损坏或检修时，这一组消防泵所连接的区域则无法进行水系统的正常工作，所以至少连接两条出水管和两条吸水管，且管径得满足最大消防用水量的需求。

（3）出水管上安装不到位，设施不齐全。压力表、泄压阀和试验放水阀都是不可缺少的组件。出水管上应安装好压力表，放水阀的公称直径为65mm，便于检查消防水泵的性能情况，对消防水泵进行测试和维修。检查时水泵出水量小会引起压力过高，若不采取措施容易发生事故，所以需要设泄压阀。

（4）把消防水泵替换成普通水泵。普通水泵长期不使用容易生锈，消防水泵更耐锈和耐腐蚀；普通水泵的泵叶轮可能为铸铁，消防水泵的泵叶轮是铸钢或铸铜的；消防水泵在自动断电后仍能正常运转；消防水泵的响应时间更短，能快速启动投入消防作业。

4 结论

本文对消防给水系统分项的消防监督检查方法行了优化，得到了能用于指导实践的关于消防给水系统消防监督检查方法。结合实际工程案例，运用该消防监督检查方法进行监督检查实践，并对消防监督检查过程中常出现的几个重点问题进行分析和提出改进的意见。这些问题具有普遍性，因而分析改进意见也具有实际应用参考价值。

本文提出的消防监督检查优化方法为消防监督检查工作高质量、高效率的开展，以及进一步的消防监督执法工作标准化、规范化提供参考依据。

参考文献

[1] 景亚杰．建筑消防工程竣工验收研究［D］．西安建筑科技大学，2005.

[2] 马冬升．建设工程消防验收的常见问题及处理探讨［J］．消防界（电子版），2017（11）：108-109.

[3] 马云逸，丁波，冯庆如．试论建筑工程消防验收的发展与前景［J］．消防技术与产品信息，2007（06）：36-39.

[4] 崔华东．建筑工程施工质量验收规范体系的划分研究［D］．浙江大学，2007.

[5] 殷许鹏，潘文，宋廷苏，等．建筑隔震工程施工质量验收标准研究［J］．施工技术，2013，42（09）：61-63.

[6] 杨天琪，廖丽慧．建设工程施工质量验收方法标准化研究［J］．现代工业经济和信息化，2015，5（17）：31-33.

[7] 葛兴杰，杨晓华．《建筑工程施工质量验收统一标准》在执行中遇到的问题及修编建议［J］．工程质量，2009，27（03）：14-18.

[8] 刘晓东，刘津成．对现行建筑工程施工质量验收标准的几点思考［J］．山东工业技术，2016（10）：85.

[9] GA 1290—2016，建设工程消防设计审查规则［S］.

[10] GA 836—2016，建设工程消防验收评定规则［S］.

[11] GB 50974—2014，消防给水及消火栓系统技术规范［S］.

[12] GB 50261—2017，自动喷水灭火系统施工及验收规范［S］.

[13] GB 50084—2017，自动喷水灭火系统设计规范［S］.

[14] DB33 1067—2010，建筑工程消防验收规范［S］.

[15] DB11 1354—2016，建筑消防设施检测评定规程［S］.

社会消防技术服务机构的规范化发展研究

张 颖

（晋中市消防救援支队，山西 榆次）

摘 要 社会消防技术服务机构是我国社会消防安全公共服务体系内不可或缺的组成部分，是消防安全与消防设施的"体检医生"，可以为社会化的消防工作提供技术支持与保障。文章简要分析社会消防机构发展中存在的问题，重点从规范执业生态、提升从业人员综合素质、完善监管体系三大维度探究社会消防机构的规范化发展路径，旨在进一步明确社会消防技术服务机构的定位，发挥社会消防技术服务机构对构建我国社会消防安全公共服务体系的促进、技术支撑作用。

关键词 社会消防 服务机构 监管体系 规范化发展

0 引言

社会消防技术服务是指具备相应资质的企业、社会组织，及其具备专业技能及从业资格的执业人员，运用专业的知识与技能从事与消防安全及检查等工作密切相关的服务活动。我国社会消防技术服务机构起步于20世纪80年代，经过数十年发展已经初具规模，形成消防设施维护保养检测机构和消防安全评估机构两大类型。其中消防设施维护保养检测机构可以从事建筑消防设施维护保养、检测活动；消防安全评估机构可以从事区域消防安全评估、大型活动消防安全评估等活动，以及消防法律法规、火灾隐患整改等方面的咨询活动。在我国社会化消防工作中发挥着不可替代的作用。社会消防技术服务信息系统中《消防技术服务机构信息》显示，截至2022年4月12日已登记的社会消防技术服务机构共8787家，在为确保消防公共安全积蓄力量的同时，也对行业的规范化、标准化、稳定性与安全性发展提出了更高的要求。

1 社会消防技术服务机构发展中的现存问题

1.1 社会消防技术服务市场规范性不足

应急管理部制定的《社会消防技术服务管理规定》（以下简称为：应急部令第7号）于2021年11月9日起开始正式实施，与2014年发布的旧规定相比，应急部令第7号取消了消防技术服务机构的分级制度，解除从业地域限制，重新调整从业范围，在一定程度上降低了社会消防技术服务机构的市场准入门槛、放宽了从业条件，在推动社会消防技术服务市场规模逐步扩大的同时也会放大市场的无序性与逐利性[1]。部分社会消防技术服务机构的服务质量与水平较低，存在违规从业、维保检测弄虚作假、冒用其他消防技术服务机构名义从事社会消防技术服务活动等问题，也反映出现阶段对社会消防技术服务市场的管理与约束力度不足，不仅会制约消防技术服务市场的稳定、健康与可持续发展，而且会损害社会单位的合法权益，扰乱市场秩序。

1.2 社会消防技术服务执业人员综合素质待提升

现阶段社会消防技术服务队伍内，相当一部分为企业、部队离退休、退役人员及非本专业毕业生，各类型社会消防技术服务机构的执业人员在年龄结构、知识技能结构、学历结构上难以满足机构规范化发展需求，因缺乏专业化的服务技术、服务能力以及规范化的服务职能，使得执业人员综合素质偏低、消防技术服务机构整体服务水平及质量不尽如人意。不仅如此，部分执业人员缺乏敬业精神，在日常工作中缺乏对工作经验的积累，其技术服务能力可无法满足行业要求，出具的技术报告也为行业发展埋下了安全隐患，所出具的技术报告及结论性文件也存在诸多问题，如数据不准确、现行技术报告与原始报告冲突等，也反映出社会消防技术服务机构忽视人才培养，缺乏良好、专业的消防技术服务人才培训机制，使得社会消防技术服务机构的发展违背行业定位与社会需求。

1.3 社会消防技术服务机构监督管理不到位

社会消防技术服务机构为市场化的产物，在很大程度上存在逐利行为，部分消防技术服务机构未能结合自身定位制定完善的服务标准、服务质量管理体系，在从事消防技术服务活动时随意性、盲目性较大，且难以适应社会需求，导致社会消防技术服务机构的公信力较低。与此同时，县级以上人民政府消防救援机构对社会消防技术服务机构的监督管理不到位，因社会消防技术机构服务质量标准不完善，导致其监督管理工作无法有序、有效开展。除此之外，现阶段社会消防技术服务行业缺乏自律机制。应急部令第7号中明确指出："消防技术服务行业组织应当加强行业自律管理，规范从业行为，促进提升服务质量。"但现阶段消防技术服务行业组织发展不完善，社会消防技术服务机构长时间处于"无政府"状态，内部存在无序竞争、服务标准及价格不统一、技术服务能力不足等现象，消防技术服务队伍人员继续教育缺失、技术服务行为不规范等问题也层出不穷，导致社会消防技术服务机构规范化发展进程缓慢。

2 社会消防技术服务机构的规范化发展路径

2.1 抓好源头管理，构建规范的社会消防技术服务执业生态

社会消防技术服务活动有着市场行为特点，在市场准入门槛降低、从业标准放宽的情况下，市场的无序性与逐利性也进一步扩大。切实抓好源头管理、规范消防技术服务市场秩序，是促进社会消防技术服务机构规范化发展的先决条件。

2.1.1 抓住市场源头

现阶段对社会消防技术服务机构的市场化管理主要为对其进行网络备案，检查其技术服务质量及水平，主要针对的是市场末端，存在较大的局限性与滞后性。为抓住市场源头，规范社会消防技术服务机构的建设，需要前置专项检查环节，将社会消防技术服务机构的从业资质、执业人员的职业认证资格、机构的规模及人员组成、各类机构内注册消防工程师及消防设施操作员等专业技术人员的数量等作为检查要点，确保社会消防技术服务机构的建设满

足应急部令第7号中所规定的资质条件，且需要依托社会消防技术服务信息系统核查机构的备案情况，从建设阶段开始严厉打击违法从业的行为，促进社会消防技术服务机构规范执业[2]。

2.1.2 规范市场运行

社会消防技术服务为市场活动，其逐利性不可避免，但消防技术服务涉及消防安全公共安全服务，其逐利性必须得到有效的控制与约束。社会单位在与社会消防技术服务机构签订合同时，要明确技术服务范围、形式、质量标准、服务时间等内容，相关监管部门也需要对合同的正式性、规范性进行监督管理，检查其合同约定的价格是否符合市场发展趋势、服务范围是否超出应急部令第7号等，尤其是针对一些消防设施维护保养检测机构承接业务后，不到现场开展实际工作、直接出具结论性文件的违法违规行为，要做到及时发现、及时制止，按照相关规定对项目负责人、消防设施操作员进行相应的惩罚，密切关注虚假文件、失实文件，以此约束社会消防技术服务机构的行为，维护与之签订合同的社会单位的合法权益。

2.1.3 引领市场方向

维护社会消防技术服务市场的规范化发展与良好秩序，离不开社会单位的高度重视，需要加强对应急部令第7号的宣传力度，让社会单位意识到购买消防技术服务过程中存在的风险，引导其追求高质量的消防技术服务。同时要进一步做强卖方市场，借助市场机制淘汰未备案或技术服务不达标、不符合市场需求、服务水平低下的社会消防技术服务机构，引领消防技术服务机构严格按照应急部令第7号，在保障工作效率的基础上降低技术服务整体成本，逐步走上集约化发展道路，以此营造出良性竞争的行业生态，倒逼社会消防技术服务机构提高自身的管理与服务水平。此外要加大对社会消防技术服务机构工作质量的抽查力度，以检查促进机构完善自身建设、提升工作效率，从而为社会消防技术服务机构的规范化发展积蓄动力。

2.2 抓好人员培养，确保社会消防技术服务人员专业高效

执业人员作为社会消防技术服务的提供者，其消防技术能力、水平以及日常工作态度、责任感等都会直接影响社会消防技术服务机构的总体发展质量。为促进社会消防技术服务机构的社会化发展，要抓好人员培养，不断提升社会消防技术服务机构的专业化、规范化能力。

2.2.1 促进执业人员专业化发展

在促进社会消防技术服务机构执业人员专业化发展方面，要进一步落实注册消防工程师、消防职业技能认证制度，建立起完善的人才准入机制，通过资格考试、注册登记等环节确立消防技术服务人员的社会定位，优化改善消防技术服务人员的年龄、学历、知识技能与经验结构，以公平公正公开的选拔制度吸引更多人才从事消防技术服务工作，引领消防技术服务队伍朝着职业化、专业化、规范化的方向发展，不断扩大消防技术服务队伍，为社会消防技术服务机构的专业化发展提供人力资源支持。同时要注重对执业人员的继续教育，定期考察其专业技能、综合素质是否适应消防技术服务需求、能否提供高质量且高效率的技术服务，实行末位淘汰制以调动执业人员积极性，倒逼其学习新的技术服务理念与方法。

2.2.2 提振执业人员的敬业精神

社会消防技术服务需要执业人员具备精益求精的职业态度、严谨认真且求真务实的职业精神以及抵御外界诱惑、恪尽职守的职业品质。当前社会消防技术服务机构违规从业问题内，有相当一部分是因执业人员敬业精神薄弱、职业道德素养不足所导致，为此，需要将职业道德、职业品质与职业精神纳入消防技术服务人员培训与教育体系内，高度重视对执业人员的思想教育与道德教育，使其认识到自身肩负的责任使命，不断提升其思想认知水平，激励其在日常工作及服务活动内严格遵守各项规章制度、牢固树立服务意识、严格约束自身的行为，以此促进消防技术服务人员更好地履行自己的责任，推动社会消防技术服务机构的规范化发展[3]。

2.3 抓好监督管理，构筑社会消防技术服务机构的安全屏障

监督管理是约束消防技术服务行为的基本保障，也是规范化发展的“助推器”。针对社会消防技术服务机构监管体系不完善、行业自律机制不健全的问题，建议提升监管效率与成效，加大行业协会对各类机构的引导力度，从而构筑起社会消防技术服务机构规范化发展的安全屏障。

2.3.1 健全质量管理体系

社会消防技术服务质量标准是机构监督管理的依据。社会消防技术服务机构需要完善内部质量控制体系，明确业务流程、服务标准及服务范围，以内部控制体系营造良好的内部管理氛围，落实管理责任，并激励内部执业人员提升自身的业务水平。同时，相关监管部门需要结合消防技术服务市场发展趋势、行业发展状况、消防技术服务机构规模及业务范围等制定差异化的消防技术服务标准，明确消防技术服务机构出具虚假、失实文件以及结论性文件的判断标准，在发挥市场主导作用的同时建立健全社会消防技术服务机构的外部监管系统，要求各类消防技术服务机构严格按照标准执行，以此确保社会消防技术服务机构的监督管理有规可依、违规必究。

2.3.2 利用信息技术实现高效监管

利用信息技术实施技术服务信息公开、打造公共服务平台并对各类机构进行智慧监管，是推动社会消防技术服务机构规范化发展的有效途径。例如可以依靠信息手段建立相关企业、执业人员等信息数据库，完善信息系统查询、下载以及行业动态管理系统等办公软件，开通在线反馈、举报等渠道，支持社会单位、公众等参与社会消防技术服务机构的监管；再如以执法档案为基础建立诚信机制，将社会消防技术服务机构的执业行为纳入社会信用体系内，健全各类机构的信用评价制度，定期公布违法失信机构名单，让失信成本远远大于违法收益，从而变强制性管束为社会消防技术服务机构的自觉性行为[4]。

2.3.3 充分发挥行业自律作用

发挥行业自律作用需要消防协会的牵头与带动。因此需要大力发展消防协会，赋予消防协会一定的监管职能。如在对消防技术服务机构进行监督管理时，由消防协会及消防技术服务机构共同制定服务质量标准，消防救援部门予以核准后实行；再如由消防协会开展对消防技术服务机构执业人员信息的审核，借助注册消防工程师、消防职业资格认证制度的施行，建立执业人员信息系统，采集、录入、更新执业人员的诚信信息，辅助主管部门制定相应的奖惩制度，利用消防协会的监督管理促进个人执业行为的规范化，以此引导消防技术服务市场秩序，促进社会消防技术服务机构的健康稳定与规范化发展。除此之外，要成立专门的消防技能培训中心，为消防技术服务机构提供人员培训，结合行业及社会需求不断扩大培训规模、培训范围，并实行消防技术服务机构人员的再教育，逐步形成消防技术服务标准、消防技术服务大纲、质量评估体系等，以此为消防技术服务机构人员技术

服务质量的提升打下良好基础。

3 结术语

社会消防技术服务机构是我国社会消防安全公共服务体系内不可或缺的组成部分，肩负着消防工作及消防设施“体检医生”的重要责任。现阶段社会消防技术服务机构发展存在市场规范性不足、执业人员综合素质待提升、监督管理不到位的问题。为改善此种现状，需要抓好源头管理，通过规范市场行为、引领市场发展以规范消防技术服务市场秩序，营造良好的消防技术服务执业生态。同时要抓好人员培养，夯实社会消防技术服务机构规范化发展的主体力量。此外应当抓好监督管理，切实防范社会消防技术服务市场风险，促进社会消防技术服务机构安全、稳定、规范化与可持续发展。

参考文献

［1］王建军．从三个维度实施社会消防技术服务机构管理［J］．水上消防，2022（01）：31-33.

［2］侯龙江．社会消防技术服务机构现状与管理研究［J］．中国高新科技，2020（23）：141-143.

［3］张心玉，张洁．加强消防技术服务机构建设和管理的思考分析［J］．今日消防，2020，5（02）：37-38.

［4］顾正军．关于《社会消防技术服务管理规定》相关问题的探讨［J］．法制博览，2022（02）：130-132.

探讨完善消防监督管理制度的路径

吴　迪

（中国人民警察大学，河北　廊坊）

摘　要　火灾事故除了会影响人民的人身安全外，也会威胁其财产，甚至导致社会不稳定因素增加等。近几年来，消防安全问题引起了更多人的关注，无论是乡镇发展还是城镇发展，消防安全问题都值得重视。为了提高火灾防范水平，增强消防能力，首先要解决当前消防安全管理中的不足，从中总结经验教训，优化相关制度和体系。所以，在本次研究中，笔者分析消防安全监督管理的现状，指出其中的不足，提出针对性地改进路径，希望为更多人提供参考，完善消防监督管理制度，并提高消防安全管理能力。

关键词　完善　消防监督管理制度　重要性　路径

0 引言

我国经济近几年发展速度较快，经济发展的背后也隐藏了一些问题，比如消防安全事故，其数量不断增多，消防监督管理的重要性变得越来越突出。在当前的社会背景下，传统消防安全管理方法明显不适用，要推动相关工作开展，首先要优化完善消防监督管理制度。作为消防管理者，必须正确看待消防监督管理制度，明确其重要性，并且了解当前消防监督管理方面的不足和问题，并尽快解决，为推动社会和谐稳定发展提供安全保障。

1 完善消防监督管理制度的重要性

1.1 提高工作人员的工作热情

完善消防监督管理制度可以有效激发工作人员的热情，使他们更加积极主动投入工作。在开展消防监督管理工作时，要使用正确的执法方式，要确保工作人员有良好的能力以及素养，组织他们开展实地演练，丰富他们的理论知识，提高其专业技能等等。而完善的监督管理制度会对他们产生激励作用，工作人员在日常工作和生活中会更主动地学习，不断提高自己的能力和素养，从而促进消防工作任务的完成并且提高工作效率。

1.2 保障人民的生命和财产安全

火灾事故具有较强的蔓延力，最终会造成严重后果，从而导致人民群众的生命财产安全受损。特别是近几年，因为经济发展速度越来越快，人们日常生活中的用电设备也越来越多，这导致火灾发生率越来越高。如果能够完善消防监督管理制度，那么，针对经济更加发达且人口更多的地区来说，有效的监督管理可以避免火灾发生，或者减少其发生率，从而保障人民的生命和财产安全。

2 当前消防监督管理制度存在的问题

2.1 地方政府作用没有充分发挥

根据《消防法》规定来看，作为地方各级人民政府，要管理好其辖区内的消防工作。然而，根据实践情况来看，在大部分地区，人民政府的关注点在于经济效益，忽略了消防工作，导致地方政府在消防监督管理方面的作用没有发挥出来，或者发挥不充分。针对部分地方项目，在招商引资的过程中，政府往往也忽略了消防安全性。部分行业主管部门认为消防工作应该是消防部门负责的，和自身没有任何关系，这也在一定程度上造成火灾事故发生概率较大，这种情况对整个区域的发展是不利的。

2.2 社会单位自我管理不完善

《机关、团体、企业、事业单位消防安全管理规定》提出，所有单位都应该重视消防安全管理工作，要积极承担消防安全工作责任，要完善消防安全管理制度。但是，经过多年实践来看，大部分单位的关注点依然在于利益，过分关注利益，不重视消防安全，结果导致火灾隐患严重。

2.3 消防监督团队人员素质有待于提高

首先，因为编制问题的影响，消防监督干部人员数量不足，在部分地区，无论是监督检查，火灾调查还是法制宣传等，大部分岗位都是兼职性质的，所以造成消防执法人员数量不足，团队知识架构不合理，工作人员能力较弱等问题。其次，当前消防团队人员整体缺乏稳定性，过高的流动性导致大部分工作人员不断地被调整和更换，这严重影响了消防监督管理工作质量。

2.4 失控漏管现象仍然存在

随着社会的发展和经济的进步，大部分场所的火灾危险系数都不断提高，发生火灾的概率越来越大，但是，因为当前消防监督管理力度依然比较薄弱，而且监督警力不足，所以，大部分场所当前并未引入消防监督管理实践中。一般情况下来说，在一个地区，往往只会设置一个县级消防监督机构，而且其监督员数量较少，往往是两名或三名，但是针对全县的消防工作，他们都需要负责，这导致他们长期压力较大，工作纷繁复杂，所以他们只能将工作重心放在重点区域和单位中。在日常消防监督检查中，公安派出所理应当发挥重要责任，但是，因为其警力不足，再加上其他因素制约，比如工作中心和业务能力等，他们的消防监督管理职能履行情况不尽如人意，尤其是基层派出所，其内部并未制定专业消防工作者，这种思想上不重视消防工作的现象导致广大民警缺乏专业消防知识，而且业务能力不佳。

2.5 缺乏完善的消防安全宣传教育及培训制度

近几年，因为火灾事故越来越多，所以国家也越来越重视消防安全管理宣传教育。然而，和国际发达国家比较，我国的消防安全宣传教育及培训工作效果并没有达到预期，双方差距过大。具体体现包括教育持久性较差，覆盖面积有待于扩大，使用的教育和培训方法过于单一，没有有效的制度等。

3 完善消防监督管理制度的路径

3.1 进一步落实政府部门的消防职能

第一，作为政府部门必须积极落实国务院《关于进一步加强消防工作的意见》，在国民经济以及社会发展整体规划中，都有必要引入消防工作，针对消防工作适当的增加投资，完善地方安全布局，引入更健全的消防设施等。第二，各级政府和相关职能部门也要共同联合，一起监督检查消防工作的开展情况，在目标责任考核以及领导干部绩效考核中，依然要引入消防工作，促进各方面工作的落实。第三，要以打造服务向政府为契机，摒弃传统的保姆式管理方法，引导、培育并规范各类消防中介组织，在其服务范畴中引入充满技术性和专业性的消防设计审核工作，消防从业人员培训以及火灾损失评估等，而政府需要对其进行监督管理，打造高效且合理的社会消防管理服务体系。

3.2 引导各职能部门规范履职

在建立消防监督新格局时，最重要的任务是落实防火安全责任制。作为监督单位，不仅要积极落实消防责任，还要把政府的作用发挥出来，明确部署各职能部门的工作责任。无论是政府的工作考核还是社会治安综合治理考评，都有必要纳入消防工作，完善考核机制，对行业系统进行监督管理，确保他们能够积极履行消防工作职能，提高社会管理效率，打造优质公共服务。要合理划分不同职能部门的消防管理责任，比如卫生部门、规划部门以及房地产部门等，要优化健全行政审批的联动协调前置程序，促进消防工作信息沟通，完善联合执法制度。促进消防工作责任制的运行，建立真正的消防工作社会化新格局。

3.3 严格落实社会单位消防安全主体责任制

第一，要强化对单位消防自主管理的引导力度。要进一步推动社会单位“四个能力”建设，对单位强化指导和监督，引导其严格按照法律制度引入先进的消防设施，优化健全消防安全管理制度，落实各个部门和工作人员的责任，提高企事业单位消防管理的积极性和自主性。第二，要打造单位消防安全管理动态监管平台。所有单位要充分发挥互联网平台作用，近期将消防管理方面的情况上报备案，比如防火自查，人员在位情况，隐患排除等，消防部门和公安部门需要对其进行不定期的抽查，以此来管理单位消防安全工作落实情况。第三，要促进专业消防服务组织的发展，并未及输送专业人才。第四，要实行消防保险。针对容易出现火灾事故的区域，比如易燃易爆单位，地下公共建筑等，有必要采取强制性措施进行投保，针对其他单位，也要鼓励他们积极投保，以此来转移火灾，减少火灾发生概率，使得单位落实消防安全主体责任的能力进一步提高。

3.4 优化整合消防监督管理资源

在消防监督管理工作的开展中，可以适当增加一线消防监督干部，或者提高派出所消防民警编制数量，针对那些具有消防专业知识的人，也可以采取合同制将他们引入工作系统中，从而加强消防警力配备。然而，根据当前的现状来看，要在全国筛选大量的防火干部和派出所民警，基于他们编制，难度依然比较大，不仅如此，增加合同制员工作为执法辅助工作制度，该安排弊端也比较明显。所以，针对这一情况，笔者提出，针对那些专业背景知识较充分的合同工作者，可以优先选择他们进行消防宣传工作，或者开展消防培训，针对社区单位业务进行指导等，以此来缓解编制压力，并且使得消防管理团队的综合能力提高，为消防职业化总结更多经验。

3.5 推动消防宣传教育培训社会化发展

第一，要合理使用多种渠道，比如杂志，电视和报纸等，或者定期开展会议，印发大量的宣传材料，定期开展消防知识竞赛等，以此来提高人民群众的消防意识，促进消防知识的宣传。第二，对高校提供鼓励，引导他们增设和消防相关的专业课程，比如消防管理、消防工程以及火灾预防等，通过高校培养出大量有关消防的高级人才。第三，中华人民共和国教育部有必要和其他相关职能部门共同合作，一起编写公共安全教育教材，尤其是在中小学必修教材中，有必要纳入消防安全防范知识，让学生从小形成消防安全意识，并组织他们开展丰富多样的课外实践活动，以此来提高学生的消防能力。第四，在各省、自治区、直辖市设立专门的消防学院或类似的消防培训机构对消防员、消防监督执法人员、民警、公务员等进行非学历和学位教育，切实提升其岗位履职能力。第五，针对满足要求的企业或科研机构等，要提供扶持和鼓励，引导他们积极开展消防方面的科学研究工作，比如火灾预防，消防装备以及消防设施系统等，从而推动消防监督管理的高效化，现代化以及科学化发展。

4 结语

自从人类社会步入新时代后，火灾就越来越频繁，而且救援现场较为复杂，导致救援工作难度大、效率低。为了改善这一现状，当前也在积极打造新的消防监督管理模式，并且将其应用于实践中，为了确保新的消防监督管理模式更合理，并且更有效，就需要从多个角度考虑，要结合当前的情况，结合社会发展需求，采取合理的措施，比如整合消防监督管理资源，发挥政府的职能，提高对相关人员的培训和教育力度等，提高消防监督管理工作效率，为社会以及经济发展提供安全保障。

参考文献

［1］孙万寿．对完善消防监督管理制度的思考［J］．建筑知识，2016（6）：1.

［2］舒冬梅．完善消防监督管理制度的路径初探［J］．今日消防，2020，5（9）：2.

［3］杨建华，何军，延婷婷，等．浅谈消防监督管理制度的改革［J］．中国公共安全：学术版，2017（2）：4.

［4］高炜．浅谈完善和健全消防监督管理的新机制［J］．四川水泥，2017.

［5］陈巍玮．对消防监督管理制度改革的思考［J］．科学中国人，2016（10X）：1.

“厂中厂”工业企业消防安全问题及管理对策探究

陈巨生

（衢州市消防救援支队，浙江　衢州）

摘　要　简述当前工业企业及其衍生的“厂中厂”消防安全方面存在的突出问题，分析消防安全问题产生的原因，寻找对策，不断提高企业消防安全治理水平。

关键词　企业　消防安全　综合治理

0　引言

工业企业在社会主义现代化建设中发挥着重要作用，我国有全球最完整、规模最大的现代工业体系，是全世界唯一拥有联合国产业分类中全部工业门类的国家，500余种主要工业产品中220多种产量位居世界第一。同时，工业企业火灾事故的发生也易给人民群众生命财产造成重大损失，当前服务“六稳”“六保”任务较重，一些工业企业特别是衍生的“厂中厂”消防安全问题突出，改善企业消防安全条件，落实消防安全责任，强化企业消防安全综合治理势在必行。

1　“厂中厂”消防安全现状

1.1　“厂中厂”产生的土壤

“厂中厂”并非法律意义上严谨的概念，也没有明确的定义。本文讨论的“厂中厂”主要是指利用现有闲置工业厂房分割出租或转租给个体户、私营业主，或将现有多个车间、生产线以承包、挂靠、租赁等形式交由他人经营的厂房或车间、生产线，以及其延伸出的消防安全管理问题。

此类厂房、车间、生产线有开展生产迅速、原始投资成本较低、经营周期短等优势，非常适合初始创业人员或小微企业主等的需要。同时，也有较多的企业主在经营不善、不适应市场需求甚至本身就考虑圈地的情况下，提供了租方市场。还有开发区等通过建立孵化基地、小微企业园等形式，招商引资，发展地方经济。据2021年统计，笔者所在的市经济技术开发区共有企业960余家，其中租赁厂房经营的就有303家企业。

1.2　“厂中厂”企业消防安全问题

2021年9月3日，嘉善双杰海绵有限公司厂房发生火灾。嘉善双杰海绵有限公司是一家海绵生产企业，租赁嘉善安迪印业有限公司厂房。起火厂房为2层钢筋混凝土结构，每层建筑面积1500m²，总建筑面积3000m²。起火部位位于厂房一层西南角海绵粉碎机处，燃烧物质为废纸板和海绵，过火面积约2300m²，火灾造成6人死亡。火灾暴露的主要问题是：一是起火厂房泡沫成型和切片部位未按规定设置自动喷水灭火系统，消防设施先天不足，导致初起火灾无法处置；二是起火厂房与北侧厂房之间违法搭建连廊，起火厂房火势迅速蔓延至连廊，并威胁北侧厂房安全；三是厂房内部无序堆放大量海绵等可燃物料，占用疏散通道和防火间距，起火后形成猛烈燃烧态势，产生大量高温剧毒烟气，人员逃生极为困难；四是出租方只管收租、不管安全，承租方只顾使用、不顾安全，导致“厂中厂”消防安全责任无法落实；五是企业人员初起火灾处置不当、逃生自救意识和能力不足，初起火灾发生后仅使用灭火器近距离扑救，未使用室内消火栓，6人因逃生困难在火场遇难。

从发生的厂房火灾中分析，由于承、租双方的市场需求和政府、部门监管滞后，“厂中厂”往往存在隐蔽性强、责任不明和存在经营不规范等突出问题，在消防安全方面的表现有：

1.2.1　火灾危险性增加。如将厂房变仓库，将原审批用途为机械加工类的丁戊类厂房改变为木材加工、服装智造、电商仓库等用途使用，未按照新的使用用途进行消防技术整改，未重新办理消防审批手续，导致在防火分区、消防设施系统等方面存在严重先天消防安全隐患。另外，个别业主采取分割出租的形式，存在内部防火分隔不到位、安全疏散出口数量不足，增加了火灾危险性。

1.2.2　责任链容易断裂。如存在层层转租情况，没有明确双方的消防安全责任。出租方一租了之，定期收取租金，至于现场使用的安全情况，置之不顾；承租方因厂房产权不是自己的，只是租赁一部分，导致厂区内的消防车道、消火栓等共用消防设施无人管理，整个厂区处于无序状态。

1.2.3　管理水平比较低。由于缺乏责任和其隐蔽性、多使用人，消防安全管理非常薄弱，70%存在未制定消防安全制度、消防安全操作规程等情况，消防安全日常巡查检查几乎未落实到位，消火栓无水等情况长时间未被发现。

1.2.4　员工意识比较薄弱。各单位雇用的员工70%没有经过岗前消防安全培训，不会使用灭火器、消火栓等基本的消防器材，不懂自身岗位的火灾危险性，不会处置初期火灾事故，不会组织疏散逃生。甚至有些化工企业聘用的操作工没有进行严格的岗前安全培训，安全意识比较差。

1.2.5　消防设施配置不到位。标准厂房多为丁戊类厂房，基本为钢结构建筑、建筑占地面积较大、基本上只设有室内消火栓。如改为家具厂、门厂使用，建筑占地面积大于1500m²的，需设置自动喷水灭火系统；改为丙类仓库使用的，每个防火分区不能超过3000m²，需增设火灾自动报警系统、自动喷水灭火系统。日常检查发现，厂房出租改变使用性质的，都是未经任何改造，直接进入进行使用。

1.3 “厂中厂”消防安全管理的优势

1.3.1 企业具有进取心。创业老板多是青年人，有产业技术，能积极进取，具有处理好发展与安全关系的潜力。

1.3.2 企业具有学习力。企业主敢于学习、勇于学习，具有相对村（居）民住宅中的老年人等有不可多得的学习力。

1.3.3 企业具有组织力。相对村（居）民住宅的消防安全管理，企业具有的组织力更具有消防安全管理的优势。

2 “厂中厂”消防安全问题产生的原因

2.1 企业负责人消防安全意识淡薄。在企业层面上，创业之路非常坎坷，承租厂房的企业主经济实力还不足，多一心扑在创业和发展生产上，缺少安全生产和消防安全知识的学习教育，缺少生产事故案例的警示教训，也有侥幸心理和麻痹大意。

2.2 厂房改变用途源头管控不到位。在部门层面上，新企业新厂房建设有着较为严格、完善的审批制度，但由于企业投资的失当、失败，通过出租厂房、生产线甚至改变生产工艺、生产性质时，部门监管不够及时和精准，甚至缺失，导致对企业的情况不明、底数不清。当前，改变厂房使用性质未办理消防审批手续的处罚未能积极有效执行。

2.3 发展与安全关系还没有处理好。在政府层面上，有些地方对发展与安全关系还没有处理好，对整合部门监管合力上工作不够有力，特别是对招商引资困难的地方，“装进篮子都是菜”，招都招不来，更不会考虑“赶走”了。

3 加强“厂中厂”消防安全管理的对策

“厂中厂”存在的问题不仅仅是消防问题，同样也会有安全生产和环境保护等方面的问题，在其有生长的土壤和现实存在的情况下，亟须开展综合治理，才可能遏制当前企业火灾多发的势头。

3.1 处理好“发展”与“安全”的关系。安全是发展的前提，发展是安全的保障。在政府层面上，要加快推进小微企业园区建设，推动小微企业入园生产，引入专业运营管理机构，加强服务指导，推行消防安全标准化管理模式。鼓励政府、企业购买消防安全服务，依托第三方技术服务机构开展火灾隐患集中排查、日常设施维护保养、消防宣传教育培训等工作。行业协会应将消防安全纳入行业自律内容，定期开展风险会商研判，研究改进不安全工艺措施。

3.2 处理好“执法”与“服务”的关系。严格新建工业建设工程设计审查、验收、备案和抽查，对企业经营许可范围与设计生产火灾危险性明显不符的，应当在审批阶段予以纠正，严禁企业擅自改变使用功能。要研究、优化“厂中厂”入住、审批机制、监管制度，解决审批难问题，保证各项监管能及时跟上，做好服务。开发区、园区与市场监管、环保、消防、应急管理、服务业、税收等部门信息能及时共享，互通有无，形成监管、服务合力。

3.3 处理好“专项整治”与“综合治理”的关系。消防救援机构要逐步转变思路，切实改变以往由政府及其有关部门确认企业消防安全治理合格的“许可制”工作模式。应当立足识别、防范、化解安全风险，协助属地政府制定企业消防安全治理的风险排查标准、短期管控措施、长效化解对策，加强对基层和企业人员的培训、指导、督促，使其熟练掌握并主动落实，逐步改善既有企业的消防安全条件，提升企业的消防安全本质水平。

4 结束语

适应各地“厂中厂”企业消防安全治理举措各有侧重，“不起火”“不蔓延”“不死人”是其主要的目标、策略，都需要各地从政府领导、部门监管、企业主体和员工参与等多方面扬长避短，综合施策，推进新时代企业科学管理，实现消防管理与公共治理的有机融合。

参考文献

［1］中共中央宣传部．习近平新时代中国特色社会主义思想学习问答．北京：学习出版社，人民出版社，2021.

［2］李华刚．中国企业科学管理模式．北京：时事出版社，2010.

［3］李振华．新常态下社会消防管理创新发展的思考［J］．消防科学与技术，2016，11（1）：1627-1629.

以浙江衢州为例

——浅谈高层住宅建筑消防安全综合治理的探索实践

王卫星　潘　菁

（浙江省消防救援总队，浙江　杭州）

摘　要　针对高层住宅建筑存在的消防安全管理和火灾防控问题，本文结合笔者所在城市现状和相关数据，分析了当前高层住宅小区消防管理中存在的问题，并对高层住宅建筑消防安全治理进行了一些探索实践。

关键词　高层住宅建筑　消防安全　探索实践

1 高层住宅建筑消防安全现状

随着我国城市化进程逐渐加快，高层建筑数量剧增，高层建筑消防安全监督管理问题逐渐浮现，其中，高层住宅建筑问题尤为突出，日常管理难、隐患整改难、责任落实难，成为高层消防安全治理中的难点，火灾防控工作面临着巨大挑战。

以浙江衢州2021年调查摸底的数据分析，全市建成并投入使用的高层建筑1247幢，其中柯城区高层建筑共计482幢，约占全市总数的40%。柯城区482幢高层建筑中，其中高层公共建筑77幢，高层住宅建筑60个小区405幢，是全市高层建筑最为集中的区域，且建成时间早、年限长、居住率高，成为高层住宅建筑消防安全治理工作的重点和难点。

2 高层建筑消防管理主要问题

2.1 建筑方面

一是消防车道、消防登高面占用情况普遍。在消防监督检查过程中，发现很大一部分高层住宅建筑都存在绿化景观、停车规划、户外广告设施占用消防车道和消防登高面问题，因小区普遍存在车位不足、停车困难的现状，占用消防车道成为"饮鸩止渴"的普遍做法，而物业、网格员对占用车道和登高面没有执法权，口头劝阻收效甚微。

二是住宅内疏散楼梯间、防烟前室及户门的防火门被损坏或处于开启状态这类现象比较普遍，部分业主为图方便或尽可能占用公共空间，如为增加防盗效果拆除入户防火门，破坏防火门和防烟前室，增加鞋柜、衣柜等使用功能。

三是二次装修改建扩建，导致平面布局或使用功能变更，影响防火分隔，导致疏散宽度、防火分区等不符合要求。如为增加居住使用面积，打通两套住宅的防火分隔合并为一套；为增加采光面积，拆除窗槛墙为落地窗，破坏竖向防火分隔结构，还有一些高层建筑擅自改变用地性质和使用功能，甚至出现将地下车库改造成居住场所、建材市场的情形，此类情况整治涉及规划、执法等多个部门，隐患整治困难。

2.2 设施方面

一是消防设施缺失、损坏情况严重，尤其是自动喷水灭火系统、室内消火栓、火灾应急照明系统缺失、损坏现象严重。老旧住宅建筑中，消火栓接口损坏、水带、水枪、灭火器丢失情况较多。特别是消火栓和自动喷水灭火系统的给水管道，出现漏水情况普遍，日常情况水量消耗大，漏水点又难以检测，整改往往需要重新铺设给水管道，加大了整改成本和整改难度。

二是火灾自动报警系统探测点被隔离、遮挡情况较多，部分高层住宅建筑系统主机全部瘫痪，无法正常使用。而目前市场流通的消防电子产品，特别是火灾自动报警设备，样式、规格、型号丰富，但不同厂家的产品互不兼容，更新迭代快，使用寿命和换代速度矛盾突出，给原有消防设备的维护保养、零配件购买都带来很大困难。

三是防排烟设施、消防水泵、柴油发电机、消防电梯等设施损坏或功能测试不正常的情况较多。整改投入成本大、对住户影响较大，导致整改工程推进困难。

2.3 管理方面

一是多产权、无统一物业管理造成管理缺位，消防安全管理责任不明确。高层建筑物业管理职责归属问题复杂，往往夹杂各类利益诉求所产生的矛盾，如业主因不满物业公司日常管理产生纠纷而拒交物业费，部分物业公司则采取不落实消防主体责任、对消防设施不进行维护保养等方式消极工作。

二是消防控制室未持证上岗、消防控制室管理能力差。物业服务企业从事消防管理的多为保安和水电维修人员等兼职人员，其文化水平和知识结构都有所欠缺，能力素质无法胜任日常工作要求，素质不高、能力不强和人力不足等问题突出。

三是高层住宅建筑无维修资金或无法落实消防设施维保资金，部分新进驻物业管理单位对前物业公司或原遗留的历史隐患问题不愿意或者无法整改，导致消防设施长期无人管理、年久失修的恶性循环。自管或无物业大卫的高层建筑消防安全管理、消防设施维护保养资金来源不明细，导致日常消防管理无人问津，出现纠纷或火灾事故时又推诿扯皮。

2.4 意识方面

一是群众消防安全意识仍然淡薄。部分业主为图自身便利，没有意识到损坏消防设施器材、堵塞封闭公共通道等消防违法行为的危害性，部分小区因场地设置问题、居民反对等种种原因，仍未设置电动车集中停放、充电点，致使私拉乱接电线给电瓶车充电、电动车停放堵塞消防通道的情况较为严重。

二是业主自治管理意识不强。部分业主虽有消防安全基本常识，但参与小区自治管理意识淡薄，部分小区仍未成立业主委员会，业主不清楚成立业主委员会的重要性；部分小区虽已成立业主委员会，但业主对物业管理相关法律法规了解不充分，对工作职责不明晰，无法形成对物业服务企业的有效监督。

3 高层住宅建筑消防安全管理实践探索

近年来，针对高层住宅建筑普遍存在的共性问题，衢州市柯城区结合高层建筑专项整治、老旧小区改造、创文明城市建设等重点工作，进行了一系列的综合治理探索实践。

3.1 政府牵头，统筹规划整改

3.1.1 政府牵头督办

消防部门全面排摸高层住宅建筑基础性数据，掌握消防管理现状底数，对存在问题的高层住宅建筑，列出消防隐患和整改措施两张清单，对整改难度不大的火灾隐患，督促尽快整改；对一时难以整改的重大火灾隐患，督促物业单位和业主在确保安全的前提下，采取先易后难、分步实施的方式，提请政府根据消防隐患的严重程度、建筑规模、整改难度，科学制定整治整改计划。由政府牵头统一部署，组织住建、消防、公安、执法、综治等相关部门，对隐患开展"联合会诊"，进一步明确整改责任主体和督改单位、落实整改方案和整改资金、限定整改时间，分批进行重大火灾隐患挂牌督办。三年内，柯城区共挂牌住宅小区重大火灾隐患省级3家、市级1家、区级4家，自行整改12家，投入消防整改经费3670余万元，涉及高层住宅小区18个，改造建筑137幢，惠及居民6700余户。

3.1.2 整改联合统筹

政府牵头，规划、住建、消防和执法等部门，联合把消防设施整改纳入老旧小区改造规划，柯城区政府2020年审议通过《城镇老旧小区改造三年行动实施方案（2020-2022年）》，把消防整改内容纳入政府城镇老旧小区改造总体改造计划，对小区存在的消防管网、火灾自动报警和自动喷水灭火系统、室内消火栓系统等消防设施瘫痪、安防设施缺损及其他消防安全隐患进行改造，共投入2803万元消防专项整改经费，按计划、分阶段在三年内对22个小区进行消防隐患整改，极大地改善了全区高层住宅建筑的消防安全整体防范水平。

3.1.3 规范管理模式

（1）在体制机制上进行创新，一是制定《衢州市柯城区消防安全责任制实施细则》，明确规范各级政府、部门、单位的消防安全职责，落实和细化乡镇街道、政府部门和村居民委员会的管理责任，形成齐抓共管的良好局面。二是多方面拓宽整改资金来源，通过政府公共财政、业主自主筹资、优化维修资金启动程序等多种方式，视情纳入文明城市创建、老旧小区改造、政府民生工程或为民办实事项目，争取整改资金，解决老大难问题。

（2）参照质量体系认证办法，建立高层建筑消防安全标准化管理模式，全面规范高层住宅建筑日常管理、消防控制室运行、消防设施维护保养、火灾隐患整改、灭火救援应急处置和消防宣传培训等程序制度。柯城区住建、消防部门2019年联合制定出台《高层建筑消防安全管理规定》，督促各高层住宅建筑、物业服务企业落实“一责（明确建筑消防设施等消防安全管理主体责任）、一图（在小区明显部位张贴公示消防平面布置图）、一路（绘制小区消防车道和消防登高面）、一点（设置电动自行车集中停放充电点）、一长（每幢高层建筑明确一名楼长）、一站（每个高层住宅小区建立一个微型消防站）”高层建筑消防安全管理六项措施，强化高层建筑消防安全综合治理。

（3）建立职能部门执法联动机制。规划、住建、消防、执法、市场监管等部门要建立常态化的执法联动机制，定期开展消防安全联动执法，及时发现和督改隐患，对存在火灾隐患或消防违法行为的单位，各相关部门依法从行业内部进行限制和处罚，住建部门将消防安全管理成效与物业服务机构日常考评和年底评优评先挂钩，对落实措施不力、存在违法行为的住宅物业服务企业，纳入“黑名单”并向社会公布。2019~2021年，柯城区住建、消防部门共检查高层住宅建筑消防安全问题349条，通报物业服务机构18个，纳入黑名单3家。

3.2 部门合力，改革车辆违停治理

（1）改革数字化治理违停。高层住宅建筑占用消防车道和消防登高面是日常消防管理最突出、最难整改的问题，柯城区借助数字化改革的东风，深度融合推进政府数字化转型工作思路，依托“县乡一体、条抓块统”试点改革，将消防车通道治理纳入“城区机动车违停治理一件事”多跨场景应用，综合执法，联合街道、交警、城管、交巡、住建、经信、应急7个部门联合开展违停事件联合执法。

（2）技防合一化缓解矛盾。交通、路政、交警、街道等部门，因地制宜创设绿色限时车位、黄色夜间车位、蓝色海绵共享车位3700余个，形成车位循环的有序机制，有效缓解了车位紧张问题。同时，交警积极与各大学校合作，针对学校违停高发的特点，制定“一校一策”机制，确保消防生命通道畅通。

（3）网格联动化综合管控。按照“网格管理、条线结合”理念，发动街道开展高层建筑排查摸底，策动行业主管部门开展系统内整治工作，住建、经信、应急、消防等部门联合进行集中“会诊”，建立健全全区高层建筑基础台账和隐患清单。按照“街道吹哨、部门报到”原则，定期开展消防车通道突击检查行动。

（4）巡查常态化联合治理。按照“街道吹哨、部门报到”原则，定期开展消防车通道突击检查行动。常态化进行高层住宅建筑消防车巡查。整合前端视频监察、社区巡查、联动处置，分紧急情况、区域范围、职责分工办理，分别交由物业服务企业、交警、消防、行政执法部门对违停占用消防车道等违法行为进行处罚。

3.3 数据支撑，推进智慧物管建设

（1）建立高层建筑数据库。汇总辖区高层建筑消防车道、消防登高场地、固定消防设施等图纸数据信息，建立辖区高层建筑数据库。将信息化技术与消防安全、管理、应用进行相互渗透融合，借助物联网、传感器来获取各项管理数据信息，融入物业管理智慧“一张网”，实现数据共享、管理共治。

（2）实现智能化动态监管。结合智慧城市建设，依托智慧视频、智慧烟感、智慧用电（气）和智慧用水等智能化物联网监测装置，通过智能算法，智能感知高层建筑疏散通道、楼梯间和常闭式防火门等区域情况，科学感知电气和燃气设施管道运行状态，动态分析感知火灾，实时监测建筑消防管网管道水压和消防水池水位，实现监测智能化和报警自动化。

（3）处置事件一键式联动。打通规划、住建、消防等各部门之间的数据壁垒，实现一处报警多点联动，自主预警火灾楼层、相邻楼层业主和物业管理人员，联动微型消防站及消防部门，提高疏散、报警和处置效率。衢州柯城率先把电动自行车纳入114一键挪车平台，利用114平台联动车主或相关执法部门，缓解电动车违停现象，目前全市82万辆电动自行车全部纳入114一键挪车平台。柯城区双港街道探索开发“平安社区”App应用，把影响消防安全的高发事件纳入基层综合治理平台事件处理，目前已经在全区召开现场会进行推广使用。2021年10月，柯城区双港街道“平安社区”应用上线后，共处理消防车道占用、电动车违规充电、电动车入梯等消防事件共655件，其中，交办部门80件，处罚13起。

3.4 社会助力，推进消防公共服务

（1）布点建设微型消防站。消防部门指导所有高层住宅小区建立微型消防站，定期发布消防隐患在线巡查和宣传培训学习任务，积极开展消防巡查检查、初期火灾扑救、消防培训宣传、消防灭火演练，不断普及高层建筑火灾防范和逃生知识，提高居民避险防灾意识和自防自救能力。2021年以来，柯城区高层建筑小区建立59个微型消防站，开展消防宣传、业务培训等活动共计128次，消防部门开展微型消防站线上云拉练、实地拉动活动共计265次，微型消防站队员扑救翡翠园小区、玫瑰园小区等初期火灾共11起，通过拉练指导，实战训练，提升了各高层建筑小区火灾防控和单位微型消防站联勤联动能力。

（2）购买服务第三方管理。采用政府购买公共服务等方式，聘请第三方单位进行管理，充分发动社会力量协助做好高层住宅建筑消防安全工作。同时，强化对消防中介服务机构的管理，建立和完善消防中介服务机构资质评定、日常运营成效等管理程序，积极引导和规范消防技术服务机构主动参与消防公共管理事务。也可委托第三方服务机构、物业服务企业，培养一支具有较高专业素质的消防安全工作职业化队伍，提供消防安全防范服务，切实弥补社会单位专兼职消防工作人员素质不高、能力不强和人力不足等突出问题。区住建、消防部门联合街道探索依托第三方成立“住宅小区消防安全管理服务队”，拟分17组34人，每人配备1辆电动车，针对辖区内95个小区、719栋高层建筑，每周开展一次消防巡回检查，每月上报巡回检查报告，检查高层住宅小区消防隐患，培训指导小区物业或管理人员开展检查，并督促物业及社区限期整改，提升高层建筑小区消防安全管理水平。

（3）志愿团队精准化宣传。一是依托政法委平安网格发布消防宣传任务，督促街道乡镇定期召开消防工作例会，要求社会治理中心、基层治理四平台和村（社）网格，组织学习火灾警示教育片，统一部署消防宣传工作。二是培养消防志愿者服务团队，柯城区自2009年成立“县学街社区老妈妈防火团”，以腰鼓、快板为宣传工具，制作了快板“火场逃生十三诀”成为耳熟能详的群众娱乐节目，义务宣传已经13年；培育红色物业联盟“红管家”，选取一批有责任心、

有精力的老党员当好消防“红管家”，发挥红色物业联盟“防范、预警、宣传、培训”的消防安全“宣传哨”作用，做好消防通道畅通、电动车入梯提醒等消防“关键小事”，定期开展“敲门入户”消防宣传。三是搭建社区消防宣传平台，通过建设消防宣传教育馆、体验馆、消防主题公园，定期组织开展未成年人活动，纳入青少年研学路线，以沉浸式体验带动青少年及家长学习消防安全知识，提高居民群众消防安全意识，提升高层建筑火灾防控能力。

4 结束语

总之，高层住宅建筑消防安全管理需要政府、部门、单位、居民等各个层面的共同努力，健全管理机制，完善法律法规，从源头上提升高层住宅建筑火灾防控水平，保障居民人身和财产安全。但在高层住宅建筑综合治理的实践探索中，在建立长效机制、规范中介管理、解决政府兜底困境方面仍存在诸多困难，全面解决高层建筑消防安全管理中的机制性、体制性问题还任重而道远。

参考文献

［1］刘媛媛．城市高层建筑防火监督检查要点的研究［J］．山东工业技术，2009（03）：131.

［2］李巨武，李明达，徐海华．高层建筑工程项目火灾危险性及其消防监督检查重点［J］．武警学院学报，2017（12）：51-54.

［3］赵锋．高层建筑消防安全问题分析与防控对策［J］．城市住宅，2020，27（09）：247-250.

［4］朱步青．对高层建筑消防安全问题的分析和思考［J］．建筑安全，2018，33（05）：73-75.

新安全格局下提升消防治理体系和治理能力的几点思考

邢　乐

（天津市河北区消防救援支队，天津）

摘　要　党的十八大以来，习近平总书记围绕总体国家安全观发表了一系列重要论述，提出了一系列科学论断。消防安全是社会治理的重要内容，消防工作必须与时俱进，在创新社会治理体制中有所作为。要始终站位党和国家工作大局以及应急管理事业全局，着眼于维护最广大人民根本利益，登高望远、前瞻布局，坚持系统治理、依法治理、综合治理、源头治理，以“有解思维”摆脱惯性思维，以大概率思维应对小概率事件，增强创新创造性、主观能动性，切实把制度优势转化为治理效能，才能在推进消防安全治理体系和治理能力现代化的实践中不断前行。

关键词　消防安全　治理　对策

1 引言

党的十八大以来，习近平总书记围绕总体国家安全观发表了一系列重要论述，提出了一系列科学论断。《国家安全战略（2021-2025年）》提出的“防范遏制重特大安全生产事故”“更加注重协同高效，更加注重法治思维，更加注重科技赋能，更加注重基层基础”等内容，为我们统筹发展和安全、做好新时代消防救援工作提供了重要遵循。研究如何围绕中心、服务经济社会发展大局，提升消防治理体系和治理能力，推动高质量发展和高水平安全动态平衡，对于贯彻落实国家总体安全观，守住天津市全面建设“一基地三区”重要底线，实现区域安全发展具有十分重要的意义。

2 提升消防治理体系和治理能力现代化的重要意义

习近平总书记在十九届四中全会上指出：“坚持和完善中国特色社会主义制度、推进国家治理体系和治理能力现代化，是关系党和国家事业兴旺发达、国家长治久安、人民幸福安康的重大问题。”应急管理是社会治理的重要内容，应急部成立3年多来，习近平总书记对应急管理作出40多次重要批示，充分体现了对国家应急治理体系和治理能力现代化的高度重视。消防安全是公共安全的重要一环，消防治理体系和治理能力建设要想取得突破和显著成效，必须在理论上不断创新，在实践上不断探索。

2.1 满足应对风险挑战的现实需求

当前，我国正处于重要战略机遇期以及全面深化改革的攻坚期和深水区，洪涝、地震等自然灾害频发，可以预见、难以预见的传统、非传统消防安全因素相互交织，火灾风险防控难度日益增加，改革转制后的消防救援队伍对照国家应急救援主力军、国家队的发展定位，对照“全灾种”“大应急”的形势任务，还有不少短板和不足。

2.2 有助于构筑综合治理的全新格局

国家机构改革期间，中办国办印发了多个重要文件，《消防安全责任制实施办法》明确了各级政府、行业部门和单位的消防安全责任；《深化消防执法改革的意见》，推进监管模式的改革，要由“管事”向“管人”、从“查隐患”向“查责任”转变。国家层面的政策文件目的就是要扭转消防工作消防部门“单打独斗”的局面，将消防“管理”推向社会“治理”。

2.3 有利于推进国家治理能力现代化

国家安全体系和能力建设是推进国家治理体系和治理能力现代化、提升国家治理效能的基础和保障，健全消防安全体系，是社会治理不可或缺重要内容。积极探索和实践推进消防安全治理体系和治理能力现代化的思路和举措，可以为中央全面深化改革、推进城镇化进程等战略部署提供科学、高效的服务和保障。

3 消防治理体系和治理能力现代化面临的困境

近年来，在京津冀协同发展的大背景下，传统与非传统因素叠加，天津作为北方最大的港口城市，定位是全国先进制造研发基地、北方国际航运核心区，工业区大量聚集，新产业、新业态、新领域大量涌现，带来了新挑战、新机遇，也衍生出了诸多消防安全新问题、新风险。

3.1 责任落实存在“指李推张”，亟须进一步扭转

虽然国务院办公厅出台了《消防安全责任制实施办法》，我市制定了《天津市消防安全责任制规定》，自上而下构建了消防安全责任体系，明确了各级各部门消防工作职责，但是，从执行情况看，即使有法律、制度制约，各级各部门“不想认、不愿认”“不想干、不愿干”的思想还一直存在，甚至有的重点行业部门对消防安全重视不够，未能按“三管三必须”的要求，将消防工作纳入业务工作同部署、同开展、同落实，消防救援机构抓消防工作“单打独斗”的局面没有根本改变，行业消防监管尚未形成合力。

3.2 动态隐患存量“居高不下”，亟须进一步稳控

近年来，国内外发生了多起有影响的火灾事故，各级政府能够及时吸取火灾事故教训，分析解决新问题，统筹各阶段火灾防控任务，采取常态化治理和专项整治相结合的方式，开展隐患治理，也取得了显著成效，但解决的大多是局部风险、表象问题，动态隐患整治再反弹、反弹再整治的怪圈始终难以破解。举例来说，天津市消防通道被占情况严重，以和平区为例，部分高层建筑配套停车位不足，消防车道、灭火救援登高场地被占用现象普遍，虽经多轮整治，仍有大量隐患问题。（表1）

表1 现有车位与车位缺口分析表

	小区数	大概车辆数	大概车位数	大概车位缺口数	缺口
全市	5232	1950000	1300000	650000	33.33%
和平区	256	160000	60000	100000	62.50%

在疫情常态化背景下，单位运营成本增加，资金维持难度加大，安全成本投入压缩，造成安全风险增大。还有的单位做表面功夫，被检查时保证合格，过后恢复原样，导致隐患“时查实有”，无法根治。

3.3 基层治理面临“空间挤压”，亟须进一步深化

今年年初，国家发布《关于加强基层治理体系和治理能力现代化建设的意见》，明确基层治理是国家治理的基石。这一文件，重申了国家近几年向基层放权赋能的治理理念。近些年来，“小火亡人”多发，居民住宅区的火灾隐患治理就显得尤为重要。（图1~图4）

表2 居住场所火灾情况分析表

范围	年份	全部火灾数	居住场所火灾数	其他类型火灾数	起数占比	全部火灾数死亡人数	居住场所火灾死亡人数	其他类型火灾数死亡人数	死亡人数占比
全国	2012~2021	3310	1324	1986	40%	14543	11634	2909	80%
	2022年1季度	218421	83000	135421.0526	38%	625	503	122	80.50%
	2011年	15586	4152	11433.58559	26.64%	351	172	179	49.04%
全市	2021年	19	18	1	94.74%	22	19	3	86.36%
	2022年	12	8	4	66.67%	15	11	4	73.33%

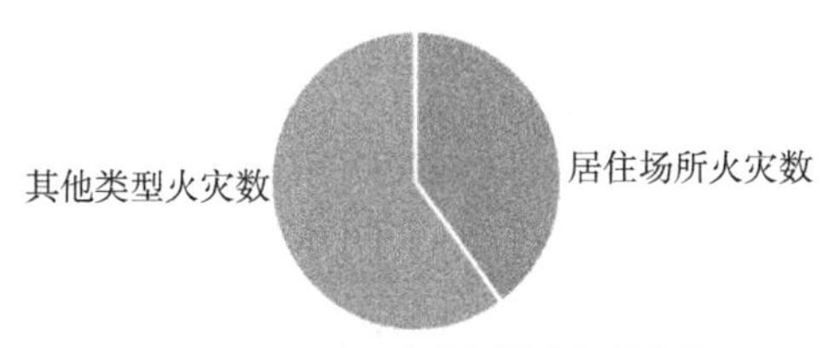

图1 2012~2021年全国居住场所火灾与其他类型火灾数量对比图

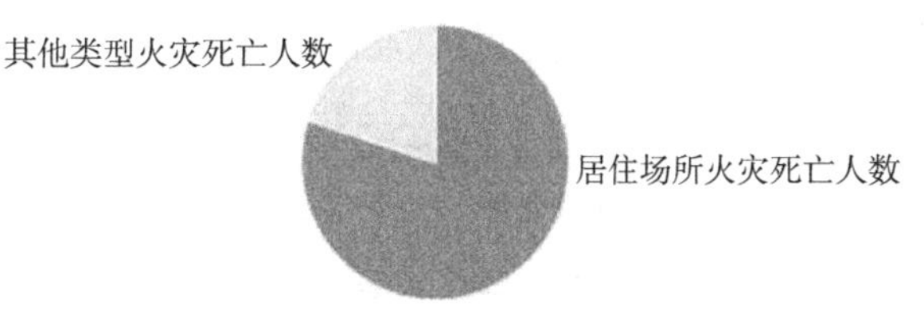

图3 2012~2021全国居住场所火灾死亡人数与其他类型火灾死亡人数对比图

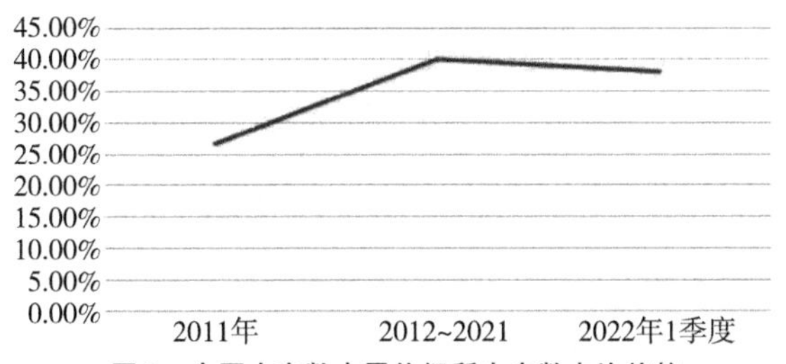

图2 全国火灾数中居住场所火灾数占比趋势

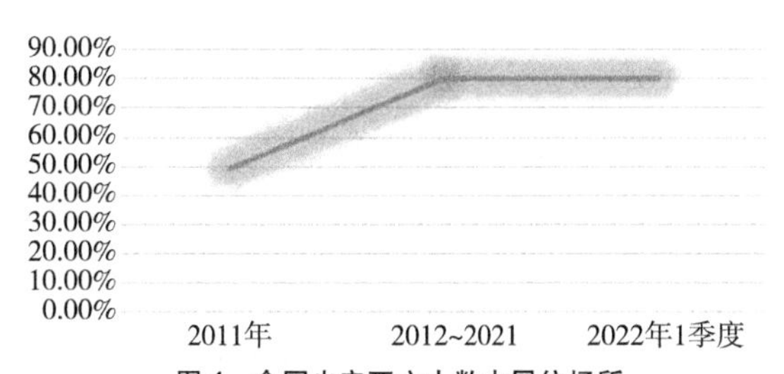

图4 全国火灾死亡人数中居住场所火灾死亡人数占比趋势

消防救援机构在基层街道乡镇没有派出机构，以天津总队来看，目前全市实际参与一线消防监督执法的人员仅有400余名，需要监管万余家重点监管对象和100余万家一般监管对象，往往顾此失彼，不可能逐一开展检查，急需监管力量的补充。但从基层现状看，基层治理的组织保障、制度保障、治理能力、治理机制均需进一步完善。

3.4 监管方式遇到“无形之墙”，亟须进一步打通

国务院《深化消防执法改革的意见》建立了以“双随机、一公开”监管为基本手段、重点监管为补充、信用监管为基础、“互联网+监管”为支撑、火灾事故责任调查处理为保障的消防监督管理体系，极大创新了消防监管方式。但是，消防监督人员在日常监督执法、各类专项治理等执法工作中形成的一些执法方法和手段未得到改进，监管方式滞后，对于新型监管手段“不想用、不敢用、不会用”的问题较为突出。就信用监管来说，各级政府大力推动信用平台建设，建立单位信用档案，将各部门信用监管信息纳入信用档案，但信用档案的应用不断拓展、存在模糊地带，在此背景下也造成执法人员对信用监管手段瞻前顾后。

4 推进消防安全治理体系和治理能力现代化的路径思考

4.1 运用法制思维，破解制度匮乏难题

科学立法是提升治理体系和治理能力的重要法治保障，坚持立法先行，提升立法质量，才能明确权利义务边界，防止部门利益和地方保护主义法治。在制度搭建上，一要抓住“专门法”。拿天津市来说，通过《天津市消防条例》《天津市消防安全责任制规定》等法规规章和《天津市深化消防执法改革若干措施》等规范性文件，搭建制度体系，解决难点、焦点问题。比如说《天津市消防条例》授权街道乡镇开展监督执法，对电动车、群租房等执法程序相对简单、便于实施的违法行为进行行政处罚，这样既可解决乡镇街道无处罚权、力度不大、积极性不高的问题，也充实了一线执法力量。《条例》实施后，各个行政区及时修订了权责清单，并为执法队伍配备了专门的服装、标识，极大地调动了队伍积极性。二要搭车借力。要盯紧相关领域政策立法，我市在《天津市文明行为促进条例》《天津市街道办事处条例》《天津市街道综合执法暂行办法》《天津市燃气管理条例》等多部法规规章中，都规定了相应的消防安全义务，明确了消防法律责任，为消防工作扎实开展提供了全方位支撑和强有力保障。三要充分发挥规范性文件效能。要结合区域实际，找准消防工作的切入点，将消防工作融入我市发展一盘棋去考虑谋划，借助“十四五”发展规划、乡村振兴战略等发展机遇，通过制定规范性文件“规范、助力”消防事业发展，解决一些制约消防发展的瓶颈性问题。

4.2 运用底线思维，破解责任落实难题

李克强总理提出“法无授权不可为、法定职责必须为”的理念，消防工作也必须坚持底线思维，“责任不落实、一切都是空”。近年来，纵观吉林“7·24”、河南武馆“6·25”湖北十堰“6·13”、江苏昆山“8·2”等重大火灾事故的调查报告和事故处理意见，消防安全责任不落实总能出现在大众视野，多名责任人被给予相应的党纪、政纪处分。引导政府部门履职尽责，是推动新常态下消防工作的必然需求。一要强化意识引导。要积极引导各级政府、行业部门落实法定职责，加强对党政领导干部消防安全宣传教育培训，以火灾为教材、以事故为教训、以处理结果为警示，培训做好消防工作的定式思维和危机意识。二要发挥人大职权。要充分发挥人大的监督职权，及时提请各级人大开展《消防法》、地方条例实施情况检查，反推各级政府、行业部门主动履责。今年的《消防法》实施情况检查就非常及时，既展示了消防改革成效，又发现了瓶颈难题，为下一步法律制度的完善提供了很多有价值的参考。三要用好考核手段。在用好“指挥棒”的同时要注意不能把考核目标由消防部门转移到政府和各有关部门，避免形成名义上考政府、实际考消防的趋势。在结果认定方面，优化考核评价结构，最大限度考核政府和行业部门履职情况，不将重大火灾作为唯一指标，切实改善年初年底一把大火全年工作“白干”的导向，改变部分地区在火灾发生后的消极怠工意识，提升应对考核的积极性和落实消防工作职责的主动性。

4.3 运用系统思维，破解隐患治理难题

动态隐患存量大是经济快速发展的伴生问题，在任务部署时必须统筹考虑、做好规划、分类施策、精准治理。一是全盘统筹，确保重点领域、重点时段消防安全。重点领域、重点时段发生火灾，极易造成重大舆情，使消防部门陷入被动境地。要将“双随机”和专项检查的重点放在大型商业综合体、高层建筑、餐饮娱乐等人员密集场所和物流仓储、老旧小区等高风险场所，突出生命通道、消防设施、易燃可燃彩钢板、燃气使用领域等重点环节，联合多部门集中开展隐患排查整治。二是抓住关键，紧盯住宅、九小场所，有效预防和减少亡人火灾事故。持续推动乡镇、街道对“城中村”、群租房、“三合一”场所、居民社区，开展消防安全检查。依托“津心办”“津治通”等基层综合治理信息化平台，推动基层执法队伍加强火灾隐患排查治理，加大对消防车通道、电动自行车、楼道堆物等违法行为处罚的力度和频次。通过“敲门行动”“邻里守望”“结对子”“一对一”帮扶活动，把火灾防控落实到“最后一公里”。三是不断加强消防宣传精准性。要积极构建覆盖城乡、连接“网上网下”的宽领域、立体化消防宣传体系，针对不同的宣传对象“靶向”宣传，精准宣传，真正把“全民消防、生命至上”的理念渗透到各行各业、千家万户，把遵守消防法律法规转化为全社会的自觉行动。

4.4 运用创新思维，破解手段单一难题

要强化推动消防执法理念、制度、作风全方位深层次变革。完善信用监管机制。消防安全信用监管有利于建立自治、法治相结合的治理机制，最大限度地激活单位治理效能。信用监管既要加强顶层设计，更要保证制度体系在法律法规框架下运行。要以社会信用体系为牵引，以部门联合惩戒为支撑，将消防违法违规、失信行为主体纳入各类平台，建立完善部门联合惩戒机制，提高消防违法成本，实现从“不敢违”到“不想违”。要主动融入“智慧城市”建设，大力应用物联网、云计算等技术，对区域、行业火灾风险进行综合评估，从传统的运动式治理、人海战检查变为主动发现、超前预警、精准执法。坚持以市场化为牵引，通过政府购买服务的方式，积极整合社会资源，引入社会组织、中介服务机构、保险公司、科研院所等体制外机构“为我所用”，建立防火工作专家库，逐步改变单打独斗模式，充分利用各界力量，研究破解社会消防安全管理难题。

参考文献

[1] 汪永清．法治思维及其养成［J］．求是，2014.

[2] 张立伟．什么是法治思维和法治方式［N］．学习时报，2014-03-31.

[3] 习近平．加快建设社会主义法治国家［J］．求是，2015.

探讨在建工程中的消防安全管控

王梓莇

（石家庄市消防救援支队，河北　石家庄）

摘　要　近年来，随着城市规模的不断扩大，在建工程的数量也急剧增加，在建工程的消防安全是整个工程安全的基石，因此强化各项防火措施，消除潜在火灾隐患，保证在建工程的消防安全，显得尤为重要。

本文通过列举在建工程中常见的火灾风险因素，分析和掌握在建工程建设过程中对消防安全的管理要求，并对在建工程中的消防安全管控提出了相应对策，期望对该类场所的火灾防控有一定的借鉴作用。

关键词　在建工程　消防安全　管理

1　建筑工程施工现场的火灾风险因素

“施工现场”即在建的、或尚未完成的工程建设现场。所以，在施工现场建筑施工的火灾事故危险性与普通市民住房、厂矿、企事业单元等都不同。由于处在施工阶段，室内外完备的自动喷水灭火系统、火灾自动报警控制系统等均未投入使用，且现场存在着大批物料和大量工作人员，这些因素都在一定程度上增加了施工现场的火灾风险。

1.1　易燃、可燃材料多

因为建筑需要，工地中的林建仓库里多存放有原木料、沥青材料、汽油、等易燃可燃材料。为了施工方便，还有一些材料会露天存放于现场。另外，在施工现场常会留有废刨花、木屑、水毡纸头等易燃、可燃的建筑尾料，没有进行处理。而上述物料的大量产生，使工地中形成了燃烧产生的一个必要条件——可燃物。

1.2　临建设施多，防火标准低

出于工程建设需求，工程现场会暂时搭建大批的作业棚、员工宿舍、办公室、厨房等临时性用房。考虑到成本，很多工程会使用彩钢板搭建这些临时用房，而彩钢板的耐火性能很差，火灾中极易塌陷[1]。同时，由于施工现场区域狭窄，临时用房没有留有适当的防火间距，甚至很多内部都是相通的。所以如果一处失火，火势很容易迅速扩大。

1.3　动火作业多

工地将产生大量的电气焊、防水工程、金属切割加工等动火作业。而这种动火作业、使工地形成了火灾产生的另一种必要条件——引火源。如果动火作业不当，火星引燃了附近的易燃物，非常容易造成火灾事故。此外，在工地如果没有统筹管理或工地管理人失管、漏管、发生立体交叉动火施工，甚至发生违规动气施工等，也很极易造成火灾事故。

1.4　临时用电安全隐患大

施工现场需要使用大量的机械设备，部分施工现场还需要解决施工人员的吃住问题。施工现场的生产、生活用电均为临时用电，若设计不合理，或任意铺设电气线路，很容易造成电气线路超负荷，或出现线路短路等电气故障，极易引发火灾。

1.5　施工中临时人员数量多，流动性强，工人整体素质参差不齐

因为建筑施工的工艺特殊性，各工艺间常常彼此交错。由于施工者经常处在疏散、流动的阶段，且施工的人员素质也参差不齐，因此乱动机具、乱丢烟蒂的现象时有发生，且多数人员未参加过消防培训，发生火灾后不会正确使用灭火器材，这都给现场的管理造成了困难。

1.6　对既有建筑进行扩建、改造的火灾风险大

对既有建筑进行扩建、改建时，如扩建、改建部分与建筑其他正常使用部分未进行有效防火分隔，在进行动火作业时，极易将正常使用区域的可燃物点燃，从而引发火灾。

1.7　易燃、可燃的建筑隔音、防火材料用量大

目前，建筑节能、降噪的标准也日益加强，因此施工用抗噪、建筑保温的用量也日益增加，目前市场上广泛使用的橡塑工程建筑保温材料以丁腈橡皮、聚氯乙烯为主要原材料，这些材料均为可燃材料，在施工环节有较大的火灾危险性。

1.8　现场工地消防安全管理工作经验不足

施工现场管理不善，管理经验不足，极易产生违规操作，加之分包企业消防安全责任人履行不到位，对于现场只关注进度，而对常见的安全隐患视而不见，这都容易引发安全事故。

2　在建工程消防管理存在的问题

2.1　施工者消防安全意识淡薄

在实际施工过程中，临时雇佣的工人较多，且这些人员素质参差不齐，消防安全意识相对淡漠。管理者为了赶工期，擅自让无证的配电、焊工等作业人员进场，建筑施工中动火、动电时不按相关规定办理各种手续等情况时有发生[2]。如果操作不当极易出现火灾事故，火灾发生后又没有可靠的扑救措施，就会造成火势的蔓延和扩大。

2.2　消防工作安全管理责任制不落实

很多施工单位的负责人认为对建筑工程进行分包后，建筑施工安全责任就会随之转嫁给施工单位，所以很多施工单位往往希望压缩工期，只求进度，将防火工作往往流于形式化，并未建立施工现场的消防管理体系和紧急疏散预案，无法定期对施工人员开展消防培训和演练。

2.3　施工中违章用火用电，导致失火事故频发

工地操作通常离不开电工、气割等，但因为施工者缺少消防常识，导致操作过程中隐患较多，主要体现在：一是违

章用电，不按电气设备的安装使用规范，私自乱拉乱接导线，容易引起导线短路；二是不按照供电装置功率高低选用适当的导线尺寸，任意增大供电装置，容易引发导线超负荷；三是在焊割工程作业中，炽热的金属材料火星飞溅，同样也会引发着火事件。

2.4 建筑施工现场未安装必要的消防器材

由于一些建筑公司只讲究效益而忽略安全，在建设施工现场为了节省成本，未配备必要的消防设施和器材，有的装了但只是个摆设，不符合消防技术标准。很多城市建筑工地都不能实行临时供水，所以只能使用附近路段的市政消防栓。另外，消防水源被人侵占或封闭的情况也时有发生。

3 在建工程施工现场常见的失火原因

经对在建建筑施工现场进行调查统计，施工现场常见的火灾成因，主要包括以下几个方面：

3.1 焊接、切割作业引发的火灾

（1）焊接、切削等作业中形成的金属火星飞溅并引燃周边可燃物。

（2）因焊缝、切削等作业所引起的高热或因热传递而引燃了其他可燃物。

（3）接地导线与电气接线、焊钳连线接头处理不良，松动打火。

（4）焊接导线选用的方法不合理。导线直径过小，在使用过程中容易超负荷，甚至引起短接打火。

（5）因连接线路受压、破坏而引起的故障，或敷设不良、碰到高温物品或打卷使用时形成的涡流，过热失去绝缘故障或打火[3]。

3.2 电气故障引发的火灾

施工现场临时供电线路和乱拉乱接的供电线路发生过载、接触不良或短路事故以及因电气设备失效等原因引起的火灾事故；临时供电导线及电力器具保护不良，引起设备损毁、遭受暴雨冲刷而引起电力导线及设备事故所造成的火灾。

3.3 用火不慎、遗留火种

建筑施工者的生活设备如煮饭、采暖、照明设备等使用不当，或因抽烟乱扔烟蒂，导致引燃周围可燃物。

4 建筑工程消防安全管理对策及措施

4.1 做好总平面布局设计

建筑工地的总平建筑设计，必须明确工地出口的设定和现场人员办公室、生活、生产、物品储存等地域的布局原则。针对建设工地的动火源和可燃物，易燃物等进行重点控制，是有效保证现场人员消防安全的重要体现。

4.2 在建工程施工现场各建筑物之间留置防火间距

确保临时用房、临时设备和在建项目之间的合理防火间距，是避免施工现场火势迅速扩散的关键。员工宿舍、易燃物材料和易燃易爆危险品存放等场地，不得设置于在建的工程项目内。

4.3 设置临时消防救援场地

对于施工高度超过24m的在建项目、建筑工程单体占地面积不小于3000m^{2}在建工程以及大于十幢，并且为成组布局的临时用房，施工现场还应设临时消防救援场地[4]。

4.4 特殊用房的防火要求

除了住宿、办公用房之外，在建设施工现场内的诸如发电厂室、变配电间等建设施工现场内火灾风险很大的临时用房，对这种用房也应消防规定，以便于对火灾风险的有效管理。特殊用房的防火设计应当满足以下条件：

（1）建筑结构的燃烧性能应为A类。

（2）建筑层数必须为一层，面积不应超过200m^2；可燃材料及易燃易爆危险品贮存房应分别安排在不同的临时用房中，且每间临时用房的建筑面积都不能大于200m^2。

4.5 临时疏散通道的防火要求

在建工程项目火灾事故常出现于高空作业地点。为此，在建工程项目疏散道路须与在建工程结构建筑保持同步，并与高空作业地点相连，以适应人员撤离要求。

4.6 建筑工程施工现场消防设备配置

建筑项目在施工现场发生火情后，由于初期的有效扑救和合理疏散才是防止建筑财产受到破坏和保证建筑施工方的变全最有效方法[5]，所以目前在建筑施工现场设置的消防器材、临时性消防给水系统和临时应急照明系统等，都是目前在建筑施工现场中最常用，并且也比较合理可行的临时消防设备。

4.7 保证临时消防给水系统

建筑物施工现场或其周围应当设有固定、安全的给排水，且应当能满足建筑物施工现场临时消防用水的需求。消防供水使用市政给水管网、天然自来水、临时贮水池等，消防水源方面须采取适当措施，以保证结冰时节、在最低点水平时顺畅取水。

5 在建工程施工现场防火管理

考虑到施工现场本身产生火灾事故的风险因素较高，一旦且出现火灾事故，极易引发群死群伤。施工单位要按照工程规模、现场消防安全管控的工作重点，做好以下工作：

（1）在建设项目施工现场设置自动消防管理组织机构和义务灭火机构，并须明确自动消防责任人和消防安全管理，履行有关工作人员的自行消防管理责任。

（2）建立各种消防安全管理体系，如消防安全培训和演练制度、在建工程用火用电制度、易燃可燃危险品管控制度等。

（3）编制施工现场消防扑救和撤离预案，主要包括各单位和各类的应急职责、发现火灾事故时的报警处理程序和重要负责人的通信联系方法、扑救初期火灾事故的过程和措施、紧急撤离和救助的过程和方法，并定期开展演练，根据演练情况，及时修订和更新。

（4）对施工人员的消防安全培训。在进场前和施工过程中，及时对施工人员进行定期的消防安全教学与演练，重点是了解建筑施工现场的各项消防制度、消防措施和紧急避难工作预案，以及建筑施工现场临时灭火设施的使用原理。学会扑救初起火灾扑救，学会如何正确报警和自救逃生[6]。

（5）建筑施工过程中，现场的消防主要责任人和管理人要定期对建筑物及工程的易燃物和易燃易爆危险物资的监督管理、动火作业的消防措施、用火管理、用电及用气情况、电气焊及防火性能建筑防水设计、临时消防设施、临时龙门吊道等情况进行消防安全检查。

（6）做好和留存施工现场消防安全管理工作的有关文书和记录，必要时留存照片和影像资料。

综上所述，因为在建施工的建筑现场往往是一处人、物资高度集中以及人员流动性特别大的地点，同时又因为现场有许多高可爆性易爆的材料，所以如果火势一旦扩大，很难遏制。做好建筑施工现场的安全管理工作[8]，必须靠工程建设主管部门、建设单位、监理单位和地方各级政府主管部门的齐抓共管、群防群治，唯有如此，才能彻底改变当下在建工程施工现场的混乱局面，让建筑施工现场的安全管理工作沿着健康良好的发展轨迹开展。

责任重在泰山，作为中国建筑施工安全的一项组成部分，在建工程的消防安全问题不能小觑。为扎扎实实做好施工中的灭火管理工作，按照《建设项目安全生产管理条例》和《建设工程施工现场消防安全技术规范》《建筑消防监督管理规定》（第119号令）等有关文件精神和规范。本工地方面遵循"生命安全第一位、防范为先、综合整治"的管理工作方向，以落实国家安全生产责任制为核心，另一方面以建设工地的自动消防检查系统为主线，全面做好各项标准的落实。

6 结束语

建筑施工现场的特征和性质决定了消防安全对于施工现场是极其重要的安全管理内容。但因为建设施工现场情况的复杂化和特殊性，造成了管理工作会出现更多漏洞，所以我们需要从现场施工人员的意识入手，进行岗前和施工阶段的人员培训，在施工过程中做好监控与管理工作，笔者对在建工程项目中的防火管理给出了具体的措施，希望尽量减少建筑施工过程中存在的隐患，进而减少事故的发生。

参考文献

［1］公安部消防局．中国消防手册第十卷：火灾扑救［M］．上海：上海科学技术出版社，2016.

［2］中国消防协会学术工作委员会，中国人民武装警察部队学院消防工程系．2011 消防科技与工程学术会议论文集．武警学院学报，2017，23（2）：70-73.

［3］王爽．分析建设工程施工现场消防监督管理工作的基本要点［J］．安防科技，2019.

［4］余攀．在建工程火灾风险及应对措施研究［D］．北京：清华大学，2018.

［5］曹永强，杜希．建筑工地的消防安全及管理［J］．现代职业安全，2021（12）：24-26.

［6］李永康．建筑工地火灾成因分析及消防安全管理对策［J］．中国民航大学学报，2019（4）：61-64.

［7］石海鹏，刘圣阳．提高消防部队灭火救援作战能力对策研究［J］．武警学院学报，2017，27（6）：16-18.

互诉举报件引发住宅社区电动自行车的管理思考

陆 珺

（上海市杨浦区消防救援支队 上海）

摘 要 电动自行车以经济便利等优势成为社区里主打的交通工具，在给生活带来便利的同时，其火灾隐患也日益突显，近年来电动自行车引发的火灾呈多发频发趋势。一起互诉举报件引起笔者对住宅社区电动自行车管理的思考，本文围绕住宅社区电动自行车的消防安全管理进行探讨，分析了电动自行车的消防安全问题，提出了加强住宅社区电动自行车消防隐患的预防与对策。

关键词 住宅社区 电动自行车 法律焦点 监管症结 综合治理

0 引言

电动自行车以经济便利等优势已成为社区里主打的交通工具，据不完全统计，上海市电动自行车保有量约1000万辆，实际使用量约800万辆，电动自行车给生活带来便捷的同时，其火灾隐患也在日益突显，相关的火灾和举报信访量呈逐年上升趋势，大部分集中在住宅社区。近期，一起互诉举报件引起笔者对住宅社区电动自行车管理的思考，分析研判举报内容，加强社区电动自行车火灾防范措施，对预防和避免此类火灾事故具有重要意义。

1 两件举报单诉求内容

举报单一：居民反映其社区物业告知电动自行车的电瓶不能拿回家充电，其诉求：请管理部门告知电瓶不能拿回家充电的法律依据。

举报单二：社区物业反映居民不听劝阻，强行将电瓶拿回家中充电，存在火灾隐患。

2 互诉举报件的法律焦点

两件举报单为同一居民与社区物业之间的互诉案件，问题的焦点在于将电动自行车的电瓶拿回家充电是否违反法律法规？我国法律体系具有成文法系的特点，注重法律的稳定性，而其相对的缺点就是滞后性。社会具有发展运动性，法律受其自身条件的制约，不可能时刻反映社会变化，早期制定的法律对于新出现的情况可能有顾及不到之处。电动自行车作为新兴产物，其部分具有火灾危险性的连锁行为定性暂未纳入立法。虽然目前没有直接禁止电动自行车或电瓶在居民家中停放或充电的法律条款，但对于行为人的过失引起火灾，造成严重后果，危害公共安全的行为，根据《中华人民共和国刑法》可以认定为失火罪，处3年以上7年以下有期徒刑；情节较轻的，处3年以下有期徒刑或者拘役。最高人民检察院、公安部《关于公安机关管辖刑事案件立案追诉标准的规定（一）》第一条规定，过失引起火灾，涉嫌下列情形之一的，应予以立案追诉：1. 导致死亡1人以上，或者重伤3人以上的。2. 导致公共财产或者他人财产直接经济损失50万元以上的。3. 造成10户以上家庭的房屋以及其他生活资料烧毁的。4. 其他造成严重后果的情形。

3 电动自行车的相关法律法规索引

电动自行车是以车载蓄电池作为辅助能源，具有脚踏骑行功能，能实现电助动或/和电驱动功能的两轮自行车。[1]

3.1 关于住宅社区电动自行车违规停放的法律责任

《中华人民共和国消防法》（以下简称消防法）第二十八条中明确：任何单位、个人不得占用、堵塞、封闭疏散通道、安全出口、消防车通道。对于电动自行车停放在建筑内疏散通道、楼梯间及门厅等公共部位，或者停放在室外消防车通道上，影响消防车安全通行的情形，消防法第六十条第一款第五项规定对单位责令改正，处5000元以上50000元以下罚款，对个人处警告或者五百元以下罚款。

3.2 关于住宅社区电动自行车违规充电的法律责任

消防法第六十六条规定电器产品的使用及其线路的敷设不符合消防技术标准和管理规定的，责令限期改正，逾期不改正的，责令停止使用，可以并处1000元以上5000元以下罚款。引用该条款必须索引到电器产品线路敷设的相关标准。笔者将私拉乱接、飞线等常见问题的违反标准整理如下：

《民用建筑电气设计标准》（GB 51348—2019）第8.2.2条：室内场所采用直敷布线时，应采用不低于B_2级阻燃护套绝缘电线，其截面积不宜大于6mm²，护套绝缘电线水平敷设至地面的距离不应小于2.5m，垂直敷设至地面低于1.8m部分应穿导管保护。

《家用和类似用途插头插座第2-7部分：延长线插座的特殊要求》（GB 2099.7—2015）第14.2条：延长线插座的软缆的类型和长度、导体的标称横截面积应符合表1。移动式插座应按表101进行连接软缆。制造商应在产品本体和/或包装单元上标识接线横截面积。

表1 延长线插座的软缆的类型和长度、导体的标称横截面积

额定电流/A	最轻类型的软缆	导体的最小标称横截面积/mm²	软缆的最长的长度/m
10	60227IEC53（RVV）或60245 IEC53（YZ）	1.00	5
		1.50	30
16	60227IEC53（RVV）或60245 IEC53（YZ）	1.50	5
		2.50	30

4 住宅社区电动自行车的安全监管症结

4.1 电动自行车集中车棚无法满足现实需要

电动自行车是近年来社会高速发展的便利产物，几乎每个家庭拥有一辆，设置电动自行车集中停放场所及充电装置成为老旧居民社区的新问题，受到用地及资金紧张等客观条件限制，住宅社区电动自行车集中停放及充电装置在数量上依然存在较大缺口，客观上助长了“入户充电，人车同屋”的现象，增加了住宅楼火灾风险。虽然少数社区已增设集中停车棚，但充电车位量少紧张、位置设置偏远及收费较高的问题致使其利用率不高，形同虚设。

4.2 居民对电动自行车的危害存在认知不足

居委会每年都会组织居民进行消防疏散演练，但对于电动自行车安全隐患防范方面的宣传还处于薄弱环节，住宅社区内未制定针对电动自行车的消防安全管理制度。居民对其火灾危害性存在认知限制，认为电动自行车线路和构造比较简单，且不需要使用汽油等易燃易爆品作为燃料，不会造成严重的火灾事故，正是这种思想意识，使得人们对电动自行车的基本消防安全常识认识不足，缺乏安全防范意识。

4.3 法律的滞后性增加了火灾隐患的管理难度

如上述举报内容，居民将电瓶拿回家中充电并无法律约束，虽然在个人住房内为电动自行车充电而引起火灾的案例不在少数，但仍有居民片面强调法无禁止即自由，而忽略该个人行为可能导致的公共危害性。居民在个人住房内常常利用晚上为电动自行车充电，充电时间较长，一般情况下，电动自行车凌晨时就处于充满状态，若是继续充电，极有可能出现过充以及发热的情况。一旦引发火灾，居民处于熟睡状态，无法及时逃生，极易造成人员伤亡，威胁到社区居民的生命财产安全。

5 住宅社区电动自行车的综合治理措施

5.1 社区电动自行车的治理在于“疏”

加快推进集中车棚及充电装置的建设工作，是解决电动自行车“进楼入户”的关键。建设工作需要从源头抓起，在新小区的设计阶段应将电动自行车棚和充电桩的建设考虑进去，实现电动自行车的停放和充电至少达到1∶1的条件。[2]对于老旧住宅社区，协同住房和城乡建设管理部门做好电动自行车集中停放场所规划工作，整合资源因地制宜，有条件的组织相邻住宅区共同建设。对于改造难度较大的地下非机动车库或难以设置地面集中停车棚的，可以布置露天充电桩或换电柜，根据社区居民使用电动自行车的频率和电池型号等来合理确定充电桩或换电柜的类型和位置数量，充分满足老旧社区居民的电动自行车充电需求。以政府实事项目为主导，列入区财政预算的同时，鼓励房屋维修基金、社会资金及力量共同参与住宅社区集中车棚及充电装置的建设，统一车棚的充电收费价格标准，以达到便民实用的目的。

5.2 社区电动自行车的治理在于“智”

加强集中车库的充电线路安全防护，设置定时充电、自动断电、故障报警等功能的智能充电控制设施，有效防止过充、短路等电气火灾诱因。安装电气火灾监控和可视监测系统，对整个充电系统进行24h监控，发现电气火灾隐患能及时发出报警信号。应用物联网和5G等新技术将可视监测信号接入“一网统管”，依托城市运行“一网统管”平台推动线上线下协同，在住宅社区集中车棚构筑起智能高效的“安全屏障”，实现社区电动自行车安全的智慧管理。以城市运行管理中心为运作实体，汇总各类电动自行车棚和集中充电装置的基础信息和数据资源，把分散式信息系统整合起来，为日常巡查、突发事件快速定位以及可视化远程决策提供保障。线下形成跨部门的协同运行体系，与公安、城管和街道等行政部门形成信息互通、资源共享、综合监管的联动机制，优化和完善处置流程，提升快速响应和高效联动处置能力。

5.3 社区电动自行车的治理在于“防”

5.3.1 技防

集中车棚的位置适宜在经常有人值班的地方构建，如保安亭、值班室等。室外车棚应采用不燃材料搭建，注意避开消防登高面和消防车道，并与周边建筑保持安全的防火间距。设置在建筑内的集中车库应设置防火隔墙等技术措施形成有效分隔，防止电动自行车火灾发生时，有毒烟气和火势蔓延到其他区域。电动自行车集中停放场所应根据位置合理配置消防设施，有条件的场所应配置局部应用系统和火灾自动报警系统。对于供水限制困难的住宅区，可以考虑设置固定灭火设施，如悬挂式干粉灭火系统，但应注意车棚的密闭情况与灭火效果，确保当电动自行车发生火灾时，能第一时间发出报警声，且自动扑救，使火势蔓延得到有效控制。

5.3.2 人防

借助消防宣传进社区、进家庭的活动，大力普及电动自行车火灾预防知识，通过典型火灾案例播放、在社区宣传栏及住宅楼进出口张贴电动自行车火灾防范海报，让居民直观感受其火灾危险性，内化于心，外化于行，不再用法律的滞后性消极抵触社区安全管理，使消防安全防范意识转化为规范使用电动自行车的良好行为。发动平安志愿者开展上门宣传，“面对面”引导群众认识电动自行车的火灾风险，制定电动自行车防火公约，自觉抵制电动自行车“进楼入户”。督促物业加强住宅社区公共部位的巡查，制止乱停乱放和违规充电行为，有效提升住宅社区公共安全。

5.4 社区电动自行车的治理在于“法”

法的本质最终是由一定的社会物质生活条件决定的，在当前电动自行车数量猛增，安全形势较为严峻的背景下，2021年5月1日实施的《上海市非机动车安全管理条例》第四十三条明确规定了电动自行车在人员密集场所室内区域违规停放、充电的法律责任。由此可见，电动自行车安全管理的相关立法活动正逐步趋于完善，但现行法律法规中涉及住宅社区电动自行车管理的规定有不同程度的缺失。鉴于个人住房内电动自行车停放及充电的火灾危害性，建议尽早将禁止电动自行车“进楼入户”列入立法活动，及时出台相关管理法规，让住宅社区电动自行车的治理有法可依。

电动自行车给人们生活带来便利的同时，其火灾事故对居民的生命财产安全产生威胁。因此，做好住宅社区电动自行车消防安全管理尤为重要，让电动自行车在规范的管理中得以健康地发展，最大限度减少电动自行车火灾的发生，全力以赴保障社区居民安居乐业。

参考文献

［1］GB 17761—2018，电动自行车安全技术规范［S］.

［2］李智超，刘建伟．住宅小区电动自行车消防安全的探讨［J］．消防论坛，2018，24：33-34.

浅谈克拉玛依区集贸市场消防安全现状及监管对策

朱庆楼

（新疆克拉玛依市克拉玛依区消防救援大队，新疆　克拉玛依）

摘　要　随着经济社会的发展，作为社会主义大市场的重要组成部分，集贸市场在社会经贸活动中的重要性日趋凸现。同时，因为集贸市场的固有特征，其消防安全面临严峻的形势。本文结合日常消防监督检查工作实际，针对集贸市场存在的火灾隐患进行详细分析，在此基础上提出了加强集贸市场消防安全监管对策。

关键词　消防安全　集贸市场　火灾隐患　监管对策

0 引言

作为市场经济不断繁荣的征象之一，以个体经商户为主的集贸市场如雨后春笋般迅速遍布各地城区。集贸市场主要是由农副产品市场、日用工业品市场和综合市场组成，市场内门面比较集中，近年来随着我国社会经济建设的快速发展和人均生活水平的显著提高，集贸市场也迎来了繁荣发展，给个体经营商户带来可观经济效益的同时，也大大方便了城乡居民生活，但是常德“12·21”桥南市场特大火灾、深圳“12·11”健农市场重大火灾等一系列严重的火灾事故给我们敲响了警钟。集贸市场由于基础设施建设缺陷、消防设施器材缺乏、消防安全监管薄弱、单位管理层和个体经营商户消防安全意识淡薄等诸多因素，致使其火灾事故时有发生，严重威胁着人民群众的生命和财产安全。笔者结合工作实际，调研走访了克拉玛依区辖区内的集贸市场，以克拉玛依区准噶尔市场为例，市场内错落着近百家商铺，人流密集、私拉乱接电线、设置防盗窗、违规使用液化气等消防安全隐患严重。因此，分析农贸市场消防安全现状，尝试解决存在火灾隐患，显得尤为重要。

1 典型的火灾案例

1998年5月5日17时40分，北京玉泉营环岛家具城北厅的电铃线圈过热，引燃线圈外部的牛皮纸、塑料布和后盖底座，而后掉落在下面的沙发上发生火灾，直接经济损失达2087万元。

2000年12月31日18时30分许，大同市云中商城服装大世界因设在东厅三层边棚17号摊位个体户私自使用可燃材料装修并擅自移动电表、增设线路和用电超负荷，使电表接线柱与铝导线接触不良，产生电弧，局部过热熔流导线，高温熔珠掉落及燃烧的导线外皮引燃下方可燃物发生特大火灾，建筑过火面积14400m²，直接经济损失达1964万元。

2004年12月21日7时20分，湖南省常德市桥南市场9561号门面内通电状态下的14in彩色电视机内部故障引起火灾，建筑过火面积83276m²，其中坍塌面积10011m²。火灾造成1人死亡、13人受伤，3220个门面、3029个摊位、30个仓库全部烧毁，桥南宾馆、商业招待所部分烧损，受灾5200余户，直接经济损失达18758万元。

2007年10月3日中午12时15分许，新疆吐鲁番市新拓商城集贸市场发生火灾，造成1名小孩丧生，过火面积为1383.4m²，受灾户为35户，火灾直接财产损失40万元。火灾原因为该市场11号商铺使用液化气不慎泄漏遇明火源引发火灾。

2008年1月2日20时25分，新疆乌鲁木齐市德汇国际广场批发市场二期A段与B段之间经营拖把、扫把的临时摊位因外来火源意外引起火灾，建筑过火面积6.5万m²。火灾造成2名群众死亡，3名消防救援人员牺牲，直接经济损失约3亿元。

2012年3月7日、14日、16日新疆塔城地区乌苏市集贸市场10天内共发生3次火灾，烧毁几家商铺。

2016年2月2日6时29分许，位于克拉玛依市前进路35号的万利有限责任公司城东市场发生火灾，过火面积2328.64m²，无人员伤亡，直接经济损失872175.06元，火灾原因系民主小区 21 栋一层由东至西第五间商铺外，一临时拉接的白炽灯长时间通电掉落在堆放可燃物的货架上，烘烤可燃物引发火灾。为此，研究和探讨集贸市场存在的火灾隐患及监管对策已经成为当前公安消防安全监管部门的一项紧迫而重要的课题。

2 集贸市场存在的火灾隐患分析

2.1 建筑本身存在“先天性”火灾隐患。集贸市场除统一兴建的大型市场以外，中小型或老式集贸市场多数为棚顶市场、临街市场等，有的集贸市场是在原有建筑的基础上改扩建而成的，在建造时未经消防审批，致使这些集贸市场遗留下诸多“先天性”火灾隐患。比如建筑耐火等级偏低、建筑简陋易燃、防火间距不足、缺乏防火分隔、安全疏散通道和出口宽度不够、灭火设施器材不足以及商品分布未考虑防火灭火要求，摊位柜台密度过大、间距不足等问题。

2.2 消防设施器材配备严重不足，且维护管理不善，完好率低。一些集贸市场室内消火栓不能正常使用，瘫痪故障频繁，要么没水，要么压力不足；一些集贸市场没有依照《建筑灭火器配置设计规范》的要求配置灭火器，有的虽然配备了一定数量的灭火器，但是位置摆放不正确，不便于发现和取用，有的灭火器型号与灭火场所的配置要求不相符，配备的灭火器在火灾情况下不能有效发挥作用。

2.3 市场内用火、用电、用气量大，火灾隐患突出。集贸市场内的商铺，除日常照明、夏季排风等用电外，广告橱窗内的霓虹灯，商铺内的吊灯、壁灯、台灯，节日或展销期间的彩灯，以及商铺人员烧水煮饭用的电热器具，都离不开用电；有的市场商铺内使用液化气灶具；不少市场皆为前店后库，店中有店，商务洽谈、生活起居混于一室，用火、用电、用气点多量大，严重存在着“三合一”现象，极易引发火灾事故。

2.4 集贸市场内可燃商品多，个体经营商户消防安全意识淡薄。集贸市场的商品除鲜湿农副产品外，其余商品如服装、鞋帽、塑料制品、交电、文具、工艺美术、家具等，均属可燃商品。有些商品如油漆、气体打火机用的丁烷气瓶等化工制品属于易燃危险品，而个体经营商户由于缺乏消防安全知识，自我消防安全管理意识淡薄，遇突发性火灾往往束手无策。

2.5 消防安全管理薄弱。根据《集贸市场消防安全管理办法》的规定，集贸市场的消防安全应由其主办单位负责，但是不少集贸市场由于主办单位消防安全管理责任落实不到位，有关部门配合协调不够，没有建立健全消防安全管理责任制度，消防安全管理工作处于失控漏管状态。

3 加强集贸市场消防安全监管对策

基于集贸市场存在的“先天不足、场所特点、后天失管”等现状，作为消防监督部门，要密切联系实际情况，充分发挥自身的职能作用和社会各界力量，最大限度地解决集贸市场存在的消防隐患问题，确保集贸市场的消防安全。

3.1 严把建筑消防设计审核关，杜绝“先天性”火灾隐患。严格依照《建筑设计防火规范》[GB 50016—2014（2018年版）]和《建筑内部装修设计防火规范》（GB 50222—2017）的要求对集贸市场建筑进行规范化设计和管理。对于新建或改扩建的集贸市场必须按照国家规范的要求进行设计并报送消防设计审核，同时递交市场总平面设计图，单体建筑的平、立、剖面图，电气、给、排水设计图，依照《乡镇集贸市场规划设计标准》（CJJ/T 87—2020）规范要求：集贸市场应与燃气调压站、液化石油气气化站等火灾危险性大的场所保持 50m 以上的防火间距，应远离有毒、有害污染源，远离生产或储存易燃、易爆、有毒等危险品的场所，防护距离不应小于 100m。

3.2 加强集贸市场管理职能，培养起坚强有力的管理队伍。依据《消防法》和《机关、团体、企业、事业单位消防安全管理规定》要求，按照“谁主管，谁负责；谁在岗，谁负责”原则，建立健全消防安全管理责任制，并严格落实到位。集贸市场由政府牵头，并由相关职能部门成立消防安全管理领导组织机构，统一管理，明确权责，并层层签订《消防安全责任书》，要将责任落实到每位个体经营商户。同时建立健全消防安全管理责任制度，建立健全用火用电消防安全管理制度，落实日常防火巡查制度，实行 24h 全天候消防安全保卫巡查，定期召开会议，并向广大个体经营商户分析通报火灾形势；发现问题立即采取整改措施，对存在的火灾隐患，要分清轻重缓急，分批落实整改措施，确保集贸市场内消防安全。

3.3 完善消防设施器材配备，提高市场对火灾的防御能力。根据有关消防法规和集贸市场的消防安全管理规定，应着力解决集贸市场消防设施设备不足的问题。当务之急首先是解决个别集贸市场存在的灭火器和消防给水不足的问题。其次是解决大面积市场的防火分隔问题，而后再完善其他消防自动灭火系统装备。针对集贸市场个体经营商户摊位门市密集、客流量大的特点，严格要求各单位、各市场经营的门市、仓库、商户和柜台，配置固定灭火器和移动灭火器材，对营业面积达到《建筑设计防火规范》规定的防火分区的集贸市场一定要设置自动喷淋装置，设置区域防火分区，对现有的消防设施器材加强日常维护保养工作，保证其完好有效。

3.4 落实消防监督检查力度，改善集贸市场消防安全状况。消防部门要组织对市场的火灾隐患进行全面排查论证，摸清隐患的底数，并向政府专题汇报，阐明利害关系，提请政府对重大火灾隐患挂牌督办，并成立相关工作组或专门领导班子，形成多部门联动的格局，大力开展专项整治，对防火分区、疏散通道、违章搭建和消防设施等方面存在的重大问题，责成有关单位尽快制订整改方案，限期落实整改措施。同时，要针对大型室内集贸市场及周边地区火灾隐患多、火灾荷载大、灭火难度大等特点，抓紧制订符合消防安全要求的整体改造规划，切实提高抗御火灾的整体能力。

3.5 强化消防宣传教育力度，切实提高从业人员的消防素质。摊位从业人员是集贸市场的组成主体，要想从根本上改善集贸市场的消防安全状况，必须提高从业人员的消防安全知识和消防安全意识。首先必须了解从业人员的特征：他们经常整日忙碌、早出晚归，极少关心、注意与他们切身利益无关的事情，公众传媒工具对其影响不大。所以，应采取直接的、言传身教的宣传教育方式，通过市场管理部门组织消防知识培训班、进行灭火演练和日常的防火检查活动，结合集贸市场中存在的违章行为、火灾隐患、消防设备问题等具体情况，用通俗易懂的语言让他们掌握消防基本知识和基础技能。并进一步提高他们的消防安全意识，使他们自觉抵制消防违章行为和整改火灾隐患，从而增强集贸市场总体的防灾救灾能力。

参考文献

[1] 邢生文．集贸市场火灾隐患及整改对策［J］．武警学院学报，2007，06.

[2] 杜梅．浅谈集贸市场的火灾危险性及防火对策［J］．安防科技，2010，09.

“双随机、一公开”消防监督模式应用的思考

李洪刚

（松原市消防救援支队，吉林　松原）

摘　要　2019年，随着消防执法改革措施的不断深入，消防监管模式由传统模式改革为“双随机、一公开”监管模式，笔者结合自身多年消防监督管理工作实践经验和工作地“双随机、一公开”消防监管模式实施三年来的运行情况，对“双随机、一公开”监管模式的先进性进行分析，并提出“双随机、一公开”消防监管模式运行过程中暴露出的问题，从消防监督执法力量、执法系统共享互通工作、推进社会单位库基础信息录入三个方面提出改进意见。

关键词　消防　监督管理　双随机　一公开

1　引言

为全面贯彻落实“放管服”改革总体要求，健全完善事中事后监管机制，根据中共中央办公厅、国务院办公厅《关于深化消防执法改革的意见》（厅字〔2019〕34号），应急管理部消防救援局于2019年9月20日发布了《关于全面推行“双随机、一公开”消防监管工作的通知》（应急消〔2019〕241号），在全国范围内推行“双随机、一公开”消防监管模式，强化企业履行义务的自觉性，规范市场经营行为，营造了公平竞争的市场秩序。但在实施“双随机、一公开”消防监管模式的过程中也暴露出一些问题，现就该监管模式进行简要的分析。

2　“双随机、一公开”消防监管模式优势

“双随机、一公开”消防监管模式，是在进行消防监督检查时，随机抽取检查对象，随机选派执法检查人员，及时向社会公开抽查情况及查处结果，该模式是强化事中事后监管机制，规范执法行为，提高监管效能的有效手段。从笔者工作地“双随机、一公开”消防监管运行看，突出优点有以下三方面。

2.1　消防监督执法行为更透明

“权大”和“法大”一直是群众关心的热门话题，“双随机一公开”消防监管模式有效地解决了这一问题，将权利装在笼子里，暴露在群众的视野之下。“检查哪、谁去查”，都由系统随机产生，有效避免“想查谁就查谁”“谁想查就去查”的现象，破解了长期专人专管地监管的问题，还避免了重复执法的扰民问题。公开抽查计划及抽查结果，将监督活动置于广大人民群众的监督之下，极大地减少了暗箱操作滋生腐败的土壤，也让社会单位看见消防隐患及违法行为的处理结果，既提升了执法者的敬畏之心，又保障了对群众的公平公正。

2.2　抽查、检查方式更科学

“双随机、一公开”消防监管系统中的单位清单，按照场所级别划分了重点单位、一般单位、小场所等类型，按照经营生产方式设置了商市场、宾馆饭店、公共娱乐场所等场所标签，还可以根据当地辖区特点，增添个性化场所标签，通过消防部门定期的安全形势分析，找准下去火灾隐患的薄弱环节，制定具有针对性的抽查计划，将有限的消防监督执法力量精准投放到火灾发生概率最大的单位中去，避免了检查的随意性、泛泛性，极大地提升了执法精准度。

2.3　检查对象覆盖范围更全面

“双随机、一公开”消防监管系统建立了全覆盖的检查对象名录库，检查对象名录库涵盖了机关、团体、企业、事业单位，还包括日常经营单位、物业企业和“九小场所”，其辐射面涵盖了所有的经营、生产、生活、娱乐类型的场所。为保证全面覆盖，消防部门还积极与市场监督管理、公安、住建等部门协调，调取相关主体名录，对其数据进行核查、清洗，通过分类标注、批量导入等方式录入系统，有效解决单位碎片化的问题。

3　“双随机、一公开”监管模式存在问题

“双随机一公开”作为一种创新的监管方式，是深化“放管服”改革、加快政府职能转变的内在要求，新的监督管理模式在实施过程中，不可避免地面临一些困境，主要表现在以下几点：

3.1　执法力量与监督执法任务量不匹配

改制转隶后，部分消防执法岗位业务骨干流失，消防部门基层执法力量薄弱，人少事多问题难以短期内根本解决[1]，以吉林松原为例，全市各类单位145205家，仅重点单位就1227家，辖区内共9个消防救援大队，全市执法人员仅48人，人员编配与地域面积、人口规模等实际情况有较大差距。实施“双随机、一公开”消防监管模式后，这一问题仍然没有解决，而且新的监管模式检查频次、检查人员相对固定，这就产生了执法任务难以均衡分配等新问题，部分大队人员配置较少，但辖区单位较多、检查任务较重，部分大队社会单位较少，执法任务相对较轻，如哈达山大队共有执法人员5名，有重点单位12家，一般单位、小场所和其他单位405家，人均单位数为83.4家；而江北大队有重点单位119家，一般单位、小场所和其他单位3.3万家，大队有5名执法人员，人均单位数达到6609家；这只是通过简单的数据分析，其中还有路程远近、重点单位占比等因素影响，从人均单位数来看，检查任务繁重，加之还要参加各类会议、联合检查、火灾调查、应急救援、宣传教育等活动，导致分身乏术。在日常数据统计中，多以市或省为整体单位，任务“浓度”被稀释，而在系统使用中，检查人员随机抽取无法进行跨区域的抽取，即使能够随机跨区域抽取检查，仍会面临路程远、处理难等问题，如何均化任务量，避免极端化上，系统上仍待改进。

3.2　检查及公布事项不全面

现行“双随机、一公开”消防监督系统中仅对随机抽

查和专项抽查列为任务事项，而监督复查、举报投诉、行政许可、转交办理等事项未列入其中，尤其是监督复查事项，日常检查中80%以上检查任务都涉及复查，因系统限制，无法全面的在“双随机、一公开”消防监督系统中显示；在检查后，单位检查情况仅可以选择“未发现违法违规情况”“责令限期改正”和“责令立即改正”三种情况，在互联网公开也仅能查看以上几种检查情况，无法查阅具体的行政处罚事项，导致无法做到所有事项“随机选取、全面公开”。而且在政务外网中监督管理系统中对《消防监督检查记录》可以随意修改，这样并不会影响“双随机一公开”系统的录入，复查情况也无法同步到“双随机一公开”系统中，使得在监督检查和结构公布上，两个系统存在中间地带。

3.3 单位库信息收集困难

“双随机、一公开”消防监管系统建立了全覆盖的检查对象名录库，虽然是优点，但也带来困难，那就是单位数量庞大，信息繁杂，录入量大。在单位信息录入上，一般采取逐家录入和批量导入的方式，但不管采取哪种方式录入，信息的完善都是痛点。松原采取的是调取市场监管部门市场主体名录库批量导入的方式，这样可以保障在市场监管部门注册的单位全部录入系统，但以这种形式的录入，只看重了样本底数的问题，却忽略了数据的准确性、真实性的情况，全市的单位从最初在市场监管部门统计的约20万家，经过长时间的排查减少至14.5万家，这需要大量的人力去进行筛选，虽然删除量巨大，但不可否认系统中仍然存在“僵尸”单位，而且不在少数。导致这种情况的原因是被监管单位名录库不准确，除了大型场所及企业的信息准确外，其他单位的单位信息亟待完善，部分小场所搬迁或者倒闭，并不会向市场监管部门注销，导致单位“名存实亡”，部分注册人员使用的流动摊位或者无实体场所，导致数量虚高，其中还有大量的预留信息虚假，导致基础数据不准确。如果采取逐家录入的方式，虽然可以逐一录入使得信息的准确性得以保障，但是在覆盖面上无法掌控，同时还需要大量人力去排查，也是一项艰难的任务。

4 进一步加强“双随机、一公开”模式下消防监督工作的建议

通过以上分析，笔者认为改进“双随机、一公开”消防监管模式应当从以下三点去完善：

4.1 积极调配基层消防监督执法力量

监管对象和监管力量的不平均会随着城市的发展越来越严重，这是个不容忽视的问题，我们需要更为超常规的模式来提升监督效能。依据《关于深化消防执法改革的意见》，探索、推动消防员和文员参与消防监督执法，结合消防“六熟悉”、灭火演练、前置执勤等工作，开展防火检查、消防宣传、建筑信息核查，为消防救援大队监督执法工作提供帮助和支撑，从而有效解决基层消防监督执法人员数量不足的瓶颈[2]。同时，从“双随机、一公开”消防监管系统的出发，通过数据的分析和运算，实现监督员跨区域的监督执法，将部分监管单位少的大队监督员设置成为毗邻辖区监管单位较多的大队监督员，在两人执法上采“一当地监督员、一共享监督员”的模式，切实缓解基层执法警力不足、任务不均衡的问题。

4.2 全面完善双系统的共享互通工作

完善政务外网消防监督管理系统和“双随机、一公开”消防监督系统的互通工作，统筹建立两个系统合二为一的新数据库。消防部门改制转隶，法律和规定的修改接踵而至，导致实际工作与政策实施相脱节，尤其是两个系统的使用，在使用上造成了极大的浪费。通过完善数据开发，进一步整合两个系统的对接，在监督管理系统中生成的举报投诉、行政许可、监督复查等任务，会实时的同步到“双随机一公开”消防监督系统中，同时，增加公布处理结果的范围，确保执法信息在录入、存储、公布、使用过程中的一致。

4.3 持续推进社会单位库基础信息录入

完善社会单位库基础信息工作，是一项繁重而艰巨的任务，单位信息的准确是保证监督检查顺利的基础，因此，基础数据库的信息完善工作就极为重要，应从技术和人力方面解决。一是利用“大数据+互联网”共享时代，与市场主体信息平台进行衔接，从市场监督管理局、住房和城乡建设局、应急管理局、公安局等政府部门获得单位主体数据，相互数据认证，以保证数据的真实性，而非人工导入，浪费资源[3]。二是发挥基层网格力量，积极发动乡镇消防救援委员会工作人员和网格员，利用消防文员、网格员和志愿者力量，分区块对社会单位进行地毯式排查，全面掌握单位信息。除日常监管任务外，还要定期排查单位的动态，保证信息的时效性，确保随机抽查的社会效果和改革效果。

5 结语

消防监督“双随机一公开”系统的应用，是坚持公正执法不可或缺的一环，是全面推进公正执法、增强社会活力、维护社会和谐的基本要求，更是人民群众向往民主、法治、公平、正义、安全等方面的延伸，消防部门在新形势的监督执法工作中，仍然要奋力前行。

参考文献

[1] 焦培文．深化消防执法改革应当重点解决的几个问题［J］．中国消防，2020，02：51-53.

[2] 李海英．“双随机、一公开”消防监管模式的实践与思考［J］．消防界，2021，08：108-109.

[3] 朱声球．新形势下消防监管新体系构建——基于“双随机、一公开”机制来谈［J］．日消防，2020，05：85-87.

火灾调查

火灾调查中监控录像证据的应用价值

张贝贝

（天津市红桥区消防救援支队，天津　红桥）

摘　要　出现火灾，灭火固然重要，但是对于火灾发生的过程进行分析也不容忽视，因而整个调查过程就需要专业性、技术性作为保障，同时相关人员还需要具备一定的专业知识。随着近来消防技术的不断发展，监控录像逐渐应用于火灾调查中，为火灾的调查提供了有力的支持，并提高了调查火灾事故工作的质量和效率。监控录像在证据种类当中属于视听证据，可以对于火灾发生的原因和具体状况进行解读。但是其使用又需要遵守一定的原则，本文基于此展开探索，借助于其价值的分析，探讨其特点和运用原则，进而提出科学合理的运用策略，希望可以助力监控录像证据的作用发挥。

关键词　火灾调查　监控录像证据　应用价值

1　引言

近年来，我国的经济发展水平不断提高，经济助力技术的革新，而技术的革新又给各行业工作的效率提升提供了便利，其中火灾调查中需要的监控录像证据的由来就是借助于此。火灾是我们日常生活中常见的一种灾害，往往火灾安全事故的出现后留下的触发证据相对有限，这导致在火灾安全事件调查后期缺乏足够的证据来支持工作，因此，无法更准确地分析和量化由火灾引起的损失。为了确保火灾事故调查工作达到预期的效果，监控录像作为具有现代特征的可视证据，对于火灾真相的调查具有重要的支撑作用，因而如何科学使用从而发挥其较大价值值得探索，因为这不仅可以提高火灾事故调查工作的整体效率，还可以通过监控录像深入分析火灾事故的起因及其发生的全过程，让火灾调查的准确性更强、借鉴性更高，为火灾预防和治理提供参考。

2　监控录像证据在火灾调查中的价值分析

在火灾调查工作中采用传统的人工调查方法会消耗大量的人力和时间，而且结果的准确率和受限程度也是显而易见的。而监控录像证据与传统证据相比具有较强的真实度还原能力和灵活表现能力，救援单位和相关人员可以从这种动态的真实视频来更加科学的剖析火灾发生的原因、时间、扩散速度与范围等，同时，还可以提高火灾调查结果的准确性。监控录像证据是一种监听资料，将监控录像证据应用于火灾调查具有多个优点。首先，监控录像证据是动态的，调查人员可以查看视频监控身临其境的现场情况。这样的话可以对火灾现场的实际情况有更全面的了解，可以有效地进行调查。第二，监控录像具有真实、客观的特点，这都是实时动态的录制，让人们看到火灾真实发生的爆发点、原因等实际状况，并且比现有的调查方法具有更高的真实性。此外，这种录像还不会受到人为因素的影响，是一种真实的记录，比任何描述、还原等都要真实可信。第三是监控录像数据可以完美显示火灾的全过程。这对于调查人员通过分析现场的实际情况有效地制定消防工作流程提供便捷。第四，监控录像证据也可以长时间存储，并且提供随时查阅、多次查阅等功能，让火灾调查的便利性和高效性可以大大提升。最后，在火灾调查中监控录像证据的核心是可以有效记录火灾原因，火灾事故过程以及周围区域的视频证据。由于火灾安全事故经常是突然发生的，因此，火灾可能会在后续阶段严重损坏事故现场的相关设施。在火灾事故发生后进行的调查工作中，可以相对完整地保存监控录像，从而使其成为发展的关键图像证据，因为它可以为火灾事故调查人员提供基本的证据支持，监控录像的附带价值是不容忽视。

3　监控录像所具备的特点及用于火灾调查的原则

3.1　真实性

监控录像是在现场拍摄的，拍摄内容真实、客观，而且还可以实现一定的储存能力，大量的视频资料、数据资料等都可以存储在相应的数据库当中。如果在火灾调查中有困难，可以使用监控录像作为辅助工具，从而可以在现场证明情况。

3.2　动态实时性

监控技术利用监控录像可以详细的记录火灾发生的前期、中期、后期等整个过程，然后通过动态的视频、音频资料等让火灾被真实的了解，为相关调查人员提供较高的参考，甚至不需要调查人员真实到达现场就可以感受到事故发生的动态过程。例如，在家庭锂电池火灾现场，火灾调查人员会在同一个空间内发现多个不连续性的跳跃性的火点，这些情况容易被现场情况给误导，认为不排除纵火的可能或者找不到最先起火点火点在哪，导致在火灾认定时出现错误的现象，如果有监控视频资料作为证据，能客观有效的还原火灾前的情况分析其起火原因和火灾蔓延情况。

3.3　使用处理简便以及便于存储

监控录像记录数据的操作方法非常简单，即通过使用鼠标和键盘调整视频播放速度和视频分辨率，即可完成数据监控播放，调查人员可以进行搜索和保存。可根据自己的习惯录制视频，这样可以有效地加快火灾事故调查的进度，帮助调查人员了解事故现场的情况，并加快对复杂情况的分析。保存监控录像路径的方法非常简单，通过设置监控系统，可以让数据可以实现获得、保存等同步效果，随时都可以调阅相关的资料，从而辅助火灾调查。例如：2009 年 2 月 9 日中央电视台新址园区在建附属文化中心大楼的火灾与 2020 年 1 月 1 日重庆市加州花园 A4 幢的火灾都是高层建筑火灾，但是监控视频资料可以对比出火灾不仅仅是起火点不一样，起火燃烧的方式也不一样，分析其高层建筑或者的起火特点，有利于事后火灾的分析。

3.4　在火灾现场的周围找有效的监控点

为了确保监控录像的效果，一般的监控设备都会被放置于相关场所较近的位置，这样对于后期识别火灾的发生环境、着火点、颜色、烟雾浓度等起到较强的参考价值。对于核实证人的证词，确定嫌疑人的身体特征以及现场人员出入情况等更为重要。尤其是对于大型火灾，蔓延范围较大、涉及原因较为复杂，因此火灾调查人员应当迅速去找距离较近的监控录像，从而第一时间获取相关录像数据资料，如果找不到合适的监视点或所选监视点的位置较差，则很可能会对火灾发生的原因等信息有误导作用。

3.5 应用的监控录像尽量选择完整视频

在一些丙类仓库特别是木材加工仓库厂房由于天气潮湿很容易造成阴燃，阴燃是无焰燃烧，是一种不可见光的燃烧，可燃物在聚热达到一定的温度和能量达到一定程度才会转变成有焰燃烧，所以发生火灾时间并不短。因此，调查人员应检查整个监视录像，尽可能地观看监视录像的时间大于火灾的发生和终止时间，想要更准确地确定起火的原因，但是原因分析是否准确应当在看完整个视频之后，以免遗漏关键信息。通过完整视频来分析火灾发生的具体地点，火灾发生之后的颜色以及烟雾方向、火苗高度等，这些信息与火灾调查所要了解的真相密切相关。同时，还要延长观看的时间、增加次数，因为视频是分析事故的参考证据，很多细节问题都隐藏其中，火灾调查人员应当细致、缓慢的查看，尤其是对于现场人员的动作、运动痕迹等进行密切关注，排除是有人纵火还是意外失火，如果是纵火，那么就应当有预谋时间和作案工具、动作等，准备时间与火灾的发生之间往往存在一定间隔时间。在发现可疑人员中的嫌疑人后，调查人员可以延长他们观察监视录像的时间，以提供准确的证据，移交给刑侦部门。

3.6 增强不同监控点的比较分析

从众多历史经验可以看出，不同的监控视角、不同的监控模式之下所反映的状况会存在一定的差异，经过多元对比再进行分析效果会好很多。因此，可以增强不同监控点的比较分析环节。然后去观察每个监控点下的具体情况，从而更加准确地去判断火灾发生的位置、原因、明火、暗火等情况，对于不同监控点的信息进行分类比较，这样更为直接、直观与高效。如果有必要还可以增加模拟环节，印证录像所反映的内容是否与预判相匹配，从而获取更加真实、可信的判断结论。

3.7 客观地应用监控录像

监控录像是一种新型技术，在火灾的调查中也是刚开始使用的手段，有着不可替代性，但仍然有必要客观地了解监控录像的作用，这只能是作为获取证据的一种手段，而不是唯一可以在火灾调查中的调查方法，不能完全依靠它。最重要的是，调查人员通过将多种方法准确判断和分析，对火灾现场的彻底调查以及技术人员的严格评估结论相结合，才可以获得最客观的调查结果。

4 火灾调查中监控录像证据的应用价值

4.1 真实反映火灾发生之前的环境

只有采取科学合理的方法，并充分使用监控录像，才能准确反映火灾的具体时间，并根据录像显示，可以判断出现场火灾发生前的状况。

例如，火灾调查人员可以仔细检查监视录像以确定是哪个物体导致了火灾，火灾发生时间、蔓延速度等，这种证据可以是直接的，也可以是间接地，包括现场火势的方向，火势的规模以及从哪个范围起燃等。甚至，监控录像还可以充分展示出火灾发生之前有哪些人员出入此处，拿了什么、做了什么等，进而进行综合性的分析，找出作为直接、关键的火灾原因，并以此为基础开展工作使火灾调查的效率可以大大提高。

4.2 判断火灾产生的潜在要素

当运用具体的监控录像时，调查人员必须根据视频信息准确判断火灾的潜在因素，从而助力整个火灾治理工作的开展。直接原因的分析与预防固然重要，潜在原因的预防也非常重要，近几年，火灾事故的发生原因呈现了复杂化的状态，可能由人为因素，或是由自然因素或人为和自然因素的组合间接引起。

例如，调查人员一般在调查过程中都会直接剖析真正原因或者是直接原因。碰到了自然原因导致的一般就会推断是不是雷电引发，如果碰到了人为原因一般就会推断其是不是操作过程中有疏漏问题。根据清晰的监控录像可以对于深度原因进行挖掘，综合判断火灾发生背后的潜在原因，进而捕获细节，还原火灾发生的规模和具体燃烧损害程度。如果火灾发生的范围较大，则可以收集周围的图像数据的范围也更广；如果火灾规模较小，那么相应的证据和信息也就会比较闭塞。使用监控录像作为辅助调查工具，不仅可以更准确地调查起火的实际原因，还可以将调查的成本控制在可接受的范围内。根据监控录像提供的非常有价值和重要的视频，调查人员最终可以确定起火的真正原因。

4.3 明晰火灾蔓延的具体趋势

由于火灾事故发生后该地区所处环境的特殊性，所以火灾事故往往扩散得更快，这对火灾发生的区域产生了很大的影响。在火灾分析阶段，可以根据监控录像准确识别实际的火灾蔓延趋势。根据火灾蔓延的情况，进行了火灾安全事故的方向调查与分析，不仅可以进一步提高火灾调查阶段的准确性，还可以实现对火灾事故的发生及相关处理措施提供有效的支持，以确保火灾调查的准确性和效率，以便可以更好地实现预期的工作目标。因此，在进行火灾安全事故调查分析的过程中，有必要根据监控录像充分确定火灾的实际蔓延趋势，使火灾安全事故调查工作的完整性和准确性能够满足相关要求，还改进了与火灾调查和分析阶段有关的所有问题。

4.4 应用监控录像准确找出火灾原因及性质

只要火灾发生在监控录像所涉及的范围，那么火灾发生前后过程就可以被直观地看到，消防救援队在调查火灾时必须充分利用监控录像证据。例如，消防救援人员可以通过仔细观察火灾事故的发生地点及其周围的监控录像，从而分析起火的背后原因，但是如何借助于视频监控录像，弥补无法到达现场的缺陷，通过远程判断也是可以实现的。当消防现场监控录像质量低下时，消防人员应根据火灾现场的实际情况，监控录像的位置以及监控录像的内容进行综合分析，以此更准确地确定起火原因。分析各个监视点可轻松找到重要的火灾信息。例如，通过有效地比较同一监视点的昼夜图像；整合从多个监视点收集的信息；调查人员可以综合性分析起火的原因。当消防技术人员通过现场录像确定火灾的发生原因后，就需要分析火灾事故的性质，然后再分析其原因是自然因素导致还是人为因素所致。但是，火灾现场的监视视频虽然是火灾发生现场的重要证据，但是由于监控录像的局限性和片面性，还需要配上现场证人、证物的辅助，然后相关证据之间形成一个链条，从而利用证据的连贯性、相互印证性等从而可以判断火灾事故的起因和性质。

5 小结

综上可以看出，火灾一旦发生人员、财产损失都不可避免，调查原因进行事故预防和积极治理十分关键。监控录像证据在消防部门的火灾调查工作中起着非常重要作用，可以促进火灾治理工作质量不断提高。为了更全面、客观地掌握火灾事故现场的实际情况，火灾调查人员可充分利用火灾事故现场及周围环境的监控录像进行火灾调查，提高火灾调查工作质量和效率。监控录像可以迅速地为火灾调查人员提供火灾发生的真实环境与状况，并快速分析火灾事故发生的原因，还可以帮助调查人员找到犯罪嫌疑人、纵火时间、逃跑路线等，它为我国的社会保障和社会的稳定与繁荣做出了积极的贡献。

参考文献

[1] 杨镇光．火灾调查中监控录像证据的应用［J］．今日消防，2019，4（7）：26-27.

[2] 潘锦凯，赖思颖．火灾调查中监控录像证据的应用［J］．内蒙古科技与经济，2018，08.

[3] 邓现平．火灾调查中监控录像证据的应用价值分析［J］．低碳世界，2018（3）：362-363.

[4] 肖茂力．火灾调查中监控录像证据的应用价值分析［J］．今日消防，2020，5（12）：125-126.

[5] 夏国森．火灾调查中监控录像证据的应用［J］．消防界（电子版），2021，7（03）：89-90.

浅论火灾事故调查统计对消防监督管理的指导

吴　镭

（岐山县消防救援大队，陕西　宝鸡）

摘　要　火灾事故调查统计工作是消防救援部门一项基本工作，是消防救援部门研究火灾规律、总结火灾教训、评估火灾隐患的重要依据，是开展有针对性消防监督管理工作的重要参考，是体现消防救援部门自我价值的重要手段。本文从实际出发分析了火灾事故调查统计工作与消防监督检查工作的现状及目前存在的缺点，初步分析了问题产生的原因，试图提供解决问题的对策。

关键词　火灾调查　统计　消防监督　指导　措施

1 引言

火灾事故调查，是消防救援机构按照法定职责调查火灾原因，统计火灾损失，依法对火灾事故做出相应处理，总结火灾教训的活动。在日常工作中，火灾调查部门承担了统计各类火灾事故信息的职责，内容包括火灾的类型、区域、损失、伤亡、原因等。这些信息的综合应用，给消防法规的完善、执法装备的配备、监管重点的制定都提供了有力的支撑。

2 火灾事故调查统计现状

2.1 火灾事故调查统计数据不真实

火灾事故统计数据是研判火灾形势的基础，是指导消防监督工作的风向标。但目前火灾事故数据统计不严格，随意性较大，对原因划归笼统甚至错误的情况时有发生。以应急管理部消防救援局发布的 2021 年全国消防救援队伍接处警与火灾情况为参考，火灾原因不明或其他火灾占发生火灾原因总比的 10.2%[1]（图 1），超过十分之一的火灾未能调查出起火原因，这显然是不符合实际的。

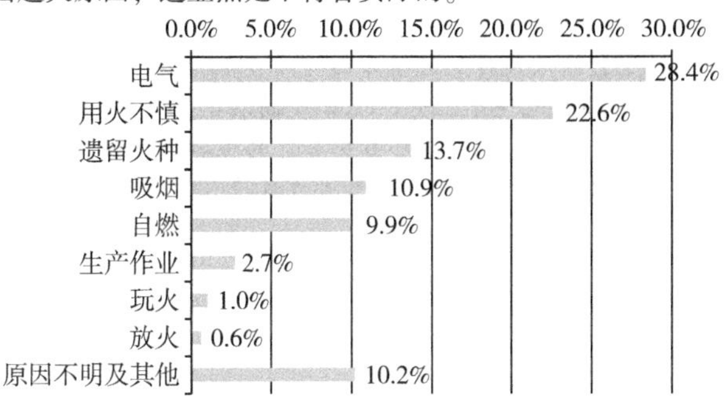

图 1　2021 年火灾原因百分比图（取自文献 1）

2.2 火灾调查部门与监督管理部门协作不紧密

各级火灾调查部门和监督管理部门协作不通畅，交流单一。一些监管部门不能参考火灾规律调整制定“双随机”检查的重点。“双随机”系统标签库内容设计不合理，不能适配火灾统计各类场所标签，一些场所无法分类，造成基层单位抽取“双随机”单位时有比较大的困难。火灾调查部门不能在确定“双随机”单位之前提供有效的统计数据，也是造成火灾数据统计和监督管理脱节的另一个主要原因。

2.3 火灾事故调查数据应用不广泛

消防法赋予消防救援机构报告火灾风险隐患的职责。笔者认为，这里所说的火灾风险隐患不能单指消防监督检查中发现的具体隐患，还应包含在这个时期内可能发生的其他火灾风险隐患，防患于未然才是防灾减灾的重点。而我们统计的火灾数据仅限于每半年上报政府的消防工作报告或者全年工作总结，且内容没有针对性预警及建议。未能履行好报告火灾风险隐患的职责

3 存在问题的原因分析

火灾事故调查统计是一件很有专业特征的工作，虽然近几年消防救援部门加强了火灾调查人员的培养，但目前来看，调查队伍人员数量偏少、能力不强的问题仍未改变[2]。加之统计录入的程序尚不规范，为数不少的火灾由于人员精力或者能力原因无法查清起火原因，统计录入通常交由通信员或消防文员打包完成，系统设置的审核及审批环节形同虚设。负责录入的人员由于整体素质及基本功的差异，对需要统计的数据不认真，不细致甚至随意录入。根据笔者在基层的经验，最常见的问

题是混淆火灾类型、随意录入损失数额、火灾原因录入“模式化”。这样操作的结果，自然不能提供真实的数据，而数据失实对下一步的分析研判的准确性和应用性势必会产生很大的影响。

4 解决问题的对策

4.1 增强火灾统计数据的准确率

火灾事故调查统计需要进一步加强准确率，特别是火灾财产损失、火灾类型及火灾原因3个关键数据是统计火灾基础数据的重中之重。笔者发现很多总队都制定了相关数据上报的规范性文件，应在加强数据录入上再下功夫，重点督促“全国火灾与警情统计系统”中录入-审核-审批3个环节要切实履行好职责。特别是审核环节，会对上一步录入的数据进行核对，添加火灾损失、火灾原因等重要数据，且最终保存至系统，故不可交予未经专业培训的通信员或消防文员操作。

4.2 拓宽火灾事故调查统计数据的应用

笔者认为，火灾事故调查数据的统计应至少每个季度进行一次，且宜早不宜迟。充分分析辖区内火灾分布、原因特点、灾害类型等情况，及时制作翔实的分析报告，结合历史情况提出下阶段火灾预警及建议，上报政府并通报相关行业部门。以上一年度的全国数据为例，根据统计，1月、2月和12月3个月的亡人数是最高的（图2），通过全国火灾与警情统计系统还可查询到乡村火灾的起数、亡人分别占总数的54.6%和51%[1]。其中住宅火灾的起数只占总数的34.5%，但亡人占总数的73.8%[1]；再查询每一起亡人火灾进一步分析，住宅火灾的亡人中，47%系60岁以上的老年人尤其是独居老人[1]，原因多为吸烟、使用电热毯、电蚊香、蜡烛、生活用火等原因引发火灾，并因发现晚、报警晚及逃生自救不及时而导致亡人[1]。消防救援部门应在本年度11月份将此统计情况上报给政府，提出加强乡村住宅特别是老年独居群体的火灾防控工作。消防监督管理部门应主动对接，制定下个阶段抽查检查乡镇政府履行消防安全职责的情况，开展有针对性的整治火灾隐患。双管齐下促成齐抓共管的形势，定能有效地防范及化解重大火灾风险。

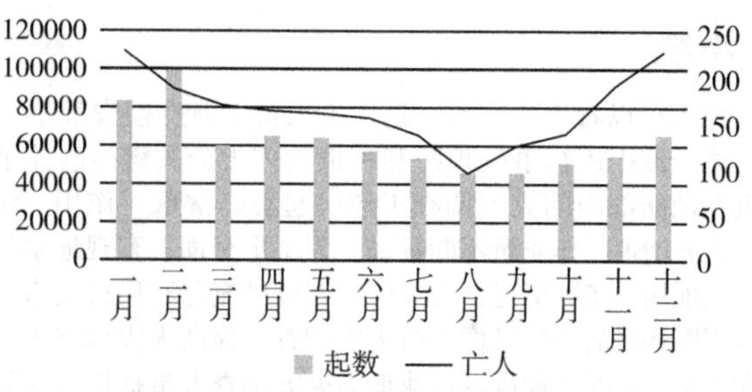

图2 2021年火灾及亡人按月分布图（取自文献1）

4.3 建立完善的数据评估体系

火灾分析报告应及时归档保存，至少每年进行综合分析，组织相关行业部门研判评估本地区火灾发展的趋势，为政府部门及消防监督管理部门提供实际的技术支撑。同样以上一年度的全国数据为例，火灾全年共接报高层建筑火灾4057起、亡168人，死亡人数比上年增加了22.6%，较上一年度有明显的增加，且主要集中于居住场所[1]。其中，发生高层住宅火灾3438起、亡155人，分占高层建筑火灾的84.7%和92.3%[1]。消防救援部门应联合住建部门和其他物业管理部门共同研判评估火灾风险，商讨对策形成报告上报政府。消防救援部门还应制定完善的评估体系，达到根据历史数据能够科学预判火灾发展趋势的目标，从而更好地服务于消防监督管理工作。

5 小结

火灾事故调查统计是一项很严肃的工作，数据须经得起事实和历史的检验[2]。从事这项工作的人，除了要有相当高职业道德之外，还要具备相当高的业务能力。既要成功地调查火灾原因，善于收集判断数据，又要熟悉火灾发展的科学理论，更要善于统计推理。尽管现代科学技术的发展，为火灾收集数据、分析、归纳提供愈加成熟的手段及帮助，但消防人员整体素质和认真负责的态度仍是保证火灾调查统计工作顺利进行的重点。

参考文献

[1] 应急管理部消防救援局 2021年全国消防救援队伍接处警与火灾情况［Z/OL］. 2022-1-20.
[2] 曹刚. 火调的归栖［Z/OL］. 2022-2-13.

高层建筑火灾调查方法研究

陈皓宇

（乌鲁木齐市消防救援支队，新疆 乌鲁木齐）

摘 要 随着我国经济与社会的发展，火灾突发事故逐渐增多，严重影响人民群众的生命财产安全和社会经济的发展。我国的城建步伐日益加快，高层建筑火灾事故频发，人员伤亡情况及财产损失也逐渐上升，现如今高层建筑火灾的防控成为一个世界性的难题。本文以高层建筑火灾调查方法研究为切入点，通过对高层建筑火灾调查工作的现状进行具体分析，罗列出当前高层建筑火灾调查中存在的困难，并针对存在的困难和问题提出解决对策，以期为消防救援人员的灭火救援工作及火调工作者的火灾调查工作提供有益的指导与帮助。

关键词 消防 高层建筑 火灾 调查方法

1 引言

新时代下，我国城市化取得了历史性的高速增长，城市发展迅猛、人口覆盖面积广，也正是其人口密度的迅猛增长导致了城市的生产生活用房十分紧张，给城市的治理带来了新的困难。高层建筑的发展和数量的增加在一定程度上解决了这一问题，但发展伴随而来的是安全问题，越来越多的城市火灾危及了人民群众的安全，高层建筑火灾具有不确定性、复杂多变性、难以控制性等特点，因此高层建筑火灾的发生会影响城市的经济发展、社会稳定和人民群众的安居乐业。

查明火灾成因是尤为重要的，分析火灾案例，找到起火原因[1]，对于高层火灾防控有着重要的意义，同时也对于火灾救援及后期战术分析研讨有着重要的指导作用。但由于高层建筑具有内部结构复杂、起火后蔓延快、燃烧范围广等特点，使火灾调查工作者在实际火灾调查中对高层建筑火灾的认定存在困难[2]。因此，高层建筑火灾调查方法的研究尤为必要。

2 高层建筑火灾概述

2.1 高层建筑火灾扑救特点

改革开放以来我国的发展日新月异，城镇化率不断提高。随着人口不断地涌入城市，高层建筑的迅猛发展不可避免。然而，当前高层建筑的配套安全保障不完善，人民的消防安全防范意识匮乏，这都是高层建筑带来的问题。

高层建筑火灾的特点及扑救问题：

（1）高层建筑内部结构具有复杂性。高层建筑的室内装修含有大量易燃材料，建筑结构有管道、电梯井、楼梯通道等设施，发生火灾时，燃烧产生的烟气和火苗会通过这些设施迅速蔓延到其他地方，从而形成蔓延的立体火灾；

（2）高层建筑内人员居住率高，场所构成复杂。高层建筑中不仅有居民区，还有办公区域以及娱乐场所等，增加了火灾发生的可能性。

（3）高层建筑建筑高度高，火灾扑救难度大。建筑高度高导致安全疏散距离长，火场供水困难、人员疏散所需时间长，同时建筑过高导致救援人员登高困难，为火灾侦察及扑救带来困难；

（4）起火后易造成坍塌、坠落现象。长时间的燃烧以及火灾扑救都可能导致高层建筑的结构被破坏从而使局部或整体坍塌。[3]

根据上述高层建筑火灾的特点和扑救问题，可以了解到，想要在保障高层建筑的防火安全及室内人员安全疏散的同时减少灭火救援的困难，就需要从火灾原因分析着手，分析灾害成因。[4]

2.2 高层建筑火灾特点

2.2.1 高层建筑火灾特性

（1）火势发展迅猛

高层建筑火灾在达到猛烈燃烧阶段时会形成热对流，当高层建筑发生火灾时，建筑内温度的升高会导致烟气扩散速度加快，使烟气的扩散速度达到每秒三到四米的速度。同时，由于高层建筑中电梯井、管道较多，这些建筑特性都易造成火灾的蔓延。

（2）人员疏散困难

高层建筑的火灾疏散是一个难题，主要原因是高层建筑的建筑高度高，建筑内人员多，场所复杂，给人员疏散带来了困难。一旦火灾发生，火苗便会快速蔓延，人民群众的消防安全意识差、逃生素质弱，在慌乱中随意的逃跑，容易造成群死群伤等情况。

（3）消防设施不完善

大多数的高层建筑内的固定消防设施都存在不完善的情况。经过调查发现，高层居民楼里常出现消火栓箱内水带、水枪丢失、室内消火栓系统损坏不能正常启动等现象，导致火灾发生时不能正常启动和使用消防设施，造成严重后果。

3 高层建筑火灾调查工作存在的困难和解决对策

3.1 火灾调查工作存在的困难

3.1.1 火灾调查装备落后不适用于高层建筑

高层建筑火灾的特点对火调工作提出了更高的要求，这就需要与时俱进的火灾调查设备与装备的帮助。[5]但目前的消防救援机构对于火灾调查重视度不够，尤其是对于器材装备的管理没有系统的方法。

3.1.2 火灾事故调查人员缺少，业务素质偏低

火灾调查工作关系到人民群众的切身利益，需要由专业水平过硬的火调工作者进行调查。但由于进入消防队伍的人员来自各个专业，具备火调工作专业素质的人才较少，同时消防救援机构对于火灾调查队伍素质建设不够重视，导致无法准确全面完成调查工作。而对于高层建筑火灾这种具有结构复杂、燃烧性特殊的火灾，更需要具备高水平业务素质的火灾调查者进行调查。

3.1.3 事故分析忽视灾害成因调查

对于一般的火灾案件，调查人员的工作重心是在调查起火原因和事故追责方面，但却忽视了最重要的是预防。调查事故原因是要点，但火灾成灾原因、火灾迅速蔓延原因、起火后灭火系统设施不运转等原因也是需要调查并值得思考的。

3.2 火灾调查工作建议

3.2.1 完善火灾调查装备

相关领导和机构应当重视火灾调查装备的完善，要及时更新火灾调查装备并定期进行维护保养，明确调查装备的使用方法，确保火调工作良好有序地进行；要加大调查装备的研制，生产符合实际条件的火调装备。

3.2.2 加强培训，提高火调人员的整体素质

火灾调查队伍建设不是一蹴而就的，想要提高火灾调查队伍的整体素质，必须从各方面提升火灾调查人员的专业知识储备能力和现场勘验的实际经验。消防部门要经常组织火调人员学习火灾基础知识、现场勘验规则以及现场调查询问的技巧等业务，通过传帮带，逐步完善队伍。

3.2.3 增强法制观念

火调人员在工作中要依法办案，按照法律规定的权利、义务进行调查工作。因此，火灾调查者不仅要加强法律意识，同时要严格按照法律规定严肃处理每一起事故，将事故调查清楚。

3.2.4 完善设施，增加技术鉴定含量

每一起高层建筑火灾得到的统计数据及火场参数都具有很高的科学研究价值，能够帮助分析火灾趋势。通过相关数据找到火灾原因的同时进行成灾分析，从科学的角度掌握防治高层建筑火灾的方法。[6]同时，在调查中要多次进行分析重演，查缺补漏，这不仅对防火工作起到监督预防作用，同时也有助于发现防火工作中的缺陷，通过问题查摆，不断提升工作成效，降低火灾发生的概率，这对火调工作有重要的现实意义。

4 针对高层建筑火灾事故调查方法的研究

高层建筑火灾原因的调查工作需要讲究合适的方法，否

则会在调查过程中不经意破坏火灾现场，导致证据缺失或者取证不足，从而使火灾在认定证据不足的情况下得出狭隘的认定结论。因此，要通过找到明确的事实依据、确凿的事实证据来减少事故认定错误的可能性。火调人员应当把调查询问、现场勘查和技术鉴定这三方面结合起来，逐步地进行实施，找到明确的火灾原因。

4.1 高层建筑火灾的现场勘验

火灾现场勘查是一门应用科学，主要运用于研究调查导致火灾发生的原因，同时也是收集证据，特别是客观直接物证的重要手段和方式。高层建筑发生火灾时会留下大量的火灾痕迹，这些痕迹隐藏于发生火灾的高层建筑中的角角落落，需要调查人员认真进行现场勘验来找到这些不易发现甚至被破坏的痕迹，后期再通过综合分析找到起火点并分析起火原因。在高层建筑火灾中现场勘验应注意以下几点：

（1）一旦发生火灾，调查人员应当找到消防中控室的负责人，看人员是否在岗在位，查看是否有火警警报，并从中控室了解起火初期大致的位置；

（2）高层建筑一般都配备消防通道及室内连通走道，通过观察现场烟气在墙体的附着情况，综合分析判断烟气的走向以及距离起火位置大概的距离；[7]

（3）发生大型高层建筑火灾导致建筑外墙有燃烧过火的，可以从建筑的外墙进行勘验，通过寻找燃烧痕迹，从而判定起火点；

（4）对于明确大致起火部位的，可以对周围的灭火设施进行勘验，查看是否有灭火痕迹；

（5）情况尚不明确的，可以了解是否有违规装修，是否囤积大量可燃物，同时现场勘验建筑物的整体装修耐火等级等情况。

火灾勘查有着分明的步骤和过程，各个环节都有重要的意义，要按部就班、循序渐进，不可跳过或者省略任何一个步骤，最终才能得出正确结论。

4.2 高层建筑火灾的调查询问

设置调查询问是为了方便掌握现场的情况，为现场勘验提供线索，帮助发现痕迹、物证，为分析判断案情提供证据。在高层建筑火灾中调查询问应注意以下几点：

（1）要在法律允许的范围把调查询问落实到方方面面

调查询问对时间和范围的要求极高，需要在火灾发生后快速全面的了解。调查人员应当在第一时间就赶往现场开展调查询问，在报警人和初期火灾见证者记忆清楚的时候，进行询问记录，找寻更多的线索。在实际工作中，要通过多方面的考察和询问，综合实际情况找到起火的地点和确切的火源。

（2）调查询问要有针对性

调查人员确定调查对象以及计划好询问内容时，要分清主次，抓住重点。一般来说应围绕以下几个方面进行调查。[8]

①何时发生火灾

根据接到报警电话的时间以及附近的人看到火光、烟雾的时间来进行推测，同时也要结合建筑的楼层高低、安全状况以及燃烧物体的性质来进行判断。

②火灾发生前后有无异常情况

要把火灾发生前后的信息和情况对比对照，进行总结和归类，找出变化，以此推测可能发生和引起火灾的疑点。包括建筑本身的结构、建筑材料的各项性能、室内外的装修材料，如有储藏室，要分析储藏室的状况，是否有良好的通风能力、是否有易燃物品存放等。通过对比火灾发生前后的情况和变化可以为起火原因的调查找到线索。同时，还要调查与起火有关人员是否具有可疑的语言和反常的举动、火灾现场是否有本不该出现在此地的不合时宜的物品、调查清楚当时的天气状况以及在一些表象如光烟的变化和走向等线索。

③要大致了解和掌握最先发生火灾的部位，起火点以及起火的可能原因

到达现场之后，火调人员首先要找到最早发现起火的人、最先与火灾现场近距离接触的人和第一时间从火场中逃生出来的人。这些人是最早感知到火灾的，其掌握的信息具有关键性作用，但由于事发突然以及时间距离较长等因素，容易产生误差造成一定干扰，因此需要最先对其进行调查询问。通过目击者和现场人员提供的信息，特别是对于一些细节描述比如火光的大小、明暗程度，以及烟雾的流动方向，燃烧发出声响的大小等，确定起火点。[9]

4.3 高层建筑火灾的技术鉴定

对于复杂的高层建筑火灾，调查人员在现场调查中通过现场勘验、调查询问等方法仍不能对火灾情况进行分析认定时，可以利用技术鉴定帮助认定。在火灾原因认定中，技术鉴定的证明力很高，对认定结果有着重要的影响。所以在火调工作中，火调人员对于不明白不清楚的火灾，要重视火灾痕迹物证技术鉴定这一方法，做到认真负责。

综上所述，可以了解到，在高层建筑火灾的调查过程中，要认真仔细，通过火灾现场勘验及询问情况，结合高层建筑特点，再通过科技手段如模拟实验等方法查明火灾原因。[10]

5 结论

火灾的发生，给人民群众生命财产安全造成重大损失，影响经济健康发展、社会和谐稳定。因此，我们要坚持底线思维，进一步做好火灾调查工作，同时加强队伍素质建设、防护装备配备、制度规范完善等配套工作措施。牢固树立“人民至上、生命至上”的理念，要通过创新不断积极寻找新的解决方法和途径，通过构建科学联想法、有效运用影像资料等调查方法加强火灾调查研究工作。要时刻做到“对党忠诚、纪律严明、赴汤蹈火、竭诚为民”，在人民群众最需要的时候冲锋在前，为维护人民群众生命财产安全而英勇奋斗。

参考文献

[1] 龙腾腾，王辉东，王秋华，张辉．高层建筑火灾事故致因理论模型构建研究［J］．中国安全生产科学技术，2016，7（05）：16-20.

[2] 余磊，李波．基于熵权的未确知测度理论的高层建筑火灾危险性评价［J］．安全与环境工程，2017，24（01）：115-120.

[3] 杨斯玲，蒋根谋．基于 IAHP 和 Vague 集的高层建筑火灾风险评价［J］．华东交通大学学报，2017，34（01）：124-131.

[4] 乔萍，张树平，万杰，李华．基于 ISM 高层建筑消防救援影响因素研究［J］．消防科学与技术，2016，35（09）：1294-1297.

[5] 杨君涛，何其泽．既有高层住宅建筑火灾风险评估及应用［J］．武汉理工大学学报（信息与管理工程版），2017，39（02）：153-157.

[6] 亢磊磊，王琼．基于 DEA 和灰色聚类的高层建筑火灾安全评价［J］．工业安全与环保，2017，43（07）：29-33+37.

[7] 安维．基于突变理论的高层建筑火灾危险评估与预警［J］．武警学院学报，2017，33（06）：66-69.

[8] 李帆，赵金先，李龙．基于 OWA 算子赋权的高层建筑火灾安全模糊评价［J］．青岛理工大学学报，2016，37（01）：33-38.

[9] J. Zehfussa, D. HosserbA. Parametric natural fire model for the structural fire design of multi-storey buildings [J]. Fire Safety Journa1, 2017, 42: 115-126.

[10] Klose J. Analysis, synthesis and simulation of signals as a tool for the test of automatic fire detection systems. Fire Safety Journal, 2016, 17 (6): 499-518.

关于一起汗蒸房较大亡人火灾事故的调查思考

武少波　尚琪霞

(山西省晋城市消防救援支队，山西　晋城)

摘　要　通过对某洗浴中心汗蒸房较大亡人火灾事故的调查，认定起火部位、起火点及起火原因，分析总结事故的直接原因和间接原因，对预防该类型的火灾提出相关对策和建议。

关键词　火灾原因　火场勘验　亡人火灾　汗蒸房　火灾预防

0　引言

近年来，随着经济社会的发展，人们对洗浴、足疗、汗蒸需求量增大，由此衍生此类场所陡然增多。此类场所人员聚集、电气线路敷设不规范、易燃可燃装修装饰材料较多、发生火灾的可能性较大、人员逃生难度大，浙江台州"2·5"足馨堂足浴中心火灾、山西长治"2·19"玉生池洗浴火灾就是此类火灾的代表。笔者以山西长治"2·19"玉生池洗浴火灾为例，简要分析汗蒸房火灾事故的调查思考。

1　黎城县玉生池洗浴汗蒸房火灾事故调查回顾

1.1　火灾事故及起火建筑基本情况

2021年2月19日13时46分33秒，长治市消防救援支队119指挥中心接到报警称：黎城县黎侯古城的一洗浴中心发生火灾，造成5人死亡、1人受伤，过火面积300余m^2。起火建筑位于某县黎侯古城2幢2-01，建筑结构为砖混框架结构，建筑局部二层，一层为男女浴室、汗蒸房、足疗室、休息大厅，二层有7间客房，1间办公室和1间职工宿舍。该建筑原设计为四合院式，中间有露天院子。作为饭店使用时，饭馆经营人刘书香将院子用钢柱和方钢进行支撑，并覆盖钢化玻璃。洗浴中心负责人租赁后将该区域作为休息大厅使用。建筑产权证上的面积为730m^2，院子加盖钢化玻璃顶后建筑面积增加到880m^2。

1.2　火灾原因调查基本情况

综合调查询问、现场勘验、视频分析及物证鉴定等情况，认定此次火灾起火时间为2021年2月19日13时40分左右，起火部位位于一层的汗蒸房内，起火点为该汗蒸房西南角处，起火原因为电源线与汗蒸房专用发热电缆接线方式不规范，造成接触不良发热，引燃了紧邻接头的电气石包布、聚氨酯保温层以及人造竹帘等可燃物（图1）。

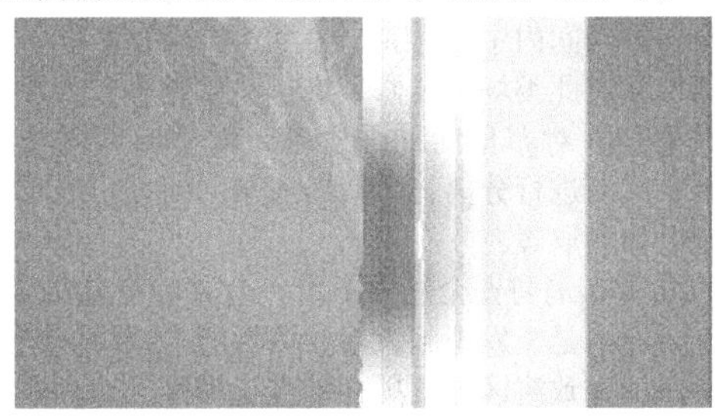

图1　起火点部位发热电缆发生故障示意图

1.3　人员死亡和逃生情况

火灾时建筑内共有26人，其中工作人员12人，顾客14人（10男4女）。发现火灾后，一楼的工作人员从正门逃生，除1名救火被烧伤的人员外，其他工作人员均未伤亡。二楼的4名足疗技师工从二楼后窗通过木质爬梯逃生。14名顾客中，男浴区的6名人员和在休闲区的1名人员从与男浴区相邻的水泵房中逃生，1名男幼童跟随其母（女性顾客）已经洗浴完毕，在休闲区顺利逃生，另两名父子死在休息大厅。女浴区还剩3人，其中两人为母女关系，该二人刚刚进入女浴区5min后发生火灾，死时为裸体。另外一人已洗浴完毕，穿好衣服正在吹干头发。母女两人死在女浴区更衣室处，另一人死在浴区。(图2)

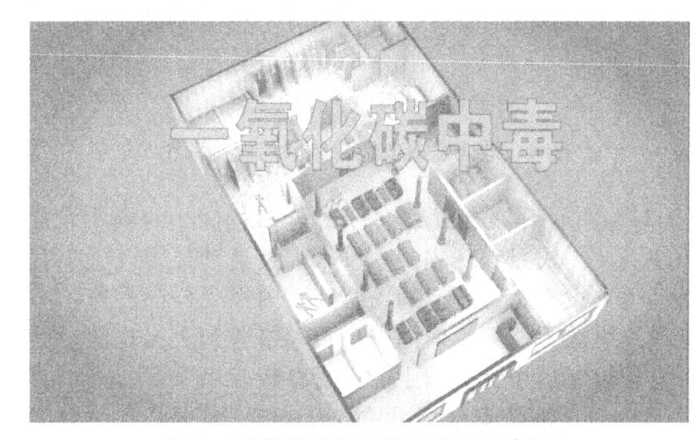

图2　汗蒸房及人员死亡平面示意图

2　行业现状、人员使用情况

汗蒸是一种热疗的休闲项目，历史悠久，深受民众喜爱，是韩国的一大特色。韩式汗蒸是将黄泥和各种石头加温，人或坐或躺，用于驱风、祛寒、暖体活血、温肤靓颜。随着韩国文化的流行，汗蒸也紧随韩剧、服装、化妆、美容技术一起进入中国并且在短短的几年时间内迅速地被中国人所认可和接受，并且逐渐成为一种人们所热衷和追捧的休闲保健方式。

汗蒸房一般从3m^2到100m^2不等，小的只能坐一个人，大的可以坐或躺70人左右。汗蒸房的温度平均在38~42℃。蒸房分十几种：有石房（四壁都是特殊的能量石），有泥房（黄泥蒸），有盐房（盐疗汗蒸房）等。

汗蒸、洗浴、足疗现已成为国人休闲的主要项目之一，此类场所在国内大量涌现，从业人员以年轻女性为主，此类人群学历相对较低，年龄相对较低，消防安全意识相对较低。对消防安全“四个能力”掌握不到位，致使发生火灾以后未能冷静处置，引导顾客进行有序疏散。

3 汗蒸房类场所的特点

（1）大量使用易燃可燃材料装修装饰。为了增加视觉效果，灯光昏暗，疏散通道不明显。此类场所一般采用易燃可燃的地毯、壁纸、窗帘、假花等易燃可燃物品装修装饰，使用聚氨酯保温板进行保温，房间内床及床品、毛巾、木桶、酒精等都为易燃可燃物品（图3、图4）。

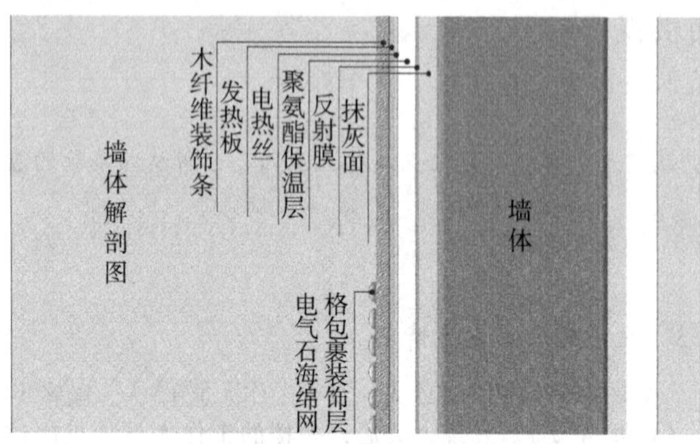

图3 墙体装饰材料及电热材料结构剖面图

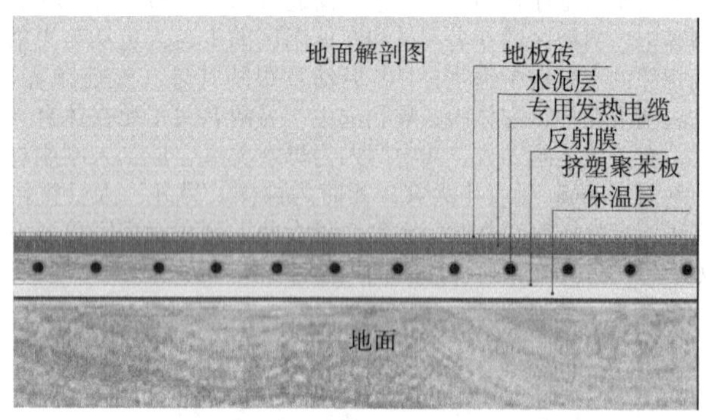

图4 地面发热电缆及相关材料剖面图

（2）建筑消防设施设置不齐全。规模较小的场所设置在老旧建筑、居民自建房内，既没有火灾自动报警设施，有没有自动灭火设施，甚至有的场所连室内消火栓都没有，一旦发生火灾事故无法第一时间进行自动报警和火灾扑救，即使人员发现火灾后也无有效手段进行扑救。

（3）员工消防安全意识和防灭火能力不强。虽然此类场所为消防部门重点监管的场所，日常管理较多，但场所多数负责人重利益轻安全思想严重，对员工消防安全教育培训简单粗暴，达不到提升消防安全意识和防灭火能力的要求，致使员工“四个能力”底下，在发生火灾后不能进行冷静处置和引导顾客有序疏散。

4 事故教训和对策

（1）经营主体无视相关法律法规。玉生池经营者安全意识淡薄，一味追求利益，无视安全风险。消防安全管理能力弱，人员培训不落实，日常巡查不到位，管理责任不明确、各项消防安全制度形同虚设。安全生产“无人管”“不会管”问题突出，没有明确消防安全管理人，也没有针对新进员工多、流动性大、安全知识和技能缺乏的实际，组织开展必要的消防安全培训和应急逃生疏散演练。事发当日，现场管理人员发现火情后，未及时处置并组织疏散，导致顾客丧失了逃生的最佳时机。

建议设有汗蒸项目的桑拿洗浴、足浴健身等人员密集场所和消防重点单位，要严格遵守《安全生产法》《消防法》等国家法律法规等规定，建立健全消防安全管理制度，明确消防安全责任人和相关管理人员职责，加强消防安全培训教育，提高员工引导人员疏散的能力。

（2）汗蒸领域管理缺少标准规范。近年来随着沐浴行业迅速发展，汗蒸在沐浴场所大量兴起。当前在汗蒸房施工资质，用料材质、铺设工艺以及审查审批要求等方面，还缺乏相应标准规定。比如玉生池汗蒸房装修采用不符合阻燃的聚氨酯保温材料、竹帘装饰品和锗石能量靠背等易燃可燃材料，电气线路敷设、搭接达不到国家标准等问题造成先天性火灾隐患，最终酿成事故。

建议此类场所严格执行建筑物室内装修设计、竣工验收、备案和开业前消防安全检查要求；使用产品质量合格的电加热设施；保持消防设施完好有效，保持消防通道和安全出口畅通；编制、完善灭火和应急疏散预案并加强演练；建立汗蒸房安全操作规程，加强使用过程管控，定期进行检查、维护，及时排查和治理火灾隐患。

（3）政府相关部门监管存在漏洞。当地消防救援部门没有严把安全准入门槛，消防安全检查过程中把关不严，检查过程中未对该公司建筑面积进行实地测量，出现重大失误，未将玉生池列入重点消防单位进行管理，日常监管不到位。黎城县商务中心和公安局治安管理大队未能正确履行“管行业必须管安全”工作职责。黎城县黎侯派出所未能正确部署和全面履行派出所的消防监督职责。乡镇政府对本行政区域划分认识存在偏差导致黎侯古城长期成为属地监管盲区。

建议各级政府和部门要强化责任意识、阵地意识，在各自的职责范围内加强对洗浴住宿业、餐饮业等人员密集场所的监督管理。要规范引导各种社会单位的发展，明确牵头管理部门，消除行业管理“盲区”。各牵头管理部门要督促行业内单位依法建立消防安全组织，健全消防安全制度，明确消防安全责任，落实消防安全措施，提升消防安全意识，配置消防器材。消防救援机构、公安派出所和乡镇（街道）、社区要加强对小单位、小场所的消防监督检查（抽查检查）和宣传教育培训，督促各单位切实提升抵御火灾风险能力。

（4）加盖钢化玻璃顶致使烟气无法扩散。在北方，为了御寒、整洁和公共面积利用率，居民住宅院子会选择加盖钢化玻璃顶，把本不属于建筑面积的区域与建筑相连，无形中增加了建筑面积，一旦发生火灾事故就会像上述火灾事故一样，形成一个大的密闭空间，一旦发生火灾事故，致使烟气无法扩散，人员大量伤亡，扑救难度增大。

建议建设部门、行政审批部门对于加盖钢化玻璃顶的自建房要把好审批关，通过增设防火（烟）分区、消防设施、安全出口等手段提高其建筑安全性。

（5）建筑内部大量使用易燃可燃装修装饰材料。此类场所大量使用聚氨酯保温板、人造竹帘和保健电气石等进行保温传热，使用地毯、壁纸、窗帘、假花等易燃可燃材料装修装饰，床及床品、毛巾、木桶、酒精等也都为易燃可燃物品，此类物质一旦燃烧会释放大量的有毒有害气体，人一旦吸入便会在短时间内中毒休克。

建议加强对此类场所装修装饰材料监督检查，严格要求进行阻燃处理，对布草间加强管理，将易燃可燃物品与电源、火源、气源进行分离，严禁出入布草间人员吸烟，在布草间通过电加热取暖。

（6）负责人消防安全能力不足。本次火灾造成人员伤亡的一个重要原因是，发现起火后，该场所老板许海波迅速关闭了总电源，导致浴区内漆黑，顾客很难摸黑顺利逃生，尤其是女浴区的顾客只能在浴区内等待恢复供电，从而贻误了最佳逃生机会。火灾现场如果有灯光，反倒有助于人员的逃生，尤其是火灾初期，更需要照明良好的逃生疏散条件，而且在现代建筑中，由于有多级保护，即使不断电，也几乎不会造成火势沿电气线路蔓延传播扩大的可能。火灾后马上断电或“切非”不是火灾初期处置的必须动作，即使需要断电，也应该由消防员到场后根据现场情况酌定断电。

建议在消防宣传中，不应该提倡由普通老百姓自行切断电源。我们的相关标准规范中，也应明确“切非”的场所环境和时机条件，以免误导普通百姓草率采取错误动作，延误最佳逃生机会。

（7）员工消防安全意识低下。现场工作人员在确认火情后，未及时报警，未对初起火灾进行预判和扑救，仅仅自救逃生，而且断电后应急照明和疏散指示牌均不起作用的情况下，导致浴区室内照明度瞬间下降，工作人员处置不当，未按规定组织、引导在场顾客疏散逃生，使顾客丧失了逃生的最佳时机。

建议要加强员工消防安全教育培训，特别是要加强新进员工的岗前消防安全培训，在进行培训和演练过程中切忌形式主义，有针对性地开展教育培训和灭火疏散逃生演练，确保每一名员工都能做到会查改火灾隐患、会扑救初起火灾、会组织人员疏散、会开展宣传教育。

（8）顾客消防安全意识不强。火灾发生时，顾客大多处于休闲放松状态，反应迟缓，且烟雾报警系统未能正常报警，顾客未在第一时间得到报警信息逃生。男浴区共有8人，其中6人从男浴区内的一个出口安全逃生，另外2人（为父子关系）从男浴区出来后进入了休息大厅，并死在大厅内。由此可见，顾客消防安全意识不强，在发生火灾后没有进行科学预判，没有朝正确的方向进行逃生。

建议全社会要行动起来，高度重视全民消防安全素质提升，通过多种手段、多种形式，加强对广大人民群众普及消防安全知识，切实提升广大人民群众消防安全意识和防灭火能力。

参考文献

［1］何洪源．火灾现场调查与火灾物证分析［M］．北京：中国人民公安大学出版社，2010.

［2］公安部消防局．火灾事故调查［M］．吉林：吉林科学出版社，1998.

［3］金河龙．火灾痕迹物证与原因认定［M］．长春：吉林科学技术出版社，2005.

［4］耿惠民．火灾原因调查案例集［M］．天津：天津科学技术出版社，2010.

［5］金明，孙意．多股铜导线一次短路熔痕金相定量分析［J］．消防科学与技术，2012.31（10）：116-119.

聚氯乙烯（PVC）燃烧残留物及烟尘对汽油鉴定的干扰分析

张　岱

（西安浐灞生态区消防救援大队，陕西　西安）

摘　要　在对涉及助燃剂放火的火场物证进行检验鉴定时，排除干扰、出具科学准确的鉴定结果成为认定火灾性质的重中之重。基质干扰的种类多，在鉴定过程中，这一类残留物往往很难准确区分。聚氯乙烯（PVC）塑料与汽油同属石油化工产品且常见于各类火灾现场，其对汽油的检验鉴定具有一定的干扰，本文从PVC的燃烧特性和PVC燃烧残留物及烟尘对汽油检验鉴定两个方面进行梳理。

关键词　消防　PVC　燃烧残留物　火灾鉴定

1　引言

聚氯乙烯（PVC）世界上最早实现工业化生产的塑料品种之一[1]。目前广泛应用于建筑材料、工业制品、日用品、地板革、地板砖、人造革、管材、电线电缆、包装膜、瓶、发泡材料、密封材料、纤维等诸多行业，是日常生活必不可少的材料之一，而在实际火灾现场中，PVC能够加大火势的蔓延，迅速产生大量有毒烟气，造成大量的人员伤亡。

放火案件属于情节恶劣的刑事案件之一，往往会造成巨大的经济损失和人员伤亡，产生极大的社会影响，引起民众恐慌。在放火案件中，绝大多数犯罪分子使用助燃剂进行放火，由于汽油等石油类产品价格低廉，获取方便等特点，其成为放火案件中最常见的助燃剂，因此本为所提助燃剂均为汽油。目前，关于助燃剂放火物鉴定的研究方法主要有薄层色谱法、紫外光谱法、红外光谱法、气相色谱法、高效液相色谱法以及气相色谱-质谱联法（以下简称GC-MS）等[2]。GC/MS法是放火火灾汽油鉴定的有效和常见方法[3]，在ASTM 1618中，GC/MS法已经成为独立的鉴定标准，同时国内对于汽油残留物的提取也有相关的国家标准GB/T 18294.5—2010《火灾技术鉴定方法　第5部分》等。

ASTM 1618中提出了外来成分和缺少组分对汽油鉴定的干扰，其中外来组分的干扰主要包括了火灾现场某些燃烧后与汽油燃烧组分类似的材料产生的烟尘及燃烧残留物的干扰。其中聚合物的热解产物包括甲苯和二甲苯，聚烯烃塑料的热解产物包括一系同源的正构烷烃[4]等。本文主要研究了PVC的燃烧残留物及烟尘对助燃剂检验鉴定的干扰。

2　PVC的结构和燃烧特性

2.1　PVC的结构

PVC是具有无定形结构的白色粉末，玻璃化温度77～90℃，170℃左右开始分解[5]，对光和热的稳定性差，在100℃以上或经长时间暴露在阳光下，大量氯化氢会被分解产生，并进一步自动催化分解，引起变色，物理机械性能也迅速下降。聚氯乙烯是一种使用一个氯原子取代聚乙烯中的一个氢原子的高分子材料，是含有少量结晶结构的无定形聚合物。聚氯乙烯具有阻燃（阻燃值为40以上）、耐化学药品性高（耐浓盐酸、浓度为90%的硫酸、浓度为60%的硝酸和浓度20%的氢氧化钠）、机械强度及电绝缘性良好的优点。

2.2 PVC的燃烧特性

热重实验[6]是在程序控制温度下测量物质质量与温度关系的一种实验方法，热重曲线[7]是最直接反映出物质质量随温度升高而变化过程的一条曲线，从热重曲线上可以得到的材料失重包括几个阶段等信息。郭小汾[8]等认为PVC的燃烧可以用三个一级反应表示，第一阶段为脱氯阶段，第二阶段为挥发分释放阶段，第三个阶段为燃烧过程。王智星[9]对PVC材料进行热重分析将热分解过程分成7个阶段，3个热分解过程，分别为大量受热分解HCL的阶段（160～330℃）、质量损失较平缓阶段（410～530℃）、分解完成阶段（600～700℃）。也就是说在不同火场条件下，受火场温度、扑救时间等情况的影响，PVC处于不同的燃烧阶段，其燃烧残留物的组分及含量也不相同。由于火灾现场情况复杂，存在大量不同燃点的可燃物，火场温度的升高速率不会均匀变化，为解决火场升温速率对PVC热失重状态的影响，郭小汾发现升温速率与反应开始温度呈正相关，且最大反应速率随之长大而增大，HCL开始释放温度也随之增加而增加；王智星通过研究表明升温速率不会改变整个热解失重的状态，但失重过程会随着升温速率的增大而延迟[8-9]。

3 基于气相色谱-质谱联用仪（GC-MS）的汽油鉴定

在火场条件下，传统物证及生物痕迹受到高温破坏，失去鉴定价值，因此火灾现场的燃烧残留物往往成为判定案件性质和证实犯罪事实的重要依据[10]。在进行分析之前，首先要进行对现场易燃液体燃烧残留物的提取，目前存在五种广泛使用的提取方法有溶剂提取法[11]、直接顶空提取法[12]、活性炭静态顶空吸附提取法[13]、固相微萃取静态顶空吸附提取法[14]、动态顶空吸附提取法[15]。五种提取方法各有利弊，实际使用时需根据具体情况综合考虑：溶剂提取法操作简单，对含有大量重组分的残留物提取效果较好；直接顶空提取法最简单对残留物中轻组分的提取具有较好效果；活性炭顶空吸附提取法能够无损提取，但耗时且具有毒性；固相微萃取静态顶空吸附提取法的SPME吸附点位有限，提取的组分不够丰富，易导致色谱图偏移；动态顶顶空吸附法检测限低（<0.1μL），提取时间短（<2h）[11-15]。

气相色谱-质谱联用仪（GC-MS）因其成熟廉价的技术被广泛应用于易燃液体残留物的分离鉴定中[16]。早在2001年的美国材料实验协会公布的ASTM1618中就包括了GC-MS分析火场残留物的标准方法[4]。随着GC-MS技术的成熟和发展，研究者们对分析条件进一步优化，Choodum[17]等对GC-MS的初始温度、升温速率、仪器运行时间等条件进行调整，提高了分离效果和灵敏度。

汽油燃烧残留物的鉴定需要与已知标准样品进行比较，因此建立汽油燃烧残留物标准比对样品很有必要，通过比较两者组分间的异同从而对残留物进行鉴定。张怡等[18]用石英砂作为背景基材制备汽油残留物标准样品，使用直接顶空进样法提取样品进行GC-MS分析发现与汽油相比汽油燃烧残留物中的轻质组分降低，烷烃、甲苯、二甲苯、乙苯含量降低较多，C_3苯有所降低，C_4苯增加较多，C_5苯、萘、甲基萘、二甲基萘、甲基菲和甲基蒽等多环芳烃也有所增加。李普济[19]采用GC-MS联用技术对汽油燃烧残留物进行检验发现其三甲苯和四甲苯的相对含量高于未燃烧汽油。

在火灾现场中，不同外部因素的影响会使得汽油残留物组分以及含量有所不同。梁国福[20]等模拟火灾现场，将汽油在一定环境下放置不同的时间，提取样品进行分析，发现汽油这类还有低沸点组分的液体，在挥发过程中会将占组分中绝大部分的物质挥发，只保留下来相对含量很少的组分。为排除塑料载体上不同提取时间对燃烧残留物的干扰，刘纪达等[21]通过SPME-GC/MS分析不同载体下提取时间对汽油燃烧产物组分的鉴定，得出塑料瓶载体对汽油特征组分的保留效果较好，受提取时间影响较小；进而分析得知热塑性聚合物塑料载体的燃烧残留物对物证收提取时间影响较小。

火场的窗户、镜子等玻璃材质上往往会附着大量烟尘，烟尘对助燃剂的组分信息具有很好的保存作用，对汽油燃烧残留物烟尘的研究可以为残留物的鉴定提供另一种思路，同时也能对燃烧残留物的鉴定结论进行佐证。朱梦如等[22]利用GC/MS技术得出汽油燃烧产生烟尘特征组分的特点与规律性，完全燃烧产生的烟尘检测到含醚键的醇类、邻苯二甲酸二乙酯、正丁胺、长链异构烷烃和多环化合物等汽油成分的特征物质。支有冉等[23]通过两种完全不同的燃烧方式——完全敞开式和半封闭式进行汽油燃烧实验，发现汽油烟尘的特征物质从单环芳烃同系物到四环芳烃都有分布，有4～5种三环物质。

4 PVC的燃烧残留物对汽油鉴定的干扰

塑料的热解产物与燃烧产物具有一定的差异性，但同时针对塑料热解产物的研究能为燃烧产物的研究提供一些参考和启发，如何选取热解产物中的燃烧产物干扰组分具有重要意义。程芳彬[24]研究了不同热解程度、不用热解温度下的PVC对汽油燃烧残留物鉴定的干扰，得出结论：少量碳化样本主要是材质本身挥发物对汽油残留物坚定的干扰，大量碳化样本热解产物增加对汽油残留物鉴定存在一定干扰，完全碳化样本对汽油燃烧残留物的干扰有限；低温对汽油残留物的鉴定干扰有限而高温则存在一定干扰。

PVC在不同温度下的热失重状态往往能反映其燃烧过程中的阶段，因此对PVC热失重阶段进行划分具有一定意义。王强等[25]运用热重分析技术研究PVC热解的三个失重阶段，选取最有代表性的裂解温度350℃和600℃进行裂解，350℃时，只有HCL、苯和少量的萘；600℃时生成丙烯、丁烯、苯、甲苯、邻二甲苯、萘、甲基萘、2-甲基联苯等。程芳彬[24]将PVC分为两个失重阶段，第一失重阶段（230～360℃）质量迅速下降，发生侧基消除反应，第二失重阶段（410℃以上）发生环化反应，生成大量芳香族化合物。

PVC燃烧残留物对汽油鉴定的干扰是由于PVC燃烧残留物中存在有汽油燃烧残留物目标组分，因此对PVC燃烧残留物的组分分析十分重要。Kurata S[26]等将塑料在大气中约600℃下热分解，再现火场中塑料燃烧前经过液化和热分解的过程，乙醚提取后经GC-MS分析，PVC的热解生成物中含有烷烃、烷基苯和烷基环烷烃。邓震宇等[27]根据PVC燃烧产物的总离子流图得知存在甲苯、二甲苯、苯乙烯等。为研究在不同燃烧程度下，PVC燃烧残留物的组分变化情况，程芳彬[24]将PVC的燃烧程度分成轻度碳化、大量碳化和完全碳化三个程度，PVC轻度碳化的残留物总离子图显示其含有2-乙基-1-己醇、nC_{13}、nC_{14}、nC_{15}等；大量碳化存在大量的苯、甲苯、乙基苯、苯甲酸、萘、烯丙基萘，少量nC_{13}、nC_{14}、nC_{15}；完全碳化的燃烧产物有少量邻苯二甲酸甲酯、邻苯二甲酸二乙酯等。在一些火灾现场，可能会存在PVC与汽油混合燃烧的情况，为研究PVC与汽油混合燃烧的残留物对汽油鉴定的干扰，邓雨欣[28]将PVC与汽油混合燃烧发现PVC对汽油燃烧残留物成分间比例影响较大。Jinzhuan Zhang[29]等通过定性分析表明，汽油与PVC等塑料混合燃烧时，峰值出现的时间被推迟，高祖分减少，轻组分增加；定量分析表明PVC等塑料影响化学成分和组分比例。

依据GB/T 18294.5—2010《火灾技术鉴定方法第5部

分：气相色谱—质谱法》[30]的附录中关于汽油燃烧产物的描述可知：芳香烃、甲苯、C_2 乙苯、C_3 苯、C_4 苯和稠环芳烃、甲基萘、二甲基萘等成分保留较好。而 PVC 的燃烧产物中含有大量汽油的特征组分——苯、甲苯、乙基苯、邻二甲苯、萘等。因此鉴定人员在对现场燃烧残留物进行判断时不能仅仅凭借苯、甲苯、乙基苯等组分就给出汽油的鉴定结论，需得综合全面的分析，排除 PVC 等与汽油含有相似组分易对鉴定结果产生干扰的物质的影响。邓震宇[26]分析得出虽然 PVC 燃烧残留物可检出甲苯、乙苯、对二甲苯、苯乙烯、甲基乙基苯等成分，但其成分与量相对大小与汽油相比并不相同，通过谱图比对与目标化合物分析，可以完全相互区别。程芳彬[12]分析得出 PVC 中存在大量苯、萘化合物，鉴定人员可将检材中苯、萘的异常高作为推断 PVC 的佐证；若是面对以 PVC 为主的检材，鉴定人员可着重查找 C_4-烷基苯、茚满、1-甲基茚；可以将检材中是否存在 1-己氧烷-3-甲基-己烷作为检材成分是否含有 PVC 的依据。对于 PVC 和汽油混合燃烧残留物对汽油鉴定的干扰，邓雨欣[27]认为虽然 PVC 对汽油鉴定有一定影响，但 PVC 加载汽油燃烧残留物的主要成分与汽油类似，按照现行火场汽油 GC-MS 鉴定标准[28]，不影响火场中汽油的判定。Kurata S[26]应用新型方法以己烷为溶出剂进行 FSC 处理，只溶出汽油成分（烷烃、环烷烃等），可与 PVC 的热解生成物分离，对汽油的分析没有影响。Jin-zhuan Zhang[29]认为纯汽油与汽油与 PVC 等塑料混合物的燃烧残留物中的主要成分几乎相同，根据现行标准，PVC 等塑料与汽油混合燃烧不影响汽油燃烧残留物的鉴定。程芳彬[24]首次提出了“燃烧标志物”的概念，认为 1-己氧基-3-甲基-己烷为 PVC 的“燃烧标志物”，依照当前环境下对助燃剂检验鉴定的需要，建立助燃剂数据库可以提高检验效率和准确性，“燃烧标志物”的提出为助燃剂数据库中排除基质干扰提供了新的思路。

5 总结

根据目前研究表明，仅仅依靠汽油鉴定的国家标准附录中的汽油特征产物对检材进行分析判断，很容易受到 PVC 燃烧残留物的干扰，做出错误的鉴定结论，对比美国助燃剂检验的标准 ASTM E1618[3]中针对性地提出关于基质干扰对检材判断可能出现情况的具体说明以及注意事项的针对性指出，国内标准在排除机制干扰等可能会对检材鉴定产生影响方面没有规定，因此笔者认为由于火场条件的复杂情况，国家标准针对助燃剂检验中可能存在干扰的物质的干扰情况做出规定很有必要。同时，笔者发现针对 PVC 对助燃剂检验的干扰情况的研究较少，大多数都是将 PVC 残留物以及 PVC 与汽油混合燃烧后的残留物进行 GC/MS，根据总离子流图谱分析残留物组分与汽油燃烧残留物组分进行对比，得出相似组分或不同组分。火场中烟尘往往能够保存大量可燃物组分，目前针对汽油燃烧烟尘、PVC 燃烧烟尘、PVC 与汽油混合燃烧烟尘的研究较少，在今后的 PVC 对汽油的干扰研究上，希望能够完善“燃烧标志物”的种类以及通过“燃烧标志物”判定存在 PVC 的科学性和准确性；另外助燃剂干扰数据库的建立和国家标准中对干扰基质的规定的完善都是未来发展的方向。

参考文献

[1] 薛之化．国外 PVC 生产技术最新进展［J］．聚氯乙烯，2015，43（1）：1-14.

[2] 张方敏，潘旭海．易燃液体放火案件物证分析技术的研究进展［J］．消防科学与技术，2010，29（2）：169-173.

[3] 林跃楠，车强．基于 GC/MS 的放火火灾汽油鉴定研究进展［J］．武警学院学报，2018，034（008）：82-88.

[4] Hendrikse J，Grutters M，Schfer F. ASTM E1618［J］. Identifying Ignitable Liquids in Fire Debris，2016：3-5.

[5] 冯新德，张中岳，施良和．高分子词典［M］．中国石化出版社，1998：355-356.

[6] 王智星，刘辉，王信群等．常用室内装饰材料燃烧的 FDS 模拟分析［J］．中国计量学院学报，2014，25（2）：181-185.

[7] 陈巴图．基于 FDS 的大型建筑烟气流动研究［J］．消防技术与产品信息，2013，12（4）：46-50.

[8] 郭小汾，谢克昌．聚氯乙烯燃烧特性及 HCl 的生成机理［J］．燃料化学学报，2000，28（001）：67-70.

[9] 王智星．室内 PVC 装饰材料燃烧性能测试与评定．［D］．2016.

[10] Deans J. Recovery of fingerprints from fire scenes and associated evidence［J］. Science and Justice，2006，46（3）：153-168.

[11] ASTM E1386—15，Standard practice for separation of ignitable liquid residues from fire debris samples by solvent extraction［S］.

[12] ASTM E1388—12，Standard practice for sampling of headspace vapors from fire debris samples［S］.

[13] ASTM E1412—16，Standard practice for separation of ignitable liquid residues from fire debris samples by passive headspace concentration with activated charcoal［S］.

[14] ASTM E2154—15a，Standard practice for separation and concentration of ignitable liquid residues from fire debris samples by passive headspace concentration with solid phase microextraction［S］.

[15] ASTM E1413—13，Standard practice for separation of ignitable liquid residues from fire debris samples by dynamic headspace concentration［S］.

[16] Stauffer E，Dolan J A，Newman R. Fire debris analysis［M］. Academic Press，2007.

[17] Choodum A，Daeid N N. Development and validation of an analytical method for hydrocarbon residues using gas chromatography-mass spectrometry［J］. Analytical Methods，2011，3（5）：1136-1142.

[18] 张怡，阳世群．汽油燃烧残留物标准样品制备及特征组分研究［J］．化学研究与应用，2017（6）.

[19] 李普济．GC-MS 对刑事案件中汽油残留物的检验［J］．分析测试学报，2008，27（S1）：000270-273.

[20] 梁国福，鲁志宝，王鑫．易燃液体在不同环境下成分变化特征的研究［J］．消防科学与技术，2011（7）：563-566.

[21] 刘纪达，孙洛浦．SPME-GC/MS 法分析提取时间对火场汽油特征组分鉴定的影响［J］．中国刑警学院学报，2019，000（002）：107-111.

[22] 朱梦如，文玉秀．汽油燃烧烟尘的气相色谱质谱分析［J］．武警学院报，2009（02）.

[23] 支有冉，宗若雯，曾文茹，等．火灾调查中助燃剂烟尘的提取分析．燃烧科学与技术［J］，2011（05）.

[24] 程芳彬．塑料对汽油燃烧残留物鉴定的干扰研究［D］．2019.

[25] 王强，王静，曹亚丽，等．气相色谱-质谱法研究聚氯乙烯的热裂解行为［J］．塑料科技，2012（05）：93-95.

［26］KURATA S，IYOZUMI T，HIRANO H，et al. Discrimination between residues from kerosene or gas oil and plastics in fire debris［J］. Journal of the Japan Petroleum Institute，2007，50（2）：6978.

［27］邓震宇，张得胜，吴宪，等．塑料制品燃烧物对易燃液体放火剂鉴定干扰的研究［J］．消防科学与技术，2017，36（004）：569-571.

［28］邓雨欣．常见塑料燃烧残留物对汽油GC-MS鉴定结果影响的研究［J］．消防技术与产品信息，2017（4）.

［29］Zhang J Z，Jin J. The Influence of Common Plastics on the Identification of Gasoline Studied by GC－MS［J］. Procedia Engineering，2014，71：372-376.

［30］GB/T 18294. 5—2010，火场易燃液体残留物实验室提取方法［S］.

现代信息技术在火灾调查中的应用

赵　鑫

（内蒙古呼和浩特市回民区消防救援大队，内蒙古　呼和浩特）

摘　要　目前人们生活品质逐步提高，非常注重生命安全和财产安全。在实际开展社会消防体系建设工作时，不仅要选用科学合理地消防方法和火灾救援方法，也要严格按照标准程序开展火灾调查工作，保证与火灾事故相关的各项信息具有真实有效性，为后续明确火灾发生原因和采取针对性措施提供参考依据。为了进一步提高火灾调查工作效率和质量，将现代信息技术应用其中，使现代信息技术充分发挥应用价值，推动火灾调查信息向科学化和技术化方向发展，从而高效开展火灾救援工作。

关键词　现代信息技术　火灾调查　现场勘察　消防安全评估

0　引言

现阶段各个行业的创新发展过程中非常注重现代信息技术的应用，在提高工作效率同时，创新工作模式。火灾是影响人们正常生活和生产的一种重大灾害，甚至也会对社会整体发展造成严重影响，通过开展火灾调查工作，全面掌握火灾发生原因，在采取科学合理火灾预防措施之后，避免产生严重影响。在此期间，充分应用现代信息技术，在获取真实可靠信息同时，提高火灾调查效率和精准度，在保障火灾调查工作高效开展的基础上，推动我国消防事业长远发展。在火灾调查各个环节中正确应用现代信息技术，既能缩短调查时间，也能提升火灾救援质量，在实现信息化发展目标之后，做好防控工作避免再次发生火灾。本文从火灾调查中应用现代信息技术的优势入手，结合影响火灾调查工作的重要内容展开阐述，针对火灾调查中如何高效应用现代信息技术进行全面探讨。

1　火灾调查中应用现代信息技术的优势

1.1　强化各个单位的交流，提高火灾调查能力

传统形势下的火灾调查工作模式存在一些不足，在不断创新会在调查方法过程中，将现代信息技术应用其中，在不断强化各个消防单位之间的交流合作之后，可以通过高效应用互联网技术，积极构建公共信息平台，在让各个单位精准掌握消防状况之后，便于后续制定具有针对性的火灾预防方案，同时也能为人们学习和了解消防知识提供保障，对于提高家庭火灾预防能力具有重要作用。现代信息技术种类比较多，互联网技术就是其中非常关键的一项技术形式，在充分利用互联网技术之后，我国消防单位还可以与国外消防单位进行交流，在网络中具备非常强大的信息数据库，火灾调查工作人员在实际操作期间，将互联网技术作为核心依据，充分借鉴火灾调查方面的技术和经验，在保证火灾调查工作高效开展同时，提高火灾调查能力具。

1.2　高效收集并保存证据资料，保证消防工作顺利开展

传统模式下开展火灾调查工作有诸多问题需要处理，具体表现为火灾调查过程中的证据资料收集和保存工作无法满足标准要求，在实际对火灾现场进行调查过程中，缺乏具有先进性的摄像设备进行录制，不利于消防工作顺利开展。在火灾调查中高效应用现代信息技术，可以为工作人员收集和保存相关证据资料提供诸多便利，具有成本小和效率高的特征。在现代信息技术充分发挥作用之后，可以在室外利用摄像设备对火灾事故发生的主要原因、受伤人员逃跑线路等多种状况进行记录，人们可以使用相关移动设备从多个角度拍摄火灾现场，在为火灾事故调查分析工作提供参考依据同时，保障消防工作有序开展。目前我国非常注重消防系统信息化建设工作，为了进一步提高证据资料保存效果，在量化证据资料之后，对其进行永久性保存。此外，现代信息技术充分发挥应用价值，能够形成符合标准要求的数据库，为后续开展消防工作提供重要保障。

1.3　获取客观地调查分析报告，提高火灾事故调查效率

火灾事故与其他类型的重大事故进行对比，具有一定的特殊性，主要因为火灾发生现场的具体状况难以还原，如对于涉及化学危险品的火灾而言，在后期实际开展火灾调查这项工作时面临严峻挑战。为了做好火灾调查工作，将数值模拟技术应用其中，这样可以结合火灾现场现有的痕迹、证据、相关物品模拟火灾具体发生状况，可以为后续做好火灾事故原因分析工作、火灾事故责任认定工作提供重要保障[1]。不仅如此，将大数据技术和云计算技术应用在火灾事故分析工作中，积极构建数据库，保证容纳较多的火灾信息，在细致分析各类信息之间存在的关联性之后，进一步挖掘和应用具有价值的数据，从而精准掌握火灾现场各类元素之间的关联。在火灾调查过程中高效应用多种类型的现代信息技术，既能保证会在数据实时分析工作顺利开展，也能获

取客观的调查分析报告，对于提高火灾事故调查效率具有重要意义。

2 影响火灾调查工作的重要内容

在实际开展火灾调查工作期间，对消防工作人员的专业能力提出严格要求，同时还要结合我国消防工作发展趋势，充分应用现代信息技术，在积极与火灾现场目击人员沟通交流同时，做好火灾现场检查工作。这就要求火灾调查人员严格按照标准要求做好工作，否则极易阻碍火灾调查工作按序开展。除此之外，不能忽视的工作是场外证据收集工作，在分类、整理火灾现场实际收集到的各项证据资料之后，将其作为核心依据，精准分析火灾具体状况，掌握火灾造成的各项损失。

结合现阶段实际开展了火灾调查工作，可知仍然存在一些不足，影响我在调查工作顺利开展，导致火灾调查工作效果并不理想，无法精准反映出火灾现场的具体状况。实际上，发生火灾的原因比较多，仍然有一些会在调查工作人员没能全面考虑直接原因和间接原因，导致具体开展的证据资料收集工作缺乏全面性，无法保障各项证据质量具有真实可靠性，甚至没能第一时间对相关人员进行处罚。一些火灾调查工作人员深受传统工作模式的束缚，在建筑物发生火灾之后，主要就是对建筑内部麝香视频进行观察，但是摄像头极易被火灾影响，无法全面精准地记录火灾发生的全过程。这样不仅会增加会在调查工作难度，也会导致实际收集的证据资料存在片面性，不利于精准分析火灾发生原因，甚至还会对后续开展针对性的消防管控工作造成影响。

3 火灾调查工作中应用现代信息技术的重要举措

3.1 高效应用数字影像技术，做好火灾现场勘察工作

数字影像技术是现代信息技术的重要组成部分，具有一定的创新性，目前被火灾现场勘察人员高效利用。数字影像技术具有诸多应用优势，在交通和消防等社会生活等多个方面充分应用数字影像技术，如结合火灾现场勘察工作要求，制定完善的技术应用方案，保证火灾现场勘察工作顺利开展，为后续明确火灾发生原因提供保障。一旦发生火灾会产生严重影响，主要因为火灾会涉及多个方面的要素，一般状况下会在现场会呈现出三维立体的状态，利用火灾现场的痕迹，使用普通相机无法全面记录下来。因此，为了避免出现这些问题，在实际开展火灾现场勘察工作期间，充分应用数字影像技术，主要目的是将火灾现场的具体状况全面记录下来。

例如：消防人员在实际开展现场勘察工作期间，充分利用头盔上带有摄像头的设备，全程记录火灾现场道具救援过程，这样不仅可以保证具体开展的救援工作有据可查，也能通过分析录像发现漏洞，在保证火灾现场各项痕迹同时，不会破坏火灾现场。不仅如此，在勘查火灾现场期间还要充分应用红外照相机进行拍摄，在精准掌握火灾具体蔓延状况同时，能够让消防人员了解火灾发生的第一个地点，保证火灾调查工作有序开展，明确发生火灾的主要原因。在完成消防救援这项工作之后，还要将具有先进性的数码相机和摄像机要用在其中，在完整复制火灾现场的具体状况之后，可以将这些视频资料传输到计算机中，充分利用计算机三维模拟软件、数字化建模等多种方式，积极构建发生火灾后的房屋内部结构和烧毁物的状态。在做好这项工作之后，不仅能够将光学影像转化为电子数据，也能在计算机的辅助下做好各项处理工作，数字相机具有多项功能，如可以结合具体拍摄需求自动调节的感光度，在保证拍摄效果同时，可以更好地保留火灾现场的物证资料等。

3.2 高效应用计算机火灾模拟技术，明确火灾调查方向

深入研究“计算机火灾模拟技术”，可知其是我国科学技术水平不断提高的产物，同时也是近几年被研发的一种新兴技术。火灾调查工作具有一定难度，为了能够明确火灾调查方向，消防人员高效应用计算机火灾模拟技术，在将科学合理的方式作为主要依据之后，可以对建筑防火设计和消防安全进行评估，对于提高火灾现场调查工作效率具有重要帮助。在计算机会在模拟技术充分发挥作用之后，可以对不同空间、不同条件等火灾发生状况进行计算机模拟，做好数据分析这项工作，从而使火灾调查工作具有科学理论和实践依据。

在实际开展火灾勘探工作期间，需要进行大量的技术鉴定，同时也要着重开展模拟实验这项操作。将现代信息技术与传统形式下的勘探技术进行对比，可知现代信息技术具有诸应用优势，能够科学合理地降低勘探成本，提高勘探工作有效性。基于此，消防工作人员在实际开展火灾调查工作期间，将燃烧的过程理论知识作为基础依据，并对火灾进行模拟研究，在监理具有科学性和代表性的火灾模拟系统之后，可以更加准确的认定火灾发生的原因，从而为火灾调查工作指明方向，为后续提高火灾调查工作效率和质量提供技术支持。

3.3 正确应用火灾现场绘图技术，从多个方面了解火灾现场状况

火灾现场图非常重要，具体表现为能够帮助消防人员全面掌握火灾现场的建筑分布状况、周围环境，在描绘传统形势下的火灾图过程中，通常以应用制图仪器为主，由技术人员示意性地将火灾现场的平面图和立体图绘制出来，存在无法展示细节内容的弊端，不能将痕迹、物证大小、形状等复原，不利于提高火灾调查工作有效性[2]。因此，为了解决这些问题，正确应用现代火灾现场绘图技术，如将3Dmax或是photoshop等多种计算机绘图软件应用其中，在高效分析火灾现场的各项勘探数据之后，能够描绘出具有清晰精准特征的火灾现场图，在为火灾调查人员提供帮助同时，在一定程度上弥补传统形式下二维绘图和摄影不足等缺陷，从而帮助火灾调查人员获得更加清晰地火灾现场图。此外，在实际开展火灾现场图绘制这项工作时，离不开计算机信息数据的支持，在描绘出展开图、剖视图等多种类型的图片之后，让火灾调查人员从多个方面了解火灾现场状况，保证火灾调查工作具有高效性。

3.4 充分应用现代传媒视听技术，提高火灾现场勘查质量

建筑物结构非常复杂，在实际开展火灾调查工作时具有一定的难度，一旦工作人员没能全面掌握火灾现场状况，就会对现场勘察工作质量造成直接影响。近年来网络媒体不断出现并被应用，在为信息交流提供诸多便利同时，可以将具体需要咨询的问题和火灾现场状况等，通过图片和视频等多种方式进行远程询问，在将降低火灾现场勘查工作难度同时，可以创新火灾现场勘查工作模式，保证勘查质量。因此，充分利用现代传媒视听技术，不仅可以让工作人员高效落实火灾现场勘查工作，也能节省更多操作时间，在第一时间明确火灾发生原因之后，采取针对性的火灾救援方法，最大程度上降低火灾产生的各项损失。

3.5 充分利用火灾痕迹燃烧识别技术，做好数据研究和探究工作

在实际分析火灾燃烧物的成分、形态等多项内容过程

中，存在诸多难以解决的问题，主要因为火灾现场的环境非常复杂。为了做好数据分析和研究工作，将火灾痕迹燃烧识别技术应用其中，主要以对比分析工作为主，如通过充分利用识别模式，精准掌握火灾的多变特征，同时还要积极构建模型。比如：在实际操作期间，利用化学识别和判断分析法、最小生成法等，对火灾残存物进行提取和处理，之后再录入到计算机系统中做好全方位分析工作。在此种技术充分发挥作用的基础上，不仅能够满足多方位开展火灾调查工作的要求，也能为火灾救援工作提供参考依据，从而推动火灾调查工作向现代信息化方向发展。

4 总结

综上所述，在我国现代信息技术水平不断提高背景下，火灾调查工作对具体应用的技术提出严格要求，在打破传统模式的束缚之后，结合火灾调查工作要求，充分应用现代信息技术，保证实际选用的先进技术符合工作要求，提高火灾调查工作效率和质量。近年来，数字影像技术、计算机火灾模拟技术、现代传媒视听技术、火灾痕迹燃烧识别技术在火灾调查工作中的应用率不断提高，在保证火灾调查工作高效开展同时，为后续做好火灾防控工作提供保障。

参考文献

[1] 邓希贤．浅谈火灾事故调查中现代信息技术的应用[J]．中国新技术新产品，2019（21）：137-138.

[2] 张全民．探究现代化火灾调查中对信息技术的应用[J]．消防界（电子版），2019，5（20）：24-25.

微表情分析法在火灾调查询问工作中的应用价值

张津瑞

（中国人民警察大学研究生二队，河北 廊坊）

摘 要 调查询问是火灾调查中的一种频繁运用的调查方法，是一种十分有效的取证方法，根据询问结果所制作的询问笔录是认定火灾事实的重要法定证据之一。自美国著名心理学家保罗·艾克曼在1969年首次提出微表情这一概念以来，微表情经过多年的研究已经证明其科学性。但是，微表情在火灾调查中的应用却缺乏系统性的研究，微表情还没有真正被应用到现场询问的实践之中。本文论述了微表情分析技术的原理与产生机理，以及微表情在询问工作中的应用价值，并提出了将微表情运用于火灾调查中的建议。通过这一系列论述证明了微表情技术能够在火灾调查领域发挥出足够的作用。这也为将来微表情分析技术在火调询问中的应用研究奠定了些许基础，为后来的研究人员提供参考。

关键词 火灾事故调查 调查询问 微表情 应用价值

1 引言

在火灾调查工作中，搜索证据是一项重点任务，而我国人民群众法治观念的日益增强，也对相关环节的规范性和专业性提出了更高的要求。由于火灾现场通常受到极大破坏，能够证明火灾事实的证据往往难以获取，因此，如何通过科学的方法获取证据就显得尤为重要了。本文提出了一种将微表情分析法应用于火灾调查中的思路，以便辅助火调人员判断被询问人的证言与其内心意思是否一致，有利于获取更多调查信息，具有广泛的实际意义。

2 微表情分析法概述

2.1 微表情分析法的起源

1966年哈根德发现了一种持续时间短暂且难以被发现的表情，但他们的发现并未引起重视，三年后美国心理学家保罗·艾克曼[1]在研究一段抑郁症患者录像时正式提出了微表情这一概念。艾克曼认为微表情是面部表情的微表达，指不到0.2s内一闪而过的面部表情动作。微表情与普通表情是不同的，人们很难察觉到微表情的存在。换言之，微表情是人受到外界刺激时产生的、不受主体意识控制的、表现出其真实情感的特殊面部动作，其常常在人撒谎时流露出来，传达出个体抑制和隐藏真实情感的信息[2]。微表情具有以下特点：一是瞬时性，持续时间短，仅有0.2s左右，只有集中注意力观察才可能察觉到；二是自发性，微表情是基于大脑皮层受到刺激后做出的应激反应，是无意识状态下产生的，无法被人控制和隐瞒，是无法伪装的；三是反映性，微表情并不依附于个体面部肌肉的控制而是能够表现出自己真实的心理状态，一个人会因为他的知识、阅历、能力等因素善于控制自己的表情，但是他无法控制微表情，微表情不受人的思想的控制，最能体现人的内心真实想法。

2.2 微表情分析法的发展

美国的FBI最早将微表情技术应用到讯问中。为了攻破犯罪嫌疑人高高搭起的自我保护的堡垒，FBI探员在加入这个组织之前，会进行大量的微表情识别训练，因此在案件审讯中，他们会认真观察嫌疑人的每一个细微表情。FBI大量的案例也表明他们在应用微表情分析技术方面处在领先地位。中国政法大学中国法律信息中心姜振宇[3]团队“测谎”研究团队率先在我国司法领域使用微表情技术，并参与了检察院系统心理测试技术的研发。此外，公安机关、国安机关等对微表情的研究也产生了浓厚的兴趣。

3 微表情分析法在火灾调查中的应用价值

微表情分析法的重要价值体现在司法调查和调查询问工作中，询问工作不仅是火灾调查人员与被询问人信息互相交流的过程，也是双方心理较量的过程。由于具有生理自发性和真实情绪性的特点[4]，微表情在询问工作具有重要参考价值，这也是微表情分析法的应用价值所在。

3.1 确定嫌疑程度

调查询问中运用微表情分析技术，常常是因为犯罪嫌疑人存在涉案的可能，但是调查人员又缺少证据证实，只能从犯罪嫌疑人的陈述内容中获取线索。有的犯罪嫌疑人可能表面上与案件没有什么关联，但确实存在作案的条件，比如作案时间、作案动机等与案情相符；或者其本身就与案件有一定的关联性，比如是案件的目击者或知情者等，甚至可能在某种程度是参与者，但调查人员无法确定其陈述内容的真实性，也无法确定其是否真的是作案人。此时，通过对其微表情进行分析可以基本确定其是否涉案以及涉案程度。

3.2 突破询问僵局

在调查询问的过程中，有时可能会陷入询问僵局。尤其是当面对高智商犯罪嫌疑人或者是重大案件的犯罪嫌疑人时，在直接证据不足的情况下，很难使其吐露真实信息，在询问的博弈之中把握住对方的心理活动，就相当于掌握了询问的主导权。通过对其微表情进行分析研究，就可以使调查人员进一步掌握其心理活动，通过一步一步突破对方的心理防线，就能找到询问工作的突破点，为调查询问甚至整个案件打破僵局。

3.3 辨别口供真伪

对调查询问工作而言，微表情的核心价值在于识别口供的真伪。嫌疑人的口供有真有假，也可能真假并存。而且随着嫌疑人反侦查，反询问意识和能力不断提升，狡猾的犯罪嫌疑人可能会在询问过程中供述一部分事实，但隐瞒真正可能对其不利的事实真相，以达到最终骗取较轻惩罚或混淆视听的目的。在口供的真假辨别上传统方法存在难以适应的问题，而由于微表情是不受人的意识所支配的，所以这项分析技术在辨别口供的真伪上也体现出其中的价值，实践中也成了识别谎言有效的方法。

3.4 扩大取证线索

在前期的火灾调查中，受制于火灾调查人员的素质不够高、调查条件技术不够成熟等因素的影响，难以得到充分的证据。虽说询问是得到相关证据的重要手段，但随着被询问人对抗询问意识和能力的增强，顺利获取其真实信息的难度增大。对此，火灾调查人员可以注意观察被询问人的非言语行为，从非言语行为中抽丝剥茧，而微表情就是能够让被询问人露出“蛛丝马迹”的非言语行为的代表。在询问中，询问人员通过精心选择一些人、物、事来刺激被询问人，留意捕捉其可能出现的微表情，并通过微表情出现的时间、类型等线索来判断人、物、事之间的联系，达到扩大取证线索的目的。

3.5 适用特殊人群

鉴于多数火灾调查人员英语交流能力欠佳，询问火灾现场的外国人往往并不顺利，即便请专业的翻译人员前来代为询问，往往获取的信息相对有限。此外，在火灾调查队伍中很少有精通手语的人员，因而很难与火灾现场的聋哑人进行沟通，这也成火灾调查的一大难点。因此，依靠微表情识别技术，火灾调查人员能够通过观察被询问人的微表情来跨越语言沟通的障碍，判断被询问人真实想法，从而收集到更多的线索。

4 当前技术条件下对微表情分析法应用的构想

4.1 建立犯罪嫌疑人微表情数据库

调查人员关于微表情相关知识的掌握主要来源于各种测试的报告或相关的书籍，缺乏依靠实际工作经历得出的真实结论。而这些书籍、测试结果是以普通人的面部微表情为样本建立的，参与测试的人和真正的涉事者永远不能划等号。国外的研究表明，犯罪行为人在说谎的时候，它们通常笑得更少，会更多地控制表情，因此更难被人识破。当犯罪行为人处在一个特殊的环境之中时，他们的人身自由受到办案单位的限制，因此，犯罪嫌疑人可能会选择绞尽脑汁地编造故事，歪曲事实以逃避责任[5]，此时犯罪嫌疑人的面部微表情与实验中的面部微表情有些许区别。所以，即便是在模拟犯罪的高风险谎言的情景下也是存在差异的。因此，微表情数据库的建立和应用可以在一定程度上弥补纯微表情分析的局限性，结合嫌疑人的微表情与数据库中的微表情可以提高识别的速度和准确度。火调部门要积极与公安侦查部门联系合作，收集、积累询问实践中嫌疑人的微表情，掌握大量的、真实的、具有代表性的嫌疑人的微表情图片，并在这一基础上，建立嫌疑人微表情数据库，完善微表情识别和分析系统。同时，为了更好地发挥微表情分析技术的效率，提高准确性，也可以在此基础上，分别建立出以不同询问对象类型的微表情数据库。

4.2 加强对询问人员微表情分析能力的培训

人工分析对调查工作者的理论知识以及专业素质有较高的要求，但是分析结果可能受到调查工作者主观思维的影响，调查人员可能会通过在准备阶段对犯罪嫌疑人进行了解之后产生了先入为主的主观印象，从而在分析过程中带入了个人情感，以致失去了客观公正的立场，也可能发生调查人员忽视了个体的差异，脱离了现场的痕迹、物证、犯罪动机等案件的客观因素，过分依赖以往经验或是个体测试中的微表情等情况。再者，由于平时相关的培训、练习较少，其经验的不足更容易造成分析结果的不准确。为了成为一名合格的微表情分析人员，不仅需要具备丰富的专业知识与理论及实战经验，还需要有良好的心理素质，能够熟练、准确、快速地识别被询问人的微表情特征。首先调查人员要有观察被询问人微表情的意识，不但要注意其回答的内容还要注意一闪而过的微表情特征。其次调查人员需要学习大量的微表情特征，并且反复加强记忆，要能够在第一时间发现和精准识别。对于个体刺激下的表情的观察和识别，微表情技术的初学者也可以通过分析影视作品中的演员表演来进行微表情分析练习，日常生活中微表情同样随处可见，要留意观察学习。通过不断积累的实战经验是加强微表情分析技术的关键。一方面，调查人员随着实战的增多，其经验就会跟着日积月累。另一方面，调查人员可以互相探讨，在思维的碰撞中擦出火花，共同进步。

4.3 研发微表情分析软件

利用计算机软件对符合特定条件的视频进行微表情识别，它对于调查人员的专业素养要求不高，分析结果也较为客观。依靠调查人员的理论或经验来进行分析不仅比较耗费大量时间与精力，并且分析结果也较为粗糙。而利用录制的询问视频进行微表情自动识别和分析，能够极大地解决这一问题。傅小兰团队[6]自主研发了基于静态特征的微表情自动识别系统，该系统可以快速地检测到视频中的微表情，消防部门可在此基础上研发出匹配火灾调查工作的微表情分析软件。微表情分析软件，能够对被询问人的各种微表情进行系统、综合的识别和分析，极大地提高了分析判断的准确率。

5 总结

微表情相关理论发展时间较短，尽管该学科目前呈现出蓬勃发展之态势，然而其根基尚浅，在实践中如不加以甄别，并与既往之经验相互印证，而是按图索骥，将有枉法裁判之危险。再者，我国相关领域的研究起步较晚，与国外某些发达国家相比，技术尚不成熟。除了技术问题，微表情数据库的建立也面临几大挑战：如何诱发并记录数量充足的微表情；

如何统一不同数据库的微表情情绪标定标准；如何改进识别算法使得数据库视频质量能够满足分析需要等等。在实践中平衡办案需要与现有技术，将是火调人员必须面对的问题。

总之，微表情分析技术的重要性日益凸显，对于新技术的发展我们不能视而不见。而且，现实的需要也要求我们拥抱新兴技术以解决实际问题。在未来，从技术上攻克微表情数据库等难题，在火灾调查中推进严格执法、科学办案，最终实现“天网恢恢疏而不漏”，这也是应用微表情分析法的初心所在。

参考文献

［1］Ekman，Paul. Facial expression and emotion［J］. American Psychologist，1993，48（4）：384-392.

［2］张雨铭．微表情分析技术在侦查讯问中的应用研究［J］．河南警察学院学报，2021，30（04）：123-128.

［3］姜振宇．微表情——如何识别他人脸面真假［M］．南京：凤凰出版社，2011.

［4］夏乾馨，付强．应用微表情识别技术实现公安预警模式的探讨［J］．中国防伪报道，2021（02）：82-85.

［5］王扶尧，郑坤泉．微表情特征画像在公安人像识别系统中的应用研究［J］．中国人民公安大学学报（自然科学版），2020，26（03）：94-101.

［6］吴奇，申寻兵，傅小兰．微表情研究及其应用［J］．心理科学进展，2010，18（09）：1359-1368.

一起居民自建房火灾事故的调查分析

丰茂武

（徐州市消防救援支队，江苏　徐州）

摘　要　该起火灾为典型的居民自建房火灾，位于城乡接合部区域，具有区域代表性。通过调查走访、现场勘验模拟实验及技术鉴定对起火原因进行认定，为类似火灾事故调查提供参考。

关键词　火灾调查　自建房　原因　措施

0　引言

居民自建房广泛分布于城乡接合部和农村地区，多数未经正规的设计，消防安全条件差，通常都是“下店上宅”或者“前店后宅”，一旦发生火灾，极易造成人员伤亡。2020年3月8日，贵州省黔东南州天柱县竹林镇一居民自建房发生火灾事故，经调查，起火原因系自建房一楼中部电热取暖炉未关闭，引燃周围烘烤衣物等可燃物蔓延所致。章进等[1]运用危险源理论对农村自建百货店灾害成因进行了分析，具有较好的参考意义。王健[2]通过对一起村民自建合用场所的调查和分析，提出此类场所如何加强火灾防范的措施。笔者针对一起居民自建房火灾事故开展调查，通过现场勘验、模拟实验等方式对火灾事故进行分析，从而最终认定火灾原因。

1　火灾基本情况

1.1　火灾基本情况

2019年12月14日09时48分许，徐州市某地一自建房发生火灾，造成2人死亡。

1.2　建筑基本情况

起火建筑为某产业园东侧L区仓库及一自建房。其中L区仓库均为一层，砖混结构，屋顶为人字形结构。L区仓库东侧为自建房，自建房紧贴L区仓库，一层，彩钢板搭建。

2　火灾事故调查情况

火灾发生后，支队第一时间成立调查组，在公安部门的协作下，调查勘验组人员对产业园L区仓库及自建房进行全面勘验，同时利用无人机开展全景拍照摄像。调查询问组第一时间对报警人员、中队第一到场人员、周围群众、当事人家属及周边视频监控进行调查取证。

2.1　现场勘验情况

2.1.1　环境勘验

发生火灾当天10时，天气多云，东南偏东风，风速3m/s，气温5.4℃。经现场勘验，产业园L区仓库均为一层，其中65~77号仓库卷帘门不同程度受损，部分仓库内部有不同程度烟熏痕迹。

2.1.2　初步勘验

75号仓库卷帘门烧损变色，卷帘门上部为灰白色，底部为原色，仓库上方两侧墙壁及卷帘门上沿有烟熏痕迹。75号仓库有东、西两门，其中西门为卷帘门，由东门可进入东侧自建房。仓库东西长5.5m，南北宽约3.3m，靠南墙、北墙处摆放货物，中间为过道。两侧货物均上部烧损较重，下部较轻（部分物品未过火）。过道东侧区域停放一电动三轮车，车头朝东。电动三轮车全部过火，车内电气线路未见明显熔痕。仓库屋顶为人字形结构，屋顶西侧区域有烟熏痕迹，南墙、北墙西侧部分有烟熏，北墙上部抹灰层脱落，裸露出红砖。仓库内未发现电气线路及残骸。

自建房紧贴产业园L区仓库，南北向布置。自建房上方为电力架空线，其中西侧一股线大部已掉落至地面，部分铝线烧损缺失。自建房大部分坍塌，只剩东北侧区域部分未坍塌。自建房内物品大部过火，烧损程度整体呈现由南向北逐渐减轻。

自建房最南侧为一狭长三角形区域，整体烧损程度由东向西逐渐减轻。南墙处摆放大量煤球（未使用），北墙处有一窗户，宽1m，高1.2m，西侧窗框下部有部分残留，东侧窗框无残留。自建房南墙北5.5m处有一电线杆，电线杆下部表面烧损脱落，其中北面烧损脱落重于南面。电线杆北侧6.8m处为一立木柱，高约2m，木柱整体炭化，整体呈现中间炭化重、两端炭化轻。仓库东门北侧10m处有一长方形炉子（利民），未变形，距东门东北侧8.7m处有一铁门，铁门南面烧损整体重于北面（图1）。

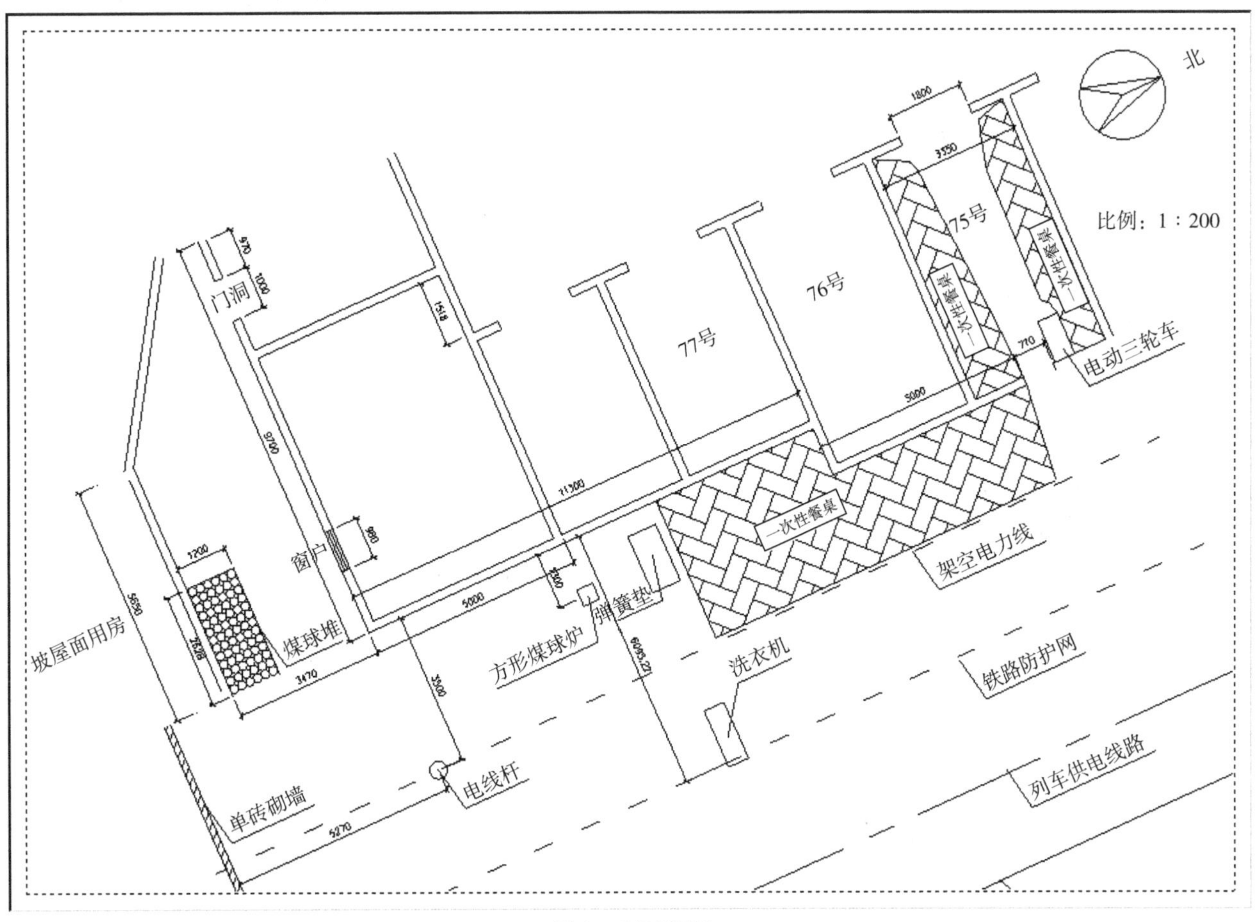

图1 现场平面图

2.1.3 细项勘验

自建房内南部区域烧损最严重。电线杆西北侧有两个炉子，南侧炉子为圆形，北侧炉子为长方形。圆形炉内有一已烧过的煤球，煤球中间裂开，炉洞上部有一金属盖盖住。长方形炉子东北侧部分变形严重，炉内有3块煤球，下部两个煤球已烧过，顶部煤球烧过约一半。炉子东侧地面散落数块煤球，其中2个基本完好，1个已碎成数小块。炉子西侧对应的墙面顶部抹灰层北侧部分已完全脱落，南侧部分大部分残留。长方形炉子北侧1.2m处有一金属弹簧垫（东西长约1.9m，南北宽约1.1m），垫子东南区域烧损呈现古铜色，西北侧呈现淡黄色。垫子北侧靠西墙堆放成箱塑料用品，上部熔化，下部部分未过火，整体烧损程度呈现由东南向西北逐渐减轻。靠西墙处有南北两个木柱，南侧木柱残留较少，北侧木柱残留多。长方形炉子东北方向2.5m处有一砖块围成的简易灶，简易灶北侧地面散落大量咸菜，周边地面散落3只铁碗。简易灶东北方向0.44m处摆放一圆形煤球炉，炉内有一块已烧过的煤球，煤球上方散落3小块煤球碎块。煤球炉东侧有一冰箱，已过火，未发现有通电现象。冰箱南侧防护网烧损呈现灰白色，北侧呈现淡黄色。

2.1.4 专项勘验

电线杆北侧区域长方形炉子处烧损严重，炉子北侧地面用木地板铺成，木地板上紧贴炉子北侧为两块瓷砖。距离长方形炉子东北侧0.3m处地面形成一不规则方形孔洞（南北长约0.6m，东西长约0.36m），孔洞西侧木地板有一斜形痕（西南至东北方向），长约0.15m。现场从长方形炉子北侧地面（距离炉子0.3m）处提取炉渣若干，在长方形炉子炉渣口处提取炉渣数量若干。

2.2 调查访问情况

事故发生后，调查访问组围绕起火时间、起火部位、建筑物内物品摆设、电气线路敷设和其他当事人、报警人等相关人员进行调查。

王某（第一时间发现和报警人员）：我巡逻到卫生间东侧时，闻到一股异味，抬头看到平房房顶太阳能热水器方向有青白色烟冒出，没看到从仓库卷帘门内冒烟出来，救火的时候，黑烟就冒出来了。

闫某（死者子女）：当天早上我一直在农副产品批发市场里面，10点左右，对象给我打电话说75号仓库那边着火了。因为腰不好，75号仓库那边有两三年没去过。父亲有哮喘，平时不抽烟。

周某（产业园业户）：当天大概九点半，我孙子闻到有异味，出去看没有发现异常，我回到屋后异味越来越重，我又出去看了下，发现一排房子的拐角位置有烟冒出来。

2.3 视频分析

经调阅视频并校对，12月14日9时49分04秒（北京时间），视频监控显示在L区73号仓库东侧区域有烟冒出；9时50分08秒，烟逐渐增多；9时52分07秒，大自然电商产业园保安人员王伟明走到卫生间东侧；9时52分52秒，此时烟为灰白色；9时53分39秒，保安人员王伟明利用对讲机进行呼救；9时53分45秒，白烟夹杂着黑烟大量冒出；9时53分55秒，烟已覆盖视频监控范围的L区仓库。

3 模拟实验

将类似的煤球炉放置在废弃的厂房内，点燃煤球放置在炉灶内，炉灶内放置两块煤球，使两块煤球充分燃烧，在距煤球炉西侧 12cm 处放置由若干木板拼接成的木质地板，距炉子 40cm 处堆放可燃物（一次性餐盒、塑料台布、塑料杯、一次性筷子）。将充分燃烧后的煤球取出，放置在距煤球炉 20cm，距可燃物 10cm 的地板上，计时开始。得出结论如下：

（1）50s 木板被引燃；

（2）1min29s 木板见明火；

（3）6min05s 引燃距煤球 10cm 处可燃物；

（4）7min 可燃物见明火；

（5）7min30s 可燃物进入燃烧猛烈阶段；

（6）7min55s 出现大量黑烟；

（7）9min 出现流淌火；

（8）10min 完全烧完。

通过现场实验，可以得到以下结论：

（1）充分燃烧后的煤球放置在地板上可以引燃地板；

（2）充分燃烧后的煤球可以引燃堆放在周围的可燃物；

（3）可燃物燃烧后，冒出大量黑烟，特别是一次性餐盒燃烧猛烈，燃烧速度快，燃烧时在地面形成黏稠状的类似流淌火。

4 起火原因的认定

4.1 自燃引起火灾的可能

经走访相关当事人及现场残存物品情况，自建房内未存放能自燃的化学物质，可排除自燃引发火灾的可能。

4.2 雷击引起火灾的可能

经调阅气象局资料，12 月 14 日 10 时徐州食品城站点区域天气多云，可排除雷击引发火灾的可能。

4.3 外来火源引起火灾的可能

经与铁路部门共同勘验现场，铁路防护网外侧树木朝向自建房一侧有烟熏痕迹，背面无烟熏痕迹，可排除外来火源引发火灾的可能。

4.4 刑事案件

结合公安部门出具的尸检报告，尸体表面未见明显损伤及异常，死亡原因符合烧死，可排除刑事案件的可能。

4.5 太阳能灯故障引起火灾的可能

经走访当事人及咨询天津火灾物证鉴定中心专家，功率仅为几瓦，可排除太阳能灯引发火灾的可能。

4.6 自建房上方架空电力线故障引起火灾的可能

经调阅铁路调度记录，架空电力线故障时间为 10 时 01 分。该起火灾支队指挥中心于 09 时 55 分接到报警，同时视频监控时间显示在 9 时 49 分 04 秒有烟冒出。经对提取的架空电力线进行检测鉴定，均为火烧熔痕，可排除自建房上方架空电力线故障引发火灾的可能（图 2）。

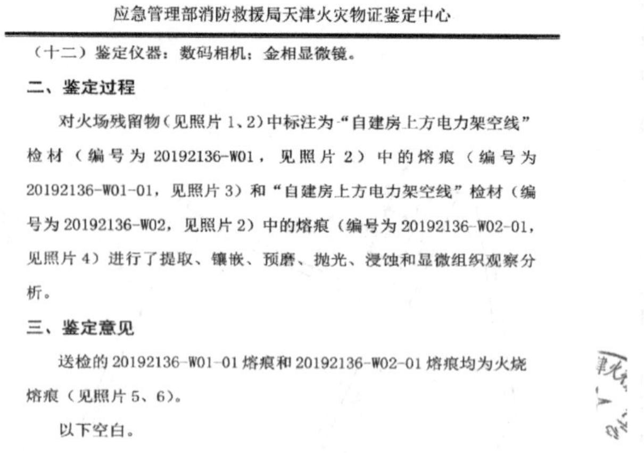

应急管理部消防救援局天津火灾物证鉴定中心

（十二）鉴定仪器：数码相机；金相显微镜。

二、鉴定过程

对火场残留物（见照片 1、2）中标注为“自建房上方电力架空线”检材（编号为 20192136-W01，见照片 2）中的熔痕（编号为 20192136-W01-01，见照片 3）和“自建房上方电力架空线”检材（编号为 20192136-W02，见照片 2）中的熔痕（编号为 20192136-W02-01，见照片 4）进行了提取、镶嵌、预磨、抛光、浸蚀和显微组织观察分析。

三、鉴定意见

送检的 20192136-W01-01 熔痕和 20192136-W02-01 熔痕均为火烧熔痕（见照片 5、6）。

以下空白。

图 2　鉴定意见

4.7 遗留火种引起火灾的可能

经走访调查，可排除遗留火种引发火灾的可能。

4.8 起火原因的认定

认定起火原因为用火不慎引燃周围可燃物所致。

经调查访问，证实死者闫某在自建房内做饭，使用煤球炉。现场勘验与调查访问反映情况相符，确定起火点位于电线杆北侧长方形炉子处，现场提取了炉渣等证据。

综上所述，经现场勘验、调查分析、视频分析、技术鉴定、模拟实验等认定起火原因系用火不慎引燃周围可燃物所致。

5 调查体会

一是部门协同配合，第一时间加强同公安、街道等部门协作，为及时确定死亡原因、起火点奠定坚实基础。

二是开展火灾实验。调查人员积极开展模拟实验，通过实验结论，印证起火原因。

三是综合分析认定。针对现场较为复杂的火灾，调查人员应综合分析认定，结合调查走访、现场勘验、视频监控、技术鉴定等手段逐一排除可能的起火原因，最终认定用火不慎引发周围可燃物所致。

参考文献

[1] 章进，万春伟，舒中俊．一起农村百货店火灾的调查分析［J］．消防技术与产品信息，2014（5）：55-57.

[2] 王健对．一起村民自建房合用场所火灾调查分析［J］．消防技术与产品信息，2014（8）：81-83.

[3] XF/T 812—2008，火灾原因调查指南［S］.

[4] XF 839—2009，火灾现场勘验规则［S］.

[5] XF 1301—2016，火灾原因认定规则［S］.

热得快电热丝断口形貌与通电状态关系的研究

李　然

（河南省新乡市红旗区消防救援大队，河南　新乡）

摘　要　本文模拟热得快未使用、正常通电、通电干烧三种不同的状态，并分别截取三种状态下相同段电热丝，制得电热丝断口试样，通过扫描电子显微镜观察电热丝断口微观形貌。试验结果表明：未使用的电热丝断口颈缩和拉伸现象明显，断口韧窝为等轴韧窝；正常通电的电热丝断口呈杯锥状，随通电时间增加韧窝无明显变化；通电干烧的电热丝断口呈楔形状，断口韧窝为撕裂韧窝。未通电、正常通电、通电干烧三种不同状态下的热得快电热丝断口形貌特征具有明显的区别，所以可以通过观察电热丝的断口形貌特征判断热得快所处的状态。

关键词　热得快　电热丝　断口形貌　扫描电子显微镜

1　引言

近年来，电气火灾事故发生率一直居各类火灾事故之首。热得快作为一种便宜方便的电热器具在日常生活中更是使用广泛。但由于其结构简单、缺乏内部保护机制，一旦使用者疏忽大意，极易引发火灾。热得快生产厂家众多，虽工作原理和基本构造相同，但产品质量却参差不齐，市场流通领域容易出现漏洞。热得快主要是用一种较细的金属管绕制成加热螺圈，通过管内装的电热丝实现加热，电热丝是由铁铬或镍铬合金制成的，这两类合金的熔点均在1500℃左右，然后装入氧化镁粉等绝缘材料，把电热丝封装固定于管中，使它不与管壁接触，再将其两端分别与电源线相接，通电后，电热丝便会发热。热得快的规格按其额定功率的大小划分，有300W、500W、800W及1000W等多种[1]。如果热得快处于正常工作状态，浸没在液体中，电热丝不会过热引发火灾。但如果其在空气中干烧，热量不易散发，金属外管会很快烤焦，甚至烧红，管内的电热丝便会烧断，很容易引燃与其接触的可燃物，所以具有一定的火灾危险性。

由于国内外对于热得快电热丝断口形貌的研究相当少，本文通过对电热丝断口微观形貌观察，分析、总结正常通电和通电干烧条件下电热丝断口形貌与通电时间的关系，以及未通电、正常通电和通电干烧条件下电热丝断口形貌的特征区别，为火灾调查提供理论依据。

2　试验设备、材料及方法

2.1　实验设备

试验采用KYKY2800B型电子显微镜，其分辨率是6nm，放大倍数为15~250000倍。火灾痕迹物证综合实验台。

2.2　试验材料

试验用热得快为河北定州汇鑫电器厂RB800—I型碳素钢管800W热得快。

2.3　试验方法

2.3.1　未使用条件下电热丝断口试样制备与观察

（1）为了进行比对，制备未使用的电热丝断口作为空白试样，用钢锯截取热得快U型电热管的底部的相同段，并取出其管内的电热丝。

（2）首先使用两把钳子夹住电热丝两端将电热丝拉直，在拉直的条件下将一把钳子夹住电热丝的一端进行固定，然后使用拉力计挂在夹着电热丝另一端的钳子的中心部位，在拉力计的牵引下达到事先设定的拉力值，在此拉力值下将电热丝拉断，制得电热丝试样断面，样品编号为A1。试验次数共1次。

（3）将试验拉断的电热丝固定在扫描电镜样品杯上，然后利用扫描电镜观察并拍照记录电热丝断口形貌。

2.3.2　正常通电条件下电热丝断口试样制备与观察

（1）模拟正常使用的状态，将热得快在220V电压下正常通电使用，分别正常使用5min、15min，共两个样品，用钢锯截取热得快U型电热管的底部的相同段，并取出其管内的电热丝。

（2）首先使用两把钳子夹住电热丝两端将电热丝拉直，在拉直的条件下将一把钳子夹住电热丝的一端进行固定，然后使用拉力计挂在夹着电热丝另一端的钳子的中心部位，在拉力计的牵引下达到事先设定的拉力值，在此拉力值下将电热丝拉断，制得电热丝试样断面，共两个样品分别编号为B1、B2，试验次数共2次。

（3）将试验拉断的电热丝固定在扫描电镜样品杯上，然后利用扫描电镜观察并拍照记录电热丝断口形貌。

2.3.3　通电干烧条件下电热丝断口试样制备与观察

（1）模拟通电干烧的使用状态，将热得快在220V电压下通电干烧使用，分别通电干烧3min、5min，共两个样品，用钢锯截取热得快U型电热管的底部的相同段，并取出其管内的电热丝。

（2）首先使用两把钳子夹住电热丝两端将电热丝拉直，在拉直的条件下将一把钳子夹住电热丝的一端进行固定，然后使用拉力计挂在夹着电热丝另一端的钳子的中心部位，在拉力计的牵引下达到事先设定的拉力值，在此拉力值下将电热丝拉断，制得电热丝试样断面，共两个样品分别编号为C1、C2，试验次数共2次。

（3）将试验拉断的电热丝固定在扫描电镜样品杯上，然后利用扫描电镜观察并拍照记录电热丝断口形貌。

3　实验结果

3.1　未使用条件下的电热丝断口形貌

在放大300倍的条件下观察，发现未通电使用条件下的电热丝拉伸试样断口部位有明显的颈缩和拉长的现象（图1）；在放大3000倍的条件下，能够很清晰地看见第二相粒子与韧窝几乎是一一对应的，且较大的韧窝中有较大的质点，未通电使用条件下的电热丝断口韧窝为典型的等轴韧窝（图2）。

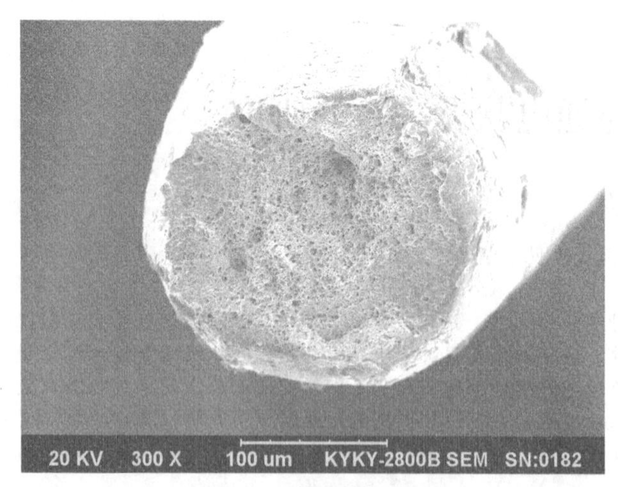

图 1　A1 断口形貌 300×

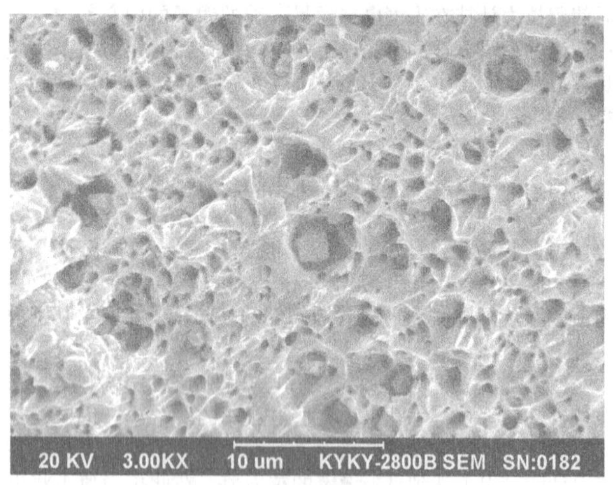

图 2　A1 断口形貌 3000×

3.2　正常通电条件下的电热丝断口形貌

3.2.1　正常通电 3min 条件下的电热丝断口形貌

在放大 300 倍的条件下，发现断口在形成前发生了明显的塑性变形，断口呈杯锥状（图 3）；在放大 3000 倍的条件下，发现断口中心部位形成较深的韧窝，并且第二相粒子在韧窝底部尺寸比较小（图 4）。

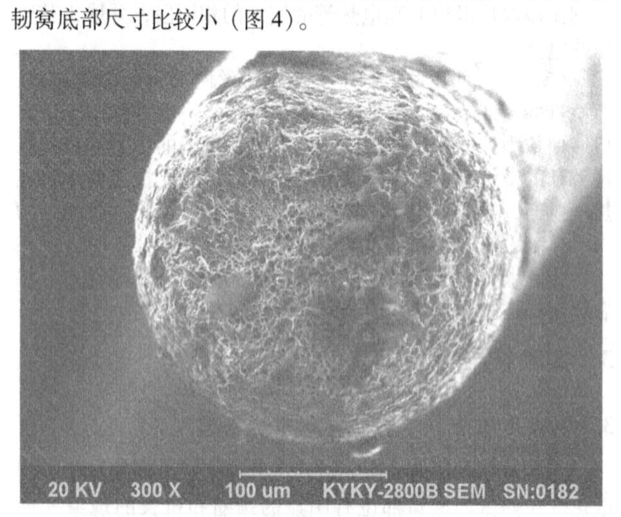

图 3　B1 断口形貌 300×

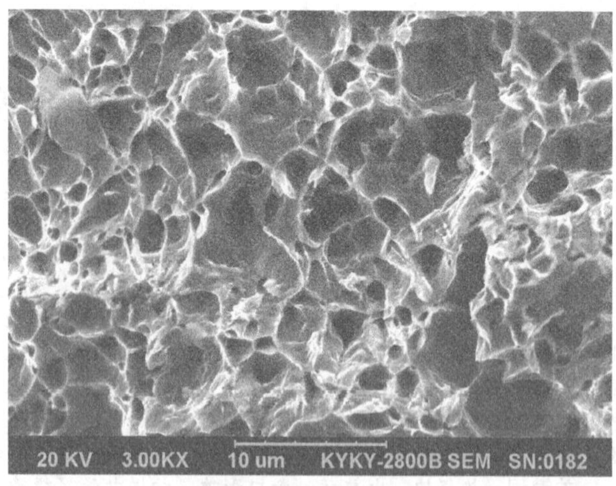

图 4　B1 断口形貌 3000×

3.2.2　正常通电 5min 条件下的电热丝断口形貌

在放大 300 倍的条件下，发现断口有明显的颈缩和拉长现象（图 5）；在放大 3000 倍的条件下，发现韧窝比 B1 小，由于第二相粒子表面对光的反射能力很弱，故观察到的韧窝底部颜色发暗（图 6）。

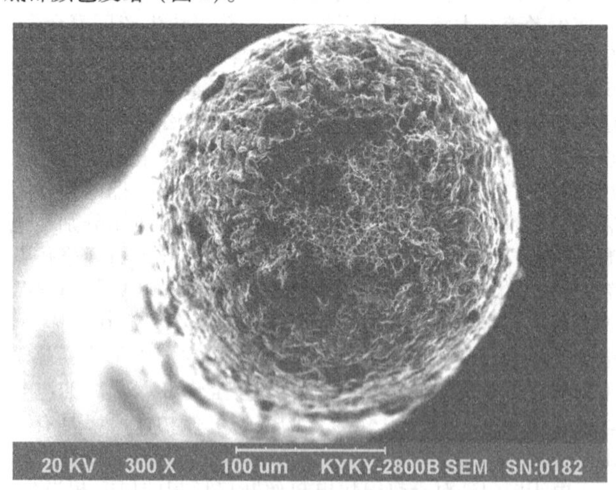

图 5　B2 断口形貌 300×

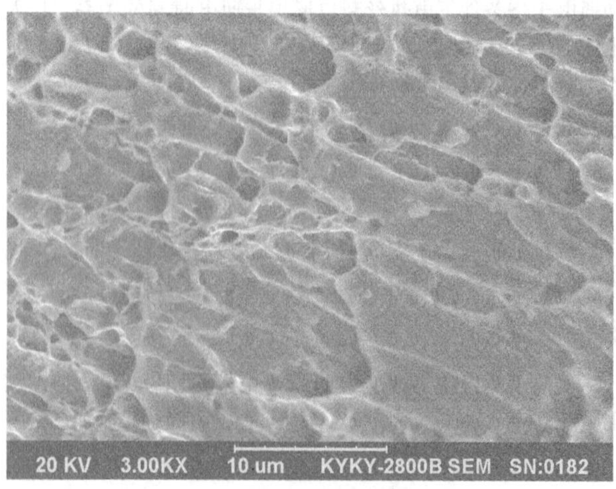

图 6　B2 断口形貌 3000×

3.3 通电干烧条件下的电热丝断口形貌

3.3.1 通电干烧3min条件下的电热丝断口形貌

在放大300倍的条件下，发现断口塑性变形明显，断口呈楔形（图7）；在放大3000倍的条件下，有明显的滑移特征（图8）。

图7 C1断口形貌300×

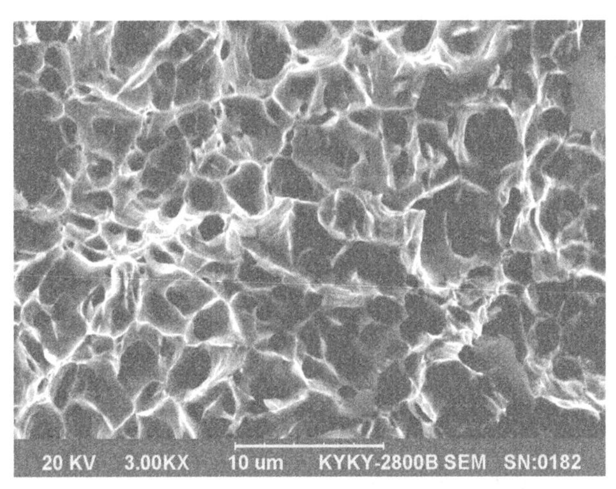

图8 C1断口形貌3000×

3.3.2 通电干烧5min条件下的电热丝断口形貌

在放大300倍条件下，观察到断口发生塑性变形（图9）；在放大3000倍的条件下，发现断面韧窝长度进一步被拉长，韧窝变得更浅（图10）。

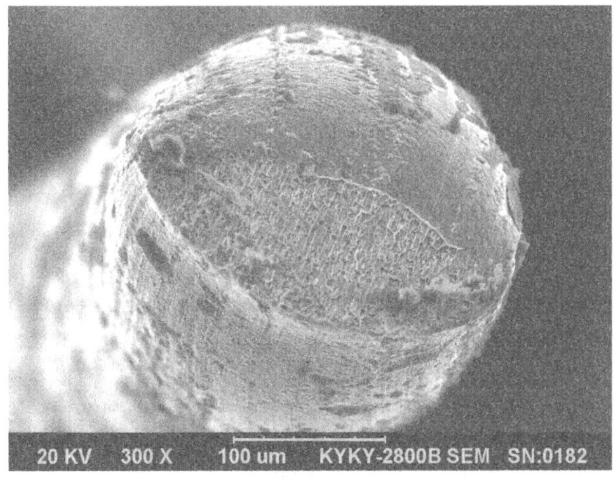

图9 C2断口形貌300×

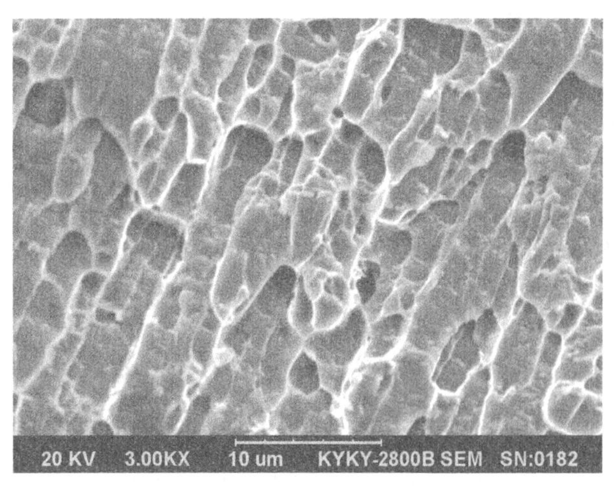

图10 C2断口形貌3000×

4 分析讨论

4.1 未使用条件下的热得快电热丝断口形貌特征分析

韧性断口一般分为杯锥状、凿峰状、纯剪切断口等，其中试样拉伸杯锥状断口是一种最为常见的韧性断口，未使用状态下的电热丝断口为典型的杯锥状韧性断口，该种断口可分为三个区域：纤维区、放射区和剪切区[2]。未使用的热得快电热丝呈原有的金属光泽，电热丝在外力作用下经历弹性变形、塑性变形和断裂三个阶段过程。当载荷超过电热丝的屈服极限时，首先产生均匀的塑性变形，在试样局部区域就可形成小空穴；当载荷超过一定值时，试样出现颈缩，随着颈缩处实际应力不断提高，塑性变形在试样中心部分产生横向应力，这三种方向应力状态使试样的中心萌生。当裂纹扩展到一定程度后，塑性变形所产生的热量导致金属局部软化，另外受平面应力状态的影响，沿与拉伸轴呈45°方向剪切脱开，形成杯锥状断口[3]。

4.2 正常通电条件下的热得快电热丝断口形貌特征分析

电热丝通电后所产生的热量通过加热套管内填充的石英砂传导至加热套管，通电后1~2min，套管无明显变化，达到最高温度（120℃左右），然后温度恒定直至将水烧开，当热交换达到平衡时，电热丝能够维持负荷下恒定的温度（120℃左右），而铁铬铝合金再结晶温度为500~600℃左右[4]。随着电热丝通电时间的增加，电热丝内部的组织结构发生变化，电热丝的横截面不再是圆形，并且强度和韧性进一步降低，合金内部出现结晶现象，晶粒长大不是很明显，由于热膨胀发生微小的变形拉伸。断口在正应力作用下发生塑性变形后，电热丝内部形成的大量显微空洞不断长大。当所施加的外力足够大时，便会形成显微空洞，同时几个相邻的显微空洞之间的基体横截面在不断缩小，直至彼此连接而导致断裂，慢慢形成韧窝。

4.3 通电干烧条件下的热得快电热丝断口形貌分析

热得快在通电干烧时，其金属套管全部呈现红色，试验测得热得快套管U型部位，最高温度达到1018℃，电热丝表面的温度略高于套管的温度，但远低于包裹在其表面的绝缘材料（石英砂）的工作温度（1500~1700℃），所以热得快在正常使用的情况下，绝缘材料不可能被烧结、熔化，也就不可能以熔瘤的形式黏附在电热丝的表面上，电热丝表面出现高温氧化的现象，形成一层致密的氧化膜。但在通电干烧条件下，电热丝温度远超过铁铬铝合金的再结晶温度

500~600℃，铁铬铝发生再结晶，随着通电时间的增加，合金内部生成无应变的新晶粒，新晶粒不断长大，直至原来的变形组织完全消失。通电干烧结束后，铁铬铝合金韧性显著下降，呈现出一定的脆性变化，表现为在正应力的作用下形成了楔形断口，发生塑性变形，但断口颈缩不明显，没有表现出明显的韧性断口形貌特征，变形沿着平行于最大剪切应力平面继续扩展，当变形足够大时，亚晶的数量也随变形量的增加而增加。裂纹沿着亚晶带出现，断口由撕裂韧窝组成[5]。

4.4 热得快电热丝正常通电条件下的断口形貌与通电干烧条件下的断口形貌的特征区别

热得快在未通电、正常通电和通电干烧条件下，电热丝在正应力作用下形成的断口均为韧性断口。正常通电条件下电热丝断口呈杯锥状，韧性断口特征明显，韧窝比较深且形状较为规则，能够清晰地观察到第二相粒子；通电干烧条件下电热丝断口呈楔形状，颈缩和拉伸现象不明显，表面有氧化膜附着，断口韧窝为撕裂韧窝，韧窝变浅，呈抛物线状。

5 结论

通过试验结果的分析与讨论，可以得出以下几条结论：

（1）热得快在未通电、正常通电和通电干烧条件下，电热丝在正应力作用下形成的断口均为韧性断口。

（2）热得快在未使用的条件下，电热丝的韧性断口颈缩和拉伸现象明显，断口呈杯锥状，断口韧窝为等轴韧窝。热得快在正常通电的条件下，电热丝断口呈杯锥状，断口韧窝随时间增加无明显变化，但与未使用电热丝断口存在明显区别：中心部位韧窝排列紧密，其四周韧窝形状变为不规则。热得快在通电干烧的条件下，电热丝断口呈楔形状，断口韧窝随时间增加无明显变化，但与正常通电电热丝断口存在明显区别：断口韧窝为撕裂韧窝，呈抛物线状。

（3）未通电、正常通电、通电干烧三种不同状态下的热得快电热丝断口形貌特征具有明显的区别，可以通过观察电热丝的断口形貌特征判断热得快所处的状态。但是本试验为模拟试验，试验过程在火灾痕迹物证综合实验台中进行，与实际生活有所差别，通电干烧没有在可燃物上进行，没经过火场的火烧，所以本实验有待于真实火场验证。

参考文献

［1］张辉，邹红．热得快火灾危险性分析及火因鉴别方法的研究［J］．武警学院学报，2000，16（3）：52-55.

［2］钟群鹏，赵子华．断口学［M］．北京：高等教育出版社，2006：131-156.

［3］Richard Underwood I，John Lentini J. Appliance Fires：Determining Responsibility［J］．The National Fire & Arson Report，1989，7（2）：354-356.

［4］Beland，B. Examination of arc beads［J］．Fire and Arson Investigator，1994，44（4）：20-22.

［5］Scarano A，Piattelli M，Vrespa G，et al. Bacterial ad-hesion on titanium nitride-coated and uncoated im-plants：an in vivo human study［J］．Oral Implntol，2003，29（2）：80-85.

铜线短路熔痕分析

孙建新　严积科

（中国人民警察大学研究生院，河北　廊坊）

摘　要　电气火灾是由电气故障和违章安装、使用不当等引发的，而造成的故障包括过欠电压、过电流、短路、接点过热、击穿放电、漏电、过热烤燃等。多年电气火灾研究和火灾调查的实践证明，电气火灾发生的机理可以用三个理论来解释，即电接触火灾、电弧放电火灾和电发热火灾，每次电气火灾是电接触、电弧放电和电发热单独或综合因素的结果，各种电气故障是上述三个理论的具体体现，是火灾发生的原因。本文描述了电气设备线路火灾中铜线一次短路和二次短路的微观结构特征。通过铜线的一次短路和二次短路之间的微观结构差异来评估和分析起火原因，为消防部门调查火灾事故提供科学，有利的依据。

关键词　短路　熔痕　柱状晶　胞状晶

1 引言

随着社会的发展，家用设备逐渐走向电气化，由电气设备引起的火灾也在逐年增加，各种火灾中发生电气火灾的数量占据首位。2017 年我国发生火灾 24.7 万起，死亡 1322 人，伤 847 人；电气原因引发的火灾占总数的 34.2%，其中电气线路问题占电气火灾总数的 62.6%、电气设备故障占 30.5%，其他电气方面的原因占 6.9%；2018 年我国发生火灾 23.7 万起，死亡 1407 人，伤 798 人；因违反电气安装使用规定引发的火灾占总数的 34.6%[1]；2019 年我国发生火灾 23.3 万起，死亡 1335 人，伤 837 人；城乡居民住宅火灾占火灾总数的 44.8%，其中电气原因引发的占 52%[2]，给社会和家庭带来巨大损失。如何识别由电线短路引起的火灾，是目前需要解决的重要问题之一。国外一些消防部门以此为研究热点，介绍了一些新的鉴定方法。在中国这方面起步较晚，近年来也已出现许多造成电气火灾的主要难题。因此，确定火灾现场的熔丝痕迹对分析原因具有重要意义。

2 铜线性质

以铜线和铝线为实验用电线。铜的熔点为 1083℃，铝的熔点为 660℃[3]。无论是起火还是短路，都有可能使火灾现场中的铜铝线熔化而离开熔断器，但是着火温度往往高于铝的熔点，铝线短路是由熔化而形成的，痕迹不易保留在保险丝末端的残留物。从宏观检查来看，通常很容易区分这两类熔痕，但是短路熔珠和火烧熔珠外观类似，因此在本文中，用金相分析方法探讨了在识别铜线短路熔痕中的应用。冷拔后，铜线是由 99.95%以上的纯铜制成的。由于强烈的塑性变形，铜的晶粒尺寸被拉长，铜线的冶金结构具有明显的方向（图1）。铜导体在正常使用条件下的方向性仍可以保持（图2）。因为导线在正常使用条件下的温度本身在70℃以下，并且纯铜的重结晶温度为200℃，也就是说，铜线的这个加工方向只有在200℃的温度下一定的时间才会消失。因此，可以用来确定正常状态下铜线的微观结构。

3 火灾中的导线熔珠

遗留在火灾现场中的导线熔珠可分为两类：短路熔珠和火烧熔珠。火烧熔痕是在火灾中受高温作用被熔化后残留在导线一端的痕迹。短路熔珠是短路瞬间引线熔合为近似圆形珠状熔珠有时在外观上也非常相似[4]。为了进一步确认判断的外观，可以对熔珠进行金相检查。因为两类熔珠形成的环境条件不同，所以金相显微镜下可观察到两类熔珠的差异。

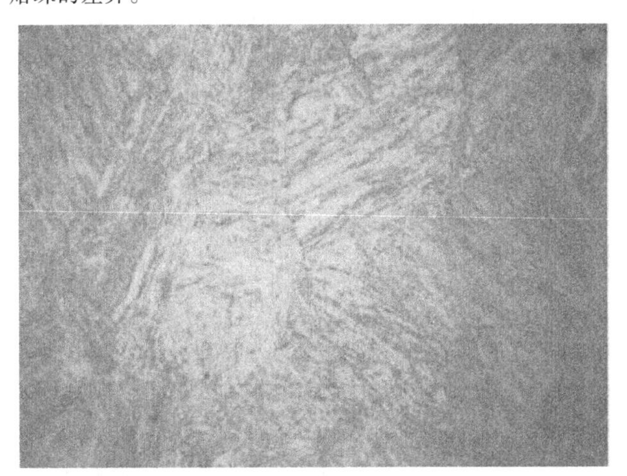

图1 铜线的冶金结构

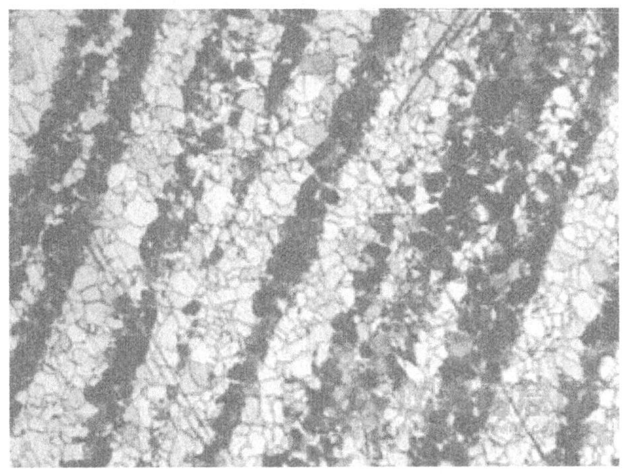

图2 正常使用条件下的铜线

4 火烧熔珠

（1）由厚等轴晶粒组成的微观结构；

（2）光学磨削表面光滑，组织内几乎没有气孔存在。由于熔珠是在火烧条件下形成的，因此其冷却速度较慢；当熔珠形成时，由液态到固态的晶核转变而长大。结果，其微观结构由厚等轴晶粒组成（图3）。同时，晶粒除了充分吸收火焰周围的氧气进行氧化反应外，大部分气体向外逸出，并且由于火温度较高，冷却速度相对较慢，凝固过程较长，气体的熔化时间是足够的，因此除了等轴晶粒外，微观结构的晶粒体积大，金相磨削表面是光滑，组织内几乎不存在气孔。

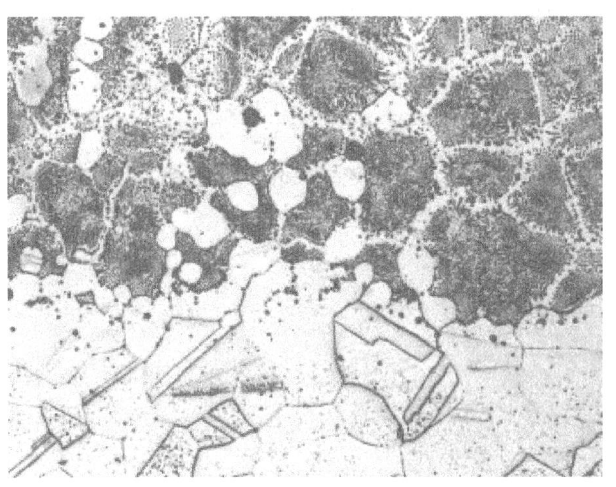

图3 厚等轴晶微观结构

图4 胞状晶和柱状晶

5 短路熔珠[5]

（1）微观结构以柱状晶体和蜂窝状晶体小孔为主；

（2）微观结构（孔隙度）较大。因为，在发生短路的情况下，短路在熔点处会变成一个小的熔池，然后结晶成铸态组织。铸态组织在一定程度的过冷中是瞬时的，并且在冷却条件的影响下形成的体积较大，形成的短路熔珠主要是胞状晶和柱状晶（图4），同时，短路熔珠是在高温220℃以上形成，冷却速度快，当熔珠形成的过冷度大时，凝固过程非常短，因此熔融金属中氧气有时间与金属充分反应并放出，被困在内部组织中。所以，短路熔珠的微观结构除圆柱状致密较细之外，孔内部的微观结构（气孔）也较多。短路分为两种：一种是由于电线绝缘故障或其他原因引起的短路起火（简称一次短路）。第二个是在火场中由于火烧破坏了电线的绝缘层并引起短路（简称二次短路）。它们之间的本质相同，因此外观上没有明显差异，但是它们的外部由于环境条件不同，因此在其形成的短路熔珠上可以识别出微观特征。火灾前形成的短路熔珠，其内部气孔少，缩孔也少。它的微观结构由微小的柱状晶或胞状晶组成（图5）。在偏振光下观察，孔洞周围的铜和氧化亚铜共晶体（$Cu+Cu_2O$）较少且不太明显；熔珠与导线衔接处的过渡区界线明显，若在火中继续遭受高温的影响，其组织中会出现小柱状晶体相互吞并长大，但仍在大晶粒内有分界，柱状晶的痕迹及过渡区分界线仍很清晰。[5]火灾中的短路熔珠，有较大的气孔和收缩孔，微观结构被许多孔隙分割，并有较大的晶界。可以观察到，在大多数情况下，在相同的火烧条件下，不能通过短路看到相同的小群柱状晶，而在铜和氧化亚铜（$Cu+Cu_2O$）共晶的偏振光下观察则更为明显；在过渡区中，该分界线并不明显，如果在高温下继续发挥作用，那么大晶粒边界中的原始柱状晶体就会变得模糊，过渡区边界会更加无序（图6）。

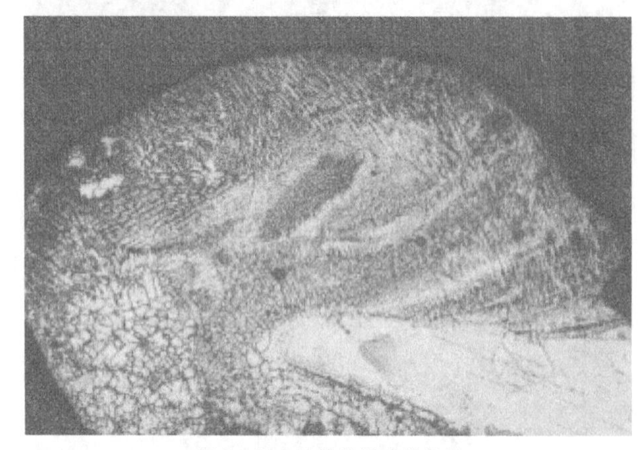

图5 细小的胞状晶或柱状晶

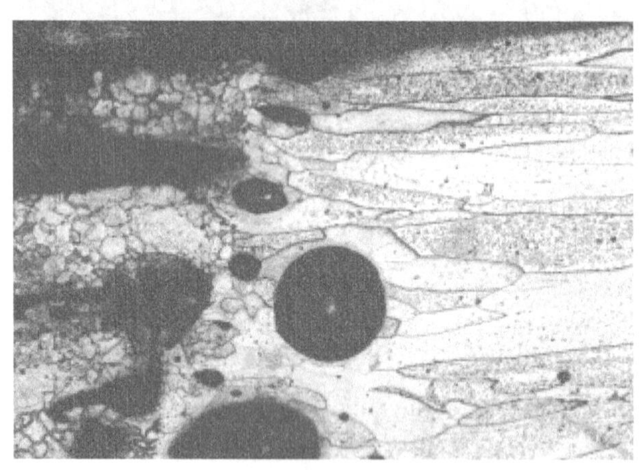

图6 二次短路熔珠金相组织

6 短路熔珠形成过程分析

我们认为，二次短路熔珠的形成要比一次短路熔珠的形成冷却慢得多，因为过冷的程度比一次短路珠要小得多，在这种情况下，它通常不会完全形成细小的柱状晶体，而是形成一个大块的柱状晶体和很小的等轴晶组织，这些组织在二次短路熔珠形成后形成，并在温度升高的过程中继续生长，且存在大量孔洞，如图6所示。

一次短路熔珠是在正常情况下形成的，由于环境温度低，过冷度，冷却速度快，凝固时间短，所以，孔周围的氧气与铜反应不充分，生成 Cu_2O，因此在孔洞周围产生的铜和氧化亚铜（$Cu+Cu_2O$）很少共晶。[6]二次短路珠是在着火条件下形成的，因为外界温度很高，过冷度小，冷却速度慢，凝固时间长，并且空气中水蒸气的浓度较高，所以氧气与铜的反应时间相应增长，由于气孔周围晶格缺陷较多，氧的孔隙度沿晶界转移，从而产生十个铜和氧化亚铜共晶体（$Cu+Cu_2O$），共晶量也相应增加。因此，共晶体周围的二次短路熔珠孔比一次短路的熔珠孔更明显。

因为大量的灰尘和杂质在火灾中燃烧并产生，所以二次短路熔珠内气孔多且大。

由于环境温度较低，形成了一次短路，铜线的微观结构在受热状态时，瞬间短路，除了短路点处于高温状态（约2000~3000℃），而导体温度不高（接近正常工作温度70℃）左右，仍然是深色的定向开放相组织，所以过渡带边界明显。如果继续在大火中燃烧，过渡区受热状态的微观结构同时随着温度的升高而形成一个庞大的等轴结构，并且熔珠内短路出现了小柱状晶粒的生长，但是过渡区界限仍然很清楚[7]。而且在熔珠二次短路形成前，由于着火环境，在局部范围内引起着火的热效应，使导体局部受热状态下晶粒生长或由于过热而部分熔化。因此，短路点除了在高温状态（2000~3000℃）中的任何地方外，在短路点附近的温度都更高。因此，过渡区边界是模糊的，如果在火中继续加热，则在熔珠内形成更大体积的柱状晶体和过渡区域相对较大的等轴晶。它会继续长大，使边界之间的过渡区域和形成的残留痕迹更加不均匀，模糊不清。因此一次短路和二次短路的识别非常有价值。

7 过电流、过热引起火灾并形成熔珠

除短路外，导线过电流也会导致过热并引起火灾。这种熔痕是在瞬间高温和大电流的条件下形成的。它的外观特征类似于火烧熔痕，但微观结构有明显的差异。它是由过电流引起的导体的微观结构的变化。它是根据过电流的大小，时间的不同，它的组织从形成状态开始就变成了等轴晶（图7），随着过电流的持续，晶粒不断增长，这种变化的本质是由于过电流的增加和时间的持续，使导线的温度升高；瞬时大电流会引起局部过热和保险丝熔断，并且整个导体均匀地长出晶粒。[8]熔痕的过载电流微观结构特征是：晶界中的胞状晶微观结构庞大，且在晶界处有铜和氧化亚铜的（$Cu+Cu_2O$）共晶组织，类似于熔化的疤痕组织时所形成的延迟瞬时短路（图8）。

由于过电流和延迟、瞬时短路、二次短路等的发生，会使导线表面出现细小的疤痕，其微观结构为细小的胞状晶，类似于短路熔痕的微观结构（延迟电路、一次短路、二次短路）。

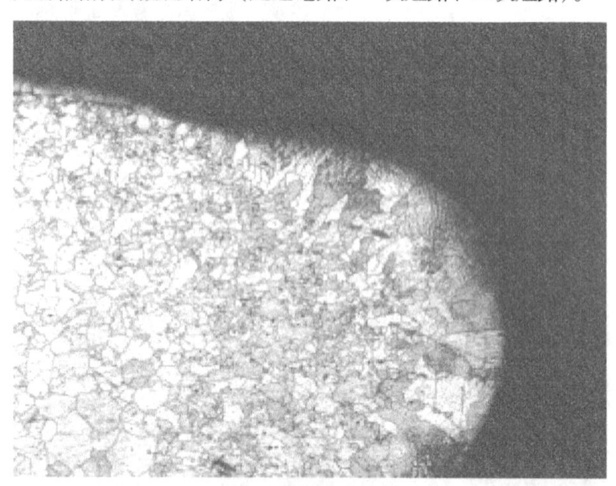

图7 等轴晶结构

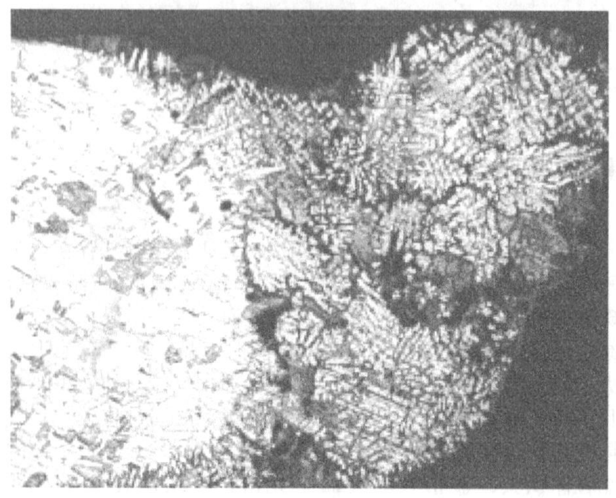

图8 粗糙的胞状晶

另外，在大火的现场，外面的大火，也可以在熔痕的导体上形成类似于小伤痕的痕迹，但其微观结构是等距的大块，还存在于共晶组织的模糊边界（$Cu+Cu_2O$）或烧伤痕迹。这些组织特征的识别对于起火原因认定有一定的参考价值。

8 结论

当我们在有导线熔痕的火灾出现时，提取带有熔痕的导线并进行金相分析，我们可以得出以下结论：

1. 根据导线熔珠的微观结构特点，我们可以识别出熔珠是由短路引起的，这可以进一步确定导线在着火时是否处于通电状态；

2. 如果导体是短路熔珠，我们可以根据不同的微结构的熔珠识别是一次短路和还是二次短路；

3. 根据熔珠的微观结构特征还可以鉴别出导线初始时是瞬时大电流和延时瞬时短路；

4. 如果导线在火灾现场没有被烧毁，则用金相分析观察，如果导线再结晶可以确定线路是否有电流。

参考文献

[1] China fire Statistics Yearbook. Beijing：China Personnel Press，2008.

[2] XueGuofeng. China New Technologies and Puod-ucts. 2009，NO. 24. 174.

[3] Wang Xiqing，Han Baoyu，Di Man. Electrical Fire Exploration and Evaluation Technology Guide. Shenyang：Liaoning University Press，1996：50.

[4] 文玉秀，王敏．铜导线短路熔痕的 SEM/EDS 分析［J］．中国安全科学学报，2011，21（6）：4.

[5] GB 16840. 1—1997，Electrical Fire Cause Technology Appraisal Method. China：1997.

[6] 张金专，金静．铜导线一次短路熔痕形貌火场稳定性研究［J］．消防科学与技术，2016，35（4）：3.

[7] 吉博成．铜导线短路熔痕中氧化亚铜形成机理研究［J］．消防科学与技术，2020（11）：4.

[8] 刘筱薇，金应荣．铜导线的短路熔痕与过热熔断熔痕分析［J］．热加工工艺，2011，40（14）：4.

家用电热器具火灾成因及勘验要点

刘明月

（中国人民警察大学，河北 廊坊）

摘 要 在日常生活中由家用电热器具所引发火灾对社会安全以及人民的生命财产安全造成了严重的损害。本文主要阐述了对各种家庭取暖方式与电热器具的基本工作原理、对容易引起家庭火灾事故的主要原因加以分析，并总结了家用电器中火灾事故容易产生的主要成因，从而有助于人们增强预防家庭火灾事故的意识，及其相关的预防措施通过对家用与电热器具的调查方式的研究，总结其火灾事故调查的一般方式与程序，为火灾事故调查工作人员能够顺利调查和判断火灾事故原因提供了方便。

关键词 电气火灾统计 家用电热器具 火灾事故 火灾调查

0 引言

近年来，因家庭用火用电所引发的火灾事故频繁发生。2010 年以来全国火灾情况统计数据如图 1 所示，其中，每年约有 30%的电气火灾事故发生，电气火灾严重危害着我国的社会消防安全[1]。2022 年 1 月 20 日，中国应急管理部举行了新闻发布会，并在会上通报：2021 年全国共接到火灾报警 74.8 万起，与 2020 年比起来，火灾发生的起数上升了 9.7%；2021 年火灾中受伤人数 2226 人，死亡人数为 1988 人，相比 2020 年分别上升了 24.1%和下降了 4.8%；2021 年由于火灾导致的直接财产损失为 67.5 亿元，比起 2020 年经济损失上升了 28.4%。在这些火灾中，较大火灾和重大火灾的数量比起 2020 年都有所上升，分别为 84 起和 9 起，与去年比起来分别增加了 9 起和 1 起，同时，特别重大火灾已经连续 6 年没有在我国发生了。火灾事故大多发生在冬季是因为，在冬天，人们的用电量，燃气消耗量增加，所以导致了火灾事故频发。据统计数据显示，每年在冬季发生的火灾数量占了全年的 57.2%，平均发生 20.4 万起，冬季发生的火灾导致的死亡人数占了全年火灾致死人数的 62.9%，平均死亡人数 995 人，与春夏秋三季比较起来明显增多。

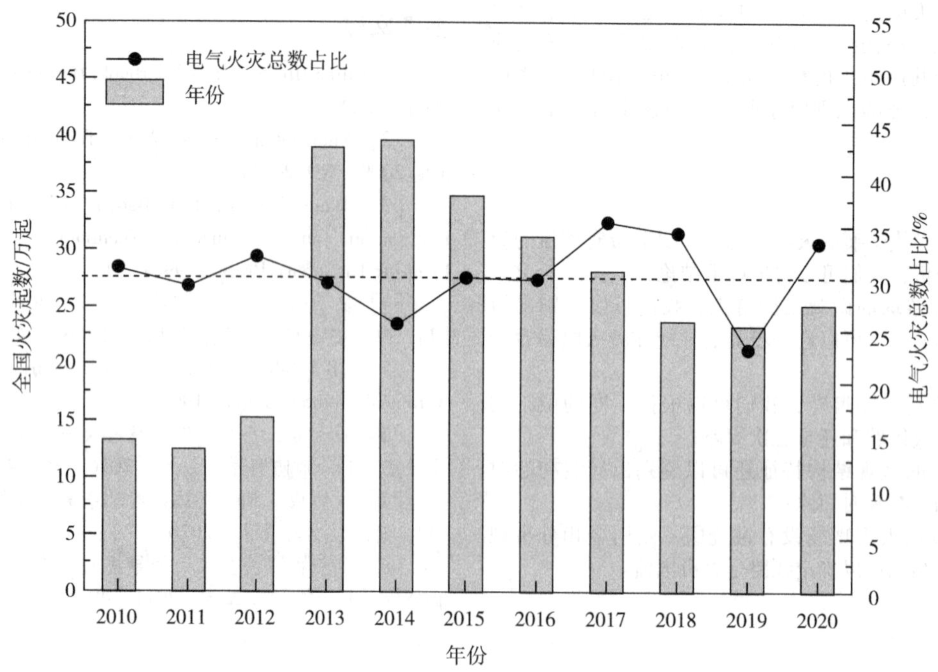

图1 2010—2020年全国火灾事故统计图

根据国家能源局最近公布的数据来看，近年来我国社会用电量在持续上升，由此所引发的安全风险也在不断地增加[1]。由于电气原因所引发较大火灾的数量在全部火灾起数的占比相当大，约占总起数的一半，为36起。在电气火灾中有大约三分之一的火灾是由于电气安装不规范而导致的，共8.5万起，其中还有1万起火灾的事故原因还在调查中，预计查明后，由于电气安装不规范而引起的火灾占的比重还会提高。从电气火灾的分类看，因导线接触不良、短路、过负荷等线路问题引发的火灾占总数的68.9%，因线路故障、设备使用不当等设备问题引发的占总数的26.2%，其他电气原因引发火灾则占4.9%[1]。在这些电气火灾中，相当一部分是由于家用电器故障或是使用家用电器不当引起的火灾。

1 家用电热器具的概括

家用电热器具是运用电能转化成热能的能量转换方式所制成的用于家庭生活中的器具的统称[3]。其使用方便、无污染、效率高以及价格适中等优点已经普遍运用于人们的日常生活当中。电热器具一般都是由发热部件和安全保护装置组成。根据家用电热器具采用不同的电热转换方式，可将其分为采用焦耳热式的电阻式加热器具、电磁感应式加热器具、远红外电加热器具以及微波式电热器具这四种[4]。

2 家用电热器具引起火灾的原因

2.1 电热器具自身设计问题

（1）厂家制作电热器具时为降低成本而采用劣质材料，制作的产品质量不达标导致在长时间使用过程中达到燃点被引燃从而造成火灾。

（2）电热器具一般由加热构件还应该设计控温元件，但由于生产过程中制作程序失误或是偷工减料而未安装控温部件，导致电热器具在使用过程中内部加热元件不断加热、升温。由于缺少控温部件，使得加热物体或是电热器具本身温度不断上升，从而引燃周围可燃物导致火灾的发生[5]。

（3）一般家用的电热器具的功率都在1500W以上，功率都是比较大的。电热器具使用的导线电阻过大或是导线横截面积过小。在电热器具通电过程中，由焦耳定律可知，电阻过大、单位时间流经电流过大都是产生热量的原因[6]。这些都有可能造成导线外部绝缘皮被熔断，导线直接接触产生相间短路发生拉弧、打火。电弧的温度一般都能达到2000℃以上，能够达到周围可燃物的燃点，使其被引燃进而产生火灾。

2.2 安装、使用及维护不当

家用电热器具在安装过程中由于安装工人的安装操作不当或是使用人员违规改装导致通电过热引发火灾。家用电热器具在工作年限内也需要时常维护，对于有损坏的器件如外部隔热材料损坏等问题需要及时更换、维修。

2.3 电热器具构件故障

（1）电磁电热器具中的线圈盘是导致火灾发生的重要部位，在工作过程中，该部件产生故障可引起线圈盘高温、产生电打火，都有可能造成火灾的发生。

（2）家用电热器具的温度控制部件、时间设定装置以及温度程序指示器在电热器具长期使用过程中，由于功能性或是外在人为破坏的情况下使其老化或缺损导致其无法正常工作，温度、时间等无法控制，从而引发火灾[7]。

2.4 外部原因导致家用电热器具引发火灾

（1）家用电热取暖器具在使用过程中无意或故意将衣物或其他易燃纺织物品倾覆于加热器具表面，经过长时间的烘烤都有可能点燃易燃物造成火灾的发生。

（2）周围的环境中存在易燃、易爆气体、粉尘的浓度在燃烧下限和燃烧上限之间或爆炸下限与爆炸上限之间。根据燃烧三角形的要素可知当电热器具过热产生火花也就有了点火源，而环境中的易燃、易爆气体、粉尘则是易燃物，空气中的氧气充足自然也就满足了燃烧的三个条件，家庭环境中可燃物也比较多，因此造成火灾的可能性就大大地增加了。

（3）人员操作、干扰也是一个电热器具引发火灾的一个不可忽视的原因。比如长时间通电无人看管、操作失误等原因。

3 家用电热器具火灾现场的勘验要点

对于火灾原因都要遵循“先静观后动手、先照相后提取、先表面后内层、先重点后一般”这一原则[9]。首先要对火灾周围环境进行勘验，对现场环境进行拍照，记录现场的概况以及细目。通过观察分析火灾现场火势蔓延的规律以及现场所形成的火灾痕迹特征，确定起火部位、起火点，收集相应的物证，分析并认定起火原因。

3.1 家用电热器具与起火点以及周围物品烧毁情况

一般由家用电热器具所引发的火灾，通常位于电热器具周围被引燃的物体上会形成较为明显的“V”形燃烧痕迹，“V”形痕迹的底部一般是火灾的起火源。周围可燃物的烧毁、炭化程度与引发火灾的家用电热器具所在的距离成反比，距离越近，燃烧程度越严重，如图2所示。被点燃物体的燃烧程度、颜色都反应起火范围，电热器具一般都由隔热外壳组成，发生火灾时外壳受高温作用使其塑料外壳融化，根据隔热外壳坍塌的方向也可确定具体的起火点。

图2 插头发热形成的烟熏痕迹（图片源自网络）

3.2 确认家用电热器具在火灾发生前的通电状态

电热器具引发火灾时，明确电热器具在火灾发生前是否通电是非常重要的。对于家用电热器具在火灾发生前所处的带电状态通常由以下三个方面进行分析：家用电热器具插头、插座、开关的状态；电源线路短路所形成的痕迹；保险丝的状态。

对于电热器具插头、插座、开关的分析，首先要从颜色、外观进行分析。若插头前端的金属片在火灾发生后仍旧保持原有金属光泽，其他与环境直接接触部位有烟熏痕迹，则能说明电热器具在火灾前是保持带电状态[9,10]。对于插座的分析根据金属的退火原理可知，金属经过长时间高温作用后失去弹性，若静片与动片之间接触部位未有烟熏痕迹，则说明电热器具火灾前是带电状态；反之则说明未通电。

3.3 对火灾现场导线熔痕、熔珠的金相组织进行分析

短路是最常见的电气线路故障原因之一，对其进行勘验，对家用电热器具引发火灾原因结果认定也具有十分重要的意义。

火灾调查中，短路可分为火灾前短路和火灾中短路。前者是指导线由于自身发生故障从而发热，在火灾发生之前就已经形成的短路，后者是指还处于带通电状态下的导线由于外界火焰或是环境高温作用下，使得导线绝缘层失效从而引发的短路。不同方式形成的熔痕（熔珠）的金相组织特征是不同的。火烧熔痕通常呈粗大的等轴晶或共晶组织，熔化区内部的孔洞通常形状不规则，内表面粗糙。火灾前短路熔痕（熔珠）的金相组织特征是晶粒由细小的胞状晶或柱状晶组成，孔洞较小、数量较少形状较整齐[11]。火灾中短路熔痕（熔珠）金相组织特征为晶粒较多粗大的柱状晶或粗大的晶界组成，孔洞尺寸较大，数量较多，呈现不规则的形状[11]。

4 结论

随着市场中各类家用电热器具的推出，给人们的日常生活提供了便利以及舒适度，但与此同时也存在着一定的安全隐患，增加了火灾事故的发生概率。本文介绍了采用不同加热方式的各种电热器具，并细致分析了其引发火灾的各种原因，以及对电热器具引发火灾所采用的调查方法进行了说明。目的是为更好地解决由电热器具引发火灾问题，为调查人员提供一些帮助，以及提高社会安全性，保护人民的财产和生命安全。

参考文献

[1] 应急管理部消防救援局．2010-2020年全国火灾情况分析．http：//www.119.gov.cn/xiaofang/nbnj/index.htm.

[2] NFPA 921-2017，Guide for Fire and Explosion Investigations（Effective date：12/1/2016）[S].

[3] 余大波．家用电器火灾原因和调查方法的研究[D]．重庆大学，2005.

[4] 杨璐．新型电热器具引起火灾的常见原因分析[J]．低碳世界，2016（16）：2.265-266.

[5] 卢洲．家用电热器具火灾现场勘验方法[J]．法制与社会：旬刊，2011（2）：3.199-201.

[6] 周智辉．浅谈电热器具火灾成因及勘查要点[J]．消防科学与技术，2001.48-49.

[7] 刘茂华．我国电气火灾的形势和对策研究[J]．武警学院学报，2019，35（2）：5.46-49.

[8] 朱金华．家用电热器具火灾现场勘验初探[J]．中国科技信息，2011（11）：2.182-183.

[9] 郭芳建．对一起电热器具引起的火灾调查[C]//中国消防协会．中国消防协会，2012.

[10] 魏嘉．浅谈家用电器火灾原因和调查方法[J]．科学技术创新，2016（27）：163-163.

[11] GB/T 16840.4—2021，电气火灾痕迹物证技术鉴定方法 第4部分：金相分析法[S].

不同火源条件下壁面烟熏痕迹特征及形成机理研究

闫 明

（陕西省西安市蓝田县消防救援大队，陕西 蓝田）

摘 要 烟熏痕迹是火灾现场中最为常见的一种火灾痕迹，其中壁面烟熏痕迹对于判定起火点和认定起火原因具有重要的作用。然而，不同燃烧物在不同位置燃烧产生的烟熏痕迹有所不同。因此，运用小尺寸实验和FDS模拟相结合的方法，研究不同火源条件下壁面烟熏痕迹特征及形成机理。对于实际火灾勘查作业中判断火源位置、燃烧物种类和燃烧物尺寸有一定的参考性意见。

关键词 烟熏痕迹 FDS 小尺寸模型 油盘火

0 引言

随着社会经济的不断发展建筑结构逐渐趋于复杂，可燃材料的种类也越来越多，其中室内火灾频发，起火原因和可燃物种类也各不相同。由此可见，不同的火源条件造成的火灾形式有所不同，而复杂的火灾形式，在造成经济损失和人员伤亡的同时，也为火灾调查工作的开展增加了难度。在火灾调查过程中，壁面痕迹的形成和影响因素是十分复杂的，不同的开口位置、不同的可燃物材料、不同的构筑物位置、不同的火源种类，产生的壁面痕迹也各不相同。因此，本文运用FDS软件与小尺寸实验相结合，对不同火源条件下壁面烟熏痕迹特征及形成机理进行研究。通过改变燃烧物种类和位置，模拟不同条件下火灾发生发展的全过程，研究烟气蔓延和温度变化规律。

1 不同火源条件下壁面烟熏痕迹的实验研究

1.1 小尺寸实验设计

1.1.1 实验原理

关于烟熏痕迹的实验研究大都采用小尺寸实验模型，可借鉴茅靳丰等人做的研究，他们根据相似准则建立了小尺寸火灾房间的模型[1,2]，对烟气的扩散特性进行研究。相较于全尺寸火灾模拟实验，小尺寸火灾实验模拟适合分析火灾初期现场痕迹形成的过程，对场地、经费要求更低，可实现多次模拟、反复模拟，是目前火灾调查领域分析火势蔓延发展过程较为可行的方法。

1.1.2 实验装置设计

在实验室搭建1/8尺寸的小尺寸模型，房间模型的尺寸为45cm（长）×30cm（宽）×30cm（高），采用纸面石膏作为房间的墙壁，为方便观察实验现象，房间模型正面采用玻璃板代替石膏板，房间模型的左侧墙壁设置14cm×14cm的开口（图1）。

1.2 实验结果分析

1.2.1 不同油盘直径对壁面烟熏痕迹影响

通过查阅文献[3,4]可知，改变油盘的直径，油盘火的热释放功率、火焰高度、火焰脉动频率等都会随之改变。这些火源特性的改变在实验中的具体表现就是壁面烟熏痕迹。如图2，在油盘靠近墙壁处，油盘直径对壁面烟熏痕迹的影响最大，油盘直径越大，壁面烟熏痕迹越明显。随着油盘直径的增加，壁面的“V字形”烟熏痕迹就越来越明显，甚至会出现清洁燃烧在墙面上形成火焰现状的清洁燃烧痕迹。

（a）实验装置布局

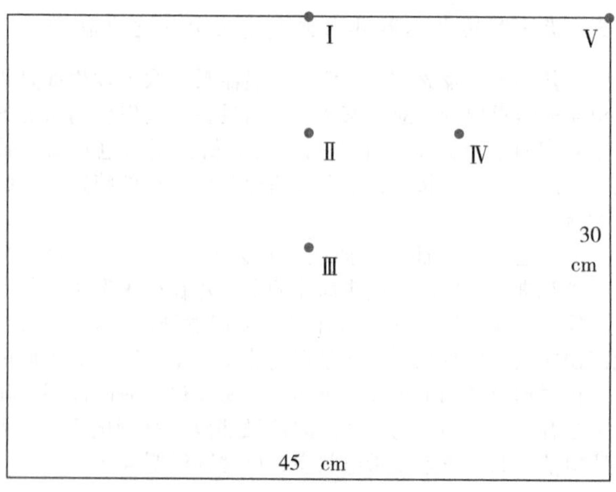

（b）火源位置布局

图1 实验布局图

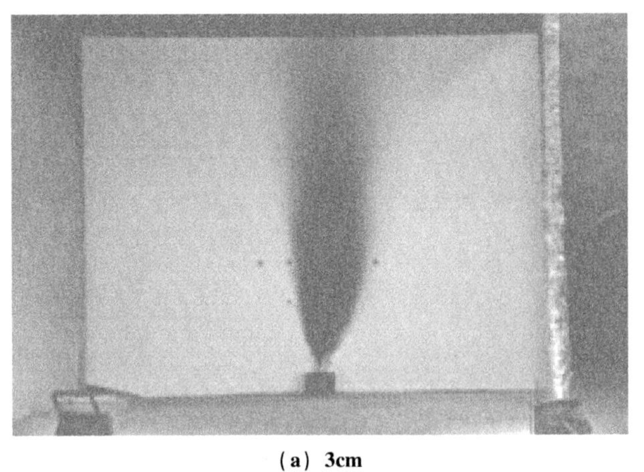

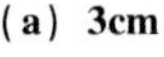
（a）3cm

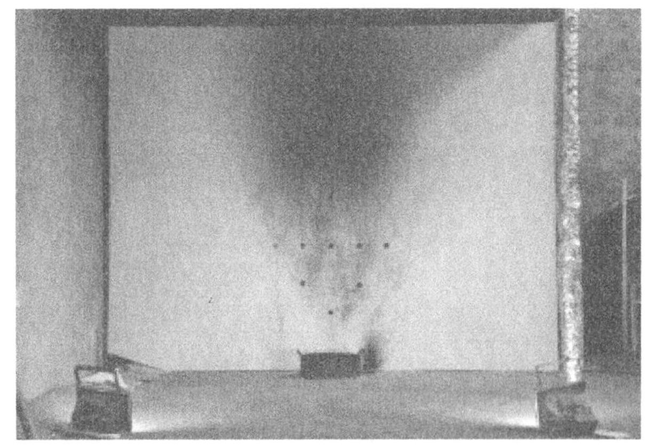

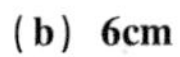
（b）6cm

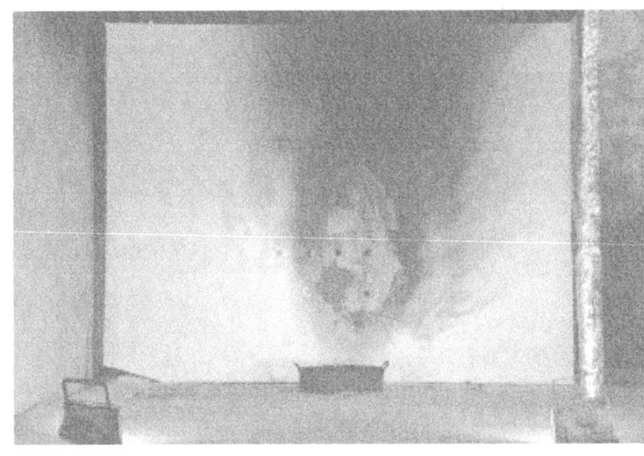

（c）8cm

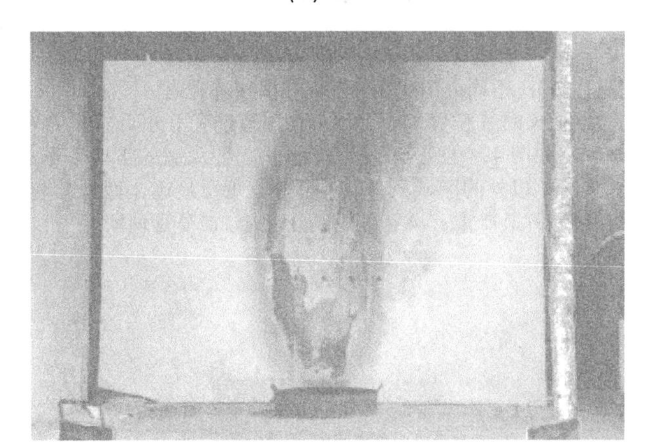

（d）10cm

图 2　不同油盘直径下的壁面烟熏痕迹

1.2.2　不同火源种类对壁面烟熏痕迹影响

燃烧物种类不同，其理化特性也不相同，燃烧时产生的现象也不尽相同，本次实验所用的燃烧物为汽油和柴油。汽油中的主要成分为 $C_5 \sim C_{12}$，柴油中的主要成分为 $C_{15} \sim C_{25}$，如图 3，柴油的油品成分较重故而燃烧产生的烟气比较重，汽油中的油品较轻，且汽油的挥发性强于柴油，且闪点较低，故而烟气要更加容易附着，所以汽油的烟熏痕迹比柴油的烟熏痕迹重，不易于观察。

（a）顶面汽油作用

（b）顶面柴油作用

（c）背面汽油作用

（d）背面柴油作用

图3　相同位置不同火源的壁面烟熏痕迹

1.2.3　不同火源位置对壁面烟熏痕迹影响

壁面火时（位置Ⅰ），背面的烟熏痕迹有十分明显的“V字形”，如图4，在现实的火场中这是表明火源的重要依据；“V字形”以外的区域只有上半部分有烟熏痕迹，而上部与顶相接地方最严重，从上到下有明显的过渡蔓延现象。

（a）左面

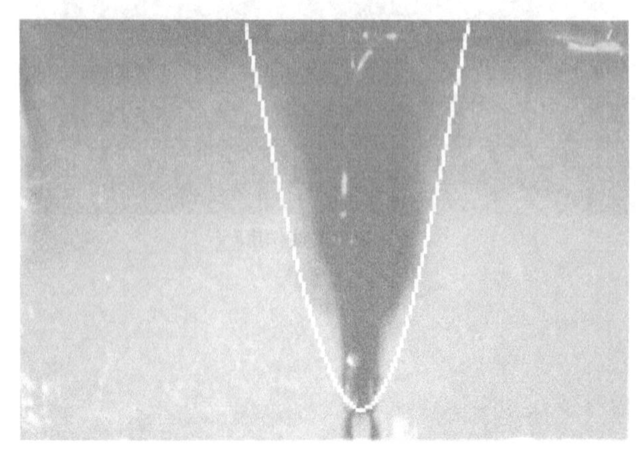

（b）背面

（c）右面

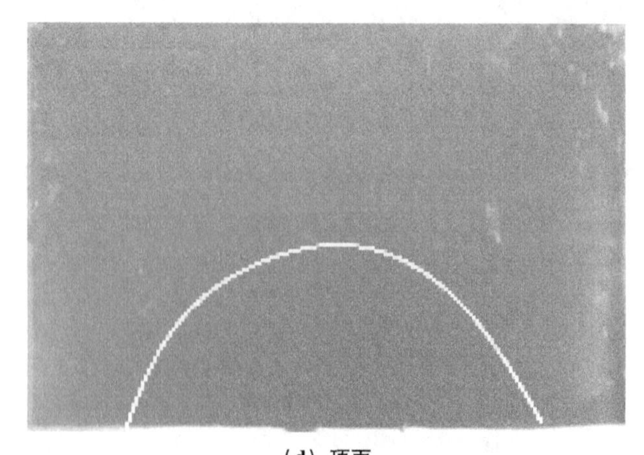

（d）顶面

图4　位置Ⅰ时各壁面烟熏痕迹

中心火与壁面火位置中间的过渡位置时（位置Ⅱ），如图5，四个墙面的下半部分无明显烟熏痕迹，但是背面墙壁上半部分的烟熏痕迹有明显的“U字形”痕迹，且比同面其他部分烟熏痕迹重；左右两个壁面和Ⅰ的左右壁面相似，但是无明显斜面。顶部较Ⅰ点时顶部痕迹扇形区域更大。

（a）左面

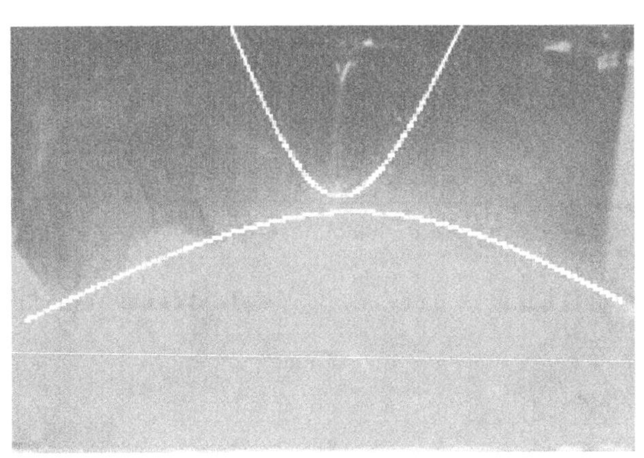

（b）背面

（c）右面

（d）顶面

图 5 位置Ⅱ时各壁面烟熏痕迹

中心火时（位置Ⅲ），如图 6，四周四个墙面下半部分无明显烟熏痕迹，只是四周墙面下方有类似于山峰形状的无烟区。顶面墙壁较其他情况有完整的圆形痕迹。

（a）左面

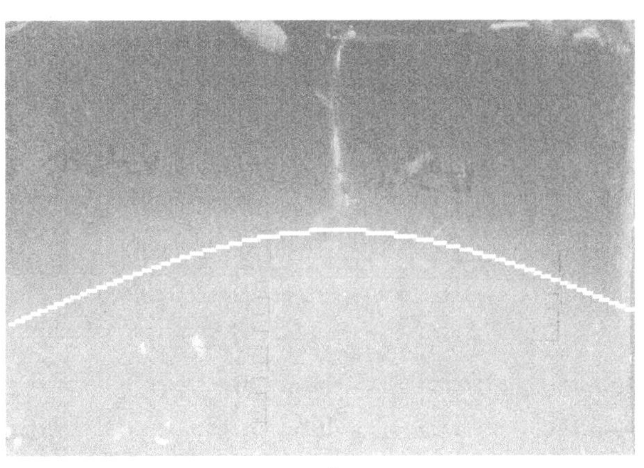

（b）背面

（c）右面

（d）顶面

图6　位置Ⅲ时各壁面烟熏痕迹

中心火与墙角火位置中间的过渡位置时（位置Ⅳ），如图7，四个墙面下半部分无明显烟熏痕迹，下方有类似于山峰形状的无烟区，只不过背面墙壁的无烟区最高位置Ⅲ更加偏向右一些，右面的无烟区较Ⅲ的更偏后，四周墙壁全部展开后在背面和右侧面拼接地方可以看见明显的“U字形”痕迹。顶部烟熏痕迹较Ⅱ相比更加偏向角落一些。

（a）左面

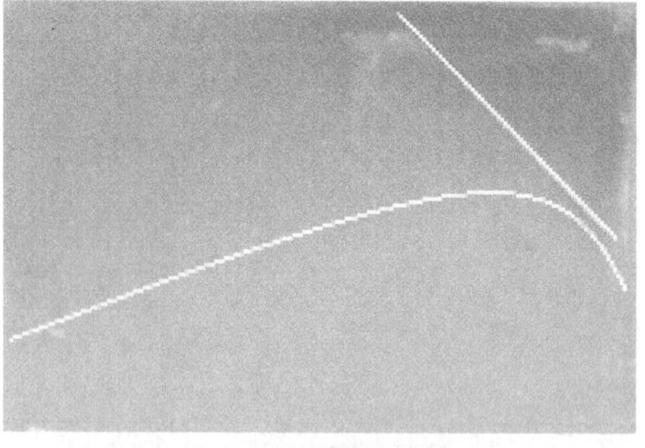

（b）背面

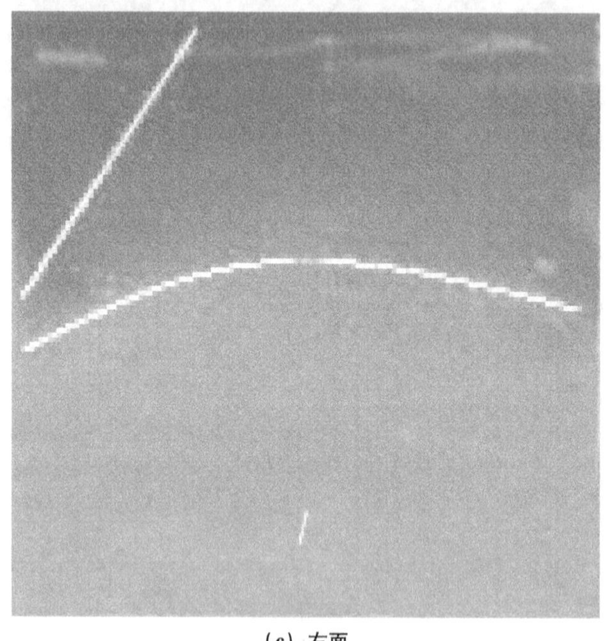

（c）右面

（d）顶面

图7　位置Ⅳ时各壁面烟熏痕迹

墙角火时（位置Ⅴ），如图8，四周墙壁全部展开后，在背面与右侧壁面拼接处形成十分明显的“V字形”痕迹，四周墙壁除拼接处的“V字形”区域烟熏痕迹比较重，其他地方烟熏痕迹都比较浅。

（a）左面

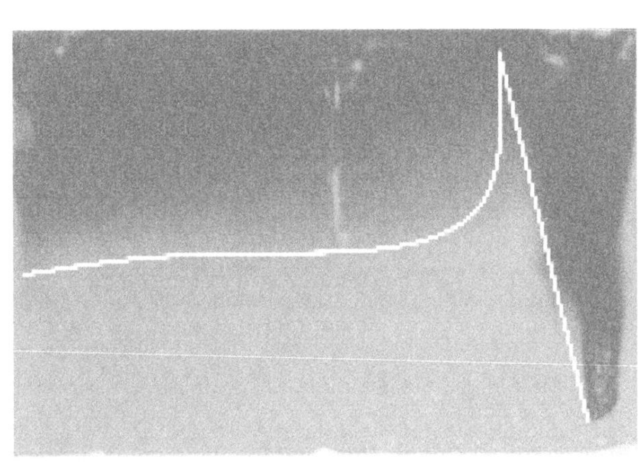

（b）背面

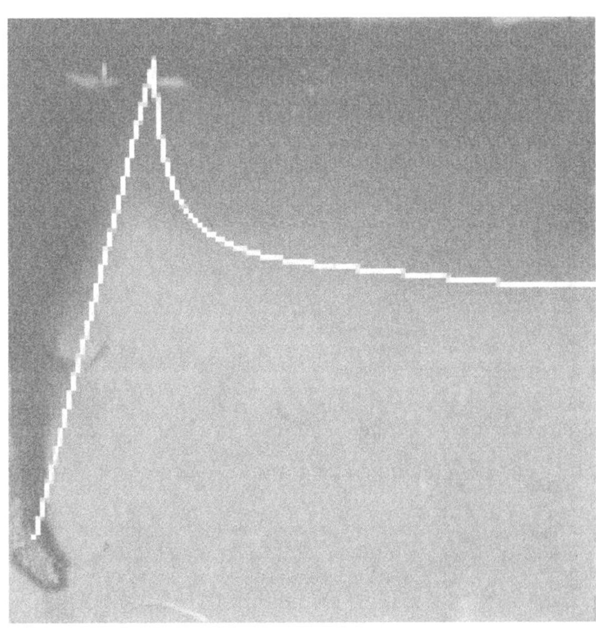

（c）右面

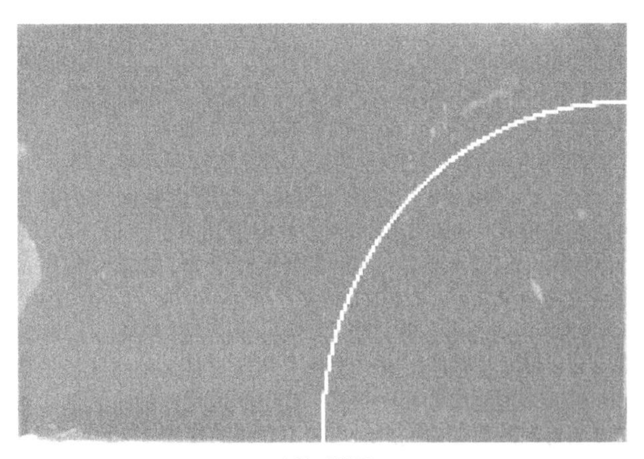

（d）顶面

图 8　位置 V 时各壁面烟熏痕迹

总之，壁面火（I 点）和墙角火（V 点）油盘摆放位置上方有十分明显的“V 字形”痕迹；中心火（Ⅲ点）四周壁面未得到明显“V 字形”或“U 字形”痕迹；在中心火与壁面火位置中间的过渡位置（Ⅱ点）和在中心火与墙角火位置中间的过渡位置（Ⅳ点）未发现“V 字形”烟熏痕迹，但是可以找到比较明显的“U 字形”烟熏痕迹。顶部的烟熏痕迹最重的区域随着燃烧物位置改变而改变，且中心火位置是圆形痕迹最明显。

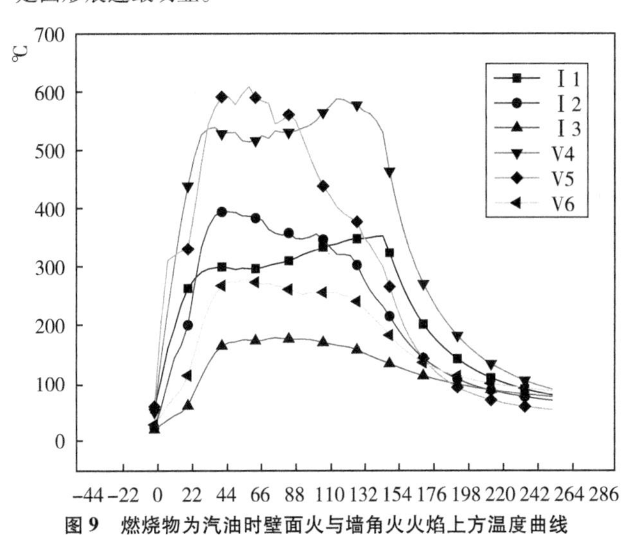

图 9　燃烧物为汽油时壁面火与墙角火火焰上方温度曲线

图 10　燃烧物为柴油时壁面火与墙角火火焰上方温度曲线

细致对比后发现，汽油和柴油的这六条曲线的不同之处（图9、图10）：

（1）两种燃烧物对比汽油的曲线相对来说更平滑一些，与燃烧曲线更加类似，柴油的曲线有更多的峰。

（2）汽油的六条曲线中从上到下依次是：V4/V5，I1/I2，V6，I3。测量得到的墙角火的温度要比壁面火的温度高，靠下位置（4或5，1或2）的温度比靠上位置（6，3）的温度高，位置4或1的温度最高点比位置5或2的温度最高点出现的早。

（3）柴油的六条曲线中从上到下依次是：V4、I1、V5、V6、I2、I3。越靠近火焰位置测量得到的温度越高，但是墙角火的温度整体比壁面火的高。且位于低位置的1号和4号热电偶得到的数据曲线出现很多不规律的峰。

分析温度曲线可以发现，在室内火灾中墙壁的有无及多少都对火焰的温度有影响[5,6]，燃烧物在靠近墙壁位置燃烧时会更加剧烈，究其原因是墙壁减少了燃烧时向周围空间的热量扩散，同时这些热量又反馈到燃烧物上，加快了可燃物自身的热解或蒸发速度，使其燃烧变得更加剧烈。此外墙壁对热辐射有一定的反射作用，在靠近墙壁位置时，燃烧产生的热辐射经由墙壁的反射升高了火焰周围的环境温度。因此，墙角火（位置V）的温度曲线要同比高于壁面火（位置I）同比高于其他位置。

2 不同火源条件下壁面烟熏痕迹的模拟研究

2.1 数值模拟实验的理论基础

FDS是基于计算流体力学的火灾模拟工具，可以模拟火灾燃烧过程中的能量和物质变化，可用于描述烟气的运动过程，也可以显示出模拟时间内任一时刻的温度分布情况，模型的构建理论基础完善，与实际火灾的发生发展过程基本一致，是目前火灾烟气数值模拟中最常用的软件。

2.2 模拟设置

2.2.1 模型搭建

为了更好地切合实验得到的实验现象，软件中同样搭建尺寸为45cm（长）×30cm（宽）×30cm（高）的模型[7]（图11）。

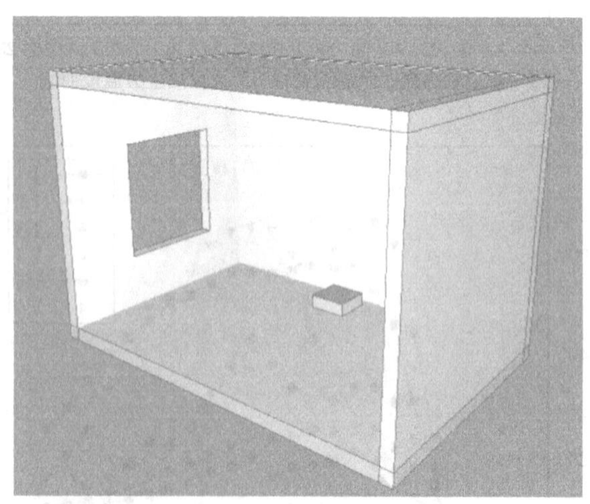

图11 模型效果图

2.2.2 火源设置

汽油中含有多种组分，其主要成分为辛烷。正是由于其组分多，所以汽油在燃烧的不同时段的热释放速率的是不尽相同的，辛烷是单一物质，其燃烧时的热释放速率基本相同，由于烟熏痕迹是热与烟气粒子在时间上的累计效应而形成的，对不同火源种类进行模拟研究，故而单位时间上的火源热释放的影响不是太大，所以模拟时为了方便研究故而用辛烷代替汽油进行研究。

2.3 FDS模拟结果

不同火源位置在背面墙壁上的烟气蔓延情况与壁面火位置时基本相同，但当远离壁面时，背面墙壁最先有烟气的部位为火焰与烟羽流形成倒锥体与墙壁相切的位置，而且该部位的烟气流动自始至终都是最为活跃的，烟气长时间在该部位活跃（图12~图16）。

(a)

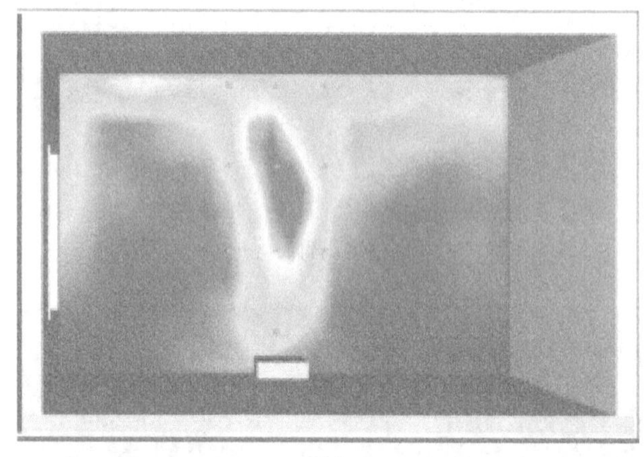

(b)

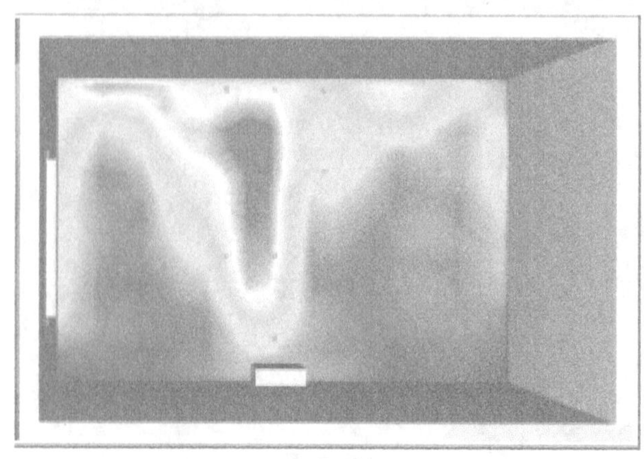

(c)

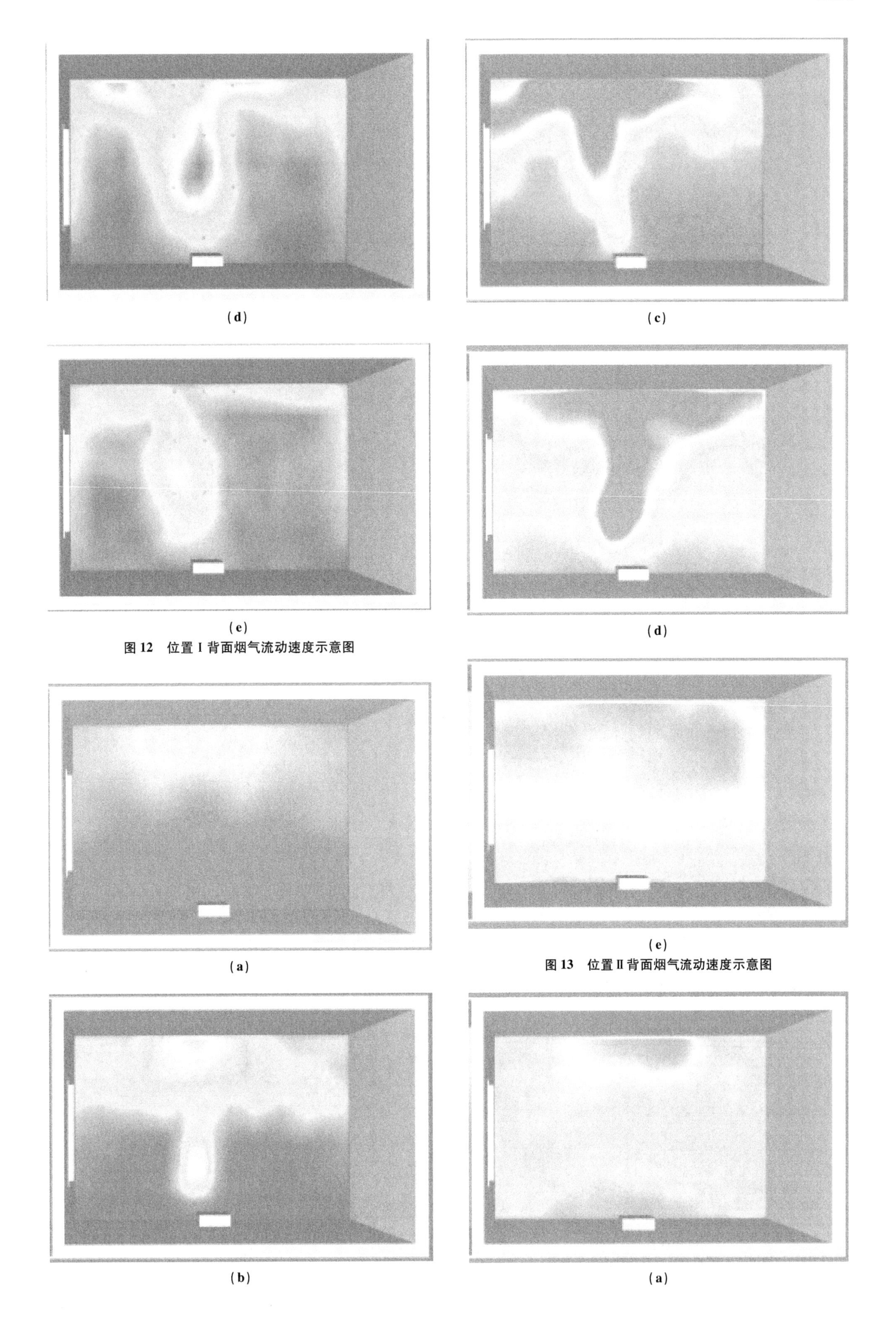

(d)

(c)

(e)

图 12　位置 I 背面烟气流动速度示意图

(d)

(a)

(e)

图 13　位置 II 背面烟气流动速度示意图

(b)

(a)

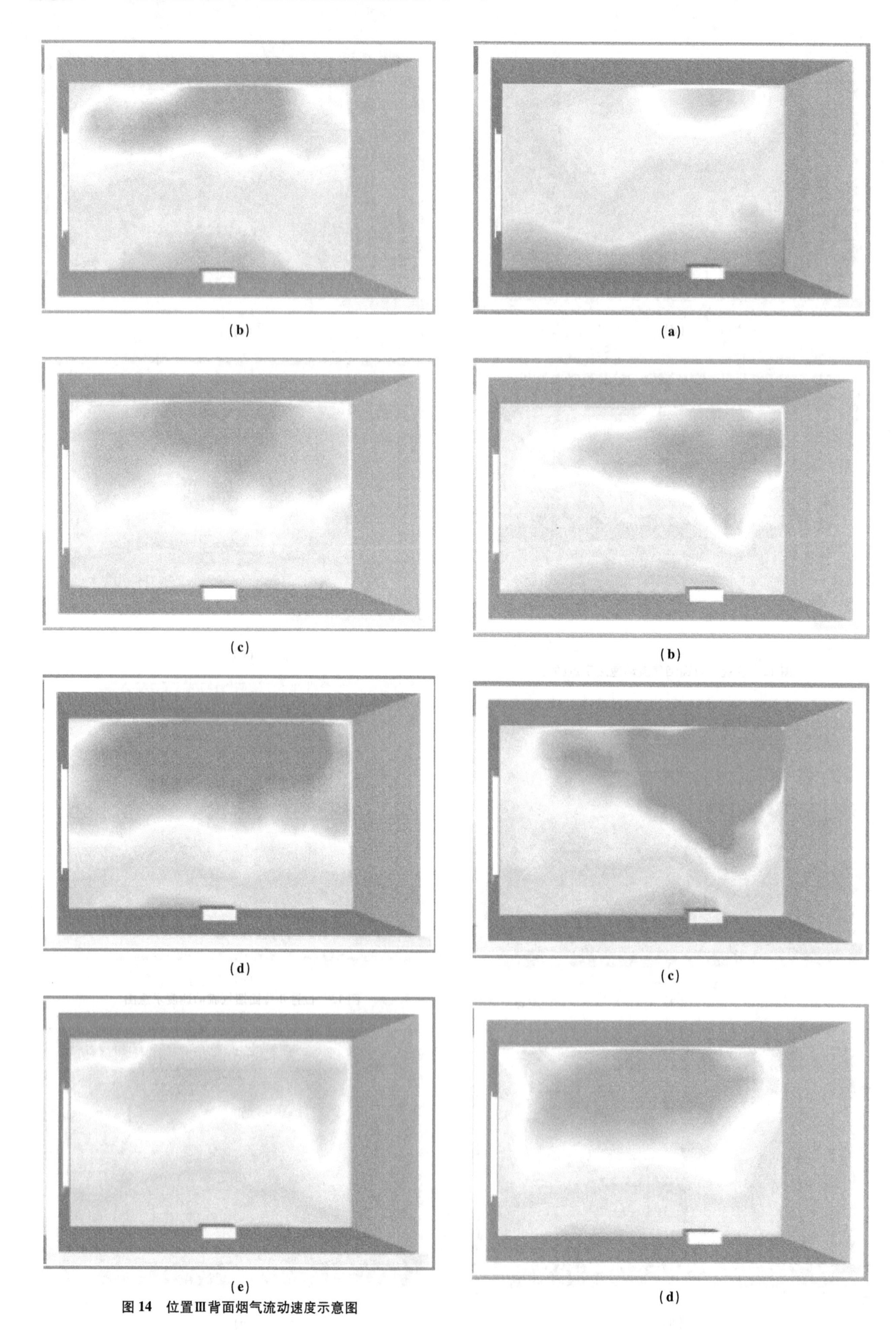

图 14 位置Ⅲ背面烟气流动速度示意图

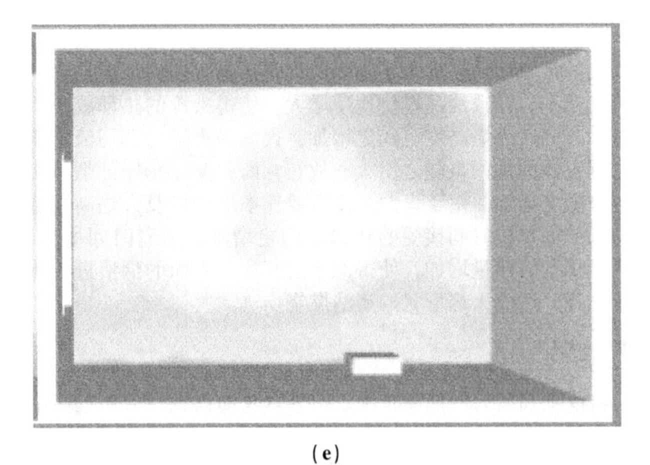

(e)

图 15 位置Ⅳ背面烟气流动速度示意图

(a)

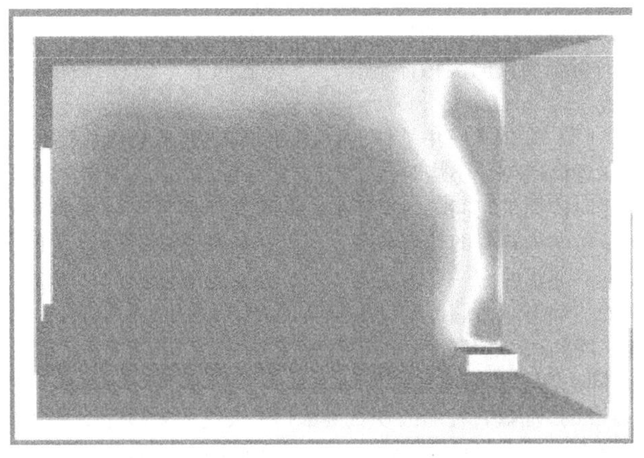

(b)

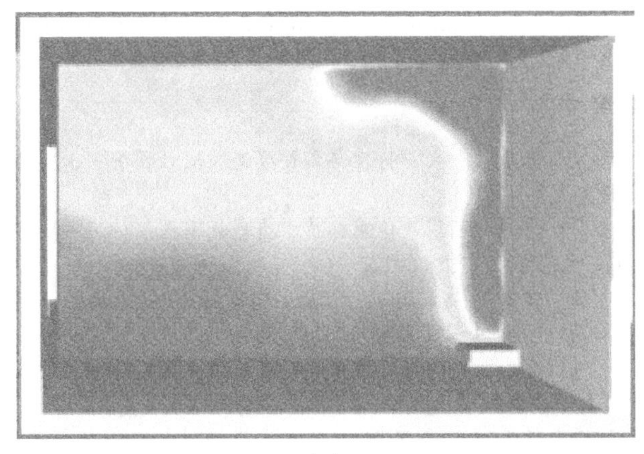

(c)

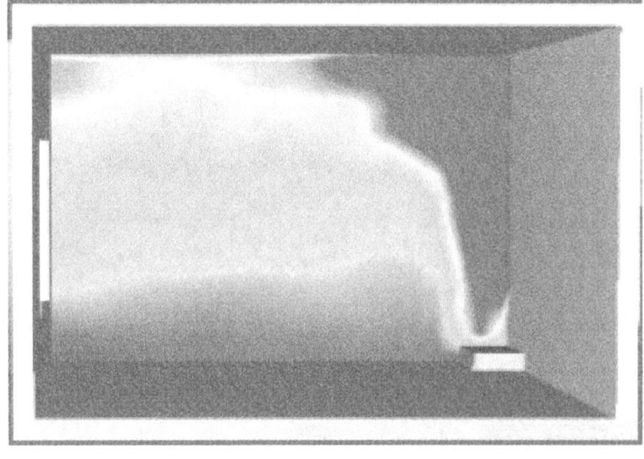

(d)

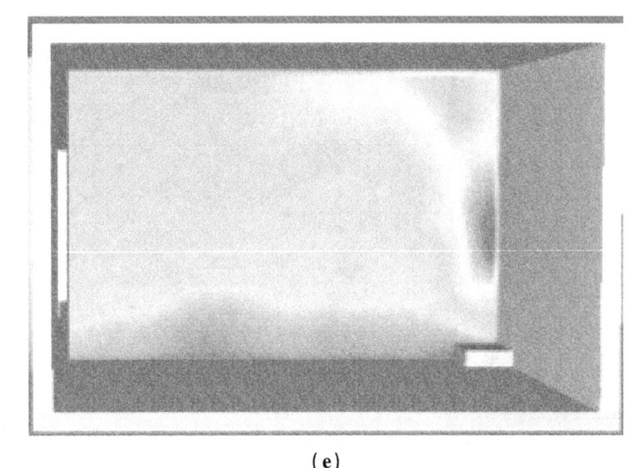

(e)

图 16 位置Ⅴ背面烟气流动速度示意图

2.3.1 不同火源位置的背面烟气流动速度与烟熏痕迹的关系

对比模拟和实验的背面烟熏痕迹可以发现，在燃烧过程中高温烟气活动最为活跃的区域与实验形成的特征烟熏痕迹基本一致。即烟熏痕迹时火焰高温与烟气长时间作用的结果，火源的火焰以及烟羽流形成的倒锥体，与壁面相切，形成一个高温切面，在该切面位置，燃烧物燃烧产生的高温烟气活动最为活跃，但是由于烟气活动时间长而且流量大，在高温的作用下，形成的特征壁面烟熏痕迹。

2.3.2 油盘直径对火源特性的影响

火源特性包括火源的热释放速率、火焰高度、火焰温度、火焰脉动频率。模拟中只对火源的热释放速率以及火焰高度进行研究。

油盘直径对于火焰燃烧过程中的热释放速率具有一定的影响，热释放公式（1）如下。

$$Q_f = m''\chi\Delta H_C A_f(1 - e^{-k\beta D}) \quad (1)$$

火焰高度与火源的热释放功率有关，火焰高度变化与火源热释放功率变化是同时的。火焰高度也为关于油盘直径的单调递增函数。故油盘直径增加，火焰高度也会增高（图 17）。

（a）3cm

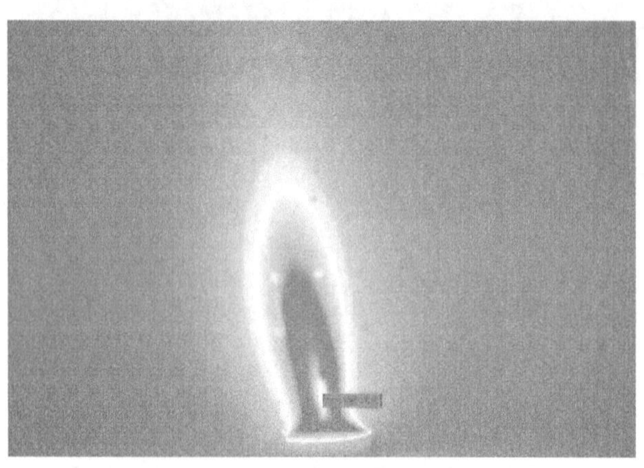

（b）6cm

（c）8cm

（d）10cm

图 17　不同油盘直径下的火焰高度

油盘直径增加，燃烧物的燃烧面积增加，增大了油盘与火焰的接触比例，增大了油面的接受热量，加快了燃烧物的蒸发速率，导致油品燃烧速率增大，使得火源的热释放速率增加，同时火焰高度也随之增加，火源的火焰与烟羽流形成的倒锥体的体积也随之增大，故在背面的 V 字形壁面烟熏痕迹也随之增加。由于火源的热释放速率增加以及火焰高度增加，壁面单位时间接受的热量也随之增加，随着时间增长，壁面积蓄的热量增加，使得原本附着在其表面的烟痕进行清洁燃烧，形成火焰形状的清洁燃烧痕迹。

3　结论

改变油盘火的油品种类、位置以及油盘直径会对壁面烟熏痕迹的深浅、位置和轻重有所影响。

（1）不同燃烧物其性质不同，燃烧时的现象也不尽相同，本文的燃烧物只有汽油和柴油，两者燃烧产生的壁面烟熏痕迹中，由于汽油闪点低，易挥发且油品成分轻所以汽油的烟熏痕迹要重。

（2）燃烧物位置不同，锥体与各个面接触不同所以产生不同的痕迹，紧贴墙面时会产生“V 字形”壁面烟熏痕迹；燃烧物逐渐远离墙面时，“V 字形”壁面烟熏痕迹最低点也逐渐上升，形成“U 字形”壁面烟熏痕迹；当远离到锥体侧面与四周墙壁不再接触时，其不再有特殊标志性壁面烟熏痕迹，该结论可用于确定火源位置。

（3）燃烧物逐渐远离四周墙壁，至四周无特殊标志性壁面烟熏痕迹，顶部烟熏痕迹的扇形区域逐渐变大，直至变成一个完整的圆形，这一痕迹可作为特殊标志性痕迹来确定燃烧物位置，圆心（痕迹最深处）对应的正下面就是燃烧物的所在位置。

（4）火焰以及空间温度会导致烟气在空间内进行流动蔓延，烟气虽然会蔓延到空间下部但是并不会滞留太长时间以及留存太多，烟气主要会在空间上半部分滞留，由于火焰与烟羽流的圆锥体的作用会在墙面上形成特殊标志性痕迹。

（5）室内火灾中墙壁的存在对火焰温度有影响，燃烧物在靠近墙壁位置燃烧时会更加剧烈，究其原因是墙壁减少了燃烧时向周围空间的热量扩散，并重新反馈到燃烧物上，加快了可燃物自身的热解或蒸发速度，使其燃烧更剧烈。此外墙壁对热辐射有一定的反射作用，在靠近墙壁位置时燃烧产生的热辐射经由墙壁的反射升高了火焰周围的环境温度。因此，墙角火（位置 V）的温度曲线要同比高于壁面火（位置 I）同比高于其他位置。

（6）油盘直径的改变直接影响了火灾的激烈程度及热作用范围，受火源直径影响，火灾壁面痕迹有随油盘直径增大而变明显的趋势。总体来说，池火距壁面距离越近，油盘火直径越大，壁面痕迹宽度、高度都会变大，壁面爆裂剥落痕迹越明显。

参考文献

[1] 陈金元．火源特性与壁面痕迹关联性研究［J］．天津商业大学，2013.

[2] 吴迪．利用数值重构技术重现烟熏图痕的应用研究［D］．武警学院学报．2012.

[3] 林松．热辐射与图痕［J］．消防技术与产品信息．2005，7：24-26.

[4] 李一涵，蒋勇．数值模拟方法在壁面烧损痕迹的应用［J］．火灾科学．2006，15（2）：103-110.

[5] 杨惠宁．痕迹物证的证明作用［J］．科技信息，2013（9）：10-25.

[6] 陶文铨．数值传热学［M］．西安交通大学出版社，2001（1）：5.

[7] 王会刚，张为明．大空间建筑火灾 FDS 数值模拟网格尺寸影响［J］．火灾科学，2013（20）：56-60.

窗口位置对墙角火烟熏痕迹特征影响研究

王世凯[1]　王　芸[2]　严积科[1]　朱荣臻[1]　张宸语[3]

（1. 中国人民警察大学研究生院，河北　廊坊；2. 中国人民警察大学侦查学院，河北　廊坊；
3. 中国人民警察大学防火工程学院，河北　廊坊）

摘　要　烟熏痕迹是火灾调查过程的重点研究对象，在室内火灾[1]现场中，壁面烟熏痕迹是研究人员的重点研究内容。通过小尺寸房间模拟火场条件，以不同壁面，不同窗口高度为变量，探究窗口位置的改变对烟熏痕迹面积，区域等的影响。利用 Origin 软件对温度，烟熏痕迹面积进行处理，PhotoShop 对烟熏痕迹区域、轮廓进行处理，探究窗口对烟熏痕迹的影响，这可以为火灾调查[2]提供借鉴。得出：在左侧壁面时燃烧速率受影响最大，对烟熏痕迹面积的影响最明显，二者的关联性随窗口位置改变；壁面温度与“U”形烟熏痕迹受窗口位置影响相似，壁面温度越高，蔓延宽度越大，温差越大，宽度差越大，二者具有良好的正相关关系。

关键词　室内火灾　窗口位置　烟熏痕迹　燃烧特性参数

1　引言

2020 年 3 月 23 日，安徽省阜阳市颍上县一居民自建住宅发生火灾，过火面积 20m²，造成 5 人死亡；2020 年 5 月 3 日，湖南许永州祁阳县八宝镇一民房突发火灾，此次火灾过火面积 35m²，造成 3 人死亡 2 人受伤。

小火亡人[3]火灾现场烟气大，浓度高，火灾的发展蔓延迅速，从烟熏痕迹[4]的这种变化规律，分析其形成的特征，可以分析火灾现场的发展趋势，发展速度，发展蔓延变化规律。因此，对于火灾发展蔓延的变化规律，烟熏痕迹轮廓[5]的夹角，烟气的浓密程度的变化，整个火场环境的烟熏痕迹的变化，痕迹边界的变化特征的研究具有重要意义。

烟熏痕迹是明显指向火灾发展蔓延[6]方向的重要痕迹，可以证明火势发展蔓延路线。烟熏痕迹具有连续性[7]分布的特点[8-11]，这种连续分布的状态可以帮助我们认定火灾蔓延发展的趋势；烟熏痕迹的流动性，具有其特定的规律，这种规律受开口的影响，与开口直接相关，对于火灾蔓延发展的趋势和预测，以及烟熏痕迹特征的证明，具有指导作用。唐皓[12]等对室内火灾的危险性进行了分析，发现火源位置与窗口位置之间的关系，影响热烟气的形成与排出，距离越近，室内热烟气的浓度越大。何忠全[13]通过对窗口火与墙角火的研究，发现墙角火的火焰燃烧过程以及火羽流的蔓延过程。刘万副[14-15]在对比中心火与墙角火的烟熏痕迹的研究中，发现，墙角火的蔓延过程与燃烧特性要高于中心火。霍然[16-17]等通过通风口位置对室内火灾危害的研究，发现下通风状态室内火灾的危害性较大。

2　实验过程

2.1　实验设置

本实验的实验装置是以 ISO 9705 标准实验房间的 1/4 尺寸设计，用石膏板搭建墙壁和顶棚以及地面材料，设置房间内部尺寸长宽高为 90cm×60cm×60cm，在观察窗口使用钢化玻璃为模拟房间壁面，用于燃烧实验过程的观察与记录，在石膏板壁面设置相应孔洞，以使用热电偶进行测温，记录实时温度（图 1、图 2）。

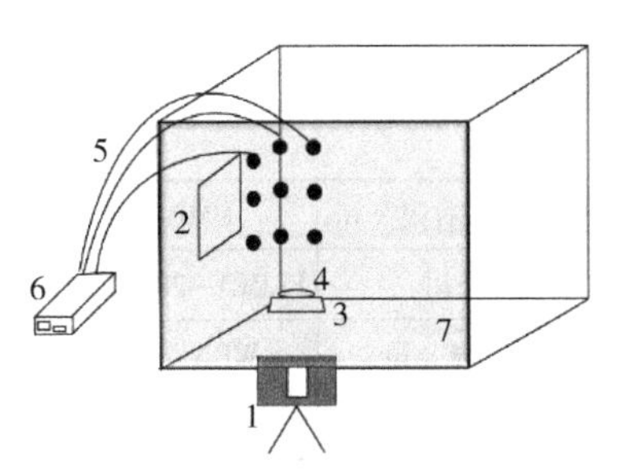

1相机	记录实验过程
2窗口	设置变量
3电子天平	测量质量损失速率
4油盘	放置汽油火源
5热电偶	测量固定热温度
6数据采集仪	记录温度数据
7钢化玻璃	观察窗

图 1　实验装置示意图

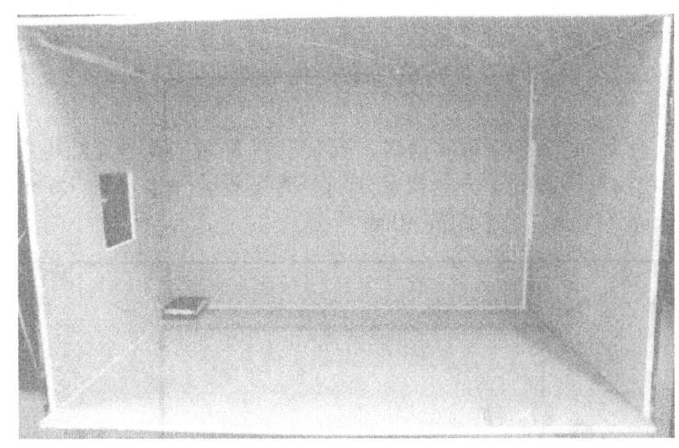

图 2　实验装置实物图

本实验研究不同窗口位置对烟熏痕迹特征影响变化的研究，实验变量为高度 h 和窗口位置，及窗口位置距离地面的高度和不同壁面的窗口位置，如图 3 所示。设置实验窗口大小为 15cm×15cm，h 分别为 7.5cm、22.5cm、37.5cm，共九组实验变量。

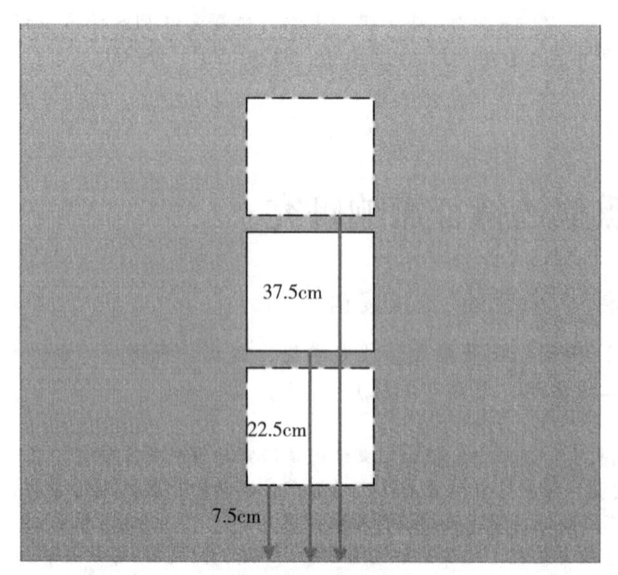

图3 窗口位置的设置

2.2 仪器燃料的选择

实验过程中使用的相关仪器设备及有关数据参数信息如表1所示。

表1 实验仪器设备及相关参数实验所需仪器设备

仪器名称	生产厂家	型号
电子天平	南京伯尼塔科学仪器有限公司	GMB2002
数据采集仪	美国FLUKE公司	FLUKE-2838A-100
K型热电偶	安徽徽普仪表有限公司	WRNK-191K
单反相机	佳能（中国）有限公司	EOS 600D

2.3 热电偶的设置

温度是描述火灾发展过程的主要测量参数。本实验使用K型热电偶对小尺寸单室内测量点的烟气和壁面温度变化进行实时测量，以了解实验场景变化对壁面烟熏痕迹形成的影响。

图4是分析烟熏痕迹时，安装三列K型铠装多点热电偶束在油盘火源的上方。探点分别距离实验装置水平面15cm、30cm、45cm，水平距离10cm。

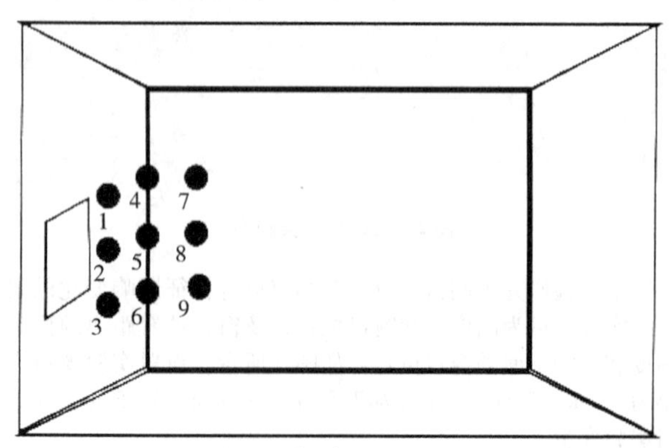

图4 测温点位置的设置

3 实验结果分析

3.1 燃烧速率与烟熏痕迹面积的关系

烟熏痕迹面积是烟熏痕迹的一项重要的参数，研究烟熏痕迹面积，可以让我们更好地分析火灾燃烧的大小、程度，以及燃烧材料的特性。

首先，先对燃烧完成后的烟熏痕迹进行拍照提取，获得烟熏痕迹的图像；其次，对烟熏痕迹的图像进行处理，先通过PhotoShop软件对图像进行预处理，对图像的灰度、曝光度进行调节，然后用MatLab软件对图像进行灰度的处理，转化为二值化图像，以用于烟熏痕迹面积的计算（图5、图6）。

（a）灰度图像

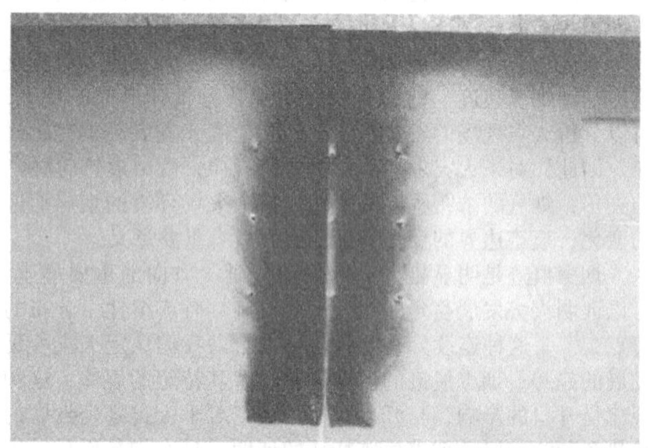

（b）二值化图像

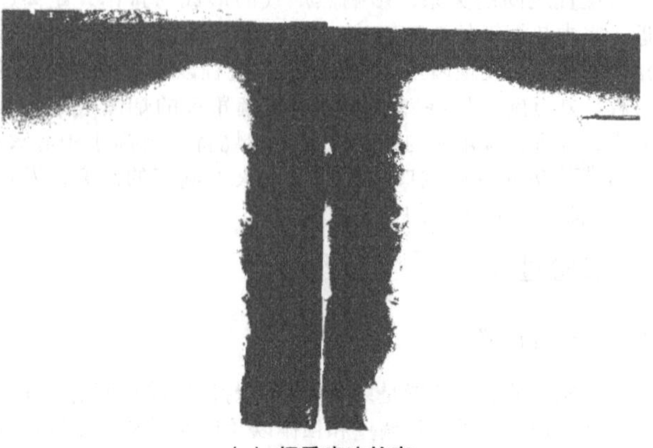

（c）烟熏痕迹轮廓

图5 烟熏痕迹轮廓处理过程

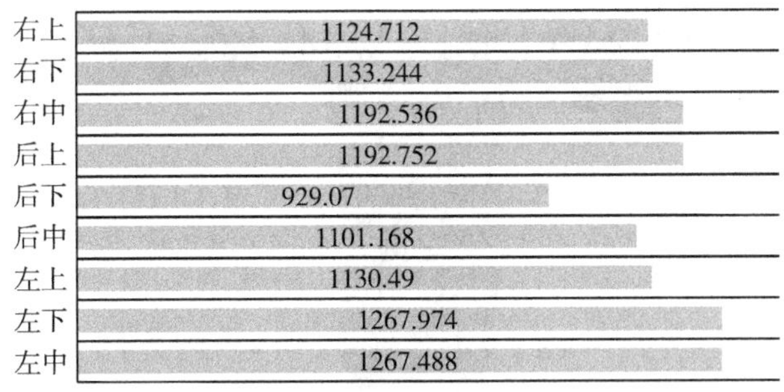

图6 烟熏痕迹面积

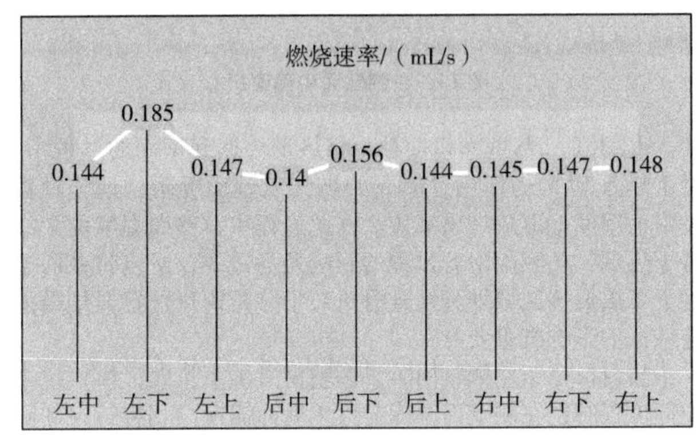

图7 不同窗口燃烧速率

燃烧速率决定了燃料燃烧的快慢，在燃料确定的情况下，燃烧速率的大小表明了材料的燃烧特性和发烟量的多少，而烟熏痕迹的形成则是由热烟气与壁面之间的吸附与附着作用，发烟量的多少对于烟熏痕迹的形成过程影响较大，所以探究燃烧速率对于烟熏痕迹的形成有着重要的意义（图7）。

当窗口位于左侧壁面时，燃烧速率与烟熏痕迹面积的变换趋势有一定的相似性，从左侧中部窗口到左侧下部窗口燃烧速率变大，烟熏痕迹的面积也变大，从左侧下部窗口到左侧上部窗口燃烧速率变小，烟熏痕迹的面积也变小，所以在左侧壁面的窗口条件下，改变窗口位置，燃烧速率和烟熏痕迹面积受到窗口位置的影响具有同步性，所以燃烧速率与烟熏痕迹的面积变化规律有相似性；当窗口位于后侧壁面时，从后侧中部窗口位置到下部窗口位置，燃烧速率变快，但是烟熏痕迹的面积变小，从后侧下部窗口到后侧上部窗口，燃烧速率变慢，烟熏痕迹的面积增大，是因为在窗口位置发生改变时，燃烧速率和烟熏痕迹面积都受到气体交换的影响，以及存在不完全燃烧的情况，所以后侧壁面两者的变化规律的关联性较弱；当窗口位于右侧壁面时，从右侧中部窗口到右侧下部窗口再到右侧上部窗口的过程中，燃烧速率逐渐增大，烟熏痕迹的面积逐渐变小，说明在右侧壁面窗口位置时，受窗口位置的改变，燃烧速率与烟熏痕迹的面积的变化规律具有负相关性。

对于燃烧速率和烟熏痕迹的面积综合来说，燃烧速率在窗口位置发生改变后，主要是受到气体交换的影响，即氧气量的提供的影响，而烟熏痕迹的面积在窗口位置发生改变后，主要是受到热烟气量与壁面的吸附于附着的影响，此过程涉及热烟气的积累即烟气量的排出，也是气体交换的过程。所以，将两者进行结合分析，对于分析火灾现场的烟熏痕迹的特征参数具有参考性，探究两者之间的关联性，对于两者的计算以及测量的趋势与结果也有一定的预测性和验证作用。

燃烧速率与烟熏痕迹面积受窗口位置影响的变化规律具有相关性，当窗口位于左侧壁面时，燃烧速率与烟熏痕迹面积的变化规律具有正相关的特征，当窗口位于后侧壁面时，燃烧速率与烟熏痕迹面积的变化规律的相关性不明显，当窗口位于右侧壁面时，燃烧速率与烟熏痕迹面积的变化规律具有负相关性。

3.2 壁面温度与烟熏痕迹轮廓的关系

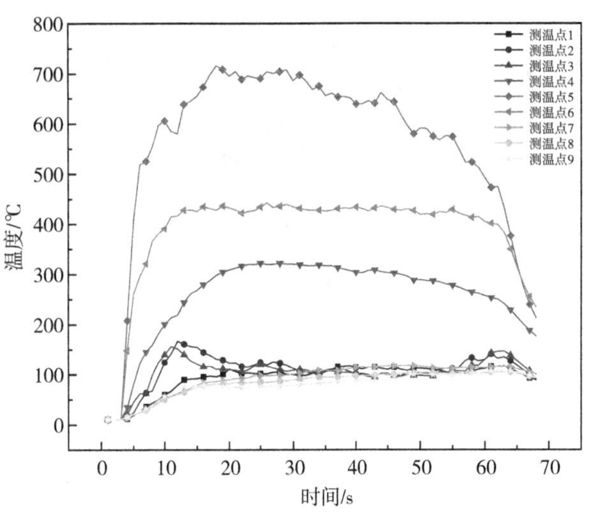

图8 左侧壁面中部窗口

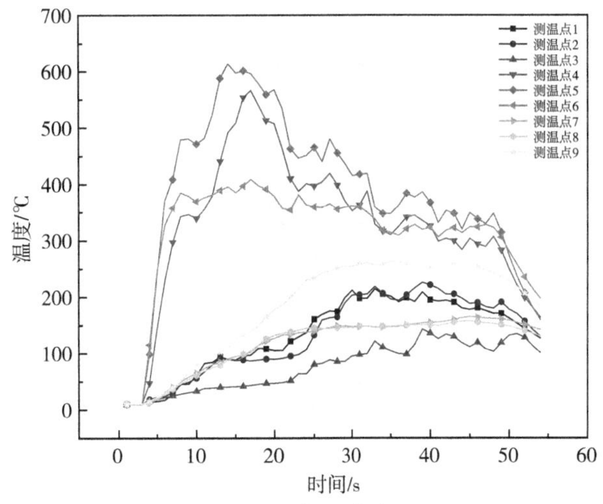

图9 左侧壁面下部窗口

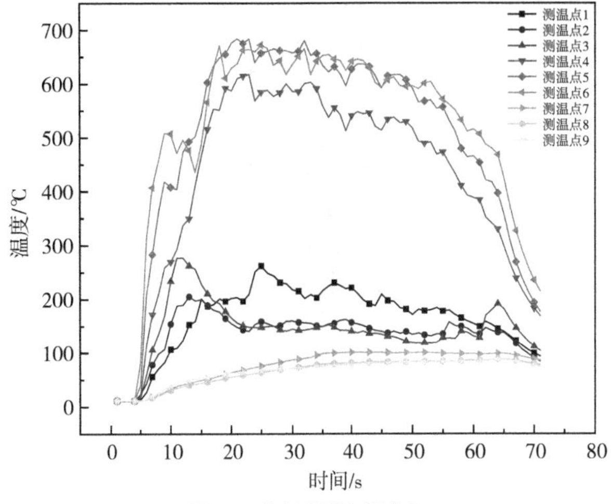

图10 左侧壁面上部窗口

壁面温度与烟熏痕迹轮廓关系如图 8~图 10 所示。

“U”字形烟熏痕迹区域是指火焰燃烧过程中产生的烟气与壁面之间直接作用产生的痕迹，一般情况下，火焰与壁面接触直接形成的痕迹为“V”字形烟熏痕迹[18]，但是本实验是研究的墙角火，所以形成的烟熏痕迹为“U”字形痕迹。“U”字形痕迹时主要的研究内容和墙角火形成的主要痕迹，窗口位置的改变主要是对烟熏痕迹中此痕迹的影响，影响“U”形痕迹的位置与区域（图 11）。

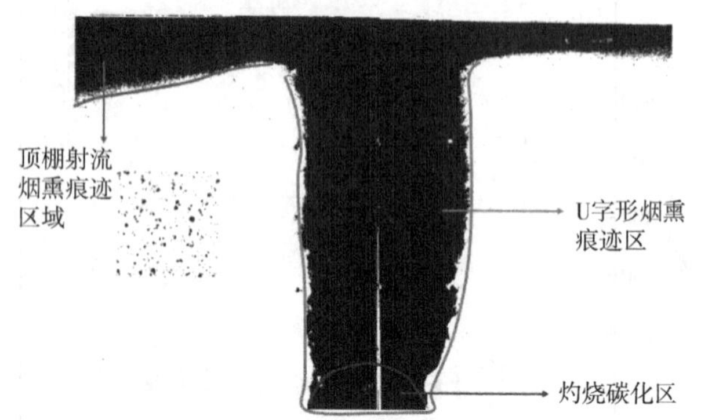

图 11 烟熏痕迹区域划分

“U”字形区域为本实验油盘火与两壁面夹角处与壁面接触形成的主要的烟熏痕迹，窗口位置的改变也是主要改变的烟熏痕迹的“U”字形区域，因此，对于此区域痕迹重点展开研究是研究窗口位置改变对烟熏痕迹影响的主要内容。图 12~图 14 为“U”形烟熏痕迹蔓延宽度的图片。

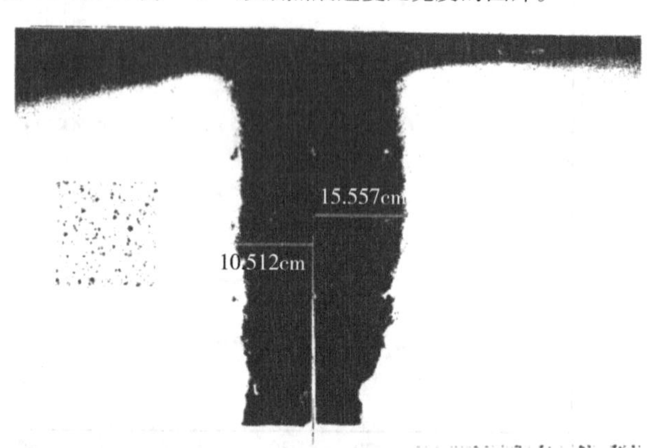

图 12 左侧壁面中部窗口

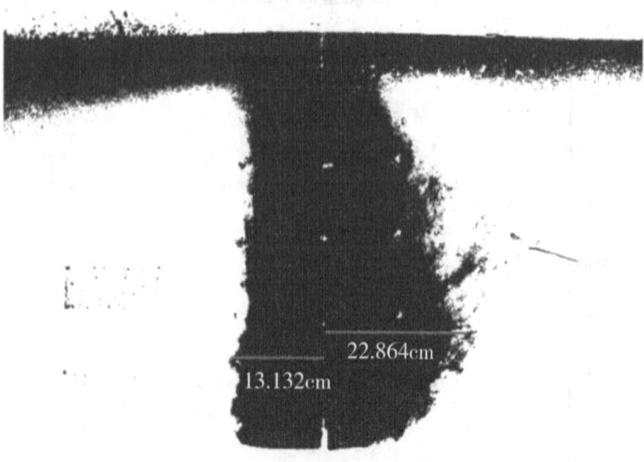

图 13 左侧壁面中部窗口

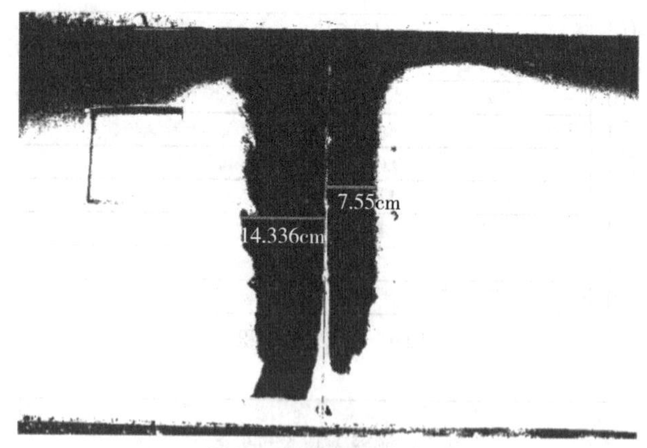

图 14 左侧壁面中部窗口

火羽流[19]与壁面相接触，将热量传递到壁面的过程中，由于热泳力[20]的作用，形成的烟气于壁面吸附，烟气颗粒吸附在壁面上形成烟熏痕迹。在此过程中，壁面温度的大小对于热烟气的吸附附着过程的影响尤为重要，所以将壁面温度于烟熏痕迹区域划分结合分析对于分析窗口位置对烟熏痕迹特征的影响有重要意义。

当窗口位于左侧壁面时，调整窗口上下位置，窗口位于中部位置时，左侧壁面温度与后侧壁面温度的相接近，即测温点 1，测温点 2，测温点 3 处的温度与测温点 7，测温点 8，测温点 9 处的温度相接近，“U”形烟熏痕迹的蔓延宽度相差不大，当窗口位于下部时，壁面温度在测温点 9 处的温度最高，在测温点 3 处的温度最低，此时烟熏痕迹的蔓延宽度在左侧壁面最小，在后侧壁面宽度最大，且宽度最大处于测温点 9 处距离较近，并相互平行，当窗口位于上部位置时，左侧壁面的温度整体高于后侧壁面的温度，烟熏痕迹的在左侧壁面的蔓延宽度大于后侧壁面的蔓延宽度。通过温度于“U”字形烟熏痕迹的蔓延宽度的结合分析，调整窗口位置，火羽流，热烟气的排出等燃烧特征都会随之发生改变，这都会影响壁面温度与烟熏痕迹的蔓延宽度，且根据两者之间的数据关系，表明两者之间具有正相关的联系。

当窗口位于后侧壁面时，调整窗口位置，左侧壁面与后侧壁面温度变化差异小，且左侧壁面的温度总体要高于后侧壁面的温度，“U”字形烟熏痕迹的蔓延宽度无论是在左侧壁面还是后侧壁面，蔓延宽度差距不大，但是左侧壁面的蔓延宽度要大于后侧壁面的蔓延宽度。通过分析两者之间的关系发现，改变窗口的上下位置，无论是壁面温度，还是烟熏痕迹的蔓延距离，在左侧和后侧壁面的变化都不大，且左侧的壁面温度和痕迹的蔓延距离都要大于后侧壁面，表明两者之间在窗口位于后侧壁面时，改变窗口位置，两者之间存在正相关的关系。

当窗口位于右侧壁面时，调整窗口位置，左侧壁面的温度都要高于后侧壁面的温度，“U”字形烟熏痕迹的蔓延宽度在左侧壁面的距离要大于在右侧壁面的距离；窗口位于中部时，左侧壁面的温度要高于后侧壁面的温度，烟熏痕迹的蔓延宽度左侧壁面的蔓延距离大于后侧壁面的距离，当窗口位于上部位置时，测温点 9 处的温度与测温点 3 处的温度相接近，且存在大于测温点 3 处温度的时间，烟熏痕迹的蔓延距离在左侧壁面要略小于后侧壁面的距离。通过两者之间的对比分析，温度和烟熏痕迹的蔓延距离都随着窗口位置的改变发生相应的改变，且变化的趋势相同，所以两者之间存在正相关的关系。

对壁面温度与烟熏痕迹蔓延宽度结合分析，壁面温度越高，蔓延宽度越大，温差越大，宽度差越大，二者具有良好的正相关关系。

4 结语

本论文研究了不同壁面，不同高度的窗口位置对墙角火烟熏痕迹的影响规律，通过测量燃烧特性参数，将燃烧特性参数与烟熏痕迹结合分析，燃烧速率与烟熏痕迹面积结合分析，壁面温度与烟熏痕迹区域结合分析，探究不同窗口位置对墙角火烟熏痕迹特征影响的研究。

燃烧速率受窗口位置条件的改变，会受到影响发生改变，在左侧壁面时燃烧速率受影响最大，窗口位置的改变，使火源位置与窗口之间的距离改变，气体交换的时间也发生变化，以此来影响燃烧速率。改变窗口的壁面位置或者上下位置，墙角处的温度始终大于壁面温度，且墙角处火燃烧的快速发展，稳定燃烧和衰减阶段明显。在左侧上部窗口条件时，左侧壁面温度达到最大值 276.8℃，在左侧下部窗口条件时，后侧壁面温度达到最大值 261.3℃。

窗口位置的改变对于烟熏痕迹的面积的影响也较为明显，不同壁面位置的窗口位置改变对烟熏痕迹面积的影响规律不同，在后侧壁面的窗口位置对烟熏痕迹面积的影响最明显，面积最小值为 929.07cm^2。在左侧下部窗口位置时达到最大值 1267.97cm^2。墙角处壁面烟熏痕迹区域划分为“U”字形烟熏痕迹区、灼烧碳化区、顶棚射流烟熏痕迹区，改变窗口位置，“U”字形烟熏痕迹区域受到的影响最大。对“U”字形烟熏痕迹在左侧和后侧壁面的蔓延宽度分析，在左侧壁面时烟熏痕迹蔓延宽度受影响最大，左侧壁面最大宽度为 14.33cm，最小宽度为 10.51cm。后侧壁面最大宽度为 22.86cm，最小宽度为 7.55cm。

燃烧速率与烟熏痕迹面积受窗口位置影响的变化规律具有相关性，当窗口位于左侧壁面时，燃烧速率与烟熏痕迹面积的变化规律具有正相关的特征，当窗口位于后侧壁面时，燃烧速率与烟熏痕迹面积的变化规律的相关性不明显，当窗口位于右侧壁面时，燃烧速率与烟熏痕迹面积的变化规律具有负相关性。

对壁面温度与烟熏痕迹蔓延宽度结合分析，壁面温度越高，蔓延宽度越大，温差越大，宽度差越大，二者具有良好的正相关关系。

参考文献

[1] 陈爱平．室内火灾特殊火行为研究［M］．北京：化学工业出版社，2014.

[2] 胡建国．火灾调查［M］．北京：中国人民公安大学出版，2007.

[3] 巩巍．“小火亡人”火灾事故成因及对策探讨［J］．今日消防，2021.

[4] 郑志军．烟熏痕迹在火调中的运用对策［J］．今日消防，2020，5（7）：2.

[5] 张良，刘万福，鲁志宝等．火源与壁面位置关系对烟熏痕迹的影响［J］．消防科学与技术，2013，32（4）：4.

[6] 李晋，张欣，王钢，等．大型商场家电类商品火灾蔓延特性研究［J］．消防科学与技术，2006，25（5）：4.

[7] 刘旭．不同火源位置对烟熏痕迹影响 FDS 模拟研究［J］．武警学院学报，2010（2）：4.

[8] 陈屹，林震．烟熏痕迹在火灾调查中的作用［J］．浙江消防，2003（10）：2.

[9] 王薪宇，王芸，张金专，等．单室墙角火壁面烟熏痕迹特征研究［J］．消防科学与技术，2020，39（5）：4.

[10] 顾丽华．烟熏痕迹在一起放火案件中的证明作用及特征［C］//中国消防协会火灾原因调查专业委员会五届一次年会．中国消防协会，2010.

[11] 杨书生，程维清．烟熏痕迹对火灾的证明作用［J］．河南消防，1999（8）：2.

[12] 唐皓，郑秋红，毕明树．室内火灾危险性分析［J］．消防科学与技术，2011，30（7）：3.

[13] 何忠全．建筑外墙外保温系统防火构造措施作用机理探究［D］．太原理工大学，2011.

[14] 刘万福，万象明，田亮，等．建筑火灾中壁面痕迹与火源位置的关联性试验研究［J］．建筑科学，2011，27（5）：4.

[15] 刘万福，陈金元，张良，等．壁面对池火燃烧特性影响［J］．消防科学与技术，2013（07）：699-702.

[16] 霍然，范维澄．通风口高度对室内火灾发展的影响［J］．消防科技，1991（1）：5.

[17] 霍然，姜冯辉，向明．室内火灾时通风状况对燃烧速率的影响［J］．中国科学技术大学学报，1991，21（4）：6.

[18] 李金生，任清杰．V 形火灾痕迹的分析与应用［J］．消防科学与技术，2000（2）：3.

[19] 陈志斌，胡隆华，霍然，等．矩形油池火羽流中心线的温度分布［J］．燃烧科学与技术，2009，15（3）：5.

[20] 由长福，李光辉，祁海鹰，等．可吸入颗粒物在有热泳力作用时近壁运动的直接数值模拟［C］//中国工程热物理学会多相流学术会议．CNKI；WanFang，2004：87-89.

火羽流燃烧痕迹特征分析与计算

朱　韵

（中国人民警察大学，河北　廊坊）

摘　要　火灾是一种失去控制的灾害性燃烧现象，火灾的发生会造成严重的人员伤亡及财产损失，对人类社会的危害性极大。因此人们需要探索和认识火灾现象及其过程的机理和规律。在火灾研究中，火灾羽流研究具有非常重要的意义。本文对火灾科学发展的重要理论基础经典羽流进行研究，通过对火羽流类型进行介绍和分析，梳理了火羽流常见典型痕迹，分析了火羽流的影响效应，分析了火羽流的痕迹计算，这对于分析验证目击证人和消防员所见现象非常有意义。

关键词　火羽流　火灾痕迹　痕迹计算　痕迹分析

0 引言

火灾调查人员对火灾痕迹的识别，要建立在分析和了解火灾发展、传热传质和火焰传播基础之上。通过对火灾痕迹的识别与分析，准确还原火势发展蔓延过程，实现对火灾发展过程的重建。在火灾扑灭后，火灾现场保留下来的火灾痕迹，遵循一定的形成规律。本文第一节主要介绍了轴对称羽流、阳台羽流、线性羽流及窗口溢流。第二节主要介绍了火羽流的典型痕迹及火灾现场火羽流痕迹的典型形成规律，阐述与起火点认定相关痕迹的形成过程。第三节主要介绍了火羽流常见的典型痕迹，包括卷吸效应、沟槽效应及烟囱效应。第四节主要介绍了火羽流痕迹计算与分析，计算公式可以通过估算火焰的尺寸的方式，计算出火源与被保护目标之间的安全距离。

1 火羽流类型

火羽流简单描述为由火焰产生垂直上升的气柱。术语羽流通常用来描述非燃烧区，通常是指在房间中部或户外燃烧的火焰通过浮力气流产生上升的热气体柱[1]。在一个火灾中，燃料正上方混合最充分的燃烧区温度最高。随着气体上升，热量与周围空气进行对流换热，并通过热辐射进行热量损失，逐渐失去热量。常见火羽流主要有轴对称羽流、窗口溢流、阳台羽流和线性羽流等四种类型[2]。

1.1 轴对称羽流

通常出现在房间中心部位，附近没有墙的干扰，形成一个围绕垂直的中心轴向上的烟羽流。通过测量羽流中心轴构建计算虚拟点源，有助于推算起火点的具体位置，还可以计算起火物燃烧时的热释放速率、火焰高度、温度以及发烟量之间的关系[3]。

1.2 窗口溢流

门、窗外围是开放空间，当火羽流达到敞开门、窗时，将形成窗口溢流。在火灾中，这种羽流通常受通风控制。

当室内物品快速发生热解后，产生大量可燃烟气，室内空气流入不足，加之可燃气体无法流出室外，往往就具备了产生窗口溢流的条件。窗口溢流常常出现在轰燃后，是火灾发生轰燃的显著标志。在多层建筑火灾中，由于窗口溢流的卷吸作用，使羽流紧靠窗户上部的窗檐，造成窗口上部受热流破坏，致使火势向上蔓延。窗口溢流是导致多层建筑火势垂直发展蔓延的一个主要因素[4]。

当形成通风控制情况时，可以用开口处窗口溢流的体积和高度，估算房间内火灾的最大热释放速率。当窗口溢流出现时，如果房间只有一个通风口，根据木材和聚氨酯燃烧实验数据，所得出的数学经验公式，可以用来预测最大热释放速率[5][6]。

1.3 阳台羽流

阳台羽流是指火羽流伸出构件下方或从窗口冒出的一种羽流形式。火灾发生在封闭房间内，燃烧产生热浮力，使得火羽流垂直上升，遇到水平阻隔后沿着水平面流动。当火势通过露台门窗蔓延至门廊、露台或阳台时，所表现出的火羽流特征就为阳台羽流。

阳台或烟在下沿平面上形成的破坏痕迹，可以用来分析羽流尺寸。羽流流动时，向横向扩散，羽流宽度可以通过羽流在水平和垂直方向接触的面积进行估算[7][8]。

2 火羽流常见典型痕迹

（1）火羽流的基本形状。“V”形痕迹是竖直平面上留下的火羽流痕迹。火焰在墙壁附近，经过长时间的加热作用，就会残留“V”形痕迹，但其实该痕迹是三维的火羽流作用产生的。通过观察痕迹特征，能够将其变换为相应三维燃烧动态的过程，然后根据火灾动力学的基本理论，可以还原当时火焰燃烧的图景，这对于每个火灾调查员而言都是至关重要的。

（2）羽流的形成。可燃物被点燃后，由高温气体、热烟气和火焰组成的热烟羽流向上发展。如果火灾发生在建筑物内，热烟羽会升至天花板，在天花板处形成横向扩展的顶棚射流。当热烟羽流和顶棚射流接触到壁面后，会形成相对应的痕迹，如“V”形、倒“V”形、沙漏形、“U”形、圆形、指针形、箭头形等。

（3）羽流痕迹的形成。随着火羽流的发展，火灾痕迹的尺寸和形状也会发生变化。在火灾初期阶段，火焰作用将形成倒“V”形羽流痕迹。随着火势的发展，倒“V”形羽流痕迹可能转化为沙漏形痕迹。

2.1 “V”形痕迹

“V”形痕迹是由火羽高温和烟气流动附着作用形成的。“V”形痕迹的开口角度受多种因素影响，包括可燃物的热释放速率、可燃物的几何尺寸、通风效应、痕迹形成的壁面可燃性和水平方向上存在的障碍物等，不能简单地把“V”形痕迹角度的分界线归结为火灾增长速度或可燃物热释放速率单独作用的结果。

倒“V”形痕迹通常是由未达到天花板高度的垂直火羽形成的。它在二维平面呈三角形，其底边位于地板和墙面的交界处的底部。此类火灾燃烧时间较短，或可燃物的热释放量较低。地板下方的天然气管道泄漏、天然气逸散，并在地板和墙壁相交的地方发生燃烧，形成倒锥形痕迹。

2.2 “U”形痕迹

相较于“V”形痕迹，“U”形痕迹的分界线较为平缓。“V”形痕迹形成时，火源距离墙壁较近；当火源距离墙壁有一定距离时，羽流圆锥体就会在垂直墙壁上形成“U”形痕迹。

2.3 圆形痕迹

圆形痕迹通常出现在水平表面的下表面。当火羽上升并到达上方的平面时，会留下一个圆形的痕迹。当热源远离垂直壁面，所形成的图案将更趋于圆形。圆环形痕迹通常出现在燃烧破坏呈现不规则形状的区域，此处位于轻微破坏物质区域的周围。如果现场有易燃液体燃烧，这种圆形痕迹会更加明显，因火焰破坏主要集中作用于液体的四周边缘处。

2.4 沙漏形痕迹

沙漏形痕迹是由于燃烧的可燃物位于底部，且靠近或邻近垂直壁面。当可燃物燃烧时，在垂直壁面上，将同时呈现火焰区以下作用形成的痕迹和上部热烟气区作用形成的痕迹。下部区域产生的倒“V”形痕迹和上部形成的正“V”形痕迹相连接，就表现为沙漏形痕迹。

3 火羽流影响效应

3.1 卷吸效应

火焰高度同时受到周围壁面的影响，也会形成不同的火焰高度，因此把室内火焰分为中心火、墙壁火和墙角火。

（1）中心火。当火在房间中心燃烧时，就是室内中心火。此时，热气流上浮，使房间内的新鲜空气卷入，周围的冷空气混入或卷入向上的羽流，改变了可燃物羽流的温度、速度和直径，这一过程称为卷吸效应。卷吸效应降低了羽流温度，增加了羽流直径。

火羽流到达天花板后，沿着水平方向流动，当一些热量因为对流作用而随着被加热的空气流走时，常常会出现湍流混入，冲淡并冷却上升的热气流。整个羽流周边向内流动的空气大致相同，羽流保持对称向上。

（2）墙壁火。如果火焰靠墙，不能从每个方向吸收房间内的空气，空气只能从自由的那一侧被卷吸。这样卷吸效应减少了50%，意味着进入的冷空气变少，延缓了冷却过程。同时，墙壁增加了换热损失，迫使火焰高度升高，倾斜倚墙。

当房间内的窗户首先被破坏时，房间内的火羽流溢出，同时卷吸使之倚墙流动。在羽流的热辐射和热对流作用下，上层的窗户和地板上中间的窗槛檐迅速破坏，使得火焰进入地板并将之引燃。如果建筑物的每层都有窗台或阳台，火羽流将远离建筑外墙，没有机会接触墙的表面。

（3）墙角火。当火灾发生在角落，卷吸冷空气的表面仅为其原始尺寸的四分之一，此时有足够的空气进入燃烧区，为了维持相同的燃烧速率，将使火焰高度增大。由于墙或墙角降低冷空气的卷吸作用，同时增加反作用于可燃物热辐射作用，对火焰高度产生了影响[9][10]。

3.2 沟槽效应

卷吸作用有一种特殊情况，气流倾向于顺着靠近的物体表面快速流动，称为沟槽效应。楼梯或自动扶梯会发生这种效应。在这种情况下，进入羽流的空气限制在下方流动。当火势达到临界规模时，火羽流将倾倒沿着沟渠向着卷吸效应确定的方向流动。如果地板或沟槽是可燃的，将被引燃，火势迅速蔓延至整个楼梯。

3.3 烟囱效应

由于火羽流的浮力驱动，并向上发展，室内空间上部温度高、下部温度低，形成负压状态，烟气向上方流动，造成烟囱效应。存在烟囱效应时，火羽流向上蔓延的趋势将被加强。楼梯、电梯、通风井、通风管道、墙内结构等，使火焰更快向上蔓延，燃烧更猛烈。

4 羽流痕迹计算与分析

4.1 虚拟点源的计算

假设火灾都以某一点为起点，这个起点称为虚拟点源。虚拟点源是位于火羽流的中心线上的一个点，即假设火焰出现的部位，从可燃物燃烧表面开始测量。确定虚拟点源可以帮助分析房间内其他可燃物所受火灾作用情况。

虚拟点源可以计算出来，它的位置对于现场重建和认定引火源、起火点、起火部位以及火势蔓延方向均有帮助。在一些计算中，也可用于推算火焰高度。

虚拟点源 Z_0 可由 Heskestad 公式[11]计算，如公式（1）所示：

$$Z_0 = 0.083\dot{Q}^{2/5} - 1.02D \tag{1}$$

式中，Z_0 为虚拟点源，m；$\dot{Q}$ 为总热释放速率，kW；D 为等效直径；$D \leqslant 100$m。

虚拟点源主要与热释放速率和等效直径有关，可根据等效直径和总热释放速率得出，可能低于或高于可燃物的表面，计算结果可以用于描述其他火羽流的公式和模型中。

4.2 火焰边界的计算

以火焰中心线的温度分布和水平线的温度分布设定为火焰边界，计算羽流中心线有利于分析建筑火灾中火羽流的影响效应。

Heskestad 法可以计算火羽流中心线的最大温升、速度和质量流率，如公式（2）~式（4）[11]所示：

$$t_0 - t_\infty = 25\left[\frac{\dot{Q}_C^{2/5}}{Z - Z_0}\right]^{5/3} \tag{2}$$

$$U_0 = 1.0\left[\frac{\dot{Q}_C}{Z - Z_0}\right]^{1/3} \tag{3}$$

$$\dot{m} = 0.0056\,\dot{Q}_C\,\frac{z}{L_f} \tag{4}$$

式中，$\dot{Q}_C = 0.6\dot{Q} \sim 0.8\dot{Q}$；$z < L_f$，（即：数据点位于火羽流内）。

McCaffrey 法[12][13]也可以计算火羽流中心线的最大温升、速度和质量流率，如公式（5）~式（7）[12][13]所示：

$$t_0 - t_\infty = 21.6\,\dot{Q}^{2/3}Z^{-5/2} \tag{5}$$

$$U_0 = 1.17\dot{Q}Z^{-1/3} \tag{6}$$

$$m_p = 0.076\,\dot{Q}^{0.24}Z^{1.895} \tag{7}$$

式中，t_0 为最大天花板温度，K；t_∞ 为环境温度，K；$\dot{Q}$ 为总热释放速率，kW；Z 为中心线火焰高度，m；Z_0 为到虚拟点源距离，m；L_f 为 $Z+Z_0$；m_p 为火羽流的总质量流率，kg/s；U_0 为中心线羽流上升速度，m/s。

4.3 火焰高度的计算

通过对火焰高度的计算，有助于调查人员了解天花板、墙壁及附近物品受到的热量，辅助判断火灾的发展蔓延过程。可燃物燃烧形成的火焰是脉动的，包括连续性火焰、间歇性火焰和连续与间歇性交替火焰。经研究发现[14]，形成的火焰有50%的情况下是倾斜的。通过测量间歇性火焰发现，有一半的时间，火焰高度高于某一确定高度，95%的时间内为连续性火焰，5%的时间内为间歇性火焰。

在火焰区内，沿着火焰中心线有两个 McCaffrey 量值来描述火焰高度，持续火焰高度 Z_C，和内烁火焰高度 Z_i，如公式（8）~式（9）[14]所示：

$$Z_C = 0.08\,\dot{Q}^{2/5} \tag{8}$$

$$Z_i = 0.20\,\dot{Q}^{2/5} \tag{9}$$

式中，Z_C 为持续火焰高度，m；Z_i 为闪烁火焰高度，m；$\dot{Q}$ 为热释放速率，kW。

5 结论

经典的火羽流模型被视为火灾科学发展的重要理论基础。在火灾研究中，火灾羽流研究具有非常重要的意义。本文通过对火羽流类型和常见的火羽流痕迹进行介绍，引出了关于羽流痕迹的分析与计算，用到了 Heskestad 模型及 McCaffrey 模型，Heskestad 模型引入了虚拟点源 Z_0 的概念，同时 Heskestad 法可以计算火羽流中心线的最大温升、速度和质量流率，McCaffrey 法也可以计算火羽流中心线的最大温升、速度和质量流率。火灾过程中的羽流分析是进行火灾模拟、火灾及烟气发展评价和防排烟设计的基础。本文梳理了一些羽流形态及痕迹、质量流量公式及应用条件，但在大面积火源的条件下，尚且需要更贴近实际的计算方法来求解，这对于火灾调查人员对火灾痕迹的识别具有重要意义。

参考文献

[1] 卿伟健，黄斌．基于 FDS 的建筑外立面墙相邻双窗口溢流火行为研究［J］．消防科学与技术，2021，40（05）：649-653.

［2］万灏，王一诺．经典羽流模型分析［J］．消防科学与技术，2018，37（09）：1201-1203.

［3］邹丽．火灾羽流直接数值模拟［D］．中国科学技术大学，2010.

［4］亓延军，崔崙，赵艳萍，龚伦伦，张和平．窗口溢流火燃烧试验与数值模拟研究［J］．安全与环境学报，2011，11（05）：144-148.

［5］崔崙，李明，王劼，初道忠．窗口溢流火条件下聚氨酯硬泡火蔓延特性［J］．消防科学与技术，2017，36（07）：927-930.

［6］王宇，梁云峰，李世鹏．多窗口羽流火焰高度计算公式及其影响因素［J］．沈阳建筑大学学报（自然科学版），2019，35（01）：75-81.

［7］孙亚宁，高威，刘乃安，张林鹤．矩形火羽流燃烧特征的实验研究［J］．燃烧科学与技术，2020，26（06）：507-511.

［8］Samuel Vaux，Rabah Mehaddi，Anthony Collin，Pascal Boulet. Fire Plume in a Sharply Stratified Ambient Fluid［J］. Fire Technology，2021（prepublish）：

［9］朱杰，马金梅，彭莉．不同通风方式下地下环形受限空间火羽流卷吸特性研究［J］．安全与环境工程，2019，26（02）：145-155. DOI：10.13578/j.cnki.issn.1671-1556.201902.022.

［10］Kevin McGrattan，David Stroup. Wall and Corner Effects on Fire Plumes as a Function of Offset Distance［J］. Fire Technology，2020（prepublish）.

［11］Chuan Gang Fan，Fei Tang. Flame interaction and burning characteristics of abreast liquid fuel fires with cross wind［J］. Experimental Thermal and Fluid Science，2017，82.

［12］L. H. Hu，S. Zhu，W. K. Chow，R. Huo，Z. B. Chen，F. Tang. Vertical Temperature Profile of a Buoyant Plume in an Atrium［J］. Experimental Heat Transfer，2011，24（1）.

［13］Aaron Yip，Jan B. Haelssig，Michael J. Pegg. Multi-component pool fires：Trends in burning rate，flame height，and flame temperature［J］. Fuel，2021，284.

［14］Li Linjie，Gao Zihe，Li Yilin，Xu Pai，Zhao Ningyu，Liu Jialiang. Maximum temperature rise of fire plume ejected out of the compartment window with a horizontal eave［J］. Fire and Materials，2020，44（8）.

常见杂原子橡胶对汽油检验鉴定的干扰

钱佩雯　金　静*　李秋璠梓　殷　果

（中国人民警察大学研究生院，河北　廊坊）

摘　要　为探究化学结构中杂原子的存在对汽油鉴定干扰性程度的影响，选取火场常见的氯丁橡胶和丁腈橡胶作为研究对象，借助气相色谱-质谱技术分析了产物中烷基苯、茚满及类组分的变化情况及其对汽油检验鉴定的干扰性。结果表明：氯丁橡胶和丁腈橡胶中均能检出甲苯、C_2苯、C_3苯、C_4苯、茚满、甲基茚满、二甲基茚、乙基茚满、萘、甲基萘和二甲基萘，与汽油特征残留物相似，具有一定干扰性，但其特征组分相对峰面积与汽油燃烧残留物有一定区别，且杂原子组分的存在易与苯及其同系物发生取代反应，生成的含杂原子的组分极易与汽油目标化合物进行区分。

关键词　火场残留物　助燃剂检验鉴定　基质干扰　杂原子橡胶　热解程度

0　引言

火场中的合成高分子材料，在发生燃烧反应或者受到辐射热的作用下可能会产生与汽油特征化合物类似的物质从而对汽油的检验鉴定产生基质干扰。塑料、纤维和橡胶是目前常见的基质干扰研究对象。大量对聚乙烯（PE）、聚氯乙烯（PVC）、聚苯乙烯（PS）、聚丙烯（PP）等塑料以及合成纤维对汽油干扰性的研究表明，塑料和纤维材料虽然对汽油具有一定的干扰性，但大多仍可以通过定性分析的方法区分[2-9]。

橡胶与汽油同属石油化工产品，相关研究表明橡胶对汽油的检验鉴定具有较强的干扰：付玉[10]探究了丁苯橡胶、顺丁橡胶、乙丙橡胶、天然橡胶和氯丁橡胶等五类橡胶的原料、未完全燃烧产物和完全燃烧产物对汽油的干扰性，结果表明特征产物中的烷基苯组分对汽油检验鉴定的干扰最大。本课题组[3,11]对橡胶轮胎燃烧残留物展开了系统研究，结果表明轮胎残留物具有汽油燃烧残留物的十五个特征组分，其中芳香烃组分对汽油检验鉴定干扰较大；而轮胎的胎面和胎侧两个部位干扰性不同[12]。基于汽油的特征组分中绝大多数均为芳香烃的特点，课题组对本身含“苯环”的丁苯橡胶及与其有化学关联性的二烯类橡胶及其制品展开了系统研究，结果表明：所有二烯类橡胶均能检出汽油燃烧残留物中的目标化合物[13-20]，对汽油检验鉴定存在较大干扰性。

本文选取杂原子橡胶中的氯丁橡胶和丁腈橡胶进行研究，通过锥形量热仪改变热解过程的辐射热通量和受热时长来实现对热解程度的控制，基于气相色谱-质谱联用技术对不同热解程度的杂原子橡胶对火场汽油检验鉴定的干扰性进行分析。

1　实验部分

1.1　仪器与试剂

1.1.1　样品信息

本文中选取的两种氯丁橡胶一种为CR型，另一种为SN型，SN型氯丁橡胶在生产过程中控制了相对分子质量，去除了聚合后的断链过程，调节剂为硫黄调节型的橡胶主链上含有多硫键，遇热易断裂。本文中选取了一种普通品种的丁腈橡胶和一种特殊品种的丁腈橡胶，特殊橡胶选取的丁腈粉末是一种丁腈与聚氯乙烯的共沉胶（表1）。

表 1 杂原子橡胶样品信息

橡胶类型	调节剂	分散剂	成分
氯丁橡胶 CR322	非硫黄调节型	石油磺酸钠	氯丁二烯
氯丁橡胶 SN121	硫黄调节型	石油磺酸钠	氯丁二烯
丙烯腈含量 13%	—	—	丁二烯、丙烯腈
丁腈粉末	—	—	丁二烯、丙烯腈、聚氯乙烯

1.1.2 预处理方法

辐射热强度分别选择 20kW/m²、40kW/m²，辐射热时长分别选择 5min、10min。将在相应条件下得到的杂原子橡胶热解残留物根据国标 GB/T 24572.1—2009[21] 进行预处理，加入正己烷萃取，放入超声波清洗器中震荡 5min，随后使用定性滤纸进行过滤，自然蒸发浓缩至 0.5ml，装入安捷伦试剂瓶保存。以上每组实验进行三组平行实验。

1.2 实验条件

微量天平、锥形量热仪、SK3310LHC 超声波清洗器（上海科导超声仪器有限公司）超声波震荡仪、气相色谱/质谱联用仪（日本岛津科技公司）、Agilent 7963 自动型进样器（日本岛津科技公司）、日本岛津 20kW/m²、40kW/m²，辐射热时长分别选择 5min、10min。QP2020plus 数据分析、NIST14.L 质谱库。

1.2.1 色谱条件

He 气流速 20mol/min，柱前压 800kPa，分流比 5∶1，柱温阶梯升温从 100℃ 升高至 250℃；柱温 100℃（恒温 2min），5℃/min 升至 150℃（恒温 2min），8℃/min 至 250℃（恒温 10min）；溶剂延迟：3min。

1.2.2 质谱条件

GC/MSD 接口温度 280℃；离子源温度 230℃；四极杆温度 150℃；EI 离子源，电子能量 70eV；全扫描（SCAN）质量范围 50～500aum，选择离子扫描方式（SM）73m/z，90m/z。

2 结果讨论与分析

2.1 TICs 分析

如图 1 所示，对氯丁橡胶在不同热解条件下的 TICs 进行分析，探究氯丁橡胶对汽油燃烧残留物的干扰情况。辐射热通量 20kW/m² 的氯丁橡胶 CR322（a1）和 SN121（b1）各组分峰的保留时间集中在 20min 以后，辐射热通量 20kW/m² 和 40kW/m² 的氯丁橡胶（a2、b2、c1、c2、d1、d2）的谱图大致相似，组分峰数量较少。

通过对比氯丁橡胶 CR322（a1、a2、c1、c2）和 SN121（b1、b2、d1、d2）可以看出，除在 20kW/m²，受热时长 5min 的情况下，二者的组分峰数量稍有差别外，其余热解条件下的丁腈橡胶的 TICs 谱线的趋势和峰形较为稳定，由此可知，不同型号的氯丁橡胶在不同热解条件下的 TICs 区别较小。分别将两种型号的氯丁橡胶在不同热解条件下的 TICs 进行对比发现，随着辐射热通量和受热时长的增加，谱线的组分峰和趋势没有明显变化，辐射热通量 20kW/m²，受热时长 10min 和辐射热通量 40kW/m²，受热时长 5min 的氯丁橡胶的 TICs 的谱图大致相同，可见增大辐射热通量和增加受热时长对氯丁橡胶的热解残留物的影响较为一致。

如图 2 所示，辐射热通量 20kW/m² 的丁腈粉末（a3）和丙烯腈含量 13% 的丁腈橡胶（a4）组分峰较少，保留时间集中在 20min 以后，随着辐射热通量的升高和受热时长的增加，两种丁腈橡胶的 TICs 谱图逐渐稳定。通过观察两种丁腈橡胶辐射热通量 20kW/m²，受热时长 10min（c1、d1）和辐射热通量 40kW/m²，受热时长 5min（a2、b2）的情况可以看出，两种情况下的谱图有一定区别，但辐射热通量 40kW/m²，受热时长 10min（c2、d2）与辐射热通量 40kW/m²，受热时长 5min（a2、b2）的谱图大致相同，由此推测，辐射热通量对丁腈橡胶热解残留物的影响更为明显。

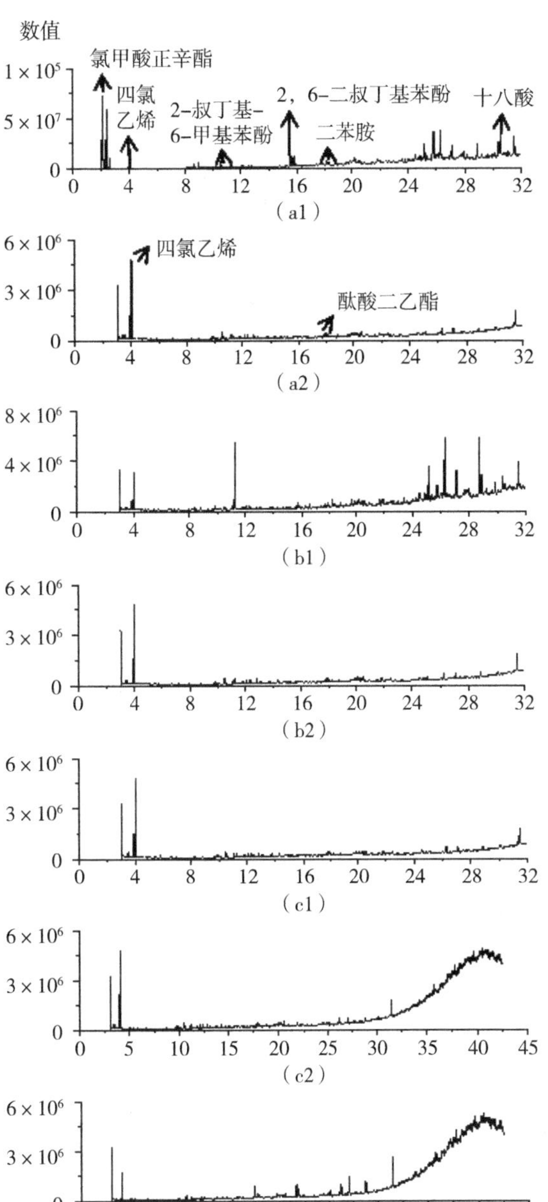

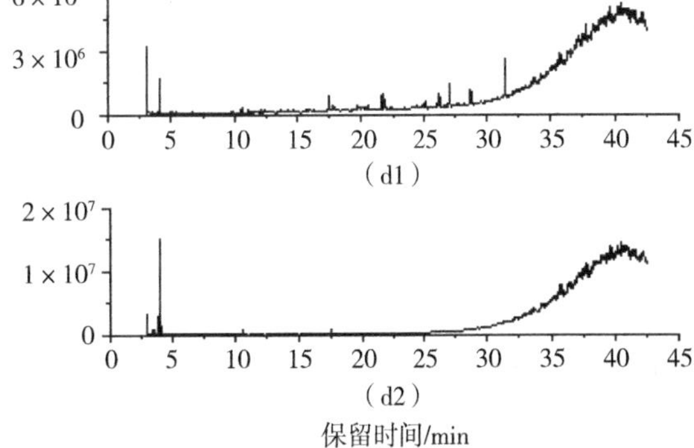

图 1 受热时长 5min（a、b）、受热时长 10min（c、d），辐射热通量 20kW/m²（1）、40kW/m²（2）下，CR322（a、c）、SN121（b、d）的总离子流色谱图

2.2 EICs 对比分析

在对汽油的检验鉴定中，依据 GB/T 18294.5[22] 和 ASTM

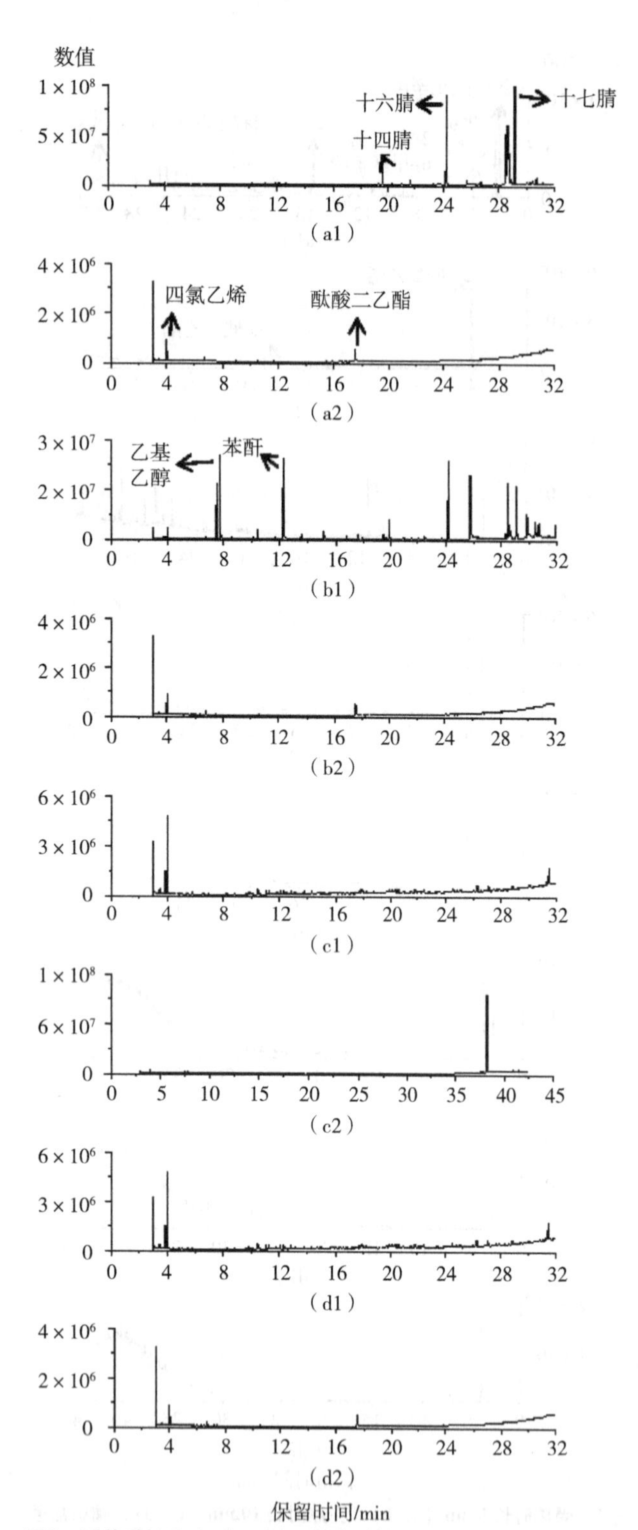

图 2　受热时长 5min（a、b）、受热时长 10min（c、d），辐射热通量 $20kW/m^2$（1）、$40kW/m^2$（2）下，丁腈粉末（a、c）、丙烯腈含量 13%的丁腈橡胶（b、d）的总离子流色谱图

E1618—19[23]标准的规定，对其特征组分烷烃（m/z43、57、71、85、99），烷基苯（m/z91、92、105、106、119、120、134），稠环（m/z128、142、156、170、184），茚满（m/z116、117、1189、131、132），多环（m/z166、178、192、202、206）提取离子流，并对结果进行分析。本文仅对烷基苯类、茚满类和类三个组分进行分析。

2.2.1　烷基苯

如图 3 所示，氯丁橡胶中均能检出 1 种甲苯、3 种 C_2 苯、5 种 C_3 苯和 2 种 C_4 苯，辐射热通量 $20kW/m^2$，受热时长 5min 的情况下丁腈粉末（a1）的烷基苯类提取离子流与丙烯腈含量 13%（c1）的丁腈橡胶有所区别，丁腈粉末的烷基苯类组分峰相对峰面积比丙烯腈含量 13%的丁腈橡胶少，随着辐射热通量和受热时长的增加，烷基苯组分峰的相对峰面积增大且稳定，当辐射热通量达到 $40kW/m^2$，受热时长 10min 时，C_2 苯的三个组分峰的相对峰面积比例发生变化，C_3 苯和 C_4 苯的相对峰面积变小。随着热解强度的增强，烷基苯类组分逐渐稳定，当热解强度增强到临界情况时，烷基苯类组分又发生变化，C_3 苯和 C_4 苯组分损失严重。

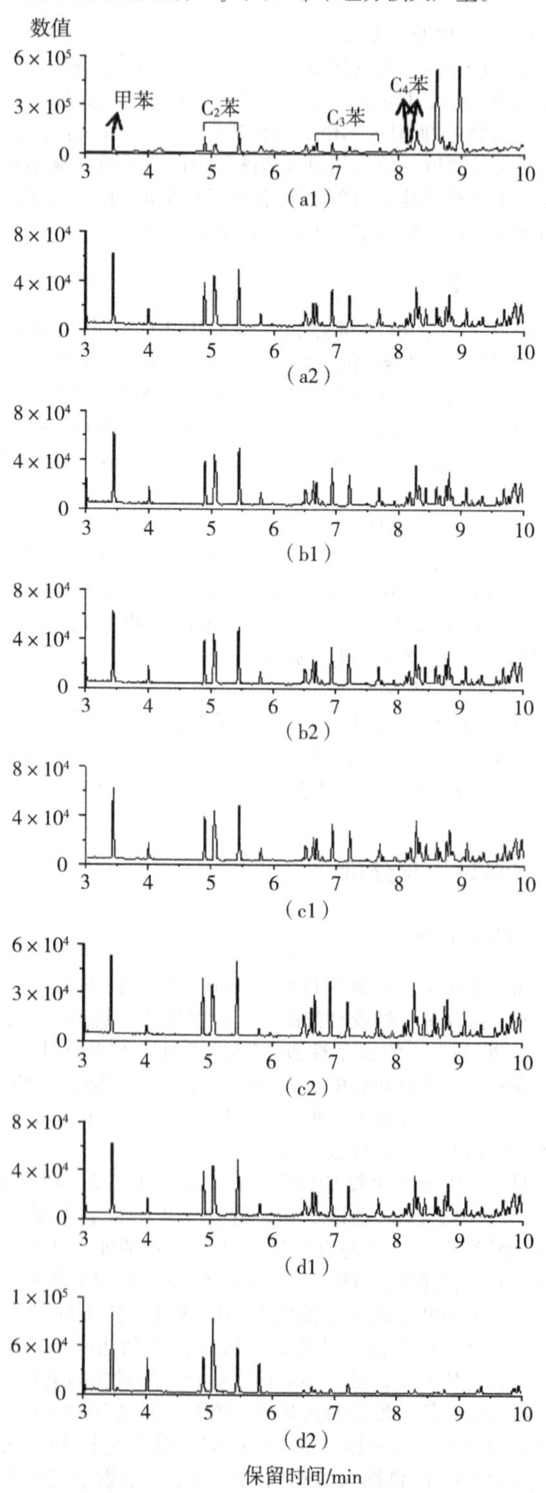

图 3　受热时长 5min（a、b）、受热时长 10min（c、d），辐射热通量 $20kW/m^2$（1）、$40kW/m^2$（2）下，CR322（a、c）、SN121（b、d）的烷基苯类提取离子流色谱图

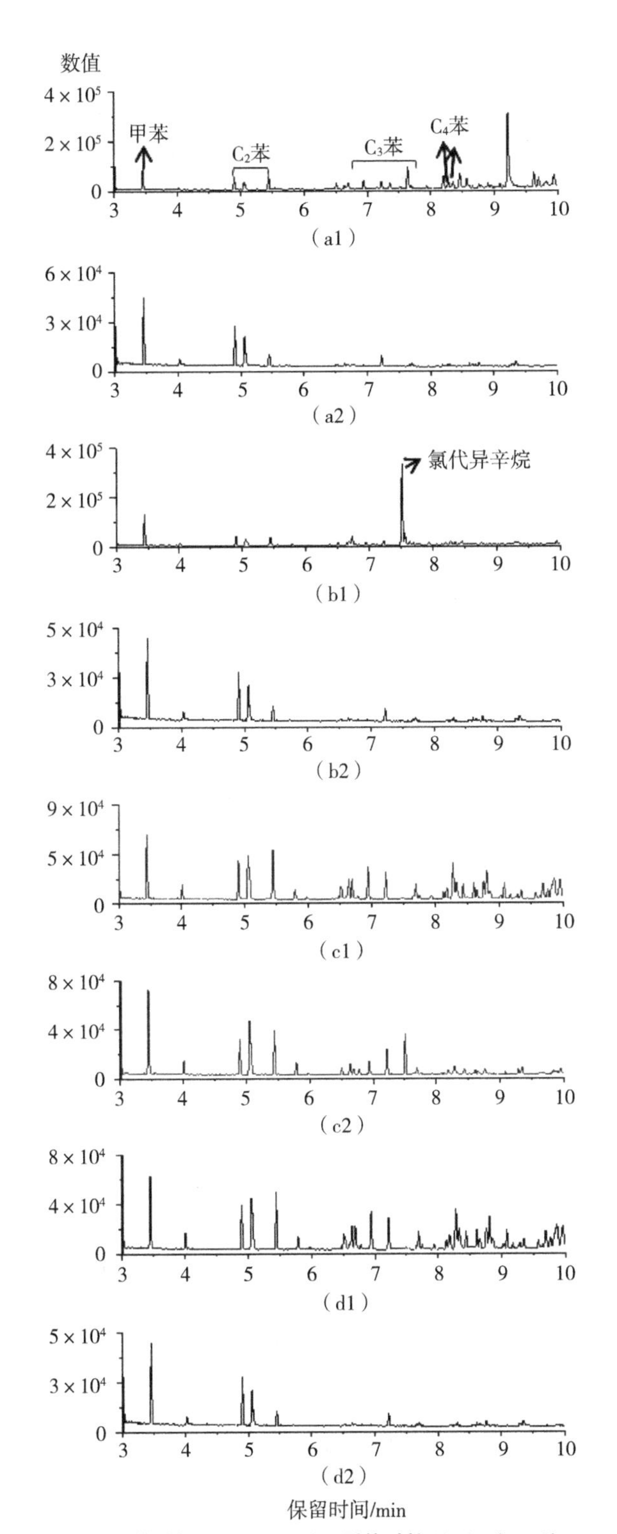

图4 受热时长5min（a、b）、受热时长10min（c、d），辐射热通量20kW/m²（1）、40kW/m²（2）下，丁腈粉末（a、c）、丙烯腈含量13%的丁腈橡胶（b、d）的烷基苯类提取离子流色谱图

如图4所示，丁腈粉末在辐射热通量20kW/m²，受热时长5min下的（a1）与相同热解条件下的丙烯腈含量13%的丁腈橡胶（b1）相比，甲苯和C_2苯的相对峰面积都较小，丁腈粉末（a1）C_3苯和C_4苯的相对峰面积较大，丙烯腈含量13%的丁腈橡胶在7~8min内检出氯代异辛烷。增加丁腈粉末受热时长至10min时（c1），丁腈粉末的烷基苯类组分的相对峰面积增大，且谱线的峰形和趋势也有改变，8~10min内的组分峰变得密集。不改变受热时长，只增加辐射热通量至40kW/m²时（a2），丁腈粉末的烷基苯类组分的相对峰面积变小，且C_3苯和C_4苯组分损失，此时的丁腈粉末的烷基苯类组分的谱图与辐射热通量20kW/m²，受热时长5min和辐射热通量20kW/m²。

2.2.2 茚满类

如图5所示，氯丁橡胶在保留时间7~11min内能检出茚满、甲基茚满、二甲基茚和乙基茚满，氯丁橡胶CR322在辐射热通量20kW/m²，受热时长5min下的茚满类谱线峰数多且集中，这与氯丁橡胶SN121在相同情况下的谱线有何大区别。增大辐射热通量和受热时长后峰数变少，谱线趋于稳定且不再随热解条件的变化而变化，当辐射热通量达到40kW/m²，受热时长10min时，茚满类组分损失严重，难以检出相关组分，氯丁橡胶SN121与其情况类似。茚满类组分在高温条件下较为稳定，在长时间的高温热解下会造成一定的组分损失。

如图6所示，丁腈橡胶在保留时间内也能检出已满、甲基茚满、二甲基茚和乙基茚满。丁腈粉末在辐射热通量20kW/m²，受热时长5min（a1）和辐射热通量20kW/m²，受热时长10min（c1）的谱图的峰的趋势、峰数有所区别，且茚和茚满类组分峰的相对峰面积也有很大区别，当辐射热通量增大至辐射热通量40kW/m²时，受热时长5min和10min的情况下，茚和茚满类组分损失，难以检出。丙烯腈含量13%的丁腈橡胶的情况与丁腈粉末类似，但辐射热通量20kW/m²，受热时长5min情况下的谱图（a1、b1）的峰数趋势以及相对峰面积都不相同，受热时长10min时二者的谱图（c1、d1）又大致相似。分析认为丁腈橡胶开始发生热解时生成的茚满类组分并不稳定，当热解到一定程度时，仅剩下较为稳定的几个组分，当采用较高辐射热通量进行热解时，会导致茚满类组分的损失。

3 结论

通过对不同热解条件下的氯丁橡胶和杂原子橡胶的总离子流、烷基苯类、茚和茚满类、类提取离子流进行分析对比，探究了在不同辐射热通量和不同受热时长下两种橡胶的组分变化规律以及对汽油的干扰情况。结果如下：

（1）两种型号的氯丁橡胶在不同热解条件下大的TICs区分不大，且氯丁橡胶在不同热解条件下的TICS变化规律相似，其组分的变化受辐射热通量的影响和受热时长影响的效果一致；在不同热解体条件下的两种型号的丁腈橡胶的TICs变化规律一致，但其组分的变化受辐射热通量的影响更大；

（2）氯丁橡胶和丁腈橡胶中均能检出甲苯、C_2苯、C_3苯和C_4苯等烷基苯类组分，与汽油燃烧残留物的烷基苯类组分类似，氯丁橡胶还能检出氯代二甲苯，在保留时间8min以后检出大量含Cl的环烷烃类组分，两种杂原子橡胶的烷基苯组分的相对峰面积的变化受热解条件中的辐射热通量的影响更深，两种杂原子橡胶相较于汽油燃烧残留物的烷基苯类组分保留时间靠后，且烷基苯类组分的相对峰面积和C_2苯间的相对峰面积都有较大区别，对汽油的检验鉴定的干扰性较小。

参考文献

［1］殷果，钱佩雯，李秋播梓，金静，刘玲，张金专．火场助燃剂检验鉴定的干扰研究进展［J/OL］．色谱：1-8［2022-03-21］．http：//kns.cnki.net/kcms/detail/21.1185.o6.202203111024.002.html.

［2］邓雨欣．常见塑料燃烧残留物对汽油GC-MS鉴定结果影响的研究［J］．消防技术与产品信息，2017（4）：5．余志超．汽油轮胎燃烧残留物与烟尘在汽油鉴定工作中的应用［D］．廊坊：中国人民警察大学，2019.

［3］邓震宇，张得胜，吴宪，等．塑料制品燃烧物对易燃液体放火剂鉴定干扰的研究［J］．消防科学与技术，

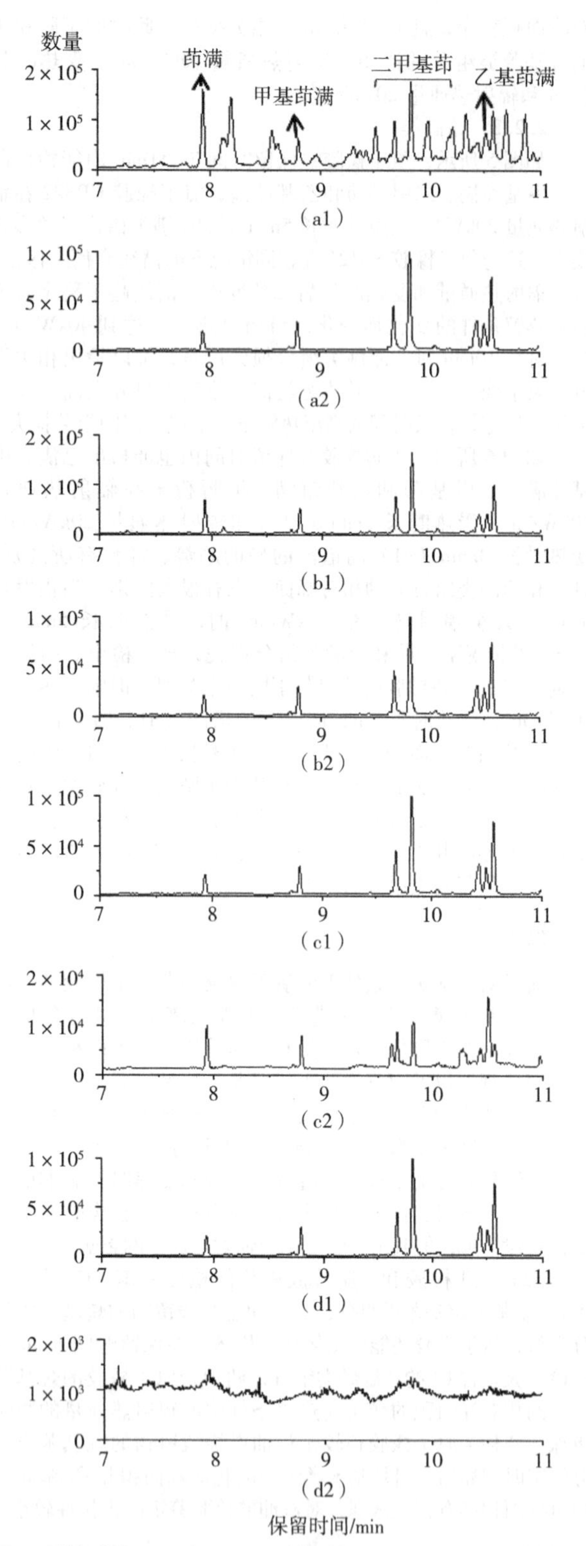

图5 受热时长5min（a、b）、受热时长10min（c、d），辐射热通量$20kW/m^2$（1）、$40kW/m^2$（2）下，CR322（a、c）、SN121（b、d）的茚和茚满类提取离子流色谱图

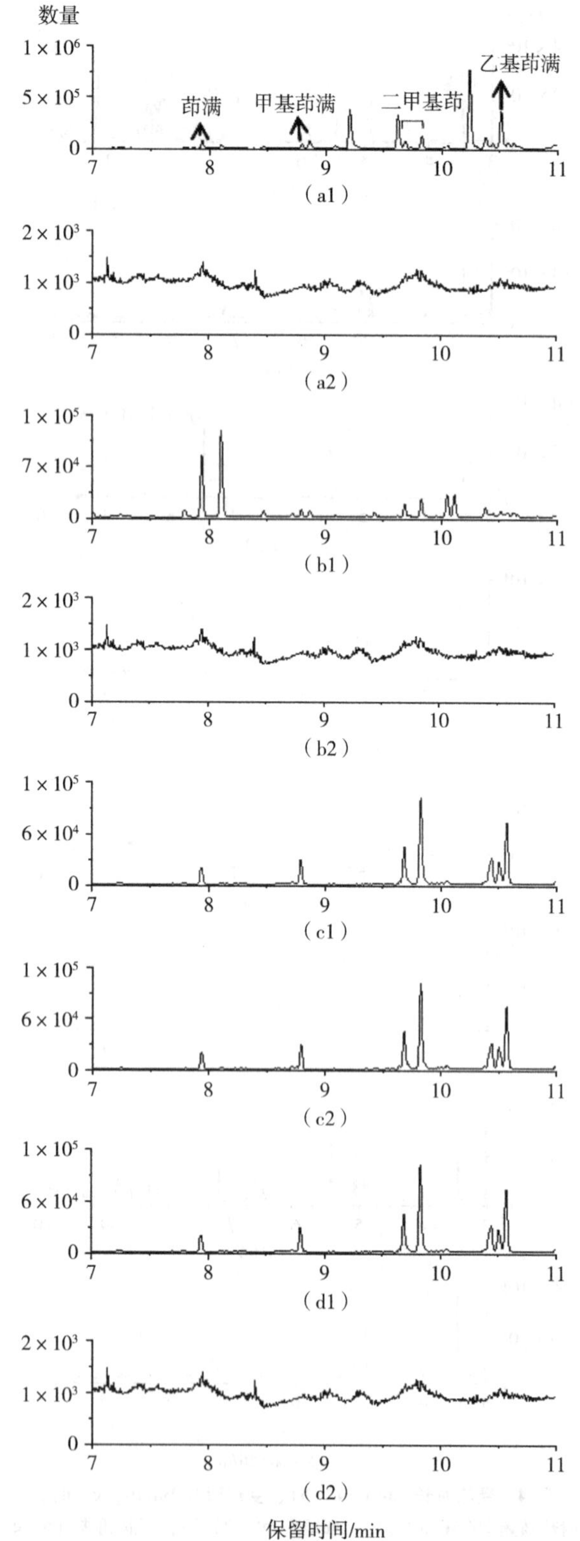

图6 受热时长5min（a、b）、受热时长10min（c、d），辐射热通量$20kW/m^2$（1）、$40kW/m^2$（2）下，丁腈粉末（a、c）、丙烯腈含量13%的丁腈橡胶（b、d）的茚满类提取离子流色谱图

2017，36（4）：3.

［4］程芳彬．塑料对汽油燃烧残留物鉴定的干扰研究［D］．中国人民公安大学，2019.

［5］刘纪达，郑赛，孙洛浦．典型塑料容器与汽油混合燃烧残留物的SPME-GC/MS分析［J］．刑事技术，2020，45（01）：35-39. DOI：10.16467/j.1008-3650.2020.01.007.

［6］Stauffer E. Identification and characterization of interfering products in fire debris analysis. 2001.

［7］Almirall J R，Furton K G. Characterization of background and pyrolysis products that may interfere with the forensic analysis of fire debris［J］. Journal of Analytical & Applied Pyrolysis，2004.

［8］Jhaumeer-Laulloo S，Maclean J，Ramtoola L L，et al. Characterisation of background and pyrolysis products that may interfere with forensic analysis of fire debris in Mauritius. 2013.

[9] 支有冉，宗若雯，袁锐，等．燃烧残渣中助燃剂检测的实验研究［C］//2010（沈阳）国际安全科学与技术学术研讨会.

[10] 余志超．汽油轮胎燃烧残留物及烟尘在汽油鉴定工作中的应用［D］．廊坊：中国人民警察大学，2019.

[11] 刘玲，李欣，胡何昕．橡胶对汽油GC-MS鉴定的影响研究［J］．武警学院学报，2017，033（012）：86-89.

[12] Li S X，Qian P W，Jin J，etal. FireTechnol，2021，https：//doi. org/ 10. 1007/s10694-021-01193-z.

[13] 付玉．橡胶制品燃烧残留物特征成分的分析与应用［D］．沈阳师范大学，2019.

[14] 迟佳萍，栾林硕，金静，等．理化检验（化学分册），2021，57（3）：283.

[15] 陈振邦．天然橡胶与丁苯橡胶对汽油燃烧残留物鉴定的干扰性研究［D］．廊坊：中国人民武装警察部队学院，2015.

[16] 王健，刘玲，杨涵．丁苯橡胶对汽油检测的影响研究［J］．消防科学与技术，2019，038（008）：1193-1197.

[17] 金南江，李阳．丁苯SBR1502燃烧残留物对汽油鉴定的干扰性研究［J］．消防科学与技术，2018，37（003）：429-432.

[18] Jin J，Chi J P，Li K X，etal. Aust J Forensic Sci 2021，https：//www. tandfonline. com/loi/tajf2.

[19] 迟佳萍．基于化学成分关联的橡胶对汽油燃烧残留物鉴定干扰性研究［D］．中国人民警察大学，2020.

[20] 李慷旭，金静，李秋璠梓，钱佩雯，殷果，张金专．基于化学成分关联的二烯类橡胶垫对汽油鉴定干扰性研究［J/OL］．分析化学，2022.

[21] Jin J，Chi J，Xue T，et al. Influence of Thermal Environment in Fire on the Identification of Gasoline Combustion Residues ［J］．Forensic Science International，2020，315：110430.

化工企业安全生产事故引发火灾事故调查分析

王良宇
（内蒙古自治区乌海市消防救援支队，内蒙古　乌海）

摘　要　随着消防救援队伍转隶改制，按照应急管理部消防救援局“大火调”的工作思路，全国消防救援机构对安全生产事故造成的火灾调查工作力度加大。本文针对一起化工企业安全生产事故火灾，通过查看视频监控录像、调取自动消防报警系统设备、调查询问和现场勘验，查清了火灾事实，认定了起火时间、起火部位、起火点和起火原因；在准确认定起火原因的基础上，全面分析了灾害成因，为后续开展火灾延伸调查工作，追究相关人员责任提供了强有力的证据支撑。

关键词　化工企业　安全生产事故　火灾　调查

1　火灾事故基本情况

2021年7月13日晚22时许，乌海市某工业园区精细化工有限公司304车间发生生产事故导致引发火灾，火灾造成该车间建筑构建及设备不同程度地烧毁或烧损，未造成人员伤亡。火灾发生后，乌海市消防救援支队立即组织开展相关调查工作。

2　起火场所概况

起火建筑坐落于厂区西南侧，304氯丙烷车间，该建筑东侧贴临303缩合物车间，西侧为厂区厂界围墙，北侧距离40米处为302车间，南侧距离35m处为甲类仓库。起火建筑304氯丙烷车间为砖混结构，东西长46m，南北宽18m，高20m，地上四层（图1、图2）。

图1　起火建筑外貌照片

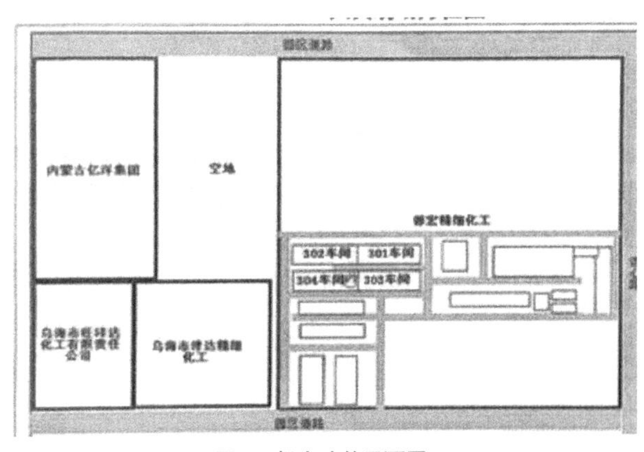

图2　起火建筑平面图

3　起火经过和火灾扑救情况

2021年7月13日22时06分，支队指挥中心接到报警后，一次性调集5个消防站和一个战勤保障大队，18辆消防车，63名指战员赶赴现场；22时24分，首战力量4辆消防车15名指战员到达现场，一是组成侦察小组继续开展侦查；二是两名战斗员佩戴空呼出一只水枪对一层着火部位进行灭火冷却；三是架设一门移动水炮阵地对一层和二层着火部位及上方建筑进行降温，阻止火势向东侧蔓延；四是25m举高喷射车辆在车间西北侧向三层和四层窗户出泡沫对着火部位进行灭火冷却，后续力量相继到达，参与作战，23时45分火势得到控制，次日0时25分将火扑灭。当天天气晴，西北风2~3级，气温20~38℃。

4 起火成因和灾害成因分析

4.1 起火原因认定

事故发生后，乌海市消防救援支队及辖区大队第一时间联合区政府、区公安分局、区应急管理局组成工作组，立即封闭火灾现场、查看视频监控录像、调取自动消防报警系统设备、调查询问相关人员、进行现场勘验等调查工作；而后应急管理部门提请政府成立事故联合调查组负责组织调查处理工作。

4.1.1 起火时间的认定

（1）支队指挥中心接警记录显示第一报警时间为2021年7月13日22时05分。

（2）根据现场工作人员陈某宣的证言：“2021年7月13日晚20时至7月14日早8时为当天工作时间，陈某宣与马某宝在21时左右，给位于三层东北角的1号反应釜注入原料（氯苯烷、甲苯混合液），突然看到反应釜底端的阀门没有关严并发生泄漏，但因阀门存有反应物料残渣，无法关严，二人在清理残渣时致使原料泄漏到反应釜正下方二楼地面，随即二人便找工具进行处理，同对流淌在地面的原料进行收集和清理，因清理不彻底造成与旁边堆放的片状氢氧化钠反应放出大量热，引燃混合液及混合气发生火灾。”

（3）根据现场工作人员马某宝的证言：他与陈某宣在清理泄漏物料理完毕后，在旁边的水管处清理身上的残留物料，清洗干净后他抬头看了一眼二楼车间东侧安全出口上方的表，当时21时35分。

（4）监控录像视频显示：2021年7月13日22时03分左右，二楼东北角预留口南侧地面有火光。

通过对视频监控时间校验，物料反应时间进行实验、综合火灾发生发展规律，认定起火时间为2021年7月13日22时。

4.1.2 起火部位、起火点的认定

（1）根据陈某宣、马某宝的证言（同上述证言）和现场指认。

（2）经现场勘验，起火车间北侧外表面二层至最高层（四层）的烧损、烟熏痕迹呈现上宽下窄的“V”形痕迹特征，南侧外墙烧损程度较轻，西侧外墙及东侧毗邻的车间外墙均未见火灾蔓延及烟熏痕迹。车间二层至三层东北角地面为一尺寸约为3m×3m的预留口，预留口西侧及南侧为约半米高的铁质护栏，其余两侧紧贴车间东侧及北侧墙壁，二层预留口西侧及南侧铁质护栏呈现明显的变色痕迹，南侧护栏面向预留口方向弯曲变形，且底部弯曲程度较上部重，两侧护栏仅底部向预留口弯曲变形，上部未见明显变形痕迹。帖临预留口西南侧为车间1号反应釜，反应釜表层蓝色漆面朝向车间内东侧墙一面脱落，其余面完好，帖临预留口南侧的地面上方顶棚处有3个东西走向的设备线槽，线槽及槽内线路烧损程度呈现最北侧一个烧损程度最重，同一设备槽东侧烧损程度重于西侧的痕迹特征。东侧墙面上消火栓箱朝向预留口一侧弯曲变形，且下部弯曲变形程度明显重于上部分，消火栓箱另一侧未见明显变形痕迹。两侧墙壁抹灰层大部分脱落，露出砖面，且二楼预留口两侧墙面的抹灰层脱落程度较重，车间其余墙壁未见烧损致抹灰层脱落痕迹。车间一至三层均呈现东北角火灾蔓延痕迹明显，设备、建筑构件烧毁程度较重的痕迹特种。

（3）二楼东北方向预留口南侧地面处留有大面积燃烧物料残渣，经化验判定为氯苯烷、甲苯混合液与片状氢氧化钠反应生成的残留物及为反应的部分片状氢氧化钠。

综上所述，认定起火部位及起火点为304车间二层东北角预留口南侧地面处。

4.1.3 起火原因的认定

（1）根据监控录像视频（同上述监控录像视频）和陈某宣、马某宝的证言（同上述证言）证实，同时结合调查走访和现场勘验情况（起火部位仅有的一处用电设备输转泵线路完好），故能够排除放火、遗留火种、电气设备故障起火。

（2）根据厂房技术总监王某生的介绍和实验证实，氯苯烷、甲苯混合液的混合液在一定条件下与片状氢氧化钠反应会放出大量热，随后会发生燃烧起火。

综上所述，认定起火原因为304车间三层北侧1号反应釜内混合液泄漏到正下方车间二层地面后流到二层东北角，混合液与东北角堆放的片状氢氧化钠产生剧烈反应放热引燃泄漏出的混合液及混合液挥发气，继而引燃周边可燃物引发火灾（图3~图6）。

图3　二楼东北角预留口南侧

图4　二楼东侧墙壁消火栓箱

图5　二楼预留口西侧反应釜

图6　二楼东北角南侧铁质栅栏

4.2　灾害成因分析

（1）在1号反应釜东侧存放的片状氢氧化钠极易与原料（氯苯烷、甲苯混合液）反应放出大量热，不符合存放要求。

（2）反应釜作业一段时间会生成残渣，残渣会影响阀门密封性，操作人员清除残渣的方法不科学，同时，反应釜内存留液收集不规范，均存在不同程度的安全隐患。

（3）发生泄漏后，清理地面残留液不及时、不彻底导致与存放的片状氢氧化钠接触。

5 防范措施

（1）化工行业主管部门要召开专题会议，部署开展专项隐患排查工作，针对化工行业特点，逐一找出风险点，组织行业专家商讨提出整改对策。加大对岗位员工操作培训，提高作业规范水平及安全意识。

（2）消防救援机构与应急管理部门召开联席会，明确化工企业安全检查工作内容、重点方向。

（3）鼓励企业通过技改，增加技防设备，强化技防措施，消除安全隐患。

6 调查体会

在开展火灾调查时，抢占“三要素”（抢人、抢视频、抢设备），第一时间锁定有价值证据。要深入推进火灾“一案三查”（查原因、查教训、查责任），查清起火原因是分析灾害成因的基础，只有准确地查清了起火原因，才能全面客观地分析灾害成因、总结经验教训，才能追究相关责任人员的责任，才能研究分析火灾事故暴露出的深层次问题，并推动调查成果转化为火灾防范措施，切实达到查处一起、震慑一批、警醒一片的效果，进一步推动消防安全责任制的落实，提升全社会火灾防控能力。

参考文献

［1］GA 1301—2016，火灾原因认定规则［S］.
［2］GA 839—2009，火灾现场勘验规则［S］.

火灾调查现场勘验中的无人机应用技术

叶耀东 刘 虎
（中国人民警察大学，河北 廊坊）

摘 要 随着无人机科学技术的发展，无人机所具有的高空动态范围大，低空成像清晰，长距离信号传输稳定以及定制化设计的特点，使得无人机在各个专业领域得到充分应用，改变了许多行业的工作模式。在火灾调查领域，无人机技术应用在一定程度使得火灾调查现场勘验的形式发生改变，在火灾调查现场勘验应用及实践未来发展所面对的问题成为火灾调查领域关注的重点，也是火灾调查突破原有固定模式的重要突破口之一。

关键词 火灾调查 环境勘验 无人机应用

1 无人机技术

1.1 无人机组成

无人机实际意义上指的“无人机系统”，是由无人机本体技术和无人机整体信息交互系统组成。

从无人机本体技术可分为固定翼无人机、多旋翼无人机、倾转翼无人机和垂直起降固定翼无人机等[1]。无人机机体由飞行控制系统、机体、电源系统和配置的信息采集系统，其中飞行控制系统是整个无人机系统的核心，担任着无人机“大脑”的作用，机体是无人机的“躯体”，电源系统是无人机的动力来源，信息采集系统是无人机的“眼睛”，也是各个领域根据自身需求定制的重要配件，通常无人机搭载的信息采集系统为高清摄像仪，见图1。

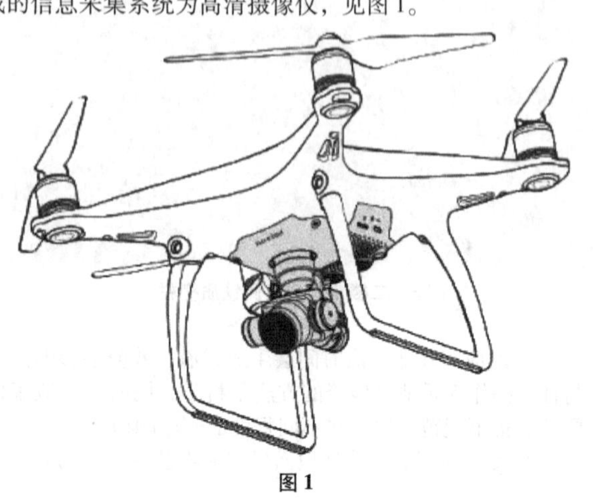

图1

无人机整体信息交互系统是无人机技术的重要组成部分，是由操控系统和显示系统组成的地面工作站、信号传输装置以及信息采集系统所组成的多方面多系统的信息交互系统，详见图2。只有无人机本体技术与无人机整体信息交互系统相结合才能被称为无人机技术，无人机整体信息交互系统承担着由地面工作站传输的操作信号传达至无人机飞行控制系统，再由无人机信息采集系统所采集的各种信息数据传输至地面工作站的重任，在整个无人机技术当中起着至关重要的作用。

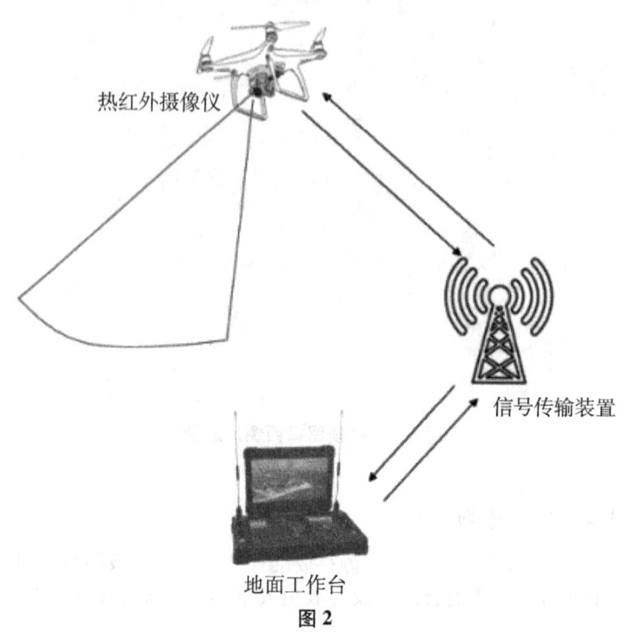

图2

1.2 无人机特点

1.2.1 智能化

智能化是无人机显著优势之一，无人机技术与计算机算法相结合，使得无人机获得自主工作的能力，提高了无人机的飞行性能和安全性。无人机智能化的直接体现在它功能多样性，精确定位飞行、视觉追踪、感知避障和紧急避险等功能的出现使得无人机在各领域的应用广泛。智能化也是无人机未来的重要发展方向，未来无人机更加智能化，能顾实现更多功能，满足各个行业发展的需求。

1.2.2 模块化

无人机模块化设计使得各个行业会根据自身行业特点和要求将无人机进行改装，加挂各种仪器和对无人机操作系统进行编程，将各种测量、拍摄仪器搭载在无人机机体上，如挂载热红外仪的无人机应用在建筑饰面层脱黏缺陷识别和搭载3D成像仪的无人机应用在房屋测量。

1.2.3 适应性

无人机适用在各种人类无法正常生存在环境，在各种工作中代替人的工作，如在火灾调查中，火灾现场残留各种有害气体，威胁火灾调查人员的自身安全，使用无人机可以保证火灾调查人员的人身安全。

2 现场勘验中无人机应用

火灾调查现场勘验分为环境勘验、初步勘验、细项勘验和专项勘验，其主要目的是查明起火原因、起火部位、起火点以及火势蔓延情况[2]。传统现场勘验中，主要是以火灾调查人员根据现场痕迹和自身判断结合着对火灾原因、起火点、火势蔓延作出判断，并且受到火灾调查人员自身局限性，难以获得高空俯视图，无人机在火灾调查现场勘验的应用中就解决了这个问题。

2.1 环境勘验

在环境勘验过程中，无人机主要用于对火灾现场周围环境和火灾现场整体情况的观察，如图3。但是由于火灾现场经过长时间高温燃烧，甚至是刚刚扑灭火势的现场，其建筑结构安全存在隐患问题，但是个别火灾痕迹的时间性又决定了火灾调查人员必须在火灾扑灭后进入现场进行勘验，这时对于存在隐患安全的火灾现场要进行环境勘验，可以采用无人机技术，利用无人机对火灾现场实时监测，并通过热红外成像摄像仪检测火灾现场余火余热，避免因为余火余热复燃导致火灾调查人员人身安全问题。并且可以通过无人机拍摄的俯视图，与火灾调查人员环境勘验所观察到的火灾现场相互印证。

图3

2.2 初步勘验

在初步勘验过程中，为了不改变现场物体和物体原来位置，但又要确定现场有无放火痕迹物证，各个燃烧终止位置，各物品的燃烧情况，建筑物的破坏情况和电气线路及用电设备的位置，通常是调查人员选定一个制高点，再选择一条不会破坏和不会移动现场物品的通道，但是在实际火场中，很难找到合适的通道和位置，采用无人机可以在满足以上条件下，更加简单方便地对火灾现场进行初步勘验。

2.3 无人机制图

火灾现场勘验中绘制现场平面图，以往火灾调查人员均是走访观察，用笔纸绘画稿图，其精细程度低，利用无人机可以将该项工作简单化，利用无人机拍摄现场俯视图，并利用电脑作图软件自动绘制平面图，对于特大型火灾现场，可采用搭载三维成像平台的无人机进行3D建模后直接得到相应的模型。

2.4 无人机勘察

火灾现场的建筑顶棚在火灾后变得极其脆弱，特别是高层建筑火灾采用无人机可以实时观察火灾痕迹和建筑破坏情况。无人机高角度、高机动性的特点为火场勘查提供了全方位的便捷手段，尤其在勘查大面积燃烧火灾、高层建筑火灾、具有坍塌危险建筑物（构筑物）火灾时，可以采用无人机的环绕跟随模式对火灾现场进行高空观察，无人机高角度、高机动性的特点为火场勘查提供了全方位的便捷手段，尤其在勘查大面积燃烧火灾、高层建筑火灾、具有坍塌危险建筑物（构筑物）火灾时，可以采用无人机的环绕跟随模式对火灾现场进行高空观察[3]。

2.5 无人机视觉追踪

火灾调查现场勘验中可以利用无人机自动跟随，全程对火灾调查人员现场勘验过程记录，火灾调查结束后可以提供第三人称视角的火灾调查人员现场勘验过程，提供给火灾调查人员，以便火灾调查人员对自身现场勘验过程是否有失误、误解之处。

3 火灾调查中无人机应用存注意事项

3.1 相关法律法规

在火灾现场使用无人机进行火灾勘察时要注意该区域是否为限制飞行区域，并提前向当地公安管理部门报备，民用无人机应遵守包括但不限于《民用无人机空中交通管理办法》《中华人民共和国民用航空法》《通用航空管制条例》和《民用无人机驾驶员管理规定》等相关法律。

3.2 无人机操作

无人机驾驶员要经过专业培训，熟悉法律法规和无人机专业知识，了解并掌握紧急预案，无人机驾驶员的专业技术水平也决定的火灾调查中无人机应用顺利与否，实际应用无人机时，要谨慎驾驶无人机，避免出现坠机炸机等现象发生。每次飞行前，须仔细检查设备的状态是否政策，检查工作应按照检查内容逐项进行，对直接影响飞行安全的无人机的动力系统、电气系统、执行机构以及航路点数数据等应重点检查[4]。

3.3 无人机仪器配置问题

在民用无人机的信息采集系统当中，无人机所搭载的各类信息采集仪器是可根据实际行动要求进行替换，但必须要注意的是，各类信息采集仪器对硬件和软件的要求各不相同，尤其是三维数据采集仪器对硬件的要求极高，还要配备相对应的系统软件，并且在搭配各类软件时需注意是否与无人机本身的飞行控制系统相冲突。

4 结论

将无人机技术应用在火灾现场勘验过程中，能够使火灾调查人员更清晰直观观察火灾现场整齐情况，第一时间掌握火灾现场整体平面布局，给火灾调查人员提供了一个新的视角，丰富了火灾调查现场勘验的技术方法，也为火灾调查的发展提供了一条新的道路，在未来，无人机搭配计算机算法实现火场痕迹自动识别和搭建三维火灾现场模拟图，使得火灾调查更加智能化。

参考文献

[1] 郭悦悦．警用无人机在侦查工作中的应用与探讨[J]．山西警察学院学报，2018（2）：5.

[2] 胡建国．火灾调查［M］．中国人民公安大学出版社，2014.

[3] 梁军．无人机在一起疑难火灾调查中的应用［J］．消防科学与技术，2017，36（11）：1630-1632.

[4] 国家测绘局．无人机航摄安全作业基本要求［M］．测绘出版社，2010.

浅谈以审判为中心下的火灾刑事案件现场勘查和鉴定工作

杨勇仪　吴学子

（中国人民警察大学研究生院，河北　廊坊）

摘　要　以审判为中心的诉讼制度改革全面推进以来，对火灾刑事案件从现场勘查到庭审诉讼阶段都做出了高质量的规范要求。本文主要围绕审判中心主义，结合我国火灾现场勘查取证和火灾物证鉴定目前存在的问题，对火灾刑事案件现场勘查和物证鉴定工作提出了建议，以促进科学证据在审判中的规范采信和司法公平公正。

关键词　审判为中心　火灾现场证据收集　火灾物证鉴定　科学证据

0 引言

自从我国司法刑事诉讼制度实施从以侦查为中心转到以审判为中心的改革以来，我国诉讼对火灾刑事案件现场勘查、鉴定活动的要求就提高了一个层次，进入了科学证据时代。但我国火灾刑事案件现场勘查和火灾物证鉴定践行审判主义实践中仍存在问题，使部分证据无法被庭审采信。“如果要审判，就必须能证明”，审判是以证据为基础，而证据是以刑事证明的法律标准为指导。因此火灾刑事案件现场勘查和鉴定工作应充分考虑诉讼环节，围绕着审判认可的需求，获得合法科学的证据。

1 以审判为中心的内涵

以审判为中心是与以侦查为中心对标的，以往的司法实践以侦查获得的证据为重点去决定火灾刑事案件的结果，缺乏外部监督和裁判制约，审判往往只是走个过场，侦查权过大，侦查活动一般保密不公开，控辩严重失衡，一旦起诉就会实行有罪判决，审查判断角色缺失，不公错案的风险增加。而审判中心主义大刀阔斧转变以侦查中心的理念，要求侦查人员必须全面规范科学收集固定运用证据的思维直至侦查完结，庭审时高度重视科学实物证据证明作用，侦查取证程序和实体证据均符合法律要求才能推动案件顺利进行。如17年赵长荣放火案中证据9火灾直接财产损失申报统计表、证据11家具损失财产明细表，这是莫旗公安消防大队和莫旗公安局刑警大队根据吴某的申报、复述进行的统计，非有资质的专业机构，依据不充分且当事人不认可，庭审时不予采纳。

2 火灾现场勘查取证存在的痛点及对策

现场勘查是火灾刑事案件侦查工作的起点与基础，是刑事诉讼活动的首要环节[1]。火灾现场勘查最重要的任务就是弄清起火部位、起火点、起火时间和起火原因。但目前提取的物证部分无法在庭审中被采信利用，笔者收集裁判文书网以火灾、刑事案件、刑事二审为主题的200份文书，发现上诉理由30%是质疑案件事实认定不清、证据不足。因此应重视以审判为中心对火场勘查活动的导向作用，规范勘查人员火灾现场勘查行为，强化审判对现场勘查活动的制约。

2.1 勘查行为不到位

火灾刑事案件现场勘查行为不到位、质量不高、部分证据无法被审判采信主要体现在以下几个方面：

（1）未做好现场保护工作。当事人的破坏，如放火者对证据“毁尸灭迹”、人员为了逃生对现场的破坏；灭火人员的破坏，侦查人员及时到达现场可以事后询问所见所闻，通过绘图照相摄影等手段对现场进行固定保护；一些基层侦查人员在进入火场后对整体燃烧把握不清、缺乏现场保护的意识和有效手段，造成起火部位重要证据的毁坏丢失，应及时采取照片图纸、文字记录等保存火场原貌，保证真实准确、有法律效力的科学证据来源。

（2）证据固定、提取不到位。目前侦查人员勘查时过多关注查清起火原因即侦查总结，庭审结果不甚关注，因此火场勘查整体收集证据会不规范，对某些火灾物证的位置、变动情况、与物证印证的勘验笔录等文件中没有记录，现场照相不规范、现场绘图符号意思不明标注不清[3]等，这样庭审时证据证明力会大打折扣。而审判中心诉讼制度对证据整个提取收集过程做出了高质量要求。侦查人员需围绕起火部位、起火原因等要素，通过勘查确定火灾痕迹和现场烧毁物的保留位置及状态，事先根据火场情况制定拍摄、绘图计划，并及时制作现场勘查笔录、现场照相、现场绘图等完整的现场记录材料，固定好火灾物证后选择适合工具方法去提取起火部位形成的痕迹和物质，使各类证据具备合法性和全面性、准确性，认定起火原因时有法律效力，经受得起举证、质证和辩论。

（3）勘查仪器设备老旧。仅靠侦查人员无法完成这项繁重的任务的。侦查人员应充分借助科技设备手段去发现收集火场细微痕迹，如大型火灾可借助无人机大范围查验把握火场整体烧损情况，哪个部位明显烧得重一目了然；同时在时效性特殊现场也需要设备及时检测对案件提供帮助，如放火火场中可借助嗅探器探测有汽油残留区域，用便携气相色谱仪、质谱仪等对火场起火点的可疑液体及时检测，防止汽油挥发。因此应引进现代的勘察设备仪器来提高证据收集的质量，保证勘查工作的持续有效推进，为后续起诉审判程序举证环节打下了良好的基础。

2.2 证据保管机制不规范

目前我国对火灾物证的保管方面仍有一些问题：提取的物证未按正确方式保管、混放、物证袋封口不严造成交叉污染、物证袋未做好标记说明等，由于火灾物证在送检或诉讼前还有较长一段时间，倘若物证保管出现纰漏对后面阶段造成不利影响。故侦查人员应科学规范物证保管，对不同物证分开提取、包装、编号，注明提取时间、地点、提取人、提取方法、提取物质等信息，特别是火场提取的物质有些性质较特殊，如油漆稀料、汽油等助燃剂会发生挥发效应，因此勘查人员避免物证挥发损失应尽快提取密封保管、及时送检；还得设置火灾物证保管室，建立专人保管制度，人员进出和物证交接都得记录在案[2]，经过谁的手，如何分析或处理，最终提交法庭的过程都要一一记录，形成火灾物证保管链，保证物证材料及其书面记录在流转过程中的科学性、规范性和合法性；同时要落实物证实体安全防范工作，如2009年全州县公安局物证室发生过火灾大量物证被烧毁。

2.3 证据审查判断不够重视

对证据进行审查判断是能在庭审前确定其能否作为证据使用，主要是对物证的合法性、关联性、真实性进行审查判断。侦查人员往往在调查中仍秉持以侦查为中心的理念，眼前局限于查明起火原因，对证据审查判断不够重视，案件会被打回重审。因此他们需要转变执法理念，明确侦查中获得的证据是为审判准备的，在取证过程中严格遵循相关法律法规，确保物证主体合法、程序合法、来源合法，并且物证客观存在，与起火部位、起火原因、起火物等火灾案件事实有关联，带嫌疑人回火场指认，综合分析火与物、人之间的相互作用及其随时间空间发生发展情况，案件证据不存在矛盾关系，能相互印证形成完整有效真实的证据链，并妥善保管物证，做好完整记录。倘若侦查人员在现场勘查时违规违法操作，可能会让证据成为瑕疵证据，不被法庭采信。

2.4 物证监督机制不健全

在审判中心主义对火场勘查方式方法提出高要求严标准的情况下，完善证据监督机制迫在眉睫。勘查火场时应邀请一至两名与案件无关的见证人进行外部监督。但实际见证人制度执行不畅，但大部分人不愿参与到火灾刑事案件中来且见证水平参差不齐，不明确对整个勘查过程有保密义务；为健全物证监督机制，应加强立法，以法律条文明确规定见证人条件；其次拓宽见证形式，可以通过视频、现场连线等方式陪伴勘查[3]；最重要的是完善检察引导侦查制度[4]，检察人员在侦查中同步监督，促进侦查人员在侦查前选定正确方向、中规范取证质量、程序、后严格依法依程序保证侦查终结移交案件，以外部监督的形式保证案件事实清楚、证据合法客观真实，从源头杜绝出现审判时补充侦查现象。

3 火灾物证鉴定存在的问题及对策

火场情况复杂多变，提取的被火烧火烤的物证往往无法直观辨别，需要借助各类技术设备和手段对送检物证的形态、性质等进行分析，获得起火原因、起火源等信息，为火灾刑事案件侦破提供科学证据。鉴定意见需符合火灾事实内容和法律程序规范，从审判诉讼中的法庭质疑应对出发，有针对性地规范火灾物证鉴定人员做好鉴定工作。

3.1 标准性文件不全面

火灾物证鉴定主要根据国家标准、行业标准来进行，如2021年8月20日实施的《电气火灾痕迹物证技术鉴定方法》，2021年11月17日实施的《车辆火灾痕迹物证鉴定技术规范》等。现行标准基本能满足大部分火灾物证鉴定要求，但标准数量较少、不够全面细致标准化水平不太高[5]。并且随着科技水平提升，火灾物证鉴定也引进了很多先进的技术设备和方法，如易燃液体的全二维气相色谱检测、热重分析等，我国火灾物证鉴定标准需根据实际鉴定出现的问题不断进行动态修订更新、不断进化迭代，以保证鉴定意见的科学准确和证明力，推进鉴定标准化建设，保证鉴定质量，规范火灾物证领域鉴定活动。

3.2 鉴定机构、人员技术活动不够规范

在以审判为中心的司法刑事诉讼制度背景下，出具鉴定意见的鉴定机构及鉴定人员的资质和活动也会影响其公信力和证明力[6]。笔者在裁判文书网以火灾、刑事管辖、刑事一审为主题词查看火灾刑事案件裁决书，发现部分辩护意见会质疑鉴定机构及人员资质、结论片面、取样物证与起火点无关、鉴定程序不规范等，虽然二审大多维持原判，以法律的形式肯定鉴定机构的鉴定结论。但公安机关仍要严格把握选择的物证鉴定机构、鉴定人员资质，且他们需不依附任何部门，处于中立的诉讼地位，在物证鉴定中全面贯彻证据裁判原则，主体程序合法，在标准化框架下开展物证鉴定，以限制鉴定过程中的主观性；同时也要根据个案特点具体分析，将标准文件同个案特点相结合，评估报告与案件待证事实的关联性，保证出具的鉴定意见的科学、客观、合法，让科学证据积极服务于审判，确保司法公正。

3.3 送检物证的污染问题

在火灾物证鉴定实践中，物证污染会影响鉴定结果的质量，出现与火灾事实无关甚至截然相反的结论。污染源可能来自实验操作台、物证储存室交叉污染，使用的仪器、器皿和用于检测的试剂材料污染[7]等。实验室每天处理的检材繁多复杂，倘若处理不当极易造成物证污染。如助燃剂检测时如果仪器试管中有上次分析残留物质，会使鉴定意见不正确。因此鉴定人员应在检验前彻底清理实验室操作台、物证存储室、仪器器皿，对检测试剂定期质检，以免对鉴定结果产生干扰，同时及时填写实验室管理清单，有效管理实验室，使火灾物证鉴定意见在诉讼阶段发挥最大证据价值。

3.4 鉴定意见审查判断不够严格

鉴定意见科学含量较高，实际诉讼中法官会对鉴定意见过于相信和依赖，或判断火灾鉴定报告科学性时会心余力绌。因此鉴定意见在被庭审采信作为证据前必须进行审查，审查物证委托送检主体是否为公安机关、物证送检程序是否合法、鉴定机构和人员的资质、鉴定方式方法是否科学、鉴定结论是否符合事实、鉴定过程是否合法合规、鉴定报告内容格式是否规范[8]等，还应深入发展专家辅助人[9]制度，帮助法官判断鉴定意见的准确性，将火灾物证鉴定纳入公平公正轨道，多方面多维度深层次进行审查，重视科学火灾物证鉴定过程的规范化和审判中心诉讼制度的改革，构建审查制度保障，必要时鉴定人员出庭作证，规范鉴定意见科学证据庭审采纳过程。

4 结语

在长时间的火灾刑事案件实践中我国一直奉行“侦查中心主义”，忽视了侦查程序和物证鉴定中的合法性和规范性。

但随着事实证据科学化时代的到来，火场勘查活动应始终围绕着审判承认的程序进行，按照庭审时认可的证据认定规范标准，对火场物证进行合法、高质量的固定提取、记录保管活动；而在实验室检验鉴定环节，也应以庭审认可需求和法律要求为指导开展火灾证据鉴定活动，从而获得有证据效力的解释火灾现场客观事实的鉴定意见。强化科学证据意识，规范程序意识、诉讼意识，保证庭审证据的公信力，从而让法官在法庭审判中做出科学合理的判决结果。

参考文献

[1] 孙振文，石屹，张冠男，等．火灾调查中的关键要素演变及逆向推演［J/OL］．刑事技术：1-7［2022-04-21］．DOI：10.16467/j.1008-3650.2021.0057.

[2] 刘文强．以审判为中心视野下现场勘查工作存在的问题与应对策略实证研究［J］．山东警察学院学报，2018，30（04）：77-86.

[3] 江佳佳．审判中心主义下刑事犯罪现场勘查制度完善［J］．辽宁警察学院学报，2017，19（01）：36-42.

[4] 王贞会．审判阶段补充侦查制度反思与改革［J］．浙江工商大学学报，2022（01）：55-63. DOI：10.14134/j.cnki.cn33-1337/c.2022.01.006.

[5] 胡建国，邓亮．火灾物证鉴定标准研究中的几个关键问题［J］．武警学院学报，2010，26（02）：76-79.

[6] 叶文霞．火灾物证鉴定制度存在问题及对策研究［J］．武警学院学报，2009，25（02）：75-78.

[7] 王桂强．物证鉴定中的物证污染问题［J］．刑事技术，2005（05）：7-11. DOI：10.16467/j.1008-3650.2005.05.002.

[8] 王刚，张俊波．火灾物证鉴定结论及运用［J］．消防科学与技术，2011，30（12）：1194-1196.

[9] 朱梦妮．浅析与物证鉴定意见审查认定密切关联的几个问题［J］．湖北警官学院学报，2013，26（02）：134-138.

浅谈植物油脂自燃机理与燃烧痕迹特征

吴学子　杨勇仪

（中国人民警察大学研究生院，河北　廊坊）

摘　要　自燃是指物质在空气中，在远低于自燃点的温度下与氧气作用自然发热，热量经长时间的积蓄使物质达到自燃点而发生燃烧的现象。植物油脂中不饱和脂肪酸在空气中会发生氧化放热，如果热量积聚不散，就可能引发自燃火灾。近年来，全国每年由自燃引起的火灾起数在火灾总起数中占有的比例虽较小但呈逐步上升趋势，对植物油的自燃机理以及影响因素、燃烧痕迹的研究是十分必要的。本文回顾了植物油脂自燃相关的文献。从机理上给出了植物油脂自燃的原因，同时分析了植物油脂发生自燃过程中的特殊现象和自燃残留物的痕迹特征，从而给实际火灾调查工作以一定的参考。

关键词　植物油脂　油浸可燃物　自燃　火灾痕迹

0　引言

自燃是一种独特的燃烧现象，与常见的需要加热源的燃烧相比，空气中的特定可燃物即使在没有外部火源的情况下自发积聚热量，最终发生燃烧[1-3]。可以说，自燃是一种无法达到热平衡而引起的自发性过程。近年来，植物油自燃引起的火灾时有发生，具有不确定性、隐蔽性等特点[4]。因此了解植物油自燃的机理、找到影响植物油自燃的影响因素、分析植物油自燃残留物的痕迹特征是必要的。本文梳理了以上研究进展，旨在对植物油自燃火灾的预防以及或火灾调查工作提供一定的参考。

1　植物油自燃机理与特性

植物油主要由高级脂肪酸和甘油组成，广泛存在于植物的种子、果实等部位。植物油多含不饱和脂肪酸，分子中碳原子之间的双键有较大的自由能，当外界施加光和热，临近双键的氢会离析出来，产生自由基。这些自由基会与氧结合，形成氧基，氧基进而从其他不饱和脂肪酸分子中夺取氢原子形成新的自由基。上述反应持续不断反复进行，释放大量的热，这些热量如果不能及时散失会导致热量积蓄从而引发自燃[5]。

Chen[6]等人通过一系列实验对小规模玉米油自燃火灾进行了研究，他们将油放置在一个锅里，测量了质量损失、热释放速率、锅底温度、对周围环境的热通量以及燃烧后的火焰高度等指标，并且根据测量结果估计了辐射部分和燃烧效率。自燃后继续加热，会导致油的汽化，进而促进火焰的燃烧。与传统的汽油池火灾相比，玉米油自燃的热释放率和火焰高度峰值更大。Fan 等人[7]进行了一系列水滴冲击燃烧中的花生油的实验，探讨了水滴大小和下降高度对火焰膨胀扩散的影响，并详细阐明了其机制。液滴大小通过影响水蒸气和可燃燃料气体的混合量决定了火焰膨胀尺度，而下降高度则通过抑制油滴飞溅影响火焰膨胀尺度。Zhang 等人[8]研究了含有不同添加剂的水雾在灭火过程中对食用油的冷却效果。发现尽管添加剂减少了水的蒸发，阻碍了油的冷却，但这种添加剂也抑制了沸腾层的扩张，从而减少了灭火后大量油溢出造成的二次损害的风险，提高了灭火的效率。Juita 等人[9,10]研究了过氧化物和不饱和度在亚麻籽油自燃中的作用，发现过渡金属盐催化剂可以分解亚麻籽油自氧化反应过程中积累的过氧化物，从而增加了活性自由基的数量。此外，过氧化物在较高温度下分解得更快[11]。O'Hare 等人[12]提出了亚麻籽油氧化的自由基传播理论，指出氧化的分子量积累之前，会形成一种中间产物，中间产物通过氢键与双分子结构相关联，通过部分氧化可以增加分子量。Rhodes 等人[13]研究了中国木油的氧化现象，提出桐油、亚麻籽油这类植物油的氧化具有自催化性，铅、钴或锰化合物可以作为氧化反应的催化剂。此外，他们还发现将树脂与植物油混合，可以使氧化更剧烈。Wagner 等人[14]通过测定碘值和折射率确定亚麻籽油氧化状态，发现氢醌可以作为抗氧化剂，并且抗氧化的能力主要取决于两个因素：油脂氧化的速度和氢醌的气压。

另有一些学者利用气相色谱-质谱分析（GC-MS）方法来研究亚麻籽油的氧化速率的方法来研究各种物质的氧化机

制。例如：Sun 等人[15]基于差示扫描量热法（DSC），在植物油氧化过程中检测到三个放热峰，总热量约为 1.26kJ/g，这些热量可能导致热失控。郭倩等人[16]采用 TG-DSC、拉曼光谱和 GC-MS 方法研究了三种典型植物油的自燃特性和氧化机制。结果显示，样品的整个燃烧过程包括四个典型阶段：低温氧化阶段、热分解阶段、燃烧阶段和燃烧后阶段。根据对有机分子结构的分析，发现植物油中的不饱和基团是其自燃行为的原因。并且他们以三种典型植物油的氧化过程为切入点，针对低温氧化过程中的热流变化、温度变化过程中的热失重和热量变化，从宏观上分析了样品的自燃特性，得到了植物油自燃过程中的一些关键节点数据。

2 油浸可燃物自燃的条件

2.1 油品本身具备自氧化能力

油品的不饱和脂肪酸含量越高，其自氧化能力强，越容易发生自燃。碘值是用于测定有机物中不饱和程度的指标，指 100g 样品中所能吸收碘的克数，应用在油品中可以反映油品不饱和脂肪酸含量[17]。一般来说，碘值低的油品如花生油、菜籽油可视为无自燃能力的，而亚麻籽油碘值大于 177，属于容易自燃的油品。

2.2 油品与可燃物比例适当

以棉布为例，当油品过多，会将棉布纤维之间的孔隙堵住，使可燃物无法充分与氧气接触；当油品过少，油品自氧化产生的热量不够，也不能发生自燃[5]。

2.3 良好的蓄热条件

可燃物堆会减少散热面积，有利于导致热量积聚，温度上升又会反过来加剧反应，释放更多的热量，最终导致自燃的发生。

3 影响植物油自燃的因素

Tucki[18]等人研究发现室内空气温度对植物油燃烧过程的影响是很大的，随着温度增加，引发自燃所需时间缩短，压强增加更快，燃烧最大值更高。与柴油相比，燃烧室内的空气温度对植物油燃烧过程的影响要大得多，这是由于被测燃料之间的物理性能差异随着温度的升高而增大。燃烧室内的空气压力也对植物油自燃有很大的影响，这与试验箱中的温度相关。

Hrušovský等人[19]采用 SEDEX 安全量热计中的顺序扫描量热法研究了高含量不饱和脂肪酸植物油的氧化自加热过程。DTA 曲线显示，在加热速率为 45℃/h 且没有气流通过样品的温度范围内，只有一个放热峰。该峰值非常平坦，最大温差为 1.48℃。当加热速率降低至 10℃/h 时，放热反应速率迅速降低。同时，在该加热速率下，在没有气流的情况下检测到几个小峰值。在 35℃下检测到第一次放热反应，其达到的温差高于第二次放热反应。由于气流的冷却作用，在气流下的样品中未检测到该峰值。在加热速率为 45℃/h 且无气流的情况下，也未检测到第一个峰值。这可能是由诱导期和高加热速率共同造成的。结果表明，通过样品的气流速率对放热反应速率以及第一次放热的起始温度有显著影响。

4 植物油燃烧痕迹

日本佐仓市八街市酒酒町消防联合本部[20]通过实验验证了浸湿苏子油的抹布叠放在一起放进垃圾袋可以引发植物油氧化自燃火灾，如图 1 所示，抹布外表无明显烧损痕迹，但中心严重炭化，硬化结块。

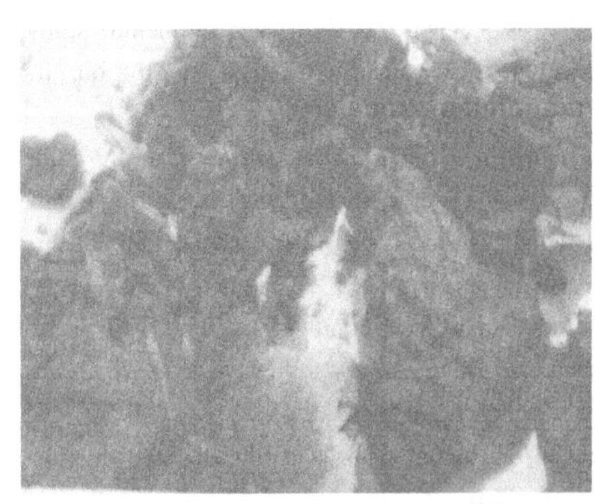

图 1 抹布中心燃烧残留物痕迹[20]

杨守生等人[21]通过油浸棉纱自燃模拟实验研究了植物油脂自燃残留物痕迹特征，同时对与外部火源引燃发生燃烧的痕迹进行了比较。实验结果表明，油浸面纱自燃痕迹残留物内部炭化严重，炭化区与非炭化区之间过渡区较窄，有结块痕迹；而外部引燃的残留物，表面完全炭化，内部几乎没有变化，炭化区与非炭化区界限明显。

孙忠武等人[22]提出，油品具有流动性、挥发性和渗透性，容易渗透到建筑物和家具中，在火场中燃烧轮廓痕迹、木质地板褪色和炭化痕迹、低位燃烧痕迹中，即使时间跨度长，也有可能检测到植物油燃烧痕迹；对于燃烧痕迹中的油品物证，通常采取溶剂萃取法；在进行检验时，初步检验一般采用检测管、可燃气体检测器、紫外荧光试验以及显色反应工具或方法；精确检验方法有薄板层析法（TLC）、气相色谱法、色谱-质谱联用（GC-MS）等等。

5 研究展望

植物油成分中含有的不饱和脂肪酸在空气中会发生自氧化，放出大量热量，由于环境或自身原因热量无法有效散失，热量积蓄，温度上升，就可能引发自燃火灾。本文综述了植物油自燃的机理，以及影响植物油自燃的因素条件，最后对植物油燃烧痕迹的研究成果进行了汇总。当前对植物油自燃火灾的研究，还存在着以下两个方面的不足：首先，油品种类少，不同油品成分不同，自燃能力、燃烧特性不同，亟待学者在实验中进行多种油品的测试；其次，油品的鉴定方面缺少相关定量实验，在区分植物油自燃和非自燃燃烧时无法提供有效参考。

参考文献

[1] Yan B-R, Hu X-M, Cheng W-M, et al. A novel intumescent flame-retardant to inhibit the spontaneous combustion of coal [J]. Fuel, 2021, 297: 120768.

[2] Wang H, Tan B, Shao Z, et al. Influence of different content of FeS2 on spontaneous combustion characteristics of coal [J]. Fuel, 2021, 288: 119582.

[3] Chen L, Qi X, Tang J, et al. Reaction pathways and cyclic chain model of free radicals during coal spontaneous combustion [J]. Fuel, 2021, 293: 120436.

[4] Fan Y-J, Zhao Y-Y, Hu X-M, et al. A novel fire prevention and control plastogel to inhibit spontaneous combustion of coal: Its characteristics and engineering applications [J]. Fuel, 2020, 263: 116693.

[5] 黄维佳. 油浸可燃物自燃火灾原因分析及防治措施 [J]. 武警学院学报, 2010, 26 (02): 86-87.

[6] Chen J, Hu Y, Wang Z, et al. Why are cooktop fires so hazardous? [J]. Fire Safety Journal, 2021, 120: 103070.

［7］Fan X，Wang C，Guo F. Experimental study of flame expansion induced by water droplet impact on the burning cooking oil［J］. Fuel，2020，270：117497.

［8］Zhang T，Han Z，Du Z，et al. Cooling characteristics of cooking oil using water mist during fire extinguishment［J］. Applied Thermal Engineering，2016，107：863-869.

［9］Juita，Dlugogorski B Z，Kennedy E M，et al. Oxidation reactions and spontaneous ignition of linseed oil［J］. Proceedings of the Combustion Institute，2011，33（2）：2625-2632.

［10］Juita，Dlugogorski B Z，Kennedy E M，et al. Mechanism of Formation of Volatile Organic Compounds from Oxidation of Linseed Oil［J］. Industrial & Engineering Chemistry Research，2012，51（16）：5653-5661.

［11］Dlugogorski B Z，Kennedy E M，Mackie J C. Roles of peroxides and unsaturation in spontaneous heating of linseed oil［J］. Fire Safety Journal，2013：8.

［12］O'Hare G A，Hess P S，Kopacki A F. Comparative study of the oxidation and polymerization of linseed oil by application of some recently developed physical techniques［J］. Journal of the American Oil Chemists' Society，1949，26（9）：484-488.

［13］Rhodes F H，Ling T T. The Oxidation of Chinese Wood Oil.［J］. Industrial & Engineering Chemistry，1925，17（5）：508-512.

［14］Wagner A M，Brier J C. Influence of Antioxidants on the Rate of Oxidation of Linseed Oil［J］. Industrial & Engineering Chemistry，1931，23（1）：40-49.

［15］Sun Y，Ni L，Papadaki M，et al. Reaction hazard and mechanism study of H2O2 oxidation of 2-butanol to methyl ethyl ketone using DSC，Phi-TEC II and GC-MS［J］. Journal of Loss Prevention in the Process Industries，2020，66：104177.

［16］Guo Q，Tang Y. Laboratory investigation of the spontaneous combustion characteristics and mechanisms of typical vegetable oils［J］. Energy，2022，241：122887.

［17］沈贤成，张蔚，姜文艳，等．植物油在储存过程中氧化情况分析［J］. 黑龙江粮食，2021（12）：93-95.

［18］Tucki K，Mruk R，Orynycz O，et al. The Effects of Pressure and Temperature on the Process of Auto-Ignition and Combustion of Rape Oil and Its Mixtures［J］. Sustainability，2019，11（12）：3451.

［19］HrušovskýI，Balog K，Martinka J，et al. Investigation of Airflow Influence on Self-Heating Process of Linseed Oil Using Safety Calorimeter SEDEX［J］. Advanced Materials Research，2013，690-693：1340-1344.

［20］申健．以植物油为主要成分的地板蜡自燃火灾［J］. 消防技术与产品信息，2016（5）：83-85.

［21］杨守生，王学宝，彭安燕．植物油脂自燃残留物痕迹特征研究［J］. 消防科学与技术，2015，34（04）：546-549.

［22］孙忠武，陈浩宇．火灾现场油品痕迹物证的系统鉴定［J］. 消防科学与技术，2010，29（8）：735-738.

电器火灾的现场勘验及起火机理分析研究

杨建国

（呼和浩特市消防救援支队，内蒙古　呼和浩特）

摘　要　通过对电器火灾现场进行勘验，分析电器火灾现场的痕迹特征，结合各类电器的工作机理，探讨分析各类电器自身起火、电压异常起火、电器接触部件起火、电器自备电源起火等引发火灾的机理及原因。为消防救援工作人员分析判断电器自身起火还是被烧起火提供参考，确保电器火灾鉴定中起火点和起火原因认定的可信度和严谨度，从而为更好地预防电器火灾提供措施与方法。

关键词　电器火灾　现场勘验　起火机理　起火原因

1　引言

伴随着国民经济水平的持续增长，各种各样的家用电器不断普及，现实生活中各种电器火灾已成为我国常见的火灾种类，并且逐年增长，给人民群众的生命和财产损失构成重大的威胁，也是我们日常防范的重要内容。由于电器的种类繁多，功能不同，功率不等，电器的起火机理不同，燃烧痕迹各异，现场勘验和物证提取也都各有其特殊性。所以在涉及电器的火灾现场勘验中，对电器是否自身起火的准确判断对起火点和起火原因的认定至关重要，需要对电器火灾的起火机理与电器火灾现场勘验加以研究。

2　电器火灾的现场勘验

2.1　起火点的分析及认定

起火点的认定是火灾调查的首要任务，也是现场勘验中细项勘验的目的。在火灾现场找不到明显的起火点，就不得不从电气线路上寻找与起火点相关的物证。如果能判断电器自身起火，该电器所在位置一般就是起火点。

从电器的供电线路上看，电器本身可以看成是距离电源最远的末端电路。电器内部的短路熔痕、电弧烧蚀痕迹、保险丝管玻璃内壁的黑色烟熏痕迹等都属于电气线路的最远端痕迹物证。电气线路上最远端的痕迹物证与线路上其他各点的痕迹物证相比，一定离起火点最近或自身就是起火点。如果电器是被火烧的，那就要在电器附近开始向周边寻找起火点，但不能向电源方向寻找起火点，从而缩小了起火点的勘验区域。电源线上短路熔痕的位置，对判断电器是否为起火点十分重要。远离电器的电源线上有短路熔痕，而靠近电器的电源线上没有短路熔痕，这个短路一定是外来火源造成的，电器是被烧的，电器所在位置就不是起火点。电源线的引出部分，即电源线紧靠电器的部分有短路熔痕，一定是电器自身起火危及了这段电源线。那么，电器所在位置就是起火点。

火灾荷载较大电器被引燃后，电器所在位置经常被误判为起火点。这是受早期起火点认定思路影响，即“燃烧时间最长、烧毁最重处为起火点”。后来的火调实践证明，烧毁的轻重主要决定于火灾荷载的大小。电器的火灾荷载较大时，被烧的电器比自身故障起火的电器烧毁程度要重。或者说被烧的电器比自身起火的电器燃烧更猛烈。比如，并排停放的多辆电动自行车被烧毁，其中烧得最轻的往往是最先起火的电动车，该车位置即是起火点。从附近墙面的烟熏痕迹也可区分电器自身起火或被烧。电器自身起火的清洁燃烧面积较小，位置偏低，或者没有清洁燃烧。而电器被烧则清洁燃烧面积较大，位置偏高。含有大量塑料的电器或电器摆放在塑料支撑物上，无论是电器自身起火还是被烧，都会有塑料融化流淌，流淌到桌面或地面凝固成坨。坨的底面若粘有火场灰烬，此电器就是被烧。电器所在位置就不是起火点。坨的底面如果没有火场灰烬，就是电器自身先起火，电器所在位置即是起火点。

2.2 电器火灾现场痕迹特征分析

电热丝类电器自身起火，大都经历了较长时间的阴燃或缓慢燃烧过程。电热丝承受温度较低，因而保留完整，断头较少。电热丝类电器被烧，起火较快，电热丝承受较猛烈的燃烧，易发生脆断，所以断头较多。

较大功率电器，电源线与电器的接插件、接线端子处常会因接触不良而使电源线绝缘烧焦甚至短路起火，通过电源线的燃烧可引燃沿线可燃物。容易造成电热器件断裂痕迹和接线端子的过热痕迹。较大功率的高频电器如高频焊机、逆变器等，虽然都有过流保护电路，但由于保护阈值很高，输出侧仍存在短路等火灾风险。电磁炉等感应加热类电器一般具有多重保护功能不会轻易起火。现场烧毁的此类电器多为被火烧毁。

火灾现场的小功率电器往往烧损较重，现场勘查时注意查看电源线上短路熔痕位置。电源线火前拉直的情况下，电源线上的短路熔痕距离电器 30cm 以上，一般可判断为被火烧的。如果短路熔痕距离电器 10cm 以下，就可判断是电器自身起火。距离在 10—30cm 之间需要参照其他物证综合判断。这只是参考数据，根据实际情况可酌情判断。

涉及锂电池的现场勘验，就是查看单体锂电池是否外壳胀裂。锂电池受外界高温作用也可发生爆炸起火，这就需要查看车辆和电池箱的迎火面和背火面的痕迹，以及火灾蔓延方向。判断自身先爆炸起火还是被烧后爆炸起火。铅酸蓄电池上盖被均匀烧毁，就可以判断该电池发生了充电热失控，导致氢气混合气体爆炸引发火灾。如果铅酸蓄电池侧面被烧严重而上盖烧损较轻，该蓄电池是被侧面的火烧的，不是充电热失控引发的混合气体爆炸起火。

3 各类电器火灾的起火机理及原因分析

3.1 电热丝类电器火灾

电热丝类电器包括电热毯（电褥子）、电热坐垫、电热脚垫等。电热丝类电器的起火机理主要是在保温覆盖的情况下蓄热引发火灾和接头接触不良引发火灾。

社会保有量很大的单人电褥子，电功率一般在 50W 左右，功率密度都小于 $10mW/cm^2$，一般不会因蓄热引发火灾。功率大于 20W 的电热坐垫在保温覆盖情况下具有蓄热引发火灾的风险。功率更大的电热脚垫则不允许任何保温覆盖，否则，蓄热引发火灾的风险极大。

所有电热丝类电器的电热丝与导线之间的接头普遍采用绞合接头，接触质量不稳定，接头体积很小，接头的功率密度有时会很高，接头可能会成为点火源。

3.2 较大功率的电器火灾

电饭锅、电炒勺、电水壶、电暖气、立式空调、制冷机等靠水和风进行散热的电器，一旦传热受阻或温控器失灵，电热器件会因超温而自身烧毁开裂，可引燃周围可燃物发生火灾。

3.3 较小功率的电器火灾

小功率电器常采用开关电源供电。开关电源具有体积小、重量轻、输出电压稳定、输入电压适应范围宽等优点。小型开关电源的输入电路，承受电压较高（300V 直流电压），易发生绝缘击穿故障。输入电路的输入阻抗较低，故障电流会很大。电器的功率虽小，火灾风险并不小。小功率开关电源的输出侧发生短路引发的火灾极少，因为开关电源都有输出过电流保护功能。

3.4 承载电器供电的接触部件起火引发火灾

电气线路上的接触部件高温起火，与电器功率大小及电器故障密切相关。例如某火场墙壁插座起火，引燃沙发形成火灾。经调查，起火墙壁插座的额定电流是 10A，其上插接的是 1500W 的电暖风，电暖风附近没有起火。经计算电暖风的工作电流为 6.8A，也没有超过电源插座的额定电流。经勘查发现，距离电暖风的接线端子 5cm 处发现两根电源线熔焊在一起了，这属于金属性短路，持续的短路电流会很大，超出了插座的电流承载能力。这场火灾中，电暖风电源线短路是因，插座超负荷起火是果。在火灾原因的表述上不能只说插座起火引发火灾，还应该把电器发生故障与插座起火的因果关系表述清楚。

3.5 电压异常造成电器火灾

电压异常包括过电压、欠电压、谐波过重等。电压异常会导致的电器损坏起火。过电压通常由大气过电压（雷电）、操作过电压以及高压串入和中性线故障等引起。过电压可以造成电器内部爬电、击穿、短路而自身起火。欠电压可以造成开关电源的变压器发热，乃至功率器件热击穿使开关变压器起火。谐波过重可导致过电压击穿、工频变压器发热、开关电源输出电压不稳等造成的电器损坏甚至起火。供电电压异常的调查取证，需要走访邻居，取得其他用户电器损坏的证据。比如，三相供电系统的中性线发生断线故障，会造成负载轻的相电压升高，该相上的电器容易被烧毁。如果中性线的开路故障没能及时发现和处理，有可能三根相线上都有电器烧毁的情况。这是因为三根相线上的负载是随机变化的，各相线的电压高低也是随机变化的。

3.6 电器的自备电源起火引发火灾

电动汽车采用的自备电源是锂电池。电动自行车采用的自备电源主要是铅酸蓄电池。近年来电动自行车采用锂电池的比例逐年增加，已接近 30%。车辆自备电源的特点是电压高、容量大，火灾风险也相应较大。锂电池引发的火灾几乎全都是电池爆炸起火。多发生在充电、放电、机械挤压和温度升高时，车辆静止停放期间也有发生电池爆炸起火的。电动汽车的锂电池组虽然配有较完善的电源管理系统，却仍不能完全避免爆炸起火的厄运。电动自行车随着使用锂电池数量的增加，爆炸起火的发生率有明显上升的趋势。铅酸蓄电池自身是绝对不会发生爆炸起火的，与铅酸蓄电池相关的火灾风险主要是充电热失控导致电池大量析出氢气，氢气混合气体遇见明火或电火花就会发生爆炸。

4 结语

现实生活中，各类电器的运用为人们的生产生活带来了极大的便利，但因电器自身的复杂性和应用的普遍性，导致电器火灾发生的可能性增大，所以，在电器火灾原因认定中，分析电器火灾的起火机理及对电器火灾现场痕迹勘验是极为重要的，遵循电器火灾的起火机理及痕迹特征，准确认定起火点，正确提取痕迹物证，以便科学正确的认定起火原因。确保起火原因认定的可信度和严谨度。

参考文献

［1］王连铁，刘术军．浅谈空调火灾原因调查［J］．电气火灾防治与调查技术，2015，（5）：56-57.

［2］王慧霞，特木勒．电热毯类电器起火原因的研究［J］．电气火灾防治与调查技术，2009，（9）：45-46.

［3］李树清，王树林．电气线路中接触部件引发火灾的认定方法［J］．电气火灾防治与调查技术，2010，（4）：16-17.

［4］郭志强．浅谈提取火灾物证的注意事项［J］．中国建材科技，2015，（S1）：300.

［5］王诗军，王鹏峰．家用电器在建筑火灾中的火灾原因和调查方法的研究［J］．城市建筑，2016，（27）：209.

火场条件下不同冷却方式对 Q235 钢材表面痕迹特征影响

王英杰[1]　金　静[2]

（1. 中国人民警察大学　研究生院，河北　廊坊；2. 中国人民警察大学　侦查学院，河北　廊坊）

摘　要　钢材对温度非常敏感，在火场中受热会产生痕迹变化，为研究火场冷却方式对钢材痕迹特征影响，进而通过痕迹特征获得相应规律反推出火灾现场的起火点、起火部位以及温度场等，给实际火灾调查提供帮助。选取常见的 Q235 低碳钢为研究对象在 600℃高温条件下受热 15min，以空气冷却方式制得的试样为参考，研究了炉内冷却和炉内射水冷却方式对钢板受热冷却后生成氧化皮形貌特征的影响。发现空冷下形成的氧化皮表面完整性最好、致密性高，炉冷氧化皮存在少量起鼓和边界破裂现象，水冷形成的氧化皮存在较多剥落现象。未裸露处氧化皮的微观形貌大部分呈现出平整、致密的相似结构，炉冷破裂处裸露氧化皮呈晶体状结构，水冷呈颗粒状结构。对横截面金相显微组织进行观察发现炉内冷却的晶粒最大，射水冷却次之，空气冷却得最小。该研究结果为火灾扑灭后钢材受热痕迹的分析提供了参考，可对调查火灾现场的起火部位、起火点、温度场以及火灾蔓延痕迹等提供一定依据。

关键词　冷却方式　形貌特征　火灾调查　钢材　相对原子质量

0 引言

据 2021 年全国消防救援队伍接处警与火灾情况统计，建筑住宅火灾的起数占总数的 34.5%，占据了相当大一部分比重。对于扑灭后的火灾现场来说，现场可燃物在火灾结束后通常都难以保存，钢铁材料及其他不燃物则能够比较好的保存下来。钢材是一种对温度非常敏感的材料，虽不能发生燃烧，但在火场高温条件下会受降温阶段冷却速度的影响产生不同的氧化腐蚀行为，研究火场条件下经不同冷却方式冷却后的钢材形貌特征对找出火灾现场的起火部位、起火点以及火灾蔓延痕迹等有一定的参考意义。

国内外研究人员针对钢铁材料展开了广泛研究。孙彬等人[1]和曹光明等人[2]对不同高温条件下热轧钢材形成的氧化皮进行了研究，为控制影响钢材性能的氧化皮提供了理论依据；李国强等人[3]则研究了不同高温条件下浸水冷却和空气冷却方式对 Q690 钢材力学性能影响，并在实验结果的基础上建立了不同高温冷却条件下各力学参数和受热温度之间的数学模型；Chuntao Zhang 等人[4]研究发现不同冷却方式和温度对 Q355 钢材的力学性能几乎无损害，高于 600℃时才出现显著影响；Xianglong Yu 等人[5]则利用热轧机结合开发的水冷系统研究了不同冷却速度下微合金低碳钢的氧化行为，总结了热轧后冷却速度对氧化皮微观结构和相组成的影响，为控制氧化皮形成提供了一定参考。作为广泛应用的建筑材料，钢材在火灾环境下的力学性能变化情况尤为重要。Chong Ren 等[6]和 Jie Lu 等[7]研究了冷弯型钢在火灾后的力学性能并建立了相应的力学性能预测方程；孙涛[8]则研究了火灾中不同升降温速率下钢框架结构的力学性能变化，将火灾升降温过程中不同升降温速率对结构反应造成的影响进行了总结；黄春霖等人[9]结合火场实际情况，对模拟重复火场高温后 Q345 钢材力学性能进行了研究，进一步探索了 Q345 钢材在受热以及复杂多次火灾过后的力学性能变化规律。针对火灾冷却阶段钢材力学性能的变化，Fatemeh 等人[10]则发现当火场温度达到 600℃后冷却过程对超高强度钢的机械性能没有显著影响。

可以看到当前大多数研究主要以提高材料性能为目的对钢铁材料在单一或多种因素影响下的变化情况进行研究，虽然对火灾环境下钢铁材料的性能变化也比较关注，但针对钢铁材料在火灾环境下受热冷却后形成痕迹特征的研究比较欠缺，实际在火场高温受热后冷却降温时冷却速度的不同不仅会对钢材的性能和使用造成一定的影响，还会改变钢材的表面氧化痕迹特征。基于此选取常见的 Q235 低碳钢以空气冷却方式为参照，设置炉内冷却方式模拟火场中无法被动熄灭的火，射水冷却方式模拟火灾事故中的实际射水灭火过程，研究火场条件下不同冷却方式对 Q235 钢材表面痕迹特征影响。

1 试验材料及方法

1.1 试验材料

试验材料为 Q235 普通碳素结构钢（泰州市大明激光加工工厂生产），其化学成分如表 1 所示，经预处理后的 Q235 钢板试样由图 1 所示。

表1 Q235钢的元素成分及质量分数

元素种类	C	Si	Mn	S	P	Fe
质量分数/%	0.16	0.20	0.61	0.023	0.019	余量

图1 预处理后的Q235钢板试样

1.2 主要实验设备

实验在试制加热炉中进行，如图2所示。图2（a）显示的是加热炉外观，图2（b）为加热炉实验炉膛。与常规加热炉不同，本加热炉在炉膛上方设置有注水口，可实现炉内射水功能，能够避免以往将试样从高温状态下取出至射水冷却中间所必经的空气冷却过程，使冷却过程统一，可更好的保证模拟火场条件下钢材受热冷却的连续性。

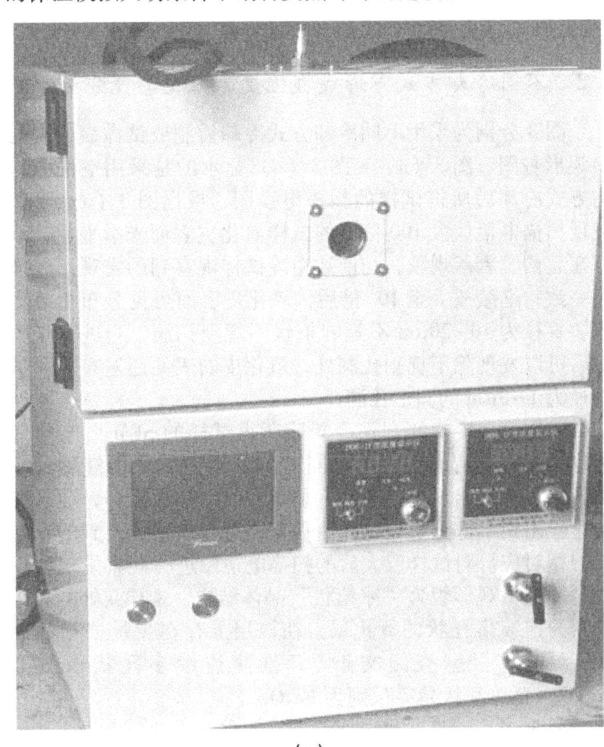

（a）

（b）

图2

1.3 试验方法

将Q235碳钢加工成10mm×10mm×3mm圆柱形试样，表面分别用粒度为200#、400#、800#、1200#的犀利牌水磨砂纸打磨至表面无划痕后使用氧化铝抛光粉抛光至光亮，接着用清水冲洗，最后使用无水乙醇清洗备用。采用定制的可控温式加热炉进行实验，加热炉最高加热温度为800℃，可完成室温至800℃的加热过程。具体实验步骤如下：

（1）首先将加热炉所处室温以及目标温度600℃设置好，设定升温速率为20℃/min，保温时间为15min。然后将试样表面无水乙醇吹干后放入石英舟中并置于加热炉炉内，处理过的试样一面要朝上放置，接着开启加热炉进行高温受热过程的试验，待达到600℃后保温15min。

（2）待保温15min后分别采用空气冷却、炉内冷却以及炉内射水冷却的方式将试样冷却。空气冷却方式为直接将试样取出冷却至室温，炉内冷却则需要等待炉内温度降为室温后将试样取出，射水冷却则是通过加热炉上方注水口直接注水至炉内试样表面进行冷却之后取出试样。

（3）实验结束后将试样放置在恒温恒湿箱中，设置放置环境的恒定温度为20℃，恒定湿度控制在40%~50%。并在第1（24h）、2（48h）、3（72h）、4（96h）、6（144h）、8（192h）、10（240h）天分别采用Leica体视显微镜对氧化皮的宏观形貌进行拍照记录，同时在当日通过TM3030Plus扫描电子显微镜和Quantax 70能谱仪对氧化皮的微观形貌以及相对原子质量变化情况及时进行表征。在第十天使用Zeiss金相显微镜对钢板试样的金相组织进行观察和记录。

2 实验结果分析

2.1 不同冷却方式下形成氧化皮的表面形貌分析

火灾现场中心温度最高可达一千多℃，且不同位置存在着不同的温度梯度。根据Fe-O相图可知，钢材在570℃以上和570℃以下生成表面氧化皮成分和不同，且研究[10]发现600℃为钢材机械性能发生变化的分界点，因此设置受热温度600℃作为高温条件来模拟火场较边缘处温度以研究该温度条件下不同冷却方式对钢材痕迹特征产生的影响。以空气冷却方式制得试样作为参照组，发现试样无明显变化。图2（a）~图2（g）为Q235钢材在600℃高温条件下保温15min

后通过空气冷却方式冷却到室温后的表面宏观形貌，在室温条件下使用体视显微镜跟踪记录了10d的宏观形貌变化情况。整体来看试样表面形成了蓝灰色的氧化皮，氧化皮表面较为平整、光滑，无起褶、剥落现象产生，试样氧化皮的表面宏观形貌并没有随着放置天数的增加而发生显著变化。

图2（h）~图2（n）显示的是Q235钢材在600℃加热条件下保温15min后采用炉内冷却方式冷却制成的试样，采用炉内冷却方式冷却是为了模拟火灾环境下建筑内无法被动熄灭的火灾。与空气冷却试样呈现的宏观形貌特征不同，炉内碳钢表面形成的氧化皮虽然也呈蓝灰色，但其蓝灰色的程度要更深一些。氧化皮起褶剥落部分则为棕黄色，在其边缘处还存在黑化现象。除了生成氧化皮的颜色不同以外，表面形貌也存在明显的区别，大部分区域的氧化皮较为平整，但小部分区域的氧化皮出现了起褶现象。另外在起褶部分边缘处还出现了轻微剥落现象，随放置时间的增加剥落现象逐渐加重，其余部位无显著变化。

图2（o）~图2（u）为Q235钢材采用射水冷却方式后制成试样的表面形貌，在炉内冷却的基础上模拟火灾事故中的实际射水灭火过程，通过加热炉上方的注水口向炉膛内注入一定量的水来模拟射水冷却过程。在蓝灰色试样中部位置能够明显看到由于射水冲击而产生的呈铁锈色的圆环形痕迹，另外在试样的边界处出现了大量的氧化皮剥落现象，剥落处痕迹出现部位的基体呈淡蓝色。另外，随着放置天数的不断增加，外露基体处的颜色逐渐开始由淡蓝色向棕黄色转变，完整氧化皮处则基本保持不变。

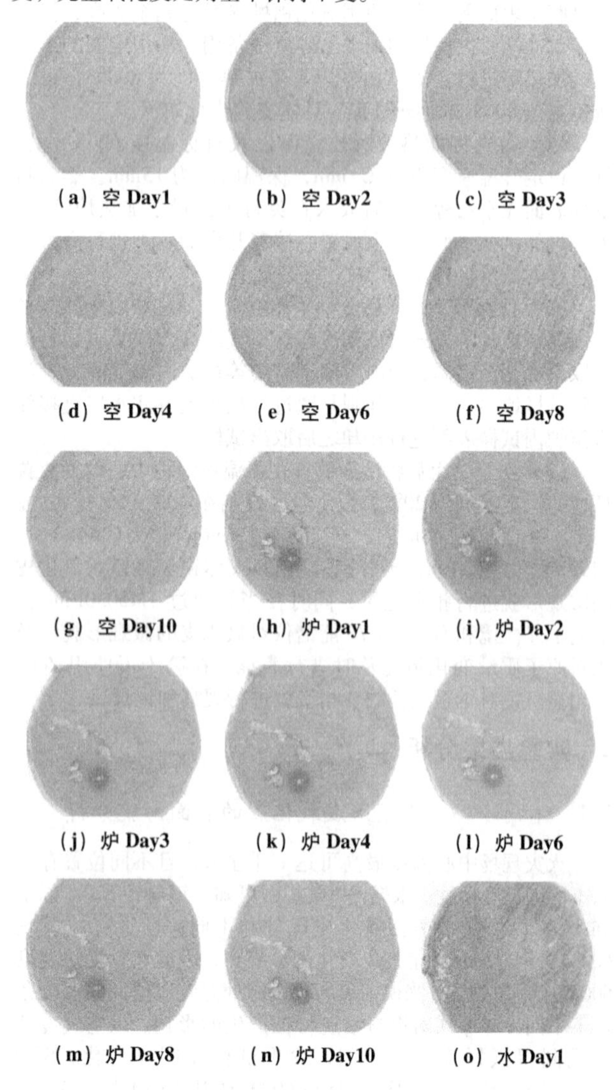

（a）空 Day1　（b）空 Day2　（c）空 Day3

（d）空 Day4　（e）空 Day6　（f）空 Day8

（g）空 Day10　（h）炉 Day1　（i）炉 Day2

（j）炉 Day3　（k）炉 Day4　（l）炉 Day6

（m）炉 Day8　（n）炉 Day10　（o）水 Day1

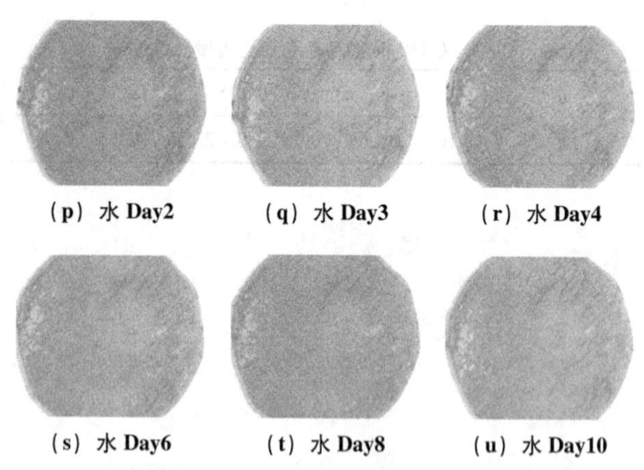

（p）水 Day2　（q）水 Day3　（r）水 Day4

（s）水 Day6　（t）水 Day8　（u）水 Day10

图2　不同冷却方式下的试样表面的宏观形貌

对比采用三种不同冷却方式冷却后形成试样氧化皮的表面形貌，可以发现600℃保温15min后以不同冷却方式冷却至室温的钢材试样表面整体均呈现蓝灰色，其中炉冷试样和水冷试样的蓝灰色要深于空冷试样，而起褶、剥落处的裸露层则表现为棕黄色，氧化皮表面颜色存在差异是因为不同氧化层存在的氧化物种类不同。与空冷试样平整光滑的表面相比，炉冷与水冷试样的氧化皮表面出现了不同程度的起鼓、剥落等现象。空冷虽然比炉冷降温速度慢，但试样在高温受热阶段的相对受热时间就会变长，钢材在高温下会被氧化[5]，高温氧化过程中生成氧化物时形成的生长应力与加热产生的热应力是造成氧化皮形貌发生变化的主要原因，而钢材受热生成的表面氧化皮会出现起鼓、开裂和脱落等现象则是由氧化过程中氧化物同基体之间的体积差产生的生长应力和冷却过程中温差大导致的基体同氧化物之间膨胀系数不同产生的热应力所致，故宏观形貌不同还可能与高温条件下的受热时间长短有关。除此之外，水冷时出现氧化皮大片剥落的原因一方面是由冷却速度过快导致，另一方面则可能是由于射水冷却时冲击产生的冲击力所造成。整体来看虽然不同冷却方式下的试样表面宏观形貌存在着明显差异，但随着放置时间的增加，表面宏观形貌并没有发生显著变化。

2.2　不同冷却方式下形成氧化皮的微观形貌分析

图3分别为采用不同冷却方式冷却后制成试样氧化皮的微观形貌图。图3（a）~图3（d）显示的是采用空气冷却的方式冷却后所得试样的扫描电镜图，根据图3（a）可以发现扫描电镜放大100倍下的试样氧化皮表面光滑平整，不存在起褶、剥落现象，与前述空冷试样观察到的宏观形貌描述一致；继续放大至10^3倍后，氧化皮表面可见分布相对均匀、直径为10~20μm不等的条状不规则孔洞，当进一步放大后可以发现除不规则孔洞外，氧化皮的表面还遍布着大量直径为1~3μm的圆形孔洞。

采用炉内冷却的方式冷却后所得试样的SEM图与空气冷却试样相比有着很大的不同，在图3（e）中能够看到试样表面氧化皮出现起鼓现象，呈山脊状向四周延伸，在起鼓的边界出现了部分氧化皮剥落现象，这与前述观察到的宏观形貌相对应。对试样放大后的扫描电镜图进行观察发现裸露处基体的微观形貌为“冰糖状”晶体结构，未裸露处的氧化皮则为连续多孔状的氧化层，在该层上存在少量“须状晶芽”结构。根据查阅文献[6]，推测连续多孔状物质为Fe_3O_4，而“须状晶芽”则为Fe_2O_3。

图3（i）~图3（l）所示为采用射水冷却的方式冷却后所得试样的SEM图，能够看到基体表面存在着明显的氧化皮剥落现象，裸露处与未裸露处的界限清晰可见。放大扫描

电镜的倍数后可以发现，射水冷却未裸露处的氧化皮形貌与空气冷却时所得试样的氧化皮相似，均为连续多孔状的氧化层，而裸露处则由致密均匀的颗粒状结构组成。

对不同冷却方式下制得试样的微观形貌进行对比，能够发现冷却速度不同会对钢材生成氧化皮的形貌和结构产生显著影响。其中三种冷却方式下的试样未裸露处氧化皮的微观形貌均呈现出平整、致密的相似结构；而炉冷和水冷方式下制得的试样则出现了大小不一的起鼓或剥落现象，对破裂、剥落处所裸露出的氧化皮进行观察，能够看到炉冷试样裸露处的晶体状结构要明显大于水冷试样的颗粒状结构，这是由于冷却速度越快，钢材在高温条件下发生氧化反应的时间相对就越短，氧化行为就会受到影响从而使得生成氧化皮的结构产生不同。

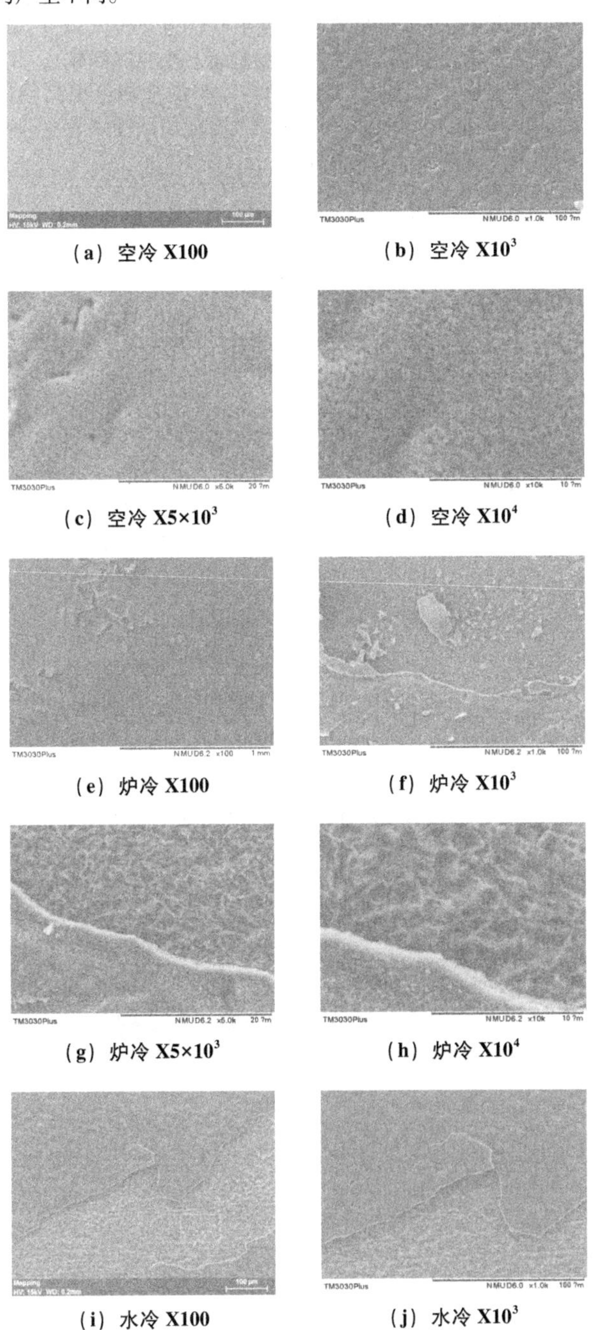

（a）空冷 X100　（b）空冷 $X10^3$

（c）空冷 $X5\times10^3$　（d）空冷 $X10^4$

（e）炉冷 X100　（f）炉冷 $X10^3$

（g）炉冷 $X5\times10^3$　（h）炉冷 $X10^4$

（i）水冷 X100　（j）水冷 $X10^3$

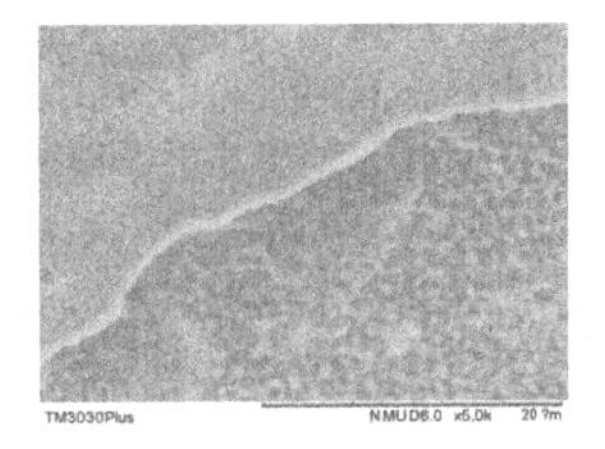

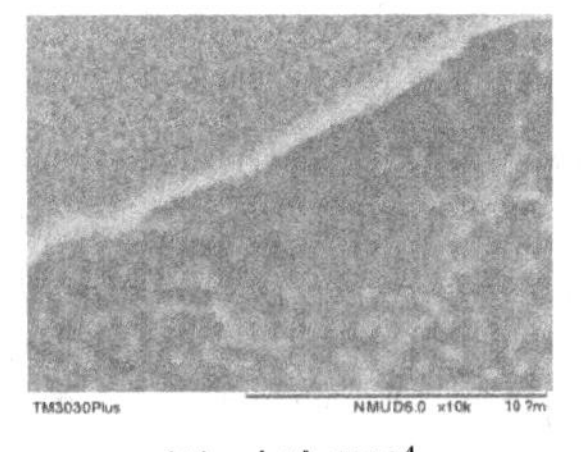

（k）水冷 $X5\times10^3$　（l）水冷 $X10^4$

图 3　空气冷却方式下的 SEM 图

2.3　不同冷却方式下形成氧化皮的相对原子质量变化分析

分别对第 1、2、3、4、6、8、10 天不同冷却方式下裸露处与未裸露处氧化皮进行了 EDS 能谱分析，所得元素质量分数变化如图 4 所示。

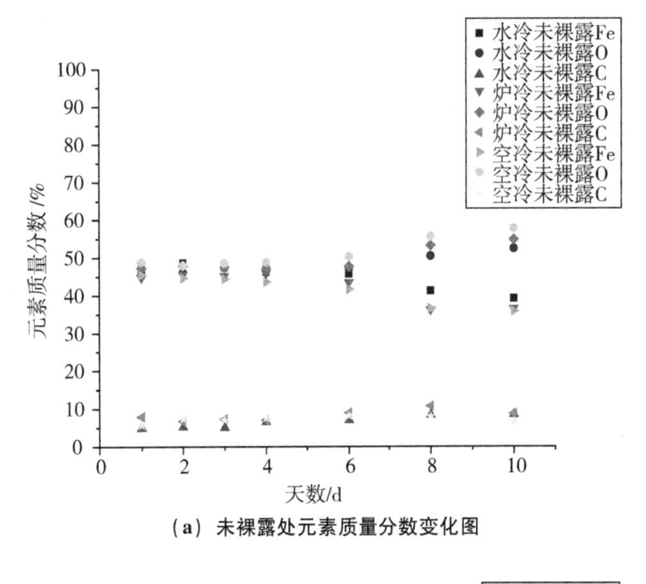

（a）未裸露处元素质量分数变化图

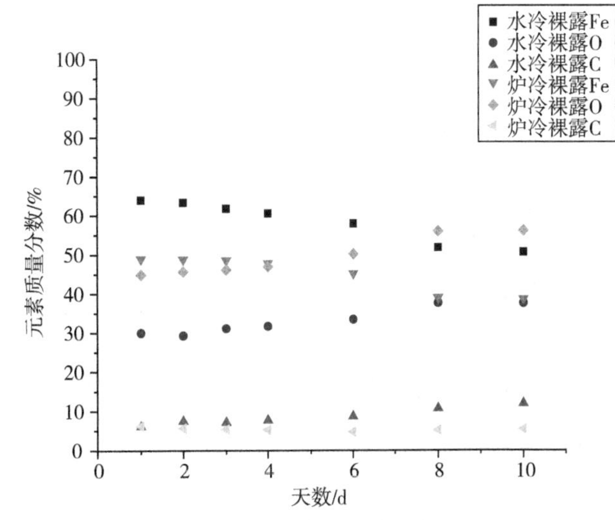

（b）冷裸露处元素质量分数变化图

图 4　不同冷却方式下裸露处与未裸露处的元素质量分数变化图

从未裸露处的元素质量分数来看，可以发现空气冷却方式下 C 的质量分数总体上比较稳定，无明显变化。与空气冷却方式相比，炉冷和水冷方式下 C 的质量分数呈现缓慢上升的趋势。而三种冷却方式下未裸露处氧化皮的 Fe、O 质量分数则大致相同，变化趋势也一致。

由于空气冷却方式下的钢材氧化皮整体较为平整，未出现起鼓或剥落等现象，因此仅对炉内冷却和射水冷却方式下裸露处的元素质量分数变化情况做了对比。整体来看，两种工况下 C 的质量分数比较稳定，但随着放置时间的不断增加，射水冷却方式试样 C 的质量分数呈现一个缓慢上升的趋势，炉内冷却方式的试样则相反呈缓慢下降的趋势，Fe 和 O 的质量分数则分别呈现出逐渐降低和上升的趋势。另外，射水冷却方式下 Fe 和 O 的质量分数与炉冷的试样存在明显差异，炉内冷却试样的 Fe、O 质量分数在初期的比例关系约为 1∶1，而射水冷却方式下试样的 Fe、O 质量分数则达到了近 2∶1 的比例，Fe 的质量分数要远远高于 O 的质量分数，究其原因可能在于射水冷却对钢材在高温氧化阶段生成的氧化皮产生冲击作用，致使部分氧化皮产生脱落现象，钢基体被暴露出来，造成 Fe 的质量分数远高于 O。

能够发现，所有工况下试样的 Fe 和 O 的质量分数变化情况均遵循一致的规律，即 Fe 的质量分数均随着放置天数的增加而逐渐降低，O 的质量分数均与 Fe 的质量分数变化相反，随放置时间的增加呈现逐渐上升的趋势。这是由于钢材在常规放置条件下会与大气中的氧气不断发生氧化反应生成氧化皮，而钢材的氧化又是通过氧离子的扩散来进行的，故氧化皮的形成实际上是钢材与环境气氛互相作用产生的结果，氧离子和铁离子通过氧化层的孔洞不断扩散发生氧化反应生成铁氧化合物，使得氧化皮厚度逐渐增加并逐渐变得致密，因此钢材表面 Fe 的质量分数随着时间的增加逐渐降低，O 则反之。

2.4 受热后采用不同冷却方式冷却后碳钢横截面的金相组织分析

经三种不同方式冷却后获得的 Q235 碳钢横截面金相显微组织如图 5 所示。可以发现三种冷却方式下 Q235 碳钢的金相组织均由等轴晶粒状的铁素体及片状或块状珠光体组成[7-8]，铁素体基体上附着的黑色小点状为渗碳体颗粒。其中，由于炉内冷却时，碳钢在高温状态下受热时间较长，晶粒组织会逐渐生长变大，因此炉内冷却的金相组织晶粒最大，射水冷却的金相组织次之，空气冷却的试样因为冷却速度相对最快，因此晶粒组织最小。

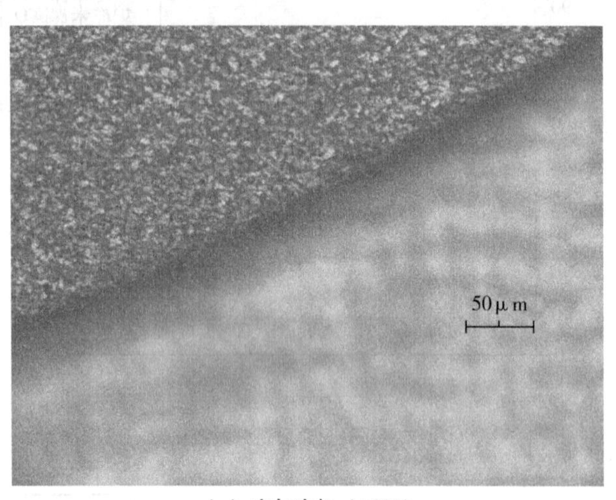

（a）空气冷却（×200）

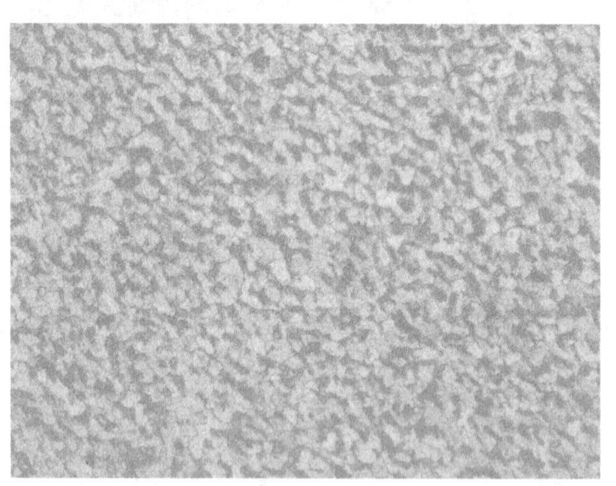

（b）空气冷却（×500）

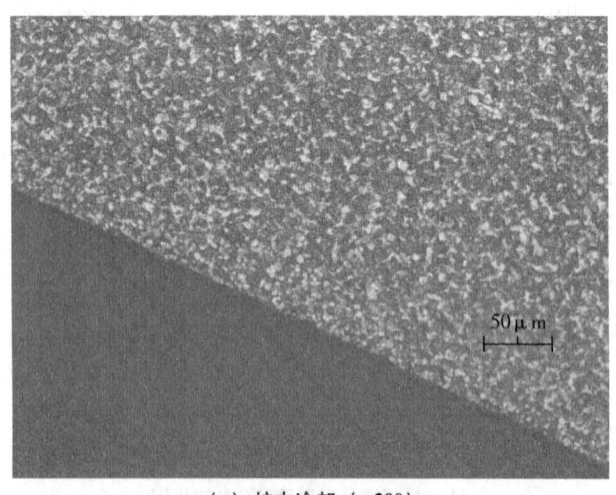

（c）炉内冷却（×200）

（d）炉内冷却（×500）

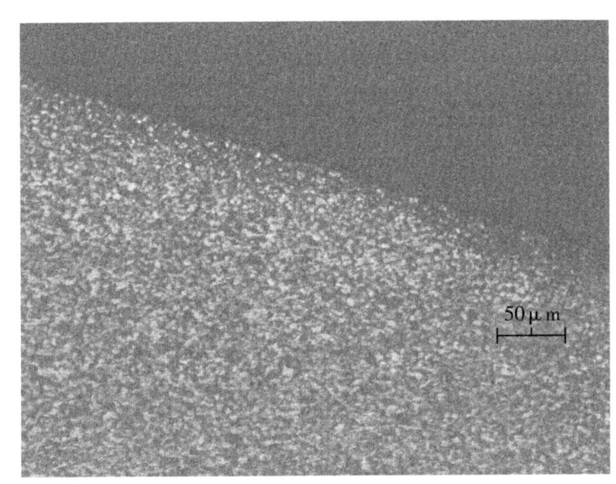
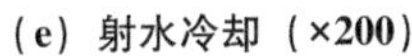

(e) 射水冷却 (×200)

(f) 射水冷却 (×500)

图5 三种冷却方式下Q235低碳钢横截面金相组织图

3 总结

对600℃高温条件下保温15min后采用空气冷却、炉内冷却以及射水冷却方式冷却至室温的Q235钢生成的氧化皮进行观察，发现三种冷却方式下形成的氧化皮差别相对较小。整体来看，不同冷却方式下的试样表面均呈现蓝灰色，炉冷和水冷试样的起褶剥落处则表现为黄棕色，且随着放置时间的增加试样表面宏观形貌无明显变化。具体来看，空气冷却形成的氧化皮表面完好、致密性高，炉内冷却方式下的氧化皮存在少量起鼓以及边界破裂等现象，而射水冷却形成的氧化皮缺陷较多，存在大量的氧化皮剥落现象，其中炉冷破裂裸露处氧化皮呈晶体状，水冷则呈颗粒状。通过分数元素质量分数的变化情况来看，三种冷却方式下所有试样Fe的质量分数均呈现逐渐下降的趋势，而O元素的质量分数则呈现出逐渐上升的趋势。而对于裸露处试样质量分数的变化情况来说，射水冷却的Fe元素质量分数远高于O，趋近于两倍关系。三种冷却方式下试样的横截面金相组织均有铁素体和珠光体组成，其中炉冷的金相组织晶粒最大，水冷次之，空冷的最小。在实际火场中可借助不同冷却方式下试样的宏观、微观形貌、元素质量分数以及金相组织的变化情况进行参考，对判断发生火灾时火灾现场的起火点、起火范围以及温度场具有一定的参考意义。

本实验从宏观形貌、微观形貌、质量分数变化以及金相微观组织四个方面对氧化皮的具体的痕迹特征做出了表征。目前仅针对冷却方式这一单一条件做了控制，实验所得结论差别相对不大，而实际火场中的金属痕迹会受到温度、加热时间、烟气成分以及放置环境等多重因素的影响，后续将展开多条件实验更深一步模拟真实火场环境下的金属热蚀痕迹。

参考文献

[1] 孙彬，曹光明，邹颖，刘振宇，王国栋．热轧低碳钢氧化铁皮厚度的数值模拟及微观形貌的研究［J］．钢铁研究学报，2011，23（05）：34-38+44.

［2］曹光明，孙彬，刘小江，张琳．热轧高强钢氧化动力学和氧化铁皮结构控制［J］．东北大学学报（自然科学版），2013，34（01）：71-74+84.

［3］李国强，吕慧宝，张超．Q690钢材高温后的力学性能试验研究［J］．建筑结构学报，2017，38（05）：109-116.

［4］Chuntao Zhang，Bin Jia，Junjie Wang. Influence of artificial cooling methods on post-fire mechanical properties of Q355 structural steel［J］. Construction and Building Materials，2020，252（C）.

［5］Xiang Long Yu，Zheng Yi Jiang，Jing Wei Zhao，Dong Bin Wei，Cun Long Zhou. Effect of Cooling Rate on Oxidation Behaviour of Microalloyed Steel［J］. Applied Mechanics and Materials，2013，2659（395-396）.

［6］Chong Ren，Liusi Dai，Yuner Huang，Wenfu He. Experimental investigation of post-fire mechanical properties of Q235 cold-formed steel［J］. Thin-Walled Structures，2020，150（C）.

［7］Jie Lu，Hongbo Liu，Zhihua Chen，Xiangwei Liao. Experimental investigation into the post-fire mechanical properties of hot-rolled and cold-formed steels［J］. Journal of Constructional Steel Research，2016，121.

［8］孙涛．钢框架局部小室火灾升降温作用全过程响应分析［D］．西安：长安大学，2012.

［9］黄春霖．重复高温后Q345钢材力学性能研究［D］．西南科技大学，2021.

［10］Azhari F，Heidarpour A，Zhao X L，et al. Mechanical properties of ultra-high strength（Grade 1200）steel tubes under cooling phase of a fire：An experimental investigation［J］. Construction and Building Materials，2015，93：841-850.

固相微萃取技术在火灾调查技术中的应用

金一丹

（中国人民警察大学研究生二队，河北 廊坊）

摘 要 样品制备是在火灾调查中对燃烧残留物分析必不可少的步骤，极大地影响着分析的可靠性和准确性，同时也影响分析的时间和成本。固相微萃取技术（SPME）是一种非常简单、高效、方便快捷的不需要溶剂的样品制备方法，SPME具有操作简单、设备廉价、检验快速的特点，可以对火场中的燃烧残留物的挥发成分进行吸附浓缩，从而对火场残留物成分进行快速鉴定。本篇文章首先介绍了固相微萃取技术的历史概况以及操作原理，其次对固相微萃取技术在火灾调查中的应用进行了总结。

关键词 固相微萃取技术 火灾调查 助燃剂 检验鉴定

1 引言

在进行仪器分析之前，可以通过多种技术来收集样品中存在的可燃液体，包括溶剂萃取法、蒸汽蒸馏法、活性炭被动顶空浓缩和顶空浓缩-固相微萃取（HS-SPME）。固相微萃取技术（SPME）由Pawliszyn于1989年发明。作为近几年备受欢迎的溶剂可燃液体残留物提取方法，固相微萃取（SPME）是一个简单的无溶剂萃取方式，集采样、提取、浓缩、进样为一身的综合检测技术，克服了溶剂萃取技术样品制备耗时、劳动强度大且需要多步操作的缺陷、同时具有溶剂需要较少、样品制备时间短、操作简便快捷、价格低廉、应用范围广泛等优点。在火灾调查领域中，SPME可以高效地对火场中的燃烧残留物成分进行吸附浓缩，有效地检测出燃烧残留物的成分，从而判断火灾的性质，进一步提高了火灾调查的效率。

2 固相微萃取技术的历史概况和操作原理

2.1 历史概况

自从Pawliszyn在20世纪90年代早期介绍SPME以来，在对目标分析物进行GC-MS分析之前，要对目标分析物进行采样和预浓缩。与其他传统技术相比，SPME是一种简单的方法，不需要溶剂解吸阶段或复杂的提取设备。利用SPME从火灾残留物中提取挥发性有机助燃剂，以满足快速无溶剂样品制备的需求，为火场中的燃烧残留物中的挥发性和非挥发性成分提供同时分离和预浓缩。在传统的纤维涂层SPME中，SPME装置是由一根上涂有吸附剂作为萃取相的细熔融石英纤维制作而成的。在这种技术中，萃取相暴露于燃烧残留物基质中一段具体给定的时间，达到平衡后，通过将纤维放入气相色谱仪（GC）的进样口来分析吸附的化合物[1]。

2.2 操作原理

SPME最开始可能源于气相色谱毛细管柱的概念。SPME仪器是一个非常简单的装置。它由一个相涂层熔融石英纤维组成，该纤维涂有暴露于样品顶部空间的聚合物（如图）。通过吸收到涂覆在石英纤维上的聚合物中，分析物从顶部空间中被提取出来，石英纤维放置在类似于注射器针头的针内。几分钟之内，被吸附的目标分析物可以在气相色谱进样口通过热脱附而脱附，并直接插入进行分析。有两种典型的SPME应用，采样气体和采样溶液[2]。在任何一种情况下，将SPME针插入合适的位置，保护纤维的针缩回，纤维暴露在环境中。聚合物涂层通过吸收/吸附过程浓缩分析物。提取基于与色谱相似的原理。取样后，纤维缩回到金属针中，之后是将提取的分析物质从纤维转移到色谱仪中。气相色谱（GC或GC/MS）是优先使用的技术之一，也是火灾调查技术中鉴定燃烧残留物成分最常用的仪器，分析物的热解吸发生在提前加热好的GC进样器中。将针头插入注射器后，纤维被推出金属针头。从而进行燃烧残留物的定性分析（图1）。

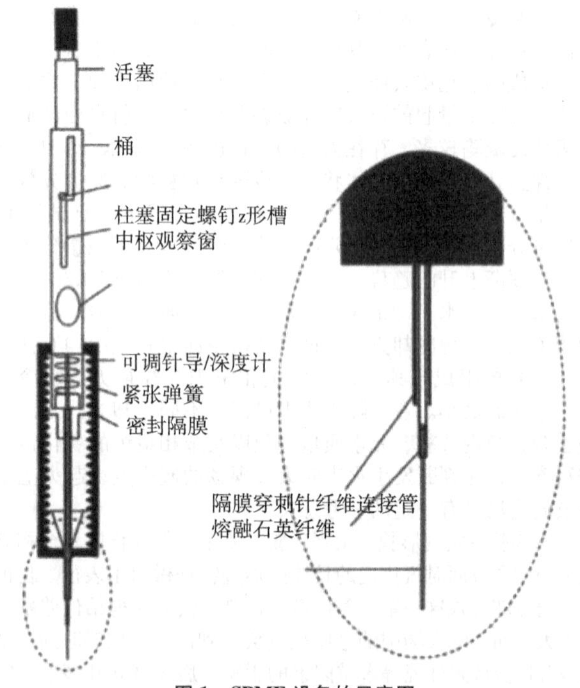

图1 SPME设备的示意图

3 固相微萃取技术的应用

3.1 检测可燃液体残留物

Umi K. Ahmad[3]利用固相微萃取-毛细管气相色谱对汽油和柴油等助燃剂进行了检测。设计了一种特殊的玻璃仪器来固定燃烧残渣，使用聚二甲基硅氧烷（PDMS）纤维作为吸附剂，通过比较火灾残留物SPME提取物与标记过的样品气相色谱图来分析棉布中的汽油和柴油残留物，可以很容易地区分汽油和柴油。结果表明，使用PDMS纤维，该方法能够检测低至0.1L的棉织品中的助燃剂。对于能否高效的检测燃烧残留物中的助燃剂，SPME是一种适用于火灾残留物分析中对助燃剂检测高效的方法。张成功[4]运用气相色谱/质谱（GC/MS）结合顶空SPME法，旨在研究纵火现场助燃剂（汽油、煤油和柴油）检测中固相微萃取的萃取温度和萃取时间对检测灵敏度的影响，确定了适于实际检测纵火案中采用的萃取时间和萃取温度。结果表明，采用顶空SPME法克服了其他物质干扰大、灵敏度低的缺点，可以高效地对助燃剂进行提取。Joonyeong Kim[5]等人采用反相气相色谱（IGC）结合HS-SPME取样方法，更准确地量化汽油残渣中所选烃的相对成分，其中把三种挥发性化合物在顶空和PDMS、SPME纤维之间的分配系数的比率通过100℃和130℃下的反相气相色谱进行估计，在100℃和130℃下，通过PDMS、SPME取样方法对含有三种蒸发化合物的不同组成的顶部空间进行化学分析，结果表明在合理的误差范围内，从PDMS、SPME取样法得到的这些蒸发化合物在顶部空间的相对估计值和从IGC得到的相对分配系数与实际成分相当。综上，PDMS纤维当在汽化化合物的浓度介于11顶空和SPME纤维处于平衡状态时。采样更高效，相较于其他萃取技术，SPME灵敏度更高、其简单易用、相对较短的样品处理时间以及纤维的可重复使用性使SPME成为许多分析应用的理想选择。Alexandra Steffen[6]使用了两种不同的技术［顶空SPME的气相色谱-火焰离子化检测器（FID）或气相色谱-离子阱质谱（ITMS）色谱图］来验证采用顶空SPME技术得到的结果是否快速准确，首先作者用汽油和烧烤打火机油这两种助燃剂进行了成分检测，其次把定量的助燃剂加载到木材或地毯上并使它们一起燃烧，以确定助燃剂是否可以被识别并与燃烧过的基质区分开。得到的结果表明，顶空SPME技术可以很容易地从火灾残留物中提取液体助燃剂。Hiroaki[7]测试了六种SPME纤维基于对物证塑料袋中燃烧残留物中的汽油、煤油和柴油的直接提取，同时也研究了带有土壤机制和灭火剂机制的残留物的提取，实验得到的结果，因为在物证袋下分析可以保护证据不被降解，可以很好地对火灾残留物进行提取。综上，直接接触式SPME对于提取塑料袋包裹的火灾残留物中的易燃液体的效果要优于其他萃取方式。

3.2 带有基质燃烧的助燃剂残留物的检测

Abdulrhman M[8]通过研究采用聚二甲基硅氧烷SPME纤维与气相色谱-质谱联用检测和鉴定火灾地毯燃烧残留物中汽油的残留物。将不同厚度（5mm、15mm和25mm）的地毯样品用不同体积的汽油（1mL、2mL和3mL）饱和1min，燃烧1min并熄灭。装入尼龙袋，随后将SPME纤维部分与从纵火现场获得的燃烧残留物直接接触1min，以提取燃烧残留物，并在GC注射口中10s。然后将提取的化合物直接注入GC-MS端口。之后研究了时间对燃烧残留物取样和分析的影响；在地毯样品经受0.5~12h的蒸发后，收集残留物样品的被动顶空萃取在50℃的烘箱中进行30min。实验结果表明，用于点燃地毯样品的燃料量和地毯厚度对汽油残留物的存在和存留起重要作用。只有在灭火几小时后直接采集的样本中才能确定汽油的存在。SPME可用于提取、分析和鉴定汽油燃料，并且在灭火后几小时采用SPME对残留物进行提取，会得到很好的效果。查正根[9]运用固相微萃取技术（SPME）的高效特点结合气相色谱-质谱（GC/MS）的精确特点对火场中火灾残留物进行成分分析，对不同燃烧情况的样品进行定性分析检测，实验结果得到在已经燃烧完全的木材残留物上很难检测到汽油残留成分；相反对未燃烧完全的木材残留物能够检测到大量的含苯环的化合物。在对棉制衣物、塑料薄膜、羊毛织物和皮革制品燃烧完全以及未燃烧完全的残留物进行分析时，均能够检测到大量的汽油残留成分。综上，采用SPME技术可以高效迅速地对燃烧残留物进行定性分析，可解决传统的活性炭捕集法、气体低温浓缩法的操作烦琐，结果误差偏大等缺点。Michael J[10]通过顶空固相微萃取和气相色谱/质谱对家用材料、棉织物、纸板和地毯中汽油残留物进行检测并观察其持久性。把这些样品掺入50L的汽油，并在成分分析之前在室温下干燥一段时间。汽油残渣的提取和化学成分分析分别进行检测。结果显示在长达7d的风化后，在棉织物样品中可以检测到汽油残留物，而纸板和地毯样品都可以保留汽油残留物超过3周。综上，SPME是一种强大的采样技术，可以精准快速地检测家庭样品中的汽油残留物。Ahmad Aqel[11]使用固相微萃取技术检测汽油和柴油燃料成分，之后使用气相色谱-质谱进行火灾残留物的化学分析。测试了四种最常见的基质材料；羊毛、棉花、丝绸和聚酯纤维。获得的结果表明，汽油和柴油燃料在羊毛和丝绸上比在其他选择的基底上持续更长时间。在长达12h的时间里，在羊毛和丝绸上很容易识别出十五烷和支链十六烷。在棉花上只检测出微量的十五烷和支链十六烷，此后，在聚酯中没有发现任何物质这些信息说明了灭火后燃料存留时间的影响。同时羊毛可能比丝绸在不超过10h的时间内更有利于汽油和柴油的保存。结果表明SPME是一种简单、快速、有效的采样方法。张桂霞[12]使用固相微萃取技术和气相色谱-质谱联用测定纯棉制品上微量汽油残留物，其结果表明，在挥发不同时间的情况下（15min、30min和45min），随着时间的延长，最高峰强度依次降低，结果得到汽油在纯棉制品上挥发速度快。从汽油单个组分分析得到，汽油中的轻组分（C_7~C_9、甲苯、C_2-烷基苯、甲基环己烷等）挥发速度快，15min后C_7~C_9、甲苯、甲基环己烷已经完全挥发，30min后C_2-烷基苯已完全挥发；重组分（C_{10}~C_{12}、C_3-烷基苯、C_4-烷基苯等）沸点高，挥发慢，在1.5h后能检测出来。另外，在滴洒10μL汽油的棉布进行自然挥发2.5h，结果显示SPME依然可以检验出汽油挥发的残留成分。综上，对于纵火案，对火灾现场助燃剂残留物进行及时检测非常重要，故SPME相比于其他萃取方式适用于现场测定分析。

3.3 基于SPME对汽油原样进行分类

Maria Monfreda[13]采用固相微萃取技术（SPME）和气相色谱-质谱联用仪（GC-MS）获得的TCs峰面积进行多元统计分析。分析了代表五个品牌的50个汽油样品，将化学计量学方法，如主成分分析（PCA）和判别分析（DA）应用于通过目标化合物色谱方法获得的数据矩阵，以根据它们的品牌来区分样品。其实验结果显示，芳香族化合物比脂肪族化合物对于区分汽油的效果更好。使用芳香族化合物，可以实现100%地对汽油进行分类并且可以达到很好预测效果。研究的结果为数据矩阵提供了的基础，并成功地将50个未蒸发的汽油样品根据其品牌进行分类。Amanda McKeon[14]采用固相微萃取技术（SPME）与气相色谱-质谱（GC/MS）法，提出了一种测试火灾残留物以鉴别火场中样品常见可燃液体成分的方法。数据分析采用主成分分析和线性判别分析。该方法结果可以成功地用于将燃烧的地毯样品分类为三类中的一类：没有存在可燃液体的地毯样品、存在汽油的地毯样品和存在柴油的地毯样品。

4 结论

综上，SPME正被广泛用作质谱分析前的提取和浓缩步骤。最突出的特点在于它是真正的无溶剂，纯“绿色”样品前处理技术，相较于其他萃取技术，它简化了样品制备步骤，SPME提取助燃剂残留物花费时间短，提取效果更好，灵敏度高。在对火灾现场调查分析燃烧残留物成分效果显著。随着更灵敏的纤维的发展，预计未来进一步使小型化成为可能，包括把固相微萃取（SPME）作为便携式质谱仪直接带入火场来减少残留物的挥发时间，从而提高检验鉴定技术的准确性；同时也可将近年流行的仪器分析技术与固相微萃取技术更高效的结合[15]，在火灾调查领域内对燃烧残留物成分研究中开展更多、更细致的研究工作。

参考文献

[1] 白芳．固相微萃取技术在火场助燃剂检验中的研究进展［J］．企业家天地，2011（07）：73-74.

[2] Vas G，Károly Vékey. Solid-phase microextraction：a powerful sample preparation tool prior to mass spectrometric analysis.［J］. Journal of Mass Spectrometry，2004，39（3）：233-254.

[3] Ahmad U K，Voon CK. Detection of Accelerants in Fire Debris using Headspace Solid Phase Microextraction - Capillary Gas Chromatography.

[4] 张成功，王长富，凌友青，等．应用 SPME-GC/MS 检测放火现场中助燃剂的研究［J］．中国司法鉴定，2004.

[5] AJK，CJCB，DMS，etal. Quantitative chemical analysis of volatile compounds via headspace-solid phase microextraction（HS-SPME）coupled with inverse gas chromatography（IGC）［J］. Forensic Chemistry，2018，11：7-14.

[6] Steffen A，Pawliszyn J. Determination of liquid accelerants in arson suspected fire debris using headspace solid-phase microextraction［J］. Analytical Communications，1996，33（4）：129-131.

[7] Hiroaki，Yoshida，Tsuyoshi，et al. A Solid - phase Microextraction Method for the Detection of Ignitable Liquids in Fire Debris［J］. Journal of Forensic Sciences，2008，53（3）：668-676.

[8] Dhabbah A M，Al-Jaber S S，Al-Ghamdi A H，et al. Determination of Gasoline Residues on Carpets by SPME-GC-MS Technique［J］. Arabian Journal for Science and Engineering，2014，39（9）：6749-6756.

[9] 查正根，宗若雯，李松阳，王荣辉，曾文茹．SPME/GC-MS 在对火场残留物分析中的应用及其数据分析［J］．火灾科学，2007，016（002）：115-121

[10] Swierczynski M J，Grau K，Schmitz M，et al. Detection of Gasoline Residues Present in Household Materials Via Headspace-solid Phase Microextraction and Gas Chromatographymass Spectrometry［J］. Journal of Analytical Chemistry，2020，75（1）：44-55.

[11] Aqel A，Dhabbah A M，Yusuf K，et al. Determination of gasoline and diesel residues on wool，silk，polyester and cotton materials by SPME - GC - MS［J］. Journal of Analytical Chemistry，2016，71（7）：730-736.

[12] 张桂霞，王继芬，及继峰．固相微萃取/气相色谱-质谱联用测定棉织品上微量汽油残留物［C］//全国有机质谱学术交流会.2005.

[13] Monfre DaM，Gregori A. Differentiation of unevaporated gasoline samples according to their brands，by SPME - GC - MS and multivariate statistical analysis.［J］. Journal of Forensic Sciences，2015，56（2）：372-380.

[14] McKeon A M. Differentiation of Ignitable Liquids in Fire Debris Using Solid - Phase Microextraction Paired with Gas Chromatography - Mass Spectroscopy and Chemometric Analysis［D］. Ohio University，2019.

[15] 周珊，赵立文，马腾蛟，黄骏雄．固相微萃取（SPME）技术基本理论及应用进展［J］．现代科学仪器，2006（02）：86-90+13.

助燃剂鉴定技术及干扰性分析研究进展

梁鲁嘉

（中国人民警察大学研究生院，河北　廊坊）

摘　要　随着科学技术的不断发展，经济日益繁荣，社会发展趋于多元化，火灾事故发生频繁并趋于复杂化，对人民的生命健康和财产造成了严重的影响。由于火灾发生的过程极其复杂以及消防救援等人为因素的存在，为火灾中助燃剂残留物鉴定增加了难度。本文对助燃剂鉴定技术以及助燃剂干扰性分析进行了研究，确定助燃剂的种类，为案件的侦查方向提供依据。

关键词　助燃剂　鉴定　干扰性　综述

1　引言

在现代社会中，火灾的类型朝着多元化发展，其中放火案件频繁发生，对社会的稳定造成极大的影响[1]。在使用助燃剂的放火案件中，发现助燃剂燃烧残留物的存在是破案的关键，有关物证的鉴定已引起极大关注[2]。在火灾现场中存在的一般都是助燃剂残留物，以助燃剂原样存在火场的形式几乎不存在。助燃剂燃烧残留物鉴定会受到风化效应、基质干扰的影响，对于特殊的基质如土壤、发霉的木材建筑，还会受到微生物降解的影响[3]。

国外对助燃剂的检验鉴定制定了相关的标准 ASTM E1618—19《Standard Test Method for Ignitable Liquid Residues in Extracts from Fire Debris Samples by Gas Chromatography - Mass Spectrometry》[4]。国内针对助燃剂鉴定，依据 GB/T 18294. 1～6 等标准，分别制定了紫外光谱法、薄层色谱法、气相色谱法、高效液相色谱法、气相色谱-质谱法、红外光谱法等鉴定标准。为了更好地推动助燃剂鉴定及其干扰研究的进展，本文将从助燃剂鉴定技术、助燃剂干扰性分析两个方面对国内外研究进行梳理。

2　助燃剂鉴定技术

在实际的放火案件中，犯罪分子大多都会借助助燃剂来实施放火的目的，因此在火灾现场中能否检测到助燃剂残留物，对于判断火灾是否存在人为纵火有着重大的作用。目前在实际火场调查工作中对助燃剂鉴定常用的方法有红外光谱法、气相色谱法、气相色谱质谱法。

2.1 红外光谱法

由于大多数的分子都可以强烈的吸收红外光，根据红外光谱技术这一特性[5]，张晓莉等[6]通过对模拟火场的燃烧实验情况，对不同燃烧时间和载体下的燃烧残渣进行了红外光谱分析。结果表明燃烧时间越短，检测到的汽油成分越多。完全燃烧后，汽油成分与纯汽油有很大不同，但在不同条件下，其红外光谱仍能显示出强烈的汽油沉积物，总会出现 $3003.80cm^{-1}$、$2937.28cm^{-1}$、$2912.33cm^{-1}$、$2854.12cm^{-1}$、$1590.20cm^{-1}$、$1440.53cm^{-1}$、$1357.38cm^{-1}$这七个峰，通过这些峰来判断物证中是否含有汽油。

2.2 气相色谱法

气相色谱技术中常用的检测器有火焰电离检测器（FID）与热导检测器（TCD）。所有色谱都有一个固定相和一个流动相。在这种色谱中，流动相始终是气体。但固定相要么是液相，要么是固态的。如果固定相是固体，则称为气固色谱或 GSC。如果固定相是液态的，那么这被称为气液色谱或 GLC。在 GLC 中，流动气相类似于氦气，固定相是吸附到固体上的高沸点液体。与其他色谱法一样，在这种情况动相是一种化学惰性气体，其携带分析物通过加热的塔以分离到其单个化合物中。张海涛等[7]对各个不同种类的油漆稀释剂以及其燃烧后的烟尘的进行分析，采用气相色谱法的鉴定方法，对燃烧后的成分及特征组分进行确认，找出特征组分的谱峰，对这些峰进行辨别，鉴定助燃剂种类。

2.3 气相色谱质谱法

气相色谱技术可以对有机化合物进行分离，但它不具备定性鉴定的能力，而质谱技术可以对样品进行定性鉴定，但不能使混合物分离，因此，气相色谱质谱技术将两种技术结合起来，在火灾物证鉴定中广泛的应用。气相色谱质谱技术可以排除气相色谱法中基质对鉴定的干扰，从而得到更加准确的分析结果[8]。章虎等[9]采用气相色谱质谱法对汽油进行鉴定分析，综合各项分析对各色谱峰加以确认，共鉴定出 94 种组分，用峰面积归一化测定各组分的相对含量。B. Tan 等[10]为探测火灾现场中基于石油产品的助燃剂，利用气相色谱质谱技术的鉴定方法和多变量识别技术判断是否为人为纵火。

根据以上的助燃剂鉴定的分析比较，气相色谱质谱技术操作更加方便、灵敏度较高，可实现较高定性能力及定量精度，对助燃剂鉴定来说是非常好的选择。

3 助燃剂干扰性分析

在助燃剂鉴定分析中，会存在各种各样的因素影响助燃剂的鉴定，主要有三大类：风化效应、基质干扰、微生物效应。

3.1 风化效应

在火灾发生和消防救援的过程中，过火、水分的损失和残留物提取都存在风化效应进而导致助燃剂的挥发，使得助燃剂燃烧残留物的组分损失或者消失。经历风化效应时间的不同，助燃剂燃烧残留物组分损失的程度也会不同，对助燃剂燃烧残留物鉴定的干扰也会造成不同的影响。

Locke A K 等[11]对 8 种化合物在干扰挥发性化合物（二氧化碳）存在下进行了研究，在室温 60℃下，对于挥发性较强的化合物（甲苯、四氯乙烯、氯苯和苯乙烯）有较好的保留效果，在温度较高时，对于挥发性较低的化合物（萘系、二苯基、正辛苯、苯基甲苯）有较好的保留效果。高佳鑫等[12]利用皮尔森积矩相关系数（PPMC）法对不同挥发等级的样品之间的相关程度进行研究，结果表明在 100%未挥发汽油中的组分中甲苯含量最高，其次依次为 C_2-烷基苯、C_3-烷基苯、C_4-烷基苯，萘的含量最小，对于挥发至原本体积 75%的汽油样品中，甲苯含量最高，其次依次为 C_2-烷基苯、C_3-烷基苯、C_4-烷基苯，萘的含量最小，可以检测到苯的存在，相较于未挥发的汽油，其中烷烃的种类有所减少，对挥发程度 50%的汽油样品进行检测，甲苯含量最高，其次依次为 C_2-烷基苯、C_3-烷基苯、C_4-烷基苯，萘的含量最小，并未检测到苯的存在，能够检测到烷烃的存在，相较于未挥发汽油，数量上有一定程度的减小，对于挥发至 25%的汽油，特征组分含量发生了很大的变化，甲苯相对含量急剧减小，C_2-烷基苯相对含量一定程度上减少，C_3-烷基苯相对含量最大，萘含量最少，并未检测到苯的存在，仅能检测到少量的烷烃。

3.2 基质干扰

在火场中，助燃剂会渗入到基质中，比如常见的基质有塑料、织物等，这些基质在过火后会发生热分解反应，热分解产生的组分可能会与助燃剂的组分相同或者相似，对助燃剂的鉴定造成干扰。

高佳鑫等[13]对纯聚合物聚乙烯（PE）、乙烯-醋酸乙烯共聚物（EVA）、聚丙烯（PP）、聚苯乙烯（PS）、聚甲基丙烯酸甲酯（PMMA）这五种聚合物进行了实验，实验结果发现不同类型的聚合物的热解机理也不同，热解后会生成与助燃剂相同或相似的组分，当汽油与聚合物共同存在的时候，由于汽油的特征物质比聚合物的特征物质含量低，所以聚合物的特征组分占据主导地位，对助燃剂鉴定造成了极大的干扰。FERNANDES M S 等[14]对常见的家庭用品的部分燃烧是否会产生与常用的助燃剂如油漆稀释剂、汽油、煤油和柴油的热解产物相混淆，实验结果表明许多新制备的家用物品都含有挥发物，这可能是干扰的来源，但对照样品的存在有助于从燃烧样品的背景中区分出任何信号，在新旧燃烧样品的比较中，时间（分钟）可以得出后者的挥发分和热解产物较少。因此，与新样品相比，旧样品不太可能成为干扰源。CONTRERAS P A 等[15]研究了一种简易灭火剂的潜在干扰，一种含烷基苯磺酸盐（LAS）的洗碗液。通过总结离子剖面（SIP）分析，确定了火灾碎片样品中存在线性烷基苯（LABs），在洗碗液中的 LAS 通过热降解产生 LABs。

3.3 微生物效应

火灾发生之后，会对土壤微生物的组成造成一定的影响，而且对土壤环境条件和营养成分的有效性造成一定的影响，对土壤微生物活性和生物量进行一定的改变[16]。火灾会增加土壤的温度，降低土壤的湿度，进而影响微生物的活性。

在土壤中，由于细菌可以很容易地代谢存在的各种碳氢化物，可燃性液体的残渣容易被微生物降解。火灾发生后，会使土壤中的 pH 值升高，POUSK 等研究表明细菌的生长与 pH 值呈正相关，而真菌生长随着 pH 值的增长而降低，火灾后的土壤更适合细菌的生长，而不适合真菌的生长，细菌比真菌更易于火灾后的修复[17]。朱欣洁等[18]采用外加电场的方法，对微生物降解石油污染土壤的实验，分别对在电场强度为0、50、100、200V/m下做了实验，结果表明在电场强度为100V/m时，可以促进微生物的生长繁殖，使得菌体数量得到最大，达到最大菌数所需要的时间最短，在电场强度为50V/m时，对菌种有一定的抑制作用，因此，低电场强度会抑制土壤微生物的生长，而较高电场强度会促进土壤微生物的生长。可燃性液体组成的有机化合物在样品采集后容易受到微生物的侵蚀，生物降解可会选择性去除识别可燃性液体所需的许多化合物。Turner等[19]研究发现，这种降解在土壤等基质上发生，微生物降解后，汽油和石油中的C_9～C_{16}直链烷烃减少幅度大，而支链烷烃保持不变。Turner等[20]又对TIKI火炬燃料、灯油和松节油等助燃剂研究了微生物降解对其影响，结果表明，直链烷烃比支链烷烃不稳定，损失程度更大，此外，支链烷烃的取代度越高，甲基在烷基链上的位置越高，其降解能力越强。Turner等[21]通过目视监测色谱变化和多元统计技术对燃烧瓶内残留的汽油组分受微生物降解的影响进行了研究，在土壤样品中，尽管汽油最初是由火风化的，但可燃性液体残渣受到微生物降解的影响最大，汽油中的特征组分变化不仅受土壤类型的影响，还受季节等因素的影响。Chalmers等[22]在土壤样品中注入汽油、柴油等助燃剂，置于密封的环境中，实验表明，正构烷烃和单取代芳香烃比取代的脂肪族或多取代芳香烃化合物更彻底地降解，在提取时间大于14d地样品内，可明显地观察到降解效应对谱图的影响。

4 总结

气相色谱-质谱法具有较高的准确度和可操作性，已成为我国助燃剂鉴别的有效方法。通过对国内外助燃剂鉴定标准的比较发现，我国国家标准中对汽油进行分类，并没有按碳的含量进行分类，而在检测汽油组分时碳含量对于检测过程时非常重要的。风化效应、基质干扰和微生物效应是影响助燃剂鉴定的三种主要干扰因素，为助燃剂检验鉴定带来了极大的不确定性。目前的研究多集中在干扰因素对助燃剂鉴定的影响，较少涉及消除风化效应、基质干扰、微生物效应等方面的影响，故今后应加强在此方面的研究，寻求准确高效地鉴定助燃剂的方法。

参考文献

[1] 王一名，张志伟，金南江，李阳．助燃剂鉴定方法研究综述［J］．消防科学与技术，2021，40（06）：926-928.

[2] 李秋璠梓，金静，孙潇潇，刘玲，邓亮，张金专．助燃剂燃烧烟尘物证鉴定研究进展［J］．理化检验（化学分册），2021，57（08）：764-768.

[3] 金南江，刘玲，卢婷，李阳．助燃剂鉴定数据分析及干扰性研究综述［J］．消防科学与技术，2019，38（12）：1664-1668.

[4] ASTM E1618-19, Standard Test Method for Ignitable Liquid Residues in Extracts from Fire Debris Samples by Gas Chromatography-Mass Spectrometry［S］.

[5] 高佳鑫．火灾残留物中助燃剂鉴定的影响因素分析［D］．中国科学技术大学，2014.

[6] 张晓莉．汽油燃烧残留物的红外光谱分析［J］．广西民族大学学报：自然科学版，2006（z1）：3.

[7] 梁国福，张海涛．毛细管气相色谱法对油漆稀释剂的鉴定［J］．消防科学与技术，2004（05）：503-506.

[8] 高佳鑫．火灾残留物中助燃剂鉴定的影响因素分析［D］．中国科学技术大学，2014.

[9] 章虎，陈关喜，冯建跃．93号汽油样品组分的GC—MS分析［J］．分析测试学报，2003，22（5）：4.

[10] A B T, A J K H, B R E S. Accelerant classification by gas chromatography/mass spectrometry and multivariate pattern recognition［J］. Analytica Chimica Acta, 2000, 422（1）: 37-46.

[11] LOCKE A K, BASARA G J, SANDERCOCK P M L. Evaluation of internal standards for the analysis of ignitable liquids in fire debris［J］. Journal of forensic sciences, 2009, 54（2）: 320-32.

[12] 高佳鑫．火灾残留物中助燃剂鉴定的影响因素分析［D］．中国科学技术大学，2014.

[13] 高佳鑫，宗若雯，刘海强．火灾中聚合物材料热解对汽油辨识的影响分析［J］．火灾科学，2014，23（03）：162-174.

[14] Fernandes M S, Lau C M, Wong W C. The effect of volatile residues in burnt household items on the detection of fire accelerants［J］. Science & Justice, 2002, 42（1）: 7-15.

[15] Contreras Patricia A, Houck Stephen S, Davis William M, Yu Jorn C-C. Pyrolysis products of linear alkylbenzenes—implications in fire debris analysis.［J］. Journal of forensic sciences, 2013, 58（1）.

[16] 苗原，刘啸林，王敏，朱雅，刘珂彤，徐琪，韩士杰，苗仁辉．火烧和氮沉降条件下土壤微生物对林下植被动态影响的研究进展［J/OL］．河南师范大学学报（自然科学版），2021（06）：19-23+2［2021-10-27］. https://doi.org/10.16366/j.cnki.1000-2367.2021.06.003.

[17] Johannes Rousk, Philip C. Brookes, Erland Bååth. Investigating the mechanisms for the opposing pH relationships of fungal and bacterial growth in soil［J］. Soil Biology and Biochemistry, 2010, 42（6）:

[18] 朱欣洁，孙先锋，杨波波．电场作用对微生物降解石油污染土壤的影响研究［J］．山东化工，2015，44（11）：160-162.

[19] TURNER D A, GOODPASTER J V. The effects of microbial degradation on ignitable liquids［J］. Analytical & Bioanalytical Chemistry, 2009, 394（1）: 363.

[20] TURNER D A, GOODPASTER J V. The effect of microbial degradation on the chromatographic profiles of tiki torch fuel, lamp oil, and turpentine［J］. Journal of Forensic Sciences, 2011, 56（4）: 984-987.

[21] Turner, D. A., & Goodpaster, J. V.（2012）. The effects of season and soil type on microbial degradation of gasoline residues from incendiary devices. Analytical and Bioanalytical Chemistry, 405（5）, 1593-1599.

[22] Chalmers, D.; Yan, Sam X.; Cassista, A.; Hrynchuk, R.; Sandercock, P. M. L.（2001）. Degradation of Gasoline, Barbecue Starter Fluid, and Diesel Fuel by Microbial Action in Soil. Canadian Society of Forensic Science Journal, 34（2）, 49-62.

电气线路短路引起的电气火灾

金一丹

（中国人民警察大学研究生二队，河北　廊坊）

摘　要　我国人口众多，同时对用电需求也非常多。我们日常生活需要电力来照亮我们的家园并为工业供电。它可以是建设性的，也可以是破坏性的，这取决于处理它的谨慎程度。稍有不慎，就会引发火灾，造成经济损失和惨痛的伤害。电气火灾中最危险的故障之一是短路。因短路甚至因触电而死亡而导致的火灾事故数不胜数。电火灾的主要原因是短路期间大电流流过导体而产生的热量。本文简单介绍导线短路的定义、原因以及对短路的预防同时对整篇文章做了总结。

关键词　电气火灾　电气短路　短路电弧　短路熔痕　短路原因

1　引言

电气短路的主要后果是火灾。根据国家消防局收集的数据，图1为2021我国发生火灾的原因统计，其中电气火灾占比28.4%。其中有6.5%是由短路引起的，在导线短路期间的高电流会使导体升温，损坏绝缘层，并可能导致电火灾，从而造成严重伤害和生命危险。

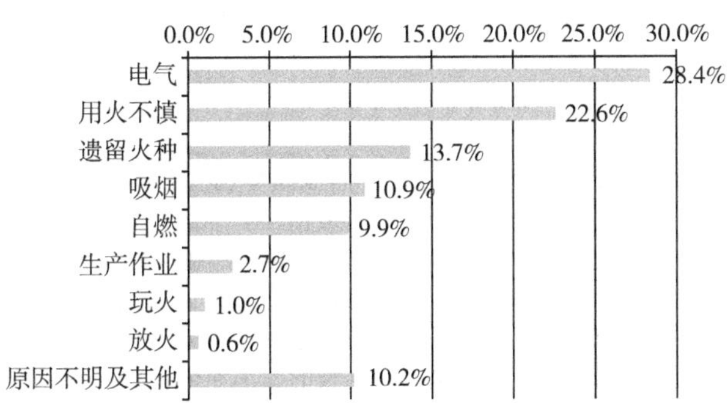

图1　2021年度火灾发生原因统计表

2　短路的定义

短路可以定义为一种不良条件，即由于在电源的端子之间形成新的低电阻路径，大量电流在电源的端子之间或电源与地之间流动[1]。在短路期间，流经短路点的电流呈指数级增长，电压降至零。短路是由于偶然或有意在电路中的两点之间建立的低电阻连接。这种过量的电流可能会导致电路损坏、过热、磁应力、电弧、火灾或爆炸。在短路中可用的电流量是由系统电压源的容量和系统的阻抗（包括故障）决定的。由于整个电路电流突然增大，即使是连接松动的导线接头处或短路点处有电弧或火花，也会在极短的时间内释放出大量热量，温度弧达到3000℃，不仅能熔化金属，还可以引燃绝缘材料，还会引起导线附近可燃材料的蒸气或粉尘火灾或爆炸事故。短路时会产生短路弧、热效应、磁效应和力效应，从而留下相应的痕迹。

3　什么引起短路

有几种情况会导致短路，当两个裸导体接触时，发生短路。短路是由于绝缘破裂造成的。另一种类型的短路发生时，一些导电物体，如工具或动物，意外地进入架空电线[2]。如果物体同时接触到两根电线，电流在到达用户的电力服务之前有一条短路路径可以返回到电源。如果该物体与地面连接，地面可以作为一个短路路径。短路的主要原因有：绝缘故障、接线不当、设备故障、电力处理不当、自然灾害。其中，绝缘失效是短路的主要原因。电缆绝缘损坏可能是短路的原因，不正确的接线允许直接接触不同的相位。即使是潮湿的表面也会导电并导致短路。不正确的接线允许不同端子之间的直接接触，从而导致短路。电力处理不当或与带电导体直接接触也可能是接地故障和短路的原因。

3.1　导线绝缘故障

通常，电线用非导电材料（如PVC或聚乙烯）绝缘。如果绝缘层磨损、熔化或损坏（通常是由于钉子或螺钉刺穿，或被啮齿动物咀嚼），带电布线可能能够直接接触中性线，导致短路。

3.2　电线连接损坏

电线连接损坏或松动将导致电阻增加。反过来，这将导致布线温度升高，从而引发导线短路，从而可能导致火灾或触电。

3.3　设备接线故障

有时，是家庭里的用电器具，而不是电线，是引发短路造成火灾的原因。问题可能是设备本身、电源线或插头内的接线有故障。（故障电源线和插头通常很容易被发现，因为它们在外观上观察可以看出烧焦、熔化或有磨损痕迹）。

3.4　短路与接地故障

当热线与中性线接触时，就会发生典型的短路。相比之下，接地故障是指热接线接触电气系统的接地组件的情况，例如，电器的接地部分、接地的金属壁箱或铜接地线。接地故障的最大危险不是电气火灾，而是严重的电击或触电，特别是在潮湿的条件下。而接地故障的常见原因包括水渗入电气箱，电线松动或磨损，以及绝缘性不足的电器或电动工具[3]。

4　短路效应及痕迹形成机理

4.1　短路电弧及短路熔痕

短路电弧是短路发生时电压击穿空气产生的放电现象。在导线发生短路时，一般都会伴有短路电弧发生，能产生耀眼的白光，并可能伴随“滋滋”的声响。电弧不仅在短路时才出现，在干燥的地毯上行走产生的放电现象和内电现象都有电弧产生，但这种电弧持续时间很短，只是以电火花的形式出现，一闪即灭。如果要使电弧能够持续下去，则需要电离导体产生的蒸气不断地补充到周围环境中（如在焊接过程中需要不断充入一种气体）。由于空气是较好的绝缘体，因此大气环境下要在两导体间产生电弧，不仅需要很高的电压，而且两导体间的间距还必须十分小，但一旦短路发生，导体间由金属蒸气和电力产生的空气分子组成的导电路径就能产生持续电弧。

短路电弧温度虽然很高，但于其作用范围十分小，除非距可燃物很近，否则一般的可燃物很难被其引燃。与固体燃料相比，气体燃料（包括绝缘物质分离产生的蒸气）更容易被引燃。对于保护装置良好的线路，当短路发生时会自动切断电源，使电弧的持续时间很短，因而引燃固体燃料的可能性极小，除非保护装置不起作用或在短路发生处存在气体燃料以及易引燃的细碎固体燃料如棉花或碎锯末等[4]。

4.2 热效应及热作用熔痕

短路的热效应与火灾原因有着十分密切的关系，其实质是电流的热效应。当电气系统中通过短路电流时，由于电流的热效应，总会使电气系统温度升高。短路电流的热效应与正常负荷电流时的发热不完全一样，两者都遵从焦耳定律，但由于短路电流大，同时产生的热量也很大，且持续时间很短，一般是十分之几秒到几秒，这种热量不能在短时间内向周围扩散，所以可以认为全部用于加热导体。高温会使导体的表面及接触点处的导体熔化，产生熔痕。

4.3 磁效应

短路的磁效应是由于短路发生时，电流由正常值瞬间升至正常值的数十倍、几百倍甚至上千倍，并又在极短的时间内从最大值降至零。变化的电线的周围引起电场的变化，变化的电场又引起磁场的变化，当有铁磁性物质如铁钉等处于导线附近时，变化的磁场可将铁磁发生材料磁化，并可能产生干扰信号，干扰通信、控制信号等。当短路电流消失时，周围铁磁性物质的磁性不会马上消失，称为剩磁。影响剩磁的主要因素有：短路电流的峰值大小；电流的空间分布影响产生的磁场强度；样品和短路电线的相对位置；铁磁性材料的磁化特性；样品的形状；材料的初始磁化状态；温度；提取样品时的取样工具（要尽量无磁或小磁，应在10Gs以下）。此外，时间对剩磁没有影响。

在火灾勘验中，根据怀疑火灾中是否存在导线短路或雷电引起的熔融痕迹，检查雷电及导线周围的剩磁材料进行剩磁检测，看是否存在剩磁，判断存在剩磁的大小，通过对导线和雷电现象分析可以进一步分析火灾原因。

4.4 力效应

短路电流通过导线时产生的作用力，称为短路电流的力效应[5]。电流是由电子的定向移动形成的，电流通过导线时导线之间相互存在作用力。正常情况下，这种作用力较小，但在短路时由于短路电流很大，产生的作用力也很大，使线路受到很大的冲击作用力。短路电流产生的作用力一般出现在短路发生后的第一个周期内，此时导体会受到极大的机械应力，导体的强度不足时，就会造成损坏。在变电所和高层建筑大电流低压供电的地方，大多数三相母线被平行布置在同一个平面内，在这种情况下，根据同相相吸，异相相斥的原理，可以证明三相短路时，中间相受力最大。力效应一般不会留下痕迹，但是可以通过导线的异常晃动等现象被发现。

5 如何防止电气短路

短路保护主要有三种类型：

5.1 接地故障断路器（GPCI）

GFCI出口或电路可感应到电流水平的微小变化，并立即关闭电流。1971年，加拿大电气法规首次规定，接地故障电路灭弧室保护现在需要在水槽，浴缸或淋浴（浴室，厨房，洗衣房，吧台等）1.5m范围内或户外成品等级2.5m范围内进行保护。GFCI应由有执照的电工安装。要每个月检查一次来保证设备可以持续工作。

5.2 电弧故障断路器（AFCIS）

AFCIS通过在感应到电流流动方式的不规则性后立即关闭电流来保护房间免受电气火灾的影响。它们可用作AFCI插座或断路器，在卧室、客厅、大厅、用餐区、未完工的地下室和附属车库以及许多硬连线电器中，额外AFCIS需要通过代码来工作。

5.3 断路器/保险丝

如今，大多数家庭都有一个配备断路器的电气服务面板，每个断路器都控制着房屋中的特定电路。断路器系统取代了20世纪60年代后建造或更新的房屋中的保险丝。断路器通过检测电流的变化来防止电线的短路[6]。

6 总结

电气火灾在我国火灾发生的原因中占比最大，一旦发生，会造成了经济财产损失和人员伤亡。因此，要预防电气火灾，企业和人民要提高安全用电意识，规范使用用电设备，养成良好的用电习惯，从根本上预防火灾发生，减少火灾对我们的伤害。本论文通过对短路故障的整理，对短路有了明确的理解，并对短路电气火灾的发生原因进行了理论论证。在日后对电气火灾短路故障的学习中，应该多做实验，发现问题，寻找规律，总结经验。让自己对短路概念有更深层次的认识。

参考文献

[1] 叶海伦，詹涌鑫，李钊，梁栋．不同接触方式的导线短路熔痕金相晶粒尺寸分析［J］．科技通报，2017，33（06）：6-9. DOI：10.13774/j.cnki.kjtb.2017.06.002.

[2] 叶海伦，詹涌鑫，李钊，梁栋．不同接触方式的导线短路熔痕金相晶粒尺寸分析［J］．科技通报，2017，33（06）：6-9. DOI：10.13774/j.cnki.kjtb.2017.06.002.

[3] 刘英莲．论电气线路的短路起火和线路过载［J］．通讯世界，2013（02）：50-51.

[4] 田晴．短路迸溅熔珠引燃能力和金相组织特征研究［D］．西安科技大学，2021.

[5] 王玉坤，温克军，万满成．电气线路短路故障的技术处理［J］．赤子（上旬），2014（17）：242.

[6] 马振宇．低压线路常见电气火灾原因分析认定及预防措施［J］．智能城市，2021，7（19）：67-68. DOI：10.19301/j.cnki.zncs.2021.19.032.

浅谈汽油类助燃剂鉴定进展

贾亦卓 金一丹 李 哲 颜培龙

（中国人民警察大学研究生院，河北 廊坊）

摘 要 汽油类助燃剂在火灾事故中占有极其重要的地位。根据我国应急管理部和国家统计局：全国消防救援队伍2021年共接火灾74.8万起，火灾共造成1987人死亡，2225人受伤，造成直接财产损失67.5亿元。对于火场残留物中的可燃液体残留（Ignitable Liquid Residue，ILR）进行分离鉴定及研判分析是确定火灾性质、认定犯罪事实的有力证据。随着科技现代社会的高速发展，汽油成了人们日常生活中不可或缺的主要能源之一。目前，对于汽油的种类识别、来源同一性认定、酸化汽油鉴定等进行了一系列的阐述，根据不同的技术手段，多元化的仪器分析方法，不断更新的实践标准以及科学计量方法可为研判分类鉴别、确定火灾案件中液体助燃剂来源提供重要参考价值。

关键词 助燃剂 物证鉴定 火灾调查 法庭科学

0 引言

汽油或柴油等可燃液体多出现在放火、故意破坏行为或其他犯罪行为中。在为调查提供鉴定的案例中，液体助燃剂的发现和准确识别至关重要。因此，到目前为止，众多研究员已经深入研究了燃烧或未燃烧的（ILS）和火场残骸中可燃液体残留物（ILR）的特性。目前，国内外分析可燃液体残留物常用的方法有气相色谱法、紫外可见光谱法、荧光光谱法、核磁共振光谱法、薄层色谱法、红外光谱法等。

1 关于汽油种类识别研究

原油的成分、炼油厂工艺以及产品需求决定着汽油的组成和区分。目前，大部分炼油厂采用了异构化、加氢裂化、催化重整等新型技术手段，不同地区的炼油厂及不同的工艺流程的差异性也使汽油的种类和特性更加丰富[1]。

Barnett 和 Zhang 探索了直接分析实时质谱法（DART-MS）来区分不同品牌的汽油[2]。在这项研究中，DART-MS 被用来分析从五个当地加油站收集的四种不同品牌的汽油。化学计量学方法包括方差分析-主成分分析（ANOVA-PCA）同时也利用到了偏最小二乘法判别分析（PLS-DA）来对汽油样品进行分类。基于品牌的汽油样本分类，并确定汽油鉴别的特征。为了测试该方法的稳健性，每周收集一次汽油样品，持续8周，并通过 PLS-DA 分析。八周后，在采集后24小时内用 DART-MS 进行分析，并在最后一次样品采集后两周再次进行分析。汽油的品牌经过 DART-MS 光谱呈现出与高分子化合物相关的离子簇。由于 DART-MS 光谱呈现出与燃料添加剂中的聚合化合物相关的离子簇，能够达到99.9%的分类率。同时发现，汽油中的聚合化合物模式被发现与品牌和风化程度有关。不同品牌的汽油在风化后的形态仍有显著不同。实时质谱法 DART-MS 被证明是一个有前途的工具，可以用来区分汽油的品牌。

基于正构烷烃的稳定碳同位素比率的前提下，正构烷烃可用于表征和区分柴油燃料，诺瓦克等人使用气相色谱-同位素比值质谱法（GC-IRMS）来分析样品并将它们区分开来。彼此的区别[3]。他们在2年的时间调查了11个欧洲国家的25个不同的服务站收集的代表20个不同品牌的25个柴油燃料样品。使用固态尿素缩合物形成与硅胶分馏法进行分离。并应用化学计量学来评估通过 HCA（分层聚类分析）、PCA（主成分分析）和组合聚类和判别分析（CCDA）来评估稳定同位素比率。随后表明每个柴油样品在化学上是独特的，而且作者能够在25个样品之间进行完全区分。

Tamer A 等人设计并研究了一种采用微带传输线的高灵敏度超材料液体传感器，用于检测真实和非真实柴油样品。对基于传输线集成超材料的液体传感器进行了数值和实验研究，以在微波频率范围内测定真实和不真实的柴油样品，该结构在印刷在 FR4 衬底上的贴片天线的辐射边缘采用了传感器层。获得的结果表明，对基于传输线集成超材料的液体传感器进行了数值和实验研究，可以在微波频率范围内测定真实和不真实的柴油样品[4]。

阿奴拉德等人将可燃液体参考收集（ILRC）和基质数据库中的样品中确定的主要峰值制成表格，以确定可燃液体和基质材料热解分解产物中存在的化合物类型的信息。数据库中的可燃液体和基质记录中确定了221种主要化合物[5]。其中36种主要化合物在这两种药物中都得到了鉴定。ILRC 和基质数据库中构成主峰的化合物列表提供了有关在每个 ASTM-E1618 固定类别和热解基质中观察到的化合物类型及其出现频率的宝贵信息，为可燃液体和分解产物提供更完整的综合化学特性。

2 关于汽油来源同一性研究

Lozano 等采用傅里叶变换离子回旋共振方法对40个原油和油品残留样品进行分析，采用遗传-偏最小二乘算法建立了残炭质量分数的多元校正模型，其预测误差仅为2.58%，特点是所需样品含量极低，对法庭科学微量物证分析提供了极大的帮助[6]。

最近在火灾残骸分析领域的研究工作主要是面向开发创新的分析程序和化学计量学方法，根据美国 ASTM-E1618 标准，对火灾样本中的可燃液体进行检测和分类。然而对可燃液体的来源推断问题的关注较少。推断从纵火现场找到的可燃液体的来源，仍然是一个具有挑战性和正在进行的研究领域。为了进一步调查确定从火灾残骸中提取的汽油样本的来源，F 非格雷多分析了一年来从19个加油站收集的190个不同的汽油样本[7]。将每个样本放在一个他首先将每个样品放在玻璃瓶中，然后在空气采样吸附管（Tenax 管）上用被动静态顶空法提取样品。浓缩在 Tenax 管中，然后用 ATD-GC-MS（吸附热脱附-气相色谱-质谱联用）分析样品。他使用一套化学计量学工具来分析数据基于选择的13个独特的离子列表来建立比较的比率。通过选择一个最大的比率子集，使相关和不相关样本的相似度测量分布达到最大的分离。应该指出的是，作者选择这些离子是为了与精炼过程中使用的真实物理现象相对应。作者总结说，他的技术能够很好地判断样品是否有共同来源。

法庭科学中可燃液体的来源推断仍然是一个正在进行的具有一定挑战性的研究领域。在实际应用中，不同性质的标本，可能已经在火灾中和并未发生在火灾中比较。这些比较是困难的，因为标本可能收到蒸发、燃烧或两者而被改变。此外，改变的程度往往难以评估[8]。大多数关于可燃液体来源推断的研究都是针对纯洁的样品或通过蒸发改变的样品。然而，缺乏系统比较蒸发和燃烧的影响的研究。在进一步的研究中，deo Figueired 等人调查了蒸发和燃烧对识别两个样品之间的气体来源的倾向性的影响[9]。用先前研究的相同样本，作者将这些样本分别蒸发到 50%、90%、99%。和 99%。他们在一个锥形量热仪中把汽油燃烧到 50%、90%和 99%，通过缺氧而停止燃烧。他们使用吸附热脱附-气相色谱-质谱联用（ATD-GC-MS）分析了所有样品。作者根据不同的根据样品的风化条件，对样品使用了不同的比率。在这项研究中，相同的汽油样品集合通过在氮气流下的蒸发和吸附在基质上的汽油的燃烧而被改变。然后，使用一个自适应的非目标化学计量学工作流程，从特征检测到特征选择，探索了将具有共同来源的汽油样品联系起来的可能性。最终得出结论，汽油的风化或燃烧可能会极大地改变了色谱图。然而，这并不影响将具有共同来源的样本联系起来的可能性。

Bolck A 等人的工作中，对汽油比较中获得证据强度的数值，以推断来源的同一性。提出了三种似然比方法来比较在实验室条件下重量损失高达 75%的蒸发汽油残渣。这三种方法在确定证据可靠性方面表现优异。在校准方面，多元方法表现最差，在整个范围内给出了错误校准的 LRs，而基于比率选择的距离方法显示了最佳校准特性[10]。

L. Besson 使用了一种通过 MS 和 IRMS 同时分析样品的装置。已经为该设备开发，优化和验证了分析方法。之后，对洛桑地区市场大量具有代表性的样品的汽油样品进行了分析。表明，针对 MS 组件和 IRMS 实施的方法使得能够将未改变的汽油样品与不同的加油站区分开来。还表明，随着服务站油箱的每次新加注，该站分配的汽油的成分几乎是唯一性的。汽油样品的蒸发不会影响 GC-MS 对来自同一来源的样品进行分组的能力。但是，有必要选择不同变量以消除受蒸发现象的影响[11]。

3 关于酸化汽油鉴定的相关研究

近些年，国内外研究者通过现场火灾案例对酸化的汽油组分结构、检验方式、特征组分、常见影响因素等方面开展了研究，并获有一定的研究成果。本章节将对此作出简要说明，对酸化的汽油类助燃剂残留物检验并对新成果加以介绍，为火灾物证识别工作提供指导依据[12]。

2015 年，Martin 等人结合固相微萃取物-气相色谱-质谱法（SPME-GC-MS）的研究方案，从酸化的易燃液体助燃剂残留物色谱分析法图中观测纯净样本与高度风化样本之间的质谱图变化，结果表明：即便在高度风化的样本中，叔丁基化的物质也可以作为鉴别在火灾残留物中是否有酸化汽油的物质指标[13]（图 1）。

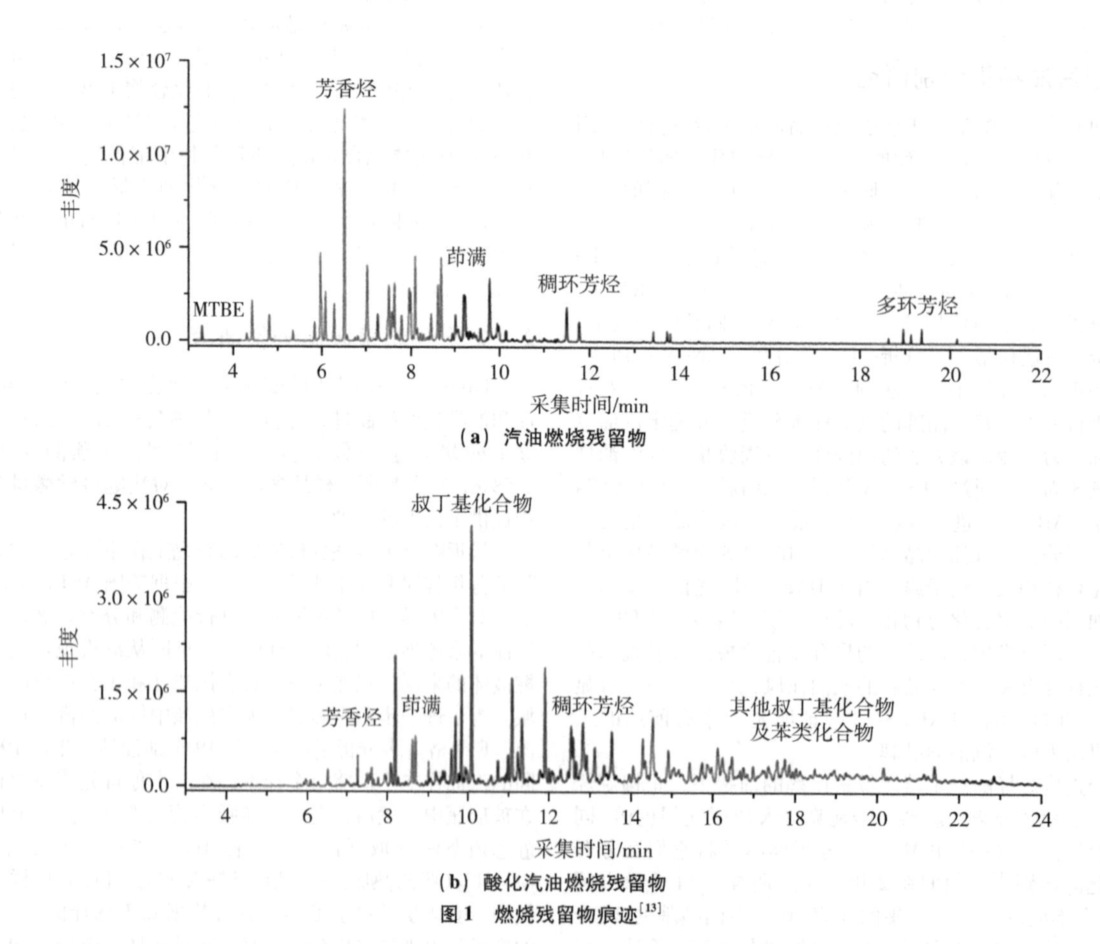

（a）汽油燃烧残留物

（b）酸化汽油燃烧残留物

图 1 燃烧残留物痕迹[13]

Martín-Alberca 等人的一项研究，目的在于确定汽油和柴油的光谱特性的变化在酸化时的光谱特性[14]。衰减全反射（ATR）傅里叶变换红外光谱（FTIR）分析表明，当硫酸与汽油混合时，含氧化合物被水解，芳香类化合物被烷基化，尽管烷烃似乎没有受到影响。因此，柴油燃料的光谱没有显著变化。

在另一篇论文中，Martin-Alberca 等人研究了燃料酸化对从火灾中识别可燃液体的影响碎片的角度，研究了燃料酸化对识别可燃液体的影响[15]。因此，作者说，重要的是火灾残骸分析人员必须意识到这些影响。文献中的十种可燃液体从未在改变状态下分析过的。作者使用傅里叶变换红外吸收光谱（FTIR）和GC-MS分析并观察到含有含氧化合物的稀释剂的主要变化。这些化合物，例如醇类、酯类和酮类。较长的反应导致芳香族化合物的磺化，同时作者们警告分析人员，酸性物质对可燃液体的改变可能导致错误的分类。

同样，Parsons等人使用全二维气相色谱飞行时间质谱（GCxGC-TOFMS）来描述对柴油燃料的酸度改变进行分析[16]。为了改变燃料的颜色，一些用户通过添加酸来改变燃料的颜色。为了更好地识别被燃料是否发生了改变，作者研究了被酸腐蚀时的化学成分变化。他们将六个柴油样品与浓硫酸混合。他们用一个内部的基于瓦片的F-检验值软件分析数据。作者得出结论，硫酸的变化是微妙的但具有物证使用价值。他们观察到烯烃和炔烃的去除情况以及持续产生的硫黄、二氧化碳。

4 关于现场可燃液体识别的相关研究

在纵火案件现场提取的可燃液体残留物，在萃取过程中不可避免地将溶剂及其他性质与之类似的物质萃取进来[17]。Ferreiro-González将顶空质谱电子鼻技术（HS-MSe-Nose）技术与GC-MS进行了ILR分析的比较，发现两种方法的分类正确率均达到90%，但HS-MS不需要预浓缩，其性能比GC-MS更快更环保[18]。

Damavandi将峰形图应用于全二维气相色谱（GCxGC）色谱图，以确定石油来源。矩阵图来识别石油来源[19]。这种技术使分析人员能够考虑到更广泛和更多样的目标和非目标生物标志物化合物。

Kerr等人使用拉曼光谱图来识别火灾残骸中融合体的单个物质成分[20]。他们从不同的普通族系构成了融合体高分子材料。拉曼光谱是通过以下方式获得的在一个10×10微米的区域。因此，研究人员利用拉曼图谱来识别不同类型的材料。实验者使用拉曼图谱来在视觉上无法识别的熔融物中的不同来源，这可以极大地帮助火灾残骸分析人员解释数据。

格林等人评估了可能来自秘密毒品实验室的火灾残骸样本。秘密毒品加工厂[21]。特别是，他们研究了"One pot"这个类型甲基苯丙胺生产方法，该方法使用这种方法使用高度易燃的材料，其前提是，如果人们能够在火灾残骸样本中检测出甲基苯丙胺或其前体。就有可能证明该非法活动。为了实现这一目标，作者通过被动顶空浓缩萃取法分析了火灾碎片样品，然后用GC-MS分析可燃液体，而他们使用LC-MS/MS在溶剂萃取之前对ILR进行分析。此外，他们还对二硫化碳萃取物进行了GC-MS药物分析，并能够肯定地确定甲基苯丙胺和伪麻黄碱。因此，作者得出结论，甲基苯丙胺和伪麻黄碱可以在火灾残骸样本中检测出来。

5 结语

本文阐述了现代火场中常见汽油类助燃剂，聚焦于新型综合性仪器的分析和完善的分析研判方法。在汽油类助燃剂鉴定方面，已有的关于地域差异的研究还未将助燃剂的检出效率与来源追溯联系起来，结合理化检验研究助燃剂提取位置及汽油酸化干扰性仍是需要进一步研究的方向；基于傅里叶变换的色谱分析方法在汽油等可燃液体的数据分析中所起的作用越来越大，可以有效实现种类识别和同一性确定，对助燃剂物证数据进行统计评估是未来的发展方向。同时，排除基质干扰的可燃液体收集、进行分类建库是现代化时代的要求，将会在助燃剂鉴定领域发挥重要作用。

参考文献

[1] 王欣，张冠男，朱军，等．汽油类助燃剂鉴定研判分析进展［J］．消防科学与技术，2021，40（5）：6.

[2] Isabella B，Zhang M. Discrimination of Brands of Gasoline by Using DART-MS and Chemometrics [J]. Forensic Chemistry，2018：S2468170918300420.

[3] M Novák，D Palya，Bodai Z，et al. Combined cluster and discriminant analysis：An efficient chemometric approach in diesel fuel characterization [J]. Forensic Science International，2017，270：61-69.

[4] Tamer A，F Karadağ，E Ünal，et al. Metamaterial Based Sensor Integrating Transmission Line for Detection of Branded and Unbranded Diesel Fuel [J]. Chemical Physics Letters，2020.

[5] Anuradha，Akmeemana，Mary，et al. Major chemical compounds in the Ignitable Liquids Reference Collection and Substrate databases [J]. Forensic Chemistry，2017，5：91-108.

[6] LOZANO D C P，ORREGO-RUIZ J A，HERNANDEZ R C. AP-PI（+）-FTICR mass spectrometry coupled to partial least squares with genetic algorithm variable selection for prediction of API gravity and CCR of crude oil and vacuum residues [J]. Fuel，2017，193：39-44.

[7] Mdfa B，Cbyc C，Jrba C，et al. Evaluation of an untargeted chemometric approach for the source inference of ignitable liquids in forensic science - ScienceDirect [J]. Forensic Science International，2019，295：8-18.

[8] 冯波．浅谈汽油中烃族组分的检测方法［J］．化学工程与装备，2019（6）：2.

[9] MD Figueiredo，Bouveresse J R，Cordella C，et al. Exploratory study on the possibility to link gasoline samples sharing a common source after alteration by evaporation or combustion [J]. Forensic Science International，2019.

[10] Vergeer P，Bolck A，Peschier L，et al. Likelihood ratio methods for forensic comparison of evaporated gasoline residues [J]. Science & Justice，2014，54（6）：401-411.

[11] L. Besson，Inférence de source de traces d' essence retrouvées dans des débris d' incendies：Evaluation de la contribution de la chromatographie en phase gazeuse couplée à la spectrométrie de masse à rapport isotopique，Ph. D. thesis，Université de Lausanne，École dessciences criminelles，Lausanne（2016）. URL https：//serval. unil. ch/

[12] 孙龙浩，刘玲，金静，等．放火火灾中酸化汽油残留物检测研究现状［J］．武警学院学报，2021，37（10）：5.

[13] MARTÍN-ALBERCA C，GARCÍA-RUIZ C，DELÉMONT O. Study of acidified ignitable liquid residues in fire debris by solidphase microextraction with gas chromatography and mass spec-trometry [J]. J Sep Sci.，2015，38（18）：3218-3227.

[14] C Martín-Alberca，Ojeda F，C García-Ruiz. Study of Spectral Modifications in Acidified Ignitable Liquids by Attenuated Total Reflection Fourier Transform Infrared Spectroscopy [J]. Applied Spectroscopy，2016，70（3）.

[15] C Martín-Alberca，Carrascosa H，IS Román，et al. Acid alteration of several ignitable liquids of potential use in arsons [J]. Science & Justice，2018，58（1）：7-16.

[16] BA Parsons，DK Pinkerton，BW Wright. Chemical

characterization of the acid alteration of diesel fuel：Non-targeted analysis by two-dimensional gas chromatography coupled with time-of-flight mass spectrometry with tile-based Fisher ratio and combinatorial threshold determination [J]. Journal of Chromatography A，2016.

[17] Zhang Lan，张岚，Zhang Zhenyu，等. 浅谈火场可燃液体残留物的勘查，提取与检验 [C] // 公共安全中的化学问题研究进展. 中国化学会，2013.

[18] FERREIRO-GONZÁLEZ M，BARBERO GF，AYUSO J. Validation of an HS-MS method for direct determination and classification of ignitable liquids [J]. Microchemical Journal，2017，132：358-364.

[19] Damavandi H G，Gupta A S，Nelson R K，et al. Interpreting comprehensive two-dimensional gas chromatography using peak topography maps with application to petroleum forensics [J]. Chemistry Central Journal，2016，10 (1)：75.

[20] Kerr T J，Myers L，Duncan K L. Raman Microspectroscopic Mapping：A Tool for Identification of Fused Materials in Fire Debris [J]. Journal of Forensic ences，2017.

[21] Green M K，Kuk R J，Wagner J R. Collection and Analysis of Fire Debris Evidence to Detect Methamphetamine，Pseudoephedrine，and Ignitable Liquids in Fire Scenes at Suspected Clandestine Laboratories [J]. Forensic Chemistry，2017，4：82-88.

一起火灾调查复核的情况分析

王栋武

（中国消防救援学院，北京 昌平）

摘 要 某县发生一起火灾，烧毁一摩托车店铺和一小吃店，县消防大队认定起火点位于摩托车店铺内，起火原因为空压机的电动机线圈短路所致，摩托车店铺业主王某确认店铺电源开关是断开的，没有电源，向支队申请对火灾原因进行复核。该起火灾调查复核案件，具有普遍性、典型性，针对该起复核案件，笔者分析了原因及对策，以提高国家综合性消防救援队伍的火灾调查水平。

关键词 消防 火灾调查 原因认定 复核

0 引言

某年8月15日7时5分许，某县某街道615路549号民房发生火灾，烧毁一摩托车店铺和一小吃店内的物品。县消防大队认定起火点在摩托车店铺内，起火原因为空压机的电动机线圈短路所致。摩托车店铺业主王某确认整个店铺是断电的，没有通电，消防大队对火灾原因的认定是错误的，向支队申请了复核，同时向总队进行上访投诉。本文介绍了复核的内容，对原因和对策进行了分析，以提高国家综合性消防救援队伍火灾调查工作的水平。

1 火灾基本过程

某年8月15日7时5分许，某县某街道615路549号民房发生火灾，过火面积75平方米，烧毁摩托车配件、家具、生活用品等物品。无人员伤亡。统计火灾直接财产损失434794.30元。

2 原因认定情况

起火原因为：该民房一层摩托车店内空压机的电动机线圈短路所致。认定依据是：火灾现场勘验笔录1份、询问笔录15份、火灾现场痕迹、物证照片66张、司法鉴定检验报告1份、气象资料证明1份等。

3 复核申请内容

摩托车店铺业主王某对大队《火灾事故认定书》内容不服，向支队申请复核，其复核申请内容如下。

3.1 火灾情况

8月14日晚上18时左右，王某的销售摩托车店铺关了门，关门之前关闭店铺内的空压机和电脑等用电设备开关，包括墙壁上的保险丝闸刀总开关和空气开关。8月15日上午7时许王某隔壁小吃店经营早餐的人员发现小吃店靠近摩托车店处起火。火灾烧毁了房东的房子、小吃店内的物品及摩托车店的物品。火灾发生时摩托车店铺内没有人员。

3.2 复核请求

摩托车店铺业主王某请求支队撤销大队的《火灾事故认定书》，认定起火原因为小吃店用火不慎或小吃店业主故意纵火烧毁摩托车等物品。

3.3 复核理由

消防大队认定的《火灾事故认定书》，起火点位置不清，事实不清，证据不充分，违反法定程序、起火原因认定错误、滥用职权等。

3.4 主要证据

摩托车店铺业主王某写的复核申请书的主要证据如下。

（1）图1照片可体现起火点在小吃店门口摆放液化气灶的位置。若起火点是空压机所在位置，火势蔓延趋势与消防队到场之前的起火照片明显不符，消防队到场之前的火场照片明显显示起火点在小吃店。图2照片左侧二店面是摩托车店铺，右侧一店面是小吃店店铺火灾后的照片。

图 1　摩托车店铺与小吃店相邻处起火

（2）有证人证明起火点在小吃店。

（3）起火时间正是小吃店工作时间具有点火源（多个液化气灶明火、多个气瓶、多个电磁炉等用电设备），摩托车店无点火源。小吃店的液化气瓶，如图 3 所示。

（4）县消防大队在 8 月底、9 月初一直劝王某适用简易调查程序，叫王某在空白的《火灾事故简易调查认定书》上签字，在咨询律师后，王某书面告知大队对于存在纠纷的火灾不能适用简易程序调查，大队领导才将空白、签过名的法律文书归还给王某。

图 3　小吃店的液化气瓶

（7）大队火调人员和社会电工拆卸王某的空压机，王某要求大队对闸刀开关漏电保护器和空气开关进行送检，大队破坏了现场的漏电保护器和空气开关，却不将它拿去送检。8 月 22 号火调人员勘验现场，王某要求把没烧毁的账本，现金，银行卡和配件抢救出来，可只允许王某拿出办公桌其中一个抽屉的现金和银行卡，没烧毁的配件都不让王某拿走，声称会破坏火灾现场，导致王某店内大部分配件被偷窃，造成王某再次损失，相反却同意小吃店把和火灾相关的两个液化气瓶移走，火调人员明显是滥用职权。

（8）8 月 22 日 15 时开始做笔录，到 19 时王某及家人要求先吃饭，火调人员却说做笔录不能做一半停掉，结束笔录时间是晚上 22 点许，做笔录的 7 个小时期间，王某及家人没有喝水、没有吃饭，导致被询问人在 22 时许饿晕。

（9）大队的《火灾现场勘验笔录》没有王某的签字，大队没有向王某解释过勘验的主要内容。

（10）大队的《火灾现场勘验笔录》是请哪位见证人签字？如何证明该见证人与本案无关？该见证人是否与王某有经济纠纷、有矛盾？

图 2　摩托车二个店面（左）、小吃店一个店面（右）

（5）大队的《火灾事故认定书》认定火灾损失金额，让人看不明白，43 万元多是房东的房子、王某的摩托车物品或是小吃店的物品损失？三方是分别申报火灾损失，应该是要让三方都明白各自的损失是多少。

（6）摩托车店铺的电源总开关处于断开状态，如图 4 所示。总开关处于断开状态，空压机就没有电源，就不会短路起火，且空压机附近没有可燃物，证据无法相互印证，违反《火灾现场勘验规则》（XF 839—2009）第 4.6.1 条规定。

图 4　摩托车店铺的空气开关

（11）王某的空压机被大队拿走，大队没有制作任何物证提取清单，提取的物证没有王某的签名，拿走王某的私人财产又是请哪位见证人签字，如何证明该见证人与本案无纠纷？

（12）9 月份大队在火灾现场提取空压机时，请了一位地方电工将空压机拆解，该电工在火灾现场即将空压机这一物证破坏掉，该电工是持有什么资格证书？依哪条法规说明该电工具有火调资格？或请出具该电工与司法鉴定机构的关系证明。

（13）依据《火灾现场勘验规则》第 4.4.6 条规定，大队在提取空压机采用照相等方式进行了固定，起火的空压机位置与最初小吃店火灾起火点（图 1）的位置是相距 8m，大队的照片是可佐证空压机位置与图 1 的起火点相距是 8m。

（14）空压机本身就没有通电，安装有保险丝的闸刀开关是断电的，大队故意不对火烧熔断的保险丝进行金相分析鉴定，是因为金相分析鉴定就完全可以证明火灾不是从摩托车店烧起来的，大队故意寻找一个不能说明问题的空压机去鉴定，并请没有资质的电工在送达鉴定机构之前，先将空压机改造成空压机电机线圈短路的形状，而致使鉴定机构认定是王某的空压机起火。

（15）大队不能排除是小吃店业主故意或过失引起的火灾，不能排除人为纵火的原因，大队没有通知公安刑侦部门介入，大队没有对小吃店的液化气瓶进行鉴定，小吃店的多个液化气瓶被烧得发黑，如图5所示。大队不对液化气瓶进行鉴定，却排除了液化气瓶起火的可能。

图5 小吃让内烧黑的液化气瓶

（16）大队在进行火灾调查的77天里，《封闭火灾现场公告书》贴在火灾现场77天，没有调整、缩小现场保护范围，违反《火灾现场勘验规则》第4.4.5条规定。

（17）11月5日下午16时许，王某恳请大队提供《司法鉴定检验报告书》，大队火调人员说，这是保密资料，你去告我们，我再给你看。该火调人员的行为违反《火灾事故调查规定》第三十四条规定，具有滥用职权的嫌疑。

（18）依据《火灾事故调查规定》第十八条，支队是批准大队延长火调时间30天。支队认定该起火灾情况是复杂、疑难的，大队认定用了77天的时间，为什么不对保险丝做金相分析鉴定？为什么不对起火时正在使用的液化气瓶进行鉴定？可能漏气引发火灾的液化气瓶，如图6所示。

图6 小吃店可能引起火灾的液化气瓶

王某依法向大队申请复印大队的《现场勘验笔录》《司法鉴定检验报告书》、大队委托该司法鉴定的委托书及鉴定机构的资质和鉴定人员资质等，并请大队归还王某的私人财产空压机，王某对该司法鉴定机构不服，拟申请别的鉴定机构重新鉴定，请大队依法在七日内提供、归还给王某。大队、支队对王某的申请，没有给予答复。

4 原因及其对策

该起火灾调查工作，大队、支队存在不作为，王某多次到总队上访、信访等。该起火灾事故调查的复核，给支队、总队增加了工作量，影响了消防救援队伍公正、文明、规范的良好形象[1]。为避免类似事情的发生，充分吸取教训，笔者分析了如下原因及对策。

4.1 火调人员没有人民至上的理念，应加强爱民情怀教育

党员干部不断地进行“不忘初心、牢记使命”，“学好党史、用好党史”等思想政治教育，但落实到具体的消防工作、火调工作却忘却了人民至上、全心全意为人民服务的宗旨理想信念，思政政治教育不应空洞、无量化标准[2]。发生行政诉讼、火灾复核等行为，支队、总队不应该仅从法规、条文上应对老百姓，更应该加强对防火监督、火灾调查人员的爱民情怀、职业道德等基本行为的审查，对明显刁难老百姓的行为，要加强党纪、政纪的处分，并尽可能大范围地公告、通报，以确保消防员具有人民至上、爱民情怀的坚定信念。

4.2 支队、总队等没有充分公开复核申请书的内容，应加大曝光，切实吸取教训

老百姓对消防工作的行政诉讼、复核申请等，支队、总队领导都是怕影响到消防救援队伍的形象，对该类事件都是“秘密”应对，尽可能地不让更多的队伍人员、社会人员知晓，造成的后果是队伍内部无法深刻吸取教训，无法改进工作作风，导致错误行为一而再、再而三地发生，火调水平低下无法得到根本改观[3]。支队、总队应建立曝光台、曝光网站，让全体消防队员能随时随地、方便地学习到队伍内部的错误做法、能够防止错误言论和行为不再重复发生。短期内是影响了某些干部的成长进步，但对更多的消防员来说，能够充分吸取教训，是具有长期、深远、进步的意义。

4.3 火调人员忽视法定程序，应重视火调人员的业务培训考核

火灾调查员要熟练掌握火灾原因认定规则、火灾事故技术调查工作规则、火灾现场勘验规则、火灾原因调查指南等法规文件，只有熟练掌握了法规条文，才能灵活应用[4]。火调工作的培训考核工作在平时就应该得以重视，考核结果要得以应用，火调工作专项“三等功”只热衷一阵子、犹如昙花一现，多年没有再出现了，工作没有延续性，培训考核没有形成机制，致使火调工作普遍弱化，导致目前全国火灾调查工作水平偏低[5]。

参考文献

[1] 何彪．一起火灾复核案件调查的几点体会［J］．今日消防．2020.6.

[2] 陈龙玉．一起较大亡人火灾事故调查复核的思考［J］．消防科学与技术．2018.02.

[3] 刘永吉．一起火灾事故复核案件的调查［J］．消防界（电子版）．2021.05.

[4] 郑攀．深化消防执法改革下火灾事故调查的可诉性研究［C］//2021 中国消防协会科学技术年会论文集．2021.

[5] 羊加山．从一起火灾调查复核过程分析调查失误行为［C］//2021 中国消防协会科学技术年会论文集．2021.

对一起电气火灾事故调查的思考

张加伍

（临沂市消防救援支队，山东　临沂）

摘　要　本文以一起建筑电气火灾事故调查为例，重点围绕调查询问、现场勘验、技术鉴定（剩磁分析）等方面进行了阐述，综合运用宏观分析、证据比对、数据分析、现场印证等方法，在全面综合认定分析的基础上，查明了起火原因。强调火灾原因的认定分析，应在现场勘验、调查询问、物证鉴定等工作的基础上，综合分析认定；起火部位、起火点的认定，应综合分析可燃物种类、分布、现场通风情况、火灾扑救、气象条件等对各种痕迹形成的影响，全面考量判定。

关键词　消防　电气火灾　现场勘验　火灾事故调查

1　引言

2021年1月29日23时33分，沂南县消防救援大队指挥中心接到报警称，沂南县辛集镇某村民房起火。接到报警后，沂南县消防救援大队界湖消防救援站迅速出动人员、车辆到场扑救，明火于1月30日0时30分许扑灭。火灾造成该民房及屋内物品烧毁，1人死亡。

2　事故处置

火灾发生后，沂南县迅速启动应急响应并按要求成立事故调查组，开展事故原因调查和责任追究。沂南县消防救援大队也迅速启动事故技术调查，并按要求同步开展延伸调查[1]。

2.1　起火经过和火灾扑救情况

火灾发生前，房主夫妇二人在西侧房间睡觉。其女儿在东侧房间睡觉，醒来后发现堂屋北侧起火，屋内有烟，遂将其父母叫醒；在其将父亲转移到室外后，室内火势扩大，已无法进入。周围邻居察觉火情后前去帮忙救火并拨打119电话报警。

2.2　起火场所基本情况

经调查，起火住宅位于沂南县辛集镇某村。该住宅坐北朝南，院落大门在西南角，院内北侧、西侧各有一座单层房屋，院内存放有木柴等生活用品一宗。院落南侧、西侧均为水泥道路，东侧毗邻住宅及院落，北侧为村内胡同及其他住宅建筑。起火场所位于住宅北侧堂屋，地上一层，墙体为砖石砌体结构，屋顶为木梁结构，建筑面积约60m²。堂屋分东、西两间，室内摆放有木桌、沙发、床铺、空调、电冰箱、电视机等家具、电器等生活用品一宗。该起火灾过火面积约50m²，烧毁住宅堂屋及屋内家具、电器等物品一宗，造成1人死亡，火灾直接财产损失6万余元。

3　火灾原因认定

调查人员先后开展了调查询问、现场勘验、损失统计等工作，围绕起火时间、起火部位、起火原因等方面进行了细致的现场勘验。期间，临沂市消防救援支队派出火灾调查技术人员协助开展火灾原因调查工作，应急管理部天津消防研究所两名专家应邀到场指导勘验工作并协助开展起火原因分析。调查人员重点围绕调查询问、现场勘验、技术鉴定（剩磁分析）等方面开展了调查，查明了起火原因。

经综合分析，认定起火时间为1月29日23时10分许；起火部位位于该住宅堂屋内；起火点为堂屋内北墙柜式空调室内机西侧；起火原因排除放火、火炉、遗留火种、空调及电冰箱引发火灾，不排除因堂屋内北墙闸刀开关连接线路发生电气故障的因素，引燃柜式空调室内机西侧的可燃物并引发火灾。

3.1　起火时间的认定

经调查，此次火灾报警时间为1月29日23时33分，通过询问火灾发现人，结合火灾发展规律，综合认定起火时间为2021年1月29日23时10分许。

3.2　起火部位的认定

经调查，认定起火部位为住宅堂屋内。现场勘验发现，该住宅内堂屋烧损严重，西屋及堂屋外部的塑料大棚仅小范围烧损；火灾第一发现人证实，明火最初出现在堂屋北侧，如图1红圈正下方。

图1　起火部位示意图

3.3　起火点的认定

经调查，起火点位于堂屋内北墙柜式空调室内机西侧，如图2右。

3.3.1　火灾发现人员指认

经火灾发现人员现场指认，火灾发生时，首先看到堂屋北墙柜式空调室内机处有明火，其他位置还未出现明火。

3.3.2　现场勘验

现场勘验发现，堂屋东墙、南墙及西墙烧损较轻，整体呈现由北墙东侧向四周燃烧蔓延的痕迹特征；堂屋北墙自东向西依次放置杂物、柜式空调室内机、木桌、电冰箱、电视柜等物品，整体呈现由电冰箱东侧向西侧燃烧蔓延的痕迹特征；柜式空调室内机向堂屋内西南侧倾倒，将空调室内机恢复至原始摆放位置后发现，外壳上部烧损较轻，外壳下部西侧烧损变色重于东侧，呈现由空调室内机西侧向东侧燃烧蔓延的痕迹特征。经比对空调安装人员提供的现场安装图，结合现场复位情况，在电冰箱与柜式空调室内机之间放置有一木制矮桌，仅剩残骸；木桌上部的北墙墙面粘贴有纸画，仅残留燃烧后印迹，如图2右。该纸画粘贴部位墙面右上角受烟熏、炭化明显变黑，其他部位仍可见墙面颜色，整体呈现由纸画右上角向四周燃烧蔓延的痕迹特征。

3.4 起火原因的认定

起火原因排除放火、火炉、遗留火种、空调及电冰箱引发火灾，不排除因堂屋内北墙闸刀开关连接线路发生电气故障的因素，引燃柜式空调室内机西侧的可燃物并引发火灾。

3.4.1 排除人为放火

经调查询问，起火房屋内居住人员的社会关系简单，与其他人无矛盾纠纷，且起火时屋内3人均处于睡眠状态，当事人醒来发现起火时，未发现击打门窗玻璃及可疑人员等异常情况。经公安机关调查，未发现有放火嫌疑线索等异常情况。

3.4.2 排除火炉引发火灾

经现场勘验，堂屋内南侧放置火炉，该火炉附近残留较多可燃物，不符合起火点位置燃烧蔓延的痕迹特征，且该火炉长时间未使用。

3.4.3 排除烟头等遗留火种引发火灾的可能性

经现场勘验，起火点处未发现烟头、烟缸等吸烟用品及燃烧残留物，且起火时屋内3人均不吸烟。

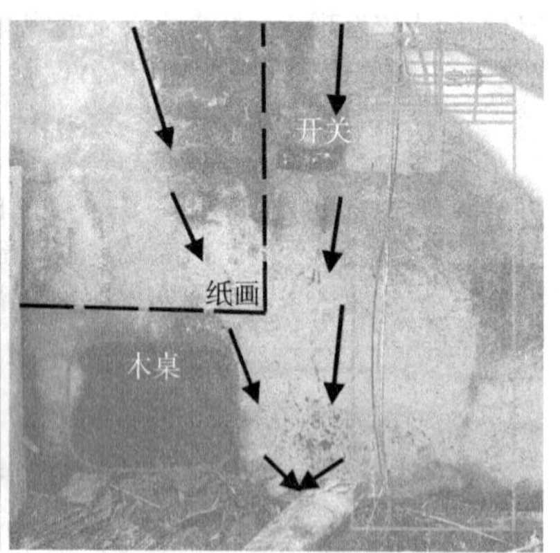

图2 起火点示意图

3.4.4 排除冰箱电气故障引发火灾的可能性

经现场勘验，冰箱电源线插接在电视柜移动插座上，其电源线及内部线路完整，未发现短路、过电流等电气故障形成的金属熔化痕迹。

3.4.5 排除空调电气故障引发火灾的可能性

经现场勘验，柜式空调电源线及空气开关、室内机内部线路、室内机与室外机连接线路均未发现有短路、过电流等电气故障形成的金属熔化痕迹。

3.4.6 不排除闸刀开关连接线路发生电气故障引发火灾的可能性

经细项勘验，该房屋的供电线路从柜式空调室内机西侧的墙体上方穿墙进入室内，入户后沿墙敷设，经闸刀开关分出若干铝导线，为室内空调用空气开关、电视柜移动插座和室内照明供电。经调查，事发当天闸刀开关处于闭合状态（即火灾发生前，与闸刀开关连接的线路均处于带电状态）。经对起火点处专项勘验，地面残留物中存在较多铝导线的熔化痕迹，如图2右。经对室内电源主线、闸刀开关连接线路进行勘验，发现电气线路存在多处熔融、烧断、烧失等电气故障现象，电源主线经过的部位附近的铁钉检测剩磁数据为1.7mT（图3），结合其他证据判定，确定存在闸刀开关连接线路电气故障引发火灾的可能性。

4 对本起火灾事故调查的思考

本起火灾，因涉及电气设备与电气线路、用电设备质量、农村电网改造、有人员死亡等因素，事故调查和处理较为敏感。加之，目击证人较少，调查询问指向与现场勘验方向不一致，起火部位较难确定等原因，调查过程也颇费周折。总结此案调查过程，有两点必须重视：火灾原因的认定分析，应在现场勘验、调查询问、物证鉴定等工作的基础上，综合分析认定[2][3]；起火部位、起火点的认定，应综合分析可燃物种类、分布、现场通风情况、火灾扑救、气象条件等对各种痕迹形成的影响，全面考量判定[4]。

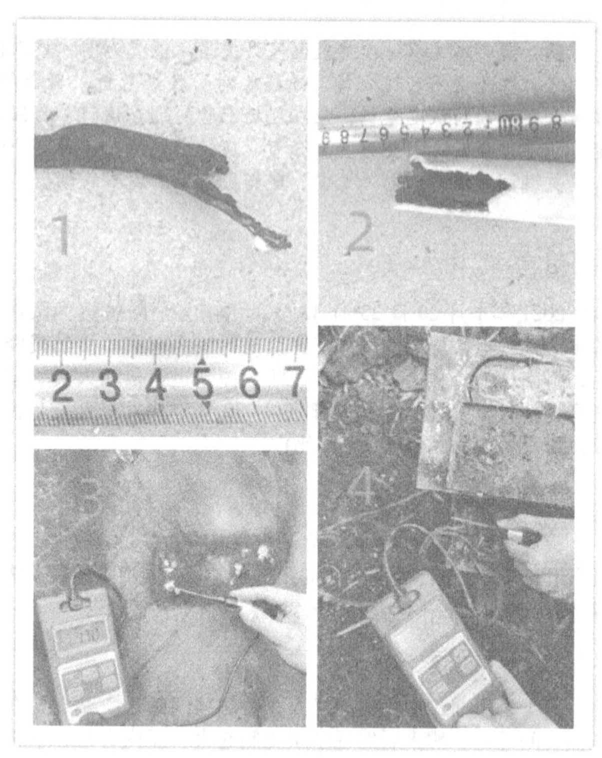

图3 电气线路故障及剩磁数据测试图

4.1 要科学分析利用剩磁数据

剩磁法作为电气火灾原因技术鉴定的方法之一，其科学性毋庸置疑。根据铁磁体磁化规律，处于磁场中的铁磁体被磁化后保持磁性的大小与电流的大小和距离有关：电流越大磁性越强，距铁磁体越近其磁性也越强，剩磁值有由强到弱的变化特点[5]。对剩磁数据的分析运用，应注意两点：一是被测量的试样应处在经确认的起火部位或起火点周围，试样与导线的距离以不超过20mm为宜（雷击现场可不受此限）[6]；二是要注意高温对剩磁数据的影响。研究表明，火场高温条件对铁磁体的剩磁具有减弱作用。初始剩磁值较高的铁磁体，从200℃剩磁开始减弱，至600℃完全消失；对初始剩磁值较低的铁磁体，则需较高的火场温度才能完全消除剩磁。因此，即使现场没有检测到较大的剩磁值，也不能简单地认为没有大电流经过，还应综合分析判断[7]。现场勘验中如果检测到较大的剩磁值，要排除磁铁磁化和存在基础剩磁的可能性，仔细询问之前是否发生过电气故障或较大电流经过等情况。本起火灾调查中，曾经对空调内部电气线路经过部位附近的铁磁性材料进行测试，结果许多检测点剩磁数据均超过1mT的判据（如上页图3下右）。经过分析研判，这些数据应该是空调生产过程中，金属构件焊接时产生的剩磁；经现场勘验，未发现有短路、过电流等电气故障形成的金属熔化痕迹，故而排除了空调引发火灾的可能。

4.2 要善于利用各种综合信息及电子证据

火灾发生后，应当围绕起火时间、起火的最初地点、部位，火灾蔓延过程，火灾发生时现场人员活动、物品摆放以及用火用电情况进行询问，对火灾发现人、报警人、参加火灾扑救的人和相关知情人员提供的重要的线索及时制作询问笔录[3]。对事发周边的监控视频、围观群众手机拍摄资料、网上信息等要及时提取、固定。本起火灾调查中，调查人员及时提取了该户“智慧用电”系统的数据，确定了主电断电时间和故障形式；根据网络供应商提供的断网时间，确定了用电设备的断电时间。特别是调查人员从空调安装人员提供的安装资料中，提取到空调安装完成后的效果图。根据图片中物体形态与位置，经比对现场的木片残骸和电源线、铁钉的位置，确定了剩磁数据测量点；通过比对墙壁留存的纸画、木片、木桌等燃烧后留下的烟熏痕迹及保护轮廓、烟熏及变色轻重程度等，确定了火灾蔓延方向。这些重要的资料，都为调查火灾原因指明了方向。

4.3 电气火灾的认定证据应充分可靠

认定电气火灾，应当在排除了其他火灾原因可能之后，经现场勘验、调查询问、技术鉴定等综合认定。有证据证明同时具有下列情形的，才可以认定为电气类起火：起火时或者起火前的有效时间内，电气线路、电气设备处于通电状态；电气线路、电气设备存在短路或者发热痕迹；起火点或者起火部位存在电气线路、电气设备发热点；电气线路、电气设备发热点或者电气线路短路点电源侧存在能够被引燃的可燃物质；起火部位或者起火点具有火势蔓延条件[5][7]。本起火灾调查中，根据调查询问和现场勘验初步确定为电气火灾之后，经进一步对电气线路和用电设备引发火灾可能性进行排查，最终得出了确定的认定结论。

参考文献

[1] 中华人民共和国公安部消防局编，消防监督员业务培训教材：火灾事故调查［M］，北京：国家行政学院出版社，2015.

[2] 中华人民共和国公安部消防局编，中国消防手册第八卷—火灾调查・消防刑事案件［M］，上海：上海科技出版社，2006.

[3] 胡建国，火灾事故调查工作实务指南［M］，北京：中国人民公安大学出版社，2013.

[4] 张加伍，崔永合，周金刚，分析认定起火点和引火源的探讨［J］，消防科学与技术，2011，(30)：973-976.

[5] 电气火灾原因技术鉴定方法第 2 部分：剩磁法［M］，北京：中国标准出版社，2005.

[6] 张彦勇，剩磁法在雷灾调查、电气元件故障调查和科学研究中的运用［A］，“第十届防雷减灾论坛——雷电灾害与风险评估”学术论坛，中国气象学会，2012，429-432.

[7] 邓亮，陈兵兵，火场条件对剩磁的影响研究［J］，武警学院学报，2016，242 (6)：85-88.

[8] 金河龙，火灾痕迹物证与原因认定［M］，吉林：吉林科学技术出版社，2005.

一起静电引发的车辆火灾事故调查

樊伟钦

(乌鲁木齐市消防救援支队，新疆　乌鲁木齐)

摘　要　以一起在加油过程中发生的车辆火灾为例，调查人员按照调查程序，通过调查询问、现场勘验、视频分析、现场检测等方式，确认了起火时间和起火点，排除了其他火源的可能性后，分析认定了起火原因为加油枪导通故障，静电放电引燃了泄漏的汽油蒸汽导致，揭开了火灾事故发生的真相，为今后类似的火灾事故调查提供了参考和调查方向。

关键词　静电火灾　车辆　视频分析　原因分析

0 引言

车辆加油过程中，高速流动的汽油、柴油与加油管路、加油枪管摩擦，产生大量静电荷可能会导致局部积累。据测试，加油射流产生的静电荷可累计高达 10kV 的电位差（加油口带负电荷，加油枪管带正电荷）。一旦加油枪发生静电导通故障，在加油过程中产生的静电不能通过“油枪→加油胶管金属导线→加油机本体→接地装置”及时导除，积聚到放电电压时，静电放电就有可能引燃汽油蒸汽。

1 火灾基本情况

2021 年 5 月 28 日 16 时，某消防救援大队接到某加油站站长电话报警称，2021 年 5 月 28 日 1 时 58 分，该加油站内一辆正在加注燃油的家用轿车突然起火，站内工作人员自行处置扑灭火灾，火灾造成该车辆部分烧毁，车主孙××受伤。

2 调查询问情况

接到报警后，大队和支队调查人员迅速成立火灾事故调查组，调查走访相关知情人员。经过调查询问得知：

2021 年 5 月 28 日 1 时 50 分左右，车主孙××开车去该加油站加油，进入站内后，加油员引导车主将车辆停放至指定加油车位并熄火，在加油员将车主身份证归还给车主后，车主将身份证放入车内，并站在车辆主驾驶位旁，加油员使用 1 号加油机的 4 号加油枪给车辆加入燃油后，站在加油机旁背对车辆站立，两人等待加油机给车辆加油。加油约 40s，车主突然听到有着火“轰”的一声，然后看到车辆加油口位置有火冒出，火焰范围约有足球大小，就开始往远离火源出走，回头看到加油员把加油枪拔出来，但枪头甩向了车主自己，孙××跑离现场时摔倒，发现自己的双腿已经着火了，就赶紧把自己腿上的火用手拍打扑灭。

加油员皇××叙述与车主孙××陈述基本一致，并且确定周围并没有人抽烟或使用打火机之类的火源。给起火车辆加油的 1 号加油机 4 号加油枪在火灾发生之前也未见异常。

3 勘验情况

3.1 环境勘验

火灾现场位于××路××加油站，该加油站东临××家属院，南临××小区，西临上海路，北临迎宾路。加油站无过火痕迹，起火车辆停放在1号加油机南侧，车辆东侧为2号加油机，南侧为加油站道路，西侧为空地。

3.2 初步勘验

起火车辆位于加油站1号加油机南侧，车头向东，车辆整体未变形。左侧车前门敞开，加油口在车辆左后侧，加油盖敞开，加油口周围及左侧车后门处有过火痕迹，左后门、后备厢门中间有烟熏痕迹，顶部行李架有过火痕迹，车辆其余部分无过火及烟熏痕迹。车内有干粉灭火器扑灭残留粉。如图1所示。

图1 车辆左侧过火痕迹

3.3 细项勘验

对车辆左侧烧损情况进行查看，后车门整体过火，油箱口左上部有液体流淌过火痕迹，左后车门顶部行李架罩布过火烧损，左前车门顶部行李架罩布完好。查看油箱口，外油箱盖和内油箱盖连接线烧损熔融，油箱口右侧卡口电机有过火痕迹，圈口上部有热划痕。仪表盘油箱指针在“F”位置。加油枪启闭灵活，不渗漏，加油机胶管不渗漏，检查活接不渗漏。

3.4 专项勘验

（1）对火灾车辆的外部、底部、油箱口及内部构件进行勘验拆解。吊起车辆后，对其底盘、油箱底部进行检查，无凹陷、漏洞，拆解车辆传动轴、排气管部件后，对油箱、油箱口、油箱管进行勘验拆解，油箱完好，止回阀弹性完好，功能正常，对油箱与油箱口连接的一根加油管、两根通气管的密闭性进行测试，无漏水漏气情况，密闭性良好。

（2）对加油站1号加油机4号加油枪进行导通性能测试，用万用表测试电阻，红色线针头接触加油枪嘴金属部分，黑色线针头接触视油器上方加油胶管与加油机连接的金属部分，观察记录万用表显示数值1.2Ω。

（3）用万用表测试电阻，红色线针头接触加油枪嘴金属部分，黑色线针头接触拉断阀金属部分，观察记录万用表显示数值0.5Ω。

（4）用万用表测试1号加油机4号加油枪电阻，红色线针头接触加油枪嘴金属部分，黑色线针头接触万向节金属部分，观察记录万用表显示数值1.1Ω、OL、7.4Ω、OL、OL、191.3Ω、OL、OL、3.3Ω、2.9Ω、1.9Ω、1.8Ω、OL、2.2Ω、1.3Ω、2.1Ω、12.4Ω、OL，存在有大于检测标准4Ω或OL过载不导通的情况。

（5）用万用表测试电阻，红色线针头接触拉断阀金属部分，黑色线针头接触万向节后方金属部分，观察记录万用表显示数值3.8Ω、21.6Ω、0.8Ω、2.1Ω、2.4Ω、OL，存在有数值大于4Ω或OL过载不导通的情况。

4 视频分析

4.1 监控点位图

监控点位置的分布如图2所示。

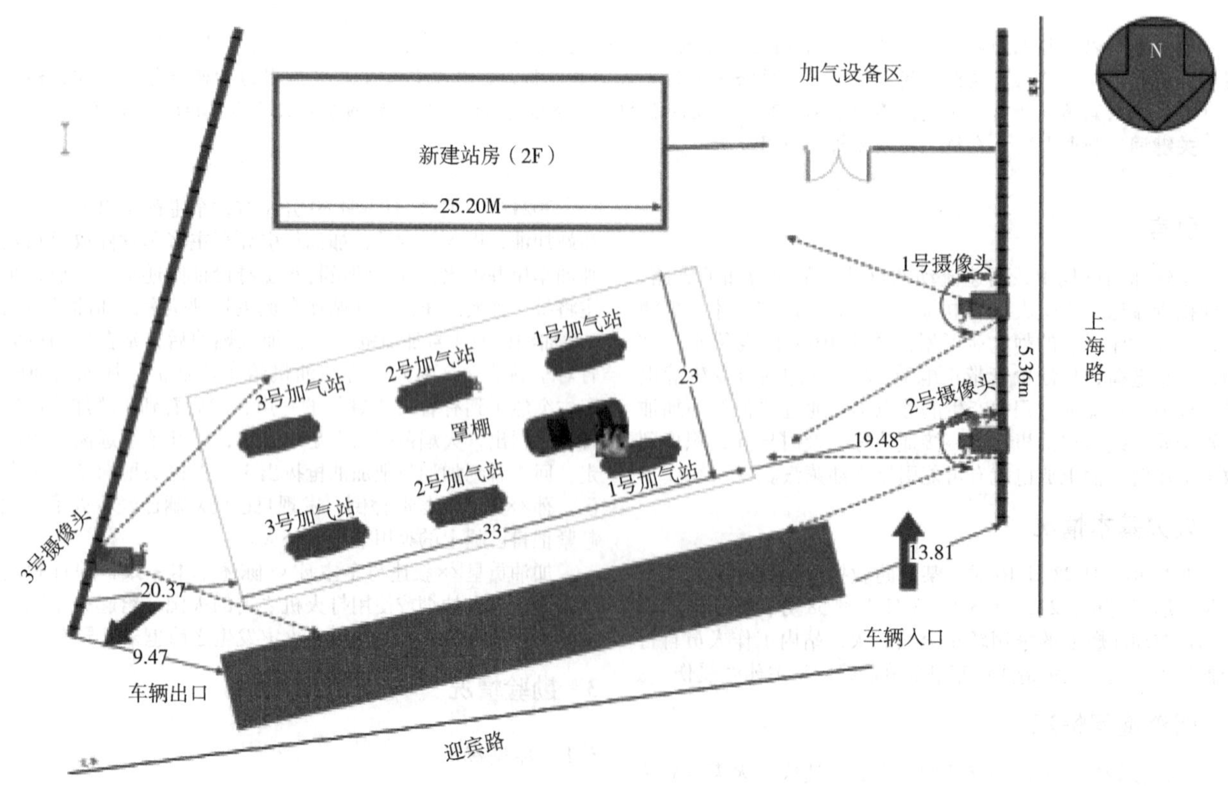

图2

4.2 时间校准

经查看视频检材 S01、检材 S02、检材 S03 分别比北京标准时间快 2 分 42 秒、2 分 42 秒、2 分 43 秒，如图 2 所示。

图 2 检材 S01、检材 S02 和检材 S03 时间校准结果

4.3 起火部位分析

经查看检材 S02 画面，截取出现火光时刻的前四帧视频监控画面，视频监控时间“2021 年 5 月 28 日 02 时 00 分 38 秒”许（北京时间 2021 年 05 月 28 日 01 时 57 分 56 秒许），视频监控画面显示着火车辆车主孙××的上衣出现轻微映射火光，同时结合起火时刻检材 S01 和 S02 的第一帧画面，可见车辆尾部左后轮处附近地面出现映射火光；“2021 年 05 月 28 日 02 时 00 分 38 秒”许（北京时间 2021 年 5 月 28 日 01 时 57 分 56 秒许），视频监控画面显示，着火车辆车主孙××的上衣映射火光变强，结合检材 S01 和检材 S02 的第二帧画面，可见车辆尾部左后轮处地面映射火光变强，火光范围变大，由于车辆尾部左后轮处地面和车主上衣同时映射火光，说明起火处位于车辆左后轮上部；火光时刻中的第四帧视频监控画面显示车主孙××所在位置被爆燃火光所波及，结合检材 S01 和检材 S03 的第四帧画面，可见车辆尾部左后轮上部外边沿出现爆燃火光，如图 3 所示。

图 3 监控画面分析

4.4 分析意见

根据视频检材分析，起火部位位于加油站内起火车辆尾部左后轮上部附近，起火时间为视频监控时间“2021 年 05 月 28 日 02 时 00 分 38 秒许”（北京时间 2021 年 05 月 28 日 01 时 57 分 56 秒许）。起火时未见有可疑人员在起火部位周边有异常行为；起火前未见空中有飞火、飘落物等外来火源。

5 火灾原因分析认定

5.1 起火原因分析

5.1.1 排除雷击引发火灾的可能性

火灾发生当晚，气温为 22～25℃，多云，无雷击现象，故排除雷击引发火灾的可能性。

5.1.2 排除飞火、飘落物等外来火源引发火灾的可能性

根据环境勘验，该加油站东临××家属院，南临××小区，西临上海路，北临迎宾路，无可散发飞火的建构筑物或设施设备。根据监控录像，起火前未见空中有飞火、飘落物等外来火源，故排除外来火源引发火灾的可能性。

5.1.3 排除吸烟引发火灾的可能性

现场未发现烟蒂、打火机、火柴盒等残骸。根据监控录像，起火前未见有可疑人员在起火周边有吸烟及其他异常行为。

5.1.4 排除电气线路故障引发火灾的可能性

（1）火灾发生后，将起火车辆送至汽车产品质量检验站进行检测鉴定，根据×××汽车产品质量检验站出具的《技术鉴定报告》：对受检车辆驾驶座上放置的手机充电线进行检测，无漏电短路现象；对受检车辆燃油泵、供油管路、接头及供电系统进行检测，无漏油、漏气、漏电现象；车辆电路系统线束均完好，无短路及漏电现象。

（2）对车辆左前门下方内饰灯进行勘验，打开车门，下方内饰灯通电正常，可正常工作。拆解查看灯泡接口及内部灯丝情况，外部玻璃及内部金属完好、颜色正常，未见接触不良、变色、变形等过火、故障、松动痕迹。

5.1.5 排除车主和加油员身上衣物产生静电导致引发火灾的可能性

根据视频监控，车主在加油过程中一直站立在主驾位车门旁，并未靠近车辆左后侧起火区域；加油员穿戴防静电工作服，背对车辆站在加油机旁，也不在起火区域，两人在起火前均未接触加油枪和车辆，故排除车主和加油员身上静电导致火灾的可能性。

5.1.6 静电引发火灾

（1）根据视频分析，起火部位位于车辆尾部左后轮上部附近，即车辆加油口处。加油枪口处虽然有油气回收设备，但是加油枪与汽车加油口在加油过程中闭合不严时，会有少量汽油蒸汽泄漏，泄漏部位与视频分析中的起火部位吻合。当汽油蒸汽与空气以一定比例混合时，具备静电起火的条件。

（2）对事故加油机加油枪进行导电性能测试，通过转动加油枪万向节，有个别数值大于检测标准4Ω的情况（按照GB 50156—2021《汽车加油加气加氢站技术标准》10.3.4规定防静电阻值≤100Ω，由于加油站的防雷≤10Ω、电气≤4Ω、防静电≤100Ω，三种接地合一，故取最小值≤4Ω为合格），存在静电积聚可能。

经调查询问、现场勘验、视频分析，该起火灾的起火原因系加油工用1号加油机的4号加油枪在给车辆加注汽油过程中产生静电，引燃泄漏的汽油蒸汽导致。

5.2 灾害成因分析

（1）起火后，加油员虽然关阀并拔出加油枪，但操作不当将枪头内残余的汽油甩至车主孙××身上，致使火灾瞬间扩大，造成孙××烧伤。

（2）加油枪后部万向节在部分角度下元件接触不良，导致加油枪整体在特定角度下静电接地电阻过大，并在枪头处积聚静电，点燃了附近泄漏的汽油蒸汽起火。

（3）加油站员工操作灭火器材不熟练，在火灾发生时扑救不及时，没有第一时间控制住火情。

6 体会与思考

（1）静电火花属微弱火源，其产生、积聚和放电过程较复杂，所以导致调查取证比较困难，认定该起火灾是静电引起的前提是必须排除其他火源的可能，依靠间接证据来证明火灾事实，各间接证据之间以及间接证据与火灾事实之间必须协调一致，相互印证。

（2）认定静电火灾原因，要把握三个原则：一是现场应具备产生静电和静电积累的条件；二是应具备放电的条件，三是放电能量足以点燃周围易燃物。

（3）为验证此起火灾起火条件，调查人员依据《建筑物防雷设计规范》（GB 50057—2010）、《建筑物防雷装置检测技术规范》（GB/T 21431—2015），对发生火灾时使用的加油枪进行导通性能测试，测得20组数据，有10组数据不符合监测标准，说明静电的积累是必然的，而积累到引燃程度是偶然的，致使该起小概率火灾事故的发生。

参考文献

[1] 黄贤平. 加油枪静电导通故障分析及预防措施[J]. 安全技术，2014.6：26-28.

[2] 黄永文. 静电火灾事故的调查分析[J]. 武警学院学报，2010，26（02）：84-85.

[3] 张小芹，程高平. 一起静电引发的重大火灾事故调查及思考[J]. 消防科学与技术，2020，39（11）：1615-1617.

[4] GB 12158—1990，防止静电事故通用导则[S].

一起住宅插线板电气线路过负荷火灾事故的调查与分析

赵维敏

（新疆乌鲁木齐市消防救援支队，新疆 乌鲁木齐）

摘 要 介绍了一起居民住宅内由于使用质量不合格的插线板，造成电气线路过负荷引发火灾事故的基本情况，综合运用逐层勘验法、水洗法等调查和勘验方法，结合证人证词与现场痕迹分析比对，物证提取和技术鉴定，综合分析准确认定起火原因，并且检测了此类插线板的有关性能，研究了插线板的火灾危险性、插线板火灾预防措施，为以后的火灾调查工作提供了一定的参考与借鉴。

关键词 插线板 火灾 调查与分析

1 火灾基本情况

2021年1月16日2时14分，乌鲁木齐市消防指挥中心接到报警，一住宅发生火灾，3名人员被困，指挥中心调集2个消防站6车30人赶赴现场，2时43分火灾被扑灭。

起火前房屋内有4人，3名儿童，1名成年男子。其中2名死亡（1名12岁男童，1名10岁男童），1名全身烧伤，重伤昏迷（36岁成年男子），经抢救一月余，恢复意识，腿部致残，为案情侦破提供了佐证，1名4岁女童，因惊吓无法正常表达。案件调查初期，由于屋内人员均无法开展询问，火灾调查人员全力通过现场勘验、外围走访调查，初步查明事发经过。

起火建筑位于乌鲁木齐市天山区幸福路幸福花园小区六期14号楼，始建于2000年，该建筑为多层砖混结构住宅，坐南朝北，地上6层、地下1层，起火房屋平面如图1所示。

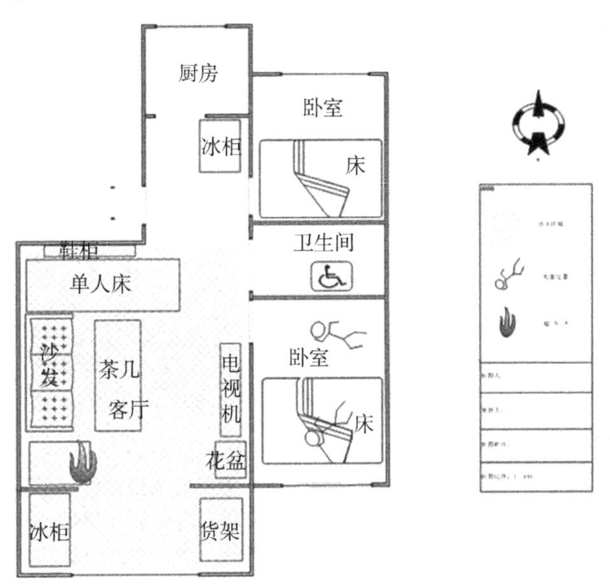

图1 天山区幸福花园六期14栋5单元201室“1. 16”火灾现场平面布置图

起火房屋位于该建筑5单元201室（户主：周哈克），起火房屋5单元201室南侧阳台落地窗玻璃完全破碎，阳台窗框上沿呈浓重烟熏痕迹，沿三、四、五层阳台玻璃窗外表面向上蔓延，三、四、五层阳台外窗未炸裂，整体烟熏痕迹逐渐减轻。起火房屋北侧阳台一扇窗户向外开启，开启的窗扇上沿呈轻微烟熏痕迹，其他部位无烟熏现象，如图2所示。

图2

2 火灾事故调查认定情况

2.1 起火时间的认定

据起火房屋隔壁202室邻居、第一报警人田燕燕反映，她和爱人阿不力米提·艾则孜于1月16日1时19分，在客厅与起火住宅一墙之隔的阳台处学习手机中的学习强国App时，闻到一股浓重的胶皮味，于是她爱人阿不力米提·艾则孜于1时22分，在住宅楼微信群里发消息称：在阳台上闻到了一阵电线胶皮的焦煳味，谁家电线有问题，请大家检查一下。烟味一直持续且越来越大。二人焦急查找来源，突然听到门外有响动，并从门缝中闻到烧焦的味道，二人立即从家中跑出，此时看到邻居周哈克带着女儿刚从201室房门出来。楼道上层充满浓烟，裸露的电线胶皮熔融滴落，三人摸索下楼，周哈克又返回家中营救2个儿子，田燕燕给周哈克递了一条湿毛巾，并拨打了119报警电话，此时是2时14分。

调查人员经过现场试验，模拟出导线连接大功率用电器，局部过热部分引燃海绵的过程，试验结论为：导线与海绵接触部位发出明火至火势扩大至0.01m^{2}的时间为170s。

结合现场海绵沙发体积，按照火灾发展规律计算，初步认定起火时间约为当日2时许。

2.2 起火部位、起火点的认定

（1）房屋南侧卧室门外正对过厅及客厅西北角，客厅西北角靠北墙放置的木柜东侧柜板与过厅西侧墙面形成一由南向北逐渐升高的斜茬状炭化灼烧痕迹，斜茬最低点位于客厅墙面的南侧下方，距地面高度约0.5m，客厅由北向南烧毁痕迹逐渐加重，西南侧烧毁程度更彻底，炭化程度更细碎。如图3所示。

图3

（2）客厅南侧阳台落地玻璃外窗全部脱落，仅残存窗框，东、西墙面烟熏痕迹残留较多，阳台顶棚面向客厅的迎火面的烟尘基本被明火烧净。

（3）客厅整体烧毁程度最重，客厅家具基本烧净，东侧靠墙为壁挂式电视机后架、电视柜及两侧一些花盆架及小桌子，中部木质电视柜塌落状为西低东高，电视柜塌落物距地面约0.5m，电视柜两侧摆放的瓷质花盆燃烧炸裂，破损斜面均指向客厅西侧。

（4）电视柜前方为客厅茶几，茶几表层大理石完全碎裂，下层木制框架完全烧毁倒塌，茶几以西，客厅西侧靠墙地面残存一层炭化细碎颗粒，碳化物基本为木炭残渣，残渣区域正对西侧墙面呈一长方形遮挡物印痕，该处地面呈现完全炭化的木质残留物，残留物形态由南向北依次为：细碎颗粒—中块—大块，碳化物整体呈光亮、炭化层裂纹较深较宽的大波浪状。如图4所示。

图4

（5）客厅西墙距南墙约0.5m处，距地面0.3m高处，有两个裸露的墙面电源，该两处电源塑质外壳及绝缘皮均烧失脱落，左侧裸露一根细线垂落于墙面，分析确定为网线，右侧三根2.5mm² 单股铜导线端头带电器元件插座，确定为墙面电源，该处墙面电源下方踢脚线与墙面之间的缝隙内铺设一条多股铜导线线路，由墙面电源延伸至南侧墙边，后沿南侧墙延伸，导线下半段整体呈碎屑状，南侧墙与阳台门洞相接处一铁艺支架上缠绕一条多股铜导线，为阳台沿西侧墙放置的冰柜电源线，线路整体及端头三个插片表面完好（图5~图8）。

图5

图6

图7

图8

（6）客厅南侧与阳台之间门洞上方设置的窗帘杆变形塌落于地面，该处中间地面散落大量衣架，南侧靠西侧墙的角落地面残留物中散落大量金属窗帘挂钩（筛洗发现），南侧阳台冰柜外壳全面过火，上盖打开内表面呈黑色浓重烟熏痕迹，内部保温残存保温层残骸，箱体内内胆及食物仅表面烟熏、轻微炭化，冰柜南侧与外窗夹缝内散落大量调料及食品，表面烟熏，阳台东侧靠墙放置一金属货架，货架上层中部偏北侧一边向下弯曲变形，下层无此现象，金属货架与墙面烟痕呈半“V”字形过火痕迹（图9）。

（7）在客厅西南角存有的灰烬中靠近南侧铁艺金属支架地面处使用水洗法对沙发南侧区域地面灰烬进行筛洗，发现带豁口的插线板插槽残骸，及部分多股导线碎屑，提取插线板插口及残存导线送物证鉴定中心检验（图10）。

图9

图 10

2.3 物证鉴定

火灾现场勘验人员提取了客厅东南角地面电器元件残骸及断裂的导线残骸，送往物证鉴定中心进行鉴定，鉴定意见为：

（1）送检的导线线芯表面检材主要成分（质量分数）为：Cu（铜，68.33%）、Al（铝，13.22%）、C（碳，12.55%）、O（氧，3.97%）、Ca（钙，1.35%）和 Cl（氯，0.58%）等元素。

（2）送检的导线线芯截面检材主要成分为：Al（铝，82.05%）、C（碳，9.61%）、O（氧，4.17%）、Mg（镁，1.35%）和 Cu（铜，0.91%）等元素。

（3）送检的插线板插槽残骸检材的熔痕为局部高温作用形成的熔痕。

鉴定意见表明，该插线板导线材质为铜包铝导线；插线板插槽在局部受到高温的情况下产生凹坑，因检材成分熔点较低，无法查验检材中晶粒的变化，结合实际的插线板插槽与插头接触面的不平整，能证明起火时该插线板的插槽局部接触电阻较大，发生了金属熔断。

综合分析认定，起火部位认定位于客厅东南角，起火点位于西南角贵妃沙发南侧摆放的插线板及其线路处。

2.4 起火原因的认定

（1）物质自燃的可能，起火点及其周边为使用很久的海绵沙发及棉质被褥等物品，无自燃性物质，可排除。

（2）生活用火不慎引发火灾的可能，发生火灾时起火房屋内一家人都已进入睡眠状态，起火部位无人员走动，且起火部位附近无炉子等生火物品，无打火机等引火源，可排除。

（3）弱火源引燃可燃物引发火灾的可能，起火房屋内一家人都不会吸烟，无乱扔烟头的可能，可排除。

（4）儿童玩火引发火灾的可能，起火房屋 3 名儿童均在起火前 1 个小时左右入睡，起火前房屋内成年男子在孩子们睡去后离开客厅，离开客厅时未发现异常，可排除。

（5）电气线路过负荷引发火灾的可能，经现场勘验及物证鉴定，起火部位发现的插线板金属插槽存在熔痕，插线板的多股导线在燃烧后呈零星的碎屑状，残骸残缺不全，且导线碎屑较细，碎屑上的燃烧痕迹无明显的过渡区，整体酥软，在其连接的通电电冰柜插头及导线上则未发现故障点，因此符合铜包铝导线全线过负荷的痕迹特征。

因此，综合认定该起火灾原因为客厅西南角处于通电状态的插线板电气线路过负荷，引燃周围可燃物引发火灾。

同时，经询问康复的重伤户主周哈克得知，2021 年 1 月 16 日凌晨 0 时许，他带三个孩子休息，两个儿子睡南侧卧室，他和小女儿睡北侧卧室，1 时许，他给哥哥发了一条微信说睡觉了，然后就睡去，迷糊中发觉卖麻辣串的爱人仍未回家，于是起身，闻到周围存在浓重烟味同时感到头晕目眩，踉踉跄跄走到北侧卧室门口发现，客厅的南侧贵妃沙发和中部的茶几塑料桌布已经有明火，明火已经基本快到房顶的高度。周哈克返回北侧卧室拽起小女儿，打开房门，看见邻居一家一起跑到楼下，随后邻居田燕燕拨打了 119 报警电话。

通过火灾前时间缺失部分的补正，周哈克的证言证实了，他发现起火时的状态即为火势发展状态与猛烈燃烧状态的临界状态，沙发海绵在火星的作用下局部升温由阴燃转为明火的时间差与 202 室田燕燕闻到烟味至报火警之间的时间差相吻合，最终认定起火时间为 1 月 16 日 02 时许。

同时据周哈克反映，起火部位使用的插线板是其在路边摊上新买的，使用时间不长，因此该插线板线路老化降低功能的可能性进一步排除，问题集中在插线板本身存在的问题上。

3 同类延长线插座的质量检测

插线板又名延长线插座，火灾调查人员根据受灾户主周哈克提供的线索，在起火现场附近一家“三元五元店”里找到了和起火现场极为相似的延长线插座，并将一组 6 只延长线插座送往电气设备检测中心进行检测，检测机构根据 GB/T 2099.1—2008《家用和类似用途插头插座　第 1 部分：通用要求》、GB/T 2099.7—2015《家用和类似用途插头插座　第 2~7 部分：延长线插座的特殊要求》、GB/T 1002—2008《家用和类似用途单项插头插座　型式、基本参数和尺寸》的规范要求，对送检样品延长线插座进行了检测。检测结果为质量不合格（图 11、图 12），具体为：

（1）送检样品单相两极带接地插座部分，用探针对保护门施加 20N 的力，能触及 L 极插孔带电部件，防触电保护不符合标准要求；

（2）送检样品的接地措施不符合标准要求；

（3）送检样品软缆的导线数与插座数极不相等，结构不符合标准要求；

（4）送检样品两极带接地插座部分，在结构上不符合温升试验要求，无法正常进行 L 极-接地极之间的温升试验，两极双用插座部分在温升试验时，其端子温升大于 45K，不符合标准要求；

（5）送检样品底座、底壳、插孔面板在 125℃ 球压试验时，压痕直径大于 2mm，耐热不符合标准要求；

（6）送检样品的插头部分 L、N、插销 E 部位尺寸不符合标准要求，接地插销 C 部位尺寸不符合标准要求，插头插销离边缘距离小于 6.5mm，不符合标准要求；

（7）送检样品插头不分滚筒试验后，插头插销变形以至于无法插入符合有关标准的插座，不符合标准要求；

（8）送检样品软缆部分的绝缘厚度、护套厚度不符合标准要求；

（9）送检样品软缆部分 20℃ 导体电阻大于 26.0Ω/km，不符合标准要求；

（10）送检样品软缆部分绝缘的绝缘和护套老化前抗张强度小于 $10N/mm^2$、断裂伸长率大于 150%，不符合标准要求。

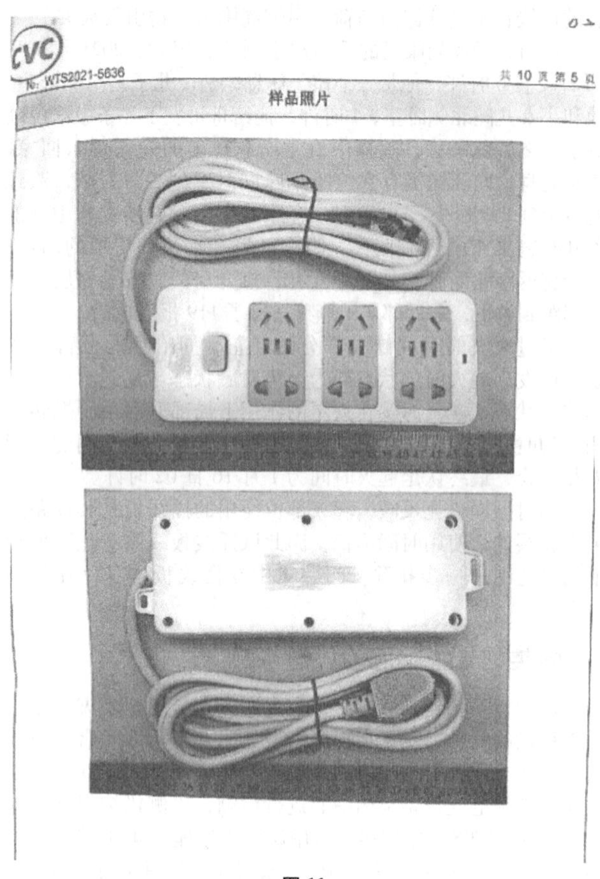

图 11

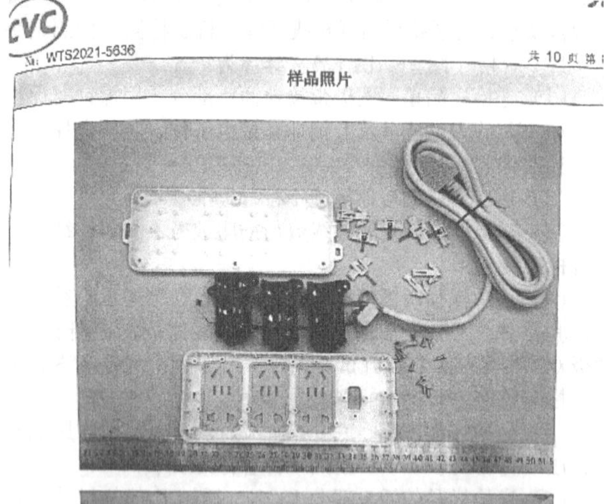

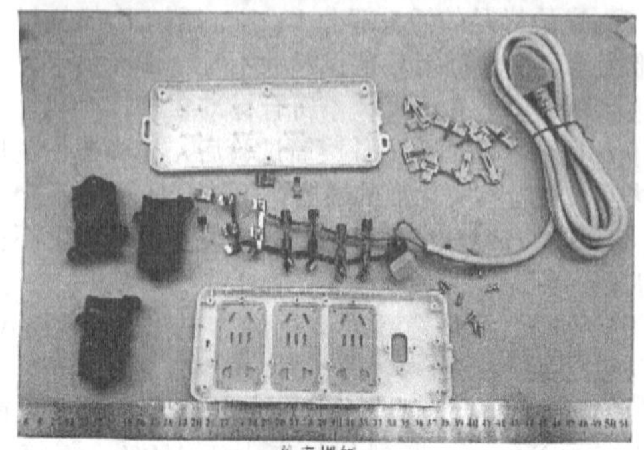

外壳螺钉：

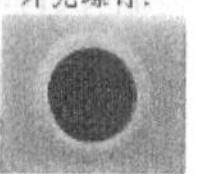

图 12

4 插线板火灾的危险性分析

（1）使用伪劣插线板

目前，居民消费的一般场所除正规大型超市外，以价格低廉诱导顾客的小经营店售卖的插线板，大部分插线板配用的金属导线横截面积过小无法承载大电流经过，或者使用劣质金属材料作为导体，或绝缘材料不阻燃，属于极不符合市场准入资格的插线板，居民在日常生活中由于对插线板质量优劣认识不足，安全性问题考虑不足，购买价格便宜或无质量保证的杂牌插线板，在生活中埋下火灾隐患。

（2）未按规范放置

在大量插线板故障引发的火灾事故案例中，调查人员经常发现插线板被放置于家具夹缝、家具底部、床铺被褥附近或悬空搭接，这些容易造成插线板聚热快、积聚灰尘、金属线芯线径变化大的不规范放置方法，极大地增加了插线板故障的概率，插线板如与可燃物距离过近，局部温度高于可燃物的燃点，则容易引燃可燃物造成火灾事故。

（3）违规使用

居民在使用插线板时，经常发生设备插头与插座型号不匹配、长期使用软缆老化或接触金属片松动、线路绝缘皮破损未维修、插线板发生电气故障后自行维修后继续使用、违规接插大量用电器等一些不良行为，造成插线板金属软缆线径局部改变电阻增大、金属插槽内元件非正常发热、外力改变导致插槽局部高温、金属软缆损坏漏电等容易发生高温的隐患，造成插线板过负荷、短路等严重问题。

5 插线板火灾的预防措施

（1）合理选择插线板

居民应在选择插线板过程中，首先通过正规渠道购买符合国家相关标准规定的正规厂家生产的插线板，购买插线板时应注意：选用软缆金属线径较粗、绝缘保护层为阻燃 PC 材质的插线板。其次在使用过程中注意插线板的一些电气参数，如最大电压、最大电流、频率等，对应不同功率的电器产品应使用满足要求的插线板：插头的额定电流不得大于插座的额定电流；插座额定电压不得小于插头的额定电压。即插线板的功率一定要大于用电器，插线板的功率要符合墙面电源的功率。

（2）合理使用插线板

插线板属于墙面电源的补充产品，用户应在装修过程中，通盘考虑墙面电源的布设，尽量在墙内布设符合要求的电气线路，如确实需要使用插线板，应按照电气线路敷设要求，将插线板软缆使用 PVC 管道或金属管道固定敷设在墙面上。在使用过程中，不应连接过多电器，不应连接需要同时启动的大功率用电器，不应将插线板放置在与可燃物距离过近的位置，不应使用故障的插线板，使用完毕后应及时关闭插线板。

（3）规范插线板的生产、销售领域

目前全国插线板行业在生产、销售领域仍旧存在大量制假、售假的企业和个人，相关部门屡禁不止，究其原因，一方面是制作假冒伪劣插线板利益丰厚，插线板出厂后，无检定证书、无消费者可操作的验真方式，较易伪造；另一方面是市面上销售插线板的店铺及品牌基数庞大，质量监管部门无法一一送检查验。因此相关部门应加大对插线板生产、认证、检测环节的检查和指导，从标准源头上把控插线板的质量；此外，相关部门应设置插线板等输电产品准许营业的许可环节，严格把控此类产品的销售渠道，严厉打击企图售假的不法商贩。

参考文献

[1] 李莹，蔡军，宋荷靓，陈倩雯，许应成．插线板产品质量安全风险分析［J］．标准科学，2016，1：68-74.

[2] 吴达妍，刘一乐，王洪波．插线板引起火灾的原因及勘验要点剖析［J］．武警学院学报，2013，29（02）：92-94.

[3] 金河龙．火灾痕迹物证与原因认定［M］．长春：吉林科学技术出版社，2006.

[4] 王海争．关注身边的安全——插线板的选购与使用［J］．家用电器．2014，12.

火灾调查中火场指纹显现技术的研究现状

阮　程

（中国人民警察大学侦查学院，河北　廊坊）

摘　要　指纹是法庭科学中常见的重要证据之一，可直接对犯罪嫌疑人进行认定，因此火场指纹的显现是火灾调查的重要工作之一，该工作可对纵火案件以及失火案件的犯罪嫌疑人进行同一认定，本文先对指纹显现技术中的物理显现法以及化学显现法进行总结，然后从物理和化学火场指纹显现两个角度对在国内外研究现状进行综述，其中微粒悬浮液显现法、静电吸收法、502熏显法、硝酸银显现法、激光显现法、氰基丙烯酸酯熏显法均能对火场指纹起到较好的显现效果

关键词　消防　火灾调查　火场指纹　物理显现法　化学显现法

1　引言

纵火案件与失火案件在我国虽然不常见，但其具有一定的社会危害性，例如在2002年发生的蓝极速网吧纵火案以及2017年发生的杭州保姆纵火案等对社会造成不良影响的纵火案。对于纵火案中的犯罪嫌疑人火灾调查人员可通过火场遗留指纹对其进行身份认定，这是由于每个人的指纹都具有自身的唯一性、终生不变的稳定性以及触物留痕的特性，但这火场指纹显现技术在以往火灾调查工作中因为提取难度较大而无法展开，这是因为指纹残留物中的氨基酸以及尿素会在高温条件下分解，随着火灾调查技术的发展以及国内外学者对火场指纹显现技术进行的研究，使得该技术日益成熟并逐步应用于火灾调查工作中，J Dean[1]通过模拟真实火场环境发现附着于火场家具上的指纹可以在火场高温条件下保存并显现。本文将对火场指纹显现技术进行综述，帮助火灾调查人员在提取火场指纹的过程中选择更加快捷、准确的选择显现方法。

2　指纹显现技术

指纹显现技术是指通过物理或者化学方法对遗留在犯罪现场的指纹发生物理或者化学反应进行显现的方法，该方法是法国人Aubert于1877年通过硝酸银与指纹汗液反应显现出指纹所发现的，随着社会与科学技术的飞速发展，指纹显现技术与物理、化学、生物等学科紧密结合，促使该项技术日益成熟稳定，并广泛应用于法庭科学之中。

2.1　物理显现法

物理显现法通常用于金属、塑胶、玻璃、瓷砖等非吸水性物品的表面指纹，其方法包括粉末刷显法、磁粉刷显法以及激光法。

（1）粉末刷显法，在刷显时选择颜色与被刷显表面相差较大的粉末，先将粉末撒在待显现的指纹处，然后使用毛刷扫去多余的粉末，对指纹进行刷显；

（2）磁粉刷显法，以微细的铁粉颗粒，用磁铁作为刷子，来回刷扫，显现指纹。

（3）激光法显现法，激光法显示装置采用氩离子激光器显现客体表面的指纹，其原理是人的手指表面附有一层汗液和脂肪酸，在手接触客体后便留下肉眼无法观察的指纹，使用激光对其进行照射，汗液、脂肪酸等会发出彩色荧光，便能清晰的对指纹进行显现。

（4）小颗粒悬浮液显现法，溶液中的二硫化钼微粒通过附着于指纹纹路上达到显现指纹的效果。

2.2　化学显现法

化学显现法通常运用于留在纸张、卡片、皮革、木头等吸水性物品表面的指纹。其显现方法包括碘熏显现法、茚三酮显现法、硝酸银显现法、荧光试剂显现法、502熏显法。

（1）碘熏显现法，对碘晶体进行加温产生碘蒸气，碘蒸气与指纹中的油脂产生反应，反应后会呈现黄棕色的指纹，由于碘具有较强的挥发性，必须及时使用数码相机拍照固定。

（2）茚三酮显现法，将茚三酮试剂喷在待显客体上，茚三酮与指纹残留物中的氨基酸发生反应后呈现出紫色的指纹。

（3）硝酸银显现法，将硝酸银溶液喷在待显客体上，硝酸银溶液与指纹残留物中的氯化钠产生反应后生成棕褐色的氯化银，而氯化银在阳光下分为黑色的银单质，从而对指纹进行显现。

（4）荧光试剂显现法，荧光胺与邻苯二醛迅速与指纹残留物中的蛋白质或氨基酸发生反应，产生高荧光性指纹，此试剂可以用在彩色物品的表面。

（5）502熏显法，将承痕客体放置于502熏显柜中，将502胶中的氰基丙烯酸加热气化，指纹残留物中的氨基酸和葡萄糖会与气化的胶浆发生反应，使指纹呈现。

3　研究现状

3.1　物理显现法研究现状

Jasmine Kaur Dhall等[2]提出使用新型微粒悬浮液—基于

碳酸锌的新型荧光小粒子试剂对高温处理后的指纹进行提取，将指纹样品放置于马弗炉（100℃～900℃）中加热1小时，然后对样品进行喷水冷却，最后使用两个不同浓度的碳酸锌荧光微粒悬浮液对高温处理后的指纹进行提取显现，通过研究发现在火场高温环境下指纹依然能被提取并且使用该配方具有较好得显现效果。

Jasmine Kaur Dhall[3]制备了分别基于碳酸锌、氧化锌、二氧化钛的三种新型微粒悬浮液荧光配方，将这三种配方对700℃和800℃处理后的指纹进行显现，发现基于碳酸锌与二氧化钛的小粒子试剂配方更适用于火场指纹显现，而基于氧化锌制备的小粒子试剂无法细致地显现火场指纹。

O. P. Jasuja[4]提出微粒悬浮液在火场指纹显现效果较好，在其研究中对一些涉及不同染料与碳酸锌组合的微粒悬浮液配方进行了比较研究，研究表明罗丹明B、罗丹明6G和氰基蓝微粒悬浮液因其更好的指纹显影能力和可持续荧光而被推荐。该配方可扩展到在各种非多孔表面上形成潜在的指印，这些表面已在水介质中浸泡48h。荧光出现在505nm、530nm、55nm和短紫外线下。

KM Stow等[5]提出先使用1%和2%的氢氧化钠洗涤液去除高温处理后玻璃表面的灰尘，然后结合微粒悬浮液与粉末刷显法对玻璃表面的指纹进行显现，可发现在去尘处理后的使用这两种显现方法可对指纹进行有效提取。

Mark A. Spawn[6]提出了火场所产生的烟尘可能会有类似燃烧樟脑产生细黑烟对指纹显现的效果，该显现方法是通过樟脑自身燃烧所产生的烟尘附着于平整表面的指纹上，如果表面附着烟尘过多，可以用水冲洗表面，清除指纹背景中多余的烟尘，留下指纹的显影轮廓，通过对真实案例的分析，他发现可对起火点附近的物体进行提取，对其使用清水冲洗后可发现指纹痕迹。

John W. Bond等[7]提出对附有指纹的金属板进行静电充电，然后金属粉末吸附于指纹上达到显现效果，这是由于指纹中的汗液会腐蚀金属表面，并且腐蚀效果会随着金属受热温度的升高而越发明显，从而产生不容易被洗去的指纹痕迹，通过金属粉末的静电吸附将指纹痕迹进行显现。

Ainsley J. Dominick[8]通过研究纸张上指纹在受热温度大于100℃下加热20min，得到在350～469nm的紫蓝光和476nm的滤光片、352～509nm的蓝光和510nm的滤光片以及473～548nm和549nm的绿光的激发下，指纹会发出荧光，这是由于指纹残留物中的氨基酸在100℃时分解的三种产物引起了指纹痕迹的荧光。

3.2 化学显现法研究现状

车强[9]使用502胶熏显现法对不同温度以及不同湿度下处理下的指纹进行显现，发现该方法分别对：火场中受热温度较低的汗液指纹、加湿处理后的汗液指纹以及黏附在陶瓷、玻璃等非吸湿性表面上的汗液指纹具有较好的显现效果。

Ainsley J. Dominick[10]研究发现在火场温度超过300℃时，相比于铁粉刷显法，使用502熏显法对平整表面的指纹显现具有较好的效果，甚至可以恢复800℃时陶瓷碗表面的指纹痕迹。

Chae-Won Kim等[11]使用茚三酮、DFO和硝酸银对火场高温处理后的纸张上的指纹进行显现，将附有指纹的纸张暴露在干燥热压机（200℃），使用这三种提取试剂对不同加热时间下的指纹进行提取，由于指纹汗液中的氨基酸长时间暴露在高温条件下会发生热解，因此与氨基酸发生化学反应而显现指纹版的茚三酮与DFO效果不明显，但硝酸银可与指纹汗液中的氯化钠反应从而显现指纹，并且效果较好。

Sarah Jane Gardner等[12]对汽车纵火案中后视镜的指纹进行提取，在一个近似汽车纵火相关变量的集装箱内进行火场高温处理，先通过胶带、氢氧化钠溶液或液体乳胶进行表面灰尘清除，然后使用黑色磁性粉末、铝和黑色悬浮粉末，或用BY40染料进行氰基丙烯酸酯发烟等指纹显现技术进行提取，研究发现当温度超过200℃时（由于指纹中化合物在升高的温度下分解），粉末和粉末悬浮法的有效性降低，而氰基丙烯酸酯熏显法的有效性在大于500℃时降低。

4 结论与展望

本文对现有的对防火涂料分析鉴定的技术手段进行梳理，得出如下结论：

（1）物理显现法：由于指纹中化合物在火场高温条件下受热分解，粉末刷显法对火场指纹显现效果并不显著；基于碳酸锌、氧化锌以及二氧化钛的荧光微粒悬浮液可通过溶液中的微粒附着于指纹纹路，对指纹显现效果较好；由于指纹残留物中的汗液会对金属表面产生腐蚀作用，由于火灾现场的烟尘会对指纹痕迹产生附着对痕迹进行清洗即可，或是先对金属客体进行静电充电然后使用金属粉末对指纹进行附着，均能清晰的对火场指纹进行显现。

（2）化学显现法：由于火场指纹残留物与正常状态下的指纹残留物具有较大的区别，其残留物中的氨基酸以及尿素受热分解，因此使用茚三酮、DFO以及等化学方法对火场指纹的显现效果并不理想，而502熏显法、硝酸银显现法、氰基丙烯酸酯熏显法不受这两种物质分解的影响，均能对火场指纹有效显现。

对于未来的火场指纹显现技术趋势，是能够在火灾现场进行快速、准确、灵敏地对火场指纹进行显现提取，并能及时与指纹库进行比对分析，帮助火灾调查人员迅速、准确的确定犯罪嫌疑人或事故责任人。

参考文献

[1] Deans J. Recovery of Fingerprints from Fire Scenes and Associated Evidence [J]. Science & Justice, 2006, 46 (3): 153-168.

[2] Dhall J K, Sodhi G S, Kapoor A K. A novel method for the development of latent fingerprints recovered from arson simulation [J]. Egyptian Journal of Forensic Sciences, 2013, 3 (4): 99-103.

[3] Dhall J K, Kapoor A K. Development of latent prints exposed to destructive crime scene conditions using wet powder suspensions [J]. Egyptian Journal of Forensic Sciences, 2016.

[4] Jasuja O P, Singh G D, Sodhi G S. Small particle reagents: development of fluorescent variants [J]. Science & Justice, 2008, 48 (3): 141-145.

[5] Stow K M, Mcgurry J. The recovery of finger marks from soot-covered glass fire debris [J]. Science & Justice, 2006, 46 (1): 3-14.

[6] SPAWN, Mark A. Effects of fire on fingerprint evidence. New York State. Office of Fire Prevention and Control, 1994.

[7] Bond J W. Visualization of Latent Fingerprint Corrosion of Metallic Surfaces [J]. Journal of Forensic Sciences, 2008, 53 (4).

[8] Dominick A J, Dae Id N N, Bleay S M, et al. The recoverability of fingerprints on paper exposed to elevated temperatures - Part 2: natural fluorescence [J]. Journal of Forensic Identification, 2010, 59 (3): 340-355.

[9] 车强. "502" 胶熏显法显现火灾现场环境下指纹[J]. 消防科学与技术, 2001 (4): 2.

[10] DOMINICK, Ainsley J.; NIC DAEID, Niamh; BLEAY, Stephen M. The recoverability of fingerprints on non-porous surfaces exposed to elevated temperatures [J]. Journal of Forensic Identification, 2011, 61.5: 520-536.

[11] YOUN-HEE, Seo; JE-SEOL, Yu. Development of Fingerprints Deposited on Papers Found at a Fire Scene [J]. Fire Science and Engineering, 2018, 32.3: 88-94.

[12] Gardner S J, Cordingley T H, Francis S C. An investigation into effective methodologies for latent fingerprint enhancement on items recovered from fire [J]. Science & Justice, 2016: 241-246. Pert A D, Baron M G, Birkett J W. Review of Analytical Techniques for Arson Residues [J]. Journal of Forensic Sciences, 2010, 51 (5): 1033-1049.

[13] O'HAGAN, A.; BANHAM, R. B. A review of fingerprint recovery within an arson crime scene [J]. Forensic Research & Criminology International Journal, 2018, 6.5: 315-325.

[14] 张丽梅, 朱涵婷, 唐耀坤, 姜瑶筝, 王彦淞, 张忠良. 基于材料表面修饰技术的二硫化钼微粒悬浮液显现胶带粘面上手印 [J]. 刑事技术, 2018, 43 (05): 373-377.

[15] Tontarski K L, Hoskins K A, Watkins T G, et al. Chemical Enhancement Techniques of Bloodstain Patterns and DNA Recovery After Fire Exposure * [J]. Journal of Forensic Sciences, 2010, 54 (1): 37-48.

[16] Pert A D, Baron M G, Birkett J W. Review of Analytical Techniques for Arson Residues [J]. Journal of Forensic Sciences, 2010, 51 (5): 1033-1049.

[17] Clutter S W, Bailey R, Everly J C, et al. The Use of Liquid Latex for Soot Removal from Fire Scenes and Attempted Fingerprint Development with Ninhydrin * [J]. Journal of Forensic Sciences, 2010, 54 (6): 1332-1335.

[18] Madkour S, Sheta A, Dine F E, et al. Development of latent fingerprints on non-porous surfaces recovered from fresh and sea water [J]. Egyptian Journal of Forensic Sciences, 2017, 7 (1): 3.

[19] Sodhi G S, Kaur J. Physical developer method for detection of latent fingerprints: A review [J]. Egyptian Journal of Forensic Sciences, 2016, 6 (2): 44-47.

[20] A Castelló, F Francés, F Verdú. Solving underwater crimes: development of latent prints made on submerged objects [J]. Science & Justice Journal of the Forensic Science Society, 2013, 53 (3): 328-331.

关于完善火灾事故延伸调查制度的几点思考

邱 豫

(新疆巴州消防救援支队)

摘 要 随着社会经济的快速发展和消防救援队伍的职能变化，火灾事故延伸调查工作开始成为监督机关、团体、企业、事业单位和公民依法履行消防安全职责，做好火灾防范工作的重要组成部分，各级消防救援机构应当牢固树立社会火灾防控的主责主业地位，积极主动承担起火灾事故调查处理的职责。本文通过探讨火灾事故延伸调查开展的背景和完善相关的规章制度，为进一步做好火灾事故延伸调查工作提供了思路。

关键词 火灾事故 延伸调查 制度 思考

1 引言

火灾事故延伸调查主要是在查明起火原因基础上，对火灾发生的诱因、灾害成因以及防火灭火技术等相关因素开展深入调查，分析查找火灾风险、消防安全管理漏洞及薄弱环节，提出针对性的改进意见和措施，推动相关部门、行业和单位发现整改问题和追究责任。开展火灾事故延伸调查是深入推进火灾"一案三查"（查原因、查教训、查责任）的必然所需[1]，是研究分析火灾事故暴露出的深层次问题的必然之举，是达到查处一起、震慑一批、警醒一片效果的必然途径，我们应当把火灾延伸调查制度的完善作为推动消防安全制度落实的发力点，提升全民的消防安全意识。

2 开展火灾事故延伸调查的背景

2.1 为了实现火灾调查根本目标的需要

火灾调查的根本目标就是查清火灾原因，并且针对火灾原因开展有针对性地消防安全宣传，提高群众的防火意识[2]，达到防范化解重大火灾风险，提升消防安全治理能力和治理水平的目的[3]。近年来，在分析、总结一些重特大火灾事故的原因、规律的基础上，国家先后推进了多种类型的专项整治活动，包括建筑外墙保温材料专项整治、公众聚集场所消防安全专项治理、彩钢板房专项治理、易燃可燃装饰装修专项治理、电气火灾专项治理、电动自行车专项治理等一系列活动，在防大火、控大灾方面取得了实际效果，这就是火灾调查成果的有效转化。

2.2 消防安全新形势、新任务的需求

消防执法改革赋予了消防救援机构更大的火灾事故调查处理权限，通过强化事故倒查追责来提出改进和加强火灾防控工作的建议和措施，推进"事前监管"措施的落实。倒查追责是手段，是监督机关、团体、企业、事业单位和公民依法履行消防安全职责，做好火灾防范工作的重要抓手。伴随消防监管职责的调整，在加强消防安全"事中事后监管"中，应更加突出和注重火灾调查处理工作，特别是在当前应急管理统管"大安全"的职能定位下，消防救援机构要树立社会火灾防控的主责主业地位，就必须紧紧依靠政府这只"手"，积极主动承担起火灾事故调查处理的职责，充分发挥火灾调查"刀把子"的作用。

2.3 消防技术调查的升级需要

原有的《火灾事故调查规定》《火灾事故技术调查工作规则》虽然对技术调查有明确的规定，但没有对火灾调查工作进行深入的细化和硬性规定，导致原有的技术调查基本有名无实，没有得到有效贯彻实施。火灾调查要求精准查找分析消防安全系统性风险因素，做到预警发布要精准，监管执法要精准，因此制定细化的延伸调查措施，全面推进消防技术调查，发挥火灾调查应有的作用势在必行。

2.4 深化消防执法改革意见的需要

中共中央办公厅、国务院办公厅印发的《关于深化消防执法改革的意见》中也提出了取消和精简3项消防审批、加强事中事后监管、规范消防执法行为、严格执法队伍管理和优化便民利企服务等5个方面的措施，共12项主要任务。这是对《消防安全责任制实施办法》的深化、提升，进一步明确了火灾事故中的工程建设、中介服务、消防产品质量和使用管理等四大主体责任及其处罚措施，加强延伸调查成为深化消防执法改革的重要举措。

3 完善火灾事故延伸调查制度设计

《关于开展火灾延伸调查强化追责整改的指导意见》中引入了“延伸调查”的概念，主要是借鉴公安交管部门开展的《道路交通事故深度调查规范》、市场监管总局和民航局有关事故延伸调查的概念和通行做法，在查明起火原因的基础上，开展延伸调查、溯源调查，充分查清各方责任，推进各方责任“归位”。意见中提出了五个方面的贯彻落实措施：明确调查范围和主体；依法调查相关单位及个人的责任；综合运用问责手段，强化问责效果；切实抓好火灾暴露问题的整改和评估工作。

3.1 明确调查主体

在火灾延伸调查中应当首先明确调查的主体，且调查主体在与当前火灾调查力量相匹配的同时，要与政府组织的事故调查相衔接，这样既符合现行《火灾事故调查规定》，又具有一定的工作前瞻性。例如在具体实操层面，对于发生在居民家庭或其他场所的个案，经调查属于单方责任事故，不涉及其他方面责任的，可以事故调查报告的形式报请支队，不再组织开展延伸调查和倒查追责。

3.2 确定调查内容

对工程建设、中介服务、消防产品质量和使用管理等四大主体责任调查内容进行了细化、分解和划定，有利于火灾事故调查处理的细化和贯彻执行。在使用管理责任方面，主要调查起火单位的主体责任，其中还包括了前溯调查，引发火灾的诱因，如供电线路电压升高的诱因。对于一些产品引发的火灾，应该通知生产厂家参与调查产品的设计、质量问题，也可以考虑引入第三方的调查认定，或由生产厂家来调查认定。在中介服务方面，例如天津“8·12”火灾爆炸事故、南昌“2·25”火灾事故等，都对相关中介服务机构进行了查处。

3.3 细化火灾事故调查处理的方式和途径

各级消防救援机构在进行火灾事故延伸调查时应当进一步细化处理的途径和方法，将好的经验做法形成流程化、模块化，并且强调推进调查成果的转化应用，确保火灾事故倒查追责落到实处，达到防范化解重大火灾风险的最终目的。各单位在进一步明确调查取证流程上，要严格落实“双人”执法要求，在火灾事故原因认定前说明及认定书送达流程上，要做到相关当事人员身份的逐一核实确认；在火灾事故调查案卷归档流程上，对案卷目录要求的相关证据材料要及时归档，并且按照“一案一档”要求，完善延伸调查工作档案，建立火灾延伸调查数据库，开展多维度火灾分析研究，全力确保火灾形势的安全稳定。

3.4 构建专业的火灾调查队伍体系

成立总队级火灾事故调查专家组、支队级火灾调查科室，并建立区域间协作关系，大队级防火监督员要牢固树立全员火调的意识，消防救援站的基层指挥员也要学习轻微火灾登记的相关内容，协助开展火灾事故调查。

一是总队应当加强对延伸调查工作的指导，在全区选取典型火灾开展延伸调查的示范调查工作，探索延伸调查工作模式和方法，将延伸调查的流程标准化、规范化，使大家尽快适应火灾调查新模式、新需求。

二是加强火灾调查业务培训，探索防消联勤工作模式，大队火灾调查人员要第一时间随警出动，到场进行走访调查。大队防火监督员、文员要牢固树立起全员火调的思想，通过采取“周培训、月考核、季排名”，理论测试与现场实操相结合的方式，提升指战员火灾调查能力水平，逐步建立专业配套、梯次合理的火灾调查专业队伍，确保延伸调查工作提质生效。

3.5 建立联勤联动机制，掌握火灾事故延伸调查的主动权

各地要主动作为、不等不靠，及时向属地政府做一次专题汇报，深入宣贯中办、国办《关于深化消防执法改革的意见》，推动属地政府对符合上述条件的火灾组织成立或授权消防部门牵头组织成立多部门参与的火灾事故调查组，对涉及事故起因、责任问题深入细致地开展调查，依法依规追究有关单位和人员责任，掌握火灾事故延伸调查的主动权[4]。

一是建立约谈函告机制。发生火灾后，消防机构应当第一时间联合相关行业部门，约谈相关街道（乡镇）和单位负责人，对于火灾延伸调查中发现的消防安全管理漏洞，严肃依法调查，函告行业属地政府和行业主管部门，督促政府落实主体责任和主管部门落实行业监管责任，督促属地政府召开火灾事故现场会，开展火灾风险评估，深刻剖析问题不足，采取针对性措施，压实各级责任，层层抓好落实。

二是建立监管巡查机制。将延伸调查发现的违法行为抄告相关部门，督促属地政府、相关部门落实监管和属地责任，组织专门力量开展针对性消防安全检查，夯实消防安全基础，加大检查整治力度，做好日常检查和重要节点管控，坚决遏制“小火亡人”事故。

三是建立协同工作机制。对涉火刑事案件，第一时间联合公安部门开展调查，严肃追究相关人员刑事责任，对达到“两罪”立案标准的，依法移送公安机关追究刑事责任。与当地检察院联合出台相关文件，将火灾事故延伸调查责任追究纳入诉讼内容。

3.6 完善考评体系，树立火灾延伸调查工作权威性

一是建立消防安全重点单位红黑榜。对于发生有影响火灾的单位，列入黑榜，通过与社会信用体系相挂钩来督促单位和个人遵守消防法律法规、提升消防安全意识，进一步预防和减少火灾发生。

二是将火灾延伸调查工作开展情况纳入消防工作考评和联席会议调度体系，一旦发生有影响的火灾，要严肃追究相关部门责任，并将属地政府和相关部门工作开展情况在政府

常务会上予以通报，推动火灾延伸调查工作的开展。

三是结合执法质量考评和火灾事故指导工作，对工作职责缺失、火灾事故调查重点流程相关要求落实不到位造成火灾复核的，一律予以责任倒查，对相关责任人予以责任追究[5]。对参与协同调查人员工作成效明显的、参与典型案例表现突出的、培训考核名列前茅的单位及个人，在安排疗养、记功嘉奖、提拔任用等方面给予政策支持。

3.7 落实火灾延伸调查的各项保障

一是加强火调装备器材保障。随着社会经济的快速发展，火灾延伸调查工作量也与日俱增，要开展的调查实验、物证鉴定等工作都离不开装备器材的保障，各单位要立足实际，根据现有的装备，逐步配齐先进的火灾物证鉴定、视频分析和电子物证提取等仪器，加强火调的装备建设。

二是完善火调人员政策保障。对于在火调一线长期工作表现优秀的，在较大影响火灾调查中表现突出的，可实施专项奖励、给予专项补贴。通过建立火调人员健康档案，针对职业特点开展健康检查，在特殊现场火灾调查后安排专项疗养，强化火调人员的待遇保障。

4 结语

延伸调查是火灾调查的延伸扩展，延伸调查的成果也应该为火灾防控工作服务，达到精准防控的良好效果，开展延伸调查也是为解决火灾调查成果应用“最后一公里”的问题。主要体现在：一是可以推动政策法规、标准规定的修改；二是改进产品质量和制造工艺；三是填补科技进步中安全管理的空白；四是提高宣传教育培训针对性；五是改进防火、灭火工作；六是紧跟社会进步的脚步，使火灾调查更具备社会管理价值。

消防救援机构应当通过明确调查范围、调查程序、调查内容、成员组成、信息通报、责任追改等内容，防止行政管理交叉混乱，厘清生产安全事故和火灾事故的调查管理边界，抓紧抓好我们的“刀把子”，树立消防救援机构在火灾事故调查处理中的权威地位，不断探索新模式、适应新需求，以灾情牵引建立责任可追溯的全链条监管模式，实现火灾防控的转型升级。

参考文献

[1] 周金芳．当前基层火灾事故调查存在的问题及对策[J]．今日消防，2020，(4)：91-92.

[2] 王万军．火灾事故调查和处理中应注意的问题[J]．科技传播，2014，(12)：97-98.

[3] 张晶．社会单位消防安全主体责任落实的思考[J]．法制博览，2020，(13)：173-174.

[4] 果中山．关于加快推进综合应急救援队伍建设的思考[J]．消防技术与产品信息，2011，(3)：22-25.

[5] 周宁．新时期党风廉政建设主体责任制问题研究[D]．郑州．郑州大学，2016.

一起阀控式铅酸蓄电池火灾引发的思考

刘学屹

（滨海新区消防救援支队，天津 滨海新区）

摘 要 目前，VRLA（Valve-RegulatedLeadAcidBattery 即“阀控式密封铅酸蓄电池”的缩写）因其具有价格低廉、原料易得、性能可靠、容易回收和适于大电流放电等特点，已成为世界上产量最大、用途最广泛的蓄电池品种。经过一百多年的发展，技术不断更新，现已被广泛应用于汽车、通信、电力、铁路、电动车等各个领域，特别是近几年快递和外卖等相关行业的兴起，极大地推动了相关从业人群电动自行车的保有量。然而，在火灾事故的调查中，该电池火灾发生的场所、频次也在逐渐上升。为此，本文从分析阀控式铅酸蓄电池基本构造和工作原理入手，结合具体案例，对该类电池为诱因引发火灾的特点进行归纳和分析，提出了有关阀控式铅酸蓄电池火灾调查的思考和建议。

关键词 铅酸蓄电池 火灾调查 现场勘验

1 引言

铅酸蓄电池是一种电极主要由铅及其氧化物制成，电解液是硫酸溶液的一种蓄电池，目前已为广泛应用，其具备的优势具体可归纳为：(1) 安全密封：在正常操作中，电解液不会从电池的端子或外壳中泄漏出。(2) 没有自由酸：特殊的吸液隔板将酸保持在内，电池内部没有自由酸液，因此电池可放置在任意位置。(3) 泄气系统：电池内压超出正常水平后，VRLA（Valve-RegulatedLeadAcidBattery 即“阀控式密封铅酸蓄电池”的缩写）电池会放出多余气体并自动重新密封，保证电池内没有多余气体。(4) 维护简单：由于独一无二的气体复合系统使产生的气体转化成水，在使用 VRLA 电池的过程中不需要加水。(5) 使用寿命长：采用了有抗腐蚀结构的铅钙合金栏板 VRLA 电池可浮充使用 10~15 年。(6) 质量稳定，可靠性高：采用先进的生产工艺和严格的质量控制系统，VRLA 电池质量稳定，性能可靠。电压、容量和密封在线上进行 100% 检验。然而，近十年来，诸如电动自行车、UPS 电源等涉及铅酸蓄电池的各类火灾多发，全国多地也因为此类火灾多次发生了小火亡人的惨剧。因此，笔者认为对阀控式铅酸蓄电池的工作原理和故障因素进行分析，找出导致蓄电池性能下降或失效以及故障的诱因，对于有效开展此类火灾的调查工作，指导火灾防控具有一定的实际意义。

2 火灾案例介绍

2.1 火灾基本情况

2020 年 11 月 12 日 15 时 37 分，天津市滨海新区中新生态城国家电网智能营业厅发生火灾。火灾造成国家电网生态城智能营业厅地下一层蓄电池室部分蓄电池组烧损。据火灾第一发现人刘某反应起火当日 15 时 30 分左右在地下一层的值班室听见异响，第一时间出门查看，在楼道内发现旁边蓄电池室有焦煳味，进入蓄电池室后看到正对门口的第一组蓄电池柜的左上角和左下角均有明火，其中左下角的明火更大一些，并伴有连续“砰砰砰”的声音，随即拿起灭火器进行扑救。由于值班人员刘某并没有铁皮柜的钥匙，因此在使用灭火器灭火的过程中仅是用干粉灭火器通过铁皮柜的散热孔向内部灭火，但效果并不明显。经了解，起火蓄电池组的用途为该营业厅内机房的备用 UPS 电源，由两组于 2009 年采购的阀控式铅酸蓄电池串联组成（每组 32 块）。自采购当年直至起火，该两组电池一直处于充电状态。

2.2 现场勘验情况

在对火灾发生简要过程进行了解的基础上，消防大队火调人员随机对火灾现场进行了勘验。该火灾发生的具体地点位于天津市滨海新区中新生态城国家电网智能营业厅地下一层蓄电池室，火灾波及范围为蓄电池室内的 1 号蓄电池组的柜体 1 内（图 1、图 2）。

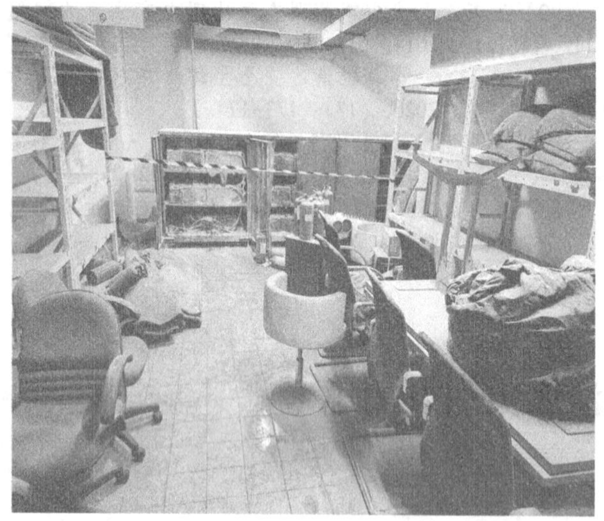

图 1 火灾波及范围主要为 1 号蓄电池组的柜体 1 内外开口状

图 2 柜体 2 内蓄电池仅外壳发生变形外开口状

在对柜体 1 内的蓄电池组进一步勘验发现：①左侧铁皮柜门相较于右侧，有明显的过火变色痕迹（图 3）；②柜体内上层蓄电池的外壳仍然保留，但通过外观可见火灾中发生过先软化后膨胀的现象；③中层蓄电池外壳同样存在一定的先软化后膨胀的现象，但外壳存在局部的缺失；④下层蓄电池外壳已基本烧失，可直接观察到内部的极板，控制开关呈熔融状态（图 4）。

图 3 左侧铁皮柜门相较于右侧，有明显的过火变色痕迹外开口状

图 4 上中下三层蓄电池外观的差异外开口状

图 5 下层蓄电池左下角外壳立面的向外开裂状态外开口状

图 6 相对完好的蓄电池外观外开口状

图7　相对完好蓄电池的内部外开口状

图8　对最先起火蓄电池进行拆解外开口状

2.3　原因分析

通过上述观察到的痕迹结合询问情况可以发现，起火部位位于铁皮柜内最下层的电池处。在此时，有两个比较特别的痕迹引起了注意：一是最下层左侧蓄电池外立面外壳呈向外开口状，貌似由内向外“弹开”（图5）；二是该铁皮柜上两层蓄电池外壳虽然已被烧损呈向下流淌状，但比较异常的是观察这些软化流淌的外壳发现它们明显要比最初状态的体积变大了，像极了疲软的气球装水后自然下垂的状态。

在专项勘验中，笔者分别对最先故障的蓄电池和一块完好的电池进行了对比拆解，但并未发现其内部隔膜、接触点等部位存在缺失等异常（图6、7、8）。

笔者带着这两个问题，结合有关铅酸蓄电池充电原理分析发现，铅酸蓄电池在充电过程中还会发生电离水生成氢气和氧气的反应。正常状态下，电离水的反应是可逆的，不会对电解液造成较大影响，即当充电电流小于或等于蓄电池可接收充电电流时。否则，过剩的电流会使电解液中的水过快地消耗掉，造成蓄电池的早期失效，使充电效率降低，造成能源的浪费。而铅酸蓄电池充电时的电化学参数与氢气氧气混合气体的形成有密切的相关性。以标称值2V的单体电池为例，充电时电池端电压达到2.3V时有少量析气，称为安全电压。端电压达到2.35V时大量析出的气体以氧气居多，端电压达到2.45V时大量析出的气体以氢气居多。那么，其中一节电池外壳呈向外弹开状和其他外壳呈现的软化鼓包是否与充电过程中产生的过多氢气氧气有关呢?

再结合本案中的具体情况，每一组电池组的32块蓄电池为串联连接，而串联电池会出现各个单节电池充电电压分配的不均衡。如果长期对其进行充电，这种不均衡会逐渐加剧。具体表现形式为初始内阻较大的蓄电池会在长时间充电的过程中逐渐放大此因素的影响而产生更多的热量，在散热条件不佳的情况下更容易接近热失控的临界点。同时，充电时由于内阻的差异导致充电电压不均衡将造成一部分电池欠充电，一部分电池过充电，会诱发充电热失控。内阻存在差异导致温度升高和电流的增大互相促进，使电池内部温度进一步可达120℃以上，软化ABS外壳（ABS软化点90℃左右），进而发生电池的膨胀、起火。

需要注意的是正常浮充的电池在寿命中后期也可能会发生热失控，原因是充电末期电池会发生电解水反应，而氧复合的效率并不能达到100%，不断的电解液损耗会导致隔板的饱和度下降，这会增加密封蓄电池的氧复合的电流，不仅会增大电池的浮充电流，加速了电池的发热和进一步的失水，并最终引发热失控。所以说浮充本质上也是一种过充电。

因此，如果电池出现过充电，电池内部电解水的速率将会加快，这些气体来不及被吸收，会不断积累，当电池内部压力超过开阀压后即排出氢氧混合易燃易爆气体。本案中由于蓄电池存放于相对密闭和狭小的空间中，在外部出现有电火花时即容易引燃或引爆。

3　原因认定

结合在火灾发生后的询问情况，值班人员听到有连续“砰砰砰”的声音，正是印证了第一节电池发生热失控后氢气爆炸起火后引发的连锁反应，使上部电池也发生了同样的现象，也就相继印证了上层电池外壳受热软化后膨胀的现象。最终，火灾原因认定为蓄电池最下层左侧蓄电池由于年久老化，在浮充状态下发生热失控，内部产生过量的氢气和氧气排出后遇火花发生爆炸导致。

4　结束语

笔者认为“铅酸蓄电池不是用坏的而是充坏的”，充电热失控并不是小概率事件，到旧电池回收站鼓包的电池应该不难发现。凡是鼓包的电池都是经历过多次充电热失控的电池。对可能引发充电热失控的因素如下：

（1）电池老化，内阻增大，充电时电池温度升高。

（2）环境温度高或者电池散热条件不佳造成电池温度升高。

（3）在充电时充电端电压过高导致不可抑制的充电热失控发生。

从证明妨碍制度角度分析火灾现场保护存在的问题及对策

杨　川

（巴中市消防救援支队巴州区大队，四川　巴中）

摘　要　火灾现场勘验作为火灾调查中最为重要的取证方式之一，是开展好火灾调查工作的重要途径。但目前火灾现场勘验仍存在一些问题，本文在结合真实案例的基础上，对照国外证明妨碍制度等针对相似问题的处理方法，提出了一些改进的方法。

关键词　火灾现场勘验　保护　问题　对策

0　引言

火灾调查是消防救援机构职责的重要组成部分，如何更好地采集和运用证据一直是开展火灾调查工作的重要手段，其目的就在于查明火灾原因，统计火灾损失，依法对火灾事故作出处理，总结火灾教训[1]，同时也为研究火灾发生规律、总结火灾教训提供了客观依据。而调查取证工作是发生火灾后开展火灾调查工作的重要组成部分。通过仔细地对火灾现场调查取证，是准确地找出火灾的原因，依法维护当事人的合法权益，是维护《消防法》公信力的重要保障。但在目前我国的火灾事故调查工作中，由于火灾现场的存在严重的破坏性，证据的收集工作仍然存在诸多问题，致使火灾原因认定不准确，火灾调查程序实施不严谨，相关火灾责任不明晰等问题仍时有发生。[2]这是一个亟待解决的问题。

1　案例介绍

2018年11月26日14时44分，某市某区某镇一处门市房发生火灾。火灾发生后，消防救援机构依法对火灾开展了调查。但在此过程中，拟认定为起火点一户的房主以避免房屋出现事故等原因为由私自对火灾现场进行了局部清理，此过程有村内监控视频和执法记录仪均有录像。消防部门在得知此情况后及时向属地派出所进行了报案。此后，虽然消防机构在多次对现场进行勘验后仍然找到了相关的痕迹物证，认定了起火原因和起火点，擅自进入火灾现场破坏相关证据的责任人也得到了相关处理，但此事还是对消防救援机构准确认定火灾原因、统计火灾损失造成了不小的阻力，由此暴露出的一些问题也不容忽视。

2　问题分析

《消防法》第六十四条规定故意破坏或者伪造火灾现场尚不构成犯罪的，处十日以上十五日以下拘留，可以并处五百元以下罚款；情节较轻的，处警告或者五百元以下罚款。一些特定当事人为达到自己减轻或免于处理火灾民事纠纷产生的民事赔偿，甘愿冒险进入火灾现场进行破坏以达到其不可告人的目的，更有甚者还会在进入现场后反告消防救援机构对火灾现场保护不利，致使相关当事人权益受到侵害。

在火灾现场调查中，证据改变是无法避免的事情。在真实的火灾现场，整个现场都是关键证据。火灾调查人员进行现场勘验时，需要翻动燃烧残留物和其他证据，此时现场就会被改变，而且这种改变不可被复原。证据在收集和移出现场的过程中，可能再次被改变。对现场发现的装置设备、痕迹进行勘验，可能涉及破坏性测试，这将造成其他形式的改变或变化，以上对现场开展的破坏性勘察都是现行法规所授权的。由于我国火灾调查的主体是消防救援机构，因此其他主体或形式对现场或证据的变动或破坏都是未授权的、非法的，这对于一些当事人的权益极易造成侵害。

对于案例中发生的情况，由于证据遭到破坏或发生改变，一些重要证据已经不在火灾发生后的原始位置或者直接造成了证据的灭失，这便造成了火灾原因不清、火灾直接财产损失不准确、火灾责任分配不清等等问题的出现。针对如上问题，仅依靠《消防法》来对相关责任人的权益进行救济是远远不够的。

一起涉及民事经济纠纷的火灾调查结束后，极有可能进入民事诉讼阶段，《火灾事故认定书》作为一项证据对于划分责任具有关键作用。当事人对火灾现场证据有意或无意的破坏，势必会造成其他当事人以维护自身合法权益为目的的举证妨碍。

证明妨碍是指不负举证责任的当事人因故意或者过失，以作为或不作为的方式，阻碍负有举证责任的当事人提出证据，在事实认定作出对举证人有利的调整。

横向比较美国对于火灾调查过程中此类问题的处理方法：当出现举证妨碍的问题时，法庭将采取多种措施，对造成举证妨碍的相关责任人进行仲裁。仲裁措施如下所示：①拒绝造成举证妨碍的当事人对所附证据的所有证词；②禁止造成举证妨碍的当事人提供任何有关火灾现场调查的证词；③告知陪审团，被妨碍的证据可能对相关当事人的案件造成伤害；④打击责任方的证据，作出有利于被侵害方的判决。由此可见，适用上制裁与惩罚的因素，才能真正实现证明妨碍制度的设立初衷。

3　问题对策

3.1　火调人员第一时间赶赴现场开展调查工作。火灾发生后，火灾调查人员应第一时间赶赴现场，最好是在灭火救援行动结束前到达现场，这样做的好处是火灾调查人员可以最早观察到火势的发展、熄灭过程，知晓灭火救援行动中消防员和其他参与救援人员是否对火灾现场物品有搬动，有意识获得周围群众最初的议论观察信息等。更为重要的是，在火势扑灭后，火灾调查人员可以马上对火灾现场进行封闭，可以有效避免灭火救援行动人员撤离后，如果火调人员未及时到场可能产生的火灾现场保护真空期。在这个真空期内，可能会有火灾有关人员进入火灾现场翻动物品，甚至出现偷拿走关键物证的可能性，这种情况的发生必然给后续火灾调查带来巨大的困难，甚至导致整个调查活动的失败。

3.2　建立火灾现场等级保护协作机制。从消防救援队伍现有火灾调查力量来分析，火灾调查人员几乎不可能独立完成火灾现场的保护工作。派出所、街道办和社区工作人员往往承担了大部分的保护工作，但是这种多部门的保护工作由于缺乏明确的实施规程，可能提供的保护效果在某些重要的场所并不能满足保护等级的要求，换句话说即这种保护不能阻止处心积虑，刻意作为的破坏人。所以有必要建立火灾现场等级保护协作机制，火灾调查人在到达现场后，应迅速分析评估预判火灾后续处理后果，确定火灾现场保护的等级，对普通现场低等级警戒，对特殊现场高等级警戒。当然，建立这种协作机制的前提是首先制定火灾现场等级保护的分级标准。

3.3 规范现场勘验程序。火灾调查人员应根据火灾现场情况，初步划定现场封闭范围，设置警戒标志，禁止无关人员进入火灾现场。在确定封闭范围时，火灾调查人员应该仔细勘查火灾现场周边，适当扩大查勘范围，有时候火场的重要线索在火场之外，如果火灾调查人员达到现场后直奔主题，急于在废墟中寻找起火线索，有可能就会漏掉外围的重要物证，导致物证丢失。火灾现场封闭范围应首先确定得大一点，在后续调查的过程中逐渐缩小，如果首先确定了相对较小的封闭区域，当后续调查发现需要扩大范围时，往往发现最初封闭范围之外已经被清理，无法再进行有效勘查。

3.4 加强普法宣传。针对本文中着重提到的火灾相关人员可能故意进入火灾现场破坏现场痕迹，导致举证妨碍的现象，火灾调查人员同样也应当在火灾调查开始前重视对火灾当事人进行普法宣传，向其说明破坏火灾现象可能导致的法律后果，使其打消侥幸心理。在火灾调查实践中，有的当事人在接受询问时不说真话，隐瞒事实，当火灾调查人员现场勘查找寻到相关证物后才被迫改口。类似此种情况，火灾调查人员同样可以提前向其郑重说明提供证词的权利义务，不仅仅将此说明简单作为一个程序，并且在当事人提供假证词后记录在案，借鉴证明妨碍制度对其制裁。

4 结束语

在美国，举证妨碍的目的已经发展成为包含“程序救济”“法律制裁”和“积极预防”这样一种三位一体的价值目标与功能，具体而言，证明妨碍的法律效果应从其对象或功能上区分为“制裁”与“救济”两个方面，其中，制裁是针对妨碍者而言，其目的在于惩罚和预防；而救济则是针对被妨碍者，其目的在于尽可能地回复和补偿。

举证妨碍的问题是基本公平问题。在案件中，一方当事人造成的证据的丢失、损坏和改变，造成另一方当事人利益受损，应当使用证明妨碍制度进行利益平衡。受损当事人由于无法独立对证据进行勘验测试，无法保护与证据相关的自身利益，法庭仲裁理应弥补此损失，维护其自身的利益。

对于所有的火灾调查员来说，妥善采取合适的途径保护火灾现场，严格按照操作规程采集证据，避免发生举证妨碍的问题，才能避免本文中提到问题的发生。任何证据不应该无缘无故地被丢弃、破坏或遗失。火灾调查过程中，任何不可逆的调查过程都应当被详细记录，这对于火灾现场的还原和重建尤为重要。一些证据对于调查火灾原因不是很重要，但却可能对其他当事人的合法权益尤为重要，因此无论何时发现证据，都应当立即对证据进行保护。在现场勘验过程中，应当对证据进行妥善保管，并对整个现场进行清楚的标记、绘图，防止证据的非法变动。因此，更加细致的保护火灾现场、多渠道完整记录现场勘验的全过程对于今后更好开展现场勘验工作、还原火灾实事十分重要。

在勘验火灾现场时，火灾调查人员应当全程使用执法记录仪，在制作火灾现场图时，对于较复杂的现场可在不同的勘验阶段分时间节点分别制作火灾现场图，以记录在不同勘验阶段发现的重要证据。对于在勘验火灾现场开始邀请火灾现场勘验见证人时，应及时讲明勘验时所用的方法和依据以及勘验纪律，这些对于保护现场、完整记录勘验过程是非常有帮助的。对于出现举证妨碍的当事人，应当在调查结束后将相关事实及造成的后果记录于案卷之中，以便日后进入诉讼过程中提供有力证据。

参考文献

[1] 火灾事故调查规定（公安部2012年第121号令）[Z].

[2] 董天鹏. 浅析火灾调查中证据收集存在的问题和对策 [J]. 消防技术与产品信息，2013 (11).

对一起较大亡人火灾事故的调查与体会

张志刚

（阜阳市消防救援支队，安徽 阜阳）

摘 要 《火灾事故调查认定规则》要求，火灾原因认定应在火灾现场勘验、调查询问以及物证鉴定等环节取得证据的基础上，进行综合分析，科学做出认定结论。作者通过近期发生的一起较大亡人火灾事故的调查，详细介绍了现场勘验、调查询问、电子数据、鉴定意见等相关证据的融合、分析过程，并通过现场实验进行验证，最终认定火灾原因。结合笔者工作实际，建议火灾调查工作在相关证据的获取和分析上，应进一步提升其多源性、合法性、融合性，从而科学、准确的进行火灾认定[1]。

关键词 消防 证据 提升 观点

1 引言

随着社会的进步，科技的发展，火灾调查的证据种类越来越多。除了传统的现场勘验、调查询问等证据种类外，电子数据、DNA等分析技术的应用，为火灾调查工作提供了极大便利，但以不够完善、合理的单一或者几种证据直接进行火灾认定现象依然存在。证据种类多了，对其综合分析、判断、审查的要求就越高。本文通过调查的一起较大亡人火灾事故，详细介绍了如何将询问笔录、现场勘验、视频监控、网络资料、通信和电网数据分析、物证鉴定等证据进行验证、融合，逐个排除了电气等相关原因后，结合现场实验，成功认定的一起火灾事故。

2 火灾基本情况

2021年6月22日00时37分，安徽省阜阳市消防救援支队119指挥中心接到报警，颍州区三塔镇张寨村前冯庄一自建房发生火灾。阜阳市、颍州区两级党委政府领导第一时间赶赴火灾现场，调集消防、公安、急救、应急等救援力量到场。火灾共造成4人死亡，1人受伤。死者为户主冯学某及其三个未成年的孙子、孙女，伤者为冯学某之妻张洪某。

图1

3 调查询问

主要被询问人及人物关系：第一报警人李某，死者户主冯学某，其妻伤者张洪某，其子冯志某，其儿媳刘某，其邻居冯某。

李某：货车司机李某从东往西开车路过门口时，看到一层彩钢板东南角有烟冒出，把车停在西侧路边后立刻下车报警，报警时间是6月22日0时37分；走到门口看到一层彩钢板东南角有火往外冒，立即砸门喊人，当时门口没人，建筑内无灯光。

张洪某：6月21日晚五点多家人吃完晚饭，八点多三个小孩就一直待在二楼。冯学某晚上喝酒回来（嘴里叼着烟，是否点着没注意），张洪某帮其打开卷帘门后回卧室休息，当时一层彩钢板房内无异常；冯学某一楼喂狗待了有十来分钟，狗平时拴在后来最先着火地点附近。二楼卧室窗户半开，张洪某在睡觉时先被烟气呛醒，看到窗外一层彩钢板房往外冒烟，赶紧叫醒冯学某去查看，当时卧室的灯是亮的。冯学某刚走不久张洪某也往楼下跑，由于彩钢板房内烟大，没找到西侧卷帘门钥匙，仅看到东北区域地面有火；回二楼卧室找到钥匙楼梯下不去了，记不清砸的哪个窗户，因有铁栅栏无法逃生，最终通过东北角卧室的窗户，跳到隔壁屋顶逃生。

冯志某、刘某：6月21日22时50分回到父母家看望小孩时，父亲还未回家，听到母亲张洪某说三个小孩已经睡觉。室外电表箱接入铁皮房入户线后先接电闸刀，连接控制整个建筑电线回路的漏电保护器，一层彩钢房内的明敷电线穿不燃PVC管保护，东边货架底下没有电线。彩钢板房东北区货架堆放有毛巾、纸杯、卫生纸、纸箱子等可燃物，地面上还有散装平铺的卫生纸等。冯学某平常抽烟，在看店的时候经常抽，有时直接将未灭烟头扔到地上。

邻居冯某：冯学某烟瘾大，一天至少两包烟，村里人都知道。

4 现场勘验

环境勘验：起火建筑位于阜阳市颍州区三塔镇张寨村X044县道北侧，坐北朝南，为农村自建房，主体三层砖混结构。院内用彩钢板搭建临时建筑，与主体一层共同作为超市使用，二层为住宿，三层放置杂物。建筑西北角一部敞开楼梯直通三层屋顶平台，仅二层东北侧卧室窗户未安装铁栅栏（图1、图2）。

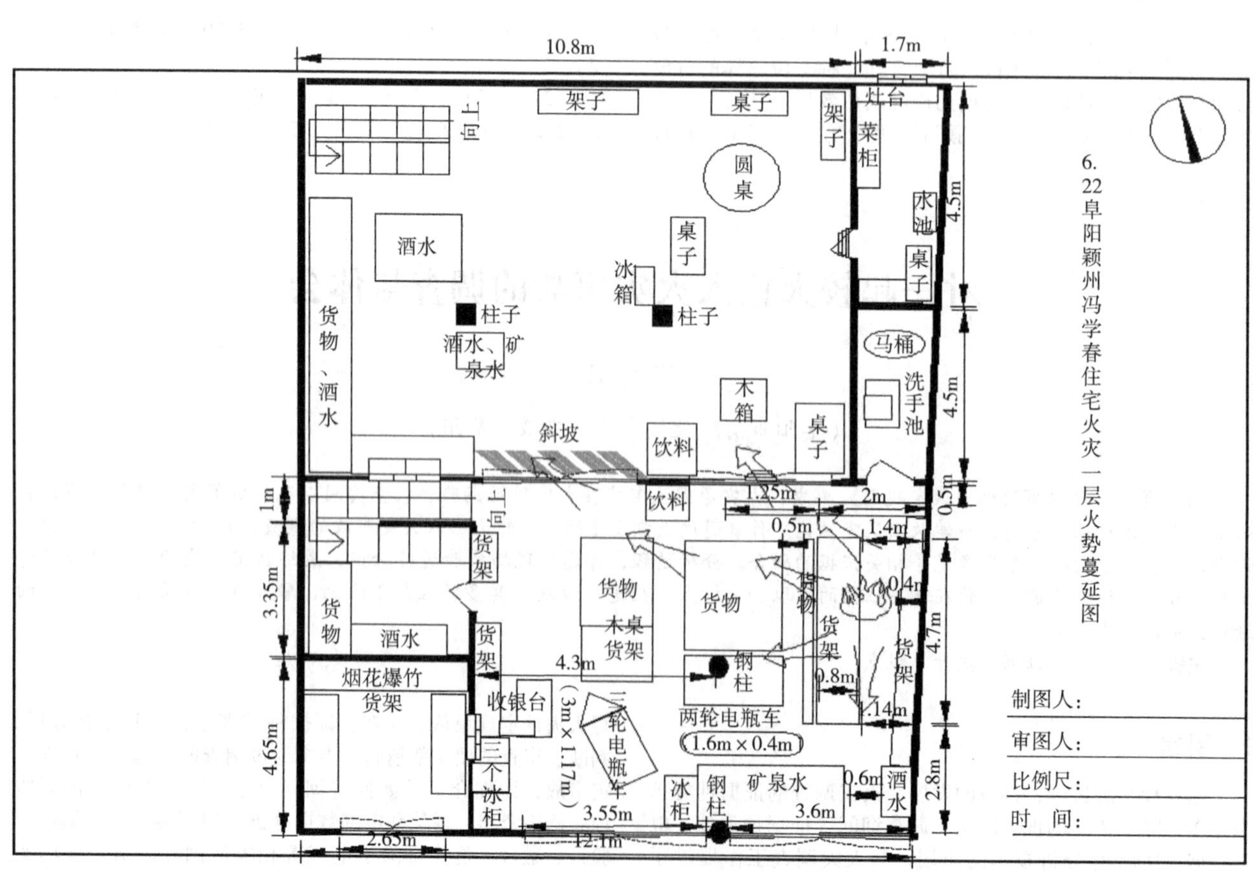

图2

一层超市烧损最重，二层烧损较轻、烟熏痕迹较重，三层仅有少量烟熏。二层东南角房间为冯学某、张洪某卧室，卧室地面有大量烟头，且大部分烟头无受力、踩踏痕迹，呈原始自熄状态。

初步勘验：

一层彩钢板房顶蓝色喷漆东北区域变色最重（图 1）。一层建筑主体与彩钢板房之间设有两个开启状态钢制卷帘门，卷帘门导轨从东至西编号 1、2、3、4，受热向外（彩钢板房）弯曲变形渐轻。两个卷帘门顶部箱体由东向西变形渐轻，且外侧面烟熏、变色重于内侧面；卷帘门所在外墙面瓷砖及抹灰层脱落自东向西渐轻（图 3）。

图 3

电动三轮车过火变色、变形东重西轻，两轮电动车变色、变形北重南轻。两轮电瓶车北侧货堆向东北方向倒塌（图 2）。

顶棚由东至西五个南北走向的 1、2、3、4、5 号钢架，钢架 1、2 中间靠北侧烧损变形变色程度严重于其他各处，1、2 号货架倒向北部该处钢架变形、变色严重区域下方地面（图 3）。

现场痕迹分析：起火部位位于一层彩钢板房东北部区域。

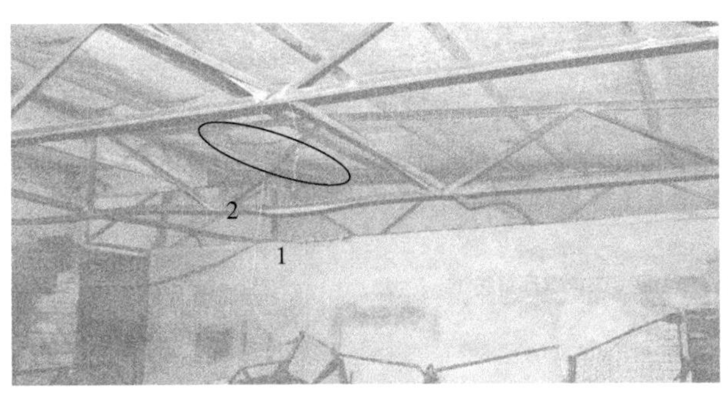

图 4

细项勘验：钢架 1 与钢架 2 之间东西走向钢架变形弯曲程度由北向南渐轻，其中北侧第二根钢架的西侧与钢架 2 相连位置变形程度较其他位置严重，北侧第三根钢架东侧靠近东墙位置变形程度也较为严重（图 4）。货架 1、2 之间偏北侧地面有大量纸张、手套、纸箱、卫生纸等烧损残留物，有明显的灰化区、炭化区，并形成斜坡形蔓延痕迹，对应墙面有洁净痕迹燃烧痕迹，清理至地面发现瓷砖受热膨胀炸裂（图 5）。

图 5

现场痕迹分析：起火点为一层彩钢板房距南侧卷帘门约 4.9~7m、距东墙约 2m 范围内。

专项勘验：一层彩钢板房主线 1、主线 2、灯 3 线皆为明敷，留有 PVC 管烧损残骸。起火部位上方主线 1，除绝缘层脱落外，线芯未发现有任何断点；上方灯 3 线，绝缘层脱落，仅有一处无金属熔痕的断点（物证 1），地面发现一处线路熔痕（物证 2）。对起火点顶部钢梁进行剩磁仪测量，读数在 0.0~0.4mT 之间（图 6）。

物证提取、鉴定：提取物证 1、物证 2，检验结论为火烧熔痕；提取该户的数字电表、无线路由器交由供电、通信部门进行数据分析；提取现场视频监控以及群众朋友圈等电子数据进行送检、分析；协助公安提取地面红色斑迹进行 DNA 检验等。

5 视频、电子数据分析

消防救援机构提取着火建筑室内两处监控（火烧无法恢复），建筑对面监控 2 处，编号西侧为 1 号，东侧为 2 号，时间轴示意如下（图 7）。

公安调取天网系统，调查了死者冯学某的社交、生活圈，了解其爱抽烟、喝酒，烟头未熄灭就扔。

另外，通过手机图片、视频、朋友圈、贴吧等电子数据，调查人员获取了一层商店原平面布局、物品摆放以及火灾当时的蔓延过程、现场人员相关行为等。

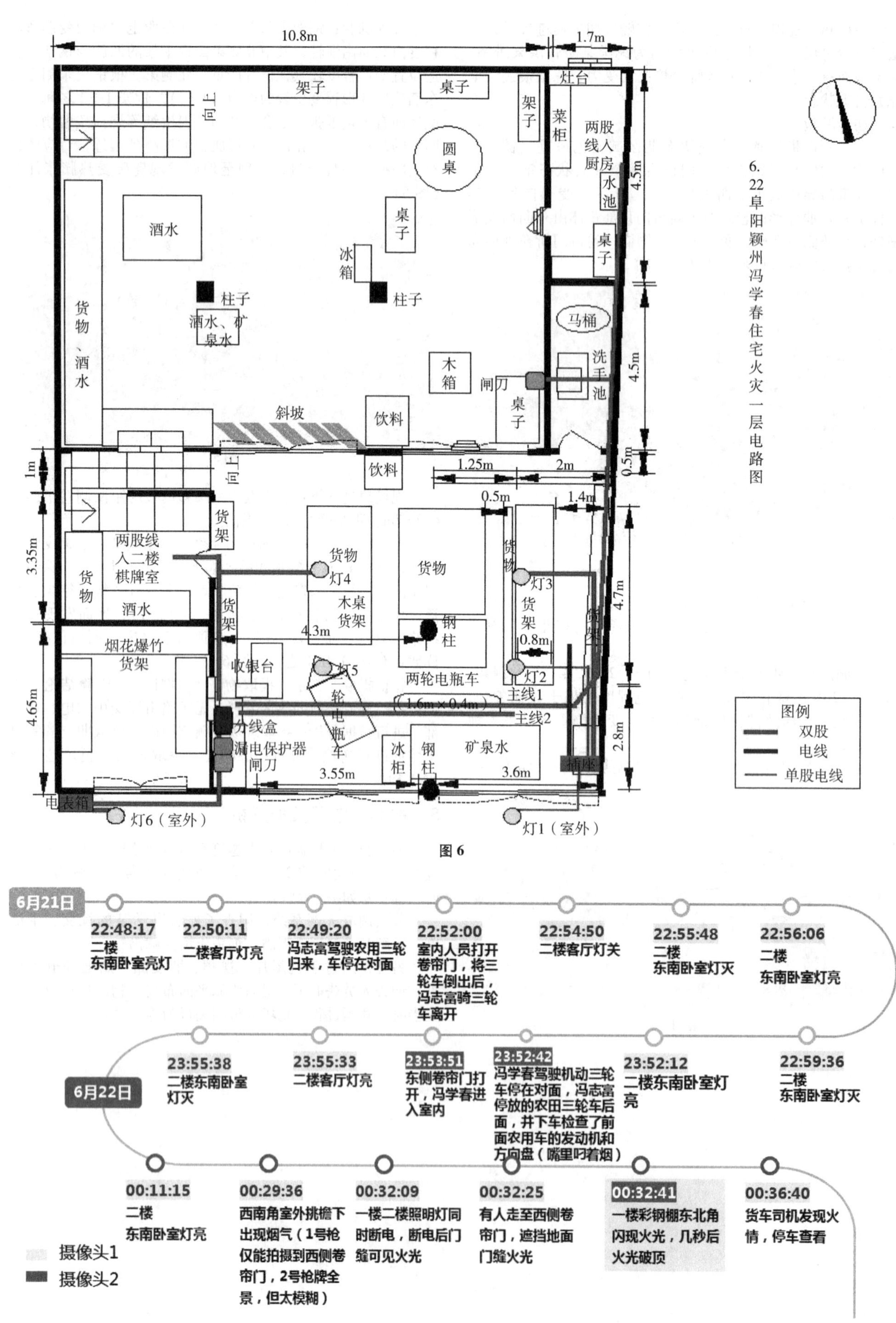

10.8m
1.7m
架子
桌子
灶台
向上
架子
菜柜
两股线入厨房
圆桌
4.5m
水池
酒水
桌子
桌子
冰箱
柱子
柱子
马桶
货物、酒水
酒水、矿泉水
木箱
洗手池
闸刀
4.5m
桌子
斜坡
饮料
饮料
1m
向上
1.25m
2m
0.5m
0.5m
1.4m
货架
两股线入二楼棋牌室
货物
货物
灯4
货物
灯3
3.35m
木桌货架
货架
货架
4.7m
酒水
钢柱
0.8m
烟花爆竹货架
4.3m
收银台
灯5
两轮电瓶车
灯2
主线1
三轮电瓶车
1.6m×0.4m
主线2
4.65m
分线盒
漏电保护器
闸刀
冰柜
钢柱
矿泉水
2.8m
插座
3.55m
3.6m
电表箱
灯6（室外）
灯1（室外）
6.22阜阳颍州冯学春住宅火灾一层电路图
图例
双股
电线
单股电线
6月21日
22:48:17 二楼 东南卧室亮灯
22:50:11 二楼客厅灯亮
22:49:20 冯志富驾驶农用三轮归来，车停在对面
22:52:00 室内人员打开卷帘门，将三轮车倒出后，冯志富骑三轮车离开
22:54:50 二楼客厅灯关
22:55:48 二楼 东南卧室灯灭
22:56:06 二楼 东南卧室灯亮
22:59:36 二楼 东南卧室灯灭
23:52:12 二楼东南卧室灯亮
23:52:42 冯学春驾驶机动三轮车停在对面，冯志富停放的农田三轮车后面，并下车检查了前面农用车的发动机和方向盘（嘴里叼着烟）
23:53:51 东侧卷帘门打开，冯学春进入室内
23:55:33 二楼客厅灯亮
23:55:38 二楼东南卧室灯灭
6月22日
00:11:15 二楼 东南卧室灯亮
00:29:36 西南角室外挑檐下出现烟气（1号枪仅能拍摄到西侧卷帘门，2号枪牌全景，但太模糊）
00:32:09 一楼二楼照明灯同时断电，断电后门缝可见火光
00:32:25 有人走至西侧卷帘门，遮挡地面门缝火光
00:32:41 一楼彩钢棚东北角闪现火光，几秒后火光破顶
00:36:40 货车司机发现火情，停车查看
摄像头1
摄像头2

图 6

图 7

6 供电、电信结论

供电（电表厂家）证实，火灾前实时电量正常，断电时间6月22日0时35分22秒（厂家说明断电时间误差在300s以内）；电信证实，6月22日0时32分06秒，电信掉电断网。上述时间晚于火灾发现时间。

7 公安部门结论

DNA结论：调查人员对钥匙串，二楼至三楼楼梯间窗户，张洪某卧室、客厅地面，东北角卧室窗户，隔壁板房顶等处红色斑迹检验结果为伤者张洪某所留。通过DNA位置分析，绘出了张洪某二楼活动轨迹示意图（图8）。

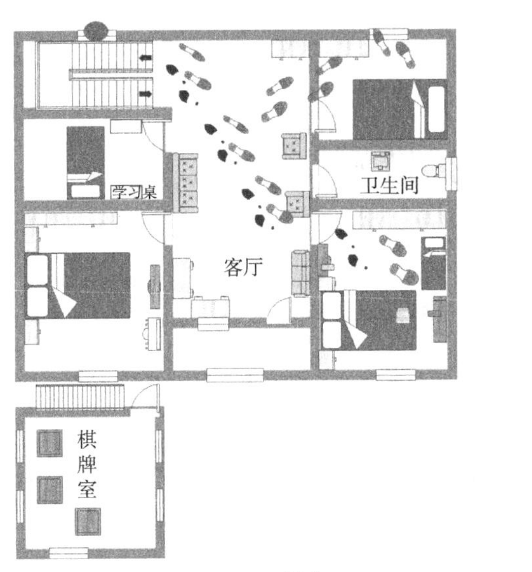

图8

尸检结论：死者尸表检查和毒化检测无异常；冯学某血液酒精含量91.2mg/100ml，属于醉酒。综合死者心血COHB浓度分析，刑侦认定死者均为CO中毒死亡。

8 模拟实验结论

模拟火灾现场环境，以烟头为火源，卫生纸等物品为可燃物，非密闭情况下，烟头引燃明火时间为11分57秒；相对密闭情况下，烟头引燃明火时间为48分20秒。实验结果符合火灾现场痕迹特征和火灾各阶段时间节点。

9 火灾原因认定及依据

9.1 排除放火引起火灾的可能

刑侦根据调查走访、尸体检验、监控视频分等析，出具了排除放火的结论性意见。

9.2 排除雷击引起火灾的可能

三塔镇气象局当天的气象证明，天气为多云，无雷电等强对流天气。

9.3 排除自燃引起火灾的可能

询问证实：6月21日23点53分一层彩钢板房无异常；现场勘验证实：起火部位物品无自内向外的蔓延痕迹。

9.4 排除小孩玩火引起火灾的可能

询问证实：6月21日20时至火灾发生，三个小孩均在二楼休息。

9.5 排除生活用火不慎引发火灾的可能

询问证实：厨房采用液化石油气，6月21日晚五六点钟就关火了。现场勘验证实：厨房与起火点直线距离5m，中间有实墙分隔，无明火进入的途径。

9.6 排除外来火源引发火灾的可能

视频和询问证实：起火前未有燃放烟花爆竹的异响及焰火。现场勘验证实：建筑周围无明火点，起火点无烟花爆竹残骸，且无烟花爆竹和其他明火进入的途径。

9.7 排除电气故障引起火灾的可能性

询问证实："先着火，后断电"。监控视频证实："先着火，后断电"。视帧显示门面房6月22日00：29：30内有烟出现，00：32：09门面房外的灯灭了，卷帘门下方和右侧有光。供电和通信证实：火灾前用电正常，断电时间晚于发现火灾时间。现场勘验及物证鉴定结论证实：起火部位内电气线路进行穿管，火灾前未发生故障。

9.8 起火原因系遗留火种引起

询问证实：铁皮房内不点蚊香。冯学某平时烟瘾大，乱扔烟头，火灾前其醉酒嘴里叼烟，在起火部位喂狗大约十几分钟。监控证实：23：53：51西侧卷帘门打开，冯学某嘴里叼烟晃晃悠悠进入彩钢板房。现场勘验证实：二楼死者冯某卧室地面有较多未受外力、自然熄灭的烟头；起火点处有明显的炭化区、灰化区等阴燃、蔓延痕迹。模拟实验证实：实验结果符合火灾现场痕迹特征和阶段时间节点。

认定结论：起火时间为2021年6月22日00时29分许，起火部位位于一层彩钢板房东北部，起火点位于一层彩钢板房距南侧卷帘门约4.9~7米、距东墙约2m范围内，起火原因系冯学某遗留火种引发火灾。

10 几点体会

10.1 提升证据的"多源性"

此次火灾调查，以消防救援机构为主体，公安、卫健、供电、通信、气象以及社会安防运营、智能电表厂家等第三方服务机构全面参与，证据来源渠道得到拓展。如卫健部门提供的人员健康医疗档案，为分析人员生前身心状态、死亡诱因提供了证据；供电（电表厂家）、通信部门提供的实时电量分析、运行记录、断电时间等，为认定起火时间，分析火灾原因特别是有关电气原因的排除、认定提供了证据；视频监控、朋友圈、博客、电子文件等电子数据所具备的直观性，往往能够提供直接证据或者分析依据。公安部门尸检报告加入了体内毒物、血液酒精含量分析，对于分析火灾当中人员行为和思想状态提供了帮助；特别是DNA技术的应用，对于分析当事人火灾中活动轨迹提供了证据，验证了视频中6月22日0时32分25秒有人到西侧卷帘门开门未果，遮挡地面门缝火光之人就是伤者张洪某，这个对于当事人全部死亡的火灾调查帮助较大。

10.2 提升证据的"合法性"

火灾证据要有法定主体依据法定程序、遵循法律允许的方法收集，具备合法的证据形式和内容[1]。本次火灾调查共十几个部门或单位参与，证据种类也较以前有了较大增长，所反映出的新兴证据的搜集、提取、审查、判断标准相对滞后。现有的《火灾原因认定规则》《火灾现场勘验规则》《火灾技术鉴定物证提取办法》等虽然对现场痕迹物品提取和委托鉴定有明确要求，但大多说明的是电气、易燃液体、炭灰等火灾痕迹物证，而对于视听资料、用电数据、通信数据、电子数据等新兴证据形式明确得不够，仅靠《提取火灾痕迹、物品清单》已不能满足实际工作要求。在去年部局举办的全国性火灾调查大比武期间，各地针对新兴证据种类的提取文书模式也存在差异，大多借鉴其他行业、部门做法，无统一依据、标准。近些年，司法部门对消防救援机构火灾调查证据的“合法性”已出现质疑现象，急需给予明确。

10.3 提升证据的“融合性”

笔者认为火灾事故调查具有专业性的特点，更具有边缘性和综合性的特点，需要学习、掌握的相关知识非常多，需要实践的积累和经验的沉淀。这就要求我们既要学习基础知识，又要紧跟时代脉搏。本起火灾，调查人员以火灾现场为中心，将现场勘验、调查询问与供电、通信数据分析、朋友圈、贴吧等电子数据、视频分析、测谎等新老技术、设备进行融合，完成证据的搜集和印证，排除、认定一类火灾原因采用了“多合一”的证据，提高了认定的科学性和准确性。更为关键的是，经过融合印证的“多合一”证据链条提升了火灾认定的可信度，使得当地党委政府和火灾相关当事人明明白白地接受了事故认定，为后期的善后处理和事故追责打下了良好的基础。

参考文献

［1］应急管理部消防救援局．火灾调查与处理高级篇［M］．北京：新华出版社，2021：50-66.

火灾调查中物证提取与保护措施

郑紫涵

（聊城高新技术产业开发区消防救援大队初级专业技术职务，山东 聊城）

摘　要　物证提取是火灾调查中重要环节，对火灾事故发生原因和过程分析具有重要作用，为此提出火灾调查中物证提取与保护措施研究。论述了火灾调查中物证提取流程，包括封锁火灾现场，做好准备工作、对固体、气体、液体三种物证进行提取、对提取的火灾物证进行质量检验三个环节。针对火灾物证完整性和真实性，提出相应保护措施，加强对火灾现场的保护，避免外界因素对火灾现场的破坏，建立健全火灾物证提取及保护制度，约束火灾物证提取行为，使火灾物证提取规范化，成立火灾物证保管部门，对火灾物证进行妥善保管，避免火灾物证发生变形、变质、损毁发生。

关键词　火灾调查　物证提取　保护措施　保护制度　保管部门

1 引言

火灾调查是消防救援机构在完成灭火任务后第一项工作，而物证提取是火灾调查中非常重要一个工作环节，通过提取有力的物证，调查火灾发生的原因，明确火灾事故责任。火灾调查过程中提取的物证可以真实客观地反映出火灾发生过程，并且推演出火灾形成主要原因。相关研究定义物证为能够证明事件真实情况的所有物质，包括一切物品、痕迹，火灾事故的物证范围十分广泛，任何客观物质都能够成为物质，细到一个指纹或者足迹。物证是火灾责任界定的主要依据，因此科学、合理的物证提取对于火灾调查结果的可信度和准确性具有非常重要的影响。由于火灾具有一定的复杂性和多变性，在火灾调查过程中一些内部因素和外部因素都能对提取的物证造成损坏，比如火灾后现场围观人员的踩踏行为，现场温度、湿度等，都会对火灾物证造成一定程度的损毁。除此之外，在目前火灾调查中还经常出现物证漏采或者误采现象，选取的物证提取方法和技术不合理等问题，导致火灾调查工作难以有序推进，并且得到的火灾调查结果准确性和可靠性比较低。目前，物证提取以及保护成为火灾调查工作中面临的主要难题，为此提出此次课题研究。

2 火灾调查中物证提取

火灾调查中所要提取的物证包括固体、气体、液体三种，根据物体不同形态选择相应的提取方法，其提取过程主要分为三部分，第一封锁火灾现场，并做好准备工作；第二对固体、气体、液体三种物证进行提取；第三对提取的火灾物证进行质量检验，图1为火灾调查中物证提取流程图。

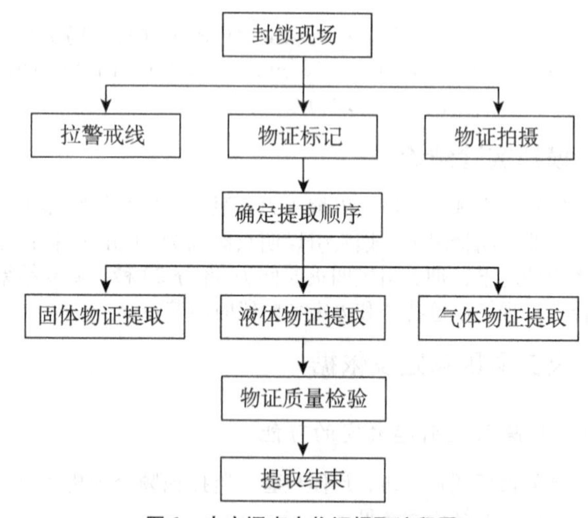

图1　火灾调查中物证提取流程图

如图1所示，首先对火灾现场使用警戒线进行封锁，并对现场物证进行标记和拍摄，然后确定物证提取顺序，并按照顺序对固体、液体以及气体三种形态的物证进行提取，最后对提取的物证进行检验，以下将对火灾调查中物证提取的过程进行详细描述。

2.1 火灾现场封锁及准备工作

在物证提取之前，需要使用警戒线将火灾现场包围起来，禁止非消防救援机构人员进入到火灾现场，对火灾初始现场进行随意踩踏、触摸，一些物证具有不可修复性，比如指纹、鞋印等，这些物证如果被损坏掉，将无法修复，进而难以判定火灾发生原因。然后对火灾现象进行精细化勘查，标记现场内所有物证，防止在物证提取过程中出现漏采和误采问题。按照气体、固体和液体三个种类，将火灾物证进行分类标记，因为三种不同形态的物证选取的提取方法和技术是不同的，这样可以提高火灾调查中物证提取效率。最后，利用相机对已经标记的物证进行拍摄，记录物证原有的形态和外观，为后续检验提取的物证质量提供依据[1]。在物证提取前，还需要准备物证提取工具，比如固体物证提取所需要用到的镊子、手套、靴子等，除此之外，还包括透明胶带、洁净纱布、塑料袋、硫酸纸等，以此保证火灾物证提取工作可以有序进行。

2.2 气、固、液态物证提取

凡是可能引发火灾发生的一切气体物质为火灾气态物证，比如天然气、煤气等，如果是由易燃气体所引发的火灾，气体在经过燃烧后都会具有一定的痕迹，或者现场具有未燃烧完的气体会积存在某些物体上。对于一些浓度较高、并且容易分解的气态物证通常采用注射器直接提取，将抽取气态物证的注射器放入到塑料袋中进行密封保存[2]。但是通常情况下，火灾现场气态物证都不具有实物证据，比如浓度较低的气体，或者一些未燃烧完的少量积存在其他物体上的气体，这类物证提取难度较高，并且容易被忽视，这类物证采用萃取法对其进行提取，图 2 为萃取法提取火灾气态物证原理示意图。

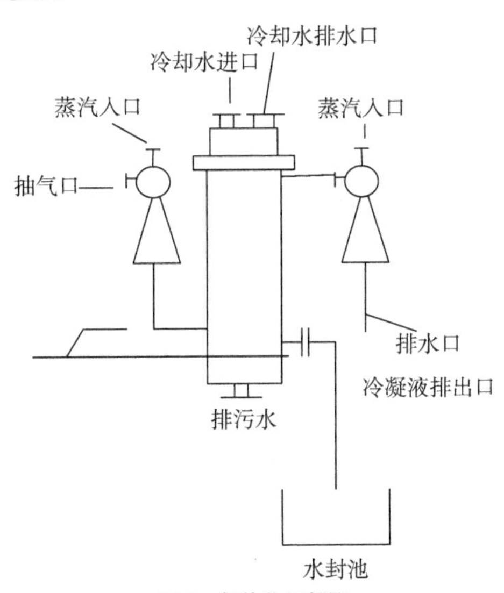

图 2 气体物证提取

如图 2 所示，将带有少量气体的物品放入到中间列管中，左侧和右侧各连接一个蒸汽管，一个蒸汽管从中间列管上方输入蒸汽，另一个蒸汽管从中间列管下方输入蒸汽，蒸汽的温度为 150℃，蒸汽中的水分子将中间列管物体中的气体进行吸收，当蒸汽从中间列管中环绕一周之后，被中间列管上方输入的冷却水冷却，冷却后的蒸汽转变成液体，最终经过排水管排出[3]。对排出后带有化学物质的液体进行化学检测，确定物品上积存的气体种类和属性。

对于液体形态的物证提取采用棉球擦拭法，可能引起火灾的液体主要为汽油、柴油、动物油、植物油以及煤油等液体，利用干净的棉球擦拭遗留在火灾现场的可燃液体，并将棉球放在玻璃容器中进行保管。由于部分可燃液体具有一定的腐蚀性和挥发性，利用玻璃容器对其进行密封管理最为合理。将装有液体物证的玻璃容器放在避光处，防止可燃液体蒸发。

固态物证比较广泛，主要为易燃易爆物品、电器零件以及点火工具，比如火柴、打火机等，在固态物证的提取主要地点为火灾起点附近的电线、开关区域[4]。对于一些形态较小的物证使用镊子将其放入到容器中，对于一些形态比较大的物证需要技术人员佩戴手套将其搬运到指定地点。需要注意的是，在提取短路电器火源时，对电器导线残骸进行取样，电器输电线路因短路发生火灾，电线表面形成有光滑的熔珠，发生短路时瞬间释放大量热量，可能引发周围可燃物燃烧，图 3 为线路短路熔断形成有熔珠的物证实物图。

图 3 线路短路引发火灾物证实物图

如图 3 所示，将具有图 3 特征的电线残骸进行提取，是火灾重要物证，放入到专门器具中进行保管。

2.3 提取的物证质量检验

将提取到的所有物证质量进行检验，首先将提取的物证与实现拍摄的图片进行比对，检验物证的完整性，是否在提取、运输和检测过程中对物证造成过程损坏[5]。然后，对物证的可燃性质进行判断，如果不具备可燃性，则不作为火灾物证，将在火灾物证列表中排除掉。这样可以将一些对火灾调查没有价值和意义的物证剔除掉，节约火灾调查效率，并保证火灾物证提取精度。

3 保护措施

3.1 加大对火灾现场的保护力度

造成火灾物证损坏的因素有很多，可以分为人为因素和自然因素两种，人为因素包括触摸、踩踏等，自然因素包括温度、湿度等，这些因素都会影响到火灾物证的完整性，因此必须要提高对火灾现场保护意识，加大保护力度。在火灾现场四周张贴警示标语，拉设警戒线，警示非相关人员禁止入内，避免火灾现场内物证在提取之前被踩踏和损毁。并且在物证提取之前，必须要对火灾现场进行精细的勘查，防止物证被遗漏掉。

3.2 依据相关制度规范化提取物证

火灾物证的提取必须要规范化，这样才能保证火灾调查井然有序地开展，火灾物证提取需要遵守《火灾事故调查规程》《火灾物证提取规范》《消防法》等法律法规，并以《诉讼法》作为火灾调查中物证提取的指导依据[6]。除此之外，还需要遵守相应的规章制度。为此保护火灾物证的完整性，制定火灾物证保护制度。这是因为目前还没有该方面的制度和法律规定，现有的火灾调查物证提取规程和法律规定存在一些不足，针对火灾物证保护工作没有相应的制度和法规，无法为物证提取工作提供可靠的法律依据，这也是目前火灾调查中物证损坏事件频发的主要原因之一。因此需要建立健全火灾物证提取及保护制度，对火灾物证损坏行为进行合理处罚，提高相关人员对火灾物证保护意识，以此来约束火灾物证提取行为，使火灾物证提取规范化。

3.3 成立火灾物证保管部门

由于火灾案件的复杂程度比较高，导致火灾调查周期比较长，并且火灾物证对火灾事故发生原因分析，以及火灾事故定则具有重要作用，因此火灾物证长期有效安全保管工作非常重要。针对该问题，消防救援机构可以成立火灾物证专门保管部门，并制定合理的火灾物证管理制度和运行机制，由专人对火灾物证进行日常管理，对所有火灾物证进出行为都进行记录，包括火灾物证提取时间、转移时间、提取人员姓名、转移人员姓名、移交部门等。保管部门需要定期对火灾物证进行检验，与物证照片进行比对，一旦发现火灾物证损坏，可以追究相关人员责任，以此保证火灾物证的真实性和可靠性，避免火灾物证发生变形、变质、损毁发生。

4 结束语

物证损坏是消防救援机构在火灾调查中比较突出的问题之一，也是火灾物证提取中常见的现象。此次结合相关文献资源，梳理了火灾调查中物证提取流程，并根据火灾物证保护需求，提出了相应的保护措施，此次研究对提高火灾调查中物证提取技术水平，以及促进火灾物证规范化保管具有良好的现实意义，有助于科学地解决物证损坏这一火灾调查中长期存在的问题，确保火灾调查安全、有序地开展，同时也为火灾救援机构提供了一个新的物证提取和保护思路。由于此次研究时间有限，提出的保护措施比较少，研究内容还存在一些不足之处，今后仍会对该课题进行深层次探究。

参考文献

[1] 张云飞，王璐瑶，朱明翔．浅谈化工火灾调查工作的疑难点——以一起烷基铝火灾事故案件为例［J］．今日消防，2022，7：121-122.

[2] 岳习泽，朱铭泽．浅析火灾调查在消防监督管理工作中的重要地位［J］．武警学院学报，2021，37：71-73.

[3] 于峰．论基层消防大队火灾事故调查工作中存在的问题与对策［J］．科技创新与应用，2020，5：125-126.

[4] 杨坡．基层消防部门火灾调查工作存在的不足和建议分析［J］．今日消防，2020，10：107-108.

[5] 周海雷．公共娱乐场所火灾特点及火灾原因调查工作探究［J］．今日消防，2020，12：117-118.

[6] 蔡一鸣．火灾调查中物证损坏的原因及防范措施［J］．消防界（电子版），2021，19：121-123.

FDS在火灾调查中应用

颜培龙　李　哲　贾亦卓

（中国人民警察大学研究生院，河北　廊坊）

摘　要　本文对国内外FDS模型在火灾调查中的应用进行回顾和展望。火灾模型分为很多种，本文介绍了FDS模型的应用。FDS模型应用广泛，国内外学者验证了其有效性，其应用在对火场的重构以分析火源、起火原因以及火灾痕迹等，近些年基于贝叶斯框架下的FDS模型对火源的预测也取得了一定进展。目前面临的挑战是其还未加入火灾调查的程序中，计算机模型难以做到考虑各种客观因素以达到高精度。在现阶段我们应该提高对火场各种数据收集的意识，并且开始考虑进行相关的培训，以便调查人员了解模型的功能及局限性，但FDS仍可作为辅助工具以补充，验证调查人员的分析和假设，随着计算技术的发展，在可预见的未来FDS能实现将计算速度到减少另一个数量级并且更好的模拟物理化学过程以保证精度。建模的使用应得到火灾调查界的支持，但也应不断监测，以确保其正确和客观的使用。

关键词　火灾调查　FDS　火场重构　火灾建模

0 引言

依据调查询问、现场勘查和技术鉴定等工作认定火灾原因，并不能科学、客观的完全定性一起火灾事件。火灾具备随机性，其发生、发展受外界多种随机性因素的影响；同时火灾也具备确定性，其燃烧过程遵循能量、质量、动量守恒方程等燃烧理论。火灾科学的研究，实际上也是对火灾随机性和火灾确定性的深入认识，而火灾实验模拟是认识火灾确定性规律的重要手段之一。在火灾科学领域引入数值模拟技术具有较大的研究意义，通过对火灾中各个主要因素的作用进行逐个研究，揭示火灾的发生、发展机理和规律。数值模拟一般针对火灾中的某个共性问题进行研究，科研成果具有普遍性。

自从火灾模型提出开始，对其精确度质疑的声音从未停歇过。目前已发表数百篇同行评审的文章，并且开发者也一直致力于与真实火场、实验数据的结合完善模型。此外，开发者还组织了一个社区，就模型的问题向开发者提供反馈。NIST还与独立研究人员合作，利用他们的实验来测试数据。美国核管理委员会（NRC）就其对各种计算机火灾模型的分析编写了一系列验证手册。NRC进行了一系列全尺寸的实验室燃烧测试，并通过各种计算机火灾模型运行了数据，分析每个模型的能力和可靠性，最终得出FDS在具体应用中可以做到很好的验证。

在火灾调查中，火灾模型可以检验自己的对火场的假设，从而确定火源及火灾原因。目前FDS在对火场重构这方面得到了广泛应用，Anthony，Chun，Yin等人[9]对悉尼的老年护理设施进行模拟验证，借助模型以重现火场的发展，调查火灾。由于FDS是开源的程序，徐晓楠[15-21]采用Fortran语言编译，实现对燃烧图痕的重构，对其修改，嵌入各种物理、化学模型，使痕迹可视化，并将这种技术应用加以验证，取得较理想的效果。人们意识到传统数值模拟方法无法解决一些实际问题，随着计算机技术的发展，Jahn[22]使用火灾模型对火源大小及位置进行预测。本文回顾了近年来FDS模型在火灾调查中的应用及其研究进展，总结了FDS模型在火灾调查中的适用性以及不足，并对其未来的发展进行了展望。

1 FDS 模型对假设的验证

建模的主要用途之一是检验自己的假设。假设不仅是针对火灾原因提出的，而且更重要的是针对火源提出的。因为在正确评估火灾原因之前，必须首先确定火源的位置。火灾痕迹是调查人员用于确定火源位置的主要工具。通过计算机火灾模型来验证火源假设，其依据是火灾发生后留下的火灾痕迹以及在测试不同的火源和可燃物时在模型中计算的热通量值。

计算机火灾模型与东肯塔基大学与全国火灾调查员协会合作进行的全尺寸燃烧实验一起使用[1-4]，以分析火灾痕迹的再现性和轰燃的持续现象。Gorbett G E，Mifiree I C[5]通过FDS 软件及其后处理软件 SmokeView 来测试 FDS 对火灾痕迹的再现性和轰燃的持续现象，测试结果表明，FDS 可以很好地再现火灾痕迹，并且可以分辨出大的可燃物造成的损害不会掩盖真正的火源产生的痕迹。并且在用较大的可燃物来掩盖真正的火源造成的燃烧痕迹的情况下，模拟出的结果也能与实际的痕迹保持一致，从而得出 FDS 可以作为一种检验火源假设的工具（图 1）。

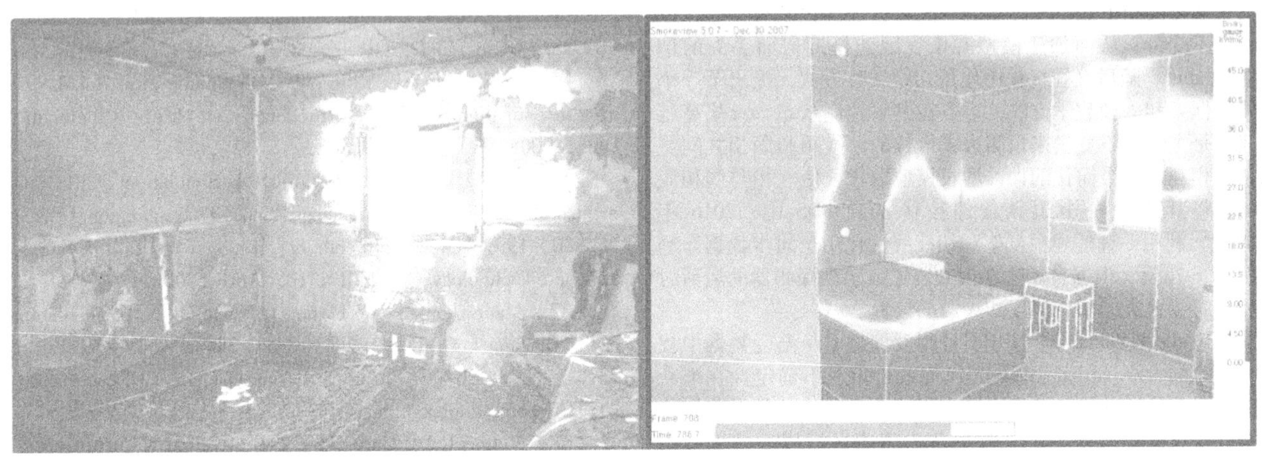

图 1　2007 年 3 月在东肯塔基大学开展的全尺寸烧损痕迹（左）与 FDS 模拟热通量（右）

2 使用 FDS 进行火场重构

1999 年 5 月，有学者利用 FDS 对华盛顿市的民宅进行了仿真模拟，对门在开闭状态下的火灾燃烧过程进行了分析[6]。同年 12 月 22 日，该学者再次利用 FDS 对艾奥瓦州的建筑火灾进行仿真模拟，重现了火灾发展过程[7]。

2000 年 2 月 14 日，有学者对发生在得克萨斯州的某单层饭店火灾进行了仿真模拟，获取了火场温度、氧气浓度等数据[8]，调查了可能发生的热条件。

2014 年 Anthony，Chun，Yin 等人[9]通过全尺寸实验和建模研究，对悉尼的老年护理设施进行模拟验证。模拟结果与两次实验结果吻合较好。然而，对火灾现场的比较表明，FDS 模型中有关火灾动力学数据仍然很少，不能完全代表完整的火灾行为，可以从实验数据的基础上建立更复杂的经验和半经验关系。

国内学者 2007 年姜蓬[10]等人采用大涡模拟方法再现国内某大厦坍塌事故的火灾发展过程，根据现场勘查结果设置边界条件，分别对两个可能的起火点进行模拟，排除了不合理的起火点，验证了另一种情况的正确性。2009 年姜蓬[11]为了改进电气火灾事故调查中金相分析方法，引入了数值图像处理技术对金相图进行分析和处理，成功提取金相图中的各晶格网络轮廓。并以某古民居电气火灾事故为例，分析火灾现场提取铜导线残留物的金相图，最终确定该起火灾原因为电热作用，排除了电路短路的可能性。

2015 年姚光耀，杨培中，谈迅[12]提出了基于大涡模拟和线性规划法的火灾事故重构方法。该方法把所有变量划分为大尺度量和小尺度量，对大尺度量进行直接模拟而对小尺度量采用亚格子模型进行模拟，有效提高模拟的精度；同时运用线性规划法将参数关系局部线性化来求解优化问题，提高了模拟的效率。并应用于上海市某批发市场火灾的数值重构，验证了该方法的可行性。

2016 年 Li[13]利用 FDS 软件对衡阳市的一幢 8 层钢筋混凝土框架结构火灾坍塌事故进行了研究，表明导致建筑结构坍塌的根本原因是火灾燃烧产生的高温。

3 FDS 在燃烧痕迹的应用

FDS 中的 SmokeView 程序可以将 FDS 的计算结果图形化显示出来，人们可以直观地查看计算结果，以二维的形式显示出来，生成描述火灾痕迹发展过程的连续动画，同时，静态数据也可以采用上面的表现方式处理，以显示出指定时刻火场中各类物理量的分布。

2006 年李一涵[14]硕士通过对开放的 FDS 源代码进行改进，把热解模型耦合 FDS，用于计算壁面热解燃烧痕迹，使模拟结果可以直接通过 SmokeView 软件观察到。利用改进后程序重现火灾过程中壁面热解形成的图痕，验证了河北“2・18”特大火灾的燃烧痕迹的形成。

徐晓楠，郭子东，李胜利[15]等人在 2013 年研究得出了一项科研成果，对火灾调查中典型的火灾图痕进行实验与数值模拟耦合的分析研究，采用 Fortran 语言开发了受热痕迹的数值模拟软件，实现案例火灾事故的场景重现与壁面燃烧图痕的重构。2012 年徐晓楠，吴迪，韩娜[16]从壁面热蚀痕迹的形成机理出发，建立了壁面热负荷的累积效应表征痕迹深浅程度的半物理预测模型，实现了壁面热蚀痕迹的数值重构；2014 年徐晓楠，吴迪，施照成[17]根据烟气颗粒在壁面上黏附的机理，利用重新编译的 FDS 程序能较好地重构出试验得到的烟熏图痕，证明可以用于烟熏痕迹的预测；2014 年徐晓楠，施照成[18]验证了嵌入的烟熏半物理模型能够重构出纸面石膏板受热痕迹；2014 年徐晓楠，余莹莹，施照成[19]建立了聚氯乙烯（PVC）板热蚀痕迹半物理模型，得出较好的一致性；2015 年余莹莹，徐晓楠[20]利用锥形量热仪测定木质类人造板材的碳化深度，建立了人造板材炭化痕迹的数学模型，重现了与实验较一致的炭化痕迹；2017 年徐晓楠，余莹莹[21]建立炭化痕迹的数学模型，实现了对炭化痕迹的再现，定量地描述了炭化痕迹的形成过程，反推出起火点位置。

4 FDS 预测火源中的应用

使用火灾模型对火源大小及位置进行预测是最近几年新兴领域。人们意识到传统数值模拟方法无法解决一些实际问题，随着计算机技术的发展，利用 FDS 软件耦合探测器及人工智能如机器学习模型以弥补数值模拟技术不足之处。对火源位置，火势规模进行预测，可以为调查人员分析火灾原因提供较为科学的假设，再利用现场勘验的结果加以排除论证。

Jahn[22] 提出了一种基于传感器观测数据同化的有效预测火灾动态的新方法。传感器的观测数据被同化到模型中，以预估不变量，从而加速模拟并恢复因建模近似而丢失的信息。Jahn[23] 随后又在优化中使用切线线性方法，提出了一个概念框架和一种数学方法，重点在燃料控制状态，火焰蔓延速率是主要的不变量来预测火灾增长的。气相和固相之间复杂的相互作用被简化的火灾增长模型取代，使气相与固相脱耦，将其作为一个边界条件被输入到 FDS 中；2016 年 Jahn[24] 利用一种逆建模框架和切线线性化用于同步数据，利用 FDS 建模，根据自动喷水灭火装置或感烟探测器的激活时间确定了火灾的增长速度和火源的位置。

Wang 和 Zabaras[25] 使用贝叶斯反演技术从温度数据中找到热源的大小。Biedermann[26,27] 等人指出了不确定性在推断中的重要性，并将贝叶斯网络应用于涉及碎片中易燃液体检测的火灾调查问题。郭子东[28] 等人将带区域模型的贝叶斯反演与实测气体温度一起用作正演模型，以发现多隔间结构内的火灾规模和火源位置。Overholt 和 Ezekoye[29] 使用贝叶斯技术，利用室内规模实验的温度数据，反演火的热释放速率随时间的变化。Overholt 和 Ezekoye[30] 还研究了热通量数据的使用，以确定隔间内火灾的大小或位置。

沈迪[31] 将 FDS 模型耦合人工智能，利用贝叶斯机器学习模型对火源进行反算，引入多变量非参数的贝叶斯回归模型，CoKriging 模型，利用 FDS 和火灾区域模拟软件 CFAST 为这套模型提供训练数据，火源直径的反演结果符合高斯分布，对火场的烟气温度能够准确预测。

5 结论

利用火灾数值模拟技术能够验证火灾事故调查结果的合理性和有效性。然而，大部分对火灾事故调查的模拟研究，多数局限在火灾场景的模拟，用来对火场进行重构，重现火灾发生、发展的全过程，而未形成一种辅助于火灾事故调查工作的流程体系。目前赵永昌[32] 提出了将数值模拟技术应用到火灾调查流程中的新构想，但是由于各种数据不全以及各种因素暂时无法落实，但是随着计算机水平的提高和人才的发展，数值模拟技术会广泛应用到火灾调查中。

目前最先进的计算流体力学在火灾动力学方面还不够快或不够准确，无法提供有效的预测。其主要问题在于火焰与热解燃料之间存在复杂物理、化学现象的耦合。国外学者将致力于人工智能与建模软件结合，用以预测火源位置，在以后的工作中，可能会实现突破。

总而言之，尽管计算机模型还未达到令人十分满意的效果，但在火灾调查中辅助作用已经被证实了，以后的工作中应该进一步完善数据库的信息。由于在火灾调查中越来越多地使用计算机火灾模型，所有的调查人员都应该了解模型的功能、假设和限制，并且在调查过程中要注重数据的收集，并非每个火灾都需要在调查人员的分析过程中使用该工具，但所有调查人员都需要在现场开始收集所需的数据。建模的使用应得到火灾调查界的支持，但也应不断监测，以确保其正确和客观地使用。

参考文献

[1] Gorbett G，Hopkins R，Kennedy P，et al. Full-Scale Burn Patterns Study. ISFI：Cincinnati，OH，2006.

[2] Hopkins R，Gorbett G，Kennedy P. Patterns Persistence Pre – and Post – Flashover. Fire and Materials：San Francisco，CA，2007.

[3] Hicks B，Gorbett G，Hopkins R，et al. Advanced Fire Patterns Study：Single Fuel Packages. ISFI：Cincinnati，OH，2006.

[4] Hopkins R. Patterns Persistence：Pre and Post-Flashover. ISFI：Cincinnati，OH，2008.

[5] Gorbett G E，Mifiree I C. Computer Fire Models for Fire Investigation and Reconstruction [C]. ISFI：Cincinnati，Ohio，2008.

[6] Madrzykowski D，Vettori R L. Simulation of the Dynamics of the Fire at 3146 Cherry Road NE Washington D. C.，May 30，1999 [M]. Gaithersburg：National Institute of Standards and Technology，NISTIR 6510，April 2000.

[7] Madrzykowski D，Forney G，Walton W D. Simulation of the Dynamics of a Fire in a Two-Story Duplex Iowa，December 22，1999 [EB/OL]. http：//fire. nist. gov/CDPU – BS/NISTIR-6854/duplex. html. 2005-12-25.

[8] Vettori R L，Madrzykowski D，Walton W D. Simulation of the Dynamics of a Fire in a One-Story Restaurant，Texas，February 14，2000 [EB/OL]. http：//fire. nist. gov/bfrlpubdfire 01/art 068. html. 2005-12-25.

[9] Anthony，Chun，Yin，et al. Fire scene investigation of an arson fire incident using computational fluid dynamics based fire simulation [J]. Building Simulation，2014，7（5）：477-487.

[10] 姜蓬，邱榕，蒋勇．基于数值模拟的某大厦特大火灾过程调查 [J]. 燃烧科学与技术，2007（01）：76-80.

[11] 姜蓬．基于金相分析与烟熏图痕数值重构的火灾调查研究 [D]. 中国科学技术大学，2009.

[12] 姚光耀，杨培中，谈迅．基于大涡模拟和线性规划的火灾重构方法研究 [J]. 系统仿真学报，2015，27（07）：1418-1425+1434. DOI：10. 16182/j. cnki. joss. 2015. 07. 003.

[13] Li Y，Yan W，Lu X，et al. A Case Study on a Fire-Induced Collapse Accident of a Reinforced Concrete Frame-Supported Masonry Structure [J]. Fire Technology，2016，52（3）：707-729.

[14] 李一涵．基于数值模拟技术的火灾调查研究 [D]. 中国科学技术大学，2006.

[15] 徐晓楠，郭子东，李胜利等．火灾事故调查中火灾图痕的形成机理及数值重构技术研究．河北省，中国人民武装警察部队学院，2013-10-01.

[16] 徐晓楠，吴迪，韩娜．利用数值重构技术研究火灾热蚀图痕的可行性 [J]. 消防科学与技术，2012，31（07）：765-768.

[17] 徐晓楠，吴迪，施照成．基于 FDS 的壁面烟熏图痕试验及重构研究 [J]. 安全与环境学报，2014，14（6）：5.

[18] 徐晓楠，施照成．纸面石膏板受热痕迹的数值重构研究 [J]. 火灾科学，2014，23（02）：102-108.

[19] 徐晓楠，余莹莹，施照成．PVC 板热蚀痕迹实验及数值重构研究 [J]. 中国塑料，2014，28（04）：73-77. DOI：10. 19491/j. issn. 1001-9278. 2014. 04. 013.

[20] 余莹莹，徐晓楠．木质类人造板材炭化痕迹实验

及数值重构研究［J］. 火灾科学，2015，24（1）：40-46.

［21］徐晓楠，余莹莹. 基于炭化痕迹的火灾数值重构及应用［J］. 安全与环境学报，2017，17（01）：150-154. DOI：10. 13637/j. issn. 1009-6094. 2017. 01. 030.

［22］Jahn W，Rein G，Torero J L. Forecasting Fire Growth using an Inverse CFD Modelling Approach in a Real-Scale Fire Test［J］. Fire Safety Science，2011，10（3）：81-88.

［23］Jahn W，Rein G，Torero J L. Forecasting fire dynamics using inverse computational fluid dynamics and tangent linearisation［J］. Advances in Engineering Software，2012，47（1）：114-126.

［24］Jahn W. Using suppression and detection devices to steer CFD fire forecast simulations［J］. Fire Safety Journal，2017，91（7）：284-290.

［25］Wang J，Zabaras N. A Bayesian inference approach to the inverse heat conduction problem［J］. International Journal of Heat and Mass Transfer，2004，47（17-18）：3927-3941.

［26］Biedermann A，F Taroni，Delemont O，et al. The evaluation of evidence in the forensic investigation of fire incidents（Part Ⅰ）：an approach using Bayesian networks［J］. Forensic Science International，2005，147（1）：49-57.

［27］Biedermann A，Taroni F，Delemont O，et al. The evaluation of evidence in the forensic investigation of fire incidents. Part Ⅱ. Practical examples of the use of Bayesian networks［J］. Forensic Science International，2005，147（1）：59-69.

［28］Guo S，Rui Y，Zhang H，et al. New Inverse Model for Detecting Fire-Source Location and Intensity［J］. Journal of Thermophysics & Heat Transfer，2010，24（4）：745-755.

［29］Overholt K J，Ezekoye O A. Characterizing Heat Release Rates Using an Inverse Fire Modeling Technique［J］. Fire Technology，2012，48（4）：893-909.

［30］Overholt K J，Ezekoye O A. Quantitative Testing of Fire Scenario Hypotheses：A Bayesian Inference Approach［J］. Fire Technology，2015，51（2）：335-367.

［31］沈迪. 贝叶斯机器学习在火灾正向预测与源强反算中的应用研究［D］. 中国科学技术大学，2021. DOI：10. 27517/d. cnki. gzkju. 2021. 001278.

［32］赵永昌. 基于数值模拟的火灾事故调查方法与应用研究［D］. 中国矿业大学，2019. DOI：10. 27623/d. cnki. gzkyu. 2019. 000392.

浅析电动汽车锂离子电池火灾成因及灭火策略

闫欣雨

（中国人民警察大学，河北　廊坊）

摘　要　过去的十年，在锂离子电池技术快速发展的推动下，电动汽车极大地改变了全球汽车行业。但是，与此类高能量电池相关的火灾风险和危害已经成为电动汽车最主要的安全问题。本文重点介绍了电动汽车锂离子电池热失控和起火的最新消防安全问题。电池热失控或起火可能是由于热滥用、机械滥用、电滥用等因素造成的，这个过程可能会伴随着有毒气体释放、起火、喷射火焰和爆炸。一旦车载电池发生火灾，由于外部使用的灭火剂无法直接接触到内部的电池模组，因此，电动汽车火灾很难抑制，需要使用大量的灭火剂来冷却电池、扑灭明火并防止复燃。

关键词　锂离子电池　电动汽车　热失控　灭火技术

0　引言

近年来，电动汽车在世界许多国家和地区的市场中都表现优异，尽管电动汽车的一些技术仍不如燃油汽车成熟、可靠，但由于政府政策的支持，加之电池成本不断降低、性能不断提高以及产量不断增长，推动了电动汽车市场的销售和发展。本文所讨论的电动汽车指完全或部分使用锂离子电池（Li-ion Battery，LIB）提供动力的电动汽车（Electric Vehicle，EV）。其中，纯电动汽车（Battery Electric Vehicles，BEVs）完全依靠电力，插电式混合动力电动汽车（Plug-in Hybrid Electric Vehicles，PHEVs）和混合动力电动汽车（Hybrid Electric Vehicles，HEVs）也可以通过内燃机提供动力。

电动汽车起火的常见原因包括车辆因放火或持续性不规范使用引起的自燃（self-ignition），如充电过程中的起火、驾驶过程中的自燃以及发生高速碰撞后引发的火灾。由于锂离子电池热失控而产生的自燃火灾具有独特性，使得电动汽车火灾与燃油汽车火灾事故处置方式截然不同。

电池热失控机理以及电池火灾现象、风险和危害已经在一些文献中[1-5]进行了综述。这些文献阐明了电池材料化学的安全特性，总结了近年来对电池火灾动力学的科学认识。由于针对大型电动汽车电池组和全尺寸电动汽车的燃烧实验成本高昂，而且很少公布，所以目前对电动汽车的整车火灾风险和危害仍然知之甚少。随着电动汽车市场的扩大，电动汽车保有量不断增加，但消防安全问题尚未解决，为了协助火灾调查人员可以更专业的处理电动汽车火灾，本文综述了电动汽车的火灾风险和危害，并对电动汽车的灭火和消防策略进行了详细的综述。

1　电动汽车电池及其火灾风险

锂作为一种化学元素本身就存在安全问题[2,6,7]。当锂离子电池受到外部冲击并经历极端操作条件时，它会破裂，喷出火花、易燃气体和有毒烟气，这些气体进一步被点燃，产生稳定燃烧、喷射火焰或气体爆炸[3,8,9]。根据结构和制造工艺，电池分为三种类型：圆柱电池（cylindrical cells），方形电池（prismatic cells）和软包电池（pouch cells），如图 1 所示，这三种电池均在电动汽车中有所使用。

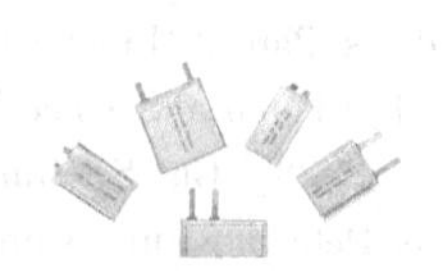

（a）圆柱电池　（b）方形电池　（c）软包电池

图 1　电池类型

电动汽车电池一般由电池单体、电池模组和电池包组成。电池单体是电池包的基本单元，它们串联或并联形成电池模组。框架将电池固定在一起，并保护它们免受外部冲击、热量和振动。电池包是将模组集成到电池包基础结构中的组件。这套组件包括结构部件、布线、冷却回路和电力电子设备。此外，还有一些模组装有管理电源、电池充放电和温度的系统。这些通常被称为电池管理系统（Battery Management System，BMS）。这种精密集成的配件使电池包能够储存极大的能量，同时也使电池模组内部的温度管理更具挑战性[10]。

大多数电动汽车火灾事故发生在电池电源系统中，其风险和危害与电池单体、电源系统以及电池模组的尺寸和容量有关[3]。电动汽车电池必须具备提供大功率（高达 100kW）和高能量容量（高达数 10kW）的能力，所以会使用大量电池，随着电池数量和容量的增加，潜在的燃料负载也会增加，使得电动汽车发生火灾的可能性也会增加[2,11-13]，与此同时它们还需要维持在一个合理的价格，并面临着空间、重量限制的挑战[14]。

电池的性能决定了电动汽车的驾驶性能。传统电池，如铅酸电池、镍镉电池（NiCd）和镍氢电池（NiMH）等在电动汽车中也有应用，与锂离子电池相比其火灾风险更低，但它们在能量密度、容量以及充放电速率方面表现较差，因此具有一定的局限性。锂离子电池具有能量密度高、周期寿命长、自身重量轻等特点，这有利于提交通运输效能，也使锂离子电池更适用于车辆。

1.1　热滥用

在所有环境因素中，锂离子电池的充放电性能受温度影响最大，高温（>50℃）或低温（<0℃）都会对电池的性能产生负面影响。低温下，锂沉积和枝晶可能引起电池内短路，导致电池内部产生额外的热量，增加电池起火的可能性[2,10,17]；正常温度下（0～50℃），自身产热可能导致电池过热，如果温度平衡能力较差，则可能引发热失控；高温下，电池会遇到更为严重的热累积问题，并加快电池材料分解[2,7,15]。锂离子电池工作性能对温度具有较高的依赖性，当电池内部热量无法及时消散而导致温度超过安全上限时，电池容量会出现下降且可能鼓包变形，甚至进入热失控状态[3]。

1.2　机械滥用

刺穿、挤压、碰撞是触发电池热失控中机械滥用的典型方式。为了从设计方面解决机械滥用引起的热失控的问题，在目前电动汽车锂离子电池的设计中，电池包被放置于车辆的高度加固区域，如图 2 所示，并且设有加强筋、受力框架、防火板等保护，既利于车辆的高速稳定性，也大大降低了碰撞时爆炸的危险。虽然仍有一些电动汽车在高速行驶时发生碰撞引发了火灾，但这是不可避免的，因为即使是燃油汽车发生此类严重的碰撞也可能会引发火灾。

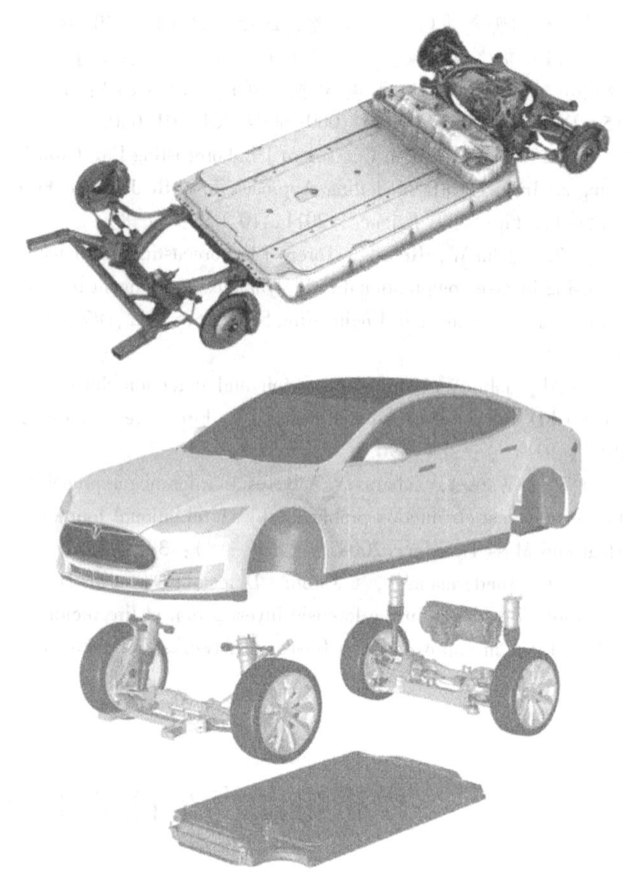

图 2　电动汽车中电池位置示意图

1.3　电滥用

锂离子电池的使用是在规定的时间内接收和存储定量的能量，超过这些限制（过充电或过放电）可能会降低其性能或导致使用寿命缩短。电滥用可以进一步分为：过充电、过放电和外部短路[16]。过充电和过放电会使电池模组内部产生额外的热量或导致电池内部短路；外部短路会产生大量电流，并在短时间内迅速产热，引发电池热失控。除电池故障外，发生自燃事故还可能与电子控制系统、BMS、电力传输控制系统等缺陷有关[18-20]。

2　电动汽车火灾的危害

随着电动汽车制造商追求更高的驾驶性能，将会使用更多的锂离子电池。电动汽车火灾风险与电池质量和容量的增加成正比，并且在锂离子电池燃烧过程中会伴随着易燃易爆气体和有毒烟气的释放。了解电动汽车火灾的危害可以为防治锂离子电池热失控及探究相应灭火策略提供理论支持。

2.1　热失控和电池起火

电动汽车火灾大多都由电池故障引起，锂离子电池最常见的故障是热失控。热失控是指电池因为不同形式的滥用而在内部积聚大量热量，同时热量积聚速率远大于外部散热率，造成电池温度迅速升高，并引起内部化学反应，释放大量热量和气体，导致可能出现起火或爆炸的现象[16]。对于锂离子电池，热失控通常意味着电池温度急剧升高（超过 10℃/min）及安全阀的开启[21]，并伴随着大量黑烟、高温火花和喷射火焰[22]。当这一过程发生在电池单体内部，引起的热失控或起火会在整个电池内蔓延，使火灾发生的风险逐渐增大[2,23,24]。

热失控发生后，安全阀和电池外壳的裂缝中会释放出易燃气体和有毒烟气的混合物，这些气体可能会被附近的火源（如明火、火花和电弧）点燃，或由于冷却条件差而自燃。如果电池外壳外部的气体释放速率低于内部气体生成速率，那么电池单体也可能发生爆裂。安全阀的作用是释放一些积聚的气体以防止热失控的发生，但当这些气体在封闭区域内聚集并与周围的氧气混合时，一旦出现引火源就可能会发生气体爆炸[2,13]。

2.2 烟雾与毒性

当电池温度超过150℃时，发生热失控的风险很大。热失控一旦发生，电池外壳和安全阀都会破裂并释放出有毒气体。随着热失控的蔓延，更多的电池受到破坏产生更多有毒气体，如：HF、HCN、CO、H_2、CH_4 等[22,25,26]。吸入这些气体会使人头晕、头痛、昏迷、失去知觉甚至死亡[27]。锂离子电池内的氟含量也可能形成氟氧化磷（POF_3），其毒性可能比HF更大。Ribiere等人[25]燃烧了一个95g的软包锂离子电池，其CO、NO、SO_2、HCl和HF的最大排放量分别为1.77g、195mg、220mg、25mg和757mg。锂离子电池释放的气体种类和排量与它的化学性质和尺寸有关，因电动汽车制造商和类型而异。

3 电动汽车的灭火和消防策略

与大量关于电池热失控及其保护策略的研究相比，对锂离子电池火灾的抑制和灭火技术的研究较少。锂离子电池起火后很难熄灭，需要大量的抑制剂并且可能会发生复燃[28]。因此，发生事故后的电动汽车应谨慎处理，需将其停放在露天停车场的限制通行区域，与其他车辆、建筑物、易燃物体保持足够距离[29]，勘验结束后确认电池包无保留意义的，也可以使用抑制剂对其进行浸泡处理。确保复燃不会发生的一种方法是让车辆或电池模组完全烧毁，当锂离子电池模组中所有活性物质被耗尽后，复燃的风险就会大大降低。但在现实情况中，这并不是绝对合适的处理方法。

我国现阶段使用的灭火剂种类主要有：氢氟碳类灭火剂、干粉灭火剂、热气溶胶灭火剂、惰性气体灭火剂、细水雾灭火剂等[30]。由于电动汽车起步较晚，对于锂离子电池火灾的处理经验较少，此类火灾的高效灭火剂还在不断探究中。应急管理部上海消防研究所总结了几种可以抑制锂离子电池火灾的灭火剂[31]。柯锦城[32]等人指出，干粉、泡沫等常规灭火剂不能熄灭电池着火，二氧化碳灭火剂对电池火灾有效，但不能冷却电池模组以防止复燃。冷却锂离子电池可以有效抑制热量在电池单体之间的传导，从而实现对火灾的控制。水可以在扑灭明火的同时使电动汽车降温，但可能会引发更多的电气故障，如水与锂发生可以反应并释放出氢气[33]。此外，水的喷洒可以稀释现场的有毒物质，但也可能在现场形成有毒的径流水。实验表明，根据电池的大小和位置，电动汽车火灾需要消耗超过10000L的水[34]，并且建议的灭火和冷却流速高达200L/min[35]，这会造成消防用水的大量流失，因此需要进一步分析消防射水用量大小的利弊。

灭火剂和冷却剂如果可以直接作用于电池模组，将可以极大地提高灭火效率。为防止受到外部环境影响，大多数电动汽车电池为密封状态，灭火剂和冷却剂难以直接接触内部电池，只能作用于外部可见火焰、电池模组外表面及其周围的材料。2021年，王洛展等人[36]基于淹没式电动汽车灭火技战术研究开展了一项全尺寸电动汽车火灾实体实验，结果指出，灭火毯限制了火灾的蔓延；挡水板使位于汽车底盘的电池完全淹没在泡沫灭火剂中，该项技战术效能优越，易于操作，可有效避免火灾蔓延、缩短灭火时间、节约消防用水。近期，清华大学合肥公共安全研究院也开展了一项全尺寸电动汽车燃烧实验[37]，研究结果表明，全氟己酮灭火剂延缓了电池热失控的速度；灭火毯对车体燃烧有明显控制作用；压缩空气泡沫有效扑灭车体（除电池舱）火灾；电池舱需要大量冷却液彻底冷冻防止复燃，这些全尺寸电动汽车实验为电动汽车灭火处置方法提供了参考。

4 小结

本文讨论了近年来电动汽车火灾的风险和危害，以及与之相关的消防安全问题和灭火策略。随着电动汽车驾驶性能和充电速度的不断提升，电池模组的规模和能量密度日益增大，锂离子电池在电动汽车中的火灾风险和危害尤为突出。由于锂离子电池起火后极易发生复燃，加之抑制剂很难直接接触到电池模组内部，电动汽车火灾的扑灭难度较大。综合分析，水仍然是有效的抑制剂，可以扑灭火焰并冷却电池，同时如果可以使抑制剂直接接触电池模组内部，便可以使灭火工作更加高效。在未来，更多的电动汽车和充电站也应该具备更好的消防系统，只有提高电动汽车整体安全性的开发和研究，才能让电动汽车在社会中稳固发展。

参考文献

[1] A Q W, A P P, A X Z, et al. Thermal runaway caused fire and explosion of lithium ion battery [J]. Cheminform, 2012, 208 (24): 210-224.

[2] Wang Q, Mao B, Stoliarov S I, et al. A review of lithium ion battery failure mechanisms and fire prevention strategies [J]. Progress in Energy and Combustion Science, 2019, 73 (JUL.): 95-131.

[3] 胡斯航，王世杰，刘洋，张英．锂离子电池热失控风险综述［J］．电池，2022，52（01）：96-100.

[4] Feng X, Ouyang M, Liu X, et al. Thermal runaway mechanism of lithium ion battery for electric vehicles: A review [J]. Energy Storage Materials, 2018, 10: 246-267

[5] Ouyang D, Chen M, Huang Q, et al. A Review on the Thermal Hazards of the Lithium-Ion Battery and the Corresponding Countermeasures [J]. Applied Sciences, 2019, 9 (12): 2483.

[6] Ba Lakrishnan P G, Ramesh R, Kumar T P. Safety mechanisms in lithium-ion batteries [J]. Journal of Power Sources, 2006, 155 (2): 401-414.

[7] A S I T, B J I Y. A consideration of lithium cell safety [J]. Journal of Power Sources, 1999, 81-82: 882-886.

[8] Evarts E C. Lithium batteries: To the limits of lithium [J]. Nature, 2015, 526 (7575): 93-95.

[9] Lecocq A, Eshetu G G, Grugeon S, et al. Scenario-based prediction of Li-ion batteries fire-induced toxicity [J]. Journal of Power Sources, 2016, 316 (Jun. 1): 197-206.

[10] Hao M, Li J, Park S, et al. Efficient thermal management of Li-ion batteries with a passive interfacial thermal regulator based on a shape memory alloy [J]. Nature Energy, 2018, 3 (10): 899-906.

[11] Liu X, Wu Z, Stoliarov S I, et al. Heat release during thermally-induced failure of a lithium ion battery: Impact of cathode composition [J]. Fire Safety Journal, 2016, 85 (oct.): 10-22.

[12] Xuan L, Stoliarov S I, Denlinger M, et al. Comprehensive calorimetry of the thermally-induced failure of a lithium ion battery [J]. Journal of Power Sources, 2015, 280:

516-525.

[13] Drysdale D (2011) An introduction to fire dynamics, 3rd edn. Wiley, Chichester.

[14] Garcia-Valle R, Lopes J P. Electric Vehicle Integration into Modern Power Networks [M]. Springer New York, 2013.

[15] Yla B, Ps A, Hn B, et al. Propensity to self-heating ignition of open-circuit pouch lithium-ion battery pile on a hot boundary [J]. Fire Safety Journal, 2020, 120.

[16] 孙旭东．车用锂离子动力电池热-电滥用下热失控特性研究 [D]．江苏大学，2020.

[17] Andrew B, Long R T. Full-scale Fire Tests of Electric Drive Vehicle Batteries [J]. SAE International Journal of Passenger Cars - Mechanical Systems, 2015, 8 (2): 2015-01-1383.

[18] Fairley P. Speed bumps ahead for electric-vehicle charging [J]. IEEE Spectrum, 2010, 47 (1): 13-14.

[19] Zheng J, Engelhard M H, Mei D, et al. Electrolyte additive enabled fast charging and stable cycling lithium metal batteries [J]. Nature Energy, 2017, 2 (3): 17012.

[20] Guo R, Lu L, Ouyang M, et al. Mechanism of the entire overdischarge process and overdischarge-induced internal short circuit in lithium-ion batteries [J]. Scientific Reports, 2016, 6: 30248.

[21] Doughty D H. Vehicle Battery Safety Roadmap Guidance [J]. hybrid vehicles, 2012.

[22] Larsson C F. Lithium-ion Battery Safety - Assessment by Abuse Testing, Fluoride Gas Emissions and Fire Propagation. [D]. Chalmers University of Technology Göteborg, Sweden 2017.

[23] Said A O, Lee C, Stoliarov S I. Comprehensive analysis of dynamics and hazards associated with cascading failure in lithium ion cell arrays [C] 11th U. S. National Combustion Meeting at Pasadena, California. Paper ID: 71FI-0089. 2019.

[24] 张青松，刘添添，赵子恒．锂离子电池热失控气体燃烧对热失控传播影响的量化方法研究 [J/OL]．北京航空航天大学学报：1-7 [2022-04-21].

[25] Ribiere P, Grugeon S, Morcrette M, et al. Investigation on the fire-induced hazards of Li-ion battery cells by fire calorimetry [J]. Energy & Environmental Science, 2012, 5: 5271-5280.

[26] 陈昶，刘金柱，邢学彬，王占国，郑珺祥．锂离子电池热失控产生烟气成分研究综述 [J]．当代化工研究，2021 (20): 20-21.

[27] Fredrik L, Petra A, Bengt-Erik M. Lithium-Ion Battery Aspects on Fires in Electrified Vehicles on the Basis of Experimental Abuse Tests [J]. Batteries, 2016, 2 (2): 9.

[28] Kong L, Li C, Jiang J, et al. Li-Ion Battery Fire Hazards and Safety Strategies [J]. Energies, 2018, 11 (9): 2191.

[29] US Department of Transportation (2014) Interim guidance for electric and hybrid- electric vehicles equipped with high-voltage batteries.

[30] 刘子华．电动汽车锂电池火灾特性及灭火技术 [J]．电子技术与软件工程，2020 (01): 68-69.

[31] 张磊，张永丰，黄昊，曹丽英．抑制锂电池火灾灭火剂技术研究进展 [J]．科技通报，2017, 33 (08): 255-258.

[32] 柯锦城，杨旻，谢宁波，罗成．锂电池电动汽车灭火救援技术探讨 [J]．消防科学与技术，2017, 36 (12): 1725-1727.

[33] Schiemann M, Bergthorson J, Fischer P, et al. A review on lithium combustion [J]. Applied Energy, 2016, 162 (JAN. 15): 948-965.

[34] NFPA (2015) Emergency field guide. NFPA

[35] Verband der Automobilindustrie (VDA) (2017) Accident assistance and recovery of vehicles with high-voltage systems. Verband der Automobilindustrie eV 1-30

[36] 王洛展，李伟江，曹丽英，张磊．基于淹没式的电动汽车灭火技战术研究 [C] //2021 中国消防协会科学技术年会论文集．2021: 250-253.

[37] 清华合肥院组织开展电动汽车燃烧实验 [N]. http: //www. tsinghua-hf. edu. cn

一起火灾事故认定复核的思考与启示

孙佳奇

（唐山市消防救援支队，河北 唐山）

摘 要 本文从一起火灾事故复核入手，介绍火灾事故调查现场勘验、调查询问情况，分析火灾事故复核过程中对知情人的走访、视频分析和调查实验验证等内容，总结在火灾事故调查中需要引起重视的环节和细节，从源头减少因用词不准确或解释不清导致当事人提起的火灾事故复核，对今后类似火灾事故的调查具有一定的参考作用。

关键词 火灾事故认定 复核 调查 思考

0 引言

2020年2月24日17时09分，唐山市某地一住宅发生火灾。此次火灾造成该住宅2单元502室过火，室内物品受损，502室周边13户住宅不同程度的受损，无人员伤亡。火灾扑灭后，消防救援大队与公安派出所对火灾现场进行封闭，进行了调查走访，查找相关知情人、询问相关人员，勘验火灾现场，调查起火原因。

1 火灾事故调查情况

1.1 现场勘验情况

发生火灾的住宅位于某小区2单元502室，该建筑共11层，其中1~4层为百货商场，5~11层为住宅、每层两户。

该建筑东侧为小区内道路；西侧为24层建筑和12层建筑；南侧为大街；北侧为百货商场4层顶部露台及11层建筑。2单元502室北窗及窗户外面过火烟熏，502室北窗及外侧过火烟熏，入户门朝东，北侧接建阳台为钢结构、玻璃顶，接建阳台可到外面露台（图1）。

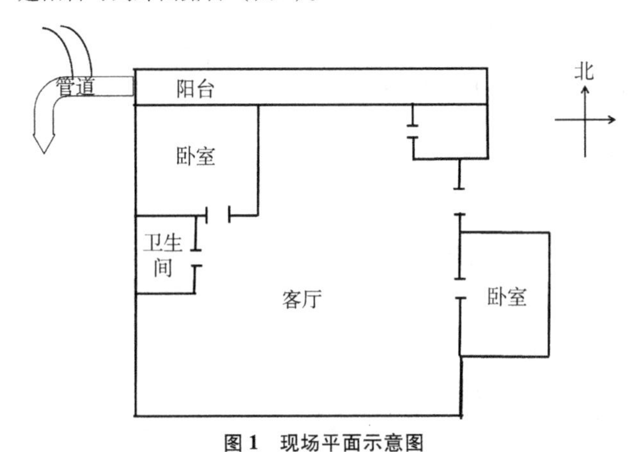

图1 现场平面示意图

对502室进行重点勘验，502室整体过火程度北重南轻。该房屋内墙壁、屋顶、地面、家具、门窗及物品表面均有烟熏痕迹，其中客厅、南侧卧室、卫生间内未过火，仅有烟熏痕迹。厨房、餐厅的北侧窗户有过火痕迹，其余位置有烟熏痕迹，北侧阳台全部过火；餐厅摆放的桌子和木制家具，家具顶部有过火痕迹，过火痕迹由北向南、由上至下呈递减趋势；西北侧卧室过火，卧室木门碳化程度内重外轻，卧室内的家具、墙体、顶棚、窗户均过火受损，受损程度由北向南呈递减趋势；北侧阳台的窗户及物品均过火受损，受损程度由西向东呈递减趋势；北侧阳台外部东西两侧的建筑外墙均有烟熏和过火的痕迹。

对502室西北侧卧室进行勘验，该卧室内东侧摆放由北向南依次为榻榻米、一个木质结构带软包单人沙发、两个吧台椅子、三脚架，均过火烧毁，烧毁程度由北向南呈递减趋势，南侧由东向西依次为木质卧室门、供奉佛像的木质高低桌子两个，桌子过火碳化外重内轻，桌子中间被烧穿，东侧佛像掉落、中间和西侧佛像向东倾倒、长明灯掉落地面，通电状态，线路绝缘层融化，无熔断现象，经书边缘过火；低桌子上摆放贡品，桌子过火碳化程度外重内轻，桌子上方物品烧毁，有残留。西侧由南向北依次为跪垫，墙上有木制边框字画、吸尘器、榻榻米。跪垫外表布质软包烧毁，但四周底部边缘有残留，跪垫木制结构上面、北面均过火碳化，东面、西面过火碳化程度由北向南、由上至下呈递减趋势，南面西侧上方边缘过火碳化，其他位置未过火；墙上字画过火掉落，木制上边框有残留；吸尘器未通电，过火烧毁，北侧为榻榻米，连接东西墙。榻榻米东侧存放的衣服、枕头过火受损，受损程度由北向南呈递减趋势，有部分衣服等物品残留；西侧摆放一个木制书架，书架上有纸质书籍，木制书架烧毁，书籍向东掉落，书籍边缘及表面层过火，中间有残留；榻榻米西北墙上有一个挂式空调，未通电，空调烧毁掉落；榻榻米北侧与卧室北墙相连，中间位置有窗户，窗户上方有窗帘杆，窗帘杆因过火掉落至榻榻米上，窗帘杆过火缺失程度呈现中间重东西侧轻，固定窗帘杆的配件共有三个，西侧、中间两个过火受损程度重于东侧。榻榻米上铺有床垫，对上方掉落物进行清理后裸露出床垫残留物及木制榻榻米，过火程度由北向南，由中间向东西两侧依次减轻，形成“V”字形痕迹。北侧窗户木制窗口过火烧毁，窗框过火烧毁，但底部有残留，大理石窗台表面有过火及烟熏痕迹，过火烟熏程度由北向南呈递减趋势对北侧阳台内进行勘验，北侧阳台为接建建筑，钢结构框架，顶部中间为6层阳台底部，顶部东西两侧为钢化玻璃，西侧钢化玻璃顶部有一个空调外机。阳台存放的物品从西到东依次是木制竹编的储物柜、木制鞋架、吸尘器（未通电）等物品。阳台物品过火受损程度由西向东依次递减；阳台窗框过火变形程度西侧重于其他位置；西侧玻璃顶部的空调外机过火，西侧重于其他位置并向西倾斜，对北侧阳台外部进行勘验，阳台外东西两侧外墙有过火烟熏痕迹，墙体有脱落现象，西侧重于东侧。北侧阳台底部有供暖管道穿过，管道包裹保温层及石棉网。阳台底部保温层全部过火烧毁，东西两侧管道保温层部分烧毁，西侧管道保温层烧毁面积重于东侧。

对502室北侧阳台西侧进行重点勘验，西侧南北走向的窗框过火烧损，缺失严重，仅底部有残留，底部残留的窗框外侧变形，缺失的程度重于内侧，底部残留窗框外侧中间位置变形缺失的程度重于南北两侧，对北侧阳台外西侧进行勘验，紧邻阳台西侧下方的管道保温层无残留物，其他位置有残留物。裸露出的管道下方及四周铁板有过火痕迹。对502室电气线路进行专项勘验，室内所有电器及线路均未发现有电气故障。接建的北侧阳台未发现电气线路，存放的电器均未通电。对北侧阳台外部电气线路进行专项勘验时，未发现电气故障。

1.2 调查询问情况

对2单元502室住户宋某、康某进行了询问，发现异常时，看见阳台外西侧有火，阳台内及室内无火；对502室北面高层楼房的住户进行询问，当时看见502室外的管子在着火，此时502室家中还没有火，并拍摄了视频及照片，拍摄的最早时间为17时08分，显示当时仅502室北阳台外西侧有火，与现场勘验结果和502室住户的询问情况基本相符。对2单元501室住户进行询问，其进到502室的时候看见北侧卧室没有火，北侧阳台那边有火。对6单元501室住户询问，并调取其手机拍摄的照片，经分析比对，照片显示时间为17点24分拍摄，比报警时间晚15min，比其他人员拍摄的时间晚16min，且照片上仅显示了502室阳台过火的局部情况。

2 火灾事故认定情况

综合调查询问、现场勘验、视频等情况，起火部位为2单元502室北侧阳台外西侧；起火原因为排除电气线路故障造成火灾的可能，不排除2单元502室北阳台外西侧管道下方地面有可燃物起火引燃管道保温层向四周蔓延进而发生火灾。

3 火灾事故复核情况

按照程序，大队出具《火灾事故认定书》送达当事人后，其中一方当事人对大队的火灾事故认定有异议，并在15个工作日内向支队提出了复核申请，主要理由有：查看该楼6单位501室业主常某的微信视频，刚起火时，火是在502室的室内燃烧的，室外根本就没有火；从管道保温层的材质看，不可能由管道保温层起火燃烧至502室内部，因为管道保温层的材料是由岩棉制作的，岩棉具有阻燃的功能。

支队审查后，受理了此起复核申请，鉴于火灾涉及当事人比较多，支队复核人员对现场进行了勘验，询问相关人员，并梳理了火灾初期有关的情况，并形成时间轴（图2）。

经分析比对，6单位501室业主常某拍摄的时间为17点24分，比报警时间晚15min，比502室北面高层楼房的住户拍摄的时间晚16min，并且其且照片上仅显示了502室阳台过火的局部情况，未拍摄到火灾初期的状态。

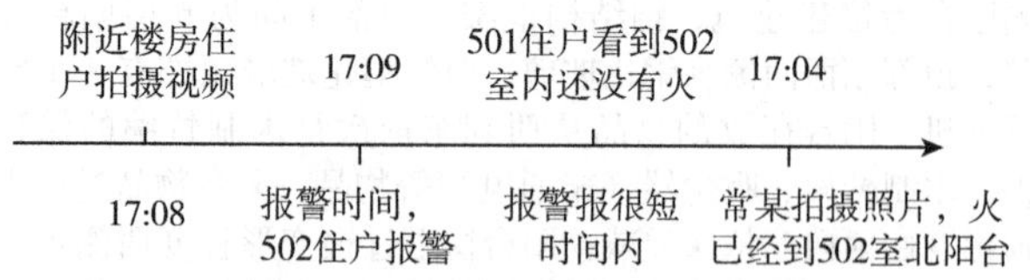

附近楼房住户拍摄视频
17:09
501住户看到502室内还没有火
17:04
17:08
报警时间，502住户报警
报警报很短时间内
常某拍摄照片，火已经到502室北阳台

图2 时间轴

通过对阳台外西侧未过火的管道进行勘验，发现管道外层的石棉网并未充分包裹住的保温层，管道的保温层存在不同程度的裸露情况。并进行了调查实验，对502室北阳台外西侧未过火的管道石棉网包裹层及保温层进行燃烧实验，实验结果为：管道外表层的保温层遇火燃烧。

支队复核人员从时间轴和现场实验等方面着手，对申请复核的当事人进行了耐心细致的分析和解释，当事人对起火部位和主要起火原因表示认可，但是因为认定书中对起火原因的表述不准确，最终支队撤销了大队的火灾事故认定，并责令大队重新作出认定；大队按照程序进行了重新认定送达当事人后，所有当事人表示认可没有异议。

4 思考与启示

4.1 要注重火灾事故调查细节

“细节决定成败”，此起火灾事故调查中，大队在现场勘验、调查询问，查找相关证人，获取视频等环节，做了大量卓有成效的工作，但是因为火灾事故认定书中对起火原因表述得不够准确，当事人就此提出复核，最终导致原认定被撤销；所以，既要重视火灾事故调查中的重要环节，也要在“细节”处理上下足功夫，杜绝瑕疵问题的出现，切实提升火灾事故调查质量。

4.2 要加强调查询问

调查询问是火灾事故调查的主要方式之一，也是认定起火原因证据的重要手段和方法，对于指引现场痕迹，帮助发现和判断痕迹、物证，以及分析判断火情有着极其重要的意义。必须要提前充分做好准备工作，提前确定询问对象、询问内容，以认真、严谨、细致的工作态度，灵活的运用相应的技巧去提高调查分析、判断能力，有效还原真实情况，在最短的时间内，高质量完成好调查询问，进而为火灾事故调查打下基础。

4.3 要细化与公安机关的调查协作

公安机关在调查询问、控制人员、分析作案动机、取证等方面拥有特有不可替代的优势，而消防救援机构具有丰富的火灾现场勘验经验，可以运用燃烧基础理论、火灾现场痕迹等专业知识；两部门从不同的角度或思维方式进行调查取证，使得出的结论更全面、更客观。改制转隶后，由于工作上不同的程序和要求，消防救援机构与公安机关在涉火案件上的调查协作存在沟通不畅、协作效率不高的问题。虽然应急管理部与公安部联合出台的《消防救援机构与公安机关火灾调查协作规定》，解决了当下的部分问题，但是消防救援机构与公安机关在现场保护、人员查找、调查询问、证据转换、信息共享、案件移送和异议处置等方面协作的不够良好顺畅的问题仍然存在，这就需要在国家层面上出台相关的细则或者解释，促使调查协作更加完善，提高事故调查的效率。

4.4 要注意新媒体时代的作用

目前，监控已遍布城市大部分角落，在火灾调查中起到了重要的作用，而新媒体的兴起，手机的“随手拍、随时发”，在微信群、朋友圈里可以发现火灾事故中的重要信息，或者直接获取到火灾发生的过程。对于火灾调查人员来说，在火灾发生后第一时间应该提取现场的监控视频，也要收集查找火灾发生时（后）现场人员、周边人员通过微信、抖音等新媒体方式拍摄（发布）的视频和照片。该起火灾调查中，附近住宅里的人员拍摄的视频照片对认定起火时间、起火部位起到了重要作用，顺利的排除了电气线路故障引发火灾的可能，使起火原因更客观，也更令人信服。

4.5 要注重调查实验的应用

在火灾事故调查过程中，调查实验可以帮助调查人员分析判断案情，提供调查思路，发现新的线索和证据，确定调查方向，验证调查结论。比如：可以通过验证重点人员在一定时间内能否进行某些行为，从而分析断定重点人员是否具备实施时间；通过验证疑似引火源能否起火并蔓延扩大引发火灾，从而确定是否属于引火源；所以要提前设计好实验方案，按照一定的程序开展调查实验，从而保证调查实验价值的正确发挥。

4.6 要加强火灾事故调查科技化

此次事故调查中，通过视频分析等科技手段的应用在一定程度上来说破解了难题。消防救援队伍作为“竭诚为民”的国家队主力军，更要以科技的眼光看今天，展望明天，促进科技能力整体提升。尤其当前人工智能、5G等新技术在各行各业广泛应用，而：“智慧城市”“智慧警务”“天网工程”等逐渐成熟，火灾调查也要进一步吸收新理念、创新新模式、运用新方法，要在“一把毛刷、一个铲子”的基础上，使火灾调查手段科技化，专家经验数据化、调查研判智能化，在痕迹物证等证据的分析上，实现定性，也要争取科学的定量；以传统的调查和科学的证据作为火灾调查的支撑，充分发挥科技的驱动和引领作用，为火灾调查工作的创新发展带来新的变革。

5 结语

回顾近些年来，在办理火灾事故调查复核过程中遇到的问题，总体上分析，大队对报警人、知情人的询问笔录，证人证言的获取，现场勘验等调查过程都是非常重视的，做得比较扎实。往往出现问题的是一些细节，如：现场勘验中一些重要物证未在当事人或见证人视线范围内提取，当事人提出的疑问没有进一步核实、火灾认定前的说明讲解不到位等。火灾事故调查中的这部分工作做得不到位，就可能导致当事人申请复核，甚至可能上访；这就需要调查人员既注重调查的重要环节，也要注意调查中的细节，充分利用视频、科技手段，做好与公安机关的协作，加强与当事人的沟通解释能力，以更好的化解误会和矛盾，做好火灾事故调查工作，切实维护当事人的合法权益。

参考文献

[1] 孙佳奇．新媒体时代火灾调查工作的思考［C］. 2016火灾调查技术，中国消防协会火灾原因调查专业委员，2016：98-100.

[2] 刘颖，金楠．一起火灾事故的复核认定［J］．消防科学与技术，2020，39（9）：1327-1329.

[3] 公安部令第121号．火灾事故调查规定［S］.

[4] XF1301-2016，火灾原因认定规则［S］.

智慧消防

浅谈智慧消防在城市安全管理创新中的技术支撑作用

王磊磊[1] 张明华[2]

（1. 西安市消防救援支队，陕西 西安；2. 陕西省住房和城乡建设厅，陕西 西安）

摘 要 近年来，营商环境优化、制度红利、经济业态丰富多元、数字经济实体不断催生激活市场活力，市场主体蓬勃发展，总量急剧增加，传统的责任到人、包干制的枝状监管难以适应、无以为继，城市安全运行和消防安全管理、灭火、抢险救援行动面临新挑战、新情况、新问题，管好、管细、管出实效的消防安全精细化管理体系已成为消防安全管理的方向。应急管理部《“十四五”国家应急体系规划》（国发〔2021〕36号）指出，提高预防解决重要安全管理问题的能力和技术水平，推进监控预警系统全覆盖和智能化、推进紧急指令管理体系智能化和效率化、推进“互联网+监管”信息系统智慧升级、推动智慧监管科学普及工作培训和紧急信息发布加强新型智慧技术研发运用。“全灾种、大应急”已成为大势所趋，从应用实例看，体现出“三新”（新技术新材料新工艺）的智慧消防技术支撑和趋势作用已经发挥实效。

关键词 消防安全 精细化管理 智慧城市 智慧消防

1 消防安全管理工作现状分析

1.1 网格化责任体系实效弱、专业化程度低

《消防法》规定，要严格落实消防安全责任，建立健全消防工作网格，但是与之对应的具体、实体性的法律责任却没做操作性强的规定。应起到尖刀利器作用的三级消防安全网格化管理，多由行政推行，紧抓有效见短效，慢抓不抓流于形式。没有法律层面的制度设计作为保障，网格化管理的效果，难以得到保障，确定的网格长专业性不强，管理水平普遍不强[1]。

1.2 传统的全覆盖拉网式监管理念、方式亟待转变

“双随机一公开”为主的新监管方式和可用的、辅助性的愈来愈少的专项治理，将成为我们监管的主要方式，集中检查、错时、夜查和建筑源头治理等传统方式不再常态[2]。随着市场主体高速增长，小微、多使用、多产权单位合用建筑、无固定消防管理、物业承担主要消防安全组织的情况形成几何级增长。如按照原有的分级、定人管理等枝状模式，难以包揽、抓准抓住主体责任落实，继续维护消防安全形势的底线目标，探索出行之有效的新理念、新抓手，势在必行。

1.3 目前智慧消防线上数据单一，线上线下缺少联动，应用实效相对匮乏

智慧消防主要体现在消防物联网系统和大数据分析以及云计算等方面的具体应用，架构组成分为感知层（数据采集）、传输层（数据传输）、应用层（消防运营平台）、管理层（消防数据交换应用中心）。建成的智慧消防侧重于建筑消防远程监控与数据展示，未将发现的各类问题与线下消防安全管理、问题整改、行业警示等有效联动，隐患整改、风险警示、处理公告、信用管理等各环节缺位。吸纳、结合行业数据源（如道路、水源、水电气等）较少，不能有机镶嵌到城市大数据和智慧城市建设中[3]。

2 智慧消防发展及实例效果

2.1 智慧消防的定义

智慧消防，已是保障城市运行安全的必选项，其全方位提升消防队伍的火灾预测预警功能和社会防范抵御火灾能力，为社会消防工作提供新的方法和模式[4]。笔者对当前智慧消防的概念进行了收集整理，从实现功能上主要有以下几个观点：一是将传统消防和现代新兴技术更加全面、紧密地融合起来，始终以消防技术为基础，仅需要一幅图，大数据便能搭建出集合火灾预测、警报、预判、指挥等功能于一身的综合网络平台[5]；二是将各项技术有机地结合，以完成对消防数据的专业化、动态化收集，以实现对常备性和战时消防紧急救护设施、消防救护技术装备、人员能力的实时调度与控制；三是涉及社会消防中的重大安全过程，认识和收集社会消防安全中的关键信息，同时对之加以分析对比，并以此为社会有关单位及其组织提供更全面的决策依据，从而促进社会消防行业的整合转型及其综合性平台的优化提升；四是企业能够自主防范火灾事故，智能指挥消防救援，有效系统进行日常管理工作以及精细化管理消防队伍，随着现代科学技术的提高和进展，如云计算技术、物联网以及 GIS 等现代化信息技术也层出不穷，社会消防企业需要充分运用现代化信息技术，以尽快实现智慧消防。

2.2 部分城市实例一览

智慧消防建设在中国河北三河、湖南、广西南宁等几个城市中各有偏重点，特色明显鲜明[6]。

河北省三河市建成智慧消防物联监控管理系统，实现消防管理工作智能化、可视化、痕迹化。与网格化自动消防隐患排除、物联网技术控制、微型消防站的联防以及人员安全、物控、技防措施等相结合，织密消防安全网，为繁华商圈筑牢安全“防火墙”。为了做到及时高效处理消防安全隐患，引入“智慧消防 App”。手机成为独立而又智能的消防系统延伸触角，实现各项预警数据共享，所有消防安全管理员都能从手机上，及时获悉消防安全保障体系的运转情况，有效降低火灾发生的风险。

湖南探索建设“智慧消防”，综合利用5G、物联网、云技术、大数据分析等先进信息，构建出一个端到端的数据信息链条，连接起整个消防工作行业的各个参加方。以湖南通服天园园区“智慧消防”建设为例，运用5G、大数据、物联网、云计算等技术，围绕“互联网+监管”，立足“数据”，实现消防“一张图”智能化监控管理，实现园区24h全天候在线实时监控，实现园区消防的数字化、智能化、可视化、信息化管理，做到日常消防安全智能化、安全监管责任到人、园区动态隐患分析、提高防火设备维保效率。“本月警报次数为61，其中火情0次、报警58次、故障3次；本月存在隐患22处，已解决22处……”，在湖南通服天园园区的智慧消防

大数据监控平台上，各项消防数据一目了然。

南宁市将智慧消防纳入智慧城市建设的总体规划。消防救援系统加强与政府有关职能部门数据交换，搭建多功能的监管平台，着重对执法检查、风险评估、隐患整治、宣传培训等方面进行分析与运用，引导单位建立本单位的消防管理系统，实现消防管理信息实时录入、远程监督、执法抽查、考评研判，强化落实主体责任。

3 对智慧消防发展的体会和展望

3.1 数据资源是核心要素，共享联动、管理闭环是保持运行实效的不断动力

基本数据要全面。包括市政设施运行动态（道路地理资源、水电暖气、通信保障运行和维修、更新）、老旧小区改造、重点民生项目（建设、维护、扩容、改迁建）、气象情况、建筑消防安全状况、消防控制室设施运行情况、重大火灾隐患、风险评估、应急物资装备实力、行业主管部门安全隐患信息、公安警用信息、企业信用等。

联动紧密的排查。一是高层建筑消防设施联网监测系统，对消防设施运行情况进行全时监管，控制室值班人员和重要设备用房做到了巡查备案，做到防控管理智能化、规范化。二是利用数字地图技术，快速找出薄弱环节。通过叠加火灾热力图、火灾隐患热力图，掌握警情、火灾、火灾隐患等要素的总体状况，分析出火灾多发但是火灾隐患数据少（如住宅小区、城中村）、火灾与火灾隐患成正向比（如仓储物流、电动自行车），据此重点推动针对性检查[7]。三是外部数据印证场所实际用途，实现精准发力。如夜间10点至次日凌晨4点上网等电信数据流量耗量高，推算三合一场所，启动辖区网格员重点巡电气数据分析，预判群租房。将单户水电气消耗数据超过本地区户均用量3倍（多为10人以上居住）的房屋列为群租房，系统预警，发送至派出所核对核查。

3.2 线上线下有机结合，开启按图指挥、精准作战训练新模式

通过设置灭火作战指挥系统及数字化预案模块，按照“信息共享、快速反应、精准指挥”的原则，搭建的指挥平台，通过运用智能调度、动态管理、数字化预案、化工数据共享等技术，确保决策科学、响应迅捷、处置高效。通过AI技术可以实现消防设施运行诊断、研判预警、智能控制，在萌芽或者初期状态将隐患上报处置；在浓烟、高温、有毒等各种危险、复杂现场，使用机器人、无人机，辅助消防队员进行灾害事故现场的侦查，参与救助被困人员，进行冷却作业以及其他相应的灾情处置，消除灾害和扑灭起火点。

3.3 回应处置全跟踪，推动行业监管

通过共享各级政府、行业部门、职能部门等信息资源，实现消防管理平台流转、网上部署、精准督办，实现共享数据，推送隐患，处理跟踪，结果互通，形成“五位一体”的消防安全治理新格局。

4 存在问题的分析和有关建议

4.1 无标准规范，缺乏长远规划

技术标准和管理方面的法规规章尚未出台。建设投用的项目先行先试，探索摸索，多倚重产品厂家和运营商，对后续建设、长效健康发展中出现不开放、设门槛、加门禁、难兼容、难维护等结构性障碍和人为阻隔[8]。获取利用数据无法理依据，可用资源少、封闭，形成信息孤岛。短时靠协调，常态无保障。

4.2 智慧消防数据获取、交互、共享存在壁垒

目前消防指挥系统数据交换不能即时，供电、道路、水源、天然气等信息，因分级管理、属地管理等要求，存在数据不想给、给不全、给的距实用要求有差距等问题。

4.3 原有系统应用平台整合困难

消防部门现有的信息化操作系统，不同的模块由不同的企业开发，整合难度较大；多个系统的数据不能互相连通，重复录入，导致数据的一致性存在偏差；随着智能终端、区块链等技术的发展，智能终端方便、快捷的优势愈发明显，原有的系统操作平台体验反差强烈。

4.4 数据安全风险防范需进一步加强

消防工作涉及的信息类型，包括单位基础信息、交通实时信息、气象、地理、环境信息等，智慧消防时代意味着由原有模式转变为计算机交互、人机交互、多方协议等模式，信息资源将高度集中整合，信息保密安全，将成为一项新的挑战，一旦发生信息泄漏，将造成极大的危害。

4.5 工作建议

一是加快出台国家工程标准、团体标准和管理性法规规章，实现建筑建设单位终端平台能对接、技术要求能统一、可兼容、管长效，源头管理有抓手；

二是获取数据法定化、强制性，数据来源有权威、有效力，使用、管理数据按权限、严程序、保密安全，管理责任可追溯；

三是运行维护费用市场化、能推行，确保系统运行保障可靠、可持续性。

参考文献

[1] 段姿言．智慧消防对智慧城市建设的推进与实践作用［J］．智库时代，2018，148（32）：293-294.

[2] 贺雨昕，朱舒然．智慧消防在现代化城市建设中的现状与发展对策研究［J］．老区建设，2019（10）：40-43.

[3] 邓志明．基于物联网的智慧消防服务云平台［J］．江西化工，2017（3）：225-227.

[4] 康富贵．智慧消防建设面临的问题及建议——以陇南市为例［J］．中国应急救援，2017（05）：63-66.

[5] 杜兰萍，薄建伟．加快消防信息化建设推进消防工作和部队建设全面进步［EB］．消防科学与技术，2005（6）.

[6] 杨玉宝．智慧消防建设现状及发展方向探讨［M］．消防技术与产品信息，2018（10）：47-49.

[7] 段姿言．智慧消防对智慧城市建设的推进与实践作用［J］．智库时代，2018，148（32）：293-294.

[8] 康富贵．智慧消防建设面临的问题及建议——以陇南市为例［J］．中国应急救援，2017（05）：63-66.

宽窄融合的多模应急智能终端在应急救援可视化中的运用

——以龙岩市消防救援支队为例

施连兴　李一星　任安忠

（龙岩市消防救援支队，福建　龙岩）

摘　要　在应急救援中一直困扰消防救援人员，特别是困扰作战一线消防救援人员的问题：现场通信不畅、指挥不灵、手机和对讲机交叉使用，通信员既要负责通信联络又要采集现场信息进行上报。将通信员需要做的工作集成到一台终端设备上，且这台终端设备可以满足PTT对讲，在必要条件下可以使用公网宽带通信即满足PTTover Cellular功能[1]。基于宽窄带融合、逐步过渡的演进方式，最大化地发挥了宽带和窄带关键通信技术各自的优势，融合多媒体数字技术，利用终端采集视频、声音、信息等关键数据进行报送和整合，实现宽窄融合的多模应急智能终端运用于应急救援。

关键词　消防　数字集群　融合通信　多模应急智能终端

1　概述

“十四五”国家消防工作规划指出：“十四五”期间建设低时延、大带宽的空天地一体化通信网、指挥网；推进应急战术互联网和数字化战场建设，加强关键通信装备配备，打造高效畅通、稳定可靠的现场指挥应急通信系统。建设消防部门管理调度平台，按标准规范实战需要补充建设所需基站、配备通信终端，统一接入核心网及网管、调度系统，逐步过渡到应急指挥窄带无线通信网，满足“断路、断网、断电”极端恶劣条件下应急救援现场融合通信需要。无线通信技术，特别是基础的对讲机通信功能对于灭火救援工作有着极其重要的意义，如何满足轻便携行，操作简单且好用是核心也是关键问题[2]。

2　龙岩市辖区和灾情特点对应急通信装备的需求

2.1　市警情分析

2021年，龙岩全市火警1230起，占接处警总量的32.36%，其中轻微火灾962起，占比78.21%；非轻微火灾268起，占比21.79%，社会救助801起，占总量的27.32%；全市抢险救援706起，占接处警总量的24.08%。

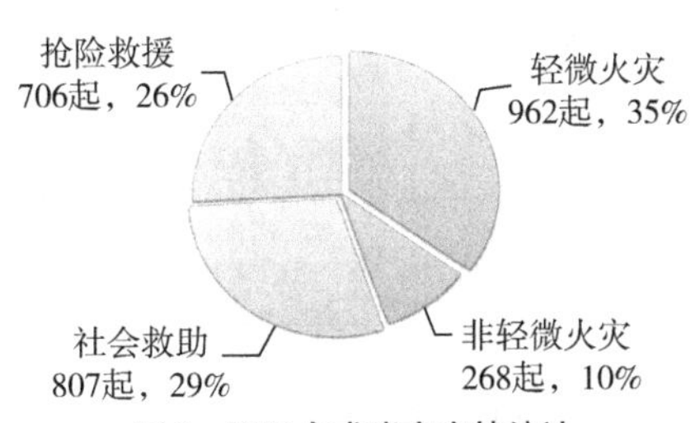

图1　2021年龙岩市灾情统计

由图1可得小火亡人风险存在，在小型的救援事故现场和火灾现场，绝大多数对讲机是首要通信装备也是唯一通信装备，在一般的救援事故现场中，除非是处警流程规程或上级领导要求，否则4G单兵图传，4G布控球，卫星电话甚至于无人机的航拍功能也几乎不会使用，应急救援现场的通信“生命线”，通信“导向绳”只有对讲机[3]，所以一款能满足于救援事故现场基本功能，如火场摄影录像、PDT集群对讲、简要信息报送和三级组网的对讲机，是基层站消防救援人员的福音。

2.2　通信装备配备情况

当前，我支队基层消防站和大队在不考虑车载台，POC（PTT over Cellular）公网对讲机的情况下，约有240台对讲机，其中型号以新配发的融合对讲机、HyteraPD780G、HyteraPD700G、科立讯DP580（数字）、HYteraTC－780M Ex、HYTTC-610p（模拟）以其一些数量较少的其他品牌对讲机组成，对讲机存在一定的缺配，老化问题，部分站的对讲机以模拟集群为主，无法支持数字化建设，型号老旧，我支队的对讲机数字化进程和更新迭代迫在眉睫。关键通信装备主要包括综合定位系统、车载及手持对讲机、骨传导耳机、生命体征监测装置等，在功能上可以满足“高、低、大、化”灭火救援现场的通信功能，但是在日常操作和使用的过程中，这类装备在基层的普及度还不高，在中小型灭火救援现场数字化对讲机的语音编解码技术、传输距离、信号的增益强度才是通信装备的关键问题[4]。

2.3　消防三级组网

灭火战斗情况错综复杂，瞬息万变，无线通信联络必须在统一的要求、统一的规定、统一的指挥下组织实施。根据我国消防战术技术要求，消防无线组网要形成管区覆盖网、火场指挥网、消防战斗网三级组网的要求。其中在灭火战斗网这一层级，站战斗编程之间的通信联络，站前后方指挥员之间的通信联络是主要的方面。图2的消防三级组网，利用多模应急智能终端，在近距离内利用350M集群呼叫，在超出传输范围且公网良好的情况下，利用公网发射信号，实现无线通信功能，完成消防三级组网的搭建[5]，如图2所示。

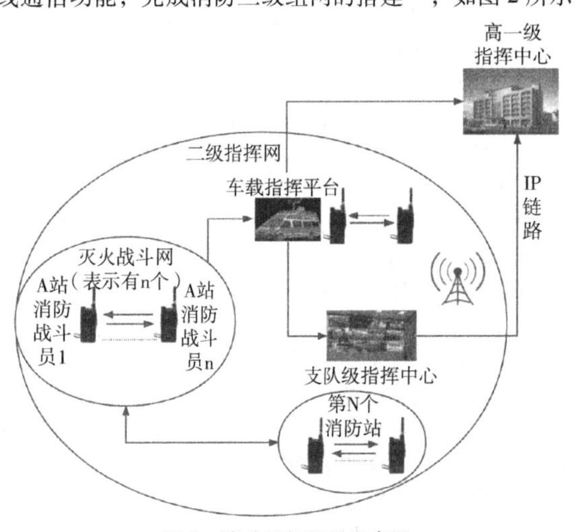

图2　消防三级组网示意图

3 融合通信系统设计特点

双模通信功能可以支持同时发送 350M 信号和 PTT over Cellular（POC）信号，常规情况下，优先判选接收 350M 信号，关闭 POC 接收通道；对讲机距离在 350M 覆盖范围之外时，远方通过公网信号收到 POC 信号。“断网，断路，断电”情况下，可通过其他通信设备组成的网络，例如卫星便携站，MESH 自组网，有线光纤传输通信等，借助 WLAN 局域网实现通信。当没有运营商信号，且无法组网时，可以在近距离内使用 350M 通话，实现战斗班组小范围的通信。

3.1 对讲机无线通信原理

信息是数据转变成适合在信道中传递的信号，信号分为模拟信号和数字信号，模拟信号指信号波形，幅度和相位都是连续的电信号，模拟信号可以被放大，相加，可以被相乘。在对讲机中，之所以会出现通信不佳，语音质量不好，一个是因为自身信号所选择的编码译码方式不同导致，第二个原因就是实际的信道会受到带宽受限，有噪声，干扰和失真，例如不良的天气，建筑物的阻挡等等原因，对讲机的无线电波在通过这类介质的时候，发送的波形信号和接收到的波形信号就会产生失真的现象，导致信号波形大幅度改变，影响到语音通话的质量，如图 3 所示。数字集群技术的迭代与更新紧跟物联网、大数据、5G 技术等革命性技术发展，其功能模块，特别是针对消防通信业务，使用频率越来越高。数字集群系统已不再局限于简单的日常通信指挥，在保障高质量、不失真的话音通话同时，其远程控制、全域定位及数据传输等功能不断研发应用，有效解决了扁平化指挥等实际问题，为各级提消防救援队伍供了准确、迅捷、灵活、即时的通信基础保障。

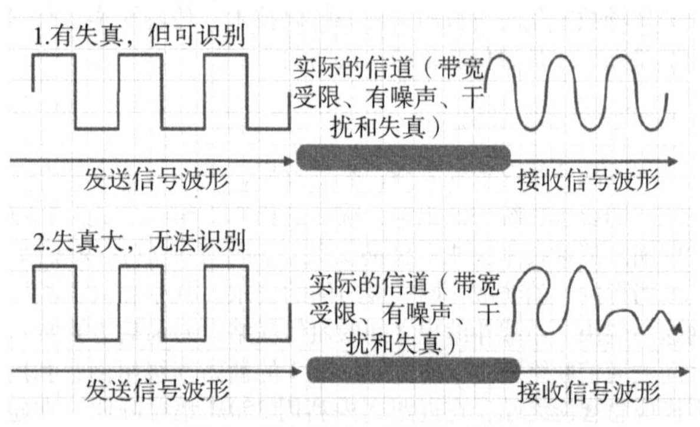

图 3 数字信号电平传输示意图

由图 4，理想信道下（无噪声干扰），由奈奎斯特定理可得码元最大传输速率 $B=2W$，W 指信道的带宽，假设在 1Hz 的信道情况下，每秒钟可以传送 2 个 Baud 的信号波形，现实中一般采用数据传输速率即 bps 来表示数据传输的快慢，高级调制技术可以在带宽不变的情况下影响单个 Baud 携带的信息量，从而提升数据速率 bps。

有噪声情况下，信道的平均功率会远大于噪声的平均功率，即信噪比，我们常说的卫星便携站的信噪比越大，他的网络越好，就是信号平均功率和噪声的平均功率比值大。由于 S/N 数值一般较大，我们常用 dB（分贝）来进行计算。

这里我们举一个简单的例子：假设信道带宽为 4kHz，信噪比为 30dB，按照农浓理论，我们可以计算其信道最大的传输速率。香浓定理（Shannon）总结出有噪声信道的最大数据传输率：在一条带宽为 H Hz，信噪比为 S/N 的有噪声信道的最大数据传输率：

$$V_{max}=H\log_2(1+S/N)\ \text{b/s}$$

我们先求出信噪比 S/N：由 $30\text{db}=10\ln S/N$，得 $\ln S/N=3$，所以 $S/N=10^3=1000$。因此 $V\max=H\log_2(1+S/N)$ b/s = $4000\log_2(1+1000)$ b/s ≈ 4000×9.97b/s ≈ 40kb/s

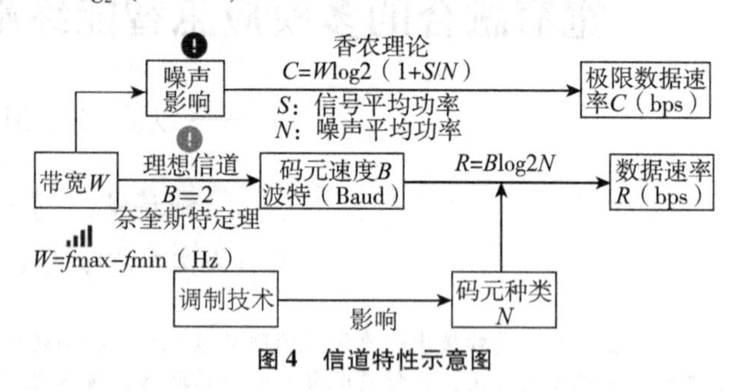

图 4 信道特性示意图

3.2 性能参数

终端支持 350MHz 频段窄带网络（并具备多种工作模式，支持数字集群、数字常规、模拟集群、模拟常规）、支持公网信号，部分功能如图 5，部分性能参数如下：

网络频率范围：350～400MHz；

信道间隔：12.5kHz/20kHz/25kHz；

频率稳定度：≤±0.5ppm3；

终端具备两个 SIM 卡槽，操作系统安卓 7.0 及以上；

处理器不低于 8 核，主频不低于 1.8GHz；

存储不低于 2GB RAM、32GB ROM；

终端须具备双高清摄像头，前摄像头像素不低于 500 万；

后摄像头像素不低于 1300 万，并支持多种视频格式；

终端显示屏 LPTS3.6in，屏幕分辨率不低于 1280×720，支持多点触控功能，且支持戴手套操作。

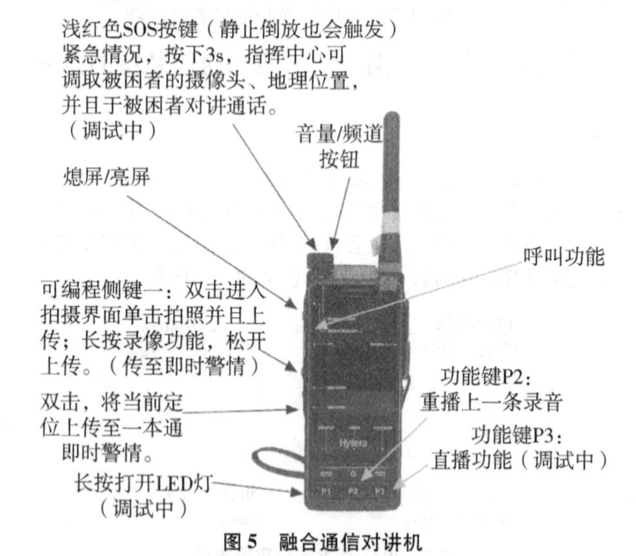

图 5 融合通信对讲机

3.3 功能模块

3.3.1 可视化界面调度

如图 6，实现调度台与移动智能终端的即时通信功能，切换不同的频道，满足各级通信指挥功能。其中使用应急智能终端上传的文字、语音、视频、图片等多媒体资料，可以通过网络上传到调度台，调度台可以抓取灭火救援现场的资料用于辅助决策、下达指令等。实现前方作战、前方指挥与后方指挥互联互通，达到调度台（指挥中心）直接面对参战力量，去层级化指挥协调。对于抓取的语音，可以通过人工智能或是调度台监听，合理管控现场救援人员，在突发灭火救援战斗事故时可以获得第一时间信息用于辅助紧急救助小组工作。大量的多媒体数据通过云服务存储于云端用于灭火救援战斗的后续工作，如火灾事故调查、灭火救援战斗案例复盘、消防救援宣传等。

图6 可视化调度界面

3.3.2 接入一本通App和融合通信App功能端口

如图7，通过在数字可视化界面安装相应一本通App和融合通信App实现智能终端的音视频通话、公网对讲、短消息、定位上报、电话会议、即时警情、出动力量上报等功能。

通过智能终端App提供的位置信息、视频照片快速上传和通信功能，可供指挥中心在地图上一键呼叫，实现移动视频回传和半双工双向通话，在实战指挥过程中，实现现场可视化。其中消防车出水、消防车停水、火灾控制、火灾熄灭、开始归队、中返、外出训练，外出加油，车辆故障，其他。间等部局要求的“八种状态，可以由物联网接口（亟待开发功能模块）自动上报或者人为提交。

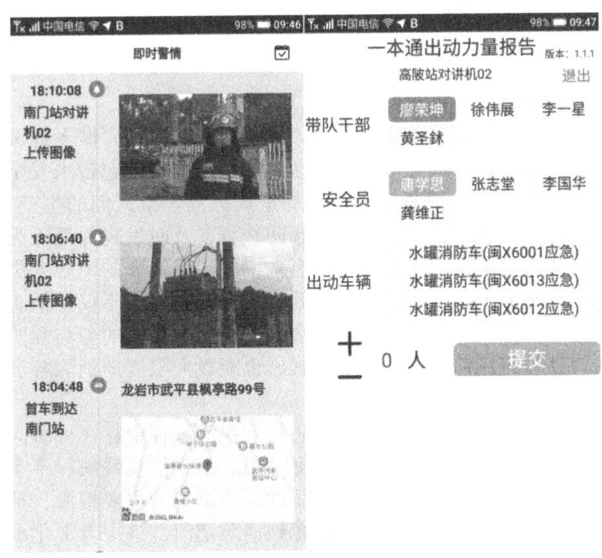

图7 接入“一本通”功能端口

3.3.3 可编程侧键简易操作模式

在实际的救援现场中，过于复杂的功能，往往华而不实，而且对于一线的消防救援人员来说，绝大部分的文化程度不高，对于对讲机这类设备接触少，基层站平时任务繁重，重点主要围绕在执勤战备，灭火救援，作战训练，政治理论学习，对于科学文化知识学习较少，学习较浅，对于通信原理知之甚少，对于无线通信依靠电磁波，对讲机，波长，带宽之类的概念不清楚不了解，而且对于一线消防救援人员来说使用通信设备实现沟通联络才是至关重要的。通信为指挥调度服务，通信为沟通联络服务，通信为上传下达服务，可编程侧键很大程度上解决了原本消防通信员需要一手拿手机拍照，一手拿对讲机对讲的尴尬局。解放双手，让通信员的工作变得简单，一键调度完成视频拍摄，如图8，现场图传和定位发送功能，“傻瓜式”的按键很大程度上解决部分消防通信员业务不精，在火场紧张的情况，可以更好地服务于一线灭火救援指挥战斗。一线人员通过移动通信终端拍摄现场环境图片，一键回传到指挥中心调度台或回传给远端领导请求协助支持；可将位置信息及状态实时回传至调度台，调度台可实现对一线人员的行动轨迹回放；可通过终端实时查看自己及组内成员的位置及状态信息；拍摄现场图像实时上传至指挥中心平台，平台录制服务器自动存储视频内容归档，管理员可随时检索查看指定内容。

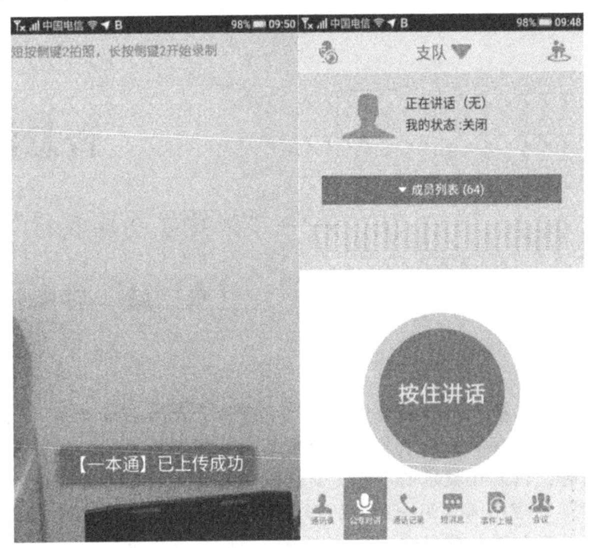

图8 上传录制功能

4 应用前景展望

目前，宽窄融合的多模应急智能终端已经在基层站配发并且初步用于实战，龙岩消防救援支队指挥中心仍在不断地应用和优化其功能，随着无人机技术发展和物联网技术的推广，该对讲机的数字化应用拥有很大研发潜力。

4.1 融合物联网功能

将消防救援队伍的装备接入信息传感设备，按约定的协议，将物体与网络相连接，实现对讲机智能化识别、定位、跟踪、监管车辆器材装备等功能。与消防车辆、器材装备进一步联动，例如，出水时间报告，停水时间报告等关键节点信息上报，在与单位研发的“一本通”功能交互上仍然有很大的开发空间及潜力。

4.2 对讲机自身迭代更新

对讲机的初始定位时间太长，导致在部分紧急情况下使用不够方便。利用侧键开启拍摄视频和照片的功能相对完善，但是缺少闪光灯功能，在黑暗和夜晚的情况下，或者是狭小空间中难以捕捉到正常的照片，且使用人员大多没有很强的补光拍摄意识，导致一本通上传的照片和视频黑暗模糊无法观看。未来，在部分编程侧键，基础功能逐步完善的情况下，进一步开发“一本通直播”，夜间拍摄模式等功能。

4.3 大数据分析

对灭火救援现场拍摄的视频、照片等数据，实现自动检索和数据分类，建立“即时警情”管理大数据。通过大数据、云计算，实现数据的分析、比对，为灭火救援、防火监督、火灾调查等相关部门科室提供数据共享以及辅助决策。

5 结语

本文探讨了队伍新配发对讲机在应急救援通信保障中的应用，进行了简单需求分析和终端功能模块介绍，并以龙岩市消防救援支队为例分析了终端在实际运用过程中的优势点及发展的方向趋势。利用数字对讲机可视化指挥灭火救援战斗，能维持现场通信联络稳定，不断提升灭火战斗中的科技运用水平和创新能力。同时，应急通信保障是为了更好地服务于灭火救援战斗，随着5G移动网络的建设，基于宽窄带融合、逐步过渡的演进方式，最大化地发挥了宽带和窄带关键通信技术各自的优势，对现有窄带专业通信网络向宽带关键通信网络演进具有指导和借鉴意义。

参考文献

［1］秦瑞伦，宋秦涛，赵兵兵．公网对讲机与传统对讲机的发展与融合分析［J］．移动通信，2020，44（03）：27-31.

［2］中华人民共和国应急管理部．国务院安全生产委员会关于印发《“十四五”国家消防工作规划》的通知［EB/OL］．2022-4-14. https：//www. mem. gov. cn/gk/zfxxgkpt/fdzdgknr/202204/t20220414_411713. shtml.

［3］张大超．特大型灾害事故现场通信方法探究［J］．产业科技创新，2020，2（19）：69-70.

［4］胡文强．灭火救援现场通信中存在的问题及其对策［J］．消防技术与产品信息，2018，31（08）：65-67. 5.

［5］林丽梅，苏忠斌．基于无人机技术的消防可视化应急通信指挥体系构建［J］．中国新通信，2020，22（21）：40-41.

智慧消防建设

——“消防安全伴我行”微信小程序开发背景及设计

覃　曦　孙楠楠　聂顺勇　李思航

（中国人民警察大学）

摘　要　当今社会频发的火灾案情，大多数情况都是由于潜在的安全隐患未能得到及时的反馈，消防宣传仍然无法落实到每家每户，群众集体意识不到位等问题所导致。随着互联网技术的不断发展，网络与人们的日常生活关系越来越密切，同时，信息化技术的不断更新迭代，智慧生活理念逐渐进入到大众的日常当中，智慧消防的建设及发展逐步推进。“智慧消防”的理念为采用一种新的形式去提高消防救援队伍及人民群众对消防工作的落实和了解，与此同时也可以更加便利有效地普及相关的消防安全知识，排除消防安全隐患，有效地减少火灾的发生。为推进智慧消防建设，落实“预防为主，防消结合”的消防工作方针，结合实际应用与大数据思维，开发了“消防安全伴我行”微信你小程序。其功能包括：拍照举报，消防新闻阅览，消防知识宣传，消防监督，民众互动等。

关键词　智慧消防　微信小程序　消防隐患　宣传与拍照举报　功能融合

1 引言

火灾的发生不仅会造成财产的严重损失，甚至还会造成人员伤亡。因此，做好火灾预防工作，对于保护公民的生命财产免受火灾危害，为公民创造一个良好的生活、工作环境和生产秩序，保障人们安居乐业，都具有重要作用。所以开展全民消防安全教育，组织社会集体与个体积极参与消防安全共建工作，把全民消防安全工作作为一份社会公益事业，普及消防安全意识，切实提高社会抗御火灾的能力。对此消防监督工作也至关重要。

但目前的消防监督工作力度还远远不够，相关工作的宣传力度不足、相关法律法规的不完善、思想认识上的误区等等，导致很多群众对存在的火灾隐患并不重视，忽视了火灾发生的高概率，导致发生火灾后没有充分的时间进行抢救。所以对于消防监督工作现存问题的解决，需要全民参与。而微信小程序的大众性、简便性和低成本性，恰能在一定程度上配合全民参与消防宣传工作。

1.1 消防隐患发展态势与实际工作中遇到的问题

进入21世纪后，我国城市化进程逐步加快，但不完善的城乡结构也带来了很多问题，如人口趋向密集，城乡地域交织，居民区、商业区、生产区混杂等。这些问题带来安全隐患种类繁杂，数量庞大，极易造成火灾。给人们的生产、生活造成巨大损失。开展火灾预防教育，及时发现并消除火灾隐患等是降低火灾发生率的有效措施。但专业的消防人员人力毕竟有限，而民力无穷，开展火灾预防工作不仅是消防管理部门的责任，还需要全社会共同承担。群众的参与和监督既能促进消防工作的顺利开展，也能极大限度地消除各类场所存在的火灾隐患。[1][2]

传统的火灾隐患举报在消防行政执法过程中存在许多问题：消防资源被过度滥用、重复举报、举报信息残缺、不实等。究其原因种类繁多：利益驱动成为举报的主要根源，举报人期望值未达到而将矛头转嫁到消防部门，举报者文化水平参差不齐等。[2][3]

1.2 消防宣传的重要性及实际工作中面临的问题

消防工作重于泰山，消防宣传起着基础性作用。只有加强消防宣传工作，全力推进消防宣传工作，全面提高全民的消防意识，才能有效推进消防工作社会化、信息化，才能促进消防事业的全面发展。[4]我国消防宣传工作中面临的问题有：消防救援宣传知识体系尚未建立，宣传内容无系统性、标准性、消防救援宣传对象覆盖面小，并且不具体，被宣传对象宣传效果无法实际测量、消防救援宣传综合性数据无法收集并存储，无法形成大数据与可供决策者分析研判的可视化数据等。[5]

1.3 智慧消防对于消防安全隐患举报与消防宣传工作的帮助

随着信息化技术的不断发展，智慧消防理念与技术越来越多地参与到实际的消防工作中来。在大数据思维下智慧消防建设应用场景越发广泛。为了进一步提高消防工作的效率，让消防工作的发展跟上时代发展的步伐，解决传统消防工作中遇到的不可避免的问题，更有效保障社会财产和人民生命安全，引入智慧消防建设与大数据理念是解决实际工作中所遇到的不可避免的问题的重要途径。

2 “消防伴我行”微信小程序的优势

为了提高消防工作信息化建设进程，解决传统消防安全隐患举报和宣传工作中专业人员人力短缺，数据采集不易，工作效率低下等问题，同时迎合民众对于配合消防安全隐患举报及宣传工作便捷、高效、安全等的需求，引入智慧消防建设与大数据理念[6]，特此开发微信小程序“消防安全伴我行”，兼具消防安全隐患拍照举报，消防宣传，消防知识学习，民众意见搜集等功能为一体，便于民众的使用与消防队伍的工作改进。

选择以微信小程序的方式来改善消防安全隐患举报工作以及消防宣传工作，对于推进智慧消防建设，顺应社会信息化发展以及满足民众的需求有着极大的优势。

2.1 微信小程序与App对比的优势分析

传统的App在使用时需要下载、注册等一系列烦琐的流程，并且占用的内存少则几十MB，多则上百MB。而微信小程序则避开了这些弊端，微信小程序自我定位是“一种无需下载、触手可及、用完即走、无需卸载的轻型应用。”相比于app软件，微信小程序的优势有如下六点：

（1）不用安装，并且体积最大不超过2MB，对于用户来说，省流量，省安装时间，不占用桌面。

（2）微信的海量用户基础，为微信小程序的使用与推广，搭建了一个天然的优势平台，而app便不具备这样的优势。微信小程序可以分享至好友聊天，可以直接在群里转发[7]。

（3）微信小程序可在微信客户端最上方的搜索窗口直接搜索发现，并且在微信主页下拉还会找到最近使用的小程序，便于寻找与使用。

（4）微信小程序可以连接到公众号上面，直接从公众号进入；还可以通过二维码传播，被推广的用户只需要扫码即可，扫码后可以直接进入界面体验。

（5）此外，小程序还有小程序名片这种独有的方式辅助传播，传播途径和方式多种多样。小程序将极大地净化移动互联网的世界，没有广告和推送，减少用户不必要的信息通知。[8]

（6）在后期维护与成本方面，App所需的技术维护层次更高，它需要针对不同类型的系统作兼容性开发、维护以及系统升级，以实现应用的顺畅运行，因此除了前期各种技术人员的人力成本，后期的技术维护也需要一定的资金投入；而小程序的维护，有微信官方的支持，成本更低、周期更短且流程更简单。[9]

2.2 微信小程序的用户使用意愿

根据参考文献可直观看出[7]，用户使用依赖调查情况见图1。

题目\选项	倾向于使用微信小程序	倾向于使用App	不使用此类程序
交通、旅游、酒店服务	41（27.7%）	80（54.05%）	27（18.24%）
资讯、社区、论坛	57（38.51%）	64（43.24%）	27（18.24%）
电商平台	39（26.35%）	82（55.41%）	27（18.24%）
外送、外卖平台	45（30.41%）	81（54.73%）	22（14.86%）
共享服务	64（43.24%）	49（33.11%）	35（23.65%）
快递、物流	54（36.49%）	66（44.59%）	28（18.92%）
汽车资讯、汽车经销商	37（25%）	51（34.46%）	60（40.54%）
金融、商业服务	42（28.38%）	59（39.86%）	47（31.76%）
日常工具	65（43.92%）	60（40.54%）	23（15.54%）

图1 用户使用依赖调查

微信小程序项目功能较为简单，而用户所需要的功能及服务也非常专一，它们更偏向于工具类产品。大多数用户使用此类程序的频率不高，使用的时间短，且不追求特别好的用户体验，仅仅是在当下需要这类程序时使用。这时候，微信程序的灵活性就得到了凸显[7]。如图2所示。

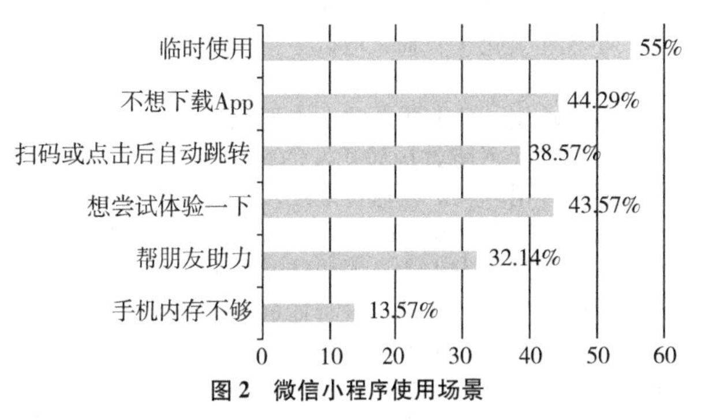

图2 微信小程序使用场景

在专项使用、体验感要求不高、使用频率较低、追求便捷、减少存储空间美化桌面、低流量消耗的背景下，用户使用微信小程序的意愿明显高于使用App。因此，对于“消防安全伴我行”这样工具性的小程序，用户使用意愿会高于消防隐患举报专项功能App的使用。

3 “消防安全伴我行”小程序的设计思路

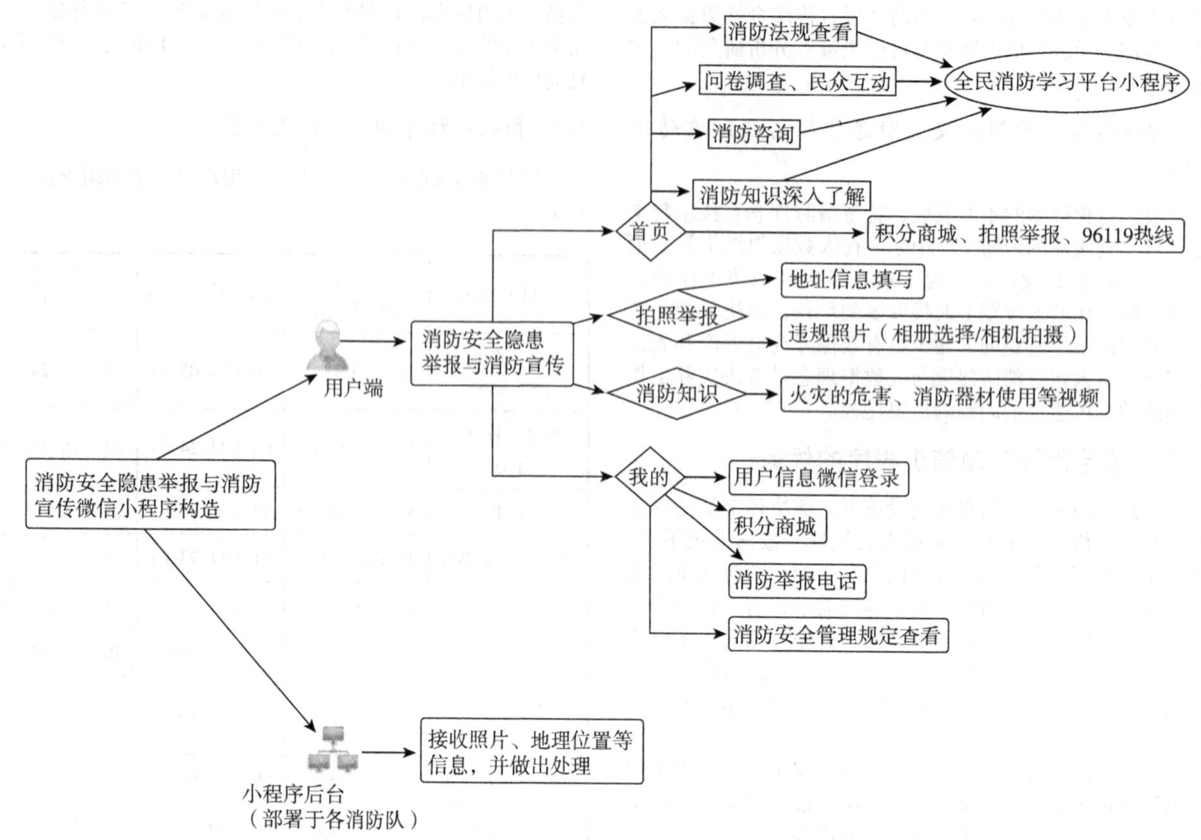

图3 消防安全伴我行小程序整体部署

举报功能微信小程序在实际应用中，各个模块及面向的各类人群操作流程模式借鉴徐晓晗，谢云开，古华栋（2018）[1]提出的模式类型。根据王澄劼（2021）[11]报道，上海市消防救援总队浦东新区消防救援总队开发出的“消防隐患随手拍”微信小程序设计及制作理念，“消防安全伴我行”微信小程序功能做了进一步优化与改进。“消防隐患随手拍”仅具有拍照举报这一功能，而“消防安全伴我行”小程序美化了页面，增设了消防基础知识学习、消防新闻、资讯阅读、消防隐患种类讲解、96119举报热线直拨电话等功能。且消防新闻、咨询与消防学习内容均来源于应急管理部消防救援局开发的“全民消防学习平台”微信小程序，用户点击图标自动跳转，实现了权威知识的学习，同时，民众有互动或诉求可以直接在“全民消防学习平台”上面进行发表。该项功能减少消防救援支队的宣传性工作的工作量，且可以及时让群众了解消防新闻，关注消防事业的发展。在拍照举报页面，也进行了改动，增设消防隐患类型直接选择下拉框，节约用户时间，同时针对举报投诉受理过程当中，用户对于隐患种类描述不够精确给消防工作人员造成的巨大困扰这一问题有极大的改善，用户只需要选择即可将隐患种类描述清楚，方便消防工作人员进行后期的排查工作[12]。同时，将定位功能去除，用户通过下拉框进行直接选择省、市、县，再填写具体街道具体地点；备注为非必填项，可以填写举报者详细信息便于消防队后期的回访或对隐患进一步说明，有效保护了用户隐私。

导航栏设置四个导航，分别是“首页，拍照举报，消防宣传，我的”，用户可直接进入各个页面，便捷快速。消防宣传板块为灭火器使用等的基础知识，形式为视频+弹幕，增强群众的趣味性与互动性。在个人中心页面，设置消防举报电话96119栏目以及《消防安全管理规定》栏目，便于用户拨打举报电话和补充了解专业的消防知识，提高老年用户的使用便捷度。多功能融合实现了一个小程序多种功能，便于民众使用和传播推广，同时便于消防救援队伍对于数据的管理与收集（图3）。

4 “消防安全伴我行”微信小程序页面设计

4.1 首页设计

由滚动播放的宣传海报、消防快讯、工具类三个板块组成。其中消防快讯、消防知识、消防新闻、群众意见等直接连接“全民消防学习平台”小程序，便于用户学习和了解最权威最新的消防领域讯息。同时拍照举报与96119举报热线可以直接点击跳转至该功能页，便于追求快捷的用户以及老年用户使用（图4、图5）。

图 4 首页版面设计

图 5 点击资讯等跳转至全民消防学习平台

4.2 拍照举报页设计

拍照举报页面可直接点击下方导航栏进入，便捷迅速。

其中＊1、＊2、＊3 为必填选项，违规地区以及违规种类直接点击下拉框选择即可，详细地址需要手动输入。＊4 备注栏为选填项，结合用户自身意愿和需求进行填写，有效保护用户隐私。在对隐患进行拍照或者照片选择后可以预览照片、查看照片信息、保存照片，最后点击提交，出现提交成功提示则为举报图文信息提供成功（图 6~图 9）。

图 6 地区选择

图 7 违规种类选择

图 8　拍照举报方式选择

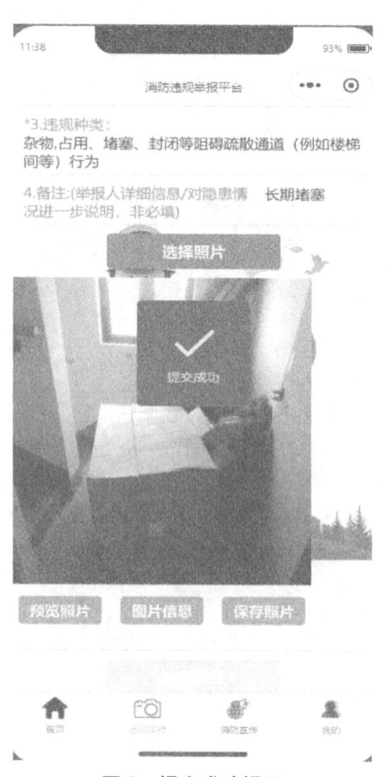

图 9　提交成功提示

4.3　消防宣传页设计

消防宣传页可直接在下方导航栏找到，便于用户简要学习和了解消防基础知识，该页为消防基础知识趣味视频+简要解说组成，为了增强用户的趣味性以及用户间的互动性，特别增加弹幕板块，便于提高用户学习兴趣，增强互动性能（图 10）。

图 10　消防宣传页面构造

4.4　个人中心页面设计

个人中心页设计为微信登陆板块，手机绑定和消息通知板块，工具类项目板块。其中消息通知为举报处理消息跟进与消防队的通知推送。工具类板块中 96119 热线拨打直接点击文字，即可直接拨号，对于老年用户以及追求体验感较高的用户极其适用。工具栏设置了《消防安全管理规定》直查功能，点击最下方的栏目，即可进入《消防安全管理规定》条例的学习与查阅，便于用户更好区分安全隐患的种类，增加消防基础知识的储备（图 11、图 12）。

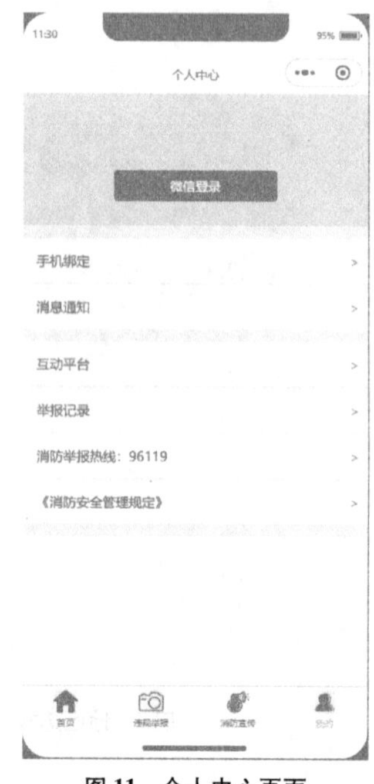

图 11　个人中心页面

图 12 拨打 96119 电话

5 结语

推进智慧消防的建设，通过信息化工具来提高火灾预防效率，普及消防基础知识，让民众最常用的软件成为宣传和推广消防工作的平台，此为“消防伴我行”微信小程序设计与开发的核心意义。加快推进智慧消防建设，让消防工作的效能更上一层楼。

参考文献

[1] 徐晓晗，谢云开，古华栋．消防隐患举报服务平台设计与实现［J］．软件导刊，2018，17（05）：110-112+116.

[2] 赵苏婧．新形势下建立完善火灾隐患举报投诉机制的几点探讨［C］//中国消防协会．2015 中国消防协会科学技术年会论集．北京：中国科学技术出版社，2015：562-563.

[3] 赵志武．消防行政执法过程中的火灾隐患举报问题探索［J］．管理观察，2018，（15）：81-82.

[4] 张绍举．加强和改进消防宣传工作的思考［J］．消防界（电子版），2022，8（02）：33-35.

[5] 姜晓伟．如何构建智慧消防救援宣传平台［J］．消防界（电子版），2022，8（03）：55-56.

[6] 林燕妮．浅析大数据思维与智慧消防建设［J］．消防界（电子版），2021，7（23）：58-59.

[7] 许婉韵．关于微信小程序与原生 App 使用偏好性的研究［J］．农家参谋，2018，（21）：216-217.

[8] 微信小程序驾到未来 App 程序或将退避三舍［J］．信息与电脑（理论版），2017，（02）：16-18.

[9] 吴明桦，李杰．微信小程序的优势分析及其在企业中的应用［J］．电子技术与软件工程，2019，（15）：45-46.

[10] 董文欣．路径依赖视角下的用户抉择研究——以微信小程序与 App 为例［J］．科技传播，2021，13（03）：153-155.

[11] 王澄劼．消防隐患随手拍人人都是监督员［J］．东方剑，2021，（06）：32-33.

[12] 吴琦鸣．消防安全隐患举报 App 的设计背景与技术实现［J］．消防界（电子版），2020，6（24）：43-44.

基于物联网的智慧消防综合监管平台构建思考

丁 梦[1] 李晓辉[2]

（1. 浙江省消防救援总队绍兴支队，浙江 绍兴；2. 浙江省消防救援总队杭州支队，浙江 杭州）

摘 要 社会稳步发展的进程中，消防安全问题的处理较为棘手，需要高度重视智慧消防综合监管平台的构建，使其发挥出强有力的引导价值，推动消防工作的顺利进行。本文重点分析物联网支持下的智慧消防综合监管平台构建，通过概述物联网的基本内容，明确物联网对智慧消防综合监管平台构建的积极影响，提出合理的构建思路，旨在提供参考。

关键词 物联网 智慧消防 综合监管平台 构建思路

1 引言

物联网现已成为重要的推动力，属于经济持续发展中的根本驱动器，获取了社会各界的广泛关注和认可[1]。相关平台的应用成效显著，促使着消防安全技术和物联网技术全新结合，打造出优质的平台，提供广阔的空间，让智慧消防成为可能，强化了社会消防安全管理质量，提升了防御灾害的基本水平。智慧消防综合监管平台主要是在物联网支撑下将职能单位、建筑物以及消防设施等建立起密切联系，确保建筑物和其他主体得到有效防护。

2 物联网的基本概述

物联网是近些年兴起的新兴概念，基于信息技术领域展开进一步研究的内容。从通俗意义上对其解读，物联网就是借助于新型手段将物和物建立起密切联系，属于一种富有着特殊功能的互联网产物。若是利用信息互联网让信息有效串联，可以实现信息内容的传递及利用，这也证实了物联网并不限制于信息交互层面，而且还能借助于传感和辨识技术等多种手段完成感官认识的交互。比如远程监控物联网就是借助于相应的手段实现了远距离视觉感官的交互，相应的功能突出，可以满足不同领域的监控需要[2]。因为物联网的功能较多，可以运用到的技术手段呈现多样化，所以在不同领域中均能展示出一定效力。结合现阶段的相关实践情况分析，国内对于物联网在消防安全上的应用研究较少，本文对此展开细致概述，了解物联网对智慧消防综合监管平台构建中产生的影响。

3 物联网对智慧消防综合监管平台构建的影响

3.1 实现消防实时监控

借助于物联网的作用，可以通过系统对联网各主体实时监测，在实际运行的过程中，能收到相应的报警信息，显现出对应的报警类型、具体位置和具体时间等信息，对工作人员加以提示，以便及时采取应对措施。当确认了真火警情况，信号会以最快速度达到消防指挥中心，及时报火警，控制火灾引发的严重后果。借助于物联网，还能及时与其他消防单位联动，对多种数据信息实现共享[3]。现阶段，消防指挥系统仅有城市地图，对于报警单位无法探查其内部的图纸，实现了与指挥系统的连接，出警时可以看到火灾现场的楼层图以及建筑图信息，及时地将信息传递给救援人员，争取一定的计算时间，增加救援成功率。监控也能利用视频联动监控报警单位，火灾发生的时候，拥有着对应视频监控的单位能够利用摄像机达到报警的效果。摄像机的自动切换，使得火灾现场影像信息及时捕捉，通过图像识别技术的支撑作用，完成视频自动报警，如果消防通道中存在着障碍物，也能借助对应手段精准识别，并发送信号到服务中心。

3.2 具备信息化查岗功能

通过相应的物联网支持，系统可以实现自动查岗，同时也能实现人工发送指令的目标，整个过程存在着一定间隔，在这样的间隔中可以及时提醒值班人员对信号及时确认。实践阶段，查岗信息可以适当地录入至数据库内，由此判断值班情况，根据具体需求调整相关方案。查岗信息录入数据库，使得联网单位对值班情况拥有清晰的认识，随着物联网单位信息库趋向信息化管理模式，可实现对消防资料的信息化管控，其中涉及十分丰富的建筑物资料，如楼层的平面展示图、CAD 图纸等，可以为消防人员提供参考依据，保证更好的落实后续任务。在对应的技术支撑下，消防中心也拥有了查询统计功能，方便及时掌握相关情况，针对性的采取应对措施。物联网和消防工作的结合，促使着消防设备以及技术手段等充分发挥出影响力，针对消防用水也可做到在线监测，保证及时监控消防水压、不正常用水情况等，有助于查漏补缺。

3.3 信息服务功能

物联网支撑下，平台数据的收集掌握变得更加简易，数据库中的多种信息也能及时统计，比如水系统运行中的数据和查岗记录等，都是可靠的参考资料，促使着消防工作顺利开展。对火警故障、误报等信息进行判断分析，确保消防部门和联网单位等用户拥有理想的信息支撑条件，用户可借助于联网途径查询服务器等，或者是通过手机 App 的功能随时查询服务器信息。消防部门也能及时地获取报警数量和值班情况等信息资源，在全面分析相关信息基础上做好安全评估，保证扎实落实好监督管理工作。先进技术手段的支撑优势明显，联网单位的主事人员能够对自己单位的设备运行、报警问题等情况大致掌握，方便对具体问题及时分析，清除一系列安全隐患，减少消防安全问题。开发的对应平台，可以让报警信息传递到位，有利于短时间内消除安全隐患，保证安全及可靠[4]。

4 基于物联网的智慧消防综合监管平台构建思路

4.1 建立信息支撑体系

基于物联网基础上的智慧消防综合监管平台，只有具备可靠地信息支撑体系才能顺利构建，其发挥出的保障作用和实际影响力较大。现阶段，应该结合智慧消防的趋势构建起可靠的信息支撑体系，各级消防救援队伍应该结合信息化建设五年发展规划全面分析，依照 5G 技术的应用标准和优势之处，确定适合推广的消防通信数据标准，让数据采集以及技术开发的统一标准更加明确，避免各个区域存在的技术标准差异引起重复投资或者是重复建设的问题。各省份以及各乡镇等主体均应该积极配合中央政府加速升级改造，重视应急指挥及通信基础设施建设的相应平台，充分展示出平台效力，确保既定的建设目标顺利实现。地方政府也可结合具体的情况将消防应急通信网络纳入城乡建设规划方案，由此完成数据信息的合理收集，让 5G 通信技术等展示出基本效力。随着 5G 技术对物联网的大力支持，让众多条件得以完善，对于智能消防综合监管平台提供了必要保障，可以进一步实现关键通信设备的全面覆盖。

4.2 优化各系统组成部分

4.2.1 自动报警系统

火灾发生初期，应该重视相关系统的警示作用，通过优化火灾自动报警系统，可以对火灾烟雾、火焰等进行分析。借助于火灾探测器的作用，使得相应情况通过电信号的形式传递出来，由此传输至火灾报警控制器内，实现有效报警。控制器可以全面记录火灾部位、时间等重要信息，确保危险情况及时掌握，为救援争取足够时间和空间。

4.2.2 水源监控系统

对于消防水源的具体位置，进行实时监控和分析，还可判断消防栓水压情况，借助于压力传感器使得压力值有效转变，转变为对应的模拟信号，促使着相应状态真实反映出来。物联网监控数据库可以及时发送到智慧消防平台，记录好对应的水压信息，若是压力值较低的时候，可做好维修工作，还能推进消防进程。

4.2.3 设施监控系统

常闭型防火门的开关状态是需要重点分析的问题，应急照明疏散灯和灭火器老化等问题都可以通过相应系统进行全面监控，为适当的更换和完善创造良好条件。门磁传感器的使用阶段，光传感器能够及时将数字信号合理转变为模拟信号，借助于物联网促使监控数据可以及时传送至对应的智慧消防平台上，由此强化针对性监控力度，保证妥善的处理实际问题。

4.2.4 通道监控系统

这一系统的实际运用中，可以完成对消防通道的科学监控，借助实时摄像监控的作用，让杂物是否堵塞消防通道的问题得以全面分析，确保生命通道的有效维护。

4.2.5 隐患管理系统

大数据平台的运用中，借助于相应的监控系统可以分析火灾隐患的存在，通过相应的技术措施完成对火灾的远程分析，确保系统内部的火灾隐患预警和报警功能充分体现。运用微信等多种移动终端通知具体单位，使得防范举措及时落到实处。系统大数据平台的运用，可以保证火灾隐患数据信息的查询及分析更加到位，也能适当的判断相应成因，从而对火灾起到预防作用[5]。

4.3 逐步完善“三层结构”

上层结构是应急管理部、设备生产商和服务商，若是消防水源或者是消防设备存在着明显隐患时，可以通过相应的结构系统通知服务商或者是生产商等，以便及时的寻找应对措施处理实际问题。

中间层是数据层，重点是将互联网当作核心的通信层，可以实现对数据实时传送的目的，通过相应的技术手段，确保多种信息资源合理的融入多个领域，传送到移动端App、后台管理系统；消防水源监控以及消防通道监控等主要是对数据有效采集，利用物联网设备（WIFI，NI-IOT）上传至服务器。

火灾智能终端能够对多种数据资源及时获取，移动端可以实时查看状态，经过对用户信息的针对性分析与储存，保证上层部门人员稳步落实工作，对出现的隐患问题加以处理。

物联网与智慧消防综合监管平台的联系，使得建筑本身的特点详细反映出来，通过整合实际的情况，确定建筑物自身的梁高位置特点，有助于更好地开展救援工作。建筑自身的复杂性和多样性无法避免，施工时也易出现信息传递失衡的问题，通过合理的使用BIM手段，可以保证三维信息失真情况下的真实性，促使着信息有效传递。

5 结语

工作实践中，应该高度重视智慧消防和物联网间的密切联系，还需重视消防工作的基本需求，根据系统平台构建的过程，制定出科学对策，确保物联网作用更加突出，让智慧消防综合监管平台效力稳步提升。

参考文献

[1] 王英，宋凯．新时代下的“智慧消防”新期待——专访公安部消防局原副局长、总工程师杜兰萍[J]．中国消防，2018（01）：8-13.

[2] 王韵清，张瑄．智慧消防的发展与前景——广东建筑消防设施检测中心董事长蔡南贤、总经理蔡德伦访谈录[J]．新经济，2021（11）：25-30.

[3] 赵哲，陈伟利．基于STM32单片机、树莓派和CortexA9的云端智慧消防控制系统设计[J]．科学技术创新，2021（19）：113-114.

[4] 潘纲，陈甲运，李海金，王茂桢．基于工业企业智慧消防“智能防火+防火保险+企业互助”的物联网+服务模式[J]．消防界（电子版），2021，7（01）：81-84.

[5] 李亚宁，徐曦，沈文，邓依婷，杨文理．智慧消防在古村落保护中的应用与设计——以湖南保靖“夯吉村”为例[J]．物联网技术，2020，10（03）：81-83.

我国智慧消防高质量发展对策研究*

陈卫平　闫胜利　宋　浩

（中国消防救援学院基础部，北京）

摘　要　智慧消防发展最终目标是实现消防救援的智能化，提高信息传递的效率、保障消防设施的完好率、改善执法及管理效果、增强消防救援能力、降低火灾事故发生及损失。智慧消防建设新的解决方案、信息化技术、先进装备研发使用为智慧消防高质量发展提供了广阔的空间。文章针对智慧消防发展的理论研究、实践发展现状及存在的不足，结合当前实际，从发展目标、发展平台、发展机遇、技术发展、监管发展等方面提出了我国智慧消防高质量发展的对策。

关键词　智慧消防　高质量发展　对策研究

1 引言

智慧消防是一种先进的解决方案，与传统消防相比，注重打通各系统间的信息孤岛、提升感知预警能力和应急指挥处置能力。其“智慧”主要体现在“防控、管理、指挥、行动（作战）”等方面。通过早发现、快处理，将各种火灾风险和影响降到最低。

2 我国智慧消防的发展现状

近年来，随着信息技术革命在世界范围内加速推进，人工智能、大数据、物联网技术深度渗入日常生活，数字消防、智能消防、智慧消防逐渐成为应急管理、消防救援的时代要求与发展趋势。

2.1 我国智慧消防理论研究现状

与国外智慧消防理论研究强调社会大数据和系统原理下的前期技术攻关不同，我国的智慧消防理论研究则强调人的因素以及人与技术和谐统一。2012年随着国内智慧城市概念的出现，理论界开始出现以智慧消防为题目的研究文章。从2015年起，智慧消防理论研究向着纵深推进。在中国知网2008～2020年有关的应急产业的学术成果检索中，以“智慧应急”为主题的论文有34篇，虽然数量只占4%，但排名是第4位，2020至今逐渐增加。2015年，沈阳消防研究所在部局消防科技成果展中率先提出了智慧消防整体框架设计。在2020年的两会上，全国政协委员、北京交通大学教授钟章队建议，采用5G、AI、移动物联网、人机交互等先进技术，构建先进指挥系统，提高应急救援指挥协同能力。

2.2 我国智慧消防实践发展现状

2018年，应急管理部的组建，实现了体制的整合、机制的融合、力量的组合，使智慧消防发展走上了快车道。

2.2.1　总书记重要论述。习近平总书记站在时代发展的战略高度做出一系列重要指示。2017年12月，中央政治局第二次集体学习时他要求：“审时度势精心谋划超前布局力争主动，实施国家大数据战略加快建设数字中国”。2019年10月，中央政治局第十八次集体学习时，他强调“要推动区块链底层技术服务和新型智慧城市建设相结合，探索在信息基础设施、智慧交通、能源电力等领域的推广应用，提升城市管理的智能化、精准化水平”。2020年4月，在浙江考察时强调，“推进国家治理体系和治理能力现代化，必须抓好城市治理体系和治理能力现代化。运用大数据、云计

* 基金项目：中国工程院“智慧应急发展战略研究（2035）”2020-XZ-3号。

算、区块链、人工智能等前沿技术推动城市管理手段、管理模式、管理理念创新，从数字化到智能化再到智慧化，让城市更聪明一些、更智慧一些。”总书记的重要指示极大推动了消防救援工作与人工智能、大数据、物联网等融合，使得智慧消防在理论与实践层面迅速推进。

2.2.2 各级政府出台相关政策。2016年6月，“全国创新社会消防管理会议”召开，官方层面正式宣布由传统消防转型为智慧消防。2019年5月《关于深化消防执法改革的意见》，消防执法改革的5个方面12项主要任务（5+12），运用物联网和大数据技术，实时化、智能化评估消防安全风险，实现精准监管。2019年12月《关于推进全国智慧消防建设的提案》的回函，加强智慧消防建设成果实效性宣传。2020年1月《天津市消防安全责任制规定》，把智慧消防建设纳入地方规章，明确提出要推广使用先进的消防和应急救援技术、设备，推广大数据分析，电气火灾监控等先进技术、设备在消防安全领域的应用，加强消防远程监控等智慧消防建设。

2.2.3 应急管理部门宏观筹划。2019年5月，全国应急管理科技和信息化工作会议召开；《应急管理信息化发展战略规划框架（2018—2022年）》和第一批地方建设任务书、标准规范印发，成为激发智慧消防再发展的强大引擎。2021年9月第二届智慧消防高峰论坛在北京召开，以“深入贯彻新发展理念 推动智慧消防高质量发展”为主题，从政策、平台、技术等各个层面，进一步促进智慧消防的建设与应用，将智慧消防融入智慧城市智能化建设大局。

2.2.4 消防救援队伍乘势而为。消防救援队伍信息化工作坚持以习近平新时代中国特色社会主义思想为指引，认真贯彻部、局党委关于以信息化推进应急管理现代化的决策部署，树牢新发展理念，咬紧牙关、全力以赴，扎实推进各项重点任务，出台了《消防救援队伍信息化发展规划（2019~2022）》，基本实现了网络化、数字化、标准化。2019年5月，应急管理部消防救援局重点攻关计划项目《智慧消防总体架构与关键技术研究》论证会暨智慧消防技术交流会在沈阳召开。队伍各级把智慧消防融入全面建设发展之中。

3 我国智慧消防高质量发展存在的不足

3.1 智慧消防理论方法研究滞后于实践

目前智慧消防理论研究有所收获，但成果与质量明显滞后于实践，其理论方法研究还比较零散，不成体系。智慧消防是一个复杂的系统工程，它涉及系统科学、信息科学、安全科学等，是典型的交叉学科。我国大学学科之间相互分割，跨学科的复合型人才培养还需加强。

3.2 智慧消防建设管理体制没有完全理顺

我国的信息化建设管理体制不断变化，至今还没有完全理顺，尤其缺乏各部门之间的横向协调融通机制。智慧消防信息化建设注重区域层面，迫切需要有一套完善的横向协调机制。应急管理部门在统筹工业和信息化、发展改革、规划建设、科技等部门时，需相应政策和经验支持。

3.3 智慧消防建设方案缺乏长期性科学性

信息化建设标准不统一，消防救援技术规范、操作规范、数据标准等难以系统化、标准化。由于体制因素及数据传输和信息安全问题等原因，重网络轻数据、重建设轻应用，数据资源融通性不强，各级各部门的数据资源分散，存在纵向难以贯通、横向难以共享。

3.4 智慧消防技术装备自主创新能力不强

我国智慧消防高精尖技术装备在一定程度上依赖进口，尤其是关键核心部件和针对复杂环境下的智能型装备等方面仍然受制于人。智慧消防装备多以事中处置为主，装备发展更多是依靠“事件推动型”的被动发展，装备可靠性与环境适应性缺乏科学检验检测标准，目前大多参考国外经验与标准。

4 我国智慧消防高质量发展的对策

面对严峻复杂的事故灾害形势，我国智慧消防体系和能力亟待加强，既要解决当前问题，更要站在技术的前沿聚焦未来发展，建设与大国消防救援能力相适应的现代智慧消防体系。

4.1 紧盯“主动应急”发展目标，抢先抓早

智慧消防要在坚持预防为先、全力防范化解重大安全风险的同时，瞄准实战，坚持目标导向和问题导向，发挥好应急管理部门的综合优势和消防救援队伍的专业优势，健全上下联动的灭火救援工作机制，将地方党委、政府的综合优势和国家相关部门的专业技术优势结合起来，并建立健全城市群的协调联动机制，厘清信息化建设的内在逻辑，统筹应用“大数据”“云计算”等信息化手段，精准选题，重点突破，推动智慧消防的应用创新，形成“防”与“救”的合力，使消防救援能力和水平不仅体现在事件处置过程中获取的“信息更丰富、指挥更精准、决策反应更快速、救援更高效”上，更要建立健全源头治理、动态监管、应急处置相结合的长效机制，变消防救援由事后处置“被动救援”向事前预防“风险应对”“主动应急”转型，加大救援理念、组织指挥、联动机制、专业训练、保障能力等方面的改革创新，全面提升正规化、专业化、职业化水平。

4.2 紧靠“智慧城市”发展平台，同向同行

智慧城市建设涉及政府、运营商、解决方案提供商、业务提供商以及各应用领域等。从智慧城市解决方案来看，上游涵盖了RFID等芯片制造商，传感器、物联网终端制造商，电信网络设备、IT设备提供商等；中游包括应用软件开发商、系统集成商、智慧城市相关业务运营商以及顶层规划服务提供商等多种科技型企业；下游应用领域包括智慧交通、智慧政务、智慧消防等。2020年6月，中国安全防范产品行业协会发布《关于开展“智慧城市”优秀创新技术及解决方案评价推荐工作的通知》，组织评价推荐一批“智慧城市”优秀创新技术及解决方案，鼓励解决方案应具备超前领先的架构设计，形成完整的技术产品、平台软件、运营服务等系统功能，智慧政府包括平安建设、智慧政务、智慧交通、智慧消防等。在智慧政府建设中，智慧消防建设的当务之急是加强推进自然灾害辅助决策系统、值班值守系统、危化品风险监测预警系统和执法监督系统等建设，以信息化推进应急管理和消防救援现代化，实现了数据组合、信息融合，形成了监测预警“一张图”、指挥协同“一体化”、应急联动“一键通”、应急指挥“一张网”，解决了融合指挥难题。

4.3 紧抓“新基建”发展时机，创新融合

“新基建”包括信息基础设施、融合基础设施、创新基础设施等建设。“新基建”技术与系统安全理论融合，为解决应急管理和消防救援关键技术问题提供了新的技术途径。智慧消防是“新基建”的应有范畴，“新基建”战略为加快

应急管理智能化、信息化建设步伐送来东风。智慧消防建设发展要积极融入“新基建”，加快信息化建设，把握互联网规律特点，将大数据、云计算、物联网、人工智能等科技手段与传统手段相结合，推动消防管理方式变革，提高多灾种和灾害链综合监测、风险早期识别和预报预警能力；创新监督执法方式，推行在线审批、数字化监管和线上安全培训、远程技术服务，分区分类开展安全监管工作，以信息化推进应急管理现代化；创新救援战备，推动智慧消防产业发展。

4.4 紧贴“救援实战”发展需求，推进融通

在消防救援实战中，应急处置与救援技术装备主要涉及现场指挥、现场处置、现场保障及个人防护等相关新技术新装备领域。智慧救援新技术新装备的发展，要在统一的技术支撑架构下，打造智慧联动的消防业务应用系统，以数据融通和数据赋能为牵引，重塑再造业务流程和工作模式，为应急救援提供智能支撑。重点是加强数据治理系统建设，引入“组件化、模块化、共享化”的设计理念，打造集约高效的智慧消防技术支撑架构，确保业务系统研发集约化、高效化、快迭代。核心是发展智慧化指挥通信技术与装备，构建立体协同、扁平可视、高效畅通、韧性抗毁的应急指挥通信技术和装备，为智慧救援提供快速机动、科学高效、精准安全的应急通信保障；关键是发展高效能应急救援技术，如无人驾驶、无人机、救援机器人等实训高效、演练高效、应急处置高效的智能装备，促进智慧消防在科技领域的交叉化、融合化、高端化发展。

4.5 紧追“互联网+”发展模式，质量运行

“互联网+监管”是通过物联网和大数据技术，预测预警安全风险，为随机抽查、专项检查和信用监管提供科学支撑，能有效提升监管质效。过去监管靠人，将来要靠数据。牢固树立互联网思维、大数据思维，依托国家信息化建设，收集消防安全数据，打破信息孤岛，整合经济信息、公安、民政、规划与自然资源、住房和城乡建设、城市管理、交通、卫健、市场监管等部门数据资源，把更多部门的信息整合起来，建设消防数据汇聚中心，提高大数据网络系统的覆盖范围，大力开展消防物联感知、消防安全协同管理、消防信用管理、火灾预测预警等系统建设，提高数据共享应用水平，全时段、可视化监测消防安全状况，采用远程监管、移动监管、实时监管、信用监管等新型监管方式，对多领域数据进行整合、挖掘、分析，快速找出消防安全风险高、火灾隐患多的重点地区、重点行业、重点领域，准确查找消防安全管理薄弱的建筑和单位，为实施差异化精准监管提供依据，提高火灾预防、灭火救援决策水平和打赢能力。

参考文献

[1] 闪淳昌，薛澜．应急管理概论理论与实践［M］．北京：高等教育出版社，2012.

[2] 任仲文．应急管理领导干部读本［M］．北京：人民日报出版社，2020.

[3] 周丹，等．中国应急产业体系构建［J］．科技导报，2019（16）．

[4] 卜程．基于智慧消防技术的社会消防安全管理研究［J］．中国公共安全（学术版），2017（02）：70-72.

[5] 王海威．推动应急管理专业化、制度化、智能化［N］．光明日报，2020-2-27.

[6] 工业和信息化部电信研究院．大数据白皮书（2014）［M］．北京：工业和信息化部电信研究院，2014.

[7] 陈潭．智慧社会建设的实践逻辑与发展图景［J］．行政论坛，2019（3）．

上海花博会消防物联网技术综合实战运用案例解析

许海挺

（上海市崇明区消防救援支队，上海　崇明）

摘　要　本文以消防物联网技术在上海花博会消防安保的实战应用为蓝本，在实际应用中进一步整合高空火灾监控、消防物联网感知端、展位手动报警装置、智慧用电于一体的物联网智慧平台，并结合当前物联网科技、云计算、人工智能等现代科技成果的综合运用，将大型安保工作中涉及火灾预警、信息处理、现场处置、灾情辅助决策等内容有效串联打通，形成了一整套闭环管理模式，实现了线上预警与线下秒级响应的无缝衔接。

关键词　花博会　物联网　全面感知　闭环管理

1 引言

以“花开中国梦”为主题的第十届中国花卉博览会在崇明圆满闭幕，此次活动是我国首次在岛屿上、乡村中、森林里举办的花博盛会。为期42天的活动“以花做媒”喜迎四方来客，共计接待游客总量为212万人次。其中智慧花博系统的运用有效地提升了园区运营管控效率，笔者有幸从筹备期开始就进驻园区开展消防安保工作，并借助智慧花博的快车道，实现了让信息跑起来，让智慧消防插上了翅膀。基于此，本文以花博会消防物联网技术综合实战为例开展探讨和解析，希望能够为大型消防安保工作智慧消防运用提供相关可行性意见。

2 物联网平台简介

2.1 什么是智慧消防物联网

智慧消防是指运用物联网、大数据等技术手段，将消防设施、社会化消防监督管理、灭火救援等各位要素，通过物联网信息传感与通信等技术有机链接，实现实时、动态、互动、融合的消防信息采集，传递和处理，全面促进与提高消防监督与管理水平，增强灭火救援的指挥、调度、决策和处置能力，提升消防管理智能化、社会化水平，满足火灾防控“自动化”、灭火救援指挥“智能化”、日常执法工作“系统化”、消防队伍管理“精细化”的实际需求，实现智慧防控、

智慧预警、智慧执法、智慧管理，大限度做到“早预判、早发现、早除患、早扑救”，打造从城市到家庭的“防火墙”。

2.2 花博会智慧消防物联网平台架构

本届花博会智慧消防物联网系统是由消防指挥中心、前端感知设备、用户信息传输装置、通信网络和物联网平台管理软件等组成的综合性应用系统。系统综合运用物联网、地理信息、传感器等手段，实现对建筑消防设施报警信息的实时感知与预警，加强对消防设施系统的动态监管，完善对消防设施的检查手段，保障联网消防设施的正常运行，有效提高工作效率，不断提升消防管理、服务与科学决策水平。为大型消防安保活动提供数据支撑和安全服务保障（图1）。

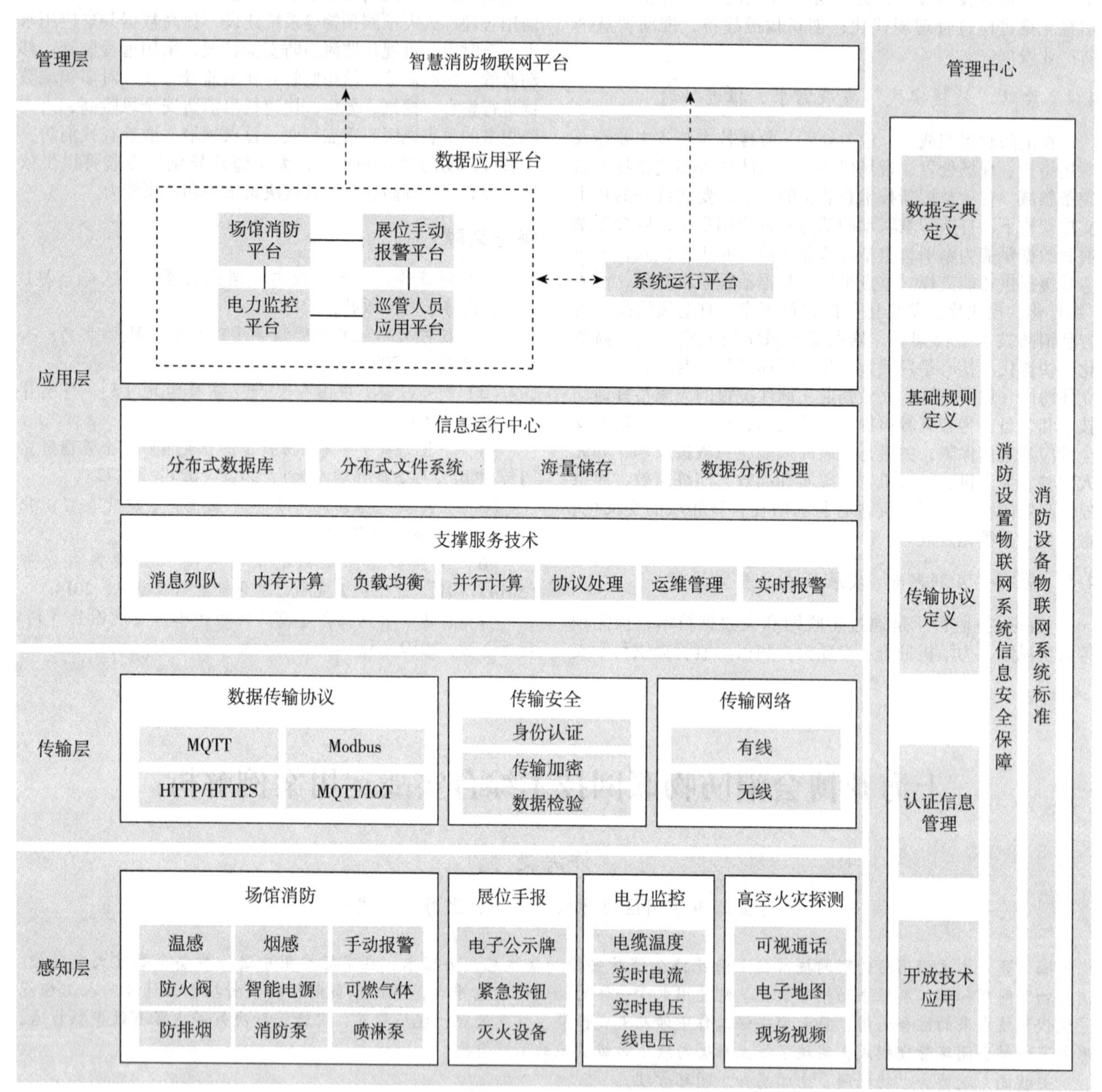

图1 花博会智慧消防物联网平台架构示意图

2.3 花博会智慧消防物联网平台功能

监督功能，可随时对联网建筑和展位的消防安全管理状况和消防安全重点部位进行监控、对自身管理状况不佳或存在隐患的部位加大监督力度，提高监督的针对性和有效性，特别是将展位智慧用电监控嵌入了物联网平台，实时监测电流、电压、电缆温度，切实做到“将火灾隐患解决在火灾发生之前”。

联动功能，系统实时接收、显示花博会园区内涉及消防物联报警信息，高空鹰眼视频图像扫描信息并通过数据通信对火警信息进行甄别，确认火警及起火位置向消防指挥中心系统进行传递，提高火灾报警的及时性和可靠性。

巡查功能，实时监测火灾自动报警系统、消防设施、物联设备的运行状态，自动或人工对相关设施进行巡检测试，及时发现设备故障，确认故障类型和故障状态。

分析功能，对实时数据或者阶段性数据进行智能分析，分类统计故障率、隐患率、处理率等其他线性统计，并以周期性曲线图形直观呈现，为消防指挥中心科学研判、综合分析提供了辅助决策。

3 智慧消防物联网平台实战案例

以展位手动报警装置触发真实火警为例，花博会复兴馆、花艺馆、百花馆 3 大场馆布置花卉展台，共设置 108 个展位火灾报警装置，通过 NB-LOT 无线传输信号传输至物联网平台。智慧消防物联网平台获取展位报警信息，系统平台以微信小程序的方式自动推送至场馆消防巡逻人员手机，巡逻人员第一时间到场，如确认真实火警则在手机端直接点击火警确认。物联网平台确认火警信息后平台发出报警提示音并弹出对话框，同步切换主界面呈现报警具体点位和区域平面图，在线推送灭火救援预案及相关场所负责人联动单位信息，消防指挥中心根据预案等级开展指挥调度。同时现场消防员采集的三级图传实时画面传送至指挥中心辅助现场值班领导开展远程调度指挥。借助于花博会消防物联网平台有效地整合了线上预警和线下处置，形成了大型消防安保闭环式消防管理的全过程（图 2）。

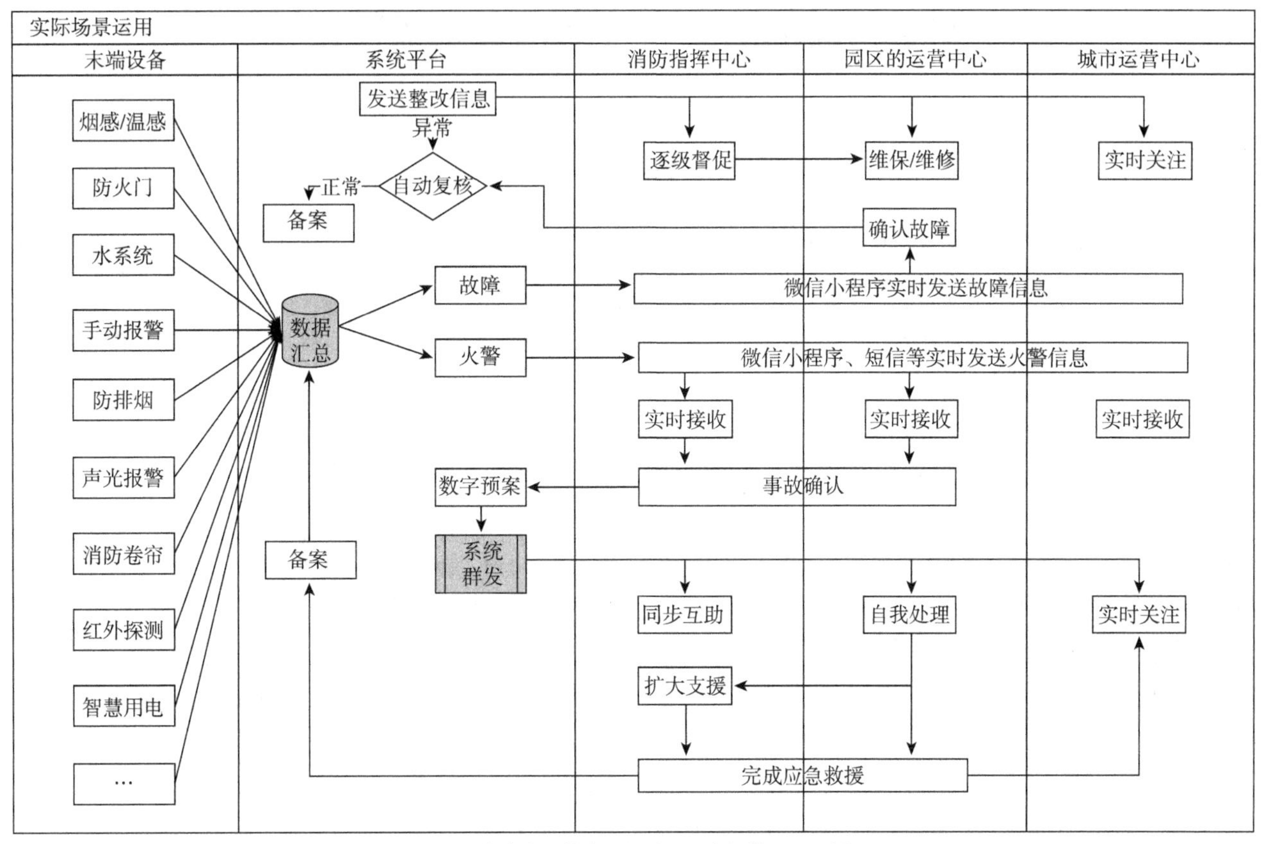

图 2　花博会智慧消防物联网平台场景运用示例

4　花博会智慧消防物联网平台的亮点优势

（1）突破传统系统壁垒，实现全要素一屏调度。传统安防系统自成一体、各自为战，需要架设多套系统支撑整个安保工作，对安防软硬件要去比较高。花博会智慧消防物联网平台最大限度地融合了各平台的关键性要素，将视频流信息、场馆报警信息、展位无线报警信息、电力监控信息进行数据采集和统计，并实现一屏观天下、一屏指挥调度的功能。

（2）运用市测绘地图，拓展多维度内嵌功能。此次消防物联网平台首次嵌入了上海测绘院地图。该地图对花博园区 10 平方公里进行了整体实地测绘，较之传统的高德、百度、Google 地图在二次开发、三维建模、影像智能分析、交通综合信息展示等方面功能更全，体验感更强。在地图运用的精度、报警信号反馈准度、园区地图管理真实度与消防物联网平台之间的排异效果更少，确保了消防物联网平台运行高度稳定。

（3）发挥人工智能推送，打通信息反馈"防火墙"。花博会智慧消防物联网平台基于移动互联网、大数据、云计算技术，通过腾讯微信小程序的形式建立了平台与用户之间的联动，能够第一时间将平台任何报警信息通知现场相应的管理岗位，创新设置了现场确认、拍照反馈、分级推送等模式。既缩短了大型消防安保特殊环境下线上预警和线下处理的时间，提升了安保管控的效率，又将事件全流程跟踪反馈，便于事后查询、考评、分析、总结。

（4）运用消防辅助决策，充当园区运营"参谋助手"。花博会智慧消防物联网平台融合了场馆的平面信息、应急预案和"一馆一方案"等园区一线作战基础数据。结合场馆消防报警响应等级，在平台上自动推送相关的灭火救援预案，精准锁定场馆展厅具体点位，调用灭火救援指挥平台数据库，推送消防联动单位信息、园区各部门条线分管联系人，确保作战指挥高效、力量调度精准、通信保障有力。

5　总结及前景展望

花博会消防物联网平台是基于花博会消防安保工作临时架设的一套智慧消防物联平台，在服务大型消防安保工作重切实发挥了消防物联网平台的优势，在成熟运用线上线下闭环管理实践中也总结了不少实战经验。虽然无可避免存在一些瑕疵和不尽如人意的地方，展望未来，在平台功能上类似 BIM 系统三维立体呈现技术值得期待；在城市综合治理方面与城运中心、大数据中心实现系统接入资源共享具备操作空间；在技术延伸上可以实现与第三方消防技术服务机构的联动引入维保新模式；在运用高科技灭火救援方面可以研究内攻人员携带多气体采集器，声光、震动提醒，实时导出数据为灭火救援提供辅助决策。笔者简要概括了花博会消防物联网平台建设和使用过程的案例分析和对未来消防物联网的设想。拟在抛砖引玉，希望更多热爱、关心消防的各界人士都能关注消防、关注消防物联网建设工作。

参考文献

［1］路永明．基于BIM、物联网技术的智能管控平台在火灾报警系统中的应用［J］．水利水电技术（中英文），2021，52（S1）：134-137.

［2］孙海波．基于WB_IoT网络的智慧烟感系统设计［J］．广播电视网络，2021（5）：66-67.

［3］黄恺．物联网技术在智慧消防中的应用［J］．中国科技信息，2021（9）：113-114.

基于物联网的火灾自动报警系统设计

苗程宾

（天津市武清区消防救援支队，天津　武清）

摘　要　火灾自动报警系统是建筑防火系统中最核心的部分，它能够在火灾的最初期发出报警信号并对其他系统进行联动控制，以便对灾情提前采取措施进行控制和扑灭。近年来，随着现代物联网信息技术的不断发展，云计算和大数据等多种技术的深入应用，智能化火灾自动报警系统也已经逐渐发展起来，使系统更加先进智能，提高系统的设计水平，明显增强火灾警报和预防效果。本文结合目前系统扩展性能差，抗干扰能力差，误报警率高等问题，提出将物联网技术引入火灾自动报警系统的设计构思。

关键词　物联网　火灾自动报警系统　传感器

1　引言

随着经济发展和社会建设的加速展开，建筑物的发展已经呈现了高层化、密集式的趋势，这些建筑在给人们提供了购物、居住等优质生活环境条件的同时，也蕴藏了人们在日常生活中所面临的危险[1]，而火灾正恰是最为常见的危险。为了减少消防监督管理者检查工作量，避免自身工作素质不高导致各类消防安全隐患的发生，很多建筑中都会安装一套智能化、信息化、自动化的火灾监测报警系统，及时把这些火灾隐患控制到安全的状态，对于提高防火系统的工作效率，消除城市安全隐患，具有很好的效果和实用性。

我国最早的城市火灾自动报警远程监控系统出现于20世纪80年代末90年代初期，第一代产品的特点是在联网单位设置报警按钮，当发生火灾时，人工按下报警发送按钮，通过普通电话线路将调制信号发送到监控中心[2]。

随着科技的进步和国家的需求，并针对我国火灾自动报警系统在使用和管理过程中存在的问题，开发出我国第二代城市火灾自动报警远程监控管理系统[3]。该监测系统包括火灾报警网络监测器、传输网络和监控管理中心三部分。

然而，随着火灾探测技术和互联网技术的发展，与国外一些新型火灾监测方法上仍存在着明显的差距，可以发现我们对于远程火灾监控等新型技术领域投入的精力还远远不够[4-7]。

2　有关火灾自动报警系统的问题及分析

2.1　系统中的典型问题

2.1.1　火灾探测器选型因素分析

根据相关设计要求，探测器类型的选择和探测区域的分隔是报警系统选型中的主要内容。选择火灾探测器种类时，应根据探测区域可能发生的初期火灾的形成、发展特征、房间高度、环境条件及可能引起误报的原因等因素综合考虑[8]。有的传感器安装型号不统一，容易导致不报警或误报警，不能有效发挥火灾探测的作用。例如，在车库、餐厅等场所设计了感烟探测器，在这里，烟雾或蒸汽经常被截留，感烟探测器很容易导致火警误报，注意火灾原因，正确选择火灾报警类型才能避免误报。

2.1.2　环境干扰因素分析

火灾自动报警系统对火灾探测信号处理的任务就是要剔除干扰，及时正确地判断火灾[9]。然而，在整个系统的运行中，受外部环境因素是非常复杂的。由于环境中的气流、灰尘、湿气、电磁场、电瞬变、静电以及人为干扰的影响和不规律性，其变化特征与火灾时的烟雾或温度变化有其相似之处[10]，导致探测器无法识别真实数据，报警系统可靠性降低。例如在燃烧过程中，不同物质的光谱和温度不能被探测器准确感知，即使在简单的烟雾和温度探测机理中也会产生误报、漏报等严重影响。

2.1.3　设备故障因素分析

在系统运行时，有时报警控制器不能正常接通备用电源，因此，报警控制器主机的故障率一般较高，由于报警系统中一些老旧过时的设备磨损严重，部分部件使用时间长，配件配备困难，更换成本高且难度大，部分用户设备维修困难，这也常常导致火灾自动报警系统失效。

2.2　典型问题的原因分析

2.2.1　探测器设计原理问题

探测系统是火灾自动报警系统中的重要组成部分。传统火灾探测器的工作方式是，事先设定一个阈值或一个阈值区间，通过系统中的探测单元收集环境中的相关数据，对其中的物理和化学状态进行统计分析，如果超过原定的需要报警的阈值，只要满足这一条件，报警器就会发生响应，但却不能识别火灾发生的原因，更不能对火情进行完整的监测，以分辨火灾发展的过程和程度，误报率大大提高[11]。通过这样的方法进行探测对传感器的灵敏度过于依赖，而不同类型的探测器按照探测原理的不同分为多种类型，包括感烟，感温，复合型等。因此它们需要针对不同的检测环境选择合适探测器类型，否则很容易收到其他信号的干扰而产生误报和漏报，在探测器安装过程中其间距不能太小也不能太远，必须合理设置探测器数量，否则就会造成相互之间的干扰，同时也很难保证探测范围的全面性。

2.2.2　相关设备问题

（1）设备制造问题。目前，流通市面的部分探测器不能达到技术合格标准。如果生产环节出现了质量把控问题，不合格的检测器就可能会使误报警的概率增大。另外，火灾自动报警系统中的联动控制器的规格及性能，各个自成体系，很少能通用，也给系统的维修及保养带来了许多不便[12]。根据制造商的不同，可能无法合理的安装和调试，导致系统设备工作中也可能出现故障等安全隐患。

（2）设备维护问题。如果在安装探测器之前没有妥善保管的话，可能会受到灰尘、湿气、冲击等的损害。探测器在工程中安装位置不合理也会导致灰尘堆积过多，使其受到静电变化的影响，可能会发生误报警等故障。而针对探测器信号弱的特点，如果传输线路过长，则需要采用屏蔽措施，降低传导耦合以及电磁辐射对其的影响，并对相关电缆、引线、元件进行机械保护，做好抗干扰工作[13]。因此运行维护方面存在许多问题，诸如记录不完备，修理原因不明，维护设备不及时导致火灾自动报警系统老化，系统长期无法正常运行，处于麻痹状态。探测器经过长时间或长时间的运行状态，从未清洗过，积尘严重，修理工作不正确，导致系统可靠性大幅下降。

通过以上对报警系统存在问题的概述和原因分析，可以知道火灾探测器发生误报的情况与发生火灾的真实报警情况相比有很大的不同，真正的火灾警报可能是由重大火灾引起的，会造成严重损失，也可能是由具有火灾隐患的异常情况和现象引起的，而产生误报的原因有很多种情况，例如：当我们在对系统进行维护和调试时，假设一个房间设置一个探测器、报火警，从一个房间到另一个房间所行走的距离是固定的，因此探测器发生报警信号的时间间隔一定是一样的，而真实的火灾情况下，探测器的报警数据一定不是如此，而是随着火灾规模的扩大呈倍数增长的；再如，如果一个人在封闭空间内吸烟，产生的烟雾很容易超过设定法制，报警系统很容易误报；又如，当电力线路超载时，短时间内会产生大量的热量，但当热量达到规定的阈值时，就造成了不可挽回的火灾事故，报警不及时出现了漏报现象。而真实火灾发生具有不确定性，并且火灾实际的发生情况相对复杂，并不能用一个简单的公式来准确描述，每一次的探测数据和分析结果也不可能都一样，只有提高探测系统的可靠性，才能有效地降低在恶劣环境下系统的误报漏报的发生情况。

大多数火灾自动报警系统以感温、感烟探测为主，存在比较突出的迟报、误报、漏报、损毁等现象，往往达不到系统的设计要求[14]。为了提高消防安全水平，解决消防安全领域尚未解决的薄弱环节和问题，防止重大事故的发生，在这样的环境需求下，物联网、云平台、采用大数据分析等先进技术就显得十分重要。

3 基于物联网的火灾自动报警系统设计

3.1 物联网架构设计

系统的典型架构设计分为三层：采集层、通信层和应用层[15]。系统的主要任务是实时识别各类火灾隐患、监测环境参数，通过云平台对数据进行处理，确认成报警信号，显示全区火灾情况及火灾报警信息，并与消防系统联动，取得智能探测效果，实现智能处理、智能报警、智能监控等功能，设计结构如图 1 所示。

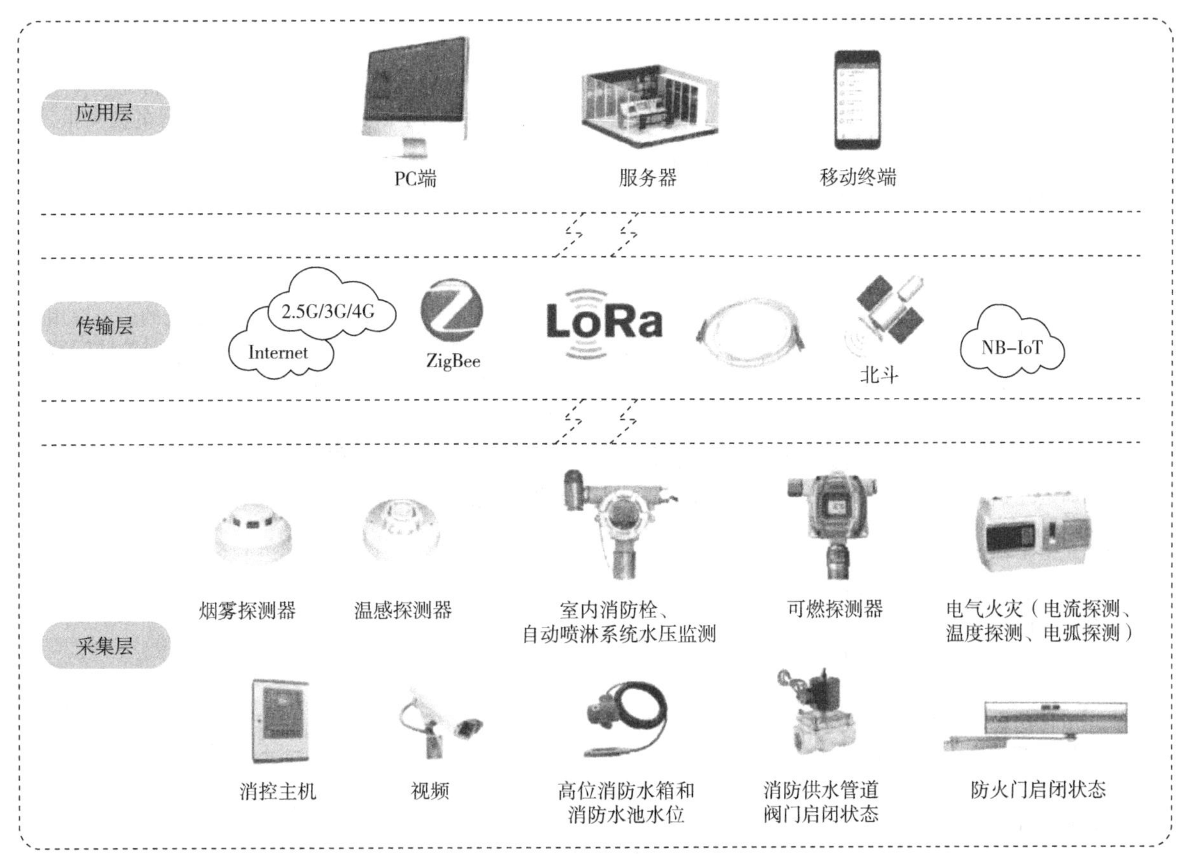

图 1 物联网架构示意图

3.1.1 系统采集层设计

感知层即采集层，它的作用是采集数据，包括各类消防设备的识别和相关状态信息的采集，通过各种专业传感器检测现场温度、可燃气体及其他消防安全隐患，消控主机，防火门启闭等消防设施的主要参数以及实时视频信息[16]。

主要设备包括：

（1）感温探测器：实时监测现场温度，内置 ZigBee 或 NB-IoT 物联网模块，具有智能网络和报警功能，可 24h 连续不间断监测。

（2）感烟探测器：对现场烟气浓度实时监测，内置 ZigBee 或 NB-IoT 模块，具有智能网络和报警功能，可 24h 连续不间断监测。

（3）可燃气探测器：具有实时检测加油站、化工场地、化工仓库等危险场地的可燃气体浓度的功能，具有智能网络和报警功能，内置 ZigBee 或 NB-IoT 模块，可 24h 连续不间断监测。

3.1.2 系统通信层设计

在采集层上收集的所有类型的信息都可以通过通信层的通信介质安全地发送到应用层。关于信息传递方面的设计可以使用物理连接、无线技术（连接 4G/5G、NB-IoT、ZigBee、Lora）相互支持等。

火灾自动报警系统主要通过总线与用户信息发送器相连，通过用户信息传输装置内置的以太网接口与远程网络相连，组网框图如图 2 所示。

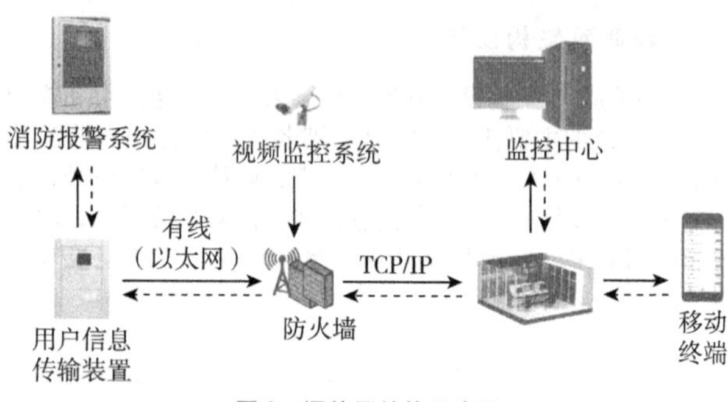

图 2 通信层结构示意图

3.1.3 系统应用层设计

应用层是系统的关键部分，支持移动终端设备和完成采集、分析各类消防参数等功能。可通过监控中心或移动终端应用程序实时监测报警系统状态、完成报警的接收和确认、实现远程监控、联动控制等功能。

3.2 物联网在火灾报警系统中的具体应用

（1）扩大探测范围。由于传感器体积小，探测节点可以覆盖在煤气罐、家具、空调等各种物品的不同区域。将各类小型传感器大量配置在各区域，完成采集信息等功能。在确保一个传感器探测一个区域的基本条件下，可以使用多个检测器从不同角度监测环境，最大限度地消除信息的不确定性。由于探测器节点很多，可以检测诸如温度、压力、光强等信息，在此基础上，通过创建数学模型，可以详细描述和预测火灾范围、火灾规模、烟气浓度和火灾扩散方向。通过 GIS 和 GPS 系统，还可以直接描绘现场的真实情况，对之后的烟火控制有很大的帮助。

（2）智能信息处理。当发生火灾时，随着监测设备将火灾信息发出并传送到中央控制器时，现场的摄像头等多媒体设备还可以同步传送现场的音频信息和图像等信息，通过计算（人工神经网络算法、模糊逻辑计算法等）来对数据进行确认判断，识别是否有火灾发生。

（3）探测器技术创新。系统中的探测器各种各样，各自有自己的不同功能，不同的传感器内置在无线传感网络里，可以识别目前的环境状态，并且能够转变成为相应的电信号，再向外进行传递。比如当在淋雨天气中，空气湿度比较大，这时可能会出现频繁的误报，当各种传感器被内置在无线传感网络中，可以被识别目前的环境状态，并且能够转变成为相应的电信号，再向外进行传递，进而提高信息的准确性，使物联网系统具有全面感知的功能。经过多年的革新和发展，除了传统的探测器外，相继发明了纳米传感器、新型量子传感器、焦面红外检测器、光传感器、超导传感器等，

（4）实现网络系统的互联。电力系统、交通系统等都可以与火灾自动报警系统连接，通过网络协议实现系统间的有关数据的调用，呼叫和传输，完成不同的功能，使系统更加智能。如遇火灾时，可接通急救系统，使受害者能在短时间内得到救治；同时，接通相应的电力系统，及时中断电路，确保人员的安全；连接交通系统，自动查询道路信息，为救援工作提供线路参考，让救护车或消防水车等车辆能够轻松通过，并尽快到达火灾现场[17]。

4 结论

实践证明，智能化火灾报警系统可靠性大大提升，具有广泛推广的意义。相比传统的网络技术，物联网更加先进。其以网络技术为手段，实现信息的传递和交换。它的本质是一个共享和传递信息的信息网络。将传感器、通信器和控制器有效地结合起来，构建物与物、物与人、人与人之间的通信平台，完成信息的分析、处理和共享，实现方便、快捷、高效的工作流程。

火灾自动报警系统在物联网应用的帮助下可以更准确地检测火灾，提高报警信息的准确性，减少误报频率；可以显著缩短报警时间，提高系统稳定性，显著提高系统的兼容性和可扩展性，便于维护，方便系统的更新和互联互通。在应用于火灾自动报警系统时，需要解决探测器编码地址、与应急救援平台的联网的问题。随着物联网应用的不断发展，将会产生巨大的社会效益和经济效益。虽然我国的火灾自动报警系统技术起步晚于国外，但随着无线通信技术近几年在安防和物联网领域的成功应用，国内的火灾自动报警生产厂家也纷纷开始致力于研究采用无线通信技术的火灾报警系统，但目前尚未有成熟的产品可供广大使用，只有研究人员敢于打破传统，勇于探索，才能掌握这一领域的基础技术，掌握主动权。国内无线火灾自动报警器制造商的下一步行动应该是将其与其他物联网技术结合起来，建立一个监控城市网络的平台。

随着科技的发展，火灾自动报警系统的广泛应用，技术经验的逐步积累，火灾自动报警系统必将与物联网智慧消防技术联系更加紧密，技术更加成熟，报警系统的可靠性将会不断地被提升，成为未来火灾报警系统的发展方向，为消防工程建设以及和谐社会构建做出贡献。

参考文献

[1] 张定波，传感器在火灾自动报警系统中的应用与研究 [J]. 工程技术研究，2019，4（12）：110-111.

[2] 高宏，严志明．我国城市消防远程监控系统的发展方向 [J]. 消防技术与产品信息，2008（09）：57-60.

[3] 贾定夺，杜欣，王勇．未来新技术的应用对消防通信网的影响 [J]. 消防技术与产品信息，2008（09）：55-57.

[4] 潘刚，刘美华．火灾自动报警技术与发展 [C] //中国土木工程学会，中国中元国际工程公司．中国土木工程学会工程防火技术分会成立大会暨学术交流会论文集，2012：4.

[5] 罗云庆，宋军．浅析无线火灾自动报警系统及其应用前景 [C] //中国消防协会．2015 中国消防协会科学技术年会论文集．2015：4.

[6] Haiyan Chu，Qianyun Zhang，Junfang Li. Design of

Intelligent Fire Alarm System [J]. Journal of Research in Science and Engineering, 2021, 3 (2).

[7] Ayman El Shenawy, Khalil Mohamed, Hany Harb. HDec-POSMDPs MRS Exploration and Fire Searching Based on IoT Cloud Robotics [J]. International Journal of Automation and Computing, 2020, 17 (03): 364-377.

[8] 许峰. 火灾自动报警系统实际运行中存在的问题及解决对策 [J]. 消防技术与产品信息, 2012 (11): 71-73.

[9] 蒋慧灵, 杨卫国, 王允, 等. 城市火灾监控系统运行管理现状分析及对策 [J]. 消防技术与产品信息, 2009 (12): 19-23.

[10] 李宗廷, 张加伍. 智能建筑的消防自动化系统探讨 [J]. 消防技术与产品信息, 2003 (09): 33-36.

[11] 高萍. 火灾自动报警系统误报原因及对策分析 [J]. 中国高新技术企业, 2009 (02): 84-85.

[12] 张峰. 火灾自动报警系统在工程实际应用中存在的问题 [J]. 科技创新导报, 2011 (13): 100-101.

[13] 王哲鸣. 关于火灾自动报警系统可靠性的探究和思考 [J]. 中国建材科技, 2014 (S2): 198.

[14] 李峰. 物联网技术在建筑电气中的应用探讨 [J]. 电子世界, 2014 (10): 11.

[15] 陈淑武. 智慧消防物联网监控系统设计 [J]. 消防界 (电子版), 2018, 4 (04): 79-81.

[16] 胡悦, 童恩, 曹浩彤, 等. 构建全面的智慧消防体系 [C] //中国通信学会, 中国电子学会. 物联网与无线通信-2018 年全国物联网技术与应用大会论文集. 2018: 5.

[17] 刘倩. 火灾自动报警监控联网技术的应用与发展 [J]. 通讯世界, 2017 (09): 76-77.

基于物联网的消火栓系统设计研究

雷天韬

(新疆消防总队乌鲁木齐市消防救援支队, 新疆 乌鲁木齐)

摘 要 在诸多火灾案例中, 由于火灾现场的消火栓管网无水, 使很多小火酿成大灾。针对消火栓系统监管不力、水压、流量等信息无法实时监控的情况, 基于"物联网+消防"的发展模式, 开展了物联网技术在消火栓系统的设计研究。本文依托物联网的三层次——感知层、传输层、应用层, 分别对其进行消火栓系统的设计。确定 ZigBee 技术与 LoRa 技术相结合的分层无线传感通信方式, 提出了基于物联网的消火栓系统设计构想。基于物联网的消火栓系统在实时监控设备动态信息、消火栓维护保养、火情传输等方面更加智能化和现代化, 是"智慧消防"发展重要方向之一。

关键词 消火栓系统 物联网 智慧消防 无线传输方式 传感器

1 引言

物质生活丰富化消防问题复杂化总是相辅相成。例如在建筑火灾中, 点火源、可燃物种类增加, 火灾发展过程变得异常复杂; 密集的建筑群和复杂的结构布局增加了火灾荷载和逃生难度; 城镇化带来的高人口密度意味着火灾风险加剧; 消防基础设施以及消防救援力量不足等[1-5]。

小火亡人的重要诱因之一是消防设施工作不力。例如, 2017 年 6 月 22 日, 造成 4 人死亡的"杭州保姆纵火案"就是由于消火栓水压不足而延误灭火工作导致。而消火栓系统有其固有的监测困难、消火栓个数多、配备其余设施分布广等特点, 所以提出基于智慧消防理念的"物联网+消火栓系统"相当必要。和传统消防不同的是, 智慧消防的大数据、云计算等打通各系统间的信息屏障, 提升消防系统感知预警能力、应急指挥智慧能力等, 可实现早发现、快处理, 将火灾风险和影响降到最低[6-13]。

2 基于物联网的消火栓系统框架设计

2.1 消火栓系统的感知层 (采集层) 设计

感知层的主要组成为传感器, 它的原理是将物理变化转化成了电子信号, 再通过放大电路等转换为模拟、数字信号, 最后在微控器主板进行数值转换。而消火栓系统近几年常见问题有: 消火栓灭火设施不易观测状态、不易检查; 偷水、漏水、偷盗; 维护保养不及时。综上, 提出 4 种传感及记录设备。

2.1.1 阀门开度传感器

阀门开度是监控消火栓状态的重要指标, 阀门开度往往反应水流量和是否有漏水现象等。通过在消火栓阀门上安装齿轮传动机构、旋转电位器、测量转换电路, 以达到将阀门的开度、位置信息转换为电信号, 反馈到接收端。原理是: 阀门转轴螺丝和电位器的主轴齿轮咬合在一起, 以一定传动比实现精准监控, 消火栓阀门需要转动多圈, 每一圈的转动仅仅对应电阻体的一小段。当阀门螺丝随外力转动等产生上下位移时, 带动电位器齿轮位移, 随即改变电位器滑动端的位置, 接入电位器的阻值发生变化, 最后将电压改变通过转换电路转换为微动电流。可在阀门传感器上安装小的显示屏, 对阀门的位置信息进行显示。在日常监管中, 传感器将阀门开度信息传输到消火栓监控平台, 阀门开度就可成为判断消火栓是否发生漏水的重要指标。图 1 给出了消火栓阀门以及阀门位置传感器的安装示意图。图 2 为电位器内部构造。

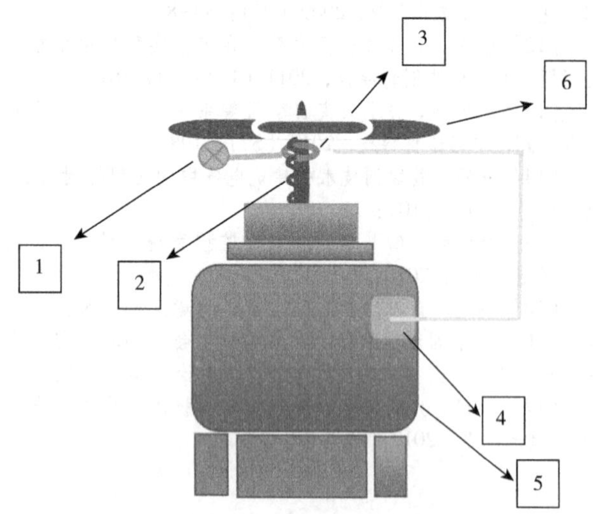

图 1　消火栓阀门和阀门位置传感器的安装图

1—旋转电位器；2—阀门主轴螺丝；3—电位器主轴齿轮；4—转换电路；5—消火栓阀门阀体；6—阀门转盘

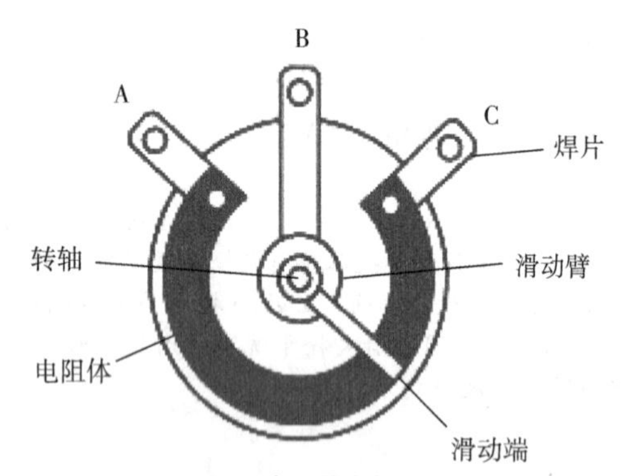

图 2　电位器内部构造

2.1.2　振动传感器

振动传感器基本组成部分有阻尼器、弹簧、质量块等，基本原理为质量块在空间建立坐标系，在坐标系中的惯性位移、振动加速度等机械量被记录下来，作为输入量。在机械式、光学式等众多的测试方法中选择了电测方式。选用电涡流式振动传感器，这种传感器是将消火栓与振动传感器端部之间的距离变化情况作为输入量后再转换成相应的电信号，经过电子电路放大后显示和记录，再对电量进行测量，得到的撞击参量与正常值比对，最后确定是否为撞击等并进行反馈。由于一般消火栓出水时也会发生阀体的振动，所以为避免误报，需要提前了解正常工作状态下振动加速度的振幅、频率范围，需要对振动量设置报警的阈值范围。如设定消火栓本身可经受垂直、横向、纵向的频率为 0～55Hz、振幅为 1mm 的振动，且持续时间可达到 1h。当传感器检测到出现倾斜、撞击等情况时，应在 1min 内上报数据。

2.1.3　水压传感器

水压传感器主要运用在最不利点消火栓栓口（或屋顶消火栓）、管网和消防水池三个地方。最不利点消火栓栓口和管网的监测主要为了监测供水压力是否合格以及可较为精准的判断具体为某一段故障。消防水池的压力测定辅助其自身水位计，是充足水源的双重保障。

2.2　消火栓系统的传输层（网络层）设计

2.2.1　RFID 射频识别技术与单片机的结合

引入 RFID 电子标签主要是对消火栓多种动态信息的集成，便于传输和查阅，以免多种传感信息的混乱。单片机或微处理器是数据处理的核心，类似于 RFID 的标签信息的读取和储存的媒介。两种技术进一步的结合使用，成为感知层和传输层的“重要的桥梁纽带”。如图 3 所示，为 RFID 和单片机的工作框架图示。

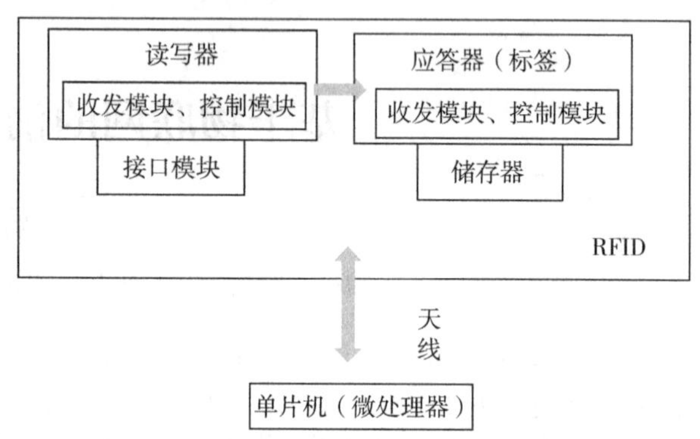

图 3　RFID 和单片机的工作框架图示

2.2.2　无线网的选择

物联网的传输层常常包括有线以及无线这两种不同的传输方式。无线网络相比较有线传输方式会更加便捷，省去埋线和铺设的工序，低成本、抗干扰，且更适合远距离传输。本设计主要考虑到传感器类型较多，布线过于烦琐，所以拟用无线组网方式。图 4 为众多无线组网方式的优势对比。

WiFi 的耗电量和成本较高；NB-IOT 虽然有着容量大的特点，但是蜂窝运营频段的使用成本较高；蓝牙传输距离过短且兼容性不高，排除以上三种无线传输方式。经过详细对比后，发现 LoRa 无线组网技术不仅可以实现远距离的传输，而且能耗较低（电池使用时间长）、节点众多、成本低廉。介于楼宇消防（消火栓）系统体积庞大，且服务器距离较远，所以需要 LoRa 无线技术的支持。ZigBee 无线组网技术同样也是低能耗、低成本的，但它更适合建筑中这种短距离的传输，且 ZigBee 可采取多种网络形式，网状网是它的一大特征，也就是说，当火灾严重到切断局部信号时，建筑其余部分可继续通信。采用这个方法可通过组合大量的传感器来搭建传感器网络。综上，拟定提出一种 ZigBee 结合 LoRa 技术形成分层无线传感器网络的通信方式是最佳选择。

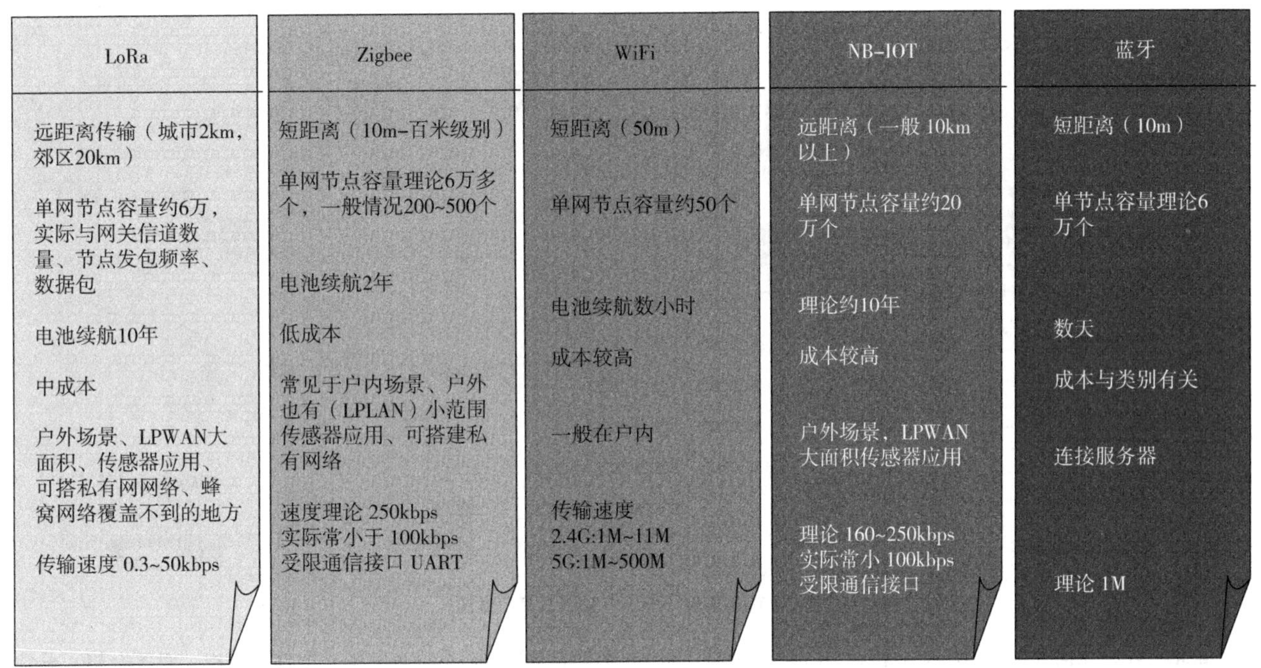

图4　各种无线组网方式的特点对比

2.3　消火栓系统的应用层（终端）设计

2.3.1　应用层的中间件

应用层的中间件是可以将操作系统与应用软件连接的，将硬件数据传输给软件的一种网络产品。相当于消火栓系统与用户界面的“中间桥梁”，相连的系统尽管有不同的接口也可相互交换信息。例如 RFID 的中间件，它是 RFID 电子标签和应用程序的中间媒介，通过程序接口，可对电子标签的内容进行读取。如图5，为中间件的连接示意图。

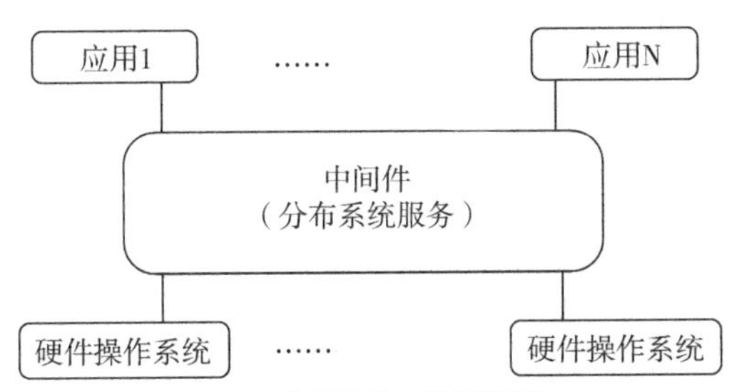

图5　中间件的连接示意图

2.3.2　应用层的服务器

中心服务器和用户服务器是应用层的重要组成。中心服务器最主要用于接收、处理消火栓信息以及丰富消火栓数据库。中心服务器往往是接收信息的第一方，且对其余服务器的信息接收有控制功能。而用户服务器则是对采集数据的进一步展示与分析，往往体现为管理者和用户界面。

2.3.3　云计算

除了中间件和基于服务器的物联网应用外，云计算是应用层更高级的组成，它可助力海量的信息运算和分析。在应用层的服务器可集成“智能消火栓系统”“智能自喷系统”“智能防排烟系统”“视频监控系统”“智能预警系统”“逃生疏散预案”等的大量数据，在对灭火力量和人数情况的统计后，进行计算、作出决策，可规划逃生路线、安排救援力量等。

2.3.4　GIS 消防地理信息系统

对于单个建筑或综合体来说，GIS 消防地理信息系统的运用显得“大材小用”，但对于整个城市消火栓的统一综合管理统筹有着重要作用。整个城市的室外消火栓在信息系统的坐标显示下构成“城市消防拓扑网络”，形成全方位的监控体系。城市消防指挥中心可利用其快速采集、传输数据能力、空间检索定位能力、动态监控分析能力等对城市消防系统有直观、清晰、高位的把握。如图6为消火栓的物联网设计的三个层次（系统框架图）。

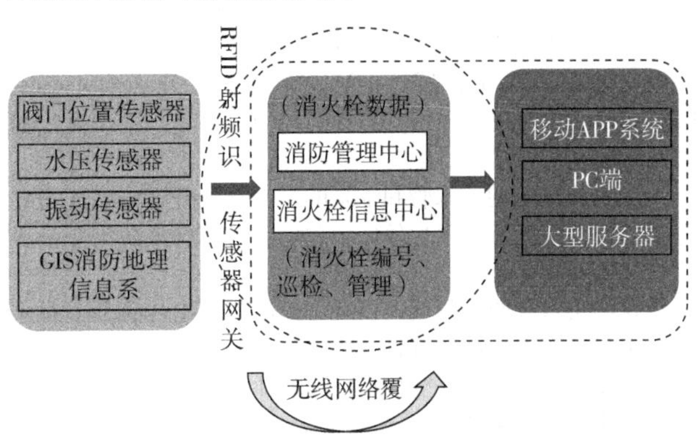

图6　消火栓物联网设计的三个层次

3　某城市综合体的消火栓物联网设计方案

3.1　建筑概况介绍

本建筑为某商业综合体商业办公区，总建筑面积 88301.0m²。地下两层，地上十二层，建筑总高度为 48.90m。本工程为一类高层综合楼，耐火等级为一级。地下为车库、超市和停车库；首层-四层为商城，主楼下部二-四层为商业办公；四层东侧为影院；地上五-十二层为办公。

3.2　基于物联网的消火栓系统设计

3.2.1　消火栓系统感知层的设计

-2层至4层每层均有55~65个消火栓，5层至12层均有7个消火栓。每个消火栓均设置阀门开度传感器和振动传感器，地上部分有消火栓箱时可考虑不设置振动传感器，但在车流量众多且采光不好的地下车库的消火栓处以及室外消火栓处必须设置。如图7所示，为首层某防火分区传感器设置示意图。

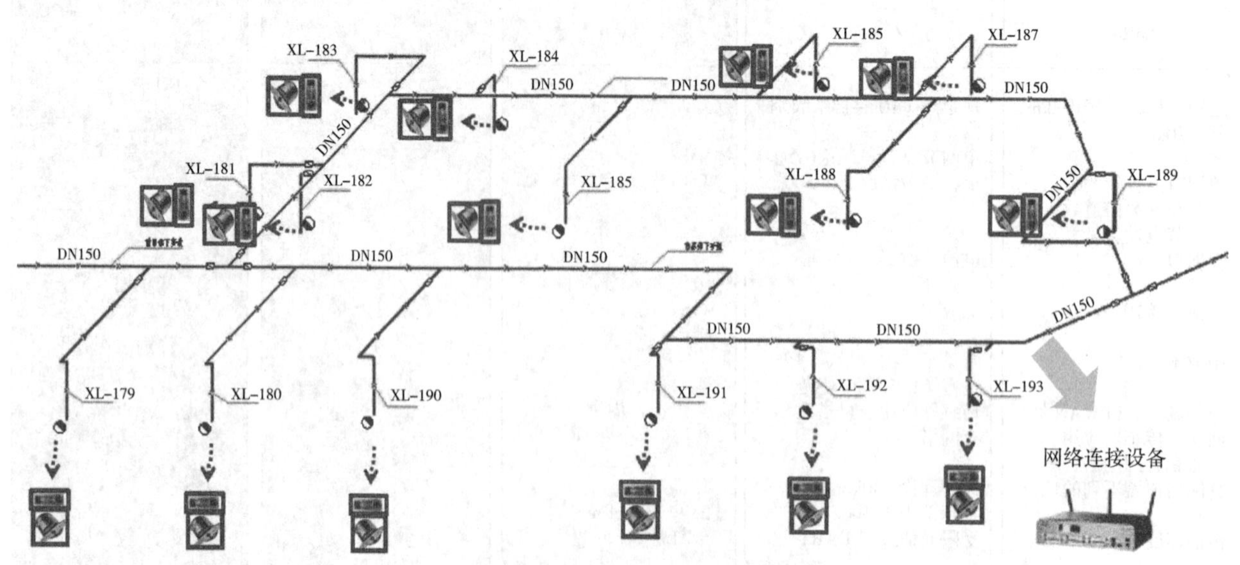

图7 首层某防火分区传感器设置示意图

除此之外，在消火栓管网的最不利点的消火栓处（或屋顶实验消火栓）应该安装水压传感器，以保证整个系统的供水压力符合要求。水泵房设置在建筑-2层西南角处，所以本建筑在住宅12层的东北角处以及商业顶层的东北角的消火栓处设置水压传感器，即选取综合体的最高点和最远点。

传感器在水泵房内的设置位置主要为：消防水池、进出水管道、消防水泵。

水池的最低水位为喇叭口上0.6m。设计的消防水池内安装旋流防止器，最低有效水位为旋流防止器口上0.2m。且最低有效水位应该高于水泵的最低水位。综上，在消防水池处安装一个液位传感器，液位传感器在旋流防止器上0.25m处的水位进行报警，监测间隔为次/12h，屋顶高位消防水箱同理。

在消防水池的出水管和水泵的出水管处分别安装压力传感器，两个传感器通过比较压力差值，可得到消防水泵是否工作，实际功率是否符合工作需求。

在消防水泵明杆闸阀上安装一个阀门开度传感器，对水泵在正常状态下阀门常开这一要求进行监控。

3.2.2 消火栓系统组网设计以及网络设备的安装

商业办公综合体。建筑内消火栓数量多、相关设备庞杂，欲将前文设计的基于ZigBee与LoRa结合的无线网络传输方式运用到该建筑。为了规避ZigBee的百米传输距离的限制以及火灾时信号弱带来的影响，将每个防火分区的消火栓划分为一个“独立单元”，以防火分区为单位进行布网。每个防火分区拟设置一个传感单元，这样有效实现信号的稳定和监控的准确性。每个防火分区之间添加中继器进行信号放大，最后由每层的总交换机进行连接、整合并传输至总路由器上。5~12层面积较小，每层设置一个中继器即可。

3.2.3 消火栓系统应用层的设计

（1）RFID中间件

基于城市综合体实际和之前设计，为集成多种传感器数据并方便传输，每处消火栓均设置了的RFID射频识别系统，所以应该在应用层设置RFID中间件。

（2）用户界面设计

对于消火栓信息中心或监管部门：信息由大型服务器和电脑PC端显示。是所有消防信息接收和汇集的中心方，总监管部门或消火栓信息中心会接收到来自廊坊和该片区其余公共建筑、住宅建筑、工业建筑的消防系统反馈信息，服务器智能系统对信息进行归纳、整理、筛查，对不合格、异常设备进行标注，并向相应企业下达整改命令或应急响应预案。

对于消防控制室：信息由服务器和电脑PC端显示。是消火栓系统信息最直观和详细的显示渠道。可通过建筑模型图模拟消火栓位置、功能、动态等参数信息，如果接收到异常反馈，立即联动启动广播设备，并向广大消费者和游客的手机App端发送火情定位信息和疏散预案。

对于广大消费者和游客：信息通过手机App端显示。手机的定位系统可对进入综合体的消费者实施监控，并将地图、消防设施、疏散逃生路径以平面图方式进行压缩包发送或App展示。消火栓系统实时信息等冗杂信息不予以提供，仅在发生火情时由消控室定向发送火灾位置信息、疏散预案等。

4 结论

（1）完成基于物联网的消火栓系统的层次架构

感知层重在传感器选择，通过分析消火栓系统在日常监测方面的难点问题，选择了阀门开度传感器、水压（液位）传感器、振动传感器、GIS消防地理信息系统等传感设备；传输层选择无线组网方式中ZigBee与LoRa结合的网络设计；应用层主要对信息接收方的具体用户和接收顺序进行划定。

（2）实现了基于物联网的消火栓系统设计

消火栓系统是适用于普遍建筑的消防系统模型，是对传感器、无线网络、用户端和中间连接设备的组合和细化。详述了不同类型传感器的主要功能、安装原理、安装位置等，并对网络连接设备进行分析介绍。最后，添加RFID射频识别的创新型设计思路，说明其应用的优势和发展前景。

（3）以某城市综合体为范例，进行基于工程实际的消火栓系统设计

以实际建筑为依托，进行了从传统消火栓系统到“智慧”消火栓系统的整体性设计。对于大体量建筑，需要考虑划分防火分区、考虑网络信号大小等，进而对消防水泵房、消火栓以及管网等部分进行个体化设计。

参考文献

[1] 刘筱璐，王文青．美国智慧消防发展现状概述［J］．科技通报，2017，33（05）：232-235.

[2] 王碧怡．智慧消防——国外应用篇［J］．新安全东方消防，2014（04）：39.

[3] Daniel Pinney，Thomas Williams，Robert Hainesdeng，et al. Fire hydrant monitoring system［P］．U.S. Patent Application：9，670，650 B2，2017.

[4] Wasmeyyah M. A. S. Al Azemi. Fire hydrant monitoring system［P］．U.S. Patent Application：8，614，745 B1，2013.

[5] Michael Zoratti，Harrison. Fire hydrant anti-tamper device［P］．U.S. Patent Application：6，816，072 B2，2004.

[6] Joseph Frank Preta，William Monty Simmons，Lenoir，et al. Smart monitor for fire hydrants［P］．U.S. Patent Application：7，980，317 B1，2011.

[7] Palav Dharwada，Soumitri Kolavennu，Paul Derby. BIM-aware location based application［P］．U.S. Patent Application：9，525，976 B2，2016.

[8] GB 50440—2007，城市消防远程监控系统技术规范（附条文说明）［S］.

[9] 关于全面推进“智慧消防”建设的指导意见［Z］．2017-10-10.

[10] 关于深化消防执法改革的意见［Z］．2019-05-30.

[11] T/CAICI 20—2020，通信建筑消防物联网通用技术规程［S］.

[12] 黄凯宁．城市智能消火栓监控系统设计与应用［J］．供水技术，2015，9（05）：50-54.

[13] 胡媛媛，黄虎，王思维．基于物联网的城市消防栓管理系统研究［J］．信息通信，2014（8）：81-82.

物联网技术在地铁消防监督检查应用中的问题及对策

刘　杨

（山东省青岛市消防救援支队轨道交通大队，山东　青岛）

摘　要　地铁是城市交通的重要方式，其以高承载量、无拥堵、方便快捷等特点受到了人们的共同喜爱。但同时地铁处于地下，具有整体结构复杂、狭长等特点，使得地铁消防监督检查工作开展难度增大。物联网作为现代通信技术，能够保障人们实现信息的快速传输与集中管控，为消防监督检查工作提供了诸多优势保障。本文对联网技术在消防监督应用中存在问题以及整改措施进行总结，旨在全面提升地铁消防监督检查业务质量与整体效率，保障地铁消防工作安全可控。

关键词　地铁　消防安全　物联网技术　监督检查

0　引言

在我国城市发展进程中，地铁已经普及到了我国很多城市，且轨道交通日益成熟[1]。根据调查数据显示，截止到2020年底，内地已经累计40个城市建成了轨道交通运营体系，运营线路达到了7978.19km，累计线路247条。但在轨道交通飞速发展的同时，其安全隐患也随之成了社会关注的热点[2]。消防安全就是地铁安全隐患重中之重。

因地铁较于普通民用建筑，表现出地面以下、形状狭长、人员集中等特点，一旦出现火灾，热气、烟气就很难排放出去，加之疏散距离相对较长，给救援工作带来极大困难。同时，在发生火灾后，地铁照明度下降，人员疏散面临着可见度降低，非常容易引发群伤群死问题，导致较为恶劣的社会影响[3-4]。地铁项目具有规模大、区域隐蔽等特性，给消防监督工作带来极大的阻碍，日常管理比较困难。当前，物联网技术已在各行各业全面推广应用，也成了青岛市的地铁消防监督检查工作的重要助力。

1　物联网技术在青岛地铁消防监督检查中的应用

在青岛地铁建设初期，结合地铁消防监督要点，开发设计基于地铁自身物联网的消防监督物联网体系。体系接入地铁物联网后，形成对项目消防监督工作的动态管控。消防监督物联网体系主要是基于智能消防终端基础上构建起的智能感知网络，包含基础建设、项目跟踪、检查站、消防设施在内，面向消防监督管理部门、地铁管理部门等在内的消防监督检查物联网体系（图1）。

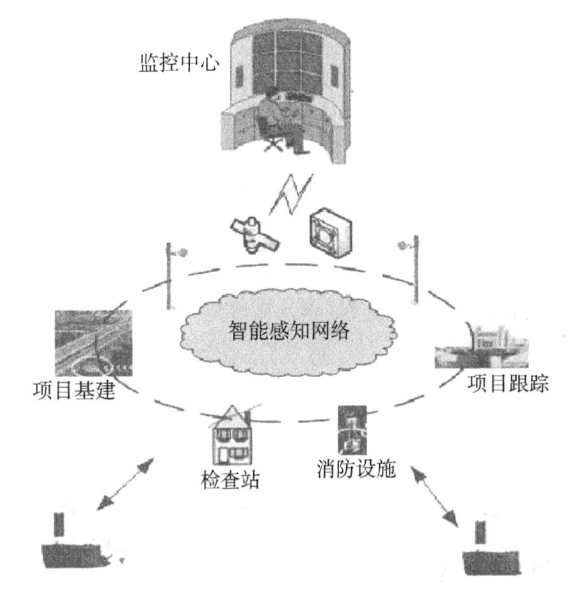

图1　消防监督检查物联网体系

1.1　消防安全隐患巡查系统设置

青岛华楼山路等地铁车站已开发站点巡检系统。该系统通过将芯片张贴到站点消防安全重点部位及消防设施旁边，建立唯一的身份标识，采用巡查标签打卡方式对巡查点的基本信息进行录入，满足消防日常巡检要求。巡查标签信息包括了巡查点的类型、位置、责任人、责任部门等信息，巡检人员巡检时只需用带有 NFC 功能的手持终端即可实现站点日常防火巡查检查。同时，站点消防安全管理人通过电脑端可为巡检人员设置具体到个人的检查任务，其中包括巡查责任人，巡查的频率，时间、巡查路线以及巡查点等内容，且巡查点能够实现按区域筛选，通过全选快速选择分配任务，提高工作效率。

1.2 用电安全云监测系统设置

安全云检测系统（以下简称安全云）可实时在线监测和统计分析引起电气火灾的主要因素，通过手机 App 及时掌握线路存在的用电安全隐患状态，并通过系统分析电气设备回路的相关参数，判断故障发生的原因，指导站点开展治理。

安全云通过加装 DTU 将传感器接收到的数据发送到系统设备接收服务器，将传感器收集的电流、电压、剩余电流、温度、有功功率、无功功率、视在功率等数值的检测数据及时分析，形成对剩余电流、导线温度、电压和电流数据变化等多种电参数的实时监控。同时，根据接入环境分析，确定要接入的电设备类型并现场安装，将电设备安装到配电柜、二级箱柜、末端的配电箱等位置，目前已具备不少于 20 种设备的接入建点。添加电设备后，通过对配电柜、二级箱柜、末端的配电箱等各关键节点的电压、剩余电流、电流和温度、电能质量、谐波、能耗分析、三相有功无功能率等多个用电参数的实时检测，可以对电设备的最低值、最高值进行设置，超过最高值、低于最低值的传感器接收到的数据，通过可视化图表展示，对设备在线、报警、故障情况进行分析，并在 WEB 系统页面或 App 页面或短信进行推送报警，保证可以通过各种途径获取报警信息，责任人可以第一时间获取相关报警信息。

1.3 建筑消防用水监测系统设置

通过物联网设备，对室内消火栓最不利水压、水喷淋末端水压、高位水箱、消防水池的液位值进行实时采集、传递和处理，能够第一时间发现异常情况，解决了消防用水检查难、确认难的问题，从而减少建筑消防缺水、少水带来的安全隐患，确保发生火灾时有水可用；其次，物联网设备的接入改善了各项数值实时显示，节省人力物力，实现消防用水实时监管，提高监管效率。一旦出现预警信息，系统能够同时进行多种方式报警，比如 PC 端、App 端报、短信报警等，站点消防安全管理人可及时派相关人员前去处理，避免出现无水可用的情况，整改完毕后报警信息恢复。解决了消防水泵房为定期进行巡检设备，但水压情况不能够实时远程反馈的问题。

1.4 物联网消防云系统设置

通过开发软件系统，打造各种功能模块，实现一站一档、网格化站点分布、智慧用电监测、消防用水监测、火焰识别预警、应急处置联动、应急救援指挥、人员巡检可视化、数字化消防培训等九大功能。同步开发大数据消防安全评估分析子系统，对所有站点进行消防安全等级评估，针对站点使用系统的频次、消防日常巡查检查记录以及隐患整改进度，对站点的培训记录以及演练情况进行“A、B、C、D”四个评定等级打分评估。

2 物联网技术在地铁消防监督检查应用中存在的问题

消防物联网系统使用一个阶段以来，整体运作较好，对消防管理工作起到提质增效作用，确保地铁消防安全监督管理工作平稳可控，但也存在一些问题，具体表现如下：

2.1 缺乏“特殊”消防器材维护保养远程管控模式

当前，车站内采用较多自身具备智能化和传感器的大型消防设备和器材，可以较为容易的接入到消防物联网系统中，通过不间断数据传输筛选清洗后，成为准确的信息数据，起到了持续监控的作用。同时，我们不得不面对的问题是，对于较早建成的车站中，仍旧存在数量可观的相对较为老旧的“傻瓜”设备，本身仅能实现消防单元功能，无法实现设备和器材的信息化管理和数字化提升有关工作，导致消防物联网体系中存在一定的数据和监控漏洞。另外一种情况是，接入的设备是当前最先进的消防设备器材，其数据结构与已建成消防物联网系统相关数据结构不完全匹配，导致数据无法接入，使其在整个消防物联网中处于隐身状态。如今，为了避免这些漏洞问题，不得不采用人工检查的方式，极大消耗了工作人员的体力和精力，对于消防管理工作高质量发展提升存一定的制约。

2.2 缺乏本土地铁消防安全数字化精准管理提升

目前，消防物联网使用了一个时期，在各项工作机制的保障下，工作人员对于数据的录入频次、数量，物联网传感器发来的信息质量，以及大型设备接入的数据已经相当可观，在一个区域地铁轨道消防行业中初步具备“小数据”规模。在消防物联网系统在设计之初，框架中采用的预警分析模型、设备保养维修和更换模型、差异化检查模型等是全国平均范式或其他相近规模行业范式，存在一定程度的偏差。随着“小数据”初具规模，是否可以适时引入大数据模型中进行纠偏，从而不断完善大数据模型的个别指标，成为本土地铁消防数字化提升工作的关键因素。

2.3 工作人员对系统接受和使用程度不足

我们在消防物联网使用时发现，很多新上岗的工作人员，对于新鲜事物接受能力比较弱，尤其对于信息化、数字化工具的使用更是感到陌生。为此，我们做了一个调查问卷，对 100 名消防工作者进行随机访问，反馈对物联网系统终端使用的感受，几个关键参数调查结果如下：

从用户年龄和工龄来筛查分析使用系统的接受程度。25~30 岁区间的人员，91%容易接受和使用移动终端。30~35 岁区间的人员为 78%，35~40 岁区间的人员为 60%，40 岁往上的为不足 50%。

从事消防工作时间来筛查分析使用系统的接受程度。工作不足 5 年的 82%愿意接受和使用，工作 5~10 年的为 95%，工作 10 年以上的 62%。

从性别来筛查分析使用系统的接受程度。25~60 岁男性全年龄阶段整体愿意接受和使用率为 70%，而女性则为 62%。

通过上述几个重要的关键数据项，我们清楚地发现，人员对系统使用接受程度在年龄、性别、工龄方面都存在较大差异，而系统的使用接受程度，一定程度会影响系统的正常使用和数据的准确与否。对于不接受系统使用的或对系统使用不熟悉的工作人员，如何有效进行管理，成为系统能否正常使用的一个关键因素。

2.4 消防物联网系统移动终端界面不够“友好”

当前，消防物联网系统终端，仅针对消防功能实现采取了系统化和模块化设计，将很多子系统或模块端口堆砌在 app 主页面，工作人员在登录系统后，需要不断滑动页面和点击进入各种系统才能找到相应的应用模块进行录入和查看，这对于本就繁忙的消防检查和管理工作无疑是一种负担。其次，系统的界面采用单色调搭配，在审美方面存在一定的不足，一方面，各类系统和模块不易通过颜色区分识别、迅速找到，另一方面，工作人员长期使用，对系统容易产生审美疲劳，从而降低使用耐心，导致操作不准确甚至应付。同时，一旦出现 app 错误闪退，再次登录后之前录入过的信息荡然无存，极大挫伤了工作人员的物联网终端系统使用的积极性。

3 整改措施

3.1 打造消防器材维护保养远程管控“新范式”

在消防监督检查工作中，引入物联网技术，可实现对消防器材设施的集中管控。但考虑到现阶段针对消防器材的监管难点主要集中在老旧器材问题上，为此，对消防设施设备维护保养与更新换代进行跟踪督导是关键。在物联网技术下，完整且运行良好的消防设施设备，是保障其实现正常运行的基础。消防监督管理中可通过对物联网信息查询，即可完成对相关设施设备的运作情况、配备情况、设备时期的掌控，从而实现对消防监督检查管理工作效率与质量的提升。

针对地铁项目来说，因本身涉及的消防设施设备非常丰富，若单纯依靠人力来进行统计、核对、跟踪，必然是一个庞大的工作量，同时也很难跟踪项目实施的进度要求[5]。为此，消防监督检查单位可在地铁建设期间组建起全新的物联网服务终端，打造起一个涵盖所有设施设备的现代化督导网络，动态掌握消防设备的配备情况，并将其与消防业务接口对接，实现远程管控和定期查询的消防督察“新范式”[6]。

3.1.1 通过配备传感器并接入已有物联网

对于较为“老旧”设备，通过加装物联网传感器，诸如对 EPS 电池组加装温度网络传感器、消防水池增加水位传感器、排烟道中增加风速传感器等，通过传感器模块、网络模块、GPS 模块等的增设，将必要的数据上传到消防物联网对应的应用模块数据库。

3.1.2 通过适时不断迭代已建数据库数据结构不断匹配新进设备

对于新增加的智能消防设备，将消防物联网硬件配置和软件数据结构等指标一并作为采购标准，避免新采购的设备无法接入消防物联网系统。同时，对于已加入的无法接入数据的新设备，适当调整已建成的数据结构，确保新设备信息能够准确自动发送到消防物联网系统数据库中。

3.2 构建地铁消防安全管控督导“新模式”

因地铁项目一旦火灾会引起较大的影响，若能够做好超前预测，并在超出预警标准后启动防控体系，对有效提升地铁安全性至关重要[7]。所以，可以在前期设计消防物联网消防预警的模型基础上，结合相应软件分析系统，来做出火灾发展的预测，启动相应设备控制火势蔓延[8]。一方面要不断通过增设传感端或移动端增加录入频次，确保数据收集基数和准确性。另一方面数据积累之后，要通过统计学和数学原理对已有预测模型进行纠偏修正，确保预警及时准确。

3.3 增强用户界面强化系统使用培训

为了增强消防物联网系统使用频率和准确度，需要通过两个途径提升效。

一是通过网络科技公司不断优化 UI 界面设计，按照常用功能、待办提示、系统索引等，以及不同色系搭配进行应用分门别类，对系统 UI 界面进行充分优化。同时，定期通过调查问卷，对用户使用满意度进行调查，确保用户在使用过程中能够将需求反馈到后台，以便系统及时更新迭代。

二是根据不同年龄、工龄、性别等制定个性化培训教育机制，开展岗前线下教育培训，建立用户使用群，分享和交流使用经验，定期开展集中答疑，确保使用效率。

4 结束语

在城市快速发展的影响下，城市轨道交通也实现了快速发展，各种规模和形式的轨道交通车辆也迅速发展起来，同时也对消防安全防控工作提出了极高的要求。根据青岛地铁华楼山路站等消防安全隐患巡查系统、用电安全云监测系统、建筑消防用水监测系统、物联网消防云系统的应用情况，及时发现系统在消防监督检查应用中存在的问题，提出几点整改措施，以增强地铁项目整体消防安全性。

参考文献

[1] 刘斐然．物联网技术在高层建筑消防监督管理中的应用研究［J］．消防界（电子版），2022，8（06）：101-103.

[2] 韦泉．物联网技术在消防监督检查业务中的应用［J］．新型工业化，2022，12（02）：45-47.

[3] 朱雅蝉．物联网技术在消防监督检查工作中的应用与发展研究［J］．消防界（电子版），2022，8（02）：71-73.

[4] 宋晓蕾．物联网技术在消防监督检查业务中的应用探讨［J］．冶金管理，2021（19）：191-192.

[5] 杨郁茹．消防监督检查业务中物联网技术的应用探讨［J］．今日消防，2021，6（06）：89-90.

[6] 施贝利．消防监督检查中物联网技术的应用探讨［J］．科技视界，2021（12）：152-153.

[7] 吴成伟．基于物联网的消防安全监测系统研究［J］．中国新技术新产品，2021（05）：146-148.

[8] 杨钊．物联网技术在消防监督检查业务中的应用［J］．中国新技术新产品，2020（23）：146-148.

浅析大数据在消防领域中的应用

刘树宗

（广东省消防救援总队中山支队，广东　中山）

摘　要　社会经济的不断高速发展，使得人们的生活质量和水平也在不断提高，而如今，人们对于各项安全的防范意识也在不断增强，因此，消防设施在我国很多居民小区和各行业中得到了应用。但是就目前来看，很多相关的消防单位在开展消防设施管理的过程中没有进行制度完善，很多消防设备无法得到良好的保护，使得整个消防设施管理出现问题。

关键词　大数据时代　消防监督工作　新思路

0　引言

消防大数据主要是通过物理空间或者是行政区域形成的，会涉及人物和事情等各类相关数据，也就是指消防人员的数据和消防物品的数据、人员与物品、物品与物品之间关系的数据，它是通过利用计算机和网络技术对各项消防数据信息进行收集分析和处理，这样才可以更好地将消防信息资源的效益得以提升。而且现如今，消防大数据已经成为我国消防行业信息交流的一种发展形势，并且也得到了广泛的应用。

1　大数据消防的含义

近年来年，很多地区的消防行业都对消防信息化管理软件进行了开发和应用，并且一步步地将网上传输电子消防信息和网上办公得以实现，使得我国消防管理模式更加规范，并且提升了我国消防工作质量和水平。但是很多消防软件在开发的过程中，由于没有进行制度化的管理，使得各项功能缺乏系统性和实用性的保障。因此，要想实现大数据消防设施管理，首先，要对我国信息资源共享和利用等问题进行处理。在对各项软件经营管理的过程中，更好地实现对消防信息的数据管理，并且从各项火灾预警风险评估和救援指挥工作进行把控，这样才能建设智慧型城市。

2　大数据的特点

2.1　数据体量大

大数据的体量比较大，一些大型的数据集通常都是在10TB左右，近些年来，云计算功能就是根据大数据体量大的特点应用起来的，如果没有大量的数据信息作为支撑，云计算的功能就无法得到充分的利用，所以，只有在大数据的基础上，众多科学技术才能得到发展。

2.2　数据处理速度快

在当今社会中，大量的信息不断涌现，传统的信息处理方式已经不能适应当前信息处理的要求，而大数据就不一样了，它虽然具有海量的信息，但却可以迅速地进行分析和处理。所以，大数据在处理速度上有着巨大的优越性，它可以通过标准、科学的计算机运算方法来迅速地对数据进行筛选，并针对不同的需要进行特定的处理。

2.3　数据真实性高

大数据所存储的数据信息都有着高度的真实性和保密性，即便是现在各种网络数据、交易条约和社交数据多种多样，也能确保数据具有真实性。当前，许多科研单位为了确保数据的可靠性和安全性，投入了大量的资金和精力，在大数据时代，数据的真实性得到了有效的保证。

2.4　数据种类多

大数据的种类之所以如此之多，主要是因为它的数据来源很多，它涵盖了结构化和半结构化的数据信息，它的网络形式主要包括音视频、日志、图片和软件等多种形式。大数据的种类是多种多样的，可以很好地适应当今社会日益严苛的使用需求和应用要求。

3　大数据在消防工作中的意义

如今，大数据在我们生活中扮演着非常重要的角色，以往的消防监督工作在开展过程中，他们主要是通过工作人员对消防工作进行管控，但是这个工作具有一定的特殊性，需要人员对其进行严格的管理，并且满足行业需求，特别是在当前消防做难度不断提升的情况下。因为以往传统的消防工作没有办法满足现在的工作要求，因此，通过大数据的运用，可以更好地将消防监督工作进行升级和创新，并且将消防工作中所需要提取的信息进行，并且通过互联网进行记录和整理，这样可以很好的建立体系化的制度，并且开展更加有效的消防监督工作。随着我国科学技术的不断升级和提高，各种网络信息技术都得到了飞速地发展，很多的网络大数据，他们依靠先进的技术形成并发展起来，并展现出它独特的功能。如今在大数据的发展大背景中，我们所遇到的信息和数据都重复的出现，而且我们可以通过互联网对更多的行业信息和工作数据进行记录和开发，这不仅极大程度上提升了工作效率，并且解决行业内部数据复杂紊乱的问题。近年来，大数据技术被应用在各个领域，互联网都受到了行业都得到了普及，因为大数据技术可以为我们的工作带来便捷。例如互联网技术，可以有效地帮助行业进行更加准确的记录，并且可以有效将行业的工作效率得以提升，同时也可以给相关服务行业提供更好的工作环境。

4　消防大数据需求分析、系统分析

近几年，消防信息化建设得到了快速的发展，许多业务信息系统已在全国各地的消防部队建成并投入使用，形成了业务数据和信息的集成发展。通过这个平台，消防部队实现了人员、设备、机构、信息等的高度共享，为消防工作带来了极大的便利。通过对云计算所带来的大数据的分析，并结合其在相关领域中的成熟运用，对大数据进行探索和研究，将有助于提高工作能力和效率，促进部门的队伍建设。通过构建基础数据库的方式，实现信息的转换、澄清和过滤，促进消防信息化建设，为消防事业提供大数据的支撑。构建消防的大数据分析体系，是促进当前消防事业发展的必然选择，数据中心对消防信息建设来说是至关重要的，通过统一的技术系统、标准规范和交换体制可以实现特定的信息交流，构建基础数据平台，对基础的数据进行控制和管理，为消防业务提供一个新的信息交流窗口。

5 当下消防管理工作中存在的问题

5.1 消防设施配备不合理

在进行消防建设的过程中，要对各项消防设施进行合理的建设，并且将各个小区和行业商用楼楼层中都配备一定数目的消防用品，在面对突发情况时，可以让居民第一时间进行自救。还要让高层建筑在进行管理的过程中，对于突发的火灾事件进行严格的消防制度，规定在真正开展消防工作中，对各项工程进行验收和检查，如若发现其中存在消防设施不完善的问题，要及时进行解决。但是现在很多小区居民和相关工作者没有具备较高的消防安全意识，而且很多消防设施的质量也难以得到保证，因此，在出现突发问题时，很难将这些设备充分地进行使用，或者没有对这些消防设备进行定期的管理，使这些设备出现过期或者功能不完善的情况。

5.2 消防工作日常管理非常松懈

很多消防安全管理部门没有将各项安全管理任务进行明确，而且没有设定更加完善的管理组织机构，因此，在进行消防工作管理过程中，由于没有制定完善的管理制度，使得很多消防人员不注意区域中所存在的火灾隐患，只是开展形式化的消防管理，这样一来，在真正发生消防安全事故时，就很难保证人员安全。

5.3 消防安全状况缺乏动态感知

在开展消防安全管理工作时，对其投入的资金和人员较少，很多消防管理人员的专业技能不够高，因此，在真正开展消防检查的过程中，他们不能及时发现其中存在的安全隐患，这样就很难对整个场所基本情况进行掌握。

6 基于大数据技术的消防监督工作新思路

6.1 建立更加完善的消防监督管理系统

如今我们的时代在不断的发展，很多火灾事件的发生也比较突然，所以我也对消防监督工作提出了更高一层次的管理要求，消防部门可以利用大数据，这种新时代的产物，建立更加完整的工作平台体系，并根据整个监督管理系统开展，管理工作。并且在进行消防工作管理过程中，我们要根据整个的管理需求划分工作板块，例如火灾预防模块、消防情况分析模块、火灾预测监督模块、火灾事故发生情况判断模块。通过对这些模块的研究和考察，找出更加多样化的处理方案，可以通过互联网技术，将以前发生的火灾情况数据进行总结，并且及时地对这些数据进行处理。根据之前的火灾处理情况进行分析判断这些火灾发生的原因，根据发生的情况进行预测，将其中的有效价值进行提炼，并及时地进行记录和总结。这样才会更好的发挥大数据的作用，并且更好地帮助消防监督工作人员进行工作分析，这样也可以提供更加有效的信息。

6.2 建立健全数据库

在整个消防监督的工作中，我们需要通过利用大数据分析和整理，并将整个数据库进行存储，这样可以更快速地将整个数据信息进行提取，并且给消防管理工作提供工作的依据。近年来，我国信息技术的不断发展，很多网络信息层出不穷，对此，很多消防监督工作的部门都对整个的工作都建立了更加系统化的数据，就现状来看，所存在的数据库还需要进行改进。例如整个工作数据不能完整的纳入互联网中去，连接所整理的数据文库比较杂乱，这样整个大数据的运用价值就不会得到展现，而且也没有办法给我们提供更加可靠的关于消防安全的信息。因此，在大数据的背景下，我们进行消防安全监督工作，不只是要构建更加完善的网络工作体系，还要开展更加健全的数据信息平台。

6.3 建立物联网监控系统

消防工作中所遇到的任何事情都存在突发情况，并且很多突发情况都带着其他的危险性和破坏性，因此，在整个消防监督工作中，相关工作人员要更加注重对于火灾的预测。在当前大数据背景下，通过互联网给很多消防监督工作带来了很大的利益。例如，我们通过建立网络监督管理体系，对整个火灾的发生现状进行概括，并且进行及时的监控和管理，大数据更加快速便捷，并且可以改改实时的管理和监控，这对于预防火灾的发生具有极其重要的意义的，并且可以有效保证整个监督体系的发展态势。如今，互联网的出现为我国消防监督工作带来了极大的优势，我们可以通过它更好地实现物与物之间的联系，不论在什么时间，什么地点都可以通过网络来进行信息的整合管理。并且可以通过大数据鉴定相关的网络监管系统进行链接，并及时的与整个平台进行联系，通过主要的系统对各级的消防设施进行管控，这样才能有效保证各类消防设施可以随时开展工作，一旦有突发问题就可以及时地开展工作，网络技术可以有效地实现消防部门与各级事业单位之间的联系，并且真正的带动各个部门的协同发展，这对提高整个消防监督工作有非常重大影响。

7 结语

现阶段，虽然人们越来越多地意识到了大数据在消防领域应用的重要性，但是在技术、信息安全以及专业技术人员等方面仍然存在着一些问题。在大数据背景下，还没有充分利用好现有的信息资源，许多领域仍处于空白的状态，无法适应现代消防工作对数据的巨大需求，在信息安全领域，数据的安全可靠性是构建消防大数据时代的重要影响因素。在对人才的需求方面，在大数据领域和消防工作领域专业程度较高的人员依然紧缺。当前，大数据正在逐渐被应用到消防领域，通过利用大数据技术，在对消防设施进行管理过程中，需要改变以往传统的工作管理模式，要将消防管理体系进行创新，这样才能更好地促进我国消防设施管理的水平。并且，作为消防工作人员需要不断履行自身的职责，注重提高对于消防设备的管理能力，这样才能促进我国消防事业的发展。

参考文献

[1] 温凌飞．大数据在消防设施管理中的应用探讨[J]．重庆市江北区公安消防支队，2018（75）：85.

[2] 祁祖兴，胡君建，陆春民．大数据在消防设施管理中的应用研究[J]．消防百事通 2021（02）：85.

物联网技术在文物古建筑智慧消防平台中的应用研究

季蓉蓉

（苏州市消防救援支队，江苏　苏州）

摘　要　结合智慧城市建设，大力发展基于物联网智慧消防体系建设，将建筑消防设施智能监控数据进行汇聚分析，集中管理，实现建筑消防设施的自动管理和火灾预判报警，逐步推广应用到重点文物古建中去，从源头上预防火灾事故的发生。本文研究物联网智慧消防技术在文物古建筑中的应用，将文物古建筑智能化系统的信息采集到物联网平台上，实现更高层次的统一管理和信息共享。

关键词　物联网技术　智慧消防　文物古建筑

1　引言

随着物联网技术的不断完善和成熟，其应用领域也不断扩展，同时，文物保护对其技术要求也越来越高，在这样一种客观实际情况下，物联网技术与文物保护的有机结合，就有了广泛的市场空间和前景。系统使用的智能物联网传感器终端，体积小巧，采用无线传输，方便安装于存在安全隐患的各个角落，既不影响文物古建风貌，又能24h不间断采集消防安全的关键数据。一旦发现监测数据超过风险预警阈值，系统能够在第一时间将预警信息以平台预警、手机短信预警、电话预警的方式发送给指定消防责任人，以便及时采取措施，将火患消灭在初起甚至是萌芽阶段，最大程度减少火灾对文物古建的影响。

2　物联网技术与智慧消防

物联网是从信息化向智能化提升，通过无线网络将所有的物体和物体之间联系起来，从而实现智能化识别、定位、跟踪和管理，将架构一个包含世界上所有的事物连接起来进行通信。在物联网的整个架构当中包含有传感网和互联网，传感网主要在于信息的采集以及近距离的信息传递，而互联网则主要在于信息的远距离传输，物联网离不开传感网，同样离不开互联网，它们各自都不是物联网的全部。

为推进现代化科技与消防工作的深度融合，提高消防工作的科技化、信息化、智能化水平，2017年10月10日，公安部消防局发布了《关于全面推进“智慧消防”建设的指导意见》，意见中对“智慧消防”建设做出总体部署，综合运用物联网、云计算、大数据、移动互联网等新兴信息技术，构件立体化、全覆盖的社会火灾防控体系，实现“传统消防”向“现代消防”的转变。

消防安全是社会稳定发展的重要基础，随着现代科学技术的融入，消防管理体系越来越完善，智慧消防建设已初步形成。目前我国智慧消防建设仍处于初级阶段，物联网技术的应用是最为关键的环节之一，与其他先进技术相配合，构建一个完善的综合性消防安全服务平台，实现从安全防控预警到快速救援的自动化、数据化、精准化与智能化控制与管理，为城市居民提供更加高效的、更加智能的安全保障。

本文研究将重点研究物联网技术在文物古建筑智能化消防系统中的的应用，主要从业务功能和系统功能两方面研究物联网技术在文物古建筑智慧消防系统中的应用，提高目前文物古建筑消防管理的智能化水平。

3　物联网技术在文物古建筑智慧消防平台中的应用

3.1　平台业务功能

利用行业领先的物联网技术，为文物古建量身打造一套基于物联网的消防安全监管平台，将成为文物古建保护的标杆性案例。物联网技术在文物古建筑智慧消防平台中的业务功能主要包括火灾自动报警系统、基础数据管理、数据资源共享、日常巡查辅助、灭火救援指挥决策、风险及舆情监测、风险预警评估和移动终端管理八部分内容，系统整体业务架构如图1所示。

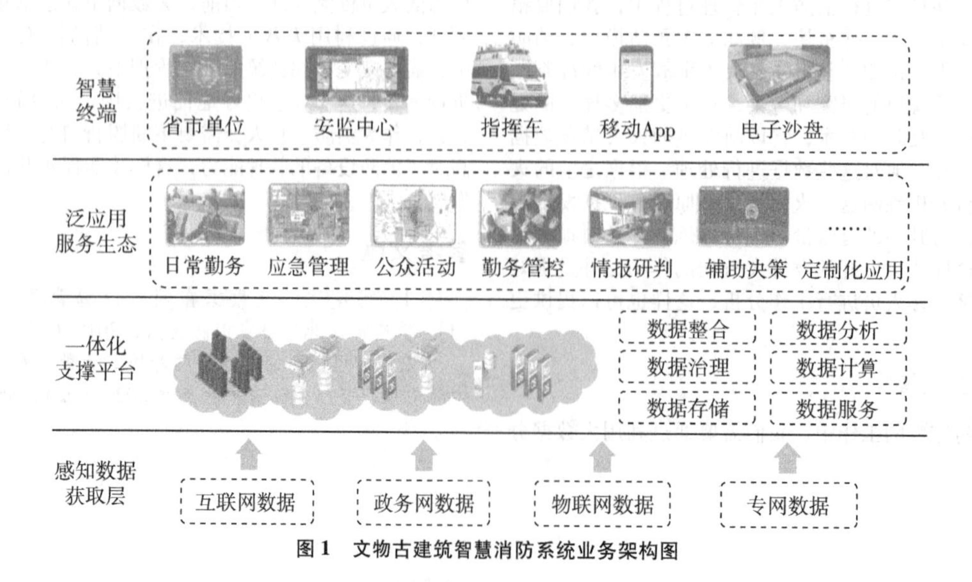

图1　文物古建筑智慧消防系统业务架构图

（1）火灾自动报警

结合文物古建消防系统建设，利用物联网技术整合建筑各类智能感知设备和视频资源，建立智能消防预警系统。对消防设施、电气线路、燃气管线等进行实时监测，当发生异常情况时触发报警，快速锁定警情位置，为安防人员及时有效的控制火情创造条件。

（2）基础数据管理

实现互联网、政务网、物联网、专网等资源数据的互联互通，统筹梳理和规划文保单位的业务需求，确立文物安全监管体系，实现对已有数据资源的整合、利用，通过对基础数据的管理，一方面对火灾防控提供全面、可靠的数据支撑，另一方面，能对基础数据进行挖掘，识别出火灾风险。

（3）数据资源共享

以数据资源共享为基础，整合各文物保护单位的文物资源信息，调研消防部门、应急办、公安等部门的需求，制定数据标准体系，为关联单位提供可信数据支撑，开展广泛的信息共享和应用服务，全面提升信息共享和数据开放水平。

（4）日常巡查辅助

由于对于不同的检查对象，不同的巡检人员的业务水平可能存在差异，需要规范日常巡检工作的要点；因此，通过建立检查标准库，结合移动端能够在线指导巡检人员对各类消防设施进行标准化巡检。

（5）灭火救援指挥决策

借助大数据技术，对灭火救援的基础数据进行分析、挖掘，使指挥调度更加科学、高效和精准。能够通过云计算技术智能搜集火灾情报，包括火灾类型、周边环境、救援力量分布、单位责任人等；能够根据丰富的内外部数据，对火灾的灾情进行智能评估；能够根据火灾的类型、实时灾情、周边环境等，智能地给出相应的灭火救援技术支撑。

（6）风险及舆情检测

在移动互联网技术发达的今天，很多情况下，首先发现火灾警情、了解警情发展的渠道，很有可能是透过社交媒体。因此有必要对网络上的舆情进行监控，缩短火灾救援的响应时间。另外，还需要对历史警情进行统计分析，识别出火灾风险高发区。再者，还需要建立建筑物的风险画像，协助火灾防控的风险分析。

（7）风险预警评估

综合分析建筑物的人流、用电、用气等数据，运用大数据分析技术对文物古建进行全要素数据分析，查找异常因素，提炼危险因子，最终向建筑管理单位发布安全风险预警，并及时推送给值班人员。

（8）移动端管理

充分结合移动互联网技术，一方面，使管理人员的公文处理等日常办公转移到智能手机上，提升工作效率；另一方面，把智能手机作为工作人员采集数据、上报警情、获取调度信息及联动指挥的接入渠道。

3.2 平台系统功能

物联网技术在文物古建筑智慧消防平台中的系统功能主要包括基于物联网技术的消防远程监控中心、大数据技术应有、安全评估与预警分析、重点人防控、数据可视化管理平台六种功能。

（1）基于物联网技术的消防远程监控中心

基于物联网技术的消防远程控制系统，通过对各类感知设备的数据采集、分析处理、可动态掌控文物古建整体状况，同时，在发生初起火灾时能够通过传感设备对报警点进行定位，实现精准防控，在火灾救援过程中提供及时有效的信息支撑，这对于火灾的防范有着极其有效的作用。

（2）大数据技术应用

实战指挥平台基于大数据技术进行研发，依靠大数据技术提供的结构化及非结构化数据分布式海量数据存储、数据仓库、查询、分析、内存处理、数据挖掘、流式数据处理分析、数据展现能力，实现消防数据的查询、分析和展现。使用的大数据框架应满足现有业务数据和采集数据的自动（或手工）导入、数据仓库建设、主题库生成、索引建立、数据查询、数据统计分析、可视化展现等要求。同时，使用的大数据框架应考虑通用性和横向扩展能力，可支撑后续在数据量、数据类型、数据建模、业务扩展等方面的应用需要。

在数据的处理过程中要遵循相关的数据标准，并使用专用工具进行数据的清洗转换，转换后的数据要统一存储和管理，并根据需要提供接口标准，供其他系统使用。

（3）安全评估与预警分析

依托大数据、云计算技术，从互联网、政务网、物联网中抽取数据，利用深度的数据挖掘分析，通过安全、轻度危险、中度危险、重度危险和特别危险的分级方式对文物古建整体进行风险等级分析，根据设施运行状态、消防巡检情况、设施管理情况等因素，对文物古建筑进行综合性评估，最终构建以人、地、事、物、情五维为架构的文物消防安全风险评估体系。

（4）重点人防控

由于文物古建人口流动量也急剧增长。人员流动的平凡频繁，使得各类违法犯罪嫌疑人员、前科劣迹人员混迹于其中，流窜作案，隐蔽性强，危害大，严重影响着社会治安。通过人员分析与各级公安机关掌握的所有信息资源进行关联查询检索、深度比对，做到既能够与后台存储的各类信息数据进行关联比对，又能够与前端采集录入的各类信息进行碰撞比对，并能够实现比对碰撞结果的定向推送和报警，成为管理重点人员的前提，也为更好的管控、掌握重点人员相关信息提供支撑。

（5）可视化应急防控

平台以物联网应用为基础，实现设备集中统一管控与数据库的动态聚合，各业务系统间的资源共享，创建一种主动式的智能决策服务。

系统实现无缝与文物古建各感知类设施连接，并依托GIS地图对消防资源进行可视化展示，同时，结合移动终端App，与监管中心进行作战协同，可实现应急事件处置的全时空可视化指挥调度的联动管理，形成以日常监管为主、应急处置为辅、信息服务为增值的智能化、立体化应急防控工作格局。

（6）数据可视化管理平台

可视化管理平台充分利用可视化平台与大数据分析等主流技术手段，支持数据分析、预警监控、视频影像、系统整合等多类数据整合，为用户提供态势分析、统一管理、预警提示、视频监控等内容的一站式数据监控服务，实现以屏为眼、以督为控的广度与深度的工作需求，为文保部门的防、管、控提供了更为便捷有力的可视化服务。

4 结语

通过“消”的智慧和“防”的智慧相结合，实现文物消防安全工作和日常管理由传统粗放型向集约高效、精细化转变，实施“大数据驱动的消防风险预测”和“大数据驱动的消防综合治理”，推动古建筑消防安全决策机制从“业务驱动”向“数据预测”转变，逐步构建大数据条件下“信息导消、数据强消、人、物、技三防合一”的新机制、新格局。

以大数据支撑平台为基础，搭建远程监控中心平台，实施精准化管理、区域安全管控、立体可视化应急防控等应用的开发及配套硬件的部署，实现对文物古建单位消防安全状况的实时监控和预警，能有效为文物古建筑的消防安全管理提供应用服务能力和基础保障，有利于提高文物古建筑的消防安全水平。

参考文献

［1］李薇．物联网技术在智慧消防建设中的运用［J］．建设科技，2020（22）116—118.

［2］宋凯．关于全面推进“智慧消防”建设的指导意见［J］．中国消防，2017，38（11）：61—64.

［3］吕银华，车辉，樊玉琦等．基于物联网的智能消防预警系统的实现［J］．消防科学与技术，2018，37（11）：1548-1550.

［4］岳清春．“智慧消防”视域下的社会消防安全管理研究［J］．消防科学与技术，2020，39（1）：126-128.

电气防火与火灾监控

浅谈电气过负荷理论研究

高 鸽

（中国人民警察大学研究生院，河北 廊坊）

摘 要 2022年1月底，应急管理部消防救援局发布了2021年全国消防救援队伍接处警与火灾情况，数据显示：2021年全国共接报火灾74.8万起，其中电气占火灾总数的28.4%，而较大以上火灾则有三分之一系电气引起。其中电气线路过负荷又是电气线路故障中最危险的一类。过负荷引起火灾常见原因主要有两类：一是线路敷设时电线截面积未达到标准，导致实际运行中电线的实际负荷超过了安全载流量；二是在线路中接入的设备功率过大或者数量过多，线路无法承担设备总负荷。总结电气过负荷成因，认识导线痕迹形成机理，并及时采取预防措施是杜绝潜在火灾发生的有效措施，具有重要的现实意义。

关键词 电气火灾 过负荷 痕迹形成 预防措施

1 引言

在人们的日常生活工作中，用电安全至关重要，根据近几年全国火灾数据统计，电气引发火灾数量最多，电气致较大、重大火灾数量最多，而导线过负荷又是造成电气火灾的一大原因。现在家用电器逐渐增多，多数人会习惯性地把热水壶、充电器、微波炉等大功率电器接在同一个多用插座上，而且在使用过后不拔插头而是直接关闭插座上的电源开关，这种操作虽然方便，但是却存在着很大的安全隐患。直接开启插座上的电源开关，多个设备在同一时间开启，瞬间电流过大，电压下降，电器无法正常使用并使电线过热。发生过负荷的主要原因就是未按照要求用电，在小容量的供电线上接了大功率设备或者是接的设备数量过多，除此之外电气设备规格不符也会导致过负荷[1]。过负荷引起火灾是间接的并且需要一定的时间，因为线路中电流具有周期性，另外导线过负荷时线路中的保护装置也会发挥作用保护线路不受损害，即过负荷保护[2]。但若长时间的超负荷会使回路中绝缘皮、导线、导线接头等升温从而导致火灾。

2 电气过负荷火灾

电气线路过负荷就是指流经电线的电流超过了使电气线路正常工作且导线不会发生过热的电流量。我们要保证设备工作的电流量在安全电流范围内，这是保证用电安全的大前提[3]。电气线路短路时会造成过载，如果用电设备起动时间不长，没有超过母线槽、电缆、电线的允许温升，由于线路的保护作用是不会造成损害的。但是，如果设备被长时间使用，即使只发生轻微的过负荷，也将损害线路的绝缘、接头及端子。而当负载被严重超过时，绝缘材料在短时间内软化变形，介质损耗增大，降低耐压水平，导致电气线路短路，引发火灾[4]。

3 电气过负荷的原因

3.1 导线截面积选择不当

导线载流量是指运行电路中导线能够承载的电流的大小。在物理学中，载流量受材料类型、导线敷设方式和截面积等影响[5]。电路常用导线为铜铝导线，根据国标规定，铜导线载流量比铝导线高，故优先考虑铜导线，导线横截面与所通过电流大小成正比，与该导线电阻成反比。焦耳定律很好地解释了热量 Q 与电流 I、电阻 R 之间的关系，即 $Q=I^2RT$，导线截面积过小会导致线路热量累积，温度升高。

3.2 回路数过少

电路回路被定义为任意一个闭合的电路，一个完整的闭合回路中，电子从正极出发，经电键、各电器后流回负极，电源、电键、电器缺一不可[3]。目前在我国一些地区住宅区内普遍存在着线路回路数过少的情况。尤其是家庭厨房和卫生间内用电量大，环境特殊，若家用电器都接在同一个回路上会使该回路严重超负载，设备运行中导线发热最终导致短路。

3.3 电器中产生谐波的非线性负荷增多

谐波是指电流中所含有的频率为基波的整数倍的电量[3]。谐波是一种波形畸变，它是因为电气设备通电时所加电压和电流不成正比产生的。随着微波炉、变频空调、荧光灯等具有明显非线性特征电器的使用，谐波对电气线路的危害也逐渐增大。在出现谐波波源的三相四线制配电系统中，中性线有电流流过，电流的大小与谐波波源用电设备总谐波含量成正比。用电设备各次谐波含量增加，电流增大，严重时会使中性线接线端子的温度超过规定值，端子被炽热熔融，导线处于严重的过负荷状态，绝缘出现炭化痕迹[3]。

4 过负荷痕迹形成机理

4.1 导线温度的变化

根据焦耳定律，在电阻不变的情况下，过负荷时间越长导线产生的热量越多，过负荷电流越大导线产生的热量也越多。过负荷情况下导线产生的热量一是通过热辐射和热对流散失到空气中；二是使导线本身温度升高。以单股铜导线为例，当导线内部通过电流量是额定电流的1.5倍时，导线温度能够达到100℃；当电流量达到额定电流的2倍时，温度进一步升高可超过300℃；而达到3倍额定电流时，导线温度直接达到了800℃，使铜导线产生损耗，这里要注意导线温度与额定电流量之间并非线性增加的，从数据中可以看出电流由1.5倍增大到3倍，导线温度却升高了7倍。导线绝缘一般选用PVC（聚氯乙烯）、尼龙等材料，其耐温范围在65~80℃内，导线过负荷一定时间后绝缘会因高温变软、炭化至熔化。

4.2 机械强度的变化

高温作用在很大程度上会破坏金属强度，一般情况下，铜导线通过1.5倍以上额定电流时可以观察到有少量烟气生成；在通过3倍以上额定电流时，导线温度大幅度升高，在此温度下绝缘出现明显破损甚至熔化滴落；当电流达到5倍以上时，温度升到很高，已接近或者超过导线本身熔点，发生熔断现象[6]。铝导线相较铜导线破坏更大。

4.3 导线绝缘层的变化

由上述导线温度变化可知，电流量为1.5倍的额定电流时，此时温度超过导线绝缘层安全温度，绝缘层出现轻微龟裂炭化；当达到2倍的额定电流时，炭化部位具有脆性，开始脱落；当达到3倍的额定电流时，此时导线温度远远超过绝缘层熔化温度，绝缘层早已熔化滴落。绝缘层从内层向外层烧焦，内部变化更为明显[6]，与线芯脱离，在导线经过的对应地面上可以看到绝缘层被烧后熔化滴落的痕迹。

4.4 线芯金相组织的变化

过负荷条件下，由于电流热效应，导线温度升高使破损、变形的晶粒发生回复、长大和再结晶，导线的金相组织由原始的变形晶粒转变为等轴晶粒。铜导线在1倍额定电流下，组织没有明显改变；在2倍额定电流下，部分再结晶，但晶粒细小；在3倍额定电流下，晶粒变得粗大[7,8]。这时材料的塑性和韧性也会减弱。

4.5 线芯外观的变化

以铜导线为例，导线过负荷对截面积造成一定程度的影响，在同一段导线上，有些部位会变粗或者变细，呈现间断的疤痕。相反铝导线一般不会形成疤痕，会出现多处熔断。随额定电流增加，线芯颜色呈现由原色向浅砖红色、砖红色、黑色由浅入深的转变，铜遇氧生成黑色的氧化铜，逐渐失去表面光泽，出现黑色或绿色附着物[6]。

4.6 熔痕形貌的变化

以铜导线为例，在电流为分别额定电流的5倍和6倍下继续通电使铜导线熔断后在空气中自然冷却，对获取的熔痕观察。铜导线通过5倍额定电流后导线熔断并产生熔珠，熔珠保持金属光泽，部分区域产生龟裂痕迹；微观形貌特征（图1）：熔珠表面光滑，有轻微氧化痕迹，表面氧化层没有脱落现象。铜导线通过6倍额定电流后导线熔断并且产生熔珠，熔珠顶部呈尖状，部分区域失去金属光泽；微观形貌特征（图2）：大部分区域氧化层脱落，露出熔珠内部结构[10]。通过对导线熔珠微观形貌分析，可以鉴别导线在火灾前是否处于过负荷状态以及过负荷程度。

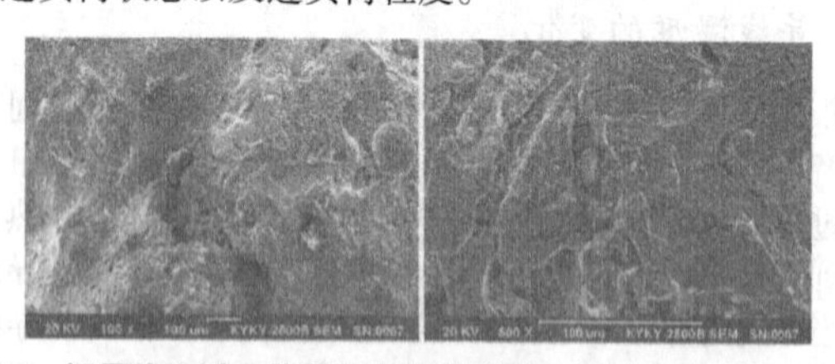

图1 铜导线通过5倍额定电流微观形貌（取自文献［10］）

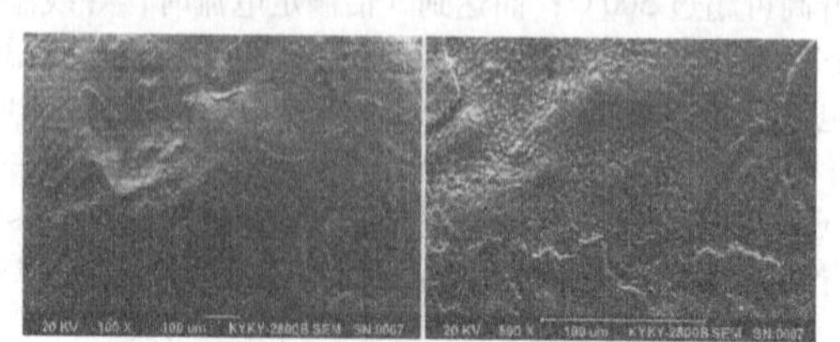

图2 铜导线通过6倍额定电流微观形貌（取自文献［10］）

4.7 断后伸长率与断面收缩率变化

在控制通电时长下，铜导线断后伸长率与电流值成反比，并且与正常通电情况下断后伸长率下降幅度相比，这种下降趋势由明显到迅速再到减弱。在不同通电时间内，断后伸长率的变化趋势不符合一次函数。通电时间5min以下，断后伸长率开始时出现轻微下降，之后额定电流增加，出现明显下降趋势；通电时间10min以下，断后伸长率下降幅度表现为缓—急—缓趋势；通电时间15min以下，在小电流下也出现明显下降；通电时间20min以下，断后伸长率下降最明显[9]。断面收缩率趋势与之相同。

5 预防电气过负荷措施

预防电气线路过负荷要严格落实以下几个方面：

（1）要严格按照电气安装规格要求，提前计算电气设备总负荷，选择横截面合适导线，增大安全系数。

（2）严禁私自乱拉乱接电气设备，需要增加用电设备时，要根据相关的规定要求，经相关部门同意后由专业人员安装。增加回路数量，将电冰箱、空调、电暖器等大功率设备采用一个设备一个回路，并在实际应用中将线路设计成环形[11]。

（3）加强对线路定期的检查和维修，尤其是对一些时间较久远的居民住宅区，要定期检修线路和电气设备的绝缘及发热散热情况[1]。

（4）安装可靠的熔断器和保护装置，通过科学技术手段来避免事故的发生。

（5）结合实际需要确定导线使用材质。住宅最常见吊顶内的可燃物较多，所以此处的电线最好使用不燃或难燃的材料管配线，如PVC管，也可以用金属管配线，或带金属保护的绝缘线。消防用电的传输线路应采用穿金属管，经阻燃处理的硬质塑料管或封闭式线槽保护方式布线[12]。

参考文献

［1］刘慧英，江炎．莫让电气设备过负荷［J］．水上消防，2011（05）：40-41.

［2］孙胜进．线路的过负荷保护［J］．建筑电气，2016，35（12）：25-27.

［3］房小锋．住宅电气线路火灾原因分析［J］．安防科技，2011（04）：36-38.

［4］叶秋青．电气线路防火技术分析［J］．科技促进发展，2010（S1）：107+149.

［5］叶充．用电负荷增加引起的绝缘加速老化与电气火灾［J］．建筑电气，2011，30（01）：21-23.

［6］高伟，潘刚，赵长征，邸曼，刘振刚，孟庆山．铜导线过负荷试验及其痕迹判定方法［C］//2003火灾科学与消防工程国际学术会议论文集．2003：683-686.

［7］束德林．工程材料力学性能［M］．合肥：机械工业出版社，2007.

［8］陈惠芬．金属学与热处理［M］．北京：冶金工业出版社，2009.

［9］王晶晶．过负荷电流对铜导线断后伸长率和断面收缩率的影响［J］．理化检验-物理分册，2021，57（08）：26-28.

［10］顾俊彪．铜导线过负荷熔痕形貌分析［C］//消防科技与经济发展——2014年浙江省消防学术论文优秀奖论文集．2015：251-257.

［11］JGJ 242—2011，住宅建筑电气设计规范［S］.

［12］夏本保．建筑电气线路火灾的成因及预防措施［J］．安徽建筑，2010，17（06）：155-156.

浅谈电气火灾监控系统的应用研究

王英杰

（中国人民警察大学　研究生院，河北　廊坊）

摘　要　电气火灾发生率逐年上升，短路、过负荷以及接触电阻过大等都容易引起电气火灾事故的发生。传统的火灾自动报警系统是基于火灾已经发生的情况下通过报警让有关人员能在第一时间发现火灾接着采取相应的决策来熄灭火灾，而电气火灾监控系统则可以实现在火灾发生前及早发现火灾隐患并向有关人员传达报警信号来达到提前预判避免产生损失的目标。本文对常见引发电气火灾的四个原因进行了介绍，同时从电气火灾监控系统的组成、工作原理，以及实际应用等角度分析了电气火灾监控系统，以期为更好地推进电气火灾监控系统领域的研究提供一定的参考。

关键词　电气火灾　监控系统　故障电流　报警

1　引言

据相关部门统计，近年来发生电气火灾的频率居高不下，在所有火灾类型中占据了相当大一部分的比重，2021年电气引发的火灾比例更是达到了所有火灾的28.5%。每年因火灾所导致的人员伤亡达上千人，经济损失更是能够达到几百亿元。对于火灾来说，不仅要在发生时立即采取措施扑灭火灾，还必须要在火灾未发生时能够及早地提前预判找到火灾隐患，并消灭隐患杜绝火灾的发生，如此才可以从根源上将火灾损失降到最小化。

电气火灾监控系统能够在火灾发生前及时察觉火灾隐患的存在并报警，对于预防电气火灾的发生起到了极为突出的作用，作为先期预报警系统“大家庭”的一分子，其漏电监控方面在预判隐患方面发挥了相当大的作用。电气火灾监控系统同以往的火灾自动报警系统在功能和目的方面有着天壤之别，前者的早期报警在一定程度上是想要达到避免损失的结果，而后者的自动报警则是想要实现降低损失的结果。换言之在一定程度上来讲即使已配备了火灾自动报警系统也同安装电气火灾监控系统互不冲突。基于此，对电气火灾监控系统的原理和应用做出了一定的总结和分析，以期开发出更加有效的火灾监控系统，对于进一步减少电气火灾事故的发生率具有重要的意义。

2　电气火灾发生原因

图1为近几年各类火灾发生的原因以及电气火灾原因统计图[1]，不难看出电气火灾的数量占据火灾发生总数的相当大一部分比重。而由电气原因引发的火灾往往可能性最多的四个情况主要有线路短路、漏电、线路过负荷以及接触电阻过大[2]，下面对这四种情况进行逐一分析。

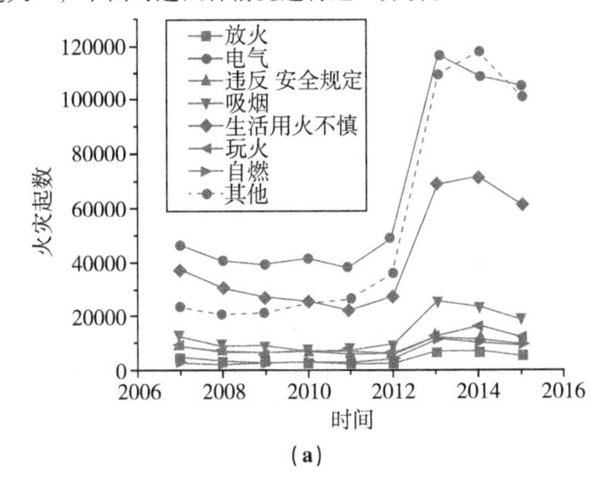

（a）

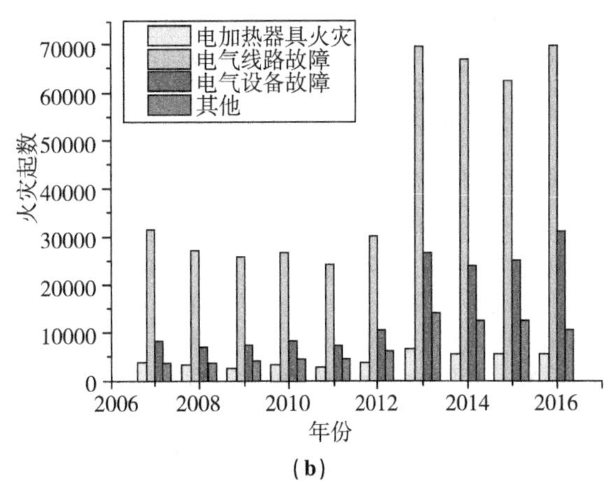

（b）

图1　各类火灾原因及电气火灾原因统计图

2.1　线路短路故障

电气线路发生短路故障时，电阻发生骤降，通常会引起短路电流瞬间增大，温度急剧升高，瞬间发热量达到了线路在平时工作时产生发热量的数倍[3]，在短路点很有可能迸发出电弧或电火花，从而引起绝缘层烧坏或者引燃周围可燃物导致火灾。然而电气线路一般都配备短路保护装置，其通常会在极短时间里切断因为发生金属性短路而产生的短路电流，除此之外在铺设缆线时尽量要选择阻燃型或不燃型材质。

2.2　线路过负荷

如果出现了设定的安全载流量低于通过导线的电流量的情况，即便流经电流小，温度的聚集较慢，但是温度同样会上升，导致绝缘层的老化加速，严重的情况下也容易使得导线绝缘层出现燃烧行为。而过负荷保护功能通常都会被设置到配电保护装置中去，当温度升高至会导致引燃行为发生之前就会在很短的时间内对故障电流实施切断操作。

2.3　接触电阻过大

接触电阻过大指的就是电阻R过大，其主要是由于导线之间或者和熔断器、断路器、电气设备等在连接时没有妥善处理好连接的部位，或者压接的不结实紧固等原因造成，正常情况下电流流过连接处时会发热，但当连接处处理的不够安全时，就会出现接触不良现象使得接触电阻过大，在两者的连接部分产生过量热出现很高的温度，进而引燃绝缘层或者周围其他可燃物发生火灾。

2.4 线路漏电

泄漏电流的存在实际生活中很常见，几乎全部的线路和设备均会出现，但真正能导致火灾发生的通常是为电流量过高的泄漏电流。泄漏电流是指由于其他原因，线路的一处甚至多处导线或者支撑材料的绝缘能力与开始相比发生了改变，使一部分电流在导线之间或者导线和大地之间流通，称为漏电。

3 现有电气火灾的预防措施

现阶段，针对电气火灾的预防策略主要有两种[4]。当火灾行为正在出现的时候，通过火灾自动报警系统，发出报警信号，可以使相关人员在报警的第一时间发现火灾行为的存在，继而实行有效的措施进行控制。然后这仅仅能够算作应急行为，并不能从源头上杜绝电气类火灾出现，只是在一定程度上将火灾损失降低。另一种应对方法则是需要在火灾发生前借助电气火灾监控系统来进行有效预防。进行监测和分析，可以及时提醒人们从源头发现并消除隐患，避免灾害事故的发生和人身财产的损失。前者系统与后者系统在电气火灾的预防起着的举足轻重的作用。二者之间的关系既是相互独立的，又是不可替代的。

3.1 常规防护电器的电气故障监测

电气火灾发生率高，起火速度快，且很难对其进行控制。要想将电气火灾的发生率控制在一个较低的水平，必须时常在电气设备周围进行预防和维护检测。在使用电器时，通常使用过电流保护电器、短路保护电器、过载保护电器、剩余电流动作保护电器等作为常规保护电器，并且一定要时常对电路和电气设备进行检查，查明发生电气故障的根源所在，合理有效的做出维修，杜绝电气故障的出现。然而需要注意的是，通过借助以往的常规保护装置来监控电气火灾故障发生的传统措施实现不了阻止金属性短路故障发生的目的。诸如相间短路、漏电电流增大致热等的渐变性故障的防控问题在常规防护电器的无效监测的衬托下就显得异常突出。

3.2 电气火灾监控系统的电气故障监测

电气火灾监控系统不仅具备能够检测现场电气设备运行情况的功能，还能够对漏电情况进行及时的反馈报警。传统的火灾自动报警系统只是能够在火灾行为已出现的情况下提示异常从而将信息报警反馈给有关人员，在一定程度上只能减少火灾造成的损失，无法避免火灾的发生。而电气火灾监控系统则能在火灾行为出现前就及时地把故障信息反馈给有关人员并报警，可以很好地实现阻止火灾发生的目的。二者相比，电气火灾监控系统能够更高效有力的预防电气火灾的出现，故即便已配备了传统的火灾自动报警系统，电气火灾监控系统的配备也不可或缺。

4 电气火灾监控系统工作原理及组成

于电气火灾监测系统而言，除了剩余电流，现场地温度同样为系统地主要监控对象，通过对其进行监控从而在早期预测是否存在危险情况以此来防止火灾的发生。电气火灾监控系统有效实施关键在于其将网络和电子技术整合利用起来，在通信技术的帮助下组合了成一个网络。监控探测器等能够做到对全部的电路数据进行实时监测，并把收集到的数据借助网络传输到主机中进行分析和研判。只要察觉到电气线路中存在火灾隐患，就会立即发出警报，提醒相关人员采取必要措施来解决出现的故障。

图2显示的是构成电气火灾监控系统的几个重要模块[5]，其构成的特殊点在于把多种功能模块整合了起来。电气火灾探测器类型较多，图中所列的均为使用比较广泛的探测器，本文将重点介绍前四种火灾监控探测器。

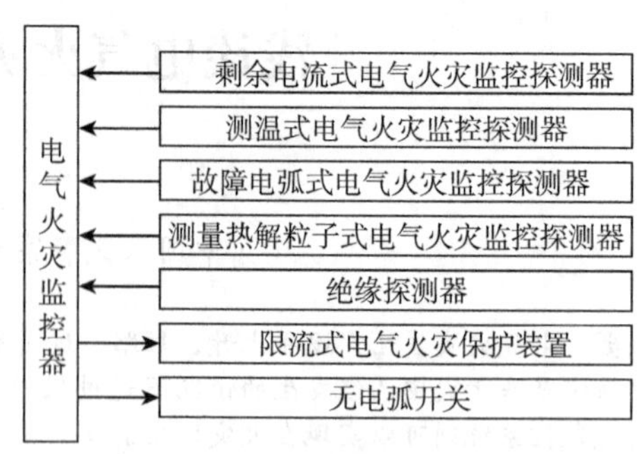

图2 电气火灾监控系统构成

4.1 剩余电流式电气火灾监控探测器

剩余电流电气火灾监控设备作为电气火灾监控系统的关键部分，其剩余电流探测器主要能够起到检测电气线路中PE线的电流和导线温度情况的作用。图3显示的是该种监控系统的原理框图[6]，将所有探测器探测到的数据使用总线传输汇总到一起，最后显示在仪器上，可以使工作人员掌握所有电气设备的运行状态和相关情况。如果其在探测过程中探测到异常的剩余电流，报警信号就会被激活。

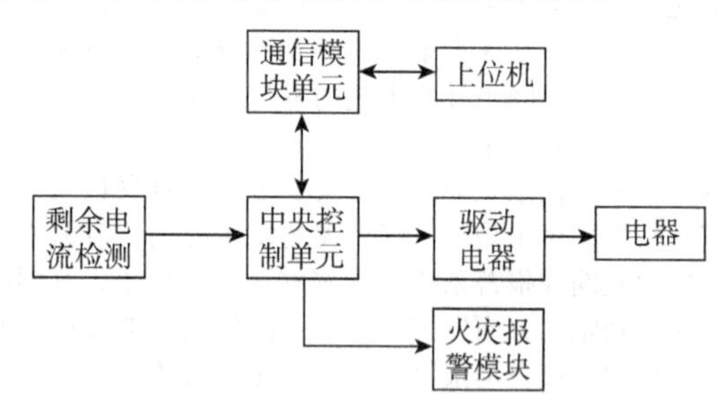

图3 剩余电流式电气火灾监控系统原理框图

4.2 测温式电气火灾监控探测器

顾名思义，测温式电气火灾监控探测器的作用就是要对线路温度进行监测。因为在线路的连接处，电阻变大等异常行为的发生可能会致使线路的温度上升，所以说测温电气火灾监测探测器的着重点主要在于监测电气线路的连接部分，该监测探测器一般有接触式和非接触式检测器两类[7]。当电阻增大导致温度骤增到一定程度时，会存在引燃附近可燃物的可能，严重时甚至会产生火灾事故，必须结合实际情况来按需选配相应的探测器。一般来说，导线间或导线与元器件之间的连接部位极易出现发热致使温度上升，而这些连接部位往往都在配电箱的内部，故测温式电气火灾监测探测器绝大多数都是安装在配电箱内的。

4.3 故障电弧式电气火灾监控探测器

在线路末端通常会设置故障电弧型电气火灾监测探测器来进行监测。通常电气线路的末端往往要连接某些电气设备[8]，而线路末端产生电阻和负载过大的状况可能性比较大，会使线路温度升高。温度升高可能会烧损绝缘层或者导致线路接触不良造成电弧放电，进而引起火灾的发生。故在电气线路末端的连接处安装故障电弧电气火灾监测探测器能够实现对线路连接处的监测和保护作用。当出现异常情况时，故障电弧电气火灾监测探测器可以在第一时间将报警信号传出，相关接收者在接收到警报信息后，可快速采取措施精准消除故障，防止火灾悲剧的出现。

4.4 测量热粒子式电气火灾监控探测器

测量热粒子式电气火灾监控探测器与前面介绍的测温式的功能存在一定的相似之处，其也是主要针对温度的变化情况进行监测。与后者针对线路连接处的温度变化进行监测不同的是，前者的监测对象则是用电系统或元器件[7]，同样是对当温度出现异常时的情况进行监测。当元器件或者用电系统的自身温度高于设定值时，热粒子式探测器会报警“告知”相关人员。相关人员就能够立即了解出现异常的部位和情况，并采取措施消除火灾隐患。另外，如果需要对存在危险性的危险电器进行储存，按照要求也得配备测量热粒子式电气火灾监控探测器。

5 电气火灾监控系统的实际应用

5.1 电气火灾监控系统在工程建设中的应用

建筑电气火灾经常发生在工厂、老房子、大型商场等地，其中工厂发生电气火灾的概率相对最高，会造成不同规模的建筑电气破坏。另外线路接地、线路老化等问题同样会增加出现电气火灾的概率。故在建筑设施中设置有效合理的电气火灾监控系统就显得尤为重要。

在工程防火中电气火灾监控系统最主要的功能就是监测剩余电流[9]。接地故障、对地电容、谐波分量和对地泄漏等致使电气线路的绝缘遭到破坏发生漏电时产生的电流均称为剩余电流。当发生短路故障时，最直接有用的方法是通过保护装置来将电源切断。然而，若没有配备电气火灾监控装置[10]，如果出现了故障电流且其电流值无法超过电流保护装置的设定值，那么电源就不会自动断开，会有很大可能引发金属性或电弧性短路故障致使火灾行为的出现。配备了电气火灾监控系统的剩余电流保护装置则具备立即断开电源的功能，可以在故障发生时起到很好的作用，发挥提前预警的优势，杜绝电气火灾的出现。

5.2 电气火灾监控系统在工程建设中应用时的注意事项

电气火灾监控系统在工程建设中的应用一般同以下几方面密不可分，首先是监控配电柜的配备，其次为监控设备的配备，最后则是监控的线路布设，其中在每个环节当中都必须遵守相应的规则，具体如下：

（1）由于电气火灾监控设备通常都是安装在电气火灾监控配电柜中，而配电柜的可用空间实际上并不充足，所以如何在有限的安装空间中规划好各元器件的安装位置就显得尤为重要。安装互感器及探测器等其他设备时要充分计算综合考虑，利用好配电柜面板的所有空间，条件允许时可以提前预装模拟，在预模拟无误后再实施最后的具体安装步骤[11]。除此之外，要格外注意那些能够起到警示性作用的元器件安装，像探测器的报警灯、声音等最好安装在较为明显易发现的部位，可以使用预埋式等方法安装。这样不仅可以合理简便的利用现有空间，还不耽误其操作性，确保了配电柜的结构完整。

（2）为了保证检测器的连续性和稳定性，在安装电气火灾监控设备时，检测器的电源应从进线端取出。除此之外，零线与相线的采样源应该相同。在进行实际安装时，如果碰到配电柜安装空间不足的情况，可以做出一定的改变，将剩余电流互感器安装于断路器的进线端处，并在其下游部位实施探测器的工作电源以及采样。在进行实操时不可一味地按照固有方法进行安装，应当根据具体情况具体分析。探测器数量既不能布置过多，也不能过少，必须保证探测器的密度均匀、覆盖到位，以防止出现重复性布局。在对电源进行配备时，应该充分考虑其实际要求，使用控制中心的消防电源作为主机电源，而现场电源则用来为其他的传感器提供电源。

（3）除了配电柜和监控设备的安装有一定的规范和要求外，在进行安装布线时同样不能马虎。通常在对新修建的工程进行安装布线时，可在专用配电柜里装备探测器。为了保证剩余电流互感器能够和电源母线紧密结合在一起，应将探测器安装在距离导电母线较远且不产生影响的位置。另外在将探测器和变压器进行连接时需要使用导线屏蔽法，以保证其正常运行。在对火灾监测装置进行接线时，不能把零线同保护地线混为一谈，要分清二者之间有着很大的区别。对报警装置与剩余电流保护铺设布线的时候，要确保相、零线在经剩余电流互感器的时候必须为同向状态，且不需要经过保护地线。

6 结语

随着电气设备的不断增加，伴随而来的电气火灾数量也在不断增大，并在所有火灾类型中占据了相当大的比重，如何降低电气火灾的发生率成为当前一个亟待解决的问题。传统的电气故障监测装置虽然在一定程度上能降低损失，但是仍有许多电气故障问题难以检测出来。在建筑住宅中采用以预测防控为目标的电气火灾监控系统再配合传统的火灾自动报警系统，不仅可以对电气火灾进行提前预测和处理，还能大大降低电气火灾的发生率。

然而虽然当前电气火灾监控系统的出现对电气火灾的控制起到了至关重要的作用，但其仍存在不少需要改进的方面。诸如虚警、漏警等错误的预判行为虽然并没有什么实质性的损失，但从另一方面也显示出了技术的不成熟性。未来，如果能将物联网[12]、云平台和大数据等新型网络技术融入电气火灾监控系统中去，朝着智能信息化、系统功能集成以及可视化系统的方向前进，加强电气火灾监控系统预警的准确率和及时率，一定能够更好地解决电气火灾的高发情况，对保证电气设备的正常运行、保护人民群众的人身和财产安全有着重要的积极意义。

参考文献

[1] 陈久彬．民用建筑电气火灾原因的调查及防范策略分析［J］．今日消防，2020，5（08）：125-126.

[2] 郭鹏亮．电气火灾监控系统的探讨［J］．智能建筑，2019（07）：42-44.

[3] Yue Yuntao，Jia Jia，Wang Jingbo，Wang Hao. Design of electric fire monitoring system based on LoRa wireless transmission technology［J］. Dianzi Jishu Yingyong，2018，44（12）：

[4] 李东杰．电气火灾监控系统与电气火灾预防［J］．今日消防，2020，5（09）：52-53.

[5] 丁宏军．谈谈电气火灾监控系统的应用［J］．建筑电气，2017，36（04）：3-6.

[6] 黄炳，韩佳，周涛林．剩余电流式电气火灾监控系统研究［J］．信息与电脑（理论版），2019，31（24）：86-87+91.

[7] 陆少玮．电气火灾监控系统技术探讨［J］．安徽建筑，2018，24（06）：52-53.

[8] 张天福．浅谈故障电弧式电气火灾监控探测器在电气防火中的作用［J］．电器与能效管理技术，2015（21）：82-87.

[19] 王晟．剩余电流式电气火灾监控系统设计［D］．兰州交通大学，2018.

[10] Biqing Li，Suping Jiang，Wenya Lai，Yangming Chen，Huanhua Huang，Huiliang Huang，Shaohong Huang，Yankui Zhao，Liuren Wei. Design of Electric Fire Monitoring

System Based on Zig Bee [C] //Proceedings of the 2018 International Conference on Mechanical, Electrical, Electronic Engineering & Science (MEEES 2018). Proceedings of the 2018 International Conference on Mechanical, 2018: 276-280.

[11] 黄云祥. 电气火灾监控在建筑防火中的应用分析[J]. 今日消防, 2021, 6 (02): 24-25.

[12] Shi Wei Sun, Xin Tong Liu, Wei Liu, Qi Yang. Design of High-Rise Building's Monitoring System for Electric Fire Base on CAN Bus [J]. Applied Mechanics and Materials, 2015, 3827 (734-734)

海上石油平台火灾自动报警系统可靠性分析

王 舸 孟 晖 文鸿天 朱俊瑞 崔 明

[中海石油（中国）有限公司天津分公司，天津]

摘 要 随着我国对石油的需求量越发增加，海上石油平台近些年日渐增多，但对应而来的是其火灾自动报警系统的独特性，借鉴于高层建筑、地下建筑以及大型综合建筑的火灾自动报警系统经验，完整、可靠的火灾自动报警系统可以较早的发现并控制火灾，因此，确保火灾自动报警系统的可靠性，对于减少火灾造成的人员伤亡和财产损失起到了关键的作用。本文对火灾报警系统的可靠性进行了分析，在分析火灾报警系统的基本结构及功能之上，从人和设备等方面对火灾报警系统可靠性的影响进行了阐述。并在此基础上，提出了提高火灾自动报警系统可靠性的措施，主要包括增强相关人员专业素质，加强对设备系统检测与管理，减少环境因素对探测器干扰等。通过这些方法和措施，可在一定程度上确保火灾自动报警系统的可靠性，使火灾自动报警系统在火灾发生时起到应有的作用。

关键词 海上石油平台的火灾自动报警　系统可靠性　干扰源　措施

1 引言

1.1 研究背景及意义

1.1.1 研究背景

石油是奠定我国社会经济高速发展的重要基石，对于海上资源的油气勘探与开发也如火如荼的发掘中，但其特殊性也不言而喻，距离陆地较远、支援困难，可燃物较多、火势蔓延快，人员密集、易造成二次伤亡等；如何通过预防火情，从而避免火势，是其稳定发展的重要因素。

自从火灾探测器被投入市场进行使用后，取得了广泛应用，并且效果十分显著。火灾探测报警体系主要作用在于监测火情，当监测范围内出现火灾时，能够及时地探测并启动报警系统，预示人们出现火情，需要采取解救措施及逃离火灾现场[1]。因此，一旦火灾报警系统出现故障，将产生巨大安全隐患，给人民人身安全造成威胁。

1.1.2 研究意义

近几年，我国微电子技术不断创新，火灾报警系统被广泛应用于消防工作当中，并发挥着重要作用。及时发现火灾并向监测范围内人群发去警报，确保周边人群安全，是创建火灾报警系统的初衷。但是因为火灾报警系统工作周期较长，受环境、设备本身等多方面因素的影响，致使火灾系统的误报率逐渐增加。

通过实践能够知道，由于火灾报警系统的多次故障及错误警报致使使用单位损失了大量的经济成本。所以，对火灾报警系统的故障原因进行分析，并提出相应的措施，能够有效地预防及减少系统故障的出现，充分发挥其火灾预警作用，服务于人民，具有一定的现实意义。

1.2 国内外研究动态

1.2.1 国内研究动态

我国消防事业发展较晚，但经过技术创新，以及对国外成功经验的借鉴与学习，不断优化升级消防产品，现已取得巨大进步。近年，我国国民经济迅猛发展，对火灾预警准确性要求越来越严格，结合我国火灾及消防经验而言，我国火灾报警系统包含以下几方面特点：

①我国生产报警系统设备的生产商较多，为火灾报警设备的生产奠定了良好基础，能够在短时间内实现大批量生产，通过自主研发，既能够满足量的需求，同时还能够满足相关质量要求，包含一定的技术性[2]。

②我国消防产品学习和借鉴了国外的先进技术，在此基础上添加了与我国火情相符的技术，能够更好地服务于我国火情，不仅能够提升我国的消防能力，同时能够带动同产业的进步。

③随着经济的发展，我国消防产品逐渐多样化，对其质量提出了更高的要求，为了能够使其符合质量要求，必须创建消防设备装配队伍，对其进行专业化、技术化培训，使其具备质量安全意识。

虽然我国消防事业起步较晚，但是经过我国消防技术创新及应用，使我国火灾报警系统质量有巨大提升，与发达国家间差距逐渐减小。

1.2.2 国外研究动态

消防技术与人民生命财产安全息息相关，因此，我国在生产及安装火灾设备时必须严格按照相关标准进行。但是我国相关标准的制定与发达国家相比仍存在一定差距。

发达国家火灾报警系统不仅能够有效的监测火灾，将信息传输到系统管控器，发出火灾警告，同时还能够联动其他火灾预防设备，例如排烟系统能够自行开启，自动切换电源等。

不仅如此，火灾职能控制器还能够将火灾信息传输到消防部门进行火灾预警。其对消防设备的研发创新主要在于减少错误报警、提升抗扰能力等多个方面。

近几年，我国计算机及微电子技术取得了巨大进步，对于火灾的探测及控制能力得到有效提升，不仅如此，其对于信息计算具有良好的职能控制性[3]。在这种情况下，火灾控制系统与消防联动系统进行结合，尽可能地减少了人为控制，其优势在于减少了因主管意识导致的错误操作现象发生。通过多个实践案例能够确定该系统具有及时准确判断火情的能力，能够增加系统对火情的监测及判断能力，且满足建筑物对于预防火灾的需求。

2 火灾报警系统基本结构及可靠性影响因素

2.1 火灾报警系统基本结构

自动火灾报警系统可靠性则是指报警系统本身和响应时间与响应空间对火灾事故信息报警的精确度及误报率的综合性能指数。

在大数据时代，火灾自动报警系统已经智能化。它是一个总线系统，将环境火灾参数变化传递给控制器，将数据参数与预先存储在计算机上的标准变化特性曲线进行比较，以确定是否发生火灾[4]。火灾自动报警系统目的是迅速发现和报告火灾，并及时采取有效措施控制、灭火和减少损失。火灾自动报警系统由触发器、火灾报警和辅助设备组成。火灾前期需要触发器触发，这一阶段包括光电感烟探头、差定温式探测器，手动火灾报警按钮、消防栓按钮等。此时火灾刚刚燃起，报警系统根据烟雾温度信息判定是否有火灾发生，并触动开关提醒人员有火灾发生。在火灾中期，排烟机、排烟阀、正压送风机、正压送风阀、空调机组等设备需要对建筑内火灾产生的有毒气体进行排除，保障人员疏散。在火灾后期防止火灾扩大范围，减轻受灾面积，火灾自动报警系统这部分构造主要有防火阀、消防电动装置、消防广播、消防栓泵、喷淋泵、压力开关、控制器主机等，此时火灾自动报警系统会切断非消防用电，防止发生更大灾害，并放下各楼层防火卷帘门，物理隔绝火苗蔓延（图1）。

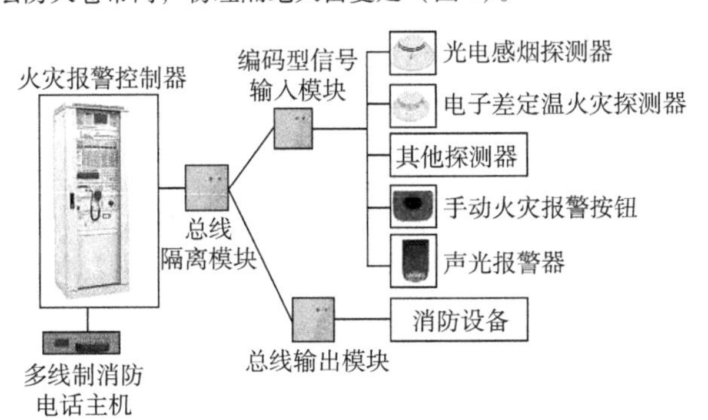

图1 火灾探测报警系统结构组成

2.2 人对火灾自动报警系统可靠性的影响

目前，在火灾自动报警系统的研究中，对该系统可靠性影响最大的因素就是人这一因素。一般情况下，对于人的可靠性来说，主要就是指消防监控人员和系统维护人员的工作是否正常。在规划、施工、应用和维护火灾探测器火灾自动报警系统过程中，都离不开人的具体操作。所以，一旦人出现错误工作行为就会使火灾系统出现故障问题，进而影响其可靠性。其中影响工作人员可靠性的因素包括其身体、心理等多方面因素。

2.3 设备因素对系统可靠性的影响

通常情况下，一旦自动火灾报警系统中的报警控制器、传输线和A/D转换器发生故障，那么就会使火灾探测和报警系统出现故障问题。无论是设计、选择还是安装、维护火灾探测器都会使其系统的可靠性出现问题进而出现故障。虽然在生产制造的过程中对其零部件进行了筛选，且校准了成品相应阈值，但是这些产品并不完全符合标准要求，而且也无法保证长时间处于稳定的状态[5]。再加上相关管理人员缺少对生产过程的监督，这也就会使生产场景出现变化的时候导致检测器性能出现问题。所以说，火灾报警器故障的发生会受到软件和硬件可靠性因素的影响。

加入控制系统中数据运算发生错误就会引起一系列系统故障，并对自动火灾报警系统的正常运行造成阻碍。一般驱动程序软件故障分别是非法传输故障、错误转移故障和空间定位错误故障等多个系统故障类型；系统错误类型主要分为系统设计不完善、数据算法有误和终端控制逻辑不合理等多个方面。而干扰火灾自动报警系统的硬件设施出现故障的主要原因就是安装设计不合理导致硬件电路造成的隐患。

传输线对自动报警系统的可靠性的影响主要包括系统内部的密集连接线和线路自身的问题[6]。传输线布线方法种类较多，不同的布线方法产生的作用也不尽相同，而且其搭建的便利性也有所不同。所以，导致该系统的安全可靠性将存在大量不稳定因素。

3 提高火灾自动报警系统可靠性的途径和措施

3.1 提高相关人员的专业素质

自动火灾报警系统中，人具有非常重要的作用，所以这也就不能忽视人作为有机成分在系统中所发挥的作用。因此，为了保证火灾报警系统保持正常稳定的运行，通过建立相关的规章制度，并对工作人员的工作行为进行监督，才可以确保系统的正常运行，从而使得相关工作人员可以进行准确且有效的操作。值得一提的是，想要达到上述效果，就要提高操作人员的综合素质，并建立相关的监管制度，并明文规定每个员工的工作职责，并对表现好和表现不好的员工给予奖励和惩罚，从而使员工可以保持积极的态度去努力工作，并提高系统的可靠性。

3.2 加强对设备系统的检测与管理

加强对设备系统的检测与管理，如探测器、报警控制器等。针对探测器，相关工作人员应该选择符合标准且合格的产品，然后根据火灾形势以及使用环境的区别来选择更为合理的探测器，之后再按照安装要求去建造和安装火灾探测器，使其可以发挥最大的效用；使用过后，工作人员应该制定维护保养程序单（图2），每次维保时，严格按照维保程序单要求执行，定期对探测器进行清洁和维护（图3），以保证其在后期的可持续使用。

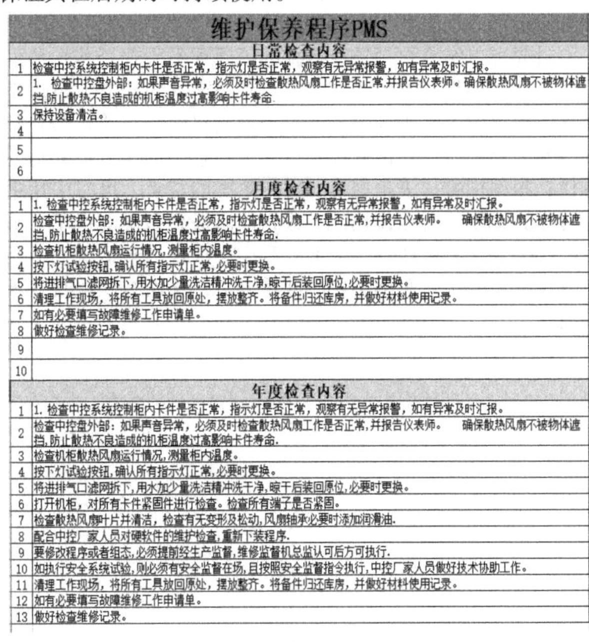

维护保养程序PMS	
日常检查内容	
1	检查中控系统控制柜内卡件是否正常，指示灯是否正常，观察有无异常报警，如有异常及时汇报。
2	1. 检查中控盘外部：如果声音异常，必须及时检查散热风扇工作是否正常,并报告仪表师。确保散热风扇不被物体遮挡,防止散热不良造成的机柜温度过高影响卡件寿命.
3	保持设备清洁。
4	
5	
6	
月度检查内容	
1	1. 检查中控系统控制柜内卡件是否正常，指示灯是否正常，观察有无异常报警，如有异常及时汇报。
2	检查中控盘外部：如果声音异常，必须及时检查散热风扇工作是否正常,并报告仪表师。 确保散热风扇不被物体遮挡,防止散热不良造成的机柜温度过高影响卡件寿命.
3	检查机柜散热风扇运行情况,测量柜内温度。
4	按下灯试验按钮,确认所有指示灯正常,必要时更换。
5	将进排气口滤网拆下,用水加少量洗洁精冲洗干净,晾干后装回原位,必要时更换。
6	清理工作现场，将所有工具放回原处，摆放整齐。将备件归还库房，并做好材料使用记录。
7	如有必要填写故障维修工作申请单。
8	做好检查维修记录。
9	
10	
年度检查内容	
1	1. 检查中控系统控制柜内卡件是否正常，指示灯是否正常，观察有无异常报警，如有异常及时汇报。
2	检查中控盘外部：如果声音异常，必须及时检查散热风扇工作是否正常,并报告仪表师。 确保散热风扇不被物体遮挡,防止散热不良造成的机柜温度过高影响卡件寿命.
3	检查机柜散热风扇运行情况,测量柜内温度。
4	按下灯试验按钮,确认所有指示灯正常,必要时更换。
5	将进排气口滤网拆下,用水加少量洗洁精冲洗干净,晾干后装回原位,必要时更换。
6	打开机柜，对所有卡件紧固件进行检查。检查所有端子是否紧固。
7	检查散热风扇叶片并清洁，检查有无变形及松动,风扇轴承必要时添加润滑油.
8	配合中控厂家人员对硬软件的维护检查,重新下装程序.
9	要修改程序或者组态,必须提前经生产监督,维修监督机总监认可后方可执行.
10	如执行安全系统试验,则必须有安全监督在场,且按照安全监督指令执行,中控厂家人员做好技术协助工作。
11	清理工作现场，将所有工具放回原处，摆放整齐。将备件归还库房，并做好材料使用记录。
12	如有必要填写故障维修工作申请单。
13	做好检查维修记录。

图2 火灾探测报警系统定期维保程序

故障维修记录												
序号	日期	故障现象	故障原因	整改措施	更换的备件	故障报告（嵌入）	所属专业	故障分类	主修人	当班监督	当班总监	备注
1												
2												
3												
4												
5												
6												
7												
8												
9												
10												
11												
12												
13												
备注：故障分类：操作不当、维护不当、产品质量、设计不合理、安装不当；所属专业：机械、电气、仪表。												

图 3　火灾探测报警系统定期维保登记表

针对报警控制器，需要从控制器的软件和硬件两个部分进行分析，并在设计、测试、使用和维护等不同阶段采用具体且适用的措施，从而提高其稳定可靠性。首先，在软件设计的初期阶段采用适当的程序设计方法。随着编程方法的广泛应用，其不仅可以对火灾报警系统进行模块化设计，还可以进行容错设计以及自顶向下设计等。但是由于上述三种设计方法各有利弊，所以在设计控制器软件的时候，需要将不同设计方法的优点进行提取并融合，从而确保火灾报警器的基础可靠性。然后，对已经设计完成的软件进行测试，从而验证不同程序在不同环境条件下的运行情况，从而减少故障问题并提高软件的可靠性。最后，在软件投入使用之后需要对其进行维护，因环境参数会在环境变化的时候发生变化，所以这也就会使软件的运行出现问题。所以，在软件的使用中需要对其进行维护，从而发现软件存在的错误问题，确保软件的正常运行。而对于控制器等硬件问题，需要做到以下两点，分别是选择质量高的零件，避免各种干扰因素可能引发的副作用，以在提高组件在控制器设计过程中的作用的同时，提高硬件的可靠性。另外，在选择传输电缆是其介质的过程中，需要对传输线质量进行严格把控，并按照规定要求进行布线。

3.3　减少环境因素对探测器的干扰

火灾报警系统会受到各种干扰源以及因素的影响，而干扰源的形成不仅需要具备干扰敏感的接收器还要具备接收器电路之间的耦合通道[7]。所以，大量系统抗干扰的施工的主要出发点都是对耦合路径进行防护，对可能产生的干扰源进行排除，并对其安装过程进行控制，从而提高敏感电路的抗干扰能力。

首先可以结合自动警报系统的不同种类来选择传输线的布线方法。根据开关量管理火灾自动报警系统控制，可以选择光电隔离的方法来规避开关量传输线路中的影响信号传输到终端控制系统中，以此提升自动报警系统的安全性和可靠性性；根据模拟火灾报警自动控制系统的特点，可以采用电流传输方式取缔电压传输的方式，从而提高系统的抗干扰能力[8]。但是干扰电压在传输的过程中会很快地衰减下去，所以这也就需要优化驱动程序的计算方法，从而减少误报现象的发生。

然后，对火灾报警系统进行良好的保护和接地。如在设计的过程中，对探测器加以金属保护层，使电缆与控制器的外壳之间与外壳和地面之间可以被很好连接。其中，电缆的电阻必须要满足部分要求，从而使火灾报警系统可以形成为较为完整且连续的电导体。

最后，选择滤波措施和滤波技术。这种技术通常是使用在电源系统和信号传输线路中使用电源线滤波器，并要在检测器电路中设置共模电击装置。

4　结论

随着我国经济的快速发展，传统的火灾自动报警系统已无法适应人们对其性能的需求，因此当前社会对火灾自动报警系统的稳定性研究是当前消防报警系统研究领域最关键研究方向，其直接影响到自动火灾报警系统对火灾情况的预报警精确性。在火灾自动报警系统研究中，消防监控人员和系统维护人员对火灾自动报警系统可以产生巨大影响。在应用系统过程中，离不开人员具体操作，人员出现操作错误就会使系统出现故障，进而影响可靠性。在系统设计安装过程中，设备因素对系统可靠性也会产生影响，如果设备老化或出现故障，就会使系统数据不够准确。为应对这些问题，本文提出在人员上，提高专业素质，使工作人员可以进行准确有效的操作，保证系统稳定正常运行；在设备上加强对设备的检测与日常管理；在环境上，对可能产生的干扰元素进行排除，减少因环境因素产生的对探测器的干扰。希望可以有效地提高火灾报警的使用性能和可靠性，从而预防火灾可能带来的一系列安全问题。

参考文献

[1] 姚浩伟，雷鑫，王文青，等．火灾自动报警系统可靠性技术发展［J］．科技通报，2018（5）．

[2] 刘婧婧，何坤，李岩．核岛火灾自动报警系统设计分析［J］．自动化与仪器仪表，2017（1）：24-26．

[3] 孙艳．火灾自动报警系统安全性分析［J］．建筑工程技术与设计，2017（4）．

[4] 章海玲．综合管廊火灾自动报警系统设计探讨［J］．现代建筑电气，2018，9（5）．

[5] 张文辉．电源总线干线截面计算及供电方案探讨——基于火灾自动报警系统［J］．福建建筑，2017（5）：100-102．

[6] 朱宇，许欢．可视化火灾自动报警系统的设计［J］．数字技术与应用，2017（4）：154-155．

[7] Bukowski R. W.，Budnick E. K.，Sehemel C. F. Estimates of the Operational Reliability of Fire Protection Systems［J］. Fire Protection Egineering. No. 5，2002.

[8] Liu Jian-lin，Dai Yu-xing. Design of City Fire Alarm System Based on Wireless Sensor Network［J］. Journal of Natural Science of Hunan Normal University，2011，34（1）：43-46.

"九小场所"智能独立感烟火灾探测系统在"九小场所"的应用和推广发展前景

张连民　牟剑刚

（新疆维吾尔自治区消防救援总队，新疆　乌鲁木齐）

摘　要　通过对"九小场所"消防安全现状的深入分析研究，依托5G和NB-IoT技术，将云计算、AI、大数据技术与火灾预警和联动处置深度融合，充分发挥"网格化"社会治理体制优势，研发"九小场所"智能独立感烟火灾探测系统，用来解决"九小场所"火灾发现不及时、处置能力弱等火灾风险瓶颈性问题，具有较大的推广发展前景。

关键词　消防　九小场所　物联网　发展前景

1　引言

近年来，随着我国国民经济的高速发展，大量"九小场所"不断涌现，数量日趋庞大。"九小场所"小火亡人事故时有发生，教训惨痛。如：2021年6月25日凌晨3时许，河南柘城县远襄镇北街一武馆发生火灾，造成18人死亡、4人重伤、12人轻伤；2021年2月16日早凌晨6时14分，山东省禹城市富康蛋糕房火灾造成8人死亡；2020年5月16日凌晨1时39分，贵州省黔南州惠水县小吃店火灾造成5人死亡；2020年11月23日凌晨4时05分，乌鲁木齐市一小超市老板因酒后吸烟造成火灾1人死亡；2012年11月6日15时25分，哈密市伊州区复兴路老坎儿串串香料理店发生火灾造成3人死亡。此类场所因人员消防安全意识不强、易燃可燃物多、自动消防设施少，一旦发生火灾，尤其是夜间，会因发现晚、报警晚、处置晚，火势蔓延快，人员疏散难，导致容易造成小火亡人事故发生。

2　"九小场所"消防安全现状

2.1　"九小场所"的定义

"九小场所"是指小学校（含校外培训学校和幼儿园）、小诊所、小商店、小餐饮场所、小旅馆、小歌舞娱乐场所、小网吧、小美容（含洗浴场所）、小生产加工企业等场所。

2.2　"九小场所"主要特点

一是分布广泛数量多。"九小场所"广泛分布在城市、乡镇的各个角落，一般城市区域要以万计，区县城区要以千计，城乡接合部要以百计，部分区域的小型加工企业，其密度大、数量多，可谓星罗棋布、密密麻麻，还有一些未进行工商登记或设置在住宅、自建房内的"九小场所"，几乎实现了无盲区的全覆盖，可见九小场所之点多面广。

二是火灾隐患问题突出。大部分"九小场所"普遍存在着生产、经营、住宿"三合一"、建筑耐火等级不达标、电气线路私拉乱接、违规操作使用明火、防火间距不足、占用和堵塞安全出口、疏散通道等问题，一旦发生火灾极易造成人员伤亡。

三是火灾处置和自救能力差。很大一部分"九小场所"经营者消防意识淡薄，只关心经营利润，不关心安全生产，对消防安全存有侥幸心理，不能主动学习，缺乏消防安全培训，导致消防安全知识匮乏，不能有效的处置初期火灾和进行自救逃生。

四是消防安全管理责任落实不到位。多数"九小场所"的从业人员较少，有一家一户、有几人合伙分包、有单人单干等多种经营模式，没有建立消防安全管理制度，导致管理混乱，有些人对消防安全工作认识不足，防火灭火意识差，常因无意中的行为引发火灾事故。

3　智慧火灾预警和处置系统的设计

通过"九小场所"火灾风险的深入研究分析，发现解决好"九小场所"火灾发现、报警晚和处置晚的问题，就能有效杜绝减少"九小场所"小火亡人事故，降低"九小场所"火灾风险。故此研发了"九小场所"智能独立感烟火灾探测系统，该系统由智能独立感烟探测器和火灾预警联动处置平台两部分构成，能够主动感知、探测火灾烟气、温度等信息，在火灾发生的第一时间（秒级）触发声光警报，同时推送火警信息至用户手机，提醒并强制用户在有效的时间内核实火情。若用户不在现场或因酗酒、昏迷等特殊情况无法实地核实火情，系统后台将自动触发火灾预警和联动机制，将火情信息推送至附近村（居）委会、社区工作站、十户联防、便民警务站等关联人员进行协助核实。一旦确认为真实火警，立即调动十户联防、村（居）委会、便民警务站和消防救援站完成秒级联动处置。

3.1　智能独立感烟探测器的改进

独立式火灾探测报警器相比传统的火灾自动报警系统有着安装方便、无需布线、投入资金少等优点，十分适合在"九小场所"推广安装。通过调研，现有独立式火灾探测报警器存在的3个核心问题是误报率高、功耗高和网络连接不稳定。故针对3个核心问题进行了改进。一是解决误报率问题，通过引入多监测源方案，同时对烟雾浓度、环境温度和环境湿度三项指标进行综合监测，使用人员可通过综合环境参数，对报警器是否误报进行判断。二是解决低功耗控制问题。独立感烟报警器通常采用内置电池供电，要求工作时间一般3~5年以上。但随着无线联网需求的提出，采用2G/3G/4G网络技术的无线联网型独立感烟报警器，因无线收发模块的高功耗，无法满足超长使用时间要求。这就导致这类无线联网型独立感烟报警器需要频繁更换电池，大大增加的后期维护成本和使用成本。为了平衡联网需求和长时间工作要求，需要硬件设备满足所有功能要求的情况下，能够实现超低功耗工作。三是可靠网络连接。选择使用NB-IoT通信技术解决。NB-IoT通信技术相较于传统的2G/3G/4G通信技术，具备覆盖广、穿透能力强、大连接特点，同时还具备空口严格加密、专用无线频谱资源、通信双向健全的高安全性特点。

3.2　火灾预警联动处置的设计

依托"网格化"社会治理体制优势，充分调动和发挥

“十户联保”、警务站、社区人员消防安全工作作用和优势，设计了针对“九小场所”火灾的三种预警处置模式：

人员在场模式：智能独立感烟探测器报警→人员在现场核实火情→确定为火灾→处置信息推送至“十户联保”、警务站、社区进行初起火灾扑救→处置信息推送至119指挥中心接警出动。

人员不在场模式：智能独立感烟探测器报警→人员不在现场→预警信息推送至“十户联保”、警务站、社区现场核警→确定为火灾→处置信息推送至“十户联保”、警务站、社区进行初起火灾扑救→处置信息推送至119指挥中心接警出动。

人员昏迷模式：智能独立感烟探测器报警→人员昏迷，无操作→自动推送“十户联保”、警务站、社区人员现场核警→确定为火灾→“十户联保”、警务站、社区进行人员搜救和初起火灾扑救→119指挥中心接警出动。

通过研发架构“九小场所”火灾预警联动处置平台，能够将智能独立感烟探测器采集到的数据，通过云计算和AI、大数据技术进行分析，实现智能、高效的火灾预警和处置调动。“九小场所”火灾预警联动处置平台由终端层、传输层、平台层、运营层和服务层五个部分组成。终端层主要由智能独立感烟探测器组成，为系统提供基础数据；传输层采用最新的NB-IoT作为传输方式，具有支持设备接入数量大、功耗低、实现成本低等优势；平台层部署在电信运营商的业务云端，为NB-IoT设备提供连接管理、设备管理、数据解析、数据转发等基础服务，由通信运营商负责网络传输的基础建设及日常运营保障。loT平台通过统一的协议和接口，可以实现不同终端的接入；运营层是通过IoT平台获取终端层的终端所采集的数据，在进行逻辑判断处理后，将感烟设备采集的数据实时提供给“九小场所”人员，并将有效数据进行存储，方便后续的查询、分析使用；服务层是多种类型的客户终端组成，可以在电脑端、手机端、微信公众号、手机专用App上接收到运营层推送的告警信息或者数据汇总分析报表，同时可利用电脑和手机交互功能，满足设备的状态查询、管理与配置、历史数据查询等要求，实现和终端设备的互动。

4 推广和应用智能独立感烟探测系统的意义与前景

近年来，随着大数据、人工智能、区块链等为代表的新一代信息技术加速渗透，依托数字科技与社会治理体系的深度融合，化解“九小场所”消防安全风险是摆在各级政府和行业部门面前的一个重要课题。早在2015年，公安部、住建部等六部委就联合发布了《关于积极推动发挥独立式感烟火灾探测器火灾防控作用的指导意见》，该意见对“九小场所”安装独立式感烟报警装置做出了具体强制性的规定。《“十四五”国家信息化规划》和国务院《关于加强城市生命线安全风险防范工作的通知》对各级政府做好智慧消防综合监测预警工作和提高火灾防范水平提出了明确的要求。智能独立感烟火灾探测系统在促进经济稳健发展、改善社会民生和消防安全方面发挥着越来越重要的作用，其重要意义和发展前景在于：

一是完成了“立体报警、多方推送”。能够主动、精准、实时地感知和探测火灾烟气，同时推送火警信息至用户手机App，提醒用户在有效的时间内核实火情。若用户因特殊情况无法实地核实火情，系统后台将在30s后自动触发火灾预警和联动机制，把火情信息推送至附近村（居）委会、社区、十户联防、警务站等人员进行协助核实，一旦确认为真实火警，立即调动消防救援部门以及社会其他救援力量参与，从而完成秒级联动处置。

二是做到了“实时监测、平台健全”。智能独立感烟探测器具有覆盖好，功耗低，免布线，即装即用特点，保证实时在线，24h监控烟感状态，对报警、故障、欠电等隐患实时掌控，方便管理维护人员第一时间对故障问题点进行隐患消除处理，保证感烟工作状态正常有效。采用低功耗通信模块，保障电池正常持续供电在3年以上，感烟信息由电信运营商云平台统一管理。联动处置平台具有超强的PaaS能力，功能完备，API接口开放，可与多方设备无缝对接，使得“九小场所”用户有很好的承受能力和更加安全可靠的用户体验。

三是贯通了“闭环对接、无缝管理”。从智能感烟探测设备的运行、使用、维护、保养过程中始终保持在线，不管是用户主体、各级监管部门还是生产厂家均对智能感烟探测状况的运行了如指掌，提高了感烟设备的维护和管理，改变了传统被动维护巡查的方式，减少工作量，确保人力的可扩展性，提高了客户管理、工程管理、调度分析管理等能力，降低设备使用方、责任主体方以及监管部门的运维压力。

四是实现了“资源捆绑、降本增效”。发挥通信运营商在5G、NB-loT、物联网等网络技术服务优势，提供云资源服务，为搭建智能独立感烟系统提供有利条件。同时利用其营业网点分布广泛的渠道优势向“九小场所”、企事业单位及家庭用户宣传推广智能独立感烟业务。对于达到入门级手机资费套餐额度的用户，运营商将该系统平台和设备与用户现有手机资费套餐进行绑定，免费为其场所安装使用，不增加政府和人民群众任何经济负担。

研发和推广智能独立感烟探测平台的初衷，是深入贯彻习近平总书记关于“充分运用数字化、信息化让城市变得更聪明一些、更智慧一些”重要指示精神的重要举措，全面化解“九小场所”消防安全风险，完全迎合了当前国家新技术驱动、新基建保障、新模式发展大背景下城市消防安全精细化管理的现实需要。其作用不仅是能为各地消防安全工作与“网格化”管理融合创新升级，实现“敏捷感知能力、精细管理能力、精准行动能力”三力合一提供坚强有力的科技支撑，更重要的是大大提高了消防部门和基层组织对火灾事故的前端感知能力和处置水平，努力让各族群众在高质量发展中有等多的获得感、幸福感和安全感，为全面实现社会稳定和长治久安总目标起到巨大的推动作用。

参考文献

［1］李京林．“九小场所”消防安全管理难点与对策［J］．城市建设理论研究，2015，（19）：824-825；

［2］樊明华，徐培哲等．打造基于NB-IoT网络的全域一体化“智慧消防”［J］．江西通信科技，2019，（01）：27-31.

图像型火灾探测技术的研究和发展趋势

梁自豪　雷　蕾*

（中国人民警察大学，河北　廊坊）

摘　要　本文通过对图像型火灾探测技术与传统火灾探测技术的对比研究，使得图像型火灾探测技术解决传统火灾探测技术的难题，分析图像型火灾探测技术的发展趋势。文章通过介绍传统火灾探测技术及其基本原理、图像型火灾探测技术及其原理，对图像型火灾探测技术的优势及发展趋势作了综合阐述。随着计算机技术与图像处理等信息技术的飞速发展，图像型火灾探测技术的适用性提升与发展，对于保护人类生命财产安全，促进社会经济建设发展具有重要的意义。

关键词　火灾探测　火灾火焰　火焰图像　火焰信号特征

1　引言

在人类文明发展中，对于火的运用贯穿人类文明的始终，与人们的生活息息相关。但火一旦失去控制，便会演变成在时空中失去控制的燃烧所引发的灾害，从而对自然环境、财产以及生命带来严重的威胁与损失。伴随着现代科技的发展，新材料、工业燃料的不断发展与更新，火灾发生的频率越来越多，所造成的财产损失以及对生命的威胁越来越大。在此情形下，人们对于火灾的意识已然从被动接受火灾转变到主动预防探测火灾。

火灾的发生和发展是极其复杂的过程，有着丰富的特征信息。火灾探测的基本内容是寻求、接收和识别这些特征信息[1]。对于火灾探测的研究，如何提升火灾的适用性、可靠性，减少误报、漏报的情况一直都是研究热点内容。传统火灾探测是运用传感原理而形成的火灾探测器，近几年基于传统的火灾探测观念一直没有突破性进展。这也就导致提升传统火灾探测器的探测效率脚步停滞不前，可靠性不高。与此同时，由于现代图像处理技术的快速发展，推动着基于视频图像的火灾探测技术的功能的提升，并且通过相应的算法研究火灾火焰和火焰烟气两个应用分支，所以图像型火灾探测器近几年出现了蓬勃发展的趋势。

2　火灾探测技术概述

2.1　传统火灾探测技术

传统火灾探测技术是指基于传感原理所设计出的火灾探测器。目前传统火灾探测器主要是基于感温、感烟、感光传感技术所设计出来的。最早的火灾探测器是19世纪由英国人创造的感温探测器[2]。在20世纪50年代至70年代，感烟探测器出现在火灾防控的历史中，起初在1941年，离子型感烟探测器问世，通过感烟探头对火灾的烟雾信号进行提取，发现火灾的速度明显快于感温探测器，后来在20世纪70年代随着光电技术的发展促使光电型感烟探测器问世，弥补了离子型感烟探测器对于阴燃缓慢的火焰不敏感的缺点。感光探测器主要对火焰的火焰特性做出相应的敏感响应。目前的感光探测器主要分为两种，分别是紫外探测器和红外探测器，感光探测器的响应速度快于感温、感烟探测器，具有响应速度快，性能稳定、探测位置准确等优点。

近几年，随着互联网与大数据科技技术的发展，传统探测技术得到了飞速发展。智能家居公司Nest在2013年推出了Protect Nest智能感温感烟火灾探测器，具有手势停止报警、语音提示等智能功能，还能通过智能手机实时观察火灾探测器运行现状。HONEYWELL推出了市售型FSP-851烟感火焰探测器[3]。在国内，北京诺和公司也将智能火灾探测器放入智能家居计划中。但环境中往往存在着气流、灰尘、水蒸气、静电、高温物体以及人工干扰源的影响，同时燃烧过程往往是复杂多变的，面对这众多的干扰源，传统火灾探测技术仍然存在着不足。表1便对传统探测器的原理及弊端做出总结。

表1　传统火灾探测器工作原理及弊端

探测器类型	工作原理	弊端
感温探测器	判断温度信号所转变的电信号报警	容易受到周围高温物体的影响，探测的范围较小
感烟探测器	判断感烟探头提取的烟雾信号报警	容易受到粉尘、水蒸气的影响，且烟雾容易受到气流影响，探测速度较慢
感光探测器	设定一个阈值，判断采集到的火焰所发出的紫外光或红外光进行报警	容易受到环境中的其他热源和光源的影响

2.2　图像型火灾探测技术

1）图像型火灾探测技术概述

近年来，随着数字图像、计算机技术等信息技术的发展，图像型火灾探测技术以信息技术为基础，结合数字图像处理等多学科技术，能够不受空间的制约，降低环境中的气流、灰尘、水蒸气、静电、高温物体等多干扰源的影响，降低误报、漏报的次数[4]，能够对早期火灾现象做到尽早探测的目的。图像型火灾探测系统的组成部分一般包括图像信息采集系统、视频传输系统、视频处理系统、算法检测系统、综合信息处理及储存系统和报警系统及消防联动系统等组成。图像火灾探测系统组成及工作如图1所示。

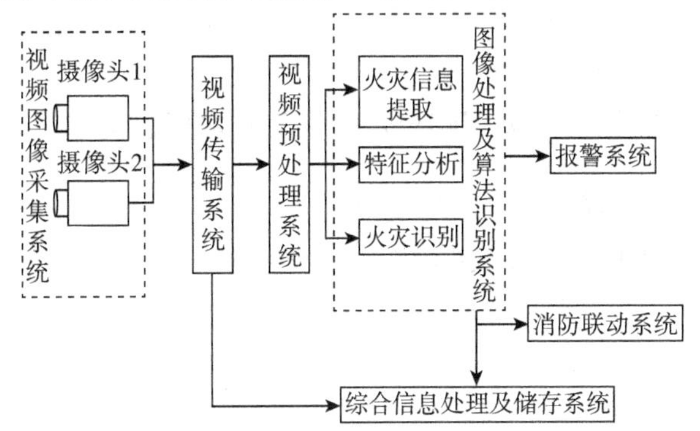

图1　图像火灾探测系统组成图

2）火焰的视频图像信号特征

在早期火灾发展过程中，火焰往往伴随着明显的视觉特征，例如火焰颜色特性、闪烁频率特性、形态特性等。

（1）火灾火焰的颜色特性

火焰的组成部分分别是外焰、内焰和焰心，表面温度由内而外依次升高，颜色由内而外也会发生变化[5]据此，火焰图像的RGB值会随着温度的不同呈现出一定的分布规律，由于视频图像的像素颜色可以分解为R-红色，G-绿色，B-蓝色三个信号分量。所以当视频图像采集到具有火灾火焰颜色信号特征的物体才可能判断其是否为火灾信号。由此可见，若能掌握火灾火焰的三原色数值的分布规律，便可对火灾火焰与视频图像采集的其他高温物体进行有效区分。

（2）火灾火焰的闪烁频率特性

在火灾火焰燃烧时伴随着火焰从根部开始，向上膨胀直到消失的过程，由此可见火灾火焰的闪烁跳动具有相应的规律性特征。通过将摄像机所拍摄的彩色图像序列转变成亮度图像序列，在亮度图像序列中，火灾火焰的像点亮度反映了火焰的跳动性规律，这便是火焰的闪烁频率[6]。正是通过火焰的这一闪烁频率特征，可以消除很多火焰颜色识别后保留下来的干扰像素。

（3）火灾火焰的形态特性

由于火焰的跳动性规律的存在，所以火焰没有固定的外形形态，但是火灾火焰从根部开始向上膨胀，膨胀到最大体积后消失在空气中，随后又一次从根部膨胀的过程是有规律的，由此可见火焰的燃烧过程可以看作火焰不断地收缩膨胀的过程，根据这一外形变化特点可以构建函数模型，根据函数关系判断火焰外形的形态轮廓。

3）图像火焰探测算法

在整个火灾火焰探测过程中，包括视频图像信息采集系统、视频传输系统、视频处理系统、综合信息处理及储存系统、报警系统及消防联动系统等组成。其中，视频处理系统包括火灾信息提取，特征分析，火灾识别等是火灾探测核心算法部分。王俊明等人通过将视频捕捉到的火焰图像信息进行颜色分析后，再次建立区域面积模型对疑似火灾区域进行二次分析，这样可以有效降低环境中白炽灯等干扰源的影响。关于识别火焰的闪烁频率的算法，国内沈诗林等人通过快速傅里叶转换技术对火焰图像的闪烁频率进行研究，得出了火焰的闪烁频率只与油盘底座相关的结论。国外Toreyin等人在提取火焰的颜色区域的过程中，运用小波变换的方式来分析火焰的闪烁频率。目前随着计算机信息技术的快速发展，火灾探测算法中出现了神经网络，环境自适应，向量机等算法研究方向，国外Yamagishi等人通过将颜色从RGB空间转到HSV色彩空间，确定火焰区域的基础上，运用人工神经网络进行识别[7]。国内宋卫国等人也提出来了利用火焰燃烧的形态变化进行特征信息提取，运用BP神经网络来进行火焰识别的算法研究，虽然火焰信息的识别需要大量的训练，与图像库有很大的关系，但火灾探测可靠性和适用性有了进一步的提升。

3 图像型火灾探测技术的优势及发展趋势

3.1 图像型火灾探测技术的优势

近几年传统火灾探测技术随着智能化的推进有了突破性进展，但在较大空间的火灾探测中往往只要火灾发生到一定的规模才能做出响应，而图像型火灾探测技术在大空间火灾探测中可以运用CCD摄像头并结合计算机技术在早期火灾发生阶段做出快速响应，所以图像型火灾探测技术可以更好地运用在大空间场所及室外的火灾探测工作中。

（1）相比于传统火灾探测技术的传感探测技术，图像型火灾探测技术通过视频图像采集系统，可以提供更加直观，更加丰富的火灾现场信息。

（2）随着计算机技术等图像信息技术的发展，应用于图像型火灾探测技术的算法研究越来越多，以至于图像型火灾探测技术的可靠性，适用性越来越高，能够减少漏报、误报的次数。

3.2 图像型火灾探测技术的发展趋势

火灾探测技术目前已经达到了广泛的应用，如何在复杂环境中多干扰源的影响下进行图像型火灾探测器的适应性提升是今后研究的热点发展方向，通过量化分析典型干扰源对图像型火灾探测器响应特性及可靠性的影响规律，建立环境自适应算法和数据融合算法优化复杂干扰条件下火灾探测器的选型与设置方法，排除信号自身的噪声及背景干扰，达到提升图像型火灾探测器多种复杂干扰环境中的可靠性的目的的研究将会是未来图像型火灾探测技术的主要研究方向。

4 小结

在人们日常生活中，火灾科学已经渗透到人们生活中的各个领域，与经济建设，社会建设，公共安全等息息相关，火灾探测技术是人们从被动接受火灾到主动预防火灾的主观意识的重要体现。本文较全面综述了传统火灾探测技术，图像型火灾探测技术及探测原理、优势及发展趋势。图像型火灾探测技术是目前火灾探测技术的一个重要研究方向，随着视频图像采集，计算机科学技术等图像信息技术的发展，图像型火灾探测技术具有广泛的发展空间和研究前景，在今后的研究领域中将会有更加蓬勃广阔的发展。

参考文献

［1］董华，程晓舫，范维澄．基于图像探测的早期火灾烟气模式研究［J］．光学技术，1999，（1）：58-60.

［2］杜建成，张认成．火灾探测器的研究现状与发展趋势［J］．消防技术与产品信息，2004，（7）：10-15

［3］杨博．图像型火灾探测系统的研究与设计［D］．西安建筑科技大学，2015.

［4］Kun Zhou，Xi Zhang. Design of Outdoor Fire Intelligent Alarm System Based on Image Recognition［J］. International Journal of Pattern Recognition and Artificial Intelligence. 2019.（7）：18

［5］Pu Li，Yi Yang，Wang DaZhou，Miao Zhang. Evaluation of image fire detection algorithms based on image complexity［J］. Fire Safety Journal，Volume 121，2021.

［6］程鑫．图像型火灾火焰探测报警系统［J］．工程科技I辑，2017，（1）：6-7.

［7］历谨．图像型火灾探测技术的研究［J］．信息科技，2020，（12）：5-10.

浅析酒厂工程中火灾探测器的选型与应用

马长友

（保定市建筑设计院有限公司，河北　保定）

摘　要　我国酿酒历史文化悠久，是白酒酿造、勾兑和消费大国，源远流长的酒文化使白酒成为我们结婚宴请、广交好友必不可少的一剂催化剂。然而，由于操作不当或者工艺流程的不规范性导致的酒厂火灾甚至是爆炸时有发生。酒厂内白酒生产工艺复杂，生产和储存过程中酒精易挥发，且一般情况酒精燃烧无烟，在发生乙醇蒸气聚集时如果不及时报警，在其浓度达到爆炸极限时便可能造成不可估量的后果，所以作为酒厂的建设方会从设计、施工、后期运营等各关键环节严格把控。贯彻落实“预防为主，防消结合”的方针，结合酒厂各工艺流程火灾的规律和特点，从可靠性与安全性的角度选择合适的火灾探测器作为火灾自动报警系统的感知器官，就像人体的眼睛和鼻子一样，可以在火灾初期及时有效的探知火情，并传递给火灾自动报警控制主机，可帮助消防值班人员将火情控制在萌芽阶段直至扑灭。同时为了保障工艺生产的可靠性，就需要我们的火灾自动报警系统能适应各生产车间的物理环境，不能太过于灵敏，导致系统频繁报警影响厂区的正常运行。

关键词　白酒火灾　火焰探测器　线型光束感烟火灾探测器　吸气式感烟火灾探测器

1　工程概况

本工程生产浓香型白酒（固态法），常储量为1344m^3，年产原浆酒5000kg，成品白酒20000kg，建筑面积30864.82m^2。与流程配套的建构筑物名称及其功能见表1：

表1

序号	建筑名称	层数	建筑面积/m^2	建筑用途
1	综合楼	5	8837.52	办公、中控室
2	包装车间	3	8801.97	一层为成品库、瓶库
				二层为包装车间（洗瓶间、灌装间、包装间）
				三层为包材库
3	勾兑车间	1	2278.34	不同基础酒的组合和调味并储存
4	陶坛酒库	1	1458.85	储存原酒及酒精
5	酿造车间	1	8015.97	首层原粮暂存，发酵，蒸酒
6	设备用房	1（地下1层）	1103.09	首层为燃气锅炉房，燃气调压箱地下一层为消防水池及消防泵房
7	配电室	1	369.10	全厂配电

在了解本工程仓库、厂房和配套用房使用功能及工艺流线的基础上，根据现行规范GB 50694—2011《酒厂设计防火规范》第3.0.1条，GB 50016—2014（2018年版）《建筑设计防火规范》第3.1.1条、3.1.3条及GB 50058—2014《爆炸危险环境电力装置设计规范》第3.2.1条规定，明确陶坛酒库定性为甲类库房，建筑构件的燃烧性能和耐火极限按一级设计。勾兑车间定性为甲类车间，建筑构件的燃烧性能和耐火极限按二级设计。包装车间火灾危险性丙类，耐火等级二级。固态法酿造车间火灾危险性丁类，耐火等级四级。本文主要探讨勾兑车间和陶坛酒库火灾自动报警探测器的选择问题。

2　白酒火灾特点分析

白酒是指以粮谷为主要原料，用大曲、小曲或麸曲及酒母等为糖化发酵剂，经蒸煮、糖化、发酵、蒸馏而制成的蒸馏酒[2]。酒精混合一定比例的蒸馏水即形成白酒，白酒是一种无色透明的液体，生产与储存过程中会散发出一种复合香味，这种香味主要来源于粮谷发酵过程中产生的酯类。

勾兑车间和陶坛酒库的火灾危险性与建筑的结构形式、酒精储存方式和数量、建筑通风环境等因素密切相关。根据工艺要求，生产出来的白酒需要经过一定期限的储存期并经过灌装工艺后才能成为白酒商品对外正式出售。因此勾兑车间酒罐内会存放大量水和乙醇的混合物，由物理特性得知乙醇液体在常温常压下的闪点为12.78℃，小于28℃，且一般情况下储存酒的酒精度即体积分数大于60%，按火灾危险性分类属于甲类。乙醇易于挥发的特性决定了它即使是在较低的温度也能蒸发，并且温度的升高会导致蒸发量大幅增加。乙醇蒸气与空气混合物的爆炸极限为3.3%~19%，即当气体混合物中乙醇蒸气的体积比达到这一数值范围内时，就有发生爆炸的可能，大大增加经济损失与人员伤亡的风险。与勾兑车间的乙醇蒸气四处弥漫相比，白酒在陶坛罐内的蒸发过程是静止性的，在遇到空气不流动或者流动性较差的情况时，乙醇蒸气更容易在房间内聚集，如不及时通风进行排放，在遇到明火时就会发生爆炸。

3　火焰探测器

工程设计阶段，通过现行建筑设计防火规范或者酒厂防火设计规范相应条文确定设计火灾自动报警系统时，电气工程师首先要做的就是确定火灾探测器种类。而选择探测器首先要考虑的就是探测区域内可燃物的燃烧特点，比如是否会发光、发热、产生大量烟气等，然后才是根据房间高度、结构梁系、环境条件以及可能引发误报的因素，选择性价比高的。本工程白酒勾兑车间主要从事不同基础酒的组合和调味，生产工艺的特点决定了勾兑车间内的液体储罐不可能绝对密封，再考虑上储藏数量的庞大，会导致乙醇蒸气在生产过程大量挥发。乙醇蒸气比空气密度大，泄漏后会优先贮存在地面以下的凹槽或者排水沟内，所以本工程在距地 0.4m 的高度设置乙醇蒸气浓度检测报警装置防患于未然。

乙醇燃烧时火焰呈现淡蓝色，所以本工程在勾兑车间内适当位置设置点型火焰探测器作为火灾报警系统的探测感知元件。点型火焰探测器主要应用于石化行业的炼油厂、酒库等易燃易爆，容易产生明火的场所。探测器为功能模块化结构，主要组成单元包括光学结构、传感器单元，MCU 逻辑处理单元以及多功能输出单元。根据应用环境的不同，探测器可分为点型红外单波长，双波长，三波长、三波长+CCTV、紫外等多种类型。

点型单波长红外火焰探测器的主要组成部分包括红外传感器和光学过滤器，其中红外传感器可以通过光谱识别有效探测碳氢化合物燃烧过程中产生的二氧化碳，并把记录的火焰频谱与系统内录入的数据作对比，然后综合判断是否有火情发生，可以大大减少误报的概率。但由于背景光谱复杂多变，仅采用单一波长的探测器进行识别，误报率较高。

为了弥补单波长红外火焰探测器的不足，各专业厂家研制出红外双波段火焰探测器，顾名思义，双波段火焰探测器由两个探测波长的红外传感器和光学过滤器构成。两个探测器的分工有所不同，一个传感器负责对探测区域内二氧化碳进行有效识别，另一个红外传感器则可以对背景光线及各种红外热源进行分类探测并记录。两个传感器把收集到的光谱数据输入到控制器，控制器在进行各种逻辑运算后得到比较可靠的结论，再结合真实火焰频率做出最后判断，这样一来就可以最大限度地较少误报的发生。

但是红外双波段火焰探测器的弊端也是非常明显的，那就是探测距离受背景环境中二氧化碳含量与传感器内部噪声的制约。乙醇燃烧时会产生淡蓝色火焰，这种火焰在某一特征波段发出的峰值辐射在遇到空气中的二氧化碳时，会随着探测距离的增大而被大幅度的吸收。结果就是传感器光敏元件接收到的红外辐射信号达不到阈值要求，或者是火焰光谱峰值辐射波段的信号强度衰减到和背景环境中热源辐射波的信号强度一样时，控制器的分析电路没有应答或不能对多种红外信号进行有效甄别，以上两种情况都会大大降低探测火焰信号的灵敏性。从探测器制造与运行方面来说，目前市场上常见的红外双波段火焰探测器，其红外传感器在工作的时候都会有一定量的内部噪声。在火焰红外辐射信号随着距离的增加而衰减到与内部噪声差异不明显的时候，火焰信号就有可能被淹没在背景光辐射之中，常规探测器将难以区别这种相似信号，造成探测器不应答或者误报。

基于上述原因，三波段红外火焰探测器应运而生。这种探测器由三个具有极窄波段的红外传感器组成，跟上述常规传感器一样，其中一个传感器主要用于探测二氧化碳峰值辐射，另外两个分别安装在二氧化碳峰值辐射波段两侧，一个用于鉴别高温红外辐射源，一个用于监视背景辐射的窄波段。由火焰的红外光谱分析得知，任意一个红外辐射源的光谱特征在这三个波段内的表征都是唯一的，通过比较这三个波段辐射强度之间的逻辑关系，就能够很轻松地把火焰和其他红外辐射干扰源区别开来。同时，三波段火焰探测器不存在探测信号随探测距离增加而衰减的问题。即使在最不利的情况下，空气的阻挡使三个波段的辐射信号都而发生衰减，但其辐射强度之间的逻辑关系并没有随着信号的衰减而发生变化。这样一来我们就可以采用数字相关技术对接收到的信号进行分析，检出因衰减而淹没在噪声中的火焰信息。通过对多组实验数据的分析，我们发现三波段火焰探测器相比普通火焰探测器而言，在保证灵敏度的前提下，它的有效探测距离提升了四倍左右。在爆炸危险的环境中，为了尽可能地提升探测火灾的准确定，降低误报率，三波长点型红外火焰探测器还可以搭载防爆型高分辨率 CCTV 视频摄像探测器。这种配置使得在同一安装位置，探测器既可对现场发生火灾的火焰作出快速响应，还能够实时记录火灾发生的前因后果。CCTV 摄像探测器工作电源和相关的报警继电器触点信号可以从三波段红外火焰探测器取得。

对上述各种火焰探测器的优缺点进行总结并制成下表，便于后续工程的选型与应用。

探测器种类	探测范围/m	优点	缺点
点型红外（单波段）	15	灵敏度低，造价低	易受红外线干扰，误报率高
点型红外（双波段）	15	灵敏度中等，造价较低	受其他红外光源干扰，损耗大
点型红外（三波段）	60	灵敏度最高，误报率低	造价高

为了切实有效的探测火情，做到防患于未然，同时也是作为有烟气火灾的补充手段，本工程除了在车间内设置三波段红外火焰探测器搭载 CCTV 视频摄像探测器外，还在距屋顶 0.5m 的平面位置设置了线型红外光束感烟火灾探测器。

4 管路吸气式感烟火灾探测器

本工程陶坛酒库内设置管路采样吸气感烟火灾探测器作为火灾的检测元件。与普通的感烟探测器相比，采样吸气式感烟火灾探测器实现了变被动为主动，不用等待烟雾（依靠空气的自然对流）到达探测器内部被感知后才能探测。采样吸气式感烟火灾探测器区别于普通探测器的地方便是其精心设计的探测室和激光器，通过主动抽取空气样本，并对待检测空气中烟气颗粒进行探测并加以分析，大大提高了烟气探测的可靠性和灵敏度，降低了误报率。

5 结束语

白酒的主要成分是乙醇，在储存和窖藏中稍有不慎，容易酿成火灾或爆炸事故。对于勾兑车间或者类似白酒灌装场所，具有灵敏度高的紫红外复合火焰探测器并结合点型感温探测器与乙醇浓度检测报警器无疑是最佳选择组合。陶坛酒库采用乙醇浓度检测报警器、管路吸气式感烟火灾探测器与紫红外复合火焰探测器组合使用则是比较好的解决方案。本文从分析乙醇蒸气易燃易爆特性及其火焰燃烧的特点入手，重点阐述了红外火焰探测器的选型和采样吸气式气体灭火的原理，为提升类似白酒勾兑车间，陶坛酒库等建筑消防设计水平提供了参考。

参考文献

［1］GB 50016—2018（2018 年版），建筑设计防火规范［S］.

［2］GB 50694—2011，酒厂设计防火规范［S］.

［3］GB 50116—2013，火灾自动报警系统［S］.

[4] GB 50058—2014，爆炸危险环境电力装置设计规范[S].

[5] 张洪宝，权向科．谈白酒行业火灾危险性和防火设计要求[J]. 武警学院学报，2013.

[6] 卢纪东．抽气式空气采样感烟火灾探测报警系统的工作原理与应用设计[J]. 江苏建筑，2012.

我国电气火灾监控系统的发展现状及趋势

周靖博

（中国人民警察大学研究生二队，河北　廊坊）

摘　要　我国现有的电气火灾监控系统的应用效果不佳，为了让电气火灾监控系统的发展能满足现代化人们的需要，对此进行分析与研究。网络化时代的到来，电气火灾监控系统将顺应时代潮流，逐步实现系统的网络化、智能化、可视化等效果。分析电气火灾监控系统发展中出现的问题，制定有针对性的对策最后加以实施，我国电气火灾监控系统的发展效率将大大提升。本文通过对比国内外电气火灾监控系统的发展现状，归纳总结我国现在电气火灾监控系统发展中的不足，提出相应的对策，分析出未来我国电气火灾监控系统发展的趋势。

关键词　电气火灾监控系统　应用效果　网络化　智能化　可视化

1　引言

近年来我国经济发展突飞猛进，人们日常生产生活中不断购置各种各样的电气设备，电气设备的普及有利有弊，在带给人们便利生活的同时也带来了更多的火灾安全隐患。除了会造成人员伤亡和电气设备损坏等直接损失，还带来大规模停电等间接损失。为减少电气火灾的发生，我国相关部门加强电气火灾监控系统在建筑内的应用，但电气火灾发生的概率依旧居高不下。面对我国电气火灾高发的现状，如何紧跟时代步伐发展现代化的电气火灾监控系统是一个值得深思的问题。

2　电气火灾监控系统国内外发展现状

2.1　国外发展现状

国外电气火灾监控系统开始发展的时间较早，出版的电气防火相关规范比较完善。美国对电气火灾的防控十分重视，在1916年就制定了《国家电气安全规范》（NFPA70），且多年来电气火灾相关规范不断补充修订，逐渐形成了比较完善的电气防火体系。日本人均用电量是我国人均用电量的8倍，但电气火灾事故发生率远低于我国。日本在20世纪就开始注重电气防火，早在1978年出版的《内线规程》（JEAC8001-1978）就对必须安装能自动报警的漏电火灾报警器的地点进行了规定。欧洲各国同样对电气火灾十分重视，制定了一系列的标准规范，如欧盟的标准EN-54、英国的建筑防火标准BS-5839。这些标准规范的有效实施，对预防和遏制电气火灾的发生有重要的指导意义。综上所述，国外的电气防火相关规范比较完善，经过不断修订完善后，已经形成了较为完整的电气防火规范体系。

目前，国外电气火灾监控领域的生产厂家有很多，其产品占据着电气火灾监控市场主要份额。例如，日本的日探、法国的Fare、美国的Simplex、德国的西门子西伯乐斯消防系统等均是世界一流的大型生产商[1]。以德国的西门子公司为例，西门子的电气火灾监控产品不但类型丰富而且运行可靠。对于不同的场所和环境西门子都有产品与之对应，并且针对中国消防市场开发了符合中国标准的电气火灾监控系统，满足了中国客户的需求。但相对于中国产品而言，价格较为昂贵，无法进行大规模的推广普及。并且，国外越来越多的生产商将计算机技术应用于电气火灾监控系统中，具有优良网络性能，良好人机交互功能的电气火灾监控系统产品将大大冲击国内市场的发展。

2.2　国内发展现状

国内电气火灾监控系统起步较晚，20世纪80年代才有企业进行这方面的研究，当时国内厂家主要是模仿或进口国外的产品和技术，没有研发出自己的核心技术。20世纪90年代经过不断研发我国成功研制出第一代剩余电流保护装置，并且发布了第一个直接规范预防电气火灾的消防产品的国家标准，表1列出了我国电气防火相关规范发布年份的统计，从中可以看出进入21世纪以来我国电气防火相关规范数量较之前有所增加。近年来我国在发布电气防火相关规范的同时也在不断发展自主生产的电气火灾监控设备，整体的电气火灾监控系统水平相较于之前有了很大提升。

表1　我国电气防火相关规范发布年份统计

标准体系	规范名称	发布年份/年
GB 14287	《防火漏电电流动作报警器》	1993
GB 50116	《火灾自动报警系统设计规范》	2013
GB 14287	《电气火灾监控系统》	2014
GB 50016	《建筑设计防火规范》	2014
GB 51348	《民用建筑电气设计标准》	2019

目前，在国内专业做电气火灾监控系统的厂家主要有上海零线、北京利达、珠海派诺等公司。由于国内的生产厂家不下于百家，导致其生产的电气火灾监控系统的结构形式多样，产品的质量参差不齐，且现有的电气火灾监控系统不能够满足人们对于其智能化、网络化、可视化方面的需求，对此我们急需研究开发能满足现代化人们需求的电气火灾监控系统。

3　国内电气火灾监控系统中亟待解决的问题

3.1　监控系统智能化偏低

现在我国的电气火灾监控系统功能比较简单，只能单一的测量数据，在智能化方面缺乏大数据智能预测分析的能力。

值班人员运行系统只能进行比较简单的操作，在整理系统报警数据时，不能直接从系统中全部获取，要经过人工筛查整理后才能进行数据分析，即现有的电气火灾监控系统缺乏对其终端数据的抓取能力，无法智能化的分析数据处理数据。

3.2 网络化水平达不到实际需求

随着社会的进步和发展，人们的生活越来越网络化，人们更趋向于使用网络来进行处理事务。由于消防信息化建设相较于其他行业滞后，网络化水平达不到人们的实际使用需求。

如值班人员对某一区域进行远程监控管理时，不能够使用手机等网络工具对区域进行高效率的监控。

3.3 监控系统无线化普及不足

目前我国大部分电气火灾监控系统处在总线式监控系统阶段，随着未来我国电气防火监控规模的增加，其探测器的节点数量也将随之增加，这将导致整体监控系统的布局更加复杂。我国现有的总线式监控系统将面临布线困难、耗时费力、信号传递效率低的问题。

3.4 监控系统可视化较欠缺

我国国内现有的电气火灾监控系统监测火灾的报警手段比较传统单一，缺少图形化、动态化等更直观、人们更易于接受的报警手段。值班人员在使用监控系统处理报警信息时无法进行快速分析得到电气火灾相关隐患信息。监控系统可视化的欠缺，人机交互较差给值班人员带来使用不佳的体验，不利于值班人员高效处理电气火灾监控系统产生的数据。

4 国内电气火灾监控系统发展对策

4.1 顺应大数据时代实现电气火灾监控系统智能化

国内电气火灾监控系统应当顺应大数据时代，在当下大数据分析技术的加持下，让其更好地应用到电气线路中[2]，将大数据技术应用到自己的领域内，技术人员通过大数据技术将大量系统报警数据进行分析和整理，迅速地获取到想要的信息，支撑其科学对策，彻底消除信息孤岛和安全用电管理死角[3]。

4.2 加大资金投入发展电气火灾监控系统网络化

由于消防信息化建设比较落后，在实际工程中，电气火灾监控系统网络化难以实现。政府应在给予资金支持的前提下，将电气火灾监控系统网络化投资纳入财政预算中去，鼓励技术人员研发手机上的监控系统 App，必要时通过网络将报警信息以及部位传输到指定的手机上[4]。

4.3 公众号推广普及电气火灾监控系统无线化

我国正在发展现代化的电气火灾监控系统，相关部门可以通过创建公众号的形式，给相关消防人员推送电气火灾监控系统无线化的相关文章，让他们了解无线化的优势，认识到我国现有监控系统的不足和未来监控系统无线化的趋势。

4.4 培养人才实现电气火灾监控系统可视化

国家应该将培养人才放在首位，现代化电气火灾监控系统对消防技术人才的计算机技术要求较高，在这个过程中，消防队伍要有具备能将计算机技术应用到电气火灾监控的技术人才。通过设立良好的人才培养体制，培养出一批批技术人才，逐渐发展电气火灾监控系统可视化，以此来提高我国电气火灾监控系统的水平。

5 国内电气火灾监控系统发展趋势

随着我国经济的高速发展，未来国内各种建筑内的电气设备越来越现代化，这将导致国内电气火灾发生的概率仍然居高不下，因此我国电气火灾监控系统未来的发展道路将越来越受到人们的重视。

我国现在的电气火灾监控系统与传统的电气防火技术相比有很大的技术突破，但经过对比国内外现状总结得到许多不足之处，如可视化不足、智能化欠缺、网络化偏低等问题。本文经过分析我国现在电气火灾监控系统发展的不足，提出相应解决对策，得到我国电气火灾监控系统未来呈现的发展趋势：

（1）智能化，值班人员对监控系统进行管理时，可以随时随地查看设备的监控状况，第一时间掌握监控系统的报警信息，及时地做出对策维护系统的安全。并且将大数据分析技术应用到系统中，分析被监控电气设备的危险参数数据，有效的预测电气火灾隐患的出现，让值班人员查询设备状态时有一定的参考依据。

（2）网络化，随着现代社会网络的发展及普及率的增长，利用网络技术将多个电气火灾监控区域连接成一个整体，便于值班人员统一管理，而且减少了布置火灾监控系统的开销。通过智慧消防物联网技术实现多种类系统与设备通过多协议与云平台的组网[5]，构建出实用性强的电气火灾监控网络系统，在达到监控系统硬件间网络连接的同时，实现监控系统软件功能组件间的配合。

（3）无线化，电气火灾监控系统实现无线化时，电气火灾监控无需单独组网，现场网络接线大大减少，因而工程投资减少[6]。监控系统进行位置变更时，有良好的便携性可以轻而易举地实现。与有线的电气火灾监控系统相比，具有明显的优势，对实际工程的应用有极其重要的意义。

（4）可视化，电气火灾监控系统在传统单一的声光报警技术等基础上，为值班人员提供更为直观的图形监控、电气隐患数据动态化及多媒体报警手段，如系统监控报警可视化、故障报警可视化、故障分析可视化等，值班人员可以清晰地判断出隐藏的电气火灾隐患。

6 结论

本文通过对国内外电气火灾监控系统的发展现状进行分析，归纳总结了几个我国电气火灾监控系统发展中亟待解决的问题，提出相应的对策，并分析未来我国电气火灾监控系统发展的趋势，提供了电气火灾监控系统发展的思路。我国电气火灾监控系统现代化的趋势不可避免，我们应该顺应时代的潮流，尽快建设出现代化的电气火灾监控系统。

参考文献

[1] 张宏瑞，李良杰．嵌入式电气安全智能监控系统探讨［J］．科技与创新，2021（17）：43-44.

[2] 王金娜．智慧用电监控系统在电气火灾中的应用［J］．信息记录材料，2021，22（11）：125-127.

[3] 田智嘉，张曦，李猛．基于电气火灾监控系统和消防数据管理云平台的火灾防范措施浅析［J］．今日消防，2020，5（11）：16-18.

[4] 卢敏华．电气火灾监控系统在医院的应用研究［J］．中国高新科技，2021（14）：129-130.

[5] 刘扬．石油化工电气火灾防范与消防电源监控的探讨［J］．石油化工自化，2021，57（04）：67-71.

[6] 喻奇．地铁电气火灾监控与能源管理系统融合设计研究［J］．城市轨道交通研究，2021，24（05）：73-76+81.

火灾风险评估

老旧小区消防安全风险分析及防治对策

黄浩然

（天津市和平区消防救援支队，天津）

摘 要 随着经济社会的持续发展，人民群众的生活水平日益提升，但社会繁荣的背后，许多年代久远、人口密集、设施老化的老旧住宅小区存在的消防安全隐患风险日益突出，亟须得到改善与解决。本文结合当前社会发展进程及火灾发生形势，对老旧小区突出消防安全风险进行分析研判，并提出具有可行性、针对性的防治对策，以期改善老旧小区现有消防安全状况，提升人民群众的幸福安全指数。

关键词 老旧小区 消防安全 风险分析 防治对策

1 引言

随着经济社会的不断发展进步，城市内高楼大厦林立、街道市井繁华，各类地标性建筑不断崛起，但同时，很多住宅小区年代愈发久远，多建造于20世纪八九十年代，有的甚至作为文物或历史风貌建筑已存在百年之久，这些老旧小区普遍存在消防设施设置不足、老化故障、管理缺失，小区内消防通道、疏散通道占用、堵塞，以及电动自行车违停充电、居民消防安全意识不足等隐患问题，火灾风险性较大。以天津市为例，近年来老旧住宅小区火灾发生数约占火灾总数的25%~30%，亡人数占火灾总亡人数比例高达60%左右，消防安全形势极为严峻。

2 老旧小区存在的消防安全隐患风险

2.1 消防规划设计不完善

由于建设时期消防法律法规不健全等客观因素，部分老旧小区先天消防规划设计不完善，尤其是建成五十年以上甚至是百年左右的老旧住宅，此类问题更为严重，普遍存在消防设施设置不足、消防车通道未规划、建筑耐火等级较低、构件耐火极限不足[1]等隐患问题，小区整体消防安全条件较差。部分老旧平房、伙楼大院还存在私自占用防火间距搭建违章建筑、堆放可燃杂物等现象，一旦火灾发生极易快速蔓延。特别是作为文物或历史风貌建筑存在的老旧住宅建筑，由于文物保护需要消防设施设置更为单一，普遍未设置消防水系统、火灾自动报警系统等设施，火灾危险性较大。

2.2 消防设施故障率较高

通过实地调研及统计分析，以天津市某中心城区为例，老旧小区（含低层及高层老旧小区）消防设施故障率基本达到12.5%，比例较高。其主要原因集中于两方面：一是消防设施本身老化、故障、缺失，老旧小区消防设施使用年限较长，多为20年以上，同时人为损坏或客观因素造成消防设施故障损坏现象也较为普遍，如消防水泵、湿式报警阀锈蚀，消防水管网存在漏点，消防水箱、水池供水故障，联动控制模块故障失效，防火门无法闭合、完整性不足，消防电梯故障，室内外消火栓、水泵接合器被人为圈占等，导致消防系统无法正常运转。二是消防设施管理、维护不到位，一是小区处于无物业或准物业状态，消防设施没有管理主体，无法进行日常管理和维保；二是小区物业消防经费不足，无力承担消防设施管理及维保工作[2]；三是有的小区涉及多产权管理等问题，业委会意见不统一，导致大维基金无法启用，致使消防设施无法维修更换；四是小区物业日常消防巡查、值守工作不到位，未聘用有资质单位对消防设施进行检测维保。

2.3 电动自行车入楼停放充电

通过近三年全国火灾事故统计情况来看，电动自行车火灾发生数量逐年升高，发生场所多集中于居民住宅，而老旧小区由于其自身消防安全条件较差，电动自行车火灾危险性更大，近年来已发生过多起电动自行车亡人火灾事故。其隐患风险主要集中于三方面：一是电动自行车充电或电路故障，如电池使用年限过长、质量较差或长时间过充导致内部化学性质不稳定，再充电易造成故障起火，还有如对电动自行车进行过改装改造，原有电气线路可能发生变化，即使在未充电情况下也易发生电线短路或过载发热起火。二是电动自行车违规停放于公共走道或楼门出口，经统计实地检查情况发现，许多居民习惯于将电动自行车停放于公共走道、电梯前室、楼门出口处，一旦发生火灾将堵塞楼内人员疏散逃生路径，极易造成群死群伤事故。三是电动自行车或电池放置家中充电，通过对电动自行车典型火灾案例分析，由于电池燃烧及烟雾挥发速度极快，家中有限空间内充电火灾危险性极大，易造成人员伤亡。

2.4 消防车通道占用堵塞

消防车通道是发生火灾时供消防车辆行驶及灭火救援使用的道路，对于消防车辆第一时间快速到场、缩短火灾扑救及人员营救时间具有重要作用。当前城市中的老旧住宅小区周边消防车通道占用堵塞问题愈发严重，主要原因是居民汽车保有量越来越大，而老旧小区内部由于早期规划问题停车位置较少，大量居民汽车都停至小区外部周边道路，且多为双侧停车、秩序混乱，造成小区外部道路狭窄，宽度难以满足消防车辆通行、停靠，开展灭火救援作业时消防车辆只能停至更远道路，导致消防救援人员外部供水、连接等工作准备时间较长，大大降低了灭火救援效率。同时部分高层老旧小区内部规划了消防车通道，由于私家车辆占用堵塞等问题导致消防车辆也难以通行、停靠。

2.5 居民群众消防意识不足

从风险管控的角度分析，人的意识是防范火灾事故的主要因素，要重要于物的因素和环境影响。随着经济社会发展，群众的物质生活越发丰富，人口流动速度也变快，由此产生的消防安全意识不足问题更为明显，主要有两方面：一是意识提升与生活改善不成正比，物质生活财富的充实导致火灾风险源越来越多，但群众防范意识增长缓慢，由生活用火不慎[3]、卧床吸烟、电气线路故障、超负荷用电等原因引发的火灾数量始终维持在较高水平。二是外来务工人口流动性较大，以天津市为例，外来务工人口数量较多、流动性强，为降低生活成本，其多租住于城市中的老旧小区、伙楼大院等场所，居住环境内电气线路老化故障等现象频发，且大功率电器使用、电动自行车室内充电等现象普遍存在，加之该类人群消防安全素质相对较低，火灾风险性较大。三是老旧小区内老弱病残、鳏寡孤独等弱势群体占比相对较多，该类群体普遍生活条件较差、身体行动不便、消防安全意识不足。

3 老旧小区消防安全隐患风险解决对策

3.1 加强消防设施的配置及管理工作

一是针对消防设施先天规划不足的老旧小区，包括作为居住场所使用的文物或历史风貌建筑，结合实际条件加装独立式感烟报警器、简易喷淋系统、电弧监测装置等消防设施，加装外跨疏散楼梯、疏散引导系统等疏散设施，改善建筑消防安全[4]和疏散条件；二是属地政府应为老旧小区居民楼栋逐一配备足量灭火器，同时推广配备家庭消防器材，如逃生面罩、家用灭火器、灭火毯、逃生哨子、应急手电等消防器材，并对居民开展使用方法培训，提升火灾第一时间应急处置、自防自救能力。三是针对现有消防设施缺失或故障损坏的老旧小区，及时进行加装、维修及更换，确保设施完好有效。以上措施从两方面开展工作：一是针对无物业或准物业的老旧小区，由于物业缺失或物业经费不足等客观因素，消防设施无人管理，该类小区应由属地街道代为管理或聘请有资质的第三方进行长效管理，属地财政部门划拨专项经费进行设施的加装和维修更换；二是针对有物业的老旧小区，物业公司应承担消防设施日常管理工作，通过召开业主委员会、使用大维基金等途径对故障设施进行维修更换，属地物业管理部门及社区居委会应予以帮扶指导。

3.2 加强电动自行车的日常管理工作

一是强化源头治理，老旧小区应配套加装电动自行车停放车棚及智能充电桩[5]。针对群众普遍反映的电动自行车“充电难”问题，属地街道社区应合理确定车棚及充电桩安装地址，确保每个老旧小区至少有一处电动自行车集中停放充电场所，同时充电桩要具备智能充电、切断、定时及防高温、冲击等功能，防止电池过充故障，提升充电安全系数，其次应会同电力部门及第三方企业单位合理确定充电费用，避免定价过高，导致群众使用意愿降低。二是严格日常管理，以天津市为例，目前天津市政府已正式印发2021年版《天津市消防条例》，其中对电动自行车消防安全管理工作进行了明确，要求严禁在共用走道、楼梯间、安全出口等公共区域停放电动自行车，且充电应符合用电安全要求。乡镇人民政府、街道办事处应当落实电动车安全宣传教育、停放充电管理等工作，居委会、村委会、物业企业应做好巡查、检查工作，同时乡镇人民政府、街道办事处及消防救援机构应履行监督执法职责，用好责令改正、处罚等执法手段，规范群众停放充电行为，提升老旧小区电动自行车安全系数。

3.3 加强消防车通道的日常管理工作

一是加强消防车通道源头疏通治理，在此方面，属地管理及交通等部门应该规范老旧小区外部停车秩序，结合群众停车实际需求，通过劝解、警示提醒、张贴禁停单、违停处罚等方式，最大限度确保车辆沿道路右侧单侧停放，提升消防车辆通行能力；同时，属地管理部门应积极协调老旧小区周边商场、写字楼等单位，利用晚间、夜间时间将停车场面向小区居民开放，缓解小区内部停车压力。二是加强日常监督管理，首先应做好标识指示工作，老旧小区物业服务企业或社区居委会应在小区内部通行道路施画车辆禁停黄线并设置显著标识[6]，提示居民禁止占用堵塞消防车通道，同时申请属地交管部门在小区周边道路施画禁停黄线并设置标识，提升居民规范停车意识，对恶意停车、拒不配合的人员采取罚款、拖车等强制执法手段，持续净化停车生态。

3.4 加强社会化消防宣传教育工作

一是发挥新媒体资源优势，将消防宣传融入时代潮流。当今社会微博、微信、抖音、快手等新媒体平台广泛流行，年龄层涵盖青少年及中老年群体，特别是短视频等媒体形式具备吸引眼球、传播迅速、覆盖面广、时间成本小等优点，将消防宣传与新媒体平台融合可大大提升宣传的效率和效果，同时短视频等素材编辑性与操作性也较强，宣传作品的质量也较大提升，群众更易接受并产生共鸣。二是加强网格化宣传力度，聚焦社区弱势群体。经过对城市中心城区火灾数据统计分析发现，亡人火灾多集中于消防安全条件较差的老旧住宅区内，死伤人员多为老弱病残幼、鳏寡孤独等弱势群体，因此消防宣传教育既要点多面广，又要发力精准，老旧小区所属街道社区要发挥社区居委会网格化机制优势，将消防宣传工作融入日常居民工作中，运用微信提示、入门入户宣讲等方式针对弱势群体开展宣传教育，以天津市为例，按照有关规定社区网格员每周开展群众消防安全工作不应小于15小时。三是以居民社区为单位广泛建设消防学习体验室，定期组织小区居民、周边群众开展学习培训，提升消防意识和逃生自救能力。按照风险防控理念和发达国家经验，持续提升人的消防安全意识和素养对遏制火灾发生、减少人员伤亡具有关键性的作用，网格化宣传工作应常抓不懈。

4 结语

本文结合当前经济社会发展实际和历年城市火灾发生规律及特点，以城市中的老旧住宅小区为研究对象，研判分析出消防规划设计不完善、消防设施故障损坏及管理缺失、电动自行车入楼停放充电、消防车通道占用堵塞、居民消防安全意识不足等突出隐患风险。同时以“人、物、环境、管理”安全风险管控原则为指导思想，以解决实际问题为根本目的，提出了加强消防设施装配及管理维护、加强电动自行车安全管理、加强消防车通道疏通治理、加强社区消防宣传教育等针对性解决对策，对提升老旧住宅小区现有消防安全水平、防控火灾事故发生具有一定实际指导意义。

参考文献

[1] 张少见，李楠．居民住宅火灾防控探讨［J］．消防科学与技术 2016，35（12）：1766-1768.

[2] 袁江波．新时期住宅小区消防安全管理对策探讨［J］．武警学院学报，2021，37（8）：59-62.

[3] 石岩峰．住宅小区火灾隐患及消防安全对策［J］．武警学院学报，2017，33（6）：54-57.

[4] 白宇甲，占伟．居民小区消防安全高风险分析及防范措施［J］．中国安全生产，2017，12（6）：40-42.

[5] 陈娟娟．电动自行车消防安全问题及火灾防范对策［J］．今日消防，2021，6（7）：71-73.

[6] 何肇瑜．析论打通消防“生命通道”的现状与对策［J］．消防科学与技术，2020，39（6）：869-871.

冷库建筑火灾风险分析及对策研究

王　岳

（天津市消防救援总队，天津　南开）

摘　要　随着经济社会不断发展，我国冷链行业不断发展扩张，各地特别是港口城市的冷库建筑不断增多，其制冷工艺设计和建筑构造引发火灾隐患问题给火灾防控工作带来了新的挑战。笔者结合工作实际，分析当前冷库建筑的主要制冷方式和火灾危险性，探究冷库建筑在消防安全管理的不利因素，并对当前冷库防火工作提出了对策建议，为该类场所消防安全管理工作提供理论依据和参考。

关键词　消防　冷库　制冷方式　火灾危险性　对策建议

1　引言

近年来，随着居民消费方式和结构的转变以及网购电商的快速增长，冷链物流业快速发展。在国家政策的大力支持下，各地不断加强冷链物流基础设施建设，各类冷库建筑不断增多。目前，我国冷库保有量为世界第三。全国来讲，主要集中在长三角、珠三角和环渤海地区。冷链行业大力发展惠及群众生产生活的同时，冷库建筑的火灾危险性也日益凸显。近年来，很多物流、大型商业综合体中都建起了冷库。这类场所大量使用易燃可燃有毒保温材料，违规动火用电问题突出，加之建筑内火灾荷载较大，并且封闭性较强，一旦发生火灾，容易形成大面积立体式燃烧，造成严重的人身和财产损失。每年冷库及冷冻加工企业出现安全生产事故以及引发的火灾事故也呈攀升趋势[1]。2020 年，全国共发生冷库火灾 190 起，直接财产损失 3999.2 万元。上海青浦“3·20”火灾和福建福清“8·10”冷库火灾，各造成 2 人死亡。

2　某直辖市冷库调研情况分析

某直辖市作为我国重要港口城市之一，冷链物流行业发展居全国前列。据统计，全市冷库类建筑共计 568 座，冷库保有量 144.8 万吨。

2.1　建造方式及规模

据统计，全市现存单独建造冷库 188 座，附设在其他建筑内的冷库 380 座。单独建造的冷库一般体量大、物品种类和数量较多，火灾荷载量级较大。附设在其他建筑内的冷库主要为附设在餐饮场所、商市场等人员密集场所和大型厂房中，其规模一般较小，物品摆放集中，且冷库周边环境相对复杂。一旦发生火灾，不利于灭火救援，易造成火灾大规模蔓延（图 1）。

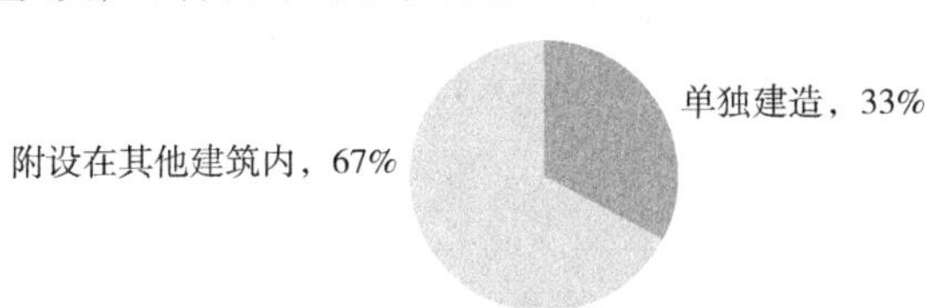

图 1　某直辖市冷库建造方式分析

2.2　制冷方式

目前，冷库主要采用的制冷剂和制冷方式为：氟制冷、氨制冷和二氧化碳制冷。188 座单独建造的冷库中，采用氟制冷 159 座，氨制冷 28 座，二氧化碳制冷 1 座。附设在其他建筑内的冷库 380 座中，采用氟制冷 368 座，氨制冷 12 座。采用氟制冷方式的冷库占比最多，共计 527 座，占全部的 92.8%；采用氨制冷方式的冷库共计 40 座，占比全部总量的 7%（图 2）。

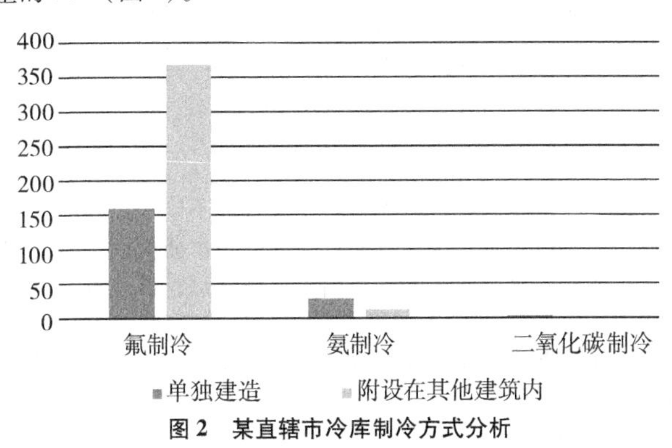

图 2　某直辖市冷库制冷方式分析

2.3　区域分布

按照《冷库设计规范》（GB 50072—2010）第 3.0.1 条的规定，冷库的设计规模以冷藏间或冰库的公称容积为计算标准。公称容积大于 20000m³ 为大型冷库；20000～5000m³ 为中型冷库；小于 5000m³ 为小型冷库[2]。根据调研统计，全市大型冷库共计 59 座，中型冷库 58 座，小型冷库 471 座。大、中型冷库主要集中于环城四区和远郊区，小型冷库主要分布在市内六区（图 3）。

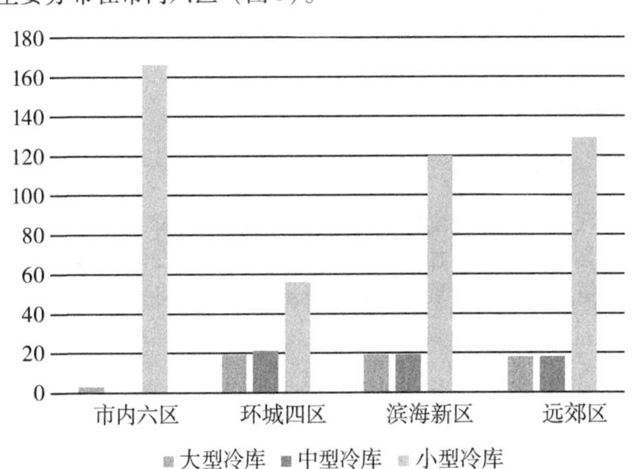

图 3　某直辖市冷库区域性分布分析

3　冷库建筑的火灾风险分析

3.1　建筑结构特性

一是随着市场需求的快速增长，冷库建筑面积和容积不断呈大体量发展，冷库储存物资增加，导致火灾荷载量级上升。二是冷库由于制冷保温的功能需要，其建筑结构具有密闭性，难以通风和排烟，一旦发生火灾，不利于人员逃生、物资疏散和灭火救援。三是建筑采用大量保温材料。保温材料相对于其他建筑材料，普遍具有燃烧速度快、发烟量大的特点，发生火灾后，能够迅速造成火势蔓延并产生大量有毒烟气。四是冷库建筑大多采用钢结构，发生火灾后，建筑结构极易变形坍塌。

3.2 制冷剂及制冷工艺

制冷剂，又称冷媒、雪种，是各种热机中借以完成能量转化的媒介物质。这些物质通常以可逆的相变（如气-液相变）来增大功率。制冷机通过制冷剂的作用，将低温处的热量传动到高温处。氨作为自然环保工质（GWP＝0，ODP＝0），具有良好的热工性能，是冷库用制冷系统的主要工质[3]。氨气是无色有刺激性气味气体，属于乙类气体，爆炸极限为16%~25%，遇明火会爆炸[4]。通常将气态氨通过加压或冷却得到液态氨，液氨具有腐蚀性，且容易挥发，液氨可作为冷冻剂。液氨为又称为无水氨，是一种无色、有毒、可燃、具有腐蚀性的液体。

3.3 消防安全管理不足

调研发现，大部分冷库消防安全管理不同程度存在短板漏洞，主要表现为：一是冷库过道内堆积木质托盘、包装纸箱等可燃物，增大火灾荷载，堵占疏散通道；二是在冷库穿堂内或者贴临冷库设置的叉车充电间未建立有效的防火分隔。三是一些大、中型冷库采取分区租赁的形式，作业人员数量较多，管理相对混乱。四是消防安全管理责任落实不到位，日常消防安全管理缺失，消防设施和电气线路未得到有效巡查和维护保养，一些单位还存在违规电气焊作业等情况。

3.4 灭火救援难度较大

从近年来的火灾战例来看，相对一般丙类仓库，冷库火灾的灭火救援难度较大。建筑可燃物较多，火势发展迅猛，并通过外墙保温容易形成立体火灾，并大面积蔓延，特别是火灾排烟难度较大，具有建筑倒塌风险，对内功作战、人员搜集造成了极大地不利影响。此外，由于冷库建筑内摆放大量货架和货物，给火灾处置后的灭火清理工作带来难度，一些冷库火灾收残时间甚至超过24h。

4 消防安全对策

4.1 夯实基础建设，推动行业健康发展

政府部门在鼓励冷链行业快速发展的同时，要统筹好安全和发展的关系，加强基础建设工作，夯实安全基本盘，保障冷链夯实健康发展。一是规范规划选址，将冷链产业布局与消防规划有机结合。二是在促进冷链行业快速发展的同时，按照国家标准的要求，严格控制大型冷库的规模，严禁违反国家标准超规模建设。三是对涉及旧厂房改造、扩建的冷库，要把好审批关口，对违建冷库及时整改清理。

4.2 强化风险研判，重点整治突出风险

行业部门要建立健全消防安全风险评估机制，推动冷链企业定期开展消防安全风险评估，研判管理漏洞和短板，建立火灾隐患清单，逐一分析消防安全风险隐患，提出消防安全治理方案对策，实行“一库一策”的消防管理模式，提升精细化管理水平。对消防设施瘫痪、防火分区扩大、保温材料耐火性能差等突出火灾隐患问题采取定期专项督导检查，加强行业监管。

4.3 强化技防手段，提高本质安全水平

一是优化危险源的安全布局。在冷库的设计建造环节，要充分考虑制冷机房、发电机房、配电室等重要设施的布局布置，并按照规范有关要求，好防护分隔，二是提高火灾报警系统灵敏度，在冷藏间内建议采用空气采样探测系统，加强火灾早期探测预警。三是强化自动灭火设施工作效能。采用湿式系统时，可考虑按照ESFR喷头，提高响应速度。当采用干式或预作用系统时，可考虑使用加入防冻剂的快速响应喷头，提高响应速度。

4.4 加强培训教育，提高人员安全素质

冷库企业应加强员工的消防安全教育，开展经常性的培训，定期组织疏散演练。冷库的从业人员应掌握有关的安全知识，提高消防安全意识，自觉遵守用火用电规程。对氨压缩机房、配电室等重点部位设置防火安全标志，实行严格的管理，每日定期进行巡查检查。消防控制室设置专门值班人员，持证上岗，具备处置初期火灾的能力，并确保24h双人在岗。

5 结论

当前冷链行业快速发展，服务经济社会的同时，给消防工作带来了严峻考验。为防止此类建筑火灾发生，应当及时分析掌握行业消防安全现状，针对普遍存在的风险隐患，采取有针对性的治理手段，并建立长效机制，规范行业消防安全，保障冷链行业安全、健康、有序发展。

参考文献

[1] 程磊．冷库火灾成因及其防范对策［J］．广西民族大学学报，2016，9：1-3.

[2] GB 50072—2010，冷库设计规范［S］.

[3] 刘海波．大型储备肉专用冷库制冷系统能耗分析与节能研究［D］．北京：北京工业大学．2018.

[4] 李海清．涉氨冷库火灾防控对策探析［J］．武警学院学报，2014，6：61-63.

石化企业多米诺效应风险及消防应急能力评估方法研究

张　苗

（天津市和平区消防救援支队，天津）

摘　要　石化企业中重大危险源高度集中、大型化工装置分布密集，一旦某个装置发生危化品泄漏或者火灾、爆炸等事故，极易对周边邻近装置产生破坏，引发多米诺事故，造成重大人员伤亡和财产损失。本文基于典型事故案例的统计与分析，对石化企业开展多米诺效应风险分析与消防应急处置能力评估研究，提出了基于多米诺效应的石化企业风险定量评估技术方法，构建了石化企业消防应急处置能力评估模式，为指导石化企业进行安全管理和决策，提高企业火灾防控能力与技术水平提供了理论和技术依据。在此基础上，通过工程应用实例验证了评估方法的合理性、可靠性以及实用性。

关键词　石化企业　多米诺效应　消防应急能力　风险评估

0　引言

石油化工行业是我国重要的能源与基础原材料工业，一直以来也是推动国民经济发展的支柱产业。近年来，随着我国石化产业的快速发展，大型化工装置的分布日益密集，重大危险源高度集中，一旦其中某个装置发生危险化学品泄漏或者火灾、爆炸等事故，这些事故产生的热辐射、超压或爆炸碎片极易对周边邻近装置产生破坏，引发多米诺事故，造成重大人员伤亡和财产损失。2005 年 11 月 13 日，中石油吉林石化公司双苯厂苯胺装置硝化单元发生爆炸，并引发多米诺效应，导致周边装置连续发生爆炸事故，最终造成 5 人死亡，70 余人受伤，一套生产装置及两个储罐报废，四套生产装置停产，直接经济损失高达 6908 万元，爆炸污染物和污水进入了松花江，造成了重大的环境污染事件。2015 年 4 月 6 日，福建漳州古雷石化腾龙芳烃有限公司厂区中部的芳烃（PX 项目）吸附分离装置发生爆炸、火灾事故，造成装置西侧储罐区内的 2 个重石脑油罐和 1 个轻重整液罐同时发生爆炸、火灾，爆炸区域附近的消防设施、部分反应装置、生产设备钢架、建构筑、管廊管线均受到不同程度的损毁，事故造成 6 人受伤，直接经济损失 9457 万元。2017 年 6 月 5 日，山东临沂金誉石化有限公司储运部装卸区的一辆液化石油气运输罐车在装卸作业时发生泄漏引发爆炸火灾事故。事故造成 10 人死亡，9 人受伤，直接经济损失 4468 万元。同时，我国石化企业普遍缺乏长效、动态、全面的消防安全评估机制，突击性的消防安全检查与火灾隐患排查只能对一些表面的问题进行纠正和治理，基于工艺装置火灾风险的消防力量配置与调度、应急管理及处置能力评估等研究相对较少。

本文从石化企业生产及存储特点出发，结合典型事故案例的统计结果，对石化企业的多米诺效应风险进行分析，明确了多米诺事故的传播机理及发展规律，并针对其潜在事故风险特点构建消防应急能力评估模式，以预防和控制多米诺事故的发生，提高企业抵御重大事故风险的能力。

1　石化企业多米诺事故模式与消防处置特点

1.1　石化企业多米诺事故模式

多米诺效应是指一系列的事故序列，火灾、爆炸或泄漏扩散等初始事故的物理效应的传播导致周边其他装置或设备发生二次事故，导致事故总体后果比初始事故后果更为严重。其中，发生初始事故的单元为一级单元，由初始事故直接作用引发事故的单元称为二级单元，依次为三级单元、四级单元等。初始事故发生后，其影响因素和扩展因素是不同的，如表 1 所示[1-7]。

表 1　典型初始火灾爆炸事故的影响因素及扩展因素

初始事故类型	影响因素	扩展因素
池火	热辐射	热辐射
喷射火	热辐射	热辐射
闪火	热辐射	热辐射
火球	热辐射	热辐射
物理爆炸	超压	超压
蒸气云爆炸（VCE）	超压	超压、爆炸碎片
沸腾液体扩展蒸气爆炸（BLEVE）	超压	超压、爆炸碎片

多米诺效应的扩展因素在实际事故中的扩展可以用多米诺效应扩展模式来描述，图 1 显示了石化企业的多米诺效应扩展模式。对于石化企业来说，工艺生产装置和设备设施发生泄漏后，可燃气体或可燃液体及其蒸气会形成丰富的爆炸危险环境，在点火源的作用下即可发生火灾或爆炸事故，形成初始事故单元。火灾或爆炸事故以热辐射、爆炸冲击波及抛射碎片等形式作用于邻近的生产装置、储罐、管道以及易燃易爆气体混合的受限空间，造成单元中易燃易爆物质的意外释放，一旦超过临界条件，则引发一级多米诺事故。以此类推，若破坏范围内存在危险单元，这种连锁效应会继续保持并导致更高级多米诺事故的发生，形成多米诺效应。另外，在初始事故和一级多米诺事故的能量协同作用下，也可能会达到三次事故单元的临界条件，引发二级多米诺事故。当然，初始事故也可能直接触发周边其他单元发生多米诺事故。

1.2　石化企业火灾事故消防应急处置特点

基于石化企业典型火灾事故案例的统计数据，主要从以下五个方面对我国石化企业火灾事故的消防应急处置情况行分析。

（1）灭火力量情况分析

石化企业火灾事故按照起火点的不同可以分为化工装置火灾和储罐火灾，不论哪一种火灾，一旦形成稳定燃烧就会迅速扩展为大面积、立体式、流淌燃烧、爆炸与倒塌相间的格局。根据典型火灾事故案例统计数据，石化企业火灾事故灭火救援行动平均需要调集消防人员 431 名，消防车辆 72 辆。另外，在整个灭火过程中需要对起火装置及邻近危险装置设备进行不间断冷却，明火扑灭后还需持续冷却和清理监护，防止发生复燃、复爆和泄漏。因此，快速、充足的灭火力量和救援物资调度是成功处置石化企业火灾爆炸事故的根本保障。

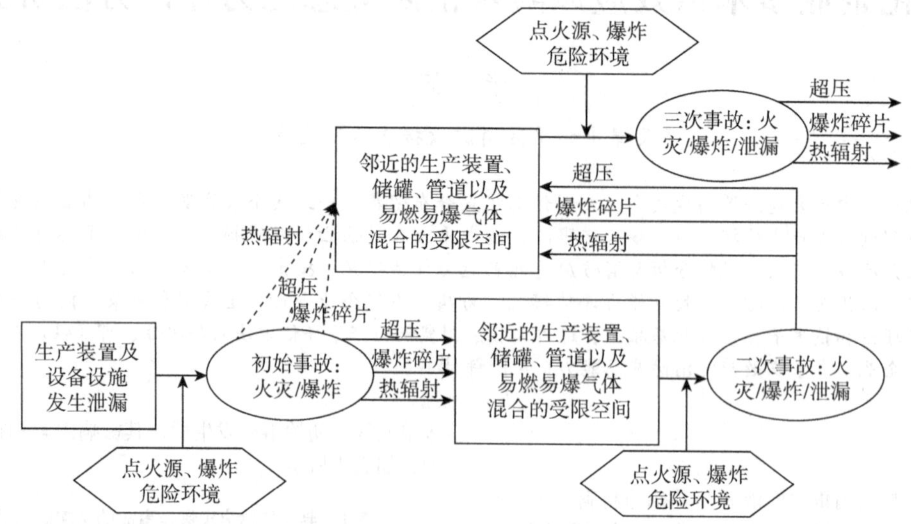

图1　石化企业多米诺效应扩展模式

（2）固定消防设施利用情况分析

石化企业装置区和存储区的固定消防灭火设施在没有遭到破坏并正常有效运行的情况下，是扑救初期火灾的主要措施。根据典型火灾事故案例统计数据，使用固定消防设施进行灭火的为31.25%，未使用的为62.5%。其中，因火灾或爆炸损坏而无法正常使用固定消防设施的事故往往需要花费3倍以上时间才能将火势基本控制。因此，在泄漏或火灾事故初期，及时启动固定消防设施抢占最佳控/灭火时间是成功处置事故的基础。一旦固定消防设施在火灾或爆炸中被损坏而无法正常使用，则需要加大对大流量、大功率水罐消防车、泡沫消防车、高喷车、移动水炮、远程供水系统等移动消防车辆装备的调配，并以此作为火场冷却灭火的主要手段。

（3）控火和灭火时间情况分析

石化企业火灾或爆炸事故通常规模大、燃烧猛烈、发展迅速，事故处置过程中技术难度大、危险性高、耗费时间较长。根据典型火灾事故案例统计数据，从控火时间来看，火势在1h之内得到控制的基本为0，火势在1~3h之内得到控制的为21%，火势在3~10h之内得到控制的为41.5%，火势在10~24h之内得到控制的为25%，火势在24h以上得到控制的为12.5%；从灭火时间来看，1h以内基本扑灭火灾的事故为0，1~3h扑灭火灾的事故比例为12.5%，3~10h扑灭火灾的为32.5%，10~24h扑灭火灾的为29%，24h以上扑灭火灾的为16%。因此，石化企业的火灾扑救是一场"持久战"，需要在人员、车辆装备、灭火物资和后勤保障等方面做好充分准备，保证及时调派。

（4）工艺措施灭火情况分析

石化企业发生火灾或爆炸事故，特别是当化工装置区发生泄漏起火时，需要采取一定的工艺措施进行火灾扑救，消防人员应及时会同厂区的技术人员研究处置措施。组织相关人员进行关阀断料，检查并开启固定消防灭火设施，利用工艺措施对起火装置管道进行氮气稀释、泄压等，对危险区域的可燃气体浓度进行实时监测，对爆炸区装置管线内的残留物等进行抽样化验，明火扑灭后对泄漏点进行检测监护，完成堵漏和倒料等工艺处置。在以往的事故案例中，有75%的事故是通过充分应用工艺措施成功灭火的。因此，在石油和化工类企业的火灾扑救中，采取工艺措施灭火是行之有效的基本战术。

（5）冷却抑爆力量布置情况分析

纵观以往石油和化工类企业火灾或爆炸事故的成功处置案例，可以发现"冷却抑爆"的战术措施被普遍应用于灭火救援行动中。组织大量枪/炮阵地对着火装置、邻近危险装置进行全方位不间断的冷却稀释，抑制爆炸，阻止火势蔓延是贯穿整个灭火救援过程的核心战术，也是成功扑灭火灾的关键。

2　石化企业多米诺效应风险定量评估方法研究

2.1　基于多米诺效应的定量风险评估程序

石化企业中，多米诺效应会引发一连串事故的发生，这些事故的发生次序有可能是串联结构的事故链，也有可能是串并联结构共存的事故网，无论哪一种事故场景组合，均导致了事故整体风险的加大。基于事故发生概率和事故后果严重度这两个指标，多米诺效应下石化企业定量风险评价的主要内容包含以下4个方面：

（1）事故危险源及事故场景的辨识与分析

主要是通过收集资料和现场考察，对企业内存在的危险源进行调查，并对其危险有害因素进行辨识，确定评估对象，合理划分评估单元。在此基础上，以泄漏事件为唯一初始致灾因素，按照不同的泄漏模式和演化规律，利用事件树分析法得到初始火灾或爆炸事故场景。并对初始事故场景的发展模式和影响因素进行分析，得出所有可能的二次事故场景组合，根据二次事故发生的可能性及影响后果的严重程度，确定最可信的多米诺事故场景组合。

（2）事故发生概率评估

此评估过程包括初始事故发生概率评估和多米诺事故发生概率评估两部分。其中，初始事故概率评估又与危险源的泄漏概率和点火概率相关。初始事故的发生仅受危险源泄漏单一事件的影响，多米诺事故的发生可能由单一初始火灾或爆炸事故引发（二次事故）或是由多种事故类型协同作用下引发（三次事故）[8]。事故发生概率评估，主要是通过事故统计资料获得的基础数据、基于修正系数改进的失效概率以及失效概率的简化计算模型等对事故发生的可能性进行定量评估。

（3）事故后果严重程度的动态评估

事故后果严重程度是指事故发生后产生的热辐射、冲击波超压、抛射碎片、易燃易爆物质的泄漏扩散、物理爆炸等物理效应，对事故受灾体自身及其邻近的其他设施设备、建构筑物、人员及环境的破坏作用的大小。随着事故破坏效应的传播性和传递性，事故后果的严重程度逐渐扩大，直至破坏效应无法对新的未受影响的事物和人员造成破坏，此时事故的影响范围达到最大，事故破坏后果的严重度最高。事故后果严重程度的动态评估包括初始事故后果影响评估和多米诺事故后果影响评估，主要是评估事故后果对周边设施设备、人员和环境的影响作用。它通过事故后果的伤害模型，得到热辐射、超压和碎片效应随距离的变化规律，并通过相应的伤害准则，判断事故后果造成的人员伤亡半径和财产损失半径。当初始物质参数不确定且计算过程太过复杂时，还可以通过相应的软件对不同事故的失效模式进行模拟分析，得到事故后果的影响范围和严重程度。

（4）事故整体风险的定量评估

事故整体风险最终是通过事故受灾体的风险损失来体现的。在事故概率分析和后果严重度分析的基础上，可以把每个事件的风险表示出来，将每个风险事件进行加和就可以得到事故的整体风险。为了更加清晰地表达出事故造成的生命风险和财产风险大小，通过订立个人风险和社会风险指标对事故的生命风险进行量化，通过计算事故造成的财产损失值表征其财产风险。最后，参考国外发达国家和地区的风险标准，依据国内的相关文件规定，基于具体企业的经济水平、对风险的容忍度以及风险的计算结果，制定企业内部的可容许风险标准。

图 2 表示了多米诺效应下石化企业定量风险评价的主要流程。

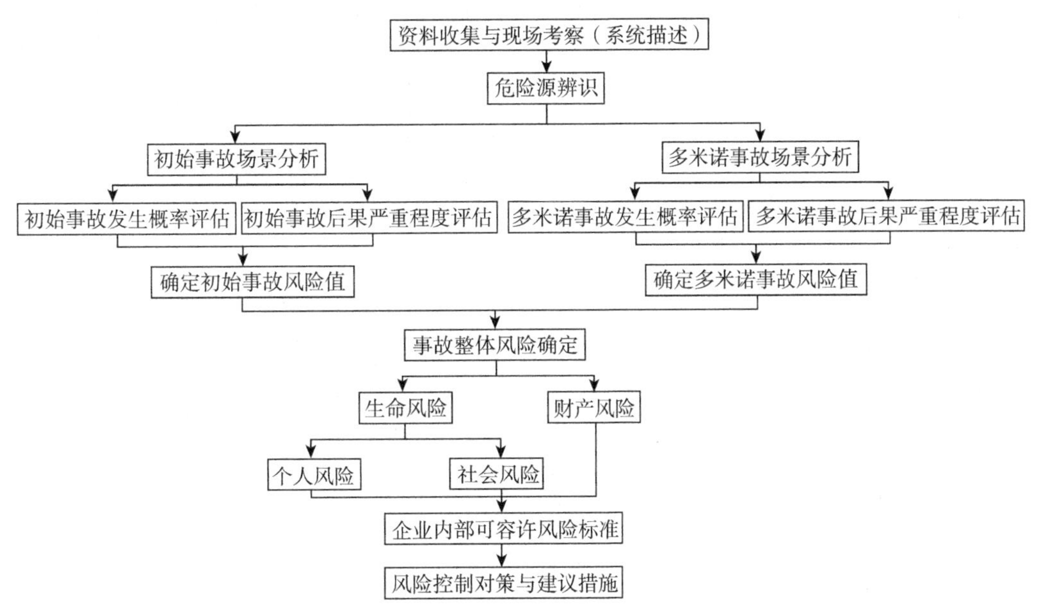

图 2　石化企业定量风险评价流程图

2.2　*石化企业多米诺效应风险计算方法*

石化企业化工设备的风险特性需要从其本身固有风险以及该设备发生事故时由于多米诺效应而导致周边设备发生多米诺事故的风险两方面综合考虑。在此基础上，还应考虑安全屏障对事故风险的减缓作用，石化企业化工设备的风险计算模型如图 3 所示。

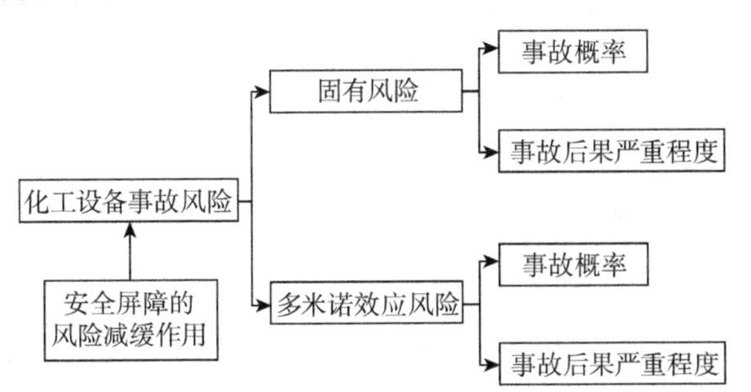

图 3　考虑多米诺效应的化工设备风险计算模型

其中，化工设备固有风险可以通过设备固有危险指数（RI）及其事故概率进行表征，用公式表示为：

$$R_{I,i} = RI_i \times f_i \tag{1}$$

$$RI = \sum_{k=1}^{n}\left(\frac{Q_k \times O_1 \times O_2 \times O_3}{G_k} \times MF_k\right) \tag{2}$$

式中，RI_i 为设备 i 的固有危险指数；f_i 为设备 i 发生事故的概率；Q_k为设备内第 k 种物料的质量，kg；G_k为设备内第 k 种危险物料的临界值，kg；O_1，O_2，O_3 为过程条件参数，取值范围为（0.1，1）的二项式分布函数；MF_k为设备内的第 k 种物料的物质系数。

化工设备的多米诺效应风险指数（RD）定义为设备固有危险指数（RI）与空间衰减系数（S）的乘积，即：

$$RD_{i,j} = RI_j \times S \tag{3}$$

$$S = \left(\frac{100}{D_{i,j}}\right)^k \tag{4}$$

式中，$F(D_{i,j})$ 为距离 D 的函数；k 为不同物理效应的破坏作用随空间距离增加而衰减的待定指数。不同初始事故物理效应的空间衰减系数（S）取值如表 2 所示。

表 2　不同初始事故物理效应的空间衰减系数[9]

初始事故类型	物理效应	空间衰减系数 S
火灾（池火、喷射火）	热辐射	$S=\left(\frac{100}{D_{i,j}}\right)^2$

续表

初始事故类型	物理效应	空间衰减系数 S
爆炸	冲击波超压	$S=\left(\frac{100}{D_{i,j}}\right)^3$

一旦多米诺场景产生，通过贝叶斯网络分析可以获取发生初始事故的设备引发其他设备发生多米诺事故的信息及概率，从而可以建立初始事故多米诺效应概率矩阵 $F_{n\times n}$。

$$F_{n\times n}=\begin{bmatrix} f_1 & f_{1,2} & \cdots & f_{1,n} \\ f_{2,1} & f_2 & \cdots & f_{2,n} \\ \vdots & \vdots & \vdots & \vdots \\ f_{n,1} & f_{n,2} & \cdots & f_n \end{bmatrix} \tag{5}$$

考虑所有事故场景下，设备 i 失效的概率集合可以表示为：

$$F_i=(f_{1,i}\cdots f_i\cdots f_{n,i}) \tag{6}$$

将 F_i 中的数值相加即可得到设备 i 的总失效概率。当已知设备 i 发生初始事故的概率 f_i 及其导致设备 j 发生多米诺事故的概率 $f_{i,j}$ 时，化工设备 i 的多米诺效应风险可以由式（7）计算：

$$R_{D,i}=\sum_{j=1,j\neq 1}^{n}(f_i\times f_{i,j}\times RD_{i,j}) \tag{7}$$

在对初始事故设备 i 导致的多米诺事故场景进行分析并得到该设备的多米诺效应风险后，化工设备 i 的总风险应综合考虑设备自身固有风险和多米诺效应风险，用公式（8）可以表示为：

$$R_i=R_{I,i}+R_{D,i}=RI_i\times f_i+\sum_{j=1,j\neq i}^{n}(f_i\times f_{i,j}\times RD_{i,j}) \tag{8}$$

对待评估设备单元内的所有设备分别进行设备自身固有风险和多米诺效应风险分析，就可以得到所有设备事故的风险，对所有设备的总风险进行排序，设备的风险越高说明越需要进行重点监控，需要对该设备设置足够的安全防护措施，预防设备各类事故的发生。

在实际生产过程中，石化企业会在不同层面、不同环节上设置一系列安全屏障来减少化工设备事故的发生概率，降低化工设备的事故后果严重程度。这种通过安全屏障减缓作用后的事故风险称为事故残余风险。化工设备的事故残余风险可以表示为：

$$R'_i=R_{I,i}+R'_{D,i}=RI_i\times f_i+\sum_{j=1,j\neq i}^{n}\left[f_i\times f_{i,j}\times\prod_{k=1}^{K}PFD_k\times RD_{i,j}\right] \tag{9}$$

3 石化企业消防应急能力评估方法研究

3.1 消防系统完整性评估

消防系统在竣工并通过建设、消防等相关部门的技术检测和审核验收后，可以正式投入运行和使用。此时，消防系统可以保证较好的完整性，即在设备设施的使用周期和生命周期内保持整体外观完好、附件齐全以及消防功能的固有可靠。随着消防系统运行和使用时间的延长，由于外界环境条件、设备设施的腐蚀老化、人员的不当操作等因素的影响，会导致系统出现安全问题和故障，直接影响系统的完整性。因此，对于石化企业，将消防系统完整性作为总的评估目标，将各个消防子系统作为二级评估指标，将日常外观检查、现场运行测试情况和消防设施检测记录作为三级评估指标，则消防系统完整性评估体系框架如图4所示。

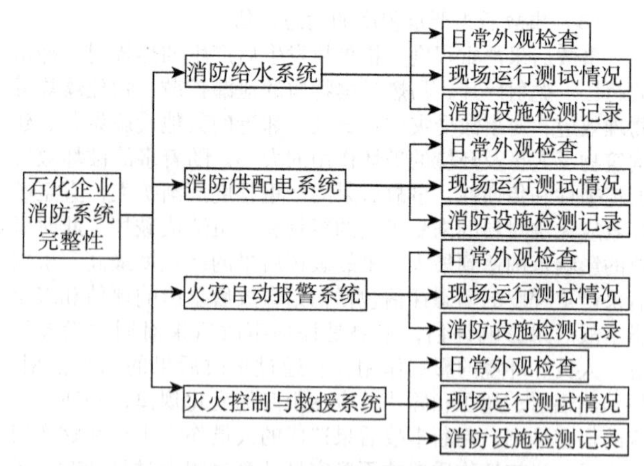

图4 石化企业消防系统完整性评估指标体系

其中，消防系统日常外观检查的内容主要包括消防系统设置场所的环境状况、消防系统及其组件的外观和工作状态等。现场运行测试主要是对处于准工作状态下的消防系统的一些关键性能，在操作现场进行产品的质量检查。消防设施检测主要是对消防系统的功能性进行测试性检查。根据相关消防系统检测及维护管理规范标准的要求，建立各个评估指标安全检查表，并对检查结果进行评估打分。各个评估指标的得分率可表示为：

$$\varphi=\frac{V'}{V}\times 100\% \tag{10}$$

式中，V'为实际评估得分；V为实际评估项的分值总和；φ为评估指标因子的得分率。

考虑到各消防子系统评估指标对抵御火灾风险的贡献程度不同，需要对其权重进行确定。本文基于事故统计和经验结论[10]，确定了各消防子系统评估指标的风险系数，如表3所示。

表3 各消防子系统评估指标权重分配表

消防子系统评估指标		风险系数
消防供配电系统		$k_1=0.15$
消防给水系统		$k_2=0.15$
火灾自动报警系统		$k_3=0.15$
灭火控制与救援系统	消防水喷淋灭火系统	$k_4=0.15$
	泡沫灭火系统	$k_5=0.15$
	消火栓系统	$k_6=0.0625$
	消防炮	$k_7=0.0625$
	灭火器	$k_8=0.0625$
	应急照明与疏散指示系统	$k_9=0.0625$

由此得出，石化企业消防系统完整性评估的最终得分如式（11）所示：

$$\varphi'=\frac{\varphi_1\times k_1+\varphi_2\times k_2+\cdots+\varphi_9\times k_9}{k_1+k_2+\cdots+k_9}=\frac{\sum_{i=1}^{9}k_i\varphi_i}{k_1+k_2+\cdots k_9} \tag{11}$$

消防系统响应完整度 $R_i=\frac{\varphi'}{100}$，根据评估结果可以对消防系统的完整性进行分级，如表4所示。

表4 石化企业消防系统完整性等级划分

消防系统完整响应度 R_i	消防系统完整性评估分值 φ'	完整性等级	等级说明
$R_i \leqslant 0.2$	$\varphi' \leqslant 20$	很差	消防系统存在严重安全问题或发生故障，不能保证消防功能的固有可靠性；
$0.2<R_i \leqslant 0.4$	$20<\varphi' \leqslant 40$	较差	消防系统存在较大安全问题或故障，消防功能的固有可靠性较差；
$0.4<R_i \leqslant 0.6$	$40<\varphi' \leqslant 60$	一般	消防系统存在一般安全问题或轻微故障，消防功能的固有可靠性较差；
$0.6<R_i \leqslant 0.8$	$60<\varphi' \leqslant 80$	较好	消防系统整体外观基本完好、附件较齐全，能保持一定的消防功能；
$0.8<R_i \leqslant 1.0$	$80<\varphi' \leqslant 100$	很好	消防系统整体外观完好、附件齐全，能保持消防功能的固有可靠。

3.2 消防系统可靠性评估

消防系统可靠性是指在规定的工作条件下，在任意随机时间内需要或开始执行任务时，系统能够顺利完成预设消防功能的能力[11]。为了对消防系统可靠性进行定量评估，提出“消防系统运行可靠度（R_o）”的概念，即表示消防系统可靠运行的概率。消防系统的运行可靠性主要取决于系统发生故障的难易程度、故障后的修复能力以及可用状态的维持能力，具体与当时特定的使用条件、环境和响应效率有关，可以用平均故障概率（f）进行度量，即 $R_o=1-f$。

对于石化企业，露天生产装置区和罐区是消防系统的重点监管区域。当发生火灾事故时，系统发生故障的难易程度、故障后的修复能力以及可用状态的维持能力随时间的增长呈动态变化，即火灾持续时间越长、火灾规模越大，系统越易发生故障，可用状态的维持能力越差，故障后的修复能力也越差。在事故发生初期，可认为消防系统不会受到影响，其运行可靠性与自身本质属性相关，也就是只与其固有故障概率相关。随着事故的不断发展和扩大，消防系统在火焰热辐射的作用下会受到破坏，导致运行故障，无法实现应有的消防作用。因此，消防系统的可靠性可以通过两个关键时间值进行判定，火灾得到控制时间（tte）和消防系统受辐射失效时间（T_{tf}）。根据这两个关键时间可以提出消防系统是否可用的判定准则：在某个火灾场景下，若火灾得到控制的时间大于消防系统受辐射失效时间（即 $tte>T_{tf}$），则认为消防系统遭到破坏发生故障，不能正常完成预设消防功能，其可靠性会在 T_{tf} 时间内逐步失去；若火灾得到控制的时间小于系统受辐射失效时间（即 $tte \leqslant T_{tf}$），则认为消防系统不会受到火灾破坏，其运行可靠度仅与自身固有故障概率相关。

当储罐发生火灾时，火焰热辐射是造成储罐及其消防系统失效的主要原因。根据 Khakzad[12] 等的研究，消防系统会延长储罐的失效时间，对于安装在常压容器，用于抑制和减轻火灾的消防系统（如泡沫灭火系统），其对初始火灾产生的热辐射强度可以降低至原来的0.4倍，即 $I=0.4I_0$；对于安装在压力容器，用于冷却目标设备的消防系统（如消防冷却水系统），其对目标设备所接收到的热辐射强度可以降低至原来的0.5倍，即 $I=0.5I_0$。则安装在不同储罐上的消防系统的失效时间（T_{tf}）可表示为：

$$常压储罐：\ln(T_{tf}) = -1.128\ln(0.4I_0) - 2.667 \times 10^{-5}V + 9.877 \tag{12}$$

$$压力储罐：\ln(T_{tf}) = -0.947\ln(0.5I_0) + 8.835V^{0.032} \tag{13}$$

根据消防系统失效判定准则，消防系统的失效概率 P_L 及可靠度 R_0 可以用下式表示：

$$P_L = P(tte > T_{tf}) = 1 - \int_0^{T_{tf}} \frac{1}{\sigma\sqrt{2\pi}} e^{-0.5\left(\frac{tte-\mu}{\sigma}\right)^2} dtte,$$

$$R_0 = (1-f) \times P_L \tag{14}$$

安装在不同类型储罐上的消防系统的失效概率表达式如下：

$$固定顶罐：P_L = P(tte > T_{tf}) = 1 - \int_0^{T_{tf}} 0.063e^{-0.027(tte-27.186)^2} dtte \tag{15}$$

$$内浮顶罐：P_L = P(tte > T_{tf}) = 1 - \int_0^{T_{tf}} 0.062e^{-0.055(tte-22.5)^2} dtte \tag{16}$$

$$外浮顶罐：P_L = P(tte > T_{tf}) = 1 - \int_0^{T_{tf}} 0.061e^{-0.023(tte-22.494)^2} dtte \tag{17}$$

在对各个消防子系统进行可靠性评估的基础上，根据各子系统分配的风险系数，确定消防系统的整体运行可靠度，如式（18）所示：

$$R_0 = \frac{\sum_{i=1}^{n} k_i R_{0i}}{k_1 + k_2 + \cdots k_n} \tag{18}$$

式中，R_{0i} 为各消防子系统的运行可靠度；k_i 为各子系统的权重；n 为被评估的消防系统个数。

根据评估结果可以对消防系统的可靠性进行分级，如表5所示。

表5 石化企业消防系统可靠性等级划分

消防系统运行可靠度 R_o	可靠性等级	等级说明
$R_o \leqslant 0.2$	低	消防系统在运行过程中会发生故障，不能完成预设消防功能；
$0.2<R_o \leqslant 0.4$	较低	消防系统在运行过程中发生故障的概率较高，不能有效完成预设消防功能；
$0.4<R_o \leqslant 0.6$	一般	消防系统在运行过程中存在发生故障的可能性，基本能完成预设消防功能；
$0.6<R_o \leqslant 0.8$	较高	消防系统在运行过程中能够完成预设功能，发生故障的概率较低；
$0.8<R_o \leqslant 1.0$	高	消防系统在运行过程中能很好地完成预设功能，发生故障的概率很低。

3.3 消防系统有效性评估

消防系统有效性是指在规定的工作条件下，在给定时间内，系统能成功地满足工作要求的概率[176]。目前，关于系统有效性的定义还不统一，许多研究文献里常常将有效性和可靠性等同为一个概念，对二者的联系与区别不够明确，对各自包含的概念范围比较模糊。本文认为系统有效性较其可靠性具有更深层次的要求，不仅需要系统运行过程中的充分可靠，还要满足运行结果的绝对有效，即系统有效性需要通过对比目标的实现程度来进行确定。

为了对消防系统有效性进行定量评估，提出“消防系统综合有效度（R_A）”的概念，即表示消防系统对其功能预定目标的完成程度。消防系统有效性主要与系统固有可靠性和运行可靠性有关。其中，固有可靠性通过系统响应完整度（R_i）进行表征，运行可靠性通过系统运行可靠度（R_o）进行表征。则消防系统综合有效度（R_A）可以表示为：

$$R_A = R_i \times R_o \tag{19}$$

3.4 消防系统有效性评估

在完成对消防系统完整性、可靠性和有效性评估的基础上，确定消防系统应急能力的综合评估值（$\bar{R}$）及等级划分原则，如表6所示。

表6 石化企业消防系统应急能力综合评估值及分级

分值区间	等级划分	消防应急能力综合评估值 $\bar{R}$	应采取的措施
$\bar{R}\leq 0.2$	很差	$\bar{R}=\frac{R_i+R_o+R_A}{3}$	需要立即采取措施全力加强
$0.2<\bar{R}\leq 0.4$	较差		需要采取措施大力加强
$0.4<\bar{R}\leq 0.6$	一般		需要采取一定措施进行加强
$0.6<\bar{R}\leq 0.8$	较好		需要适当采取措施
$0.8<\bar{R}\leq 1.0$	很好		总结经验，继续保持

4 工程实例研究

4.1 实例概况

某大型石化企业主要进行乙烯及其衍生产品的生产、销售和研发，图5为该厂区乙烯生产装置和存储设备的卫星平面布置图。本文主要对图中原料罐区和中间罐区的多米诺效应风险和消防应急能力进行评估。

图5 厂区乙烯生产区域卫星平面布置图

4.2 罐区多米诺效应风险分析

4.2.1 罐区固有风险

经计算，原料罐区和中间罐区各储罐的固有风险指数如表7所示。

表7 各储罐固有风险指数

罐组名称	储罐编号	固有风险指数 *RI*
原料罐区	T-01A～T-01D	243.2
中间罐区	T-01A～T-01C	477
	T-02A～T-02C	431.7
	T-03A～-T-03C	903.9
	T-04A～T-04C	7747.7

在此基础上，分别计算原料罐区和中间罐区各储罐针对不同初始事故场景的固有风险，如表8所示。

表8 各储罐固有风险

罐组名称	储罐编号	初始事故场景	初始事故概率	固有风险
原料罐区	T-01A～T-01D（石脑油储罐）	池火	5.59×10^{-6}	1.36×10^{-3}
		UVCE	8.82×10^{-6}	2.15×10^{-3}
中间罐区	T-01A～T-01C（乙烯储罐）	池火	9.7×10^{-7}	4.63×10^{-4}
		UVCE	6.1×10^{-7}	2.91×10^{-4}
	T-02A～T-02C（丙烯储罐）	喷射火	4.9×10^{-6}	4.19×10^{-4}
		UVCE	1.18×10^{-6}	2.63×10^{-4}
	T-03A～-T-03C（饱和液化气储罐）	喷射火	4.9×10^{-6}	4.43×10^{-3}
		UVCE	1.18×10^{-6}	1.07×10^{-3}
	T-04A～T-04C（丁二烯储罐）	喷射火	4.9×10^{-6}	7.52×10^{-3}
		UVCE	1.18×10^{-6}	4.73×10^{-3}

由计算结果可知，各储罐的固有风险与储罐的存储介质、所处的工艺条件和初始事故场景有关，与储罐的位置无关。不同初始事故场景下，同一储罐的固有风险不同。对于原料罐区，石脑油储罐发生UVCE事故的风险高于池火事故风险；对于中间罐区，丁二烯储罐发生喷射火和UVCE事故的风险最高，乙烯储罐发生池火事故的风险最高，各储罐发生火灾事故的风险普遍高于爆炸事故。

4.2.2 罐区多米诺效应风险

对原料罐区和中间罐区的各个储罐进行多米诺事故分析，确定不同初始事故场景下各储罐的多米诺场景概率。在此基础上，分别计算各储罐的多米诺效应风险和总风险，如表9、表10所示。

表 9　各储罐多米诺效应风险

罐组名称	初始事故场景	储罐编号	多米诺效应风险
原料罐区	池火	T-01A~T-01D（石脑油储罐）	0.66×10^{-3}
	UVCE		4.93×10^{-4}
中间罐区	池火	T-01A（乙烯储罐）	4.16×10^{-4}
		T-01B（乙烯储罐）	4.26×10^{-4}
		T-01C（乙烯储罐）	4.37×10^{-4}
	UVCE	T-01A（乙烯储罐）	3.37×10^{-4}
		T-01B（乙烯储罐）	3.45×10^{-4}
		T-01C（乙烯储罐）	3.58×10^{-4}
		T-02A（丙烯储罐）	4.09×10^{-4}
		T-02B（丙烯储罐）	3.91×10^{-4}
		T-02C（丙烯储罐）	3.83×10^{-4}
		T-03A（饱和液化气储罐）	4.27×10^{-4}
		T-03B（饱和液化气储罐）	4.14×10^{-4}
		T-03C（饱和液化气储罐）	4.03×10^{-4}
		T-04A（丁二烯储罐）	4.67×10^{-4}
		T-04B（丁二烯储罐）	4.52×10^{-4}
		T-04C（丁二烯储罐）	4.44×10^{-4}
	喷射火	T-02A（丙烯储罐）	4.07×10^{-4}
		T-02B（丙烯储罐）	4.12×10^{-4}
		T-02C（丙烯储罐）	4.23×10^{-4}
		T-03A（饱和液化气储罐）	4.62×10^{-4}
		T-03B（饱和液化气储罐）	4.53×10^{-4}
		T-03C（饱和液化气储罐）	4.42×10^{-4}
		T-04A（丁二烯储罐）	4.74×10^{-4}
		T-04B（丁二烯储罐）	4.63×10^{-4}
		T-04C（丁二烯储罐）	4.56×10^{-4}

表 10　各储罐总风险及排序

罐组名称	初始事故场景	储罐编号	总风险	排序
原料罐区	池火	T-01A~T-01D（石脑油储罐）	2.02×10^{-3}	-
	UVCE		2.64×10^{-3}	-
中间罐区	池火	T-01A（乙烯储罐）	8.79×10^{-4}	3
		T-01B（乙烯储罐）	8.89×10^{-4}	2
		T-01C（乙烯储罐）	9.0×10^{-4}	1
	UVCE	T-01A（乙烯储罐）	6.28×10^{-4}	9
		T-01B（乙烯储罐）	6.36×10^{-4}	8
		T-01C（乙烯储罐）	6.49×10^{-4}	6
		T-02A（丙烯储罐）	6.72×10^{-4}	4
		T-02B（丙烯储罐）	6.54×10^{-4}	5
		T-02C（丙烯储罐）	6.46×10^{-4}	7
		T-03A（饱和液化气储罐）	5.34×10^{-4}	10
		T-03B（饱和液化气储罐）	5.21×10^{-4}	11
		T-03C（饱和液化气储罐）	5.1×10^{-4}	12
		T-04A（丁二烯储罐）	9.4×10^{-4}	1
		T-04B（丁二烯储罐）	9.25×10^{-4}	2
		T-04C（丁二烯储罐）	9.17×10^{-4}	3

续表

罐组名称	初始事故场景	储罐编号	总风险	排序
原料罐区	池火	T-01A~T-01D（石脑油储罐）	2.02×10^{-3}	-
	UVCE		2.64×10^{-3}	-
中间罐区	喷射火	T-02A（丙烯储罐）	8.26×10^{-4}	9
		T-02B（丙烯储罐）	8.31×10^{-4}	8
		T-02C（丙烯储罐）	8.42×10^{-4}	7
		T-03A（饱和液化气储罐）	9.05×10^{-4}	4
		T-03B（饱和液化气储罐）	8.96×10^{-4}	5
		T-03C（饱和液化气储罐）	8.85×10^{-4}	6
		T-04A（丁二烯储罐）	1.23×10^{-3}	1
		T-04B（丁二烯储罐）	1.22×10^{-3}	2
		T-04C（丁二烯储罐）	1.21×10^{-3}	3

由计算可知，多米诺效应会增大储罐的事故风险。考虑多米诺效应的情况下，储罐发生不同初始事故时，引发的多米诺事故场景不同，得到的储罐风险不同；同一初始事故场景下，由于各储罐分布位置的不同，受初始事故储罐影响而发生多米诺事故的其他储罐不同，得到的储罐风险和排序也不同。对于原料罐区，由于4个石脑油储罐对称分布，则4个储罐在同一初始事故场景下的总风险及排序相同，且UVCE事故的多米诺效应风险更高；对于中间罐区，同一初始事故场景下，位于中间位置的储罐风险要大于位于边缘处的储罐风险，其中T-04A丁二烯储罐发生事故的风险值最大，且喷射火事故的多米诺效应风险更高。对于排序靠前储罐需要进行重点监控。

4.2.3 基于保护层的罐区残余风险

该企业罐区设有4层保护层，第一层为本质安全设计保护层（IPL1），第二层为监测预警保护层（IPL2），第三层为安全设施保护层（IPL3），包括防火堤、阻火器、消防冷却水系统、泡沫灭火系统等，第四层为企业的应急响应保护层。各个独立保护层的失效概率如表11所示。

表11 罐区设有的独立保护层及其失效概率

独立保护层	采取的安全屏障	PFD/（次/年）
本质安全设计	防爆措施、氮封系统、泄压装置等	1×10^{-1}
监测预警	可燃气体检测预警系统	1×10^{-1}
安全设施	防火堤、消防冷却水系统、泡沫灭火系统等	1×10^{-2}
企业应急响应	事故应急预案、应急资源保障等	1×10^{-1}

根据本文提出的残余风险评估模型，计算各个储罐经保护层减缓作用后的风险值如表12所示。

表12 经保护层减缓后的储罐残余风险

罐组名称	初始事故场景	储罐编号	总风险
原料罐区	池火	T-01A~T-01D（石脑油储罐）	2.02×10^{-8}
	UVCE		2.64×10^{-8}
中间罐区	池火	T-01A（乙烯储罐）	8.79×10^{-9}
		T-01B（乙烯储罐）	8.89×10^{-9}
		T-01C（乙烯储罐）	9.0×10^{-9}
	UVCE	T-01A（乙烯储罐）	6.28×10^{-9}
		T-01B（乙烯储罐）	6.36×10^{-9}
		T-01C（乙烯储罐）	6.49×10^{-9}
		T-02A（丙烯储罐）	6.72×10^{-9}
		T-02B（丙烯储罐）	6.54×10^{-9}
		T-02C（丙烯储罐）	6.46×10^{-9}
		T-03A（饱和液化气储罐）	5.34×10^{-9}
		T-03B（饱和液化气储罐）	5.21×10^{-9}
		T-03C（饱和液化气储罐）	5.1×10^{-9}
		T-04A（丁二烯储罐）	9.4×10^{-9}
		T-04B（丁二烯储罐）	9.25×10^{-9}
		T-04C（丁二烯储罐）	9.17×10^{-9}

续表

罐组名称	初始事故场景	储罐编号	总风险
原料罐区	池火	T-01A~T-01D（石脑油储罐）	2.02×10^{-8}
	UVCE		2.64×10^{-8}
中间罐区	喷射火	T-02A（丙烯储罐）	8.26×10^{-9}
		T-02B（丙烯储罐）	8.31×10^{-9}
		T-02C（丙烯储罐）	8.42×10^{-9}
		T-03A（饱和液化气储罐）	9.05×10^{-9}
		T-03B（饱和液化气储罐）	8.96×10^{-9}
		T-03C（饱和液化气储罐）	8.85×10^{-9}
		T-04A（丁二烯储罐）	1.23×10^{-8}
		T-04B（丁二烯储罐）	1.22×10^{-8}
		T-04C（丁二烯储罐）	1.21×10^{-8}

由计算结果可知，经过保护层减缓后的储罐风险明显降低，各储罐风险值均下降了10^5。对于原料罐区，石脑油储罐最大风险值由2.64×10^{-3}降为2.64×10^{-8}；对于中间罐区，各储罐中的最大风险值由1.21×10^{-3}降为1.21×10^{-8}。根据石化企业可容许风险标准可知，该类事故场景下的可容许风险值为1×10^{-6}，经过4层保护层减缓后的罐区事故风险处于可接受水平，符合风险控制的要求。

4.3 罐区消防系统应急能力评估

4.3.1 罐区消防系统的完整性

根据本文给出的评估方法，分别对罐区内各个消防系统的完整性进行评估，评估分值为：

$$\varphi' = \frac{\varphi_1 \times k_1 + \varphi_2 \times k_2 + \cdots + \varphi_9 \times k_9}{k_1 + k_2 + \cdots + k_9}$$

$$= 0.15 \times (97.5 + 85.56 + 99.44 + 93.7 + 96.11) + 0.0625 \times (72.22 + 94.44 + 93.33 + 99.17)$$

$$\approx 93.29$$

根据前文给出的消防系统完整性等级划分标准，可知罐区消防系统的完整性等级为“很好”。

4.3.2 罐区消防系统的可靠性

根据本文给出的评估方法，分别对罐区内各个消防系统的可靠性进行评估。

（1）消防供配电系统

根据查阅该企业的消防设施维保记录和日常检查统计数据，可知罐区消防供配电系统的可靠性参数如表13所示。

表13 消防供配电系统可靠性参数

系统名称	故障概率 λ /（次/a）	平均维修时间 /h	维修率（μ）	平均寿命 /d	平均无故障工作时间/d	平均故障概率（1-R）
供配电系统	3.6	8	0.13	102	101	0.003167730

因而，得到消防供配电系统的运行可靠度 $R_0 = 1 - 0.00317 \approx 0.996$

（2）消防给水系统

根据查阅该企业的消防设施维保记录和日常检查统计数据，可知罐区消防给水系统各部件的可靠性参数如表14所示。

表14 消防给水系统可靠性参数

编号	设施类别	主要部件	故障概率 λ/（次/h）
1	消防水源	自动补水设施	8.1×10^{-5}
2	消防水泵	出口流量（压力）异常	3.789×10^{-5}
		泵体不能正常启动	3.8×10^{-4}
3	给水管网	管线泄漏	4.8×10^{-11}
		阀门泄漏	1.4×10^{-5}
		弯头泄漏	7.2×10^{-11}
		接头泄漏	2.1×10^{-10}
		消火栓泄漏	1.8×10^{-8}
4	操作控制系统	压力报警信号	4.1×10^{-6}
		消防水泵信号	4.1×10^{-6}

厂区内环状管网消防水管网全线约3.5km，设置易于识别的开关状态的闸阀24个，23处弯头，245个管线接头和58个消火栓。因而，消防给水系统的运行可靠度为：

$$R_0 = R_{01} \times R_{02} \times R_{03} \times R_{04}$$

$$= (1 - \lambda_{1.1}) \times [1 - (\lambda_{2.1} + \lambda_{2.2})] \times [1 - (3500 \times \lambda_{3.1} + 24 \times \lambda_{3.2} + 23 \times \lambda_{3.3} + 245 \times \lambda_{3.4} + 58 \times \lambda_{3.5})] \times [(1 - \lambda_{4.1}{}^2)(1 - \lambda_{4.2})(1 - \lambda_{2.1} - \lambda_{2.2}) + (1 - \lambda_{4.1}{}^2)^2(1 - \lambda_{4.2})^2(\lambda_{2.1} + \lambda_{2.2})(1 - \lambda_{2.1} - \lambda_{2.2})] \approx 0.999$$

（3）火灾自动报警系统

根据查阅该企业的消防设施维保记录和日常检查统计数据，可知罐区火灾自动报警系统各部件的可靠性参数如表15所示。

表15 火灾自动报警系统可靠性参数

编号	部件名称		平均故障概率（1-R）
1	触发器响应	火灾探测器	0.000433484
		手动报警按钮	0.000228258
2	火灾报警控制器响应		0.000013698
3	火灾警报装置启动		0.000012453

续表

编号	部件名称	平均故障概率（1-R）
4	消防联动控制器响应	0.000228258
5	消防电气控制装置响应	0.000239864
6	输出模块动作	0.000114142
7	消防电动装置响应	0.000267214
8	受控设备启动	0.002459688

因而，火灾自动报警系统的运行可靠度为：

$$R_0 = \prod_{i=1}^{8}(1-f_i) = (1-f_{1.1}\times f_{1.2})\prod_{i=2}^{8}(1-f_i) \approx 0.997$$

（4）消防冷却水系统

根据查阅该企业的消防设施维保记录和日常检查统计数据，可知罐区消防冷却水系统各部件的可靠性参数如表16所示。

表16 消防冷却水系统可靠性参数

编号	部件名称	故障概率λ/（次/a）	平均维修时间/h	维修率（μ）	平均故障概率（1-R）
1	火灾探测器	0.53	8.0	0.13	0.000483784
2	手动报警按钮	0.56	6.0	0.17	0.000383415
3	紧急启动球阀	0.25	4.0	0.25	0.000114142
4	消防水泵控制柜启动	0.50	6.0	0.20	0.000012453
5	电磁阀	0.50	4.0	0.25	0.000228258
6	雨淋阀	0.50	4.0	0.25	0.000239864
7	水力警铃	0.50	6.0	0.17	0.000214142
8	压力开关	0.56	6.0	0.17	0.000383415
9	给水泵	2.70	8.0	0.13	0.002459688
10	消防控制中心	0.01	12.0	0.08	0.000013698
11	配水管网	0.10	8.0	0.13	0.000091316
12	喷头	0.78	6.0	0.17	0.000533961

因而，消防冷却水系统的运行可靠度为：

$R_0 = (1-f_5)(1-f_1f_2)\times\{1-f_3\times[1-(1-f_5)(1-f_1f_2)]\}\times[(1-f_8)(1-f_1f_2f_4)(1-f_{11})]\times(1-f_7)(1-f_8)(1-f_{10})(1-f_{12})\approx 0.996$

（5）泡沫灭火系统

根据查阅该企业的消防设施维保记录和日常检查统计数据，可知罐区泡沫灭火系统各部件的可靠性参数如表17所示。

表17 消防冷却水系统可靠性参数

编号	部件名称	故障概率λ/（次/a）	平均维修时间/h	维修率（μ）	平均故障概率（1-R）
1	火灾探测器	0.53	8.0	0.13	0.000483784
2	手动报警按钮	0.56	6.0	0.17	0.000383415
3	给水泵	2.70	8.0	0.13	0.002459688
4	比例混合器	0.50	6.0	0.17	0.000431895
5	电动阀	0.50	4.0	0.25	0.000228258
6	进水手动阀	0.25	4.0	0.25	0.000151306
7	出液阀	0.25	4.0	0.25	0.000134125
8	外送阀	0.25	4.0	0.25	0.000143892
9	泡沫产生器	0.65	6.0	0.17	0.000508734

因而，泡沫灭火系统的运行可靠度为：

$R_0 = (1-f_4)\times[(1-f_2)(1-f_3)(1-f_1f_2)+(1-f_3)(1-f_1f_2)(1-f_5)(1-f_6)(1-f_7)]\times(1-f_8)(1-f_9)\approx 0.998$

罐区消防系统的整体运行可靠度为四个消防子系统运行可靠度的乘积，即 $R_0=0.996\times0.999\times0.997\times0.996\times0.998=0.9972$，根据前文给出的消防系统可靠性等级划分标准，可知罐区消防系统的可靠性等级为“高”。

4.3.3 罐区消防系统的有效性

根据本文给出的评估方法，分别对罐区内各个消防系统的有效性进行评估。评估结果如表18所示。

则罐区消防系统整体有效度 $R_A=0.9319$，根据前文给出的消防系统有效性等级划分标准，可知罐区消防系统的有效性等级为“强”。

4.3.4 罐区消防应急能力等级

根据上述评估结果，计算罐区消防系统应急能力的综合评估值（$\bar{R}$），如表19所示。可知该罐区的消防应急能力等级为“很好”。

表 18 各个消防系统有效度评估结果

消防系统名称	供配电系统	消防给水系统	火灾自动报警系统	消防冷却水系统	泡沫灭火系统
R_A 值	0.9628	0.8492	0.9937	0.9255	0.9281

表 19 罐区消防系统应急能力综合评估结果

分值区间	等级划分	消防系统完整度 R_i	消防系统可靠度 R_o	消防系统有效度 R_A	消防应急处置能力 $\bar{R}$
$0.8<R\leqslant1.0$	很好	0.933	0.9972	0.9319	0.954

5 结论

（1）本文通过对石化企业多米诺效应风险及消防应急能力评估方法的研究，明确了多米诺效应的扩展机理、扩展模式和传播过程，提出了多米诺效应风险的定量评估方法，构建了针对企业潜在的事故风险特点的消防应急能力评估模式，并在此基础上进行了实证应用研究。

（2）在石化企业多米诺效应风险定量评估方法研究中，提出了石化企业化工设备的事故风险来源于设备自身的固有风险以及多米诺效应带来的风险，并需考虑安全装置对事故风险的减缓作用，分别给出了化工设备固有风险和多米诺效应风险的计算方法，并基于保护层分析法建立了事故残余风险的计算模型。对化工设备的事故风险进行评估，可以确定需要进行重点监控的设备，还可为企业合理设置安全措施、进行安全决策、开展安全管理提供基本依据。

（3）在石化企业消防应急能力评估方法研究中，针对石化企业潜在的事故风险特点，从消防系统完整性、可靠性和有效性三方面构建了消防系统应急能力评估指标体系，提出了消防系统响应完整度（R_i）、消防系统运行可靠度（R_o）和消防系统综合有效度（R_A）的计算模型，建立了石化企业消防应急能力的评估模式，并给出了具体的等级划分标准，可以指导企业有针对性地进行消防应急管理，提高消防应急处置效率。

（4）选取某大型石化企业储罐区为具体实例对象，验证了评估方法的合理性、可靠性和工程实用性。评估结果表明：①多米诺效应会增大储罐的事故风险，经过4层保护层减缓后的各储罐风险明显降低，均处于可容许风险水平。同一储罐发生不同初始事故时，引发的多米诺事故场景不同，得到的储罐风险不同；同一初始事故场景下，由于各储罐分布位置的不同，受初始事故储罐影响而发生多米诺事故的其他储罐不同，得的储罐风险和排序也不同。对于原料罐区，由于4个储罐对称分布，各个储罐的事故风险相同；对于中间罐区，同一初始事故场景下，位于中间位置的储罐风险要大于位于边缘处的储罐风险，其中丁二烯储罐应给予重点监控。②罐区消防系统的综合应急能力等级为“很好”。当发生多米诺事故时，固定消防系统易遭到破坏而失去作用，企业自身配备的移动灭火救援力量、消防冷却水和泡沫液储量很大概率无法满足灭火需求，则需要调集邻近消防站或者现役责任消防队的相关救援力量和应急资源。

参考文献

[1] Delvosalle C. Domino effects phenomena: definition, overview and classifycation [C]. Proceedings of the European seminar on domino effects, Leuven, Belgium. 1996: 5-15.

[2] Hauptmanns U. A procedure for analyzing the flight of missiles from explosions of cylindrical vessels [J]. Journal of Loss Prevention in the Process Industries, 2001 (14) 395-402.

[3] CCPS (Centre for Chemical Process Safety). Guidelines for chemical process quantitative analysis, second edition [J]. Journal of Loss Prevention in the Process Industries, 2001 (14) 438-439.

[4] Ronza A, Félez S, Darbra R M, et al. Predicting the frequency of accidents in port areas by developing event trees from historical analysis [J]. Journal of loss prevention in the process industries, 2003 (16) 551-560.

[5] Cozzani Valerio, Antonioni Giacomo, Spadoni Gigliola. Quantitative assessment of domino scenarios by a GIS-based software tool [J]. Journal of Loss Prevention in the Process Industries, 2006 (19) 463-477.

[6] Nguyen Q B, Mébarki A, Saadar A, et al. Integrated probabilistic framework for Domino effect and risk analysis [J]. Advances in Engineering Software, 2009 (40) 892-901.

[7] Mebarki Ahmed, Jerez Sandra, Matasic Igor, et al. Explosions and structural fragments as industrial hazard: Domino effect and risks [J]. Procedia Engineering, 2012 (45) 159-166.

[8] 郑晓东，李平．化工园区储罐超压爆炸的多米诺事故风险分析与评估 [J]. 消防技术与产品信息，2015 (6).

[9] 张明广，蒋军成．连锁效应下化工装置定量风险分析初选方法 [J]. 化学工程，2008，36 (11): 69-73.

[10] 杜玉龙．建筑消防设施运行可靠性分析与评价研究 [D]. 天津：天津大学，2008.

[11] 郎需庆，陶彬，张玉平，等．成品油油库消防系统可靠性检查与评估研究 [J]. 消防技术与产品信息，2014 (9): 13-15.

[12] Khakzad N, Reniers G, Landucci G. Application of Bayesian network to safety assessment of chemical plants during fire - induced domino effects [M] // Risk, Reliability and Safety: Innovating Theory and Practice. 2016.

事故树法在液化石油气站灌装间中的应用研究

何 艳 钱舒畅

（中国人民警察大学，河北 廊坊）

摘 要 作为一种运输储存方便、价格低廉且燃烧效率高的清洁能源，液化石油气在工业生产和人们的日常生活中都得到广泛地使用。但是，由于液化石油气为危险化学品，有着高度易燃易爆的特点，尤其是在液化石油气站的灌装区域，安全隐患较多，如果发生火灾爆炸事故，所形成的热辐射或爆炸冲击波对周围工作人员的生命健康将产生巨大危害，甚至会导致储罐区发生爆炸。因此，本文以安徽省某液化气站灌装间为研究对象，通过事故树的最小割集、最小径集和结构重要度对灌装间的危险状况进行分析，提出防范措施。

关键词 事故树分析 液化石油气站 罐装间 安全评价 防范措施

1 引言

液化石油气，是在炼油厂内由天然气或者原油进行增压降温液化而获得的一类无色挥发性液体，其非常容易发生自燃，当空气中的浓度处于爆炸浓度极限范围之间，并具有足够的能量下，就可能导致火灾爆炸事故[1]。近些年来，尤其在液化石油气站的灌装作业过程中，安全问题频出，经常出现人员伤亡与财产损失的情况，形成严重的社会不良影响[2]。2015 年 7 月 16 日，日照石大科技石化有限公司的某个液化石油气球形储罐倒罐过程中泄漏着火，着火储罐接连发生 4 次爆炸，最终直接经济损失近三千万元[3]；2021 年 4 月 9 日，湖南韶峰物业公司液化气站在灌装过程中突发起火爆炸事故，导致 2 名灌装作业人员不幸遇难[4]。

液化石油气属于易燃易爆的危险品，在储存、运输与灌装过程中时常发生火灾爆炸事故，造成严重的后果[2]。因此本文以某省一个五级液化石油气站为研究对象，通过事故树法对其进行安全评价研究，利用计算得到的最小割集、最小径集与结构重要度对灌装作业过程中发生火灾与爆炸事故的危险性展开分析，并根据计算结果为液化石油气站的灌装作业提出切实可行的建议。

2 灌装车间风险因素分析

根据消防燃烧学[5]基本理论，液化石油气灌装区域发生火灾爆炸事故存在两个必要条件，一是空气中的液化石油气在其爆炸浓度极限范围内，二是存在被激发的能量使得液化石油气发生燃烧爆炸，二者缺一不可。

2.1 液化石油气在其爆炸极限范围内

通过实地走访调研、熟悉液化石油气灌装工艺与查阅相关资料[6~8]可知，在灌装作业中如果液化石油气发生泄漏并且车间内的通风不良，则可造成厂房内的液化石油气达到其爆炸浓度极限范围内。在实际充装作业中，由于各类设备设施缺乏定期维护保养，年久失修，例如灌装转盘接头处泄漏、充气枪密封圈破损或气瓶泄漏可能导致在充装过程中发生液化气的泄露，充装管道可能由于外力损坏、腐蚀损坏或焊缝开裂导致液化石油气从管道中泄漏，这些故障经常导致灌装间内的空气中存在液化石油气。

2.2 能量的激发

通过能量意外释放理论可以得出，意外释放的不同形态的能量都是可能造成危险发生的直接原因[9]。通过参考文献[10~12]可知，在灌装间内可能存在明火、静电火花、雷击火花、火星与撞击摩擦火花等形式的能量释放。其中，常见的明火包括工作人员不遵守管理点火吸烟、未经报备批准动火作业与外来火种；静电火花包括充装作业中充装枪未接地、充装速度过快或工作人员在车间内穿脱、拍打化纤衣物；雷击火花主要包括雷击自然气候现象或灌装车间未进行防雷接地处理；灌装车间内常见的电气火花主要是由于违规使用非防爆电器或者电气线路老化所构成的；火星主要包括相关人员在灌装区域内违规接打使用手机、外来火星；撞击摩擦起火包括工作人员穿戴钉鞋与地面摩擦产生火花、在搬运金属罐体时与气体物体摩擦撞击产生火花。

3 事故树分析模型

本文通过对灌装车间的风险因素进行分析，对每个事件进行编号，如表 1 所示，展开事故树绘制与分析工作。因本次事故树所要分析的基础事件众多，大部分基础事件发生的概率官方并未开展统计工作，故此次不对顶上事件发生的概率进行分析，仅针对顶上事件进行定性分析。

表 1 事件编号

代号	具体事件	代号	具体事件	代号	具体事件
T	灌装间火灾爆炸	M_{12}	不正常动火作业	X_{11}	金属撞击火花
M_1	处于爆炸极限范围	M_{13}	充装产生静电火花	X_{12}	灌装头泄漏
M_2	激发能源	X_1	空气流通不畅	X_{13}	充气枪密封泄漏
M_3	空气中存在可燃气	X_2	点火吸烟	X_{14}	气瓶泄漏
M_4	明火	X_3	穿脱化纤衣物	X_{15}	外力损坏管道
M_5	静电火花	X_4	防雷接地不良	X_{16}	管道腐蚀损坏
M_6	点击火花	X_5	雷电发生	X_{17}	管道焊缝开裂
M_7	电气火花	X_6	电器不防爆	X_{18}	外来火种
M_8	火星	X_7	线路老化	X_{19}	未经批准动火
M_9	撞击摩擦火花	X_8	外来火星	X_{20}	充装枪未接地
M_{10}	充装泄漏	X_9	接打手机	X_{21}	充装速度过快
M_{11}	管道泄漏	X_{10}	钉鞋摩擦火花		

3.1 事故树绘制过程

首先确定“罐装间火灾爆炸事故”为事故树的顶上事件，通过对灌装车间存在的风险因素进行分析，在灌装间内存在“空气中燃气达到爆炸极限”和“激发能源”两个情况将导致顶上事件的发生，并对这两个情况进行深度分解，直至分解到事故树的基本事件为止，得到完整事故树图，如图 1 所示。

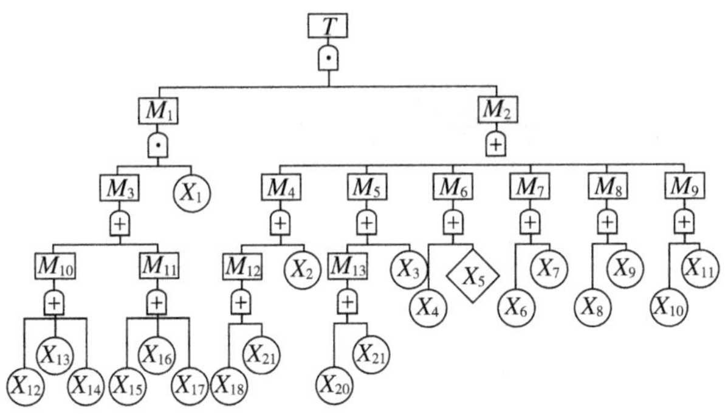

图 1　灌装间火灾爆炸事故图

3.2 事故树定性分析

（1）最小割集。图 1 所示的灌装间火灾爆炸事故树的结构函数为：

$T=M_1 \times M_2$

$=M_3 \times X_1 \times M_2$

$=(M_{10}+X_2+M_{11}) \times X_1 \times M_2$

$=(X_{12}+X_{13}+X_{14}+X_{15}+X_{16}+X_{17}) \times X_1 \times (X_2+X_3+X_4+X_5+X_6+X_7+X_8+X_9+X_{10}+X_{11}+X_{18}+X_{19}+X_{20}+X_{21})$

利用布尔运算法则将上述结构函数化简，求得该事故树的最小割集共 84 个。

（2）最小径集。灌装间火灾爆炸事故树转化为成功树的结构函数为：

$T'=X_1'+X_{12}'X_{13}'X_{14}'X_{15}'X_{16}'X_{17}'+X_2'X_3'X_4'X_5'X_6'X_7'X_8'X_9'X_{10}'X_{11}'X_{18}'X_{19}'X_{20}'X_{21}'$

即得到 3 组最小径集：

$P_1=\{X_1\}$；

$P_2=\{X_{12}, X_{13}, X_{14}, X_{15}, X_{16}, X_{17},\}$；

$P_3=\{X_2, X_3, X_4, X_5, X_6, X_7, X_8, X_9, X_{10}, X_{11}, X_{18}, X_{19}, X_{20}, X_{21}\}$；

（3）结构重要度

因为该事故树并不存在重复的基本事件，且最小径集的数目比最小割集的数目少得多。所以，通过最小径集开展结构重要度的分析更为简便，事件的结构重要度按公式（1）进行计算判别。

$$I(i) = \sum K_i\ (1/2)^{n-1} \qquad (1)$$

式中 $I(i)$ 为事件 X_i 结构重要度近似判别值；K_i 为包含事件 X_i 的径集；n 为事件 X_i 所在径集中基本事件个数。

此事故树 P_1 的结构重要度是：

$I(1)=1/2^{1-1}=1$。

X_{12}、X_{13}、X_{14}、X_{15}、X_{16}、X_{17} 6 个事件同时出现在七事件径集 P_2 中，所以：

$I(12)=I(13)=I(14)=I(15)=I(16)=I(17)=I(18)=1/2^{6-1}=0.03125$

X_2、X_3、X_4、X_5、X_6、X_7、X_8、X_9、X_{10}、X_{11}、X_{18}、X_{19}、X_{20}、X_{21}、X_{22} 14 个事件同时出现在十四事件径集 P_3 中，所以：

$I(2)=I(3)=I(4)=I(5)=I(6)=I(7)=I(8)=I(9)=I(10)=I(11)=I(18)=I(19)=I(20)=I(21)=1/2^{14-1}=0.00012$

所以，21 个基本事件结构重要度的顺序为：

$I(1)>I(12)=I(13)=I(14)=I(15)=I(16)=I(17)>=I(2)=I(3)=I(4)=I(5)=I(6)=I(7)=I(8)=I(9)=I(10)=I(11)=I(18)=I(19)=I(20)=I(21)$

结构重要度体现了基本事件对顶上事件的影响程度，结构重要度越大，对顶上事件的影响就越大。该事故树中的 21 个基本事件对顶上事件（灌装间火灾爆炸）的影响与上述结构重要度的顺序一致。

3.3 结论分析与建议

通过定性分析，该液化气站灌装间触发顶上事件的最小割集数目为 84 个，最小径集 3 个。但由上述 3 个最小径集分析可以确定，只要选择任何一个最小径集的方案，在灌装间出现火灾事故这一顶上事件就不可能发生。

第一方案（X_1）：充装间应确保通风畅通良好，这样可以预防可燃气体达到爆炸浓度。该种方法是控制事故不发生的最有效途径。

第二方案（X_{12}，X_{13}，X_{14}，X_{15}，X_{16}，X_{17}）：应尽量采取安全控制措施避免可燃气体泄漏，要定期对设备进行检修；充装前应对充气枪密封圈进行检查，如破损将不得进行灌装作业；气瓶要检验合格方可进行灌装作业，严禁破损气瓶的使用；燃气管道应定期进行检验，杜绝管道破损导致可燃气体泄漏的情况发生。

第三方案（X_2，X_3，X_4，X_5，X_6，X_7，X_8，X_9，X_{10}，X_{11}，X_{18}，X_{19}，X_{20}，X_{21}）：所有人员在进入灌装间应通过人体静电放电，尤其是工作人员应穿着防静电服进行作业，作业时应把人体产生的静电及时导走。同时避免外来火种的进入；禁止场内接打手机；保证充气设备接地良好、避雷设施良好；严禁无安全措施和未经批准的情况下在场内动火作业。

4 小结

本文通过综合考虑液化石油气站灌装作业中可能导致火灾爆炸事故的因素，使用事故树法建立分析模型，通过计算得到将导致事故发生的 84 个最小割集和不会导致事故发生的 3 个最小径集，并根据计算得出的结构重要度提出事故预防的建议，确保在灌装作业中将火灾爆炸的风险降至最低。

参考文献

[1] 夏良，周永安，胡伟康．液化石油气事故分析及对策［J］．山东化工．2020，49（05），247-248+250.

[2] 白永强．液化石油气灌装与销售常见隐患［J］．劳动保护，2020，(10)，64-65.

[3] 张晋．LPG 储配站危险区域分析及安全技术研究．北京．北京建筑大学，2017.

[4] 湘潭市应急管理局．湖南韶峰水泥集团韶峰物业公司棋梓液化气站“4·9”爆燃事故调查报告［EB/OL］．2022-01-12.

[5] 董希琳．消防燃烧学［M］．北京：中国人民公安大学出版社，2014.

[6] 曹征宇，王怡，李昱鹏．大型双燃料散货船 LNG 燃气供应系统电气设计［J］．船舶工程．2022，51（01），94-97.

[7] 侍毅．液化气站压力管道定期检验过程中发现的问

题及建议［J］. 焊管 . 2022，45（01），60-64.
［8］邵自豪，孙嘉航，蔡彦楠，等 . 液化石油气装卸系统存在的问题及改善办法［J］. 科技资讯 . 2019，17（04），73-74.
［9］田水承 . 安全管理学［M］. 北京：机械工业出版社，2016.
［10］赵美超，李宁，管锡艳，等 . 基于事故树法的危险化学品爆炸分析与控制措施［J］. 环境保护科学 . 2022，48（01），16-20.
［11］肖丰浦，董海，王鑫，等 . 注氮辅助蒸汽吞吐工艺过程井筒爆炸事故分析方法［J］. 安全与环境学报，2021，21（05），1985-1991.
［12］刘杰 . 石油液化气站防雷技术要点分析［J］. 技术与市场 . 2020，27（09），102-103.

风险评估在建筑防火领域的研究现状和发展趋势*

刘　琦

（河北廊坊消防救援支队，河北　廊坊）

摘　要　对建筑防火进行风险评估是现代防火监督体系中的重要组成部分，围绕建筑防火开展风险评估研究作为关系国计民生的新兴研究领域，受到越来越多的重视。本文通过文献调查等方法，梳理归纳风险评估技术在建筑防火领域的研究现状和热点问题，并对未来该领域发展趋势进行展望，为推进风险评估在建筑防火及消防监督领域发展提供对策建议。

关键词　风险评估　建筑防火　研究现状　改进建议

1　引言

随着时代的发展，社会的进步，科学技术取得迅猛发展，尤其是在进入改革开放以后，我们国家在各个行业都加大了投资建设力度，土木建筑工程比比皆是，一座座高楼大厦也被装饰的分外亮眼，随着工程施工项目的增多，出现的问题也呈现多样化态势，就建筑的防火安全来看，其受多方面因素影响，包括使用材料不合格、施工环节有漏洞、风险评估和消防管理不到位，就目前情况来看风险评估是建筑防火领域中存在的主要问题，我们必须根据现状全面分析产生这些问题的原因，并从管理方面入手，采取有效措施，不断完善管理流程和管理制度，加大整改力度，通过先进的管理理念和技术解决好风险评估过程中存在的管理问题，将建筑防火风险评估在制度层面上进一步落实。

2　研究的必要性和现状

2.1　必要性

建筑防火安全一直是我们全国人民都非常关注且需要全民参与的一项安全工作，建筑防火安全作为党和国家的重要关注方向，一直关系着我们国家的国计民生等重大问题，然而，很多时候防火安全是各类安全中的一项重要工作。对此，“以人为本”，一直是我们国家的一项重大战略方向和宗旨，在风险评估工作中更要关注人的安全因素，在很多场合、很多战线以生命安全为宗旨，首先做好风险评估工作。

建筑防火安全是事关我们百姓生活的一项重要内容，其涉及千家万户人民群众的生命财产安全，最简单、最常见的就是煤气或者电路引发的着火等，这些问题通常在家中就能发生，很可能因为自己的一时疏忽，酿成大祸，因此从党中央，国务院的角度，高度重视包括建筑防火在内的公共安全工作。通过习近平总书记的多次讲话，我们就可以看出，党中央对我们人民群众的生命财产安全，风险评估工作给予了足够的重视。同时，各个政府和部门为贯彻学习习近平总书记的重要讲话精神，也在从各个层级、各个体系将建筑防火工作贯彻落实下去，公安部消防局积极动员各个地方政府以及中央驻地方企业通过邀请具有高度责任感和影响力的公众人物来组织开展“全民消防我代言”的大型公益活动，通过活动巡演以及各个责任主体的积极配合，进一步提高我国国民的消防安全意识以及风险评估意识，将全民消防的安全理念贯彻到每一个人的心中。这一项公益行动多年来一直受到广大人民群众、百姓的支持，在社会各界的响应也非常积极，大家对建筑防火的热情程度越来越高，关注程度也越来越高，全国各条战线、各个行业的代表也积极参与其中，围绕着消防安全的主题，各自采用适合自己的、灵活多样的宣传方法，为消防安全工作铺路架桥，将牢固树立安全意识，这一宗旨理念送到黎民百姓的家中。这些人中不乏全国劳动模范以及企业家代表和有影响力的公众人物等，他们热心公益，关注消防，同时他们作为代表，也间接地反映出人民群众对消防安全工作的支持与理解，全方位地彰显着人民群众维护公共安全的信念。

我们党和国家对建筑防火安全工作的重视，也体现在我们国家、党对群众的领导路线和工作方法之中。“从群众中来到群众中去”，一直是我们党坚持的群众路线。“全心全意为人民服务”一直是我们党的宗旨，我们党在建筑防火工作中也严格遵循这一工作方法和宗旨理念，坚持将建筑防火和风险评估意识贯彻到每一位老百姓的心中，习近平主席对消防工作的急切关怀，多次指示，都能体现出我们党、我们国家对消防安全工作的重视，对人民群众生命安危的关怀。我们党成立以来这么多年的实践，足以证明我们党对人民群众的高度重视，同时也能感受到人民群众对我们党和国家工作的支持，对建筑防火工作安全的参与的热情和活力。新的形势下，消防社会化宣传的渠道、途径有很多种方法，包括自媒体宣传，网络宣传，线下宣传，社区社群宣传等，但是我们党和国家没有忘记自己的宗旨，最根本、最关键的办法就是扎根人民群众的生活之中，从人民群众的生活中引导人民群众关消防安全，提高风险评估意识，将群众的关心的列为我们党关心的，将这份共鸣引入到群众工作之中去，将风险评估搭建成通往建筑防火良好效果的桥梁，将风险评估在建

* 基金项目：河北省高等学校科学技术研究项目（QN2022194）。

筑防火领域的运用工作高度重视起来。

2.2 研究的现状

目前，国家统计局、中国社科院、北京理工大学等机构针对风险评估在建筑防火领域的评估体系、方法进行相关的研究，并取得了一定的效果。各个地市的相关单位也针对风险评估体系，试点方面进行了具体的落实。在这个过程中，一些研究结论、分析资料和试点试验结果也为进一步开展相关研究提供了有力的依据。

3 火灾风险评价方法体系的建立

风险评估体系是开展建筑火灾风险评估的基础，面对国内外许多评估模型和估算方法，我们国家必须选择出适合我们国情的方法，并去探索和使用，尤其是一些本来效果不明显的评价体系因缺乏具体操作性和针对性，往往不予使用。即使一些其他国家经过实践探索，成功运用的评估手段取得了良好的效果，我们国家因社会文化差异可能也达不到应用预期，对建筑防火评估的评价层次，应根据实际情况不同而采取不同的评估手段，这是一个开放的方法体系，在遵循相关原则的前提下，可根据具体情况进行具体分析，选择合适的评估方式。结合以往研究情况以及我国建筑火灾风险特点，提出如下几种评估方法可供借鉴。

3.1 基于能力和脆弱性分析的建筑火灾风险综合评估方法

防治风险分析和破坏力分析方法是目前比较被认可的分析技术，在建筑防火领域通常也将其称为脆弱性风险评估的方法。这种方法的使用通常需要满足一定的框架协议，尤其是有一定的基础能力和比较宽阔的视野，进而从国际公共安全角度对评估框架的脆弱性进行分析，在保证分析的及时性和准确性的前提下，可以将其纳入建筑防火安全分析评价体系中，以供相关研究与使用，为国际消防安全事业做出一定的贡献。但是，根据目前我们国家在建筑防火领域的研究发展情况来看，社会的快速发展，已经造成了一部分地区的消防安全系统的脆弱性和消防能力的动态失衡，这种现象为我们国家的建筑防火工作提供了方向指引，所以，国家和相关专业人员应不断加大对抵御力量和破坏力量的分析设计和综合评估力度，在社会动态消防评价体系下，对不同等级的火灾进行风险特征描述，采取不同应对措施。

3.2 建筑火灾风险试验评估方法

热烟试验是一种能够通过试验验证各个消防系统联动关系的评估方法，可以在实验中进行演练，进而评估应急预案的效果。试验预案的方法是一种较为成熟，且可提供丰富经验的方法。这种方法不仅可以用在个人建筑空间中，也可以用到大型如地铁、车站、展览馆等建筑之中。

3.3 建筑火灾模型试验方法

模型试验可通过高度相似原则，模拟建筑火灾烟气流动规律，进而对风险进行合理评估。这种评估方法具有成本低、成功率高、适用场合多等多种优势，值得进一步探究。

3.4 建筑火灾实体试验方法

实体火灾试验是一种能真实反映火灾蔓延规律和破坏情况的试验，但是这种评估方法成本相对较高，往往需要挑选合适的废弃建筑进行试验，以降低风险、评估成本，提高数据真实性。

4 建筑火灾数值模拟评估发展趋势

由于许多建筑的实际情况不允许进行实体试验，在计算机技术高度发展的现代社会，有必要进行计算机模拟演练的探索，计算机模拟技术可以高度仿真火灾现场风险数值变化情况，并且具有成本低、可操作性高、资料完备等优点，可以用于模拟大型建筑及火灾试验中。

目前国内风险评估还处于研究阶段，实际运用中还不是很多，为保证有规模地开展火灾风险评估，除建立方法体系外，进一步规范体制也将起到关键作用。从目前我们国家针对消防立法和消防内容的修订次数来看，到目前为止，我们国家经历了四次消防立法和修订工作，在多次的修订工作中也体现出党和国家对消防安全工作的关心，通过多次立法进一步完善和干预，减少了火灾危害，发展了消防事业，为保护人民的公共安全和生命财产安全起到了非常有效的作用。但是现有的制度和火灾风险评价体系还不够，必须以专项的技术指南和评价导则，以党的十七大精神为主要方针，积极贯彻科学发展观，根据我们国家的国情以及经济社会发展的现状，实事求是作出新的指示和规范，同时，根据政府职能的转变以及社会对建筑防火工作新机制的需求，做出进一步修改，健全消防安全管理制度，确立政府统一领导、部门依法监管、单位全面负责、群众积极参与的消防工作机制，进一步细化法律责任，确立建筑防火工作的根本原则和一套完善的管理制度。

5 结束语

就目前研究来看，我们国家在建筑火灾风险评估方面还处在起步阶段，现行的研究方法和体系还不够明确，需要重点从体系制度方面着手不断规范，形成一套完整的风险评估制度，并在未来积极探索风险评估的商业动力，如与保险行业等结合，推动建筑火灾风险评估的社会意义向商业价值转变。

参考文献

[1] 任锋，刘俊岩，裴现勇，陈营明．深基坑工程风险评估的决策支持系统［J］．济南大学学报（自然科学版），2007，（02）：164-166.

[2] 黄江涛．基于层次分析法的水利事业单位风险评估研究［J］．中国水利，2009，（10）：42-46.

[3] 姚宣德，王梦恕．地下工程风险评估准则分析与研究［J］．中国工程科学，2009，11（07）：86-91+96.

[4] 钱春，李业勤，李阳．压力容器风险评估报告的格式［J］．石油和化工设备，2010，13（03）：18-21.

[5] 郑炯，杨景标，邱燕飞，李越胜，李树学，鲍俊涛．基于风险评估技术的电站锅炉失效分析软件的研究［J］．发电设备，2010，24（04）：296-300.

[6] 刘希林，陈宜娟．泥石流风险区划方法及其应用——以四川西部地区为例［J］．地理科学，2010，30（04）：558-565.

[7] 张海涛．引入风险评估机制建立安全健康管控体系新构架［J］．中国新技术新产品，2011，（03）：347.

商场系统安全分析

樊　天　黄亚清

（中国人民警察大学研究生二队，河北　廊坊）

摘　要　大型商场人员密集，建筑结构复杂，可燃易燃物品极多，其火灾危险性相对也就更大[1]。本文以惠东县商场火灾为例，应用基于C-OWA算子[2]的物元可拓模型的半定量方法对其进行系统安全分析，该方法将用WSR方法论[3]对商场的火灾风险因素建立风险指标体系，用组合数有序加权算法对其指标的权重进行更加准确合理的确定，再结合物元可拓模型[4]得出各风险因素的关联度，得出各风险因素之间的内部规律[5]。该方法能够很大程度上减少专家打分的主观性，通过多级可拓评价模型可以为商场消防安全治理提供重要参考价值，对于指导未来商场火灾防治具有重要意义。

关键词　商场火灾　C-OWA算子　物元可拓模型　关联度　系统安全分析

1　惠东县商场火灾基本情况

2015年2月5日13时43分，在广东省惠东县一家批发城四楼发生了一起火灾事故，火灾造成17人死亡，6名人员受伤，过火面积接近为4000m²，直接经济损失约1000万元。

批发城总共四层，都为钢筋混凝土建筑。批发城一楼至三楼大都为商铺和餐饮服务，四层由小商店和电影院构成。起火位置是四楼一间货物商铺，该商铺堆放有大量的可燃生活用品，一个九岁小男孩点燃了商铺门口的可燃物引发了这次火灾。

1.1　基于事故致因理论的火灾案例分析

根据惠东县商场火灾情况作出综合事故致因理论图（图1）：

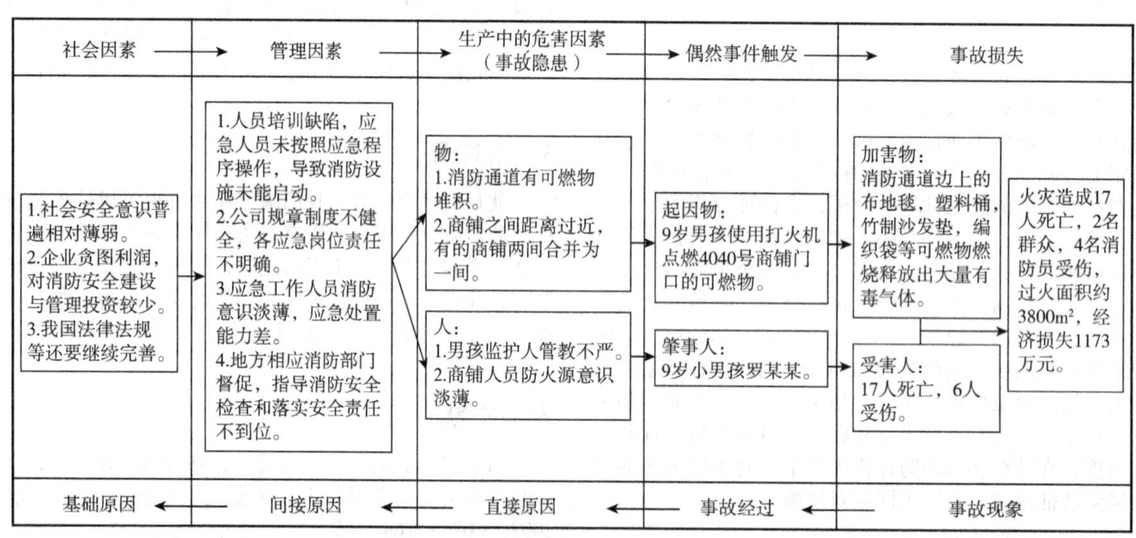

图1

该类火灾还有很多，例如四川达州商贸城商场火灾等等，在此不再逐一进行综合事故论模型图示分析，但经过收集资料本文整理了包括上述两起火灾在内总共六起火灾的直接原因和间接原因，如表1：

表1　部分商场火灾案例原因分析表

起火建筑	直接起火原因	间接原因
惠东县商场	小男孩点燃可燃物	安全管理不到位，人员不具备上岗资格
四川达州商贸城	私拉电线短路引燃可燃物	安全管理不到位，责任不落实
辽宁营口商业大厦	收款员违规使用电热毯，长时间通电蓄热引燃可燃物蔓延成灾	人员处理不及时，处理方式不正确

续表

起火建筑	直接起火原因	间接原因
北京喜隆多商场	电动车蓄电池充电着火引燃可燃物	消防控制室人员不具备操作能力，公司消防安全管理制度有漏洞
北京西单购物中心	电源线短路引燃可燃物	违规私接电线，违规建设
唐山林西百货商场	违章电焊溅落火星引燃可燃物	人员雇佣制度不正规

从以上案例的产生的直接原因和间接原因我们可以看出，这些事故都涉及环境因素，设备因素，管理因素，人员因素等多个方面的原因，最终造成了火灾的发生和发展。

2 基于C-OWA算法的物元可拓模型方法的商场系统安全分析

2.1 方法论简介

本文使用的是我国著顾基发教授提出的WSR方法论，即又称“物理—事理—人理”方法论，结合组合数有序加权算子将指标体系的各个指标的权重和数据紧密联系起来，并引入物元科拓模型对事件的发展规律进行深入挖掘，得出普遍规律，从而对症下药提出有效的建议和措施。该方法论兼顾了问题的逻辑性，严密性和科学性，能够深入分析问题的本质，使分析结果更加具有客观性和准确性，真实可信。

2.2 指标体系的建立

（1）根据WSR方法论与系统论因素的关系可以建立表2：

表2 方法论因素表

WSR方法论	因素
物理	环境
	设备设施
事理	管理
人理	人员

（2）对应上述WSR方法论关系，参考《建筑设计防火规范》，商场的复杂的火灾危险性特点，结合我国目前的商场安全现状，根据公安部和研究设计院的一些规范以及实例分析结果，按照商场的事故诱发因素逐层递进的方式可建立商场的火灾风险指标体系[6]如表3：

表3 商场火灾风险分析指标体系

目标系统	一级指标	二级指标
商场火灾风险分析指标体系	环境	建筑结构
		防火分区
		安全出口
		疏散路线
		应急照明
		防火间距
		防火分隔
		商场规模
		消防车道
		可使用年限
	设备设施	电气设备
		变配电室
		防雷和接地装置
		消火栓系统
		火灾自动报警系统
		自动喷淋系统
		防排烟系统
		消防水箱高度
		消防水池容量
		灭火器配置

续表

目标系统	一级指标	二级指标
商场火灾风险分析指标体系	管理	领导重视程度
		消防安全管理制度
		安全责任落实制度
		电气设备检查
		灭火器材检查
		特殊消防设施维护
		商场内灭火救援人员培训
		紧急消防救援预案
		救援人员技术与能力
		消防安全宣传教育
		定期消防演习
	人员	商场客流量
		人员消防安全意识
		人员自救能力
		商场安保人员数量
		商场安保人员水平

2.3 模型构建

（1）基于C-OWA算子确定指标权重计算方法步骤如下：

①邀请n位专家进行打分（10分制），得到初步数据，用$A = (a_1, a_2, a_3, a_4, a_5, a_6)$表示，进行从大到小降序排列处理，并重新编号，得到新的一组数据用$B = (b_0, b_1, b_2, b_3, b_4, b_5)$表示。

②通过用组合数C_{n-1}^{j}确定数据B的加权权重（其中n为专家数）：

$$w_{j+1} = \frac{c_{n-1}^{j}}{\sum_{j=0}^{n-1} c_{n-1}^{j}} = \frac{c_{n-1}^{j}}{2^{n-1}},\ j = 0,\ 1,\ 2\cdots n-1$$

③基于步骤②对数据集B进行加权处理，得出各个评价指标绝对权重：

$$w_i = \sum_{j=0}^{n-1} w_{j+1} \times b_j,\ i = 1,\ 2,\ \cdots m$$

④对步骤③所得绝对权重进行归一化处理，得出各个评价指标相对权重（相对权重之和为1）：

$$w = \frac{w_i}{\sum_{i=0}^{m} w_i},\ i = 1,\ 2\cdots m$$

（2）构建物元可拓模型

①评价物元确定。

记商场火灾风险为事件N，其特征记为c，量化值记为v，那么可以称$R = (N,\ c,\ v)$为火灾风险事件N的基本元，简称物元，表示为：

$$R = \begin{vmatrix} N & c_1 & v_1 \\ & c_2 & v_2 \\ \vdots & \vdots & \\ & c_n & v_n \end{vmatrix} = \begin{vmatrix} R_1 \\ R_2 \\ \vdots \\ R_n \end{vmatrix}$$

其中，c_1，c_2，…，c_n表示商场火灾风险的n个指标，v_1，v_2，…，v_n为各特征对应的量化值，R_1，R_2，…，R_n为商场火灾风险源。

②经典域，节域确定。

根据《建筑设计防火规范》等相关规范标准，结合商场火灾特点，可将商场火灾风险分为5个等级，即（I安全，

Ⅱ较安全，Ⅲ一般，Ⅳ危险，Ⅴ较危险），Ⅰ~Ⅴ的经典域划分分别为（90，100]，（80，90]，（70，80]，（60，70]，（0，60]，节域为（0，100]。

商场火灾的经典域物元矩阵可表示为：

$$R_j = (N_j, C_n, V_j) == \begin{vmatrix} N_j & c_1 & (a_{j1}, b_{j1}) \\ & c_2 & (a_{j2}, b_{j2}) \\ & \vdots & \vdots \\ & c_n & (a_{jn}, b_{jn}) \end{vmatrix}$$

$j=(1, k\cdots_n)$，C_n 为第 n 个评价指标，(a_{jn}, b_{jn}) 表示等级 j 关于特征 c 的量值范围，即经典域。

商场火灾的节域物元矩阵可表示为：

$$R_p = (N_p, C_n, V_{pn}) = \begin{vmatrix} N_p & c_1 & (a_{p1}, b_{p1}) \\ & c_2 & (a_{p2}, b_{p2}) \\ & \vdots & \vdots \\ & c_n & (a_{pn}, b_{pn}) \end{vmatrix}$$

其中 R_p 表示节域物元，N_p 表示商场火灾风险全体等级，(a_{pn}, b_{pn}) 表示节域物元关于特征 C_n 的量值范围。

③待评价物元确定。

目标商场火灾风险物元用 R_x 表示：

$$R_p = (N_p, C_n, V_{pn}) = \begin{vmatrix} N_p & c_1 & (a_{p1}, b_{p1}) \\ & c_2 & (a_{p2}, b_{p2}) \\ & \vdots & \vdots \\ & c_n & (a_{pn}, b_{pn}) \end{vmatrix}$$

④关联函数，关联度确定。

关联度能够反映评价结果与其评价等级关系的隶属度大小，关联函数定义如下：

$$K(x) = \begin{cases} \dfrac{-\rho(X, X_o)}{|X_o|}, & X \in X_o \\ \dfrac{\rho(X, X_o)}{\rho(X, X_p) - \rho(X, X_o)}, & X \notin X_o \end{cases}$$

$$\rho(X, X_o) = \left|X - \frac{1}{2}(a_o + b_o)\right| - \frac{1}{2}(b_o - a_o)$$

$$\rho(X, X_p) = \left|X - \frac{1}{2}(a_p + b_p)\right| - \frac{1}{2}(b_p - a_p)$$

其中，$|X_0| = |b_0 - a_0|$，$\rho(X, X_0)$ 表示 X 与 $X_0 = [a_0, b_0]$ 之间的距离，$\rho(X, X_p)$ 表示 X 与 $X_0 = [a_p, b_p]$ 之间的距离，X，X_0，X_p 分别表示目标商场火灾风险物元，经典域物元，节域物元的量值范围。

⑤评估级别确定。

综合关联度 $K_j(N_x)$ 为：

$$K_j(N_x) = \sum_{i=1}^{n} a_i k_j(x_i)$$

⑥关联度确定。

根据上述步骤计算出二级指标各个风险等级的关联度以后，最大的关联度数值所对应的等级即为该指标的风险等级。

2.4 实例应用

我们邀请6位专家为各个指标火灾风险级打分，现以“建筑构造”这个二级指标为例，得到一组数据 A=（5，4，6，5，6，6）。

将该组数据进行降序排列得到数据组 B=（6，6，6，5，5，4），然后根据加权公式（2）求出其加权向量：

$$w_1 = \frac{c_{6-1}^0}{2^{6-1}} = \frac{1}{32} = 0.03125$$

$$w_2 = \frac{c_{6-1}^1}{2^{6-1}} = \frac{5}{32} = 0.15625$$

$$w_3 = \frac{c_{6-1}^2}{2^{6-1}} = \frac{10}{32} = 0.3125$$

$$w_4 = \frac{c_{6-1}^3}{2^{6-1}} = \frac{10}{32} = 0.3125$$

$$w_5 = \frac{c_{6-1}^5}{2^{6-1}} = \frac{1}{32} = 0.3125$$

$$w_5 = \frac{c_{6-1}^5}{2^{6-1}} = \frac{1}{32} = 0.3125$$

得出加权向量（0.03125，0.15625，0.3125，0.3125，0.15625，0.03125）。

根据绝对权重公式（3）：

$$w_1 = |0.03125\ 0.15625\ 0.3125\ 0.3125\ 0.15625\ 0.03125| \begin{vmatrix} 6 \\ 6 \\ 6 \\ 5 \\ 5 \\ 4 \end{vmatrix} = 5.4688$$

现得出“建筑构造”这个二级指标的绝对权重为5.4688，同理可得出“防火分区”的绝对权重为5.3246，“安全出口”的绝对权重为6.8432，…，“可使用年限”的绝对权重为5.5649。

将10个二级指标进行归一化处理，根据公式（4）得出其指标各自相对权重（权重系数）：

“建筑构造”：

$$w = \frac{w_i}{\sum_{i=0}^{m} w_i} = \frac{5.4688}{59.6302} = 0.0917$$

“防火分区”：

$$w = \frac{w_i}{\sum_{i=0}^{m} w_i} = \frac{5.3246}{59.6302} = 0.0893$$

“安全出口”：

$$w = \frac{w_i}{\sum_{i=0}^{m} w_i} = \frac{6.8432}{59.6302} = 0.1148$$

……；

“可使用年限”：

$$w = \frac{w_i}{\sum_{i=0}^{m} w_i} = \frac{5.5649}{59.6302} = 0.0933$$

同理根据上述各步骤得出其他所有一、二级指标相对权重，见表4：

表4 一、二级指标相对权重系数表

一级指标	权重系数	二级指标	权重系数
环境	0.2355	建筑构造	0.0917
		防火分区	0.0893
		安全出口	0.1148
		疏散路线	0.0908
		应急照明	0.1129
		防火间距	0.1116
		防火分隔	0.1215
		商场规模	0.0886
		消防车道	0.0855
		可使用年限	0.0933

续表

一级指标	权重系数	二级指标	权重系数
设备设施	0.2529	电气设备	0.0813
		变配电室	0.0926
		防雷和接地装置	0.0902
		消火栓系统	0.0745
		火灾自动报警系统	0.1136
		自动喷淋系统	0.0833
		防排烟系统	0.1051
		消防水箱高度	0.0923
		消防水池容量	0.0877
		灭火器配置	0.0923
管理	0.2701	领导重视程度	0.0766
		消防安全管理制度	0.0620
		安全责任落实制度	0.0668

续表

一级指标	权重系数	二级指标	权重系数
管理	0.2701	电气设备检查	0.0834
		灭火器材定期检查	0.0781
		特殊消防设施维护	0.0687
		商场内灭火救援人员培训	0.0913
		紧急消防救援预案	0.0734
		救援人员救援技术与能力	0.0750
		消防安全宣传教育	0.0818
		定期消防演习	0.0761
人员	0.2415	商场客流量	0.2325
		人员消防安全意识	0.1897
		人员自救能力	0.1798
		商场安保人员数量	0.1566
		商场安保人员水平	0.2414

再根据公式⑤得出指标的关联度及其所属风险等级结果如表 5 所示：

表 5　各二级指标关联度及其风险等级表

二级指标	关联度					风险等级
	Ⅰ安全	Ⅱ较安全	Ⅲ一般	Ⅳ危险	Ⅴ较危险	
建筑构造	0.2514	-0.2000	-0.6000	-0、7333	-0.6000	Ⅰ
防火分区	-0.2750	-0.1667	0.5000	-0.1667	-0.3750	Ⅲ
安全出口	-0.4219	-0.3148	-0.1591	0.3000	-0.0750	Ⅳ
疏散路线	-0.3750	-0.1667	0.5000	-0.1667	-0.3750	Ⅲ
应急照明	-0.3529	-0.0833	0.2000	-0.2667	-0.4500	Ⅲ
防火间距	0.2000	-0.2000	-0.6000	-0.7333	-0.8000	Ⅰ
防火分隔	-0.3611	-0.1154	0.3000	-0.2333	-0.4250	Ⅱ
商场规模	-0.1429	0.2000	-0.4000	-0.6000	-0.7000	Ⅱ
消防车道	-0.3750	-0.1667	0.5000	-0.1607	-0.3750	Ⅲ
可使用年限	-0.5000	-0.4375	-0.3571	-0.2500	0.2500	Ⅴ
电气设备	-0.4167	-0.3000	-0.1250	0.5000	-0.1350	Ⅳ
变配电室	-0.1875	0.3000	-0.3500	-0.5667	-0.6750	Ⅱ
防雷和接地装置	-0.3462	-0.1885	0.2300	-0.2800	-0.2383	Ⅲ
消火栓系统	-0.4231	-0.2761	-0.7638	0.8123	-0.8632	Ⅳ
火灾自动报警系统	0.2400	-0.2242	-0.6228	-0.3000	-0.7902	Ⅰ
自动喷淋系统	-0.3783	-0.1789	0.3000	-0.3200	-0.3668	Ⅲ
防排烟系统	-0.4834	-0.1763	0.2000	-0.3680	-0.2716	Ⅲ
消防水箱高度	-0.3657	0.1800	-0.2358	-0.3662	-0.8402	Ⅱ
消防水池容量	-0.4224	0.1000	-0.7970	-0.6000	-0.3272	Ⅱ
灭火器配置	-0.3632	0.3400	-0.5622	-0.6321	-0.3669	Ⅱ
领导重视程度	-0.4662	-0.2633	0.3146	-0.1000	-0.2361	Ⅲ
消防安全管理制度	0.1462	-0.2364	-0.5134	-0.2619	-0.8003	Ⅰ
安全责任落实制度	0.2368	-0.2233	-0.4890	-0.2800	-0.6702	Ⅰ
电气设备检查	-0.3633	-0.2344	0.2000	-0.3863	-0.7864	Ⅲ

续表

二级指标	关联度					风险等级
	Ⅰ安全	Ⅱ较安全	Ⅲ一般	Ⅳ危险	Ⅴ较危险	
灭火器材定期检查	-0.3832	0.2000	-0.6442	-0.6033	-0.3666	Ⅱ
特殊消防设施维护	-0.3000	0.1478	-0.6342	-0.7321	-0.2631	Ⅱ
商场内灭火救援人员培训	0.2000	-0.2332	-0.2633	-0.3621	-0.3392	Ⅰ
紧急消防救援预案	-0.3779	0.3000	-0.3800	-0.8531	-0.8836	Ⅱ
救援人员救援技术与能力	-0.3445	0.2400	-0.2866	-0.6683	-0.2392	Ⅱ
消防安全宣传教育	-0.4323	-0.1278	0.3000	-0.6218	-0.3021	Ⅲ
定期消防演习	-0.3266	0.2000	-0.8770	-0.3740	-0.6788	Ⅱ
商场客流量	-0.4888	-0.2222	-0.6888	0.4000	-0.8093	Ⅳ
人员消防安全意识	-0.3422	-0.2100	0.3000	-0.6632	-0.9883	Ⅲ
人员自救能力	-0.3645	-0.2317	0.2400	-0.7380	-0.6924	Ⅲ
商场安保人员数量	-0.3763	0.1800	-0.3000	-0.8011	-0.6632	Ⅱ
商场安保人员水平	-0.3666	0.2362	-0.2000	-0.7680	-0.2361	Ⅱ

将单个指标关联度与计算得出的指标权重相结合，能够得到各个一级指标的关联度，根据最大隶属度原则，确定该商场的火灾风险等级如表6：

表6　一级指标关联度及其风险等级表

一级指标	关联度					风险等级
	Ⅰ安全	Ⅱ较安全	Ⅲ一般	Ⅳ危险	Ⅴ较危险	
环境	-0.2804	-0.1880	-0.0053	-0.1720	-0.3623	Ⅲ
设备设施	-0.2707	-0.0162	0.0327	-0.3086	-0.4926	Ⅲ
管理	-0.0602	-0.1225	-0.2256	-0.5163	-0.6372	Ⅰ
人员	-0.2522	-0.1560	-0.1040	-0.2749	-0.3926	Ⅲ

最终得出商场火灾风险综合关联度（表7）：

表7　商场综合关联度

关联度				
Ⅰ安全	Ⅱ较安全	Ⅲ一般	Ⅳ危险	Ⅴ较危险
-0.2078	-0.1127	-0.0634	-0.3085	-0.4568

根据最大隶属度原则，可以看出其一级指标环境因素、设备设施因素和人员因素火灾风险等级为一般危险，管理因素的火灾风险等级为安全。商场综合关联度最大值为“-0.0634”，从表7可看出其对应的风险等级为“一般危险”，而当取值位于$-1.0 \leqslant K(x) \leqslant 0$的区间时，数值非常接近0，因为风险程度具有很强的转化能力，我们认为该风险等级不符合商场火灾的实际等级，即隐性级别为“较危险+”，但具备了转化为“一般危险”等级的条件。因此商场存在较大的火灾风险，消防安全有待提高。

3　商场的消防安全控制措施

3.1　对商场周围和内部可燃物进行安全储存

商场属于人员密集场所，可燃货物种类复杂且多，对于如此多的可燃物的合理储存与摆放就尤为重要。商场相关人员应该对可燃物进行合理分类，并将其放置在该放置的地方，要与人员流动量大的地方留出安全距离。避免可燃物在消防通道或是走道堆积，减小可燃物的火灾隐患。

3.2　对商场内店铺进行合理布局

大型商场里面有各种各样的营业性店铺，店铺与店铺之间要有足够的安全间距，不能私自合并店铺。此外还要根据店铺营业性质和火灾危险性严格按照规范将其设置在合理的楼层。

3.3　改善商场内部消防设施硬件设备

有的商场使用年限较久，部分构建老化或者破损，工作人员应及时检查并对按照规范对其进行修补更换和耐火阻燃处理，提高建筑构件耐火性能。大型商场在消防设置硬件配备方面应不吝投入，除了常规的灭火器、防火门、自动喷水、消火栓等消防设备之外，还要配备烟尘报警、灭火机器人等设备，这样即使发生小区域范围内的火灾，也可以及时的采用这些设备进行灭火，减少损失。同时还要加强这些消防设备的维护以检修，定期更换灭火器，消防水带、消防用水压力等，确保这些设备都处于一个良好的状态。

3.4　完善消防安全监督管理制度，落实消防安全责任制

商场内部应该有一套完整的消防安全管理机制，从上至下各个岗位人员应该各司其职，不得擅自离岗。在岗人员必须具有上岗资格，定期要对各部门人员进行消防安全培训，杜绝发生火灾时相关人员误操作，不会操作等问题。

3.5 加大消防安全宣传教育力度

目前任何火灾事故的发生以及造成的人员伤亡和损失都伴随着人员的安全意识淡薄，存在侥幸心理的因素，商场作为人员密集场所，更应该加大消防安全宣传教育力度，让更多的人意识到火灾的严重危害性，提高个人防火安全意识，这样就能更好地做到“人传人”，通过家人朋友的感染，同时也能提高文化水平相对不高，消防安全意识淡薄的小孩老人等弱势群体的防火意识，减少人为点火的火灾安全隐患。

4 结语

通过C-OWA算子量化商场火灾风险，我们可以更加明确商场火灾防治的重点所在，但是商场火灾每年在我国各地仍有发生，我们依然不能松懈，商场火灾的防治仍然需要各部门，各单位的共同努力，每个公民也要积极提高自己的消防安全意识，为减少由于火灾造成的财产损失和人员伤亡贡献自己的一份力量。

参考文献

［1］赵丹丹．大型商场的消防监督管理措施研究［J］．化工管理，2018（12）：112-113.

［2］Yager R R. Families of OWA operators［J］. Fuzzy Setsand Systems，1993（59）：125-148.

［3］姬荣斌，何沙，钟雄．油气企业安全生产的WSR模型及其分析研究［J］．中国安全科学学报，2013，23（05）：139-144.

［4］蔡文．物元模型及其应用［M］．北京：科学技术文献出版社，1994：1-12.

［5］郭平，高明，李玉凤，任康飞．基于C-OWA算子与物元可拓模型的装配式建筑综合效益评价［J］．佳木斯大学学报（自然科学版），2021，39（05）：9-13.

［6］胡坤．大型商场安全评价体系研究［D］．江西理工大学，2009.

基于熵权可拓理论的大型商业综合体火灾风险评价研究

周 磊

（扬州市消防救援支队，江苏 扬州）

摘 要 评估分析大型商业综合体火灾风险，对做好大型商业综合体火灾预防及完善消防安全管理工作具有重要意义。本文分析识别了影响大型商业综合体火灾风险的各种因素，建立火灾风险评估指标体系。运用熵权法赋值指标权重，基于可拓理论构建火灾风险评价模型。通过实例验证了该模型的有效性和实用性。

关键词 大型商业综合体 熵权法 可拓理论 火灾风险评价

1 引言

大型商业综合体体量庞大、功能复杂、布局多样、业态多元，且人员密集、火灾荷载大，一旦发生火灾，人员疏散困难、扑救难度大，极易造成重大人员伤亡和财产损失，已成为火灾防控的“重中之重”，灭火救援的“难中之难”。能够及时迅速掌握大型商业综合体消防安全状况，对火灾事故的发生能起到预防和控制的作用，因而科学、客观、准确评估大型商业综合体火灾风险已成为当前高度重视的重要研究课题。本文分析识别影响大型商业综合体火灾风险的各种因素，建立一个切合实际的火灾风险评估指标体系，运用熵权法对各个指标的权重进行计算分配，结合可拓理论构建经典域、节域及待评价物元并计算火灾风险等级关联度，建立火灾风险量化评价模型，评估结果对大型商业综合体的消防安全管理具有一定的指导意义。

2 大型商业综合体火灾风险评价指标体系

建立评价指标体系，是进行大型商业综合体火灾风险评估的首要环节。通过总结分析有关法律法规[1]、系统安全理论、行业特点[2]-[5]等，依据三类危险源理论[6]，结合大型商业综合体火灾特点，建立了大型商业综合体火灾风险评价指标体系。如图1所示。

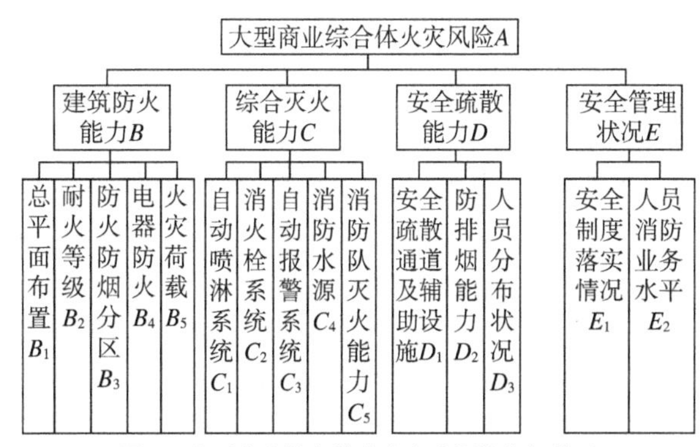

图1 大型商业综合体火灾危险评价指标体系

3 大型商业综合体风险评价熵权可拓模型

3.1 待评价物元的确定

大型商业综合体风险划分为 m 个等级，若评价指标有 n 个，则经典域物元[7]为

$$R_j = \begin{bmatrix} N_j & c_1 & [a_{1j}, b_{1j}] \\ & c_2 & [a_{2j}, b_{2j}] \\ & \vdots & \vdots \\ & c_i & [a_{ij}, b_{ij}] \\ & \vdots & \vdots \\ & c_n & [a_{nj}, b_{nj}] \end{bmatrix} \tag{1}$$

式中，$j = 1, 2, \cdots, m$，R_j 为第 j 个同征物元；N_j 为划

分出的j个等级；c_i为第i个火灾风险评价指标；V_{ij} = [a_{ij}，b_{ij}] 为N_j对于指标c_i在对应风险等级的取值范围，其中a_{ij}和b_{ij}分别表示取值范围的上、下限值。

节域物元可表示为

$$R_p = (N_p, C, V_p) = \begin{bmatrix} N_p & c_1 & [a_{1p}, b_{1p}] \\ & c_2 & [a_{2p}, b_{2p}] \\ & \vdots & \vdots \\ & c_i & [a_{ip}, b_{ip}] \\ & \vdots & \vdots \\ & c_n & [a_{np}, b_{np}] \end{bmatrix} \quad (2)$$

式中，N_p为大型商业综合体火灾风险评价等级的合集；V_{ip} = [a_{ip}，b_{ip}] 为N_p对于指标c_i在对应风险等级的取值范围，即为N_p的节域。

若大型商业综合体火灾风险评价等级为P，

$$则待评物元 R = (P, C, V_p) = \begin{bmatrix} p & c_1 & v_1 \\ & c_2 & v_2 \\ & \vdots & \vdots \\ & c_i & v_i \\ & \vdots & \vdots \\ & c_n & v_n \end{bmatrix} \quad (3)$$

式中，p为某一具体的大型商业综合体火灾风险评价等级；v_i为p关于指标c_i的实际所得的具体数值。

3.2 无量纲化处理

因评价指标计量单位不同，需要对各指标进行标准化处理，注重区分越小或越大越优型指标的不同处理方法[8]：

$$c_{i_1}^* = \frac{c_i - \min c_i}{\max c_i - \min c_i} \quad (4)$$

$$c_{i_2}^* = \frac{\max c_i - c_i}{\max c_i - \min c_i} \quad (5)$$

式中，c_i^*为c_i经归一化处理后的值；$c_{i_1}^*$、$c_{i_2}^*$分别表示越小、越大越优型指标；$\max c_i$和$\min c_i$分别为第i个指标所对应取值的上、下限。

3.3 关联函数计算

大型商业综合体安全评价等级的关联度，按照如下公式计算：

$$K_j(v_i) = \begin{cases} \dfrac{-\rho(v_i, V_{ij})}{|V_{ij}|} & v_i \in V_{ij} \\ \dfrac{\rho(v_i, V_{ij})}{\rho(v_i, V_{ip}) - \rho(v_i, V_{ij})} & v_i \notin V_{ij} \end{cases} \quad (6)$$

其中：

$$\rho(v_i, V_{ij}) = \left| v_i - \frac{(a_{ij} + b_{ij})}{2} \right| + \frac{(a_{ij} - b_{ij})}{2} \quad (7)$$

$$|V_{ij}| = |b_{ij} - a_{ij}| \quad (8)$$

$$\rho(v_i, V_{ip}) = \left| v_i - \frac{(a_{ip} + b_{ip})}{2} \right| + \frac{(a_{ip} - b_{ip})}{2} \quad (9)$$

式中，$\rho(v_i, V_{ip})$为v_i到经典域V_{ip}的距离；$\rho(v_i, V_{ij})$为v_i到节域V_{ij}的距离。

3.4 熵权法权重赋值

熵权法计算指标权重系数步骤如下：

（1）构建归一化矩阵，有$R = (r_{ij})_{m \times n}$

（2）定义评价指标的熵H_i，有

$$H_i = \frac{-1}{\ln m} \sum_{j=1}^{m} f_{ji} \ln f_{ji} \quad (10)$$

$$f_{ji} = \frac{r_{ji}}{\sum_{j=1}^{m} r_{ji}} \quad (11)$$

式中，r_{ji}为归一化矩阵R中的第j行第i列的元素。

（3）确定各评价指标的熵的权重

$$w_i 有 w_i = \frac{1 - H_i}{n - \sum_{i=1}^{n} H_i} \quad (12)$$

$$\sum_{i=1}^{n} w_i = 1$$

3.5 大型商业综合体火灾风险评价等级评定

待评价物元p的关联度，计算如下：

$$K_j(p) = \sum_{i=1}^{n} w_i \cdot K_j(v_i) \quad (13)$$

设定评价物元p属于等级j_0，$K_{j_0}(p) = \max K_j(p)$ (14)

4 实例分析

某大型商业综合体建于2000年，钢筋混凝土框架结构，地下一、二层为汽车库，地上一、二层为商业店面，地上三层为培训机构及儿童游乐场所，地上四层为餐饮、电影院。该建筑设有自动喷水灭火系统、消防水炮、防排烟系统、室内外消火栓系统、应急照明、火灾自动报警系统等消防设施，疏散通道、安全出口均满足疏散要求。

4.1 设定评价集

按照大型商业综合体火灾风险性严重程度，建立大型商业综合体危险性的评价集V，设定V= {$V1$，$V2$，$V3$，$V4$，$V5$}，划分为五个风险等级。其中，$V1$表示“非常安全”，$V2$表示“较安全”，$V3$表示“一般危险”，$V4$表示“较危险”，$V5$表示“很危险”（表1）。

表1 评价集

等级	V1	V2	V3	V4	V5
指标	8~10	6~8	4~6	2~4	0~2
归一化处理	[0,0.2]	(0.2,0.4]	(0.4,0.6]	(0.6,0.8]	(0.8,0.1]

4.2 评价指标归一化处理

根据调查结果及评价集，组织了10名商业安全领域专家根据实际情况，对各底层指标因素进行了实地调研并打分，各专家的平均分，就是该评价指标的最终综合得分。根据公式（4）、公式（5），对各指标因素的综合得分进行标准化处理。表2为各评价指标经标准化处理后的数据。

表2 评价指标的标准化数据

B_1=0.0423	B_2=0.0237	B_3=0.2561	B_4=0.4361	B_5=0.3694
C_1=0.3966	C_2=0.1011	C_3=0.5259	C_4=0.1591	C_5=0.5267
D_1=0.3678	D_2=0.3005	D_3=0.3824		
E_1=0.5071	E_2=0.5463			

4.3 评价指标权重及关联度计算

运用评价模型的相关计算公式，经计算，可得出大型商业综合体各评价指标因素的关联度及权重，见表3。

表 3 大型商业综合体评价指标的关联度和权重

准则层	指标层	关联度					权重
		V1	V2	V3	V4	V5	
B (0.169)	B_1	0.4102	-0.4093	-0.7058	-0.8035	-0.8537	0.0151
	B_2	0.4691	-0.4635	-0.7346	-0.8193	-0.8674	0.0113
	B_3	0.2672	-0.3023	-0.6574	-0.7565	-0.7952	0.0354
	B_4	-0.1863	0.2254	-0.3452	-0.4966	-0.5861	0.0613
	B_5	-0.2925	0.3001	-0.1505	-0.4367	-0.5764	0.0474
C (0.381)	C_1	-0.1976	0.3255	-0.3358	-0.5548	-0.6677	0.0732
	C_2	-0.2673	0.4137	-0.2150	-0.4753	-0.6026	0.0361
	C_3	-0.0352	-0.0753	0.1653	-0.2764	-0.4592	0.1132
	C_4	0.1533	-0.164	-0.2985	-0.3863	-0.5022	0.0583
	C_5	-0.3427	-0.050	0.1157	-0.2874	-0.4725	0.1014
D (0.259)	D_1	-0.1597	0.2863	-0.3905	-0.5963	-0.6235	0.1315
	D_2	-0.1614	0.1624	-0.4337	-0.6222	-0.7165	0.0530
	D_3	-0.2143	0.3580	-0.3133	-0.5423	-0.6541	0.0751
E (0.205)	E_1	-0.3756	-0.1525	0.3395	-0.5582	-0.6694	0.1123
	E_2	-0.2360	-0.1352	0.4351	-0.4453	-0.5992	0.0933

根据公式（13）、（14），该大型商业综合体火灾风险评价等级的关联度 K_p =（-0.0862，0.0328，-0.3423，-0.5646，-0.6737），则该建筑火灾风险处于 V2 等级，即为“较安全”水平。

4.4 分析评论

由上述计算可分析，该大型商业综合体总体上处于“较安全”状态，但仍需要加强日常管理，如严格落实各项消防安全制度，加强对电气线路敷设及用电设备负荷的排查，减少火灾荷载，及时排查并维保火灾自动报警系统，加强对商场管理人员和店铺工作人员消防安全知识教育培训，并定期进行消防演练，进一步提升该商业综合体的抵御火灾风险的能力水平。

5 结语

本文依据三类危险源理论，分析了大型商业综合体火灾风险因素，建立了评价指标体系；结合熵权法计算赋值指标权重，有效地回避了指标权重分配的主观随意性；基于可拓理论，构建火灾风险评价模型，使评价的结果更具科学性和客观性。最后实例证明，该方法的有效性和实用性。

参考文献

[1] GB 50016—2014，建筑设计防火规范（2018 年版）[S].

[2] 刘爱华、施式亮，吴超．基于模糊模式识别的模糊综合评价在大型商业综合体火灾危险评价中的应用 [J]．中国安全科学学报，2005，15（11）：103-107.

[3] 杜红兵，周心权，张敬宗．大型商业综合体火灾风险的模糊综合评价 [J]．北京：中国矿业大学学报，2002，31（3）：242-245.

[4] 胡宝清，刘敏，卢兆明．大型商业综合体火灾安全模糊评价 [J]．武汉大学学报，2004，37（5）：67-72.

[5] 王振，刘茂．应用区间层次分析法研究大型商业综合体火灾安全因素 [J]．安全与环境学报，2006，6（1）：12-15.

[6] 田水承，李红霞．关于危险源及第三类危险源的几点浅见 [M]．北京：安全科学理论.

[7] 梁桂兰，徐卫亚，谈小龙．基于熵权的可拓理论在岩体质量评价中的应用 [J]．岩土力学，2010，31（2）：536-540.

[8] 刘维，吕品，刘晓洁，等．基于熵权物元可拓模型的化工工艺本质安全评价 [J]．中国安全生产科学技术，2013，9（3）：150-156.

大型体育场馆的火灾危险性分析及安全评析

任兆阳

（西安市消防救援支队，西安）

摘　要　熟练掌握国家工程建设规范及标准。结合图纸和规范并在实地调研和理论计算的基础上对阜阳市体育场的消防设计的可行性和有效性进行评价。为此类建筑的防火设计和消防评析提供参考，及时发现存在的问题，提出改进意见，并为后期消防安全管理提供指导[2]。

关键词　大型体育馆　火灾危险性分析　安全评析

1　引言

体育馆使用功能多、建筑结构功能复杂、建筑面积大、人员密集，发生火灾时扑救难度高。做好防火设计和火灾风险评析是预防和减少此类建筑火灾，并确保在火灾发生时人员能快速疏散、减少财产损失的有效措施和手段[1]。

我国目前兴建很多功能复杂的体育场馆，随着建筑使用功能的增多，对此类体育场馆的防火要求也相应增大，所以其消防安全性能是建筑设计关注的最重要问题之一。

1.1　近期体育馆火灾事故案例

2008 年 7 月 27 日，济南奥体中心正在施工的荷花外形的球类体育馆顶部发生火灾，未造成人员伤亡。过火面积约占楼顶的四分之一。着火点位于体育馆西南侧楼顶，事故原因认定为工作人员违章作业，电焊操作引燃保温材料所致。而就在同年的 11 月 11 日，济南市奥体中心体育馆又发生一起火灾，过火面积 1284m^2，没有人员伤亡。认定火灾原因为：施工人员违章使用汽油喷灯热熔防水卷材施工过程中，喷灯高温火焰引燃可燃物引起的，是一起典型的施工人员违章作业、施工单位管理不到位、监理人员缺位、建设单位及项目管理公司统一协调管理不够造成的生产安全责任事故。

2008 年 12 月 5 日，安徽省铜陵市体育馆 9 号网点房内发生火灾，造成五人死亡，起火地点是体育馆网点房冷藏库，由于电线发热，引燃冷库内大量泡沫材料导致火灾。

2012 年 1 月 18 日，位于广西崇左龙州县田径体育场旁的在建业余体育摔跤馆发生火灾，火灾是由于电焊工违反消防安全操作规程，作业中铁皮过热引燃铁皮内的泡沫材料而引发火灾。

1.2　研究目的及意义

研究的目的：

熟练掌握国家工程建设规范及标准。结合图纸和规范并在实地调研和理论计算的基础上对阜阳市体育场的消防设计的可行性和有效性进行评价。为此类建筑的防火设计和消防评析提供参考，及时发现存在的问题，提出改进意见，并为后期消防安全管理提供指导[2]。

研究的意义：

对阜阳市体育场进行科学的消防安全评析，达到熟练掌握国家规范及标准在实际工作中应用的目的。

2　体育馆的火灾危险性分析

体育馆作为体育比赛和群众性的公共健身及娱乐场所，在市场经济建设的过程中，其使用功能发生了巨大的变化，已从单一的体育比赛及娱乐健身场所发展到场地出租，搞多种经营，如重要的集会、文艺演出、时装表演、举办展览会、交流会、商品展销会等。这种使用功能的变化，必然伴随着建筑及装修的变化，许多体育馆已从室内简单的粉刷，到使用大量可燃材料进行豪华装修，我国多地已建成一馆多用的综合体育中心，并利用其底下多层空间，增加使用面积和使用功能，以提高经济效益，节约用地，随着主体建筑越来越高，面积越来越大，使用功能越来越全，由此也引发出许多消防安全问题。

2.1　用电设备多，火灾隐患大

体育馆建筑顶棚高，跨度大，且屋架多采用钢结构网架，网架内部设有大量电线电缆，大功率灯具、扬声器等，火灾隐患多[3]。一旦失火，在空气对流的作用下，不仅燃烧猛烈，蔓延迅速，且不易扑救。

2.2　人员密集，疏散难度大

体育馆属于人员密集的公共场所，馆内的观众成千上万，绝大多数观众对场地疏散路线不熟悉，更不了解建筑布局及周围环境[4]。而上述场所疏散的特殊要求是在短时间内同时迅速疏散，特别是在火灾情况下，人员容易惊慌，拥堵疏散通道及出口，如果在疏散设计和管理方面出现问题，必然会造成大量人员伤亡[5]。

2.3　使用性质广，火灾荷载加大

市场经济过程中的场地出租，搞多种经营、豪华装修等，改变了体育馆的使用性质，势必增加用火用电，加大火灾荷载，给消防管理带来许多新情况、新问题[6]，如演出过程中的烟火效果，乱拉临时电线，演职人员随便吸烟，在观众休息室、走道内搞服装、家具展销等，稍有不慎，都会引发火灾，造成严重后果。

2.4　人员流动性大，安全意识弱

体育馆内的从业人员流动性大，其政治、文化素质及防火安全意识参差不齐，特别是搞场地出租，从事多种经营后，临时工作人员增多，大部分临时工作人员消防安全意识差，素质较低，缺乏防火常识，且由于流动性大，接受安全教育的机会相对很少，因此，大部分火灾隐患及违章行为多产生于这部分人群[7]。

综上所述，正确分析大型体育馆的火灾危险性，做好体育馆的火灾预防工作，对体育馆的安全使用具有重要意义。

3 阜阳市体育馆的消防安全评析

3.1 工程概况

体育馆位于阜阳市体育中心中部，投资2.6亿元，建筑面积27974m²，地上部分为主馆两层、副馆五层，地下部分为一层，建筑高度24.00m。体育馆南临市政路双清路，东西北三侧为体育中心内部道路，东西两侧路宽7m，北侧路宽9m。体育馆包括地下一层的游泳馆，容纳4300人的主体育馆及其跨越一至三层的训练馆，一层设有全民健身房，四层设有全民健身馆，五层设有体操训练中心，消防控制室设在一层，并有直接对外出口。

该建筑的消防安全评析主要依据《建筑设计防火规范》(GB 50016—2006)，《火灾自动报警系统施工及验收标准》(GB 50116—2019)，《自动喷水灭火系统设计计规范》［GB 50084—2001（2005版）］，《固定消防炮灭火系统设计规范》(GB 50338—2003)，《建筑灭火器配置设计规范》(GB 50140—2005)。

3.2 耐火等级

根据《建规》第5.1.7条，其耐火等级应不低于二级，该建筑耐火等级为二级，符合上述规定。该建筑防火墙为采用250mm混凝土空心小砌块，耐火极限大于3.00h；承重墙、楼梯间的墙、电梯井的墙、非承重墙和疏散走道两侧的隔墙均为200mm厚混凝土空心砖墙，耐火极限大于3.00h；柱采用厚度为120mm普通黏土砖作保护层的钢柱，界面最小尺寸为200mm×300mm，耐火极限为2.85h，大于2.50h；钢筋混凝土梁非预应力钢筋保护层厚度为20mm，耐火极限为1.75h，大于1.5h；楼板、疏散楼梯、屋顶承重构件为现浇整体式混凝土楼板，其最小保护层厚度为10mm，结构厚度为90mm，耐火极限为1.75h，大于1.00h；以上材质均为不燃烧体，符合规范要求。

3.3 总平面布局和平面布置

总平面布局和平面布置中涉及消防安全的防火间距、消防车道、消防水源等。图1为阜阳市体育场总平面图。

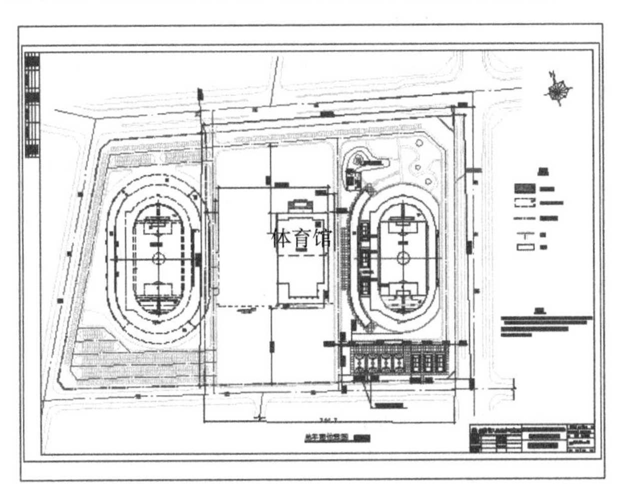

图1 阜阳市体育场总平面图

3.3.1 防火间距

建筑耐火等级为二级，与周围最近建筑的间距为31.1m，根据《建筑设计防火规范》（以下简称《建规》）第5.2.1条[8]，民用建筑之间的防火间距应满足表1的规定。

表1 民用建筑之间的防火间距 单位：m

耐火等级	一、二级	三级	四级
一、二级	6.0	7.0	9.0
三级	7.0	8.0	10.0
四级	9.0	10.0	12.0

实测阜阳市体育馆与最近的建筑物的间距为31.1m，远大于规范的要求。

3.3.2 消防车道

根据《建规》第6.0.5条，超过3000个座位的体育馆，超过2000个座位的会堂和占地面积大于3000m²的展览馆等公共建筑，宜设置环形消防车道。该建筑沿建筑周边可围成环形消防车道，满足规范要求。

根据《建规》第6.0.9条，消防车道的净宽度和净空高度均不应小于4.0m。供消防车停留的空地，其坡度不宜大于3%。消防车道与厂房（仓库）、民用建筑之间不应设置妨碍消防车作业的障碍物。实测该建筑东西两侧路宽7.0m，南北侧路宽9.0m，均大于4.0m，消防车道无坡度，南北两侧10m范围内不设置高大永久建构筑物，为消防车辆留出可通行区域，且车道转弯半径不小于12.0m，满足规范要求。

根据《建规》第6.0.10条，环形消防车道至少应有两处与其他车道连通，该建筑环形消防车道在东西两侧与体育场内部道路连通，满足规范要求。

3.3.3 消防水源

室外消防给水是火灾时减少火灾危害的重要保障[9]。该建筑物周围无天然水源，消防水源为市政给水管网和建筑物自身的消防水池。消防水泵房位于体育场看台内。

3.4 防火分区和建筑构件防火性能

3.4.1 建筑防火分区

根据《体育建筑设计规范》第8.1.3条，体育建筑的防火分区尤其是比赛大厅、训练厅和观众休息厅等大空间处应结合建筑布局、功能分区和使用要求加以划分，并应报当地公安消防部门认定。

根据《建规》第5.1.7条，民用建筑的耐火等级、最多允许层数和防火分区最大允许建筑面积应符合表2的规定。根据《建规》第5.3.2条，公共建筑内的每个防火分区、一个防火分区内的每个楼层，其安全出口的数量不应少于2个。

表2 民用建筑的耐火等级、最多允许层数和防火分区最大允许建筑面积

耐火等级	最多允许层数	防火分区的最大允许建筑面积/m²	备注
一、二级	按本规范第1.0.2条规定	2500	1. 体育馆、剧院的观众厅，展览建筑的展厅，其防火分区最大允许建筑面积可适当放宽。 2. 托儿所、幼儿园的儿童用房和儿童游乐厅等儿童活动场所不应超过3层或设置在四层及四层以上楼层或地下、半地下建筑（室）内

注：建筑内设置自动灭火系统时。该防火分区的最大允许建筑面积可按本表的规定增加 1.0 倍；当局部设置自动灭火系统时，增加面积可按该局部面积的 1.0 倍计算。

该建筑内设置了自动灭火系统，则防火分区的最大允许面积可增加至 5000m²。

体育馆部分共分 14 个防火分区：

地下一层划分为 5 个防火分区（防火分区 A 780m²，设安全出口 2 个；防火分区 B 494.3m²，设安全出口 2 个；防火分区 C 411.7m²，设安全出口 2 个；防火分区 D 243.3m²，设安全出口 1 个；防火分区 E 2862.4m²，设安全出口 3 个），首层划分为 3 个防火分区（防火分区 F 2353.3m²，设安全出口 4 个；防火分区 G 4126.3m²，设安全出口 6 个；防火分区 H-A3007.5m²，设安全出口 2 个），如图 2。

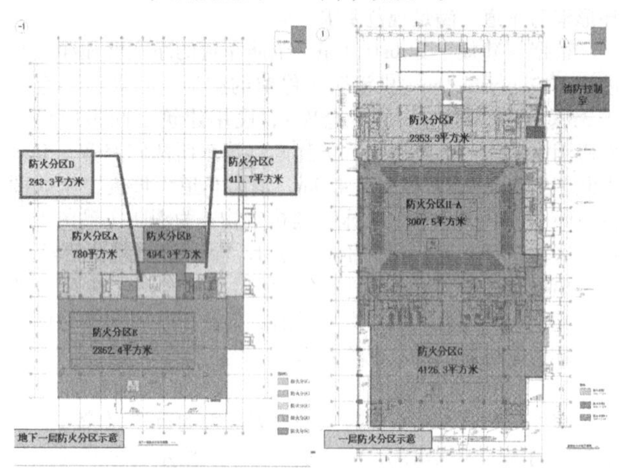

图 2　地下一层及首层防火分区示意图

二层划分为 1 个防火分区，（防火分区 H-B3556.5m²，设安全出口 8 个），三层划分为 2 个防火分区，（防火分区 J796.1m²，设安全出口 2 个；防火分区 H-C284.8m²，设安全出口 2 个），如图 3。

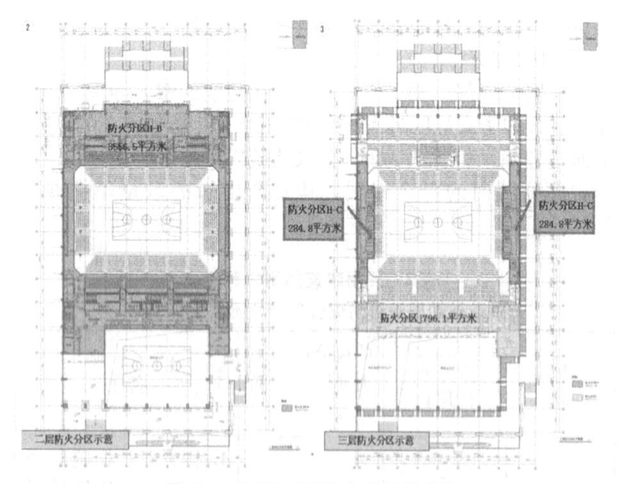

图 3　二层及三层防火分区示意图

四层划分为 2 个防火分区，（防火分区 K2604.9m²，设安全出口 2 个；防火分区 H-D2770.8m²，设安全出口 2 个），五层划分为 1 个防火分区，（防火分区 L2604.9m²，设安全出口 2 个），如图 4。

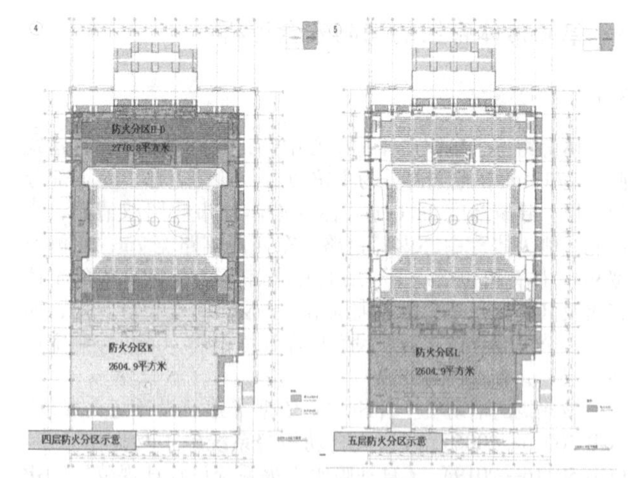

图 4　四层及五层防火分区示意图

各防火分区的建筑面积均小于 5000m²，符合规范中的相关规定。该建筑每个防火分区相邻 2 个安全出口最近边缘之间水平距离均大于 5.0m，符合《建规》第 5.3.1 的要求。

3.4.2　建筑构件的防火性能

防火分区门、设备机房采用甲级防火门，耐火极限大于 1.2h，设备管井、楼梯间及前室采用乙级防火门，耐火极限大于 0.9h，门厅、四季厅及舞台采用特级防火卷帘，耐火极限为 3.00h 加喷水保护。

用于比赛、训练部位的室内墙面装修和顶棚（包括吸声、隔热和保温处理），采用不燃烧体材料，符合《体育建筑设计规范》第 8.1.5 条规定。

根据《建规》第 7.2.7 条，无窗间墙和窗槛墙的幕墙，应在每层楼板外沿设置耐火极限不低于 1.00h、高度不低于 0.8m 的不燃烧实体裙墙；幕墙与每层楼板、隔墙处的缝隙应采用防火封堵材料封堵。该建筑在每层楼板外沿设置耐火极限不低于 1.00h、高度不低于 0.8m 的不燃烧实体墙裙或防火玻璃墙裙，玻璃幕墙与各层楼板、隔墙外沿间的缝隙，用厚度不小于 100mm 的岩棉或矿棉封堵，并填充密实，楼层间水平防火带的岩棉或矿棉采用厚度不小于 1.5mm 的镀锌钢板承托，之间缝隙填充防火密封材料，符合规范要求。

在钢结构杆件用来支撑承载屋顶系统处，消防措施为自动喷淋系统或薄防火喷涂，能够满足《高层民用建筑设计防火规范》第 5.5.1 条要求，耐火性能为 2.0h，钢结构均采用薄型防火涂料处理，达到防火极限。

比赛和训练建筑的灯控室、声控室、配电室、发电机房，空调机房、重要库房、消防控制室等部位，均采用耐火极限不低于 2.0h 的墙体和耐火极限不小于 1.5h 的楼板同其他部位相分隔。门、窗的耐火极限不低于 1.2h，且设自动水喷淋灭火系统，符合《体育建筑设计规范》第 8.1.8 条规定。

3.5　安全疏散

3.5.1　安全出口和走道

根据《建规》第 5.3.10 条规定，安全出口应均匀布置，独立的看台至少应有两个安全出口，且体育馆每个安全出口的平均疏散人数不宜超过 400~700 人。

体育中心馆有 12 个安全出口，则每个安全出口的平均疏散人数为 4300/12=358<700 人，符合规范要求。

根据《建规》第 5.3.16 条规定，安全出口和走道的有效总宽度均应按不小于表 3 的规定计算。

表3 体育馆每100人所需最小疏散净宽度（m） 单位：m

观众厅座位数档次（座）			3000~5000	5001~10000	10001~20000
疏散部位	门和走道	平坡地面	0.43	0.37	0.32
		阶梯地面	0.50	0.43	0.37
	楼梯		0.50	0.43	0.37

对于门和走道：该体育馆座位数4300，且为阶梯地面，则每100人所需最小净宽度为0.5m。

（4300/100）×0.5=21.5（m），实测走道的实际宽度为24m>21.5m，实测安全出口的实际宽度为39m>21.5m，均满足规范的要求。

3.5.2 疏散门

根据《建规》第5.3.15条规定，疏散内门及疏散外门应符合下列要求：

（1）疏散门的净宽度不应小于1.4m，并应向疏散方向开启；

（2）疏散门不得做门槛，在紧靠门口1.4m范围内不应设置踏步；

（3）疏散门应采用推闩外开门，不应采用推拉门，转门不得计入疏散门的总宽度。

该建筑二层疏散门净宽度M-6为2.0m，ZDM-2为4.0m，M-7为6.0m，四层疏散门净宽度FM-2为1.5m，均大于1.4m，且均采用平开门，向疏散方向开启，在紧靠门口1.4m范围内未设置踏步，符合规范标准。

3.6 消防给水和自动灭火设备

3.6.1 消防用水量

消防用水量如表4所示：

表4 消防用水量

系统名称	用水流量/（L/s）	火灾延续时间/h	用水总量/m^3	供水方式
室外消火栓	30	2	324	消防水池贮水
室内消火栓	15			消防水池贮水
室内自动喷水灭火	100	1	360	消防水池贮水
微型水炮	40	1	144	消防水池贮水

消防水池是人工建造的储存消防用水的构筑物，是天然水源或市政给水管网的一种重要补充手段。该建筑消防用水量如表4所示。

消防水池的有效容积如式（1）计算：

$$V=3.6(\sum_{i=1}^{n}q_it_i-Q_ct_{ij}) \tag{1}$$

式中 n——需要同时开启的灭火系统种类数；

q_i——所负担的某类灭火系统用水量，$L\cdot s^{-1}$；

t_i——该灭火系统相应的火灾延续时间，h；

Q_C——火灾时向水池连续补充的水量，$L\cdot s^{-1}$；

t_{ij}——补水时间（t_i中的最大者），h。

水池连续补充的水量（即市政给水管网或进水管的供水能力）可按式（2）估算：

$$Q_c=\frac{D^2}{2}v \tag{2}$$

式中 Q_C——火灾时向水池连续补充的水量，$L\cdot s^{-1}$；

D——市政给水管网或进水管的折算直径，即管道的直径（以100mm计）被25除的比值；

v——管道内水的当量流速，$m\cdot s^{-1}$，环状管网取$1.5m\cdot s^{-1}$。

因此，消防水池有效容积为：

$$V=3.6\times(30+15)\times2.0+3.6\times(100+40)\times1.00-3.6\times\frac{(100/25)^2}{2}\times1.5\times2.0=770.4(m^3)$$

结论：消防水池容积为830m^3，符合要求。

根据《建规》第8.6.1条，容量大于500m^3的消防水池，应分设成两个能独立使用的消防水池，该建筑消防水池容积为830m^3，大于500m^3，应分设为两个独立使用的消防水池，不满足规范要求。

3.7 防烟与排烟

3.7.1 自然排烟

根据《建规》第9.4.1条，比赛、训练大厅设有直接对外开口时，应满足自然排烟的条件。没有直接对外开口时，应设机械排烟系统。该体育馆二层有两个安全出口直接通向室外疏散平台，可自然通风，四周采用封闭式玻璃幕墙，无对外开窗，自然排烟口净面积不满足自然排烟条件，但设置了机械排烟系统，将自然排烟方式作为辅助排烟措施。

3.7.2 机械防烟

3.7.2.1 防烟部位

根据《建规》第9.1.2条，防烟楼梯间及其前室应设置防烟设施。该建筑防烟楼梯间采用机械正压送风防烟系统共4套，前室不送风。其他楼梯间为自然通风。符合规范标准。

3.7.2.2 加压送风量的校核

根据《建规》第9.3.2条，机械加压送风防烟系统的加压送风量应经计算确定。当计算结果与《建规》表9.3.2的规定不一致时，应采用较大值。

查表法：根据《建规》表9.3.2，前室不送风的防烟楼梯间机械加压送风量不应小于25000m^3/h，选取一层前室有两个出口的最不利条件，其风量乘以1.50~1.75的系数，系数取1.50，加压送风量修正为不应小于37500m^3/h。

压差法：当楼梯间及其前室所有防火门关闭时，送风量计算公式为：

$$L_y=0.827\times A\times\Delta P^{\frac{1}{n}}\times3600\times1.25 \tag{3}$$

式中，L_Y是送风量，m^3/h；A是总有效漏风面积，m^2；n是门缝取2，窗缝取1.6；ΔP是压力差，Pa。

根据经验值，该防烟楼梯间门为乙级防火门FM-2，一个双扇防火门的截面尺寸为1.5m×2.1m，疏散门的缝隙宽度依据规范取0.004，则$A=(1.5\times2+2.1\times3)\times0.004=$

$0.037m^2$；该建筑的建筑高度小于25m，则防烟楼梯间的压力差取40~50Pa；$b=2$。该送风系统担负着6层的送风量，则防烟楼梯间的加压送风量为：

$$L_y = 0.827 \times 0.037 \times 6 \times (40 \sim 50)^{\frac{1}{2}} \times 3600 \times 1.25 \times 6 = 8474.4 \sim 9473.4 m^3/h$$

风速法：防烟楼梯间进行机械加压送风，当防火门开启时，保持门洞处一定风速所需的风量计算公式为：

$$L_y = \frac{nFv(1+b)}{a} \times 3600 \quad (4)$$

式中，F 是每个门的开启断面积，取 $1.5 \times 2.1 = 3.15m^2$；v 是门在开启时门洞处所应具有的风速，取 0.7m/s；a 是背压系数，取1.0；b 是送风管道漏风系数，该建筑采用的钢板送风管，取0.15；n 是同时开启门的计算数量，当建筑物为20层以下时取2。

将数值代入式（4），计算得送风量为：

$$L_y = \frac{2 \times 3.15 \times 0.7 \times (1+0.15)}{1.0} \times 3600 = 18257.4m^3/h$$

比较上述三种方法，取最大值，防烟楼梯间的加压送风量设计值为 $37500m^3/h$。

该建筑防烟楼梯间设置的加压送风系统为HTFC（B）-1-22型低噪声柜式离心风机的风量为 $32400m^3 \cdot h^{-1}$，小于计算值，不能满足送风量的要求，改进措施为选择送风量符合计算值的风机。

3.7.2.3 送风口尺寸的校核

该建筑防烟楼梯间总共3个送风口，加压送风口按火灾时相应的同时开启的层数计算风口尺寸，每个风口的面积 f（m^2）按式（5）计算：

$$f = \frac{L}{3600 \times n \times \eta \times v} \quad (5)$$

式中，L 是加压送风量，$m^3 \cdot h^{-1}$；n 是加压送风口同时开启的层数（或门数）；v 是风口风速，$m \cdot s^{-1}$，取 $7m \cdot s^{-1}$ 时相应得到的是最小有效面积；η 是风口有效面积率，一般取0.85。

$$防烟楼梯间：f = \frac{37500}{3600 \times 3 \times 0.85 \times 7} = 0.58m^2$$

该工程中，实际防烟楼梯间送风口尺寸为 $0.8 \times 0.8 = 0.64m^2$，能达到送风口应设的最小截面尺寸，符合规范要求。

3.8 消防电源及其配电

3.8.1 消防电源

根据《建规》第11.1.1条，座位数超过3000个的体育馆的消防用电应按二级负荷供电。根据《供配电系统设计规范》第2.0.6条，二级负荷的供电系统，宜由两回线路供电。该建筑消防系统电源按二级负荷设计，电源来自变配电房，其双路电源引自一个变电所的不同母线，符合规范要求。

3.8.2 消防负荷配电

根据《建规》第11.1.4条和11.1.5条，消防用电设备应采用专用的供电回路，当生产、生活用电被切断时，应仍能保证消防用电，其配电设备应有明显标志，消防控制室、消防水泵房、防烟与排烟风机房的消防用电设备及消防电梯等的供电，应在其配电线路的最末一级配电箱处设置自动切换装置。该建筑配电设备有明显标志，消防泵、喷淋泵、消防类风机、应急照明等均采用双路电源末端自投，火灾自动报警系统主电源为两条专用回路末端自投后提供，备用直流电源为专用蓄电池组，为消防系统供电的双路电源均分别接自不同的10kV电源的低压母线，符合规范要求。

根据《建规》第11.1.3条，消防应急照明灯具和灯光疏散指示标志的备用电源的连续供电时间不应少于30min。该建筑应急照明灯和灯光疏散指示标志均由EPS集中蓄电池电源供电，持续供电时间不小于90min，符合规范要求。

3.8.3 消防配线

根据《建规》第11.1.6条，消防用电设备的配电线路应满足火灾时连续供电的需要，暗敷时，应穿管并应敷设在不燃烧体结构内且保护层厚度不应小于30mm。明敷时（包括敷设在吊顶内），应穿金属管或封闭式金属线槽，并应采取防火保护措施。

该建筑在弱电竖井内均设有火灾报警系统专用竖向线路，并与消防控制中心连通。消防用电设备的配电线路均采用NH-YJV电缆或采用ZR-BV导线穿PC敷设，暗敷时敷设在混凝土内且保护层厚度不小于30mm，明敷时穿金属管并涂防火涂料保护，所有导线的连线采用压接或焊接，所有电气管道与走道、房间的预留孔洞在线路安装完成后采用不燃材料封堵，符合规范要求。

3.9 消防应急照明和消防疏散指示标志

3.9.1 消防应急照明

该建筑在下述地区设应急照明：在体育馆、观众厅、疏散厅、走廊等人员密集场所；在火灾时需连续工作的各类机房（消防控制室、变电所等）；楼梯间和疏散走道。符合《建规》第11.3.1条规定。

根据《建规》第11.3.2条，建筑内消防应急照明灯具的照度应符合下列规定：（1）疏散走道的地面最低水平照度不应低于0.5lx；（2）人员密集场所内的地面最低水平照度不应低于1.0lx；（3）楼梯间内的地面最低水平照度不应低于5.0lx；（4）消防控制室、消防水泵房、自备发电机房、配电室、防烟与排烟机房以及发生火灾时仍需正常工作的其他房间的消防应急照明，仍应保证正常照明的照度。

该建筑在疏散走道内设置疏散用应急照明，其地面最低照度为0.5lx，火灾疏散指示照明的地面最低照度为5.0lx，楼梯间内的地面最低水平照度为5.0lx，比赛场地的应急照明其照度值不低于正常照明的10%；配电室、消防值班室、消防泵房等火灾时需连续工作的房间的照明100%为应急照明，为正常照明的照度。符合规范要求。

3.9.2 消防疏散指示标志

根据《建规》第11.3.4条，公共建筑应沿疏散走道和在安全出口、人员密集场所的疏散门的正上方设置灯光疏散指示标志，该建筑在上述场所疏散门的正上方均设置了疏散指示标志，符合规范要求。

根据《建规》第11.3.4条，沿疏散走道设置的灯光疏散指示标志，应设置在疏散走道及其转角处距地面高度1.0m以下的墙面上，且灯光疏散指示标志间距不应大于20.0m；对于袋形走道，不应大于10.0m；在走道转角区，不应大于1.0m，该建筑灯光疏散指示标志设在距地面0.5m处，灯光疏散指示标志在地下一层处袋型走道间距为8.0m，在一层走道转角处间距为2.0m，其他疏散走道处的间距为15m，其中在走道转角处的间距大于1.0m，不符合规范要求。

根据《建规》第11.3.5条，座位数超过3000个的体育馆应在其内疏散走道和主要疏散路线的地面上增设能保持视觉连续的灯光疏散指示标志或蓄光疏散指示标志。该建筑在地面根据疏散路线设置蓄光型疏散指示标志，间距5m，可保持视觉连续，符合规范要求。

4 结论

体育馆消防设计复杂，影响因素多。实际设计过程中，应注意相关规范的正确理解和使用，加强安全疏散和消防设施的设计[15]。同时，体育馆功能繁多，建筑设计方面随意性比较大，消防设计时应尤为注意。

阜阳市体育馆的总体消防设计大部分符合现行的规范，其设计优点体现于工程规模虽然较大，但整体消防设计完善和消防设施齐全。本文通过对阜阳市体育馆消防设计的分析，认为该工程的消防设计还存在不完善之处，主要有以下问题：安全疏散距离不满足疏散要求，消防水池数量少，灭火器配置数量不满足要求，单台风机排烟量过小，一层走道转角处疏散指示标志间距过大，比赛场地设置的探测器高度不满足要求，防烟楼梯的前室未设置火灾探测器。

阜阳市体育馆的消防设计仍有少许细节不能满足规范要求，仍存在火灾危险性，说明了现今建筑消防设计存在不仔细、不认真的疏漏。只有合理的消防设计并保障各项消防技术措施有效落实，才能保证建筑的消防安全[15]。设计人员以及建审人员均应熟练掌握消防技术规范的条文、掌握建筑制图的基础知识、掌握消防自动系统工程基本常识、及时了解建筑消防的前沿知识，高度重视本职工作，严格把关，确保任何一栋建筑的消防设计满足消防安全的需要。

参考文献

[1] 孙悦．大型体育馆的火灾危险性分析及预防措施[J]．科技导报，2008：34-39.

[2] 郭树林，王仲镰．防火设计与审核细节[M]．北京：化学工业出版社，2008.

[3] Chuck Haslebacher. Fire Safety Technicia [J]. Tech directions, 2007, 67 (4): 28-29.

[4] HONESTY C. GENERAL. Insuring buildings under construction [J]. Philippine architecture, engineering & construction record, 2003, 70 (8): 13-16.

[5] 郭伟．体育馆人员安全疏散研究[D]．西安：建筑科技大学．2009：40-46.

[6] 罗晖．大型体育馆消防安全设计方案及应用[J]．消防科学与技术，2005：301-305.

[7] 肖国清．建筑物火灾疏散中人员的行为可靠性研究[J]．科技信息，2009，(23)：11-12.

[8] GB 50016—2006，建筑设计防火规范[S].

[9] Mike Holt. Fire Alarm Signaling Systems-A fire alarm signaling system must not be an early casualty of a fire [J]. EC&M, 2003, 102 (8): 42-43.

[10] 郭伟．体育馆人员安全疏散研究[D]．西安：建筑科技大学．2009：40-46.

[11] GB 50084—2001，自动喷水灭火系统设计规范[S].

[12] GB 50140—2005，建筑灭火器配置设计规范[S].

[13] GB 50338—2003，固定消防炮灭火系统设计规范[S].

[14] GB 50116—98，火灾自动报警系统设计规范[S].

[15] Graham Ellicott. Fire safety and rising costs [J]. Fire, 2009, 102 (Aug. TN. 1319): 5-6.

基于FMEA模式的石油化工厂系统安全分析

何　艳　钱舒畅

（中国人民警察大学，河北　廊坊）

摘　要　石油化工厂在经济发展中占有重要的地位，然而其存在的危险系数极高，且一旦发生危险就极大可能会发生火灾爆炸事故，继而造成严重的影响后果。为了找出石油化工厂存在的安全隐患问题，本文采用失效模式与影响分析（FMEA）等定性和定量分析方法，以某一石油化工厂为例，找出潜在问题及风险性，并应用多起石油化工厂的火灾案例数据进行统计，结合生产作业条件安全评价的*MES*方法对石油化工厂进行系统安全分析，同时对风险较高的安全隐患问题提出相应的解决措施。

关键词　石油化工　火灾爆炸　消防　FMEA　*MES*　系统安全　消减措施

0　引言

石油化工公司中存在较多的易燃易爆物质[1]，具有安全隐患多、危险系数高等特点。而且石油化工厂一旦出现火灾爆炸等燃烧事故，将会产生巨大的人员伤亡及经济财产损失。为了保障工厂的安全，采用失效模式与影响分析（FMEA）对石油化工厂进行系统安全分析、落实一定的解决措施是有一定意义的。

FMEA模式可用于系统安全分析中，刘以雪[2]等利用FMEA方式对危化品的物流运输仓储进行了数据分析研究，并指出解决措施。刘鑫男[3]等采用FMEA方法对客滚船电力系统进行安全评估，得出评估结果具有一定的可靠性。孙旭[4]采用FMEA对化学品液货船装卸货风险进行评估。但由于FMEA方法主要通过专家打分进行研究，因此分析结果存在一定不确定性。该文在FMEA方法的基础上，利用了实际例子，同时结合MES方法对石油化工厂进行了系统安全分析，进一步提高了分析结论的正确性，找出安全隐患的首要原因，并且针对这些问题提出技术与管理方面的解决措施，提高了石油化工厂的安全性。

1　FMEA方法介绍

FMEA分析法最初是在20世纪50年代开始应用，起初用于对飞机的主要操纵装置的故障分析[5]，到80年代初期被引入我国，引入后被广泛应用于我国的航空航天等技术领域，而后经过长期的不断完善，如今FMEA方法可以应用在化工行业、核电站等相关领域内。

FMEA属于归纳分析法，它自下而上的剖析系统中可能出现的问题以及对系统性能影响的系统化程序，涉及子系统、不期望事件、风险优先级等步骤。本文对石油化工厂这一系统进行FMEA方法分析，具体分析流程如图1所示。

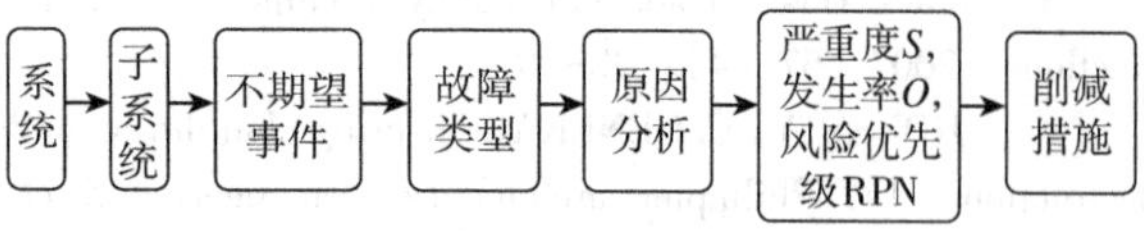

系统 → 子系统 → 不期望事件 → 故障类型 → 原因分析 → 严重度S，发生率O，风险优先级RPN → 削减措施

图1　FMEA方法分析流程

2　基于FMEA的系统分析

本文以某石油化工厂的油品装卸、油品储存及油品加工进行FMEA分析，主要以此进行研究，得出石油化工厂的子系统、各子系统所对应的不期望事件以及故障类型和原因分析，并应用多起实际案例进行分析，判定风险优先级的因素大小，对其提出切实的解决措施。

2.1　子系统、不期望事件及故障类型

根据现代消防安全常识，从人的不安全行为、物体的不安全状态和环境问题三个层面，将某石油化工厂这一系统的子系统划分为管理层面、设备设施和环境因素三个方面。其中管理层面和设备设施各有两个不期望事件，环境因素有一个不期望事件，对应的故障类型和原因分析均在表1中有所体现。

表1　子系统、不期望事件、故障类型

子系统	不期望事件	故障类型	原因分析
管理层面	燃烧	泄漏	人员操作失误 人为破坏
		罐体受腐蚀	工程设计失误
	爆炸	泄漏	人员操作失误 人为破坏
		危险状态储存	管理不善
设备设施	燃烧	泄漏	设备损坏
	爆炸	电气故障	设备损坏 静电 雷击
		储罐超压	自动控制系统失误
环境因素	爆炸	泄漏	人员操作失误 人为破坏 设备损坏

2.2　故障类型的原因分析

本文对国内外61起石油化工厂的火灾案例进行研究，其案例包括北京东方化工厂管区发生爆炸事件、茂名石化公司北山岭油库火灾、天津一化工厂发生爆炸事件等。各火灾事故的发生都是由多个原因共同导致的，根据这些火灾案例，得到发生火灾事故的故障原因共有以下9种，取危害最大的直接原因对火灾案例进行归类，统计发生次数，得到各原因所对应的火灾案例次数如表2所示。

表2　石油化工厂火灾案例原因统计

序号	原因分析	发生次数
1	设备损坏	14
2	自动控制系统失误	1
3	静电	2
4	雷击	3
5	工程设计失误	6
6	人员操作失误	26
7	管理不善	7
8	人为破坏	1
9	其他因素	1

2.3　风险优先级（RPN）

风险优先级（RPN）是系统的任何一种问题发生的严重程度（S）和发生率（O）的综合评价，其受严重度和发生率的共同影响，表示方法如下所示：

$$RPN=S\times O$$

风险优先级越高，就意味着所对应的故障因素的危险性也越大。对以上九种直接故障原因进行风险优先级的统计，则得出结果最大者即为主要故障原因，其次为关键故障原因，以此类推可得到各故障原因对石油化工厂安全性的影响程度的大小。

1）发生率（O），是指各个故障原因在案例上发生的次数（表2）和总事件数之间的比率，即：

发生率（O）= 原因发生次数（n）/总案件数量（N）

本文对61起案例进行分析，计算所得发生率的数值介于［0.0164，0.4262］。为简化后续计算与分析，按照划分标准（表3）对故障原因作出了赋分，具体发生率和赋分结果见表4。

表3　发生率等级划分标准

分值	事故发生率	数值区间
4	在系统过程中经常发生	［0.4~0.5］
3	预期会发生，有理由发生	［0.2~0.4］
2	可能发生，之前有发生	［0.1~0.2］
1	预期不会发生，可能性小	［0~0.1］

表4　发生率数值与赋分

原因分析	发生次数	发生率	分值
设备损坏	14	0.2295	3
自动控制系统失误	1	0.0164	1
静电	2	0.0328	1
雷击	3	0.0492	1
工程设计失误	6	0.0984	1
人员操作失误	26	0.4262	4
管理不善	7	0.1148	2
人为破坏	1	0.0164	1
其他因素	1	0.0164	1

2）严重度（S）的求解，运用生产作业条件安全评价MES方法中的S。$R=MES$，其中，R是生产作业条件的危险程度计算得分；M是管理措施状态的得分；E是人员暴露情况得分；S是事件后果的严重程度得分。本次采用MES方法

中的事故后果严重程度 S 对火灾事故案例的严重度进行打分。严重度 S 的标准分数值参见表 5 所示。

表 5　事故后果严重程度（S）分值表

环境影响程度	财产损失/元	职业相关病症	伤害	分数值
重大环境的影响	>1000 万		多人死亡	10
中等环境的影响	100 万（含）~1000 万	多人有职业病	1 人致死或多人永久性失能	8
较轻环境的影响	10 万（含）~100 万	一人有职业病	1 人永久性失能	4
局部环境的影响	1 万（含）~10 万	职业性的多发病	需在医院治疗，缺工	2
没有环境影响	<1 万	职业因素引起的身体不适	轻微伤害，仅需急救	1

根据表中内容对 61 起案例分别进行严重度打分，得出各个事件的严重度 S_i。再将由同种原因造成的火灾案例的严重度相加，得到汇总后的各个故障原因的严重度 S，且 $S=\sum_{i=1}^{n} S_i$。

计算得到的严重度 S 的值在［8，220］范围内。为了简化后续的计算和分析工作，对严重度进行了等级划分（表 6），并对直接故障原因进行了等级赋分，严重度数值及赋分结果见表 7。

表 6　严重度等级划分标准

分值	数值区间
4	[109~220]
3	[63~108]
2	[31~62]
1	[8~30]

表 7　严重度数值与赋分

原因分析	严重度数值	严重度分值
设备损坏	65	3
自动控制系统失误	10	1
静电	20	1
雷击	30	1
工程设计失误	51	2
人员操作失误	220	4
管理不善	49	2
人为破坏	8	1
其他因素	10	1

因为风险优先级（RPN）是由严重度（S）和发生率（O）所共同决定的，即：

$$RPN=S\times O$$

故将严重度（S）数值和发生率（O）数值相乘，得到风险优先级的数值，具体见表 8。

表 8　风险优先级数值

原因分析	严重度分值	发生率分值	风险优先级（RPN）
设备损坏	3	3	9
自动控制系统失误	1	1	1
静电	1	1	1
雷击	1	1	1
工程设计失误	2	1	2
人员操作失误	4	4	16
管理不善	2	2	4
人为破坏	1	1	1
其他因素	1	1	1

由表 8 可知，人员操作失误的风险优先级最大，故其为首要故障原因，其次是设备损坏，所以在石油化工厂中应该优先加强设备的检测与维修以及人员操作规范方面的管理，以最大限度地降低石油化工厂的火灾风险。

2.4　石油化工厂消防安全控制措施（技术与管理）

根据故障因素实施消防安全方面的削减预防措施，并指导石油化工厂的企业职工进行人员管理和安全技术等方面的事故防治对策。表 9 的九项故障原因依次对应列出的削减措施。

表 9　原因与消减措施对应表

序号	原因分析	消减措施
1	设备损坏	定期对设备进行检测与维修
2	自动控制系统失误	定期检测自动控制系统的灵敏度
3	静电	设置静电保护装置，并定期检修
4	雷击	设置避雷针等装置
5	工程设计失误	提高技术人员的责任意识与业务能力
6	人员操作失误	加强操作人员的业务能力，对其定期进行培训，要求其掌握基本知识
7	管理不善	加强管理人员的社会安全意识
8	人为破坏	提高人员的责任意识，抓牢内部管理制度
9	其他因素	定期对石油化工厂进行隐患排查

措施总结：

1）对于管理方面：

（1）提高技术、管理人员的责任意识和管理工作专业技能，对其进行定期培训和考察，要求其掌握基本知识，并且要严格规范操作流程。

（2）提高员工的社会安全意识；增强有关部门的责任意识，抓牢内部管理制度。

2）对于设备设施与操作方面：

（1）定期对设备进行检测与维修、定期检测自动控制系统的灵敏度，加强抑爆装置的设置，定期对石油化工厂进行火灾爆炸隐患的排查。

（2）多备灭火器材，并定期检修维护。

（3）设置静电保护、避雷针等装置并做好电缆防护。

3 结语

石油化工厂在经济中占有一定的地位，但是其一旦发生事故就会造成极大的影响后果，故其存在的安全隐患需要引起一定的重视。本文对石油化工厂主要运用了 FMEA 的系统安全分析方法，通过原因分析及风险优先级的计算找出故障发生的首要原因和次要原因，分别是人员操作失误和设备损坏，并且提出了石油化工厂消防安全相应的控制措施，这些控制措施对石油化工企业的事故预防工作有一定的借鉴意义。

参考文献

［1］马志强．石油化工企业火灾危险性分析及灭火救援策略［J］．清洗世界，2022，38（03）：166-168.

［2］刘以雪，李孝斌．基于 FMEA 方法的危化品物流仓库系统安全分析［J］．中国人民公安大学学报（自然科学版），2019，25（01）：32-37.

［3］刘鑫男，孙彦刚，欧书博，赵维．基于 FMEA 技术的客滚船电力系统安全评估［J］．船电技术，2022，42（02）：31-34. DOI：10. 13632/j. meee. 2022. 02. 013.

［4］孙旭．基于 FMEA 的化学品液货船装卸货风险评估［J］．中国船检，2022（01）：86-92.

［5］宋国正，孟郃清，高建，陈昕，贾东方，胡凌志．基于 FMEA 方法的国产 PET/MR 失效分析研究［J］．中国仪器仪表，2021（04）：34-38.

基于事故树和层次分析法的城中村火灾风险评估及防控对策研究

张克松

（天津市蓟州区消防救援支队，天津　蓟州）

摘　要　随着城市的不断发展，外来务工人员迅速增加，城中村成为人员生活、住宿的主要聚集地。通过分析全国近年来火灾情况，城中村内的火灾数量占有很大比例。本文将事故树分析法、层次分析法进行结合，对城中村消防安全进行风险评估。通过研究表明，影响城中村火灾事故发生的主要因素是应急疏散、消防管理能力、危险源，必须引起相关人员的关注。

关键词　城中村　事故树分析法　层次分析法　火灾　应急疏散

1 引言

工业化进程的不断深化，促使城市不断发展，使得农村变成了城市。然而这些区域多为居民自建房，各类功能越来越完善，再加上人员防火意识不足、预防措施不到位等因素，造成火灾形势日益严峻。2021 年共发生居住场所火灾 25. 9 万起，造成 1460 人遇难、1172 人受伤，直接财产损失 13. 9 亿元。其中，村民自建房 15. 6 万起、造成 848 人遇难，占居住场所总数的 60. 5%和 58. 1%，给社会安定带来巨大冲击。

为更好地预防火灾事故的发生，提前研判城中村火灾存在的风险隐患，制定科学有效的防控对策，是非常必要的。很多学者也对此进行了研究，如邹娟[1]等人针对北京市的城中村火灾风险进行了分析；吴大放[2]等对城中村火灾防灾能力评价及等级划分进行了研究；赵伟[3]等应用古斯塔夫法对城中村火灾风险进行评估；刘杨[4]等浅析了“城中村”“城乡结合部”火灾多发的原因；李洪刚[5]分析了当前城中村存在的消防薄弱环节；俞丹青[6]等探究了城中村消防安全管理模式；田东望[7]等分析了“城中村”消防安全管理存在问题；张新平[8]等针对当前城中村消防安全问题，开展风险评估，提出了相关对策与建议。各学者针对城中村火灾评估多采用定性方法，定量方法相对较少，因此本文借鉴事故树分析法和层次分析法，结合城中村特点，定量评估影响城中村火灾风险的各个因素，提高风险评估的准确性，为预防和遏制城中村火灾提供科学对策。

2 分析方法概述

目前，事故树分析法、层次分析法是火灾风险评估中最常用的两种方法。层次分析法在赋予数据信息时不够完备、随意性强，在准则层建立评估指标时导致结果不准确。故本文先使用事故树分析法梳理指标体系中的各种因素，挑选出比重较大的因素，从而使层次分析法的精度和可靠性得到显著提升。

2. 1　构建事故树

事故树是由导致事故发生的各个基本事件按照一定的逻辑关系链接而成的树形图。此分析法是在假设基本事件发生概率相同的基础上，逐层分析其对顶上事件所产生不同程度的影响，进而得到顶上事件的最小径集。最小径集越多，顶上事件发生概率越小，系统越安全。

2. 2　建立层次分析模型

一般情况下目标层、准则层和指标层是层次分析模型的三个组成部分，每一层的各因素隶属于上一层的因素且受下一层因素的影响，构成了一个多层次的分析结构模型。为将事故树与层次分析法进行结合，在确立层次分析指标层因素时，要对事故树分析结论进行梳理加工，把各基本事件与指标层因素相互转化，最后进行归纳分类，将其确定为准则层因素，目标层为城中村火灾风险评价体系。

2. 3　构造判断矩阵并计算

在层次结构中对同层各个因素进行两两比较，比较其相对于上层某个因素的重要性，通过专家咨询打分或问卷调查，按事前规定的标度进行定量化，从而构造了准则层判断矩阵，并进行判断。

3 城中村火灾风险评价体系建立及权重计算

3.1 城中村火灾风险评价体系建立

结合近几年城中村火灾案例，通过查阅相关文献及分析日常监督检查情况，以顶上事件城中村火灾事故为出发点，共分析得到可能造成城中村火灾的 29 个基本风险事件，并构建城中村火灾事故树，如图 1。城中村事故树图中风险事件的符号及含义见表 1。

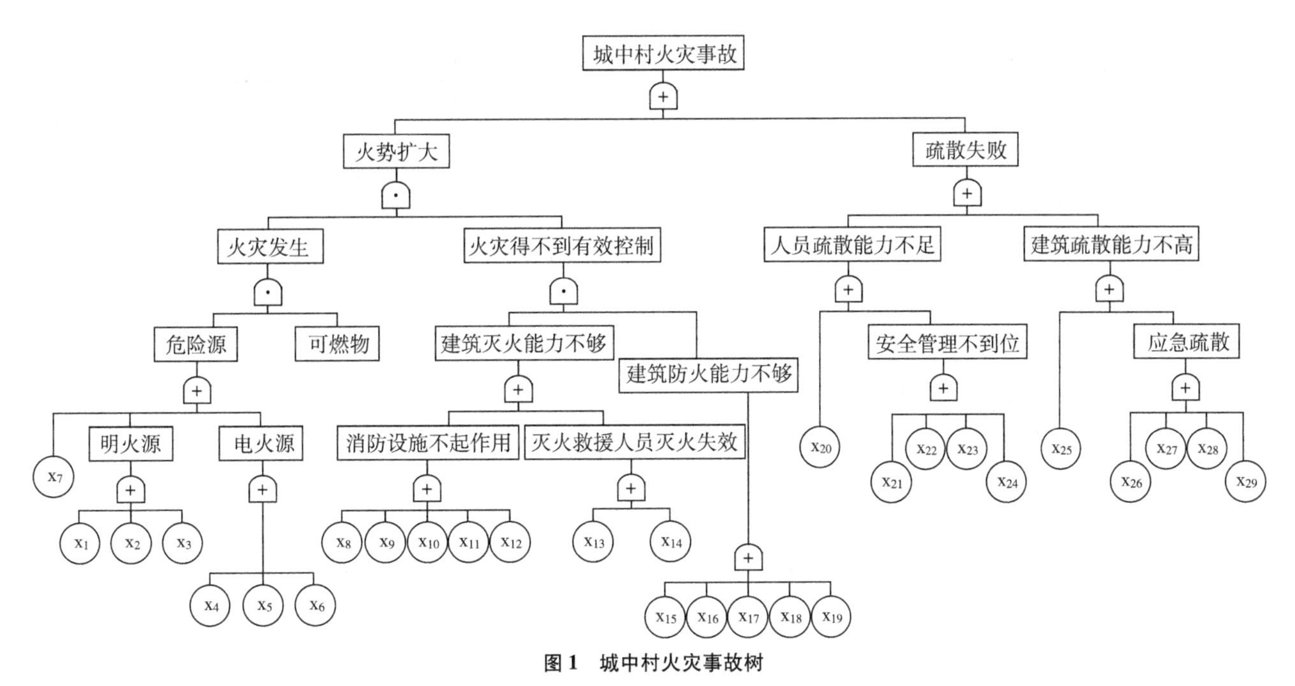

图 1 城中村火灾事故树

表 1 城中村火灾事故树符号及含义

符号	含义	符号	含义	符号	含义
x_1	吸烟	x_{11}	室外消火栓不工作	x_{21}	管理不到位
x_2	用火用气不慎	x_{12}	消防设施布局不合理	x_{22}	执行规章制度不到位
x_3	人为纵火	x_{13}	灭火救援人员灭火不力	x_{23}	安全教育培训不到位
x_4	线路老化	x_{14}	灭火救援人员到达不及时	x_{x24}	资金投入不到位
x_5	电器设备出现故障	x_{15}	消防车通道不通畅	x_{25}	人员密集
x_6	变压器等设备故障	x_{16}	城中村建筑平面位置不合理	x_{26}	应急预案制定不到位
x_7	火灾扑救困难	x_{17}	建筑结构形式不符合要求	x_{27}	安全出口数量少
x_8	防火分区未设置	x_{18}	建筑耐火等级不够	x_{28}	疏散通道宽度不够
x_9	自身消防设施故障	x_{19}	建筑内部装修可燃物多	x_{29}	安全疏散指示标志指示不清晰
x_{10}	室内消防栓不起作用	x_{20}	人员自救能力不到位		

从图中可以知晓，城中村的建筑等级、危险源、消防设施情况、应急疏散能力、灭火自救能力、安全管理水平 6 类因素为影响城中村火灾的主要因素，并以此 6 类因素为准则层构建城中村火灾风险评估指标体系。城中村火灾风险评估指标体系，见表 2。

表 2 城中村火灾风险评价体系

目标层	一级指标	二级指标
城中村火灾风险综合评价体系	建筑等级 *A*	防火分隔 *A*1 建筑内部布局 *A*2 建筑内部装修材料 *A*3 建筑耐火等级 *A*4
	危险源 *B*	明火火源 *B*1 人为纵火 *B*2 电气故障 *B*3 可燃物 *B*4 吸烟 *B*5

续表

目标层	一级指标	二级指标
城中村火灾风险综合评价体系	消防设施情况 *C*	室内消火栓系统 *C*1 室外消火栓系统 *C*2 灭火器 *C*3 其他消防器材 *C*4
	应急疏散能力 *D*	应急疏散预案 *D*1 人员密度 *D*2 安全出口 *D*3 疏散通道 *D*4 安全疏散标志 *D*5
	灭火自救能力 *E*	灭火救援人员能力 *E*1 消防车道 *E*2
	安全管理水平 *F*	管理能力 *F*1 安全规章管理制度 *F*2 安全教育 *F*3 安全投入 *F*4

3.2 城中村火灾风险指标权重的确定

结合近几年实际案例和城中村的评价体系分析，城中村人员密度高，防火间距不足，火灾荷载大，人员疏散困难，不利于整理消防安全管理，应急疏散设施是消防安全的关键，可使人员在火灾中及时疏散，保护人员的生命安全。另外，城中村的村民自建房在设计上有所欠缺，易于火势快速蔓延，人员的初期扑救及相应的灭火能力可以有效抑制群死群伤事故的发生。

通过对各个指标之间进行两两比较，采用1～9标度法排定各评价指标的相对顺序，依次构造判断矩阵。在此基础上利用调查问卷和专家咨询打分的方法确定判断矩阵的标度，根据标度确定指标层各因素的相对重要性。判断矩阵如表3所示。表3中的数据表示建筑等级*A*、危险源*B*、消防设施情况*C*、应急疏散能力*D*、灭火自救能力*E*、安全管理水平*F*之间的相对重要性，数值越大其重要性越大。

表3 一级指标的判断矩阵

	A	*B*	*C*	*D*	*E*	*F*	*W*
建筑等级*A*	1	1/3	1/4	1/7	1/6	1/5	0.0350
危险源*B*	3	1	1/2	1/5	1/4	1/2	0.0585
消防设施情况*C*	4	2	1	1/3	1/2	1/2	0.1380
应急疏散能力*D*	7	5	3	1	2	2	0.3795
灭火自救能力*E*	6	4	2	1/2	1	2	0.2436
安全管理水平*F*	5	2	2	1/2	1/2	1	0.1454

3.3 判断矩阵的一致性检验

所构造的判断矩阵只有通过一致性检验（$CR<0.1$）才能说明其逻辑上的合理性，才能够对结果进行分析。对于目标层的判断矩阵，该矩阵的阶数$n=6$，可知$RI=1.24$，可知$CR=0.029<0.1$，通过了一致性检验。

3.4 城中村火灾风险评价指标总排序

对于二级指标层，用一级指标层各元素本身相对于总目标的排序权值加权综合，计算得到层次总排序，结果如表4所示。

表4 城中村火灾风险评价指标总排序列表

一级指标	权重	二级指标	权重	总排序	优先顺序
A	0.0350	*A*1	0.5579	0.0195	15
		*A*2	0.0569	0.0020	24
		*A*3	0.1219	0.0043	23
		*A*4	0.2633	0.0092	20
B	0.0585	*B*1	0.1337	0.0216	12
		*B*2	0.0374	0.0061	21
		*B*3	0.4996	0.0809	5
		*B*4	0.0710	0.0115	18
		*B*5	0.2583	0.0418	9
C	0.1380	*C*1	0.1219	0.0462	8
		*C*2	0.2633	0.0403	5
		*C*3	0.5579	0.0897	4
		*C*4	0.0569	0.0216	13

一级指标	权重	二级指标	权重	总排序	优先顺序
D	0.3795	*D*1	0.0789	0.0197	14
		*D*2	0.0400	0.0100	19
		*D*3	0.3597	0.0999	3
		*D*4	0.3597	0.2117	1
		*D*5	0.1617	0.0403	10
E	0.2436	*E*1	0.7500	0.1520	2
		*E*2	0.2500	0.0173	16
F	0.1454	*F*1	0.5579	0.0586	6
		*F*2	0.2633	0.0276	11
		*F*3	0.1219	0.0128	17
		*F*4	0.0569	0.0060	22

根据总排序列表可发现：一级指标的权重顺序为应急疏散能力*D*>灭火自救能力*E*>安全管理水平*F*>消防设施情况*C*>危险源*B*>建筑等级*A*；二级指标中疏散通道*D*4、安全出口*D*3、灭火救援人员灭火能力*E*1、灭火器系统*C*3、室外消火栓系统*C*2、电气故障*B*3、管理能力*F*1等因素占有较大的权重。

4 城中村火灾风险防范对策及建议

本文选用事故树分析法与层次分析法相结合的方法，对城中村的消防安全进行风险分析，综合考虑了六个主要因素，并对这些因素进行细致划分，建立城中村火灾危险性评价体系。根据成对比较矩阵，进行权综合排序，得出各项指标因素相对于城中村消防安全总目标的权重值及重要性排序。该火灾风险评价体系为城中村火灾防控工作提出了几点防范建议。

4.1 保证疏散系统畅通

发生火灾后，安全疏散通道的畅通情况和群众疏散逃生意识的强弱，将在很大程度上影响人员伤亡情况。因此，保证疏散系统畅通显得尤为重要。城中村建筑的安全出口的数量、宽度，消防疏散通道，以及疏散距离，必须严格按照相关规范要求进行设置，社区、居民委员会要做好严格把关。在日常工作中，对安全出口、疏散通道不通畅等问题必须予以处理，消除消防隐患。同时，应在疏散楼梯内安装应急照明灯，在明显位置张贴疏散指示标志，并制定疏散预案定期组织外来人员进行疏散演习，熟悉疏散路线，降低火灾伤亡。

4.2 保证消防设施完整好用

如果城中村内消防设施配备完整，且无埋压、占用等情况，在火灾发生初期就能快速使用，将火势扑灭。城中村的管理人员要把预防工作放在整体管理的首位。虽然有些城中村建筑安装了消防设施，但是火灾发生时并没有发挥作用，也没能控制住火势，主要原因是没有对消防设施进行定期的检查和维护，其次是现场负责巡查检查的人员未掌握消防设施的原理和操作方法，不会使用简单的灭火装置。因此，应当对消防设施进行定期的检查、维护和保养，使其在火灾发生时能够第一时间动作，并在此基础上建立可行的城中村事故应急救援机制，从而降低事故后果。

4.3 加强危险源管理

火灾危险源的管控也是城中村发生火灾的主要因素。在二级指标中，火灾危险源中电气故障所占比重较大，是影响城中村消防安全的重要因素。城中村火灾危险源众多，主要包括明火、吸烟、电气、可燃物和放火等，应当加强危险源的管控，严禁乱拉乱接临时电气线路，加强日常用电管理。并对工作人员进行消防安全培训，诸如电气设备的后期维修、电线的走位，都必须在专业的指导下进行，以降低火灾发生概率。

4.4 提高消防安全职责

为加强监督成效，应进一步完善消防安全责任制。城中村的管理者必须树立强烈的消防责任意识，按时在区域内开展消防安全培训，并定期组织专业人员进行火情隐患排查。全体居民应高度重视消防安全，担负起自身的防火责任，层层抓落实，逐步形成全员防火的局面，切实减少火灾的发生，确保广大群众的生命财产安全。

5 总结

综上所述，本文将事故树分析法、层次分析法等风险评估方法进行结合，对城中村消防安全进行风险评估。通过研究表明，影响城中村火灾事故发生的主要因素依次为应急疏散能力、灭火自救能力、安全管理水平、消防设施情况、危险源、建筑等级。属地政府、乡镇、社区可通过保证疏散系统畅通、做好消防设施设备的维护保养、加强危险源管理、提高消防安全职责等手段预防和遏制城中村火灾。

参考文献

[1] 邹娟，杨玲．北京市城中村火灾事故风险分析[J]．安全，2015，36（6）：64-67.

[2] 吴大放，刘艳艳，陈剑波，等．城中村火灾防灾能力评价及等级划分——以广州大学城南亭村为例［J]．地理与地理 信息科学，2015，31（4）：107-110，115.

[3] 赵伟．应用古斯塔夫法评估城中村火灾风险［J]．消防科学与技术，2012，31（3）：306-309.

[4] 刘杨．浅析“城中村”、“城乡结合部”火灾多发原因及防范对策［C］//中国消防协会．2014 中国消防协会科学技术年会论文集．中国科学技术出版社，2014：3.

[5] 李洪刚．当前城中村存在的消防薄弱环节和解决措施［J]．武警学院学报，2016，32：94-97.

[6] 俞丹青，赵伟．城中村消防安全管理模式探究[J]．消防技术与产品信息，2015，（4）：59-61.

[7] 田东望，李国栋，张帅伟，等．“城中村”消防安全管理存在问题与成因分析［J]．科技信息，2013，（22）：477-478.

[8] 张新平．当前城中村消防安全问题分析及对策探讨[J]．武警学院学报，2013，29（12）：68-70.

常德高铁站特殊消防设计评估

钟政延

（湖南省郴州市桂阳龙潭消防救援站，湖南 郴州）

摘 要 本文选取了常德高铁站作为研究对象，对其进行了特殊消防设计评估，利用 FDS 火灾模拟软件和 Pathfinder 疏散模拟软件对常德高铁站进行模拟，通过模拟分析计算表明常德高铁站当前设计的消防安全性，并通过疏散分析模拟得出的结论提出以下建议：人员疏散的瓶颈在闸机处，因此要提高人员疏散效率，提高闸机处的宽度是关键；对于常德高铁站，南侧安全出口的数量较少，因此保证南侧安全出口的可靠性十分重要。

关键词 特殊消防设计 火灾模拟 安全疏散 FDS

0 引言

随着社会的发展，人们出行越来越多地选择高铁，站内旅客密集程度也不断增加，高铁站相较于以往的火车站，建筑面积更大，人员密度更高，火灾危险性更高，一些新建的高铁站甚至超过了建筑设计防火规范中对于此类建筑的要求，其一旦发生火灾，将造成严重后果，对于此类超规建筑，必须进行特殊消防设计，以保证建筑的消防安全。在火灾发生时，最快速地将人群疏散到安全区域是保护人们安全的重要途径，因此，研究高铁站的人员疏散变得十分重要，对高铁站进行特殊消防安全设计研究有重要意义，对于保障人民生命财产安全、维护社会稳定有重要意义。

笔者以常德高铁站为研究对象，设定九种不同的工况利用 FDS 和 Pathfinder 模拟软件分别进行火灾模拟和疏散模拟，利用计算机模拟火灾发生时人员疏散情况和烟气蔓延情况，验证防排烟方案和人员疏散的安全可靠性。

1 常德高铁站概况

1.1 车站概况

常德高铁站站房主体地上 2 层，地下 1 层，建筑高度 32.8m，总建筑面积约为 60000m^2。站房分为线侧南、北站房和高架候车室，线侧南、北站房宽 218m，进深 46m，高架候车室宽 123m，进深 203m。常德高铁站耐火等级为一、二级，设置消火栓系统和自动喷水灭火系统。

常德高铁站地下一层（标高-10m）为架空层，架空层为旅客出站主要空间。地上一层（标高±0.000m）为站台层，常德高铁站共 9 个站台，站台南、北侧站房为进站大厅，北站房北侧为旅客活动平台，南站房南侧为旅客活动平台和高架落客车道。地上二层（标高 9m）为高架层，高架层为旅客候车主要空间，设有旅客服务、军人候车、母婴候车及设备用房等，高架夹层（标高 15m）为旅客服务和设备用房。

常德高铁站共15个防火分区，其中编号为“2-1”的防火分区使用功能为候车和旅客服务，其面积高达55860m^2，最远点至最近疏散门或安全出口的直线距离为60m。

1.2 常德高铁站消防安全问题

防火分区面积过大。根据《铁路工程设计防火规范》第6.1.2条，高铁站每个防火分区在特殊情况下允许的最大面积为10000m^2，常德高铁站防火分区2-1面积高达55860m^2，超出规范要求。

疏散距离过长。根据《铁路工程设计防火规范》第6.1.10条，常德高铁站设置了自动喷水灭火系统，疏散距离按规范最大可为37.5m，实际为60m，超出规范要求。

2 模型的构建

在此类建筑消防安全评估中，通常先根据建筑的火灾危险性设定合理的火灾场景，然后利用计算机模拟程序对火灾中的温度、能见度和CO浓度等参数的分布情况进行计算，分析得出人员安全疏散可用时间TASET；再根据设定的火灾场景设置相对应的疏散场景，利用计算机模拟程序对疏散过程进行计算，得到人员疏散所需时间TREST，最后比较TASET和TREST的大小，若TASET>TREST则可认为在设定场景下，人员能够在火灾威胁到生命安全之前全部疏散到安全区域，否则，则认为建筑的设计方案不能满足人员安全疏散的要求。

对常德高铁站防火分区2-1高架层候车及旅服区域用Pathfinder疏散模拟软件进行建模，并对疏散出口进行编号如图1所示：

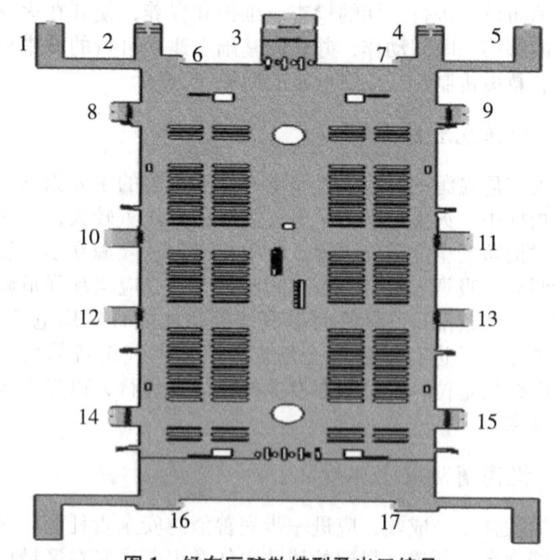

图1 候车区疏散模型及出口编号

基本参数设置。疏散人数：疏散人数共11000人；疏散者的基本参数：疏散者的移动速度与疏散者的年龄和性别有关，本次仿真共考虑4种人员，成年男性占45%，移动速度为1.3m/s；成年女性占30%，移动速度为1.1m/s；小孩占15%，移动速度为0.9m/s；老年人占10%，移动速度为0.7m/s。边界层：人员疏散过程中，靠近障碍物的人员为了避免受到伤害，会与障碍物保持一定的距离，称之为边界层，本次模拟设定边界层为20cm。

对常德高铁站火灾场景和疏散场景进行设计，如表1、图2所示：

表1 火灾工况设置

工况编号	起火地点	火源功率	自动灭火系统	自然排烟系统	出口状态
1	母婴候车室	3MW	有效	有效	均可使用
2	母婴候车室	5MW	失效	有效	均可使用
3	一楼旅客服务	10MW	失效	有效	1出口无法使用
4	一楼旅客服务	3MW	有效	有效	1出口无法使用
5	二楼旅客服务	3MW	有效	有效	均可使用
6	二楼旅客服务	10MW	失效	失效	均可使用
7	西北角座椅	2MW	有效	有效	8出口无法使用
8	西南角座椅	4MW	失效	有效	14出口无法使用
9	安检	2MW	有效	有效	南侧安检口无法通行

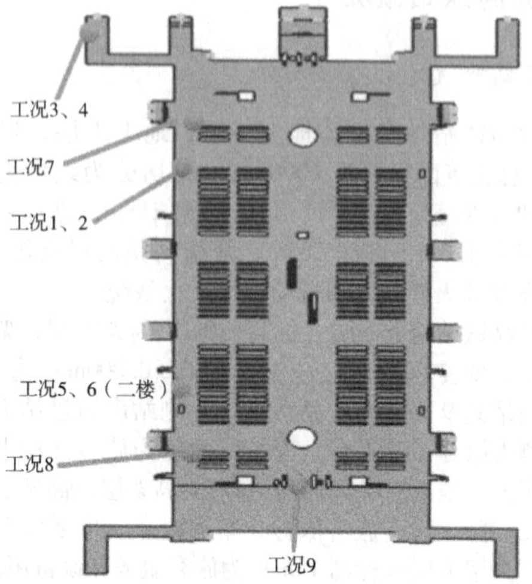

图2 各火灾工况火源位置图

本文选取60℃为人体耐受温度上限，10m为疏散能见临界值，CO体积分数500×10^{-6}为人体耐受临界值。火灾增长系数根据《建筑防烟排烟系统技术标准》取0.044。由于常德高铁站体积巨大，网格数量巨多，受到计算机性能限制，本文设置网格直径为1m，总计网格数量808 029个。

3 模拟计算结果

3.1 Pathfinder模拟结果

在9种火灾工况中，只有5种出口状态，因此疏散工况为5种。疏散开始时间为探测报警时间与人员疏散准备时间之和，本文探测报警时间取60s，人员疏散准备时间取90s，疏散开始时间则为150s，人员运动时间由软件模拟计算得出，结果如表2所示：

表 2 人员疏散五种工况结果 s

出口情况	疏散开始时间	人员运动时间	T_{REST}
所有出口均可使用	150	221	371
1 号出口无法使用	150	219	369
8 号出口无法使用	150	230	380
14 号出口无法使用	150	289	439
南侧安检口无法通行	150	218	368

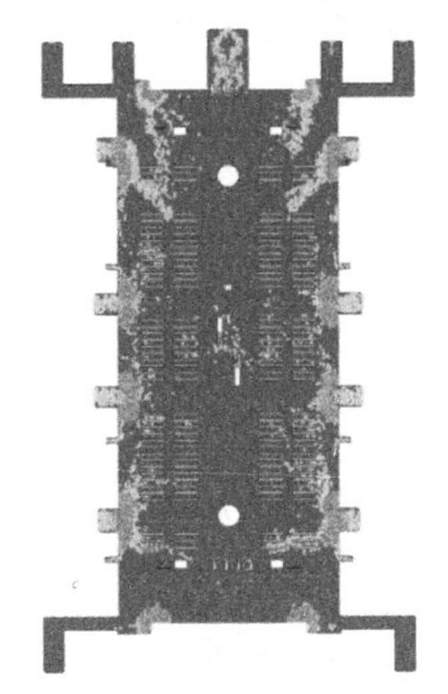

图 3 所有出口均可使用疏散工况下第 60s 人员分布图

如图 3 所示，通过观察疏散过程可以发现，疏散中，闸机前汇集、堵塞了大量人员，因此疏散瓶颈在闸机处。

3.2 FDS 模拟结果

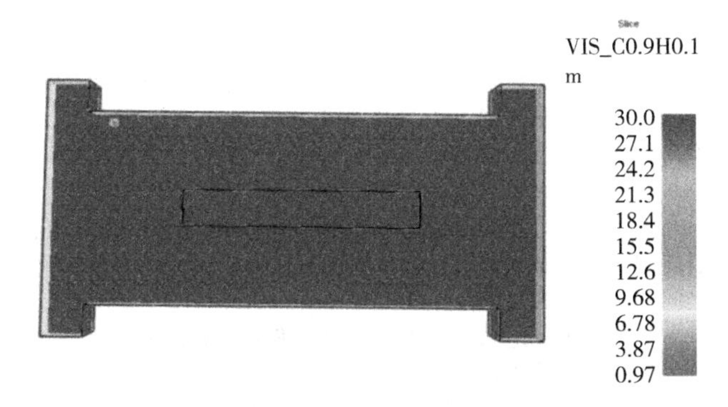

图 4 工况六 600s 时能见度分布图

由于篇幅原因，本文仅展示设定火灾工况中最危险的工况 6，600s 时能见度分布如图 4 所示，可见除火源上方外，能见度均在人可承受范围之内。其他工况在 600s 以内的温度、能见度、CO 浓度均未达到威胁人员生命安全的情况，因此，常德高铁站在发生火灾后的 600s 以内，其造成的温度升高、能见度降低、一氧化碳浓度升高都不足以对人员的生命安全造成威胁，可得 TASET>600s。

4 结论

本文通过对常德高铁站的 FDS 火灾模拟和 Pathfinder 疏散模拟，得出以下结论：

根据 FDS 火灾模拟结果，常德高铁站发生火灾时，在 600s 以内，火灾造成的温度升高、能见度降低、一氧化碳浓度增加都不能对人员生命安全造成影响，因此 TASET>600s；根据 Pathfinder 疏散模拟结果，常德高铁站的人员疏散时间最大为 439s，因此 TREST ≤ 439s。对比 TASET 和 TREST，发现 TREST<TASET，因此判断常德高铁站的安全性可以得到保障。常德高铁站的防火分区 2-1 虽然防火分区面积和疏散距离超过了规范的要求，但是因其室内空间大、室内高度高，发生火灾时烟气向上运动，很长一段时间内不会威胁人员生命安全，火灾危险性较小，可以正常投入与使用。

根据模拟的结果，本文对常德高铁站提出如下建议：

（1）人员疏散的瓶颈在闸机附近，在疏散过程中，通过的最窄的位置就是闸机处，因此，要想提高疏散速度，缩短疏散时间，提高闸机处的疏散宽度是一个较好的方法，可以通过增加闸机的数量从而增加闸机处的疏散宽度，也可以将闸机旁的围栏设置为火灾时可开启的围栏，在火灾中方便人群的疏散。

（2）常德高铁站北侧疏散出口的数量较多，而南侧疏散出口的数量较少，根据模拟结果，如果关闭南侧一个安全出口，其疏散时间的增加较多，因此对于常德高铁站来说，南侧的防火要求应更高，确保火灾时南侧安全出口不受火灾影响是确保该站消防安全的重点。

参考文献

[1] Myung Bae Kim, Byung-Il Choi. An Experimental Study on Smoke Spread Using a Reduced-scale Subway Building Model [J]. FIRE SCIENCE AND ENGINEERING, 2008, 22 (2).

[2] Wang Binbin. Comparative Research on FLUENT and FDS's Numerical Simulation of Smoke Spread in Subway Platform Fire [J]. Procedia Engineering, 2011, 26.

[3] Seong - Hwan Yoon, Min - Jung Lee, Jurng - Jae Yee. An Experimental Study on Evacuation Times in a Subway Station Using Evacuation Parameters [J]. Seong-Hwan Yoon; Min-Jung Lee; Jurng-Jae Yee, 2013, 12 (1).

[4] John L Bryan. Human behaviour in fire: the development and maturity of a scholarly study area [J]. Fire and Materials, 1999, 23 (6).

[5] 金正烽. 基于 FDS 的地铁换乘站火灾模拟与人员疏散研究 [D]. 北京交通大学, 2019.

[6] 耿伟超. 高铁站候车厅火灾烟气自然排烟特性研究 [D]. 西安科技大学, 2020.

[7] 夏蕊. 地铁火灾烟气流动与人员疏散研究 [D]. 安徽理工大学, 2019.

[8] 巴宇航. 高速铁路客运站人员应急疏散研究 [D]. 西南交通大学, 2016.

[9] 王若成. 高铁站突发事件下负重人群安全疏散研究 [D]. 西南交通大学, 2015.

[10] 吕傲冰, 王春, 丁世杰, 刘骥鹏. 基于 EVACNET4 的地铁车站人员疏散模拟研究 [J]. 价值工程, 2015, 34 (14): 230-232.

[11] 赵承建, 于孝红. 基于 Pathfinder 的某高铁车站人员安全疏散模拟分析 [J]. 武警学院学报, 2019, 35 (08): 5-8.

[12] 王鑫. 基于 Pathfinder 的铁路客运站疏散能力研究 [J]. 科技创新与应用, 2016 (12): 17-18.

[13] 张思健, 杨晖, 许金星. 某火车站火灾烟气流动及人员疏散安全研究 [J]. 北京建筑工程学院学报, 2014, 30 (02): 54-59.

[14] 张文文. 城市轨道交通运营突发事件客流疏散策略研究 [D]. 中国铁道科学研究院, 2020.

［15］雷嘉烨．西安地铁换乘枢纽大客流应急疏散研究［D］．西安理工大学，2020.
［16］陈子健．某地铁侧式车站火灾烟气运移规律及人员疏散模拟研究［D］．安徽建筑大学，2020.
［17］高源．高铁站火灾条件下负重人员安全疏散模拟［D］．兰州交通大学，2020.
［18］冀中华．密集人群疏散的控制与仿真［D］．南京邮电大学，2019.
［19］徐丹．地铁环境内人员应急疏散行为研究［D］．首都经济贸易大学，2019.
［20］吴博．地铁导流栏杆对应急疏散的影响及其设置优化研究［D］．首都经济贸易大学，2019.

基于风险评估方法的古城镇消防用水量研究

卢　婷
（云南省消防救援总队，云南　昆明）

摘　要　本文以云南某古城为研究对象，采用ISO法、ISU法、IITRI法三种不同类型的评估方法，选取多个实际场景计算消防用水量，将古城镇消防用水量规范值与风险评估值进行比对，得出古城镇消防用水量风险评估值与规范值、实际值的差距，为古城镇火灾风险评估及消防用水量设计提供参考。

关键词　风险评估方法　消防用水　古城镇

1　引言

据统计，我国城市一般火灾平均消防用水量为89L/s，对应现行消防技术规范（以下简称消规）中70万人的城镇消防设计流量，大型火灾消防用水量高达150~450L/s。对中小城镇供水管网，尤其是对人口规模不足10万且火灾风险较高的旅游古城镇，如果简单的依据消规选取消防设计流量下限值（15~35L/s），会造成消防设计流量取值偏小的问题，导致管网消防供水能力严重不足。此外，我国消规规定的消防设计流量与发达国家相比，也存在取值偏小的问题，以云南某古镇为例，美国取消防设计流量为44~63L/s，日本高达128L/s，而我国仅取30L/s。可见，仅以消规确定的消防用水量作为建筑实际消防需水量，无法满足高火灾风险的中小旅游古城镇建筑消防安全需求，寻求有效的实际消防需水量计算方法迫在眉睫。本文通过详细介绍3种实际消防需水量计算方法，旨在解决消防用水量与消防需水量不匹配的问题。

2　单体建筑消防需水量计算方法

2.1　ISO法

ISO（Insurance Services Office）法是美国保险事务所总结出的用于确定城市单体建筑消防需水量的一种方法，被国外的一些自来水厂、消防局、保险公司及工程设计人员广泛采用。ISO法不仅考虑了建筑物自身因素，如建筑结构和场所类型、建筑面积、建筑耐火等级以及暴露程度等，还考虑了与相邻建筑的间距、相邻建筑迎火面面积、类别以及着火建筑与暴露建筑之间通道的保护形式。ISO法计算建筑消防需水量时考虑因素较为全面、比较贴合实际情况且较为合理，但其计算过程也比较复杂。

ISO法计算单体建筑消防需水量（*NFF*，Need Fire Flow），主要确定建筑的主要类型（等级）、建筑的大小（有效面积）、场所的主要类型（等级）、建筑物的暴露程度以及与另一座建筑的联系因素等。ISO法计算式可见式 $NFF_i = (C_i)(O_i)(X+P)_i$

式中　NFF_i——每分钟消防需水量，gpm（1gpm=0.063L/s）；
C_i——与结构类型相关的因素，gpm；
O_i——与场所类型相关的因素；
X——与暴露建筑物相关的因素；
P——与建筑物之间的联系有关的因素。

ISO法的计算步骤可概括为：

步骤1确定建筑物结构类型和相关因素（F）；

步骤2确定有效面积（A_i）；

步骤3将“F”和“A”代入式 $C_i = 18F(A_i)^{0.5}$，计算结构因素（C_i）；

步骤4将结构因素（C_i）用250gpm舍入取整；

步骤5确定主要场所类型和相关因素（O_i）；

步骤6通过识别建筑物的建筑类型、长-高值以及与建筑物之间的距离来确定是否有暴露；

步骤7考虑对面建筑物墙壁开口及相关保护等因素确定建筑物的暴露系数（X）；

步骤8通过确定通道的可燃性、通道是打开还是关闭、通道的长度以及在通道开口中提供的保护措施，确定建筑物之间的连通系数（P）；

步骤9把上述系数代入公式中，确定消防需水量。

建筑结构等级相关系数F、建筑有效面积A_i、场所因素O_i、暴露因素X_i、连通因素P_i，根据建筑实际情况查询参数表格直接获取或计算获取。

确定出F、A_i、C_i、O_i、$(X+P)_i$之后，代入公式 $NFF_i = (C_i)(O_i)(X+P)_i$ 可计算消防需水量（NFF_i）。但还应考虑以下因素：

（1）当着火建筑或暴露建筑是木瓦屋顶，ISO法认为屋顶有助于火势蔓延，应在公式计算的消防需水量的基础上再增加500gpm；

（2）最大的消防需水量为12000gpm，最小为500gpm；

（3）消防需水量的最终计算结果如果小于2500gpm，则用250gpm舍入取整，如果大于2500gpm，则用500gpm舍入取整；

（4）对于高度不超过2层的一户或两户住宅，ISO法使用了表1所示的消防需水量：

表 1　高度不超过 2 层的一户或两户住宅的消防需水量

建筑物间的距离/ft	消防需水量/gpm
≤10	1500
11～30	1000
31～100	750
>100	500
说明：1. 1ft=0.3048m；1gpm=0.063L/s。 2. 其他类型的住宅，其最大消防需水量为 3500gpm	

2.2　ISU 法

ISU 法是由艾奥瓦州州立大学（Iowa State University，简称 ISU）在几个丹麦研究成果的基础上，经过多次实验，结合理论分析总结得到一种计算单体建筑消防需水量的方法，其计算公式为：

$$Q = \frac{V}{100}$$

式中　Q——消防需水量，gpm；

V——空间体积，ft^3。

该方法认为，材料的燃烧性能是决定火势蔓延的主要因素，而封闭空间中可用氧含量和水到水蒸气的蒸腾作用又影响材料的燃烧性能，所以可由火灾时间—温度变化曲线得到最佳供水速率（即最大的水蒸气生成速率）。公式可根据建筑物的危险程度，用 200、300 或 400 来除，计算得到不同火灾风险建筑物的消防需水量。

2.3　IITRI 法

IITRI 法由伊利诺伊州技术研究所（Illinois Institute of Technology Research Institute，简称 IITRI）在实际火灾案例的调查研究中总结得到的。经过对芝加哥一百多起不同建筑规模、类型和等级火灾事故资料的分析与总结，得到了居住和非居住建筑物消防需水量计算公式：

居住建筑物：$Q = 9 \times 10^{-5}A^2 + 50 \times 10^{-2}A$

非居住建筑物：$Q = -1.3 \times 10^{-5}A^2 + 42 \times 10^{-2}A$

式中　Q——消防需水量，gpm；

A——火灾过火面积，ft^2。

3　消防需水量计算方法的对比分析及选择

基于对 ISO 法、ISU 法和 IITRI 法原理和计算过程的描述，结合消规规定，现就几种方法在简易程度、准确性、全面程度、客观性、易操作性以及普遍适用性等方面做出比较，如表 2 所示：

表 2　消防需水量计算方法对比

消防需水量计算方法	简易程度	准确性	全面程度	客观性	易操作性	普遍适用性
消规规定	★★★	★★	★★	★★	★★★	★★★
ISO 法	★★	★★★	★★★	★★★	★★	★★★
ISU 法	★★★	★★	★★	★★	★★★	★★
IITRI 法	★★★	★★	★★	★★	★★★	★
注：★代表“一般”，★★代表“较高”，★★★代表“高”						

如上所述，消规得到的消防给水设计流量存在取值偏小的问题；ISU 法和 IITRI 法考虑因素相对较少，计算公式简单且容易操作，但存在计算结果准确性较低、考虑不全面等问题；ISO 法相对于 ISU 法和 IITRI 法，考虑因素较多、较全面，准确度也更高，在消防需水量计算方面表现较好。考虑到旅游古城镇火灾风险大、区域火灾风险差异也大的特点，本文选择 ISO 法作为消防需水量计算方法，使得计算结果更接近实际情况。

4　典型建筑物消防需水量计算应用实例

以云南某古镇四个典型建筑物作为着火建筑物，以此计算消防需水量，并设置四个消防供水场景：

（1）情景 1：A 博物馆；

（2）情景 2：B 客栈；

（3）情景 3：C 楼；

（4）情景 4：D 院。

着火建筑信息以及周围建筑物分布情况详见图 1（a）～图 1（d）：

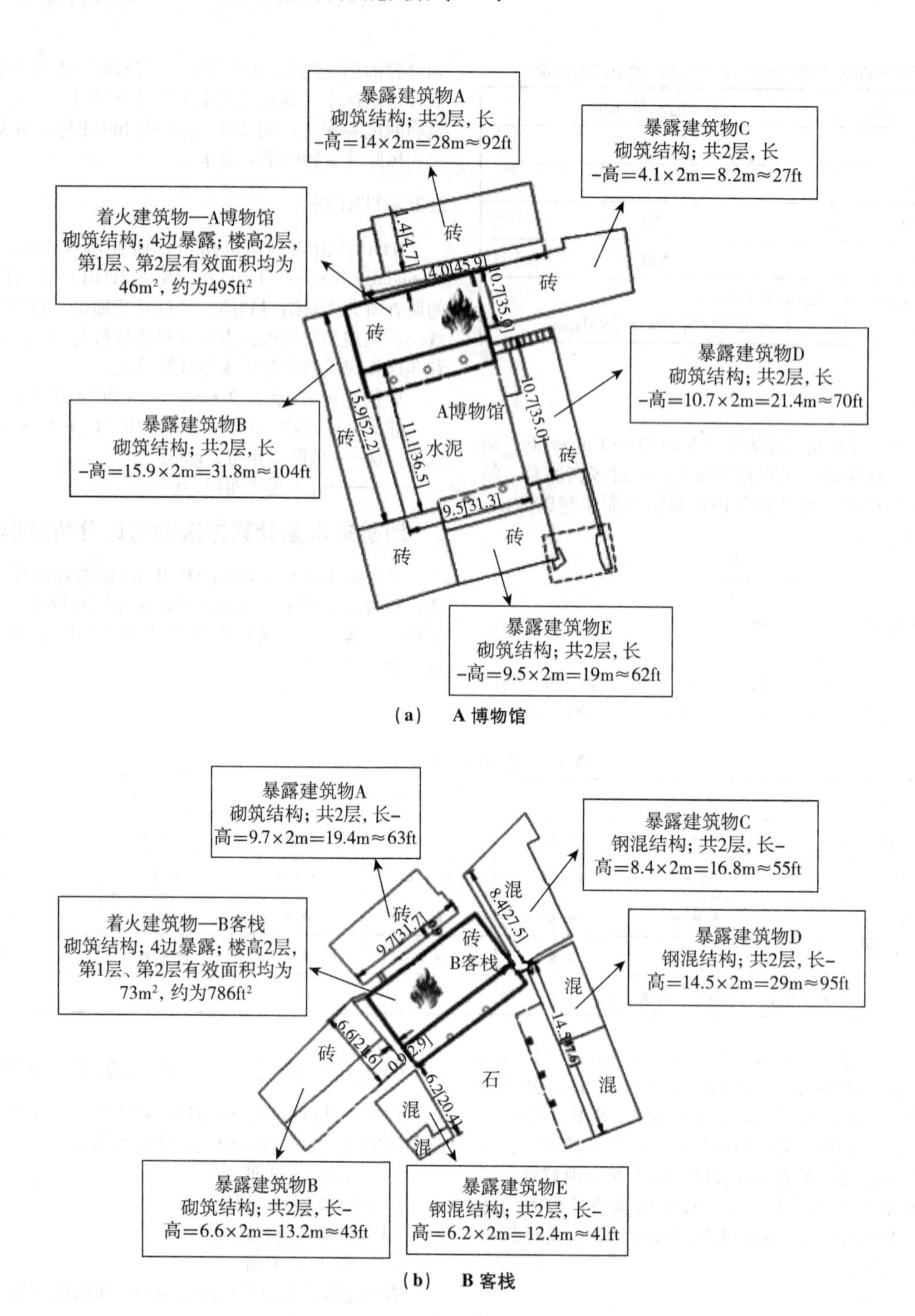
暴露建筑物A
砌筑结构；共2层，长-高=14×2m=28m≈92ft
暴露建筑物C
砌筑结构；共2层，长-高=4.1×2m=8.2m≈27ft
着火建筑物—A博物馆
砌筑结构；4边暴露；楼高2层，第1层、第2层有效面积均为46m²，约为495ft²
暴露建筑物D
砌筑结构；共2层，长-高=10.7×2m=21.4m≈70ft
暴露建筑物B
砌筑结构；共2层，长-高=15.9×2m=31.8m≈104ft
暴露建筑物E
砌筑结构；共2层，长-高=9.5×2m=19m≈62ft
砖
A博物馆
水泥
1.4[4.7]
4.0[45.9]
10.7[35.0]
15.9[52.2]
11.1[36.5]
9.5[31.3]
（a） A 博物馆

暴露建筑物A
砌筑结构；共2层，长-高=9.7×2m=19.4m≈63ft
暴露建筑物C
钢混结构；共2层，长-高=8.4×2m=16.8m≈55ft
着火建筑物—B客栈
砌筑结构；4边暴露；楼高2层，第1层、第2层有效面积均为73m²，约为786ft²
暴露建筑物D
钢混结构；共2层，长-高=14.5×2m=29m≈95ft
暴露建筑物B
砌筑结构；共2层，长-高=6.6×2m=13.2m≈43ft
暴露建筑物E
钢混结构；共2层，长-高=6.2×2m=12.4m≈41ft
砖
混
石
B客栈
9.7[31.7]
8.4[27.5]
6.6[21.6]
14.5[47.6]
6.2[20.4]
（b） B 客栈

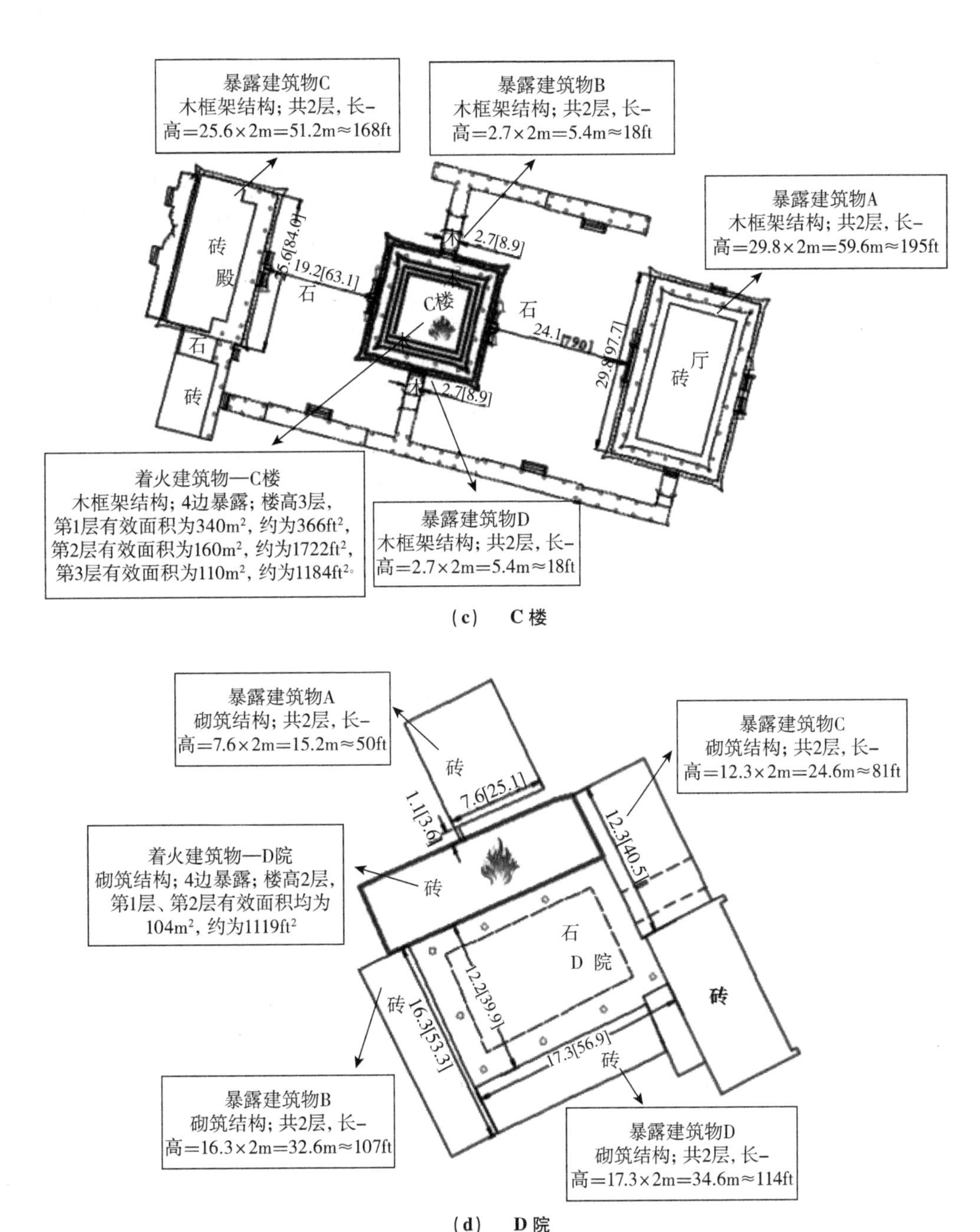

(c) C楼

(d) D院

图1 着火建筑信息以及周围建筑物分布情况图

根据上述着火建筑信息以及2.1所述方法，可由ISO法得到四个火灾情景的实际消防需水量，其计算过程如下所述。

(1) 情景1：A博物馆

A博物馆为第2类建筑物（砌筑结构），此时$F=1.0$。

A博物馆为2层建筑物，第1层、第2层有效面积均为46m²，约为495ft²，故整栋建筑物总的有效面积$A_i=46+0.5\times46=69m^2\approx743ft^2$。

结构因素$C_i=18F(A_i)^{0.5}=18\times1.0\times743^{0.5}=490gpm$，对其用250gpm进行舍入取整，最后得$C_i=500gpm=31.5L/s$

着火建筑物为博物馆，属于限燃C-2级，对应的场所因素$O_i=0.85$；

A博物馆4边暴露，暴露建筑物A迎火面为木框架，距着火建筑物1.4m≈4.7ft，开式非可燃连通，过道无保护，查表得暴露因素$X_i=0.22$，查表得连通因素$P_i=0$；暴露建筑物B迎火面为木框架，距着火建筑物0ft，开式可燃连通，过道无保护，查表得暴露因素$X_i=0.22$，查表得连通因素$P_i=0.3$；暴露建筑物C迎火面为砌筑墙，距着火建筑物0ft，开式可燃连通，过道无保护，查表得暴露因素$X_i=0.21$，查表得连通因素$P_i=0.3$；暴露建筑物D迎火面为木框架，距着火建筑物0ft，开式可燃连通，过道无保护，查表得暴露因素$X_i=0.22$，查表得连通因素$P_i=0.3$；暴露建筑物E迎火面为木框架，距着火建筑物11.1m≈36.5ft，开式非可燃连通，过道无保护，查表得暴露因素$X_i=0.12$，查表得连通因素$P_i=0$；X_i和P_i取最大值，故$(X+P)_i=1+(0.22+0.3)=1.52$。

消防需水量$NFF_i=(C_i)(O_i)(X+P)_i=500\times0.85\times1.52=646gpm$。

着火建筑或暴露建筑是木瓦屋顶，应在计算的消防需水量的基础上再增加500gpm，得到$NFF_i=1146gpm<2500gpm$，对其用250gpm进行舍入取整，最后得$NFF_i=1250gpm=78.75L/s$。

(2) 情景2：B客栈

B客栈为第2类建筑物（砌筑结构），此时$F=1.0$。

B客栈为2层建筑物，第1层、第2层有效面积均为

$73m^2$，约为 $786ft^2$ 故整栋建筑物总的有效面积 $A_i = 73+0.5\times 73 = 109.5m^2 \approx 1179ft^2$。

结构因素 $C_i = 18F\ (A_i)^{0.5} = 18 \times 1.0 \times 1179^{0.5} = 618gpm$，对其用 250gpm 进行舍入取整，最后得 $C_i = 500gpm = 31.5L/s$。

着火建筑物为居住建筑，属于限燃 C-2 级，对应的场所因素 $O_i = 0.85$。

B 客栈 4 边暴露，暴露建筑物 A 迎火面为实体墙，距着火建筑物 $0.9m \approx 3ft$，开式非可燃连通，过道无保护，查得暴露因素 $X_i = 0$，查表得连通因素 $P_i = 0$；暴露建筑物 B 迎火面为实体墙，距着火建筑物 $0.9m \approx 3ft$，开式可燃连通，过道无保护，查表得暴露因素 $X_i = 0$，查表得连通因素 $P_i = 0.3$；暴露建筑物 C 迎火面为木结构，距着火建筑物 0ft，开式可燃连通，过道无保护，查表得暴露因素 $X_i = 0.22$，查表得连通因素 $P_i = 0.3$；暴露建筑物 D 迎火面为木结构，距着火建筑物 0ft，开式非可燃连通，过道无保护，查表得暴露因素 $X_i = 0.22$，查表得连通因素 $P_i = 0$；暴露建筑物 E 迎火面为实体墙，距着火建筑物 $11.1m \approx 36.5ft$，开式非可燃连通，过道无保护，查表得暴露因素 $X_i = 0$，查表得连通因素 $P_i = 0$；X_i 和 P_i 取最大值，故 $(X+P)_i = 1+(0.22+0.3) = 1.52$。

消防需水量 $NFF_i = (C_i)(O_i)(X+P)_i = 500 \times 0.85 \times 1.52 = 646gpm$

着火建筑或暴露建筑是木瓦屋顶，应在计算的消防需水量的基础上再增加 500gpm，得到 $NFF_i = 1146gpm < 2500gpm$，对其用 250gpm 进行舍入取整，最后得 $NFF_i = 1250gpm = 78.75L/s$。

（3）情景 3：C 楼

C 楼为第 1 类建筑物（木框架结构），此时 $F = 1.5$。

着火建筑物为 3 层建筑物，第 1 层有效面积为 $300m^2$，约为 $3229ft^2$，第 2 层有效面积为 $130m^2$，约为 $1399ft^2$，第 3 层有效面积为 $80m^2$，约为 $861ft^2$，故整栋建筑物总的有效面积 $A_i = 300+0.5\times(130+80) = 405m^2 \approx 4359ft^2$。

结构因素 $C_i = 18F\ (A_i)^{0.5} = 18 \times 1.5 \times 4359^{0.5} = 1783gpm$，对其用 250gpm 进行舍入取整，最后得 $C_i = 1750gpm = 110.25L/s$。

着火建筑物为文物展厅，属于限燃 C-2 级，对应的场所因素 $O_i = 0.85$。

C 楼有四边暴露，其中暴露建筑物 A 迎火面为木框架，距着火建筑物 $24.1m \approx 79ft$，开式非可燃连通，过道无保护，查表得暴露因素 $X_i = 0.08$，查表得连通因素 $P_i = 0$；暴露建筑物 B 迎火面为木框架，距着火建筑物 0m，开式非可燃连通，过道无保护，查表得暴露因素 $X_i = 0.22$，查表得连通因素 $P_i = 0$；暴露建筑物 C 迎火面为木框架，距着火建筑物 $19.2m \approx 63ft$，开式非可燃连通，过道无保护，查表得暴露因素 $X_i = 0.08$，查表得连通因素 $P_i = 0$；暴露建筑物 D 迎火面为木框架，距着火建筑物 0m，开式非可燃连通，过道无保护，查表得暴露因素 $X_i = 0.22$，查表得连通因素 $P_i = 0$。X_i 和 P_i 选择较大值，故 $(X+P)_i = 1+(0.22+0) = 1.22$。

消防需水量 $NFF_i = (C_i)(O_i)(X+P)_i = 1750 \times 0.85 \times 1.22 = 1815gpm$。

着火建筑或暴露建筑是木瓦屋顶，应在计算的消防需水量的基础上再增加 500gpm，得到 $NFF_i = 2315gpm < 2500gpm$，对其用 500gpm 进行舍入取整，最后得 $NFF_i = 2250gpm = 141.75L/s$。

（4）情景 4：D 院

D 院为第 2 类建筑物（砌筑结构），此时 $F = 1.0$。

着火建筑物为 2 层建筑物，第 1 层、第 2 层有效面积均为 $104m^2$，约为 $1119ft^2$，故整栋建筑物总的有效面积 $A_i = 104+0.5\times 104 = 156m^2 \approx 1679ft^2$。

结构因素 $C_i = 18F\ (A_i)^{0.5} = 18 \times 1.0 \times 1679^{0.5} = 738gpm$，对其用 250gpm 进行舍入取整，最后得 $C_i = 750gpm = 47.25L/s$。

着火建筑物为居住建筑，属于限燃 C-2 级，对应的场所因素 $O_i = 0.85$。

D 院 4 边暴露，其中暴露建筑物 A 迎火面为砌筑墙，距着火建筑物 $1.1m \approx 3.6ft$，开式非可燃连通，过道无保护，查表得暴露因素 $X_i = 0$，查表得连通因素 $P_i = 0$；暴露建筑物 B 迎火面为木结构，距着火建筑物 0ft，开式可燃连通，过道无保护，查表得暴露因素 $X_i = 0.22$，查表得连通因素 $P_i = 0.3$；暴露建筑物 C 迎火面为木框架，开式可燃连通，过道无保护，查表得暴露因素 $X_i = 0.22$，查表得连通因素 $P_i = 0.3$；暴露建筑物 D 迎火面为木框架，距着火建筑物 $12.2m \approx 40ft$，开式可燃连通，过道无保护，查表得暴露因素 $X_i = 0.18$，查表得连通因素 $P_i = 0.3$。X_i 和 P_i 选择较大值，故 $X_i = 0.22$，$P_i = 0.3$，$(X+P)_i = 1+(0.22+0.3) = 1.52$。

消防需水量 $NFF_i = (C_i)(O_i)(X+P)_i = 750 \times 0.85 \times 1.52 = 969gpm$。

着火建筑或暴露建筑是木瓦屋顶，应在计算的消防需水量的基础上再增加 500gpm，得到 $NFF_i = 1469gpm < 2500gpm$，对其用 250gpm 进行舍入取整，最后 $NFF_i = 1500gpm = 94.5L/s$。

5 结束语

通过进行基于火灾风险分析的旅游古城镇建筑实际消防需水量计算，对古建筑火灾风险评估方法进行归纳总结和对比分析，选取 ISO 法进行基于火灾风险分析的旅游古城镇建筑消防需水量计算；最后，结合实际工程案例，得到 A 博物馆、B 客栈、C 楼和 D 院 4 个典型建筑物的实际消防需水量分别为 78.75L/s、78.75L/s、141.75L/s 和 94.5L/s。可见，对于高火灾风险的中小旅游古城镇，其实际消防用水量远超消规定，因此，在古城镇火灾风险防控过程中，进行消防用水量测算时，应当采用更加切近火灾发生发展规律的方法，以满足实际需求。

参考文献

[1] 田文涛，宋志刚．基于火灾风险的古城镇消防供水可靠性研究［D］．昆明理工大学，2021.

[2] 李国辉．美国城市交界域火灾风险控制［J］．消防科学与技术，2017.

[3] 张家忠，周宝坤．古城镇消防安全问题及对策［J］．中国公共安全（学术版），2014.

[4] 田文涛．火灾风险下古建筑城镇消防供水可靠性分析［J］．科技通报，2021.

其 他

液化石油气槽罐车事故统计分析及对策

马思远

（新疆奎屯市阿克苏东路糖厂南消防中队，新疆　奎屯）

摘　要　液化石油气作为一种化工基本原料和新型燃料，已广泛地进入人们的生活领域。随着社会经济和科技的发展，对于原料需求量逐渐攀升，液化石油气的槽罐车运输量也随之增加，从而导致液化石油气槽罐车事故频繁发生。液化石油气槽罐车事故往往会发生燃烧、爆炸、毒气扩散等，不仅给人民的生命、财产带来极大损失，而且严重威胁公共安全，直接影响社会稳定。因此加强对液化石油气槽罐车事故的统计分析，总结事故发生和处置规律，将有助事故的预防和控制，有效提高应急救援队伍对事故的应急处置能力。

本文以2000年以来的液化石油气槽罐车事故100起案例进行统计分析，总结了液化石油气槽罐车事故的特点和规律。从加强监管机制、建立专业消防站、开展专项训练、制定作业流程和加强联动处置等方面提出建议，供各级各类参战人员参考、借鉴，以期发挥有益的警示和启示作用。

关键词　液化石油气　槽罐车　事故　统计分析　原因　预防

1　绪论

1.1　研究背景

液化石油气作为一种化工基本原料和新型燃料，已广泛地进入人们的生活领域。由于原料的分布极其不均衡，那么就需要进行异地运输，而液化石油气槽罐车成了主要输送工具，其运输量呈每年上升趋势。运输过程中，泄漏、翻车、起火、爆炸、中毒等事故频繁发生，造成了大量的人员伤亡和财产损失还会严重影响到了社会公共安全及稳定。

本文通过对收集到的100起液化石油气槽罐车事故案例，从发生时间、发生地点、事故原因、处置措施等方面进行统计分析；并对液化石油气槽罐车事故的预防与处置措施提出了理论支撑，使其具备实用性、创新性。

1.2　研究目的和意义

本论文以液化石油气槽罐车事故具体案例为研究对象，总结归纳事故发生与事故处置的特点和规律，制定相应的预防及处置措施，并对液化石油气槽罐车事故进行更细致的分类，制定更有针对性的救援处置措施。在运输时降低风险率，事故发生时能够针对性的快速应急救援，降低事故造成的影响。

对液化石油气槽罐车运输事故的救援处置措施和程序进行了统计分析，对于应急管理部门制定规范正确的处置措施具有重要意义；为消防救援队伍处置液化石油气运输事故提供技术指导和保障。

2　液化石油气槽罐车事故统计分析

本文通过查阅综合性新闻网站，中国安全生产、中国消防在线、期刊、杂志等，搜集整理了2009年以来发生的液化石油气槽罐车事故，并以100起典型为研究对象，对事故的发生时间、地点、原因、事故类型以及处置措施等进行统计分析，掌握液化石油气槽罐车运输事故发生的基本规律，为防止液化石油气槽罐车事故提供有力的数据支撑。

2.1　事故发生时间统计分析

通过对统计的100起液化石油气槽罐车事故的发生月份、具体时间段进行统计，并以此为根据，分析液化石油气槽罐车事故发生的时间规律。

2.1.1　事故发生月份分析

通过对100起液化石油气槽罐车事故发生月份统计结果如图1所示.

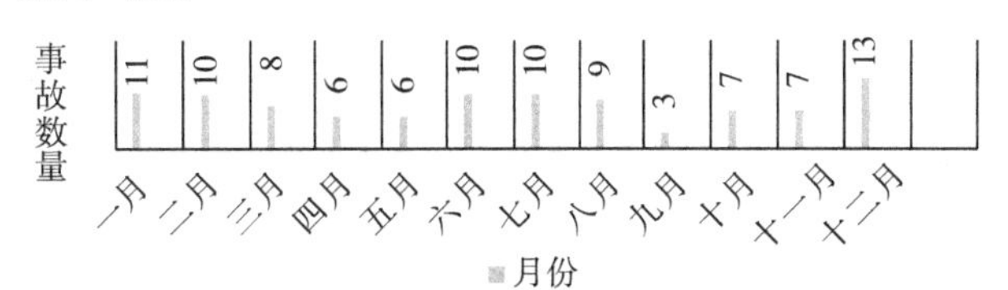

图1　事故生月份统计

由图1中分析可知，1月、2月、12月以及6月~8月份是液化石油气槽罐车事故多发时期。6~8月份我国大部分地区处于高温、多雨天气，自然环境因素增加了事故发生的可能性。12~2月份，北方地区冬天冰雪、大雾等天气的影响，车辆容易发生侧翻、碰撞、剐蹭等事故。

2.1.2　事故具体时段分析

通过对100起液化石油气槽罐车事故发生的时段进行统计，统计结果如图2所示。

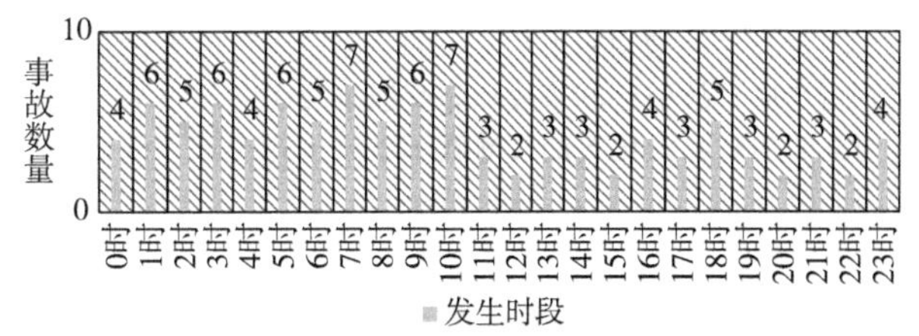

图2　事故发生时段统计

由图2可以看出，凌晨与上午事故发生的概率要大于下午和晚上。凌晨，照明条件不好，路况不明，且容易疲劳驾驶，大大增加了事故的发生概率；在上午，车辆较多，交通繁忙，易发生追尾。预防措施应该重点关注白天7：00—10：00、凌晨0：00—5：00时间段。

2.2　事故发生地点统计分析

通过对100起液化石油气槽罐车事故发生的省份和地段进行统计，分析总结出事故发生的地点规律，有助于加强事故的预防与处置。

2.2.1　事故发生省份的统计分析

通过对100起液化石油气槽罐车事故发生的省份进行统

计，结果如图 3 所示。

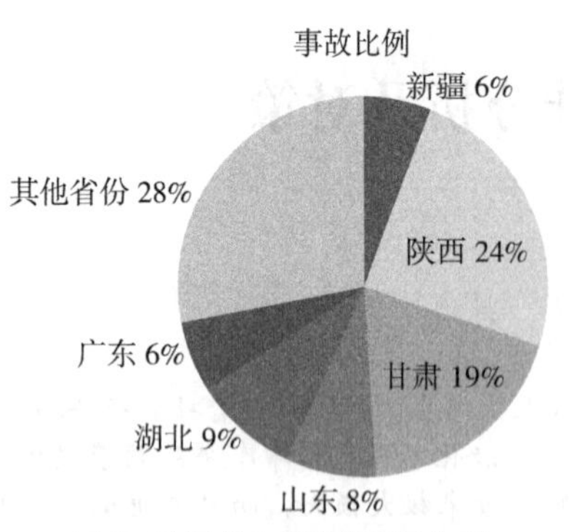

图 3　事故发生省份的统计分析

如图 3 所统计的槽罐车事故所占比例，这些地区高发。甘肃和陕西省远远高于其他省份，甘肃省和陕西省均为液化石油气运输、生产和使用的高频地。另外两地的交通条件和自然环境比较差，也是导致事故多发的原因。

2. 2. 2　事故发生地段的统计分析

通过对 100 起液化石油气槽罐车事故发生的地段进行统计，结果如图 4 所示。

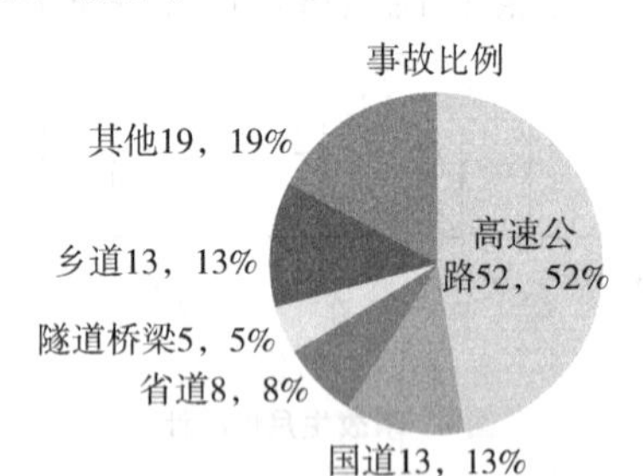

图 4　事故发生地段的统计分析

由图 4 统计可以得出，液化石油气槽罐车事故将近三分之二发生在高速公路、省道和国道，并且大多发生在高速公路，导致出现事故的原因车速过快侧翻或相撞。隧道和桥梁发生事故，因为事故地点特殊，救援难度大，也需要高度重视。

2. 3　事故原因统计分析

液化石油气槽罐车事故发生的主要原因可以大体分为两类：因交通事故引起的事故和非交通事故引起的事故。通过对搜集的 100 起液化石油气槽罐车事故进行统计，统计结果如图 5 所示。

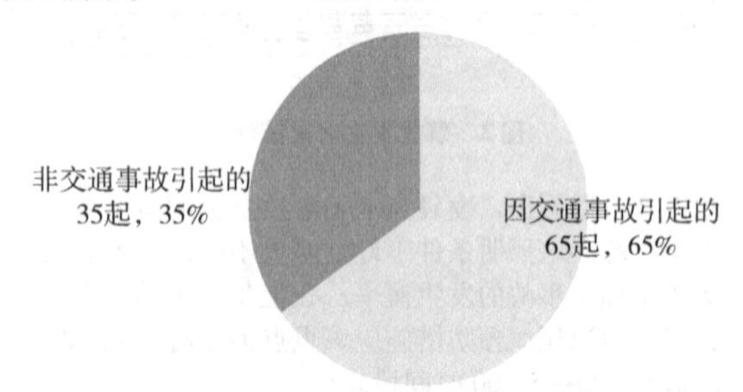

图 5　事故原因比例图

由图 5 可知，在 100 起液化石油气槽罐车事故中，交通事故引起的事故占总事故 65%，事故比例比较高。这表明目前液化石油气槽罐车事故主要由交通事故引起，通过改善交通运输条件降低事故发生的概率。

2. 4　事故类型统计分析

2. 4. 1　从事故的表现形式分类

从事故的表现形式看，可以将因交通事故引起的液化石油气槽罐车事故分为以下四类：倾翻泄漏、倾翻未泄漏、撞击泄漏、撞击未泄漏；非交通事故引起的液化石油气槽罐车事故分为以下三类：阀门泄漏、着火和其他。每个类型在统计的 100 起液化石油气槽罐车事故中所占比例如图 6 所示。

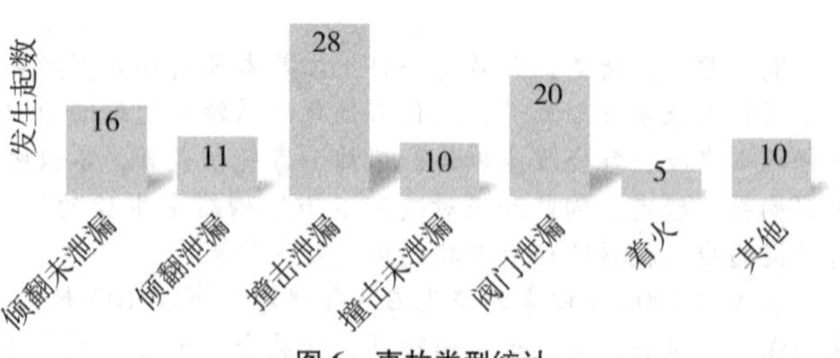

图 6　事故类型统计

由图 6 可以看出，属于撞击之后发生泄漏的事故起数最多，其次是阀门泄漏事故。液化石油气槽罐车有着重量大，体积大的特点，所以在高速行驶或者转弯处极其容易发生侧翻事故；而在槽罐车上，罐体阀门是使用次数最多的部件，在长时间使用过后，罐体阀门法兰处会因为腐蚀等原因，造成阀门损坏，从而造成阀门泄漏。了解事故的类型，对事故进行的分类，对我们正确处置事故，规范事故的处置程序有着极其重要的意义。

2. 4. 2　从槽罐车的泄漏部位分类

将事故分为泄漏和未泄漏两种类型，由图 6 可知，泄漏事故共 59 起，按泄漏部位进行分类：管线阀门泄漏、安全阀泄漏、其他部位泄漏，统计结果如图 7 所示。

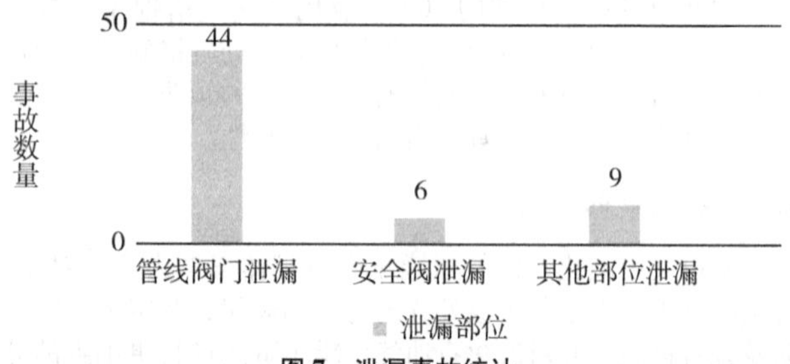

图 7　泄漏事故统计

由图 7 可知，泄漏部位最多为管线阀门泄漏，共 52 起；其次是其他部位泄漏，共 9 起；安全阀泄漏事故仅有 6 起。说明在液化石油气槽罐车中，管线阀门是最脆弱，在事故发生时最易被损坏的部位[11]。通过统计液化石油气槽罐车事故泄漏部位，有助于应急救援队伍在事故现场迅速确定泄漏部位，提高处置效率。

3　液化石油气槽罐车事故救援情况统计分析

通过对搜集到的 100 起液化石油气槽罐车事故救援情况进行详细统计和科学系统的分析，总结事故处置过程中的经验教训，每种处置措施的特点和适用范围等，从而有效提高对此类事故的应急处置能力，有助于应紧急救援队伍更快速更科学有效的确定处置措施，第一时间处置事故。

3. 1　事故处置用时统计分析

通过对 100 起液化石油气槽罐车事故处置用时进行统计，统计结果如图 8 所示。

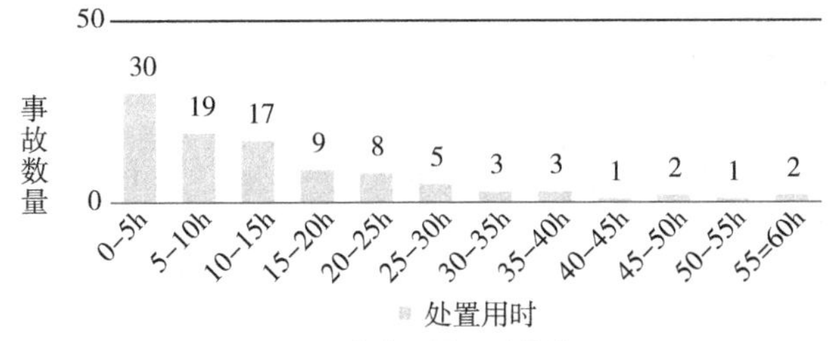

图 8 事故处置用时统计

由图 8，可以看出大多数液化石油气槽罐车事故一般救援处置时间在 15h 之内，应急救援队伍在制定相关救援方案时，以 15h 为预期处置时间，更准确地做好后勤保障、力量调集及相关工作。

3.2 基本处置措施统计分析

通过对搜集的 100 起液化石油气槽罐车事故的处置措施进行统计，应急救援队伍所采取的处置措施有：安全防护、驱散稀释、冷却降温、箱门破拆、泄爆排压、堵漏封口、倒罐输转、应急点燃、放空排险、总攻灭火、吊装转运等。每项措施使用次数如图 9 所示。

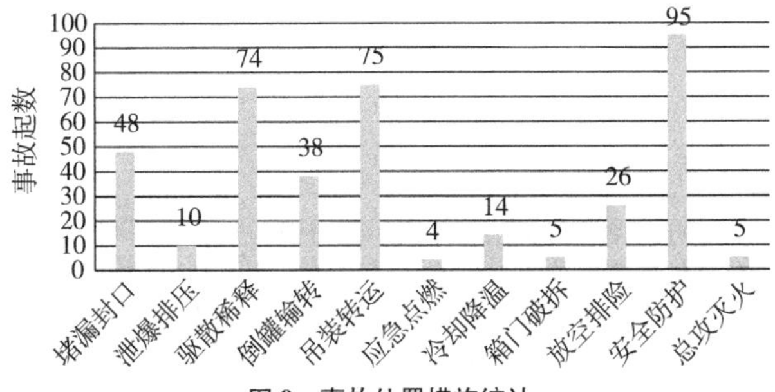

图 9 事故处置措施统计

由图 9 可以看出，事故处置使用安全防护的有 95 起，说明基本每起事故都有采用安全防护的措施，保证现场安全。事故处置使用驱散稀释措施的有 74 起，避免液化石油气发生爆炸。堵漏封口、倒罐输转、应急点燃以及放空排险是针对事故车辆的处置措施。吊装转运是在事故处置完成后，事故车辆失去行驶能力的情况下，对事故车辆采用的转移措施。

3.3 堵漏方法的统计分析

在对事故车辆的处置方法中，堵漏封口使用次数最多，因此通过统计堵漏方法的使用情况，可以帮助消防部队合理配备堵漏器材装备。统计结果如图 10 所示。

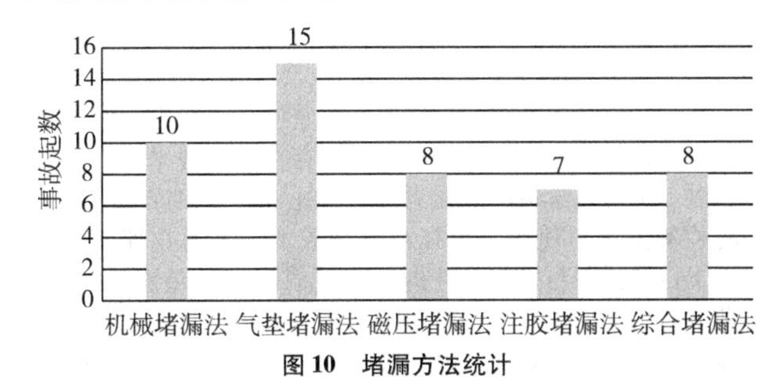

图 10 堵漏方法统计

由图 10 可知，气垫堵漏法使用次数最多，共 15 次，说明在液化石油气槽罐车事故的堵漏中，多数采用气垫堵漏法。

4 事故防控对策研究

通过对 100 起液化石油气槽罐车事故的基本情况及救援情况的统计分析，总结出事故发生的特点及事故处置规律。

4.1 健全道路运输监管机制

现在社会经济发展迅速，工业发展愈来愈快，对能源和原材料的需求也愈来愈高，导致液化石油气运输量急剧增加。随着液化石油气运输业的快速发展，要降低液化石油气事故的发生概率，只有从源头上杜绝，建立并完善液化石油气运输的监管制度，提高液化石油气运输行业的入行标准。由国家成立专门的管理部门对液化石油气运输行业进行各方面的管理，负责制定液化石油气运输的国家标准和行业标准[11]。

通过对本文搜集的 100 个事故案例进行分析，发现大部分事故都是由于碰擦追尾或侧翻导致槽罐车侧翻、撞击损坏而发生的。而液化石油气槽罐车车速过快则是导致碰擦追尾或侧翻的重要原因[15]。因此，在一定范围内控制液化石油气槽罐车的行进速度是降低事故发生频率的重要手段。采取措施加强对液化石油气槽罐车驾驶员的岗前培训，牢固树立驾驶员的安全意识，可以有效降低因槽罐车车速过快导致事故发生的概率[2]。

4.2 建立专业应急救援消防站

在统计的 100 起液化石油气槽罐车事故中，发生在高速公路的占 52 起，因此，通过在高速公路和特殊地段等地方建立专业的应急救援消防站，并根据消防站的规模和任务量，配备专业化的应急救援队伍，为预防和处置液化石油气事故提供强大的专业性力量，大大加强了消防部队对液化石油气槽罐车事故的处置能力。

4.3 开展针对性专项训练

针对液化石油气槽罐车事故的特点，在消防部队开展专项训练，可以大大提高对事故的处置能力。加强应急救援人员对液化石油气理论知识的学习以及事故处置措施的训练，在充分了解液化石油气特性的基础上，牢记事故处置措施的适用范围和方法，使救援人员在事故现场根据具体情况，因情制宜，灵活选择适用恰当处置措施。

4.4 加强联勤联动

液化石油气槽罐车事故具有危害性大的特性，在事故处置过程中需要相关部门的协同配合，因此通过加强与相关部门的应急联动训练，为快速有效处置事故奠定扎实基础。

5 结论

通过对 100 起液化石油气槽罐车事故的基本情况和救援情况进行统计分析，并总结事故发生的特点以及事故处置规律，根据所得到的结果并提出相应的建议。结论总结如下：

（1）随着社会经济的快速发展，液化石油气的使用量逐渐增加，液化石油气槽罐车事故发生起数正逐年升高，且升高速率越来越快。因此，在驾驶液化石油气槽罐车时，首先要遵守交通规则和安全驾驶条例，控制车速，时刻保持警惕，做好应急准备。在道路或天气等环境状况过差时，有关部门应该及时采取措施积极应对。

（2）液化石油气槽罐车事故发生较多的省份多为石油气产地，如：甘肃、陕西等西部省份，其次经济较为发达的省份，因液化石油气使用量较多，事故发生概率较大，因此，石油气产地省份和石油气需求量较大的省份应该加强对液化石油气的监管，成立专门的部门负责液化石油气运输资格审核等工作。

（3）液化石油气事故多数发生在高速公路，消防部队一般情况下离事故现场较远，难以第一时间抵达事故现场进行处置。

应建立专门的应急救援消防站，并完善应急联动机制，制定预案，加强演习，切实提高消防部队处置此类事故的能力。

（4）液化石油气事故发生的主要原因有：侧翻、碰擦追尾、压力过高、自燃、轮胎着火、倒罐、安全阀不能归位等。其中侧翻和碰擦追尾是事故发生的主要原因。侧翻主要由于车况不佳以及驾驶员安全意识淡薄等自身原因。碰擦追尾主要由于车速过快，路况不佳等。应加强对驾驶员的安全教育，定时定期检查道路状况，如有问题及时整改，加强车辆保养，保持槽罐车性能。

参考文献

［1］王露熹，余劲松，鲁博．液化天然气槽车泄漏事故风力影响因素模拟分析［J］．化工生产与技术，2013（10）：30-32.

［2］孙波浪．浅谈天然气储运技术及应用发展［J］．石油和化工设备，2011（6）：32-33.

实战思维植入消防救援精品在线课程研究

石　宽[1]　赵祥宁[2]　赵泰安[3]

（1. 中国消防救援学院，北京；2. 吉林省森林消防总队干部处，吉林　长春；3. 云南师范大学，云南　昆明）

摘　要　围绕实战能力展开教学既是消防救援精品在线课程建设的核心要义，也是其突出特征。本文结合消防救援课程特点及特殊教学对象的实际，围绕实战思维植入课程的重要意义及面临挑战展开研究分析，进而从实战案例的嵌入教学、紧贴任务的课程设计、一线指战员讲座、评判性思维培养及师资力量建设等多个维度展开实战思维课堂植入的路径探索与思考，以期为提升消防救援精品在线课程实战能力教学建设提供借鉴。

关键词　实战思维　消防救援　精品在线课题

0　引言

近年来，随着信息化技术的发展，以计算机、网络为核心的信息技术的快速发展促进了教育教学和信息技术之间的深度融合，推动优质课程资源普及和共享、推动精品在线课程研究是时代发展的大势所趋[1]。2003年，教育部发布关于精品课程建设工作的通知之后，各高职院校积极参加申报和建设，形成了一批国家级精品课程和数万门校级、省级精品课程。2018年1月，教育部公布了首批490门“国家精品在线开放课程”，课程质量高、共享范围广、应用效果好、示范作用强。随着时代发展，越来越多的高职院校参与到精品在线课程建设中。但相对于其他专业领域来讲，注重实战能力生成是消防救援精品在线课程的一个显著性特征。本文立足消防救援课程实际，围绕其教学特点及问题展开分析，探索实战思维植入的途径方法，旨在促进消防救援类精品在线课程教学质量，推动应急救援人才培养质量提升。

1　实战思维在精品在线课程中的核心地位

1.1　源于人才培养所需

消防救援精品在线课程的人才培养目标明确，高校学员主要来源于队伍中的优秀消防员和普通应届高中毕业生。通过专项公务员考试顺利毕业后，定向分配至国家综合性消防救援队伍任基层分队初级指挥员。学员毕业后的岗位职责定位比较明确，而消防救援工作对于干部的实践能力要求高，所以课程设置必须紧贴消防救援一线需求，将实战能力放在重要位置[2]。此外，精品在线课程除本科人才培养外，还包括整个国家综合性消防救援队伍指战员乃至社会各类从事消防救援工作人员，这就要求精品在线课程必须以提升消防救援任务战斗力为核心展开教学。

1.2　源于职能任务所需

消防救援类精品在线课程示范力强，是各类科目训练的标准，对高校学员能力培养及消防救援队伍具有较强的引导力。从某种意义上讲，精品在线课程就是实战实训的标准和规范，消防救援实战训练坚持“像打仗一样训练、像训练一样打仗”理念，所以，消防精品在线课程必须坚持贴近实战，融入实战思维，才能当好实训“样本”，凸显课程活力，这是消防救援职能任务的需要。

1.3　源于安全防护所需

近年来，消防救援任务中安全问题受到广泛关注。2015年天津港“8·12”爆炸事故、2019、2020年四川省凉山州连续两年“3·30”森林火灾重大亡人事件以及消防救援人员日常任务中频发的牺牲事件，给人们敲响了警钟，对指战员实战中的安全意识及安全防护能力提出了更高的要求[3]，实际上也是对精品在线课程的实战思维提出了更高的要求。

2　实战思维植入面临的时代挑战

2.1　实训实操占比多，与远程教学矛盾突出

消防救援课程的理论与实践联系紧密，如果没有面对面的实操实训课程安排，在线视频课程存在技能战术内容不好讲、讲不透以及学员实战能力掌握不扎实等突出问题。例如消防装备操作与使用、森林消防技战术、火场心理行为训练、飞行器控制与操作、破拆等诸多消防专业必修课程中，实训学时占比大，此外还有诸多点烧类实验课程，给精品在线课程带来诸多难题。部分消防救援类课程实训学时统计表如表1［数据来源于《中国消防救援学院人才培养方案（2019版）》］。

表1 中国消防救援学院部分课程实训学时统计表

专业	课程名称	课程性质	学时			实训课占比/%
			理论	实训	合计	
消防指挥	灭火救援指挥	必修	40	24	64	38
	森林火灾扑救	必修	32	32	64	50
	火场安全管理	选修	12	12	24	50
消防工程	消防供配电与电气防火	必修	16	32	48	67
	建筑防火	必修	32	48	80	60
	隧道事故救援	选修	6	18	24	75
飞行器控制与信息工程	无人机系统构造	必修	24	24	48	50
	消防救援信息化技术应用	必修	16	48	64	75
	无人机消防救援应用	选修	6	18	24	75
思想政治教育	基层政治工作	必修	40	40	80	50
	思想政治工作心理学	必修	40	40	80	50
	新媒体与社会舆情	选修	18	6	24	25

2.2 课题设计紧贴实战要求，教师实战经验要求高

消防救援任务随着时代的发展不断拓展，消防救援队伍也朝着正规化、专业化、职业化方向发展，消防救援精品在线课程要加强课程设计，就必须做到紧贴职能任务、紧贴一线指战员能力需求，强化“一切面向实战、一切为了实战”的理念，本着“面向实战、讲求实用、追求实效”的原则[7]。课程内容必须源于一线、回归一线，只有这样才能富有吸引力。教学的核心是课程，而教师是课程成败的关键。所以，消防救援精品在线课程的授课教师必须具有丰富的一线实战经验。

2.3 事业源于国家战略需求，课程思政元素不可缺

消防救援是一项高风险职业，是应急管理事业中不可或缺的重要环节，是人民安居乐业不可或缺的重要保障，它具有极强的政治属性要求。作为授课对象主要面向国家综合性消防救援队伍的精品在线课程来说，其政治属性必不可少，要培养忠党爱国的政治品格，坚定献身消防救援事业的理想信念，培育“刀山敢上、火海敢闯”的战斗精神，确保精品在线课程“红色基因”传承，本色不变。将课程思政融入教学全过程，在培育消防时代精神中促进和提升教学水平是对实战思维植入的更高要求[4]。

3 实战思维植入的路径探索

3.1 实战案例的饱和式嵌入

在消防救援课程的精品在线课程理论教学中，应将原理与实战应用结合起来，使学员在弄懂学通理论的基础上，能够结合实际应用。比如，可以在《森林灭火扑救》课程的林火燃烧原理讲授中，为升华理论教学，将“燃烧三角”与实战的“灭火三角”联系起来，结合实战常见的“以水灭火”“风力灭火”手段，引导学员围绕灭火实践展开思考，将教学内容延伸到实践环节，使学生敏锐地意识到实战工作原理，结合原理启发更多的思考，进而不断推动实战技能创新。

除了在理论教学中嵌入实战案例以外，也可以在课程中专题嵌入典型案例，围绕实战案例展开全方位、多角度剖析，培养学员对现场火情的判断能力，分析不同战法的优劣，提升消防救援所学知识的综合实践能力。例如，在消防工程《特种火灾扑救》课程中，专题设置4个课时，结合2015年福建漳州古雷石化“4·6”火灾爆炸事故展开案例分析，从基本情况、处置过程、进攻方阵部署、战术运用、现场管理等多个方面进行全方位案例解析，最后结合案例展开实战推演探讨，强力促进学员实战能力提高。

3.2 紧贴实战的设计课程

注重在精品在线课程内容教学设计中紧贴实战任务需求，克服在线远程教育弊端，变换教学形式完成实操实训内容讲解，将实操实训的程序内容讲实、讲透彻，将操作标准讲细、讲清楚。同时，结合消防课程实际，在精品课程开发建设时，注重其教学内容的建设，整合教学资源，发挥和利用好实训基地，形成不同课程的专业特色，提高课程的专业度，培养更多优秀的专业人才。例如，在消防车装备操作课程教学中，教师通过消防车装备操作的现场视频录制进行步骤讲解，对标准操作流程和动作标准进行规范，对常见错误动作进行纠正教学，要求学员通过自制操作视频来完成课后作业，使提升学员装备的实操能力成为教学内容的最终落脚点。

3.3 一线指挥员现身讲座

一线指挥员对消防救援岗位具有直观的感受，是提升实战能力的最佳“领路人”。在精品在线课程教育中，适当邀请一线指挥员现身讲座，提升精品在线课程实战教学的指导性和感染性。很多青年学员从高考进入高校专业学习，并未感受过真实的火场及救援现场，对课程所学知识“知其然而不知其所以然”，而一线指战员特别是入职年限在3~5年的优秀基层指挥员能够从自身岗位体会出发进行授课交流，提高学员对实战火场及救援现场的感性认知。同时，通过一线指战员对身边真实感人故事的讲述，感染和教育学员，达到立德树人的思政教育目的，提升课程的感染力。

3.4 学员批判性思维培养

实战化能力来源于大量的实战经历和总结积累，但实战化思维必须克服实战的“经验主义”，这就要求在消防救援精品在线课程的实战化教学中注重培养学员批判性思维。批判性思维能力是消防救援实战能力的重要维度，更是实战能力的培养难点所在[5]。例如，在《森林灭火组织指挥》课

程教学中，注重教育学员决不能树立“唯经验论”思想，因为世界上没有完全相同的两个火场，虽然燃烧的基本原理相同，但即使同一时段、同一地点发生同样规模的火灾，气象条件、救援力量、装备手段也会发生变化，从这个意义上讲，指挥员千万不能简单地凭所谓的经验指挥，否则就是草率鲁莽行事，容易犯经验主义错误。

3.5 师资力量的平台搭建

教学的核心是课程，关键是教师，精品在线课程的实战化元素植入必须注重师资队伍的实战化能力提升，教师实战化能力的高低决定了课程实战能力教学标准质量。贴近实战的教学目标能否达到，关键在是否有一支理论和实战水平都较高的教学队伍，这是实战化教学成败的关键。建立教师定期培训、挂职锻炼等制度，不断提升教师思政素养及自身业务能力。从一线遴选理论基础扎实、实战经验丰富的业务骨干、训练标兵担负课程教官，坚持“教官制”，将基层队伍最新的应用技术和实战经验融入课堂。聘请消防救援领域知名专家进行讲学授课，结合国际实战案例教学，开拓学员视野，拓展实战能力。

4 结语

高质量的消防精品在线课程能够为消防救援事业提供更加具备实战能力的人才支撑，促进国家整体应急救援能力水平提高。未来将仿真模拟与远程教学结合起来，利用现代化科技不断优化提升精品在线课程教学，实现实战精品在线课程与远程调度指挥、分析研判、战评总结等方面有机融合[6]，让学员对消防指挥决策有更加直观认识。利用大数据技术在线监测进行实战能力评估等，制定精品在线课程实战能力的科学、系统评价体系，促进信息技术与消防课程的实战化教学的深度融合创新，推进消防救援精品在线课程的实战教学水平。

参考文献

[1] 陈琼，叶思霞，马丽萍. 从精品课程到在线开放课程的实践与思考 [J]. 广东职业技术教育与研究，2020 (04): 35-37.

[2] 王浩荣. 基于新时代背景下消防院校实战化教学改革研究 [J]. 太原城市职业技术学院学报，2018 (01): 125-126.

[3] 魏书精，罗碧珍，李小川，王振师，吴泽鹏，罗斯生，周宇飞，陶玉柱，钟映霞，李强. 凉山州“3·30”林火扑救人员伤亡原因分析与启示 [J]. 森林防火，2020 (02): 10-13.

[4] 代晓丽，任鹏程. 科学推进高校课程思政建设 [N]. 贵州日报，2020-11-04 (009).

[5] 陈云，张昌宏，周大伟，陈璐，严博. 专业背景类课程实战化教学改革探究 [J]. 教育教学论坛，2020 (39): 288-289.

[6] 李增. 信息化条件下的武警学院消防实战化教学改革 [J]. 武警学院学报，2017, 33 (09): 76-78+88.

森林灭火现场图像传输问题与对策研究

张文康

（中国人民警察大学，河北　廊坊）

摘　要　图像传输是森林灭火现场通信保障的关键内容，也是林火扑救指挥决策所需情报的重要来源。图像传输问题关乎林火扑救指挥的成败。本文通过文献分析、实地调查等方法，研究了当前森林灭火现场图像传输存在的问题与局限，并从综合集成技术、辅助系统建设、扩大化培训考核、探索应用新技术四方面提出解决策略。该策略能够有针对性地解决当前森林灭火现场图像传输存在的问题，为森林灭火现场通信保障建设提供思路和参考。

关键词　森林火灾　图像传输　消防通信　无人机　“一张图”系统

1 引言

森林火灾一直是各国政府面临的棘手难题，其具有突发性强、蔓延扩展快、涉及范围广、扑救难度大、受风向地形等影响大等特点，为消防救援队伍带来巨大的挑战，同时极易造成人员伤亡和森林资源财产的损失。我国是森林火灾频发的国家之一，数据显示，自 1998 年到 2017 年间近 20 年来我国森林火灾发生次数超 13.8 万次[1]，相当于每天在中国大陆上就有 19 起森林火灾发生。值得注意的是，森林火灾往往发生在山区农村等地，对农村居民的生命财产安全造成重大的威胁，带来恶劣的社会影响[2]。因此，林火的预防监测[3]、扑救指挥策略[4]、通信保障[5]等内容是历来学界和一线救援人员关注的热点和重点问题。

森林火灾发生后，由于缺乏通信基础设施或其已经被损坏，往往导致灾害现场形成信息孤岛，灾害信息无法实时向后方指挥中心传输，对于林火扑救指挥决策而言是很不利的。通信保障是保证灭火救援现场指挥信息流动基础，而现场图像传输则是森林灭火现场通信保障的关键。在现场图像传输技术方面，目前学界已有不少研究成果。郑子辰[6]首次梳理了无线移动图像传输系统在应急通信领域中的应用，研究强调图像传输技术应相互配合使用。赵敬华[7]系统性地阐述了单兵无线图像传输技术的特性及应用场景，研究指出 COFDM 技术是当前单兵无线图像传输系统采用的主流技术。王引[8]从一线部队角度提出了当时安徽省消防总队在应急通信保障建设存在的问题，并给出相应的解决建议。梁鸿[9]阐述了小型无人机图像传输技术在消防勤务中的应用，研究指出无人机图像传输以采用 COFDM 技术为主。崔彦琛[10]进一步实验了无人机在消防通信中应用，指出微波图像传输和 3G/4G 公网传输是无人机图像传输的两种手段，二者互为补充。李涛[11]研究了可用于井下矿下等地下作业环境的图像传输系统，该系统以 ZigBee 无线传感器网络协议为依托，对于地下环境救援具有重要价值。

总的来看，当前应急现场图像传输研究集中在对图像传输技术的介绍性描述，近几年以无人机为载体的图像传输平台也逐渐兴起。然而，当前应急现场图像传输研究仍存在一定的局限性，针对森林灭火现场场景的图像传输问题及其解决策略少有报道，需要进一步研究。全面了解森林灭火图像传输存在的问题，并积极寻求相应的解决策略，对于完善森林火灾灭火现场的通信网络、提高林火指挥现场决策效率、保护一线扑救人员的生命安全具有重要意义。因此。本文梳理了森林灭火现场图像传输存在的问题，并从综合集成技术、辅助系统建设、扩大化培训考核、探索应用新技术四方面提出解决策略。研究可为森林灭火现场通信保障建设提供参考。

2 森林灭火现场图像传输存在的主要问题

2.1 主流图像传输技术在林火现场的局限性

尽管当前图像传输技术发展已较为成熟，但在森林火灾应用场景面前仍存在一定的局限性（表1）。森林火灾有其独特的地理位置、地形地貌、植被覆盖条件，对主流图像传输技术形成相当的障碍。

表1 主流林火现场图像传输系统的局限性

图像传输技术	局限性
COFDM（编码正交频分复用调制技术）[12]	其一，COFDM图像传输技术对距离有一定的要求，发射端和接收端二者距离相距不能太远。然而，森林火灾动辄大面积起火，且地形崎岖，影响COFDM图像传输效果。 其二，COFDM图像传输技术对接收机天线放置要求高，要求在空旷无障碍物的地方。但是，森林火灾发生地往往植被繁茂，地形多山，遮挡及障碍物较多，对COFDM图像传输影响较大
卫星图像传输	卫星图像传输具有覆盖区域广、受地形影响小的特点；但其建设和使用成本高、分辨率不足、时效性差，且受雨雪天气、云雾天气影响较大，卫星设备架设也是一个难点，因此，对于林火现场而言卫星图像传输并非最佳的选择
3G/4G图像传输	其一，3G/4G图像传输是基于公网图像传输技术，最大的局限性是对电信基础设施的依赖性较强。森林火灾往往发生在山区，本身基站数量较小，加之林火现场往往对电信基础设施造成破坏，使得林火现场面临无网可用的局面。 其二，公网图像传输依赖公网带宽，在林火现场往往需要与当地公司提前沟通，以避免带宽不足等问题

2.2 林火现场信息量大且复杂

森林火灾信息量庞大且复杂，与扑救指挥的时限性之间形成巨大矛盾。由于参战力量众多、现场情况瞬息万变，且图像传输信息与当地环境、水源、交通道路等信息纷繁交织，林火指挥现场往往容易形成混乱的局面。基于图像传输传送至后方指挥机构和前方一线救援人员的现场信息，与参战力量信息、实地环境信息等信息未能形成有效的整合，对于指挥者和指挥机构而言，容易“顾此失彼”，亟需一种全面性的“一张图”信息整合系统，为指挥决策提供辅助依据，真正发挥图像传输的作用。

2.3 图像传输过度依赖通信专业人才

在一线消防救援队伍中，对于图像传输设备等消防通信装备，部分人员存在着“不会用、不想用、不敢用”的思想，除通信干部外，消防救援队伍的其他指战员对于对通信装备参数、原理等知之甚少。图像传输等通信装备在使用上存在着效率低下、过度依赖于少数通信干部等问题，无法畅通林火扑救指挥现场的通信渠道，影响了指挥信息的下达及前线火场情况的反馈。因此，亟需强化一线指战员对图像传输等通信设备使用的培训，全面推进通信保障知识技能在一线指战员队伍中的普及，从而保障林火扑救现场的图像传输和通信畅通。

3 解决森林灭火现场图像传输问题的对策

3.1 综合集成各类图像传输技术

针对2.1节中主流图像传输技术的局限性问题，如果片面地依赖某一主流图像传输技术，缺乏备用方案，会对森林灭火现场通信保障造成致命性打击。笔者认为，各类图像传输技术应互为补充，共同为林火现场图像传输作保障。当电讯基础设施被破坏，或当地山区缺乏电讯基站时，基于公网的3G/4G图像传输无法使用，此时则应将基于COFDM调制技术的图像传输系统作为“主战”图像传输通信设备。此外，卫星图像传输可作为有益的补充，充分发挥其覆盖范围广、受地形影响小的特点，还可以借用其他对地观测卫星的遥感数据，增强监测数据的时效性。通过将各类图像传输技术结合，形成综合性森林灭火现场图像传输集成技术（图1），方能随机应变，增强消防救援队伍扑救林火的能力。

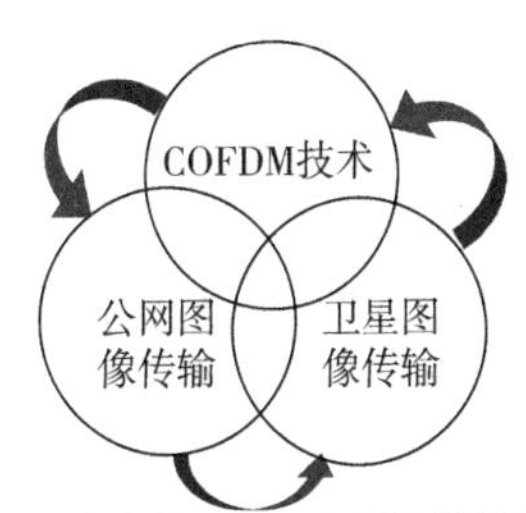

图1 综合性森林灭火现场图像传输集成技术

3.2 建设基于图像传输数据的林火现场“一张图”辅助系统

针对2.2节中林火现场信息量大且复杂、图像传输的作用未能真正发挥等问题，笔者认为应着手建设基于图像传输数据等现场信息数据的林火现场“一张图”辅助系统。在该系统中，能够实现在地图上对各类信息的集中展示，还具备一定的空间查询和空间分析功能，为指挥者和指挥机构进行林火扑救决策提供便利，同时也体现出图像传输对辅助决策重要意义。

笔者设想的“一张图”辅助系统框架如图2所示，大体分为基础设施层、数据管理层、软件平台层以及应用层面。该系统的底层支撑为综合集成图像传输技术回传的林火现场数据；数据管理层包括地形底图、无人机倾斜摄影三维建模数据、参战力量数据、现场态势感知数据、气象水源数据等等；系统以GIS软件平台为技术支撑，基于GIS平台进行二次开发；在应用层面，实现现场态势呈现、指挥调度、信息发布、协调会商等功能应用。

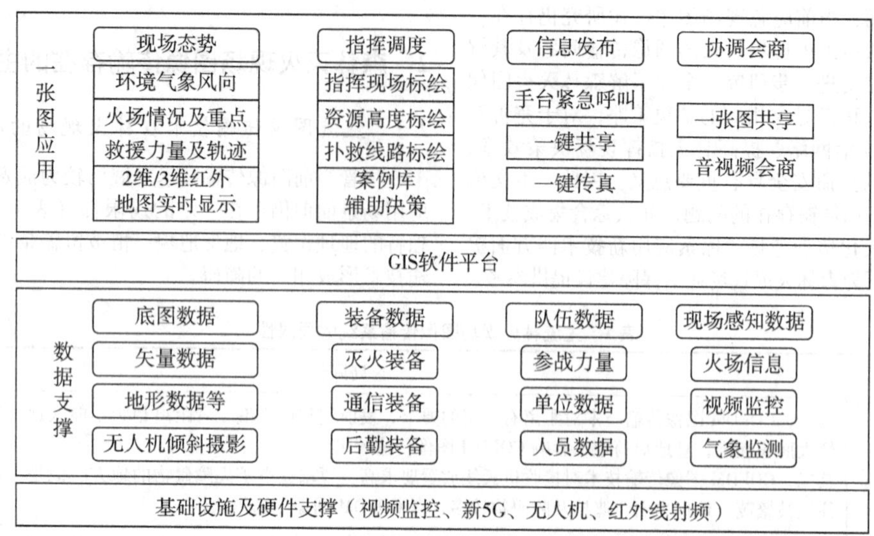

图2 基于图像传输数据的林火现场“一张图”辅助系统

3.3 扩大普及消防通信知识和技能

针对2.3节中图像传输过度依赖通信专业人才的问题，笔者认为应扩大化消防通信训练培训的对象，尽可能地使一线指战员全员熟悉掌握消防通信知识和技能，使得包括图像传输在内的消防通信知识和技能全面推广普及。通过扩大化消防通信知识技能培训，避免在林火扑救现场中出现过度依赖少数通信干部进行图像传输等通信保障工作的场面，提高林火现场图像传输的效率，缩短指挥者和指挥机构获取情报的时间。

其次，笔者认为应建立针对消防通信技能的奖惩考核机制，以能否熟练掌握图像传输等通信知识和技能为考核内容，以技能的掌握为重点，对于考核通过的指战员给予一定的激励。同时，推进消防通信培训常态化，实现消防通信知识的全面“扫盲”。

此外，在总队层面可以培养一批“高精尖”的专业型通信干部，专门针对包括森林火灾等重大型灾害现场的消防通信保障工作展开研究和实验，并通过举办培训讲座、考核考试等方式扩大普及消防通信知识和技能。

3.4 探索林火扑救现场图像传输的新技术

针对2.1节中主流图像传输技术的局限性问题，笔者认为应积极探索林火扑救现场图像传输的新技术，比如将无人机、5G通信技术、红外热成像系统等技术应用到林火扑救现场通信当中。

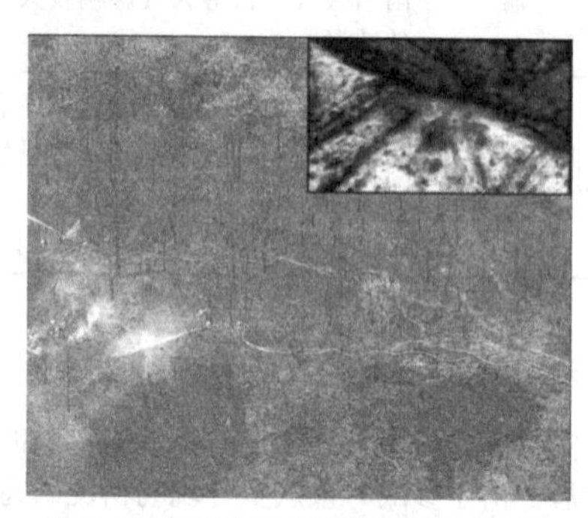

图3 无人机热红外现场侦察林火态势

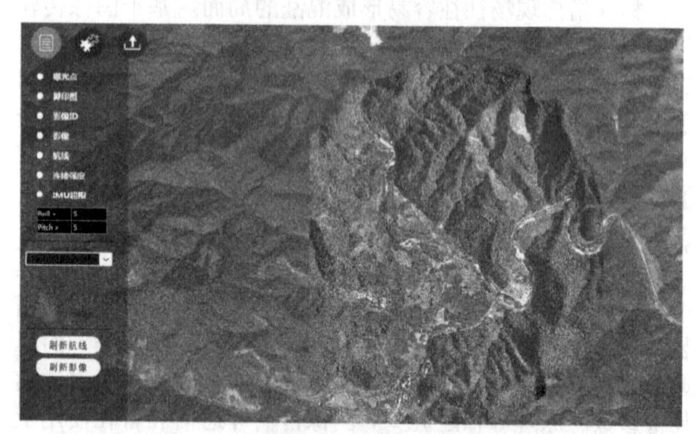

图4 无人机倾斜摄影三维建模构建森林火场模型

首先，合理利用无人机作为搭载平台，内置红外热成像系统，配套倾斜摄影三维建模系统，对于森林火灾现场态势的呈现具有重要的意义。一方面，无人机搭载红外热成像系统（图3），能够实现在黑暗环境中的监测，同时具备“穿云透雾”的功能，且视距可达数公里之远，是观察森林火灾现场态势的有力武器。另一方面，通过无人机配套倾斜摄影三维建模工作站（图4），实现对森林火场的整体三维建模，为后续的森林火场态势标绘、指挥扑救路线标绘以及各类图层信息叠加提供基础。

其次，为了提高图像传输的速度和效率，在满足基站数量的前提下，可以通过5G通信技术实现对森林火灾现场环境的实时监测和传输。在已有的3G/4G通信系统中，受到网络带宽的限制，传输的速度和数据量有限，无法进一步传输更详尽的森林火灾现场数据，不利于森林火灾扑救指挥。但是应用5G技术后，包括货场态势、人员位置、空气中毒气含量等数据信息均可实现实时回传至后方指挥者和指挥机构，不仅有利于全面掌握现场信息，还有利于指挥者抓住指挥决策的“黄金时段”。

4 结语

图像传输是森林火灾现场消防通信的关键内容。缺乏实时准确的林火现场情报，指挥扑救也就失去了决策的根基。本文从消防通信的视角梳理了当前森林灭火现场图像传输存在的三方面主要问题，并从综合集成技术、辅助系统建设、扩大化培训考核、探索应用新技术四方面提供针对性的解决方案，该方案针对性强且可行性高，能够为新时代森林火灾通信保障建设提供思路。

参考文献

[1] 周雪，张颖．中国森林火灾风险统计分析［J］．统计与信息论坛，2014，29（1）：6.

[2] 李艳．山区农村森林火灾事故治理问题研究——基于G镇的分析［J］．经济研究导刊，2014（25）：2.

[3] 何瑞瑞，赵凤君，曾玉婷，等．多源遥感影像在森林火灾监测中的应用［J］．世界林业研究，2022，35（2）：59-63.

[4] 于新，刘世华，尹伯雄．立体灭火技术在毕拉河特大森林火灾扑救中的应用［J］．黑龙江科技信息，2018，000（012）：150-151.

[5] 王铁峰，庞兴航，温柏志．锻造灭火通信“千里眼，顺风耳”——应急通信指挥平台在原始森林灭火救援中的应用［J］．中国应急管理，2020（2）：3.

[6] 郑子辰，许路，谢红文．无线移动图像传输在应急通信中的应用［J］．警察技术，2009，（01）：9-13.

[7] 赵敬华，谭小碧．浅谈单兵无线图像传输技术的应用特性［J］．警察技术，2009，（01）：14-16.

[8] 王引．对重特大自然灾害消防应急通信保障的几点思考［C］//2011中国消防协会科学技术年会论文集.2011：136-138.

[9] 梁鸿．小型无人机图像传输技术在消防勤务中的应用研究［J］．电子科学技术，2016，03（06）：782-785.

[10] 崔彦琛，吴立志，朱红伟，崔俊广．无人机在消防通信中的应用研究［J］．消防科学与技术，2019，38（04）：526-529.

[11] 李涛，刘旭，金枫，吕潇．基于ZigBee的图像传输系统研究及其应用［C］//中国计量协会冶金分会2016年会论文集.2016：268-270.

[12] 刘通江.COFDM无线图像传输系统研究［D］．山西农业大学，2015.

基于虚拟仿真的消防行业职业技能鉴定模式探讨

张媛媛

（应急管理部消防救援局南京训练总队，江苏　南京）

摘　要　消防行业职业技能鉴定作为提升行业从业人员素养、规范行业准入制度的保障，在全社会消防安全管理中至关重要。回顾当前建设成果，仍然存在鉴定站考核效率低、大量考生积压排队等突出矛盾，导致人民群众取证就业的诉求无法充分满足，如何提升鉴定效率、满足社会就业需求成为亟待解决的问题。本研究结合消防行业职业技能鉴定目前建设成果，充分分析各类虚拟仿真技术的特点，最终从考评方式、考生体验、考评标准化、网络通信四个方面说明了其应用的可行性。

关键词　消防行业　职业技能鉴定　虚拟仿真　虚拟现实

1　引言

社会经济的高速发展为消防行业从业人员创造了大量就业机会，消防行业职业技能鉴定作为消防行业执业的准入类考试，是社会人员从事消防行业相关工作的敲门砖。《中华人民共和国消防法》《消防安全责任制实施办法》以及地方性消防法规均明确规定执业人员应当获得相应的资质、资格。由此可见，消防行业职业技能鉴定对消防行业从业者和全社会消防安全水平举足轻重的作用。

为保障消防行业职业技能鉴定科学、健康发展，应急管理部消防救援局以科学化、标准化、规范化、智能化为指导方针指导鉴定工作开展，由于近两年疫情和鉴定站改造的影响，积压考生人数持续增长。再加上目前鉴定站数量有限，总体鉴定效率很难满足社会单位的需求。鉴于社会考生对取证的迫切需求，2022年3月，消防设施操作员职业技能鉴定初级技能考核开创性地采用在线虚拟仿真考核的方式，获得了较为满意的效果。本研究通过分析各类计算机虚拟仿真系统的特点，探索在未来将该技术应用于消防行业职业技能鉴定（中级和高级）的应用模式，并讨论基于标准化考评流程的开展模式，为鉴定工作未来发展方向提供指导依据。

2　虚拟仿真技术沿革

仿真技术的兴起归功于计算机科学的繁荣发展，仿真技术借助计算机模型复原现实生活中系统动态变化，并借助对虚拟模型进行实验来探索现实系统运行行为、系统动态过程和运动规律。仿真技术目前已经广泛应用于军事、航天、医疗、教学等领域，其内涵包括三项关键内容：①仿真问题描述——建立现实世界模型的虚拟模型映射，即仿真建模；②行为产生——基于规则完成系统动态变化过程，即仿真实验；③模型行为及其处理——处理仿真输出数据[1]。随着模拟的可重用性、面向对象建模方法、应用集成等技术在计算机仿真中的应用，虚拟仿真技术已经有能力形成集仿真、建模、实验于一体的人机交互界面[2]。

消防行业职业技能培训领域的虚拟仿真系统应用可追溯到20世纪90年代，随后涌现出Hazard、CFAST、JASMINE等火灾模型仿真和消防安全培训软件。许多研究证明了虚拟仿真系统相较于传统培训方法的优势，主要表现为其能够在确保无危险环境中提升人员救援水平、提升疏散人员安全技能、儿童的安全教育等[3]。国内消防行业虚拟仿真技术的应用起步相对较晚，但由于其可重复使用、危险性低、成本低廉、能够高度还原现实情况等优势，已经逐渐成为行业发展的趋势。研究人员在借助Mutigen Creator完成虚拟消防系统建模的基础上，成功模拟了火灾信号的探测与传输，最终实现基于Vega驱动的火灾自动报警系统仿真和自动喷淋系统、防火门及防火卷帘、应急疏散指示灯、防排烟系统的控制[4]。有研究基于多平台开发了建筑火灾模拟原形系统（FVR），应用虚拟现实技术创造沉浸式的用户交互体验，实现灭火作战训练、人员疏散演习、建筑性能化防火设计与评估等功能[5]。

3　关键技术应用分析

仿真技术本质上是借助计算机强大算力完成计算和调度（即实验）的过程，其本身并不强调全过程的可视化展示。但是，从消防行业的应用中不难发现，绝大多数虚拟仿真采用丰富的用户交互方式（可视化仿真、多媒体仿真、虚拟现实仿真等）而非简单的数值模拟，这也是虚拟仿真技术在消防行业中应用的关键价值。可视化、多媒体、虚拟现实作为计算机仿真的表现形式[6]，通过各自的特点解决不同的问题，并已经在多年实践过程中证明了各自适用性。三种仿真表现形式的特点分别总结如下。

3.1 多媒体仿真

为了直观地为用户展现数值仿真过程及结果，文本提示、图形、图像、动画等形式的信息被添加到仿真过程中，这种形式被称为可视化仿真。可视化仿真呈现给用户视觉信息用于观察系统运动过程和验证实验结果，在此基础上，多媒体仿真将声音纳入其中，形成具有视听功能组合的计算机仿真。

虽然多媒体仿真系统能够展现视听功能，但是可视化并不一定以三维形式呈现，通常不能切换视角的静态界面，不具备交互功能，也不支持触觉、嗅觉、味觉等功能呈现[6]。

3.2 虚拟现实仿真

虚拟现实（VR）是人类与计算机和极其复杂的数据进行交互的一种方法[6]，具有想象性、交互性和沉浸性三个特性[7]。由于VR能够提供实时交互的沉浸式体验，在计算机图形学、人机接口技术、传感技术、人工智能技术日渐成熟的今天，VR已经成为仿真技术的一个重要发展方向[8]。

虚拟现实仿真被认为是在多媒体仿真的基础上，强调三维动画、交互功能，支持触、嗅、味形成的仿真系统，也被称为“沉浸式多媒体”。虚拟现实仿真通常应用于解决微观环境下的交互问题，以系统中的人为观测视角而非系统外的宏观视角。由于虚拟现实仿真具有实时性，这意味着其自身具有特定的适用范围，对于要求较短时间内模拟未来状态的工作，采用虚拟现实仿真的意义不大。

增强现实（AR）技术作为VR技术的扩展应用，不仅仅局限于创造一个虚拟世界，而是致力于将真实世界和虚拟世界融合，用户在AR中既能够同时看到真实世界与虚拟场景的叠加。AR实际上是以现实为主导、虚拟信息为辅助的应用技术，其具有3个基本特征：①将真实世界和虚拟物体在同一视觉空间内显示；②用户能够与创建的AR场景进行实时自然交互；③虚拟物体能够与真实世界精确对准[9]。相比VR单纯地描述虚拟数字画面、AR将虚拟数字画面与裸眼现实相结合，混合现实（MR）技术同时强调虚拟对象与目标对象的空间关系，即将AR和VR的优势进行组合，用户在其中很难分辨真实与虚拟世界的边界。

3.3 人工智能仿真

人工智能仿真是以知识为核心和人类思维行为作背景的仿真技术。人工智能仿真并非仿真系统呈现给终端用户的形式，其开发过程应该将人工智能集成到多媒体仿真、虚拟现实仿真等系统中。考虑到仿真中人机交互过程用户行为的随机性、复杂性、不确定性，预先设定的实验预期结果未必能够满足仿真结果需求，或者因传统方式能力有限无法实现仿真目的，人工智能仿真能够弥补传统算法局限性，提升仿真体验。

潜在应用可以体现在如下方面：①人机交互过程涉及自然语言时，能够实现语义识别功能（例如拨打119报警电话时，系统应当与用户用自然语言完成对话，并提取关键信息）；②基于图像识别技术完成作业流程标准化的判定（例如进行设备维保时，是否按照规范要求进行，并且能判定每一步操作是否合规）；③实现复杂操作的逻辑判定（例如每个用户都会根据自身认知完成人机交互，过程中出现的各种状况应当按照逻辑进行实时推演）。

4 考评形式分析

消防设施操作员技能考核要求考生掌握设备设施操作方法，而非理论层面的知识。以目前消防设施操作员（中级）监控方向技能考核为例，其考评范围涉及消防控制室及其联动、消防水灭火系统、消防防排烟系统、防火门和防火卷帘，考评规范要求考生具有识别监控、设备操作、设施保养的技能。基于当前考评需求，本研究以列举形式说明虚拟仿真系统的潜在应用方式。

识别监控类题目要求考生能够区分场景中的消防设施，并判断设施工作状态。针对此类题目，多媒体仿真即可较好地实现考评任务，考生可通过点击、拖拽等动作完成设备选择、放大、角度切换对场景局部进行细节观察；虚拟现实仿真则能够在实现上述功能的基础上，增强场景的真实性，借助实时渲染技术提升考评的沉浸感。

设备操作类题目要求考生掌握设备正确操作方法和联动逻辑，通常需要考生在场景中不同位置完成操作或观察。此类题目采用二维多媒体仿真很难表达三维场景切换过程，容易出现考生在掌握知识点的情况下，因不懂得系统操作失分。消防行业职业技能鉴定技能考核通常是在场景中完成设备操作的过程，并不是单纯的设备设施操作。鉴于消防行业设备设施动作原理、联动规则，可以借助文中介绍的MR仿真技术实现设备操作类题目的考评，MR能够高度融合数字化信息与现实、虚拟世界，通过实时渲染的漫游场景提升用户的人机交互体验。例如：消防员操作灭火器灭火的过程、使用室外消火栓的过程，均会产生消防员的动作与设施、环境的交互。

设施保养类题目要求考生选择正确的工具按规范要求对设施进行保养，考试过程通常存在对某一设施多视角切换。与设备操作类题目相似，多媒体仿真虽然能够对场景要求进行描述，但是其远没有达到用户在场景中自由交互的程度，也在一定程度上简化的考核要点。

此外，在上述三类题目的基础上，还存在着以声音为主进行考评的特殊类型题目，例如拨打119电话报警。考生基于题目给定的火灾场景与系统对话，对现场警情进行描述，通过在虚拟仿真系统中注入语义识别算法能够实现该类型题目的考核。

5 应用模式探讨

消防行业职业技能鉴定当前在标准化的考评框架中开展，虚拟仿真技术应用的前提是遵循现有的标准化考评流程，而非作为一个独立系统存在。结合当前网络技术发展现状，本研究提供了一种标准化虚拟仿真考评的业务流程（如图1所示）作为未来虚拟仿真考评系统建设的参考。该考评流程基于消防行业职业技能鉴定一体化业务系统流转模式，确保考生报名、资格审核、考试计划编排、成绩汇总、成绩认证、成绩公开等基础工作和关键数据信息在消防救援局的监督下开展。虚拟仿真考试系统采用C/S架构软件体系，运用前后端分离的思想。客户端部署于各鉴定站的技能考场中，其目标是完成消防行业职业技能鉴定中“技能考评”部分，客户端能够实现系统登录、在线抽题、在线作答、结果回传、提交试卷、现场出分等功能。与此同时，部署在云端的虚拟仿真系统服务端程序借助互联网实现考生登录验证、随机抽取试题、答题痕迹记录、考试结果汇总等功能。为确保考试试卷的保密性和随机性要求，客户端仅仅将仿真系统以加密形式存储在鉴定站本地，考生登录验证、考试要点抽取、成绩汇总等功能均通过云端程序实现。

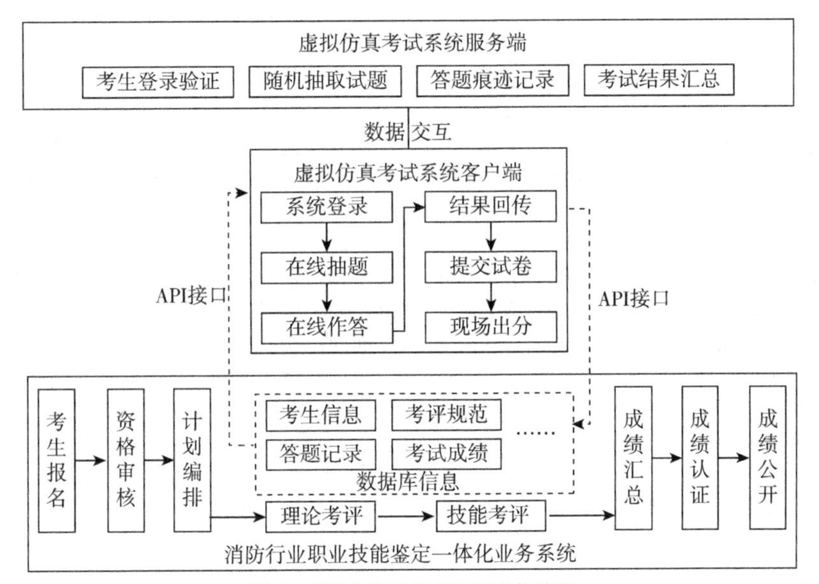

图1 虚拟仿真系统考评标准化流程

6 总结

本文结合消防行业职业技能鉴定的考评要求，在虚拟仿真技术应用成果的基础上，分别从考评形式和标准化考评流程的角度探讨了其将来应用的可能性。考虑到消防行业职业技能鉴定技能考核要求掌握实操技能，考生年龄跨度大、知识结构和专业素养差异较大、考评效率低下等现实因素，通过对虚拟仿真系统进行全面分析，得出如下结论：

（1）结合人工智能的虚拟现实仿真能够实现当前考评规范中要求的考评内容，并且能够达到完全脱离考评员人为参与的智能化考评目标；

（2）以虚拟现实技术为基础的仿真系统是还原真实场景（包括其运行逻辑）的理想方法，无论考生计算机水平如何，均能够保证考生良好的考试体验；

（3）虚拟仿真考试系统能够嵌入当前标准化考评流程中，确保考评流程的规范性、科学性，避免线下考评过程的各类不可控因素；

（4）当前网络技术能够满足大规模的用户并发量要求，仿真技术能够极大地提升现场鉴定效率，满足社会需求。

综上所述，虚拟仿真技术将为消防行业职业技能鉴定赋能，推动考评向科学化、标准化规范化、智能化的方向稳步发展，实现为消防行业社会从业人员提供更加优质服务的愿景。

参考文献

［1］Oren T I. GEST-A Modelling and Simulation Language Based on System Theoretic Concepts ［M］. Springer Berlin Heidelberg，1984.

［2］李云峰. 现代计算机仿真技术的研究与发展［J］. 计算技术与自动化，2002（04）：75-78+83.

［3］Cha M，Han S，Lee J，et al. A virtual reality based fire training simulator integrated with fire dynamics data ［J］. Fire Safety Journal，2012，50（none）：12-24.

［4］张勇，程乃伟. 虚拟消防系统仿真技术研究［J］. 科技传播，2012，4（20）：220-221.

［5］陈驰，任爱珠，张新. 基于虚拟现实的建筑火灾模拟系统［J］. 自然灾害学报，2007（01）：55-60.

［6］韦有双，王飞，冯允成. 虚拟现实与系统仿真［J］. 计算机仿真，1999，16（2）：63-66.

［7］蔡鹏. 基于VR技术的火灾消防培训系统的设计与实现［D］. 华中科技大学，2020.

［8］邹湘军，孙健，何汉武，等. 虚拟现实技术的演变发展与展望［J］. 系统仿真学报，2004，16（9）：1905-1909.

［9］Azuma，Ronald，Baillot，et al. Recent Advances in Augmented Reality ［J］. IEEE Computer Graphics & Applications，2001：34-47.

基于PyroSim的高大空间建模的几点心得

王舒慧　蔡　芸

（中国人民警察大学，河北　廊坊）

摘　要　在对高大空间类建筑进行火灾模拟分析时，如何建立一个与真实情况相符的模型是使得模拟结果更贴合实际效果的重点，然而，在对高大空间建模时极易出现搭建的构件位置或尺寸不合适而影响模拟效果的问题。本文以某省高铁站的改扩建工程为例，通过PyroSim消防模拟软件建立建筑的物理模型，针对高大空间建筑的构件种类较多、软件的建模工具较为简单等情况，分析建模过程中可能存在的关键问题并给出解决方案，使最终建成的火灾模型能够达到有效仿真的目的。

关键词　高大空间　PyroSim建模　火灾模拟　楼梯模型　曲面屋顶

0 引言

2022年是“十四五”规划的关键之年，要坚持稳中求进的工作总基调，也要重视国家各类基础设施建设的规划与发展。对于逐渐增多的有着高大空间特点的建筑，其消防安全不容忽视，然而，高大空间公共建筑往往室内体积大、高度高、负荷大且使用功能多，给消防安全的保证带来了极大的难题。为论证特殊消防设计的安全性，可以采用火灾数值模拟的方式进行。针对有高大空间特点的建筑进行模拟分析，建立一个既符合建筑特征又能反映实际情况的模型是前提。在模型的搭建阶段需由使用者操作计算机软件完成，受软件功能及使用者知识水平影响较大，其搭建模型的质量将直接影响模拟结果的真实性，甚至决定了火灾烟气模拟的成功与否[1]，因此，本文对高大空间建模过程中的一些关键问题进行探讨。

本文涉及的两款软件分别为工程制图软件 AutoCAD 2020 和消防模拟软件 PyroSim 2021。

1 PyroSim 软件建模的步骤和特点

1.1 建模步骤

从建模的过程来看，使用 PyroSim 消防模拟软件来建模可以分成以下四个步骤：一是分析 CAD 图纸。通过对二维的平面图的了解分析，以实际工程的效果图为指引，想象出建筑的立体结构，整体布局等信息，这样对建筑构件相互间的位置关系能有个很好地认识；二是建模的思想。如点延长为线，线拉伸到面，面组合成体等。且通过在 CAD 里描线搭建出建筑整体的框架，再导入到 PyroSim 软件里的方式，极大地节省了建模时间；三是对软件指令的运用。在建筑的大框架构建完成后，还需添加一些防火设施，如挡烟垂壁、通风口等，这些则通过软件内的工具来表达；四是核验模型是否符合要求。通过设置火灾场景，观察模拟运算的结果，判断建筑是否漏烟、火灾模型的构件尺寸是否发生变化等，之后对模型进行保存。在完整的建模过程中，只有充分考虑了每个环节，才能使作图的效率提高[2]。

1.2 PyroSim 软件的特点

与其他模拟软件相比，Pyrosim 消防模拟软件能够使用动态、实时的图形对火灾场景进行模型的搭建和模拟结果进行表达，且准确性和细致性也有一定的优势[3]。此外，Pyrosim 软件的建模方法对于单一墙体的建立优势不大，但对于复杂墙体的总体建立规划能大大减少建模时间，缩小工作量。对于 Pyrosim 软件而言，主要人工所耗时间在建模的过程中，模型建立完成以后，计算机进行模拟即可。因此，改进建模方法、加快建模速度在 PyroSim 软件的应用中有着举足轻重的作用[4]。

2 建模过程中的常见问题及对策

为便于分析，本文选取某省高铁站的改扩建工程为建模对象。该工程原有的站房建筑面积为 $15000m^2$（不包括架空层），为地上两层线侧平式车站，旅客流线为上进下出模式。后期加设 20m 宽钢结构进站天桥 1 座，12 宽地道 1 座（仅到基本站台），又新建站台铺装、钢结构雨棚。计划建设的高架站房，建筑面积按 $75000m^2$，其中进站实名安检通廊 $3700m^2$，进站广厅 $10000m^2$，高架候车及夹层 $54700m^2$，南侧主站房与拟建设的综合体相邻，高架候车室横跨既有的铁路线路，并在北侧规划预留出场地，站房北侧略微向西弯曲。

2.1 CAD 描线

为了在简化模型的同时不影响火灾模拟效果，通过 CAD 绘图软件描线时，可以使用最外侧的线条来表达 CAD 里有厚度的墙线；通过快捷键 TR 命令的使用，使与建筑外墙垂直的墙体与外墙相交来保证线条闭合；当墙体出现门洞时，需要注意墙和门两个图层间线条的端点处是否紧密连接；在描绘楼板平面时，要求楼板的外边界不小于下方墙体的边界，如果楼板是由不规则的楼板平面拼凑而成，则需注意各平面间不能出现缝隙，以此确保在将来的烟气模拟过程中不会出现漏烟等问题；描线时需在楼梯最低和最高踏步的位置做好标注，便于后期楼梯的搭建。

2.2 搭建楼梯

楼梯作为建筑竖向交通中必不可少的构件，绘制的关键在于踏步尺寸的确定，而且对构件的三维坐标要有清晰的认识，建模人员在掌握楼梯搭建方法的同时还需要注意一些细节。基于高大空间类建筑的特点，《建筑设计防火规范》[GB 50016—2014（2018 年版）][5]及国家现行相关专用建筑设计标准要求在梯段间设置休息平台，因此，需要分别测量计算出踏步和休息平台的尺寸。该工程中进站广厅内站台层与高架层中间安装有楼扶梯，经测量可知，楼梯长度为 5.85m，深度为 0.3m，共有 17×4 个踏步，其中有四个休息平台，休息平台的深度为 1.5m，计算得踏步的高度为 0.15m。之后在站台层楼梯位置的标记处设置一个长宽高分别为 5.85m、0.3m、0.15m 的踏步，为避免后期绘制楼梯洞口时将踏步挖穿，注意绘制第一个踏步时在 Tool Properties 中的取消勾选 Permit Holes 选项，设置界面如图 1 所示。接着通过 Move 指令在 Copy Number of Copies 中输入 16，且宽和高对应的坐标轴上给定 0.3 和 0.15 的大小，即可绘制出一个梯段，并修改最后一个踏步的深度来表达休息平台。将梯段全部选中，再次利用上个指令对剩余梯段进行绘制，完成后注意观察最后一个踏步的上表面是否与高架层的地板平齐，可通过提升其高度或向下移动的方式保证两者处于同一水平面，楼梯绘制的操作界面如图 2 所示。

为简化模型，扶梯可由一个自上而下的斜板表示。三维视图下不易绘制倾斜物体，因此可在二维视图的侧立面中绘制斜板，之后转到三维视图中修改坐标轴上的坐标来保证其与楼梯紧密相连。对于站房两侧以及通往出站地道的楼扶梯，绘制方法同理。为提高建模效率，可在绘制完成一部楼梯后使用复制、移动或镜像等指令搭建其他的楼梯。

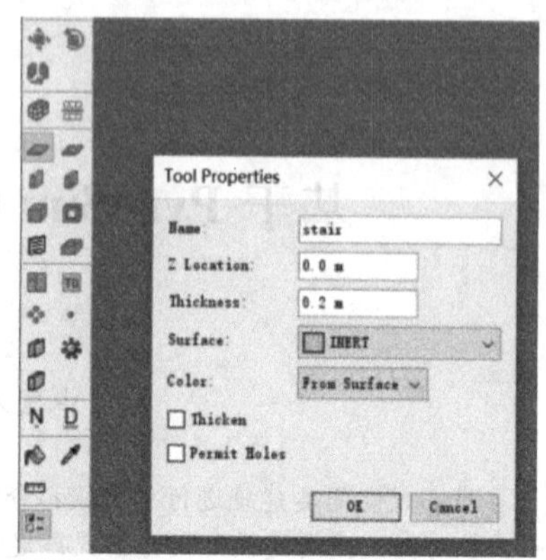

图 1 楼梯属性参数设置界面

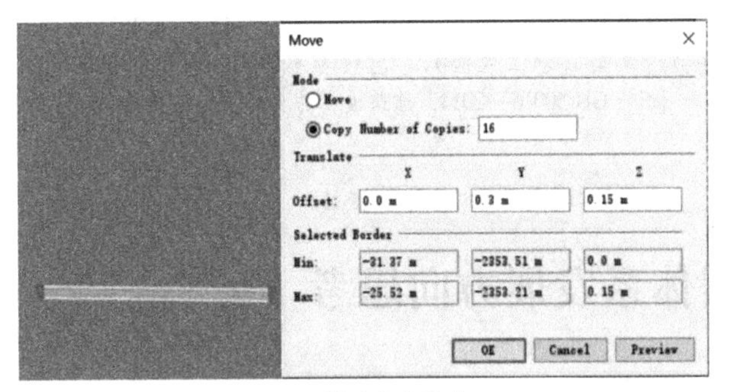

图 2　搭建多个踏步

2.3　搭建屋顶

由于 PyroSim 软件中没有带弧度的建模工具，因此对于有一定弯度的构件在建模中难以实现，如墙角、屋顶、结构柱等，为解决这一问题，需要对此类构件做近似化处理。在此工程案例中，正面观察高铁站房的屋顶走势呈现为抛物线，侧面则为平直的。因为屋顶两侧的坡度较大，中间部分坡度较小，所以可将屋顶的中间部分简化为水平走向。为保证搭建完成的屋顶在火灾烟气模拟时不会泄漏烟气，要特别注意屋顶构件尺寸的选择，如构件的长宽高不应小于一个三维网格的尺寸，为提高建模效率，可以将构件对应的边延长，使其横跨南北两侧的墙体。在屋顶边缘设置一个尺寸符合要求的 Obstrution 后，按照搭建楼梯的方法搭建两侧的屋顶，中间区域可通过复制平移来实现。曲面屋顶经过这种逐级递增的方式近似地表达出来。

屋顶搭建完成后，建筑的南北两侧还需添加补墙来保证屋顶的密封性。补墙可通过在建筑外墙边缘设置一个长度与屋顶 Obstrution 一致，宽度与墙体厚度相同，高度达到屋顶最高处的 Obstrution，接着运用复制和平移指令使其铺满整面墙，为保证模型接近于实际情况，需要分别降低屋顶两侧 Obstrution 的高度。除此之外，由于建筑的北侧略微向西倾斜，还需要利用旋转的指令将补墙放置在墙体的正上方，完成后检查屋顶是否完全覆盖且紧贴下方的墙体，屋顶的物理模型如图 3 所示。

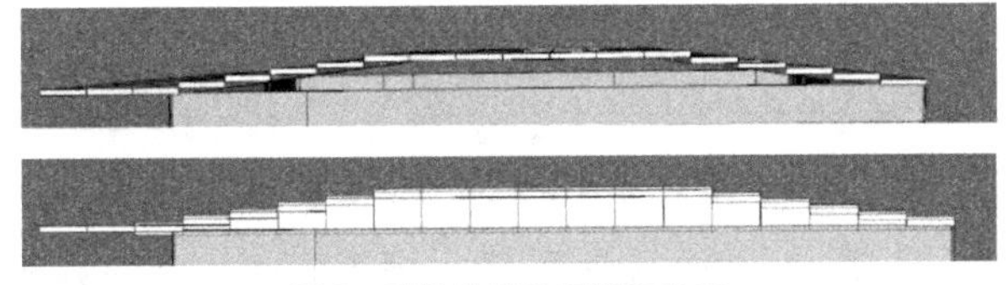

图 3　高铁站房的屋顶和补墙

2.4　设置排烟口

排烟口的设置是模型能否对实际情况进行模拟的关键所在，尤其需要注意的是其位置和相关参数的设置问题。根据该工程的特殊消防设计要求，在座椅区上方设置挡烟垂壁将候车厅分隔为面积相等的三个防烟分区，每个分区设置两个排烟口，每个排烟口的排烟量为 9.72m³/s。该工程中排烟口的设计尺寸为 2m×2m，则排烟风速为 9.72/4＝2.43m/s，为防止机械排烟口的尺寸在模拟时发生变化，导致模拟的结果与实际不符，可以将 Specify Velocity（指定排烟速率）设置为 2.43m/s 来保证排烟量始终不变，参数设置界面如图 4 所示。为使模型符合实际情况，排烟口的位置应与顶板有一定的间隔，该工程中的排烟口的具体位置如图 5 所示。

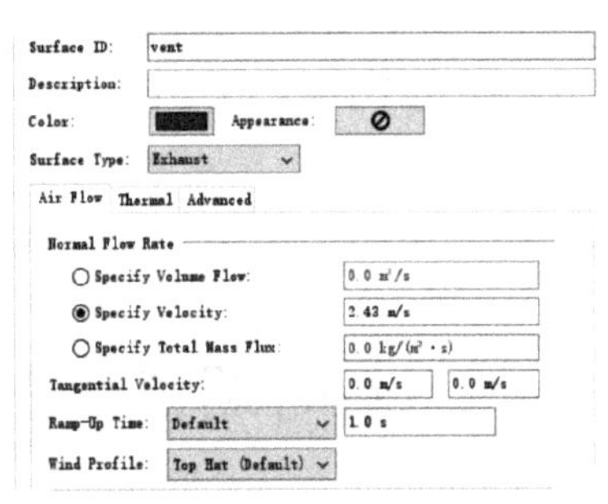

图 4　排烟风速参数设置界面

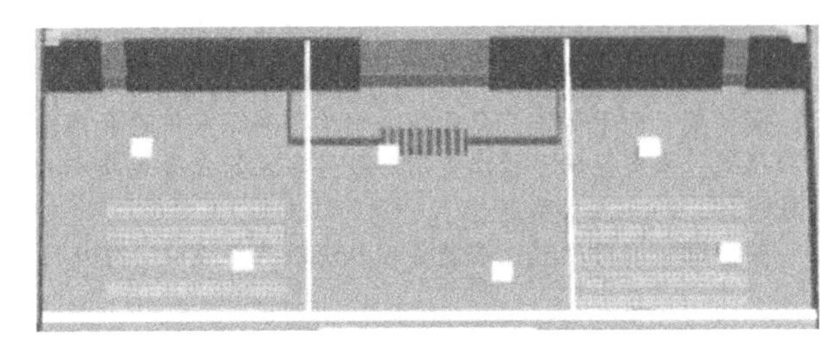

图 5　排烟口的位置

站台层公共区、高架层和高架夹层公共区为一体空间，排烟方式统一采用自然排烟，补风方式为自然补风。为简化模型，排烟口可以通过直接在屋顶表面挖洞的方式设置，由于屋顶两侧为阶梯状，需要设置的排烟口数量较多且位置各不相同，因此要注意洞口厚度的设置，确保其穿透屋顶，避免因有效排烟口面积减小而影响火灾模拟的结果。

2.5　搭配颜色

一般情况下，SmokeView 的动画视图中红色代表危险，蓝色代表安全，中间还有过渡色，因此需要注意模型本身的颜色不可与其相似或过于明亮，以防相关参数的变化情况较难观察。莫兰迪画作中使用的哑色（muted color），灰、白和其他暗淡的颜色，低饱和度与高级灰相映成趣，恬淡宁静且极富柔和感。莫兰迪色不张扬，但能在整个画面中互相制约、相互抵消，让视觉达到完美平衡。由此，莫兰迪色适用于物理模型中地板和墙体等构件的颜色搭配上，选用莫兰迪色系中的色彩设置模型颜色，在通过 SmokeView 查看模拟运算结果时，能够有效避免模型颜色与参数变化颜色之间的冲突。

3　结语

PyroSim 消防模拟软件的应用越来越广泛，这种借助计算机对不同工况下的火灾进行模拟，进而研究火灾发展过程、火灾蔓延规律是当前火灾科学研究的热点，然而，能够顺利进行模拟的首要条件是建立准确的物理模型。因此，本文以实际工程为例，介绍了高大空间在建立火灾烟气数值模拟模型时可能出现的问题及解决方式，为类似工程的建模准确性提供一定的借鉴价值。此外，在建模过程中，先进的设计思想、灵活解决问题的方式以及对软件应用的熟练程度也非常重要。

参考文献

[1] 蒋科明．Revit 与 PyroSim 在火灾烟气模拟中的结合应用［J］．建筑施工，2020，42（10）：1985-1988.

[2] 陈硕，张萍．Pro/E 软件实体建模过程分析及设计［J］．农业装备技术，2020，46（6）：45-46.

［3］李胜利，李孝斌．FDS 火灾数值模拟［M］．北京：化学工业出版社，2019. 11-15.

［4］宋岩升，王浩宇，李自军．浅析 Pyrosim 软件建模方法及材料参数应用创新［C］//．第十三届沈阳科学学术年会论文集（理工农医）．［出版者不详］，2016：738-742.

［5］GB 50016—2014，建筑设计防火规范（2018 年版）［S］.

新时期镇江市消防救援体系发展方向思考

李黎丽　孙晨琨

（江苏省镇江市消防救援支队，江苏　镇江）

摘　要　随着国家应急管理体制改革的深入推进和消防救援队伍职能拓展，镇江市的消防救援体系发展面临着新的机遇和挑战。本文分析了镇江市消防救援体系的发展现状和存在的不足，结合新时期国家发展要求探索提出了未来镇江市消防救援体系的发展思路。

关键词　消防救援　应急管理　消防基础设施　发展方向

1　镇江市概况

镇江市古称京口、润州，是江苏省辖地级市，国家历史文化名城，地处长江和京杭大运河十字交汇点，具有通江达海的区位优势，镇江港是长江上重要的港口之一，2020 年货物吞吐量达 2. 37 亿吨，在全国内河港口中排名第六，市内的京杭大运河谏壁船闸已连续十余年船舶通过量过亿[1]。镇江市是第二批入选的国家历史文化名城，历史文化悠久，有三山、茅山两个 5A 级风景区和西津渡、南山等众多名胜古迹。位于城区东部的镇江新区新材料产业园是江苏省确定的 14 个化工园区之一，园区内共有企业近 130 家，集聚了来自比利时索尔维、德国巴斯夫、德国赢创、瑞士科莱恩、韩国 SK 等一批世界 500 强公司以及国内的一批上市公司和知名化工新材料企业（图 1~图 4）。

图 1　镇江市西津渡历史文化街区

图 2　镇江市京杭大运河谏壁船闸

图 3　镇江新区地理位置

图 4　镇江新材料产业园全景

“十四五”时期，随着“一带一路”建设、长江经济带发展、长三角一体化发展、宁镇扬一体化发展等重大战略机遇在镇江交汇叠加，镇江市迎来了前所未有的发展机遇，镇江市提出了到 2035 年，以高于全国全省平均的速度率先基本实现现代化，基本建成现代化产业强市，区域创新能力明显增强，城市综合实力大幅跃升，打造成为长江经济带重要节点城市，长三角重要区域中心城市，沪宁线重要创新创业、休闲旅游目的地城市，展露“镇江很有前途”更加生动现实图景的发展目标和愿景。

2　消防工作现状及短板

近年来，镇江市消防工作取得了明显进步，但是，和镇江市的经济社会快速发展相比较，还存在消防发展不平衡不充分的问题，具体表现在以下四个方面：

2. 1　火灾起数呈上升趋势，消防安全形势日益严峻

从近五年的历史火灾数据来看，镇江市火灾总起数增长较快，火灾总起数从 2016 年的 1450 起上升至 2020 年的 2112

起，日均火灾发生起数从2016年的3.97起上升至2020年的5.79起。镇江市的民营经济发达，汽车配件、木业、眼镜树脂等产业以及工业园区、城郊接合部的大型厂房、仓库是近年来火灾较多的行业和区域。此外，城区的老旧居民住宅小区、群租房、“九小场所”等区域由于消防基础设施薄弱，人员较为密集，发生小火伤人、亡人事故的风险较高（图5）。

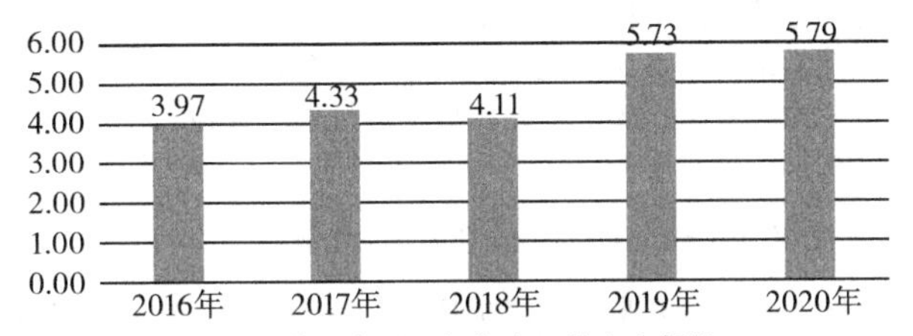

图5 镇江市近五年年度日均火灾起数

2.2 消防基础设施较为薄弱，城乡发展不均衡

全市现有的消防救援站中，特勤站和普通一级消防站所占的比例较小，而小型站和政府专职队占比将近60%，这些队站的建筑面积和占地面积普遍偏小，不利于消防救援车辆出动和消防员训练活动开展。从现有消防救援站5min可达范围来看，仅能覆盖市区的部分区域，而民营企业、旅游景点、农家乐等广泛分布的城市外围区域消防救援力量较为薄弱，缺乏市政消火栓等消防基础设施，农村地区的消防基础设施建设亟待加强（图6）。

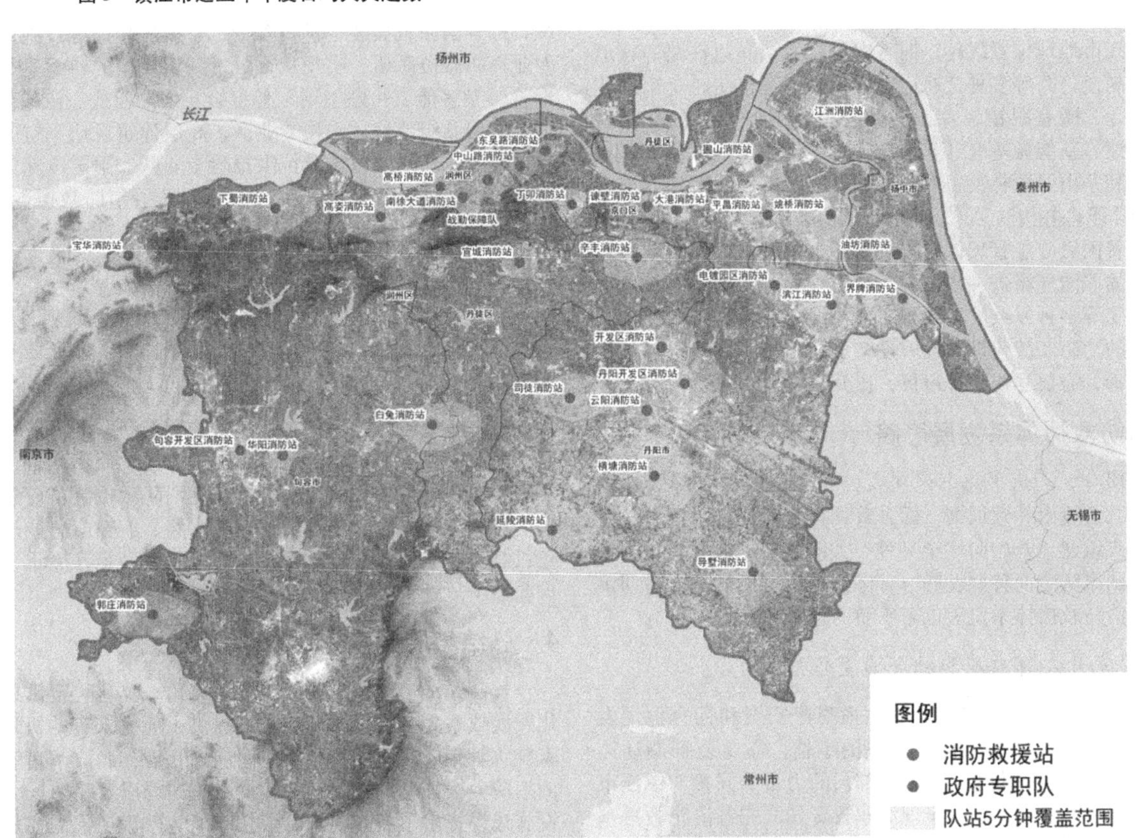

图6 镇江市现有消防救援站分布及5min服务范围

2.3 消防救援综合实力不足，人员和装备还需提升

专职消防员数量不足，镇江全市万人消防员数量为1.9，低于宁波、三亚等城市，和国外同类城市相比差距更大。国家综合性消防救援队伍编制数为常住人口总数的万分之1.1，低于全国1.37的平均水平[2]。现代化消防救援专业装备配备不足，消防车辆仍以常规灭火类消防车为主，举高及专勤类消防车配备不足，压缩空气泡沫消防车、路轨两用消防车等高精尖车辆装备较少，水域、山岳、地震等专勤器材配备不足，部分高精尖装备仍有“空白点”，难以满足“全灾重、大应急”的任务需求（表1、图7）。

表1 镇江市消防员数量和国内外城市对比

对比指标 \ 对比城市	镇江市	芜湖市	无锡市	宁波市	三亚市	南京市	波特兰市	横滨市
全市常住人口/万人	321.7	364.4	746.2	94.0	103.1	931.5	241.0	376.0
全市消防员数量/人	612	708	1840	310	503	3771[5]	725[6]	3797[7]
万人消防员数量	1.90	1.94	2.47[3]	3.30[4]	4.88	4.05	11.35	10.10

注：消防员数量包括国家综合性消防救援队员和政府专职消防队员，国内数据来源于各城市“十四五”消防事业发展规划或消防救援支队统计，国外数据来源于当地消防局官方网站。

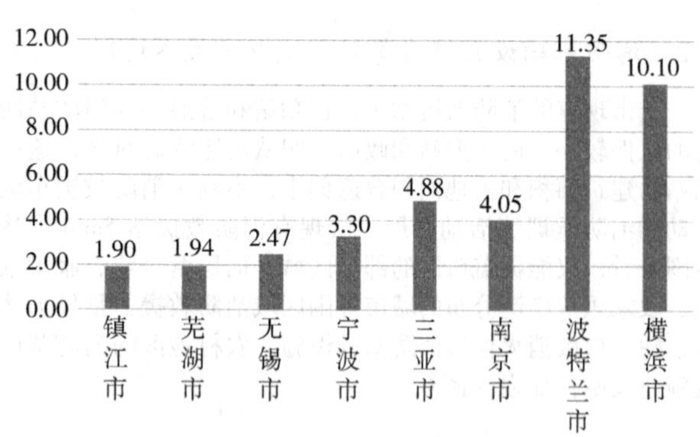

图7 镇江市万人消防员和国内外城市对比

2.4 消防训练设施不足，难以满足职能拓展需要

镇江市地理位置优越，拥有内河航运、高速铁路、轨道交通、高速公路等多种交通运输方式和货运枢纽。全市产业类型多元，既有眼镜、森工、食品等轻工产业，也有新材料、电镀、新能源等化工产业。此外，还拥有金山、焦山、北固山和茅山等森林覆盖率较高的景区，镇江下辖句容市为江苏省Ⅰ级森林火险区[8]。

随着国家应急管理体制改革的深入推进，镇江市消防救援部门的职能还将进一步拓展，需要承担起水上、森林、高层、化工等多种复杂灾害现场的灭火救援工作。与此相比，镇江市的消防实战化训练设施设备欠缺，消防战勤保障体系尚不完善，需要尽快补齐短板，提升综合战斗力。

3 消防救援体系发展思路

2018年，习近平总书记在人民大会堂向国家综合性消防救援队伍授旗并致训词，标志着具有中国特色的消防救援队伍正式组建，开始向“全灾种、大应急”的应急救援的主力军和国家队全面转型发展。对标新的历史使命，新时期镇江市的消防救援体系发展也需要新的思路和方向。

（1）要充分发挥政府和社会力量作用

消防工作事关人民群众的生命财产安全和社会稳定发展，不仅仅是消防救援部门一家的事情，需要统筹调动应急、规划、交通、海事、市政等部门的力量共同参与镇江市消防救援体系建设，进一步理清职权责任、完善消防救援基础设施、降低消防安全风险、充实消防救援力量，按照“政府统一领导、消防主战主调、社会共同参与”的消防工作发展方向共同推动消防救援事业发展。

（2）要全面融入区域经济社会发展

镇江市地处长江和京杭大运河黄金十字水道交汇处，西临省会南京，地理位置十分优越。应积极将镇江市消防救援体系发展融入江苏省消防救援体系发展大局，谋划发挥镇江市在船舶事故处置训练、森林灭火物资储备、消防员职业健康保障、区域性专业救援队建设等方面的作用，积极争取省级项目在镇江市落地建设，一方面可以发挥镇江市区位便利、城市建设空间充足等优势，降低项目建设成本，提升项目建设效率，一方面可以切实发挥资源统筹共享的优势，利用高等级项目建设的契机全面提升镇江市消防救援水平。

（3）要积极探索符合镇江需要的发展模式

镇江市水系发达，易发生洪涝灾害，森林资源丰富，是全国森林火灾多发地区之一，同时还处在长江中下游—黄海地震带上，有发生中强有感地震的可能，还是全省地质灾害易发区。在全球气候变暖背景下，洪涝、台风、干旱、低温霜冻、森林火灾、地质灾害等多种灾害发生频率将进一步增加，消防救援的任务将愈加繁重。应结合消防救援队伍职能拓展的要求，系统研判镇江市当前和未来面临的各类灾害风险，合理确定镇江市未来消防救援队伍的规模和组建模式。考虑到国家综合性消防救援队伍的人员编制较为短缺，应构建起国家队-专职队-企业队的多元消防救援力量发展模式，积极探索消防救援队伍混编模式。火灾防控方面，要充分发挥行业消防安全主体责任，积极推进标准化建设，不断夯实基层火灾防控基础。

（4）要不断提升消防救援职业化水平

职业化发展未来打造消防救援的尖刀骨干力量的重要基础，镇江市应按照职业化发展的要求不断加强队伍考核训练、提升消防救援装备科技含量、完善配套训练设施，组建专业消防救援队伍，实现从重数量到重质量的转型发展，探索“一专多能、一站多用”等复合型发展模式。依托现有的消防救援站组建地震救援专业队、高层建筑及地下空间灭火救援专业队、水域救援及抗洪抢险专业队、雨雪冷冻灾害救援队、山岳搜救及森林火灾灭火专业队等消防救援专业队，配备专业消防救援装备，开展专业技能培训，不断提升专业救援能力，满足消防救援职能拓展需要，形成“全灾种、大应急”综合战斗力。

（5）要不断提升消防救援战勤保障能力

按照模块化编组的要求，结合镇江市灭火救援任务特点，进一步完善战勤保障车辆装备物资配备，配齐餐饮、宿营、淋浴、发电、照明、抢修、卫勤等战勤保障车辆，提高消防救援装备模块化储运水平。建立消防救援装备应急保障响应机制，建立完善公路、铁路、水路、航空应急调运与配送机制。建立消耗性装备库存备购机制，满足开展重特大灭火救援事故处置需要。

4 总结与展望

长江经济带国家发展战略及长三角一体化、宁镇扬一体化发展战略为镇江市的城乡发展提供了前所未有的机遇，国家应急管理体制改革、国土空间规划管理体制改革对镇江市的消防救援体系构建、消防救援设施布局以及消防配套基础设施建设提出了新的要求。镇江市消防救援工作需要从发挥社会力量、融入区域发展、提升职业化水平等方面做好转型发展，不断提升消防安全水平，探索出一条适应镇江市消防救援工作需要的特色发展道路，为镇江市未来的高质量稳定发展提供坚强的消防安全保障。

参考文献

［1］江苏省交通运输厅．谏壁船闸船舶年通过量达1.87亿吨［EB/OL］．［2020—1—3］．http：//jtyst.jiangsu.gov.cn/art/2020/1/3/art_41987_8899644.html.

［2］中国人大网．关于检查《中华人民共和国消防法》实施情况的报告［EB/OL］．［2021年12月24日］．http：//www.npc.gov.cn/npc/c30834/202112/68395014bd2e438a9eb8e85e4132da64.shtml.

［3］无锡市人民政府．无锡市“十四五”社会消防救援事业发展规划［Z］．

［4］宁波市发展改革委、宁波市消防救援支队．宁波市消防事业发展“十四五”规划［Z］．

［5］南京市人民政府．南京市“十四五”社会消防救援事业发展规划［Z］．

［6］横滨市消防局．横浜市の消防力［Z］．
［7］波特兰消防局．PORTLAND FIRE & RESCUE Annual Performance eport Fiscal Year 2019-2020［Z］．
［8］江苏森林防火网．关于调整《江苏省森林火险县级区划等级名录》的公示［EB/OL］．［2021—7—28］．http：//jsf.jiangsu.gov.cn/art/2021/7/28/art_6978_9954129.html.

微型消防站应急调度管理及灭火救援实战能力有效提升相应措施的设想

方 舒

（天津市消防救援总队津南支队，天津 津南）

摘 要 随着我国社区消防安全体系的日趋完善，微型消防站已经逐渐成了处置先期火灾的重要组成部分，部消防局自首次提出微型消防站理念以来，始终坚持以救早、灭小和“3min到场”扑救初起火灾为目标，但是，我国的社区微型消防救援站在实际运转过程中，普遍存在布局不合理、灭火器材严重缺失、人员初战能力不足的问题，因此，本文结合笔者辖区内微型消防站发展现状和存在问题，提出建设智慧微型消防站应急调度管理系统的理念，通过强化队伍信息化科技的应用，切实提升辖区微型站对初起火灾的实际处置能力。

关键词 微型消防站 应急调度管理系统 智慧消防 初战能力

1 引言

微型消防站的理念自提及以来，既是扑救初起火灾的重要组成部分，也是火灾防控工作的重要力量。由于笔者所在津南区下辖8个镇和地处河西区的长青办事处以及173个行政村，重点镇咸水沽镇距天津市中心区12km，距天津港30km。

表1 天津市津南区辖区基本情况概况表

辖区位置	交通干线/条	消防安全重点单位/个	面积/km^2
咸水沽镇	21	137	60
辛庄镇	2	34	30
双港镇	7	60	35
双桥河镇	3	26	22
葛沽镇	3	29	41
北闸口镇	2	28	38
八里台镇	4	54	113
小站镇	4	37	57

津南区辖区内建筑密度相对较大，共有高层2536座、地下73处、大跨度大空间建筑26个，石油化工83处，较大仓储物流企业37家。“高低大化、老幼古标”等传统火灾风险类型的建筑相对较为集聚，因此，社区微型消防站对实现火灾防控“打早、灭火”，构建完整社会灭火救援体系就具有了重要的意义。但是，受现存实际工作体系影响，目前津南区指挥中心与各微型消防站之间并未构筑切实有效的一体化警情联动机制，导致微型消防站在实施调度—流转—接警—出动的总流程过程中耗时较长，根本无法满足微型消防站“3min到场”的实际需要。因此，建立微型消防站调度管理系统将成为充分发挥好微型消防站作用的有效推手。本文结合津南区社区所属微型消防站实际情况，以“智慧消防”的相应政策为导向依据，着重探讨建设智慧微型消防站应急调度管理系统的重要意义，以达到微型消防站快速响应、高效处置，保证做到“打早灭小”。

2 津南区辖区火灾情况统计分析

对2021年以来津南区辖区内部的火灾接处警及火灾进行统计分析，有利于总结辖区的火灾特点，把握典型火灾的规律，提高辖区所属微型消防站灭火作战能力的评估研究的针对性。

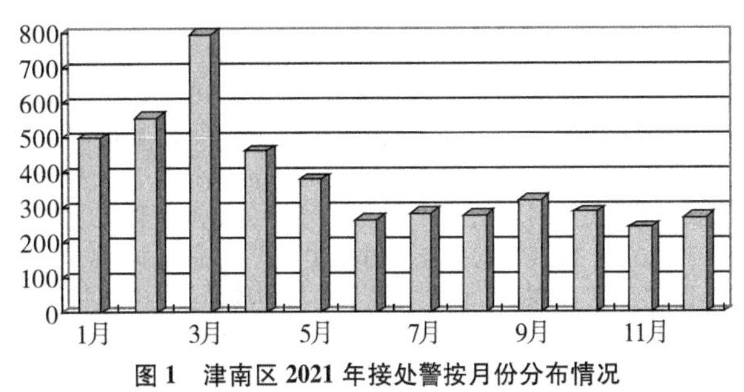

图1 津南区2021年接处警按月份分布情况

2.1 2021年火灾接处警分析

2021年1月1日至2021年12月31日，津南区西区内部共火灾接处警4663起，出动车辆8616辆，出动警力43184人，抢救被困人员110人，疏散被困人员70人，抢救财产价值592.8万元。参战人员死亡0人，受伤0人（图1）。

2.2 2021年火灾分析

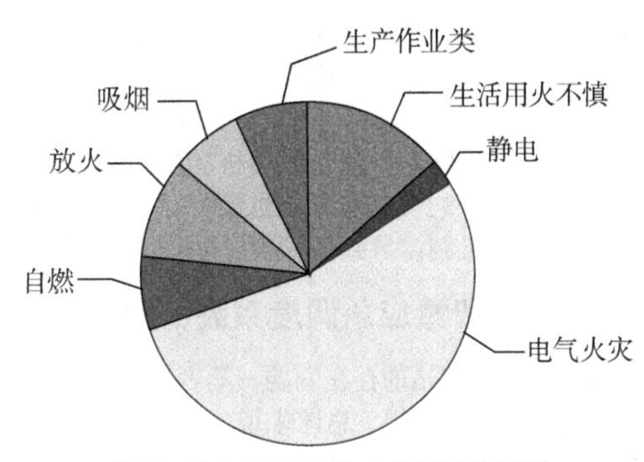

图2 津南区2021年火灾原因分析图

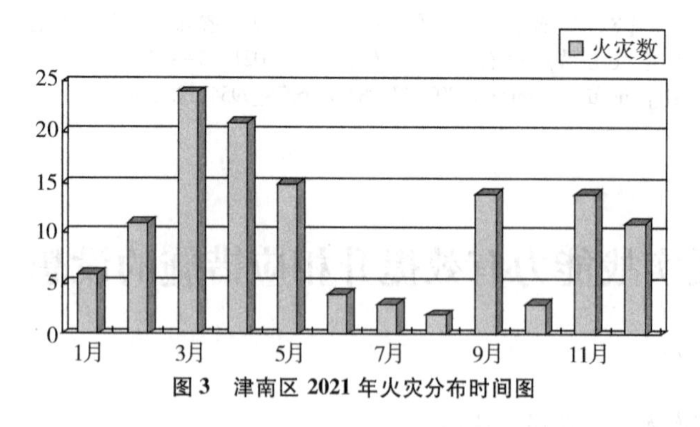

图3　津南区2021年火灾分布时间图

2021年火灾为128起，生活用火不慎6起，静电类火灾1起，电气火灾23起，自燃3起，放火4起，吸烟3起，生产作业类3起，其他85起。火灾季节性方面集中在9月、11月、12月、3月、4月，大多数火灾完全可以在初起阶段实施处置。因此，一旦微型消防站的初战处置能力得到有效的提升，可以最大限度地降低火灾发生的频次及火灾造成的直接经济损失（图2、图3）。

3　津南区辖区微型消防站建设情况

为确保区火灾形势稳定，保证人民生命财产安全，津南区政府结合辖区实际特点颁发了《天津市津南区微型消防站建设方案》，切实推动发挥各街、镇所属消防救援站职能作用；发挥网格化监管作用；突出重大节日及重点区域的防控；大力营造消防安全宣传声势；将各街、镇微型消防站工作开展情况纳入绩效考核，同时，支队为各微型消防站积极配备维修风力灭火机、灭火拖把等器材，切实提升微型消防站火灾实际扑救能力。

截至2021年12月，天津市津南区消防救援支队下辖9个消防救援站，受用地条件限制，根据2016～2021年间数据，各消防救援站5min到场率仅为9.7%，平均响应时间普遍超过8min。可以说，城市交通拥堵，道路狭窄，大型消防车辆通行困难等问题给消防救援部门灭火及抢险救援工作带来严峻挑战，极其容易造成“小火亡人”事故。同时，津南区辖区内部共存在25个城中村，“九小场所”、出租屋数量众多，其中“九小场所”25584家，出租屋61672栋，因此救小火动用大警力现象比较普遍。

根据《中华人民共和国消防法》第十一条规定，从2015年5月份开始，按照全国统一部署，全国各地消防安全重点单位和村民、居民委员会逐步建成微型消防站。社会单位和村居微型消防站成为消防救援力量的有效延伸和补充，为“灭早、灭小、灭初期”具有重大意义。微型消防站建设多年已基本形成一定的标准及管理模式，但在队站建设和队伍管理上仍然存在一定短板，主要存在问题为队伍发展不稳定、业务素质不匹配，微型消防站管理难等问题。根据目前《天津市津南区消防安全重点单位微型消防站建设标准（试行）、社区（村）微型消防站建设标准（试行）》要求，要求微型消防站人员配备不少于3人并配有相关岗位。但通过调研及日常检查发现，大多数微型消防站队员为单位物业服务企业工作人员、消防控制室上岗人员或是村联防队人员，普遍缺少专职人手。同时，消防救援机构缺少对微型消防站及其人员的备勤信息的实施监督，也没有建立健全联勤联训和出警调派的工作机制，导致微型消防站作用发挥不明显。

4　微型消防站智慧应急调度系统的设想

基于目前微型消防站的存在问题，笔者提出微型消防站智慧应急调度系统的基本设想。总体来说，应同步纳入属地消防救援指挥中心调度，配备无线电台通信设施，配置指挥中心指令接收终端，实现消防救援站接（处）警台系统功能[1]。

（1）应确保消防救援机构指挥中心可在火警、甚至部分地质灾害发生后及时联系微型消防站工作人员，迅速掌握现场基本情况，并推动指导微型消防站值班人员对初起火灾实施有效抑制，有效提升微型消防站的初战能力的提升。

（2）为降低微型消防站运行成本以保证其长期良好运行，应保证微型消防站通信器材在购置与日常使用中成本相对低廉；保证辖区各消防救援站通信工具的普及率。

（3）为保证微型消防站日常运行及处置警情需要，应保证微型消防站通信设备具备成熟的技术及稳定的运行模式，确保操作及维护过程简单高效。

（4）微型消防站应利用指令接收终端以接收119消防救援中心统一调度指挥，接收辖区消防救援队站随机互点，随时报告灭火处置情况，必要时可请求联防区域内微型消防站实施增援。消防救援站接警到场后同步配合实施灭火救援行动。平时接收终端应满足日常管理制度需求，实现接收消防救援机构指挥中心下发的各类通知及工作要点，并实现日常联防、防火巡查、应急响应、值班备勤等相关制度。

5　微型消防站智慧应急调度系统的设计方案

（1）建设公网语音对讲管理平台。设置公网语音对话管理平台实现互联网对讲技术和语音调度功能，通过互联网技术实现高清语音、24h在线、智能单双工、智能编组、超大组群支持、多操作系统、多终端支持，达到实时视频对讲的目的[2]。

（2）建设业务决策调度管理平台。业务决策管理平台是利用各类高新技术如物联网、云平台、4G/5G以及相应的网络体系构筑的应急救援技术。系统应安全稳定，在不同灾情情况下都为各类警情扑救过程提供完备的分析决策、高效的通信保障以及强大的工作手段。系统应集成各微型消防站数据信息，短时间内完成事故单位、负责人、联系方式、前期处置能力及微型消防救援站器材装备配备等情况，并设置自动定位功能，以便于在地图上查看微型消防站位置详情。

（3）建设可视化指挥管理平台。将结合“智慧消防”建设，集物联网、云技术、大数据等新型信息技术于一体，实现快速调度、精密定位、精准导航、力量分布、全程可视化指挥等多种功能，将各种形式消防救援队伍进行整合，全面及时采集各类信息数据、进行整合并开展研判分析，构建完备城市火灾防控和灭火执勤调度网。

6　消防救援机构指挥中心管理平台

为实现微型消防站调度管理功能，应同时在消防救援机构指挥中心部署配置消防救援机构指挥中心管理平台，该平台将作为整个系统的大脑和中枢，以实现调度指挥等多个功能设想。该平台应具备以下功能设想：

（1）促进微型消防站的建设。系统平台应具备相应的信息采集和分析功能，如精准采集各微型消防站的人员和物质配备，确保辖区内消防救援队站准确及时掌握各站点建设情况，并且利用GIS系统，直观分析各站点的地理分布情况，人员活动轨迹和范围，人员活跃度等，便于及时补强，提升整体作战能力[3]。

（2）落实微型消防站防火工作。基于微型消防站人员多为单位兼职人员的客观情况，平台应具备远程视频和点名功能，实施对微型消防站各项日常管理制度执行情况的远程监管，切实落实学习训练、区域联防、值班备勤、装备管理、防火巡查、宣传培训、应急响应等工作制度，提升单位自身安全管理水平，实现“防消结合”。

（3）加强消防安全培训和宣传。应配置视频广播和会议系统，便于消防救援队伍定期对辖内微型消防站定期开展消防安全培训，提高微型消防站值班人员消防业务素质。

（4）提升微型消防站应急处置能力。由于以往缺乏有效的调度和协调，在遇到火灾等灾害事件后，微型消防站值班人员无法有效参与现场应急救援处置。将微型消防站纳入统一调度系统后并配备专有通信器材设备，通过集群对讲、视频同传、应急预案等功能，调配微型消防站值班人员辅助消防救援队伍，进行外围清理、警戒、疏散、救护等事项，实现微型消防站独立处置小型事件，有效参与大型事件的工作设想，提高微型消防站联勤联动工作效率。

（5）提高场所信息共享能力。随着物联网、区块链等智能化管理手段方式的迅速成熟，这些先进技术手段也将成为建筑消防融合管理的未来选项。因此，应将微型消防站调度系统主动对接单位消防控制中心和大型公共建筑建筑消防管理智能化系统，实现重点场所应急疏散管理、建筑消防设施运行数据与当地消防指挥中心的互享互通。灾情发生后，可通过电脑、手机等不同平台客户端实现建筑信息和灾情信息交互，以加强救援过程中的实时研判和信息支撑，为科学安全作战指挥提供数据技术支持。

7 小结

本文结合笔者所在天津市津南区辖区内部的基本情况，将“智慧消防”和微型消防站进行有机结合，通过有效构筑应急调度系统的方式有效提升微型消防救援站的初战打赢能力。因此，我们要加大对微型消防站和智慧消防有机结合的探索研究，全面推进微型消防站及各类消防救援队伍的高效发展，对确保微型消防站发挥实际灭火作用起到切实的实际推动作用。

参考文献

[1] 张根选．微型消防站持续发展的实践与思考［J］．消防科学与技术，2018，37（003）：417-419.

[2] 谢景荣．创新建设专职微型消防站工作的思考［J］．消防科学与技术，2019.

[3] 苗小铁．关于微型消防站建设问题的若干思考［J］．今日消防，2020，45（02）：78-79.

关于快递运输车安装自动消防设施的研究

李 良

（通辽市消防救援支队，内蒙古 通辽）

摘 要 快递物流业属于新业态，2021年中国快递业务量已经达到1085亿件，同比增长30%，发展非常迅猛。生活中时常有快递运输车发生火灾事故，近一年来，通辽市范围内就发生3起，给人民群众财产带来了巨大损失，也暴露出该类型火灾发现不及时、未配备消防设施的问题。笔者结合快递物流运输车的火灾事故特点，分析起火原因，探索为快递集装箱安装二氧化碳灭火系统、火灾自动报警系统，通过多种控制方式启动消防设施，实现及时发现、扑救火灾，达到防范化解快递物流行业火灾风险的目的。

关键词 快递运输车 火灾 二氧化碳灭火系统 火灾自动报警系统

1 引言

近年来，国内常有快递厢货车发生火灾事故，导致车辆、快递物品烧毁。究其灾害成因，发现火灾不及时、着火地点偏远，附近无消防水源，扑救不及时导致火灾扩大蔓延，造成巨大财产损失。

2 快递集装物流运输车火灾特点

2.1 直接财产损失大

快递集装箱货物密集，主要以日用百货、纺织化纤、塑料、纸箱等可燃物为主，火灾荷载较大，均为顾客网购高价值物品，发生火灾时，直接财产损失较大。

2.2 发现火灾不及时

快递运输主要采用集装箱公路运输方式，集装箱内密闭，火灾发生时氧浓度较低，多数阴燃为主，货车司机在驾驶室内与集装箱存在独立分隔空间，在车辆行驶状态下，司机注意力集中于驾驶行车，且受行车气流的影响，很难及时发现集装箱内火灾的发生，每当发现火灾时已不可控制。

2.3 无消防设施

集装箱货车多数时间段都行驶在城区外，距离城区公共消防设施较远，车辆自身并未设置消防设施、器材，不能及时自救。司机盲目打开车厢门进行施救只能导致火势扩大。消防救援力量距离起火车辆相对较远，往往火灾发生时只能望火兴叹、远水解不了近渴。

2.4 致灾因数复杂

一是车辆自身故障引发火灾，包括电气线路、供油系统、制动系统等因素故障引发火灾事故[1]。二是车厢内货物引发的火灾，主要体现为车厢内货物的不稳定性。比如锂电池热失控、活泼金属、氧化剂氧化放热，还有刚上市逃离在禁运名单之外的“钢丝棉烟花”之类新鲜货物。三是装卸时的遗留火种。在快递及分拣过程中，极个别员工作业不规范，可能将火种遗留车厢内。

3 自动消防设施的设置

3.1 自动灭火系统的设置

3.1.1 系统选型

集装箱货车长期属于行驶移动状态，并且货物集装箱长时间属于密闭状态，应选用便于移动运输的气体灭火系统。综合车厢内货物堆积密集、主要以塑料、纺织制品、包装纸箱等可燃物为主，故利用二氧化碳灭火剂可以扑灭深位固体火灾的特点，首选二氧化碳气体灭火系统[2]。

3.1.2 灭火剂用量[3]

将货车集装箱定为一个防护区，可以选用预制气体灭火系统，将气瓶组设置于集装箱内，安装常规集装箱计算，集装箱长 $L=12.5\text{m}$，宽 $W=2.4\text{m}$，高 $H=2.7\text{m}$，体积 $W=$

$81m^3$。二氧化碳灭火剂的设计用量：

$$M = K_b(K_1A + K_2V) \quad (1)$$

式中，K_b 为物质系数，物流快递车运输主要物质为纸张和塑料，取高值 K_b=2.25；K_1 为面积系数，取 0.2kg/m^2；K_2 为面积系数，取 0.7kg/m^3；

$$A = A_v + 30A_0 \quad (2)$$

式中，A 为折算面积；A_v防护区内总面积，此集装箱总面积为 140.46m^2；A_0 为开口总面积，集装箱基本全封闭 A_0 为 0。

$$V = V_v - V_g \quad (3)$$

式中，V_v为防护区总容积 64.8m^3；V_g为防护区内不燃烧体或难燃烧体的总容积，据实地调研，快递集装箱内不燃烧体或难燃烧体约占总容积 20%。

综合上述式（1）~式（3）得：$M=K_b(K_1A+K_2V)$ = 2.25×（0.2×140.46+0.7×51.84）= 144.855kg

3.1.3 设置要求

二氧化碳存储容器应固定于车厢内前端，符合《固定式压力容器安全技术监察规程》规定。对于车厢内，二氧化碳气体灭火系统为全淹没低压灭火系统，车厢内视作一个防护区，厢体钢板达到 0.5h 耐火极限，灭火系统启动时，由灭火剂气瓶供气，喷头将二氧化碳灭火剂喷洒于密闭车厢内。对于车厢外，适用局部应用灭火系统，采用存储装置通过挠性连接的软管供气，用于扑救不需要封闭空间条件的具体保护对象非深位火灾，例如汽车轮胎、电气故障、机械故障、发动机故障等火灾事故。

3.1.4 控制方式

二氧化碳灭火系统应设有自动控制、手动控制和机械应急操作三种启动方式，见图 1。自动控制方式由车厢防护区内两个感烟探测器报警信号作为触发条件，或者防护区内一个感烟探测器报警信号与驾驶室内手动报警按钮触发灭火系统启动；手动控制应由设置于驾驶室操控台面上的手动控制按钮启动；机械应急启动应通过设置在车厢与驾驶室空位处，与容器阀直接相连接的操作杆，驾驶人紧急在车厢外侧拉动操作杆，打开容器阀，启动灭火系统。

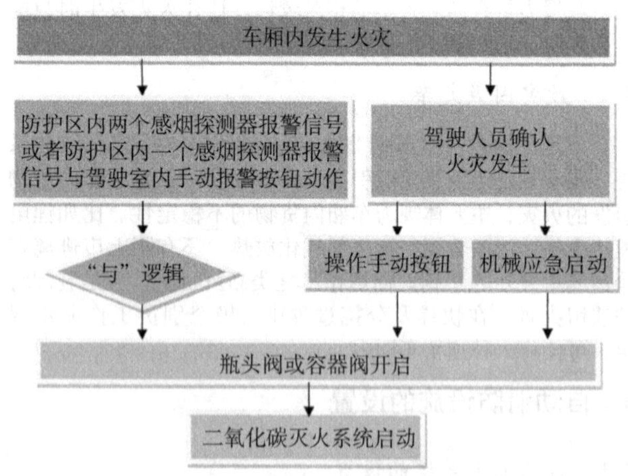

图 1 二氧化碳灭火系统启动流程图

3.2 火灾自动报警系统的设置

3.2.1 探测器选型

根据集装内存储物质的特点，密闭集装车厢内火灾初起阶段表现为阴燃、冒烟，逐步发展为明火，发现不及时就演变为火灾。故选用点型感烟探测器，通过总线连接方式组成火灾自动报警系统更为合理。

3.2.2 设置要求[4]

火灾报警控制器设置在驾驶室操控台上，采用集中报警控制系统。感烟火灾探测器应在集装箱顶棚上水平安装布置，至少布置两个探测器通过总线连接，具体安装个数应根据集装箱尺寸计算确定。安装位置应距边墙箱板不小于 0.5m，探测器周围 0.5m 范围内不应有遮挡物。手动报警按钮、声光报警器设置于驾驶室内，模块应布置在金属箱内。火灾自动报警系统应由车载蓄电池提供 24V 直流电。

3.2.3 控制方式

火灾发生时，防护区内任意一个感烟探测器动作，启动设置于驾驶室内声光警报器。任意一个感烟探测器动作后，驾驶人员可通过现场确认，按下手动报警按钮，联动启动二氧化碳灭火系统，警示气体喷洒的声光报警信号发出警报信号。

3.3 综合控制及仪表显示

火灾报警控制器作为火灾自动报警系统大脑中枢设备，设置于驾驶室控制台上，信号线接入货车仪表检测系统[5]，采用线芯不小于 1mm^2 铜芯绝缘导线穿管敷设，报警总线采用阻燃或阻燃耐火电缆，并能在控制台仪表盘上显示运行状态、报警状态、工作状态。

二氧化碳气体灭火系统的灭火药剂储量、系统运行状态也应在控制台上显示，供电线路、消防联动控制线路应采用耐火铜芯电缆，宜与其他低压配电线路独立布置，并在控制台上设置手动启动按钮，采用多线方式与控制器连接。在集装箱与驾驶室空档空间内，预留有连接储气瓶组瓶头阀的机械应急启动操作杆，便于在车外机械启动气体灭火系统。

4 预期效果

若在物流车行驶过程中集装箱内发生火灾，快递集装箱内货物由于空间密闭而一直处于阴燃状态，火灾初期产生浓烟，安装与厢顶的感烟探测器动作，驾驶室控制台上的火灾报警控制器发出声光警报，同一防护区内两个感烟探测器动作信号，联动启动二氧化碳灭火系统瓶头阀，二氧化碳灭火系统启动灭火。或者声光警报器发生报警，司机发现异常，及时手动启动二氧化碳灭火系统，或者可以在前两种方法未起效的情况下，手动机械应急操作启动连接储气瓶组瓶头阀的操作杆，启动二氧化碳灭火系统灭火。对于集装箱外的车辆火灾，驾驶员发现火灾后，可立即机械应急操作启动二氧化碳自动灭火系统，用挠性连接管喷射起火部位灭火，控制火灾扩大，等待消防救援力量到来。

5 结束语

通过为快递运输车集装箱安装火灾自动报警系统，能够及时发现运输过程中的火灾，也可联动启动二氧化碳灭火系统及时扑救火灾。通过驾驶室内火灾报警控制器手动、机械应急启动二氧化碳灭火系统，扑救集装箱内深位固体火灾，达到火灾灭小灭早的效果，即可避免盲目开启集装箱造成火灾蔓延扩大的危险，又能破解"远水解不了近渴"的难题，二氧化碳灭火系统亦为"水"，火灾自动报警系统兼防"渴"。

参考文献

[1] 应急管理部消防救援局．火灾调查与处理（中级篇）．北京：新华出版社，2021.397-402.

[2] 时龙彬．气体灭火系统中几种灭火剂的比较［J］．工程设计，2007，(09)：73-76.

[3] GB 50193—1993，二氧化碳灭火系统设计规范（2010 版）［S］.

[4] GB 50116—2013，火灾自动报警系统设计规范［S］.

[5] 金奎光．船舶固定式二氧化碳灭火系统的使用及注意事项［J］．水上消防，2018，(04)：34-38.

电动汽车火灾危险性及灭火救援技术研究

段 冶

（陕西省西安市消防救援支队，陕西 西安）

摘 要 电动汽车相比传统燃油车有无污染、噪音小、价格低等优势，随着我国电动汽车正步入加速发展新阶段，电动汽车火灾特点突出、灭火时间长进和扑救难度大等特点突出，给消防救援工作带来一定挑战，本文通过研究电动汽车的火灾危险性，初步探讨了此类事故的灭火救援技术，结合灭火实际进一步提出了救援过程中的注意事项，给如何科学、有效扑救此类火灾提供了一定借鉴。

关键词 电动汽车 火灾危险性 灭火救援 处置程序

1 引言

我国在《中华人民共和国国民经济和社会发展第十四个五年规划和二〇三五年远景目标纲要》和《新能源汽车产业发展规划（2021—2035 年）》指出，未来电动汽车将成为城市车辆的主要交通工具，公交车等公共领域用车全面电动化，截至 2021 全年，中国新能源汽车保有量达 784 万辆，其中纯电动汽车数量就达到 640 万辆，占新能源汽车总量的 81.63%，根据中国汽车工业协会统计，2019～2021 年电动汽车每月销售量不断增长，如图 1 所示[1]。作为一种新型的交通工具，人们从认可到完全接纳仍有一定差距，尤其是随着电动汽车保有量不断提高，接连出现火灾、爆炸等安全事故，增加了人们对于其安全性、可靠性的担忧。据统计，2021 年全国电动汽车火灾共发生约 3000 余起，起火原因 50%以上是由于电池热失控引起，主要有处理难度较大、灭火时间较长、易复燃等火灾特点，而且在消防救援人员在处置过程中也存在中毒、触电以及爆炸的危险，这就带给了消防救援工作不小的救援难度[2]。

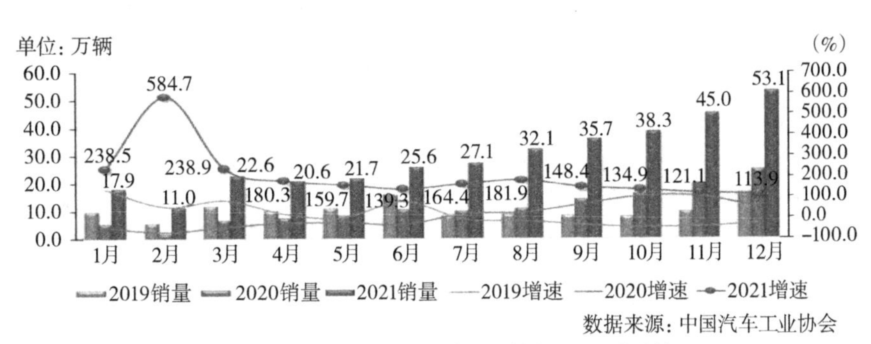

图 1 2019～2021 年新能源汽车月度销售及同比增速情况

2 电动汽车的火灾危险性

新能源汽车主要是指不使用汽油、柴油等常规燃料作为能源，本身没有相应发动机的汽车，而电动汽车则是以电力作为能源，结合汽车电力控制和驱动技术来带动汽车行驶的一种新型交通工具，现阶段主要是以电控、电源和辅助系统等组成，最为常见的主要有纯电动汽车（EV）、插电式混合动力汽车（PHEV）和增程式电动汽车（REV）等类型，氢燃料电池汽车（FCEV）是指氢或含氢物质与空气中的氧通过反应产生电力从而带动汽车的一种形式，当前在我国还未得到普及，本文也将主要针对前三种类型的电动汽车进行讨论[3]。

2.1 事故突发性强，短时间温度急剧升高造成火势蔓延迅速

电动汽在正常行驶过程、静置停放或是在充放电中，若遇到碰撞、涉水、高温或电池电路故障均有可能发生火灾，进一步促使电池内部产生热失控，导致电池压力、温度急剧升高，从而迅速失去稳定性，造成人员伤亡和财产损失，通过实验得知，新能源电动车内的锂离子电池在发生热失控后，最远可向外喷射达 6m 远，最高温度可达到 900℃以上，远大于普通汽油燃烧时的 390℃[4]，因此在事故发生后，极易在短时间造成温度升高，从而使火势快速蔓延。

2.2 潜在风险突出，电池内部剧烈反应伴随毒害、爆炸和触电的危害

目前绝大多数电动汽车均使用锂离子电池，锂属于活泼金属，在燃烧中不仅能够发生猛烈的化学反应，而且也会产生大量一氧化碳、苯、烷烃、醚、氟化氢和烯烃等物质，且伴随有剧毒和爆炸的风险，特别是在封闭空间内仍会持续不断反应，当救援人员与其发生吸入、接触时，会给身体产生中度、甚至重度的毒性，在不同程度上给被困人员和救援人员造成一定伤害，同时锂离子电池在所处的电池包内部空间狭小，在电池内部安全措施实效的情况下，随着内部压力逐渐增大，远超出电池本身的正常电压，随时有电池爆炸和电解液飞溅的风险，也极易造成人员触电受伤的情况。

2.3 处置难度较大，难以直击起火点，灭火时间较长

电动汽车内部电路系统和其他电气设备装置较为复杂，且大多为易燃可燃材料，电池或电路系统一旦发生火灾，将快速蔓延至全车，特别是汽车所搭载的锂电池包大多数都位于车辆底部，有外壳包裹，难以拆卸，因此很难直接对起火部位起火点进行灭火和降温，这就造成灭火持续时间长，但

效果不佳的现状，加之电路管线分部较为烦琐，灭火战斗过程中也易造成线路漏电、短路等情况，处置难度加大。

2.4 伴有复燃风险，易发生二次伤害，对救援人员专业灭火技术要求高

当汽车内部锂电池发生热失控后会持续不断的放热，而救援人员又无法快速、准确的对其起火点进行扑救，这就增加了车辆复燃风险，即便明火被扑灭后，若没有对电池组内部进行精准处置，第二轮的复燃又将很快开始，仍然存在爆炸、触电等潜在风险，容易造成人员的二次伤害，这就需要现场救援人员必须具备专业的处置能力，而当前电动汽车火灾灭火技术尚不成熟，因此导致救援指挥人员无法第一时间准确做出判断，留下安全隐患。

3 电动汽车灭火救援处置程序

3.1 迅速接警出动，询问车辆基本情况

在指挥中心接到报警后，应当快速、准确确定事故发生的时间、地点、规模和人员被困情况，及时与车辆司机或报警人保持联系，告其通知车辆厂家技术人员赶到现场，按照事故灾害等级调派就近消防救援站前往，以水罐消防车、泡沫消防车和抢险救援车辆作为第一出动力量，必要时调集社会联动力量协助处置，同时重点询问车辆型号、品牌，能够在当下得到电动汽车的详细资料，例如随车《救援指南》等资料，第一时间掌握事故车辆基本情况，将救援注意事项及时告知指挥员[5]。

3.2 划定警戒范围，做好现场安全管控

现场指挥员应根据事故严重程度划分警戒范围，设置警戒区域，确保警戒范围不应小于150m，如发生在高速公路，应当适当扩大警戒范围，不应小于200m，并在第一时间疏散围观群众，协调交警部门疏导附近交通；救援人员到场后应迅速按照灭火预案开展救援，对于只有一辆电动汽车起火的事故，应在30m范围设置管控区，严格管控无关车辆、人员进入；在15m范围设置核心区，救援人员进入后利用气体检测仪对周边环境进行实时检测，做好事故现场的安全管控。

3.3 组织风险评估，制定灭火战术策略

在灭火战斗前，应当准备绝缘破拆、红外测温仪、气体检测仪和漏电探测仪等工具以及固定、支撑、破拆、警戒、救生等器材，立即安排专人第一时间与当事人核对车辆情况，重点查看人员被困情况、车辆受损情况，对车辆有无漏液及对周围车辆、建筑等环节组织进行风险评估，同时通过车辆号牌、车身标识等确定事故车辆型号，例如区分车尾部是“EV”“Hybrid”“新能源汽车”等字样，根据车辆类型，对动力电池、电动汽车内部高、低压线路、电气控制系统受损情况进行分析研判，查明是否处于断电状态，合理选择灭火药剂，制定相应的灭火策略[6]。

3.4 组织扑救行动，时刻进行危险监测

在进行扑救时，要根据现场环境、火势发展情况和车体燃烧情况，判断是否需要对事故车辆实施固定，切忌盲目对车辆进行晃动从而加速电池的失控反应；应根据车辆起火时间判断是否已断电，若有被困人员，则需根据被困人员伤情调整灭火救援策略，根据情况使用开花水压制火势，必要时进行破拆、起重开展救援，但注意严禁使用工具切割高压线路或刺穿引擎盖、电池包等部件，避免直接接触电池电路系统，防止由于断电不彻底而产生电击危险；为防止电池突然爆炸，安全员应当对灭火关键部位时刻进行观察，通过使用测温仪、热成像仪等器材对电池和车辆温度进行实时监测，及时扩大警戒范围，防治突发次生灾害伤及救援人员和周围群众安全。

3.5 现场清理洗消，做好妥善移交工作

在车辆明火消除后，应当继续观测，持续冷却，确保电池不再冒烟，之后应全面、细致地检查清理现场，对救援装备器材进行清理洗消，并与现场车主和相关部门做好移交工作，提醒当事人妥善处理受损电池，合理采取处置方式，必须密切观察电池状况，对于燃烧受损的电池组，应当放置于开阔的露天场所，并与周边物品和人员保持安全距离，防止事故车辆在转运或静置下二次起火。

4 电动汽车灭火救援注意事项

4.1 坚持“安全第一”原则

在进行灭火扑救中，消防救援人员必须佩戴救援头盔、头套和灭火防护服，严禁未穿戴防护装备进行战斗，如需对电动汽车高压电系统进行破拆，严格落实佩戴绝缘衣物、手套等措施，进行射水扑救和降温时，应当尽量采用低姿射水或使用掩体，防止电池组因热失控反应或混动汽车油箱受热发生爆炸，切记注意被困群众和救援人员生命安全，灭火时必须保持一定的安全距离，避免电池爆炸或电解液喷溅造成二次伤害，对发生爆炸、产生有毒气体等情形时必须采取警戒、防护措施，确保作战安全，不可盲目参与灭火战斗。

4.2 确保供水充足，随时做持久战斗准备

一般来说电气火灾不宜使用泡沫和水作为灭火剂，但对于电动汽车上的动力电池来说，却需要更多的水才能对其进行压制，如果动力电池已发生热失控反应，水量少则不能对其进行快速降温，也无法起到稀释有毒气体的作用，可能会对救援人员会造成一定危害，根据研究表明，在应对电动汽车火灾时，最有效的方式仍是使用大量水作为灭火剂较为合适，根据现场实际可以使用泡沫和水联用同样能够有效扑动力电池火灾，泡沫在扑灭明火方面效果显著，明火扑灭后再使用大量的水进行降温，两者灵活配合使用可提高灭火效率，同时应当以直流和开花水流相进攻，水流在重力作用下更多的渗入电池内部，进一步起到冷却、降温灭火的作用，因此要确保灭火战斗中供水充足。

4.3 密切观察电池燃烧状况

电动汽车动力电池最为常见的是锂离子电池，很难在短时间内扑灭，一些电动汽车的《应急救援手册》表明电动汽车起火时间比燃油车更久，内部电池起火后会发生连锁反应，在第一时间扑灭后仍会出现大量白烟，这表明内部电池仍处在高温状态并极易复燃，因此在灭火战斗中专人随时观察电池冒烟状态尤为关键，一旦发现内部温度骤升，电池产生白烟时，应当立即向现场指挥员报告，及时调整进攻策略。

5 结论

本文通过研究电动汽车的火灾危险性，探讨了此类事故的处置程序，结合灭火救援实际提出了几点注意事项，在一定程度上给处置该类火灾事故提出了工作思路，为今后消防救援人员进一步加强对于电动汽车火灾的深入分析和战术研究，扎实开展实战演练，提升救援装备建设，增强科学施救能力提供了一定借鉴。

参考文献

［1］朱松琳．新能源汽车进入发展新阶段［J］．决策探索（上），2021（01）：14-18.

［2］邢志祥，刘敏，吴洁，杨亚苹．锂离子电池火灾危险性的研究现状分析［J］．消防科学与技术，2019，38（06）：880-884.

［3］Wang Z，Yang H，Li Y，et al. Thermal runaway and fire behaviors of large-scale lithium ion batteries with different heating methods［J］．Journal of H azardous Materials，2019，Volume 379.

［4］刘子华．电动汽车锂电池火灾特性及灭火技术［J］．电子技术与软件工程，2021.

［5］Melcher A，Ziebert C，Rohde M，et al. Modeling and Simulation the Ther mal Runaway Behavior of Cylindrical Li-ion Cells-Computing of Critical Param eter［J］．Energies，2016，9（4）：292.

［6］柯锦城，杨旻，谢宁波．锂电池电动汽车灭火救援技术探讨［J］．消防科学与技术，2017，036（012）：1725-1727.

西南林区扑火安全问题探究

张 勇

（中国消防救援学院，北京）

摘 要 我国西南林区由于受特殊地理位置和气候条件等因素影响，是森林火灾的高发生率和高伤亡率的地区之一。2019年和2020年在四川省凉山州连续发生两起“3.30”森林火灾，导致了50人不幸牺牲，教训极其惨痛。为避免重蹈覆辙，加强西南林区扑火安全研究就显得至关重要。本文旨在对西南林区扑火险情影响因素分析的基础上，提出规避险情的方法手段，为确保扑火安全打牢基础。

关键词 西南林区 森林火灾 扑救 安全

0 引言

西南林区是我国重点林区之一，由于特殊的地理环境、复杂多变的气候条件、载量较大的可燃物致使林火行为变化异常，危险程度增大。在20世纪八九十年代的森林火灾高发时期，就曾经在云南省安宁市青龙寺和玉溪市刺桐关两地，发生过扑火重大人员伤亡事件，教训极其惨痛。1999和2020年的3月30日，又在四川省凉山州连续两年发生扑火伤亡情况，共计造成包括国家综合性消防救援队伍人员、地方专业扑火队员和林业干部群众在内的50人牺牲。严峻的扑火形势告诫我们在西南林区森林火灾扑救中，扑火安全问题日益凸现。如何规避森林火灾扑救险情，已经成为摆在我们面前的亟待解决的迫切问题。

1 西南林区发生扑火险情的影响因素

1.1 地形影响

西南林区地形特点十分突出，山高谷深，平地较少，江河纵横，湖泊棋布，特殊的地形地貌决定了林火行为的多变性和复杂性。因此，人们常有“西南打火打地形”“宁打十场火、不爬一座山”等说法，也从一个侧面反映了西南林区扑火的艰难与危险性。地形除了直接影响林火的发展蔓延速度以外，还间接影响着温度、湿度、风等气象因子的变化，从而导致这些因子综合作用于林火，致使林火行为经常发生频繁而急剧的变化。这些因素都与林火燃烧密切相关，也是扑火中险情增多、危险加大的一个不可抗拒的自然现象。容易导致扑火人员伤亡主要是陡坡和山谷等地形变化，尤其是在山谷接近谷口的位置，由于地形变得狭窄会使风速加快，产生“烟囱效应”，风速会导致林火蔓延速度迅速增大，几乎大部分扑火人员伤亡都发生在这一区域。比如：在1999年3月30日四川省木里县森林火灾扑救中，就是由于特殊的地形、植被等因素作用，导致林火发生爆燃，最终，造成包括27名国家综合性消防救援队伍指战员在内的31人牺牲，教训十分惨痛。

1.2 气候影响

西南林区主要位于暖温带和亚热带地区，加之又位于四川盆地向青藏高原板块抬升地域，受大气环流等多重因素影响，气候条件多变而剧烈。在雨季期间降水较多，旱季也相对明显，防火季节主要从每年的11月份到翌年的5月份，而该地区往往从进入防火季节后，降水量明显减少，有时连续几个月没有有效降水。气候的这些特点变化，影响着植被的含水率，在长期干旱的情况下，植被可以逐渐干燥，有时含水率甚至可以降到15%以下，植被处于极度易燃的状态。同时，该地区的季节性风特点也十分突出，与我国其他区域有着显著的差别。有时在夜晚往往会形成环流风，在坡度影响下风速加大，夜晚扑火队员放松警惕的情况下，由于突发性阵风往往导致林火产生猛烈燃烧，给已经疲惫正在休整的扑火队员致命一击。在2020年3月30日四川省凉山州西昌市森林火灾扑救中，一支地方前来增援的专业扑火队伍到达后，连夜被派往火线参加火灾扑救，当凌晨1点多前往火线过程中，突然遇到阵风，大火从山脚下向扑火队伍冲过来，最终，造成了18名扑火队员和1名向导不幸遇难。

1.3 植被影响

西南林区植被覆盖率较高，尤其是川西部分地区还存在一定数量的原始森林。这点从当地的地名中也可以得到印证，比如：2019年3月30日曾发生林火爆燃的木里县，历史上就是一个植被非常丰富的地区，在我国县一级名字中带“木”字的并不多，木里县的植被覆盖率高达67%，并且由于存在原始林区，植被生长保护的都很好，可燃物的载量占到全国的将近1%。这一方面说明该地区植被丰富保护较好，同时，也给护林防火工作带来巨大压力，一旦保护不慎发生火情，给扑救带来极大困难，并且极易导致人员伤亡。我国从1998年实施天然林保护工程以来，该地区植被凋落物逐年增长。根据调查统计，目前川西林区地表可燃物载量高达

60t/hm^2，远远超过世界公认防火临界值20t/hm^2，具备了发生林火爆燃的可燃物条件。因此，该地区发生火灾时，林火通常呈爆发性燃烧，火强度大，火头推进速度极快，给火灾扑救和人员防护都带来巨大困难，这也是历史上该地区为何总是发生重大扑火人员伤亡的主要原因。

2 险情发生前应当把握的关键环节

2.1 主动避开危险时段

扑火危险时段看似是一个时间问题，其实，它是气象和植被等自然因素的客观体现。因为在一天之中，从清晨开始随着火场气温不断升高，风力也逐渐加大，受小气候影响风向不定，可燃物在综合因素的作用下，不断被干燥，处于极度易燃的状态，极易导致火势蔓延迅猛。同时，由于山高坡陡，轻型可燃物较多，许多正在燃烧的轻型可燃物容易滚落到山谷下方，引发新的火点并迅速向山坡上方形成冲火，而此时扑火队员往往就处于山谷之中，受植被的遮挡影响，指挥员很难观察到山谷下方火势，一旦发现时往往想撤离已经来不及了。因此，扑火指挥员应该了解掌握这些规律，在指挥过程中选择安全的地带和时段。可以充分利用下午时间科学部署力量，在凌晨气温低、风力小的时段展开扑火作业，即每天的5~10时实施扑火。同时，在扑救过程中始终注意地势险要程度，注意把握扑火时机，注意扑打夜间火，注意扑打沟谷火，注意运用直接扑火手段。

2.2 及时避开危险地域

西南高山林区山高坡陡，地形复杂多变，林内可燃物载量大，并且以易燃的松树为主。由于地形、气象等因素导致火线发展速度不均衡，阳坡上山火发展速度快，阴坡山谷中的火发展速度慢，火线往往呈现曲折纵深的形态。当扑火队员不了解上述林火发展规律，按照常规扑打火线方法，不仅扑火效率降低，而且扑救难度极大，难以分清火烽和火谷，有时阴燃的火谷地带由于山体的遮挡难以被发现，而一旦这些火线从山脚下绕过以后，又会快速形成上山火烽，在坡度作用下迅速冲上山坡，给正在扑救的人员造成猝不及防。在2020年3月30日四川省西昌发生的林火爆燃，就是类似于这种情况下产生的，地方专业扑火队伍由于没有充分了解火场危险地域特点，在向火线行进过程中突遇大火造成重大牺牲。因此，当扑火队员在陡坡、山谷、山脊、沟塘等地形扑火时，要引起高度警惕。

2.3 准确判断火场形势

森林火灾受地形、天气、植被等因素的影响，火场情况瞬息万变。如果准备不足，难以掌握火灾扑救的主动权，遇到险情就会手足无措。因此，在平时各级要认真进行火场勘察，熟悉当地地志，注重火场研究，使各级指挥员人人成为“铁脚板”“山里通”“活地图”，对所负责区域内的地形、气象、林情、火灾特点规律等了如指掌，为圆满完成火灾扑救任务奠定基础。当接到扑火命令展开火灾扑救时，指挥员必须时刻保持清醒头脑，坚持深入一线，全面掌握火场地形、风力、风向、植被分布、可燃物载量和火场动态等基本情况，尤其要对危险的火行为环境进行综合分析、科学预测，准确判断火场可能的发展态势，在确保人身安全的前提下组织扑救。

3 确保扑火人员安全的主要做法

3.1 以人为本抓好火场紧急避险

保安全就是保生命、保胜利。火场风无定向、火无定势，有火就有险，许多险情是在毫无征兆的情况下或在极短时间内突然发生，指挥员没有更多的时间进行分析判断，也没有更多的时机进行选择，必须迅速做出决策，定下决心。这既是对指挥员综合素质的考验，也是对全体扑火队员平时训练的检验。在扑救西南林区高山峡谷森林火灾中，扑救人员常身处险境，容易导致伤亡。为此，面对险情时指挥员必须做到“判断火险快、定下决心快、下达命令快、指挥行动快”，在危急时刻当机决断，审时度势，及时组织队伍避免险情、化险为夷，防止发生意外。在国家综合性消防救援队伍参加西南林区火灾扑救中，曾经多次遇到火场险情，都及时组织火场紧急避险，有效保护了扑火队员的生命安全。

3.2 严格制度及时排除安全隐患

制度具有规律性、科学性，要严格落实森林火灾扑救中的一系列规章制度。坚持成建制用兵，尽量不要打乱班、排、中队、大队建制，克服在扑火中随意抽调人员现象，尽量保持各建制单位人员的相对集中，既便于形成战斗力，又便于人员管理。队伍在集结、开进过程中，均应建立安全组织机构，设立安全员，确保行车和乘机的安全，严格执行干部带车制度，并执行车辆途中检查、保养等项制度，做到定时停车休息，不疲劳驾驶，定时检查、保养车辆，不带故障行车，确保车辆绝对安全。在组织火灾扑救、清理和撤离的过程中，要坚持“四勤”，即：勤清点人员，确保不走失；勤请示报告，确保指挥不失误；勤观察火情地势，确保不出现人员伤亡；勤沟通联络，确保不利时机得到有利支援。要求指战员服从命令、听从指挥，防止遇险情极度恐惧惊慌失措等问题的发生，确保安全工作扎实有效。

3.3 搞好教育训练掌握安全技能

始终把火场避险自救训练作为专业训练的一项重要内容，纳入干部和队伍训练计划，强化火场避险自救基本技能落实。要在扑火前和扑火间隙，利用小块时间结合火场现地的地形、气象和植被条件，区分不同层级抓好火场紧急避险针对性训练。特别是首长机关和分队要着重在练指挥上下功夫，努力提高分析判断险情、定下决心、指挥控制队伍行动的能力，特别是要把应急方案搞全搞细，确保遇有险情能够果断、正确处理，解决好“会指挥”的问题。分队要重点进行班组避险训练，熟练掌握快速转移、点火解围、冲越火线、卧倒避火等方法；单兵要重点进行紧急避险基础动作、利用地形地物、运用防护装备实施避险的训练，掌握安全自救的方法和要求，确保在完成任务的同时，能够有效地避险自救，解决好“会避险”的问题。

参考文献

[1] 韩焕金，姚树人．森林火灾扑救中有关安全问题的研究概述［J］．陕西林业科技，2012（5）：45-47.

[2] 王明玉，郑桂华，田晓瑞，等．森林火灾扑救中扑火队员的安全防范［J］．世界林业研究，2006，19（1）：31-33.

[3] 李东斌．扑救森林火灾安全技术研究［J］．森林防火，2008（1）：43-44.

[4] 王立伟，梁瀛．新疆森林草原火灾安全扑救：哈萨克文［M］．乌鲁木齐：新疆科学技术出版社，2012.

[5] 苏立娟，何友均，陈绍志．1950—2010年中国森林火灾时空特征及风险分析［J］．林业科学，2015，51（1）：88-96.

基于高分二号的森林可燃物载量估测方法试验

朱益平　陈　傲

（中国人民警察大学研究生院，河北　廊坊）

摘　要　本文以河南省栾川县和西峡县2县的油松林、栎类阔叶林为研究对象，在获取前期标准地调查外业数据的基础上，利用2016国产高分二号遥感数据，采用岭回归分析、主成分分析方法，对其多光谱图像和全色与多光谱融合后的图像进行分析，通过建立4种波段灰度值和外业调查获取的海拔、郁闭度、坡度、坡向等8个因子与2种森林可燃物类型载量之间的数量关系，建立了森林可燃物载量遥感估测线性模型。经过误差分析和精度计算可知，利用高分二号影像估测森林可燃物载量的方法是可行的，其中，针对融合图像采用岭回归分析方法建立的森林可燃物载量估测模型效果最佳。

关键词　高分二号影像　森林可燃物载量　回归模型　森林火灾

0　引言

森林可燃物作为导致森林火灾的主要因素之一。如果能对可燃物载量及其动态进行测量，就能为森林火灾发生、火灾过程的能量释放，以及火行为特征进行可靠地预测。传统方法预测可燃物载量一般考虑的影响因素有：林地价值因子（平均树高、林龄、凋落物厚度、草本盖度）和环境价值因子（海拔、坡度、坡向）[1]。与传统的低空间分辨率遥感数据相比，高分二号很大程度上增加了地表信息，可以更加细致地反映地物细节，对森林可燃物载量进行估测。

1　利用遥感技术估测森林可燃物载量研究介绍

森林内一切可以燃烧的物质均为可燃物。单位面积上可燃物的绝对干重即为可燃物载量[2]。通过遥感技术和地理信息系统等先进手段可以测定从林分到区域等不同尺度的森林生物量或蓄积量[3]。高分二号卫星数据作为遥感数据的一种，具有高分辨率的特点，但是由于高分二号卫星在森林资源估测方面还处于研究阶段，所以利用高分二号卫星数据估测森林可燃物载量研究方法的试验是有意义的。遥感图像上的波段信息可以反映地表含水率、林地因子及植被覆盖等信息，然后通过数学方法论证这些波段与可燃物载量的相关性，选取相关性高的波段信息进行回归计算，从而建立森林可燃物载量的预测模型。

2　数据来源

2.1　实验数据来源

本文采用的数据源自南京森林警察学院胡志东老师主持的《森林火灾动态评估与防控技术研究及应用》项目组的外业调查数据。实验区位于河南省洛阳市和南阳市下面的栾川县和西峡县，2县分别处于伏牛山脉南北山麓，地理位置介于东经111.310°~112.024°，北纬33.235°~34.013°属于温带大陆性季风气候，冬长夏短，雨量较多，是河南省森林资源主要分布区域，2县森林覆盖率达80%左右[4]。在实际调查时，该课题组根据不同的年龄、坡度、郁闭度等，选择有代表性的区域作为调查样地。调查标准地面积设置为20m×20m，并在标准地里等距布设3块小样方，面积为2m×2m，调查记录样地的海拔、坡度、坡向、郁闭度等因子[5]。本文采用了调查记录的111个数据作为样本进行分析。实验数据分布在如图1所示的区域内。

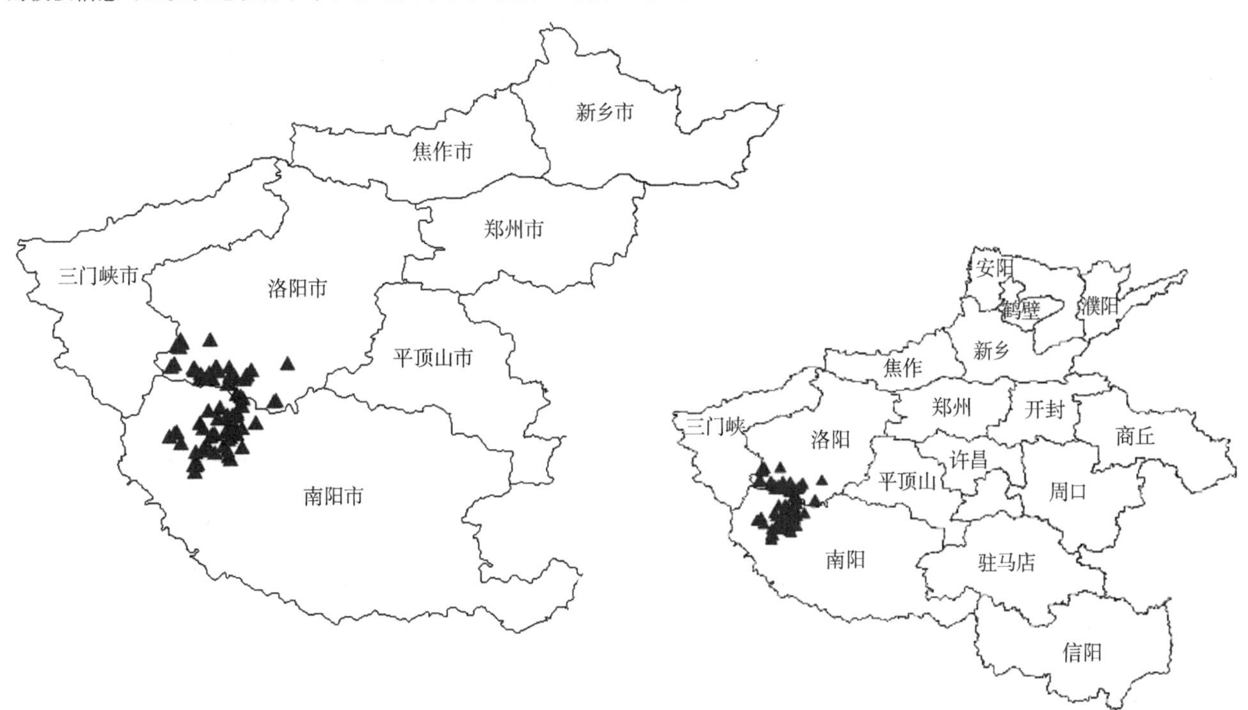

图1　数据来源的实验区分布示意图

2.2 遥感数据来源

研究数据来源于2016年中国高分二号卫星遥感图像。（参数见表1）该卫星于2014年8月19日发射成功，它是第一颗由我国独立自主研发，分辨率达到亚米级的民用。高分二号卫星传感器波段设计应用广泛。全色传感器具有亚米级的空间分辨率，多光谱传感器设计了蓝绿红近红外4个波段，完全满足常规遥感图像制作的数据需求。

表1 高分二号卫星技术指标

参数	1m分辨率全色/4m分辨率多光谱相机	
光谱范围	全色	0.45~0.90μm
	多光谱	0.45~0.52μm
		0.52~0.59μm
		0.63~0.69μm
		0.77~0.89μm
空间分辨率	全色	1m
	多光谱	4m
幅宽	45km（2台相机组合）	

3 数据处理

3.1 实地测量数据处理

通过对试验数据整理发现，调查记录的数据存在较多的问题，所以用数据清理的方法对这些数据进行预处理，经处理后，在111个调查数据中只有108个数据可用。

3.2 遥感图像数据预处理

预处理是遥感图像应用的第一步，也是非常重要的一步。遥感成像时的畸变和失真现象影响了图像的质量和应用，必须进行消除。本文利用Envi5.1对高分二号遥感图像进行预处理，并且采用了两种方法得到处理结果，预处理方法示意如图2所示。

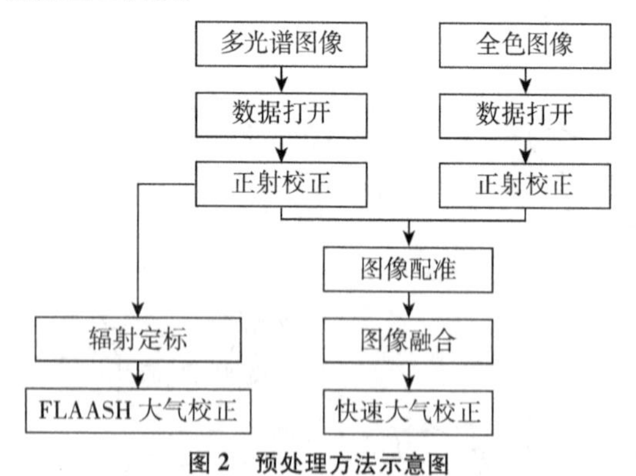

图2 预处理方法示意图

4 数据建模分析

4.1 自变量的选择与确定

以地理信息系统和遥感图像为基础，建立森林可燃物载量的估测模型[1]。遥感图像所能提供的信息包括 *B*1、*B*2、*B*3、*B*4 四个波段的灰度值；地理信息系统和样地所提供的信息包括经纬度、海拔、坡度、坡向和郁闭度。

海拔通过影响温度从而影响生物量的产生和蓄积。坡度对植被的分布有密切关系[1]，坡向主要是通过影响植被水分及热量收支情况来间接影响植被的分布[1]，本文是通过坡向指数代替坡向来进行森林可燃物载量模型的建立。从遥感图像中获取的各波段的灰度值可能与森林可燃物载量呈线性相关，因而也将它们考虑在自变量的范围内。*B*1 遥感波段反映的是0.45~0.52μm光谱段，其代表的是植被所吸收的蓝紫光；*B*2 遥感波段反映的是0.52~0.59μm光谱段，其反映的是数据与含水量有着相对应关系；*B*3 遥感波谱反映的是0.63~0.69μm光谱段，其反映的是叶绿素所吸收的红色光；*B*4 遥感波段反映的是0.77~0.89μm光谱段，其特征与生物量测定有着密切的关系。

4.2 对阔叶林进行建模分析

对多光谱遥感数据进行自变量分析，在多光谱数据中提取出阔叶林50个点，并从中取35个点进行建模，剩下15个点用来测试模型的精度。

各因子相关性分析如表2所示。通过分析自变量与因变量之间相关性大小的情况，从而判断是否可以适用于线性关系[3]。从表2中可以看出 *B*1、*B*2、*B*3、*B*4 四个通道与可燃物载量呈现强相关关系，由此可以得出自变量和因变量之间可以用线性关系来构建森林可燃物模型。

4.3 对针叶林进行建模分析

选取多光谱数据中提取出的40个针叶林点，取其中28个点来进行建模，剩下12个点进行验证。

从表3中可以看出，单位面积可燃物干重和郁闭度之间的相关系数值为0.454，并且呈现出0.05水平的显著性，因而说明郁闭度与单位面积可燃物干重有着显著的正相关关系。并且也可以看出 *B*1、*B*2、*B*3、*B*4 与单位面积可燃物干重也有着显著的正相关关系。由此可知自变量与因变量是线性关系。

表2 各因子相关性分析

		海拔	坡向	坡度	郁闭度	*B*1	*B*2	*B*3	*B*4
单位面积可燃物干重	皮尔逊相关性	0.205	0.061	0.127	0.307	0.907**	0.951**	0.946**	0.904**
	显著性	0.260	0.740	0.489	0.087	0.000	0.000	0.000	0.000

注：在0.01级别相关性显著，用**表示，在0.05级别相关性显著，用*表示

表 3 针叶林各因子相关性系数

		海拔	坡度	坡向	郁闭度	*B*1	*B*2	*B*3	*B*4
单位面积可燃物干重	皮尔逊相关性	0.159	−0.051	0.310	0.454 *	0.937 **	0.954 **	0.918 **	0.710 **
	显著性	0.469	0.817	0.150	0.029	0.000	0.000	0.000	0.000

注：在 0.01 水平上显著，用 ** 表示，在 0.05 水平上显著，用 * 表示

4.4 对模型进行误差与精度分析

4.4.1 阔叶林模型结果分析

（1）多光谱图像预测模型

表 4 阔叶林多光谱岭回归误差分析

实地测量值	预测值（岭回归）	偏差值	相对误差	相对误差绝对值
5323.215	4252.36	1070.855	20%	20%
3809.722	3859.346	−49.62335	−1%	1%
4167.76	3384.054	783.706	19%	19%
2696.375	3029.298	−332.9234	−12%	12%
5860.508	4173.247	1687.261	29%	29%
3718.703	2660.603	1058.1	28%	28%
1709.365	1914.915	−205.549	−12%	12%
3795.633	2996.116	799.5171	21%	21%
8573.478	7041.937	1531.54	18%	18%
3733.333	3399.733	333.6003	9%	9%
2866.667	2403.522	463.1447	16%	16%
8386.615	7642.723	743.8922	9%	9%
4285.998	4554.205	−268.2066	−6%	6%
5190.387	4819.526	370.861	7%	7%
7846.606	6780.738	1065.867	14%	14%

从表 4 中可以看出相对误差绝对值分布无规律，但是预测误差值基本小于 20%，只有三个点不在范围之内。经计算，阔叶林多光谱数据岭回归模型的平均相对误差为 11%，平均相对误差绝对值为 15%，预测模型精度为 80.0%。

表 5 阔叶林多光谱主成分误差分析

实地测量值	预测值（主成因）	偏差值	相对误差	相对误差绝对值
6709.865188	6919.553995	−209.6888071	−3%	3%
2981.857883	3423.537748	−441.6798646	−15%	15%
5455.497761	4751.25249	704.2452713	13%	13%
4941.725194	4726.339873	215.3853209	4%	4%
6614.152042	6497.890653	116.2613891	2%	2%
5323.214828	5018.660794	304.5540334	6%	6%
3809.722448	3857.265835	−47.54338677	−1%	1%
1490.482923	2122.230645	−631.7477214	−42%	42%
4167.759762	3872.514092	295.2456698	7%	7%
2696.374904	3317.456318	−621.0814139	−23%	23%
5860.507594	5005.666252	854.8413418	15%	15%
3718.702976	2993.691375	725.0116013	19%	19%
1709.365464	2534.960638	−825.5951744	−48%	48%
3795.633132	3432.878993	362.7541386	10%	10%
8573.477619	7791.624037	781.8535819	9%	9%

从表 5 中可以看出只有 4 个点的误差偏差较大，其余偏差较小，预测误差大都处于 10%左右。经计算，阔叶林多光谱数据主成分模型的平均相对误差为−3%，平均相对误差绝对值为 14%，模型预测精度为 73.3%。

（2）融合后的图像预测模型

表 6 阔叶林融合岭回归误差分析

实地测量值	预测值（岭回归）	偏差值	相对误差	相对误差绝对值
6709.865188	7605.88345	−896.0183	−13%	13%
2981.857883	3307.1009	−325.243	−11%	11%
5455.497761	5361.632	93.86576	2%	2%
4941.725194	5133.118	−191.3928	−4%	4%
6614.152042	8347.0401	−1732.888	−26%	26%
5323.214828	5792.5489	−469.3341	−9%	9%
3809.722448	3880.5596	−70.83715	−2%	2%
1490.482923	1363.9056	126.5773	8%	8%
4167.759762	4166.6494	1.110362	0%	0%
2696.374904	2964.8073	−268.4324	−10%	10%
5860.507594	5521.3838	339.1238	6%	6%
3718.702976	2933.6214	785.0816	21%	21%
1709.365464	1835.2289	−125.8634	−7%	7%
3795.633132	3299.25995	496.3732	13%	13%
8573.477619	8524.0324	49.44522	1%	1%

从表 6 中可以看出多数点的预测误差值都不高。阔叶林多光谱数据岭回归模型的平均相对误差为−2%，平均相对误差绝对值为 9%，模型预测精度为 86.7%。

表 7 阔叶林融合主成分误差分析

实地测量值	预测值（主成因）	偏差值	相对误差	相对误差绝对值
5323.214828	4825.2689	497.9459279	9%	9%
3809.722448	3659.0679	150.6545483	4%	4%
4167.759762	3833.1687	334.5910618	8%	8%
2696.374904	3187.9048	−491.5298955	−18%	18%

续表

实地测量值	预测值（主成因）	偏差值	相对误差	相对误差绝对值
5860.507594	4748.5873	1111.920294	19%	19%
3718.702976	2623.4155	1095.287476	29%	29%
1709.365464	2418.9241	-709.558636	-42%	42%
3795.633132	2944.9432	850.689932	22%	22%
8573.477619	7095.1519	1478.325719	17%	17%
3733.333333	3340.2263	393.1070333	11%	11%
2866.666667	2758.7749	107.8917667	4%	4%
8386.615217	7941.2852	445.330017	5%	5%
4285.997911	4373.7929	-87.79498855	-2%	2%
5190.386804	5455.6496	-265.2627963	-5%	5%
7846.605731	7011.3907	835.2150308	11%	11%

从表7中可以看出只有少数点的预测误差较大，大部分点的预测误差值都不高。经计算，阔叶林多光谱数据主成分模型的平均相对误差为5%，平均相对误差绝对值为14%，模型预测精度为80.0%。

4.4.2 针叶林模型结果分析

（1）多光谱图像预测模型

表8 针叶林多光谱岭回归误差分析

实地测量值	预测值（岭回归）	偏差值	相对误差	相对误差绝对值
8305.673564	7922.2391	383.4344642	5%	5%
7524.042377	7322.996	201.0463772	3%	3%
3342.573289	4027.3419	-684.768611	-20%	20%
4191.612589	4147.1278	44.48478904	1%	1%
4044.125522	3491.1139	553.0116222	14%	14%
5044.107499	4095.7845	948.3229995	19%	19%
2964.36471	2661.7362	302.6285102	10%	10%
2919.011471	3167.9363	-248.9248288	-9%	9%
5629.334897	4834.9164	794.4184966	14%	14%
3150.956915	2729.7043	421.2526153	13%	13%
3919.53578	3844.5747	74.96107995	2%	2%
4000	3752.6173	247.3827	6%	6%

从表8中可以看出几乎所有点的预测误差都不高，最大误差不超过20%。经计算，针叶林多光谱数据岭回归模型的平均相对误差为5%，平均相对误差绝对值为10%，模型预测精度为83.3%。

表9 针叶林多光谱主成分误差分析

实地测量值	预测值（主成因）	偏差值	相对误差	相对误差绝对值
8305.673564	8075.7748	229.8987642	3%	3%
7524.042377	7342.8822	181.1601772	2%	2%
3342.573289	4065.4845	-722.911211	-22%	22%
4191.612589	3508.8843	682.728289	16%	16%
4044.125522	4277.7348	-233.6092778	-6%	6%
5044.107499	5419.4693	-375.3618005	-7%	7%
2964.36471	3291.834	-327.4692898	-11%	11%
2919.011471	5071.4906	-2152.479129	-74%	74%
5629.334897	5327.3811	301.9537966	5%	5%
3150.956915	3517.6129	-366.6559847	-12%	12%
3919.53578	3894.7372	24.79857995	1%	1%
4000	4283.0763	-283.0763	-7%	7%

从表9中可以看出针叶林多光谱主成分模型有3个点的预测误差值较大，剩余点的误差值都在10%左右。经计算，针叶林多光谱数据主成分模型的平均相对误差为-9%，平均相对误差绝对值为14%，模型预测精度为75.0%。

（2）融合后的图像预测模型

表10 针叶林融合岭回归误差分析

实地测量值	预测值（岭回归）	偏差值	相对误差	相对误差绝对值
3868.353956	4957.9756	-1089.621644	-28%	28%
6452.88305	6185.2948	267.58825	4%	4%
8305.673564	8183.1096	122.5639642	1%	1%
7524.042377	7534.41725	-10.37487281	0%	0%
3342.573289	3557.7789	-215.205611	-6%	6%
4191.612589	4343.0507	-151.438111	-4%	4%
4044.125522	4191.2503	-147.1247778	-4%	4%
5044.107499	4802.0114	242.0960995	5%	5%
2964.36471	2737.6291	226.7356102	8%	8%
2919.011471	2826.8857	92.12577124	3%	3%
5629.334897	5611.5864	17.74849657	0%	0%
3150.956915	3085.1772	65.77971534	2%	2%
3919.53578	3904.9121	14.62367995	0%	0%
4000	4155.9238	-155.9238	-4%	4%

从表10中可以看出除第一个点外，几乎所有点的预测误差值都小于10%。经计算，针叶林多光谱数据岭回归模型的平均相对误差为-2%，平均相对误差绝对值为5%，模型预测精度为92.9%。

表11 针叶林融合主成分误差分析

实地测量值	预测值（主成因）	偏差值	相对误差	相对误差绝对值
3868.353956	4952.3492	-1083.995244	-28%	28%
6452.88305	6185.8178	267.06525	4%	4%
8305.673564	8182.3076	123.3659642	1%	1%
7524.042377	7533.94825	-9.905872813	0%	0%

续表

实地测量值	预测值（主成因）	偏差值	相对误差	相对误差绝对值
3342.573289	3557.3449	-214.771611	-6%	6%
4191.612589	4341.3193	-149.706711	-4%	4%
4044.125522	4188.3679	-144.2423778	-4%	4%
5044.107499	4803.235	240.8724995	5%	5%
2964.36471	2737.0007	227.3640102	8%	8%
2919.011471	2828.4873	90.52417124	3%	3%
5629.334897	5611.3164	18.01849657	0%	0%
3150.956915	3084.8538	66.10311534	2%	2%
3919.53578	3904.3607	15.17507995	0%	0%
4000	4155.8898	-155.8898	-4%	4%

从表 11 中可以看出主成分模型中的误差值几乎都保持在一个较低的范围内，绝大多数点的预测误差值都小于10%。经计算，针叶林多光谱数据主成分模型的平均相对误差为-2%，平均相对误差绝对值为 5%，模型预测精度为 92.9%。

5 结论与讨论

5.1 结论

总的来说，对阔叶林和针叶林分别分析不同状态下的图像和拟合方法后，可以看出，各个模型的精确程度都在一个较好的范围内。相对误差大都控制在 5%左右，说明模型存在系统偏差较小，总体切合程度较高，但存在个别样本点的切合程度较低的情况，如何能更好地提高单个样本点的切合程度，还有待于研究[4]。森林可燃物载量估测模型中增加了郁闭度、坡度、坡向等因子，提高了模型的精确度，阔叶林、针叶林的预测精度在最理想的状态下分别达到了 86.7%和 92.9%，能够满足实际林地生产实践工作的要求（表 12）。

表 12 各模型精度分析

	图像类型	拟合方法	平均相对误差	平均相对误差（绝对值）	预测精度
阔叶林	多光谱图像	岭回归分析	11%	15%	80.0%
		主成分分析	-3%	14%	73.3%
	融合后的遥感图像	岭回归分析	-2%	9%	86.7%
		主成分分析	5%	14%	80.0%
针叶林	多光谱图像	岭回归分析	5%	10%	83.3%
		主成分分析	-9%	14%	75.0%
	融合后的遥感图像	岭回归分析	-2%	5%	92.9%
		主成分分析	-2%	5%	92.9%

5.2 讨论

针对本试验存在的问题做以下讨论：

（1）标准地调查的样本数量还需增加

本文原始调查数据共 111 个，用于建模分析数据 99 个，在进行遥感图像分类和回归分析时能够明显感觉到数据样本不够多。建议以后采用更多样的数据进行建模预测。同时，在实地测量时，要注意数据记录的规范性和一致性，避免增大试验误差。

（2）森林可燃物类型划分可以进一步细化

森林可燃物类型划分细化可以进一步提高模型的精确度，但是由于本文数据样本不多的原因，无法对遥感图像分类。本文只对针叶林和阔叶林两种林子进行建模分析，这样会存在模型针对性不强的问题，而且由于纯林和混交林内部生物因子多种多样，随环境因子变化又有所不同，也会使模型的说服力下降[1]。

（3）通过增加技术手段扩大数据获取源

本文由于 DEM 数据的缺乏以及其分辨率的影响，森林可燃物载量预测模型所使用的部分自变量信息，如坡度、坡向等是采用地面样地测量的方法，这样一来会导致预测模型不能广泛应用，也会在一定程度上降低模型的精确度。

（4）应进一步探索将更多相关因子纳入估测模型

本文以海拔、郁闭度、坡度、坡向、*B*1、*B*2、*B*3、*B*4 为自变量建模，通过岭回归分析和主成分分析，只能得出与地表凋落物可燃物载量的关系。由于地表可燃物的形态特征和生长规律各异[6]，因此森林可燃物载量预测模型还应该引入灌木层、草本层、平均胸径、平均树高、土壤状况、气象因子等影响因子[6]。

6 结语

本文以河南省栾川县和西峡县 2 县油松林、栎类阔叶林为研究对象，利用 Envi5.1 对国产高分二号遥感数据进行预处理，并结合实地测量数据获取自变量海拔、坡度、坡向、郁闭度、*B*1、*B*2、*B*3、*B*4 共 8 个。然后利用 spss 分析自变量与可燃物载量之间的相关性，说明了基于高分二号影像的森林可燃物载量估测方法是可行的。本文虽然针对不同林分，采用两种方法对融合前后的图像进行建模分析，但是还有一定的不足，在未来的研究中还需进一步改善。

参考文献

[1] 唐荣逸．云南松林可燃物载量的遥感估测研究［D］．西南林学院，2007.

[2] 孙龙，鲁佳宇，魏书精，武超，胡海清．森林可燃物载量估测方法研究进展［J］．森林工程，2013，29（02）：26-31.

[3] 魏云敏．利用遥感影像估测塔河地区森林可燃物载量的研究［D］．东北林业大学，2007.

[4] 胡宇宸，何晓旭，段绍光，梁保松．豫西伏牛山区栎类林地表可燃物研究［J］．河南农业大学学报，2013，47（06）：710-714.

[5] 何晓旭，段绍光，胡志东．豫西伏牛山区油松林地表可燃物研究［J］．西北林学院学报，2013，28（02）：143-146.

[6] 李浩，周汝良，高仲亮，戴柔毅．云南松林可燃物

负荷量预测模型研究［J］. 广东林业科技，2011，27（02）：30-37.

［7］郑雅兰，王雷光，陆翔．高分二号全色-多光谱影像融合方法对比研究［J］. 西南林业大学学报（自然科学），2018，38（02）：103-110.

［8］唐荣逸，周汝良．云南松可燃物载量预测模型研究［J］. 山东林业科技，2007（01）：1-3.

附录：

表1　多光谱大气校正数据

序号	*Lon*	*Lat*	*B*1	*B*2	*B*3	*B*4
1	111.9516667	33.6525	190	240	249	442
2	111.9411111	33.64416667	116	247	285	120
3	111.8269444	33.51944444	342	695	804	1016
4	111.8061694	33.83118889	407	750	930	1206
5	111.8052611	33.83122778	1340	2428	2781	3168
6	111.8052167	33.83106667	883	1105	1401	2115
7	111.7811944	33.80506667	186	386	530	766
8	111.7724778	33.79953611	134	921	400	837
9	111.7632833	33.79034167	159	207	362	522
10	111.7558	33.77455278	688	1263	1518	1895
11	111.7551694	33.66378889	3475	3838	4623	3174
12	111.7488889	33.48972222	319	651	732	1282
13	111.7487167	33.61758333	128	241	142	256
14	111.7461111	33.37972222	653	805	491	878
15	111.7383333	33.63472222	622	665	442	676
16	111.7363889	33.68027778	294	341	207	326
17	111.7138889	33.58527778	233	608	275	899
18	111.7127778	33.45916667	812	959	1394	1677
19	111.7122222	33.5725	402	664	780	918
20	111.7108333	33.69166667	861	1162	1146	1440
21	111.71055	33.57186667	234	590	640	1600
22	111.7093833	33.56205	225	355	340	553
23	111.6982361	33.80119444	2011	1892	2910	3871
24	111.6980667	33.50186667	789	1790	1947	2523
25	111.698	33.78550833	638	879	927	1328
26	111.6920333	33.51128333	834	1685	1843	2533
27	111.6917056	33.78320556	211	329	689	789
28	111.6916667	33.46472222	492	732	628	728
29	111.6901417	33.78157222	238	723	478	912
30	111.6877778	33.56888889	677	819	1178	1790
31	111.6777056	33.80061389	189	138	231	239
32	111.6775583	33.80008611	239	578	986	867
33	111.6772806	33.80005556	467	782	628	498
34	111.6755556	33.31027778	678	990	798	1023
35	111.6752778	33.55027778	483	879	820	923
36	111.6736111	33.43833333	129	388	598	828
37	111.6732861	33.79523333	567	873	928	1742
38	111.6718361	33.79540278	187	78	128	178
39	111.6718139	33.79495278	91	138	121	183
40	111.6666389	33.85113889	63	78	218	163
41	111.6647222	33.46888889	232	443	281	682
42	111.6644778	33.75615556	128	92	179	281
43	111.6641667	33.75931667	488	737	589	786
44	111.6619444	33.32694444	123	131	322	213
45	111.6613889	33.42583333	218	187	128	289
46	111.6566667	33.35833333	237	182	378	277
47	111.6563444	33.74877778	878	1248	1688	1482
48	111.6522222	33.56972222	123	231	342	345
49	111.6458333	33.47805556	178	267	187	167
50	111.6319444	33.38444444	110	186	227	373
51	111.6122222	33.6125	198	325	465	793
52	111.6006667	33.82655556	58	89	121	281
53	111.5966667	33.54638889	89	240	322	628
54	111.5891111	33.85405556	1123	1449	1365	1153
55	111.5886667	33.85383333	1438	2461	1937	3414
56	111.5833056	33.85113889	302	516	818	940
57	111.5828889	33.85091667	176	327	306	983
58	111.5783333	33.34861111	728	908	1036	2174
59	111.5747222	33.45805556	383	561	696	807
60	111.5665	33.78333333	166	311	307	985
61	111.5661111	33.45527778	282	465	723	1706
62	111.5544444	33.44166667	131	391	504	770
63	111.5533333	34.01277778	238	488	782	872
64	111.5528889	33.79502778	889	1112	918	1023
65	111.5477778	33.36722222	1299	1628	1638	1376
66	111.5422861	33.81786111	812	878	983	1237
67	111.5358333	33.59527778	832	689	998	829
68	111.5261944	33.77986111	536	613	526	723
69	111.52165	33.36533333	437	227	337	389
70	111.5191667	33.37138889	589	787	723	892
71	111.5158	33.36008333	892	902	928	1023
72	111.5136167	33.38015	823	838	938	1078
73	111.5128611	33.77916667	348	428	283	231
74	111.5063889	33.49055556	239	278	138	209
75	111.4997222	33.36027778	378	238	238	238
76	111.4996111	33.77875	389	426	576	887
77	111.4909444	33.81209722	228	269	237	397
78	111.4892222	33.77866667	469	538	595	656
79	111.4877778	33.52388889	489	423	627	698

续表

序号	*Lon*	*Lat*	*B*1	*B*2	*B*3	*B*4
80	111.4690667	33.28266667	199	127	281	289
81	111.4656667	33.2872	238	275	231	264
82	111.4645	33.29013333	288	276	353	276
83	111.4631389	33.8368	1290	1363	1650	1687
84	111.4627778	33.35166667	77	67	72	70
85	111.4583667	33.27445	945	962	988	1069
86	111.4563889	33.235	282	467	594	707
87	111.4556778	33.84793333	754	635	940	770
88	111.4556778	33.84793333	308	148	227	339
89	111.4535639	33.84755833	994	1167	983	1097
90	111.451375	33.83638056	639	583	817	1177

注：B1、B2、B3、B4是从遥感数据中提取的四个通道灰度值。

森林火灾起火点的判定方法

陈　傲

（中国人民警察大学研究生院，河北　廊坊）

摘　要　森林火灾起火原因的确定十分重要，而起火点的判定更是确定火灾原因的关键。通过起火点的确认查明起火原因有利于人们了解林火发生发展的规律，还对查明森林火灾的原因和性质，依法对森林火灾责任者或者犯罪分子处理或定案起着重要的作用。因此，在火灾事故调查过程中，准确认定起火部位、起火点是火灾事故调查关键的一项工作。本文对起火点判定的方法进行了综合的概述，为森林火灾起火点的判定提供了一定的理论支撑，也为查找起火点提供了借鉴。

关键词　森林火灾　起火点　判定　火灾调查

0　引言

森林火灾区别于城市火灾，它发生在一个开放的生态系统中，而且火灾现场情况复杂，现场易遭破坏，起火点确定难度大。通过痕迹和调查访问得到的信息相结合去判定起火点。目前我们常用的查找起火点的方法有：根据群众提供的情况分析判断起火部位和起火点；根据燃烧现象确定起火部位和起火点；根据蔓延痕迹判断起火部位和起火点；根据引火物所在位置确定起火部位和起火点；根据火灾现场发现的尸体姿态判明起火部位和起火点[1]。本文对国内常用查找起火点的技术方法进行综合概述，进而对起火点判定的技术进行了研究。

1　确定起火点的重要性

1.1　起火点的含义

起火点是火灾产生的时候最先开始燃烧的地方，这个部位燃烧的面积一般比较小，火势变大之后就会引起火灾。火灾的起火部位包括了起火点，起火部位和起火点都是指火势开始燃烧的部位[2]，面积大一点的叫作起火部位，起火点的中心部位为起火点。

1.2　查找起火点的难点

森林火灾不同于城市火灾，森林中具有大量的可燃物，森林火灾是开放环境下的燃烧，现场情况复杂、火烧迹地大，火场还会受到风、雨等自然因子的影响，这也就增加了我们查找起火点的工作难度。在纵火案件中，肇事者会选择一些较为隐蔽的地方或者使用较为复杂的点火方式混淆人们的视线，大大增加了查找起火点的难度[3]。

1.3　确定起火点的重要性

正确认定起火点是认定起火原因的关键技术，也是森林火灾案件侦破工作的重点。它能分析推断起火缘由，确定是人为火、失火还是天然火灾，确认案件性质[4]，从而为森林火灾案件定性和调查处理提供依据。

2　森林火灾起火点确定的框架体系

通过火灾现场调查访问和火灾现场勘查，以火灾现场不同部位的燃烧状态和痕迹为依据，初步确定起火点，然后提取痕迹物证来对照群众的访问信息，研究和分析他们之间的相互关系，再结合历史气象条件、火场燃烧剩余物堆积情况、可燃物类型和火烧迹地情况等因素，确定起火点。森林火灾起火点确定的理论框架体系如图1所示。

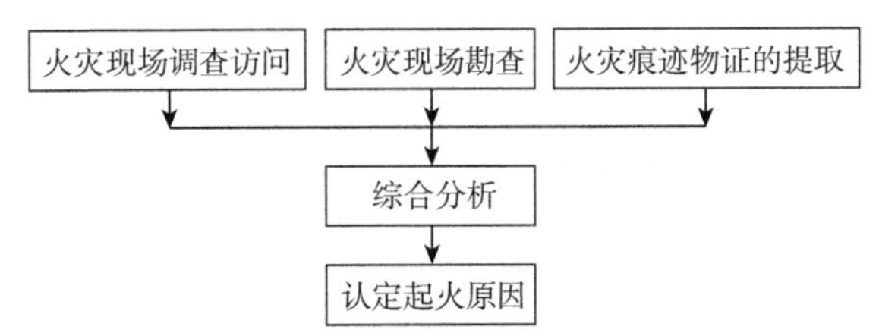

图1　森林火灾起火原因分析和认定的理论框架体系图

3　查找起火点的方法

查找起火点必须是在火灾现场调查访问、火灾现场勘查、火灾痕迹物证的提取基础上，进行综合分析后才能认定。

3.1　火灾现场调查访问

1）访问人员的范围

火灾发生后，勘查人员要通过询问以下人员取得第一手资料：

（1）询问最先发现起火的人、报警人以及现场周围的群众。

（2）询问参与火灾扑救的人员。

（3）询问火灾责任者和火灾受害人。

2）案例

以2009年9月26日福建省闽清县发生的特大失火案为例。

2009年9月26日福建省闽清县塔庄镇秀环村虎丘山场发生一起特大森林火灾。11时，民警接到报警后迅速赶往现场，到达火场后询问现场扑火人员关于该起火灾的起因和起火点位置。初步判断该起火灾是由虎丘山场虎丘墓所处的山凹处起火导致。闽清县公安局森林分局侦查员在重点走访虎丘山场周边的村庄和民房的居民后，得知虎丘墓为黄氏祖墓，每年农历八月初一至十五会有很多黄氏人员前往虎丘墓祭墓，而火灾发生当天正好是农历八月初八。综合走访信息，专案组初步判断该起火灾是由黄氏人员在虎丘墓祭墓时用火不慎所引起。民警又通过走访群众了解到火灾发生当天其看见有一辆银灰色富康汽车停在虎丘门牌处，且有两个满头大汗的男人从虎丘祠堂方向走出来，民警迅速利用证人提供的体貌特征及车辆信息查询嫌疑人，最后专家组锁定嫌疑人黄某党和黄某祯。民警询问黄某党，其否认自己曾去祭墓，而后询问黄某祯时也得到了同样的答复。但这与民警所掌握的信息完全不符，两人故意隐瞒了前往虎丘墓的事实，存在作案的重大嫌疑。最后民警又进行了多次走访调查，证人黄某栋、黄某河、黄某伟等人称他们从不同角度目击了森林火灾的发生，都证实了该起森林火灾的起火时间在上午10时30分左右，起火点位于虎丘墓周围。在强大的证据面前，两人最终承认了犯罪事实（图2）。

图2　询问证人图

3）启示

在这个案例中，民警首先通过询问扑火人员，初步判断了起火点的大致位置；其次通过大量的走访询问目击者、火场附近村庄的群众，获得具有犯罪嫌疑的人员的信息，其中曾出现证人提供虚假证言的情况，办案人员在经过大量的工作后将此情况进行排除，最后民警通过大量的侦破工作，将犯罪嫌疑人缉拿归案，给予其相应的惩罚。

通过这个案例可以得出，在发生火灾后通过询问现场扑救人员和群众，获得的第一手资料可以给案件的侦破提供方向和奠定基础，能更快地结束案件的侦查，避免出现纵火人员在纵火后，由于害怕遭到处罚而外出务工或者故意躲避，甚至多年不回到家乡[5]的情况发生。还要通过询问现场围观群众和火灾周围村庄的群众获得更多与案件相关的信息，并将得到的信息综合进行分析，为后续的侦查过程提供准确的信息，不能仅凭借现场群众提供的线索或者纵火人员的口供作为案件终结的依据，结束案件的侦查[6]。此外还要排除有虚假证言的情况，因为有的人故意隐瞒事实真相或者有的人表面上说的是真话而且还非常肯定其讲的都是真话，其实他的陈述与实际情况不相符合。这个时候办案人员就要用心仔细地去判别知情人所提供线索的可信度。另外还要判断他们与责任者之间有没有利害关系，包庇或者陷害责任者；判断其有没有受到他人的欺骗、贿赂或威胁恐吓；或者知情人本身与火灾存在一定的牵连，为了推卸责任故意提供虚假信息扰乱侦查人员的视线，达到其转移目标的目的。

3.2　火灾现场勘查

1）现场勘查的内容

（1）勘查火场中林火燃烧蔓延的痕迹。

（2）勘查火场中残留物特征和燃烧痕迹。

（3）勘查火烧迹地周围的环境。

2）案例

以福建省平和县“4·1”失火案为例。

2011年4月1日福建省平和县发生一起森林火灾，该案发生后福建省成立专案组对案件进行侦破。专案组在分析案情时，对于是否人为纵火出现分歧。后专案组成员到现场进行勘察火场时在山下通往沟坑往里约30米处的小路上发现有一大石块，以大石块为中心其四周有植被被烧遗留的痕迹，而且分界明显。对此勘查人员将这个石块作为重点，对四周的植被和痕迹进行了细致地勘查，发现：

（1）沿小路下方向外方向，地表上遗留较厚的灰白色灰烬，说明火在该方向蔓延是逆风蔓延，因为此处为风口地形，火势蔓延的方向和风向相反，火势蔓延速度慢，火驻留时间长，植物燃烧较为彻底，所以表现出遗留的灰烬为灰白色灰烬。此外在这个位置上还发现该位置上尾梢被烧严重的五节芒倒向石块方向，被烧轻微的五节芒则向小路向外方向倒伏。综合说明火是从石块方向向该方向蔓延的。现场如图3所示。

图3　石块附近燃烧图

（2）由来火方向向里约15米处，火开始向左侧越过小溪沟，在山场的下坡面上，现场遗留大量被烧过的五节芒，其尾梢和叶子基本被烧毁，但大量的五节芒杆保留较好，坡面上植被呈现花脸状，说明火是上山火，因为上山火蔓延速度快，停留时间较短，燃烧不彻底，会导致火场呈现花脸。而且在坡面上的毛竹和杉树树干碳化较轻也较低，又因为迎坡面树干炭化相对较重也较高，背坡面上的树干炭化较轻也较低，说明该坡面上的火为上山火，火上从坡面下部向上蔓延的，蔓延速度较快。

（3）由来火方向向里约 20 米处开始沿着小溪沟向上方向，现场遗留大量被烧过的五节芒，五节芒尾梢和叶子基本被烧毁，但大量的五节芒保留也较好，有些倒向坡下的五节芒尾梢被烧较轻，坡面上植被呈现花脸状，说明此方向上的火是顺风火，因为顺风火蔓延速度快，火停留的时间较短，五节芒燃烧不彻底，现场会呈现花脸状。

（4）由右上方小路，沿着小路向外的坡面上，地表植被燃烧明显较向里坡面上的彻底，说明火是由该处越过小路，一股顺风由里向山上坡面蔓延，另一股向外，沿着坡面逆风向外蔓延，蔓延速度较慢，火停留的时间较长，燃烧彻底。现场如图 4 所示。

图 4　小路外坡面燃烧图

勘查人员通过勘查确定石块下方杂草丛为起火点位置，再结合走访调查得到的信息相验证，明确该起火灾是一起失火案，最终锁定犯罪嫌疑人并给予其相应的惩罚。

3）启示

在这个案例中，勘查人员首先通过起火点在火场中处于中间位置的规律，大致判断起火点的位置，因为火灾通常都是由起火点开始燃烧，燃烧后火场的形状发展成为圆形或者椭圆形，起火点在图形的中心位置[7]。其次从石块入手，对不同的林火蔓延方向进行勘查，通过勘查蔓延路线上五节芒倒伏的方向和植被被燃烧留下灰烬情况综合判断林火蔓延的具体方向，林火蔓延方向的反方向又朝着最先起火的区域，进一步验证了起火点的大致位置。再次勘查火场中五节芒被燃烧留下的花脸状火烧迹象，应用了火蔓延的速度越快，火场中可燃物被燃烧的程度越轻；火蔓延的速度越慢，火场中可燃物被燃烧的程度越重，其迎火面的烧伤程度要大于背火面的定理[8]。进一步判断林火蔓延的方向，验证起火点的位置；最后，勘查人员综合勘查的情况和走访调查得到的信息，以及勘查了火烧迹地周围了环境，排除了其他任何用火迹象的可能，确认了起火点的位置。

通过这个案例可以得出，在现场勘查的时候，要积极及时地搜集证据形成证据链，不放过现场的一丝痕迹，要注意的是林火在蔓延过程中会受到风力、风向等气候因子和地形的影响，火场中植被分布的情况和燃烧性也会影响火势蔓延的速度和火燃烧的强度[9]，而且林火在蔓延过程中由于方向和速度上的差异，又把火分为顺风火、逆风火和侧风火[10]。除了案例中所采用的杂草被烧、倒伏痕迹来查找起火点外，还可以采用树干的熏黑痕迹和烧黑高度与火蔓延方向相同、树干残留的火疤与火蔓延方向相反，及倒木和树桩上残留的“鱼鳞疤”与火蔓延方向相同的技术方法来查找起火点。同时还要勘查火场周围的环境，通过查看是否有寺庙、坟墓区、农田或者野外露营所留下的生活用品，判断火灾是否由于人们用火不慎所致。此外还可以根据火灾发生前几天的天气情况判断林火是否为雷雨天气所造成，如果发生林火的前几天存在雷雨天气，则要重点检查火场附近是否有树干或树枝被劈裂，被劈开的树干是否有熏黑的痕迹，从而判断起火是否为雷击火[11]。

3.3　火灾痕迹的固定

1）火灾痕迹固定的内容

火灾痕迹的固定首先要绘制一张火灾现场平面示意图，然后对现场进行拍照固定。

2）案例

以 2017 年 4 月 29 日吉林省四平市森林火灾为例。

2017 年 4 月 29 日 13 时 30 分左右，吉林省四平市石岭镇姜家洼子村发生森林火灾，鉴定人员通过现场勘查和调查走访，勘查了火烧迹地的地形、燃烧剩余物堆积情况、火灾熏痕、火烧木树冠层的燃烧痕迹等，根据森林火灾燃烧蔓延的规律，进行了综合分析，确定起火点位于石岭镇姜家洼子村一组西南沟（霍瞎沟）南坡，并且在现场进行了拍照固定。

从细目图片 1（图 5）上可知刚开始发生火灾的时候，火势小，不能蔓延至树冠，所以起火点周边树冠保留相对完整。从细目照片 2（图 6）上来看，火灾在外侧停留的时间长，所以去火的一侧（外侧）明显熏痕高、黑化现象严重。

图 5　细目照片 1

图 6　细目照片 2

从火场概貌照片（图 7）可以看出，由于刚开始起火时火势小，起火点附近的可燃物燃烧不充分，随着林火的发展，火势增大，形成树冠火，可燃物燃烧得更加彻底，符合森林火灾发生、发展过程的特征。

图7 火场概貌照片

3）启示

通过案例中的图片可以得知：在固定现场时，首先要绘制平面图，并在平面图中标明起火点的位置和方位，让人明确知道起火点的位置。其次还要对火场进行拍照，除了要拍摄以能作为证据的各种痕迹的细目照，和能够反映整个火场情况的概貌图外，还需要拍摄能依据照片能确定现场位置的方位照和能反映出起火点和其位置以及燃烧严重的部位的重点照[12]。

3.4 特殊火场的特征

1）放火现场火场的特征

放火现场的特征有：

（1）多个起火点。

（2）现场存在一些人为破坏的痕迹。

（3）在同一区域内连续多次发生火灾或者同一时间内多处发生起火。

（4）起火点的位置奇特，发现起火点的位置一般不易发生自燃。

（5）现场存在一些引火物，现场能找到一些装有酒精、汽油等其他容易引起火灾的物品。

2）雷击火火场的特征

雷击火火场的特征有：

（1）火灾当天火场地区具备累计少雨或者无雨的天气条件。

（2）现场发现呈现断梢和树皮撕裂现象的雷击木，树木本身燃烧严重，出现黑化或者白化的现象。

（3）雷击木不一定在制高点，但是分布的地方不一定有通行条件。

（4）火场是以雷击木为中心向四周蔓延，起火点周围的痕迹呈现出地表火蔓延的典型痕迹特征。

（5）雷击木周围的树木往往燃烧不严重。

4 结语

通过本文所述方法找到起火点，再通过起火点判明起火原因不仅能明确定性火灾是人为火还是自然火，也为正确抓捕纵火人员，给造成森林火灾的违法犯罪嫌疑人进行惩罚提供了可靠的依据。本文只针对起火点的踏查方法做了初步的概述，起火点踏查方面还有很大的研究空间，本文还存在许多较为欠缺的地方，相信随着科学的进步，我国森林火灾起火点判定的方法也将逐步得到完善。

参考文献

［1］唐新民．论火灾现场起火点的认定［N］．上海公安高等专科学校学报，2013-4-23（2）．

［2］李翔．浅谈火灾后起火点的鉴定分析［M］．森林防火．2004.6；8.

［3］张高文．浅析森林火灾起火点［J］．中国林业，2007，10A；48-49.

［4］袁勇，王建英．论火灾调查中对起火部位和起火点的认定［N］．武警学院学报，2009-2-25（3）．

［5］邱焕水．林火起火点的查找与确定［J］．森林防火，2000，2；36.

［6］陈立民．谈认定起火点的原则与注意事项［N］．武警学院学报，2012-8-28（8）．

［7］郑怀兵，张兴华．如何进行森林火灾现场分析［J］．森林防火，2009（1）：26-29.

［8］满东升．森林火灾现场起火点和起火原因探究［N］．恩施职业技术学院学报，2014-1.

［9］文定元，姚树人．森林消防管理学［M］．北京，中国林业出版社，2003.

［10］郭天亮，李春志，李素林，白静．森林火灾起火原因的判断与分析［N］．江苏林业科技，2003-8-30.

［11］周素娟．浅谈雷击森林火灾起火点的寻找与判断［J］．科技论坛，2011，9.

［12］郭海涛．解析森林火灾案件现场照相［J］．森林防火，2002，9：17.

浅析支队级全媒体中心在消防服务工作中的作用

刘圣阳

（和平区消防救援支队，天津 和平）

摘 要 论述支队级全媒体中心在消防救援宣传工作中的重大战略部署。如何将传统媒体与新媒体相互融合，同时通过网络、综合屏幕、纸质媒介、广播等传播手段来进行传播。同时，利用多种媒体途径、采用多种表现形式、围绕消防救援支队工作生活亮点内容和社会面火灾防控任务重点进行有深度、有温度、有广度的全范围信息的创作、发布与传播，产生的积极作用。

关键词 全媒体中心 新媒体平台 传播形态 舆情应对

1 引言

支队级全媒体中心的建设，是贯彻党中央巩固宣传思想文化阵地、壮大主流宣传舆论的重大战略部署。落实消防宣传工作要“有载体、建品牌、展形象”的新时代要求，建立一支既要熟悉明确消防救援工作业务与队伍建设，又要专业于掌握新闻传播规律，同时精通于视听新媒体产品制作技术，具备较强综合素质的消防救援媒体队伍，打造集合账号运营、内容创作和作品传播为一体的消防救援媒体支队级的“中央厨房”，是宣传工作的核心大脑，是推动消防队伍自属媒体的融合新发展，提升消防救援队伍宣传的传播力、引导力、影响力、公信力的重要组织机构与制度保障。

2 支队级全媒体中心的内涵与职责

我们可以将媒体解释为一种信息的传播形态，“全媒体”则是指综合运用全面多种的媒体表现形式，例如音、视、图、文、电全方位、多形式地展现传播内容，将传统媒体与新媒体相互融合，同时通过网络、综合屏幕、纸质媒介、广播等传播手段来传输的一种综合全面的传播形态。

支队级全媒体中心是将以往“内宣、外宣”两个平台进行融合，搭建起战时、日常和专项行动三个机制，夯实与宣传部门联手、与新闻媒体联动、与社会团体联办、与居民百姓联合四个基础，围绕“打造消防安全文化”核心，以消防宣传产品制作和消防新媒体运营为主，兼顾传统媒体内容制作及传统宣传任务的实体机构。

支队级全媒体中心贯彻落实党委关于宣传舆论工作的决策部署，在党委的指导下，主要承担以下职能任务：

2.1 采编新闻素材

采集、编辑新闻素材，制作供各类媒体使用的新闻稿件，和平区消防救援支队精心制作的关于防火及电动车防火的新闻素材，被中央电视台新闻频道多次选用。

2.2 运营自媒体平台

负责消防救援队伍官方的“两微一抖”、头条、视频号等自媒体平台账号的内容发布、技术制作、传播推广，和平区消防救援支队开展多项新媒体平台的互动，在微信公众平台设立专题栏目，打造了见习笔记、消防日记、红门随想、消防十二时辰等多个系列主题文章，同时利用微博及抖音平台打造了多个播放数量超千万的视频内容，并在线上和粉丝开展联合互动，收到了来自世界各地特色的明信片及信件数千封，同时收到粉丝精心制作的慰问礼品百余件。

2.3 开展文化创作

承担消防知识宣传与形象展现的视频、画册、海报、文创产品等的创作与对外合作任务，和平区消防救援支队在相关作品的创作上，积极探索新的形式、新的样式，在消防宣传海报上制作了多张消防安全宣传海报，其中海报人物写真形象多次被中国消防公众号引用。在宣传视频上根据不同季节制作了消防安全常识的宣传动画，新形式的消防员职业形象宣传片等多部视频宣传作品，辖区室内外的电子屏幕对视频进行播放时受到了市民的一致好评。在科普读物上，支队精心制作了三折页的宣传手册、消防安全填色画册等多本科普读物。在文艺作品上制作的明信片受到众多网络粉丝的喜爱，同时支队还制作了消防员人物形象书签、消防安全常识魔方、消防员人物形象水杯、消防员人物形象鼠标垫、消防车手链等多种消防文艺作品。

2.4 组织或协助宣传活动

自主与协助策划、组织、举办与消防宣传教育相关的各类活动，拍摄消防救援队伍内部重要会议、活动并根据需要进行活动宣传。根据支队内部会议指令设计全勤指挥部业务手册口袋书、典型火灾扑救指南、高层建筑火灾初起火灾处置工作经验总结等多个文件学习手册的封面及内容。

2.5 协助运营科普教育基地

市（区）级消防科普教育基地是由支队自主筹建并自主维护的，而全媒体中心需承担接待参观与讲解任务。和平区的消防安全教育科普基地，积极发挥科普宣传教育活动的作用，对此小区内的居民及消防安全志愿者进行培训，并计划让辖区内的中小学生在校期间每人至少参观一次消防科普教育基地，进一步实现“教育一个孩子，带动一个家庭，影响整个社会”的目的。

3 全媒体中心的主要作用

支队级全媒体中心可以综合利用多种媒体途径、采用多种表现形式、围绕消防救援支队工作生活亮点内容和社会面火灾防控任务重点进行有深度、有温度、有广度的全范围信息的创作、发布与传播，产生的积极作用有以下几个方面。

3.1 发掘亮点、展示形象，增强群众的认同感与队伍的影响力

全媒体中心通过开设消防官方抖音、微博、微信等媒体服务平台，加强消防政务信息的传播力、影响力和互动力；通过制作发布消防形象宣传片、消防公益广告、微电影及段视频，对灭火与抢险救援现场、基层队站日常文化生活、消防监督管理实际、消防器材与装备展示、消防文化与历史等，将消防救援队伍最大的亮点、重点展示出来，能够使群众了解消防、认识消防、理解消防，从不在意、不讲理转变为切身地对消防事业的认同，进而更大程度上不断地争取群众对消防职业的认可、对消防工作的支持，以及对消防救援队伍的口碑。金杯银杯不如老百姓的口碑，良好的媒体形象展现，可以为消防救援队伍带来感召力和说服力，使老百姓对消防救援队伍的防火执法行为动作更加认同和服从，能够促进消防救援队伍“为民执法、服务热情”的良好形象更加深入人心，有利于化解因执法处罚造成的与民众间的矛盾因素。同时，通过这种宣传的方式，对于从事消防工作的人员，能够起到激励作用，进一步增强了职业认同感。近期，有多名群众自发无名地为消防队送奶茶、送水果、送食品并留言表示感激等行为，和平消防支队也制作了多个专题的文章及视频内容，以建立在历史风貌区的五大道消防救援站为基础全方面讲述了救援站的训练生活日常，众多专题的设立也让网友们更多的了解到消防指战员工作生活上的不同样貌，同时也收到大量粉丝寄来的明信片、带有消防标语的可乐、十字绣作品等慰问品，代表着人民群众对消防队伍的认可，也有力证明了全媒体工作的成效。

3.2 普及知识、曝光隐患，促进防火的自觉性与安全的传播力

在全媒体环境下，和平区消防救援支队利用全媒体对消防法律法规进行普法宣传、解释，加强群众对违法的责任意识与隐患意识，提升懂法守法、支持执法能力意识，同时开辟“隐患曝光”系列主题通知公告，将防火检查中真实查摆发现的久拖不改、整治不力的重大火灾隐患问题公之于众，通报消防相关问题诚信缺失的各单位名单，对公众是一种安全风险的提示，对社会单位及场所是主动开展消防安全自查整改的倒逼与推动，能够促进消防救援队伍的各种安全政策和检查工作能都落实到“最后一个角落”，同时保证“文明

执法、依法执法、执法为民”的形象深入人心。

3.3 随时出动、应急宣传，保障社会的稳定性与事迹的感染力

灾害事故突发后，新闻宣传报道工作、舆论管控工作是与救援行动同步开展进行的。应急救援宣传，实时展现救援处置的高效性与有效性，是体现消防救援队伍战斗力的有利时机，同时及时引领控制社会舆情形势，从高层面体现政府的社会治理能力。某种程度上，突发灾害事故救援应急宣传成为提升消防部门社会形象、推动消防工作发展和促进消防部门建设的重要手段。例如：凉山森林火灾后，微博上一张漫画“最帅的逆行”冲上了热搜，漫画是一名消防员面对前方的熊熊烈火和逃离火场的人群，勇敢地向火场逆行，此漫画一被上传到微博，就立刻引爆了网友们的泪点，无数网友转发留言，表达对消防救援人员的敬意。灾害发生时，通过全媒体全息、全程的特点向社会展示消防救援队伍工作的严谨高效、消防人员的担当奉献，消防救援队伍在人民群众心中的形象必将大大增强，消防救援人员职业的社会地位也必将不断提升。在开展救援行动的同时，全媒体中心作为专业宣传力量能全面地了解事故的基本情况，近距离跟进发现并报道应急抢险救援行动进展，报道在救援行动中的典型人物与典型事迹，使人们第一时间了解事实真相，直面感受消防救援队伍在处置危险的关键时刻，冲锋在前、舍身为民、纪律严明的光辉形象，挤压虚假信息和负面舆论的生存空间，极大提升民众对消防队伍的认可程度，稳定社会秩序，奠定良好的舆论控制应对基础。

3.4 处置危机、应对舆论，维护网络信息的真实性与消防救援队伍的公信力

涉消的事件如果被别有用心之人借题发挥隐藏真相、煽动负面谣言舆论，并伺机大肆宣扬传播、恶意炒作诱导舆论，容易爆发负面社会舆情，严重的话甚至引发社会公共危机事件，直接影响政府的形象。例如：2018 年寿光洪灾中公众质疑消防部门为什么第一时间没有前去增援、凉山森林火灾那么为什么会有爆燃现象等舆情问题。这些网络舆情事件都是短时间内快速发酵，引发了公众的广泛关注，一定程度上损害了消防救援队伍的光荣形象，同时也给社会造成了消极影响。支队级全媒体中心能通过自身建立的全媒体宣传平台，并与社会媒体矩阵联动，第一时间采集事件重点信息，核实无误后“第一时间发布”，及时根据实情向公众发布官方的灾情信息和救援信息，揭露谣言澄清事实真相，使公众能够了解灾情救援真实情况，引导舆论的方向，引导公众支持认可消防队伍的救援工作，从为救援工作的有序开展提供重要支持，维护消防救援队伍的正面形象。

4 全媒体中心的工作要点

媒体工作属于不同于消防属性的专业性工作，有其专属的发展规律与建设特点，能不能高效发挥出全媒体中心“中央厨房”的效能，是能否真正服务好消防工作的关键因素，全媒体中心要真正建立起上下联动、沟通及时、信息通畅、反应迅速的宣传组织体系，将宣传教育的功能作用发挥到最大化，需要做到以下几点。

4.1 真正做到“全”字，将道路摊开铺宽

时代已经从报纸电视的传统媒体、跨越过电脑主导的互联网媒体、向便携智能手机引领的新媒体时代大步变革，尤其是自媒体经营在流量市场上的激烈竞争，泛娱乐化、视觉感官刺激的信息吸引力，是挑战更是机遇。媒介的道路是多样的，全媒体中心也要构建立体化、全覆盖的信息传播渠道，在“把握主导性、体现多样性、增强互动性”主旨思想的指引下，在新媒体上综合运用现代网络技术和移动掌上传媒，构建全方位、立体化的“互联网+”互动宣传时代模式，同时巩固已有的宣传阵地保持持续发力，兼顾传统媒体的受众群众，突出发掘好全媒体“全”的特点属性，在探索深度力度的同时保证媒体渠道的宽度与广度，更大程度上让宣传效果刺激到社会更多的点位；在文创产品上加大研发产品的种类与吸引力，以消防队伍形象为主题的明信片、书签、扇子、宣传册在以往的线下宣传活动中发挥了吸引群众的重要作用，全媒体中心要自主设计贴合百姓需求、符合现代审美、性价比合适的文创类产品，为辅助媒体渠道的建立制作重要支撑产品，为全媒体语境下消防救援队伍媒体形象塑造夯实了“粉丝”基础。

4.2 突出新媒体的“活”字，请进来又走出去

在消防救援队伍的“两微一抖”等新媒体的日常运营中，在线上应积极主动与人民群众交流沟通，增强政务平台与“粉丝”的互动性，通过直播问答、礼物互送、抽奖赠予等形式，让公众参与到政务平台的宣传中，激发公众对政务媒体的兴趣，打造一批属于消防救援队伍的“铁粉”。在线下继续发挥传统与民众接触活动的优势，动用社会资源联络协调让消防救援队伍参与到各大社会活动中，搭建起消防与社会单位交流的渠道，主动组织队站开放活动，让群众近距离接触消防、感受消防，增加“粉丝量”。同时，鼓励“铁粉”向消防救援队伍反馈他们生活中遇到的涉消问题，在舆情发生时帮助澄清事实真相，传播消防正能量。同时应依托粉丝建立社会监督奖励机制，对粉丝做到有功必奖，对相关违法行为做到有过必罚，并及时向全社会进行事件公布，力争做到舆情应对早发现、快处置、无死角，树立良好的消防救援队伍形象。和平消防支队推出卡通形象宣传“和和”与“平平”，在媒体运营中可以作为“出面人物”与粉丝们经常性互动交流，深受粉丝的喜欢，全媒体中心收到大量粉丝寄来的收件人为“和和”“平平”的明信片。

4.3 利用社会媒体的“名”字，借别人的资源打自己的品牌

支队全媒体中心的力量相较于社会媒体这个大环境是微弱的，必须善于整合庞大的社会资源，联合社会有关部门特别是媒体机构，建立日常联合宣传与应急联合联动机制，加强与社会单位宣传部门的学习、交流与合作，特别要加强与社会主流媒体的交流合作，签订相关协议，形成与相关媒体的常态化合作机制。在省、市的各级杂志报纸、电视台、官方公众号平台开设专栏专版或利用优势板块，作为展示消防救援工作、教育消防安全知识的重要窗口通道；充分发挥他们的权威性与影响力第一时间为消防救援队伍发声，帮助信息传播扩大声势，形成合力，塑造消防部门媒体形象。同时也要注重消防救援队伍官方账号宣传建设，加强与主流媒体的互学共建工作，汲取社会养分，提高消防救援队伍官方账号知名度，打造消防救援队伍知名宣传品牌，构建消防网络宣传矩阵，为消防宣传与网络舆情应对提供有力保障。

4.4 做好应对突发的“足”字，将准备机制建立完备

应急突发事件的随机发生，需要全媒体中心应急反应、紧急处置与有序推进。突发事件应对是一项系统工程，涉及方方面面，要通过一整套有效的机制将正确的应对策略、科学的处置方法、艺术的引导手段进行统筹实施。支队级全媒体中心在平时明确任务，确定职责，制定预案，充分做好任

何时间及时应对突发事件信息发布和宣传报道的准备，为此需要建立完善三项机制。一是舆情预警与联动处置机制。舆情的出现与发展会出现爆发式的增长，扼住苗头至关重要，凡事预则立，不预则废。舆情管控要寻求搭建搜集监视渠道，对涉消信息分析研判，及早发现，及时制定应对方案，在需要之时能够果断出击，主动干预和控制舆情走向。二是权威信息发布机制。结合支队与地方实际情况，畅通对外信息发布的渠道和平台。建立完善新闻发布制度，保证在任何时间一旦发生应急事件，能有人第一时间反应，第一时间掌握情况，第一时间向媒体和公众发布准确的权威信息，包括事件发生、处置措施、发展进展等情况。三是快速反应机制。要建立24h值守制度，保证在突发事件发生时，有专业人员立即赶到现场搜集第一手资料，并将信息及时回传、审核、发布。

居民住宅电动自行车火灾事故防控研究

刘书亮　赵秀雯*

（中国人民警察大学，河北　廊坊）

摘　要　近年来，电动自行车以其经济便捷、低碳环保等特点，深受广大人民群众的喜爱和欢迎，并逐渐成为群众短途出行代步的重要交通工具之一。但由于停放位置不合理、充电不规范等诸多因素，电动自行车火灾事故呈多发态势，造成车毁人亡，给人民群众生命财产安全带来极大威胁。[1]生命重于泰山，一次次血淋淋的惨痛教训，充分体现出电动自行车消防安全治理的紧迫性、严峻性和复杂性。“人民至上、生命至上”的时代发展理念对各级政府及有关职能部门的消防安全治理能力提出了更高要求。因此，本文在客观分析居民住宅小区电动自行车火灾事故原因的基础上，从源头、过程及事后三个维度对电动自行车消防安全管控进行了初步探讨。

关键词　居民住宅小区　电动自行车　消防安全问题　三维度　事故防控

1　引言

近年来电动自行车火灾事故频发，其中，以居民住宅楼为主要事发场地，虽过火面积不大，但多伴有人员伤亡（如表1所示）。

表1　电动自行车亡人火灾事故选

时间	地点	过火面积/m²	人员伤亡
2021.9.20	北京通州某居民住宅楼	60	5人死亡
2020.8.8	上海市静安区某居民住宅楼	30	4人死亡
2019.6.11	云南大理某“三合一”建筑	230	6人死亡
2019.5.5	广西桂林某村民自建住宅楼	28	5人死亡，6人重伤
2019.4.3	广州越秀某居民楼	20	2人死亡
2018.1.23	陕西西安某村民自建住宅楼	40	4人死亡，13人受伤
2017.12.13	北京朝阳某村民自建住宅楼	7	5人死亡
2017.9.25	浙江台州某居民住宅楼	150	11人死亡，12人受伤
2016.8.29	广东深圳某居民住宅楼	60	7人死亡，4人受伤

纵观居民住宅的电动自行车火灾事故案例，主要是由电动自行车充电不当引发电池爆炸或电线短路等原因所致。而住宅场所电动自行车火灾事故发生时往往是居民使用完后，人车处于休息状态，加之电动自行车火灾具有起火燃烧过程猛，火场温度升温快，释放剧毒烟气多，灭火扑救难度大，因此极易造成人员伤亡。据中国科学技术大学对停放在居民楼楼道内的电动自行车所做火灾实验表明，电动自行车短路后30s即出现明火，3min后火焰温度高达1200℃，滚滚浓烟、有毒气体以每秒1m的速度迅速蔓延整个楼道，切断居民通过楼梯进行逃生的主要通道，人员一旦吸入3~5口有毒烟气就会昏迷，导致窒息死亡。一辆电动自行车燃烧产生的毒气足以使上百人窒息死亡。[2]因此，加强对居民小区电动自行车消防安全问题的分析研究，采取果断措施预防，对保障人民群众生命财产安全，维护社会公共安全以及社会和谐稳定都具有重大意义。

2　居民住宅电动自行车火灾频发的原因

2.1　电动自行车生产源头把关不严，存在产品质量问题

2019年4月15日实施的电动自行车新强制性国家标准《电动自行车安全技术规范》，明确规定了电动自行车的整车安全、机械安全、电气安全、防火性能和阻燃性能安全，对严格控制电动自行车的生产，销售和使用管理都起到了规范和指导实践意义。然而，目前电动自行车市场庞大，品牌复杂多样，由于电动自行车属于新产品，电动自行车相关配件的国家标准还未完善，导致电动自行车生产和销售准入门槛不高，监管不严，违反许可生产经营的现象十分普遍。产品质量难以保障，电动自行车的生产、设计水平参差不齐。[3]有的产品本身设计存在缺陷，有的产品组装连接不到位，线路接触部位不严密，更有甚者，一些制造商只追求低成本而故意降低制造标准，选择低质量或不合格的产品零部件，并且对电池不设置短路和过电流保护装置。种种因素都为出厂电动自行车埋下了固有的安全隐患。

2.2　居民住宅区电动自行车充电桩的规划建设及利用不到位

首先，电动自行车是近几年快速发展的产业，对于一些老旧住宅小区而言，规划建设时不涉及电动自行车充电桩设置的问题，因此，居民买的电动自行车除了“飞线、上楼或进家”充电，没有其他充电的途径。虽然目前考虑电动自行车充电安全等问题，一些老旧小区开始规划建设电动自行车集中

充电站或充电桩，但此项工作进展困难，因为占地问题、用电问题以及日常维护管理等问题都很难符合所有居民的要求。

其次，对于一些新建居民住宅小区，虽然规划建设有电动自行车充电桩，但数量有限，位置集中，与电动自行车的分散拥有和灵活移动等特点产生较大冲突，居民为了再次出行便利，或为防止车辆被盗，或有见邻居将车辆推进楼道的从众心理，更多时候使得电动自行车充电桩的利用率不高，"飞线、上楼或进家"依然成为此类小区的居民充电首选方式。[4]

2.3 居民消防安全综合素质与火灾风险之间的矛盾突出

2.3.1 侥幸心理高于防范电动自行车火灾的风险意识

虽然各种宣传报道很及时，部门居民对电动自行车火灾的频发性、致灾性有一定的意识，但在日常使用过程中，绝大多数居民依然抱有强烈的侥幸心理，认为自己此时此刻将电动自行车推进公共门厅或将自行车的锂电池带回家中充电不至于引发火灾。正是因为这个"不至于"的侥幸心理，导致一场场事故灾难的降临。同时，依然有一部分居民认为，电动自行车体积比较小，电瓶线路和车身内部结构相对都很简单，并不像汽油、鞭炮等易燃易爆物品那样危险，不会发生严重火灾事故，也不相信电动自行车能够爆炸燃烧，欠缺相应的消防安全防范意识，存在着麻痹大意和轻视心理。此外，个别习惯将电动自行车停放在楼下充电或者推到室内充电的居民打破了规范充电的边界，使得刚刚形成防范意识、本想遵守充电规则的居民再次给自己的行为找到理由，继续我行我素的将电动自行车火灾事故风险扩大。

2.3.2 充电不规范，时间长，无看管

当电动自行车处于充电状态时，居民也多处于回家休息的状态，且是长时间休息状态（如夜间）。那么，一旦充上电便无人看管，这种充电状态不会随着电池充满而结束，更不会参照充电说明进行充电。应该说，现代居民充电、用电的随意性表现在各个方面，比如手机充电、电脑充电、电视机带电等，这种充电的不规范是电动自行车火灾发生的一个主要原因。

2.3.3 居民自觉式的充电方式不安全

不论是飞线充电或公共门厅充电，车主的充电线路都是从自己家里或者储藏室内私接乱拉出来的。这样的充电装置，如电线、插板等都暴露在外面，缺乏套管或其他防晒、防雨等保护措施，长期的风吹雨打或拉扯、踩踏，致使电线外皮磨损和老化，进而造成电线绝缘损坏导致短路，或充电器插头和插座接触不良导致过热，等等这些火灾隐患都为火灾事故的发生创造了条件。此外，带回家的锂电池往往与其他家用电器放在一个插线板上充电，超负荷的充电也容易发生电气线路短路而致灾。

2.3.4 灭火与逃生能力不足

居民消防安全素质薄弱不仅表现在日常防范电动自行车火灾的风险意识不足，还表现在火灾发生时的灭火和逃生能力不足。电动自行车火灾一旦发生，起火初期较其他类型火灾来得更加猛烈，因此，居民通常获知火情时比较慌张，忽略了火灾扑救的重要性，既不断电，也不采取措施灭火，使得火势迅速蔓延。而面对猛烈蔓延的火势，居民缺乏较好的逃生路径判断，比如，客厅起火，居民却往卧室跑而非开门往楼下和室外跑，导致葬身火海；有的电动自行车一楼充电起火，获知火情时居民不管火势大小或毒烟浓度大小，一味坚持从楼梯向下穿过着火区域向户外逃生，殊不知此时避险或逃生已然降低了成功率。

总之，当前电动自行车火灾暴露出居民火场逃生的能力较差，因此，导致火灾时虽过火面积小却伤亡惨重。

2.4 居民住宅的消防设施配置难以实现防控要求

居民住宅的消防设施配置标准相对较低，尤其是一些老旧小区，不仅建筑本身的防火能力薄弱，其探测火灾及扑灭火灾的设施配置也严重不足。除近几年建设的高层住宅小区外，其他住宅很少配置火灾自动报警设施，居民家中更是缺乏独立式火灾探测报警器，因此，住宅内发生火灾很难在第一时间被发现；其次，住宅内常见的灭火设施是灭火器，但是对于非高层住宅，灭火器往往集中放置在一楼公共门厅，不会每层楼分散放置，而居民家中，尤其是农村村民自建房更是缺乏灭火设施的配置，导致火灾发生时无法实现有效控火和灭火。即使高层住宅设有消火栓系统，但是其功能完好性以及作用发挥的效果也都很难经得住实践的检验。

2.5 居民住宅的消防检查不到位

2.5.1 职能部门的监督检查缺位

依据《消防监督检查规定》（公安部令第120号）第三条第二款规定，公安派出所可以对居民住宅区的物业服务企业、居民委员会、村民委员会履行消防安全职责的情况和上级公安机关确定的单位实施日常消防监督检查。基于该条文规定，居民住宅的消防监督检查由公安派出所施行，即执法主体较为明确，但由于派出所业务繁杂，虽有点多面广的优势，但对住宅的监管不到位，常有失控漏管的现象。但此现象自2018年12月消防体制改革后有所加剧，因为消防救援机构从公安部转到应急管理部，至此，虽然《消防法》还保留了派出所消防执法的主体资格，但应急管理部的《消防监督检查规定》征求意见稿中已经删除了公安派出所消防执法范围的有关条款，而公安部门也未对派出所接下来的消防执法职责给予明确的规范和引导，因此，居民住宅的消防安全问题，包括电动自行车违规充电问题得不到及时的监督检查和整改，隐患频繁并长期存在，使得此类火灾事故频发。

2.5.2 物业部门的自查流于形式

电动自行车违规充电问题是一个可随时发生随时消失的违法行为，单纯依赖职能部门的监督执法进行纠正通常是不及时，所以，还需借助物业部门日常自查、居民自纠等方式得以解决。但物业部门与业主之间的关系比较微妙，发现问题后很难纠正，久而久之，物业部门的日常检查、巡查也就流于形式，对于居民在小区内及各单元楼安全出口违规乱停乱放、违规私拉电线充电等可能产生安全隐患的行为视而不见。而对于居民将电池带回家中充电的问题更是无能为力，这也是导致此类火灾事故频发的原因。

3 居民住宅电动自行车火灾防控措施

3.1 加强源头把控，让消防安全起步于最前沿

3.1.1 严把生产关

进一步明确、理顺工商、质监、工信、公安等政府相关职能部门的监督管理职责，加强部门联动执法，形成监督合力，加大对电动自行车生产厂家及配套零部件生产厂家的日常监督管理力度，对不严格执行国家技术标准、以次充好、擅自降低质量标准的厂家，依法依规严肃查处取缔。[5]

3.1.2 严把销售关

市场监管部门要加强对市场上电动自行车销售质量的监督检查，严肃查处不符合新标准、违法销售未取得CCC认证电动自行车的违法行为。

3.1.3 严把维修关

严厉打击非法改装电机控制器或拆卸、更换、扩展不匹配电池组的车辆维修商。

3.2 完善消防设施，让消防器材设备强筋壮骨

首先，地方政府应进行总体规划，协调住房和城乡建设部门按照住宅建设项目的建设标准，督促、指导施工单位按规定为新建小区修建电动自行车库（棚）。对于已投入使用的居民区，应在有条件的地方加装电动自行车智能充电设备，最大限度满足居民的日常充电需求。在无加装条件的老旧小区，可结合“旧城换新城”和“文明城市”创建工作进行配套电动自行车库（棚）建设。[6]

其次，可探索试行新模式：政府和居民可以按一定比例投资共建社区周边公共区域，重点建设电动自行车智能充电设备，明确建设者、用户和管理者的权利和义务。电动自行车库（棚）采用阻燃材料建造，线路设计要合理可靠，设置线路颜色保护开关，消除电源乱接现象，配备干粉灭火器、简易喷淋系统、独立烟雾火灾探测报警器等消防设备和设施，并与建筑物保持安全距离。按照小区实有电动自行车数量合理分配充电位，注意车棚与车棚、车棚与建筑物的防火间距，避免火灾蔓延到另一建筑物，并定期对消防设施进行检测，避免发生故障。[7]

最后，鼓励各小区物业服务管理企业按照小区实际，可单独或与几个相邻小区合作共建微型消防站点，配齐各类常用灭火器材，配备足额、且懂基本消防灭火技术的专职社区消防人员，既是消防员也可兼职小区里的安全员，壮大消防力量，能够及时、有效应对突发、初起火灾，避免或减少群众生命伤亡和财产损失。

3.3 加大宣传力度，让消防安全知识入脑入心

首先，利用小区内展板、滚动屏等方式宣传。物业公司要在小区明显位置设置消防安全宣传栏，设立消防安全展板宣传消防安全知识，各楼道口张贴禁止停放电动自行车标语宣传画，有条件小区设置电子屏幕每日滚动播放消防安全知识，给群众视觉冲击。[8]

其次，公安派出所及消防救援大队应不定期组织群众进行消防安全知识讲座，宣讲电动自行车乱停乱放、私拉电线引发火灾的现实危险性，同时可利用快手、抖音等现代媒体制作短视频，通过播放各地电动自行车火灾案例，加强对群众的火灾警示安全教育作用，以惨痛的案例打破群众固化的麻痹大意思想、侥幸心理和轻视心理，以案明理，警示教育群众，提高群众日常消防安全风险防范意识。

3.4 加强监督检查，让消防监督管理面面俱到

首先，各级党委和政府要重视、明确电动自行车消防安全管理职责。街道（乡镇）要依法落实消防安全责任制实施措施，切实加强消防安全管理，将电动自行车消防安全工作纳入日常工作范围，加强街道（镇）专职消防队、志愿消防队、微型消防站等形式消防队建设，建立全覆盖专业消防队伍，巩固消防基础工作，以及发展消防技能培训和应急演练，以确保火灾能够在第一时间在现场得到处理。

其次，住建部门还应将电动自行车消防安全预防工作纳入物业服务企业的管理和考核工作中，加强对物业服务企业的监督落实，强化其安全防范的责任意识和安全防范行为。组织物业服务企业，消防志愿者加强对小区日常消防巡查和夜间巡逻，及时发现和制止居民在楼道内和安全出口处擅自停放电动自行车和充电情形，引导居民在电动自行车集中充电车库（棚）停车和充电。对各小区物业服务企业实行“红黑榜”制度，对工作认真、履职尽责好的物业服务企业进行表彰通报；对工作推诿扯皮，履行不到位的物业服务企业予以通报批评，对多次通报批评依然我行我素、不积极整改的物业服务企业实行一票否决制，撤销其物业资格。[9]

再次，小区物业服务企业本身要重视消防安全工作，确定消防安全责任人和管理人，组织专门人员开展防火巡查检查，重点检查小区内消防通道是否畅通、公共区域及各楼道内是否存在电动自行车乱停乱放、私拉电线充电现象、小区内消防器材是否完好有效，发现安全隐患及时整改，并做好检查记录。

最后，公安派出所及消防救援大队每月实行“三到位”监督检查制度，即各小区每月一检查，做到“检查现场到位”“问题指出到位”“及时整改到位”，坚决杜绝监督走过场、拍照填表就等于是检查的形式主义。对每次检查出的安全隐患，仔细记录，通知整改，做好复查。

3.5 健全法律法规，让消防法律制度久久为功

目前，我国在消防领域有一部《中华人民共和国消防法》，作为一部上位法，对消防工作的宏观指导性强，对现实中方方面面的微观消防管理处罚措施弱，且群众知晓率低，类似在小区楼道内乱停乱放电动自行车堵塞消防安全出口的消防违法情形多发并且存在执法不严、违法成本低的尴尬情况。法律法规还需进一步完善、细化，鼓励各省市依据实际情况，出台相应的地方性法规，达到既能够便于民利于民，又能够依法依规合理有效管控电动自行车的安全使用。例如，在2017年7月25日，广西壮族自治区出台了地方标准—《电动自行车停放充电场所消防安全规范》；在2017年8月份，江西省公安消防总队启动了《电动自行车停放充电场所消防安全规范》地方标准编制工作，2017年12月完成初稿编制，同时向江西省质量技术监督局申请了项目立项；2017年12月31日，公安部也下发了《关于规范电动车停放充电加强火灾防范的通告》地方标准的出台，填补了目前现实社会中对电动自行车停放充电场所消防安全规范及相关标准所欠缺的法律规范空白，增强了针对居民小区电动自行车乱停乱放执法的法律规章制度。

4 结论

如今，随着社会经济的发展和生活节奏的加快，电动自行车越来越受到人们的喜爱，得到了迅速推广应用。但在实际使用过程中，电动自行车火灾事故频发，严重损害人民群众生命财产安全。因此，政府部门必须加强监管，大力宣传，完善制度，极力减少或避免电动自行车火灾事故的发生，确保人民生命财产安全。

参考文献

[1] 吴礼龙，胡安雄. 电动车火灾现状分析与对策研究[J]. 消防技术与产品信息，2013（10）：3-5.

[2] 李佳育. 电动车火灾调查防范措施分析［J］. 中国科技信息，2021（20）：53-54.

[3] 董逵逵. 电动自行车火灾原因和预防对策分析[J]. 电动自行车，2018（02）：33-35.

[4] 任苗苗，王丹. 居民区电动自行车火灾成因与防范对策探讨［J］.（电子版），2017（11）：121+123.

[5] 可怕的电动车，夺命只需100秒［J］. 湖南安全与防灾，2019（03）：62-63.

[6] 陈娟娟. 电动自行车消防安全问题及火灾防范对策[J]. 今日消防，2021，6（07）：71-73.

[7] 智慧社区下的电动自行车安全管理［J］. 中国建设信息化，2021（07）：77-79.

[8] 萧京. 北京顺义全力开展电动车火灾防控［J］. 消防界（电子版），2021，7（17）：16.

[9] 尚琪霞. 一起居民住宅电动车火灾事故的调查与分析［J］. 武警学院学报，2020，36（04）：51-55.

歌舞娱乐放映游艺场所界定范围分析研究

张　博

（山东省聊城市消防救援支队，山东　聊城）

摘　要　简要回顾了近年来密室逃脱场所火灾事故，提出了新兴娱乐场所定性方面存在的困难。对歌舞娱乐放映游艺场所的由来、提出以后的概念调整和涵盖场所范围的变化进行了的细致梳理，分析了歌舞娱乐放映游艺场所外延定义存在的局限性，通过与公共娱乐场所的逐项对比，提出了歌舞娱乐放映游艺场所的内涵定义，并以此对私人影院、密室逃脱、剧本杀等场所性质进行界定和检验，为新兴娱乐场所的消防设计和监管提供定性指导。

关键词　歌舞娱乐放映游艺场所　公共娱乐场所　外延定义　内涵定义

1　引言

近年来，随着经济社会的发展和社会节奏的快速变化，密室逃脱、剧本杀、私人影院等新兴娱乐场所不断出现，但消防安全隐患问题也随之而生。2019 年 1 月 4 日，波兰科沙林一家密室逃脱场所发生火灾，造成 5 名未成年少女死亡、1 人受伤；2021 年 2 月 24 日，安徽合肥一家密室逃脱场所，因通道狭窄，在游戏过程中发生踩踏，造成 8 人受伤；另外还有多起因道具打不开、追逐期间受伤等状况引起的安全事故，引发了社会面的广泛关注。为加强密室逃脱类场所火灾防范工作，2021 年 9 月 29 日，应急管理部消防救援局印发了《密室逃脱类场所火灾风险指南（试行）》《密室逃脱类场所火灾风险检查指引（试行）》（应急消〔2021〕170 号）[1]，对密室逃脱类场所起火风险、人员疏散风险、火灾蔓延扩大风险等因素进行了分析，对消防安全管理、火灾危险源、重点部位、应急处置能力等检查要点进行了明确，指导相关职能部门、乡镇（街道）及社会单位开展消防安全管理。

但对于此类新兴娱乐场所，是否能够定性为歌舞娱乐放映游艺场所，还存在一定争议，也直接影响到场所建筑平面布局、消防设施配备等消防设计以及后续消防安全管理，加之高沉浸度、高娱乐性的娱乐场所是当前文化产业领域具有前沿性和成长性的类型[2]，对歌舞娱乐放映游艺场所界定范围进行研究很有必要。

2　歌舞娱乐放映游艺场所演变

2.1　歌舞娱乐放映游艺场所的由来

1994 年 11 月 27 日，辽宁阜新艺苑歌舞厅发生火灾，造成 233 人死亡、20 人受伤；2000 年 3 月 29 日，河南焦作天堂录像厅发生火灾，造成 74 人死亡、2 人受伤；2000 年 12 月 25 日，河南洛阳东都商厦发生火灾，造成 309 人死亡；相关场所火灾事故教训十分深刻。

2001 年 4 月 24 日，公安部天津消防科学研究所对《建筑设计防火规范》（GBJ 16—87）进行局部修订，首次引入歌舞娱乐放映游艺场所的概念，在条文解释中提到“近几年，歌舞娱乐放映游艺场所群死群伤火灾多发，为保护人身安全，减少财产损失，对歌舞娱乐放映游艺场所做出相应规定”，其定义为“歌舞厅、录像厅、夜总会、放映厅、卡拉 OK 厅（含具有卡拉 OK 功能的餐厅）、游艺厅（含电子游艺厅）、桑拿浴室（除洗浴部分外）、网吧等。”[3]

2.2　歌舞娱乐放映游艺场所概念的调整

2014 年 8 月 27 日，《建筑设计防火规范》（GB 50016—2014）[4]发布，在歌舞娱乐放映游艺场所的相关条文和解释中，对概念进行了微调，将“具有卡拉 OK 功能的餐厅”调整为“具有卡拉 OK 功能的餐厅或包房”、将“游艺厅（含电子游艺厅）”调整为“各类游艺厅”、将“桑拿浴室（除洗浴部分外）”调整为“桑拿浴室的休息室和具有桑拿服务功能的客房”，并明确“不包括电影院和剧场的观众厅”，使概念表述更为精准。

在目前施行的《建筑设计防火规范》［GB 50016—2014（2018 年版）］[5]中，歌舞娱乐放映游艺场所的概念与 2014 年版一致，为“歌厅、舞厅、录像厅、夜总会、卡拉 OK 厅和具有卡拉 OK 功能的餐厅或包房、各类游艺厅、桑拿浴室的休息室和具有桑拿服务功能的客房、网吧等场所，不包括电影院和剧场的观众厅”。

2.3　歌舞娱乐放映游艺场所范围的变化

随着娱乐业态的发展转变和消防设计、监管部门认知的深入，一些原本火灾危险性不高或者未暴露出其火灾危险性的场所，在后期修订中，又列入歌舞娱乐放映游艺场所范围，如足疗场所。

2003 年，《建筑设计防火规范》管理组在《关于确定歌舞娱乐放映游艺场所范围的复函》（公津建字〔2003〕85 号）中，明确“麻将房、桌球城、茶艺室、美容美发、沐足等场所不包括在歌舞娱乐放映游艺场所中。”2017 年 2 月 5 日，浙江省天台县足馨堂足浴中心因汗蒸房电热膜故障引发火灾，造成 18 人死亡、18 人受伤。2017 年 3 月 27 日，公安部消防局印发《汗蒸房消防安全整治要求》（公消〔2017〕83 号）[6]，其中明确“汗蒸房防火设计应符合《建筑设计防火规范》关于歌舞娱乐放映游艺场所的相关要求。”2019 年 1 月 22 日，《建筑设计防火规范》国家标准管理组在《关于足疗店消防设计问题的复函》（建规字〔2019〕1 号）中，明确“考虑到足疗店的业态特点与桑拿浴室休息室或具有桑拿服务功能的客房基本相同，其消防设计应按歌舞娱乐放映游艺场所处理。”

21 世纪初足疗行业刚刚起步，足疗场所装修装饰较为简单，经营业态相对单纯，人员停留时间短、娱乐项目单一，其火灾危险性与理发店、茶室等营业性休闲场所类似；但经过一段时间的发展，一些地区陆续成立足疗行业协会，甚至出台地方标准或管理规定[7]，到了 2010 年左右，大量装修豪华、娱乐项目丰富的综合型足疗场所出现，兼具放映、游艺、桑拿、按摩、餐饮、旅馆等多种业态，加之汗蒸、电热等新工艺新材料的应用，其火灾危险性剧增，特别是浙江天台“2.5”火灾之后，加强足疗场所监管势在必行，因此将其纳入歌舞娱乐放映游艺场所范畴。

3 歌舞娱乐放映游艺场所的定义研究

3.1 歌舞娱乐放映游艺场所的定义分析

定义是人们对一定认识对象的认识成果和总结，通过对事物特殊属性的揭示来反映事物本身。根据下定义时应用的方法不同、侧重的角度不同以及被定义项的不同特点，定义分为很多不同的类型，包括内涵定义、属加种差定义、外延定义、语词定义等[8]。随着人们对事物认识水平的提高，有些概念也需要作出相应的修改，甚至推翻原有的定义，对其作出全新的定义。一般来说，概念的定义为内涵定义，从揭示概念内涵的角度来界定概念，如：电影院是为观众放映电影的场所，KTV 是指提供卡拉 OK 影音设备与视唱空间的场所。

目前歌舞娱乐放映游艺场所的概念是一种外延定义，即通过列举概念所指的对象，对概念进行揭示。但是，随着新业态新产业的加速涌现和快速发展，跨界、多种娱乐类型在同一场所共存、叠加的现象越来越多，非全面列举式的歌舞娱乐放映游艺场所外延定义在指导场所消防设计、消防监管方面存在一定滞后性，为更加有效界定新兴娱乐场所的性质，有必要明确歌舞娱乐放映游艺场所概念的内涵定义。

3.2 歌舞娱乐放映游艺场所与其他场所的区别

根据《消防法》《建筑设计防火规范》《公共娱乐场所消防安全管理规定》（公安部第 39 号令）[9] 等法律法规和技术标准，消防领域的几个关于场所的概念都是外延定义，采用不完全列举场所的方式对场所概念进行阐释，其中人员密集场所能够涵盖公众聚集场所，公众聚集场所能够涵盖公共娱乐场所，公共娱乐场所能够涵盖歌舞娱乐放映游艺场所。

一般来说，在公众聚集场所中分辨出公共娱乐场所难度不大，但从公众娱乐场所中分辨出歌舞娱乐放映游艺场所，往往存在争议。换个表述方式，即娱乐项目是否存在，比较容易判断；但娱乐场所是否应该列入歌舞娱乐放映游艺场所范围，较难确定。

3.3 歌舞娱乐放映游艺场所的内涵定义

明确歌舞娱乐放映游艺场所的内涵定义，要满足两个要求，一是要与目前的定义具有全同关系，即不得改变被原本定义的外延，不得“定义过宽”“定义过窄”；二是定义要用明确、肯定的语句，揭示概念的内涵，反映其本质属性。考虑到歌舞娱乐放映游艺场所包含的场所类型最少，可以通过比对其和公共娱乐场所的区别，找出特征点，将其内涵定义明确为具备某种特点的公共娱乐场所。

根据《公共娱乐场所消防安全管理规定》，公共娱乐场所是指向公众开放的下列室内场所：（一）影剧院、录像厅、礼堂等演出、放映场所；（二）舞厅、卡拉 OK 厅等歌舞娱乐场所；（三）具有娱乐功能的夜总会、音乐茶座和餐饮场所；（四）游艺、游乐场所；（五）保龄球馆、旱冰场、桑拿浴室等营业性健身、休闲场所。歌舞娱乐放映游艺场所和公共娱乐场所均存在人员密集、流动性大，易燃可燃装饰装修材料多，用电设备多等火灾危险性。按公共娱乐场所涵盖的五种类型，将两个场所的概念进行对比，如表 1 所示。

表 1 歌舞娱乐放映游艺场所与公共娱乐场所比对

类型	歌舞类	娱乐类	游艺类	放映类	营业性健身、休闲场所
歌舞娱乐放映游艺场所	歌厅、舞厅、卡拉 OK 厅	夜总会、具有卡拉 OK 功能的餐厅或包房	各类游艺厅、网吧	录像厅	足疗店、桑拿浴室的休息室和具有桑拿服务功能的客房等场所
公共娱乐场所	舞厅、卡拉 OK 厅等歌舞娱乐场所	具有娱乐功能的夜总会、音乐茶座和餐饮场所	游艺、游乐场所	影剧院、录像厅、礼堂等演出、放映场所	保龄球馆、旱冰场、桑拿浴室等营业性健身、休闲场所
场所区别	相同	相同	不包括游乐场所	不包括影剧院、礼堂和剧场的观众厅	不包括保龄球馆、旱冰场等场所和除桑拿浴室休息室、具备桑拿服务功能的客房外的其他区域
特征总结	以影像音乐、游艺设施或其他电子设备营造高度沉浸感的场所			非敞开空间，在独立厅、室内进行影像放映、足疗、桑拿、按摩等活动	

对于歌舞和娱乐类场所，歌舞娱乐放映游艺场所和公共娱乐场所涵盖的范畴基本上是相同的，目前传统的歌厅、舞厅业态已经逐渐走向消亡[10]，主要涵盖的场所是 KTV、酒吧等，其特点有室内装修豪华新颖，声光视听效果强，消费者沉浸程度高。

对于游乐场所和游艺场所的区别，目前尚没有标准划分或权威解释。根据《游乐设施术语》（GB/T 20306—2017）[11]，游乐设施的定义是用于人们游乐（娱乐）的设备或设施，按参数划分，包括大型游乐设施、小型游乐设施（滑梯、秋千等）；按动力划分，包括有动力类娱乐设施（转马、游览车等）和无动力类娱乐设施（蹦极、充气式游乐设施等）；按参与方式划分，包括被动体验式游乐设施（海盗船、过山车等）和主动交互式游乐设施（碰碰车、光电打靶等）。根据《游戏游艺机产品规范》（GB/T 30440—2013）[12]，游戏游艺机是指通过专用设备提供使消费者产生感知互动的游戏内容和游戏过程从而实现娱乐功能的电子、机械装置，包括室内商用大型游戏机、手持式游戏机和家庭游戏机三大类。因此游乐场所偏于室内开放型区域，占用空间相对更大，娱乐方式相对动态；游艺场所偏向于室内封闭场所，人员密集程度相对更高，娱乐方式相对静态，特别是影像视听和电子游戏等设备介入更多。

对于放映类和营业性健身、休闲场所，歌舞娱乐放映游艺场所相比公共娱乐场所，在娱乐业态上没有本质差别，区别在于歌舞娱乐场所设置了独立厅、室，在其中进行影像放映、足疗、桑拿、按摩等娱乐活动，消费者沉浸度高，不容易被其他区域干扰。

综上，可以尝试明确歌舞娱乐放映游艺场所的内涵定义为，以影像音乐、游艺设施或其他电子设备等营造高度沉浸感以及在独立厅、室内进行影像放映、桑拿按摩、足疗等活动的公共娱乐场所。

3.4 歌舞娱乐放映游艺场所内涵定义的检验

针对目前存在的私人影院、密室逃脱、剧本杀、轰趴等新兴娱乐场所，运用新提出的内涵定义进行界定，同时检验内涵定义是否合理。

私人影院，在独立厅、室内提供影像放映的娱乐项目，与影剧院在场所规模上差别较大，与传统的录像厅高度相似，应明确为歌舞娱乐放映游艺场所。

密室逃脱，可以运用影像音乐、电子设备等手段，通过视觉、听觉、触觉等多种设计元素，营造游戏空间[13]，使消费者沉浸感体验极强，不受外界因素干扰，应明确为歌舞娱乐放映游艺场所。

剧本杀场所，虽然在部消防救援局《密室逃脱类场所火灾风险指南（试行）》《密室逃脱类场所火灾风险检查指引（试行）》中，将剧本杀、情景剧类活动的场所均归属到密室逃脱类场所，但一般来说，剧本杀场所的娱乐特性更接近于三国杀、狼人杀等传统桌游和具有独立空间的棋牌室、麻将室，应归属于公共娱乐场所；目前也出现了一些“沉浸式+剧本杀”的场所，在封闭空间内通过全息投影、VR、AR等电子设备营造高度沉浸感，此类场所应明确为歌舞娱乐放映游艺场所。

轰趴馆，是“Home Party”的音译，原本指西方国家私人举办的家庭聚会，引入中国后，应该称为“室内聚会”或“室内派对”，聚会的地点也不是在家庭，而是在提供聚会服务的轰趴馆等商业场所。据中国文化娱乐行业协会《2020中国文娱行业发展报告》，轰趴、密室、酒吧在2020年线上文娱业态订单中占据了前三位。轰趴馆一般能够提供自助餐饮、电影放映、KTV、台球、桌游、家庭游戏机等多种娱乐项目，并且多种业态在同一空间并存，应明确为歌舞娱乐放映游艺场所。

另外，有观点认为，足疗场所包括休闲娱乐型的足疗场所和提供辅助治疗、按摩的养生场所，前者应确定为歌舞娱乐放映游艺场所，后者应确定为一般营业性休闲场所。通常情况下，前者相较后者，场地规模更大、易燃可燃装饰装修更多，火灾危险性相对更高，但是从娱乐业态来看，两者并未有本质的区别。按内涵定义判断，如果场所内设置了独立厅、室，应明确为歌舞娱乐放映游艺场所；如果场所为敞开式空间，可按一般公共娱乐场所。

4 结束语

综上所述，新兴娱乐行业和场所的不断涌现，带来了消防安全的新情况新问题，对歌舞娱乐放映游艺场所赋予内涵定义，并以此界定新兴事物和场所的性质，能够在一定程度上弥补当前外延定义的不足，从而为相关消防设计、消防监管提供遵循。

参考文献

[1] 应急管理部消防救援局．消防救援局关于印发密室逃脱类场所火灾风险指南及检查指引的通知［Z］．2021.

[2] 花建，陈清荷．沉浸式体验：文化与科技融合的新业态［J］．上海财经大学学报．2019，21（5）：18-32.

[3] GBJ 16—87（2001 年版），建筑设计防火规范［S］.

[4] GB 50016—2014，建筑设计防火规范［S］.

[5] GB 50016—2014（2018 年版），建筑设计防火规范［S］.

[6] 公安部消防局．公安部消防局关于印发《汗蒸房消防安全整治要求》的通知［Z］．2017.

[7] 管伯群．上海足疗行业现状和展望［J］．双足与保健，2008（5）：24-26.

[8] 李娟．从定义规则的角度论档案的定义［D］．沈阳：辽宁大学，2012.

[9] 公安部．公共娱乐场所消防安全管理规定［Z］．1995.

[10] 中国歌舞娱乐行业报告［A］．艾瑞咨询系列研究报告［C］：2019（8）.

[11] GB/T 20306—2017，游乐设施术语［S］.

[12] GB/T 30440—2013，游戏游艺机产品规范［S］.

[13] 关怀．真人密室逃脱游戏空间设计研究［D］．沈阳：沈阳航空航天大学，2018.

居民住宅亡人火灾引发的思考

李星皕

（北京市房山区消防救援支队，北京　房山）

摘　要　以一起发生在城乡接合部地区居民住宅亡人火灾事故为例，结合当前居住类火灾亡人事故多发的现状，通过火灾事故调查和延伸倒查，针对事故调查中发现的突出问题，分析火灾发生的原因，总结经验教训，对今后工作提出预防对策。

关键词　火灾　住宅　对策

0 引言

近年来，随着人民生活水平的提高，物质条件得到了很大改善，家庭用火用电增多，住宅火灾危险因素和危害程度不断增加，已成为危害人民生命财产安全的重要因素之一[1]。据统计，住宅类火灾事故位居场所类火灾首位，消防安全问题日益凸显，火灾高发势头亟待遏制。

1 事故基本情况

2021年1月18日15时许，某地一居民小区29号楼5单元603室发生火灾，过火面积约2m^2，亡2人。经统计，直接经济损失约5万元。

1.1 现场勘验

起火楼房位于某城乡接合部地区，东侧为GC大街，南侧为一影剧院，西侧为废弃锅炉房，北侧为29号楼前小区内部道路及车棚。小区建于1984年，属老旧居民小区，为砖混结构6层板楼，共5个单元72户138人，一梯2~3户。起火房屋为该楼5单元603室，格局为南北通透的两室一厅，起火客厅位于该户东北角。第6层北侧由西向东第1扇窗户有烟熏痕迹，第2扇窗户过火烧毁且墙面烟熏痕迹明显。公共走道内受烟熏，601室、602室户门受烟熏。

603室户门烟熏痕迹较重，且烟熏痕迹户内重于户外，外侧户门被救援人员破拆破坏。该户为两室一厅结构，客厅过火，且烟熏痕迹较重，其余两个卧室、厨房、卫生间未过火且烟熏痕迹较轻。客厅南北长 3.8m、东西宽 3m、高 3m。客厅内墙皮过火破损，破损程度东墙较重，顶棚北侧区域重于南侧区域。客厅东侧由北向南依次摆放木质沙发、废纸等杂物、木质衣柜，木质沙发贴临北墙，东西长 1.2m、南北宽 0.65m。火灾现场平面示意图如图 1。

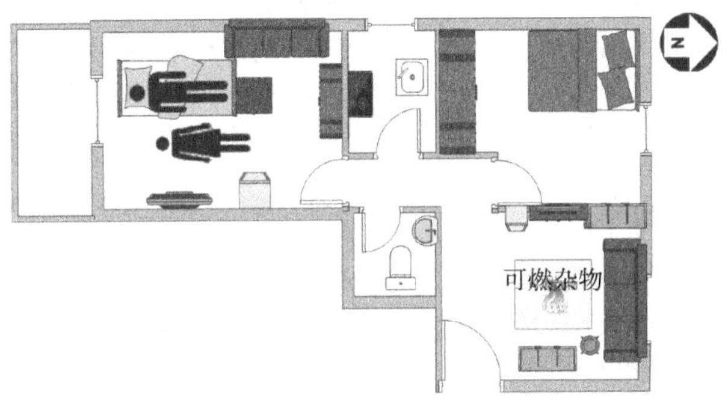

图1 火灾现场平面示意图

1.2 火灾原因认定

603 室客厅的中部杂物烧损严重，北侧沙发、西北角衣柜、东南侧衣帽柜、西侧电视及桌子、西南角电冰箱，均上部过火烧损，下部大部分完好，火势呈现出以客厅中部向四周蔓延迹象。

根据属地公安刑侦部门调查报告，2 死者心血碳氧血红蛋白浓度 A 为 54.7%、B 为 34.9%，死者 A 体表无明显损伤，死者 B 面部及双手可见一度至浅二度烧伤。查看院内监控，排除外来他杀放火的可能性。排除刑事嫌疑。事发时户门及窗户处于关闭状态，不具备外来明火源条件。客厅东墙距北墙 1.1m、下部 0.25m 有一墙壁式插座，插座外观基本完好且未外接电气设备，现场提取部分炭灰进行送检，未发现短路熔痕，客厅内其他电器线路外观完好，排除电气线路故障。

死者 A 常年卧床休养且有抽烟习惯，在客厅东中部对烧毁碳化严重的杂物堆进行清理时，发现少量烟头，未发现有烧损的电气线路。利用水洗法对杂物堆下地面进行清洗，发现距离东墙 1.2m 处、距离北墙 1.1m 处，地面上黏有不规则熔融物，其中夹杂数个烟头。现场提取炭灰检测未发现任何助燃剂成分。客厅内烟熏痕迹明显，物品过火燃烧程度较轻，呈现出阴燃燃烧特征。不排除遗留火种。

2 暴露出的问题

该起事故的发生，暴露出属地政府及相关部门在居民家庭的日常消防监督指导上不深入，排查不细致，整治力度不强，宣传培训不到位。

2.1 街道办事处消防责任落实有待加强

2.1.1 消防安全形势分析研判不深入

街道办事处未能严格执行上级方案，结合辖区居住、电气类火灾高发实际和冬季火灾特点，认真分析消防安全面临的严峻形势，特别是未结合历年冬季村居民家庭亡人火灾偶有发生的火情规律和防控实际以及重点人群分布等情况，全面查找消防安全问题和薄弱环节，明确职责分工、细化工作任务，采取并落实有效措施减少火灾事故发生，遏制“小火亡人”。

2.1.2 街道防火委作用发挥不明显

街道下设的平安建设办公室应急组承担消防工作职能，人少事杂、疲于应付。街道未按照“管行业必须管安全”要求，明确其他科组的相关消防安全责任，有效发挥防火委议事作用，将宣传、民政、城建、市政、环境、农业农村、社会治理、综合执法等部门纳入成员单位，定期组织行业科组、社区村和重点企业分析研判消防安全形势，部署重点工作任务，共商消防安全，也未较好地将涉及消防规划、隐患治理、宣传教育、经费保障等内容纳入辖区总体规划，在落实上存在打折扣现象。

2.1.3 消防网格化管理体系不健全

街道网格化管理存在着保障机制不力、工作落地不实、排查效果不佳、岗位职责不一、人员能力不齐等问题。未能健全消防网格化管理工作档案台账，未有效落实常态化巡查检查、宣传提示、培训演练等，“楼院长、村组长”和“多户联防、区域联防”制度有待健全，网格人员职责、任务不明确，未接受专业培训，业务水平相对较差，工作走马观花、浮于表面、积极性不高，未能形成“横向到边、纵向到底、责任明确、监管到位”的消防安全网络管理体系。

2.1.4 消防隐患检查整改不彻底

街道消防工作重部署轻督导，在基础摸排、联合执法、隐患治理及督查指导上力度不够，对检查发现的隐患问题往往只是下发责令改正通知单或要求当场改正，没有组织“回头看”，未督促隐患闭环整改，致使火灾隐患再次滋生，缺乏“最后一公里”的突击动力，虎头蛇尾、应付了事。

2.2 社区消防管理水平有待提升

2.2.1 消防管理制度不健全

缺乏有效的管理机制和资金保障机制，没有组织制定消防安全管理制度和居民防火公约，消防安全检查和宣传培训未定计划，思想认识不到位，认为家庭火灾伤亡可能性不大，消防安全管理缺乏规范性、自主性，工作方式方法不多，不愿挖掘深层次原因，表面工作做得多，实际问题解决的少。

2.2.2 现实隐患大量存在

小区建成年代久远，没有物业管理，消防基础设施滞后，私家车占用消防车通道导致不畅，公共绿地、车棚、单元楼道大量堆放可燃杂物影响疏散，电动自行车飞线充电屡见不鲜，消防设施损坏、丢失、缺乏维护保养，日常巡视检查摸不清重点，在重点部位巡控、重点时段管控、重点人群看护、定人定岗定责等关键环节上，防控力度和针对性措施明显弱化，虽采取了一定措施，但效果不佳、隐患反弹明显，火灾隐患排查整治不彻底，反映出管理能力不足，缺少质效，未能有效防止火灾发生。

2.2.3 微型消防站应急处置能力不足

社区微型消防站设施设备长期锁在办公室，未能起到应有的作用，社区工作人员对设备器材使用方法不了解，微站形同虚设。

2.2.4 入户检查和宣传指导成效不明显

小区内未设置消防宣传栏或张贴提示海报，工作人员对入户检查存在畏难情绪，未能摸清查准鳏寡孤独、空巢老人等底账，及时针对性采取“点对点”帮扶和“敲门入户”宣传提醒，楼门栋长定期走访和用火、用电、用气安全提示流于形式，消防宣传教育不深入，应急疏散演练不到位。

2.2.5 群众消防安全意识淡薄

群众不掌握初期火灾扑救方法和逃生避险常识，未参加过消防演练，不会使用灭火器、消火栓等。个别住户以出差、不方便为借口，拒绝清理楼梯内堆放的杂物，对火灾隐患熟视无睹，消防安全素养有待提升。

2.3 消防监督指导有待深入

2.3.1 工作督导力度频次不够

消防部门在日常工作中着重于对消防安全重点单位的监督抽查，疏忽了对街道工作的调研指导和责任落实的督导，未能有效帮助街道开展经常性风险分析研判，研提防范措施，导致难以从源头上发现、根本上消除火灾隐患。

2.3.2 宣传培训覆盖不广、内容不实

对宣传工作存在认识偏差，重视不够，觉得宣传工作不是中心任务，只是个“软指标”，安排布置的多、具体落实的少。宣传内容陈旧、形式呆板、模式老套、毫无特点，市民群众不感兴趣，效果甚微[2]。

2.3.3 监督员履职不到位

消防监督员对街道办事处的指导多停留在书面或口头传达，未进行深入实践、切合实际、符合定位的监督指导、跟踪问效，对辖区薄弱环节摸排、管控、治理存在盲区，在统筹调度、综合协调、治理方式等环节上，出现顾此失彼、避重就轻、推一推动一动等问题，工作上不细致，台账掌握不全面，措施落实浮于表面。

3 预防对策

为有效预防和减少事故，防止类似火灾再次发生，各级政府和相关部门应切实履行监管职责，加大隐患排查治理和宣传力度，及时消除各类火灾隐患，确保人民群众生命、财产安全和社会稳定。

3.1 认清安全形势，保持敏感敏锐

充分认清抓好消防安全工作的重要性，把消防安全工作摆在更加突出位置，毫不松懈、持之以恒。深刻吸取各类火灾事故教训，举一反三，结合火灾规律特点和风险隐患重点，分析研判辖区或行业消防安全形势和薄弱环节，研究制定针对性防范措施，切实履行监管职责，消除各类火灾隐患，把消防安全作为一项基础工作、民生工作、长期工作来抓。

3.2 落实各方责任，抓好统筹结合

消防救援机构牵头做好火灾事故调查，查明火灾原因，查清相关单位日常消防管理主体责任，针对暴露出的问题分析深层次原因，研究防范措施，加强通报整改，推进指导工作。各级政府和行业部门应落实属地和行业监管责任，建立健全完整的责任链条，重点抓好标准化管理、常态化排查、综合性整治，加强对鳏寡孤独、老弱病残等重点人群关爱。抓实做细基层消防安全网格化管理，强化网格力量配备和消防业务技能培训，结合群众自治、志愿服务开展日常巡查检查、提醒提示、劝导制止，及时消除动态性、反弹性、普遍性问题，教育引导市民群众自觉维护公共安全，及时制止各类不安全行为。

3.3 紧盯突出问题，重点攻坚突破

3.3.1 加强“两个通道”专项治理

针对消防车通道，持续推进消防车道划线和消火栓标识，产权单位、使用单位、物业服务企业、村居委会应抓好日常管理，建立车辆停放紧急联系机制等应急处置制度。消防、交管、城管等部门应加强执法检查和指导，综合治理、依法查处违法违规行为。针对小区楼内疏散通道堆放杂物问题，有物业管理的，住建部门要督促指导物业服务企业负责日常检查、提示、劝阻、清理工作；无物业管理的，老旧小区由业主委员会、物管会负责日常管理，村民自建房由村委会负责日常管理，加大对村居民小区消防车道、疏散通道、消防设施等火灾隐患排查整治力度，引导居民自觉清理可燃杂物，拆除门窗上影响逃生和救援的铁栅栏、广告牌等障碍物，进一步畅通生命通道。

3.3.2 净化薄弱环节消防安全环境

加强老旧居民小区和城乡接合部村民自建出租房突出消防安全隐患问题整治，建立底数台账和隐患清单，健全完善制度，形成长效防范机制。围绕“三合一”、出租房、群租房、小场所和电动自行车等，重点突出隐患集中领域、区域，开展全覆盖排查整治，将隐患查实、查细，逐步提升薄弱环节火灾防控水平。强化执法处罚措施运用，提升执法效能，对隐患问题一盯到底，跟踪曝光一批问题隐患，切实起到警示震慑作用。

3.3.3 解决基础防控能力不足问题

加强小型消防站、微型消防站和义务消防队建设，纳入119调度指挥体系，建立健全联勤、联训、联调、联战机制，织密“消防应急救援网和社会火灾防控网”，夯实社会面应急响应基础，提高响应效率，构建“点多面广、快速响应、及时处置”的基层灭火应急体系。

3.4 广泛宣传发动，强化教育培训

组织消防宣传大使、楼栋长和群防群治力量开展消防安全提示，督促引导企业职工、市民群众自觉发现、及时整改身边隐患问题，扩大消防宣传覆盖面，掀起宣传攻势。关注鳏寡孤独、老弱病残、外来务工人员等群体生活居住情况，建立底数台账，“敲门入户”讲明责任、讲清后果，提示用火用电用气安全和可燃杂物清理，加强巡查看护和应急处置。

参考文献

[1] 张玉宏．住宅火灾发展趋势及其预防措施［J］．消防技术与产品信息，2009（12）：68-69．

[2] 孙冰．基层消防宣传工作存在的问题及对策［J］．今日消防，2021.6（8）：79-81．

煤炭自燃防灭火常用方法论述

杨勇仪

（中国人民警察大学研究生院，河北 廊坊）

摘 要 我国一半以上的煤矿都发生过煤炭自燃现象，不仅煤炭资源在火海中被无情浪费，而且还会生成大量污染环境的有毒气体，但人们至今对其防范治理问题比较难办。因此在本文中对煤炭自燃的阶段、机理进行了阐述，对煤炭自燃预防措施进行了解释说明，同时根据煤炭自燃所处阶段的不同采取不同的灭火措施进行了概述，可为我国煤炭自燃消防技术的发展和生态环境的保护提供参考。

关键词 煤炭自燃机理 预测预报技术 灭火措施

0 引言

从最初蒸汽动力到工业化时代发电和炼焦原材料煤炭发挥了不可磨灭的作用。我国约56%的煤层有自燃倾向，每年约有2000万吨煤炭因煤火被摧毁，一旦煤炭开采强度高、开采程度深及作业不规范会使煤层地表裂缝扩大，造成煤层地下氧气和热量持续积聚，创造了极佳的煤炭自燃条件、增加了煤炭自燃概率和风险。煤层自燃不仅会造成煤炭资源浪费、烧坏煤炭深层探测和勘验设备仪器，而且还会释放H_2S、CO、CO_2等有毒气体，持续的高温燃烧使土壤的水分养分流失严重，人类无法在其土地上居住生活，给生存环境造成不可逆转的伤害。所以深入研究煤炭自燃准确的预测预报技术、防灭火措施是积极响应习近平新时代中国特色社会主义生态文明建设的必然要求和有力举措。

1 煤炭自燃阶段

人们一直对煤炭自燃过程有理论探讨和实验研究。煤炭自燃是极其复杂煤氧之间的物理化学反应过程[1]。自燃初期准备阶段，煤炭和较少氧气发生氧化反应，此时煤温较低且氧化速度较慢，煤炭从吸热失水到缓慢氧化开始积蓄热量，煤温逐渐上升进入自热阶段。而准备阶段时间长短与煤炭积聚热量强弱和当时所处环境有关；进入自热阶段煤炭氧化速度、程度会加快，易分解的氧化物会释放CO、CO_2和水。当温度达到70℃[2]时，煤吸附氧气反应转变为煤氧之间氧化反应，同时煤层干馏等各类氧化反应加速产生各种芳香族碳氢化合物。当达到煤炭自燃着火点温度时就到了燃烧阶段，倘若热量无法积累煤层就会进入风化阶段，煤炭逐渐冷却熄灭不会自燃。

2 煤炭自燃机理

近些年来煤氧复合学说得到了科学界的认同。但煤自燃过程和煤炭内部分子结构过于繁乱，至今仍没有科学家对煤氧复合反应机理剖析清楚。科学家还提出自由基学说分析煤炭内部有机化合物分子作为对煤氧复合作用学说的补充[3]。诱发煤炭自燃能量主要来自煤氧相互作用。煤炭表面有孔隙容易吸进O_2在其上附着。O_2将煤炭中原生基团—CH的H移除形成碳自由基，碳自由基会和O_2反应生成过氧化物，煤炭中的—COOH会脱羧也会生成过氧化物，过氧化物分解产生参与链式反应的羟基、醚氧自由基。在煤快速升温阶段，脂肪烃侧链中的—CH_3、—CH_2等氧化型小分子氧化生成各种官能团并放热。醚氧自由基具有羰基键（C═O）的结构，能氧化放热生成—COOH。醚类、羧基和醛自由基除了产生新碳自由基外还分解生成CO、CO_2、C_2H_4、C_2H_6等气体[4]。新生成碳自由基转而参加前述反应，从而构成了生成碳自由基、气体的链式反应过程（图1、图2）。

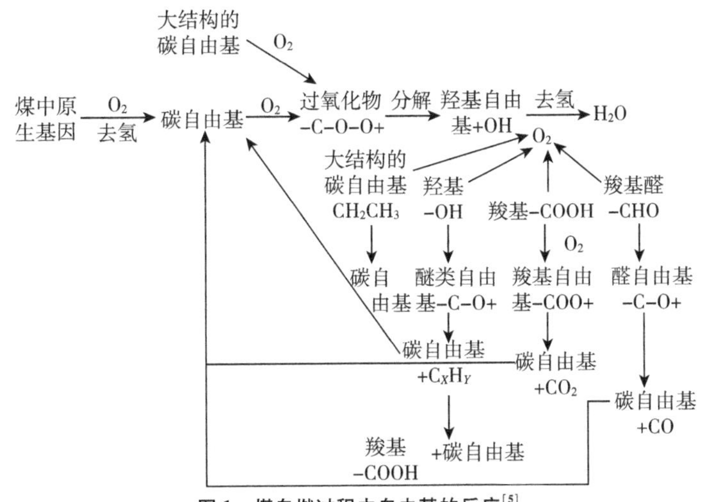

图1 煤自燃过程中自由基的反应[5]

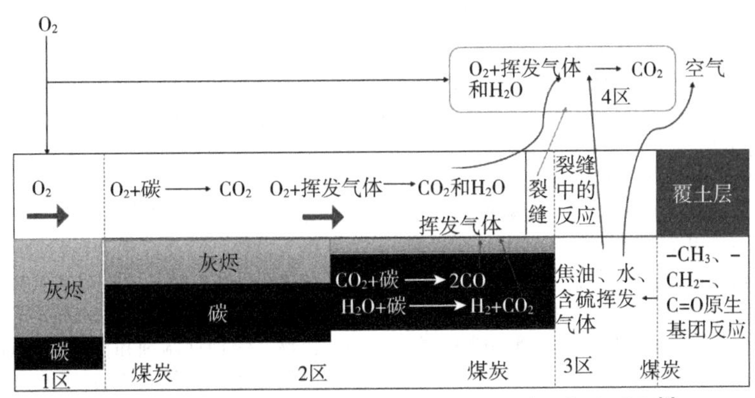

图2 实际场景下整个煤层区域和氧相互作用的煤耗过程概念图[6]

3 预测机理及方法

煤炭自燃预测是在煤层未自燃但有倾向或已自燃但未察觉时，根据煤炭氧化放热特性、孔隙度等内部因素及开采温度、氧气浓度、漏风强度、煤层厚度梯度、开采倾角、推进速度等大气、地质和采矿条件等外界因素综合分析，对煤准备、自热前期阶段自燃倾向衡量、自燃周期确定、最易自燃区域选择、自燃临界氧浓度确定。

3.1 温度检测法

自燃时煤温会逐渐升高，这是煤炭自燃最直接的体现。根据某些煤层温度场分布信息，结合煤质、开采位置等可以粗略推测煤炭自燃正处于哪一阶段。目前煤层测温技术有热电偶测温法、传感器测温法、分布式光纤测温等。但煤矿面积较广袤，煤层导热性能也较差，高低温区温差较大；同时在测温中可测煤层区域有限，灵敏性不高。但光纤测温系统[7]较好弥补前几种测温局限，通过大范围预埋测温光纤能够有效进行远距离测温，实时记录煤层位置及温度，为煤炭自燃预测积累了初始数据。

3.2 同位素测氡法

煤岩层有放射性氡，当煤层温度升高时放射性氡会慢慢析出，且析出量会逐渐增加[8]。因此可以根据煤岩层中各部位析出放射性氡含量结合数据分析软件确定煤层放射性氡浓度位置分布图，进而绘出煤层温度场分布，推断煤炭自燃的火源处、可能自燃区域、涉及大致范围、自燃进行阶段、多久到温升急剧的燃烧阶段等，为预测预报提供参考。

3.3 遥感热红外成像法

温度变化是煤炭自燃能量交换直观体现，因此对煤岩层的温度精确定量是很必要的，应用遥感热红外成像技术[9]向煤层深处拓展获得煤岩层温度区域分布规律，同时根据开采温度、漏风强度、煤层开采倾角等，迅速精确获得煤层热成像图像，对煤炭自燃中心、自燃边界和大致波及区域进行整体预估，实现对煤岩层热成像温度变化的实时监测。

3.4 指标气体分析

煤炭自燃过程涉及宏观和微观层面的一系列变化。从宏观层面看主要表现在煤温升高、CO、CO_2、H_2、烃类气体排放；而微观方面主要是各类官能团、自由基浓度的变化。

3.4.1 单一指标气体分析

煤氧化中释放的特殊气体检测是实际应用中常用预测技术。在准备、自热阶段前期时主要产生了 CO、CO_2 和 CH_4；随着温升 C_2H_4、C_2H_6、C_3H_8 等气体也会出现[11]。自燃各阶段实际温度气体指示因煤的物理化学特性会不同。以许疃煤矿煤样[12]为例，CO 在 20~100℃时缓慢被释放，而 CO 在 100~200℃浓度急剧增加；C_2H_6 在煤温 50℃时生成，随温升其浓度慢慢增加；C_3H_8 在煤温 120℃时生成，随温升其浓度呈指数型增加。H_2 生成是与温度有关的氧化相关过程，当煤温高于 100℃时氢气释放量呈指数增长，而低于 100℃时，H_2 缓慢生成[13]。

3.4.2 复合指标气体分析

使用单一绝对气体浓度以确定煤炭自燃有局限，如气体浓度太低未到仪器检测下限，其他来源的气体会被仪器检测到而造成浓度数据不准确，可以使用复合指标气体综合指数来分析。较常见复合气体指标[14]包括以下：

（a）CO make（单位时间内流过监测点的 CO）；

（b）Graham 比率（比较 CO 的生成速率与消耗的 O_2 的速率）；

（c）杨氏比率（CO_2 生成速率与消耗 O_2 的速率的比较）；

（d）CO/CO_2 比率；

（e）Jones-Trickett 比率（产生氧化产物所消耗的 O_2 与从入口气流中去除的 O_2 的比较）；

（f）C/H 比率；

目前以 CO、CO_2 等气体作为自燃预测主要指示气体，自由基和官能团浓度作为辅助指标，根据监测环境和仪器条件综合应用井下气体浓度火灾束管监测系统和地面色谱束管火灾监测系统[15]实时监测分析各气体浓度。

4 灭火机理及方法

煤炭自燃须具备以下条件[3]：①存在破碎有自燃倾向的煤；②煤层所处环境氧气浓度要大于 12%；③环境气体流动速度适宜，让煤层可以持续积聚氧化热而升温。所以灭火最简单的机理就是使这三个自燃条件至少一个不满足。

4.1 直接剥离法

将可能波及、较细碎的煤炭从地表煤层剥离，减少燃烧区可燃物；同时开采时注意技术措施，合理开发煤炭、同时回采期间工作面保持合理的推进速度，坚持正常合理的开采顺序减少破碎煤的出现。不再直接灭火而选择曲线救国，把周围可以烧、能被烧的都挖完阻断燃烧途径，但实施较困难。煤炭自燃是从地下大面积开始自燃，剥离速度远赶不上火焰蔓延燃烧速度，机器还未剥离多少，但底下煤炭早烧完了。

4.2 降低氧气浓度法

将 O_2 尽可能隔绝在发生煤炭自燃区域外，使煤炭自燃链式氧化反应无法持续下去。可以采取以下措施来降低 O_2 浓度[16]：①钻孔灌浆，将具有流动性、胶凝性的浆液灌入煤层缝隙中使其胶结硬化，断绝 O_2 进入的缝隙，从而达到灭火的目的；②喷洒抑制剂、化学雾、凝胶雾或惰性凝胶雾，隔断氧气进入裂缝的途径；③注入如 N_2 等惰性气体、泡沫或三相泡沫，借以冲淡氧气的浓度；④使用黏土复合泥浆、无机泡沫或聚合物乳液等高分子材料进行空气密封，将其孔隙挡住，限制煤炭氧化活性。但露天煤矿分布范围较广，自燃范围很大，随着燃烧煤层间隙变大，O_2 会无孔不入进去，无法实现对 O_2 的密闭，因此这种方法不仅经济耗费巨大而且可能达不到长期的灭火效果。

4.3 降低煤温法

破坏煤炭积聚氧化热的环境，使温度不能达到煤炭自燃时的着火温度也能阻止煤炭自燃，通过使用各类凝胶、物理抑制剂等材料使煤炭降到着火温度以下，智能凝胶一般具有良好的热稳定性，它们在高温下能够保持自己的特性以及粘附性、溶胀性，如玉米秸秆-AMPS-AA 水凝胶[17]等。一旦发生接触周围煤层会迅速被黏合包裹起来并体积变大、溶胀起来，该聚合体还会有一定的湿润性。实验表明，智能凝胶可以覆盖燃烧的煤炭表面，从而显著降低火源温度、热辐射强度、减少有毒气体生成，有效防止复燃。因此各类凝胶等材料是一类较理想的灭火材料。

4.4 降低自由基氧化度法

煤炭自燃是涉及煤表面活性自由基团及其位点的复杂物理化学过程，所以终止自由基链式反应就把握住了阻燃关键。

在低温氧化过程中，需要 O_2 参与反应生成后续需要的碳氧化物。物理抑制剂和抗氧化剂对抑制煤低温氧化具有抗氧化协同作用，在低温阶段使用它们，煤层内部温度较低无法开始链引发，同时无法为链传递等提供反应物，从而表现出理想的抑制效果。但在低温氧化阶段发现煤层有自燃倾向迅速反映实施灭火是有难度的。

在自热、燃烧阶段，羟基、碳自由基和过氧化物是煤自燃链式循环反应中关键性自由基连接基团。所以化学抑制剂和各类抗氧化剂在这一阶段可以“强抢”烷基自由基、氧自由基、过氧化物自由基等，使后续反应缺少反应物和中间物质而无法继续。因此在此过程中发现并选择能力强的化学抑制剂和抗氧化剂就比较重要了，如过氧化物分解器、自由基冷却器、BHT、TEMPO、金属离子螯合剂EDTA[18]等，它们可以捕获煤中自由基结合形成稳定化合物，阻止煤炭继续氧化反应，抑制煤氧活性物质形成、从而终止煤氧链式反应，表现出对煤炭自燃明显的抑制作用。

单一的煤炭灭火方式往往无法达到理想的效果，可以向自燃隐患危险区灌注多种混合的灭火材料来综合治理煤炭自燃。

5 结论与展望

煤炭自燃不仅浪费煤矿资源，还严重破坏煤矿周围生态环境。煤炭自燃现象是复杂的多孔煤层中的气流、传热传质的物理过程、伴随热量产生和气体产物释放的化学过程的结果。煤矿应按照“预防为主、防治结合”的原则，防微杜渐，以气体、自由基、官能团的浓度、温度、热量、气味等因素综合分析作为煤自燃危险性预测的指示标志；居安思危，加强煤矿火灾监测预报信息化、精细化、智能化工作；同时根据煤层燃烧的所处周围环境的不同，所处燃烧阶段和特点不同选择适合恰当经济的灭火手段及设施，杜绝煤炭资源的浪费和减少环境污染，朝着可持续煤炭绿色经济发展方向前进。

参考文献

[1] 王德明，辛海会，戚绪尧，等．煤自燃中的各种基元反应及相互关系：煤氧化动力学理论及应用［J］．煤炭学报，2014（8）：8.

[2] Wang K，Liu X，Deng J，et al. Effects of pre-oxidation temperature on coal secondary spontaneous combustion［J］. Journal of Thermal Analysis and Calorimetry，2019.

[3] 张嫣妮．煤氧化自燃微观特征及其宏观表征研究［D］．西安科技大学，2012.

[4] 秦波涛，仲晓星，王德明，辛海会，史全林．煤自燃过程特性及防治技术研究进展［J］．煤炭科学技术，2021，49（01）：66-99.

[5] Wei A Z，Zeng-Hua L I，Pan S K，et al. Experimental Study on Free Radical Reaction of Coal Initiated by Ultraviolet Light［J］. Journal of China University of Mining & Technology，2007.

[6] Kong B，Li Z，Yang Y，et al. A review on the mechanism，risk evaluation，and prevention of coal spontaneous combustion in China［J］. Environmental Science and Pollution Research，2017，24（1）：1-18.

[7] 鄢利，李振安，董明辉．光纤测温系统在煤矿自燃预测预报中的应用［J］．山东煤炭科技，2019（02）：100-101+104.

[8] 程英模．煤炭自燃预测预报技术［J］．内蒙古煤炭经济，2018（06）：93+95. DOI：10.13487/j.cnki.imce.011778.

[9] 王刚．煤田火区探测技术研究现状及发展趋势［J］．露天采矿技术，2022，37（01）：9-11+15. DOI：10.13235/j.cnki.ltcm.2022.01.003.

[10] Cai J，Yang S，Hu X，et al. Forecast of coal spontaneous combustion based on the variations of functional groups and microcrystalline structure during low-temperature oxidation［J］. Fuel，2019，253：339-348.

[11] 郭一铭，何启林．煤层自燃发火指标气体的选择及预测预报应用［J］．安徽理工大学学报（自然科学版），2019，39（03）：60-65.

[12] 骆大勇，刘振．许疃煤矿煤炭自燃指标气体优选与应用［J］．矿业安全与环保，2021，48（05）：69-74. DOI：10.19835/j.issn.1008-4495.2021.05.014.

[13] 王涌宇．煤氧化过程中氢气生成特性和释放机理的实验研究［D］．太原理工大学，2017.

[14] Liang Y，Zhang J，Wang L，et al. Forecasting spontaneous combustion of coal in underground coal mines by index gases：A review［J］. Journal of Loss Prevention in the Process Industries，2018，57：208-222.

[15] X Qin，Yang S，Cai J，et al. Risk forecasting for spontaneous combustion of coals at different ranks due to free radicals and functional groups reaction［J］. Process Safety and Environmental Protection，2018，118：195-202.

[16] 邓强，刘锋，王刚．煤田火区探测技术研究及应用［J］．采矿技术，2022，22（01）：95-98. DOI：10.13828/j.cnki.ckjs.2022.01.025.

[17] Wc A，Xh A，Jx A，et al. An intelligent gel designed to control the spontaneous combustion of coal：Fire prevention and extinguishing properties［J］. Fuel，2017，210：826-835.

[18] Li J，Li Z，Yang Y，et al. Inhibitive Effects of Antioxidants on Coal Spontaneous Combustion［J］. Energy & Fuels，2017，31（12）：14180-14190.

防范老年人相关火灾风险的几点建议

孟泓羽

（上海市杨浦区消防救援支队，上海 杨浦）

摘 要 老年人的自身特点决定其面对火灾时自防自救能力的欠缺，而我国又是世界上老年人最多的国家，老年人的消防安全问题，已成为当今社会的一个重要问题。由于中国老龄人口数量比例随着老龄化速度不断加快而不断上升，老龄化人口本身所带来的消防安全问题日益严峻。本文针对老年人特殊群体火灾事故多发现状，对其火灾事故成因进行综合分析，提出几点防范老年人相关火灾的建议，以保障老年人消防安全。

关键词 老年人 人口老龄化 火灾风险 消防安全

1 引言

日常生活中，老年人因用火用电不慎等原因酿成火灾事故屡见不鲜，引起社会各界普遍关注。老年群体是火灾中的弱势群体，因用火用电不慎和缺乏必要的消防安全知识，更易引发火灾。独居或行动不便的老人发生火灾死亡率明显更高，减少和杜绝老年人相关火灾事故是消防工作的一项紧要任务。

2 老年人相关火灾现状

2021 年 5 月 11 日，国务院第七次全国人口普查领导小组办公室发布第七次人口普查公报（第五号）数据显示，在全国总人口中，0~14 岁人口 25，338.39 万人，占 17.95%；15~59 岁人口 89，437.60 万人，占 63.35%；60 岁及以上人口 26，401.88 万人，占 18.70%，其中 65 岁及以上人口 19，063.53 万人，占 13.50%[1]，说明我国社会人口已经严重老龄化。对比 2010 年的第六次全国人口普查数据，60 岁及以上人口比重上升了 5.44 个百分点，65 岁及以上人口比重上升了 4.63 个百分点，说明我国人口老龄化加剧（图 1）。

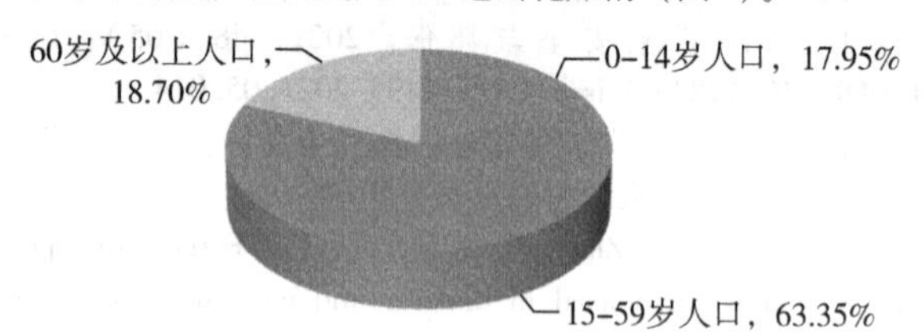

图 1　第七次人口普查各年龄层人口占比统计图

据统计，我国 65 岁以上人口数量由 2016 年的 15003 万人增加到 2020 年的 19064 万人，呈逐年上升趋势，人口老龄化也带来一定的社会问题，老年人相关火灾事故就是其一。老年人对消防安全常识了解不多，消防安全意识淡薄，逃生自救能力低下，造成老年人相关火灾呈逐年上升趋势（图 2）。

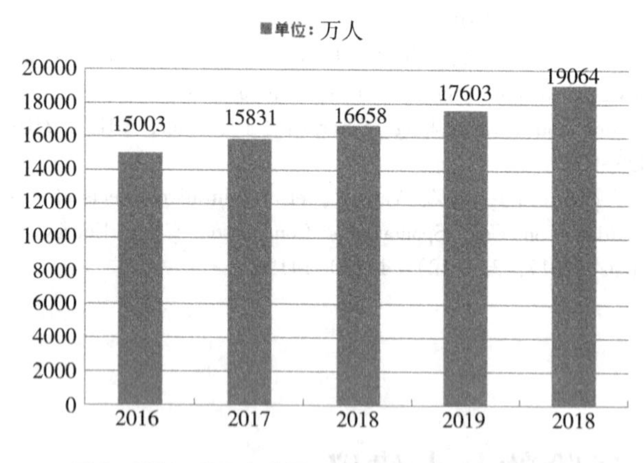

图 2　2016~2020 年中国 65 岁以上人口数量统计情况

3 老年人相关火灾易发原因

3.1 信息接受度低，消防安全知识匮乏

老年人是消防弱势群体，老年人的消防安全教育是消防工作的一个薄弱点。一般老年人主要期望获得对其生活和精神的关怀，对消防安全问题关注也少，消防安全知识匮乏，尤其是受固有观念影响，很多老年人存在侥幸心理，导致在生活中发生一些火灾事故。家人子女和邻里、社区通常对老人的照顾也是着重于生活和精神上的，忽视消防安全。由于老年人普遍接受新知识能力差，且部分老年人不识字，文化素质不高，消防安全知识欠缺，消防安全意识淡薄，在生活中因不良生活习惯及用火用电不慎导致火灾常发。

3.2 身体机能衰退，自救逃生能力不足

由于老年人身体的各项机能逐渐衰退，体弱多病，听力、视力、嗅觉、触觉功能也逐渐降低，首先表现在思维能力上，老年人敏捷性变差，反应能力降低，遇到突发状况时应急反应自救能力较差；其次在记忆方面，老年人记忆力明显下降，如若在做饭或其他用火用电情况下，因其他事情忘记遗漏火源，极易引发火灾等事故。尤其是部分瘫痪在床、残疾老人，还有高龄老人，面对火灾往往束手无策，一场小火灾，也易引起人员伤亡。

3.3 空巢老人增多，居住环境隐患较多

目前，我国的老年人基本上还是习惯于传统的居家养老方式，他们的主要活动范围就是家庭与社区。特别是独生子女带来的一个社会问题就是空巢老人越来越多，他们更是缺乏关照和陪伴，长期独处。因此，老年人常年过着独居、与世隔绝的生活，若不慎发生火灾，极易导致发现晚、报警晚等诸多严重后果。由于经济条件的原因，部分老年人居住的房屋及内部用电设备较为陈旧，电气线路私拉乱接、裸露老化，同时老旧房屋建筑防火等级较低，耐火防火材料少，甚至使用大量木质构件，极易引发火灾。一些老年人的日常生活中有些不良习惯也会埋下火灾隐患，比如有的老年人住宿、做饭都在同一房间内，有的老年人居家烧香拜祭，有的喜欢躺在床上吸烟，也有些老年人有着勤俭节约的习惯，家中堆放着大量纸壳、空瓶子、废旧衣物等易燃物，发生故障的家用电器也舍不得丢弃、更换，这些生活习惯很容易埋下火灾隐患，在发生火灾后，也易增大火灾荷载、有毒烟气扩散而影响疏散逃生[2]。

3.4 宣传力度不足，独居老人沟通较少

一般的消防宣传往往都是在人员密集场所或以居委为单位进行的，形式多样，发放宣传单、小礼物及消防体验，这些方式不足以吸引老年人注意。大部分老年人主要是通过报纸、电视或社区工作人员提醒，了解一些消防知识，加之文化程度、理解能力和记忆力有限，甚至有些老年人都不懂普通话，语言上与人沟通有障碍，再加上年纪大了有些耳背，就更不愿意与人沟通，特别是空巢、独居老人，接触社会活动不多，要学会贯通消防知识还存在一定难度。

4 防范老年人相关火灾的建议

4.1 创新宣传模式，以点带面开展消防安全宣传

部分老年人退休在家，多数以带孩子或棋牌娱乐为主，但其仍希望得到社会关注，并愿意发挥自己的力量贡献社会。街道、居委会可根据部分老年人时间充裕、对社会活动参与热情度高的特点，聘用这部分老年人加入消防安全宣传阵营，主动学习消防知识，提升自身消防安全意识及疏散逃生能力；同时，也可以发动家中曾经发生过火情、火灾的老年人现身说法，通过自身案例讲述火灾原因及危险性，让其他老年人避免此类危险。通过老年人宣传的榜样效果和言传身教，可以感染和提升其他老年人的安全意识。根据老年人心理改变宣传方式，在专门针对老年人进行上门宣传、举办消防安全培训讲座等基础上，开展以社会、家庭为主体的多种形式宣教活动。通过居委会联系老年人子女，以家庭为单位，开展小范围、高频次宣传活动，并以实验的方式模拟火灾现场，让老人们更直观的感受到火灾的危害。一方面让老年人更多

的与自己亲人相聚，得到亲情；另一方面也促使老年人更喜欢参与到此类消防宣传中，不断提升自身消防安全意识；再者，起到多类人群的宣传，由家庭带动整个社会。社区应经常针对老年人组织开展疏散逃生演练，提高老年人的自护、自救和互救的能力，掌握对突发火灾的应变、逃生技能[3]。

4.2 提升消防措施，多举措保障老年人消防安全

首先是从预防火灾发生和减小火灾负荷的角度，大力推广开发老年人使用的安全规格材料，并鼓励有老年人的家庭采用相对安全的材料，以有效避免发生火灾或火灾发生后降低对老年人造成的伤害。从老年人这个特殊群体考虑，我们既要从火灾起因上防范火灾发生，更要从火灾发生后采取措施以有效阻止火灾发展，那么使用能够起到阻燃作用的安全规格材料就可以实现这一目的。其次是推广使用安全产品，如安装定时报警器，各类电器保护装置，必要时安装监控，在不影响日常生活的情况下适时监控是否有火灾发生。同时，老年人最好近身常备手电筒，家中常备灭火毯及消防过滤式自救呼吸器等消防器具，并学会如何使用这些消防器材。最后，相关部门要针对行动不便的老人做好相关火灾事故应急预案，在发生火灾后提供切实可行的救援方法。针对独居老人，不仅要排摸好独居老人的具体情况，还要掌握好监护人的联系方式及地址，发生火灾后第一时间通知家属，并在日常宣传中加强与家属的沟通联系。

4.3 健全关爱之网，推动全社会关注老年人安全

各级政府牵头，由家人子女、邻里居委及其他社会相关组织等联合打造消防安全关爱之网，动员各界力量给老年人创造一个安全环境。首先由政府统筹规划，将消防安全工作融入现有老龄工作机制中，为老年人构建社会化消防安全工作平台。其次是社区邻里、为老服务组织多关爱老人，并鼓励与独居老人签订消防安全结对签约等，为老年人创造一个消防安全防护网络。最后是老年人的子女，作为老年人的第一监护人，一定要担负起老年人消防安全的责任，定期回家，帮助老人清理房间杂物，疏散安全通道；检查燃气管道，清理灶台和烟道油污，消除火灾隐患；定期检查父母家中的电气线路及电器使用情况，避免漏电、短路、超负荷的情况出现，同时注意电线不要乱插乱放，电线老化、电器有问题时要及时更换、维修；经常叮嘱有抽烟习惯的老人不要在床上吸烟，注意用火安全。老年人子女尽可能抽时间多陪陪老人，照顾老人起居，陪伴他们外出散步，能不独居的尽量不要独居，避免发生危险无人施救。

5 小结

老吾老，以及人之老，关爱帮助老人，是我们中华民族的传统美德，社会各方面都应该把关爱老年人当作美德，继续发扬中华民族的文化传统，建立一个尊老、爱老、护老的良好社会氛围。在飞速发展的现代社会中，政府和社会为保障老年人的生活、健康、安全，在各个方面都做出积极努力。尽管老年人的消防安全得到一定改善，但老年人相关火灾问题仍然严重，重视老年人的消防安全问题，离不开我们所有人的共同努力，要形成全民关爱老人的良好氛围，不断创新工作模式和方法，为老年人营造一个安全可靠的生活环境。

参考文献

[1] 中华人民共和国国家统计局．中国统计年鉴［M］．北京：中国统计出版社，2021.

[2] 方江源．人口老龄化对消防工作的影响和对策浅析［J］．消防技术与产品信息，2012（6）：57-58.

[3] 洪毅．周燕珉．浅谈老年住宅消防安全存在的问题及相关建议［J］．建筑学报，2011（12）：87-91.

两起建筑火灾爆燃给我们的启示

刘 嘉 吴林森

（四川省消防救援总队成都支队，四川 成都）

摘 要 近年来，消防部队在处置建筑火灾的过程中，爆炸、中毒、建筑坍塌和被烟火围困是造成消防员伤亡的主要原因，占牺牲总数的94%。由于对建筑内部火情侦察掌握不到位，对建筑火灾发展过程中可能潜在的危险判断不足，在灭火内攻过程中，因建筑火灾突发爆燃导致消防员牺牲的事故时有发生。笔者深入分析了近年来的两起典型建筑火灾爆燃的案例，从发生爆燃的机理及火场迹象入手，提出了消防救援人员在建筑火灾内攻过程中应该注意不盲目打开门窗、合理设置进攻起点、充分破拆和梯次掩护内攻四点启示。

关键词 消防 建筑火灾 爆燃 处置

1 引言

案例一：2014年5月1日，上海市徐汇区公安消防支队关港中队在扑救一起高层住宅火灾中，参战官兵实施破拆时着火房间发生爆燃，防盗门突然向外弹开，大量高温烟气瞬间涌入走道和电梯前室，2名战斗员紧急避险至电梯前室窗口处时不慎坠落牺牲。

案例二：2012年3月10日，浙江诸暨市义乌小商品直销连锁店发生火灾，消防员在内攻灭火过程中，火场内部突然发生爆燃，强大的气浪使店内货架倒塌，致使2名消防员受伤，1名消防员被倒塌的货架埋压，空呼面罩破裂，供气阀脱落中毒牺牲。

这两起火灾的共同之处是消防员在内攻过程中，火场突发爆燃，导致作战人员牺牲。在颂扬我们战友英勇无畏，舍生忘死的英雄气概同时，我们更应该反思其中血的教训，避免我们在类似的火场中发生同样的悲剧。

2 认识建筑火灾可能发生的两种爆燃形式

建筑火灾发生爆燃通常有两种形式，一种是回燃（backdraft），建筑火灾中的回燃现象是指在通风受限的建筑物内，在火灾发生过程中，由于新鲜空气的补充不足以满足加速燃烧的要求，燃烧将逐步进入缺氧性燃烧状态。这时建

筑物内的热烟气中会含有大量的可燃成分。如果由于某种原因（门的突然打开或玻璃突然破裂等）造成新鲜空气的突然进入，热烟气将会发生极为强烈的燃烧，室内温度将迅速升高，并促使初期火灾转变为轰燃或爆燃。另一种是轰燃（flashover），轰燃是指在室内火灾中，室内所有可燃物表面全部卷入燃烧的瞬变状态。它是受限火灾发展的一个阶段，在此阶段火焰迅速传播充满整个空间。已有的研究成果表明，轰燃是火灾从初期阶段过渡到全面发展阶段的转折点；而回燃是火灾发展过程可能出现的现象。在上海 5.1 火灾中，消防员在破拆防盗门的过程中发生了爆燃，笔者分析，很可能是室内火灾通风不良，可燃物较多，由于一定时间的闷烧造成了缺氧状态，在消防员破拆开门时，大量新鲜空气进入，导致了室内火灾的爆燃。而在浙江 3.10 火灾中，经过事后专家调查认定，此起火灾发生爆燃的原因为“该场所三面为实体墙，火灾发生后排烟散热不良，其具有典型的地上封闭式地下火灾特点，发生爆燃的部位通风不良，热量积聚效应强，店内货架上堆放的大量日化用品，固体空气清香剂及塑料制品在高温下释放出大量可燃混合气体，扑救过程中加快了空气对流，大量新鲜空气进入，使可燃气体浓度发生变化，达到混合气体爆炸极限，在火源作用下导致爆燃的发生。”

3 科学研判轰燃和回燃的火场迹象

对于到场作战的消防员来说，侦察判断现场火情是开展作战部署的首要前提，现场指挥员必须科学评判火场是否可能会有爆燃发生的迹象。通常认为轰燃发生前会有以下迹象：（1）到达火场时，通风口有火焰喷出；（2）产生灼人皮肤的辐射热；（3）门热得烫人，木质部分的平均温度超过 320℃；（4）室内的热气流使人无法坚持，室内对流温度接近 450℃；（5）由门上蹿出的火舌几乎达到顶棚高度，大量的辐射热由顶棚反射到室内的可燃物上；（6）烟气降至离地面 1m 左右，空气中的热层部分占据上部空气，驱使热分解产物下降。而回燃通常的迹象是：（1）火灾发生在有限通风的受限空间，尤其是已燃烧了一段时间的有限通风室内火灾；（2）有普通碳氢物质分解的黑色浓烟、黄色浓烟或有阴燃的白色烟云；（3）门窗发热，表明内部燃烧温度高；（4）空气快速涌入火场，从火场方向传来哨响；（5）室内产生局部真空将烟气吸入，烟气从门缝涌入室内或烟气往复扰动等。

4 两起消防员牺牲的火灾给我们的启示

从灭火救援角度来说，两起火灾均反映出救援官兵，对着火对象特点，内部火情及潜在的危险判断不准，盲目内攻导致伤亡的问题。上海 5 · 1 火灾，救援人员没有意识到高层住宅内部为群租房，火灾荷载大，内部火场温度高，通风排烟条件差，在此条件下，破拆防盗门使大量新鲜空气进入，极可能造成爆燃；在浙江 3 · 10 火灾中，其建筑四周封闭，没有通风排烟设施，具有地下建筑的火灾特点，在内攻过程中，排烟降温措施不到位，内部烟热不断积聚，发生了爆燃。笔者认为从这两起火灾中，我们应该得到以下几点的启示。

4.1 不能盲目打开门窗

扑救较封闭的室内火灾时，不能盲目打开门窗，攻坚组可用热像仪或测温仪侦察着火建筑门表面温度，如果温度较高，则说明内部烟气温度高，此时开门极可能引起热烟气爆燃，这时应用开花水枪对门表面充分射水降温后，破拆孔洞，使用开花射流向房内顶部射水降温驱烟，再从侧面缓慢开门进入内攻。

4.2 进攻起点必须在着火层下一层或下二层

高层建筑火灾，进攻起点必须在着火层下一层或下二层，消防员通过疏散楼梯间进入着火层，紧急情况，应沿水带或发光照明线紧急撤离至楼梯间避险。不应直接进入着火层进行内攻（这时一旦发生险情，不利于消防员的避险撤退）。

4.3 对着火建筑充分破拆

对于通风排烟条件不良的建筑火灾，往往潜藏着爆燃的危险，消防员在灭火救援中，应对着火建筑充分破拆，在冷却排烟散热的情况下再组织内攻。

4.4 在水枪的梯次掩护下内攻

内攻作战小组必须在水枪的梯次掩护下内攻，并同外部保持不间断通信联络，外部应确定好备用力量，做好人员替换和应对突发险情的准备。

5 结论

建筑火灾爆燃对消防员的安全带来了极大的威胁，如何正确预判和预防是消防员应掌握的重要技能，也是保证自身安全的必备知识，本文从理论出发，科学认识轰然和回燃，了解预先征兆，提出应该注意不盲目打开门窗、合理设置进攻起点、充分破拆和梯次掩护内攻的预防手段。

参考文献

[1] 刘本生．轰燃和回燃火灾行为分析及应对措施［C］//中国消防协会科学技术年会论文集．2011：593-597.

[2] 公安部消防局．公安消防部队 2012 年度灭火抢险救援战例研讨班资料汇编［M］，北京，2013：54-58.

现代信息化作战指挥体系建设的思考

刘　嘉　吴林森

（四川省消防救援总队成都支队，四川　成都）

摘　要　随着我国经济和城市的快速发展，城市火灾的复杂性和危险性也在不断上升，各类功能性结构建筑日趋复杂，各类工业、商业和民用建筑不断变大变高，大量的大跨度大空间建筑，体量巨大的石油化工企业，超高层建筑和深层地下空间的增多，都导致在火灾扑救时难以进入、难以靠近火点、难以掌控全局。一个火灾的救援胜利取决于第一时间的准确调度和各方的力量协调，以及英明的决策和指挥，面对这样的形势，一个科技引领、手段多样、渠道畅通、行之有效的现代化作战指挥体系就显得尤为重要。

关键词　消防　作战指挥　信息化　建设

1 引言

防救援队伍的指挥随着社会现代化程度越高，面临的灾害情况越复杂，所需要的应急救援指挥系统就应该更加缜密可靠和高效灵敏，行动展开前的地理气象、危险区域分布、道路情况、水源、建筑结构等必要信息，针对现代作战指挥体系的特点和需要，提出加快扁平化指挥体系建设、加强信息化辅助决策、实战化训练等措施，使指挥贯穿于接警调度、通信保障、信息管理、辅助决策、现场指挥的全过程。

2 原有的指挥体系日益不能满足现代作战的要求

一是程序化指挥水平不高，统一指挥、逐级指挥难以真正落实。二是指挥体系混乱，在重特大灾害事故现场，参战力量多、指挥层次多、通信技术不能满足需要的情况下极易导致指挥混乱。三是命令执行力差，情况复杂的现场，指挥员对现场情况不能完全掌握，导致不能理解上级下达的命令意图，不能很好地完成作战命令。四是信息化应用滞后，影响了灾害应急救援中心信息技术建设和灭火救援的决策指挥，这是制约当前指挥系统建设的一个重要瓶颈。五是预案与实战脱节，没有将预案的制定同实战结合起来，无法通过预案的制作及演练来达到练为战的目的。六是协同配合差，不能很好地协同配合导致大大降低了救援工作的整体效能。

3 现代作战指挥体系的特点和需要

信息化指挥是现代指挥作战的核心和关键。现代作战体系建设是消防部队灭火救援行动中重要的一环，是作战成功与否的先决条件。在这一环节中，信息化指挥平台的作用至关重要。我们要建立信息指挥平台主导警务的理念，使用信息技术搭建指挥体系的框架，实现利用信息手段提高灭火救援指挥水平，以信息和数据来指导消防警务工作，建立一个扁平有序的综合应急救援指挥体系，这决定着整体作战效能的发挥。通过强化指挥体系的实战指挥能力，树立信息主导警务理念，搭建一体化指挥平台，提高指挥指令的执行力，打造实战型扁平化作战指挥体系。

现代作战指挥体系应满足以下几个方面的能力：

3.1 命令下达报告上传畅通

指挥作战，最重要的是命令下达、执行、报告和反馈调整。在任何指挥条线上命令和报告永远是指挥的最基础载体，不能及时有效的传递信息，则指挥无从谈起。

3.2 可视化指挥

可视化指挥是眼睛，又强于眼睛。他把眼睛所不能及的感官信息反馈给指挥员，直观、全面的掌握现场信息，是指挥决策的重要信息手段。

3.3 信息实时共享

现代作战，讲究信息资源共享机制，只有共享型信息才能把信息的作用发挥至最大。突出信息的实时性，才能使信息具有价值。

3.4 辅助决策能力

随着技术手段的增加，为灭火救援作战和现场指挥提供辅助决策的方法越来越多，辅助决策起到的作用也越来越大。强调辅助决策，是为指挥和作战提供有力的帮助，是为决策科学提供有力保证，是为下一步的计划提供有力的依据。

3.5 扁平化指挥

扁平化指挥是依托先进的信息通信装备和技术，以灭火救援指挥的信息平台为载体，以编程调动模块为依据，消防指挥员直接指挥攻坚、供水、救援、泡沫、排烟、照明和登高等战斗模块，组建灵活、快捷、高效的扁平化作战体系。

3.6 指挥层级清晰

要做到行之有效的指挥，就必须理顺指挥层级，建立一个层次清晰、结构精简、信息传递高效的指挥架构，利于情况收集、现场决策、命令执行和情况反馈。

3.7 突出实时性、便捷性、快速性的特点

现代作战指挥体系的建立，必须突出实时、便捷和快速的需求。面对复杂的灾害现场环境和大部队作战，情况复杂多变，信息纷繁多样，指挥层级较多，涉及面较广，各类信息和命令既多又乱，这就需要一个高效运行、便捷快速的指挥体系提供作战支撑。

4 如何打造信息化时代下的现代作战指挥体系

充分利用各类信息化技术，逐步完善语音、图像、数据等信息化手段，实现人机有机结合；树立扁平化理念，构建统一指挥、逐级指挥的指挥体系，提升命令执行能力；强化指挥中心实战化训练，提高辅助决策能力，实现前后方协同配合。

4.1 以扁平化指挥体系建设为指导

依托信息化科技力量，建立可中继传输的实时语音、实时图像、实时定位、实时监测的立体化、扁平化三级组网指挥调度系统，实现以语音、图像、信息传输为基础的三位一体的指挥方式。

4.2 以指挥中心和移动指挥平台建立作战指挥平台

建立和完善包括辖区重点单位基本情况、道路交通信息、水源分布、车辆装备器材、灭火实力、重大危险源、灭火专家库、社会联动力量等灭火救援基础业务信息数据库，实施数字化、网络化管理，实现资源共享，为现场指挥作战提供技术支持。

4.3 加强信息化辅助决策能力

提高科学决策的水平。一是建立市级、区域性和跨区域空中侦察能力；二是依托智慧城市建设，不断推进城市图像监控、交通智能管控和引导、水源检测定位、报警定位、城市三维数字化预案、灾害现场信息传输等信息化系统建设。

4.4 加强指挥中心实战化训练

重点从接警调度、系统应用、辅助决策、六熟悉、应急通信和合成训练入手，紧密结合灭火救援实战需要，立足现有信息化手段，在部队日常管理和训练作战两个方面，不断提高作战指挥中心指挥辅助决策能力和实战化水平。大力提升指挥中心与前方指挥部和基层中队协同配合能力。拉近指挥与实战、指挥中心与一线的时空距离，使决策更加科学，真正做到信息共享、运作同步，提高救援的精确性和命令下达的精准度。

4.5 推动指挥中心区域性副中心及指挥体系建设

形成市域、区域、县域、中队四级作战指挥体系，建立现代化的作战指挥调度体系。实现指挥调度快速灵敏、现场

态势直观掌控、指挥资源集成整合、辅助决策科学合理的工作目标。

4.6 扁平化指挥对消防作战体系建设具有深远的指导意义

扁平化指挥对消防作战体系建设具有深远的指导意义具有以下几个特点：一是对战斗力量部署精准掌握。二是以指挥中心综合指挥调度为基础实现统一调度。三是以信息传递为主导，强化信息传输和共享。四是减少指挥层级，命令直接下达给执行者。五是加强配合，建立协同作战机制。六是突出快速反应，提升消防勤务指挥效能。扁平化指挥要求指挥中心与前方指挥部和参战中队之间的协同更加集中、快速和频繁，也为灭火救援和勤务保障提供了有效的指挥手段。大大强化了指挥在灭火救援作战中作用，提高了部队灭火救援的效能。

5 现代作战指挥体系建设的展望

不断完善和发展灭火救援指挥体系，实施灭火救援指挥扁平化是大势所趋。我们要努力建设一个以指挥中心和移动指挥中心为平台，充分应用 GPS、卫星通信、移动图传、800M 数字通信等计算机、有无线通信设备，将作战指挥体系中的指挥中心、指挥部、参战力量有机结合在一起，使指挥贯穿于接警调度、通信保障、信息管理、辅助决策、现场指挥的全过程。实现扁平化、信息化、高效化、科学化的现代作战指挥体系。上述中提到，如果小的事故演变成了大的灾难，则所需要的到场消防力量也得相应增大，势必会抽调更多的消防力量到达现场进行处置。这样，城区的消防力量也会被抽集到现场，这样进一步扩大了城区消防灭火远度，对于救火这种及时性很强的作业，是不利的。

6 结论

消防救援队伍目前的指挥体系无法满足面临复杂多变的灾害事故类型，本文通过七个方面阐述现代作战指挥体系的需要和特点，提出扁平化指挥对消防作战体系建设具有重要意义，提出加快扁平化指挥体系建设、加强信息化辅助决策、实战化训练等措施，进一步提高灭火救援指挥体系前后方、各层级间信息交流的效率。

参考文献

［1］徐娟．扁平化指挥在消防指挥中心建设中的应用探讨［J］．科技创新与应用，2015.

［2］王林．灭火救援指挥扁平化探析［J］．武警学院学报，2012.

［3］陆和健．分析当前公安消防部队灭火救援工作存在问题及对策［J］．揭阳市公安消防支队揭东大队，2011.

［4］李林壁，周清宇．浅议消防作战指挥中心扁平化指挥体系建设［J］．科技风，2013.

［5］侯忠辉．消防灭火救援移动指挥系统设计［J］．计算机安全，2014.

建筑火灾扑救行动中的多发风险与安全管控策略

赵 华 张 昆 金 星 王志强 张亦卿

（蚌埠市消防救援支队，安徽 蚌埠）

摘 要 按照建筑基本分类并结合既有消防救援人员伤亡战例统计，列举发生在建筑火灾扑救行动中的多发的浓烟、高温、轰燃、回燃、倒塌等风险，从技术层面简要介绍建筑火灾扑救中的多发风险的预判、准备和可采取的规避措施。立足战术乃至战略层面，通过系统化建立起来的风险管控体系，实现对这些多发风险的有效预判、务实应对和切实规避。

关键词 建筑火灾风险 轰然、回燃 安全管控策略

1 引言

由于建筑物分类有很多方法：按使用功能分、按建筑结构分、按承重方式分、按建筑高度分等等，无论哪种分类方法对于研究建筑火灾扑救都有其帮助和支撑。例如：《建筑设计防火规范》（GB 50016—2014）将建筑分为7类：厂房、仓库、民用建筑（住宅和公建）、甲乙丙类液体储罐（区）、可（助）燃气体储罐（区）、可燃材料堆场、城市交通隧道；国外也有类似的建筑分类。——本文简要分析介绍“这种建筑，会面临怎样的风险，面临这样的风险该如何办的问题”。

2 建筑火灾扑救行动中多发风险的识别和规避

2.1 浓烟

物质燃烧时产生的大量灰分、煤粒等悬浮固体，油滴、高温裂解产物等液体粒子和气体混合物，造成消防员视线受阻，导致迷失，呼入后造成呼吸道损伤、中毒或窒息等危险。其中，地下建筑、大跨度和内部体量较大的建筑火灾现场多发浓烟产生的迷失风险。

2.1.1 强化呼吸保护和装备运用

要个性化专属空（氧）气呼吸器，并在平时加强个人不同劳动强度下使用时间的测试，有最为直观和深刻印象的使用时间概念。同时注意建立起他救情况下的预判认识，熟练掌握脱困方法。规范使用热成像仪，至少配备到班组一级，当然不能唯一依托，避免故障导致风险。

2.1.2 强化识图等方位辨识能力训练

最佳熟悉方式是现场图纸，其次是同构造楼层（标准层）。左进右出（右进左出）室内方位掌控肌肉记忆训练。尽量预先熟悉内部构造，即使是使用热成像仪或者有向导，也要尽量避免盲目进入充烟的建筑物内。

2.1.3 合理设置导向

优先选择水带线路、救生照明线，开展专门的针对性训练，达到准确的识别进出方向、防慌乱脱离、意外脱离后回归导向系统。有条件的，可配备定位系统。

2.1.4 正压送风技战术的熟练使用

正确选择送风口位置，一般距离门口（内攻入口）约 2~6m 设置，送风口位置要低于排风口，送风口面积小于排风口。排风口如有蔓延可能，要有水枪掩护。宜在火源所处空间下风

向设置排烟口，避免烟火对流引燃其他空间。如可能造成其他火灾特性，应灵活选择，用于制造过渡用的安全区域。

2.1.5 门控技战术的熟练使用

在未有效设置水枪阵地、并保证水枪可随时出水前，不要轻易敞开着火建筑内的任何门窗，将流向着火部位的空气补给最小化。同时要减少空气助燃补给和浓烟无序流动，最好的方式就是尽可能关闭门窗等通风口，控制门窗开启幅度。当水枪和力量到位时，即可根据需要通风排烟。门控技术一般可采用木塞、门帘、扁带、短绳等方式实施，具体如何控制门窗的开启幅度，方法多样，重要的是当需要使用此类技术时，我们要有此类的技战术理念。

2.1.6 水枪射流的正确使用

不同的射流对于室内烟气的流动产生不同的影响，要根据内攻搜救、灭火的任务不同，合理的选择射流，避免大量射水产生的热蒸气、不同射流产生的推动力干扰行动（到场先压门和窗头不直接打火就是这个道理）。特别是外部力量和内攻力量的配合。

2.1.7 意外迷失被困自救

按照紧急呼救、撤离逃生、避难待援等的步骤进行自救，遇险人员应设法保持冷静，评估现场情况，迅速发出求救信号，说清姓名、位置、当前处境等基本要素。应始终保持低姿，利用水带、导向绳、承重墙等指引方向撤离逃生，并保持与外界不间断联络，紧急情况下，利用个人安全绳、沿梯子或水带紧急下滑逃生等方式快速脱离危险区域。无法脱离建筑的，应寻找避难空间，保持通信畅通，采取打开呼救器报警模式、敲击地板发出声音、使用强光手电频闪模式、将物品等挂出或扔出窗外吸引注意等方式积极引导搜救人员搜救，延长生存时间，等待救援人员到达，永不放弃求生积极求生。

2.2 高温

火灾现场较强热辐射、灼热表面和灭火射水产生的水蒸气，会造成消防员皮肤受损、灼伤和呼吸道损伤等危险。所有建筑火灾现场均存在此类风险。

2.2.1 正确穿戴个人防护装备

正确穿着阻燃头套、防护手套等个人防护装备，并根据火场温度合理升级防护装备。

2.2.2 开展高温适应性训练

日常训练中对呼吸频率和深度的有效控制。可通过燃烧墙的热辐射作用、烟热训练室对湿热环境开展相应训练。

2.2.3 强化梯次掩护，合理使用水枪射流技术

先锋水枪手要处在水雾掩护射程范围内，不能前后脱节。确保水枪手自身防护不宜低于现场防护等级。在机动任务后水枪手及时调整射流，避免直流误伤先锋水枪手。

2.3 爆炸

火灾现场的气体爆炸、粉尘爆炸、物理爆炸、化学爆炸形成的冲击波，造成压力传递、物体飞溅，导致消防员身体、器官受损等危险。生产、储存、使用易燃易爆物品的场所多发，其中，电化学储能电站以及冷库、冷藏车等使用聚氨酯等易燃材料的相对封闭场所的爆炸风险易麻痹大意。

2.3.1 准确识别和判断建筑泄压面、压缩容器泄压口的

常见泄压面、泄压口有：一般厂房的轻质屋面或轻质房顶；标识清楚的泄压阀和泄压面；压力容器的短轴面，建筑物的门窗。

灭火过程中要养成在45°角避险区域展开行动的习惯，严禁迎面靠近着火建筑泄压口，存在烟花爆竹等爆炸品场所，要充分利用防爆墙和地形地物等有利条件。

2.3.2 正确应用和识别侦检探测仪器

探测仪是保护我们作业人员安全，不是用来搞科学计量测试的，要确定什么泄漏、泄漏量级还是需要专门机构和专门设备有报警就撤出。使用前要在安全开放、无泄漏污染的区域开启便携仪表，让仪表完成自检，确认仪表工作正常，才可以佩戴进入危险泄漏区域。日常训练和装备保养中，要熟知仪表设置的报警级别，低报警和高报警的含义。［可燃气体检测仪的常见参数为：可燃气 10~20LEL（爆炸下限的百分比），氧气 19.5~23（体积分数-高低都有风险），一氧化碳 $25\times10^{-6}\sim250\times10^{-6}$（分子体积百万分比-临界值 50），硫化氢 $10^{-5}\sim1.5\times10^{-5}$（分子体积百万分比-临界值为 20）］

2.3.3 常见火灾场所规避措施

现场聚积可燃粉尘的场所，如冶金、有色、建材等行业涉及的煤粉尘、金属粉尘、面粉等，应根据受火势威胁程度和物质是否遇湿易燃，采取相应降尘措施。扑救易燃易爆气体火灾，在无法关闭阀门和堵漏的情况下，严禁盲目扑灭火焰，防止泄漏气体与空气形成爆炸混合物，引发爆炸。易燃液体泄漏流淌，可向流淌液体表面大量喷射泡沫，并保持泡沫厚度，阻止液体蒸发，必要时筑坝阻流或开槽引流，控制流淌蔓延范围。避免在覆盖泡沫的流淌易燃液体中走动，禁止跑动，防止破坏覆盖层加速易燃液体蒸发。对于火场处在储能电站、采用聚氨酯等可燃材料为建材的有限空间时，应当扩大警戒范围，在优先使用机器人、遥控炮控火的同时，要加强周边需保护环境的检测，适时组织通风和喷雾水驱散，破坏爆炸性混合气体的形成条件。

2.4 轰燃

轰然是由局部可燃物燃烧迅速转变为系统内所有可燃物表面同时燃烧的火灾特性。实验表明，在室内的上层温度达到 400~600℃时，会引起轰燃，轰燃后火灾达到全面发展阶段，处于高温状态，火焰包围所有可燃物，燃烧速度最快，环境温度明显上升，可达 700℃以上。突然产生的高温火焰会造成消防员灼伤，或者撤离路线受阻导致伤亡等危险。是初战力量到场后特别需要加以防范的风险。

2.4.1 正确穿戴个人防护装备

任何火场都要全套做好个人防护，避免任何皮肤外露与环境接触，防止轰燃、回燃火焰、高温灼伤皮肤。

2.4.2 正确识别产生风险

轰燃的发展取决于室内可燃物荷载、通风口面积（正比）和通风口高度（反比）。有效冷却和控制通风，将抑制和避免轰燃发生。可观察到天花板（吊顶内）聚集大量烟气，烟层堆积处在较低位置，且感知环境温度炙热。运用热成像仪测知燃烧区域，特别是上层烟气温度已达到 400℃以上时。可观察到火场区域内，未着火物品表面开始出现白雾分解蒸腾现象，即可判定将立即出现轰燃现象。

2.4.3 冷却抑制轰燃发生。

需进入着火空间的，原则上应当水枪充水后，同步进入，避免无支援盲目冒进。作业人员必须低姿，尽量贴近地面，减少热辐射灼伤风险。使用断续、喷雾射流（特别是有人员搜救任务时），按照先烟气层、再可燃物的顺序，全面冷却保护区域。待达成冷却效果后，再有序组织通风排烟。

2.4.4 确因特殊原因遭遇轰燃被困火场

优先选择，迅速原路穿越返回室外、脱离火区。无法原路返回的，应迅速靠近并开启窗口，脱离火区。窗户无法开启时，应利用腰斧击打玻璃侧上角，并清理窗檐碎玻璃。当脱困地点位于楼层上时，应要求外部开辟救生通道。迅速展开个人自救安全绳，就近制作支点，沿绳索脱离火区。此类

方法谨慎选择，且应当加强日常训练和战备检查：两个安全钩的位置问题（自带下降器时只需一个），一个缠绕绳索上半节（双向使用）并挂放在受力 D 型环上，前端预留制作支点绳长，另一个连接绳索逃生末端挂放在腰带 D 型环上防脱，个人安全绳日常收整应满足一次性完全展开。

2.5 回燃

当建筑内密闭的起火房间处于缺氧状态时，如果突然有空气补充，即形成类似爆炸性混合气体，被点燃后发生类似爆炸性的、快速的火焰传播，在通风口形成的巨大火球和冲击波会对消防员产生灼伤、压力冲击等危险。各类建筑室内场所均有可能发生。对于保温、密闭较好的空间多发易发。

2.5.1 回燃风险的识别和预判

密闭的着火房（空）间，应当是的重点对象。要用手背感知门把手、门板中上部温度，明显温度较高。观察建筑物缝隙的烟气有脉动式排出和循环式倒吸现象。可通过门缝或窗口观察室内，呈缺氧阴燃状态，烟气中偶有蓝色火焰等不完全燃烧现象。室内偶尔会发出吸气声或呼啸声。且烟层接近地面。

2.5.2 运用门控技术。（见 2.1.5）

2.6 倒塌

建筑承重构件受燃烧、震动等外力影响，造成建筑结构坠落、建筑物整体或局部倒塌造成消防员埋压或被建筑构件击中等危险。农村自建房、简易棚户、木结构、大跨度钢结构等建筑和部分老旧建筑多发易发。当观察到钢结构建筑承重构件被火直接作用，圈梁和楼板弯曲、墙体裂缝明显，混凝土爆裂、钢筋大面积裸露时。观察承重墙有无出现贯通线纵向裂缝；观察承重梁混凝土保护层有无出现裂缝、钢筋外露、挠度增大；观察承重柱混凝土保护层有无爆裂、钢筋屈服向外凸出、扭曲变形；观察建筑物的门框有无变形，导致屋门无法闭合或打开；观察楼板有无发生挠曲、弯曲塌陷或出现呈“锅底”形状下沉；观察墙体、整体结构有无倾斜，发出异常声响。

要树立“火灾条件下，大跨度钢结构、木结构建筑必然倒塌，老旧大荷载建筑长时间可能倒塌，所有建筑过火区域局部偶发坍塌”的风险研判理念，时刻关注倒塌伤人风险。

可采取联动建筑结构专家、设置建筑稳固性检测设备等方式，提高倒塌风险预判准确性。现场所有人员必须严格个人防护装备穿戴（特别是非战斗人员），必须在建筑物高度 1.5 倍距离外待命，非必要不得靠近着火建筑。

根据现场需要，对危险建筑结构采取加固或拆除措施，消除倒塌潜在风险。优先使用车载炮、移动炮、遥控机器人和举高类消防车远程作业，精简一线作业人员。

3 建筑火灾扑救行动中的风险管控策略

上述部分主要是从技术层面汇报了建筑火灾扑救中的多发风险的预判、准备和可采取的规避措施。立足战术乃至战略层面，实现对这些多发风险的有效预判、务实应对和切实规避，应系统化建立起来的风险管控体系

3.1 辩证统一是应当始终坚持的根本风险管控策略

火灾和灾害事故中的危险是客观存在的，消防救援队伍存在的价值就是去应对、处置这个危险，人为割裂训战与安全更是脱离唯物论和辩证法的，只讲绝对安全的作战是唯心的、脱离实际的。所以我们要“一不怕苦、二不怕死”，所以我们要“刀山敢上、火海敢闯”。同样，只讲猛冲猛撞、盲目蛮干，更是错误的，所以我们要“练强指挥能力，练好战斗本领，练硬战斗作风”，所以我们要“科学施救、生命至上”。

3.2 实战实训是应当始终坚持的基本风险管控策略

目前，各级每年都要全覆盖开展战训业务培训培育，且逐年加大各级各类人员特别是指挥员的培训广度、深度和密度，无论课程怎么调整、对象怎么区分，都始终有一个统一的核心思想，就是“实战实训”，把教学从课堂延伸到操场、把练习从体会延伸到体验、把考试从卷面延伸到实地，主要目的还是要求我们实战实训，只有切身体验、亲手操作、实地参与才能融会贯通。不能纸上谈兵。业务类的课程，不可能通过看这一份课件、一段视频、一篇文章就能掌握，不可能背几句规程就会组织指挥、不可能脑补几条要点就会应急处置。就例如上面谈到的各类风险规避，不亲自穿上战斗服你不会切身体会到防护细节问题、不亲历烟火环境你不会熟记行动要点。应当掌握从实战中总结提炼出来的操法、技术科目的目的和原理，把为什么、怎么实战应用融会到训练当中，想想为什么要把绳索放在绳包里、为什么要用两个安全钩配合绳包、为什么头罩要先于上装穿着、为什么延伸水枪阵地要先向后铺设水带等等。只有实战实训才能让每一名指战员达成科学应对各类灾害、提升训战本质安全。

3.3 能力评价是应当全力推动的关键风险管控策略

职业化是一种工作状态的标准化、规范化、制度化，包含职业行为规范、职业素养和与之相匹配的职业技能。穿上了制服、带上了消防救援衔，并不代表我们就自然而然地被赋予了战斗和指挥能力，防护装备只能保护能保护好自己的人。让岗位上的人具备岗位上的能力，这是当前阶段最为符合职业化发展进程的基础途径，只有具备了职业技能、才能凝聚出职业素养、然后才能执行好行为规范。让每一个岗位的人员都具备岗位能力，在灭火救援现场各自能够履行好自身的职责，必然会达成风险管控目的、实现训战本质安全。

3.4 拉动演练是应当更趋系统的重要风险管控策略

随机拉动式的现场想定演练已经是成功经验，无论视频、还是实地、抑或跨区域，都能很好的检验和提升贯穿个人防护、单兵技能、班组协同、队站合成、跨区联合、通信联络、战勤保障等一系列的能力和水平。

演练从作用上可分为三种形式：研究性演练、检验性演练、示范性演练，把三种形式进行了有机融合，即检验各队伍能力、又研究作战安全重点难点、也是在开展示范教学规范战法。但我们要注意“无预案”演练这种说法，真正要发挥该形式演练的作用，是需要组织方、也就是导调组编制周密的方案和课题的，拓展延伸到了站队内部组织，一名干部都可以背靠背组织拉动，并总结出了实案化训演的概念。

拉动演练的好处在于，把所有该类型战斗在以往战例中出现的造成伤亡的因素作为演练要素，实案化的设定进去、显示出来，评判参演人员和队伍的应对和反应措施，通过重复的训练和讲评，以达到人员或队伍对风险有认识、有准备、能处置、能避险。

3.5 全勤战备是应当提级强化的主要风险管控策略

我支队逐步建立和成熟的双向六通报六提醒机制，从出车库、到接近现场、到战斗展开、到阵地调整、到清点移交、再到恢复战备，全流程前后方互动，关键信息及时得到更新、关键要点及时得到提示、关键行动始终处于管控，就是得益于前述机制的再细化。同时，我们应当以“不立不破”的原则，坚决的执行好“执勤战斗条令”，有必要提高

对每日战备（状态、事务）交接（人少交给谁的错误认识要不得）、每日战备检查、每周车场日的重视，区别于普通违纪提级到战场纪律来管理。这里要注意的是，支队全勤指挥部也是要执行这些机制的，保证我们的值班人员接到触发等级警情的出动命令后，能够知道在哪穿什么防护服、从哪上什么车到现场、到现场在什么位置干点啥。当所有值班执勤人员都精力集中的关注、研判、管控每一起作战行动的每一个作战环节中的每一个风险因素时，必然会实现主要风险管控策略、提升训战本质安全。

参考文献

[1] 詹姆斯·安格，等．灭火策略与战术［M］．化学工业出版社，2019.

[2] GB 50016—2014（2018年版），建筑设计防火规范［S］.

[3] 商靠定．灭火救援典型战例研究［M］．中国人民公安大学出版社，2012.

我国城市公交车突发事件应急形势与对策分析*

周培桂

（中国消防救援学院，北京）

摘　要　城市公交车流动性强，其运营范围覆盖城市人口集中及商业繁华路段，而城市公交车突发事件应急联动机制是城市协同治理的重要组成部分。审视当前我国城市公交车突发事件应急工作面临的内外挑战，进而提出通过政策法规、技防力度、情报支撑、应急力量和实战指挥等方面构建处置机制的设想，希冀高效防范与惩治违法犯罪，为促进城市经济社会稳定、保护人民群众生命财产权益保驾护航，达到维护国家社会公共安全的鹄的。

关键词　协同治理　公交车辆　应急联动　火灾防控

1　引言

伴随城市交通枢纽的便利化，公交车、地铁、轻轨、高铁、有轨电车、出租车、旅游景区班车等交通安全问题成为城市风险治理的新型高危点，尤其以城市公交车突发事件应急工作为重。笔者结合实践调研，深入剖析城市公交车突发事件面临的诸多挑战，进而提出构建城市公交车突发事件应急联动机制的建议，希冀为城市风险治理理论与实务研究抛砖引玉，更好地打击违法犯罪、维护城市社会治安秩序和公共安全。

2　公交车突发事件应急处置成为城市风险治理的关注重点

城市公交车突发事件处置是城市治安防范和风险治理的关键领域，由于城市公共交通呈现线路多、覆盖面广、安保力量弱等特点，自然或人为火灾等安全事故容易成为城市公共安全治理的盲区。中国城市发展研究会课题组在《城乡消防安全防护系统与社会公共安全研究报告》中提及公安和消防部门在应急处突中面临的新难题，以公交车纵火暴恐案件居多。笔者梳理2014年1月至2022年4月我国31起城市公交车突发事件，总结归纳发生其主要分为三大类：一是以暴力形式实施的重大刑事案件，二是由司乘冲突引发的刑事、民事或治安案件，三是公交车自燃事故或交通事故。其中近年来第三类公交车自燃事故或交通事故呈现上升态势，多为高温、电路或燃油系统故障、人为因素制约[2]；第一类暴力刑事案件呈现预谋性强、单独作案、社会危害大、易造成模仿效应，引发同类犯罪等特点[3]，而第二类案件案发原因是多方面的，除了对社会的仇恨不满因素外，大多源于违法嫌疑人具备不健全人格及病态心理因素，作案工具一般使用汽油、香蕉水等助燃液体，时间上会选择人流量大的上下班时间或者节假日，作案地点呈现出一线城市向二三线城市蔓延的趋势。以上三类案件极大制约城市经济社会可持续发展，亟待多方群体高重视、巧协同和严追责，共同维护城市公共安全。

3　当前城市公交车突发事件应急工作的基本形势

3.1　"内忧"：城市公交车突发事件应急的"内劲"不足

3.1.1　相关政策法规保障力度不足

第一，政策的滞后性严重制约公交系统内部安全机制的运行，党委、政府对公交安全项目的财政拨款、税收减免、增加人员编制等方面的政策支持力度不够[4]；第二，具体概念与对象的缺失。如2016年1月1日施行的新版《反恐法》第23条第2款提及公共交通站点安防"公共安全视频图像信息系统"以及"防范恐怖活动的技防、物防设备、设施"，并未提及城市公交车辆等重点对象，《消防法》的法律文本中也未提及"纵火""反恐"等字眼；第三，主体责任与责任边界较为模糊。对于城市公交车突发事件，难以从《刑法》《治安管理处罚法》《消防法》等法律文本中找到相应的罪名认定、追责幅度等，且对于"危害公共安全"与"故意伤害他人"的法律定性不清，实践中存在执法主体不清、责任不明、执行困难等问题。

3.1.2　公交车安全管理存在一定漏洞

第一，安检的缺失，即使像北上广深等特大城市的BRT线路采用公交专道，全封闭、全时段的管理，但其并没有采取实时的安检措施，留下极大的安全隐患。公交车极易成为新型突发事件的目标；第二，视频监控的滞后，虽然目前并未发现视频探头被直接破坏，但探头设备的防护欠缺，容易遭受破坏，从而导致电子数据证据的流失；第三，消防基础设施不达标。经资料查询与了解，济南城区共有公交汽（电）车4780部，营运线路229条，公交站点3339个，日

* 基金项目：国家重点研发计划资助项目（2021YFC3001301）阶段性成果。

客运量240万人次，而车上多数逃生装置、消防锤、灭火器的配备形同虚设，部分设备老化，提醒标志的粘贴脱落，司机座位的防护缺失等，亟待引起重视。

3.1.3 安全力量薄弱与乘客安全意识淡薄

随着城市新能源汽车的不断推广，越来越多的城市开始使用以锂电公交车、天然气公交车等为代表的新能源公交车，目前在技术使用和电池安全性上尚不完全成熟，因此也常会引发安全事故[6]。此外，从调研情况来看，我国城市中除极个别城市的公交系统公司能独立设置安全员，配合城市大型活动举办期间公交线路的安全保卫，但也仅仅服务于专项活动，当活动结束过后，安全员也不再配备，线路长、车辆多、经费紧等客观因素，无形中导致应急工作难度的增大。

从欧美国家的经验来看，城市恐怖主义难以防范主要有两个原因：安保战线过长和防范心理的松懈[5]。在遭受公交车纵火暴恐慌乱之际，由于乘客防范意识薄弱，欠缺公共安全意识，应急心理、逃生心理、技巧方法、实训演练极度缺失，明哲保身之态间接导致乘客慌乱、踩踏事故等形势的恶化。

3.2 “外患”：城市公交车突发事件应急的“外力”欠缺

3.2.1 对基础信息采集的重视程度不足

从基层群众性自治组织的信息采集到公安派出所辖区的人员掌控，皆存在重视不足的问题，对于重点人员，比如信访大户、钉子户、精神疾病患者、有犯罪前科、仇视社会等人员，日常动态、情报信息的监控存在较大漏洞。一些公交纵火案的犯罪分子源于社会底层，由于自身合理的利益诉求得不到满足，走投无路，便产生对社会的不满和仇恨社会的情绪，转而实施公交纵火犯罪行为[7]。帮扶政策的落实不到位、群众走访的走形式、走过场，甚者，责任追究机制的缺失，都是公交车纵火暴恐案件的重要外因。

3.2.2 对易燃易爆物品管理失控漏管

2014年，公安部下发了《关于迅速采取超常措施建立完善严控严查散装购、销汽油制度的通知》，对购买散装汽油等行为进行了限制。笔者通过调研走访，城市加油站不出售散装汽油，但部分三四线城市仍存有无证经营的走私黑油站进行散装油销售、走私的柴油交易等现象，如粤港边境走私的香港“红油”问题，黑色的地下链条导致该类物品的流通难以监管，一旦犯罪分子有心进行纵火爆炸，往往极易获取类似物品；加之相关危险化工产品销售的登记缺失，对“香蕉水”、黑火药等易燃易爆化学制品缺乏必要的监管，进而出现较大安全漏洞。

3.2.3 综合应急处置力量难以形成合力

新时期，突发事件应急处置已跳出应急管理和公安部门“单打独斗”的传统思维，其要求每一名公民参与社会公共安全秩序的共同维护，人人都是应急处突的主角。以公交车反恐防爆为例，公安机关警种间由于协调配合难以科学化、同步化，治安警、巡警、特警、辖区派出所、交警等部门临时指挥体系的搭建难以适应实战之需。由于在日常的警务工作运行中，更为注意的是城市暴力犯罪事件，如展开“两抢一盗”专项行动，维护社会面的安全稳定、保护市民人身财产安全等，恐怖犯罪活动在大多数城市的案件发生较少（近年来多往边境省份城市转移），当地警方易产生懈怠心理，反恐工作流于形式，各种反恐演练也得不到真正意义上的重视。

4 构建城市公交车突发事件应急处置机制的几点对策

面对新时期城市风险协调治理的新形势，笔者建议，以协同治理理论为牵引，通过政策法规、技防力度、情报支撑、应急力量和实战指挥等方面建构城市公交车突发事件应急协同机制。

4.1 完善政策法规建设

一方面，在政策制定方面，出台利于城市公交系统安全防范、员工编制、福利待遇等国家政策，制定统一的城市公交车国家防火标准，规定生产、维修、保养等程序的合格矢量及规范，以提升城市公交系统内部安全防范的基础能力建设。另一方面，在法规完善方面，整合反恐、应急、消防、治安、交通等相关领域法律文本，修订核心法条，针对城市公交车应急处突的新特点、新趋势，增添“公交纵火”的处罚定性；出台司法解释，明确公交纵火暴恐事件的“加重处罚”情节；落实城市公交车辆超载责任追究制度、处罚幅度等。此外，加大法学专家人才库建设，建议公交系统设立公职律师，同时由相关科研单位组建法学人才队伍，投入公交纵火暴恐的法理研究，以服务于司法实践。

4.2 推进技防力度保障

为降低公交车公共安全风险，应以科技信息化为抓手、引擎，由国家投入研发资金，提升城市公交系统信息化水平成为必要，如2014年武汉投入近8000万元加强公交反恐，其中大部分投入公交设备的研发升级。

从事故检验鉴定的经验中不难发现，由于公交车大多使用柴油或天然气，点燃的瞬间容易引爆，给消防灭火救援留下极少的间隔时间。引火源的种类包含自制定时装置、遥控装置、打火机，从往后科技的发展趋势来看，遥控无人机也可能成为作案的工具。因此，应注意公交车的耐燃材料设计、研发耐高温车载“黑匣子”、添加视频监控的防护罩，保持线路系统独立、装载一键报警装置、自动感应喷水设置、拆除临窗横杆、更换推拉式逃生窗等，为反恐防暴、人身自救赢取更多时间。

4.3 建强情报支撑体系

伴随科学技术的发展，数据日益增多，笔者认为，可搭建基于大数据技术的城市公交车突发事件情报体系，主要分为四个层次，一是感知层，二是处理层，三是挖掘层，四是输出层。

感知层的主要数据来源于三个方面，一是视频监控系统。主要来源是在公交车前后门，公交车中，公交站点等位置安装智能视频监控和图像采集系统。二是物联网系统。主要来源是公交卡，移动支付端口，司机手环，公交车情况监控等三是社交网络数据。主要来自微博，贴吧等网络公开情报数据。在处理层中，主要对感知层收集到的数据进行储存与处理，对非机构化数据进行结构化，对冗杂数据进行清洗降噪以实现数据挖掘层的预处理需求。在挖掘层中，主要针对获取的数据进行深层次挖掘，采用回归算法、遗传算法等多种计算方式，分析挖掘异常数据，得出研判结果。最后是输出层。根据挖掘层得出的数据，自动判断相关情况，并将研判结果及时输出至应急管理部门，对紧急情况则迅速针对公交车采取相关预案。以针对公交车司机异常状态处理为例（图1），该体系的运转可迅速处置相应紧急状况，为实战提供有力情报力量支撑。

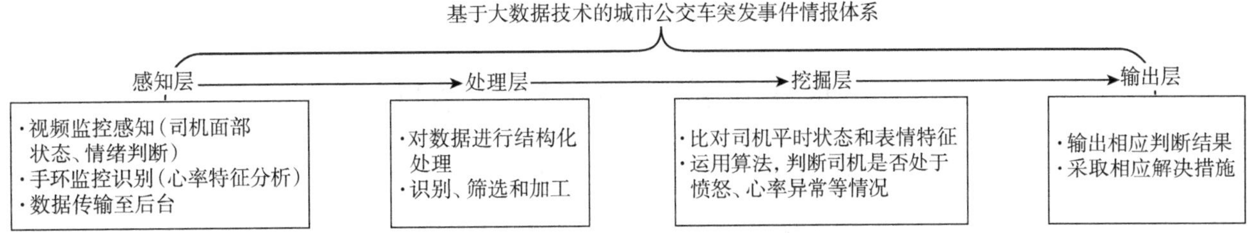

图 1　公交车司机异常状态处理情报应用例举

4.4　充实应急处突力量

第一，公交系统内部力量的充实。城市公交系统应提高认识，重视日常防范措施的落实，全方位、全天候配备公交车专职安全员与志愿者相结合的模式，做好车辆、车站及车库的巡逻，检查，把好“上岗资质—政治素养—身心状态”关口，增添内部应急处突的有生力量。

第二，成立公交反恐安保大队。由当地公安局牵头，构筑“巡特警—武警—便衣民警—民警警犬巡查”相结合叠加式、随机样态的立体化体系，通过筑牢基础节点，继续推动“一室引领三队”① 建设，在车站警务室，公交站关注治安关键要素，具体包括人、地、物、事、组织；成立便衣公交巡警、加强公交辅警队伍建设，确保安全稳定等。

第三，落实教育培训机制。各地有条件的可借助当地应急、消防或公安培训基地，条件暂时不允许的可跨区域联合培训：制定培训方案、教案，定期与不定期对城市交通系统进行安全生产演练与培训，提升防恐辨识能力、应急处置能力、初始火灾扑救能力；提升公交车司机能力素质，形成“识别发现—开破门窗—喊话疏散—应急灭火—一键报警”的思维惯性；进行盾牌、警棍操作的训练；借鉴内蒙古自治区通辽公安局“红袖标治安”巡逻队的优秀做法，运用于城市公交车应急处突之中；鼓励和支持社会组织参与到治安防控体系建设中，给予其适格的主体地位，并加强对这些组织的监管、培训和指导，赋予其相应的责任，使其有序参与到治安防控体系建设之中[8]。

4.5　加强应急实战指挥

近年来，各地强化实战型指挥中心的建设，力推扁平化指挥模式变革，意图减少指挥层级，确保快速反应与及时处置，学界也力推积极探索建立具有中国特色的整建制指挥部模拟演练体系，增强跨部门指挥、决策与协作能力[9]。因此，在处置城市公交车突发事件中，加强应急实战指挥能力建设成为重中之重。

首先，实现跨区域警务合作一体化机制建设，尤其是区域反恐警务合作，实现区域内治安警、网警、巡警、刑警、反恐等警种配合，比如结合当前京津冀一体化战略的推行，在城市反恐层面，由北京市公安局牵头，联合情报、反恐、消防、应急、卫生等职能部门，成立专门化办公室，压缩指挥层级，实现快速机动反应。

其次，确立城市公交突发事件应急指挥的基本原则：超前预防、精准调动、快速协同，使指挥层面在应急响应中发挥“快、准、实”的高效指战作用。形成“定位情况信息—协同作战—安全检查—灭火救援——医疗救护—后勤支援—后勤保障”的指挥体系，形成应急联动效应。

最后，建立事故调查合作机制，如针对公交车纵火事件，建立火灾协作调查联席会议制度和疑难现场分析制度，案件调查过程中定期召集参加火灾协作调查的消防、刑侦等主要人员联席研究，汇总调查进展，分析原因，确定火灾性质[10]，对事故处置、舆情控制和后期善后工作具有重要意义。

5　小结

城市公交车突发事件危害性大、国内外影响较为恶劣，本文以城市公交车突发事件的处置为突破口，力求处置机制的构建，以期解决实际问题。笔者呼吁国内更多的专家学者能加入城市公交应急管理领域研究的大军之中，从理论借鉴到经验总结，形成成套理论与实务体系，利于震慑制造城市风险的不法分子，对维护我国社会治安秩序、保护人民群众生命财产利益意义重大。

参考文献

[1] 李汉卿．协同治理理论探析［J］．理论月刊，2014（1）：138-139.

[2] 程阳等．公交车火灾分析及应对措施探究［J］．消防科学与技术，2015（2）：267.

[3] 胡永正．对当前公交车纵火案的思考［J］．甘肃警察职业学院学报，2015（3）：24-25.

[4] 胡永正．论公交系统反恐防暴体系的构建：基于公交车纵火爆炸案件的分析［J］．山东警察学院学报，2015（6）：16.

[5] 潘新睿．城市恐怖主义防范的国外经验与中国借鉴［J］．北京警察学院学报，2014（4）：32.

[6] 朱明，左海同．推广应用新能源公交车的问题与应对［J］．城市公共交通，2017（10）：18.

[7] 卢文刚．脆弱性视阈下利用公交车报复社会事件应急管理研究——以贵阳“2·27”公交事件为例［J］．西南民族大学学报（人文社会科学版），2016（9）：110.

[8] 宫志刚，李小波．立体化社会治安防控体系：从理论到实践［J］．山东警察学院学报，2016（3）：17.

[9] 董泽宇．德国和法国整建制指挥部模拟演练的模式及其借鉴［J］．城市与减灾，2021（3）：64.

[10] 陈立民．林勇河．高架桥上 BRT 公交车火灾事故调查的思考［J］．消防科学与技术，2014（11）：1359.

① “一室引领三队”即警务指挥室、社区民警队、治安巡逻队、刑侦队。

洪水灾害救援的组织与指挥

赵 华 王志强 郑文斌 王 昊 张 申

（蚌埠市消防救援支队，安徽 蚌埠）

摘 要 遵循习近平总书记训词精神，经过3年的转型探索，全队伍积极努力的适应洪灾救援的需要，逐步形成三大优势：24h执勤战备、集结快速、反应迅捷的制度优势；配备专门装备、配置专门人员、架构专门指挥、遂行专门保障的队伍优势；普及开展急救救生、舟艇驾驶、激流救援、潜水搜寻、抽水排涝等专业技术训练的能力优势。

关键词 洪水灾害 消防救援队伍 组织指挥 排涝

1 洪水灾害的基本特点及其主要类型

洪水是由于暴雨、融雪、融冰和水库溃坝等引起江、河、湖所含水体水量在短时间内迅猛增加，水位急剧上涨超过常规水位的自然现象。洪水超过了一定的限度，给人类正常生活、生产活动带来损失与祸患时，则称为洪水灾害，简称洪灾。

1.1 洪水灾害的基本特点

1.1.1 洪灾发生的地理空间上分布不均，呈现地域性特点

我国洪水灾害以暴雨成因为主，而暴雨的形成与地区关系密切。我国暴雨洪水灾害主要分布在50mm/24h降雨等值线以东，即燕山、太行山、伏牛山、武陵山和苗岭以东地区。我国东部地区是经济发达和人口稠密地区，单位面积上的洪水损失也最大，由此形成了我国洪水灾害的地域性特点。

1.1.2 洪灾发生的时间具有明显的季节性，呈现时间性特点

从时间上的分布看，我国的降水有明显的季节性，决定了我国洪水发生的季节变化规律。在季风活动的影响下，再加上我国地理位置、天气的差异，七大江河的汛期迟早不一。

1.1.3 洪灾社会影响大，呈现群众生命和财产损失重的特点

洪灾造成的人员伤亡和财产损失在各种自然灾害中列居前位。2017年，全国因洪涝灾害受灾人口5515万人，因灾死亡失踪355人。2021年，全国因洪涝灾害受灾3481万人次、因灾146人死亡失踪。仅2021年，全国因洪水灾害导致20.3万间房屋倒塌，造成的直接经济损失2406亿元。

1.2 洪水灾害的主要类型

洪水可分为河流洪水、湖泊洪水和海啸、风暴潮洪水等。在我国，河流洪水是主要的洪水类型，河流洪水依照成因的不同，又可分为暴雨洪水、山洪洪水、漫决（冲决与溃决）、融雪洪水、冰凌洪水、人为决口（控制性导流）等。

综上所述，消防救援队伍应充分考虑洪水灾害的时间、空间以及不同类型灾害的特征做好相应的装备、物资、人员、训练准备。

2 消防救援队伍参与洪水灾害处置的主要任务、力量编成和能力储备

2.1 现阶段承担的主要任务

遵循习近平总书记训词精神，经过3年的转型探索，全队伍积极努力的适应洪灾救援的需要，逐步形成三大优势：24h执勤战备、集结快速、反应迅捷的制度优势；配备专门装备、配置专门人员、架构专门指挥、遂行专门保障的队伍优势；普及开展急救救生、舟艇驾驶、激流救援、潜水搜寻、抽水排涝等专业技术训练的能力优势。

与此同时，我们也要清醒的认识现阶段队伍遂行抗洪抢险任务的局限性，消防救援队伍不适宜承担筑堤导流、道路抢通、巡堤查险等需大兵团执行的任务，主要还是以抢救群众生命安全为主的重点突击任务，诸如被困人员营救、重要物资转移、重要对象排涝、重点清淤消杀、保护重点对象目标和其他抢险任务。

2.2 应对洪涝灾害的力量编成

2.2.1 装备编成

根据消防救援队伍近几年来在洪水灾害救援任务中总结的经验，需要以下主要装备。

（1）救援车辆。通常包括通信指挥车、通信前导车、运兵车、水罐泡沫车、抢险救援车、远程供水（排涝）车、舟艇运输车、装备运输车、充气车、宿营车、淋浴车、餐饮保障车、被服洗涤车、装备维修车等。

（2）救援舟（艇）。主要包括冲锋舟和橡皮艇。冲锋舟舟体材料大多由玻璃纤维增强塑料（俗称“玻璃钢”）、胶合板和橡胶布等组成，水上多用船外机驱动，也可用桨操行，当前配备的主要有TZ588型、TZ590、TZ600型等。橡皮艇艇体材料大多由高强度橡胶布、气仓和艉板等组成，水上多用船外机驱动，也可用桨操行，当前配备的橡皮艇主要为3.5~6.4m不等。

（3）舟（艇）动力系统。目前救援舟艇配套的主要是燃油二冲程船外机，功率从15~250马力不等。船外机在使用时要保证燃油储存期、保持缸体润滑防止生锈、特殊情况下会紧急排险、使用时安装保险。

（4）舟艇救援必备。备用油箱、望远镜、高音喇叭、高音哨、绝缘剪、绝缘长钩、标识喷漆、备用救生衣、漏电探测仪和当地向导。

（5）基础个人防护装备。速干抢险救援服全套，水域救援头盔、水域救援专业救生衣、水域救援靴、湿式或干式水域救援服、水域救援手套、水域救援抛绳包、救援割绳刀、高音哨、水域救援快速解脱牵引绳、照明灯、方位灯等。

2.2.2 人员编成

消防救援总队抗洪抢险救援编队由省级救援队、支队级救援队、站级救援分队组成。采取“1+N+X”模式，“1”即总队组建1支省级救援队，可单独组建，也可依托水域救援实力较强的支队组建；“N”即水域救援任务较重的支队组建支队级救援队；“X”即辖区水域处警任务较重的消防救援站组建站级救援分队。

省级救援队。人员不少于100人；配置消防船的，配套配备冲锋舟（艇）不少于6艘。未配置消防船的，配备冲锋舟（艇）不少于12艘。

支队级救援队。人员不少于40人；配置消防船的，配套配备冲锋舟（艇）不少于3艘；未配置消防船的，配备冲锋舟（艇）不少于6艘。

站级救援分队。人员不少于6人；配备冲锋舟（艇）不少于1艘。

2.2.3 应对洪涝灾害的能力储备

消防救援队伍参与洪灾救援，除了日常训练外，专业领域还需要增强围绕前述任务的水域救援、舟艇驾驶、排涝清淤等能力培养。同时，针对近年来洪灾发生基本处在每年6~8月间的时间规律，可以按照“训-演-备-调”的周期做好能力准备。

（1）训练，水域救援队员的门槛制培训、队伍能力的检验性演练、应对预设的救援准备，均应在次年6月底前全部实施完毕，可区分为当年8~10月培养考核期、次年5~6月复核提高期。坚持从急救员、水上救生员、船员及舟艇驾驶员再到具备激流救援能力的四级门槛制训法，并纳入每年夏训科目、实施训练质量评价，以每个队站不少于6人为达标标准；

（2）演练，一般在每年6月完成，全要素组织拉动演练，要从现在的器材清点延伸到结合全国范围内灾情预警可能涉及的灾情处置、前进营地、自我保障、三断通信等，逐项开展检验性的演练，发现训练物资器材不足、更新易耗品、调整队伍结构和组成；

（3）备战，一般在6月演练结束后立即完成，根据演练结论，形成队伍编成、补充物资装备、制定行动要则、发布战备命令，原则上队伍人员停休、装备物资上车、后勤补给待命；

（4）调整，应在当年救援行动结束后立即组织清点清查，及时对照车辆、装备、物资配置表，加以调整，补齐损耗，增配管用好用、剔除没用累赘的，使物资装备处在常态化战备状态，以应对特殊灾情处置需要，满足随时待命要求。

3 洪水灾害处置的组织指挥要则

3.1 指挥架构

消防救援队伍遂行处置洪水灾害任务时，应当坚持属地党委政府的统一领导，在派员参与地方总指挥部负责协调的基础上，自成作战指挥体系，并坚持统一指挥、逐级指挥的原则，成立消防救援现场作战指挥部，一般设总指挥员1名、副总指挥员若干，下设指挥协调组、应急通信组、战地政工组、新闻宣传组、战勤保障组、综合信息组（即“一部六组”）。

各级救援队接受现场作战指挥部指挥，原则上总（支）队级以上救援队按建制对应成立指挥架构，确保指挥顺畅、协同高效、执行彻底。

3.2 灾情评估

灾情评估是研判决策的前提条件，消防救援队伍参与洪灾救援开展的灾情评估不同于其他部门的行政性方向，主要是针对阶段性中心任务开展的技战术特征，一般情况下，前期围绕人员疏散转移、中期围绕排涝除险、后期围绕清淤消杀等进行。灾情评估应当按照信息获取、灾情分析、任务排序、力量匹配、资源需求等程序和方面形成客观量化的明确意见和建议。洪水灾害救援现场的灾情评估和研判决策应遵循以下原则：

3.2.1 非单一来源原则

灾害信息的全面与充分是信息研判对信息量的要求，也是灾情侦察评估必须全面充分的要求。信息研判的“大数据”应当尽可能涵盖和整合抗洪救援现场指挥部各组别工作的信息资源和侦察可用的所有社会资源，包括水文、气象、地质等各部门提供的信息以及上级部门的相关指示和各级行动组的一线情况反馈等，只有用于研判的信息全面充分，才是实现科学决策的基础。

3.2.2 动态评估原则

动态灾情评估是在快速变化的现场环境中持续识别灾情，评估任务需求，保持信息的动态更新，要协同有关单位、部门或政府和各个救援力量，确保信息的及时性，增强研判的时效性，把握救援行动的最佳时机。

3.2.3 最不利原则

灾情评估时需应用最不利原则，在制定作战方案中，为行动安全保障留有余量，确保救援行动的安全。

3.3 研判决策和任务分配

指挥部根据灾情评估的不同意见和建议，择优确定总体战术意图、阶段战斗目标，划分战斗任务、战斗区域，明确指挥层级、配属权限、资源保障等，通过科学研判，作出果断决策，进行任务分配。研判决策和任务分配时应把握的原则包括：

3.3.1 目标导向原则

要严格遵循“人民至上、生命至上”，从庞杂的信息资源中获取关键要素，区分轻重缓急，始终以人民生命安全为主的救援任务为第一优先决策目标，明确选定主要战斗任务。

3.3.2 对比择优原则

对灾情评估阶段提交的不同意见和建议、各种方案和计划，要围绕目标，进行科学客观的比较和研判，选择最符合当下阶段战术目标、战斗能力、战勤保障的方案，选择最适合执行任务的指挥员和队伍，明确下达任务分配指令。

3.3.3 集体决策原则

总指挥员在研判决策阶段，应当根据任务范围，严密组织指挥部各组别和各救援队负责人员进行集体讨论，善于采纳、归纳各方意见，充分重视不同意见特别是警示意见，果断形成明确的决策意见。

3.4 信息通信

3.4.1 基本设置

指挥部六组中的综合信息组、应急通信组和救援队中的信息员是各类信息交互的责任人。主要依托通信先导车、通信指挥车等车辆或前沿阵地的指挥帐篷展开作业。同步配备单兵图传、卫星电话、北斗有源终端、笔记本电脑、高清摄像机、三轴稳定器、无线/有线话筒、图形工作站、打印机、多链路聚合路由器、移动电源、无人机等通信装备，确保随时随地能组会、能图传、能对话、能分析。

3.4.2 重点手段

（1）建立应急通信联动机制。建立与供电、气象、水利、交通、市政、公路等行业部门和社会单位的应急联动机制，了解电力、通信运行状态、影响范围、恢复时间，获取灾区卫星影像地图，掌握灾区水位变化指数，获取道路、桥梁、隧道等视频监控和路况等信息，从而强化灾情监测，共享预警信息，实施联勤保障。

（2）确保社会力量协同配合。充分发挥三大运营商的高精尖通信设备、社会救助力量的特种设备、公安的信息化技术力量等专业力量优势，补充通信保障能力，实现战略合作、协同作战。

（3）强化无人机领域应用。在救援过程中加强无人机对现场实时监控的频次，现场利用无人机对灾区进行二维正射影像图与三维建模，第一时间掌握救援现场态势变化，随时随地进行“图上作业”，对指挥部科学辅助决策指挥具有重要意义。

3.5 安全管控

3.5.1 安全组织

现场作战总指挥为本级作战安全工作第一责任人，现场指挥作战的指挥官为救援作战安全直接责任人，各级指挥员具体负责作战安全管控监督工作，各级安全员督促安全制度落实、严密安全防范措施、安全理论提示，确保洪灾救援作战行动安全。紧急干预小组负责遇险被困的消防救援人员营救任务，并协助做好洪灾救援现场安全管控，及时掌握作战行动进程，随时保持待命状态。

3.5.2 安全责任

现场作战指挥部通过明确作战行动安全责任，落实防范举措，组织实施以下措施：（1）落实洪灾救援安全形势分析。（2）落实安全教育。（3）落实干部跟班作业。（4）落实安全官（员）制度。（5）落实作战安全讲评（6）设置紧急干预小组。

3.6 战勤保障

战勤保障功能是在洪水灾害救援中，给消防救援队伍提供更加有效、更加可靠的作战支撑，应当把战勤保障功能向实战延伸，将战时保障、社会保障和技术保障纳入战勤保障体系之中，加速“后勤”向“前勤”转变，全面拓宽后勤专业化、社会化和系统化保障功能。

3.6.1 餐饮保障

洪灾救援中除了紧急情况下的72h物资自我保障外，长时间作战的饮食保障也是整个救援过程的重要环节。需要在质、量、速三个方面得到高质量保证。同时餐饮保障模块要做到，确保10min展开进入工作状态、设置好就餐区域、15min有热水保障速食、1h有正餐，在转移阵地前做到24h不间断保障。

3.6.2 油料消耗及电力保障

制定科学的油料物资的储存、购置计划，保证燃油的充足供应，同时要定时检查储油设施、定期补充救援装备内的燃料；第一时间了解掌握当地燃料资源供应点和供应时间，做到及时补充；同时还要建立燃油记录档案。

3.6.3 卫生消杀

健全卫生消杀机制，要有计划地根据需要对营地区域做好消毒及防蚊、防虫、防蛇措施。保持每日对营地早、中、晚各1次的消毒，做好填表记录。特殊情况下可安排人员轮班消杀，频率增加到2h/次。同时要注意营地的生活物资更新，建立垃圾、生活废品处理措施，防止发酵产生病菌。

参考文献

[1] 自然灾害概论（武警学院试用教材）[M]. 73-76.

[2] 周庆，方建钢，陈建. 消防救援队伍抗洪抢险力量前置备勤的思考 [J]. 中国应急救援，减灾纵横，2021，1.

[3] 王剑淦，赵兴华，姜一桐. 洪涝灾害舟艇编队救援模式与策略研究 [J]. 专家学者论坛，2021，12：11-13.

[4] 张文琴. 论侦查情报信息研判推动侦查决策 [J]. 山东警察学院学报，2017，1：60-65.

[5] 詹红兵. 洪涝灾害的应急处置和救援技术 [J]. 中国应急救援，“全灾种大应急”专题，2021，4：16-20.

有色金属厂房炉料热作用下钢柱温度计算与研究

张 粲

（枣庄市消防救援支队，山东 枣庄）

摘 要 为了正确评估有色金属厂房钢柱在炉料热作用下的耐火稳定性，本文以厂房安全坑中的炽热炉料为热源，利用传热学原理建立了不同钢构件的截面温度分区计算模型。考虑不同设置形式H型钢柱、方矩管钢柱温度计算模型，钢构件类型更全面，更适合实际应用。计算得出各构件的截面平均温度，构件沿长度的平均温度和最高温度，为钢构件温度应力、临界温度计算，危险截面判定奠定基础。

关键词 有色金属 钢柱 温度 危险截面

1 引言

有色金属冶炼过程中，由于事故的发生，会将冶炼炉内的高温熔融炉料排放到厂房安全坑内。炉料以热辐射的形式向外散失热量，钢构件表面吸收炉料辐射热的同时向外辐射热量。钢柱温度升高，受热膨胀，受到周围钢构件的约束，会产生温度应力，使钢柱的稳定性受到破坏。因此研究有色厂房事故坑附近钢构件的温度分布，对于厂房的耐火性设计具有重要意义。

文献[1]仅给出H型钢柱温度分布，实际厂房内H型钢柱与炉料的相对位置及钢构件类型较多，笔者采用分区计算方法，建立炉料热作用下不同设置形式H型钢柱、方矩管钢柱温度场的计算模型，并与有限元软件ANSYS模拟结果进行对比。

2 炉料热作用下钢柱温度计算模型

炉料块体的平均温度按式（1）~（2）计算[1]：

$$T_f = \begin{cases} T_1 & Re > 0 \\ T_1 - \varepsilon \times 5.67 \times 10^{-8} \Delta t(w + 2h) \cdot (l + 2h)(T_f' + 273)4 & Re < 0 \end{cases} \tag{1}$$

$$Re = Gwlh\rho - 0.66 \times 5.67 \times 10^{-8} \Delta t(w + 2h) \cdot (l + 2h)(T_f' + 273)^4/(c\rho wlh) \tag{2}$$

钢柱各板件温度计算如式（3）~式（9）[1]：

$$\Delta T_s = \frac{Q_s}{c_s \rho_s v_s} \tag{3}$$

$$c_s = 425 + 0.773 T_s - 1.69 \times 10^{-3} T_s^2 + 2.22 \times 10^{-6} T_s^3 \tag{4}$$

钢柱构件计算单元表面与外界的热量交换 Q_s 包括：

（1）炉料表面对钢柱计算单元表面在 Δt（s）的辐射传热量 Q_g（J）：

由于炉料与受热辐射面互相垂直，根据传热学原理：

$$Q_g = \sum_w \sum_L 5.67 \times \varepsilon_1 \times \varepsilon_2 \Delta x \Delta y \Delta t \cdot \frac{0.5 \cdot z_1 \zeta \delta}{\pi (x_1^2 + y_1^2 + z_1{}^2)^2} \left(\frac{T_f + 273}{100}\right)^4 \tag{5}$$

（2）钢柱各板件计算单元表面在时间间隔 Δt(s) 内向外辐射热量 Q_f (J)：

$$Q_f = 0.8 \times 5.67 \times k \times 0.5 \times \Delta t \times \delta \cdot \left(\frac{T_s' + 273}{100}\right)^4 \tag{6}$$

钢柱各板件计算单元表面净吸收热量 Q_s 如下：

$$Q_s = Q_g - Q_f \tag{7}$$

则钢柱各板件计算单元在 t 时刻的温度 T_s 如式（8）：

$$T_s = T_0 + \sum_1^{t/\Delta t} \Delta T_s \tag{8}$$

$$T_s(i, t + \Delta t) = \frac{\lambda_s \Delta t}{0.5^2 c_s \rho_s}[T_s(i+1, t) + T_s(i-1, t) - 2T_s(i, t)] + T_s(i, t) \tag{9}$$

以上所有符号意义可以参见文献[1]。

3 H 型钢柱温度计算模型

3.1 H 型钢柱设置形式

根据 H 型钢柱相对于炉料设置形式的不同，将 H 型钢柱温度的计算模型分为Ⅰ类设置形式（腹板与炉料垂直）和Ⅱ型设置形式（腹板与炉料平行）两种模型来计算，如图 1 所示。

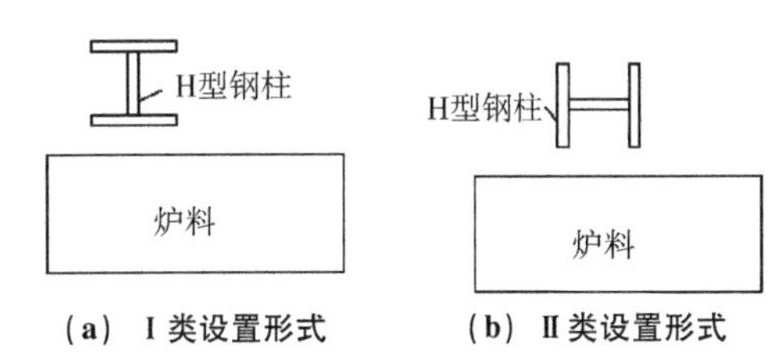

（a）Ⅰ类设置形式　（b）Ⅱ类设置形式

图 1　H 型钢柱不同设置形式示意图

文献 1 讨论Ⅱ类设置形式 H 型钢柱，本文对Ⅰ类设置形式 H 型钢柱进行讨论。

3.2 Ⅰ类设置形式 H 型钢柱

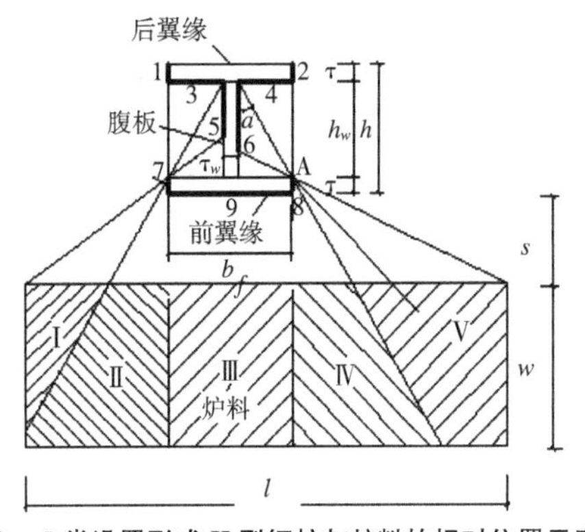

图 2　Ⅰ类设置形式 H 型钢柱与炉料的相对位置示意图

如图 2 所示，Ⅰ类设置形式 H 型钢柱各板件所处位置不同，接受炉料热辐射的表面也不同，各板件的温度就不同。计算时，采用分区计算法，将 H 型钢柱截面分为三部分：靠近炉料的前翼缘、腹板和后翼缘。由于遮挡的存在，钢柱各板件只有一部分表面接受辐射。图 2 中 1~9 黑色加粗部分为单位长度各板件受热辐射面。表 1 为 H 型钢柱构件表面不同位置处接受炉料辐射的表面。

表 1　Ⅰ类设置形式 H 型钢柱表面不同位置接受炉料辐射表面

钢柱接受辐射表面	1	2	3	4	5	6	7	8	9
炉料辐射表面	Ⅰ、Ⅱ	Ⅳ、Ⅴ	Ⅰ、Ⅱ	Ⅳ、Ⅴ	Ⅰ	Ⅴ	Ⅰ、Ⅱ	Ⅳ、Ⅴ	Ⅰ、Ⅱ、Ⅲ、Ⅳ、Ⅴ

图 3 为炉料与各板件间热辐射计算示意图，红色表示炉料表面与各板件计算单元表面的辐射传热面。根据图示各板件计算单元与炉料计算单元距离 x_1、y_1、z、s、ζ，炉料尺寸 l、w，板件规格 $h \times b_f \times \tau_w \times \tau$ 及炉料和各板件辐射表面积，利用公式（1）~式（9），分别建立在炉料热辐射作用下，前翼缘、腹板和后翼缘热量平衡方程，求出钢柱表面任一计算单元温升。值得注意的是，在利用（5）式计算钢柱前翼缘温度时，图 3（a）中，$\delta = b_f$，$\zeta = x_1$；图 3（b）中，$\delta = \tau$，$\zeta = y_1$。计算腹板温度时，图 3（c）中 $\zeta = y_1$。在利用（5）式计算后翼缘温度时，图 3（d）、图 3（e）中，$\delta = (b_f - \tau_w)/2$，$\zeta = x_1$；图 3（f）中，$\delta = \tau$，$\zeta = y_1$。结合热传导方程（9），计算Ⅰ类设置形式 H 型钢柱各板件任一时刻、任一计算单元的温度。由于各板件接触面积很小，忽略板件间热量传递。

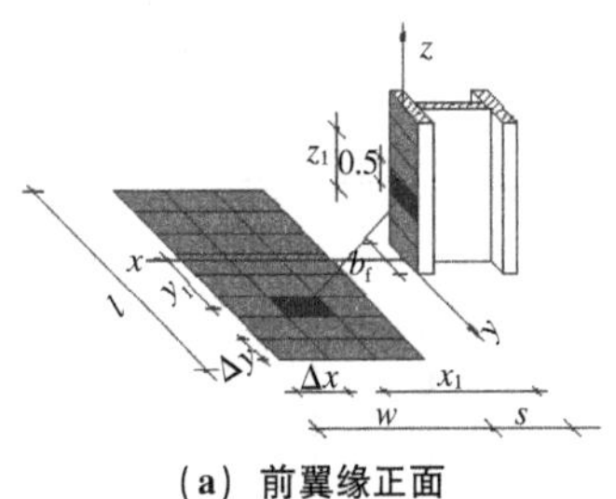

（a）前翼缘正面

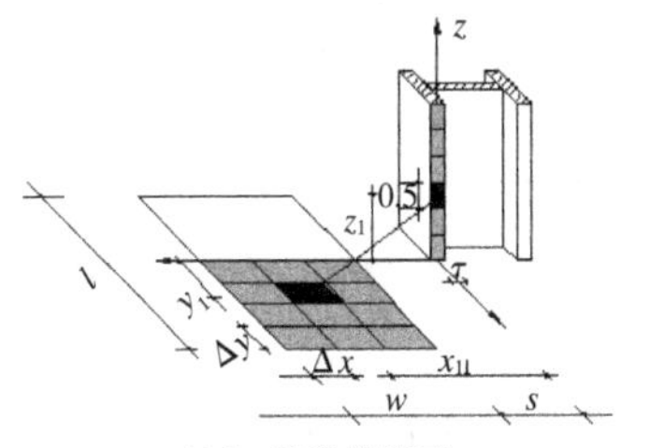

（b）前翼缘侧面

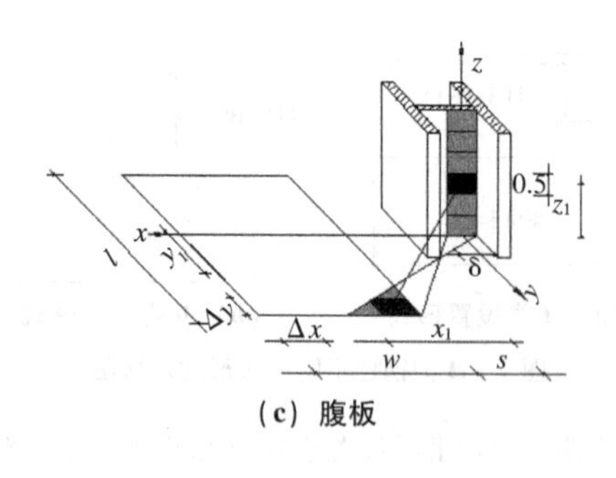

（c）腹板

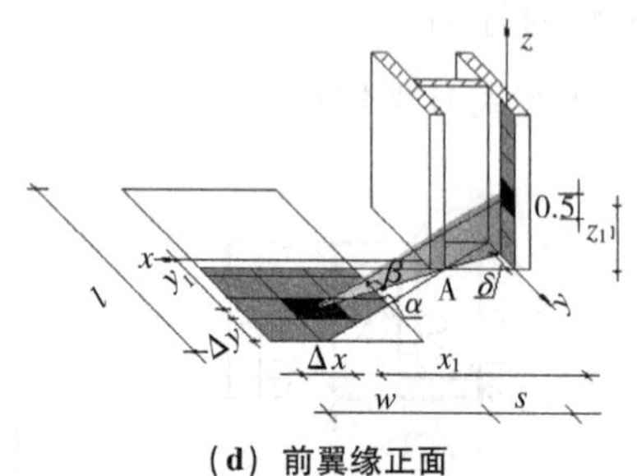

（d）前翼缘正面

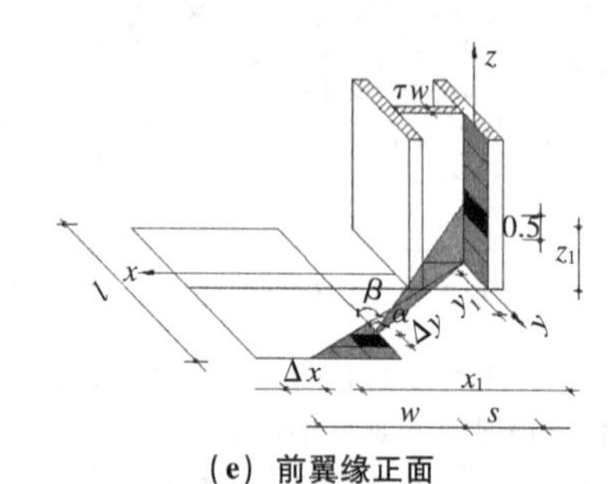

（e）前翼缘正面

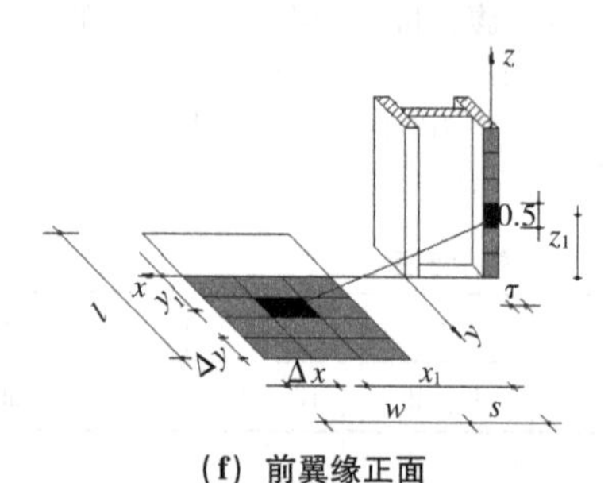

（f）前翼缘正面

图 3　炉料表面与 I 类设置形式钢柱各板件计算单元表面辐射示意图

4　方矩管钢柱温度计算模型

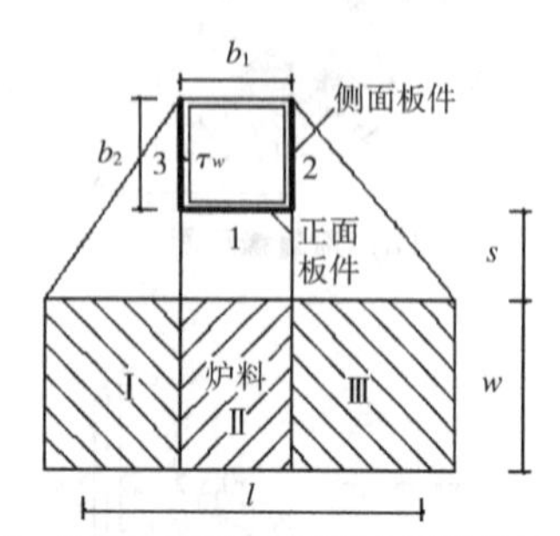

图 4　炉料与方矩管钢柱的相对位置示意图

方矩管钢柱各板件所处位置不同，接受炉料热辐射的表面也不同，如图 4，将方矩管钢柱截面分为三部分：正对炉料的正面板件、两侧的侧面板件。1~3 表示的黑色加粗部分为各板件接收受热辐射面，表 2 为方矩管钢柱表面不同位置处接受炉料的辐射表面。

表 2　方矩管钢柱各板件表面不同位置处接受炉料辐射表面

钢柱接受辐射表面	1	2	3
炉料辐射表面	Ⅰ、Ⅱ、Ⅲ	Ⅲ	Ⅰ

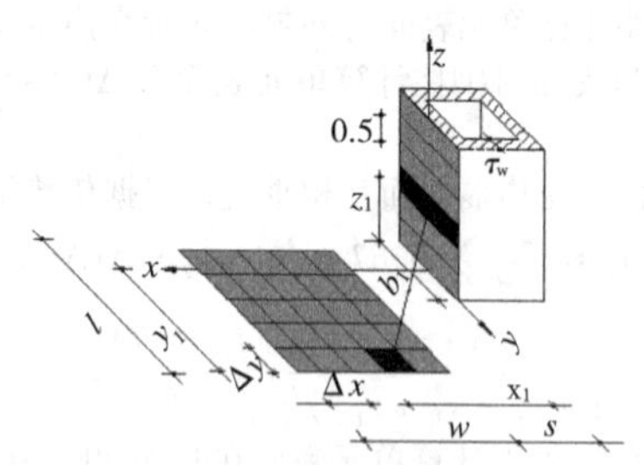

（a）方矩管钢柱正面

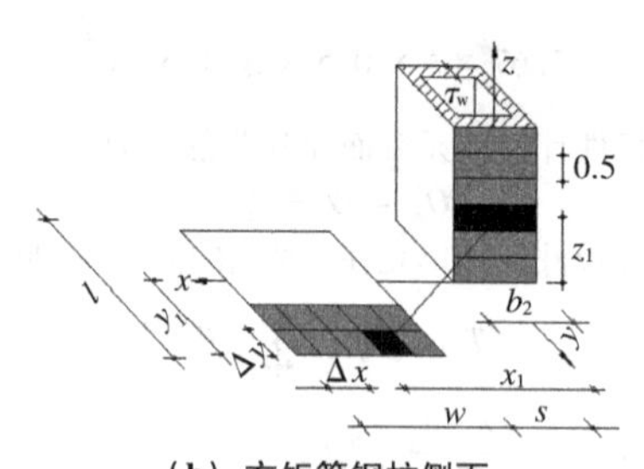

（b）方矩管钢柱侧面

图 5　炉料表面单元与方矩管钢柱板件表面单元辐射示意图

图 5 为炉料与方矩管钢柱正面和侧面板件热辐射的示意图，红色表示炉料表面与各板件计算单元表面的辐射传热面。利用公式（1）~式（9），计算方矩管钢柱各板件任一时刻、任一计算单元的温度。

5　构件截面温度、沿轴向平均温度和最高温度

依据上述内容可以计算钢构件各板件任一时刻的温度场分布。通过比较，可以得出构件计算截面的平均温度 T_J，构件沿长度的平均温度 T_P 和最高温度 T_Z，见公式（10）-式（12）。在计算钢构件由于膨胀所产生的温度应力时，取构件的沿长度平均温度 T_P。通过比较各截面平均温度可以得出截面最高温度 T_Z 及其所在位置。由于钢构件与炉料的位置固定，截面最高温度所处位置也是确定的。轴心受压构件沿长度各个截面的应力是相同的，但是在温度最高处，有可能因为钢构件材料强度最低使承载力不足而失稳。因此在判定钢构件临界温度时，考虑截面最高温度。

$$T_J = \frac{\sum_{i=1}^{n} T_i A_i}{\sum_{i=1}^{n} A_i} \tag{10}$$

$$T_P = \sum_{i=1}^{m} T_{Ji}/m \tag{11}$$

$$T_Z = \max\{T_{Ji}\} \tag{12}$$

式中，n 为构件板件总数，对于 H 型钢 $n=3$，方矩管钢柱 $n=4$；m 为钢构件沿轴向计算单元数，本文取 $m=L/0.5$，L 为钢构件轴向长度，m；T_i 为板件第 i 个计算单元温度，℃；T_{Ji} 为板件第 i 个单元截面平均温度，℃；A_i 为各板件横截面积，m^2。

6　算例分析

（1）工况一

炉料：$l=3$m，$w=8$m，$h=0.5$m，$T_1=1250$℃，$G=$

$251000J/kg$，$c=1100J/(kg·℃)$，$\varepsilon=0.66$，$\rho=3350kg/m^3$；

钢柱：Ⅰ类设置形式H型钢柱，截面尺寸：900×450×20×36，柱高：9m；

钢柱与炉料相对距离：$s=0.5m$。

计算70min内钢柱的温度值。如图6（a）所示为钢柱在$z=1.75m$处前后翼缘温度随时间变化曲线。分析表明，前翼缘温度明显高于后翼缘温度，由于该温差的存在钢柱将产生温度弯矩。图6（b）为不同时刻钢柱温度沿轴向分布规律，可以看出温度随高度先增加后降低，由于炉料和钢柱的相对位置固定，温度始终$z=1.75m$达到最大值。若此钢柱为目标柱，在计算温度应力时，选取该截面作为钢柱的危险截面。

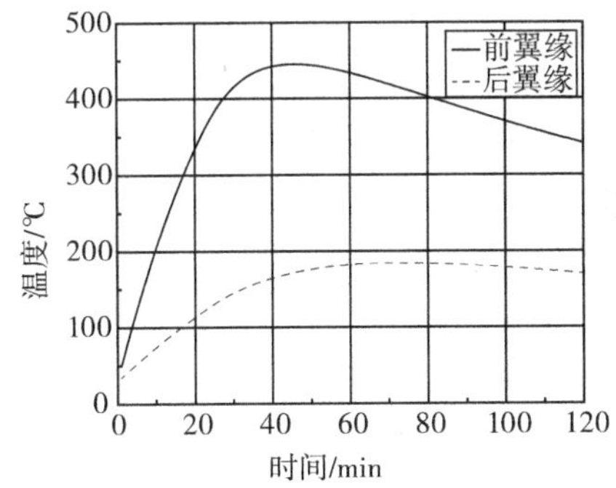

（a）$z=1.75m$ 钢柱前后翼缘温度

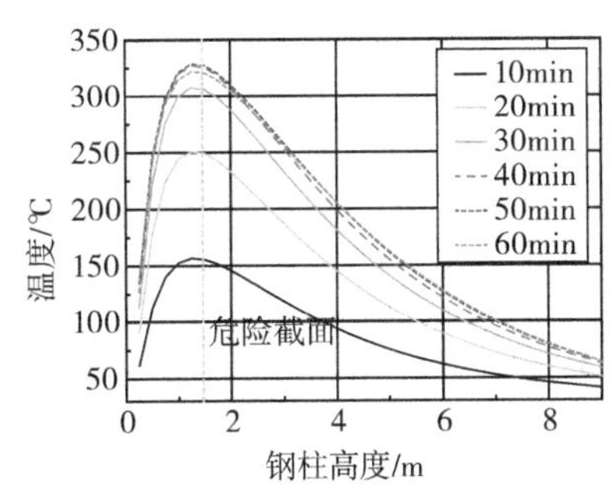

（b） 各时刻截面平均温度沿轴向温度分布

图6 Ⅰ类设置形式H型钢柱各时刻温度值

采用有限元软件ANSYS对炉料热作用下钢柱升温过程进行模拟，图7为$t=120min$，钢柱温度沿高度变化。利用ANSYS模拟与本文采用温度分区计算方法对比得出，钢柱温度沿轴向均在$t=1.75cm$时最大。$z=10m$时两种算法相对误差最大，为13%，其余各点不超过10%。

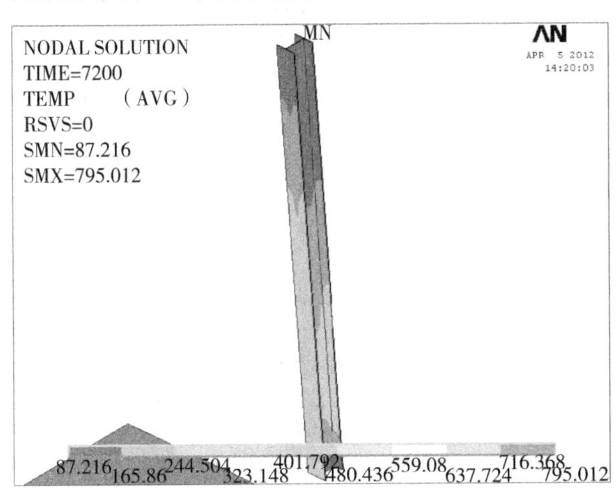

（a）$t=120min$ 钢柱温度沿高度分布

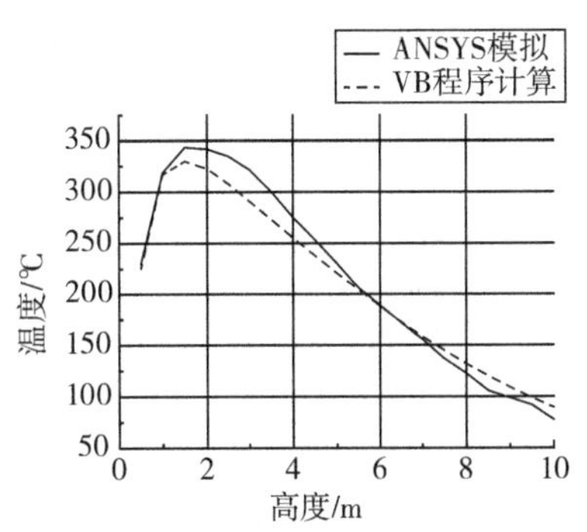

（b）$t=80min$ 钢柱温度沿高度分布

图7 ANSYS模拟钢柱温度沿高度分布

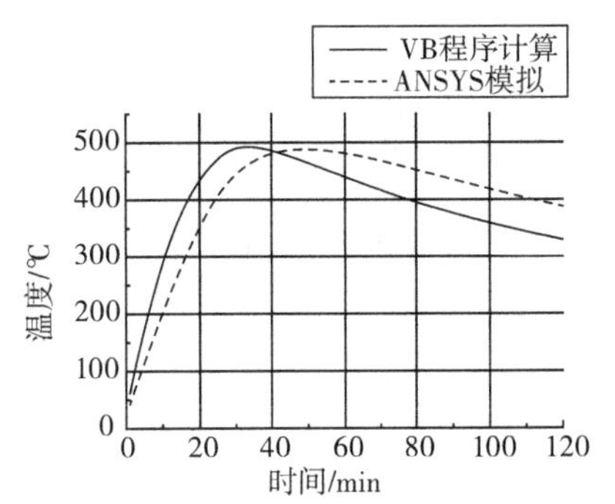

（a）高度$z=1.5m$温度-时间曲线

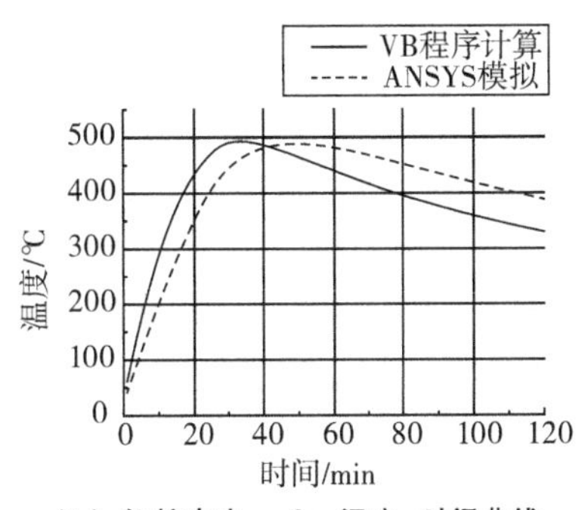

（b）钢柱高度$z=3m$温度-时间曲线

图8 ANSYS模拟与温度分区计算钢柱温度-时间曲线

$z=1.5m$和$z=3m$温度-时间曲线如图8。分析得出，1.5m处，ANSYS模拟和本文温度分区计算最高温度相对误差3%。3m处，最高温度相对误差为1.1%。

（2）工况二

炉料：$l=3m$，$w=8m$，$h=0.5m$，$T_1=1250℃$，$G=251000J/kg$，$c=1100J/(kg·℃)$，$\varepsilon=0.66$，$\rho=3350kg/m^3$；

钢柱：方矩管钢柱，截面尺寸：500×500×20，柱高：9m；

钢柱与炉料相对距离：$s=0.8m$，钢柱在炉料长度范围内。

计算70min内钢柱的温度值。图9（a）所示为正面板件的温度随时间变化曲线，由于背面板件温度不变，因此正面板件和背面板件是存在温差的。这也是方矩管钢柱产生温度弯矩的原因。图9（b）为钢柱各时刻温度沿轴向分布规律，温度先升高后降低，在$z=1.75m$处达到最大。若此钢柱为目标柱，在计算钢柱温度应力时，选取该截面作为危险截面。

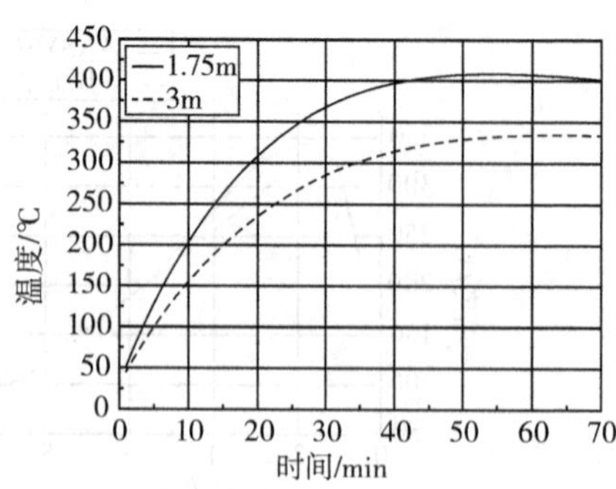

（a）$z=1.75$m 和 $z=3$m 正面板件温度

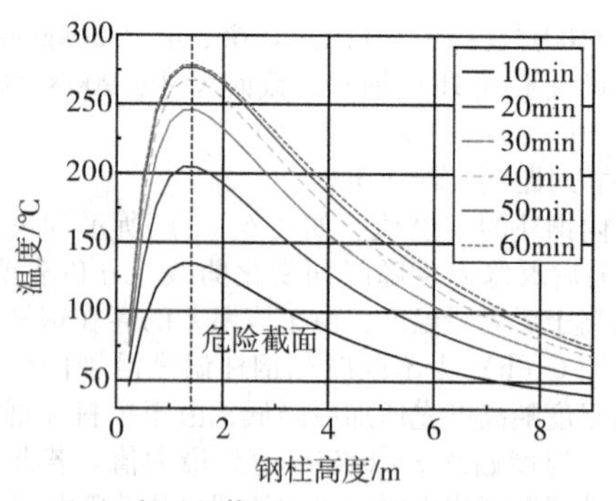

（b）各时刻截面平均温度沿轴向分布

图9 方矩管钢柱各时刻温度值

7 结论

（1）炉料热作用下，钢构件温度随时间先升高后降低；

（2）钢构件沿轴向温度先升高后降低，最高温度位置不随时间变化；

（3）Ⅰ类设置形式H型钢柱和方矩管钢柱前后板件温差较大，为Ⅰ类设置形式H型钢柱和方矩管钢柱钢柱产生温度弯矩的原因。

（4）采用有限元软件ANSYS模拟结果与本文温度分区计算模型得出计算结果相差较小。

参考文献

［1］张粲．有色金属厂房炉料热作用下钢柱温度分区计算［J］．消防科学与技术，2015，34（235）：1-3.

基于中缅油气管道及其配套工程投产条件下

——危险化学品堵漏装备器材的适用性分析及训练模式研究

杨　旭

（昆明市消防救援支队红锦路站站长，云南　昆明）

摘　要　本文以中缅油气管道及其配套工程投产使用为现实背景，从三个典型案例引入，结合危化品泄漏事故的特点，对基层消防救援队伍在堵漏作业中存在的问题进行了具体阐述分析。通过编制堵漏器材适用表，可为现场指挥员根据泄漏具体情况，对照器材基本信息，快速选定堵漏器材，从而制定合理的堵漏方案。此外文章研究分析了当前基层消防救援队伍堵漏训练的三种基本模式，并根据训练存在的不足，提出有关提升训练科学性的合理化建议，为处置过程中堵漏工具的选择与应急处置训练提供了理论指导。

关键词　堵漏器材　训练模式　泄漏物质　压力　适用性

1 引言

1.1 研究目的

随着国家经济建设的快速发展，作为化工生产的原料、中间体及产品的危险化学品种类不断增加，在生产、经营、储存、运输和使用过程中发生的危险化学品泄漏事故也不断增多[1]。1998年3月，在西安市液化石油气站发生的爆炸火灾事故，造成12人死亡，32人受伤，直接损失超过400万元；1998年12月，安徽定远县大客车与装满炸药的大货车相撞，引起爆炸，死亡20人，伤37人；2010年4月，一辆装有浓硝酸的槽罐车在沪昆高速江西进贤段发生侧翻，大量的浓硝酸泄漏造成山火，严重破坏了生态环境；2006年1月，在307国道某段发生了一起危险化学品运输车辆侧翻，从而引发苯泄漏事件，造成严重的环境污染，使人民群众的生命财产造成严重的损失。因此，在化学事故中及时有效控制泄漏物质对于减少人员伤亡和财产损失有着重要意义[8]。

1.2 研究背景

2009年6月，中缅双方签署《中国石油天然气集团公司与缅甸联邦能源部关于开发、运营和管理中缅原油管道项目的谅解备忘录》，项目包括原油管道、储运设施及其附属设施，以及在缅甸马德岛建设的一个可从超大型油轮卸载原油的码头和终端及附近建设的原油储运设施及其他附属设施油气管道起点在缅甸皎漂港，缅境内全长793km，在国内全长1727km。油气管道经缅甸若开邦、马奎省、曼德勒省和掸邦，从德宏州瑞丽市弄岛口岸进入中国，并在贵州的安顺实现油气管道分离，原油管道以重庆作为终点站，天然气管道则将南下到达广西。这条管道每年能向国内输送120亿立方米天然气，而原油管道的设计能力则为2200万吨/年，分别对云南中石油1300万吨/年炼化项目以及沿线有关石油炼化等企业提供原油及天然气。

石油、天然气管线及配套设施主要有共建线路阀室、天然气管道、原油管道、压气站、分输清管站、石油管道阀室、天然气管道阀室、综合设备间及化验室、油气工艺设备区、外输泵棚等，管道穿越高速公路、铁路、隧道以及大型河流等交通要道和自然景观，管道铺设的部分区域具有人民群众生产生活痕迹，管道在长期使用过程中存在老化、密封失效以及人为破坏的可能，易造成管道内石油与天然气发生泄漏。管道沿线配套与储运设施在运行过程中也存在遭到雷击、设施老化、人员误操作等不安全因素，尤其在储运与调试过程中极易发生危险介质的泄漏，造成事故发生。在危险化学品泄漏事故中，堵漏是控制危险介质泄漏重要的手段，是化学事故处置的一个重要环节，这对整个应急救援行动起着决定性的作用。因此，研究堵漏装备器材性能参数及其适用性，对事故现场堵漏作业的实施具有重要作用。因此，事故中如何正确选择与实施堵漏是决定事故能否成功处置的关键，正确选择堵漏器材与科学实施堵漏操作对事故的处置具有重要意义。

1.3 研究动态

当前，应用于化学事故现场的堵漏方法较多，如强磁堵漏法、木楔堵漏法、气垫堵漏法、捆绑堵漏法、卡箍堵漏法等[2]。国家质量技术监督总局下属的中国特种设备检测研究中心研发部组织开发了“危险化学品泄漏应急堵漏系统”[3]，该系统主要包括：对泄漏部位法兰、直管、弯头等部件的侦查手段和方法；抢险救援堵漏装备器材，包括泄漏现场勘测工具、密封注剂注射专用器具、施工器具、现场作业材料、夹具、密封注剂；应急抢险救援堵漏技术安全防护用品，包括防护服、防护面罩、防噪音耳罩、防护手套、防护靴子、安全腰带等。

1.4 相关案例

1）案例一

2009年5月19日，装载有85t氯磺酸的槽罐运输车行驶到北京市东六环路土桥收费站发生泄漏事故[4]。木楔、捆绑带，属可燃物质，直接接触会发生剧烈反应，易引起燃烧并造成更严重的后果，内封、注胶，裂缝太小，上述堵漏措施均无法实施。指挥部根据侦检小组反馈的信息，结合现有的堵漏装置，决定采用磁压堵漏装置实施堵漏，并最终堵漏成功。

2）案例二

2004年6月26日，一辆装载液化丙烯的槽车在立交桥下发生一起交通事故[5]。罐体上部的安全阀与桥的横梁相撞，造成装载的丙烯喷射外泄。消防救援队伍立即赶赴现场，经过现场勘察后，指挥部派出3人抢险小组用木楔进行堵漏，由于木楔无法在泄漏口形成挤压力，最终导致堵漏失败；第二次采用外封式堵漏袋进行堵漏，由于堵漏袋压力不够，行动再次受阻；最后抢险小组用浸湿的棉被覆盖泄漏口，然后在泄漏口上罩一个钢盔，钢盔上加外封式堵漏袋堵漏，泄漏有所减少，再用帽式导链堵漏工具进行堵漏，成功堵漏。

3）案例三

2007年4月8日，一辆槽罐车从河南运送液氨到安徽，驾驶员将槽罐车开入公司时，槽罐上的安全阀被磅房顶部的构件撞断，导致大量液氨从安全阀法兰处向外泄漏。堵漏小组用木楔对泄漏口进行强行封堵，由于泄漏压力过大，堵漏失败；接着，堵漏小组用注胶式堵漏工具进行堵漏，在堵漏枪注胶后，泄漏口被成功封堵。

4）存在的问题

通过上述案例的分析，消防员在危险化学品泄漏事故现场及时有效的作出战斗决策部署存在很多困难，主要有以下几个方面：

一是由于灾害现场情况多变，泄漏物质种类繁多，指挥员很难在短时间内作出科学有效的决策。

二是堵漏器材由于存放时间较长造成老化，导致本身材质抗腐蚀、抗酸碱能力下降，不能保证泄漏现场的堵漏作业，从而影响第一时间的处置。

三是随着消防救援队伍的发展，堵漏器材的种类和功能得到很大的提高，一些基层官兵对堵漏器材的适用性没有清晰的认识和了解。

5）研究目的

本文主要通过对目前消防救援队伍所配备的堵漏装备器材的适用性进行分析，然后以想定作业方式进行分析研究，得出一个堵漏装备器材适用性简表，现场指挥员只要根据化学事故灾害现场获得现场泄漏的相关参数，对照堵漏选择表，就能迅速得出堵漏方案。通过分析特勤中队所配备的各种堵漏器材的适用性，让基层官兵加深对器材的了解，以便应对紧急的泄漏事故，提高处理事故的效率，同时制定出一套较完善的器材训练方法，弥补之前在训练过程中的不足。

2 堵漏器材的适用性研究

为提高消防救援队伍处置堵漏事故的指挥效率，加强基层官兵对堵漏器材的认识，对成功处置危险化学品泄漏事故具有意义重大，因此本文着重分析了堵漏装备器材的适用性。

2.1 器材的种类

根据基层消防救援队伍的消防装备配备标准[6]，同时分析大量的案例，总结出堵漏行动中主要使用的器材装备（15种），并将有关器材列于表1：

表1

器材编号	器材名称
1	注胶式堵漏器具
2	金属堵漏套管
3	外封式堵漏袋
4	内封式堵漏袋
5	电磁堵漏工具
6	木制堵漏楔
7	强磁堵漏工具
8	捆绑式堵漏袋
9	气动吸盘式堵漏工具
10	下水道阻流袋
11	粘贴式堵漏工具
12	堵漏枪
13	阀门堵漏套具
14	管道粘贴剂
15	无火花堵漏工具

2.2 器材的适用性

1）内封式堵漏袋

（1）堵漏机理

通过放置于管道内的圆柱形气垫充气后与管道之间形成的密封体堵住泄漏口，气垫膨胀后的大小是原有直径的两倍。

（2）使用步骤方法

（a）根据现场实际情况选择合适的堵漏袋。

（b）将气瓶、减压器、控制阀、充气软管、堵漏袋连接好。

（c）将堵漏袋放入所堵部位（深度至少是袋身的75%），打开气瓶阀进行充气。

（3）适用性

由防腐蚀橡胶制成，具有一定的压力（大约0.15MPa）。用于圆形容器、管道、筒形内堵漏使用，使用时要避开锋利的物体。气囊直径分为45cm、29.5cm、19.5cm、9cm，分别用于50~100cm、30~60cm、20~40cm、10~20cm的管道。

2）外封式堵漏袋

（1）堵漏机理

利用绷带和气袋对密封垫产生压力，在泄漏部位形成密封体，从而达到堵漏的目的。

（2）使用方法流程

（a）1、2号员携带器材至泄漏点。1号员将气瓶、减压阀、供气软管、操作仪依次连接；2号员将密封垫按于裂缝处一侧；

（b）1号员将捆绑带系于堵漏袋的铁环上，将堵漏袋压在密封垫上，2号员松开双手，将捆绑带与收紧器连接后，适度收紧；

（c）1、2号员协力将堵漏袋向泄漏点平推，压住泄漏点后，2号员收紧捆绑带；1号员将供气软管与堵漏袋连接好，打开气瓶阀门，控制操纵仪供气，直至密封。

（3）适用性

用于直径大于500mm的管道、容器、油罐车或油槽车、桶与储存罐的裂缝堵漏。使用时禁止与高温和尖锐物质接触。

3）捆绑式堵漏袋

（1）堵漏机理

利用密封袋在充气后对泄漏口周围表面产生的密封压力，在泄漏口形成密封来制止泄漏。

（2）使用方法

（a）根据泄漏口尺寸大小等参数，选择合适的堵漏袋。

（b）将脚踏气泵与导气管连接好，将捆绑带钩在密封板处。

（c）调整固定带对堵漏袋进行紧固。

（d）利用脚踏泵对堵漏袋进行充气，直到堵漏完成。

（3）适用性

适用于密封5~48cm直径管道、圆形容器、油罐的裂缝的泄漏处置，裂缝的长度不得大于48mm，工作压力是1.5bar，密封面积是300mm×500mm，短期耐热115℃，长期耐热95℃，同时还具有耐腐蚀等特性。

4）金属套管堵漏器具

（1）堵漏机理

利用金属套管形成的密封空间，同时紧固其螺丝、螺母，从而堵住泄漏口的方法。

（2）使用方法

（a）根据现场实际情况选择合适的套管。

（b）先将套管套在管道上，调整螺丝螺母至松紧度适中，然后移至泄漏口处。

（c）用扳手将螺丝拧紧即可。

（3）适用性

表2

型号	费特尔管道密封套								
额定规格/寸	1/2	3/4	1	11/4	11/2	2	21/2	3	4
管道直径/mm	21.3	26.3	33.7	42.4	48.3	60.3	76.1	88.9	114.3
规格/mm（长×宽×高）	140×82×40	140×88×46	140×95×49	140×107×52	140×114×52	140×127×81	140×146×105	140×163×116	140×214×142
重量/kg	0.93	1.10	1.20	1.38	1.50	1.73	2.55	3.55	5.70

用4~6个内角螺钉固定，即可长期使用。密封套耐热80℃，可承受16bar压力。金属套管的型号如表2所示。

5）注入式堵漏工具

（1）组成：由手动液压泵、高压油管、油阀、注胶剂和注胶枪等。

（2）堵漏机理：温度适用范围是—200℃~+350℃，在压力30MPa以上才可以进行有效堵漏。

表3为注胶剂类型：

表3

	颜色	适用温度/℃	适用介质
非固	蓝	-20~240	硫酸、氢氧化钠、HF、液氯等腐蚀品
	白	-50~340	高压气体、盐酸、强碱、重油、
热固	黑	120~300	蒸汽、乙醇、丙酮、液化气、稀酸
	绿	120~360	汽油、润滑油、蒸汽、强碱
	黄	130~400	蒸汽、煤油、烯酸、碱、酯、醇
	棕/黑	150~650	高温油体、渣油、烟油、过热蒸汽

（3）使用方法

（a）将螺栓换下，装上较长的螺栓。

（b）把间隔的螺栓拆换，阀门都打开。

（c）用夹具将泄漏口封闭。

（d）把泄漏相反处的旋塞打开，用注胶枪按照同一方向进行注胶。

（e）最后对泄漏口的注胶口注胶，待泄漏停止即堵漏成功。

（4）适用性

适用于化工、炼油、煤气等装置的管道上的泄漏堵漏，也可对法兰、阀门、弯头、煤气罐等处进行泄漏。

6）电磁式堵漏工具

（1）堵漏机理

有堵漏器和不同类型的铁靴组成。

（2）规格性能：

操作时使用铁靴分为两种，一种为5t槽车用、8t槽车用、10t槽车用、15t槽车用、20t槽车用五个类型，另一种为20t气罐用、50t气罐用、100t气罐用三个类型。

（3）适用性

适用于介质温度低于80℃、压力小于1.8MPa的泄漏点的堵漏。主要应用在立罐、卧罐等大型罐体的裂缝、孔洞。

7）气动吸盘式堵漏器具

（1）堵漏机理

利用气动吸盘抽气后形成真空，产生的吸附力使其附着在泄漏罐体上而进行堵漏的方法。

（2）使用方法：

（a）将泄漏界面清理平整，清除铁锈、凸起等；

（b）使用减压阀将30MPa的气瓶压力调到0.2MPa以上；

（c）将接口插入连接装置，将配有排气管的真空管的真空接口上并锁定；

（d）连接球阀的排空管，并打开阀门，准备收集容器；

（e）打开减压阀的关闭阀门，直至听到气体通过为止；

(f) 持续观察真空泄漏导流袋，不要中断气体循环；

(g) 液体通过球阀流入收集容器中。

(3) 适用性

主要用于大型的油槽车、油罐等容器的孔洞泄漏的处置，适用压力范围根据吸盘的个数所能提供的吸附力决定。

8) 木质堵漏楔

(1) 堵漏机理

利用木楔与泄漏口的形成密封，从而达到堵漏目的。

(2) 使用方法

(a) 根据泄漏口的孔洞、裂口选择合适的木楔器具。

(b) 用无火花器具击打木楔，使木楔卡在泄漏口处，直至泄漏停止。

(3) 适用性

用于容器产生的孔洞、裂口等压力在-1.0MPa~0.8MPa的泄漏情况。

9) 强磁堵漏工具

(1) 机理

利用带有磁性的堵漏垫与泄漏口形成密封体，从而达到堵漏的效果。

(2) 使用方法:

(a) 安装方法

把住手柄将堵漏垫对准泄漏口，迅速安装在上面，然后绑好捆扎带。

(b) 拆卸方法

第一步，机械拆卸工具将拆卸工具与堵漏工具上的拆卸孔结合，用力压下压力手柄，使堵漏工具脱离被封堵的物体进行拆卸。

第二步，电拆卸，将拆卸箱输入电源线与蓄电池连接，将拆卸箱输出电源线与堵漏工具连接。

(3) 适用性:

适用于带有磁性的容器、管道等的泄漏口堵漏，对于储油罐、输油管路、阀门等产生的裂缝等都可以进行堵漏。

10) 堵漏装备器材适用性分析

根据上述堵漏器材的性能和使用方法，得出以下结论（表4）：

表4 堵漏器材适用范围

堵漏器具	使用范围
外封式堵漏袋	避开接触高温或尖锐物体，压力不能超过1.5MPa，裂口尺寸在10~90cm，便于外封堵漏袋的捆绑固定
内封式堵漏袋	适用于10~100cm直径的管道，避免接触高温或尖锐物体
电磁堵漏工具	适用于温度低于80℃、压力小于1.8MPa的泄漏口的堵漏
捆绑式堵漏袋	适用于密封5~48cm直径管道，工作压力1.5MPa
金属堵漏套管	能密封管道的直径为21.3~114.3mm的范围，耐热最高温度80℃，承受最高压力1.6MPa
注胶堵漏工具	用于化工、炼油、煤气等管道上的泄漏口的堵漏密封
气动吸盘式堵漏器具	泄漏口直径在20cm以内而且周边平缓，适用的压力范围因气动吸盘式堵漏器具的型号不同而异
木楔堵漏器具	适用于介质在-70~100℃，压力在-1.0~0.8MPa的低压泄漏

堵漏装备适用的泄漏口形状尺寸（表5）：

表5 堵漏器材泄漏口尺寸适用表

器材装备名称	泄漏口形状尺寸
内封式堵漏袋	直径为10~100cm的管道、圆筒等
外封式堵漏袋	直径大于500mm的管道、圆筒等
捆绑式堵漏袋	堵塞直径小于48cm管道、容器、油罐车、桶与储存罐等的裂缝。
金属堵漏套管	直径为21.3~114.3mm的管道
注胶式堵漏工具	适用于缝、孔等较小泄漏口
气动吸盘式堵漏工具	用于罐体或较大器具的本体泄漏
强磁式堵漏工具	用于各种管路、罐体的阀门等部位
电磁式堵漏工具	立罐、卧罐、球罐等储罐产生孔、线、面的泄漏
木楔堵漏器具	孔洞、裂口和小型管道断开

堵漏器材适用的压力范围和温度（表6）：

表6 堵漏器材适用的压力范围和温度

序号	堵漏装备器材	压力范围/MPa	温度/℃
1	注胶式堵漏器具	0~30.0	-200~+650
2	金属堵漏套管	0~1.6	<80
3	外封式堵漏袋	0~0.3	-30~+60
4	内封式堵漏袋	0~0.15	
5	电磁堵漏工具	0~1.8	<80
6	木制堵漏楔	0~0.8	-70~+100
7	强磁堵漏工具	0~2.0	<80
8	捆绑式堵漏袋	0~0.15	<95
9	气动吸盘式堵漏工具	0~0.5	

注：表中压力范围数据以消防救援队伍配备的器材说明书为依据。

3 常见泄漏部位的分析研究

3.1 泄漏

泄漏是指介质（如气体、液体、固体或它们的混合物）从一个空间穿过隔离物体进入另一个空间，并造成环境或人员财产严重损失的现象，具有突发性强、危险性大、处置要求高等特点[7]。

3.2 泄漏的主要部位

通过分析化学事故泄漏的案例可以发现，泄漏的情况主要发生在槽罐车运输过程中出现故障和意外，或者化工企业单位的一些管道、阀门、法兰等设备由于操作失误、年老失修等原因[8]，总结下来泄漏事故的发生主要是因为物的不安全因素与人的不安全行为。所以发生泄漏事故表现出来的部位可以分为以下几类：

(1) 法兰泄漏

法兰密封是最常见的一种密封结构。法兰泄漏的原因，除了界面泄漏、渗透泄漏、破坏泄漏三种常见的类型外，还有介质腐蚀因素的影响。当发生腐蚀泄漏时，介质会在法兰的密封界面出现泄漏，处置方法与解决界面泄漏相似。

（2）管道泄漏

由于化工装置长期处于工作状态，管道长期经受各种介质的腐蚀和冲击，在管道的焊接、密封、材料薄弱等部位容易发生泄漏事故[9]。设备和管道泄漏的原因较多，有人为因素和自然因素。人为因素包括操作失误、制作时偷工减料、焊接技术水平低等，自然因素包括受到风雨侵蚀、地震破坏等。

（3）阀门泄漏

阀门是控制各种设备及工艺管路上介质运行的重要元件，起到全开、全关、止回等功能。由于在使用过程中受到输送介质温度、压力、冲刷、腐蚀等因素的影响，阀门很容易发生泄漏的事故。阀门泄漏多发生在填料密封处、法兰连接处、焊接连接处、丝扣连接处及阀体的薄弱部位上[10]。

（4）其他部位泄漏

由于运输过程中发生交通事故，从而引发的泄漏事故处置难度较大，除了上述几类泄漏类型，容器本体很有可能由于碰撞而产生破裂、凹陷等情况[11]，从而产生不规则的泄漏部分，在短时间内很难找到合适的堵漏器具进行操作，导致事故影响与危险性进一步扩大，为事故的处置带来更大地挑战。

3.3 不同情况下器材的适用性分析

由于泄漏事故现场情况复杂，泄漏部位和泄漏口的尺寸大小不同，指挥员要根据具体情况具体分析，从而选择合适的堵漏器具。

（1）假设泄漏口为砂眼形状

当泄漏口为砂眼形状时，可以使用木楔堵漏器具；当压力较高时，可以使用注胶式堵漏器具。

（2）假设泄漏口为缝隙形状

当泄漏口为缝隙形状时，可以使用外封式堵漏袋、电磁式堵漏器具、注胶式堵漏器具、木楔堵漏器具、气动吸盘式堵漏器具。当泄漏压力在 1.5MPa 左右时，泄漏口裂缝尺寸大小在 10~90cm，且泄漏口处没有高温热源或尖锐物体，可以选择外封式堵漏袋进行堵漏。当泄漏压力较大，但低于 2.0MPa 时，且罐体较大，不易于进行捆绑式堵漏时，可使用强磁堵漏器具。当压力超过 2.0MPa，使用注胶式堵漏器具堵漏。当泄漏口裂缝较小，压力为低压的情况下，可以使用木楔堵漏器具。当泄漏口周边较为平缓，泄漏口的尺寸的直径小于 20cm 时，可以选择气动吸盘式堵漏器具进行堵漏。

（3）泄漏口为孔洞形状

当泄漏部位为孔洞形状时，可以使用木楔堵漏器具、外封式堵漏袋、气动吸盘式堵漏器具、捆绑式堵漏法。

使用木楔堵漏时，其使用的压力范围在 0~0.8MPa 之间，在这个范围之外不能使用，而且木楔只作为一种临时性堵漏工具。当泄漏口直径在 20cm 以内，且泄漏口周边较为平缓，便于吸盘抽气吸附，可以使用气动吸盘式堵漏器具堵漏，所能适用的压力范围因气动吸盘式堵漏器具的型号不同而异。

（4）泄漏口为裂口形状

当泄漏部位为裂口形状时，可以使用外封式堵漏袋和强磁式堵漏器具。

（5）泄漏部位为阀门

当泄漏部位为阀门时，可以使用注胶式堵漏器具。如果阀门承受的压力足够大，且介质不与注胶剂发生反应，可以用注胶式堵漏器具进行，但是阀门一定能承受一定压力，否则会发生更大的泄漏[12]。

（6）泄漏部位为法兰

当泄漏部位为法兰时，可以使用注胶式堵漏器具、金属堵漏套管；当法兰直径在 21.3~114.3mm 范围时，可以选择金属堵漏套管；当法兰能承压足够压力，泄漏介质不与注胶剂反应，可以使用注胶式堵漏器具。

3.4 各种泄漏部位可采用的堵漏器具的简表

通过前文分析，可以得出各种泄漏部位与泄漏形式可采用的堵漏器具和方法的简表（表 7）：

表 7 堵漏器具简表

泄漏口形式	堵漏装备器具
砂眼	木楔堵漏器具、注胶式堵漏器具
缝隙	外封式堵漏袋、电磁式堵漏工具、注胶式堵漏器具、金属堵漏套管、木楔堵漏器具、气动吸盘式堵漏器具
孔洞	木楔堵漏器具、外封式堵漏袋、气动吸盘式堵漏器具、捆绑式堵漏法
裂口	外封式堵漏袋、电磁式堵漏器具、气动吸盘式堵漏器具、捆绑式堵漏法
阀门	注胶式堵漏器具、堵漏夹具堵漏
法兰	捆绑式堵漏器具、注胶式堵漏器具

4 堵漏训练模式研究

4.1 训练模式的概念

训练模式是指在训练过程中经过升华提炼出的核心知识体系，就是解决一类问题的方法论。基层消防救援队伍在堵漏训练过程中，有多种堵漏器材的训练方法，这些方法主要是依据堵漏模拟装置，组织官兵进行模拟训练，从而逐步提高官兵对处置过程的熟悉程度和适应性，增强官兵的处置能力。

4.2 训练模式的种类

由于现阶段中国消防事业正在大步向前发展，各个地区的经济发展程度不同，基层部队的消防装备配备情况不同。根据对基层情况的调研大致分为以下三种情况：一是没有模拟训练装置，即通过徒手操作堵漏器材，想定不同场景，经教练人员讲解、示范、观摩等，不断熟悉堵漏操作流程；二是有简易的堵漏操作模拟装置，可以将人员简单分组，先是熟悉模拟装置的结构特点和使用方法，然后分组进行模拟训练，想定真实的操作场景，按照实际行动情况进行训练；第三种是多功能堵漏模拟训练装置，这种装置目前刚刚由上海研究所研发，在各个总队的训练基地基本配备，今后逐步配备各个基层中队，这种装置的训练方法也是先熟悉操作方法，然后组编训练小组，包括警戒小组、堵漏小组、洗消小组等，操作前也要做好安全防护工作，同时在训练过程中讲解、示范与实操需要付出更多的时间与精力，适用于对骨干集训与锻炼。

4.3 训练模式的操作流程

主要有以下三种训练模式方法：

（1）徒手训练模式

操作人员统一经装备技师教导学习，掌握堵漏器材的性能参数和使用方法，了解堵漏作业基本流程，熟悉操作过程中的注意事项，保证在现场能够有效完成任务。

第一步，参训人员根据训练操法的要求了解操作要点。

第二步，参训人员手持相关堵漏器材，模拟演练操作流程，过程要求准确无误。

第三步，由指导人员讲评，提出不足和改进措施。

（2）简易模拟堵漏装置

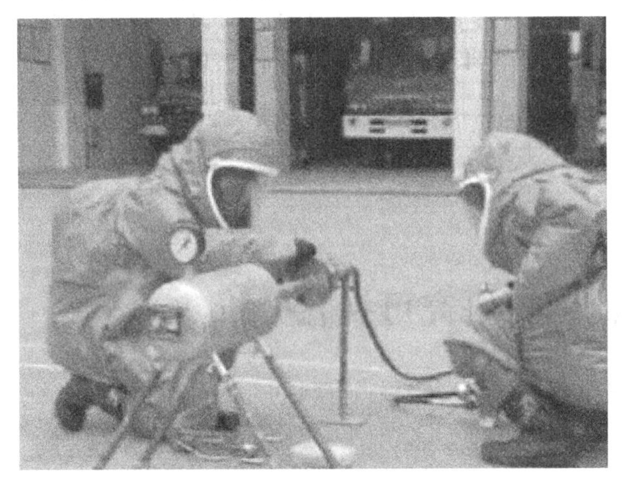

图 1 简单堵漏模拟装置

这种装置在基层部队基本都已经配备，但是由于器材装备比较简单，泄漏的压力不满足实际作战要求，这就要求基层官兵全面深刻的掌握这种器材的性能特点（图 1）。

第一步，操作人员熟悉各个部分的组成结构，了解各个部件的功能特点，掌握操作流程，做到烂熟于心。

第二步，操作人员做好防护，在警戒区内进行作业，要求操作过程中迅速有效，圆满完成任务。

第三步，对现场进行洗消作业，并对整个过程进行小评总结。

（3）多功能带压堵漏模拟训练装置

图 2 多功能堵漏模拟训练装置

这种装置是由上海消防研究所研制，目前已有多个总队进行配备。该装置采用半挂车结构，长度为 8.98m，由模拟泄漏系统、高压供水系统和控制系统组成，泄漏压力在 0~2.5MPa 之间可调，可模拟液化气体槽罐车罐体、液位计、安全阀、人孔、液相接口，低温液化气体槽罐车液相接口，以及管道、小型罐体、法兰、阀门等的泄漏。这种装置弥补了简易堵漏装置的不足，堵漏的压力较接近真实的现场情况，具有较高的训练水平，因此更加要求参训人员拥有足够的时间与精力，保证堵漏训练的质量（图 2）。

在进行模拟训练前，要做好训练方案。根据训练的目的，确定泄漏的部位、压力和介质的种类，人员的分组安排，安全防护的等级等。例如以槽罐车的法兰泄漏，介质为易燃气体为假定训练场景，进行模拟训练安排：

第一步，将各种堵漏器材放在器材区域，操作人员按照要求熟悉各个堵漏器材的特性和使用方法，为下一步的模拟训练打好基础。

第二步，各个人员做好分组，分别为堵漏小组、警戒小组、侦察小组等等，各名成员掌握自己的职责，合理布置力量。

第三步，由指挥员控制泄漏的开关，各小组成员按方案实施，堵漏小组根据现场侦察小组反馈的信息，选择适合堵漏法兰的堵漏器材，同时要满足气体的高压和不能引发爆炸的要求，并按照正确的使用方法快速实施堵漏。

第四步，在完成堵漏作业后，指挥员根据现场各组成员的表现作出讲评，提出不足及改正措施。

4.4 训练模式的总结分析

在基层的堵漏训练中，由于受到器材装备、人员训练水平、场地的限制等因素影响，基层官兵在堵漏器材的熟悉使用、堵漏行动的实操等方面存在一些不足，影响了灾害现场堵漏作业的效果，从而在一定程度上降低了消防救援队伍的行动效率。以上三种训练模式有效地解决了模拟训练的问题，尤其是第三种多功能堵漏模拟训练装置的训练模式，在泄漏介质的种类、泄漏口的位置、泄漏压力等等堵漏操作的关键环节上提供了训练的方法，较大程度地模拟了现场的真实情况，训练的模式也更加贴近于实战，对提高官兵的处置的实际水平有着积极意义。

5 结论

通过对消防救援队伍现有堵漏器材的分析研究，得出各种堵漏器材适用特点，并根据泄漏口尺寸、泄漏压力、泄漏介质温度等情况制作了堵漏器材选取参照表，有利于帮助消防指战员根据实际情况选取堵漏工具，开展堵漏作业；另一部分是列举关于堵漏训练模式的三种方式，针对目前基层消防救援队伍的装备配备情况，做出了相关训练模式的分析。通过对堵漏器材的适用性分析及训练模式的分析研究，可得到以下结论：

第一，消防救援队伍面临泄漏事故的处置逐年增多，增强对于化学危险品泄漏事故的处置能力至关重要，提高现场堵漏处置水平尤其重要。

第二，堵漏器材的适用性分析对于消防员现场实施堵漏作业较高的参考价值，对提高现场处置决策水平具有重大意义，指挥员可以根据堵漏器材参数与泄漏情况比对，选择具有针对性、实效性的堵漏器具和方法。

第三，随着堵漏器材的不断更新发展，训练模式也需要不断进步，消防救援队伍要根据作战的需要，制定与部队水平相适应的训练模式，并投入大量的时间与精力保证训练效果。

第四，在日常的学习、训练中，要与危化品事故处置的实际相结合，还要与基层消防救援队伍的条件相适应，保证工作开展有效可行，都要围绕提高部队的战斗力展开。

参考文献

［1］贾涛．浅谈危险化学品泄漏及处置［J］．化学工程与装备，2009．

［2］David C. Roberts. Improved Sealing Technology Extends Equipment Life. Presented at Power-Gen International［J］，December 11-13，2007，New Orleans. 34-35.

［3］Allan Mills. High-Pressure Seals and the Invention of the Hydraulic Press［M］. Bulletin of the Scientific Instrument Society No. 103（2009）. 27.

［4］郭铁男，杨隽，朱力平，等．中国消防手册（第九卷）［M］．上海：上海科学技术出版社，2007：484. 120-127.

［5］Charles H Reed. Recent Technical Advancements in Blow-Fill-Seal Technology［J］. Technology and Services.

［6］危险化学品重特大事故案例精选［M］. 中国劳动社会保障出版社 . 2007：23-25.

［7］胡忆伤 . 丙烯槽车特大泄漏事故的应急处置方法［J］. 中国安全生产科学技术，2006，2（3）.

［8］国务院安全生产委员会办公室，关于近期危险化学品事故情况的通告［EB/OL］.［2006-04-17］.

［9］王训钼 . 带压堵漏技术［M］. 中国石化出版社，1900：3-4.

［10］王完清 . 常见危险化学品泄漏处置方法研究［J］. 山西焦煤科技，2015，11.

［11］Yu-Ching Lin，Kung-Cheh Li. Study on Emergency Response Index for Chemical Accidents［J］. Journal of the Chinese Institute of Environmental Engineering，2001，11：157-164.

［12］尹承政，王先梅，左永梅 . 阀门渗漏分析及密封改造［J］. 科技信息，2009.

基于 Citespace 的 FDS 数值模拟研究可视化分析

岳 鑫 颜培龙 闫欣雨

（中国人民警察大学研究生院，河北 廊坊）

摘 要 为掌握 FDS 软件系统在中国火灾仿真领域的实际使用状况，利用我国知网对 2011~2021 年度收录的 2092 篇杂志学术论文开展了文章计算分析，并利用 Citespace 软件，对作家群体分布、杂志文章分布、发文数量、发文机构、文章重要内容、关键字和科研前沿领域等相关重要方面，开展了知识图谱分析。

关键词 火灾模拟 FDS Citespace

1 引言

自 20 世纪 80 年代火灾科学引入计算技术以来，利用 FDS 对室内火灾进行建模一直是一个研究课题。仅仅在过去的十年里，可用的计算能力和关于火灾动力学的知识已经增长到足够多，可以在真实大小的建筑中进行模拟，使用网格足够精细，可以相当好地再现火灾。FDS 在研究和工业应用中被广泛应用于模拟室内的火灾动力学。虽然许多通用的 CFD 模型已经被开发并用于火灾建模，但在消防工程界分布最广、使用最普遍的 CFD 模型是 FDS。FDS[1] 的火灾仿真与建模方法，是由美国国家标准科学和技术研究院（NIST）火灾实验室开发，程序经过了众多学者、特别是大型火灾和全尺寸火灾的实验验证，能够对火灾进行比较准确的数值模拟，受到普遍认可。

2 数据来源与处理工具

2.1 数据来源

全文数据均来自同为国内规模最大的数据检索机构，中国知网（CNKI），通过“专业检索”的功能，检索规则为 SU=‘FDS’ ORTKA=‘FDS’ ANDFT=‘火灾’，时间段选择为 2011—2019 年，为了保证数据的广泛性，以洞察国内 FDS 应用情况，保留非核心期刊，剔除学报和会议以及与火灾领域不相关的数据后所得到的 FDS 数值模拟文献为 2092 篇。将通过筛选和处理的数据，引入 Citespace 可视化软件系统中，对火灾数字仿真领域的文献增长规律、作者群体分布、期刊分布、研究机构、关键词、主题内涵和科研前沿等方面做出了总体分析。

2.2 数据处理工具

本文的主要科研工具是美国德雷塞尔学院陈超美教授[2] 开发的 Citespace 软件，Citespace 是一种注重研究科学技术文献中包含的新知识，并在科技计量学、统计与资讯科学计算可视化背景下逐步成长起来的一种多元、分时、动态的引文可视化分析软件系统，通过它能够对特定领域的论文集合加以计量，并探寻出学术领域发展的重要路径，并通过绘制各种可视化图像来形成对学术发展过程与学科发展前沿问题的大数据分析。本文中使用了 Citespace. 6. 1. R1 版本，对文献作者、发文机构以及关键词进行统计处理，以分析 FDS 火灾数值模拟领域的发展情况、研究热点以及演变趋势[3]。

3 FDS 数值模拟论文在 CNKI 刊载情况

3.1 总发文量分布

论文年发文量变化曲线显示了 FDS 模拟软件在我国消防领域应用的基本趋势，由图 1 看出，FDS 模拟软件的应用自 2011 年来一直维持着较高的发文量，在 2015 年发文量逐渐上升，于 2018 年达到峰值，虽然在 2019 年大幅下降，但仍然保持着 200 篇以上的发文数量，这表明 FDS 火灾模拟软件随着科学技术的发展、人们对火灾模型的认知提高以及学者对模型的开发和改进，使火灾模拟技术在消防领域中得到了广泛的应用。

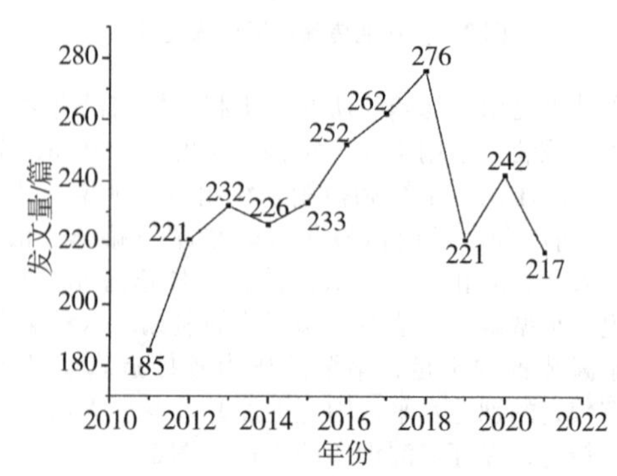

图 1 FDS 火灾数值模拟技术论文年发文量情况

3.2 期刊分布

经统计分析，共有 126 个专业杂志发表了应用 FDS 火灾建模的科研文章。其中，只发表一篇文章的专业杂志有 57 个，发表两篇文章的专业杂志有 25 个。《灭火科学与技术》

《武警学院学报》《安全与环境学报》《中国平安生产科学技术》是全国数值模拟火灾研究及相关学术论文发表数量前四名的杂志，发表数量依次为 470 篇、55 篇、49 篇和 42 篇。四大杂志在 2011—2012 年度，发文数均在快速增长；2012 年后《武警学院报》《安全与环境学报》《中国安全生产科学技术》发文量呈下降趋势。发文数量的峰值分别为 60 篇、12 篇、7 篇、15 篇，主要集中发生于 2016—2018 年，而 2019 年之后《武警学院学报》《安全与环境学报》《中国安全生产科学技术》三种期刊关于数值模拟研究论文发文量逐年上升，《消防科学与技术》的发文数量尽管有减少但依旧维持在 30~40 篇，相比于其他三个杂志的发文数量仍然处于绝对遥遥领先，而 2019 年之后杂志中有关数值模拟火灾的研究论文发文数量逐渐增加，可能是因为随着中国社会经济和信息化的高速发展，中国经济社会也开始全面步入信息化时期，而且由于 FDS 软件功能和特性的不断完善，研发人员和学生也更加易于方便地使用，因此应用 FDS 软件产出的研究成果也进入了快速增长阶段，FDS 软件也开始应用到不同研究场景的火灾仿真研发当中[4]（图 2~图 4）。

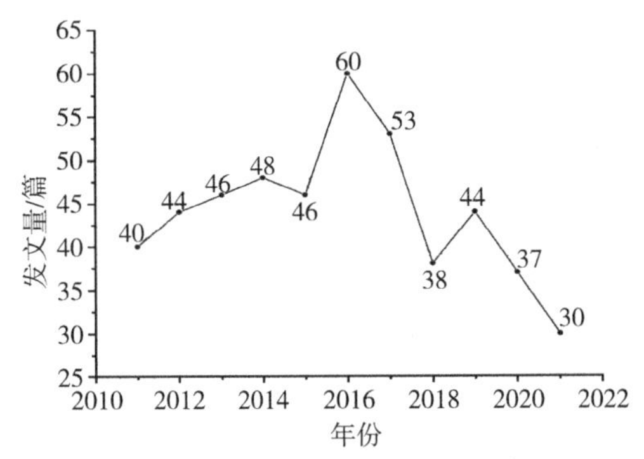

图 2 《消防科学技术》刊载论文情况

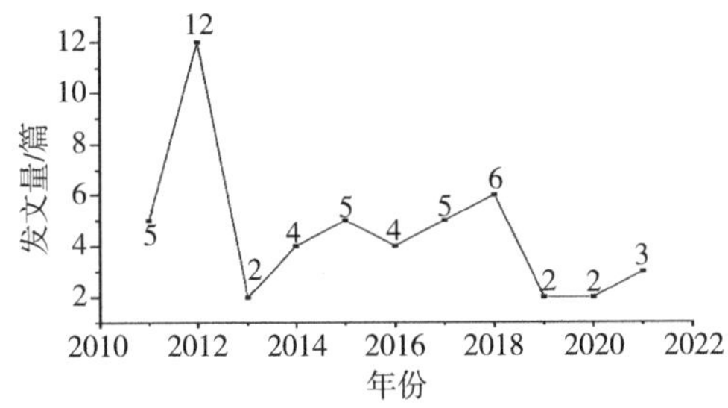

图 3 《武警学院报》刊载论文情况

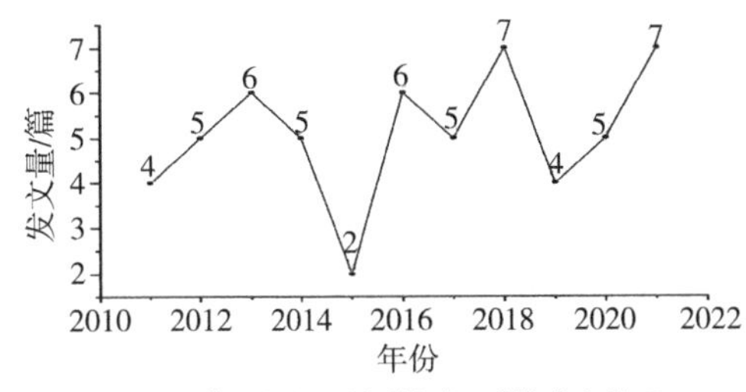

图 4 《安全与环境学报》刊载论文情况

4 Citespace 输出结果及分析

4.1 作者群体分布分析

在 CiteSpace 软件中按节点类别（Node Types）选择作者（Author），在软件得到了作者合作关系图谱，一共收集了 2092 条和 FDS 有关的文章，包括了 478 名作者和 496 对协作关系，具体见图 5。在图谱中的节点文字和图形大小代表了其发文量，各节点间的连接方式代表二者存在协作关系，而协作强度则用线段的粗细程度来表现。在图表中可看到，在 2011—2021 十年里建立了若干个科研协作团队，并形成了具有影响力和相当规模的合作成果。聚类与分析结果见表 1，联系较为紧密的是以中南大学与安全科技研究院的徐志胜、姜学鹏等为代表的 FDS 火灾仿真科研队伍，其次为南京工业学院城市建筑与安全环保学部的周汝、中国矿业大学朱国庆、季经纬等专家学者，第三位则为天津理工大学安全工程学院的宋文华、谢飞等学者。共产生了九名高产作家（此处界定为以第一作者身份发文 5 篇及之上的学者），分别是张培红（13 篇）、谢飞（10 篇）、常立（10 篇）、方正（9 篇）、徐晓楠（8 篇）、李思成（9 篇）、于丽（8 篇）、朱常琳（8 篇）、梁栋（8 篇）、姜雯（7 篇）、吕淑然（7 篇）、姚斌（7 篇）、茅靳锋（7 篇）、赵平（6 篇）、刘琪（6 篇）等。发表过火灾数值模拟论文量名列前十的中国学者，见表 2。每个研究者对火灾数字仿真方案的具体应用对象也各有不同，解决的主要问题包括应用性的如应用性防火设计、安全工程、烟气控制、烟气流动，以及理论性的诸如热辐射学、能见度、温度场、逆流长度、临界风速、到达危险时间等[5]。通过这些分析方法，数值模拟技术在火灾研究中的使用范围广阔，而且功能强大，适合于不同场合，帮助建模者解决难题。

表 1 作者合作聚类表

编号	作者成员
0#	姜学鹏、徐志胜、刘琪、吴德兴、魏东、倪天晓、周庆、张威、李伟平、何振华、于年灏、赵红莉、何振华、袁明月、张新、赵家明、李晓康、彭锦志、潘一平、谢力能、周湘川、何超、李耀庄、何冠红
1#	朱国庆、周汝、季经纬、赵平、程远平、张国维、武爽、张磊、韩如适、宋艳、李俊毅、冯瑶、杨祎、昝文鑫、顾正洪、郭峰、张磊
2#	宋文华、谢飞、常力、姜雯、李庆功、吕铃钥、何欣、宋云龙、陈阼、储志利、薛奕、代君雨、张立龙、朱杰、张志刚、姚斌
3#	茅靳丰、余南田、邓忠凯、李伟华、刘蓓蓓、郭晓晗、王明年、于丽、田源、闫自海、朱常琳
4#	赵平、季经纬、武夷、杨韦、李思成、李炎锋、李俊梅、黄宗浩
5#	苏冠峰、余明高、郑秋红、陈静、方正、袁建平
6#	黄有波、杨凯、吕淑然、陶亮亮、周小涵、曾艳华、侯龙飞、李贤斌、濮凡、王凯
7#	马千里、黄廷林、刘庭全、王伟

表 2 2011~2021 年国内火灾数值模拟论文发表数量前 10 名学者

排名	学者	来源单位	发文量/篇
1	朱国庆	中国矿业大学（徐州）安全工程学院	32
2	姜学鹏	武汉科技大学消防安全技术研究所	26
3	周汝	南京工业大学城市建设与安全工程学院	20
4	徐志胜	中南大学防灾科学与安全技术研究所	16
5	何嘉鹏	南京工业大学城市建设与安全工程学院	15
6	宋文华	天津工业大学环境与工程学院	14
7	蒋勇	中国科技大学火灾科学国家重点实验室	11
8	蒋军成	南京工业大学城市建设与安全环境学院	10
9	谢飞	天津消防总队	10
10	常力	天津消防总队	10

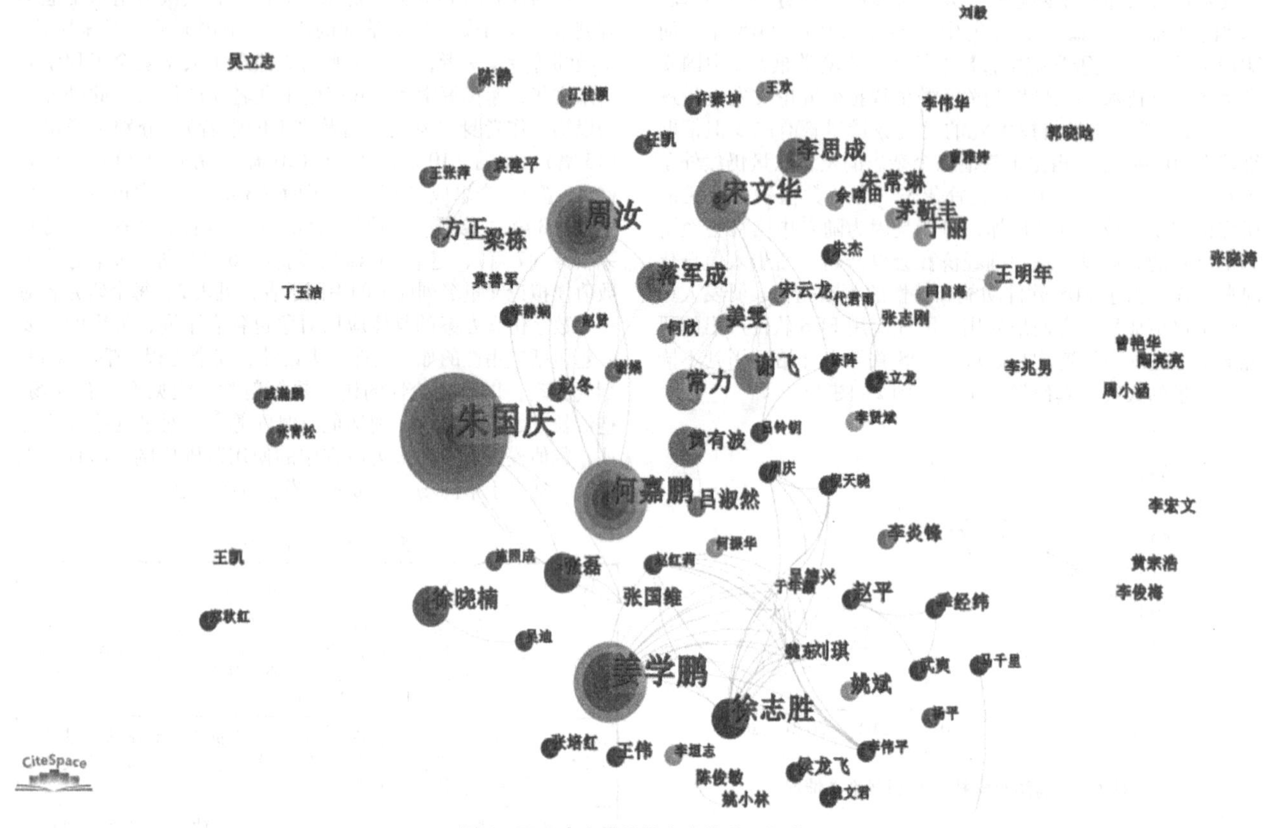

图 5　FDS 火灾模拟作者合作关系图谱

4.2　发文机构分析

首先，从 Citespace 中的 Node Type 对话框中，进入 Institiution，使用软件分析结果，可以得出研究单位的画纸上共三百九十四家研究单位，358 对合作关系，研究网络密度为 0.0046，在画纸上可明显看出研究单位大多集中在有安全工程专业的院校，同时也根据合作关系连线表现出这些院校与综合性的灭火救援部队、消防学院、工程科技研究所等联系紧密，也反映了理论和实际相结合，在实际中找到问题，解决了问题，更好地满足防火与救援需要。另外从此图谱中反映出各高校之间合作交流较少，学术资源不能及时共享，学者之间不能互通有无；研究单位之间的合作呈现出了“大集成、小分散”的特点，中心区域布局紧密，许多孤立单位则散布于图谱边界；中心程度（Betweenness Centrality）是 Citespace 评价节点（Node）在图谱中地位和相应关联的指标，当 c>0.1 时可将其确定为重要节点[6]。据此，在 FDS 火灾仿真领域最具有深远影响的研究机构依次为与中国科技大学（0.25）、中国矿业大学（0.19）、中国人民警察大学（0.15）、应急管理部天津消防研究院（0.11）。由此可见，目前各级消防监督管理机关仍是中国消防安全研究的主力军，全国各大专院校间学术资源共享和交流较少。进一步解析的网络图谱表明，在现阶段中国国内外有关消防安全科学研究的主要发文组织中间，建立了区域消防机构-高等学校、高校-消防研究所、高校-建筑研究院 3 种主要的合作模式（图 6、表 3）。

表 3　2011-2021 年中国国内火灾数值模拟论文出版总量的前十名机构

排名	机构名称	发文量/篇	占比
1	中国科学技术大学火灾科学国家重点实验室	140	6.69%
2	中国矿业大学安全工程学院	88	4.21%
3	中国人民警察大学	75	3.59%
4	应急管理部天津消防研究所	40	1.91%
5	南京工业大学安全科学与工程学院	24	1.15%
6	武汉科技大学资源与环境工程学院	23	1.11%
7	西南交通大学交通隧道工程教育部重点实验室	19	0.91%
8	安徽理工大学能源与安全学院	18	0.86%
9	天津工业大学环境与化学工程学院	13	0.62%
10	中南大学防灾科学与安全技术研究所	11	0.53%

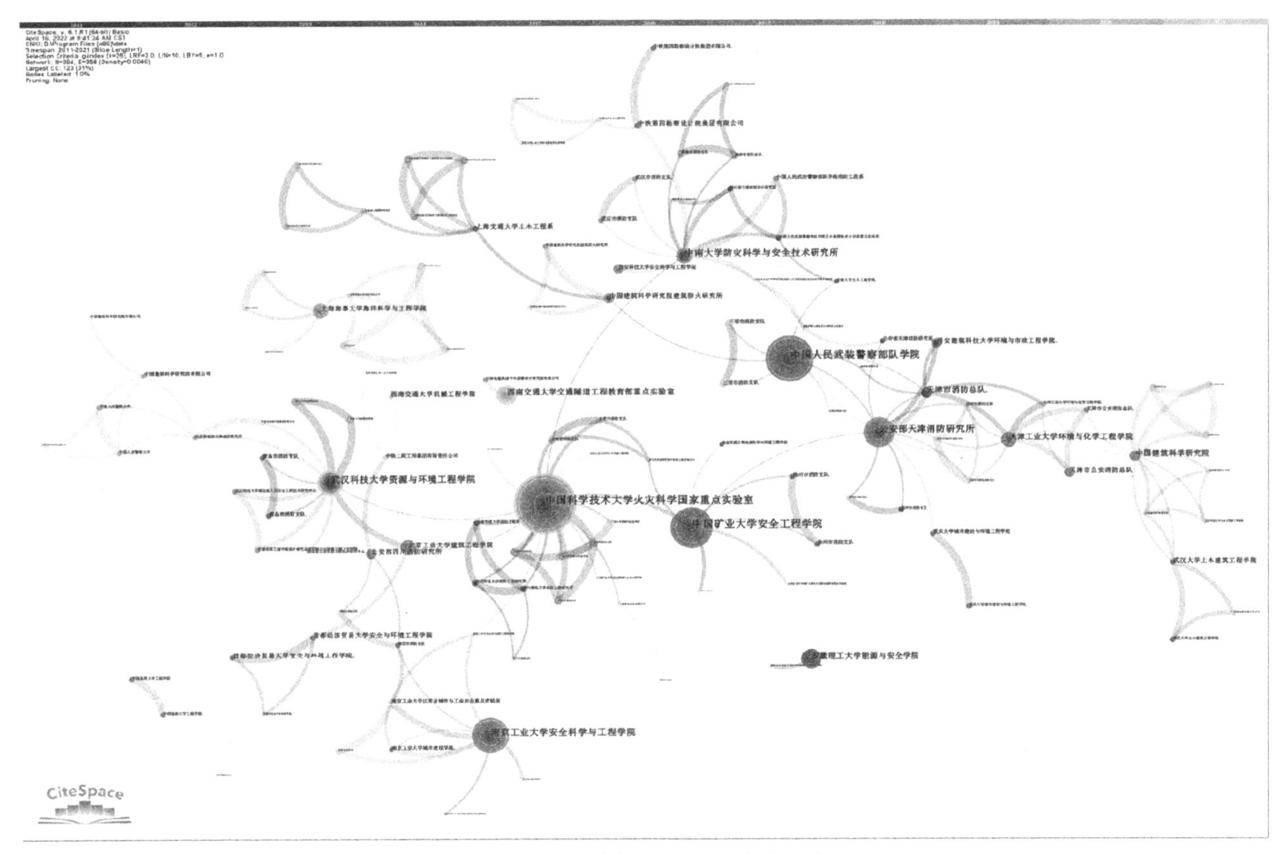

图 6 FDS 火灾模拟研究机构合作图谱

4.3 关键词分析

运用 Citespace 词频分析，从文献信息中获取了可以代表文章内容的关键字和主题词频率的高低分布，以研究 FDS 数值模拟技术领域发展及研究的热点。节点类型选择 Keywords，可以得出关键词的共现网络，其中包括 851 个节点，1812 对关系。节点数量及文字大小代表关键词的频率及高低。共现图谱中频次较多的为：数值模拟（742）、人员疏散（268）、火灾（255）、隧道火灾（209）、温度场（153）、烟气（92）、烟气控制（75）、自然排烟（64）、烟气模拟（62）、安全工程（60）（图 7~图 9）。

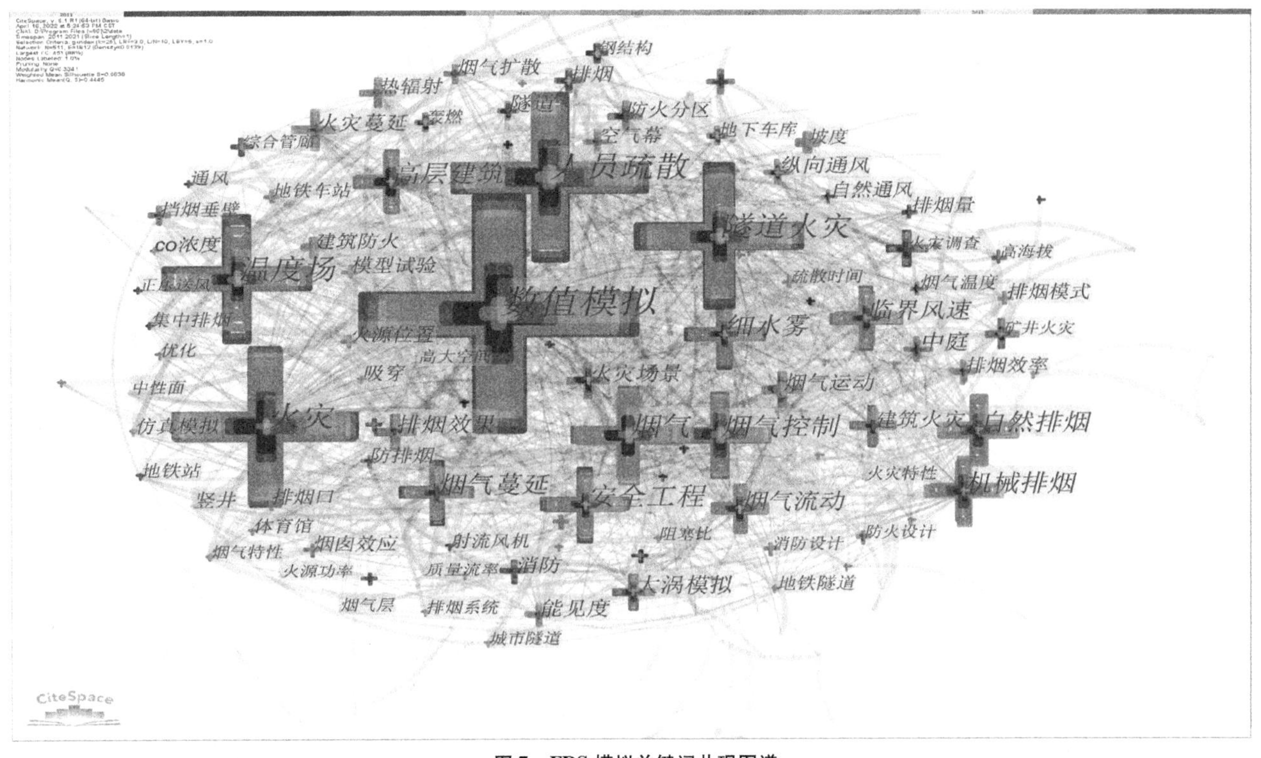

图 7 FDS 模拟关键词共现图谱

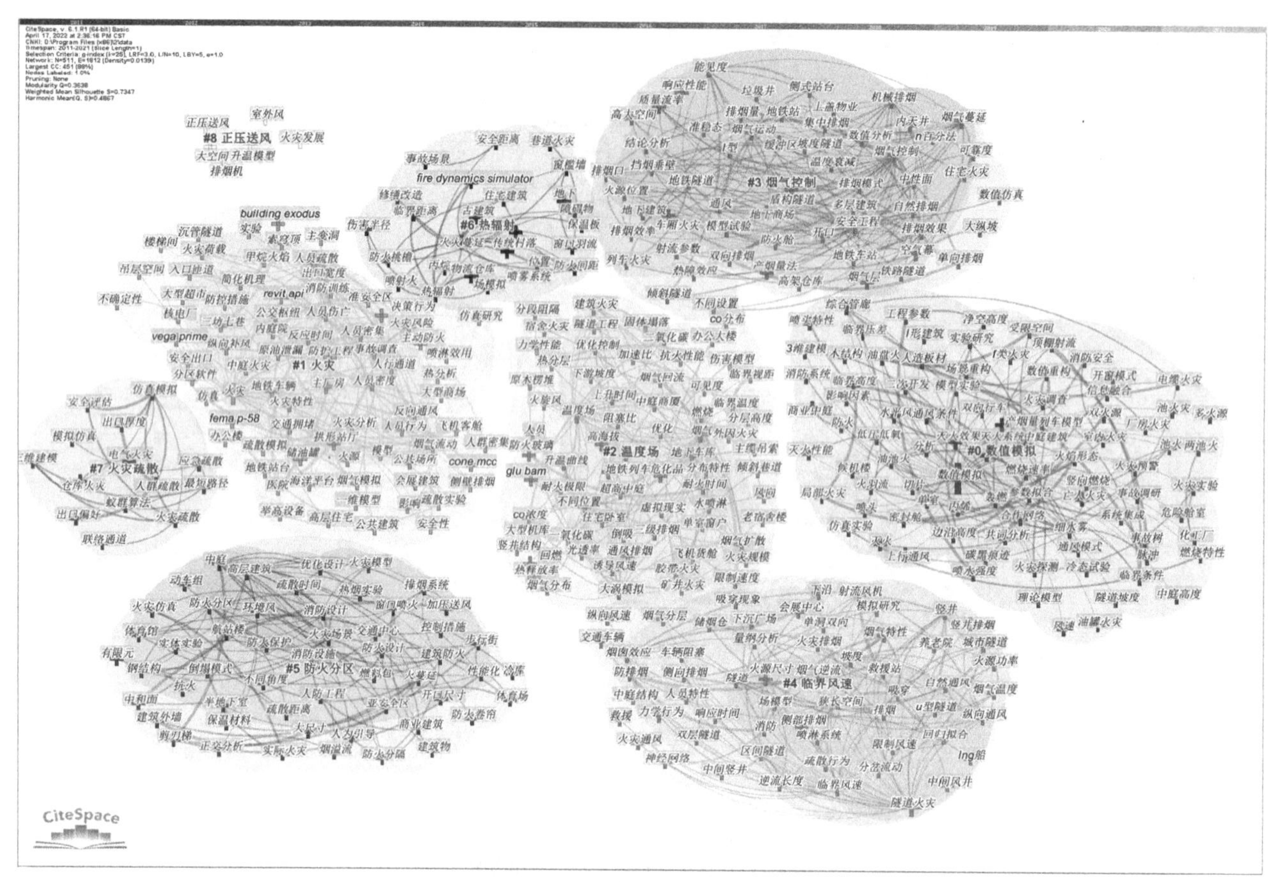

图 8　FDS 模拟关键词聚类图谱

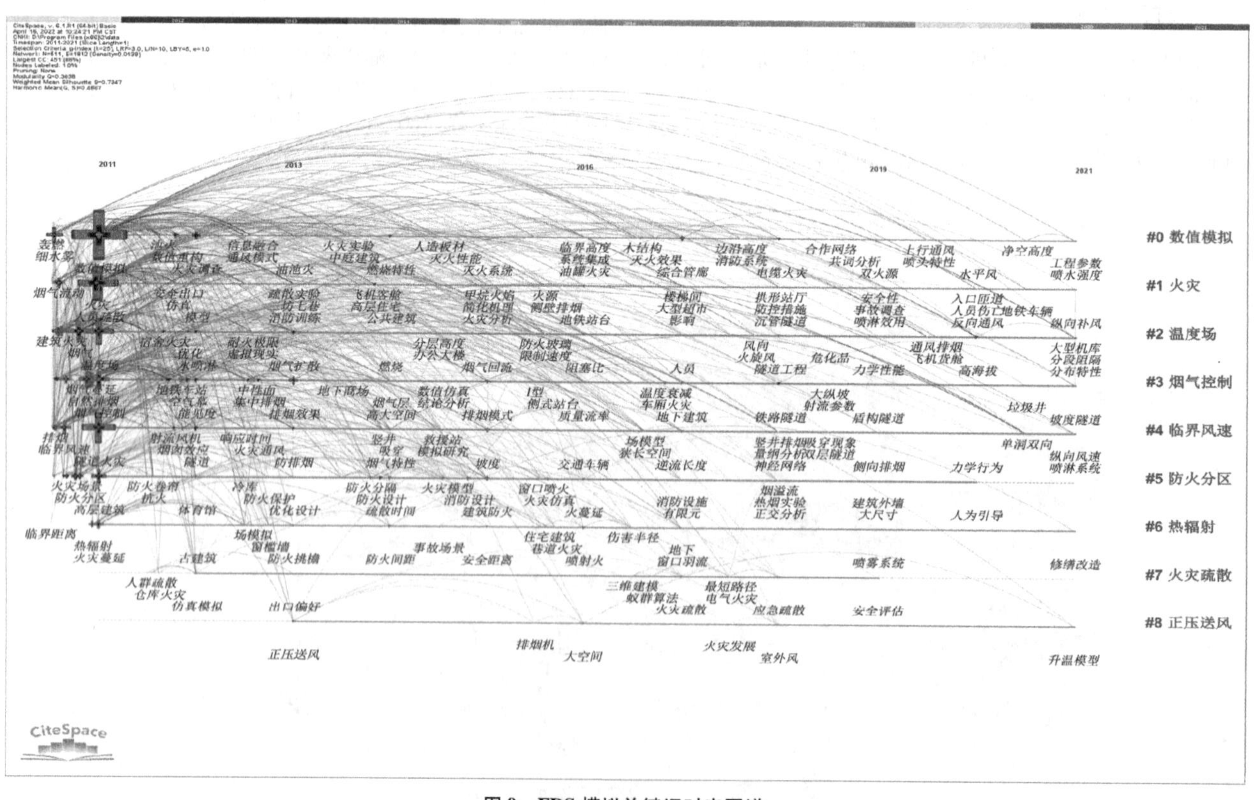

图 9　FDS 模拟关键词时序图谱

对科学领域的时序变迁以及与其基础知识间的关联进行跟踪与探究，往往可以产生创新的技术突破。用定量化研究方式，对主题的关键词依照时代先后加以排序，的发展时间跨度越大，则说明就是科学研究的热门[7]；而主题发展的时期越靠后，则说明就是科研的前沿。从 Citespace 软件中，通过 burstness 界面，设定 alpha 的主要参数为二点零，gamma 参量值为一点零，可以得到 2011—2021 年火灾数值模拟研究的主要突现词分布情况，可发现在近十年间国内外有关火灾数值模拟的研究，主要经过了这样三个阶段（图 10）。

Top 25 Keywords with the Strongest Citation Bursts

Keywords	Year	Strength	Begin	End	2011-2021
烟气运动	2011	4.28	2011	2011	
烟气控制	2011	3.62	2011	2012	
地下车库	2011	3.11	2011	2012	
火灾调查	2011	3.7	2012	2014	
亚安全区	2011	3.64	2012	2012	
防火分区	2011	3.61	2012	2014	
排烟量	2011	2.99	2012	2014	
防排烟	2011	3.39	2013	2015	
集中排烟	2011	3.04	2013	2014	
自然通风	2011	2.88	2013	2015	
中庭	2011	2.87	2013	2015	
防火设计	2011	3.68	2014	2016	
自然排烟	2011	3.17	2014	2015	
建筑防火	2011	7.22	2015	2016	
消防设计	2011	3.79	2015	2017	
阻塞比	2011	2.75	2016	2017	
防火挑檐	2011	2.67	2016	2016	
坡度	2011	3.88	2017	2017	
火灾疏散	2011	2.78	2017	2019	
铁路隧道	2011	3.79	2018	2021	
油池火	2011	3.09	2018	2018	
隧道火灾	2011	3.79	2019	2021	
高海拔	2011	4.19	2020	2021	
综合管廊	2011	3.72	2020	2021	
烟囱效应	2011	2.83	2020	2021	

图 10　FDS 火灾数值模拟领域突显关键词

4.3.1　火灾数值模拟研究起步探索阶段（2011—2014 年）

近十年间，火灾数值模拟的关键词突现分布，如图所示。研究主要重点在火灾的相关参数，以及建模方式的选取上。“烟气运动”“烟气控制”“地下车库”等关键词也在这一阶段陆续产生，这也表明了国内外关于火灾科学方面的定量研究成果，已开始与热流体力学、消防排烟技术等基础理论研究和计算机数值模拟技术相结合，并为下一阶段在该领域的不断进展奠定了理论基石。

4.3.2　火灾数字仿真技术的稳定成长阶段（2014—2017 年）

自 2014 起，“地下车库”“防火分区”等具有中国工科特色的内容出现频率开始下降，“建筑防火”“消防设计”“阻塞比”“防火挑檐”这四个关键词，在这一时期倍受重视。这一时期，科研重点聚焦在建筑工程防火设计和建筑材料的热力学性能方面。“建筑火灾”这一关键词也从 2015 年开始产生，为该领域油耗的法规在消防工程中和消防救灾行动中的应用研发提供了铺垫。

4.3.3　火灾数值模拟研究潜力发展阶段（2017—2021 年）

从图片中可以看到，“铁路隧道”“综合管廊”“隧道火灾”等新的火灾情况也开始出现，并在该阶段吸引持续关注；由于中国社会经济的快速发展和城市人口增长，大中型城市为减轻人口数和用地的面积压力，将城市规划建设往纵向发展，建造了高层建筑，高楼建筑物在建筑构件上的显著优点就是有许多竖向管道和竖井，而这些竖向管道和竖井上下都是相通的，它们都像是隐藏的烟筒．当大火产生时，所形成的烟雾的流动过程中完全受温压的影响，室内气温迅速上升，建筑的烟筒效果尤为突出，使火灾的蔓延更加迅速[8]。“烟囱效应”等新科研热点将相继走进大火数值模拟科学家的视线，说明进行数值模拟的相关软硬件环境开始完善，科学家们能够对复杂环境场景下的火势扩散与抑制开展仿真研究。

5　结论

应用 Citespace 对近 10 年火灾数值模拟研究领域可以表明，火灾数字仿真研究经历了从基本原理的探讨到实际运用，再从一面研究理论一边向其他不同火灾场景中应用的上升与发展过程。可以预见：由计算机领域和火灾防控研究技术领域的相关研究会将带动火灾数字仿真方面新的研发浪潮，而火灾数字仿真研究的进展也将会继续带动火灾科学基础理论研究的进展。

参考文献

［1］李胜利，李孝斌．FDS 火灾数值模拟［M］．北京：化学工业出版社，2019.

［2］陈悦，陈超美，刘则渊，胡志刚，王贤文．CiteSpace 知识图谱的方法论功能［J］．科学学研究，2015，33（02）：242-253. DOI：10.16192/j.cnki.1003-2053.2015.02.009.

［3］李强，蒋慧灵，李金梅．数值模拟软件在消防工程教学中的应用［J］．武警学院学报，2007（08）：83-86.

［4］赵丹群．基于 CiteSpace 的科学知识图谱绘制若干问题探讨［J］．情报理论与实践，2012，35（10）：56-58. DOI：10.16353/j.cnki.1000-7490.2012.10.005.

［5］何昌原，刘义祥，李驰原，贾南，张鹏．基于知识图谱的火灾数值模拟研究可视化分析［J］．消防科学与技术，2019，38（11）：1615-1617+1623.

［6］刘纪达，郭亚男，车强，麦强．消防安全研究进展与前沿分析［J］．消防科学与技术，2020，39（03）：311-314.

［7］林媛．基于 CiteSpace 的 FDS 火灾模拟知识图谱分析［J］．武警学院学报，2020，36（08）：15-19.

［8］濮凡，李杰，李贤斌．数值模拟在我国火灾研究中的应用［J］．安全，2019，40（06）：54-59. DOI：10.19737/j.cnki.issn1002-3631.2019.06.011.

“十四五”时期消防无人机参与灭火救援形势与对策*

周培桂　刘奇霖

（中国消防救援学院，北京）

摘　要　效能提升是当前国内灭火救援的重要课题，借助科技手段防火于未然、救火于及时，实现灭火救援的精准打击成为业界共同努力的方向。立足国家“十四五”重要发展时期，找准消防无人机在科技应用、森林防火、城市救援等领域的特殊优势，深度挖掘消防无人机在提升灭火救援效能方面的不足，提出加快无人机技术研发、增强创新科技应用、完善法规标准体系和推动应急产业运用的对策，希冀对加强国家“十四五”时期公共消防安全有所裨益。

关键词　消防无人机　灭火救援效能　“十四五”时期　应急对策

1　引言

灭火救援效能是指在规定条件下运用灭火救援系统的作战力量，执行灭火救援作战任务所能达到预期目标的程度，就是有效完成灭火救援任务的程度[1]。随着我国进入“十四五”重要时期①，国家公共安全对消防救援事业的发展提出了更高的要求，如何借助科技手段防火于未然、救火于及时，实现灭火救援的精准打击，从而提升灭火救援效能是当前业界研究的重要课题。本文通过研判“十四五”时期我国消防无人机的发展趋势，分析消防无人机参与灭火救援的现状并提出解决之策，以期抛砖引玉共同解决时下难题。

2　“十四五”时期我国消防无人机的发展趋势

我国无人机发展起步晚，但应用广泛，囊括军警民等多数领域，且作用发挥显著。消防无人机作为新鲜事物，协同参与高层建筑灭火、危化品灭火、森林草原防灭火、海上应急搜救、自然灾害救援等一线任务，日益成为我国航空应急救援体系的骨干力量。伴随国家“十四五”规划的出台，各省根据发展实际，出台“十四五”应急体系规划、消防事业规划等，其中对加强消防科技自主创新能力、加快前沿科技与消防领域深度融合，提升消防无人机灭火救援能力、有序发展航空救援力量描绘了蓝图（表1），发展趋势更加凸显一体化、专业化和智能化。

纳入智慧消防整体建设。以智慧城市为代表的“智慧+”模式，日益成为各地消防发展建设的学习样板。“十四五”时期，在各地政策法规的支持、高新技术的加持和消防救援工作者的共同努力下，消防产业加速实现数字化转型，“无人机+消防”的应用模式纳入智慧消防建设整体布局，实现防控、管理、作战和指挥等方面的智慧升级。

应急产业集群发展加快。目前国内如深圳、杭州等地加速部署建设应急产业集群基地，通过取得政府政策利好和相关行业支持共建，使得应急、消防产业逐步成为安全与救援类高潜产业。“十四五”时期产业的集群利于地区经济社会发展和人文生态动力的促进，相应的消防无人机产业制造、设计和应用也将得到更好的推广应用。

科技自主创新能力增强。伴随世界新一轮科技革命和工业变革，大量新技术、新工艺和新装备涌现，物联网、大数据、5G、云计算、人工智能等新型科技与消防救援领域深度融合，使得消防无人机的科技自主创新能力加强，一方面加快淘汰落后产能与技艺，另一方面有效提升无人机参与灭火救援在指挥部署、应急增援、遂行作战等领域的效能[2]。

灾种救援应用领域扩大。聚焦“全灾种、大应急”职能目标，改制后的消防救援事业面临部分灾种应急救援经验不足的挑战，而消防无人机的协同配合、侦探预警效能也亟待跟进。在“十四五”时期，消防无人机参与灭火救援实战领域将进一步扩大，信息化应用型人才队伍不断扩充，各种研发成果将立足技术优势和战法改革，以适应不同灾种间救援的流程规范。

表1　“十四五”部分省区市（县）应急管理、消防事业规划类举表

序号	规划名称	科技与消防之融合内容列举（含无人机）
1	《北京市“十四五”时期应急管理科技与信息化发展规划》	深化新一代信息技术在救援实战中的应用，打造数字化战场，强化远程决策支持能力；完善空天地一体化的应急通信网络，满足“全天候、全方位、全过程”的通信要求
2	《云南省“十四五”消防救援事业发展规划》	优化应急通信装备配备结构和布局，按照标准配齐卫星电话、北斗有源终端、双模单兵、音视频布控球、双光无人机、超轻型卫星便携站、语音图像自组网，加强察打一体无人机、骨传导通信器、应急通信滚塑箱等高精尖通信装备器材研发应用
3	《河南省“十四五”消防事业发展规划》	优化整合各类科技资源，推动消防科技自主创新，推动新一代信息技术、新材料和新能源技术等前沿科技在消防领域的深度应用
4	《湖南省“十四五”消防救援事业发展规划》	积极开展大型无人机、智能跟踪拍摄机器人、高适应性卫星通信、宽窄带智能中继、无人侦察机集群作业等新装备新技术应用

* 基金项目：国家重点研发计划资助项目（2021YFC3001301）阶段性成果。

① 2021年3月11日，十三届全国人大四次会议表决通过了《中华人民共和国国民经济和社会发展第十四个五年规划和2035年远景目标纲要》，文中简称“十四五”规划。

续表

序号	规划名称	科技与消防之融合内容列举（含无人机）
5	《深圳市应急管理体系和能力建设“十四五”规划》	“四合一”应急指挥保障机制：应急指挥实行卫星电话、无人机、指挥车、通信保障系统的标准配备
6	《呼和浩特市“十四五”消防救援事业规划（2021—2025年）》	以消防装备无人机联合实验室开展的无人机灭火救援实战化研发成果为牵引，大力开展无人机灭火救援战术、战法创新，充分发挥无人机机动灵活、快速高效、垂直起降、空中悬停等技术优势，重点开展现场三维成像、实景指挥、横打纵投、高空灭火、物资速运、空中营救等战术战法研究，规范无人机灭火救援实战流程，创新无人机灭火救援操法。开展无人机与地面消防车辆联合作战战法研究，最大限度地发挥无人机的空中优势，形成立体化灭火救援作战新模式
7	《深圳市消防发展“十四五”规划》	转型升级现状消防救援信息化架构，开展消防队伍数字化建设，建设无人机调度系统、天空地一体的消防应急通信网络、5G消防通信宽带专网等新型信息通信系统
8	《邢台市消防救援事业发展“十四五”规划》	成体系配备高层建筑、地下空间、超大综合体、石油化工火灾及地质性灾害事故应急救援通信装备，建成高层、地下空间、大型建筑、无人机、跨区域等5类专业应急通信保障队伍
9	《杭州市余杭区、临平区“十四五”消防事业发展规划》	持续探索重型机械、机器人、无人机等新装备的实战化应用，扩充智慧消防与信息化人才队伍。加强智慧消防与城市大脑建设的无缝衔接，加快推进“智慧消防”和火灾防控基层基础建设
10	《秀瑶族自治县消防事业发展“十四五”规划》	到2025年，县本级要依托“智慧城市”建设，充分运用物联网、大数据、云计算、移动互联网等技术手段，构建“互联网+消防”的新型社会消防安全治理平台

资料来源：相关政府官方网站。

3 当前消防无人机参与灭火救援的现状分析

以2022年3月21日东方航空MU5735航班失联坠毁救援为例，消防救援人员利用无人机进行全景拍摄，为搜救提供图传方位信息，体现消防无人机对于具有未知危险的灾害事故现场环境侦查的显著优势。当前，面对部分特殊火灾与救援事件，第一时间出动消防无人机进行现场侦查，已经成为救援指挥人员普遍认同的救援措施[3]，而由于技术、战法等主客观因素制约，目前提升灭火救援效能仍存有不少挑战。

3.1 当前消防无人机应用的良好做法

3.1.1 填补高层建筑灭火空白

高层建筑火灾扑救至今仍是消防救援的一大难题。在常规火场救援行动中，大型消防云梯车受占地面积大、展开时间长、灵活性和机动性受限等客观因素制约，人员搭载到达着火层行动迟缓，危险程度高。而使用消防无人机参与灭火救援，实现了承载运输车辆、无人机、灭火救援任务载荷一体化集成，可携带救援物资并完成抛投，携带灭火物资辅助灭火，携带各种传感器进行现场侦查，提高了救援速度与安全性。

3.1.2 提高危化火灾救援安全

危化品发生火灾爆炸通常伴随有毒、有害气体扩散，而消防无人机可确保危化品火灾预防与救助“全程化”。在事前环节，利用消防无人机可以远程监控、远程考察危化品仓库是否存在违规违禁行为，进一步降低火灾发生的可能性。在火灾发生时，通过载荷对现场气体进行浓度与种类的检测，配合图传模块，实时回传现场视频，将现场准确的数据提供给指挥人员，便于指挥员做出合理的指挥调度[4]。在灾后排查阶段，消防无人机可一次性大范围细致排查，加速安全巡查与处置[5]。

3.1.3 提高森草火灾救援效率

当前，利用无人机可适应高温、严寒的特性，消防无人机主要用于森林、草原防火日常巡查，森草火灾火情监控和辅助救援等救援工作。通过搭载的遥感载荷确保24h全天候巡查，找出高温火点，同时消防无人机视野全面，可全局监控，掌握火势蔓延方向，又可快速定位火点、确定火情，局部重点侦测生命体征，抓拍高温火点等对决策有重要帮助，并为森林消防队伍提供最佳撤离路径。

3.1.4 支持自然灾害精准指挥

当泥石流、洪水、冰雹雨雪等自然灾害发生时，消防无人机可快速进行专网地质地形测量，无视地形和环境，做到机动灵活开展侦查，有效规避人员伤亡。同时集成可燃气体探测仪和有毒气体探测仪，对灾害现场的相关气体浓度进行远程检测，从而得到危险部位的关键信息，并及时反馈给现场指挥部，确保救援指挥方案的精准性。

3.2 当前消防无人机应用的不足之处

3.2.1 技术发展不成熟

国内多数类型消防无人机主要通过人工控制的单机作业模式，采用点对点的通信方案，带来的续航时间短、信号不稳定、信号易丢失等局限性逐渐凸显，导致消防无人机产品应用创新受限，性价比较低，加上消防无人机在续航、载重、防爆、避障等方面的技术尚不成熟[6]，部分科技研究成果仅停留于实验室试验阶段，导致无人机领域的科技化集成程度较为有限。

3.2.2 通信能力待提高

目前，已有部分无人机企业与科技企业联合开展“互联网+”模式，依靠现有的4G网络对无人机进行远程控制[7]。但受限于移动通信基站的覆盖范围和4G网络的高延迟，即使对地面覆盖和用户使用进行专项信号优化，低空域中信号覆盖还没有达到预期要求，导致无人机无法大范围应用。同时消防无人机在灭火救援中需携带诸多功能模块，如影像信息采集、温度场数据信息采集、飞控信号收发等，易与消防应急通信设备等相互干扰，制约消防无人机行业的进一步发展。

3.2.3 缺乏相应标准规范

截至目前，我国尚未出台消防无人机专门性标准规范，缺乏法律关系和法律责任的明晰，在续航、载重、抗干扰、抗高温、抗风雨、防爆、避障等方面的统一的性能指标方面存在空白。随着“黑飞”问题的不断增加，各地政府加强刚性管理，甚至屡次禁飞不得果，但溯源法理与制度源头，归根于标准规范体系的不健全，致使消防无人机训练与救援应用难度增加，无法大面积投入到灭火救援之中。目前虽有管理条例，但法律属性尚不明晰，缺乏执行力，无法解决现在无人机可能带来的安全问题[8]。

3.2.4 安全性亟待加强

由于灭火救援任务通常伴随高危险、全未知的特点，对消防无人机的安全性提出了较高要求[9]。而由于无人飞行载具的适用性不强，可靠性不足，对环境条件的要求较高，消防无人机参与灭火救援任务时容易受到风场、烟雾、温度、下降涡环、周围电磁场等影响，最大载荷能力、续航能力和避障能力受到打击，在不利的气候环境条件下出现信号缺失、设备故障，甚至发生坠机事故。

4 提升消防无人机灭火救援效能的解决之策

“十四五”国家消防工作规划提出“加快消防救援领域大型无人机等新技术深度应用，破解复杂建筑、地下空间、地铁线路、山林地带等通信难题”[10]，实现灭火救援效能整体提升。伴随全球新能源、新材料、新技术的应用，“十四五”时期我国消防无人机技术将实现跨越式发展，为更好实现科学灭火、科学施救，笔者立足灭火救援实践需要和问题导向，提出以下几点建议。

4.1 加快无人机技术研发

针对消防救援任务的不确定性、突发性等特点，国内有学者重点从消防无人机研发模块入手，从信息采集、辅助救援、灭火装置等模块架构设计（图1），确保无人机辅助实战效能的提升。此外，笔者认为，还应注重以下技术的研发。一是应着力攻克超长航时无人机的动力技术和续航难题。提高单次飞行时长，完成全范围覆盖，提高救援行动的效率，国内如“西风7”太阳能无人机，“猫头鹰”太阳能无人机利用太阳能作为动力源，大大提高了续航时长，其能够携带红外传感器载荷依靠其长航时、定点巡视、分辨率高及实时性好的特点，可以满足火情监测动态需求[11]。二是深化无人机垂直起降技术应用。垂直起降无人机解决了固定翼无人机对起降场地的要求，同时拥有了比肩固定翼无人机的飞行距离、飞行速度、飞行高度等，可一次性完成大范围消防救援侦查任务，目前如纵横股份“CW大鹏”系列无人机，可旋翼固定翼复合式垂直起降，已被初步应用于消防救援中，带来全新的作战模式。三是注重新型无人机的技术磨合与并联，加快投入灭火救援场景的实验与实战，从笔者整理的五类无人机种类（表2），其中不乏火场侦查效率高、应急照明覆盖范围广、高精度定位火场范围等效能优点，亟待下一步的实战应用。

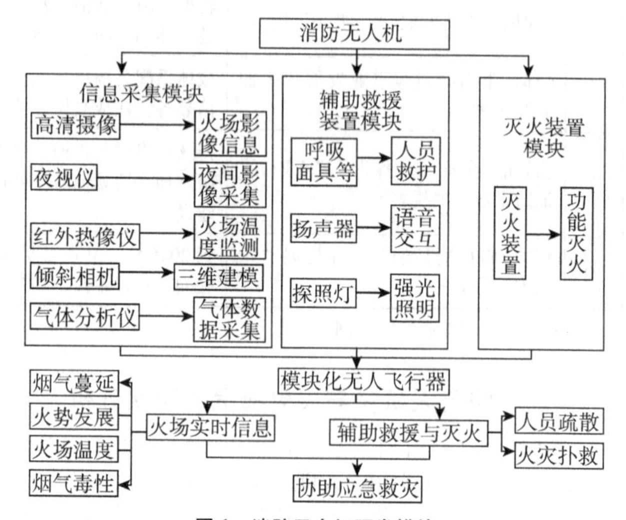

图1 消防无人机研发模块

资料来源：南江林．消防无人机研究与应用前景分析［J］．消防科学与技术，2017，36（8）：1107.

表2 新型无人机在灭火救援场景的适用列举表

序号	新型种类	新功能简介	适用场景	效能提升
1	KWT-X6L-15	采用免工具快拆结构，支持手动精准控制及航线自主飞行，航时长；具有很强的环境适应能力；具有非常可靠的安全性能	可进行火灾侦查、在自然灾害救援中进行定点物资运输	提高侦查效率，在人达不到的地方精准抛投
2	系缆悬停无人机系统	系缆悬停无人机系统主要与多种工业多旋翼无人机组合为长航时飞行系统，结合不同的挂载吊舱，应用于不同的场景，主要用于通信中继基站与高空长时监控及应急照明，是高度国产化，具备完全独立自主生产权的创新产品	在自然灾害局部区域进行应急照明；在无网络的救援场景作为通信中继基站	应急照明覆盖范围广，工作时间长，是应急通信网络的有机组成部分
3	SB4凤凰太阳能无人机	SB4是一种固定翼无人机，可在广泛的区域内提供可操作的地理空间数据。它旨在涵盖广泛的大规模任务：精确测绘，摄影测量，测量，监视，检查和遥感；SB4是专为大面积设计的专业无人机。由于其无与伦比的耐力，SB4非常适合大规模映射	对森林草原进行长时间监测；对火情进行长时间勘察	太阳能提供超长续航，提高监测效率和准确性；长时间勘察火灾，为指挥员实时提供数据
4	爱生ASN-216D（灵鹊I）全电垂直起降无人机系统	ASN-216D（灵鹊I）是一种基于高新技术全新设计的垂直起降无人机，该机从每一处细节提高无人机的飞行能力与续航时间。该机拥有极强的抗风性与良好的飞行能力。因为其机身内部不含燃油箱的天然优势，所以特别适用于包括舰载海洋作业在内的森林防火、电力巡线、油气管道巡线等领域的多种复杂起降环境	不受复杂环境影响，对起飞场地不苛刻；不含燃油箱更适用于火灾侦查	在森林火灾，地震救援现场能轻易起飞且具有较长续航时间；不含燃油箱，安全性更高
5	云雀iLark5G网联无人机	云雀iLark是一款适用于各种场所的5G网联无人机。该无人机采用绝缘机身，一体化集成了工业级多旋翼飞行控制器、高性能机载计算机、双天线差分模块、航空摄像机等，具有抗电磁干扰、高精度定位、长时间续航，及强大的运算能力和5G联网能力，可获取厘米级定位精度，实时远程掌握无人机现场作业情况	能在指挥场所远程监控火灾能高精度定位火源位置，以及过火范围	在指挥场所观察火灾，确保人员安全，能实时共享数据；高精度定位为后续救援行动提供精准数据

资料来源：通航资源网（http：//www.garnoc.com/）。

4.2 增强创新科技应用

提升消防无人机的灭火救援效能，需加快5G通信技术的投入，增强我国科技自主创新水平。一方面，继续加快发展人工智能。随着计算机技术的发展，AI视觉无人机通过独有的SLAM算法结合先进计算机算法，可以在GPS信号差、存在各种障碍物的环境中完成目标的检测与定位任务。加强算法稳定性测试，将AI视觉无人机技术应用到灭火救援实战中，可提高复杂环境检测的安全性。另一方面，持续加强5G网联应用。5G网联无人机在灾害调查中能够实时掌握目标区域情况，为灾情提供第一手资料，助力灾情的精准评估，提高管理效率，健全巡检手段，辅助指挥部门进行决策指挥[12]。将消防无人机无线通信链路与地面光纤环网相融合，打通指挥中心与前端无人机的低延时通信，结合自组网技术、一机多站技术和中移凌云监控系统。重点架构5G网联无人机集群模块，如空中指挥联络、破窗和救生物资抛投、装载干粉灭火剂、装载泡沫灭火剂、装载水等联合模块，从而实现超远距离5G网联无人机参与多灾种消防救援任务目标。

4.3 完善法规标准体系

消防无人机参与灭火救援任务，除了科技支撑外，亟需法规标准的加持。笔者认为可从消防法治建设的实际出发，具体完善以下举措：一是加强消防无人机涉法的基础理论研究，呼吁学界和实务工作者参与研究，基本范畴如具体概念界定、法律地位和作用，基本原则，法律关系的内涵、分类和特征，法律主体的分类和区分，立法沿革与比较，法律责任等。二是建立法治案例库，利用裁判文书网、各消防单位法治部门法律文书、实操卷宗、案例资源等，收集国内外消防无人机参与灭火救援涉及的民法、行政法、刑法、国际法案例，特别是国家赔偿法和诉讼法领域的经典案例，整理建立法治案例库，以供相关行业参考使用。三是推动消防技术标准的"立改废释"，在原有的消防技术标准中增添、废除或解释部分有关无人机条款，重点推动空白领域的标准建立，如性能指标、装备系数、技术协同、战术战法、作战流程等，对引导企业针对消防行业需求进行产品研发也具有重要意义。

4.4 推动应急产业运用

随着消防在世界民用无人机使用领域构成的比重加大（图2），2019年Teal集团对全球无人机市场规模的预测显示，2023年全球民用无人机市场年化复合增速为9%，将达到115亿美元（图3），这对推动无人机产业化发展具有重要启示意义。"十四五"期间，消防无人机是我国安全应急产业的关注重点，笔者认为，可参考"校企"合作和"产学研用"模式，重视消防无人机、小型飞行器等相关专业人才培养，鼓励国内应急管理、消防救援相关科研院所、高校或高精尖企业走进消防救援队伍，展开消防无人机在灭火救援效能方面的战略合作，加快新科技落地、规范管理、智能应用和安全风险评估等研究，提升消防技术研发"软实力"。同时建立和完善安全应急产业政策，加强投融资、税收等政策方面的鼓励和优惠，充分调动投资主体的积极性，吸引国家大中型企业加入安全应急产业，改变我国安全应急产业规模不大、企业偏小的状况[13]。

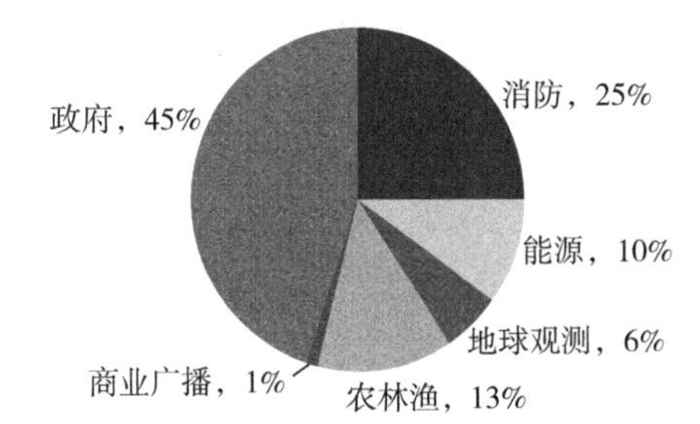

图2 2015年世界民用无人机使用领域构成

资料来源：Teal Group官方网站（http：//tealgroup. com/）。

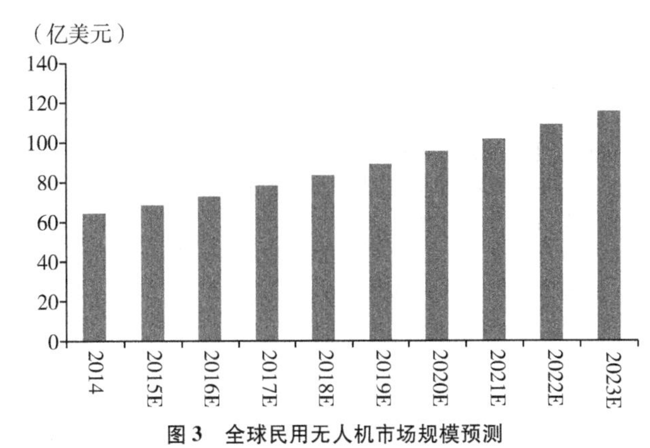

图3 全球民用无人机市场规模预测

资料来源：Teal Group官方网站（http：//tealgroup. com/）。

5 结语

"十四五"时期是国民经济和社会发展的重要阶段，规划指出应急管理体系要大力发展航空救援力量，提高创新科技的应用。作为应急航空救援力量的有机组成部分，"消防无人机是未来大势所趋"已成为业内共识。本文以"十四五"时期我国消防无人机的发展为研究背景，正视当前阶段的问题与不足，就提升消防无人机灭火救援效能提出点滴设想，以求相关行业在技术研发、创新应用、立法设想、产业发展等领域有所突破，从而提升改制后消防救援的职业化、专业化、科技化水平和保障社会公共安全、服务人民百姓的整体能力。

参考文献

[1] 夏登友，等．灭火救援效能分析与评估［M］．北京：化学工业出版社，2018.

[2] 河南省人民政府．河南省"十四五"消防事业发展规划［Z］.

[3] 向守东．基于无人机的灭火救援侦察及其指挥研究［J］．中国应急救援，2020（01）：38.

[4] 陈玉军．危化品仓库火灾爆炸事故的消防救援［J］．化工管理，2016（05）：243.

[5] 吴立志，崔彦琛，朱红伟，夏登友．无人机在危险化学品事故侦检中的应用研究［J］．消防科学与技术，2020，39（8）：1147.

[6] 南江林．消防无人机研究与应用前景分析［J］．消防科学与技术，2017，36（8）：1106.

[7] 赵振宇，余泳杰．GIS与无人机辅助技术在工业事故中的应用［J］．中国应急救援，2021（06）：46.

[8] 宋晨晖．民用无人机应用进展［J］．机电工程技术，2018，47（11）：151.

[9] 黄思婕，黄瑾．无人机在公共安全领域的应用及发

展趋势［J］．中国公共安全，2018（09）：135.

［10］国务院安全生产委员会．“十四五”国家消防工作规划［Z］．

［11］石文，李广佳，仪志胜，贠龑．临近空间太阳能无人机应用现状与展望［J］．空天技术，2022（11）：85.

［12］陈实，林禹，陈敏，淡芳芳，陈泽楷．网联无人机在灾害调查中的应用研究［J］．电子测量技术，2021，44（04）：95.

［13］金永花：我国安全应急产业的现状、前景、问题与对策［J］．中国应急管理科学，2021（12）：61.

浅析消防救援机构政府信息公开存在的问题与对策

许晨雪

（河北省承德市消防救援支队，河北　承德）

摘　要　消防救援机构作为行政主体，在履行行政管理职责过程中形成并保存的政府信息应当依法进行公开。本文结合当前消防救援机构政府信息公开现状，分析了消防救援机构政府信息公开主体、范围、程序以及监督救济方面的问题，提出完善消防救援机构政府信息公开制度的解决对策。对于实现公民知情权、维护公共利益，提高消防救援机构的公信力，保障政府信息公开工作顺利开展具有重要的现实意义。

关键词　消防救援机构　政府信息　公开　职责

1　引言

随着公众法律意识的普遍提升，涉及政府信息公开的案件逐渐增多，“消防救援机构政府信息”作为政府信息也应该及时确定边界和范围，为消防救援机构政府信息的制作、保存、公开环节提供依据和理论基础。从法律规定的层面来说，依据2019年5月15日起施行的《政府信息公开条例》规定，消防救援机构在履行行政管理职能过程中制作或者获取的，以一定形式记录、保存的信息属于政府信息，应当坚持以公开为常态、不公开为例外，遵循公正、公平、合法、便民的原则，及时、准确地公开；从信息公开的实际需要分析，消防救援机构政府信息公开是对公民、法人和其他组织知情权的保障，对消防救援机构权力的监督，也是建设法治政府的迫切需要。

2　消防救援机构信息公开存在的问题

消防救援机构政府信息公开行政诉讼日益增多，凸显了消防救援机构在政府信息公开中的问题和不足，这不简单的是行政不作为或者存在不当行为，更是因为缺乏系统的消防救援机构政府信息公开制度。消防救援机构执法信息属于行政执法信息，信息的公开适用部分地区的条例和规范性文件中的相关规定。但是消防救援机构除监督执法、行政处罚、行政许可外，还承担着火灾事故调查、处置灾害事故等重要职责，转制前，还承担建设工程消防设计审查、消防验收、备案抽查的职责。因此，消防救援机构政府信息的概念、具体公开的主体、范围、程序等内容都有待研究。

2.1　消防救援机构政府信息公开主体不明确

国家深化机构改革后，部分地方政府设置专门的信息公开主管部门，大量的消防救援机构政府信息是部分交由政府进行统一管理并公开，还是由各级总队、支队、大队进行公开并不明确。由于管辖原因，消防救援机构政府信息公开是由信息制作者、存储者公开，还是由哪一级进行公开未明确规定；消防救援机构人员信息公开的意识淡薄，对申请信息公开的邮件并不重视，存在敷衍和不作为现象，导致申请人申请信息公开得不到满意回复提起诉讼。面对不断增多的信息公开需求，消防救援机构陷入被动。

作为政府信息公开法律关系的权利主体，申请人通常不受限制。显然不是所有公民、法人和其他组织对消防救援机构的政府信息都享有知情权，当无关第三人依申请要求消防救援机构公开政府信息时，是否答复、答复的方式和拒绝公开的理由目前缺少依据，有待研究。

2.2　消防救援机构政府信息公开范围不清晰

随着技术的变革，信息的储存、传播形式也越来越丰富，当前消防救援机构政府信息主要通过新闻媒体平台、官方网站等途径进行公开，对主动公开和依申请公开、公开和例外、哪一类进行处理并加以限制公开没有统一划分标准。如“建设工程的设计审查、验收”等工作由住房和建设部门承担后，消防救援机构是否能以职能转变为由不予受理也未明确。除日常的“双随机、一公开”消防监督检查外，主动公开的政府信息内容以宣传为主，依申请公开的内容相对较少，各地实际公开程度相差较大，还存在重复无效信息过多或部分信息形式主义严重等问题。

2.3　消防救援机构政府信息公开程序执行不规范

依申请公开的消防救援机构政府信息未明确受理机构及联系方式，导致申请人无法寄出、寄出的文件丢失或未签收，或者消防救援机构以网址形式进行回复等不规范现象普遍存在。部分消防官方网站只能查询到日常消防监督检查的信息，并没有依申请公开的方式、途径，申请人获取消防救援机构政府信息的方式受到限制。《政府信息公开条例》已对依申请公开的答复期限和延长期限作出限制，而实践中有的申请人提交了书面政府信息公开申请，消防救援机构延长回复期限后仍未对其进行回复，消防救援机构的公信力一定程度上受到影响。

2.4　消防救援机构政府信息公开监督救济机制不健全

由于消防救援机构政府信息公开制度尚未完善，内部缺少日常监督或者专项监督等监督考核机制，对于信息公开申请受理渠道是否畅通、公开期限是否符合法定要求等义务履行情况缺少有效监督。从救济途径看来，当申请人依申请公开信息未得到相应回复时，消防救援机构内部未明确专门救济的主管部门，自上而下的救济实现起来难度较大。申请人采取行政复议或诉讼的形式，也未将责任落实到人，并没有相应的法律责任，缺少约束力。

3 完善消防救援机构政府信息公开制度的对策

3.1 明确消防救援机构政府信息公开主体

消防救援机构应当根据政府信息的类型、信息制作者、信息储存者、级别管辖等内容，确定信息公开主体，明确主管部门。通过官方网站、微信平台、印发文件等多种形式，将主管单位、联系方式等政府信息公开工作逐步深入推进。消防救援局办公室主管全国消防救援机构政府信息公开，总体负责各个部门的信息公开工作。由消防救援机构政府信息制作或保存的消防救援大队以上（包括大队）的各级消防救援机构负责相应信息公开工作，定期维护更新信息，履行公开义务，承担相应责任。强化各级消防救援机构人员的政府信息公开意识，提升信息公开的主动性与积极性，明确各自职能，杜绝泄密行为，确保消防救援机构政府信息公开工作有序开展。

3.2 划定消防救援机构政府信息公开范围

总体来看，消防救援机构应当对本单位政府信息进行收集、整理，根据豁免条款（例外）筛选不公开的内容，对主动公开、依申请公开的信息按照内容和形式进行分类。将各类消防相关规定和文件按照法律位阶进行公开，制作并定期更新、公布政府信息公开指南和政府信息公开目录，划定信息公开的范围。

由于大部分信息由消防救援机构掌握，存在信息不对称现象，因此，平衡公众知情权和政府信息公开责任的大小和多少是消防救援机构政府信息公开核心的内容。在兼顾国家安全、行政秩序、商业机密等其他价值取向的基础上，主动公开“涉及公众利益调整、需要公众广泛知晓或者需要公众参与决策”的政府信息，并合理区分并明确依申请公开的信息内容，有利于保障公民的知情权，确保申请人及时获取所需信息，消防救援机构可以高效便捷处理各类信息，减少不必要的流程。《政府信息公开条例》明确了不予公开的内容，消防救援机构内部事务信息、过程性信息、行政执法案卷信息，可以不予公开。

3.3 规范消防救援机构政府信息公开程序

消防救援机构面临繁重的任务，规范并简化信息公开程序可以有效降低政府信息公开主体的时间成本。消防救援机构政府信息公开由主管部门负责，应当声明“官方”信息发布平台，平台还应当具备信息检索、查阅、下载等功能，还可以通过政府信息管理网站、发行出版物、微信公众号等方式拓宽公开渠道，便于公民及时获取政府信息。

从政府信息依申请公开的程序来看，消防救援机构应当明确提交申请的正式途径、具体内容、申请材料、材料形式以及联系方式等；收到申请后，能够当场答复的，应当当场予以答复，不能当场回复的应当在法定期限内及时进行答复；对于不符合规定的请求作出“不予受理”决定并告知其理由，或者自收到申请之日起7个工作日内一次性正式告知申请人应当补正的材料等；《政府信息公开条例》规定不得收取检索、复制、邮寄等成本费用，“申请人申请公开政府信息的数量、频次明显超过合理范围的”的情况除外。

3.4 健全消防救援机构政府信息公开监督和救济机制

消防救援机构政府信息公开监督和救济是指在政府信息公开行为中对消防救援机构权力行使出现偏差或者不当的预防和纠正，以及造成相对人合法权益受到损害结果的恢复和补救。

按照《政府信息公开条例》要求，各级人民政府应当建立健全政府信息公开工作考核制度、社会评议制度和责任追究制度，并定期对政府信息公开工作进行考核、评议。消防救援机构应当通过对政府信息公开工作的日常指导、监督、考核开展内部监督，通过市长热线、新闻媒体、社会团体等方式加强外部监督。对未按照程序开展政府信息公开工作的单位，予以督促整改或者通报批评，需要对负有责任的相关人员追究责任的。

公民、法人或者其他组织认为消防救援机构在政府信息公开工作中侵犯其合法权益的，可以寻求内部救济，即向上一级消防救援机构或者政府信息公开工作主管部门投诉、举报，具体举报方式应当公示。行政救济，依法申请对消防救援机构提起行政复议或者提起行政诉讼。

4 结论

随着信息时代的到来，通过网络构建公开透明的电子政府也已经成为目前世界各国的主流。在起步较晚的情况下，消防执法信息公开取得一定进展，但是消防救援机构政府信息公开制度并不完善，缺少理论支撑的问题从实践中逐渐暴露出来。在消防救援机构政府信息公开的实践中总结提炼出符合实际情况的理论，不断深入推进，让权力在阳光下运行，对保障公民合法权益、加快法治政府和服务型政府建设具有重要意义。

参考文献

[1] 杨健．公安机关政府信息公开制度建设探析［J］．净月学刊．2014（1）．

[2] 秦立朋．论消防应急救援信息公开机制之构建［J］．武警学院报．2011，27（2）：33-36．

[3] 赵雅娟，李浩毓．现阶段公安机关消防救援机构政府信息公开存在的问题和对策［J］．武警学院学报．2016，32（12）：83-86．

[4] 刘华．论政府信息公开的若干法律问题［J］．政治与法律．2008（6）：66-71．

[5] 后向东．信息公开法基础理论［M］．北京：中国法制出版社，2017．

[6] 卢雪艳．政府信息公开法律制度研究［D］．桂林：广西师范大学，2015．

隧道火灾扑救处置对策探析*

何　锋[1]　李梓航[2]

（1. 新疆乌鲁木齐市消防救援支队，新疆　乌鲁木齐；2. 新疆克州消防救援支队，新疆　克州）

摘　要　开展隧道火灾扑救处置研究是消防救援队伍的一项灭火救援基础性工作，也是执勤备战的重要组成部分。笔者对国内各地隧道火灾事故开展调研，简析了隧道火灾事故的特点，从战前隧道火灾事故的预防和战时隧道火灾救援的处置等2个方面进行了探讨，为消防救援队伍处置此类火灾事故提供借鉴。

关键词　消防　公路隧道　火灾扑救　消防救援

1　引言

近年来，国内各地隧道火灾事故时有发生，受到社会各方面的高度重视[1-3]。公路隧道的高速发展，在缓解城区交通压力以及人们生活和旅行的便利上发挥了很大的作用。但因其建筑特性，隧道通道整体较长、出入口少，一般为封闭性强的长管状结构，这给消防救援工作带来了一些挑战，成为消防队站探讨和研究的重大课题，如表1所示近年来典型国内隧道火灾情况。

表1　近年来国内隧道火灾典型事故案例

名称	地点	长度/km	火灾起因	事故危害及损失		
				人员伤亡	车辆损失	隧道结构及设施损失
猫狸岭隧道	浙江	3.616	货车轮胎自燃引发货物瞬间燃烧	36名群众被困，其中5人死亡，8人重伤	1辆大货车烧毁	约200m隧道受损，设备瘫痪严重
温泉隧道	广东	0.405	货车轮胎爆裂起火	无	火车烧毁	隧道招募设备和防火层严重损毁
重庆大学城隧道	重庆	3.875	客车自燃	6人受伤	1辆中巴车烧毁	隧道照明排风电线烧毁
大宝山隧道	广东	3.150	“二甲苯”泄漏剧烈燃烧	2人死亡	车辆烧毁	隧道烧毁，封闭一个多月
大溪岭隧道	浙江	4.116	半挂车轮胎起火	无	9辆车烧毁	机电设施受损，交通中断7h
新七道梁隧道	甘肃	4.010	2辆罐车追尾起火	4人死亡，1人受伤	3辆车烧毁	隧道结构及路面毁损
桃花沟隧道	甘肃	0.439	2车追尾，30t硝基苯爆燃	3人受伤	1辆半挂车烧毁	隧道受损，封闭6h
季家坡隧道	湖北	3.584	轮胎起火	无	22辆新车烧毁	无
岩后隧道	山西	0.786	甲醇车追尾	31人死亡，9人失踪	42辆车烧毁	隧道混凝土脱落

2　隧道火灾事故的特点

2.1　发生的随机性

公路隧道火灾事故不同于普通公路火灾事故，由于空间相对比较封闭，空气流通性较差等因素，造成隧道火灾发生的原因是多方面的。资料显示[4]，对隧道内火灾影响最大的因素是着火物质，由于车辆类型、货物种类的多样性，造成隧道内火灾事故的危害程度以及蔓延规律是无法预测的。

2.2　火势的猛烈性

隧道是一条因为地形特殊、受限制而建造的特殊通道空间，具有密闭化、地下化等特性[5]。在各项灭火救援行动中，与常规的火灾处置不同。由于隧道内缺乏充足的空气，发生的火灾大部分是不完全燃烧，产生的CO等有毒有害气体，将与高热烟气一起流动。聚集的热烟气，遇到新的可燃物并涌入新鲜空气时，会产生二次燃烧，导致隧道火灾的“跳跃”蔓延[6]。如果人员疏散与应急救援不及时，不仅会对建筑结构造成严重破坏。它还将对隧道内人员的生命安全构成重大威胁，如图1、图2所示隧道车辆火灾事故现场与温度骤变图。

* 基金项目：自治区区域协同创新专项（科技援疆计划项目）-2020E02117。

图 1 隧道车辆火灾事故现场

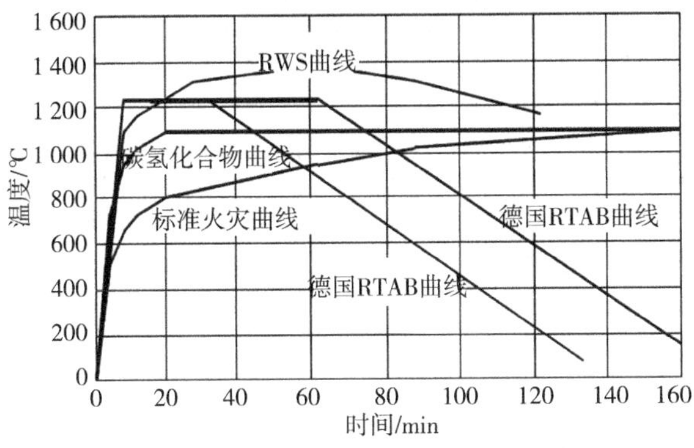

图 2 隧道火灾升温图

2.3 处置的复杂性

首先，公路隧道一般密闭性强，发生火灾后高温烟气以及有毒气体不易排出，造成隧道内能见度低，人员、车辆难以第一时间疏散。其次，消防救援车辆需要较长时间到达现场，且不易驶入隧道内进行近距离火灾扑救。最后，由于隧道火灾的发展和蔓延快，周边可利用的水源有限，隧道内车辆堵塞时有发生，这些都增加了隧道火灾救援的难度。

2.4 事故的严重性

首先，隧道空间相对封闭、空气流通性较差，发生火灾后人员不易撤离，火灾产生的浓烟难以排放，对人员生命安全构成威胁，如表 2 所示。其次，高温下隧道混凝土会发生崩裂、强度急剧下降甚至失去强度。最后，有资料表明隧道内人员的伤亡事故[7-8]，多数是因为缺氧窒息引起的，而非火灾本身。另外，隧道一般为公路枢纽部位、交通的咽喉，火灾事故后的修补过程将对交通通行造成较大影响，甚至中断交通数月之久。

3 隧道火灾事故的预防

3.1 加大安全宣传力度

基于隧道火灾事故的严重性，采取“以防为主，防消结合”作为预防隧道火灾的方针，结合国内外各隧道火灾事故案例，进出隧道关卡的收费站设置印制和分发载有行车安全、消防和救灾知识的行车安全宣传手册，使驾驶员和乘客提前掌握一些基本应急逃生与救火常识。此外，日常生活中，可以通过广播、电视、网络等媒体举办隧道火灾事故专题节目，普及相关知识。

表 2 某高速隧道灭火救援预案灾情设定

灾情等级	灾情发生位置	灾害事故情况
严重（Ⅰ级）	距入口 3000m 以上/A 区	隧道内发生火灾事故，事故车辆 20 辆以上、被困车辆 80 辆以上、被困人员 100 人以上
	距出口 1000~3000m 之间/B 区	
	距出口 1000m 以内/C 区	
较大（Ⅱ级）	距入口 3000m 以上/A 区	隧道内发生火灾事故，事故车辆 5~20 辆、被困车辆 30~80 辆、被困人员 20~100 人
	距出口 1000~3000m 之间/B 区	
	距出口 1000m 以内/C 区	
一般（Ⅲ级）	距入口 3000m 以上/A 区	隧道内发火灾者事故，事故车辆 5 辆以下、被困车辆 30 辆以下、被困人员 20 人以下
	距出口 1000~3000m 之间/B 区	
	距出口 1000m 以内/C 区	
备注	1. 根据隧道内部发生火灾事故时事故车辆数量、被困隧道内车辆数量、被困隧道内人员等因素，将灾情分为三级：严重级、较大级、一般级。 2. 根据隧道内灾害事故发生的位置、处置的难易程度，将隧道分为 A、B、C 三个区域，A 区为 3000~9010m（隧道中心）位置，B 区为 1000~3000m 位置，C 区为 1000m 以内位置发生灾情	

3.2 强化隧道结构防火

首先，隧道内部应采取高温防护，对于拱顶建议增加衬砌厚度或外层涂抹耐火材料，将电缆、光缆等埋设在边墙内并加以适当防护，保障排烟、照明等电气设备能在高温浓烟火灾环境中，正常工作。其次，隧道内设施器材等建议选用无毒性材料，且要求燃烧时不易产生烟雾。最后，隧道建议设置横向相连通道及紧急停车避让带，以备火灾发生时车辆能够有序疏散。

3.3 加强隧道日常养护

首先，路政人员加强日常巡查，及时发现隧道路面坑洞、开裂、剥落等情况，并立即采取措施及时修复。其次，提高隧道路面摩擦系数，禁止超载大货车、车况不良及无证危险车辆驶入隧道，对确需驶入的，应办理相关手续并按指定时间、指定路线等管制措施执行。最后，定期检查隧道设备是否故障，预防和减少因缺乏日常维护或维护不当而导致设施故障引发的事故。

3.4 推广智能预警检测

隧道内建议设置火灾探测和报警系统，当发生火灾时，可利用感温式、感烟式、感光式等探测器及时发现火情并向监控室发出报警信息。其次，隧道内应设置手动报警器，张贴报警电话等措施，使火灾现场人员能及时向监控室后台报警。

3.5 提高应急演练能力

首先，建立隧道事故数据库。在日常管理中，管理部门应记录隧道以往事故发生的时间、起因、发生位置，损失情况及采取的救援措施等进行详细的登记，对典型事故进行分类分析，总结和积累经验，指导今后隧道安全管理工作。其次，定期组织研究隧道突发事件应急演练，制定响应指南，明确人员逃生、交通组织、通风照明及火灾救援的预案，提高应对突发事件的能力。

4 隧道火灾事故的处置

4.1 解决隧道送风排烟难点

4.1.1 送风排烟措施的重要性

设置的通风和排烟设施由隧道的建筑结构决定。与地面建筑相比，隧道工程结构复杂，环境封闭，通道狭窄，连接外部的疏散出口少。一旦发生火灾，不仅火势迅速蔓延，而且隧道内积聚的高温烟气迅速蔓延，难以自然排出，对被困人员和救援人员的生命构成严重威胁。由于隧道结构的限制，以及车辆尾气积聚隧道内部，隧道内空气中的氧气含量与隧道外相比较低。隧道发生火灾后，会产生大量不完全燃烧产物，形成浓烟并迅速扩散。根据资料表明[9]，火灾发生后5min左右开始蔓延，15min时浓度最高。烟雾的扩散降低了能见度，扩散的浓烟中混合的CO是一种无色、无味、剧毒的可燃气体，危害极大。当CO含量超过0.5%时，2～3min人员将导致死亡。

4.1.2 利用固定通风排烟设施

隧道通风排烟系统开通后，排风机第一时间启动向同一方向送风，烟气流动方向为水平方向。若采用固定式通风排烟设施。一旦发生火灾，会对救援战术措施产生一定积极影响。隧道通风排烟的原则是向乘客疏散的相反方向进行，可以防止热烟气影响人员逃生，还可以向疏散人员供给新鲜空气。

4.1.3 利用移动通风排烟设备

若隧道停电或火灾时，固定设施损坏，不能满足内部通风排烟需要时。消防救援人员必须使用移动式通风排烟设备，确保隧道内的风速应满足稀释空气中有毒热烟气所需的风量。消防救援队配备的移动式排烟设备主要有电动排烟机、水驱排烟机等。这些装备在处置隧道火灾事故中，是一柄排烟“利剑”。

4.2 保障隧道通信联络畅通

4.2.1 隧道内部通信设施

隧道内部通信设施分为专用通信设施和公共通信设施。其中，专用通信设施分为隧道调度通信系统、交通信号控制系统、火灾自动报警系统、视频监控系统和广播广播系统；公共通信设施包括公共有线电话通信系统和无线电通信系统。隧道调度专网（有线）和公共移动通信公网（无线）可作为初期火灾救援的通信指挥手段。一旦发生火灾，消防救援指战员还必须配备地下移动通信设备，以便在上述设施发生故障时，继续建立现场通信指挥网络。

4.2.2 隧道火灾现场通信组网

（1）建立辖区作战局域网。辖区消防站到场后，一是隧道内的固定通信设施。如隧道调度通信网、移动电话、地下广播、隧道等建立地上通信联系。当固定通信设施无法使用时，消防站人员使用无线通信扩展设备，建立通信联络，并进行救援和处置操作。

（2）建立现场通信覆盖网。与车载设备建立现场通信指挥中心，开通现场指挥无线通信网络、有线通信网络、计算机通信网络、卫星图像传输和广播，建立消防救援指挥部与当地政府、公安、应急、急救、高速公路管理中心等其他救援部门之间有线和无线通信联络。现场信号较差，可通过卫星传输设备将现场图像传输到后方指挥部，接受和传达上级部署和安排，如图3所示。

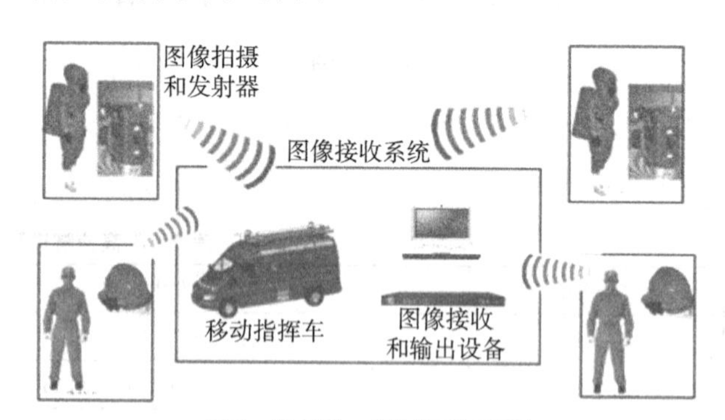

图3 多点对一点的组网示意图

4.3 开展隧道灭火救援行动

4.3.1 加强个人防护

为了确保一线作战人员在灭火救援过程中的安全，进入隧道时必须加强个人防护，佩戴空气呼吸器。根据不同作战区域，按要求穿戴普通消防服、隔热服、防火服等。隧道内火灾一般处置的时间长，消耗大量体力，呼吸器应尽量选择能长时间呼吸保护的双瓶空气呼吸器[10]，如表3、表4所示缺氧和有毒气体的危害。

表3 缺氧对人体影响程度

空气中氧的浓度	21%	20%	16%～20%	12%～10%	10%～6%	6%
症状	正常	无影响	呼吸频率及脉搏增加，肌肉有规律运动受到影响	感情粗乱，呼吸紊乱肌肉不舒畅、疲劳加快	呕吐，神志不清	呼吸停止，数分钟后死亡

表4 隧道内有毒气体允许浓度

毒气种类	一氧化碳 CO	二氧化碳 CO_2	氯化氢 HCI	光气 $COCI_2$	氨 NH_5	氢化氢 HCN
允许浓度	0.2%	3.0%	0.1%	0.0025%	0.3%	0.02%
备注：烟气对人体的危害主要是CO中毒，火灾案例表明，人员在浓烟中停1～2min就可能昏倒，4～5min即有死亡危险						

4.3.2 保障气源供应

隧道发生火灾事故后，应及时调集辖区及周边消防救援站力量，同时向支队指挥中心申请调派移动供气车辆。移动供气车辆应在隧道两个出入口分别设置，并组织后勤保障人员沿前线供给气瓶。现场气瓶应放置在阴凉处，避免高温暴露，确保气瓶完整好用。

4.3.3 组建内攻精干人员

为确保各参战力量快速、有序、协调作战，消防指战员应组织开展隧道火灾专项训练。根据隧道结构特点，应组织精干人员分组协作，可设定消防侦察组、火场排烟组、通信照明组、人员救援组、工程拆除组、消防突击组等救援力量，每组人员配备专业器材，组织开展日常专项训练。

4.3.4 保证逃生通道畅通

隧道内的人（车）道不仅是被困人员逃生的通道，也是消防指战员进行内部强攻的通道。在组织救援过程中，逃生通道应保持通风、照明良好，并始终处于正压状态，以防有毒烟雾倒流。隧道通道窄长，在内攻起点和隧道交叉口处设置送风机，及时为通道送风。

4.3.5 救助隧道被困人员

对于能正常行走的被困人员，可在消防指战员的引导下沿逃生路线疏散；对于因挤压或碰撞造成轻伤的被困人员，可由消防指战员协助逃生，经简单包扎后，应及时交给120进行救治；对于已经昏迷或因重伤无法移动的危重被困人员，必须使用固定式担架运送。在救援过程中，一线消防救援人员应当配备必要的救助他人的防护装备，如双面面罩空气呼吸器的附属面罩、移动气源的双面面罩或便携式简易烟雾面罩。

5 结束语

随着交通运输量不断增加，车速的提高以及在建隧道增多，隧道火灾事故的频发性和危害性，应引起我们的高度重视，综合以往事故案例及安全注意事项，论述了战前隧道火灾事故的预防和战时隧道火灾救援的处置，重点剖析隧道处置的3个关键点，一是解决隧道送风排烟难点；二是保障隧道通信联络畅通；三是高效开展隧道灭火救援行动。

参考文献

[1] 王玉．公路隧道火灾扑救难点及灭火救援对策[J]．消防科学与技术，2015，34（11）：1506-1509.

[2] 张顺勇，陈强．高速公路隧道火灾事故扑救技战术研究［J］．中国应急救援，2016（04）：51－56. DOI：10.19384/j.cnki.cn11-5524/p.2016.04.012.

[3] 秦洪超，周俊伟．公路隧道火灾事故危险性及救援对策研究［J］．中国设备工程，2021（02）：242-243.

[4] 何建军．双向行驶消防车在隧道事故救援中的应用[J]．消防科学与技术，2017，36（06）：837-839.

[5] 程跃闯．浅谈高速公路特长隧道火灾事故的防范与扑救［J］．黑龙江科技信息，2015（28）：48-49.

[6] 陆中超．浅谈公路隧道火灾扑救［C］//消防科技创新与社会安全发展．2014：87-92.

[7] Zheng Guoping，Xue Dapeng，Zhuang Yizhou，Zhu Yusheng，Matsagar Vasant. Study on Time Factors in the Smoke Control Process of Highway Tunnel Fires［J］. Advances in Civil Engineering，2021，2021.

[8] Zhao Jiaming，Xu Zhisheng，Ying Houlin，Guan Xueqi，Chu Kunkun，Sakepa Tagne Sylvain Marcial，Tao Haowen. Study on smoke spread characteristic in urban interval tunnel fire［J］. Case Studies in Thermal Engineering，2022，30(prepublish).

[9] 黄报敦．高速公路隧道交通火灾扑救对策初探[J]．广西民族大学学报（自然科学版），2010（S1）：61-63+108. DOI：10.16177/j.cnki.gxmzzk.2010.s1.021.

[10] 何锋．疫情防控常态化下特勤消防站灭火救援行动探析［J］．中国人民警察大学学报，2022，38（02）：53-56+64.

浅析工程项目中消火栓按钮设计

李 丙

（保定市建筑设计院有限公司，河北 保定）

摘 要 以往在消火栓箱内设置的消火栓按钮，当发生火灾时，可通过启动现场任意一个消火栓按钮来直接启动消火栓泵，这是一行之有效的可靠方法。但随着时间的沉淀，工程项目在运行过程中常有反馈因消火栓按钮误动作而导致消火栓泵误启动的事件，因此消火栓启泵方式也有了变化，消火栓泵可以通过出水干管上设置的低压开关、高位水箱出水管上设置的流量开关或报警阀压力开关等信号作为触发信号，直接控制启动消火栓泵，不再以消火栓按钮动作作为触发信号直接启动消火栓泵（未设置火灾自动报警系统的项目除外），消火栓按钮动作信号只作为报警信号及启动消火栓泵的联动触发信号，由消防联动控制器联动控制消火栓泵的启动。

关键词 消火栓按钮 报警信号 联动控制

1 引言

随着经济建设的快速发展，高层建筑、大型公共建筑在城市中的比例越来越大，加强建筑物抵御火灾的整体能力也越来越重要。目前消火栓系统是建筑物中最常见、最经济、最基本的消防设施。建筑消火栓按钮作为消火栓系统一个硬件构成，设置合理与否直接关系到整个消火栓系统的使用，本文从消火栓按钮设置原则（根据建筑物类别选择设置消火栓按钮）、控制方式、安装及接线四个方面，对建筑消火栓按钮进行分析。

2 消火栓按钮设置原则

《民用建筑电气设计标准》（GB 51348—2019）第13.4.7条，消火栓按钮的设置应符合下列规定：①设置消防控制室的公共建筑，消火栓旁应设置消火栓按钮；②设置消防控制室的54m及以上住宅建筑，消火栓旁应设置消火栓按钮；当住宅建筑群有 54m 及以上住宅建筑，亦有 27m 以下住宅建筑时，27m 以下住宅建筑可不设消火栓按钮。

除 27m 以下住宅建筑外，规定设置消防控制室或值班室的民用建筑，消火栓旁应设置消火栓按钮，是基于消火栓联动控制和消防控制室或值班室内设置了图形显示装置，如果不设置消火栓按钮，图形显示装置上就不能显示各层消火栓的灭火情况，消防人员也就不能掌握火灾现场的灭火情况。

事实上消火栓按钮是与消火栓箱成套设置的，一般来说，设置消火栓箱的建筑均设置消火栓按钮。为什么说 27m 以下的住宅建筑可以不设置消火栓按钮，是因为这类建筑物主要通过加强被动防火措施和依靠外部扑救来防止火势扩大和灭火。住宅建筑的室内消火栓可以根据地区气候、水源等情况设置干式消防竖管或湿式室内消火栓系统。干式消防竖管平时无水，着火后由消防车通过在首层外墙上的接口向室内干式消防竖管输水，消防员自带水龙带驳接室内消防给水竖管的消火栓口进行取水灭火，这类设置干式消防竖管的建筑物不需要设置消火栓按钮。

3 消火栓按钮控制方式

3.1 启泵方式

以往在消火栓箱内设置的消火栓按钮，当发生火灾时，可通过启动现场任意一个消火栓按钮来直接启动消火栓泵，但是目前设置的消火栓系统大部分为临时高压消防给水系统，此系统能自动启动消防水泵，消火栓按钮直接启动消防水泵的必要性降低，而且消火栓按钮直接启泵投资大，再加上我国现有居住小区、工厂企业等消防水泵是向多栋建筑给水，消火栓按钮直接启泵线路经常因弱电信号的损耗而影响系统的可靠性。根据《消防给水及消火栓系统技术规范》（GB 50974—2014）第 11.0.19 条规定：消火栓按钮不宜作为直接启动消防水泵的开关，但可作为发出报警信号的开关或启动干式消火栓系统的快速启闭装置等。我们判断设置有火灾自动报警系统的建筑物，消火栓按钮动作信号应作为报警信号及启动消火栓泵的联动触发信号，由消防联动控制器联动控制消火栓泵的启动。对于设置有消火栓系统而未设置火灾自动报警系统的建筑物，消火栓按钮直接启动消火栓泵（图1、图2）。（注：常高压系统中，消火栓按钮启动仅作为发出信号，定位报警消火栓的位置。）

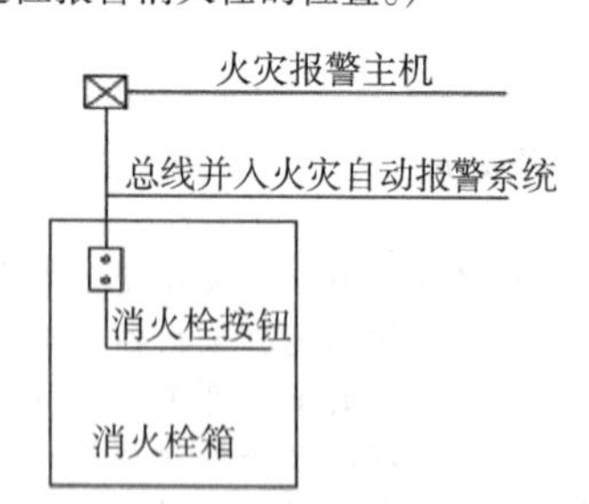

图 1 消火栓动作信号作为报警信号

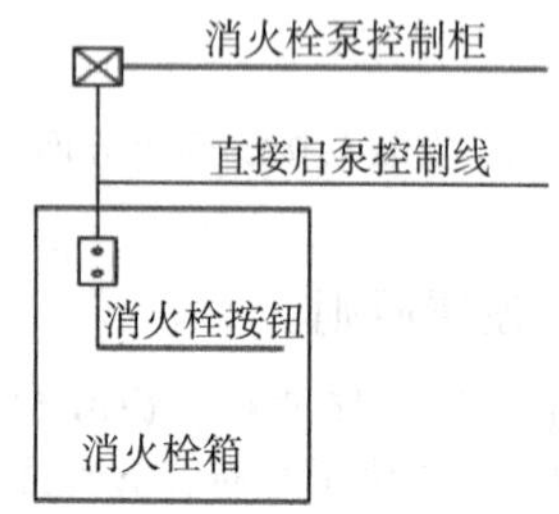

图 2 消火栓动作信号直接启泵

3.2 联动控制要求

消火栓按钮的动作信号，应和火灾报警（或手动报警）信号组合“与”关系，才可联动启动消火栓泵。

（1）《火灾自动报警系统设计规范》（GB 50116—2013）规定：需要火灾自动报警系统联动控制的消防设备，其联动触发信号应采用两个独立的报警触发装置报警信号的“与”逻辑组合。

（2）《火灾自动报警系统施工及验收标准》（GB 50166—2019）第 4.17.6 规定：应使任一报警区域的两只火灾探测器，或一只火灾探测器和一只手动火灾报警按钮发出火灾报警信号，同时使消火栓按钮动作，方可联动消火栓泵。

采用火灾报警信号“与”逻辑组合启动消火栓泵，主要原因有两点：①任何一种探测器对火灾的探测都有局限性，对于可靠性要求较高自动灭火设备、设施，仅采用单一探测形式探测器的报警信号作为该类设备、设施启动的联动触发信号，不能保证这类设备、设施的可靠启动，从而带来不必要的损失；②设置在建筑中的火灾探测器和手动火灾报警按钮等报警触发装置，可能受产品质量、使用环境及人为损坏等原因而产生误动作，单一的探测器或手动报警按钮的报警信号作为自动消防设备（设施）动作的联动触发信号，有可能由于个别现场设备的误报警而导致自动消防设备（设施）误动作。

4 消火栓按钮安装

消火栓按钮担当指示消火栓开启位置、报警和联动功能，但常人不容易识别消火栓按钮，紧急情况下专业人员也未必能及时识别。《火灾自动报警系统施工及验收标准》（GB 50166—2019）明确要求（3.3.16）消火栓按钮应设置在消火栓箱内。因此设计要求消火栓按钮均安装于消火栓箱内右上方位置，安装高度不宜超过 1.9m，方便人员操作。

消火栓按钮为红色全塑结构，分底盒和上盖两部分，底盒与上盖采用插拔式结构装配，安装拆卸简单、方便、连接紧密。首先用两颗螺丝将底座固定在箱体或者墙体上，需注意底座上箭头向上为正确的安装方向；底座安装完成后，将控制总线、24V 线（需要时）、启泵直控线（需要时）、启泵回答反馈线（需要时）可靠连接到相应的端子上，使用编码器分别对将要安装的消火栓按钮进行编址，同一个回路总线中的每一个总线设备不应有相同的地址编码；最后将消火栓按钮稳固安装在底座上，安装结束。特别需要注意妥善保管好消火栓按钮背面附带的（或公司配送的）复位钥匙，已备启泵后复位时使用（图 3、图 4）。

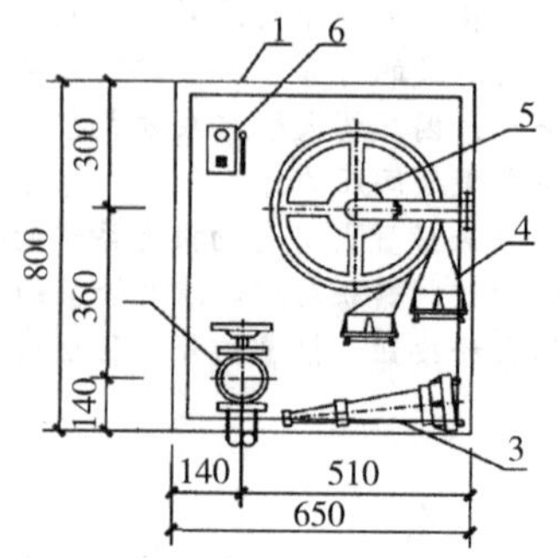

图 3 消火栓安装图集，数字“6”为消火栓按钮

图 4　现场安装实物，右上角为消火栓按钮

5　消火栓按钮接线

消火栓按钮与火灾报警控制器及泵控制箱的连接可分为总线制启泵方式和多线制启泵方式。采用总线制启泵方式时，消火栓按钮直接和信号二总线连接，这种方式中，消火栓按钮按下，即向控制器发出报警信号，控制器发出启泵命令并确认泵启动后，将点亮消火栓按钮上的绿色回答指示灯。消火栓按钮总线制启泵方式接线如图 5 所示。

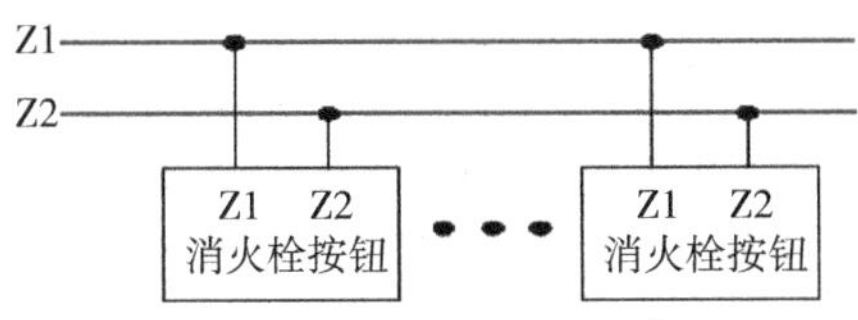

图 5　消火栓总线接线示意

采用多线制直接启泵方式，消火栓按钮按下，可直接控制消防泵的启动，泵运行后，消火栓泵控制柜上的无源工作触点信号通过 I 端反馈至消火栓按钮，可以点亮按钮上绿色回答指示灯。直接启泵方式应用接线如图 6 所示。

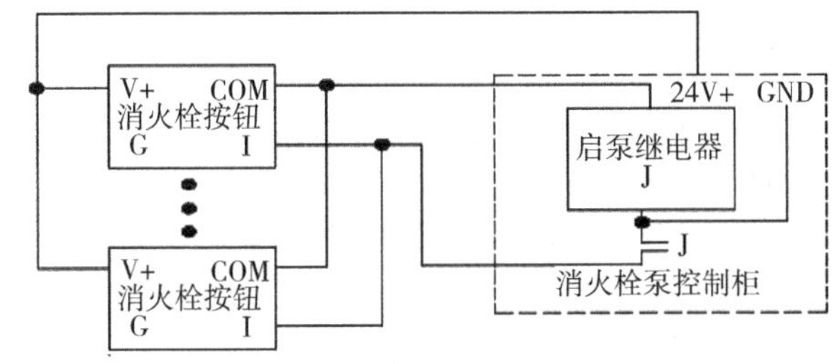

图 6　消火栓直接启泵接线示意

消火栓按钮采用明装方式，分为进线管明装和进线管暗装；进线管暗装时只需拔下按钮，从底壳的进线孔中穿入电缆并接在相应端子上，再插好按钮即可安装好；进线管明装时只需拔下按钮，将底壳下端的敲落孔敲开，从敲落孔中穿入电缆并接在相应端子上，再插好按钮即可安装好（图 7、图 8）。

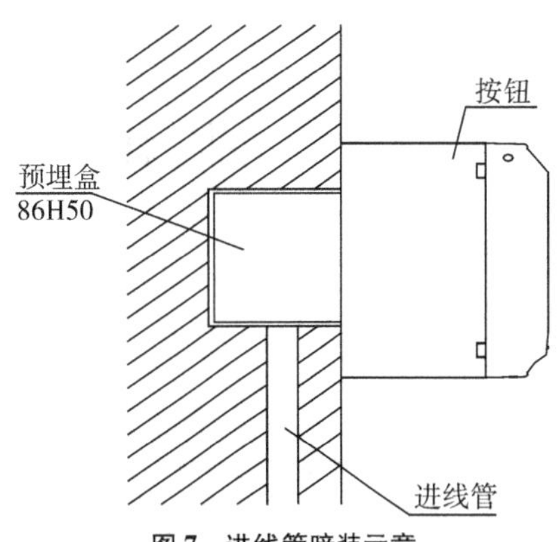

图 7　进线管暗装示意

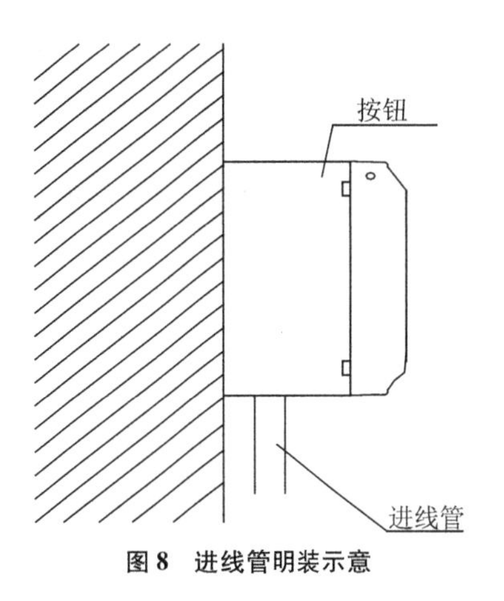

图 8　进线管明装示意

6　结束语

从消防给水压力区分，消防给水系统可以分为高压消防给水系统、临时高压消防给水系统以及低压消防给水系统；从管道是否充水，消火栓灭火系统可以分为干式消火栓灭火系统和湿式消火栓灭火系统。实际上，未设置火灾自动报警系统的高压消防给水系统，室内消火栓不需要设置消火栓按钮；干式消火栓系统的消火栓按钮动作会直接联动管道上的启闭装置动作，类似内容本文并未深入研究。本文重点从临时高压消防给水条件下的湿式消火栓灭火系统中消火栓按钮的设计进行分析，希望能为大家设计工程项目消火栓提供有益的参考。

参考文献

[1] 河北省工程建设标准设计. 12 系列建筑标准设计图集火灾报警与控制 12D11［M］. 中国建材工业出版社，2013.

[2] GB 50016—2013，火灾自动报警系统设计规范［S］.

[3] GB 51348—2019，民用建筑电气设计标准［S］.

[4] GB 50974—2014，消防给水及消火栓系统技术规范［S］.

[5] 中国建筑标准设计研究院. 室内消火栓安装（15S202 替代 04S202）［M］. 北京：中国计划出版社，2015.

危险化学品事故处置侦检对策研究

杨　旭

（昆明市消防救援支队　云南　昆明）

摘　要　侦检是危险化学品事故处置的关键性环节，也是消防救援队伍危险化学品处置中的薄弱环节，消防救援队伍危化品侦检能力直接关系到危化品事故处置的水平。本文通过实地考察、调查问卷、走访询问、交流讨论的方式，从装备情况、人员素质、训练演练、制度建设的角度，对消防救援队伍的危化品侦检能力情况进行调研，分析并指出了基层消防救援队伍在侦检能力提高上存在基层部队指战员侦检专业知识基础不牢，侦检人员的专项业务能力薄弱；消防救援队伍侦检意识差，仪器实际配备、使用和维护保养较差；消防救援队伍侦检训练次数较少，训练不够规范；消防救援队伍实战中侦检环节有所忽略，侦检行动不够规范。针对存在的具体问题提出了从制度、装备、人员和训练等四个方面的合理化建议：学习明确有关侦检的制度要求，加强部队有关侦检装备的建设，加强侦检专项培训提高人员素质，综合施训规范基层中队侦检训练。

关键词　消防　危险化学品　侦检　对策

1　绪论

1.1　研究背景

近年来，危险化学品事故呈现出多发与频发的态势，据不完全统计，2008~2012 年间，公安消防救援队伍参与处置危险化学品泄漏、爆炸和火灾等化学事故 48545 起，平均每年近万起、每天 27 起[1]。其中，2015 年昆明市公安消防支队共出警 4468 起，出动人数 40143，出动车辆 6723，涉及危险化学品的事故数 109 起，虽仅占总起数的 2.43%，但出动人数占总出警人数的 36.9%，危险化学品事故的复杂性和艰巨性决定了消防部门在应急救援过程中付出了极大的人力、物力和财力，是消防救援队伍在应急救援事故中处置的重难点。在危险化学品事故的处置过程中，侦检作为一个不可或缺的关键性环节，发挥着极其重要的作用，侦检所获得的信息对现场指挥员确定防护等级、确定警戒范围、组织规范洗消发挥着关键性的作用，实施侦检环节的成败一定程度上直接影响着化学灾害事故处置的成败[2]。如果在实战中不落实侦检的制度，缺少必备的侦检器材，人员不掌握基本的侦检方法，就无法准确、迅速、有效地确定泄漏物质的种类和泄漏范围以及现场存在的危险性，事故处置的后续环节都将无从谈起。从消防救援队伍的侦检能力上看，消防救援队伍在日常的制度落实、装备配备、人员素质和训练实战上都存在许多问题，导致危险化学品事故场侦检制度落实不严、仪器操作不熟悉、组织指挥程序混乱和人员实际处置能力不强的问题，因此提高消防救援队伍的侦检能力刻不容缓。

总之，消防救援队伍为适应新形势的变化，发现并解决消防救援队伍危险化学品侦检中存在的问题，提高消防救援队伍危险化学品侦检能力，对于消防救援队伍危险化学品事故现场的快速处置和决策有着极其重大的意义。

1.2　国内外研究现状

国外对危险化学品的侦检的研究是在日本东京“沙林”恐怖袭击事件后进行的，发达国家对侦检技术一直不断深入与完善，《简氏核生化防护年鉴》[3] 中提出了十大侦检技术，发达国家一直走在世界的前列，特别是先进侦检技术的应用方面，现场侦检仪器呈现出集成化、便携化、多样化的趋势，侦检仪器的轻便性、可靠性与准确性大大提高。

随着信息化和应急救援一体化的发展，侦检装备正在向信息化和多功能化以及协同化发展，信息化主要体现在侦检仪器具有数据记录和统计分析功能；多功能化体现在将多种气体探测的传感器集成在一个仪器上，实现一个仪器对于几类或几种气体的探测；仪器的侦检内容除对危险化学品定性、定量分析，还增加了气象和地理条件的内容，仪器本身接口呈现出标准化，部分具有远程控制功能的利用蓝牙、无线网络等技术，实现侦检情况与指挥决策者的迅速对接，有利于及时做出事故的处置决策[4]。O. A. Sadik 等专家对这种趋势有着相关描述，并提出电化学与生物传感器是未来的发展方向[5]；法国 ARCOBLEU 计划使用高科技传感器以及先进通信系统为防治海洋污染事故提供事故决策[6]；适应侦检装备发展趋势的装备有美国 Rae 系统公司研制，可检测 G 类、V 类以及糜烂类的军事毒剂以及硫化氢、氨气等多种化学毒剂和有机挥发性气体的 ChemRae 化学毒剂探测仪[7]；德国 OWR 公司的 GDA2 便携式工业有毒有害气体及化学战机检测系统，是目前唯一利用仿生电子鼻将多种检测集成到一起，在几十秒内对有毒有害气体进行定性和定量检测，同时外接无线电系统和 GPS 定位系统，进行数据的远程传输；此外该公司利用红外扫描对有毒气体及云团进行定性、定量、实时识别和成像分析遥感设备，可实现对大多数常见有害毒剂和化学战剂的监测[8]。

我国对于危险化学品的现场侦检研究起步比较晚，同发达国家相比较还在具有一定差距。此期间很多人发表了危险化学品事故现场侦检技术、装备、应用、实施方法等方面的文章。在消防救援队伍承担危险化学品处置的过程中，对于危险化学品侦检技术与实践的研究也不断深入，赵起越、白俊松在《国内外环境应急监测技术现状及发展》从检测仪器、分析方法等方面综述了国内外应急监测技术现状和发展趋势，提出我国应急检测中存在的技术问题，并指出现场检测仪器的档次提升和专业技术人才的储备是我国近期应急监测技术提升的关键[9]。史飞天、何杰的《消防救援队伍化学灾害事故侦检问题探讨》从侦检装备、人员和行动规程等方面分析了消防救援队伍在化学灾害事故侦检中存在的一些问题，提出了增强消防救援队伍化学灾害事故侦检能力的建议[10]。何肇瑜的《消防救援队伍参与核生化事故处置的机制探讨》一文中，针对我国消防救援队伍在侦检中的实际情况，分析了当前消防救援队伍参与核生化事故应急救援的几个特点，并对消防救援队伍参与核生化应急救援提出探索性的假设[11]。

2 消防救援队伍侦检能力的构成要素

结合消防救援队伍的实际情况和昆明市的具体情况，调研组以侦检能力的现状调查与提升对策研究为出发点，将从人员素质、装备建设、训练培训与制度要求等四个构成要素入手，着重对侦检方面的内容进行探讨，以下为四个要素的简要论述。

2.1 人员素质

根据《中华人民共和国消防法》第37条明确规定，除承担火灾扑救工作外，公安消防队、专职消防队依照国家规定承担重大灾害事故和其他以抢救人员生命为主的应急救援工作，消防救援人员是灭火救援任务与应急救援任务的承担者。其中，危险化学品事故的应急救援也是有消防救援人员进行处置实施，在事故处置的侦检环节，现场侦检人员作为一线实施作业人员，指挥员作为现场分析与决策的人员，发挥着极其重要的作用。在侦检过程中，实施侦检的人员作为现场第一手信息与情报的收集人员，侦检结果的准确与真实直接关乎于指挥人员做出正确的战斗决心与战斗部署。因此，侦检现场处置人员的素质与能力直接关乎侦检行动成功与失败，是部队侦检能力“软实力”的体现。

2.2 装备建设

“工欲善其事，必先利其器”，消防侦检技术装备在消防救援队伍实战与训练工作中发挥着不容忽视的作用，是全体消防指战员完成侦检任务的利器，也是辅助消防指战员进行做出决策和落实战斗决心的重要工具。消防侦检装备的科学配置、管理、使用和维护保养对完成侦检任务和提升侦检能力有着极其重要的意义，最大限度地实现装备效能，做到人与装备、侦检技术与战术有机结合，进而最大程度上提高消防救援队伍侦检能力。截止2012年底，全国消防救援队伍配备的侦检、警戒、救生、破拆、堵漏、输转、洗消、照明、排烟等化学事故抢险救援器材已达73.4万件（套），较上年的55.8万件（套）增加近17万件（套），增长了30.5%，而使用率较高的化学侦检类器材增长率已超过100%，其中有毒气体探测仪、军事毒剂探测仪、水质分析仪、雷达生命探测仪等高科技侦检器材增长率分别达到322%、263%、283%、174%[12]。

目前，消防救援队伍在侦检应用方面有以下几种：(1) 对危险化学品定性检测，例如，利用MX21便携式智能检测仪、水质分析仪、化学快速检测片、化学侦检管等仪器进行检测；(2) 对危险化学品定量检测，例如，利用可燃气体检测仪、复合式气体探测仪、化学侦检管等仪器进行检测；(3) 对危险化学品进行其他方面的分析，例如，利用军事毒剂侦检仪（AP2C）进行对危险化学品的危险性进行测定，利用化学辅助决策系统对危险化学品的信息进行安全信息的查询和应用计算[13]。

2.3 训练培训

训练作为提高与保持部队战斗力的重要手段，在部队的工作中占有极其重要的地位。以2012年为例，全年全国公安消防救援队伍共接警出动74.9万起，出动官兵766.6万人次，相当于每分钟接警出动1.5次、出动官兵15人次，充分体现了消防救援队伍作为一支“养兵千日用兵千日”的部队[14]。在灭火救援等各项任务中，都面临着新的挑战和难题，为适应越发复杂多变的情况，以训促练、以考促训对部队的实际战斗能力的提高有着极其重要的作用。在危险化学品事故的处置过程中，侦检作为一个关键性的环节，存在着很多有待加强的地方，通过训练促进部队侦检能力的提高成了消防救援队伍应对危险化学品事故处置水平的共识。

2.4 制度要求

为实现救援任务的顺利完成和部队有关业务训练的有效开展，国家与有关部门在装备建设、执勤战斗、训练考核、人才培养等方面明确有关规定和标准，相关规定与标准均涉及与侦检有关的内容，其中在装备建设方面有《城市消防站建设标准》（JB 152—2017）[15]、《消防应急救援装备配备指南》（GB/T 29178—2012）[16]等；在执勤战斗方面有《公安消防救援队伍执勤战斗条令》[17]、《公安消防救援队伍作战训练安全要则》[18]等规定；训练考核方面有《公安消防救援队伍灭火救援业务训练与考核大纲》[19]、《特勤大中队训练》[20]等要求；人才培养方面主要有士兵职业技能鉴定与消防员国家职业技能鉴定相结合人才培养与鉴定的方法。一系列的制度安排与要求，是消防救援队伍能够顺利完成救援任务的重要保证，从侦检的角度出发，对侦检的基础建设和执勤训练确定了制度保证，打下了坚实基础。

3 消防救援队伍危险化学品侦检能力现状调查

3.1 调查目的

本文旨在对消防救援队伍危化品处置能力进行分析，发现基层在有关于侦检的装备情况、人员素质、训练实战、制度落实四个方面存在的困难与挑战，结合有关战训工作的专业化实战化以及士兵职业技能鉴定的情况，提出司令部战训部门在计划组训方面提高部队侦检能力的基本对策以及基层中队在训练与实战过程中具体可行的做法。

3.2 调查对象

云南省昆明市公安消防支队的机关与35个基层中队的751名指战员（其中包括部分合同制度消防员），绝大部分为男性，仅有女性1名，包括支队值班领导与司令部战训参谋、中队干部、中队长助理、灾情侦察侦检组、救人组、破拆组、照明组、安全警戒组、堵漏输转洗消组等战斗小组的战斗人员，本次调查战训与基层官兵全员参与，部分人员因为公差勤务、学习培训与探亲休假未能够直接调查的，利用电话等方式进行沟通询问，并且相关记录。

3.3 调查方法与过程

通过查询资料，科学设计编制3份问卷，采取问卷调查、实地考察、走访询问、交流讨论等多种方式，利用1周时间对1个支队的35个中队进行调查，检查的内容装备的配备与使用情况、人员在危险化学品事故处置（尤其在侦检方面）的专业素质、危化品事故处置专项训练的组织与实施情况以及实战案例分析。

3.3.1 问卷制作

结合《消防特勤（站）装备配备标准》（GA 622—2006）[21]、《公安消防救援队伍（灭火）攻坚组配备标准（试行）》[22]、《消防员个人防护标准配备标准》（GA 621—2013）[23]、《城市消防站建设标准》（JB 152—2017）[15]、《消防应急救援装备配备指南》（GB/T 29178—2012）[16]、《危险化学品泄漏事故处置行动要则》（GB/T 970—2011）[24]、《特勤大队中队训练》[20]、士兵职业鉴定指南等资料和《云南省公安消防救援队伍灭火救援战斗编程规定》以及“专业化、实战化”训练方案实施的情况，编制3份问卷，其中三份表格中均涉及救援人员基本信息和岗位基本信息，但是各表偏重各有不同。问卷1附录A：除少量侦检专业知识和教育情况的内容外，主要偏向对于侦检仪器装备的使用与维护情况调查；问卷2附录B：主要在从官兵在实战中的侦检和决策情况对人员实战素质进行调查；问卷3附录C：主要在从官兵在日常训练的组织与实施情况出发，对其训练情况进行调查。调查问卷以消防救援队伍侦检能力的情况为主线，三个表不同侧重于关于侦检三个方面，由表及里地进行深入细致调查，三个表之间虽侧重但又相互联系，其中关于制度和人员素质方面的调查从三个表格中的反馈信息中反映。

3.3.2 调查过程

为进一步了解和掌握当前消防救援队伍危险化学品侦检能力的情况，支队司令部利用一周时间对全市消防救援人员危险化学品的侦检能力展开了全面的调查。为保证调查内容的合理以及调查结果的真实性有效，本次调查采取问卷调查、实地考察、走访询问、交流讨论等多种方式相互结合，从部队侦检的基本情况出发，由表及里地展开调查，力争对消防救援队伍化学侦检能力现状具有全面、深入的了解与把握。

消防救援队伍危险化学品侦检能力为基础实力和提升潜力两个方面，基础实力主要包括侦检仪器的装备建设水平和人员侦检的专业技能素质，提升潜力主要包括训练的组织与实施水平和实战应用能力。其中仪器装备建设水平包括仪器配备的种类与数量、管理使用以及维护保养等方面；人员素质包括人员基本专业理论知识、实际操作能力、学习运用能力以及实战运用水平；训练组织与实施水平主要包括侦检训练的课程课时安排和各类操法实践情况；实战运用水平是从事故处置的真实过程中，展现出的侦检实战能力。在调查问卷的编制上从装备建设和人员素质、训练组织与实施、实战分析与运用三个角度出发，编制3份调查问卷进行调研（调查问卷详情见附录），并对具体关键问题加以询问。以上措施的开展对于全面、翔实、深入地了解消防救援队伍危险化学品侦检能力打下了强有力的坚实基础。

3.4 问卷调查基本情况

为保证问卷调查结果更具有代表性，按照全市各地经济不同的发展情况，分别向经济较好主城区（包括支队机关与特勤中队以及主城区中队）；经济一般县（市）晋宁、安宁、嵩明等；经济较差的县（市）东川、禄劝的35个中队进行调查，在2016年7月期间共发放问卷751份（问卷1，见附录A）、704份（问卷2，见附录B）、714份（问卷3，见附录C），收回725份（问卷1，见附录A）、669份（问卷2，见附录B）、702份（问卷3，见附录C），回收率分别为96.6%、99.3%、98.4%，在问卷统计期间对填写具有明显错误、填写态度无所谓、未能按要求填写的调查表进行作废处理后[25]，有效表格为706份（问卷1，见附录A）、680份（问卷2，见附录B）、671份（问卷3，见附录B），问卷有效率为94.1%、96.6%、95.7%。调查对象基本情况主要是对救援人员的年龄、学历、专业、所在单位部门、职务、战斗编程岗位、所在地区的经济情况进行了人数与所占百分比的统计，详情见表1。

表1 调查对象基本情况统计表

项目	分组	人数	占总数比例
年龄	25岁以下	402	53.5%
	25~30岁	182	26.3%
	31岁及以上	167	22.2%
学历	大专以下	280	37.4%
	大专	273	36.4%
	本科	136	18.2%
	研究生及以上	62	8.3%
专业	与化学方面有关	132	17.6%
	与化学方面无关	619	82.4
单位所属部别	特勤中队	114	15.2%
	普通中队	402	53.6%
	混编中队	214	28.5%
	司令部	21	2.8%
职务	干部	84	11.2%
	士官	362	48.1%
	义务兵	224	29.8%
	合同制	81	10.9
战斗编程岗位	支队级指挥员	10	1.3%
	战训参谋与指挥中心人员	21	2.8%
	中队干部	123	16.4%
	中队长助理	35	4.7%
	装备技师与器材管理员	75	9.9%
	战斗人员	521	69.3%
调查对象所在地区的总体经济发展状况	发达	337	44.8%
	一般	310	41.3%
	落后	104	13.9%

注：司令部包括指挥中心。

根据表1对调查对象基本情况，从基层救援人员的年龄上看，53.5%基层救援人员主要集中在25岁以下，该年龄段人员多为战士；26.3%基层救援人员年龄集中在25~30岁，该年龄段主要为中队干部、机关参谋以及警士长；22.2%救援人员年龄集中于31岁以上，该年龄主要为支队领导与机关工作人员以及各大队领导。从知识水平上看，救援人员学历主要集中于大专及以下学历，主要为士兵和基层生长干部；大专和本科学历相对持平，并占救援人员总数的较大部分，主要为军校毕业学员和大学生入警人员，也有极少的士兵为本科学历；较少的人员为研究生学历，主要为部分领导和防火监督专业技术干部。从战斗编程的角度看，人员绝大部分集中于战斗员岗位上，占总人数的69.3%；其余岗位为支队指挥员、战训参谋、中队干部、中队长助理、装备技师与装备管理等岗位分别占总数的1.3%、2.8%、16.4%、4.7%、5.5%，指挥员和指挥机关人员占有比例较少，基层指挥员和基层战斗员为战斗力量的主要构成；从救援人员所在地区的经济情况上看，总而言之，构成部队一线战斗力量的人员知识水平较低，有关知识相对较为缺乏，却承担着繁重的各项工作任务，因此基层指挥员与战斗员的侦检能力素质亟待提高。

3.5 问卷调查基本情况分析

在问卷调查统计结果进行统计的基础上，结合问卷中填写者对于问题的具体描述，我们可以总结从人员素质、装备建设、训练实战、制度落实等角度，分析出当前消防救援队伍化学侦检能力状况存在的四个特点。

（1）基层部队指战员侦检专业知识基础不牢，侦检人员的专项业务能力薄弱

根据调查问卷的统计结果，从化学知识的教育角度看，49.6%的人员没有接受过化学知识学习；从侦检的培训方面来看，82.6%的人员没有接受过侦检方面的培训；从人员对侦检的基本内容了解程度来看，48.3%的人员对于侦检的基本内容不够了解；对于浓度单位的掌握情况上识方面来看，82.7%的人认为侦检具有十分重要的作用，但在进行问卷调查的84名干部看，69名干部认为侦检环节十分重要，基本与总体情况持平，救援人员对于侦检重要性的要求认识较好，全体救援人员在实战中侦检意识较强。但由于缺乏对多种侦检器材的接触以及侦检专项培训培训，仅有8.6%的人员对于单位了解，并且明白有关单位的含义，在对侦检在实战中重要性的认中，有15名干部认为侦检环节并不是很重要；在侦检器材的配备方面，仅仅有21.2%的人认为配备侦检器材十分重要，其中在84名干部和35名中队长助理以及41装备技师中34人（其中12名干部、7名中队长助理和15名装备技师）认为侦检器材配备实在重要，但是却表示侦检器材在实战中发挥的作用很小的作用，侦检器材在实际运用中次数较少，发挥作用大打折扣，关于侦检的认识和实践方面存在严重脱节。见表2。

表2 侦检人员能力素质统计表

项目	分组	人数	百分比
侦检人员能力素质问卷情况汇总	未化学知识学习	372	49.6%
	未受过侦检培训	620	82.6%
	不了解侦检基本内容	362	48.3%
	对浓度单位完全掌握	64	8.6%
	侦检对实战十分重要	621	82.7%
	侦检环节很重要（仅限干部回答）	69	82.1%
	侦检器材很重要（仅限干部、中队长助理、装备技师回答）	34	21.2%

（2）消防救援队伍侦检意识不强，仪器实际配备、使用和维护保养较差

据调查问卷的统计结果，从仪器的配备方面来看，在支队下属35中队中仅有特勤大队的三个中队按照《消防特勤（站）装备配备标准》（GA-622-2006）[22]和《公安消防救援队伍（灭火）攻坚组配备标准（试行）》[23]对侦检类的必配器材进行了配齐，其中官渡、西山、五华、盘龙、呈贡、经开等6个大队下辖的中队仅按照《公安消防救援队伍（灭火）攻坚组配备标准（试行）》仅配备了可燃气体检测仪和有毒气体探测仪，其余中队配备的危险化学品侦检类仪器种类较为繁多，配备的主要仪器有可燃气体探测仪、有毒气体探测仪、四合一气体探测仪、多功能气体探测仪、军事毒剂侦检仪，同时各县区情况各异，单位确保侦检阶段的信息全面，各中队均配备了漏电检测仪、红外测温仪、电子气象仪。在侦检仪器所需的配备种类和数量的认知方面，仅有3.1%的人员知道中队所需配备侦检器材种类和数量，以及有关器材是属于必配还是选配，同时并且知道中队还应该配备何种器材；从人员对侦检器材的情况上来看，9.9%的人员对于器材进行过使用，其中干部仅有两名，主要依靠高级士官和中队业务骨干，其中为35名中队长助理或代理中队长，基本均为器材管理员或装备技师；在侦检器材的使用熟悉程度上看，仅有6.2%的人员对于侦检器材的使用比较熟悉，但熟悉的方面仅限于简单地使用；在器材的维护保养方面，1.2%的人员知道侦检器材除在一般维护之外应定期（六个月）用标注气体进行标定，根据调查问卷中，调查对象的文字描述，可知侦检仪器未定期购买相应的标定气体对仪器进行标定，导致侦检器材中的传感器测量时出现不准甚至失效。从侦检装备出动情况上看，侦检仪器（包括现场侦检和辅助决策箱）基本都随首车和抢险救援车出动，但考虑到仪器本身价格较高以及使用频率较少，车辆上基本只配备一套现场侦检仪器，其余侦检器材在器材库保管，若需要使用，器材只有随增援力量到达，不能满足侦检及时、迅速的要求，容易在初战造成失利，不利于及时控制现场情况。如图1，见表3。

表3 侦检器材配备情况统计表

项目	中队名称	侦检器材配备情况	器材来源
侦检器材配备情况汇总	特勤大队下辖三个中队	按照要求配备齐全	总队、支队采购
	官渡、西山、五华、盘龙、呈贡、经开等6个大队下辖的中队	仅按照《公安消防救援队伍（灭火）攻坚组配备标准（试行）》仅配备了可燃气体检测仪和有毒气体探测仪	总队、支队、大队采购
	其余大队所属中队	侦检器材配备不齐，部分器材存在重复配置，部分器材种类缺乏	总队、支队、大队采购

除以上存在的现有问题，侦检在实施上还存在很多现有的困难与挑战，一是侦检仪器多数为进口的先进仪器，说明书和操作界面多为外语，给救援人员学习和使用造成困难；二是仪器的核心部件为精密器件，不能在潮湿环境下使用，现场处置中在出水稀释等情况下进行侦检对仪器可能造成损坏，仪器的保护和实战要求存在矛盾；三是侦检仪器的费用与价格较高，在管理制度上，采用专人管理和使用，消防救援队伍的现役体制容易造成人员的变动，使得会使用器材人员与器材的不匹配，以至于导致仪器在学习使用的传帮带上存在断层。

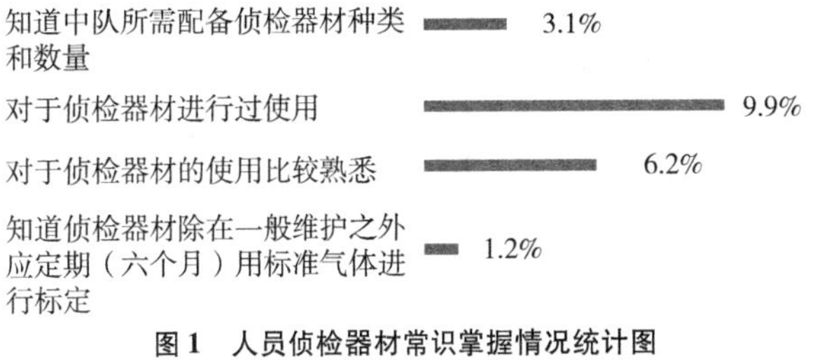

知道中队所需配备侦检器材种类和数量 3.1%
对于侦检器材进行过使用 9.9%
对于侦检器材的使用比较熟悉 6.2%
知道侦检器材除在一般维护之外应定期（六个月）用标准气体进行标定 1.2%

图1 人员侦检器材常识掌握情况统计图

（3）消防救援队伍侦检训练次数较少，训练不够规范

根据调查问卷的统计结果，从侦检的训练方面来看，在支队下属35个中队中仅有特勤大队确实是将危险化学品的侦检训练，纳入中队日常训练的计划中来，尤其特勤大队一中队以危化品处置专业救援队为目标，积极开展专项训练，结合《特勤大中队训练》等有关教材展开训练，其次主城区中队对于侦检的训练也有开展，但因勤务以及其他各种原因中队在侦检专项训练的落实上有所折扣，其余中队对于危化品的侦检方面的训练主要参照总队、支队比武要求进行训练，除此之外对于危险化学品的侦检基本不训练，三种情况所占比例为6.25%的人员进行了侦检训练、31.25%的人员在侦检训练中存在走形式和不落实、68.25%的人员几乎从不进行侦检训练。在特勤中队的训练中，也有部分训练没有严格按照《危险化学品泄漏事故处置行动要则》（GB/T 970—2011）、《特勤大队中队训练》进行训练，存在训练不够规范的问题。例如，特勤中队根据《云南省公安消防救援队伍灭火救援战斗编程规定》在灭火救援和抢险救援的不同任务中，将战斗编程的小组分为8个和6个，无论是灭火救援还是抢险救援，均有至少1个灾情侦查组（2~3人），若情况较为复杂和灾害场面较大时可增设2~3个灾情侦查小组，在日常训练也是以小组为单位进行，基本上做到人员定岗、装备包干、装备定位，（除个别人数不足20人的县区中队和无编制的中队为现场决策分工外，）均能按战斗编程的小组进行训练和实战。在实际的训练方面来看，组训结合专业化与实战化的情况，多半为司令部战训督察人员随机设置场景（近似于想定作业）进行训练。从开展训练的中队的训练动机看来，几乎全部是为了适应总队比武科目安排，其中总队下达8个科目（5个班组科目，3个团体科目）中，其中3个科目（模拟化工装置灭火操、化学灾害指挥决策操、化工装置火灾扑救组织操）与危化品处置有比较大的关系，在这些操法侦检仅仅作为其中的环节来进行开展，缺乏专项的侦检训练。在关于“是否危险化学品事故处置的专项演练?”的问题中，有4名参与了2015年在马来西亚举办的东盟地区论坛第四届救灾演习，3个中队分别参与了大型地铁生化反恐演练、天安化工专项演练、氨气泄漏事故专项演练。无论在侦检的人员素质、装备使用与管理、训练演练和实战应用方面具有一定的经验，对于自身侦检能力具有一定信心；其余人员对于由于缺乏相应的训练和实战经验，对于自身侦检能力的信心比较薄弱，相比之下，更有信心做好个人防护、人员救生、破坏及排烟、供水与照明等战斗环节。无论干部还是士兵表示由于关于侦检的学习、训练、实战等各方面应用较少，并且常常在训练与学习中忽视该环节，实战中侦检力度不够强；而对于警戒、救生、破拆、排烟、照明以及供水等救援实践在日常学习、训练、运用较多，因此更加具有把握一些。此外，不少士官与战士表示对于侦检的学习比较依赖于中队干部的指导，因为自身知识和组织能力的局限，缺少中队干部带领，很难进行侦检类的专项训练。从训练方式看来，训练主要为专业训练操作和理论题库自学，除上级考核外很少进行沙盘推演、实战演练以及定作业。如图2。

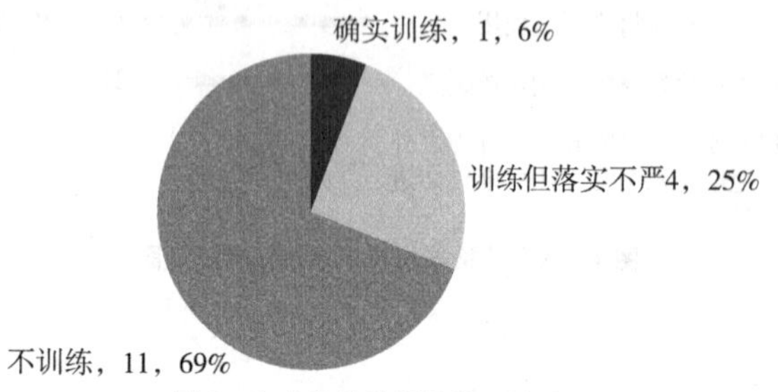

图2　各中队侦检训练情况统计图

（4）消防救援队伍实战中侦检环节有所忽略，侦检行动不够规范

根据调查问卷的有关情况，进行调查的35个中队中绝大多数中队均有过危险化学品事故的实战处置，其中66.5%的官兵参与过危险化学品事故的处置，主要为中队的现役官兵，部分为中队合同制消防员。危险化学品事故发生频率较低，昆明市全市在2015年出警4468起，出动人数40143，出动车辆6723，涉及危险化学品的事故数109起，仅占出警总起数的但是在灭火救援中着火场所以及周边场所有危化品的事故290起，占火灾总起数2.38%，以上调查数据反映出危险化学品的侦检并非为危险化学品事故的专属行动环节，也为日常灭火救援（尤其是救援区域存在危险化学品的事故中）中一个极其重要的行动环节。通过对侦检内容和侦检方法的调查了解发现，对于侦检存在行动上的误区，对于侦检内容的认识主要为对物质种类和浓度的侦检，忽略了对于物质危险特性、扩散范围、风速风向等气象信息，以及周边危险源、污染情况的侦检；对侦检方法的认识，主要为现场询问、观察现场标识、包装以及标签识别或利用侦检仪器进行侦检，存在侦检内容过于片面、侦检方法过于单一等问题。从辅助决策和危险品信息查询的角度看，仅有12.4%的人员会利用相关手段（辅助决策软件、ALOHA、互联网）查询危险化学品信息，利用化学安全技术说明书辅助现场判断与决策；其余人员中占调查总人数的63.6%不知道可以借助相关手段查询危险化学品信息；24.0%的人员大概知道如何查询有关信息，但从未进行过有关实践。在侦检的实战过程中，往往忽视侦检的组织与实施，对于人员组成、侦检目的、侦检内容与侦检方法都没有进行详细说明，造成了侦检实施现场极度混乱，造成侦检结果不可信与侦检效率的不高。如图3。

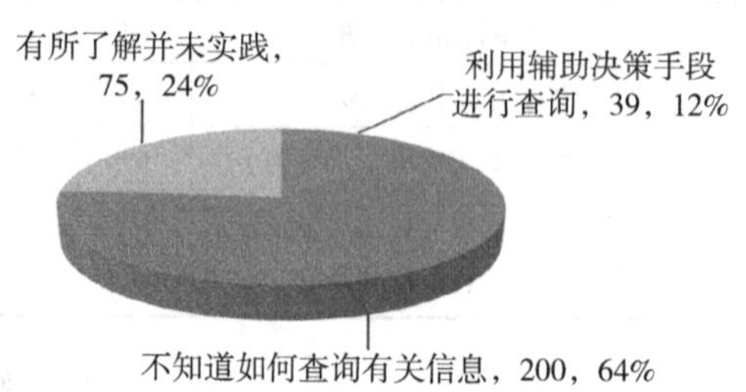

图3　危险化学品信息查询和辅助决策的实战情况图

4　提高消防救援队伍侦检能力的对策

4.1　学习理解有关侦检的制度要求

对于消防救援队伍而言，提高危险化学品的侦检能力应该积极遵守和响应有关的规定与要求。落实有关提高侦检能力的制度与要求并不是消防救援队伍中单独业务部门可以完成的，需要消防救援队伍司令部、政治部、后勤部等多个部门的倾力配合，拿出工作方案和组织落实有关制度。其中，总队、支队的两级司令部门应该主要在执勤训练和战训人才以及士官骨干的培养上吃透有关制度要求和做好侦检的专项训练以及实战过程中的组织指挥，做好对于基层战训人才和士官骨干培养和合理安排。政治部门应该积极配合司令部设置关于危险化学品侦检（包括事故处置）的专项人才库，在战训、指挥中心以及基层军事主官等岗位上安排作战经验丰富的同志任职，对于更换至非战训岗位的“老战训”人员结合条件安排与机关或其他与指挥中心距离较近的单位，有利于在事故发生时利用战斗经验和专业素质为指挥决策和战斗实施提供科学的方法与建议。此外，后勤部门应该对政府拨发的经费进行合理规划，使侦检装备的配备符合有关器材配

置要求，并且严格落实装备器材的管理和维护保养。

4.2 加强部队有关侦检装备的建设

在侦检技术装备的管理和使用中，应该符合有关国家或者行业的科学配备管理标准。在总队一级和支队分别设有装备技术处和装备技术科，关于装备管理与建设的两级部门总队和支队的消防装备的配备与管理进行顶层策划，形成对标准体系科学有效的落实，实现消防装备配备的合理化与科学化。因此，需要组织专门人员对消防装备配备标准和管理方法的进行探讨与研究，积极询问和统计基层消防装备的实际情况，并结合各地区财政的经济实力制定和调整装备配备和购置的合理计划，用来指导消防技术装备配备与采购，规范各类器材之间（尤其侦检类器材等此类技术含量与购置价格较高的器材）的协调和统筹管理。因此需要装备方面部队工作人员共同进行学习，实现消防技术装备配备到位和使用高效。后勤部门可以对经济较好的地区制定新的侦检购买计划并进行购买，对于经济较好地区以往购买的侦检器材进行检测和维保后，将使用功能齐全和性能较好的器材调配至器材缺乏的中队，提高侦检器材的使用率与经济性。

4.3 加强培训提高侦检人员素质

部队的任务完成根本上是依靠于官兵对于工作的付出和担当，官兵是战斗力生成提高的第一要素，是形成战斗力的核心资源。在危险化学品侦检中，也同样需要具有相关专业知识与工作经验的人员进行专业性的处置，提高消防救援队伍的侦检能力势必应从强化人员侦检业务素质入手。结合部队实际给出以下几点实际做法：

（1）加强侦检专项培训

司令部门积极做好有关危险化学品处置的人员培训工作，利用各总队业务骨干统编的专业化、实战化教材学习外，还应该积极组织总队和支队的业务骨干利用视频会议系统开展“灭火救援大讲堂”的视频授课，对于基层普遍缺乏的业务知识进行讲解，例如对危险化学品的基础知识、危险化学品事故侦检、典型事故案例的处置作法进行研讨学习，为突出提升侦检能力，可以在战例和事故处置的研讨过程中着重突出对侦检方面的研讨，提高有关于侦检的理论水平。此外，总队与支队还可以积极与中国人民武装警察部队学院、昆明公安消防高等专科学校以及地方高校合作邀请有关知名专家来队授课，利用互联网的 MOOC（慕课）学习空间购买网站有关于灭火战术、灭火救援危险化学品处置的免费或付费课程，将高校的教育资源与基层部队的实战经验相结合，将课程知识转换成为官兵在学习与实践中积累的专业战斗素养。

（2）规范基层大中队训练

将基层大中队的训练应该积极突出技能训练主要讲装备操作、应用训练和合成训练安排到中队训练的正式课程中，将体能、耐力等训练下放于救援人员让其自行训练并且定期检查，严格按照课程计划组织实施，强化干部主体责任（尤其是基层军事干部），在训练过程中，应该做到操课有授课，组训者（值班干部或者值班班长）将科目的有关内容用 PPT 和黑板等方式对中队参训救援人员进行讲解，对于参训人员存在疑惑进行解答，未明确规范的内容应该进行研讨或者是实操中寻找解决办法；在实际操过程中应该利用摄像机等仪器进行记录，在操课课件组织人员休息时进行观看让组训、参训人员观看录像过程中找到问题，在下次训练过程中及时改正常见的错误动作以及侦检训练中不够协调连贯的地方，让组训者和参训者全程融入训练中，明白操课过程中每一个环节的设置目的与要求，实现对于训练内容的入脑入心，以训练促进人员有关能力素质提高。

（3）做好侦检业务骨干的选拔、晋级以及留任工作

业务骨干是实现部队战斗力提升、实战攻坚克难的中坚力量，发挥着业务技能的传、帮、带作用。中队的侦检业务骨干主要为中高级士官以及部分实战经验较为丰富的战训干部，为保证侦检能力水平，必须将有能力和业务素质的人员留在部队发挥作用。

首先要锻造“实战型”的士官队伍。消防救援任务是在急、难、险、重现场条件下，为能够快速有效地实现科学处置，需要具有时间和经验积累的一线战斗人员。侦检作为一个具有技术含量重要环节，必须需要具有专业技能素质人员的支持。根据《公安消防救援队伍灭火救援业务训练与考核大纲》[16]《消防员国家职业技能鉴定与考核大纲》[17]，有毒气体探测仪、可燃气体侦检仪等侦检仪器为初级、中级、高级士官的业务训练内容，在日常训练中应对士官定期组织进行侦检的专项训练，在晋级考核中的实际操作部分将侦检器材的操作纳入必考内容中，保证士官队伍对侦检方面技能有练习、有考核。将在晋级考试和职业技能鉴定中，对于侦检操作较好的同志，在战斗编程中将侦检能力较强的人员放置在灾情侦查组，做到人员能力与岗位良好对接。

另外要培养“能力型”指挥队伍。作为指挥危险化学品事故救援行动的第一力量，初战指挥的最高首长，往往决定着一场救援行动的成败，基层指挥员也必须经过基层灭火与应急救援实践的磨炼。从目前各类事故救援的实践上看，一场救援行动的好坏取决于正确的指挥部署，失败的救援往往是初期失利、中期失控、晚期失策，因此一场救援中最关键的是初级指挥员，其指挥决策的能力高低，直接决定部队的整体初战控制能力和水平。此外，初、中、高级各级指挥员，要指挥完成复杂、多元的灭火与应急救援任务，尤其在侦检环节不仅要具备一定的知识文化水平和业务理论基础，更要懂侦检方法、懂侦检装备、懂侦检训练、懂侦检与信息化的结合，做到课堂上能够讲解、操场上可以示范、战场上善于决策、攻坚上敢当先锋，发挥其作战各个环节的核心作用。

5 提高消防救援队伍侦检能力的具体做法

提高消防救援队伍侦检能力应该从基层中队的实际情况与实战要求出发，综合施训规范基层中队侦检训练，利用部队的日常训练强化与提升救援人员的侦检能力，结合相关好的经验做法，从战斗编程、侦检器材学习精练、危化品事故处置合成训练、成建制中队考核不同角度出发，编制了以下四种训练方法。

5.1 基于战斗编程分工的专项训练

基于战斗编程分工的专项训练是为了适应灭火救援战斗编程要求，强化救援功能分组的战斗能力，提升救援功能组的人员素质和协同作战水平，根据各功能分组的不同要求进行专项训练，流程如图 4 所示。以下以特勤中队的侦检小组的专项训练为例，进行详细说明。特勤中队为 45 人中队，除去指挥中心值班、营区岗哨、公差勤务外，在位人员大多在 36~38 人左右，基本可以满足《云南省公安消防救援队伍灭火救援战斗编程规定》的要求，其中侦检组 2 个（共计 3 人，中队干部 1 人、班长 1 人、通信员 1 人）、供水组 2 个（1 组 3 人）、灭火组 4 个（1 组 3 人）、破拆救人组 2 个（1 组 3 人）、安全警戒组 1 个（1 组 3 人）、排烟照明组（1 组 3 人）、堵漏输转洗消组 1 个（1 组 3 人），在正式展开训练前，队伍以战斗编程分组的人员进行站队，如图 5 所示，听到指挥员“各组带开，准备训练!”的口令后，各组带队组

长将小组人员带到规定区，如图6所示；当听到“各组长出列，组织训练。”的口令后，组长出列下达科目进行训练。在灾情侦查组的训练中按照以下流程进行，带队组长应该从侦查内容、侦查方法、侦检对象、使用仪器情况以及询问情况等理论情况进行提问，队员根据问题作答基本理论知识，组长根据队员回答情况进行记录成绩（理论满分为100分，组长自行打分，五个方面各占20分，相应内容缺乏回答或者回答错误，扣除该部分的分值）；在例行的理论提问完成后，侦检小组应该进行装备操作训练内容包括防护装备和侦检装备、通信装备以及辅助决策软件的操法和使用方法。在防护装备的穿着和侦检装备的使用应该为侦检组所有人员的必修科目，两个侦检组依次出列进行穿戴和操作，一组作业时另一组进行观察与考核打分（扣分与得分应该按照操法上的得分标准来进行衡量与裁定），进行作业的小组将穿着防化服的操法完成后前往器材区拿取侦检器材进行侦检作业，一人进行记录、一人操作仪器、一人负责路线与侦检过程安全以及通信。待作业完成后，回到准备线将器材放置到位并轮换下一组，观察考核组做出成绩记录，然后进行防护与侦检的操作，前一组进行观察与打分，待训练完成后对于分数进行核准，按照理论30%和实际操作70%的比例进行最后成绩的核算，成绩分为优秀（最终成绩90分以上）、良好（最终成绩80分以上90分以下）、中等（最终成绩70分以上80分以下）、及格（最终成绩60分以上70分以下）、不及格（最终成绩60分以下）。

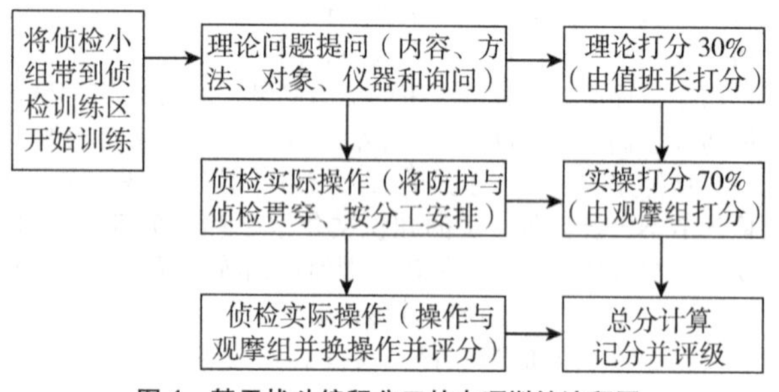

图4　基于战斗编程分工的专项训练流程图

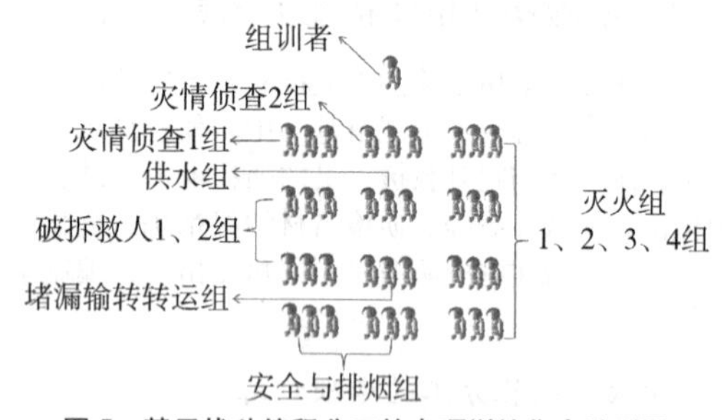

图5　基于战斗编程分工的专项训练集合队列图

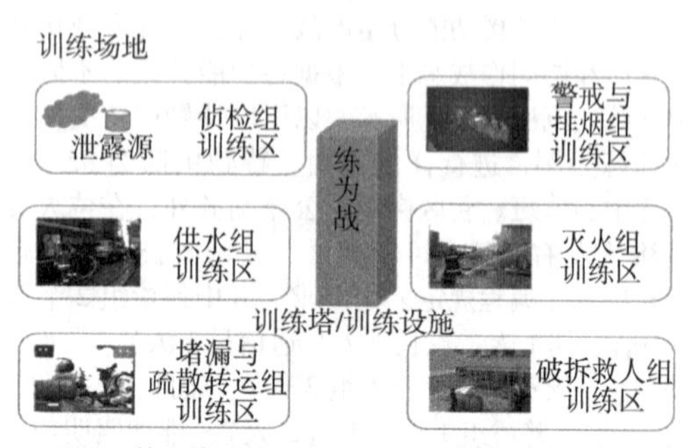

图6　基于战斗编程分工的专项训练场地设置图

5.2　基于侦检器材学习的专项训练

基于侦检器材学习的专项训练是为了帮助参训人员学习侦检仪器使用的一项针对性训练，主要是通过理论讲解、操作演示、个人体会等方式，帮助侦检人员掌握侦检仪器的使用方法，实现侦检人员对于仪器的完全掌握，此专项训练的灵活性较强，既可以在战斗编程的专项训练中使用，同时还可以在日常器材熟悉和仪器专项训练中进行。训练队形为战斗编程专项训练时带开时的队形，如图7上侧所示，侦检组值班组长出列组织训练，侦检组的组训者利用黑板（有条件时可利用PPT）对仪器的名称、适用范围、工作原理、仪器性能与特点、操作方法进行讲解，讲解完毕后，进行操作演示，如图7下侧所示。操作者结合仪器界面功能键以及各个操作模块功能依次进行演示，以ppbRAE的操作演示为例，仪器界面共有四个部分，显示屏幕1块、功能键4个（从左到右依次为“Y/+”“MODE”“N/-”“MODE”下方为“背景灯键”），第一步长按“MODE”键进行开机，带机器自检完毕后，进入检测的卫检模式（默认设定），仪器进行测试气体浓度并显示所选气体浓度（默认选择气体为“异丁烯”），当气体浓度超过报警极限时随即展开报警。第二步进行参数设置练习，同时按住“MODE”与“N/-”进入程序模式可以对于仪器的参数进行设定，程序主菜单有“气体选择”“报警极限调整”“日期与时间”“恢复出厂设置”，“MODE”主要用于返回上一级菜单、“N/-”在四个菜单之间切换、“Y/+”用于进入下一级子菜单，利用按键操作要求侦检人员学会如何选择侦检的气体类型以及调节报警设置与报警限值，以上操作完成后退出程序模式并长按“MODE”关机。下一名侦检队员出列进行更操作，其余队员以及进行。考核办法与计分方式以战斗编程的训练方法相同。

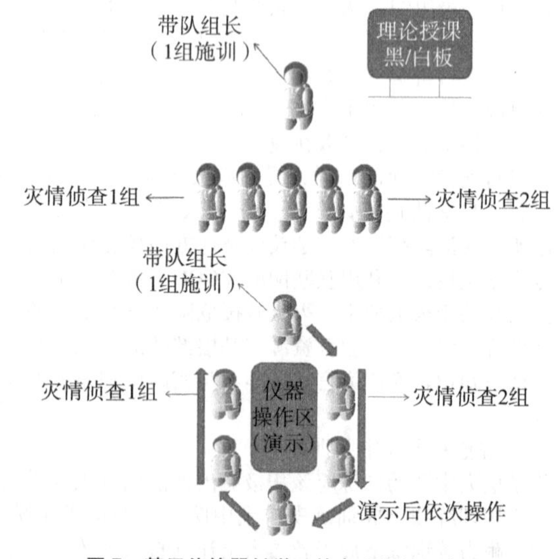

图7　基于侦检器材学习的专项训练示意图

5.3　基于危险化学品事故处置的合成训练

基于危险化学品事故处置的合成训练，是从实际出发将侦检融入事故处置的整个过程中，提高侦检人员在实战环境下的处置能力以及指挥员处置危险化学品事故组织指挥能力与处置队员之间的协同配合能力。以“模拟化工装置灭火操”侦检部分为例进行说明：

消防员（指挥员1名，战斗员6名）身着抢险救援服全套，在起点线一侧站成一列横队，驾驶员在驾驶室做启动车辆的准备。

听到“开始”信号后，驾驶员负责连接消火栓向前方供水，指挥员（着三级防）护迅速下达等级防护命令；1、2、3号员为第1组，着一级防护；4、5、6号员为第2组，着二级防护；以小组为单位着装完毕后，举手示意。

指挥员下达侦检警戒命令，6号员作为安全员做好现场记录。第1组队员携带有毒气体探测仪、可燃气体探测仪，边检测边逐渐向泄漏点靠近，不间断报告侦测情况；检测发现现场有易燃有毒气体成分后，在下风方向距模拟堵漏设施20m、10m处划分安全区、轻危区、重危区，设置警戒标志和进出口标志（实战时应根据泄漏情况和污染毒害区域范围划定警戒区域），并逐个报告。整个过程中，人员应该做好个人防护，安全人员做好登记，侦检人员对于侦检的情况与数据报告应该小于三次，未做好个人防护进入泄漏区域侦检的不计成绩，安全人员为登记清楚的一次加5s，报告侦检数据少一次加5s。

5.4 基于成建制中队考核的侦检专项训练

基于成建制中队考核的专项训练是为了对于成建制中队指挥员和战斗人员的侦检能力情况进行考核设置，以现场实际情况与现场侦检实施方法相结合，对于执勤中队成建制的进行考核，确保中队应对危险化学品事故具有相符合的战斗力。现将成建制中队侦检考核的方法进行详细说明：

（1）场地设置

在长60m的场地上，分别标出起点线和终点线，距起点线10m、30m、45m、60m处分别设置危险化学品标识信息区（主要为道路运输危化品的车辆标识、化学品包装标识、危险化学品安全标签、警示标识，以上标识随机选择后用彩色打印后倒扣设置）、信息留存区（主要为货单、押运单、货物发票、报关材料等）、理化学性质及人员环境区（主要设置有记录着颜色、气味、状态的纸质资料和人员、环境中毒的图片）、设置物质黑箱（利用箱子在内部放置需要侦检的物质，必要时可有人员配合）。在起点线上设置知情人1名、指挥台1个（三面须遮挡，高度不小于1.5m），台上放置手持电台1部；起点线前放置内置式重型防化服3套、空气呼吸器4具、头骨式通信器材3套；指挥台上放置一个文件夹用于记录现场信息和气体、液体与固体的收集装置，便于对物质进行收集（图8）。

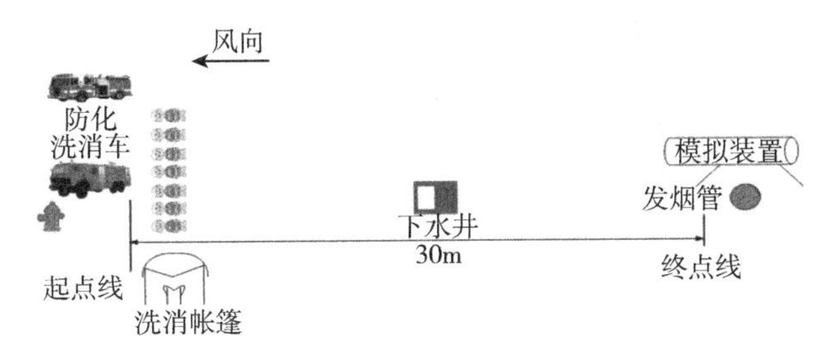

图8 基于成建制中队考核的侦检专项训练的场地设置

（2）操作程序

4名队员着作训服、作训鞋，戴训帽，并在起点线前做好操作准备。

听到“开始”的口令后，1号员到达指挥位置，2、3、4号员佩戴空气呼吸器和头骨式通信器材，并在指挥员协助下，2、3、4号员穿一级防化服；指挥员进入指挥席打开手持电台待命，1号员跑向知情人询问基本情况，并在文件夹上进行记录，2、3、4号员防护完毕后，前往相应区域进行侦检，在标识区对于标识进行识别，并及时向指挥员汇报情况；前往信息区对货单等信息载体的情况进行记录并向指挥员汇报；依次进入理化性质与人员环境区对侦检的信息进行记录并汇报情况，最后进入到物质黑箱进行侦检仪器。指挥员根据前方反馈信息操作笔记本电脑随机判断物质类型；指挥员根据反馈的侦检情况和预设环境条件（天气、风速、温度、湿度）分别判断出泄漏物质名称、化学安全技术说明书（MDSD）、警戒范围、写出处置措施。其中在各个区域的信息中存在有所谓的“干扰信息”，指挥员应该用信息整合后再判断，从现场情况反推物质；当存在一、两类物质难以判断时再利用查询（利用辅助决策系统和“警务通”专用手机上网查询）到的化学安全技术说明书（MDSD）内的信息来比对现场信息，进行验证，无法判断的进行采样送检，最后写出此物质的处置方法。

6 结论

6.1 结论总结

本文通过实地考察、调查问卷、走访询问、交流讨论的方式，从装备情况、人员素质、训练演练、实战运用的角度，对消防救援队伍（云南省红河彝族哈尼族自治州公安消防支队16个中队）的危险化学品侦检能力情况进行调研，分析并指出了基层消防救援队伍在侦检能力提高上存在基层部队指战员侦检专业知识基础不牢，侦检人员的专项业务能力薄弱；消防救援队伍侦检意识不强，仪器实际配备、使用和维护保养较差；消防救援队伍侦检训练次数较少，训练不够规范；消防救援队伍实战中侦检环节有所忽略，侦检行动不够规范。针对存在的具体问题，结合有关装备配备标准和管理要求、战斗编程要求、训练组织操法、人员选拔培养的方法，指出提高消防救援队伍侦检能力应从制度与要求的解读与学习、装备的合理调配、人员的选拔与培养、基层中队多样化的侦检训练四个方面入手，全面提高部队侦检能力。

6.2 创新点

6.2.1 调查问卷编制科学 调查内容比较全面翔实

本文中对基层部队侦检能力情况的了解其中很大程度上通过编制的调查问卷来完成，问卷经过对有关规定和标准、最新政策、当前做法进行学习后编写，问卷共计3份，表1为侦检要素与装备情况问卷、表2为问卷实战情况问卷、表3为训练专项问卷，3份问卷中均有体现人员能力素质的问题，其中对于表1中关于训练和实战的问题作答后，才能视情况看是否填写表2和表3，基本情况和专项情况均有涉及与覆盖。此外，问卷对填写人员的具体情况有说明空间，将座谈询问方式融入问卷中，具有情况备注与原因说明的区域，让情况了解得更加全面，反映更加情况客观真实。

6.2.2 对策建议全面统筹 建议具体具有可操作性

本文中紧紧贴绕关于侦检现行制度、装备配置、人员培养、训练实施的情况出发，将制度、装备、人员、训练等方面的要素统筹结合起来，针对不同部门的职责分工，从制度落实、装备配备、人才培养提出了较为统筹兼顾的合理化对策，帮助部门做好有关组织工作，在训练方法依据战斗编程、专项学习、协同科目以及成建制中队的不同要求编制了四份训练的方案及操法，消防救援队伍侦检能力的提高具有实际指导意义。

参考文献

[1] 公安部消防局．中国消防年鉴［M］．北京：中国人事出版社，2012.

[2] 邵建章．化学侦检技术［M］．北京：中国人民公安大学出版社．2014：67-70.

[3] 佚名．快速检测有毒有害物的10大技术［J］．安

全生产与监督，2013，11：34-35.
[4] 孟凡俊，赵新站，刘玉萍，等．核生化事件应急处置装备发展与应用［J］．警察技术，2015，6：62-75.
[5] Sadik，O. A. A. K. Wanekaya，S. Andreescu. Advance in analytical technologies for environmental protection and public safety［J］．Environ. Monit.，2004，6：513-522.
[6] Sauzade，D.，Y. Henocque，A. H. Corof. An integrated surveillance system for chronic and accidental for pollution［J］．Wat. Sci. and Tech，1995，32（9-10）：25-31.
[7] Dawen，K.，S. J. Anthony，M. Sornenath. Gas injection membrane extraction for fast on line analysis using GC detection［J］．Anal. Chem.，2001，73：5462-5467.
[8] Lu，C. J.，E. T. Zellers. Multiadsorbent preconcentration/focusing module for portable GC/micro sensorarry analysis of complex vapor mixture［J］．Analyst，2002，127：1061-1068.
[9] 赵起越，白俊松．国内外环境应急监测技术现状及发展［J］．安全与环境工程，2006，13，3：13-16.
[10] 史飞天，何杰．消防救援队伍化学灾害事故侦检问题的探讨［J］．中国公共安全：学术版，2012，4：50-52.
[11] 何肇瑜，韩丹．消防救援队伍参与生化事故处置的机制探讨［J］．中国安全生产科学技术，2013，9（3）：166-170.
[12] 何宁．公安消防救援队伍化学事故救援装备现状及需求分析［J］．中国安全生产科学技术，2014，3：81-84.
[13] 中华人民共和国公安部消防局．危险化学品事故处置研究指南［M］．湖北科学技术出版社，2010.
[14] 张智，魏捍东．打造现代化公安消防铁军的理论与实践［J］．武警学院学报，2014，30（2）：57-62.
[15] 中华人民共和国公安部．JB 152—2017. 城市消防站建设标准［S］．2011.
[16] 中华人民共和国公安部．GB/T 29178—2012. 消防应急救援装备配备指南．［S］．2012.
[17] 中华人民共和国公安部．公安消防救援队伍执勤战斗条令，公通字〔2009〕22号.
[18] 中华人民共和国公安部消防局．公安消防救援队伍作战训练安全要则，公消〔2010〕237号.
[19] 中华人民共和国公安部消防局．公安消防救援队伍灭火救援业务训练与考核大纲（试行），公消〔2009〕252号.
[20] 中华人民共和国公安部消防局．特勤大队中队训练［M］．云南：云南出版集团公司；云南人民出版社，2011.
[21] 中华人民共和国公安部消防局．GA 622—2013. 消防特勤队（站）装备配备标准［S］．2013.
[22] 中华人民共和国公安部消防局．公安消防救援队伍（灭火）攻坚组配备标准（试行），公消〔2009〕362号.
[23] 中华人民共和国公安部消防局．GA 621—2013. 消防员个人防护标准配备标准［S］．2013.
[24] 中华人民共和国公安部．GB/T970-2011. 危险化学品泄漏事故处置行动指南［S］．2011.
[25] 徐义强．问卷调查设计中的基本理念与原则［J］．安全技术与管理，2011，（7）：23-26.

附录 A

问卷 1

一、个人基本信息

1. 性别：男（ ）　　女（ ）
2. 年龄：20岁以下（ ）　　20~25岁（ ）　　25~30岁（ ）　　30岁以上（ ）
3. 学历：大专以下（ ）　　大专（ ）　　本科（ ）　　研究生及以上（ ）
4. 所学专业：（　　　　　　　　）注：与化学相关的专业在专业名称后打√
5. 单位所属部别类型：特勤中队（ ）　　普通中队（ ）　　混编中队（ ）
　　司令部战训或者指挥中心（ ）
6. 职级：干部（ ）　　士官（ ）　　义务兵（ ）　　合同制（ ）
7. 所在岗位：司令部（　　　　　）注：标明所在科室（包括指挥中心）
　　中队干部（　　　　　）注：请标明岗位和分工
　　班长（　　　　　）注：请标明岗位和分工
　　战斗员（　　　　　）注：请标明岗位和分工　　其他（　　　　）

二、化学侦检情况基本现状

1. 你入伍前是否接受过与化学知识有关的教育？
A. 是　　B. 否
2. 你是否参加过化学侦检方面的培训？
A. 是　　B. 否
3. 你对于危险化学品事故侦检的基本内容了解吗？（如侦检仪器种类、使用方法、程序等）
A. 非常了解　B. 比较了解　C. 不太了解　D. 不了解
4. 你是否参加过危险化学品事故处置？
A. 是　　B. 否
如果你回答了“是”，请写出你参与处置过的危险化学品泄漏事故，并填写表2：

5. 在你参加处置过的危险化学品事故中是否使用了化学侦检仪器？（若未参加过则可不选）
A．是　　B. 否
如果你回答了“是”，请写出你参与处置过程中用到的侦检仪器：

6. 你使用过化学侦检仪器吗？
A. 用过　　B. 没用过

7. 你所在中队参加处置化学事故的频率高?
A. 经常 B. 偶尔 C. 很少 D. 没有
8. 你们中队是否配备了化学侦检仪器?
A. 是 B. 否
如果你回答了“是”,请填写下表:

化学侦检仪器名称	数量	是否使用过

如果你回答了“否”,第9,10,11题则不用回答

9. 你对你们中队的化学侦检仪器熟悉吗?
A. 非常熟悉 B. 比较熟悉 C. 不熟悉
10. 你们中队会利用化学侦检仪器开展训练吗?
A. 经常 B. 偶尔 C. 很少 D. 没有
11. 你们中队化学侦检器材能按时进行维护(标定、校准等)吗?
A. 是 B. 否
12. 你们中队有化学事故侦检训练操法吗?(选择“是”选项,麻烦请填表3)
A. 有 B. 没有
13. 你觉得侦检在危险化学品泄漏事故处置整个过程中重要吗?
A. 非常重要 B. 比较重要 C. 不重要
14. 你觉得配备化学侦检仪器重要吗?
A. 非常重要 B. 比较重要 C. 不重要
15. 你认为中队执勤战斗中还需要配备的化学侦检仪器有哪些?

16. 你认为在危险化学品泄漏事故处置中侦检还存在哪些问题?

附录B

问卷2

一、进行处置的化学事故的基本信息

1. 事故的名称:

2. 事故出动类型:首批到场( ) 增援到场( )
保障到场( ) 其他形式( ) 注:请注明具体情况

3. 同批出动力量情况:人数( )人 车辆情况( )辆 到场中队数量( )个
4. 出动力量装备配备情况:装备随车出动( ) 临时增加派出动( )
5. 侦检仪器在事故中的使用情况:

化学侦检仪器名称	数量	使用效果	侦测内容

使用效果分为:较好、一般、较差,按照此三个等级进行回答

侦检内容：①泄漏介质种类（选择此项内容请填写6问） ③泄漏浓度
②泄漏介质危险性（选择此项内容请填写6问） ④4 扩散范围
⑤测定风向、风速等基本气象 ⑥确认可能引发爆炸危险源 ⑦现场以及周边情况

6. 侦检的危化品为以下哪个种类：①爆炸品 ②气体 ③易燃液体
④易燃固体和易于自燃的物质、遇水放出易燃气体的物质
⑤氧化性物质和有机过氧化物 ⑥毒性物质和感染性物质
⑦放射性物质 ⑧腐蚀性物质 ⑨杂项危险物质和物品

侦检的危险化学品的危险特性：①燃爆性 ②毒害性 ③放射性 ④感染性

二、化学侦检分析与决策情况

1. 在进行危险化学品的侦检方法以下面哪个方法为主？

A. 现场询问 B. 危险化学品的识别（选择此项请回答2题） C. 仪器侦检

2. 通过哪些内容进行危险化学品的识别？

A. 道路运输危险货物车辆标识 B. 危险化学品包装 C. 危险化学品标签
D. 作业场所化学品安全标签 E. 气瓶警示标签进行表示 F. 气瓶颜色进行标识
G. 危险化学品颜色与气味 H. 气瓶数字编码 I. 观察现场人员中毒症状

3. 你对于危险化学品事故侦检的使用辅助决策软件吗？

A. 是 B. 否

4. 你使用化学辅助决策软件什么？

A. 化学灾害事故辅助决策系统 B. ALOHA C. 其他（选择此项请说明此软件）

5. 在你参加处置过的危险化学品事故中是否有其他部门参与并且对于侦检起到作用？ （若未参加过则可不选）

A．是 B. 否

如果你回答了“是”，请写出你参与处置过程中部门以及其采用的方法：

6. 在你参与危险化学品处置过程中从侦检到初步分析判断大约花费多长时间吗？

（选择选项以后并说明具体情况，如使用的侦检方法、侦检的现场实施情况）

A. 15min 以内 B. 16~30min C. 30min 以上

7. 你所在中队参加处置化学事故的评价如何？

A. 圆满 B. 较好 C. 一般 D. 较差

8. 请你们写出其好的做法和不好的做法？（请在7中选择A和B选项的在下面表中写出好的方面，反之选择C、D的写出不好的方面）

	在化学侦检实施与准备中的做法	在化学侦检组织与操作中的做法
危险化学品侦检中的做法		
	注：请在写出做法后请在括号后标出行为性质	

9. 你对你们中队的化学侦检能力有自信吗？

A. 十分有自信 B. 比较有自信 C. 比较担忧 D. 特别担心

10. 你们中队对利用化学侦检仪器侦检的结果信任情况如何？

A. 相当信任 B. 比较信任 C. 存有担心与怀疑 D. 无法评判

请根据以上选择情况，简要阐明选择的理由：

附录C

问卷3

一、基层中队训练的基本信息

1. 中队名称：

2. 中队类型与人数（括号中打钩注明应有人数和实际在位人数）：

特勤中队（KG2）　　普通中队（KG2）　　混编中队（KG2）

3. 救援战斗编程情况：(请在你相应的组别后打√，若承担多个职能请均打√)

灭火救援功能编组：灾情侦查侦检组（　）　灭火组（　）　救人组（　）　破拆组（　）

安全警戒组（　）　排烟照明组（　）　堵漏输转洗消组（　）　供水组（　）

应急救援功能编组：灾情侦查侦检组（　）　救人组（　）　破拆组（　）

照明组（　）　安全警戒组（　）　堵漏输转洗消组（　）

4. 平时执勤训练过程中，有没有按照功能编组和开展专业训练？

A. 是　B. 否　C. 虽有落实，但存在折扣

若选择B和C选项请说明具体情况和原因：

5. 在进行救援任务中，是否依然能够功能编组承担任务和中队战斗编程？

A. 是　B. 否　C. 虽有落实，但存在折扣

若选择B和C选项请说明具体情况和原因：

6. 在平时训练与执勤任务的过程中，是否依然坚持人员定岗、装备包干、装备定位？

A. 是　B. 否　C. 虽有落实，但存在折扣

若选择B和C选项请说明具体情况和原因：

二、基于灾害等级战斗编成的训练与实战情况

1. 所进行的危险化学品事故是以下面哪个等级为主？(以《云南省公安消防救援队伍灭火救援战斗编程规定》为主要分级依据)

灭火救援：一级（　）二级（　）三级（　）四级（　）五级（　）

应急救援：一级（　）二级（　）三级（　）四级（　）

2. 您所进行的涉及危化品处置是在什么具体的救援行动中？

A. 火灾扑救　B. 道路交通事故　C. 危险化学品泄漏事故　D. 建筑倒塌事故

E. 爆炸事故　F. 公众突发事件　G. 群体性事件　H. 自然灾害及其次生灾害

I. 其他群众遇险事件　（请简要说明具体情况：　）

3. 你对于危险化学品事故训练是否与专业化实战化结合？

A. 是　B. 否

选择A请说明结合具体情况：

4. 你是否对《特勤大中队训练》中所提及的危化品侦检操法进行日常组训？

A. 是　B. 否　C. 其他（选择此项请说明具体情况：　）

5. 在你参加的危险化学品事故处置的组训中是哪一个章节的具体操法学习？(若4中选择A填写此题)

组训操法章节名称		具体操法名称	训练动机

注：训练动机请填写："比武训练""训练计划安排""演练与表演"，其他情况请另外注明。

6. 你是否参与过有关化学事故处置的专项演练？（如果选择“是”选项以后并说明具体情况使用）

A. 是　　B. 否

所参加演练的具体情况：

7. 你所在中队充当侦检的主要人员为？（多选）

A. 中队干部　B. 中队通信员　C. 战斗班长　D. 战斗员

8. 中队干部、士官骨干和装备技师以及战斗员在危化品侦检的实战和训练中的作用排序？（请在选项后面括号中写出1、2、3、4，依次从重要到不重要）

中队干部（　）　士官骨干（　）　装备技师（　）　战斗员（　）

9. 中队装备技师和中队人员对于侦检装备的使用是否有信心？

A. 十分有自信　B. 比较有自信　C. 比较担忧　D. 特别担心

10. 相对于侦检器材，日常对于什么器材的使用保养上比较有信心？

A. 防护装备　B. 警戒装备　C. 救生装备　D. 堵漏装备　E. 破拆装备

F. 牵引起重装备　G. 排烟装备　H. 照明装备　I. 输转装备　J. 洗消装备

K. 供水装备　L. 绳索装备　M. 水域救助装备　N. 特种车辆装备　O. 通信装备

请根据以上选择情况，简要阐明选择的理由：

二、基层中队官兵危化品侦检的学习、考核与训练情况

11. 基层中队干部年度考核、季度考核、基层指挥员培训和士官晋级考试与班长骨干培训中是否具有危险化学品侦检的学习训练内容？

A. 是　　B. 否

请说明培训中涉及危险化学品侦检的学习、考核、训练具体情况：

12. 你对以下浓度单位是否理解明白？（若明白请在括号后面打√，若不能认识请说明理由）

ppm（　）　ppb（　），mg/L（　），mg/m^3（　）　“数字”+%LEL（　）

不认识的原因：

13. 你在晋级的时候有没有在考试内容中涉及危化品侦检的内容？（干部请根据岗位资格与双考情况作答，士兵请根据士官晋级考核与士兵职业技能鉴定情况作答）

A. 是　B. 否　C. 有部分涉及

14. 请根据上一题作答进行具体回答考核内容涉及情况：（将涉及内容和考察范围一一列举）

15. 危险化学品侦检训练方式及您认为该方式对实务抢救需求的重要程度？

训练方式	是否受训	很重要	重要	普通	不重要	很不重要	具体情况说明
（1）介绍研讨课程（理论授课）							
（2）桌上演练（沙盘推演）							
（3）功能演练（实战演习）							
（4）随机测试（想定作业）							
（5）实际训练（专业训练场地操作）							

16. 在日常工作中，你是否知晓从哪里获得有关危化品侦检的有关知识？

A. 是　　B. 否

请写出你学习的资料（16题中选择“A、是”的，请写出有关资料名称）

医疗建筑防火技术措施探析

边文超

（天津市静海区消防救援支队，天津 静海）

摘 要 从现已发生的火灾事故的特性来看，医疗建筑人群聚集密度大，疏散群众难度系数高，其楼房构造与普通居民楼相比之下来说，医疗建筑造成火灾的危险性更大一些，消防设施的建设对整个建筑物及其人员的安全要求特别高，尤其要加强医疗楼宇的防火安全。

关键词 医疗建筑 防火设计 安全要求 措施

1 引言

根据调查分析我们可以得知，医疗建筑的楼层和病床数目的增加使得整个整体建筑规模变得越来越大。但是，在防火工作和消防管理上仍存在极大问题。在建造过程中，应把消防性能纳入安全检测范围内，切实做好群众安全保障工作。

2 研究背景

2.1 医疗火灾事故现状

公共建筑发挥着具有各色各样的用途，其消防系统也具有不同的防控安排，公共建筑火灾也会呈现出不同的特点以及出现一些不可控的因素。那么建筑本身的消防设计在某种程度上对于火灾控制具有重大的帮助。

医疗建筑垂直发展，其垂直运动向中庭、管状矿井等方向发展[1]。火灾发生时，变为垂直烟道，烟气向上升起，形成烟道效应，与火灾水平蔓延相比，具有较大的促进火灾蔓延作用，速度更快、破坏性更强。医疗建筑大多为高层建筑，楼宇的上下层，在相同的天气情况下，较快的高空气流会导致火灾破坏情况加剧。氧气可以助燃，一些普通建筑物，火灾可迅速扑灭的其中一个重要原因，就是施工水平低、气流缓慢，对火灾的影响不大，火灾发生后可及时控制火势，消防人员可在第一时间排除火情。在医疗建筑中，高层风速高，一旦发生火灾，风势就会起到火势催化剂的作用，借助风势的火势不仅迅速蔓延，而且增加了灭火难度，在风速大的地方，即使扑灭火势，也可能出现火灾重燃的情况，再次威胁着人民群众的生命财产安全。

建筑材料对于火势蔓延也有影响。医疗建筑由于功能复杂，在不同的功能区，采用了多种建筑材料，包括：钢、木材、混凝土、大理石、玻璃等。在防火处理方面，有些物料未能完全符合标准，引致一些危险的安全风险，包括玻璃外墙的应用，亦对高层楼宇构成很大的防火威胁。

2.2 医疗建筑的火灾特点

（1）医疗建筑火灾风险大。医疗建筑作为群众基本生活不可或缺的一部分建筑群体，具有面积小、承重人员多、功能多样的特点，但随着医疗建筑楼层增加、面积增大，火灾风险也随之增大。与普通建筑相比，在医疗建筑运行过程中，电力设施长期处于高速运行模式，无论是控制设施还是电梯，都要消耗大量电力，产生大量热量，任何小的风险都可能引发火灾，而且在复合材料较多的高层建筑中，一旦发生火灾，传播速度将非常高，造成大量人员和物质损失。在部分功能区，将钢材用于结构施工。钢结构硬度高，质量比较轻，施工难度也比较小，而且抗震性能也较高，由于这些优点，钢结构在建筑行业很受欢迎，在现实生活中广泛使用。但在防火性能方面，钢结构却差强人意，因为钢结构是金属结构，金属结构有一个很大的特点，即导热性快，散热速度慢，如果发生火灾，钢结构温度会迅速升高，达到一定温度后，钢结构非常容易变形弯曲，最严重的情况可能直接导致建筑物倒塌，给人民和政府带来惨痛损失。

（2）医疗建筑密集的内部建筑限制了消防设施的作用[2]。与普通建筑相比，医疗建筑实现了内部空间结构的最大利用，内部空间结构更加紧密，空间结构非常紧凑，满足了功能最大化包含和空间最大化利用的一体设计，却不能保证消防系统的有效运行，一旦发生火灾，消防设施无法及时有效地控制火灾危险，而外侧消防人员难以发挥消防车的灭火功能，则错过了最佳的救火时机。在发生高层火灾时，如出现建筑安全措施不完善、铺设防火通道等现象，初期疏散工作会有很大困难。这会直接导致人口被困，在严重的情况下会造成更大的人员伤亡。

（3）医疗建筑发生火灾后，疏散人员变得更加困难。医疗建筑的内部结构决定了人员流动和疏散的低水平，无论是电梯的升降或是走廊上的通道，都不能满足大量人员同时进出，一旦发生火灾，电梯的装载、房间的拥挤，产生大烟的火灾都会在电梯上蔓延，楼梯井和电线，增加了疏散和救援人员的困难。近年来对重大火灾的统计发现，由于人员疏散不及时占伤亡总数的80%，疏散人员可能成为减少火灾损害的最重要因素。在高楼大厦发生火警时，由于高楼大厦的建筑密度大，安全通道极易挤塞，加上火警会引起群众心理恐慌，导致人的思维能力下降，人心惶惶，更难以安全疏散。在演练中，发现部分的消防通道有杂物堆积，影响正常疏散人群速度，以确保群众安全到达空旷地面，应在消防工作中严格排查可能出现的隐患，做好物品归置工作，以防万一。

2.3 医疗建筑扩建现状

客观因素。近年来，居民对于健康、疾病预防的意识逐渐提高，医疗设施、医疗用品的储备量也应该随之增多，从医学角度看，科技不断进步，医疗设施不断更新，医疗水平也在不断提高。特别是近年来，市民对健康的认识提高，旧的医疗设施不能满足新的社会需求，清拆重建代价似乎更大，因此在原医院的基础上进行扩建似乎是切实可行的。尤其是县区级城市的医院，上一轮的建设集中在于80、90年代，构造简单，空间利用率低。改革开放以来，尤其是2000年以后，我国经济势头迅猛，城镇化建设逐步取得进展，人民生活水平有个一个全新的生活层次，人们对医疗服务抱有更大的期望，县区级城市医院无法承载更新的现代医疗设施，所以扩建医疗建筑是非常有必要的。

政策支持。我国城乡统筹发展政策在逐步向发展相对落后的区县级城市落实，基础设施建设已然成为新一轮城镇化建设的重点建设区域，务必使基层群众的基础医疗具有完美保障。医院作为城市中必不可少的公共建筑，其建设运行是一个地区城镇化水平的重要一环。

3 防火技术措施研究

3.1 保持合理防火间距

在设计高层防火设施时，必须确保高层医疗建筑之间有合理的防火距离，使消防人员能顺利根据地形实施救援，减少火灾造成的人员伤亡和财物损失。在高楼大厦发生火警时，火焰会产生巨大的热辐射，令周围的楼宇晒黑，而城市中医疗建筑附近也建造有其他的建筑设施，进行抢险工作、疏散群众会有一定难度，所以在设计医疗建筑如何构建时，考虑建筑材料的不同程度的耐火性，科学地定出楼宇之间的距离。例如，两座高层或高层建筑毗邻一层，耐火程度不低于2级，若较高外墙为防火墙，或邻近的屋架墙高出不开门、窗孔较低的15m以下，防火间距可以暂不考虑，而两座高楼大厦或高楼大厦毗邻一层、多层的民用楼宇，耐火程度不低于2级，如较低的楼面没有天窗或屋顶的承重构件，耐火限度应不少于1h，其低侧毗邻的外墙为防火墙，火势之间的间隙可以适当缩小，但至少4m。

3.2 强化报警系统和自动灭火装置

由于医疗建筑内人员密集，灭火难度大，高层建筑灭火大都要依靠自身消防系统的完整程度，一旦发生火灾，不仅要及时做出反应发出火灾警报，还要采取积极措施防止火情迅速蔓延，最大程度减少损害。高层楼宇包括但不限于医疗建筑的火警系统由以下元素组成：第一，必须安装火警探测器，楼梯间应划分为探测区，每2至3层安装一个火警探测器。自动灭火器的应用是较为普遍的水上自动灭火系统，其灭火速度可达90%以上。火灾发生时，为减少人民的恐慌心理，合理设置救援通道，指示救援行动方向，可以帮助被困者及时逃生。

3.3 消防设施

在设计防火地段的建筑时，可确保在发生火警时，可在较短时间及空间内控制火警。通常防火区分为三个区域，中庭防火段、垂直防火段、水平防火段。特别是中庭防火部分具有连接建筑内外室的功能，但由于中庭火灾区域面积大，极易引起火灾蔓延、烟雾等问题，因此必须采取门窗防火措施等。

如发生火警，一般会切断建筑内所有升降机的电源，此时如果高楼大厦内没有安装消防升降机，可能会对消防工作造成相当大的障碍。因此，在设计消防安全的高层时，必须安装消防升降机，也需要根据每一个消防区段高度超过100m的一层楼的高度，安装不同数量的消防升降机，如高度超过100m的高度，则应设置一层遮蔽物，使地面外表面的第一层掩蔽部高度不超过50m，两层掩蔽部之间的高度不超过50m。

灭火器也是灭火的重要工具，必须确保高层建筑的灭火器数量达到现时《建筑灭火器设计说明书》所定的标准，并定期检查高层建筑如灭火器的质量和性能，检查消防栓、洒水器和消防设备等，使消防装置在高层建筑发生火灾时能正确对于标准层的病房，应必须具备两种装置，配备两个疏散梯和一个专用消防电梯，要求在不同医疗区域的内部都应安装乘客梯，临床阶梯不低于8个。高层建筑的病房，标准层严格按其面积划分，有严谨的科学计算标准，一般有两个防火区，消防电梯和楼梯安装都要符合科学安装要求。住院病人及其家人在发生火警时难以自救，特别是骨质疏松症病人需要医护人员特别协助，才能在火警中不危及生命，安全逃离。在这方面，建议在符合既定规范要求的情况下，尽可能增加疏散距离和宽度。

3.4 加强防火材料的质量管理

在高层建筑设计中，要认真研究、监督和管理防火材料、配件和施工设备，提前检查防火材料和设备的质量和性能，避免采购不符合施工规范的劣质防火材料和设备。应小心挑选以往从未使用过的消防物料及设备，以确保符合建筑规定[3]。同时，必须合理使用防火材料和设备，确保其在施工中得到合理使用。

建筑层数高对地基质量有严格的要求，对建筑材料也有更严格的要求，需要采用大量的复合材料来提高医疗建筑结构的稳定性，但复合材料具有更高的阻燃性能，医疗建筑的高层发生火灾后的内部蔓延速度也会上升，产生大量的烟雾和有害气体，因此在医疗建筑的设计和施工过程中，必须选择更耐火的材料，在保证施工质量的前提下，提高整体建筑结构的防火性能，为一流医院制定相应的防火材料质量标准模板，保证火灾不会对建筑整体结构稳定性造成损害，延长消防疏散时间，提高建筑结构各部位的耐火性。

3.5 制定完善的防火检查系统

通过对多起重大建筑火灾的深入分析，发现目前80%以上的火灾是人为操作问题或疏忽造成的。火灾的其中一个原因是人们吸烟后没有完全扑灭烟头，导致可燃材料着火，进而火势全面蔓延；二是气体和液体燃料泄漏导致爆炸；此外，有些电器在再次发生火灾时短路或过载。事故还发生了一些违反规定和其他工程师的违规行为，导致火灾。在这方面，要充分认识消防安全的重要性，必须让资深建筑工人有更大的责任感和防火意识。

3.6 提高消防救援人员的专业水平

对消防人员应当制定相应的消防安全制度和消防安全指示，引入具体的特种部队消防安全部门和负责安全的部门，定期进行一定的安全检查，组织检查和维护，及时消除安全隐患，为具体单位建立防火档案，确定防火重点，制定相应的消防救援方案。消防处应按照国家规定，配备相应的消防救援设施，并对消防人员进行安全教育，强调责任所在，让消防救援人员在开展消防救援时发挥作用，积极果敢地深入火场，也就是说，必须进行必要的心理锻炼，使他们能够从容应对突发事件，并定期接受消防安全训练，以便处理紧急任务。

3.7 提高群众防火意识

要减少医疗建筑发生火灾所带来的危险，不能单单通过加强施工来实现。这个问题需要在许多领域进行合作。因此，提高市民的防火意识也是一个关键因素。有关的医疗建筑当局应制订适合推广的深入人心的方案，宣传医疗建筑的防火工作，以灌输防火安全的思想，使人在日常生活中保持防火意识，也确保在其他场合遇到火灾可以自救。同时，应加强紧急防火措施的宣传，让市民提高安全意识，创造一个和谐美好有保障的社会大家庭，这是提高人民生活幸福度的必由之路。

4 不足与展望

建筑防火的发展也是一个需要不断更新升级的过程，同时需要大量的实际工程案例甚至事故作为代价去积累经验，查漏补缺。本文所提出的在不同的客观环境和经济条件下，制定切实可行的完善方案，但也不够全面和普遍，而且一个完好的消防系统也需要各部门通力协作，不过随着各专业发展和技术设施提高，人们防火意识加强，未来定会有更完善的防火设施以及更健全的建筑防火系统。

5 结束语

随着科学技术的不断创新和发展，城市化的趋势已经越来越明显，日渐成为主流，这只会越来越成为解决医疗建筑的消防问题的辅助工具之一，从国外学习、借鉴和引入新的技术手段，结合中国建筑的特色、消防布局，并不断优化以使成本最小化，减少医疗建筑发生火灾频率，促进社会经济的可持续发展。

参考文献

[1] 欧云峰．医疗建筑消防系统设计若干问题探讨[J]. 给水排水.2017 (11)：74-76.

[2] 吴启鸿，陈万才．我国火灾形势的总体评价及其防治对策［C］//中国消防协会．展望新世纪消防学术研讨会论文集．北京：中国消防协会发行部，2001：15-19.

[3] 王晓华．超高层建筑防火疏散设计的探讨［D]. 湖南：湖南大学，2007.

细水雾消防系统回顾与展望

崔景立[1] 张海宇[2] 周吉引[3] 周军榕[1] 候 克[1]

（1. 机械工业第六设计研究院有限公司，郑州；2. 悉地国际设计顾问（深圳）有限公司，上海；
3. 新乡市消防救援支队，新乡）

摘 要 从地方标准、行业标准及国家标注的角度出发，简单回顾了细水雾灭火系统在国内的发展，分析了其中的若干问题，并就细水雾灭火系统未来的发展做了展望。

关键词 细水雾 固定管网式 移动式 动态热性能 快速响应喷头 高压

0 引言

经过近20年的发展与应用，高压细水雾消防技术，从瓶组式和泵组式两种方式开始，逐步发展成为固定管网式细水雾灭火系统（细水雾灭火系统和细水雾消火栓系统）和移动式细水雾灭火装置（背负式、推车式和车载式）两个大类，逐渐建立起了较为完善的标准体系（国家标准、行业标准和地方标准、产品标准和工程技术标准），有力地推动了细水雾消防技术在建筑防火和火灾救援领域的应用。其他灭火系统，往往只能针对火灾三要素（可燃物、助燃物、火源）中的一项进行火灾扑救。而细水雾灭火系统，则可以针对助燃剂（窒息作用）和火源（快速高效冷却降温），在双重作用下，实现火灾的快速扑救。这也是细水雾消防技术快速发展的重要因素之一。

1 现行有关细水雾（高压）国家、行业及地方标准

进入21世纪以来，从地方标准开始，国内多个省、直辖市陆续发布了本地区的细水雾技术标准；档案行业、消防救援、林业等，也陆续发布了本行业的细水雾技术标准；国家层面也相继出台了有关细水雾的通用技术条件（产品标准）和工程技术标准。为配合细水雾消防技术的应用，中国建筑标准设计研究院组织编写了相应的国家建筑标准设计图集。此外，一些国家与行业防火技术标准也将细水雾消防技术纳入相应的条（款）。为了较为全面的回顾细水雾消防技术的发展历程，归纳整理了从2002~2019年期间陆续发布的部分有关细水雾的技术标准。细水雾消防技术有关国家、行业和地方标准见表1。

表1 细水雾消防技术有关国家、行业和地方标准

序号	标准号	标准名称	标准类别
1	GB/T 26785—2011	细水雾灭火系统及部件通用技术条件	国家标准
2	GB 50898—2013	细水雾灭火系统技术规范	国家标准
3	DA/T 45—2009	档案馆高压细水雾灭火系统技术规范	行业标准
4	GA 1298—2016	细水雾枪	行业标准
5	LY/T 2724—2016	车载式高压细水雾灭火机	行业标准
6	DB 33/1010—2002	细水雾灭火系统设计、施工及验收规范	地方标准（浙江省）
7	DBJ 01—74—2003	细水雾灭火系统设计、施工及验收规范	地方标准（北京市）
8	DB 42/282—2004	细水雾灭火系统设计、施工及验收规范	地方标准（湖北省）
9	DBJ/T 15—41—2005	细水雾灭火系统设计、施工及验收规范	地方标准（广东省）
10	DBJ 04/247—2006	细水雾灭火系统设计、施工及验收规范	地方标准（山西省）
11	DBJ/T 13—142—2011	细水雾灭火系统技术规程	地方标准（福建省）

续表

序号	标准号	标准名称	标准类别
12	DBJ41/T 074—2013	高压细水雾灭火系统设计、施工及验收规范	地方标准（河南省）
13	DBJ 50—208—2014	细水雾灭火系统技术规范	地方标准（重庆市）
14	DB22/T 2067—2014	细水雾灭火系统设计、施工、验收规程	地方标准（吉林省）
15	DB34/T 5019—2015	细水雾灭火系统设计、施工及验收规范	地方标准（安徽省）
16	DBJ41/T 162—2016	高压细水雾消火栓系统技术规范	地方标准（河南省）
17	DB21/T 2755—2019	城市轨道交通车辆火灾自动报警和细水雾灭火系统技术规程	地方标准（辽宁省）
18	12SS209	细水雾灭火系统选用与安装	国家建筑标准设计图集

2 细水雾消防技术的分类及相关问题分析

为规范高压细水雾消防技术的应用，公安部于 2011 年组织发布了 GB/T 26785—2011《细水雾灭火系统及部件通用技术条件》（以下简称“技术条件”），从 5 个维度对细水雾灭火系统进行划分。细水雾灭火系统分类见表 2。

表 2 细水雾灭火系统分类

序号	分类方法	类别 a	类别 b	类别 c
1	供水方式	瓶组式细水雾灭火系统	泵组式细水雾灭火系统	其他供水方式细水雾灭火系统
2	流动介质类型	单流体细水雾灭火系统	双流体细水雾灭火系统	—
3	系统工作压力 P（MPa）	低压细水雾灭火系统 $P<1.2$	中压细水雾灭火系统 $1.2\leqslant P<3.5$	高压细水雾灭火系统 $P\geqslant 3.5$
4	细水雾喷头型式	闭式细水雾灭火系统	开式细水雾灭火系统	—
5	系统应用方式	全淹没细水雾灭火系统	局部应用细水雾灭火系统	—

2.1 表 2 中关于“供水方式”和“流动介质类型”的分类，其本质上是基本一致的。以瓶组式细水雾灭火系统为例，究其工作原理，利用高压气瓶内的高压氮气为动力，将贮存在常压容器内的水压出，期间也会有一部分气体进入水流中，故而瓶组式系统也是双流体系统。泵组式系统多由活塞式水泵（柱塞泵）提供动力，无需额外气体动力，故而泵组式系统也是单流体系统。

2.2 表 2 中关于“系统工作压力”的分类，采用“分配管网中流动介质压力”作为划分标准。根据“技术条件”第 7.34.1 条关于单流体喷头流量系数测定的规定：“将 4 只细水雾喷头试样安装在试验装置上。试验压力从低于细水雾喷头最小工作压力 1.0MPa 至最大工作压力……”如果将细水雾喷头（细水雾枪）处的最小工作压力作为系统划分的标准，会更准确一些。毕竟，“分配管网中流动介质压力”和“细水雾喷头（细水雾枪）处的最小工作压力”，两者还是有些差别的。

2.3 根据喷头型式划分为开式系统和闭式系统，与自动喷水灭火系统的划分保持一致。

2.4 关于全淹没系统和局部应用系统，一些规范标准给出了相应的术语解释，综合在一起，有助于加深对相关问题的理解和掌握。全淹没系统和局部应用系统术语见表 3。

表 3 全淹没系统和局部应用系统术语

标准（标准号）	全淹没系统	局部应用系统
《气体灭火系统设计规范》（GB 50370—2005）	在规定的时间内，向防护区喷放设计规定用量的灭火剂，并使其均匀地充满整个防护区的灭火系统	—
“技术条件”	向整个防护区内喷放细水雾，保护其内部所有防护对象的细水雾灭火系统	直接向防护对象喷放细水雾，用于保护防护区内某具体防护对象的细水雾灭火系统
《细水雾灭火系统技术规范》（GB 50898—2013）	向整个防护区内喷放细水雾，保护其内部所有保护对象的系统应用方式	向保护对象直接喷放细水雾，保护空间内某具体保护对象的系统应用方式
《水喷雾灭火系统技术规范》（GB 50219—2014）	由水源、供水设备、管道、雨淋报警阀（或电动控制阀、气动控制阀）、过滤器和水雾喷头等组成，向保护对象喷射水雾进行灭火或防护冷却的系统	

综合表 3 中的 4 本标准来看，“局部应用系统”类似于水喷雾灭火系统，保护具体的防护对象，可以是室内的，也可以是室外的；“全淹没系统”类似于气体灭火系统，保护某一防护区（相对封闭），反之便不能称为全淹没。另外，从系统的动作原理来看，闭式细水雾灭火系统，其动作原理源于传统的闭式自动喷水灭火系统，喷头上的感温元件（玻璃泡）受热爆裂，喷头喷雾。开式细水雾灭火系统，其动作原理与传统的开式自动喷水灭火系统类似，由火灾自动报警系统进行联动控制。

出于对火灾控制的需要，无论是喷水还是喷雾，均规定了系统的作用面积。自动喷水灭火系统根据建筑物内部场所的火灾危险等级，规定了相应的喷水强度和作用面积；同样，《细水雾灭火系统技术规范》（GB 50898—2013）第 3.4.3 条也对作用面积做出了规定，要求闭式系统的作用面积不宜小于 140m^2，并规定每套泵组所带喷头数量不应超过 100 只。

分析细水雾闭式喷头的有关规定，“技术条件”分别在第6.22.14条和6.22.25条对细水雾闭式喷头的热敏元件强度和动态热性能做了规定，均要求符合《自动喷水灭火系统 第1部分：洒水喷头》（GB 5135.1—2019）的有关规定，并且要求其动态热性能符合GB 5135.1中快速响应喷头的规定。换句话说，闭式细水雾喷头与自动喷水灭火系统中较为常见的标准响应喷头和特殊响应喷头相比，具有更高的动作灵敏度，更有利于初起火灾的控制。

2.5 综合“技术条件”和《细水雾灭火系统技术规范》（GB 50898—2013）的有关规定，《细水雾灭火系统技术规范》第3.4.1条规定喷头的最低设计工作压力不应小于1.20MPa，基本上排除了低压细水雾灭火系统。事实上，经过多年的发展，低压细水雾灭火系统基本上已经踪迹难觅。另外《细水雾灭火系统技术规范》第3.4.2条规定：“闭式系统的喷雾强度、喷头的布置间距和安装高度，宜经实体火灾模拟试验确定。当喷头的设计工作压力不小于10MPa时，闭式系统也可根据喷头的安装高度按表3.4.2的规定确定系统的最小喷雾强度和喷头的布置间距；当喷头的设计工作压力小于10MPa时，应经试验确定。”从本条的规定可以看出，P≥10MPa的闭式细水雾灭火系统，其喷头布置的有关参数已相对完善，而中压系统和部分高压系统（$3.5\text{MPa} \leqslant P < 10\text{MPa}$）尚存空白。换句话说，$P \geqslant 10\text{MPa}$的闭式高压细水雾灭火系统，基本上已经成为闭式细水雾灭火系统的主流。

2.6 与开式自动喷水灭火系统使用雨淋报警阀（集中设置或分散设置）进行控制相比，开式细水雾灭火系统采用分区控制阀进行控制。相比之下，分区控制阀在建筑中的设置更为灵活，可以根据防护需要，随防护区就地设置。

3 对高压细水雾灭火系统的展望

3.1 细水雾灭火系统，虽然已经发布了“技术条件”和《细水雾枪》两项国家标准。但是，与自动喷水灭火系统相比，其标准化工作仍需进一步提高，从而推动行业的健康良性发展。以自动喷水灭火系统为例，相应的国家产品标准基本涵盖了整个系统的各个部件。自动喷水灭火系统已经发布的有关产品标准见表4。

表4 自动喷水灭火系统有关国家产品标准

标准	标准号	标准	标准号
第1部分：洒水喷头	GB 5135.1—2019	第2部分：湿式报警阀、延迟器、水力警铃	GB 5135.2—2003
第3部分：水雾喷头	GB 5135.3—2003	第4部分：干式报警阀	GB 5135.4—2003
第5部分：雨淋报警阀	GB 5135.5—2018	第6部分：通用阀门	GB 5135.6—2018
第7部分：水流指示器	GB 5135.7—2018	第8部分：加速器	GB 5135.8—2003
第9部分：早期抑制快速响应（ESFR）喷头	GB 5135.9-2018	第10部分：压力开关	GB 5135.10—2006
第11部分：沟槽式管接件	GB 5135.11—2006	第12部分：扩大覆盖面积洒水喷头	GB 5135.12—2006
		已废止，有关内容并入GB 5135.1—2019	
第13部分：水幕喷头	GB 5135.13—2006	第14部分：预作用装置	GB 5135.14—2011
第15部分：家用喷头	GB 5135.15—2008	第16部分：消防洒水软管	GB 5135.16—2010
第17部分：减压阀	GB 5135.17—2011	第18部分：消防管道支吊架	GB/T 5135.18—2010
第19部分：塑料管道及管件	GB/T 5135.19—2010	第20部分：涂覆钢管	GB/T 5135.20—2010
第21部分：末端试水装置	GB 5135.21—2011	第22部分：特殊应用喷头	GB 5135.22—2019

3.2 细水雾灭火系统与自动喷水灭火系统相比，既有相似的地方，也有不同的地方。从某种意义上讲，从自动喷水灭火系统，到水喷雾系统，再到细水雾灭火系统，如果仅从表面上看，水滴变得更细、运动速度更快，实则是基于灭火机理的改变而带来的一种“从量变到质变”的飞跃。因此，对于细水雾灭火系统的设计、施工、验收及维护管理，既要借鉴自动喷水灭火系统的成熟经验，也要突出细水雾灭火系统的特点。

3.3 细水雾枪（高压细水雾消火栓），具备良好的可操作性性，对建筑初火的控制与扑救非常有利[1]。一方面，移动式细水雾灭火装置（背负式、推车式和车载式）普遍使用细水雾枪；另一方面，固定管网式的细水雾消火栓灭火系统鲜有见到。这个问题，值得业内关注并研讨。

3.4 鉴于高压细水雾消防系统灭火用水量小，在建筑内部敷设管道时，无论是水平横管，还是垂直立管，占用空间小，对于既有建筑的消防改造[2]，也可以作为备选技术方案之一。

3.5 随着国内制造业的不断发展，随着国内高压泵阀行业的不断进步，也将为高压细水雾消防技术的应用和发展带来积极的促进作用。

参考文献

[1] 崔景立，贺际章，等．河南省高压细水雾消火栓系统技术规范简介［J］．给水排水．2017，43（4）：142-144.

[2] 崔景立．高压细水雾技术用于既有建筑消防改造研究［J］．给水排水．2013，39（1）：80-83.

浅析涉藏地区灭火及抢险救援难点和对策

卢志华

（四川省成都市消防救援支队特勤大队，四川　成都）

摘　要　四川省阿坝州藏区，地形特点极其复杂，建筑多为土木结构，群众对消防安全防范意识淡薄。本文通过分析涉藏地区的地形特点、建筑特点和人员特点，针对特殊的地理环境，提出涉藏地区灭火和应急救援的难点。结合实际，对涉藏地区灭火和应急救援抢险的对策分别进行可行性分析和探讨，以达到理论指导实践，理论丰富实践的目的。

关键词　消防　涉藏地区　灭火　应急抢险救援

1　引言

四川省阿坝州是藏族主要聚居地之一。灭火和应急抢险救援是消防人员义不容辞的责任，在目前现有的条件下，如何针对四川省涉藏地区情况，克服灭火和抢险救援的难点，切实保护人民的财产和保障人民的生命安全，客观上关系到民族问题，涉及社会和谐稳定发展。目前，对灭火和应急救援的研究国内较多，但对涉藏地区灭火救援的难点和对策研究空缺，本文通过结合当地实际特点，提出灭火和应急救援的对策，以丰富灭火和应急救援的针对性理论，从而达到理论指导实践的效果。

2　四川省阿坝州藏区概况

四川省阿坝藏族羌族自治州，位于四川省西北部和青海、甘肃省交界。该地区以高海拔山区为主，北部传统上属于安多地区，西部金川县、小金县属康区，面积 83426km^2，辖 1 市 12 县，行政中心马尔康市。阿坝州是四川省第二大藏区和中国羌族的主要聚居区。有着浓郁的民族特色，独特的地理环境，保留着传统的生活方式和地方特色。该地区以牧为主，农林牧渔业都有经营，属典型的老、少、边、穷、病地区。

地形特点：地形较为复杂，阿坝州地处青藏高原东南缘，横断山脉北端与川西北高山峡谷的结合部，地貌以高原和高山峡谷为主。东南部为高山峡谷区，中部为山原区，西北部为高原区。

气候特点：阿坝州气温自东南向西北随海拔由低到高而相应降低。西北部的丘状高原属大陆高原性气候，四季气温无明显差别，冬季严寒漫长，夏季凉寒湿润，年平均气温 0.8~4.3℃。高山峡谷地带，随着海拔高度变化，气候从亚热带到温带、寒温带、寒带，呈明显的垂直性差异，海拔 2500m 以下的河谷地带降水集中，蒸发快，成为干旱、半干旱地带，海拔 2500~4100m 的坡谷地带是寒温带，年平均气温 1~5℃，海拔 4100m 以上为寒带，终年积雪，长冬无夏。

3　涉藏地区灭火和应急救援的难点

3.1　灭火的难点

一是群众火灾防范意识极差，取暖方式原始又单一。阿坝藏族羌族自治州位于四川省西北部，是四川省经济相对比较落后的地区，信息传播不便利，人们文化水平普遍比较低，导致居民安全意识差，防火意识差。取暖主要方式为柴草和牛粪。极易造成火灾。牛粪和柴火取暖的过程中，一旦柴草和火源清理不及时，或者距离较近，都会造成不可控制的火灾。落后的文化水平和封闭的思想，导致阿坝藏族羌族自治州居民防火意识差。群众防火意识较差，发生火灾后，不积极主动，对消防人员的扑救配合度不够。错过扑救火灾的最佳时期。消防车辆和装备到达火灾现场，当地群众存在私自使用消防车辆中的器材装备，给救援工作和战术分配带来诸多不便和巨大困难。

二是房屋多采用土木结构，居住多为散居。由于浓郁的民族特色和特殊的地理环境，该地区建造房屋大多采用就地取材的方式，大多建筑都是按照古代生活习性和藏族本身特色修建而成的，竹木建筑，密集居住且未设立防火分区，由于为了适应当地的气候条件和气温变化，房屋结构多采用宝塔形状，下面大，往上层越来越小，第一层往往储放杂物和饲养牲畜，第二层居住为主，第一层的杂物往往有柴火和易燃物，在失去防备情况下形成了天然的可燃源。土木结构的房屋很容易燃烧。由于该地区牧民较多，部分房屋顺坡而建。散居的条件下，房屋之间间隔距离往往达不到防火要求，而这种居住形式同时导致房屋的密集程度较高。这样，一旦发生火灾，密集的房屋很容易相互燃烧，造成恶性循环。由于间隔达不到灭火要求，给火灾扑救带来极大困苦。

三是地形环境复杂，消防车辆很难到达。由于发生火灾的居民区，往往沿着山坡的地区，地形崎岖复杂，消防车辆很难到达最有利的位置，只好远远的停靠，主要采用手抬机动泵灭火，效率较低。州内海拔落差较大，最高为 3500m，最低为 1600m，道路基本为省道、乡道、村道，且路陡弯多、弯急，多为靠山而建的悬崖陡坡公路，这对消防车的扑救速度十分不利。

四是基础设施薄弱，大部分地区严重缺水。多数县城都是依靠河流修建，虽修建了市政消防栓设备，但是，大多数乡镇村都是依山而建，很多都是在半山腰，根本没有充足水源。对于部分高层建筑，这些宝塔状建筑最高可达 4 层。随着社会的不断发展，部分建筑修建了 20 多层的高楼，但是街道房屋密集，大型消防车辆难以进城。很多街道属于老街，道路十分狭窄，且没有足够的市政消火栓。甚至消防车都不能到达现场，导致灭火更加困难。

五是冰雪天气，火灾扑救难度大。冬天冰雪天气，道路难行，气候寒冷，水源缺乏，火灾很难扑救。冬季气温低至 30℃，河流及消防栓基本都被冻，只有个别采取了保温措施的市政消防栓能用，但受寒冷影响，供水压力也会减弱，路途较远的乡镇，消防车辆到达现场后，消防泵出口和水管都会被冻成冰块，甚至冻坏水泵，无法工作。

六是消防队伍能力参差不齐。国家队消防员较少，多为地方专职（合同）消防员，且专职队员的结构复杂，流动性较大，在体技能和专业的消防装备器材的训练和操作上难度大，给灭火战斗的整体实力提高带来很大难题。

3.2 抢险救援的难点

根据阿坝藏族羌族自治州的地理特点和居民建筑特点，将抢险救援火灾的难点总结为以下几个方面：

一是阿坝州境内道路弯多曲折，省道、乡道是当地的主要交通要道。这些道路狭窄，质量较差，很容易发生交通事故；

二是当地藏民经常上山采药和劳作，易发生坠落事故；很多事故发生在比较险峻的山崖内，或者其他危险的地方，为消防队员抢险救援带来了困难；

三是地理环境和地质关系，极易发生飞石、山体滑坡和泥石流；

四是抢险救援中存在救援力量不足，专业素质不高的现实情况，这些问题都制约着抢险救援的顺利实现。

4 灭火和应急救援的对策

针对涉藏地区的特点和灭火救援存在的难点，以下分别分析探讨灭火和抢险救援的对策，以及做出战略战术的部署和方法的探究。

4.1 灭火的对策

一是以练为战，加强实战演练。根据藏区特点，有针对性开展六熟悉和实战演练。常态化下消防演练工作都是针对重点单位、大型企事业和重要场所，往往忽视了社区、村寨、家庭，恰恰在藏区发生火灾率最高的为居民，所以，消防部门除了重点单位要及时制作预案并开展演练外，还要根据藏族的居民房特点和结构，走进家庭实际调研并开展演练，由于藏式房屋基本相似，可以达到以点带面的效果，从而降低藏式民房火灾扑救的盲目性。

二是提高火灾防范意识，强化宣传教育。大部分藏族群众的防火意识淡薄，在家私自乱拉接电器线路，生活用火取暖地方紧紧围绕床铺、牛粪柴火等地，存在较大火灾隐患。消防部门有针对性的印刷藏区防火知识宣传手册，开展消防文化知识下乡活动，深入村寨、社区、家庭和学校开展宣传教育，普及防火知识并传授基本的灭火技巧。

三是加强政府部门协调，合理运用灭火战术。藏区环境复杂，当地民众民风相对彪悍，发生火灾后，往往消防救援人员赶赴现场，部分群众救火心切将消防车装备全部一拿而空，又不会使用，让消防救援人员真正需要的器材找不着，更不能谈什么灭火的战略战术。针对此情况，加强政府协调，每次出任务要联系当地派出所和政府相关单位及时到达现场，开展外围的警戒和对群众的安抚工作，让消防救援人员能够按照战术及时开展战斗。

四是全面提升消防员的灭火作战能力。灭火作战能力是衡量队伍救援能力整体水平高低的重要标准。加强日常的训练和演练工作，从实战化入手，树立仗怎么打、队伍就怎么练的思想，从体技能的硬实力和指挥能力的软实力上下功夫。战斗员要从自身的体能、技能业务素质上下功夫，指挥员要结合实际，从战略战术上下功夫，并结合藏区的房屋结构，存储的物品中钻研最安全快捷的灭火方式，从而整体提升灭火综合实力。

4.2 抢险救援的对策

4.2.1 抢险救援的重要性和特殊性

抢险救援直接关系着人民生命财产的安全。抢险救援的第一原则就是救人，要求快速、准确地对事情作出判断和处理。成功的救援能给人民群众带去更多安全保障，所以抢险救援人员应该具备灾害应急救援的本领、现场急救的本领、单兵作战的本领、快速适应作战体系的本领、组织指挥的本领等。

4.2.2 涉藏地区抢险救援对策

针对涉藏地区抢险救援存在的问题和难点，应作出以下调整：

一是道路崎岖弯多，危险系数大。州内多为省道、乡道、村道，加上夏天山体滑坡、泥石流，冬天冰雪道路等情况，极易发生交通事故，针对这种情况，首先，从交通部门出发要建立健全交通预警设施和加强执勤巡逻，同时建立交通道路处置应急预案，并加强对各部门的沟通联系。其次，当事故发生时，消防救援人员要第一时间赶赴现场，正确评估人员伤情和事故状况，妥善分类救援，加强跨部门合作，缩短急救时间，有效避免和减少交通事故发生。

二是强化高山海拔艰苦地区野外救援工作。针对特殊地理环境和地质环境灾害多发的情况，结合当地居民经常外出采药和劳作容易发生各类坠落事故。一方面，消防救援人员要有针对性地开展地震泥石流救援训练、拉练等工作，并针对高海拔，深悬崖开展高强度，大跨度的救援演练。并建立制定救援预案和建立机制，成立专门应急救援分队，一旦事故发生，启动整个救援体系。

三是加强队伍建设，提升整体综合实力。对抢险救援人员进行人员的补充和专业素质的系统训练。强化指战员熟知和运用六种能力。即能堵能释、能进能出、能上能下、能启能断、能测能识、能综合协同作战“六种能力”。对化工场所、高层地下水域等场所，加强学习和预判，在复杂的灾情面前，就会临阵不乱，运筹帷幄，正确有效地实施救人排险处置任务。

5 装备建设难点

5.1 目前装备的现状

目前，州内消防救援队伍灭火和抢险救援装备参差不齐，且和其他城市相比十分落后，同时存在装备配备不合理，由于经费的原因，有些单位装备配备较为齐全和高端，个别单位配备较为普通。车辆配置上，大部分中队车辆配置为一台水罐泡沫消防车，两台水罐消防车和一台抢险救援车，个别单位有举高消防车，但是在真实的火灾现场，除了城市和乡镇主要干道大型水罐消防车能达到，更多的地方车辆太大无法抵达灾害现场，更不用说展开实施救援。装备上，部分单位有大型救援车和救援设备。由于道路狭窄，车辆和设备根本不能到达现场。很多火灾和抢险救援高精尖装备也用不上，一直存放库房。由于灭火救援装备不实际性，给灭火和抢险救援工作带来较大困难。

5.2 灭火器材和装备建设

针对藏区道路狭窄，房屋多为土木结构和交通道路的实际情况，因地制宜，根据辖区的实际情况配置有效的消防车辆和器材装备，除个别城市的地势和发展的因素外可以配备部分高尖端灭火和抢险救援设备。大部分灭火和救援器材要采取常规和实用的原则，比如道路崎岖，城市内道路狭窄，消防车辆不能驶入，可以配备消防山地摩托，装载简单的灭火剂和轻型的灭火设备能够第一时间到达救援现场；配置轻便型大功率手抬机动泵，达到实现供水、取水的捷径；配置轻型便捷抢险救援设备，在交通道路、陡坡悬崖救援中既能方便携带又能方便操作等器材。

6 小结

综上所述，在灭火和应急抢险救援过程中，消防救援队伍的战术原则是“救人第一，科学施救”。目标是以最短的时间用最快的速度迅速灭火或把火灾控制在最小的范围内，保护人民的生命和财产免受灾难的侵害。为此目的，需要我们根据实际情况，在战斗中总结方式方法，讲求作战的战术和方法，宏观把握、微观着手、不断实践、不断发展和完善。涉藏地区灭火和应急抢险救援，虽然困难重重，条件恶劣，但是，只要我们同心协力，运用科学的指导原则、因地制宜的战略部署和采用科学合理的战术方法，一定能够达到预期的效果，高质量地完成保护人民生命财产安全的使命。

参考文献

［1］岳金柱，冯仲科．基于森林灭火救灾行动的风险控制与应急处置对策研究［J］．中国公共安全（学术版），2008，Z1：83-88.

［2］吴晓斌．应急救援体系探讨与实践［D］．长安大学，2013.

［3］耿晓稚．应急救援体系建设中的消防部队职能研究［D］．内蒙古大学，2010.

［4］靳瑞峰．沿海化工园区工业防灾规划技术方法探析［D］．天津大学，2013.

［5］张立媛．高速公路隧道安全评价与应急管理技术研究［D］．重庆交通大学，2011.

［6］李金秋．黑龙江省森林火灾救援中应急物资的调度优化研究［D］．大连海事大学，2013.

联调联战工作机制在实际运行中的问题探讨

崔文涛

（淄博消防救援支队，山东　淄博）

摘　要　2020年2月，山东省政府办公厅下发《关于建立健全全省应急救援力量联调联战工作机制的实施意见》（以下简称《意见》），旨在“专长结合、协同应对；分级负责、属地为主；科学研判、准确把握”的原则下，有效整合政府、企业、社会应急救援队伍和应急救援专家四类力量资源，依托各级消防救援队伍指挥中心建成上下互联、日常联勤、应急联动和联动保障机制。

关键词　消防　社会救援力量　联调联战　应急联动

1　联调联战工作机制的必要性

1.1　国家综合性消防救援队伍承担的新职能

当前，国家综合性消防救援队伍肩负预防和化解国际重大安全风险、共同对抗各种自然灾害的重大责任。由“单一灾种”向“全灾种”和“大应急”进行转变，已经不再局限于传统的灭火救灾，而是涵盖了地震、山洪、危险化学品、核事故以及其他灾难处理。

1.2　国家综合性消防救援队伍面临的新环境

2021年，国家综合性消防救援队伍共接报处理的各种警情195.6万起，全年有6个省出警任务量达到10万起以上。警情任务区域愈来愈广泛，包括高空、地下、水上、严寒、高热、污染等恶劣大气环境，火灾扑救任务面临的场所更复杂，处置中的风险更高，且处理难度更大。

1.3　社会救援力量的不断发展

我国社会救援力量组织形式灵活多样，在各类应急救援中发挥着重要作用，是我国救援力量的重要组成部分。如淄博市机械工程应急救援队，登记在册的工程机械车辆2000余辆，可一次性调集挖掘机、铲车等200余辆，在2018年寿光洪灾、2019年利奇马台风救援中起到重要作用。

2　联调联战工作机制实际运行中所遇到的问题

2.1　救援队伍掌握不完全

在《意见》中提到，各级救援队伍要做好大局意识和责任意识，积极主动与国家综合性消防救援队伍对接开展联动培训、演练等活动，增强反应能力。就目前情况而言，能够主动对接的很少，只靠消防部门去对接，很难全面掌握各领域应急救援队伍信息。分析原因，虽然山东省各地市均出台相应的联调联战机制建设，但对于社会救援力量尤其是民间救援组织的约束性不强。

2.2　队伍之间信息不畅通

主要体现在救援队之间资源和信息的不共享以及救援现场通信不畅通。消防部门对社会应急救援物资装备单位的名称、种类、数量、分布、储备、功能、呼叫方式和联系方式等不掌握。一旦出现重大灾情需要时，经常是临时打听，又需要通过政府各职能部门且审批的层次和环节较多，往往无法进行调度。在救援现场，各救援队伍之间没有统一的联络方式，加之各类干扰因素较多，很难完成指令的下达及接收，对救援工作造成很大的困扰[1]。

2.3　作战任务不明确

《意见》还提出，当出现自然灾害时，在地方党委、人民政府的统一领导下，由各地应急管理机关和国家综合性消防救援队伍负责指导各类紧急救助力量，开展抢险救助。但在实际救援时，由于对各救援队伍的救援物资、人员能力素质不够了解，再加上平时缺乏联动，很难科学合理分配作战任务，整体配合不力，工作任务目标不明，在时间紧、任务重的情形下，严重影响了救助行动的高效进行。

3　联调联战工作机制发挥最大效能的几点意见

3.1　健全保障制度，逐步建立社会救援能力

各级应急管理部门应当会同民政部门，关注社会救助力量的“入门级”和“质量级”，科学指导新申请注册的社会救助组织，合理规范注册程序，避免其专业上的“无用性”

和“同质性”，使本地区的救助力量有序、科学地发展。政府有关部门还应制定相关法律法规，进一步强化对社会救援能力的保障，扩大各救援队伍对有偿服务能力的要求范围。一是进一步强化政府援助，通过对应急救援队伍的技术装备、保障资金、培训质量等综合测试水平，逐步形成社会救援能力专业救护技术装备和培训标准，建立经过各地应急管理局评审，并列入应急救援系统的社会救援能力培训技术标准。二是政府部门与社会救援力量合作，进行有偿服务，通过类似机制，提升社会救援力量的装备、人员储备质量及业务水平，同时能加强社会救援力量的积极性。同时政府应当逐步建立社会信用制度，通过对公众平台、社会救援力量的综合能力、救援对象反馈信息、行业评价标准等各个维度的社会信用评估，对各社会救援力量的主要实力、信用等级进行社会信誉记录。对信用等级最高的社会救援队伍、信用等级更低的队伍以及违反约定的队伍予以政治奖励、经济奖励以及装备奖励，发出批评通知，减少考核等级，甚至取消建队资格，构建合理的应急监管体制，推动社会救援能力的健康发展[2]。

3.2 定期组织培训，加强队伍能力

为增强各部门专业技术人员的协同作战能力，各地人民政府应牵头组建地方救援队伍，统一协调公安、地震、民政、医院等有关部门力量，在救援队伍的基本建设和长远发展基础上，大力加强综合能力建设，形成有效管理机制，并通过采取指挥与训练、专门与综合、实战与演练相结合的方式[3]，定期进行桌面演练和业务交流，不断适应应急机制，提高各方快速响应、灵活协调的救援能力。救灾完成后，适时组织参战部门及队伍总结经验做法，进一步发现问题不足，提出完善和提高建议，并以书面报告或会议纪要形式抄送各救援队伍和联动部门，做到打一仗、进一步。

3.3 加强社会救援力量文化建设

社会救援力量文化的建立，离不开国家政府部门的扶持与指导。在国家立法、教育宣传等方面，将逐步规定社会救援力量的社会地位、法定地位、义务、社会保障措施，以及社会荣誉。社会主义文化意识的培育，既是提高社会救援力量社会认同感，又有利于新生力量的培养。同时还需要进一步健全个人意外保险体系，以及处理社会救援用车的高速收费等细节问题[2]。

3.4 坚持消防救援队伍主导地位

各救援队伍应由国家综合性救援队伍统一指挥调度，依托其智能接处警系统进行统一调度指挥，需要社会救援力量到场时，可一键调派临近社会救援力量到场有效配合，开展救援工作。在灾情发生之后，应加强对相关信息的收集整理、系统分类，然后根据受灾状况、救援难度和被困人员等情况，对社会救援力量作出合理分配，更好的发挥各救援力量的优势，增强联合处置效能。各救援力量有着不同的优势特点，在救灾工作中，各救援力量应根据各自的优势积极配合，全面提高处置各类灾害事故的能力。促进地方政府建设健全紧急救灾现场指挥部工作制度，建立在政府统筹组织带领下的“地方政府部门统筹组织协调、国家综合性消防救援队伍专业指挥”的工作模式，发挥国家综合性消防救援队伍主战主调作用，由政府授权实施分级指挥、专业指挥，统筹前方救援处置行动，确保指挥体系高效顺畅[4]。

3.5 完善作战指挥平台建设

以智能接处警系统为基础，打造融合多领域救援队伍的调度系统，各救援队伍的人员信息、装备物资信息、擅长领域等分级分类纳入系统，遇有灾情可第一时间通过系统调度。建立前后连贯、上下左右连接、部门协作的统一领导调度管理指挥工作网络系统，畅通消防救援队伍和各地区应急联动单位的指令链路，接入应急、气象、水利、自然资源、交通等部门的系统平台数据，为救援行动提供信息支撑，形成良好的信息流动能力，进一步把社会救援能力融入国家应急管理系统，做到统筹调度、数据共享、快速反应，充分发挥最大效能。为了促进应急部门和社会救援力量的信息交流与共享，有必要将应急部门和社会救援力量的信息交流与共享标准化，并逐步将应急资源的信息共享列入社会应急机构的主要工作范畴。在分工原则和信息协同管理相结合的原则基础上，进一步建立基本信息与专门信息系统相结合的管理原则，以发挥综合效用。各级救援力量可实时查阅相关资料，以方便于平时演练和战时指导[1]。

3.6 充分发挥社会救援力量的协同处置效能

社会救援力量的参与必须是统一调配、有序进行，才能更高效的处置各类应急救援。社会救援力量大部分是自治性组织，由于组织结构、管理方式、救助方法的不同，在应急救援中不可避免的会产生意见分歧，发生矛盾，影响救援效果。同时，如果社会救援力量间缺少配合，也极易导致物资供应中的公共资源浪费。所以，要着力形成以政府部门为主体、各社会救援力量协同治理的新模式，以此维系着相互协调、秩序化的自组织状态。同时，明确救援目标，相互配合，相互信任，协同作战，实现救援效能的最大化[5]。

4 结语

综上所述，必须充分认识到实施联调联战工作机制的重要性，以此提高在应急救援中的适时性与有效性。联调联战工作机制，能够使相关救援力量第一时间到达事故现场，协助国家综合性救援队伍开展救援工作，从而确保应急救援工作高效处置，最大限度保护人民生命财产安全。为此，各级政府部门应加大联调联战工作机制建设，强化政策保障和经费保证，充分发挥各救援力量的联合战斗力。

参考文献

[1] 祝贤高．社会应急联动资源信息共享机制的探讨［C］//2010 中国消防协会科学技术年会论文集．2010.

[2] 朱均煜，侯亚欣，肖磊，等．新时代社会救援力量建设可持续发展研究［J］．消防科学与技术，2021，40（5）：4.

[3] 张海龙．消防部队与联动单位协同作战问题探讨［J］．武警学院学报，2012，28（4）：2.

[4] 李志刚．浅析提升消防部队灭火救援能力［J］．工程技术（全文版）：00048-00048.

[5] 张胜玉，葛文静，薛安邦．我国社会力量参与应急救援问题研究——以“8·8”九寨沟地震救援为例［J］．金陵科技学院学报：社会科学版，2018，32（3）：4.

山林火灾预警与应急通信保障初探

宁 宇

（淄博市消防救援支队，山东 淄博）

摘 要 文章主要结合当前消防改制后的山林火灾扑救任务，涉及现场公网信号覆盖缺失，通信不畅的问题进行尝试性研究，多种途径多种手段保障山林火灾及各类灾害处置的通信畅通。

关键词 消防救援 山林火灾 应急通信保障

0 引言

我国森林资源十分丰富，森林总面积约 1.75 亿 hm^2，位列世界第五位。森林防火工作是我国防灾减灾工作的重要组成部分，是国家公共应急体系建设的重要内容，是社会稳定和人民安居乐业的重要保障，是加快林业发展，加强生态建设的基础和前提，事关森林资源和生态安全，事关人民群众生命财产安全，事关改革发展稳定的大局。[1] 如何解决防火问题，是林业工作的重中之重。随着消防部队改革转隶以来，尤其是原辖区无森林消防队的地区，山林火灾的扑救任务划归消防救援队伍，各省各地市也积极争取政策，落实森林专业队建设资金，根据各地山林分布建设了基础山林火灾扑救体系，以笔者所在的地市，短短两年时间建成了直属队在内的 3 个大队、8 个森林专业站，起到了积极的保障作用。

以前的森林、山林火灾除森林消防队外，多数为地方林业防护部门的兼职人员负责，相对装备比较落后，灭火效率低，迫切需要一支新生力量来起到专业队的作用，其中也提出了诸多要求：人员素质、装备配备、体系建设、山林火灾技战术、实战经验、培训机制等等。经过近三年队伍建设及灾害处置，锻炼了队伍、收获了诸多经验，但也发现了很多亟待解决的难点问题，结合笔者的专业范围我们着重探讨解决下山林火灾的预警及现场应急通信保障体系的建设。

1 火灾预警体系建设

1.1 火灾预警的必要性

森林、山林是全国生态建设的主要组成部分，每年的森林火灾频发对生态造成了严重破坏，如何将科技手段用于资源检测，对初起火情早预报、早发现、早处置，尽量将灾害消灭在萌芽阶段已成为森林防火工作的重大课题。山林火灾的特点是发生、扩散、蔓延非常迅速，与城市火灾处置一样，针对初起火灾的高效处置是整个战斗的关键一环。这个环节就是需要

对山林火灾进行准确有效的预警，在以前整体信息化技术还不能有效支撑各类预警应用，多数还是要靠人工进行甄别，通常利用的是高空瞭望，分组巡查等，这也是火灾预警体系建设中亟待解决的问题。

1.2 预警手段

1.2.1 国际通用的森林火灾预警机制

综合全球的森林火灾预警机制及体系建设看，发展方向各不相同，如德国目前主要应用“Fire-Watch System”森林火灾自动预警系统，该系统主要依靠数码影像分析对灾害进行识别与定位。优点是监控监测半径大，预警准确，缺点是部署成本较高。美国主要利用专用卫星，探测地面高温地区、烟雾地带及各类森林火灾痕迹，同时美国还尝试使用林火预警机进行 24h 建设，效果较好，耗费资金巨大。加拿大采用从卫星上发射电磁射线检测林区温度，当检测出林区局部温度并判断是否为火灾条件，并能够定位具体测定温度[2]，同时与美国相仿，采用直升机巡检作为辅助。目前全球预警的信息手段基本也是未来山林火灾预警的主要发展方向，我国整体预警信息化体系建设起步虽然比较晚，但随着技术支撑手段的不断发展，未来我国森林火灾预警手段一定会走在世界前列。

1.2.2 国内森林火灾预警机制建设。

基于我国森林资源面积较大，区域分布相对集中，利用近地卫星对林业火灾进行预警在目前看是最行之有效的手段，随着我国航天航空技术的飞速发展，最早在 1986 年开始就利用气象卫星对森林火灾进行有效的预警，近年来更是综合利用国家各类卫星资源实现了高效的林火监测。

国家卫星林火监测是近几年发展起来的利用气象卫星和陆地资源卫星进行森林火灾监测的先进手段，是现代森林防火工作中技术含量最高、在空间层次上也是基于高层的森林火灾监测手段。主要可对大面积森林的无死角、全天候、实时监控，不仅可以及早发现早期林火，特别是边远地区和人烟稀少地区的林火，而且可以对已发现的林火，特别是重大林火蔓延情况进行连续跟踪监测，为扑火提供辅助决策，也可以为日常森林防火及航空护林提供气象、地理信息以制定各类预案。结合原有的山林火灾防控体系，基本建成“高空有卫星、中空有飞机、地面有视频和巡护人员”的立体林火预警监控体系。

2 指挥调度体系搭建

首先要部署以森林火灾监控体系为基础的综合调度指挥平台，以各森林重点区域调度为中心，下至各地市级森林防火指挥机构为骨干节点，着力构建空中与地面、有线与无线、固定与机动相结合的链式、立体应急通信系统。该指挥调度平台的主要功能要实现所有前段森林火灾预警数据、处置力量、车辆器材、地方保障等信息的高效融合，实现全网无缝一体化调度指挥。同时具备强大的信息汇总分析能力，尤其是要综合多种现场监控手段上传的数据进行汇集汇总分析，并能够生成有效的处置方案。

2.1 层级部署

一是满足 3 种应用需求：日常勤务（人员管理、信息统计、数据管理、巡查管理、实时监控等）及快速建联扑火作战能力、远程跨区支援调度力。二是提供 3 级指挥措施：高效指挥（森防基指、火场前指、扑火队）、平战结合、有效应急。三是构建 3 层组网方式：林区骨干网（横向贯通/可联可拆/IP 互联）、前指指挥网（迅速建联/机动布置/高度

抗毁）、扑火战斗网（纵向打通/伴随保障/分流业务）。

2.2 功能组网

由点到面，逐一击破。一是建设重点区域应急通信保障服务平台。二是建设多层级、多功能指挥调度平台支撑。三是构建地市级卫星、有线、无线通信调度节点。四是打造前后方通信关联，实现全网调度信息的覆盖。五是部署各站无人机监测通信平台，实现航空护林飞行器的通信互联。

3 应急通信支撑体系

该模块是落实到现场火灾处置最为重要的一环，对整个火灾扑救效能起决定性作用。

3.1 现场通信目标

实现前方现场全网广域覆盖、全员协同通信、实时高效指挥、信息资源共享、资源GIS管控和任务交互。综合多种通信手段保障火灾信息传输，充分融合卫星通信技术，辅以现代通信技术支撑，提升灾害处置效能，为用户提供便捷高效、稳定可靠的无线应急通信保障。

3.2 应急通信手段

3.2.1 卫星通信

该通信模块基于应急通信专用卫星链路，依托各类移动站、地面站及中心站对整个调度体系内的数据、语音、图像等信息进行实时传输，该模块不受任何地域限制，具备全天时全天候特性。尤其是随着目前北斗卫星系统的全面建成，基于此北斗卫星终端的应用在消防队伍也逐渐普及，协同现有的各类动中通、静中通、轻量化卫星便携站及各类手持卫星设备应用，基本可满足现场应急通信的指挥框架，这也是整体应急通信支撑体系中最重要的组成部分。

3.2.2 公网通信

该模块在城市火灾扑救中发挥了重要作用，但在广袤的山林灾害处置中，作为大区制通信应用，公网通信效能变得苍白。但随着公网基站覆盖率的不断增加，在某些森林区域也基本能够实现无缝覆盖，在此基础上公网对讲、5/4G数据传输等应用相对成本低廉，带宽有保障，可以作为专业指挥的日常应用有效补充。

3.2.3 专网通信

该模块主要针对的是现场前后方各级调度指挥语音网的组织实施，目前以火灾扑救小队为基础组成，主要通信超短波加中继的方式实现区域通信，该通信模式具备通信速率快、延时短、反应迅速等优点，但同时由于信号覆盖范围的问题存在通信距离较短的弊端。在此基础上，用短波通信作为超短波通信的补充，利用分组节点的短波电台实现以战斗小组为单元的远程无线调度应用。

3.2.4 融合通信

上述的各类通信手段在某种条件下都具备各自的优劣势，在此基础上，运用多种通信手段进行保障才是最可靠的。但由于各种通信设备终端的信号类型、制式、信号载体不同势必造成现场作战人也的终端数量较多，容易形成“通信负担”。笔者根据气场应用实际提出首先要以作战单位作战编组为单位配齐应急通信保障器材人员，该人员就是专职应急通信保障人员，用于保障本单位的所有信息上传下达任务。二是要积极将设备轻量化，随着技术的不断发展，各类集成终端应运而生，如可以利用卫星通信与现场超短波通信进行中继组网的一体化设备，将各类公网专网应用集成一体的个人单兵装备。三是辅以各类MESH、LTE自组网、各类软硬件技术，实多网通信的融合，达到有效应急、高效指挥。确保在发生森林火灾时，能够通过多种通信手段保障火灾信息传输畅通，从而最大程度为灾害处置提供技术支撑。

参考文献

[1] 马天，郑君，王智超．森林小班林火蔓延模型信息化研究［J］．林业调查规划，2013，38（2）：6.

[2] 王子豪．林火前端探测节点设计与实现［J］．电子世界，2016（20）：2.

泡沫灭火技术装备现状及应用调研报告

刘 波

（四川省消防救援总队，四川 成都）

摘 要 泡沫灭火装备是消防救援队伍在处置易燃液体火灾时最主要的灭火装备。随着各类新材料、新工艺的不断应用，对灭火救援技术提出了新要求。普通泡沫灭火药剂、发生器具和常规灭火技战术早已无法满足超大型油罐火灾扑救需要。加之各类新型泡沫灭火装备的应用以及泡沫灭火技战术的理念升级，针对泡沫灭火技术装备现状及应用急需开展针对性、系统性的研究。

关键词 泡沫 灭火技术装备 灭火效果 研究应用

1 引言

泡沫灭火装备是消防救援队伍在处置易燃液体火灾时最主要的灭火装备。随着各类新型泡沫灭火装备的应用以及泡沫灭火技战术的理念升级，泡沫灭火技术装备在灭火救援战斗中的作用更加明显。开展泡沫灭火技术装备现状及应用调研，对于提升消防救援队伍装备能力建设提升至关重要。

2 泡沫灭火技术装备现状

在以往的理念中，提到泡沫灭火装备，人们想到的仅仅是泡沫枪和消防炮，对于在石化技战术中的应用也围绕这类装备来进行布置，而类似泡沫钩管、高倍泡沫产生器等泡沫灭火装备的应用较少[1-3]。近些年来，随着石化专业队的建设，消防救援队伍在泡沫灭火装备上进行了大大的加强，各类新型泡沫灭火装备不断配备，泡沫灭火装备呈多样化和综合应用发展，具体表现在：

2.1 消防炮向着大流量和远射程方向发展

手抬移动式消防炮的流量为30~100L/s，为了满足大流量灭火需求，各专业队多配备流量为60~100L/s的消防炮，但是往往在大型火场中此流量也不能满足需求。随着远程供水系统的普及，供水问题得到解决，消防救援队伍在消防炮的配备和使用上向着大流量和远射程方向发展，部分支队配备了流量大于120L/s以上拖车式消防炮，射程超过100m，最大流量的拖车式消防炮甚至高达400L/s，同时车载消防炮的使用率也大大增加[4,5]。

2.2 泡沫钩管的推广和应用

随着三梯次、三叠加战术的推广，泡沫钩管受到了消防救援队伍的重视和应用，泡沫钩管较泡沫枪和消防炮有着泡沫性能好和无沿程损失的优势，在围堰火灾、储罐全液面火灾中的具有较高的灭火效能，甚至出现了高喷消防车改装为泡沫钩管高喷车的新型装备。

2.3 中高倍泡沫产生器的推广和应用

中高倍泡沫产生器在以往的灭火战术中应用较少，随着三梯次、三叠加战术的推广，消防救援队伍加强了中高倍泡沫产生器的配备，特别是以暴雪为代表的手持式、推车式中高倍泡沫产生器在很多支队中进行了配备，也出现了高喷消防车将消防炮改装为中倍泡沫产生器的新型装备。

2.4 “三梯次、三叠加”战法的推广

“三梯次、三叠加”战法，就是采用低中高倍数泡沫叠加组合和梯次释放，形成“低倍主灭火、中倍推低倍、高倍强补位”的泡沫释放方式。在此战法中，低中高倍泡沫灭火装备均得到了应用和发挥了各自特有的优势，是泡沫灭火技战术的一次全新理念升级。

3 泡沫灭火技术装备存在的问题

3.1 泡沫灭火装备在喷射性能和使用便利上仍需进行改进和提升

国外NFPA 1964《Standard for Spray Nozzles》、BS EN 15767-1《Portable equipment for projecting extinguishing agents supplied by fire》、UL 162《Foam Equipment and Liquid Concentrates》等相关标准中对于泡沫灭火装备的流量和压力进行了要求，但是对于泡沫喷射性能的要求极少，国内GB 25202—2010《泡沫枪》[4]、GB 19156—2019《消防炮》等产品标准对于泡沫喷射性能进行了一定的要求，虽然泡沫灭火装备均获得了检测报告，但是检测时仅仅采用某一种类型泡沫灭火剂，往往不能代表泡沫灭火装备实际的喷射性能，泡沫灭火剂类型众多，通过实际喷射发现，泡沫灭火装备在实际喷射中泡沫倍数、25%析液时间、射程等等泡沫喷射性能均不能达到标准规定。泡沫灭火装备的结构也多种多样，吸气孔的大小和位置、发泡筒的长短和粗细等等，对于喷射性能具有较大的影响，而生产厂家更多注重于提升流量和射程，往往忽略了在大流量下的泡沫喷射性能，泡沫灭火装备的喷射性能仍需进一步改进和提升[6-8]。

另外，火灾现场情况复杂，随着各类泡沫灭火装备的使用，泡沫灭火装备在使用上的不足逐渐体现出来。例如泡沫钩管在储罐全液面火灾垂直设置时，难以达到罐顶，与拉梯捆绑的效率和效果也有待提升，在围堰火灾横向布置时手持难以固定；大流量手抬式消防炮连接充实水带难以移动，中高倍泡沫产生器射程较近多为手持式装备，人员需抵近作战等等，虽然问题不大，但是往往延误了作战时间和效果。

3.2 泡沫灭火装备效能得到注重，但缺乏科学效能测试技术方法

泡沫灭火装备要想取得良好的灭火效果，必须发挥出最优异的装备效能。但是目前基层消防救援人员往往只停留在“会用但用不好”的表面层次，每一种泡沫灭火装备均有最佳工作状态。消防救援局一直在推广泡沫灭火装备效能测试的理念，但是目前仅仅以目测打出的泡沫为“棉絮状”即为达到最佳状态，缺乏科学的缺乏泡沫效能测试的理念和技术方法，特别是在目前“三梯次、三叠加”战法中要求施加前进行泡沫校验，只以喷射器具喷射出泡沫即可。泡沫灭火剂类型众多，泡沫流动性好，则灭火速度快，泡沫稳定性好，则抗复燃效果好，消防救援人员多数不知何种泡沫状态适用哪种火场需求，即使个别指挥员计划开展泡沫效能测试，也缺乏相应的技术方法和手段。

3.3 移动装备难做到抵近精准施加泡沫

火场浓烟滚滚、能见度低，影响火情侦察、现场研判、作战指挥，消防救援队伍往往受制于路面、防火堤、油罐装置密集等原因，消防车难以抵近火源，即使能抵近人员安全也时刻受到威胁，同时受装置、油罐等遮挡原因，泡沫无法直接喷射火源，同时加上现场车辆装备多、管线多及消防车通道窄、转弯半径小，后期增援到场的攻坚车辆装备难以占据有利作战阵地，导致难以通过消防车等移动装备精准施放灭火泡沫，攻坚装备作用难以发挥。

虽然大流量远射程的泡沫灭火装备能够施加泡沫到达火源位置，但是泡沫受风速影响较大，根据研究表明只有约40%的泡沫施加到了液体表面，造成了泡沫灭火剂的大量无效施放，严重影响了灭火效率。同时泡沫强施加会对液面造成较大扰动，灭火效果较差，泡沫缓施加的灭火效果最佳，若想实现泡沫缓施加，必须实现泡沫灭火装备的抵近精准施加，新型的泡沫钩管高喷车和中倍泡沫高喷车就是基于此理念而形成。目前的泡沫灭火装备往往缺乏抵近施加的手段，泡沫钩管高喷车和中倍泡沫高喷车受臂架限制也只能在小型火场中使用。

3.4 基于实战场景的新型灭火技战术研究不足

“三梯次、三叠加”战法的理念新，灭火作战效果好，但是仅仅适用于围堰池火场景，而石化火灾的场景类型很多，包括固定顶储罐全液面火灾、内浮顶罐密封圈火灾、内浮顶罐全液面火灾、外浮顶罐密封圈火灾和外浮顶罐全液面火灾等等，基于低中高倍泡沫综合应用的理念可借鉴于各类火灾场景的灭火技战术中，基于实战场景的新型灭火技战术研究仍需进一步研究和加强。

4 对策与建议

针对上述问题和不足，在泡沫灭火技术装备应用方面，提出以下建议：

4.1 开展泡沫灭火装备喷射性能和火场适应能力提升研究

进一步开展文丘里管原理理论研究，通过数值模拟分析实现泡沫灭火装备的结构优化设计，开展泡沫灭火装备与泡沫灭火剂的适配性研究，进一步提升泡沫灭火装备喷射性能。

通过分析泡沫灭火装备在火场的使用方式、使用场所和设置模式，通过加装夹具、改进固定结构等“小改进小发明”，进一步提升泡沫灭火装备的使用便利性和火场适应

能力。

4.2 开展泡沫灭火装备效能测试方法及装置研究

一是以泡沫倍数、析液时间等性能为测试重点，通过科学灭火试验构建泡沫喷射性能与灭火性能的评价体系，固化泡沫喷射性能判定标准；然后基于此标准，通过泡沫枪、消防炮、泡沫钩管、中倍发生器等典型泡沫装备结合不同类型泡沫灭火剂的效能测试，明确流量、压力、泡沫混合比、射程等典型泡沫装备最佳工作状态，形成《泡沫灭火装备使用技术要点》。二是针对泡沫灭火剂和泡沫灭火装备建立效能快速检验测试技术，形成一套简易便携的泡沫灭火装备效能测试装置，从而便于各基层单位固化所配备的装备适宜工作压力等使用参数，充分发挥装备效能，提高作战效果。

4.3 研发抵近型泡沫灭火装备

研发无人举高喷射消防车，能够远距离遥控操作水炮、泡沫炮，并具备视频传输、火情侦察、气体侦检、自我防护、障碍物识别与跨越等能力，大力提高灭火泡沫施加的准确性；研发具备远距离操控、灵活跨障、近火源精准施放功能和连续喷射干粉、泡沫的多功能大跨度举高喷射消防车，充分发挥干粉灭火速度快和泡沫冷却覆盖好的作用，显著提升近距离石油化工火灾的灭火攻坚能力。

4.4 开展基于实战场景的新型灭火技战术研究

根据不同类型液体燃料火灾，设置不同规模的实体火灾场景，通过改变泡沫供给强度、泡沫施放方式等，开展实体火灭火效能测试比对和效能评估，获得泡沫供给强度、施放方式的选择等灭火应用参数和方法，解决不同火灾场景下火场泡沫灭火剂的合理选择及战术使用等问题，获得基于各类实战场景的新型灭火技战术。

参考文献

[1] 郝廷柱．泡沫灭火剂使用综述[J]．广东化工，2021，48（24）：73-75.

[2] 胡彪，刘付永，张荣，杨国鑫，卢洁，吴刘锁．泡沫灭火剂环保性能评价及研究进展[J]．化工环保，2020，40（06）：573-579.

[3] 伍一专，黄宇洲．消防灭火剂应用现状与发展趋势[J]．化学工程与装备，2020（08）：200-201.

[4] 谷晨，桑锦柱．消防炮在石油化工企业中的使用[J]．化工管理，2021（27）：65-66.

[5] 王乐．大型LNG码头消防炮系统运行问题分析及改造[J]．中国设备工程，2020（16）：106-107.

[6] 孙绪坤，柯巍，韩腾奔，王正阳，马伟伟，韩亚军．适用于变压器油火的泡沫灭火剂评价指标体系与方法[J]．安全与环境工程，2021，28（06）：46-51.

[7] GB 25202—2010，泡沫枪[S].

[8] GB 19156—2019，消防炮[S].

论抢险救援中的国家补偿机制构建

何 倩

（成都市消防救援支队，四川 成都）

摘 要 抢险救援中的国家补偿机制缺失是我国法治建设的一大缺憾。由于抢险救援行为具有高度复杂性，其间产生的一些损失如果不以国家财政介入补偿，会显失公平，不利于抢险救援工作的顺利进行和社会主义法治社会建设。所以，由此引发的法律问题和权利义务冲突，需要我们去拾遗补阙、加以完善，依法构建我国抢险救援中的国家补偿机制。

关键词 抢险救援 国家赔偿 国家补偿 补偿机制

0 引言

现代法治有一个基本的衡量准则："有权利就有救济"。我们国家要建设完善的中国特色社会主义法治体系，实现依法治国的伟大理想，就必须以这一原则作为参照，衡量我们的法律配置。

正如所知，"民告官"的行政法治建设无疑是我们这整个体系中的短板，而抢险救援中的国家补偿机制则更是这个"短板"中的短板。因此，很有必要研究完善这一课题。

1 抢险救援中国家补偿机制缺失是我国法治建设的一大缺憾

通俗地说，抢险救援中的国家补偿就是无过错、不违法情形下的国家赔偿。在抢险救援中，我国基于违法行为的国家赔偿机制已然建立，而基于无过错情形下合法行为造成相对人损失的国家补偿机制则处于近乎缺失的状态。

"抢险救援"的特殊性，是造成这一现状的现实因素。这一特殊性主要体现在如下方面：

第一，情势高危。毫无疑义，抢险救援通常都具有高危性，否则用不着"抢""救"。所谓水火无情，灾情一旦发生，无论是灭火还是救援，都万分危急，随时可能夺去被救者甚至救援人员的生命。

据统计，2005—2014年，共发生68起消防救援人员伤亡事故，造成102名消防救援人员死亡，554人受伤，年均伤亡66人。2005-2015年，因爆炸、中毒、建筑坍塌和被烟火围困牺牲的消防救援人员，占牺牲总数的71.2%。其中：爆炸造成的伤亡人数最多，有72人，占32.9%；中毒致死36人，占16.49%；建筑坍塌致死34人，占15.5%；被烟火围困致死14人，占6.4%[1]。这些数据可以让我们清楚看到这一工作的高度危险性。

第二，现场复杂。以火灾为例，救援人员不仅要考虑被扑救物品的种类、火灾现场的环境，还要考虑被扑救物品的特性，以及现场可能发生的火情变化，如爆炸、轰燃、喷溅、倒塌等，并且要做好必要时的撤退或再扑救等措施。洪涝灾害、地震灾害中的情形同样如此。可以说，抢险救援不仅需要我们的救援人员经验丰富、勇猛机智，而且还得懂科学、讲方法。否则，稍有不慎，不仅无利于灾害救援，还会造成抢险人员的无谓伤亡。如2020年西昌“3.30”重大森林火灾中，由于现场情况非常复杂，对火情判断不准，导致19位年轻消防员的牺牲，十分令人痛心[2]。

第三，时间地点突发。几乎没有一件灾害是事先准备好的。灾害往往在人们意料不到的时间地点发生。比如，2008年的汶川大地震，由于复杂的原因，即使在地震预测技术如此发达的今天，也没能进行准确预测[3]，且以后也无法完全做到这一点。而正由于其突发性，更增加了抢险救援工作的难度和复杂度。

因此，对于抢险救援中的民事责任追究，人们通常都会采取最大程度地宽容和理解，甚至在法律规定上，也是贯彻“豁免优先”的原则，除非发生明显的违法行为或渎职行为。《国家赔偿法》规定的国家赔偿范围就是完全建立在行政机关违法行为基础之上的，如果行政机关的行为合法，没有过错，则国家不会赔偿，这也是世界通例。

然而抢险救援中的行为具有高度复杂性，有些行为如果不以国家财政介入补偿，会显失公平，而且可能非常不利于抢险救援工作的进行。比如，为了预防可能到来的巨大洪水，必须将河流沿岸部分居民的房屋拆除，否则可能威胁全城居民的生命财产安全。这种情况将直接导致这部分居民无家可归。试想，若这些损失全部都由被拆迁居民个人承担，而其他居民仅由此享受安全，这将是何等的不公？而且要顺利地让这部分居民搬迁也极可能十分困难。显然，传统的民事责任或行政责任承担方式，不能解决抢险救援中发生的这些特殊情形。

所以，即使特殊如抢险救援这样的特定行为，由此引发的法律问题和权利义务冲突，也是需要我们去拾遗补阙、加以完善的，否则，这样的权利义务失衡不仅不公平，而且最终会不利于新时代社会主义法治社会的建设和抢险救援工作的顺利进行。

2 职务抢险、民间抢险与自我避险情形下的国家补偿分析

按主体分类，现实中的抢险救援可以分为职务抢险、民间抢险与自我避险三种，而这三种情形都会产生国家补偿的需要。

（1）职务抢险。即政府消防救援机构及相关政府部门依职责实施的抢险救援行为。这些行为有一个显著特点，即它们本身是一种行政行为，是依法律规定进行的职务行为。因此，这种行为即使给相对人客观上造成了损害，那也是不承担赔偿责任的，即它们是享受国家豁免的。但这样几种情形下发生的损害是应以国家力量加以补偿的：

①抢险救援中的征用行为造成的损失。如消防灭火时对私人水源的就近使用，抗洪抢险中为修建堤防而征用村民土地等。这些损失完全由被征用人承担显然是不公平的，应加以补偿。

②抢险救援机构采取强制措施造成的财物损失。如火灾事故中为防火势蔓延而不得不拆毁一定居民房屋，防洪过程中为泄洪而不得不迁移一定村民等。

③其他抢险救援行为造成的损失。如透水事故抢险救援中排出的废水淹没了附近农田，建筑火灾楼上层房屋灭火的消防用水渗透到楼下层毁坏楼下居民家具等。

可以说，现实和法律两个层面都急需将这些行为下的“无过错”损害纳入国家补偿的范围。

（2）民间抢险。所谓民间抢险，指民间抢险救援组织基于政府的通知、相对人的委托或者自己的志愿行为，参与的抢险救援活动。这种抢险救援与政府职务抢险有着明显的区别：是民间的、自愿的、公益性抢险救援行为。这种行为既非职务行为，又非相关当事人要求参与的行为。那么它应否产生国家补偿的问题呢？

从现实情况来看，有些损失还是应考虑纳入国家补偿范围的。如基于政府机关的通知参加抢险救援行动[4]，产生的相关成本或损失应予补偿；还有虽非基于政府部门的通知，但为了公共利益，进行抢险救援，相关损失责任人或受益人无力承担的，也应考虑适当的补偿或救助。

（3）自我避险。即灾害事故发生后，相对人为避免自身人身或财产遭受损失，而参与抢险救援的行为。这种情形下的损害当然是以相对人自我承担为主的，因为相对人此时也是受益人，他这样做是为了减少或避免自身的损失。但如果为公共利益，且基于政府部门通知或要求进行的自我避险，损失较大的，适度考虑国家补偿也确有必要。

3 依法构建我国抢险救援中的国家补偿机制

3.1 国家补偿的法理依据

抢险救援中国家补偿的法理依据主要是公平原则。即在灾害发生和抢险救援过程中，每个人都有可能承受“特别的牺牲”，但基于社会公平和抢险救援的需要，对某些损失则应由整个社会予以承担。

今天我们国家可供操作的具体法律规定几近于无，仅限于《宪法》等大法上的一些原则性规定，如《宪法》第13条规定：“公民的合法的私有财产不受侵犯。国家依照法律规定保护公民的私有财产权和继承权。国家为了公共利益的需要，可以依照法律规定对公民的私有财产实行征收或者征用并给予补偿”。但具体法律规定如《国家赔偿法》《消防法》等部门法律，却对抢险救援这种特殊情形下，对公民私有财产怎样实行“征收或者征用”少有具体的规定。由于现行部门法中仅规定了普通财产的征收征用问题，而且规定有严格的程序，往往需要很长的操作时间，按这些程序来处理抢险救援中的行政补偿，显然是不现实的。

3.2 责任豁免

不得不说，抢险救援中的行政补偿责任必须实行“原则豁免，特定补偿”的原则。原因是灾难的形成通常由责任人造成或者客观原因形成，抢险救援只不过是减少这一灾难带来损害后果的补救行为。即抢险救援人员对灾难本身是没有责任的，如果说因抢险救援行为不当构成责任，那也应依违法行为情形下的国家赔偿规定加以解决。所以，这个抢险救援中的行政补偿一定不能过于宽泛，不然反而会有失公平。

通常而言，在抢险救援的行政补偿中，至少如下三种情形下的损害是应豁免补偿责任的：

一是相对人自己的过错行为造成的损失。比如火灾本身就是相对人不小心造成的，相对人在自我抢险中没有遵守合理的抢险规范形成的损失等。

二是相对人正常忍受义务范围内的损害。法律从公平角度给相对人设定有一个“正常的忍受范围”，属正常忍受范围内的损失，相对人不应要求补偿。比如：火势即将蔓延到自己房屋，房主基于防止自身损失进一步扩大的需要，拆除自家部分房屋的，便属正常忍受范围。

三是相对人的损害已经通过其他方式和途径得到补偿。相对人虽然有依法应予补偿的情形，但他的损失已经被责任人加以赔偿、被受益人加以补偿等，这时相对人也就不能再行要求补偿。

3.3 补偿范围

如前所述，合法情势下发生的相对人损害通常是应予

豁免的，不会发生行政补偿的问题。但基于灾害事故及抢险救援的特殊性，如下情形的相对人损失，都是应考虑纳入行政补偿范围的：（1）抢险救援中的征用行为造成的损失；（2）抢险救援机构采取强制措施造成的财物损失；（3）行政机构的其他抢险救援行为造成的应予行政补偿的损失；（4）民间抢险救援组织或个人基于行政机构抢险救援需要，在行政机关通知下或要求下进行抢险救援产生的损失；（5）民间组织或个人基于灾害责任人或受益人要求进行的抢险救援活动产生的损失，但责任人或受益人无力承担相应责任。

3.4 补偿实现的方式与程序

行政补偿事项一旦发生，就必然面临通过一个怎样的通道和程序实现补偿的问题。遗憾的是，当前我们国家法律法规在这方面几乎处于缺失的状态，以致即使发生行政补偿事项，很多人也不知道应向哪个机构、通过什么方式和程序索求补偿。这方面的法律法规急需完善。

兹以为，对抢险救援的行政补偿可以设置如下方式和程序进行：

（1）申报。即发生行政补偿事项后，相对人可以主动向相关行政机关申报补偿。比如：抗洪抢险中政府临时征用了某人大型机械用于堵塞决口造成机械灭失，抗洪完毕机械所有人即可填报行政补偿申请手续向征用单位请求补偿。通常征用单位在接到补偿申请后，会组织机构核定机械价值，协商补偿金额，签署补偿协议，并最终派发补偿款，从而完成行政补偿。这是最为常见的行政补偿方式。

（2）调解。经当事人申报，双方就行政补偿事项无法达成一致的，还可通过行政调解机构进行协商调解。如调解后达成一致，亦可实现行政补偿。

（3）行政诉讼。申报和调解均不能解决双方争议的，则只由相对人提起行政诉讼了。这种情况下则要遵守严格的行政诉讼程序，按照行政诉讼举证与诉讼规则解决。这方面行政诉讼法有明确规定。

（4）司法救助。还有一种情况，即原本不属行政补偿范围，但基于案件特殊情况，本由事故责任人或受益人承担的损失，责任人或受益人无力承担的，人民法院案件审理过程中，可以依据《最高人民法院关于加强和规范人民法院司法救助工作的意见》的规定，从财政资金中拨款加以救助[5]。这种国家救助行为，其实也是一种变相的行政补偿。

3.5 法规修订

完善抢险救援的行政补偿机制，做好抢险救援的补偿工作，最终还是要落实到具体法律法规的制定与完善上来。只有有法可依，才有可能做到抢险救援中的有补必偿，公平公正。

据笔者所知，我们国家这方面的规定十分缺乏，只有少数省份以地方条例的形式在尝试解决这方面的问题。如浙江、山东等个别省份制定了本省《灾害事故应急救援补偿办法（试行）》，而大部分省市还是一片空白，无据可依。我们急需制定国家层面的、统一适用的灾害事故应急救援补偿规定，填补这一空缺。在此基础上，还需修改完善我国《国家赔偿法》《消防法》《行政诉讼法》等相关法律规定，为抢险救援中的行政补偿扫清具体操作层面的障碍，使抢险救援中的行政补偿工作可以操作适用，我们的机制才算真正建立起来。

参考文献

[1] 郭其云．消防队伍灭火救援安全保障建设的研究[J]．消防技术与产品信息，2017（03）：34-37.

[2] 2020年12月22日《科技日报》：《致19人牺牲！西昌森林火灾调查结果公布》.

[3] 2018年5月13日《海外情报社》：《汶川大地震预测真相：科学的悲歌》.

[4] 鲁应急发〔2021〕12号．《山东省灾害事故应急救援补偿办法（试行）》.

[5] 法发〔2016〕16号．最高人民法院《关于加强和规范人民法院司法救助工作的意见》.

浅议如何发挥好注册消防工程师的社会效能

沈永刚

（庆阳市消防救援支队，甘肃 庆阳）

摘 要 随着全国注册消防工程师队伍的不断壮大，注册消防工程师在社会消防安全管理和确保企业消防设施完好方面做出了突出贡献，大大增强了企业火灾防控能力，但在队伍中也出现了实践能力弱、服务质量差、弄虚作假等一系列影响社会消防安全治理水平和高质量发展的问题，笔者结合日常消防监督管理情况，分析了当前在注册消防工程师队伍中存在的问题及其主要原因，就如何发挥好注册消防工程师的社会效能，提出具体的建议。

关键词 消防 工程师 治理 效能

1 注册消防工程师从业中存在的问题

1.1 实践能力弱

在检查和调研中发现，约60%从业注册消防工程师上岗前未从事过消防工作，其资格证书是通过报考“网校”或书面学习后取得的，由于考取注册工程师前无实践操作经验，取得注册消防工程师证书后就开始从业，其实践操作能力无法满足工作需要，甚至不如消防设施操作员，面对复杂的消防工程，无能为力，实际作用仅在出具的报告上签字。对于负责安全评估的注册消防工程师，甚至连评估软件都不会用。在笔者所在的甘肃庆阳市，检查了9个消防技术服务机构、18名注册消防工程师，其中2名从业前是教师、4名是刚大学毕业、2名是设计公司人员、2名是电力公司员工、其他4名在家待业，仅有4名人员从事过消防工作。

1.2 弄虚作假

1.2.1 人不到现场

检查发现，部分担任项目负责人的注册消防工程师不到现场开展执业活动，现场主要由消防设施操作员负责。

1.2.2 代替执业

注册消防工程师同消防技术服务机构签订真假2份合同，假合同表面上看是正式的劳动关系，而真合同仅要求应付消防救援机构的检查，平时不在单位上班，也不去现场开展消防技术服务活动，在检查时提前到场，部分维保或检测报告上存在代签情况。

1.2.3 出具虚假报告。检查发现，部分消防注册工程师不严格遵守消防法律、法规和国家消防技术标准、行业标准，不恪守职业道德和执业准则，满足于所服务社会单位的各种要求，报告弄虚作假，甚至签假字，给消防救援机构日常消防监督检查造成影响。

1.3 分布不均匀

大部分注册消防工程师受聘于消防技术服务机构，从事消防设施维护保养检测、消防安全评估等社会消防技术服务活动工作，在社会单位从事消防安全管理工作的极少，就笔者所在市，全市从业的注册消防工程师18人，全部从事维保检查工作。同时，也有部分非消防重点单位员工虽取得资格证书，但不能在本单位注册，特别是高层住宅小区物业公司的员工，只能将证书“挂靠”或跳槽到其他单位。

1.4 技管不分

检查发现，一大部分消防技术服务机构、社会单位的负责人或其亲属是本单位的注册消防工程师，既要负责企业日常管理，也要担任技术负责人或项目负责人，为了追求企业利益，其服务意识和社会责任感大大降低，出现不按原则和规定执业的行为，给服务对象和社会单位留下火灾隐患。

1.5 资源浪费

部分机关、团体、事业、国企等单位也有公职人员取得注册消防工程师资格证书的，如笔者所在城市的部分乡镇干部、国企、学校教师等，但其从事的工作非消防或其他安全管理工作，造成资源浪费。

1.6 一班人马，两家企业

部分企业为了经济效益，将本公司的人员，重新划分，注册为2家不同法定代表人的企业，如笔者所在城市的一家建筑工程设计公司、消防工程公司和一家国企，均注册了消防技术服务机构。比如，某设计公司以设计院的身份负责建设工程的图纸设计，同时又以住建部门聘请的第三方消防技术服务机构身份参与消防工程验收；某消防工程公司既是消防工程的施工单位，实际也是该工程竣工消防验收的检测单位；某国企由于其具有消防自动设施的场所遍布广，数量多，于是注册了公司下属的第三产业消防技术服务机构，负责本公司建筑消防设施的维保检测。以上情况均对社会化的消防管理产生不良影响，容易遗留火灾隐患。

2 原因分析

2.1 相关法规标准需进一步完善

目前在注册消防工程师管理规定中，仍执行的是原公安部令第143号《注册消防工程师管理规定》，如第二十三条规定：注册消防工程师在非消防安全重点单位注册的不予注册。随着消防技术标准的不断修订，部分场所原不需设置自动消防设施，按新政策要求现需要设置；还有比如厂房是否设置自动消防设施是根据其性质、面积和规模等综合判定，但现行《消防安全重点单位界定标准》仅将员工数达到一定要求的劳动密集型生产、加工企业和部分高层公共建筑纳入消防安全重点单位范围，未将新出现的新兴领域高风险单位场所纳入重点单位范围。以上企业和建筑，特别是设置了自动消防设施高层住宅小区，社会关注度极高，但由于不是消防安全重点单位，根据《注册消防工程师管理规定》，均不能纳入注册消防工程师的注册申请范围，不利于社会消防安全的综合治理。

2.2 继续教育机制需进一步完善

目前注册消防工程师继续教育制度是每年自行完成网络课程，只要完成网课就算合格，且网课大部分是对法律法规和国家消防技术标准的学习，无实践操作方面的教学，大部分学员的目标也仅是为了完成学习任务，对学习成效要求不高，挂课学习情况较为普遍，未能形成竞争学习的机制。

2.3 注册工程师人数满足不了实际需求

目前全国约有高层建筑63.7万多幢，21万多家危化企业，5万平以上大型商业综合体建筑约5500余家，地铁站4073座，具有自动消防设施的企业数百万家，各地所需注册消防工程师远远不够，注册消防工程师成了“香饽饽”。导致部分企业在人员聘用上，不将实践能力作为应聘条件，只要有证即可，甚至不去现场都没有关系。在对消防技术服务机构检查中发现，大部分注册消防工程师在企业注册后，是边学习，边实践，边工作，其实践能力远远不如经验丰富的消防设施操作员。还有部分企业由于本地注册消防工程师数量满足不了实际需求，为达到从业条件，从外地低薪聘请“挂证”人员，实际不参与具体服务工作。同时，由于部分消防技术服务机构服务的对象多，距离较远，甚至在不同省市，项目负责人或技术负责人无暇顾及，这也是弄虚作假的一个重要原因。

2.4 不愿到企业从事消防管理工作

不愿到企业从事消防管理工作。消防管理工作是一项复杂的工作，不但需要较高的实践能力，还需要较高的综合管理能力。在检查和调研中发现，凡在企业从事消防管理的注册工程师，大多数是原消防机构退休或退役人员，对注册消防工程师的工作从未涉及，由于其本身实践能力较差，去了，怕干不了，因此不愿去企业直接面对消防设施，这是主要原因。第二个原因是，对确实有实践操作能力的一部分人，由于工资待遇问题，也不愿意去企业工作。调研发现，从事消防技术服务活动的工资待遇一般都和业绩挂钩，而社会单位给的工资一般为固定工资，远远低于消防技术服务机构工资待遇。第三个原因是，消防责任大。在社会单位从事消防安全管理工作，是本单位的消防安全管理人，企业发生任何消防安全问题，都会追究到他们，很多注册消防工程师因此不愿意去。

2.5 部分单位对消防安全工作重视不够

由于部分领导对消防安全工作不够重视，本单位既不聘请注册消防工程师开展消防安全工作，也不鼓励本单位人员去参加注册消防工程师考试，即使本单位有人取得注册消防工程师资格，也不安排与其岗位相适应的工作，其工资待遇基本不变，也无精神和物质上奖励，这也是消防技术资源浪费一个表现。

2.6 为了赚取更大利益

部分企业为了赚取更大利益，顺利通过消防检查，将本公司人员分割成2家公司，注册成立消防技术服务机构。同时，也有部分取得注册消防工程师资格的人员直接注册成立消防技术服务机构，自己担任技术负责人或项目负责人，或让其妻子、子女、兄弟等考取证书，符合从业条件，这样既省了聘请注册工程师的费用，也保证了企业的稳定，而且出具任何报告都是自己说了算。检查发现，以上两类企业往往出具虚假报告的占比较高。

2.7 部分从业人员责任意识差

部分人员责任意识差。部分从业人员道德素质不高，责任意识差，对所服务对象的消防安全不放在心上，在消防设施维保检测工作中，应付了事，不按照消防技术标准或操作规范进行检测维保，甚至不到现场，直接在办公室出具维保或检测报告，注册消防工程师作为项目负责人或技术负责人不认真把关，一个项目几乎一年不到现场察看，随便签字审核通过。

2.8 消防监督管理滞后

对注册消防工程师执业情况的检查需要丰富的防火业务知识和较强的实践操作能力，需要花费大量时间去调查取证。目前，各级消防救援机构人少事多，特别是对于原消防部队领导开办的公司，怕得罪人，不愿去。对于非本地注册消防工程师违法案件由于路途远等原因，也不愿去查。同时，部分消防监督干部自身业务水平不高，不敢办理过于复杂注册消防工程师执业情况案件。在开展消防监督检查中，很少检查消防技术服务机构注册消防工程师具体执业情况，也未将消防技术服务机构出具的结论文件，作为消防监督管理的依据。

3 改进措施

3.1 修订完善相关法规标准

3.1.1 修订《注册消防工程师管理规定》

放宽注册申请条件，将部分面积、规模和火灾危险性较大及近年来新出现新兴领域的高风险单位，如储能电站、密室逃脱、电商物流、私人影院、婚纱影城等纳入注册申请范围，或直接取消仅在消防安全重点单位、消防技术服务机构注册申请这一条件，按社会需求和单位意愿自行选择。

3.1.2 修订《消防安全重点单位界定标准》

随着经济社会发展，《标准》在界定单位类型、规模和群众的消防安全关注点等方面与当前形势明显不符。同时，由于消防执法模式由原来不定量、不定人、不定单位类型的随意执法模式，变成当前“双随机一公开”执法模式，执法理念由原来的消防安全管理转变为消防安全治理，事多人少的局面非常突出，按当前界定标准，列入“九小场所”的一大部分都是消防安全重点单位，即属派出所监管范围，也属于消防救援机构管理范围，同消防安全重点单位管理的初衷不相符。如“建筑面积 $300m^2$ 以上或者座位 50 个以上的酒店、餐馆等”为重点单位，同时就餐人数 200 人以下的小饭店也列入“九小场所”范围。按照“消防执法精准监管”的消防监督执法改革要求，修订《消防安全重点单位界定标准》，将老百姓关注点高、火灾危险性大和新兴场所中的高危场所纳入界定标准范围，将部分普通场所去除，切实达到消防执法精准监管要求。

3.1.3 修订《社会消防技术服务管理规定》

规定消防技术服务机构的法定代表人或实际控制人不能担任技术负责人和项目负责人，确保技术负责人、项目负责人切实能有效发挥对本企业消防技术服务质量的监督管理作用，不断提升消防技术服务质量。

3.2 提升人员素质

3.2.1 改变继续教育制度

对于取得注册消防工程师资格证书且已注册的人员，除每年完成继续教育网课外，必须到注册地辖区消防救援机构实习一定的时间，实习可以采取跟队和到指定社会单位开展消防技术指导服务相结合的形式，实习结束后，由消防救援机构进行考核鉴定。对于未注册的消防工程师人员，只需完成每年网络继续教育网课即可。同时，要完善网络继续教育课程设置，增加实操和执业道德方面的教育内容。

3.2.2 改变考试形式

在注册消防工程师考试中，增加实践操作方面考核内容，只有笔试和实践操作成绩均达到规定分数，视为通过考试。或将注册消防工程师实践操作作为资格考试的前置条件，只有通过实践操作考核，才有资格参加注册消防工程师资格考试。以上肯定能提升注册消防工程师的实践操作能力，也能刺激社会力量大范围办学，提升注册消防工程师的实践操作能力，让更多考生提前熟悉和掌握消防设施及其操作要求，即使这部分人将来未取得注册工程师资格，也大大提高其火灾防范水平，基本达到消防设施操作员要求。

3.2.3 提升消防监督干部的业务素质

防火工作最根本的就是消防监督员的业务素质，它是影响社会管理的重要因素，是推动注册消防工程师按规执业的重要步骤。只要业务精，就有能力去监管，就会准确判断注册消防工程师是否按照国家和行业标准去开展工作，实际工作中也会给注册消防工程师进行指导，增加压力，促使其认真工作，不敢怠慢。因此，提升消防监督干部的业务素质必须纳入重点工作内容，通过切合实际的集中学习、业务培训、技能竞赛、交叉执法、现场教学等方式进行培训，突出实践技能操作，全面提高消防监督干部的业务水平、办案能力。

3.3 提高人员数量

3.3.1 要大力鼓励自学考试

政府通过政策支持，将注册工程师资格考试纳入执业技能补贴范围；消防救援机构可参考河南应急厅现行做法，在高级职称评定方面，仅需注册安全工程师证书及担任相关专业技术职务证明材料就可申报高级职称；乡镇街道和赋有行业消防监管部门，也应鼓励本单位人员，特别是从事消防管理工作相关人员，将注册消防工程师资格与职称待遇挂钩，凡考取注册消防工程师资格的，给予一定经济奖励，并增加相关待遇，鼓励其从事消防安全管理工作，比如部分省市涉及安全生产的相关部门就有这方面的规定。

3.3.2 要大力鼓励院校增加消防工程相关课程

协调相关部门，鼓励全国各大院校增设消防工程、消防安全等科目。修订有关规定，学生在校期间可以报考注册消防工程师资格，毕业后再经过实习和社会力量进一步的培训，可增加其实践能力，这样既解决了学生就业也增加了社会消防能力。

3.4 加大监督管理

监督管理是推动注册消防工程师依法、依规履职有效手段。当前，大部分消防救援机构在检查单位时较重视对消防技术服务机构注册消防工程师的检查，而忽视了企业单位注册工程师消防管理情况的检查，不利于推动企业主动开展消防安全标准化建设和消防安全自我治理水平。

3.4.1 加大处罚力度

消防救援机构是注册消防工程师的法定监督机构，要主动靠前，在开展“双随机、一公开”检查时，必须将注册消防工程师服务质量和企业消防安全管理等履职情况一并纳入检查范围，根据实际需要，通过线上、线下等方式，一旦发现“弄虚作假”“挂证”等违法行为，要依法顶格处罚，并将违法执业事实、处理结果或处理建议抄告原注册审批部门，原注册审批部门依法作出责令停止执业、注销注册或者吊销注册证等处理。

3.4.2 联合市场监管部门实施专项检查

联合市场监管部门，摸清辖区内营业执照上登记具有消防维保、检测、评估等业务的单位情况，在“双随机、一公开”系统设置专项检查，将其全部纳入检查范围。检查后，及时向社会公布注册消防工程师执业情况，并对违规执业人员进行处罚。同时，对在社会单位注册登记的消防注册工程师也设定专项检查。

3.4.3 加大火灾延伸调查和举报投诉的核查

凡发生亡人火灾或达到刑事立案标准的火灾事故，一律开展注册消防工程师履职情况的延伸调查。鼓励社会单位对注册消防工程师履职情况的举报投诉。以上两种情况，一旦核实，必须严查，并纳入国家诚信体现进行联合惩治。同时，加快实施注册消防工程师积分信用管理制度。

3.5 加大社会消防管理

改变现有行业消防监管体制，鼓励各级政府有关行业部门外聘消防专家，或将企业消防安全监管工作交专家团队负责，专家团队的监督意见作为行业监管部门实施日常消防安全管理的依据。比如，部分省市行业部门就建立了相关安全工作的专家团队，并作为一项机制，常年聘请专家担任安全顾问，专业的人干专业的事。

4 总结

注册消防工程师队伍从业质量直接关系到企业和人民生命财产安全，是推进消防工作社会化的重要保障。各级政府、相关行业部门和消防救援机构一定要高度重视这个社会群体，积极引导，强化监督管理，为消防安全社会治理水平高质量发展提供保障。

参考文献

［1］社会消防技术服务管理规定，2021.8
［2］注册消防工程师管理规定，2017.10
［3］关于深化消防执法改革的意见，厅字〔2019〕34号。

黄磷泄漏事故消防应急处置要点分析

姜逸伦
（天津市和平区消防救援支队）

摘　要　黄磷泄漏事故发生频率高、处置技术难点多，一旦处置不当将造成更大灾难。本文分析总结黄磷危险性及黄磷泄漏事故的主要成因，为黄磷应急处置提供必要的基础。在此基础上，详细分析了黄磷泄漏事故应急处置中的几个关键技术，包括警戒疏散区域划分、冷却技术、堵漏技术、倒罐技术和防护技术与急救措施等，这些技术要点分析为黄磷应急处置提供参考，同时也为相关应急预案制定提供依据。本文研究具有现实指导意义。

关键词　黄磷　应急处置　冷却　防护

1 研究背景

我国黄磷储备量和基础产能居世界首位，黄磷泄漏事故频发[1]，对社会和环境产生较大威胁。黄磷是剧毒性化学品，且接触空气具有自燃风险，燃烧热值高，燃烧时呈熔融状态并进一步导致地面流淌火，应急救援处置难度大[2]。因而，分析研究黄磷泄漏事故处置措施，掌握黄磷危险性的基本认识以及毒性腐蚀性特性，了解黄磷泄漏处置技术要点，可以为消防应急处置提供参考，加强黄磷泄漏事故处置能力，同时也为进一步完善相应应急处置预案提供依据。

2 黄磷泄漏事故危险性分析

2.1 黄磷泄漏事故成因分析

根据近年来黄磷泄漏事故发生在运输、生产和储存三个环节的统计可以得到如图1所示。

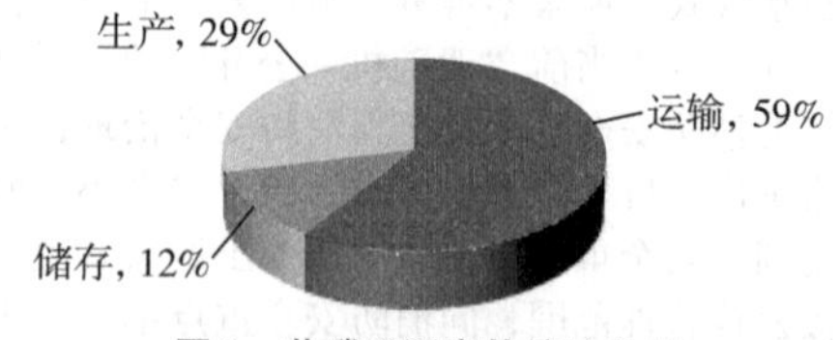

图1　黄磷泄漏事故统计分析

其中，运输过程发生事故比重最大。运输过程中发生的泄漏事故多数由于交通事故导致，也存在包装桶固定不牢，容器质量差的情况[1,2]。因而，本文将研究重点放在运输中发生的交通事故导致包装桶破裂引起黄磷泄漏事故应急处置上。

2.2 黄磷本质危害性

在处置黄磷泄漏事故过程中，应急救援人员面临多重危险，这要求应急人员对黄磷的本质危险性有基本认知。

（1）自燃

发生泄漏事故时，黄磷会与水发生氧化还原反应释放大量热量，自身温度升高而快速燃烧，同时黄磷容器被加温，将进一步加剧黄磷泄漏并引起大范围燃烧甚至爆炸。也就是说，黄磷泄漏事故会伴随着火灾，甚至爆炸的风险。因而应急处置过程中如何缓解或抑制燃烧将显得非常重要。

（2）酸性腐蚀

黄磷泄漏燃烧后经过一系列化学反应最终会生成磷酸，将对人体皮肤有刺激和腐蚀作用，并伴随热量释放可灼伤人体皮肤和呼吸道。因而应急处置过程中的防护将成为重点内容。相应的人员救助中的紧急处理措施也显得尤为重要。

（3）毒性

黄磷本身剧毒，燃烧产生的烟气也有毒，表现为不同程度的肝、肾脏损害，甚至肝肾功能衰竭而亡。因此，黄磷泄漏事故处置中人员防护和急救措施应是重点内容。

2.3 黄磷泄漏事故的特点

黄磷本身危险特性决定了黄磷泄漏事故的特点[1-4]：

（1）伴随火灾易扩散。黄磷自燃特性决定了一旦发生泄漏会迅速起火燃烧，并继续恶化泄漏导致更大火灾。

（2）救援难度大。黄磷燃烧温度高，并释放出大量有毒气体，应急救援人员如防护装备配备不合理将无法实施救援。

（3）技术要求高。黄磷储罐往往内部静压大，导致泄漏速度快，再加上自燃放热加剧内压而撕裂泄漏点，酸性产物也会腐蚀罐体，进而扩大泄漏口。这样给应急处置提出了更高要求，如难以实施有效堵漏，倒罐操作难等。

3 黄磷泄漏事故处置要点分析

黄磷泄漏事故的消防应急处置是建立在对黄磷的危害性有基本的认识上的[2,4-6]，但也还需要研究并了解处置方法，其中重点需要关注的是警戒疏散区域划定技术、现场冷却技术、堵漏技术、倒罐技术、防护技术与急救措施等。

3.1 警戒疏散区域划定技术

鉴于黄磷泄漏事故的易扩散性及高毒性等特点，需要对事故现场周围设置警戒区域，并疏散相应人群。警戒疏散距离可建议参考 ERG2020[7]。表 1 给出了警戒疏散的参考距离。

表 1 警戒疏散距离

	紧急疏散/m	白天疏散/m	夜间疏散/m
少量泄漏	30	200	600
大量泄漏	125	1100	2700

如果进一步考虑现场风向等实际因素，一种可行的方法是采用软件模拟，根据模拟结果设置相应的警戒疏散范围。这方面的研究也见有发表[8]。图 2 显示了参考风向后紧急疏散范围的划分的一个例子。

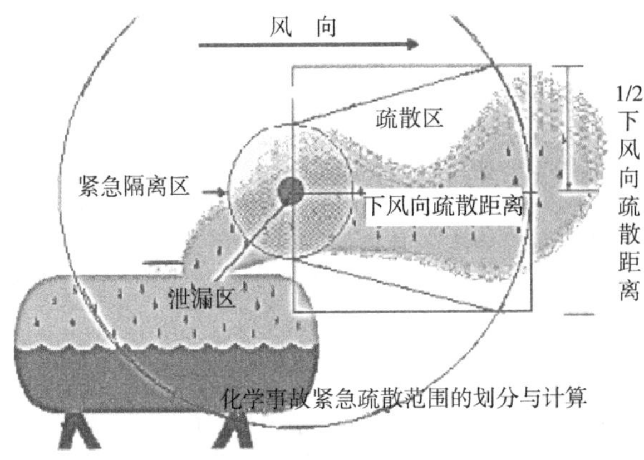

图 2 紧急疏散范围划分

3.2 冷却技术

黄磷自然并伴随大量热量释放的特性决定了黄磷泄漏火灾如果不人为干预，将面临失控并出现危险升级的风险。因此，为使现场情况不恶化，首要保障工作是进行现场冷却降温。对泄漏口以及周围储罐进行射水冷却可控制火场温度，防止泄漏扩大、燃烧加剧甚至爆炸等情况发生。从实际工作中总结得到的一个重要经验是不要使用高压水流直射，而是喷雾水或开花水进行冷却[4]。现场冷却在处置黄磷泄漏事故过程中需要持续进行，这也是冷却技术重要性的体现。

3.3 堵漏技术

当然，首先要尝试对泄漏源进行控制。根据可控性将现场堵漏技术分为两类[7-9]：

（1）可控

小范围可控泄漏宜采用工艺堵漏和器材堵漏相结合。如泄漏程度不严重，可采用液氮或干冰冷却凝固法。

（2）不可控

当出现大面积不可控泄漏时：

设置沙土或砖石围堰，隔离堵截熔融黄磷。利用砂土掩埋罐底部泄漏。

3.4 倒罐技术

当泄漏量较小或泄漏已被控制时，可以通过虹吸法或输转泵进行倒罐，将泄漏罐内留存黄磷安全转移，从而解决泄漏事故[7,10]。

3.5 防护技术与急救措施

3.5.1 防护技术要求

黄磷及其燃烧产物可经呼吸道、消化道、眼睛等引起中毒。因此，应在黄磷泄漏事故处置中做好个人防护，具体见表 1。

表 1 防护技术要求

部位	防护方法
呼吸系统	自吸过滤式防毒面具（全面罩），正压式空气呼吸器
眼睛	全面罩，或防毒面具
身体	近火源者：隔热服或避火服，其他：胶布防毒衣
手部	橡胶手套

3.5.2 急救措施

如果不慎接触到黄磷或不幸将黄磷吸入或食入体内，应当迅速采取如表 2 所示的措施。

表 2 急救措施

接触途径	急救洗消方法
皮肤	流动清水冲洗，迅速就医
眼睛	流水或生理盐水冲洗，然后就医
吸入	迅速脱离现场转移到空气新鲜处；如出现呼吸困难则输氧并送医
食入	洗胃，然后导泻

4 总结

针对黄磷泄漏事故频发，消防应急处置面临的难点问题，本文通过归纳总结黄磷危害性和黄磷泄漏事故成因，并以此为基础，对黄磷泄漏事故处置中的难点问题，包括冷却技术、堵漏技术、倒罐技术和防护技术与急救措施等，展开分析了相应的技术要点。本文针对黄磷泄漏事故处置措施分析研究，可为消防应急处置和相关应急预案制定提供参考。

参考文献

[1] 安正阳. 黄磷泄漏事故应急救援 [C] //2012中国消防协会科学技术年会论文集（下）. 2012：398-400.

[2] 王炳强. 黄磷运输泄漏事故案例分析及其预防与应急措施 [J]. 职业卫生与应急救援，2014，32（06）：390-391. DOI：10.16369/j.oher.issn.1007-1326.2014.06.003.

[3] Ishmaev N M, Nikolina E S, Mamontov V A, et al. Forecasting the damaging factors during transport accidents with the participation of yellow phosphorus [J]. Moscow University Chemistry Bulletin, 2013, 68 (1): 41-46.

[4] Huang L L, Zhu G Q, Zhang G W. Experimental study and theoretical analysis on combustion characteristics of yellow phosphorus [J]. Journal of Safety Science & Technology, 2011.

[5] 魏利军. 化学品泄漏事故现场应变程序 [J]. 中国安全生产科学技术，2008，4（1）：95-98.

[6] 吕显智，唐朝纲，张国建，等. 浅析生产区黄磷储罐火灾扑救措施 [J]. 消防技术与产品信息，2011（7）：18-20.

[7] 罗俊. 浅谈如何提高化学灾害事故消防救援处置能力 [J]. 科研，2015（23）：94-94.

[8] Transport Canada, the US Department of Transportation and the Secretariat of Transport and Communications of Mexico. 2020Emergency Response Guidebook [EB/OL]. (2018-4-4). https://tc.canada.ca/en/dangerous-goods/canutec/2020-emergency-response-guidebook

[9] 陈静文. 基于黄磷生产的定量HAZOP风险分析方法的研究 [D]. 昆明理工大学，2021. DOI：10.27200/d.cnki.gkmlu.2021.001417.

[10] 张云波. 化工厂房和装置火灾特点及扑救对策分析 [J]. 江西化工，2012（1）：124-125.

[11] 冯鹏跃，宋玖状，李翔. 当前石化企业火灾危险性与安全对策 [J]. 武警学院学报，2007，23（4）：26-28.

[12] 彭历. 黄磷喷溅燃烧事故的调查讨论 [J]. 消防科学与技术，2008，27（3）：230-232.

[13] Li P. Investigation of yellow phosphorus spraying and combustion [J]. Fire Science & Technology, 2008.

灭火救援实战中举高消防车荷载分析

李晓曦

（天津市静海区消防救援支队，天津 静海）

摘 要 举高消防车在高层建筑灭火救援中发挥着重要的作用。现有规范对举高消防车进行外部救援时场地设置中缺乏承重能力的要求。本文以最常见的F104HLA举高消防车为例，依据荷载规范计算得到不同地下室顶板型号的最大荷载值，并根据混凝土结构设计规范可确定适用的混凝土强度等级，从而为科学设置登高操作场地提供依据，也能为灭火救援实施提供辅助参考。

关键词 高层建筑 举高消防车 荷载 强度等级

1 背景

高层建筑高度高、人员密集、一旦发生火灾会面临严重的疏散困难问题，利用举高消防车进行外部救援具有现实意义。在高层建筑灭火救援过程中，由于举高消防车体型庞大，需要足够的操作场地来实施灭火救援。国内外消防规范[1,2]中对于登高操作场地等给出了技术规范。但举高消防车在实际应用中也面临着难以有效展开救援等问题。现已有对登高操作场地设置有关问题展开研究。如杨震[3]等人模拟计算方法为消防车荷载项目的结构设计提供参考。万瑞明[4]、苏明涛[5]等针对消防规范提出登高操作场地等相关补充要求和要点。近年来相关研究成果少有报道，且针对新近配备的举高消防车的适用性也需要做进一步研究。另一方面，高层建筑普遍设置有地下室，地下室顶板的承重能力，前述研究和规范都没有对登高操作场地承重能力的要求，而这些大吨位的新近配置的举高消防车实际应用亟待这方面的研究成果作为指导。

本文选取登高平台消防车作为研究对象，不仅因为其数量多，多为曲臂、工作高度高；且同尺寸条件下质量更大。通过计算举高消防车的荷载取值，分析登高操作场地设置要求，以期为实际应用中登高操作场地设置方法，以及规范条文的进一步完善提供参考。

2 举高消防车荷载计算

2.1 荷载取值计算

（1）举高消防车静荷载

根据荷载规范[6]附录C，可确定荷载有效宽度 b，从而确定单位均布荷载 Q，求出 x 向和 y 向两跨中间弯矩之和 m_x 和 m_y 如式1和式2所示：

$$m_x = m_{x0} + \nu m_{y0} \quad (1)$$

$$m_y = m_{y0} + \nu m_{x0} \quad (2)$$

式中，ν 为混凝土的泊松比，工程计算中取0.2。m_{x0}、m_{y0} 为 $\nu=0$ 时，四边简支双向板上 x 方向、y 方向的弯矩。

对于均布荷载作用下正方形的四边简支双向板 $m_{x0} = m_{y0}$，故式（1）可以转换成：

$$m_{x0} = m_x/(1+\nu) \quad (3)$$

进而可求出弯矩计算系数 β 为：

$$\beta = m_{x0}/qL^2 \quad (4)$$

式中，L 为楼板跨度。

然后求出消防车最不利布置时，轮压局部荷载作用下四边简支双向板 x 方向、y 方向的跨中弯矩值 m_x 和 m_y，取两

者的较大值为 m_{max}，对应的等效均布荷载 Q_e 为：

$$Q_e = m_{max}/[\beta L^2(1+\nu)] \quad (5)$$

(2) 荷载偏心放大系数

在举高消防车处于工作状态时，工作臂通常处在举高消防车的左右两侧，工作臂所在侧的简支板荷载较另一侧大。当工作臂与车辆行驶方向垂直时，工作臂所在侧简支板荷载与工作臂未展开荷载之比即为荷载偏心放大系数 k。

2.2 F104HLA 举高消防车最大荷载计算

2.2.1 工作状态荷载

F104HLA 消防车整车长 16.9m，宽 2.55m，高 3.96m，臂展采用曲臂型式，最大登高高度 104m，最大工作幅度 29.6m。整车质量为 62t，可携带最多质量为 500kg 的装备。

F104HLA 消防车采用 P380LB10×4/6HHA 商用卡车底盘，共计 6 对车轮，其中 2 对为前轮，4 对为后轮。前轴重 2×90kN，后轴重 4×112.5kN，轮压荷载尺寸及车轮距如下图 1 所示。

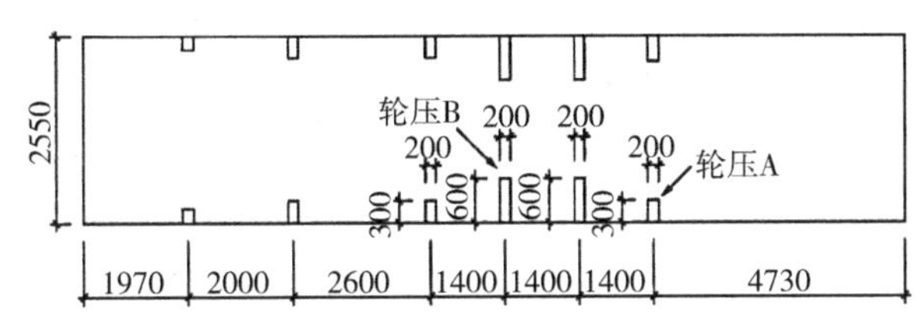

图 1 F104HLA 消防车轮距与轮压荷载面积图

设简支板长 1.0m，宽 1.0m，地下室顶板选用 6m×6m 楼板，厚度 h=0.1m。

(1) 最大荷载偏心放大系数

当 F104HLA 登高平台消防车处于工作状态时，整车重量支撑在展开的四个工作臂上，每个工作臂与地面之间采用简支板连接，工作状态下当工作臂方向与举高消防车行驶方向垂直且工作幅度最大时，举高消防车最容易倾覆，其对地荷载的偏心放大系数最大，此工作状态受力如图 2 所示。

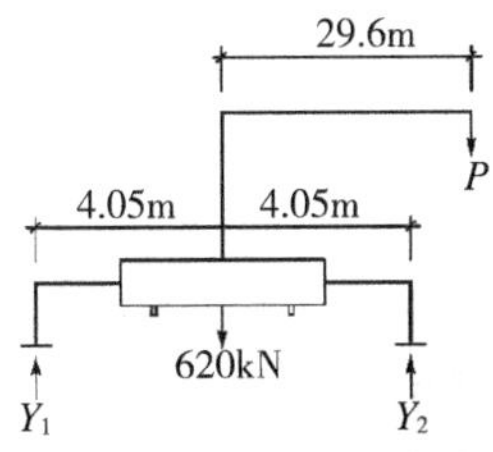

图 2 荷载偏心放大系数最大时受力图

设重心距消防车中心点水平距离为 xm，可得出方程式为：

$$620x - Y_1(4.05+x) = 5(29.6-x) - Y_2(4.05-x)$$

整理可得：

$$(625 - Y_1 - Y_2)x = 148 - 4.05(Y_2 - Y_1)$$

当 $x \neq 0$ 时由：

$$625 - Y_1 - Y_2 = 0$$

$$148 - 4.05(Y_2 - Y_1) = 0$$

可解出：

$$Y_1 = 294.23\text{kN}$$

$$Y_2 = 330.77\text{kN}$$

因此，荷载偏心放大系数 $k = Y_2/310 = 1.067$。

(2) 工作状态对地最大荷载

简支板在工作状态时对地荷载等效作用面长度为：

$$b_{cx} = b_{tx} + 2s\tan\theta + h = 1.1\text{m}$$

$$b_{cy} = b_{ty} + 2s\tan\theta + h = 1.1\text{m}$$

因为 $b_{cx} = b_{cy}$，$b_{cx} < l$，$b_{cy} < 0.6l$，可得出：

$$b = b_{cy} + 0.7l = 5.3\text{m}$$

当荷载中心距楼板非支承边距离 $d < b/2 = 2.65m$ 时，即 $0.5 \leqslant d < 2.65$ 时，等效分布宽度 b' 为：

$$b' = b/2 + d$$

即 $3.15 \leqslant b' < 5.3$。

作用楼板表面的均布荷载 Q 为：

$$Q = 155/(1.0 \cdot b') = 155/b'$$

最大弯矩值 M_{max} 为：

$$M_{max} = \frac{qcl}{8}\left(2 - \frac{c}{l}\right) = \frac{23.06}{b'}$$

当 b'=3.15m 时，弯矩 M_{max} 最大，为 7.32kN·m。

由此可知：

$$M_0 = M_{max}/(1+\nu) = 6.1\text{kN}\cdot\text{m}$$

弯矩计算系数 β 为：

$$\beta = M_0/QL^2 = 3.44 \times 10^{-3}$$

等效均布活荷载 Q_e 为：

$$Q_e = M_{max}/[\beta L^2(1+\nu)] = 49.26\text{kN/m}^2$$

当 $d \geqslant b/2$ 时，即 $2.65 \leqslant d \leqslant 3$ 时，等效分布宽度即为 $b = 5.3$m。

作用楼板表面的均布荷载 Q 为：

$$Q = 155/(1.0 \cdot 5.3) = 29.25\text{kN/m}^2$$

最大弯矩值 M_{max} 为：

$$M_{max} = \frac{Qcl}{8}\left(2 - \frac{c}{l}\right) = 4.35\text{kN/m}$$

因此：

$$M_0 = M_{max}/(1+\nu) = 3.63\text{kN/m}$$

弯矩计算系数 β 为：

$$\beta = m_0/QL^2 = 3.44 \times 10^{-3}$$

等效均布活荷载 Q_e 为：

$$Q_e = M_{max}/[\beta L^2(1+\nu)] = 29.27\text{kN/m}^2$$

(3) 工作状态最大荷载

综合 (1) 与 (2) 可知，最大等效均布活荷载 Q_{emax} = 49.26kN/m^2。

单个简支板工作状态最大荷载：

$$Q_{max} = kQ_{emax} = 52.56\text{kN/m}^2$$

2.2.2 消防车车轮荷载

(1) 前轮荷载

等效作用面长宽分别为：

$$b_{sx1} = b_{tx1} + 2s\tan\theta + h = 0.4\text{m}$$

$$b_{sy1} = b_{ty1} + 2s\tan\theta + h = 0.3\text{m}$$

由于 $b_{sx1} > b_{sy1}$，$b_{sx1} < 0.6l$，$b_{sy1} < l$，等效分布宽度 b 为：

$$b = b_{sy1} + 0.7l = 4.5\text{m}$$

且相邻两个局部荷载间距 e=1.4m<b。

等效分布宽度 b' 为：

$$b' = (b + e)/2 = 2.95\text{m}$$

作用楼板表面的均布荷载 Q 为：

$$Q = 45/2.95 \cdot 0.3 = 50.85\text{kN/m}^2$$

最大弯矩值 m_{max} 为：

$$m_{max} = \frac{qcl}{8}\left(2 - \frac{c}{l}\right) = 7.56\text{kN/m}$$

$$m_0 = m_{max}/(1+\nu) = 6.30\text{kN/m}$$

弯矩计算系数 β 为：

$$\beta = m_0/qL^2 = 3.44 \times 10^{-3}$$

等效均布活荷载 Q_{e1} 为：

$$Q_{e1} = m_{max}/[\beta L^2(1+\nu)] = 50.87\text{kN/m}^2$$

(2) 后轮荷载：

等效作用面长宽分别为：

$$b_{sx2} = b_{tx2} + 2s\tan\theta + h = 0.7\text{m}$$

$$b_{sy2} = b_{ty2} + 2s\tan\theta + h = 0.3\text{m}$$

由于 $b_{sx2} > b_{sy2}$，$b_{sx2} < 0.6l$，$b_{sy2} < l$，等效分布宽度 b 为：

$$b = b_{sy2} + 0.7l = 4.5m$$

当相邻两个局部荷载间距 $e = 1.4m < b$。

等效分布宽度 b' 为：

$$b' = (b + e) / 2 = 2.95\text{m}$$

作用楼板表面的均布荷载 Q 为：

$$Q = 56.25/2.95 \cdot 0.6 = 31.78\text{kN/m}^2$$

最大弯矩值 m_{max} 为：

$$m_{max} = \frac{Qcl}{8}\left(2 - \frac{c}{l}\right) = 4.73\text{kN/m}$$

$$m_0 = m_{max}/(1 + \nu) = 3.94\text{kN/m}$$

弯矩计算系数 β 为：

$$\beta = m_0/QL^2 = 3.44 \times 10^{-3}$$

等效均布活荷载 Q_{e2} 为：

$$Q_{e2} = m_{max}/[\beta L^2(1 + \nu)] = 31.83\text{kN/m}^2$$

（3）轮压荷载最大值

综合（1）和（2）可知，最大静轮压荷载为 $Q_e = 50.87\text{kN/m}^2$

轮压荷载最大动力系数为 1.3，因此，最大单个轮压荷载 Q_{max} 为：

$$Q_{max} = \mu Q_{emax} = 66.13\text{kN/m}^2$$。

3 结果分析

采用同样计算过程可得出 F104HLA 在地下室顶板选择 3m×3m×0.1m、4m×4m×0.1m、5m×5m×0.1m 楼板时最大荷载值如表 1 所示。

表 1 F104HLA 消防车在不同楼板上的最大荷载值

顶板规格/m	3×3×0.1	4×4×0.1	5×5×0.1	6×6×0.1
最大荷载值/（kN/m²）	102.41	86.52	74.92	66.13

得到的最大荷载值对于设计登高操作场地中选材具有参考价值。如 F104HLA 对 6m×6m×0.1m 的场地最大荷载为 66.13kN/m²。因此，在设计登高操作场地，使用型号为 6m×6m×0.1m 地下室顶板时，应选用强度不低于 66.13kN/m² 的材料。根据《混凝土结构设计规范》（GB 50010—2010）[7] 第 4.1.4 条，应选择强度不低于 C15 的混凝土。

4 总结与展望

现阶段我国举高消防车在实际应用中还存在问题。而规范对高层建筑登高操作场地及消防扑救面、消防车道的设计指导中没有对登高操作场地的荷载的要求，在登高操作场地中选材中缺少依据。

本文以 F104HLA 举高消防车为例计算出在不同型号的地下室顶板造成的最大荷载值，为登高操作场地中选材提供参考。

本文计算只考虑消防车在最不利设置情况下的荷载值，将简支板和车轮面积分开计算取较大值。但应考虑登高平台携带设备对车辆产生的荷载偏心放大效应，以及轮压荷载的动力效应等因素。一个可行的办法是在此基础上乘以荷载偏心放大系数和动力放大系数，进一步修正实际应用中最大荷载值，以保证登高操作场地中选材适用安全。

参考文献

［1］GB 50016—2014，建筑设计防火规范［S］.

［2］NFPA5000 - 2006 Building Construction and Safety Code［S］，National Fire Protection Association［NFPA］，2006

［3］杨震，陈德良，王明，等 .41t 登高消防车等效荷载取值研究［J］. 建筑结构，2020，50（01）：59-62+82.

［4］万瑞明 . 高层建筑消防扑救面存在的问题及其对策［J］. 邢台职业技术学院学报，2010，27（01）：86-88.

［5］苏明涛，王润茜，田亮本 . 高层建筑消防扑救场地设计探讨［C］//自主创新与持续增长第十一届中国科协年会论文集（3）. 2009：1136-1141.

［6］GB 50009—2012，建筑结构荷载规范［S］.

［7］GB 50010—2010，混凝土结构设计规范 2015 年版［S］.

某市混凝土框架结构火灾后检测鉴定

张立伟[1] 郑世奇[2]

（1. 中国人民警察大学防火工程学院，河北 廊坊；2. 河北省建筑工程质量检测中心有限公司，河北 石家庄）

摘 要 本文从某市的一栋混凝土框架结构火灾案例入手，通过过火现状调查，梁、板、柱截面尺寸检测，板（梁）、柱混凝土抗压强度检测，梁、板、柱配筋检测，中性化深度检测，烧灼损伤等级检测，最后通过承载力验算，做出综合鉴定。

关键词 框架结构 火灾 检测 鉴定

1 工程概况

某市建筑物主体结构竣工时间 2018 年 11 月 10 日，为地下一层地上六层框架结构，柱下独立基础，建筑面积 4000m²。该建筑物 2019 年 3 月 14 日上午 10 点 20 分左右，建筑物东南两侧一层至六层外墙保温板起火被引燃，发生火情，上午 10 点 50 分左右火情扑灭。为保证该建筑物结构安全，查明过火后工程质量现状，对该建筑物过火后过火区域主体结构进行检测鉴定。

2 检测项目、数量、方法和结果

2.1 过火现状调查

对该建筑物过火区域梁、板、柱及墙体等构件外观质量现状进行普查，查看是否存在裂缝、较大变形等结构烧灼损伤状况，对其存在的缺陷进行描绘、拍照，并做详细记录。检测范围为一层至六层。检测方法采用目测、尺量。结果见表 1。

表 1 外观质量现状检测结果

序号	楼层	检测部位	外观质量现状普查结果
1	一层	商铺局部女儿墙	5×A-C 轴女儿墙内侧抹灰层局部脱落、熏黑
3	一层	梁	4×A-C 轴梁外侧保温板脱落
4		板	靠近 4×A-B 轴外墙窗洞口附近的板，存在裂缝，裂缝宽度 0.2mm
5		柱	4×A-C 轴柱外侧保温板脱落。4×B 轴柱外侧箍筋外露 7 根
6		填充墙	4×A-C 轴墙体外侧保温板脱落
7		窗洞口	4×A-C 轴烟气熏黑洞口侧混凝土，钢副框局部松动
8		楼梯间	4×B-C 轴楼梯踏步局部被熏黑
9	二层	梁	4×A-C 轴梁外侧保温板脱落，梁底抹灰层脱落，
10		板	3-4×A-B 轴板存在贯通顺筋裂缝，裂缝宽度 0.2~0.5mm，局部酥裂
11		柱	4×A-C 轴柱外侧保温板脱落，内侧重新抹灰
12		填充墙	4×A-C 轴墙体外侧保温板脱落，内侧重新抹灰。2-4×A 轴墙体外侧局部被熏黑
13		窗洞口	4×A-C 轴烟气熏黑洞口侧混凝土，钢副框局部松动
14		楼梯间	4×B-C 轴楼梯踏步局部被熏黑
15		过道	2-3×A-D 轴顶板存在烟气熏黑痕迹
16		消防管道、空调	2-3×A-D 轴、3-4×A-B 轴间消防管道被熏黑，局部严重变形、表面泛白，空调系统被烧毁
17		线缆桥架	2-3×A-D 轴间线缆桥架被熏黑
18	三层	梁	4×A-C 轴梁外侧保温板脱落，梁底抹灰层脱落
19		板	3-4×A-B 轴板局部存在振捣不密实缺陷
20		柱	4×A-C 轴柱外侧保温板脱落
21		填充墙	4×A-C 轴墙体外侧保温板脱落，内侧局部熏黑。2-4×A 轴墙体外侧局部被熏黑
22		窗洞口	4×A-C 轴烟气熏黑洞口侧混凝土，钢副框局部松动
23		楼梯间	4×B-C 轴楼梯踏步局部被熏黑
24	四层	梁	4×A-C 轴梁外侧保温板脱落
25		板	3-4×A-B 轴板局部存在裂缝，裂缝宽度 1.5mm
26		柱	4×A-C 轴柱外侧保温板脱落。4×B 轴柱外侧箍筋外露 2 根
27		填充墙	4×A-C 轴墙体外侧保温板脱落，内侧局部熏黑。2-4×A 轴墙体外侧局部被熏黑
28		窗洞口	4×A-C 轴烟气熏黑洞口侧混凝土，钢副框局部松动
29		楼梯间	4×B-C 轴楼梯踏步局部被熏黑
30	五层	梁	4×A-C 轴梁外侧保温板脱落，梁底抹灰层脱落
31		板	3-4×A-B 轴板局部存在黑渍，室内梁消防管道存在黑渍
32		柱	4×A-C 轴柱外侧保温板脱落
33		填充墙	4×A-C 轴墙体外侧保温板脱落，内侧局部熏黑。2-4×A 轴墙体外侧局部被熏黑
34		窗洞口	4×A-C 轴烟气熏黑洞口侧混凝土，钢副框局部松动
35		楼梯间	4×B-C 轴楼梯踏步局部被熏黑
36	六层	梁	4×A-C 轴梁外侧保温板脱落
37		板	3-4×A-B 轴板局部存在黑渍，室内梁消防管道存在黑渍
38		柱	4×A-C 轴柱外侧保温板脱落
39		填充墙	4×A-C 轴墙体外侧保温板脱落，内侧局部熏黑。2-4×A 轴墙体外侧局部被熏黑
40		窗洞口	4×A-C 轴烟气熏黑洞口侧混凝土，钢副框局部变形严重
41		楼梯间	4×B-C 轴楼梯踏步局部被熏黑
42	出屋面楼梯间	填充墙	2/3-4×B-C 轴间楼梯间墙体局部被熏黑
43		窗洞口	2/3-4×B-C 轴间窗洞口钢副框被熏黑
44		板	2/3-4×B-C 轴间楼梯间板局部被熏黑

经检测，所检该建筑物过火区域为一层至六层 2-4×A-C 轴间区域，建筑物主要过火区域为五层 2-4×A-C 轴间和 2-3×C-D 轴间。一层 4-5×A-C 轴间过火为上部燃烧物滴落所致。过火区域墙体外侧保温板脱落，墙体、梁、柱板局部被熏黑。局部窗洞口钢副框松动，个别钢副框变形。一层至六层板局部存在裂缝，二层过火较为严重，板局部酥裂，消防管道变形严重，空调损毁。

2.2 梁、板、柱截面尺寸检测

对该建筑物过火区域一层至六层梁、板、柱的截面尺寸进行检测。检测范围为每层抽取 1 榀梁、1 块板、1 颗柱，共计 18 个构件。检测方法采用尺量，检测仪器采用钢卷尺。检测结果见表 2。

表 2 梁、板、柱构件截面尺寸检测结果

层数	构件名称	检测位置	构件截面尺寸/mm		尺寸偏差/mm
			设计值	实测平均值	
一层	梁	4×B-C	300×850	295×846	-5/-4
	板	1/A-B×3-4	100	103	+3
	柱	4×B	500×600	495×602	-5/+2
二层	梁	4×A-B	300×850	295×855	-5/+5
	板	1/A-B×3-4	100	95	-5
	柱	4×A	500×600	500×600	0/0
三层	梁	4×A-B	300×850	295×845	-5/-5
	板	1/A-A×3-4	100	96	-4
	柱	4×B	500×600	500×605	0/+5
四层	梁	4×B-C	300×850	298×858	-2/+8
	板	1/A-B×3-4	100	100	0
	柱	4×A	500×600	495×600	-5/0
五层	梁	4×A-B	300×850	296×855	-4/+5
	板	1/A-B×3-4	100	100	0
	柱	4×B	500×600	508×604	+8/+4
六层	梁	4×B-C	300×900	301×905	+1/+5
	板	1/B-B×3-4	100	101	+1
	柱	4×A	500×600	501×597	+1/-3

根据《混凝土结构工程施工质量验收规范》（GB 50204—2015）[1] 中规定，梁、板、柱的截面尺寸允许偏差为 +10mm，-5mm。

经检测，所检梁、板、柱截面尺寸偏差满足规范要求。

2.3 板（梁）、柱混凝土抗压强度检测

对该建筑物过火区域一层至出屋面楼梯间板（梁）、柱的混凝土抗压强度进行检测。检测范围为一层至五层每层抽取 1 块板（梁），一层至出屋面楼梯间每层抽取 1 颗柱，共计 11 个构件。检测方法采用钻芯法[2]。结果见表 3～表 4。

表 3 板（梁）混凝土强度检测结果表

楼层	检测部位	芯样混凝土抗压强度值/MPa			混凝土强度推定值/MPa	混凝土设计强度等级
		1	2	3		
一层	1/A-B×3-4 板	44.6	55.9	41.0	41.0	C35
二层	1/A-B×3-4 板	32.0	28.2	25.0	25.0	C35
三层	1/A-A×3-4 板	26.4	47.9	25.8	25.8	C35
四层	1/A-B×3-4 板	35.7	30.5	25.1	25.1	C35
五层	1/A-B×3-4 板	30.5	30.2	46.2	30.2	C35

表 4 柱混凝土强度检测结果表

楼层	检测部位	芯样混凝土抗压强度值/MPa			混凝土强度推定值/MPa	混凝土设计强度等级
		1	2	3		
一层	4×B 柱	43.3	35.1	56.1	35.1	C35
二层	4×A 柱	43.6	44.2	40.1	40.1	C35
三层	4×A 柱	38.6	46.6	49.0	38.6	C35
四层	4×A 柱	44.0	51.6	35.3	35.3	C35
五层	4×B 柱	50.0	48.2	50.0	48.2	C35
六层	4×A 柱	36.7	43.6	43.6	36.7	C30
出屋面楼梯间	4×B 柱	30.8	41.4	44.6	30.8	C30

经检测，过火区域所检板（梁）混凝土构件抗压强度除一层外均不满足设计要求；所检柱混凝土构件抗压强度满足设计要求。

2.4 梁、板、柱配筋检测

对该建筑物过火区域一层至六层梁、板、柱单侧主筋间距（根数）及保护层厚度进行检测。检测范围为每层抽取 1 榀梁、1 块板、1 颗柱，共计 18 个构件。检测方法采用电磁法，检测仪器采用钢筋位置测定仪、钢卷尺。结果见表 5～表 7。

经检测，所检梁底纵向受力钢筋保护层厚度满足《混凝土结构工程施工质量验收规范》（GB 50204—2015）允许偏差的要求；所检梁底纵向受力钢筋根数符合设计要求。

表 5 梁纵向受力钢筋根数及保护层检测结果

层数	检测位置	保护层厚度/mm			钢筋数量	
		计算值	允许偏差范围	检测平均值	设计值	实测值
一层	1/3×1/A-B	28	21~38	32、33	底部跨中 2 根	底部跨中 2 根
二层	1/3×1/A-A	28	21~38	32、28	底部跨中 2 根	底部跨中 2 根
三层	1/3×1/A-B	28	21~38	32、33	底部跨中 2 根	底部跨中 2 根
四层	1/3×1/A-A	28	21~38	31、32	底部跨中 2 根	底部跨中 2 根
五层	1/3×1/A-B	28	21~38	31、33	底部跨中 2 根	底部跨中 2 根
六层	1/3×1/A-A	28	21~38	28、30	底部跨中 2 根	底部跨中 2 根

注：(1) 本工程根据《混凝土结构设计规范》(GB 50010—2010)[3]，梁最外层钢筋保护层的最小厚度为 20mm，箍筋直径为 8mm，梁底排受力钢筋的保护层厚度计算值为 28mm。

(2) 根据《混凝土结构工程施工质量验收规范》(GB 50204—2015)，混凝土梁类构件的钢筋保护层厚度允许偏差为+10mm、-7mm。

表 6 板受力钢筋保护层厚度及钢筋间距检测结果

层数	检测位置	设计值/mm	允许偏差范围/mm	保护层厚度/mm							钢筋间距/mm		
											设计值	实测平均值	偏差
一层	1/A-B×3-4	15	10~23	22	22	21	22	22	21	21	200	198	-2
二层	1/A-A×3-4	15	10~23	17	18	19	18	19	18	18	200	204	+4
三层	1/A-B×3-4	15	10~23	21	20	20	19	21	22	21	200	200	0
四层	1/A-A×3-4	15	10~23	19	20	21	20	20	16	16	200	202	+2
五层	1/A-B×3-4	15	10~23	20	19	22	23	22	20	22	200	201	+1
六层	1/A-A×3-4	15	10~23	18	18	20	19	16	15	16	200	205	+5

注：根据《混凝土结构工程施工质量验收规范》(GB 50204—2015)，混凝土板类构件钢筋保护层厚度允许偏差为+8mm、-5m，钢筋间距允许偏差±10mm。

经检测，所检现浇板底钢筋保护层厚度满足《混凝土结构工程施工质量验收规范》(GB 50204—2015) 允许偏差的要求；所检现浇板底钢筋间距偏差满足《混凝土结构工程施工质量验收规范》(GB 50204—2015) 允许偏差的要求。

表 7 柱单侧纵向受力钢筋根数及保护层检测结果

层数	检测位置	钢筋数量	
		设计值	实测值
一层	4×B 柱	单侧 5 根	单侧 5 根
二层	4×A 柱	单侧 5 根	单侧 5 根
三层	4×B 柱	单侧 5 根	单侧 5 根
四层	4×A 柱	单侧 5 根	单侧 5 根
五层	4×B 柱	单侧 5 根	单侧 5 根
六层	4×A 柱	单侧 4 根	单侧 4 根

经检测，所检柱纵向受力钢筋根数符合设计要求。

2.5 中性化深度检测

对该建筑物过火区域一层至出屋面楼梯间混凝土构件的中性化深度进行检测。检测范围为一层至六层每层抽取 1 块板，一层至出屋面楼梯间每层抽取 1 颗柱，共计 13 个构件。检测方法采用游标卡尺，检测仪器采用数显游标卡尺。检测结果见表 8~表 9。

表 8 板中性化深度检测结果

层数	检测位置	中性化深度/mm					
		实测值			平均值	总平均值	最大值
一层	1/A-B×3-4 板	3.00	3.00	3.00	3.00	4.50	8.00
二层	1/A-B×3-4 板	5.00	5.00	5.00	5.00		
三层	1/A-A×3-4 板	8.00	8.00	8.00	8.00		
四层	1/A-B×3-4 板	3.00	3.00	3.00	3.00		
五层	1/A-B×3-4 板	3.00	3.00	3.00	3.00		
六层	1/A-B×3-4 板	5.00	5.00	5.00	5.00		

表 9 柱中性化深度检测结果

层数	检测位置	中性化深度/mm					
		实测值			平均值	总平均值	最大值
一层	4×B 柱	6.00	6.00	6.00	6.00	5.00	8.00
二层	4×B 柱	8.00	8.00	8.00	8.00		
三层	4×B 柱	2.00	2.00	2.00	2.00		
四层	4×A 柱	6.00	6.00	6.00	6.00		
五层	4×B 柱	3.00	3.00	3.00	3.00		
六层	4×A 柱	3.00	3.00	3.00	3.00		
出屋面楼梯间	4×B 柱	7.00	7.00	7.00	7.00		

经检测，所检板构件最大中性化深度为8.00mm，平均中性化深度为4.50mm；所检柱构件最大中性化深度为8.00mm，平均中性化深度为5.00mm。

2.6 烧灼损伤等级检测

对该建筑物过火区域一层至六层梁、板、柱的烧灼损伤等级进行检测。检测范围为第一层至第六层。检测方法采用目测。

经检测，一层和六层柱局部存在箍筋露筋现象，一层至四层板局部存在裂缝，二层过火较为严重，板局部酥裂。根据《火灾后工程结构鉴定标准》（T/CECS 252—2019）[4]，对过火区域混凝土构件进行火灾后鉴定评级，二层3-4×A-B轴区域火灾鉴定评级为Ⅲ级，其余过火区域评级均为Ⅱa级和Ⅱb级。检测结果见表10~表12。

表10 火灾后混凝土柱鉴定评级结果

调查位置	调查结果	鉴定评级
一层4×B柱、4×A柱	构件过火后局部表面喷涂水泥浆，构件从侧面观察被黑色覆盖；未发现裂缝；锤击声音较响，混凝土表面留下较明显痕迹；未发现混凝土脱落；未发现受力钢筋外露；4×B柱箍筋外露1根，露筋长度100mm；未发现明显变形	Ⅱb
二层4×B柱、4×A柱	构件过火后建筑物外侧表面涂刷水泥浆，构件从侧面观察被黑色覆盖；未发现裂缝；锤击声音响亮，混凝土表面不留下痕迹；未发现混凝土脱落；未发现受力钢筋外露；未发现明显变形	Ⅱa
三层4×B柱、4×A柱	构件过火后表面涂刷水泥浆，从侧面观察被黑色覆盖；未发现裂缝；锤击声音响亮，混凝土表面不留下痕迹；未发现混凝土脱落；未发现受力钢筋外露；未发现明显变形	Ⅱa
四层4×B柱、4×A柱	构件过火后表面涂刷水泥浆，从侧面观察被黑色覆盖；未发现裂缝；锤击声音响亮，混凝土表面不留下痕迹；未发现混凝土脱落；未发现受力钢筋外露；4×B柱箍筋外露1根，露筋长度120mm；未发现明显变形	Ⅱb
五层4×B柱、4×A柱	构件过火后表面涂刷水泥浆，从侧面观察被黑色覆盖；未发现裂缝；锤击声音响亮，混凝土表面不留下痕迹；未发现混凝土脱落；未发现受力钢筋外露；未发现明显变形	Ⅱa
六层4×B柱、4×A柱	构件过火后表面涂刷水泥浆，从侧面观察被黑色覆盖；未发现裂缝；锤击声音响亮，混凝土表面不留下痕迹；未发现混凝土脱落；未发现受力钢筋外露；未发现明显变形	Ⅱa
出屋面楼梯间4×B柱	构件过火后表面涂刷水泥浆，从侧面观察被黑色覆盖；未发现裂缝；锤击声音响亮，混凝土表面不留下痕迹；未发现混凝土脱落；未发现受力钢筋外露；未发现明显变形	Ⅱa

表11 火灾后混凝土梁鉴定评级结果

调查位置	调查结果	鉴定评级
一层2-4×A-C范围内梁	过火后表面涂刷水泥浆，从底面观察被黑色覆盖；未发现裂缝；锤击声音响亮，混凝土表面不留下痕迹；未发现混凝土脱落；未发现受力钢筋外露；未发现明显变形	Ⅱa
二层2-4×A-C范围内梁	过火后表面涂刷水泥浆，从底面观察被黑色覆盖；1/3×A-C梁存在裂缝，裂缝宽度0.2mm，其余梁未发现裂缝；1/3×A-C梁锤击声音较闷，混凝土表面留下较明显痕迹；其余梁锤击声音响亮，混凝土表面不留下痕迹；未发现混凝土脱落；未发现受力钢筋外露；未发现明显变形	Ⅱb
三层2-4×A-C范围内梁	过火后表面涂刷水泥浆，从底面观察被黑色覆盖；未发现裂缝；锤击声音响亮，混凝土表面不留下痕迹；未发现混凝土脱落；未发现受力钢筋外露；未发现明显变形	Ⅱa
四层2-4×A-C范围内梁	过火后表面涂刷水泥浆，从底面观察被黑色覆盖；未发现裂缝；锤击声音响亮，混凝土表面不留下痕迹；未发现混凝土脱落；未发现受力钢筋外露；未发现明显变形	Ⅱa
五层2-4×A-C范围内梁	过火后表面涂刷水泥浆，从底面观察被黑色覆盖；未发现裂缝；锤击声音响亮，混凝土表面不留下痕迹；未发现混凝土脱落；未发现受力钢筋外露；未发现明显变形	Ⅱa
六层2-4×A-C范围内梁	过火后表面涂刷水泥浆，从底面观察被黑色覆盖；未发现裂缝；锤击声音响亮，混凝土表面不留下痕迹；未发现混凝土脱落；未发现受力钢筋外露；未发现明显变形	Ⅱa
出屋面楼梯间2-4×B-C范围内梁	过火后表面涂刷水泥浆，从底面观察被黑色覆盖；未发现裂缝；锤击声音响亮，混凝土表面不留下痕迹；未发现混凝土脱落；未发现受力钢筋外露；未发现明显变形	Ⅱa

表12 火灾后混凝土板鉴定评级结果

调查位置	调查结果	鉴定评级
一层2-4×A-C范围内板	板底存在裂缝，裂缝宽度0.2mm；锤击声音响亮，混凝土表面不留下痕迹；未发现混凝土脱落；未发现受力钢筋外露；未发现明显变形	Ⅱb
二层2-4×A-D范围内板	3-4×A-B轴板存在贯通顺筋裂缝，裂缝宽度0.2mm~0.5mm，局部酥裂；3-4×A-B轴板锤击声音较闷，混凝土表面留下较明显痕迹；未发现受力钢筋外露；未发现明显变形	Ⅲ
	其余部位未发现明显变形	Ⅱa

续表

调查位置	调查结果	鉴定评级
三层 2-4×B-C 范围内板	3-4×A-B 轴板局部存在振捣不密实缺陷；锤击声音响亮，混凝土表面不留下痕迹；未发现受力钢筋外露；未发现明显变形	Ⅱb
四层 2-4×A-C 范围内板	3-4×A-B 轴板局部存在裂缝，裂缝宽度 0.3mm；锤击声音响亮，混凝土表面不留下痕迹；未发现受力钢筋外露；未发现明显变形	Ⅱb
五层 2-4×A-C 范围内板	未发现裂缝；锤击声音响亮，混凝土表面不留下痕迹；未发现混凝土脱落；未发现受力钢筋外露；未发现明显变形	Ⅱa
六层 2-4×A-C 范围内板	未发现裂缝；锤击声音响亮，混凝土表面不留下痕迹；未发现混凝土脱落；未发现受力钢筋外露；未发现明显变形	Ⅱa
出屋面楼梯间 2-4×B-C 范围内板	未发现裂缝；锤击声音响亮，混凝土表面不留下痕迹；未发现混凝土脱落；未发现受力钢筋外露；未发现明显变形	Ⅱa

2.7 承载力验算

该建筑物二层至六层框架结构板（梁）混凝土抗压强度不满足设计要求，根据检测结果及现行规范，采用结构设计软件对该建筑物过火区域二层至五层框架结构梁、板进行承载力复核验算。复核验算具体取值如下：

抗震设防烈度为 7 度，基本地震加速度值为 0.15g，地震分组为第二组。

楼面均布恒荷载取 2.0kN/m²（不包括板自重），均布活荷载取 2.0kN/m²（卫生间 2.5kN/m²），其余各楼层按设计要求布置荷载。

二层至五层主体结构梁（板）混凝土强度等级采用 C25；柱混凝土强度等级按设计值采用 C35。其余各楼层按设计值进行计算。梁、板、柱截面尺寸均按设计值进行计算。梁、板、柱配筋均采用 HRB335 进行计算。

经验算：在完好状态下，所检该建筑物过火区域二层至五层框架结构梁、板承载力满足规范要求。

3 综合分析鉴定

综合分析认为，此次火灾影响范围较小，依据现场检测数据和相关规范规定，应对混凝土构件鉴定评级为Ⅱb 级的混凝土构件进行修复处理；对混凝土构件鉴定评级为Ⅲ级的混凝土构件进行加固处理；对过火区域内所有消防管道、空调系统、给排水管道、电气线路进行更换。

参考文献

[1] GB 50204—2015，混凝土结构工程施工质量验收规范［S］.

[2] CECS 03—2007，钻芯法检测混凝土强度技术规程［S］.

[3] GB 50010—2010（2015 年版），混凝土结构设计规范［S］.

[4] T/CECS 252—2019，火灾后工程结构鉴定标准［S］.

浅谈多旋翼无人机在消防应急系统中的应用

张琴鹏

（潍坊市消防救援支队，山东 潍坊）

摘 要 随着无人机技术的不断发展和航拍技术的不断发展，民用飞机的使用范围越来越广，如摄影测量，应急救援，消防救援，公共安全，资源勘探，环境监测，自然灾害监测评估，城市规划和市政管理，森林火灾防治与监测等。目前，消防工作的扑救与救援工作日趋复杂化，各种地震救援、抗洪抢险、山岳救援、大跨、高层火灾等，都使常规的现场勘查方法的局限性已日益凸显。因此，在火灾发生时，应及时准确地进行火灾报警、火灾检测，并及时准确地处理火灾事故，具有十分重大的意义。随着我国的无人机技术和系统技术的不断完善，将视频、无线图传等多种监测与传输技术相结合，实现对复杂的建筑物火灾隐患监测、现场救援指挥、火情监测与控制，是目前消防部门面临的新的挑战。

关键词 无人驾驶工业 无人驾驶技术 火灾探测

0 引言

2022 年 2 月 26 日，上海市消防支队上海消防研究所组织的无人机系统消防综合实训演习在奉贤消防支队奉贤训练中心进行，汇集了全国消防总队、消防装备领域技术专家、消防研究所科研、无人机行业专业人士、无人机行业协会和无人机企业以及专业媒体等 380 多人参加并观摩此次演练活动。此次演习为全国范围最大的灭火作战模拟演习，为今后在灭火、紧急救助等方面的发展提供了有力的参考。根据灭火作战需要，采用无人驾驶飞机能有效地克服下列四个问题：

（1）调查灾情。在灾难来临的时候，利用无人机进行灾难侦察，一是可以不计地理、不受环境影响，实现机动、灵活的侦察。尤其是在遇到紧急、紧急、危险的地方，如果调查队不能进行调查，那么，无人机就可以快速地进行调查。二是无人机可以提高侦察的速度，在第一时间发现危险的原因，从而做出准确的判断。三是可以有效地防止人身伤害，防止人进入有毒易燃易爆的危险区，同时能全面、细致地掌握现场的状况。

（2）监控和追踪。它的功能可不只是侦察灾害。由于火灾发生的各种突发事件，火灾现场常常是快速多变的，通过无人机进行实时监测和跟踪，可以准确地反映火灾的动态。通过分析，可以使各部门的领导干部能够及时了解地震的变化，从而制定快速、准确的应对措施，将灾害的影响降到最低。

（3）救援。通过将无人机整合在一起，或将重要设备和设备进行灵活的运输，可以在各种不同的环境中进行营救：①为营救人员打开一条通道。比如在水上、山地的营救中，目前的抛掷器的应用条件和射程都受到了极大的限制，而且精度也不高，如果需要借助无人驾驶设备来进行救护，比如呼吸器、救援绳等，就可以为救援者开辟出一条新的道路。②使用无人飞行器作为通信中继的综合通信装置。例如在地震、高山等通信障碍的情况下，通过将转发器整合到一起，作为一个暂时的中继站，在恶劣的条件下，在恶劣的情况下，形成一条无线电连接。③在紧急情况下使用无人驾驶飞机进行地图绘制。采用无人驾驶飞机综合航空摄影测量模型，将灾难发生的所有事件记录下来，发送到指挥中心，对现场的地貌等进行实时绘制，为抢险工作的进行提供了强有力的支持。

（4）辅助监督。运用航空摄影技术，对高层和超高层建筑进行全方位实时监测，及时发现火灾隐患，实时控制火灾现场火情，建筑消防检查或现场火灾图像存储，可实时将空中监控录像实时接入其他安防或消防监控系统等。

1 设计思想

结合某地区消防局的实际情况，提出以下几点建议：一是充分发挥无人机的作用，二是提高灭火效能。

（1）某消防局辖区发生火灾，由应急指挥车前往事故地点，由无人驾驶飞机进行侦察，并将影像传送给指挥车、指挥车及指挥中心。

（2）为了便于远程操纵和远程拍摄，在管辖区域的制高点安装无线电遥测和图像传输天线，极大地提升了无人机的操纵范围和无线图像传输范围。

（3）无人机拍摄到的影像，以无线电方式传送到各区域的制高点，再由专用网络将其传送到指挥部。

2 体系结构

（1）无人机：包括无人机机身、摄像云台组件、无线图传发射组件、手动控制设备、地面站等。

（2）应急通信车辆：无线电图像接收和接收终端。

3 技术优势

通过使用先进的飞行控制平台、前、后端的视频监视和传送，以及完善的地面和地面服务支持，可以在短时间内对陆地进行全方位的监视，并在一定程度上降低了对常规探测方法难以探测到的地区的实时监测和支援。它在规划巡逻路径、智能分析、定点持续监控、火情报警等几个关键环节中，在制定应急预案、建立快速响应机制、现场火情归档与取证等领域，充分发挥技术防范手段的重要作用。

3.1 技术上的优越性

（1）灵活机动。这种微型无人机的体积很小，可以通过控制来控制，一到两个人就能控制它。当公路堵塞或交通受阻时，步行即可到达灾难地点，并且可以提供非常简易的起飞环境。没有任何限制，而且可以轻松的移动。另外，其具有较低的转向半径和较高的机动性能。能够进行灵活的转向和空中照相机的追踪；而且，它能够迅速抵达预定位置，而且响应速度极快，对周围的环境和气候都有着极好的适应性，在西藏塔尔钦“神山”的2014年度安全保障试验中，在6级风速下，无人驾驶的无人驾驶飞行器要好很多，但由于恶劣的天气和恶劣的天气等因素，它的体积要小得多；它的飞行高度仅为数平方米，四周没有明显的障碍，在低空飞行的时候，受到天气的影响很少。视频采集的很迅速，可以在十公里外进行侦察。

（2）视野开阔。无人机可以利用无线技术进行超视距的遥控，因此它的视景范围非常广，根据不同的环境要求，可以根据不同的角度和距离，在不同的光照情况下工作。它不仅能在空中完成全局范围的捕捉，而且还能根据需要调节距离和角度，根据需要捕捉到对场景做出重大决定的关键点。利用遥控遥控摄像机，能够实现对目标的实时捕捉和传输，特别是在低海拔的情况下，具有很好的追踪和拍照功能。采用空中照相机拍摄的影像解析度较高，若装备有热成像等夜视影像，影像资料将会更为完整。这种方法可以为火灾现场的实时空中监测工作，提高灭火救援队伍的侦察水平。

（3）操作简便。在技术上，遥控飞行器的遥控影像传送及监控是以网络及通信方式与地面台相连，经由光导纤维连接至地面。只要使用远程控制摄像机和它的附属设备（镜头、云台等），就可以看到无人机摄像头的实时影像。一般的情况下，使用者可以用遥控完成无人机的一切操作，远程的影像传送及控制系统可以清楚地看到整个战场的状况，实现远程、方便的全方位监视；通过PC、移动电话等终端连接到公共网络，可以通过PC、平板电脑、移动电话等各种媒介来操控。事实上，它的使用并不困难，只需要熟练地操纵飞行、音视频控制等功能。

（4）安全可靠。无论面对暴雨、高温、台风、泥石流等恶劣的天气环境；或者易燃易爆、塌陷、有毒等严重事故灾害现场；抑或山岳、峡谷、沟壑等极端地理环境，无人机技术能有效规避传统灭火救援行动中存在的短板，可确保消防救援人员的自身安全。并能通过对现场情况的跟拍、追踪，为事故处置的指挥决策提供安全可靠的依据，能够最大限度地控制灾情发展，减少灾情的损失，减少人员伤亡。

（5）实时图传。无人机在对灾害现场拍摄的同时，利用COFDM无线图传技术，实时传输高清图像至地面接收终端，传输视频高达1080p画质。由于COFDM技术具备广播式传输的特点，无人机视频可同时被指挥车、指挥中心、操控手微型便携终端等多终端接收。

4 设计方案

4.1 设计概述

其主要的实现方式是：

（1）对灾难发生地点进行的航空摄影和视频；

（2）将现场的影像传送给紧急救援车辆。

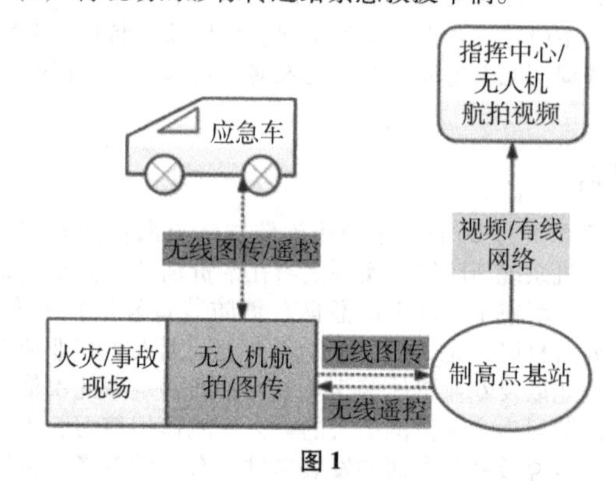

图1

在执行这次的行动中，紧急救援车辆到达事故地点，而无人驾驶的飞行器已经到达了事故地点。从空中拍摄到的影像，由无线电传送到应急车辆和制高点基地，基地则会从地面的电缆线路，如影像访问电缆，传送到更高级的指挥部。

在制高点上，除了接收信号外，还装有一个无线电控制系统，用于远程控制无人机（图1）。

4.2 系统框图

系统框架如图2所示。

4.3 系统特点

（1）在制高点基地台上设置有无线电地图传送和无线电远程控制，以改善无线电地图传送的接收和控制距离；

（2）可在空中进行飞行摄影，持续时间超过40min；

（3）无人机的高清无线电图像传送，由多个终端接收，基站接收端，应急车辆接收端，接收端接收端；

（4）选择高清晰度相机的无人机拍摄云平台；

（5）遮风板和机身，可在全天下进行。

5 市面上的消防无人机方案

5.1 深圳艾特的智能消防解决方案

（1）广东森林消防。利用无人机飞行器进行森林火场监测，适时传输火场图像，将火场地形、道路、森林植被等火场情况和救援队伍的救援情况呈现在指挥员面前。

（2）为指挥员科学决策提供可靠的数据。明火扑灭后，无人飞行器利用热红外感应吊舱再度巡查火场，防止死灰复燃。消除隐患，从而圆满完成森林山火扑救工作。

（3）无人机飞行器，其实就是森林消防队伍的千里眼和顺风耳。定期定时巡视防火区域，远距离侦测火险隐患，防患于未然（图3~图5）。

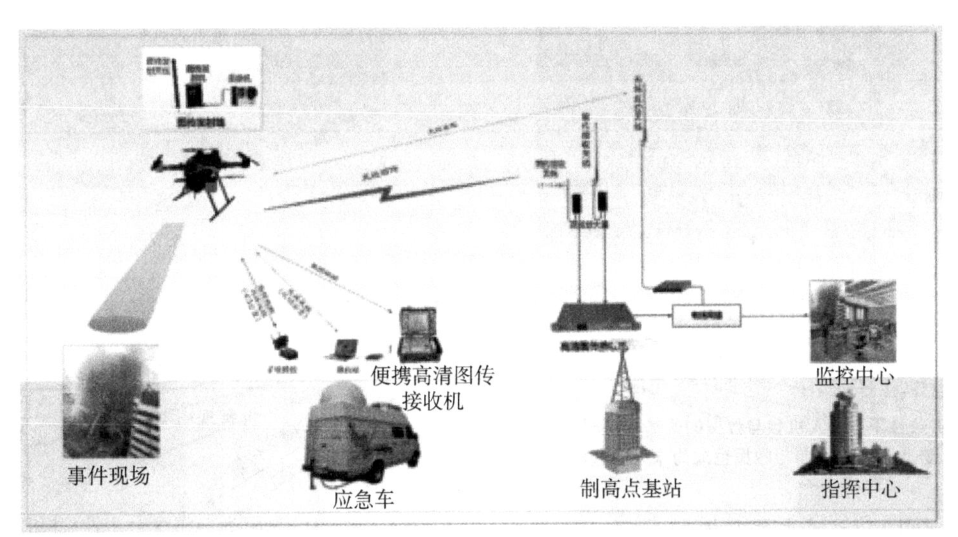

图2

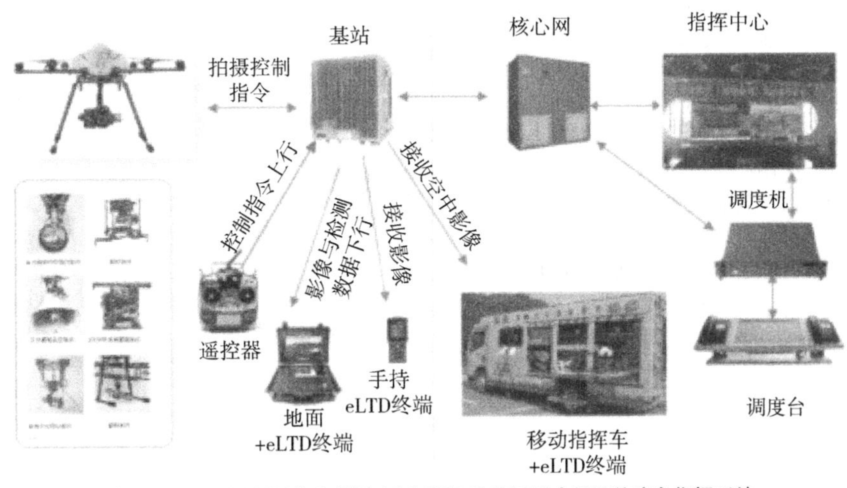

图3 GPS/PPMW/北斗基于4G/eLTE的应用无人机通信应急指挥系统

图 4　艾特消防特种无人机助力广东森林消防

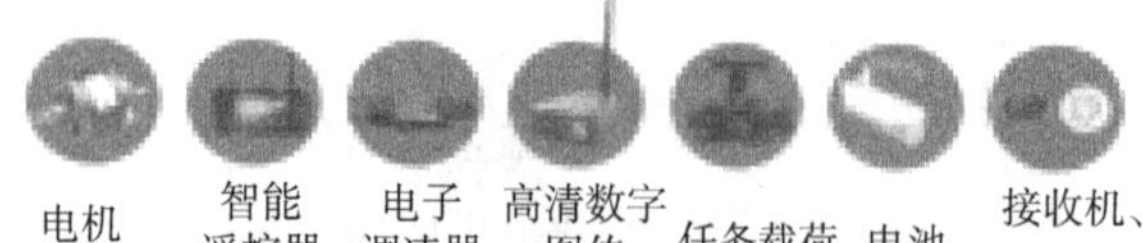

图 5　极端恶劣条件下，无人机参与救援的优势非常明显，无人机代替人进入危险现场参与救援也成为未来的趋势。

5.2　华科尔的 FE15 消防灭火无人机

华科尔又一次向工业无人机市场进军，它是第一款新型侦测无人机，FE15 型扑救飞机，它的载重能力是 15 公斤，抗风能力强，抛撒精度高，最大载荷可持续 30 分钟，可以在复杂的火灾情况下进行远距离投掷。FE15 型火焰喷射器可搭载 30 倍光学变焦镜头及夜视仪，可在夜间和夜间使用。当火灾时，FE15 可快速抵达所需的地面，进行现场勘查，并投入灭火药剂，为灭火工作提供强大的空中支援。华科尔公司表示，FE15 是一种专门用于高空火灾的特种防火飞机，其机身可折叠，具有极强的承载能力和抗震性能。能够迅速到达较高楼层，通过高倍摄影机进行监控，并进行灭火器射击的无人机。FE15 型防火机器人是利用先进的 TOF 技术和先进的雷达技术，它可以在 5 米开外的情况下，准确地判断出前方 5 米内的障碍物，并及时刹车。保证航班的安全性（图 6）。

图 6

5.3　重庆国飞通用航空设备制造有限公司高层火灾快速扑救消防无人机（图 7）

图 7

5.4　江苏鸿鹄消防无人机精准应急救援方案（图 8）

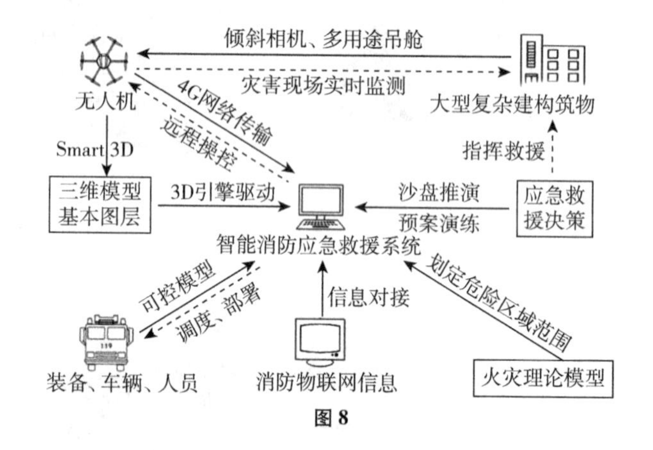

图 8

参考文献

[1] 公安部消防局．公安消防部队抢险救援勤务规程［S］．2007.

[2] 浅析无人机在消防灭火救援中的应用［J］．小中国消防在线，2013.

[3] 科卫泰实业．无人机无线视频传输系统成功案例［Z］．2015.

固定式压缩空气泡沫系统的研究现状分析

温永辉

（渭南市消防救援支队，陕西 渭南）

摘 要 本文全面系统地介绍了固定式压缩空气泡沫系统，并在不同应用环境和水喷淋系统、泡沫-水喷雾灭火系统的性能对比，通过对比展示了ICAF灭火效率高、节省水和泡沫液，污染环境小等优势。相比之下，我国对ICAF的研究起步较晚，尚未在该领域有明显的研究成果，ISO国际标准的发布将为我国未来相关国家标准的研制提供可借鉴的参考标准和技术依据，助推我国压缩空气泡沫相关产品的发展和贸易交流。

关键词 ICAF 性能对比 应用场景 性能优势

1 概述

1.1 系统简介

固定式压缩空气泡沫系统，即 Integrated Compressed Air Foam system for Fixed Piping Networks（简称ICAF）是将水、压缩空气和泡沫灭火剂按适当的比例混合，经固定管网输送至特殊喷头释放，从而实现灭火的系统。系统的管网可使用传统喷淋系统或泡沫系统的管网，为了将泡沫均匀的喷洒至受保护区域，需要使用一种可旋转的特殊喷头。

CAF是一种类似于剃须膏状的泡沫，通过将压缩空气、水和泡沫原液按照一定比例混合即可得到。ICAF是一种雨淋式系统，能对设置场所提供一种整体性保护，可通过电动、气动和手动方式进行控制。ICAF由压缩气瓶、泡沫液储罐、喷头、控制柜及相应的附件组成，工作原理示意图如图1所示，火灾发生时系统气动，压缩空气、水和泡沫液一起注入气液混合室内，在混合室内充分混合形成压缩空气泡沫，然后经管网输送到被保护区域，通过喷头喷洒泡沫实施灭火。

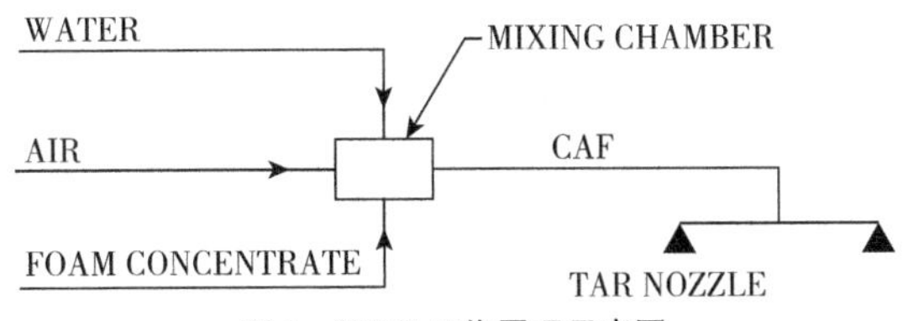

图1 ICAF工作原理示意图

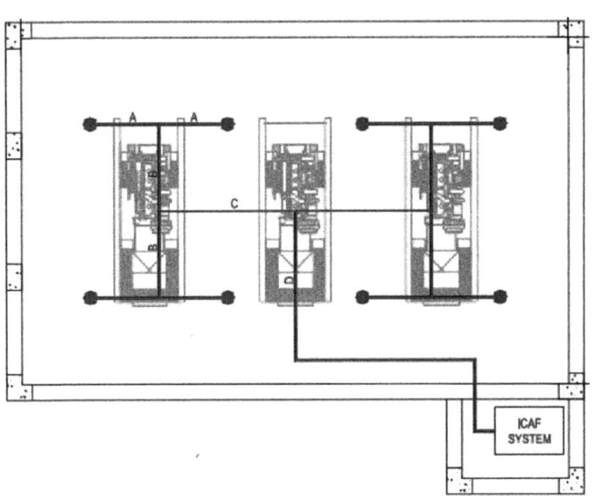

图2 ICAF在柴油发电机中的应用

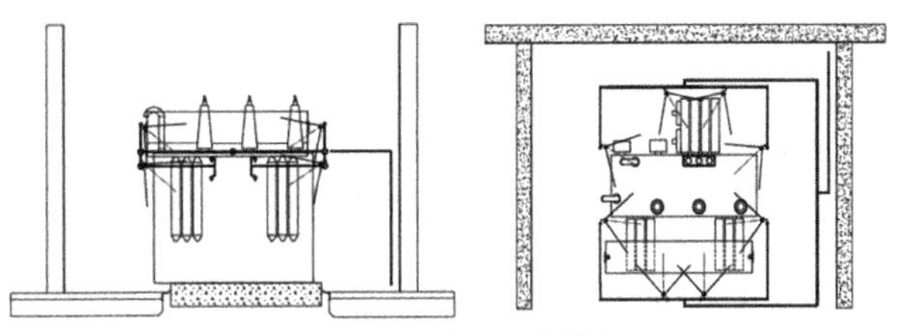

图3 ICAF在变压器中的应用

1.2 系统的灭火机理及适用范围

CAF的灭火机理是：通过在燃料表面形成一层隔热保护层实施物理隔绝，不仅可以减少火焰对燃料的热作用，也可以减少燃料与氧气的接触，从而实现有效灭火和控火。

CAF可用于扑救可燃液体火灾，一般来说，对储运、加工过程中可燃液体火灾的扑救均具有适用性，如开放式或遮挡燃烧的池火、流淌火和瀑布火（竖直流淌的火），也适用于特殊的场所和设备（油、电共存的场所）等，如柴油发电机房、变压器、飞机库等，如图2~图4所示。ICAF是一种雨淋式系统，可分为局部应用和全淹没式应用两种应用方式。

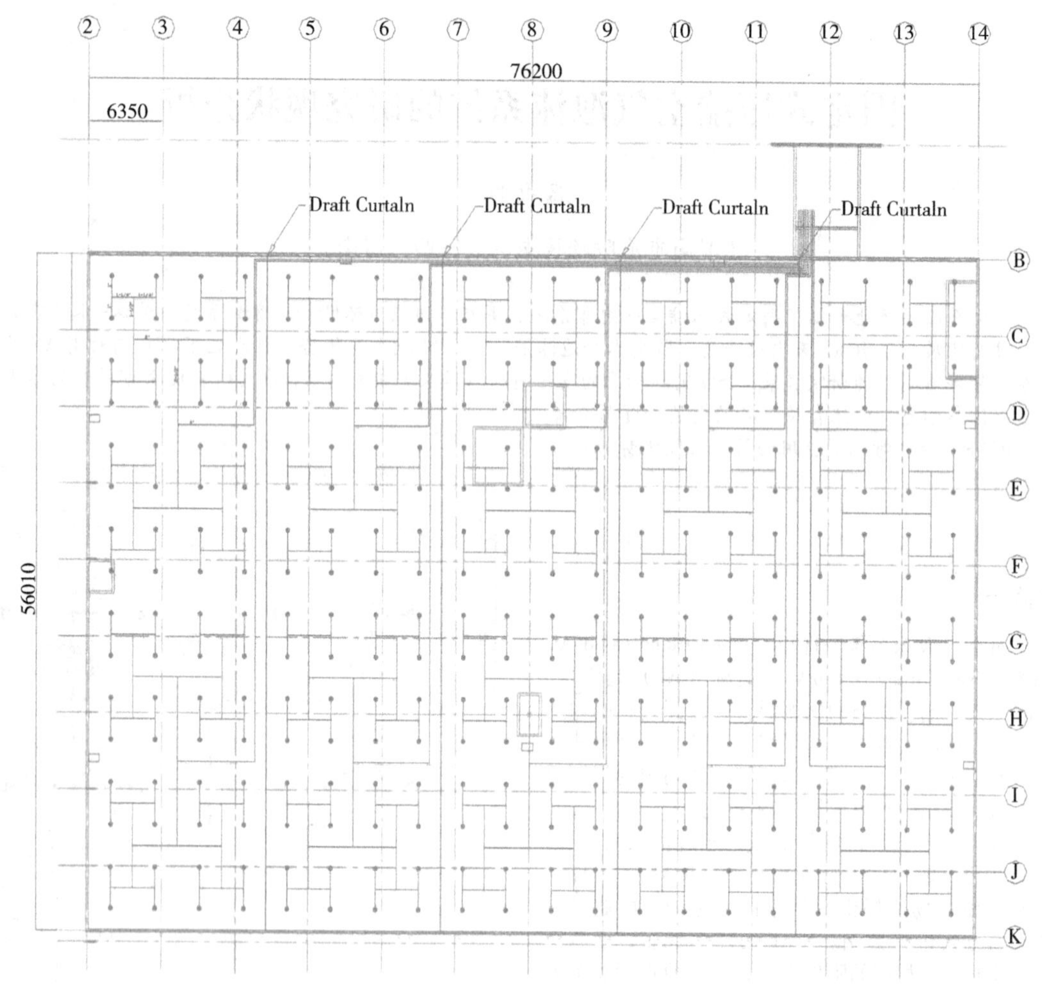

图 4　ICAF 在飞机库中的应用

1.3　ICAF 类型

关于 ICAF 的研究，加拿大最先展开了相关工作。1995 年，加拿大国家研究理事会（NRCC）的研究人员研制了世界上第一个固定式压缩空气泡沫系统，确定了决定泡沫性能的一系列结构参数，如气液混合室的结构，管网中管路弯曲的个数以及喷头的类型等。加拿大 Fireflex 公司制造的 ICAF 实物图如图 5。

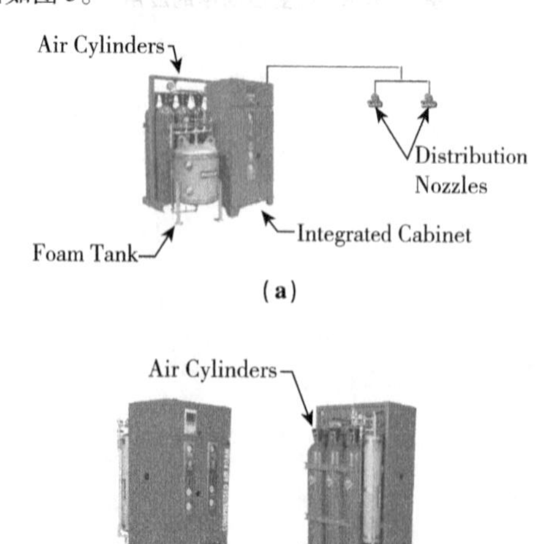

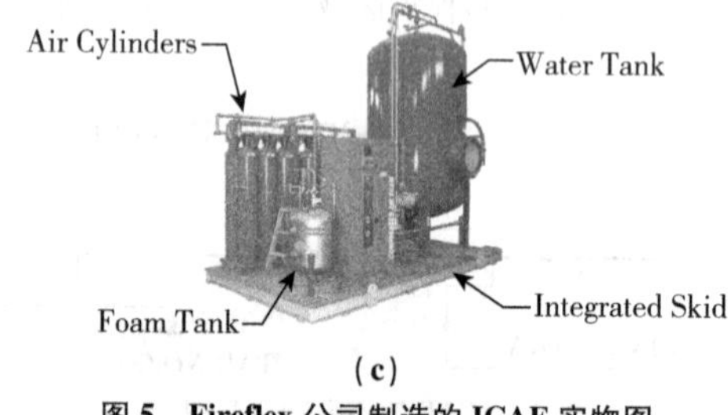

(c)

图 5　Fireflex 公司制造的 ICAF 实物图

2　ICAF 的应用研究

ICAF 研制成功后，NRCC 进行了大量的工程实验，这些实验主要包括两个方面：一是压缩空气泡沫与传统泡沫系统或其他室内固定管网灭火系统水喷淋、泡沫-水喷雾灭火系统的性能比较，目的在于对比分析 ICAF 的灭火能力和性能优势；二是为了推广应用 ICAF，展开了一系列不同应用场景下的可行性实验。

2.1　与其他系统的灭火性能对比研究

（1）与传统泡沫系统的性能对比

CAF 在扑救 A 类火具较强的性能优势，为探讨其在扑救 B 类火方面的应用，Gerge Crampton 和 Andrew Kim 依据 CAN/ULC-S560-98 进行了压缩空气泡沫与吸气式泡沫、泡沫混合液灭 B 类火的全尺寸对比实验，该标准用于评价军事领域应用下泡沫灭火剂的灭火性能，要求灭火剂能够快速控制火势，灭火时间应小于60s。

实验以在有效时间内灭火所需的泡沫液用量为评价指标，即用量越小灭火效率越高。实验选取4.64m² 的庚烷或者汽油作为点火源，对距火源边缘1.83m，距地面1.5m处的辐射热通量进行测量。实验中采用的B类泡沫液为National Aerolite Foam，泡沫混合液的混合比均为3%。灭火时泡沫混合液的流量均调整为7.6L/min。图6为压缩空气泡沫与吸气泡沫灭火时测点处的辐射热通量变化情况。采用泡沫混合液进行灭火不能有效灭火，实验发现在喷射260s后，燃料燃尽后火自然熄灭。将流量增至3倍，于喷洒126s后成功灭火，如图7所示。

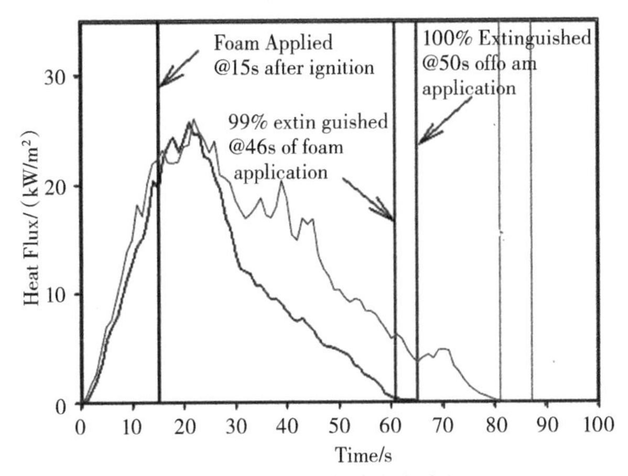

图6 CAF与吸气式泡沫对比

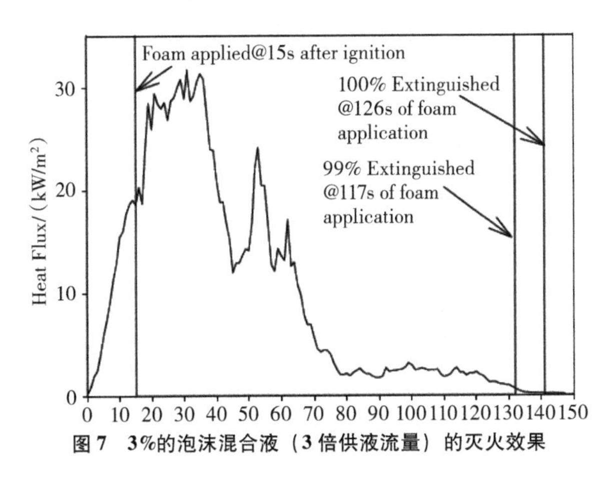

图7 3%的泡沫混合液（3倍供液流量）的灭火效果

研究表明：①采用B类泡沫液，扑灭庚烷火时CAF比吸气式泡沫的混合液用量少30%，扑灭汽油火少60%；②采用A类泡沫液，CAF能成功灭火而吸气式泡沫不能灭火；③混合比减半时，达到同样的灭火效率，CAF供给强度需提高67%，而吸气式泡沫需提高150%，说明混合比的减小对吸气式泡沫的灭火能力影响更大。

综上可知，泡沫液种类、混合比及产生方式对泡沫灭火效能影响较大，但无论采用A类泡沫还是B类泡沫，三种灭火方式中CAF的灭火效能最优，说明该种泡沫产生方式效能最优。

（2）ICAF与细水雾、水喷淋系统性能对比

Andrew Kim和Bogdan Z. Dlugogorski对开放空间和建筑内部条件下ICAF与细水雾和水喷淋系统的灭火性能进行了对比研究。实验在3.5m×3.1m×3.3m的燃烧室内进行，火源选用庚烷池火、柴油池火和木垛火，泡沫液选用3%A类泡沫和1%~3%AFFF两种，系统选用单喷头和双喷头两种喷射方式，双喷头布置间距为2m。

实验首先对喷头在保护面积内泡沫的分布进行了测量，在网格间隔为0.18m的地面上布置了13×13=169个直径为0.1m的收集烧杯，计算单位时间单位面积泡沫喷洒的量，将不同点的“泡沫通量密度”绘制成图。喷头喷洒分布的实验结果为：单个喷头保护面积中心的通量密度最大为8L/(min·m²)，向边缘递减至1L/(min·m²)；双喷头情况下，通量密度由中心处的6L/(min·m²)递减至边缘为2L/(min·m²)。

灭火实验结果如下：①无论是A类泡沫还是B类泡沫，ICAF灭庚烷火的效果要好于细水雾和水喷淋，而与传统泡沫系统比较，ICAF的灭火剂用量更小；②ICAF受通风条件的影响最小，扑救固体深位火的能力要强于另外两者；③双喷头布置时，泡沫喷洒分布更加均匀，灭火性能优于单喷头的灭火性能。由此可见：ICAF因其引入了高压气体，改变了水的作用形式，与传统系统而言具有渗透润湿性强、不受通风条件影响、高效节水等优势；对于ICAF而言，喷头布置及泡沫喷洒的均匀性是影响灭火效果的一个重要因素。

（3）ICAF与泡沫-水喷淋系统性能对比

Andrew Kim等进行了ICAF与泡沫-水喷淋系统灭油盘火和流淌火能力的研究。因尚无（2004年以前）ICAF灭火效果评价标准，依据UL-162规定的实验方法设计实验，和相似系统即泡沫-水喷淋系统实施灭火对比实验，并适用NFPA16对结果进行评价分析。

油盘火的实验设计：实验选取4.65m² 的庚烷火作为火源，ICAF的喷头高度分别设置为4.42m和7.62m，选用TAR（涡轮驱动式）和GDR（齿轮驱动式）两种喷头。具体参数如表1所示。

表1 实验具体参数

系统类型	喷头类型	喷头特点	喷头个数	油盘位置	泡沫液种类
ICAF	TAR	保护面积为21m²	4	四个喷头对应的中心	2%AFFF、1%A类泡沫
	GDR	保护面积为70m²	1	距喷头正下方2.22m处	
泡沫-水喷淋	标准下垂型洒水喷头	流量系数$K=5.6$	4	四个喷头对应的中心	3%AFFF

实验结果如表2所示。

表2 实验结果

	泡沫-水喷淋	CAF	UL162
强度/(gpm/ft²)	0.16	0.04	0.10
AFFF%	3	2	
灭火时间/(min：s)	1：42	1：17	5：00
25%析液时间/(min：s)	0：30	3：30	0：30
抗复燃时间/(min：s)	17：09	26：00	5：00

油盘火结果表明：①基于以上实验设计，无论是A类泡沫还是B类泡沫，ICAF的灭火效果均优于泡沫-水喷淋系统，

当调节泡沫-水喷淋的流量为ICAF的4倍多时，ICAF的灭火时间仍小于前者，且抗烧时间为其两倍多；②实验尺度下改变喷头高度对ICAF的灭火能力影响不大。

为了更接近真实火灾场景，Andrew Kim等进行了ICAF与泡沫-水喷淋系统灭遮挡与非遮挡流淌火的对比实验。实验场景布置如图8所示：

试验平台　试验装置
遮挡物示意图　CAFS用喷头

管网及喷头布置情况　复燃测试1
点火测试　复燃测试2

图8　ICAF工作原理示意图

实验中ICAF采用2%B类泡沫，泡沫-水喷淋系统采用3%B类泡沫。实验结果如表3所示：

表3

系统类型	99%控火时间/（min：s）	灭火时间/（min：s）
泡沫-水喷淋	1：30	N/A
ICAF	1：55	4：58

流淌火实验同样证明了ICAF的灭火性能优势：①泡沫-水喷淋较ICAF最初控制火势时间短，但灭火时间长于ICAF，因为泡沫-水喷淋系统灭火过程中会造成燃料的肆意流淌，火势会重新增长并向外围蔓延，而ICAF因其泡沫较强的稳定性、隔热效果好等，会慢慢覆盖住流淌火，将火势控制并最终灭火；②ICAF只需用泡沫-水喷淋系统25%的用水量就能可以控制火势，且泡沫液用量少；③ICAF作用下的火场能见度要优于泡沫-水喷淋系统。

（4）与水喷淋联用情况下的性能分析

由于较多场所都安装水喷淋系统，ICAF在此类场所中应用势必要明确其与水喷淋系统联用情况下的灭火性能。George Craampton研究了ICAF与水喷淋联用情况下的灭火能力，实验结果以FM5130作为评价标准。

实验中ICAF与水喷淋系统采用单独管网设计，以庚烷池火和99.5%的丙酮池火分别作为火源，分别进行了不同喷头流量和位置情况下系统的灭火实验，泡沫液选用2%～6%的AFFF和6%的AFFF-AR。

实验表明：①两个系统同时开启时，ICAF的灭火性能尽管受到影响，但仍满足规范5min灭火要求；②ICAF与水喷淋系统同时启动时仍可以扑救碳氢化合物（庚烷火）和溶剂燃料（丙酮火）；③大流量水喷淋系统可以扑救溶剂燃料表面的火，但对于挥发性碳氢化合物和深位的溶剂燃料火灾却不适用。

2.2　场所适用可行性研究

（1）易燃液体储存场所

ICAF在B类场所具有一定的适用性，为了探讨其在真实火灾场景下的适用情况，Andrew Kim等模拟了发生在五金店、油漆库和易燃液体储存库房等场所的池火火流淌火。实验在一个高大封闭的场所进行，房间尺寸为3m×3.65m×3m，内设一个2.3m×1m×1m的钢桌，两个1m×0.3m×2m的7层钢架，喷头位于天花板中心处。

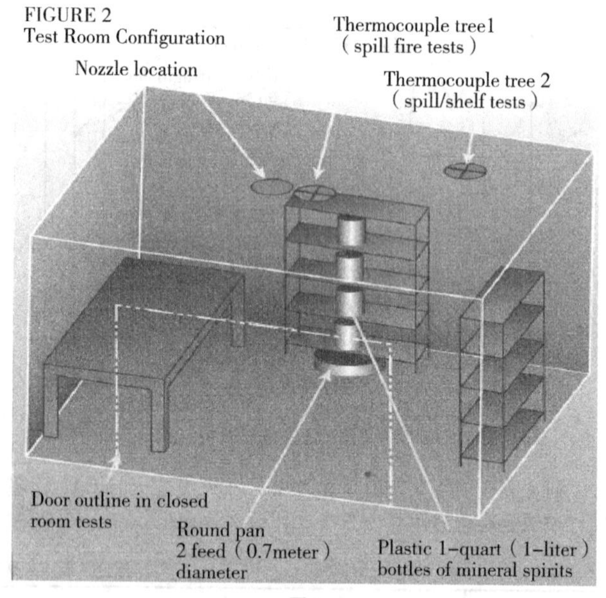

图9

实验设计两个火灾场景，第一组是庚烷形成的流淌火，第二组如图9所示，每层架子中间放置塑料罐储存的1L矿油，架子底部放置一个装有10L庚烷的油盘，模拟的是塑料罐中的油料泄漏着火的火灾场景。两组灭火场景中分别采用水喷淋、细水雾和ICAF灭火。实验结果显示水喷淋和细水雾不能灭火，而ICAF能实现短期灭火。两组火灾场景中的温度变化曲线如图10、图11所示。

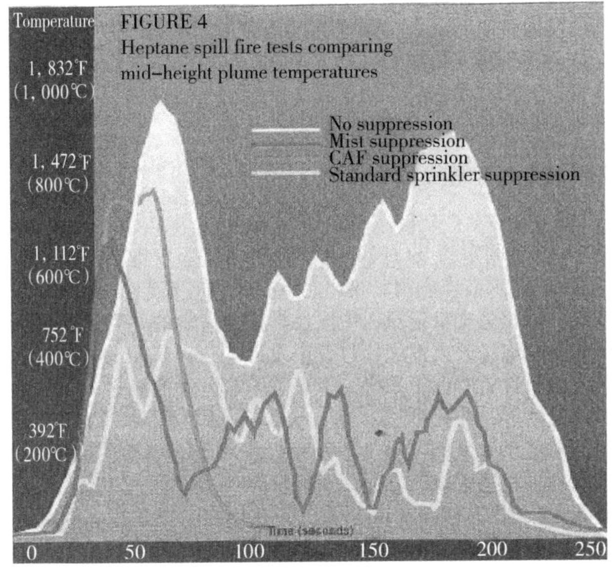

图 10

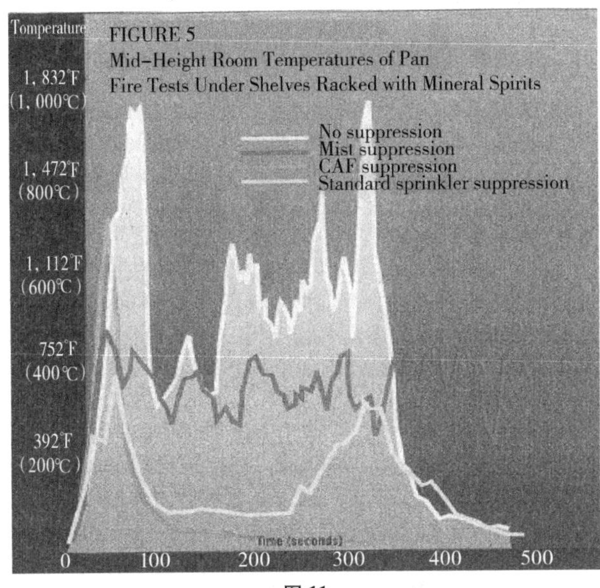

图 11

（2）飞机库

NRCC 与 DND（加拿大国家防御委员会）开展了将 ICAF 应用于飞机库可行性的项目研究，其核心在于明确 ICAF 是否能满足Ⅱ级飞机库的灭火目标和经济性要求。Gerige Crampton 等对满足飞机库灭火要求的 ICAF 的设计参数进行了研究。

实验中分别进行了大、小油盘火和流淌火实验，燃料选用庚烷、汽油和 JP5，飞机库设置了顶棚喷头和位于地面的底部喷头，泡沫采用 2%的 AFFF 和 0.3%的 A 类泡沫，实验结果采用 NFPA409 进行评价。

实验表明：①采用 2%的 AFFF 较 0.3%的 A 类泡沫而言，系统的灭火、控火时间短、效果好；②顶部喷头单独启动时，难以达到 NFPA409 的灭火标准，底部喷头单独启动时 2%AFFF 可以达到灭火标准，而 0.3%A 类泡沫小部分难以达到灭火标准；③顶部喷头和底部喷头同时启动时，采用 2%AFFF 系统能在灭火标准范围内扑灭所有火，采用 03%A 类泡沫系统只能扑灭小油盘火和流淌火。总体而言，在这种高大空间内，ICAF 产生的泡沫具有良好的动量和穿透性，能较好地突破火羽流，作用于火源根部，有效的灭火。

（3）变压器

为了确定 ICAF 用于变压器火灾的可行性，Andrew Kim 等进行了变压器火灾场景下 ICAF 与水喷雾系统的灭火性能对比实验。实验中的变压器模型是在加拿大蒙特利尔魁北克巴里站设计的所比例模型，该模型包括变压器的油箱和散热片的前半部分。火灾场景设计为：变压器内部电弧引起爆炸，油箱破损，油品泄漏变压器的外围和前方，形成级联火灾和油池火灾。为此，在变压器的底部中心、顶部和外围分别放置油盘，燃料采用变压器中使用的电气绝缘油。为探寻系统最佳的管网布置方式，实验设计了 5 种管网布置方案，水喷雾系统管网及喷头布置方式与变压器实物采用场景相同。实验结果如表 4 所示：

表 4

实验序号	1	2	3	4	5	6
系统类型	水喷雾	CAF	CAF	CAF	CAF	CAF
喷头类型	标准喷头	TAR	TAR	TAR	GDR	TAR
喷头数量	21	4	3	3	2	8
泡沫类型	—	A 类	A 类	B 类	B 类	B 类
泡沫浓度/%	—	1	1	2	2	2
流量/（L/min）	910	88	66	66	160	160
控火时间/（min：s）	2：05	1：09	2：16	1：21	1：33	1：13
灭火时间/（min：s）	3：53	1：24	4：02	2：54	1：58	1：29

实验发现：①采用 1%A 类泡沫、3 个 TAR 喷头时，ICAF 的灭火时间与水喷雾几乎一样，但用水量还不足水喷雾的 8%；②采用 2%B 类泡沫、2 个 GDR 喷头时，ICAF 的灭火时间是水喷雾系统的一半左右，用水量不足其 18%；③采用 2%B 类泡沫、2 个 TAR 喷头灭火时间比水喷雾系统少得多。实验结果表明：2 个 GDR 喷头、3 个或 4 个 TAR 喷头均可用于保护变压器，其灭火效率均高于水喷雾系统，且节水很多。

（4）公路隧道

公路隧道内空间狭小、纵深较长，出入口水量少、封闭性强，一旦发生火灾容易形成火龙式燃烧，且烟气难以排除，进入隧道内展开扑救非常困难，因此在隧道内安装固定灭火设施非常重要。2005 年，欧洲的 TNO 项目中进行了一系列全尺寸实验以评价 ICAF 保护公路隧道的有效性。实验表明 ICAF 可以迅速地扑灭大型庚烷火和控制固体燃料火，并大大提高能见度、降低温度，使消防人员能够靠近火源进行扑救。ICAF 的用水量比传统洒水系统要小得多，用其保护公路隧道具有一定性能优势和可行性。德国图林根州于 2010 年在新建的隧道内设置了 ICAF。

3 ICAF 研究的必要性分析

3.1 ICAF 的性能优势

将前文中 ICAF 应用研究中的有关结论总结梳理，可将 ICAF 的性能优势总结如下：

（1）灭火效率高

ICAF 的产泡方式，改变了水的作用形式，其产生的泡沫能在物质便面形成物理隔绝，且 CAF 尺寸小而匀、稳定性强，能有效阻火焰热作用和氧与燃料的接触。此外，CAF 具有较强的能量，更易穿透火羽流作用于火焰根部。

（2）节省水和泡沫液，环境污染小

因ICAF的高效灭火能力，其水、泡沫液用量少，对环境相对友好，降低了水罐或消防泵组的数量，同时减少了灾后的排水负担和污渍清理。

（3）提高火场能见度，有力灭火救援

在仓库火灾场景和隧道火灾场景的应用研究中，发现使用ICAF的场所能见度均高于传统喷淋或泡沫系统。高能量的CAF从顶部均匀的喷洒至受保护区域，高速的CAF对火场烟气具有较强的吸附和俘获能力，提高了火场能见度，有利于救援力量的战斗展开。

（4）自动化控制程度高

Fireflex公司生产的几代ICAF产品，均设有自动控制模块，能够实现对水流量和压力的控制、压缩气瓶的压力检测、泡沫液和水的混合比例以及供电系统的监控等，能够实现系统的实时自动控制。

（5）应用范围宽

ICAF通过调节气液比可产生不同干湿程度的泡沫、满足不同火场的灭火要求；系统对泡沫液的种类要求也比较宽松，即可选用AFFF等B类泡沫，也可选用A类泡沫；系统的规模、应用方式可根据火场需求进行设计，适用性较强；NRCC相关研究人员的研究表明，ICAF可适用于多种B类火灾场景，也适用于E类火灾场景等，此外，CAFS在A类火场具有较强的性能优势，ICAF应同样适用。

3.2 ICAF的应用推广进程

表5 ICAF的推广应用进程标志性事件列表

年份	实验性推广应用进程
2001年	NRCC将固定管网式压缩空气泡沫灭火技术授权给Fireflex公司
2004年	Fireflex公司的ICAF成型产品扑救碳氢化合物火灾的能力通过了FM认证
2005年	ICAF的成型产品安装于加拿大的Generating station（发电站）、Yellowknife aircraft hangar（飞机库）和Quebec flammable liquid storage facility（易燃液体储存仓库）
2006年	FM认证ICAF产品扑救极性易溶液体火灾的能力，NFPA11（低倍泡沫灭火系统的设计、安装和维护标准）中介绍了固定式压缩空气泡沫系统
2007年	ICAF达到了新FM5130（泡沫灭火系统）的要求
2008年	NFPA 850-851（对发电厂和高压直流换流站的建议）中建议将ICAF作为一种新的选择
2009年	ICAF达到了FM 7-29（易燃液体储存仓库）的要求

据有关报道，国际标准ISO 7076《泡沫灭火系统》的第五部分ISO 7076.5《固定式压缩空气泡沫灭火设备》FDIS投票于2014年3月12日结束。投票结果显示92%投票成员国同意该草案成为ISO国际标准，符合国际标准发布规则。目前，该标准已正式进入发布出版程序。

《固定式压缩空气泡沫灭火设备》国际标准是国际标准化组织发布的首个压缩空气泡沫领域国际标准。该项目由加拿大推荐的专家Kim博士担任项目负责人，美、德、俄、卢森堡、日、加等多国专家参与起草工作，历时近四年半时间，涉及前期调研、标准立项、草案编写、技术会议、意见讨论及草案修改、知识产权的回避等多项技术活动，完成了ISO规则规定的所有程序。该标准在制定中主要参考了美国和欧盟等国家和地区相关领域标准，并平衡结合国际标准的实际情况编写而成。

我国目前尚未发布该产品的国家或行业标准。ISO国际标准的发布将为我国未来相关国家标准的研制提供可借鉴的参考标准和技术依据，助推我国压缩空气泡沫相关产品的发展和贸易交流。

3.3 国内研究的滞后性

国外进行了大量工程性实验研究，并通过FM认证、NFPA标准制定和ISO国际标准的制定，逐步将其研究成果及ICAF技术推广应用。相比之下，我国对ICAF的研究起步较晚，据相关文献记录，中国科学技术大学的林霖在其研究压缩空气泡沫灭火剂配比过程中设计了一款ICAF的原样机，天津消防科研所近年来研究了有关压缩空气泡沫灭火及隔热防护的性能，并在国家“十二五”项目“清洁、高效灭火剂及固定灭火系统应用技术研究”中对ICAF应用技术展开了研究。在技术推广方面，目前仅有GB 27897—2011《A类泡沫灭火剂》，标准规定了系统实验标准、技术指标和灭火要求，但标准的目的在检测A类泡沫灭火剂的灭火性能，且标准多用于评测移动设备。

4 研究方向

4.1 系统的成套开发

主要为系统的设计方案：水源、气源、泡沫源设计，泡沫产生装置，系统的驱动、检测和控制以及管网的设计等。

以下是Fireflex公司在ICAF产品操作手册中的有关描述：

（1）水源

水压（50~175psi，0.3~1.2MPa），水量依据为喷洒强度设计、且应满足有效工作时间内的流量和压力需求（fireflex的流量估算程序）。如需水泵，水泵设计应按照NFPA20执行。水系统的设计应参考NFPA24设计。

（2）气源

CAF90%为压缩空气，气源使用由DOT和TC认证的气瓶，加压至2400psi（16.55MPa），利用压力调节阀将压力调节为100psi（0.69MPa），压力调节阀后安装减压阀，以避免因故障造成系统高压损伤，高压上限为150psi（1.034MPa）。气瓶的数量根据系统容量需要和有效工作时间确定。气瓶储罐压力通过压力传感器进行检测，当压力将至压力下限时，发出报警信号。

（3）泡沫源

泡沫源由ASME Section VIII Div.1.认证的不锈钢加硫罐，泡沫罐尺寸依据系统容量和喷射时间来确定。

（4）CAF产生方法（混合室）

（5）系统启动

（6）系统监测

（7）系统控制

4.2 系统的应用性研究

系统的应有性研究主要是成本核算和系统整体评估。成本核算主要考虑保护对象的性质、泡沫液的类型和喷头的布置方式、系统的应用方式等。

系统整体评估主要从供水量、启动方式、系统的安放位置和保护区域、管网布置路线、泵房设置、喷洒测试等方面着手研究，开发出适应我国实际，经济实用的固定空气压缩泡沫系统，填补这个方面的空白。

参考文献

[1] George Crampton and Andrew Kim. Comparison of the

Fire Suppression Performance of Compressed-Air Foam with Air Aspirated and Unexpanded Foam Water Solution. Research Report 147. 2004.

[2] Andrew Kim, Bogdan Z. Dlugogorski. Multipurpose Overhead Compressed-Air Foam System and Its Fire Suppression Performance. 1996.

[3] UL162-Kim, A.; Crampton, G.; Asselin, J. P. A Comparison of the Fire Suppression Performance of Compressed-Air Foam and Foam-Water Sprinkler Systems for Class B. Hazards. IRC-RR-146. 2004.

[4] The Comparison of the Fire Suppression Performance of Compressed-Air Foam with Foam Water Sprinklers on Free-Flowing Heptane Spill Fires. Research Report RR-174. 2004.

[5] George Crampton. Fire Extinguishing Performance of the ICAF System with Synchronous Operation of Sprinklers. IRC-RR-237. 2007.

[6] P. Crampton, A. K. Kim, J. K. Richardson. A New Fire Suppression Technology. 1999.

[7] Kim, A. K.; Crampton, G. P. Application of a newly-developed compressed-air-foam fire suppression system. NRCC-44514. 2001.

[8] Kim, A. Crampton, G. Fire protection of power transformers with compressed-air-foam (CAF) system. NRCC-49485. 2007.

[9] Z. G. Liu*, A. Kashef, G. Lougheed, and A. K. Kim. Challenges for Use of Fixed Fire Suppression Systems in Road Tunnel Fire Protection. NRCC-49232. 2007.

12.2 大广高速托运货车火灾案件分析

郭伟民 赵 昂 吕文强

（濮阳市消防救援支队濮阳县大队，河南 濮阳）

摘 要 2021年12月2日大广高速发生一起托运货车起火事件，本文对火灾基本情况、扑救情况、后期调查情况等进行说明分析，认定起火原因。

关键词 托运货车 火灾 火灾调查

1 火灾基本情况

2021年12月02日13时14分许，濮阳市消防救援支队接到报警：大广高速一辆由北向南行驶中的中国一汽解放牌货车（车牌号：辽PA2787＊吉AT839挂，车上运输货物为小型汽车）发生火灾。火灾造成货车拖挂部分及拖挂尾部上下两层各五辆汽车过火，火灾未造成人员伤亡。

2 火灾扑救情况

2021年12月02日13时14分许，濮阳市消防救援支队接到报警：大广高速一辆由北向南行驶中的中国一汽解放牌货车（车牌号：辽PA2787＊吉AT839挂，车上运输货物为小型汽车）发生火灾。至安阳滑县高速收费站（K1850段）驶离高速200m处，由濮阳、安阳两地消防救援力量合力将火灾扑灭。

3 调查询问情况

3.1 调查询问司机付强

付强称：当时他在开车，在行驶至河南濮阳G45大广高速濮阳南处时从货车主驾驶后视镜看到货车拖挂左侧轮胎处有大火冒出，当时发现火灾后第一时间给公司经理张金鸽打电话说明情况，当时张金鸽说赶打119电话报警并继续向前开，避免停车后火势向前蔓延，后来行驶到安阳滑县附近消防车追上来了我就靠边停车了，下车后我看到拖挂左侧轮胎处火势最大。

3.2 调查询问北京路禄通物流有限公司经理张金鸽

张金鸽称：当时我在海南等待接货，突然接到司机付强的电话，电话里他说货车拖挂后面起火了，我了解当时情况后我让司机赶快报警，然后在应急车道慢速行驶，由于当时拖挂上下两层共有15辆汽车，如果当时贸然停车怕火势向前蔓延或造成更大的损失。

4 现场勘验情况

火灾发生地点位于G45大广高速安阳滑县收费站（K1850段）出口南200处，该车停靠路段为河南安阳方向路段，东侧对向车道为河南濮阳方向路段，现场勘验时，车辆停放于安阳滑县服务区北侧路边，车头朝西，车尾朝东。

车辆为北京路禄通物流有限公司所有，品牌为中国一汽解放牌，车牌号（辽PA2787），对车辆外部进行勘验：从拖挂后面往前给受损车辆进行标号，下面一层从后数第一辆为下1至下5。上面一层从后数第一辆为上1至上5。下1至下4车辆被完全烧毁，下5车辆后半部分过火烧损，前三辆汽车无过火。上1至上4车辆被完全烧毁，上5车辆后半部分过火烧损，前两辆无过火。拖挂共有六组轮胎，车辆左侧（主驾驶一侧）共三组轮胎，每组有内外两条轮胎。车辆右侧（副驾驶一侧）共三组轮胎，每组有内外两条轮胎。从后往前给拖挂轮胎进行编号，左侧从后往前为左1至左3，内侧为左1内至左3内，右侧从后往前为右1至右3，内侧为右1内至右3内（图1、图2）。

经勘验，挂车车头完好，无过火痕迹，轮胎完好无损。勘验拖挂车体表面痕迹发现，拖挂左侧1轮胎处过火痕迹较左2左3处严重，附近车体漆面脱落发白，与烟熏区域有明显的界线，存在明显“V”字形痕迹。拖挂右侧右1轮胎处烟熏痕迹较重，轮胎附近车体漆面部分脱落，发白生锈痕迹较右2右3处严重；右侧车架表面多为烟熏痕迹且分布较均匀。对比发现右侧多为烟熏痕迹（分布均匀），左侧多为火烧痕迹（界线明显），拖挂过火区域顶点位于左1轮胎处。证明货车烧损程度左重右轻，起火部位位于左1轮胎附近（图3）。

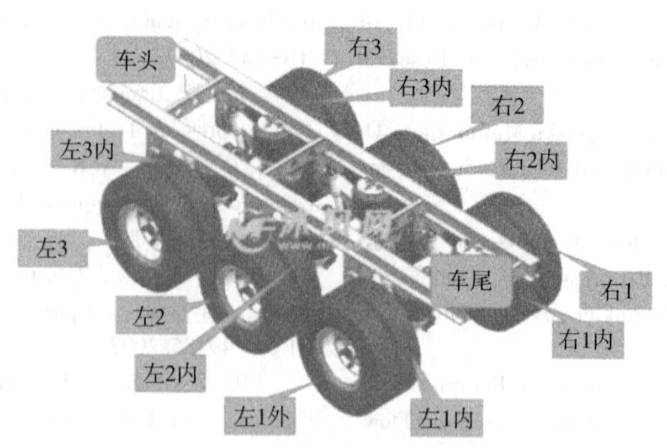

图1　拖挂轮胎位置示意图

图2

图3

对下3（新能源车）进行细项勘验（如图4、图5所示）：该车为北汽新能源三厢轿车，车主于12月1日在北京将车辆交于托运公司托运至三亚。车辆整体过火，车后较车前金属变色严重，内饰完全烧损，左前右前轮毂烧缺融化，左后轮毂烧缺严重，右侧轮毂保存较左侧完整。车内线路绝缘皮烧失，线路无短路、熔断痕迹，现场邀请到（SK）电池工程师及北汽研究院工程师对下3（新能源车）共同勘验：车辆底盘有明显的金属变形变色，底盘过火较车辆上部严重，底盘左侧金属变色较右侧重。车辆底盘中间位置为电池包，将电池包拆下发现电池包外壳表面严重碳化，无过火痕迹；对比电池包外壳内外表面，碳化痕迹内轻外重，电池包内烟熏痕迹较重，无明显过火痕迹，包内线路、逆变器等部件基本完好，无熔断、短路痕迹，电池组性状保存完整，无破损、变形、鼓包等现象，受热痕迹均匀拆解电池模块后，发现模块内铜片保持完好，铝膜无明显破损，整体结构稳定，无短路、穿刺等痕迹，（SK）电池工程师及北汽研究院工程师结合现场勘验情况及电芯工程数据分析，反馈了技术意见；排除电池包本身原因导致热失控的情况。下3（新能源车）勘验表明，该车烧损程度下重上轻、外重内轻、左重右轻，存在火势由下向上、由左至右蔓延的痕迹，排除下3（新能源车）自身故障起火的可能。

图4

图5

对下2（一汽丰田）进行细项勘验（如图6、图7所示）：该车为一汽丰田霸道，车主于11月30日将车辆委托给物流公司将其从北京托运至三亚。车辆整体过火，左侧车头金属变色痕迹较重，向后向下蔓延逐渐轻状，整体烧损情况左重右轻，该车轮胎完全烧损，左前轮毂前部烧缺，右前轮毂保持相对完好，车辆左后轮轮毂完全融化（因油箱在车尾部，起火后油箱燃油泄漏导致后部过火严重轮毂融化），右后轮毂保存相对完整。该车发动机左侧铝制构建融化，右侧铝制构建保存完整，发动机舱内生锈痕迹左重右轻、下重上轻，车内电气线路表面绝缘皮碳化脱落，无短路熔断痕迹。综合以上勘验情况，排除下2（一汽丰田）自身故障引发火灾的可能。

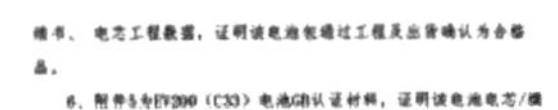

北京汽车蓝谷营销服务有限公司

濮阳经济技术开发区消防救援大队：

2021年12月2日，在河南濮阳滑县G45大广高速K1807+170处附近，某板车拖运的多辆汽车起火。消防队根据道路监控，重点怀疑北汽EV200与其后的丰田车率先起火。北汽质量部召集电池供应商（SK）工程师与北汽研究院工程师共同研判，回复如下：

1、起火始发位置及首先出现明火位置在两车之间，不在北汽EV200车上。

2、板车最后一根轴上左轮毂附着炭黑，轮胎烧灼并出现黑烟，随后两车之间出现明火。判断该明火导致附近的EV200车辆及电池包烧蚀。

3、据车主描述，北汽EV200上板车时续驶里程约120公里，SOC不到60%，且在上板车前一切正常，上板车后处于断电休眠状态，此工况电池本身出现热失控概率极低。

4、电池包勘察，电池包整体完整，烧蚀内轻外重，前轻后重，按《211202濮阳板车事故EV200原因排查表》排查（见附件1），排除电池包外短路、过充、外观损伤原因；排除电芯外短、刺穿、电芯内短原因，排除电池包本身原因导致热失控，不排除外火烧蚀电池包导致电池包烧蚀的原因。

5、电池包出厂状态检查，附件2、3为事故车EV200电池包出货成绩书、电芯工程数据，证明该电池包通过工程及出货确认为合格品。

1/2

6、附件5为EV200（C33）电池GB认证材料，证明该电池电芯/模组/电池包已通过认证实验。

综上所述，某板车拖运的多辆汽车在途中起火，非北汽EV200率先起火导致。

北京汽车蓝谷营销服务有限公司

2021年12月31日

附件：

附件1-211202濮阳板车事故EV200原因排查表（中文）

附件2-211202濮阳板车事故EV200电池包出货成绩书

附件3-211202濮阳板车事故EV200电芯工程数据（中文）

附件4-211202濮阳板车事故EV200（C33）电池包电气原理图

附件5-EV200（C33）电池GB认证

2/2

图6

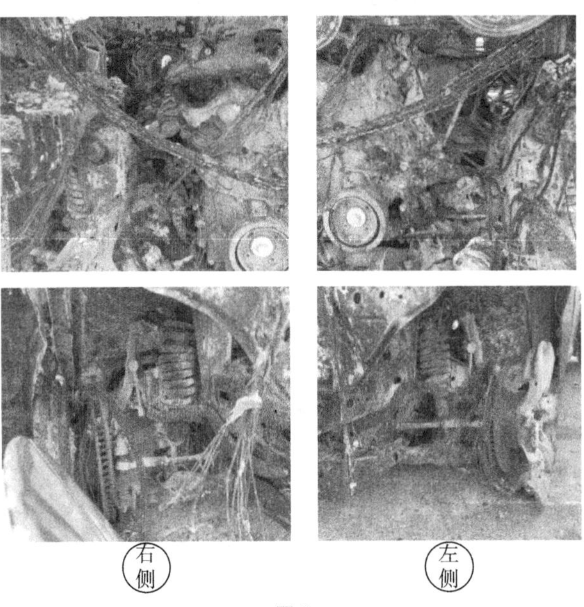

图7

对拖挂悬挂系统进行细项勘验（如图8所示）：左1轮胎挡泥板附近有较重的过火痕迹，左2左3挡泥板过火痕迹由后向前逐步减轻，右侧挡泥板存在烟熏痕迹，分布较均匀；右图对比可见烧损程度左重右轻，左1轮胎处金属变色最严重，对左侧轮胎轴承进行拆解对比，左1轴承盖呈青色，并鼓起变形，在拆解时存在卡死现象，轴承内存在大量碳化物，润滑油已烧损，轴头有生锈痕迹，转动左1轮胎时有卡滞现象（高温变形导致转动不畅）左2、左3轴承盖表面过火，内部完好，并无变形，在拆解时无卡死现象，轴承内表面仍有金属光泽，润滑油工作正常，转动左2、左3轮胎无卡滞现象。对拖挂右侧轮胎轴承进行拆解对比，右1、右2、右3轴承盖表面过火，内部完好，并无变形，在拆解时无卡死现象，轴承内表面仍有金属光泽，润滑油工作正常，转动右1、右2、右3轮胎无卡滞现象。对比发现，左1轮处烧损最重，且轴承、制动鼓内部出现高温现象，其余车轮仅外部轮胎过火，内部构件保持完好；可确定起火部位位于左1轮处。

（货车拖挂左侧、右侧轮胎轴承对比）

图 8

5 高速监控视频分析

通过调取高速路段监控，共提取有效监控 19 段，并对监控时间进行了校准（K1799-K1825 视频时间减 4min22s 为北京时间，K1827-K1851 视频时间与北京时间一致）。

6 起火原因认定

6.1 排除人为放火可能

辽 PA2787 货车于 2021 年 12 月 2 日 13 时 4 分许在 G45 大广高速行驶中发生爆胎，起火时间为 2021 年 12 月 2 日 13 时 12 分左右，起火部位位于货车拖挂左 1 轮区域，视频全程无可疑人员或车辆靠近货车，天气情况良好，且货车正行驶在高速公路上，可排除、外来火源、雷击、人为等原因起火（图 9）。

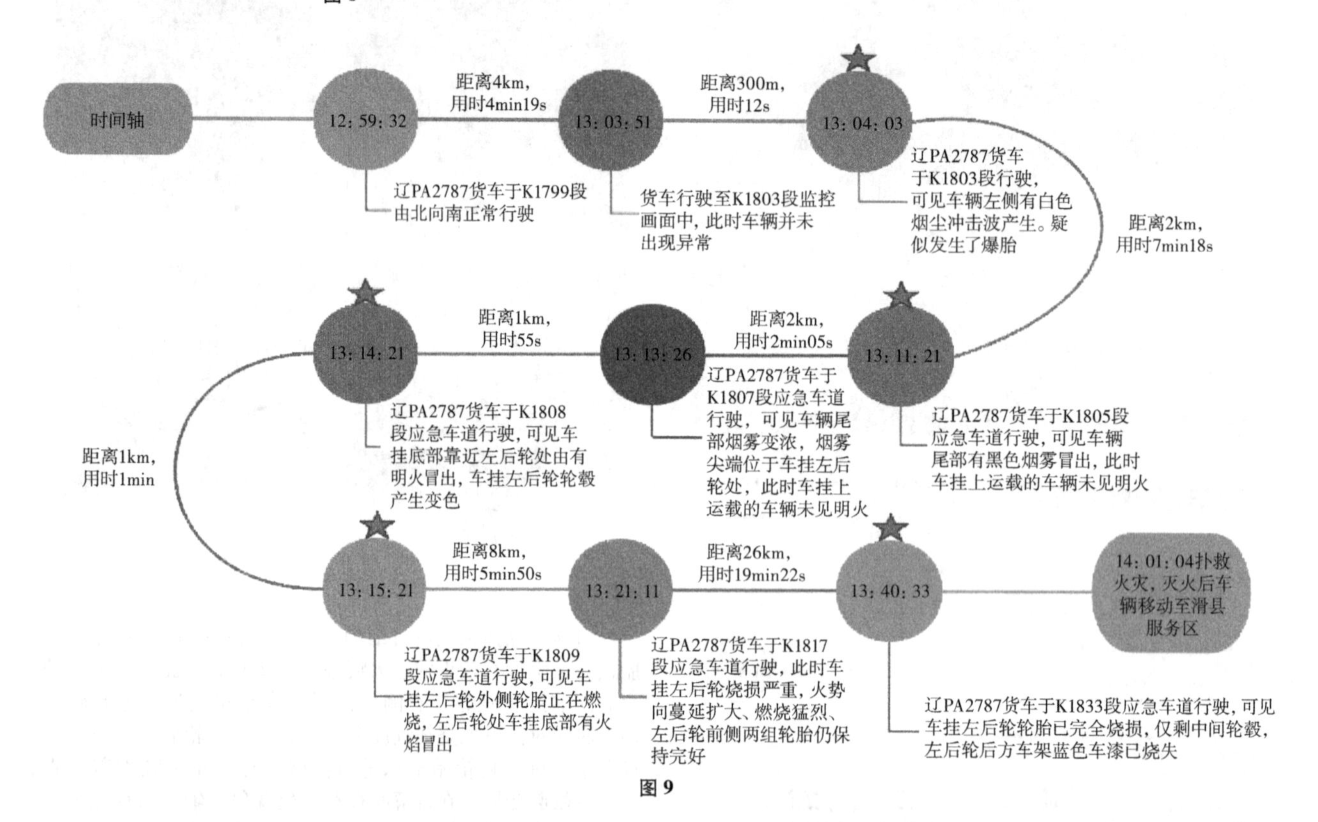

图 9

6.2 排除货车拖挂内车辆自燃引发火灾的可能

经对下 3（北汽新能源）勘验表明，该车辆电池包表面过火碳化，内部电器线路无短路熔断痕迹，车身呈下重上轻、外重内轻、左重右轻，存在火势由下向上、由左至右蔓延的痕迹，可排除车辆自身故障自燃起火。

对下 2（一汽丰田）勘验表明，车辆整体过火，左侧车头金属变色痕迹较重，向后向下蔓延逐渐轻状，整体烧损情况左重右轻，该车发动机左侧铝制构建融化，右侧铝制构建保存完整，发动机舱内生锈痕迹左重右轻、下重上轻，车内电气线路表面绝缘皮碳化脱落，无短路熔断痕迹。综合以上勘验情况，排除自身故障引发火灾的可能。

6.3 排除车辆撞击导致火灾

经高速监控视频及司机本人笔录证实，该货车当时处于正常行驶状态，无剐蹭碰撞发生。

7 小结

经综合分析研判，认定本起火灾起火时间为 2021 年 12 月 2 日 13 时 12 分左右，起火部位位于辽 PA2787＊吉 AT839 挂货车拖挂部分左后轮区域，起火原因系货车拖挂左侧最后一轴轮胎内侧轮胎爆胎摩擦起火，继而向上蔓延导致火灾。

关于加强消防应急救援专业指挥团队建设的几点思考

梁虞李

（清水河县消防救援大队，内蒙古 呼和浩特）

摘 要 消防救援队伍作为“国家队”和“主力军”，面对“全灾种、大应急”职能任务需要，应不断提升应对处置各类灾害事故、遂行多样化任务的能力水平，专业指挥团队建设和能力提升是消防救援队伍遂行多样化任务能力水平提升的前提和基础。消防应急救援专业指挥具有涉及面广、强度大、专业性强等特点，本文结合工作实际，就加强消防应急救援专业指挥团队建设工作[1]，从更新观念提高认识、构建专业指挥团队、加强专业指挥人才培养、完善作战指挥编成、完善相关规章制度等方面简析现阶段存在的问题及原因，并提出工作思考和建议。

关键词 消防救援 专业指挥 团队建设

0 引言

新时代消防救援队伍作为防范化解重大安全风险、应对处置各类灾害事故的“国家队”和“主力军”，为适应“全灾种”“大应急”任务需要，迫切需要提升处置各类灾害事故的综合应急救援能力，而消防应急救援指挥调度是执行综合应急救援任务的前提和保障，直接影响救援任务的有效执行，不利的指挥调度不仅会导致应急救援任务的失败，甚至可能造成不必要的伤亡事故。当前，各级应急救援队伍在专业指挥人才培养和专业化指挥团队建设方面发展还不够均衡，还存在很多短板和不足，急需提升指挥人员在应对处置各类灾害事故、遂行多样化任务的专业指挥调度能力，而提升能力水平的有效手段就是加强人员培养，建立专业团队。个人结合工作实际，对加强消防应急救援专业指挥团队建设有关方面提几点思考建议，不足之处敬请批评指正。

1 提高思想认识、更新思想观念

消防改革转隶后，面对的任务已从应对单一灾种向全灾种转变[2]，指挥调度也从应对处置单一灾种的灭火救援指挥调度向应对处置各类灾害事故的综合性应急救援指挥调度转变，因此，要紧随任务需要，及时更新思想观念，转变对消防应急救援指挥团队建设和指挥人才的培养方式方法及内容的认识。当前基层各级队伍还在一定程度上存在对指挥岗位面临的新任务新形势认识不到位、思想不重视等问题，对专业指挥人才培养和使用还一定程度存在不足，任务急需时重要、任务执行后次要等问题，指挥岗位吸引力不足、人员相对不够稳定，专业团队还未得到很好建立和完善，相关配套体制机制还需进一步完善。因此，要不断提高对消防应急救援指挥岗位的思想认识，更新思想观念，提升应对处置各类灾害事故的组织指挥能力和水平，培养专业化、职业化指挥人才。

2 建立专业团队、提升指挥能力

“专业的人做专业的事”这句话在消防应急救援指挥岗位上同样适用，消防应急救援指挥是对所属参战救援力量开展灭火和应急救援作战行动进行的特殊的组织领导活动，是一项系统的专业的组织领导活动[3]。这一“活动”不是一个人或几个人能够很好完成的，是需要团队有效的、专业的团结默契协作才能圆满完成，才能最大限度减少人员伤亡和财产损失。专业指挥团队是有效完成这一专业组织领导活动的中枢，是提升消防应急救援指挥能力水平的重要途径。改革转隶以来，消防应急救援指挥能力和水平得到全面提升，但还部分存在对指挥团队建设重视程度不够、团队架构和指挥方式方法不统一、指挥调度水平参差不齐、指挥调度能力地区发展不均衡等问题，针对这些问题，可以结合地区经济社会发展、应急救援任务及消防救援队伍发展等情况，分区域制定指挥调度岗位和团队建设相关制度规定，分区域制定统一指挥团队架构，明确团队专职指挥岗位和兼职指挥岗位及职责，应在大队级以上单位组建专业指挥团队，抽调具有丰富实战指挥经验和基层工作经验的优秀指挥员担任专职指挥长和指挥岗位，并实体化运行，执行等级以上应急救援响应的指挥调度，日常负责实战演练、预案修订、战勤考评等工作，实现指挥人员专业化、职业化，从而提升各类灾害事故应急救援任务处置的专业指挥能力水平。

3 完善体制机制、加强人才培养

“规范管理、制度先行”，提升消防应急救援专业指挥能力，要从制度和编制等方面完善体制机制。一要建立和完善规范统一的指挥调度岗位和值班管理体系，要设置符合应急救援遂行作战任务实际的专职指挥值班岗位和编制人员，进一步明确担任专职指挥岗位资格条件，从思想道德、专业素质、心理和体技能素质等综合方面遴选专业人才，可以针对应急救援指挥岗位需要，针对性招收专业人才，整体提升指挥人才专业基础素质，确保人才和指挥岗位需要相匹配，这里的“专职”指岗位和人才培养稳定性、长期性，要向全职指挥岗位方向倾斜，但又不失岗位灵活性；二要加强专职指挥人才的培养考核，建立专业的培养通道和岗位资格审查评价机制，加强团队培养和传帮带，保证培养时间和效果，“团队”带“团队”、“老人”带“新人”，强化专业知识和实战经验积累，可以引进社会培训资源和评价机制，确保专业指挥队伍专业施训、科学施训，真正培养应急救援指挥调度“尖刀”和“拳头”力量。

4 加强智能集成、辅助指挥决策

当今社会科技发展日新月异，但真正投入灭火救援实战应用的科技手段还一定程度存在滞后性和地区发展不平衡等问题，特别是支撑指挥决策的系统还在一定程度存在技术落后、通信不畅、集成度差、数据共享差、智能化水平低等问题，统一架构设计和科研攻关还需进一步加强。一是科学统筹，制定长期发展规划。要从实战指挥调度需要出发，在充分调研和科学研判的基层上，从系统设计层面搭建统一的辅助指挥系统，要包含接警调度、信息通信、数据收集、辅助决策、战斗编程、装备管理等模块，打通各模块壁垒，实现数据共享共用，达到系统一次性建设，减少各系统资源碎片化严重、重复投入建设、集成整合困难、基层重复工作负担重等问题，同时要加强指挥调度装备器材的集成度和操作简化；二是加大投入，提升科技创新水平。要充分利用社会科技资源，将服务实战、服务管理的科学技术吸收进应急救援管理、指挥调度等各方面，利用“大数据”“物联网”“AI”等技术手段有效整合各系统和软硬件设备，提升指挥系统智能化水平，便于日常使用和实战操作，使科技手段能够真正达到服务基层、助力实战指挥的目的。如基于AI报警定位、智能识别、音视频传递、辅助决策信息推送、智能导航、灭火救援要素搜集分析、水源管理、车辆装备管理、智能营区管理以及气象、地震、医疗、交通、供水、供电、供气等数据信息纳入指挥系统，真正实现一张图显示、一键式调度。

5 完善作战编成、提高指挥效能

当前消防救援队伍面临人员少、任务重和“全灾种”“大应急”需要的现实矛盾问题，消防救援队伍“单打独斗”现象还在一定程度上存在，这就要求我们进一步开展指挥团队模块化指挥训练和战斗实体模块化编程作战训练，强化编程指挥和作战养成，实现模块化编程指挥调用，使指挥团队能从繁重的指挥协调上抽回精力，有效提升指挥协调和精准布兵能力，提高指挥效能。一是加强战斗编程的“统型”，应从实战角度出发，制定统一的基础作战编成模块框架预案，统一指挥语言，使指挥团队和实体战斗模块能够无缝对接，从而减少因指挥团队与属调用参战力量不熟悉而影响指挥和作战等问题出现；二是开展指挥训练，可以采取实战演练和桌面推演等方式开展指挥训练，开发模拟指挥系统，充分利用VR等技术开展指挥团队合成训练，提升团队指挥调度能力；三是开展战斗实体编程训练，明确战斗实体内每名参战人员职责，提升响应指挥和任务执行能力。

6 健全保障制度、为担当者担当

各项法规制度的建立是有效指挥、大胆指挥的基础，也是为担当者担当，为负责者负责[4]。要在充分调研和科学论证的基础上制定消防应急救援作战指挥评价体制机制，从应急救援受理范围、处置程序、力量调集、指挥评估等方面健全相关法律法规，规范灾害事故科学指挥和评估机制，从法规制度层面约束和保护指挥团队，尽最大可能减少指挥团队束缚和干扰，减少行政协调成本，解除后顾之忧，使指挥团队能够大胆指挥、高效指挥，保障指挥岗位长期健康发展和应急救援任务高效处置。

新时代消防救援队伍遂行“全灾种、多样化”任务日益增多[5]，专业指挥团队建设是有效提升消防救援队伍处置各类灾害事故和遂行多样化任务能力水平的基础和前提，应更新思想观念、提高思想认识，不断加强指挥团队建设，梯次培养和储备专业指挥人才，从规章制度保障、科技辅助支撑、科学智能集成、模块编程指挥等方面不断改进和完善，提高指挥效能，从而提升消防救援队伍应对处置各类灾害事故和遂行多样化任务的能力水平。

参考文献

［1］齐月智．探析如何建立高效的支队级灭火救援指挥体系［J］．今日消防，2020，5（07）：69-70.

［2］丁怡婷．当好守夜人筑牢安全线——人民日报专访应急管理部党组书记黄明［J］．劳动保护，2018，（5）：10-11.

［3］朱力平．动态立体灭火救援圈的理论构建及应用研究［D］．上海：同济大学，2005：1-148.

［4］中共中央办公厅印发《关于解决形式主义突出问题为基层减负的通知》［J］．中国民政，2019，（5）：46-47.

［5］文茂盛．改革转隶后消防救援队伍如何适应全灾种大应急的需要［J］．今日消防，2020，5（4）：42-43.

火灾视频分析中烟气识别研究现状与发展趋势

陈昊辉

（中国人民警察大学研究生院，河北 廊坊）

摘 要 随着科学技术的迅速发展，利用视频对烟气进行识别的手段逐渐应用在消防领域。为了了解火灾前期火灾烟气的识别技术的发展研究状况，对国内外的有关技术进行整理探究，本文对视频中的烟气特征、烟气识别的基本步骤以及烟气识别中的经常使用的方法三个方面的内容进行研究，对不同的火灾烟气识别方法进行总结并指出方法中存在的问题与不足。

关键词 烟气识别 烟气特征 视频分析 火灾探测

1 引言

在大多数燃烧过程中，烟气会产生在阴燃阶段，且烟气一般会出现于火焰之前，是火灾发生的前兆，所以识别视频中的烟气能够对更早更快的对火灾的起火点和起火部位进行定位，能够更快的对火灾扑救争取时间。目前，在国内对于烟气识别方法的研究已有许多种，其主要方法是基于识别烟气的动态特征、静态特征等对其进行探测识别（图1）。

图 1 视频中的烟气

2 视频中的烟气特征

在火灾事故中，可燃物的燃烧会伴随着烟气的产生。可燃物的化学成分、燃烧的温度以及氧气的浓度是烟气成分的重要影响因素。当可燃物完全燃烧时，烟气中二氧化碳、一氧化碳、蒸汽等占主要成分[1]。在燃烧过程中，由于气流的作用，烟气的形状随时都会发生变化，因此视频中的烟气面积无法保持恒定。这也导致了烟气的无序特性[2]。

烟气的特征主要表现在动态和静态两种形式，其中，烟气的静态特征主要包括烟气的颜色特征、纹理特征等，而扩散特征和闪烁特征为烟气的主要动态特征（图 2）。

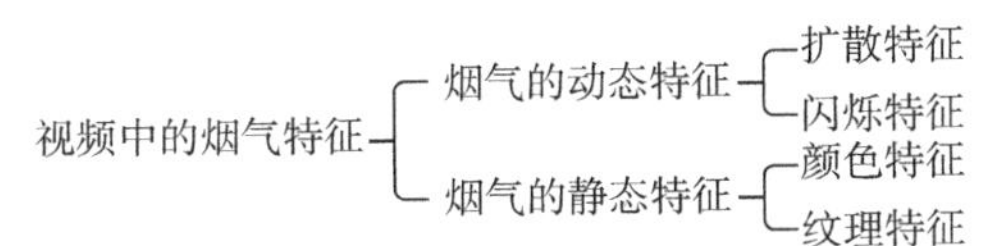

图 2 视频中的烟气特征

2.1 图像中烟气的纹理特征

纹理是图像和识别中常用的概念，它体现了构成事物的成分分布或特征。纹理特征是通过像素和周围空间领域内的灰度分布来表现的，是对于不同灰度、颜色的图像特征。纹理特征并非基于像素点的特征，而是反映图像中像素亮度变化的一种趋势。若将任何一个物体的表面进行无限放大进行观察，那一定会显现物体的纹理，而这些纹理显现出了图像本身的属性。因此，利用纹理特性可以将图像中的运动烟气目标进行区别。

2.2 图像中烟气的颜色特征

烟气的颜色是由材料的化学成分决定的（图 3）。当可燃物进行完全燃烧时，多数材料只产生少量的或不可见的烟。在这种理想条件下，可燃物都会完全燃烧生成无色气体二氧化碳[27]。但是在实际火场中，燃烧物通常受到氧气浓度等因素的影响而表现为不完全燃烧，这时烟气中除了二氧化碳外还会产生有毒的一氧化碳气体、蒸汽以及酒精、乙醚等有机化合物。对于大多可燃物而言，当温度较低时，烟气颜色会从白蓝色到白色；当火焰的温度过高时，可燃物会出现木炭颗粒的脱水现象，会使烟气颜色呈现为黑灰色到黑色。

视觉特征应用中，颜色特征的使用是最广泛的，是因为烟气的颜色通常与视频图像中的其他物体和场景十分相关，能够很好地进行区分。此外，相比于其他的视觉特征，颜色特征更不会轻易受到视频图像的尺寸、方向、视角的影响，是的识别能够有较高的鲁棒性。

（a）塑料泡沫燃烧产生黑色烟气和熔融滴落物[27]

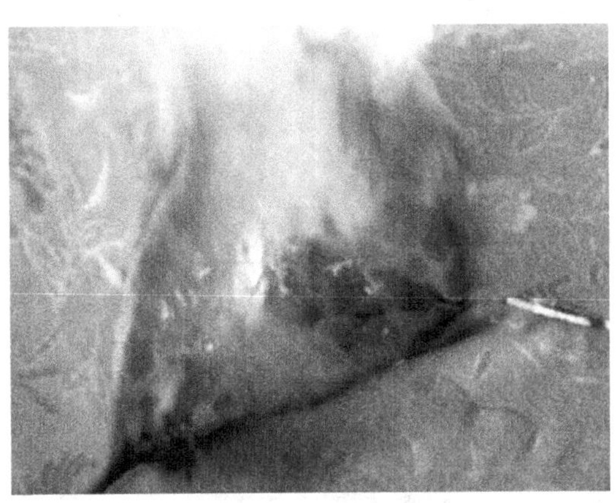

（b）沙发垫阴燃产生白色的烟气

图 3

2.3 烟气的扩散特征

当火灾中的烟气进入空气后，收到空气浮力的作用会使烟气具有向上的运动趋势，这是烟气的运动特性；而在烟气向上运动的同时，会受到空气的涡流影响，生成的烟气被逐渐冲淡而扩散，烟气也会出现体积也会逐渐减小、浓度下降的现象，被称为烟气的扩散特征。由于烟气的这些特性，使得烟气在运动过程中的运动方向不一致（通常烟气的底部位置比烟气的顶部位置变化小），形成一种独特的运动特征，研究人员正是利用这些烟气的运动物理特征和扩散特征的独特性判断视频中是否存在烟气[4]。另外，在实际生活中，由于不同可燃物材料理化性质的差异，其烟气扩散特点也具有明显差别。

3 基于视频的烟气识别及国内外发展现状

3.1 基于烟气动态特征的识别方法

烟气的动态特征包括烟气的闪烁特征、扩散特征等。当烟气在空气中流动、扩散时，烟气的形状变化会导致烟气的面积和轮廓也在不断地产生变化，在扩散的过程中，烟气外围的浓度也会不断地降低，而烟气中心的位置因会源源不断地产生烟气而没有明显的浓度变化。由于烟气不断扩散并且面积增大，能够使得视频中的场景或者物体模糊，并且掩盖住场景和物体本身的颜色、形状等基本信息。目前基于动态特征的烟气识别的研究，通过判别烟气的运动规则就可以对烟气进行识别。

2000 年，Kopilovic I 等人[5]通过基于静态贝叶斯，计算多尺度光流场，对烟气不规则运动进行分析并识别。2002 年，Vicente J 等人[6]提出根据烟气蔓延速度进行分析的烟气识别标准。文献主要对烟气的速度分布进行分析，依靠最小能量阈值和最小标准偏差阈值来识别烟气。2006 年，Toreyin B U[7] 还使用了模拟烟气行为的隐马尔可夫模型（HMM）分析烟气边界中的闪烁频率特征，并以这些烟气边界的高频特性为线索对烟闪进行了建模，最终对烟气进行识别。2008 年，Yuan F[8] 研究分析火灾早期烟气的运动规律，将烟气视频分割成块，提出了基于积分图像的累积运动模型，并计算分割块上烟气的积累量和主动运动方向（图 4），利用运动模型与色度检测相结合的方法对烟气进行识别，该方法最大限度地减小了人工光源和非烟气等运动物体的干扰，通过快速估计烟气的运动方向来进行烟气识别。2012 年，Yasmin 等人[9] 提出了基于烟气蔓延方向模型的彩色视频序列探测算法来进行烟气识别。

图 4 块运动方向的积累[8]

3.2 基于烟气静态特征的识别

烟气的静态特征包括烟气的颜色特征、纹理特征等。现有研究中基于烟气静态特征等烟气，大多识别通过分析提取烟气的颜色特征与其他的烟气静态特征相结合来对烟气进行识别。烟气的颜色特征虽然没有火焰的颜色特征那么明显，也没有包含很多种颜色，但是烟气自身颜色之间的差别使得其颜色特征不同于其他运动物体。在不同的颜色空间模型下，烟气的颜色特征会有不同的分布情况，因此可以与其他物体区分开来。

关于基于烟气静态颜色特征的烟气识别方法，在 2008 年，Piccinini P 等人[11] 提出了一个加入烟气探测模块的稳定背景抑制模块。该方法利用小波模型中的能量变化和烟气的颜色两个特征建立模型，通过模型对阴影、重影和背景对象的微小运动进行精确分割。利用背景的鲁棒性，在能量域和颜色域联合进行烟气识别。2019 年，刘恺等人[14] 将融合 YUV 颜色空间和多种特征。该方法通过高斯混合模型对烟气滴运动区域进行探测，确定疑似烟气区域，后痛殴纹理特征提取、多特征融合后通过分类器对烟气进行识别。

关于基于烟气静态纹理特征的烟气识别方法，在 2008 年，Jing Y 等人[12] 提出了一种基于纹理金字塔直方图序列的烟气探测算法。文献进行多尺度光流场分析，构建两种纹理金字塔来求取相应特征矢量，最后采用训练神经网络来对烟气进行识别。吴章宪[13] 等人将混合高斯模型和色度方差进行结合，对烟气目标区域进行定位，并利用 Gabor 小波对烟气纹理及边缘特征进行描述，实现在训练的同时进行最优特征选择。但该方法需要牺牲检测的精确度来确保检测速度。Cui Y 等人[15] 结合小波分析和灰度共生矩阵对火灾的烟气纹理进行分析，利用神经网络分析器，对烟气的纹理和非烟气的纹理进行分类，从而达到烟气识别的效果。

3.3 基于烟气动态、静态特征结合的识别方法

对于基于单类特征的烟气识别方法在鲁棒性上有一定的局限性，研究人员提出了通过对烟气的动态、静态特征相结合克服单类特征对烟气识别的不足，对烟气进行识别的方法。

2006 年，Chen T H 等人[16] 提出基于视频处理根据颜色特征与动态特征相结合的火灾烟气识别报警系统。利用色度静态决策和扩散动态决策两个规则对烟气像素进行判断。2008 年，Xu Z[18] 研究了火灾烟气的静态和动态特性，将运动目标的生长、无序、边界频繁闪烁、自相似和局部小波能量等特征进行提取并归一化，然后训练神经网络进行火灾烟气识别。2009 年，Zheng W 等人[19] 提出了一种用于大型后者开放空间的早期火灾警报系统。该方法利用烟气的三种有效静态特征和一种静态特：亮度一致性、运动积累和扩散，并结合报警系统性能要求，对烟气进行识别。高彦飞等人[10] 研究视频中烟气的扩散特征以及颜色特征，将疑似烟气区域进行分割，计算目标中的光流主方向并计算主方向角比率，最后使用模糊逻辑智能分析器识别烟气。

3.4 基于 CNN 和 R-CNN 的烟气识别

CNN（卷积神经网络）在 1998 年初次被成功地用于识别手写字符。在 2012 年的 ImageNet 挑战赛上，基于 CNN 的计算机视觉技术取得了突破。一般情况洗，烟气也可以作为一种特殊的目标来进行计算视觉技术中的检测任务，因此科研人员借助一般性物体识别成功的深度学习方法对烟气进行识别，并提出了基于 CNN 方法的烟气识别和火灾探测方法。2017 年，Yin Z 等人[21] 等人提出了一种新的 14 层深度归一化卷积神经网络（DNCNN）来实现自动特征提取和分类。在 DNCNN 中，直接从烟雾和非烟雾图像的原始像素中进行学习，将传统卷积层替换为归一化卷积层，以加速训练过程并提高烟气检测性能。Sharma J 等人[22] 发现由于在更现实的平衡基准数据集上进行评估时，传统的 CNN 性能相对较差，则提出使用动画平衡火灾图像数据集训练两个预训练的最先进的深度 CNN 用于火灾探测。Xu G 等人[23] 提出一种基于合成烟气样本的视频烟气检测方法。虚拟数据可以自动提供精确和丰富的注释样本。文献构建了对最先进的单模型检测器（SSD 和 MS-CNN）检测层的自适应，结果表明，基于对抗适应的检测器有更高的烟气识别率。2018 年，Muhammad K 等人[24] 提出了一种经济高效的火灾探测 CNN 监控视频架构，重点关注计算复杂性和探测精度。2019 年，Lin G 等人[25] 提出了一种利用卷积神经网络（convolution neural network，CNN）方法对烟气进行识别先进的图像识别方法。开发了一个基于快速 Region-CNN（R-CNN）和 3D CNN 联合检测的框架，前者实现烟气目标定位，后者实现烟气识别，提出一种改进的非最大吞并速度 RNCC 算法，实现了基于静态空间信息的烟气目标定位。然后，3D CNN 通过结合动态时空信息实现烟气识别。与使用图像进行烟气检测的普通 CNN 方法相比，3D CNN 显著提高了识别精度。2021 年，Liu H[26] 提出了聚合简单的深度卷积神经网络从而获得了优异的性能的模型。文献为了捕捉烟气的不同方面，通过经过独立培训的有特征映射的子网络，提供良好的检测性能。最终输出通过多数表决选择性地聚合子网络响应来获得优于其他基于深度学习的最新烟气识别算法。基于卷积神经网络的烟气识别探测虽然有一定的鲁棒性，但是其深度学习的复杂性较高。

4 问题与展望

相比较于根据烟气的温度、浓度以及烟气中特殊产物含

量的传统烟气识别方法相比较，基于视频的烟气探测方法具有灵敏性更高、准确性更强的优点，同时这种非接触的识别方法能够更加快速地对烟气进行识别，更加迅速地对烟气进行定位。但是基于视频的烟气识别探测方法也存在着一些局限性，比如需要大量的数据作为支撑，来得出算法对烟气进行识别，如果想要探求更加精准的烟气识别的方法，对于硬件设施的要求也会提高。

5 结语

国内外的学者对基于视频的烟气识别方法技术在不断的发展进步，但仍然有需要进一步探究的问题，当前对于烟气的识别大部分都是基于烟气的可视化特征即烟气的颜色特征、扩散特征、纹理特征以及闪烁特征，从各种烟气识别的算法结果来看，相对于人的双目对于烟气的判断，机器算法对于烟气的识别仍有鲁棒性的欠缺，准确性仍有待提高。

参考文献

[1] Chen T H, Yin Y H, Huang S F, et al. The Smoke Detection for Early Fire-Alarming System Base on Video Processing [C] // International Conference on Intelligent Information Hiding & Multimedia Signal Processing. IEEE, 2006.

[2] Xu Z, Xu J. Automatic Fire Smoke Detection Based on Image Visual Features [C] // Computational Intelligence and Security Workshops, 2007. CISW 2007. International Conference on. IEEE Computer Society, 2008.

[3] Chen, Yi-Jie, Peng, et al. Remote monitoring of an omnidirectional smoke detection system using texture features image processing techniques [J]. Engineering computations: International journal for computer - aided engineering and software, 2014.

[4] 王世东．视频中火焰和烟气探测方法的研究 [D]. 中国科学技术大学，2013.

[5] Kopilovic I, Vagvolgyi B, T Szirányi. Application of panoramic annular lens for motion analysis tasks: surveillance and smoke detection [C] // International Conference on Pattern Recognition. IEEE Computer Society, 2000.

[6] Vicente J, Guillemant P. An image processing technique for automatically detecting forest fire [J]. 2002, 41 (12): 1113-1120.

[7] Toreyin B U, Dedeoglu Y, Cetin A E. Contour based smoke detection in video using wavelets. IEEE, 2006.

[8] Yuan F. A fast accumulative motion orientation model based on integral image for video smoke detection [J]. Pattern Recognition Letters, 2008, 29 (7): 925-932.

[9] Yasmin R. Detection of Smoke Propagation Dir ection Using Color Video Sequences [J]. International Journal of Soft Computing, 2012, 4 (1): 45-48.

[10] 高彦飞，王慧琴，胡燕．基于空间区域生长和模糊推理的视频烟雾检测 [J]. 计算机工程，2012，38 (04): 287-289.

[11] Piccinini P, Calderara S, Cucchiara R. Reliable smoke detection in the domains of image energy and color [J]. IEEE, 2008.

[12] Jing Y, Feng C, Zhang W. Visual-Based Smoke Detection Using Support Vector Machine [M]. IEEE, 2008.

[13] 吴章宪，杨国田，刘向杰，杨鹏远，刘思飞．基于Gabor小波的火灾烟气识别新方法 [J]. 仪器仪表学报，2010, 31 (01): 1-7. DOI: 10.19650/j.cnki.cjsi.2010.01.001.

[14] 刘恺，刘湘，常丽萍，等．基于YUV颜色空间和多特征融合的视频烟雾检测 [J]. 传感技术学报，2019 (2): 7.

[15] Cui Y, Dong H, Zhou E. An Early Fire Detection Method Based on Smoke Texture Analysis and Discrimination [C] // Congress on Image & Signal Processing. IEEE Computer Society, 2008.

[16] Chen T H, Yin Y H, Huang S F, et al. The Smoke Detection for Early Fire-Alarming System Base on Video Processing [C] // International Conference on Intelligent Information Hiding & Multimedia Signal Processing. IEEE, 2006.

[17] BU Töreyin, Dedeolu Y, Enis A, et al. Wavelet based real - time smoke detection in video [C] // European Signal Processing Conference. IEEE, 2005.

[18] Xu Z, Xu J. Automatic Fire Smoke Detection Based on Image Visual Features [C] // Computational Intelligence and Security Workshops, 2007. CISW 2007. International Conference on. IEEE Computer Society, 2008.

[19] Zheng W, Wang X, An W, et al. Target-Tracking Based Early Fire Smoke Detection in Video [C] // Proceedings of the Fifth International Conference on Image and Graphics, ICIG 2009, Xi'an, Shanxi, China, 20 - 23 September 2009. IEEE Computer Society, 2009.

[20] Lecun Y, Bottou L. Gradient-based learning applied to document recognition [J]. Proceedings of the IEEE, 1998, 86 (11): 2278-2324.

[21] Yin Z, Wan B, Yuan F, et al. A Deep Normalization and Convolutional Neural Network for Image Smoke Detection [J]. IEEE Access, 2017, 5: 18429-18438.

[22] Sharma J, Granmo O C, Goodwin M, et al. Deep Convolutional Neural Networks for Fire Detection in Images [J]. 2017.

[23] Xu G, Zhang Y, Zhang Q, et al. Domain Adaptation from Synthesis to Reality in Single-model Detector for Video Smoke Detection [J]. 2017.

[24] uhammad K, Ahmad J, Mehmood I, et al. Convolutional Neural Networks based Fire Detection in Surveillance Videos [J]. IEEE Access, 2018: 18174-18183.

[25] Lin G, Zhang Y, Xu G, et al. Smoke Detection on Video Sequences Using 3D Convolutional Neural Networks [J]. Fire Technology, 2019.

[26] Liu H, Lei F, Tong C, et al. Visual Smoke Detection Based on Ensemble Deep CNNs [J]. Displays, 2021 (24): 102020.

[27] Dehaan J D. Kirk's Fire Investigation [J]. pearson, 2002.

新冠肺炎疫情对我国消防工程本科生培养质量的影响*

赵金龙* 孔 鑫 贾晨曦

（中国矿业大学（北京）应急管理与安全工程学院，北京）

摘 要 新冠肺炎疫情期间，线上课堂及线上实践保证了高校教学的顺利开展，但与线下相比也暴露出了诸多问题，影响到我国消防工程本科生的培养质量，仍需要进一步完善。本文以消防工程专业两届本科生为例，对比了线上和线下教学两种模式下的培养质量，统计分析了学生提问反应时间、准确率、实验实践课形式及综合能力等方面内容。研究结果表明：线上教学期间，部分学生存在注意力不集中，回答准确率低的现象，同时线上学生对实验装置原理及消防系统认识，与线下教学效果存在一定差距，综合考核也反映了学生对火灾案例分析不深入，更多停留在表面上的问题。随后，作者针对该问题提出了针对性的对策和建议。研究成果有助于提高消防线上课程的效率，进一步提升疫情条件下学生的培养质量。

关键词 新冠肺炎疫情 线上课堂 消防工程 课堂提问 对策建议

1 研究背景

消防工程是一门探索火灾发生发展规律、研究火灾预防与控制理论和技术的综合性交叉学科[1]，主要研究火灾的着火与灭火基础理论，可燃气体、液体和固体的燃烧特征，研究火灾灾变规律，研究与消防相关的火灾防控的主动和被动的技术和方法。过去几十年，消防工程学科蓬勃发展。据不完全统计到2022年，开设消防工程专业的高校数量已超过20所[2]。相比安全工程，消防工程内容相对较窄，但专业性更强。2018年应急管理部成立，消防救援业务并入到应急管理部，这给消防专业的发展带来了巨大的契机。消防工程专业涉及诸多学科的相互交叉、渗透和融合，该专业不仅需要掌握燃烧学、物理、数学、流体力学、建筑学、化工等自然学科的内容，也需掌握管理学、经济学、法学等人文学科的内容[3]。2019年新冠肺炎疫情暴发以来，我国很多专业理论课和实验课都改为线上教学，甚至部分实践课取消，这给我国消防工程专业本科培养质量带来了严重的威胁，导致学生培养质量的下滑。

对于疫情对高等教育的影响，国内外学者开展了广泛的研究与讨论。Raccanello等人调查了来自13个国家的17019个学生，发现了线上上课会使学生的成就感降低[4]。李树平等人从教学的教，学生的学，学校的管以及教育形态，四个层面揭示了疫情下的我国高等教育的变化，并给出了针对性的对策与建议[5]。Noori采用半结构化访谈随机采访了592名学生，发现了新冠肺炎疫情严重影响教学，发现网速和网上平台会严重影响教学质量[6]。马红以北京市某职业院校272名学生为观察对象，探讨新冠肺炎疫情期间网络课程环境，社交存在与学习参与之间的影响路径，发现了：网络课程环境对社交正相关，社交存在与学习参与成正相关[7]。徐梦廓等人以常州工学院为例采用问卷形式研究了本科机械类专业课程多种教学手段的效果，并对比分析了学生的喜好，并针对结果给出了相应的建议和对策[8]。吴丽丽等人结合土木工程专业核心课程《钢结构基本原理》的线上教学，分析了线上教学的条件，问题和解决办法，及对线上教学的思考等对比线上，线下教学的优缺点，提出了相应的改进办法[9]。胡楠等人采用“线上任务式教学法”提高了单片机课程的讲解效率和学生的主动参与度[10]。于雪等人研究了新冠肺炎疫情下线上教学考核评价质量提升策略，并以有机化学专业课程为例，从线上课程考核评价的观念、方式以及内容等方面提出了提升策略为目前高校线上教学提供理论基础和实践案例[11]。通过以上研究表明：疫情对我国教育质量以及学生专业课程学习质量都造成了挑战，同时高校和学者们都在积极研究应对方法。综合分析以上论文，发现：目前研究很少存在针对消防工程学科的相关分析。但消防工程是一门应用性学科，涵盖领域极广，具有综合性强，多学科交叉及行业贯穿范围大的特点，需要学生对行业背景及现场有深刻的认识，这使得新冠肺炎疫情对消防工程专业影响相对其他基础类专业影响更为明显。

本文以中国矿业大学（北京）2017级，2018级消防工程本科生为研究对象，每一级本科生人数为30人，2017级本科生采用线上教学，2018级本科生采用线下教学。通过对比讨论新冠肺炎疫情对课堂教学质量、实验教学质量、本科实践以及综合培养质量的影响，明确相关问题，并提出针对性的对策和建议。

2 研究方法

本文采用两种方法评估课堂教学质量：（1）课堂随机提问；（2）考试试卷成绩。在测试过程中，随机提问学生当堂课程所讲授的内容，以反应时间和准确率作为参考。在考试成绩方面，以分数作为参考依据。研究中选择的课程为《火灾保险学》和《防排烟技术》这两门课，理论基础课共58学时，实验课6学时，共计64学时，4个学分。在开课期间，随机邀请学生回答问题，共计40次（线下20次，线上20次），记录问题回答质量，并与课程考试成绩进行对比。

对于实验课程考评，实验课主要包括：热重实验和防排烟系统认识实验课。线上教学主要通过视频展示的形式为同学讲解，线下主要通过操作和现场展示形式进行。实验效果以随机提问实验装置原理以及对实验思考两个问题作为考评指标。

对于综合能力的考评，以火灾事故案例分析作为考评基础，考查学生对整个火灾过程及灾变的认识程度，尤其是对整个传热传质过程的认识。通过对灾变规律认识的准确性衡量学生的综合能力。该模块主要让全班同学提交案例分析报告，作为考评依据。具体分为三级：（1）从传热传质角度熟练分析整个灾变过程；（2）只能对部分传热传质进行分析；（3）笼统表面上的分析，大多从管理角度出发。

* 项目资助：本项目受到中国矿业大学（北京）本科教育教学改革与研究项目资助（J200205）。

3 结果与讨论

3.1 学生响应时间及准确率分析

在随机提问的环节，线下学生从提问开始到开始回答问题的响应时间平均在3.2s，但线上学生共有5次学生无响应，其余15次从提问开始到学生回答问题的响应时间平均在5.8秒。线上同学反应时间长主要是由于线上课程，学生反应后，很多时候需要将问题重复一遍，同时由于并没有及时跟上上课节奏，很多学生思考时间更长。这表明：线上学生认真程度与线下听课相比，存在精神不集中现象，甚至没有听懂相关问题。通过进一步访谈，发现：线上同学们很难长时间保持高度注意，经常存在浏览网页、微信的现象。随后，对回答问题的准确性进行了统计分析，发现：线下学生回答问题准确率要明显优于线上同学。线上回答准确率平均在40%，但线下准确率超过60%。最后，在考试成绩方面，在案例分析题方面，线上同学的分析能力相对较差，但对于专业排名靠前的学生，分析条目与准确率相近。综合以上表明：对于样本中学生，线上课程普遍存在精力不集中现象，认真程度不及线下的同学，同时，教师与学生的互动相对较差，培养质量与线下相比存在一定的差距（图1）。

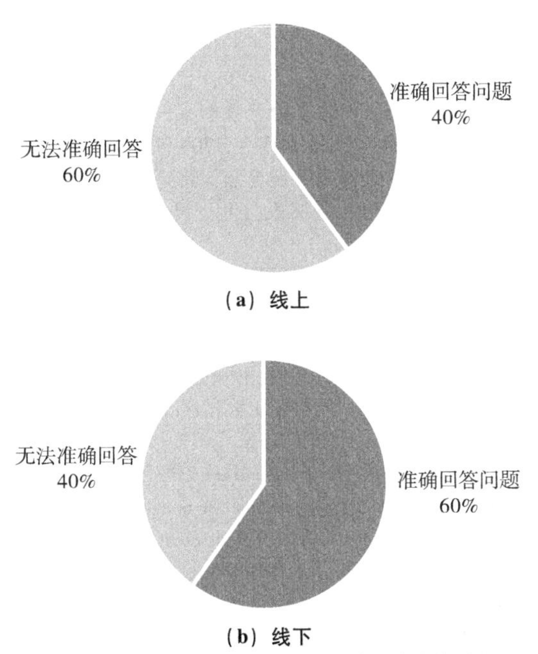

(a) 线上

(b) 线下

图1 消防工程班级学习对问题回答准确性的对比

3.2 实验实践课影响分析

实验课讲授结束后，通过提问发现：线下接近80%的学生能够说出装置的原理及防排烟系统的组成，但线上同学只有26.7%的学生能够讲出该问题，且线上大部分同学并没有思考实验课上学习内容如何下一步扩展应用。这主要是由于缺少实际操作，没有到现场真正见识设备系统，对学生的认识和学习有着较大的影响。此外，在线下授课过程中，师生间互动较多，使得教师在讲授过程中更易扩展，但线上互动相对较少。例如，在热重装置讲解过程中，线下与学生讨论了近几年国内外学者运用该装置发表论文情况。在实践课程方面，与国外相比，我国对实践课程的重视程度相对较弱。很多国外高校通常花费接近时间用于实习[12]。疫情期间，我校消防专业学生现场实习机会减少，对于认识实习和生产实习，部分高校采用了线上实习的方法，但通过对学生的考核，发现：很多线上实习的学生对几大消防系统都缺少深入的认识，部分学生虽然知道，但对整个系统的构成，并没有直观的印象。同时，对于线下实习的同学，对消防系统各模块认识的相对深入。现场学习时间的缺少给消防工程本科生的培养质量埋下了较大的隐患。消防工程专业实习相比其他专业较为便利，生活中随处可见消防系统，如喷淋系统、防排烟系统等，因此，应加大消防工程专业学生就近实习，甚至在生活中进行实习，提高对消防系统的认识（图2）。

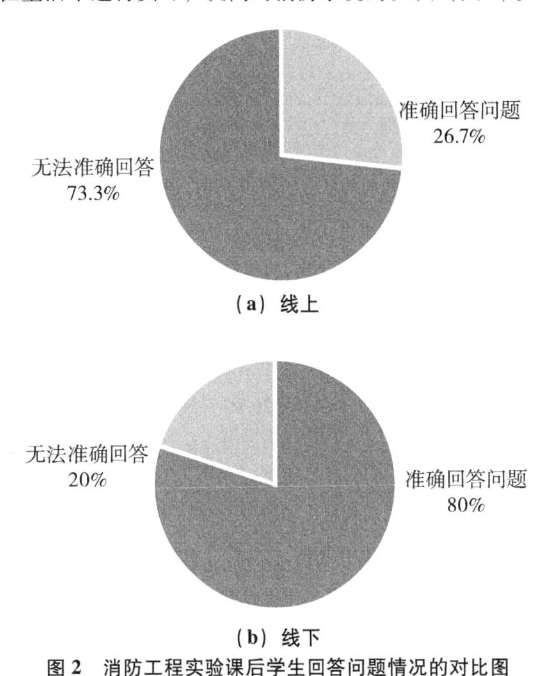

(a) 线上

(b) 线下

图2 消防工程实验课后学生回答问题情况的对比图

3.3 综合能力考核情况

火灾案例分析是考察消防工程学生综合能力的最直接手段和有效方法。通过对比两个班同学对火灾案例分析的框架、逻辑和内容，发现：线上超过50%的同学，给出的分析多是从管理方面提出的，停留在问题的表层，很少涉及案例中内在的技术问题，但也存在20%的学生能从传热传质角度出发，系统分析整个火灾事故的灾变规律，其余30%能够从技术层面分析问题，但分析的大多缺少传热传质方面的专业知识。对于线下教学，有基本50%的学生能够深入分析事故案例问题，从传热传质学的角度去阐述整个灾变的过程，仅有23.3%只是从管理层面分析问题，其余26.7%能够从技术的角度去分析问题。这表明：与线下学习相比，线上学生掌握知识的深度不足，同时对知识的活学活用层面明显欠缺，学生对问题思考普遍偏少，这主要是由于线上教学教师与学生的互动相对较少，很难进行启发式教学，使得学生对消防工程课程学习不感兴趣，更多的是为了学习而学习。因此，如何以学生为核心，提高学生对消防工程课程的兴趣，开展启发式教学对保证教学质量具有重要意义[13]（图3）。

4 结论与对策建议

线上教学在很大程度上保证了高校教学工作的顺利开展，但也暴露出了授课期间学生精神不集中、知识掌握程度不深入，系统性欠缺等问题，同时实验和实践课很难到现场去亲身操作和感受，造成培养质量与线下相比存在一定的差距。这主要是由于线上课程师生互动较少，学生的参与度较低导致的。因此，为了提高疫情期间，消防工程学生的培养质量，针对问题，提出如下建议：

（1）适当增加线上课堂的学时或每节课的时常，加大线上课堂的提问次数，提高教师和学生的互动次数，保障学生

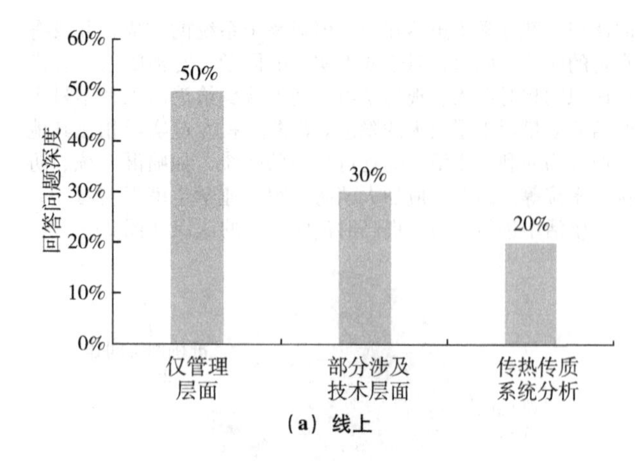

（a）线上

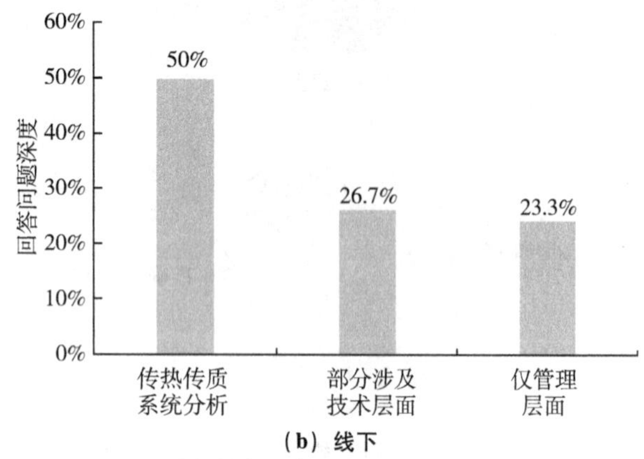

（b）线下

图 3　选择样本同学分析案例深度情况对比图

的能够全程认真听讲，至少能够跟上教师的节奏。

（2）实践和实验课堂，鼓励线上同学就近参与实践，并加大对实践报告质量的把关，在疫情防控允许的条件下，鼓励学生走进当地企业，带着问题去实习或真正解决企业实际问题。

（3）在线下业余时间，建议要求学生搜集相关消防工程学科的事故案例，并进行理论分析，在课堂结束时进行分享，增加学生对课堂的参与度，提高线上学生的学习兴趣。同时，有条件情况下，在传统课时的基础上，增加案例研讨课程，由学生作为主导，提高线上学生的参与度，并提高学生对线上学习的兴趣。

疫情形势仍然严峻，由于防控需要，线上课程还会持续一段时间，作为高校老师，“严格管理-学生参与-生活实习”三者相互统一，共同配合，提升消防工程专业本科生的培养质量。

参考文献

［1］李耀庄，姜学鹏，徐志胜．消防工程专业学历教育前景和亟待解决的问题［J］．长沙铁道学院学报（社会科学版），2006（2）：85-86.

［2］马秋菊．高校消防工程专业实验教学平台建设的探讨［J］．大学教育，2019（02）：36-38.

［3］毛占利，李思成，吕华，付敏．新工科背景下消防工程专业人才培养新模式研究［J］．武警学院学报，2021，37（02）：89-92..

［4］Raccanello D，Balbontín－Alvarado R，da Silva Bezerra D，et al. Higher education students’ achievement emotions and their antecedents in E-learning amid COVID-19 pandemic：A multi-country survey［J］. Learning and Instruction，2022：101629.

［5］李树平，王杰．新冠肺炎疫情对高等教育的影响及对策［J］．中国农村教育，2020（17）：2.

［6］Noori A Q. The impact of COVID－19 pandemic on students’ learning in higher education in Afghanistan［J］. Heliyon，2021，7（10）：e08113.

［7］马红．新冠肺炎疫情背景下网络课程学习参与度的影响因素探究［J］．杨凌职业技术学院学报，2021，20（02）：57-62.

［8］徐梦廓，王祥志，沈洪雷，孟飞．受新冠肺炎疫情影响下本科机械类专业课程的开展初探-以常州工学院为例［J］．装备制造技术，2020（03）：170-172+186.

［9］吴丽丽，武海鹏，杨畅涵．新冠肺炎疫情期间钢结构课程线上教学的思考与实践［J］．科技创新导报，2021，18（17）：5.

［10］胡楠，石甲栋．新冠肺炎疫情影响下的单片机课程线上教学探索［J］．安阳工学院学报，2020，19（06）：110-112.

［11］于雪，张跃伟．新冠肺炎疫情下线上教学考核评价质量提升策略研究—以有机化学课程为例［J］．吉林化工学院学报，2020，37（10）：1-5.

［12］Ibrahim C K I C，Manu P，Belayutham S，et al. Design for safety（DfS）practice in construction engineering and management research：A review of current trends and future directions［J］. Journal of Building Engineering，2022，52：104352.

［13］Maclellan E. The significance of motivation in student-centred learning：a reflective case study［J］. Teaching in Higher Education，2008，13（4）：411-421.